PROPRIEDADES DE RIGIDEZ DE MATERIAIS SELECIONADOS

Material	Módulo de Elasticidade de Young, E (10^6 psi)	Módulo de Elasticidade Transversal, G (10^6 psi)	Coeficiente de Poisson, ν
Carboneto de tungstênio	95	—	0,20
Carboneto de titânio	42–65 (77 °F)	—	0,19
Carboneto de titânio	33–48 (1600–1800 °F)	—	—
Molibdênio	47 (RT)[1]	—	0,29
Molibdênio	33 (1600 °F)	—	—
Molibdênio	20 (2400 °F)	—	—
Aço (a maioria)	30	11,5	0,30
Aço inoxidável	28	10,6	0,31
Superliga à base de ferro (A-286)	29,1 (RT)	—	0,31
	23,5 (1000 °F)	—	—
	22,2 (1220 °F)	—	—
	19,8 (1500 °F)	—	—
Superliga à base de cobalto	29	—	—
Inconel	31	11,0	—
Ferro Fundido	13–24	5,2–8,5	0,21–0,27
Bronze comercial (C 22000)	17	6,3	0,35
Titânio	16	6,2	0,31
Bronze fosforoso	16	6,0	0,35
Alumínio	10,3	3,9	0,33
Magnésio	6,5	—	0,29
Material compósito de grafita-epóxi	6,0	—	—
Termoplástico acrílico	0,4	—	0,4

[1] Temperatura ambiente.

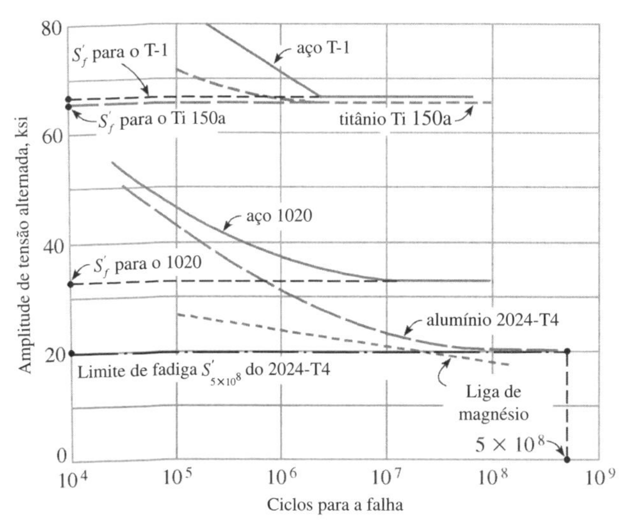

Curvas *S-N* Selecionadas

PROJETO MECÂNICO DE ELEMENTOS DE MÁQUINAS

Segunda Edição

O GEN | Grupo Editorial Nacional – maior plataforma editorial brasileira no segmento científico, técnico e profissional – publica conteúdos nas áreas de ciências exatas, humanas, jurídicas, da saúde e sociais aplicadas, além de prover serviços direcionados à educação continuada e à preparação para concursos.

As editoras que integram o GEN, das mais respeitadas no mercado editorial, construíram catálogos inigualáveis, com obras decisivas para a formação acadêmica e o aperfeiçoamento de várias gerações de profissionais e estudantes, tendo se tornado sinônimo de qualidade e seriedade.

A missão do GEN e dos núcleos de conteúdo que o compõem é prover a melhor informação científica e distribuí-la de maneira flexível e conveniente, a preços justos, gerando benefícios e servindo a autores, docentes, livreiros, funcionários, colaboradores e acionistas.

Nosso comportamento ético incondicional e nossa responsabilidade social e ambiental são reforçados pela natureza educacional de nossa atividade e dão sustentabilidade ao crescimento contínuo e à rentabilidade do grupo.

PROJETO MECÂNICO DE ELEMENTOS DE MÁQUINAS

Uma Perspectiva de Prevenção da Falha

Segunda Edição

Jack A. Collins, Henry R. Busby e George H. Staab
The Ohio State University

Tradução e Revisão Técnica

Leydervan de Souza Xavier, D.C.
Professor Titular do Departamento de Ciências Aplicadas ao Ensino Superior do
Centro Federal de Educação Tecnológica Celso Suckow da Fonseca – Cefet/RJ

Paulo Pedro Kenedi, D.Sc.
Professor-Associado do Departamento de Engenharia Mecânica do
Centro Federal de Educação Tecnológica Celso Suckow da Fonseca – Cefet/RJ

Pedro Manuel Calas Lopes Pacheco, D.Sc.
Professor Titular do Departamento de Engenharia Mecânica do
Centro Federal de Educação Tecnológica Celso Suckow da Fonseca – Cefet/RJ

Apesar dos melhores esforços dos autores, dos tradutores, do editor e dos revisores, é inevitável que surjam erros no texto. Assim, são bem-vindas as comunicações de usuários sobre correções ou sugestões referentes ao conteúdo ou ao nível pedagógico que auxiliem o aprimoramento de edições futuras. Os comentários dos leitores podem ser encaminhados à **LTC — Livros Técnicos e Científicos Editora** pelo e-mail faleconosco@grupogen.com.br.

ISBN-13: 978-0-470-41303-6

Travessa do Ouvidor, 11
Rio de Janeiro, RJ – CEP 20040-040
Tels.: 21-3543-0770 / 11-5080-0770
Fax: 21-3543-0896
faleconosco@grupogen.com.br
www.grupogen.com.br

Imagem de capa: © Professor Anthony Luscher
Editoração Eletrônica: R.O. Moura

CIP-BRASIL. CATALOGAÇÃO NA PUBLICAÇÃO
SINDICATO NACIONAL DOS EDITORES DE LIVROS, RJ

C674p
2. ed.

Collins, Jack A.
Projeto mecânico de elementos de máquinas : uma perspectiva de prevenção da falha / Jack A. Collins, Henry R. Busby, George H. Staab ; tradução e revisão técnica Leydervan de Souza Xavier, Paulo Pedro Kenedi, Pedro Manuel Calas Lopes Pacheco. - 2. ed. - Rio de Janeiro : LTC, 2019.
; 28 cm.

Tradução de: Mechanical design of machine elements and machines
Inclui bibliografia
ISBN 978-85-216-3618-2

1. Máquinas - Projetos. 2. Máquinas - Confiabilidade. 3. Engenharia mecânica. I. Busby, Henry R. II. Staab, George H. III. Xavier, Leydervan de Souza. IV. Kenedi, Paulo Pedro. V. Pacheco, Pedro Manuel Calas Lopes. VI. Título.

19-54816 CDD: 621.815
CDU: 621.81

Meri Gleice Rodrigues de Souza - Bibliotecária CRB-7/6439

Prefácio

Este novo livro para estudantes de graduação, escrito originariamente para servir de apoio a uma sequência de cursos de nível introdutório-avançado em Projeto de Engenharia Mecânica, utiliza o ponto de vista de que a *prevenção da falha* é o conceito fundamental que constitui a base de todas as atividades de projeto mecânico. O texto é apresentado em duas partes, a *Parte I – Princípios da Engenharia*, contendo 7 capítulos, e a *Parte II – Aplicações de Projeto*, contendo 13 capítulos. Em função da forma como o livro é organizado, também pode ser convenientemente utilizado como base para cursos de educação continuada ou de curta duração direcionados a engenheiros formados, e também como referência para projetistas mecânicos envolvidos na prática profissional.

Organização

A *Parte I* introduz o ponto de vista do projeto e fornece a base analítica para a tarefa de projeto em Engenharia Mecânica. A *análise* é caracterizada pelo conhecimento do material, da forma, das dimensões e do carregamento. Os resultados das análises normalmente incluem o cálculo das tensões, das deformações e de fatores de segurança *existentes*. São apresentadas técnicas para a avaliação do modo de falha, a seleção de material e a escolha do fator de segurança. Um único capítulo sobre determinação da geometria fornece os princípios básicos e orientações para a criação de formas e dimensões eficientes. Um estudo de caso é desenvolvido para a integração dos requisitos de fabricação, manutenção e inspeção de pontos críticos na fase de projeto, *antes* de a máquina ser construída.

A *Parte II* expande o ponto de vista de projeto introduzido na Parte I. O *projeto* é uma tarefa caracterizada pelo conhecimento das especificações e mais nada. Os resultados do projeto normalmente incluem a escolha do material e do fator de segurança de *projeto*, a concepção da forma e a determinação das dimensões que irão satisfazer com segurança as especificações de projeto da "melhor" forma possível.

Aspectos-chave do Texto

1. Cobertura abrangente dos modos de falha. São apresentadas as ferramentas básicas para o reconhecimento dos modos de falha prováveis que podem predominar em qualquer cenário específico de projeto.[1] O professor deve considerar, pelo menos, os tópicos de deformação elástica, escoamento, fratura frágil, fadiga, flambagem e impacto.
2. Cobertura moderna da seleção de materiais (Capítulo 3). Os conceitos de seleção de materiais apresentados introduzem algumas noções novas e são uma necessidade efetiva para qualquer engenheiro de projeto competente.
3. Teorias de falha e tópicos relacionados (Capítulo 5). Tópicos que possuem um papel importante na identificação da falha (estados multiaxiais de tensão e concentrações de tensão) são apresentados como uma introdução às teorias de falha para comportamentos estático e de fadiga, assim como fratura frágil e crescimento de trinca.
4. Orientações para a criação de formas e dimensões eficientes de componentes e máquinas (Capítulo 6). Este importante capítulo, cobrindo um material raramente discutido em outros livros-texto de projeto, é "indispensável" para qualquer curso moderno que abranja o projeto de elementos de máquinas.

[1] O Capítulo 2 apresenta uma versão resumida e simplificada de *Failure of Materials in Mechanical Design: Analysis, Prediction, Prevention*, 2nd ed., Wiley, 1993.

5. Conceitos de engenharia simultânea e "Projeto para o conceito X" (Capítulo 7). Estas noções são importantes na prática da moderna fabricação e devem ser apresentadas em cursos bem estruturados voltados ao projeto de engenharia mecânica.
6. Introduções conceituais a elementos de máquinas (Capítulos 8 ao 19). Organizados e projetados para serem especialmente úteis aos estudantes que podem ter tido pouco ou nenhum estudo prévio sobre máquinas, estruturas ou prática industrial, cada um dos capítulos da Parte II segue um padrão introdutório consistente:
   - "Utilizações e Características" – Qual a aparência? O que faz? Quais as variações disponíveis?
   - "Modos de falha prováveis" – com base na experiência prática.
   - "Materiais usuais utilizados para determinada aplicação" – com base na prática comum de projeto.

   Essas seções introdutórias são seguidas em cada capítulo por discussões detalhadas sobre a análise, a seleção ou o projeto dos componentes em estudo.
7. Inclusão das últimas revisões disponíveis dos códigos e normas apropriados para elementos padronizados como engrenagens, mancais de rolamentos, correias em V, correntes de rolo de precisão, entre outros. Uma seleção de dados de suporte atualizados foi incluída para muitos componentes disponíveis comercialmente, tais como mancais de rolamentos, correias em V, cabos de aço e eixos flexíveis. Muitos catálogos de fabricantes foram incluídos nas listas de referências.
8. Esboços claros e tabelas detalhadas para apoiar virtualmente todas as questões importantes discutidas referentes ao projeto e à seleção.
9. Notas de rodapé esclarecedoras, relatos de casos interessantes, observações baseadas na experiência e ilustrações de eventos atuais, para demonstrar a importância da tomada de boas decisões no projeto.

Exemplos Resolvidos e Problemas para Resolver

Quase 100 *exemplos resolvidos* foram incluídos no texto. Desses exemplos resolvidos, aproximadamente a metade é apresentada sob o ponto de vista do *projeto*, incluindo cerca de ¼ dos exemplos fornecidos na Parte I e cerca de ¾ dos exemplos que compõem a Parte II. Os demais são apresentados a partir do ponto de vista mais tradicional da *análise*.

Os problemas de final de capítulo foram extraídos, em grande parte, de projetos reais com os quais o autor se deparou em consultorias, pesquisas e na interação com engenheiros da indústria em cursos de curta duração, sendo, então, filtrados por mais de três décadas de aplicação de trabalhos e provas para estudantes. O autor tem esperança de que os estudantes (e os professores) achem os problemas interessantes, realísticos, instrutivos, desafiadores e passíveis de solução.

Sugestões para a Abrangência do Curso

Embora se suponha que o usuário tenha tido cursos fundamentais em *Física*, *Engenharia de Materiais*, *Estática* e *Dinâmica* e *Resistência dos Materiais*, a maioria dos conceitos vistos nesses cursos, que são necessários às atividades de projeto de engenharia mecânica básico, foi resumida e incluída na Parte I, principalmente nos Capítulos 2, 3, 4 e 5. Dessa forma, o professor tem grande flexibilidade na seleção do material a ser coberto, em função do preparo dos estudantes que chegam ao curso. Por exemplo, se os estudantes estiverem bem preparados nos conceitos de resistência dos materiais, apenas a última metade do Capítulo 4 necessita ser coberta. As Seções 4.1 a 4.5 podem ser facilmente omitidas, ainda que o material esteja disponível para referência. As Seções 4.6 a 4.10 contêm importante material relacionado com projeto, não coberto usualmente em textos de cursos normais de resistência dos materiais.

A introdução, composta de três partes para os capítulos de "elementos", possibilita oferecer um curso descritivo (superficial) sobre elementos de máquinas ao abranger apenas as primeiras seções de cada capítulo da Parte II. Embora tal abordagem não seja a adequada para formar um projetista competente, propicia potencialmente enorme flexibilidade na organização de uma sequência de cursos sob medida. Essa sequência poderia *apresentar* ao estudante *todos* os elementos de máquinas importantes (pela escolha das primeiras seções de cada capítulo da Parte II), cobrindo em seguida com maior profundidade os capítulos selecionados pelo orientador de projetos da faculdade, ou pelo professor, adequando o programa do curso à grade curricular.

Com poucas exceções, os capítulos de elementos de máquinas (8 ao 19) foram escritos como unidades estanques, independentes entre si, cada uma apoiando-se sobre os princípios pertinentes discutidos na Parte I. Esta filosofia de apresentação proporciona ao professor uma grande flexibilidade na formulação da sequência de tópicos de elementos de máquinas em qualquer ordem que seja compatível com suas prioridades, filosofia e experiência.

Agradecimentos

Com o passar dos anos, tenho percebido ser impossível distinguir os meus pensamentos originais dos pensamentos agregados pela leitura e discussão dos trabalhos de outras pessoas. Para as muitas contribuições de outros que encontram a sua essência nestas páginas sem serem especificamente referenciadas, gostaria de externar o meu reconhecimento. Em particular, o Professor Collins expressa a sua gratidão ao Professor Walter L. Starkey e ao saudoso Professor S. M. Marco, os quais foram seus professores durante a época em que era estudante. Não há dúvidas de que muito da filosofia de ambos foi adotada pelo Professor Collins. A mente fértil do professor Starkey criou muitos dos conceitos inovadores presentes neste livro, especialmente no material apresentado nos Capítulos 3, 5, 6 e 7. O professor Starkey é considerado com grande apreço como um proeminente engenheiro, projetista inovador, professor inspirado, cavalheiro, mentor e amigo.

Agradecemos aos colegas da Ohio State, os quais revisaram e contribuíram para várias partes do texto. Em particular, o Professor E. O. Dobelin, o Professor D. R. Houser e o Professor R. Parker e o Professor Brian D. Harper.

Revisores sempre prestam um importante papel no desenvolvimento de qualquer livro-texto. Gostaríamos de expressar o nosso reconhecimento a todos aqueles que revisaram a primeira edição deste texto e que forneceram importantes comentários e sugestões para a segunda edição, incluindo Richard E. Dippery, Jr., Kettering University; Antoinette Maniatty, Rensselaer Polytechnic Institute; Eberhard Bamberg, University of Utah; Jonathan Blotter, Brigham Young University; Vladimir Glozman, California State Polytechnic University, Pomona; John P. H. Steele, Colorado School of Mines; John K. Schueller, University of Florida e Ken Youssefi, University of California, Berkeley.

Agradecemos também a Joseph P. Hayton por vislumbrar o benefício de buscar uma segunda edição, e a Michael McDonald, Editor, pelo empenho com o projeto. Adicionalmente, gostaríamos de agradecer a muitos outros indivíduos da organização John Wiley & Sons, Inc., que contribuíram com talento e energia para a realização deste livro.

Finalmente, gostaríamos de expressar o nosso agradecimento às nossas esposas. Em particular, à esposa do Professor Collins, JoAnn, por transformar as páginas escritas à mão no manuscrito digitado para a primeira edição deste texto. O Professor Collins deseja dedicar as suas contribuições para com este trabalho à sua esposa, JoAnn, seus filhos Mike, (Julie), Jennifer, (Larry), Joan, Greg, (Heather) e aos seus netos Michael, Christen, David, Erin, Caden e Marrec.

Jack A. Collins
Henry R. Busby
George H. Staab

Material Suplementar

Este livro conta com os seguintes materiais suplementares:

- Ilustrações da obra em formato de apresentação em (.pdf) (restrito a docentes);
- Solutions: arquivos contendo soluções dos problemas em (.pdf), em inglês (restrito a docentes).

O acesso aos materiais suplementares é gratuito. Basta que o leitor se cadastre em nosso *site* (www.grupogen.com.br), faça seu *login* e clique em GEN-IO, no menu superior do lado direito. É rápido e fácil.

Caso haja alguma mudança no sistema ou dificuldade de acesso, entre em contato conosco (gendigital@grupogen.com.br).

GEN-IO (GEN | Informação Online) é o ambiente virtual de aprendizagem do GEN | Grupo Editorial Nacional, maior conglomerado brasileiro de editoras do ramo científico-técnico-profissional, composto por Guanabara Koogan, Santos, Roca, AC Farmacêutica, Forense, Método, Atlas, LTC, E.P.U. e Forense Universitária.
Os materiais suplementares ficam disponíveis para acesso durante a vigência das edições atuais dos livros a que eles correspondem.

Sumário

PARTE UM PRINCÍPIOS DA ENGENHARIA

PARTE DOIS APLICAÇÕES DE PROJETO

PARTE UM

PRINCÍPIOS DA ENGENHARIA

Capítulo 1

Os Fundamentos do Projeto: A Escolha dos Materiais e a Determinação da Geometria

Não vá por onde o caminho o conduz, vá, em vez disto, por onde ainda não existe um caminho e deixe uma trilha.

— ***Ralph Waldo Emerson***

1.1 Algum Embasamento Filosófico

O objetivo primeiro de qualquer projeto de engenharia é atender a algumas das necessidades ou desejos humanos. Em um sentido amplo, *Engenharia* pode ser descrita como uma mistura criteriosa de ciência e de arte em que os recursos naturais, incluindo as fontes de energia, são transformados em produtos, estruturas ou máquinas úteis que beneficiam a humanidade. *Ciência* pode ser definida como qualquer corpo de conhecimento organizado. *Arte* pode ser pensada como uma habilidade ou conjunto de habilidades adquiridas por meio da combinação de estudo, observação, prática e experiência, ou por capacidade intuitiva ou percepção criativa. Assim, os engenheiros utilizam ou aplicam conhecimento científico juntamente com capacidade artística e experiência para a fabricação ou o planejamento de produtos.

Uma *visão de trabalho em equipe* é quase sempre usada na prática industrial moderna, permitindo que engenheiros provenientes de várias áreas, junto com especialistas de marketing, desenhistas industriais e especialistas em fabricação, integrem suas credenciais especiais, de forma interdisciplinar cooperativa em um esforço de *equipe de projeto de produto.*[1] *Os engenheiros mecânicos* são quase sempre incluídos nessas equipes, uma vez que têm uma formação ampla que abrange princípios e conceitos relacionados com produtos, máquinas e sistemas que realizam trabalho mecânico ou convertem energia em trabalho mecânico.

Uma das funções profissionais mais importantes dos engenheiros mecânicos é o *projeto mecânico*, ou seja, criar equipamentos ou aprimorar equipamentos existentes na tentativa de tornar disponível o "melhor" projeto ou o projeto "ótimo", consistente com as restrições de tempo, dinheiro e segurança, determinadas pela aplicação e pelo mercado. Os recém-chegados à atividade de projeto, mesmo aqueles com habilidades analíticas altamente desenvolvidas, frequentemente se frustram, de início, ao perceberem que a maioria dos problemas de projeto não tem uma solução única; as tarefas de projeto

[1] Veja 1.2.

tipicamente podem ser abordadas de muitas maneiras possíveis, a partir das quais deve-se escolher um "ótimo". Projetistas experientes, por outro lado, acham desafiador e excitante a arte de se buscar a "melhor" escolha dentre as muitas soluções potenciais para o problema de projeto. A transformação das frustrações de um novato na excitação experimentada por um projetista amadurecido depende da adoção de uma metodologia de projeto largamente empregada e da prática em usá-la. O objetivo deste texto é sugerir uma metodologia de projeto ampla e demonstrar sua aplicação adaptada a diferentes cenários de projeto importantes. A prática no uso desta metodologia fica a cargo do leitor.

1.2 A Equipe de Projeto de Produto

Antes que qualquer dos métodos de projeto em engenharia, conceitos ou práticas descritas neste livro-texto possam ser colocados em uso produtivo, é necessário primeiro traduzir as necessidades ou os desejos do consumidor, frequentemente vagos ou subjetivos, em *especificações de engenharia* quantitativas e objetivas. Uma vez descritas claramente as especificações, os métodos apresentados neste texto proveem orientações sólidas para a seleção de materiais, a determinação de geometrias e a integração entre peças e subconjuntos em uma configuração geral de máquina que alcançará os objetivos, tanto de engenharia quanto de marketing, de forma confiável e segura. A tarefa de traduzir as ideias de marketing em especificações de engenharia bem definidas envolve, tipicamente, interação, comunicação e entendimento entre especialistas de marketing, desenhistas industriais, especialistas em finanças, engenheiros-projetistas e consumidores,[2] participando de forma cooperativa em uma *equipe de projeto de produto*[3] interdisciplinar. Para pequenas empresas ou para pequenos projetos, as *funções de equipe* já citadas podem ser incorporadas por uma quantidade *menor* de integrantes da equipe, atribuindo-se responsabilidades de múltiplas funções para um ou mais dos participantes.

Os primeiros passos na tradução das necessidades do consumidor ou das oportunidades de mercado em especificações de projeto de engenharia são, em geral, administrados por especialistas em marketing e por desenhistas industriais. Os *especialistas em marketing* da equipe de projeto de produto, normalmente, trabalham diretamente com os consumidores para conseguirem focalizar com precisão suas necessidades percebidas, estabelecer metas de marketing, fornecer pesquisas de suporte e dados para a tomada de decisão comercial e para desenvolver relações de confiança com o consumidor, de que suas necessidades podem ser eficientemente atendidas pelo esquema de trabalho.

Os *desenhistas industriais* da equipe são responsáveis pela criação inicial de uma descrição geral funcional do produto proposto, juntamente com a essência de um *conceito visual* que englobe o apelo da forma externa, tamanho, forma, cor e textura.[4] Modelagens de forma ("renderizações") e modelos físicos[5] são quase sempre desenvolvidos como uma parte do processo. No desenvolvimento de uma proposta inicial para o projeto de produto, os desenhistas industriais devem considerar não apenas exigências gerais de funcionamento e metas de marketing, mas também estética e ergonomia,[6] imagem da companhia e identidade corporativa. O resultado desse esforço é, normalmente, chamado *conceito de marketing de produto.*

Um bom conceito de marketing de produto contém todas as informações pertinentes sobre o produto proposto que são essenciais para a sua comercialização, mas o mínimo de informação necessária sobre os detalhes de projeto de engenharia e de fabricação, para não limitar os processos de tomada de decisão de engenharia subsequentes. Essa política, chamada algumas vezes de *política*

---

[2] Tem-se tornado uma prática comum incluir *consumidores* em equipes de projeto de produto. O argumento para se fazer isso é a crença de que os produtos devem ser projetados para refletir os desejos e os gostos dos consumidores, de modo que é eficiente incorporar interativamente as percepções do consumidor desde o início (veja ref. 1). Por outro lado, existe o argumento de que os consumidores não levam as empresas à *inovação*, mas apenas ao *refinamento* de produtos existentes. Uma vez que a inovação técnica frequentemente conquista segmentos de mercado no mundo dos negócios da atualidade, as companhias que se concentram *somente* em seguir as percepções e desejos do consumidor, em vez de *levar* o consumidor a ideias inovadoras, estão correndo riscos.

[3] Um aspecto secundário interessante relacionado com a formação de uma equipe de projeto de produto reside na escolha de um líder de equipe sem gerar conflitos interpessoais entre os membros desta. Já se argumentou que a escolha de um líder de equipe é a decisão mais importante que a gerência fará quando organizar uma equipe de projeto de produto (veja ref. 1, pág. 26). Outros têm observado que *bom espírito de equipe* é tão importante para o sucesso da equipe quanto uma *boa liderança* (veja ref. 2). As qualidades que tipicamente caracterizam bons líderes são, em grande medida, as mesmas qualidades encontradas nos que os seguem efetivamente: inteligência, iniciativa, autocontrole, compromisso, talento, honestidade, credibilidade e coragem. Seguir o líder é um papel a ser desempenhado, e não um atributo pessoal. O reconhecimento de que líderes e seguidores são igualmente importantes nas atividades de uma equipe interdisciplinar efetiva de projeto de produto evita muitos dos conflitos contraproducentes que surgem em equipes com diversos participantes.

[4] Veja ref. 1, p. 8.

[5] Neste estágio conceitual, os modelos são normalmente grosseiros e não funcionais, embora alguns possam ter poucas partes móveis.

[6] *Ergonomia* é o estudo de como as ferramentas e as máquinas podem melhor se ajustar às capacidades e limitações humanas. Os termos *engenharia de fatores humanos* e *sistemas de interação homem-máquina* também têm sido usados neste contexto.

de compromisso mínimo, é recomendada para aplicação ao longo de todo o projeto de engenharia e os estágios de fabricação, de modo, também, a deixar o máximo de liberdade para as tomadas de decisão em sequência, sem a imposição de restrições desnecessárias.

Os *engenheiros-projetistas* da equipe de projeto de produto têm a responsabilidade de identificar as *características de engenharia* que estão diretamente ligadas às percepções e aos desejos do consumidor. Descrever as potenciais influências das características de engenharia nas metas de marketing e avaliar a proposta de projeto de produto em *termos mensuráveis* também são funções do engenheiro-projetista. Por fim, são, também, responsabilidades primárias do engenheiro-projetista as especificações de engenharia para o projeto de um produto prático, fabricável, que tenha um custo efetivo e que seja seguro e confiável.

A implantação do trabalho interdisciplinar da equipe de projeto de produto é, normalmente, necessária para se estabelecer um conjunto de rotinas de planejamento e comunicação que focalizem e coordenem as competências e a experiência dentro da empresa. Essas rotinas são formuladas para estimular os departamentos de projeto, fabricação e marketing a propor produtos que os consumidores queiram adquirir e continuar a adquirir. Um modelo matricial de planejamento, comunicação e avaliação interdisciplinares (funções cruzadas) é chamado *casa da qualidade*.[7] Os princípios que sustentam o paradigma da casa da qualidade se aplicam a qualquer esforço para estabelecer relações claras entre as funções de fabricação e a satisfação do cliente, que não são fáceis de serem visualizadas de forma direta. Na Figura 1.1 está ilustrada uma parte de uma subficha[8] que abrange muitos dos conceitos da casa da qualidade e fornece uma sequência de passos para responder às seguintes questões:

1. O que o consumidor deseja?
2. Todas as preferências do consumidor têm a mesma importância?
3. As necessidades percebidas na entrega significam uma vantagem competitiva?
4. Como o produto pode ser efetivamente modificado?
5. Como as propostas de engenharia influenciam as necessidades percebidas pelo consumidor?
6. Como as modificações de engenharia afetam outras características?

Construindo-se a matriz da casa da qualidade para responder a essas questões, começa-se com as percepções do consumidor, chamadas *atributos do consumidor* (*ACs*). Os atributos do consumidor são uma coleção de *frases* do consumidor, descrevendo as características do produto julgadas importantes. Para o exemplo da porta de carro da Figura 1.1, as ACs mostradas na borda esquerda incluem "fácil de fechar", "permanecem abertas em uma subida", "vedam bem na chuva" e "não deixam passar o ruído da estrada". Aplicações típicas para produtos definiriam de 30 a 100 ACs. A *importância relativa* de cada atributo, conforme a avaliação do consumidor, também é incluída, de acordo com o apresentado na Figura 1.1. Os *números de ponderação de importância*, mostrados em seguida a cada atributo, são normalmente expressados como percentuais, e a lista completa de todos os atributos perfaz 100 por cento.

As avaliações do consumidor de como o produto proposto (a porta do carro) se compara com *produtos competitivos* são listadas no lado direito da matriz. Essas avaliações, baseadas idealmente em pesquisas científicas com consumidores, identificam oportunidades para aperfeiçoamentos e formas de se ganhar vantagem competitiva.

Para integrar características de engenharia (CEs) pertinentes à casa da qualidade, a equipe de projeto de produto lista, ao longo do canto superior da matriz, as CEs que, admite-se, parecem afetar uma ou mais das ACs. As características de engenharia deveriam descrever o produto em termos mensuráveis ou calculáveis e se relacionarem diretamente a uma ou mais das percepções do consumidor.

A equipe interdisciplinar, em seguida, completa o *corpo* da casa (a matriz de relacionamento), chegando a um consenso sobre o quanto as características de engenharia afetam cada um dos atributos do consumidor. Símbolos semiquantitativos ou valores numéricos são inseridos na matriz para estabelecer a *intensidade* dos relacionamentos. Na Figura 1.1, os símbolos semiquantitativos representam os relacionamentos "forte positivo", "médio positivo", "médio negativo" ou "forte negativo".

Uma vez que a equipe de projeto de produto tenha estabelecido as intensidades dos relacionamentos ligando as características de engenharia aos atributos do consumidor, são listadas as variáveis de governo e as medidas objetivas, determinando-se *valores-alvo*. Os compromissos com os valores-alvo são triviais porque, normalmente, não se podem alcançar *todos* os valores-alvo ao mesmo tempo em nenhuma máquina real.

---

[7] Veja ref. 1. Os conceitos de *casa da qualidade* apresentados aqui são parafraseados extensivamente ou extraídos da ref. 3.
[8] Extraído da ref. 3.

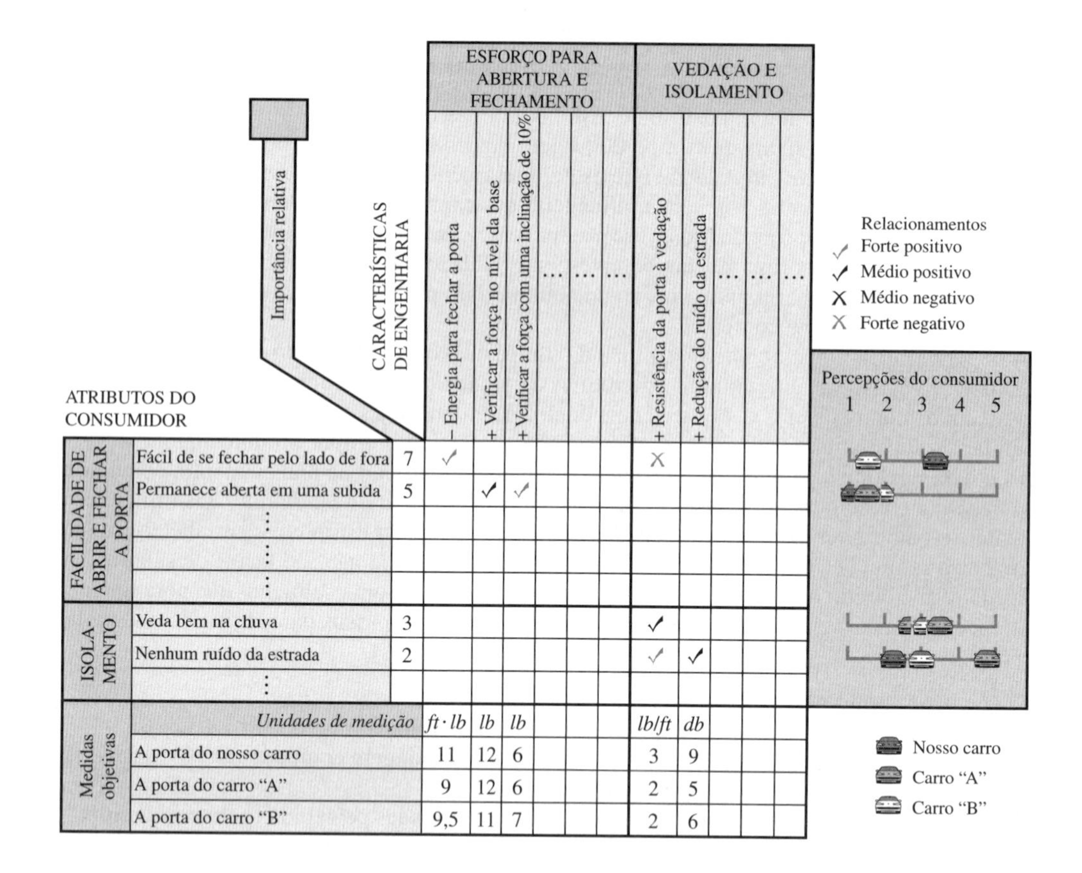

Figura 1.1
Exemplo de uma matriz *casa da qualidade* relacionada com o reprojeto de uma porta de automóvel. (Reimpresso com a permissão de *Harvard Business Review*. Anexo da ref. 3. Copyright © 1998 de Harvard Business School Publishing Corporation; todos os direitos reservados.)

Finalmente, o consenso da equipe quanto aos valores-alvo *quantitativos* é sintetizado e compilado em *especificações iniciais de engenharia*. Conforme pode ser observado ao longo deste livro-texto, as especificações de engenharia proveem a base para as tarefas de engenharia em profundidade exigidas para se produzir um produto prático, fabricável e que, seguro, confiável, com um custo efetivo, possa atender às necessidades e desejos do consumidor.

1.3 Forma e Função; Estética e Ergonomia

Tradicionalmente, a ligação entre a forma e a função tem sido direta; a *forma* de um produto deve apenas se adequar à sua *função*. Historicamente, a geometria simples e padronizada, sem ornamentação, foi quase sempre a escolhida para receber o projeto de engenharia e atender à produção de produtos confiáveis, duráveis, com custo efetivo que atendessem às especificações de engenharia. Mais recentemente, contudo, tem-se reconhecido que a *demanda* por um novo produto, ou por um produto revisado, depende muito da *percepção do consumidor* e da *aceitação do mercado*, tanto quanto de sua funcionalidade técnica. Esse reconhecimento tem levado muitas companhias contemporâneas a organizar equipes de projeto de produto multidisciplinares,[9] incluindo especialistas em marketing e desenhistas industriais, assim como engenheiros de projeto e de fabricação, em busca de embasamento nos aspectos de mercado. Essa abordagem parece resultar em melhor atratividade para o consumidor, engendrada por integração de aparência estética, perspectiva, proporção e estilo em um estágio inicial; o aspecto atrativo de um produto desempenha, frequentemente, importante papel de marketing. Para se tomarem decisões quanto à aparência e ao estilo, é possível simular, com auxílio de programas computacionais com gráficos e imagens 3-D, a aparência do produto proposto na tela e, rapidamente, fazer as modificações desejáveis com grande clareza.

[9] Veja 1.2.

Além de se assegurar que as especificações técnicas de desempenho sejam atingidas e que o produto seja atraente para o consumidor, o projetista também precisa ter certeza de que a configuração e o controle da máquina proposta corresponderão às capacidades humanas de desempenho do operador.

A atividade de projetar máquinas com uma interface amistosa para uso seguro, fácil e produtivo é chamada *ergonomia* ou *engenharia de fatores humanos*. Um conceito-chave no projeto ergonômico é que os *operadores humanos* apresentam uma *grande variação* em estatura, peso, força física, acuidade visual, audição, inteligência, instrução, julgamento, resistência física e outros atributos humanos. Tornam-se necessárias, portanto, *características de sistemas para máquinas* que *se adaptem* aos potenciais *atributos do usuário*, protegendo os operadores de ferimentos resultantes de erros do próprio operador ou decorrentes de mau funcionamento da própria máquina. Como a maioria dos produtos e sistemas é projetada para ser usada por um grupo de pessoas, em vez de um indivíduo específico, torna-se necessário considerar o conjunto de capacidades e debilidades da população de potenciais usuários como um todo. Para se atingir tal objetivo, um projetista deve estar bem informado sobre *antropometria*,[10] psicologia do comportamento humano[11] e como integrar esses fatores às exigências técnicas, de modo a se conseguir uma máquina segura e produtiva.

As restrições antropométricas quanto à configuração dos produtos ou sistemas são amplamente discutidas na literatura.[12] Em geral, para se projetar uma máquina para uma interação humana eficiente, podem ser necessários dados antropométricos sobre o tamanho do corpo humano, postura, alcance, mobilidade, força, potência, força nos pés, força nas mãos, força do corpo em geral como um todo, velocidade de resposta e/ou acuidade de resposta. Informações quantitativas a respeito da maioria desses atributos humanos está disponível para consulta. Em alguns casos, modelos de simulação computacional já foram desenvolvidos[13] para auxiliar a avaliação das necessidades físicas impostas ao operador em um cenário de projeto proposto, e para fornecer os dados antropométricos necessários à avaliação do projeto proposto (e possíveis revisões do projeto).

Antecipar erros potenciais do operador e o projeto de uma máquina ou sistema capaz de absorvê-los sem consequências graves é, também, uma parte importante do projeto ergonômico efetivo. Orientações para se evitarem consequências sérias resultantes de erros do operador incluem:

1. Inspecionar o sistema da máquina para identificar perigos potenciais, e depois, *projetar soluções que eliminem o perigo* do produto. Ser vigilante durante o teste do protótipo para descobrir e corrigir perigos não observados antes.
2. Projetar o equipamento de modo que seja *mais fácil de usar com segurança* do que de forma insegura.
3. Tomar decisões de projeto que sejam compatíveis com as expectativas do estereótipo humano. Por exemplo:
   a. A rotação horária para botões de controle giratórios deve corresponder ao incremento de alguma função (movimento, intensidade etc.).
   b. O movimento de uma alavanca de controle para a frente ou para cima, ou para a direita, deverá corresponder ao incremento de alguma função.
4. Localizar e orientar os controles de tal forma que o operador não esbarre neles acidentalmente, ou mova-os inadvertidamente, durante uma sequência normal de operação.
5. Onde for necessário, recolher ou proteger os controles ou providenciar barreiras físicas para evitar atuações inadvertidas.
6. Providenciar que os controles ofereçam resistência maior nas faixas de operação em que haja perigo, de modo que seja exigido um esforço humano incomum para a continuação do acionamento.
7. Providenciar o intertravamento de controles de modo que uma operação prioritária seja exigida antes que um controle crítico possa ser acionado.
8. Quando as consequências da atuação inadvertida forem potencialmente graves, providenciar capas, guardas, pinos ou travas que devam ser removidos ou quebrados antes que o controle possa ser operado.[14]

---

[10] O estudo, definição e medição das dimensões do corpo humano, seus movimento e limitações.

[11] Poucos engenheiros são treinados nos conceitos de psicologia industrial. Os projetistas são bem orientados para consultar especialistas em psicologia industrial para ajudá-los em suas tarefas.

[12] Veja, por exemplo, ref. 1 ou ref. 4.

[13] Veja, por exemplo, ref. 4.

[14] Por exemplo, providencie uma trava com chave para um interruptor de potência elétrica de modo que uma pessoa da manutenção possa instalar sua *chave pessoal* para assegurar que não seja ligada por alguém. Devem ser colocados avisos completos de que a chave pessoal só deve ser removida pela *mesma* pessoa da manutenção que a colocou, antes de se restaurar a energia.

1.4 Conceitos e Definições de Projeto Mecânico

O projeto mecânico pode ser definido como um processo interativo de tomada de decisão que tem como objetivo a *criação* e a *otimização* de um *novo* ou *aprimorado* sistema de engenharia ou equipamento para *atender* a *uma necessidade ou um desejo humano,* com o compromisso da *conservação das fontes de recursos* e *do impacto ambiental.* Esta definição inclui várias ideias-chave que caracterizam toda a atividade de projeto mecânico. A essência da Engenharia, especialmente a do projeto mecânico, é o atendimento das necessidades e desejos humanos (consumidores). Se uma equipe está criando um novo equipamento ou aperfeiçoando um projeto já existente, o objetivo é sempre fornecer a "melhor", ou ótima, combinação de materiais e de geometria. Infelizmente, um projeto ótimo raramente pode ser realizado, porque os critérios de desempenho, vida, peso, custo, segurança, entre outros, impõem limitações e exigências contrárias aos materiais e à geometria propostos pelo projetista. Isso acontece ainda que a competição normalmente determine que o desempenho seja aumentado, a vida estendida, o peso e o custo reduzidos ou a segurança melhorada. A equipe de projeto deve não apenas competir no mercado, otimizando o projeto quanto aos critérios técnicos já discutidos, mas, também, agir com responsabilidade em relação à clara e crescente demanda da comunidade técnica global pela conservação das fontes de recursos e pela preservação do meio ambiente da Terra.

A iteração permeia a metodologia de projeto. Os *objetivos-chave* de toda atividade de projeto mecânico são (1) *seleção do melhor material possível* e (2) *determinação da melhor geometria possível* para cada peça. Durante a *primeira* iteração, os engenheiros-projetistas se concentram em determinar as especificações para o desempenho funcional,[15] selecionando materiais e arranjos geométricos potenciais que possam oferecer resistência e durabilidade adequadas ao carregamento, ambiente e modos de falha potencial que governam a aplicação. Um *fator de segurança* razoável é escolhido, tipicamente, nesse estágio, para cobrir as incertezas (veja 1.5). Nessa primeira iteração são, também, incluídas considerações preliminares quanto aos métodos de fabricação. A *segunda* iteração, normalmente, estabelece todas as dimensões nominais e as especificações detalhadas de material para satisfazer, com segurança, as exigências de desempenho, resistência e vida. A *terceira* iteração audita a segunda iteração de projeto segundo as perspectivas de fabricação, montagem, inspeção, manutenção e custo. A *quarta* iteração inclui a determinação cuidadosa de ajustes e tolerâncias, modificações resultantes da auditagem da terceira iteração e uma verificação final do fator de segurança para garantir que a resistência e a durabilidade estejam de acordo com a aplicação, mas que não haja desperdícios nem de materiais nem de quaisquer outros recursos.

1.5 Fator de Segurança de Projeto

Incertezas e variabilidades sempre existem nas predições de projeto. Os carregamentos, frequentemente, são variáveis e imprecisamente conhecidos, as resistências são variáveis e, algumas vezes, imprecisamente conhecidas para certos modos de falha ou certos estados de tensão, modelos de cálculo incorporam hipóteses que podem introduzir imprecisões no dimensionamento e outras incertezas podem resultar de variações na qualidade da fabricação, condições de operação, procedimentos de inspeção e práticas de manutenção. Para oferecer uma operação segura e confiável, diante dessas variabilidades e incertezas, é prática comum a utilização de um *fator de segurança de projeto* para assegurar que a mínima resistência ou capacidade exceda seguramente a máxima tensão ou carregamento para todas as condições de operação previsíveis.[16] Fatores de segurança de projeto, sempre maiores do que 1, são escolhidos, usualmente, com valores que permaneçam na faixa de 1,15 a até 4 ou 5, dependendo dos detalhes particulares da aplicação, conforme discutido no Capítulo 5.

1.6 Estágios do Projeto

A atividade de projeto mecânico em um contexto industrial incorpora um esforço contínuo que vai da concepção inicial, passa pelo desenvolvimento e alcança o serviço de campo. Para efeito de discussão, esse *continuum* da atividade de projeto pode ser subdividido em quatro estágios, arbitrariamente denominados (1) *projeto preliminar,* (2) *projeto intermediário,* (3) *projeto de detalhamento* e (4) *desenvolvimento e serviço de campo.* Ainda que alguns possam argumentar que o estágio (4), desenvolvimento e serviço de campo, vá além da atividade de projeto, está claro que, no ciclo de vida

---

[15] A *equipe de projeto de produto* tem a responsabilidade de traduzir as necessidades e desejos dos consumidores percebidos, em especificações quantitativas de desempenho para Engenharia. Veja 1.1 e 1.2.

[16] Como é discutido no Capítulo 5, métodos estatísticos (métodos de confiabilidade) podem ser usados em alguns casos para se alcançar o mesmo objetivo.

total de um produto, os dados de desenvolvimento e de serviço de campo desempenham importantes papéis no aperfeiçoamento do produto e, portanto, se tornam uma importante parte do procedimento iterativo de projeto.

O projeto preliminar, ou *projeto conceitual*, está primariamente voltado para síntese, avaliação e comparação das máquinas propostas ou dos conceitos de sistemas. Usa-se frequentemente a abordagem de "caixa-preta", em que características de desempenho razoáveis, baseadas na experiência, são atribuídas aos componentes ou elementos da máquina ou sistema, seguidos por uma investigação do comportamento do sistema como um todo, sem muita preocupação com os detalhes dentro das "caixas-pretas". Para que a análise de projeto preliminar seja realizada em um período de tempo aceitável são necessárias simplificações grosseiras e julgamentos baseados na experiência de engenharia. Uma análise geral do sistema — incluindo análise de forças, de deflexões, termodinâmica, de mecânica dos fluidos, transferência de calor, eletromecânica ou de controle — pode ser necessária no estágio do projeto preliminar. Desenhos de configuração ou, talvez, apenas esboços à mão livre são suficientes para comunicar os conceitos do projeto preliminar. Softwares proprietários têm sido desenvolvidos para muitas organizações com vistas a implementar o projeto preliminar e o estágio de apresentação da proposta, especialmente para os casos em que *as linhas de produtos existentes* precisam, apenas, de modificações para serem alcançadas as novas especificações. *O resultado do estágio de projeto preliminar é a proposta de um conceito provavelmente bem-sucedido a ser projetado em profundidade para atender aos critérios especificados* de desempenho, vida, peso, custo, segurança, entre outros.

O *projeto intermediário,* ou *projeto de incorporação*, abrange o espectro do projeto de engenharia em profundidade dos componentes individualmente e dos subsistemas para a máquina ou sistema previamente selecionado. O projeto intermediário está vitalmente direcionado com o funcionamento *interno* das caixas-pretas, e deve fazer com que funcionem tão bem ou melhor do que o esperado na proposta do projeto preliminar. A seleção do material, a determinação da geometria e a montagem dos componentes são elementos importantes do esforço de projeto intermediário, e deve-se dar importância adequada, também, aos fatores de fabricação, montagem, inspeção, manutenção, segurança e custo. Nesse estágio não são admitidas simplificações grosseiras. Para se produzir um bom projeto são necessárias boas hipóteses de engenharia e deve-se prestar muita atenção ao desempenho, à confiabilidade, às exigências de vida, utilizando-se princípios básicos de transferência de calor, dinâmica, análise de tensões e deflexões e de prevenção de falhas. Ou se incorpora, nesse estágio do projeto, um fator de segurança cuidadosamente escolhido, ou, se há dados disponíveis para isso, devem ser estabelecidas, adequadamente, especificações de confiabilidade que se reflitam quantitativamente na seleção de materiais e no dimensionamento dos componentes. Os desenhos de engenharia, feitos em escala, são uma parte integral do projeto intermediário, podendo ser feitos com instrumentos ou utilizando sistemas de desenho assistido por computador. Os códigos computacionais são usados largamente para implementar todos os aspectos da atividade de desenho intermediário. *O resultado do estágio de projeto intermediário é a determinação de todas as especificações críticas* relativas a funcionamento, manufatura, inspeção, manutenção e segurança.

O *projeto de detalhamento* está voltado, principalmente, para configuração, arranjo, forma, compatibilidade dimensional e completude, ajustes e tolerâncias, padronização, atendimento de especificações, juntas, detalhes de fixação e retenção, métodos de fabricação, possibilidades de montagem e de fabricação, segurança, listas de material e de aquisição de peças. As atividades do projeto de detalhamento normalmente *suportam* as decisões críticas do projeto intermediário, mas o projeto de detalhamento não envolve, usualmente, a adoção de hipóteses simplificadoras críticas ou a seleção de materiais ou o dimensionamento que sejam críticos em termos de resistência, rigidez ou vida de um componente. Posto que o projeto de detalhamento é amplamente realizado por profissionais que não são engenheiros, cabe ao engenheiro-projetista manter-se informado e vigilante durante toda a fase de projeto de detalhamento. *O resultado do estágio de projeto de detalhamento é um conjunto completo de desenhos e especificações,* incluindo desenho de detalhes de todas as peças, ou arquivo eletrônico de CAD (desenho assistido por computador — em inglês *computer aided system*), *aprovado* pela engenharia de projeto, fabricação, marketing e quaisquer outros departamentos que interajam, estando *pronto para a produção* de um protótipo da máquina ou do sistema.

As atividades de *desenvolvimento e serviço de campo* ocorrem posteriormente à produção de um protótipo da máquina ou do sistema. O *desenvolvimento* do protótipo desde o primeiro modelo até a produção de um artigo aprovado pode envolver muitas iterações até ser obtido um produto adequado para a comercialização. A equipe de projeto de produto deve permanecer integralmente engajada ao lidar com todas as modificações necessárias durante a fase de desenvolvimento, a fim de conseguir um artigo ótimo para produção. A *informação do serviço de campo* — especialmente os dados de garantia e de modos de falha, taxas de falha, problemas de manutenção, problemas de segurança ou outros dados relativos ao desempenho baseados na experiência do usuário — deve ser canalizada de volta para a equipe de projeto de produto, para uso futuro no aprimoramento do produto ou na melhoria do desempenho durante o ciclo de vida. A estratégia das *lições aprendidas* discutida em 1.10 deve ser parte integral do esforço de aprimoramento do ciclo de vida do produto.

1.7 Passos no Processo de Projeto

Outra perspectiva sobre a metodologia de projeto pode ser obtida examinando-se os passos que um engenheiro-projetista pode dar ao projetar uma máquina, um componente de máquina ou um sistema mecânico. Embora a sequência de passos apresentada possa ser adequada para muitos cenários de projeto, a ordem pode ser mudada, dependendo dos detalhes da tarefa de projeto. A utilidade real da lista de passos básicos de projeto apresentada na Tabela 1.1 reside na sugestão de uma metodologia generalizada que possa ser usada para implementar o processo de projeto. Percorrendo-se a lista de passos na Tabela 1.1, fica claro que o passo VII tem significado especial, uma vez que deve ser repetido para cada uma das peças da máquina. O passo VII, portanto, é apresentado em mais detalhes na Tabela 1.2.

1.8 Conceitos de Segurança quanto a Falhas e Projeto para Vida Segura

Falhas catastróficas de máquinas ou sistemas que resultam em perda de vidas, destruição de propriedades ou degradação ambiental séria são simplesmente inaceitáveis para a comunidade humana, e, em particular, inaceitáveis para os projetistas destas máquinas ou sistemas que apresentaram falhas. Isso, ainda que ao se estudarem as distribuições de probabilidade da resistência do material correspondente a todos os modos de falha, ou do espectro de carregamento em todas as aplicações reais, das interações com o meio ambiente, ou das muitas outras influências incertas possíveis, *o projetista nunca poderá oferecer um projeto 100 por cento confiável, nem poderá oferecer um projeto absolutamente garantido contra falhas.* Existe sempre uma probabilidade *finita* de falha. Para lidar com esse paradoxo

TABELA 1.1 Passos Fundamentais para o Projeto de uma Máquina

I. *Determine* precisamente a *função* a ser desenvolvida pela máquina e, a seu turno, por subconjunto e por peça.

II. *Selecione a fonte de energia* mais adequada à alimentação da máquina, com especial atenção para a disponibilidade e o custo.

III. *Invente ou selecione mecanismos e sistemas de controles adequados*, capazes de desempenhar as funções definidas, utilizando a fonte de energia escolhida.

IV. *Realize análises dos fundamentos de engenharia* pertinentes, conforme as necessidades, inclusive termodinâmica, transferência de calor, mecânica dos fluidos, eletromecânica, sistemas de controle e outras.

V. *Submeta o projeto às análises cinemática e dinâmica* para determinar os deslocamentos, velocidades e acelerações importantes ao longo de toda a máquina e para cada uma de suas peças.

VI. *Realize uma análise global de forças* para determinar ou estimar todas as forças atuando na máquina, de modo a ser possível realizar, em seguida, a análise local de forças, conforme necessário, para o projeto das peças componentes.

VII. Desenvolva o *projeto de cada peça individualmente* para completar a máquina. Lembre-se de que a natureza *iterativa* do processo de projetar implica que sejam necessárias, usualmente, várias tentativas e modificações para cada peça, antes de se alcançarem as melhores especificações de geometria e de material. Os aspectos importantes do projeto de cada peça estão indicados na Tabela 1.2.

VIII. *Prepare desenhos de conjunto* da máquina toda, incorporando todas as peças conforme projetadas e esquematizadas no passo VII. Esta tarefa requer a atenção, não apenas quanto à função ou à forma, mas cuidadosa atenção também à fabricação, montagem, manutenção e aos problemas de inspeção potenciais, bem como detalhes de bases, montagens, isolamento, proteção, intertravamento e outras considerações de segurança.

IX. *Complete os desenhos de detalhamento* que serão utilizados como desenhos de trabalho, para cada peça da máquina. Esses desenhos de detalhamento são desenvolvidos a partir dos esboços do passo VII, incorporando-se as modificações geradas durante a elaboração dos desenhos de conjunto. Também são incluídas todas as especificações para ajustes, tolerâncias, acabamentos, proteção ambiental, tratamentos térmicos, processamentos especiais e imposições decorrentes de padrões da empresa ou da indústria e de exigências das normas técnicas.

X. *Elabore desenhos de montagem* para a máquina toda, atualizando os desenhos de conjunto de modo a incluir as informações da última versão dos desenhos do passo IX. Os desenhos de montagem de subconjuntos, de fundição, de forjamento ou desenhos para outros propósitos especiais são elaborados de acordo com a necessidade para serem incluídos no pacote do desenho de montagem.

XI. *Realize uma revisão minuciosa do projeto*, em que a equipe de projeto e todos os departamentos participantes façam uma análise do projeto proposto conforme apresentado nos desenhos de montagem e de detalhamento. É normal a participação dos departamentos de engenharia, produção, fundição, projeto industrial, marketing, vendas e manutenção. Altere os desenhos de acordo com as necessidades.

XII. *Prossiga com o desenvolvimento e a construção cuidadosa do protótipo* para eliminar os problemas que aparecerão nos testes e avaliações experimentais da máquina. O *reprojeto é tipicamente necessário* para desenvolver o protótipo da máquina até um nível de produto aceitável para produção e distribuição.

XIII. *Acompanhe o serviço de campo, os registros de manutenção, as taxas de falha e os modos de falha, a manutenção em garantia, os dados de inspeção de campo e as reclamações do consumidor* para identificar problemas de projeto relevantes e, se necessário, projetar modificações ou pacotes de atualização para resolver problemas sérios ou eliminar defeitos de projeto.

XIV. *Comunique* todos os dados relevantes de campo quanto a modos e taxas de falha, defeitos de projeto ou outros fatores pertinentes ao projeto à gerência de Engenharia e, em particular, ao departamento de projeto. A estratégia das lições aprendidas discutida na seção 1.10 deve ser incorporada a este processo de comunicação.

TABELA 1.2 Passos para o Projeto de Cada Peça Individual

1. *Conceba uma forma* geométrica *provisória* para a peça. (Veja Capítulo 6.)
2. *Determine localmente as forças e os momentos atuantes* na peça, baseado nos resultados de uma análise de forças global do passo VI. (Veja Capítulo 4.)
3. *Identifique os prováveis modos de falha dominantes* baseado na função da peça, nas forças e nos momentos atuantes, no formato da peça e em seu ambiente operacional. (Veja Capítulo 2.)
4. *Selecione inicialmente um material* para a peça que pareça ser o mais adequado para a aplicação a que se destina. (Veja Capítulo 3.)
5. *Selecione inicialmente um processo de manufatura* que pareça ser o mais adequado para a peça e o material de que é feito. (Veja Capítulo 7.)
6. *Selecione seções críticas potenciais e pontos críticos* para uma análise detalhada. Pontos críticos da peça são aqueles que têm alta probabilidade de falha em função de grandes tensões ou deformações, baixa resistência ou uma combinação desses fatores. (Veja Capítulo 6.)
7. *Escolha as equações de mecânica dos sólidos* que relacionam de forma própria as forças ou os momentos com as tensões ou as deflexões, e calcule as tensões e deflexões para cada ponto crítico estudado. A *escolha de determinadas relações força-tensão ou força-deflexão* será muito influenciada pela forma da peça, da *orientação das forças e dos momentos* que agem na peça e da *escolha de hipóteses simplificadoras pertinentes*. Em iterações de projeto posteriores, análises mais poderosas podem ser incluídas (como análises de elementos finitos) se maior precisão for necessária e o custo permitir. (Veja Capítulo 4.)
8. *Estabeleça as dimensões da peça* em cada ponto crítico assegurando que as tensões operacionais são sempre seguramente menores que a resistência de falha de cada um desses pontos. A margem de segurança entre o nível de tensão operacional e os níveis de falha de resistência podem ser estabelecidos tanto pela determinação de um *fator de segurança de projeto* adequado quanto pela aplicação de uma *especificação de confiabilidade adequada*. (Veja Capítulo 5.)
9. *Faça uma revisão da seleção de material, da forma e das dimensões* de uma peça projetada a partir do ponto de vista do *processo de manufatura* exigido, de problemas potenciais de *montagem*, de problemas potenciais de *manutenção* e de acesso a pontos críticos que *inspeções* periódicas pretendem detectar a fim de eliminar falhas incipientes antes que realmente ocorram.
10. *Gere um esboço ou desenho* da peça projetada, *incorporando todos* os *resultados* dos nove aspectos de projeto recém-listados, suprindo numerosas decisões menos importantes acerca de tamanho e formato necessários para terminar um desenho coerente da peça. Tais esboços ou desenhos podem ser gerados por um esboço limpo à mão livre; por desenhos utilizando instrumentos; pela utilização de um sistema de CAD ou por alguma combinação dessas técnicas.

frustrante, a comunidade de projeto desenvolveu dois importantes conceitos de projeto, ambos os quais dependem fortemente da *inspeção regular de pontos críticos* em uma máquina ou estrutura. Esses conceitos de projeto são chamados *segurança quanto a falhas* e *projeto para vida segura.*

O *projeto de segurança quanto a falhas* oferece percursos redundantes de distribuição do carregamento na estrutura de modo que, se houver falha de um membro primário da estrutura, um membro secundário será capaz de suportar todo o carregamento no caso de uma emergência, até que a falha da estrutura primária seja detectada e reparada.

A técnica de *projeto para vida segura* consiste em selecionar cuidadosamente um fator de segurança suficientemente grande e estabelecer intervalos de inspeção que assegurem que os níveis de tensão, os tamanhos potenciais de defeitos e os níveis de resistência do material que governam a falha sejam combinados de forma que haja uma taxa de crescimento de trinca tão baixa, que uma trinca que está crescendo possa ser detectada antes de alcançar um tamanho crítico de falha.

Ambos, a segurança quanto a falhas e o projeto para vida segura, dependem da *inspecionabilidade*, a capacidade de se inspecionar pontos críticos de uma máquina depois de completamente montada e colocada em serviço. É imperativo que os projetistas considerem a inspecionabilidade em todos os estágios do projeto, começando no projeto do componente da máquina, continuando ao longo do projeto de todos os subconjuntos e chegando ao projeto da máquina completa.

1.9 Virtudes da Simplicidade

Começar o projeto de uma máquina, de um subconjunto, ou de um componente individual requer um entendimento claro da *função* pretendida para o equipamento a ser projetado. Em geral, a função de uma peça individualmente *não é idêntica* à função da máquina como um todo; peças individuais, com suas funções especiais inerentes, *se combinam* para produzir a função geral desejada do conjunto montado ou da máquina. Cada peça em uma máquina é importante para o todo, mas também tem uma vida (funcionalidade) própria.

Antes de se determinar numericamente as dimensões de um componente, sua *configuração* pode ser estabelecida *qualitativamente*. A configuração de uma peça, com frequência, é visualizada fazendo-se um esboço,[17] em escala aproximada, que incorpora as características da geometria proposta[18] e sugere a localização e os meios de fixação onde será montada.

[17] Isto pode ser conseguido pelo esboço em papel ou usando um sistema de desenho assistido por computador.
[18] Veja o Capítulo 6.

Neste estágio inicial de concepção, um princípio norteador deverá ser respeitado: *manter a simplicidade*.[19] A complexidade desnecessária leva, normalmente, ao aumento de esforços e de tempo, maior dificuldade e maior custo de fabricação, montagem mais cara e lenta, e maior custo e dificuldade de manutenção do produto. Limitar as funções de um componente (ou máquina) para aquelas *realmente exigidas pelas especificações* constitui um bom primeiro passo para se manter a configuração simples. Há, frequentemente, no projetista, em especial naqueles sem experiência, um desejo interior de continuar agregando opções ao componente além daquelas especificadas. Cada uma dessas funções agregadas gera a necessidade de um "pequeno" aumento de tamanho, de resistência ou complexidade da peça considerada. Infelizmente, tais esforços nobres, em geral, se traduzem em buscas mais demoradas de fornecedores, alta de custos, dificuldades elevadas de fabricação e manutenção, e, em alguns casos, perda da fatia de mercado para o concorrente que entrega, mais cedo, o seu produto que só atendeu às especificações. As virtudes da simplicidade, portanto, incluem, potencialmente, entregas de um produto ao mercado, no prazo e dentro do orçamento, maior facilidade de fabricação e de manutenção, ganhos na fatia do mercado e melhora na reputação da companhia.

A simplicidade de projeto normalmente implica geometrias simples, número mínimo de componentes individuais, uso de componentes e peças padronizadas e características fáceis de alinhar na montagem, que permitam manobras de montagem em uma única direção.[20] Finalmente, *ajustes*, *tolerâncias* e *acabamentos* não devem ser mais restritivos do que o necessário para atender às especificações exigidas.[21]

1.10 Estratégia das Lições Aprendidas

A maior parte dos projetistas concordaria que "reinventar a roda" é uma perda de tempo, embora a falha de aproveitar experiências seja um problema generalizado. O exército dos EUA formulou um "sistema de lições aprendidas" para melhorar a eficiência em combate por meio da implementação de um esforço organizado para observar problemas *in loco*, analisá-los em revisões posteriores, refinando-os em *lições aprendidas* e disseminando essas lições de tal forma que os mesmos erros não se repetissem.[22] O sistema tem provado ser um processo eficiente para a correção de erros e a manutenção do sucesso pela aplicação das lições aprendidas.

Embora o conceito "aprendendo com a experiência" não seja novo, esforços *organizados* nessa direção são raros na maioria das companhias. Uma avaliação efetiva de falhas em serviço, uma parte importante de qualquer estratégia de projeto orientado por lições aprendidas, usualmente necessita de um exame minucioso feito por uma equipe de especialistas, inclusive, no mínimo, um projetista mecânico e um engenheiro de materiais, ambos treinados nas técnicas de análise de falha e, muitas vezes, um engenheiro industrial e também um engenheiro de campo. A incumbência da equipe de análise de falha é descobrir a sua causa iniciadora, identificar a melhor solução e reprojetar o produto para a prevenção de falhas futuras. Por mais desagradáveis que as falhas em serviço possam ser, os resultados de sua análise bem executada podem ser transformados, diretamente, em uma melhora da qualidade do produto por projetistas que aproveitam os dados de serviço e os resultados da análise de falhas. O desafio final é assegurar que as lições aprendidas sejam utilizadas. A estratégia de lições aprendidas não obterá sucesso a menos que a informação gerada pela equipe de análise de falha seja compilada e disseminada. Nenhum projeto está completo até que seja sistematicamente revisado e suas lições transmitidas, em especial para o departamento de projeto preliminar.

1.11 Elementos de Máquina, Subconjuntos e o Equipamento Completo

Uma máquina bem projetada é muito mais do que um grupo interconectado de *elementos de máquinas* individuais. Não apenas as partes individuais têm de ser cuidadosamente projetadas para funcionar com eficiência, sem falhas, e com segurança durante o tempo de vida especificado, como as partes devem ser efetivamente agrupadas em *subconjuntos*. Cada subconjunto deve funcionar sem interferência interna; permitir uma desmontagem fácil para manutenção e reparo; possibilitar a inspeção de pontos críticos sem um tempo de parada excessivo ou significar risco para os inspetores e se acoplar

---

[19] Em sessões de treinamento do Boy Scouts of America, o método *KISS* é frequentemente promovido como uma ferramenta para preparar as demonstrações e experiências de aprendizado. *KISS* é um acrônimo em inglês para "*keep it simple, stupid*" que pode ser traduzido: "mantenha a simplicidade, inocente". (N.T.)

[20] Veja também de 7.2 até 7.6.

[21] Veja 6.7.

[22] Veja ref. 5.

de forma efetiva com outros subconjuntos, oferecendo a melhor configuração de sistema integrado para atender à função *do equipamento como um todo*. A montagem completa da máquina sempre requer um quadro ou uma estrutura de sustentação dentro da qual ou sobre a qual todos os subconjuntos e sistemas de sustentação são montados. Embora o projeto de um quadro de sustentação de máquina possa ser baseado tanto em requisitos de resistência quanto de deflexão, a necessidade de rigidez para evitar mudanças dimensionais inaceitáveis entre subconjuntos é o critério de projeto mais usual para um quadro de sustentação de máquina. Como no caso de um projeto adequado de subconjunto, quadros e estruturas de sustentação devem ser projetados para permitir o livre acesso aos pontos críticos de inspeção, de manutenção e aos procedimentos de reparo, bem como às proteções e intertravamentos para a segurança dos funcionários. Os princípios básicos para projetar quadros de máquinas ou de estruturas de sustentação não são diferentes dos princípios para o projeto de qualquer outra parte de máquina, e a metodologia da Tabela 1.2 é válida.

Embora a ênfase neste texto esteja no projeto de elementos de máquinas (a abordagem tradicional da maioria dos livros-texto de projeto de Engenharia), é reconhecida a necessidade de uma crescente integração da manufatura, da montagem e dos requisitos de inspeção no processo de projetar em um estágio precoce, uma filosofia extensamente referenciada como "engenharia simultânea".

1.12 Função dos Códigos e das Normas no Processo de Projetar

Não importa o quão perspicaz um projetista possa ser, e não importa quanta experiência tenha, a familiaridade com os *códigos* e *normas* apropriadas para determinado projeto é essencial. A adesão aos códigos e às normas aplicáveis pode oferecer uma orientação baseada na experiência para o projetista do que constitui a *boa prática* naquele campo, e garante que o produto está em conformidade com as exigências legais aplicáveis.

Normas são documentos consensuais, formulados por um esforço cooperativo entre organizações industriais e outras partes interessadas, que definem a *boa prática* em determinado campo. O objetivo básico do desenvolvimento de uma norma é assegurar a intercambiabilidade, a compatibilidade e o desempenho aceitável dentro de uma companhia (norma da companhia), dentro de uma nação (norma nacional) ou entre países em cooperação (norma internacional). As normas, usualmente, descrevem um nível mínimo de aceitação pelo grupo que a formulou, sendo normalmente consideradas como *recomendações* ao usuário de *como realizar* a tarefa abrangida na norma; são preparadas, compiladas e distribuídas pela *ANSI*[23], *ISO*[24] e outras organizações similares.

Os *códigos* são, usualmente, documentos legais obrigatórios, compilados por órgãos governamentais, que têm o propósito de salvaguardar o bem-estar geral de seus componentes e prevenir prejuízos a propriedades, ferimentos ou perda de vidas. Os objetivos de um código são atingidos ao exigir o uso do conhecimento e das experiências acumuladas para a tarefa de evitar, eliminar ou reduzir riscos definíveis. Os códigos são usualmente considerados *condições mandatórias* que dizem ao usuário *o que fazer* e *quando fazer*; muitas vezes incorporam uma ou mais normas, dando a essas normas força de lei.

A responsabilidade do projetista inclui a pesquisa de todos os códigos e normas relacionados com a concepção de seu projeto em particular. A falha do projetista em adquirir um conjunto completo e abrangente de documentos aplicáveis é considerada extremamente arriscada no ambiente litigioso atual. Como os clientes e o público esperam que todos os produtos vendidos no mercado sejam seguros para o uso planejado (como também para seu uso não planejado, ou ainda o seu mau uso), um projetista e a sua companhia, que não sigam os requisitos dos códigos, podem vir a ser acusados de má conduta profissional[25] e estar sujeitos a demandas judiciais.

1.13 Ética no Projeto de Engenharia

Como todos os profissionais, os engenheiros têm o profundo dever de proteger o bem-estar público, atuando com o mais alto nível de honestidade e integridade em seu exercício profissional. Isto é, engenheiros devem ser ligados com devoção aos mais altos princípios da conduta *ética* e *moral*. Ética e moralidade são formulações do que *deve* ser feito e de como *deve* se comportar um engenheiro no exercício da sua profissão. Engenheiros de projeto têm uma responsabilidade especial por um comportamento ético em função da saúde e do bem-estar do público, que, em geral, dependem da qualidade, confiabilidade e segurança de seus projetos.

---

[23] American National Standards Institute (veja ref. 6).
[24] International Organization for Standardization (veja ref. 7).
[25] Veja também 1.13.

No sentido mais amplo, a *ética* ocupa-se de sistemas de crenças sobre o bem e o mal, o certo e o errado ou comportamentos apropriados ou inapropriados.[26] Tão simples quanto esses conceitos podem parecer, *dilemas éticos* muitas vezes surgem porque razões morais podem ser oferecidas para justificar dois ou mais rumos de ação opostos. Em algumas ocasiões é uma tarefa difícil decidir qual dos pontos de vista morais concorrentes é o mais constrangedor ou o mais correto.[27]

Para tratar de questões éticas no local de trabalho, muitas vezes são formadas *comissões de ética* para estudar e esclarecer dilemas éticos dentro da companhia. Pontos de vista consensuais da comissão de ética e recomendações são, usualmente, propostas apenas após a formulação do dilema, da reunião de todos os fatos relevantes e, então, do exame das considerações de ordem moral concorrentes. Tais pontos de vista da comissão revelam o nível de consenso dentro da comissão.

Para ajudar os engenheiros a exercer a sua profissão de forma ética, princípios e regras de comportamento ético devem ser formulados e distribuídos por um grande número de associações profissionais de Engenharia. O *Model Guide for Professional Conduct* (*Guia Padrão de Conduta Profissional*)[28] e o *Code of Ethics for Engineers* (*Código de Ética para Engenheiros*)[29] são dois bons exemplos.*

O código desenvolvido pela *NSPE* inclui um *Preâmbulo*, seis *Princípios Fundamentais*, cinco *Regras da Prática* e nove *Obrigações Profissionais*. O Preâmbulo e os Princípios Fundamentais são mostrados na Figura 1.2.[30] No final das contas, contudo, o comportamento ético traduz-se em uma combinação de senso comum e de prática responsável da Engenharia.

1.14 Unidades

No projeto mecânico, cálculos numéricos devem ser executados com cuidado, e qualquer conjunto de cálculos deve empregar um *sistema de unidades* consistente.[31] Os sistemas de unidades normalmente utilizados nos Estados Unidos são o *sistema* polegada-libra-força-segundo (*inch-pound-second — ips*), o sistema pé-libra-força-segundo (*foot-pound-second — fps*) e o *Système International d'Unités* ou o *Sistema Internacional* (SI).[32] Todos os sistemas de unidades derivam da segunda lei de Newton

$$F = \frac{mL}{t^2} \tag{1-1}$$

na qual quaisquer três das quatro quantidades F(força), m(massa), L(comprimento) e t(tempo) podem ser escolhidas como *unidades de base*, determinando-se a quarta, portanto, chamada *unidade derivada*. Quando a força, o comprimento e o tempo são escolhidos como unidades de base, tornando a massa uma unidade derivada, o sistema é chamado *sistema gravitacional*, porque o valor da massa depende da aceleração da gravidade local g. Tanto o sistema ips quanto o sistema fps são sistemas gravitacionais. Quando m, L e t são escolhidos como unidades de base, tornando a força F a unidade derivada, o sistema é chamado *sistema absoluto*, porque a massa, uma unidade de base, não é dependente da gravidade local. No sistema gravitacional ips, as unidades de base são a força em libra (com mais propriedade libra-força, mas, neste texto, lb ≡ lbf), comprimento em polegadas e tempo em segundos, tornando a massa uma unidade derivada, $\text{lb} \cdot \text{s}^2/\text{in}$, à qual não é dado nenhum nome especial, que utilizando a expressão (1.1), tem-se

$$m = \frac{Ft^2}{L} \quad \frac{\text{lb} \cdot \text{s}^2}{\text{in}} \tag{1-2}$$

---

[26] Veja ref. 8.

[27] Para engenheiros (e outros) envolvidos na concorrência do *mercado internacional*, a tarefa de adesão ao comportamento ético pode ser especialmente incômoda. Isto é verdade porque certas práticas consideradas legais e apropriadas em alguns países são inaceitáveis e ilegais em outros. Um exemplo é a prática local de negócios de dar "presentes" (suborno) para garantir contratos em alguns países. Sem o "presente", nenhum contrato é concedido. Tais práticas, por exemplo, são consideradas aéticas e ilegais na maioria dos países.

[28] Desenvolvido pela American Association of Engineering Societies (veja ref. 9).

[29] Desenvolvido pela National Society of Professional Engineers (NSPE) (veja ref. 10).

* No Brasil, o Conselho Federal de Engenharia, Arquitetura e Agronomia — Confea — estabelece, pela Resolução nº 1002, de 26 de novembro de 2002, o Código de Ética Profissional da Engenharia, da Arquitetura, da Agronomia, da Geografia e da Meteorologia. (Ver Apêndice.) (N.E.)

[30] Mais detalhes podem ser obtidos em *Rules of Practice* e *Professional Obligations*, disponíveis na NSPE.

[31] Quaisquer dúvidas a esse respeito foram dirimidas pela perda da sonda espacial Mars Climate Orbiter de $125 milhões da NASA em setembro de 1999. Duas equipes de Engenharia distintas, cada uma envolvida na determinação da rota da nave espacial, falharam em transmitir que uma equipe estava utilizando o padrão inglês de unidades enquanto a outra equipe utilizava unidades métricas. O resultado foi, aparentemente, que os cálculos de empuxo executados em unidades inglesas foram substituídos em equações de empuxo escritas em unidades métricas sem a conversão apropriada de unidades, embutindo o erro no software do satélite. Consequentemente, a sonda espacial passou muito perto da superfície marciana, onde, ou fez uma aterrissagem brusca, ou se quebrou ou ainda se queimou (veja ref. 11).

[32] Veja ref. 12.

National Society of
Professional Engineers

NSPE Código de Ética para Engenheiros

Preâmbulo

A Engenharia é uma importante profissão acadêmica. Como membros desta profissão, espera-se que os engenheiros apresentem os mais altos níveis de honestidade e integridade. A Engenharia tem um impacto direto e vital na qualidade de vida de todas as pessoas. Consequentemente, os serviços prestados por engenheiros exigem honestidade, imparcialidade, integridade e equidade e devem ser dedicados à proteção da saúde pública, da segurança e do bem-estar. Engenheiros devem se portar sob um padrão de comportamento profissional que exige a adesão aos mais altos princípios de conduta ética.

I. Princípios Fundamentais

Engenheiros, em cumprimento de seus deveres profissionais, devem:

1. Defender de forma soberana a segurança, a saúde e o bem-estar de todos.
2. Executar serviços apenas nas áreas de suas competências.
3. Emitir declarações públicas apenas de forma objetiva e verdadeira.
4. Agir para cada empregador ou cliente como agentes confiáveis ou curadores.
5. Evitar atos enganosos.
6. Conduzir-se honradamente, responsavelmente, eticamente e legalmente de forma a intensificar a honra, a reputação e a utilidade da profissão.

Figura 1.2
Preâmbulo e Princípios Fundamentais do Código de Ética para Engenheiros da NSPE (reproduzido com a autorização da National Society of Professional Engineers).

De forma similar, para o sistema gravitacional, fps

$$m = \frac{Ft^2}{L} \quad \frac{\text{lb} \cdot \text{s}^2}{\text{ft}} \tag{1-3}$$

Para o sistema fps, a unidade de massa recebe o nome especial de *slug*, em que

$$\frac{\text{lb} \cdot \text{s}^2}{\text{ft}} \equiv slug \tag{1-4}$$

Para o sistema absoluto SI, as unidades de base são a massa em quilos, o comprimento em metros e o tempo em segundos, resultando na unidade derivada de força, de (1.1),

$$F = \frac{mL}{t^2} \quad \frac{\text{kg} \cdot \text{m}}{\text{s}^2} \tag{1-5}$$

Pela definição, à unidade de força é dado o nome especial de *newton* (N), em que

$$\frac{\text{kg} \cdot \text{m}}{\text{s}^2} \equiv \text{N} \tag{1-6}$$

O peso W de um objeto é definido como a força nele exercida pela gravidade. Desse modo,

$$W = mg \tag{1-7}$$

ou

$$m = \frac{W}{g} \tag{1-8}$$

em que g é a aceleração devida à gravidade. Na Terra ao nível do mar, o valor de g é aproximadamente 386 in/s^2 no sistema ips, 32,17 ft/s^2 no sistema fps e 9,81 m/s^2 no sistema SI.

Desse modo, quando a segunda lei de Newton for utilizada para determinar as forças associadas à aceleração de um sistema dinâmico, a equação pode ser expressa por

$$F = ma = \frac{W}{g}a \tag{1-9}$$

Se for utilizado o sistema ips, F = força em lb, m = massa em lb · s²/in, a = aceleração em in/s², g = 386 in/s² e W = peso em lb; se for utilizado o sistema fps, F = força em lb, m = massa em slugs, a = aceleração em ft/s², g = 32,17 ft/s² e W = peso em lb; se for utilizado o sistema SI, F = força em newtons, m = massa em kg, a = aceleração em m/s², g = 9,81 m/s² e W = peso em newtons.

Quando se utiliza o sistema SI, algumas regras e recomendações da agência internacional de padronização[33]* devem ser seguidas para eliminar a confusão entre costumes usados em vários países do mundo. Isso inclui:

1. Números que tenham quatro ou mais dígitos devem ser colocados em grupos de três, contados do sinal decimal para a esquerda e para a direita, separados por espaços preferencialmente em vez de vírgulas. (O espaço pode ser omitido em números de quatro dígitos.)
2. Um *ponto* pode ser utilizado como um ponto decimal. (Pontos centralizados e vírgulas não devem ser utilizados.)
3. O ponto decimal deve ser precedido por um zero para números menores que a unidade.
4. Prefixos de unidades que designem múltiplos e submúltiplos em passos de 1000 são recomendados; por exemplo, um milímetro é igual a 10^{-3} metros ou um quilômetro é igual a 10^3 metros. Prefixos não devem ser utilizados nos denominadores de unidades *derivadas*. Por exemplo, N/mm² não deve ser utilizada; N/m², Pa (pascal), ou MPa devem ser utilizadas em seu lugar. Prefixos devem ser escolhidos para tornar os valores numéricos de mais simples manipulação. Por exemplo, utilizando-se MPa (megapascal) para tensão ou GPa (gigapascal) para o módulo de elasticidade, preferencialmente ao Pa, há resultados numéricos mais compactos. Uma lista limitada de prefixos é exibida na Tabela 1.3. Na Tabela 1.4 há uma lista das variáveis frequentemente utilizadas na prática do projeto de Engenharia, mostrando as suas unidades nos sistemas ips, fps e SI. A Tabela 1.5 apresenta uma pequena lista de fatores de conversão entre os três sistemas de unidades. Utilizam-se esses vários sistemas de unidades neste texto à medida que surge a necessidade.

TABELA 1.3 Uma Lista Parcial de Prefixos SI Padrões[1]

Nome	Símbolo	Fator
giga	G	10^9
mega	M	10^6
quilo	k	10^3
centi	c	10^{-2}
mili	m	10^{-3}
micro	μ	10^{-6}
nano	n	10^{-9}

[1] Existem outros prefixos padrões, mas esta lista abrange a maior parte dos prefixos utilizados em projetos de Engenharia. Veja ref. 2 para acessar uma lista completa.

TABELA 1.4 Variáveis de Projeto de Engenharia Frequentemente Utilizadas e as Suas Unidades (*Unidades de Base* são mostradas em negrito)

Grandeza	Símbolo	Unidades ips	Unidades fps	Unidades SI
Força	F	**lb** (libras-força)	**lb**	N (newtons)
Comprimento	l	**in** (polegadas)	**ft** (pés)	**m** (metros)
Tempo	t	**s** (segundos)	**s**	**s**
Massa	m	lb · s²/in	slugs (lb · s²/ft)	**kg** (quilogramas)
Peso	W	lb	lb	N
Pressão	p	psi	psf	Pa (pascais)
Tensão	σ, τ	psi	—	Mpa
Velocidade	v	in/s	ft/s	m/s
Aceleração	a	in/s²	ft/s²	m/s²
Ângulo	θ	rad (radianos)	rad	rad
Velocidade angular	ω	rad/s	rad/s	rad/s
Aceleração angular	α	rad/s²	rad/s²	rad/s²
Momento ou torque	M, T	in · lb	lb · ft	N · m

[33] International Bureau of Weights and Measures.

* No Brasil o INMETRO — Instituto Nacional de Metrologia, Normalização e Qualidade Industrial — é o órgão governamental responsável por estabelecer as regras e recomendações para a utilização do SI. (N.E.)

TABELA 1.4 (*Continuação*)

Grandeza	Símbolo	Unidades ips	Unidades fps	Unidades SI
Área	A	in^2	ft^2	m^2
Volume	V	in^3	ft^3	m^3
Momento de inércia de área	I	in^4	—	m^4
Momento de inércia de massa	I	$lb \cdot in \cdot s^2$	$lb \cdot ft \cdot s^2$	$kg = m^2$
Peso específico	w	lb/in^3	lb/ft^3	N/m^3
Energia	E	$in \cdot lb$	$ft \cdot lb$	$N \cdot m$ = J (joule)
Potência	P	$in \cdot lb/s$	$ft \cdot lb/s$	$N \cdot m/s$ (watt)
Constante de mola	k	lb/in	lb/ft	N/m
Intensidade de tensão	K	$ksi \sqrt{in}$	—	$MPa \sqrt{m}$

TABELA 1.5 Fatores de Conversão Selecionados

Grandeza	Conversão
Força	1 lb = 4,448 N
Comprimento	1 in = 25,4 mm
Área	1 in^2 = 645,16 mm^2
Volume	1 in^3 = 16 387,2 mm^3
Massa	1 slug = 32,17 lb
	1 kg = 2,21 lb
	1 kg = 9,81 N
Pressão	1 psi = 6895 Pa
	1 Pa = 1 N/m^2
Tensão	1 psi = $6,895 \times 10^{-3}$ MPa
	1 ksi = 6,895 MPa
Módulo de elasticidade	10^6 psi = 6,895 GPa
Constante de mola	1 lb/in = 175,126 N/m
Velocidade	1 in/s = 0,0254 m/s
Aceleração	1 in/s^2 = 0,0254 m/s^2
Trabalho, energia	1 lbf · in = 0,1138 N · m
Potência	1 hp = 745,7 W (watts)
Momento, torque	1 in · lb = 0,1138 N · m
Intensidade de tensão	1 ksi $\sqrt{in}$ = 1,10 MPa $\sqrt{m}$
Momento de inércia de área	1 in^4 = $4,162 \times 10^{-7}$ m^4
Momento de inércia de massa	1 lb · in · s^2 = 0,1138 N · m · s^2

Exemplo 1.1 Flexão de um Pino de Engate: Unidades ips

Uma ligação manilha-cabo envolve um pino de engate de uma polegada de diâmetro para ser utilizado para deslocar um grande tronco de árvore de um quintal para a rua. Como mostrado na Figura E1.1, o pino pode ser modelado como uma viga biapoiada de seção circular, carregada com uma carga concentrada de 10.000 lb na metade do comprimento. Calcule a tensão máxima de flexão no pino se a carga máxima a meio comprimento é estimada em 10.000 lb e o pino tem 2,0 polegadas de comprimento com os apoios simples a 0,25 polegada de cada extremidade, como mostrado na Figura E1.1.

Solução

Usando como referência a expressão (4-5) do Capítulo 4, a tensão máxima de flexão é dada por

$$\sigma_{\text{máx}} = \frac{M_{\text{máx}} c}{I}$$

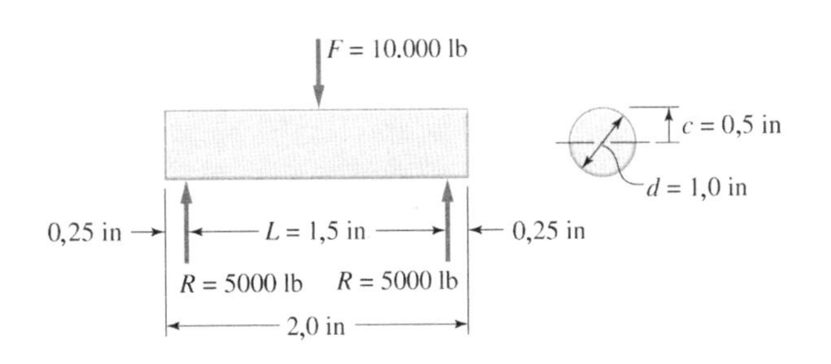

Figura E1.1
Modelo de um pino de engate como uma viga simplesmente apoiada em flexão (consulte 4.4).

Exemplo 1.1 Continuação

em que $M_{máx}$ é o momento máximo de flexão, $c = d/2$ é a distância a partir da linha de centro (linha neutra de flexão) à fibra mais externa, e I é o momento de inércia de área da seção transversal. Utilizando-se as Tabelas 4.1 e 4.2,

$$M_{máx} = \frac{FL}{4}$$

e

$$I = \frac{\pi d^4}{64}$$

Portanto, pode-se calcular a tensão máxima

$$\sigma_{máx} = \frac{\left(\frac{FL}{4}\right)\frac{d}{2}}{\left(\frac{(\pi d^4)}{64}\right)} = \frac{8FL}{\pi d^3}$$

Como os dados são fornecidos em termos de polegadas e libras-força, os cálculos podem ser convenientemente desenvolvidos utilizando-se o sistema de unidades ips. Portanto,

$$\sigma_{máx} = \frac{8(10.000 \text{ lb})(1{,}5 \text{ in})}{\pi(1{,}0 \text{ in})^3} = 38.200 \text{ psi}$$

Exemplo 1.2 Flexão de um Pino de Engate: unidades SI

Utilizando o mesmo enunciado do Exemplo 1.1 e com os seguintes dados:

$F = 44.480$ N
$L = 38{,}1$ mm
$d = 25{,}4$ mm

Novamente, calcule a tensão máxima de flexão.

Solução

A expressão de tensão máxima de flexão dada em (4) do Exemplo 1.1 permanece válida. Como os dados são fornecidos em milímetros e newtons, os cálculos podem ser, convenientemente, desenvolvidos utilizando-se o sistema SI de unidades. Consequentemente

$$\sigma_{máx} = \frac{8(44\,480 \text{ N})(38{,}1 \times 10^{-3} \text{ m})}{\pi(25{,}4 \times 10^{-3} \text{ m})^3} = 2{,}63 \times 10^8 \frac{\text{N}}{\text{m}^2}$$

$$= 2{,}63 \times 10^8 \text{ Pa} = 263 \text{ MPa}$$

Exemplo 1.3 Conversão de Unidades

Os Exemplos 1.1 e 1.2 constituem-se no mesmo problema em dois sistemas de unidades distintos. Verifique essa afirmativa.

Solução

Utilizando a Tabela 1.5, verifique a equivalência dos dados e dos resultados.

Os dados do Exemplo 1.1, como mostrados na Figura E1.1, são

$F = 10.000$ lb
$L = 1{,}5$ in
$d = 1{,}0$ in

Utilizando-se os fatores de conversão da Tabela 1.5, estes convertem-se em

$F = 44\,480$ N
$L = 38{,}1$ mm
$d = 25{,}4$ mm

Comparando os dados do Exemplo 1.2, verifica-se que são idênticos.

Convertendo-se a tensão resultante do Exemplo 1.1,

$$\sigma_{\text{máx}} = 38.200(6{,}895 \times 10^{-3}) = 263 \text{ MPa}$$

Os resultados conferem, como esperado.

Problemas

1-1. Defina *projeto de engenharia* e discuta sobre cada conceito importante da definição.

1-2. Enumere diversos fatores que poderiam ser usados para decidir o quanto um projeto proposto alcança os objetivos especificados.

1-3. Defina o termo *projeto ótimo*, e explique brevemente por que é difícil alcançar uma solução ótima para um problema de projeto prático.

1-4. Quando parar de calcular e começar a construir é um julgamento de engenharia de importância crítica. Escreva em torno de 250 palavras explicitando os fatores que são importantes ao fazer tal julgamento.

1-5. As fases da atividade de projeto propostas no item 1.6 incluíam *projeto preliminar*, *projeto intermediário*, *projeto de detalhamento* e *desenvolvimento* e *serviço de campo*. Escreva duas ou três frases resumindo a essência de cada uma destes quatro estágios do projeto.

1-6. Que condições devem ser atendidas para garantir *confiabilidade* de 100 por cento?

1-7. Faça a distinção entre o *projeto de segurança quanto a falhas* e o *projeto para vida segura*, e explique o conceito de *inspecionabilidade*, do qual ambos dependem.

1-8. *Iteração* frequentemente desempenha uma função muito importante na determinação do material, da forma e do tamanho de um determinado componente de máquina. Explique resumidamente o conceito de *iteração* e dê um exemplo de uma situação que poderia requerer um processo iterativo para se achar a solução.

1-9. Escreva um parágrafo sucinto explicando os termos "engenharia simultânea" e "engenharia concorrente".

1-10. Descreva resumidamente a natureza dos códigos e normas, e resuma as circunstâncias sob as quais o seu uso deveria ser considerado pelo projetista.

1-11. Defina o significado de *ética* no campo da Engenharia.

1.12. Explique o significado de *dilema ético*.

1-13. [34]Um jovem engenheiro, tendo trabalhado em uma companhia de engenharia multinacional por cerca de cinco anos, foi designado para a tarefa de negociar um grande contrato de construção em um país onde é comumente aceita como prática de negócios, e totalmente legal segundo as leis do país, dar presentes substanciais para funcionários do governo com o objetivo de obter contratos. De fato, sem tais presentes, contratos são raramente concedidos. Isso configura um dilema ético para o jovem engenheiro, porque essa prática é ilegal em inúmeros países dentre os quais os Estados Unidos e o Brasil e infringe claramente os *Códigos de Ética da NSPE e do Sistema CONFEA/CREA* [veja Apêndice]. O dilema é que enquanto a prática de dar presentes é inaceitável e ilegal nos Estados Unidos e no Brasil, é totalmente apropriada e legal no país que está contratando o serviço. Um amigo, que trabalha para uma outra firma fazendo negócios nesse mesmo país, propôs que o dilema poderia ser resolvido subcontratando uma firma local baseada no país e deixando que a firma local se encarregasse de dar o presente. Justificou dizendo que, dessa forma, ele e sua companhia não participariam da prática de dar presentes e, portanto, não estariam agindo aeticamente. A firma local agiria eticamente, visto que eles atuariam segundo as práticas e as leis daquele país. Essa é uma forma de sair do dilema?

1-14. [35]Dois jovens engenheiros receberam seus títulos de PhD de uma universidade de renome quase ao mesmo tempo. Ambos procuraram por colocações em faculdades, foram bem-sucedidos em receber designações em duas universidades distintas de renome e sabiam que, para serem empossados, deveriam ser autores de artigos para publicação em revistas acadêmicas e técnicas.

O engenheiro A, enquanto estudante de pós-graduação, desenvolveu um trabalho de pesquisa que nunca foi publicado, mas ele acreditava que formaria uma base sólida de um excelente artigo para revista. Discutiu, então, a sua ideia com o colega, engenheiro B, e ambos concordaram em cooperar para o desenvolvimento do artigo. O engenheiro A, o autor principal, reescreveu o trabalho original, atualizando-o. As contribuições do engenheiro B foram mínimas. O engenheiro A concordou em incluir o nome do engenheiro B como coautor do artigo como favor para que aumentassem as chances de o engenheiro B ser empossado. O artigo foi, enfim, aceito e publicado em uma revista indexada.

a. O engenheiro B foi ético ao aceitar o crédito pela criação do artigo?
b. O engenheiro A foi ético ao incluir o engenheiro B como coautor do artigo?

1-15. Se fosse dada a responsabilidade de calcular as tensões em uma nova "Mars Lander", que sistema de unidades seria provavelmente escolhido? Explique.

1-16. Explique como as *lições de estratégia aprendidas* poderiam ser aplicadas na falha sofrida pela missão da NASA enquanto tentava pousar a sonda espacial Mars Climate Orbiter na superfície marciana em setembro de 1999. O evento de falha está descrito resumidamente na nota de rodapé 31 do primeiro parágrafo de 1.14.

1-17. Um pacote de carga útil especial está para ser entregue na superfície da Lua. Um protótipo do pacote, desenvolvido, construído e testado nos arredores de Boston, teve a massa determinada em 23,4 kg.

a. Estime o peso do pacote em newtons, ao ser medido nos arredores de Boston.
b. Estime o peso do pacote em newtons na superfície da Lua, se $g_{\text{lua}} = 17{,}0$ m/s^2 na área de pouso.
c. Rescreva os pesos em libras-força.

1-18. Laboratórios de testes de colisão de automóveis utilizam rotineiramente bonecos instrumentados semelhantes ao homem na indústria automotiva. Ao ser designado para a tarefa de estimar a força em newtons no centro de massa de um desses bonecos instrumentados, supondo que esse seja um corpo rígido, qual seria a previsão de força se uma desaceleração de um choque frontal de $60g$ (g é a aceleração da gravidade) for exercida sobre o boneco instrumentado? O seu peso nominal é de 150 libras.

1-19. Converta o diâmetro de um eixo de 2,25 in para mm.

1-20. Converta o torque de entrada de um redutor de engrenagens de 20.000 in · lb para N · m.

1-21. Converta a tensão de flexão de tração de 876 MPa para psi.

1-22. Propôs-se a utilização de um perfil de seção padrão W10 × 45 (abas largas) para cada uma das quatro colunas de suportação de um reservatório elevado. (Veja a Tabela A.3 do Apêndice para a interpretação dos símbolos e propriedades das seções.) Qual seria a área da seção transversal em mm^2 de uma coluna com tal seção transversal?

1-23. Qual é a *menor* cantoneira padrão de abas iguais que teria uma área de seção transversal no mínimo tão grande quanto a seção W10 × 45 do Problema 1.22? (Da Tabela A.3, a seção W10 × 45 tem a área de seção transversal de 13,3 in^2.)

[34] A essência dessa questão e a sua resposta foram extraídas, com permissão, da ref. 8.

[35] A essência dessa questão e a sua resposta foram extraídas, com permissão, da ref. 8.

Capítulo 2

A Perspectiva de Prevenção da Falha[1]

2.1 O Papel da Análise de Prevenção da Falha no Projeto Mecânico

A principal responsabilidade de qualquer projetista mecânico é assegurar que o projeto proposto funcionará como pretendido, modo seguro e confiável, durante a vida útil prevista e, ao mesmo tempo, competir de forma bem-sucedida no mercado. O êxito em projetar produtos competitivos, enquanto se previnem falhas mecânicas prematuras, só pode ser alcançado de modo consistente pelo reconhecimento e avaliação de todos os modos de falhas potenciais que podem governar o projeto de uma máquina e de cada peça individual dentro desta máquina. Se um projetista estiver preparado para reconhecer os modos potenciais das falhas, ele ou ela deverá estar pelo menos familiarizado com o conjunto dos modos de falha realmente observados em campo e com as condições que levam àquelas falhas. Para um projetista ser eficaz na prevenção de falhas deve ter um bom conhecimento do trabalho com técnicas analíticas e/ou empíricas para a prevenção de potenciais falhas no estágio de projeto, antes de a máquina ser construída. Estas previsões devem, então, ser transformadas em seleção de material, determinação da forma e estabelecimento das dimensões de cada peça, para garantir uma operação segura e confiável por toda a vida útil do projeto. Fica claro que a análise de falha, predição e perspectivas de prevenção formam a base para o projeto bem-sucedido de qualquer máquina ou elemento de máquina.

2.2 Critério de Falha

Qualquer modificação no tamanho, forma ou propriedades do material de uma máquina ou peça de máquina que a torne incapaz de realizar a função pretendida deve ser considerada como uma falha mecânica. Deve-se atentar para o fato de que o *funcionamento inadequado* de uma máquina ou peça constitui uma falha. Portanto, um pino de cisalhamento que *não se separa* em dois ou mais pedaços após a aplicação de uma sobrecarga pré-selecionada deve ser considerado uma falha, tão certamente como um eixo motor quando *se separa* em duas partes sob cargas normais de operação esperadas.

A falha de uma máquina ou peça em funcionar apropriadamente pode ser causada por qualquer combinação ou uma combinação de diferentes respostas a cargas e ao meio ambiente, quando em serviço. Por exemplo, uma falha pode ser produzida por muita ou pouca deformação elástica. A progressão de uma trinca devida a um carregamento variável, ou um meio ambiente agressivo, pode levar à falha após um período de tempo, se a deflexão excessiva resultante ou fratura da peça interferir no funcionamento adequado. Uma lista dos modos potenciais de falha mecânica que têm sido observados em várias máquinas e peças de máquinas é apresentada na próxima seção, seguida de uma breve descrição de cada um dos modos.

2.3 Modos de Falha Mecânica

Modos de falha são os processos físicos que ocorrem ou que combinam seus efeitos para produzir a falha, como já discutido. A lista[2] apresentada a seguir inclui os modos de falha mais comumente observados em máquinas.

[1] O Capítulo 2 é uma versão condensada da ref. 1, Copyright © 1993, com permissão de John Wiley & Sons, Inc.
[2] Extraído da ref. 1, com permissão.

1. Deformação elástica induzida por força e/ou temperatura
2. Escoamento
3. Indentação
4. Ruptura dúctil
5. Fratura frágil
6. Fadiga:
   a. Fadiga de alto ciclo
   b. Fadiga de baixo ciclo
   c. Fadiga térmica
   d. Fadiga superficial
   e. Fadiga por impacto
   f. Fadiga associada à corrosão
   g. Fadiga por fretagem
7. Corrosão:
   a. Ataque químico direto
   b. Corrosão galvânica
   c. Corrosão por pites
   d. Corrosão intergranular
   e. Lixiviação seletiva
   f. Corrosão por erosão
   g. Corrosão por cavitação
   h. Dano por hidrogênio
   i. Corrosão biológica
   j. Corrosão sob tensão
8. Desgaste:
   a. Desgaste adesivo
   b. Desgaste abrasivo
   c. Desgaste corrosivo
   d. Desgaste por fadiga superficial
   e. Desgaste por deformação
   f. Desgaste por impacto
   g. Desgaste por fretagem
9. Impacto:
   a. Fratura por impacto
   b. Deformação por impacto
   c. Desgaste por impacto
   d. Fretagem por impacto
   e. Fadiga por impacto
10. Fretagem:
    a. Fadiga por fretagem
    b. Desgaste por fretagem
    c. Corrosão por fretagem
11. Fluência
12. Relaxação térmica
13. Ruptura por tensão
14. Choque térmico
15. Desgaste por contato e aderência (do inglês, *galling and seizure*)
16. Desagregação
17. Dano por radiação
18. Flambagem
19. Flambagem por fluência
20. Corrosão sob tensão
21. Corrosão e desgaste
22. Corrosão associada à fadiga
23. Fadiga e fluência combinadas

Os termos utilizados neste texto e normalmente utilizados na prática de engenharia, para os modos de falha listados, são brevemente definidos e descritos a seguir. Deve ser enfatizado que esses modos potenciais de falha apenas produzirão falhas quando gerarem um conjunto de circunstâncias que interfiram com o funcionamento apropriado de uma máquina ou de um dispositivo.

Deformação elástica induzida por força e/ou temperatura é a falha que ocorre sempre que a deformação elástica (recuperável) em um componente de máquina, causada pela imposição de cargas ou temperaturas de operação, se torna suficientemente elevada para interferir com a habilidade da máquina em desempenhar satisfatoriamente a sua função pretendida.

Escoamento é a falha que ocorre quando a deformação plástica (não recuperável) em um componente dúctil da máquina, causada pelas cargas de operação imposta ou movimentos, torna-se elevada o suficiente para interferir com a habilidade da máquina em desempenhar satisfatoriamente a sua função pretendida.

Indentação é a falha que ocorre quando forças estáticas entre duas superfícies curvas em contato resultam em escoamento local de um ou de ambos os componentes acoplados, para produzir uma descontinuidade superficial de tamanho significativo. Por exemplo, se uma esfera de rolamento é carregada estaticamente, de modo que a esfera seja forçada a indentar (marcar) permanentemente a pista de rolamento pelo escoamento plástico localizado, diz-se que a pista está indentada (marcada). A subsequente operação de rolamento deve resultar em um aumento intolerável de vibração, ruído e aquecimento e, portanto, a falha terá ocorrido.

Ruptura dúctil é a falha que ocorre quando a deformação plástica em um componente de máquina que apresenta comportamento dúctil é levada ao extremo, de modo que o componente se separa em duas partes. A iniciação e a coalescência de vazios internos se propagam lentamente até resultarem em falha, deixando uma superfície de fratura opaca e fibrosa.

Fratura frágil é a falha que ocorre quando a deformação elástica, em um componente de máquina que apresenta comportamento frágil, é conduzido ao extremo, de modo que as ligações interatômicas primárias são quebradas e o componente se separa em duas ou mais partes.* Defeitos preexistentes ou crescimento de trincas propiciam sítios de iniciação para propagação rápida de trincas até a catastrófica, deixando uma superfície de fratura granular e multifacetada.

A falha por *fadiga* é um termo geral aplicado à separação repentina e catastrófica de um componente de máquina em duas ou mais partes, como resultado da aplicação de cargas ou deformações variáveis por um período de tempo. A falha ocorre por meio da iniciação e propagação estável de uma trinca, até que esta se torne instável e se propague repentinamente até a falha. Os carregamentos e as deformações que causam a falha por fadiga são tipicamente muito inferiores àqueles da falha por carregamento estático. Quando os carregamentos ou deformações são de tal ordem que mais de 50.000 ciclos são necessários para produzir a falha, o fenômeno é usualmente denominado *fadiga de alto ciclo*. Quando os carregamentos ou deformações são de tal ordem que menos de 10.000 ciclos são necessários para produzir a falha, o fenômeno é usualmente denominado *fadiga de baixo ciclo*. Quando o ciclo de carregamento deformação é produzido por um campo de temperaturas variáveis em uma peça da máquina, o processo é usualmente denominado *fadiga térmica*. A falha por *fadiga superficial*, normalmente associada a superfícies de rolamento em contato (porém algumas vezes associado a contato deslizante), manifesta-se com pite, trincamento e desagregação das superfícies em contato como resultado das tensões cíclicas ligeiramente abaixo da superfície. As tensões cisalhantes cíclicas subsuperficiais originam trincas que se propagam para a superfície de contato, desalojando partículas no processo para produzir pites superficiais. Este fenômeno é frequentemente visto como um tipo de desgaste. Fadiga por impacto, fadiga associada à corrosão e fadiga por fretagem serão descritas posteriormente.

Corrosão é um termo muito amplo, implica que uma peça da máquina se torna incapaz de desempenhar a função pretendida por causa de uma deterioração não desejada do material, como resultado de uma interação química ou eletroquímica com o meio ambiente. A corrosão, com frequência, interage com outros modos de falha, tais como o desgaste ou a fadiga. As muitas formas de corrosão incluem: *Ataque químico direto*, talvez o tipo mais comum de corrosão, envolve o ataque corrosivo da superfície da peça da máquina, exposta ao meio corrosivo, quase uniformemente sobre toda a superfície exposta. *Corrosão galvânica* é uma corrosão eletroquímica acelerada, que ocorre quando dois metais dissimilares em contato elétrico se tornam parte de um circuito completado por uma poça de conexão ou filme de eletrólito ou meio corrosivo, levando a um fluxo de corrente que resulta em corrosão. *Corrosão nas frestas* é o processo de corrosão acelerado, altamente localizado dentro de frestas, trincas ou juntas, região onde um pequeno volume de solução estagnada é aprisionado em contato com o metal corroído. *Corrosão por pites* é um ataque muito localizado, que leva ao desenvolvimento de uma rede de furos ou pites que penetram no metal. *Corrosão intergranular* é o ataque localizado que ocorre nos contornos de grão de certas ligas de cobre, cromo, níquel, alumínio, magnésio e zinco, quando estas são tratadas termicamente de modo inadequado ou soldadas. A formação de células galvânicas locais, que precipitam produtos de corrosão nos contornos de grão, degradam seriamente a resistência do material devido ao processo corrosivo intergranular.

Lixiviação seletiva é um processo de corrosão no qual é removido um elemento químico de uma liga sólida, tal qual na dezincificação de ligas de latão ou grafitização de ferro fundido cinzentos. *Corrosão por erosão* é o ataque químico acelerado que ocorre quando um material abrasivo ou viscoso flui por uma superfície restrita, renovando continuamente o meio corrosivo sobre uma nova superfície do material desprotegido. A *corrosão por cavitação* é a corrosão química acelerada que ocorre quando, devido a diferenças na pressão de vapor, certas bolhas e cavidades do meio fluido sofrem colapso contíguos aos vasos de pressão, fazendo com que as partículas da superfície sejam expelidas, expondo, desse modo, uma nova superfície ao meio corrosivo. *Dano por hidrogênio*, embora não seja considerado uma forma direta de corrosão, é induzido por esta. Os danos por hidrogênio incluem empolamento por hidrogênio, fragilização por hidrogênio, ataque por hidrogênio e descarbonetação. *Corrosão biológica* é um processo de corrosão que resulta da atividade de organismos vivos, frequentemente em virtude dos seus processos de ingestão de alimentos e eliminação dos resíduos, nos quais os produtos dos resíduos são ácidos ou hidróxidos corrosivos. *Corrosão sob tensão* é um tipo extremamente importante de corrosão que será descrito separadamente mais adiante.

---

* Em materiais e metalurgia entende-se que fratura é sempre uma consequência da ruptura das ligações químicas entre os átomos. A natureza dúctil ou frágil está relacionada com a relação entre a tensão aplicada e o plano de ruptura, de modo que, em nível atômico, quando a fratura ocorre no mesmo plano de aplicação da carga, predomina a separação por cisalhamento, o que acarreta deformação plástica localizada e, em consequência, grande consumo de energia, sendo este o caso da fratura dúctil. Ainda em nível atômico, quando a ruptura ocorre perpendicularmente à tensão aplicada, esta ocorre por clivagem, a qual é acompanhada de muito pouca ou nenhuma deformação plástica, implicando baixo consumo de energia no processo de fratura sendo, portanto, frágil. (N.T.)

Desgaste é uma mudança cumulativa nas dimensões, não desejada, causada pela remoção gradual de partículas discretas de superfícies móveis em contato, usualmente deslizantes, predominantemente como resultado de ação mecânica. O desgaste não é um processo individual, mas um número de processos diferentes que podem ocorrer de forma independente ou combinada, resultando na remoção de material das superfícies em contato, por meio de uma combinação complexa de cisalhamento local, sulcagem, goivagem, soldagem, rasgamento e outros. *Desgaste adesivo* ocorre devido à elevada pressão local e soldagem de pontos ásperos de contato, seguido de deformação plástica induzida por movimento e ruptura das ligações entre asperezas, como consequente remoção ou transferência de metal. *Desgaste abrasivo* ocorre quando as partículas desgastadas são removidas da superfície por sulcagem, goivagem e ação cortante da aspereza de uma superfície de contato de maior dureza ou por partículas duras aprisionadas entre as superfícies de contato. Quando as condições tanto para o desgaste adesivo quanto para o desgaste abrasivo coexistem com condições que levam à corrosão, o processo interage sinergicamente, produzindo o *desgaste corrosivo*. Como descrito anteriormente, o *desgaste por fadiga superficial* é um fenômeno de desgaste associado a superfícies curvas em contato rolante ou deslizante, no qual a tensão cisalhante cíclica subsuperficial inicia microtrincas que se propagam para a superfície, desagregando partículas microscópicas e formando pites de desgaste. O *desgaste por deformação* surge como resultado de repetidas deformações *elásticas* na superfície desgastada que produzem uma rede de trincas, as quais crescem de acordo com a descrição de fadiga superficial já apresentada. Desgaste por fretagem é descrito mais adiante.

Impacto é a falha que ocorre quando um componente de máquina é submetido a carregamentos não estáticos que produzem na peça tensões ou deformações de tal magnitude que o componente não é mais capaz de desempenhar a sua função. A falha é causada pela interação de ondas de tensão ou de deformação geradas pela aplicação de carregamento dinâmicos ou repentinos, os quais podem induzir níveis de tensões e deformações locais, muitas vezes maiores do que aqueles que seriam induzidos pela aplicação estática das mesmas cargas. Caso a magnitude das tensões e deformações seja suficientemente elevada para causar a separação em duas ou mais partes, a falha é denominada *fratura por impacto*. Caso o impacto produza uma deformação elástica ou plástica intolerável, a falha resultante é denominada *deformação por impacto*. No caso de repetidos impactos induzirem a deformações elásticas cíclicas que levam à iniciação de uma rede de trincas de fadiga, os quais crescem produzindo a falha pelo fenômeno de fadiga superficial descrito anteriormente, o processo é denominado *desgaste por impacto*. Caso uma ação de fretagem, como descrito no próximo parágrafo, seja induzida por pequenos deslocamentos laterais relativos entre duas superfícies, enquanto estas sofrem impacto onde pequenos deslocamentos são causados por deformações de Poisson ou pequenos componentes de velocidade tangencial, o fenômeno é denominado *fretagem por impacto*. A falha de *fadiga por impacto* ocorre quando uma carga de impacto é aplicada repetidamente a um componente de máquina até que a falha ocorra devido à nucleação e propagação de uma trinca de fadiga.

Fretagem é a ação que pode ocorrer na interface entre dois corpos sólidos, sempre que são pressionados entre si por uma força normal e submetidos a um movimento relativo cíclico e de pequena amplitude entre eles. A fretagem ocorre normalmente em juntas nas quais o movimento não é pretendido, porém, devido a cargas ou deformações associadas a vibrações, ocorrem diminutos movimentos relativos cíclicos. Tipicamente, os fragmentos gerados pela ação de fretagem são aprisionados entre as superfícies, devido ao pequeno movimento envolvido. A falha de *fadiga por fretagem* é a fratura por fadiga prematura de um componente de máquina submetido a cargas ou deformações variáveis junto com as condições que simultaneamente produzem a ação de fretagem. As descontinuidades superficiais e microtrincas geradas pela ação de fretagem atuam como núcleos de trinca de fadiga, as quais se propagam até a falha sob condições de carregamento de fadiga que de outro modo seriam aceitáveis. A falha de fadiga por fretagem é um modo de falha insidioso, uma vez que a ação de fretagem ocorre normalmente escondida dentro da junta onde não pode ser vista, levando a uma falha por fadiga prematura e frequentemente inesperada, de natureza repentina e catastrófica. A falha de *desgaste por fretagem* ocorre quando as alterações nas dimensões das partes acopladas, devidas à presença da ação de fretagem, se tornam grandes o suficiente para interferirem com a função apropriada de projeto, ou grandes o suficiente para produzirem uma concentração de tensões geométricas de tal magnitude que a falha ocorre como resultado de um nível de tensão local excessivo. A falha de *corrosão por fretagem* ocorre quando uma peça de máquina se torna incapaz de desempenhar sua função pretendida devido à degradação superficial do material do qual a peça é feita, como resultado da ação de fretagem.

Fluência é a falha que ocorre sempre que a deformação plástica em um componente de máquina se acumula durante um espaço de tempo sob influência de tensão e temperatura, até que as variações dimensionais acumuladas interfiram com a habilidade da peça da máquina em desempenhar satisfatoriamente a função pretendida. São observados, com frequência, três estágios de fluência: (1) fluência primária ou transiente, durante a qual a taxa de deformação é decrescente, (2) fluência secundária ou estacionária, durante a qual a taxa de deformação é virtualmente constante, e (3) fluência terciária, na qual a taxa de deformação por fluência aumenta, normalmente de modo rápido, até a ocorrência da ruptura. Esta ruptura final é muitas vezes denominada ruptura por fluência e pode ou não ocorrer, dependendo das condições tensão-tempo-temperatura.

Relaxação térmica ou relaxação de tensão é a falha que ocorre quando as variações dimensionais, devido ao processo de fluência, resultam na relaxação de um componente pré-deformado ou pré-tensionado, até que este não seja mais capaz de desempenhar a função pretendida. Por exemplo, se os parafusos pré-tensionados de um flange de um vaso de pressão de alta temperatura relaxarem após um período de tempo devido à fluência nos parafusos, de modo que, ao final, os picos de pressão excedam a pré-carga do parafuso violando o selo do flange, os parafusos terão falhado devido à relaxação térmica.

Ruptura por tensão é a falha que está intimamente relacionada com o processo de fluência com exceção de que a combinação de tensão, tempo e temperatura promove a ruptura em duas fases. Nas falhas de ruptura por tensão, a combinação de tensão e temperatura ocorre frequentemente de modo que o período de fluência estacionário é curto ou inexistente.

Choque térmico é a falha que ocorre quando os gradientes térmicos gerados em uma peça de máquina são tão pronunciados que a deformação térmica diferencial excede a habilidade do material se sustentá-la sem escoamento ou fratura.

*Desgaste por contato** (do inglês *galling)* é a falha que ocorre quando duas superfícies deslizantes são submetidas a determinada combinação de cargas, velocidade de deslizamento, temperaturas, ambientes e lubrificantes em que uma destruição massiva da superfície é causada por: soldagem e rasgamento, sulcagem, goivagem, deformação plástica significativa das asperezas superficiais e transferência metálica entre as duas superfícies. O desgaste por contato pode ser considerado como uma extensão mais severa do processo de desgaste adesivo. Quando tal ação resulta em um impedimento significativo para deslizar as superfícies, ou em aderência, considera-se que a falha da junta ocorreu por desgaste por contato. A aderência (do inglês, *seizure*) é uma extensão do processo de desgaste por contato a tal nível de severidade, que as duas partes são virtualmente unidas por soldagem, e o movimento relativo não é mais possível.

Desagregação é a falha que ocorre sempre que uma partícula é desalojada espontaneamente da superfície de uma peça de máquina, de modo a impedir o funcionamento apropriado do componente. Uma chapa de blindagem por exemplo, falha por desagregação quando um projétil atingindo o lado exposto da armadura protetora gera uma onda de tensão que se propaga pela chapa de tal modo que desaloja ou *desagrega* um projétil secundário de potencial letal do lado protegido. Outros exemplos de falha por desagregação se manifestam no contato em mancais de rolamento e dentes de engrenagens devido à ação da fadiga superficial, como descrito anteriormente.

Dano por radiação é a falha que ocorre quando as alterações nas propriedades do material, induzidas pela exposição a um campo de radiação nuclear, são de tal tipo e magnitude que a peça da máquina não é capaz de desempenhar a função pretendida, normalmente como resultado da ativação de um outro modo de falha, e frequentemente relacionado com a perda de ductilidade associada com a exposição à radiação. Em geral polímeros e elastômeros são mais suscetíveis ao dano por radiação do que os metais, cujas propriedades de resistência são algumas vezes melhoradas em vez de danificadas pela exposição ao campo de radiação, embora a ductilidade seja normalmente reduzida.

Flambagem é a falha que ocorre quando uma combinação crítica de magnitude e/ou ponto de aplicação de carga, juntamente com a configuração geométrica do componente da máquina, faz com que uma deflexão do componente aumento de modo abrupto com uma ligeira elevação de carga. Esta resposta não linear resulta em uma falha por flambagem se o componente flambado não for mais capaz de realizar sua função de projeto.

---

* Não existe na língua portuguesa uma única palavra que traduza adequadamente os termos "*galling*" e "*seizure*". O fenômeno pode ser mais bem exemplificado citando como exemplo o caso de parafusos e porcas fabricados com materiais que apresentam camadas protetoras, como o aço inox e ligas de alumínio. Na união desses componentes, a velocidade de rotação durante o aperto, em particular com ferramentas pneumáticas, produz a quebra e a remoção da película de proteção (que é restaurada pelo processo de passivação) e consequente aderência ou soldagem a frio entre os componentes, na região roscada, impossibilitando a desmontagem. (N.T.)

Flambagem por fluência é a falha que ocorre quando, após um espaço de tempo, o processo de fluência resulta em uma combinação instável de carregamento e geometria da peça da máquina, de modo que o limite crítico de flambagem seja excedido e a falha aconteça.

Corrosão sob tensão é a falha que ocorre quando a tensão aplicada em uma peça de máquina em um meio corrosivo gera campo de trincas superficiais localizadas, normalmente ao longo dos contornos de grão, que torna a peça incapaz de desempenhar sua função, em geral pela ativação de algum outro modo de falha. A corrosão sob tensão é um importante tipo de falha por corrosão, uma vez que muitos tipos de metais são suscetíveis ao fenômeno. Por exemplo, uma variedade de ligas de ferro, aço, aço inoxidável, cobre e alumínio estão sujeitas a trincas de corrosão sob tensão se colocadas em meios corrosivos adversos.

Corrosão e desgaste é um modo de falha combinado em que corrosão e desgaste reúnem seus efeitos prejudiciais, incapacitando a peça da máquina. O processo de corrosão gera um produto de corrosão que é duro e abrasivo, o qual acelera o desgaste, enquanto o processo de desgaste remove constantemente a camada protetora de corrosão da superfície, expondo uma superfície nova ao meio corrosivo e, portanto, acelerando a corrosão. A combinação dos dois modos causa um resultado mais sério do que a soma dos danos de cada um causaria separadamente.

Corrosão associada à fadiga é um modo de falha combinado em que a corrosão e a fadiga reúnem seus efeitos prejudiciais, causando a falha da peça da máquina. O processo de corrosão frequentemente forma pites e descontinuidades superficiais que atuam como concentradores de tensão, os quais, por sua vez, aceleram a falha por fadiga. Além disso, as trincas na camada de corrosão normalmente frágil também atuam como núcleos de trincas de fadiga que se propagam para o material de base. Do outro lado, as cargas ou deformações cíclicas causam a quebra da camada de corrosão, o que expõe uma superfície metálica nova ao meio corrosivo. Portanto, um processo acelera o outro, o que produz um resultado desproporcionalmente sério.

Fadiga e fluência combinadas é um modo de falha combinada em que todas as condições para ambas as falhas, de fadiga e de fluência, existem simultaneamente, com cada processo influenciando o outro para produzir uma falha acelerada. A interação entre fadiga e fluência é, provavelmente, sinergética, mas não é bem entendida.

A identificação do princípio dominante mais provável do modo de falha (em muitos casos poderá haver mais de um candidato) pelo projetista é um passo essencial que deve ser visto com antecedência no projeto de qualquer peça de máquina. A seleção de material e o estabelecimento da forma e do tamanho da peça devem ser sob medida, para prover uma operação de custo efetivo, segura e confiável por toda a vida útil de projeto. As próximas seções fornecem alguns conceitos básicos e equações úteis em projeto para evitar os modos de falhas encontrados com mais frequência.

2.4 Deformação Elástica, Escoamento e Ruptura Dúctil

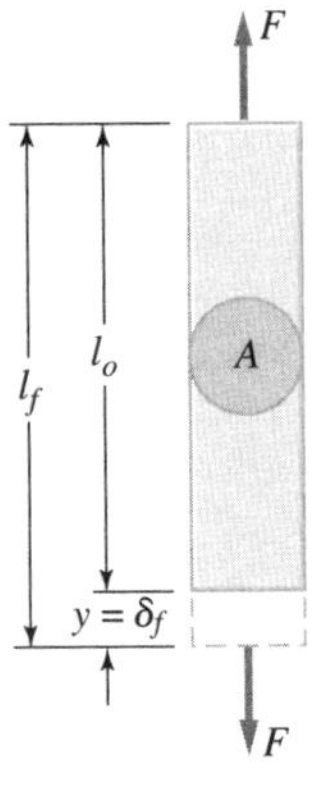

No século XVII, foi estabelecido experimentalmente que, se uma força externa axial direta F for aplicada a um elemento de máquina, seja este uma mola tradicional (veja Capítulo 14) ou uma barra cilíndrica reta, tal como mostrada na Figura 2.1, são produzidas alterações no comprimento do elemento de máquina. Além disso, para uma ampla classe de materiais, existe uma relação *linear* entre a força aplicada, F, e a alteração induzida no comprimento, y, contanto que o material não seja solicitado além da região elástica.[3] O deslocamento elástico y e a correspondente deformação elástica, ε, produzida pela agregação de pequenas alterações dos espaçamentos interatômicos do material, são completamente recuperáveis,[4] desde que as forças aplicadas não produzam tensões que excedam o *limite de escoamento* do material.

Para qualquer mola linear, a relação entre força e deslocamento pode ser colocada na forma de gráfico, como mostrado na Figura 2.2, e expressa como

$$F = ky \tag{2-1}$$

em que k é denominado *constante de mola* ou *razão de mola*.

F
l_f
l_o
A
$y = \delta_f$
F

Figura 2.1
Barra cilíndrica reta carregada por força axial direta.

[3] Veja discussão da Lei de Hooke em 5.2.
[4] Veja ref. 2.

A variação de comprimento induzida pela força aplicada é

$$y = \delta_f = l_f - l_o \tag{2-2}$$

em que l_0 é o comprimento original de barra sem nenhuma força aplicada, l_f é o comprimento da barra após uma força externa F ter sido aplicada, e δ_f é o *deslocamento elástico induzindo pela força*, definido dessa forma para distingui-lo do deslocamento elástico induzido pela temperatura, que será discutido posteriormente.

Se, em um elemento de máquina, δ_f excede o deslocamento elástico axial *permitido em projeto*, a falha irá ocorrer. Por exemplo, se o deslocamento axial de uma palheta de turbina a gás, causada pelo campo de força centrífuga, exceder a distância de tolerância da ponta da palheta, a falha ocorrerá por causa do deslocamento elástico induzido pela força.

Com base em (2.1), a constante de mola k_{ax}, para a barra de seção transversal uniforme mostrada na Figura 2.1 pode ser escrita como

$$k_{ax} = \frac{F}{y} = \frac{F}{\delta_f} \tag{2-3}$$

em que k_{ax} é a *constante de mola*, ou *rigidez*, da barra carregada axialmente. Deve ser enfatizado novamente que todas as peças *reais* de máquinas e elementos estruturais comportam-se como molas, porque todos possuem uma rigidez finita. Portanto, o conceito de constante de mola é importante não apenas na discussão de molas "tradicionais", como no Capítulo 14, mas também quando se considera uma falha em potencial de deslocamento elástico induzido pela força, ou quando se analisam as consequências da distribuição da carga, pré-carga e/ou tensões residuais (veja Capítulo 4).

O gráfico de força-deslocamento uniaxial da Figura 2.2 pode ser *normalizado* pela divisão da coordenada de força pelo valor da área da seção transversal inicial A_o e da coordenada de deslocamento pelo comprimento inicial l_o. O gráfico resultante, mostrado na Figura 2.3, é o já familiar diagrama *tensão-deformação de engenharia*[5] com inclinação igual ao módulo de elasticidade de Young, E.

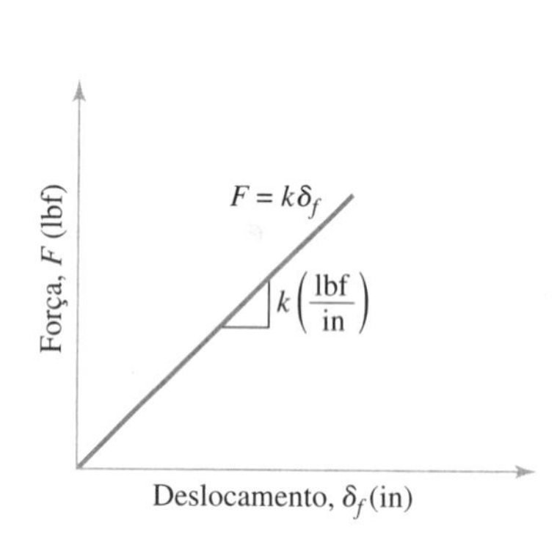

Figura 2.2
Curva força-deslocamento para comportamento linear elástico.

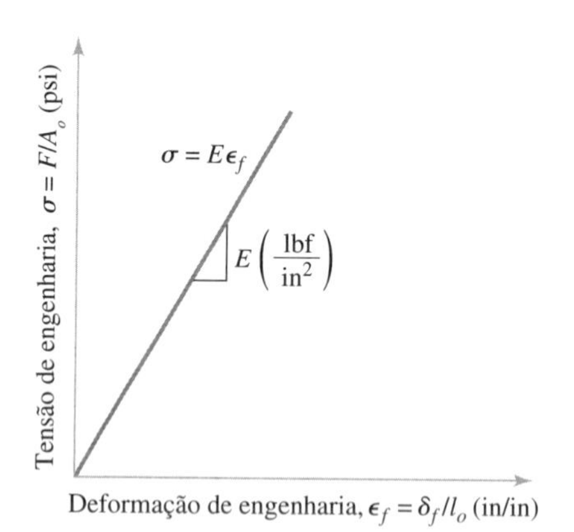

Figura 2.3
Diagrama tensão-deformação de engenharia para comportamento linear elástico.

Para a barra de seção transversal uniforme mostrada na Figura 2.2, a tensão de engenharia σ, é

$$\sigma = \frac{F}{A_o} \tag{2-4}$$

em que A_o é a área inicial da seção transversal da barra.

A deformação de engenharia induzida pela força aplicada é

$$\varepsilon_f = \frac{\delta_f}{l_o} \tag{2-5}$$

Da curva tensão-deformação de engenharia da Figura 2.3,

$$\sigma = E\varepsilon_f \tag{2-6}$$

[5] *Tensão e deformação de engenharia* são baseadas nos valores de área e comprimento originais, em contraste com a *tensão verdadeira e deformação verdadeira* que são baseadas nos valores instantâneos de área e comprimento.

em que E é o módulo de elasticidade de Young e ε_f é a deformação elástica induzida pela força.
Combinando (2-3), (2-4), (2-5) e (2-6).

$$k_{ax} = \frac{A_o E}{l_o} \tag{2-7}$$

em que k_{ax} é a constante de mola axial, uma função do material e da geometria. Por conseguinte, se for de interesse, o deslocamento elástico induzido pela força δ_f pode ser facilmente calculado para o caso de carregamento axial como

$$\delta_f = \frac{F}{k_{ax}} \tag{2-8}$$

Se o valor de deslocamento limite ou permissível de projeto, $\delta_{admissível}$, em uma situação particular de projeto fosse excedido por δ_f, o projeto seria inaceitável; portanto, por deslocamento elástico *é previsto ocorrer falha se (FIPTOI)**

$$\delta_{f-máx} \geq \delta_{admissível} \tag{2-9}$$

e o reprojeto seria necessário, caso a falha prevista.

Exemplo 2.1 Deslocamento Elástico Induzido pela Força

Uma barra reta de seção transversal retangular sob carregamento axial falhará em desempenhar sua função de projeto se o seu comprimento aumentar em 0,20 mm ou mais. Deseja-se que o nível de tensões de operação na barra seja inferior à metade do valor do limite de escoamento, S_{yp}. A barra é fabricada em aço 1040 HR (S_{yp} = 290 MPa) com comprimento de 300 mm.

a. Qual é o modo de falha dominante mais provável?

b. É previsto ocorrer falha?

Solução

a. O modo de falha dominante mais provável é o deslocamento elástico induzido pela força.

b. De (2-9), FIPTOI (é previsto ocorrer falha se) $\delta_{f-máx} \geq \delta_{admissível}$. Então,

$$\delta_{f-máx} = \frac{F_{máx}}{k_{ax}} = \frac{\sigma_{máx} A_o}{\left(\frac{A_o E}{l_o}\right)} = \frac{S_{yp} l_o}{2E} = \frac{290 \times 10^6 (0{,}30)}{2(207 \times 10^9)} = 0{,}00021 \text{ m } (0{,}21 \text{ mm})$$

Então, FIPTOI

$$0{,}21 \geq 0{,}20$$

Portanto, é previsto ocorrer falha.

As variações de temperatura também podem causar alterações dimensionais e deformações elásticas recuperáveis associadas em uma peça de máquina. Caso as variações de temperatura sejam baixas o suficiente, de modo que não sejam gerados gradientes significativos e nenhuma restrição externa seja imposta, a peça da máquina permanece livre de tensão, enquanto deslocamentos elásticos induzidos por temperatura são produzidos. A alteração no comprimento, δ_t, induzida pela diferença de temperatura $\Delta\Theta$, pode ser calculada por

$$\delta_t = l_o \alpha \Delta\Theta \tag{2-10}$$

em que l_o é o comprimento inicial da peça e α o coeficiente linear de dilatação térmica do material. De (2-10), então, a deformação elástica induzida por temperatura (deformação térmica) é

$$\varepsilon_t = \frac{\delta_t}{l_o} = \alpha \Delta\Theta \tag{2-11}$$

* O autor utiliza a abreviatura "FIPTOI" para a sentença: "***F**ailure **I**s **P**redicted **T**o **O**ccur **I**f*", que significa: "É previsto ocorrer falha se". Os tradutores optaram por manter a sigla original do autor ao longo do texto. (N.T.)

Deformações induzidas por temperatura são recuperáveis (elásticas), normais (contrário ao cisalhamento) e normalmente próximas a funções lineares da temperatura por uma ampla faixa (normalmente algumas centenas de °F). A deformação elástica induzida por temperatura em uma dada direção, i, pode ser obtida de (2-11) como

$$\varepsilon_{ti} = \alpha_i \Delta\Theta \tag{2-12}$$

em que ε_{ti} é a deformação elástica induzida por temperatura na i-ésima direção, devida à variação de temperatura $\Delta\Theta$, e α_i, é o coeficiente de dilatação térmica na i-ésima direção.

Exemplo 2.2 Deformação Elástica Induzida por Temperatura

A barra reta retangular de aço 1040 HR do Exemplo 2.1 é avaliada para uma aplicação inteiramente diferente, na qual não existe nenhuma força aplicada, mas a temperatura é elevada em 300 °F. Novamente, nesta nova aplicação, a barra deixará de desempenhar apropriadamente sua função de projeto, se o seu comprimento aumentar em 0,0060 polegada ou mais. O coeficiente de dilatação térmica linear para o aço é aproximadamente $6{,}3 \times 10^{-6}$ in/in/°F.

a. Qual é o modo de falha dominante?

b. É previsto ocorrer falha?

Solução

a. O modo de falha dominante é a deformação elástica induzida por temperatura.

b. Seguindo o raciocínio expresso em (2-9), FIPTOI (é previsto ocorrer falha se)

$$\delta_{t-máx} \geq \delta_{admissível}$$

De (2-10)

$$\delta_{t-máx} = l_o \alpha \Delta\Theta = (12)(6{,}3 \times 10^{-6})(300) = 0{,}0227 \text{ polegada}$$

Então, FIPTOI

$$0{,}0227 \geq 0{,}0060$$

Portanto, é previsto ocorrer falha.

É importante notar que a variação de comprimento desta barra de aço de 12 polegadas, produzida por uma variação de temperatura de 300°, é quase três vezes a variação de comprimento produzida por uma força axial correspondente a uma tensão equivalente à metade do limite de escoamento do aço. (Em geral, as deformações elásticas induzidas por temperatura são suficientemente elevadas para serem um importante critério de projeto.)

O *princípio da superposição* pode ser utilizado quando as equações dominantes são lineares. Uma vez que a deformação elástica induzida pela força e a deformação elástica induzida por temperatura são ambas funções lineares, o princípio da superposição pode ser utilizado para obter a deformação total ε_i, em qualquer i-ésima direção dada por

$$\varepsilon_i = \varepsilon_{fi} + \varepsilon_{ti} \tag{2-13}$$

em que ε_{fi} e ε_{ti} são as componentes de deformação induzidas por força e temperatura, respectivamente, na i-ésima direção. Esta expressão pode ser utilizada para avaliar as consequências da restrição à expansão térmica. Por exemplo, se uma barra prismática de aço de comprimento l_o fosse restringida axialmente entre duas paredes rígidas, de tal modo que a variação total de comprimento obrigatoriamente permanecesse nula, e a temperatura fosse aumentada de $\Delta\Theta$, a equação (2-13) exigiria que

$$0 = \varepsilon_i + \varepsilon_{ti} \tag{2-14}$$

ou

$$\varepsilon_{fi} = -\varepsilon_{ti} \tag{2-15}$$

Utilizando a Lei de Hooke uniaxial e (2-12), a tensão induzida por temperatura (tensão térmica), σ nesta barra completamente restringida, seria

$$\sigma = -E\alpha_i \Delta\Theta \tag{2-16}$$

uma tensão compressiva induzida na barra de aço, porque esta tende a aumentar o seu comprimento com aumento da temperatura. Se as paredes não forem completamente rígidas (um caso mais real), os cálculos se tornam mais complexos, conforme será discutido em 4.7.

Quando o estado de tensões é mais complexo do que nos casos uniaxiais discutidos, torna-se necessário calcular as deformações elásticas induzidas por um estado de tensões multiaxial em três direções mutuamente perpendiculares, ou seja, x, y e z, pelo uso de equações generalizadas da lei de Hooke, dadas em 5.2. As deformações elásticas resultantes, ε_{fx}, ε_{fy} e ε_{fz} podem ser usadas para calcular a deformação elástica total induzida pela força em um componente, em qualquer uma das direções coordenadas, pela integração da deformação sobre o comprimento do componente naquela direção. Deformações induzidas por temperatura podem ser incluídas como mostrado em (2-13). Se a variação no comprimento do componente em qualquer direção exceder a deformação permissível em projeto naquela direção, ocorrerá falha por deformação elástica.

Se as forças aplicadas externamente produzirem tensões que excedem o *limite de escoamento* de um material dúctil, as deformações induzidas não serão completamente recuperáveis após a retirada do carregamento e ocorrerão *deformações plásticas* ou permanentes. Tais deformações permanentes normalmente (mas nem sempre) tornam a peça da máquina incapaz de realizar a função pretendida, e diz-se que a falha ocorre por escoamento. Por exemplo, se a barra carregada axialmente da Figura 2.1 atingisse uma tensão σ, calculada a partir de (2-1), excedendo o limite de escoamento do material S_{yp}, o projeto seria inaceitável; então seria previsto ocorrer falha por escoamento se (FIPTOI)

$$\sigma \geq S_{yp} \tag{2-17}$$

e o reprojeto seria necessário.

Exemplo 2.3 Escoamento

Uma barra reta de seção transversal circular, axialmente carregada, falhará em atender a sua função de projeto se as cargas axiais aplicadas produzirem alterações permanentes em seu comprimento após a remoção da carga. A barra tem 12 mm de diâmetro, comprimento de 150 mm e é fabricada em aço 1020 HR ($S_u = 379$ MPa, $S_{yp} = 207$ MPa, $e = 25\%$ em 50 mm). A carga axial aplicada neste caso em particular é de 22 kN.

a. Qual é o modo de falha dominante?

b. É previsto ocorrer falha?

Solução

a. Uma vez que o alongamento em 50 mm é de 25%, o material é dúctil e o modo dominante é o de falha por escoamento.

b. De (2-17), FIPTOI

$$\sigma \geq S_{yp}$$

Agora,

$$\sigma = \frac{F}{A_o} = \frac{F}{\left(\frac{\pi d^2}{4}\right)} = \frac{4F}{\pi d^2} = \frac{4(22)}{\pi(0{,}012)^2} = 194522 \text{ kN/m}^2 = 195 \text{ MPa}$$

Então, FIPTOI

$$195 \geq 207$$

Portanto, *não* é previsto ocorrer falha. Contudo, deve ser observado que a falha é *iminente* e, em uma situação prática, certamente o projetista refaria o projeto de modo a reduzir a tensão. Tipicamente, um *fator de segurança* seria utilizado para determinar as dimensões de reprojeto adequadas, como discutido no Capítulo 6.

Para o caso de carregamento uniaxial, o início do escoamento pode ser previsto mais corretamente quando a tensão uniaxial máxima normal atingir um valor igual ao limite de escoamento do material, como mostrado em (2-17) e no Exemplo 2.3. Se o carregamento for mais complexo e um estado multiaxial de tensões for produzido pelas cargas, o início do escoamento não poderá mais ser previsto pela comparação de qualquer um dos componentes de tensão normal com o limite de escoamento uniaxial do material, nem mesmo a tensão principal máxima. O início do escoamento para pontos críticos com tensões multiaxiais em uma máquina ou estrutura é mais corretamente previsto por meio do uso de uma *teoria de falha para tensões combinadas* que tenha sido validada experimentalmente para a previsão do escoamento. As duas teorias mais amplamente aceitas para a previsão do início do escoamento sob um estado de tensões multiaxial são a *teoria da energia de distorção* (também conhecida como *teoria da tensão cisalhante octaédrica* ou *teoria Huber-von-Mises-Hencky*) e a *teoria da tensão cisalhante máxima*. O uso dessas teorias é discutido em 5.4.

Se as forças externamente aplicadas são tão elevadas que um material dúctil não somente apresenta deformação plástica mas prossegue para a separação em duas partes, o processo é denominado *ruptura dúctil*. Na maioria dos casos, tal separação torna a peça da máquina incapaz de realizar a função pretendida, e diz-se que ocorreu a falha por ruptura dúctil. Por exemplo, se a barra axialmente carregada da Figura 2.1 atingisse uma tensão σ calculada por (2-1), excedendo o limite de resistência do material S_u, o projeto seria inaceitável; então seria previsto ocorrer falha por ruptura dúctil se (FIPTOI)

$$\sigma \geq S_u \tag{2-18}$$

e o reprojeto seria necessário.

Exemplo 2.4 Ruptura Dúctil

A barra reta cilíndrica carregada axialmente do Exemplo 2.3 deve ser usada em uma aplicação diferente, para a qual deformações permanentes são aceitáveis, mas a separação da barra em duas partes destruiria a habilidade do dispositivo de desempenhar a sua função. A carga axial requerida para essa aplicação é de 11.000 lbf.

a. Qual é o modo da falha dominante?

b. É previsto ocorrer falha?

Solução

a. A partir das especificações do material no Exemplo 2.3, o material 1020 HR é dúctil (e = 25% em 2 polegadas); então o modo de falha dominante é por ruptura dúctil.

b. De (2-18), FIPTOI

$$\sigma \geq S_u$$

Agora,

$$\sigma = \frac{F}{A_o} = \frac{11.000}{\pi\left[\frac{(0{,}500)^2}{4}\right]} = \frac{11.000}{0{,}196} = 56.120 \text{ psi}$$

Ainda no Exemplo 2.3, S_u = 55.000 psi, então FIPTOI

$$56.120 \geq 55.000$$

Portanto, *é* previsto ocorrer falha por ruptura dúctil e o reprojeto seria necessário.

Novamente, se o carregamento for mais complexo e um estado multiaxial de tensões for produzido pelas cargas, a ruptura dúctil não poderá mais ser prevista corretamente pela comparação de qualquer componente de tensão normal com o limite de resistência uniaxial, nem mesmo a tensão normal principal máxima. Uma teoria de falha de tensão combinada é exigida para a previsão de ruptura dúctil sob um estado de tensões multiaxial. A teoria da energia de distorção é geralmente a escolhida em tais casos, como discutido em 4.6.

2.5 Instabilidade Elástica e Flambagem

Quando forças compressivas estáticas são aplicadas a peças curtas "robustas", como a esquematizada na Figura 2.4(a), essas peças tendem a falha por escoamento à compressão, ou por fratura. Contudo, quando forças compressivas estáticas são aplicadas a peças longas "finas", como a esquematizada na Figura 2.4(b), algumas vezes, induzem alterações súbitas e importantes na geometria, como arqueamento, enrugamento, torção, flexão ou *flambagem*. Para o caso de peças curtas, robustas, prevê-se que a falha ocorrerá quando a tensão de compressão σ_c exceder o limite de resistência à compressão, conforme formulado em (2-17) e (2-18). Contudo, para o caso de peças longas, finas, mesmo quando os níveis de tensão compressiva gerados pelas forças de compressão aplicadas permanecem bem dentro dos níveis de resistência aceitáveis, as grandes deflexões, δ, que ocorrem subitamente, podem destruir o equilíbrio da estrutura e produzir uma configuração instável que leve ao colapso. Esse tipo de falha é geralmente, chamado de falha por *instabilidade elástica* ou *flambagem*.

A predição do limiar da falha por flambagem é uma tarefa importante. É essencial observar, de início, que a *falha por flambagem não depende, de forma alguma, da resistência do material, mas apenas, das dimensões da estrutura e do módulo de elasticidade do material.* Assim, um componente de aço de *alta resistência* com um dado comprimento e com uma dimensão e forma de seção transversal *não é mais capaz* de suportar determinado carregamento à flambagem do que um componente de aço de *menor resistência* com as mesmas dimensões.

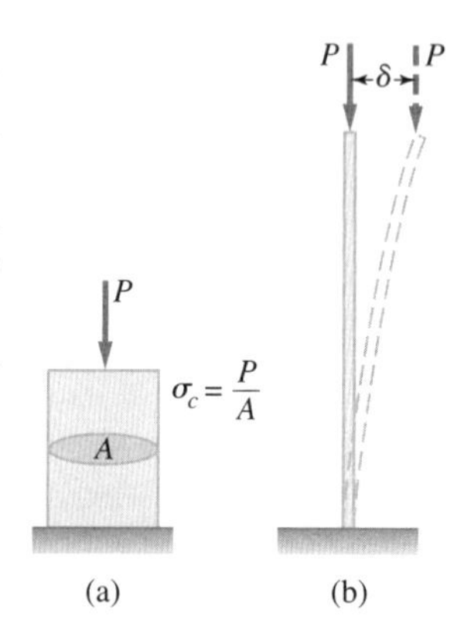

Figura 2.4
Cargas compressivas em (a) uma peça curta "robusta" e (b) uma peça longa e "fina".

Flambagem de um Mecanismo Articulado Simples

A flambagem lateral de um componente carregado axialmente à compressão, ou *coluna*, é um caso de grande importância prática. O fenômeno básico da flambagem pode ser entendido considerando-se o sistema de duas barras perfeitamente alinhadas da Figura 2.5, ligado a molas auxiliares pelo ponto B. Quando esta "coluna" está perfeitamente alinhada, as molas não exercem nenhuma força. Contudo, se acontecer, por qualquer razão, um deslocamento da rótula B, aparecerá uma força de reação lateral nas molas aplicada ao ponto B. Uma deflexão lateral poderia se desenvolver causada por uma ligeira perturbação lateral, ou um deslocamento lateral efetivo poderia ser causado por erros de fabricação. Observando-se, em qualquer dos eventos, a coluna, conforme mostrado na Figura 2.5, considerando-se os momentos aplicados em torno do ponto C, observa-se que a força axial P_a gera um momento *perturbador*, M_u, enquanto a força da mola P_s, gera um momento *resistente*, M_r. Enquanto o momento resistente for capaz de se igualar ou de superar o momento perturbador, a ligação ficará estável. Se o momento perturbador exceder a capacidade do momento resistente, a ligação se torna instável e entra em colapso ou flamba. No ponto em que o momento resistente máximo disponível e o momento perturbador têm exatamente o mesmo valor, o sistema está na iminência da flambagem e é dito *crítico*. A carga axial que produz esta condição é chamada de *carga crítica de flambagem*. Assim, a carga crítica de flambagem é o valor de P_a que satisfaz a condição

$$M_r = M_u \tag{2-19}$$

O momento perturbador M_u para a ligação da Figura 2.5 é

$$M_u = \left(\frac{2\delta P_a}{L\cos\alpha}\right)\frac{L}{2}\cos\alpha + P_a\delta = 2P_a\delta \tag{2-20}$$

e o momento resistente M_r é

$$M_r = (k\delta)\frac{L}{2}\cos\alpha \tag{2-21}$$

em que k é a constante de mola para o sistema de molas laterais.

Então, o valor crítico da carga axial P_a é dado a partir de (2-19) como

$$\frac{k\delta L\cos\alpha}{2} = 2\delta(P_a)_{cr} \tag{2-22}$$

ou

$$P_{cr} = \frac{kL}{4}\cos\alpha \approx \frac{kL}{4} \tag{2-23}$$

Qualquer carga axial que excede $kL/4$ em valor causará o colapso do mecanismo uma vez que a mola não é rígida o suficiente para oferecer um momento de resistência grande o suficiente para equilibrar o momento perturbador causado pela força axial aplicada P_a.

Flambagem de uma Coluna Biarticulada

O comportamento de colunas perfeitamente retas, idealmente elásticas, é bastante análogo ao do modelo da Figura 2.5, exceto que, no caso da coluna, o momento resistente deve ser gerado pela própria coluna. Consequentemente, no caso da flambagem da coluna, a constante de mola à flexão

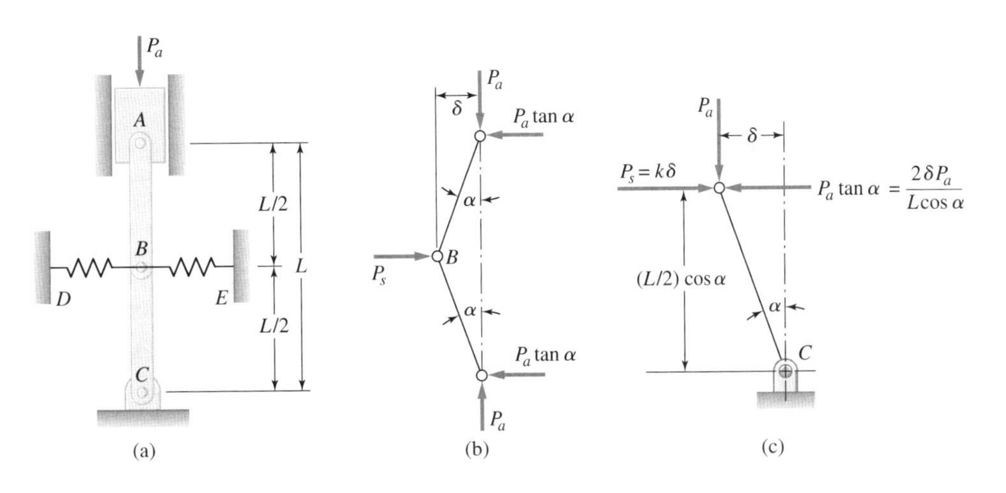

Figura 2.5
Modelo de flambagem para um mecanismo simplesmente rotulado.

da coluna torna-se importante, e o seu comprimento, dimensões da seção transversal e módulo de elasticidade influenciarão a resistência à flambagem.

Um esquema de uma coluna ideal axissimétrica, rotulada nas extremidades e carregada axialmente, é apresentado na Figura 2.6. Enquanto a carga axial P for inferior à carga crítica de flambagem, a coluna é estável e qualquer pequena carga lateral de perturbação, por exemplo, no meio do vão da coluna, causará uma pequena deflexão na mesma região, que desaparecerá quando a força perturbadora for removida. Porém, se a carga axial P exceder a carga crítica de flambagem, a aplicação de uma pequena força lateral de perturbação no meio do vão da coluna levará a grandes deflexões e à flambagem desta, porque o *momento resistente máximo disponível*, proveniente da rigidez da coluna, *não é grande o suficiente para equilibrar o momento perturbador* gerado pela carga axial P atuando no braço de alavanca igual à deflexão de flexão da coluna no meio do vão. Como pode ser observado na Figura 2.6, se os momentos forem considerados em torno do ponto m, o momento perturbador M_u será

$$M_u = Pv \tag{2-24}$$

em que v é a deflexão lateral no meio do vão da coluna. Assim, a força P produz um momento perturbador que tende a curvar a coluna ainda mais, o que, por sua vez, produz uma excentricidade, v, ainda maior, e portanto, um momento perturbador maior ainda. As forças elásticas produzidas na coluna por causa da ação da flexão tendem a resistir ao aumento da flexão. Quando o máximo momento resistente disponível for igual ao momento perturbador, a coluna estará no ponto da flambagem inicial e a carga axial então, será chamada de *carga crítica de flambagem* P_{cr}, para a coluna.

A carga crítica de flambagem para uma coluna pode ser calculada usando-se a equação diferencial básica[6] para a curva de deflexão de uma viga submetida a um momento fletor, que é

$$EI\,\frac{d^2v}{dx^2} = -M \tag{2-25}$$

em que $v(x)$ é a deflexão lateral da coluna em qualquer posição ao longo do eixo, I é o momento de inércia da seção transversal em torno do eixo em torno do qual está aplicado o momento, e E é o módulo de elasticidade do material. Referente à Figura 2.6(b) e à equação (2-24), no instante em que a carga crítica de flambagem é aplicada, o momento perturbador pode ser calculado como

$$(M_u)_{cr} = P_{cr}v \tag{2-26}$$

até o ponto em que a equação diferencial (2-65) se torna

$$EI\,\frac{d^2v}{dx^2} = -P_{cr}v \tag{2-27}$$

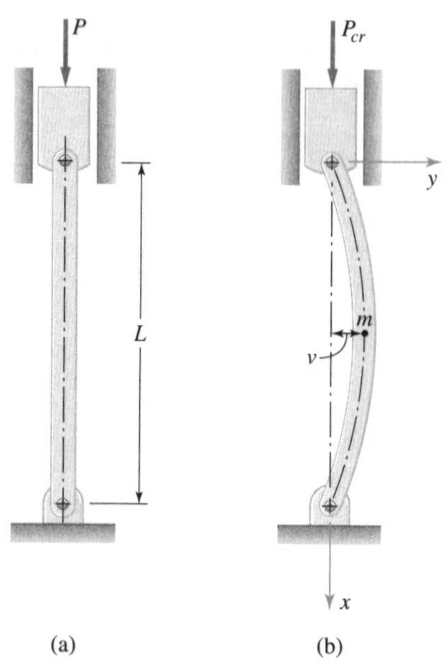

Figura 2.6
Coluna ideal axissimétrica e articulada nas extremidades submetida a carregamento axial de flambagem.

[6] Veja, por exemplo, ref. 3, 4 ou 5.

ou, definindo-se k^2 como

$$k^2 = \frac{P_{cr}}{EI} \tag{2-28}$$

$$\frac{d^2v}{dx^2} + k^2v = 0 \tag{2-29}$$

A solução geral de (2-29) é

$$v = A \cos kx + B \operatorname{sen} kx \tag{2-30}$$

em que A e B são constantes de integração que podem ser determinadas a partir das condições de contorno, que são

$$v = 0 \quad \text{para} \quad x = 0$$
$$v = 0 \quad \text{para} \quad x = L \tag{2-31}$$

Avaliando-se as constantes e eliminando-se os casos triviais, (2-30) conduz a

$$\operatorname{sen} kL = 0 \tag{2-32}$$

O menor valor não nulo de k que satisfaz (2-32) é o que faz o argumento igual a π, isto é,

$$kL = \pi \tag{2-33}$$

ou, utilizando (2-28),

$$\sqrt{\frac{P_{cr}}{EI}}\, L = \pi \tag{2-34}$$

e resolvendo-se para a carga crítica de flambagem, P_{cr}

$$P_{cr} = \frac{\pi^2 EI}{L^2} \tag{2-35}$$

Esta expressão para o menor valor da carga crítica que produzirá a flambagem em uma coluna birrotulada é chamada equação de Euler para a flambagem de uma coluna birrotulada, e P_{cr} é chamada *carga crítica de Euler* para uma coluna birrotulada.

Colunas com Outras Condições de Contorno

Se as extremidades da coluna não são rotuladas, as condições de contorno diferem de (2-31), e a carga crítica resultante será diferente de (2-35). Uma forma conveniente de obter expressões para cargas críticas de flambagem para colunas com vários tipos de restrições nas extremidades, como as mostradas na Figura 2.7, é introduzindo o conceito de *comprimento efetivo de coluna* na equação de Euler para flambagem (2-35). O *comprimento efetivo L_e de qualquer coluna é definido como o comprimento de uma coluna rotulada nas duas extremidades que flambaria com a mesma carga crítica da coluna real.* A direção da carga aplicada à coluna deve permanecer paralela ao eixo *original*

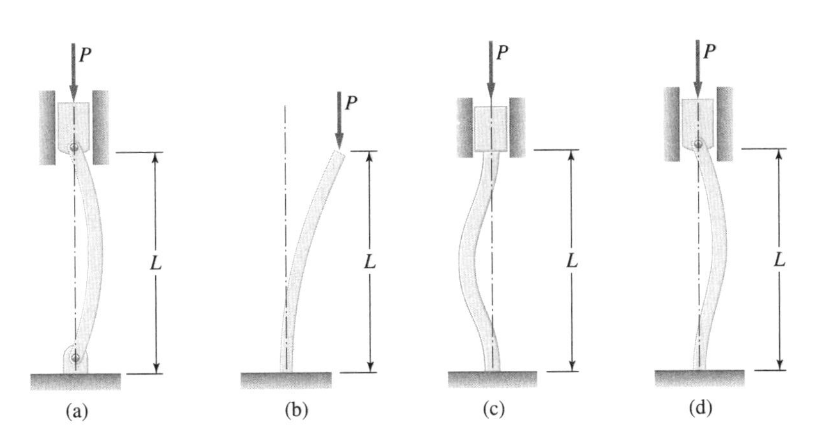

Figura 2.7
Restrições nas extremidades encontradas frequentemente em colunas. (a) Articulada-articulada, $L_e = L$. (b) Engastada-livre, $L_e = 2L$. (c) Engastada-guiada, $L_e = L/2$. (d) Engastada-articulada $L_e \approx 0{,}7L$.

da coluna. Usando o conceito de comprimento equivalente, pode-se escrever a expressão para a carga crítica de flambagem para qualquer tipo de restrição de extremidade de coluna, introduzindo-se o valor adequado de comprimento equivalente na equação de Euler (2-35). Assim, para qualquer coluna elástica, a carga de flambagem é dada por

$$P_{cr} = \frac{\pi^2 EI}{L_e^2} \tag{2-36}$$

em que os valores de L_e para diversos tipos de restrição na extremidade são dados na Tabela 2.1.

Para colunas reais, é comum encontrar extremidades que são parcialmente, mas não completamente, engastadas. Nesses casos, o comprimento equivalente situa-se entre os casos de rotulada-rotulada $L_e = L$ e de ambas extremidades engastadas $L_e = 0{,}5L$, dependendo da constante de mola efetiva na rotação das extremidades.[7]

TABELA 2.1 Comprimentos Efetivos para Diversos Tipos de Restrições nas Extremidades de Colunas

Restrições nas Extremidades	Comprimento Efetivo L_e para o Comprimento Real da Coluna L
Ambas as extremidades articuladas	$L_e = L$
Uma extremidade articulada, outra engastada	$L_e \approx 0{,}7L$
Uma extremidade engastada, outra livre	$L_e = 2L$
Ambas as extremidades engastadas	$L_e = 0{,}5L$

Comportamento Inelástico e Colunas com Curvatura Inicial

Para considerar o comportamento inelástico de uma coluna, se os níveis de tensão excederam o limite elástico, Engesser sugeriu, em 1889, que a expressão de Euler para a carga crítica de flambagem fosse modificada usando-se o *módulo tangente* E_t em vez do módulo de Young, E. O módulo tangente é definido como a inclinação local da curva de tensão-deformação de engenharia para um material, ou

$$E_t = \frac{d\sigma}{d\varepsilon} \tag{2-37}$$

O módulo tangente pode ser determinado conveniente de forma gráfica a partir de um desenho em escala do diagrama de tensão-deformação de engenharia ou por simulação digital.[8] A equação para a carga crítica de flambagem, comumente chamada *equação do módulo tangente* ou *equação de Euler-Engesser* pode ser escrita, a partir de (2-36), como

$$P_{cr} = \frac{\pi^2 E_t I}{L_e^2} \tag{2-38}$$

ou, alternativamente,

$$\frac{P_{cr}}{A} = \frac{\pi^2 E_t}{(L_e/k)^2} \tag{2-39}$$

em que $k = \sqrt{I/A}$ é o raio de giração mínimo para a seção transversal da coluna, I é o momento de inércia de área correspondente para a área da seção transversal, A, e a razão L_e/k é chamada, frequentemente, *índice de esbeltez efetivo* da coluna. Claramente, a carga crítica de flambagem aumenta de maneira considerável quando se projeta uma coluna com um baixo índice de esbeltez.

A equação de Euler-Engesser (2-39), uma expressão relativamente simples para a determinação da carga crítica para uma coluna, oferece boa concordância com resultados experimentais tanto no regime elástico quanto no inelástico.[9]

[7] Veja, por exemplo, ref. 6, p. 256.

[8] Outra maneira de determinar o módulo tangente é derivar a equação de *Ramberg-Osgood*, uma equação tensão-deformação empírica que também é válida no regime plástico. Veja, por exemplo, ref. 6, p. 20, para a equação de Ramberg-Osgood, e as constantes de material associadas para diversos aços e ligas de alumínio e de magnésio.

[9] Veja, por exemplo, ref. 7, p. 585.

À parte a relação de Euler-Engesser, foi desenvolvido um número de relações empíricas para o projeto de colunas de modo a considerar os efeitos do comportamento inelástico. Desses, a fórmula da secante é de especial interesse, uma vez que permite a consideração direta da excentricidade inicial ou a curvatura da coluna. A fórmula da secante pode ser expressa como

$$\frac{P_{cr}}{A} = \frac{S_{yp}}{1 + \frac{ec}{k^2}\sec\left[\frac{L_e}{2k}\sqrt{\frac{P_{cr}}{AE_t}}\right]} \tag{2-40}$$

em que S_{yp} é o limite de escoamento do material, e é a excentricidade da carga axial em relação ao eixo do centroide da seção transversal da coluna, c é a distância do eixo do centroide até a fibra mais externa, k é o raio de giração apropriado, L_e é o comprimento de coluna equivalente apropriado, E_t é o módulo tangente, A é a área da seção transversal da coluna, e a razão P_{cr}/A é definida como a *carga crítica unitária* para a coluna. Embora a carga crítica unitária tenha dimensão de tensão, *não deve ser tratada como uma tensão* por causa de seu caráter não linear.

Como a obtenção de (2-40) se baseia na premissa de que existem conjugados/momentos iguais nas extremidades restritas da coluna, e que a deflexão lateral máxima ocorre no meio do vão, a fórmula da secante é válida, apenas, para colunas que satisfaçam essas condições. Por exemplo, a fórmula da secante é válida para colunas dos tipos mostrados nas Figuras 2.7(a), (b) e (c), mas não é válida para a coluna mostrada na Figura 2.7(d).

A fórmula da secante não é muito conveniente para fins de cálculo, uma vez que a carga crítica unitária não pode ser explicitada, mas, com auxílio de um computador ou de técnicas gráfica apropriadas, pode ser empregada satisfatoriamente. Deve ser observado, também, que (2-40) não é definida para uma excentricidade nula, mas para excentricidades muito pequenas, se aproxima da curva de flambagem de Euler como limite para colunas longas, e se aproxima da curva para escoamento à compressão simples, como um limite para as colunas curtas. Isto é mostrado na Figura 2.8.

Predição de Falha de Colunas e Considerações de Projeto

Um projetista deve estar atento para qualquer um dos dois modos potenciais de falha que podem dominar a falha de uma coluna, a saber: (1) escoamento à compressão ou (2) flambagem. Isso pode ser expresso como FIPTOI (é previsto ocorrer falha se)

$$\frac{P_{cr}}{A} \geq S_{ypc} \tag{2-41}$$

ou se

$$\frac{P_{cr}}{A} \geq \frac{\pi^2 E}{\left(\frac{L_e}{k}\right)^2} \tag{2-42}$$

A equação que fornece o menor valor da carga admissível na coluna P dominará o modo de falha. Se (2-41) dominar, a coluna é dita "curta" e o modo de falha será dominado pelo escoamento à compressão. Se (2-42) dominar, a coluna é dita "longa", e o modo de falha será dominado pela flambagem.

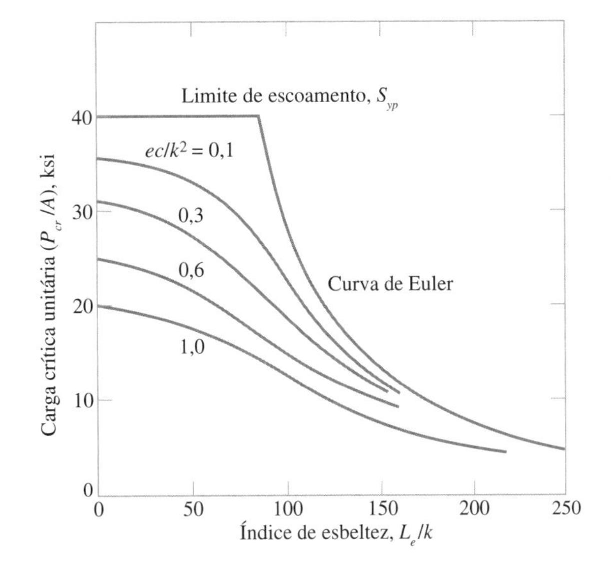

Figura 2.8
Equação da secante para flambagem na forma gráfica, para várias excentricidades. A curva de Euler e a curva de escoamento à compressão, conforme mostradas, são assintóticas quando a excentricidade tende a zero. Módulo de elasticidade $E = 30 \times 10^6$ psi.

Isso pode ser apresentado graficamente, representando-se (2-41) e (2-42) como carga unitária *versus* índice de esbeltez, conforme mostrado na Figura 2.9. A interseção da curva de escoamento com a curva de flambagem no ponto B representa a transição do índice de esbeltez das colunas curtas para as colunas longas, conforme indicado. Na prática, contudo, a transição de colunas curtas para longas é encoberta por uma série de fatores desconhecidos, como a excentricidade do carregamento, curvatura inicial, escoamento local ou outros, o que requer do projetista a decisão de quando usar (2-41) e (2-42) na vizinhança de B. As restrições das extremidades das colunas são, algumas vezes, diferentes em dois planos distintos, por exemplo, em uma haste rotulada na extremidade, que está, essencialmente, presa com um pino em um plano principal e engastada no outro plano principal. É importante reconhecer que a seleção do raio de giração adequado e do comprimento efetivo da coluna equivalente dependem do plano em que está sendo considerada a flambagem. Podem ser necessárias duas análises separadas da coluna em tais casos, para se definir a condição mais crítica de flambagem. Finalmente, deve-se observar que todos os desenvolvimentos anteriores se referem à *flambagem global* da coluna (como um todo), em que a forma da seção transversal não se modifica de forma significativa. Em certos casos, geralmente envolvendo seções de paredes finas, como tubos ou perfis laminados, pode ocorrer *flambagem local* na qual acontece uma modificação significativa da forma da seção transversal. A flambagem local deve ser considerada separadamente, e o projeto final da coluna deve se basear na capacidade desta em resistir tanto à flambagem global quanto à flambagem local sob os carregamentos aplicados.

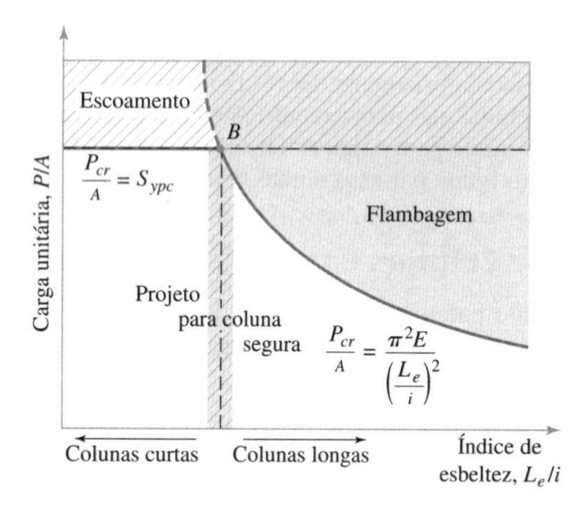

Figura 2.9
Regiões de comportamento da coluna.

Exemplo 2.5 Carga Crítica de Flambagem para Colunas

A curva de tensão-deformação à compressão para a liga de alumínio 7075-T7351 é apresentada na Figura E2.5. Uma barra cilíndrica vazada desse material tem diâmetro externo de 4 polegadas, com uma espessura de parede de 1/8 polegada. Se for construída uma coluna com 9 pés de comprimento, engastada em uma extremidade e livre na outra [conforme a Figura 2.7(b)], calcule a carga crítica de flambagem de acordo com

a. A equação de Euler
b. A equação de Euler-Engesser
c. A fórmula da secante, assumindo excentricidade nula
d. A fórmula da secante, assumindo uma excentricidade de carga de 1/8 polegada a partir da linha de centro longitudinal da coluna
e. A fórmula da secante, assumindo uma excentricidade de carga de 1 polegada a partir da linha de centro longitudinal da coluna

Solução

a. Usando a equação de Euler (2-36) e o comprimento efetivo $L_e = 2L$ da Tabela 2.1,

$$P_{cr} = \frac{\pi^2 EI}{L_e^2} = \frac{\pi^2(10{,}5 \times 10^6)\left[\frac{\pi}{64}(4{,}0^4 - 3{,}75^4)\right]}{[2(9 \times 12)]^2} = 6350\cdot\text{lbf carga crítica}$$

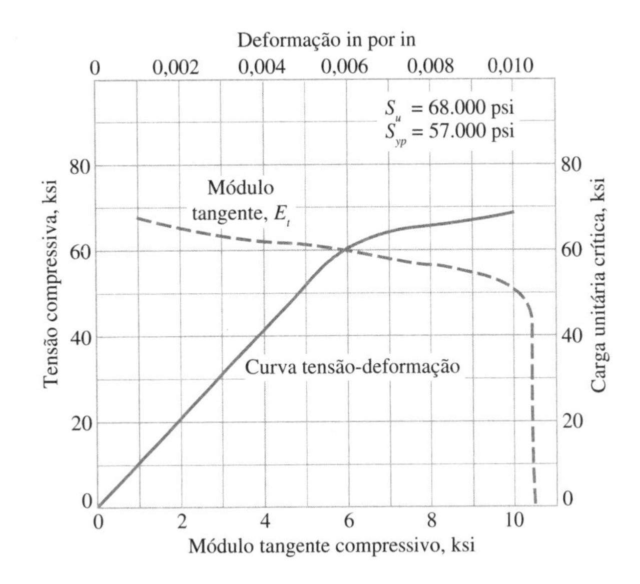

Figura E2.5
Curvas tensão-deformação e módulo tangente compressivo para ligas de alumínio 7075-T7351. Veja ref. 8, p. 3-232.

b. Usando a equação de Euler-Engesser (2-39)

$$\frac{P_{cr}}{A} = \frac{\pi^2 E_t}{(L_e/k)^2}$$

em que

$$k = \sqrt{\frac{I}{A}} = \sqrt{\frac{\frac{\pi}{64}[4{,}0^4 - 3{,}75^4]}{\frac{\pi}{4}[4{,}0^2 - 3{,}75^2]}} = 1{,}37$$

então

$$\frac{P_{cr}}{\frac{\pi}{4}[4{,}0^2 - 3{,}75^2]} = \frac{\pi^2 E_t}{\left[\frac{2(9 \times 12)}{1{,}37}\right]^2}$$

ou

$$0{,}657\, P_{cr} = 3{,}97 \times 10^{-4}\, E_t$$

Resolvendo simultaneamente com a curva E_t da Figura E2.5 é requerido um processo iterativo. Usando P_{cr} = 6350 lbf como ponto de partida, obtém-se

$$E_t = \frac{0{,}657(6350)}{3{,}97 \times 10^{-4}} = 10{,}5 \times 10^6 \text{ psi}$$

Em seguida, a carga crítica unitária para P_{cr} = 6350 lbf pode ser calculada como

$$\frac{P_{cr}}{A} = 0{,}657(6350) = 4170 \text{ psi}$$

Tem-se da curva E_t da Figura E2.5 com um valor de carga crítica unitária de 4170 psi

$$E_t = 10{,}5 \times 10^6 \text{ psi}$$

Uma vez que ambos os valores de E estão em concordância, não é necessário mais nenhuma iteração adicional, e a solução compatível é

$$E_t = 10{,}5 \times 10^6 \text{ psi}$$

e

$$P_{cr} = 6350 - \text{lbf carga crítica}$$

Exemplo 2.5 Continuação

Assim, para este caso as soluções de Euler e Euler-Engesser oferecem o mesmo resultado.

c. Para excentricidade zero ($e = 0$), a fórmula da secante (2-40) não é definida e, além disso, (2-40) não é válida para condição engastada-livre.

d. A fórmula da secante (2-40) não é válida para condições engastada-livre.

e. A fórmula da secante (2-40) não é válida para condições engastada-livre.

Flambagem de Elementos Diferentes de Colunas

Embora a flambagem de colunas seja um caso importante de instabilidade elástica, outros elementos de máquinas também podem flambar sob certas condições. Por exemplo, a instabilidade elástica pode ser induzida quando um momento torsor é aplicado a uma haste longa e fina, quando um momento fletor é aplicado a uma viga longa, fina e de grande dimensão vertical ou quando um tubo de parede fina é submetido à pressão externa. A haste longa e fina flamba, tendendo a enrolar-se, a viga longa, fina e de grande dimensão vertical flamba, tendendo a se torcer lateralmente e o tubo de parede fina, pressurizado extensamente, flamba, tendendo a se dobrar ou enrugar-se.

As equações para o limiar da flambagem para esses três casos podem ser escritas como indicado aqui, mas muitos outros casos são apresentados na literatura.[10]

Torção de uma Haste Longa e Fina

A equação para o limiar da flambagem para o caso mostrado na Figura 2.10(a) é

$$(M_t)_{cr} = \frac{2\pi EI}{L} \tag{2-43}$$

em que
$(M_t)_{cr}$ = momento torsor crítico de flambagem, lbf·in
E = Módulo de Young, psi
I = momento de inércia de área, in^4
L = comprimento, in

Flexão de uma Viga Longa Fina

A equação para o limiar da flambagem para o caso mostrado na Figura 2.10(b) é

$$P_{cr} = \frac{K\sqrt{GJ_e EI_y}}{L^2} \tag{2-44}$$

em que
P_{cr} = carga crítica de flambagem, lbf
E = Módulo de Young, psi
I_y = momento de inércia de área em torno do eixo y, in^4
L = comprimento, in
G = módulo de cisalhamento, psi
J_e = propriedade da seção transversal relacionando o momento torsor M_t com o ângulo de torção θ, em $\theta = M_t L/GJ_e$; para um retângulo estreito $J_e = dt^3/3$
d = altura da viga, in
t = espessura (largura) da viga, in
K = constante dependente do tipo de carregamento e do tipo de apoio (veja Tabela 2.2)

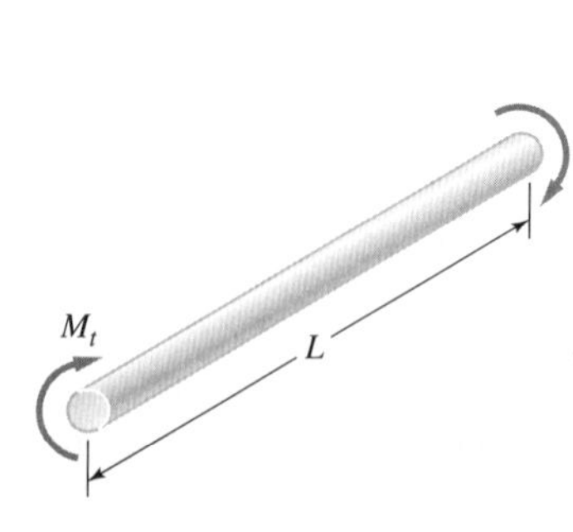

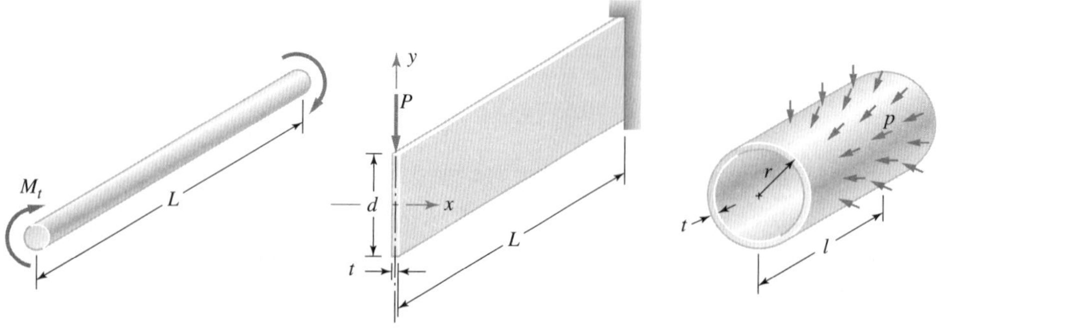

(a) Torção de uma haste longa e fina

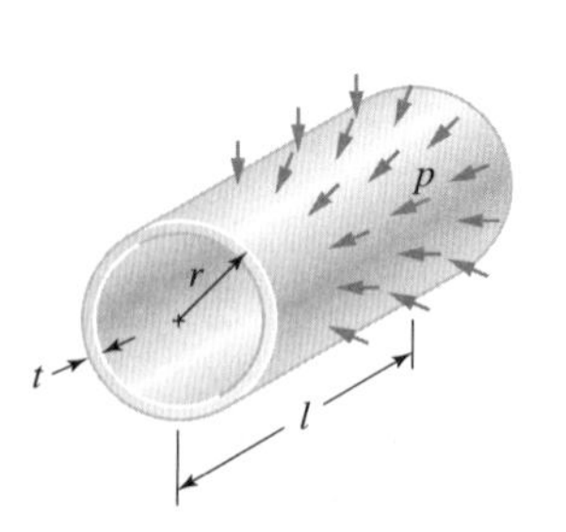

(b) Flexão de uma viga longa e fina

(c) Tubo de parede fina com pressão externa

Figura 2.10
Alguns casos de instabilidade elástica potencial diferentes das colunas.

[10] Veja, por exemplo, refs. 5, 7, 9 e 10.

Tubo de Parede Fina com Pressão Externa

A equação para o limiar da flambagem para o caso mostrado na Figura 2.10(c) é

$$P_{cr} = \frac{0{,}25Et^3}{(1 - \nu^2)r^3} \tag{2-45}$$

válida, apenas, para um tubo com extremidades livres, isto é, para

$$L > 4{,}90r\sqrt{\frac{r}{t}} \tag{2-46}$$

em que
ν = coeficiente de Poisson
P_{cr} = pressão externa crítica de flambagem, psi
L = comprimento do tubo, in
E = módulo de Young, psi
t = espessura da parede, in
r = raio do tubo, in

TABELA 2.2 Constante de Flambagem *K* para Várias Condições de Carregamento de Vigas

Tipo de Viga	Tipo de Carregamento	K
Viga em balanço	P (lbf) concentrada na extremidade livre	4,013
Viga em balanço	q (lbf/in) distribuída ao longo do comprimento L	12,85
Simplesmente apoiada	P (lbf) concentrada no centro	16,93
Simplesmente apoiada	q (lbf/in) distribuída ao longo do comprimento L	28,3

Exemplo 2.6 Flambagem de uma Viga à Flexão

Uma chapa de aço, com seção transversal retangular de dimensões 3 mm por 100 mm é engastada em uma das extremidades com 100 mm de altura. A viga, que tem comprimento de 350 mm, deve suportar uma carga vertical P aplicada na extremidade livre. As propriedades do aço são S_u = 565 MPa, S_{yp} = 310 MPa é o alongamento em 50 mm = 16%. Determine a carga máxima P que pode ser aplicada verticalmente na extremidade livre sem induzir a falha e identifique o modo de falha dominante.

Solução

Tanto o escoamento quanto a flambagem são modos de falha potenciais. Ambas as soluções devem ser verificadas. Para a falha por flambagem, a carga crítica de flambagem é dada por (2-44) como

$$P_{cr} = \frac{K\sqrt{GJ_eEI_y}}{L^2}$$

em que
K = 4,013 (da Tabela 2.2)
G = 79 MPa
$J_e = \dfrac{dt^3}{3} = 0{,}1(0{,}003)^3/3 = 9 \times 10^{-4}\ \text{m}^4$ (retângulos finos)
E = 207 MPa
$I_y = \dfrac{dt^3}{12} = 0{,}1(0{,}003)^3/12 = 2{,}25 \times 10^{-10}\ \text{m}^4$
L = 0,35 m

Então

$$P_{cr} = \frac{4{,}013\sqrt{(77 \times 10^9)(9 \times 10^{-10})(207 \times 10^9)(2{,}25 \times 10^{-10})}}{(0{,}35)^2} = 1861\ \text{N}$$

Para a falha por escoamento, admitindo-se que não existam fatores de concentração de tensão, o ponto crítico está na fibra mais externa na extremidade engastada, onde a tensão devida à flexão é

$$\sigma = \frac{Mc}{I} = \frac{PLc}{I} = \frac{PL\left(\dfrac{d}{2}\right)}{\left(\dfrac{td^3}{12}\right)} = \frac{6PL}{td^2}$$

Exemplo 2.6 Continuação

Fazendo $\sigma = S_{yp} = 310$ MPa, a carga crítica correspondente P_{yp-cr} torna-se

$$P_{yp-cr} = \frac{S_{yp}td^2}{6L} = \frac{(310 \times 10^6)(0{,}003)(0{,}10)^2}{6(0{,}35)} = 4429 \text{ N}$$

Como a carga de flambagem P_{cr} é inferior à carga crítica de escoamento P_{yp-cr}, a flambagem é o modo dominante de falha e a carga crítica correspondente P_f é

$$P_f = P_{cr} = 1861 \text{ N}$$

2.6 Choque e Impacto

A rápida aplicação de forças ou de deslocamentos a uma estrutura ou componente de máquina produz, frequentemente, níveis de tensões e de deformações muito maiores do que seriam gerados pelas mesmas forças e deslocamentos aplicados gradualmente. Tais carregamentos ou deslocamentos aplicados rapidamente são comumente chamados *choques* ou *carregamento de impacto*. Para que o carregamento em uma estrutura possa ser considerado quase estático ou como um carregamento de impacto é normalmente julgado pela comparação entre o tempo de aplicação da carga ou *tempo de subida* e o maior período natural de vibração da estrutura. Se o tempo de subida for mais de três vezes o maior período natural de vibração, o carregamento pode ser, usualmente, considerado quase estático. Se o tempo de subida for menor do que metade do maior período natural de vibração, é necessário, usualmente, considerar como impacto ou carregamento de choque. Para carregamento quase estático, um projetista normalmente está interessado apenas no valor máximo do carregamento. Para carregamento de choque importa não apenas o pico do carregamento, mas também o tempo de subida e o *impulso* (área sob a curva de força *versus* tempo).

O carregamento de impacto pode ser gerado em máquinas ou em estruturas de várias formas. Por exemplo, *uma carga se deslocando rapidamente*, como um trem atravessando uma ponte, gera carregamento de impacto. *Cargas subitamente aplicadas*, como as produzidas durante a combustão no curso do pistão de um motor de combustão interna, e *cargas de impacto direto*, como a queda de um martelo de forjamento, produzem cargas de choque. *Cargas inerciais* produzidas por grandes acelerações, como durante a queda de um avião ou uma colisão de automóvel, na maioria dos casos, gera as condições de choque ou impacto. Quando o carregamento de impacto é repetitivo, podem ser induzidas condições para *fadiga por impacto, desgaste por impacto* ou *fretagem por impacto*.[11] É importante, também, observar as propriedades dos materiais, como o limite de resistência, limite de escoamento e a ductilidade, que podem ser influenciadas de maneira significativa pelas condições de carregamento de impacto.[12]

Propagação de Ondas de Tensão sob Condições de Carregamento de Impacto

Quando uma força é rapidamente aplicada a uma região do contorno de um corpo elástico, as partículas em uma camada fina do material, diretamente abaixo da região de aplicação da força, são postas em movimento; o restante do corpo, distante da região de carregamento, permanece, por uma duração de tempo finito, sem nenhuma perturbação. À medida que o tempo passa, a fina região onde as partículas se movimentam se expande e se propaga através do corpo, na forma de *onda de deformação elástica*. Atrás da *frente da onda* o corpo está deformado e as partículas estão em movimento. À sua frente, o corpo permanece sem deformação e em repouso. Se a geometria do corpo é simples e uniforme, e se a força aplicada é bem definida e uniformemente aplicada, podem ser utilizadas as equações clássicas de propagação de ondas em meias elásticas para se calcular as tensões e deformações no corpo.[13] Métodos mais sofisticados podem levar em consideração fatores de aumento de complexidade como condições de contorno do corpo, amortecimento do material, escoamento local, irregularidades na geometria e aplicações não uniformes do carregamento. Usando-se o *modelo de propagação de ondas* e considerando-se os fatores que podem influenciar, como os listados anteriormente, descobriu-se que as ondas em propagação são refletidas internamente nos contornos do corpo, interagindo entre si, algumas vezes se anulando, e em outras se intensificando e produzindo regiões localizadas com tensão ou deformação elevada devida ao carregamento de impacto. Apesar de os modelos de propagação de ondas oferecerem uma concepção boa para o comportamento físico real

[11] Veja 2.3.
[12] Veja ref. 1, pp. 562-569.
[13] Veja por exemplo, ref. 1, pp. 533-561.

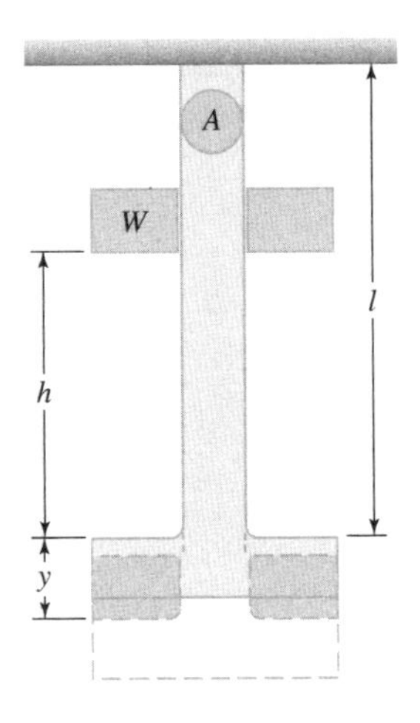

Figura 2.11
Elemento simplesmente tracionado submetido a carregamento de impacto causado pela queda de uma massa.

de um corpo sob condições de impacto, o cálculo de tensões e de deformações pela utilização deste método é complicado e está além do escopo deste texto. Um método mais simples baseado na conservação de energia será utilizado aqui para aproximar as tensões e as deflexões máximas sob carregamento de impacto.

Estimativa da Tensão e da Deflexão sob Condições de Carregamento de Impacto pelo Método de Energia

Para elementos de máquinas simples, a máxima tensão ou deslocamento sob condições de impacto pode ser aproximada utilizando-se o conceito de conservação de energia, em que o trabalho externo realizado sobre uma estrutura deve ser igual à energia potencial de deformação armazenada na estrutura (admitindo-se que as perdas sejam desprezíveis). Para utilizar este método de energia, o procedimento do projetista consiste em igualar o trabalho externo à energia de deformação acumulada, formulando a expressão da energia em termos de tensão ou de deslocamento e resolvendo o problema para a tensão ou deslocamento.

Por exemplo, no caso do elemento simplesmente tracionado mostrado na Figura 2.11, deixa-se cair uma massa, de peso W, de uma altura h até atingir a base circular na extremidade inferior da barra tracionada. A resistência oferecida pela barra detém o peso W, e durante este processo, há uma variação de comprimento, y, da barra, conforme indicado, armazenando energia na barra. Ao se utilizar o método de energia para se estimar a máxima tensão na barra causada por esse carregamento de impacto, admite-se que:

1. A resistência inercial da barra de tração e o peso da base circular são desprezíveis; isto é, a massa da barra e da base são muito menores do que a massa em queda.
2. O deslocamento da barra é diretamente proporcional à força aplicada e não é uma função do tempo.
3. O material obedece à lei de Hooke, isto é permanece no limite elástico linear.
4. Não há perda de energia no impacto.

Sob estas hipóteses, a máxima tensão pode ser estimada pelo método de energia. A energia externa, EE, pode ser calculada como a modificação na energia potencial da massa durante a sua queda, de acordo com

$$EE = W(h + y_{máx}) \tag{2-47}$$

Uma vez admitido que a barra permanece no regime linear elástico, a lei de Hooke estabelece que

$$\sigma_{máx} = E\varepsilon = \frac{Ey_{máx}}{l} \tag{2-48}$$

em que se pode exprimir o deslocamento y da extremidade em termos da tensão σ, do comprimento l, e do módulo de elasticidade E como

$$y_{máx} = \frac{\sigma_{máx} l}{E} \tag{2-49}$$

Utilizando-se esta expressão para o deslocamento, (2-47) pode ser expressa como

$$EE = W\left(h + \frac{\sigma_{máx} l}{E}\right) \tag{2-50}$$

A energia de deformação, SE, armazenada na barra no instante do deslocamento máximo y pode ser expressa como o produto da força média aplicada pelo deslocamento, ou

$$SE = F_{méd} y_{máx} = \left(\frac{0 + F_{máx}}{2}\right) y_{máx} \tag{2-51}$$

Contudo, para a barra simplesmente tracionada com área da seção transversal A

$$F_{máx} = \sigma_{máx} A \tag{2-52}$$

que pode ser substituída em (2-51) à da energia de deformação (2-49) para se obter

$$SE = \left(\frac{\sigma_{máx} A}{2}\right)\left(\frac{\sigma_{máx} l}{E}\right) = \frac{\sigma_{máx}^2}{2E}(Al) \tag{2-53}$$

Igualando-se a expressão da energia externa (2-50) à da energia de deformação (2-53) obtém-se

$$W\left(h + \frac{\sigma_{máx} l}{E}\right) = \frac{\sigma_{máx}^2}{2E}(Al) \tag{2-54}$$

ou

$$\sigma_{máx}^2\left(\frac{Al}{2E}\right) - \sigma_{máx}\left(\frac{Wl}{E}\right) - Wh = 0 \quad (2\text{-}55)$$

Dividindo-se a equação (2-55) por ($Al/2E$) obtém-se

$$\sigma_{máx}^2 - \left(\frac{2W}{A}\right)\sigma_{máx} - \frac{2WhE}{Al} = 0 \quad (2\text{-}56)$$

que pode ser resolvida, extraindo-se a raiz quadrada para se obter o valor máximo da tensão

$$\sigma_{máx} = \frac{W}{A}\left[1 + \sqrt{1 + \frac{2hEA}{Wl}}\right] \quad (2\text{-}57)$$

Esta é uma estimativa do método de energia para a máxima tensão desenvolvida na barra tracionada em razão do impacto do peso W caindo, a partir do repouso, de uma altura h. Uma expressão semelhante para o deslocamento máximo na extremidade, $y_{máx}$, pode ser escrita combinando-se (2-57) com (2-49) para obter-se

$$y_{máx} = \frac{Wl}{AE}\left[1 + \sqrt{1 + \frac{2hEA}{Wl}}\right] \quad (2\text{-}58)$$

É interessante observar em (2-57) que, sob carregamento de impacto, a máxima tensão pode ser reduzida não apenas pelo aumento da área da seção transversal, mas também pela redução do módulo de elasticidade E ou pelo aumento do comprimento l da barra. Então, torna-se evidente que a situação de impacto é bastante diferente do caso de carregamento estático em que a tensão na barra é independente do módulo de elasticidade e do comprimento da barra. A expressão entre colchetes de (2-57) e de (2-58) é chamada *fator de impacto*.

É interessante, também, observar o *caso-limite* em (2-57), para o qual a altura de queda, h, é zero. Este caso-limite, em que a massa de impacto é mantida em contato com a base circular e então liberada de uma altura zero, é chamada carga *subitamente aplicada*. De (2-57), com $h = 0$, a tensão desenvolvida em uma barra submetida a uma carga subitamente aplicada é

$$(\sigma_{máx})_{\substack{subitamente\\aplicada}} = 2\frac{W}{A} = 2(\sigma_{máx})_{estática} \quad (2\text{-}59)$$

Então, a máxima tensão desenvolvida por uma carga subitamente aplicada W na extremidade de uma barra é o dobro da máxima tensão desenvolvida na barra pela carga, W, aplicada lentamente. De modo similar, de (2-58) o deslocamento máximo gerado por uma carga subitamente aplicada é o dobro do deslocamento produzido sob condições estáticas, em que

$$(y_{máx})_{\substack{subitamente\\aplicada}} = 2(y_{máx})_{estática} \quad (2\text{-}60)$$

Se o peso da barra mostrado na Figura 2.11 *não* puder ser desprezado como foi admitido, as expressões (2-57) e (2-58) precisam ser modificadas de alguma forma para considerar que uma parte da energia do peso em queda seja utilizada para acelerar a massa da barra. Admitindo que a barra tenha uma massa q por unidade de comprimento da barra, então (2-57) e (2-58) são modificadas para

$$\sigma_{máx} = \frac{W}{A}\left[1 + \sqrt{1 + \frac{2hEA}{Wl}\left(\frac{1}{1 + \frac{ql}{3W}}\right)}\right] \quad (2\text{-}61)$$

e

$$y_{máx} = \frac{Wl}{AE}\left[1 + \sqrt{1 + \frac{2hEA}{Wl}\left(\frac{1}{1 + \frac{ql}{3W}}\right)}\right] \quad (2\text{-}62)$$

Se o nível de tensão gerado pelo impacto exceder o limite de escoamento do material, nem a lei de Hooke, nem as equações recém-desenvolvidas serão mais válidas. Contudo, ainda é possível estimar a tensão e o deslocamento sob tais condições.[14]

[14] Veja por exemplo, ref. 1, p. 530 e seguintes.

Para se maximizar a resistência de uma máquina ou de componentes estruturais ao carregamento de impacto, é importante distribuir as tensões máximas da forma mais uniforme possível. Para ilustrar o caso, os dois corpos de prova mostrados na Figura 2.12 são comparados sob condições de carregamento estático e de impacto. Observe que ambos têm o mesmo comprimento, a mesma área mínima de seção transversal e são feitos do mesmo material. Os efeitos da concentração de tensão serão desprezados nesta comparação.

Sob condições de carregamento estático, pode-se observar que a carga P_{fy} necessária para produzir o primeiro escoamento é, para *ambas* as barras na Figura 2.12,

$$P_{fy} = A_1 S_{yp} \tag{2-63}$$

em que S_{yp} é o limite de escoamento do material.

Em seguida, a energia total de deformação acumulada em cada barra pode ser calculada no instante do escoamento inicial. Esta energia total de deformação acumulada, naturalmente, deve ser igual à energia externa necessária para iniciar o escoamento em cada caso. Utilizando-se (2-53), pode-se escrever a energia de deformação total U_a armazenada na barra da Figura 2.12(a) como

$$U_a = \frac{S_{yp}^2}{2E}(A_1 l) \tag{2-64}$$

Ao se calcular a energia de deformação total U_b acumulada na barra da Figura 2.12(b) deve-se reconhecer que o nível de tensão nos segmentos das duas extremidades será inferior ao nível de tensão no segmento central na proporção de A_1/A_2. Então, utilizando-se novamente (2-53) de uma forma segmentada

$$U_b = \frac{S_{yp}^2}{2E} A_1\left(\frac{l}{3}\right) + 2\left\{\frac{\left[S_{yp}\left(\frac{A_1}{A_2}\right)\right]^2}{2E} A_2\left(\frac{l}{3}\right)\right\} \tag{2-65}$$

Como área A_2 dada na Figura 2.12 é o dobro da área A_1, (2-65) torna-se

$$U_b = \frac{S_{yp}^2}{2E}\left(\frac{A_1 l}{3}\right) + \frac{S_{yp}^2}{8E}\left(\frac{4A_1 l}{3}\right) \tag{2-66}$$

ou

$$U_b = \frac{2}{3}\left[\frac{S_{yp}^2}{2E}(A_1 l)\right] \tag{2-67}$$

Então,

$$U_b = \frac{2}{3} U_a \tag{2-68}$$

Deste resultado torna-se evidente que a energia armazenada no corpo de prova da Figura 2.12(b), quando se inicia o escoamento, é apenas um terço da energia total acumulada no corpo de prova da Figura 2.12(a), apesar do maior volume do corpo de prova da Figura 2.12(b). Em outras palavras, a resistência ao impacto da geometria (a), com seu volume total menor, é significativamente maior do que a resistência ao impacto da geometria (b) na Figura 2.12. Além disso, se os efeitos da concentração de tensão tivessem sido considerados, a geometria (b) teria sido comparativamente pior.

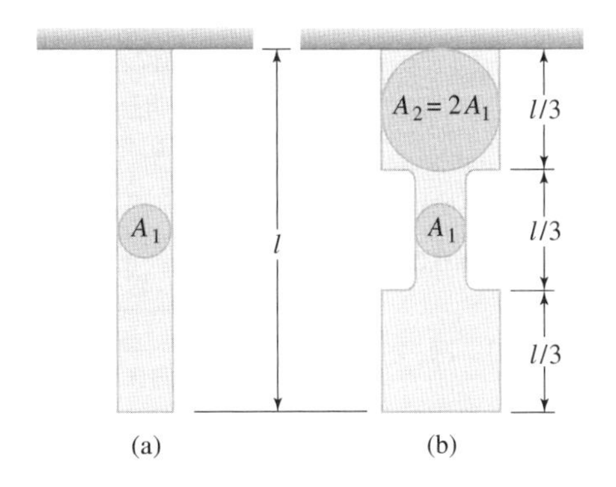

Figura 2.12
Configuração de dois corpos de prova usados na comparação dos efeitos da geometria sob carregamento estático e de impacto. A configuração (a) é superior porque a tensão é distribuída uniformemente ao longo do corpo.

A chave para o sucesso no projeto de elementos para uma máxima resistência ao carregamento de impacto é assegurar que a tensão máxima seja uniformemente distribuída pelo maior volume possível do material. Membros com entalhes e chanfros têm resistência muito baixa ao impacto porque, para essas configurações, existem sempre pequenos volumes de material com tensão muito elevadas. Uma carga de impacto relativamente pequena, nestes casos, produz fratura. Assim, membros que contêm furos, filetes, entalhes ou chanfros podem estar sujeitos à fratura abrupta sob carregamento de impacto ou de choque.

Exemplo 2.7 Carregamento de Impacto em uma Viga

Uma viga de aço simplesmente apoiada tem 1,5 m de comprimento e uma seção transversal retangular de 25 mm de largura por 75 mm de altura. Um peso de 350 N é largado de uma altura h no meio do vão.

a. Se o limite de escoamento do material é $S_{yp} = 275$ MPa e se a massa da viga pode ser desprezada, de que altura é necessário largar a massa para se produzir a primeira evidência de escoamento?

b. Qual é o fator de impacto nessas condições?

Solução

a. Para a viga simplesmente apoiada, o deslocamento no meio do vão sob carregamento quase estático é (veja Tabela 4.1, caso 1)

$$y_{st} = \frac{WL^3}{48EI} = \frac{300(1,5)^3}{48(207 \times 10^9)[(0,025)(0,075)^3/12]} = 115,9 \times 10^{-6} \text{ m}$$

e a tensão normal máxima correspondente no meio do vão é

$$\sigma_{máx} = \frac{Mc}{I} = \frac{\left(\frac{W}{2}\right)\left(\frac{L}{2}\right)c}{I} = \frac{WLc}{4I} \Rightarrow W = \frac{4I\sigma_{máx}}{Lc}$$

Assim,

$$y_{máx} = W = \left(\frac{L^3}{48EI}\right) = \left(\frac{4I\sigma_{máx}}{Lc}\right)\left(\frac{L^3}{48EI}\right) = \frac{\sigma_{máx}L^2}{12\,Ec}$$

De (2-51)

$$SE = F_{méd}\,y_{máx} = \frac{Wy_{máx}}{2}$$

Substituindo $\sigma_{máx}$ e $y_{máx}$ anteriormente calculados

$$SE = \left(\frac{2I\sigma_{máx}}{Lc}\right)\left(\frac{\sigma_{máx}L^2}{12Ec}\right) = \frac{\sigma_{máx}^2 IL}{6Ec^2}$$

Usando-se (2-47)

$$EE = W(h + y_{máx}) = W\left(h + \frac{\sigma_{máx}L^2}{12Ec}\right)$$

Igualando-se SE e EE resolvendo-se para $\sigma_{máx}$ e utilizando-se a definição de y_{st}

$$\sigma_{máx} = \frac{WLc}{4I}\left[1 + \sqrt{1 + \frac{(2)48EIh}{WL^3}}\right] = \frac{WLc}{4I}\left[1 + \sqrt{\frac{2h}{y_{st}}}\right]$$

Usando-se os valores numéricos conhecidos,

$$\sigma_{máx} = \frac{350(1,5)(0,075/2)}{4[(0,025)(0,075)^3/12]}\left[1 + \sqrt{1 + \frac{2h}{115,9 \times 10^{-6}}}\right]$$

$$= 56 \times 10^5\left[1 + \sqrt{1 + \frac{2h}{115,9 \times 10^{-6}}}\right]$$

Igualando-se ao limite de escoamento e resolvendo-se para h,

$$275 \times 10^6 = 56 \times 10^5\left[1 + \sqrt{1 + \frac{2h}{115,9 \times 10^{-6}}}\right] \quad \rightarrow \quad h = 0,134 \text{ m}$$

Assim, deve-se largar um peso de 350 N de uma altura de, no mínimo, 134 mm para se produzir o escoamento inicial nas fibras mais externas no meio do vão da viga.

b. O fator de impacto para este caso é,

$$IF = \left[1 + \sqrt{1 + \frac{2(0,134)}{115,9 \times 10^{-6}}}\right] = 49,1$$

2.7 Fluência e Tensão de Ruptura

A fluência, em sua forma mais simples, é a acumulação progressiva de deformação plástica em um corpo de prova ou elemento de máquina sob tensão a elevada temperatura por um período de tempo. A falha por fluência ocorre quando a deformação de fluência acumulada resulta em uma deformação do componente de máquina que exceda os limites de projeto. *Ruptura por fluência* é uma extensão do processo de fluência à condição-limite em que o componente sob tensão se separa, de fato, em duas partes. *Ruptura por tensão* é um termo usado por muitos de forma intercambiável com *ruptura por fluência;* contudo, outros reservam o termo *ruptura por tensão* como a ruptura final de um processo de fluência em que nunca se atinge o regime permanente de fluência, e usam o termo *ruptura por fluência* para a ruptura final de um processo de fluência em que há um período de regime permanente. Na Figura 2.13 estão ilustradas essas diferenças.

As deformações sob fluência significativas para engenharia não são normalmente encontradas até que as temperaturas de operação atinjam uma faixa de aproximadamente 35 a 70 por cento do ponto de fusão em uma escala absoluta de temperatura. As temperaturas aproximadas de fusão para diversos materiais são apresentadas na Tabela 2.3.

Os estudos iniciais de fluência foram reportados por um engenheiro francês que estava interessado em estudar alongamentos dependentes do tempo de cordoalhas usadas para suspensão de pontes que excediam as previsões elásticas. Contudo, a falha por fluência não veio a se tornar um modo de falha importante até depois da Primeira Guerra Mundial. Desde então foram identificadas muitas aplicações em que a falha por fluência poderia governar o projeto. Elementos carregados operando em temperaturas na faixa de 1000 °F a 1600 °F são encontrados em instalações de geração de potência, refinadas e plantas de processamento químico. Peças de fornalhas são expostas rotineiramente a temperatura entre 1600 °F e 2200 °F. Lâminas de rotores de turbinas a gás são submetidas a temperaturas entre 1200 °F e 2200 °F, juntamente com elevadas tensões centrífugas. Tubeiras de foguetes e cones do nariz de espaçonaves são sujeitos a temperaturas ainda maiores por breves períodos de tempo. A temperatura no revestimento de aeronaves que atingem Mach 7 foi estimada em aproximadamente 5000 °F, tendo como consequências aerodinâmicas e estruturais tornar a deformação e a flambagem por fluência e a ruptura por tensão considerações críticas de projeto.

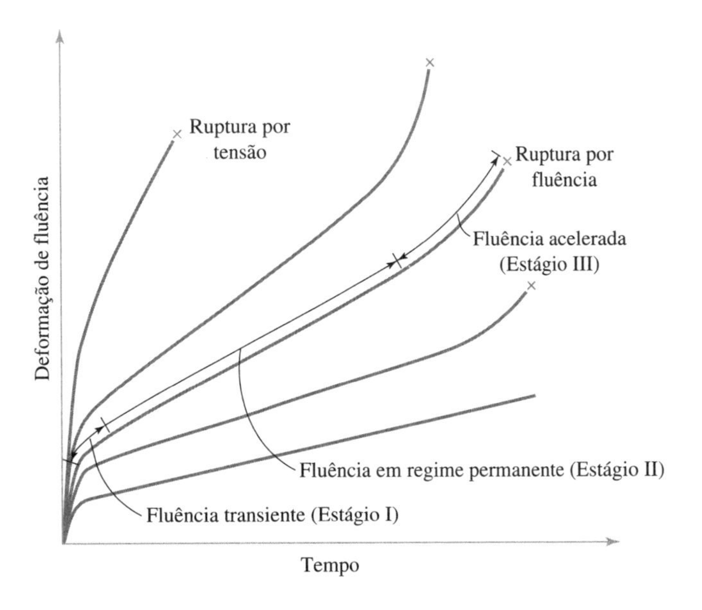

Figura 2.13
Ilustração da ruptura por fluência e por tensão.

TABELA 2.3 **Temperaturas de Fusão**[1]

Material	°F	°C
Carboneto de háfnio	7030	3887
Grafite (sublimado)	6330	3500
Tungstênio	6100	3370
Carboneto de tungstênio	5190	2867
Titânio	3260	1795
Platina	3180	1750
Cromo	3000	1650
Ferro	2800	1540
Aços inoxidáveis	2640	1450
Aço	2550	1400
Ligas de alumínio	1220	660
Ligas de magnésio	1200	650
Ligas de chumbo	605	320

[1] Da ref. 11.

A deformação e a ruptura por fluência são iniciadas nos contornos dos grãos e prosseguem pelo deslizamento e separação. Assim, as falhas por ruptura sob fluência são intercristalinas, em contraste, por exemplo, com a topografia de falha transcristalina exibida por falhas à fadiga em temperaturas ambientes. Apesar de a fluência ser um fenômeno de fluxo plástico, o caminho da falha intercristalina gera uma superfície de ruptura que se parece com uma falha frágil. A ruptura por fluência ocorre, tipicamente, sem a estricção e sem aviso. O estado da arte atual do conhecimento não permite uma estimativa confiável das propriedades de ruptura por tensão ou por fluência com embasamento teórico. Além disso, parece existir pouca ou mesmo nenhuma correlação entre as propriedades de fluência de um material e suas propriedades mecânicas de temperatura ambiente. Portanto, os dados de testes e os métodos empíricos de extensão desses dados dependem fortemente da previsão de comportamento da fluência sob condições de serviço antecipadas.

Estimativa do Comportamento de Fluência de Longo Prazo

Tem-se despendido muito tempo e esforço na tentativa de se divisar bons ensaios de fluência de curta duração para se obter uma estimativa precisa e confiável da fluência a longo prazo e do comportamento de ruptura por tensão. Parece, contudo, que dados de fluência realmente confiáveis só podem ser obtidos por meio de ensaios de fluência de longo prazo. Esses ensaios reproduzem as condições reais de carregamento e de temperatura de serviço da forma mais próxima possível. Infelizmente, os projetistas não podem esperar durante anos para obter os dados de projeto necessários à análise de falha por fluência. Portanto, certas técnicas úteis foram desenvolvidas para aproximar o comportamento à fluência de longo prazo com base em uma série de ensaios de curta duração.

Os dados provenientes de testes de fluência podem ser apresentados em uma série de formas gráficas diferentes. As variáveis básicas envolvidas são tensão, deformação, temperatura e, talvez, taxa de deformação. Qualquer dupla dessas variáveis pode ser escolhida como coordenada do gráfico, sendo as variáveis restantes tratadas como constantes paramétricas para um dado conjunto de curvas. Três métodos comumente utilizados para aplicações da extrapolação de dados de fluência de longo prazo a partir de testes de fluência de curta duração são: o *método da abreviação*, o *método da aceleração mecânica* e o *método da aceleração térmica*. No método da abreviação os testes de fluência são conduzidos em diferentes níveis de tensão e nas temperaturas de operação contempladas. Os dados são organizados graficamente como deformação sob fluência *versus* tempo para uma família de níveis de tensão, todos realizados à temperatura constante. As curvas são apresentadas em gráficos a partir da duração dos ensaios de laboratório e depois extrapoladas para a vida necessária ao projeto.

No método da aceleração mecânica para o teste de fluência, os níveis de tensão utilizados nos testes de laboratórios são significativamente maiores do que os níveis de tensão contemplados no projeto, de modo que as deformações-limite para projeto são alcançadas em um tempo muito menor do que no serviço real. Os dados obtidos no método da aceleração mecânica são apresentados graficamente como nível de tensão *versus* tempo para uma família de curvas de deformação constante, todas à temperatura constante. A curva de ruptura por tensão, também, pode ser apresentada graficamente por esse método. As curvas de deformação constante são representadas graficamente a partir da duração dos ensaios de laboratório e em seguida extrapoladas para a vida de projeto.

O método da aceleração térmica envolve ensaios de laboratório a temperatura muito mais elevadas do que as esperadas durante o serviço real. Os dados são representados graficamente como tensão *versus* tempo para uma família de temperaturas constantes em que a deformação produzida sob fluência é constante para todo o gráfico. Os dados de ruptura por tensão, também, podem ser representados graficamente dessa forma. Os dados são representados graficamente a partir da duração dos ensaios de laboratório e depois extrapolados para a vida de projeto.

As orientações para os ensaios de fluência normalmente determinam que os períodos de ensaio menores do que 1 por cento da vida esperada não sejam capazes de oferecer resultados significativos. Os ensaios que se estendem por, no mínimo, 10 por cento da vida esperada são preferíveis, quando viáveis.

Além desses métodos de extrapolação gráfica para estimativa do comportamento sob fluência de longo prazo, várias *teorias* de estimativa têm sido propostas para correlacionar ensaios de curta duração a elevadas temperaturas, com o desempenho de longo prazo a temperaturas mais moderadas. Dessas teorias, a mais amplamente utilizada é a *teoria de Larson-Miller*.[15] Essa teoria postula que para combinação de material e nível de tensão existe um único valor de um parâmetro P que está relacionado com a temperatura e com o tempo pela equação

$$P = (\Theta + 460)(C + \log_{10} t) \tag{2-69}$$

em que
P = parâmetro de Larson-Miller, constante para um dado material e nível de tensão
Θ = temperatura, °F
C = constante, normalmente, adotada como 20
t = tempo, em horas, para a ruptura ou até ser alcançado um valor específico de deformação sob fluência

Larson e Miller testaram essa equação para estimativa de resultados reais de fluência e de ruptura para 28 materiais diferentes com bom sucesso. Utilizando-se (2-69) é uma tarefa simples obter uma combinação de curta duração de temperatura e tempo que seja equivalente a qualquer exigência de serviço de longo prazo desejada. Por exemplo, para qualquer material dado, a um nível de tensão especificado, as condições de ensaio listadas na Tabela 2.4 deveriam ser equivalentes às correspondentes condições de operação mostradas.

Outros investigadores confirmaram a boa concordância entre a teoria e as experiências utilizando o parâmetro de Larson-Miller para uma ampla variedade de materiais, incluindo diversos plásticos, para a estimativa do comportamento de fluência de longo termo e o desempenho de ruptura por tensão.

Fluência sob Estado de Tensão Uniaxial

A fluência sob estado de tensão uniaxial e os ensaios de ruptura por tensão de 100 horas (4 dias), 1000 horas (42 dias) e 10.000 horas (420 dias) de duração são comuns, com ensaios de 100.000 horas (11,5 anos) sendo realizados em alguns poucos casos. Certas aplicações recentes de alto desempenho geraram ensaios de fluência de curta duração que medem a duração em minutos, em vez de horas ou anos. Por exemplo, em alguns casos foram usadas as durações dos ensaios de fluência de 1000 minutos, 100 minutos, 10 minutos e 1 minuto.

É interessante observar que com um incremento na temperatura o limite de resistência estático, o limite de escoamento e o módulo de elasticidade tendem, todos, a diminuir, ao passo que o alongamento e a redução na área tendem a crescer. O fator de concentração de tensão devido ao entalhe geométrico também é reduzido a elevadas temperaturas.

Muitas relações têm sido propostas para associar tensão, deformação, tempo e temperatura nos processos de fluência. Se forem investigados experimentalmente os dados de deformação sob fluência *versus* tempo, poder-se-á observar que os dados se aproximam de uma reta para uma ampla variedade

TABELA 2.4 Condições Equivalentes Baseadas no Parâmetro de Larson-Miller

Condição de Operação	Condição de Teste Equivalente
10.000 horas a 1000 °F (538 °C)	13 horas a 1200 °F (650 °C)
1000 horas a 1200 °F (650 °C)	12 horas a 1350 °F (732 °C)
1000 horas a 1350 °F (732 °C)	12 horas a 1500 °F (816 °C)
1000 horas a 300 °F (150 °C)	2,2 horas a 400 °F (204 °C)

[15] Veja ref. 12.

de materiais, quando apresentados em um gráfico de coordenadas logarítmicas para deformação *versus* coordenadas logarítmicas para tempo. Um gráfico como este é apresentado na Figura 2.14 para três materiais diferentes. Uma equação que descreve este tipo de comportamento é

$$\delta = At^{a} \qquad (2\text{-}70)$$

em que δ = deformação verdadeira sob fluência
t = tempo
A, a = constantes empíricas

Diferenciando-se, com relação ao tempo e fazendo-se $aA = b$ e $(1 - a) = n$, obtém-se

$$\dot{\delta} = bt^{-n} \qquad (2\text{-}71)$$

Esta equação representa uma variedade de diferentes tipos de curvas de deformação sob fluência *versus* tempo, dependendo do valor do expoente n. Se n é nulo, o comportamento é dito *taxa de fluência constante*. Este tipo de comportamento à fluência é encontrado, mais comumente, a elevadas temperaturas. Se o expoente n é unitário, o comportamento é denominado *fluência logarítmica*. Este tipo de comportamento de fluência é observado na borracha, no vidro e em alguns tipos de concreto, assim como nos metais a temperaturas mais baixas. Se o expoente n está entre 0 e 1, o comportamento é denominado *fluência parabólica*. Este tipo de comportamento de fluência ocorre a temperaturas intermediárias e a temperaturas altas.

A influência do nível de tensão σ na taxa de fluência pode ser representada pela expressão empírica

$$\dot{\delta} = B\sigma^{N} \qquad (2\text{-}72)$$

Supondo que a tensão σ seja independente do tempo, pode-se integrar (2-72) para obter-se a deformação verdadeira de fluência

$$\delta = Bt\sigma^{N} + C' \qquad (2\text{-}73)$$

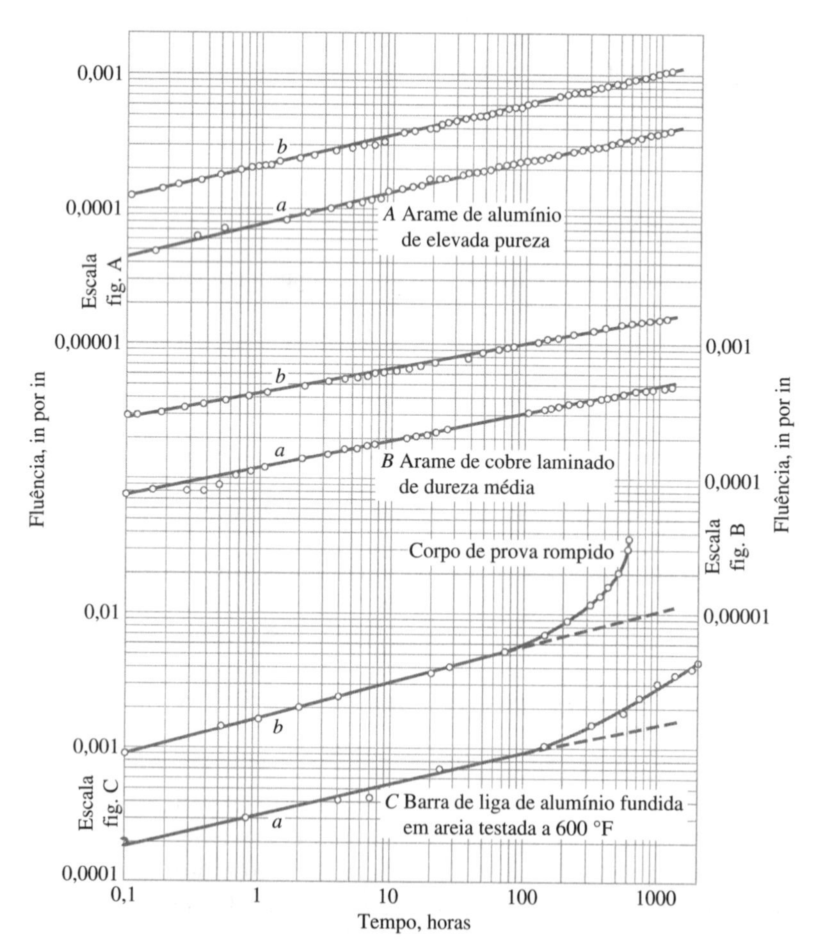

Figura 2.14
Curvas de fluência para três materiais apresentados em coordenadas gráficas log-log. (Da ref. 13.)

Se a constante C' é pequena quando comparada com $Bt\sigma^N$, o que frequentemente ocorre, o resultado é denominado lei de fluência *tensão-tempo log-log*, sendo dada por

$$\delta = Bt\sigma^N \tag{2-74}$$

Enquanto a deformação instantânea observada na aplicação da carga e o Estágio I da fluência transiente forem pequenos quando comparados com o Estágio II da fluência de regime permanente, (2-74) é útil como ferramenta de projeto. Com esta expressão, um projetista pode calcular a tensão necessária a determinada temperatura para manter a deformação de fluência entre limites especificados. Na Tabela 2.5, as constantes B e N são calculadas para cinco materiais e temperaturas, em que o tempo t está expresso em dias.

Também existem métodos para calcular a deformação verdadeira de fluência sob estados de tensão multiaxiais,[16] mas estão fora do escopo deste livro.

TABELA 2.5 Constantes da Lei de Fluência Tensão-Tempo (Log-Log)[1]

Material	Temperatura F°	Temperatura C°	B (in²/lbf)^N por dia	B (mm²/N)^N por dia	N
Aço 1030	750	400	48×10^{-38}	6960×10^{-38}	6,9
Aço 1040	750	400	16×10^{-46}	2320×10^{-46}	8,6
Aço 2Ni-0,8Cr-0,4Mo	850	454	10×10^{-20}	1450×10^{-20}	3,0
Aço 12Cr	850	454	10×10^{-27}	1450×10^{-27}	4,4
Aço 12Cr-3W-0,4Mn	1020	550	15×10^{-16}	2175×10^{-16}	1,9

[1] Veja ref. 14, p. 82.

Exemplo 2.8 Projeto para Prevenir Fluência Excessiva

Deseja-se projetar uma peça cilíndrica sólida sob tração de 5 pés de comprimento, fabricada de aço 1030, de modo que este suporte uma carga de 10.000 lbf por 10 anos a 750 °F sem exceder um deslocamento em fluência de 0,1 in. Qual deve ser o diâmetro da barra para prevenir a falha antes do final da vida de projeto de 10 anos?

Solução

De (2-74), a tensão de falha σ_f, pode ser calculada como

$$\sigma_f = \left[\frac{\delta}{Bt}\right]^{1/N}$$

ou

$$\sigma_f = \left[\frac{0,1/(5 \times 12)}{(48 \times 10^{-38})(10 \times 365)}\right]^{1/6,9} = 23.200 \text{ psi}$$

em que as constantes, B e N, são obtidas da Tabela 2.5

O diâmetro da barra correspondente à falha incipiente em 10 anos, d_f, pode, então, ser calculado de

$$\sigma_f = \frac{F}{A} = \frac{4F}{\pi d_f^2}$$

da qual

$$d_f = \sqrt{\frac{4F}{\pi \sigma_f}} = \sqrt{\frac{4(10.000)}{\pi(23.200)}} = 0,74 \text{ polegada}$$

É importante observar que, em uma situação real, um fator de segurança deve ser tipicamente incorporado ao cálculo, resultando em um maior diâmetro de projeto.

Estimativa de Fluência Acumulada

Atualmente, não existe nenhum método universalmente aceito para estimar a deformação de fluência acumulada devida à exposição a diversos períodos de tempo em diferentes temperaturas e níveis de tensão. No entanto, diversas técnicas para fazer tais estimativas têm sido propostas. A mais

[16] Veja, por exemplo, ref. 1, no original, p. 471 e seguintes.

simples entre elas é uma hipótese linear sugerida por E. L. Robinson.[17] Uma versão generalizada da hipótese de Robinson pode ser escrita da seguinte forma: Se um valor-limite de projeto para a deformação de fluência δ_D é especificado, estima-se que a deformação da fluência δ_D será atingida quando

$$\sum_{i=1}^{k} \frac{t_i}{L_i} = 1 \tag{2-75}$$

em que t_i = tempo de exposição à i-ésima combinação de níveis de tensão e temperatura
L_i = tempo necessário para produzir uma deformação de fluência δ_D se toda a exposição for mantida constante na i-ésima combinação de níveis de tensão e temperatura

A tensão de ruptura também pode ser prevista por (2-75) se os valores L_i corresponderem à tensão de ruptura. Essa técnica de estimativa fornece resultados relativamente precisos se a deformação de fluência for dominada pelo comportamento associado ao Estágio II da fluência de regime permanente.

Exemplo 2.9 Fluência Acumulada

Um ensaio de fluência a 600 °F de uma liga de alumínio fundida em moldes de areia fornece os dados mostrados na Figura 2.14(C), curva b, para um nível de tensão de 10.000 psi. Um suporte de seção quadrada deste material de 1 polegada de lado e 4 polegadas de comprimento é submetido a uma carga centrada de tração de 10.000 lbf, na direção da dimensão de 4 polegadas. O ciclo de temperatura ambiente é de 380 °F por 1200 horas, seguido de 600 °F por 2 horas e finalmente 810 °F por 15 segundos. Quantos destes ciclos você prevê que o suporte pode aguentar, se o critério de projeto for de que o suporte não deve alongar mais que 0,10 polegada?

Solução

Conforme fornecido, um ciclo de temperatura ambiente é

$$t_A = 1200 \text{ horas a } 380\ °\text{F}$$

$$t_B = 2 \text{ horas a } 600\ °\text{F}$$

$$t_C = 15 \text{ segundos a } 810\ °\text{F}$$

A variação de comprimento-limite de projeto é dada como

$$\Delta L = 0{,}10 \text{ polegada}$$

portanto, a deformação-limite de projeto é

$$\delta_D = \frac{\Delta L}{L} = \frac{0{,}1}{4{,}0} = 0{,}025\ \frac{\text{in}}{\text{in}}$$

Utilizando o parâmetro de Larson-Miller (2-69) para converter (t_A) e (t_C) para os tempos de exposição equivalentes a 600 °F,

$$P_A = (380 + 460)(20 + \log_{10} 1200) = 19.387$$

de onde, para a operação a 600 °F, o tempo equivalente t_{A-eq}, pode ser calculado de (2-69) como

$$19.387 = (600 + 460)(20 + \log_{10} t_{A-eq})$$

ou

$$t_{A-eq} = 0{,}0195 \text{ hora a } 600\ °\text{F}$$

Da mesma forma,

$$P_C = (810 + 460)(20 + \log_{10} 0{,}0042) = 22.382$$

de modo que,

$$22.382 = (600 + 460)(20 + \log_{10} t_{C-eq})$$

ou

$$t_{C-eq} = 13{,}02 \text{ horas a } 600\ °\text{F}$$

[17] Veja ref. 14.

Consultando a Figura 2.14(C), curva *b*, utilizando $\delta_D = 0{,}025$ e observando que $\sigma = 10.000$ psi tanto para os dados de ensaio como para os do suporte proposto,

$$L_{0,025} = 530 \text{ horas}$$

Em seguida, utilizando a hipótese de Robinson (2-75) e fazendo N igual ao número de ciclos de temperatura repetidos necessários para produzir a deformação-limite de projeto δ_D,

$$N\left[\frac{0{,}0195}{530} + \frac{2}{530} + \frac{13{,}02}{530}\right] = 1$$

ou

$$N = 35 \text{ ciclos}$$

para produzir o deslocamento-limite.

2.8 Desgaste e Corrosão

O desgaste e a corrosão são provavelmente responsáveis pela maioria de todas as falhas mecânicas em serviço, e uma ampla literatura técnica tem-se acumulado em ambas as áreas. Entretanto, apesar disso, ainda não foram desenvolvidas técnicas de previsão de vida quantitativas que sejam amplamente aceitas. Durante as últimas três décadas, tem-se observado um progresso substancial em relação a métodos quantitativos de estimativa de desgaste. Alguns desses modelos de estimativa são brevemente discutidos nos parágrafos seguintes. A estimativa da corrosão de uma forma quantitativa permanece uma área altamente especializada, na qual os projetistas mecânicos normalmente buscam a ajuda de engenheiros de corrosão.

Desgaste

O desgaste pode ser definido como uma mudança cumulativa indesejável nas dimensões, promovida pela remoção gradual de partículas discretas das superfícies de contato em movimento, devido predominantemente à ação mecânica. A corrosão frequentemente interage com o processo de desgaste, mudando as características das superfícies das partículas do desgaste por meio da reação com o ambiente.

De fato, o desgaste não é um único processo mas um número de processos diferentes que podem ocorrer independentemente ou simultaneamente. Em geral, se aceita que existam pelo menos cinco subcategorias principais de desgaste,[18] inclusive desgaste adesivo, desgaste abrasivo, desgaste corrosivo, desgaste por fadiga superficial e desgaste por deformação.

A complexidade do processo de desgaste pode ser mais bem apreciada reconhecendo-se que muitas variáveis estão envolvidas, incluindo dureza, tenacidade, ductilidade, módulo de elasticidade, limite de escoamento, propriedades de fadiga, e estrutura e composição das superfícies em contato, assim como geometria, pressão de contato, temperatura, estado de tensão, distribuição de tensões, coeficiente de atrito, distância de deslizamento, velocidade relativa, acabamento superficial, lubrificantes, contaminantes e atmosfera ambiente na interface de desgaste. Em alguns casos, folga *versus* história do tempo de contato das superfícies de desgaste também pode ser um fator importante.

O desgaste adesivo é frequentemente caracterizado como a subcategoria mais básica ou fundamental do desgaste, uma vez que ocorre em algum grau sempre que duas superfícies sólidas estiverem em contato com atrito, e permanece ativo mesmo quando todos os outros modos de desgaste tenham sido eliminados. O fenômeno de desgaste adesivo pode ser mais bem entendido lembrando que todas as superfícies reais, não importando o quão bem foram preparadas e polidas, exibem uma ondulação usual sobre a qual é sobreposta uma distribuição de protuberâncias locais ou *asperezas*. Dessa forma, quando duas superfícies são colocadas em contato, na realidade somente um número relativamente pequeno de asperezas se tocam. Assim, mesmo sob cargas aplicadas muito baixas, as pressões locais nas regiões de contato tornam-se suficientemente elevadas a ponto de excederem o limite de escoamento de uma ou ambas as superfícies, resultando no escoamento local. Se as superfícies de contato estão limpas e sem corrosão, o contato muito próximo produzido por esse escoamento local faz com que os átomos das duas superfícies de contato fiquem suficientemente próximos para causar a *soldagem a frio*. Em seguida, se as superfícies são submetidas a um movimento de deslizamento relativo, as junções soldadas a frio devem ser rompidas. Se o rompimento ocorrer na interface original ou em outro lugar dentro da aspereza, vai depender

[18] Veja p. 120 da ref. 15; veja também ref. 16.

das condições da superfície, distribuição de temperatura, características de encruamento, geometria local e distribuição de tensão. Se a junção é quebrada fora da interface original, uma partícula de uma superfície é transferida para a outra superfície, marcando um evento no processo de desgaste adesivo. Interações de deslizamento posteriores podem desalojar a partícula transferida tornando-a uma partícula de desgaste solta, ou pode permanecer ligada. Se for adequadamente controlada, a taxa de desgaste adesivo pode ser baixa e autolimitada, sendo frequentemente explorada no processo de "desgaste" para melhorar as superfícies em contato, como em mancais e engrenagens, de modo que a lubrificação com filme completo possa ser efetivamente utilizada.

Uma estimativa quantitativa do desgaste adesivo pode ser feita da seguinte forma:[19]

Se d_{ade} é a profundidade de desgaste média, A_a a área de contato aparente, L_s a distância total de deslizamento e W a força normal que pressiona uma superfície contra a outra,

$$d_{ade} = \left(\frac{k}{9S_{yp}}\right)\left(\frac{W}{A_a}\right)L_s \qquad (2\text{-}76)$$

ou

$$d_{ade} = k_{ade}\, p_m\, L_s \qquad (2\text{-}77)$$

em que $p_m = W/A_a$ é a pressão de contato nominal média entre as superfícies em contato e $k_{ade} = k/9S_{yp}$ é o coeficiente de desgaste, que depende da probabilidade da formação de um fragmento transferido e do limite de escoamento (ou dureza) do material mais macio. Valores típicos da constante de desgaste k (constante de Archard) para diversos pares de materiais são mostrados na Tabela 2.6, e a influência da lubrificação na constante de desgaste k é indicada na Tabela 2.7.

Considerado de (2-77) que

$$k_{ade} = \frac{d_{ade}}{p_m L_s} \qquad (2\text{-}78)$$

constatemos que se a razão $d_{ade}/(p_m L_s)$ é experimentalmente constante, (2-77) deveria ser válida. Evidência experimental acumulada[20] de modo a confirmar que para um dado par de materiais esta razão é constante até valores de pressão de contato nominal média aproximadamente iguais ao limite de escoamento uniaxial. Acima desse nível, o coeficiente de desgaste adesivo aumenta rapidamente, com a presença de desgaste por contato e aderência.

TABELA 2.6 Constante de Desgaste Adesivo de Archard *k* para Vários Pares de Materiais sem Lubrificação em Contato com Deslizamento[1]

Par de Materiais	Constante de Desgaste k
Zinco sobre zinco	160×10^{-3}
Aço de baixo carbono sobre aço de baixo carbono	45×10^{-3}
Cobre sobre cobre	32×10^{-3}
Aço inox sobre aço inox	21×10^{-3}
Cobre (sobre aço de baixo carbono)	$1{,}5 \times 10^{-3}$
Aço de baixo carbono (sobre cobre)	$0{,}5 \times 10^{-3}$
Baquelite sobre baquelite	$0{,}02 \times 10^{-3}$

[1] Do Cap. 6 da ref. 17, Copyright © 1966, reimpresso com a permissão da John Wiley & Sons, Inc.

TABELA 2.7 Valores de Ordem de Grandeza para a Constante de Desgaste Adesivo *k* sob Várias Condições de Lubrificação[1]

	Metal (sobre metal)		
Condição de Lubrificação	Igual	Diferente	Não metal (sobre metal)
Sem lubrificação	5×10^{-3}	2×10^{-4}	5×10^{-6}
Baixa lubrificação	2×10^{-4}	2×10^{-4}	5×10^{-6}
Lubrificação média	2×10^{-5}	2×10^{-5}	5×10^{-6}
Lubrificação excelente	2×10^{-6} até 10^{-7}	2×10^{-6} até 10^{-7}	2×10^{-6}

[1] Do Cap. 6 da ref. 17, Copyright © 1966, reimpresso com a permissão da John Wiley & Sons, Inc.

[19] Veja ref. 15 e Caps. 2 e 6 da ref. 17.
[20] Veja pp. 124 e 125 da ref. 15.

Assim, a profundidade de desgaste média para condições de desgaste pode ser estimada como

$$d_{ade} = k_{ade}\, p_m\, L_s \quad \text{para} \quad p_m < S_{yp} \tag{2-79}$$

desgaste por contato (*galling*) e aderência (*seizure*) instáveis para $p_m \geq S_{yp}$

Os três métodos principais de controle de desgaste são definidos como:[21] *princípio das camadas protetivas*, incluindo proteção por lubrificante, por filme superficial, por tinta, por galvanização, por fosfatização, química, aspersão térmica, ou outros tipos de camadas de interface; *princípios de conversão*, nos quais o desgaste é convertido de níveis destrutíveis para permissíveis por meio de uma melhor escolha dos pares de metais, da dureza, do acabamento superficial ou da pressão de contato; *princípio do desvio*, no qual o desgaste é desviado para um elemento de desgaste economicamente substituível que é periodicamente descartado e substituído à medida que "se desgasta". Esses métodos gerais de controle do desgaste estão associados não somente ao desgaste adesivo, mas também ao desgaste abrasivo.

No caso do desgaste abrasivo, as partículas resultantes do desgaste são removidas da superfície pela ação de sulcar e goivar as asperezas da superfície mais duras, ou pelas partículas duras presas entre as superfícies de atrito. Este tipo de desgaste se manifesta por um sistema de ranhuras e riscos superficiais, frequentemente chamado *riscos de atrito*. A condição de desgaste abrasivo na qual as asperezas duras de uma superfície desgastam a superfície de contato é frequentemente chamada *desgaste de dois corpos*, e a condição na qual o desgaste é produzido por partículas duras abrasivas entre duas superfícies é chamada *desgaste de três corpos*.

Se d_{abr} é a profundidade de desgaste média, A_a a área de contato aparente, L_s a distância total de deslizamento e W a força normal que pressiona uma superfície contra a outra, a profundidade de desgaste abrasivo média pode ser estimada como

$$d_{abr} = \left(\frac{k_1}{9S_{yp}}\right)\left(\frac{W}{A_a}\right) L_s \tag{2-80}$$

ou

$$d_{abr} = k_{abr}\, p_m\, L_s \tag{2-81}$$

em que $p_m = W/A_a$ é a pressão de contato nominal média entre as superfícies de contato, L_s a distância total de deslizamento e $k_{abr} = k_1/9S_{yp}$ é um coeficiente de desgaste abrasivo que depende das características de rugosidade da superfície e do limite de escoamento (ou dureza) do material mais macio. Valores de k_{abr} devem ser obtidos experimentalmente para cada combinação de materiais e condições de superfície de interesse, embora estejam disponíveis dados que permitem a obtenção de valores aproximados de k_{abr} para diversos casos, alguns dos quais estão listados na Tabela 2.8.

TABELA 2.8 Constante de Desgaste Abrasivo k_1 para Vários Materiais em Contato de Deslizamento Segundo Diferentes Pesquisadores[1]

Materiais	Tipo de Desgaste	Tamanho da Partícula (μ)	Constante de Desgaste k_1
Muitos	Dois corpos	–	180×10^{-3}
Muitos	Dois corpos	110	150×10^{-3}
Muitos	Dois corpos	40-150	120×10^{-3}
Aço	Dois corpos	260	80×10^{-3}
Muitos	Dois corpos	80	24×10^{-3}
Latão	Dois corpos	70	16×10^{-3}
Aço	Três corpos	150	6×10^{-3}
Aço	Três corpos	80	$4{,}5 \times 10^{-3}$
Muitos	Três corpos	40	2×10^{-3}

[1] Veja p. 169 da ref. 17, Copyright © 1996, reimpresso com a permissão da John Wiley & Sons, Inc.

Na seleção de materiais considerando a resistência ao desgaste abrasivo, estabeleceu-se que tanto a dureza como o módulo de elasticidade são propriedades fundamentais. O aumento da resistência ao desgaste está associado com altos valores de dureza e baixos valores de módulo de elasticidade, uma vez que ambas, a quantidade da deformação elástica e a quantidade da energia elástica que pode ser armazenada na superfície, aumentam para maiores valores de dureza e menores valores de módulo de elasticidade.

[21] Veja p. 36. da ref. 16.

Quando duas superfícies operam em contato de rolamento, o fenômeno de desgaste é bastante diferente do desgaste de superfícies deslizantes, tal como foi descrito. Superfícies de rolamento em contato experimentam tensões de contato de Hertz que produzem valores máximos da tensão de cisalhamento ligeiramente abaixo da superfície. À medida que a região de contato de rolamento passa por de determinada região da superfície, o *pico de tensão de cisalhamento sob a superfície* varia de zero até um valor máximo e depois volta a zero, produzindo, assim, um campo de tensão cíclico. Tais condições podem levar a uma falha por fadiga pela iniciação de uma trinca sob a superfície que se propaga sob um carregamento cíclico repetido, e que pode, por fim, atingir a superfície, promovendo o desprendimento de uma partícula superficial macroscópica, de modo a formar um pite de desgaste (mais discutido no Capítulo 5). Essa ação, chamada *desgaste por fadiga superficial*, é um modo de falha comum em mancais de rolamento, engrenagens, cames e todos os componentes de máquinas que envolvem superfícies de rolamento em contato. Ensaios empíricos de fabricantes de rolamentos têm mostrado que a vida N em ciclos pode ser aproximada por

$$N = \left(\frac{C}{P}\right)^{3,33} \tag{2-82}$$

em que P é a carga de rolamento e C é uma constante para um determinado rolamento. Pode-se observar que a vida é inversamente proporcional à carga ao cubo, aproximadamente. A constante C tem sido definida pela American Bearing Manufacturer's Association (ABMA) como a *classificação da capacidade de carga*,[22] que é a carga radial C que um grupo de rolamentos idênticos pode suportar para uma vida de 1 milhão de rotações do anel interior, com uma confiabilidade de 90 por cento. Deve-se observar que, uma vez que o desgaste por fadiga superficial é basicamente um fenômeno de fadiga, todos os fatores de influência de 2,6 devem ser levados em conta.

A durabilidade da superfície e a determinação do critério de carga de desgaste de dente de engrenagem também devem considerar o fenômeno de desgaste por fadiga superficial. Em alguns tipos de engrenagens, como as engrenagens helicoidais e hipoides, existe uma combinação de rolamento e deslizamento; assim, o desgaste adesivo, o desgaste abrasivo e o desgaste por fadiga superficial são todos modos potenciais de falha. A vida desejada de projeto somente pode ser alcançada por meio de um projeto correto, bons procedimentos de fabricação e a utilização de lubrificante adequado. Ensaios experimentais são necessários em aplicações complexas como essas, quando se pretende obter condições de serviço apropriadas.

Exemplo 2.10 Projeto para Prevenir o Desgaste Excessivo

Um experimento foi desenvolvido utilizando uma peça corrediça de aço 1045 tratada termicamente para uma dureza Rockwell C-45 (S_{yp} = 884 MPa), pressionada contra a borda de um disco de aço 52100 sem lubrificação. Descobriu-se que para uma velocidade de deslizamento relativa de 0,2 m/s, a peça corrediça de 0,8 mm de diâmetro, submetida a uma força axial de 180 N produz um volume de desgaste de deslizamento da peça de $9{,}5 \times 10^{-4}$ mm^3 durante um teste com a duração de 40 minutos.

Se a mesma combinação de materiais vai ser utilizada em uma aplicação envolvendo um mancal com uma peça corrediça com uma velocidade de deslizamento de 0,9 m/s, submetida a uma carga de rolamento P = 450 N, e se a peça corrediça tem uma seção quadrada, qual é a dimensão do lado, s, que a peça deve ter para assegurar uma vida de 1000 horas, considerando que a profundidade máxima de desgaste deve ser inferior a 1,25 mm?

Solução

Para determinar as dimensões de peça corrediça para a aplicação estudada, tanto (2-79) como (2-81) podem ser rearranjadas para fornecer

$$P_m = \frac{P}{A_a} = \frac{P}{s^2} = \frac{d_w}{k_w L_s} \tag{1}$$

ou

$$s^2 = \frac{P k_w L_s}{d_w}$$

A carga P = 450 N e a profundidade de desgaste d_w = 1,25 mm são requisitos de projeto conhecidos, e a distância de deslizamento pode ser calculada como

$$L_s = (1000 \text{ horas})\left(\frac{0{,}9 \text{ m}}{\text{s}}\right)\left(3600 \frac{\text{s}}{\text{hora}}\right) = 3{,}24 \times 10^6 \text{ m}$$

[22] Veja 11.5.

Então

$$s = \sqrt{\frac{(450)(3{,}24 \times 10^6)k_w}{0{,}00125}} = 1{,}08 \times 10^6\sqrt{k_w}$$

O valor da constante de desgaste k_w pode ser determinado da equação (2-78), junto com dados experimentais, como

$$k_w = \frac{d_w}{p_m L_s}$$

em que

$$d_w = \frac{V}{A_a} = \frac{9{,}5 \times 10^{-4}}{\pi \frac{(0{,}8)^2}{4}} = 1{,}89 \times 10^{-3}\ \text{mm}$$

$$p_m = \frac{P}{A_a} = \frac{180}{\pi \frac{(0{,}0008)^2}{4}} = 358\ \text{Pa}$$

$$L_s = \left(0{,}2\,\frac{\text{m}}{\text{s}}\right)\left(60\,\frac{\text{s}}{\text{min}}\right)(40\ \text{min}) = 480\ \text{m}$$

de onde

$$k_w = \frac{1{,}89 \times 10^{-6}}{(358 \times 10^6)(480)} = 1{,}11 \times 10^{-17}\ \frac{\text{m}^2}{\text{N}}$$

Então

$$s = 1{,}08 \times 10^6\sqrt{1{,}11 \times 10^{-17}} = 0{,}00359\ \text{m}$$

indicando que a peça corrediça poderia ser fabricada tentativamente com 3,6 mm de lado.

Falta ainda verificar as condições-limite para utilização de (1). Para que a equação seja válida, é necessário que $p_m \leq S_{yp}$ ou

$$P_m = \frac{P}{A_a} = \frac{150}{(0{,}0036)^2} = 11{,}5 \leq 884$$

Portanto, o projeto é considerado válido e a peça corrediça de 3,6 mm é adotada como valor final de projeto.

Corrosão

A corrosão pode ser definida como a deterioração indesejável do material por meio de uma interação química ou eletroquímica com o ambiente, ou a destruição de materiais por outros meios que não a ação puramente mecânica.

A falha por corrosão ocorre quando a ação corrosiva torna o dispositivo corroído incapaz de desenvolver a sua função de projeto. A corrosão frequentemente interage de uma forma sinergética com outro modo de falha, como desgaste ou fadiga, para produzir modos de falha ainda mais graves como corrosão-desgaste ou corrosão-fadiga. Somente nos Estados Unidos, estima-se que os custos associados à falha por corrosão e à proteção contra a falha por corrosão excedam US$30 bilhões anuais.[23] Embora bastante progresso tenha havido nos últimos anos, na compreensão e no controle desse importante modo de falha, ainda existe muito a ser aprendido. É importante que o engenheiro mecânico de projeto se familiarize com os vários tipos de corrosão, de modo que as falhas relacionadas com a corrosão possam ser evitadas.

A complexidade do processo de corrosão pode ser mais bem apreciada reconhecendo-se que muitas variáveis estão envolvidas, incluindo ambientais, eletroquímicos e metalúrgicos. Por exemplo, reações anódicas e taxa de oxidação, reações catódicas e taxa de redução, inibição à corrosão, polarização ou retardação, fenômeno de passividade, efeitos de oxidantes, efeitos de velocidade, temperatura, concentração corrosiva, par galvânico e estrutura metalúrgica, todos influenciam o tipo e a taxa do processo de corrosão.

---

[23] Veja p. 1 da ref. 19.

O processo de corrosão tem sido classificado de várias formas diferentes. Uma classificação conveniente divide o fenômeno de corrosão nos seguintes tipos:[24] ataque químico direto, corrosão galvânica, corrosão em frestas, corrosão por pites, corrosão intergranular, lixiviação seletiva, corrosão por erosão, corrosão por cativação, dano por hidrogênio, corrosão biológica e trincamento por corrosão sob tensão.

O *ataque químico direto* é, provavelmente, o tipo de corrosão mais comum. Sob esse tipo de ataque corrosivo, a superfície de um componente mecânico exposto ao meio corrosivo é atacada praticamente de forma uniforme ao longo de toda a sua superfície, resultando em uma deterioração progressiva e uma redução dimensional da seção transversal resistente. A taxa de corrosão devida ao ataque direto pode ser normalmente estimada por ensaios laboratoriais relativamente simples, nos quais pequenos corpos de prova do material selecionado são expostos a um ambiente que simule adequadamente o ambiente real, e medidas frequentes da variação do peso e das dimensões são cuidadosamente efetuadas.

É possível prevenir ou reduzir em severidade o ataque químico direto por meio de um ou da combinação de vários meios, incluindo a seleção de materiais adequados para o ambiente; utilização de galvanização, aspersão térmica, recobrimento (em inglês *cladding*), imersão a quente, deposição a vapor, camadas de conversão, camadas orgânicas ou tinta para proteger o material-base; mudando o ambiente por meio de temperaturas mais baixas ou velocidade menor, removendo oxigênio, mudando a concentração corrosiva ou adicionando inibidores de corrosão; utilizando proteção catódica, na qual elétrons são fornecidos à superfície do metal a ser protegida ou por meio de um par galvânico a um ânodo de sacrifício ou por uma fonte de energia externa; ou adotando outras modificações de projeto apropriadas.

A *corrosão galvânica* é uma corrosão eletroquímica acelerada que ocorre quando dois materiais dissimilares em contato elétrico passam a fazer parte de um circuito completado por uma poça de conexão ou filme de eletrólito ou meio corrosivo. Sob essas condições, a diferença de potencial entre os materiais dissimilares produz um fluxo de corrente através do eletrólito de conexão, o que leva à corrosão, concentrada principalmente no metal mais anódico (menos nobre) do par. Esse tipo de ação é completamente similar a uma pilha. Para que a corrosão galvânica seja produzida, a corrente deve fluir e, geralmente, quanto maior for a corrente, mais séria é a corrosão.

A corrosão galvânica acelerada é normalmente mais severa próxima à junção entre os dois metais, diminuindo em severidade em regiões afastadas da junção. A razão entre a área catódica e a área anódica exposta ao eletrólito tem um efeito considerável na taxa de corrosão. É *desejável* ter-se uma razão *pequena* entre a área catódica e a área anódica. Por esse motivo, se apenas *um* dos metais diferentes em contato elétrico tiver que receber uma camada de proteção para corrosão, a camada deve ser colocada no material *mais* nobre ou naquele que apresenta uma *maior* resistência à corrosão. Embora, à primeira vista, possa parecer que este seria o metal errado que deveria receber a camada, o fato de as taxas de corrosão anódicas serem de 10^2 a 10^3 vezes maiores do que as taxas de corrosão catódicas para áreas idênticas fornece a razão lógica para esta afirmação.

A corrosão galvânica pode ser reduzida na severidade ou prevenida por meio de um ou da combinação de vários passos, incluindo a seleção de pares de materiais tão próximos quanto for possível nas séries galvânicas (veja Tabela 3.14), isolamento elétrico de um dos materiais diferentes do outro, o mais completamente possível; manutenção da razão entre área catódica a menor possível; utilização e manutenção das camadas de forma adequada; utilização de inibidores para diminuir a agressividade do meio de corrosão; e a utilização de proteção catódica, na qual um terceiro elemento metálico, anódico a ambos os membros do par original, é utilizado como ânodo de sacrifício e que pode vir a necessitar de substituição periódica.

A *corrosão em frestas* é um processo de corrosão acelerada altamente localizada em fresta, trincas e outras regiões de volume pequeno de solução estagnada em contato com o metal corroído. A corrosão em frestas pode ser esperada, por exemplo, em uniões com gaxetas; interfaces pressionadas; juntas sobrepostas; juntas laminadas; sob cabeças de parafusos e rebites; sob depósitos exteriores de sujeira, areia, carepa ou produto de corrosão.

Para reduzir a severidade da corrosão em frestas ou preveni-la, é necessário eliminar as trincas e frestas. Isso pode envolver calafetar ou vedar por solda estanque juntas sobrepostas existentes; o reprojeto para substituir uniões rebitadas ou com parafusos por uniões soldadas mais seguras; filtragem de materiais estranhos de fluido de trabalho; inspeção e remoção de depósito de corrosão; ou a utilização de materiais de gaxetas não absorventes.

A *corrosão por pites* é um ataque muito localizado que leva ao desenvolvimento de um conjunto de buracos ou pites que penetram o metal. Os pites, que tipicamente apresentam uma profundidade similar às dimensões transversais, podem estar amplamente espelhados ou tão altamente concentrados que simplesmente se apresentam como uma superfície áspera. O mecanismo de crescimento

---

[24] Veja p. 28 da ref. 20.

de pites é virtualmente idêntico ao da corrosão em frestas, com exceção de que não é necessária a presença de uma fresta para iniciar a corrosão por pites. O pite é provavelmente iniciado por um ataque momentâneo devido à variação aleatória na concentração do fluido ou um pequeno risco ou defeito superficial.

A medição e a avaliação do dano da corrosão por pites é difícil em função da sua natureza altamente localizada. A profundidade do pite varia amplamente e, assim como no caso do dano por fadiga, deve ser empregada uma abordagem estatística na qual a probabilidade de gerar um pite de determinada profundidade é estabelecida por ensaios no laboratório. Infelizmente, o efeito de tamanho influencia significativamente a profundidade do pite, e isto deve ser levado em conta na estimativa da vida em serviço de um componente de máquina baseada em dados de laboratório para corrosão por pites.

O controle ou a prevenção da corrosão por pites consiste, principalmente, na seleção adequada de materiais para resistir à sua formação. No entanto, uma vez que a formação de pites é usualmente o resultado de condições de estagnação, o ataque por corrosão por pites pode ser reduzido impondo-se velocidade ao fluido.

Em função das diferenças atômicas nos contornos de grão de metais policristalinos, a energia de deformação armazenada é maior nas regiões do contorno de grão do que nos próprios grãos. Estes contornos de grão de alta energia são quimicamente mais reativos do que os grãos. Sob determinadas condições, a depleção ou o enriquecimento de um elemento de liga ou concentração de impurezas nos contornos de grão pode alterar localmente a composição de um metal resistente à corrosão, tornando-o mais susceptível ao ataque corrosivo. O ataque localizado desta região vulnerável próxima aos contornos de grão é chamado *corrosão intergranular*.

O *trincamento por corrosão sob tensão* é um modo de falha extremamente importante porque ocorre em uma ampla variedade de diferentes ligas. Esse tipo de falha resulta de um campo de trincas produzido em uma liga metálica sob a influência combinada de tensão trativa e de um ambiente corrosivo. Grande parte da superfície da liga metálica não é atacada, mas um sistema de trincas intergranular ou transgranular propaga-se pela matriz, ao longo de um espaço de tempo.

Os níveis de tensão que produzem trincamento por corrosão sob tensão podem estar bem abaixo do limite de escoamento do material, e tanto tensões residuais como tensões aplicadas podem produzir a falha. Quanto menor for o nível de tensão, maior será o tempo necessário para produzir o trincamento, e parece existir um nível de tensão limiar abaixo do qual o trincamento por corrosão sob tensão não ocorre.[25]

Pode-se tentar prevenir o trincamento por corrosão sob tensão diminuindo-se a tensão para valores abaixo do nível limiar crítico, escolhendo-se uma liga mais adequada para o ambiente, mudando-se o ambiente de modo a eliminar o elemento corrosivo crítico, utilizando-se inibidores de corrosão ou utilizando-se proteção catódica. *Antes de se implementar a proteção catódica*, deve-se tomar cuidado para garantir que o fenômeno é de fato trincamento por corrosão sob tensão porque a *fragilização por hidrogênio é acelerada* pelas técnicas de proteção catódica.

Os processos de corrosão restantes são menos comuns e necessitam de técnicas específicas para serem tratados.[26] Um projetista deve procurar aconselhamento sobre a prevenção à corrosão junto a um engenheiro de corrosão qualificado.

2.9 Fretagem, Fadiga por Fretagem e Desgaste por Fretagem

A falha em serviço de componentes mecânicos em razão de *fadiga por fretagem* tem sido reconhecida como um modo de falha de grande importância, em termos tanto da frequência de ocorrência como da seriedade das consequências da falha. O *desgaste por fretagem* também tem apresentado grandes problemas em determinadas aplicações. Tanto a fadiga por fretagem como o desgaste por fretagem, assim como a corrosão por fretagem, estão diretamente associados à *ação de fretagem*. Basicamente, a ação de fretagem pode ser definida como uma ação mecânica e química combinada, em que as superfícies em contato de dois corpos sólidos são pressionadas uma contra a outra por uma força normal e é causada por um movimento relativo de deslizamento oscilatório, na qual a intensidade da força normal é suficientemente grande e a amplitude do movimento de deslizamento oscilatório é suficientemente pequena para restringir o fluxo de fragmentos da fretagem para longe da região de origem.[27]

O dano a componentes de máquinas devido à ação de fretagem pode ser manifestado como um dano superficial corrosivo devido à corrosão por fretagem, perda de ajuste ou variação nas dimensões devidas ao desgaste por fretagem, ou falha por fadiga acelerada devida por fretagem. Regiões típicas

---

[25] Veja p. 96 da ref. 20.

[26] Veja refs. 19 e 20, por exemplo.

[27] Veja ref. 1.

de dano por fretagem incluem ajuste por interferência; uniões com parafusos, chavetas, estrias e rebites; pontos de contato entre fios em cabos de aço e eixos flexíveis; grampos; mancais de todos os tipos com pequena amplitude de oscilação; superfícies de contato entre as lâminas de feixes de molas; e todas as outras regiões em que as condições de fretagem persistem. Assim, a eficiência e a confiabilidade do projeto e da operação de uma ampla faixa de sistemas mecânicos estão relacionadas com o fenômeno de fretagem.

Embora os fenômenos de fadiga por fretagem, desgaste por fretagem e corrosão por fretagem sejam modos potenciais em uma ampla variedade de sistema mecânicos, existem pouquíssimos dados de projeto quantitativos disponíveis, e nenhum procedimento geral de projeto aplicável foi até agora estabelecido para predizer a falha sobre condições de fretagem. Entretanto, um progresso significativo tem sido feito no estabelecimento e na compreensão da fretagem e das variáveis de importância no processo de fretagem.

Acredita-se que existam mais de 50 variáveis consideradas importantes no processo de fretagem.[28] Entre estas, no entanto, provavelmente existem somente oito que podem ser consideradas de maior relevância:

1. A intensidade do movimento relativo entre as superfícies submetidas à fretagem
2. A intensidade da distribuição de pressão entre as superfícies na interface de fretagem
3. O estado de tensão, incluindo intensidade, direção, sentido e variação em relação ao tempo, na região das superfícies submetidas à fretagem
4. O número de ciclos de fretagem acumulado
5. O material de qual cada um dos elementos submetidos à fretagem é fabricado, inclusive a condição superficial
6. A frequência cíclica do movimento relativo entre os dois membros submetidos à fretagem
7. Temperatura na região das duas superfícies submetidas à fretagem
8. O ambiente da atmosfera envolvendo as superfícies submetidas à fretagem

Uma vez que estas variáveis interagem entre si, a estimativa quantitativa da influência de qualquer uma das variáveis listadas pode vir a depender de uma ou mais das outras variáveis em determinada aplicação. Além disso, as combinações das variáveis que produzem consequências bastante sérias em termos do dano de fadiga por fretagem podem ser bastante diferentes das combinações das variáveis que produzem sérios danos de desgaste por fretagem.

Fadiga por Fretagem

A fadiga por fretagem é um dano por fadiga diretamente atribuído à ação da fretagem. Um núcleo de fadiga prematura pode ser gerado por fretagem por ação abrasiva de escavamento de pites, iniciação de microtrincas por contato entre asperezas, tensões cíclicas geradas por atritos que levam à formação de microtrincas ou tensões de cisalhamento cíclicas abaixo da superfície que levam à delaminação da superfície na região de fretagem.[29] Sob a *ação abrasiva de escavamento de pites*, são produzidas pequenas ranhuras ou pites alongados na interface de fretagem pelas asperezas e partículas dos resíduos abrasivos movendo-se sob a influência do movimento relativo oscilatório. Na região de fretagem, produz-se um padrão de pequenas ranhuras com os seus eixos longitudinais aproximadamente paralelos e na direção do movimento de fretagem.

O *mecanismo de iniciação de microtrincas por contato entre asperezas* resulta da força de contato entre a ponta de uma aspereza em uma superfície e outra aspereza na superfície oposta, à medida que se movem para a frente e para trás. Se o contato inicial não cisalha uma das duas asperezas da sua base, os contatos repetitivos nas pontas das asperezas promovem uma tensão cíclica ou de fadiga na região da base de cada aspereza. Estima-se que, sob tais condições, a região próxima à base de cada aspereza é submetida a valores elevados de tensões locais que provavelmente levam à nucleação de microtrincas nessas regiões. Tais microtrincas têm eixos longitudinais geralmente perpendiculares à direção do movimento de fretagem.

A *ação de fretagem por tensão cíclica gerada por atrito* é baseada na observação de que quando um elemento é pressionado contra outro e resulta em um movimento de fretagem, a força de atrito trativa induz uma componente de tensão tangencial compressiva em um volume de material que está à frente do movimento de fretagem, e uma componente de tensão tangencial trativa em um volume de material que está atrás do movimento de fretagem. Quando o sentido da fretagem é invertido, as regiões trativas e compressivas mudam de posição. Assim, estas regiões de material adjacentes à zona de contato são submetidas a tensões cíclicas que geram campos de microtrincas cujos eixos são geralmente perpendiculares à direção do movimento de fretagem.

---
[28] Veja ref. 21.
[29] Veja ref. 1, Cap. 14.

Na *teoria de delaminação por fretagem*, a combinação de forças trativas normais e tangenciais transmitidas por regiões de contato das asperezas na interface de fretagem produz um estado de tensão multiaxial complexo, acompanhado de um campo de deformação cíclico, que produz picos de tensões de cisalhamento e regiões de nucleação de trincas sob a superfície. Com a continuação da ciclagem, as trincas propagam sob a superfície em uma direção aproximadamente paralela à superfície, finalmente bifurcando e atingindo a superfície para produzir uma fina lâmina de desgaste, a qual "delamina" para tornar-se uma partícula de fragmentos.

Evidências suportam que sob várias circunstâncias cada um dos quatro mecanismos está ativo e é significativo na produção do dano de fretagem.

A influência do estado de tensão em um componente durante o processo de fretagem, para vários casos diferentes, é mostrada na Figura 2.15, incluindo a superposição da tensão média estática trativa e compressiva durante a fretagem. Tensões compressivas locais são benéficas na minimização do dano de fadiga por fretagem.

Usualmente é necessário avaliar a seriedade do dano de fadiga por fretagem em determinado projeto, executando-se ensaios para simular as condições de serviço em corpos de prova ou componentes. Dentro do conhecimento do estado da arte na área de fadiga por fretagem, não existe alternativa segura disponível para o projetista.

Desgaste por Fretagem

O desgaste por fretagem é uma mudança nas dimensões causada pelo desgaste que pode ser diretamente atribuído ao processo de fretagem. Considera-se que a ação abrasiva de escavamento de pites, o mecanismo de iniciação de microtrincas por contato entre asperezas e o mecanismo de delaminação por desgaste podem estar todos ativos na maioria dos ambientes de desgaste por fretagem. Assim como no caso de fadiga por fretagem, ainda não foi desenvolvido um bom modelo para descrever o fenômeno de desgaste por fretagem de uma forma útil para o projeto.

Alguns pesquisadores têm sugerido que estimativas para a profundidade de desgaste por fretagem podem ser baseadas nas equações clássicas de desgaste adesivo ou abrasivo, nas quais a profundidade de desgaste é proporcional à carga e à distância total de deslizamento em que a distância total de deslizamento é calculada multiplicando-se o movimento relativo por ciclo pelo número de ciclos. Embora existam alguns dados que suportam este procedimento,[30] mais investigações são necessárias antes de estas estimativas serem utilizadas como uma abordagem geral.

A estimativa da profundidade de desgaste em uma aplicação de um projeto real deve ser baseada em ensaios que simulem as condições de serviço.

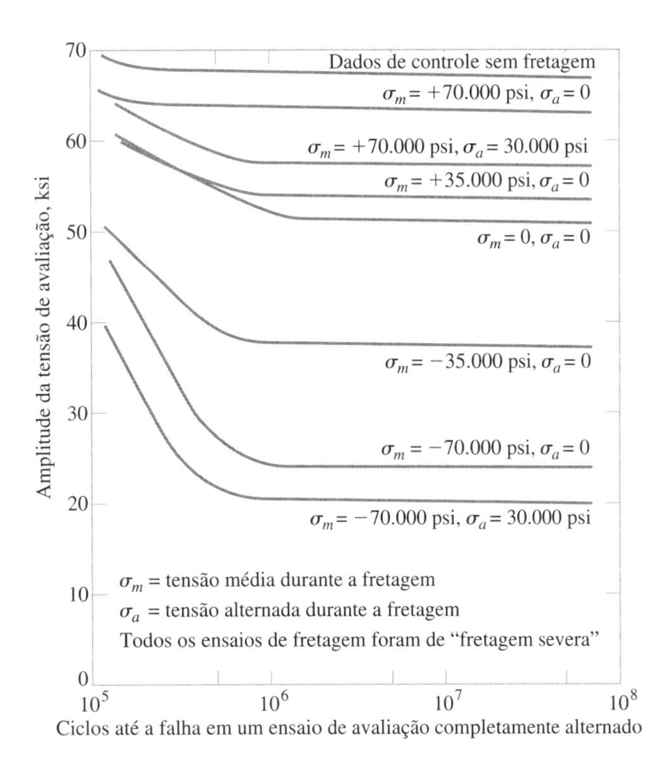

Figura 2.15
Propriedades de fadiga residual subsequente à fretagem sob diversos estados de tensão.

[30] Veja ref. 22.

Minimizando ou Prevenindo a Fadiga por Fretagem

A minimização ou a prevenção do dano por fretagem precisa ser cuidadosamente considerada como um problema separado em cada aplicação de projeto individual, uma vez que um paliativo em uma aplicação pode acelerar significativamente o dano por fretagem em uma aplicação diferente. Por exemplo, em uma união que é projetada para não ter movimento relativo, algumas vezes é possível reduzir ou prevenir a fretagem aumentando-se a pressão normal até que todo o movimento relativo seja inibido. No entanto, se o aumento da pressão normal não inibe *completamente* o movimento relativo, o resultado pode ser uma zona de contato não uniforme na qual algumas regiões deslizam e outras regiões não deslizam. Se o comportamento de *deslizamento parcial* caracteriza a zona de contato, pode resultar em um *aumento* significativo no dano por fretagem em vez de preveni-lo. Esforços recentes de pesquisa[31] estabeleceram uma metodologia de teste de fretagem baseada em *mapas de fretagem*. Os mapas de fretagem são gráficos da força normal *versus* amplitude do movimento relativo, nos quais tanto as *condições de serviço* quanto a *resposta do material* são particionadas em regiões de comportamento de fretagem provável.

Com relação ao *mapa de fretagem das condições de serviço (MFCS)*, as regiões particionadas incluem o *regime de deslizamento parcial (RPD)*, o *regime de deslizamento total (RDT)* e uma região de transição entre estas, que é chamada de *regime de fretagem misto (RFM)*. Um ensaio de fretagem usualmente começa com o regime de deslizamento total, seguido do regime de deslizamento parcial à medida que as superfícies de contato mudam suas características durante o processo de fretagem.

Para o *mapa de fretagem da resposta do material (MFRM)*, as regiões particionadas incluem o *regime de iniciação de trinca*, o *regime de desgaste por fretagem* e o regime indeterminado de transição entre a formação de trincas e o desgaste. Análises semiquantitativas têm mostrado que a iniciação de trinca é mais provável no regime de deslizamento misto, mas a técnica de mapeamento é *específica da configuração*, e, assim, não pode ser generalizada para ser utilizada como uma ferramenta quantitativa de projeto.

Contudo, existem alguns princípios básicos que são geralmente eficazes na minimização ou prevenção da fretagem. Estes incluem:

1. Separação completa das superfícies em contato.
2. Eliminação de todo o movimento relativo entre as superfícies em contato.
3. Se o movimento relativo não pode ser eliminado, algumas vezes é eficaz superpor um movimento relativo unidirecional grande que permita uma lubrificação eficiente. Por exemplo, a prática de permitir um deslocamento da pista interna ou externa de um mancal oscilatório pode ser efetiva na eliminação da fretagem.
4. Fornecimento de uma tensão residual compressiva na superfície de fretagem, o que pode ser obtido pelo jateamento, laminação a frio ou técnicas de ajuste por interferência.
5. Seleção criteriosa dos pares materiais.
6. Utilização de galvanização de entreposta de calço com um material de baixo módulo de cisalhamento, como chumbo, borracha ou prata.
7. Uso de tratamentos da superfície ou camadas como lubrificantes sólidos.
8. Uso de ranhuras ou rugosidade para fornecer um caminho de saída para os fragmentos e uma distribuição diferencial da deformação pela ação elástica.

De todas essas técnicas, somente as duas primeiras são completamente eficazes na prevenção da fretagem. No entanto, os conceitos restantes podem, frequentemente, ser utilizados para minimizar o dano por fretagem e podem resultar em um projeto aceitável.

2.10 Dados de Falha e a Tarefa de Projetar

A tarefa de projeto é clara: criar novos dispositivos ou melhorar dispositivos existentes para fornecer a "melhor" configuração de projeto que seja consistente com as restrições de tempo, dinheiro e segurança, conforme ditado pela aplicação proposta e demandas do mercado. Uma realização bem-sucedida da tarefa de projeto depende fortemente da habilidade do projetista em reconhecer e avaliar a probabilidade de que qualquer modo de falha potencial possa comprometer a habilidade do dispositivo proposto em funcionar adequadamente e de forma segura.

Nas primeiras 11 seções deste capítulo foram apresentadas abordagens analíticas para avaliar a seriedade potencial da maioria dos modos de falha. O sucesso na utilização dessas abordagens depende diretamente da disponibilidade de dados confiáveis de resistência à falha, especificamente desenvolvidos para o modo de falha pertinente, ambiente de operação e materiais candidatos a serem utilizados.

---

[31] Veja ref. 23.

Dados de resistência à falha são facilmente encontrados para alguns modos de falha, e virtualmente inexistentes para outros. Se dados confiáveis estiverem disponíveis, a tarefa de projeto pode ser realizada com confiança. Se os dados são esparsos ou indisponíveis, antes que a tarefa de projeto possa prosseguir, extrapolações ou estimativas são necessárias, ou experimentos pertinentes devem ser completados. Para não deixar os competidores passarem à frente, é necessário que a tarefa de projeto prossiga *com dados ou sem dados*. Dessa forma, a habilidade de extrapolar ou estimar dados de resistência à falha é uma importante função de projeto, assim como é a habilidade de um projetista em obter acesso a bases de dados compreensíveis de resistência à falha. Sociedades profissionais e catálogos comerciais são excelentes fontes para dados de resistência à falha por meio de *handbooks*, compilados anuais e bases de dados *on-line* ou pacotes de CD-ROMs. Fontes de dados de resistência à falha e métodos para selecionar materiais são discutidos no Capítulo 3.

2.11 Avaliação de Falha e Reanálise do Projeto

Apesar de todos os esforços para projetar e fabricar máquinas e estruturas de modo que funcionem adequadamente sem falhar, *falhas ocorrem*. Independentemente de as consequências da falha serem apenas uma inconveniência como um "empenamento" de rolete de suporte de uma porta deslizante ou uma perda catastrófica de vidas e de propriedade na queda de um jato comercial, é de responsabilidade do projetista colher todas as informações possíveis do evento da falha, de modo que a repetição das falhas possa ser evitada no futuro. A avaliação efetiva de falhas em serviço usualmente requer uma intensa investigação interativa de uma equipe de especialistas, incluindo pelo menos um projetista mecânico e um engenheiro de materiais treinado em técnicas de análise de falha. A equipe frequentemente inclui um engenheiro de fabricação e também um engenheiro de manutenção. A missão da equipe de análise de falha é descobrir sua causa inicial, identificar a melhor solução e reprojetar o produto para prevenir falhas futuras.

As técnicas utilizadas no esforço de análise de falha incluem a inspeção e a documentação do evento da falha pelo exame direto (sem tocar ou alterar qualquer superfície da falha ou outra evidência crucial); tirar fotografias; juntar os relatos das testemunhas; preservar todos os componentes, especialmente os que sofrem falha; e desenvolver cálculos, validação da análises e exames pertinentes que possam auxiliar no estabelecimento e na validação da causa da falha. O engenheiro de materiais pode utilizar inspeção macroscópica, ampliação de baixo aumento, inspeção por microscópio, técnicas com microscópio eletrônico de transmissão ou varredura, técnicas de energia dispersiva de raios X, ensaios de dureza, análise espectrográfica, exame metalográfico, ou outros métodos para determinar o tipo de falha, a localização da falha, qualquer anomalia no material, ou quaisquer outros atributos do cenário da falha que possam estar relacionados com a causa potencial da falha. O projetista pode desenvolver análises de tensão e/ou deflexão, examinar a geometria, avaliar o carregamento de serviço, avaliar as influências ambientais potenciais, reexaminar a cinemática e a dinâmica da aplicação e tentar reconstruir a sequência de eventos que levaram à falha. Outros membros da equipe podem examinar a qualidade da fabricação, a qualidade de manutenção, a possibilidade de utilização incomum ou não convencional pelo operador, ou outros fatores que possam ter tido um papel na falha em serviço. A reunião de todas essas informações é muito importante porque o objetivo da equipe de análise é identificar da forma mais precisa possível a causa provável da falha.

Apesar de as falhas em serviço serem indesejáveis, os resultados de uma análise de falha bem executada podem ser transformados diretamente na melhora da confiabilidade do produto por uma equipe de projeto que junta dados de falha em serviço e resultados de análise de falha. Estas técnicas de reanálise de projeto têm-se tornado importantes ferramentas de trabalho da profissão.

2.12 O Propósito dos Fatores de Segurança nos Cálculos de Projeto

Uma estratégia-chave de projeto é evitar a falha de uma máquina ou de uma estrutura, por meio *da previsão e da correção de cenários de falhas potenciais no estágio de projeto*, antes que estas sejam construídas. Identificando-se o modo de falha provável dominante e tentando-se selecionar o melhor material candidato disponível, os cenários de previsão de falha postulados proveem uma base para a escolha de formas e dimensões de todos os componentes. Idealmente, se os carregamentos, as condições do ambiente e as propriedades dos materiais forem perfeitamente conhecidos, as formas e as dimensões dos componentes de máquinas poderiam ser prontamente determinados simplesmente assegurando-se que as cargas de operação ou as tensões associadas nunca excedessem as capacidades ou as resistências em quaisquer dos pontos críticos da máquina. Em termos práticos, *incertezas* e *variabilidade* sempre existem nas predições de projetos. Os carregamentos são, frequentemente, variáveis e imprecisamente conhecidos, as resistências são variáveis e, algumas vezes, imprecisamente conhecidas para certos modos de falha ou para certos estados de tensão, os modelos de cálculo embutem hipóteses que podem introduzir imprecisões no dimensionamento, e outras incertezas podem resultar de variações na qualidade da fabricação, das condições de operação, inspeção e nas práticas de manutenção. Essas incertezas e variabilidades complicam claramente a tarefa de projetar.

As incertezas na seleção de formas, dimensões e materiais que permitirão operação segura e confiável devem ser abordadas diretamente. Para alcançar estes *objetivos da prevenção de falha*, um projetista tem duas escolhas: (1) *selecionar um fator de segurança* que irá assegurar que a resistência ou capacidade mínimas serão seguramente superiores à tensão máxima ou à carga para todas as condições previstas, ou (2) *definir estatisticamente* a resistência ou a capacidade, tensão ou carga, erros de modelagem, variabilidades na fabricação e variações no ambiente e na manutenção de operação de modo que a *probabilidade* de falha possa ser mantida abaixo de um nível aceitável *pré-selecionado.* Devido à dificuldade e ao custo da definição estatística de muitas dessas variáveis, a seleção de um *fator de segurança de projeto* apropriado é comumente uma primeira escolha.

2.13 Seleção e Uso de um Fator de Segurança de Projeto

Na prática, as formas e as dimensões dos componentes de máquina são normalmente, determinadas definindo-se primeiramente um *valor admissível de projeto* para *o parâmetro de severidade de carregamento* que for de interesse, seja de tensão, deflexão, cargas, velocidade ou outro. Para determinar um valor admissível de projeto divide-se o *nível crítico de falha* correspondente ao parâmetro de severidade de carregamento selecionado por um *fator de segurança de projeto* (um número sempre maior do que 1) para levar em conta as incertezas percebidas. As dimensões são calculadas, então de modo que os valores máximos de operação dos parâmetros selecionados de severidade de carregamento sejam inferiores aos valores admissíveis de projeto. Isso pode ser expresso matematicamente como

$$P_d = \frac{L_{fm}}{n_d} \tag{2-83}$$

em que P_d é o valor admissível de projeto para o parâmetro de severidade de carregamento, L_{fm} é o nível crítico de falha determinado pelo modo de falha dominante e n_d é o fator de segurança de projeto *escolhido pelo projetista* para levar em conta todas as incertezas e variabilidades percebidas. Normalmente (mas nem sempre), o parâmetro de severidade de carregamento escolhido será a tensão, e o nível crítico de falha será *a resistência crítica do material correspondente ao modo de falha dominante.* Assim, uma forma mais usual de (2-83) é

$$\sigma_d = \frac{S_{fm}}{n_d} \tag{2-84}$$

em que σ_d é a tensão admissível de projeto, S_{fm} é a resistência à falha do material selecionado, correspondente ao modo de falha dominante, e n_d é o fator de segurança de projeto selecionado. Para assegurar um projeto seguro, as dimensões são calculadas de modo que os níveis de tensão de operação máximos sejam iguais ou inferiores às tensões de projeto.

A escolha de um fator de segurança de projeto deve ser conduzida com cuidado, uma vez que há consequência inaceitáveis associadas aos valores selecionados, que podem ser tanto muito baixos como muito elevados. Se o valor selecionado for muito baixo, a probabilidade de falha será muito elevada. Se o valor selecionado for muito elevado, as dimensões, o peso ou o custo podem ser muito elevados. A seleção de um fator de segurança adequado requer um bom conhecimento de trabalho a respeito das limitações e hipóteses dos modelos de cálculo ou dos programas de simulação utilizados, das propriedades pertinentes dos materiais propostos e dos detalhes operacionais da aplicação pretendida. *A experiência de projeto é extremamente valiosa* na seleção de um fator de segurança adequado, contudo, uma seleção racional pode ser feita, mesmo com uma *experiência limitada.* O método sugerido aqui segmenta a seleção em uma série de decisões menores, semiquantitativas, que podem ser ponderadas e recombinadas empiricamente para calcular um fator de segurança de projeto aceitável sob medida para a aplicação específica. Mesmo projetistas experientes valorizam esta abordagem quando se defrontam com o projeto de um novo produto existente para uma nova aplicação.

Para implementar a seleção de um fator de segurança de projeto, consideram-se, separadamente, cada um dos oito *fatores de penalização* seguintes:

1. A precisão com que podem ser determinadas as cargas, forças, deflexões ou outros agentes indutores de falha
2. A precisão com que as tensões ou outros fatores de severidade de carregamento podem ser determinados a partir das forças ou de outros fatores indutores de falha
3. A precisão com que as resistências à falha ou outras medidas de falha podem ser determinadas para o material selecionado segundo o modo de falha adequado

4. A necessidade de se restringir material, peso, espaço ou custo
5. A gravidade das consequências da falha em termos de vidas humanas e/ou danos à propriedade
6. A qualidade da mão de obra na fabricação
7. As condições de operação
8. A qualidade da inspeção e da manutenção disponível ou possível durante a operação

Uma avaliação semiquantitativa desses fatores de penalização pode ser obtida atribuindo-se um *número de penalização*, variando entre −4 até +4, para cada um. Esses *números de penalização (NPs)* têm o seguinte significado:

$NP = 1$	mudança *levemente necessária de* n_d
$NP = 2$	mudança *moderadamente necessária de* n_d
$NP = 3$	mudança *fortemente necessária de* n_d
$NP = 4$	mudança *extremamente necessária* n_d

Além disso caso se perceba a necessidade de se *elevar* o fator de segurança, atribui-se um sinal *positivo* (+) ao número de penalização. Se houver a necessidade de se *reduzir* o fator de segurança, atribui-se um sinal *negativo* (−) ao número de penalização escolhido.

O próximo passo é calcular a soma algébrica, t, dos oito números de penalização, obtendo-se:

$$t = \sum_{i=1}^{8} (NP)_i \tag{2-85}$$

Utilizando-se o mesmo resultado de (2-85), o fator de segurança de projeto, n_d, pode ser estimado, empiricamente, de

$$n_d = 1 + \frac{(10 + t)^2}{100} \qquad \text{para } t \geq -6 \tag{2-86}$$

ou

$$n_d = 1{,}15 \qquad \text{para } t < -6 \tag{2-87}$$

Utilizando-se este método, o fator de segurança de projeto nunca será inferior a 1,15 e, raramente, maior do que 4 ou 5. Esta faixa é amplamente compatível com a lista usual de fatores de segurança sugeridos, encontrados na maioria dos livros-texto e dos manuais,[32] mas n_d é determinado especificamente para cada aplicação em uma base mais racional.

Exemplo 2.11 Determinação do Fator de Segurança de Projeto

Pede-se que seja proposto um valor para o fator de segurança de projeto a ser utilizado no dimensionamento do suporte do trem de pouso de um novo avião a jato executivo. Determinou-se que a aplicação pode ser considerada como "média" em muitos aspectos, mas conhecem-se as propriedades do material um pouco melhor, que no caso de um projeto usual há uma forte restrição de espaço e peso, há uma grave preocupação referente ao risco de vida e de danos à propriedade no caso de uma falha, e a qualidade da inspeção e da manutenção é considerada excelente. Qual seria o valor proposto para o fator de segurança de projeto?

Solução

Baseados nas informações fornecidas, os *números de penalização* para cada um dos oito fatores de penalização poderiam ser

Fator de Penalização	Número de Penalização Selecionado (*NP*)
1. Conhecimento preciso do carregamento	0
2. Cálculo preciso das tensões	0
3. Conhecimento preciso da resistência	−1
4. Necessidade de conservação	−3
5. Gravidade das consequências de falha	+3
6. Qualidade da fabricação	0
7. Condições de operação	0
8. Qualidade da inspeção/manutenção	−4

[32] Veja, por exemplo, ref. 24, 25, 26 ou 27.

Exemplo 2.11 Continuação

De (2-85)

$$t = 0 + 0 - 1 - 3 + 3 + 0 + 0 - 4 = -5$$

e uma vez que $t \geq -6$, a partir de (2-86)

$$n_d = 1 + \frac{(10 - 5)^2}{100} = 1{,}25$$

O valor recomendado para um fator de segurança de projeto adequado para esta aplicação seria, portanto, $n_d = 1{,}25$. Para se obter a *tensão de projeto admissível*, a resistência do material correspondente ao modo de falha dominante, provavelmente fadiga, deveria ser dividida por $n_d = 1{,}25$. A flambagem também poderia ser um modo de falha potencial, nesse caso a *carga axial admissível de projeto* seria determinada dividindo-se a carga crítica de flambagem (veja 2.5) por $n_d = 1{,}25$.

2.14 Determinação do Fator de Segurança Existente em um Projeto Completo: Um Contraste Conceitual

Para evitar confusão no entendimento do termo "fator de segurança" em deliberação de projeto, cabe refletir sobre os dois papéis de um projetista, um como o que *sintetiza* o outro como o que *analisa*. Como o que sintetiza, o projetista deve formular novas máquinas, seguras e confiáveis que ainda não foram construídas. Para fazer isto, um fator de segurança *de projeto* é *selecionado* pelo projetista, seguindo as orientações de 2.13 e, assim, os materiais e as dimensões são determinados em concordância com o fator de segurança de projeto *escolhido*. Como um analista, o projetista está incumbido da tarefa de examinar uma máquina existente, já construída e, talvez, em serviço, para determinar com que fator de segurança *existente* a máquina existente foi construída por outro projetista. Nesse caso, o projetista não escolhe o fator de segurança, o qual deve ser *calculado* a partir das propriedades do material, dimensões e cargas existentes. Assim, em contraste com o fator de segurança de projeto, n_d, que é selecionado pelo projetista para criar um novo projeto, o fator de segurança existente, n_{ex}, é calculado por um projetista baseado no exame de uma proposta completa de projeto ou de uma máquina já em serviço.

Para calcular um fator de segurança existente, divide-se o nível crítico de falha de um parâmetro de severidade de carregamento, L_{fm}, pelo valor máximo de operação de parâmetro de severidade de carregamento, $P_{máx}$, para fornecer

$$n_{ex} = \frac{L_{fm}}{P_{máx}} \tag{2-88}$$

No contexto mais usual, isto pode ser expresso como

$$n_{ex} = \frac{S_{fm}}{\sigma_{máx}} \tag{2-89}$$

em que S_{fm} é a resistência crítica correspondente ao modo de falha dominante e $\sigma_{máx}$ é o nível máximo de tensão de operação no ponto crítico.

Apesar de n_{ex} e n_d serem claramente relacionados, são conceitualmente muito diferentes. Manter o contraste em mente ajudará a evitar confusões nas discussões de projeto.

Exemplo 2.12 Avaliação do Modo de Falha Provável e Fator de Segurança Existente

Uma barra reta cilíndrica, com diâmetro $d = 0{,}50$ polegada, fabricada com alumínio 2024-T4, com limite de resistência $S_u = 68.000$ psi, limite de escoamento $S_{yp} = 48.000$ psi e resistência a falha por fadiga a 10^7 ciclos de 23.000 psi. A barra é carregada axialmente com, no máximo, 4000 lbf, de forma completamente alternada e tem uma exigência de projeto para uma vida de 10^7 ciclos.

a. Quais modos potenciais de falha deveriam ser investigados?

b. Qual o fator de segurança existente?

Solução

a. Os dois candidatos mais prováveis para modo de falha dominante são o escoamento e a fadiga. Ambos deveriam ser calculados para determinar-se o modo dominante.

b. Para escoamento

$$(n_{ex})_{yp} = \frac{S_{yp}}{\sigma_{máx}}$$

e

$$\sigma_{máx} = \frac{P_{máx}}{A} = \frac{4000}{\pi\left[\frac{(0,50)^2}{4}\right]} = \frac{4000}{0,196} = 20.408 \text{ psi}$$

Então, o fator de segurança existente para o escoamento é

$$(n_{ex})_{yp} = \frac{48.000}{20.408} = 2,35$$

Para fadiga

$$(n_{ex})_f = \frac{S_{N=10^7}}{\sigma_{máx}}$$

Como $S_{N=10^7} = 23.000$ psi, o fator de segurança existente por fadiga é

$$(n_{ex})_f = \frac{23.000}{20.408} = 1,13$$

Uma vez que $(n_{ex})_f < (n_{ex})_{yp}$, o modo de falha por *fadiga* é o dominante; assim, o fator de segurança existente para este componente, conforme o projeto existente, é

$$n_{ex} = 1,13$$

2.15 Confiabilidade: Conceitos, Definições e Dados

Um princípio norteador seguido por projetistas efetivos é utilizar, tanto quanto possível, as informações *quantitativas* existentes para a tomada de decisões. Portanto, se estiverem disponíveis descrições probabilísticas na forma de dados estatísticos para descrever distribuições de resistência, distribuições de carga ou variações nas condições ambientais, fabricação, inspeção e/ou práticas de manutenção, estes dados deverão ser utilizados para manter a *probabilidade de falha baixa*, ou, afirmado de outra forma, para manter a *confiabilidade acima de um nível prescrito de aceitabilidade.*

Confiabilidade pode ser definida como a probabilidade que uma máquina ou um componente de máquina desempenhe sua função pretendida sem falha para sua vida de projeto prevista. Se a probabilidade de falha é denotada por $P\{falha\}$, a confiabilidade e a probabilidade de sobrevivência é $R = 1 - P\{falha\}$. Então, a confiabilidade é uma medida quantitativa do sucesso de sobrevivência, baseada, tipicamente, em funções de distribuição verificadas por dados experimentais.

A implementação da *abordagem probabilística de projeto* requer que a *função de distribuição* (*função densidade de probabilidade*) seja conhecida ou admitida tanto para a tensão no ponto crítico (e todos os fatores que influenciam a tensão) quanto para a resistência no ponto crítico (e todos os fatores que influenciam a resistência).

Se a função densidade de probabilidade para tensão $f(\sigma)$ a função densidade de probabilidade para resistência $f(S)$ forem conhecidas, estas podem ser apresentadas na forma de gráfico conforme mostrado na Figura 2.16. Por definição, confiabilidade é a probabilidade de que a resistência supere a tensão ou

$$R = P\{S > \sigma\} = P\{S - \sigma > 0\} \tag{2-90}$$

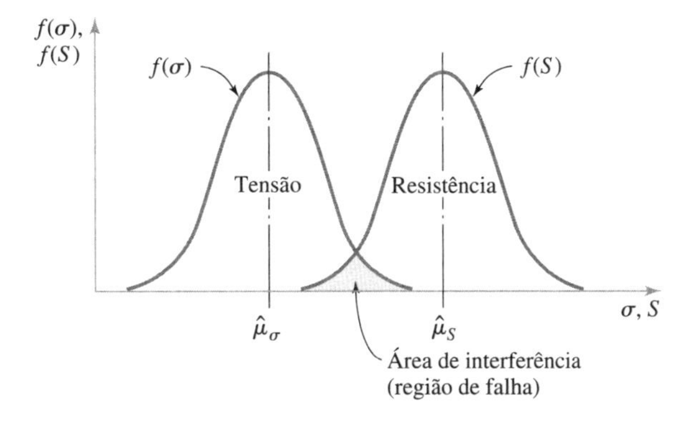

Figura 2.16
Funções de densidade de probabilidade para tensão e resistência, mostrando a área de interferência (região de falha).

Isto corresponde à área na Figura 2.16 que fica *fora da área de interferência* sombreada, a área sombreada representa a *probabilidade de falha*, isto é, $P\{\sigma \geq S\}$. A probabilidade de falha é chamada, algumas vezes, de *inconfiabilidade*.

Três funções de densidade de probabilidade são de particular interesse para o projetista: as funções de distribuição *normal*, a *log-normal* e a de *Weibull*. Apenas uma destas funções de distribuição será apresentada aqui, a normal, mas desenvolvimento semelhantes estão disponíveis para as outras duas.[33] A função densidade de probabilidade $f(x)$ para a distribuição *normal* é

$$f(x) = \frac{1}{\hat{\sigma}\sqrt{2\pi}} e^{-\frac{1}{2}\left(\frac{x-\hat{\mu}}{\hat{\sigma}}\right)^2} \quad \text{para} \quad -\infty < x < \infty \tag{2-91}$$

em que x é uma variável aleatória como tensão ou resistência, $\hat{\mu}$ é a média estimada da *população*, e $\hat{\sigma}$ é o desvio-padrão estimado da *população* em que

$$\hat{\mu} = \frac{1}{n}\sum_{i=1}^{n} x_i \tag{2-92}$$

e

$$\hat{\sigma} = \sqrt{\frac{1}{n-1}\sum_{i=1}^{n}(x_i - \mu)^2} \tag{2-93}$$

Nestas expressões, n é igual ao número de itens em uma população. Como assunto de interesse, o quadrado do desvio-padrão, $\hat{\sigma}^2$, é definido como *variância*. Tanto a variância quanto o desvio-padrão são medidas de dispersão, ou espalhamento, de uma distribuição. A notação convencional para descrever uma distribuição normal é

$$x \stackrel{d}{=} N(\hat{\mu}, \hat{\sigma}) \tag{2-94}$$

que deve ser lida como "x é distribuído normalmente com uma média $\hat{\mu}$ e um desvio-padrão $\hat{\sigma}$". Conforme apresentado na Figura 2.17(a), uma distribuição normal tem um formato bem conhecido de sino, é simétrica em relação à média e se alonga ao infinito nos dois sentidos do eixo das abscissas. A *função de distribuição normal cumulativa* correspondente, $F(X)$, encontra-se na forma de gráfico na Figura 2.17(b) em que

$$F(X) = P\{X \leq X_0\} = \int_{-\infty}^{X} \frac{1}{\sqrt{2\pi}} e^{\frac{t^2}{2}}\, dt \tag{2-95}$$

e

$$X = \frac{x - \hat{\mu}}{\hat{\sigma}} \tag{2-96}$$

é definida como *variável normal padrão*, que representa uma distribuição normal com média zero e desvio-padrão 1. X_0 é qualquer especificação da variável aleatória X. Qualquer distribuição normal com média $\hat{\mu}$ e desvio-padrão $\hat{\sigma}$ pode ser transformada em uma distribuição normal padrão utilizando-se (2-96). Como todas as distribuições normais podem ser completamente descritas por meio de $\hat{\mu}$ e de $\hat{\sigma}$, são chamadas de distribuições de *dois parâmetros*. A Tabela 2.9 apresenta valores para a função de distribuição cumulativa $F(X)$ para a distribuição normal padrão.

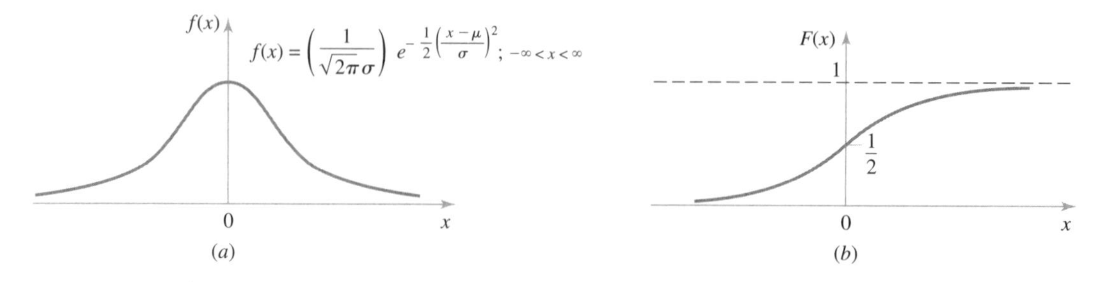

Figura 2.17
Gráficos de função de densidade de probabilidade e função de distribuição cumulativa para uma distribuição *normal*. (a) Função de densidade de probabilidade. (b) Função de distribuição cumulativa.

[33] Veja, por exemplo, refs. 1, 28, 29 ou 30.

TABELA 2.9 Função de Distribuição Cumulativa $F(X)$ para a Distribuição Normal Padrão, onde

$$F(X) = \int_{-\infty}^{X} \frac{1}{\sqrt{2\pi}} e^{(-t^2/2)} dt$$

X	0,00	0,01	0,02	0,03	0,04	0,05	0,06	0,07	0,08	0,09
0	0,5000	0,5040	0,5080	0,5120	0,5160	0,5199	0,5239	0,5279	0,5319	0,5359
0,1	0,5398	0,5438	0,5478	0,5517	0,5557	0,5596	0,5636	0,5675	0,5714	0,5753
0,2	0,5793	0,5832	0,5871	0,5910	0,5948	0,5987	0,6026	0,6064	0,6103	0,6141
0,3	0,6179	0,6217	0,6255	0,6293	0,6331	0,6368	0,6406	0,6443	0,6480	0,6517
0,4	0,6554	0,6591	0,6628	0,6664	0,6700	0,6736	0,6772	0,6808	0,6844	0,6879
0,5	0,6915	0,6950	0,6985	0,7019	0,7054	0,7088	0,7123	0,7157	0,7190	0,7224
0,6	0,7257	0,7291	0,7324	0,7357	0,7389	0,7422	0,7454	0,7486	0,7517	0,7549
0,7	0,7580	0,7611	0,7642	0,7673	0,7704	0,7734	0,7764	0,7794	0,7823	0,7852
0,8	0,7881	0,7910	0,7939	0,7967	0,7995	0,8023	0,8051	0,8078	0,8106	0,8133
0,9	0,8159	0,8186	0,8212	0,8238	0,8264	0,8289	0,8315	0,8340	0,8365	0,8389
1,0	0,8413	0,8438	0,8461	0,8485	0,8508	0,8531	0,8554	0,8577	0,8599	0,8621
1,1	0,8643	0,8665	0,8686	0,8708	0,8729	0,8749	0,8770	0,8790	0,8810	0,8830
1,2	0,8849	0,8869	0,8888	0,8907	0,8925	0,8944	0,8962	0,8980	0,8997	0,9015
1,3	0,9032	0,9049	0,9066	0,9082	0,9099	0,9115	0,9131	0,9147	0,9162	0,9177
1,4	0,9192	0,9207	0,9222	0,9236	0,9251	0,9265	0,9279	0,9292	0,9306	0,9319
1,5	0,9332	0,9345	0,9357	0,9370	0,9382	0,9394	0,9496	0,9418	0,9429	0,9441
1,6	0,9451	0,9463	0,9474	0,9484	0,9495	0,9505	0,9515	0,9525	0,9535	0,9545
1,7	0,9554	0,9564	0,9573	0,9582	0,9591	0,9599	0,9608	0,9616	0,9625	0,9633
1,8	0,9641	0,9649	0,9656	0,9664	0,9671	0,9678	0,9686	0,9693	0,9699	0,9706
1,9	0,9713	0,9719	0,9726	0,9732	0,9738	0,9744	0,9750	0,9756	0,9761	0,9767
2,0	0,9772	0,9778	0,9783	0,9788	0,9793	0,9798	0,9803	0,9808	0,9812	0,9817
2,1	0,9821	0,9826	0,9830	0,9834	0,9838	0,9842	0,9846	0,9850	0,9854	0,9857
2,2	0,9861	0,9864	0,9868	0,9871	0,9875	0,9878	0,9881	0,9884	0,9887	0,9890
2,3	0,9893	0,9896	0,9898	0,9901	0,9904	0,9906	0,9909	0,9911	0,9913	0,9916
2,4	0,9918	0,9920	0,9922	0,9925	0,9927	0,9929	0,9931	0,9932	0,9934	0,9936
2,5	0,9938	0,9940	0,9941	0,9943	0,9945	0,9946	0,9948	0,9949	0,9951	0,9952
2,6	0,9953	0,9955	0,9956	0,9957	0,9959	0,9960	0,9961	0,9962	0,9963	0,9964
2,7	0,9965	0,9966	0,9967	0,9968	0,9969	0,9970	0,9971	0,9972	0,9973	0,9974
2,8	0,9974	0,9975	0,9976	0,9977	0,9977	0,9978	0,9979	0,9979	0,9980	0,9981
2,9	0,9981	0,9982	0,9982	0,9983	0,9984	0,9984	0,9985	0,9985	0,9986	0,9986
3,0	0,9987	0,9987	0,9987	0,9988	0,9988	0,9989	0,9989	0,9989	0,9990	0,9990
3,1	0,9990	0,9991	0,9991	0,9991	0,9992	0,9992	0,9992	0,9992	0,9993	0,9993
3,2	0,9993	0,9993	0,9994	0,9994	0,9994	0,9994	0,9994	0,9995	0,9995	0,9995
3,3	0,9995	0,9995	0,9995	0,9996	0,9996	0,9996	0,9996	0,9996	0,9996	0,9997
3,4	0,9997	0,9997	0,9997	0,9997	0,9997	0,9997	0,9997	0,9997	0,9997	0,9998
3,5	0,9998	0,9998	0,9998	0,9998	0,9998	0,9998	0,9998	0,9998	0,9998	0,9998
3,6	0,9998	0,9998	0,9999	0,9999	0,9999	0,9999	0,9999	0,9999	0,9999	0,9999
3,7	0,9999	0,9999	0,9999	0,9999	0,9999	0,9999	0,9999	0,9999	0,9999	0,9999
3,8	0,9428	0,9431	0,9433	0,9436	0,9438	0,9441	0,9443	0,9446	0,9448	0,9450
3,9	0,9452	0,9454	0,9456	0,9458	0,9459	0,9461	0,9463	0,9464	0,9466	0,9467
4,0	0,9468	0,9470	0,9471	0,9472	0,9473	0,9474	0,9475	0,9476	0,9477	0,9478
4,1	0,9479	0,9480	0,9481	0,9482	0,9483	0,9483	0,9484	0,9485	0,9485	0,9486
4,2	0,9487	0,9487	0,9488	0,9488	0,9489	0,9489	0,9490	0,9500	0,9502	0,9507

Um teorema importante da estatística estabelece que, quando variáveis aleatórias com distribuições normais independentes são somadas, a soma resultante é, também, por sua vez, normalmente distribuída com média igual à soma das médias individuais das distribuições e com desvio-padrão igual à raiz quadrada das variâncias individuais das distribuições. Assim, quando $f(\sigma)$ e $f(S)$ são, *ambas*, funções de densidade de probabilidade normal, a variável aleatória $y = (S - \sigma)$ usada em (2-90) é, também, normalmente distribuída, com uma média de

$$\hat{\mu}_y = \hat{\mu}_S - \hat{\mu}_\sigma \tag{2-97}$$

e o desvio-padrão

$$\hat{\sigma}_y = \sqrt{\hat{\sigma}_S^2 + \hat{\sigma}_\sigma^2} \tag{2-98}$$

A confiabilidade R pode, então, ser expressa como[34]

$$R = P\{y > 0\} = P\{S - \sigma > 0\} = \frac{1}{2\pi}\int_{-\frac{\hat{\mu}_S - \hat{\mu}_\sigma}{\sqrt{\hat{\sigma}_S^2 - \sigma_\sigma^2}}}^{\infty} e^{-\frac{t^2}{2}}\, dt \tag{2-99}$$

em que

$$t = \frac{y - \hat{\mu}_y}{\hat{\sigma}_y} \tag{2-100}$$

é a variável normal padrão [veja (2-96) e a Tabela 2.9].

Exemplo 2.13 Fator de Segurança Existente e Nível de Confiabilidade

Uma barra reta cilíndrica, com diâmetro $d = 12$ mm, é fabricada com alumínio 2024-T4. Dados experimentais para o material testado sob condições relacionadas de forma muito próximo com as condições de operação reais indicam que o limite de escoamento é normalmente distribuído com uma média de 330 MPa e um desvio-padrão de 34 MPa. A carga estática na barra tem um valor nominal de 30 kN, mas, devido a vários procedimentos operacionais e a vibrações provenientes de equipamentos adjacentes, determinou-se que a carga, na realidade, é uma variável aleatória com distribuição normal, com desvio-padrão de 2,2 kN.

a. Determine o fator de segurança existente para a barra, baseado no escoamento como modo de falha.

b. Determine o nível de confiabilidade da barra, baseado no escoamento como modo de falha.

Solução

a. O fator de segurança existente baseado no escoamento é $n_{ex} = \dfrac{S_{yp-nom}}{\sigma_{nom}}$ em que $S_{yp-nom} = 330$ MPa e

$$\sigma_{nom} = \frac{P_{nom}}{A} = \frac{4(30.000)}{\pi(0{,}012)^2} = 265 \text{ MPa}$$

portanto, o fator de segurança existente é

$$n_{ex} = \frac{330}{265} = 1{,}25$$

b. Dos dados fornecidos, $P \overset{d}{=} N(30 \text{ kN}, 2{,}2 \text{ kN})$ e $S_{yp} \overset{d}{=} N(330 \text{ MPa}, 34 \text{ MPa})$. A tensão média estimada pode ser calculada como,

$$\hat{\mu}_\sigma = \frac{P}{A} = \frac{30.000}{113{,}1 \times 10^{-6}} = 265 \text{ MPa}$$

O desvio-padrão estimado é

$$\hat{\sigma}_\sigma = \frac{2200}{113{,}1 \times 10^{-6}} = 19{,}45 \text{ MPa}$$

assim,

$$\sigma = N(265 \text{ MPa}, 19{,}45 \text{ MPa})$$

[34] Veja, por exemplo, ref. 29.

Estes cálculos desprezam a variabilidade estatística nas dimensões utilizadas para calcular a área. O limite inferior da integral de confiabilidade (2-99) pode ser calculado como

$$X = -\frac{\hat{\mu}_S - \hat{\mu}_\sigma}{\sqrt{\hat{\sigma}_S^2 + \hat{\sigma}_\sigma^2}} = -\frac{330 - 265}{\sqrt{34^2 + 19{,}45^2}} = -1{,}65$$

Da Tabela 2.9, uma vez que $R = 1 - P$, a confiabilidade correspondente a $X = -1{,}65$ pode ser lida como

$$R = 0{,}951$$

Assim, pode-se esperar que 95,1 por cento de todas as instalações funcionem adequadamente, mas espera-se que 59 dentre cada 1000 instalações falhem. Uma decisão deve ser tomada pelo projetista sobre a aceitabilidade dessa taxa de falha para esta aplicação.

Confiabilidade do Sistema, Objetivos da Confiabilidade e Alocação de Confiabilidade

Os esforços de um projetista para alcançar o objetivo da prevenção de falha na etapa de projeto incluem, frequentemente, as tarefas de determinar os níveis necessários de confiabilidade para componentes individuais ou de subsistemas que irão assegurar a *meta de confiabilidade* para o conjunto da máquina. O processo de estabelecer exigências de confiabilidade para componentes individuais de modo a se alcançar a meta de confiabilidade especificada do sistema é chamado de *alocação de confiabilidade*. Apesar de o problema de alocação de confiabilidade ser complexo, os princípios podem ser demonstrados de modo direto, adotando-se certas *considerações simplificadoras*.

Em termos práticos, os projetistas estão atentos para trabalhar com engenheiros especialistas em confiabilidade nesta etapa. Os especialistas em confiabilidade podem fornecer indicações valiosas na seleção de distribuições que sejam bem ajustadas para a aplicação, interpretação de dados, projeto de experimentos, alocação de confiabilidade e técnicas analíticas e de simulação para a avaliação de confiabilidade e otimização de sistemas.

Contudo, a tarefa de estabelecer metas adequadas de confiabilidade recai, primariamente, na alçada do projetista, em cooperação com a engenharia e a administração da empresa. O fato preocupante de que *uma confiabilidade de 100 por cento nunca pode ser alcançada*, força a uma consideração cuidadosa das consequências de uma falha potencial. As tarefas de se escolherem níveis adequados e aceitáveis de confiabilidade para a aplicação em uma máquina particular e de selecionar metas apropriadas de confiabilidade são, normalmente, difíceis.[35] Alega-se, por exemplo, que engenheiros, procurando por uma meta adequada e aceitável de confiabilidade durante os esforços pioneiros no projeto de espaçonaves, decidiram que a probabilidade de um *toureiro* conseguir evitar as chifradas em uma tourada também serviria como uma meta aceitável de confiabilidade para o projeto de espaçonaves. A indústria aeroespacial especifica uma confiabilidade de "cinco noves" ($R = 0{,}99999$) em muitos casos, enquanto a confiabilidade "padrão" dos rolamentos com elementos esféricos é tomada, normalmente, como $R = 0{,}90$. Na Tabela 2.10 estão ilustrados alguns critérios de probabilidade de falha utilizados por algumas indústrias. A seleção de uma meta de confiabilidade adequada depende, claramente, tanto das consequências de falha quanto do custo para alcançá-la.[36]

Para realizar uma análise *simplificada* de confiabilidade na etapa de projeto, pode-se *admitir* que as confiabilidades dos componentes e subsistemas são constantes ao longo de toda a vida da máquina. Uma ferramenta útil para se avaliar os efeitos da falha de componentes ou de subsistemas no desempenho geral do sistema é um *diagrama de bloco funcional*. Para uma análise simplificada, cada bloco do diagrama representa uma "caixa-preta" que admite-se estar em um de dois estados: *falhando* ou *funcionando*. Dependendo da disposição dos componentes na montagem da máquina, a falha de um componente terá diferentes efeitos sobre a confiabilidade da máquina como um todo.

Na Figura 2.18 estão ilustradas quatro disposições possíveis de componentes em uma montagem de máquina. A configuração *em série* da Figura 2.18(a), em que *todos os componentes devem funcionar*

---

[35] Veja, também, 1.8.

[36] Por exemplo, nos anos 1980, a Motorola inaugurou a prática de se estabelecerem taxas toleráveis de falha com um valor muito baixo, por meio do projeto denominado *Seis Sigma*. (Seis sigma corresponde a uma meta de taxa de falha de não mais de 3,4 falhas por milhão de unidades. Em contraste, a indústria dos Estados Unidos, como um todo opera em torno de três sigmas, ou uma taxa de falha em torno de 66.000 unidades por milhão.) Adotando o projeto Seis Sigma, a General Electric Company estima que gastou cerca de 500 milhões de dólares em 1999, e o Seis Sigma produziria um retorno de aproximadamente 2 bilhões de dólares. Veja ref. 31.

TABELA 2.10 Metas de Projeto Baseadas em Confiabilidade como uma Função do Nível de Risco Percebido[1]

Consequências Potenciais das Falhas	Categoria Designada para Avaliação de Risco	Critérios Sugeridos para Probabilidade de Falha Aceitável para Projeto
Alguma redução na margem de segurança ou capacidade funcional.	Menor	$\leq 10^{-5}$
Redução significativa na margem de segurança ou capacidade funcional.	Maior	$10^{-5} - 10^{-7}$
O dispositivo não desempenha mais sua função adequadamente; pode ocorrer pequeno número de danos sérios ou fatais.	Arriscado	$10^{-7} - 10^{-9}$
Falha completa do equipamento, incapacidade de corrigir a situação; possibilidade de ocorrer múltiplas mortes e/ou elevados efeitos colaterais.	Catastrófico	$\leq 10^{-9}$

[1] Extraído em parte da ref. 11.

adequadamente para que o sistema funcione, é, provavelmente, a disposição mais comumente encontrada na prática. Para uma disposição em série, a confiabilidade do sistema R_S é determinada como

$$R_S = \prod_{i=1}^{n} R_i \tag{2-101}$$

em que o termo do lado direito da equação é o produto das confiabilidades individuais. Admitindo-se que a probabilidade de falha q é idêntica para todos os componentes, (2-101) pode ser reescrita como

$$R_S = (1 - q)^2 \tag{2-102}$$

que pode ser expandida pelo teorema binominal para fornecer, desprezando-se os termos de ordem superior,

$$R_S = 1 - nq \tag{2-103}$$

Desse modo, para uma disposição em série, a confiabilidade do sistema *decai* rapidamente à medida que o número n de componentes da série cresce. Em geral, para sistemas em série, a confiabilidade do sistema será sempre menor ou igual à confiabilidade do componente *menos confiável*. Este é chamado algumas vezes de modelo de falha do "elo mais fraco".

A disposição *em paralelo* da Figura 2.18(b), em que o sistema *continua a funcionar até que todos os componentes tenham falhado*, tem uma confiabilidade de sistema de

$$R_S = 1 - \prod_{i=1}^{p} (1 - R_i) \tag{2-104}$$

assegurando-se que todos os componentes estejam ativos no sistema e que as falhas ocorridas não influenciem as confiabilidades dos componentes remanescentes. Na prática, estas considerações podem não ser válidas se, por exemplo, um componente redundante reserva não for ativado a menos que um componente que esteja funcionando falhe, ou se a taxa de falha dos componentes remanescentes aumentar à medida que ocorram falhas. Caso se admita que a probabilidade de falha é idêntica para todos os componentes, (2-104) pode ser reescrita como

$$R_S = 1 - q^p \tag{2-105}$$

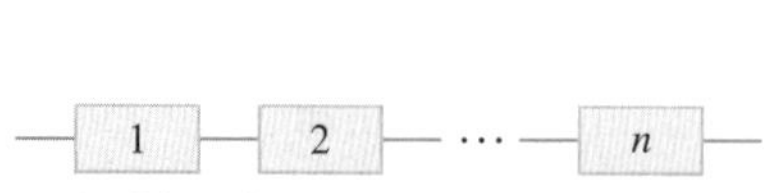

(a) Disposição em série de n componentes.

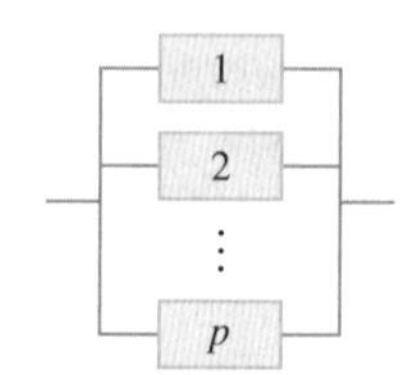

(b) Disposição em paralelo de p componentes.

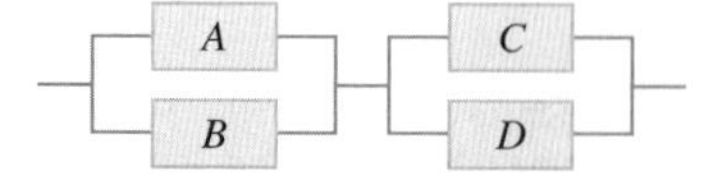

(c) Disposição em série e em paralelo de componentes (redundância no nível de componentes).

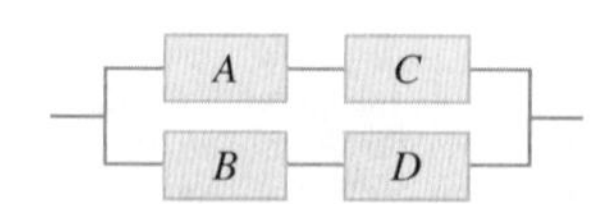

(d) Disposição em série e em paralelo de componentes (redundância no nível de subsistemas).

Figura 2.18
Diagramas de blocos ilustrando várias disposições de componentes para projeto em um sistema de máquina, do ponto de vista da análise de confiabilidade.

De (2-105) é possível observar que, para uma disposição em paralelo, a confiabilidade de sistema *cresce* à medida que o número de componente em paralelo aumenta. Em termos práticos, contudo, o projeto de um sistema em paralelo pode ser difícil e caro e, para uma determinada confiabilidade de componente, o ganho em confiabilidade do sistema decresce rapidamente à medida que mais componentes são colocados em paralelo. Contudo, o procedimento de se colocar um segundo componente ou subsistema em paralelo é a base para o conceito importante de projeto para *falha segura* discutido em 1.8.

Todas as disposições de componentes em uma montagem de máquina podem, virtualmente, ser modeladas como combinações de configurações em série e em paralelo. Na Figura 2.18(c), por exemplo, está representada uma série de arranjos de dois subsistemas paralelos e a Figura 2.18(d) mostra um arranjo paralelo de dois subsistemas em série. Para a Figura 2.18(c), existe uma *redundância no nível de componente*, enquanto para a Figura 2.18(d) existe uma *redundância no nível de subsistema*. A análise de sistema tem mostrado que para um sistema com um determinado número de componentes, a redundância no nível de componentes fornece um nível de confiabilidade mais elevado para o sistema do que a redundância no nível de subsistema.

A tarefa da alocação simplificada de confiabilidade pode ser realizada utilizando-se uma técnica chamada *equitativa*. Esta técnica modela a confiabilidade do sistema como uma série de m subsistemas, cada um tendo a mesma confiabilidade R_i. Cada subsistema pode incluir um ou mais componentes dispostos em série ou em paralelo. Então, a confiabilidade especificada do sistema é

$$(R_S)_{\substack{sistema \\ especificado}} = \prod_{i=1}^{m} R_i \tag{2-106}$$

e a confiabilidade de componente requerida para se atingir a confiabilidade de sistema especificada é

$$(R_i)_{req} = \left[(R_S)_{\substack{sistema \\ especificado}} \right]^{1/m} \tag{2-107}$$

Exemplo 2.14 Confiabilidade de Componente Requerida para se Alcançar Metas de Confiabilidade Geral da Máquina

Uma montagem de máquina com quatro componentes pode ser modelada como uma disposição em série paralela semelhante à mostrada na Figura 2.18(c). Foi determinado que é necessária uma confiabilidade de sistema de 95 por cento para alcançar os objetivos de projeto.

a. Considerando os subsistemas *A-B* e *C-D*, qual confiabilidade de subsistema é necessária para se alcançar a meta de confiabilidade de 95 por cento para a máquina?

b. Quais confiabilidades de componentes seriam necessárias para *A*, *B*, *C* e *D* de modo a se alcançar a especificação de confiabilidade de 95 por cento para a máquina?

Solução

a. Utilizando-se (2-107) a confiabilidade de sistema requerida é

$$R_{req} = (0{,}95)^{1/2} = 0{,}975$$

b. Para o subsistema *A-B*, estando os componentes *A* e *B* em paralelo, pode-se utilizar então (2-104) para fornecer

$$R_{A-B} = 1 - (1 - R_i)^2$$

ou

$$R_i = 1 - \sqrt{1 - R_{A-B}} = 1 - \sqrt{1 - 0{,}975} = 0{,}84$$

Assim, a meta da confiabilidade do sistema de 0,95 só pode ser alcançada se as confiabilidades dos *subsistemas* forem, no mínimo, de 0,975. Contudo, devido à redundância dentro dos subsistemas, os *componentes* com confiabilidade de até 0,84 podem alcançar as exigências de confiabilidade do sistema.

Dados de Confiabilidade

Um projetista empenhado em alcançar o objetivo de prevenção de falha por meio da implementação de uma metodologia de confiabilidade na etapa de projeto se defronta, de início, com a necessidade de dados *pertinentes, válidos* e *quantitativos*, relativos tanto à resistência quanto ao carregamento. São necessários dados de distribuição definindo valores médios e variâncias para todos os parâmetros que afetam a resistência e o carregamento. Um corpo de dados de distribuição pertinente para projeto raramente existe. Dados novos, válidos e úteis são caros e demandam tempo para serem coletados. Na etapa de projeto normalmente é necessário confiar em dados experimentais existentes sobre a resistência do material, interpretados estatisticamente, e dados operacionais de campo, extrapolados estatisticamente para os carregamentos e condições ambientais, obtidos de aplicações em serviços similares.

Historicamente, os dados experimentais sobre a resistência do material são obtidos sem que se saiba se as informações percebidas são estatisticamente importantes; em muitos casos, as informações de arquivo ou de histogramas publicados podem ser reinterpretadas estatisticamente[37] para se recuperar os índices de confiabilidade de interesse. Além da probabilidade de falha, outros índices de uso podem incluir tempo médio entre falhas, tempo médio de duração de "parada" do sistema, perda esperada de rendimentos devida à falha, ou perda esperada de produção na fabricação devida à falha. Na análise final, as descrições probabilísticas de tais índices devem ser potencialmente relacionáveis quantitativamente às distribuições de resistência e de carregamento, para serem úteis ao projetista na fase inicial de projeto. Em aplicações críticas, para apoiar atividades de aperfeiçoamento de projeto, pode se tornar necessário gerar dados estatísticos específicos durante a etapa de desenvolvimento ou durante o acompanhamento de serviço de campo. Uma revisão dos passos fundamentais de projeto na Tabela 1.1 serve par reiterar este conceito.

2.16 O Dilema da Especificação de Confiabilidade *Versus* o Fator de Segurança de Projeto

O dilema de um projetista tentando implementar a "melhor" estratégia de prevenção de falha parece, frequentemente, recair sobre a escolha entre a abordagem da *confiabilidade* e a abordagem do *fator de segurança de projeto*. A disponibilidade dispersa de dados estatísticos pertinentes leva o projetista, com frequência, a simplesmente ignorar os dados que *estão* disponíveis. Assim, é violado o princípio de se utilizar o máximo de informações quantitativas disponíveis quando são tomadas decisões de projeto.

Outro ponto de vista adotado algumas vezes é o de que se deveria abandonar o fator de segurança de projeto quando se está utilizando a abordagem probabilística (abordagem de confiabilidade) de projeto. Se, de fato, as descrições probabilísticas estiverem disponíveis para resistência, carregamento, condições ambientais, fabricação, inspeção e práticas de manutenção, não haveria necessidade de um fator de segurança de projeto. Contudo, informações tão completas ou não existem ou raramente estarão à disposição de um projetista.

Em vez de escolher entre as duas abordagens, um ponto de vista mais produtivo seria *combinar os melhores atributos* de cada uma para tomar decisões de projeto. Assim, quando dados probabilísticos bem definidos estiverem disponíveis para descrever resistência, carregamento, meio ambiente, prática de fabricação, inspeção ou outros parâmetros de projeto, esses dados probabilísticos quantitativos podem ser incorporados detalhadamente na abordagem de fator de segurança de projeto. Quando dados probabilísticos mais precisos são incorporados, os números de *penalização semiquantitativos* (*RNs*) tendem a ser orientados no sentido dos valores negativos maiores, uma vez que informações mais precisas nestes casos levariam à percepção da necessidade de um fator de segurança de projeto *menor*. O valor do fator de segurança de projeto calculado a partir de (2-86) seria, nestes casos, levado na direção de valores menores, se aproximando no final do valor-limite inferior prescrito por (2-87). Devido ao uso de informações probabilísticas disponíveis, esta abordagem permite maior precisão nas tomadas de decisão de projeto sobre materiais e dimensionamento e, ao mesmo tempo, preserva a capacidade do projetista de considerar incertezas e variabilidades nos parâmetros para os quais não há base de dados estatísticos. Esta abordagem é muito recomendada.

Exemplo 2.15 Alteração na Escolha do Fator de Segurança de Projeto como Resultado de Dados com Maior Confiabilidade Relativos à Resistência

Desde a determinação do fator de segurança de projeto de $n_d = 1,25$ no Exemplo 2.11, foi descoberto um corpo extenso de dados experimentais sobre o limite de resistência à fadiga do material. Este banco de dados indica que o limite de resistência à fadiga S'_f tem distribuição normal. Uma vez que os dados são extensos, podem ser determinadas estimativas precisas da média e do desvio-padrão com um elevado grau de confiança. Como este corpo de dados estatísticos recentemente descobertos influenciaria o valor do fator de segurança de projeto determinado no Exemplo 2.11?

Solução

A única alteração na determinação de n_d a partir dos fatores de penalização envolveria a reavaliação do número de penalização 3, que foi escolhido como $NP = -1$ no Exemplo 2.11. Os novos dados, muito mais precisos, podem sugerir uma modificação no valor para $NP = -3$. Assim, de (2-85) para este caso

$$t = 0 + 0 - 3 - 3 + 3 + 0 + 0 - 4 = -7$$

[37] Um excelente exemplo é fornecido por C. R. Mischke, na ref. 30, pp. 1-10.

e uma vez que $t < -6$

$$n_d = 1{,}15$$

Utilizando-se os novos dados estatisticamente significantes sobre resistência resulta na redução do fator de segurança de projeto de aproximadamente 8 por cento. Deve-se ter atenção para o fato de que uma redução no fator de segurança de projeto de 8 por cento não corresponde, necessariamente, a um aumento de 8 por cento na tensão admissível de projeto calculada. A razão para isso é que o valor do limite de resistência à fadiga usado no cálculo da tensão admissível de projeto dependeria (por causa da abordagem probabilística, está sendo usado para definir a resistência à fadiga), agora, da escolha de um nível de confiabilidade adequado de resistência à fadiga.

Problemas

2-1. No contexto de *projeto de máquina*, explique o significado dos termos *falha* e *modo de falha*.

2-2. Distinga a diferença entre *fadiga de alto ciclo* e *fadiga de baixo ciclo*, dando as características de cada uma.

2-3. Descreva as consequências usuais da *fadiga superficial*.

2-4. Compare e contraste a *ruptura dúctil* com a *fratura frágil*.

2-5. Defina cuidadosamente os termos *fluência, ruptura de fluência* e *tensão de ruptura*, citando as similaridades que relacionam estes três modos de falha e as diferenças que as distinguem uma das outras.

2-6. Forneça uma definição para a *fretagem*, e apresente as diferenças entre os fenômenos de falha associados de *fadiga por fretagem*, de *desgaste por fretagem* e de *corrosão por fretagem*.

2-7. Forneça uma definição para *falha por desgaste* e liste as principais subcategorias de desgaste.

2-8. Forneça uma definição para *falha por corrosão* e liste as principais subcategorias de corrosão.

2-9. Descreva o significado de um modo de falha *sinergético*, fornecendo três exemplos, e, para cada exemplo, descreva como a interação sinergética se dá.

2-10. Tomando um automóvel de passeio como exemplo de um sistema de engenharia, liste todos os modos de falha que você acha que possam ser significativos e indique em que posição no automóvel cada um dos modos de falha pode estar ativos.

2-11. Para cada uma das seguintes aplicações, liste três ou mais modos de falha prováveis, descrevendo por que cada um pode ser esperado: (a) motor de um automóvel de corrida de alta *performance*, (b) vaso de pressão de uma usina de energia, (c) máquina de lavar doméstica, (d) máquina de cortar grama rotativa, (e) espalhador de adubo, (f) ventilador de 15 polegadas com movimento oscilatório.

2-12. Em um ensaio de tração de um corpo de prova de aço com uma seção transversal retangular de 6 mm por 25 mm, utilizou-se um comprimento de medição de 20 cm. Dados do ensaio incluem as seguintes observações (1) carga no limiar do escoamento de 37,8 kN, (2) carga última de 65,4 kN, (3) carga de ruptura de 52 kN, (4) uma variação de comprimento total de 112 μm no comprimento de medição para uma carga de 18 kN. Determine o seguinte:

a. Limite de escoamento nominal
b. Limite de resistência nominal
c. Módulo de elasticidade

2-13. Desenvolveu-se um ensaio de tração em um corpo de prova de seção transversal circular de 0,505 polegada de diâmetro, e os seguintes dados foram registrados do ensaio:

TABELA P2.13 Dados de Ensaios de Tração

Carga, lbf	Variação de comprimento, in
1000	0,0003
2000	0,0007
3000	0,0009
4000	0,0012
5000	0,0014
6000	0,002
7000	0,004
8000	0,085
9000	0,150
10.000	0,250
11.000 (carga máxima)	0,520

a. Faça um gráfico da curva tensão-deformação de engenharia para este material.
b. Determine o limite de escoamento nominal.
c. Determine o limite de resistência nominal.
d. Determine o módulo de elasticidade aproximado.
e. Utilizando os dados disponíveis e a curva tensão-deformação, faça a sua melhor estimativa sobre o tipo de material do corpo de prova.
f. Estime a carga axial de tração aplicada que corresponde ao escoamento de uma barra de 2 polegadas de diâmetro feita do mesmo material.
g. Estime a carga axial de tração aplicada necessária para promover a ruptura dúctil da barra de 2 polegadas.
h. Estime a constante de mola axial da barra de 2 polegadas, considerando que ela tem 2 pés de comprimento.

2-14. Considera-se que uma barra reta de seção transversal circular carregada axialmente falha em desempenhar a sua função de projeto se a carga estática axial aplicada produzir mudanças permanentes no comprimento, após a carga ser removida. A barra tem 12,5 mm de diâmetro, tem um comprimento de 180 cm e é feita de Inconel 601.[38] A carga axial necessária para esta aplicação é de 25 kN. O ambiente de operação é o ar à temperatura ambiente.

a. Qual é o modo provável de falha dominante?
b. Você prediz que essa falha irá ocorrer? Explique o seu raciocínio.

[38] Veja Capítulo 3 para dados de propriedade de materiais.

2-15. Uma barra de seção transversal redonda de 1,25 polegada de diâmetro foi encontrada no depósito, mas não está claro se o material é alumínio, magnésio ou titânio. Quando um pedaço de 10 polegadas de comprimento é testado em laboratório por um ensaio de tração, obtém-se a curva força deslocamento mostrada na Figura P2.15. Existe uma proposta de que uma barra, de suporte que apresenta deslocamento crítico vertical em tração, seja fabricada desse material, adotando-se um diâmetro de 1,128 polegada e um comprimento de 7 pés, para ser utilizada para suportar uma carga axial estática de 8000 lbf. Uma deflexão total de até 0,040 polegada pode ser tolerada.

a. Utilizando o seu melhor julgamento de engenharia, e registrando os seus cálculos para suportá-lo, que tipo de material você imagina que seja?
b. Você aprovaria a utilização deste material para a aplicação proposta? Mostre claramente a sua análise para suportar a sua resposta.

2-16. Uma liga de aço inoxidável 304, recozida, será utilizada em uma aplicação em que o deslocamento é um parâmetro crítico, como o material de uma barra de suporte de um pacote de teste que necessita ficar suspenso próximo ao fundo de uma cavidade cilíndrica profunda. A barra sólida de suporte teria de ter um diâmetro 20 mm e um comprimento fabricado com precisão de 5 m. Essa barra terá a orientação vertical e será fixada na extremidade superior. O pacote de teste de 30 kN será fixado à extremidade inferior, colocando a barra vertical em tração axial. Durante o teste, a barra experimentará um aumento de temperatura de 80 °C. Considerando que o deslocamento total na extremidade da barra deve ser limitado a um valor máximo de 8 mm, você aprovaria o projeto?

2-17. Uma barra cilíndrica de alumínio 2024-T3 com um diâmetro de 25 mm e um comprimento de 250 mm, está orientada na vertical com uma carga axial estática de 100 kN presa à sua extremidade inferior.

a. Determine a tensão normal máxima na barra, identificando onde ela ocorre. (Despreze a concentração de tensões.)
b. Determine o aumento de comprimento da barra.
c. Se a temperatura da barra é igual ao valor nominal de 20 °C quando a carga axial é aplicada, que variação de temperatura será necessária para trazer de volta a barra ao seu comprimento descarregado inicial de 250 mm?

2-18. Uma parte de uma unidade de um radar de rastreamento, a ser utilizada em um sistema de defesa antimíssil, está esboçada na Figura P2.18. O prato do radar que recebe os sinais está marcado com D e preso pelos elementos de pórtico A, B, C e E à estrutura de rastreamento *S*. A estrutura de rastreamento *S* pode ser movida angularmente em dois planos de movimento (azimute e elevação), de modo que o prato D possa ser apontado para um míssil invasor e travado no alvo de modo a seguir a sua trajetória.

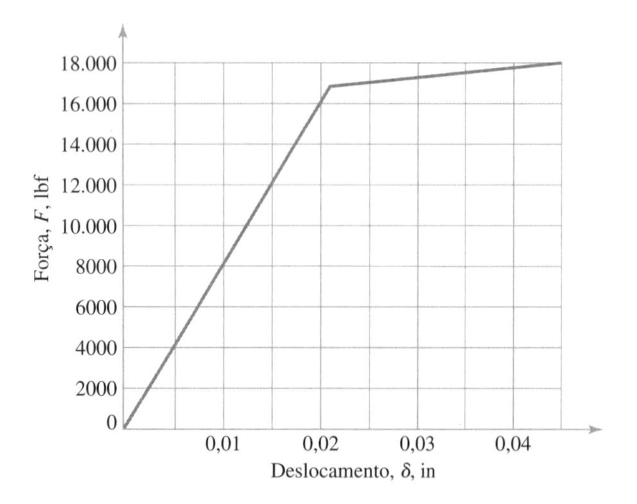

Figura P2.15
Curva força-deslocamento para o material desconhecido.

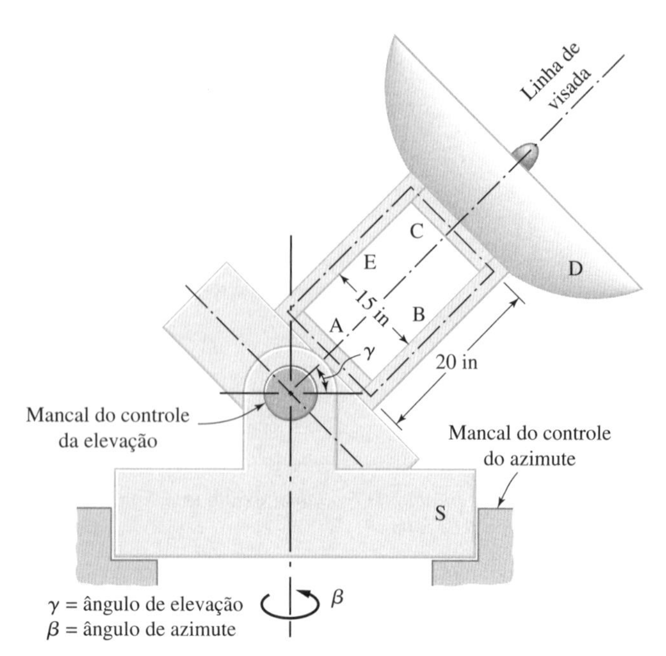

Figura P2.18
Esboço da unidade do radar de rastreamento.

Devido à presença de equipamento eletrônico no interior da caixa formada pelos elementos de pórtico A, B, C e E, a temperatura aproximada do elemento E pode, em algumas situações, chegar a 200 °F, enquanto a temperatura do elemento B é de cerca de 150 °F. Em outros instantes, os elementos B e E estarão aproximadamente à mesma temperatura. Se a diferença de temperatura entre os elementos B e E é de 50 °F, e a resistência da união à flexão é desprezível, de quantos pés a linha de mira desviará do míssil invasor se ele estiver a 40.000 pés e

a. os elementos forem feitos de aço?
b. os elementos forem feitos de alumínio?
c. os elementos forem feitos de magnésio?

2-19. Em referência à Figura P2.19, é absolutamente essencial que a laje de montagem esteja precisamente nivelada antes do uso. À temperatura ambiente, o comprimento livre de carga da barra de suporte de alumínio é de 80 polegadas, o comprimento descarregado da barra de aço níquel é de 40 polegadas e a linha através de A-B está completamente nivelada antes de a laje W ser presa. Se a laje W é, então, presa e a temperatura de todo o sistema é aos poucos uniformemente aumentada até um valor de 150 °F acima da temperatura ambiente, determine a intensidade e o sentido do ajuste vertical do suporte "C" que será necessário para retornar a superfície da laje A-B a uma posição nivelada. (Para as propriedades dos materiais, veja Capítulo 3.)

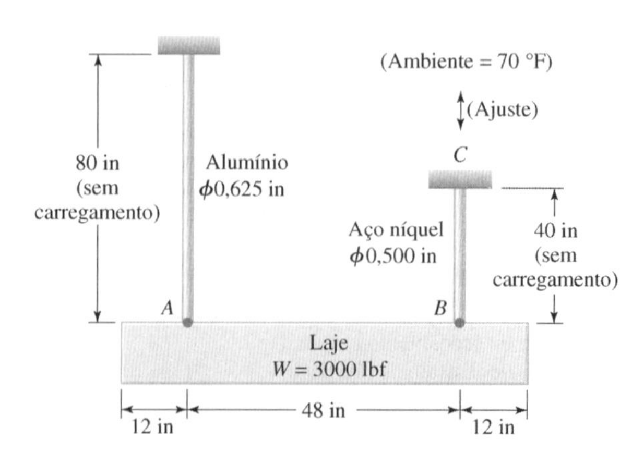

Figura P2.19
Configuração da laje de montagem.

2-20. Em referência ao mecanismo com pinos e com uma mola lateral no ponto B, mostrado na Figura 2-5, faça o seguinte:

a. Repita a derivação que resultou em (2-23), utilizando os conceitos de *momento perturbador* e *momento resistente*, para encontrar uma expressão para a carga crítica.

b. Utilize o método da energia para determinar de novo uma expressão para a carga crítica no mecanismo da Figura 2.5, relacionando a *energia de deformação armazenada* na mola com a *variação da energia potencial* da força vertical P_a. (*Dica*: Utilize os primeiros dois termos da expansão em série do cos α para aproximar cos α.)

c. Compare os resultados da parte (a) com os resultados da parte (b).

2-21. Verifique o valor do comprimento efetivo $L_e = 2L$ para a coluna engastada em uma extremidade e livre na outra [veja Figura 2.7(b)], escrevendo e resolvendo a equação diferencial adequada para este caso, então compare o resultado com a equação do texto (2-35).

2-22. Uma barra maciça cilíndrica de aço tem 50 mm de diâmetro e 4 m de comprimento. Se ambas as extremidades estão *rotuladas*, estime a carga axial necessária para fazer a barra flambar.

2-23. Se a mesma quantidade de material utilizada na barra de aço do Problema 2-22 fosse usada para formar uma barra circular vazada com o mesmo comprimento e apoiada em ambas as extremidades da mesma forma, qual seria a carga crítica de flambagem se a espessura da parede do tubo fosse (a) 6 mm, (b) 3 mm e (c) 1,5 mm? Que conclusões você pode tirar desses resultados?

2-24. Se a barra maciça do Problema 2-22 fosse *engastada* nas extremidades, estime a carga inicial requerida para causar a flambagem da barra.

2-25. Um tubo de aço com 4 polegadas de diâmetro externo e com uma espessura de parede de 0,226 polegada é utilizado para suportar um reservatório de água pesando 10.000 lbf, quando cheio. O tubo é montado na vertical em uma pesada e rígida base de concreto, conforme mostrado na Figura P2.25. O material do tubo é o aço AISI 1060 estirado a frio com $S_u = 90.000$ psi e $S_{yp} = 70.000$ psi. Deseja-se um fator de segurança *sobre a carga* igual a 2.

a. Derive a equação de projeto para a máxima altura segura H acima do nível do solo que pode ser usada para esta aplicação. (Use a aproximação $I \approx \pi D^3 t / 8$.)

b. Calcule um valor numérico para $(H_{máx})_{tubo}$.

c. O escoamento à compressão seria um problema neste projeto? Justifique sua resposta.

2-26. Em vez de se utilizar um tubo de aço para suportar o reservatório do Problema 2-25, propôs-se utilizar uma viga de abas largas $W6 \times 25$ para o suporte e uma linha de plástico para levar a água. (Veja Tabela A.3 do Apêndice para as propriedades da viga.) Calcule a máxima altura segura $(H_{máx})_{viga}$ acima do solo que esta viga pode suportar e compare o resultado com a altura $(H_{máx})_{tubo} = 145$ polegadas, conforme determinado no Problema 2-25(b).

2-27. Um tubo de aço será utilizado para suportar um reservatório de água usando uma configuração similar à mostrada na Figura P2.25. Propõe-se que a altura H seja escolhida de modo que a falha do tubo de suporte por *escoamento* e *flambagem* seja igualmente provável. Derive uma equação para calcular a altura H_{ig}, que irá satisfazer a proposta sugerida.

2-28. Um tubo de aço feito de aço AISI 1020 estirado a frio (veja Tabela 3.3) deve ter um diâmetro externo de $D = 15$ cm e tem a função de suportar um reservatório de fertilizante líquido pesando 31 kN quando cheio, que está a uma altura de 11 metros acima do nível do solo, conforme mostrado na Figura P2.28. O tubo é montado na vertical em uma pesada e rígida base de concreto. Deseja-se um fator de segurança $n = 2,5$ *sobre a carga*.

a. Utilizando a aproximação $I \approx (\pi D^3 t) / 8$, derive uma equação de projeto, utilizando somente símbolos, para a parede de tubo mínima que pode ser utilizada para esta aplicação. Escreva a equação explicitando t em função de H, W, n e D, definindo todos os símbolos usados.

b. Calcule o valor numérico para a espessura t.

c. O escoamento em compressão seria um problema neste projeto? Justifique a sua resposta.

2-29. Um elemento de conexão para a cabeça de corte de uma máquina rotativa de mineração é mostrado na Figura P2.29. O material da peça é o aço AISI 1020 recozido. A carga axial máxima que será aplicada em serviço é $P_{máx} = 10.000$ lbf (compressão) ao longo da linha de centro, conforme indicado na Figura P2.29. Considerando que se deseja um fator de segurança de pelo menos 1,8, determine se a conexão tal como mostrado é aceitável.

2-30. Um fio de aço de 2,5 mm de diâmetro é submetido à torção. Se o material tem um limite de escoamento de $S_{yp} = 630$ MPa e o fio tem 3 m de comprimento, determine o torque para o qual o fio irá falhar e identifique o modo de falha.

2-31. Um braço de suporte em balanço feito de chapa de aço de seção transversal retangular com 0,125 polegada por 4,0 polegadas, está preso em uma extremidade com a dimensão de 4,0 polegadas na vertical. O braço de suporte, que tem um comprimento de 14 polegadas, deve suportar uma carga vertical, P, na sua extremidade livre.

a. Qual é a carga máxima que pode ser colocada no braço de suporte considerado um fator de segurança de 2? O aço tem um limite de escoamento de 45.000 psi.

b. Identifique o modo de falha dominante.

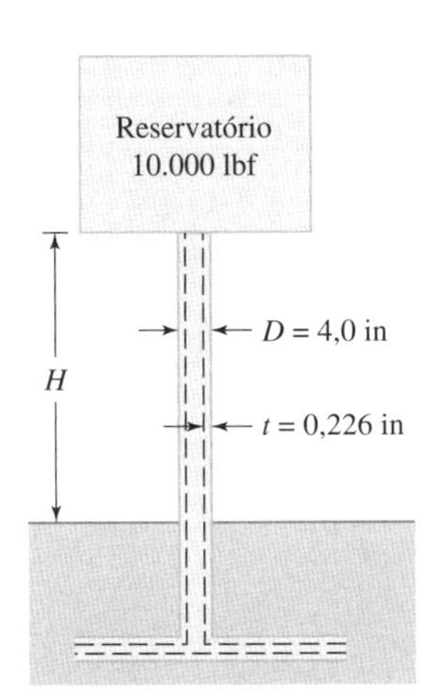

Figura P2.25
Reservatório de água suportado por um tubo de aço.

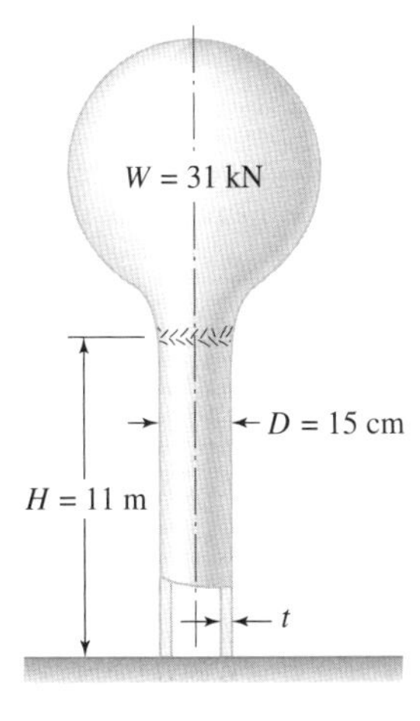

Figura P2.28
Reservatório de fertilizante líquido e suporte.

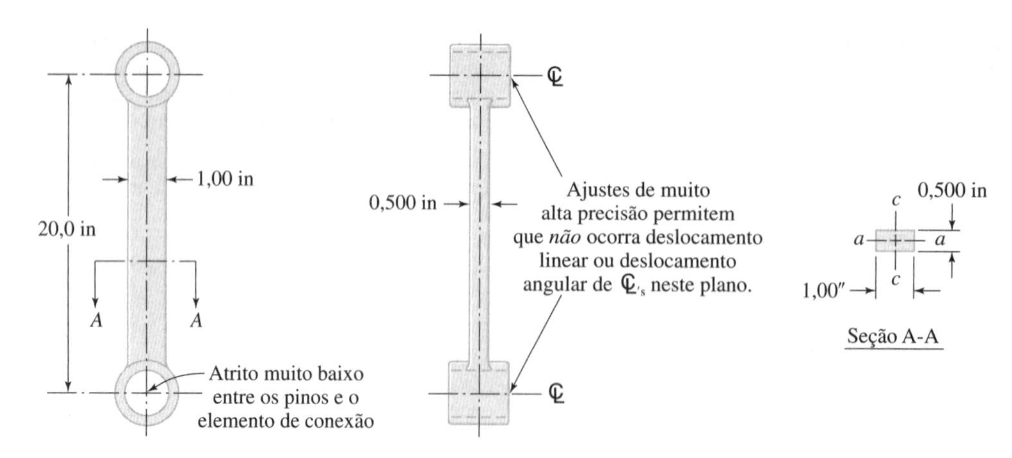

Figura P2.29
Elemento de conexão para uma máquina rotativa de mineração. (Fora de escala.)

2-32. Um tubo está para ser submetido à torção. Derive uma equação que forneça o comprimento deste tubo para o qual as falhas por escoamento ou instabilidade elástica sejam igualmente prováveis.

2-33. Uma viga em balanço de 1,5 m de comprimento e com uma seção transversal retangular de 25 mm de lado por 75 mm de profundidade é feita de um aço que tem um limite de escoamento de $S_{yp} = 276$ MPa. Desprezando o peso da viga, determine de que altura h um peso de 60 N deve ser solto na extremidade livre da viga para produzir escoamento. Despreze os efeitos de concentração de tensões.

2-34. Um carrinho utilizado para transportar peças de um depósito para uma doca de carregamento se movimenta sobre trilhos lisos e nivelados. Na extremidade da linha, o carrinho atinge uma barra de aço cilíndrica de 3,0 polegadas de diâmetro e 10 polegadas de comprimento usada como para-choques, conforme mostrado na Figura P2.34. Supondo um contato perfeitamente alinhado, rodas sem atrito e massa desprezível da barra, faça o seguinte:

a. Utilize o método da energia para derivar uma expressão para a tensão máxima na barra.
b. Calcule o valor numérico da tensão compressiva induzida na barra, se o peso do carrinho carregado é de 1100 lbf e se ele atinge a barra de para-choques com uma velocidade de 5 milhas por hora.

2-35. Se o fator de impacto, a expressão entre parênteses em (2-57) e (2-58), for generalizado, pode-se deduzir que para qualquer estrutura elástica o fator de impacto é dado por $[1 + \sqrt{1 + (2h / y_{máx-estático})}\,]$. Utilizando este conceito, estime a redução nos níveis de tensão que a viga do Exemplo 2.7 pode experimentar se estiver suportada por uma mola com $k = 390$ lbf/in em cada um dos apoios, em vez de estar suportada rigidamente.

2-36. Um caminhão de reboque pesando 22 kN é equipado com um cabo de reboque de 25 mm de diâmetro nominal, que tem uma área de seção transversal metálica de 260 mm², um módulo de elasticidade do cabo de 83 GPa e um limite de resistência de $S_u = 1380$ MPa. O cabo de reboque de 7 m de comprimento está acoplado a um veículo enguiçado e o motorista tenta retirar o veículo enguiçado de uma vala. Se o caminhão de reboque está se movimentando a 8 km/h quando o cabo estica, e o veículo não se move, você esperaria que o cabo fosse se romper?

2-37. Um automóvel que pesa 14,3 kN está se movimentando em direção a uma árvore grande, de modo que o contato com a árvore ocorre no meio do para-choques, entre os suportes que estão separados de 1,25 m. Se o para-choques é feito de aço com uma seção transversal retangular de 1,3 cm de espessura por 13,0 cm de profundidade, e se pode ser considerado como biapoiado, qual é a velocidade a que o automóvel deve estar para que o valor de 1725 MPa do limite de escoamento do material do para-choques seja atingido?

2-38. a. Se a folga entre a bronzina e o munhão (no ponto B na Figura P2.38) é nula, determine a tensão máxima na biela de aço A-B, devida ao impacto, quando a pressão de 200 psi é subitamente aplicada.
b. Determine as tensões na mesma biela devidas ao impacto se em B existe uma folga de 0,005 polegada entre a bronzina e o munhão e a pressão de 200 psi é subitamente aplicada. Compare os resultados com a parte (a) e tire suas conclusões.

2-39. Defina cuidadosamente os termos *fluência, ruptura por fluência* e *ruptura por tensão*, citando as similaridades que relacionam estes três modos de falha e as diferenças que os distinguem uns dos outros.

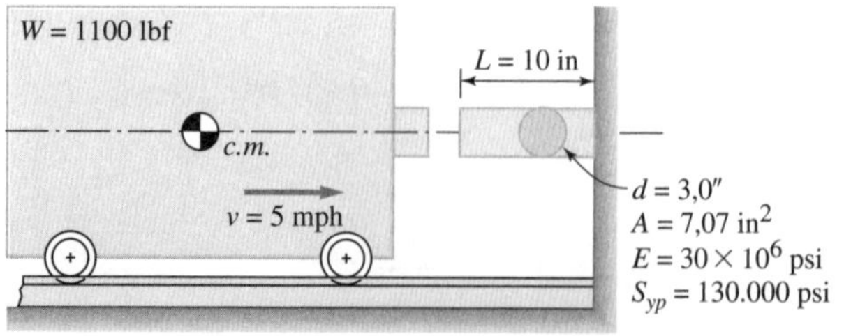

Figura P2.34
Carrinho de transporte e barra para-choques.

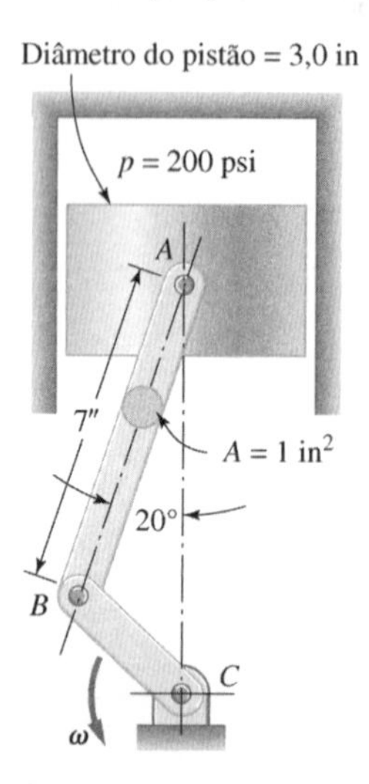

Figura P2-38
Esboço de uma biela em um motor de combustão interna.

2-40. Liste e descreva os diversos métodos que têm sido utilizados para extrapolar dados de fluência de curta duração para aplicações de longo termo. Quais são os possíveis problemas na utilização desses métodos?

2-41. Uma nova liga para alta temperatura vai ser utilizada em um suporte de tração de 3 mm de diâmetro em um instrumento sensível a impacto que pesa 900 N. O instrumento e o seu suporte devem ser colocados dentro de um vaso de teste por 3000 horas a 871 °C. Um ensaio de laboratório sobre a nova liga utilizou um corpo de prova comum diâmetro de 3 mm carregado em tração por uma massa de 900 N e observou-se a sua falha por meio de ruptura por tensão após 100 horas a 982 °C. Baseado nos resultados de ensaio, determine se o suporte é adequado para esta aplicação.

2-42. Dos dados mostrados no gráfico da Figura P2.42, determine as constantes B e N de (2-72) para o material ensaiado.

2-43. Dê uma definição de *falha por desgaste* e liste as principais subcategorias do desgaste.

2-44. Uma parte do mecanismo de um novo dispositivo de contagem para uma máquina de empacotamento de sementes está mostrado na Figura P2.44. Tanto a sapata deslizante como a roda-gigante serão feitas de aço inoxidável com um limite de escoamento de 275 MPa. A área de contato da sapata é de 2,5 cm de comprimento por 1,3 cm de largura. A roda-gigante tem 25 cm de diâmetro e gira a 30 rpm. A mola é ajustada para exercer uma força normal constante na interface de desgaste de 70 N.

a. Se a máxima tolerância é de 1,5 mm de desgaste da superfície da sapata, e nenhum lubrificante deve ser usado, estime o intervalo de manutenção em horas de operação entre substituições da sapata. (Suponha que o *desgaste adesivo* prevaleça.)
b. Este intervalo de manutenção seria aceitável?
c. Se fosse possível usar um sistema de lubrificação que fornecesse uma lubrificação "excelente" à interface de contato, estime a melhora potencial no intervalo de manutenção e comente a sua aceitabilidade.
d. Sugira outras formas de melhorar o projeto sob o ponto de vista de reduzir a taxa de desgaste.

2-45. Em uma planta de fabricação de blocos de concreto, os blocos são transportados da máquina de fundição em carrinhos sobre trilhos suportados por rodas com rolamentos de esferas. Atualmente, os carrinhos recebem pilhas de seis andares e os rolamentos precisam ser substituídos segundo um plano de manutenção ajustado para 1 ano, por causa das falhas dos rolamentos de esferas. Para aumentar a produção, uma segunda máquina de fundição está para ser instalada, mas se deseja usar o mesmo sistema de transporte com carrinhos sobre trilhos com o mesmo número de carrinhos, simplesmente empilhando em 12 blocos. Que intervalo você prevê que seja necessário para a substituição dos rolamentos neste novo procedimento?

2-46. Forneça a definição para *falha por corrosão* e liste as principais subcategorias da corrosão.

2-47. Planeja-se fixar por meio de rosca um corpo de válvula de bronze na sede de uma bomba de ferro fundido, de modo a fornecer uma porta de sangria.

a. Sob o ponto de vista da corrosão, seria melhor fazer o corpo da válvula de bronze o maior possível ou menor possível?
b. Seria mais efetivo colocar uma camada anticorrosiva na válvula de bronze ou no alojamento de ferro fundido?
c. Que outros passos podem ser tomados para minimizar a corrosão da unidade?

2-48. Forneça a definição para *fretagem* e distinga entre os fenômenos de falha *fadiga por fretagem, desgaste por fretagem* e *corrosão por fretagem.*

2-49. Liste as variáveis que são de maior importância nos fenômenos de falha relacionados com a fretagem.

2-50. A corrosão por fretagem tem provado ser um problema em peças estriadas de aço sobre aço em aeronaves. Sugira uma ou mais medidas que possam ser tomadas para melhorar a resistência da união estriada à corrosão por fretagem.

2-51. Liste vários princípios básicos que geralmente são efetivos na minimização ou na prevenção da fretagem.

2-52. Defina o termo "tensão admissível de projeto", escreva uma equação para a tensão admissível de projeto, defina cada termo na equação e explique como ou onde um projetista encontraria valores para cada termo.

2-53. Sua empresa deseja comercializar um novo tipo de cortador de grama com uma lâmina de corte de "parada instantânea". (Para mais detalhes sobre a aplicação, veja o Exemplo 16.1.) Você é responsável pelo projeto de alavancar a atuação. A aplicação pode ser considerada como "média" na maioria dos aspectos, mas as propriedades do material são um pouco mais bem conhecidas que o caso médio de projeto, a necessidade de se considerar o risco à saúde humana é recomendada fortemente, a manutenção é, provavelmente, um pouco inferior à média, e é extremamente importante manter o custo baixo. Calcule um fator de segurança adequado para esta aplicação, apresentando claramente os detalhes de seus cálculos.

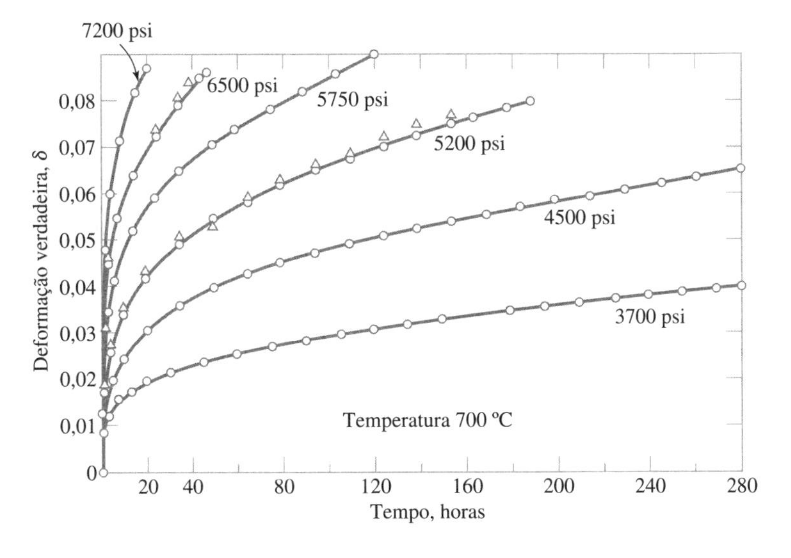

Figura P2.42
Dados de fluência. (Da ref. 33.)

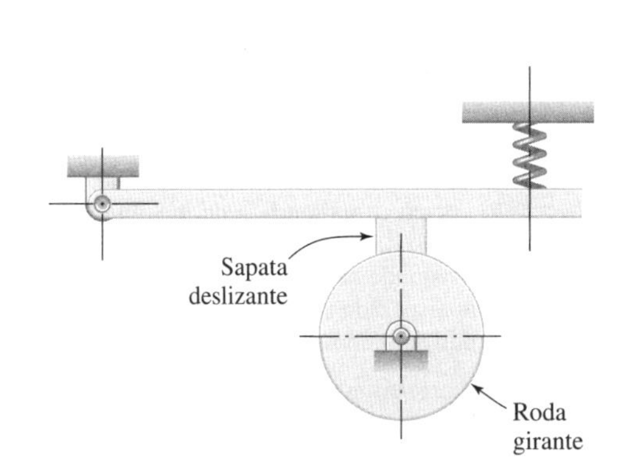

Figura P2.44
Mecanismo de empacotamento de sementes.

2-54. Pediu-se que você revisse o projeto de eixos e engrenagens que deve ser utilizado no mecanismo de acionamento para uma nova cadeira de rodas para paraplégicos capaz de subir escadas. A taxa de produção de cadeira de rodas é de 1200 por ano. Do ponto de vista do projeto, a aplicação pode ser considerada "média" em muitos aspectos, mas a recomendação de se ponderarem os riscos à saúde humana é extremamente importante; as cargas são um pouco mais bem conhecidas do que para um projeto médio, existe uma forte intenção de se manter o peso baixo e uma intenção moderada de se conservar o custo baixo. Calcule um fator de segurança adequado para esta aplicação, apresentando claramente todos os detalhes de como você chegou à sua resposta.

2-55. Um projeto inédito está sendo proposto para um novo elemento de fixação em um teleférico de uma estação de esqui. Avaliando cuidadosamente a importância potencial de todos os "fatores de penalização" pertinentes, calcule um fator de segurança adequado para esta aplicação, apresentando claramente todos os detalhes de como você chegou à sua resposta.

2-56. Procura-se escolher a liga de aço inoxidável AM 350 para uma aplicação em que uma barra cilíndrica de tração deve suportar uma carga axial de 10.000 lbf. A temperatura ambiente é conhecida como 800 °F. Se foi selecionado um fator de segurança de projeto de 1,8 para a aplicação, qual deveria ser o menor diâmetro da barra? (*Sugestão*: Examine os gráficos de "propriedades do material" fornecidos no Capítulo 3.)

2-57. Para a aplicação descrita no Problema 2-56 deve-se satisfazer a uma restrição adicional de projeto, ou seja, a taxa de deformação por fluência não deve exceder 1×10^{-6} in/in/h à temperatura ambiente de 800 °F. Para se satisfazer à exigência de um fator de segurança de 1,8 para este caso, qual deve ser o diâmetro mínimo da barra de tração? (*Sugestão*: Examine os gráficos de "propriedades do material" fornecidos no Capítulo 3.)

2-58. Uma tensão de projeto de $\sigma_d = 220$ MPa foi sugerida por uma colega para uma aplicação em que se seleciona preliminares a liga de alumínio 2024-T4. Deseja-se utilizar um fator de segurança de projeto $n_d = 1{,}5$. A aplicação envolve um eixo cilíndrico maciço rotativo, girando continuamente a 120 rotações por hora, simplesmente apoiado nas duas extremidades e carregado no meio do vão com uma carga estática P vertical apontada para baixo. Para se atingirem os objetivos de projeto, o eixo de alumínio deve operar sem falha por 10 anos. Para o alumínio 2024-T4: $S_u = 469$ MPa e $S_{yp} = 331$ MPa. Adicionalmente, sabe-se que 10^7 ciclos, a resistência a falha por fadiga é $S_{N-10^7} = 158$ MPa. Você concordaria com a sugestão de seu colega para uma tensão de projeto de $\sigma_d = 220$ MPa? Explique sua resposta.

2-59. Uma liga de aço inoxidável A 304, recozido, foi utilizada em uma aplicação com deflexão crítica para a fabricação do suporte de uma haste a ser usada em um pacote de teste suspenso próximo do fundo de uma cavidade cilíndrica profunda. A haste de aço inoxidável tem um diâmetro de 0,750 polegada e um comprimento, fabricado com precisão, de 16,000 pés. Está orientada verticalmente e fixada na extremidade superior. O pacote de teste com 6000 libras está fixado na extremidade inferior, mantendo a haste tracionada. A deflexão vertical na extremidade da barra não deve exceder um máximo de 0,250 polegada. Calcule o fator se segurança existente.

2-60. Em uma placa muito larga de alumínio foi encontrada uma trinca na borda de tamanho $a = 25$ mm. O material tem um fator intensidade de tensão crítico (uma medida de mecânica de fratura para a resistência do material) de $K_{IC} = 27 \text{ MPa}\sqrt{\text{m}}$. Para a placa em questão, o fator de intensidade de tensão é definido como $K_I = 1{,}122\,\sigma\sqrt{\pi a}$, em que a tensão esperada é de $\sigma = 70$ MPa. Estime o fator de segurança existente, definido como $m_e = K_{IC} / K_I$.

2-61. Uma barra cilíndrica maciça de aço, na vertical, tem diâmetro de 50 mm e 4 m de comprimento. Ambas as extremidades estão presas a pinos, sendo o pino da extremidade superior guiado verticalmente como o caso apresentado na Figura 2.7(a). Se uma carga $P = 22{,}5$ kN estática e centrada deve ser suportada na extremidade superior da barra vertical, qual é o fator de segurança existente?

2-62. Um fornecedor de aço 4340 embarcou material suficiente para fabricar 100 tirantes de tração com falha crítica por fadiga para uma aplicação aeronáutica. Conforme exigido no contrato assumido, conduziu testes uniaxiais de fadiga em corpos de prova aleatórios retirados do lote de material, certificou-se de que a resistência à fadiga média correspondente a vida de 10^6 ciclos era de 470 MPa, o desvio-padrão da resistência correspondente a uma vida de 10^6 ciclos era de 24 MPa e a distribuição da resistência para uma vida de 10^6 ciclos era normal.

a. Estime quantos tirantes de tração do lote de 100 pode-se esperar que falhem, quando utilizados para 10^6 ciclos, se a amplitude da tensão de operação aplicada for menor do que 415 MPa.
b. Estime quantos tirantes de tração pode-se esperar que falhem, quando utilizados para 10^6 em níveis de tensão entre 415 MPa e 470 MPa.

2-63. Um lote de aço 4340 foi certificado pelo fornecedor como tendo uma distribuição do limite de resistência à fadiga para 10^7 ciclos de

$$S_{N=10^7} \stackrel{d}{=} N(68.000 \text{ psi}, 2500 \text{ psi})$$

Dados experimentais coletados ao longo do período de tempo indicam que os níveis de tensão de operação no ponto crítico de um componente importante com uma vida projetada de 10^7 ciclos têm uma distribuição de tensões de

$$\sigma_{op} \stackrel{d}{=} N(60.000 \text{ psi}, 5000 \text{ psi})$$

Estime o nível de confiabilidade correspondente a uma vida de 10^7 ciclos para este componente.

2-64. É conhecido que uma liga de titânio tem um desvio-padrão de resistência à fadiga de 20 MPa para uma larga faixa de níveis de resistência e ciclos de vida. Também foram coletados dados experimentais que indicam que os níveis de tensão de operação no ponto crítico de um componente importante, com uma vida projetada de 5×10^7 ciclos, têm uma distribuição de tensão

$$\sigma_{op} \stackrel{d}{=} N(345 \text{ MPa}, 28 \text{ MPa})$$

Se se deseja um nível de confiabilidade de "cinco noves" (isto é $R = 0{,}99999$), que resistência média deve ter a liga de titânio?

2-65. Utilizando a função de distribuição cumulativa normal tabulada fornecida na Tabela 2.9, verifique os fatores de confiabilidade de resistência listados na Tabela P2.65, sabendo-se que a Tabela P2.65 é baseada em $k_r = 1 - 0{,}08X$.

2-66. Está sendo analisado o projeto de um eixo de suporte principal de um guincho de 90 kN. Se houver falha do eixo, claramente, a queda da carga de 90 kN poderia infligir sérios danos ou mesmo mortes. Sugira uma probabilidade aceitável para o projeto, neste cenário de falha potencialmente perigoso.

2-67. Uma disposição em série e paralelo de componentes consiste em uma série de n subsistemas, cada um tendo p componentes em paralelo. Se a probabilidade de falha de cada componente é q, qual seria a confiabilidade do sistema para a disposição em série-paralelo descrita?

TABELA P2.65 Fatores de Confiabilidade de Resistência

Confiabilidade R(%)	Valor Normal Padrão Correspondente X	Fator de Confiabilidade de Resistência k_r
90	1,282	0,90
95	1,645	0,87
99	2,326	0,81
99,9	3,090	0,75
99,995	3,891	0,69

2-68. Uma disposição em série-paralelo de componentes consiste em p subsistemas em paralelo, cada um contendo n componentes em série. Se a probabilidade de falha para cada componente é q, qual seria a confiabilidade do sistema para a disposição em série-paralelo descrita?

2-69. Um subsistema crítico para a atuação de um *flap* aeronáutico consiste na montagem de três componentes, dispostos em série, cada um tendo uma confiabilidade de componente de 0,90.

a. Qual seria a confiabilidade do subsistema para este subsistema de três componentes críticos?
b. Se um segundo subsistema (redundante) com a mesma disposição em série fosse colocado em paralelo com o primeiro subsistema, você esperaria que houvesse um aumento significativo na confiabilidade? De quanto?
c. Se um terceiro subsistema redundante, exatamente com a mesma disposição de componentes dos outros dois, fosse colocado, também, em paralelo com os demais, você esperaria que houvesse um aumento significativo na confiabilidade? Faça os comentários que julgar apropriados
d. Você consegue pensar em uma razão para que diversos subsistemas redundantes não devam ser utilizados nesta aplicação de modo a aumentar a confiabilidade?

2-70. Uma montagem de máquina de quatro componentes pode ser modelada como uma disposição em série-paralelo similar à apresentada na Figura 2.18(d). Foi determinada como necessária uma confiabilidade de sistema de 95 por cento para atingir os objetivos de projeto.

a. Considerando os subsistemas A-C e B-D, qual confiabilidade de subsistema é necessária para atingir uma meta 95 por cento de confiabilidade para esta máquina?
b. Quais as confiabilidades de componentes seriam necessárias para A, B, C e D para se atingir a especificação de 95 por cento de confiabilidade para a máquina?

Capítulo 3

Seleção de Materiais

3.1 Etapas na Seleção de Materiais

Os objetivos fundamentais da atividade de projeto mecânico foram caracterizados no Capítulo 1, como (1) a seleção do melhor material possível e (2) a determinação da melhor geometria possível para cada parte. Em contraste com a tarefa dos engenheiros de materiais de *desenvolver novos e melhores* materiais, um projetista mecânico deve ser eficaz em *selecionar* o melhor material *disponível* para cada aplicação, considerando *todos* os critérios importantes de projeto. Embora os engenheiros de materiais sejam frequentemente membros-chave de uma equipe de projeto, o projetista mecânico deve também ter conhecimentos sólidos dos tipos e propriedades dos materiais disponíveis para atender às necessidades específicas do projeto.

A seleção dos materiais é tipicamente realizada como uma parte do estágio intermediário de projeto, mas em alguns casos deve ser considerada antes, durante o estágio preliminar do projeto. As etapas básicas na seleção de materiais candidatos para dada aplicação são:

1. Analisar os requisitos específicos de materiais para a aplicação.
2. Montar uma lista de materiais adequados, com dados pertinentes da avaliação de desempenho, ordenados de tal forma que o "melhor" material esteja no alto da tabela[1] para cada requisito importante da aplicação.
3. Combinar as listas dos materiais adequados às exigências pertinentes da aplicação a fim de selecionar os "melhores" materiais candidatos para o projeto proposto.

3.2 Analisando os Requisitos da Aplicação

Os requisitos específicos dos materiais para a maioria das aplicações podem ser identificados examinando a lista das possibilidades dadas na Tabela 3.1. Isto pode ser acompanhado primeiramente desenvolvendo-se uma *indicação da especificação* para o componente de máquina sob consideração, baseado no uso antecipado do dispositivo. Por exemplo, a indicação de especificação para um eixo de manivela a ser usado em um novo projeto proposto para um compressor de ar de um cilindro acionado a correia pode ser escrita como:

O eixo de manivela deve ser curto, compacto, relativamente rígido, resistente à fadiga, resistente ao desgaste nas sedes dos mancais e capaz de ser produzido com baixo custo.

Claramente, tal indicação incorpora os discernimentos do projeto que se relacionam não somente às exigências operacionais e funcionais do dispositivo, mas aos modos potenciais de falha assim como fatores voltados ao mercado.

Para traduzir a indicação da especificação em requisitos específicos do material para cada entrada na Tabela 3.1 uma pergunta pode ser feita: *Há alguma necessidade especial a considerar no requisito para esta aplicação?* As respostas *sim*, *não* e *talvez* podem ser incorporadas à coluna de necessidade especial da Tabela 3.1. As respostas *sim* e *talvez* identificam então os requisitos específicos do material que devem ser aplicados no processo de selecionar bons materiais candidatos para o componente em particular que está sendo projetado.

3.3 Montando Listas de Materiais Adequados

Para ajudar na montagem de *listas de materiais* adequados a cada uma das necessidades específicas identificadas da Tabela 3.1, *índices da avaliação de desempenho* devem estar disponíveis, pelos

[1] Uma apresentação "gráfica" equivalente dos dados avaliados, desenvolvida por *Ashby*, é discutida em 3.5.

TABELA 3.1 Requisitos em Potencial dos Materiais Específicos para a Aplicação

Requisitos em Potencial para a Aplicação	Necessidade Especial?
1. Razão resistência/volume	______
2. Razão resistência/peso	______
3. Resistência em temperatura elevada	______
4. Estabilidade dimensional de longo prazo temperatura elevada	______
5. Estabilidade dimensional sob variação de temperatura	______
6. Rigidez	______
7. Ductilidade	______
8. Capacidade de armazenar energia elasticamente	______
9. Capacidade de dissipar energia plasticamente	______
10. Resistência ao desgaste	______
11. Resistência a ambiente quimicamente reativo	______
12. Resistência a ambiente com radiação nuclear	______
13. Interesse de utilizar processo de fabricação específico	______
14. Restrições de custo	______
15. Restrições no tempo de obtenção	______

quais, materiais candidatos podem ser ordenados de acordo com sua habilidade de responder a qualquer exigência designada da aplicação listada na Tabela 3.1. Tal lista de *índices da avaliação de desempenho* é dada na Tabela 3.2, junto com os correspondentes requisitos específicos do material da Tabela 3.1. Para itens da Tabela 3.1 que foram identificados como necessidades especiais em qualquer aplicação dada, a Tabela 3.2 fornece então os índices da avaliação de desempenho que formam a base para comparação e seleção de materiais candidatos. O procedimento para realizar esta tarefa é discutido adiante em 3.4.

Para usar os índices da avaliação de desempenho com o intuito de comparar materiais candidatos, é necessário encontrar dados quantitativos dos materiais para cada um dos parâmetros-chave que compreendem os índices de avaliação pertinentes. Existem muitas fontes para tais dados.[2] Para ilustrar o procedimento sugerido aqui, uma breve compilação de materiais selecionados e suas propriedades ordenadas relacionadas com os índices de avaliação de desempenho da Tabela 3.2 são dadas nas Tabelas 3.3 a 3.20. Cada tabela ordenada é *organizada com o melhor material para um dado índice no alto*, seguido em ordem decrescente de vantagem por diversos outros materiais. Embora apropriado para resolver problemas neste livro, as tarefas reais de projeto requerem frequentemente dados mais detalhados recolhidos da literatura e/ou de outros bancos de dados se o projeto deve ser competitivo.

TABELA 3.2 Características dos Materiais Adequados e Correspondentes Índices de Avaliação de Desempenho

Característica Requerida do Material Adequado	Índice de Avaliação de Desempenho
1. Razão resistência/volume	Limite de escoamento ou de resistência
2. Razão resistência/peso	Limite de escoamento ou de resistência/massa específica
3. Resistência ao enfraquecimento pelo calor	Perda de resistência/grau de temperatura
4. Resistência à fluência	Taxa de fluência na temperatura de operação
5. Expansão térmica	Deformação/grau de variação de temperatura
6. Rigidez	Módulo de elasticidade
7. Ductilidade	Alongamento percentual em 2 polegadas
8. Resiliência	Energia/unidade de volume no escoamento
9. Tenacidade	Energia/unidade de volume na ruptura
10. Resistência ao desgaste	Perda dimensional na condição de operação; também dureza
11. Resistência à corrosão	Perda dimensional no meio de operação
12. Susceptibilidade a danos por radiação	Mudança na resistência ou ductilidade no meio operacional
13. Manufaturabilidade	Adequação para processo específico
14. Custo	Custo/unidade de peso; também usinabilidade
15. Disponibilidade	Tempo e esforço para obtenção

[2] Veja, por exemplo, refs. 1-10 e 16-19.

TABELA 3.3 Propriedades de Resistência de Materiais Selecionados[1]

Material	Liga	Limite de Resistência à Tração S_u ksi	Limite de Resistência à Tração S_u MPa	Limite de Escoamento S_{yp} ksi	Limite de Escoamento S_{yp} MPa
Aço de ultra-alta resistência	AISI 4340	287	1979	270	1862
Aço inoxidável (envelhecido)	AM 350	206	1420	173	1193
Aço de alto carbono	AISI 1095[2]	200	1379	138	952
Compósito grafite-epóxi	—	200	1379	—	—
Titânio	Ti-6Al-4V	150	1034	128	883
Cerâmico	Carboneto de titânio (sinterizado)	134	924	—	—
Liga de níquel	Inconel 601	102	703	35	241
Aço de médio carbono	AISI 1060 (LQ)[3]	98	676	54	372
	AISI 1060 (EF)[4]	90	621	70	483
Aço de baixo carbono e baixa liga	AISI 4620 (LQ)	87	600	63	434
	AISI 4620 (EF)	101	696	85	586
Aço inoxidável (austenítico)	AISI 304 (recozido)	85	586	35	241
Latão amarelo	C 26800 (encruado)	74	510	60	414
Bronze comercial	C 22000 (encruado)	61	421	54	372
Aço baixo carbono	AISI 1020 (EF)	61	421	51	352
	AISI 1020 (recozido)	57	393	43	296
	AISI 1020 (LQ)	55	379	30	207
Bronze fosforoso	C 52100 (recozido)	55	379	24	165
Ferro fundido cinzento	ASTM A-48 (classe 50)	50[5]	345	—	—
Ferro fundido cinzento	ASTM A-48 (classe 40)	40	276	—	—
Alumínio (trabalhado)	2024-T3 (tratado termicamente)	70	483	50	345
Alumínio (trabalhado)	2024 (recozido)	27	186	11	76
Alumínio (fundido em molde permanente)	356.0 (tratado por solubilização e envelhecimento)	38	262	27	186
Magnésio (extrudado)	ASTM AZ80A-T5	50	345	35	241
Magnésio (fundido)	ASTM AZ63A	29	200	14	97
Polímero termofixo	Epóxi (reforçado com fibra de vidro)	—	—	10	69
Polímero termoplástico	Acrílico (fundido)	—	—	7	48

[1] Veja, por exemplo, ref. 1-10.
[2] Temperado e estirado para alcançar Rockwell C-42.
[3] Laminado a quente.
[4] Estirado a frio.
[5] Limite de resistência à *compressão* é de 170 ksi, 1172 MPa.

TABELA 3.4 Razões Resistência/Peso para Materiais Selecionados

Material	Peso Específico, w (lbf/in³)	Peso Específico, w (kN/m³)	Razão Limite de Resistência Aprox./Peso Específico $\frac{S_u}{w}$ (polegadas × 10³)	Razão Limite de Resistência Aprox./Peso Específico $\frac{S_u}{w}$ m × 10³	Razão Limite de Escoamento Aprox./Peso Específico $\frac{S_{yp}}{w}$ (polegadas × 10³)	Razão Limite de Escoamento Aprox./Peso Específico $\frac{S_{yp}}{w}$ m × 10³
Compósito grafite-epóxi	0,057	15,47	3500	89,14	—	—
Aço de ultra-alta resistência	0,283	76,81	1000	25,76	950	24,24
Titânio	0,160	43,42	950	23,81	800	20,34
Aço inoxidável (envelhecido)	0,282	76,53	750	18,55	600	15,59
Alumínio (trabalhado)	0,100	27,14	700	17,80	500	12,71
Carboneto de titânio	0,260	70,56	500	14,65	—	—
Alumínio (fundido em molde permanente)	0,097	26,33	400	9,95	300	7,06
Aço médio carbono	0,283	76,81	350	8,80	200	4,84
Liga de níquel	0,291	78,98	350	8,90	100	3,05
Aço inoxidável (austenítico)	0,290	78,71	290	7,45	120	3,06
Latão amarele	0,306	83,05	250	6,14	200	4,99
Aço baixo carbono	0,283	76,81	200	5,48	150	4,58
Bronze comercial	0,318	86,31	200	4,88	150	4,31
Ferro fundido cinzento (classe 50)	0,270	73,28	200	4,71	—	—
Epóxi (reforçado com fibra de vidro)	0,042	11,40	—	—	250	6,85
Acrílico (fundido)	0,043	11,67	—	—	150	4,11

TABELA 3.5 Resistência em Temperaturas Elevadas para Materiais Selecionados

	Temperatura		Limite de Resistência		Limite de Escoamento	
Material	Θ °F	°C	$(S_u)_\Theta$ ksi	MPa	$(S_{yp})_\Theta$ ksi	MPa
Aço de ultra-alta resistência (4340)	−200	−129	313	2158	302	2082
	TA[1]	TA	287	1979	270	1862
	400	204	276	1882	235	1620
	800	427	221	1524	186	1283
	1200	649	103	710	62	428
Aço inoxidável (AM 350)	TA	TA	206	1420	173	1193
	400	204	185	1376	144	993
	800	427	179	1234	119	821
	1000	538	119	821	83	572
Titânio (Ti-6Al-4V)	−200	−129	187	1289	155	1069
	TA	TA	150	1034	128	883
	400	204	126	869	101	696
	800	427	90	821	75	517
	1000	538	81	559	59	407
Carboneto de titânio	TA	TA	134	924	—	—
	1500	816	94	648	—	—
	1800	982	72	496	—	—
Inconel (601)	TA	TA	102	703	35	241
	400	204	94	648	31	214
	800	427	84	579	28	193
	1200	649	66	455	23	159
	1600	871	20	138	12	83
Aço baixo carbono (1020)	−200	−129	97	669	83	572
	TA	TA	61	421	51	352
	400	204	61	421	51	352
	800	427	45	310	38	262
	900	482	29	200	24	166
Alumínio (2024-T3)	−200	−129	74	510	54	372
	TA	TA	70	483	50	345
	400	204	52	356	39	269
	800	427	4	28	4	28
Magnésio (AZ80A-T5)	−200	−129	63	434	53	365
	TA	TA	50	345	35	241
	200	93	43	297	19	131
	400	204	22	152	11	76

[1] Temperatura ambiente.

TABELA 3.6 Níveis de Tensões de Ruptura Correspondentes a Vários Tempos e Temperaturas de Ruptura para Materiais Selecionados

				Tempo para Ruptura, *t*, horas									
		Temp.,		10		100		600		1000		10.000	
Material	Liga	°F	°C	ksi	MPa	ksi	MPa	ksi	MPa	ksi	MPa	ksi	MPa
Aço inoxidável	AM 350	800	427	—	—	184	1269	—	—	182	1255	—	—
Superliga de ferro	A-286	1000	538	120	827	100	590	—	—	80	552	76	524
		1200	649	78	538	68	469	—	—	50	345	34	234
		1350	732	50	345	35	241	—	—	21	145	14	97
		1500	816	21	145	11	76	—	—	—	—	—	—
Superliga de cobalto	X-40	1500	816	61	421	56	386	—	—	51	352	—	—
Inconel	601	1200	649	—	—	—	—	—	—	28	193	—	—
		1400	760	—	—	—	—	—	—	9,1	63	—	—
		1600	871	—	—	—	—	—	—	4,2	29	—	—
		1800	982	—	—	—	—	—	—	2	14	—	—
Aço carbono	1050	750	399	—	—	52,5	362	49	338	—	—	—	—
		930	499	—	—	22,4	154	18	124	—	—	—	—
Alumínio	Duralumínio	300	149	—	—	38	262	32,5	224	—	—	—	—
		480	249	—	—	11,2	77	8,3	57	—	—	—	—
		660	349	—	—	3,1	21	2,7	19	—	—	—	—
Latão	60/40	300	149	—	—	47	324	42,5	293	—	—	—	—
		480	249	—	—	15,7	108	9	62	—	—	—	—

TABELA 3.7 Tensões Máximas Limitadas pela Fluência Correspondendo a Várias Taxas de Deformação e Temperaturas para Materiais Selecionados

		Temp.,		Taxa de Deformação, $\dot{\varepsilon}$, $\mu\varepsilon$/hora									
				0,4		1		4		10		40	
Material	Liga	°F	°C	ksi	MPa	ksi	MPa	ksi	MPa	ksi	MPa	ksi	MPa
Aço inoxidável	AM 350	800	427	—	—	91	627	—	—	—	—	—	—
Aço ao cromo (temperado e revenido)	13% Cr	840	449	23,5	162	—	—	33,6	232	—	—	41,5	286
Aço ao manganês	1,7% Mn	840	449	23,5	162	—	—	27	186	—	—	36	248
Aço carbono (forjado)	1030	930	499	13	90	—	—	16,3	112	—	—	19	131
Aço inoxidável	304	1000	538	—	—	—	—	—	—	10	69	—	—
		1300	704	—	—	—	—	—	—	8	55	—	—
		1500	816	—	—	—	—	—	—	5	35	—	—
Bronze fosforoso		440	227	10	69	—	—	15,7	108	—	—	21,3	147
Magnésio	HZ32A-T5	400	204	—	—	—	—	—	—	—	—	10	69
		500	260	—	—	—	—	—	—	—	—	8	55
		600	316	—	—	—	—	—	—	—	—	5	35
Alumínio	Duralumínio	440	227	5,6	39	—	—	7,4	51	—	—	9,7	67
Latão	60/40	440	227	1,02	7	—	—	2,7	19	—	—	5,6	39

TABELA 3.8 Coeficientes de Expansão Térmica para Materiais Selecionados

		Coeficiente de Expansão Térmica, α		Faixa de Temperatura de Validade	
Material	Liga	$\times$ (10^{-6} in/in/°F)	$\times$ (10^{-4} m/m/°C)	°F	°C
Cerâmico	Carboneto de tungstênio (sinterizado)	4,3–7,5	7,74–13,5	68–1200	20–649
Titânio	Ti-6Al-4V	5,3	9,5	68–1000	20–538
Ferro fundido cinzento	ASTM A-48 (classe 50)	6,0	10,8	32–212	0–100
Aço	Maioria	6,3	11,3	0–200	−18–93
Aço inoxidável	AM 350	6,3	11,3	—	—
Liga de níquel	Inconel 601	7,6	13,7	80–200	27–93
Liga de níquel	Inconel 600	9,3	16,7	80–1500	27–816
Superliga de cobalto	X-40	9,2	16,6	70–1800	21–982
Aço inoxidável	304	9,6	17,3	32–212	0–100
Compósito grafite-epóxi	—	10	18,0	—	—
Bronze comercial	C 22000	10,2	18,4	68–572	20–300
Superliga de ferro	A-286	10,3	18,5	70–1000	21–538
Latão amarelo	C 26800	11,3	20,3	68–572	20–300
Alumínio (fundido)	356	11,9	21,4	68–212	20–100
Alumínio (trabalhado)	2024-T3	12,9	23,2	68–212	20–100
Alumínio (trabalhado)	2024-T3	13,7	24,7	68–572	20–300
Magnésio	Maioria	14,0	25,2	68	20
Magnésio	Maioria	16,0	28,8	68–750	20–399
Polímero termofixo	Epóxi (reforçado com fibra de vidro)	10–20	36,0	—	—
Polímero termoplástico	Acrílico	45	81,0	—	—

TABELA 3.9 Propriedades de Rigidez de Materiais Selecionados

	Módulo de Elasticidade, E		Módulo de Cisalhamento, G		
Material	Msi	GPa	Msi	GPa	Coeficiente de Poisson, ν
Carboneto de tungstênio	95	655	—	—	0,20
Carboneto de tungstênio	42–65 (77°F)	290–448 (25°F)	—	—	0,19
Carboneto de tungstênio	33–48 (1600–1800°F)	228–331 (871–982°C)	—	—	—
Molibdênio	47 (TA)[1]	324	—	—	0,29
Molibdênio	33 (1600°F)	227,5 (871°C)	—	—	—
Molibdênio	20 (2400°F)	137,9 (1316°C)	—	—	—
Aço (maioria)	30	207	11,5	79	0,30

TABELA 3.9 (*Continuação*)

Material	Módulo de Elasticidade, *E*		Módulo de Cisalhamento, *G*		
	Msi	GPa	Msi	GPa	Coeficiente de Poisson, ν
Aço inoxidável	28	193	10,6	73	0,31
Superliga de ferro (A-286)	29,1 (TA)	201	—	—	0,31
	23,5 (1000°F)	162 (538°C)	—	—	—
	22,2 (1200°F)	153 (649°C)	—	—	—
	19,8 (1500°F)	137 (816°C)	—	—	—
Superliga de cobalto	29	200	—	—	—
Inconel	31	214	11,0	76	—
Ferro fundido	13–24	90–166	5,2–8,5	36–89	0,21–0,27
Bronze comercial (C 22000)	17	117	6,3	43	0,35
Titânio	16	110	6,2	43	0,31
Bronze fosforoso	16	110	6,0	41	0,35
Alumínio	10,3	71	3,9	27	0,33
Magnésio	6,5	45	—	—	0,29
Compósito grafite-epóxi	6,0	41	—	—	—
Acrílico termoplástico	0,4	2,8	—	—	0,4

[1] Temperatura ambiente.

TABELA 3.10 Ductilidade de Materiais Selecionados

Material	Liga	Alongamento percentual, *e*, em 2 polegadas (50 mm) de comprimento útil
Bronze fosforoso	C 52100	70
Inconel	601	50 (TA)
Inconel	601	50 (1000°F, 538°C)
Inconel	601	75 (1400°F, 760°C)
Aço inoxidável	AISI 304	60
Cobre	Desoxidado	50
Prata		48
Ouro		45
Alumínio (recozido)	1060	43
Aço baixo carbono e baixa liga	AISI 4620 (LQ)[1]	28
	AISI 4620 (EF)[2]	22
Aço baixo carbono	AISI 1020 (LQ)	25
Aço baixo carbono	AISI 1020 (EF)	15
Alumínio (trabalhado)	2024-T3	22
Aço inoxidável	AM 350	13
Aço médio carbono	AISI 1060 (LQ)	12
Aço médio carbono	AISI 1060 (EF)	10
Aço de ultra-alta resistência	AISI 4340	11
Titânio	Ti-6Al-4V	10 (TA)
Titânio	Ti-6Al-4V	18 (800°F, 427°C)
Superliga de cobalto	X-40	9 (TA)
Superliga de cobalto	X-40	12 (1200°F, 649°C)
Superliga de cobalto	X-40	22 (1700°F, 927°C)
Magnésio (forjado)	AZ80A-T5	6
Alumínio (fundido em molde permanente)	356,0 (tratado por solubilização e envelhecimento)	5
Bronze comercial	C 22000 (encruado)	5
Ferro fundido cinzento	Todas	nulo

[1] Laminado a quente.
[2] Estirado a frio.

TABELA 3.11 Módulo de Resiliência R para Materiais Selecionados sob Carregamento Trativo

		$R = \frac{S_{yp}^2}{2E}$	
Material	Liga	(lbf · in/in³)	kN-m/m³
Aço de ultra-alta resistência	AISI 4340	1220	8410
Aço inoxidável	AM 350	530	3654
Titânio	Ti-6Al-4V	510	3516
Alumínio (trabalhado)	2024-T3 (tratado termicamente)	120	827
Magnésio (extrudado)	AZ80A-T5	90	620
Aço médio carbono	AISI 1060	80	552
Aço baixo carbono	AISI 1020	40	276
Aço inoxidável	AISI 304	21	145
Liga de níquel	Inconel 601	20	138
Bronze fosforoso	C 52100 (recozido)	20	138

TABELA 3.12 Número de Mérito de Tenacidade T para Materiais Selecionados sob Carregamento Trativo

		$T = S_u e$	
Material	Liga	kip · in/in³	MN · m/m³
Liga de níquel	Inconel 601	51	352
Aço inoxidável	AISI 304	51	352
Bronze fosforoso	C 52100 (recozido)	38,5	265
Aço de ultra-alta resistência	AISI 4340	31,6	218
Aço inoxidável	AM 350	26,8	185
Alumínio (trabalhado)	2024-T3 (tratado termicamente)	15,4	106
Aço baixo carbono	AISI 1020	15,3	105
Titânio	Ti-6Al-4V	15	103
Aço médio carbono	AISI 1060	9	62
Magnésio (extrudado)	AZ80A-T5	3	21

TABELA 3.13 Dureza de Materiais Selecionados

	Escala de Dureza[1]						
Material	BHN	R_C	R_A	R_B	R_M	V	Mohs
Diamante	8500 (aprox.)[2]	—	—	—	—	—	10
Safira	—	—	—	—	—	—	9
Carboneto de tungstênio	1850 (aprox.)[2]	—	93	—	—	—	8–9
Carboneto de titânio	1850 (aprox.)[2]	—	93	—	—	—	8–9
Aço baixo carbono cementado	650	62	82,5	—	—	—	—
Aço de ultra-alta resistência	560	56	79	—	—	—	—
Titânio	315	34	67,5	—	—	—	—
Ferro fundido cinzento	262	26	—	—	—	—	—
Aço baixo carbono baixa liga	207	15	—	—	—	—	—
Aço médio carbono (EF)[3]	183	(9)[2]	—	89,5	—	—	—
Aço baixo carbono (EF)	121	—	—	68	—	127	—
Alumínio (trabalhado)	120	—	—	67,5	—	126	—
Liga de níquel	114	—	—	64	—	120	—
Magnésio (extrudado)	82	—	—	49	—	—	—
Bronze comercial	70	—	—	34	—	—	—
Ouro (recozido)	—	—	—	—	—	25	—
Epóxi (reforçado com fibra de vidro)	—	—	—	—	105	—	—
Acrílico (fundido)	—	—	—	—	85	—	—

[1] BHN = número de dureza Brinell
R_C = escala Rockwell C
R_A = escala Rockwell A
R_B = escala Rockwell B
R_M = escala Rockwell M
V = número de dureza Vickers
Mohs = número de dureza Mohs

[2] Fora da escala normal – somente para informação.

[3] Estirado a frio.

TABELA 3.14 Resistência à Corrosão Galvânica em Água Salgada para Materiais Selecionados[1]

↑	Platina
Nobre ou catódico (protegido)	Ouro
	Grafite
	Titânio
	Prata
	[Chlorimet 3 (62 Ni, 18 Cr, 18 Mo) Hastelloy C (62 Ni, 17 Cr, 15 Mo)]
	[18-8 Mo aço inoxidável (passivo) 18-8 aço inoxidável (passivo) Aço cromo inoxidável 11–30% Cr (passivo)]
	[Inconel (passivo) (80 Ni, 13 Cr, 7 Fe) Níquel (passivo)]
	Solda de prata
	[Monel (70 Ni, 30 Cu) Ligas cupro-níquel (60–90 Cu, 40–10 Ni) Bronzes (Cu-Sn) Cobre Latões (Cu-Zn)]
	[Chlorimet 2 (66 Ni, 32 Mo, 1 Fe) Hastelloy B (60 Ni, 30 Mo, 6 Fe, 1 Mn)]
	[Inconel (ativo) Níquel (ativo)]
	Estanho
	Chumbo
	Solda chumbo-estanho
	[18-8 Mo aço inoxidável (ativo) 18-8 aço inoxidável (ativo)]
	Ni-Resist (ferro fundido de alto Ni)
	Aço cromo inoxidável, 13% Cr (ativo)
	[Ferro fundido Aço ou ferro]
	Duralumínio 2024 (4,5 Cu, 1,5 Mg, 0,6 Mn)
	Cádmio
	Alumínio comercialmente puro (1100)
Ativo ou anódico (corroído)	Zinco
↓	Magnésio e ligas de magnésio

[1] Veja p. 32 da ref. 12. (Reimpresso com autorização da McGraw-Hill Companies.)

TABELA 3.15 Resistência à Corrosão-Fadiga para Materiais Selecionados[1]

Material	Limite de Resistência		Resistência à Fadiga ao Ar		Resistência à Corrosão-Fadiga em Ambiente Salino		Ciclos para Falha
	ksi	MPa	ksi	MPa	ksi	MPa	
Bronze berílio[2]	94	648	36,5	252	38,8	268	5×10^7
Aço 18 Cr-8 Ni	148	1020	53,5	369	35,5	245	5×10^7
Aço 17 Cr-1 Ni	122	841	73,5	507	27,5	190	5×10^7
Bronze fosforoso[3]	62	428	22	152	26	179	5×10^7
Bronze ao alumínio	80	552	32	221	22	152	5×10^7
Aço 15 Cr	97	669	55	379	20,5	141	5×10^7
Aço alto carbono	142	979	56	386	8,75	60	5×10^7
Duralumínio	63	434	20,5	141	7,6	52	5×10^7
Aço carbono comum	76	524	38	262	2,5	17	10×10^7

[1] Veja ref. 13.
[2] A aparente anomalia, na qual a resistência à fadiga em ambiente salino é maior que a resistência à fadiga ao ar, é reconhecida pelos autores da ref. 13; contudo estes apoiam os valores mostrados e apresentam suporte explicativo.
[3] Ibid.

TABELA 3.16 Exposição à Radiação Nuclear para Produzir Mudanças Significativas (acima de 10%) nas Propriedades de Materiais Selecionados[1]

Material	Quantidade de Radiação (fluxo rápido integrado de nêutrons) (nêutrons/cm²)	Mudanças de Propriedade
Ligas de zircônio	10^{21}	Pequena mudança
Aços inoxidáveis		Ductilidade reduzida, mas não muito deteriorada
Ligas de alumínio	10^{20}	Ductilidade reduzida, mas não muito deteriorada
Aços inoxidáveis		Limite de escoamento triplicado
Aços-carbono		Temperatura de transição aumentada; drástica perda de ductilidade; limite de escoamento dobrado
Todos os plásticos	10^{19}	Inutilizável como material estrutural
Cerâmicos		Condutividade térmica, densidade e cristalinidade reduzidas
Poliestireno		Perda de limite de resistência
Aço-carbono	10^{18}	Redução da resistência ao impacto
Metais		A maioria apresenta aumento significativo no limite de escoamento
Borracha natural		Grande mudança; endurecimento
Fenólico preenchido com mineral	10^{17}	Perda de limite de resistência
Polietileno		Perda de limite de resistência
Borracha butílica		Grande mudança; amaciamento
Borracha butílica e natural	10^{16}	Perda de elasticidade
Polimetacrilato de metila e celulósicos	10^{15}	Perda de limite de resistência
Politetraflúor-etileno		Perda de limite de resistência

[1] Veja ref. 14.

TABELA 3.17 Adequabilidade de Materiais Selecionados para Processos Específicos de Fabricação

Material	Liga	Formas Disponíveis[1]	Propriedades de Fabricação
Aço de ultra-alta resistência	AISI 4340	B,b,f,p,S,s,w	Rapidamente usinável (recozido); rapidamente soldável (pós-aquecimento necessário)
Aço inoxidável	AM350	b,F,S,s,w,t	Rapidamente usinável; rapidamente soldável
Compósito grafite-epóxi	—	Injeção, compressão e moldagem	—
Titânio	Ti-6A1-4V	B,b,P,S,s,w,e	Usinável (recozido), conformável, soldável
Liga de níquel	Inconel 601	b,P,r,S,s,Sh,t	—
Aço médio carbono	AISI 1060	b,r,f	Rapidamente usinável; soldagem não recomendada
Aço inoxidável	AISI 304	b,P,f,S,s,t,w	Rapidamente usinável; rapidamente soldável
Bronze comercial	C 22000 (encruado)	P,r,S,s,t,w	Usinável; rapidamente soldável
Aço baixo carbono	AISI 1020	b,r,f,S,Sh	Rapidamente usinável; rapidamente soldável
Bronze fosforoso	C 52100	r,s,w	Usinável; rapidamente soldável
Ferro fundido cinzento	ASTM A-48 (classe 50)	—	Usinável; soldável
Alumínio (trabalhado)	2024-T3	b,P,r,S,Sh,t,w	Facilmente usinável; soldável
Magnésio (extrudado)	AZ80A-T5	b,r,f,Sh	Facilmente usinável (exceto risco de incêndio); soldável
Polímero termofixo	Epóxi (reforçado com fibra de vidro)	Injeção, compressão e moldagem	—
Polímero termoplástico	Acrílico (fundido)	—	Usinável

[1] B = lingotes
b = barras
e = extrudados
F = folha
f = forjados
P = placas
r = tarugos
S = chapas
s = tira
Sh = perfis
t = tubos
w = arame

TABELA 3.18 Custo Aproximado para Materiais Selecionados[1]

Material	Custo Aproximado (dólares/lb)
Ferro fundido cinzento	0,30
Aço baixo carbono (LQ)[2]	0,50
Aço baixo carbono (EF)[3]	0,60
Aço de ultra-alta resistência (LQ)	0,65
Liga de zinco	1,50
Acrílico	2,00
Bronze comercial	2,25
Aço inoxidável	2,75
Epóxi (reforçado com fibra de vidro)	3,00
Liga de alumínio	3,50
Liga de magnésio	5,50
Liga de titânio	9,50

[1] O custo do material varia amplamente de acordo com o ano de aquisição e com a quantidade requerida. Os projetistas devem sempre obter cotações específicas.
[2] Laminado a quente
[3] Estirado a frio

TABELA 3.19 Usinabilidade[1] Relativa para Materiais Selecionados

Material	Liga	Índice Estimado de Usinabilidade[2]
Liga de magnésio	—	400
Liga de alumínio	—	300
Aço de usinagem fácil	B1112	100
Aço de baixo carbono	AISI 1020	65
Aço de médio carbono	AISI 1060 (recozido)	60
Aço de ultra-alta resistência	AISI 4340 (recozido)	50
Aço inoxidável	(recozido)	50
Ferro fundido cinzento	—	40
Bronze comercial	—	30
Liga de titânio	(recozido)	20

[1] O índice de usinabilidade é uma avaliação não exata do volume de material removido por hora, produzido com a máxima eficiência, balanceado com uma taxa mínima de rejeição por motivos de acabamento superficial ou tolerância.
[2] Baseado no valor de 100 para o aço de usinagem fácil ressulfurado B1112.

TABELA 3.20 Faixas de Condutividade Térmica para Materiais Selecionados

Material	Condutividade Térmica k [Btu/h/ft/F (W/m/°C)]
Prata	242 (419)
Cobre	112 (194)–226 (391)
Grafite pirolítico	108 (186,9)–215 (372,1)
Cobre-berílio	62 (107)–150 (259)
Latão[1]	15 (26)–135 (234)
Ligas de alumínio[1]	93 (161)–125 (216)
Bronze[1]	20 (35)–120 (207)
Bronze fosforoso[1]	29 (50)–120 (207)
Grafite premium	65 (112)–95 (164)
Grafite ao carbono	18 (31)–66 (114)
Bronze ao alumínio[1]	39 (68)
Ferro fundido	25 (43)–30 (52)
Aço carbono	27 (46,7)
Carboneto de silício	9 (15)–25 (43)
Chumbo	16 (28)–20 (35)
Aço inoxidável	15 (26)
Titânio	4 (7)–12 (21)
Vidro	1 (1,7)–2 (3,5)
Placa de madeira compensada (endurecida por calor)	1 (1,7)–1,5 (2,6)
Plásticos siliconados	0,075 (0,13)–0,5 (0,87)
Fenólicos	0,116 (0,201)–0,309 (0,535)
Epóxis	0,1 (0,17)–0,3 (0,52)
Teflon	0,14 (0,24)
Náilon	0,1 (0,17)–0,14 (0,24)
Espuma plástica	0,009 (0,016)–0,077 (0,133)

[1] Para componentes sinterizados porosos de metais, os valores de condutividade são 35–65% dos valores mostrados.

Outra forma efetiva de apresentar os dados ordenados de materiais envolve o uso do formato gráfico de dois parâmetros. *Os gráficos de seleção de materiais de Ashby*, recentemente publicados,[3] são gráficos de dois parâmetros (bidimensionais) log-log nos quais os índices importantes de avaliação de desempenho (resistência, rigidez, massa específica etc.) são plotados como mostrado, por exemplo, nas Figuras 3.1 a 3.6.[4] Um procedimento para utilizar os gráficos de Ashby para a seleção de materiais é discutido em 3.5.

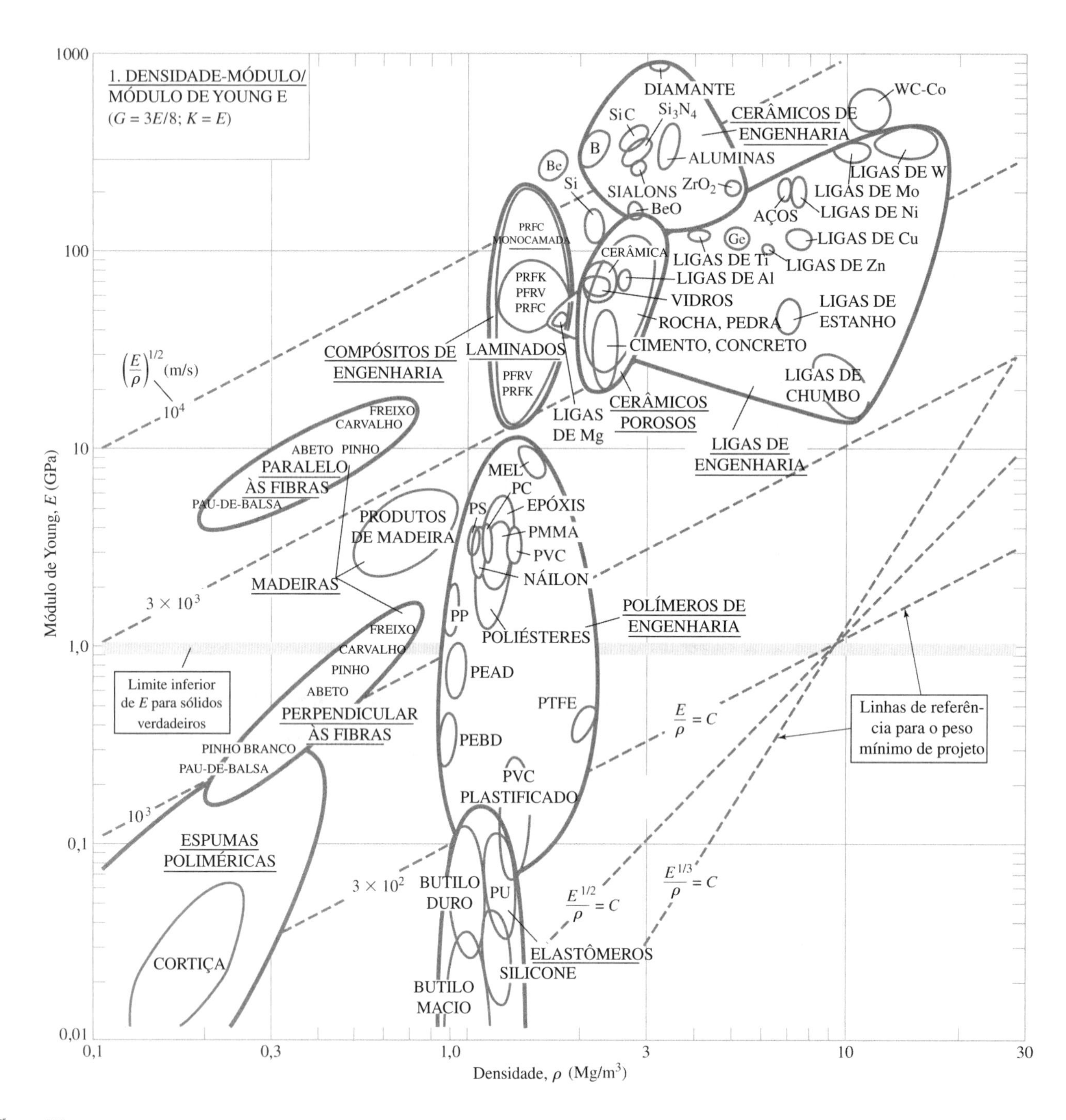

Figura 3.1
Gráfico de Ashby de dois parâmetros para módulo de elasticidade de Young, *E*, em função da densidade, *ρ*. O conteúdo do gráfico corresponde aproximadamente aos dados das Tabelas 3.4 e 3.9. (O gráfico é obtido da ref. 3, cortesia de M. F. Ashby.)

---
[3] Veja ref. 3.
[4] Muitos outros gráficos de Ashby são apresentados na ref. 3, assim como um conjunto de gráficos que são úteis na seleção de um processo adequado de fabricação.

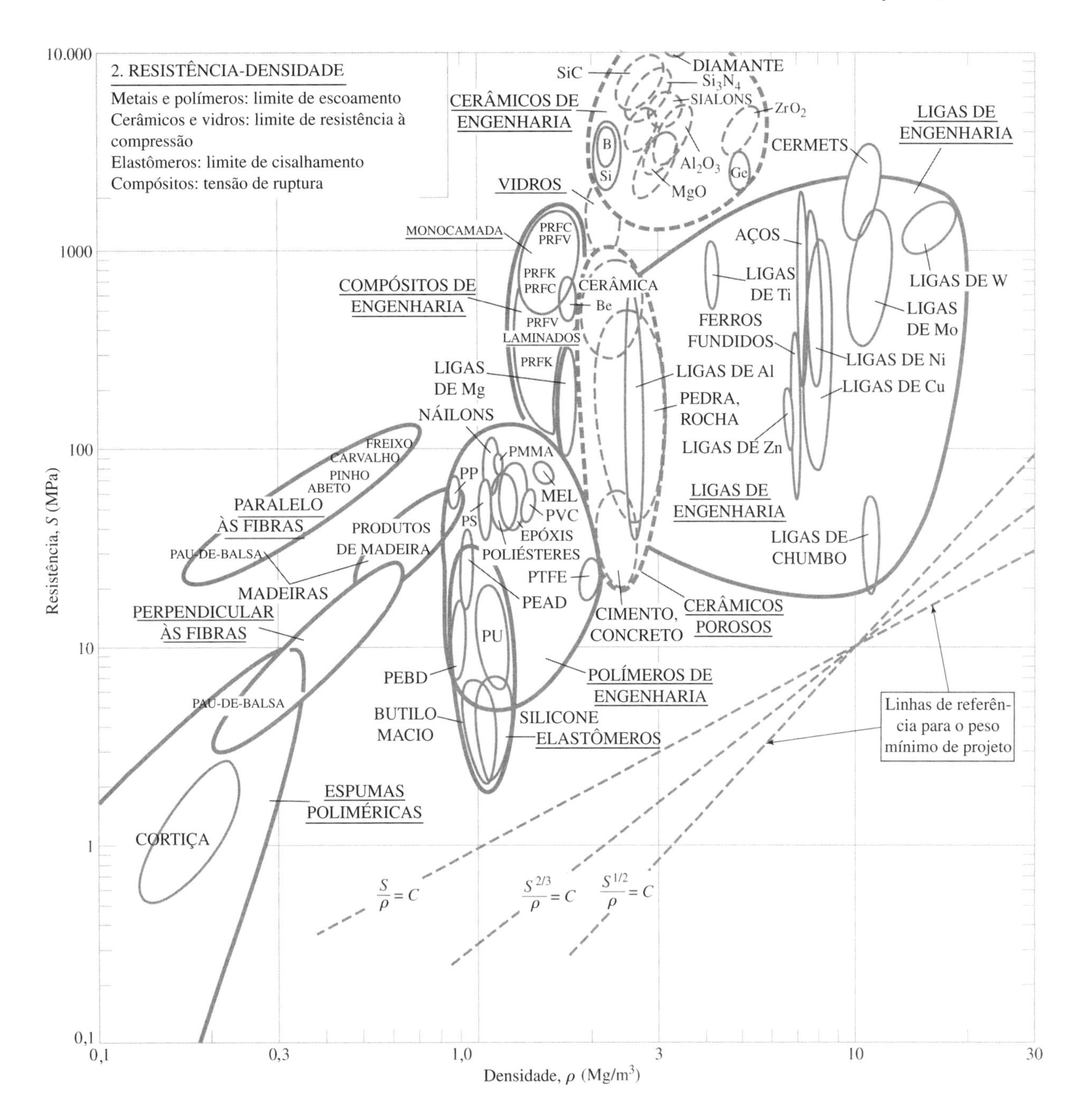

Figura 3.2

Gráfico de Ashby de dois parâmetros para resistência à falha, S, em função da densidade, ρ. Para *metais,* S é o limite de escoamento, S_{yp}; *para cerâmicos e vidros,* S é o limite de resistência à compressão; para *compósitos,* S é o limite de resistência; para *elastômeros,* S é o limite de cisalhamento. O conteúdo do gráfico corresponde aproximadamente aos dados das Tabelas 3.3 e 3.4. (O gráfico é obtido da ref. 3, cortesia de M. F. Ashby.)

3.4 Combinando os Materiais Adequados com os Requisitos de Aplicação: Método da Tabela de Dados Ordenados

Um procedimento para identificar bons materiais candidatos para qualquer aplicação específica pode ser resumido como se segue:

1. Usando a Tabela 3.1 como guia, em conjunto com os requisitos impostos pelas restrições operacionais ou funcionais, modos de falha conhecidos, fatores de mercado e/ou diretrizes gerenciais, estabelecer um *relatório de especificação* conciso como discutido em 3.2. Se a informação sobre a aplicação for superficial, de tal forma que o relatório de especificação não possa ser executado, é sugerido que o *aço 1020* seja experimentalmente selecionado como o "melhor" material devido a sua excelente combinação de resistência, rigidez, ductilidade, tenacidade, disponibilidade, custo e usinabilidade.

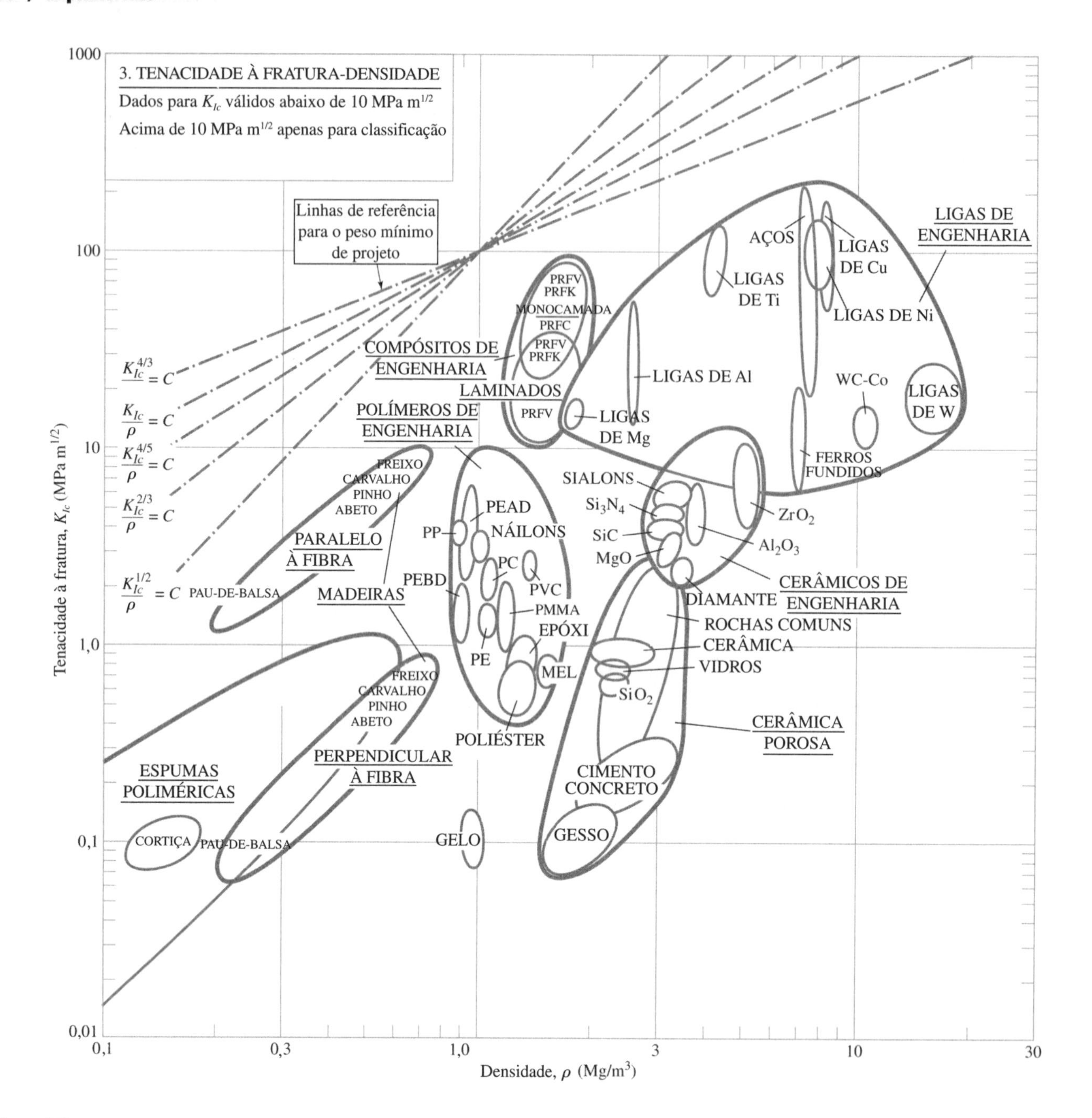

Figura 3.3
Gráfico de Ashby de dois parâmetros para tenacidade à fratura em deformação plana, K_{IC}, em função da densidade, ρ. O conteúdo do gráfico corresponde aproximadamente aos dados das Tabelas 2.1 e 3.4. (O gráfico é obtido da ref. 3, cortesia de M. F. Ashby.)

2. Baseado na informação do passo 1 e do relatório de especificação, identificar todas as *necessidades especiais* para a aplicação, como discutido em 3.2, escrevendo a resposta *sim, não* ou *talvez* no espaço correspondente a cada item da Tabela 3.1.
3. Para cada item que receber a resposta *sim* ou *talvez*, ir para a Tabela 3.2 para identificar o *índice de avaliação de desempenho* correspondente e consultar as tabelas ordenadas 3.3 a 3.20 para materiais candidatos em potencial (ou informações similares de outras fontes para dados específicos de materiais). Utilizando essas fontes de dados, elaborar uma pequena lista dos materiais candidatos mais qualificados correspondendo a cada *necessidade especial* identificada.
4. Comparando todas as listas de dados ordenados escritas no passo 3, determine os dois ou três melhores materiais candidatos, considerando aqueles próximos ao topo de todas as listas. Se um único candidato aparece no topo de todas as listas, este seria a escolha óbvia. Na prática, ajustes são quase sempre necessários para que os dois ou três melhores candidatos sejam identificados.

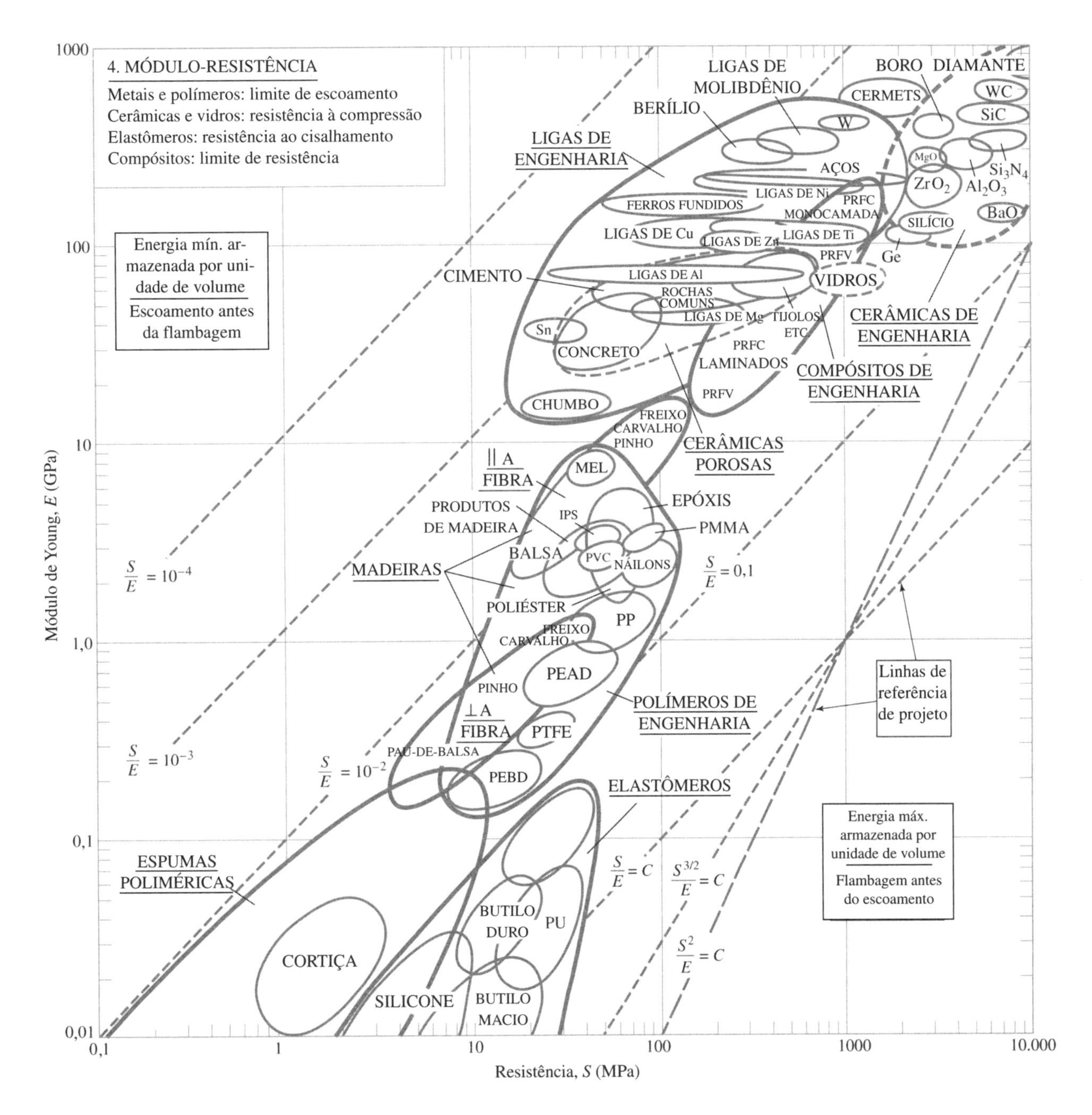

Figura 3.4
Gráfico de Ashby de dois parâmetros para o módulo de elasticidade de Young, *E*, em função da resistência, *S*. O conteúdo do gráfico corresponde aproximadamente aos dados das Tabelas 3.9, 3.3 e 3.11. (O gráfico é obtido da ref. 3, cortesia de M. F. Ashby.)

5. A partir dos dois ou três melhores materiais candidatos, faça uma tentativa de seleção para o material a ser usado. Isto pode requerer dados adicionais, pacotes de softwares para seleção de materiais, técnicas de otimização que sejam mais quantitativas, discussão com especialistas em materiais ou cálculos adicionais de projeto a fim de confirmar a adequação da seleção.[5]

Em alguns casos, podem estar disponíveis procedimentos matemáticos de otimização para auxiliar na determinação de qual entre os melhores materiais deve ser selecionado. Tais procedimentos envolvem escrever uma *função de mérito*, definindo *parâmetros de desempenho*, documentando *restrições de aplicação* e diferenciando parcialmente a função de mérito (dentro das restrições)

---
[5] Veja, por exemplo, refs. 16, 17, 18.

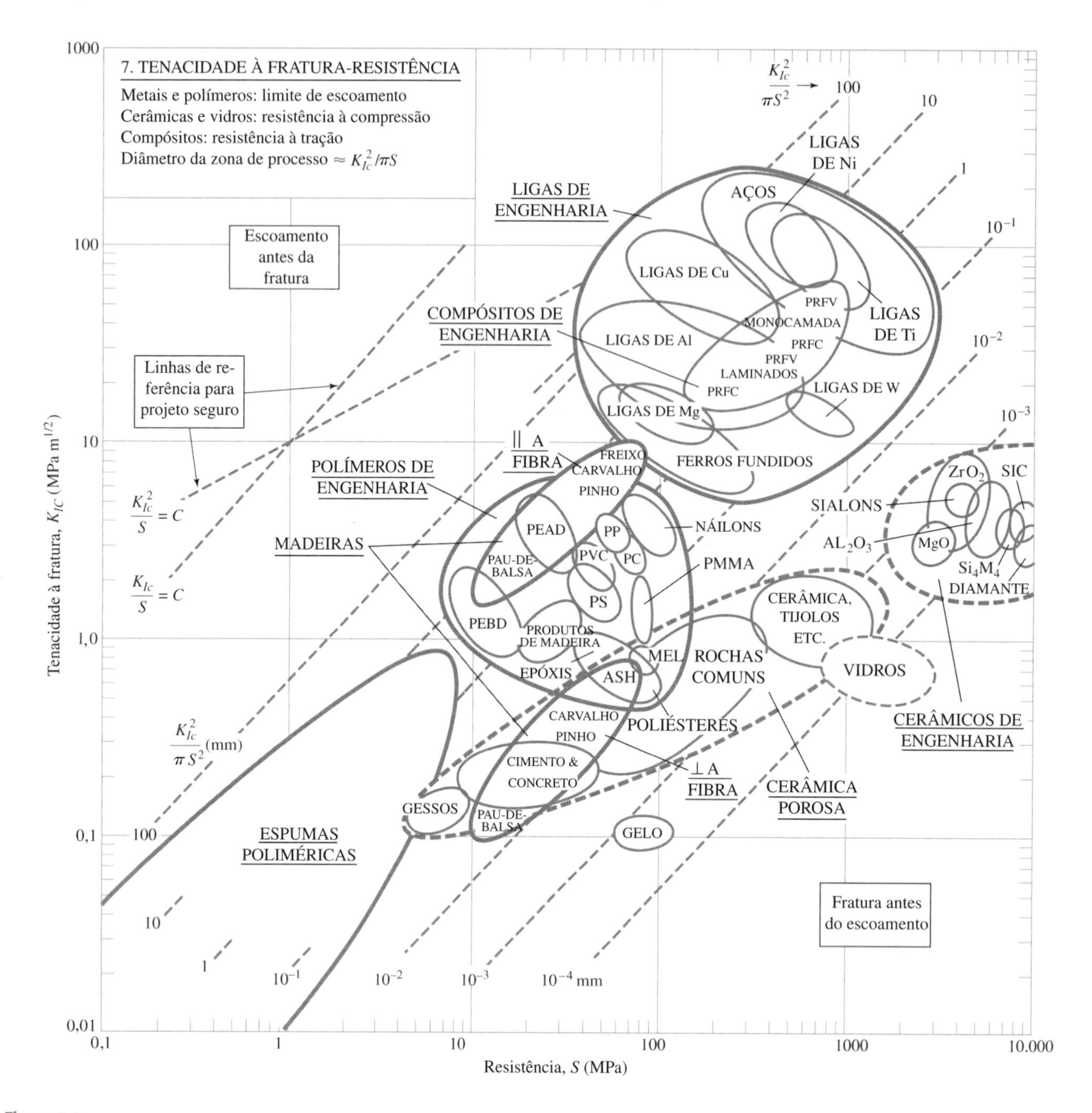

Figura 3.5

Gráfico de Ashby de dois parâmetros para tenacidade à fratura em deformação plana, K_{Ic}, em função da resistência à falha, S (veja legenda da Figura 3.2 para as definições de S para várias classes de materiais). O conteúdo do gráfico corresponde aproximadamente aos dados das Tabelas 2.1 e 3.4. (O gráfico é obtido da ref. 3, cortesia de M. F. Ashby.)

para calcular uma *figura de mérito* para cada material candidato. Então, a melhor figura de mérito estabelece a melhor escolha de material. Os procedimentos de otimização são discutidos na literatura,[6] mas estão além do escopo deste texto.

Sistemas de seleção de materiais auxiliados por computador (CAMSS — do inglês *Computer-Aided Materials Selection Systems*) também estão emergindo rapidamente como uma ferramenta poderosa para seleção de materiais. Tais *sistemas especialistas*, capazes de interagir com as equipes de projeto, consistem em três partes integradas, conectadas por algoritmos de procura e dedução lógica: *bancos de dados*, *bases de conhecimento* e *capacidade de modelagem* ou *análise*. *Bancos de*

[6] Veja, por exemplo, refs. 15 e 3.

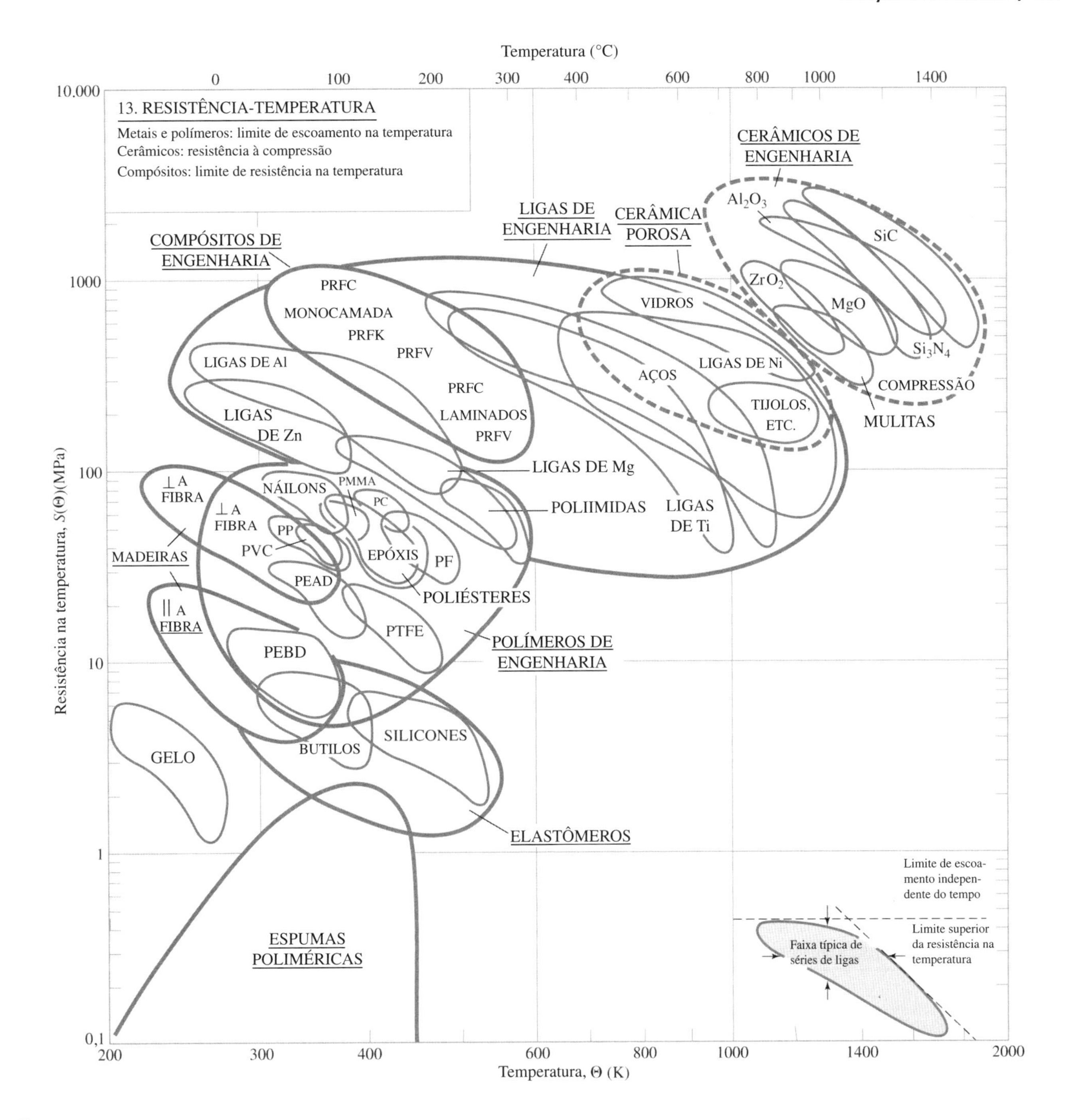

Figura 3.6
Gráfico de Ashby de dois parâmetros para resistência à falha, *S* (veja legenda da Figura 3.2 para as definições de *S* para várias classes de materiais), em função da temperatura ambiente, Θ. O conteúdo deste gráfico corresponde aproximadamente aos dados da Tabela 3.5. (O gráfico é obtido da ref. 3, cortesia de M. F. Ashby.)

dados internos existem em muitas companhias, e alguns estão disponíveis comercialmente.[7] *Bases de conhecimento computadorizado* estão bem menos desenvolvidas, requerendo uma ampla gama de fórmulas, regras de projeto, regras "se-então", informações de fabricação, ou arquivos de "lições aprendidas" da empresa específica.[8]

[7] Por exemplo, *CMS* (veja ref. 3) e *PERITUS* (veja ref. 4). *CMS* implementa o procedimento gráfico de seleção de Ashby discutido em 3.5, permitindo aplicações sucessivas de até seis estágios de seleção. *PERITUS* admite o método da tabela de dados ordenados discutido em 3.4, com a seleção baseada nos requisitos de valores "alto", "médio" ou "baixo" para as propriedades pertinentes.

[8] Veja 1.10.

Exemplo 3.1 Seleção de Materiais: Método da Tabela de Dados Ordenados

Deseja-se selecionar um material para o projeto proposto de um eixo de manivela a ser utilizado em um novo compressor de ar, compacto, de um cilindro. O eixo de manivelas deve ser suportado por dois mancais principais que separam o mancal de conexão da biela. Uma análise preliminar indicou que os modos mais prováveis de falha a se considerar são *fadiga, desgaste* e *escoamento*. O volume de produção projetado é elevado o suficiente, de modo que o custo seja uma consideração importante. Selecione um material preliminar para esta aplicação.

Solução

Seguindo o processo de cinco passos de 3.4, é formulada primeiro uma lista de especificações como se segue:

O eixo de manivela para esta aplicação deve ser curto, compacto, relativamente rígido, resistente à fadiga, resistente ao desgaste nas sedes dos mancais e capaz de ser produzido com baixo custo.

Utilizando-se esta lista de especificações como base, a coluna de "necessidades especiais" da Tabela 3.1 pode ser preenchida como mostrado na Tabela E3.1A.

Avaliando-se os resultados, são identificadas necessidades especiais para os itens 1, 6, 10 e 14. Para essas necessidades especiais, a Tabela 3.2 fornece o índice de avaliação de desempenho correspondente mostrado na Tabela E3.1B.

Os dados de índices de desempenho para esses materiais em particular são apresentados nas Tabelas 3.3, 3.9, 3.13, 3.18 e 3.19. Elaborando-se uma pequena lista dos materiais candidatos a partir de cada uma dessas tabelas, resulta a seguinte matriz:

TABELA E3.1A Tabela 3.1 Adaptada para Aplicação do Eixo de Manivelas

Requisitos de Aplicação do Eixo de Manivelas	Necessidade Especial?
1. Relação resistência/volume	Sim
2. Relação resistência/peso	Não
3. Resistência em temperatura elevada	Não
4. Estabilidade dimensional de longo tempo em temperatura elevada	Não
5. Estabilidade dimensional sob variação de temperatura	Não
6. Rigidez	Sim
7. Ductilidade	Não
8. Capacidade de armazenar energia elasticamente	Não
9. Capacidade de dissipar energia plasticamente	Não
10. Resistência ao desgaste	Sim
11. Resistência a ambiente quimicamente reativo	Não
12. Resistência a ambiente com radiação nuclear	Não
13. Interesse de utilizar processo de fabricação específico	Não
14. Restrições de custo	Sim
15. Restrições no tempo de obtenção	Não

TABELA E3.1B Índices de Avaliação de Desempenho para Necessidades Especiais

Necessidade Especial	Índice de Avaliação de Desempenho
1. Relação resistência/volume	Limite de escoamento ou resistência
6. Rigidez	Módulo de elasticidade
10. Resistência ao desgaste	Dureza
14. Restrições de custo	Custo/unidade de peso; usinabilidade

Para elevada resistência/volume (da Tabela 3.3):

Aço de ultra-alta resistência	Aço médio carbono
Aço inoxidável (endurecível por precipitação)	Aço inoxidável (austenítico)
Aço de alto carbono	Latão amarelo
Compósito grafite-epóxi	Bronze comercial
Titânio	Aço baixo carbono
Cerâmica	Bronze fosforoso
Liga de níquel	Ferro fundido cinzento

Para elevada rigidez (da Tabela 3.9):

Carbeto de tungstênio
Carbeto de titânio
Molibdênio
Aço
Aço inoxidável
Ferro fundido

Para elevada dureza (da Tabela 3.13):

Diamante
Safira
Carbeto de tungstênio
Carbeto de titânio
Aço baixo carbono cementado
Aço de ultra-alta resistência
Titânio
Ferro fundido cinzento

Para baixo custo de material (da Tabela 3.18):

Ferro fundido cinzento
Aço baixo carbono
Aço de ultra-alta resistência
Ligas de zinco
Acrílico
Bronze comercial
Aço inoxidável

Para boa usinabilidade (da Tabela 3.19):

Ligas de magnésio
Ligas de alumínio
Aço de usinagem fácil
Aço de baixo carbono
Aço de médio carbono
Aço de ultra-alta resistência
Ligas de aço inoxidável
Ferro fundido cinzento

Avaliando estas cinco listas, os materiais comuns a todas as listas são:

Aço de ultra-alta resistência
Aço baixo carbono (cementado)
Ferro fundido cinzento

Para estes três materiais candidatos, os dados específicos das Tabelas 3.3, 3.9, 3.13, 3.18 e 3.19 são resumidos na Tabela E3.1C.

TABELA E3.1C Avaliação de Dados para Materiais Candidatos

	Material Candidato		
Índice de Avaliação	Aço de Ultra-alta Resistência	Aço Baixo Carbono (cementado)	Ferro Fundido Cinzento
Limite de resistência, S_u, psi	287.000	61.000	50.000
Limite de escoamento, S_{yp}, psi	270.000	51.000	—
Módulo de elasticidade, E, psi	30×10^6	30×10^6	$13–24 \times 10^6$
Dureza, HB	560	650	262
Custo dólar/lb	0,65	0,50	0,30
Índice de usinabilidade	50	65	40

Em razão da lista de especificação, enfatizar um projeto curto e compacto, o aço de ultra-alta resistência significativamente mais resistente é, provavelmente, o melhor material candidato; contudo, o aço baixo carbono cementado é provavelmente digno de uma investigação mais detalhada, já que este tem uma dureza superficial maior (melhor resistência ao desgaste), é mais barato e mais facilmente usinado antes do tratamento térmico. Se o projeto compacto não fosse uma exigência, o ferro fundido provavelmente seria a melhor escolha.

3.5 Combinando Materiais Adequados com Requisitos de Aplicação: Método do Gráfico de Ashby

O método do gráfico de Ashby aqui apresentado é uma versão simplificada do procedimento completo discutido na referência 3.[9] Este é baseado no uso de gráficos de dois parâmetros apropriados, tais como os mostrados nas Figuras 3.1 a 3.6, para determinar quais materiais seriam bons candidatos. Nesses gráficos, materiais dentro de um dado subconjunto (metais, polímeros etc.) tendem a se agrupar, tornando possível a construção de um "envoltório" para delinear cada classe de material. As famílias de "linhas de referência de projeto" tracejadas em paralelo, mostradas em muitos dos *gráficos de Ashby*, são apresentadas para auxiliar na otimização de desempenho do componente. A *inclinação* de cada família de linhas de referência é relacionada com o *grau* do parâmetro de desempenho apropriado, como ilustrado no Exemplo 3.2. Todos os materiais que se situam em uma dada linha de referência tracejada terão desempenho equivalente com base em um parâmetro de desempenho *particular* representado por aquela linha. Aqueles materiais que se situam *acima* da linha são *melhores*; os que se situam *abaixo* da linha são *piores*. As "siglas de identificação" utilizadas nos gráficos de Ashby são definidas na Tabela 3.21 juntamente com os componentes de cada classe de material. De modo análogo ao método de 3.4, os dois ou três melhores materiais candidatos são, então, selecionados a partir de uma avaliação geral dos resultados obtidos de todos os gráficos utilizados.

TABELA 3.21 Classes de Materiais e Membros de cada Classe[1]

Classe	Componentes	Nome abreviado
Ligas de Engenharia (os metais e ligas de engenharia)	Ligas de alumínio	Ligas de Al
	Ligas de berílio	Ligas de Be
	Ligas de cobre	Ligas de Cu
	Ligas de chumbo	Ligas de chumbo
	Ligas de magnésio	Ligas de Mg
	Ligas de molibdênio	Ligas de Mo
	Ligas de níquel	Ligas de Ni
	Aços	Aços
	Ligas de estanho	Ligas de estanho
	Ligas de titânio	Ligas de Ti
	Ligas de tungstênio	Ligas de W
	Ligas de zinco	Ligas de Zn
Polímeros de Engenharia (os termoplásticos e termofixos de engenharia)	Epóxis	EP
	Melaminas	MEL
	Policarbonato	PC
	Poliésteres	PEST
	Polietileno, alta densidade	PEAD
	Polietileno, baixa densidade	PEBD
	Poliformaldeído	PF
	Polimetacrilato de metila	PMMA
	Polipropileno	PP
	Politetrafluoretileno	PTFE
	Policloreto de vinila	PVC
Cerâmicas de Engenharia (cerâmicas finas capazes de aplicações para suportar cargas)	Alumina	Al_2O_3
	Diamante	C
	Sialons	Sialons
	Carbeto de silício	SiC
	Nitreto de silício	Si_3N_4
	Zircônia	ZrO_2
Compósitos de Engenharia (os compósitos da prática da engenharia) Uma distinção é delineada entre as propriedades de uma camada (MONOCAMADA) e as propriedades de um laminado (LAMINADOS)	Polímero reforçado com fibra de carbono	PRFC
	Polímero reforçado com fibra de vidro	PRFV
	Polímero reforçado com fibra de Kevlar	PRFK

[9] O procedimento completo, como apresentado por Ashby, está além do escopo deste texto. Este envolve compor índices de desempenho como uma função de parâmetros de desempenho, parâmetros geométricos e propriedades dos materiais; compor uma função de mérito (função objetivo); e otimização da função de mérito para determinar a *figura de mérito*. A orientação é dada na ref. 3 para a determinação das expressões matemáticas apropriadas para muitos parâmetros de desempenho úteis e funções de mérito, mas desde que o projeto quase sempre envolva uma otimização em relação a *muitos* objetivos de projeto (frequentemente contraditórios), um julgamento é normalmente requerido para *ordenar os objetivos* antes de selecionar os melhores materiais candidatos.

TABELA 3.21 (*Continuação*)

Classe	Componentes	Nome abreviado
Cerâmicas Porosas	Tijolo	Tijolo
(cerâmicas tradicionais, cermets,	Cimento	Cimento
rochas e minerais)	Rochas comuns	Rochas
	Concreto	Concreto
	Porcelana	Pcln
	Cerâmica	Pot
Vidros	Vidros a base de borossilicatos	Vidro-B
(vidro comum à base de silicatos)	Vidros a base de soda	Vidro-Na
	Sílica	SiO_2
Madeiras	Freixo	Freixo
(envoltórias em separado	Pau-de-Balsa	Pau-de-Balsa
descrevem propriedades paralelas	Abeto	Abeto
e normais às fibras em produtos	Carvalho	Carvalho
de madeira)	Pinho	Pinho
	Produtos de madeira (em camada etc.)	Produtos de madeira
Elastômeros	Borracha natural	Borracha
(borrachas natural e artificial)	Borracha butílica dura	Butilo duro
	Poliuretano	PU
	Borracha de silicone	Silicone
	Borracha butílica macia	Butilo macio
Espumas poliméricas	*Estes incluem:*	
(polímeros espumados de engenharia)	Cortiça	Cortiça
	Poliéster	PEST
	Poliestireno	PS
	Poliuretano	PU

[1] Da ref. 3, cortesia de M. F. Ashby.

O procedimento de Ashby para identificar bons materiais candidatos a qualquer aplicação específica pode ser resumido como se segue:

1. Utilizando a Tabela 3.1 como referência, juntamente com os requisitos conhecidos impostos pelas restrições funcionais ou operacionais, modos de falha, fatores de orientação de mercado e/ou diretrizes de gerenciamento estabelecem uma *lista de especificação* concisa como discutido em 3.2. Caso a informação sobre a aplicação seja tão resumida que uma lista de especificação não possa ser escrita, e os demais passos não possam ser executados, sugere-se que o *aço 1020* seja selecionado preliminarmente como o "melhor" material devido à sua excelente combinação de resistência, rigidez, ductilidade, tenacidade, disponibilidade, custo e usinabilidade.
2. Com base na informação do passo 1 e da lista de especificação, identifique todas as *necessidades especiais* para a aplicação, como discutido em 3.2, registrando as respostas *sim*, *não* ou *talvez* na lacuna ao lado de cada item na Tabela 3.1.
3. Para cada item com as respostas *sim* ou *talvez*, vá para a Tabela 3.2 para avaliar o correspondente *índice de avaliação de desempenho* e consulte o gráfico de Ashby apropriado mostrado nas Figuras 3.1 a 3.6. Utilizando esses gráficos de Ashby, identifique uma lista resumida de materiais candidatos altamente qualificados correspondentes a cada par selecionado de parâmetros de desempenho ou restrições de aplicação.
4. Comparando os resultados de todos os gráficos utilizados, determine os dois ou três melhores materiais candidatos.
5. A partir dos dois ou três melhores materiais candidatos, faça uma seleção experimental para o material a ser usado. Isso pode exigir dados adicionais, pacotes de software para seleção de materiais, técnicas de otimização que sejam mais quantitativas, discussão com especialistas em materiais, ou cálculos adicionais de projeto a fim de confirmar a adequação da seleção.
6. Caso seja desejada uma técnica de otimização mais quantitativa, consulte a referência 3.

Exemplo 3.2 Seleção de Materiais: Método do Gráfico de Ashby[10]

Um projeto preliminar está sendo formulado para uma haste de tração cilíndrica sólida de diâmetro d e comprimento fixo L. A haste deve ser utilizada em uma aeronave em que peso, resistência e rigidez são importantes considerações de projeto. A haste está sujeita a uma força axial estática, F. Um fator de segurança n_d

[10] Exemplo adaptado da ref. 3, cortesia de M. F. Ashby.

Exemplo 3.2 Continuação

é desejado. A análise preliminar de projeto indica que os modos mais prováveis de falha são a deformação elástica e o escoamento induzidos pela força. Além disso, a gerência de engenharia indica que materiais dúcteis sejam utilizados nessa aplicação. Utilizando os gráficos de Ashby mostrados nas Figuras 3.1 a 3.6, selecione o material preliminar para esta aplicação.

Solução

Seguindo passo a passo o procedimento de 3.5, a lista de especificações pode ser formulada como a seguir:

A haste de tração para esta aplicação deve ser leve, rígida e resistente.

Utilizando esta lista de especificações como base, a coluna de necessidades especiais da Tabela 3.1 pode ser preenchida como mostrado na Tabela E3.2A.

Analisando os resultados, foram identificadas necessidades especiais para os itens 1, 2 e 6. Para essas necessidades especiais, a Tabela 3.2 fornece os índices de avaliação de desempenho correspondentes como mostrado na Tabela E3.2B.

TABELA E3.2A Tabela 3.1 Adaptada para a Aplicação da Haste de Tração da Aeronave

Requisitos de Aplicação da Haste de Tração	Necessidade Especial?
1. Relação resistência/volume	Talvez
2. Relação resistência/peso	Sim
3. Resistência em temperatura elevada	Não
4. Estabilidade dimensional de longo tempo em temperatura elevada	Não
5. Estabilidade dimensional sob variação de temperatura	Não
6. Rigidez	Sim
7. Ductilidade	Não
8. Capacidade de armazenar energia elasticamente	Não
9. Capacidade de dissipar energia plasticamente	Não
10. Resistência ao desgaste	Não
11. Resistência a ambiente quimicamente reativo	Não
12. Resistência a ambiente com radiação nuclear	Não
13. Interesse de utilizar processo específico de fabricação	Não
14. Restrições de custo	Não
15. Restrições no tempo de obtenção	Não

TABELA E3.2B Índices de Avaliação de Desempenho para Necessidades Especiais

Necessidade Especial	Índice de Avaliação de Desempenho
1. Relação resistência/volume	Limite de resistência ou de escoamento
2. Relação resistência/peso	Limite de resistência ou de escoamento/densidade
6. Rigidez	Módulo de elasticidade

Os requisitos de desempenho da haste de tração podem ser descritos funcionalmente por uma equação da forma[11]

$$p = \left[\begin{pmatrix}\text{requisitos de}\\ \text{aplicação,}\\ A\end{pmatrix}, \begin{pmatrix}\text{requisitos}\\ \text{geométricos,}\\ G\end{pmatrix}, \begin{pmatrix}\text{propriedades}\\ \text{do material,}\\ M\end{pmatrix}\right]$$

Para a haste de tração em consideração, assume-se que os três grupos de parâmetros em sejam *dissociáveis*[12] e, portanto, a relação anterior pode ser reescrita como

$$p = f_1(A) \cdot f_2(G) \cdot f_3(M) \tag{1}$$

Com base nisto, o subconjunto de materiais ótimo para a haste de tração pode ser identificado sem resolver *todo* o problema de projeto.

[11] Veja ref. 3, pág. 58 para uma descrição mais completa deste procedimento.

[12] A experiência tem mostrado que cada um desses grupos de parâmetros é normalmente independente um do outro e, portanto, matematicamente "dissociáveis".

Utilizando a *lista de especificações* formulada anteriormente, o material deve ser resistente, rígido e leve. Uma expressão para a massa da haste pode ser escrita como

$$m = AL\rho = \left(\frac{\pi d^2}{4}\right)L\rho$$

em que d é o diâmetro da haste, L é o comprimento da haste e ρ é a densidade do material.

O diâmetro da seção transversal deve ser grande o suficiente para suportar a carga F, sem escoamento, e propiciar um fator de segurança n_d. Então

$$\frac{F}{A} = \frac{S_{yp}}{n_d}$$

Combinando isto com a expressão para a massa, em que $A = m/L\rho$ resulta em

$$m = (n_d F)(L)\left(\frac{\rho}{S_{yp}}\right) \quad (2)$$

É de interesse notar que esta expressão tem o formato da "função dissociável" obtida em (1) e que o índice de desempenho com base em materiais para este caso é, portanto,

$$f_3(M) = \frac{S_{yp}}{n_d}.$$

Uma expressão similar pode ser desenvolvida com base na necessidade da haste ser rígida o suficiente para suportar a carga de forma segura, sem deformação elástica excessiva e para propiciar um fator de segurança n_d. Uma vez que o diâmetro da haste deve ser grande o suficiente para suportar a carga F, sem exceder a variação de deslocamento elástico crítica, $(\Delta L)_{crít}$, e propiciar o fator de segurança n_d,

$$\frac{F}{A} = E\varepsilon = E\left(\frac{(\Delta L)_{crít}}{n_d L}\right)$$

em que E é o módulo de elasticidade de Young e ε é a deformação axial. Substituindo-se $A = m/L\rho$ nesta expressão resulta em

$$m = \frac{(n_d F)(L^2)}{(\Delta L)_{crít}}\left(\frac{\rho}{E}\right)$$

Semelhante a (2), esta expressão tem o formato funcional de (1), portanto o índice de desempenho com base em materiais para este caso é

$$f'_3(M) = \frac{E}{\rho}.$$

Os dados de materiais para os dois parâmetros de *desempenho* $f_3(M)$ e $f'_3(M)$ correspondem aos gráficos de Ashby das Figuras 3.1 e 3.2. Estes gráficos são novamente reproduzidos nas Figuras E3.2A e E3.2B, em que cada gráfico foi assinalado na parte superior, para isolar a pequena região contendo os materiais que apresentam uma boa combinação de propriedades, para encontrar os requisitos de parâmetros de desempenho pertinentes.

Uma vez que ambos os parâmetros de desempenho $f_3(M)$ e $f'_3(M)$ são de grau 1, uma linha construída paralelamente às linhas tracejadas com uma inclinação de 1 será usada como base para reduzir os gráficos a um número relativamente menor de candidatos.

Os materiais candidatos comuns a ambas as listas incluem:

Aço	Cerâmicos
Titânio	Compósitos
Alumínio	

Uma vez que a gerência de engenharia indica que materiais dúcteis sejam utilizados nesta aplicação, os cerâmicos serão retirados da lista.

Analisando a Figura E3.2A, o melhor grupo de materiais candidatos inclui:

Aço	Alumínio
Titânio	Cerâmicos
Molibdênio	Compósitos
Tungstênio	

Exemplo 3.2 Continuação

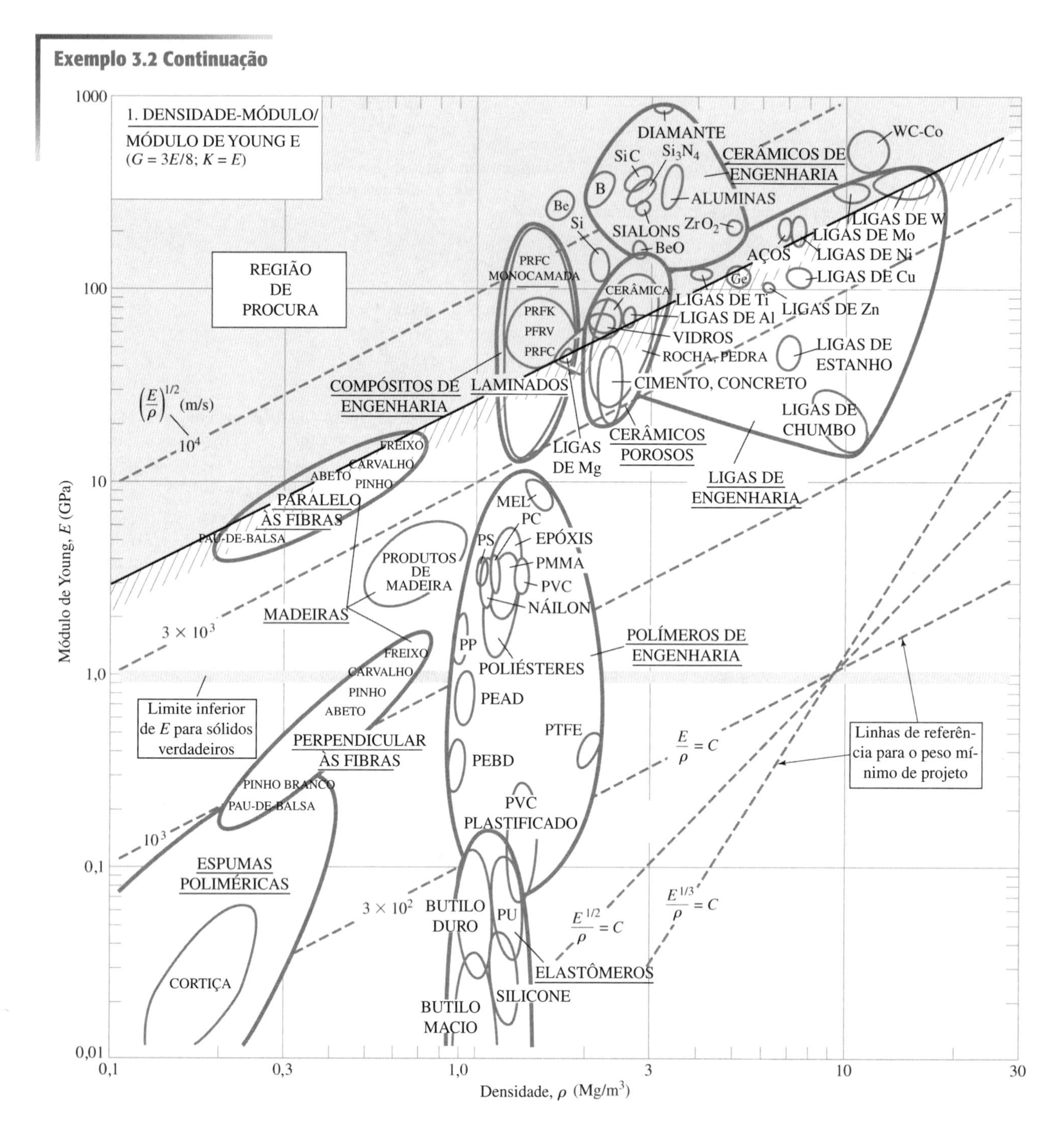

Figura E3.2A
Reprodução da Figura 3.1 apresentando o subconjunto aceitável de ligas de engenharia para aplicação da haste de tração.

Analogamente, da Figura E3.2B, o melhor grupo de materiais candidatos inclui:

Cermets
Aço
Níquel
Titânio
Alumínio
Cerâmicos
Compósitos

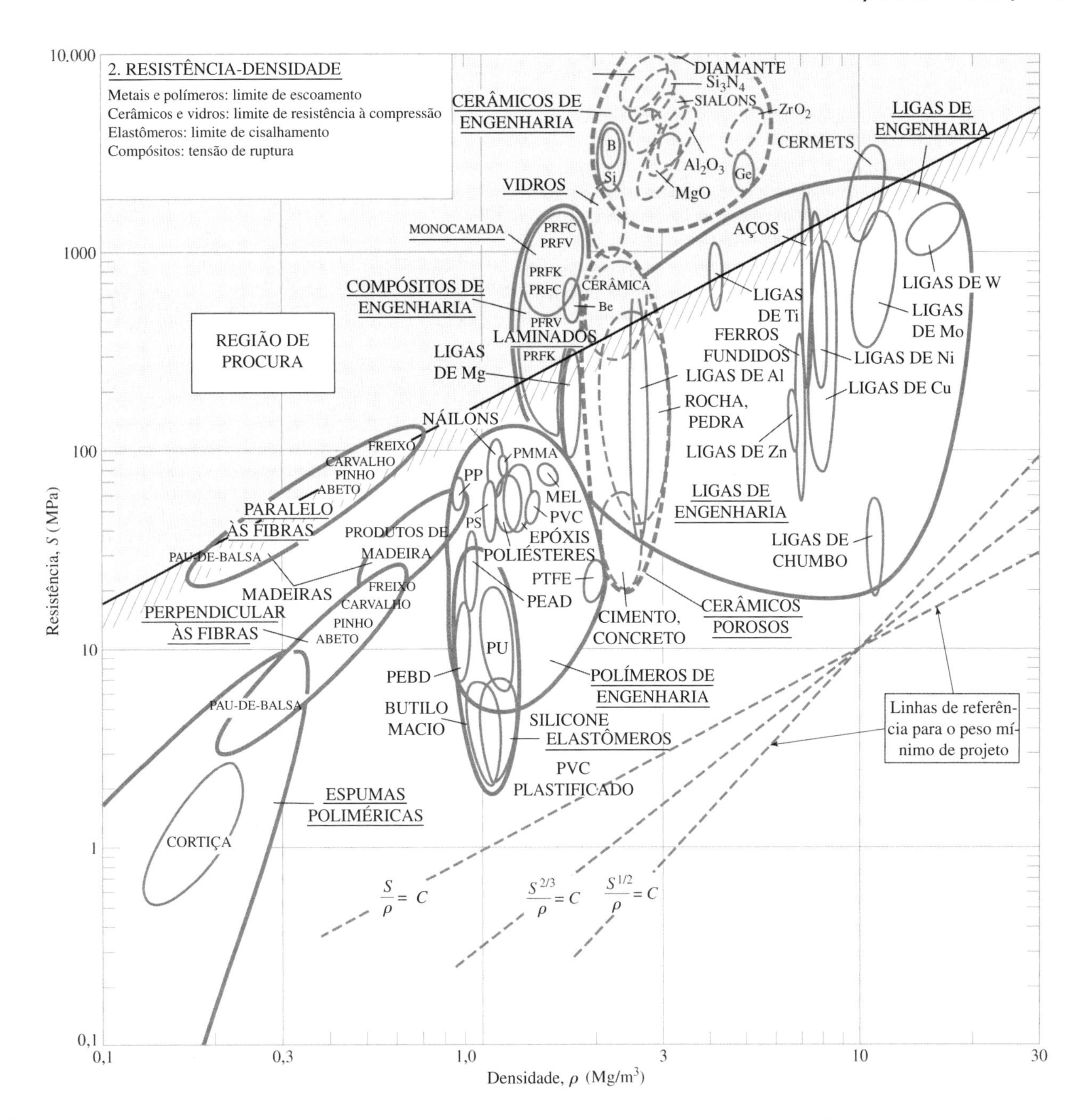

Figura E3.2B

Reprodução da Figura 3.2 apresentando o subconjunto aceitável de ligas de engenharia para aplicação da haste de tração.

Problemas

3-1. Uma engenheira mecânica recém-formada foi contratada para trabalhar em um projeto de redução de peso para reprojetar a manilha de conexão (*clevis conection*) (veja Figura E4.1A) utilizada no acoplamento de controle do leme de uma pequena aeronave teleguiada de vigilância, de baixo custo e alta produção. Esta "nova contratada" recomendou o uso de *titânio* como material candidato para esta aplicação. Como seu supervisor, você aceitaria a recomendação ou sugeriria que ela apresentasse outras possibilidades?

3-2. Deseja-se selecionar um material para uma ponte portátil do tipo treliçada para ser transportada em pequenos segmentos por um grupo de três durante a caminhada sobre campos de gelo glacial. O propósito da ponte é permitir aos caminhantes cruzar sobre fendas de até 12 pés de largura. Escreva uma lista de especificações para tal ponte.

3-3. Um fio-suporte de tração muito fino deverá ser utilizado para suspender um sensor de 10 lb na parte superior de uma câmara de combustão experimental operando a uma temperatura de 850°F.

O fio-suporte tem o diâmetro de 0,020 polegada. A fluência no fio é aceitável desde que a taxa de fluência não exceda 4×10^{-5} in/in/h. Além disso, não deverá ocorrer ruptura por tensão antes de ter decorrido pelo menos 1000 horas de operação. Proponha um ou dois materiais candidatos para o fio-suporte.

3-4. Para uma aplicação na qual a relação *limite de resistência-peso* é de longe a consideração dominante, um colega propõe o uso de alumínio. Você concorda com a seleção do colega ou pode propor um material candidato melhor para esta aplicação?

3-5. Você foi designado para a tarefa de elaborar uma recomendação preliminar para o material a ser utilizado no para-choque de um novo automóvel ultrasseguro, resistente à colisão. É muito importante que o para-choque seja capaz de resistir aos níveis de energia associados a colisões em baixas velocidades, sem danos ao para-choque ou ao automóvel. Ainda mais importante é que, para elevados níveis de energia associados a colisões severas, o para-choque seja capaz de se deformar plasticamente por grandes deslocamentos sem ruptura, portanto dissipando o pulso de energia da colisão para proteger os ocupantes do veículo. É previsto que estes novos veículos sejam utilizados por toda a América do Norte e durante todas as estações do ano. É desejado uma vida de projeto de 10 anos. O custo é também um fator muito importante. Proponha um ou alguns materiais candidatos adequados para esta aplicação. (Ligas específicas não precisam ser designadas.)

3-6. Um disco rotor para suporte de palhetas em um motor de turbina a gás de aeronave recentemente projetado deve operar em um fluxo de 1000°F produto de uma mistura ar e combustível. A turbina gira em uma velocidade de 40.000 rpm. As folgas entre as peças rotativas e estacionárias devem ser mantidas tão pequenas quanto possível e não devem se alterar muito com as alterações de temperatura. Vibrações do disco também não podem ser toleradas. Proponha um ou alguns materiais candidatos para esta aplicação. (Ligas específicas não precisam ser designadas.)

3-7. Deve-se selecionar um material para o suporte de um trem de aterrissagem principal de uma aeronave da Marinha com base em porta-aviões. Peso e tamanho do suporte, ambos são considerações importantes, bem como uma deflexão mínima sob condições normais de aterrissagem. O suporte também deve ser capaz de suportar cargas de impacto, tanto sob condições normais de aterrissagem, quanto sob condições extremas de aterrissagem de emergência. Sob condições de aterrissagem de emergência são aceitáveis deformações permanentes, mas não são aceitas separações em partes. Quais materiais candidatos você sugeriria para esta aplicação?

3-8. Um gerente de loja deseja que seja construída uma prateleira para armazenar tubos de comprimento variado, cantoneiras de aço e outras seções estruturais. Nenhuma consideração especial foi identificada, mas a prateleira deve ser segura e de baixo custo. Que material você sugeriria?

3-9. Uma lista de especificação preliminar para um novo conceito de aplicação em mola automotiva foi escrita como se segue:

A mola deve ser rígida e leve.

Utilizando esta lista de especificação como base, as necessidades especiais foram identificadas na Tabela 3.1 como os itens 2 e 6. Da Tabela 3.2, os índices de avaliação de desempenho correspondentes foram determinados para ser de *baixa densidade* e *alta rigidez.*

Com estes dois índices identificados, o gerente de projeto requisitou um relatório de materiais que apresentem valores do Módulo de Young, E, maiores do que 200 GPa, e valores de densidade, ρ, menores do que 2 Mg/m^3. Utilizando a Figura 3.1, estabeleça uma lista de materiais candidatos que atendam a este critério.

3-10. Examinando a Figura 3.3, determine se a tenacidade à fratura em deformação plana, K_{Ic}, de polímeros de engenharia comuns tais como o PMMA (*Plexiglas*) é superior ou inferior às dos cerâmicos de engenharia tais como o carbeto de silício (SiC).

3-11. Deseja-se projetar um vaso de pressão que deverá *vazar antes de romper.*[13] A razão para isto é que o vazamento pode ser facilmente detectado antes do limite para uma rápida propagação de trinca,[14] que pode causar a explosão do vaso de pressão devido ao comportamento frágil. Para atingir o objetivo de *vazar antes de romper*, o vaso deve ser projetado de modo que possa tolerar uma trinca de comprimento, a, pelo menos igual à espessura de parede, t, do vaso de pressão sem falha por rápida propagação de trinca. Uma lista de especificação para o projeto deste vaso de pressão de parede fina foi elaborada como a seguir:

O vaso de pressão deve suportar uma propagação lenta de trinca através da espessura para produzir um vazamento antes de escoar totalmente a seção transversal da parede do vaso de pressão.

A partir da avaliação desta lista de especificação e utilizando as Tabelas 3.1 e 3.2, foi deduzido que os índices de avaliação importantes são a *elevada tenacidade à fratura* e o *elevado limite de escoamento.*

Combinando (5-51) e (9-5), e tendo em mente o parâmetro "dissociável" de qualidade dos materiais $f_3(M)$ discutido no Exemplo 3.2, o índice de desempenho com base em materiais para este caso é dado por

$$f_3(M) = \frac{K_c}{S_{yp}}$$

Deseja-se também manter a parede do vaso a mais fina possível (o que corresponde a selecionar materiais com limite de escoamento o mais elevado possível).

a. Utilizando os gráficos de Ashby mostrados nas Figuras 3.1 a 3.6, selecione materiais candidatos preliminares para esta aplicação.
b. Utilizando as tabelas de dados ordenados da Tabela 5.2 e as Tabelas 3.3 a 3.20, selecione os materiais candidatos preliminares para esta aplicação.
c. Compare os resultados dos itens (a) e (b).

[13] Nesta aplicação, "romper" será interpretado como o limite de escoamento da seção transversal nominal da parede do vaso de pressão.
[14] Veja 2.5.

Capítulo 4

Resposta dos Elementos de Máquinas às Cargas e ao Ambiente; Tensão, Deformação e Parâmetros de Energia

4.1 Cargas e Geometria

Durante a primeira iteração de projeto de qualquer elemento de máquina, a atenção deve ser focada em atender às especificações funcionais de desempenho para a escolha do "melhor" material e o delineamento da "melhor" geometria para prover resistência e vida apropriadas. Normalmente, este empenho é baseado no carregamento, meio e modos de falhas potenciais dominantes da aplicação. Uma revisão dos passos de projeto da Tabela 1.1 mostra que é provido no passo VII um esquema detalhado para o projeto de cada peça de máquina submetida ao carregamento. O fundamental para utilizar o esquema é um conhecimento preciso das cargas em cada peça de equipamento, obtido pela condução de uma cuidadosa análise global de forças. A importância de uma análise de forças precisa não deve ser superestimada; análises altamente sofisticadas de tensões ou de deflexões para a determinação da geometria de elementos de máquinas, se forem baseadas em cargas imprecisas, são de pouco valor.

Algumas vezes os carregamentos operacionais são bem conhecidos ou podem ser corretamente estimados, especialmente se a tarefa de projeto for de melhorar um equipamento existente. Se um novo equipamento está sendo projetado ou se as condições operacionais não são bem conhecidas, contudo, a determinação precisa das cargas operacionais pode ser a tarefa mais difícil do processo de projetar. Cargas operacionais, assim como as reações de força de um equipamento, podem ser encontradas nas superfícies (forças de superfície), nas configurações concentradas ou distribuídas ou geradas pelas massas das peças da máquina (força de campo), pelos campos gravitacional, inercial ou magnético. Todas as superfícies importantes e forças de campo e momentos dever ser incluídos na análise de força global para que o esforço de projeto possa ser bem-sucedido.

Para proceder com o projeto de cada peça de equipamento após ter completado a análise de forças global, usualmente é necessário a determinação das forças e momentos locais em cada peça. O sucesso na determinação das forças e momentos locais depende da utilização de conceitos elementares e equações de equilíbrio.

4.2 Conceitos de Equilíbrio e Diagramas de Corpo Livre

Um corpo rígido é dito estar em *equilíbrio* quando o sistema de forças e momentos externos que agem sobre este tem soma nula. Se o corpo está sendo acelerado, forças inerciais devem ser incluídas no somatório. Deste modo, para um corpo não acelerado as equações de equilíbrio estático podem ser escritas como

$$\begin{aligned} \sum F_x &= 0 \qquad \sum M_x = 0 \\ \sum F_y &= 0 \qquad \sum M_y = 0 \\ \sum F_z &= 0 \qquad \sum M_z = 0 \end{aligned} \tag{4-1}$$

em que x, y e z são três eixos coordenados mutuamente perpendiculares com origem e orientações arbitrárias. F_j indica uma força na *j-ésima* direção e M_j indica um momento em torno do j-ésimo eixo. Se o corpo está acelerado, forças inerciais devem ser levadas em conta para a aplicação dos princípios da *análise dinâmica*. Para um corpo em *equilíbrio estático*, não importando o quão complicada for a geometria ou quantas forças e momentos externos diferentes estiverem sendo aplicados, o sistema de forças pode sempre ser decomposto em três forças ao longo dos eixos e três momentos em torno dos eixos escolhidos em um sistema de coordenadas x, y-z arbitrário, como descrito por meio das equações (4-1).

Quando se deve empreender a análise local de forças frequentemente é vantajoso estudar apenas uma parte do corpo ou da estrutura de interesse. Isto pode ser implementado pela passagem de um *plano de corte* imaginário através do corpo na posição desejada para conceitualmente isolá-lo ou tornar *livre* a parte selecionada do resto do corpo. (Este conceito está ilustrado para dois casos simples nas Figuras 4.2 e 4.3.) As *forças internas* (*tensões*) que estavam atuando na posição do plano de corte antes de ser cortado devem ser representadas por um sistema equivalente de forças externas na face cortada, posicionadas apropriadamente e distribuídas para manter o equilíbrio de *corpo livre* selecionado. A parte isolada, junto com todas as forças e momentos que agem *sobre a mesma*, é chamada de *diagrama de corpo livre*. A construção e a utilização precisas de diagramas de corpo livre são absolutamente essenciais na geração de uma boa análise de tensões e deflexões no projeto de uma peça de um equipamento.

4.3 Análise de Força

Para executar uma boa análise de força como a base para o projeto de qualquer elemento de máquina, um projetista deve prestar atenção em como as forças e os momentos são aplicados, como estes são transmitidos por meio do corpo ou da estrutura e como reagem. Além disso, é importante identificar como os sistemas de forças aplicados variam em função do tempo e que tipo de padrões de tensões podem provocar nas peças de máquina considerada. Todos estes fatores desempenham um papel na determinação de quais modos de falha devem ser estudados e na identificação das posições nos elementos de máquina em que a falha é mais provável.

Como um dado prático, em equipamentos reais não há cargas concentradas, não há momentos puros, não existem apoios simples ou vínculos engastados. Estas simplificações analíticas são, não obstante, essenciais na modelagem de sistemas de forças, de tal forma que o projetista possa calcular as tensões e os deslocamentos induzidos nas peças dos equipamentos com precisão suficiente, como resultado de um esforço razoável. À medida que o projeto evolui, as consequências de tais simplificações devem ser reexaminadas, especialmente nas regiões de contato, locais onde forças, momentos e reações são aplicados. Ocasionalmente, análises mais sofisticadas podem ser necessárias para avaliar apropriadamente estas regiões localizadas.

Para efetuar a construção de um diagrama de corpo livre válido, muitas vezes é útil seguir os caminhos em que as forças são transmitidas pelas peças da estrutura e entre as mesmas. Uma forma de realizar isto é visualizar *linhas de força* contínuas que fluem pelo equipamento, vindo das cargas aplicadas e se dirigindo aos vínculos da estrutura. Seguir as linhas de força à medida que estas fluem pela estrutura ajuda a identificar padrões de tensões e de deslocamento e posições em que análises críticas devem ser executadas para o estabelecimento de geometria adequada e seleção das propriedades de materiais para resistir à falha.

Exemplo 4.1 Fluxo de Força, Diagramas de Corpo Livre e Determinação do Modo de Falha

Um engate típico, pino e manilha, é esboçado na Figura E4.1A. Se o engate é submetido à força estática trativa P, faça o que se pede:

a. Por inspeção, visualize como a força é transmitida pela junta e esboce "o fluxo das linhas de força" da esquerda para a direita.

b. Isole e esboce o diagrama de corpo livre do pino, mostrando todas as forças que agem sobre o corpo livre.

c. Identifique os modos de falha potenciais que deveriam ser estudados no projeto do pino (i.e., selecionar um material e calcular as suas dimensões).

Solução

a. As linhas de força que passam pela estrutura de engate mostrada na Figura E4.1A podem ser esboçadas como mostrado na Figura E4.1B com linhas tracejadas.

b. Como mostrado na Figura E4.1C, um diagrama de corpo livre do pino pode ser esboçado por referência ao diagrama de fluxo de força da Figura E4.1B. Note que a força P não é concentrada, mas *distribuída* ao longo da região de contato C do lado esquerdo ao longo de D e de E do lado direito. Do mesmo modo, é distribuída em torno da semicircunferência de contato em cada uma destas posições. A natureza da distribuição depende do material, geometria e nível de carregamento.

c. Visto que o carregamento é estático, apenas os modos de falha estáticos precisam ser considerados. Além disso, pode-se assumir inicialmente que o meio e a temperatura não são fatores de falha. Em função de requisitos específicos de projeto, então, pelo menos os seguintes modos de falha e posições deveriam ser considerados:

   1. *Alongamento elástico*, se o deslocamento axial entre a manilha e a barra[1] for crítico.
   2. *Escoamento e/ou ruptura dúctil*, ao longo das regiões de contato C, D e E e nos planos de cisalhamento A-A e B-B, supondo que o pino seja feito de material dúctil. A flexão do pino pode também contribuir para a falha.
   3. *Fratura frágil*, nos planos A-A e B-B, devida à flexão e ao cisalhamento.

[1] Veja Figura E4.1B.

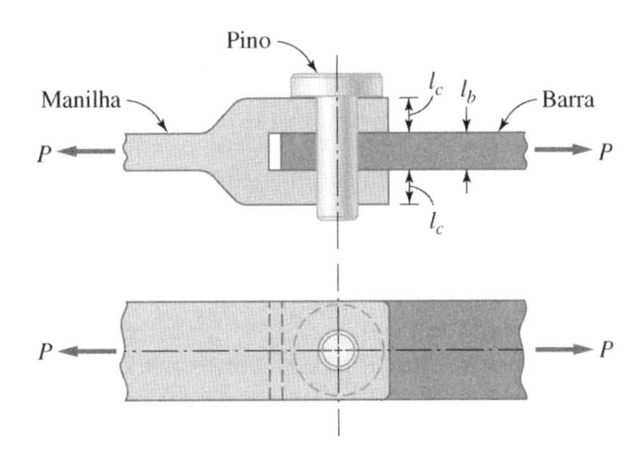

Figura E4.1A
Engate pino-manilha sob carregamento estático trativo.

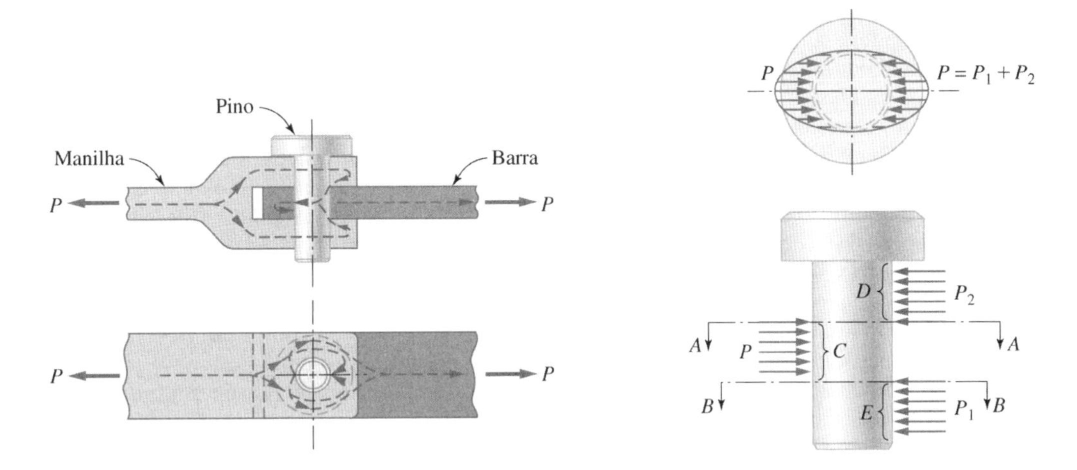

Figura E4.1B
Fluxo das linhas de força pelo engate pino-manilha.

Figura E4.1C
Diagrama de corpo livre do pino.

Se outra informação de projeto for adicionada à medida que o projeto evolui (por exemplo, vibrações, meio agressivo etc.), podem-se adicionar, à lista, outros modos potenciais de falha como fadiga, corrosão, fretagem, entre outros.

4.4 Análise de Tensão; Padrões Comuns de Tensões para Tipos Comuns de Carregamento

Quando está projetando uma peça de uma máquina para que opere sem falhas, o projetista deve, em uma etapa inicial, identificar o(s) modo(s) provável(eis) de falha, selecionar um parâmetro adequado para o qual a severidade do carregamento e do meio pode ser analiticamente descrita, propor um material e uma geometria para a peça e obter propriedades de resistência críticas pertinentes relacionadas com o provável modo de falha. Em seguida, o valor do *parâmetro de severidade de carregamento* deve ser calculado sob condições de carregamento e meio apropriados, e comparado com *propriedades de resistência críticas* apropriadas. A falha pode ser evitada assegurando-se que o parâmetro de severidade de carregamento é seguramente menor do que a correspondente propriedade de resistência crítica, para cada modo potencial de falha.

Os parâmetros de severidade de carregamento mais úteis são tensão, deformação e energia de deformação por unidade de volume. Destes, *tensão* é normalmente escolhido para finalidade de cálculos.

Deformação e energia de deformação são frequentemente expressas como funções da tensão. *Tensão* é o termo utilizado para definir a intensidade, direção e sentido das forças internas que agem em qualquer plano de corte que atravessa o corpo sólido de interesse. Para definir completamente o *estado de tensões* em qualquer ponto selecionado do corpo sólido, é necessário descrever a intensidade, direção e sentido de vetores de tensão em todos os planos possíveis que possam passar pelo ponto. Uma forma de definir o estado de tensões em um ponto é determinar todas as componentes de tensão que podem ocorrer nas faces de um cubo infinitesimal de material posicionado na origem de um sistema de coordenadas cartesianas de acordo com a regra da mão direita de orientação arbitrariamente selecionada. Cada um destes componentes de tensão pode ser classificado tanto como uma *tensão normal*, σ, *normal* a uma face do cubo, quando uma *tensão de cisalhamento*, τ, *paralela* à face do cubo. A Figura 4.1 mostra todas as possíveis componentes de tensões que agem em um elemento cúbico de volume infinitesimal de dimensões *dx-dy-dz*. A notação convencional de subscritos mostrada é definida como se segue:

1. Para tensões normais, um único subscrito utilizado, correspondendo à direção normal ao plano e sentido para fora do plano que age.
2. Para as tensões de cisalhamento, dois subscritos são utilizados, o primeiro indica o plano em que está agindo e o segundo a direção da tensão de cisalhamento neste plano.
3. Tensões normais são ditas positivas (+) quando geram tração, e negativas (−) quando geram compressão.
4. Tensões cisalhantes são ditas positivas (+) se a direção e sentido tiverem o mesmo sinal do eixo normal direcionado para fora do plano em que a tensão cisalhante age.

Do esboço da Figura 4.1, pode ser observado que em geral três tensões normais estão presentes, a saber σ_x, σ_x, σ_x. Pode-se também observar que seis tensões cisalhantes estão presentes, a saber, τ_{xy}, τ_{yx}, τ_{yz}, τ_{zy}, τ_{zx} e τ_{xz}. Deste modo, um total de nove componentes de tensões é, aparentemente, necessário para definir completamente um estado triaxial de tensões em um ponto: três tensões normais e seis tensões cisalhantes. Porém, pode ser mostrado, para materiais isotrópicos,[2] baseando-se no equilíbrio de momentos, que τ_{xy} e τ_{yx} são idênticos, τ_{yz} e τ_{zy} são idênticos e τ_{zx} e τ_{xz} são idênticos. Consequentemente, a definição completa do estado de tensões mais geral em um ponto necessita da especificação de apenas seis componentes de tensão, três tensões *normais* σ_x, σ_y, e σ_z e três *cisalhantes*, τ_{xy}, τ_{yz} e τ_{zx}. Se estas seis componentes de tensão forem conhecidas para um determinado cubo elementar em um dado ponto de interesse, é possível calcular as tensões em *qualquer* e todos os planos que passam através do ponto, utilizando-se conceitos simples de equilíbrio. Este fato é utilizado na determinação das *tensões combinadas*, que serão discutidas no item 4.6.

O volume elementar mostrado na Figura 4.1, com os componentes de tensão em *todas as três* direções coordenadas, define um *estado de tensões triaxial geral* no ponto. Se as forças que atuam em um corpo resultam em um elemento de volume no ponto de investigação com componentes de tensões em *apenas duas* direções coordenadas, é referida como *estado de tensões biaxial* (*tensão plana*) no ponto. Se existem componentes de tensão em *apenas uma* direção coordenada, isto é chamado de *estado de tensões uniaxial* no ponto. Deste modo, tração ou compressão gera um estado de tensões uniaxial. Por motivos de equilíbrio de momentos, as tensões cisalhantes são sempre biaxiais.

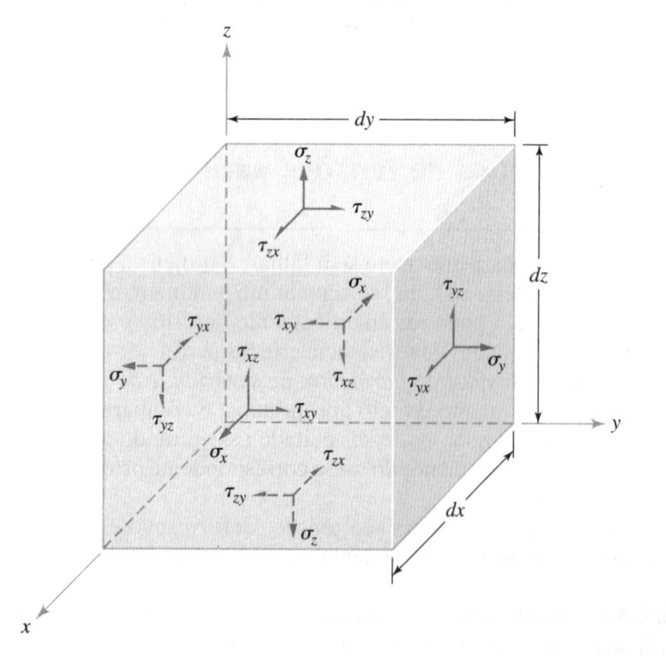

Figura 4.1
Definição completa do estado de tensões em um ponto.

[2] As propriedades são as mesmas independentemente da orientação adotada.

Antes de se discutir estados de tensões mais complexos, seria útil recordar alguns dos padrões comuns de tensões encontrados na prática de projeto. Estes incluem

1. Tensão axial pura (tração ou compressão)
2. Tensão de flexão
3. Tensões cisalhantes pura e transversal
4. Tensões cisalhantes torcional
5. Tensão de contato superficial

As discussões que se seguem fazem uma revisão das equações mais apropriadas e apresentam esboços que caracterizam o carregamento, a geometria e a distribuição de tensões associadas aos cinco padrões comuns de tensões que acabaram de ser listados.

Tensão Axial Pura

Como discutido na Seção 2.4, se uma força axial pura F for aplicada a um membro, como mostrado na Figura 4.2, a tensão σ é uniformemente distribuída sobre a área A da superfície de corte como mostrado na Figura 4.2(b). O valor da tensão uniforme é

$$\sigma = \frac{F}{A} \tag{4-2}$$

Se a força for trativa, σ é uma tensão trativa uniformemente distribuída. Se a força for compressiva e a barra não flambar (veja a Seção 2.7 para o critério), σ é uma tensão compressiva uniformemente distribuída. Na prática, tensões uniformemente distribuídas podem ser admitidas apenas se a barra for reta e homogênea, se a linha de ação da força passar através do centroide da seção transversal cortada e o plano de corte estiver longe das extremidades e de qualquer descontinuidade geométrica significativa na barra.

Flexão; Diagramas de Carregamento, Cortante e Momento

Diagramas de carregamento, cortante e momento para vários tipos de configurações de vigas são muito úteis para um projetista porque proveem um resumo gráfico das forças internas de vigas, que por sua vez, permitem uma rápida estimativa visual da distribuição de tensões e dos pontos críticos. O primeiro passo em qualquer análise de flexão seria a construção cuidadosa dos diagramas de cortante e de momento apropriados ao carregamento e à configuração dos apoios para a viga em questão.

É interessante notar[3] que, para todos os trechos da viga *entre* cargas, a força V é igual à taxa de variação do momento fletor M em relação à x, ou

$$\frac{dM}{dx} = V \tag{4-3}$$

Os detalhes da construção de diagramas de cortante e de momento por meio da utilização das equações de equilíbrio de forças e momentos em função da posição x ao longo da viga são apresentados na maioria dos livros básicos de resistência dos materiais.[4] A Tabela 4.1 revê alguns casos comuns e diagramas adicionais que podem ser encontrados na literatura especializada.[5]

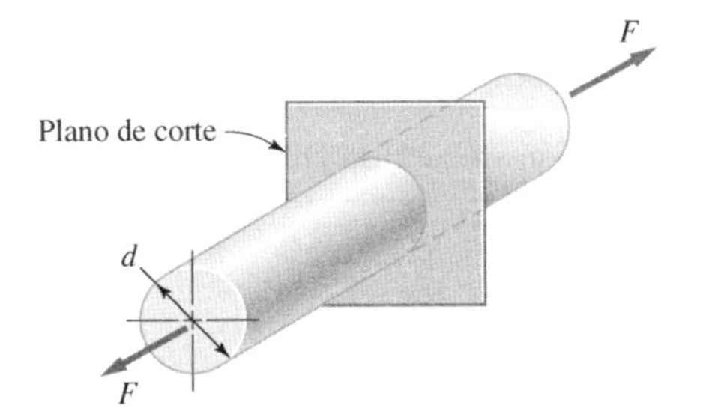

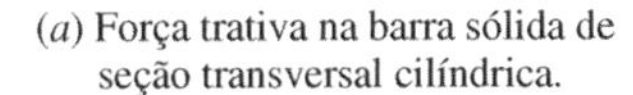
(*a*) Força trativa na barra sólida de seção transversal cilíndrica.

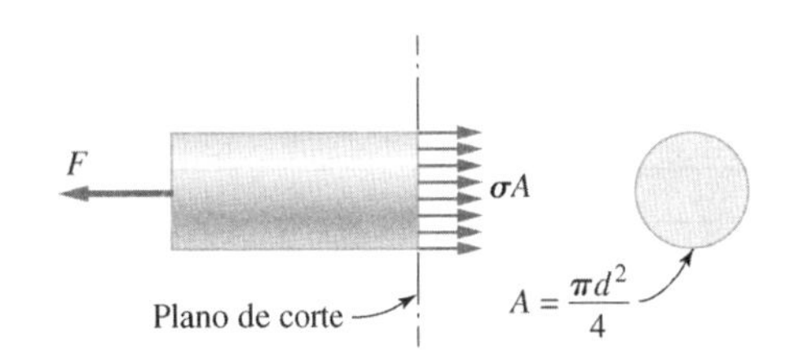

(*b*) Vista lateral do trecho anterior do corpo livre mostrando a distribuição de tensão normal uniforme sobre a superfície cortada do cilindro, gerando a força σA.

Figura 4.2
Cilindro, de seção transversal uniforme, com carregamento axial.

---
[3] Das equações de equilíbrio.
[4] Veja, por exemplo, ref. 1.
[5] Veja, por exemplo, ref. 2, pp. 2-111 e páginas seguintes.

TABELA 4.1 Diagrama de Carregamento (*P*), Cortante (*V*) e Momento (*M*) para Configurações de Vigas Selecionadas. Note que *y* é a flecha e θ é a inclinação

Caso 1. Viga Simplesmente Apoiada; Carga Concentrada P no Meio da Viga

$$R = V = \frac{P}{2}$$

$$M_{máx}(\text{no ponto de aplicação da carga}) = \frac{PL}{4}$$

$$M_x\left(\text{quando } x < \frac{L}{2}\right) = \frac{Px}{2}$$

$$y_{máx}(\text{no ponto de aplicação da carga}) = \frac{PL^3}{48EI}$$

$$y_x\left(\text{quando } x < \frac{L}{2}\right) = \frac{Px}{48EI}(3L^2 - 4x^2)$$

$$\theta_A = -\theta_C = \frac{PL^2}{16EI}$$

Caso 2. Viga Simplesmente Apoiada; Carga Concentrada P em Qualquer Ponto

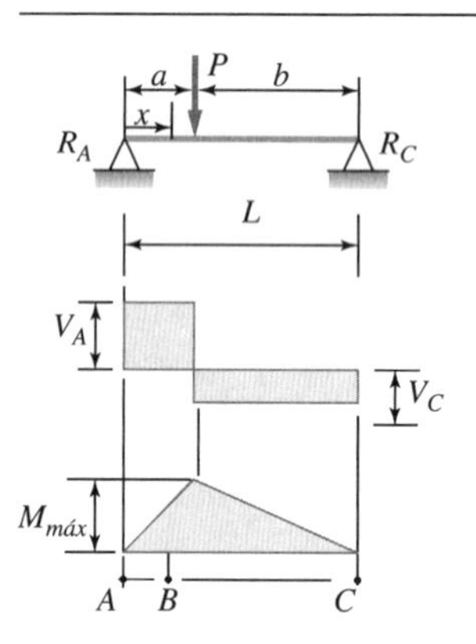

$$R_A = V_A = \frac{Pb}{L}$$

$$R_C = V_C = \frac{Pa}{L}$$

$$M_{máx}\,(\text{em } x = a) = \frac{Pab}{L}$$

$$M_{AB} = \frac{Pbx}{L},\ M_{BC} = \frac{Pa}{L}(L - x)$$

$$y_{máx}\left(\text{em } x = \sqrt{\frac{L^2 - b^2}{3}}\right) = \frac{Pb\left(L^2 - b^2\right)^{3/2}}{9\sqrt{3}EIL}$$

$$y_{AB}(0 < x < a) = \frac{Pbx}{6L}\left(L^2 - x^2 - b^2\right)$$

$$y_{BC}(a < x < L) = \frac{Pb}{6L}\left[\frac{L}{b}(x - a)^3 + \left(L^2 - b^2\right)x - x^3\right]$$

$$\theta_A = \frac{Pb}{6L}\left(L^2 - b^2\right)$$

$$\theta_C = \frac{Pa}{6L}\left(L^2 - a^2\right)$$

Caso 3. Viga Simplesmente Apoiada; Carga Uniformemente Distribuída por Unidade de Comprimento w

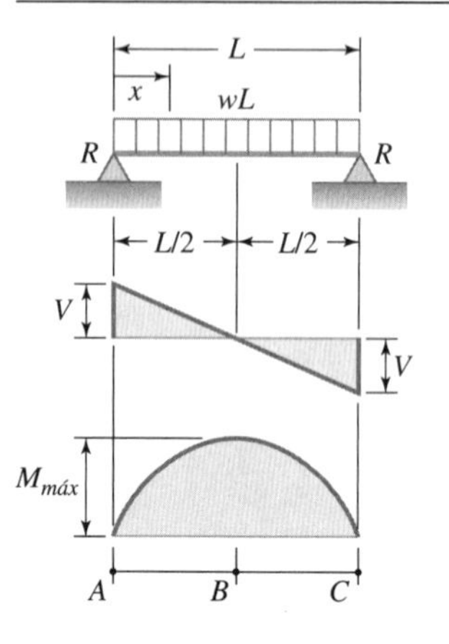

$$R = V = \frac{wL}{2}$$

$$V_x = w\left(\frac{L}{2} - x\right)$$

$$M_{máx}\,(\text{à meia distância}) = \frac{wL^2}{8}$$

$$M_x = \frac{wx}{2}(L - x)$$

$$y_{máx}\,(\text{à meia distância}) = \frac{5wL^4}{384EI}$$

$$y_x = \frac{wx}{24EI}(L^3 - 2Lx^2 + x^3)$$

$$\theta_A = -\theta_C = \frac{wL^3}{24EI}$$

TABELA 4.1 (*Continuação*)

Caso 4. Viga Simplesmente Apoiada; Momento Aplicado na Extremidade M_0

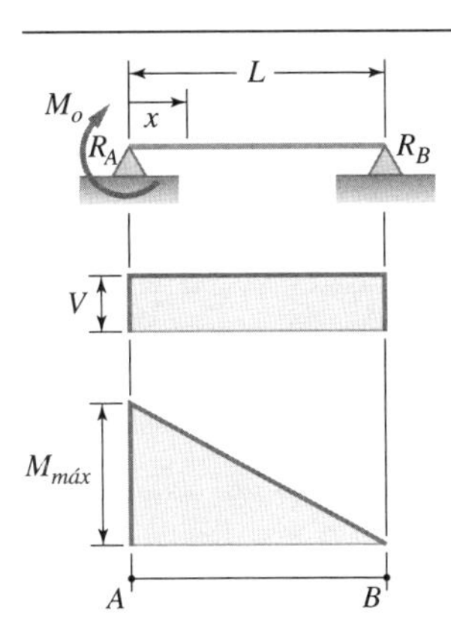

$$R_A = V = -R_B = -\frac{M_0}{L}$$
$$V_x = R_A$$
$$M_{máx}(\text{em } A) = M_0$$
$$M_x = M_0 + R_A x$$
$$y_{máx}(\text{em } x = 0{,}422L) = 0{,}0642\frac{M_0 L^2}{EI}$$
$$y_x = \frac{M_0}{6EI}\left(\frac{x^3}{L} + 2Lx - 3x^2\right)$$
$$\theta_A = \frac{M_0 L}{3EI}$$
$$\theta_B = \frac{M_0 L}{6EI}$$
$$\theta_{\text{à meia distância}}(\text{em } x = L/2) = -\frac{M_0 L}{24EI}$$

Caso 5. Viga Simplesmente Apoiada; Momento em Seção Intermediária M_0

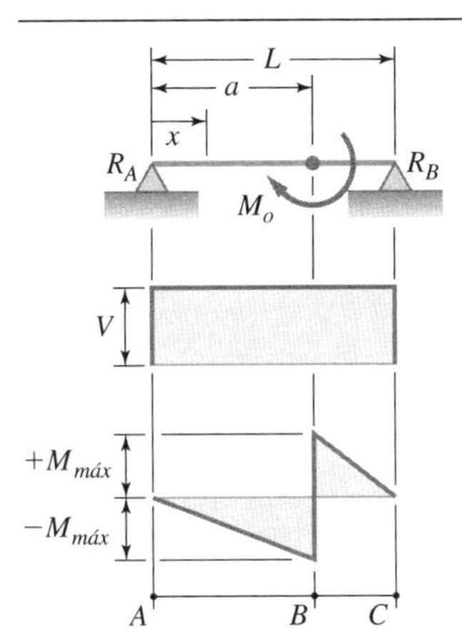

$$R_A = V = -R_C = -\frac{M_0}{L}$$
$$V_x = -R_A$$
$$-M_{máx}(\text{imediatamente à esquerda de } B) = R_A a$$
$$+M_{máx}(\text{imediatamente à direita de } B) = M_0 + R_A a$$
$$M_x(0 \le x \le a) = R_A x$$
$$M_x(a \le x \le L) = R_A x + M_0$$
$$y_x(0 \le x \le a) = \frac{M_0}{6EI}\left[\left(6a - 3\frac{a^2}{L} - 2L\right)x - \frac{x^3}{L}\right]$$
$$y_x(a \le x \le L) = \frac{M_0}{6EI}\left[3a^2 + 3x^2 - \frac{x^3}{L} - \left(2L + 3\frac{a^2}{L}\right)x\right]$$
$$\theta_A = +\frac{M_0}{6EI}\left(2L - 6a + 3\frac{a^2}{L}\right)$$
$$\theta_B = -\frac{M_0}{EI}\left(a - \frac{a^2}{L} - \frac{L}{3}\right)$$
$$\theta_C = -\frac{M_0}{6EI}\left(L - 3\frac{a^2}{L}\right)$$

Caso 6. Viga Simplesmente Apoiada; Carga Triangularmente Distribuída por Unidade de Comprimento w

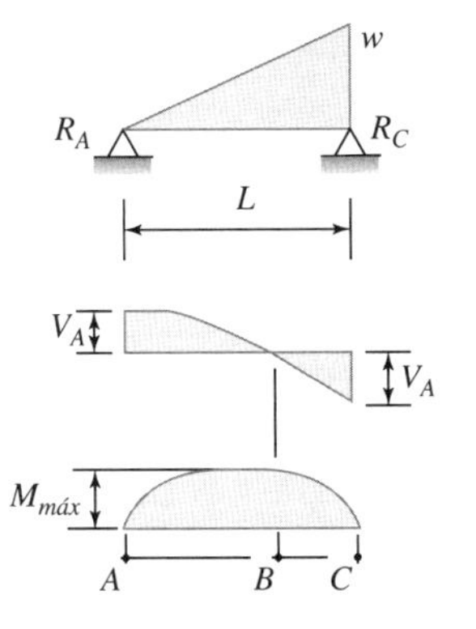

$$R_A = V_A = \frac{wL}{6}$$
$$R_C = V_C = \frac{wL}{3}$$
$$M_{máx}(\text{em } x = 0{,}577L) = \frac{wL^2}{12}$$
$$M_x = \frac{wLx}{6} - \frac{wx^3}{6L}$$
$$y_{máx}(\text{em } x = 0{,}519L) = \frac{2{,}5wL^4}{384EI}$$

(Continua)

TABELA 4.1 (Continuação)

Caso 6. *Continuação*

$$y_x = \frac{wx}{360EIL}(7L^4 - 10x^2L^2 + 3x^4)$$

$$\theta_A = \frac{7wL^3}{360EI}$$

$$\theta_C = \frac{8wL^3}{360EI}$$

Caso 7. Viga Simplesmente Apoiada; Duas Cargas Distribuídas Variando Linearmente

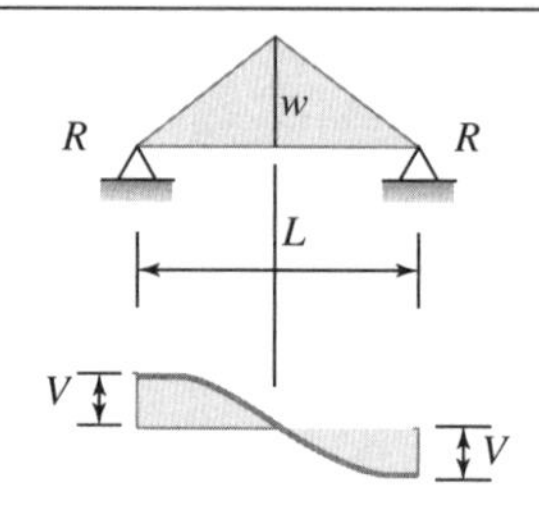

$$R = V = \frac{wL}{2}$$

$$M_{máx}(\text{em } x = L/2) = \frac{wL^2}{12}$$

$$M_x = \frac{wLx}{4} - \frac{wx^3}{3L}$$

$$y_{máx}(\text{em } x = L/2) = \frac{wL^3}{120EI}$$

$$y_x = \frac{wx}{960EIL}(25L^4 - 40x^2L^2 + 16x^4)$$

$$\theta_A = -\theta_C = \frac{5wL^3}{192EI}$$

Caso 8. Viga Biengastada; Carga Concentrada *P* à Meia Distância da Viga

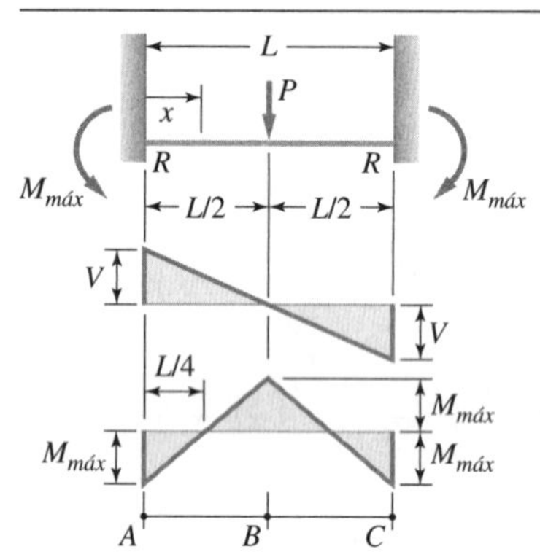

$$R = V = \frac{P}{2}$$

$$M_{máx} \text{ (à meia distância e nas extremidades)} = \frac{PL}{8}$$

$$M_x\left(\text{quando } x < \frac{L}{2}\right) = \frac{P}{8}(4x - L)$$

$$y_{máx} \text{ (à meia distância)} = \frac{PL^3}{192EI}$$

$$y_x\left(x < \frac{L}{2}\right) = \frac{Px^2}{48EI}(3L - 4x)$$

$$\theta_A = \theta_C = 0$$

Caso 9. Viga Biengastada; Carga Uniformemente Distribuída por Unidade de Comprimento *w*

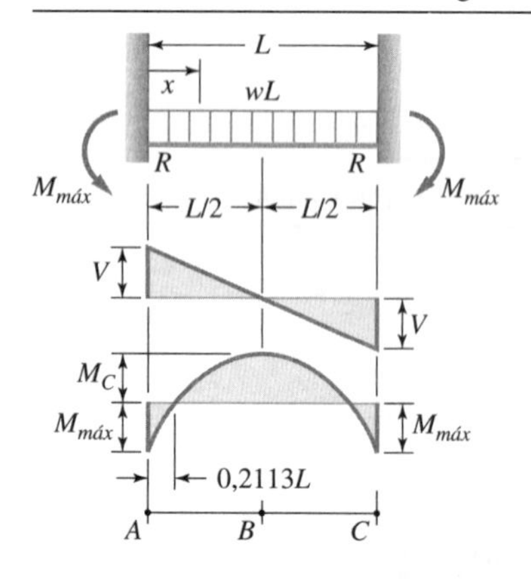

$$R = V = \frac{wL}{2}$$

$$V_x = w\left(\frac{L}{2} - x\right)$$

$$M_{máx} \text{ (nas extremidades)} = \frac{wL^2}{12}$$

$$M_B \text{ (à meia distância)} = \frac{wL^2}{24}$$

$$M_x = \frac{w}{12}(6Lx - L^2 - 6x^2)$$

$$y_{máx} \text{ (à meia distância)} = \frac{wL^4}{384EI}$$

$$y_x = \frac{wx^2}{24EI}(L - x)^2$$

$$\theta_A = \theta_C = 0$$

TABELA 4.1 ***(Continuação)***

Caso 10. Viga Engastada; Carga Concentrada P na Extremidade Livre

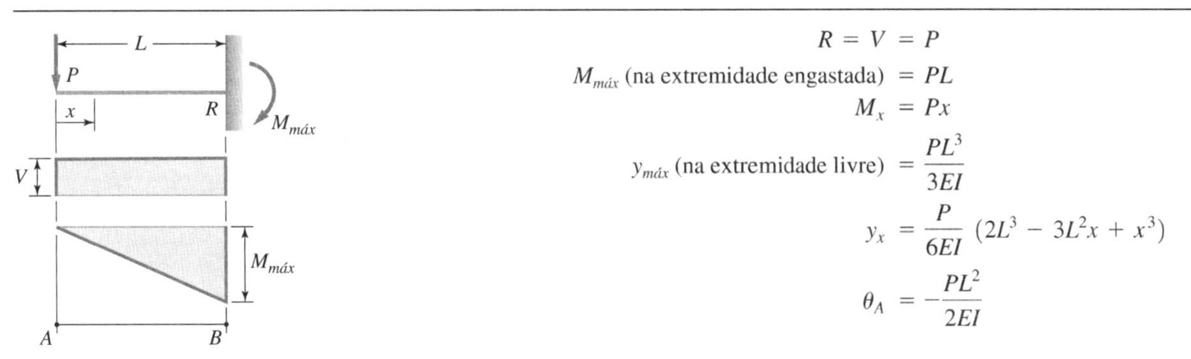

$$R = V = P$$
$$M_{máx} \text{ (na extremidade engastada)} = PL$$
$$M_x = Px$$
$$y_{máx} \text{ (na extremidade livre)} = \frac{PL^3}{3EI}$$
$$y_x = \frac{P}{6EI}(2L^3 - 3L^2x + x^3)$$
$$\theta_A = -\frac{PL^2}{2EI}$$

Caso 11. Viga Engastada; Carga Uniformemente Distribuída por Unidade de Comprimento w

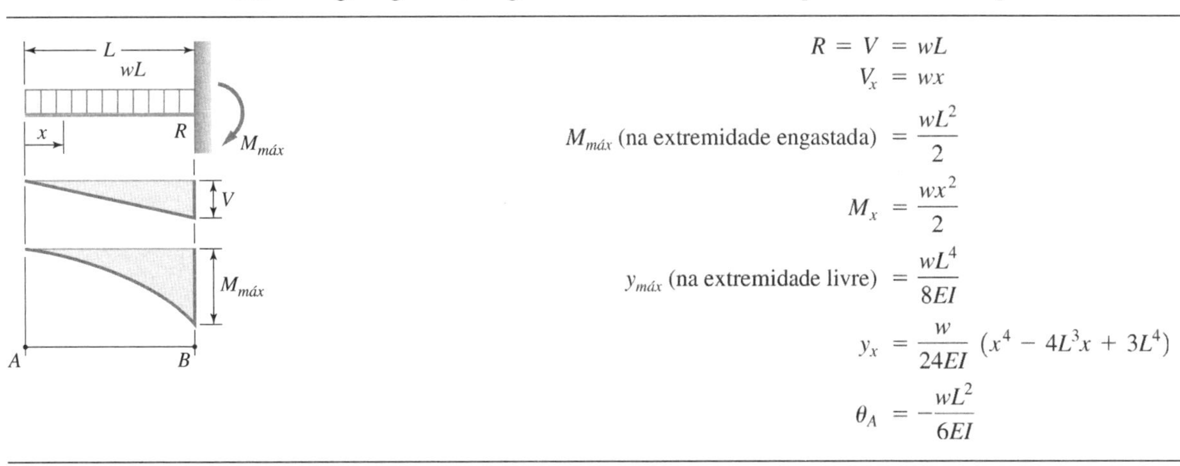

$$R = V = wL$$
$$V_x = wx$$
$$M_{máx} \text{ (na extremidade engastada)} = \frac{wL^2}{2}$$
$$M_x = \frac{wx^2}{2}$$
$$y_{máx} \text{ (na extremidade livre)} = \frac{wL^4}{8EI}$$
$$y_x = \frac{w}{24EI}(x^4 - 4L^3x + 3L^4)$$
$$\theta_A = -\frac{wL^2}{6EI}$$

Caso 12. Viga Engastada; Momento na Extremidade M_0

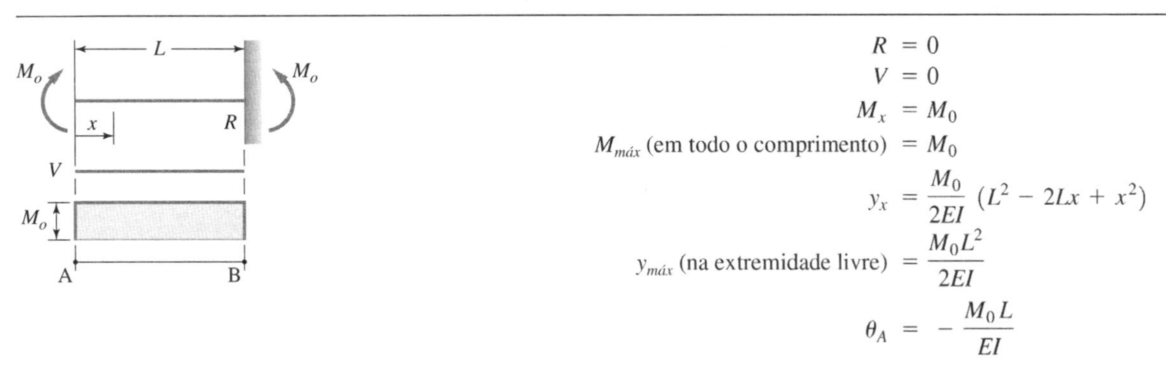

$$R = 0$$
$$V = 0$$
$$M_x = M_0$$
$$M_{máx} \text{ (em todo o comprimento)} = M_0$$
$$y_x = \frac{M_0}{2EI}(L^2 - 2Lx + x^2)$$
$$y_{máx} \text{ (na extremidade livre)} = \frac{M_0L^2}{2EI}$$
$$\theta_A = -\frac{M_0L}{EI}$$

Flexão; Viga Reta com Momento Puro

O caso mais simples de flexão inclui a utilização de momento puro em uma viga de seção transversal simétrica, com o momento aplicado em um plano que contém um eixo de simetria. Sob estas condições, não são induzidas forças cortantes. Este caso, chamado de *flexão pura*, é ilustrado na Figura 4.3, em que o eixo y é o eixo de simetria contido no plano de momento fletor M. Como mostrado na Figura 4.3, a distribuição de tensões de flexão é linear, variando em valor de tensão máxima trativa σ_t, em uma fibra externa, nula na alinha neutra de flexão e um máximo de tensão compressiva σ_c na fibra externa do outro lado. Para vigas retas, a linha neutra passa através do centroide da seção transversal da viga. A expressão para tensões de flexão a qualquer distância y a partir da linha neutra na seção transversal da viga é dada por

$$\sigma_y = \frac{My}{I} \tag{4-4}$$

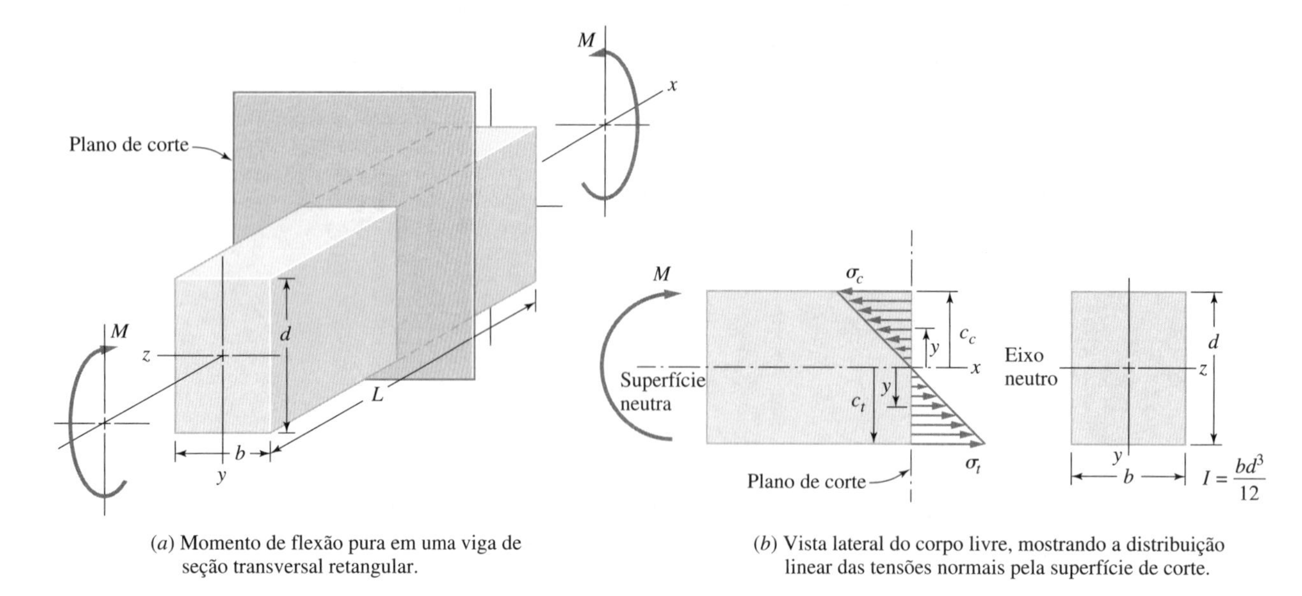

(*a*) Momento de flexão pura em uma viga de seção transversal retangular.

(*b*) Vista lateral do corpo livre, mostrando a distribuição linear das tensões normais pela superfície de corte.

Figura 4.3
Viga reta submetida ao momento fletor puro.

em que I é o momento de inércia de área da seção transversal em relação à linha neutra. *Se a linha neutra for também um eixo de simetria* para a seção transversal, as máximas tensões de flexão ocorrem em ambas as fibras externas trativas e compressivas em que $y = c$. Consequentemente para este caso, o módulo das tensões de flexão máximas são dados por

$$|\sigma_{máx}| = \frac{Mc}{I} = \frac{M}{Z} \tag{4-5}$$

São mostradas na Tabela 4.2 expressões para o momento de inércia de área I e para o módulo de resistência Z, para as formas selecionadas de seções transversais. O módulo de resistência Z é definido como

$$Z = \frac{I}{c} \tag{4-6}$$

Se a seção transversal não apresentar simetria em relação à linha neutra, as distâncias c_t e c_c a partir da linha neutra até as fibras externas trativa e compressiva, respectivamente, serão desiguais, e as tensões das fibras externas trativa e compressiva serão distintas em valores. Dependendo das circunstâncias, pode ser necessário o cálculo de ambas. Para tais casos, as tensões de flexão das fibras externas são dadas por

$$\sigma_t = \frac{Mc_t}{I} \tag{4-7}$$

e

$$\sigma_c = \frac{Mc_c}{I} \tag{4-8}$$

Na prática, a discussão anterior e as equações de tensão de flexão associadas são admitidas válidas apenas se a barra estiver inicialmente reta, carregada em um plano de simetria, feita de material homogêneo e tensionada apenas até níveis dentro na faixa elástica. Além disso, os cálculos apenas são válidos para planos de corte distantes das seções onde as cargas e as reações estão aplicadas e distantes de descontinuidades geométricas significativas. A aplicação de momentos puros a qualquer viga real é virtualmente impossível, mas cálculos realizados sob as condições recém-listadas geram resultados razoavelmente precisos.

Se a viga está inicialmente curva, o eixo neutro não coincide com o eixo centroidal, como acontece para vigas retas. Consequentemente, a distribuição de tensões de flexão não é linear e os cálculos de tensões de flexão torna-se mais complexos.

TABELA 4.2 Propriedades de Seções Transversais Planas

Forma	Área, A	Distâncias c_1 e c_2 até as Fibras Externas	Momento de Inércia de Área I em relação ao Eixo Centroidal 1-1	Módulo de Resistência $Z = I/c$ em relação ao Eixo 1-1	Raio de Giração $\rho = \sqrt{I/A}$
1. Retângulo	bd	$c_1 = c_2 = \frac{d}{2}$	$\frac{bd^3}{12}$	$\frac{bd^2}{6}$	$\frac{d}{\sqrt{12}}$
2. Trapézio	$\frac{(B+b)d}{2}$	$c_1 = \frac{b+2B}{3(b+B)}d$ $c_2 = \frac{2b+B}{3(b+B)}d$	$\frac{(B^2+4bB+b^2)d^3}{36(b+B)}$	—	$\frac{d}{6(b+B)}\sqrt{2(B^2+4bB+b^2)}$
3. Triângulo	$\frac{bd}{2}$	$c_1 = \frac{2d}{3}$ $c_2 = \frac{d}{3}$	$\frac{bd^3}{36}$	$Z_1 = \frac{bd^2}{24}$ $Z_2 = \frac{bd^2}{12}$	$\frac{d}{\sqrt{18}}$
4. Círculo cheio	$\frac{\pi D^2}{4}$	$c = \frac{D}{2}$	$\frac{\pi D^4}{64}$	$\frac{\pi D^3}{32}$	$\frac{D}{4}$
5. Círculo vazado	$\frac{\pi(D_e^2 - D_i^2)}{4}$	$c = \frac{D_e}{2}$	$\frac{\pi(D_e^4 - D_i^4)}{64}$	$\frac{\pi(D_e^4 - D_i^4)}{32D_e}$	$\frac{\sqrt{D_e^2 + D_i^2}}{4}$

Exemplo 4.2 Tensão de Flexão

Uma viga de seção transversal em *T* de 2 m de comprimento está simplesmente apoiada em suas extremidades. A seção transversal da viga tem uma largura total de 100 mm e uma altura total de 110 mm. A aba e a alma têm 10 mm de espessura. Se as tensões admissíveis de tração e de compressão são, respectivamente, de 80 e 60 MPa, calcule a carga máxima, que é uniformemente distribuída sobre todo o comprimento da viga, que a viga pode suportar.

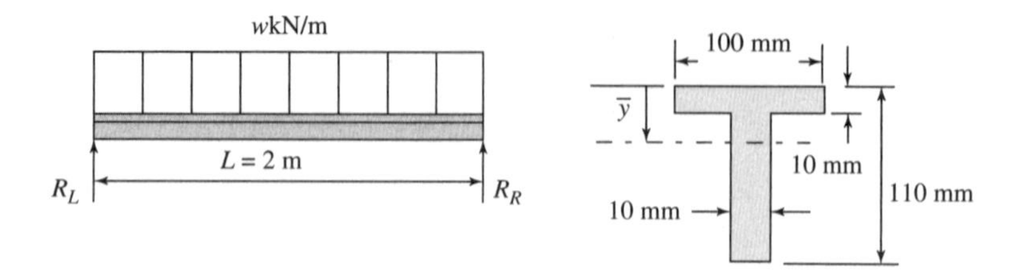

Figura E4.2
Viga simplesmente apoiada

Solução

Visto que a viga estará em flexão, as tensões são dadas por (4.4)

$$\sigma = \frac{My}{I}$$

Visto que a viga é carregada simetricamente, o momento fletor máximo ocorrerá à meia distância na viga. A reação esquerda é

$$R_L = \frac{wL}{2} = w\,\text{kN}$$

À meia distância na viga o momento fletor máximo é

$$M_{máx} = R_L\frac{L}{2} - w\frac{L^2}{8} = w - w\frac{4}{8} = 0{,}5w\ \text{kN}\cdot\text{m}$$

O CG está localizado à distância $\bar{y}$ de superfície superior, então

$$\bar{y} = \sum_j \frac{A_i\bar{y}_i}{A_i} = \frac{100(10)(5) + 100(10)(60)}{100(10) + 100(10)} = 32{,}5\ \text{mm}$$

O momento de inércia de área de seção transversal é dado como

$$I = \frac{100(10)^3}{12} + (100)(10)(32{,}5 - 5)^2 + \frac{10(100)^3}{12} + 100(10)(60 - 32{,}5)^2$$
$$= 2{,}34 \times 10^6\ \text{mm}^4 = 2{,}34 \times 10^{-6}\ \text{m}^4$$

As tensões trativa e compressiva são

$$\sigma_t = \frac{w \times 10^3(0{,}110 - 0{,}0325)}{2{,}34 \times 10^{-6}} = 33{,}12w\ \text{MPa}$$

$$\sigma_c = \frac{w \times 10^3(0{,}0325)}{2{,}34 \times 10^{-6}} = 13{,}9w\ \text{MPa}$$

Visto que as tensões de tração e compressão admissíveis são respectivamente 80 e 60 MPa, tem-se

$$33{,}12\ w = 80$$
$$w = 2{,}42\ \text{kN/m}$$

e

$$13{,}9\ w = 60$$
$$w = 4{,}32\ \text{kN/m}$$

Assim, a carga uniformemente distribuída permitida é

$$w = 2{,}42\ \text{kN/m}$$

Flexão de Vigas; Inicialmente Curvas

Anteriormente, quando a flexão de vigas retas foi discutida, notou-se que para vigas *retas* o eixo neutro da flexão passa pelo centroide da seção transversal da viga. Observa-se uma distribuição de tensão linear de fibras externas tracionadas até fibras externas comprimidas dado por (4-4), ou (4-7) e (4-8). Contudo, se a viga tem uma *curvatura inicial*, o eixo neutro de flexão *não* coincide com o eixo centroidal, e a distribuição de tensão torna-se não linear. Exemplos de vigas curvas na prática incluem grampos C, ganchos e estruturas de máquinas em forma de C. O eixo neutro é deslocado *em direção* ao centro de curvatura de uma viga inicialmente curva de uma distância e, conforme ilustrado na Figura 4-4. Baseado em considerações de equilíbrio, pode-se mostrar que[6]

$$e = r_c - \frac{A}{\int \frac{dA}{r}} \tag{4-9}$$

em que A é a área da seção transversal da viga, r é o raio desde o centro da curvatura inicial até à área diferencial dlA e r_c é o raio de curvatura da superfície que passa pelo centroide da viga curva. Cálculos da integral $\int dA/r$ estão ligados na Tabela 4.3 para diversas seções de vigas curvas.[7]

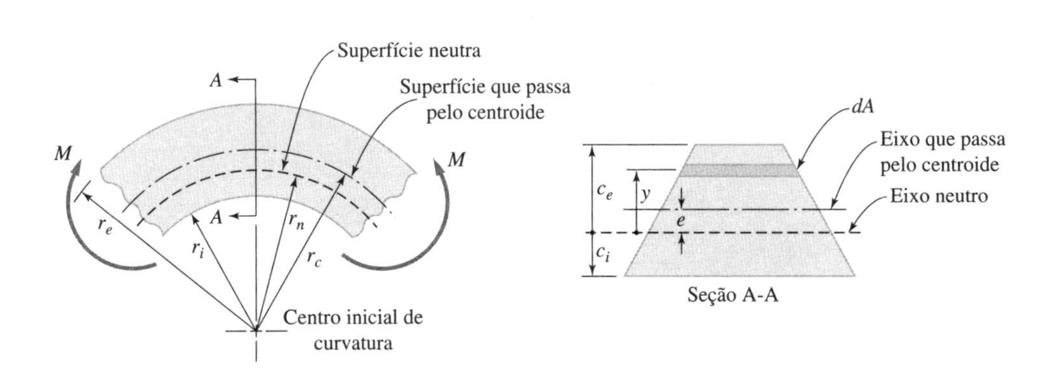

Figura 4-4
Viga inicialmente curva submetida a um momento fletor puro.

TABELA 4.3 Cálculo da Integral e Fatores de Concentração de Tensões do Tipo Amplamente Distribuída k_i como uma Função de $\frac{r_c}{c}$ para Vigas Curvas com Diversas Seções Transversais[1]

Seção Transversal	$\int \frac{dA}{r}$	$\frac{r_c}{c}$	k_j
1. Retangular (b, h, r_e, r_i)	$b \ln \frac{r_e}{r_i}$	1,20	2,888
		1,40	2,103
		1,60	1,798
		1,80	1,631
		2,00	1,523
		3,00	1,288
		4,00	1,200
		6,00	1,124
		8,00	1,090
		10,00	1,071
2. Trapezoidal (b_2, b_1, h, r_e, r_i)	$\left(\frac{b_1 r_e - b_2 r_i}{h} \ln \frac{r_e}{r_i}\right) - b_1 + b_2$	quando $b_2/b_1 = 1/2$	
		1,20	3,011
		1,40	2,183
		1,60	1,859
		1,80	1,681
		2,00	1,567
		3,00	1,314
		4,00	1,219
		6,00	1,137
		8,00	1,100
		10,00	1,078

(Continua)

[6] Veja, por exemplo, ref. 3, p. 107 e seguintes.
[7] Para outras seções transversais ver, por exemplo, refs. 4 e 5.

TABELA 4.3 (Continuação)

Seção Transversal	$\int \frac{dA}{r}$	$\frac{r_c}{c}$	k_j
3. Triangular (base na parte interna)	$\left(\frac{br_e}{h}\ln\frac{r_e}{r_i}\right) - b$	1,20	3,265
		1,40	2,345
		1,60	1,984
		1,80	1,784
		2,00	1,656
		3,00	1,368
		4,00	1,258
		6,00	1,163
		8,00	1,120
		10,00	1,095
4. Circular	$2\pi\left\{\left(r_i + \frac{h}{2}\right) - \left[\left(r_i + \frac{h}{2}\right)^2 - \frac{h^2}{4}\right]^{1/2}\right\}$	1,20	3.408
		1,40	2,350
		1,60	1,957
		1,80	1,748
		2,00	1,616
		3,00	1,332
		4,00	1,229
		6,00	1,142
		8,00	1,103
		10,00	1,080
5. *T* invertido	$b_1 \ln \frac{r_i + h_1}{r_i} + b_2 \ln \frac{r_e}{r_i + h_1}$	(quando $b_2/b_1 = 1/4$) e $h_1/(h_1 + h_2) = 1/4$)	
		1,20	3,633
		1,40	2,538
		1,60	2,112
		1,80	1,879
		2,00	1,731
		3,00	1,403
		4,00	1,281
		6,00	1,176
		8,00	1,128
		10,00	1,101

[1] Extraído da ref. 4. Note que k_i, deve ser aplicado à tensão de flexão nominal de uma "viga reta" na qual $c_i = c_e = c$; portanto, o parâmetro r_c/c da "viga reta" é tabulado.

A distribuição de tensão (hiperbólica) desde a superfície interna até a superfície externa da viga curva é dada por

$$\sigma = -\frac{My}{eA(r_n + y)} \tag{4-10}$$

em que r_n é o raio de curvatura da superfície neutra e um momento *positivo* é definido como aquele que tende a *endireitar* a viga. Os valores máximos de tensão nas superfícies interna e externa, em que y é igual a c_i e c_e, são, respectivamente,

$$\sigma_i = \frac{Mc_i}{eAr_i} \tag{4-11}$$

e

$$\sigma_e = -\frac{Mc_e}{eAr_e} \tag{4-12}$$

Assim, se um momento positivo é definido como aquele que tende a endireitar a viga, a tensão trativa é gerada no raio interno da viga, r_i, e uma tensão compressiva é gerada no raio externo da viga r_e. As equações (4-11) e (4-12) são, estritamente falando, aplicáveis somente para o caso de flexão pura. Se conforme ilustrado na Figura 4-5, o momento fletor é produzido por um sistema de forças cuja linha de ação da resultante não passa através do centroide da seção transversal crítica, o momento das forças, M, deve ser calculado em relação ao *eixo que passa pelo centroide*, mostrando como o

Figura 4-5
Viga curva submetida a um sistema de forças.

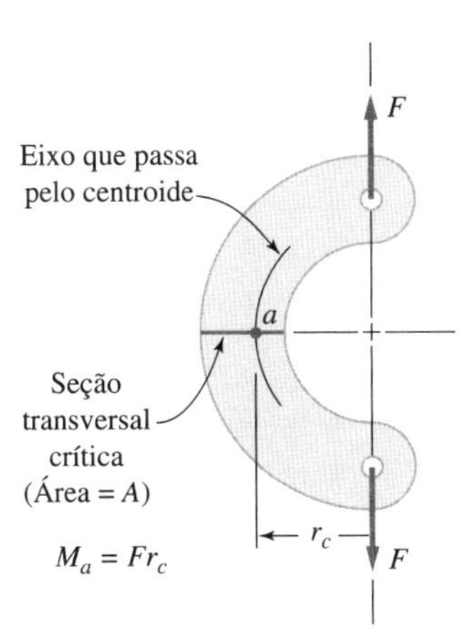

ponto a na Figura 4-5, e não o eixo neutro. Além disso, uma componente de tensão normal deve ser superposta à tensão de flexão para obter-se a tensão resultante. Em tais casos (4-11) e (4-12) são modificadas para fornecer

$$\sigma_i = \frac{Mc_i}{eAr_i} + \frac{F}{A} \tag{4-13}$$

e

$$\sigma_e = -\frac{Mc_e}{eAr_e} + \frac{F}{A} \tag{4-14}$$

Finalmente, algumas vezes, as tensões críticas da fibra interna são calculadas como o resultado de concentração de tensões do tipo amplamente distribuída, conforme sugerido no Capítulo 5. Utilizando esta abordagem, a tensão de flexão da fibra interna é calculada multiplicando-se a tensão de flexão *nominal*, calculada como se a viga fosse reta, por um fator de concentração de tensões do tipo amplamente distribuída k_j (algumas vezes chamado de "fator de curvatura"), fornecendo

$$\sigma_i = k_i \sigma_{nom} = k_i\left(\frac{Mc}{I}\right) \tag{4-15}$$

Valores de fatores de concentração de tensões k_i são dados na Tabela 4.3 para diversas seções transversais de vigas curvas e razões de curvatura/profundidade.[8] Geralmente, os resultados obtidos com (4-13) são mais precisos, mas o uso da Tabela 4.3 com (4-15) fornece uma rápida estimativa com pouco esforço.

Exemplo 4.3 Gancho de Guindaste (Viga Curva) sob Carregamento Estático

Um gancho de guindaste com a forma e as dimensões mostradas na Figura E4.3 é carregado conforme mostrado, através da elevação vagarosa de um peso de 3 t. Supondo que a carga P seja estática, desenvolva as seguintes análises para a seção crítica A-A.

a. Calcule a distância e em que o eixo neutro de flexão está deslocado do eixo, na direção do centro de curvatura do eixo que passa pelo centroide devido à curvatura inicial.

b. Calcule as tensões na seção A-A no raio interno r_i e no raio externo r_e quando uma carga $P = 6000$ lbf é aplicada no gancho.

c. Utilizando o conceito de concentração de tensões do tipo amplamente distribuída, recalcule a tensão no raio interno r_i da seção A-A.

d. Se o gancho é feito de aço 1020 com propriedades iguais às listadas na Tabela 3.3, você seria capaz de predizer se o gancho escoaria?

Solução

a. O desvio do eixo neutro, e, pode ser calculado utilizando-se (4-9). Da Tabela 4.3, caso 1, a integral pode ser calculada para esta seção transversal retangular como

$$\int \frac{dA}{r} = b\ln\frac{r_e}{r_i} = (1)\ln\frac{6}{2} = 1{,}10$$

[8] Para outras seções transversais veja, por exemplo, a ref. 4, Tabela 16. É importante ter em mente que os valores de k_i na Tabela 4.3 devem ser aplicados à tensão de flexão nominal do cálculo para uma "viga reta" para a qual $c_i = c_e = c$. Portanto, parâmetro da "viga reta" r_c/c é tabulado na Tabela 4.3.

Exemplo 4.3 Continuação

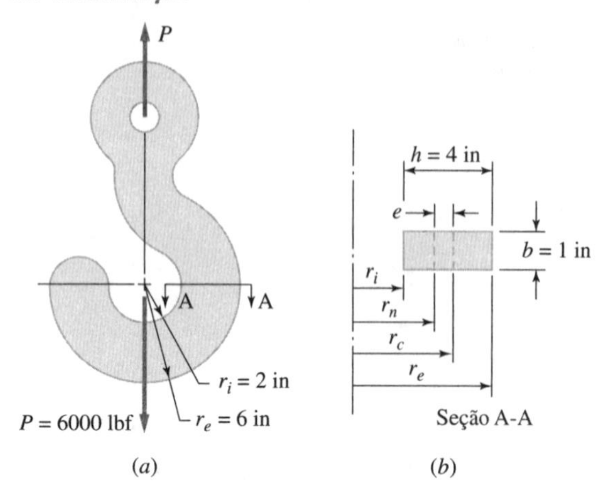

Figura E4.3
Gancho com seção transversal retangular.

e

$$A = 1(4) = 4 \text{ in}^2$$

Assim, de (4-9)

$$e = r_c - \frac{A}{\int \frac{dA}{r}} = 4{,}00 - \frac{4{,}00}{1{,}00} = 0{,}36 \text{ polegada}$$

b. Uma vez que o carregamento na viga curva (o gancho) produz tanto momento fletor quanto carga axial na seção *A-A*, (4-12) e (4-13) são aplicáveis. O momento de flexão produzido é

$$M = Pr_c = 6000(4{,}00) = 24.000 \text{ lbf} \cdot \text{in}$$

Também,

$$c_e = r_e - r_n = 6{,}0 - (4{,}00 - 0{,}36) = 2{,}36 \text{ polegadas}$$

e

$$c_i = r_n - r_i = 3{,}64 - 2{,}00 = 1{,}64 \text{ polegada}$$

Então, de (4-13)

$$\sigma_i = \frac{(24.000)(1{,}64)}{0{,}36(4{,}0)(2{,}0)} + \frac{6000}{4{,}0} = 15.167 \text{ psi}$$

e de (4-14)

$$\sigma_e = -\frac{(24.000)(2{,}36)}{0{,}36(4{,}0)(6{,}0)} + \frac{6000}{4{,}0} = -5056 \text{ psi}$$

c. Usando o conceito da concentração de tensão tipo amplamente distribuída, a tensão na seção *A-A* no raio interno, r_i, devida à flexão, é dada por (4-15). A tensão *nominal* de flexão, baseada na flexão de uma viga reta, é

$$\sigma_{nom} = \frac{Mc}{I} = \frac{6M}{bd^2} = \frac{6(24.000)}{(1)(4)^2} = 9000 \text{ psi}$$

O fator de concentração de tensão, k_i, pode ser obtido da Tabela 4.3, caso 1, usando-se a razão

$$\frac{r_c}{c} = \frac{4{,}0}{2{,}0} = 2{,}0$$

O valor correspondente de k_i é

$$k_i = 1{,}52$$

Então, a tensão devida à flexão em r_i torna-se, de (4-15),

$$(\sigma_i)_b = 1{,}52(9000) = 13.680 \text{ psi}$$

Acrescentando-se a tensão axial

$$\sigma_i = 13.680 + \frac{6000}{4{,}0} = 15.180 \text{ psi}$$

Isto está de acordo com o resultado anterior de σ_i,

d. Da Tabela 3.3, o limite de escoamento do aço 1020 é S_{yp} = 51.000 psi. Uma vez que

$$\sigma_i = 15.167 < S_{yp} = 51.000$$

não se prevê falha por escoamento.

Flexão; Viga Reta com Forças Transversais

Se a viga está sujeita a cargas transversais (perpendiculares ao eixo da viga) agindo no plano de simetria, o cálculo das tensões em qualquer seção transversal implica tanto as *tensões de flexão*, σ, geradas por momento fletor, M, quanto as *tensões de cisalhamento devidas ao carregamento transversal*, τ, geradas pela força cortante transversal, V. Para calcular as tensões de flexão, supõe-se que a distribuição de tensões seja a mesma que a do momento puro (já abordado) e, portanto, as equações (4-4), (4-5), (4-7) e (4-8) permanecem válidas para o cálculo das tensões de flexão. O cálculo das tensões de cisalhamento devidas ao carregamento transversal é discutido na próxima seção. Se as cargas transversais não são aplicadas em um plano de simetria ou se a viga não tiver um plano de simetria, *tensões de cisalhamento torcionais* podem também ser induzidas na viga.[9]

Tensão de Cisalhamento Devido ao Cortante Puro e Tensão de Cisalhamento Devido ao Carregamento Transversal

Quando elementos, tais como juntas aparafusadas ou rebitadas ou engaste tipo pino e manilha, são submetidos ao tipo de carregamento aproximadamente colinear mostrado na Figura 4.6, o parafuso ou rebite ou pino estão submetidos ao *cisalhamento puro* em planos tais como A-A e B-B. A tensão cisalhante *média* em tal plano de cisalhamento (i.e., A-A) pode ser calculada como

$$\tau_{méd\,A\text{-}A} = \frac{P_{A\text{-}A}}{A_{A\text{-}A}} \qquad (4\text{-}16)$$

em que $\tau_{méd\,A\text{-}A}$ é a tensão de cisalhamento média, $A_{A\text{-}A}$ é área de cisalhamento na seção A-A, e $P_{A\text{-}A}$ é parte da força que passa através da seção A-A.

Embora os cálculos de *tensão de cisalhamento média* sejam frequentemente utilizados para estimar grosseiramente as dimensões de parafusos ou de pinos, as *tensões de cisalhamento máximas são sempre maiores que os valores médios* porque a distribuição de tensões de cisalhamento reais é *não uniforme* no plano de cisalhamento. Esta distribuição não linear mais complexa de tensões cisalhantes é função do papel desempenhado pelas *rigidezes*, *pelos ajustes entre as superfícies das partes em contato* e por alguma flexão, inevitavelmente induzida em qualquer estrutura real. Como discutido na seção anterior, as tensões de flexão podem ser calculadas utilizando-se (4-4), (4-5), (4-7) e (4-8). As distribuições e os valores das *tensões de cisalhamento devidas ao carregamento transversal* necessitam de discussão adicional.

Para visualizar as tensões de cisalhamento devidas ao carregamento transversal em uma viga, os esboços na Figura 4.7 podem ser úteis. A viga simplesmente apoiada sem carregamento mostrada na Figura 4.7(a) é feita pelo empilhamento de finas lâminas livres para escorregar umas em relação às outras. A Figura 4.7(b) mostra a configuração defletida das lâminas empilhadas quando uma carga transversal P é aplicada (flexão). Observe que os escorregamentos são induzidos ao longo de cada interface entre as lâminas. A Figura 4.7(c) mostra esquematicamente a configuração de lâminas empilhadas sob carga de flexão P desde que uma fina camada de cola tivesse sido em cada interface entre lâminas e curadas antes de serem carregadas. Intuitivamente, as camadas de cola curadas resistem ao escorregamento quando a carga transversal P é aplicada, gerando tensões cisalhantes resistivas nas camadas coladas. Estas são chamadas de *tensões de cisalhamento devidas ao carregamento transversal.*

Para auxiliar o desenvolvimento das equações de tensões de cisalhamento devidas ao carregamento transversal, a Figura 4.8 mostra uma viga engastada de seção transversal arbitrária simétrica ao longo do comprimento em relação a um plano central vertical que contém uma carga concentrada transversal de extremidade P. Para pesquisar a distribuição de tensões de cisalhamento transversais em qualquer plano de seção transversal escolhido da viga, um paralelepípedo elementar A-B-C-D-E-F-G-H pode ser definido como mostrado na Figura 4.8(a). Uma vista da face A-B-C-D do paralelepípedo é mostrada em maiores detalhes na Figura 4.8(b). No paralelepípedo, uma fatia de espessura dy, comprimento dz e largura x_y é definida. A fatia está localizada a uma distância y da superfície neutra. O limite C-D do paralelepípedo é a distância y_1 a partir do plano neutro, e o limite A-B das fibras externas da viga é a distância c_1 a partir da superfície neutra.

[9] Veja, por exemplo, ref. 1 p. 235 e páginas seguintes.

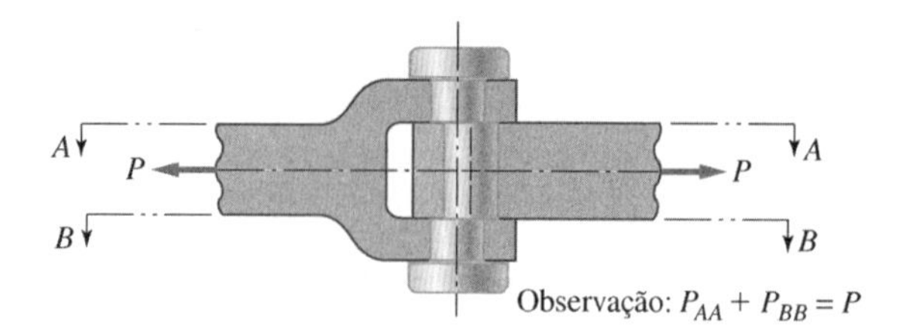

Figura 4.6
Carregamento de cisalhamento puro.

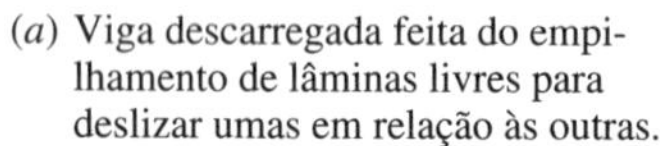

(*a*) Viga descarregada feita do empilhamento de lâminas livres para deslizar umas em relação às outras.

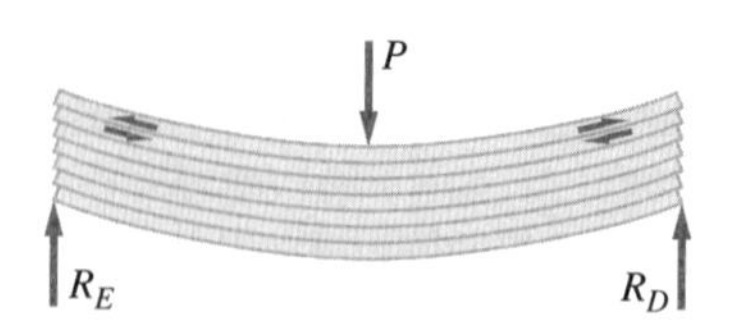

(*b*) Viga carregada mostrando deslizamento interfacial e consequente deflexão.

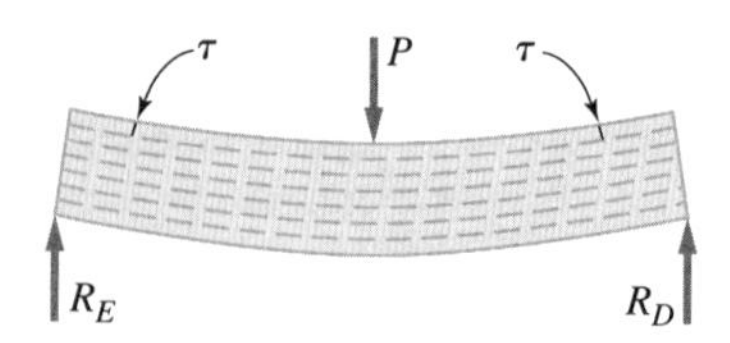

(*c*) Tensões de cisalhamento desenvolvidas nas camadas coladas para resistir ao escorregamento interfacial da viga laminada para reduzir a deflexão da viga.

Figura 4.7
Ilustração do carregamento transversal em uma viga laminada antes e depois da colagem das interfaces.

Para qualquer seção transversal da viga ao longo de seu comprimento, o momento fletor é uma função da carga na extremidade *P* e o braço de momento à seção transversal, e a tensão fletora trativa, por sua vez, é uma função do momento fletor. Deste modo, *T* é a tensão trativa máxima ao longo de *AE* (devida à flexão) ao braço de momento *z* da carga da extremidade, e $T + dT$ é a tensão trativa máxima ao longo *BF* de braço momento $z + dz$ da carga de extremidade. Visto que as áreas *AECG* e *BFHD* são iguais, uma força resultante para a direita na Figura 4.6(c) deve ser equilibrada pela força de cisalhamento para a esquerda, atuando no plano de cisalhamento *CDHG*, de acordo com os requisitos de equilíbrio.

Para formular estas observações matematicamente, a fatia elementar nas Figuras 4.8(a) e 4.8(b) pode ser utilizada para determinar forças diferenciais $(dF)_e$, na face esquerda da fatia e $(dF)_d$ na face direita da fatia como

$$(dF)_e = \sigma_{ze} A_{ye} \tag{4-17}$$

e

$$(dF)_d = \sigma_{zd} A_{yd} \tag{4-18}$$

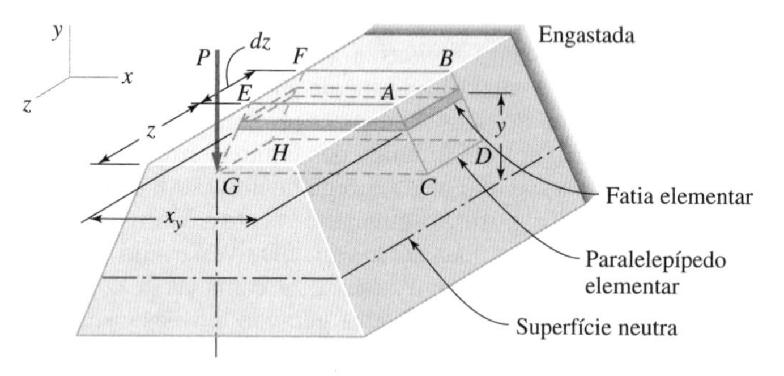

(*a*) Viga engastada com carga na extremidade livre.

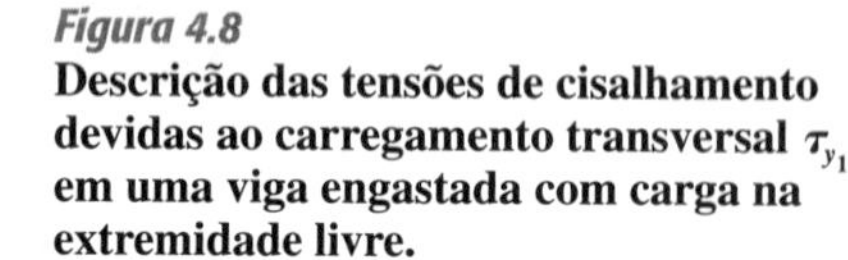

Figura 4.8
Descrição das tensões de cisalhamento devidas ao carregamento transversal τ_{y_1} em uma viga engastada com carga na extremidade livre.

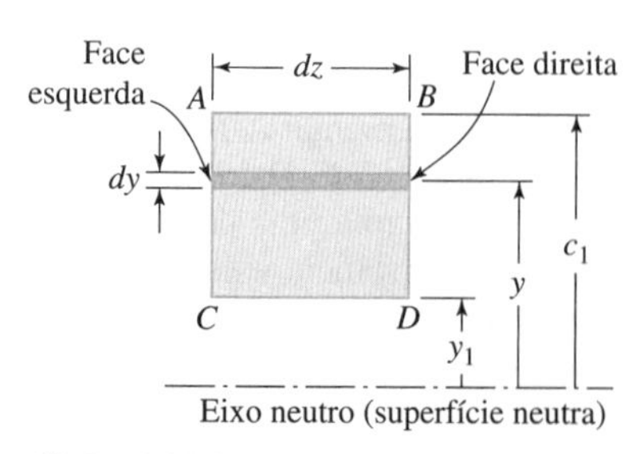

(*b*) Paralelepípedo elementar e uma fatia elementar vistos do lado direito da viga.

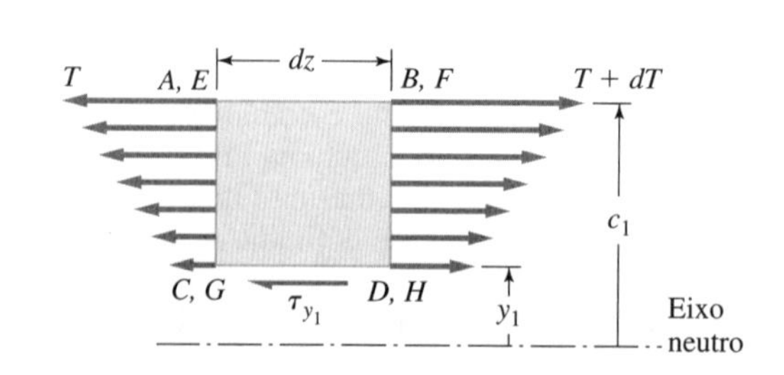

(*c*) Distribuição de tensões nas faces cortadas do paralelepípedo elementar.

De (4-4)

$$\sigma_z = \frac{My}{I} \tag{4-19}$$

e da Figura 4.8

$$A_{ye} = A_{yd} = x_y\, dy \tag{4-20}$$

Deste modo, (4-17) torna-se

$$(dF)_e = \frac{My}{I} x_y\, dy \tag{4-21}$$

e (4-18) trona-se

$$(dF)_d = \frac{(M + dM)}{I} x_y\, dy \tag{4-22}$$

O fato de se integrar (4-21) à face esquerda do paralelepípedo e (4-22) à face direita determina as forças F_e para a esquerda e F_d para a direita como

$$F_e = \int_{y_1}^{c_1} \frac{M}{I} x_y y\, dy \tag{4-23}$$

e

$$F_d = \int_{y_1}^{c_1} \frac{(M + dM)}{I} x_y y\, dy \tag{4-24}$$

Considerando-se o paralelepípedo mostrado na Figura 4.8(c) como um corpo livre,

$$F_e - F_d - F_{y_1} = 0 \tag{4-25}$$

em que F_{y_1} é a força cortante para a esquerda no plano *CDHG*. Esta força cortante pode ser explicitada como

$$F_{y_1} = \tau_{y_1} A_{y_1} = \tau_{y_1} x_{y_1}\, dz \tag{4-26}$$

Substituindo-se (4-23), (4-24) e (4-26) em (4-25), reparando-se que os momentos são constantes em relação à integração em y e I é uma constante,

$$\frac{(M + dM)}{I} \int_{y_1}^{c_1} x_y y\, dy - \frac{M}{I} \int_{y_1}^{c_1} x_y y\, dy = \tau_{y_1} x_{y_1}\, dz \tag{4-27}$$

ou

$$\tau_{y_1} = \frac{dM}{I x_{y_1}\, dz} \int_{y_1}^{c_1} x_y y\, dy \tag{4-28}$$

De (4-3)

$$\frac{dM}{dz} = V \tag{4-29}$$

por conseguinte

$$\tau_{y_1} = \frac{V}{I x_{y_1}} \int_{y_1}^{c_1} x_y y\, dy \tag{4-30}$$

Esta expressão geral permite o cálculo das tensões de cisalhamento devidas ao carregamento transversal a qualquer distância y_1 acima do eixo neutro e, por sua vez, a distribuição das tensões de cisalhamento. Este procedimento é válido para qualquer viga carregada transversalmente de qualquer forma de seção transversal desde que a viga seja carregada em um plano de simetria vertical. De (4-30) pode ser observado que:

1. Na fibra externa em que $y_1 = c_1$, a tensão de cisalhamento devido ao carregamento transversal é nula.
2. No eixo neutro de flexão, em que $y_1 = 0$, a tensão de cisalhamento alcança o seu valor máximo desde que a largura efetiva no eixo neutro seja tão pequena quanto a largura de qualquer outra posição; se a seção for mais estreita em algum outro lugar, a tensão de cisalhamento máximo pode não estar localizada no eixo neutro.
3. A integral $\int_{y_1}^{c_1} yx_y\, dy$ descreve o momento estático da área *ACGE* (veja Figura 4.8) em relação ao eixo neutro. Este momento estático de área pode ser expresso em uma forma alternativa como

$\bar{y}A_{ACGE}$, em que $\bar{y}$ é a distância y do eixo neutro ao centroide da área $ACEG$. Esta expressão alternativa provê o fundamento para o método de *momento estático de área* para o cálculo das tensões de cisalhamento devidas ao carregamento transversal.

Em função do que foi dito em (3), a equação de tensão de cisalhamento devida ao carregamento transversal (4-30) pode ser escrita de uma forma alternativa como

$$\tau_{y_1} = \frac{V}{Ix_{y_1}}\bar{y}A \tag{4-31}$$

e, adicionalmente, se a seção transversal for irregular mas puder ser dividida em várias formas básicas, cada uma com seu próprio $\bar{y}_i$ e A_i (4-31) pode ser reescrita como

$$\tau_{y_1} = \frac{V}{Ix_{y_1}}\sum_i \bar{y}_i A_i \tag{4-32}$$

Exemplo 4.4 Tensão de Cisalhamento Devida ao Carregamento Transversal nos Pontos Críticos

Deseja-se calcular a tensão de cisalhamento máximo devido ao carregamento transversal na seção transversal retangular vazada mostrada na Figura E4.4A para uma viga engastada carregada na sua extremidade livre pela força F.

a. Onde a tensão de cisalhamento máximo devida ao carregamento transversal $\tau_{máx}$ estaria localizada?

b. Qual é o valor de $\tau_{máx}$ como uma função da tensão de cisalhamento média?

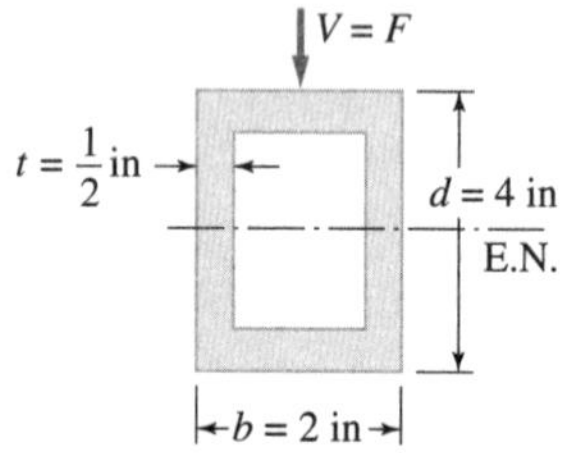

$V = F$

$t = \frac{1}{2}$ in

$d = 4$ in

E.N.

$b = 2$ in

Figura E4.4A
Seção transversal retangular vazada de viga.

Solução

a. De (4-30) está claro que τ_{y_1} alcançará o seu máximo quando $y_1 = 0$; com isso a tensão de cisalhamento devida ao carregamento transversal é máxima no eixo neutro de flexão.

b. O valor de $\tau_{máx}$ pode ser calculado diretamente pela integração de (4-30) com $y_1 = 0$, ou pela utilização do método do momento estático de área em (4-32) com $y_1 = 0$.

Para os dois métodos, o momento de inércia de área de toda a seção transversal em relação ao eixo neutro é

$$I = \frac{(2)(4)^3}{12} - \frac{(1)(3)^3}{12} = 8{,}42 \text{ in}^4$$

De (4-30) com $y_1 = 0$,

$$\tau_{máx} = \frac{V}{(8{,}42)(1)}\left[\int_0^{1{,}5}(1)\,y\,dy + \int_{1{,}5}^{2{,}0}(2)\,y\,dy\right]$$

ou

$$\tau_{máx} = \frac{V}{8{,}42}\left[\left(\frac{y^2}{2}\right)_0^{1{,}5} + 2\left(\frac{y^2}{2}\right)_{1{,}5}^{2{,}0}\right] = 0{,}34V$$

e

$$\tau_{méd} = \frac{V}{A} = \frac{V}{(2)(4) - (1)(3)} = 0{,}2V$$

por conseguinte

$$\tau_{máx} = 1{,}7\tau_{méd} = 1{,}7\frac{F}{A}$$

Alternativamente, utilizando-se (4-32).

$$\tau_{máx} = \frac{V}{(8{,}42)(1)}[(1)\{(0{,}5)2\} + (1)\{(0{,}5)2\} + (1{,}75)\{(1)0{,}5\}] = 0{,}34\text{V}$$

e outra vez utilizando-se $\tau_{méd}$

$$\tau_{máx} = 1{,}7\tau_{méd} = 1{,}7\frac{F}{A}$$

c. Para esboçar a distribuição das tensões de cisalhamento devidas ao carregamento transversal para esta seção transversal, a equação (4-30) pode ser utilizada. Pode ser notado a partir de (4-30) que, à medida que y_1 varia de zero no eixo neutro para c_1 nas fibras externas, o valor de τ_{y_1} varia parabolicamente de um máximo no eixo neutro a zero nas fibras externas. Contudo ocorre uma descontinuidade na distribuição em $y_1 = 1{,}5$, pois a largura x_{y_1} salta de 1,0 para 2,0 naquele ponto, resultando nos seguintes valores de (4-30)

$$\tau_{y_1=1,5(-)} = \frac{V}{8,42(1,0)} \int_{1,5}^{2,0} (2,0)\, y\, dy = \frac{2,0V}{8,42}\left(\frac{y^2}{2}\right)_{1,5}^{2,0} = 0,208V$$

e

$$\tau_{y_1=1,5(+)} = \frac{V}{8,42(2,0)} \int_{1,5}^{2,0} (2,0) y\, dy = \frac{V}{8,42}\left(\frac{y^2}{2}\right)_{1,5}^{2,0} = 0,104V$$

Utilizando-se estes resultados e o resultado de $\tau_{máx}$ a distribuição das tensões de cisalhamento devida ao carregamento transversal pode ser plotada como mostrada na Figura E4.4B.

Figura E4.4B
Distribuição de tensão de cisalhamento devida ao carregamento transversal.

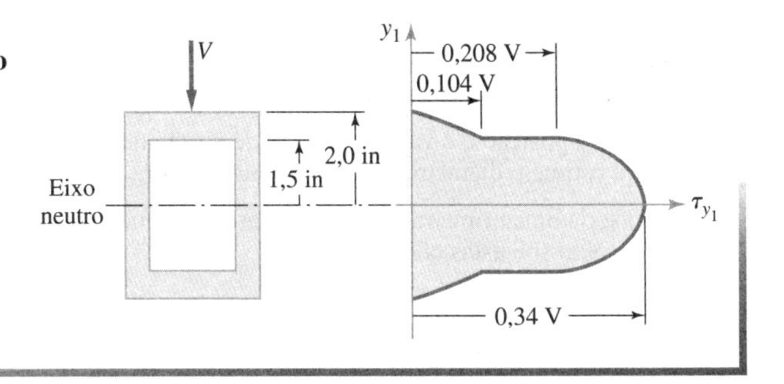

A tensão de cisalhamento *máxima* devida ao carregamento transversal pode ser sempre explicitada como uma constante vezes a tensão de cisalhamento *média*, em que a constante é uma função da forma da seção transversal. As constantes para diversas formas de seções transversais são mostradas na Tabela 4.4.

Adicionalmente, pode ser notado que a tensão de cisalhamento devida ao carregamento transversal torna-se tipicamente importante em comparação com a tensão de flexão, apenas em vigas muito curtas. As seguintes regras empíricas são algumas vezes usadas. Tensão de cisalhamento devida ao carregamento transversal torna-se importante para

1. Vigas de madeira tendo uma razão vão/altura menor que 24
2. Vigas de metal com almas finas tendo uma razão vão/altura menor que 15
3. Vigas de metal com seções transversais compactas tendo uma razão vão/altura menor que 8

TABELA 4.4 Valor e Localização da Tensão de Cisalhamento Máxima Devida ao Carregamento Transversal para Diversas Formas de Seções Transversais

Forma da Seção	Tensão de Cisalhamento Máxima Devida ao Carregamento Transversal, $\tau_{máx}$	Localização na qual o Máximo Ocorre
1. Retângulo	$\frac{3}{2}\frac{F}{A}$	Eixo neutro
2. Círculo cheio	$\frac{4}{3}\frac{F}{A}$	Eixo neutro
3. Círculo vazado	$2\frac{F}{A}$	Eixo neutro
4. Triângulo	$\frac{3}{2}\frac{F}{A}$	A meio caminho entre o topo e o fundo
5. Losango	$\frac{9}{8}\frac{F}{A}$	Em pontos $d/8$ acima e abaixo de eixo neutro

Exemplo 4.5 Projeto para Carregamento de Cortante Transversal

A análise dos esforços em um engaste pino-manilha (veja o Exemplo 4.1) resultou em um diagrama de corpo livre para o pino mostrado na Figura E4.5A. Baseando-se neste diagrama de corpo livre, complete as seguintes tarefas se $P = 45$ kN; $C = 25$ mm, $D = E = 12$ mm e o diâmetro do pino é d. A tensão trativa máxima admissível para o pino é 240 MPa e a tensão de cisalhamento máxima admissível para o material do pino é 140 MPa.

a. Construa os diagramas de cortante e de momento fletor para o pino carregado como mostrado na Figura E4.5A.

b. Encontre a posição e o valor da tensão fletora máxima no pino e estime o diâmetro mínimo necessário do pino baseando-se na tensão fletora.

c. Baseando-se na tensão de cisalhamento média nas seções transversais *A-A* e *B-B* do pino, estime os diâmetros mínimos necessários do pino.

d. Calcule a posição e o valor da tensão de cisalhamento máxima devida ao carregamento transversal no pino e estime o diâmetro mínimo necessário para tal.

e. Qual seria uma primeira iteração apropriada de recomendação de projeto para determinação do diâmetro do pino sob estas condições?

Solução

a. Os diagramas de cortante e de momento para o pino podem ser plotados diretamente a partir da utilização das equações dominantes ou montadas, utilizando-se os casos 3 e 11 da Tabela 4.1 como orientação. Os diagramas resultantes, baseados no carregamento do pino mostrado na Figura E4.5A, são mostrados na Figura E4.5B.

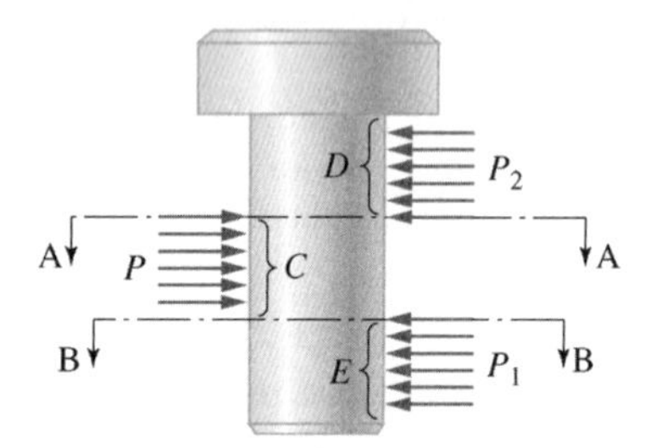

Figura E4.5A
Carregamento mostrado no diagrama de corpo livre de um pino de manilha.

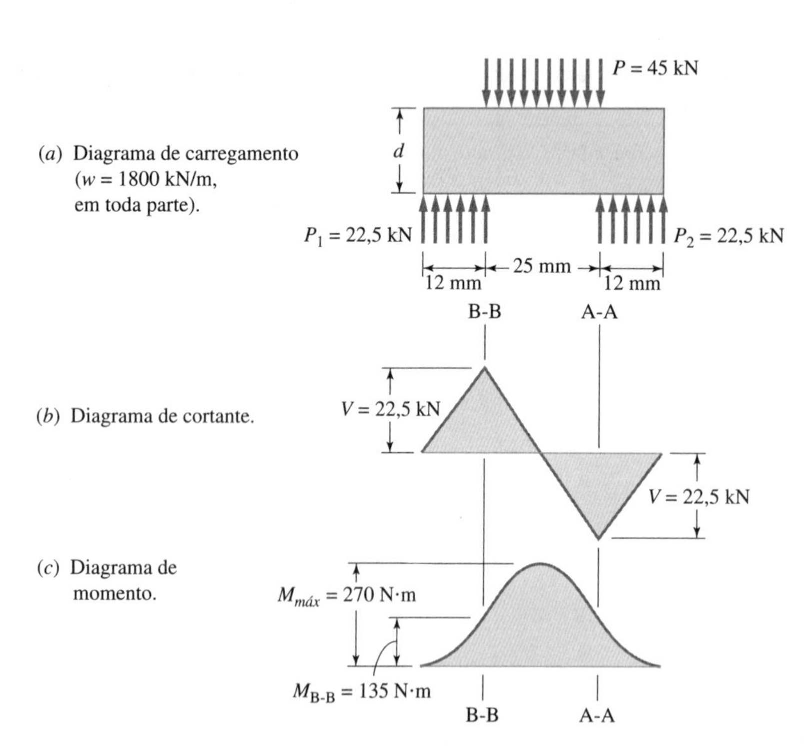

Figura E4.5B
Diagramas de carregamento, cortante e momento fletor para o carregamento do pino da Figura E4.5A

b. Da Figura E4.5B nota-se que, $M_{máx} = 270$ Nm ocorre a meio comprimento do pino. Visto que o diâmetro do pino é constante, a tensão de flexão máxima também ocorre a meio comprimento do pino. De (4-16), a tensão de flexão máxima a meio comprimento nas fibras externas é

$$\sigma_{máx} = \frac{M_{máx}c}{I} = \frac{M_{máx}}{Z} = \frac{32M_{máx}}{\pi d^3}$$

Portanto, o diâmetro mínimo do pino baseado em $\sigma_{máx} = \sigma_{admissível} = 240$ MPa é

$$d = \sqrt[3]{\frac{32(270)}{\pi(240 \times 10^6)}} = 0{,}0225 \text{ m} = 22{,}5 \text{ mm}$$

c. Baseado na tensão de cisalhamento média nas seções *A-A* ou *B-B*, a equação (4-16) gera

$$\tau_{médA\text{-}A} = \frac{P_{A\text{-}A}}{A_{A\text{-}A}} = \frac{4V_{A\text{-}A}}{\pi d^2}$$

e o diâmetro mínimo do pino em *A-A* ou *B-B* no diagrama de cortante da Figura E4.5B para $\tau_{máx} = \tau_{admissível} = 140$ MPa é

$$d = \sqrt{\frac{4(22{,}5 \times 10^3)}{140 \times 10^6}} = 0{,}0143 \text{ m} = 14{,}3 \text{ mm}$$

d. O exame do diagrama de cortante da Figura E4.5B mostra que a força cortante transversal máxima, $V_{máx} = 22{,}5$ N ocorre nas seções *A-A* e *B-B*. Visto que o diâmetro do pino é constante, a tensão de cisalhamento máxima devida ao carregamento transversal também acontece nestas seções. Do caso 2 da Tabela 4.4, a tensão de cisalhamento máxima devida ao carregamento transversal ocorre no eixo neutro de flexão em *A-A* e *B-B*, e é

$$\tau_{máx} = \frac{4}{3}\frac{V_{A\text{-}A}}{A} = \frac{16V_{A\text{-}A}}{3\pi d^2}$$

O diâmetro mínimo do pino em *A-A* e *B-B* baseado no diagrama de cortante da Figura E4.5B para $\tau_{máx} = \tau_{admissível} = 140$ MPa, é

$$d = \sqrt{\frac{16(22{,}5 \times 10^3)}{3\pi(140 \times 10^6)}} = 0{,}0165 \text{ m} = 16{,}5 \text{ mm}$$

e. Os resultados de (a), (b), (c) e (d), indicam que o diâmetro de flexão é o maior e visto que a tensão de cisalhamento devida ao carregamento transversal é nula nas fibras externas em que a tensão de flexão é máxima, nenhuma interação entre tensões combinadas precisa ser considerada. A recomendação de projeto adequado para uma primeira iteração para o diâmetro do pino, baseado em flexão, seria de

$$d = 22{,}5 \text{ mm}$$

Tensão de Cisalhamento Devida à Torção; Seção Transversal Circular

O esboço da Figura 4.9(a) mostra um momento torcional aplicado a uma barra cilíndrica reta. A distribuição resultante de tensão de cisalhamento τ na superfície de corte é mostrada na Figura 4.9(b). Pode-se notar que a tensão de cisalhamento parece sugerir um padrão de "redemoinho"; adicionalmente, a tensão de cisalhamento varia linearmente de zero no centro para um valor máximo $\tau_{máx}$ nas fibras externas. O valor da tensão de cisalhamento τ para qualquer raio r é dada por

$$\tau = \frac{Tr}{J} \tag{4-33}$$

em que

$$J = \int r^2 \, dA \tag{4-34}$$

é o momento de inércia polar de seção transversal e T é o momento torcional. Para uma seção transversal circular cheia,

$$J = \frac{\pi D^4}{32} \tag{4-35}$$

e para uma seção transversal circular vazada,

$$J = \frac{\pi(D_e^4 - D_i^4)}{32} \tag{4-36}$$

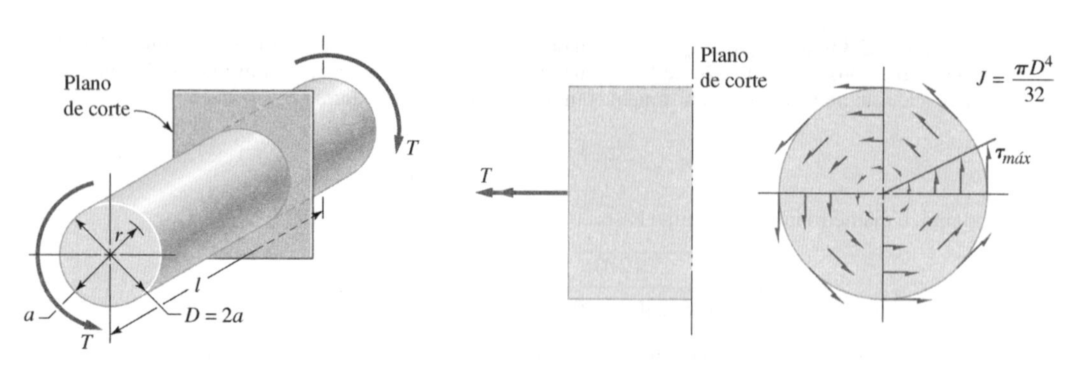

(a) Momento de torção aplicado em um cilindro sólido.

(b) Vista lateral de um diagrama de corpo livre da parte anterior mostrando a distribuição linear de tensão de cisalhamento na superfície de corte do cilindro.

Figura 4.9
Cilíndro de seção transversal uniforme, submetido a momento torsor.

A tensão de cisalhamento máxima $\tau_{máx}$ na fibra externa é, de (4-33),

$$\tau_{máx} = \frac{Ta}{J} \tag{4-37}$$

em que a é o raio das fibras externas do cilindro. As equações (4-33) e (4-37) podem ser assumidas como válidas apenas se a barra for reta e de seção transversal cilíndrica (tanto maciça quanto vazada), feita de material homogêneo e com o torque aplicado em torno do eixo longitudinal, as tensões estejam na faixa elástica e os cálculos sejam feitos em planos de corte distantes dos pontos de aplicação de cargas e distantes de descontinuidades geométricas significativas. Sob estas condições, os planos de seções transversais de barras cilíndricas permanecem planos e paralelos após a torção.

Uma vez que o torque em um eixo é frequentemente associado à transmissão de potência de um motor elétrico, ou de outra fonte de potência, para uma máquina sob carga, é conveniente rever a relação entre potência, velocidade e torque de um eixo rotativo. A potência é definida como taxa de trabalho realizado no tempo. *Horsepower* e quilowatts são unidades de potência usuais. Um *horsepower* (hp) é igual a 33.000 lbf · ft/min; um quilowatts (kW) é igual a 60.000 N · m/min. Se um torque constante T for aplicado a um eixo rotativo a uma velocidade angular constante de ω rad/min, o trabalho executado a cada minuto é de $T\omega$ e a potência transmitida é de

$$hp = \frac{(T/12)\omega}{33.000} = \frac{T(2\pi n)}{(12)(33.000)} \tag{4-38}$$

ou

$$hp = \frac{Tn}{63.025} \tag{4-39}$$

em que T = torque, lbf · in
n = velocidade angular do eixo, rev/min
hp = potência

ou

$$kw = \frac{T\omega}{60.000} = \frac{T(2\pi n)}{60.000} \tag{4-40}$$

então

$$kW = \frac{Tn}{9549} \tag{4-41}$$

em que T = torque, N · m
n = velocidade angular do eixo, rev/min
kW = potência

Tensão de Cisalhamento Devido à Torção; Seção Transversal Não Circular

Para casos em que momentos torcionais são aplicados a barras de seção transversal *não circulares, as equações recém-vistas não produzem resultados corretos e não devem ser utilizadas*. Isto acontece primeiramente porque os planos das seções transversais são significativamente distorcidos quando barras de seções não circulares são torcidas, como ilustrado, por exemplo, na Figura 4.10. Embora o desenvolvimento de equações para a tensão de cisalhamento torcional em seções transversais não circulares seja complexo, pode-se analisar tais casos pela utilização da *analogia de membrana*.

Analogias são frequentemente úteis na prática da engenharia quando as *equações representativas* de diferentes fenômenos físicos *são formalmente as mesmas*. Por exemplo, analogias elétricas de componentes mecânicos, tais como molas, massas e amortecedores, permitem o uso de computadores

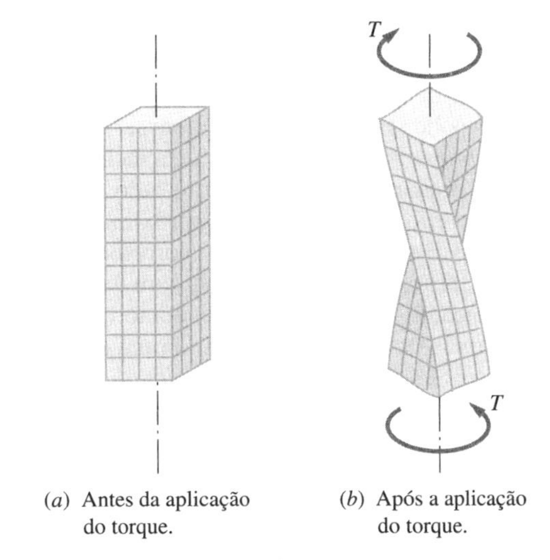

Figura 4.10
Descrição exagerada das distorções geradas pela aplicação do momento torsor a uma seção transversal não circular.

analógicos elétricos para resolver problemas de vibrações mecânicas. No caso da analogia por membrana, verifica-se que a equação diferencial representativa do fenômeno e das condições de contorno de uma barra com qualquer forma selecionada de seção transversal, submetida a um momento torcional, é formalmente idêntica à equação diferencial e às condições de contorno que definem o contorno espacial de uma membrana fina pressurizada, proeminente acima de um plano base de referência, através de um furo que tenha o mesmo formato que a seção transversal selecionada.[10] A analogia, por conseguinte, provê uma relação matemática entre a deflexão da superfície de contorno e a distribuição de tensões de cisalhamento torcionais em uma barra torcida. Consequentemente, o comportamento de uma barra em torção pode ser deduzido pelo estudo das características correspondentes das linhas de nível em uma membrana pressurizada. Tais linhas de nível estão ilustradas, para uma seção transversal circular, na Figura 4.11. Três observações importantes foram estabelecidas para a interpretação dos resultados a partir da analogia de membrana.

1. A tangente à linha de nível (linha de altura constante) em qualquer ponto sobre a membrana defletida determina a *direção* do vetor de tensão de cisalhamento torcional do ponto correspondente na seção transversal da barra torcida.
2. A inclinação *máxima* da membrana em qualquer ponto da membrana defletida é proporcional ao *valor* da tensão de cisalhamento no ponto correspondente da seção transversal da barra torcida.
3. O volume contido entre o plano-base de referência e a superfície de contorno de uma membrana defletida é proporcional ao torque na barra torcida.

Todas estas observações podem ser prontamente verificadas analiticamente para uma barra de seção transversal circular. A concordância experimental com as observações de formas não circulares é excelente. Para um projetista, a importância da analogia de membrana não se baseia em seu uso

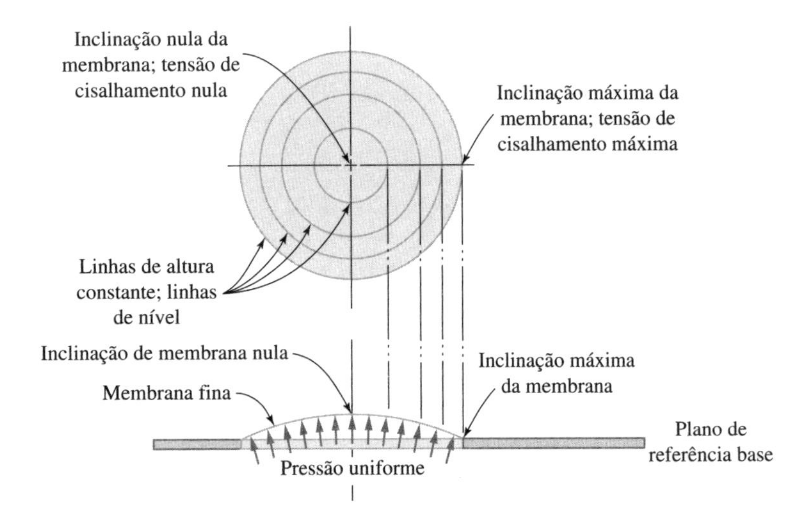

Figura 4.11
Analogia da membrana ilustrada para a torção aplicada a uma barra de seção transversal circular.

[10] Veja, por exemplo, ref. 6, pp. 261, 269.

como uma ferramenta de cálculo, mas, preferencialmente, no seu uso como uma ferramenta de análise de tensão rápida e *qualitativa*. Pela simples *visualização* da fina membrana pressurizada ressaltada através de um furo que tenha a forma da seção transversal da barra submetida à torção, uma figura mental da distribuição de tensões pode ser formulada, e podem ser identificados os pontos de máxima tensão de cisalhamento. Estes *pontos críticos* ocorrem onde a inclinação da membrana é maior; isto é, onde as linhas de nível estão mais próximas. Por outro lado, em pontos onde a inclinação da membrana é próxima de zero, a tensão de cisalhamento é próxima de zero.

Para ilustrar, os mapas de linhas de nível de membranas correspondentes a um eixo de seção transversal retangular e a um eixo de seção transversal circular com um rasgo de chaveta são esboçados na Figura 4.12. Para a barra de seção retangular carregada em torção mostrada na Figura 4.12(a), as linhas de nível estão mais próximas (a inclinação da membrana é maior) à meia distância do lado maior; consequentemente, *lá a tensão de cisalhamento torcional é maior*. Além disso, uma vez que a inclinação da membrana é nula nos cantos, *a tensão de cisalhamento torcional é nula nos cantos*. É interessante notar o erro potencial que pode ser cometido se a equação (4-37) para uma seção transversal *circular* for empregada a este eixo de seção transversal *retangular*, visto que (4-37) pareceria prever que a *tensão de cisalhamento máxima* ocorreria nos cantos (porque o "raio" é maior nos cantos), mas na realidade a *tensão de cisalhamento é nula*. Para o eixo de seção transversal circular *com um rasgo de chaveta* descrito na Figura 4.12(b), o padrão das linhas de nível é similar ao do eixo de seção transversal retangular mostrado na Figura 4.11, exceto pelas distribuições locais em torno do rasgo de chaveta. As linhas de nível estão mais compactas à medida que fluem em torno dos cantos do rasgo de chaveta, indicando que nestes pontos existem concentração de tensões. Deste modo a tensão de cisalhamento máxima é maior nos cantos de um rasgo de chaveta. Métodos para calcular os valores reais de tensão em tais regiões concentradoras de tensões são discutidos na Seção 5.3.

Tipicamente, é possível a formulação de uma expressão para tensão de cisalhamento máxima em uma barra não circular submetida ao torque T como

$$\tau_{máx} = \frac{T}{Q} \tag{4-42}$$

em que

$$Q = f(\text{geometria da seção transversal}) \tag{4-43}$$

Do mesmo modo, o ângulo de torção θ, em radianos, pode ser formulado para seções transversais não circulares submetidas ao torque T como

$$\theta = \frac{TL}{KG} \tag{4-44}$$

em que

$$K = g(\text{geometria da seção transversal}) \tag{4-45}$$

L é o comprimento da barra e G é o módulo de cisalhamento. As expressões para Q e para K são mostradas para várias formas de seções transversais na Tabela 4.5 e para muitas outras formas na literatura especializada.[11]

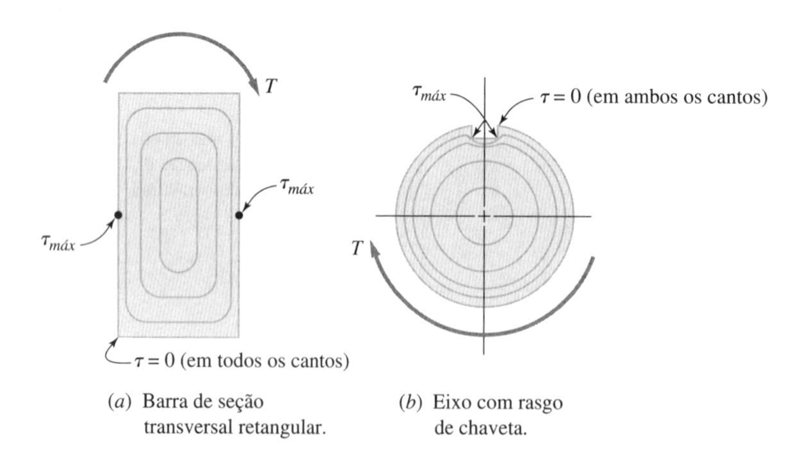

(*a*) Barra de seção transversal retangular.

(*b*) Eixo com rasgo de chaveta.

Figura 4.12
Linhas de nível visualizadas a partir da analogia de membrana para uma barra de seção transversal retangular e para um eixo de seção transversal circular com um rasgo de chaveta.

[11] Veja, por exemplo, refs. 4 e 7.

TABELA 4.5 Parâmetros para a Determinação da Tensão de Cisalhamento e do Ângulo de Torção para Barras com Diversas Formas de Seções Transversais Submetidas a Momentos Torcionais

Forma e Dimensões de Seção Transversal		Q, in³	K, in⁴	Localização da Tensão de Cisalhamento Máxima
1. Círculo sólido	2r	$\frac{\pi r^3}{2}$	$\frac{\pi r^4}{2}$	Em todo o perímetro
2. Elipse sólida	2b, 2a	$\frac{\pi a b^2}{2}$	$\frac{\pi a^3 b^3}{a^2 + b^2}$	Nas extremidades do eixo menor
3. Retângulo sólido	2b, 2a	$\frac{8a^2b^2}{3a + 1{,}8b}$ (para $a \geq b$)	$ab^3\left[\frac{16}{3} - 3{,}36\frac{b}{a}\left(1 - \frac{b^4}{12a^4}\right)\right]$ (para $a \geq b$)	No ponto médio de cada lado maior
4. Triangulo equilátero sólido	a	$\frac{a^3}{20}$	$\frac{\sqrt{3}\,a^4}{80}$	No ponto médio de cada lado
5. Qualquer tubo fino de espessura constante t U = comprimento do perímetro médio A = área envolvida pelo perímetro médio	t, Perímetro médio	$2At$	$\frac{4A^2t}{U}$	Praticamente uniforme em toda a extensão
6. Qualquer tubo fino de espessura constante t U = comprimento da linha média	t, Linha média	$\frac{U^2t^2}{3U + 1{,}8t}$	$\frac{Ut^3}{3}$	Praticamente uniforme em toda a extensão

Exemplo 4.6 Projeto de Eixos de Seções Transversais Circulares e Quadrada com Carregamento Torcional

Medições experimentais de potência realizadas em um novo tipo de enxada rotativa de jardim revelaram que sob condições de carregamento total o motor de combustão interna deve suprir 4,3 hp, constantemente, para um trem de acionamento mecânico. A potência é transmitida através de um eixo de aço rotativo, de seção transversal circular cheia, de 0,5 polegada de diâmetro, a 1800 rpm. O que está sendo proposto é a substituição do eixo de seção transversal circular por um eixo de seção transversal quadrada feito do mesmo material. Avalie a proposta após determinação das seguintes informações:

a. Qual é o torque máximo em regime permanente que pode ser transmitido pelo eixo de seção transversal circular?

b. Qual é a tensão máxima que ocorre no eixo de seção transversal circular, que tipo de tensão é esta e onde ocorre?

c. Supondo que a medição de potência transmitida pelo eixo de seção transversal circular fosse executada sob carga total, como especificado, que *tensão admissível de projeto* seria provavelmente utilizada para o cálculo do eixo?

d. Que *tensão admissível de projeto* deveria ser utilizada para estimar o tamanho necessário para o eixo de seção transversal quadrada proposto?

e. Qual tamanho deveria ser proposto para o eixo de seção transversal quadrada para que fosse "equivalente" ao eixo de seção transversal existente em resistir à falha?

Solução

a. Da equação (4-39),

$$T = \frac{63.025\,(hp)}{n} = \frac{63.025(4{,}3)}{1800} = 150{,}6 \text{ lbf} \cdot \text{in}$$

Exemplo 4.6 Continuação

b. O torque sobre o eixo de seção transversal circular gera tensão *de cisalhamento* torcional que alcança o seu valor máximo por toda a superfície externa. O valor da tensão de cisalhamento máxima é de (4-37) e de (4-35),

$$\tau_{máx} = \frac{Ta}{J} = \frac{T\left(\frac{D}{2}\right)}{\left(\frac{\pi D^4}{32}\right)} = \frac{16T}{\pi D^3} = \frac{16(150{,}6)}{\pi(0{,}50)^3} = 6136 \text{ psi}$$

c. Visto que o objetivo do projeto é determinar o tamanho da peça de tal forma que a tensão máxima sob "condições de projeto" seja igual à tensão admissível de projeto τ_{adm},

$$\tau_{adm} = \tau_{máx} = 6136 \text{ psi}$$

d. Visto que o material para o eixo de seção transversal quadrada é o mesmo que para o de seção transversal circular, a tensão de cisalhamento admissível deverá ser a mesma. Consequentemente, para o eixo de seção transversal quadrada

$$\tau_{adm} = 6136 \text{ psi}$$

e. O eixo proposto, de seção transversal quadrada, está dentro da categoria de barra de seção transversal não circular submetida à torção; portanto, de (4-42)

$$Q = \frac{T}{\tau_{adm}} = \frac{150{,}6}{6136} = 0{,}025$$

Para o eixo de seção transversal quadrada, o caso 3 da Tabela 4.5 pode ser utilizado estabelecendo $a = b$, gerando

$$Q = \frac{8a^4}{4{,}8a} = 1{,}67a^3$$

Igualando-se as duas equações para Q tem-se

$$a = \sqrt[3]{\frac{0{,}025}{1{,}67}} = 0{,}25 \text{ polegada}$$

Consequentemente as dimensões de cada lado do quadrado deverão ser

$$s = 2a = 0{,}50 \text{ polegada}$$

Exemplo 4.7 Tensão de Cisalhamento, Tubo de Parede Fina

Um tanque cilíndrico com placas nas extremidades é cheio de água e é simplesmente apoiado nas suas extremidades. O tanque, mostrado na Figura E4.7 tem um diâmetro externo de 1 m e uma espessura de 5 mm. O comprimento do tanque é de 3 m. Determine a tensão de cisalhamento máxima na seção transversal.

Solução

Para vasos de pressão de parede fina, um valor aproximado da área A e do momento de inércia de área I em torno da linha neutra é

$$A = 2\pi rt, \qquad I = \pi r^3 t$$

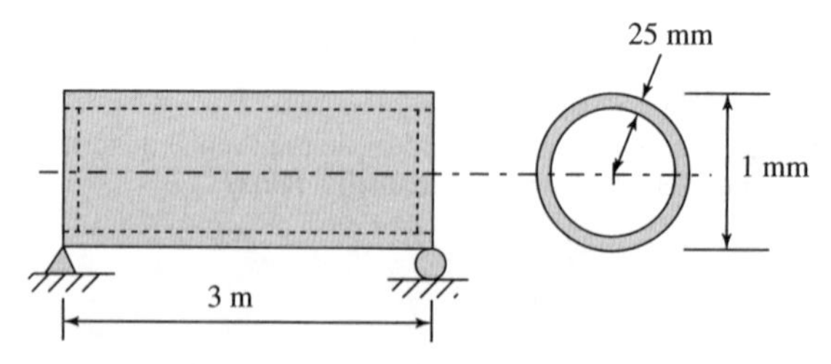

Figura E4.7
Tanque cilíndrico simplesmente apoiado cheio de água.

A massa específica da água é de 1000 kg/m³. Portanto, a carga por unidade de comprimento é dada por

$$w = \frac{\rho V}{L} = \frac{1000(9{,}81)(2\pi)(0{,}5)(0{,}025)3}{3} = 770 \text{ N/m}$$

A força máxima de cisalhamento é, portanto, $V_{máx} = 770(3)/2 = 1{,}155$ N. A tensão de cisalhamento máximo é

$$\tau_{máx} = \frac{2V}{A} = \frac{2(1.155)}{2\pi(0{,}5)(0{,}025)} = 29{,}4 \text{ kPa}$$

Tensão de Cisalhamento Devida à Torção; Centro de Cisalhamento em Flexão

No desenvolvimento das equações (4-4) para tensão de flexão (4-30) para tensão de cisalhamento devida ao carregamento transversal, foi estipulado que o plano de momento de flexão gerado por um conjugado de forças transversal e coplanar deve coincidir com o um plano de simetria da viga; caso contrário as equações não seriam totalmente válidas. No caso da flexão de uma viga gerada por um conjugado de forças coplanar, onde o plano em que está contido *não* for um plano de simetria da viga, *a flexão da viga é usualmente acompanhada pela torção da mesma*. Para eliminar a torção em tais casos, o plano do conjugado de forças transversal deve ser deslocado paralelamente até que passe através do *centro de cisalhamento* ou *centro de torção,* para uma dada seção transversal. Algumas vezes, a localização do centro de cisalhamento pode ser estabelecida por inspeção, observando-se as seguintes afirmativas:

1. Se a seção transversal tem *um eixo de simetria*, o centro de cisalhamento deverá estar sobre este eixo, mas usualmente *não estará* sobre o centroide.
2. Se a seção transversal tem *dois eixos de simetria*, o centro de cisalhamento deverá estar sobre seu ponto de interseção (*i.e.*, no centroide).
3. Se a seção transversal tem *um ponto de simetria*, o centro de cisalhamento deverá estar sobre o centroide.

A Tabela 4.6 mostra a localização do centro de cisalhamento para algumas seções transversais de vigas, e outras seções estão disponíveis em literatura especializada.[12]

TABELA 4.6 Localização do Centro de Cisalhamento para Algumas Seções Transversais de Vigas[1]

Forma e Dimensões da Seção Transversal		Posição do Centro de Cisalhamento Q (para carregamento vertical)
1. Perfil C	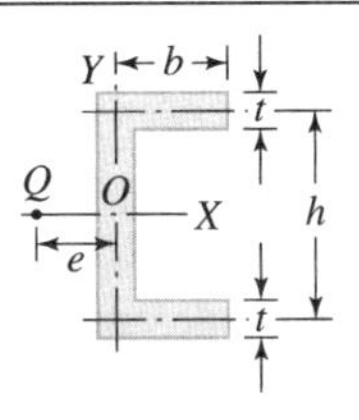	$e = h\frac{H_{xy}}{I_x}$ em que H_{xy} = produto de inércia da metade da seção (acima de X) em relação aos eixos X e Y, e I_X = momento de inércia de toda a seção em relação ao eixo X Se t uniforme $e = \frac{b^2h^2t}{4I_x}$
2. Cantoneira em L	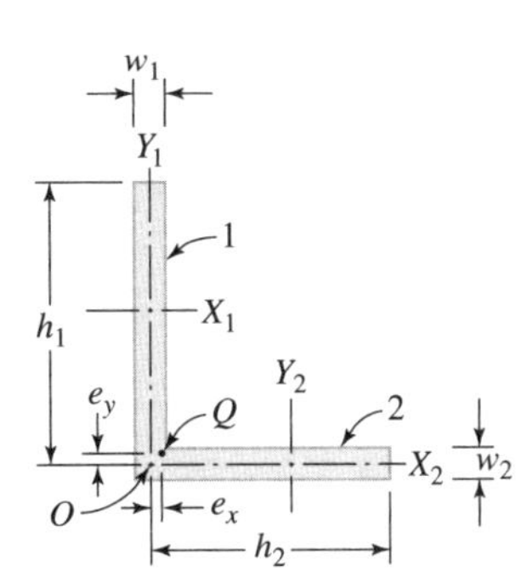	$e_x = \frac{1}{2}h_2\left(\frac{I_1}{I_1 + I_2}\right)$ $e_y = \frac{1}{2}h_1\left(\frac{I_1}{I_1 + I_2}\right)$ em que Aba 1 = retângulo w_1h_1; Aba 2 = retângulo w_2h_2 I_1 = momento de inércia da Aba 1 em torno de Y_1 I_2 = momento de inércia da Aba 2 em torno de Y_2 Se w_1 e w_2 são pequenos, $e_x \approx e_y \approx 0$ e Q está em O

(Continua)

[12] Veja, por exemplo, refs. 4 e 7.

TABELA 4.6 (*Continuação*)

Forma e Dimensões da Seção Transversal		Posição do Centro de Cisalhamento Q (para carregamento vertical)
3. Tê	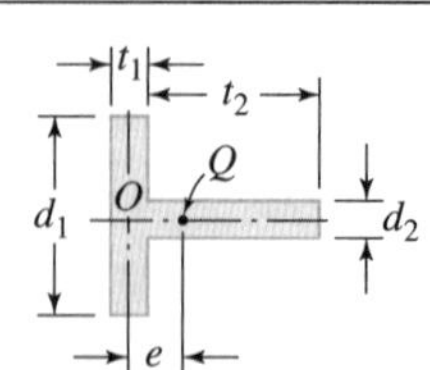	$$e = \frac{1}{2}(t_1 + t_2)\left[\frac{1}{1 + \frac{d_1^3 t_1}{d_2^3 t_2}}\right]$$ Para uma viga em T de proporções usuais, Q pode ser admitido estar em O
4. I com abas desiguais e alma estreita	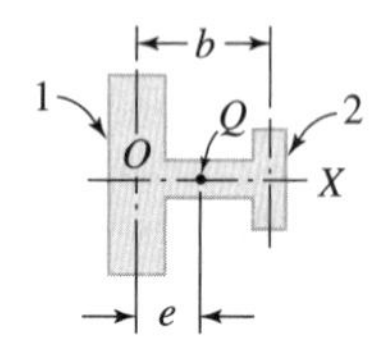	$$e = b\left(\frac{I_2}{I_1 + I_2}\right)$$ Em que I_1 e I_2 são momentos de inércia da aba 1 e da aba 2, respectivamente, em torno do eixo X

[1] Escolhido da ref. 4.

Exemplo 4.8 Tensões em uma Alma Vertical, Carregada na Extremidade, Viga Engastada de Seção Transversal de Perfil C

Um suporte engastado de forma de seção transversal de perfil C, orientado como mostrado na Figura E4.8A, é carregado na extremidade livre por uma força de $P = 8000$ lbf aplicada no meio da aba. Deseja-se revisar esta configuração de projeto pela determinação das seguintes informações:

a. Que tipo de padrões de tensões são desenvolvidos e onde as tensões máximas ocorrerão.

b. Quais são as tensões máximas de cada tipo que deverão ser consideradas na análise de prevenção de falha do suporte.

c. Que medidas poderiam ser tomadas para reduzir as tensões determinadas em (b) sem mudar o valor do carregamento ou a geometria da seção transversal.

Solução

a. Para este tipo de carregamento em uma seção transversal de perfil C com alma vertical, como mostrado na Figura E4.8A, três tipos de padrões de tensão devem ser examinados, Estes são:

1. *Tensões de flexão*, que alcançam seus valores máximos nas fibras externas superiores e inferiores da parede.
2. *Tensões de cisalhamento devidas ao carregamento*, que alcançam seus valores máximos no eixo neutro de flexão (normal ao eixo x na Figura E4.8A, em todo o comprimento do suporte).
3. *Tensões de cisalhamento torcional*, porque a carga P não passa através do centro de cisalhamento (veja o caso 1 da Tabela 4.6). Estes alcançam os valores máximos nas abas superiores e inferiores, ao longo de todo o comprimento do suporte.

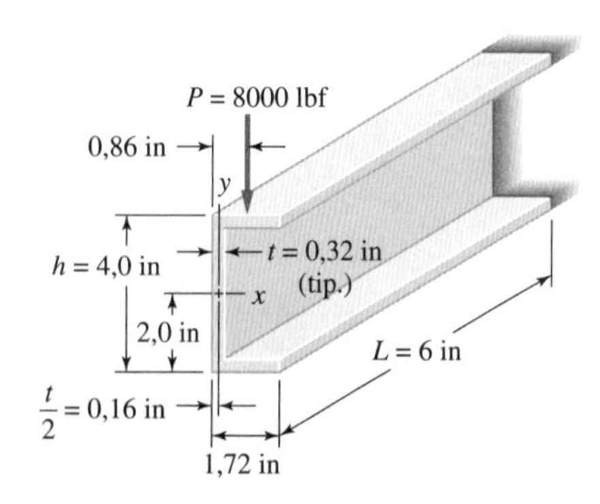

Figura E4.8A
Suporte engastado, com seção transversal em perfil C, submetida à carga transversal na extremidade.

b. Tensões máximas de cada tipo podem ser determinadas como mostrado a seguir:

1. Supondo que o suporte não torça significativamente, a tensão de flexão máxima na fibra externa e na parede pode ser calculada de (4-5) como

$$\sigma_{máx} = \frac{Mc}{I_x}$$

em que

$$M = PL = (8000)(6) = 48.000 \text{ lbf} \cdot \text{in}$$

$$c = \frac{h}{2} = \frac{4,0}{2} = 2,0 \text{ polegadas}$$

e[13]

$$I_x = \frac{th^3}{12} + 2A_f d^2$$

ou

$$I_x = \frac{0,32(4)^3}{12} + 2[(1,72 - 0,32)(0,32)](2,0 - 0,16)^2$$
$$= 1,71 + 3,03 = 4,74 \text{ in}^4$$

por conseguinte

$$\sigma_{máx} = \frac{48.000(2,0)}{4,74} = 20.250 \text{ psi}$$

2. Tensão de cisalhamento devido ao carregamento transversal τ_{cis} é máxima no eixo neutro (eixo x da Figura E4.8A) e pode ser calculada utilizando-se (4-32) como

$$\tau_{cis\text{-}máx} = \frac{V}{I_x t}\sum_{i=1}^{2} \bar{y}_i A_i = \frac{8000}{4,74(0,32)}[(1,0)(2,0)(0,32) + (1,84)(1,4)(0,32)]$$
$$= 7720 \text{ psi}$$

3. Do caso 1 da Tabela 4.6, o centro de cisalhamento para seção transversal de perfil C está localizado sobre o eixo x à distância e à esquerda da origem dos eixos xy. Para o perfil C da Figura E4.8A,

$$e = \frac{b^2h^2t}{4I_x} = \frac{(1,72 - 0,16)^2(4,0 - 0,32)^2(0,32)}{4(4,74)} = 0,56 \text{ polegada}$$

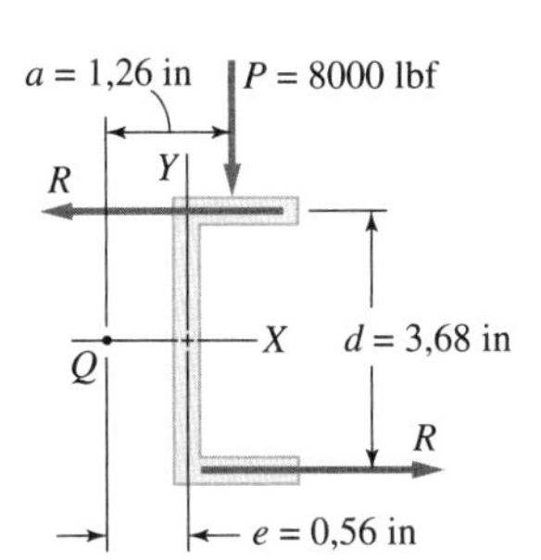

Figura E4.8B
Momento torcional *Pa* e binário resistivo *Rd* para o suporte carregado mostrado na Figura E4.5A.

Portanto, o centro de cisalhamento está sobre o eixo x a uma distância $e = 0,56$ polegada à esquerda da origem. Na Figura E4.8B isto provoca um momento torcional T no suporte em que

$$T = Pa$$

e o braço de momento a é

$$a = 0,56 + 0,86 - 0,16 = 1,26 \text{ polegada}$$

portanto,

$$T = 8000(1,26) = 10.080 \text{ lbf} \cdot \text{in}$$

Primeiramente, forças horizontais de sentidos opostos R resistem a este momento torcional, uma em cada aba, o que gera um binário resistivo Rd. Baseando-se no equilíbrio de momentos

$$T = Rd$$

consequentemente

$$R = \frac{T}{d} = \frac{10.080}{3,68} = 2739 \text{ lbf}$$

ou

$$\tau_{tor\text{-}máx} = \frac{R}{A_f} = \frac{2739}{(1,72)(0,32)} = 4976 \text{ psi}$$

Assim, a tensão de cisalhamento torcional máxima τ_{tor}, nas abas, é de 5170 psi.

c. As tensões de cisalhamento *torcionais* podem ser eliminadas pela translação da carga aplicada P para a esquerda de uma distância $a = 1,26$ polegada de forma que a linha de ação de P passe através do centro de cisalhamento. Para isto provavelmente seria necessário soldar de um pequeno bloco na alma do perfil C para suportar a carga.

[13] As equações para momentos de inércia de área e de transferências de eixo estão disponíveis em inúmeras referências (por exemplo, ref. 4).

Tensão de Contato entre Superfícies

Quando cargas são transmitidas de uma peça de um equipamento para outra por meio de pinos, elementos de fixação, rolamentos, dentes de engrenagens ou outros tipos de junções, as *pressões de contato superficiais* são desenvolvidas nas áreas de contato entre as peças acopladas. Visto que a marca de contato teórico entre superfícies *curvas* é um ponto ou uma linha, para tais contatos a carga operacional deve ser inicialmente suportada em áreas de contato praticamente nulas, produzindo pressões de contato muito altas. As pressões de contato altas, por sua vez, produzem deformações elásticas na região de contato que alargam a marca e ampliam a área de contato. As distribuições de pressão sobre tais áreas de contato são não uniformes, e os estados de tensões gerados na área de contato, e sob esta, são usualmente triaxiais em função da restrição elástica do material circunvizinho. A análise da distribuição complexa de tensões nas regiões em torno da região de contato entre dois corpos curvos elásticos foi originalmente proposta em 1881 por H. Hertz; logo, tais tensões são usualmente chamadas de *tensões de contato de Hertz*. Mesmo casos de contato entre corpos planos podem gerar uma distribuição de pressões não uniforme na região de contato e ao redor desta. Por exemplo, um contato plano entre um *pequeno* bloco rígido pressionado contra um *grande* corpo elástico gera uma distribuição não uniforme de tensões próximo das bordas do bloco. Visto que as tensões de contato são geralmente multiaxiais, discussões adicionais serão adiadas até a discussão de estados de tensões multiaxiais[14] na Seção 5.2.

4.5 Análise de Deslocamento; Tipos Comuns de Carregamento

Quando forças são aplicadas a estruturas ou peças de equipamentos, não apenas tensões são geradas, mas deformações e deslocamento também são produzidas. Este conceito já foi ilustrado para o caso de uma barra reta, elástica, de seção transversal uniforme, carregada por uma força axial nas Figuras 2.1 e 2.2. A equação de força-deslocamento (2-1) para este caso de carregamento axial é repetida a seguir por conveniência, como

$$F = ky = k = \delta_f \tag{4-46}$$

em que

$$k = \frac{AE}{L} \tag{4-47}$$

é a constante de mola axial da barra carregada, F é a força aplicada, e δ_f é a variação de deslocamento elástico induzido pela força.

O carregamento de momento torcional também gera deformação de cisalhamento torcional e o consequente deslocamento angular de um membro carregado torcionalmente. O deslocamento angular para membros elásticos submetidos ao carregamento torcional, dada por (4-44), é repetida a seguir como

$$\theta = \frac{TL}{KG} \tag{4-48}$$

em que θ é o ângulo de torção em radianos, T é o torque aplicado, L é o comprimento da barra, G é o módulo de cisalhamento e K é função da forma da seção transversal, tabuladas para diversos casos na Tabela 4.5. Se o membro for cilíndrico, K é o momento de inércia polar, J.

Cargas de flexão geram deflexões transversais na viga que podem ser determinadas (supondo o comportamento elástico) integrando-se duas vezes a equação diferencial da linha elástica e utilizando-se as condições de contorno particulares de interesse. A equação diferencial representativa do fenômeno é[15]

$$\frac{d^2y}{dx^2} = -\frac{M}{EI} \tag{4-49}$$

em que y é o deslocamento transversal da viga em qualquer posição x ao longo do comprimento da viga. M é o momento fletor aplicado e E é o módulo de elasticidade e I é o momento de inércia de área em torno do eixo neutro de flexão. As equações das flechas para vários casos comuns são mostradas na Tabela 4.1.

Em todos estes casos, quando um membro elástico é carregado lentamente por uma força, um momento torçor ou um momento fletor, para gerar correspondentes deflexões ou deslocamentos axiais, torçores ou fletores, as forças ou momentos externos *realizam trabalho* no corpo (força média ou momento médio *versus* o correspondente deslocamento), o qual é armazenado no corpo deformado

---

[14] Veja a Seção 4.6 para uma discussão mais completa da distribuição de tensões de contato multiaxiais de Hertz.

[15] Veja, por exemplo, ref. 1, p. 139.

como *energia potencial de deformação*, usualmente apenas chamada de *energia de deformação*. Se a deformação não ultrapassa o limite elástico, a energia de deformação armazenada pode ser recuperada durante um gradual descarregamento do corpo.

Energia de Deformação Armazenada

Se um material segue a lei de Hooke e se as deformações forem pequenas, os deslocamentos de uma estrutura elástica são funções lineares das cargas externas. Deste modo, se as cargas aumentam em determinada proporção, os deslocamentos aumentam em proporção semelhante. Para ilustrar, se uma peça de um equipamento ou de uma estrutura é simultaneamente carregada por forças externas P_1, P_2,... P_i, os deslocamentos correspondentes δ_1, δ_2, ..., δ_i podem ser determinados a partir de diagramas lineares de força-deslocamento do tipo mostrado na Figura 2.2, e o trabalho realizado na peça do equipamento, que é igual à energia de deformação armazenada é

$$U = \frac{P_1\delta_1}{2} + \frac{P_2\delta_2}{2} + \cdots + \frac{P_i\delta_i}{2} \tag{4-50}$$

As forças e deslocamentos neste contexto são termos generalizados que incluem momentos e seus correspondentes deslocamentos angulares.

Por exemplo, se um elemento cúbico de material mostrado na Figura 4.13 é submetido a três forças trativas mutuamente perpendiculares P_x, P_y e P_z, a energia de deformação armazenada é

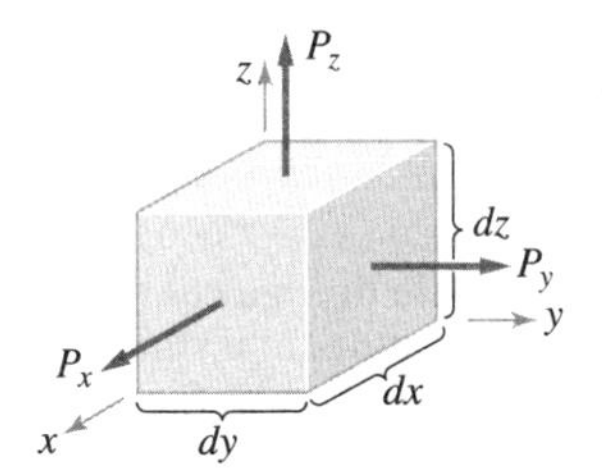

Figura 4.13
Cubo unitário de material submetido a forças mutuamente perpendiculares P_x, P_y e P_z.

$$U = \frac{P_x\delta_x}{2} + \frac{P_y\delta_y}{2} + \frac{P_z\delta_z}{2} \tag{4-51}$$

$$\sigma_x = \frac{P_x}{dydz} \tag{4-52}$$

$$\sigma_y = \frac{P_y}{dxdz} \tag{4-53}$$

$$\sigma_z = \frac{P_z}{dxdy} \tag{4-54}$$

$$\varepsilon_x = \frac{\delta_x}{dx} \tag{4-55}$$

$$\varepsilon_y = \frac{\delta_y}{dy} \tag{4-56}$$

$$\varepsilon_z = \frac{\delta_z}{dz} \tag{4-57}$$

a expressão da energia de deformação (4-51) pode ser reescrita como

$$U = \left[\frac{\sigma_x\varepsilon_x}{2} + \frac{\sigma_y\varepsilon_y}{2} + \frac{\sigma_z\varepsilon_z}{2}\right] dxdydz \tag{4-58}$$

Notando-se que *dxdydz* é o volume do cubo, a energia de deformação armazenada *por unidade de volume*, *u*, pode ser escrita como

$$u = \frac{U}{dxdydz} = \frac{\sigma_x\varepsilon_x}{2} + \frac{\sigma_y\varepsilon_y}{2} + \frac{\sigma_z\varepsilon_z}{2} \tag{4-59}$$

Baseando-se no conceito de (4-50) e nos detalhes de (4-46), (4-48) e (4-49), as expressões de energia de deformação para diversas condições de carregamentos comuns podem ser escritas. Por exemplo, para carregamento de tração ou de compressão gera-se, para o caso de carregamento constante e geometria constante[16]

$$U_{axial} = \frac{F}{2}\left(\frac{FL}{AE}\right) = \frac{F^2L}{2AE} \tag{4-60}$$

Para torção

$$U_{tor} = \frac{T}{2}\left(\frac{TL}{KG}\right) = \frac{T^2L}{2KG} \tag{4-61}$$

[16] Se a carga, forma ou o tamanho da seção transversal ou o módulo de elasticidade variam ao longo do comprimento do membro a expressão integral apropriada da Tabela 4.7 deve ser escrita em substituição.

Para flexão pura

$$U_{flexão} = \frac{M}{2}\left(\frac{ML}{EI}\right) = \frac{M^2L}{2EI} \tag{4-62}$$

e para cisalhamento puro

$$U_{cisalhamento} = \frac{P}{2}\left(\frac{PL}{AG}\right) = \frac{P^2L}{2AG} \tag{4-63}$$

Para o caso do cisalhamento devido ao carregamento transversal em uma viga, as expressões para energia de deformação de cisalhamento devido ao carregamento transversal podem ser desenvolvidas, mas são funções complexas das seções transversais da viga. Exceto para vigas muito curtas, a energia de deformação armazenada do cisalhamento devido ao carregamento transversal é desprezível se comparado à energia de deformação armazenada devida à flexão, fornecida em (4-62).

Uma *viga curva* pode ser tratada como uma viga reta, pelo ponto de vista de energia, desde que o raio de curvatura da viga seja maior que duas vezes a altura da seção transversal. Adicionalmente, a energia devido ao carregamento axial e de cortante pode ser desprezada se a razão entre comprimento e a altura da seção for maior que 10.[17] Considere uma viga curva típica como mostra a Figura 4.14.

As forças internas que agem em uma seção transversal arbitrária da viga serão formadas de forças normal (*N*) e cortante (*V*) como também de momento fletor (*M*). Essas forças internas são funções da carga aplicada *P*, e do ângulo θ. Como resultado, a energia de deformação de uma viga curva é expressa de uma forma de alguma forma diversa daquela da viga reta. Para uma viga curva tem-se as seguintes expressões para a energia de deformação

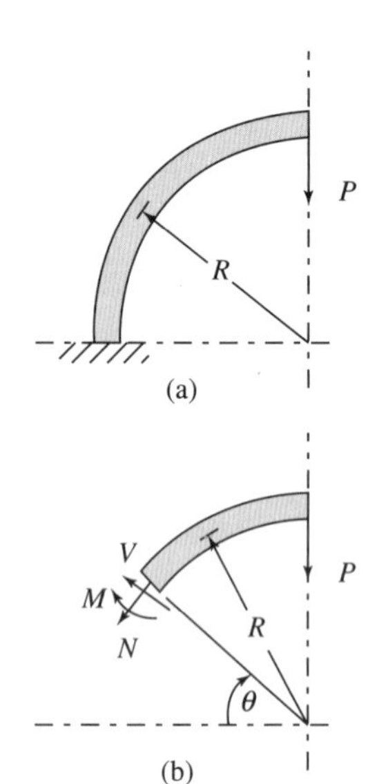

Figura 4.14
Modelo de viga curva mostrando (a) a viga original, e (b) as forças internas que agem em uma seção transversal arbitrária da viga.

Axial

$$U = \int_0^\theta \frac{N^2}{2EA} R\, d\theta \tag{4-64}$$

Cortante

$$U = \int_0^\theta \frac{kV^2}{2GA} R\, d\theta \tag{4-65}$$

Flexão

$$U = \int_0^\theta \frac{M^2}{2EI} R\, d\theta \tag{4-66}$$

em que k é o fator de correção de cisalhamento que depende da reação transversal da viga (veja Tabela 4.7).

Exemplo 4.9 Energia de Deformação Armazenada em uma Viga Carregada

Uma viga é simplesmente apoiada em cada extremidade e carregada por uma carga vertical *P* na metade do comprimento e por um momento puro *M* aplicado no apoio esquerdo. Calcule a energia de deformação armazenada na viga se esta tem um momento de inércia de área para a seção transversal igual a *I* e módulo de elasticidade *E*.

Solução

Para este caso, o carregamento é constante e a seção transversal ao longo de todo o comprimento da viga é constante. Portanto, da Tabela 4.1, superpondo os casos 1 e 4, a flecha a meio comprimento em $x = L/2$ (sob a carga *P*) é

$$y = \frac{PL^3}{48EI} + \frac{M}{6EI}\left(\frac{L^3}{8L} + \frac{2L^2}{2} - \frac{3L^2}{4}\right) = \frac{PL^3}{48EI} + \frac{ML^2}{16EI}$$

A inclinação na extremidade esquerda (onde o momento está aplicado) é

$$\theta_A = \frac{PL^2}{16EI} + \frac{ML}{3EI}$$

Baseando-se em (4-50), a energia de deformação armazenada na viga pela ação tanto de *P* quanto de *M* é

$$U = \frac{Py}{2} + \frac{M\theta_A}{2}$$

ou, substituindo

$$U = \frac{P}{2}\left(\frac{PL^3}{48EI} + \frac{ML^2}{16EI}\right) + \frac{M}{2}\left(\frac{PL^2}{16EI} + \frac{ML}{3EI}\right) = \frac{1}{EI}\left(\frac{P^2L^3}{96} + \frac{M^2L}{6} + \frac{PML^2}{16}\right)$$

em que *U* é a energia de deformação total armazenada na viga.

[17] Veja, por exemplo, ref. 8. p. 165.

Teorema de Castigliano

Escrevendo-se uma expressão para a energia de deformação armazenada em qualquer estrutura ou peça de equipamento carregada elasticamente, pode-se utilizar um *método de energia* simples para calcular os deslocamentos de pontos do corpo elástico. Este método de energia, chamado *teorema de Castigliano*, pode ser expresso como se segue:

> Quando qualquer combinação de forças e/ou momentos externos age em um membro elástico, os pequenos deslocamentos induzidos em qualquer ponto e em qualquer direção podem ser determinados pelo cálculo da derivada parcial da energia de deformação total armazenada no membro carregado em relação a qualquer força ou momento escolhido para obter-se o deslocamento no ponto correspondente e na direção correspondente da força ou momento escolhido.

Por exemplo, no caso de tração axial em um membro prismático de seção transversal uniforme, a energia de deformação armazenada é dada por (4-60) como

$$U_{axial} = \frac{F^2 L}{2AE} \tag{4-64}$$

Diferenciando parcialmente em relação à força F,

$$\frac{\partial U}{\partial F} = \frac{FL}{AE} = \delta_f \tag{4-65}$$

Esta expressão para o alongamento elástico δ_f induzido por força na direção de F é confirmada por (2-6)

O teorema de Castigliano pode também ser utilizado para determinar a deflexão em um ponto de um membro carregado mesmo que nenhuma força ou momento aja neste ponto. Isto é feito pelo posicionamento de uma força *fictícia* ou um momento *fictício*, Q_i, no ponto e na direção e sentido da deflexão desejada, escrevendo-se a expressão para a energia de deformação total armazenada, inclusive a energia devida à Q_i, e aplicando-se a derivada parcial da energia em relação à Q_i. Este procedimento produz a deflexão δ_i no ponto desejado. Visto que Q_i é uma força fictícia (ou momento fictício), esta é igualada a zero na expressão de δ_i para obter o resultado final. A Tabela 4.7 fornece as expressões para energia de deformação e as equações de deslocamentos para tipos comuns de carregamento.

TABELA 4.7 Resumo das Equações de Energia de Deformação e Equações de Deslocamentos para Uso com Método de Castigliano sob Diversas Condições de Carregamento Comuns

Tipo de Viga	Tipo de Carregamento	Equação de Energia de Deformação	Equação de Deslocamento
Reta	Axial	$U = \int_0^L \frac{P^2}{2EA} dx$	$\delta = \int_0^L \frac{P(\partial P/\partial Q)}{EA} dx$
	Flexão	$U = \int_0^L \frac{M^2}{2EI} dx$	$\delta = \int_0^L \frac{M(\partial M/\partial Q)}{EI} dx$
	Torção	$U = \int_0^L \frac{T^2}{2KG} dx$	$\delta = \int_0^L \frac{T(\partial T/\partial Q)}{KG} dx$
	Cisalhamento puro[1]	$U = \int_0^L \frac{P^2}{2AG} dx$	$\delta = \int_0^L \frac{P(\partial P/\partial Q)}{AG} dx$
Curva[2]	Normal	$U = \int_0^\theta \frac{N^2}{2EA} R\, d\theta$	$\delta = \int_0^\theta \frac{N(\partial N/\partial P)}{EA} R\, d\theta$
	Flexão	$U = \int_0^\theta \frac{M^2}{2EI} R\, d\theta$	$\delta = \int_0^\theta \frac{M(\partial M/\partial P)}{EI} R\, d\theta$
	Cisalhamento	$U = \int_0^\theta \frac{kV^2}{2GA} R\, d\theta$	$\delta = \int_0^\theta \frac{kV(\partial M/\partial P)}{GA} R\, d\theta$

[1] O cisalhamento transversal com flexão gera uma função similar, porém mais complexa de uma forma particular de seção transversal (veja Figura 4.8 e discussão correlata), que é normalmente desprezível se comparado à energia de deformação de flexão.

[2] Vide Figura 4.14 para a descrição de N, M e V.

Reações redundantes em estruturas estaticamente indeterminadas ou peças de equipamentos podem ser também determinadas pela aplicação do teorema Castigliano.[18] Isto é realizado pela aplicação da derivada da energia de deformação total armazenada em um membro carregado em relação à reação redundante de força ou de momento, estabelecendo que a derivada parcial é igual a zero (visto que as reações que não se deslocam não realizam trabalho e não armazenam energia) e resolvendo-se para a reação redundante.

Exemplo 4.10 Deflexões e Inclinação de Viga Utilizando-se o Teorema de Castigliano

A viga simplesmente apoiada mostrada na Figura E4.10(a) está submetida à carga P a meio comprimento e ao momento M no apoio esquerdo. Utilizando-se o teorema de Castigliano, determine as seguintes deflexões:

a. A flecha da viga a meio comprimento y_B

b. O deslocamento angular θ_A da viga no apoio esquerdo

c. O deslocamento angular θ_B da viga a meio comprimento

Solução

a. Para determinar a flecha a meio comprimento y_B, em que P está agindo, o procedimento será escrever uma expressão para energia de deformação total da viga sob carga, U, e então diferenciar U parcialmente em relação a P. Da Tabela 4.7 a equação da flecha neste caso de flexão pode ser dada por

$$\delta = \int_0^L \frac{M(\partial M/\partial Q)}{EI} dx$$

Visto que a viga da Figura E4.10(a) não está carregada simetricamente, a integração deve ser executada separadamente para os trechos AB e BC da viga, e então somadas

$$\delta = \frac{1}{EI}\left[\int_0^{L/2} M_{AB}\frac{\partial M_{AB}}{\partial Q} dx + \int_{L/2}^{L} M_{BC}\frac{\partial M_{BC}}{\partial Q} dx\right]$$

Utilizando-se o esboço da Figura E4.10(a) e escolhendo os momentos anti-horários como positivos, as reações R_D e R_E podem ser determinadas por requisitos de equilíbrio estático como

$$R_E = \frac{P}{2} - \frac{M}{L}$$

e

$$R_D = \frac{P}{2} + \frac{M}{L}$$

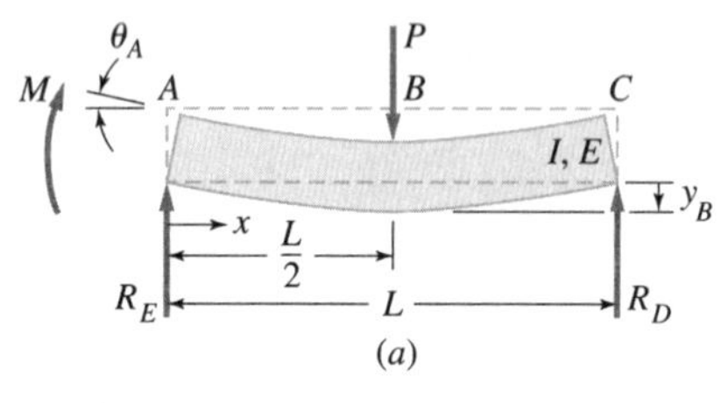

(a)

(b)

(c)

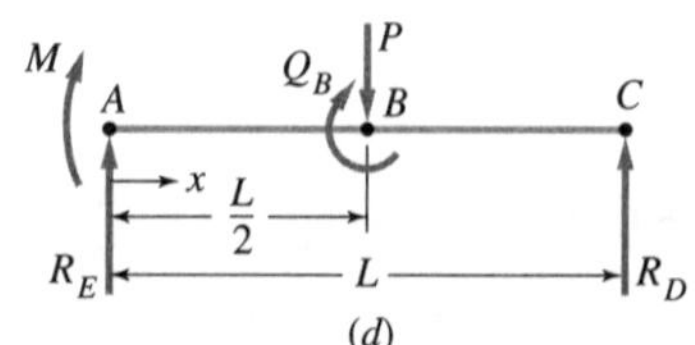

(d)

Figura E4.10
Viga simplesmente apoiada com a carga P a meio comprimento e o momento M no apoio esquerdo.

[18] Veja por exemplo, ref. 1, p. 360 e páginas seguintes.

A seguir, baseando-se em diagramas de corpo livre das Figuras E4.10(b) e (c), as equações de momentos para os trechos AB e BC da viga podem ser determinadas

$$M_{AB} = -\frac{Px}{2} + \frac{Mx}{L} - M \qquad 0 \leq x \leq \frac{L}{2}$$

e

$$M_{BC} = \frac{Px}{2} + \frac{Mx}{L} - \frac{PL}{2} - M \qquad \frac{L}{2} \leq x \leq L$$

Estas podem ser derivados parcialmente em relação à carga P a meio comprimento para obter

$$\frac{\partial M_{AB}}{\partial P} = -\frac{x}{2}$$

e

$$\frac{\partial M_{BC}}{\partial P} = \frac{x}{2} - \frac{L}{2}$$

Substituindo-se obtém

$$y_B = \frac{1}{EI}\left[\int_0^{L/2}\left(-\frac{Px}{2} + \frac{Mx}{L} - M\right)\left(-\frac{x}{2}\right)dx + \int_{L/2}^{L}\left(\frac{Px}{2} + \frac{Mx}{L} - \frac{PL}{2} - M\right)\left(\frac{x}{2} - \frac{L}{2}\right)dx\right]$$

que resulta em

$$y_B = \frac{PL^3}{48EI} + \frac{ML^2}{16EI}$$

b. Para determinar o deslocamento angular θ_A no apoio esquerdo, a abordagem é semelhante, exceto que M_{AB} e M_{BC} devem ser derivados em relação ao momento M aplicado no apoio esquerdo, para obter-se

$$\frac{\partial M_{AB}}{\partial M} = \frac{x}{L} - 1$$

e

$$\frac{\partial M_{BC}}{\partial M} = \frac{x}{L} - 1$$

Substituindo-se obtém-se

$$\theta_A = \frac{1}{EI}\left[\int_0^{L/2}\left(-\frac{Px}{2} + \frac{Mx}{L} - M\right)\left(\frac{x}{L} - 1\right)dx + \int_{L/2}^{L}\left(\frac{Px}{2} + \frac{Mx}{L} - \frac{PL}{2} - M\right)\left(\frac{x}{L} - 1\right)dx\right]$$

que resulta em

$$\theta_A = \frac{PL^2}{16EI} + \frac{ML}{3}$$

c. Para determinar-se θ_B um momento fictício Q_B deve ser aplicado a meio comprimento, adicionalmente aos carregamentos reais da viga, como mostrado na Figura E4.10(d). Referenciando à Figura E4.10(d), as reações R_E e R_D podem ser determinadas baseando-se no equilíbrio estático

$$R_E = \frac{P}{2} - \frac{M}{L} - \frac{Q_B}{L}$$

e

$$R_D = \frac{P}{2} + \frac{M}{L} + \frac{Q_B}{L}$$

Com estas reações, os diagramas de corpo livre da Figura E4.10(b) e (c) podem ser novamente utilizados para escrever as equações de momento para os trechos AB e BC da viga como

$$M_{AB} = -\frac{Px}{2} + \frac{Mx}{L} + \frac{Q_B x}{L} - M \qquad 0 \leq x \leq \frac{L}{2}$$

e

$$M_{BC} = \frac{Px}{2} + \frac{Mx}{L} + \frac{Q_B x}{L} - \frac{PL}{2} - M - Q_B \qquad \frac{L}{2} \leq x \leq L$$

Exemplo 4.10 Continuação

Da Tabela 4.7, a expressão da energia de deformação total armazenada, U, para a viga carregada pode ser escrita como

$$U = \frac{1}{2EI}\left[\int_0^{L/2} M_{AB}^2 dx + \int_{L/2}^{L} M_{BC}^2 dx\right]$$

Substituindo-se (M_{AB} e M_{BC}) resulta em

$$U = \frac{1}{2EI}\left[\int_0^{L/2}\left(-\frac{Px}{2} + \frac{Mx}{L} + \frac{Q_B x}{L} - M\right)^2 dx\right.$$
$$\left. + \int_{L/2}^{L}\left(\frac{Px}{2} + \frac{Mx}{L} + \frac{Q_B x}{L} - \frac{PL}{2} - M - Q_B\right)^2 dx\right]$$

obtendo-se

$$U = \frac{P^2L^3}{96EI} + \frac{PML^2}{16EI} + \frac{M^2L}{6EI} - \frac{MQ_BL}{24EI} + \frac{Q_B^2L}{24EI}$$

Aplicando-se a derivada parcial da energia em relação a Q_B,

$$\theta_B = \frac{\partial U}{\partial Q_B} = -\frac{ML}{24EI} + \frac{Q_BL}{12EI}$$

Finalmente, estabelecendo a carga fictícia Q_B igual a zero, gera

$$\theta_B = -\frac{ML}{24EI}$$

Isto pode ser verificado pela superposição dos casos 1 e 4 da Tabela 4.1.

Exemplo 4.11 Deflexões de Vigas Curvas Utilizando o Teorema de Castigliano

A viga curva da Figura E4.11A tem um raio de curvatura R e uma seção transversal circular de raio r. Esta é submetida a força vertical P no ponto B.

a. Determine o deslocamento horizontal em B em função de P, R, I e o módulo de elasticidade E. Considere apenas a flexão.

b. Determine o deslocamento horizontal em B como em (a), incluindo a força normal N.

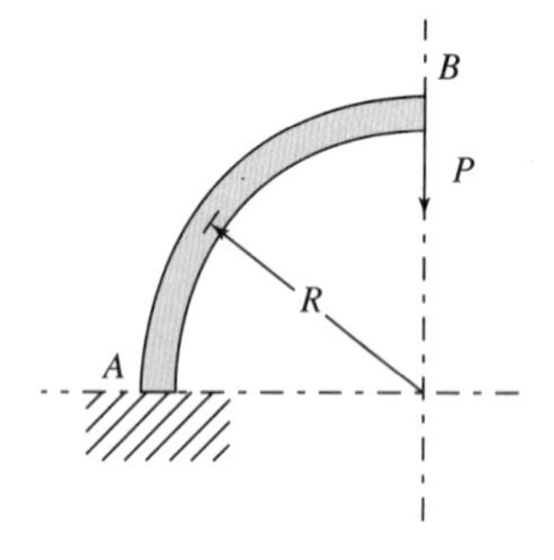

Figura E4.11A
Viga curva com carga vertical na extremidade *B*.

Solução

A seção cortada da viga curva é mostrada na Figura E4.11B. Somando as forças na direção x e os momentos em relação ao ponto C gera

$$\sum F_x = 0: \qquad N = Q \text{ sen } \theta - P\cos\theta$$

$$\sum M_C = 0: \qquad M = -QR(1 - \text{sen } \theta) - PR\cos\theta$$

a. Aplicando o Teorema de Castigliano gera

$$\delta_{Horz} = \left.\frac{\partial U}{\partial Q}\right|_{Q=0} = \left.\frac{\partial U}{\partial M}\frac{\partial M}{\partial Q}\right|_{Q=0}$$

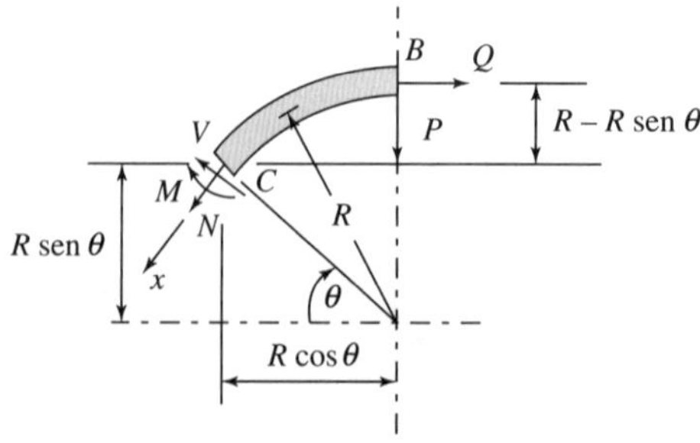

Figura E4.11B
Diagrama de corpo livre de um segmento de viga curva.

A energia devido à flexão é

$$U = U_{flexão} = \int_0^{\pi/2} \frac{M^2}{2EI} R\, d\theta$$

$$\frac{\partial U}{\partial M} = \int_0^{\pi/2} \frac{M}{EI} R\, d\theta \quad \text{e} \quad \frac{\partial M}{\partial Q} = -R(1 - \text{sen}\,\theta)$$

e tem-se

$$\frac{\partial U}{\partial Q} = \int_0^{\pi/2} -[QR(1 - \text{sen}\,\theta) + PR\cos\theta][-R(1 - \text{sen}\,\theta)]R\, d\theta$$

$$\left.\frac{\partial U}{\partial Q}\right|_{Q=0} = \frac{PR^3}{EI}\int_0^{\pi/2} [\cos\theta - \text{sen}\,\theta]\, d\theta$$

Assim, o alongamento horizontal é

$$\delta_{Horz_M} = \frac{PR^3}{2EI}$$

b. Se a carga axial for incluída, tem-se

$$U_N = \int_0^{x/2} \frac{N^2}{2EA} R\, d\theta$$

$$\frac{\partial U_N}{\partial Q} = \frac{\partial U_N}{\partial N}\frac{\partial N}{\partial Q}$$

Tem-se

$$\frac{\partial N}{\partial Q} = \text{sen}\,\theta \quad \text{e} \quad \frac{\partial U_N}{\partial Q} = \int_0^{x/2} \frac{N}{EA}\text{sen}\,\theta\, R\, d\theta$$

Assim,

$$\frac{\partial U_N}{\partial Q} = \frac{R}{EA}\int_0^{\pi/2} (Q\,\text{sen}^2\theta - P\,\text{sen}\,\theta\cos\theta)R\, d\theta = \frac{R}{EA}\left(\frac{\pi}{4}Q - \frac{1}{2}P\right)$$

$$\delta_{Horz_N} = \left.\frac{\partial U_N}{\partial Q}\right|_{Q = 0} = \frac{-PR}{2EA}$$

O alongamento horizontal em B devido à flexão e à carga axial e dado por

$$\delta_{Horz} = \delta_{Horz_M} + \delta_{Horz_N} = \frac{PR^3}{2EI} - \frac{PR}{2EA}$$

Note que uma seção transversal circular

$$I = \frac{\pi}{4}r^4, \quad A = \pi r^2$$

Então, pode-se escrever

$$\frac{PR^3}{2EI} = \frac{2PR}{E\pi r^2}\left(\frac{R}{r}\right)^2$$

Vê-se que o termo

$$\left(\frac{R}{r}\right)^2 >> 1 \quad \text{que implica} \quad \frac{PR^3}{2EI} >> \frac{PR}{2EA}$$

Portanto, U_N pode ser desprezado.

Exemplo 4.12 Viga Estaticamente Indeterminada - Método da Superposição

A viga de seção transversal de 150 mm × 150 mm da Figura E4.12A foi posta sobre um riacho que tinha uma largura de 6 m. A construção de tal viga é engastada em uma extremidade e simplesmente apoiada na outra extremidade. Se a extremidade apoiada cede 20 mm, determine a reação na extremidade apoiada devido ao fato de a viga estar sendo carregada por uma carga uniformemente distribuída de 7 kN/m.

Exemplo 4.12 Continuação

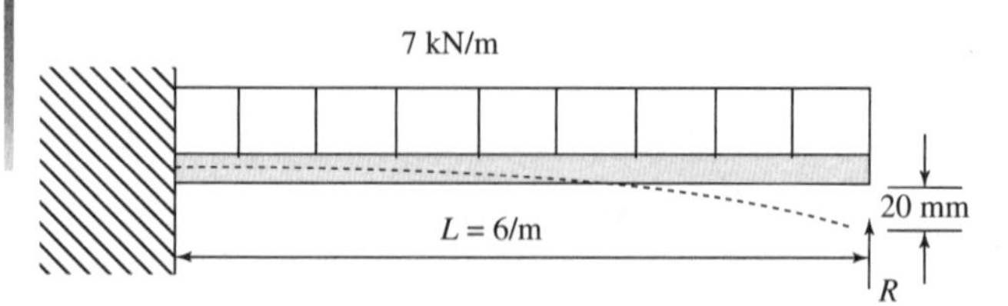

Figura E4.12A
Viga monoengastada simplesmente apoiada na outra extremidade.

Solução

O problema é estaticamente indeterminado e pode ser resolvido pelo método da superposição. O problema pode ser expresso como se segue, mostrando na Figura E4.12B. A flecha devido à carga R é encontrada na Tabela 4.1 (caso 10) e

$$\delta_R = \frac{RL^3}{3EI}$$

e para a flecha devido ao carregamento uniforme w tem-se de Tabela 4.1 (caso 11)

$$\delta_w = \frac{wL^4}{8EI}$$

Assim, tem-se para a flecha de extremidade

$$\delta = \delta_R + \delta_w = -\frac{RL^3}{3EI} + \frac{wL^4}{8EI}$$

Resolvendo-se para a reação R, tem-se

$$R = \frac{3wL}{8} - \frac{3EI}{L^3}\delta$$

O momento de inércia de área da reação transversal é

$$I = \frac{bh^3}{12} = \frac{h^4}{12} = \frac{150^4}{12} = 42{,}1875 \times 10^6 \text{ mm}^4$$

e R é dado por

$$R = \frac{3(7000)(6)}{8} - \frac{3(207 \times 10^9)(42{,}1875 \times 10^{-6})}{6^3}(0{,}020) = 13{,}32 \text{ kN}$$

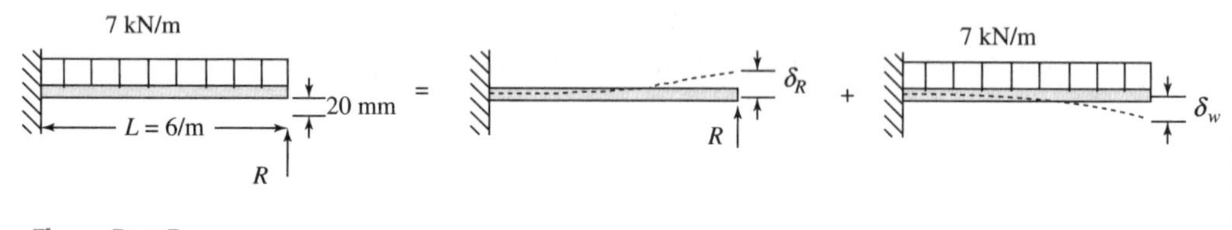

Figura E4.12B
Modelo de superposição.

Exemplo 4.13 Viga Estaticamente - Método de Castigliano

A viga C-B na Figura E4.13 está engastada em C e simplesmente apoiada na viga monoengastada A-B na extremidade B.

Ambas as vigas são feitas de aço com E = 207 GPa. A viga A-B tem $I = 25 \times 10^6$ mm^4 e a viga B-C tem $I = 15 \times 10^6$ mm^4. Determine a flecha no ponto intermediário B.

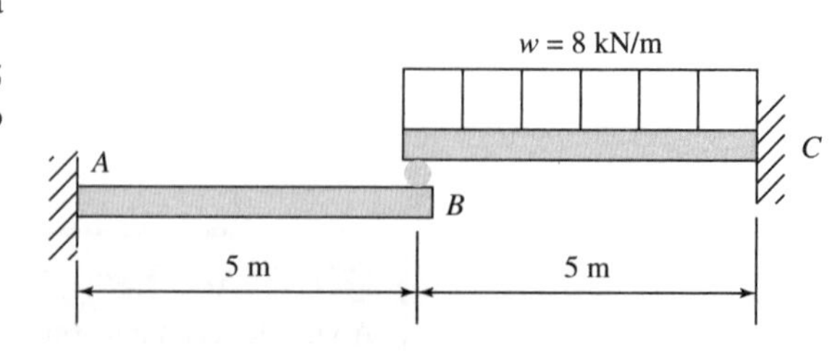

Figura E4.13A
Vigas estaticamente indeterminadas.

Solução

Os diagramas de corpo livre das vigas são mostrados na Figura E4.13B.

Para a viga I a equação do momento é

$$M_1 = Rx - \frac{wx^2}{2}$$

Figura E4.13B
Diagramas de corpo livre da viga de cima (viga I) e da viga de baixo (viga II).

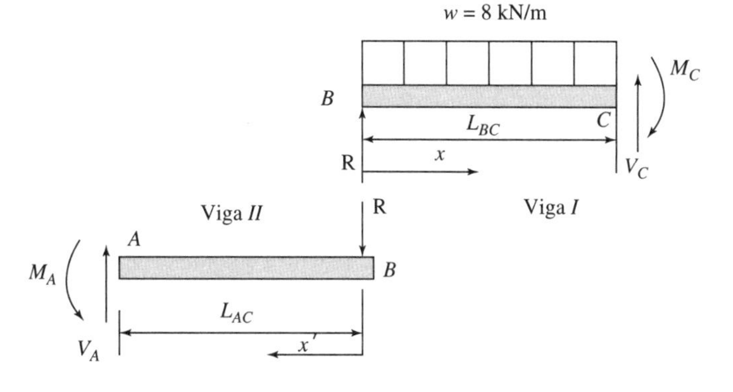

e a energia de deformação é

$$U_I = \int_0^L \frac{M^2}{2EI}dx = \frac{1}{2EI}\int_0^{L_{CB}} \left(Rx - \frac{wx^2}{2}\right)dx$$

O deslocamento em B é dado por

$$\delta_{B_I} = \frac{\partial U_I}{\partial R} = \frac{1}{EI_I}\int_0^{L_{CB}} \left(Rx - \frac{wx^2}{2}\right)x\,dx = \frac{1}{EI_I}\int_0^{L_{CB}} \left(Rx^2 - \frac{wx^3}{2}\right)dx$$

$$= \frac{1}{EI_I}\left(\frac{Rx^3}{3} - \frac{wx^4}{8}\right)_0^{L_{CB}} = \frac{RL_{CB}^3}{3EI_I} - \frac{wL_{CB}^4}{8EI_I}$$

De forma semelhante, tem-se para a viga II

$$M_{II} = Rx'$$

$$U_{II} = \int_0^L \frac{M^2}{2EI_{II}}dx = \frac{1}{2EI_{II}}\int_0^{L_{AB}} (Rx')^2 dx$$

e o deslocamento é

$$\delta_{B_{II}} = \frac{\partial U_{II}}{\partial R} = \frac{1}{EI_{II}}\int_0^{L_{AB}} Rx'\,x'\,dx' = \frac{1}{EI_{II}}\int_0^{L_{AB}} Rx'^2\,dx'$$

$$= \frac{1}{EI_{II}}\left(\frac{Rx'^3}{3}\right)_0^{L_{AB}} = \frac{RL_{AB}^3}{3EI_{II}}$$

Assume o deslocamento para cima como positivo, assim, tem-se em B que

$$\delta_{B_I} = \delta_{B_{II}}$$

ou

$$\frac{RL_{CB}^3}{3EI_I} - \frac{wL_{CB}^4}{8EI_I} = -\frac{RL_{AB}^3}{3EI_{II}}$$

e

$$R\left(\frac{L_{CB}^3}{3EI_I} + \frac{L_{AB}^3}{3EI_{II}}\right) = \frac{wL_{CB}^4}{8EI_I}$$

$$R = \frac{\dfrac{wL_{CB}^4}{8EI_I}}{\left(\dfrac{L_{CB}^3}{3EI_I} + \dfrac{L_{AB}^3}{3EI_{II}}\right)}$$

Substituindo-se os valores dados gera

$$R = \frac{\dfrac{8000(5)^4}{8\left(15 \times 10^{-6}\right)}}{\dfrac{5^3}{3\left(25 \times 10^{-6}\right)} + \dfrac{5^3}{3\left(15 \times 10^{-6}\right)}} = 9{,}375 \text{ kN}$$

4.6 Tensões Causadas por Superfícies Curvas em Contato

Em 4.4 foi discutido brevemente o desenvolvimento da pressão de contato entre superfícies acopladas de duas juntas, em que houve transmissão de carga de uma para outra. Como se pode observar daquela discussão, as distribuições das *tensões de contato de Hertz* nas superfícies e abaixo delas, compreendidas pela região de contato das peças, eram, tipicamente, *triaxiais*. Devido a esta triaxialidade, deve-se usar uma teoria de falha, caso se queira avaliar o potencial de falha pelo modo de falha dominante.

O caso *geral* da tensão de contato ocorre quando cada um dos dois corpos em contato, carregando-se reciprocamente, tem duas curvaturas principais mutuamente perpendiculares na região de contato, medidas como $R_{1máx}$ e $R_{1mín}$ para o corpo e $R_{2máx}$ e $R_{2mín}$ para o corpo 2.[19] Os dois casos *específicos* mais comuns são duas esferas em contato (incluindo uma esfera sobre outra esfera, uma esfera sobre uma superfície plana e uma esfera sobre uma cavidade esférica) e dois cilindros paralelos em contato (incluindo um cilindro sobre outro cilindro, um cilindro sobre uma superfície plana e um cilindro sobre uma cavidade cilíndrica). Exemplos de elementos de máquinas contendo tais características de geometria de contato incluem rolamentos de esferas, rolamentos de rolos, cames e dentes de engrenagens.

Para o caso de esferas maciças com diâmetros d_1 e d_2, pressionadas juntas por uma força F, a "pegada" (impressão) da pequena área de contato é circular, com um raio a conforme mostrado na Figura 4.15.

O raio da área de contato circular é dado por

$$a = \sqrt[3]{\frac{3F\left[\left(\frac{1-\nu_1^2}{E_1}\right)+\left(\frac{1-\nu_2^2}{E_2}\right)\right]}{8\left(\frac{1}{d_1}+\frac{1}{d_2}\right)}} \tag{4-67}$$

em que E_1, E_2 = módulos de elasticidade das esferas 1 e 2 respectivamente.
ν_1, ν_2 = coeficientes de Poisson das esferas 1 e 2, respectivamente.

A pressão de contato máxima $p_{máx}$ no centro da área circular de contato é

$$p_{máx} = \frac{3F}{2\pi a^2} \tag{4-68}$$

As expressões (4-67) e (4-68) são igualmente válidas para duas esferas em contato (d_1 e d_2 positivas), uma esfera sobre um plano ($d = \infty$ para o plano) e para uma esfera em uma cavidade esférica (d é negativa para a cavidade).

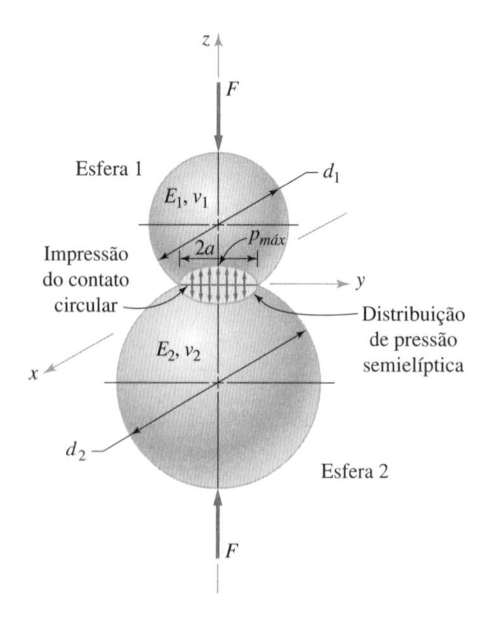

Figura 4.15
Duas esferas em contatos, carregadas pela força F.

[19] Veja, por exemplo, ref. 8, p. 581 e seguintes ou ref. 4, p. 652.

As tensões máximas σ_x, σ_y e σ_z são geradas sobre o eixo z, no que são as *tensões principais*. Então, as tensões principais sobre o eixo z são

$$\sigma_x = \sigma_1 = \sigma_y = \sigma_2 = -p_{máx}\left[(1+\nu)\left(1 - \frac{z}{a}\tan^{-1}\frac{a}{z}\right) - \frac{1}{2\left(\frac{z^2}{a^2}+1\right)}\right] \tag{4-69}$$

e

$$\sigma_z = \sigma_3 = -p_{máx}\left[\frac{1}{\left(\frac{z^2}{a^2}+1\right)}\right] \tag{4-70}$$

Uma vez que $\sigma_1 = \sigma_2$, $|\tau_3| = 0$, e

$$|\tau_1| = |\tau_2| = \tau_{máx} = \left|\frac{\sigma_1 - \sigma_3}{2}\right| \tag{4-71}$$

A Figura 4.16 apresenta estas tensões como uma função da distância abaixo das superfícies de contato até uma profundidade de $3a$. Pode-se notar que a tensão de cisalhamento máxima, $\tau_{máx}$, atinge um valor de pico, ligeiramente abaixo da superfície de contato, conforme aludido na discussão sobre falha por fadiga superficial em 2.3.

Quando dois cilindros maciços paralelos de comprimento L, com diâmetros d_1 e d_2 são pressionados juntos, radialmente, por uma força F, a "pegada" é de uma estreita área retangular de contato, com meia largura b, conforme apresentada na Figura 4.17

A meia largura da área de contato retangular estreita pode ser calculada a partir de

$$b = \sqrt{\frac{2F\left[\left(\frac{1-\nu_1^2}{E_1}\right) + \left(\frac{1-\nu_2^2}{E_2}\right)\right]}{\pi L\left(\frac{1}{d_1} + \frac{1}{d_2}\right)}} \tag{4-72}$$

A pressão de contato máxima, $p_{máx}$, ao longo da linha de centro da área de contato retangular estreita é

$$p_{máx} = \frac{2E}{\pi bL} \tag{4-73}$$

As expressões (4-72) e (4-73) são igualmente válidas para dois cilindros paralelos em contato (d_1 e d_2 positivos), um cilindro sobre um plano ($d = \infty$ para o plano) ou para um cilindro em uma cavidade cilíndrica (d é negativo para a cavidade).

As tensões normais máximas (*tensões principais*) τ_x, τ_y e τ_z ocorrem sobre o eixo z. Então, as tensões principais são

$$\sigma_1 = \sigma_x = -2\nu p_{máx}\left[\sqrt{\frac{z^2}{b^2}+1} - \frac{z}{b}\right] \tag{4-74}$$

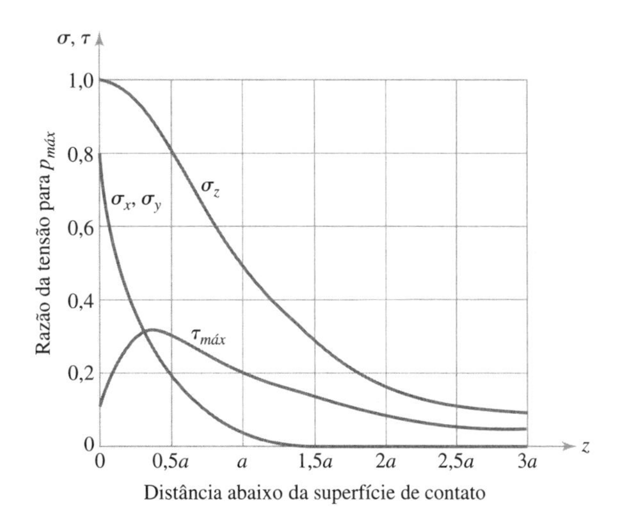

Figura 4.16

Valores σ_x, σ_y, σ_z e $\tau_{máx}$ como uma função da pressão de contato máxima entre duas esferas, para várias distâncias z abaixo da interface de contato (para $\nu = 0,3$).

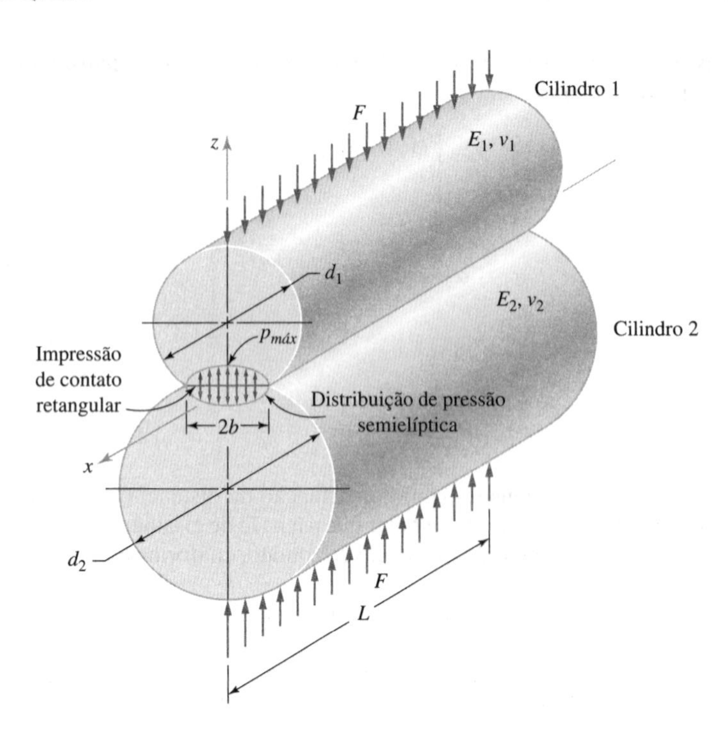

Figura 4.17
Dois cilindros em contato, carregados por uma força F uniformemente distribuída ao longo de todo o seu comprimento L.

$$\sigma_2 = \sigma_y = -p_{máx}\left[\left(2 - \frac{1}{\left(\frac{z^2}{b^2} + 1\right)}\right)\sqrt{\frac{z^2}{b^2} + 1} - 2\frac{z}{b}\right] \tag{4-75}$$

e

$$\sigma_3 = \sigma_z = -p_{máx}\left[\frac{1}{\sqrt{\frac{z^2}{b^2} + 1}}\right] \tag{4-76}$$

Os valores das tensões de cisalhamento principais[20] são

$$|\tau_1| = \left|\frac{\sigma_2 - \sigma_3}{2}\right| \tag{4-77}$$

$$|\tau_2| = \left|\frac{\sigma_1 - \sigma_3}{2}\right| \tag{4-78}$$

e

$$|\tau_3| = \left|\frac{\sigma_1 - \sigma_2}{2}\right| \tag{4-79}$$

Destas três tensões de cisalhamento principais, τ_1 atinge um valor máximo em torno de $z = 0{,}75\, b$ abaixo da superfície, conforme apresentado na Figura 4.18, e é maior, neste ponto, do que τ_2 e do que τ_3 (embora τ_1 não seja maior para *todos* os valores de z/b).

Em alguns casos "a abordagem normal" (deslocamentos dos centros de duas esferas ou de dois cilindros em contato) causada pelas deformações elásticas de contato, induzida por carregamento, pode ser interessante. Por exemplo, a *rigidez total* da montagem de uma máquina pode ser necessária para certas avaliações de projeto, requerendo-se, portanto, que a rigidez seja conhecida para *cada componente* da montagem. Se rolamentos, cames ou dentes de engrenagens fazem parte de uma montagem, então a abordagem normal concernente à deformação de contato pode ser uma parte muito significativa da deformação total.

Para o caso de *duas esferas* em contato, a abordagem normal Δ_s é dada por[21]

$$\Delta_s = 1{,}04\sqrt[3]{F^2\left(\frac{1}{d_1} + \frac{1}{d_2}\right)\left[\left(\frac{1 - \nu_1^2}{E_1}\right) + \left(\frac{1 - \nu_2^2}{E_2}\right)\right]^2} \tag{4-80}$$

[20] Veja, por exemplo, ref. 8, p. 100.
[21] Veja, por exemplo, ref. 4, Tabela 33.

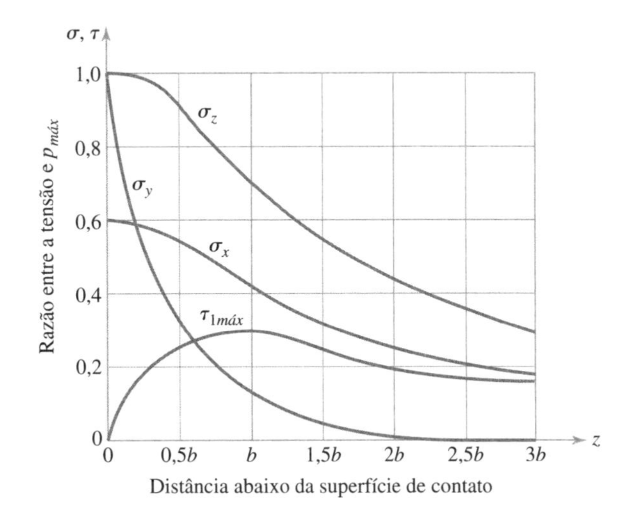

Figura 4.18
Valores de σ_x, σ_y, σ_z e $\tau_{máx}$ como uma função da pressão de contato máxima entre dois cilindros, para várias distâncias z abaixo da interface de contato (para $\nu = 0{,}3$).

Para o caso de dois *cilindros paralelos* (de mesmo material) em contato, a abordagem normal Δ_c pode ser calculada definindo-se $\nu_1 = \nu_2 = \nu$ e $E_1 = E_2 = E$, como

$$\Delta_c = \frac{2F(1 - \nu^2)}{\pi LE}\left(\frac{2}{3} + \ln\frac{2d_1}{b} + \frac{2d_2}{b}\right) \tag{4-81a}$$

Para um *cilindro em uma cavidade cilíndrica*

$$\Delta_c = \frac{2F(1 - \nu^2)}{LE}\left(1 - 2\ln\frac{b}{2}\right) \tag{4-81b}$$

Deve-se observar que esses deslocamentos são funções altamente não lineares do carregamento, uma vez que as características de *rigidez* das superfícies curvas em contato são altamente não lineares.

Exemplo 4.14 Superfícies Cilíndricas em Contato Direto

A Figura E4.14 apresenta a tentativa de conceito para uma junta especial para transferência de carga em um arranjo para medição de torque. É importante manter-se a distância L constante de forma acurada. A junta será construída usando-se um cilindro com comprimento de 2 polegadas ultrarresistente de aço AISI 4340 (veja as Tabelas 3.3 e 3.9) com um diâmetro de 1,0 polegada, localizado em um entalhe semicircular com um raio de 0,531 polegada em um bloco com 2 polegadas do mesmo material. Foi estimado que uma força total de 4000 libras-força será distribuída através do cilindro conforme indicado. A experimentação indicou que, para o serviço ser considerado satisfatório, a pressão de contato máxima não deveria exceder 250.000 psi. Para a configuração proposta de projeto:

a. Determine se a pressão de contato superficial está abaixo do valor limite especificado.

b. Determine o valor da tensão de cisalhamento principal máxima na região de contato e sua profundidade sob a superfície.

c. Estime a variação na dimensão C à medida que a junta vai da condição de descarregada até a condição de totalmente carregada.

Figura E4.14
Junta especial para transferência de carga, fabricada com aço AISI 4340.

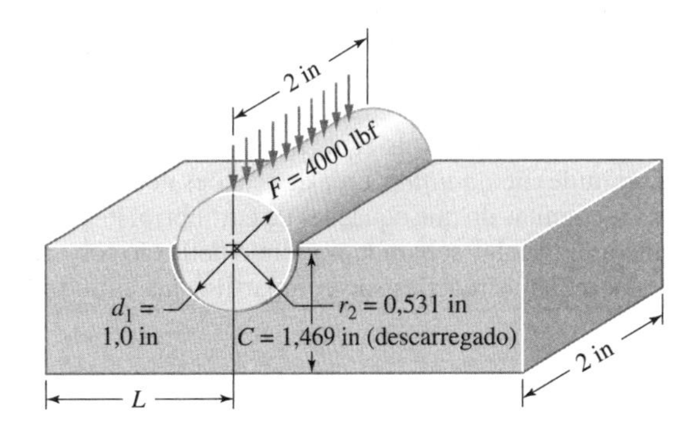

Exemplo 4.14 Continuação

Solução

a. Para superfície cilíndrica paralela em contato, a pressão de contato máxima é dada por (4-73) como

$$p_{máx} = \frac{2F}{\pi bL}$$

em que b é dado por (4-72). Para se calcular b, parte-se, inicialmente, da Tabela 3.9 e o problema estabelece que

$$E_1 = E_2 = 30 \times 10^6 \text{ psi}$$
$$\nu_1 = \nu_2 = \nu = 0{,}3$$
$$L = 2{,}0 \text{ polegadas}$$
$$F = 4000 \text{ lbf}$$

então

$$b = \sqrt{\frac{2(4000)\left[\dfrac{1-0{,}3^2}{30\times 10^6}\right]}{\pi(2{,}0)\left[\dfrac{1}{1{,}000}+\dfrac{1}{-1{,}062}\right]}} = 0{,}036 \text{ polegada}$$

e

$$p_{máx} = \frac{2(4000)}{\pi(0{,}036)(2{,}0)} = 35.368 \text{ psi}$$

Uma vez que o limite admissível da pressão de contato é dado como 250.000 psi, o valor calculado de $p_{máx} = 35.368$ é aceitável.

b. Para obter o valor de $\tau_{1máx}$, pode ser utilizado o gráfico da Figura 4.18. Observando-se que o pico de $\tau_{1máx}$ está aproximadamente, em $z = 0{,}75\ b$ (para $\nu = 0{,}3$), a razão correspondente entre $\tau_{1máx}/p_{máx}$ pode ser lida como

$$\frac{\tau_{1\,máx}}{p_{máx}} = 0{,}3$$

Assim

$$\tau_{1máx} = 0{,}3(35.369) = 10.610$$

ocorrendo a uma profundidade de

$$z = 0{,}75(0{,}036) = 0{,}027 \text{ polegada}$$

abaixo da superfície. A tensão de cisalhamento e sua profundidade abaixo da superfície são, aproximadamente, as mesmas em ambos os membros, uma vez que ambos são do mesmo material.

c. A variação na dimensão C, quando a junta está carregada, conforme mostrado, pode ser calculada de (4-81b) como

$$\Delta_c = \frac{2(4000)(1-0{,}3^2)}{(2{,}0)30\times 10^6}\left(1 - 2\ln\frac{0{,}036}{2}\right) = 0{,}0011 \text{ polegada}$$

4.7 Divisão da Carga em Montagens e Estruturas Redundantes

Os conceitos de *fluxo de força*[22] são úteis na visualização dos percursos tomados pelas linhas de força enquanto estas atravessam uma máquina ou estrutura a partir dos pontos de aplicação de carga até os pontos de apoio. Se a estrutura é simples e *estaticamente determinada*, as equações de equilíbrio estático apresentadas em (4-1) são suficientes para calcular todas as forças de reação. Se, contudo, existem suportes *redundantes*, isto é, suportes adicionais aos requeridos para satisfazer as condições de equilíbrio estático, as equações (4-1) não são mais suficientes para se explicitarem a intensidade (magnitude) de *qualquer* uma da reações nos apoios. Matematicamente, isto ocorre porque, existem mais incógnitas do que equações de equilíbrio. Fisicamente, isto ocorre, porque cada apoio se comporta como uma "mola" separada, sofrendo deflexão sob carregamento, de forma proporcional à sua rigidez, de modo que as reações são compartilhadas entre todos os apoios de modo desconhecido.

[22] Discutido em 4.3.

Do ponto de vista matemático, devem ser escritas equações adicionais para deflexão e combinadas com as equações de equilíbrio em (4-1), de forma à alcançarem um número de equações independentes compatível com o número de incógnitas.

De um ponto de vista físico é importante analisar como a distribuição de carga se relaciona com a rigidez relativa. Se uma mola rígida ou um percurso de carga rígido estão *em paralelo* com uma mola flexível ou um percurso de carga flexível, conforme ilustrado na Figura 4.19, o percurso rígido suportará uma parcela maior do carregamento.[23] Se uma mola rígida ou um percurso de carga rígido está *em série* com uma mola flexível ou um percurso de carga flexível, conforme ilustrado na Figura 4.20, as cargas suportadas são iguais, mas a deflexão da mola rígida será menor do que a deflexão da mola flexível.[24] *A importância destes conceitos simples não pode ser supervalorizada porque todas as máquinas e estruturas reais são combinações de molas em série e/ou em paralelo.* Usando-se estes conceitos, um projetista pode determinar quantitativamente a constante de mola geral para qualquer peça ou combinação de peças em uma máquina ou estrutura. Consequentemente a carga suportada e a carga distribuída podem ser avaliadas quantitativamente em um estágio inicial do projeto.

Rolamentos, engrenagens, estrias, juntas parafusadas, filetes de rosca, correntes e rodas dentadas, correias sincronizadoras, correias em V múltiplas, peças de material compósito filamentar, quadros de máquinas, carcaças e estruturas soldadas se incluem entre os exemplos de elementos de máquinas e de estruturas para os quais os conceitos de divisão de carga podem ser úteis. Em algumas aplicações, como na fixação de máquinas, montagens de eixos em cubos ou elementos sobrepostos submetidos a carregamentos cíclicos, os conceitos de divisão da carga podem ser úteis ao projeto para a adequação da *deformação* local em interfaces críticas.[25]

Elementos de Máquina como Molas

Embora a hipótese de corpo rígido seja uma ferramenta útil na análise de forças, nenhum elemento de máquina real (ou material) é de fato rígido. Todas as peças reais de máquina têm rigidez finita, isto é, constantes de mola finitas. Uma barra prismática de seção transversal uniforme sob tração axial, conforme analisado na Seção 2.4, leva a (2-7), repetida aqui como

$$k_{ax} = \frac{AE}{L} \tag{4-82}$$

em que k_{ax} é a constante de mola axial, A é a área da seção transversal, E é o módulo de elasticidade e L é o comprimento da barra. A Figura 2.2 apresenta a curva linear força-deslocamento caracterizando uma barra de seção transversal uniforme tracionada axialmente. Muitos, mas nem todos, os elementos de máquinas apresentam curvas lineares força-deslocamento. Alguns apresentam curvas *não lineares*, conforme esquematizado na Figura 4.21. Por exemplo, curvas de endurecimento não linear são tipificadas pelas configurações de contato de Hertz, como mancais, cames e dentes de

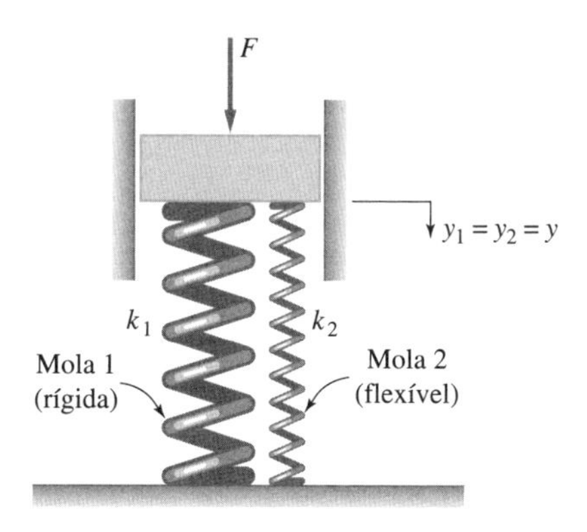

Figura 4.19
Configuração de molas em paralelo.

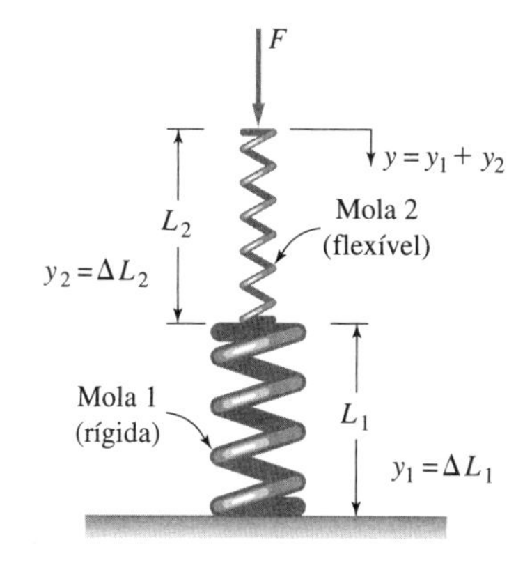

Figura 4.20
Configuração de molas em série.

[23] Pode ser verificado utilizando-se (4-87).
[24] Pode ser verificado utilizando-se (4-90).
[25] Se movimentos relativos cíclicos de pequena amplitude forem induzidos entre duas superfícies em contato devido às diferentes qualidades de rigidez dos corpos em contato, a fadiga por fretagem ou o desgaste podem se tornar modos potenciais de falha. A redução de amplitude do movimento de deslizamento cíclico através da adequação da deformação pode reduzir ou eliminar a fretagem. Veja 2.9.

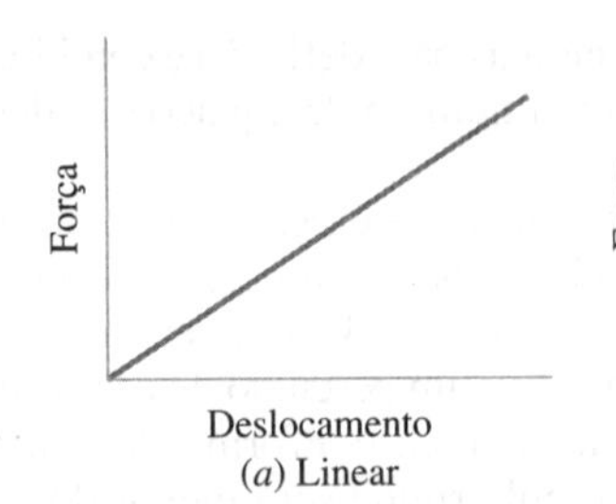

(*a*) Linear

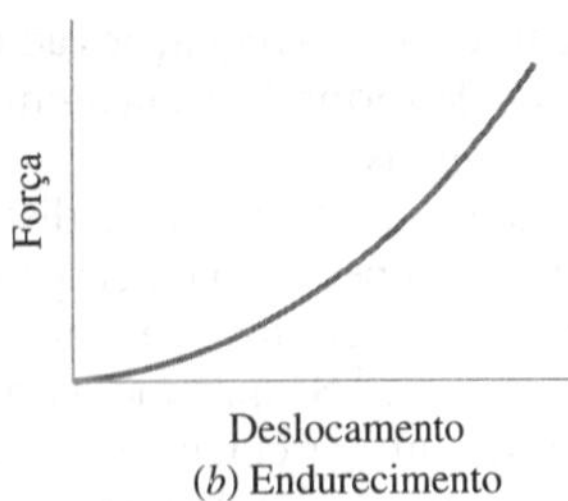

(*b*) Endurecimento

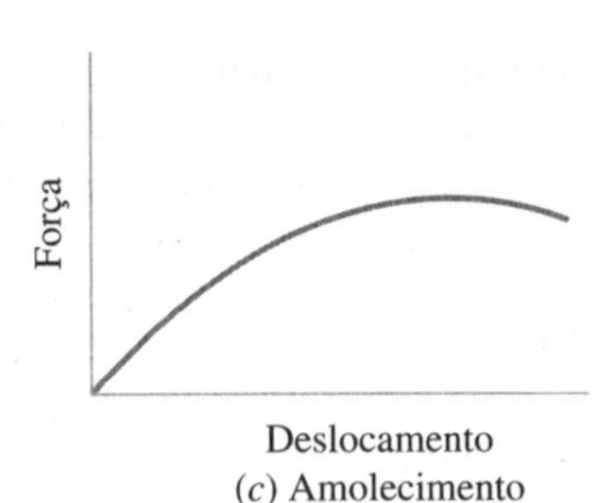

(*c*) Amolecimento

Figura 4.21
Várias características força-deslocamento exibidas por molas ou por elementos de máquinas quando carregados.

engrenagens; curvas de amolecimento não linear estão associadas com arcos, cascas e molas cônicas do tipo prato (Belleville). Além do carregamento axial, outras configurações apresentando constantes de mola lineares incluem elementos sob torção, flexão ou cisalhamento. As expressões para constantes de mola (força ou torque por unidade de deslocamento) podem ser desenvolvidas das equações anteriores para deslocamento, dadas na Seção 4.4.

Para peças carregadas sob torção, a partir de (4-44)

$$k_{tor} = \frac{T}{\theta} = \frac{KG}{L} \tag{4-83}$$

em que k_{tor} é a constante de mola de *torção*, T é o torque aplicado, θ é o deslocamento angular, G é o módulo de cisalhamento, L é o comprimento e K é a constante da Tabela 4.5 para a forma da seção transversal.

Para peças sob flexão, o conceito é o mesmo, mas há mais detalhes envolvidos, exigindo-se que os membros sob flexão sejam trabalhados caso a caso. Por exemplo, o caso 1 da Tabela 4.1 forneceria

$$k_{flex\text{-}1} = \frac{P}{y_{carga}} = \frac{48EI}{L^3} \tag{4-84}$$

em que $k_{flex\text{-}1}$ é a *constante* de mola à flexão para o caso 1 da Tabela 4.1, P é a carga concentrada no centro y_{carga} é a flecha no ponto de aplicação da carga. E é o módulo de elasticidade e L é o comprimento da viga simplesmente apoiada.

Para os membros simples sob cisalhamento puro,[26] a constante de mola é

$$k_{cis\text{-}dir} = \frac{P}{\delta_P} = \frac{AG}{L} \tag{4-85}$$

em que $k_{cis\text{-}dir}$ é a constante de mola *de cisalhamento* δ_P é o deslocamento na borda carregada e G é o módulo de cisalhamento.

Para molas não lineares como mancais ou dentes de engrenagens (contatos hertzianos), a constante de mola não é constante e não pode ser descrita de forma simples. Frequentemente define-se uma constante de mola *linearizada* aproximada em torno do ponto de operação, especialmente se as características de vibração são de interesse.

Conforme ilustrado nas Figuras 4.19 e 4.20, os elementos de mola podem ser combinados em arranjos tanto em paralelo quanto em série. Se as molas são combinadas *em paralelo*, conforme apresentado na Figura 4.19, os deslocamentos são iguais, mas a força total F é dividida entre a mola 1 e a mola 2. Isto é

$$F = F_1 + F_2 \tag{4-86}$$

e uma vez que $y_1 = y_2 = y$,

$$\frac{F}{y} = \frac{F_1}{y_1} + \frac{F_2}{y_2} \tag{4-87}$$

ou

$$k_p = k_1 + k_2 \tag{4-88}$$

em que k_p é a constante de mola resultante para as molas em paralelos.

Por outro lado, se as molas são combinadas *em série*, conforme apresentado na Figura 4.20 a força F é a mesma em *ambas* as molas, mas o deslocamento da mola 1 e da mola 2 são camadas para compor o deslocamento y. Isto é

$$y = y_1 + y_2 \tag{4-89}$$

[26] Por exemplo, um bloco curto de "comprimento" L e área de seção transversal "ao cisalhamento" A, engastado em uma das "extremidades" e carregado na outra por uma força P, ilustra o caso do cisalhamento puro.

Uma vez que $F_1 = F_2 = F$, (4-89) pode ser reescrita como

$$\frac{y}{F} = \frac{y_1}{F_1} + \frac{y_2}{F_2} \tag{4-90}$$

obtendo-se

$$k_s = \frac{1}{\dfrac{1}{k_1} + \dfrac{1}{k_2}} \tag{4-91}$$

em que k_s é a constante de mola combinada para as molas em série.

Estes resultados podem ser estendidos para qualquer número de molas em série, em paralelo, ou em arranjos combinados série-paralelo.

Exemplo 4.15 Constantes de Mola e Deslocamento da Extremidade de um Suporte em Ângulo Reto

O suporte de aço de ângulo reto com braços de comprimento $L_1 = 250$ mm e $L_2 = 125$ mm, conforme apresentado na Figura E4.15, será usado para suportar uma carga estática $P = 4{,}5$ kN. A carga deve ser aplicada verticalmente na extremidade livre do braço cilíndrico, conforme a indicação. Ambas as linhas de centro do suporte estão no mesmo plano horizontal. Se o braço de seção transversal quadrada tem lado $s = 32$ mm, e o braço de seção transversal cilíndrico tem diâmetro $d = 32$ mm,

a. Desenvolva uma expressão para a constante de mola combinada k_o do suporte na direção vertical no ponto de aplicação da carga (ponto O).

b. Calcule o valor numérico de k_o.

c. Determine a flecha y_o para carga $P = 4{,}5$ kN.

Solução

a. A constante da mola combinada no ponto O é

$$k_o = \frac{P}{y_o}$$

Pode ser determinada observando-se que as molas "efetivas" no suporte incluem

1. k_1 causado pela flexão no braço de seção transversal quadrada
2. k_2 causado pela torção no braço de seção transversal quadrada, refletindo-se no ponto O através da rotação de corpo rígido da perna cilíndrica de comprimento L_2
3. k_3 causado pela flexão da perna cilíndrica

Uma vez que estas três molas estão em série ($y_o = y_1 + y_2 + y_3$ e $P = P_1 = P_2 = P_3$), de (4-91) obtém-se

$$k_o = \frac{1}{\dfrac{1}{k_1} + \dfrac{1}{k_2} + \dfrac{1}{k_3}}$$

Usando o caso 10 da Tabela 4.1, tem-se

$$k_1 = \frac{P}{y_1} = \frac{3EI}{L_1^3}$$

Para a seção transversal quadrada

$$I = \frac{bd^3}{12} = \frac{s^4}{12}$$

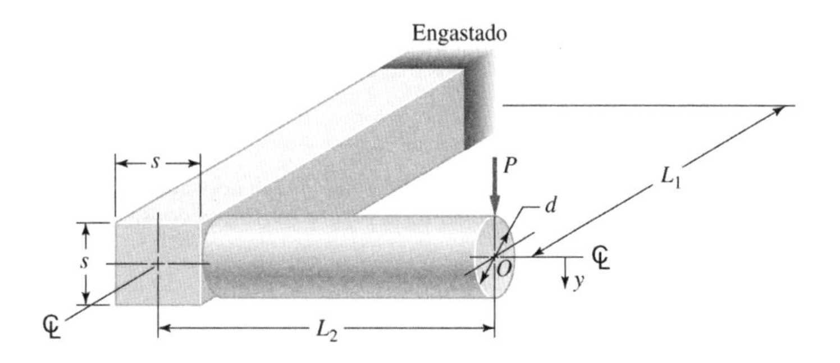

Figura E4.15
Suporte em ângulo reto.

Exemplo 4.15 Continuação

e

$$k_1 = \frac{3Es^4}{12L_1^3} = \frac{Es^4}{4L_1^3}$$

Em seguida, para torção da seção transversal quadrada, usando-se o caso 3 da Tabela 4.5 com (4-44) e resgatando da geometria que $y_2 = L_2\theta$ em que $\theta = TL_2/KG$ e $T = PL_1$

$$k_2 = \frac{P}{y_2} = \frac{P}{L_2\theta} = \frac{KG}{L_1L_2^2}$$

em que da Tabela 4.5,

$$K = 2{,}25\left(\frac{s}{2}\right)^4$$

Então

$$k_2 = \frac{0{,}14s^4G}{L_1L_2^2}$$

Finalmente, usando-se novamente o caso 10 da Tabela 4.1 para flexão do braço cilíndrico

$$k_3 = \frac{3EI}{L_2^3}$$

Para a seção transversal circular

$$I = \frac{\pi d^4}{64}$$

e

$$k_3 = \frac{3\pi Ed^4}{64L_2^3}$$

Substituindo-se k_1, k_2, e k_3 na equação para k_o

$$k_o = \frac{1}{\dfrac{4L_1^3}{Es^4} + \dfrac{L_1L_2^2}{0{,}14Gs^4} + \dfrac{64L_2^3}{3\pi Ed^4}}$$

b. Uma vez que o material é aço, $E = 207 \times 10^9$ N/m² e $G = 79 \times 10^9$ N/m² que resulta em

$$k_o = \frac{1}{\dfrac{4(0{,}25)^3}{207 \times 10^9(0{,}032)^4} + \dfrac{(0{,}25)(0{,}125)^2}{0{,}14(79 \times 10^9)(0{,}032)^4} + \dfrac{64(0{,}125)^3}{3\pi(207 \times 10^9)(0{,}032)^4}}$$

$$k_o = 1{,}46 \times 10^6 \text{ N/m}$$

c. Sabendo-se que $k_o = P/y_o$ e $P = 4{,}5$ kN

$$y_o = \frac{4{,}5 \times 10^3}{1{,}46 \times 10^6} = 0{,}00308 \text{ m} = 3{,}08 \text{ mm}$$

Exemplo 4.16 Divisão de Carga em uma Estrutura Redundante

A estrutura com junta pinada mostrada na Figura E4.16A deve ser usada para suportar a carga P. Os membros da estrutura são barras cilíndricas maciças de aço. Para as dimensões indicadas, como seria a divisão da carga P entre as barras?

Solução

Para esta *estrutura estaticamente indeterminada*, a carga será dividida proporcionalmente à rigidez entre os três tirantes (molas) em paralelo. Da Figura E4.16B, a constante de mola para o tirante 1 é (na direção vertical)

$$k_{1V} = \frac{F_{1V}}{y} = \frac{F_1\cos\alpha}{y_1/\cos\alpha} = \frac{F_1\cos^2\alpha}{y_1}$$

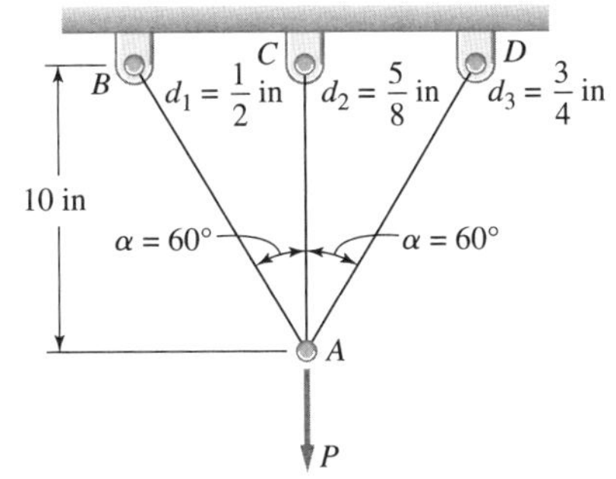

Figura E4.16A
Estrutura com juntas pinadas.

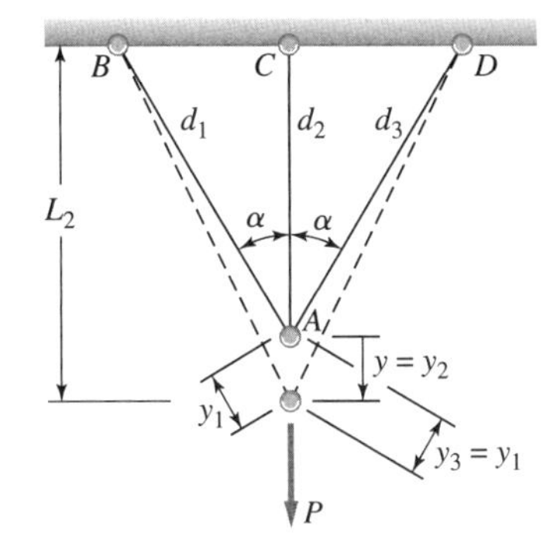

Figura E4.16B
Deslocamentos em estrutura com juntas pinadas.

ou, usando-se (4-82),

$$k_{1V} = \frac{A_1 E}{L_1}\cos^2 \alpha$$

Para o tirante 2

$$k_{2V} = \frac{F_{2V}}{y} = \frac{F_2}{y_2} = \frac{A_2 E}{L_2}$$

e para o tirante 3

$$k_{3V} = \frac{F_{3V}}{y} = \frac{F_3 \cos\alpha}{y_3/\cos\alpha} = \frac{A_3 E}{L_3}\cos^2 \alpha$$

Observando-se que

$$L_2 = L_3 = \frac{L_1}{\cos\alpha}$$

estas constantes de mola podem ser escritas como

$$k_{1V} = \frac{\pi E}{4}\left(\frac{d_1^2 \cos^2 \alpha}{L_2 \cos \alpha}\right)$$

$$k_{2V} = \frac{\pi E}{4}\left(\frac{d_2^2}{L_2}\right)$$

$$k_{3V} = \frac{\pi E}{4}\left(\frac{d_3^2 \cos^2 \alpha}{L_2 \cos \alpha}\right)$$

Uma vez que os tirantes estão em paralelo, a constante de mola combinada para direção vertical no ponto A, é

$$k_A = \frac{\pi E}{4L_2}(d_1^2 \cos \alpha + d_2^2 + d_3^2 \cos \alpha)$$

Da Figura E4.16C as proporções de divisão de carga para os tirantes 1, 2 e 3 são, então, respectivamente

$$\frac{P_1}{P} = \frac{k_{1V}}{k_A}$$

$$\frac{P_2}{P} = \frac{k_{2V}}{k_A}$$

e

$$\frac{P_3}{P} = \frac{k_{3V}}{k_A}$$

Figura E4.16C
Diagrama de corpo livre da junta A.

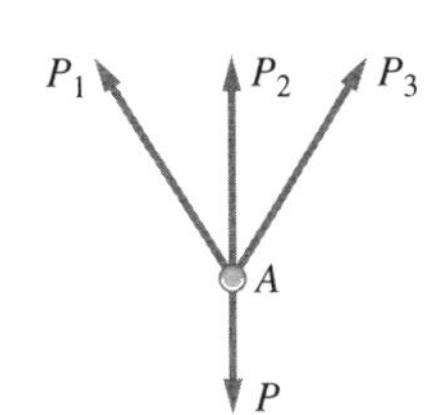

Exemplo 4.16 Continuação

Obtendo-se os valores numéricos para essas três expressões,

$$k_{1V} = \frac{\pi(30 \times 10^6)}{4(10)}(0{,}5)^2 \cos 60 = 2{,}95 \times 10^5 \frac{\text{lbf}}{\text{in}}$$

$$k_{2V} = \frac{\pi(30 \times 10^6)}{4(10)}(0{,}625)^2 = 9{,}20 \times 10^5 \frac{\text{lbf}}{\text{in}}$$

$$k_{3V} = \frac{\pi(30 \times 10^6)}{4(10)}(0{,}75)^2 \cos 60 = 6{,}63 \times 10^5 \frac{\text{lbf}}{\text{in}}$$

assim,

$$k_A = k_{1V} + k_{2V} + k_{3V} = (2{,}95 + 9{,}20 + 6{,}63)10^5 = 18{,}78 \times 10^5 \frac{\text{lbf}}{\text{in}}$$

Então,

$$P_1 = \frac{2{,}95}{18{,}78}P = 0{,}157P$$

$$P_2 = \frac{9{,}20}{18{,}78}P = 0{,}490P$$

$$P_3 = \frac{6{,}63}{18{,}78}P = 0{,}353P$$

4.8 Conceitos de Pré-carga

As pré-cargas podem ser induzidas em estruturas ou montagens de máquinas forçando o contato ou o afastamento de dois ou mais componentes (intencionalmente ou não) para que, em seguida, sejam montados de modo que a tração em alguns componentes equilibre a compressão em outros. Uma consequência da pré-carga é que tensões de "montagem" são produzidas no interior do dispositivo montados, sem nenhuma carga extremamente aplicada. Conforme discutido em 4.7, peças pré-carregadas umas em relação as outras se comportam como um sistema integrado de molas em série e/ou paralelo. O pré-carregamento adequado tem muitas vantagens potenciais, inclusive a eliminação de folgas indesejáveis entre peças, o aumento da rigidez nas montagens de máquinas e o aumento da resistência à fadiga de peças. Exemplos de componentes e/ou montagens que podem apresentar uma melhora significativa de desempenho como resultado de uma pré-carga adequada incluem montagens de mancais, trens de engrenagens, juntas parafusadas, vedações do tipo flange-gaxeta e molas. A pré-carga pode ser usada para aumentar a rigidez axial ou radial de mancais de rolamentos[27] para eliminar jogo lateral de engrenagens, para evitar a separação de juntas aparafusadas sujeitas a carregamento cíclico, para prevenir a separação de juntas flange-gaxeta sob cargas ou pressões variáveis,[28] e para melhorar as características de respostas de montagens submetidas ao carregamento cíclico. É importante lembrar, contudo, que, ao se determinarem as dimensões das seções transversais críticas, as tensões "de montagem" induzidas por pré-carregamento devem ser sempre *superpostas* às tensões produzidas pelas cargas de operação.

A melhoria da resistência à fadiga (apresentada no Capítulo 5) de componentes com pré-carga inicial que são submetidos a cargas variáveis é um conceito particularmente útil. O efeito da pré-carga de tração em uma peça submetida a uma carga completamente alternada é elevar a tensão *média* de *zero* para um valor de *tração* significativo.[29] A pré-carga, tipicamente, tem um pequeno efeito na tensão cíclica *máxima*. Em análise por fadiga, a tensão equivalente completamente alternada $\tau_{eq\text{-}CR}$ (definida no Capítulo 5) pode ser utilizada para determinar a tensão de fadiga máxima em um componente.

Se por exemplo, a carga externa em um determinado componente induz um valor de tensão máxima, por exemplo, $\sigma_{máx} = 0{,}75\ S_u$ e a *tensão média* é nula, a amplitude de tensão equivalente completamente alterada é

$$\sigma_{eq\text{-}CR} = \sigma_{máx} = 0{,}75\ S_u.$$

[27] Veja 11.6.
[28] Veja 13.4.
[29] Veja 5.6.

Se o componente carregado ciclicamente foi inicialmente pré-carregado para que se produzisse uma *tensão média de tração* de, por exemplo, 0,9 $\sigma_{máx}$, e a carga de operação cíclica permanecer inalterada, encontraríamos

$$\sigma_{eq-CR} = 0{,}31\ \sigma_{máx} = 0{,}23\ S_u.$$

Para este caso, a pré-carga reduziria a tensão equivalente completamente alterada de 0,75 S_u para 0,31 S_u, aproximadamente uma redução significativa de tensão equivalente alternada.

Isto resulta em um aumento da expectativa de vida à fadiga.

Exemplo 4.17 Rigidez de um Sistema em Função da Pré-carga

O bloco "rígido" apresentado na Figura E4.17A é sustentado sobre uma superfície "sem atrito" entre duas molas de compressão lineares. A extremidade externa de cada uma das molas está em contato com uma parede "fixa",[30] e não existem folgas entre as extremidades internas das molas e o bloco. Não existe, também, nenhuma "ligação" do bloco às extremidades internas das molas (assim, o bloco se separaria das molas se fosse aplicada uma tração). Para o caso 1 mostrado na Figura E4.17A, não existe pré-carga. Para o caso 2, as paredes externas fixas deslocam-se, aproximando-se mais, aproximando as molas em compressão e produzindo uma força de 4 lbf de montagem em cada mola (pré-carga). A curva linear força-deslocamento é apresentada na Figura E4.17A para cada mola, ambas para o caso *sem pré-carga* e para o caso de *pré-carga de 4 lbf.*

Compare a rigidez dos sistemas para o caso sem pré-cargas e com pré-cargas.

Solução

Para o caso 1, *sem pré-carga*, o bloco rígido pode ser considerado um corpo livre, conforme apresentado na Figura E4.17B. Somando-se as forças na direção horizontal para o caso 1,

$$F_{L1} + F_1 = F_{R1}$$

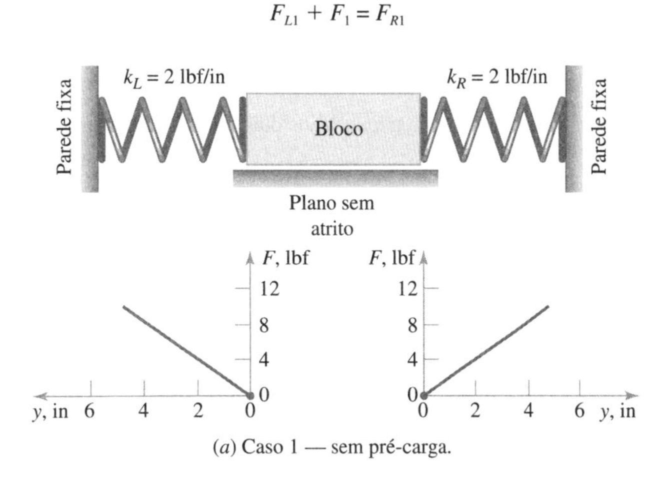

(*a*) Caso 1 — sem pré-carga.

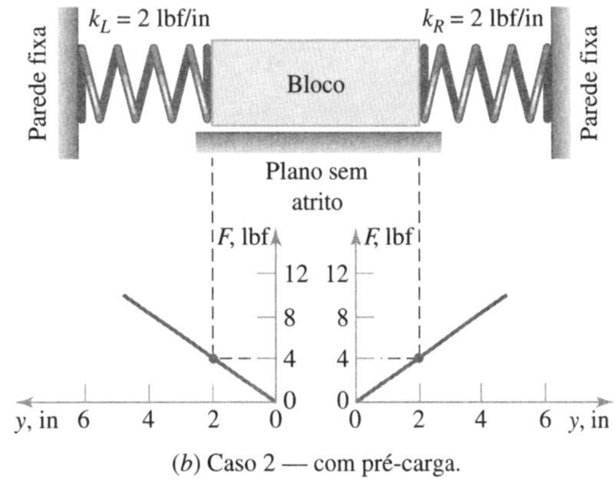

(*b*) Caso 2 — com pré-carga.

Figura E4.17A

Comparação entre os comportamentos de um sistema de molas com pré-carga *versus* um sistema de molas sem pré-carga.

[30] Naturalmente, não existem, na realidade, blocos rígidos, superfície *sem atritos* nem paredes *fixas*. Em qualquer aplicação real a validade de tais hipóteses exigiria avaliações. Contudo, os conceitos de pré-carga continuam válidos.

Exemplo 4.17 Continuação

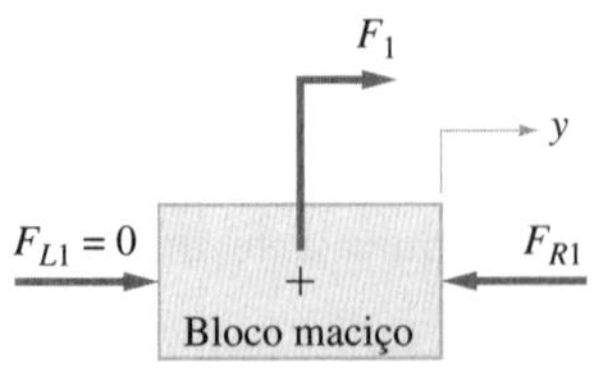

(*a*) Caso 1 — sem pré-carga.

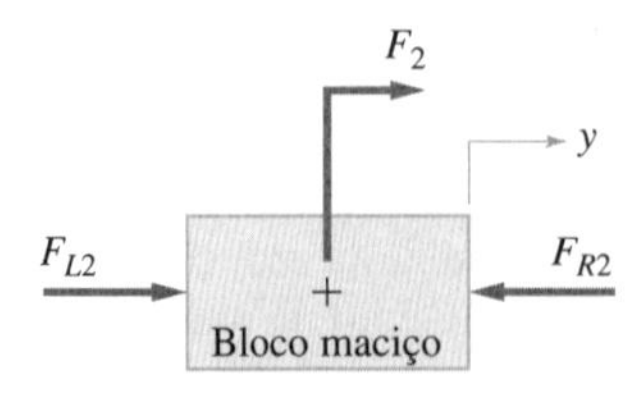

(*b*) Caso 2 — com pré-carga.

Figura E4.17B
Bloco rígido da Figura E4.17A, considerado como um corpo livre.

Como não existe pré-carga, todo deslocamento de corpo rígido y para a direita fará o bloco se separar da mola localizada à esquerda, então

$$F_{L1} = 0$$

Assim,

$$F_1 = F_{R1} = k_R y = 2y$$

e a constante de mola k_{SP} para o sistema, *sem pré-carga*, pode ser escrita como

$$k_{SP} = \frac{F_1}{y} = 2\frac{\text{lbf}}{\text{in}}$$

No caso 2, *com pré-carga*, o bloco rígido pode ser considerado como um corpo livre, conforme apresentado na Figura E4.17B. Somando-se as forças na direção horizontal para o caso 2,

$$F_{L2} + F_2 = F_{R2}$$

Por haver uma pré-carga de 4 lbf, inicialmente estabelecida dentro do sistema, obtém-se, para uma posição de equilíbrio com deslocamento nulo, indicado na Figura E4.17A, no caso 2 $F_2 = 0$, tem-se

$$F_{L2} = F_{R2} = 4 \text{ lbf}$$

Para deslocamento y no sentido da direita, a leitura dos diagramas de força para o caso 2 mostrados na Figura E4.17A, fornece

$$F_{L2} = 4 - k_L y \quad \text{para} \quad y \le \frac{4}{k_L}$$

e

$$F_{L2} = 0 \quad \text{para} \quad y \ge \frac{4}{k_L}$$

Também para o caso 2,

$$F_{R2} = 4 + k_R y$$

Com uma pré-carga de 4 lbf,

$$4 - k_L y + F_2 = 4 + k_R y \quad \text{para} \quad y \le \frac{4}{k_L}$$

ou

$$F_2 = (k_L + k_R) y \quad \text{para} \quad y \le \frac{4}{k_L}$$

e

$$F_2 = F_{R2} = 4 + k_R y \quad \text{para} \quad y > \frac{4}{k_L}$$

assim, pode-se escrever a constante de mola k_P para o sistema pré-carregado como

$$k_P = \frac{F_2}{y} = k_L + k_R = 4\frac{\text{lbf}}{\text{in}} \quad \text{para} \quad y \le 2 \text{ polegadas}$$

e

$$k_P = \frac{F_2}{y} = \frac{4}{y} + k_R = \frac{4}{y} + 2\frac{\text{lbf}}{\text{in}} \quad \text{para} \quad y \ge 2 \text{ polegadas}$$

Desse modo, a rigidez $k_{SP} = 2$ lbf/in, calculada para o sistema *sem pré-carga*, dobra para $k_P = 4$ lbf/in, calculada para o sistema *com pré-carga*, enquanto os deslocamentos de corpo rígido do bloco forem menores do que 2 polegadas. Para deslocamentos superiores a 2 polegadas, começa a haver uma folga entre a mola da esquerda e o bloco, e a constante de mola do sistema pré-carregado cai. Contudo, em um sistema bem projetado não seria permitida nenhuma folga.

4.9 Tensões Residuais

Uma premissa comum na análise de tensões em elementos de máquinas é que *se a carga é nula, a tensão é nula*. Contudo, na Seção 4.8, a discussão sobre pré-cargas introduziu a ideia de que duas ou mais peças podem ser apertadas de tal forma que tensões de tração estabelecidas internamente em algumas partes equilibrem tensões de compressão em outras. Como consequência, são induzidas *tensões não nulas* nas peças pela pré-carga, mesmo quando as *cargas externamente aplicadas são todas nulas*.

Além disto, quando peças de máquinas dúcteis apresentam regiões de concentração de tensões (devidas à furos, filetes etc.) ou regiões em que os gradientes de tensão induzidos por cargas existem (devido à flexão, torção etc.), o limite de escoamento pode ser ultrapassado nestas regiões, produzindo deformações plásticas altamente localizadas. Estas pequenas regiões com tensões elevadas e deformações plásticas altamente localizadas produzem poucas mudanças observáveis ou nenhuma mudança nas dimensões macroscópicas e na aparência do componente carregado.[31] Quando cessam as cargas externas, o retorno elástico ("springback" em inglês) do material restante força as pequenas regiões deformadas elasticamente. Estas tensões, induzidas por deformação plástica não uniforme, são chamadas *tensões residuais* porque persistem *depois* do carregamento externo ter sido *removido*. As tensões residuais podem ser induzidas, quer acidentalmente quer intencionalmente, durante operações de fabricação, usinagem e/ou montagem, incluindo tratamento térmico, jateamento por granalha, laminação, conformação, pré-tensionamento, torneamento, frezamento, retificação, polimento, flexão em regime plástico ou torção, processos de montagem por contração, superpressurização ou superaceleração. As tensões residuais induzidas podem ser trativas ou compressivas, dependendo de como foram geradas e são, normalmente, difíceis de detectar, de medir e de estimar.[32] Uma vez que as tensões residuais em qualquer ponto crítico se somam diretamente às tensões de operação induzidas, no mesmo ponto, pelo carregamento podem, apesar de serem desconhecidas e mesmo inesperadas, influenciar significativamente o potencial de falha. Isto é, *as tensões residuais podem ser tanto muito benéficas quanto muito prejudiciais*, dependendo de como se combinam com as tensões de operação.

Outro conceito básico ao se gerarem tensões residuais benéficas é que as tensões residuais teriam a tendência de se *opor* às tensões operacionais, atuando no mesmo ponto crítico, de modo que a tensão resultante fosse minimizada. Enquanto este conceito é válido tanto para carregamentos estáticos quanto para carregamentos variáveis, torna-se especialmente importante para os últimos, porque os carregamentos variáveis podem levar às falhas por fadiga. Uma vez que uma grande parte das trincas de fadiga se origina nas superfícies dos componentes de máquinas, pode-se frequentemente obter um significativo aumento da resistência à fadiga, por meio de tratamentos que melhorem a resistência, apenas, das *camadas superficiais*, pela indução de um campo de tensões residuais favoráveis (geralmente compressivo) nesta região. Conforme discutido em 5.6, "Fatores que Podem Afetar as Curvas *S-N*", os processos de jateamento por granalha, laminação a frio e pré-tensionamento podem ser, todos, usados para induzir, intencionalmente, tensões residuais compressivas na superfície. Na Figura 5.35, estão ilustrados os efeitos do *jateamento por granalha*, e na Figura 5.36 estão ilustrados os efeitos da *laminação a frio*. Na Figura 4.22 estão ilustrados os efeitos da *pré-tensão axial estática* na resistência à fadiga dos corpos de prova de alumínio 7075-T6. Observe, na Figura 4.22, que a tensão residual de compressão na raiz do entalhe (induzida pela pré-tensão) aumenta significativamente a resistência à fadiga, enquanto a tensão residual de tração na raiz do entalhe (induzida por pré-tensão de compressão) diminui a resistência à fadiga significativamente. Este é um exemplo do princípio básico do pré-tensionamento efetivo, a saber: *a imposição de uma sobrecarga que cause escoamento local produzirá um campo de tensão residual favorável a futuros carregamentos com a mesma orientação e desfavorável a futuros carregamentos com orientação contrária.* Assim, se o pré-tensionamento tiver de ser usado, a força causadora da pré-tensão deveria ser imposta com a *mesma orientação* (tração ou compressão) do carregamento operacional, conforme já foi antecipado.

Estimando as Tensões Residuais

Para geometria simples e carregamentos simples, as tensões residuais podem ser estimadas se as propriedades de tensão e deformação do material forem conhecidas e se os fatores de concentração de tensões para a geometria do componente estiverem disponíveis. Por exemplo, idealizando-se o comportamento do material como elástico-perfeitamente plástico, conforme mostrado na Figura 4.23, pode-se, normalmente, estimar as tensões residuais. Por exemplo, uma barra cilíndrica reta, com um entalhe semicircular, carregada axialmente, de maneira uniforme, como a apresentada na Figura 4.24(a)

---

[31] Veja 5.3.

[32] Veja, por exemplo, ref. 9 pp. 461-465, ou ref. 5, pp. 725-726.

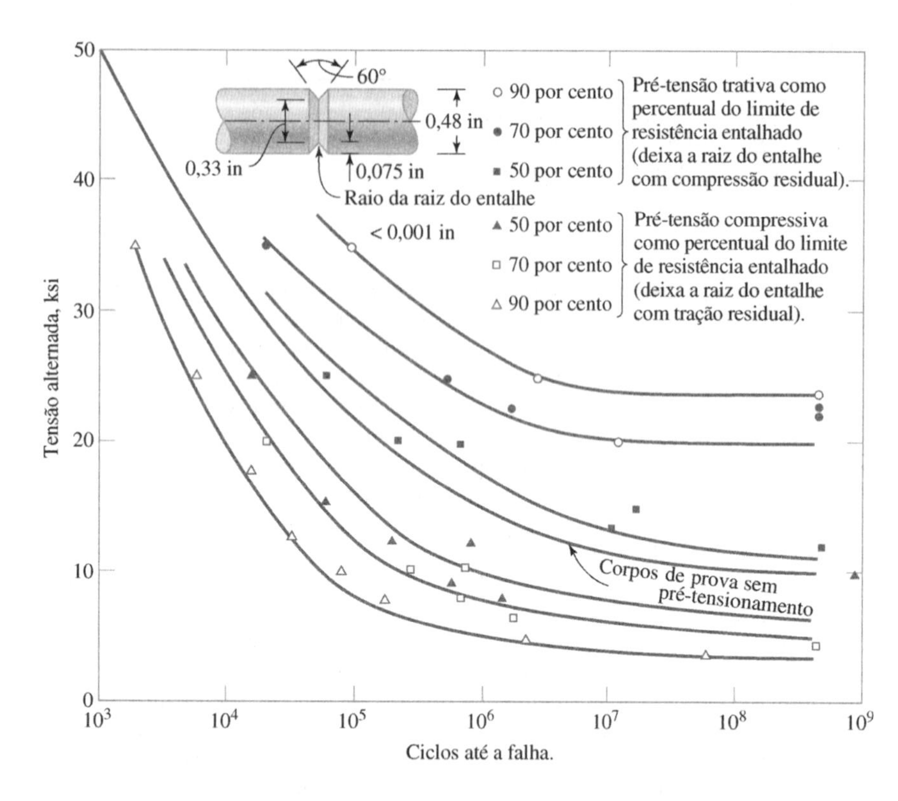

Figura 4.22
Efeitos da pré-tensão axial, estática, nas curvas *S-N* de corpos de prova de 7075-T6, ensaiados em testes de fadiga por flexão rotativa. (Dados da ref. 10)

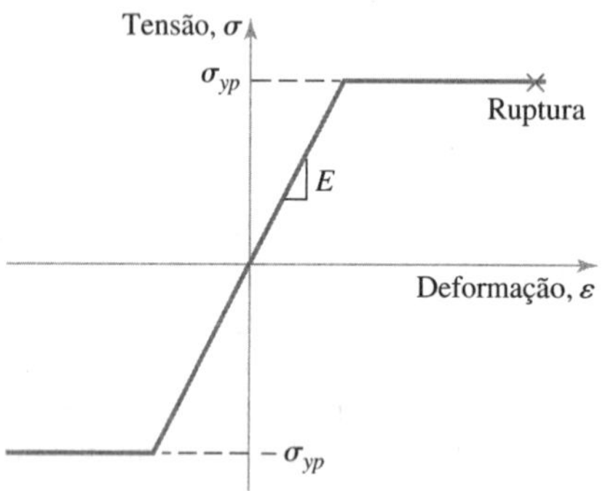

Figura 4.23
Curva de tensão-deformação para um material idealizado elástico-perfeitamente plástico

pode ser analisada para tensões residuais se as dimensões da barra e do entalhe forem conhecidas. O procedimento para se fazer uma estimativa destas seria

1. Definir uma curva tensão-deformação específica (idealizada) para o material, em um formato similar ao da Figura 4.23.
2. Determinar, a partir do carregamento e da geometria, o fator de concentração de tensões k_t, usando o método discutido em 5.6 e um gráfico do tipo apresentado na Figura 5.5.
3. Calcular $\sigma_{atu} = k_t\sigma_{nom}$ como uma função da carga axial P, e visualizar as modificações na distribuição de tensões em um plano de corte *A-A* utilizando uma série de diagramas de corpos livres relativos aos valores crescentes de P, conforme apresentado na Figura 4.24. Observar na Figura 4.24 que, para o diagrama de corpo livre (b), $\sigma_{atu} < S_{yp}$, para (c) $\sigma_{atu} = S_{yp}$, (d) σ_{atu} tenta exceder S_{yp}, mas isto não ocorre devido ao comportamento perfeitamente plástico (consequentemente, um escoamento local ocorre para restabelecer o equilíbrio), e para (e) P retorna a zero, dando origem a um retorno elástico que força um padrão de tensões residuais conforme apresentado. A tensão residual compressiva na superfície é, normalmente, em torno de metade do limite de escoamento do material encruado por deformação, quando procedimentos de pré-tensionamento são bem utilizados. É importante observar que, quando as cargas de operação são aplicadas subsequentemente segundo a mesma direção e sentido da força de pré-carga, as tensões residuais de compressão se somam algebricamente às tensões de tração operacionais. Isto resulta em uma redução do pico de tensão resultante, à medida que a nova carga P *não supera* P_c [veja a Figura 4.24(c)]. Estes conceitos básicos se aplicam às configurações de pré-tensionamento de flexão e de torção, assim como às configurações axiais.[33]

[33] Veja, por exemplo, ref. 9, p. 103 e seguintes.

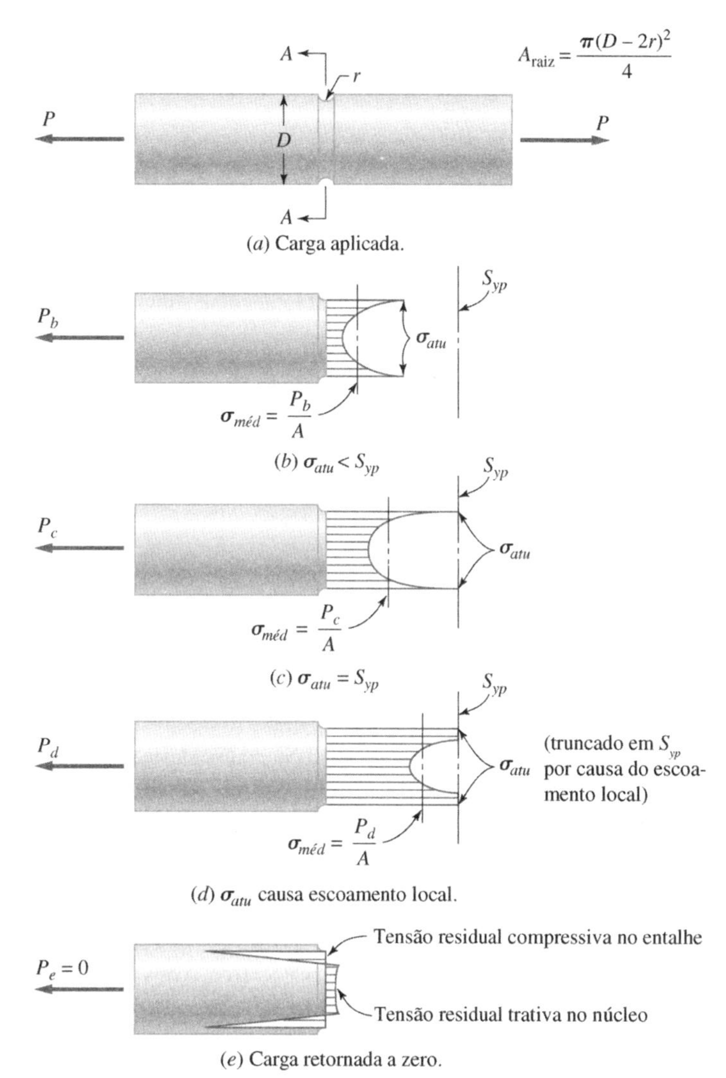

Figura 4.24
Distribuição de tensões para uma sequência escolhida de cargas axiais *P* aplicadas a uma barra entalhada sob tração.

Exemplo 4.18 Estimado a Distribuição de Tensões Residuais

A viga simplesmente apoiada na Figura E4.18A está sujeita a um momento de flexão para M_a. O material de viga é dúctil e tem um limite de escoamento de $S_{yp} = 483$ MPa. Pode-se assumir um comportamento elástico perfeitamente plástico, e que a flambagem não é problema.

a. Calcule o momento M_{ei} para o qual se inicia o escoamento e esquematize a distribuição de tensões no centro do vão quando M_{ei} é aplicado, sabendo-se que $b = 25$ mm e $d = 50$ mm.

b. Calcule e esquematize a distribuição de tensões no meio do vão quando o momento $M_a = 6800$ Nm é aplicada.

c. Determine as tensões residuais quando o momento M_a é removido e esquematize a distribuição de tensões residuais correspondente.

Solução

a. O momento requerido para causar o primeiro escoamento será grande $\sigma_{máx} = S_{yp}$, utilizando-se (4-5)

$$\sigma_{máx} = S_{yp} = \frac{M_{ei}c}{I} = \frac{6M_{ei}}{bd^2}$$

ou

$$M_{ei} = \frac{S_{yp}bd^2}{6} = \frac{483 \times 10^6(0{,}025)(0{,}050)^2}{6} = 5030 \text{ N/m}$$

A distribuição de tensões produzida por este momento está representada na Figura E4.18B.

Exemplo 4.18 Continuação

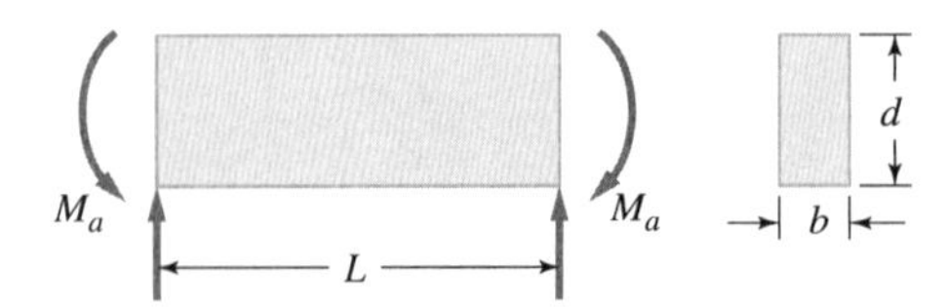

Figura E4.18A
Viga simplesmente apoiada, com seção transversal retangular, submetida ao momento de flexão pura.

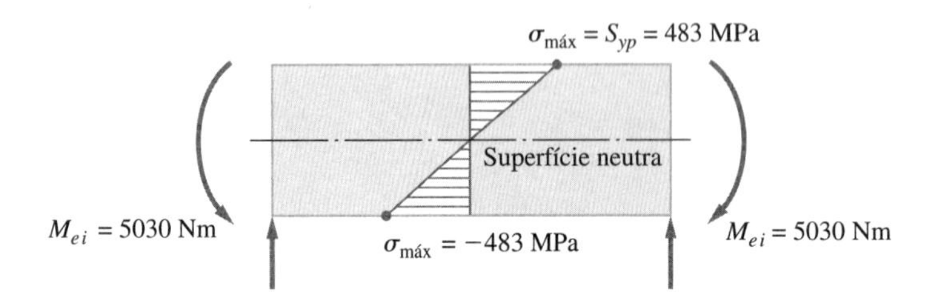

Figura E4.18B
Distribuição de tensões para a primeira ocorrência de escoamento.

b. Uma vez que $M_a = 6800$ Nm excede $M_{ei} = 5030$ Nm, o escoamento ocorre nas fibras externas a uma profundidade aproximada de d_d, conforme apresentado na Figura E4.18C. Nesta figura modela-se tanto uma força plástica F_p quanto uma força elástica F_e localizadas no centroide de cada distribuição de tensões. A tensão que atua da largura da viga é assumida ser constante. Sabendo $b = 25$ mm, $d = 50$ mm e $S_{yp} = 483$ MPa, pode-se definir as forças plásticas e elásticas em termos de d_p como

$$F_p = S_{yp}bd_p = 483 \times 10^6(0{,}025)d_p = 12{,}075 \times 10^6 d_p$$

$$F_e = \frac{1}{2}S_{yp}b\left(\frac{d}{2} - d_p\right) = \frac{1}{2}(483 \times 10^6)(0{,}025)\left(\frac{0{,}05}{2} - d_p\right)$$

$$= 6{,}0375 \times 10^6(0{,}025 - d_p)$$

Utilizando-se as forças plásticas e elásticas definidas anteriormente, satisfaz-se ao equilíbrio de momento com

$$M_a = 6800 = 2\left\{F_p\left[\frac{1}{2}(d - d_p)\right] + F_e\frac{2}{3}\left(\frac{d}{2} - d_p\right)\right\}$$

$$= F_p(d - d_p) + F_e\,\frac{4}{3}\left(\frac{d}{2} - d_p\right)$$

$$6800 = 12{,}075 \times 10^6 d_p(0{,}05 - d_p) + 8{,}05 \times 10^6(0{,}025 - d_p)^2$$

$$d_p^2 + 0{,}6167d_p - 0{,}0161 = 0 \quad \rightarrow \quad d_p = 0{,}025 \pm 0{,}0136 \text{ m}$$

Como d_p não pode exceder fisicamente 0,025 m, $d_p = 0{,}0114$ m = 11,4 mm. A distribuição de tensões no meio do vão é, portanto, como mostrado na Figura E4.18C com $d_p = 11{,}4$ mm.

c. Para se determinar a distribuição de tensões residuais quando $M_d = 6800$ Nm é retirado, pode-se observar que a retirada de M_a é equivalente à superposição de $-M_a$ à distribuição de tensões da Figura E4.18C, em que as tensões superpostas permanecerão completamente elásticas (enquanto todas as tensões

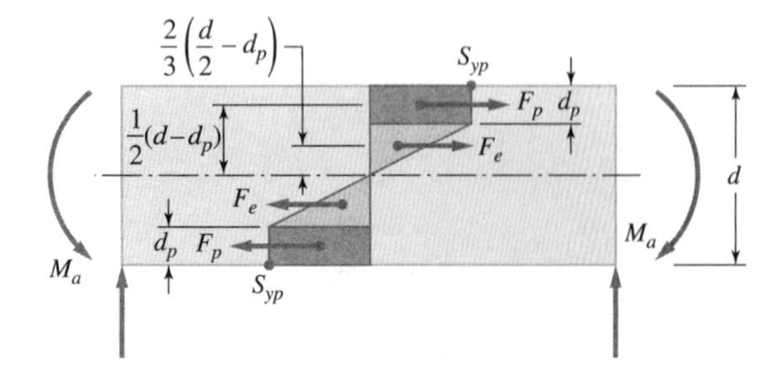

Figura E4.18C
Distribuição de tensões quando a deformação plástica está presente.

residuais, conforme apresentado na Figura E4.18D, estiverem dentro da região elástica). Assim, quando $-M_a$ é aplicado, a tensão na fibra externa (elástica) $\sigma_{máx-e}$ é

$$\sigma_{máx-e} = -\frac{M_a c}{I} = -\frac{6M_a}{bd^2} = -\frac{6(6800)}{0{,}025(0{,}05)^2} = -652{,}8 \text{ MPa} \approx -653 \text{ MPa}$$

Superpondo-se esta distribuição de tensões à distribuição apresentada na Figura E4.18C, obtém-se a distribuição de tensões residuais mostrada na Figura 4.18D.

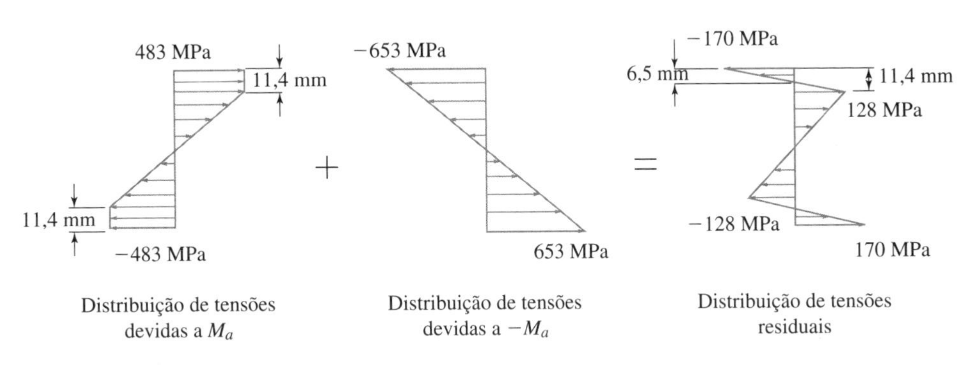

Figura E4.18D
Distribuição de tensões residuais na viga obtida pela superposição de tensões devidas a $+M_a$, às tensões devidas a $-M_a$.

4.10 Efeitos Ambientais

Quando se discutiu a seleção de materiais no Capítulo 3, o efeito do meio ambiente sobre as propriedades do material foi uma consideração importante. Na Tabela 3.1, por exemplo, fatores relacionados com o ambiente para a seleção de materiais incluem resistência à temperatura elevada, estabilidade dimensional a longo prazo, estabilidade dimensional sob flutuações de temperatura, resistência a ambientes quimicamente reativos a ambientes com radiação nuclear. Do mesmo modo, na discussão de potenciais modos de falha no Capítulo 2, a influência do ambiente foi mencionada. Os modos de falha sensíveis às influências ambientais listados em 2.3 incluem deformação elástica induzida por temperatura, fadiga térmica, corrosão, fadiga por corrosão, corrosão por tensão, erosão, desgaste por abrasão, desgaste por corrosão, fluência, ruptura por tensão, choque térmico, dano por radiação e flambagem por fluência.

Afora a seleção do material e a definição do modo de falha, outra consideração importante de projeto envolve a avaliação das modificações do carregamento, das dimensões e da capacidade funcional, induzidas por fatores ambientais. Por exemplo, temperatura, umidade, vento ou o escoamento de fluidos, abrasivos ou contaminantes, vibração ou atividade sísmica podem interferir com a capacidade de uma máquina ou estrutura em desempenhar sua função. Se um projetista cria, por um lado, uma máquina excepcional, mas falha em considerar uma solicitação ambiental importante, pode ser surpreendido por uma falha. Lidar com fatores ambientais pertinentes requer, normalmente, engenhosidade e discernimento. Equações e abordagens "padronizadas" nem sempre estão disponíveis. A breve discussão a seguir ilustra o problema.

Variações de temperatura podem causar contrações ou dilatações significativas de um elemento ou de uma estrutura. Por exemplo, pontes, tubulações ou estruturas de máquinas, em alguns casos, podem desenvolver sérios problemas operacionais se as dilatações ou contrações térmicas não forem avaliadas apropriadamente. Se elementos em dilatação forem contidos por estruturas rígidas adjacentes, podem ser desenvolvidas forças internas elevadas. Tais forças podem causar desalinhamento, empenamentos ou níveis de tensão excessivamente elevados. Se dois materiais diferentes, com dois coeficientes de dilatação térmica *diferentes* são utilizados em elementos estruturais *paralelos*, podem ser geradas forças internas destrutivas. Mesmo *pequenas* variações de temperatura podem induzir forças internas em alguns casos destrutivas. Se forem induzidos *gradientes de temperatura* em um componente de máquina, o empenamento e a distorção podem causar modificações intoleráveis na sua geometria ou no encaixe com outras partes. Pré-cargas planejadas cuidadosamente para aumentar a rigidez ou reduzir a suscetibilidade a carregamentos cíclicos podem ser relaxadas ou perdidas por causa de temperaturas elevadas. Os efeitos benéficos das tensões residuais podem, também, ser reduzidos ou perdidos.

Água, óleo ou outros fluidos podem influenciar, em certos casos, as características operacionais. Por exemplo, os coeficientes de atrito podem ser reduzidos, causando problemas como redução na capacidade de torque de freios e embreagens, ou alteração nos requisitos de torque de aperto em juntas aparafusadas. Modificações volumétricas em elementos poliméricos ou compósitos devidas à absorção de fluidos podem causar alterações dimensionais inaceitáveis.

Abrasivos ou outros contaminantes podem se infiltrar em juntas, mancais e caixas de engrenagens, em aplicações como máquinas de mineração, equipamentos de construção ou maquinário agrícola. Areia, xisto, pó de carvão, calcário e pó de fosfato são exemplos de contaminantes que deveriam ser levados em consideração quando se avaliam as necessidades potenciais de lubrificação, à medida em que estiverem relacionada com as potenciais falhas por desgaste de elementos e subconjuntos críticos.

Ventos ou outros fluxos de fluidos ambientais podem induzir cargas estruturais ou deflexões significativas, bem como comportamento vibratório imprevisto ou podem carrear partículas abrasivas ou outros contaminantes para interfaces críticas de operação de mancais ou engrenagens. A vibração de chaminés, periscópios de submarinos, plataformas de perfuração *offshore*, hélices de navios, palhetas de turbinas e o "galope" de linhas elétricas de transmissão são exemplos de *vibração induzida por fluxo* que podem causar falhas. Veículos civis e militares operando em ambientes desérticos fornecem um exemplo da contaminação potencial de mancais de motor e caixas de engrenagens, por areia e poeira trazidas pelo vento.

Fontes vibratórias remotas induzem, algumas vezes, ondas que se propagem por meio das fundações ou do solo e interferem na operação de outras máquinas localizadas distantes da fonte de vibração. Equipamentos de medição de precisão são especialmente vulneráveis a tais efeitos adversos. Em alguns casos, uma peça de máquina carregada *estaticamente* pode se transformar em uma peça carregada *ciclicamente* devido a uma perturbação vibratória remota. Terremotos ou atividades *sísmicas* também deveriam ser considerados pelos projetistas para certos equipamentos e estruturas programados para serem instalados em áreas sismicamente ativas.

É importante para um projetista avaliar a influência direta do ambiente na integridade das peças de máquinas e de estruturas para que não sejam geradas falhas inesperadas. Na maioria dos casos, as alterações no carregamento, nas dimensões e comportamento funcional induzidos por fatores ambientais podem ser antecipados, se as influências do ambiente forem consideradas com cuidado.

Problemas

4.1. Considerando o alicate mostrado na Figura P4.1, construa, para pino de articulação um diagrama de corpo livre completo. Preste atenção particular ao equilíbrio de momento.

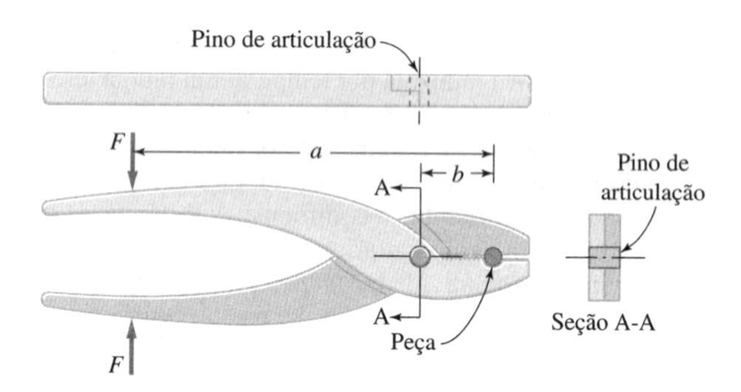

Figura P4.1
Esquema de um alicate.

4.2. Para o conjunto de suportes aparafusados apresentado na Figura P4.2, construa um diagrama de corpo livre para cada componente, incluindo cada meio-suporte, os parafusos, as arruelas e as porcas. Tente estabelecer uma indicação qualitativa das intensidades relativas dos vetores-força, onde for possível. Indique as fontes dos vários vetores-força apresentados por você.

4.3. Para o freio com apenas um bloco de sapata curto apresentado na Figura P4.3, construa um diagrama de corpo livre para a barra atuante e o bloco de sapata, considerados juntos no mesmo corpo livre.

4.4. Uma viga de seção transversal retangular de suporte de piso sustenta uma carga uniformemente distribuída de *w* lbf/ft ao longo de todo o seu comprimento, podendo-se considerar suas extremidades engastadas.

a. Construa um diagrama de corpo livre completo para a viga.
b. Construa diagramas de esforço cortante e de momento fletor para a viga.

Figura P4.2
Montagem de suporte aparafusado.

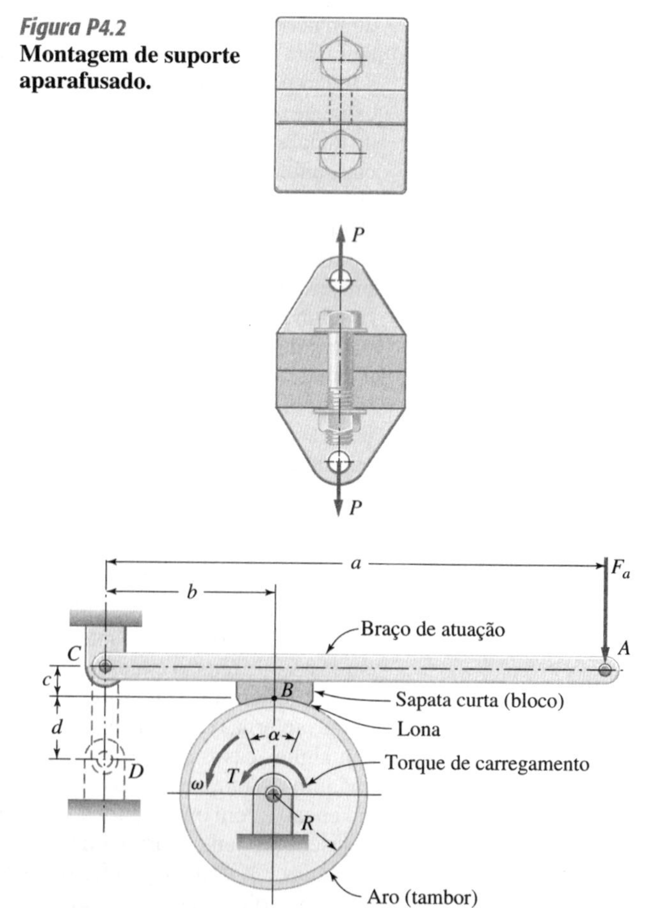

Figura P4.3
Freio com bloco de sapata curta externa.

4.5. O mecanismo articulado na Figura P4.5 deve ser usado para carregar estaticamente uma mola helicoidal de modo que esta possa ser inspecionada quanto a trincas e defeitos enquanto carregada. A mola tem um comprimento livre de 3,5 polegadas quando descarregada e uma constante de mola de 240 lbf/in. Quando a força estática está aplicada e o mecanismo está repouso, a mola é comprimida conforme apresentado na Figura P4.5, com as dimensões indicadas. Determine todas as forças atuando *no tirante 3*, e desenhe claramente um diagrama de corpo livre para o *tirante 3*. Mostre, com clareza, os valores numéricos das intensidades e as orientações de todas as forças atuando sobre o *tirante 3*. Analise o mecanismo, apenas o suficiente para determinar as forças atuantes no *tirante 3* e *não no mecanismo como um todo*.

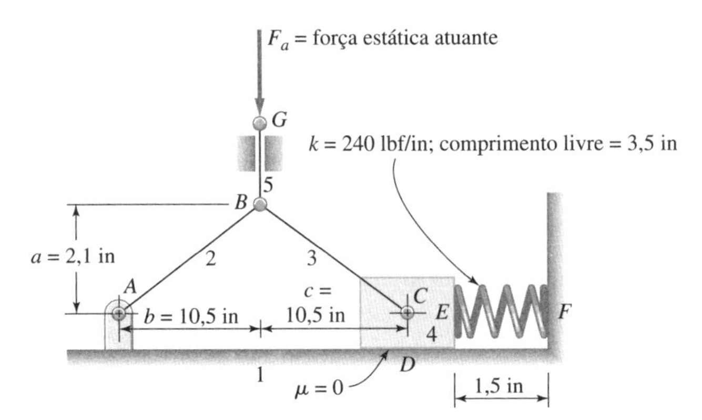

Figura P4.5
Mecanismo articulado.

4.6. Uma viga simplesmente apoiada deve ser usada no 17º andar de um prédio em construção para suportar um guincho de cabo, de alta velocidade, conforme apresentado na Figura P4.6. Este guincho traz a carga de 700 lbf rapidamente do repouso no térreo até a velocidade máxima e de volta a velocidade nula em qualquer andar entre o 10º e o 15º pavimentos. Nas condições mais severas, determinou-se que a *aceleração* da carga de repouso até a velocidade máxima produz uma carga dinâmica no cabo de 1913 lbf. Desenvolva uma análise de força na viga sob as condições de operação mais severas. Mostre os resultados finais, incluindo as intensidades e as orientações de todas as forças, em um diagrama de corpo livre da viga, com clareza.

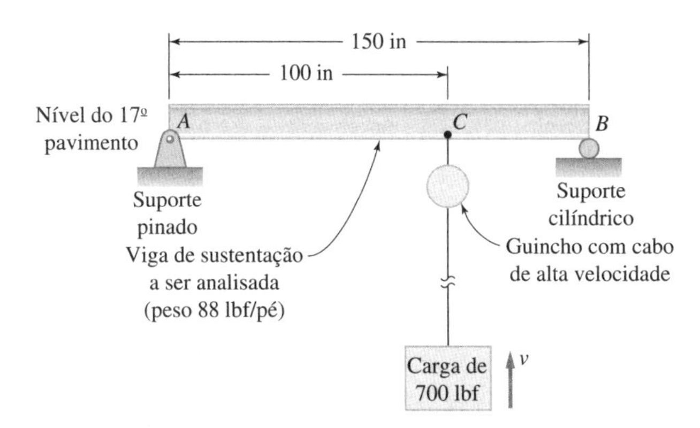

Figura P4.6
Viga de sustentação para guincho de alta velocidade, com cabo.

4.7. Duas barras de aço são conectadas por pinos como mostrado na Figura P4.7. Se a área da seção transversal das barras de aço for de 50 mm² e a tensão admissível for de 300 MPa, que valor de P pode ser suportado pelas barras?

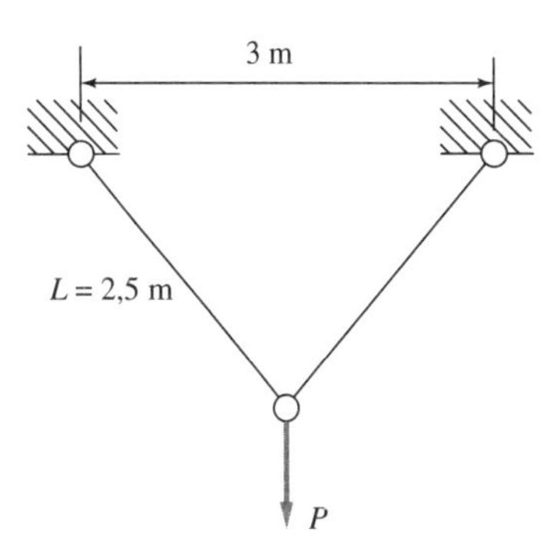

Figura P4.7
Barras de aço pinadas submetidas a uma carga vertical.

4.8. (a) Determine a tensão de cisalhamento máxima devido à torção no eixo de aço mostrado na Figura P4.8.
(b) Determine a tensão máxima devido à flexão no eixo de aço mostrado acima.

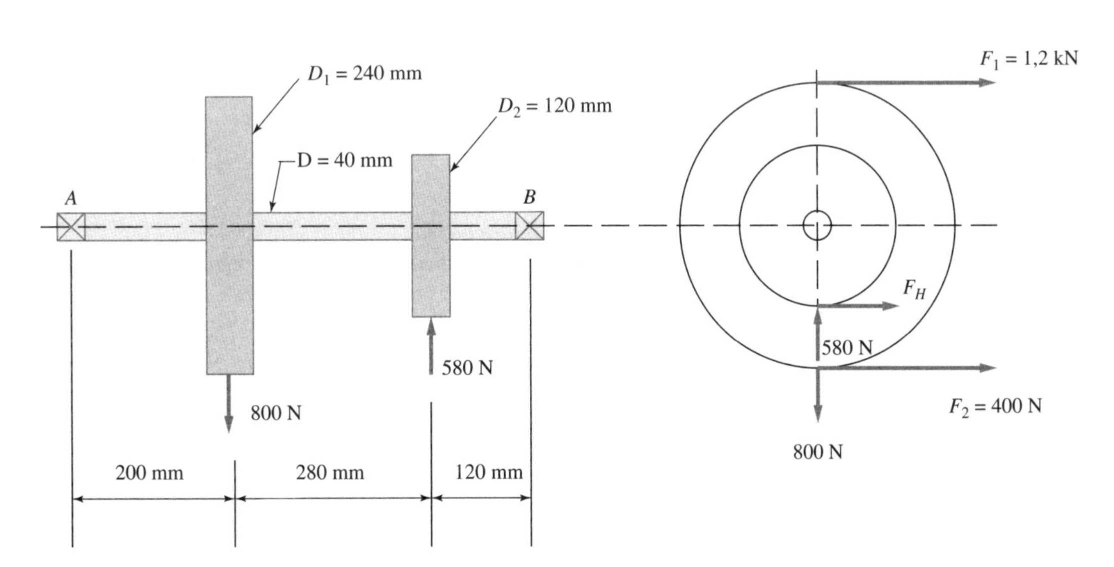

Figura P4.8
Eixo de aço sujeito a cargas em vários elementos de máquinas.

4.9. Considere a haste dobrada, de seção transversal circular, com diâmetro de 20 mm mostrada na Figura P4.9. A extremidade livre da haste dobrada está sujeita à carga vertical de 800 N e a carga horizontal de 400 N. Determine as tensões nas posições *a-a* e *b-b*.

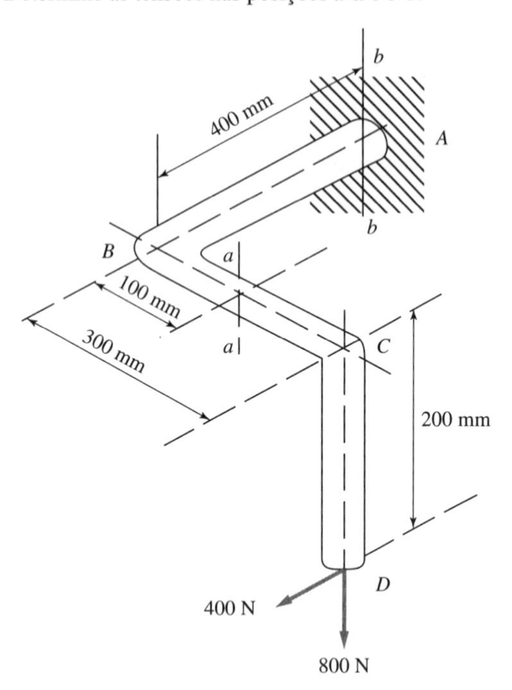

Figura P4.9
Haste dobrada de seção transversal circular.

4.10. Determine as reações nos mancais e desenhe o diagrama de momento fletor para o eixo da Figura P4.10. Determine a localização e o valor do momento máximo.

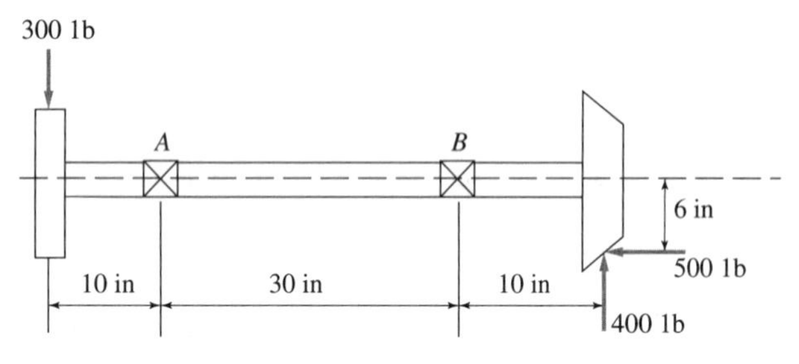

Figura P4.10
Eixo sujeito a diversos carregamentos.

4.11. Uma barra de aço tem 600 mm de comprimento, tem um diâmetro de 25 mm em uma extremidade e de 30 mm na outra extremidade. Cada seção tem um comprimento de 150 mm. A seção central restante tem um diâmetro de 20 mm e um comprimento de 300 mm, como mostrado na Figura P4.11. Determine o comprimento da barra ao ser submetida a uma carga trativa de 110 kN. Utilize o E para aço como sendo 207 GPa.

4.12. Duas hastes verticais são rigidamente ligadas à parte de cima de uma barra horizontal como mostrado na Figura P4.12. Ambas as hastes têm o mesmo comprimento de 600 mm e 10 mm de diâmetro. Sobre a barra horizontal transversal, de peso de 815 kgf e que se conecta às extremidades de baixo das hastes, está posicionada uma carga de 4 kN. Determine a posição da carga de 4 kN de forma que o membro transversal permaneça na horizontal e determine a tensão em cada haste. A haste esquerda é de aço e a haste direita é de alumínio $E_{aço} = 207$ GPa e $E_{alum} = 71$ GPa.

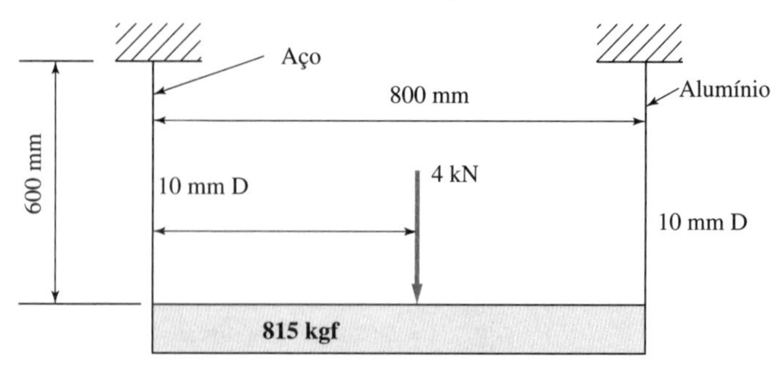

Figura P4.12
Haste verticais suportando uma barra horizontal.

4.13. Determine a deflexão máxima do eixo de aço mostrado na Figura P4.13.

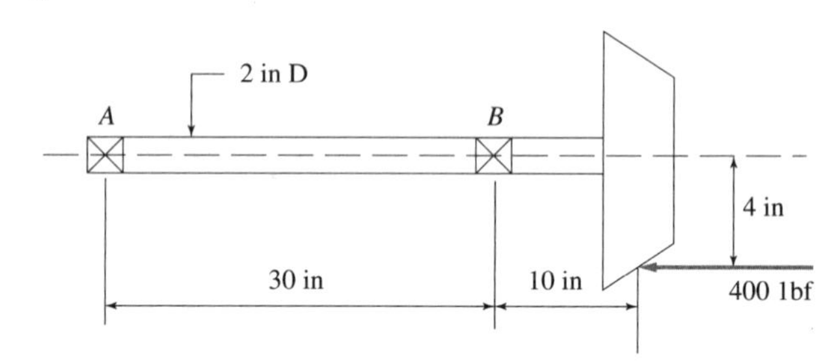

Figura P4.13
Eixo de aço apoiado em mancais.

4.14. Para a viga de alumínio de seção transversal quadrada, 20 mm × 20 mm, mostrada na Figura P4.14, determine a inclinação e a flecha em B. Use $E = 71$ GPa.

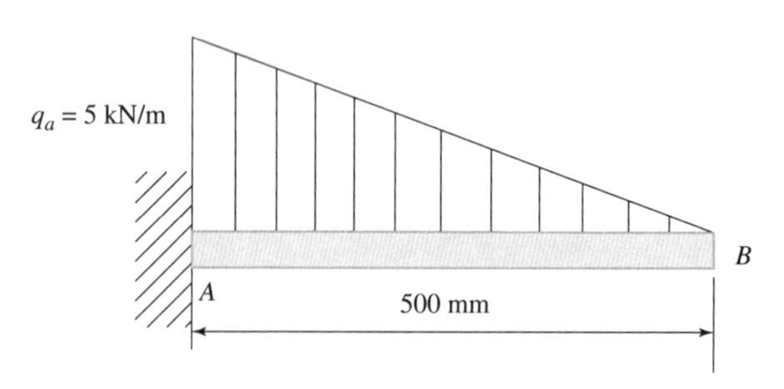

Figura P4.14
Viga monoengastada com carregamento linearmente distribuído.

Figura P4.11
Barra escalonada.

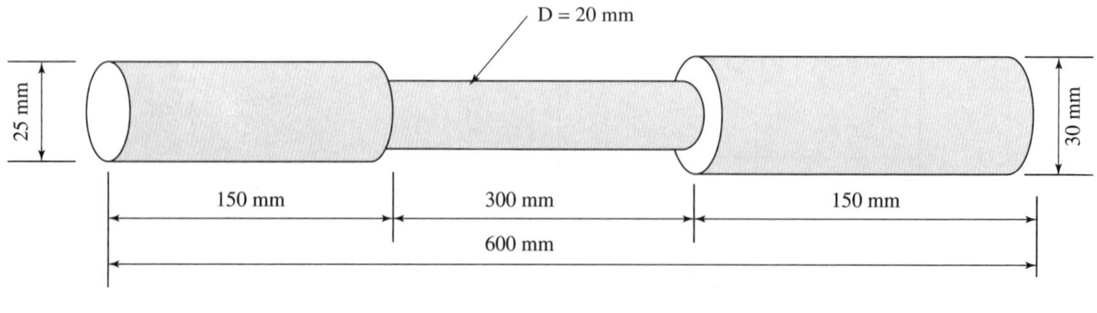

D = 20 mm

25 mm

30 mm

150 mm

300 mm

150 mm

600 mm

4.15. Uma viga simplesmente apoiada é sujeita à carga distribuída sobre uma parte da viga, como mostrado na Figura P4.15. A seção transversal da viga é retangular com uma largura de 4 in e uma altura de 3 in. Determine a flecha máxima da viga. Use $E = 30 \times 10^6$ psi.

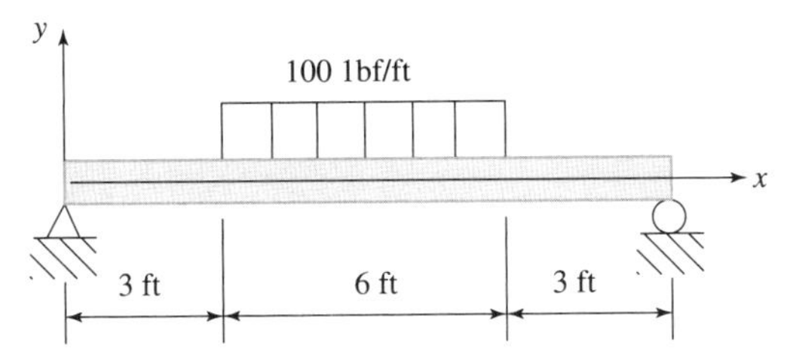

Figura P4.15
Viga simplesmente apoiada sujeita à carga distribuída.

4.16. Considere a viga monoengastada mostrada na Figura P4.16. A viga tem uma seção transversal quadrada com 160 mm de lado. Determine a inclinação em B e a flecha em C. O material é aço com $E = 207$ GPa.

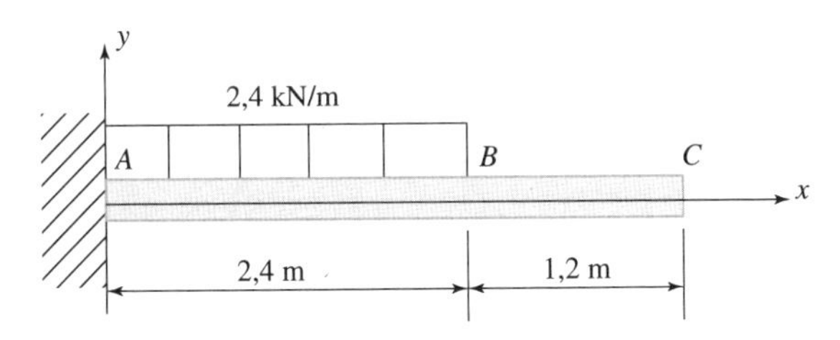

Figura P4.16
Viga monoengastada de com carga distribuída ao longo da uma parte de extensão de viga.

4.17. Uma viga horizontal de aço monoengastada tem 10 polegadas de comprimento e tem uma seção transversal quadrada que tem 1 polegada de lado. Se uma carga vertical com sentido para baixo de 100 lbf é aplicada a meio comprimento da viga, 5 polegadas da extremidade engastada, qual será a deflexão vertical na extremidade livre se a cisalhamento transversal for desprezível. Use o teorema de Castigliano para fazer a sua estimativa.

4.18. a. Utilizando as expressões de energia de deformação para torção da Tabela 4.7, verifique se um membro prismático com seção transversal constante ao longo de seu comprimento, ao ter um torque T constante for aplicado, se a energia de deformação armazenada na barra é apropriadamente dada por (4-61).

b. Utilizando o método de Castigliano, calcule o ângulo de torção induzido pelo torque aplicado T.

4.19. O suporte de ângulo reto, com braços de comprimento $L_1 = 10$ polegadas e $L_2 = 5$ polegadas, como mostrado na Figura P4.19, deve ser utilizado para suportar uma carga estática $P = 1000$ lbf. A carga é para ser aplicada verticalmente com sentido para baixo na extremidade livre do braço cilíndrico, como mostrado. Ambas as linhas de centro dos braços de suporte estão no mesmo plano horizontal. Se a perna de seção transversal quadrada tem lados de $s = 1{,}25$ polegada, e o braço cilíndrico tem o diâmetro $d = 1{,}25$ polegada, utilize o teorema de Castigliano para encontrar a deflexão y_o sob a carga P.

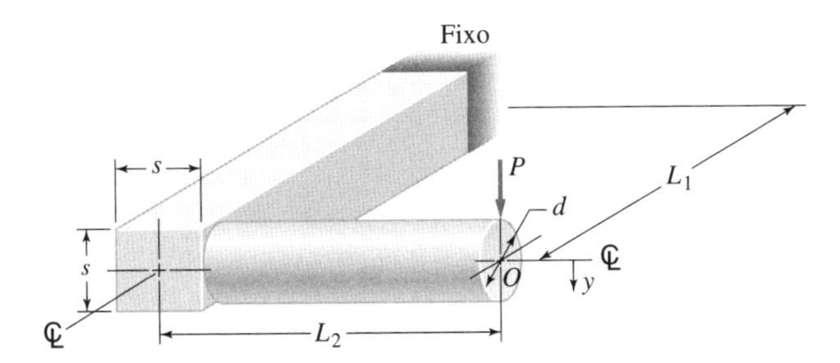

Figura P4.19
Suporte em ângulo reto com carga transversal na extremidade.

4.20. A engrenagem cônica mostrada na Figura P4.20 é carregada por uma força axial de 2,4 kN. Esboce o diagrama de momento fletor para o eixo de aço e calcule a deflexão devido a P na direção axial utilizando o teorema de Castigliano. Despreze a energia armazenada no sistema entre a engrenagem e o mancal B.

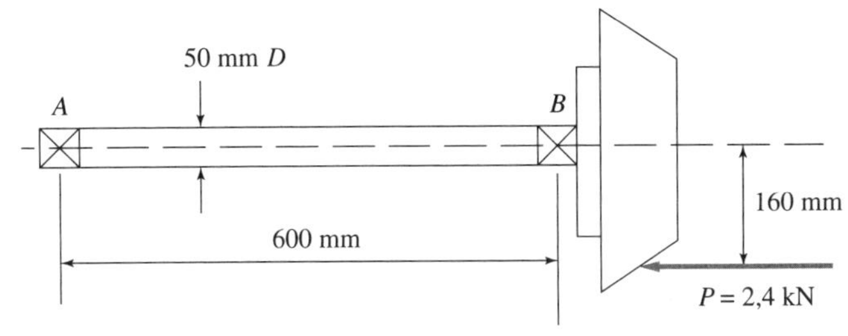

Figura P4.20
Engrenagem cônica montada com um eixo.

4.21. Utilizando o teorema de Castigliano determine a flecha do eixo de aço mostrado na Figura P4.21 na posição da engrenagem. Use $E = 207$ GPa.

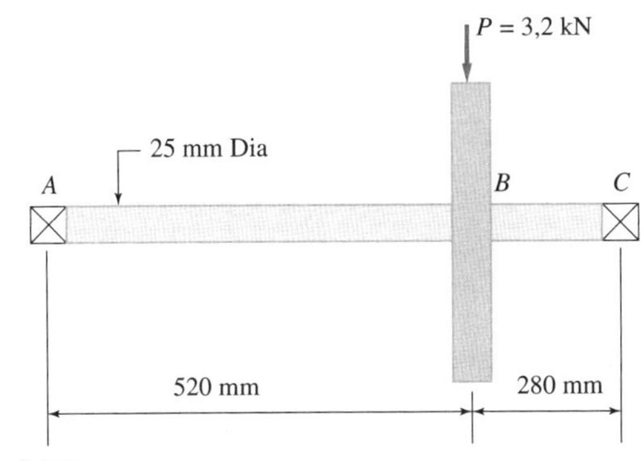

Figura P4.21
Eixo de aço com engrenagem.

4.22. A viga de seção transversal quadrada de 2 in × 2 in engastada em ambas as extremidades está sujeita à carga concentrada de 2400 lbf e a uma carga distribuída de 400 lbf/ft, conforme mostrado na Figura P4.22. Determine:

a. As reações de viga.
b. A flecha na posição da carga concentrada P.

Figura P4.22
Viga biengastada com uma carga concentrada e uma carga distribuída.

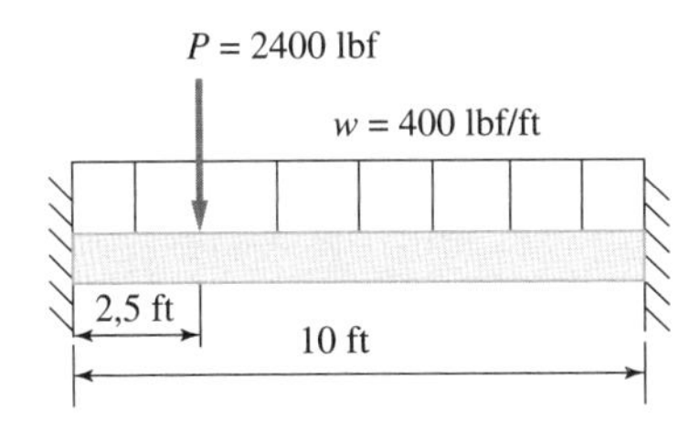

4.23. Considere uma viga apoiada na extremidade esquerda e engastada na extremidade direita e sujeita à carga distribuída de 4 kN/m, como mostrado na Figura P4.23. Determine as reações e a flecha máxima da viga. Use $E = 200$ GPa.

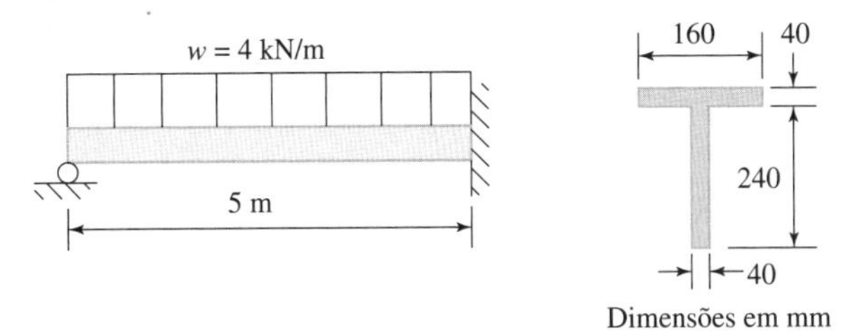

Figura P4.23
Viga em *T* apoiada e engastada com uma carga distribuída constante.

4.24. Considere uma viga de aço apoiada em três suportes, sujeita à carga distribuída uniformemente de 200 lbf/ft, como mostrado na Figura P4.24. Determine a flecha máxima e a inclinação da viga no ponto B.

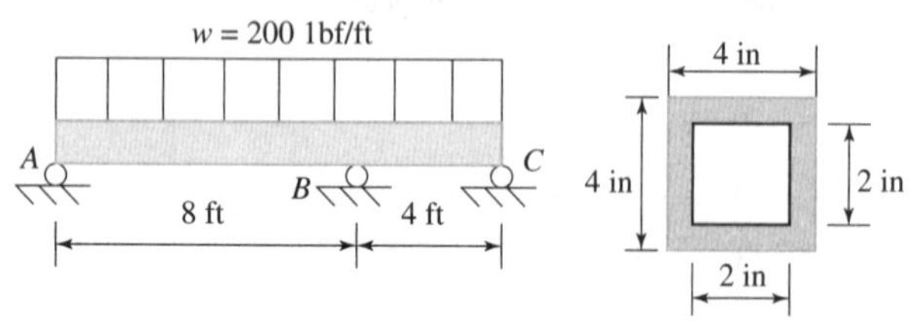

Figura P4.24
Viga estaticamente indeterminada com uma carga distribuída constante.

4.25. O eixo de aço mostrado na Figura P4.25 está engastada em uma extremidade e apoiada na outra extremidade e está sujeita à carga distribuída de 5 kN/m. O eixo tem um diâmetro de 120 mm. Determine a equação para a deflexão do eixo e a localização e o valor da flecha máxima.

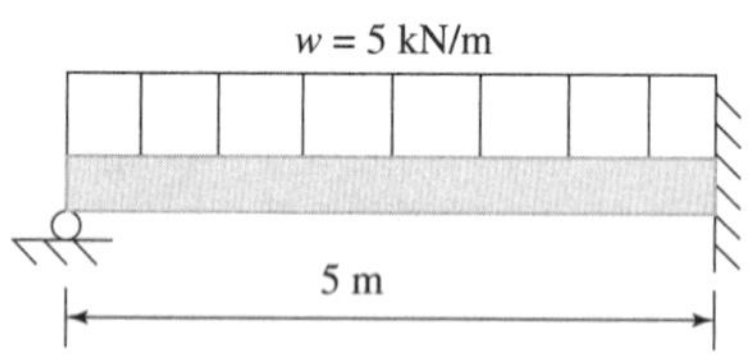

Figura P4.25
Viga apoiada e engastada sujeita à carga distribuída.

4.26. Considere uma viga engastada em uma extremidade e apoiada na outra extremidade, como mostrado na Figura P4.26.

a. Utilizando o teorema de Castigliano, determine a reação redundante no apoio simples.
b. Assuma que $P = 400$ lbf, $L = 10$ ft, $a = 4$ ft, $E = 30 \times 10^6$ psi, e $I = 100$ in^4. Utilizando o teorema de Castigliano, determine a flecha na posição P.

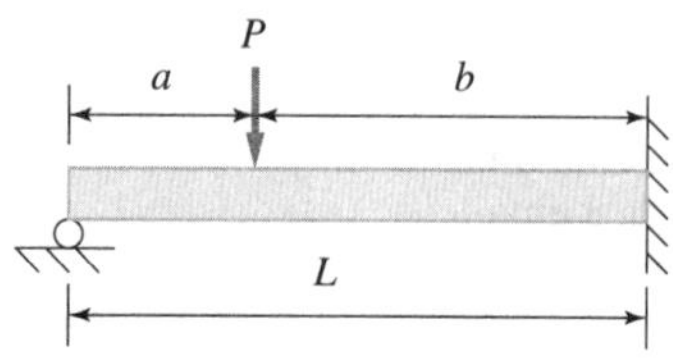

Figura P4.26
Viga apoiada e engastada sujeita à carga concentrada.

4.27. Determine a força no apoio B para a viga de aço de tal forma que a flecha no ponto B seja limitada a 5 mm. A seção transversal é retangular com largura de 30 mm e altura de 20 mm.

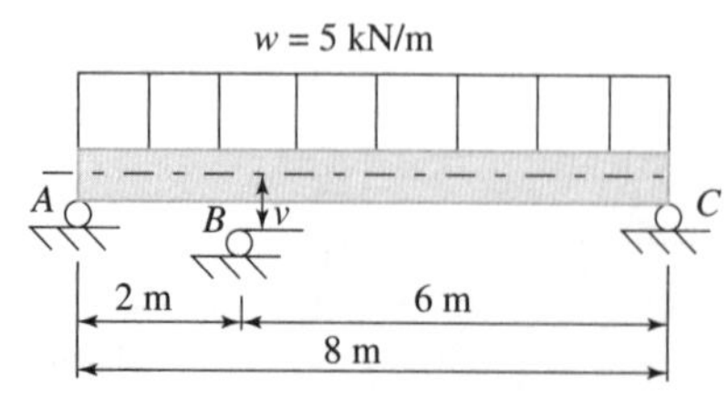

Figura P4.27
Viga simplesmente apoiada com carga uniformemente distribuída.

4.28. Uma viga de dois trechos mostrada na Figura P4.28 suporta uma carga distribuída uniforme de 1000 lbf/ft sobre a porção central da viga. Determine as várias reações utilizando o teorema de Castigliano.

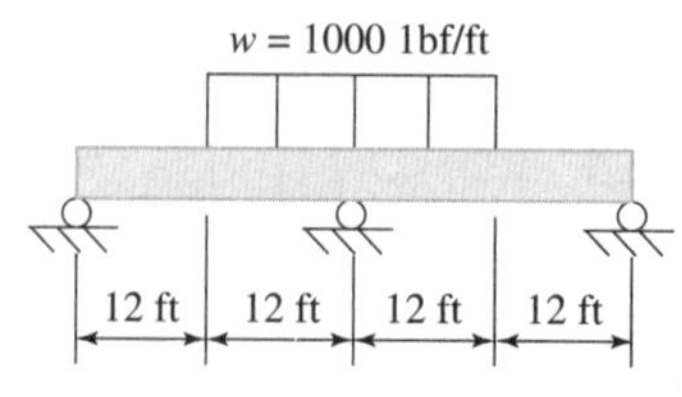

Figura P4.28
Viga de dois trechos com uma carga uniformemente distribuída.

4.29. Considere uma viga de aço engastada em uma extremidade e apoiada na outra extremidade, submetida a uma carga distribuída variando uniformemente, como mostrado na Figura P4.29. Determine o momento na extremidade engastada.

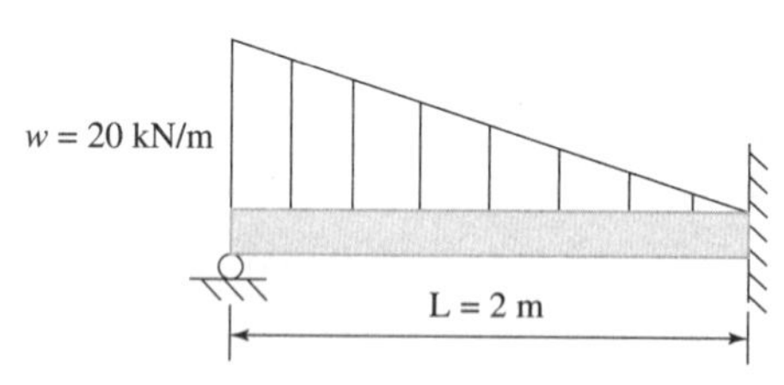

Figura P4.29
Viga apoiada e engastada com uma distribuição linear de carga.

4.30. Um gancho em S, conforme esboço apresentado na Figura P4.30, tem uma seção transversal circular, e está sendo proposto como um meio de se suspender caçambas coletoras de tamanho especial, em um processo inovador de pintura por imersão. O peso máximo estimado da caçamba é 1,35 kN e normalmente serão utilizados dois ganchos para sustentar o peso, igualmente distribuído entre orelhas de elevação. Contudo, existe a possibilidade de que, em algumas ocasiões, todo o peso tenha que ser suportado por um único gancho. O material proposto para o gancho é o aço inoxidável polido comercialmente AM 350 em uma condição de endurecido por envelhecimento (veja Tabela 3.3). Considerações preliminares sugerem que o escoamento é o modo de falha mais provável. Identifique os pontos críticos aos ganchos em S, determine as tensões máximas em cada ponto crítico e analise se as cargas podem ser suportadas sem que ocorra falha.

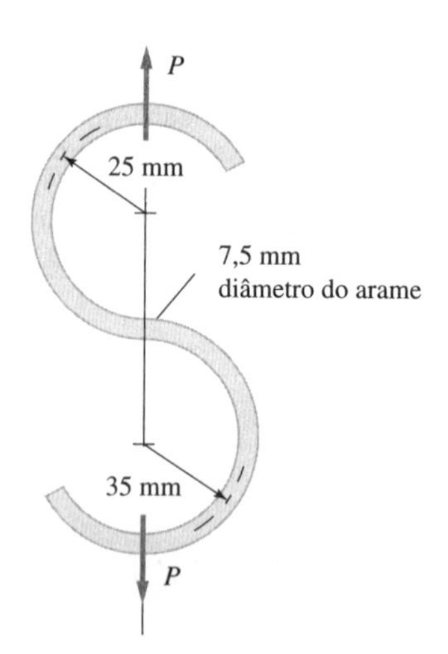

Figura P4.30
Gancho em S de seção transversal circular.

4.31. O suporte (presilha) de um dos lados de um feixe de molas simétrico está apresentado na Figura P4.31. A seção transversal em A-B é retangular, com dimensões 38 mm por 25 mm de espessura, no plano normal ao plano do papel. A força vertical no centro do feixe de molas é 18 kN orientada para cima

a. Determine a tensão máxima no ponto crítico no suporte.
b. Seria razoável usar o ferro fundido cinza ASTMA-48 (classe 50) como um material candidato para a fabricação do suporte? (Veja Tabela 3.3 para propriedades.)

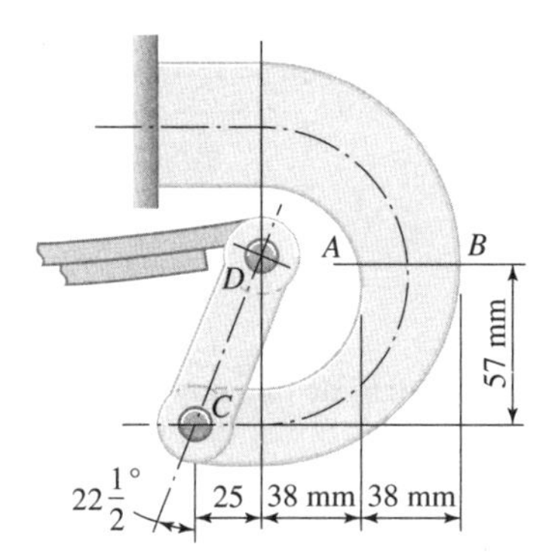

Figura P4.31
Suporte para fixação de feixe de molas.

4.32. Uma prensa hidráulica de 13 kN para remoção e remontagem de rolamentos em motores elétricos de porte pequeno a médio deve consistir em um cilindro hidráulico disponível comercialmente, montado na vertical em uma estrutura em C, cujas dimensões estão no esquema apresentado na Figura P4.32. Propõe-se a utilização do ferro fundido cinzento ASTM A-48 (classe 50) como material da estrutura em C. Avalie se a estrutura em C pode suportar a carga máxima sem falhar.

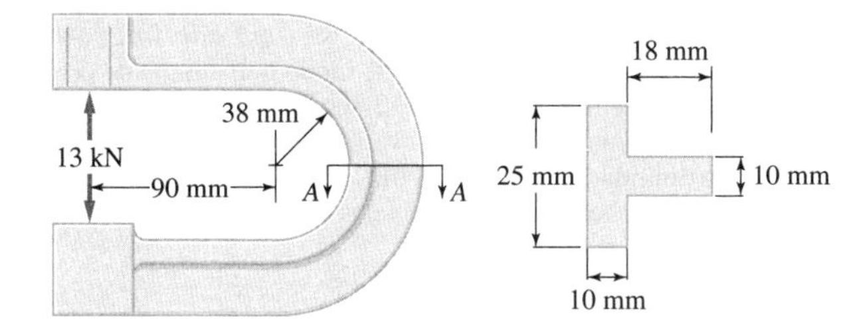

Figura P4.32
Estrutura em C de ferro fundido submetida a 13 kN de força de separação.

4.33. Considere o elemento curvo de parede fina mostrado na Figura P4.33. Determine o deslocamento horizontal da viga curva na posição A. A seção transversal é um quadrado de 5 mm × 5 mm. Use E = 200 GPa.

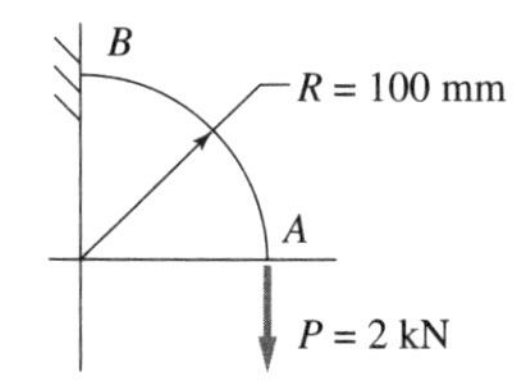

Figura P4.33
Suporte curvo.

4.34. Um anel elástico é mostrado na Figura P4.34. Determine o seguinte:

a. A equação de momento fletor na posição B
b. A quantidade total de deflexão (mudança da distância AD) causada pelas forças que atuam nas extremidades utilizando o segundo teorema de Castigliano. Use R = 1 in, a largura b = 0,4 in, h = 0,2 in, $E = 30 \times 10^6$ psi, P = 10 lbf e $\phi_0 = 10°$.
c. Grafique a deflexão em função de ϕ_0, de $\phi_0 = 1°$ até $\phi_0 = 45°$.

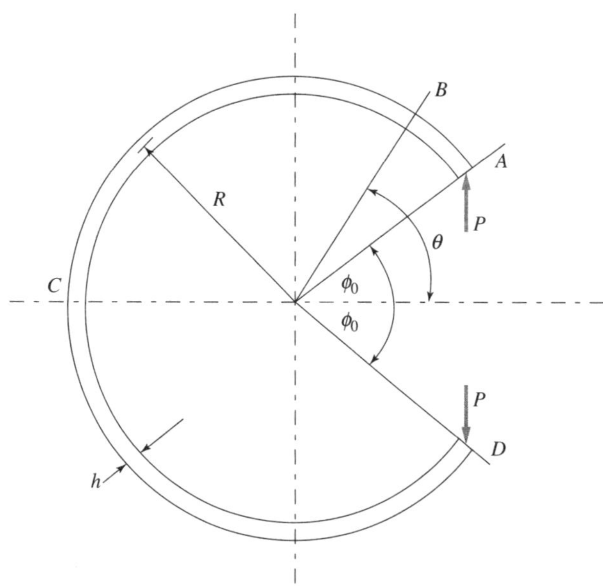

Figura P4.34
Anel elástico.

4.35. Seu chefe de equipe lhe diz que ouviu falar que uma esfera de aço AISI 1020 produzirá escoamento plástico na região de contato devido ao seu próprio peso, se colocada sobre uma placa de mesmo material. Determine se a alegação pode ser verdadeira e, caso seja verdadeira, sob quais circunstâncias? Use as propriedades de material SI para fazer a sua determinação.

4.36. Duas engrenagens de dentes retos acoplados (veja Capítulo 15) têm largura 25 mm e os perfis dos dentes têm raios de curvatura na linha de contato, de 12 mm e 16 mm, respectivamente. Se a força transmitida entre os dentes é 180 N, estime o seguinte:

a. A largura da zona de contato.
b. A pressão máxima de contato.
c. A tensão de cisalhamento máxima sob a superfície de contato e a sua profundidade em relação à superfície.

4.37. O esboço preliminar para um equipamento destinado a medir a deflexão axial (abordagem normal) associada com uma esfera comprimida entre duas placas planas está apresentado na Figura P4.53. O material a ser utilizado tanto para esfera quanto para as placas é o aço AISI 4340, tratado a quente para uma dureza R_c 56 (veja Tabelas 3.3, 3.9, e 3.13). Há três diâmetros de esfera de interesse: d_e = 0,500 polegada, d_e = 1,000 polegada e d_e = 1,500 polegada.

a. Para facilitar a seleção de um micrômetro adequado à sensibilidade e à resolução da medição, *estime* a faixa de abordagem normal para cada tamanho de esfera correspondente a uma sequência de carregamentos de 0 a 3000 lbf, em incrementos de 500 lbf.
b. Apresente os resultados em gráficos.
c. Como você classificaria estas curvas força-deflexão: lineares, com encruamento ou com relaxação? (Veja a Figura 4.21)

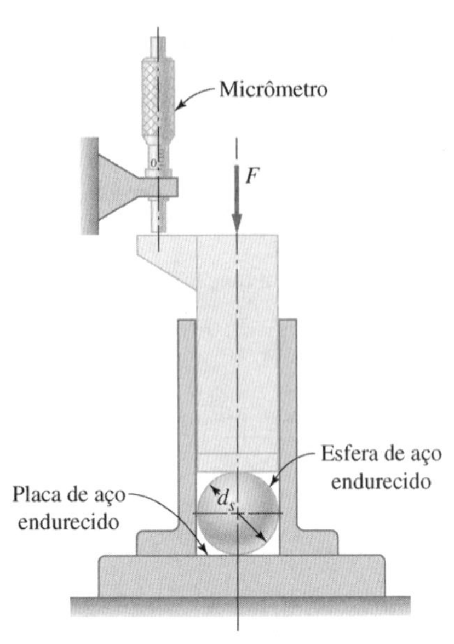

Figura P4.37
Dispositivo para medição da deflexão não linear como uma função da carga, para contato entre uma esfera e a placa plana.

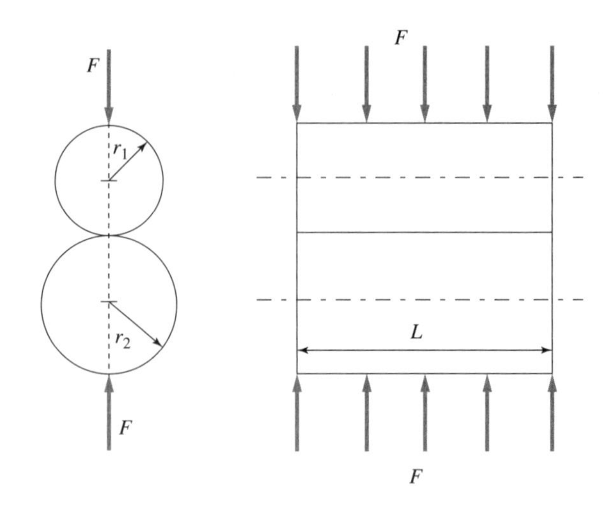

Figura P4.38
Contato entre dois cilindros de tamanhos diferentes.

4.38. Considere dois cilindros de comprimento 250 mm em contato sob uma carga P, como mostrado na Figura P4.38. Se a tensão de contato admissível for de 200 MPa, determine a carga máxima P que pode ser aplicada aos cilindros. Use $r_1 = 200$ mm, $r_2 = 300$ mm, $E = 200$ GPa e $g = 0{,}25$.

4.39. Está-se propondo utilizar uma unidade geradora com uma única turbina a gás para alimentar duas hélices em uma concepção preliminar para um pequeno avião VSTOL.* A unidade de potência deve ser conectada às duas hélices por um sistema de "ramificação" de eixos e engrenagens, conforme apresentado na Figura P4.39. Uma das muitas preocupações a respeito de um sistema como este é que as vibrações devidas às rotações entre as massas das hélices e da turbina a gás podem incrementar a amplitude de vibração e causar tensões ou deslocamentos elevados, capazes de conduzir a uma falha.

a. Identifique os elementos do sistema (eixos, engrenagens etc.) que podem ser "molas" importantes na análise deste sistema rotacional massa-mola. Não inclua a turbina a gás ou as hélices propriamente.

b. Para cada elemento identificado em (a), liste os tipos de molas (de torção, flexão etc.) que podem ter que ser analisados para a determinação do comportamento dinâmico do sistema vibratório rotacional.

4.40. a. Uma viga de aço horizontal, engastada, com dimensões apresentadas na Figura P4.40(a) deve ser substituída, na extremidade, a uma carga vertical $F = 100$ lbf. Calcule a constante de mola da viga engastada referente à sua extremidade livre (ou seja, o ponto de aplicação da carga). Qual a flecha prevista na direção vertical, na extremidade da viga?

b. A mola helicoidal apresentada na Figura P4.40(b) teve sua constante de mola linear determinada como $k_m = 300$ lbf/in. Se uma carga axial $F = 100$ lbf for aplicada à mola, qual a deflexão (vertical) prevista?

c. Na Figura P4.40(c), a mola helicoidal de (b) está colocada sob a extremidade da viga de (a) sem que haja folga ou interferência entre as mesmas de modo que a linha de centro da mola helicoidal coincide com a extremidade da viga engastada. Quando uma carga vertical $F = 100$ lbf for aplicada à extremidade da viga, calcule a constante de mola da viga e da mola helicoidal combinadas na montagem, referente à

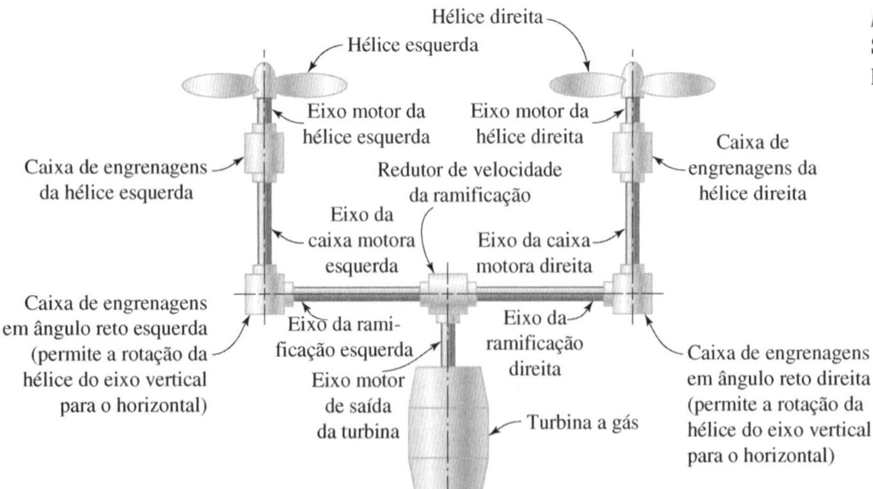

Figura P4.39
Sistema motor ramificado sendo proposto para um pequeno avião VSTOL.

* Em inglês *vertical-stationary-take-off-and-landing*. Avião com capacidade para decolar, pairar estacionariamente e aterrissar na vertical. (N.T.)

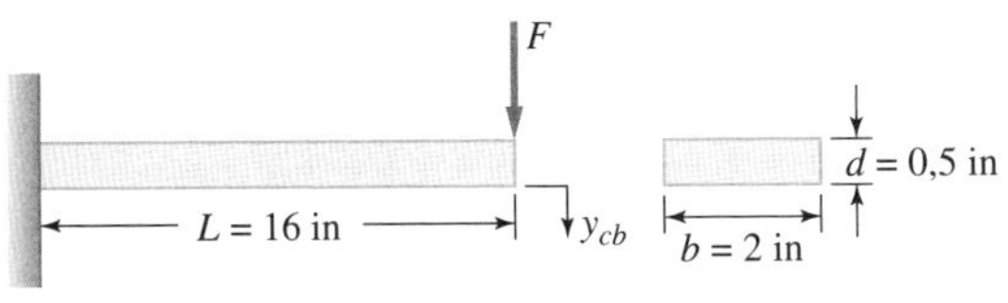

(*a*) Mola de viga engastada.

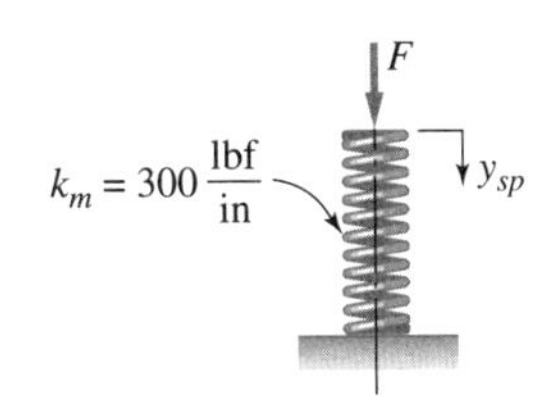

(*b*) Mola helicoidal.

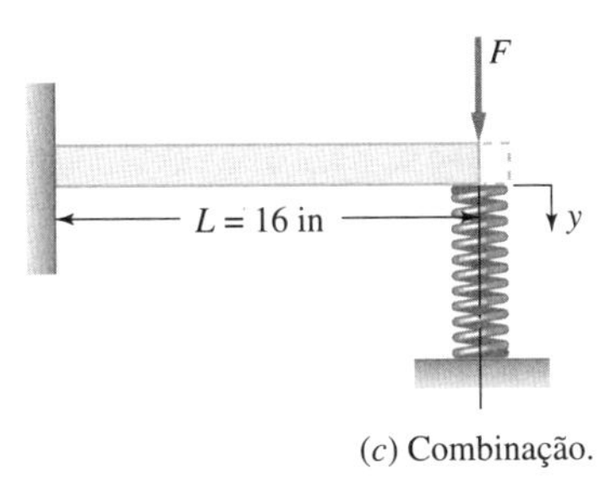

(*c*) Combinação.

Figura P4.40
Combinação de viga engastada e mola helicoidal para suportar uma força *F*.

extremidade livre da viga (ou seja, no ponto de aplicação da carga). Qual a deflexão vertical prevista para a extremidade da viga?

d. Que fração da força F = 100 lbf é suportada pela viga engastada e qual fração é suportada pela mola helicoidal?

4.41. Para auxiliar na avaliação da influência da rigidez do mancal no comportamento de uma fração lateral de um eixo rotativo de aço, com volante de inércia montado no meio do vão 100 lbf, você foi convidado a fazer as seguintes estimativas.

a. Usando a configuração e as dimensões apresentadas na Figura P4.41(a), calcule a deflexão estática no meio do vão e a constante de mola, admitindo que os mancais têm rigidez infinita radialmente (portanto, não há deflexão vertical sob a carga), mas não suportam nenhum momento (assim, o eixo é simplesmente biapoiado).

b. Utilizando os dados reais de força, deslocamento dos mancais apresentados na Figura P4.41(b) (fornecidos por um fabricante de mancais), calcule a deflexão estática e a constante de mola do sistema do eixo-mancais no meio do vão.

c. Estime a modificação percentual na rigidez do sistema que pode ser atribuída aos mancais, comparando-a com a rigidez do sistema calculada, ignorando-se os mancais. Você consideraria esta uma alteração *significativa*?

4.42. Para o sistema mostrado na Figura P4.42, determine a flecha para uma carga de 10 kN. A viga tem um comprimento L de 600 mm e uma seção transversal retangular com uma largura de 20 mm e altura de 40 mm. A coluna tem um comprimento l de 450 mm e um diâmetro de 40 mm. Use E = 200 GPa para ambos.

4.43. Uma barra de seção transversal retangular com entalhe do tipo ilustrado na Figura 4.21(b) tem 1,15 in. de largura, 0,50 de espessura, e tem entalhes simétricos em ambos os lados, semicirculares, com raios r = 0,075 in. A barra é feita de aço dúctil com resistência ao escoamento de S_{yp} = 50.000 psi. Esboce a distribuição de tensões pela seção transversal mínima para cada uma das seguintes circunstâncias, assumindo comportamento elástico-perfeitamente plástico do material:

a. Uma carga trativa de P_a = 10.000 lbf é aplicada na barra.
b. A carga trativa de 10.000 lbf é retirada.
c. Uma carga trativa de P_c = 20.000 lbf é aplicada a uma nova barra do mesmo tipo.
d. A carga de 20.000 lbf é retirada.
e. Uma carga trativa de P_e = 30.000 lbf é aplicada a outra nova barra do mesmo tipo.
f. Os resultados obtidos teriam sido os mesmos ou diferentes se a mesma barra tivesse sido usada para todos os três carregamentos em sequência?

4.44. Uma viga inicialmente reta e livre de tensões, tem 5,0 cm de altura e 2,5 cm de largura. A viga é feita de material alumínio dúctil com resistência ao escoamento de S_{yp} = 275 MPa.

a. Que momento aplicado é necessário para causar o escoamento a uma profundidade de 10,0 mm se o material se comportar como se fosse elástico-perfeitamente plástico?
b. Determine os padrões de tensões residuais pela seção transversal da viga quando o momento aplicado em (a) é retirado.

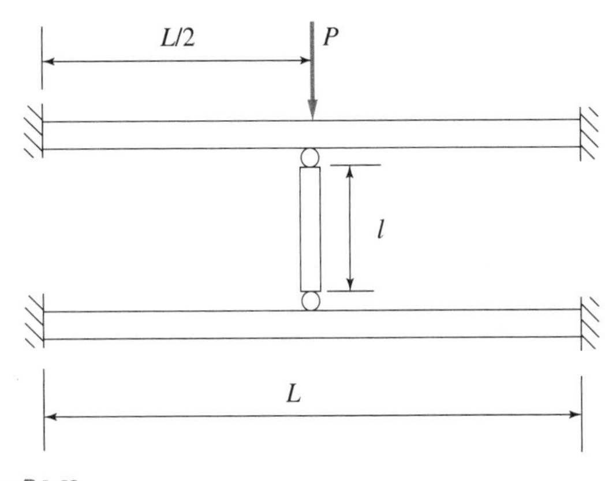

Figura P4.42
Ajuste de sistema de duas vigas biengastadas e uma coluna.

Figura P4.41
Volante e eixo suportados por rolamentos de esferas.

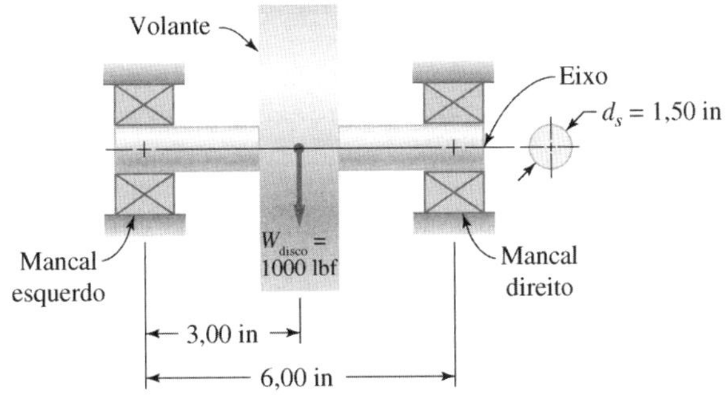

(*a*) Configuração do sistema.

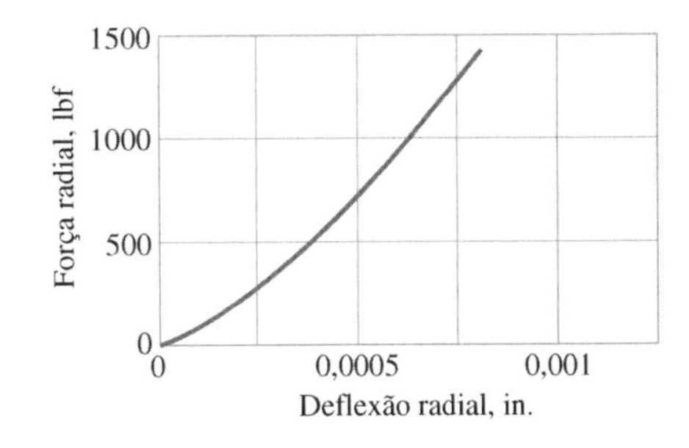

(*b*) Curva força-deflexão para rolamento simples.

Capítulo 5

Teorias de Falha

5.1 Discussões Preliminares

Os modos de falha discutidos no Capítulo 2 foram apresentados como uma visão geral dos possíveis mecanismos que desencadeiam falhas. A avaliação de falhas requer uma análise de falhas precisa e completa na qual as maiores tensões (tensões principais) que ocorrem em um ponto crítico de um componente sob avaliação devem ser estimadas. Além de definir as tensões principais, deve-se estar também ciente do tipo de material com o qual se está trabalhando. Materiais dúcteis e frágeis falharão tipicamente de diversas formas, e suas falhas são previstas por diferentes teorias. De modo similar, quando a fadiga estiver sendo considerada, a resistência do material como um todo é reduzida à medida que aumenta o número de ciclos de carregamento.

5.2 Estados de Tensões e Deformações Multiaxiais

Sob as condições de carregamento mais complexas, um componente de máquina pode estar submetido a forças e momentos produzidos por diversas combinações de cargas axiais, cargas de flexão, cargas de cortante puro ou cargas transversais, cargas de torção e/ou cargas de contato de superfície. Conforme observado na seção 4.2, não importa o quão complicada é a geometria do componente ou quantas forças externas e momentos diferentes estão sendo aplicados, o sistema de força sempre pode ser resolvido em três forças resultantes e três momentos resultantes, cada um definido em relação a um sistema de coordenadas *x-y-z* arbitrariamente escolhido. A origem do sistema de coordenadas *x-y-z* escolhido pode ser posicionada em qualquer ponto crítico do componente. O estado de tensões mais complexo que pode ser produzido em um pequeno volume elementar de material no ponto crítico é o *estado de tensões triaxial*;[1] *qualquer* estado de tensões triaxial pode ser totalmente especificado em relação ao sistema de coordenadas escolhido *x-y-z*, especificando-se as três componentes de tensão normal σ_x, σ_y, σ_z e as três componentes de tensão de cisalhamento τ_{xy}, τ_{yz} e τ_{zx}.

Tensões Principais

É possível mostrar[2] que se os eixos de coordenadas selecionados *x-y-z*, em conjunto com o volume elementar de material, são girados no espaço tridimensional, em torno da origem fixa, só é possível encontrar uma *única* nova orientação para a qual as componentes de cisalhamento desaparecem de todas as faces desse volume elementar com a nova orientação. Essa única orientação, para a qual as componentes de tensão de cisalhamento são nulas em todas as faces do cubo elementar, é chamada *direção principal*. Para a direção principal, os três planos mutuamente perpendiculares de cisalhamento nulo são chamados *planos principais*, e as tensões normais nestes planos principais (planos de cisalhamento nulo) são chamadas *tensões normais principais*, ou simplesmente *tensões principais*.

A importância das tensões principais reside no fato de que entre estas está presente a *maior tensão normal* que pode ocorrer em qualquer um dos planos que passam pelo ponto para o carregamento dado. Normalmente as tensões principais são designadas por σ_1, σ_2, σ_3. Sempre existem *três* tensões principais, mas algumas delas podem ser nulas.

Existe uma *segunda* orientação especial dos eixos de coordenadas que pode ser encontrada, para a qual as tensões de cisalhamento das faces do elemento de volume girado atingem *valores extremos*. Dos três valores extremos, um é máximo, um mínimo e o terceiro um valor intermediário. Esta orientação é chamada de *direção do cisalhamento principal*, e as tensões de cisalhamento nesses três

[1] Veja Figura 4.1.

[2] Por exemplo, veja ref. 1, Cap. 4.

planos de cisalhamento principal mutuamente perpendiculares são chamados de *tensões de cisalhamento principais*. Dependendo do tipo do carregamento, os planos de cisalhamento principal podem apresentar tensões normais não nulas atuando nos mesmos, mas as *tensões normais* nos *planos de cisalhamento principal não* são tensões principais.

A importância das tensões de cisalhamento principais está no fato de que entre essas tensões está presente a maior tensão de cisalhamento ou a *tensão de cisalhamento máxima* que pode ocorrer em qualquer um dos planos que passam pelo ponto, para um dado carregamento. As tensões de cisalhamento principais são normalmente designadas por τ_1, τ_2 e τ_3.

Equação Cúbica da Tensão

Dependendo da forma como o material se comporta, se de uma forma *frágil* ou *dúctil*, a falha no ponto crítico de um componente de máquina depende das tensões normais principais, das tensões de cisalhamento principais ou de uma combinação das duas. Em um evento qualquer é importante para o projetista ser capaz de calcular as tensões normais principais e as tensões de cisalhamento principais para uma combinação qualquer das cargas aplicadas. Para fazer isto, a *equação cúbica da tensão geral*[3] pode ser utilizada para determinar as tensões principais σ_1, σ_2, σ_3 como uma função das componentes de tensão σ_x, σ_y, σ_z, τ_{xy}, τ_{yz} e τ_{zx} em relação a um sistema de coordenadas *x-y-z* selecionado, as quais podem ser prontamente calculadas. A equação cúbica da tensão geral, desenvolvida dos conceitos de equilíbrio, é

$$\sigma^3 - \sigma^2\left(\sigma_x + \sigma_y + \sigma_z\right) + \sigma\left(\sigma_x\sigma_y + \sigma_y\sigma_z + \sigma_z\sigma_x - \tau_{xy}^2 - \tau_{yz}^2 - \tau_{zx}^2\right) - \left(\sigma_x\sigma_y\sigma_z + 2\tau_{xy}\tau_{yz}\tau_{zx} - \sigma_x\tau_{yz}^2 - \sigma_y\tau_{zx}^2 - \sigma_z\tau_{xy}^2\right) = 0 \qquad (5\text{-}1)$$

Como todas as componentes de tensões normal e de cisalhamento são números reais, todas as raízes da (5-1) são reais; estas três raízes são as tensões normais principais σ_1, σ_2 e σ_3.

Também é possível determinar as *direções* dos vetores das tensões principais (e dos vetores das tensões de cisalhamento principais) se for necessário.[4]

Além disso, pode-se mostrar que as intensidades das tensões de cisalhamento principais podem ser calculadas de

$$|\tau_1| = \left|\frac{\sigma_2 - \sigma_3}{2}\right| \qquad (5\text{-}2)$$

$$|\tau_2| = \left|\frac{\sigma_3 - \sigma_1}{2}\right| \qquad (5\text{-}3)$$

$$|\tau_3| = \left|\frac{\sigma_1 - \sigma_2}{2}\right| \qquad (5\text{-}4)$$

Para resumir, se as cargas e a geometria forem conhecidas para um componente de máquina, o projetista pode identificar o ponto crítico, selecionar arbitrariamente um sistema de coordenadas *x-y-z* conveniente e calcular as seis componentes de tensão resultantes σ_x, σ_y, σ_z, τ_{xy}, τ_{yz} e τ_{zx}. As equações (5-1) a (5-4) podem, então, ser resolvidas para determinar as tensões normais principais e as tensões de cisalhamento principais. Este procedimento funciona para todos os casos; se o caso é biaxial, uma das tensões principais será nula e se é uniaxial, duas tensões principais serão nulas.

Exemplo 5.1 Estado de Tensões Multiaxiais; Tensões Principais

Um elemento cilíndrico vazado de aço 4340 tem um diâmetro externo de 1,0 polegada, uma espessura de parede de 0,25 polegada e um comprimento de 30,0 polegadas. Conforme mostrado na Figura E5.1A, o elemento está simplesmente apoiado nas extremidades e é simetricamente carregado com cargas de 1000 lbf

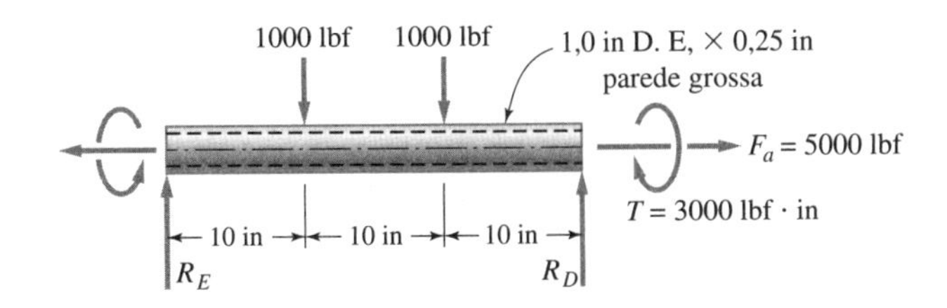

Figura E5.1A
Barra vazada carregada por forças e torques.

[3] Por exemplo, veja ref. 1, p. 97.
[4] Veja, por exemplo, ref. 1.

Exemplo 5.1 Continuação

posicionadas a cada terço. A barra tubular é submetida simultaneamente a uma força axial de tração de 5000 lbf e um momento torsor de 3000 lbf · in. Para o ponto crítico localizado no meio das barras, determine (a) as tensões principais e (b) as tensões de cisalhamento principais.

Solução

a. Uma vez que as cargas transversais verticais e os suportes das extremidades são simétricos, as componentes verticais (componentes z) produzem flexão pura, com o momento fletor máximo se estendendo ao longo de toda a região central. Dessa forma, a tensão de flexão (trativa) será máxima na fibra inferior ao longo da região central entre as cargas transversais de 1000 lbf. A força axial de tração produz tensão de tração axial uniforme (componente x) ao longo da parede. A tensão de cisalhamento de torção produzida pelo torque T será máxima nas fibras externas ao longo do tubo. Baseado nessas observações, identifica-se o ponto crítico A na região central na Figura E5.1B. O estado de tensões resultante no ponto crítico A devido à flexão, tração e torção é mostrado na Figura E5.1C.

As componentes de tensão σ_x e τ_{xy} podem ser calculadas como

$$\sigma_x = \frac{Mc}{I} + \frac{F_a}{A}$$

e

$$\tau_{xy} = \frac{Ta}{J}$$

Das dimensões do tubo

$$I = \frac{\pi(d_e^4 - d_i^4)}{64} = \frac{\pi(1{,}0^4 - 0{,}5^4)}{64} = 0{,}046 \text{ in}^4$$

e

$$J = 2I = 0{,}092 \text{ in}^4$$

Portanto,

$$\sigma_x = \frac{[(1000)(10)]\left(\frac{1{,}0}{2}\right)}{0{,}046} + \frac{5000}{0{,}589} = 117.200 \text{ psi}$$

e

$$\tau_{xy} = \frac{(300)\left(\frac{1{,}0}{2}\right)}{0{,}092} = 16.300 \text{ psi}$$

Do estado de tensões no ponto crítico A mostrado na Figura E5.1C, a tensão cúbica (5-1) reduz-se a

$$\sigma^3 - \sigma^2\sigma_z + \sigma\left(-\tau_{xy}^2\right) = 0$$

fornecendo as raízes

$$\sigma = \frac{\sigma_x}{2} \pm \sqrt{\left(\frac{\sigma_x}{2}\right)^2 + \tau_{xy}^2}$$

e

$$\sigma = 0$$

Isto pode ser reescrito como

$$\sigma_1 = \frac{\sigma_x}{2} \pm \sqrt{\left(\frac{\sigma_x}{2}\right)^2 + \tau_{xy}^2}$$

$$\sigma_2 = \frac{\sigma_x}{2} - \sqrt{\left(\frac{\sigma_x}{2}\right)^2 + \tau_{xy}^2}$$

$$\sigma_3 = 0$$

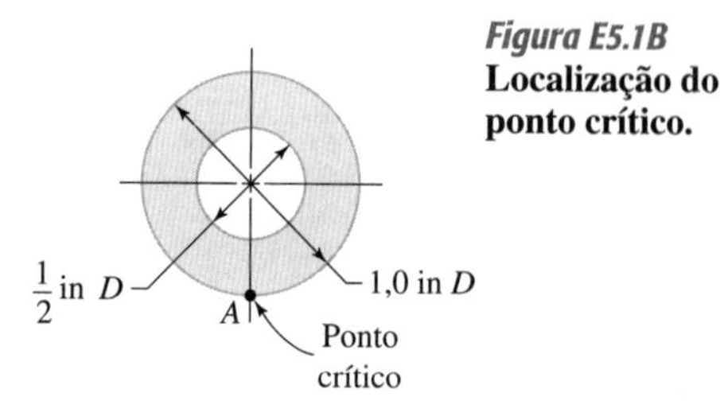

Figura E5.1B
Localização do ponto crítico.

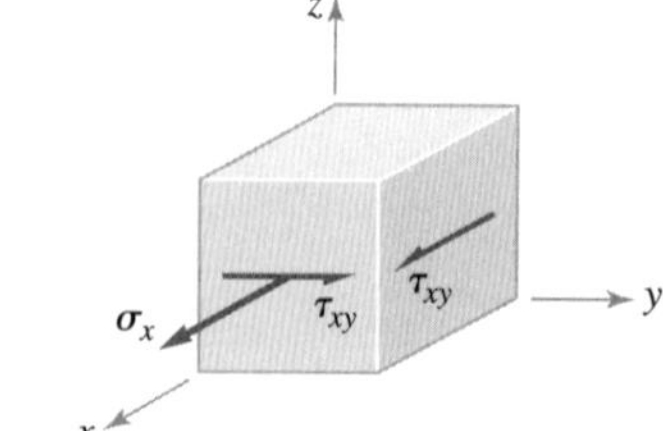

Figura E5.1C
Estado de tensões no ponto crítico *A*.

Usando-se σ_x e τ_x, obtêm-se as tensões principais

$$\sigma_1 = \frac{117.200}{2} \sqrt{\left(\frac{117.200}{2}\right)^2 + (16.300)^2}$$

$$= 58.600 + 60.825 = 119.425 \text{ psi}$$

$$\sigma_2 = 58.600 - 60.825 = -2225 \text{ psi}$$

$$\sigma_3 = 0$$

b. De (5-2), (5-3) e (5-4), utilizando os resultados acima, as tensões de cisalhamento principais tornam-se

$$|\tau_1| = \left|\frac{-2225 - 0}{2}\right| = 1113 \text{ psi}; \ |\tau_2| = \left|\frac{0 - 119.425}{2}\right| = 59.713 \text{ psi}; \ |\tau_3| = \left|\frac{119.425 - (-2225)}{2}\right| = 60.825 \text{ psi}$$

Exemplo 5.2 Tensões Principais

Deseja-se montar um cubo de uma polia de ferro fundido a um eixo de aço utilizando ajuste por interferência. O sistema é sujeito a uma carga vertical P e um torque T, como mostrado na Figura E5.2(a). No ponto crítico, o campo de tensões é dado pelas tensões mostradas na Figura E5.2(b).

Solução

A equação cúbica de tensões é dada como

$$\sigma^3 - \sigma^2 I_1 + \sigma I_2 - I_3 = 0$$

em que

$$I_1 = \sigma_x + \sigma_y + \sigma_z$$

$$I_2 = \sigma_x\sigma_y + \sigma_y\sigma_z + \sigma_x\sigma_z - \tau_{xy}^2 - \tau_{yz}^2 - \tau_{zx}^2$$

$$I_3 = \sigma_x\sigma_y\sigma_z + 2\tau_{xy}\tau_{yz}\tau_{zx} - \sigma_x\tau_{yz}^2 - \sigma_y\tau_{zx}^2 - \sigma_z\tau_{xy}^2$$

são as invariantes. Os valores acima podem ser escritos em uma forma matricial como

$$\sigma = \begin{bmatrix} \sigma_x & \tau_{xy} & \tau_{xz} \\ \tau_{xy} & \sigma_y & \tau_{yz} \\ \tau_{xz} & \tau_{yz} & \sigma_z \end{bmatrix} = \begin{bmatrix} 20 & 7,5 & 15,5 \\ 7,5 & 15 & -12,5 \\ 15,5 & -12,5 & -30 \end{bmatrix} \text{MPa}$$

Utilizando programas, tais como Maple, Matlab etc., pode-se resolver o sistema acima para a determinação das raízes de equação polinomial ou a equação matricial pode ser resolvida para a determinação dos autovalores que são as tensões principais do sistema. Os resultados são

$$\sigma_1 = 26,22 \text{ MPa}, \qquad \sigma_2 = 16,94 \text{ MPa}, \qquad \sigma_3 = -38,16 \text{ MPa}.$$

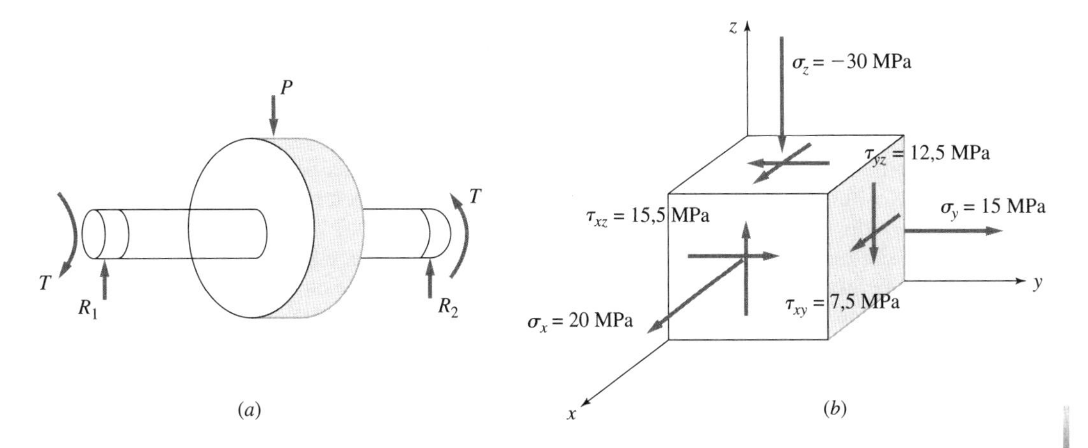

Figura E5.2
O cubo de uma polia de ferro fundido é ajustado a um eixo de aço e o estado de tensões associado ao ponto crítico.

Analogia do Círculo de Mohr para a Tensão

Para estados de tensões biaxiais, a equação cúbica da tensão (5-1) muda para a forma

$$\sigma^3 - \sigma^2(\sigma_x + \sigma_y) + \sigma(\sigma_x\sigma_y - \tau_{xy}^2) = 0 \tag{5-5}$$

se as componentes de tensão estão contidas somente no plano xy. Se as componentes de tensão estão contidas somente no plano yz ou no plano zx, a tensão cúbica resulta na mesma expressão com apenas os subscritos yz ou apenas os subscritos zx, respectivamente. As soluções para as tensões principais na (5-5) são (veja Exemplo 5.1)

$$\sigma_1 = \frac{\sigma_x + \sigma_y}{2} \sqrt{\left(\frac{\sigma_x - \sigma_y}{2}\right)^2 + \tau_{xy}^2} \tag{5-6}$$

$$\sigma_2 = \frac{\sigma_x + \sigma_y}{2} - \sqrt{\left(\frac{\sigma_x - \sigma_y}{2}\right)^2 + \tau_{xy}^2} \tag{5-7}$$

$$\sigma_3 = 0 \tag{5-8}$$

Examinando-se (5-6) e (5-7) observa-se que estas equações são formalmente iguais à equação de um círculo plotado no plano σ–τ, uma vez que a equação de tal círculo em um plano xy tem a forma

$$(x - h)^2 + (y - h)^2 = R^2 \tag{5-9}$$

em que h e k são as coordenadas x-y de centro do círculo e R é o raio. Uma *analogia* (veja a discussão sobre a "analogia da membrana" na seção 4.4) foi desenvolvida por *Mohr*[5] em 1882, na qual ele postulou com sucesso que um círculo plotado no plano σ–τ poderia ser utilizado para representar *qualquer* estado de tensão biaxial, porque as equações do problema são formalmente as mesmas, tanto para um círculo quanto para um estado de tensões biaxial. Tais representações gráficas tornaram-se conhecidas como *círculos de Mohr* para a tensão. Por exemplo, um estado de tensões biaxial no plano xy [veja as soluções de tensão principal nas (5-6), (5-7) e (5-8)] pode ser representado por um círculo[6] com o centro no eixo σ de um gráfico σ–τ, se na (5-9) x e y forem substituídos por σ e τ respectivamente, e

$$h = \frac{\sigma_x + \sigma_y}{2} \tag{5-10}$$

$$k = 0 \tag{5-11}$$

$$R = \sqrt{\left(\frac{\sigma_x - \sigma_y}{2}\right)^2 + \tau_{xy}^2} \tag{5-12}$$

A Figura 5.1 mostra essa representação gráfica. Para que o círculo de Mohr possa ser utilizado com sucesso como uma ferramenta de análise de tensão, as seguintes convenções devem ser adotadas:

1. As tensões normais devem ser plotadas como positivas quando trativas e negativas quando compressivas.
2. As tensões de cisalhamento devem ser plotadas como positivas se elas produzem um conjugado no sentido horário (H) e negativas se elas produzem um conjugado no sentido anti-horário (AH). (Esta convenção é utilizada *somente* para aplicações do círculo de Mohr.)

O procedimento para a plotagem, ilustrado na Figura 5.1, é plotar o ponto A (tração σ_y e conjugado τ_{xy} H), em seguida o ponto B (tração σ_x e conjugado τ_{xy} AH) e finalmente passar um círculo através de A e B. A localização do centro C e o valor do raio R podem ser estabelecidos geometricamente conforme mostrado, e as tensões principais σ_1 e σ_2 localizadas nos pontos onde o círculo intercepta o eixo σ (tensão de cisalhamento é nula sobre o eixo σ). A tensão de cisalhamento principal τ_3 também pode ser determinada conforme mostrado [veja (5-4)]. A terceira tensão principal, $\sigma_3 = 0$, não deve ser ignorada; represente σ_3 na origem do plano σ–τ e, então, construa dois círculos de Mohr adicionais, um através de σ_2–σ_3 e outro através de σ_1–σ_3. Destes círculos, pode-se determinar τ_1 e τ_2 conforme mostrado. Se a tensão de cisalhamento máxima para este estado de tensões é necessária para os cálculos associados à prevenção de falha, será o maior valor entre τ_1, τ_2 e τ_3; para o caso ilustrado na Figura 5.1 este valor é $\tau_{máx} = \tau_2$. Observe especificamente que $\tau_{máx}$ não é τ_3, a qual é baseada no círculo inicialmente plotado com a linha *cheia*. Se $\sigma_3 = 0$ não tivesse sido plotado, os círculos *tracejados* não estariam presentes e, portanto, a tensão máxima de cisalhamento não teria sido determinada.

---

[5] Veja ref. 1.

[6] Por exemplo, veja ref. 1 ou ref. 8, Cap. 10.

Figura 5.1
Círculo de Mohr para um estado de tensões biaxial no plano x-y.

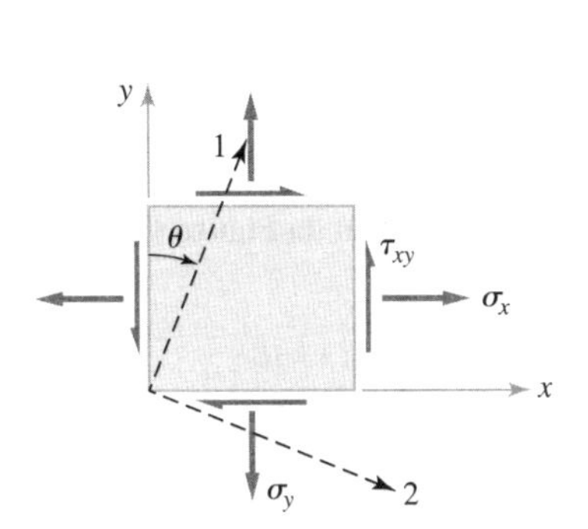

(*a*) Elemento biaxial no ponto crítico.

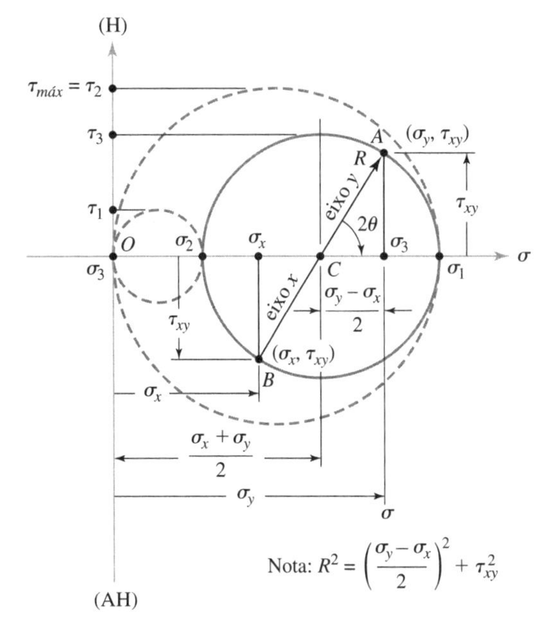

(*b*) Círculo de Mohr para o estado de tensões biaxial xy mostrado em (a); note que $\sigma_3 = 0$ para este caso biaxial.

Também é possível determinar a orientação dos eixos principais da construção do círculo de Mohr, utilizando-se a expressão

$$2\theta = \tan^{-1} \frac{2\tau_{xy}}{\sigma_y - \sigma_x} \tag{5-13}$$

em que o ângulo duplo 2θ é mostrado na Figura 5.1(b), medido *entre CA* do eixo tensão principal σ_1. Isto corresponde ao ângulo de rotação θ na Figura 5.1(a) medido no mesmo sentido de 2θ, indo *do* eixo y *até* o eixo principal 1. Uma consequência deste procedimento é que o eixo principal 2 será perpendicular ao eixo 1 no plano x-y, e o eixo principal 3 será mutuamente perpendicular aos eixos 1 e 2.

Exemplo 5.3 Círculo de Mohr para a Tensão; Tensões Principais

Utilizando a analogia do círculo de Mohr, resolva o problema do Exemplo 5.1 para determinar

a. As tensões principais
b. As tensões de cisalhamento principais

Solução

Revendo a análise do Exemplo 5.1, o estado de tensões no ponto crítico A é mostrado na Figura E5.3A, repetido da Figura E5.3C

Também os valores de σ_x, σ_y e τ_{xy} foram determinados no Exemplo 5.1 como

$$\sigma_x = 117.200 \text{ psi}$$
$$\sigma_y = 0$$
$$\tau_{xy} = 16.300 \text{ psi}$$

a. Utilizando a analogia do círculo de Mohr para determinar as tensões principais, o plano xy da Figura E5.3A pode ser redesenhada conforme mostrado na Figura E5.3B. Em seguida, o círculo de Mohr pode ser construído como mostrado na Figura E5.3C, plotando-se os pontos A e B conforme mostrado, passando-se um círculo por esses pontos determinando-se as tensões principais σ_1 e σ_2 semigraficamente. A terceira tensão principal, $\sigma_3 = 0$, é plotada na origem.

Da Figura E5.3C, podem-se encontrar graficamente os seguintes valores

$$\sigma_1 = \bar{C} + \bar{R} = \frac{117.200}{2} + 60.825 = 119{,}425 \text{ psi}$$

$$\sigma_2 = \bar{C} - \bar{R} = \frac{117.200}{2} - 60.825 = +2225 \text{ psi}$$

Exemplo 5.3 Continuação

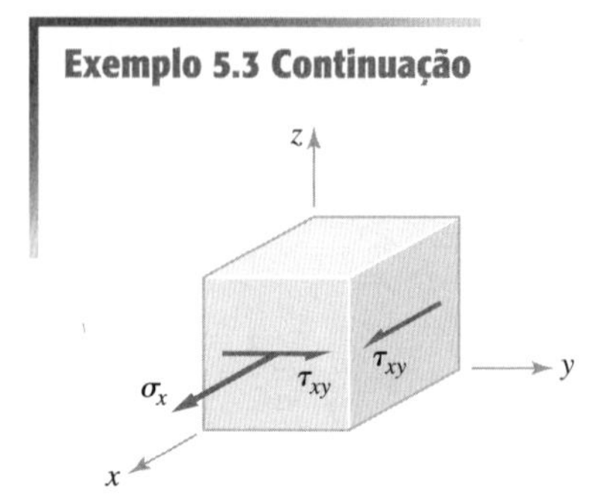

Figura E5.3A
Estado de tensões no ponto crítico *A*.

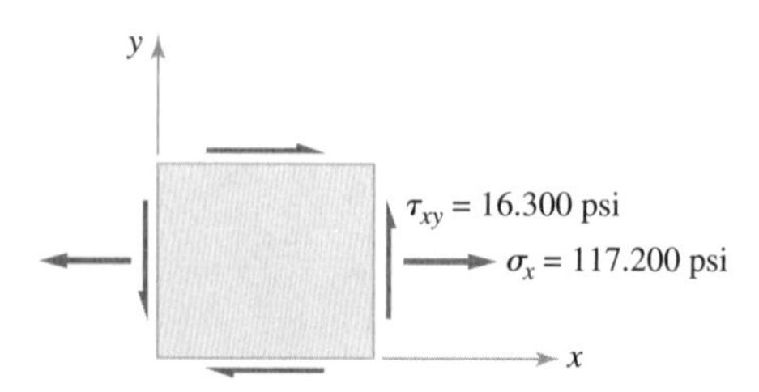

Figura E5.3B
Elemento *xy* biaxial da Figura E5.3A.

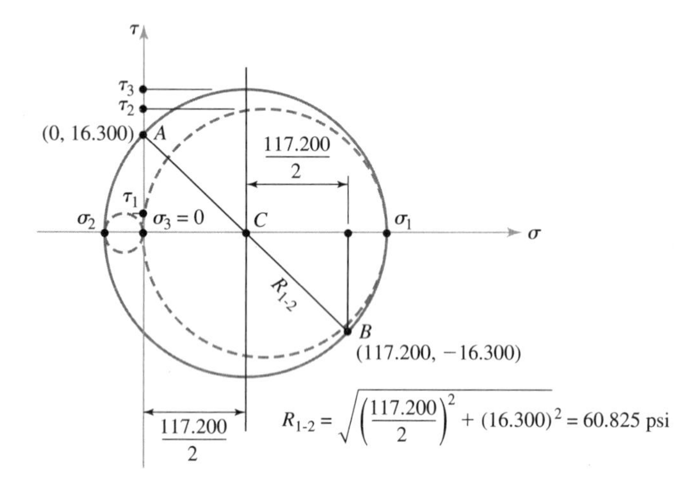

Figura E5.3C
Círculo de Mohr construído para o elemento biaxial mostrado na Figura E5.3B.

e para este estado de tensão *biaxial*

$$\sigma_3 = 0$$

Estes valores são os mesmos encontrados no Exemplo 5.1 resolvendo-se a equação cúbica da tensão.

b. Para determinar as tensões de cisalhamento principais, os dois círculos de Mohr remanescentes (linha tracejada) são construídos e as tensões de cisalhamento principais são determinadas, dos raios dos três círculos, como

$$|\tau_1| = R_{2\text{-}3} = \frac{2225}{2} = 1113 \text{ psi}$$

$$|\tau_2| = R_{1\text{-}3} = \frac{119.425}{2} = 59.713 \text{ psi}$$

$$|\tau_3| = R_{1\text{-}2} = 60.825 \text{ psi}$$

Estes valores são os mesmos que os mostrados no Exemplo 5.1. Destes valores pode-se notar que

$$\tau_{máx} = \tau_3 = 60.825 \text{ psi}$$

Equação Cúbica da Deformação e Deformações Principais

Assim como a tensão é uma importante medida da severidade do carregamento, a deformação também pode ser um importante parâmetro na avaliação do potencial de falha em um componente de máquina. *Deformação* é o termo usado para definir a intensidade, a direção e o sentido da alteração da forma de um determinado ponto crítico, em relação a determinado ponto ou conjunto de planos passando pelo ponto crítico. De forma análoga ao estado de tensões, o estado de deformações em um ponto pode ser completamente definido por seis componentes de deformação relativos a qualquer sistema de coordenadas *x*-*y*-*z* selecionado: três componentes de deformação normal e três componentes de deformação de cisalhamento. As componentes de deformação normal são usualmente denominadas ε_x, ε_y e ε_z, e as componentes de deformação de cisalhamento γ_{xy}, γ_{yz} e γ_{zx}. Assim, como o estado de tensões pode ser completamente definido em termos das três tensões principais e suas direções, o estado de deformação pode ser completamente definido em termos de três deformações principais e suas direções. As deformações principais podem ser determinadas de uma equação cúbica da deformação geral, análoga à equação cúbica da tensão geral (5.1). A equação cúbica da deformação é

$$\varepsilon^3 - \varepsilon^2\left[\varepsilon_x + \varepsilon_y + \varepsilon_z\right] + \varepsilon\left[\varepsilon_x\varepsilon_y + \varepsilon_y\varepsilon_z + \varepsilon_z\varepsilon_x - \frac{1}{4}\left(\gamma_{xy}^2 + \gamma_{yz}^2 + \gamma_{zx}^2\right)\right]$$
$$-\left[\varepsilon_x\varepsilon_y\varepsilon_z + \frac{1}{4}\left(\gamma_{xy}\gamma_{yz}\gamma_{zx} - \varepsilon_x\gamma_{yz}^2 - \varepsilon_y\gamma_{zx}^2 - \varepsilon_z\gamma_{xy}^2\right)\right] = 0 \tag{5-14}$$

Esta equação é formalmente igual à equação cúbica da tensão (5.1), com exceção de que as deformações normais e as deformações de cisalhamento divididas por dois substituem as tensões normais e as tensões de cisalhamento. As três soluções da (5-14) são as três deformações normais principais ε_1, ε_2 e ε_3.

Analogia do Círculo de Mohr para a Deformação

Em algumas circunstâncias, o projetista pode estar interessado em encontrar as tensões ou as deformações em um determinado ponto de um componente de máquina existente. Tal interesse pode ser originado da necessidade de melhorar a sua resistência à falha, de verificar um procedimento de cálculo ou algum outro requerimento. Nestes casos é comum *colar-se* um extensômetro elétrico (em inglês, *strain gage*) ou uma roseta de extensômetro elétrico à superfície em um ou mais pontos críticos.[7] As deformações principais e as suas direções podem ser encontradas utilizando-se os dados do extensômetro elétrico para obter as soluções biaxiais da equação cúbica da deformação (5-14). É comum utilizar-se o círculo de Mohr para a deformação para determinar as deformações principais.

Os círculos de Mohr para a deformação podem ser construídos utilizando-se as técnicas que foram descritas para os círculos de Mohr para a tensão, com exceção de que as deformações normal e de cisalhamento são plotadas nos eixos cartesianos ε e $\gamma/2$ em vez de σ e τ. Para que as soluções para as deformações principais resultantes do círculo de Mohr para a deformação possam ser utilizadas com o objetivo de se estimar as tensões no ponto crítico, as relações entre tensão e deformação devem ser conhecidas.

Relações Tensão-Deformação Elástica (Lei de Hooke)

Para uma ampla classe de materiais de engenharia estabeleceu-se experimentalmente que existe uma relação linear entre a tensão e a deformação, enquanto o material não for carregado além da sua região elástica. Estas relações lineares elásticas foram primeiramente apresentadas no século XVII por Robert Hooke e são conhecidas como as *relações da Lei de Hooke.* Elas são

$$\varepsilon_x = \frac{1}{E}\left[\sigma_x - \nu\left(\sigma_y + \sigma_z\right)\right] \tag{5-15}$$

$$\varepsilon_y = \frac{1}{E}\left[\sigma_y - \nu\left(\sigma_z + \sigma_x\right)\right] \tag{5-16}$$

$$\varepsilon_z = \frac{1}{E}\left[\sigma_z - \nu\left(\sigma_x + \sigma_y\right)\right] \tag{5-17}$$

e

$$\gamma_{xy} = \frac{\tau_{xy}}{G} \tag{5-18}$$

$$\gamma_{yz} = \frac{\tau_{yz}}{G} \tag{5-19}$$

$$\gamma_{zx} = \frac{\tau_{zx}}{G} \tag{5-20}$$

[7] Um extensômetro elétrico é um dispositivo projetado para medir o deslocamento entre dois pontos afastados de uma determinada distância conhecida. Podem ter natureza mecânica, ótica, eletrorresistiva, capacitiva, indutiva ou acústica. O extensômetro de resistência elétrica é frequentemente empregado na superfície livre de um componente de máquina ou corpo de prova para determinar as tensões no local. Normalmente utiliza-se um arranjo de três extensômetros elétricos para medir três deformações com os ângulos conhecidos entre os mesmos, das quais as deformações principais superficiais e as suas direções podem ser obtidas. Estes arranjos de três sensores são chamados de *rosetas.* Para converter deformações em tensões, o módulo de elasticidade e o coeficiente de Poisson devem ser conhecidos.

em que as constantes elásticas são

E = módulo de elasticidade = módulo de elasticidade de Young
ν = coeficiente de Poisson σ_r
G = módulo de cisalhamento = módulo de elasticidade de cisalhamento

A Tabela 3.9 apresenta valores numéricos dessas constantes elásticas para diversos materiais de engenharia.

Deve-se observar que as relações da Lei de Hooke são válidas para qualquer orientação arbitrariamente selecionada do sistema de coordenadas cartesianas *x-y-z*, inclusive a orientação principal *1-2-3*. As relações da Lei de Hooke podem ser invertidas para fornecer

$$\sigma_x = \frac{E}{(1-\nu-2\nu^2)}\left[(1-\nu)\varepsilon_x + \nu(\varepsilon_y + \varepsilon_z)\right] \tag{5-21}$$

$$\sigma_y = \frac{E}{(1-\nu-2\nu^2)}\left[(1-\nu)\varepsilon_y + \nu(\varepsilon_z + \varepsilon_x)\right] \tag{5-22}$$

$$\sigma_z = \frac{E}{(1-\nu-2\nu^2)}\left[(1-\nu)\varepsilon_z + \nu(\varepsilon_x + \varepsilon_y)\right] \tag{5-23}$$

5.3 Concentração de Tensões

As falhas em máquinas e estruturas praticamente sempre se iniciam em regiões de *concentração de tensões locais* causadas por descontinuidades geométricas ou microestruturais. Estas concentrações de tensões, ou *concentradores de tensões*, frequentemente resultam em tensões locais muitas vezes superiores às tensões nominais na seção restante, calculadas sem considerar os efeitos da concentração de tensões. Uma forma intuitiva de se visualizar a concentração de tensões associadas a uma descontinuidade geométrica pode ser desenvolvida pensando-se em termos de *fluxo de força* por meio de um componente submetido a cargas externas (veja 4.3). Os esboços da Figura 5.2 ilustram o conceito. Na Figura 5.2(a) a placa plana retangular de largura w e espessura t está engastada na sua extremidade inferior e submetida a uma força vertical total F, uniformemente distribuída ao longo da extremidade superior. Cada linha tracejada representa determinada quantidade da força e, dessa forma, o espaçamento local entre linhas é uma indicação da intensidade da força local, ou da tensão. Na Figura 5.2(a) as linhas estão uniformemente espaçadas ao longo da placa, e a tensão σ é uniforme, podendo ser calculada como

$$\sigma = \frac{F}{wt} \tag{5-24}$$

No esboço da Figura 5.2(b), uma placa plana retangular da mesma espessura está submetida à mesma força total F, mas a placa é mais larga e tem um entalhe de modo a fornecer a mesma seção *resultante* com largura w na região do entalhe. As linhas de fluxo de força podem ser visualizadas de modo similar à forma pela qual as linhas de corrente seriam visualizadas no escoamento em regime permanente de um fluido através de um canal com uma obstrução com a mesma forma de seção transversal da placa. Pode-se observar na Figura 5.2(b) que nenhuma força pode ser suportada ao longo do entalhe, e, assim as linhas de fluxo de força devem parar em torno de raiz do entalhe, assim como a corrente de fluido deve passar em torno da obstrução. Com isso, as linhas de fluxo de força aproximam-se localmente próximo da raiz do entalhe, produzindo uma intensidade de força maior, ou de tensão, na raiz do entalhe. Mesmo que a *tensão nominal* na seção restante ainda seja adequadamente calculada por (5-24), a *tensão local real* na raiz do entalhe pode ser muitas vezes maior do que a tensão nominal calculada.

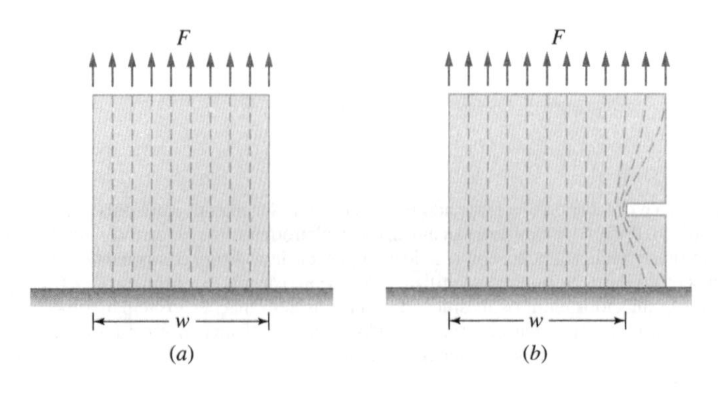

Figura 5.2
Conceito intuitivo da concentração de tensões. (a) Sem concentração de tensões. (b) Com concentração de tensões.

Alguns exemplos comuns de concentração de tensões estão ilustrados na Figura 5.3. Descontinuidade na raiz de dentes de engrenagens, cantos de rasgo de chaveta de eixos, na raiz das roscas de parafusos, nos raios de concordância de eixos escalonados, em torno de furos de rebites e parafusos e nas vizinhanças de uniões soldadas, todos constituem concentradores de tensões que normalmente devem ser considerados pelo projetista. A seriedade da concentração de tensões depende do tipo de carregamento, do tipo do material e do tamanho e da forma da descontinuidade.

Efeitos da Concentração de Tensões

Para o estudo dos efeitos da concentração de tensões, os concentradores de tensões podem ser classificados como ou *altamente locais* ou *amplamente distribuídos*. Concentradores de tensões altamente locais são aqueles para os quais o volume de material contendo a concentração de tensões é uma *porção desprezível* do volume total do elemento sob tensão. Concentradores de tensões amplamente distribuídos são aqueles para os quais o volume de material contendo a concentração de tensões é uma *porção significativa* do volume total do elemento sob tensão. Para o caso de uma concentração de tensões altamente local, o tamanho e a forma global do componente sob tensão não são significativamente alterados pelo escoamento na região da concentração de tensões. Para o caso de uma concentração de tensões amplamente distribuída, o tamanho e a forma global do componente sob tensão são significativamente alterados pelo escoamento na região da concentração de tensões. Pequenos furos e raios de concordância podem normalmente ser vistos como concentrações de tensões altamente locais, vigas curvas, ganchos curvos e engates com olhais e manilhas podem normalmente ser classificados como casos de concentração de tensões amplamente distribuída.

Com as definições estabelecidas anteriormente, os efeitos de concentração de tensões podem ser classificados conforme mostrado na Tabela 5.1. Pode-se observar da tabela que os efeitos da concentração de tensões devem ser considerados para todas as combinações de geometria, carregamento e material, com a possível exceção de um: o caso de concentração de tensões *altamente localizadas* em um material *dúctil* submetido ao carregamento *estático*. Neste caso, o escoamento local é normalmente desprezível, e um fator de concentração de tensões igual à unidade pode ser frequentemente utilizado. Todos os outros casos devem ser analisados para falha potencial por causa dos efeitos da concentração de tensões. A última coluna da Tabela 5.1 lista K_t e K_f como fatores de concentração de tensões. O fator K_t é o fator de concentração de tensões elástico teórico, que é definido como a razão entre a tensão máxima local atuante na região da descontinuidade e a tensão nominal na seção restante, calculada pela teoria simples como se a descontinuidade não exercesse nenhum efeito de concentração de tensões: isto é,

$$K_t = \frac{\text{tensão máxima real}}{\text{tensão nominal}} = \frac{\sigma_{atuante}}{\sigma_{nom}} \tag{5-25}$$

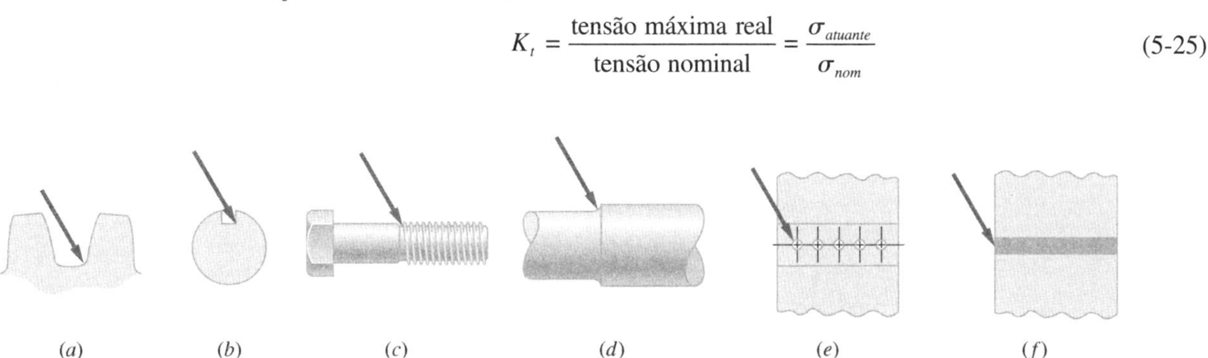

Figura 5.3
Alguns exemplos comuns da concentração de tensões. (a) Dentes de engrenagem. (b) Rasgo de chaveta em eixo. (c) Roscas de parafuso. (d) Raio de concordância de eixo escalonado. (e) União rebitada ou aparafusada. (f) União soldada.

TABELA 5.1 Efeitos de Concentração de Tensões

Tipo de Concentração de Tensões	Tipo de Carregamento	Tipo de Material	Tipo de Falha	Fator de Concentração de Tensões
Amplamente distribuída	Estático	Dúctil	Escoamento amplamente distribuído	K_t (modificado)
Amplamente distribuída	Estático	Frágil	Fratura frágil	K_t
Amplamente distribuída	Cíclico	Qualquer	Falha por fadiga	K_f
Altamente local	Estático	Dúctil	Sem falha (ocorre redistribuição)	$k_t \rightarrow 1$
Altamente local	Estático	Frágil	Fratura frágil	K_t
Altamente local	Cíclico	Qualquer	Falha por fadiga	K_f

Deve-se observar que o valor de K_t somente é válido para níveis de tensão dentro do regime *elástico*, e deve ser adequadamente modificado se as tensões estiverem no regime plástico.

O fator K_f é o fator de concentração de tensões de fadiga, que é definido como a razão entre a tensão de fadiga efetiva que realmente existe na raiz da descontinuidade e a tensão de fadiga nominal calculada como se o entalhe não apresentasse efeito de concentração de tensão. K_f também pode ser definido como a razão entre a resistência à fadiga de um componente *sem entalhe* e a resistência à fadiga do mesmo componente *com entalhe*. Assim, o fator de concentração de tensões de fadiga pode ser definido como

$$K_f = \frac{\text{tensão de fadiga efetiva}}{\text{tensão de fadiga nominal}} = \frac{S_N\,(\text{sem entalhe})}{S_N\,(\text{com entalhe})} \tag{5-26}$$

Os fatores de concentração de tensões são determinados de várias formas, inclusive medição direta da deformação, utilização de técnicas fotoelásticas, aplicações do princípio da teoria da elasticidade e análise por elementos finitos. A referência 9 apresenta valores numéricos para ampla variedade de geometrias e tipos de carregamentos. Alguns dos casos mais comuns retirados da literatura são reproduzidos nas Figuras 5.4 a 5.12. Dados para o importante caso de roscas de parafuso são escassos, mas a referência 9 apresenta uma faixa de valores para K_t de 2,7 a 6,7 na raiz da rosca de roscas-padrão. A maioria (mas não todas) das falhas de parafusos com rosca tendem a ocorrer na rosca junto à face da porca.

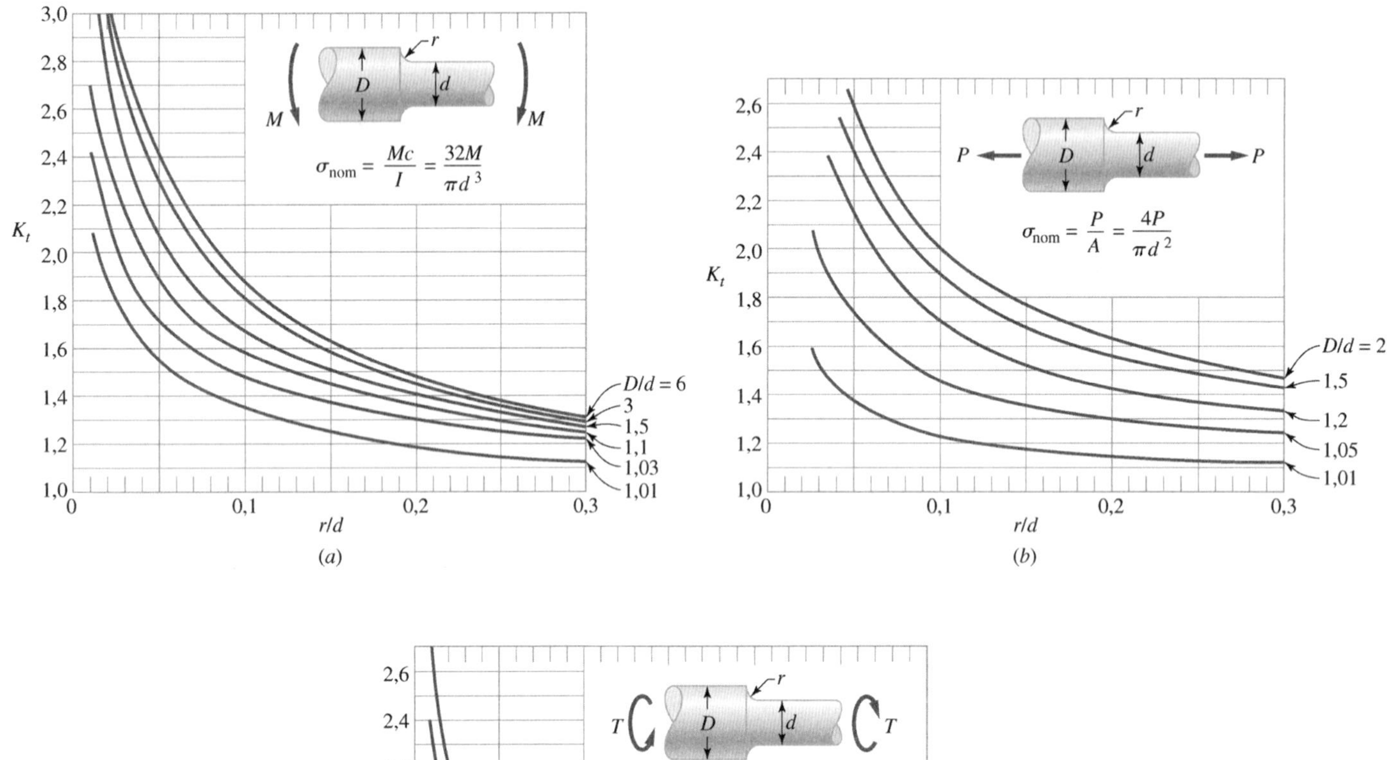

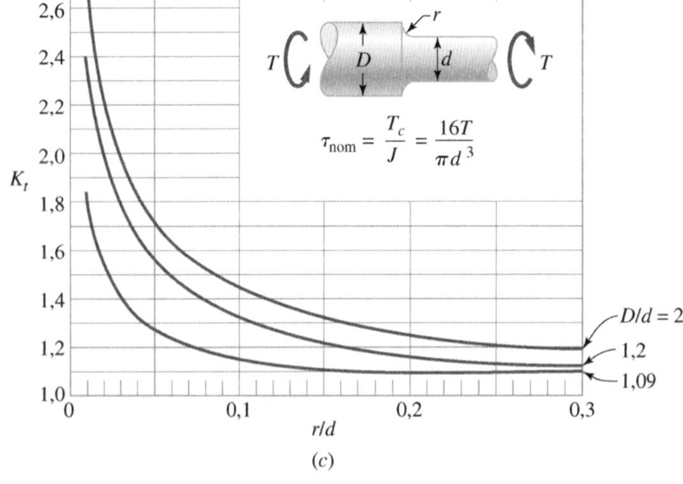

Figura 5.4

Fatores de concentração de tensões para um eixo com um raio de concordância submetido a (a) flexão, (b) carga axial ou (c) torção. (Da ref. 2, adaptado com permissão de John Wiley & Sons, Inc.)

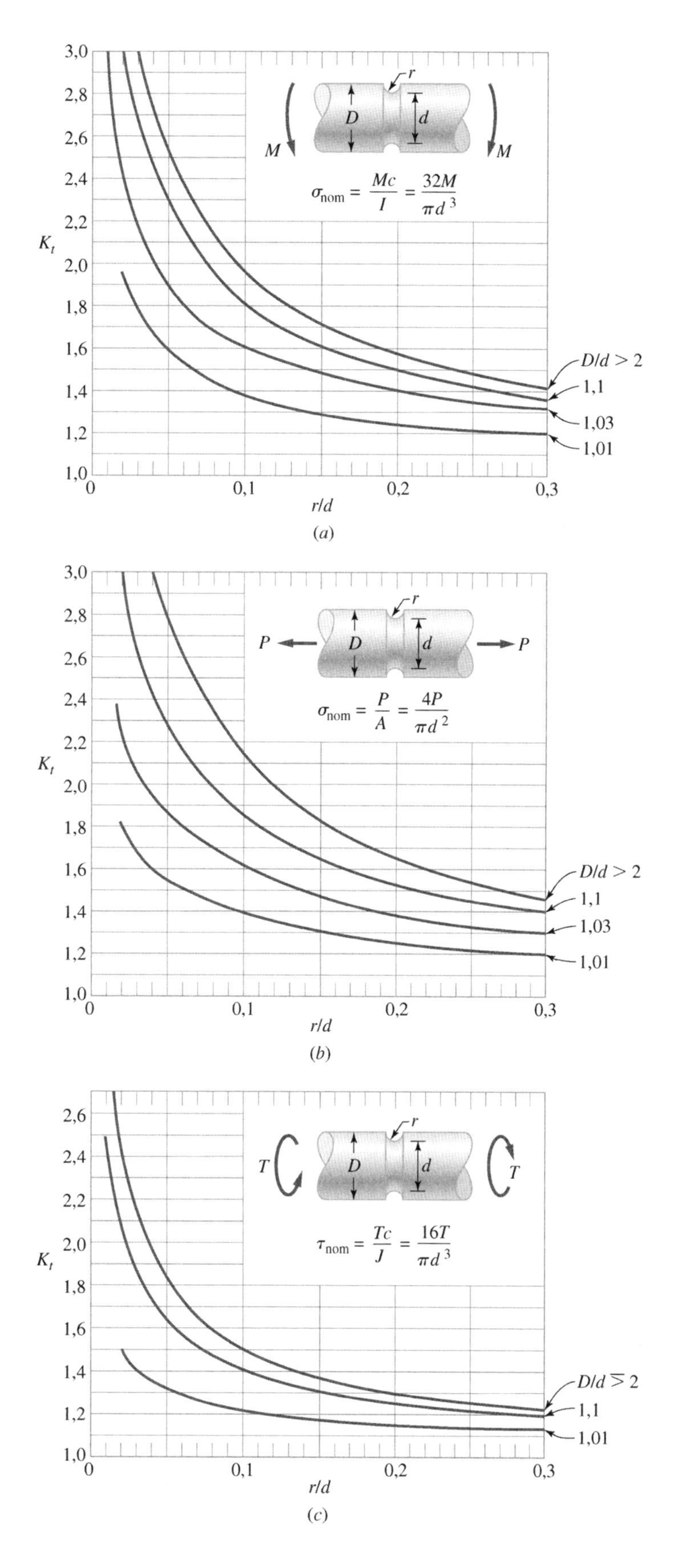

Figura 5.5
Fatores de concentração de tensões para um eixo com entalhe semicircular submetido a (a) flexão, (b) carga axial ou (c) torção. (Da ref. 2, adaptado com permissão de John Wiley & Sons, Inc.)

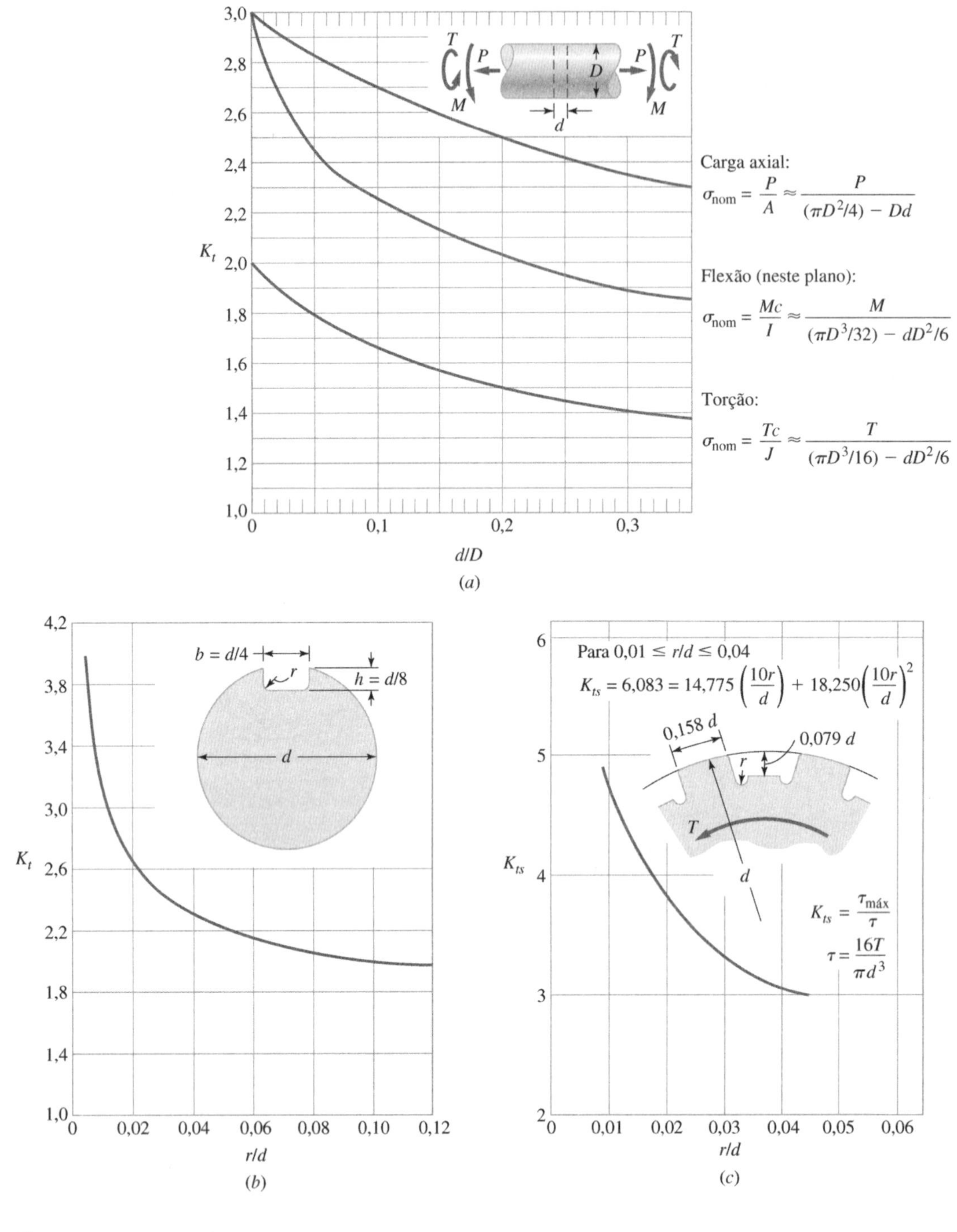

Figura 5.6

Fatores de concentração de tensões para (a) um eixo com um furo radial submetido à carga axial, flexão ou torção (da ref. 3, com permissão da McGraw-Hill Companies), (b) um eixo com um rasgo reto paralelo de chaveta submetida à torção (da ref. 4, com permissão da McGraw-Hill Companies), e (c) eixo estriado com 8 estrias submetido à torção (da ref. 2, adaptado com permissão de John Wiley & Sons, Inc.).

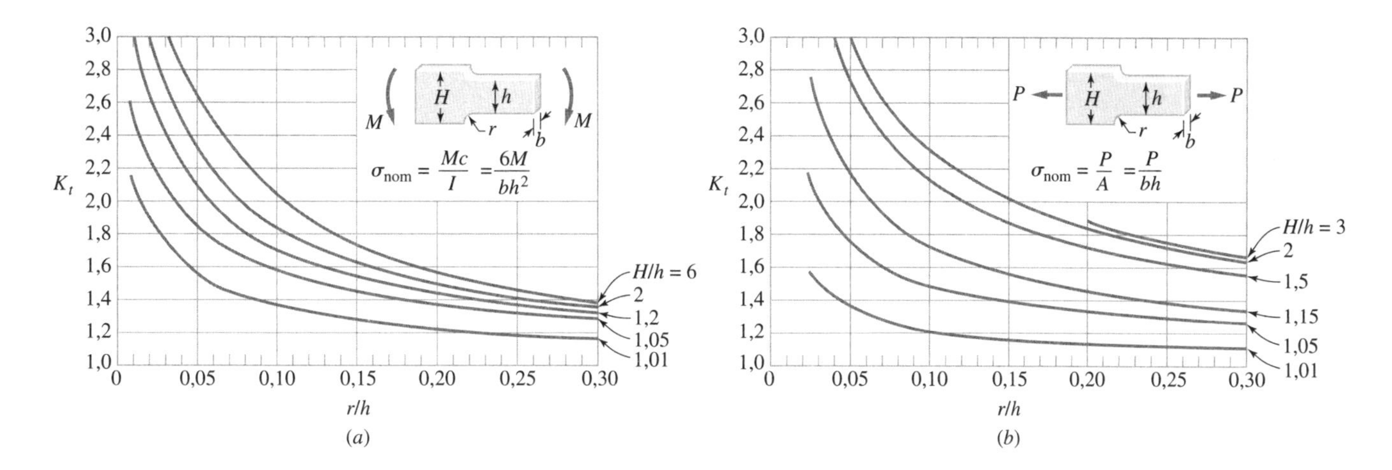

Figura 5.7

Fatores de concentração de tensões para uma barra chata com um raio de concordância submetida a (a) flexão ou (b) carga axial. (Da ref. 2, adaptado com a permissão de John Wiley & Sons, Inc.)

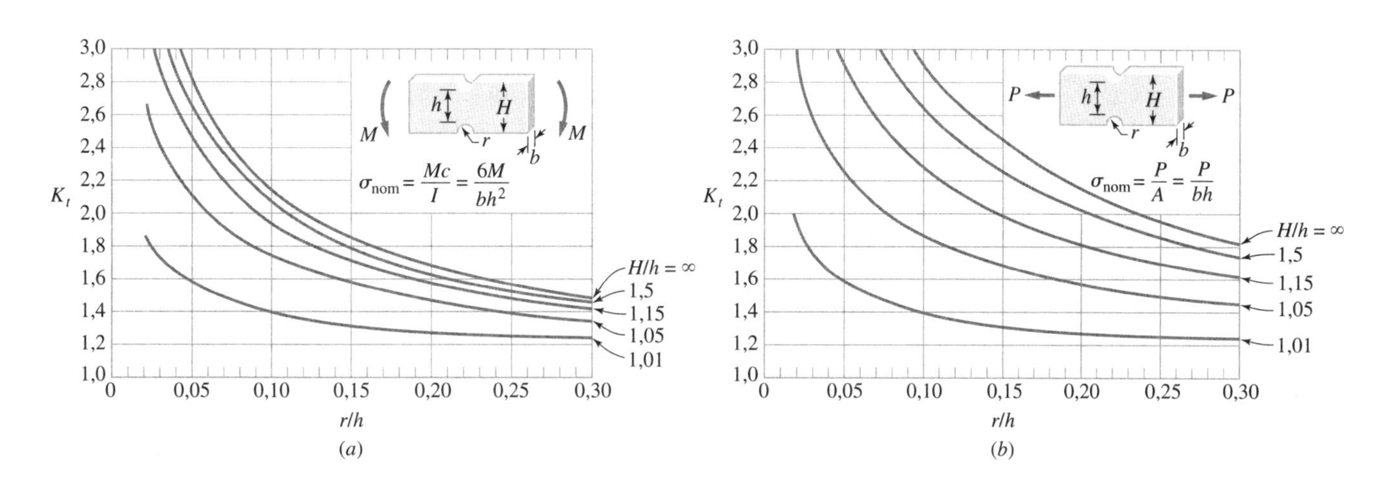

Figura 5.8

Fatores de concentração de tensões para uma barra chata com um entalhe submetida a (a) flexão ou (b) carga axial. (Da ref. 2, adaptado com permissão de John Wiley & Sons, Inc.)

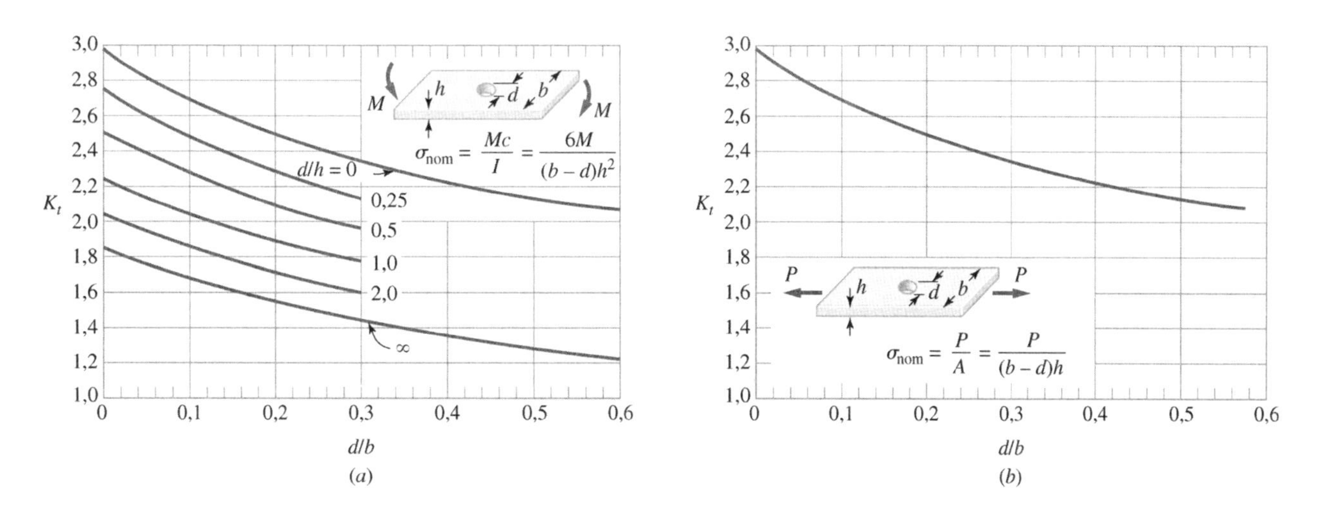

Figura 5.9

Fatores de concentração de tensões para uma barra chata com um furo central submetida a (a) flexão ou (b) carga axial. (Da ref. 2, adaptado com permissão de John Wiley & Sons Inc.)

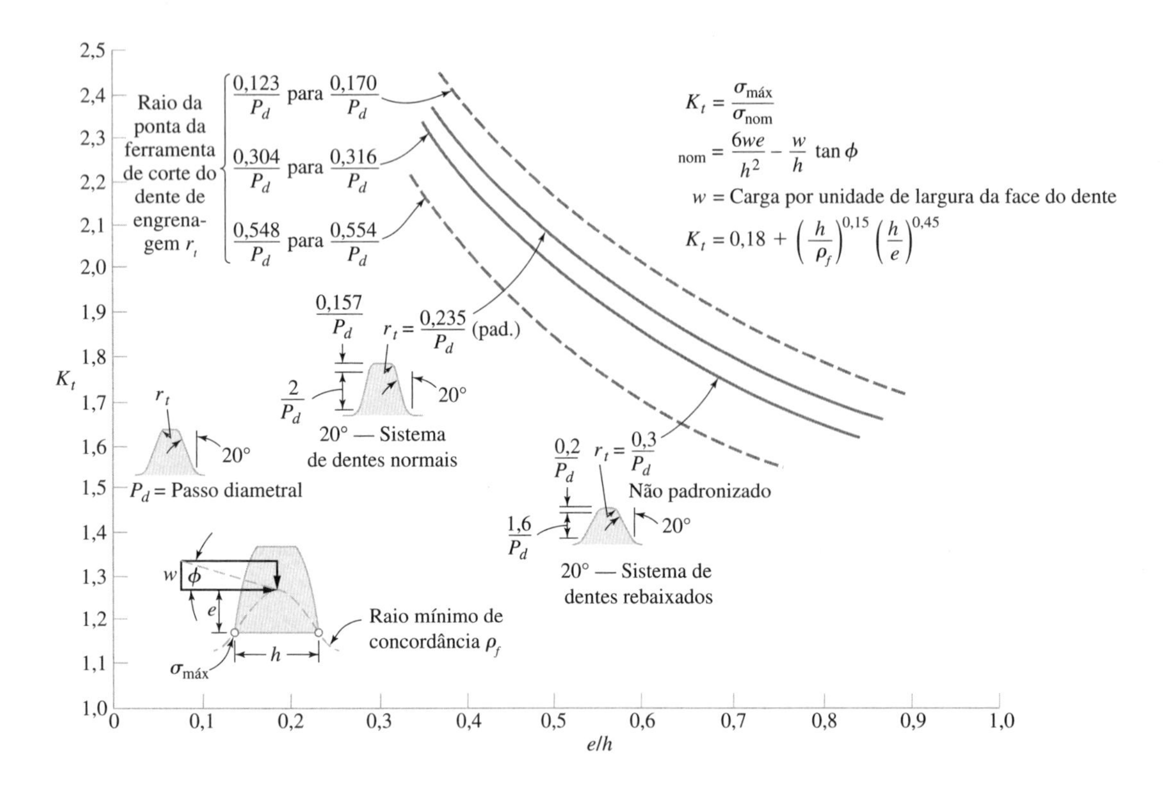

Figura 5.10

Fatores de concentração de tensões teórico K_t para o filete de um dente de engrenagem do lado em tração. O ângulo de pressão é $\varphi = 20°$. (Da ref. 2, adaptado com permissão de John Wiley & Sons, Inc.)

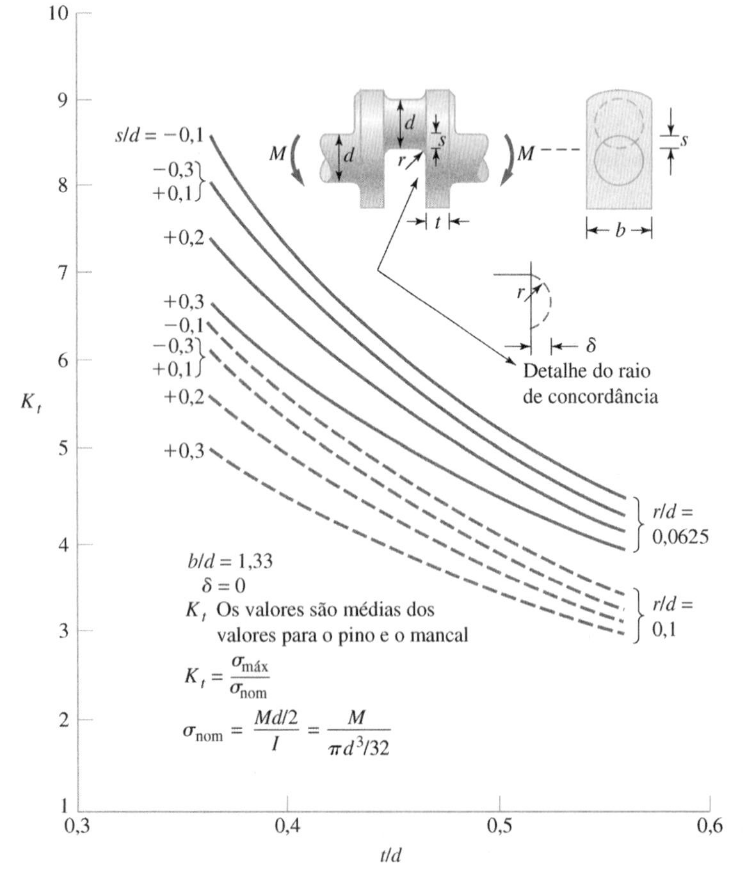

Figura 5.11

Fatores de concentração de tensões K_t para um eixo de manivelas (virabrequim) em flexão. *Nota*: Quando a parte de dentro do pino de manivela e a parte externa do mancal estão alinhadas, $s = 0$. Quando o pino de manivela está mais próximo, s é positivo (como mostrado). Quando a superfície interna do pino de manivela está mais afastada de que $d/2$, s é negativo. (Da ref. 2, adaptado com permissão de John Wiley & Sons, Inc.)

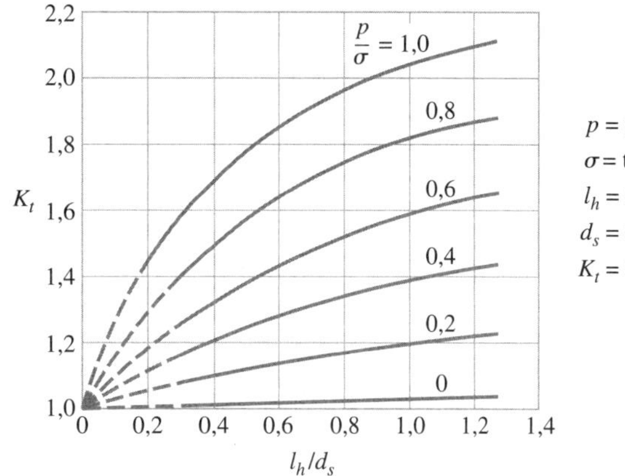

Figura 5.12
Fatores de concentração de tensões na extremidade do cubo para montagens prensadas submetidas aos momentos fletores. (Da ref. 5, reimpresso com permissão de Pearson Education, Inc., Upper Saddle River, NJ.)

Entalhes Múltiplos

Algumas vezes tem-se uma situação na qual um concentrador de tensões sobrepõe-se a outro, como no caso de um entalhe dentro de outro ou um entalhe em um raio de concordância. Embora um cálculo preciso do fator de concentração de tensões total seja difícil para essas situações, estimativas razoáveis podem ser realizadas.[8] A Figura 5.13(a) ilustra um entalhe grande com um entalhe menor na sua raiz. Para estimar a influência combinada destes entalhes, o fator de concentração de tensões K_{t1} para o entalhe maior é determinado como se o entalhe menor não existisse. Isto permite uma estimativa da tensão σ'_n na raiz do entalhe maior multiplicando a tensão nominal σ_n por K_{t1} para fornecer

$$\sigma'_n = K_{t1}\sigma_n \tag{5-27}$$

Agora, admitindo que a tensão σ'_n ocorre na região interior à linha tracejada próxima à raiz do entalhe da Figura 5.13(a), σ'_n torna-se a tensão *nominal* quando o entalhe *menor* é considerado (uma vez que todo o entalhe menor se encontra dentro do campo de σ'_n). Em seguida, determinando-se o fator de concentração de tensões K_{t2} para o entalhe menor agindo sozinho, ele pode ser multiplicado por σ'_n para obter-se tensão atuante na raiz do entalhe menor, ou

$$\sigma_{atuante} = K_{t2}\sigma'_n \tag{5-28}$$

Em seguida, utilizando (5-27),

$$\sigma_{atuante} = K_{t1}K_{t2}\sigma_n \tag{5-29}$$

Assim, o fator de concentração de tensões teórico combinado K_{tc} para o entalhe múltiplo é o *produto* destes fatores de concentração de tensões para os dois entalhes considerados individualmente, fornecendo

$$K_{tc} = K_{t1}K_{t2} \tag{5-30}$$

Isto já foi verificado por meio da fotoelasticidade.[9] O fator de concentração de tensões de fadiga combinado K_{tc} assim como para qualquer outro fator de concentração de tensões, depende[10] de q e pode ser calculado de (5-92) substituindo-se K_{tc} por K_t nessa equação. Uma técnica para estimar um valor conservativo de K_{tc} é esboçada na Figura 5.13(b). A técnica assume o entalhe de 5.13(a) como preenchido, conforme mostrado pela região mais escura. Isto faz com que sobre um único, profundo, estreito entalhe, para o qual o fator de concentração de tensões teórico será sempre *maior* do que o fator de concentração de tensões para o entalhe múltiplo.

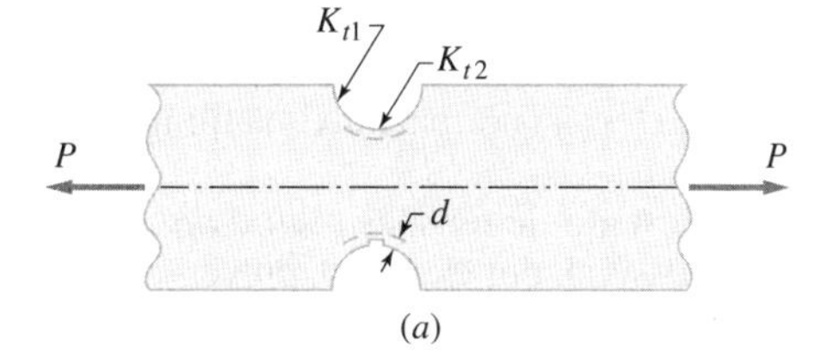

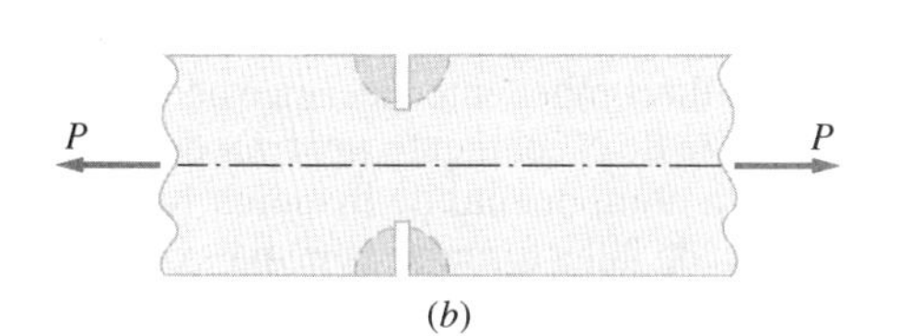

Figura 5.13
Efeitos da concentração de tensões devidos aos entalhes múltiplos sobrepostos. (Da ref. 6, adaptado com permissão da McGraw-Hill Companies.)

[8] Veja ref. 6.
[9] *Ibid.*
[10] Veja (5-91).

Exemplo 5.4 Concentração de Tensão em Barra Chata

Duas barras chatas com configurações diferentes são mostradas na Figura E5.4(a) e (b). Cada uma é submetida a uma carga de 4 kN. O material é ferro fundido cinzento ASTM A-48 (classe 40). Determine a tensão máxima induzida para cada condição mostrada.

Figura E5.4
Barras chatas submetidas a carga axial de 4 kN.

Solução

a. A tensão real na localização crítica adjacente ao furo é

$$\sigma_{real} = K_t\, \sigma_{nom}$$

A tensão nominal é calculada como

$$\sigma_{nom} = \frac{P}{A_{ces}} = \frac{4000}{0{,}005(0{,}040 - 0{,}010)} = 26{,}7 \text{ MPa}$$

Da Figura 4.22(b) com $d/b = 10/40 = 1/4$

$$K_t = 2{,}37$$

Assim, a tensão real torna-se

$$\sigma_{real} = 2{,}37(26{,}7) = 63{,}3 \text{ MPa}$$

b. A tensão nominal é

$$\sigma_{nom} = \frac{P}{A_{ces}} = \frac{4000}{0{,}005(0{,}03)} = 26{,}7 \text{ MPa}$$

Da Figura 4.20(b) com $r/h = 5/30 = 0{,}167$, e $H/h = 40/30 = 1{,}333$

$$K_t = 1{,}7$$

Assim, a tensão real torna-se

$$\sigma_{real} = 1{,}7(26{,}7) = 45{,}4 \text{ MPa}$$

5.4 Teorias de Falha para Tensões Combinadas

A previsão da falha, ou estabelecimento de uma combinação de material e geometria que irá evitar a falha, é uma tarefa simples se o componente de máquina está submetido a um *estado de tensões uniaxial estático*. Somente é necessário ter-se disponível a curva tensão-deformação simples para o material em questão, a qual pode ser facilmente obtida de um ou alguns poucos experimentos simples de tração e compressão. Por exemplo, se o escoamento foi estabelecido como o modo de falha dominante para um componente de máquina submetida a um estado de tensões *uniaxial*, considera-se que a falha do componente mecânico ocorre quando o valor da tensão normal máxima for igual ou exceder ao limite de escoamento *uniaxial* do material.

Se o componente de máquina for submetido a um estado de tensões *multiaxial*, uma previsão precisa da falha torna-se bem mais difícil. Não é mais possível, por exemplo, prever-se com precisão o escoamento quando a tensão máxima normal excede o limite de escoamento *uniaxial*, porque as outras duas componentes de tensão normal principal no ponto crítico também podem influenciar o comportamento do escoamento. Além disso, limites de escoamento *multiaxiais* não estão normalmente disponíveis por causa do tempo e dos custos necessários para determiná-los experimentalmente. Dessa forma, quando se deseja prever a falha ou selecionar uma combinação de material e geometria para evitar a falha, para uma situação em que o componente de máquina está submetido a um estado de tensões multiaxial, normalmente utiliza-se uma teoria validada experimentalmente que relacione a falha em um estado de tensões multiaxial com a falha pelo mesmo modo em um simples ensaio de tensão uniaxial. Todas essas teorias de falha são baseadas em *parâmetro de severidade do carregamento* bem escolhidos, como tensão, deformação ou densidade de energia de deformação. Os parâmetros de severidade do carregamento devem ser *facilmente calculáveis* para o estado de tensões multiaxial e *facilmente mensuráveis* para um ensaio de tensão uniaxial simples. Essas teorias, denominadas *teorias de falha para tensões combinadas*, dividem um postulado comum, a saber, *considera-se que a falha ocorre quando o valor máximo do parâmetro de severidade do carregamento selecionado no estado de tensões multiaxial torna-se igual ou excede o valor do mesmo parâmetro de severidade do carregamento que produz a falha em um ensaio de tensão uniaxial simples utilizando um corpo de prova do mesmo material.*

Diversas teorias de falha para tensões combinadas têm sido propostas, mas três encontraram ampla aceitação em função da relativamente boa concordância com resultados experimentais e da razoável simplicidade de aplicação, que são:

1. Teoria da máxima tensão normal
2. Teoria da máxima tensão de cisalhamento
3. Teoria da energia de distorção

Teoria da Máxima Tensão Normal (Teoria de Rankine)

Em palavras, a teoria da máxima tensão normal pode ser expressa como

> Considera-se que a falha possa ocorrer em um estado de tensões multiaxial quando a tensão normal principal máxima torna-se igual ou excede a tensão normal máxima no instante de falha de um ensaio de tensão uniaxial simples, utilizando um corpo de prova do mesmo material. (5-31)

Para um estado de tensões multiaxial, a tensão normal principal máxima é a maior das três raízes da equação cúbica da tensão (5.1), isto é, o maior valor entre σ_1, σ_2 e σ_3. A tensão normal máxima no instante da falha é igual à resistência uniaxial do material correspondente ao modo de falha preponderante. Deve-se observar que para alguns materiais a resistência à falha sob carregamento trativo pode ser diferente da resistência à falha sob carregamento compressivo.

Com estes fatores em mente, a declaração (5-31) pode ser expressa matematicamente como *é previsto ocorrer a falha pela teoria da máxima tensão normal se (FIPTOI)*

$$\begin{aligned} \sigma_1 &\geq \sigma_{falha\,t} \\ \sigma_2 &\geq \sigma_{falha\,t} \\ \sigma_3 &\geq \sigma_{falha\,t} \end{aligned} \tag{5-32}$$

ou seja

$$\begin{aligned} \sigma_1 &\leq \sigma_{falha\,c} \\ \sigma_2 &\leq \sigma_{falha\,c} \\ \sigma_3 &\leq \sigma_{falha\,c} \end{aligned} \tag{5-33}$$

em que $\sigma_{falha\,t}$ é a resistência à falha uniaxial à *tração* (+) do material e $\sigma_{falha\,c}$ é a resistência à falha uniaxial à *compressão* (−) do material, correspondente ao modo preponderante de falha (normalmente o escoamento ou a ruptura, se o carregamento for estático).

A teoria da máxima tensão normal fornece bons resultados para materiais frágeis, conforme mostrado na Figura 5.14, mas não deve ser utilizada para materiais dúcteis.

Teoria da Máxima Tensão de Cisalhamento (Teoria de Tresca-Guest)

Em palavras, a teoria da máxima tensão de cisalhamento pode ser expressa como

> Considera-se que a falha possa ocorrer em um estado de tensões multiaxial quando o valor da tensão de cisalhamento máxima torna-se igual ou excede a tensão de cisalhamento máxima no instante de falha de um ensaio de tensão uniaxial simples, utilizando um corpo de prova do mesmo material. (5-34)

Para um estado de tensões multiaxiais, a intensidade da tensão de cisalhamento máxima é a maior das três tensões de cisalhamento principais τ_1, τ_2 e τ_3, dadas pelas (5-2), (5-3) e (5-4). Para um ensaio de tensão *uniaxial*, a única componente de tensão normal não nula é a componente da tensão principal

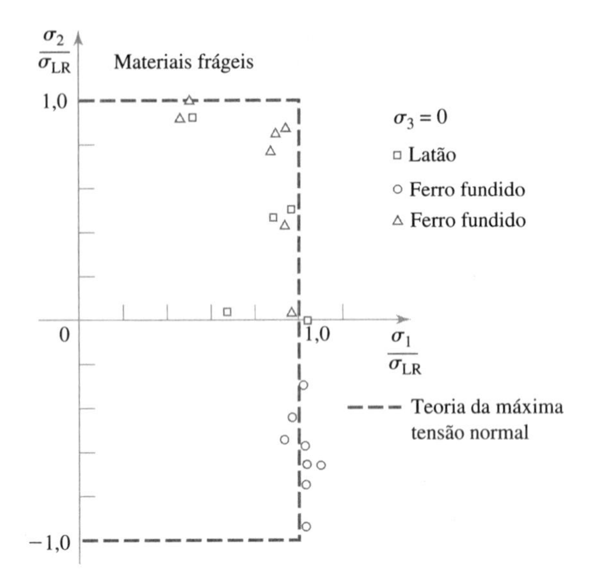

Figura 5.14
Comparação de dados de limite de resistência biaxial para materiais frágeis com a *teoria da máxima tensão normal*.

na direção da aplicação da força. De (5-2), (5-3) e (5-4), em um ensaio de tensão axial, no instante da falha, duas das tensões normais principais são nulas e a terceira é igual a σ_{falha}, resultando

$$\tau_{falha} = \frac{\sigma_{falha}}{2} \tag{5-35}$$

Com estes fatores em mente, a declaração (5-34) pode ser expressa matematicamente como *é previsto ocorrer a falha pela teoria da máxima tensão de cisalhamento se (FIPTOI)*

$$\begin{aligned} |\tau_1| &\geq |\tau_{falha}| \\ |\tau_2| &\geq |\tau_{falha}| \\ |\tau_3| &\geq |\tau_{falha}| \end{aligned} \tag{5-36}$$

em que τ_{falha} é a maior tensão de cisalhamento principal no instante da falha em um ensaio de tensão *uniaxial*, conforme dado por (5-35).

A teoria da máxima tensão de cisalhamento fornece bons resultados para materiais dúcteis, conforme mostrado na Figura 5.15, mas não deve ser utilizada para materiais frágeis.

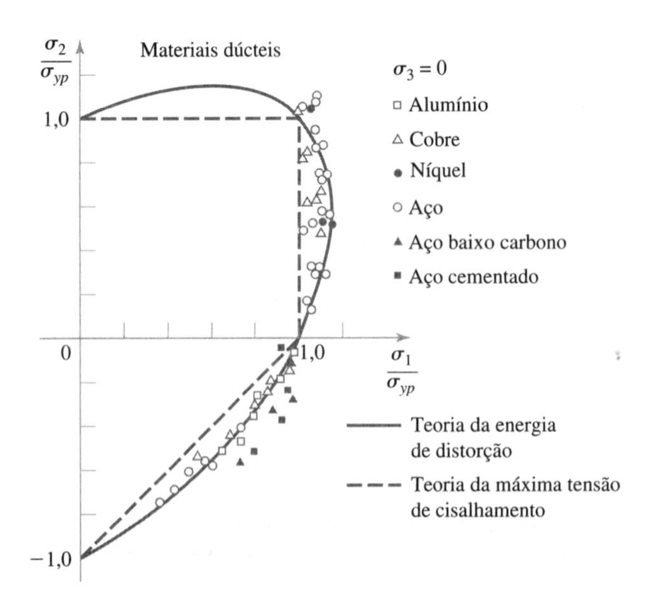

Figura 5.15
Comparação de dados de limite de escoamento biaxial com a *teoria da máxima tensão de cisalhamento* e a *teoria da energia de distorção*.

Teoria da Máxima Energia de Distorção (Teoria de Huber-von Mises-Hencky)

Em palavras, a teoria da energia de distorção, também chamada de teoria de von Mises, pode ser expressa como:

> Considera-se que a falha possa ocorrer em um estado de tensões multiaxial quando a energia de distorção por unidade de volume torna-se igual ou excede a energia de distorção por unidade de volume no instante de falha de um ensaio de tensão uniaxial simples, utilizando um corpo de prova do mesmo material. (5-37)

A teoria da energia de distorção, desenvolvida como um aprimoramento sobre uma "teoria da energia de deformação total" proposta anteriormente, é baseada no postulado de que a energia de deformação total U_T armazenada em um volume de material sob tensão pode ser dividida em duas partes: a energia associada somente à alteração do volume U_ν, denominada energia de *dilatação*, e a energia associada somente à alteração da forma U_d, denominada energia de *distorção*. Mais tarde postulou-se que a falha, particularmente sob condições de comportamento dúctil, está *somente* relacionada com a energia de *distorção*. Assim

$$U_T = U_\nu + U_d \tag{5-38}$$

Dividindo-se cada termo pelo volume, pode-se expressar a energia de distorção *por unidade de volume* como

$$u_d = u_T - u_\nu \tag{5-39}$$

Pode-se determinar uma expressão para a energia de deformação total por unidade de volume[11] u_T calculando-se o trabalho realizado em um estado de tensão triaxial por forças associadas a σ_1, σ_2 e σ_3, agindo sobre as suas áreas respectivas, de modo a induzir as deformações ε_1, ε_2 e ε_3, e os seus deslocamentos correspondentes.

Empregando-se a Lei de Hooke, a expressão para a energia de deformação total por unidade de volume torna-se

$$u_T = \frac{1}{2E}\left[\sigma_1^2 + \sigma_2^2 + \sigma_3^2 - 2\nu(\sigma_1\sigma_2 + \sigma_2\sigma_3 + \sigma_3\sigma_1)\right] \tag{5-40}$$

Da mesma forma, a energia de dilatação (variação de volume) por unidade de volume é dada[12] por

$$u_\nu = \frac{3(1-2\nu)}{2E}\left[\frac{\sigma_1 + \sigma_2 + \sigma_3}{3}\right]^2 \tag{5-41}$$

Então, substituindo-se (5-40) e (5-41) em (5-39), determina-se a energia de distorção por unidade de volume

$$u_d = \frac{1}{2}\left[\frac{1+\nu}{3E}\right]\left[(\sigma_1 - \sigma_2)^2 + (\sigma_2 - \sigma_3)^2 + (\sigma_3 - \sigma_1)^2\right] \tag{5-42}$$

Para determinar a energia de distorção por unidade de volume no instante da falha, $u_{d\text{-}falha}$, (5-42) é calculado sob condições de *falha uniaxial*, quando duas das tensões principais são nulas e a terceira é igual à resistência à falha uniaxial σ_{falha}. Assim

$$u_{d\text{-}falha} = \left[\frac{1+\nu}{3E}\right]\sigma_{falha}^2 \tag{5-43}$$

Com (5-42) e (5-43) à mão, a declaração (5-37) pode ser expressa matematicamente como *é previsto ocorrer a falha pela teoria da energia de distorção se (FIPTOI)*

$$\frac{1}{2}\left[(\sigma_1 - \sigma_2)^2 + (\sigma_2 - \sigma_3)^2 + (\sigma_3 - \sigma_1)^2\right] \geq \sigma_{falha}^2 \tag{5-44}$$

A teoria da energia de distorção fornece bons resultados para materiais dúcteis, conforme mostrado na Figura 5.15, mas não deve ser utilizada para materiais frágeis.

O lado esquerdo de (5-44) é algumas vezes definido como a raiz quadrada da *tensão de von Mises*, a *tensão efetiva* ou a *tensão uniaxial equivalente*, σ_{eq}, resultando na expressão

$$\sigma_{eq} = \sqrt{\frac{1}{2}\left[(\sigma_1 - \sigma_2)^2 + (\sigma_2 - \sigma_3)^2 + (\sigma_3 - \sigma_1)^2\right]} \tag{5-45}$$

---

[11] Veja equações (4-59), (5-1), (5-15), (5-16) e (5-17).

[12] Veja, por exemplo, ref. 1, p. 154.

Para um estado biaxial de tensões, assumindo $\sigma_3 = 0$, (5-45) torna-se

$$\sigma_{eq} = \sqrt{\sigma_1^2 - \sigma_1\sigma_2 + \sigma_2^2} \tag{5-46}$$

Em termos de componentes não principais de tensões, o critério de von Mises pode ser escrito como

$$\sigma_{eq} = \sqrt{\frac{1}{2}\left[(\sigma_x - \sigma_y)^2 + (\sigma_y - \sigma_z)^2 + (\sigma_z - \sigma_x)^2\right] + 3(\tau_{xy}^2 + \tau_{yz}^2 + \tau_{xz}^2)} \tag{5-47}$$

e para um estado biaxial de tensões, assumindo que $\sigma_z = 0$, e $\tau_{xz} = \tau_{yz} = 0$, tem-se

$$\sigma_{eq} = \sqrt{\sigma_x^2 - \sigma_x\sigma_y + \sigma_y^2 + 3\tau_{xy}^2} \tag{5-48}$$

Seleção da Teoria de Falha

A avaliação das três teorias de falha discutidas em conjunto com evidências experimentais leva às seguintes observações:

1. Para os materiais isotrópicos que falham por fratura frágil, a teoria mais adequada é a teoria da máxima tensão normal.
2. Para os materiais isotrópicos que falham por escoamento ou ruptura dúctil, a teoria mais adequada é a teoria da energia de distorção.
3. Para os materiais isotrópicos que falham por escoamento ou ruptura dúctil, a teoria da máxima tensão de cisalhamento é quase tão boa quanto a teoria da energia de distorção.
4. Como regra,[13] a teoria da máxima tensão normal pode ser utilizada para materiais isotrópicos frágeis (materiais que exibem uma ductilidade inferior a 5 por cento de alongamento em 2 polegadas), e ambas as teorias de energia de distorção e da máxima tensão de cisalhamento podem ser utilizadas para materiais isotrópicos dúcteis (materiais que exibem uma ductilidade de 5 por cento ou maior de alongamento em um comprimento de medida de 2 polegadas). Sempre que possível, uma análise de mecânica da fratura deve ser desenvolvida.

Exemplo 5.5 Predição da Falha ao Escoamento sob Estados de Tensões Multiaxiais

Um alojamento de um atuador de flap da asa de um avião é feito da liga de magnésio fundida AZ63A-T4 (S_u = 276 Mpa, S_{yp} = 97 Mpa, e = 12% em 50 mm). O estado de tensões foi calculado no provável ponto crítico, conforme mostrado na Figura E5.5. Você acha que a falha do componente será por escoamento?

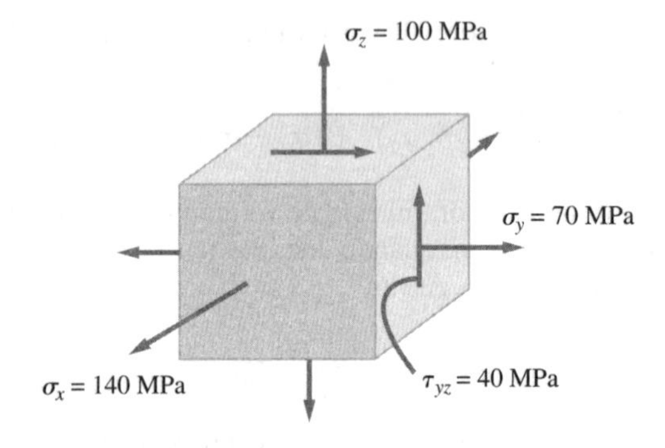

Figura E5.5
Estado de tensões no provável ponto crítico.

Solução

Para o estado de tensões mostrados, a equação cúbica da tensão (5-1) torna-se

$$\sigma^3 - \sigma^2(\sigma_x + \sigma_y + \sigma_z) + \sigma(\sigma_x\sigma_y + \sigma_y\sigma_z + \sigma_z\sigma_x - \tau_{yz}^2) - (\sigma_x\sigma_y\sigma_z - \sigma_x\tau_{yz}^2) = 0$$

Substituindo os valores numéricos (em MPa)

$$\sigma^3 - \sigma^2(140 + 70 + 100) + \sigma\left[(140)(70) + (70)(100) + (100)(140) - (40)^2\right]$$
$$-\left[(140)(70)(100) - 140(40)^2\right] = 0$$

ou

$$\sigma^3 - 310\,\sigma^2 + 29.200\sigma - 756.000 = 0$$

[13] O limite de 5 por cento entre o comportamento "frágil" e "dúctil" é arbitrário, mas é uma regra amplamente utilizada.

Como as tensões de cisalhamento são nulas no plano x, este, por definição, é um plano principal. Assim

$$\sigma_x = \sigma_1 = 140 \text{ MPa}$$

é uma das três soluções de (1). Em seguida, dividido (1) por $(\sigma - 140)$ fornece

$$\sigma^3 - 170\,\sigma + 5400 = 0$$

de que

$$\sigma = \frac{170 \pm \sqrt{(170)^2 - 4(5400)}}{2} = 85 \pm 42{,}7$$

fornecendo as soluções

$$\sigma_2 = 127{,}7 \text{ MPa} \qquad \text{e} \qquad \sigma_3 = 42{,}3 \text{ MPa}$$

Uma vez que o alongamento de 50 mm é dado como 12%, o material pode ser considerado como dúctil, e a teoria de falha da energia de distorção dada em (5-44) é a teoria mais adequada para ser utilizada. Assim, FIPTOI

$$\frac{1}{2}\left[(140 - 127{,}7)^2 + (127{,}7 - 42{,}3)^2 + (42{,}3 - 140)^2\right] \geq (97)^2$$

ou, FIPTOI

$$8495 \geq 9409$$

Como esta condição não é satisfeita, a *falha não é prevista* no ponto crítico especificado.

Exemplo 5.6 Espessura de um Vaso de Pressão Cilíndrico de Paredes Finas

Um vaso de pressão cilíndrico de paredes finas com extremidades fechadas é submetido a pressão interna de 100 MPa. O diâmetro interno é de 50 mm. Se a resistência ao escoamento para o vaso de pressão for de 400 MPa, qual deve ser a espessura da parede com base (a) na teoria máxima de tensão de cisalhamento e (b) na teoria da energia de distorção?

Solução

As tensões em um vaso de pressão cilíndrico (Capítulo 9) são dadas por

$$\sigma_t = \frac{p_i d}{2t} \qquad \sigma_e = \frac{p_i d}{4t}$$

em que σ_t é a tensão tangencial e σ_e é a tensão longitudinal. As tensões tangencial e longitudinal são também as tensões principais do vaso de pressão. Assim, tem-se

$$\sigma_1 = \sigma_t = \frac{100(50)}{2t} = \frac{2500}{t}, \qquad \sigma_2 = \sigma_e = \frac{100(50)}{4t} = \frac{1250}{t}, \qquad \sigma_3 = 0$$

a. A teoria de máxima tensão de cisalhamento é dada como

$$\tau_{máx} = \frac{\sigma_1 - \sigma_3}{2} = \frac{2500 - 0}{2t} = \frac{1250}{t}$$

Assim, tem-se

$$\tau_{máx} = \frac{1250}{t} = \frac{S_{yp}}{2} = \frac{400}{2} = 200$$

$$t = \frac{1250}{200} = 6{,}25 \text{ mm}$$

b. A teoria de energia de distorção é dada por

$$\sigma_{eq} = \sqrt{\sigma_1^2 - \sigma_1\sigma_2 + \sigma_2^2}$$

Portanto,

$$\sigma_{eq} = S_{yp} = 400 = \frac{1}{t}\sqrt{2500^2 - 2500 \times 1250 + 1250^2} = \frac{2165{,}06}{t}$$

$$t = \frac{2165{,}06}{400} = 5{,}41 \text{ mm}$$

Exemplo 5.7 Torque Máximo em um Eixo Submetido à Flexão

Um eixo de 2,5 in de diâmetro é feito de aço AISI 1020 estirado a frio. O eixo é submetido a um momento fletor de 50.000 lbf · in. Determine o torque máximo que pode ser aplicado ao eixo de acordo com (a) a teoria da máxima tensão de cisalhamento e (b) a teoria da energia de distorção.

Solução

A tensão de flexão máxima ocorre na superfície interna do eixo e é dada por

$$\sigma_x = \frac{Mc}{I} = \frac{32M}{\pi d^3}$$

A tensão de cisalhamento máxima devido ao torque T ocorre na superfície externa do eixo e é dada por

$$\tau_{xy} = \frac{Tr}{J} = \frac{16T}{\pi d^3}$$

As tensões principais são obtidas de

$$\sigma_{1,2} = \frac{\sigma_x}{2} \pm \sqrt{\left(\frac{\sigma_x}{2}\right)^2 + \tau_{xy}^2} = \frac{16M}{\pi d^3} \pm \sqrt{\left(\frac{16M}{\pi d^3}\right) + \left(\frac{16T}{\pi d^3}\right)^2}$$

$$= \frac{16}{\pi d^3}\left[M \pm \sqrt{M^2 + T^2}\right]$$

a. A teoria de máxima tensão de cisalhamento declara que a tensão de cisalhamento máxima é

$$\tau_{máx} = \frac{\sigma_1 - \sigma_2}{2} = \frac{16}{\pi d^3}\sqrt{M^2 + T^2} = \frac{S_{yp}}{2}$$

Resolvendo para o torque T gera

$$T = \left(\left[S_{yp}(\pi^2)\left(\frac{d^3}{32}\right)\right]^2 - M^2\right)^{1/2}$$

Assim, para AISI 1020 CD S_{yp} = 51.000 psi, encontra-se

$$T = \left(\left[51.000(\pi)\left(\frac{2{,}5^3}{32}\right)\right]^2 - 50.000^2\right]^{1/2} = 60.170 \text{ lbf} \cdot \text{in}$$

b. A teoria de energia de distorção é dada por

$$\sigma_{eq} = \sqrt{\sigma_1^2 - \sigma_1\sigma_2 + \sigma_2^2} = \frac{16}{\pi d^3}\sqrt{4M^2 + 3T^2}$$

Resolvendo para o torque T gera

$$T = \left\{\frac{1}{3}\left(\left[S_{yp}\left(\frac{\pi d^3}{16}\right)\right]^2 - 4M^2\right)\right\}$$

Para AISI 1020 CD, encontra-se

$$T = \left\{\frac{1}{3}\left(\left[51.000\left(\frac{\pi(2{,}5)^3}{16}\right)\right]^2 - 4(50.000)^2\right)\right\}^{1/2} = 69.478 \text{ lbf} \cdot \text{in}$$

Exemplo 5.8 Fator de Segurança para Eixo Submetido à Flexão e Torção

Um eixo estacionário simplesmente apoiado, de 50 mm de diâmetro e feito de aço AISI 1060 laminado a quente, é submetido a um momento fletor máximo de 3000 N · m e a um torque máximo de 2000 N · m. Encontre o fator de segurança correspondente à falha baseado na teoria da energia de distorção.

Solução

A tensão de flexão é dada por

$$\sigma_x = \frac{Mc}{I} = \frac{32M}{\pi d^3} = \frac{32(3.000.000)}{\pi(50)^3} = 244{,}46 \text{ MPa}$$

e a tensão torcional máxima é

$$\tau_{xy} = \frac{Tr}{J} = \frac{16T}{\pi d^3} = \frac{16(2.000.000)}{\pi(50)^3} = 81{,}49 \text{ MPa}$$

A teoria da energia de distorção é dada por

$$\sigma_{eq} = \sqrt{\sigma_x^2 + 3\tau_{xy}^2} = \sqrt{(244{,}46)^2 + 3(81{,}49)^2} = 282{,}28 \text{ MPa}$$

Para o aço AISI 1060 laminado a quente, a resistência ao escoamento é 372 MPa; assim o fator de segurança é

$$n_d = \frac{S_{yp}}{\sigma_{eq}} = \frac{372}{282{,}28} = 1{,}32$$

5.5 Fratura Frágil e Propagação de Trinca: Mecânica da Fratura Linear Elástica

Quando o comportamento de uma peça de máquina é frágil em vez de dúctil, a mecânica do processo de falha é muito diferente. Como descrito na seção 2.3, na fratura a peça se separa em duas ou mais partes devido à quebra das ligações interatômicas primárias, com pouco ou nenhum escoamento plástico. A propagação de trinca em alta velocidade a partir de defeitos preexistentes resulta na falha repentina e catastrófica. Se o comportamento do material é claramente frágil, e a geometria e o carregamento são simples, como no caso da barra axialmente carregada da Figura 2.1, a falha por fratura frágil pode ser prevista quando a tensão σ da (2-1) exceder o limite de resistência do material S_u. Então é previsto ocorrer falha se (FIPTOI)

$$\sigma \geq S_u \tag{5-49}$$

Portanto, para um estado uniaxial de tensões, a expressão para predição de falha para a fratura frágil (5-49) é formalmente a mesma para a fratura dúctil (2-18). Se o carregamento for mais complexo e um estado multiaxial de tensões for produzido pelo carregamento, a fratura pode ser prevista com razoável precisão, pelo uso da teoria da falha da tensão normal máxima, como discutido na seção 5.4.

Por outro lado, é bem conhecido que materiais *normalmente dúcteis* também podem falhar por fratura frágil em presença de trincas ou defeitos, se a combinação do tamanho de trinca, geometria da peça, temperatura e/ou taxa de carregamento estiver dentro de certos intervalos críticos. A predição de fratura frágil nestas circunstâncias se baseia na suposição de que a tensão na ponta da trinca, onde a falha é iniciada, pode ser calculada considerando-se que o comportamento do material é linear elástico e o estado de tensões bidimensional; assim, o procedimento é frequentemente referido como *mecânica da fratura linear elástica (MFLE)*.

Três tipos básicos de campos de tensões são definidos para análise de tensões na ponta da trinca, cada um associado com um modo distinto de deformação da trinca, como ilustrado na Figura 5.16. O modo de abertura de trinca, Modo I, é associado com o deslocamento local no qual as superfícies de trinca se afastam. Os Modos II e III são os deslocamentos de deslizamento para a frente e rasgamento, respectivamente. Expressões matemáticas foram desenvolvidas para a *intensidade* e *distribuição* de tensões próximo à ponta da trinca, para cada um dos três modos mostrados na Figura 5.16.[14] Para propósitos de predição de falha, o *fator de intensidade de tensões* na ponta da

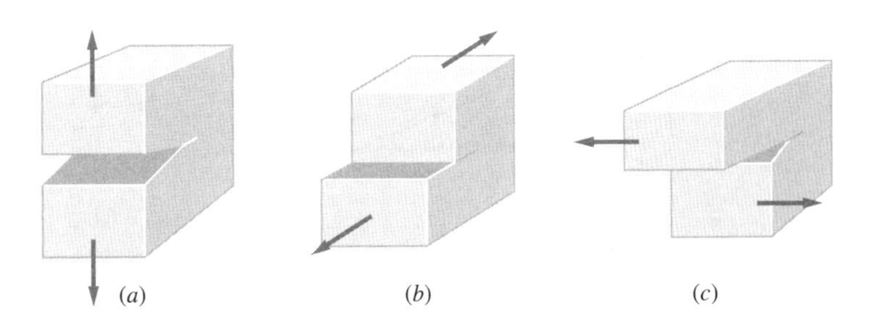

Figura 5.16
Modos de deslocamento de trinca. (a) Modo I, (b) Modo II, (c) Modo III. (Para ser lido "modo um", "modo dois" e "modo três".)

[14] Veja, por exemplo, as equações de Westergaard, ref. 1; pp. 54-55.

trinca, desenvolvido a partir destas expressões matemáticas, fornece uma boa medida da gravidade do carregamento e geometria em qualquer caso particular. Em geral, as expressões para o fator de intensidade de tensões, K, são da forma

$$K = C\sigma\sqrt{\pi a} \tag{5-50}$$

em que σ é a tensão nominal da seção, a é o parâmetro de comprimento de trinca e C é dependente do tipo de carregamento da geometria à frente da trinca. Muitos valores de C têm sido publicados,[15] e diversos gráficos típicos para a seleção dos valores adequados de C, para trincas passantes, são apresentados nas Figuras 5.17 a 5.21. A Figura 5.22 apresenta um gráfico para o *parâmetro de forma para defeitos superficial* Q, utilizado na determinação do fator de intensidade de tensões para trincas semielípticas. O fator de intensidade de tensões, K, calculado por (5-50), é um parâmetro singular que mede a intensidade do campo de tensões em torno da ponta da trinca. A magnitude de K, associada ao início de uma rápida extensão da trinca (iniciação da fratura frágil), é denominada *fator de intensidade de tensões crítico,* K_C. Portanto, a ocorrência de falha por fratura frágil pode ser prevista para trincas passantes se (FIPTOI)

$$K = C\sigma\sqrt{\pi a} \geq K_c \tag{5-51}$$

ou, para trincas semielípticas superficiais se

$$K = \frac{1{,}12}{\sqrt{Q}}\sigma\sqrt{\pi a} \geq K_c \tag{5-52}$$

Para uma dada chapa contendo trinca, por exemplo, o caso apresentado na Figura 5.19, o fator de intensidade de tensões K aumenta proporcionalmente com a tensão nominal σ e também como uma função do comprimento a instantâneo da trinca. Para a placa infinita, mostrada na Figura 5.23, a orientação da trinca é tal que o seu plano é perpendicular à direção da tensão aplicada, σ, existindo portanto

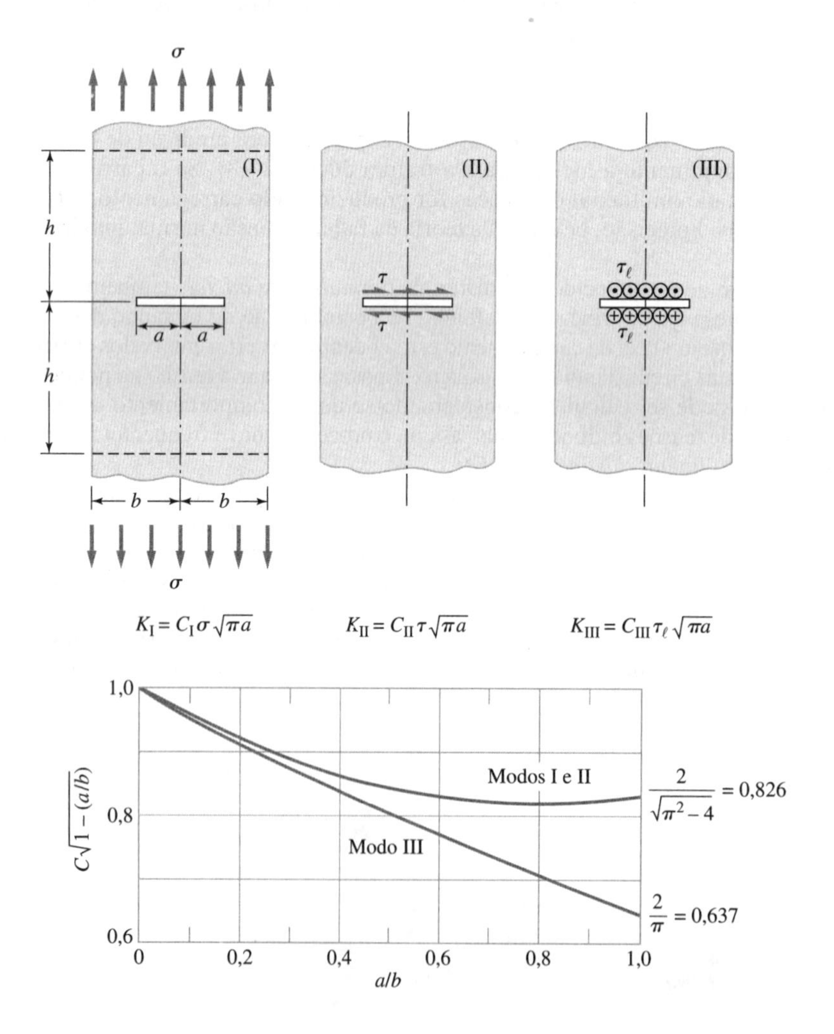

Figura 5.17
Fatores de intensidade de tensões, K_I, K_{II} e K_{III}, para corpos de prova com trincas centrais. (Fonte: ref. 11, Del Research Corp.)

[15] Veja, por exemplo, ref. 7.

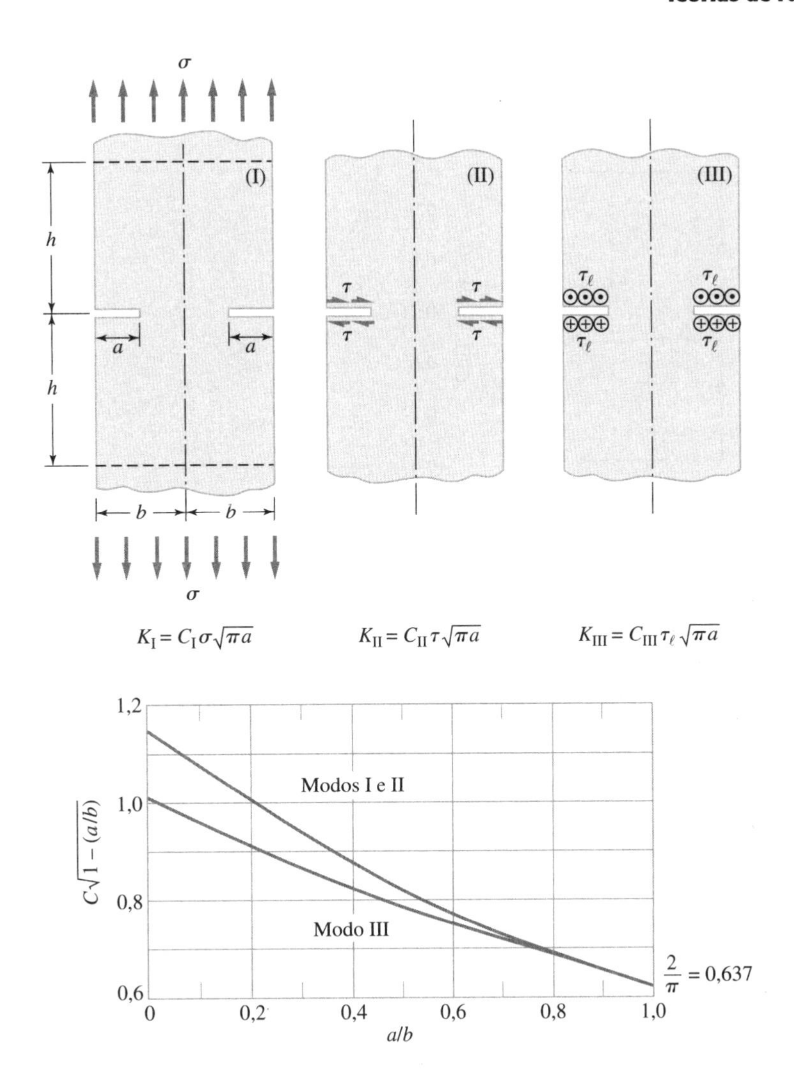

Figura 5.18
Fatores de intensidade de tensões, K_I, K_{II} e K_{III}, para corpos de prova com duplo entalhe em aresta. (Fonte: ref. 7, Del Research Corp.)

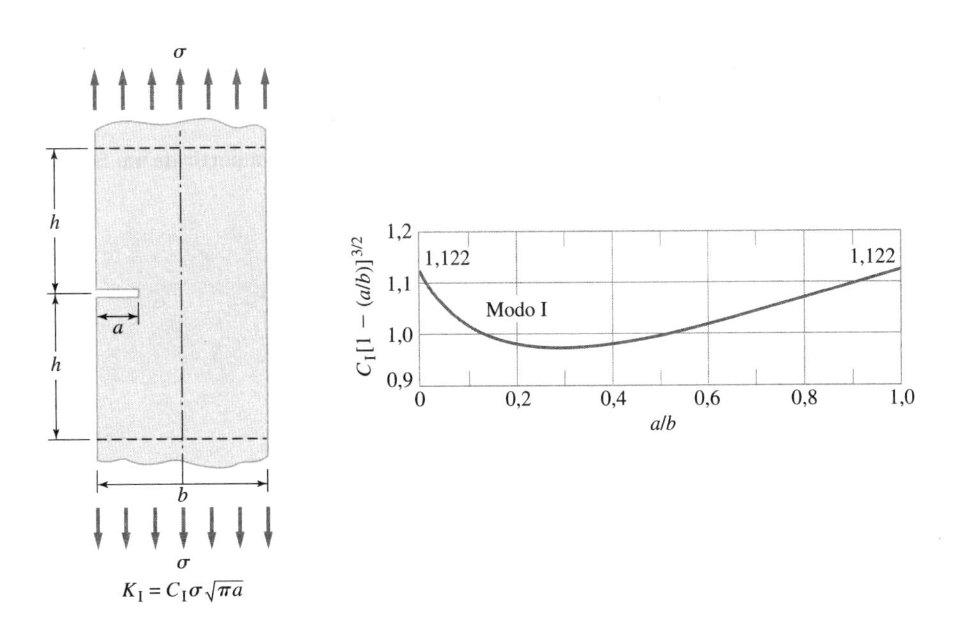

Figura 5.19
Fatores de intensidade de tensões, K_I, para corpos de prova com simples entalhe em aresta. (Fonte: ref. 7, Del Research Corp.)

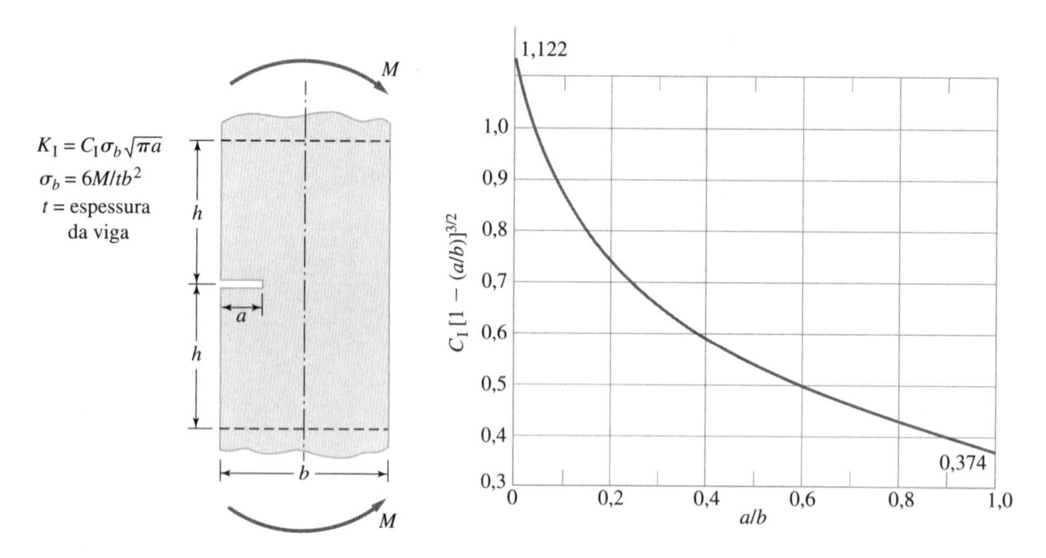

Figura 5.20
Fatores de intensidade de tensões, K_I, para trincas passantes em aresta sob momento fletor puro. (Fonte: ref. 7, Del Research Corp.)

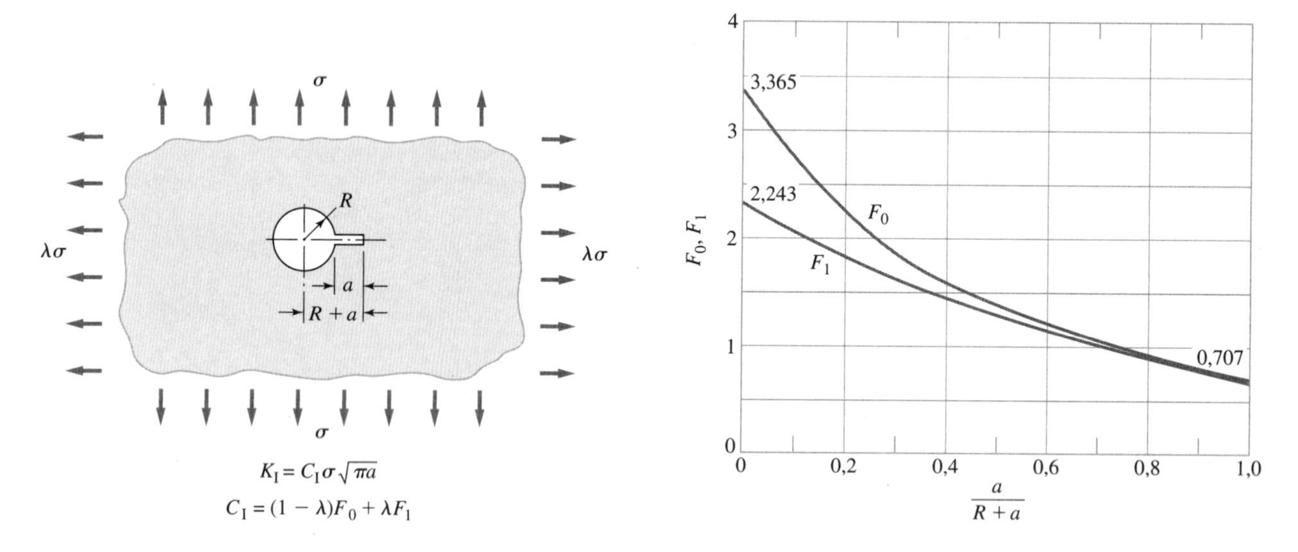

Figura 5.21
Fatores de intensidade de tensões, K_I, para trinca passante que emanam a partir de um furo circular em uma chapa infinita sob tração biaxial. (Fonte: ref. 3, Del Research Corp.)

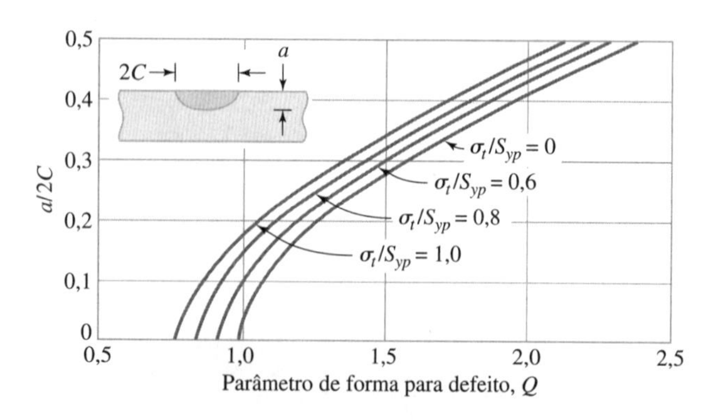

Figura 5.22
Parâmetro de forma para defeito superficial. (Da ref. 9; adaptado com permissão de Pearson Education, Inc., Upper Saddle River, N.J.)

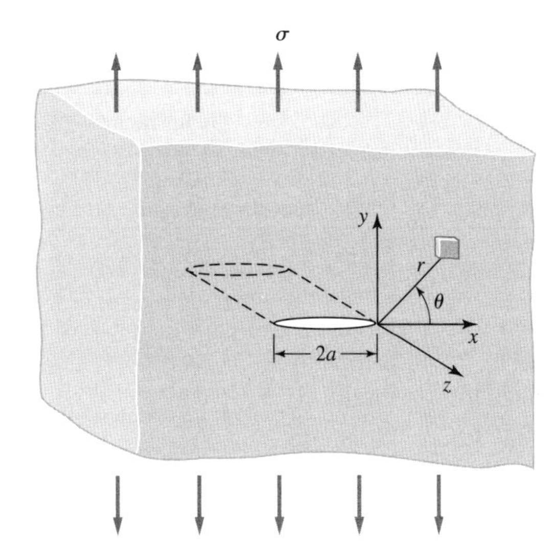

Figura 5.23
Sistema de coordenadas para uma chapa infinita contendo uma trinca passante de comprimento 2*a*.

o Modo I de carregamento puro. A frente da trinca avança uniformemente pela da chapa, portanto a trinca é uma trinca passante. O sistema de coordenadas usual para a definição do estado de tensões na ponta da trinca é apresentado. No estudo do comportamento dos materiais, tem sido observado que, para um dado material, dependendo do estado de tensões na ponta da trinca, o valor do fator de intensidade de tensões crítico, K_C, é reduzido para um limite inferior, caso o estado de deformação na ponta da trinca se aproxime da condição de deformação plana.[16] Este valor-limite inferior define uma propriedade básica do material, *tenacidade à fratura em deformação plana*, denominado K_{IC}.[17] Métodos de ensaio padronizados têm sido estabelecidos para a determinação dos valores de K_{IC}.[18] Alguns dados são apresentados na Tabela 5.2. Para que a tenacidade à fratura em deformação plana K_{IC} seja um critério válido para a predição de falha de uma peça de máquina, devem existir *condições de deformação plana*[19] na ponta da trinca; ou seja, o material deve ser *espesso* o suficiente para assegurar as condições de deformação plana. Empiricamente, estima-se que a espessura mínima do material B para as condições de deformação plana deve ser

$$B \geq 2{,}5\left(\frac{K_{Ic}}{S_{yp}}\right)^2 \tag{5-53}$$

Se o material *não* for espesso o suficiente para atingir o critério de (5-53), a *tensão plana* caracteriza melhor o estado de tensões na ponta da trinca; e K_C, o fator de intensidade de tensões crítico para a predição de falha sob condições de tensão plana, pode ser estimado por uma relação semiempírica para K_C como uma função da tenacidade à fratura em deformação plana K_{IC} e da espessura B.[20] Esta relação é

$$K_c = K_{Ic}\left[1 + \frac{1{,}4}{B^2}\left(\frac{K_{Ic}}{S_{yp}}\right)^4\right]^{1/2} \tag{5-54}$$

Enquanto a zona plástica na ponta da trinca estiver em regime de *escoamento em pequena escala*,[21] este procedimento de avaliação permite uma boa aproximação de projeto. Caso o tamanho da zona plástica à frente da ponta da trinca se torne tão grande que as condições de escoamento em pequena escala não sejam mais satisfeitas, o procedimento apropriado da *mecânica da fratura elastoplástica (MFEP)* permitirá um melhor resultado. Por exemplo, um *diagrama de avaliação de falha*[22] deve ser utilizado; contudo, tais procedimentos da MFEP estão além do escopo deste texto.

---

[16] Para chapas grossas o material circundante restringe a região na ponta da trinca para uma deformação quase nula na direção da espessura resultando em deformação plana (biaxial). Veja também 5.2.

[17] Para ser lido "K-um-c".

[18] Veja ref. 8.

[19] *Deformação plana (estado biaxial de deformação)* ocorre quando existem componentes de deformação não nula em apenas duas direções. Veja também 5.2.

[20] Veja refs. 13 e 14.

[21] *Escoamento em pequena escala* significa que a zona plástica na ponta da trinca é pequena quando comparada com as dimensões da trinca.

[22] Veja ref. 1, pp. 70-76.

TABELA 5.2 Dados de Limite de Escoamento e de Tenacidade à Fratura em Deformação Plana para Ligas de Engenharia Selecionadas[1]

		Temperatura de Ensaio		S_{yp}		K_{IC}	
Liga	Forma	°F	°C	ksi	MPa	ksi $\sqrt{\text{in}}$	MPa $\sqrt{\text{m}}$
Aço AISI 1045	Chapa	25	−4	39	269	46	50
Aço AISI 1045	Chapa	0	−18	40	276	46	50
Aço 4340 (revenido a 500° F)	Chapa	70	21	217–238	1495–1640	45–57	50–63
Aço 4340 (revenido a 800° F)	Forjado	70	21	197–211	1360-1455	72–83	79–91
Aço D6AC (revenido a 1000° F)	Chapa	70	21	217	1495	93	102
Aço D6AC (revenido a 1000° F)	Chapa	−65	−54	228	1570	56	62
Aço maraging (300) 18 Ni	Chapa	600	316	236	1627	80	87
Aço maraging (300) 18 Ni	Chapa	70	21	280	1931	68	74
Aço maraging (300) 18 Ni	Chapa	−100	−73	305	2103	42	46
Aço A 538	–	–	–	250	1722	100	111
Alumínio 2014-T6	Forjado	75	24	64	440	28	31
Alumínio 2024-T351	Chapa	80	27	54-56	370–385	28–40	31–44
Alumínio 6061-T651	Chapa	70	21	43	296	26	28
Alumínio 6061-T651	Chapa	−112	−80	45	310	30	33
Alumínio 7075-T6	–	–	–	75	517	26	28
Alumínio 7075-T651	Chapa	70	21	75–81	515–560	25–28	27–31
Alumínio 7075-T7351	Chapa	70	21	58–66	400–455	28–32	31–35
Titânio Ti-6A1-4V	Chapa	74	23	119	820	96	106

[1] Das refs. 10 a 12.

Para ser utilizado (5-52) como uma ferramenta de projeto para prevenção de falha, o fator de intensidade de tensões K deve ser determinado para a geometria e carregamento em particular da peça ou estrutura considerada. A intensidade de tensões crítica é estabelecida igual a K_{IC} caso o critério da espessura mínima (5-53) seja atingido. Caso contrário K_c é estimado a partir de (5-54). Se for previsto ocorrer falha utilizando (5-52), o reprojeto se torna necessário.

Exemplo 5.9 Fratura Frágil

Duas peças "idênticas" de alumínio forjado 2014-T6, mostradas na Figura E5.9 foram inspecionadas e trincas passantes foram encontradas. Apesar de o comprimento total da trinca de 5 mm ser exatamente o mesmo para ambas as peças, uma peça (caso A) envolve duas trincas em aresta, cada uma com 2,5 mm de comprimento em lados opostos; enquanto a outra peça (caso B) envolve uma trinca simples

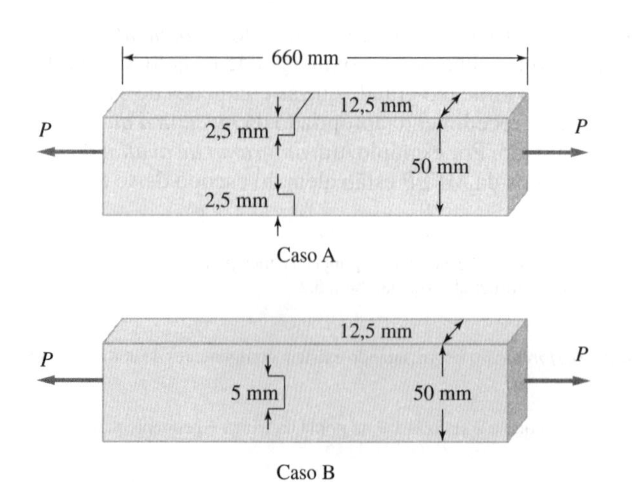

Figura E5.9
Suportes trincados.

de 5,0 mm de comprimento no centro. As peças têm uma seção transversal retangular de 50 mm de largura e 12,5 mm de espessura, e 660 mm de comprimento. As peças são carregadas por uma força trativa direta $P = 220$ kN na direção dos 660 mm, como mostrado.

a. Para cada caso, qual é o modo dominante de falha?

b. Para cada caso, é previsto ocorrer falha?

c. A configuração mais crítica é a trinca central ou as trincas em aresta?

d. Que mudanças seriam necessárias na análise, se a espessura em cada caso fosse de 11 mm em vez de 12,5 mm?

Solução

a. Escoamento e fratura frágil, ambos devem ser verificados para cada caso. Os valores de propriedades da Tabela 5.2 são

$$S_{yp} = 440 \text{ MPa} \quad \text{e} \quad K_{Ic} = 31 \text{ MPa}\sqrt{\text{m}}$$

b. Para cada caso, as falhas por escoamento e por fratura frágil devem ser verificadas. No caso A (trincas em arestas), para verificar a falha por escoamento, a partir de (2-17) FIPTOI

$$\sigma \geq S_{yp}$$

em que

$$\sigma = \frac{P}{A_{liq}} = \frac{220.000}{(0,05 - 0,005)(0,0125)} = 391 \text{ MPa}$$

Então, FIPTOI 391 ≥ 440.
Portanto, *não* é previsto ocorrer a falha por escoamento para o caso A.
Para verificar fratura frágil a partir de (5-52) FIPTOI

$$C_A \, \sigma\sqrt{\pi a} \geq K_c$$

Utilizando-se a curva do Modo I da Figura 5.18, com $a = 2,5$, $b = 25$ e $a/b = 0,1$,

$$C_A\sqrt{1 - (0,1)} = 1,07 \quad \rightarrow \quad C_A = 1,13$$

A tensão na seção transversal é

$$\sigma = \frac{P}{A_{total}} = \frac{220.000}{(0,05)(0,0125)} = 352 \text{ MPa}$$

Verificando a condição de deformação plana, por (5-50) a deformação plana existe se

$$B \geq 2,5\left(\frac{K_{Ic}}{S_{yp}}\right)^2 = 2,5\left(\frac{31}{440}\right)^2 = 0,0124 \text{ m}$$

Como $B = 12,5$ mm, a condição de deformação plana é atingida e as condições de deformação plana prevalecem. Portanto,

$$K_c = K_{Ic} = 31 \text{ MPa}\sqrt{\text{m}}$$

e o critério de falha pode ser avaliado como FIPTOI

$$C_A\sigma\sqrt{\pi a} \geq K_c: \qquad (1,13)(352)\sqrt{\pi(0,0025)} \geq 31$$

ou se

$$35,2 \geq 31$$

Então, é prevista a falha por fratura frágil para o caso A.

Para o caso B (trinca central), os cálculos para a falha por escoamento são idênticos aos cálculos para o caso A, desde que a área da seção transversal seja a mesma em ambos os casos. Portanto, também *não* é previsto a falha por escoamento para o caso B. Para verificar fratura frágil a partir de (5-52) FIPTOI

$$C_B\sigma\sqrt{\pi a} \geq K_c$$

Utilizando-se a curva do Modo I da Figura 5.17, com $a = 2,5$, $b = 25$ e $a/b = 0,1$,

$$C_B\sqrt{1 - (0,1)} = 0,96 \quad \rightarrow \quad C_B = 1,01$$

Exemplo 5.9 Continuação

A tensão na seção transversal é a mesma para o caso A, portanto

$$\sigma = 352 \text{ MPa}$$

Sendo as propriedades do material as mesmas do caso A, prevalece a condição de deformação plana se

$$K_c = K_{Ic} = 31 \text{ MPa } \sqrt{\text{m}}$$

Agora o critério de falha pode ser avaliado como FIPTOI

$$(1{,}01)(352)\sqrt{\pi(0{,}0025)} \geq 31$$

ou se

$$31{,}5 \geq 31$$

Portanto, também *é* previsto ocorrer a falha por fratura frágil para o caso B, mas apenas por uma ligeira margem.

c. Uma vez que o fator de intensidade de tensões K para o caso A $\left(35{,}2 \text{ MPa}\sqrt{\text{m}}\right)$ é maior do que para o caso B $\left(31{,}5 \text{ MPa}\sqrt{\text{m}}\right)$, o caso da trinca em aresta (caso A) é mais severo.

d. Se a espessura da peça for reduzida de 12,5 mm para 11 mm, o nível de tensões nominal irá aumentar e a condição de deformação plana não seria alcançada.

Para verificar o escoamento para ambos os casos A e B, computamos a tensão

$$\sigma = \frac{P}{A_{líq}} = \frac{220.000}{(0{,}05 - 0{,}005)(0{,}011)} = 444 \text{ MPa}$$

FIPTOI 444 ≥ 440. Portanto, *é* prevista a falha por escoamento para ambos os casos.

Para verificar a fratura frágil, desde que apenas a espessura tenha mudado, os valores de $C_A = 1{,}13$ e $C_B = 1{,}01$ permanecem inalterados. A tensão na seção transversal para ambos os casos torna-se

$$\sigma = \frac{220.000}{0{,}05(0{,}011)} = 400 \text{ MPa}$$

Como as condições de deformação plana não são satisfeitas, de (5-51)

$$K_c = K_{Ic}\left[1 + \frac{1{,}4}{B^2}\left(\frac{K_{Ic}}{S_{yp}}\right)^4\right]^{1/2} = 31\left[1 + \frac{1{,}4}{(0{,}011)^2}\left(\frac{31}{440}\right)^4\right]^{1/2} = 35{,}1 \text{ MPa}\sqrt{\text{m}}$$

Então para o caso A, FIPTOI

$$(1{,}13)(400)\sqrt{\pi(0{,}0025)} \geq 35{,}1$$

ou se

$$40{,}1 \geq 35{,}1$$

e novamente *é* previsto ocorrer falha por fratura frágil para o caso A.

Analogamente, para o caso B, FIPTOI

$$(1{,}01)(400)\sqrt{\pi(0{,}0025)} \geq 35{,}1$$

ou se

$$35{,}8 \geq 35{,}1$$

Desse modo, novamente *é* previsto ocorrer falha por fratura frágil para o caso B.

Se as condições de carregamento forem mais complexas, estão disponíveis procedimentos de mecânica da fratura, porém muito mais complexos. Por exemplo, em casos nos quais o plano de uma trinca passante é orientado em um ângulo diferente em vez de perpendicular à direção de σ, o campo de tensões aplicado induz a uma combinação do Modo I e do Modo II de carregamento na trinca. O comportamento em fratura no modo de carregamento misto apresenta um desafio analítico, e um projetista deve usualmente consultar um especialista em mecânica da fratura para avaliar tal problema. Do mesmo modo, um especialista frequentemente deve estar envolvido em lidar com problemas associados a elevadas taxas de carregamento, carregamento cíclico, ou casos nos quais as condições da MFLE não sejam válidas.

5.6 Carregamentos Variáveis, Acúmulo de Dano e Vida à Fadiga

Na prática da engenharia moderna, cargas repetitivas, cargas variáveis e cargas rapidamente aplicadas são de longe mais comuns do que as cargas estáticas ou quase estáticas. Além disso, a maior parte das condições de projeto em engenharia envolve peças de máquinas sujeitas a cargas variáveis ou cíclicas. Tais cargas induzem tensões cíclicas ou variáveis que, frequentemente, resultam em falha por *fadiga*. A fadiga é um processo de falha progressivo que envolve a *iniciação* e *propagação* de trincas até uma destas atingir um tamanho instável, causando uma repentina e catastrófica separação em duas ou mais partes da peça afetada. É difícil detectar as mudanças progressivas que ocorrem nas propriedades do material durante a solicitação em fadiga, e a falha por fadiga pode ocorrer, portanto, com pouco ou nenhum aviso. Períodos de repouso, com a tensão de fadiga removida, não levam a melhora alguma ou recuperação significativa dos efeitos da solicitação cíclica anterior. Portanto, o dano produzido durante o processo de fadiga é *cumulativo*. As falhas por fadiga já têm sido reconhecidas há cerca de 150 anos, mas somente com o advento dos maquinários de alta velocidade, de alto desempenho, performance e o desenvolvimento da indústria aeroespacial a atenção foi direcionada para se tentar compreender melhor o processo de fadiga.

Mais recentemente, tem sido reconhecido que o processo de falha por fadiga envolve três fases. Ocorre primeiro a fase de *iniciação da trinca*, seguida pela fase de *propagação da trinca* e, finalmente, a fase terminal ou *crescimento rápido instável para fratura* completa o processo de falha, quando a trinca alcança um tamanho crítico. Tradicionalmente, os modelos para análise e predição de falha por fadiga englobam todas as três fases juntas em uma abordagem *tensão-vida* (*S-N*). Diversos procedimentos empíricos/analíticos e uma grande base de dados foram desenvolvidos para dar suporte à abordagem (*S-N*). Atualmente, o modelamento em separado para cada fase está sob intenso desenvolvimento, e modelos mais avançados para predição têm sido agora estabelecidos para cada fase separadamente. Esta metodologia pode ser referida como a *abordagem da mecânica da fratura* (*M-F*).

Adicionalmente, dois domínios de carregamento cíclico foram identificados, considerando-se se as *deformações cíclicas* induzidas são predominantemente *elásticas* ou predominantemente *plásticas*. Quando as cargas cíclicas são relativamente baixas, os ciclos de deformação são restritos ao limite elástico, e vidas longas ou elevado número de ciclos é observado; até a falha o domínio é chamado *fadiga de alto ciclo*. Quando as cargas cíclicas são relativamente elevadas, níveis significativos de deformação plástica são induzidos durante cada ciclo, e vidas curtas ou baixo número de ciclos é observado até a falha, e o domínio é chamado *fadiga de baixo ciclo* ou *fadiga controlada por deformação cíclica*. Ocasionalmente, uma peça de máquina pode estar sujeita a uma combinação de carregamentos de ambos os domínios. A fadiga de alto ciclo predomina na maioria dos meios de projeto; portanto, a análise da fadiga de alto ciclo será enfatizada neste texto. A análise da fadiga de baixo ciclo é amplamente discutida na literatura.[23]

Cargas Variáveis e Tensões Variáveis

Cargas variáveis e *espectros de carregamento* produzindo *espectros de tensões* associados a uma peça de máquina refletem a configuração do projeto e o uso operacional da máquina. Talvez o espectro de solicitação de fadiga mais simples ao qual um elemento de máquina possa ser submetido seja o padrão senoidal tensão-tempo com média nula, de amplitude e frequência constantes, aplicado por um número de ciclos especificado. Tal padrão tensão-tempo, muitas vezes referido como tensão cíclica *completamente alternada* ou com *média nula*, é ilustrado na Figura 5.24(a). Utilizando os gráficos da Figura 5.24, pode-se definir vários termos e símbolos úteis; estes incluem

$$\sigma_{máx} = \text{tensão máxima no ciclo}$$
$$\sigma_{mín} = \text{tensão mínima no ciclo}$$
$$\sigma_m = \text{tensão média cíclica} = \frac{\sigma_{máx} + \sigma_{mín}}{2}$$
$$\sigma_a = \text{amplitude de tensão alternada} = \frac{\sigma_{máx} - \sigma_{mín}}{2}$$
$$\Delta\sigma = \text{intervalo de tensão} = \sigma_{máx} - \sigma_{mín}$$
$$R = \text{razão de tensão} = \frac{\sigma_{mín}}{\sigma_{máx}}$$
$$A = \text{razão de amplitude} = \frac{\sigma_a}{\sigma_m}$$

[23] Por exemplo, veja refs. 1 ou 15.

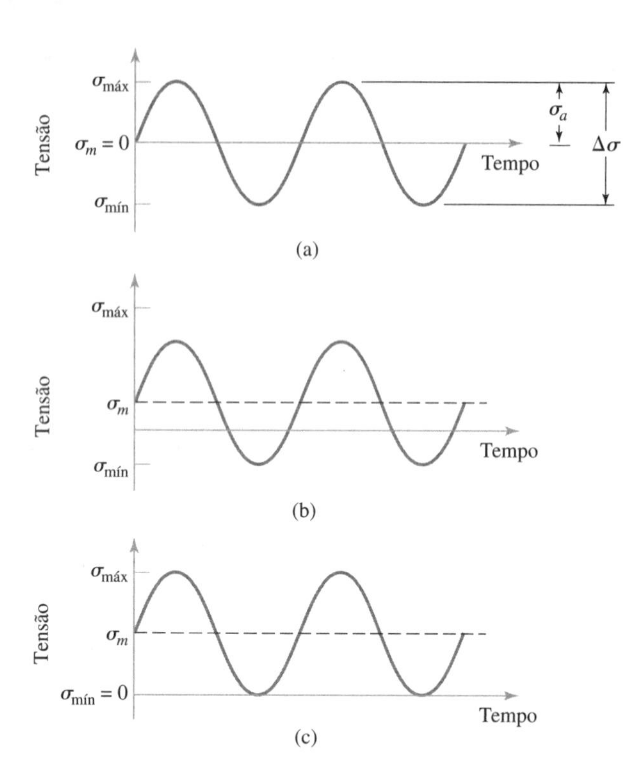

Figura 5.24
Diversos padrões de interesse tensão-tempo com amplitude constante. (a) Completamente alternado; $R = -1$. (b) Tensão média não nula. (c) Tração pulsativa; $R = 0$.

Qualquer par entre as quantidades definidas, exceto a combinação de σ_a e $\Delta\sigma$ ou a combinação de A e R, é suficiente para descrever completamente o padrão tensão-tempo.

Um segundo tipo de padrão tensão-tempo muitas vezes encontrado é o espectro de *média não nula*, mostrado na Figura 5.24(b). Este padrão é muito semelhante ao caso completamente alternado, com exceção de que a tensão média pode ser trativa ou compressiva, diferente de zero em qualquer caso. O caso da média não nula pode ser considerado uma tensão estática, de magnitude igual à da tensão média σ_m, com a superposição de uma tensão cíclica completamente alternada de amplitude σ_a.

Um caso especial de tensão média não nula, frequentemente encontrado na prática, é apresentado na Figura 5.24(c). Neste caso em especial, a tensão mínima varia desde zero até um valor máximo trativo retornando a zero. Este tipo de solicitação é normalmente chamado de *tração pulsativa*. Deve-se notar que para a tração pulsativa $\sigma_m = \sigma_{máx}/2$. Um padrão tensão-tempo similar, porém menos frequente, é denominado compressão pulsativa, em que $\sigma_{máx} = 0$ e $\sigma_m = \sigma_{mín}/2$.

Padrões tensão-tempo mais complexos são ilustrados na Figura 5.25. Na Figura 5.25(a) a tensão média é nula, porém existem duas (ou mais) amplitudes de tensão combinadas. Na Figura 5.25(b), não apenas a amplitude de tensão varia, mas também a magnitude da tensão média varia periodicamente, aproximando-se de uma condição mais realista. A Figura 5.26 ilustra um padrão tensão-tempo real, como pode ser observado, por exemplo, em um componente estrutural de uma fuselagem, durante uma típica missão que inclui reabastecimento, deslocamento no solo, decolagem, ação de ventos, manobras e aterrissagem. Para prever e prevenir efetivamente a falha por fadiga, são necessários procedimentos de análise de dano devido aos vários espectros tensão-tempo.

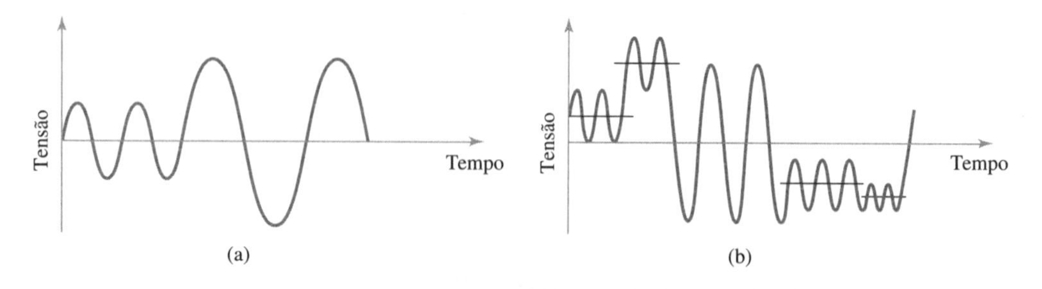

Figura 5.25
Padrões tensão-tempo em que a amplitude varia ou a média e a amplitude variam produzindo um espectro mais complexo. (a) Média nula com variação de amplitude. (b) Variação da média e amplitude.

Figura 5.26

Padrão tensão-tempo quase aleatório que pode ser típico durante a operação de aeronave em uma dada missão.

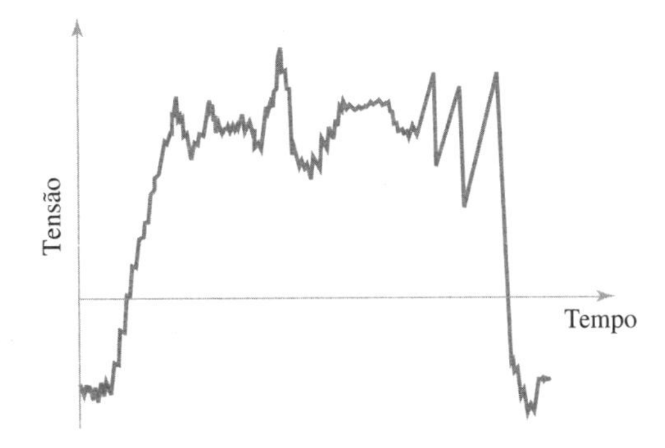

Resistência à Fadiga e Limite de Fadiga

O projeto de peças de máquina ou estruturas sujeitas à solicitação em fadiga é normalmente realizado com base nos resultados de ensaios de fadiga realizados em laboratório com pequenos corpos de prova polidos do material de interesse. Para ser bem-sucedido na utilização dos dados dos corpos de prova, o projetista deve estar ciente das vantagens e limitações destes dados, inclusive influências de tamanho, acabamento superficial, geometria, ambiente, velocidade e muitos outros fatores. Dados básicos de fadiga na região de vida de alto ciclo são normalmente apresentados na forma de gráficos tensão cíclica *versus* número de ciclos. Estes gráficos, denominados *curvas S-N*, constituem uma informação de projeto de importância fundamental para peças de máquinas sujeitas a carregamento cíclico ou repetitivo.

A Figura 5.27 mostra o aspecto característico de uma curva *S-N* para um material ferroso. A curva é construída a partir do ajuste de dados coletados em ensaios de laboratório para um grande número de corpos de prova em várias amplitudes de tensão cíclica e tensão média nula. Devido ao *espalhamento* dos dados de vida em fadiga, em um dado nível de tensão, a construção de uma curva mais adequada através dos dados torna-se uma importante questão de projeto. Uma descrição estatística dos dados de falha por fadiga é normalmente utilizada para facilitar a construção de curva *S-N* mais adequada. Utilizando esta metodologia, pode-se construir para cada nível de tensão de ensaio um *histograma*, tal como o apresentado na Figura 5.28, o qual mostra a *distribuição* de falha como uma função do logaritmo do número de ciclos de vida para a amostra ensaiada. Calculando-se a *média* e o *desvio padrão*,[24] pode-se estimar a *probabilidade de falha (P)* em cada nível de tensão. Pontos com

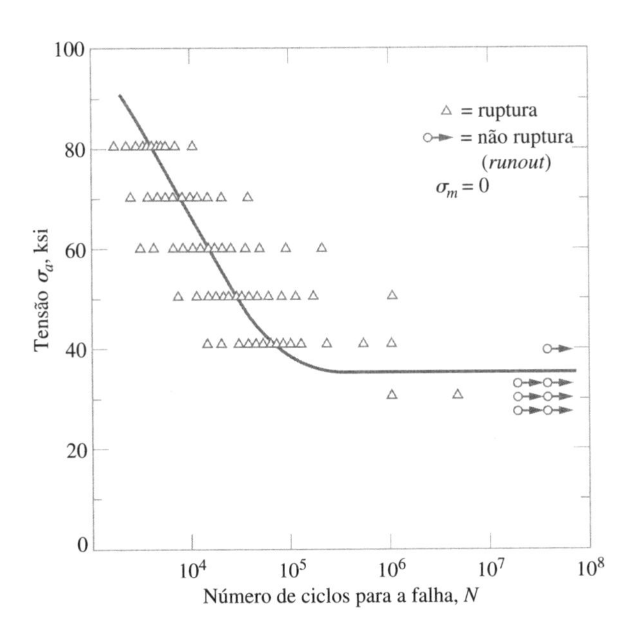

Figura 5.27

Plotagem tensão-número de ciclos (*S-N*) a partir de dados coletados em ensaios de fadiga em laboratório para uma nova liga.

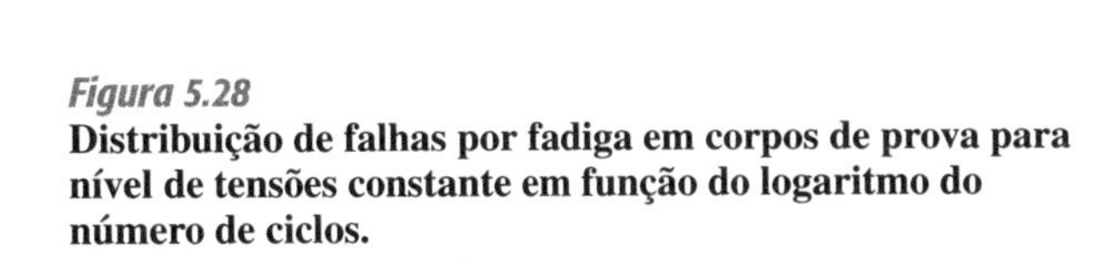

Figura 5.28

Distribuição de falhas por fadiga em corpos de prova para nível de tensões constante em função do logaritmo do número de ciclos.

[24] Veja por exemplo, ref. 1, cap. 9.

igual probabilidade de falha podem ser então unidos, para produzir as curvas de probabilidade constante de falha na curva *S-N*. Uma família de tais curvas *P-S-N* é apresentada na Figura 5.29 para uma liga de alumínio 7075-T6. É também de interesse que a *confiabilidade (R)* seja definida como 1 menos a probabilidade de falha; portanto $R = (1 - P)$. Então, na Figura 5.29, a curva de probabilidade de falha de 10 por cento ($P = 0{,}10$) pode, de forma alternativa, ser designada como a curva de 90 por cento de confiabilidade ($R = 0{,}90$), e algumas referências na literatura podem ser encontradas para estas então denominadas curvas *R-S-N*.

Normalmente, as referências na literatura para "a" curva *S-N* se referem à *média* ou curva de 50 por cento de probabilidade de falha, a menos que seja especificada de outra forma. As curvas *S-N médias* da Figura 5.30 distinguem dois tipos de resposta normalmente observados para o carregamento cíclico. As ligas ferrosas e de titânio apresentam uma curva com acentuado declive na região de baixo ciclo, aproximando para nivelar com a assíntota de tensão de vidas longas. Esta assíntota de tensão é denominada *limite de fadiga*, S_f ou S'_f (anteriormente denominado em inglês de "*endurance limit*"), sendo este o nível de tensões abaixo do qual, teoricamente, um número de ciclos infinito poderia ser suportado sem ocorrência de falha. O símbolo S_f é normalmente utilizado para denotar o limite de fadiga para uma *peça de máquina real*, enquanto S'_f é o limite de fadiga material com base em *pequenos corpos de prova polidos*. As ligas não ferrosas não apresentam uma assíntota, e a curva tensão *versus* número de ciclos decai continuamente. Para estas ligas não existe o *limite de fadiga*, e a falha como resultado da aplicação de uma tensão cíclica é apenas uma questão da aplicação de um número de ciclos suficiente. Para se caracterizar a resposta à falha da maioria dos metais não ferrosos e de ligas ferrosas ou de titânio na região de vida finita, o termo *resistência à fadiga para uma vida específica*, S_N ou S'_f, é utilizado; S_N denota resistência à fadiga em vida finita de um *componente*, enquanto S'_f denota resistência à fadiga em vida finita do material com base em pequenos corpos de provas polidos. A especificação da *resistência à fadiga* sem especificar a vida correspondente não tem significado. A especificação do *limite de fadiga* sempre implica vida infinita. A utilização destes termos é ilustrada na Figura 5.31, a qual apresenta curvas *S-N* para diversas ligas.

Estimando Curvas *S-N*

Ao projetar uma peça de máquina sujeita a carregamento variável, é essencial que se obtenha a curva *S-N* do material candidato, em que o tratamento térmico, a temperatura de operação e outras condições de operação atendam à aplicação. Se a referência curva *S-N* estiver disponível na literatura ou em uma base de dados, a curva pode ser usada diretamente para o projeto da peça. Caso contrário, pode ser possível encontrar uma curva *S-N* para pequenos corpos de prova polidos do material candidato e modificá-la pela utilização de fatores apropriados a serem discutidos mais adiante de acordo a Tabela 5.3. Se os dados *S-N* não puderem ser encontrados para o material candidato, torna-se necessário realizar ensaios de fadiga em laboratório em pequenos corpos de prova polidos (um processo demorado e de custo significativo) ou tentar estimar a curva *S-N* básica do material. Embora não exista uma relação direta entre a resistência monotônica e a resistência à fadiga, relações empíricas *têm sido* documentadas pela investigação de uma grande quantidade de dados. Estas observações *empíricas* permitem ao projetista estimar as curvas *S-N* a partir dos valores monotônicos do limite

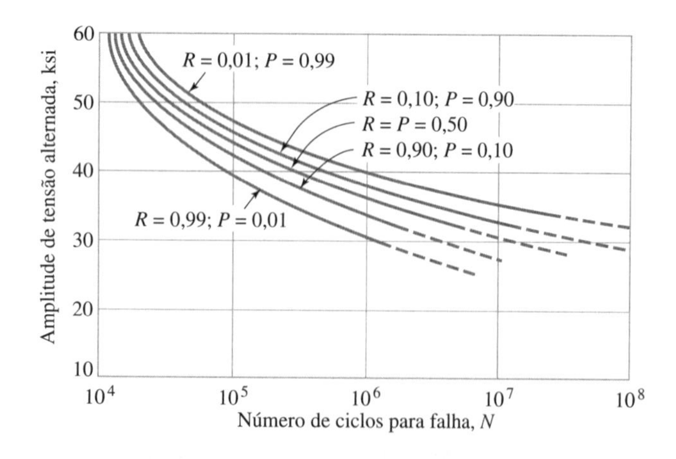

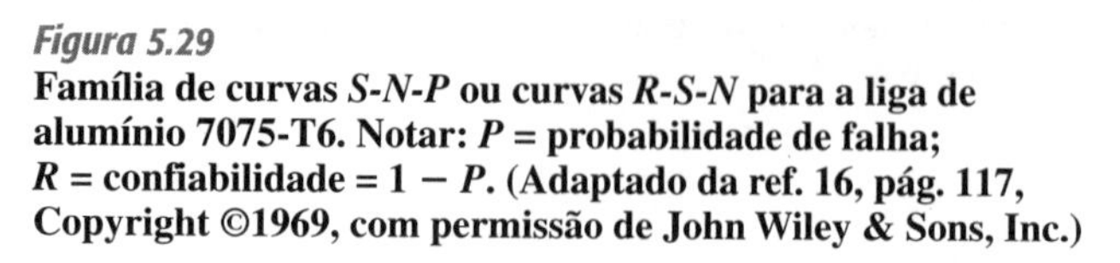
Figura 5.29
Família de curvas *S-N-P* ou curvas *R-S-N* para a liga de alumínio 7075-T6. Notar: *P* = probabilidade de falha; *R* = confiabilidade = 1 − *P*. (Adaptado da ref. 16, pág. 117, Copyright ©1969, com permissão de John Wiley & Sons, Inc.)

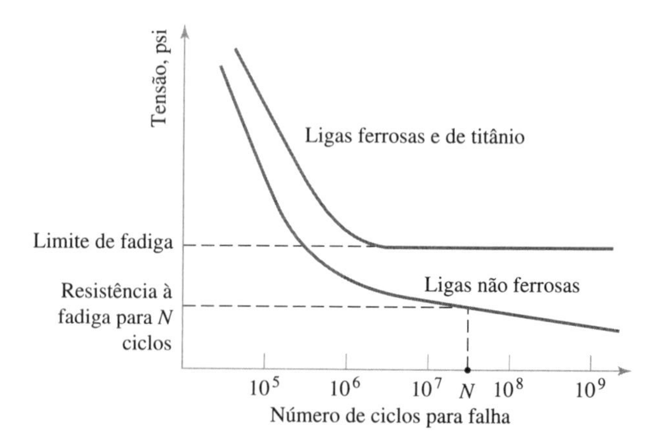

Figura 5.30
Resposta de dois tipos de materiais ao carregamento cíclico.

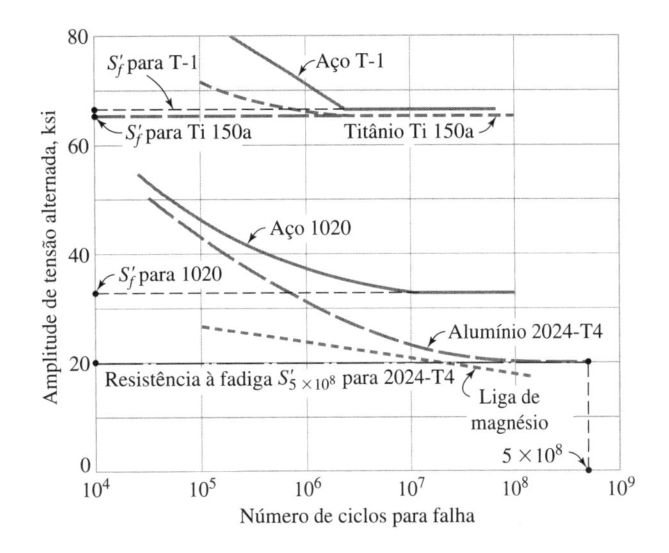

Figura 5.31
Efeito do tipo de material na curva *S-N*. Notar que as ligas ferrosas e titânio apresentam limites de fadiga bem definidos, o que não ocorre com as outra ligas. (Dados das refs. 17 e 18.)

TABELA 5.3 Fatores Influenciadores de Resistência que Podem Afetar as Curvas *S-N*

Fator Influenciador	Símbolo	Faixa Aproximada	Valor "Característico"*
Composição do material	—	—	Dados específicos requeridos *S-N*
Tratamento térmico	—	—	Dados específicos requeridos *S-N*
Temperatura de operação	—	—	Dados específicos requeridos *S-N*
Tamanho de grão e orientação	k_{gr}	0,4-1,0	1,0
Soldagem	k_{we}	0,3-0,9	0,8
Descontinuidade geométrica	k_f	0,2-1,0	Inverso de k_f, veja 4.8
Estado da superfície	k_{sr}	0,2-0,9	0,7
Efeito do Tamanho	k_{sz}	0,5-1,0	0,9
Tensão residual superficial	k_{rs}	0,5-2,5	Dados específicos requeridos, veja 4.11
Fretagem	k_{fr}	0,1-0,9	0,35 se há fretagem, 1,0 se não há fretagem; veja também 2.11
Corrosão	k_{cr}	0,1-1,0	Dados específicos requeridos
Velocidade de operação	k_{sp}	0,9-1,2	1,0
Confiabilidade de resistência necessária	k_r	0,7-1,0	0,9; veja também a Tabela 2.3
Padrão de configuração tensão-tempo	—	—	Veja em seção posterior intitulada *Conceitos de Acúmulo de Dano e de Contagem de Ciclos*
Tensão média não nula	—	—	Veja em seção posterior intitulada *Tensão Média Não Nula*
Acumulação de dano	—	—	Veja em seção posterior intitulada *Conceitos de Acúmulo de Dano e de Contagem de Ciclos*

* Estes valores "característicos" podem ser utilizados para resolver problemas neste texto ou para fazer estimativas preliminares de projeto quando as condições reais são pouco conhecidas. Contudo, qualquer circunstância crítica de projeto exigirá uma busca na literatura/banco de dados ou experimentos laboratoriais de apoio para o estabelecimento de dados mais precisos.

de resistência (S_{ut}). Estas curvas *S-N* estimadas são normalmente suficientemente precisas para a tarefa de projeto, especialmente no estágio preliminar de projeto. Para ligas ferrosas, a curva *S-N* média pode ser estimada por pequenos corpos de prova polidos, pela construção de um gráfico semilogarítmico da resistência em função do logaritmo da vida como se segue:

1. Plotar $S'_N = S_{ut}$ para $N = 1$ ciclo.
2. Plotar $S'_f = 0{,}5S_{ut}$ para $N = 10^6$ ciclos se $S_{ut} \leq 200$ ksi

   ou,

   Plotar $S'_f = 100$ ksi para $N = 10^6$ ciclos se $S_{ut} > 200$ ksi
3. Ligar (1) e (2) por uma linha reta.
4. Construir uma linha reta horizontal a partir de (2) em direção à região de vida longa.

Se for desejado, esta curva *S-N* média estimada (50 por cento de confiabilidade) pode ser suplementada pelo uso da variável padrão normal *X* da Tabela 5.4 para calcular e construir curvas *S-N* estimadas com confiabilidades mais elevadas.

TABELA 5.4 Fatores de Confiabilidade de Resistência como Função do Nível de Confiabilidade

Confiabilidade *R* (por cento)	Variável Normal Padrão Correspondente *X* (veja Tabela 2.9)	Fator de Confiabilidade de Resistência k_r
90	1,282	0,90
95	1,645	0,87
99	2,326	0,81
99,9	3,090	0,75
99,995	3,891	0,69

Para ferros fundidos e aços fundidos, um procedimento similar pode ser utilizado apenas com a seguinte modificação

$$S'_f = 0{,}4S_{ut} \quad \text{em} \quad N = 10^6 \text{ ciclos} \quad \text{se} \quad S_{ut} \leq 88 \text{ ksi}$$

ou

$$S'_f = 40 \text{ ksi} \quad \text{se} \quad S_{ut} > 88 \text{ ksi}$$

Orientações para outras ligas têm sido publicadas como mostrado a seguir:[25]

$$\begin{aligned}
\text{Ligas de titânio: } S'_f &= 0{,}45S_{ut} \text{ a } 0{,}65S_{ut} && \text{em } N = 10^6 \text{ ciclos}\\
\text{Ligas de alumínio: } S'_N &= 0{,}4S_{ut} && \text{em } N = 5 \times 10^8 \text{ ciclos}\\
\text{Ligas de magnésio: } S'_N &= 0{,}35S_{ut} && \text{em } N = 10^8 \text{ ciclos}\\
\text{Ligas de cobre: } S'_N &= 0{,}2S_{ut} \text{ a } 0{,}5S_{ut} && \text{em } N = 10^8 \text{ ciclos}\\
\text{Ligas de níquel: } S'_N &= 0{,}3S_{ut} \text{ a } 0{,}5S_{ut} && \text{em } N = 10^8 \text{ ciclos}
\end{aligned}$$

É muito importante acentuar que estas orientações geram apenas *estimativas* a serem utilizadas quando dados *S-N* apropriados não estiverem disponíveis, e devem ser utilizadas com cautela.

Abordagem Tensão-Vida (*S-N*) para a Fadiga

Para estados uniaxiais de tensões cíclicas, a abordagem tradicional *S-N* para o projeto à fadiga é direta em seu conceito. São necessários dados do material em estudo, inclusive efeitos de tamanho, de acabamento superficial, de geometria e de ambiente; são necessárias, ainda, informações sobre o carregamento cíclico que será aplicado à peça. A partir destes, o tamanho e a forma da peça podem ser determinados para prover vida à fadiga desejada. Para efetuar a abordagem *S-N*, os dados do material são mais bem apresentados como curvas *S-N*, como aquelas mostradas na Figura 5.30 ou 5.31, ou na Figura E5.10 do Exemplo 5.10. Por exemplo, se uma peça a ser feita de alumínio 2024-T4 tiver um requisito de vida de 5×10^8 ciclos de tensão completamente alternada, sua resistência à fadiga S'_N para uma vida de $N = 5 \times 10^8$ ciclos de 20.000 psi pode ser obtida na Figura 5.31. Supõe-se que a peça seja submetida a condições que se equiparam àquelas utilizadas para obter os dados da Figura 5.31. Como $S_{N=5\times10^8} = 20.000$ psi é a resistência à *falha* por fadiga, um fator de segurança adequado seria tipicamente imposto para uma operação segura, como discutido no Capítulo 2.

[25] Veja ref. 6.

Fatores que Podem Afetar as Curvas *S-N*

Como já mencionado, as curvas *S-N* publicadas, a não ser que indicadas de outra forma, são tipicamente curvas de *valores médios de pequenos corpos de prova polidos*. Peças de máquinas reais submetidas a níveis de tensão cíclicos ou variáveis mostram respostas *S-N* diferentes das curvas obtidas para pequenos corpos de prova polidos, em função das diferenças de composição, fabricação, ambiente e fatores operacionais. Deste modo, a resistência à fadiga ou limite de fadiga de uma peça de máquina real (S_N ou S_f) é quase sempre diferente (habitualmente menor) das resistências à fadiga ou limite de fadiga (S'_N ou S'_f) retirado de uma curva *S-N* encontrada na literatura para pequenos corpos de prova polidos do mesmo material. Além disso, as curvas *S-N* publicadas na literatura para pequenos corpos de prova polidos são, de alguma forma, dependentes do método empregado no teste para obter os dados em questão. Na prática moderna, o método de teste escolhido utiliza máquinas de ensaio de fadiga axiais, tipo tração-compressão, com controle em malha fechada por computador, que aplicam tensão cíclica de forma uniforme a pequenos corpos de provas polidos. Pode-se supor que a maior parte dos dados *S-N* apresentados neste livro-texto foi produzida pela imposição de tensões cíclicas uniaxiais e uniformes em pequenos corpos de prova polidos, a não ser que explicitamente seja dito algo em contrário. Dados mais antigos de pequenos corpos de prova *S-N* encontrados na literatura podem ter sido obtidos por testes de *flexão* rotativa, utilizando-se tanto máquinas de flexão rotativa quanto máquinas de flexão alternadas (sob deslocamento constante). Se tais dados de flexão são utilizados como fundamento para obter-se a resistência ou o limite de fadiga estimado de uma peça de máquina real, como na (5-55) ou (5-56), os valores de limite de fadiga obtidos de dados de flexão cíclica devem ser diminuídos em cerca de 10% (em função dos gradientes de tensão de flexão; veja Figura 4.3) para a compatibilização com dados obtidos a partir de pequenos corpos de prova uniformemente tracionados em testes tração-compressão utilizados neste livro-texto.

Os fatores que podem causar diferenças entre as respostas de fadiga de peças reais de máquinas e de pequenos corpos de prova polidos são mostrados na Tabela 5.3 e discutidos brevemente nos parágrafos que se seguem. Discussões mais detalhadas podem ser encontradas na literatura especializada em fadiga.[26]

Para obter-se uma estimativa da resistência à fadiga ou do limite de fadiga de uma peça de máquina a partir de dados *S-N* obtidos de pequenos corpos de prova polidos e pelo conhecimento dos requisitos operacionais e ambientais para a peça, o procedimento usual é utilizar uma expressão com a seguinte forma

$$S_f = k_\infty S'_f \tag{5-55}$$

ou

$$S_N = k_N S'_N \tag{5-56}$$

em função do limite de fadiga ou da resistência à fadiga para que corresponda à vida projetada de N ciclos. Da Tabela 5.3, as expressões para k_∞ e k_N podem ser escritas como produtos de fatores de correção apropriados. Assim

$$k_\infty = \left(k_{gr}k_{we}k_f k_{sr}k_{sz}k_{rs}k_{fr}k_{cr}k_{sp}k_r\right)_\infty \tag{5-57}$$

e

$$k_N = \left(k_{gr}k_{we}k_f k_{sr}k_{sz}k_{rs}k_{fr}k_{cr}k_{sp}k_r\right)_N \tag{5-58}$$

Deve-se reconhecer que os vários fatores podem ter valores para requisitos de projeto de vida finita em comparação com as especificações de projeto para vida infinita. Deve-se notar que estes procedimentos supõem que não ocorram interações entre os diversos fatores de correção de resistência, uma suposição que nem sempre pode ser justificada. Por exemplo, o efeito do acabamento superficial e o efeito de corrosão podem interagir, ou outros efeitos podem interagir para gerar influências desconhecidas na resistência à fadiga ou no limite de fadiga. Por esta razão, na prática, é sempre aconselhável submeter o projeto final a um teste de protótipo em escala real, sob condições que simulem as condições reais de serviço.

Faixas aproximadas e valores "característicos" para vários fatores de correção de resistência são mostrados na Tabela 5.3. Enquanto estes fatores podem servir de orientação para uma estimativa da resistência à fadiga ou do limite de fadiga de uma peça, valores mais precisos são usualmente necessários para qualquer condição crítica de projeto em que uma pesquisa em bases de dados de fadiga ou na literatura especializada em fadiga é usual. As notas resumidas a seguir, relativas à primeira coluna da Tabela 5.3, são propostas como orientação adicional.

---

[26] Veja, por exemplo, refs. 1, 6, 17, 19-23.

A *composição do material* é o fator básico mais importante na determinação da resistência à fadiga. Como visto na discussão da Figura 5.30, os materiais são divididos em dois grupos amplos no que diz respeito à resposta à falha *S-N*. As ligas ferrosas e o titânio apresentam um limite de fadiga razoavelmente bem definido, que é bem estabelecido ao se aplicarem 10^7 ciclos de tensão. As outras ligas não ferrosas não exibem nenhum limite de resistência à fadiga, e as suas curvas *S-N* continuam caindo em vidas de 10^8, 10^9 e para números de ciclos maiores.

O *tratamento térmico* também representa um forte fator de correção na resistência à fadiga, como é o caso de resistência monotônica. Dados *S-N* provenientes de pequenos corpos de prova polidos, com tratamento térmico correspondente ao proposto para uma dada peça real, são muito úteis na determinação da resistência à fadiga da peça real.

A *temperatura de operação* pode ter uma influência significativa na resistência à fadiga. Geralmente, a resistência à fadiga é de algum modo melhorada a temperaturas abaixo da temperatura ambiente e diminuída a temperaturas acima da temperatura ambiente. Na faixa de temperaturas de cerca de zero na escala Fahernheit até cerca da metade da temperatura absoluta de fusão, os efeitos da temperatura são pouco importantes na maioria dos casos. A temperaturas mais altas, a resistência à fadiga diminui significativamente. Adicionalmente, ligas que exibem um limite de fadiga à temperatura ambiente tendem a perder esta característica a temperaturas elevadas, tornando o projeto de vida-infinita para temperaturas elevadas impossíveis de ser feito.

O *tamanho de grão* e a *orientação do grão* podem desempenhar um importante papel na resistência à fadiga. Materiais produzidos com grãos finos tendem a exibir propriedades de fadiga que são superiores aos materiais com grãos grosseiros de mesma composição. Este desempenho superior torna-se menos significativo a temperaturas elevadas, quando a fratura transgranular característica dá lugar a caminhos de fratura intergranular. Quando a direção do carregamento cíclico é perpendicular em relação ao grão (direção transversal) em um corpo de prova anisotrópico ou em uma peça real, as propriedades de resistência à fadiga são inferiores àquelas obtidas quando a direção de carregamento é posta ao longo do grão (direção longitudinal).

A *soldagem* gera uma região metalurgicamente não homogênea, variando do metal de base pela zona termicamente afetada (ZTA) até a região de metal de solda. Em alguns casos, toda a junta soldada pode sofrer tratamento de reaquecimento, quando as microestruturas do metal de solda, da ZTA e do metal de base podem tornar-se aproximadamente idênticas; em alguns casos críticos, podem ser utilizadas algumas operações de usinagem pós-soldagem para restaurar a uniformidade geométrica. Mesmo com tal cuidado (e custo), juntas soldadas (assim como juntas aparafusadas, rebitadas ou coladas) tendem a ter uma resistência à fadiga inferior às peças de componente único feitas do mesmo material. Fatores que contribuem para a redução da resistência à fadiga em juntas soldadas, além do gradiente de homogeneidade pela zona soldada, incluem a ocorrência de trincas no metal de solda ou no metal de base devido a tensões de contração de pós-resfriamento, falta de penetração, falta de fusão entre o metal de solda e o metal de base de passes de soldagem anteriores, mordedura na borda do metal de solda depositado, sobre posição do metal de solda que escorre além da zona de fusão, inclusões de escória, porosidade, soldas deformadas ou soldas com defeitos superficiais. Alguns dos efeitos da soldagem na resistência à fadiga são mostrados na Figura 5.32.

Efeitos de concentração de tensões devidos às *descontinuidades geométricas* – tais como mudanças na forma ou nas uniões de juntas – podem diminuir muito a resistência à fadiga da peça, mesmo que esta peça seja feita de material dúctil. A severidade dos entalhes, furos, estrias, juntas e outros concentradores de tensão são função das suas dimensões relativas, tipo de carregamento e sensibilidade ao entalhe do material. Uma discussão detalhada de concentração de tensões é apresentada na seção 5.3.

O *acabamento superficial* é um fator muito importante na resistência à fadiga de uma peça, pois uma grande proporção de todas as falhas de fadiga é nucleada na superfície. Superfícies irregulares e superfícies grosseiras normalmente apresentam propriedades de fadiga inferiores quando comparadas a superfícies lisas ou polidas, como mostrado na Figura 5.33. Recobrimento (do inglês, *cladding*), revestimento por eletrodeposição ou chapeamento (do inglês *plating*) podem reduzir a resistência à fadiga da peça revestida, porque pequenos defeitos iniciados no revestimento continuam a se propagar para dentro do metal de base. Isto pode causar a redução da resistência à fadiga, como mostrado na Figura 5.34. Usualmente, porém, a proteção contra corrosão propiciada pelo revestimento mais que compensa a perda de resistência devida ao revestimento.

Corpos de prova e peças de máquinas maiores mostram um *efeito de tamanho*, tendo uma resistência à fadiga menor que corpos de prova menores do mesmo material. Por exemplo, a resistência à fadiga de uma peça de máquina de 6 polegadas de diâmetro poderia ser menor em 15 ou 20 por cento que um corpo de prova de 0,5 polegada do mesmo material.

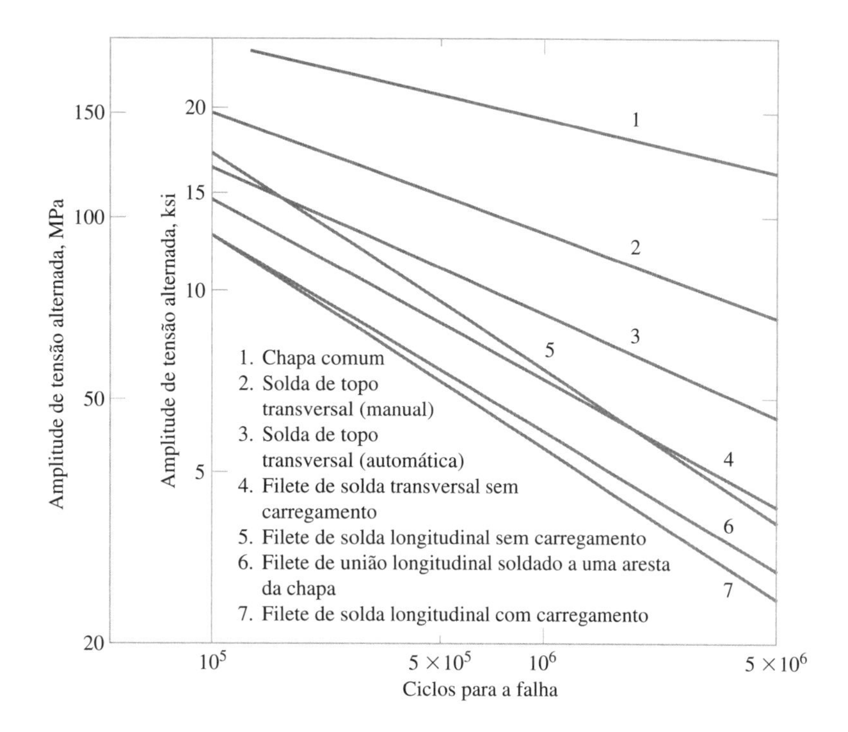

Figura 5.32

Efeitos de detalhes de soldagem na curva *S-N* de aços estruturais, com resistência ao escoamento na faixa de 30.000 a 52.000 psi. Testes em tração pulsativa ($\sigma_{mín} = 0$). (Dados da ref. 19.)

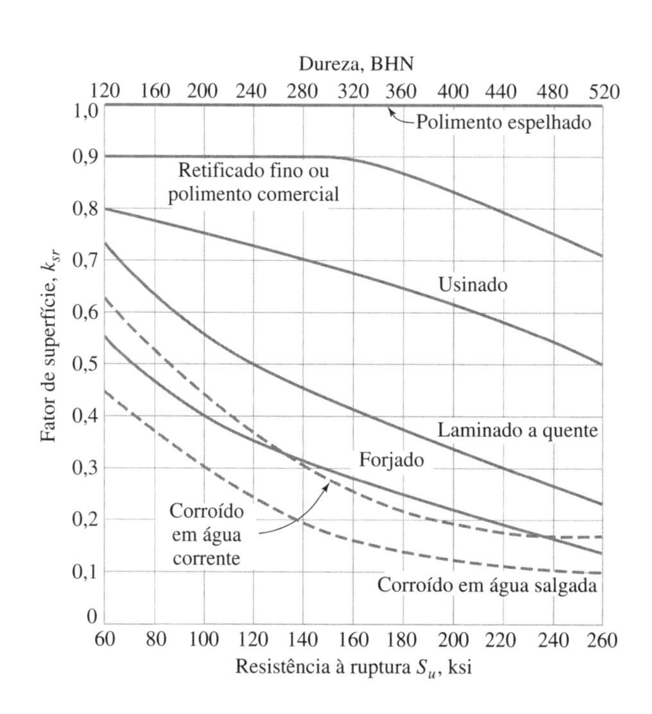

Figura 5.33

Redução da resistência à fadiga devido ao acabamento superficial (peças de aço). (A partir da ref. 6 reproduzidas com permissão da McGraw-Hill Companies.)

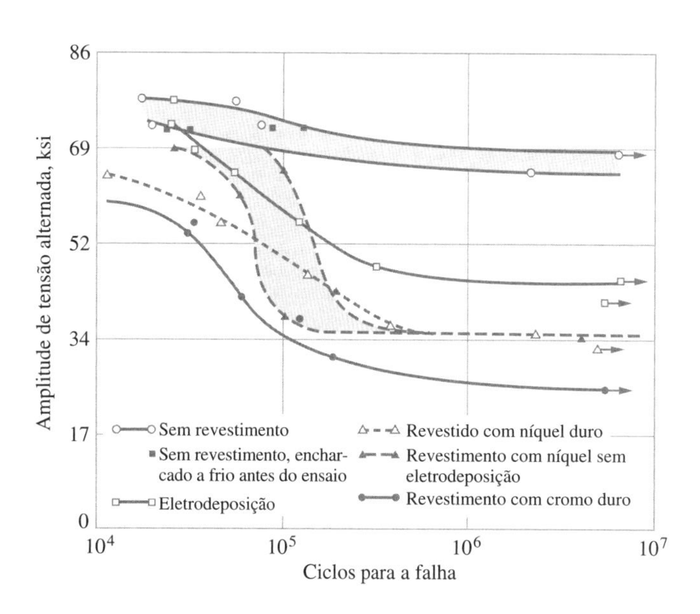

Figura 5.34

Efeitos de alguns revestimentos eletrodepositados na curva *S-N* de aços de baixa liga à temperatura ambiente sob carregamento axial tração-tração com $R = 0{,}02$. *Resistências à ruptura monotônicas*: não revestido, 172.300 psi; com eletrodeposição, 177.700 psi; revestido com níquel duro, 176.100 psi; revestimento com cromo duro, 162.400 psi. (Dados da ref. 16, Copyright © 1969, adaptada com a permissão da John Wiley & Sons, Inc.)

As *tensões residuais* na camada superficial, induzidas intencionalmente ou acidentalmente, podem desempenhar um papel extremamente importante na resposta global de fadiga de um corpo de prova ou de uma peça de máquina. Se as tensões residuais induzidas na superfície forem trativas, a resistência à fadiga é diminuída. Se as tensões residuais na superfície forem compressivas, a resistência à fadiga é melhorada. Três métodos usuais para indução de tensões residuais compressivas superficiais são jateamento de granalha, laminação a frio e pré-deformação (do inglês, *presetting*).[27] As Figuras 5.35 e 5.36 ilustram estes efeitos. É também digno de nota que tratamentos superficiais como jateamento de granalha ou laminação a frio não apenas melhoram a resistência média à fadiga, mas também reduzem a sua dispersão (desvio padrão).

A *fretagem* entre superfícies em contato de juntas ou de conexões pode levar a uma redução a resistência à fadiga muito significativa de uma peça de máquina. Como discutido em 2.9, os efeitos da fretagem são de difícil previsão, pois envolvem muitos fatores. Testes experimentais de uma montagem sob condições reais de serviço e de carregamento devem ser empreendidos para peças críticas.

A *corrosão* tende a diminuir a resistência à fadiga, muitas vezes de forma considerável. Efeitos da corrosão são definidos pela combinação de composição do material e o ambiente operacional. Testes experimentais de uma peça de máquina sob ambiente e carregamento de serviço devem ser empregados para as peças críticas.

As *velocidades operacionais* dentro da faixa de cerca de 200 ciclos por minuto (cpm) até cerca de 7000 cpm parecem ter pouco efeito na resistência à fadiga. Abaixo de 200 cpm existe frequentemente uma pequena diminuição da resistência à fadiga , e na faixa de 7000 cpm até cerca de 60.000 cpm muitos materiais apresentam um aumento significativo na resistência à fadiga. Períodos de inatividade não produzem efeitos na resistência à fadiga.

A *confiabilidade da resistência*, ou confiabilidade da resistência à fadiga, é comumente baseada em dados de distribuição de tensão *S-N-P* de pequenos corpos de prova polidos de um dado material. Supor que a distribuição das tensões de resistências à fadiga seja *normal* é um

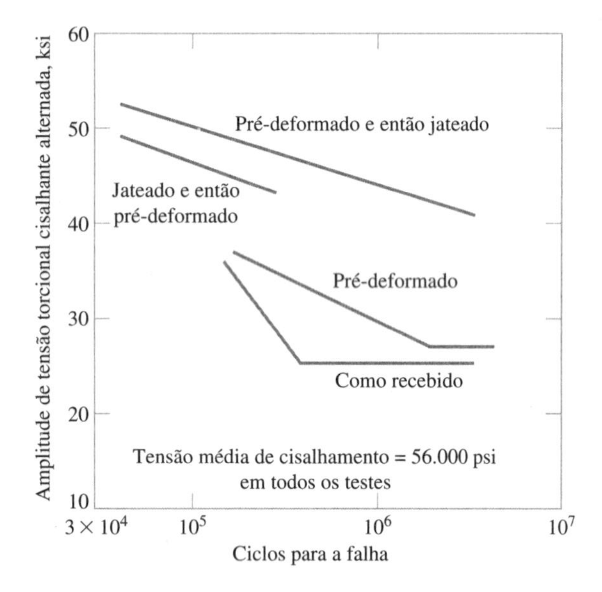

Figura 5.35
Efeitos do jateamento de granalha e/ou pré-deformação na curva *S-N* de uma mola helicoidal enrolada a quente feita com aço com 0,9 por cento de carbono. Características da mola: dureza = Vickers DPH 550; diâmetro do fio = $^1/_2$ polegada; diâmetro médio da mola = 2 $^5/_8$ polegadas; número de espiras = 6; comprimento livre = 5 $^1/_{16}$ ou 6 polegadas. (Dados ref. 24.)

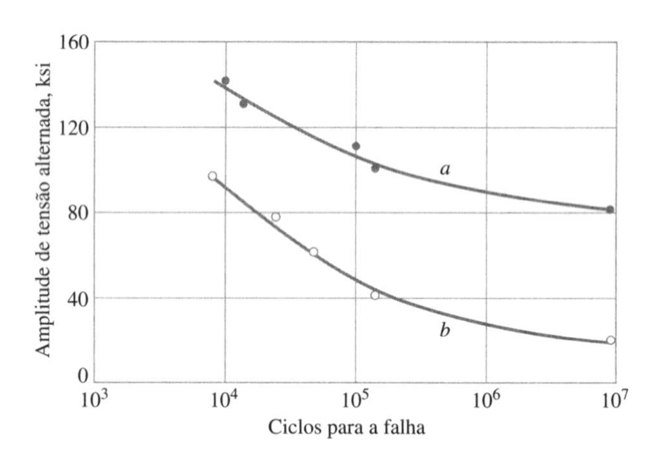

Figura 5.36
Efeitos da laminação a frio de roscas antes e após tratamento térmico na curva *S-N* para parafusos de resistência à ruptura de 220.000 psi. (a) Rolados após o tratamento térmico. (b) Rolados antes do tratamento térmico. (Dados da ref. 16, Copyright © 1969, com permissão da John Wiley & Sons, Inc.)

[27] Jateamento de granalha envolve o bombardeio uniforme da superfície com um fluxo de alta velocidade de pequenas esferas de aço. A laminação a frio é realizada ao pressionar-se um rolo de superfície dura contra a superfície a ser tratada e rolar e transladar uniformemente o rolo para cobrir a área a ser trabalhada a frio. A pré-deformação envolve o uso de uma sobrecarga estática na peça, na direção do carregamento operacional, para induzir escoamento localizado nas concentrações de tensão e subsequentes tensões residuais compressivas nestas regiões após a retirada da sobrecarga estática. Veja também 4.9.

procedimento conveniente e razoável para a estimativa do fator de confiabilidade de resistência.[28] A partir de qualquer tabela de função de distribuição acumulada[29] para a variável normal padronizada X, em que

$$X = \left| \frac{S'_f(R) - S'_f}{\hat{\sigma}} \right| \tag{5-59}$$

e utilizando a estimativa empírica[30] para o desvio padrão da resistência à fadiga $\hat{\sigma} = 0{,}08\ S'_f$, o fator de confiabilidade de resistência pode ser expresso como

$$k_r = 1 - 0{,}08X \tag{5-60}$$

Com base nesta relação, valores de k_r são mostrados na Tabela 5.4 para uma faixa de valores de confiabilidade de resistência R. Se dados estatísticos estiverem disponíveis para as distribuições de outros fatores presentes na Tabela 5.3, uma abordagem similar pode ser feita para estes fatores de correção, porém tais dados normalmente não estão disponíveis.

Na prática, a *forma do padrão de tensão-tempo* pode admitir várias formas, incluindo senoidais, triangulares, picos superpostos ou picos distorcidos como mostrado na Figura 5.37. Geralmente, a resposta à falha por fadiga mostra-se relativamente insensível a modificações na forma da onda, desde que o valor de pico e o período sejam os mesmos. Na prática, contudo, é melhor considerar cada uma das reversões de tensão pela utilização de um bom *método de contagem de ciclos* como o método *raiw flow* discutido na seção "Conceitos de Acúmulo de Dano e de Contagem de Ciclos", a ser apresentada a seguir.

O módulo de qualquer *tensão não nula* tem uma influência importante na resposta à fadiga e é discutido em detalhes na próxima seção. Igualmente, o dano acumulado de fadiga causado por carregamento cíclico ou *dano cumulativo* é inteiramente discutido em uma seção posterior.

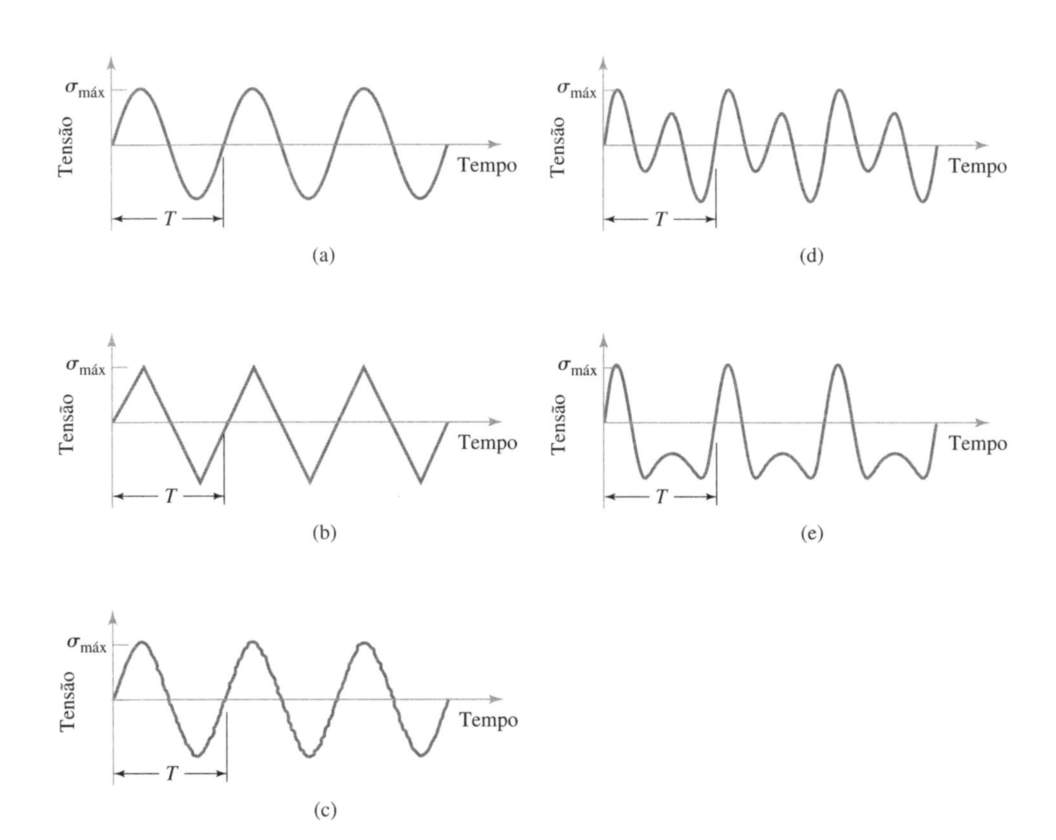

Figura 5.37
Uma variedade de padrões tensão-tempo utilizados para estimar o comportamento à fadiga. (a) Senoidal completamente alternado. (b) Triangular completamente alternado. (c) Picos superpostos. (d) Picos secundários. (e) Picos distorcidos.

[28] Embora a distribuição de Weibull seja amplamente aceita como mais precisa, a sua utilização é mais incômoda. Veja ref. 1. Cap. 9, para um exemplo.
[29] Veja, por exemplo, Capítulo 2, Tabela 2.9.
[30] Veja ref. 24.

Exemplo 5.10 Estimando as Propriedades de Fadiga

Uma liga de aço tem as seguintes propriedades monotônicas $S_u = 76.000$ psi, $S_{yp} = 42.000$ psi e e (2 polegadas) = 18 por cento, mas as propriedades de fadiga não foram encontradas para este material. É necessário que se faça uma rápida estimativa das propriedades de fadiga para um projeto preliminar de uma peça de máquina na qual cargas variáveis induzirão a um espectro de tensão com amplitudes cíclicas em ambas as faixas de vida finita e de vida infinita.

a. Como a "curva *S-N* média" de pequenos corpos de prova polidos pode ser estimada para o material?

b. Como a curva *S-N* com $R = 99{,}9$ por cento de confiabilidade pode ser estimada para o material?

Solução

a. Utilizando-se as orientações para estimativas para ligas ferrosas com $S_{ut} < 200$ ksi (posto que $S_{ut} = S_u = 76.000$ psi),

$$S'_f = 0{,}5(S_u) = 0{,}5(76.000) = 38.000 \text{ psi}$$

$$S'_{N=1} = S_u = 76.000 \text{ psi}$$

Colocando em gráfico estes valores em eixos coordenados semilog e conectando-os de acordo com os procedimentos recomendados, obtém-se a curva *S-N* média ($R = 50$ por cento) mostrada na Figura E5.10.

b. Para obter uma estimativa para a curva *S-N* de $R = 99{,}9$ por cento de confiabilidade, a expressão para a variável normal padronizada X dada em (5-59) pode ser utilizada. Visto que a curva de $R = 99{,}9$ por cento deve posicionar-se abaixo da curva média, $S'_f(R = 99{,}9)$ é menor que o valor médio S'_f. Por conseguinte, para este caso de (5-59)

$$X = \frac{S'_f - S'_f(R = 99{,}9)}{\hat{\sigma}} \tag{1}$$

Assim

$$S'_f = 38.000 \text{ psi}$$

e utilizando-se o desvio padrão estimado $\hat{\sigma}$ discutido logo após (5-59),

$$\hat{\sigma} = 0{,}08\, S'_f = 0{,}08(38.000) = 3040 \text{ psi}$$

e o valor de X da Tabela 5.4 correspondendo a $R = 99{,}9$ por cento de confiabilidade

$$X(R = 99{,}9) = 3{,}09$$

a equação (1) pode ser resolvida para $S'_f(R = 99{,}9)$ para obter

$$S'_f(R = 99{,}9) = S'_f - X\hat{\sigma}$$

ou

$$S'_f(R = 99{,}9) = 38.000 - 3{,}09(3040) = 28.600 \text{ psi}$$

Colocando em gráfico $S'_f(R = 99{,}9) = 28.600$ psi nas coordenadas *S-N* da Figura E5.10 em 10^6 ciclos e conectando ao ponto S_{ut} em $N = 1$ ciclo, resulta em uma curva *S-N* com 99,9 por cento de confiabilidade estimada, como mostrado.

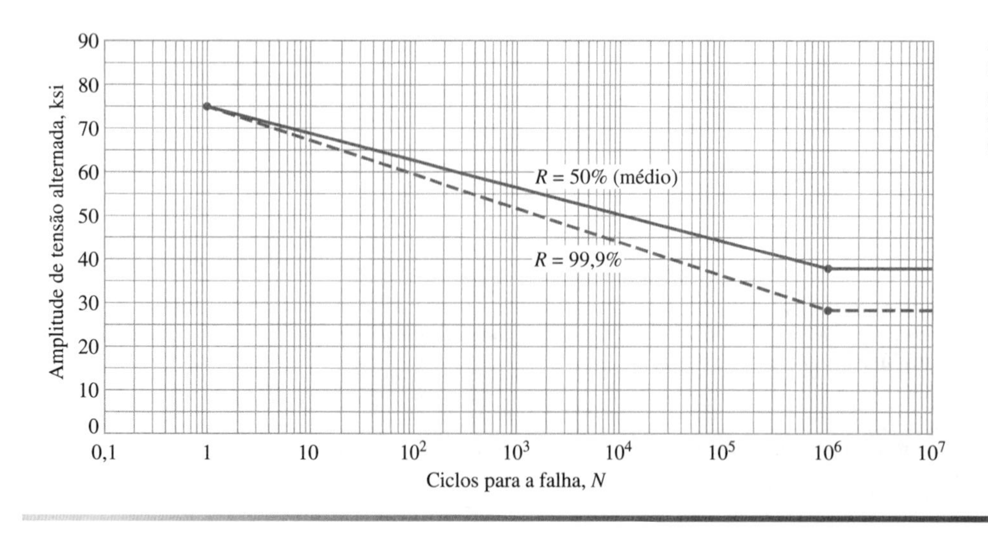

Figura E5.10
Curvas *S-N* estimadas para níveis de confiabilidade de resistência à fadiga de 50 por cento (média) e 99,9 por cento.

Exemplo 5.11 Avaliação do Modo de Falha

Uma barra cilíndrica retilínea carregada axialmente de diâmetro d = 12,5 mm deve ser feita de alumínio 2024-T4 com limite de resistência S_u = 469 MPa, limite de escoamento S_{yp} = 331 MPa e com as propriedades de fadiga mostradas na Figura 5.31. A barra será submetida a uma força completamente alternada de 27 kN e deve durar no mínimo 10^7 ciclos.

a. Qual é o modo de falha dominante?

b. É previsto ocorrer falha?

Solução

a. Os dois candidatos mais prováveis para modo de falha dominante são o escoamento e a fadiga. Ambos devem ser calculados para determinar qual deles predomina.

b. Para o escoamento, de (2-17), FIPTOI

$$\sigma \geq S_{yp}$$

No qual,

$$\sigma = \frac{F}{A_0} = \frac{4F}{\pi d^2} = \frac{4(27.000)}{\pi(0{,}0125)^2} = 220 \text{ MPa}$$

Consequentemente, para o escoamento, FIPTOI

$$220 \geq 331$$

Portanto, falha por escoamento *não* é prevista ocorrer.
Para a fadiga, para uma vida de projeto exigida de $N_d = 10^7$ ciclos, FIPTOI

$$\sigma_{máx} \geq S_{N=10^7}$$

Da Figura 5.31, utilizando-se a curva do alumínio 2024-T4 para 10^7 ciclos, a resistência à fadiga em $N = 10^7$ ciclos pode ser obtida

$$S_{N=10^7} = 23 \text{ ksi} \approx 159 \text{ MPa}$$

Consequentemente, para a fadiga para uma vida de projeto exigida de $N_d = 10^7$ ciclos FIPTOI

$$220 \geq 159$$

Portanto, *é* prevista a falha por fadiga. Isto é, falha por fadiga seria esperada antes que a vida de projeto de 10^7 ciclos fosse alcançada.

Exemplo 5.12 Projeto para Vida à Fadiga Infinita

Uma barra cilíndrica retilínea carregada axialmente é feita de aço 1020, com propriedades de fadiga mostradas na Figura 5.31. A barra será submetida a uma força completamente alternada máxima de 7000 lbf. A fadiga é o modo de falha dominante.

Se a vida infinita é desejada para esta peça, qual é o diâmetro mínimo que a barra deveria ter?

Solução

Visto que o modo de falha dominante é o de fadiga e que se deseja vida infinita, a tensão na barra deve se situar logo abaixo do limite de fadiga obtido da Figura 5.31 para o aço 1020 como

$$S'_f = 33.000 \text{ psi}$$

A tensão máxima na barra é de

$$\sigma_{máx} = \frac{F_{máx}}{A_o} = \frac{F_{máx}}{\left(\frac{\pi d^2}{4}\right)}$$

ou

$$d = \sqrt{\frac{4F_{máx}}{\pi \sigma_{máx}}}$$

Estabelecendo-se $\sigma_{máx} = S'_f$ = 33.000 psi (início da falha),

$$d = \sqrt{\frac{4(7000)}{\pi(33.000)}} = 0{,}52 \text{ polegada}$$

Exemplo 5.12 Continuação

Deste modo, o diâmetro mínimo para vida infinita seria de 0,52 polegada. Novamente, deve-se alertar que se supõe a curva *S-N* da Figura 5.31 reflete aproximadamente as condições de uma barra axialmente carregada em termos de tamanho, acabamento superficial, geometria, meio e outros fatores de correção. Adicionalmente, a dispersão estatística ou o nível de confiabilidade deve ser também considerado no estabelecimento do diâmetro da barra, utilizando-se técnicas como aquelas descritas no Exemplo 5.9(b). Como um problema prático, a curva *S-N* de corpos de prova pequenos e polidos da Figura 5.31 seria tipicamente modificada pela utilização de fatores apropriados da Tabela 5.3 para refletir as condições operacionais, e um fator de segurança seria utilizado como proteção contra incertezas restantes.[31]

Exemplo 5.13 Estimando as Propriedades de Fadiga de uma Peça

A liga de aço com S_u = 524 MPa, S_{yp} = 290 MPa e e(50 mm) = 18% será considerada como um material provável para a peça de equipamento proposta para ser utilizada sob as seguintes condições operacionais:

a. A peça será usinada em torno a partir de uma barra de aço-liga

b. A peça tem forma uniforme no ponto crítico.

c. A velocidade operacional é de 3600 rpm

d. É desejada uma vida muito longa.

e. Um nível de confiabilidade de 99,9 por cento é desejado.

Deseja-se fazer um projeto preliminar para que sejam estimadas as propriedades de fadiga apropriadas do material provável de forma que o tamanho aproximado da peça possa ser estimado.

Solução

Como uma vida muito longa é desejada, a propriedade de fadiga de interesse fundamental será o limite de fadiga da peça S_f.

De (5-52) e (5-54)

$$S_f = k_\infty S'_f \quad \text{e} \quad k_\infty = \left(k_{gr}k_{we}k_f k_{sr}k_{sz}k_{rs}k_{fr}k_{cr}k_{sp}k_r\right)$$

Utilizando as orientações de estimativas para ligas ferrosas com $S_u < 200$ ksi (1379 MPa)

$$S'_f = 0{,}5(S_u) = 0{,}5(524) = 262 \text{ MPa}$$

Para estimar-se k_∞, cada um dos fatores de correção deve ser estimado. Referenciando-se a Tabela 5.3 e a discussão que se segue à tabela:

k_{gr} = 1,0 (da Tabela 5.3)
k_{we} = 1,0 (nenhuma soldagem prevista)
k_f = 1,0 (forma uniforme especificada)
k_{sr} = 0,65 (veja Figura 5.33)
k_{sz} = 0,9 (tamanho desconhecido; utilize a Tabela 5.3)
k_{rs} = 1,0 (nenhuma informação disponível; é essencial fazer uma revisão posterior)
k_{fr} = 1,0 (nenhuma fretagem prevista)
k_{cr} = 1,0 (nenhuma informação disponível; é essencial fazer uma revisão posterior)
k_{sp} = 1,0 (moderado; utilize a Tabela 5.3)
k_r = 0,75 (da Tabela 5.4 para R = 99,9)

Pode-se avaliar k_∞ como

$$k_\infty = (1{,}0)(1{,}0)(1{,}0)(0{,}65)(0{,}9)(1{,}0)(1{,}0)(1{,}0)(1{,}0)(0{,}75) = 0{,}43875 = 0{,}44$$

O limite de fadiga é então

$$S_f = (0{,}44)(262) = 115{,}3 \text{ MPa}$$

Deste modo, o limite de fadiga estimado para a peça é de 115,3 MPa. Utilizando-se um fator de segurança apropriado para S_f pode-se calcular o tamanho aproximado da peça para que tenha vida infinita.

[31] Veja Capítulo 2.

Tensão Média Não Nula

Os dados de falha à fadiga obtidos em laboratório a partir de pequenos corpos de prova polidos são frequentemente obtidos para tensões completamente alternadas ou tensões alternadas de *média nula*. Muitos, se não a menor parte, dos usos em serviços envolvem tensões cíclicas *médias não nulas*. É muito importante, portanto, ser capaz de predizer a influência das tensões médias no comportamento à fadiga, de forma que os dados *S-N* de pequenos corpos de prova polidos, submetidos a carregamentos completamente alternados, possam ser utilizados para projetar peças de equipamento sujeitas a tensões cíclicas médias não nulas.

Dados de fadiga de alto ciclo obtido de séries de experimentos montado para investigar combinações de amplitude de tensão alternada σ_a e de tensão média σ_m podem ser caracterizados por um gráfico de σ_a *versus* σ_m para qualquer vida com falha em N ciclos, como as da Figura 5.38. Conforme mostrado, os pontos de dados de falha tendem tipicamente a se agrupar em torno da curva que passa pelo ponto $\sigma_a = S_N$ em $\sigma_m = 0$ e do ponto $\sigma_m = S_u$ em $\sigma_a = 0$. Como mostrado, a falha é muito sensível ao valor da tensão média na região de tensão média trativa, mas bastante insensível ao valor da tensão média na região de tensão média compressiva. Dados de falhas de tensões médias não nulas são disponíveis na literatura especializada para alguns materiais, frequentemente apresentados como *diagramas de tempo de vida constante* ou *diagramas mestres*, aqueles mostrados na Figura 5.39. Se o projetista for suficientemente afortunado a ponto de achar tais dados para um material a ser utilizado, que atendam às condições operacionais da utilização de interesse, é claro que estes dados devem ser utilizados. Se dados apropriados não estão disponíveis, uma estimativa da influência da tensão média não nula pode ser feita pela utilização de um modelo matemático que se aproxima dos dados da forma mostrada na Figura 5.38. Numerosos modelos bem-sucedidos foram desenvolvidos para este propósito.[32] Muito conhecido entre estes modelos e aceito como representativo dos dados experimentais são aqueles devidos a Goodman (hoje em dia chamados de *relações de Goodman modificada*) e Gerber. As relações de Goodman modificada proveem uma estimativa linear simples enquanto Geber provê uma estimativa parabólica. As linhas de Goodman modificadas utilizadas para aproximar os dados são traçadas em um gráfico de σ_a *versus* σ_m, conectando-se o ponto S_N no eixo de σ_a a S_u no eixo de σ_m na região de tensão média trativa e passando uma segunda linha horizontalmente por S_N na região de tensão média compressiva. A parábola de Gerber é construída no gráfico σ_a *versus* σ_m conectando-se os pontos S_N no eixo σ_a à S_{ut} e $-S_u$ no ciclo σ_m na região de tensão média tração-compressão. Essas linhas mostradas na Figura 5.40, aproxima-se dos dados mostrados na Figura 5.38 para um determinado tempo de vida constante à falha, N. Outras linhas de falha terão curvas similares, mas as inclinaçoes mudarão, visto que o valor de S_N depende da vida até a falha. Deve-se também reconhecer que se $|\sigma_{máx}|$ ou $|\sigma_{mín}|$ ultrapassarem o valor da resistência ao escoamento do material, ocorrerá falha por escoamento. Deste modo, linhas de falha por escoamento podem ser plotadas de $\sigma_a = S_{yp}$ sobre o eixo de σ_a *até* $\sigma_m = \pm S_{yp}$ sobre o eixo de σ_m, como mostrado na Figura 5.40 pelas linhas tracejadas.

Qualquer combinação de σ_a e de σ_m que é plotada acima, tanto das linhas sólidas quanto das linhas tracejadas na Figura 5.40, representa falha em uma vida menor do que N ciclos, tanto por fadiga quanto por escoamento. Escrevendo-se uma equação para linha S_N-S_u que passa pelo ponto de interceptação para a região de tensão média trativa,

$$y = mx + b \tag{5-61}$$

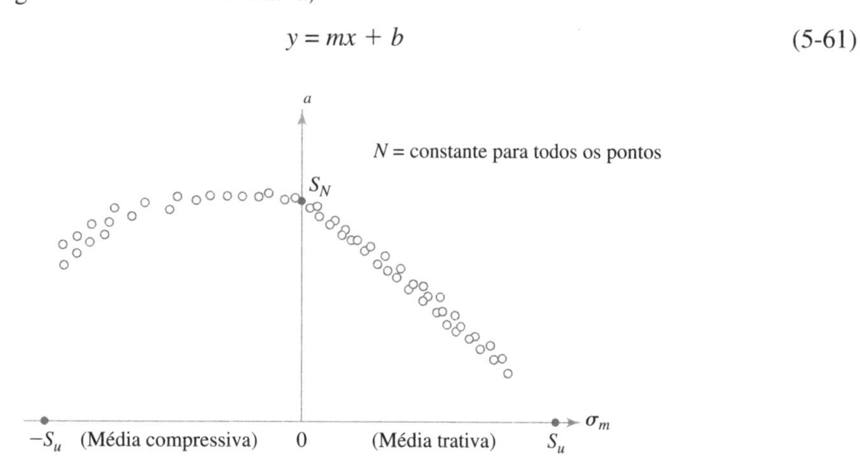

Figura 5.38
Dados esquemáticos de falha por fadiga de alto ciclo mostrando a influência da tensão média.

[32] Veja, por exemplo, refs. 25 e 26.

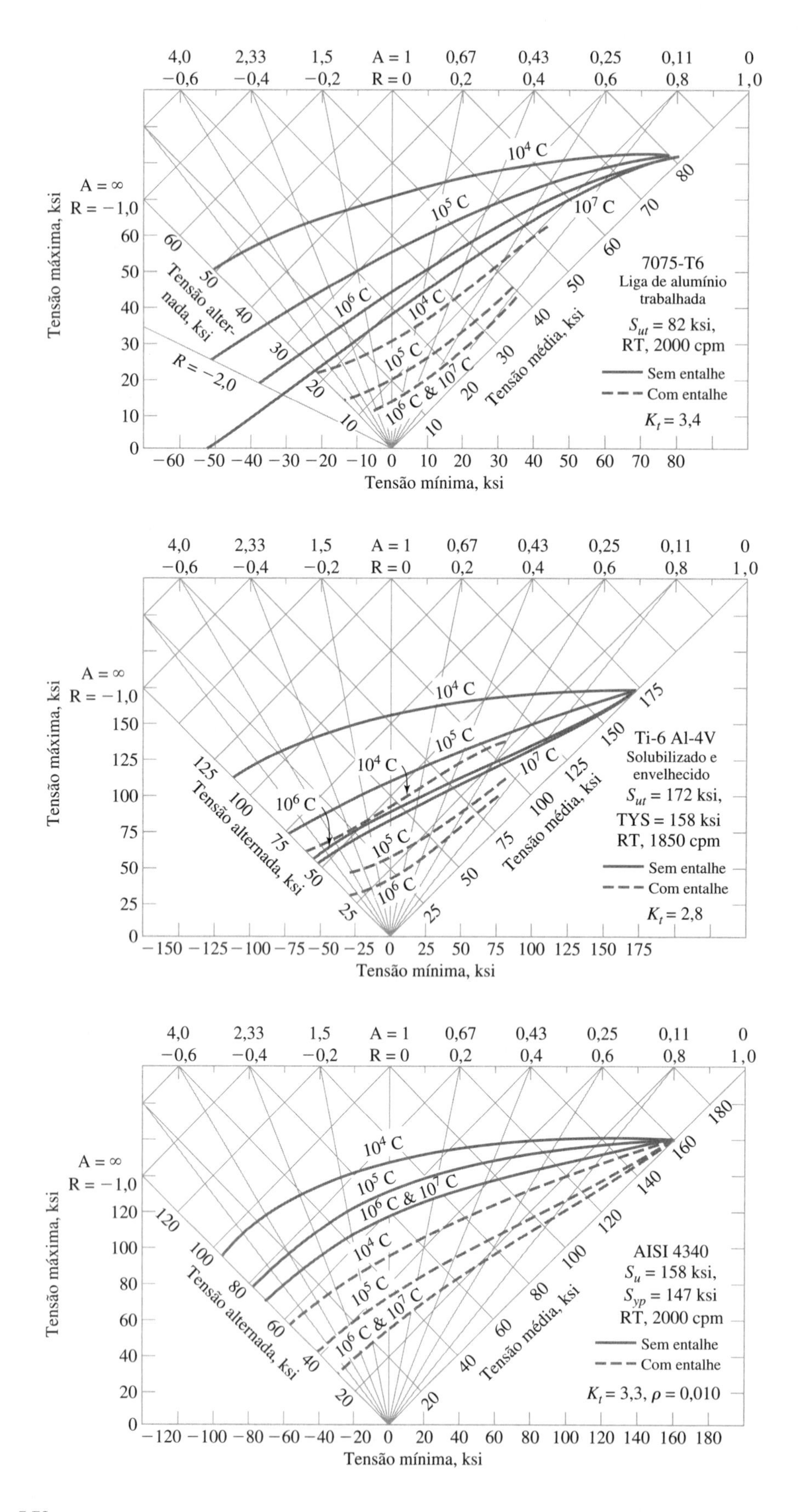

Figura 5.39
Diagramas mestres para ligas de aço, alumínio e titânio. (Da ref. 27, pp. 317, 322.)

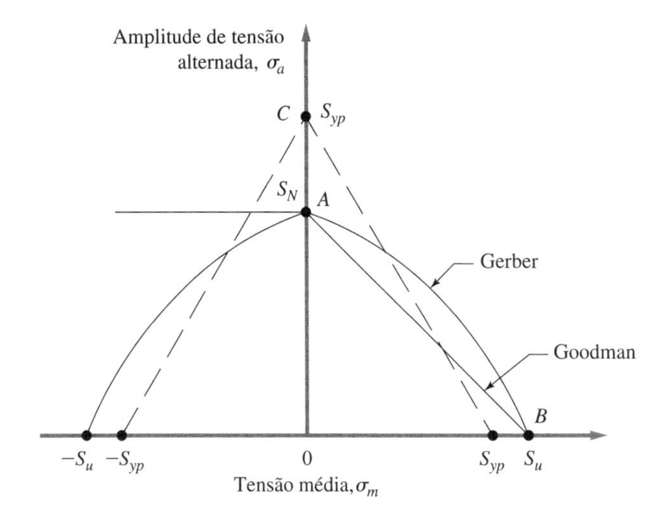

Figura 5.40
Diagrama de Goodman e Gerber Modificado representando a falha por fadiga em uma vida de *N* ciclos.

que resulta em

$$\sigma_a = -\frac{S_N}{S_u}\sigma_m + S_N \tag{5-62}$$

Recordando que

$$\sigma_a = \sigma_{máx} - \sigma_m \tag{5-63}$$

e substituindo-se em (5-62)

$$\sigma_{máx} - \sigma_m + \frac{S_N}{S_u}\sigma_m = S_N \tag{5-64}$$

ou

$$\sigma_{máx} - \sigma_m\left[\frac{S_u - S_N}{S_u}\right] = S_N \tag{5-65}$$

Definindo-se os termos

$$m_t \equiv \frac{S_u - S_N}{S_u} \tag{5-66}$$

e

$$R_t \equiv \frac{\sigma_m}{\sigma_{máx}} \tag{5-67}$$

a equação (5-65) pode ser rescrita como

$$\sigma_{máx} = \frac{S_N}{1 - m_t R_t} \tag{5-68}$$

Para esclarecer, $\sigma_{máx}$ nesta equação representa a tensão máxima cíclica que, com a presença da tensão média σ_m, causará a falha no mesmo número de ciclos que S_N com tensão média nula. Para reconhecer isto, um "parâmetro de resistência" é proposto

$$\sigma_{máx} \equiv S_{máx-N} \tag{5-69}$$

Adicionalmente, $\sigma_{máx}$ também não pode exceder S_{yp}, ou o escoamento ocorrerá. Resumindo, então, para a região de tensão média trativa,

$$S_{máx-N} = \frac{S_N}{1 - m_t R_t} \quad \text{para} \quad \sigma_m \geq 0 \quad \text{e} \quad S_{máx-N} \leq S_{yp}$$

ou

$$S_{máx-N} = S_{yp} \quad \text{para} \quad \sigma_m \geq 0 \quad \text{e} \quad S_{máx-N} \geq S_{yp} \tag{5-70}$$

em que

$$m_t = \frac{S_u - S_N}{S_u}$$

e

$$R_t = \frac{\sigma_m}{\sigma_{máx}}$$

Por meio de um processo de raciocínio similar para a região de tensão média compressiva, $\sigma_{mín}$ representa a tensão cíclica mínima que, com a presença da tensão média σ_m, causará a falha no mesmo número de ciclos que S_N em tensão média nula. Novamente, $|\sigma_{mín}|$ não pode exceder $|S_{yp}|$ ou o escoamento ocorrerá. Deste modo, para a região de tensão média compressiva

$$S_{mín-N} = \frac{-S_N}{1 - m_c R_c} \quad \text{para} \quad \sigma_m \leq 0 \quad \text{e} \quad S_{mín-N} \geq -S_{yp}$$

ou

$$S_{mín-N} = -S_{yp} \quad \text{para} \quad \sigma_m \leq 0 \quad \text{e} \quad S_{mín-N} \leq -S_{yp} \tag{5-71}$$

em que

$$m_c = 1$$

e

$$R_c = \frac{\sigma_m}{\sigma_{mín}}$$

Referindo à Nota 1 da Figura 5.40 e resolvendo (5-62) de uma perspectiva diferente, as expressões de Goodman modificadas podem ser desenvolvidas para uma *tensão cíclica completamente alternada equivalente*, σ_{eq-CR}. Esta tensão σ_{eq-CR} é uma tensão cíclica completamente alternada *calculada* que gerará falha exatamente no mesmo número de ciclos N que a tensão cíclica média não nula real, que tem tensões alternadas σ_a e média σ_m. Deste modo, qualquer tensão cíclica média não nula pode ser transformada em tensão cíclica *equivalente* completamente alternada de amplitude σ_{eq-CR} que produz dano à fadiga à mesma taxa ciclo a ciclo. Utilizando-se desta abordagem para a região de tensão média de tração

$$\sigma_{eq-CR} = \frac{\sigma_a}{1 - \dfrac{\sigma_m}{S_u}} \quad \text{para} \quad \sigma_m \geq 0 \quad \text{e} \quad \sigma_{máx} \leq S_{yp}$$

ou

$$\sigma_{eq-CR} = S_{yp} \quad \text{para} \quad \sigma_m \geq 0 \quad \text{e} \quad \sigma_{máx} \geq S_{yp} \tag{5-72}$$

e para a região de tensão média compressiva

$$\sigma_{eq-CR} = \sigma_a \quad \text{para} \quad \sigma_m \leq 0 \quad \text{e} \quad |\sigma_{mín}| \leq |-S_{yp}|$$

ou

$$\sigma_{eq-CR} = |-S_{yp}| \quad \text{para} \quad \sigma_m \leq 0 \quad \text{e} \quad |\sigma_{mín}| \geq |-S_{yp}| \tag{5-73}$$

Para a parábola de Gerber, qualquer combinação de σ_a e σ_m que seja plotada acima tanto da linha tracejada quanto da linha curva cheia na Figura 5.40 mais uma vez representa falha em uma vida mais curta que N ciclos, tanto para fadiga quanto para escoamento. Escrever uma equação para a parábola de Gerber gera

$$y = -ax^2 + b$$

que gera

$$\sigma_a = -\frac{S_N}{S_u^2}\sigma_m^2 + S_N \tag{5-74}$$

Novamente, referindo-se à Nota 1 da Figura 5.40 e resolvendo-se (5-74) para uma tensão cíclica completamente alternada e equivalente σ_{eq-CR}, tem-se apenas na região de tensão média trativa

$$\sigma_{eq-CR} = \frac{\sigma_a}{\left[1 - \left(\dfrac{\sigma_m}{S_u}\right)^2\right]} \quad \text{para} \quad \sigma_m \geq 0 \quad \text{e} \quad \sigma_{máx} \leq S_{yp}$$

ou

$$\sigma_{eq-CR} = S_{yp} \quad \text{para} \quad \sigma_m \geq 0 \quad \text{e} \quad \sigma_{máx} \geq S_{yp} \tag{5-75}$$

A parábola de Gerber é limitada às tensões médias trativas porque prevê incorretamente um efeito prejudicial para tensões médias compressivas.[33] Para tensões médias compressivas ($\sigma_m \leq 0$), as equações (5-73) devem ser usadas.

Em todas as equações (5-70) a (5-75) deve-se notar que, se o objetivo do projeto é vida infinita, S_f deve ser substituído por S_N em todos os lugares.

[33] Veja ref. 28, página 430.

Exemplo 5.14 Projeto para Levar em Conta a Tensão Média Não Nula

Uma conexão de aço de baixa liga deve ser feita a partir de um tarugo de seção transversal circular submetido a forças cíclicas axiais que variam de um máximo de 270 kN de tração a um mínimo de 180 kN de compressão. As propriedades monotônicas são $S_u = 690$ MPa, $S_{yp} = 524$ MPa, e o alongamento em 50 mm de 25%. Calcule o diâmetro que a conexão deve ter para ter vida infinita.

Solução

Visto que a conexão é carregada ciclicamente e a vida infinita é desejada, o limite de fadiga S_f é a propriedade de material de fundamental interesse; a resistência ao escoamento também deve ser checada. Utilizando-se as orientações para estimativas desde que $S_u < 200$ ksi(1379 MPa)

$$S'_f = 0{,}5\ (S_u) = 0{,}5(690) = 345\ \text{MP}a$$

Seguindo-se os procedimentos do Exemplo 5.12 e utilizando-se a Tabela 5.3, o limite de fadiga da peça pode ser estimado em

$$S'_f = k_\infty S'_f = k_\infty\ (345)$$

Visto que pouca informação foi disponibilizada, os fatores de correção da Tabela 5.3 podem ser estimados

$k_{gr} = 1{,}0$ (da Tabela 5.3)
$k_{we} = 1{,}0$ (nenhuma soldagem prevista)
$k_f = 1{,}0$ (forma uniforme especificada)
$k_{sr} = 0{,}65$ (usinando em torno)
$k_{sz} = 0{,}9$ (da Tabela 5.3)
$k_{rs} = 1{,}0$ (nenhuma informação disponível; é essencial fazer uma revisão posterior)
$k_{fr} = 1{,}0$ (nenhuma fretagem prevista)
$k_{cr} = 1{,}0$ (nenhuma informação disponível; é essencial fazer uma revisão posterior)
$k_{sp} = 1{,}0$ (da Tabela 5.3)
$k_r = 0{,}9$ (da Tabela 5.4 para $R = 90$)

$$k_\infty = (1{,}0)(1{,}0)(1{,}0)(0{,}65)(0{,}9)(1{,}0)(1{,}0)(1{,}0)(1{,}0)(0{,}9) = 0{,}5265 = 0{,}53$$
$$S_f = (0{,}53)(345) = 182{,}9\ \text{MPa}$$

A partir da descrição do carregamento, pode ser notado que se tem um caso de carregamento cíclico médio não nulo. Visto que a tensão é proporcional ao carregamento.

$$\sigma_m = \frac{P_m}{A} = \frac{\frac{1}{2}(P_{máx} + P_{mín})}{A} = = \frac{\frac{1}{2}((270) + (-180))}{A} = \frac{45}{A}$$

em que A é a área da seção transversal desconhecida da conexão.

Como a tensão média é trativa, (5-67) pode ser utilizado com

$$S_{N=\infty} = S_f = 182{,}9\ \text{MPa}$$

$$m_t = \frac{690 - 182{,}9}{690} = 0{,}735$$

$$R_t = \frac{\sigma_m}{\sigma_{máx}} = \frac{\frac{P_m}{A}}{\frac{P_{máx}}{A}} = \frac{P_m}{P_{máx}} = \frac{45}{270} = 0{,}167$$

portanto (5-67) resulta em

$$S_{máx-\infty} = \frac{S_N}{1 - m_t R_t} = \frac{182{,}9}{1 - (0{,}735)(0{,}167)} = 208{,}5\ \text{MPa} \qquad (1)$$

Visto que

$$S_{máx-\infty} = 208{,}5 < S_{yp} = 524$$

o escoamento não ocorre e (1) é válida.

Para se obter o diâmetro necessário, faz-se que a tensão máxima aplicada $\sigma_{máx}$ seja igual à resistência à vida infinita para o carregamento médio não nulo especificado, que resulta em

$$\sigma_{máx} = S_{máx-\infty}$$

Exemplo 5.14 Continuação

ou

$$\frac{P_{máx}}{A} = \frac{4P_{máx}}{\pi d^2} = 208{,}5$$

Resolvendo-se para o diâmetro,

$$d = \sqrt{\frac{4P_{máx}}{\pi(208{,}5)}} = \sqrt{\frac{4(270 \times 10^3)}{\pi(208{,}5 \times 10^6)}} = 0{,}0406\ m = 0{,}041\ mm$$

Deste modo, o diâmetro necessário da conexão é de 41 mm para prover vida infinita. Deve-se notar, contudo, que, na prática, um *fator de segurança* deveria também ser imposto, e o diâmetro necessário "seguro" seria algo maior que o valor de 41 mm recém-calculado.

Exemplo 5.15 Projetos para uma Confiabilidade Definida

Uma barra de uma polegada quadrada será sujeita a uma força axial cíclica que varia de um máximo de 36.000 lbf (tração) a um mínimo de −22.000 lbf (compressão). O material é um aço-liga do Exemplo 5.10, e as condições operacionais são as mesmas daquela especificadas no Exemplo 5.10. É desejado um nível de confiabilidade de resistência à fadiga de 99,9 por cento. Quantos ciclos de operação seriam esperados antes que a falha ocorresse?

Solução

Visto que o material e as condições operacionais são exatamente as mesmas que as do Exemplo 5.10 e um nível de confiabilidade de resistência à fadiga de 99,9 por cento é especificado, a curva de R = 99,9 por cento da Figura E5.10 no Exemplo 5.10 descreve uma estimativa adequada da curva *S-N* para a barra de uma polegada quadrada.

Do carregamento e geometria conhecidos,

$$\sigma_{máx} = \frac{P_{máx}}{A} = \frac{36.000}{(1)^2} = 36.000 \text{ psi}$$

$$\sigma_{mín} = \frac{P_{mín}}{A} = \frac{-22.000}{(1)^2} = -22.000 \text{ psi}$$

$$\sigma_m = \frac{\sigma_{máx} + \sigma_{mín}}{2} = \frac{36.000 + (-22.000)}{2} = 7000 \text{ psi}$$

$$\sigma_a = \frac{\sigma_{máx} - \sigma_{mín}}{2} = \frac{36.000 - (-22.000)}{2} = 29.000 \text{ psi}$$

Visto que a tensão média é trativa, de (5-72)

$$\sigma_{eq-CR} = \frac{\sigma_a}{1 - \dfrac{\sigma_m}{S_u}} = \frac{29.000}{1 - \left(\dfrac{7000}{76.000}\right)} = 31.940 \text{ psi}$$

Também,

$$\sigma_{máx} = 36.000 < S_{yp} = 42.000$$

então o escoamento *não* ocorre e σ_{eq-CR} é válida.

Visto que a tensão média é positiva e o escoamento não ocorre, a equação de Gerber pode ser também aplicada. Consequentemente, utilizando-se (5-75)

$$\sigma_{eq-CR} = \frac{\sigma_a}{1 - \left(\dfrac{\sigma_m}{S_u}\right)^2} = \frac{29.000}{1 - \left(\dfrac{7.000}{76.000}\right)^2} = 29.248 \text{ psi}$$

Referenciando a curva *S-N* da Figura E5.15 para R = 99,9 por cento e entrando com a seguinte amplitude de tensões alternadas

$$S = \sigma_{eq-CR} = 31.940 \text{ psi}$$

e

$$S = \sigma_{eq-CR} = 29.248 \text{ psi}$$

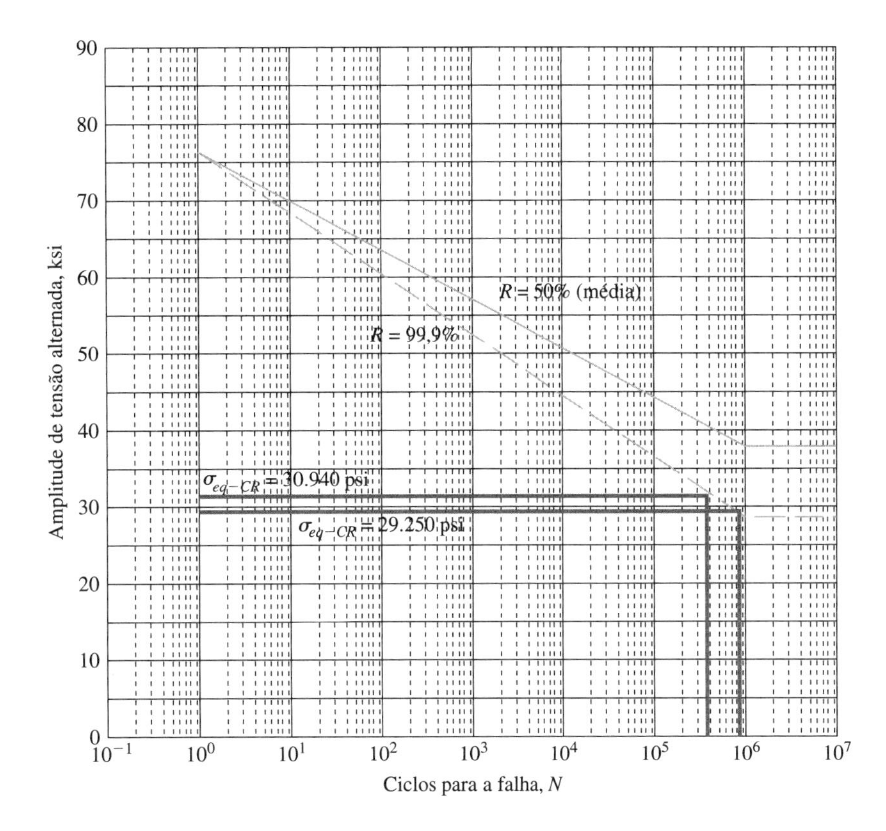

Figura E5.15
Curva *S-N* estimada para níveis de confiabilidade de resistência à fadiga de 50 por cento (média) e 99,9 por cento.

As interseções ocorrem em $N = 378.000$ ciclos e $N = 827.000$ ciclos usando, respectivamente, as abordagens de Goodman e de Gerber.

O número de ciclos para a falha pode ser também obtido a partir de seguinte equação, visto que a curva *S-N* é obtida como uma linha reta

$$S = c + b \log(N)$$

Aplicando as condições em $N = 1$, $S = S_u$ e em $N = 10^6$, $S'_f = 0{,}5\ S_u$ gera

$$c = S_u, \quad b = \frac{S'_f - S_u}{\log(N)}$$

e

$$N = 10^{(S-c)/b}$$

Como visto para $R = 99{,}9$ por cento, $S'_f = 28.000$ psi (veja o exemplo 5.10) e, portanto,

$$c = 76.000 \quad b = \frac{28.600 - 76.000}{\log(10^6)} = -7900$$

Para $S = 31.940$ psi

$$N = 10^{(31.940-76.000)/(-7900)} = 378.000 \text{ ciclos}$$

e para $S = 29.250$ psi

$$N = 10^{(29.250-76.000)/(-7900)} = 827.000 \text{ ciclos}$$

A curva apropriada de falha de fadiga a ser usada depende de quão bem a propriedade do material é conhecida.

Conceitos de Acúmulo de Dano e de Contagem de Ciclos

Praticamente todos os equipamentos operam dentro de um *espectro* de velocidades ou de cargas, originando um *espectro* de amplitudes de tensões alternadas e de tensões médias, como ilustrado, por exemplo, nas Figuras 5.25 e 5.26. Tais variações nas amplitudes de tensões e nas tensões médias fazem com que o uso direto das curvas *S-N* padrões sejam inaplicáveis porque estas curvas são desenvolvidas e apresentadas para uma operação com amplitude de tensão *constante* (e normalmente para tensão média nula). Portanto, torna-se importante para um projetista ter disponível uma teoria ou hipótese verificada por observações experimentais que permita fazer boas estimativas de projeto para operação sob condições de carregamento utilizando-se curvas de amplitude constante *S-N* padrões.

O postulado básico adotado por todos os pesquisadores de fadiga é que a operação em dada amplitude de tensão cíclica produzirá *dano à fadiga*, cuja gravidade será relacionada com o número de ciclos de operação para aquela amplitude de tensão e também relacionada com o número total de ciclos que seria necessário para gerar a falha de um corpo de prova virgem ou peça naquela amplitude de tensão. É postulado adicionalmente que o dano incorrido é permanente, e a operação em diferentes amplitudes de tensão em sequência resultará em um acúmulo do dano total, igual à soma dos incrementos de dano advindos de todos os diferentes níveis de tensão. Quando o dano acumulado total atinge um valor crítico, a falha por fadiga ocorre.

Das muitas teorias de dano propostas,[34] a mais largamente utilizada é a teoria linear proposta primeiramente por Palmgren em 1924 e desenvolvida mais tarde por Miner, em 1945. Esta teoria linear é referida como a *hipótese de Palmgren-Miner* ou *regra de dano linear*. A teoria, baseada no postulado de que existe uma relação linear entre o dano de fadiga e a *razão de ciclo n/N*, pode ser descrita utilizando-se o gráfico *S-N* mostrado na Figura 5.41.

Por definição da curva *S-N*, a operação para amplitude de tensão constante σ_1 á gerar dano total ou falha, em N_1 ciclos. A operação em amplitude de tensão σ_1 para um número de ciclos n_1, menor do que N_1, gerará fração menor de dano D_1. D_1 é normalmente denominado *fração de dano*. A operação com um espectro de i em diferentes níveis de tensões resulta em uma fração do dano D_i para cada um dos diferentes níveis de tensão σ_i em um espectro. Quando estas frações de dano perfazem a unidade, falha é prevista; isto é, a ocorrência da falha é prevista se (FIPTOI)

$$D_1 + D_2 + \dots D_1 \geq 1 \tag{5-76}$$

A hipótese de Palmgren-Miner afirma que a fração de dano D_i em um nível de tensão qualquer σ_i linearmente proporcional à razão entre o número de ciclos da operação n_i e o número total de ciclos N_i que produzirá falha naquele nível de tensão; ou seja,

$$D_i = \frac{n_i}{N_i} \tag{5-77}$$

Então, pela hipótese de Palmgren-Miner, (5-76) torna-se FIPTOI

$$\frac{n_1}{N_1} + \frac{n_2}{N} + \dots + \frac{n_i}{N_i} \geq 1 \tag{5-78}$$

ou FIPTOI

$$\sum_{j=1}^{n} \frac{n_j}{N_j} \geq 1 \tag{5-79}$$

Esta é a afirmação completa da hipótese de Palmgren-Miner, ou regra do dano linear. Esta tem uma virtude denominada *simplicidade* e por esta razão é largamente utilizada. Adicionalmente, outras teorias de danos acumulativos muito complexas tipicamente não produzem uma melhora significativa na confiabilidade de previsão de falha. Talvez, o defeito mais importante da regra de dano linear seja o não reconhecimento da influência da *ordem* da aplicação de vários níveis de tensão, supondo-se que o dano seja acumulado à mesma taxa em dado nível de tensão *sem considerar a história passada*. Contudo, a hipótese de Palmgren-Miner pode ser utilizada com sucesso na maioria dos casos.

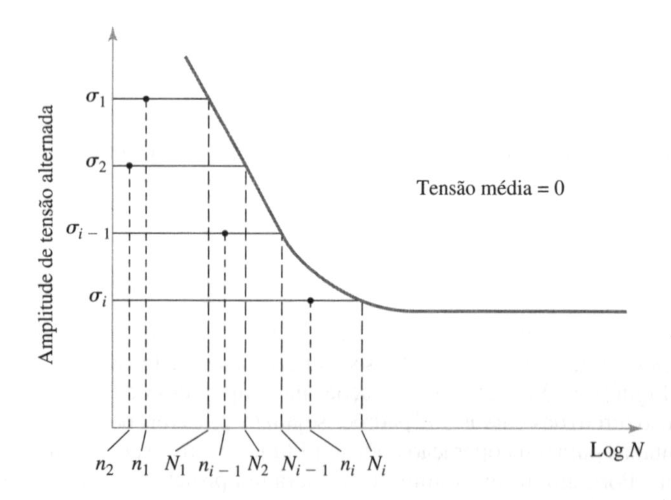

Figura 5.41
Ilustração do espectro de carregamento no qual n_i ciclos de operação são desenvolvidos em cada um dos diferentes níveis de tensão σ_i e N_i são os ciclos para falha a cada σ_i.

[34] Veja, por exemplo, ref. 1, Cap. 8.

Exemplo 5.16 Espectro de Carregamento de Média Nula

Uma base de aço-liga para uso em um avião experimental é manufaturada a partir de um material fornecido com um limite de resistência de 135.000 psi, limite de escoamento de 120.000 psi, alongamento de 20 por cento em 2 polegadas e propriedades de fadiga sob condições de teste que se equiparam às condições reais de operação, como mostrado na tabela de resultados experimentais na Tabela E5.16.

A área de seção transversal na haste é de 0,10 in^2 e, devido ao formato da seção transversal selecionada, a flambagem não é considerada um problema. Em serviço, a haste será submetida ao seguinte espectro de cargas axiais completamente alternadas durante cada ciclo de trabalho:

$P_a = 11.000$ lbf para 1000 ciclos

$P_b = 8300$ lbf para 4000 ciclos

$P_c = 6500$ lbf para 500.000 ciclos

Este ciclo de trabalho repete-se três vezes durante a vida da haste.

Supondo que a fadiga seja o modo de falha dominante, seria esperado que esta haste sobrevivesse a todos os três ciclos de trabalho ou falharia prematuramente?

Solução

Baseando-se nos dados da Tabela E5.16, uma curva *S-N* pode ser plotada como mostrada na Figura E5.16.

Como as cargas axiais dadas são completamente alternadas e a área da seção transversal da haste é de 0,10 in^2, o espectro de tensão completamente alternada para cada ciclo de trabalho pode ser calculado como

$$\sigma_a = \frac{P_a}{A} = \frac{11.000}{0,10} = 110.000 \text{ psi}; \quad n_a = 1000 \text{ ciclos}$$

$$\sigma_b = \frac{P_b}{A} = \frac{8300}{0,10} = 83.000 \text{ psi}; \quad n_b = 4000 \text{ ciclos}$$

$$\sigma_c = \frac{P_c}{A} = \frac{6500}{0,10} = 65.000 \text{ psi}; \quad n_c = 500.000 \text{ ciclos}$$

Tem-se da curva *S-N* da Figura E5.16 para tensões completamente alternadas σ_a, σ_b e σ_c, respectivamente,

$N_a = 6600$ ciclos para a falha

$N_b = 48.000$ ciclos para a falha

$N_c = \infty$ (visto que $\sigma_c < S_f = 68.000$)

Além disso, três destes ciclos de trabalho devem ser aplicados sem falha.

TABELA E5.16 Dados de Teste de Fadiga Material da Haste

Amplitude de Tensão (psi)	Ciclos para a Falha, N
110.000	6600
105.000	9500
100.000	13.500
95.000	19.200
90.000	27.500
85.000	39.000
80.000	55.000
75.000	87.000
73.000	116.000
71.000	170.000
70.000	220.000
69.000	315.000
68.500	400.000
68.000	∝

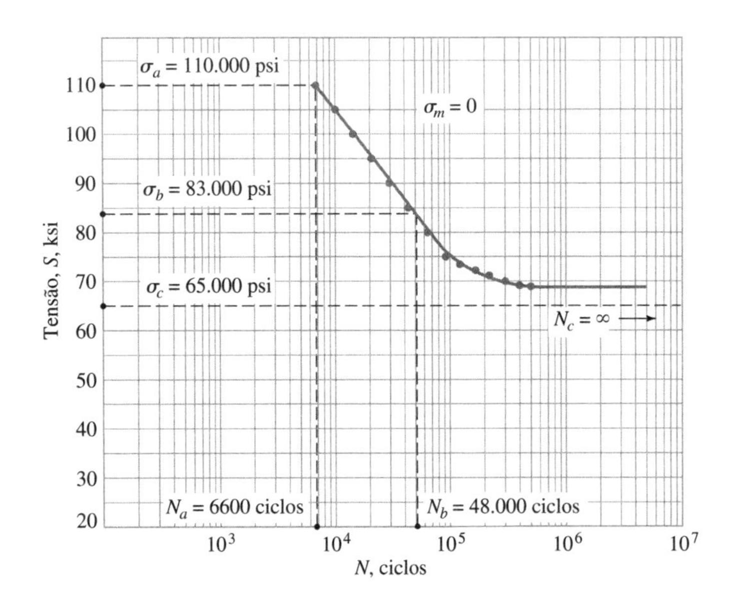

Figura E5.16
Curva *S-N* para o aço-liga da Tabela E5.16.

Exemplo 5.16 Continuação

Para determinar-se se a falha será prevista, a regra de dano linear de Palmgren-Miner formulada em (5-79) pode ser utilizada. Consequentemente FIPTOI

$$\sum_{j=1}^{n} \frac{n_j}{N_j} \geq 1$$

ou, FIPTOI

$$3\left[\frac{n_a}{N_a} + \frac{n_b}{N_b} + \frac{n_c}{N_c}\right] \geq 1$$

Utilizando-se os resultados anteriores FIPTOI

$$3\left[\frac{1000}{6600} + \frac{4000}{48.000} + \frac{500.000}{\infty}\right] \geq 1$$

ou FIPTOI

$$3[0,152 + 0,083 + 0] = 0,706 \geq 1$$

Visto que esta expressão de falha não é satisfeita, prevê-se que a haste irá *sobreviver* aos três ciclos de trabalho.

Para o caso simples de um espectro de tensões composto de uma sequência de tensões uniaxiais completamente alternadas de várias amplitudes, a estimativa do dano acumulado e a previsão de falha são relativamente diretas, como ilustrado pelo Exemplo 5.16. Se o espectro de tensão é mais complicado, como mostrado, por exemplo, nas Figuras 5.25 ou 5.26, a tarefa de avaliar o dano acumulado e mesmo a tarefa de *contar os ciclos* do espectro torna-se muito mais difícil. Embora numerosos métodos de contagem de ciclos tenham sido proposto,[35] o *método de contagem de ciclos rain flow* é provavelmente, o mais largamente utilizado que qualquer outro método e será o único método a ser apresentado neste texto.

Para utilizar o método *rain flow*, a história tensão-tempo (espectro tensão-tempo) é plotada em escala num sistema de coordenadas tal que o eixo de tempo é apontado verticalmente para baixo e as linhas que conectam os picos de tensão são imaginadas como se fossem uma série de telhados inclinados, como mostrado, por exemplo, na Figura 5.42. Algumas regras são impostas aos "pingos de chuva" descendo por estes telhados inclinados de tal forma que este escoamento da chuva possa ser utilizado para definir ciclos e meios-ciclos de tensão variável do espectro.

O *rain flow* é iniciado posicionado pingos de chuva sucessivamente na parte interna de cada pico (máximo) ou vale (mínimo).

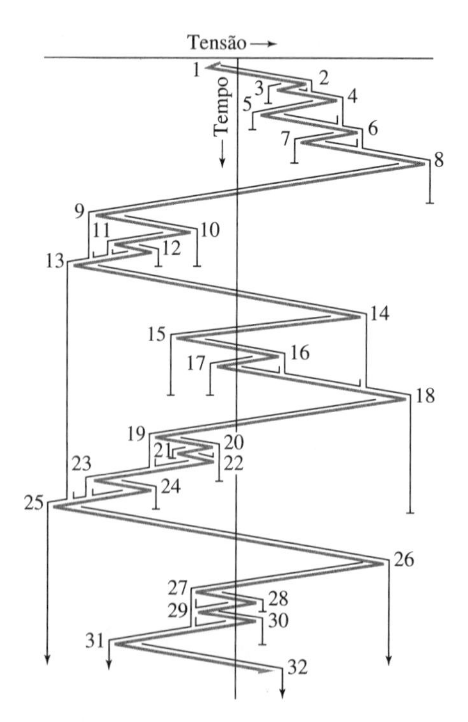

Figura 5.42 **Exemplo do método de contagem de ciclo *rain flow*. (Ref. 29.)**

[35] Veja, por exemplo, ref. 1, p. 289.

As regras são as seguintes:

1. *É importante que a chuva flua sobre o telhado e pingue para a próxima inclinação abaixo, a não ser que se inicie em um vale, devendo terminar quando encontra um vale oposto mais negativo que o vale no qual foi iniciada.* Por exemplo, na Figura 5.42, o fluxo começa no vale 1 e para no vale oposto 9, o vale 9 começa mais negativo que o vale 1. Um meio ciclo é deste modo, contado entre o vale 1 e o pico 8.
2. *Similarmente, se o fluxo da chuva começa em um pico, este deve terminar quando alcança um pico oposto mais positivo que o pico no qual foi iniciado.* Por exemplo, na Figura 5.42 o fluxo começa no pico 2 e para no pico oposto 4. Deste modo conta-se um meio ciclo entre o pico 2 e o vale 3.
3. *O fluxo da chuva deve também parar se este encontra com a chuva vinda de um telhado acima.* Por exemplo, na Figura 5.42, o fluxo começa no vale 3 e termina abaixo do pico 2. Utilizando-se estas regras cada parte da história tensão-tempo é contada uma e apenas uma vez.
4. *Se os ciclos são contados por toda a duração de um ciclo de trabalho ou um bloco de "perfil da missão" que será repetido bloco após bloco, deve-se começar a contagem de ciclos iniciando-se ao primeiro pingo de chuva ou no vale mais negativo ou no pico mais positivo, e prosseguir até que todos os ciclos de um bloco completo tenham sido contados em sequência.* Este procedimento assegura que um ciclo completo de tensão será contado entre o pico mais positivo e o vale mais negativo dentro do bloco.

Os ciclos de tensão média não nula podem ser convertidos em ciclos completamente alternados, equivalentes pela utilização de (5-72) ou (5-73).

Para determinar o dano de fadiga em cada ciclo associado ao espectro completamente alternado equivalente, uma curva *S-N* do material deve estar disponível ou ser estimada pela utilização das técnicas apresentadas no Exemplo 5.10 e em discussão anterior.

Finalmente, o dano é totalizado pela utilização da regra de dano linear Palmgren-Miner (5-79) como ilustrado no Exemplo 5.16.

Deve ficar claro que, para a maioria dos casos de projeto de vida real, as técnicas de previsão que acabaram de ser descritas são úteis apenas com o auxílio de um programa de computador digital projetado para levar adiante a entediante análise ciclo a ciclo envolvida. Muitos destes programas estão disponíveis.[36]

Exemplo 5.17 Contagem de Ciclos, Carregamento Médio Não Nulo e Vida à Fadiga

O padrão tensão-tempo mostrado na Figura E5.17A deve ser repetido em blocos. Utilizando-se o método da contagem de ciclos *rain flow* e a curva *S-N* da Figura E5.17B, estime o tempo de teste em horas necessárias para produzir a falha.

Solução

O padrão tensão-tempo da Figura E5.17A é primeiramente rotacionado de tal forma que o eixo de tempo seja apontado verticalmente para baixo, como mostrado na Figura E5.17C. Seguindo as regras de contagem de ciclos do *rain flow*, a contagem começa em um vale mínimo, como mostrado para o pingo de chuva (1) do bloco com tempo deslocado da Figura E5.17C.

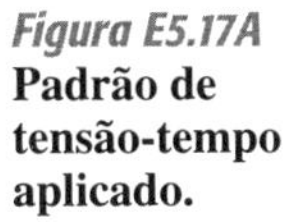

Figura E5.17A Padrão de tensão-tempo aplicado.

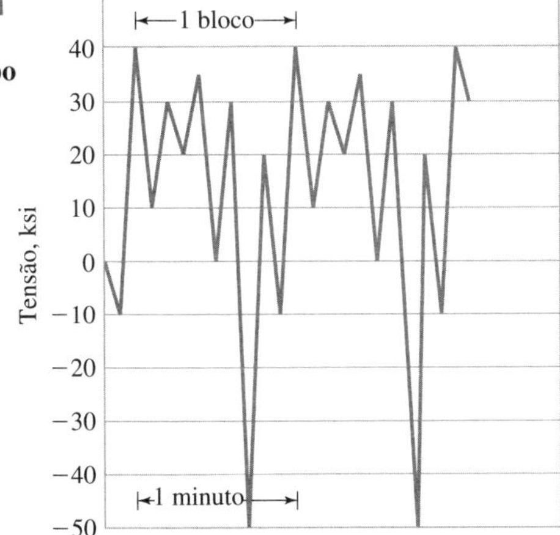

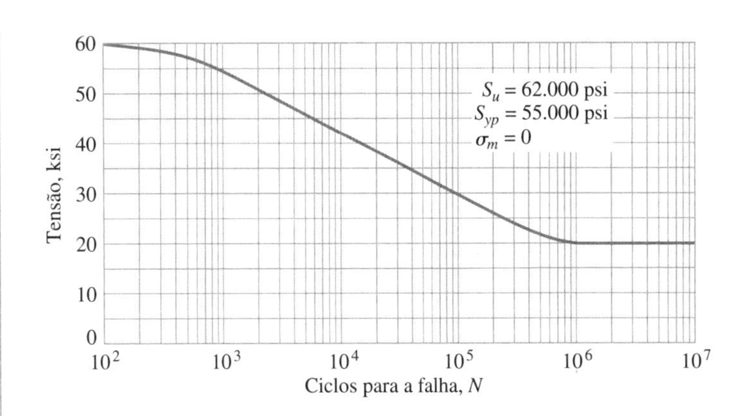

Figura E5.17B Curva *S-N*.

[36] Veja, por exemplo, ref. 15, Ap. 5A.

Exemplo 5.17 Continuação

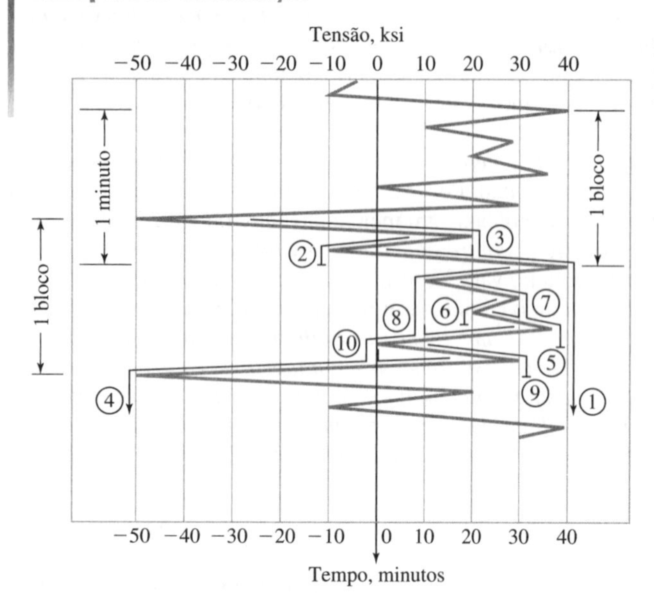

Figura E5.17C
Padrão de tensão-tempo orientado para contagem de ciclo de *rain flow*.

Dados de cada pingo de chuva lidos na Figura E5.17C são registrado na Tabela E5.17. Valores para σ_{eq-CR} são calculados utilizando-se (5-72) e (5-73). Valores de N correspondente a cada valor de pingo de chuva σ_{eq-CR} são lidos da curva S-N completamente alternada da Figura E5.17B. Baseado na regra de dano linear de Palmgren-Miner de (5-79), FIPTOI

$$B_f \sum_{j=1}^{5} \frac{n_j}{N_j} \geq 1$$

utilizando-se B_f para indicar o número de blocos para falha.

Da Tabela E5.17 pode ser notado que apenas os pingos de chuva 1 e 4 gerarão uma razão de ciclos não nula. Deste modo, FIPTOI

$$B_f \left(\frac{n_{1,4}}{N_{1,4}} \right) \geq 1$$

Utilizando-se o sinal de igualdade que corresponde ao início da falha e lendo-se os valores numéricos da Tabela E5.17

$$B_f \left(\frac{1}{6 \times 10^3} \right) = 1$$

ou

$$B_f = 6 \times 10^3 \text{ blocos para a falha}$$

Em 1 bloco/minuto, como mostrado nas Figura E5.17A e E5.17C, o tempo previsto de falha em horas, H_f, seria de

$$H_f = \left(\frac{6 \times 10^3 \text{ blocos}}{\text{min}} \right) \left(\frac{1 \text{ min}}{\text{bloco}} \right) \left(\frac{1 \text{ hora}}{60 \text{ min}} \right) = 100 \text{ horas para a falha}$$

TABELA E5.17 Dados de *Rain Flow* para um "Bloco" de Padrão Tensão-Tempo

Número dos Pingos de Curva	n, ciclos	$\sigma_{máx}$, ksi	$\sigma_{mín}$, ksi	σ_m, ksi	σ_a, ksi	σ_{eq-CA}, ksi	N, ciclos
1,4@ $\frac{1}{2}$ ciclo cada	1	40	−50	−5	45	45	6×10^3
2,3@ $\frac{1}{2}$ ciclo cada	1	20	−10	5	15	16,3	∞
5,8@ $\frac{1}{2}$ ciclo cada	1	35	10	22,5	12,5	19,6	∞
6,7@ $\frac{1}{2}$ ciclo cada	1	30	20	25	5	8,4	∞
9,10@ $\frac{1}{2}$ ciclo cada	1	30	0	15	15	19,8	∞

Tensões Cíclicas Multiaxiais

Solicitações cíclicas *uniaxiais* estão implicitamente presentes em todas as discussões até este ponto na seção 5.6. A maioria das situações de projeto reais, inclusive eixos rotativos, vasos de pressão, parafusos de potência, molas, engrenagens, volantes e muitos outros elementos de máquinas, podem envolver estados *multiaxiais* de tensão cíclica. Em razão das complexidades e dos custos em produzirem-se dados de falha à fadiga multiaxiais, apenas um limitado conjunto de tais dados existe. Consequentemente, ainda não foi obtido um consenso sobre a melhor forma de predizer-se falha sob tensões multiaxiais de fadiga; porém, várias sugestões têm sido discutidas em livros recentes de análise de fadiga.[37] A abordagem adotada neste texto envolve o conceito de *tensão equivalente* para definir um equivalente uniaxial para o estado de tensões multiaxiais real de tensões cíclicas, inclusive para ambas as amplitudes de tensões, alternadas e média.

Abordagem da Fadiga Através da Mecânica da Fratura (*M-F*)

Nos parágrafos introdutórios da seção 5.6 nota-se que a fadiga é um processo de falha progressivo que envolve três fases: a iniciação dos núcleos de trincas, a propagação das trincas até que uma destas alcance um tamanho instável, e, finalmente, uma separação repentina e catastrófica da peça em questão em duas ou mais partes. Na discussão da abordagem de projeto de fadiga *S-N* e da análise recém-completada, as três fases são englobadas na curva *S-N* que representa o local da falha final para a peça ou o corpo de prova submetido a cargas flutuantes conhecidas. A transição da iniciação para a propagação e para a fratura final pode ser identificada a partir de uma curva *S-N*, e a abordagem *S-N* não necessita de tais informações. Fisicamente, porém, as três fases têm sido bem documentadas e o modelamento em separado de cada fase em sequência tem estado sob intenso desenvolvimento. Os resultados destes esforços têm conduzido a uma abordagem à fadiga chamada de abordagem da *mecânica da fratura* (*M-F*). Um extenso banco de dados se encontra estabelecido para dar suporte ao método *M-F* e tem sido, em anos recentes, utilizado de forma muito bem-sucedida na análise e no projeto de peças de equipamentos submetidos a cargas cíclicas. Uma discussão resumida da abordagem *M-F* é incluída aqui, mas discussões muito mais completas podem ser encontradas na literatura atual sobre fadiga.[38]

Fase de Iniciação de Trinca

A abordagem mais extensamente aceita para a previsão da vida de iniciação de trinca é a abordagem de *tensão-deformação local*. Embora os detalhes da abordagem de tensão-deformação local sejam complicados, os conceitos não são. A premissa básica é que a resposta de fadiga local de uma pequena zona crítica de material no sítio de iniciação de trinca, normalmente na raiz de uma descontinuidade geométrica, é análoga à resposta de fadiga de um pequeno corpo de prova laboratorial de acabamento espelhado submetido às mesmas deformações e tensões cíclicas que as da zona crítica. Este conceito está ilustrado na Figura 5.43. O número de ciclos necessários para *iniciar uma trinca* dentro da zona crítica, N_i, é postulado como igual ao número de ciclos para *gerar falha* de um pequeno corpo de prova de acabamento espelhado em um laboratório de teste sob as mesmas deformações e tensões cíclicas. A simulação do processo de falha de um corpo de prova de acabamento espelhado em um computador digital permite a previsão de N_i se os dados apropriados da resposta cíclica do material estiveram disponíveis.

Para proceder com a análise, o modelo de previsão deve ter a capacidade para

1. Calcular as tensões e deformações locais, inclusive médias e faixas de carregamentos aplicados e geometria da estrutura ou peça de equipamento.
2. Contar os ciclos e associá-los com valores de média e faixa de tensão e deformação para cada ciclo.
3. Converter ciclos de média não nula para ciclos completamente alternados equivalentes.
4. Calcular o dano de fadiga durante cada ciclo de amplitude de tensão e/ou deformação e determinar as propriedades cíclicas do material.
5. Calcular o dano ciclo a ciclo e somar o dano para ter a previsão desejada de N_i.

Muitos destes passos podem ser realizados utilizando-se métodos já desenvolvidos anteriormente na seção 5.6. O contador de ciclos *rain flow* (Exemplo 5.16) pode ser utilizado para o item (2), as relações de Goodman modificadas (Exemplo 5.15) para o item (3) e a regra de dano linear de Palmgren-Miner (Exemplo 5.16) para o item (5). Itens (1) e (4) exigem discussões adicionais.

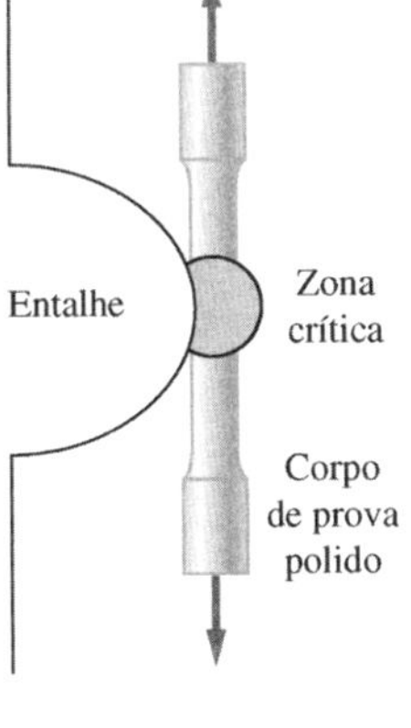

Figura 5.43
Corpo de prova com acabamento espelhado análogo ao do material no ponto crítico na estrutura. (Veja ref. 30.)

[37] Veja, por exemplo, refs. 1, 19, 21 e 25.
[38] Veja, por exemplo, refs. 1, 19,21 e 25.

Para calcular as tensões e deformações locais a partir do carregamento externo e da geometria, uma versão modificada da Regra de Neuber[39] para estimar os fatores de concentração de tensões teóricos conduz à expressão

$$\Delta\sigma\Delta\varepsilon = \frac{\left(K_f \Delta S\right)^2}{E} \tag{5-80}$$

em que

$\Delta\sigma$ = *faixa* de tensões locais
$\Delta\varepsilon$ = *faixa* de deformações locais
ΔS = *faixa* de tensões nominais[40]
k_f = fator de concentração de tensões de fadiga[41]
E = módulo de elasticidade de Young

De outra publicação,[42] uma expressão empírica para a curva tensão-deformação cíclica[43] satisfatória para a maioria dos metais de engenharia foi desenvolvida como

$$\frac{\Delta\varepsilon}{2} = \frac{\Delta\sigma}{2E} + \left[\frac{\Delta\sigma}{2k'}\right]^{1/n'} \tag{5-81}$$

em que k' e n' são constantes do material, o coeficiente de encruamento *cíclico* e expoente de encruamento *cíclico*, respectivamente. Os valores de k' e n' podem ser determinados pela interseção e pela inclinação em um gráfico log-log de amplitude de tensão cíclica $\Delta\sigma/2$ *versus* amplitude de deformação cíclica $\Delta\varepsilon/2$. Dados de vários materiais podem ser encontrados na literatura.[44] Conhecendo-se os valores das propriedades de material E, k' e n', o fator de concentração de tensões de fadiga K_f e prontamente calculável valor da faixa de tensão nominal ΔS. As equações (5-80) e (5-81) podem ser resolvidas simultaneamente para determinar os valores da faixa de tensão local $\Delta\sigma$ da faixa de deformação local $\Delta\varepsilon$.

Para calcular o dano local de fadiga associado com as faixas de tensão e de deformação completamente alternada equivalente para cada ciclo, é necessário ter dados de falha experimentais de amplitude de deformação *versus* ciclos para a falha (iniciação de trinca) N_i frequentemente plotada como amplitude de deformação *versus reversões* para a falha (iniciação de trinca), $2N_i$, como mostrado na Figura 5.44.

Nota-se pela Figura 5.44 que a amplitude de deformação total pode ser expressa como a soma da amplitude de deformação elástica e da amplitude de deformação plástica, cada uma destas de comportamento linear em função dos ciclos ou das reversões para a falha (iniciação da trinca) em um gráfico log-log. Uma expressão empírica da amplitude de deformação total *versus* ciclos da iniciação de trinca, N_i foi desenvolvida como[45]

$$\frac{\Delta\varepsilon}{2} = \frac{\sigma_f'}{E}(2N_i)^b + \varepsilon_f'(2N_i)^c \tag{5-82}$$

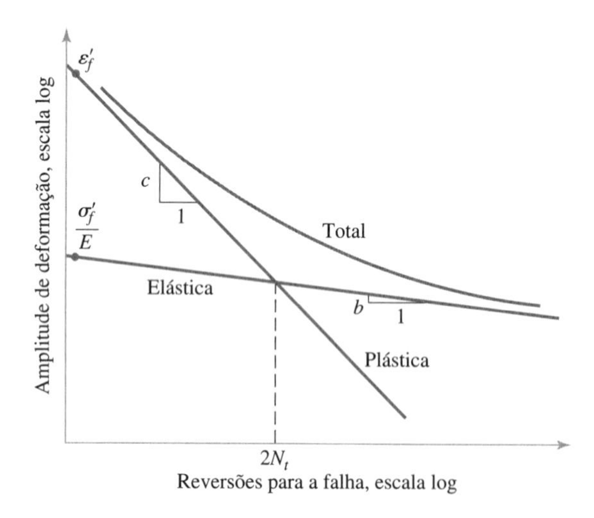

Figura 5.44
Representação esquemática das amplitudes de deformação elástica, plástica e total *versus* vida à fadiga. (Ref. 29.)

---

[39] Veja, por exemplo, ref. 1, p. 283.
[40] Tensão calculada supondo a inexistência de efeito de concentração de tensão; note que a utilização de S para *tensão* diverge da orientação usual neste texto de reservar S para designar resistência.
[41] Veja 5.3.
[42] Veja ref. 30, p. 7.
[43] Normalmente bastante diferente da curva tensão-deformação monotônica. Veja, por exemplo, ref. 1, pp. 284-285.
[44] Veja, por exemplo, ref. 31.
[45] Veja ref. 29.

As constantes b e σ_f'/E são a inclinação e a interseção da linha elástica com a primeira reversão na Figura 5.44 e as constantes c e ε_f' são a inclinação e a interseção da linha plástica com a primeira reversão na Figura 5.44. Os valores das propriedades de material cíclicas σ_f' (coeficiente de resistência à fadiga) e ε_f' (coeficiente de ductilidade à fadiga) devem ser experimentalmente determinados. Com o conhecimento das propriedades cíclicas do material a equação (5-82) pode ser utilizada para calcular o número de ciclos da iniciação de trinca, N_i, para uma dada amplitude de deformação total, $\Delta\varepsilon/2$.

Todos os cinco passos da abordagem de tensão-deformação local podem, portanto, ser utilizados se a propriedades cíclicas do material estiverem disponíveis e o espectro de tensões nominais for conhecido.

Exemplo 5.18 Vida de Iniciação de Trinca de Fadiga

Valores experimentalmente determinados para as propriedades de um aço martensítico são $S_u = 1482$ MPa, $S_{yp} = 1379$ MPa, $K_{Ic} = 81$ MPa $\sqrt{m}$, $e(50 \text{ mm}) = 20\%$, $k' = 1069$ MPa, $n' = 0{,}15$, $\varepsilon_f' = 0{,}48$, $\sigma_f' = 2000$ MPa, $b = -0{,}091$ e $c = 0{,}60$. A peça submetida à tração axial feita deste material tem um único entalhe semicircular de aresta que resulta em um fator de concentração de tensões de fadiga[46] de 1,6. A seção retangular restante da peça na raiz do entalhe é de 9 mm de espessura por 36 mm de largura. Uma força axial completamente alternada de 70 kN de amplitude é aplicada à peça em tração.

a. Quantos ciclos você estimaria como necessários para iniciar uma trinca de fadiga na raiz do entalhe?

b. Que comprimento se pode estimar que esta trinca teria ao se iniciar pelos cálculos da questão (a)?

Solução

a. A amplitude de tensão nominal S_a pode ser calculada como

$$S_a = \frac{F_a}{A}\ \frac{70.000}{(0{,}009)(0{,}036)} = 216 \text{ MPa}$$

por conseguinte, a faixa de tensão nominal ΔS dada por

$$\Delta S = 2S_a = 2(216) = 432 \text{ MPa}$$

Utilizando-se (5-75)

$$\Delta\sigma\Delta\varepsilon = \frac{[1{,}6(432 \times 10^6)]^2}{207 \times 10^9} = 2{,}31 \text{ MPa} \qquad (1)$$

Logo, de (5-76), utilizando-se resultados de (1).

$$\frac{\Delta\varepsilon}{2}\ \frac{\Delta\sigma}{2(207 \times 10^9)}\left(\frac{\Delta\varepsilon}{\Delta\varepsilon}\right) + \left[\frac{\Delta\sigma}{2(1069 \times 10^6)}\left(\frac{\Delta\varepsilon}{\Delta\varepsilon}\right)\right]^{1/0,15}$$

$$\frac{\Delta\varepsilon}{2} = \frac{2{,}3 \times 10^6}{414 \times 10^9(\Delta\varepsilon)} + \left[\frac{2{,}3 \times 10^6}{2138 \times 10^6(\Delta\varepsilon)}\right]^{1/0,15}$$

$$\frac{(\Delta\varepsilon)^2}{2} = 5{,}56 \times 10^{-6} + 1{,}63 \times 10^{-20}(\Delta\varepsilon)^{(1-1/0,15)}$$

$$\Delta\varepsilon = \sqrt{1{,}11 \times 10^{-5} + 3{,}26 \times 10^{-20}(\Delta\varepsilon)^{-5,67}}$$

que pode ser iterada até a solução

$$\Delta\varepsilon = 3{,}64 \times 10^{-3} \text{ m/m}$$

Então, de (5-77)

$$\frac{3{,}64 \times 10^{-3}}{2} = \frac{2000 \times 10^6}{207 \times 10^9}(2N_i)^{-0,091} + 0{,}48(2N_i)^{-0,6}$$

ou

$$1{,}82 \times 10^{-3} = 9{,}07 \times 10^{-3}\ N_i^{-0,091} + 0{,}317(N_i)^{-0,6}$$

que pode ser iterada até

$$N_i = 4{,}8 \times 10^7 \text{ ciclos para iniciação}$$

b. Não há método conhecido para *calcular* o comprimento de uma trinca de fadiga recentemente iniciada. O comprimento deve ser *medido* em um teste experimental ou *estimado* pela experiência. Muitas vezes, se nenhuma outra informação estiver disponível, é suposto que uma trinca recentemente iniciada tenha cerca de $a_i = 1{,}3$ mm.

---

[46] Veja seção 5.3.

Fases de Propagação de Trinca e Fratura Final

Como discutido na seção 5.5 os conceitos da mecânica da fratura linear elástica podem ser empregados para prever o tamanho de uma trinca em dada estrutura ou peça de máquina que irá, sob carregamentos especificados, propagar-se espontaneamente até a fratura final. Este *tamanho de trinca crítico*, a_{cr}, pode ser determinado, por exemplo, pela resolução de (5-52) para o tamanho de trinca, a qual (por definição) torna-se a_{cr} quando a tensão aplicada σ atinge o seu valor máximo. Deste modo, de (5-52)

$$a_{cr} = \frac{1}{\pi}\left[\frac{K_c}{C\sigma_{máx}}\right]^2 \tag{5-83}$$

Além disso, *se as condições de deformação plana são alcançadas*, conforme definido em (5-53), K_c se iguala à tenacidade à fratura para deformação plana, K_{Ic}, e (5-83) se transforma em

$$a_{cr} = \frac{1}{\pi}\left[\frac{K_{Ic}}{C\sigma_{máx}}\right]^2 \tag{5-84}$$

Uma trinca de fadiga que tenha sido iniciada por um carregamento cíclico ou qualquer outro defeito preexistente no material pode vir a crescer estavelmente sob condições de carregamento cíclico até atingir um tamanho crítico, a_{cr}, a partir do qual irá se propagar instavelmente de acordo com as leis da mecânica da fratura até a falha catastrófica. Tipicamente, o tempo necessário para uma trinca iniciada por fadiga alcançar o tamanho crítico representa uma parte significativa da vida do componente de máquina. Assim, é necessário compreender não apenas a fase da iniciação da trinca e a definição do tamanho crítico de trinca, como também é essencial entender o seu crescimento de um tamanho inicial a_i até um tamanho de trinca crítico a_{cr}.

Descobriu-se que a taxa de crescimento de trinca da/dN está relacionada com a amplitude do fator de intensidade de tensões, ΔK, em que

$$\Delta K = C\Delta\sigma\sqrt{\pi a} \tag{5-85}$$

e a amplitude de tensão é dada por

$$\Delta\sigma = \sigma_{máx} - \sigma_{mín} \tag{5-86}$$

A maioria dos dados relativos à propagação de trincas é apresentada em gráficos em base logarítmica de da/dN *versus* ΔK. Na Figura 5.45 esta forma de gráfico típica é apresentada para vários tipos de aço. O estudo destes dados tem levado a diferentes modelos empíricos[47] para a predição da taxa de crescimento da trinca da/dN como uma função de ΔK. Um destes modelos, desenvolvido por Paris e Erdogan,[48] tornou-se amplamente conhecido como a *Lei de Paris*,

$$\frac{da}{dN} = C_{PE}(\Delta K)^n \tag{5-87}$$

em que n é a inclinação da curva no gráfico log-log da/dN *versus* ΔK, conforme apresentado na Figura 5.45, e C_{PE} é um parâmetro empírico que depende das propriedades do material, da frequência do carregamento, da tensão média e talvez de outras variáveis secundárias.

Se os parâmetros C_{PE} e n forem conhecidos para uma aplicação particular, pode-se calcular o comprimento de trinca a_N, resultante da aplicação de N ciclos de carregamento, após a trinca ter sido iniciada pela expressão

$$a_N = a_i + \sum_{j=1}^{N_p} C_{PE}(\Delta K^n) \tag{5-88}$$

ou

$$a_N = a_i + \int_1^{N_p} C_{PE}(\Delta K)^n \, dN \tag{5-89}$$

em que a_i é o comprimento de uma trinca recém-iniciada e N_p é o número de ciclos de carregamento na fase de propagação que se segue à iniciação da trinca. Para históricos de carregamento de espectro complicado, esses cálculos demandam análises bloco a bloco ou ciclo a ciclo, tornando imprescindível o uso de modernos sistemas de computadores digitais para a solução da maioria dos problemas práticos de projeto. Deve-se perceber, também, que vários outros fenômenos podem ocorrer na região do material em torno da ponta da trinca em crescimento, influenciando o seu crescimento e precisão de predição.[49] Estes fenômenos podem incluir a aceleração ou o retardamento do crescimento da

---

[47] Veja, por exemplo, ref. 32.
[48] Veja ref. 33.
[49] Veja, por exemplo, ref. 1, pp. 293-304.

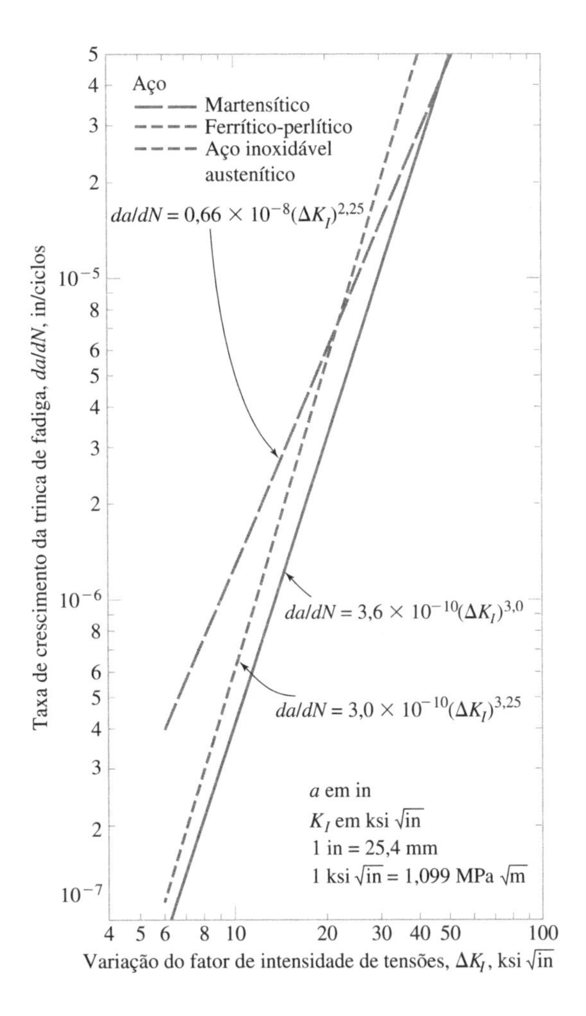

Figura 5.45
Comportamento da propagação de trinca à fadiga para vários aços. (Reimpresso da ref. 34 com permissão de Pearson Education, Inc. Upper Saddle River, N.J.)

trinca devido às zonas plásticas produzidas pelos históricos de carregamento cíclicos precedentes, a influência de tensões médias e efeitos do tamanho de trinca. Tipicamente, um projetista utilizaria (5-88) e (5-89) para obter estimativas preliminares da vida relativa à propagação da trinca, contudo, consideraria o auxílio de um especialista em mecânica da fratura para melhorar a precisão de predição adicionando modificações para levar em conta fatores como sequência de carregamento, ambiente, frequência, estados multiaxiais de tensão e determinação de valores de ΔK aplicáveis tendo em vista a plasticidade na ponta da trinca.

Exemplo 5.19 Propagação de Trinca na Vida à Fadiga

O elemento de tração do Exemplo 5.17 de aço-liga martensítico será submetido a uma continuação do carregamento de força cíclica axial, completamente alternada com amplitude de 70 kN, em seguida à iniciação de uma trinca de fadiga. Pode-se admitir que o comprimento de uma trinca de fadiga recém-iniciada seja de 1,3 mm. Além disso, pode-se admitir que os efeitos de concentração de tensões são desprezíveis para a propagação da trinca (uma vez que a ponta da trinca iniciada se estende pela maior parte da zona onde há concentração de tensão). Quantos ciclos de carregamento contínuo estima-se que poderiam ser aplicados antes de ocorrer uma falha catastrófica?

Solução

Como a força axial aplicada é completamente alternada, as tensões normais máxima e mínima podem ser calculadas como

$$\sigma_{máx,min} = \pm\frac{Fa}{A} = \pm\frac{70.000}{(0{,}009)(0{,}036)} = \pm 216 \text{ MPa}$$

Usando (5-50) para verificar as condições de estado plano de deformação

$$B = 0{,}009 \geq 2{,}5\left(\frac{K_{Ic}}{S_{yp}}\right)^2 = 2{,}5\left(\frac{81}{1379}\right)^2 = 0{,}0086$$

Exemplo 5.19 Continuação

Uma vez que a expressão é satisfatória, *existe o estado plano de deformação* e o tamanho crítico de trinca pode ser determinado por (5-79). Então

$$a_{cr} = \frac{1}{\pi}\left[\frac{K_{Ic}}{C\sigma_{máx}}\right]^2 = \frac{1}{\pi}\left[\frac{81}{216C}\right]^2 = \frac{0{,}0448}{C^2} \tag{1}$$

O parâmetro C pode ser obtido da Figura 5.19, utilizando-se os métodos do Exemplo 5.9 mas deve ser resolvido iterativamente com (1), pois o comprimento de trinca a_{cr} deve ser conhecido para se determinar C, e C deve ser conhecido para determinar a_{cr}.

Para ilustrar a iteração admita-se, por exemplo, a_{cr} = 15 mm. Então, da Figura 5.19

$$\frac{a}{b} = \frac{15}{36} = 0{,}42$$

e

$$C(1 > 0{,}42)^{3/2} = 0{,}97 \rightarrow C = 2{,}2$$

De (1)

$$a_{cr} = \frac{0{,}0448}{(2{,}2)^2} = 0{,}0093 \text{ m} = 9{,}3 \text{ mm}$$

Iterativamente, tentando-se a_{cr} = 12,5 mm, dando

$$\frac{a}{b} = \frac{12{,}5}{36} = 0{,}35 \quad \text{e} \quad C = 0{,}98/(1 - 0{,}35)^{3/2} = 187$$

Isto resulta em

$$a_{cr} = \frac{0{,}0448}{(1{,}87)^2} = 0{,}0128 \text{ m} = 12{,}8 \text{ mm}$$

Este resultado é próximo o suficiente para o valor admitido de a_{cr} = 12,5 mm. Correspondendo a este tamanho de trinca crítico usa-se C_{cr} = 1,87.

Pode-se também, obter o valor de C_i correspondente ao comprimento de trinca recém-iniciada de a_i = 1,3 mm, a partir da Figura 5.19, com $a_i / b = 1{,}3/36 = 0{,}036$.

$$C = 1{,}07 / (1 - 0{,}036)^{3/2} = 1{,}13$$

Já que se trata de um aço martensítico, da Figura 5.45, o modelo empírico de crescimento de trinca deve ser convertido em unidades *SI* e é

$$\frac{da}{dN} = 3{,}03 \times 10^{-10}(\Delta K)^{2{,}25} \tag{2}$$

em que ΔK está em MPa $\sqrt{\text{m}}$ e da/dN está em metro por ciclo.

Em seguida, estabelece-se $\Delta\sigma$ utilizando as tensões normais máximas e mínimas

$$\Delta\sigma = 216 - (-216) = 432 \text{ MPa}$$

Substituindo-se (5-80) em (2), obtém-se

$$\frac{da}{dN} = 3{,}03 \times 10^{-10}\left(C\Delta\sigma\sqrt{\pi a}\right)^{2{,}25}$$

ou

$$\frac{da}{a^{1{,}125}} = 3{,}03 \times 10^{-10}\left(C\Delta\sigma\sqrt{\pi}\right)^{2{,}25} dN$$

Integrando-se ambos os lados,

$$\int_{a_i=0{,}0013}^{a_{cr}=0{,}00125} \frac{da}{a^{1{,}125}} = 3{,}03 \times 10^{-10}\left[\left(\frac{1{,}13 + 1{,}87}{2}\right)(482)\sqrt{\pi}\right]^{2{,}25} \int_0^{N_F} dN \tag{3}$$

Observe que C é tomado como média entre C_i e C_{cr}. Uma solução mais precisa poderia ser obtida dividindo-se o crescimento da trinca em incrementos menores e integrando-se separadamente cada incremento, somando-se os resultados para se obter N_p. Calculando-se (3)

$$\left.\frac{a^{-0{,}125}}{-0{,}125}\right|_{0{,}0013}^{0{,}0125} = 0{,}00233N_p \rightarrow N_p = 1{,}94 \times 10^3$$

$N_p = 1{,}94 \times 10^3$ ciclos de propagação até a fratura final.

Questões de Projeto na Predição de Vida à Fadiga

Usar a abordagem do diagrama *M-F* para estimar a vida à fadiga para uma proposta de configuração de projeto é conceitualmente simples. A vida total à fadiga até a falha N_f é a soma da vida para iniciação da trinca N_i e a vida de propagação N_p. De modo que

$$N_f = N_i + N_p \tag{5-90}$$

A vida para iniciação pode ser calculada usando-se a abordagem da tensão-deformação local, conforme ilustrado no Exemplo 5.18. A vida de propagação pode ser calculada utilizando-se um modelo de crescimento de trinca adequado, em conjunto com uma estimativa do tamanho crítico de trinca baseado na MFLE conforme ilustrado no Exemplo 5.19. Na prática, contudo, devem ser considerados vários outros aspectos quando se usa (5-90) como uma ferramenta de projeto. Dentre estes, incluem-se os seguintes: (1) determinação ou especificação do tamanho inicial de trinca correspondente a N_i ciclos; (2) consideração de efeitos de concentração de tensão geométricos e de gradientes de tensão; (3) consideração de gradiente de resistência, especialmente quando associados a tratamentos superficiais mecânicos ou metalúrgicos; (4) consideração de campos de tensões residuais; (5) consideração de estados multiaxiais de tensões, efeitos tridimensionais e outros. A maioria dessas questões continua sendo pesquisada, obrigando os projetistas a consultar especialistas em mecânica da fratura e/ou a adotar simplificações apropriadas quando utilizam (5-90). Na análise final, é essencial induzir testes de fadiga em verdadeira escala para que seja fornecida a confiabilidade aceitável.

Exemplo 5.20 Estimando a Vida em Fadiga Total

Referindo-se às soluções dos Exemplos 5.18 e 5.19, estime a vida em fadiga total da peça tracionada em aço martensítico submetido a uma força axial completamente alternada de 70 kN de amplitude.

Solução

A vida em fadiga total pode ser estimada utilizando-se (5-90). Com os resultados do Exemplos 5.18 e 5.19

$$N_f = N_i + N_p = 4{,}8 \times 10^7 + 1{,}94 \times 10^3 = 4{,}8 \times 10^7 \text{ ciclos}$$

Para esta peça, a vida em fadiga N_f é dominada pela fase de iniciação de trinca.

Fatores de Concentração de Tensões à Fadiga e o Índice de Sensibilidade ao Entalhe

Ao contrário do fator de concentração de tensões teórico K_t, o fator de concentração de tensões de fadiga K_f é uma *função do material*, assim como a geometria e do tipo de carregamento. Para levar em conta a influência das características do material, um *índice de sensibilidade ao entalhe q* é definido para relacionar o efeito real de um entalhe na resistência à fadiga de um material com o efeito que pode ser previsto tomando-se como base somente a teoria da elasticidade. A definição do índice de sensibilidade ao entalhe q é dada por

$$q = \frac{K_f - 1}{K_t - 1} \tag{5-91}$$

em que K_f = fator de concentração de tensões de fadiga
K_t = fator de concentração de tensões teórico
q = fator de sensibilidade ao entalhe válido para a faixa de fadiga de alto ciclo

A intensidade de q vai de *zero*, para nenhum efeito do entalhe, até a *unidade*, para o efeito do entalhe completo. O índice de sensibilidade ao entalhe é uma função tanto do material como do raio do entalhe, conforme ilustrado na Figura 5.46 para uma gama de aços e uma liga de alumínio. Para materiais de grão mais fino, tais como os aços temperados e revenidos, o valor de q é normalmente próximo à unidade. Para materiais de grão mais grosseiro, como ligas de alumínio recozidas e normalizadas, o valor de q aproxima-se da unidade se o raio do entalhe exceder cerca de um quarto de polegada. Em função destes fatos, existe a tentação de recomendar-se o uso de $K_f = K_t$ como uma hipótese simplificadora. Entretanto, fazendo-se isso ignoram-se vários efeitos importantes de sensibilidade ou entalhe, inclusive:

1. Sob carregamentos de fadiga, frequentemente observa-se que uma liga de aço com propriedades *monotônicas* superiores *não* apresenta propriedades de *fadiga* superiores quando comparada a aços baixo carbono comuns, por causa da diferença nas sensibilidades ao entalhe.

2. Existe uma tendência de se avaliar incorretamente os efeitos de pequenos riscos e cavidades, a menos que os efeitos da sensibilidade ao entalhe sejam reconhecidos.
3. Sérios erros podem ser cometidos ao se aplicarem os resultados de modelos a estrutura grandes, se os efeitos da sensibilidade ao entalhe não forem reconhecidos.
4. Em situações críticas de projeto, ineficiências podem surgir se os efeitos da sensibilidade ao entalhe não forem considerados.

Com base em (5-91), uma expressão para o fator de concentração de tensões de fadiga pode ser escrita como

$$K_f = q\,(K_t - 1) + 1 \tag{5-92}$$

O fator de concentração de tensões elástico teórico K_t pode ser determinado segundo a geometria e o carregamento com gráficos de *handbooks*, como os mostrados nas Figuras 5.4 a 5.12. O índice de sensibilidade ao entalhe q também pode ser obtido de gráficos, como o mostrado na Figura 5.46.

Para estados de tensões cíclicas *uniaxiais*, algumas vezes é conveniente utilizar K_f como um "fator de redução de resistência" em vez de um "fator de concentração de tensões". Isto pode ser feito *dividindo-se* o limite de resistência à fadiga por K_f em vez de *multiplicar-se* a tensão cíclica nominal aplicada *por* K_f. Embora conceitualmente seja mais correto imaginar-se K_f como um fator de concentração de tensões, computacionalmente muitas vezes é mais simples usar K_f como um fator de redução de resistência quando as tensões cíclicas são uniaxiais. Para estados de tensões multiaxiais, no entanto, K_f *deve* ser usado como um fator de concentração de tensões.

O fator de concentração de tensões de fadiga (ou fator de redução de resistência) determinado de (5-92) somente pode ser aplicado à faixa de fadiga de alto ciclo (vidas de 10^5-10^6 ciclos e maiores). Anteriormente já se observou que para materiais dúcteis e cargas estáticas, os efeitos da concentração de tensões podem normalmente ser desprezados. Na faixa intermediária e na faixa de fadiga de baixo ciclo (de um quarto de ciclo até cerca de 10^5-10^6 ciclos), o fator de concentração de tensões aumenta desde a unidade até K_f, de modo que as curvas *S-N* referentes às situações com entalhes e sem entalhes tendem a convergir a partir do ponto de um quarto de ciclo, ponto *A*, conforme mostrado na Figura 5.47.

Estimativas para fatores de concentração de tensões para fadiga podem ser obtidas construindo-se em um gráfico *S-N* semilogarítmico uma linha reta desde a última tensão plotada para uma vida de 1 ciclo até a resistência à fadiga, para o caso sem entalhe, dividida por K_f plotado para uma vida de 10^6 ciclos.[50] A razão entre a resistência à fadiga para o caso sem entalhe e o caso com entalhe para uma vida qualquer intermediária pode ser utilizada como uma estimativa do coeficiente de concentração de tensões de fadiga para aquela vida.

Finalmente, investigações experimentais têm indicadas que, para estudar a fadiga de *materiais dúcteis*, o fator de concentração de tensões de fadiga para qualquer estado de tensões cíclico com *média não nula* deve ser aplicado *somente* à componente de tensão *alternada* (e *não* à componente *média*). Ao se calcular o carregamento de fadiga de materiais *frágeis*, o fator de concentração de tensões deve ser aplicado a *ambos* os componentes, alternado e médio.

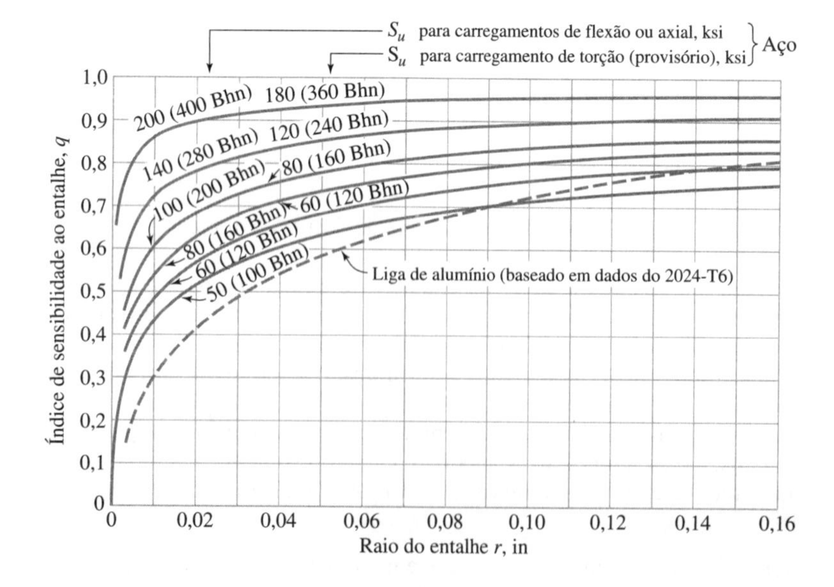

Figura 5.46
Curvas do índice de sensibilidade ao entalhe *versus* raio do entalhe para uma gama de aços e uma liga de alumínio submetidos ao carregamento axial, de flexão e de torção. (Da ref. 15; reimpresso com a permissão da McGraw-Hill Companies.)

[50] Veja Figura 5.47.

Figura 5.47
Curvas S-N para corpos de prova com e sem entalhe submetidos ao carregamento axial completamente alternado. (Da ref. 16.)

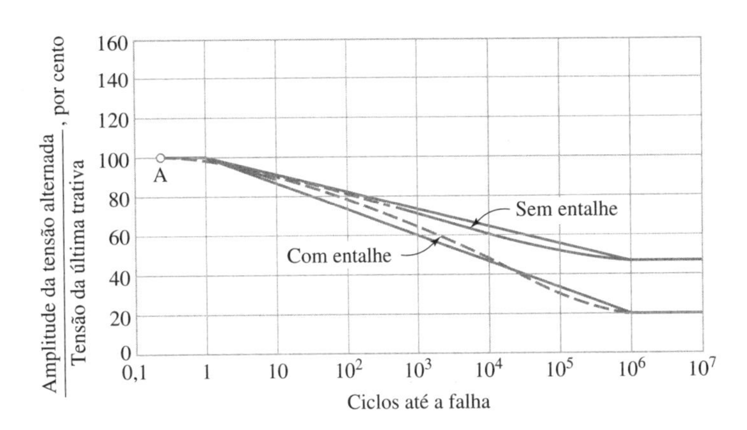

Exemplo 5.21 Predição da Vida à Fadiga sob Tensão Uniaxial, Incluindo Concentração de Tensão

Uma barra de seção retangular de 60 mm de largura por 2,5 mm de espessura de aço 1040 recozido tem um furo passante de 6 mm de diâmetro usinado, conforme mostrado na Figura E5.21. As propriedades do aço 1040 são $S_u = 372$ MPa, $S_{yp} = 330$ MPa e $e(50 \text{ mm}) = 50\%$ em 50 mm, $S_f = 186$ MPa. A barra é substituída a uma força completamente alterada de 8 kN. A flambagem não é um problema. Que vida cíclica pode ser prevista para a barra, se a curva não S-N das peças sem entalhes da Figura 5.47 é válida?

Solução

A amplitude da tensão *real* no ponto crítico adjacente ao furo é

$$(\sigma_a)_{real} = K_f(\sigma_a)_{nom} = K_f\left(\frac{P_a}{A_{liq}}\right) = K_f\left(\frac{8000}{0,06(0,0025)}\right) = 53,3K_f \text{ MPa}$$

De (5-92)

$$K_f = q(K_t - 1) + 1$$

Utilizando-se a Figura 5.46 do aço com $S_u = 372$ MPa $= 54$ ksi e $r = 3$ mm $\approx 0,125$ in.

$$q = 0,76$$

Da Figura 4.9(b), com $b/d = 6/60 = 0,10$

$$K_t = 2,7$$

Portanto,

$$K_f = 0,76(2,7 - 1) + 1 = 2,29$$

A tensão real é, portanto

$$(\sigma_a)_{real} = 53,3K_f = 53,3(2,29) = 122 \text{ MPa}$$

Calculando-se a razão

$$\frac{(\sigma_a)_{real}}{S_u} = \frac{122}{372} = 0,378 = 37,87\%$$

E usando este valor na curva S-N "sem entalhes" da Figura 5.47, a vida cíclica prevista da barra é infinita.[51] Deve-se reconhecer, contudo, que virtualmente não existe margem de segurança. Seria prudente, no entanto, impor um fator de segurança apropriado ou uma avaliação de confiabilidade antes de avançar.

Figura E5.21
Barra de aço com concentração de tensões submetidas a carregamento cíclico.

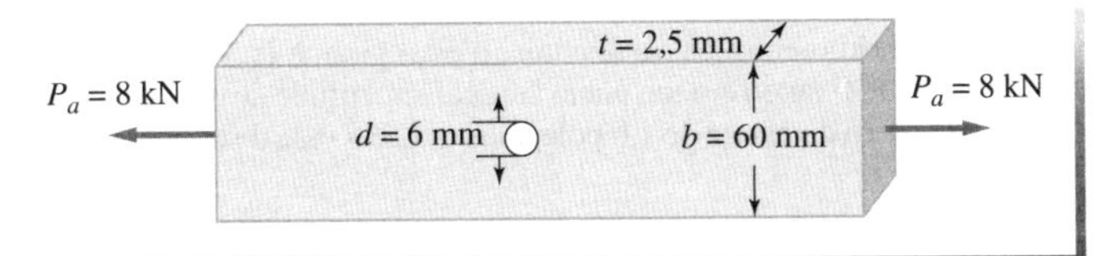

5.7 Estado de Tensões Multiaxiais Cíclicos e as Teorias de Falha à Fadiga Multiaxial

Uma discussão extensiva de predição prevenção da falha por fadiga e a vida à fadiga sob estado de tensões *uniaxiais* cíclicos foi apresentada na seção 5.6. Conforme mencionado nessa discussão, a maioria das situações reais envolve cargas variáveis que produzem estados de tensões *multiaxiais*

[51] Porque o valor 0,42 está abaixo da curva S-N.

cíclicos. *Ainda não se chegou a um consenso sobre qual é a abordagem mais adequada para a previsão de falha sob estado de tensões multiaxiais cíclicos.* No entanto para matérias dúcteis submetidas a tensões multiaxiais alternadas é usada uma técnica envolvendo a adaptação cíclica da expressão da *tensão equivalente* (5-45). Para os materiais frágeis submetidos a tensões multiaxiais alternadas, as expressões para as tensões normais principais são utilizadas.

Uma expressão para uma *tensão equivalente alternada uniaxial* (σ_{eq-a}) para materiais dúcteis, baseada na expressão da tensão equivalente de (5-47), pode ser escrita como

$$\sigma_{eq-a} = \sqrt{\frac{1}{2}\left[\left(\sigma_{x-a} - \sigma_{y-a}\right)^2 + \left(\sigma_{y-a} - \sigma_{z-a}\right)^2 + \left(\sigma_{z-a} - \sigma_{x-a}\right)^2\right] + 3\left(\tau_{xy-a}^2 + \tau_{yz-a}^2 + \tau_{xz-a}^2\right)} \quad (5\text{-}93)$$

Uma expressão para a *tensão equivalente média uniaxial* (σ_{eq-m}) para materiais dúcteis, baseada na expressão da tensão equivalente de (5-47), pode ser escrita como

$$\sigma_{eq-m} = \sqrt{\frac{1}{2}\left[\left(\sigma_{x-m} - \sigma_{y-m}\right)^2 + \left(\sigma_{y-m} - \sigma_{z-m}\right)^2 + \left(\sigma_{z-m} - \sigma_{x-m}\right)^2\right] + 3\left(\tau_{xy-m}^2 + \tau_{yz-m}^2 + \tau_{xz-m}^2\right)} \quad (5\text{-}94)$$

ou, para tensão plena,

$$\sigma_{eq-a} = \sqrt{\sigma_{x-a}^2 + \sigma_{y-a}^2 - \sigma_{x-a}\sigma_{y-a} + 3\tau_{xy-a}^2} \quad (5\text{-}95)$$

$$\sigma_{eq-m} = \sqrt{\sigma_{x-m}^2 + \sigma_{y-m}^2 - \sigma_{x-m}\sigma_{y-m} + 3\tau_{xy-m}^2} \quad (5\text{-}96)$$

As equações (5-43) a (5-46) podem ser substituídas em qualquer uma das expressões discutidas na seção 5.6 como *equivalentes* às parcelas uniaxiais (σ_a e σ_m). Por exemplo, se as condições de carregamento promovem um estado de tensões *multiaxial* cíclico, ao se usar (5-72) tem-se

$$\sigma_{eq-CR} = \frac{\sigma_{eq-a}}{1 - \left(\sigma_{eq-m}/S_u\right)} \quad \text{para} \quad \sigma_{eq-m} \geq 0 \quad \text{e} \quad \sigma_{máx} \leq S_{yp} \quad (5\text{-}97)$$

ou

$$\sigma_{eq-CR} = S_{yp} \quad \text{para} \quad \sigma_{eq-m} \geq 0 \quad \text{e} \quad \sigma_{máx} \geq S_{yp} \quad (5\text{-}98)$$

em que

$$\sigma_{máx} = \sigma_{eq-a} + \sigma_{eq-m} \quad (5\text{-}99)$$

Para materiais frágeis submetidos a estados de tensões multiaxiais cíclicos, se a convenção ($\sigma_1 \geq \sigma_2 \geq \sigma_3$) for adotada, as expressões σ_{1a} e σ_{1m} podem ser substituídas em qualquer um dos procedimentos uniaxiais descritos na seção 5.6. Com materiais frágeis, por exemplo, as equações (5-73) tornam-se, sob estados de tensões multiaxiais cíclicos.

$$\sigma_{eq-CR} = \frac{\sigma_{1a}}{1 - \left(\sigma_{1m}/S_u\right)} \quad \text{para } \sigma_{1m} \geq 0 \quad \text{e} \quad \sigma_{máx} \leq S_u \quad (5\text{-}100)$$

Exemplo 5.22 Predição da Falha por Fadiga sob Tensões Multiaxiais Variáveis

Um eixo de transmissão de potência de seção cilíndrica cheia vai ser fabricado de aço 1020 laminado a quente com S_u = 65.000 psi, S_{yp} = 43.000 psi, e = 36 por cento de alongamento em 2 polegadas, e propriedades de fadiga como as mostradas para o aço 1020 na Figura 5.31. O eixo deve transmitir 85 hp com uma velocidade de rotação n = 1800 rpm, sem flutuação no torque ou na velocidade. Na região crítica, localizada no ponto médio entre os rolamentos, o eixo girante também está submetido a um momento fletor puro de 1500 lbf · in, fixando em um plano vertical em virtude de um sistema de forças externas simétricas sobre eixo. Se o diâmetro do eixo é de 1,0 polegada, qual é a vida de operação prevista antes da falha por fadiga ocorrer?

Solução

Da equação da potência (4-39), o torque constante no eixo é

$$T = \frac{63.025(hp)}{n} = \frac{63.025(85)}{1800} = 2976 \text{ lbf} \cdot \text{in (constante)}$$

e da colocação do problema, o momento fletor é completamente alternado (devido à rotação do eixo), resultando em

$$M = 1500 \text{ lbf} \cdot \text{in (completamente alternado)} \quad (2)$$

Como a tensão de cisalhamento máxima devida ao torque T ocorre na superfície, e as tensões de flexão cíclicas vão de um valor máximo até um valor mínimo e voltam até o valor máximo na superfície durante cada rotação, todos os pontos na superfície da região do meio do eixo são igualmente críticos.

Um elemento de volume típico em um ponto crítico no meio do eixo é mostrado na Figura E5.22. A tensão de cisalhamento de torção constante pode ser calculada de (4-37) como

$$\tau_{xy} = \frac{Ta}{J} = \frac{16T}{\pi d^3}$$

e a tensão de flexão cíclica de (4-5) como

$$\sigma_x = \frac{Mc}{I} = \frac{32M}{\pi d^3}$$

Notando-se que $T_{máx} = T_{mín} = T_m = T = 2976$ lbf · in, $M_{máx} = +1500$ lbf · in, $M_{mín} = -1500$ lbf · in, e $M_m = 0$, as componentes de tensões alternadas e médias são:

$$\tau_{xy-m} = \frac{16(2976)}{\pi(1)^3} = 15.157 \text{ psi}, \; \tau_{xy-a} = 0 \text{ psi}$$

$$\sigma_{x-m} = 0 \text{ psi}, \qquad \sigma_{x-a} = \frac{32(1500)}{\pi(1)^3} = 15.279 \text{ psi}$$

Visto que $e = 36$ por cento, o material é dúctil e os conceitos de tensão equivalente de (5-95) e (5-96) podem ser usados para escrever

$$\sigma_{eq-a} = \sqrt{(15.279)^2 + 0^2} = 15.279 \text{ psi}$$

$$\sigma_{eq-m} = \sqrt{0^2 + 3(15.157)^2} = 26.253 \text{ psi}$$

Usando as expressões em (5-99), a condição de $\sigma_{máx}$ pode ser checada calculando-se

$$\sigma_{máx} = 15.279 + 26.253 = 41.532 < 43.000 \text{ psi}$$

Assim, (5-97) é válida e gera

$$\sigma_{eq-CR} = \frac{15.279}{1 - \dfrac{26.253}{65.000}} = 25.631 \text{ psi}$$

Verificando a Figura 5.31, este valor, $\sigma_{eq-CR} = 25.631$ psi, corresponde à vida infinita para o aço 1020. Nenhum fator de correção, tal como acabamento superficial, corrosão e assim por diante, tenham sido considerados. Uma previsão mais precisa poderia ser realizada pela consideração de tais fatores, como foi feito no Exemplo 5.13.

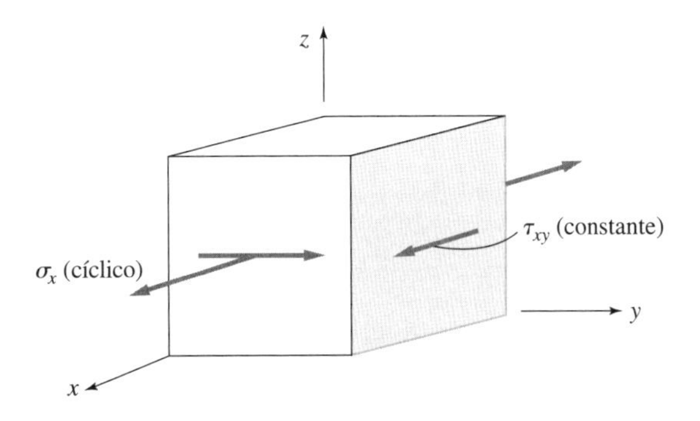

Figura E5.22
Estado de tensões em um ponto crítico típico na metade do cumprimento de um eixo.

Exemplo 5.23 Predição da Vida à Fadiga sob Tensões Multiaxiais, Incluindo Efeitos de Concentração de Tensões

Considere a Figura E5.23A, na qual um eixo de 1,25 polegada de diâmetro com um carregamento de torção oscilante tem um furo passante diametral de 0,25 polegada. Da forma como o eixo é carregado, é submetido a um momento torsor *pulsativo* de 8300 lbf · in, e a um momento fletor *pulsativo* em fase no plano do eixo do furo passante de 3700 lbf · in. Se o eixo é feito de aço 4340 com $S_u = 150.000$ psi, $S_{yp} = 120.000$ psi, $e = 15$ por cento em 2 polegadas, e as propriedades de fadiga mostradas na Figura E5.23B, quantas oscilações torcionais espera-se que seja completadas antes que ocorra a falha do eixo por fadiga? (Suponha que os pontos críticos para flexão e torção coincidam.)

Exemplo 5.23 Continuação

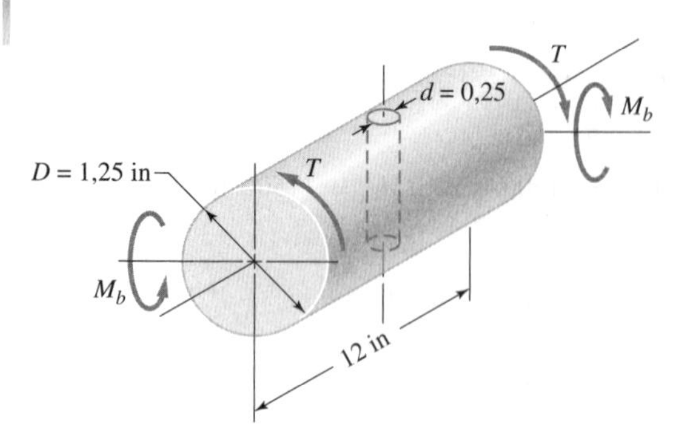

Figura E5.23A
Eixo oscilante com um furo passante.

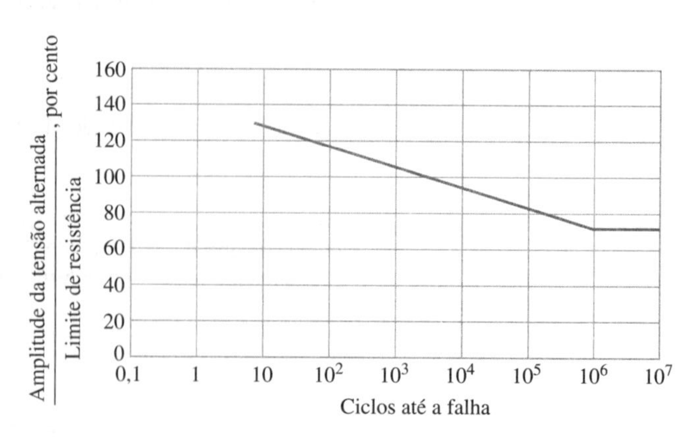

Figura E5.23B
Propriedades uniaxiais de fadiga do aço 4340 utilizado no eixo oscilante submetido à torção.

Solução

Supõe-se que os pontos críticos para flexão e torção estejam no mesmo local, adjacentes à aresta do furo na parte de cima e de baixo da superfície. O estado de tensões no ponto crítico é mostrado na Figura E5.23C.

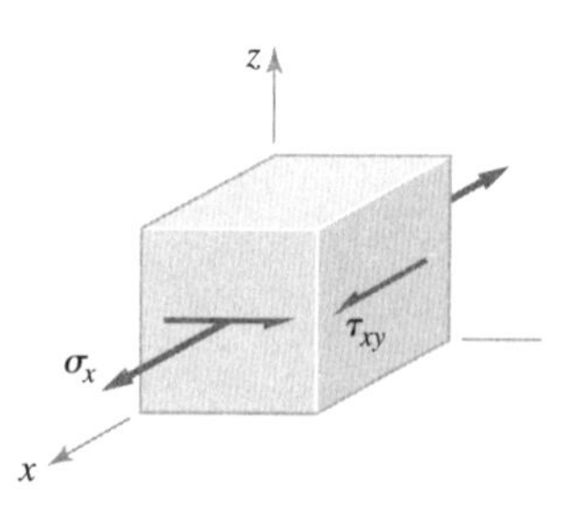

Figura E5.23C
Estado de tensões no ponto crítico.

As tensões nominais de flexão e de torção, assim como os fatores de concentração de tensões para a flexão e a torção, podem ser obtidas da Figura 5.6. A tensão nominal de flexão é

$$\sigma_{nom} = \frac{M}{\dfrac{\pi D^3}{32} - \dfrac{dD^2}{6}} = \frac{M}{\dfrac{\pi(1{,}25)^3}{32} - \dfrac{0{,}25(1{,}25)^2}{6}} = 7{,}90\ M$$

e a tensão nominal de torção é

$$\tau_{nom} = \frac{T}{\dfrac{\pi D^3}{16} - \dfrac{dD^2}{6}} = \frac{T}{\dfrac{\pi(1{,}25)^3}{16} - \dfrac{0{,}25(1{,}25)^2}{6}} = 3{,}14\ T$$

Referindo-se mais uma vez à Figura 5.6, para

$$\frac{d}{D} = \frac{0{,}25}{1{,}25} = 0{,}2$$

pode-se encontrar que

$$(K_t)_{tor} = 1{,}50$$

e

$$(K_t)_{flex} = 2{,}03$$

Também da Figura 5.46,

$$q_{tor} = 0{,}94$$

e

$$q_{flex} = 0{,}92$$

Então de (5-92),

$$K_{f-tor} = 0{,}94(1{,}50 - 1) + 1 = 1{,}47$$

e

$$K_{f-flex} = 0{,}92(2{,}03 - 1) + 1 = 1{,}95$$

Então

$$\tau_{xy} = 1{,}47(3{,}14T) = 4{,}62T$$

e

$$\sigma_x = 1{,}95(7{,}90M) = 15{,}41M$$

Visto que o eixo é submetido a um momento torcional pulsativo de 8300 lbf · in e a um momento fletor de 3700 lbf · in, os valores máximos e mínimos são

$$M_{máx} = 3700 \text{ lbf} \cdot \text{in}, \; M_{mín} = 0$$

$$T_{máx} = 8300 \text{ lbf} \cdot \text{in}, \; T_{mín} = 0$$

Os valores alternados e médios são

$$M_a = M_m = \frac{3700}{2} = 1850 \text{ lbf} \cdot \text{in}$$

$$T_a = T_m = \frac{8300}{2} = 4150 \text{ lbf} \cdot \text{in}$$

Baseando-se nas equações anteriores, as componentes de tensão alternada e média são

$$\sigma_{x-a} = \sigma_{x-m} = 15{,}41 \cdot (1850) = 28.509 \text{ psi}$$

$$\tau_{xy-a} = \tau_{xy-m} = 4{,}62 \cdot (4150) = 19.173 \text{ psi}$$

Visto que $e = 15$ por cento, o material é dúctil, e os conceitos de tensão equivalente de (5-95) e (5-96) podem ser utilizados para gerar

$$\sigma_{eq-a} = \sqrt{(28.509)^2 + 3(19.173)^2} = 43.767 \text{ psi}$$

e

$$\sigma_{eq-m} = \sqrt{(28.509)^2 + 3(19.173)^2} = 43.767 \text{ psi}$$

Utilizando estas expressões na seção (5-99), a condição de $\sigma_{máx}$ pode ser checada calculando-se:

$$\sigma_{máx} = 43.767 + 43.767 = 87.534 \text{ psi}$$

Baseado na validade do critério

$$\sigma_{eq-m} \geq 0$$

e

$$\sigma_{máx} = 87.534 < S_{yp} = 120.000 \text{ psi}$$

Se (5-72) é escolhido, o resultado é

$$\sigma_{eq-CR} = \frac{43.767}{1 - (43.767/150.000)} = 61.800 \text{ psi}$$

Se (5-75) é escolhido, o resultado é

$$\sigma_{eq-CR} = \frac{43.767}{1 - (43.767/150.000)^2} = 47.840 \text{ psi}$$

Como o limite de fadiga na Figura E5.23B é mostrado como $S_j = 75.000$ psi, ambos os valores calculados σ_{eq-cr} inseririam vida infinita (um número infinito de oscilações torcionais) para este componente. Os fatores de conexão que afetam a resistência como o acabamento superficial, corrosão e outros, contudo precisariam ser revistos para melhorar a avaliação da vida. (Veja o Exemplo 5.13.)

Exemplo 5.24 Aumento da Vida à Fadiga Resultante do Jateamento com Granalha (Tensões Residuais Favoráveis)

Uma barra cilíndrica de suporte deve ser submetida a uma carga de tração cíclica *pulsativa* $P_{máx} = 23.000$ lbf. A seção crítica da barra está na raiz de um entalhe circunferencial de formato semicircular, cujas dimensões são apresentadas na Figura E5.24A. O material deve ser uma liga de aço-carbono forjado, com $S_u = 76.000$ psi, $S_{yp} = 42.000$ psi e e(2 polegadas) = 18 por cento quando na condição de laminado a quente, e com $S_u = 70.000$ psi, $S_{yp} = 54.000$ psi e e(2 polegadas) = 15 por cento quando na condição de laminado a frio. As propriedades de fadiga estão definidas pela curva *S-N* do Exemplo 5.10 e repetidas, aqui, na Figura E5.24B.

a. Usando um nível de confiabilidade de 99,9 por cento para a resistência à fadiga, estimar a vida da barra sob as condições dadas, se o material estiver na condição de laminado a quente.

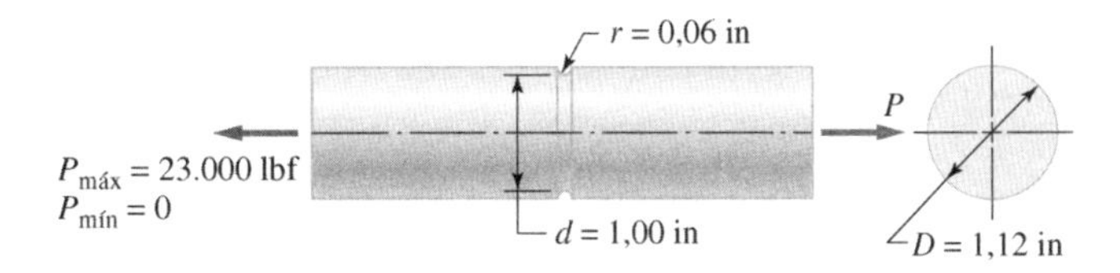

Figura E5.24A
Barra de suporte de aço carregada ciclicamente com entalhe circunferencial de perfil semicircular.

Exemplo 5.24 Continuação

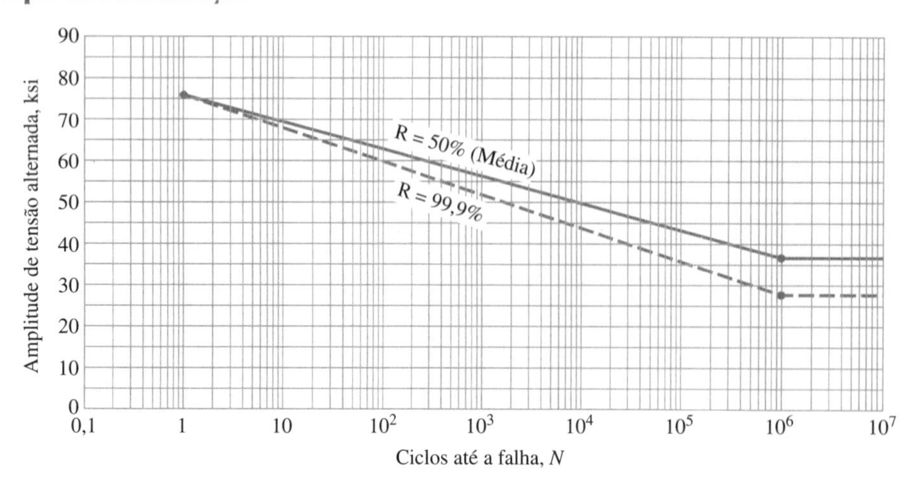

Figura E5.24B

Curvas *S-N* estimadas para resistência à fadiga, com níveis de confiabilidade de 50% e 99,9% (repetidos da Figura E5.10A). Observe que S_f para R = 50% é 38.000 psi e que S_f para R = 99,9% é 28.600 psi.

b. Estimar o aumento da vida (caso ocorra) que poderia ser esperado para a barra laminada a quente se o entalhe fosse jateado adequadamente com granalha admitindo-se que o processo de jateamento resultasse em uma tensão residual compressiva na superfície de aproximadamente 50 por cento do limite de escoamento por encruamento a frio.

Solução

a. Para o carregamento aplicado pulsativo, com $P_{máx}$ = 23.000 lbf, a tensão cíclica nominal varia de

$$(\sigma_{mín})_{nom} = 0$$

a

$$(\sigma_{máx})_{nom} = \frac{P_{máx}}{A_{liq}} = \frac{23.000}{\frac{\pi(1{,}00)^2}{4}} = 29.285 \text{ psi}$$

substituindo os valores nominais da amplitude de tensão e de tensão média

$$(\sigma_a)_{nom} = \frac{29.285 - 0}{2} 14.642 \text{ psi}$$

e

$$(\sigma_m)_{nom} = \frac{29.285 + 0}{2} = 14.642 \text{ psi}$$

Utilizando-se os métodos desenvolvidos na seção 5.3, uma vez que o material é dúctil, tem-se

$$(\sigma_a)_{atuante} = K_f\,(\sigma_a)_{nom}$$

e

$$(\sigma_m)_{atuante} = (\sigma_m)_{nom}$$

Então, de (5-91), tem-se

$$K_f = q\,(K_t - 1) + 1$$

em que q pode ser obtido da Figura 5.11, com r = 0,06 e S_u = 76.000 psi, como

$$q = 0{,}74$$

Da Figura 5.5(b), com r/d = 0,06 e D/d = 1,12, K_t, pode ser obtido como

$$K_t = 2{,}18$$

obtendo-se, então,

$$K_f = 0{,}74\,(2{,}18 - 1) + 1 = 1{,}87$$

Desta equação

$$(\sigma_a)_{atuante} = 1{,}87\,(14.642) = 27.381 \text{ psi}$$

e

$$(\sigma_a)_{atuante} = 14.642 \text{ psi}$$

Portanto, os valores *efetivos* para $\sigma_{máx}$ e $\sigma_{mín}$ são

$$(\sigma_{máx})_{efet} = 27.381 + 14.642 = 42.023 \text{ psi}$$

e

$$(\sigma_{mín})_{efet} = 14.642 - 27.381 = -12.739 \text{ psi}$$

Agora, usando-se (5-72),

$$\sigma_{eq-CR} = \frac{(\sigma_a)_{atuante}}{1 - \dfrac{\sigma_m}{S_u}} = \frac{27.381}{1 - \dfrac{14.642}{76.000}} = 33.915 \text{ psi}$$

Levando-se esta amplitude de tensão completamente alternada equivalente para 99,9 por cento de confiabilidade na curva *S-N* da Figura E5.24B, a vida estimada é

$$N = 2 \times 10^5 \text{ ciclos}$$

b. Se o entalhe fosse jateado até que se obtivesse uma tensão residual compressiva de 50 por cento do limite de escoamento com encruamento, a tensão residual compressiva na superfície seria

$$\sigma_{res} = -0{,}5(54.000) = -27.000 \text{ psi}$$

Supondo-se a tensão residual e as tensões efetivas de operação na raiz do entalhe, seriam

$$(\sigma_{máx})_{sp-efet} = 42.023 + (-27.000) = 15.023 \text{ psi}$$

e

$$(\sigma_{mín})_{sp-efet} = -12.739 + (-27.000) = -39.739 \text{ psi}$$

assim,

$$(\sigma_a)_{sp-efet} = \frac{15.023 - (-39.739)}{2} = 27.381 \text{ psi}$$

e

$$(\sigma_m)_{sp-efet} = \frac{15.023 + (-39.739)}{2} = -12.358 \text{ psi}$$

Para o entalhe jateado com granalha, então, uma vez que a tensão média é de compressão, utilizando-se (5-73).

$$\sigma_{eq-CR} = (\sigma_a)_{sp-efet} = 27.381 \text{ psi}$$

Levando-se esta amplitude de tensão completamente alternada equivalente para 99,9 por cento de confiabilidade na curva *S-N* na Figura 5.24B, a vida estimada é

$$N_{sp} = \infty \text{ ciclos}$$

uma vez que

$$\sigma_{eq-CR} = 27.381 < S_f(R = 99{,}9\%) = 28.600 \text{ psi}$$

Estima-se que o jateamento de granalha do entalhe, neste caso, aumente a vida à fadiga do componente em aproximadamente 200.000 ciclos para vida infinita. O jateamento com granalha é amplamente utilizado para melhorar a resistência à fadiga à falha por fadiga.

Problemas

5-1. Uma viga maciça de seção transversal retangular, engastada em uma das extremidades, conforme apresentado na Figura P5.1, está sujeita a uma carga vertical orientada para baixo (ao longo do eixo z) de $V = 8000$ lbf em sua extremidade livre e, ao mesmo tempo, submetida a uma carga horizontal (ao longo do eixo y), orientada para a direita, considerando o observador de frente para a extremidade livre da viga de $H = 3000$ lbf. Para as dimensões da viga apresentadas, faça o seguinte:

a. Indique, precisamente, a posição do ponto mais crítico desta viga. Explique a lógica adotada por você, com clareza.
b. Calcule a tensão máxima no ponto crítico.
c. Verifique se é possível esperar uma falha por escoamento, caso a viga seja construída com aço-carbono recozido AISI 1020.

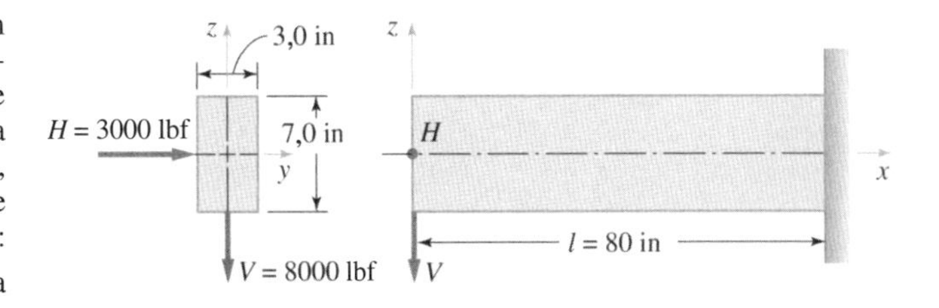

Figura P5.1
Viga engastada submetida simultaneamente a cargas horizontal e vertical aplicadas na extremidade.

5-2. O bloco retangular mostrado na Figura. P5.2 é livre na extremidade superior e engastado em sua base. O bloco retangular é submetido a uma força compressiva concentrada de 200 kN em conjunto com o momento de 50 kN · m, como mostrado.

a. Identifique a posição do ponto mais crítico no bloco retangular.
b. Determine a tensão máxima no ponto crítico e determine se o escoamento vai ocorrer. O material é o aço AISI 1060 laminado a quente.

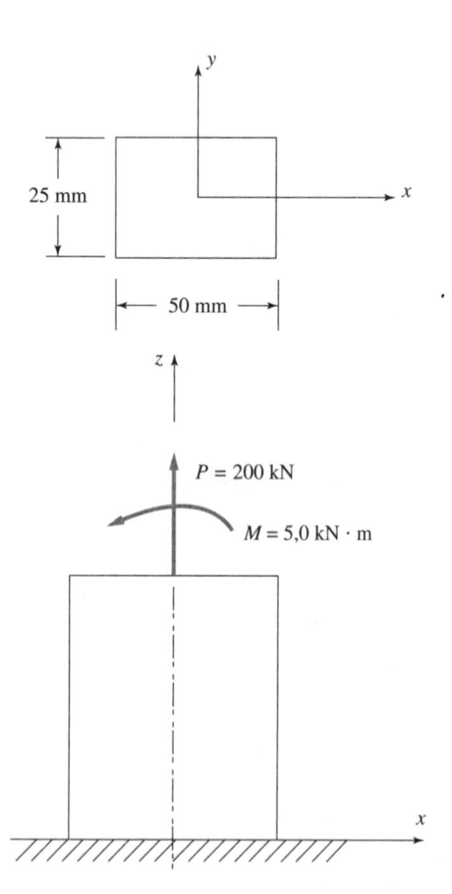

Figura P5.2
Bloco de seção transversal retangular submetido à carga axial e a momento fletor.

5-3. Considere o curvamento de uma haste de seção transversal circular mostrada na Figura P5.3. A haste é carregada como mostrado e com uma força transversal P de 1000 lbf. Determine o diâmetro d de forma a limitar a tensão trativa a 15.000 psi.

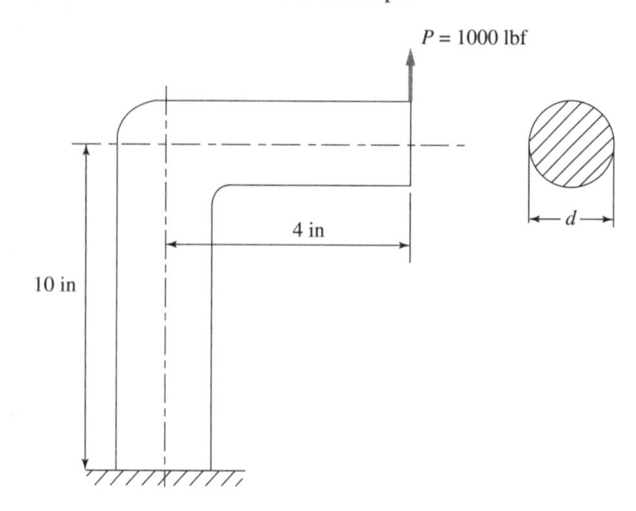

Figura P5.3
Curvamento de uma haste de seção transversal circular com carga P aplicada.

5-4. Considere o curvamento da barra cilíndrica mostrada na Figura P5.4.

a. Determine a tensão de flexão máxima no ponto A.
b. Calcule as seguintes tensões no ponto B:
   I. cisalhamento de torção
   II. cisalhamento transversal

5-5. O conjunto de detecção eletrônica para monitorar a espessura do papel em uma laminadora de papel de alta velocidade em uma fábrica faz uma varredura para a frente e para trás ao longo de trilhos-guia horizontais de precisão, solidamente apoiados em intervalos de 24 polegadas, conforme apresentado na Figura P5.5. O conjunto de detecção falha em realizar medições de espessura aceitáveis se o seu deslocamento vertical exceder 0,005 polegada durante sua movimentação ao longo dos trilhos-guia para a varredura. A massa total do conjunto de detecção é 400 lbf e cada uma das duas guias é uma barra cilíndrica maciça, de aço AISI 1020 estirado a frio, retificada com diâmetro de 1,0000 polegada. Cada um dos trilhos-guia pode ser modelado como uma viga engastada nas extremidades e uma carga concentrada no meio do vão. Metade do peso do conjunto de detecção é suportado por cada um dos trilhos-guia.

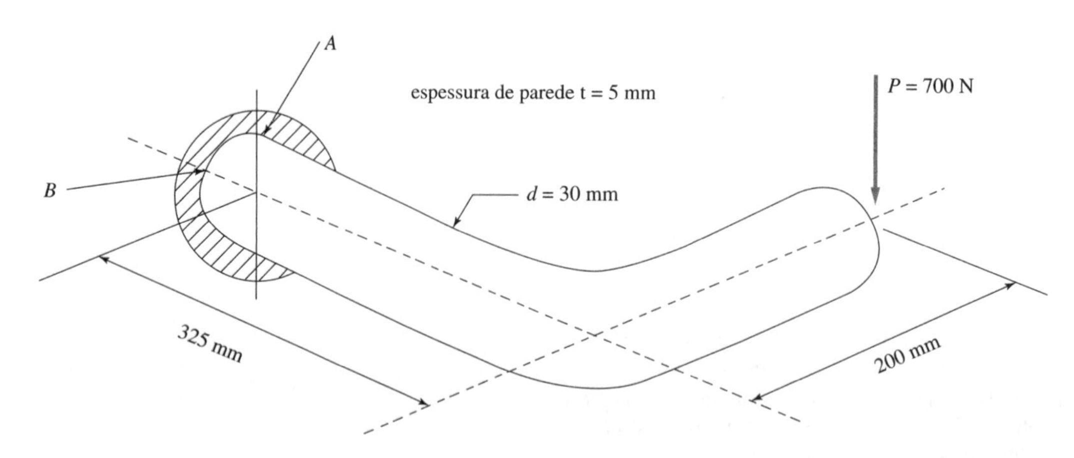

Figura P5.4
Curvamento de uma haste de seção transversal com uma carga vertical na extremidade.

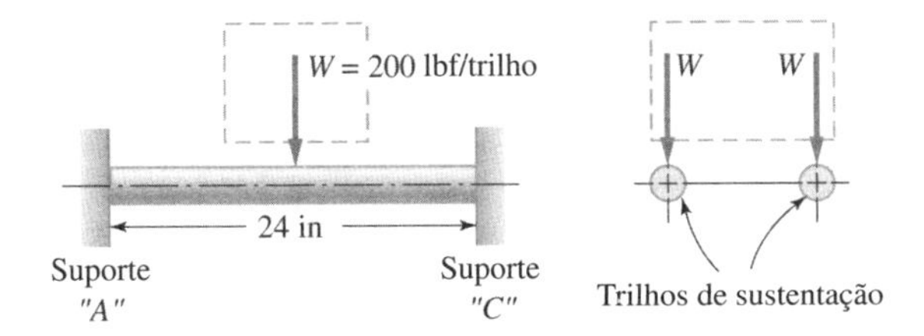

Figura P5.5
Esquema simplificado de detector para medição de espessura para uma aplicação de laminação de papel.

a. Quais modos de falha potencial deveriam, no mínimo, ser considerados para avaliar se os trilhos-guia estão adequadamente projetados?
b. Você aprovaria o projeto dos trilhos conforme estão propostos? Mostre claramente cada etapa de sua análise e seja completo no que fizer.
c. Se *não aprova* o projeto, quais recomendações você faria para itens específicos que poderiam melhorar as especificações de projeto? Seja o mais abrangente possível.

5-6. Um eixo de 40 mm de diâmetro que sustenta uma carga constante F de 10.000 N e torque T de 5.000.000 N · mm é mostrado na Figura P5.6. O eixo não gira. Localize a posição crítica e determine as tensões principais na posição crítica utilizando o círculo de Mohr.

5-7. Em um ponto de um corpo, as tensões principais são de 10 MPa e 4 MPa. Determine:

a. A tensão resultante no plano cuja normal forma um ângulo de 25° com a normal do plano da tensão principal máxima.
b. A direção e o sentido da tensão resultante.

5-8. Um novo "modelo" projetado está para ser testado em um fluxo de gás quente para determinar certas respostas características. Foi proposto que o suporte do modelo seja feito de liga de titânio Ti-6Al-4V. O suporte de titânio deve ser uma placa retangular conforme apresentado na Figura P5.8, com 3,0 polegadas na direção do escoamento, 20,00 polegadas na vertical (na direção de carregamento), e 0,0625 polegada de espessura. Uma carga vertical de 17.500 lbf deve ser sustentada na extremidade inferior do suporte de titânio, e a extremidade superior está engastada para todas as condições de teste, através de um dispositivo especialmente projetado. Durante o teste, espera-se que a temperatura se eleve do valor ambiente (75°F) até um valor máximo de 400°F. O deslocamento vertical a extremidade inferior do suporte de titânio não deve exceder 0,1250 polegada, ou o teste não será válido.

a. Quais modos potenciais de falha deveriam ser considerados para se avaliar se este suporte está adequadamente projetado?
b. Você aprovaria o projeto proposto para o suporte de titânio? Justifique a sua resposta com cálculos claros e completos.

5-9. Uma equipe de exploração polar, com base nas proximidades do Polo Sul, se defronta com uma emergência em que um módulo muito importante de "abrigo e suprimentos" deve ser içado por um guindaste especial, girado através de uma fenda profunda de uma geleira e colocado, em segurança, no lado estável da fenda. O meio de suportar o módulo de 450 kN durante o movimento emergencial é uma longa peça de aço de 3,75 m de comprimento, com seção transversal retangular, espessura 4 cm, altura 25 cm e dois pequenos furos. Os furos têm, ambos, 3 cm de diâmetro e estão localizados no meio do vão, afastados 25 mm das bordas superior e inferior, conforme apresentado na Figura P5.9. Esses furos foram broqueados para alguma utilização anterior, e uma inspeção cuidadosa permitiu identificar uma pequena trinca atravessando a espessura, de comprimento aproximado de 1,5 mm, iniciando de cada um dos furos conforme apresentado.

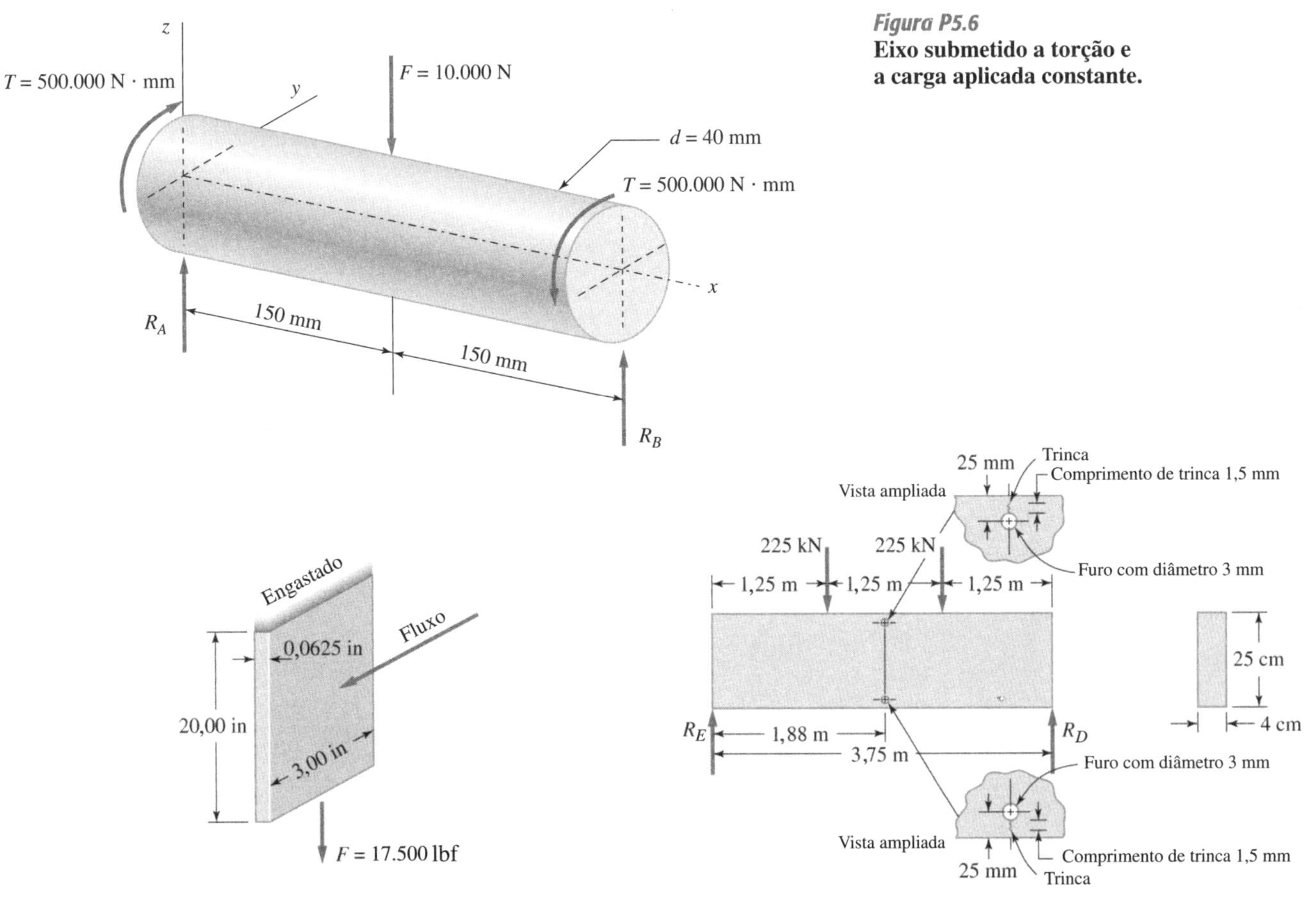

Figura P5.6
Eixo submetido a torção e a carga aplicada constante.

Figura P5.8
Suporte de titânio para teste de fluxo de um modelo.

Figura P5.9
Viga para sustentação de um modelo com dois furos pequenos.

O elemento de suporte deve ser modelado para esta aplicação como uma viga simplesmente apoiada de comprimento 3,75 m, suportando simetricamente o peso do módulo em dois pontos distantes 1,25 m um do outro, conforme apresentado. O material é conhecido como aço D6AC (revenido a 1000 °F). A temperatura ambiente é −54 °C.

Se a viga deve ser utilizada somente para este propósito, você aprovaria seu emprego? Justifique sua resposta com cálculos explicados claramente, com base nas técnicas mais precisas que você conheça.

5-10. As torres de sustentação de uma ponte suspensa que avança sobre um pequeno estuário em uma ilha tropical são estabilizadas por cabos da alumínio anodizado. Cada cabo está preso à extremidade de um suporte engastado feito de aço D6AC (revenido a 1000°F), que está engastado a uma pesada fundação de concreto, conforme apresentado na Figura P5.10. A carga no cabo, F, deve ser considerada como estática e foi medida como aproximadamente 200.000 lbf, mas, sob condições de furação, pode alcançar 500.000 lbf, devido à carga de vento.

A inspeção dos suportes de seção transversal retangular identificou uma trinca cujas dimensões e localização estão apresentadas na Figura P5.10. Admitindo-se que a fadiga não é um dos potenciais modos de falha neste caso, você recomendaria a substituição dos suportes trincados (um procedimento muito caro) ou permitiria que continuassem em serviço? (Procedimento de reparo, tais como soldagem da trinca não são permitidos pelas normas locais de construção.)

5-11. Uma viga horizontal engastada de seção transversal quadrada e com 250 mm de comprimento está submetida a uma carga vertical cíclica em sua extremidade livre. A carga cíclica varia de uma força $P_{p/baixo} = 4{,}5$ kN orientada para baixo, até força $P_{p/cima} = 13{,}5$ kN orientada para cima. Estime as dimensões da seção transversal da viga de seção transversal quadrada, se o material é um aço com as seguintes propriedades: $S_u = 655$ MPa, $S_{yp} = 552$ MPa e $S_f = 345$ MPa (observe que $S_f = 345$ MPa já foi corrigido nos *fatores de correção*). Deseja-se vida infinita. Para esta estimativa preliminar, os itens fator de segurança e concentração de tensões podem ser desprezados.

5-12. Um suporte horizontal, curto, engastado, de seção transversal retangular está carregado verticalmente por uma força $F = 85.000$ lbf, aplicada na extremidade livre, orientada para baixo (direção z), conforme apresentado na Figura P5.12. A seção transversal da viga é 3,0 polegadas por 1,5 polegada conforme apresentado, e o comprimento é de 1,2 polegada. A viga é fabricada com aço AISI 1020 laminado a quente.

a. Identifique outros pontos críticos potenciais além do ponto diretamente sob a força F.
b. Para cada ponto crítico identificado, apresente um pequeno elemento de volume inclusive todas as componentes não nulas de tensão.
c. Calcule a intensidade de cada componente de tensão apresentada em (b). Despreze os efeitos da concentração de tensões.
d. Determine se a falha por escoamento ocorrerá e, caso ocorra, indique claramente *onde* será. Despreze os efeitos da concentração de tensões.

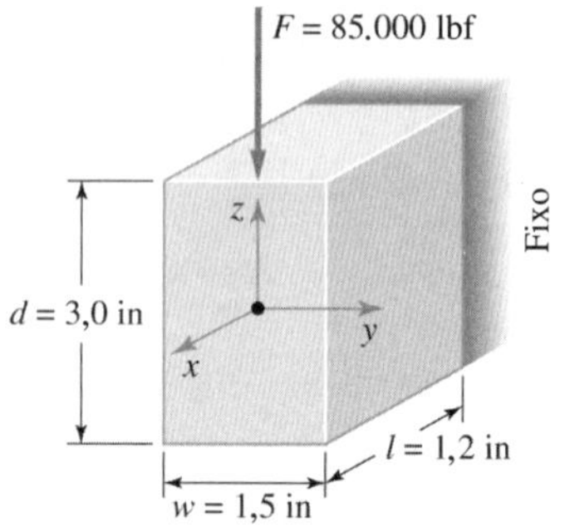

Figura P5.12
Suporte retangular curto, engastado com carga transversal na extremidade.

5-13. A viga cilíndrica curta, horizontal, engastada e saliente apresentada na Figura P5.13 está carregada na extremidade livre por uma força $F = 575$ kN, vertical, orientada para baixo. A seção transversal é circular, tem um diâmetro de 7,5 cm e um comprimento de apenas 2,5 cm. A viga é fabricada com o material aço AISI 1020 laminado a frio.

a. Identifique clara e completamente a localização de todos os pontos críticos potenciais que devam ser, na sua opinião, investigados, e explique com clareza por que você os escolheu, em particular. *Não considere* o ponto onde a força F está concentrada na viga cilíndrica.
b. Para cada ponto crítico potencial identificado, esquematize com clareza um pequeno elemento de volume apresentando todas as componentes de tensão pertinentes.
c. Calcule o valor numérico para cada componente de tensão apresentada em (b).
d. Em cada ponto crítico identificado, determine se se deve esperar a ocorrência de escoamento. Apresente cálculos detalhados para cada caso.

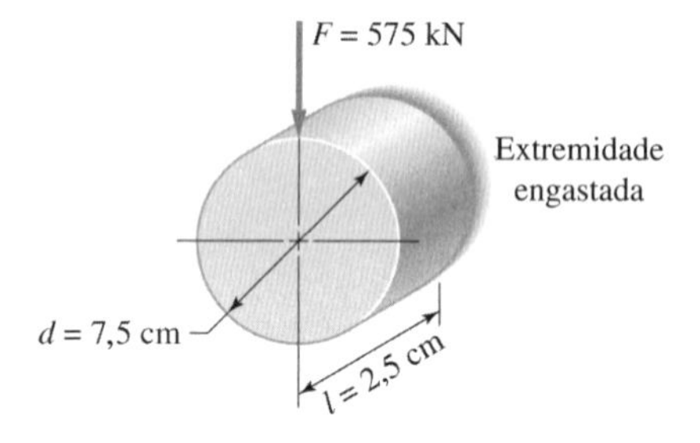

Figura P5.13
Suporte cilíndrico curto, engastado com carga transversal na extremidade.

Figura P5.10
Suporte engastado para ancoragem de cabos de ponte.

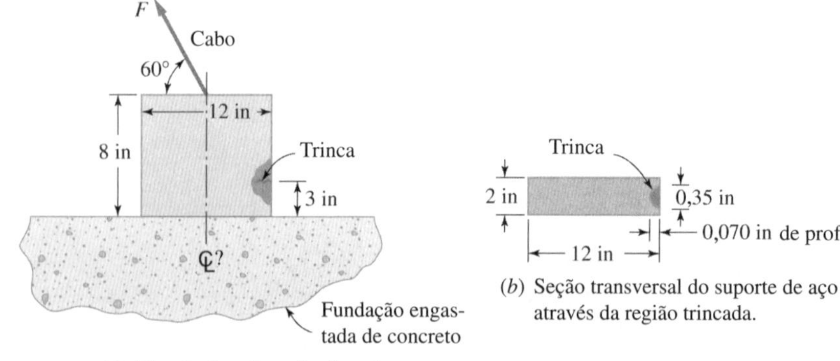

(*a*) Fixação do cabo e detalhes da localização da trinca.

(*b*) Seção transversal do suporte de aço através da região trincada.

5-14. O suporte tubular, curto e engastado apresentado na Figura P5.14 deve ser submetido a uma carga transversal F = 30.000 lbf aplicada na extremidade. Desprezando-se possíveis efeitos de concentração de tensões, faça o seguinte:

a. Especifique precisa e completamente a localização de todos os pontos críticos potenciais. Explique claramente por que você escolheu estes pontos em particular. Não considere o ponto onde a força F está aplicada ao suporte.
b. Para cada ponto crítico potencial identificado, esquematize um pequeno elemento de volume apresentando todas as componentes de tensão não nulas.
c. Calcule os valores numéricos para cada componente de tensão apresentada em (b).
d. Se o material for aço AISI 1020 estirado a frio, você esperaria a ocorrência de escoamento em algum dos pontos críticos identificados em (a)? Estabeleça claramente em quais há essas ocorrência.

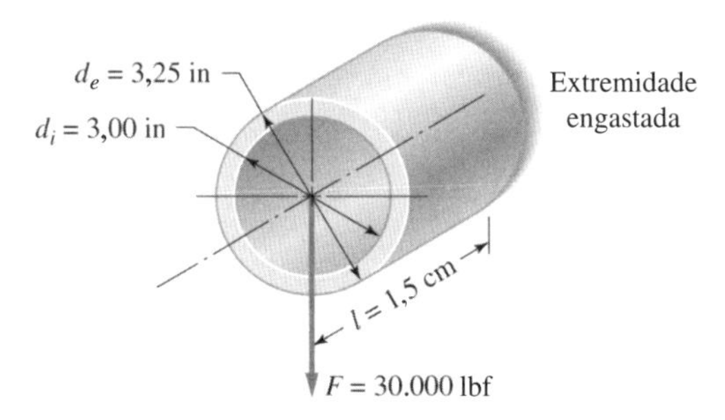

Figura P5.14
Suporte tubular curto, engastado, com carga transversal na extremidade.

5-15. Propõe-se o uso de aço AISI 1020 estirado a frio para o eixo de um motor elétrico de 22,5 hp, projetado para operar a 1725 rpm. Desprezando-se possíveis fatores de concentração de tensões, que diâmetro mínimo deveria ser utilizado na fabricação do eixo maciço de aço do motor se o escoamento é o modo de falha dominante? Admita que o limite de resistência ao cisalhamento seja a metade do limite de escoamento à tração.

5-16. Deseja-se utilizar uma seção transversal circular cheia para um eixo rotativo que deve ser empregado para transmitir potência de uma engrenagem para outra. O eixo deve ser capaz de transmitir 18 quilowatts a uma velocidade angular de 500 rpm. Se o escoamento é o modo de falha dominante e o limite de resistência ao cisalhamento para o material dúctil foi determinado como 900 MPa, qual deveria ser o diâmetro mínimo do eixo para se evitar o escoamento?

5-17. Um eixo de aço sólido de seção transversal quadrada deve ser feito de aço AISI 1020 recozido. O eixo deve ser utilizado para transmitir potência entre duas caixas de engrenagem afastadas de 10,0 polegadas. O eixo deve transmitir 75 hp a uma rotação de 2500 rpm. Baseando-se no *escoamento* como modo de falha dominante, qual seria a dimensão mínima a ser especificada para os lados do eixo de seção transversal quadrada de modo a evitar o escoamento? Admita que a resistência ao escoamento ao cisalhamento seja metade do limite de escoamento à tração. Não existem forças axiais ou laterais atuando no eixo.

5-18. É necessário utilizar, como forma de seção transversal de um eixo rotativo para transmissão de potência entre duas caixas de engrenagens, redutoras, um triângulo equilátero cheio. O eixo deve ser capaz de transmitir 4 kW a uma velocidade de rotação de 1500 rpm. Baseando-se no *escoamento* como modo de falha dominante, quais deveriam ser as dimensões mínimas do eixo para se evitar o escoamento, considerando-se que o limite de escoamento ao cisalhamento para o material foi determinado como 241 MPa?

5-19. a. Determine o torque necessário para produzir o escoamento inicial em uma barra de torção de seção tubular quadrada fabricada a partir de duas cantoneiras de abas iguais, cada uma com $2\frac{1}{2} \times 2\frac{1}{2} \times \frac{1}{4}$ polegadas, soldadas juntas continuamente em dois locais ao longo de todo o seu comprimento total de 3 pés. O material é aço AISI 1020 laminado a quente. Admita que o limite de escoamento ao cisalhamento seja metade do limite de escoamento à tração. Despreze os efeitos de concentração de tensões.
b. Para a barra de torção de seção tubular quadrada de (a), qual torque causaria o escoamento inicial se o soldador se esquecesse de soldar os dois perfis estruturais (cantoneiras) ao longo de seus comprimentos? Compare com os resultados de (a).

5-20. Um tubo quadrado deve ser usado como um eixo para transmitir potência de um do motor elétrico/dinamômetro para uma caixa de engrenagens industrial que requer uma entrada de 42 hp a uma velocidade angular de 3400 rpm, continuamente. O material do eixo é aço inoxidável recozido AISI 304. As dimensões da seção transversal quadrada são 1,25 polegada externa, a espessura de parede é 0,125 polegada e o comprimento do eixo é 20 polegadas. Não há cargas axiais ou laterais significativas no eixo.

a. Baseando-se no escoamento como um modo de falha, qual seria o fator de segurança existente calculado para o eixo quando estiver operando a plena potência? Suponha que a resistência ao escoamento ao cisalhamento seja a metade de resistência ao escoamento a tração.
b. Qual o ângulo de torção previsto para este eixo quando estiver operando à plena potência?

5-21. Compare e contraste a filosofia básica de predição das folhas por *escoamento* e por *extensão rápida de trinca.* Como parte da nossa discussão, defina cuidadosamente os termos *fator de intensidade de tensões*, *intensidade de tensões críticas* e *tenacidade à fratura.*

5-22. Descreva os três modos básicos de abertura de trinca, utilizando esboços apropriados.

5-23. Interprete a seguinte equação e cuidadosamente defina cada símbolo usado. *A falha é prevista para ocorrer se:*

$$C\sigma\sqrt{\pi a} \geq K_{Ic}$$

5-24. Em uma placa bastante larga de alumínio 7075-T651, de 8 mm de espessura, descobre-se a presença de uma trinca em aresta passante de 25 mm de comprimento. O carregamento produz uma tensão nominal de 45 MPa perpendicular ao plano na ponta da trinca.

a. Calcule o fator de intensidade de tensões na ponta da trinca.
b. Determine o fator de intensidade de tensões crítico.
c. Estime o fator de segurança ($n = (K_{Ic}/K_I)$)

5-25. Discuta todos os itens do Problema 5.24, considerando as mesmas condições estabelecidas com a exceção da espessura da placa ser de 3 mm.

5-26. Um gerador de vapor em uma estação de energia remota é suportado por dois tirantes de tração, cada um com 7,5 cm de largura, 11 mm de espessura e 66 cm de comprimento. Os tirantes de tração são fabricados com aço A538. Quando em operação, o gerador de vapor totalmente carregado pesa 1300 kN, sendo o peso igualmente distribuído nos dois tirantes de tração. A carga pode ser considerada estática. Uma inspeção por ultrassom detectou uma trinca centrada passante de 12,7 mm de cumprimento, orientada perpendicularmente à dimensão de 66 cm (i. é, perpendicular ao carregamento trativo). Você permitiria que o equipamento fosse colocado de volta em operação? Justifique a sua resposta com cálculos de engenharia claros e completos.

5-27. Um elemento estrutural acoplado a um tanque de alto desempenho por um pino é fabricado de uma barra de titânio 6A1-4V com uma seção transversal retangular de 0,375 polegada de espessura por 5 polegadas de largura e 48 polegadas de comprimento. O elemento é normalmente submetido a uma carga e tração pura estática de 154.400 lbf. A inspeção do elemento indicou uma trinca central passante de 0,50 polegada de comprimento, orientada perpendicularmente à carga aplicada. Considerando que a necessidade de se utilizar um fator de segurança (veja 5.2) $n = 1{,}7$, que redução de carga-limite você recomendaria para o elemento de modo a se ter uma operação segura (ou seja, para ter-se $n = 1{,}7$)?

5-28. Um suporte de um motor em uma lançadeira de alta velocidade foi inspecionado, e uma trinca superficial semielíptica de 0,05 polegada de profundidade e 0,16 polegada de comprimento na superfície foi encontrada no elemento A, conforme mostrado na Figura P5.28. A estrutura é conectada por pinos em todas as uniões. O elemento A tem uma seção transversal retangular com uma espessura de 0,312 polegada e uma largura de 1,87 polegada, e feito de alumínio 7075-T6. Se na potência máxima o motor produz um empuxo P de 18.000 lbf na extremidade do elemento B, conforme mostrado na Figura P5.28, qual é a porcentagem da carga de empuxo para a potência máxima que você estabeleceria como limite até que o elemento A possa ser substituído, considerando que um fator de segurança mínimo (veja 5.2) de 1,2 precisa ser mantido?

5-29. Um elemento estrutural de alumínio 7075-T6 com 90 cm de comprimento tem uma seção transversal retangular de 8 mm de espessura e 4,75 cm de largura. O elemento precisa suportar uma carga de 133 kN de tração estática. Uma trinca superficial semielíptica de 2,25 mm de profundidade e 7 mm de comprimento na superfície foi encontrada durante uma inspeção.

a. Verifique se uma falha é esperada.
b. Estime o fator de segurança existente sob estas condições.

5-30. Um suporte de um transdutor que será utilizado em uma câmera de combustão com uma taxa de fluxo elevado está para ser fabricado de carbeto de silício sintetizado, com uma resistência à tração de 110.000 psi, uma resistência à compressão de 500.000 psi, uma tenacidade à fratura de 3100 psi $\sqrt{\text{in}}$ e *nenhuma* ductilidade. As dimensões do suporte de carbeto de silício, o qual tem uma seção transversal retangular, são 1,25 polegada de largura, 0,094 polegada de espessura e 7,0 polegadas de comprimento. A inspiração cuidadosa de muitas destas peças revelou a presença de trincas em arestas passantes com um comprimento Máximo de 0,060 polegada. Se este componente é submetido a uma tração uniforme pura paralela à dimensão de 7 polegadas, qual é aproximadamente a máxima carga de tração que você prediz que o componente pode suportar antes de falhar?

5-31. Uma viga engastada feita de aço D6AC (revenido a 1000°F) acabou de ser instalada para servir como suporte para um grande tanque ao ar livre, usado no processamento de óleo cru próximo a Ft. McMurray, Alberta, Canadá, próximo do Círculo Ártico. Conforme mostrado na Figura P5.31, a viga engastada tem 25 cm de comprimento e uma seção retangular de 5,0 cm de profundidade e 1,3 cm de espessura. A presença de um filete com um raio de concordância grande na extremidade engastada permite que a concentração de tensões possa ser desprezada nessa região. Uma trinca rasa passante foi encontrada próximo da extremidade engastada, conforme mostrado, e a profundidade da trinca foi medida como igual a 0,75 mm. A carga P é estática e nunca excede 22 kN. É possível atravessar o inverno todo sem que seja necessário substituir-se a viga defeituosa, ou a viga deve ser substituída agora?

Figura P5.31
Viga engastada trincada.

5-32. Identifique vários problemas que um projetista deve reconhecer quando estiver lidando com carregamentos de fadiga, quando comparado com carregamentos estáticos.

5-33. Aponte as diferenças entre fadiga de alto ciclo e fadiga de baixo ciclo.

5-34. Esboce cuidadosamente uma curva *S-N* típica, use-a para definir e distinguir os termos *resistência à fadiga* e *limite* de fadiga, e indique brevemente como um projetista deveria utilizar tal curva destas na prática.

5-35. Faça uma lista dos fatores que poderiam influenciar a curva *S-N* e indique brevemente qual influência teria em cada caso.

5-36. Esboce uma família de curvas *P-S-N,* explique o significado e a utilidade destas curvas e explique em detalhes como uma família dessas curvas pode ser produzida no laboratório.

5-37. a. Estime e faça um gráfico da curva *S-N* para o aço AISI 1020 estirado a frio, utilizando as propriedades monotônicas da Tabela 3.3. (Use unidades S.I.)
b. Utilizando a curva *S-N* estimada, determine a resistência à fadiga para 10^6 ciclos.
c. Utilizando a Figura 5.31 determine a resistência à fadiga do aço 1020 para 10^6 ciclos, e compare com a estimativa do item (b).

5-38. a. Estime e faça um gráfico da curva *S-N* para a liga de alumínio 2024-T3, utilizando as propriedades monotônicas dadas na Tabela 3.3.
b. Qual é o valor estimado do limite à fadiga para este material?

5-39. a. Estime e faça um gráfico da curva *S-N* para o ferro fundido cinzento ASTM A-48 (classe 50), utilizando as propriedades monotônicas dadas na Tabela 3.3. (Use a unidade S.I.)
b. Na média, tomando como base a curva *S-N* estimada, que vida você prevê para componentes fabricados deste material de ferro fundido se estão submetidos a tensões cíclicas uniaxiais completamente alternadas de 210 MPa de amplitude?

5-40. Sugeriu-se que o aço AISI 1060 laminado a quente (veja Tabela 3.3) seja utilizado em uma aplicação de uma usina de energia, na qual um elemento cilíndrico é submetido a uma carga uniaxial

Figura P5.28
Esboço do suporte trincado do motor.

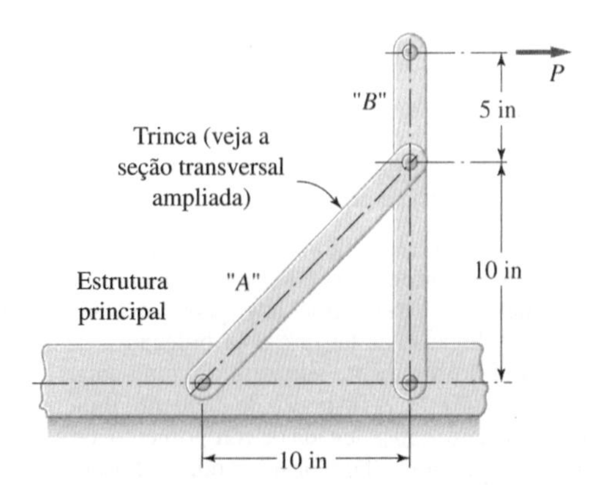

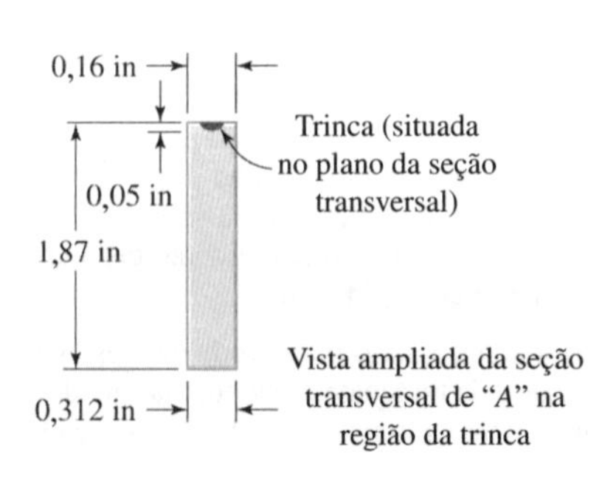

que oscila de 78.000 lbf em tração a 78.000 lbf em compressão, repetidamente. As seguintes condições de fabricação e de operação são esperadas:

a. O elemento será torneado.
b. A taxa de ciclagem é 200 ciclos por minuto.
c. Deseja-se uma vida bastante longa.
d. Deseja-se uma confiabilidade de resistência de 99%.

Ignorando as questões de *concentração de tensões* e *fator de segurança*, qual o diâmetro para esta barra cilíndrica de ferro fundido?

5-41. Uma peça de ligação sólida quadrada para uma aplicação em uma espaçonave será fabricada da liga de titânio Ti-6A1-4V (veja Tabela 3.3). A peça de ligação deve transmitir uma carga axial cíclica que vai de 220 kN em tração até 220 kN em compressão, repetidamente. A peça de ligação deve ser fixada por solda à estrutura do suporte. As superfícies da peça de ligação receberão acabamento de uma fresadora horizontal. Uma vida de projeto de 10^5 ciclos é requerida.

a. Estime a resistência à fadiga do componente, considerando a aplicação.
b. Estime as dimensões necessárias da seção transversal dessa barra quadrada, ignorando as questões de *concentração de tensões* e fator de segurança.

5-42. Um projeto "padrão" antigo para um eixo em balanço utilizado em um pedal de bicicleta tem uma história de falha por fadiga de cerca de um pedal a cada 100 pedais instalados. Se a gerência deseja diminuir a incidência de falha para cerca de um eixo de pedal a cada 1000 pedais instalados, de que fator a tensão operacional no ponto crítico precisa ser reduzida, supondo que todos os outros fatores permaneçam constantes?

5-43. Uma barra de um atuador carregada axialmente tem uma seção transversal retangular cheia de 6,0 mm por 18,0 mm, e é fabricada da liga de alumínio 2024-T4. O carregamento da barra pode ser adequadamente aproximado por um carregamento cíclico axial de amplitude constante, que varia entre uma carga máxima de 20 kN em tração e uma carga mínima de 2 kN em compressão. As propriedades monotônicas do 2024-T4 são $S_u = 469$ MPa, $S_{yp} = 324$ MPa e $e(50 \text{ mm}) = 20$ por cento. As propriedades de fadiga estão mostradas na Figura 5.31. Estime o número total de ciclos até a falha para esta barra. Despreze efeitos de concentração de tensões. Suponha que não ocorra flambagem.

5-44. Uma barra de união será usada para conectar uma fonte de energia com movimento alternativo a uma peneira, em uma mina a céu aberto. Deseja-se utilizar para a barra uma seção transversal cilíndrica cheia da liga de alumínio 2024-T4. A carga axial aplicada flutua ciclicamente entre um valor máximo de 45.000 libras em tração e um valor mínimo de 15.000 libras em compressão. Se a barra deve ser projetada para uma vida de 10^7 ciclos, qual o diâmetro que a barra deveria ter? Ignore a questão de *fator de segurança.*

5-45. Uma viga horizontal biapoiada de 1 m de comprimento será solicitada por uma carga cíclica vertical, para baixo, P, que varia entre 90 kN e 270 kN, aplicada no meio da viga. A seção transversal proposta da viga é retangular com 50 mm de largura por 100 mm de profundidade. O material escolhido é a liga de titânio Ti-6A1-4V.

a. Quais são os modos de falha e por quê?
b. Onde estão localizados os pontos críticos? Como você chegou a essa conclusão?
c. Quantos ciclos você prediz que a viga suportará antes de falhar?

5-46. Explique como um projetista pode utilizar um *diagrama mestre* como os mostrados na Figura 5.39.

5-47. a. Uma barra maciça cilíndrica de alumínio será submetida a uma carga axial cíclica que vai de 5000 lbf em tração a 10.000 lbf em tração. O material tem um limite de resistência de 100.000 psi, um limite de escoamento de 80.000 psi, uma resistência à fadiga média para 10^5 ciclos de 40.000 psi e um alongamento de 8% em 2 polegadas. Calcule o diâmetro da barra que deve ser usado para produzir a falha em 10^5 ciclos, na média.

b. Se, em uma vez do carregamento específicado na parte (a), o carregamento axial cíclico for de 15.000 lbf em tração a 20.00 lbf em tração, calcule o diâmetro da barra que deve ser usado para produzir a falha em 10^5 ciclos, na média.

c. Compare os resultados das partes (a) e (b), fazendo as observações que julgar necessárias.

5-48. Os dados da curva *S-N* de uma série de ensaios de fadiga completamente alternados estão mostrados na tabela a seguir. O limite de resistência é de 1500 MPa, e o limite de escoamento é de 1380 MPa. Determine e faça um gráfico da curva *S-N* estimada para o material se uma tensão média de 270 MPa em tração caracteriza bem a aplicação.

S (MPa)	N (ciclos)
1170	2×10^4
1040	5×10^4
970	1×10^5
880	2×10^5
860	5×10^5
850	1×10^6
840	$2 \times 10^6 \rightarrow \infty$

5-49. Os dados de $\sigma_{máx} - N$ para ensaios de fadiga de tensão axial, nos quais a tensão média era de 25.000 psi *em tração* para todos os ensaios, estão mostrados na tabela que se segue:

$\sigma_{máx}$ (psi)	N (ciclos)
150.000	2×10^4
131.000	5×10^4
121.000	1×10^5
107.000	2×10^5
105.000	5×10^5
103.000	1×10^6
102.000	2×10^6

O limite de resistência é de 240.000 psi, e o limite de escoamento é de 225.000 psi.

a. Determine e faça um gráfico de $\sigma_{máx} - N$ para este material, considerando uma tensão média de 50.000 psi *em tração.*
b. Determine e represente no mesmo gráfico, a curva de $\sigma_{máx} - N$ para este material, considerando uma tensão média de 50.000 psi *em compressão.*

5-50. Discuta as hipóteses básicas feitas ao se utilizar uma *regra de dano linear* para avaliar o acúmulo de dano de fadiga e observe as principais "armadilhas" que alguém pode experimentar utilizando uma teoria deste tipo. Por que, então, a teoria de dano linear é tão frequentemente utilizada?

5-51. O ponto crítico no eixo do rotor principal de um novo avião VSTOL* do tipo rotor em duto foi instrumentado e, durante uma missão "típica", observou-se um espectro de tensão equivalente completamente alternada de 50.000 psi durante 15 ciclos, 30.000 psi durante 100 ciclos, 60.000 psi durante 3 ciclos e 10.000 psi durante 10.000 ciclos.

Seguiram-se 10 missões com este espectro. Deseja-se sobrecarregar o eixo com 1,10 vez o espectro de carga "típico". Estime o número de missões com "sobrecarga" que podem ser executadas sem que ocorra falha, se o espectro de tensão é linearmente proporcional ao espectro de carregamento. A Figura P5.51 apresenta uma curva *S-N* para o material do eixo.

---

* VSTOL vem do termo inglês *vertical and/or Short Take-Off and Landing.* (N.T.)

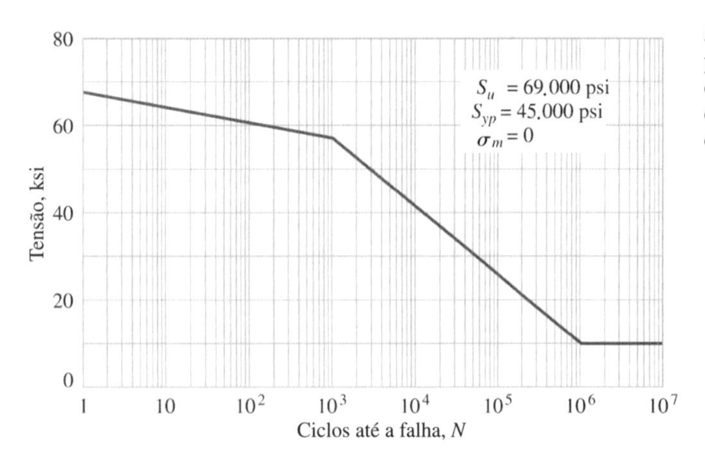

Figura P5.51

Curva S-N para o material do eixo do rotor.

5-52. Um tubo de seção quadrada com dimensões externas de 32 mm e uma espessura de parede de 4 mm será fabricado de alumínio 2024-T4, com propriedades de fadiga como as mostradas na Figura 5.31. Esse tubo será submetido à seguinte sequência de amplitudes de força axial completamente alternada: primeiro, 90 kN durante 52.000 ciclos; em seguida, 48 kN durante 948.000 ciclos; finalmente 110 kN durante 11.100 ciclos.

Após esta sequência de carregamento ter sido imposta, deseja-se mudar a amplitude da força para 84 kN, ainda na direção axial. Quantos ciclos remanescentes de vida você prevê para o tubo neste nível de carregamento final?

5-53. Uma barra maciça cilíndrica da liga de alumínio 2024-T4 (veja a Figura 5.31) vai ser submetida a um ciclo de serviço que consiste no seguinte espectro de cargas axiais completamente alternadas: primeiro, 50 kN durante 1200 ciclos; em seguida, 31 kN durante 37.000 ciclos; e então, 40 kN durante 4300 ciclos. As propriedades monotônicas aproximadas da liga de alumínio 2024-T4 são S_u = 704 MPa e S_{yp} = 330 MPa,

Qual é o diâmetro da barra necessário para sobreviver a 50 ciclos de serviço antes que uma falha de fadiga ocorra?

5-54. O padrão tensão-tempo mostrado na Figura P5.54(a) vai ser repetido em blocos até que ocorra a falha de um componente ensaiado. Utilizando o método de contagem de ciclos do *rain flow* e a curva S-N dada na Figura P5.54(b), estime o tempo em horas de vida até que ocorra a falha deste componente ensaiado.

5-55. O espectro tensão-tempo mostrado na Figura P5.55 vai ser repetido em blocos até que ocorra a falha de componente na máquina de ensaios de um laboratório. Utilizando o método de contagem de ciclos do *rain flow* e a curva S-N mostrada na Figura P5.54(b), estime o tempo em horas do ensaio que seria necessário para produzir a falha.

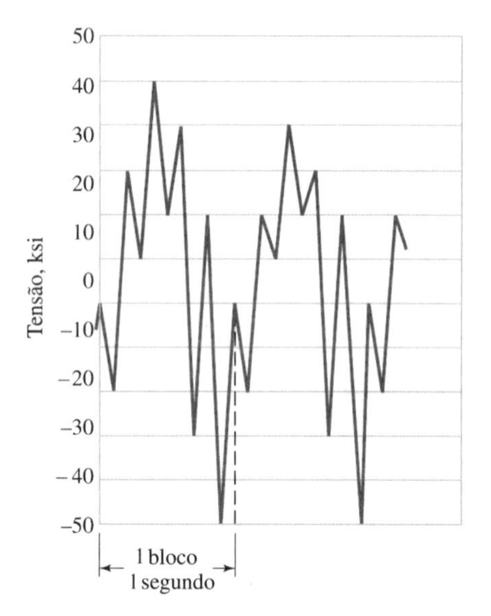

Figura P5.55

Padrão tensão-tempo.

5-56. Na análise de fadiga "atual", são definidas três *fases* separadamente da fadiga. Liste as três fases e descreva brevemente como cada uma delas é atualmente modelada e analisada.

5-57. Para a equação $da/dN = C\,\Delta K^N$, defina cada termo, descreva o fenômeno físico sendo modelado e indique as condições-limite com relação a ΔK. Quais são as consequências em exceder os limites de validade?

5-58. Valores experimentais para as propriedades de uma liga de aço foram encontrados como S_u = 1480 MPa, S_{yp} = 1370 MPa, K_{Ic} = 81,4 MPa $\sqrt{m}$, e = 20 por cento em 50 mm, k' = 1070 MPa, n' = 0,15, ε_f' = 0,48, σ_f' = 2000 MPa, b = −0,091 e c = −0,060. Um elemento em tração pura feito desta liga tem um único entalhe de aresta semicircular que resulta em fator de concentração de tensões de fadiga igual a 1,6. A área resistente do elemento na raiz do entalhe é de 9 mm

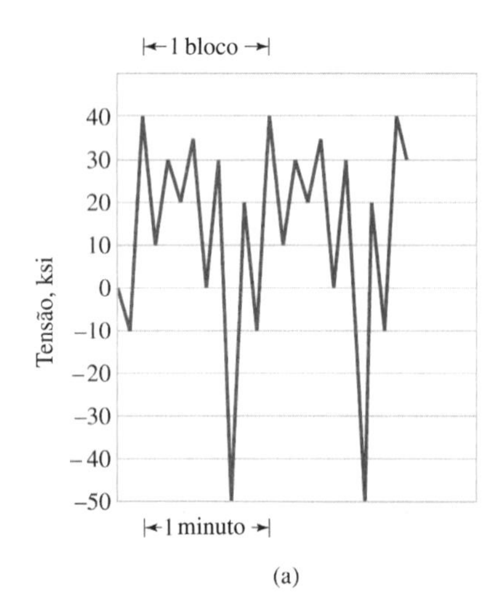

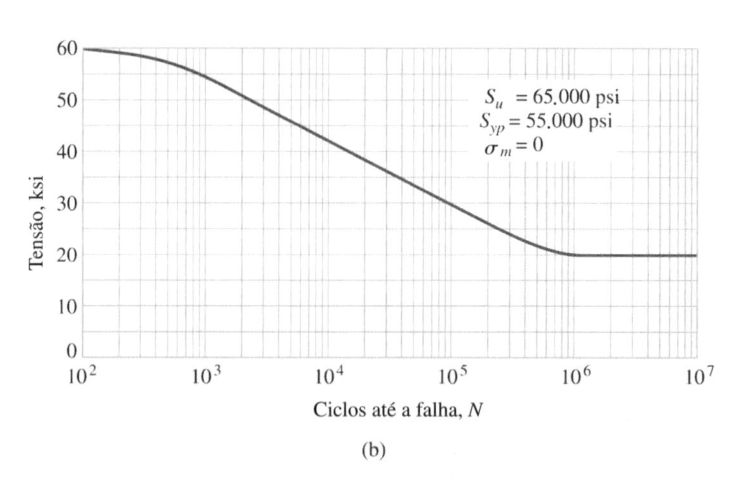

Figura P5.54

Espectro tensão-tempo e curva S-N para o componente ensaiado.

de espessura por 36 mm de largura. Uma força axial completamente alternada de 72 kN de amplitude é aplicada ao elemento em tração.

a. Quantos ciclos você estima que serão necessários para iniciar uma trinca de fadiga na raiz do entalhe?
b. Qual é o comprimento que você estima que esta trinca tenha no instante em que "iniciada" de acordo com o cálculo da parte (a)?

5-59. Ensaios em uma liga de alumínio resultaram nos seguintes dados $S_u = 483$ MPa, $S_{yp} = 345$ MPa, $K_{Ic} = 28$ MPa $\sqrt{m}$, $e(50 \text{ mm}) = 22\%$, $k' = 655$ MPa, $n' = 0{,}065$, $\varepsilon'_f = 0{,}22$, $\sigma'_f = 1100$ MPa, $b = -0{,}12$ e $c = -0{,}60$ e $E = 71$ GPa. Um elemento em tração pura feita desta liga tem 50 mm de largura, 9 mm de espessura, e um furo passante de 12 mm de diâmetro no centro do elemento em tração. O furo produz um fator de concentração de tensões de fadiga igual a $k_f = 2{,}2$. Uma força axial completamente alternada de 28 kN de amplitude será aplicada ao elemento.

Quantos ciclos você estima que serão necessários para *iniciar* uma trinca de fadiga na borda do furo?

5-60. Uma placa de aço de Ni-Mo-V com um limite de escoamento de 84.500 psi, tenacidade à fratura para deformação plana de 33.800 psi $\sqrt{\text{in}}$ comportamento de crescimento de trinca mostrado na Figura P5.60, tem uma espessura de 0,50 polegada, uma largura de 10,0 polegadas e 30,0 polegadas de comprimento. A placa será submetida a uma carga pulsante trativa de 0 a 160.000 lbf, aplicada na direção longitudinal (paralela à dimensão de 30 polegadas). Uma trinca passante de 0,075 polegada de comprimento foi detectada em uma borda. Quantos ciclos a mais desse carregamento trativo você prediz que possam ser aplicados antes que uma fratura catastrófica ocorra?

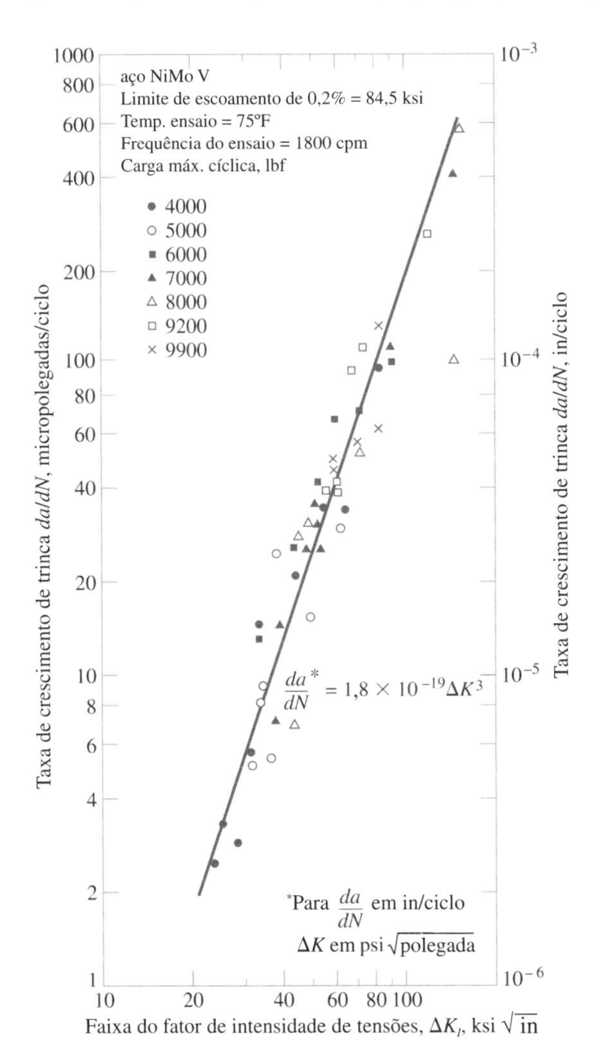

Figura P5.60
Dados de crescimento de trinca para o aço Ni-Mo-V. (De W. G. Clark, Jr., "Fracture Mechanics in Fatigue", *Experimental Mechanics*, Sept. 1971. (Reimpresso de "Experimental Mechanics" com a permissão da Society for Experimental Mechanics, Inc., 7 school St., Bethel, CT 06801, (203) 790-6373, WWW.sem.org.)

5-61. Um suporte de transmissão de helicóptero (um de três elementos iguais) consiste em uma placa plana de seção transversal retangular. A placa tem 12 mm de espessura, 150 mm de largura e 200 mm de comprimento. Dados de um extensômetro elétrico (*strain gage*) indicam que a carga está ciclando de 450 N a 100 kN, em tração, com uma frequência de 5 vezes por segundo. A carga é aplicada em uma direção paralela à dimensão de 200 mm e é distribuída uniformemente ao longo da largura de 150 mm. O material é a liga de aço Ni-Mo-V que tem um limite de resistência de 758 MPa, um limite de escoamento de 582 MPa, uma tenacidade à fratura para deformação plana 37,2 MPa $\sqrt{m}$ e um comportamento de crescimento de trinca aproximado por $da/dN \approx 4{,}8 \times 10^{-27} (\Delta K)^3$, em que da/dN é medido em μm/m e ΔK é medido em MPa $\sqrt{m}$.

Se uma trinca passante com um comprimento de 1 mm localizada em uma das bordas *é identificada* durante uma inspeção. Estime o número de ciclos antes que o comprimento de trinca torne-se crítico.

5-62. Faça dois esquemas claros ilustrando duas formas de definir completamente o estado de tensões em um ponto. Defina todos os símbolos utilizados.

5-63. Uma barra cilíndrica maciça está engastada em uma das extremidades e submetida, na extremidade livre, a um momento de torção pura M_t, conforme apresentado na Figura P5.63. Encontre, para este carregamento, as tensões (normais) e as tensões cisalhantes principais no ponto crítico, utilizando a equação cúbica de tensões (5-1).

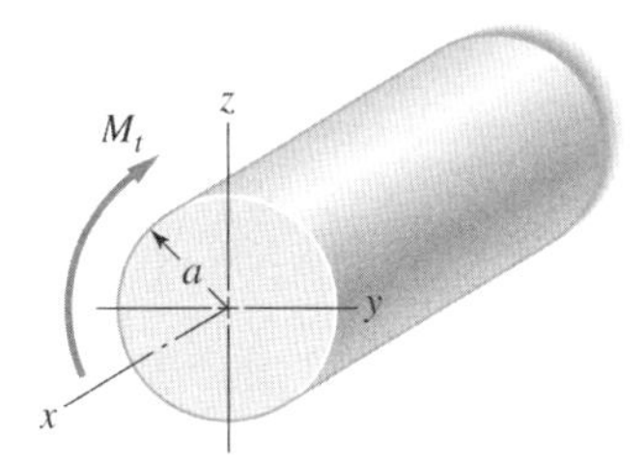

Figura P5.63
Barra cilíndrica maciça submetida ao momento de torção puro.

5-64. Resolva o problema 5-63 utilizando a analogia do círculo de Mohr.

5-65. Uma barra cilíndrica maciça com diâmetro d tem uma extremidade engastada e está submetida, na extremidade livre, a um momento de torção pura M_t e a um momento de flexão pura, M_f. Utilizando a equação cúbica de tensões (5-1), determine as tensões principais normais e as tensões principais de cisalhamento no ponto crítico para este carregamento, em termos de momentos aplicados e dimensões da barra.

5-66. Resolva o problema 5-65 utilizando a analogia do círculo de Mohr.

5-67. Da análise de tensões para uma peça de máquina em determinado ponto crítico, determinaram-se $\sigma_Z = 6$ MPa, $\tau_{xz} = 5$ MPa e $\tau_{yz} = 5$ MPa. Para este estado de tensões, determine as tensões principais e as tensões cisalhantes principais no ponto crítico.

5-68. Uma barra cilíndrica sólida de alumínio 7075-T6 tem diâmetro de 3 polegadas e esta submetida a um momento de torção $T_x = 75.000$ lbf · in, a um momento fletor, $M_y = 50.000$ lbf · in e a uma força transversal $F_Z = 90.000$ lbf, conforme esquematizado na Figura P5.68.

a. Estabeleça com certeza o(s) local(is) do(s) ponto(s) crítico(s) potencial(is), fornecendo razões lógicas para a sua seleção.

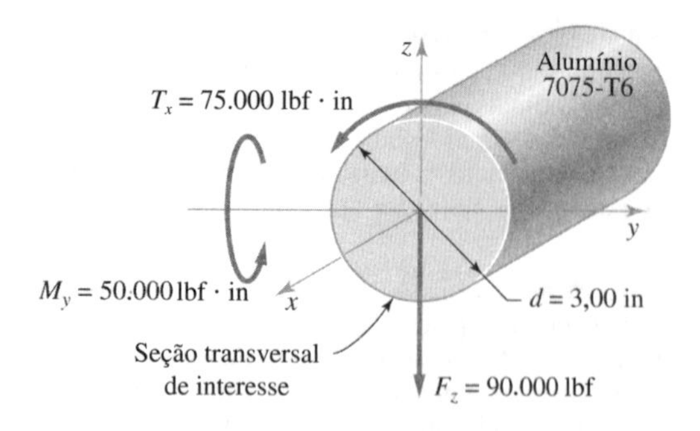

Figura P5.68
Barra cilíndrica maciça submetida a torção, flexão e cisalhamento transversal.

b. Calcule as intensidades das tensões principais no(s) ponto(s) crítico(s) selecionado(s).
c. Calcule a(s) intensidade(s) da(s) tensão(ões) cisalhante(s) máxima(s) no(s) ponto(s) crítico(s).

5-69. A viga de seção transversal engastada apresentada na Figura P5.69 está submetida aos momentos fletores puros M_y e M_z, conforme indicado. Os efeitos de concentração de tensores podem ser desprezados.

a. Para o ponto crítico, faça um esquema completo detalhando o estado de tensões.
b. Determine as intensidades das tensões principais no ponto crítico.

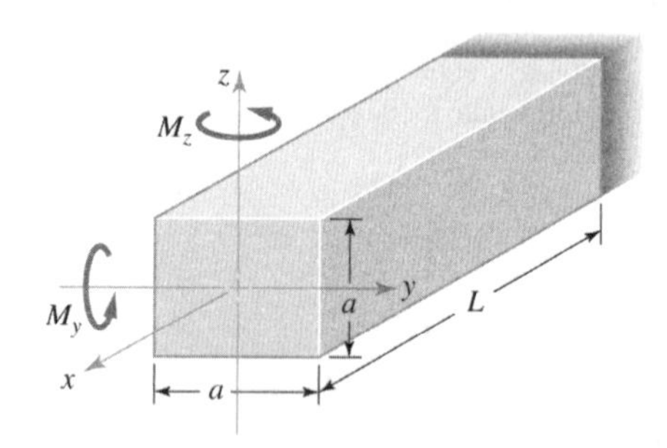

Figura P5.69
Viga engastada submetida a flexão em torno de dois eixos.

5-70. As equações (5-15), (5-16) e (5-17) representam relações com a Lei de Hooke para um estado *triaxial* de tensões. Baseando-se nestas equações:

a. Escreva as relações da Lei de Hooke para um estado *biaxial* de tensões.
b. Escreva as relações da Lei de Hooke para um estado *uniaxial* de tensões.
c. Um estado uniaxial de tensões implica estado uniaxial de deformações? Explique.

5-71. Calculou-se que o ponto crítico de uma peça de aço 4340 está submetido a um estado de tensões em que $\sigma_x = 6000$ psi, $\tau_{xy} = 4000$ psi e as demais componentes de tensão são todas nulas. Para este estado de tensões, determine a soma das deformações normais nas direções x, y e z; isto é, determine o valor de $\varepsilon_x + \varepsilon_y + \varepsilon_z$.

5-72. Para o caso de cisalhamento puro biaxial, isto é, em que τ_{xy} é a única componente de tensão não nula, escreva expressões para as deformações (normais) principais. Este é um estado biaxial de deformações? Explique.

5-73. Explique por que é frequentemente necessário para o projetista utilizar uma teoria de falha.

5-74. Quais são os atributos essenciais de qualquer teoria de falha útil?

5-75. Qual é a hipótese básica que se constitui na estrutura de todas as teorias de falha?

5-76. a. O *primeiro invariante de deformação* pode ser definido como $I_1 \equiv \varepsilon_i + \varepsilon_j + \varepsilon_k$. Escreva em palavras, uma teoria de falha baseada no "primeiro invariante de deformações". Seja abrangente e preciso.

b. Desenvolva uma expressão matemática completa para sua teoria de falha baseada no "primeiro invariante de deformações", expressando o resultado final em termos de *tensões principais* e de *propriedades do material*.
c. Como seria possível verificar se esta teoria de falha é válida ou não?

5-77. A barra cilíndrica maciça engastada apresentada na Figura P5.77 está submetida a um momento de torção pura T em torno do eixo dos x, a um momento de flexão pura M_f em torno do eixo dos y e uma força de tração pura P orientada segundo o eixo dos x, simultaneamente. O material é uma liga de alumínio dúctil.

a. Identifique cuidadosamente o(s) ponto(s) mais crítico(s), desprezando a concentração de tensões. Detalhe as razões para a(s) sua(s) escolha(s).
b. Desenhe um elemento de volume cúbico para o(s) ponto(s) crítico(s) indicando todos os vetores de tensão.
c. Explique cuidadosamente como você determinaria se haverá ou não escoamento no ponto crítico.

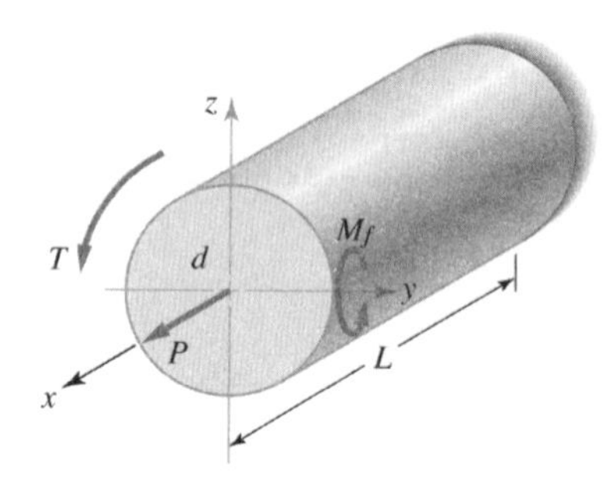

Figura P5.77
Viga cilíndrica engastada submetida a torção, flexão e tração direta.

5-78. No estado triaxial de tensões apresentado na Figura P5.78, determine se haveria predição de falha. Use a teoria da máxima tensão normal para materiais frágeis e ambas as teorias da energia de distorção e da máxima tensão cisalhante para materiais dúcteis.

a. Para o elemento com o estado de tensões apresentado, fabricado com alumínio 319-T6 (S_u = 248 MPa, S_{yp} = 165 MPa, e = 20 por cento em 50 mm).
b. Para o elemento com o estado de tensões apresentado, fabricado com alumínio 518,0, fundido (S_u = 310 MPa, S_{yp} = 186 MPa, e = 8 por cento em 50 mm).

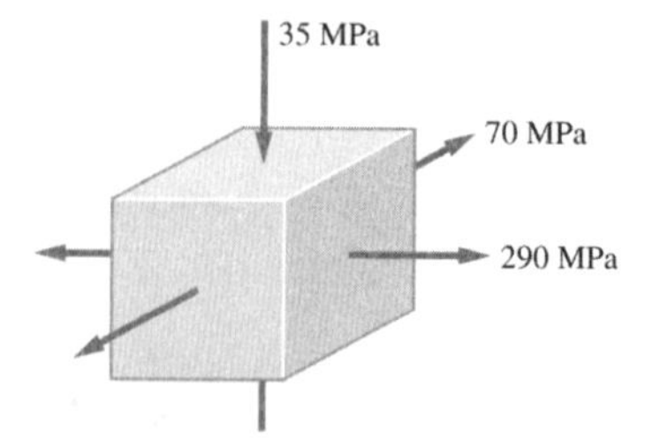

Figura P5.78
Estado triaxial de tensões.

5-79. O eixo de uma locomotiva elétrica está submetido a uma tensão de flexão de 25.000 psi. No mesmo ponto crítico, estão presentes uma tensão gerada por torção devida à transmissão de potência de 15.000 psi e uma tensão compressiva radial de 10.000 psi resultante do fato de que a roda é comprimida contra o eixo. Você esperaria a ocorrência de escoamento, caso o eixo fosse fabricado com aço AISI 1060 na condição de "como laminado"?

5-80. Uma barra cilíndrica tubular de aço deve ser utilizada como mola de torção, para um toque puro cíclico, variado entre -60 N · m e $+1700$ N · m. Deseja-se utilizar um tubo de paredes finas com uma espessura de parede t igual a 10 por cento do diâmetro externo d. O material é o aço com um limite de resistência de 1379 MPa, um limite de escoamento de 1241 MPa e um alongamento percentual, $e = 15\%$ em 50 mm. O limite de resistência à fadiga é 655 MPa. Determine as dimensões mínimas do tubo que assegurariam vida infinita. O momento de inércia polar para um tubo de parede fina pode ser aproximado pela expressão $J = \pi d^3\, t/4$.

5-81. Utilizando o conceito de "fluxo de esforços", descreva como se poderia avaliar a severidade de vários tipos de descontinuidades geométricas em uma peça de máquina submetida a dado conjunto de cargas. Utilize uma série de esboços desenhados com clareza para ampliar a sua explicação.

5-82. O suporte apresentado na Figura P5.82 é fabricado com uma liga de alumínio 356,0, com molde permanente, controle de solução, e envelhecido (veja Tabelas 3.3 e 3.10) e está submetido a um momento de flexão pura estático de 850 lbf · in. Você esperaria a falha do componente quando da aplicação do carregamento?

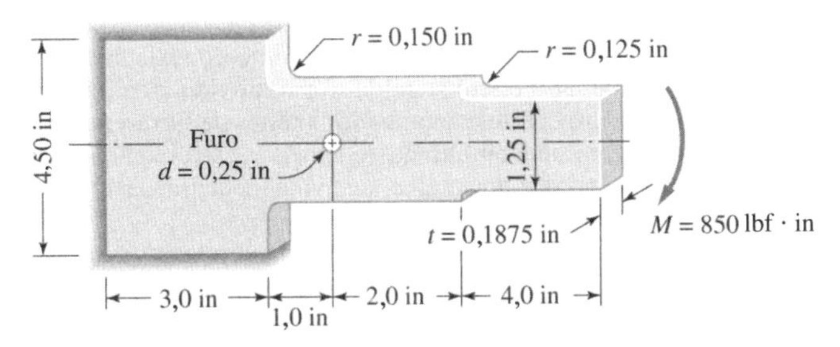

Figura P5.82
Suporte de alumínio fundido submetido a momento fletor puro, aplicado na extremidade livre.

5-83. A peça de máquina apresentada na Figura P5.83 está submetida a um momento fletor cíclico, completamente alternado (média zero) de ± 4000 lbf · in, conforme indicado. O material é aço 1020 recozido com $S_u = 57.000$ psi, $S_{yp} = 43.000$ psi e um alongamento em 2 polegadas de 25%. A curva S-N para o material é apresentada na Figura 5.31. Quantos ciclos de carregamento você estima que poderão ser aplicados antes que ocorra falha?

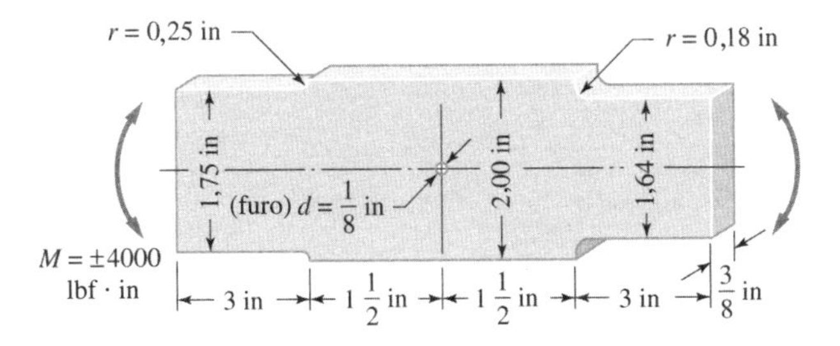

Figura P5.83
Peça de máquina submetida ao momento fletor cíclico completamente alternado.

5-84. a. O montante apresentado na Figura P5.84 deve ser fabricado com ferro fundido cinzento Classe 60 com limite de resistência de 414 MPa à tração e alongamento, em 50 mm, de menos de 0,5 por cento. O montante está submetido a uma força axial estática de $P = 225$ kN e a um momento de torção estático, $T = 2048$ N · m, conforme indicado. Para as dimensões apresentadas, o montante poderia suportar o carregamento específico sem falhar?

b. Dura nte um modo de operação diferente, a força axial P varia repetidamente de 225 kN de tração até 225 kN de compressão, e o momento de torção permanece nulo, o tempo todo. Qual seria a vida estimada para este modo cíclico de operação?

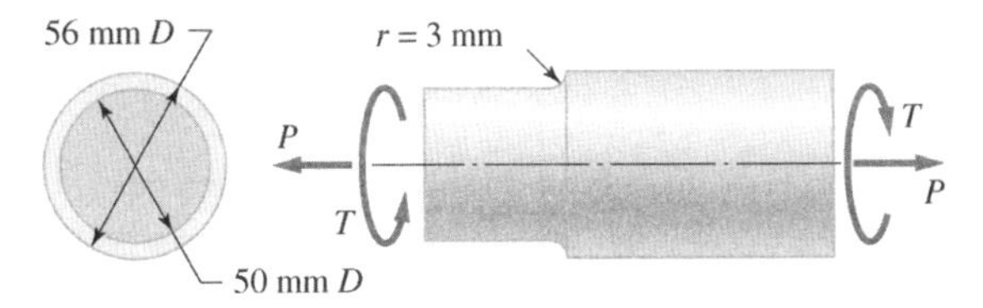

Figura P5.84
Montante de ferro fundido submetido a tração e torção.

5-85. Um gancho em S, conforme o esboço apresentado na Figura P5.85, esta sendo proposto como um meio de se suspenderem caçambas coletoras de tamanho espacial, em um processo inovador de pintura por imersão. O peso máximo estimado da caçamba é 300 lbf e normalmente serão utilizados dois ganchos para sustentar o peso, igualmente distribuído entre orelhas de elevação. Contudo, existe a possibilidade de que em algumas ocasiões, todo o peso tenha que ser suportado por um único gancho. Estima-se que cada par de ganchos será carregado, descarregado e novamente carregado a cada 5 minutos, aproximadamente. A instalação deve funcionar 24 horas por dia, sete dias por semana. O material proposto para o gancho é o aço inoxidável polido comercialmente AM 350 em uma condição de endurecimento por envelhecimento (veja Tabela 3.3). Considerações preliminares sugerem que tanto a fadiga quanto o escoamento podem ser modos potenciais de falha.

a. Para investigar a falha potencial por escoamento, identifique os pontos críticos no gancho em S, determine as tensões máximas em cada ponto crítico e analise se as cargas podem ser suportadas sem que ocorra falha por escoamento.
b. Para investigar a falha potencial por fadiga, identifique os pontos críticos no gancho em S, determine as tensões cíclicas pertinentes em cada ponto crítico e analise a validade do projeto para 10 anos de vida, com uma confiabilidade de 99 por cento.

5-86. Uma prensa hidráulica de 1 1/2 tonelada para remoção e remontagem de rolamentos em motores elétricos de porte pequeno a médio deve consistir em um cilindro hidráulico disponível comercialmente, montado na vertical em uma estrutura em C, cujas dimensões estão no esquema apresentado na Figura P5.86. Propõe-se a utilização do ferro fundido cinzento ASTM A-48 (classe 50) como material da estrutura em C (veja Tabela 3.3 para as propriedades). Avalie se a estrutura em C pode suportar a carga máxima sem falhar.

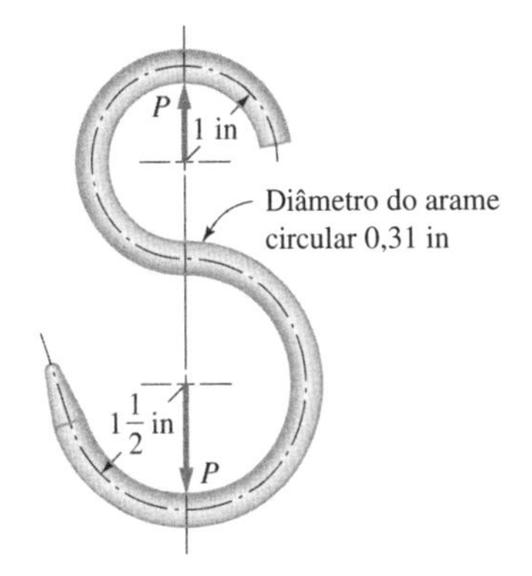

Figura P5.85
Gancho em S de seção transversal circular, sustentado no topo e carregado na base por força P.

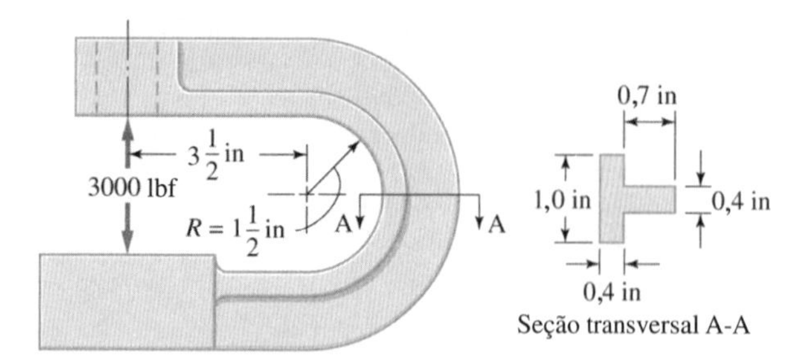

Figura P5.86
Estrutura em C de ferro fundido submetida à força de separação de 3000 lbf.

5-87. Uma junta aparafusada do tipo mostrado na Figura P5.87A emprega um parafuso com "pescoço" para prender dois elementos flangeados juntos. A área da seção transversal do pescoço do parafuso de aço A é de 0,068 in^2. As propriedades de materiais monotônicas do parafuso de aço são S_u = 60.000 psi e S_{yp} = 36.000 psi. A força externa P cicla de zero a 1200 lbf de tração. Estima-se que os flanges montados tenham uma rigidez axial efetiva (constante de mola) de três vezes a rigidez axial do parafuso em seu comprimento efetivo de L = 1,50 polegada.

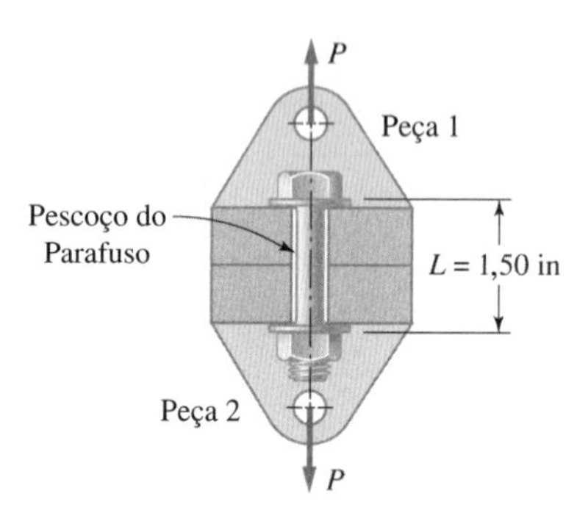

Figura P5.87A
Pescoço do parafuso submetido ao carregamento axial.

a. Grafique o padrão força-tempo no pescoço do parafuso se nenhuma pré-carga for aplicada.
b. Utilizando a curva *S-N* da Figura P5.87B, estime a vida do parafuso para o caso de nenhuma pré-carga.
c. Grafique o padrão força-tempo no pescoço do parafuso se a porca for inicialmente apertada para induzir uma força de pré-carga de F_i = 1000 lbf no corpo do parafuso (e uma força de pré-carga de −1000 lbf nos flanges em contato). Uma análise em separado determinou que quando 1000 lbf de pré-carga está presente, o pico de força externa de 1200 lbf não será suficiente para causar a separação dos flanges. (Veja o Exemplo 13.1 para detalhes.)
d. Estime a vida do parafuso para o caso em que a força de pré-carga inicial for de 1000 lbf no parafuso, mais uma vez utilizando a curva *S-N* da Figura P5.87B.
e. Comente os resultados.

5-88. Examinando os dados dos testes de fadiga à flexão rotativa para corpos de prova com entalhes em V a 60°, apresentados na Figura 4.22, responda às seguintes questões:

a. Para corpos de prova entalhados, que não foram pré-tensionados, que vida média razoável pode ser esperada, se forem submetidos a testes de flexão rotativa que induzam a uma amplitude de tensão variável aplicada de 20.000 psi na raiz do entalhe?
b. Se corpos de prova semelhantes forem submetidos inicialmente a um nível de pré-carga estática *de tração* axial que produza tensões locais de 90% do limite de resistência do corpo entalhado e, em seguida, for removida a carga e os corpos de prova forem submetidos a testes de flexão rotativa que induzam uma amplitude de tensão variável aplicada de 20.000 psi na raiz do entalhe, que vida média razoável pode ser esperada?
c. Se corpos de prova semelhantes forem submetidos inicialmente a um nível de pré-carga estática de *compressão* axial que produza tensões locais de 90% do limite de resistência do corpo entalhado e, em seguida, for removida a carga e os corpos de prova forem submetidos aos testes e flexão rotativa que induzam uma amplitude de tensão variável aplicada de 20.000 psi na raiz do entalhe, que vida média razoável pode ser esperada?
d. Estes resultados parecem fazer sentido? Explique.

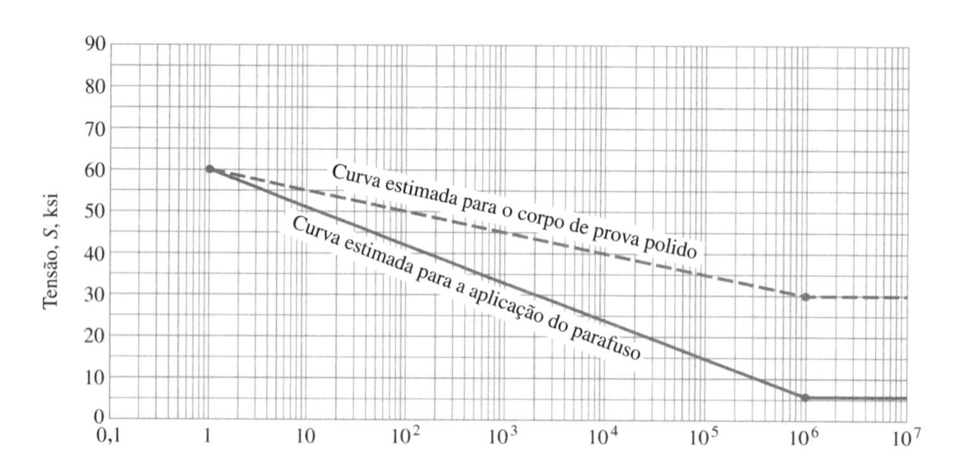

Figura P5.87B
Curva uniaxial *S-N* (a) para corpos de prova polidos e (b) para um parafuso utilizado nesta aplicação.

Determinação da Geometria

6.1 O Contraste nos Objetivos entre a Análise e o Projeto

O objetivo da *análise*, dentro do contexto do projeto de máquinas, é o de examinar equipamentos e/ou elementos de máquinas para os quais as dimensões, formas e materiais já tenham sido propostos ou selecionados, de modo que os parâmetros de severidade de carregamento (por exemplo, tensões) possam ser calculados e comparados com as capacidades críticas (ou seja, resistências correspondentes aos modos predominantes de falha) em cada ponto crítico.[1] Análises complementares poderiam também ser empreendidas para calcular e comparar atributos como custo, vida, peso, nível de ruído, riscos de segurança, ou outros parâmetros de desempenho pertinentes.

O objetivo do *projeto* (ou *síntese*) consiste em examinar os requisitos de desempenho associados a uma missão específica do projeto, para então selecionar o melhor material e determinar melhores forma, tamanho e arranjo possíveis, dentro das restrições especificadas para vida, custo, peso, segurança, confiabilidade, ou outros parâmetros de desempenho.

O contraste é claro. A *análise* só pode ser empreendida se formas, tamanhos e materiais já são conhecidos. Os procedimentos analíticos são caracterizados pelo cálculo de tensões a partir de carregamento e geometria conhecidos, comparando a seguir as tensões calculadas com as resistências de materiais conhecidos. Por outro lado, o *projeto* é empreendido para *criar* formas, *determinar* dimensões, e *selecionar* materiais de modo que o carregamento especificado possa ser suportado sem causar falha durante a vida útil do projeto. Os procedimentos de projeto incorporam as tarefas de determinação dos modos prováveis de falha, seleção dos materiais apropriados, seleção de um fator de segurança apropriado para o projeto, cálculo de uma tensão de projeto e determinação de formas e dimensões de modo que as tensões máximas sejam iguais à tensão de projeto. Resumidamente, os requisitos de entrada para a análise são os mesmos que os resultados da saída para o projeto.

Embora haja um claro contraste entre os objetivos da análise e do projeto, os conceitos básicos usados, as equações de mecânica pertinentes, os modelos matemáticos utilizados, e as fontes de dados úteis são as mesmas para ambas as atividades. De fato, uma técnica usada, às vezes, na execução do objetivo do projeto é resolver uma série de problemas de análise, fazendo as mudanças apropriadas nos materiais e/ou na geometria, até que as exigências do projeto sejam alcançadas. Em última análise, um bom projetista deve primeiramente ser um bom analista. Um bom analista deve possuir (1) a capacidade de reduzir um problema real complicado a um modelo matemático apropriado, porém solucionável, fazendo boas suposições simplificadoras, (2) a capacidade de completar uma solução apropriada usando técnicas e fontes de dados que melhor se adaptam à tarefa e (3) a capacidade de interpretar resultados pela compreensão básica dos modelos, equações e/ou software usado, e de suas limitações.

Uma tarefa, entretanto, que se encontra excepcionalmente dentro da esfera da atividade de projeto é a criação da melhor forma possível de um componente de máquina proposto. Orientações básicas para realizar esta tarefa são apresentadas a seguir.

6.2 Princípios Básicos e Orientações para a Criação da Forma e do Tamanho

Os princípios básicos para criação da forma de um componente de máquina e determinação de seu tamanho são

1. Criar uma forma que, tão próximo quanto possível, resulte em uma *distribuição uniforme de tensões por todo o material* no componente, e

[1] Veja 2.14 para discussão adicional.

2. Para a forma assim escolhida, determinar dimensões que produzirão as *máximas tensões de operação iguais à tensão de projeto.*

Interpretando esses princípios em termos dos cinco padrões comuns de tensão discutidos em 4.4, um projetista deve, tanto quanto possível, escolher as formas e os arranjos que produzirão tensão axial direta (tração ou compressão), cisalhamento uniforme, ou contato de superfície inteiramente ajustada, e evitar flexão, cisalhamento transversal, torção, ou geometria de contato hertziana. Se a flexão, o cisalhamento transversal, a torção, ou o contato hertziano não podem ser evitados, o projetista deve persistir no desenvolvimento de formas que minimizam os gradientes de tensão e eliminam os materiais levemente tensionados ou "com baixa solicitação". Com esses princípios básicos em mente, diversas orientações podem ser enunciadas[2] em termos da identificação das escolhas da geometria desejável para formas e arranjos de peças de máquinas. Essas *orientações de configuração* incluem:

1. Usar o caminho direto do carregamento
2. Ajustar a forma do elemento ao gradiente de carregamento
3. Incorporar arranjos ou formas triangulares ou tetraédricas
4. Evitar geometrias com tendência à flambagem
5. Utilizar cilindros vazados e vigas I para conseguir uma tensão próxima do uniforme
6. Fornecer superfícies em conformidade para interfaces de acoplamento
7. Remover materiais levemente tensionados ou "com baixas solicitações"
8. Juntar gradualmente formas diferentes, de uma à outra
9. Igualar deformações de elementos de superfície em uniões e em superfícies de contato
10. Distribuir carregamentos nas uniões

Cada um desses objetivos é discutido brevemente a seguir.

Orientação do Caminho Direto do Carregamento

O conceito de *fluxo das linhas de força* foi introduzido em 4.3. Para seguir a orientação do caminho direto do carregamento, as linhas de *fluxo de força* devem ser mantidas tão diretas e tão curtas quanto possível. Por exemplo, a Figura 6.1 mostra duas configurações alternativas para uma peça de máquina proposta, responsável por transmitir uma carga trativa direta da união *A* para a união *B*. A Proposta 1 é uma ligação em forma de U, e a Proposta 2 é uma ligação direta. Para acompanhar a orientação do caminho direto do carregamento, a Proposta 2 deveria ser adotada uma vez que as linhas de fluxo de força são mais curtas e mais diretas. Essa escolha elimina tensões de flexão indesejáveis na ligação, apresentada como Proposta 1, e resulta em uma distribuição mais uniforme da tensão.

Orientação da Forma sob Medida

Sob algumas circunstâncias, gradientes no carregamento ou nas tensões levam a regiões de material levemente tensionado se uma seção transversal de forma e dimensão constante for mantida em toda a peça. Por exemplo, uma barra cilíndrica em torção apresenta uma máxima tensão cisalhante de torção nas fibras externas, mas tensão nula no centro; uma viga em flexão atinge tensão máxima nas fibras externas, mas tem tensão zero no eixo neutro; uma viga engastada em flexão, com uma força transversal aplicada na extremidade livre, experimenta um momento fletor máximo na extremidade

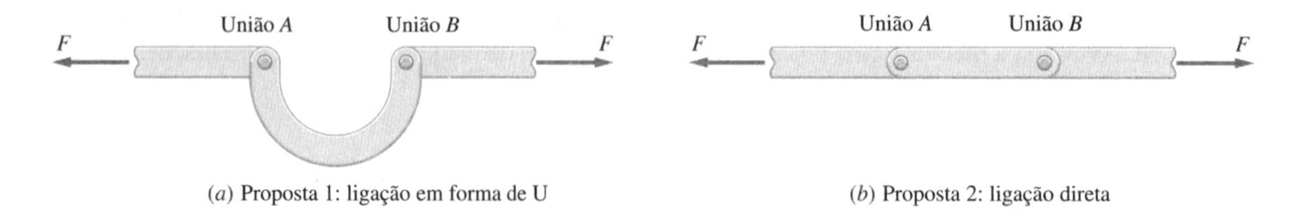

(*a*) Proposta 1: ligação em forma de U (*b*) Proposta 2: ligação direta

Figura 6.1
Duas configurações alternativas demonstrando a orientação do caminho direto do carregamento. A Proposta 2 é preferível, uma vez que utiliza o caminho direto do carregamento.

[2] Esses conceitos e orientações foram primeiramente sistematizados pelo Professor Emérito Walter L. Starkey, da Universidade Estadual de Ohio, nos anos 1950, quando ele desenvolveu uma área de atividade de projeto denominada *síntese de forma*. Esses conceitos foram depois expandidos e publicados na ref. 1 por K. M. Marshek em 1987. Veja ref. 1.

fixa, mas momento nulo na extremidade livre. Para acompanhar a orientação da forma sob medida, a forma do componente da máquina deve ser ajustada em proporção ao gradiente, de tal forma que o nível de tensão seja mantido constante tanto quanto possível em todo o volume da peça. Por exemplo, a Figura 6.2 ilustra duas configurações alternativas para uma proposta de viga engastada que deve suportar uma carga P na extremidade. A Proposta 1 é uma viga de seção transversal retangular constante com largura $b = b_1$ e altura $d = d_1$ ao longo de todo o comprimento L da viga. A Proposta 2 é uma viga de altura constante $d = d_1$, mas com largura b variando linearmente de b_1 na extremidade fixa a zero na extremidade livre. Segundo a orientação da forma sob medida, a Proposta 2 deveria ser escolhida. A razão é como segue. A tensão máxima de flexão nas fibras externas de uma viga engastada, a qualquer distância x a partir da extremidade livre, é dada por [veja (4-5) e Tabela 4.1]

$$(\sigma_{máx})_x = \frac{M_x c_x}{I_x} = \frac{6PLx}{bd^2} \tag{6-1}$$

Para a Proposta 1, como $b = b_1$ é constante,

$$(\sigma_{máx})_{x-1} = \frac{6PLx}{b_1 d_1^2} \tag{6-2}$$

Para a Proposta 2, como b varia linearmente com x,

$$(\sigma_{máx})_{x-2} = \frac{6PLx}{\left(\dfrac{b_1}{L}\right) x d_1^2} = \frac{6PL^2}{b_1 d_1^2} \tag{6-3}$$

Comparando (6-2) com (6-3), a tensão máxima na fibra externa para a Proposta 1 varia de $6PL/b_1d_1^2$ na extremidade fixa, em que $x = L$, até zero na extremidade fixa, em que $x = 0$. Por outro lado, para a Proposta 2, a tensão máxima na fibra externa permanece a um nível constante de $6PL/b_1d_1^2$ ao longo de todo o comprimento da viga.

Orientação do Tetraedro Triangular

A análise de uma estrutura triangular, planar de três ligações, articuladas, como a mostrada na Figura 6.3(a), ilustra que qualquer sistema de equilíbrio de forças *no plano do triângulo*, quando os esforços são aplicados unicamente nas uniões, resultará em tensões trativas ou compressivas uniformemente distribuídas em cada uma dessas ligações. Tensões de flexão não serão induzidas, assumindo que o atrito nas articulações é desprezível. Se, por exemplo, uma carga vertical P deve ser sustentada por algum tipo de suporte fixado a uma parede vertical a uma distância L, duas configurações alternativas para o referido suporte são propostas nas Figuras 6.3(b) e 6.3(c). A Proposta 1 é uma viga engastada, de seção transversal retangular, com forma cônica na largura, similar àquela mostrada na Figura 6.2(b). A Proposta 2 é uma treliça articulada triangular com membros de seção transversal maciça. Para seguir a orientação do tetraedro triangular, a Proposta 2 deveria ser adotada. Ainda que a orientação da forma sob medida ilustrada na Figura 6.2 favoreça a seleção de uma viga engastada cônica na largura, quando comparada com uma viga de seção constante, a distribuição não uniforme de tensões do ponto mais alto ao ponto mais baixo, como ilustrado na Figura 4.3, ainda deixa um volume substancial de material levemente tensionado próximo ao eixo neutro de flexão. Para alcançar uma distribuição de tensões quase uniforme, a treliça triangular da Proposta 2 é uma escolha melhor. Uma versão modificada da treliça está ilustrada como Proposta 3, apresentada na Figura 6.3(d), em que a treliça articulada é substituída por uma placa "recortada" em forma triangular que se aproxima da geometria da treliça. A distribuição de tensões na placa recortada da Proposta 3 é nitidamente mais complicada do que na treliça articulada da Proposta 2, mas pode conservar "vantagem" suficiente sobre a treliça triangular para justificar a eliminação das complexidades de projeto associadas às articulações.

Finalmente, é importante reconhecer que uma *estrutura triangular articulada é capaz de suportar componentes de forças somente no plano do triângulo*. Para suportar componentes de força fora deste plano, uma estrutura tridimensional deve ser utilizada. A estrutura tridimensional que corresponde, em princípio, ao triângulo plano é uma treliça tetraédrica constituída de seis ligações unidas por juntas

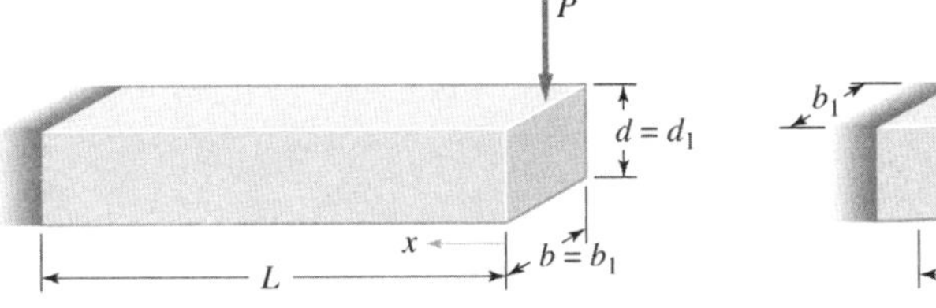

(*a*) Proposta 1: viga engastada com largura constante.

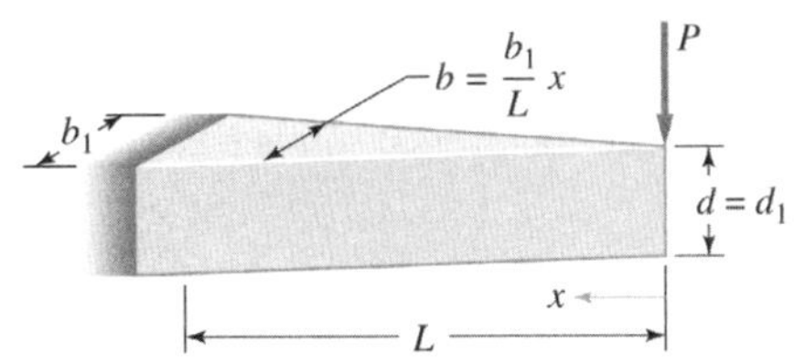

(*b*) Proposta 2: viga engastada em forma de cunha.

Figura 6.2
Duas configurações alternativas demonstrando a orientação da forma sob medida. A Proposta 2 é preferível, uma vez que a forma é ajustada ao gradiente de carregamento.

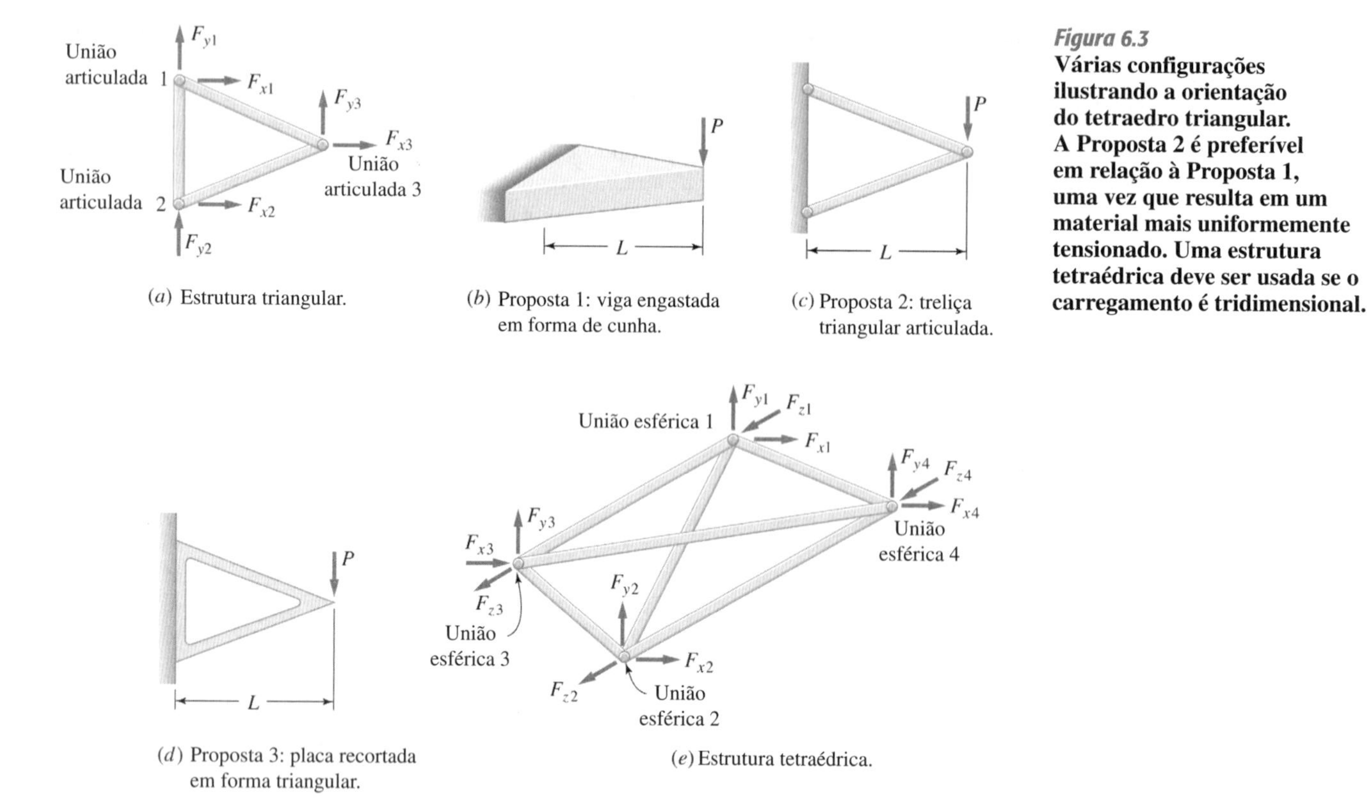

(*a*) Estrutura triangular.

(*b*) Proposta 1: viga engastada em forma de cunha.

(*c*) Proposta 2: treliça triangular articulada.

(*d*) Proposta 3: placa recortada em forma triangular.

(*e*) Estrutura tetraédrica.

Figura 6.3
Várias configurações ilustrando a orientação do tetraedro triangular. A Proposta 2 é preferível em relação à Proposta 1, uma vez que resulta em um material mais uniformemente tensionado. Uma estrutura tetraédrica deve ser usada se o carregamento é tridimensional.

esféricas, como mostrado na Figura 6.3(e). *Qualquer* sistema de equilíbrio de forças, quando as forças são aplicadas unicamente nas uniões, resultará em tensões trativas ou compressivas uniformemente distribuídas em cada uma das ligações da estrutura tetraédrica.

Orientação para Evitar a Flambagem

A equação de Euler para carga crítica de flambagem, como dada em (2-75) para flambagem de colunas, caracteriza de forma genérica os efeitos da resistência à flambagem. Repetindo a equação,

$$P_{cr} = \frac{\pi^2 EI}{L^2} \tag{6-4}$$

em que P_{cr} é a carga crítica de flambagem. Para tornar uma coluna mais resistente à flambagem, a magnitude de P_{cr} deve ser aumentada. Assim, para um dado material, a geometria deveria ser modificada para gerar maiores valores de momento de inércia de área, I, e/ou menor comprimento da coluna, L. Para alcançar maiores momentos de inércia de área, a partir da equação básica de momento de inércia de área em relação ao eixo x,[3]

$$I_x = \int y^2 \, dA \tag{6-5}$$

É possível notar de (6-5) que I aumenta quando a forma da seção transversal é configurada para concentrar a maior parte do material em relativamente grandes distâncias y a partir do eixo neutro de flexão. A fim de acompanhar a orientação para evitar a flambagem, o comprimento da coluna deveria ser reduzido (normalmente difícil em função de requisitos funcionais) ou a forma da seção transversal da coluna deveria concentrar material afastado do eixo neutro. Por exemplo, a Figura 6.4 mostra duas alternativas de forma de seção transversal para uma coluna proposta de uma aplicação de projeto. Ambas as propostas de seção transversal têm a mesma área líquida (mesma quantidade de material) mas a Proposta 1 é uma seção compacta, sólida, circular com diâmetro d_1, enquanto a Proposta 2 é uma seção anular vazada de diâmetro interno $d_{i2} = d_1$ e diâmetro externo $d_{o2} = \sqrt{2}\, d_1$, fornecendo as mesmas áreas de seção transversal para as duas formas. Para estas dimensões, o momento de inércia de área da seção transversal sólida e compacta da Proposta 1 é

$$I_1 = \frac{\pi d_1^4}{64} \tag{6-6}$$

[3] Veja, por exemplo, ref. 2, Capítulo 5.

Figura 6.4
Duas formas alternativas de seção transversal demonstrando a orientação para evitar a flambagem. A Proposta 2 é preferível, uma vez que fornece uma área maior de momento de inércia com a mesma quantidade de material.

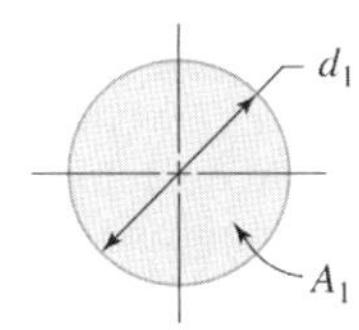

(*a*) Proposta 1: seção transversal compacta de área A_1.

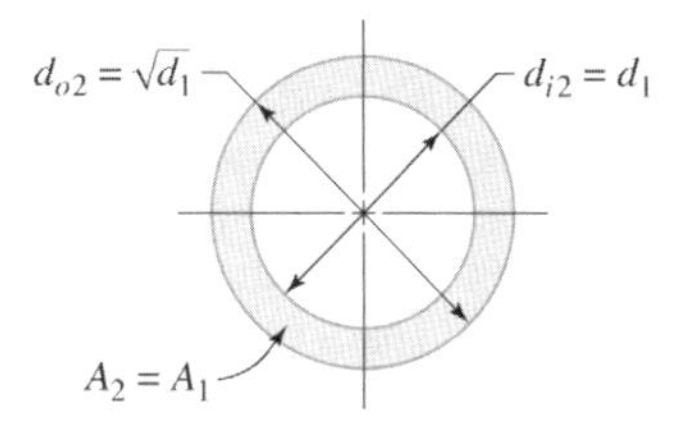

(*b*) Proposta 2: seção transversal expandida com área $A_2 = A_1$.

e para a seção transversal anular expandida da Proposta 2

$$I_2 = \frac{\pi[(\sqrt{2}d_1)^4 - d_1^4]}{64} = \frac{3\pi d_1^4}{64} \tag{6-7}$$

Comparando (6-7) com (6-6), o momento de inércia para a forma anular, I_2, é *três vezes maior* que I_1, para a forma sólida compacta. A carga crítica de flambagem para a seção transversal anular é, assim, três vezes maior do que para a seção transversal compacta usando a mesma quantidade de material.

Orientação do Cilindro Vazado e da Viga I

Quando momentos de torção são aplicados a componentes cilíndricos sólidos, as tensões cisalhantes de torção resultantes variam linearmente de zero, no centro, a um máximo nas fibras externas, como ilustrado na Figura 4.7. Da mesma forma, quando momentos fletores são aplicados a vigas sólidas retangulares, as tensões de flexão resultantes variam linearmente de zero, no eixo neutro, a um máximo nas fibras externas, como ilustrado na Figura 4.3. Em ambos os casos, para produzir uma distribuição de tensões mais uniforme, o material próximo à região central da seção transversal poderia ser removido e concentrado próximo às fibras externas. Para momentos de torção aplicados a componentes cilíndricos, isto pode ser consumado pela conversão de cilindros sólidos em vazados com a mesma área útil de seção transversal, como ilustrado na Figura 6.5(a). Para momentos fletores aplicados em vigas de seção transversal retangular, a orientação é reconfigurar a forma retangular em uma seção em I, com a mesma área útil de seção transversal, como ilustrado na Figura 6.5(b)[4]. Então, para seguir a orientação do cilindro vazado, para componentes em torção, um cilindro *vazado* (como no Caso 2 da Figura 6.5) deveria ser escolhido em vez de um cilindro sólido (como no Caso 1). Para seguir a orientação da viga em I, uma seção em I (como no Caso 4 da Figura 6.5), ou uma seção quadrada vazada, deveria ser escolhida no lugar de uma seção retangular sólida como no Caso 3. Para todas as situações, se a área útil da seção transversal é mantida constante, a remoção de material da região central resulta em maiores momentos de inércia e na redução dos níveis de tensão.

Orientação para a Conformidade entre Superfícies

Quando duas superfícies *sem conformidade* são pressionadas em contato, as áreas *reais* de contato são normalmente muito pequenas; por consequência, as pressões locais de contato são muito altas. A discussão das tensões de contato de Hertz em 4.6 ilustra esta observação para o contato entre

Figura 6.5
Configurações alternativas para seções transversais em torção e flexão. O Caso 2 é preferível em relação ao Caso 1, e o Caso 4 é preferível em relação ao Caso 3, uma vez que em ambas as circunstâncias os casos preferíveis apresentam material mais uniformemente tensionado.

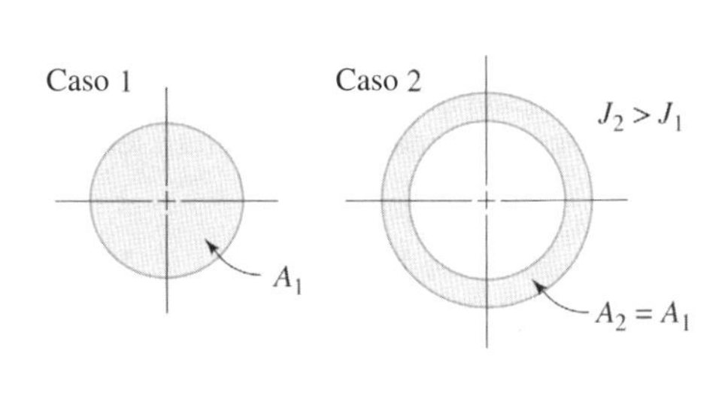

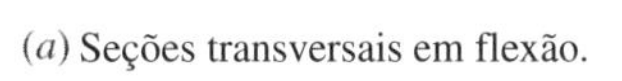

(*a*) Seções transversais em flexão.

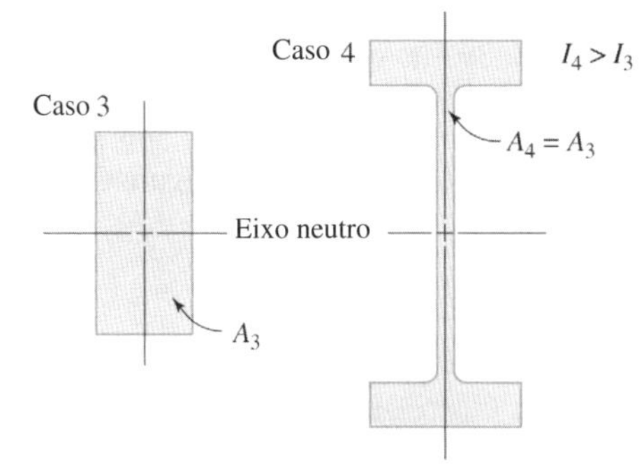

(*b*) Seções transversais em torção.

[4] Uma seção equivalente na forma de caixa vazada também poderia ser utilizada.

esferas e entre cilindros. Quando duas superfícies *apresentam exata conformidade* uma em relação à outra na interface de contato, a área de contato a ser considerada é a "área projetada", não importando se a geometria de contato é curva ou plana. Assim, as superfícies de ajuste fornecem maiores áreas *reais* de contato e, consequentemente, menores pressões de contato. A fim de seguir a orientação para a conformidade entre superfícies, a geometria de contato na interface, entre quaisquer duas peças, deveria ser escolhida para fornecer uma maior área real de contato por meio da obtenção de superfícies de contato tão ajustadas às outras quanto possível, dentro das restrições funcionais do dispositivo. Por exemplo, a Figura 6.6 mostra duas configurações alternativas para uma proposta de união articulada obtida pela colocação de uma barra cilíndrica maciça, carregada axialmente, em um entalhe cilíndrico. A Proposta 1 é um cilindro de aço com 2,0 polegadas de comprimento e 1,000 polegada de diâmetro, colocada em um entalhe semicircular com 0,531 polegada de raio, feito em um bloco de 2,0 polegadas do mesmo material. A Proposta 2 é, em termos gerais, similar no arranjo, exceto pelo raio do entalhe que é de 0,500 polegada. Ambas as propostas devem suportar uma carga compressiva vertical de 4000 lbf. A fim de acompanhar a orientação para a conformidade entre superfícies, a Proposta 2 deveria ser escolhida já que as dimensões da barra cilíndrica, no que diz respeito ao diâmetro, e do entalhe apresentam perfeita conformidade. As pressões de contato podem ser comparadas utilizando-se a equação de pressão de contato de Hertz (4-72) para a Proposta 1, e o cálculo da "área projetada" para a Proposta 2. Assim, para a Proposta 1, (4-72) fornece uma largura interfacial de contato de

$$b = \sqrt{\frac{2(4000)\left[2\left(\frac{1-0{,}3^2}{30\times 10^6}\right)\right]}{\pi(2{,}0)\left[\frac{1}{1{,}000}+\frac{1}{-1{,}062}\right]}} = 0{,}013 \text{ polegada} \tag{6-8}$$

e (4-73) dá então a máxima pressão de contato como

$$p_{máx} = \frac{2(4000)}{\pi(0{,}013)(2{,}0)} = 95.426 \text{ psi} \tag{6-9}$$

Para a Proposta 2, a pressão de contato é uniforme e é calculada como força dividida pela área projetada de contato, ou

$$p_{máx} = \frac{F}{dL} = \frac{4000}{(1{,}0)(2{,}0)} = 2000 \text{ psi} \tag{6-10}$$

e a escolha da Proposta 2 é confirmada.

Orientação da Remoção de Material com Baixa Solicitação

Quando propostas preliminares para a geometria de uma peça de máquina são examinadas cuidadosamente, pode-se notar que certas regiões de material estão fracamente tensionadas ou sem solicitação nenhuma. Para seguir a orientação da remoção de material com baixa solicitação, regiões com material fracamente tensionado (com baixa solicitação) devem ser removidas com o intuito de conservar peso, material e custo. Por exemplo, a Figura 6.7 mostra propostas alternativas para um componente de seção transversal não uniforme em tração, uma viga em flexão e uma barra em torção. Para cada caso, a Proposta 1 é um sólido simples ou uma seção escalonada, enquanto as Propostas 2 e 3 representam geometrias modificadas obtidas pela remoção de regiões de material que suportam pouca ou nenhuma tensão quando aplicado um esforço. Para seguir a orientação da remoção de material com baixa solicitação, as Propostas 2 e 3 deveriam ser escolhidas para cada caso, já que pouca alteração no nível de tensões é induzida e uma significativa economia de material é conseguida. Para o componente em tração do Caso 1 na Figura 6.7(a), uma barra cilíndrica escalonada está sujeita à tensão axial.

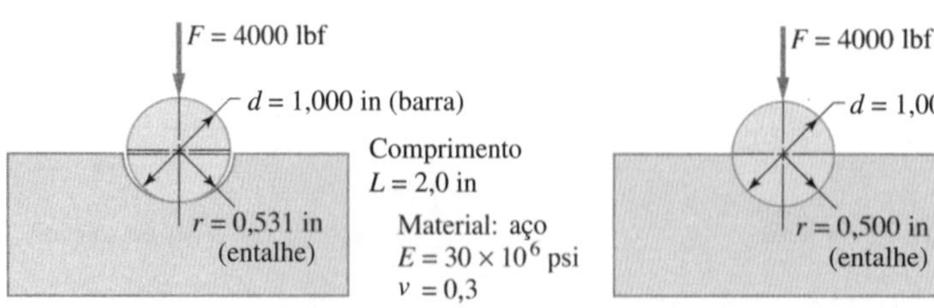

(*a*) Proposta 1: contato sem conformidade.

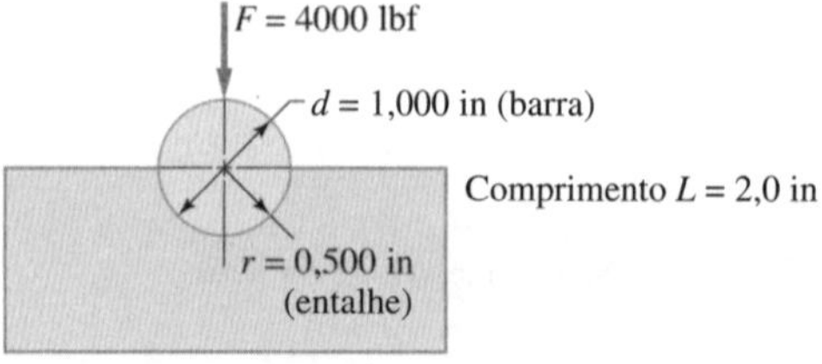

(*b*) Proposta 2: contato com conformidade.

Figura 6.6
Duas configurações alternativas demonstrando a orientação para a conformidade entre superfícies. A Proposta 2 é preferida em relação à Proposta 1, já que a área real de contato é maior e a pressão de contato é menor.

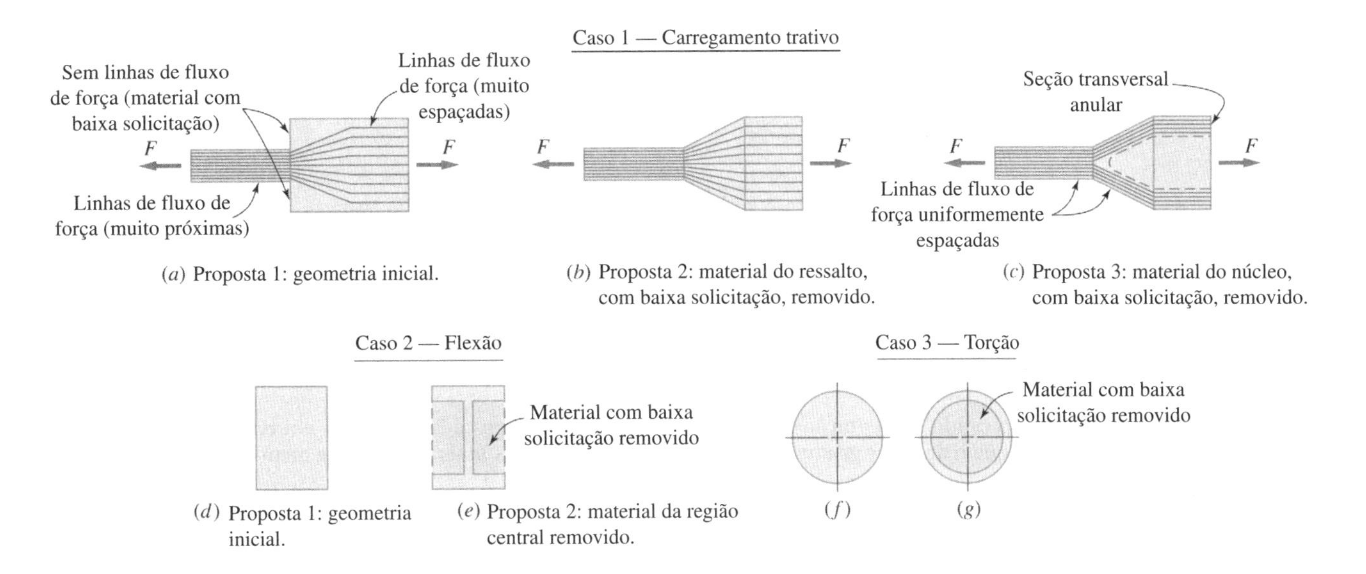

Figura 6.7
Várias configurações alternativas demonstrando a orientação da remoção de material com baixa solicitação. A Proposta 2 é preferida em relação à Proposta 1, uma vez que o material com baixa solicitação foi removido; a Proposta 3 é preferível em relação à Proposta 2 já que material adicional com baixa solicitação foi removido.

O fluxo das linhas de força indica que a região do ressalto está virtualmente não tensionada e poderia ser removida sem efeito significativo, como mostrado na Figura 6.7(b). Ainda pode ser notado que a seção de maior diâmetro da barra está um pouco menos tensionada que a seção de menor diâmetro, uma vez que a tensão trativa é proporcional à área. Assim, se as restrições funcionais permitirem, uma terceira proposta da Figura 6.7(c) poderia ser implementada, pela remoção do núcleo central da seção de maior diâmetro, para aumentar a tensão ao mesmo nível da seção de menor diâmetro.

Para o Caso 2 na Figura 6.7(d), uma viga de seção transversal retangular sólida está sujeita a um momento fletor, gerando um gradiente linear de tensão, de um valor máximo trativo no alto até um valor máximo compressivo embaixo [veja Figura 4.3(b)]. O material com baixa solicitação poderia ser removido da região central da viga (próxima ao eixo neutro), como ilustrado na Figura 6.7(e), deixando a maior parte do material restante próximo às fibras externas, em que a tensão é maior. Possíveis formas de seção transversal que poderiam dar resultado incluem a configuração em I como mostrado em 6.7(e), uma seção equivalente em caixa vazada, ou uma forma menos desejada de seção assimétrica como um canal, em ângulo, ou em Z.

O Caso 3, mostrado na Figura 6.7(f), ilustra uma seção transversal circular de uma barra sólida sujeita a um momento de torção, dando um gradiente linear de tensão cisalhante de zero, no centro, a um máximo nas fibras externas [veja Figura 4.7(b)]. O material com baixa solicitação poderia ser removido do núcleo central do cilindro como mostrado na Figura 6.7(g) de forma a deixar material apenas nas regiões próximas das fibras externas, em que a tensão cisalhante é maior, resultando em uma seção transversal anular mais eficiente.

Orientação da Transição de Forma

Das discussões de concentração de tensões em 5.3, fica evidente que descontinuidades geométricas podem levar a tensões locais muitas vezes superiores àquelas geradas por uma transição gradual e suave de uma forma ou dimensão de seção para outra. Por exemplo, os gráficos de fatores de concentração de tensões para um eixo com um raio de adoçamento na Figura 5.4, para um eixo com um entalhe semicircular na Figura 5.5, e para uma barra plana com um raio de adoçamento na Figura 5.7 evidenciam que maiores raios de adoçamento e transições mais suaves de uma seção para outra resultam em menores valores de pico de tensão. Para acompanhar a orientação da transição de forma, mudanças bruscas na forma ou na dimensão devem ser evitadas, e transições na dimensão e forma devem ser feitas gradualmente de uma para outra. Por exemplo, a Figura 6.8 ilustra propostas alternativas para um eixo com um raio de adoçamento em tração e para uma viga engastada em flexão. Em cada caso, a Proposta 1 mostra uma mudança brusca na geometria de uma região para outra, enquanto a Proposta 2 fornece uma transição mais gradual. Para acompanhar a orientação da transição de forma, a Proposta 2 deveria ser escolhida para cada caso. Para o eixo escalonado um grande e suave raio de adoçamento fornece a transição, e para a viga engastada a adição de nervuras que distribuem gradualmente o carregamento da viga para a parede de sustentação fornece o efeito de transição desejado.

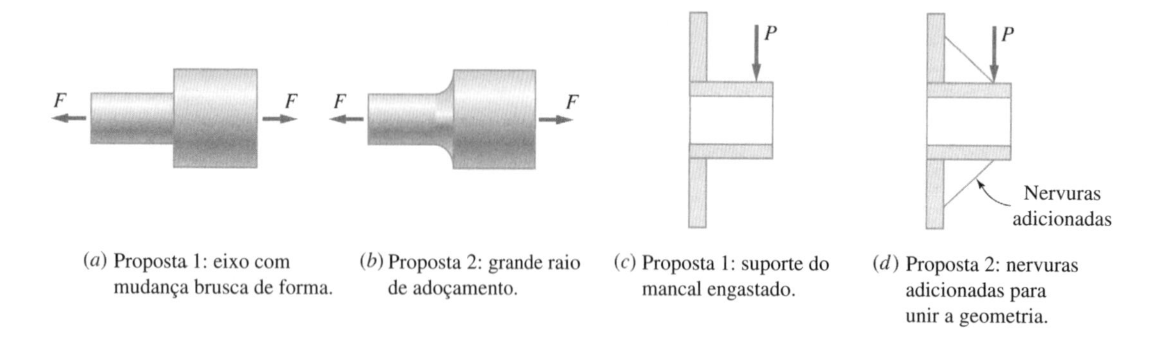

(*a*) Proposta 1: eixo com mudança brusca de forma.

(*b*) Proposta 2: grande raio de adoçamento.

(*c*) Proposta 1: suporte do mancal engastado.

(*d*) Proposta 2: nervuras adicionadas para unir a geometria.

Figura 6.8

Configurações alternativas demonstrando a orientação da transição de forma. A Proposta 2 é preferida em relação à Proposta 1 em ambas as circunstâncias, uma vez que transições graduais em forma fornecem tensões mais uniformes e menores picos de tensão.

Orientação da Distribuição da Deformação

Quando carregamentos são transferidos de um elemento de máquina para outro, é importante que as linhas de fluxo de força estejam distribuídas o mais uniformemente possível por toda a interface de contato entre os elementos. Se deformações elásticas locais induzidas pelo contato entre os elementos não são bem distribuídas na interface, pode haver elevadas tensões localizadas, ou movimentos relativos (escorregamento) ao longo da interface de contato. A consequência pode ser tensões localizadas inaceitavelmente altas ou, se carregamentos cíclicos estão envolvidos, a consequência pode ser dano por fretagem induzido por escorregamento. Para acompanhar a orientação da distribuição da deformação, deformações elásticas e deslocamentos relativos entre as superfícies de elementos acoplados devem ser controlados por cuidadosa especificação de formas e dimensões dos elementos que forneçam distribuição uniforme da transferência de carga por toda a interface. Por exemplo, a Figura 6.9 ilustra duas propostas alternativas para a interface roscada entre um tarugo de sustentação com carregamento trativo e sua correspondente porca de retenção. Na configuração tradicional da Proposta 1, mostrada na Figura 6.9(a), as linhas de fluxo de força tendem a se concentrar nos filetes de rosca 1, 2 e 3, com pequena parcela da carga passando através dos filetes 4, 5 e 6. Isso ocorre porque os filetes 1, 2 e 3 representam os caminhos mais curtos e de maior carregamento; assim, em consonância com o discutido em 4.11, a maior parte do carregamento é transferida para estes caminhos de maior carregamento nas roscas. Na Proposta 2, mostrada na Figura 6.9(b), a porca apresenta uma forma cônica especial para garantir que seja

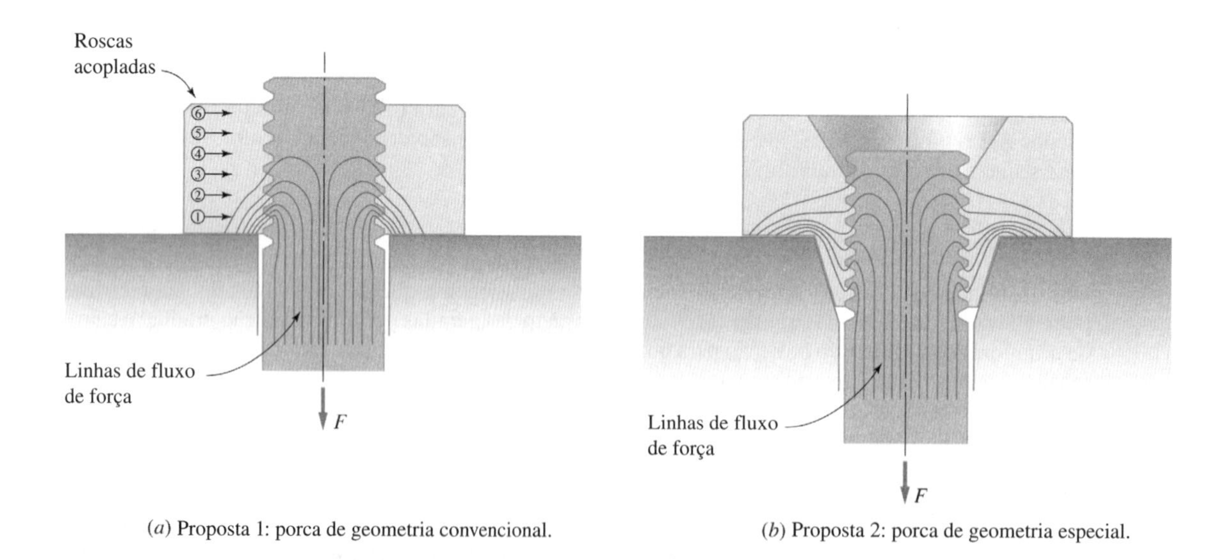

(*a*) Proposta 1: porca de geometria convencional.

(*b*) Proposta 2: porca de geometria especial.

Figura 6.9

Duas propostas alternativas para a geometria de uma porca de retenção demonstrando a orientação da distribuição da deformação. A Proposta 2 é preferida em relação à Proposta 1, já que as deformações encontram menores picos de tensões por uma transferência de carregamento mais uniforme por meio da interface roscada. Contudo, a vantagem econômica pode ser um argumento importante para a seleção da Proposta 1.

axialmente mais flexível na região dos filetes de rosca 1, 2 e 3, deslocando uma parcela maior da carga transferida para os filetes de rosca 4, 5 e 6. Para acompanhar a orientação da distribuição de deformação, a Proposta 2 deveria ser escolhida.

Orientação da Distribuição da Carga

Em uniões e superfícies de contato entre dois elementos de máquinas, a carga deve ser transferida tão gradual e uniformemente quanto possível de uma parte para outra. Para acompanhar a orientação da distribuição da carga, as seguintes técnicas devem ser implementadas, quando possível:

1. Usar um maior número de elementos de fixação pequenos em vez de poucos elementos grandes.
2. Usar arredondamentos generosos ou seções cônicas em vez de cantos vivos reentrantes ou grandes rebaixos.
3. Usar arruelas sob cabeças de parafusos ou porcas.
4. Usar nervuras para distribuir cargas de alças ou bases para paredes de sustentação.
5. Usar coxins em eixos para montar cubos, engrenagens e mancais.
6. Usar transições de geometria inovativas para distribuir o carregamento ou reduzir a concentração de tensões, especialmente em situações críticas de projeto.

Exemplo 6.1 Criando Formas pela Implementação de Orientações Referentes à Configuração

Um suporte em forma de L feito de dois componentes, um geralmente cilíndrico e o outro geralmente retangular, está sendo proposto para suportar o carregamento como mostrado esquematicamente na Figura E6.1A. O componente cilíndrico *A* é preso à parede de suporte em uma extremidade e ajustado por pressão ao componente retangular *B* na outra extremidade. Sem realizar qualquer cálculo, identifique quais orientações de configuração de 6.2 seriam aplicáveis na determinação de uma forma apropriada para cada componente deste suporte, e, baseado nessas orientações, esboce uma proposta inicial para a forma de cada componente.

Solução

A carga *P* aplicada na extremidade do componente 3 da Figura E6.1A produzirá, fundamentalmente, *flexão* no componente *B*, e *flexão mais torção* no componente *A*. *Cisalhamento transversal* também está presente em ambos os componentes. Revisando a lista de orientações configuracionais em 6.2, as orientações potencialmente aplicáveis para o componente *A* incluiriam:

Figura E6.1A
Geometria básica para uma proposta de um suporte formado por dois componentes.

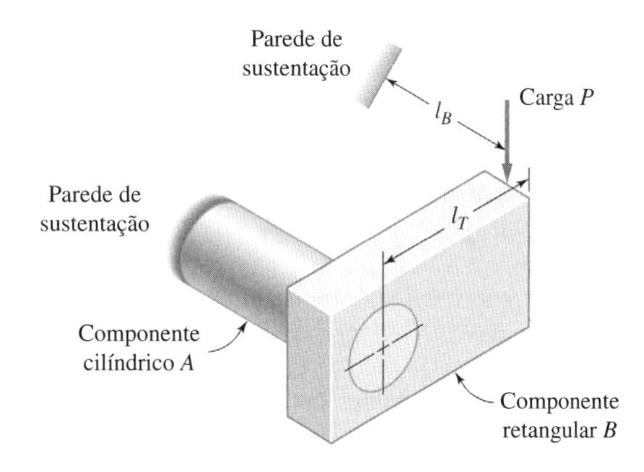

Figura E6.1B
Modificações de forma baseadas nas orientações de configuração de 6.2 (como comparada com a Figura E6.1A).

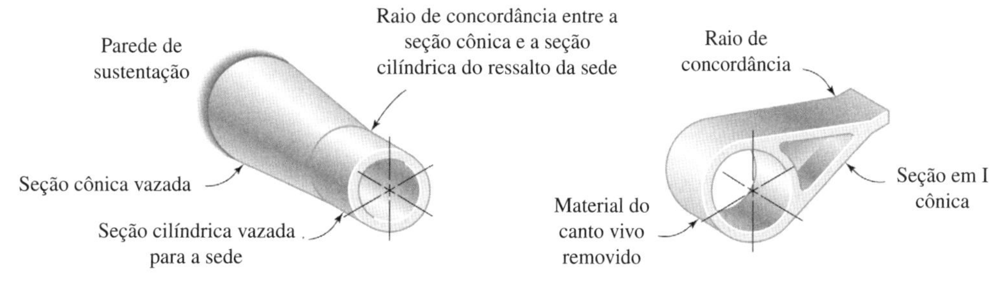

Exemplo 6.1 Continuação

2. Combinar a forma ao gradiente de carregamento (flexão)
5. Utilizar formas cilíndricas vazadas para conseguir uma distribuição quase uniforme de tensões (torção)
6. Prover superfícies ajustadas em interfaces de acoplamento
7. Remover material com baixa solicitação
8. Fazer a transição de formas gradualmente de uma para a outra

Para o componente *B* as orientações aplicáveis incluiriam:

2. Combinar a forma ao gradiente de carregamento (flexão)
5. Utilizar formas de vigas em I para conseguir uma distribuição quase uniforme de tensões (flexão)
6. Prover superfícies ajustadas em interfaces de acoplamento
7. Remover material com baixa solicitação
8. Fazer a transição de formas gradualmente de uma para a outra

Incorporando essas orientações para refinar as formas dos componentes *A* e *B* esquematizados na Figura E6.1A, a proposta inicial para formas melhoradas poderia tomar a forma esquematizada na Figura E6.1B.

6.3 Seções Críticas e Pontos Críticos

Na lista de passos fundamentais no projeto de uma máquina, como resumido na Tabela 1.1 do Capítulo 1, o passo VII descreve os aspectos importantes no projeto de cada parte. Isso inclui a determinação da geometria inicial, a análise de forças, a identificação dos modos potenciais de falha, a seleção de materiais, a seleção das potenciais seções críticas e pontos críticos, a seleção do fator de segurança e uso da tensão apropriada e análise da deflexão. Baseado nessas considerações, dimensões apropriadas para as seções críticas podem ser determinadas, usualmente pelo processo de iteração. Com exceção da seleção de seções críticas e pontos críticos, todos os aspectos importantes do projeto acima reiterados foram discutidos em detalhes do Capítulo 2 até este ponto do Capítulo 6. As técnicas para seleção de seções críticas e pontos críticos serão tratadas a seguir.

As *seções críticas* em um elemento de máquina são aquelas seções transversais que, em função da geometria do componente e da magnitude e orientação de forças e momentos sobre esse elemento, podem conter pontos críticos. Um *ponto crítico* é um ponto dentro do componente que apresenta um alto potencial para falha devido a elevadas tensões ou deformações, baixa resistência ou uma combinação crítica destes fatores. Normalmente, um projetista primeiro identifica as seções críticas em potencial, em seguida identifica os possíveis pontos críticos dentro de cada seção crítica. Finalmente, cálculos apropriados são realizados para determinar os pontos críticos *dominantes*, de tal forma que as dimensões calculadas garantam uma operação segura do componente durante a vida útil projetada.

O número de pontos críticos potenciais que requerem investigação em qualquer elemento de máquina é diretamente dependente da *experiência e discernimento* do projetista. Um projetista muito *inexperiente* poderá precisar analisar *uma grande quantidade* de pontos críticos potenciais. Um projetista *experiente* e com alto grau de discernimento, analisando o mesmo componente, poderá precisar investigar *um ou poucos* pontos críticos em função do sólido conhecimento sobre modos de falha, como forças e momentos afetam o componente, e como tensões e deformações estão distribuídas no elemento. Ao final, o projetista inexperiente e cauteloso e o especialista experiente devem ambos chegar às mesmas conclusões sobre onde os pontos críticos dominantes estão localizados, mas o projetista experiente com certeza o fará com o menor investimento de tempo e esforço.

Exemplo 6.2 Seleção do Ponto Crítico

Deseja-se examinar o elemento *A* mostrado na Figura E6.1B do Exemplo 6.1, com o objetivo de estabelecer as seções críticas e os pontos críticos para auxiliar no cálculo das dimensões e finalização da forma do componente.

Com este objetivo, selecione as seções críticas e os pontos críticos apropriados, justificando a escolha, e faça esboços mostrando a localização dos pontos críticos selecionados.

Solução

Na solução do Exemplo 6.1 foi estabelecido que o elemento *A* está sujeito à flexão, torção e ao cisalhamento transversal, levando à geometria proposta na Figura E6.1B. O componente *A* é novamente esquematizado na Figura E6.2 para mostrar mais claramente a geometria da *seção transversal*. Como a flexão produzida pela carga da extremidade resulta em um momento fletor máximo na extremidade fixa, assim como um cisalhamento uniforme ao longo de todo o comprimento da viga, e desde que exista um momento de torção constante ao longo de comprimento da viga, a seção crítica 1 *na extremidade fixa* é claramente uma seleção bem justificada. Também, pode ser notado que a parede anular é mais fina onde a seção cônica encontra a região cilíndrica da sede de montagem próxima à extremidade livre. Neste ponto, o momento fletor é menor que na extremidade fixa, o cisalhamento transversal é o mesmo e o momento de torção é o mesmo que na seção crítica 1, porém a parede é mais fina e a concentração de tensões deverá ser levada em conta; por conseguinte, a seção crítica 2 deveria também ser investigada.

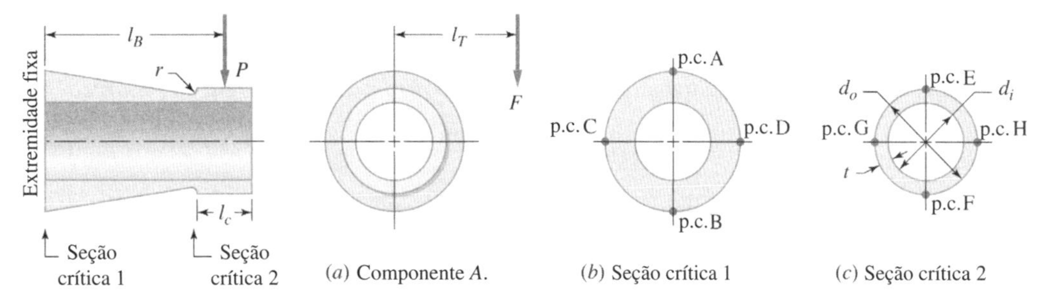

Figura E6.2
Seções e pontos críticos em potencial para o membro *A* do suporte apresentado no Exemplo 6.1 (p.c. = ponto crítico).

Na seção crítica 1, quatro pontos críticos podem ser escolhidos inicialmente, como mostrado na Figura E6.2(b). Nos pontos críticos *A* e *B*, flexão e torção se combinam, e nos pontos críticos *C* e *D*, torção e cisalhamento transversal se combinam. Em ambos os casos estados de tensão multiaxial, potencialmente perigosos, são produzidos. Uma vez que o estado de tensão em *A* é o mesmo que em *B* (exceto que a flexão produz tração em *A* e compressão em *B*), a investigação do ponto crítico *A* é por si só suficiente. Também, uma vez que a tensão cisalhante de torção adiciona tensão cisalhante transversal em *D* e subtrai em *C*, a investigação do ponto crítico *D* é por si só suficiente. Logo, é concluído que os pontos críticos *A* e *D* deveriam ser investigados, tendo em mente que *B* e *C* são menos preocupantes.

Uma consideração similar da seção crítica 2 leva à conclusão análoga de que os pontos críticos *E* e *H* devem ser investigados, sabendo-se que *A* e *C* são menos graves.

Resumindo, os pontos críticos *A*, *D*, *E* e *H* devem ser investigados. Se o projetista tem dúvidas sobre outro ponto crítico em potencial dentro do componente, esse ponto também deve ser investigado.

6.4 Transformando Teorias de Falha de Tensão Combinada em Equações de Projeto de Tensão Combinada

O estado de tensão em um ponto crítico é normalmente multiaxial; assim, como discutido em 5.4, o uso da *teoria de falha por tensão combinada* é usualmente necessário na análise do ponto crítico. Além disso, como discutido em 2.12, as dimensões são comumente determinadas para garantir que os níveis máximos de tensão de operação não excedam a tensão admissível de projeto em qualquer ponto crítico. Uma formulação útil pode ser obtida pela transformação das teorias de falha para tensão combinada, dadas em (5-32), (5-33), (5-36) e (5-44), em *equações de projeto para tensão combinada*, das quais as dimensões exigidas podem ser calculadas em qualquer ponto crítico. Tais transformações podem ser concluídas pelo uso *somente* dos sinais idênticos das equações da teoria de falha, e pela inserção da tensão admissível de projeto no lugar da resistência em cada equação. As equações de projeto para tensão combinada resultantes contêm então carregamentos conhecidos, propriedades de resistência conhecidas para o material que correspondem ao modo de falha predominante, fator de segurança conhecido e dimensões desconhecidas. As dimensões desconhecidas podem ser calculadas pela inversão da equação de projeto para tensão combinada aplicável. Detalhes da solução podem ser complicados, muitas vezes requerendo técnicas iterativas. As regras para selecionar a equação de projeto *aplicável*, baseada na ductilidade do material, são as mesmas da seleção da teoria de falha, dada em 5.4.

De forma mais detalhada, se o material apresenta comportamento *frágil* (alongamento menor que 5 por cento em 2 polegadas), a teoria de falha da máxima tensão normal, dada por (5-32) e (5-33), seria transformada nas *equações de projeto para máxima tensão normal*.

$$\sigma_{máx} = \sigma_{d-t} \quad (6\text{-}11)$$

se $\sigma_{máx}$ é trativo, ou

$$\sigma_{mín} = \sigma_{d-c} \quad (6\text{-}12)$$

se $\sigma_{mín}$ é compressivo, em que σ_{d-t} e σ_{d-c} são, respectivamente, tensões de projeto trativas e compressivas, $\sigma_{máx}$ é a maior das tensões principais, σ_1, σ_2 e σ_3 no ponto crítico, e $\sigma_{mín}$ é, algebricamente, a menor tensão principal. A equação predominante é aquela que fornece as maiores dimensões requeridas.

Se o material apresenta comportamento *dúctil* (alongamento de 5 por cento ou mais em 2 polegadas), a teoria de falha da máxima tensão cisalhante dada por (5-36) seria transformada na *equação de projeto para máxima tensão cisalhante*

$$|\tau_{máx}| = \tau_d = \frac{\sigma_d}{2} \quad (6\text{-}13)$$

em que $|\tau_{máx}|$ é a máxima magnitude da tensão cisalhante principal no ponto crítico [veja (5-2), (5-3) e (5-4)].

Também para comportamento *dúctil*, a teoria da falha pela energia de distorção dada por (5-44), e suplementada por (5-45), seria transformada na *equação de projeto da energia de distorção*

$$\sigma_{eq}^2 = \frac{1}{2}[(\sigma_1 - \sigma_2)^2 + (\sigma_2 - \sigma_3)^2 + (\sigma_3 - \sigma_1)^2] = \sigma_d^2 \quad (6\text{-}14)$$

em que σ_1, σ_2 e σ_3 são as três tensões principais normais produzidas pelo carregamento no ponto crítico. Em todas as equações acima, carregamentos conhecidos, propriedades conhecidas de resistência do material e fator de segurança conhecido seriam inseridos e dimensões de projeto (as únicas desconhecidas) seriam encontradas pela solução da equação.

6.5 Hipóteses Simplificadoras: A Necessidade e o Risco

Depois que a proposta inicial para a forma de cada uma das peças e para a sua distribuição no componente montado e depois que todos os pontos críticos foram identificados, as dimensões críticas podem ser calculadas para cada peça. Em princípio, esta tarefa simplesmente envolve a utilização das equações de análise de tensão e deflexão do Capítulo 4 e as equações de projeto para tensão multiaxial de 6.4. Na prática, as complexidades de geometrias intrincadas, estrutura redundante e modelos matemáticos implícitos ou de ordem elevada usualmente requerem uma ou mais *hipóteses simplificadoras* de forma a obter uma solução tratável para o problema de determinar as dimensões.

Hipóteses simplificadoras podem ser feitas a respeito do carregamento, distribuição de cargas, configuração de suporte, forma geométrica, tensões predominantes, distribuição de tensões, modelos matemáticos aplicáveis, e qualquer outro aspecto da tarefa de projeto, para tornar possível uma solução. A finalidade de lançar hipóteses simplificadoras é reduzir o problema real complicado para modelo matemático pertinente, porém solucionável. A hipótese simplificadora mais grosseira seria considerar a "resposta" sem análise. Para um projetista experiente, a aplicação de rotina, cargas leves, e mínimas consequências de falha, levando diretamente às dimensões, pode ser aceitável. A análise mais refinada pode envolver muito poucas hipóteses simplificadoras, modelando a geometria e o carregamento em grande detalhe, possivelmente criando no processo modelos matemáticos muito detalhados e complexos que irão requerer vasto trabalho computacional e grandes investimentos em tempo e esforço para determinar as dimensões. Para aplicações muito críticas, em que o carregamento é complicado, as consequências de falha são potencialmente catastróficas, e a natureza da aplicação irá razoavelmente suportar grandes investimentos; tal modelamento detalhado poderá ser aceito (mas usualmente será utilizado somente após exercitar modelos mais simples).

Normalmente, umas poucas e bem escolhidas hipóteses simplificadoras são necessárias para reduzir o problema de projeto real a um problema que possa ser resolvido experimentalmente com um esforço razoável. Análises mais acuradas podem ser feitas em iterações subsequentes, se necessário. O *risco* de assumir hipóteses simplificadoras deve ser sempre considerado; se as hipóteses não forem verdadeiras, o modelo resultante não refletirá a desempenho do componente real. Os fracos prognósticos resultantes podem ser responsáveis pela falha prematura ou operação insegura, a menos que a análise seja posteriormente refinada.

6.6 Revisão do Conceito de Iteração

Muitos detalhes do processo de projeto mecânico foram examinados desde que o projeto foi inicialmente caracterizado em 1.4 como um processo decisório *iterativo*. Agora que os princípios básicos e as orientações para determinação da forma e dimensão foram apresentados, e que detalhes da seleção de materiais, importância do modo de falha, análise de tensão e deflexão, e determinação do fator de segurança foram discutidos, parece apropriado revisar brevemente o papel importante da iteração no projeto.

Durante a primeira iteração, o projetista se concentra em encontrar especificações funcionais de desempenho pela seleção de materiais candidatos e distribuições geométricas potenciais que fornecerão resistência e vida adequadas aos carregamentos, meio ambiente e potenciais modos de falha predominantes à aplicação. Um fator de segurança apropriado é escolhido para levar em conta incertezas. Hipóteses simplificadoras, cuidadosamente escolhidas, são feitas para implementar uma solução viável à tarefa de determinação das dimensões críticas. Uma consideração sobre os processos de fabricação também é apropriada na primeira iteração. É necessária a integração da seleção do processo de fabricação com o projeto do produto, caso se busquem as vantagens e economias dos modernos métodos de fabricação.

Uma segunda iteração normalmente estabelece dimensões nominais e especificações detalhadas do material que irão satisfazer, com segurança, os requisitos de desempenho, resistência e vida útil. Vários passos podem ser implantados nessa iteração.

Normalmente, uma terceira iteração verifica cuidadosamente a segunda iteração de projeto segundo as perspectivas de fabricação, montagem, inspeção, manutenção e custo. Isto é usualmente acompanhado da utilização de métodos modernos para otimização global do sistema de manufatura, um processo denominado *projeto para a fabricação (PPF)*.[5]

Uma iteração final, empreendida antes que o projeto seja realizado, normalmente inclui o estabelecimento de ajustes e tolerâncias para cada componente e modificações finais baseadas na verificação da terceira iteração. Um controle final do fator de segurança é, então, usualmente realizado de forma a assegurar que a resistência e a vida útil do projeto proposto atinjam as especificações sem desperdício de materiais e recursos.

Tão importante quanto entender a natureza *iterativa* do processo de projetar é entender a natureza *seriada* do processo de iteração. Ineficiências geradas pelas *decisões iniciais de projeto* fortemente arraigadas podem tornar as reduções de custo ou melhorias na manufatura difíceis e custosas em estágios posteriores. Tais ineficiências estão sendo localizadas em muitas instalações modernas pela implementação da abordagem da *engenharia simultânea*. A engenharia simultânea envolve ligações *on-line* de computadores entre todas as atividades, inclusive projeto, manufatura, inspeção, produção, marketing, vendas, e distribuição, com alimentação prévia e contínua, e verificação por todo o projeto, desenvolvimento, e fases de serviço de campo do produto. Utilizando esta abordagem, as várias iterações e modificações são incorporadas tão rapidamente, e comunicadas tão amplamente, que as alimentações e as modificações de todos os departamentos são virtualmente simultâneas.

Exemplo 6.3 Determinando as Dimensões em um Ponto Crítico Selecionado

Continuando o estudo do componente A, já descrito nos Exemplos 6.1 e 6.2, deseja-se dimensionar a seção transversal anular mostrada na Figura E6.2 do Exemplo 6.2, na seção crítica 2. A carga P a ser suportada é de 10.000 lbf. A distância da parede de fixação ao ponto de aplicação da carga P é $l_B = 10$ polegadas, e a distância da linha de centro do componente A à carga P é $l_T = 8$ polegadas (veja Figura E6.1A do Exemplo 6.1). O material preliminar selecionado para esta primeira análise é aço 1020 estirado a frio, e foi determinado que o provável modo de falha é por escoamento. Uma análise preliminar indicou que um fator de segurança de projeto $n_d = 2$ está apropriado.

Determine as dimensões do componente A na seção crítica 2.

Solução

Observando a Figura E6.2, as dimensões a serem determinadas na seção crítica 2 incluem o diâmetro externo d_0, o diâmetro interno d_i, a espessura de parede t e o raio de adoçamento r, todos desconhecidos. O comprimento do ressalto da sede, l_c, também não é conhecido, mas é necessário para o cálculo do momento fletor M_2 na seção crítica 2. As propriedades materiais de interesse para a ação 1020 laminado a frio são $S_{yp} = 51$ ksi (da Tabela 3.3) e e(2 polegadas) = 15% (da Tabela 3.10).

Da solução no Exemplo 6.2, os pontos críticos a serem analisados para a seção 2 são p.c. E (flexão e torsão) e p.c. H (torsão e cisalhamento transversal), conforme representado na Figura E6.2.

Para iniciar a solução são feitas as seguintes hipóteses simplificadoras:

1. A parede anular é fina e, então, admite-se que $d_o = d_i = d$ e $t = 0{,}1d$.
2. Uma proporção comum para as superfícies de apoio é fazer o diâmetro igual ao comprimento, de modo que se admite $l_c = d$.

---

[5] Veja 7.4.

Exemplo 6.3 Continuação

Na seção crítica 2, o momento fletor M_2 e o momento de torsão T_2 podem ser escritos como:

$$M_2 = \frac{Pl_c}{2} = \frac{Pd}{2} = \frac{10.000d}{2} = 5000d \text{ lbf} \cdot \text{in}$$

$$T_2 = Pl_T = 10.000(8) = 80.000 \text{ lbf} \cdot \text{in}$$

Examinando o p.c. E, em primeiro lugar, o volume elementar que ilustra o estado de tensões pode ser construído conforme representado na Figura E6.3A. A tensão nominal σ_{x-nom} causada pelo momento fletor M_2 e a tensão nominal cisalhante τ_{xy-nom} causada pelo momento torsor T_2 podem ser escritos como:

$$\sigma_{x-nom} = \frac{M_2c}{I} \text{ e } \tau_{xy-nom} = \frac{T_2a}{J}$$

Figura E6.3A
Estado de tensões no p.c. E.

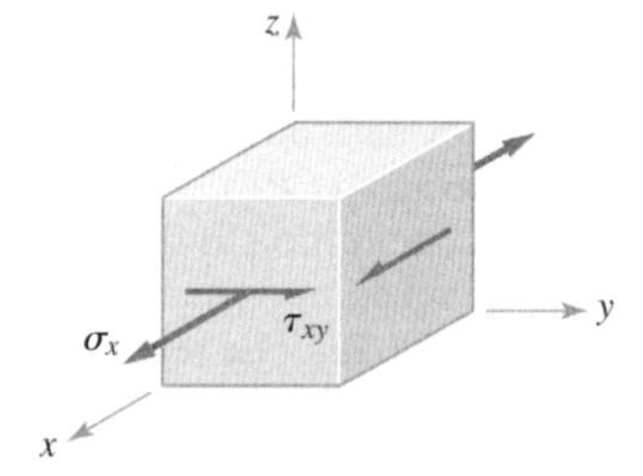

Para as seções anulares finas,[6] o momento de inércia I, em relação ao eixo neutro para a flexão e o momento de inércia polar J, podem ser aproximados por:

$$I = \frac{\pi d^3 t}{8} = \frac{\pi d^3(0,1d)}{8} = 0,039d^4 \text{ e } J = \frac{\pi d^3 t}{4} = \frac{\pi d^3(0,1d)}{4} = 0,079d^4$$

Os fatores de concentração de tensões devidos aos adoçamentos podem ser aproximados a partir da Figura 5.4 admitindo-se, inicialmente, as razões $r/d = 0,05$ e $D/d = 1,1$ para obter os valores aproximados de $K_{tb} = 1,9$ (para flexão) e $K_{tT} = 1,3$ (para torsão). A partir desses valores, as tensões reais de flexão σ_x e de cisalhamento τ_{xy} no p.c. E podem ser escritas como:

$$\sigma_x = (\sigma_{x-nom})K_{tb} = \left(\frac{M_2c}{I}\right)K_{tb} = \left[\frac{5000d(d/2)}{0,039d^4}\right](1,9) = \frac{1,22 \times 10^5}{d^2}$$

$$\tau_{xy} = (\tau_{xy-nom})K_{tT} = \left(\frac{T_2a}{J}\right)K_{tT} = \left[\frac{80.000d(d/2)}{0,079d^4}\right](1,3) = \frac{6,58 \times 10^5}{d^3}$$

Usando a equação cúbica da tensão, (5-1) ou círculo de Mohr, as tensões principais no p.c. E são determinadas como:

$$\sigma_1 = \frac{\sigma_x}{2} + \sqrt{\left(\frac{\sigma_x}{2}\right)^2 + \tau_{xy}^2}, \quad \sigma_2 = \frac{\sigma_x}{2} - \sqrt{\left(\frac{\sigma_x}{2}\right)^2 + \tau_{xy}^2}, \text{ e } \sigma_3 = 0$$

Ressaltando que e(2 polegadas) = 15%, o material é dúctil, o que significa que pode ser usada a equação de projeto da energia de distorção (6-14). Usando as tensões principais acima, a equação (6-14) se reduz a:

$$\sigma_x^2 + 3\tau_{xy}^2 = \sigma_d^2$$

Como $S_{yp} = 51$ ksi e $n_d = 2$, $\sigma_d = S_{yp}/n_d = 25.500$ psi. Usando as expressões para σ_x e τ_{xy} acima, pode-se escrever:

$$\left(\frac{1,22 \times 10^5}{d^2}\right)^2 + 3\left(\frac{6,58 \times 10^5}{d^3}\right)^2 = (25.500)^2 \quad \Rightarrow \quad d^6 - 22,89d^2 = 2000$$

Isto pode ser resolvido em função de d, usando-se uma variedade de técnicas desde aquelas com softwares para solução numérica de equações até os cálculos manuais iterativos. Uma vez que esta equação foi derivada das condições iniciais, uma solução final envolverá iterações. Usando um software de solução numérica de equações, obtém-se que o diâmetro é, aproximadamente, $d \approx 3,6$ polegadas. Usando-se

[6] Veja ref. 2, Tabela 1, caso 16, ou use a Tabela 4.2, caso 5, para obter valor aproximado de I para um tubo de parede fina pela incorporação de $d_o = d_i = d$ e $t = 0,1d$.

$d_o = d = 3{,}6$ polegadas em conjunto com as hipóteses acima, resulta em $t = 0{,}1d = 0{,}1(3{,}6) = 0{,}36$ polegada, $d_i = d_o - 2t = 2{,}88$, $l_c = D = d_o + 2t = 3{,}96$ polegadas e $r = 0{,}05(3{,}6) = 0{,}18$ polegada. Com essas dimensões, obtém-se:

$$\frac{r}{d_o} = \frac{0{,}18}{3{,}6} = 0{,}05 \quad \text{e} \quad \frac{D}{d} = \frac{D}{d_o} = \frac{3{,}96}{3{,}6} = 1{,}1$$

Utilizando essas dimensões, pode-se refinar a aproximação para os fatores de concentração para flexão e torsão para $K_{tb} = 1{,}87$ e $K_{tT} = 1{,}27$. Além disso, com os diâmetros interno e externo agora conhecidos, pode-se estimar mais precisamente I e J $(= 2I)$, como

$$I = \frac{\pi}{64}\left(d_o^4 - d_i^4\right) = \frac{\pi}{64}\left(3{,}6^4 - 2{,}88^4\right) = 4{,}87 \text{ in}^4 \quad \text{e} \quad J = 2I = 2(4{,}87) = 9{,}74 \text{ in}^4$$

Pode-se, agora, determinar as tensões normal e de cisalhamento como:

$$\sigma_x = \left(\frac{M_2 c}{I}\right)K_{tb} = \left[\frac{5000(3{,}6)(3{,}6/2)}{4{,}87}\right](1{,}87) = 12.440 \text{ psi}$$

$$\tau_{xy} = \left(\frac{T_2 a}{J}\right)K_{tT} = \left[\frac{80.000(3{,}6)(3{,}6/2)}{9{,}74}\right](1{,}27) = 18.776 \text{ psi}$$

Como antes, aplicando-se o critério de falha $\sigma_x^2 + 3\tau_{xy}^2 = \sigma_d^2$ resulta em:

$$(12.440)^2 + 3(18.776)^2 = 1{,}21 \times 10^9 > (25.500)^2 = 0{,}65 \times 10^9$$

Como o lado esquerdo é maior do que o lado direito, prevê-se a falha. As tensões normal e cisalhante podem ser reduzidas aumentando-se os momentos de inércia. Isso pode ser conseguido reduzindo-se o raio interno. Como forma de se fazer isto, será explorado o estado de tensões no p.c. H, que sofrerá dois componentes de tensão cisalhante. A tensão cisalhante é proveniente do torque (τ_{xy-tor}) e do cisalhamento transversal (τ_{xy-ts}), conforme mostrado na Figura E6.3B.

Figura E6.3B
Estado de tensões no p.c. H.

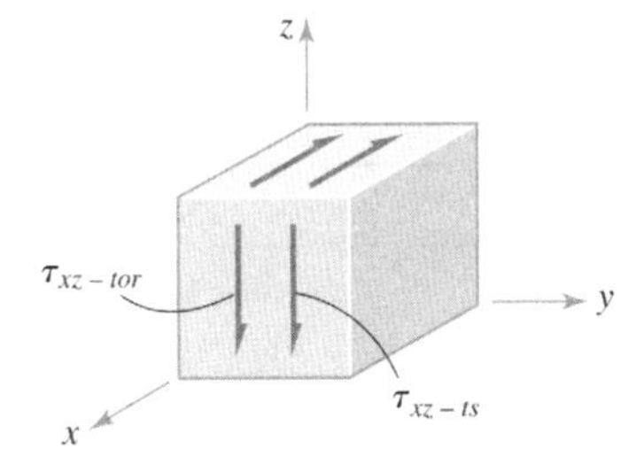

A tensão cisalhante devido à torção é definida como antes. Usando o caso 3 da Tabela 4.4, a tensão cisalhante devida ao cisalhamento é definida. As duas tensões cisalhantes são escritas como:

$$\tau_{xy-tor} = \left(\frac{T^2 a}{J}\right)K_{tT} \quad \text{e} \quad \tau_{xy-ts} = \left(2\frac{P}{A}\right)K_{tT}$$

Uma vez estabelecido o diâmetro externo, pode-se expressar o momento polar de inércia e a área como:

$$J = \frac{\pi}{32}\left(d_o^4 - d_i^4\right) = \frac{\pi}{32}\left(3{,}6^4 - d_i^4\right) \quad \text{e} \quad A = \frac{\pi}{4}\left(d_o^2 - d_i^2\right) = \frac{\pi}{4}\left(3{,}6^2 - d_i^2\right)$$

Baseado nas dimensões já estabelecidas, determina-se

$$\tau_{xy-tor} = \left(\frac{T^2 a}{J}\right)K_{tT} = \left(\frac{32(80.000)(3{,}6/2)}{\pi(3{,}6^4 - d_i^4)}\right)(1{,}27) = \frac{1{,}86 \times 10^6}{168 - d_i^4}$$

$$\tau_{xy-ts} = \left(2\frac{P}{A}\right)K_{tT} = \left(\frac{4(2)(10.000)}{\pi(3{,}6^2 - d_i^2)}\right)(1{,}27) = \frac{3{,}23 \times 10^4}{13 - d_i^2}$$

Como ambos os componentes atuam na mesma direção, esses componentes se somam. A tensão cisalhante resultante é

$$\tau_{xy} = \tau_{xy-tor} + \tau_{xy-ts} = \frac{1{,}86 \times 10^6}{168 - d_i^4} + \frac{3{,}23 \times 10^4}{13 - d_i^2}$$

Exemplo 6.3 Continuação

Como o estado de tensões é de cisalhamento puro, a equação de projeto (6-14) se reduz a $3\tau_{xy}^2 = \sigma_d^2$. Portanto, pode-se escrever:

$$\frac{1{,}86 \times 10^6}{168 - d_i^4} + \frac{3{,}23 \times 10^4}{13 - d_i^2} = \frac{25.500}{\sqrt{3}} = 14.722$$

Resolvendo numericamente obtém-se um diâmetro interno aproximado $d_i = 1{,}64$. Usando este diâmetro e o diâmetro já estabelecido $d_o = 3{,}64$, determina-se $J = 15{,}78$ in^4, $I = 7{,}89$ in^4 e $A = 8{,}07$ in^2. O estado de tensões resultante no p.c. E será:

$$\sigma_x = \left[\frac{5000(3{,}6)(3{,}6/2)}{7{,}89}\right](1{,}87) = 7680 \text{ psi} \quad \text{e} \quad \tau_{xy} = \left[\frac{80.000(3{,}6)(3{,}6/2)}{15{,}78}\right](1{,}27) = 11.590 \text{ psi}$$

A aplicação do critério de falha $\sigma_x^2 + 3\tau_{xy}^2 = \sigma_d^2$ resulta em:

$$(7680)^2 + 3(11.590)^2 = 4{,}62 \times 10^8 < (25.500)^2 = 0{,}65 \times 10^9.$$

Para p.c. H obtém-se $\tau_{xy} = 13.820$ psi < 14.722 psi. Portanto, ambos os pontos críticos são considerados seguros. Baseado nesses resultados, as dimensões recomendadas para a seção crítica 2 do componente A estão mostradas na Figura E6.3C.

Naturalmente, muitas outras combinações de dimensões poderiam ser obtidas para a seção crítica 2, que seriam, também, seguras e aceitáveis. Além disso, resta determinar dimensões aceitáveis para a seção crítica 1 antes que a proposta inicial de um projeto do componente A esteja completa.

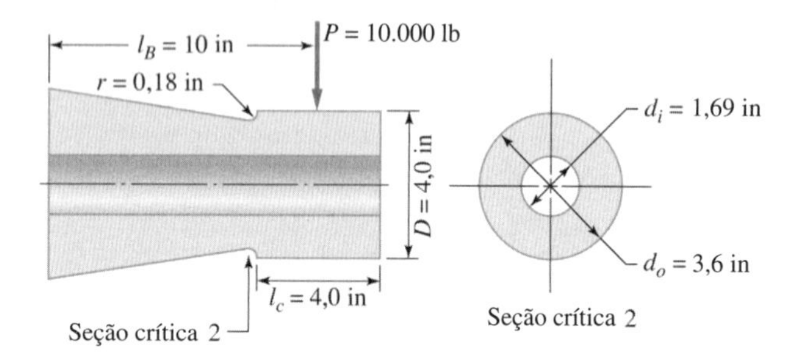

Figura E6.3C
Esboço apresentando as dimensões iniciais recomendadas na seção crítica 2 do componente *A* do suporte mostrado no Exemplo 6.1.

6.7 Ajustes, Tolerâncias e Acabamentos

Todas as discussões até aqui neste capítulo lidaram com a determinação da "macrogeometria" de peças de máquina. Em muitos casos, a "microgeometria" de uma peça de máquina, ou uma montagem de peças, também têm grande importância em termos de função apropriada, prevenção de falha prematura, facilidade de fabricação e montagem, e custo. As questões importantes do projeto microgeométrico incluem: (1) a especificação dos ajustes entre peças acopladas para assegurar funcionamento adequado, (2) a especificação de *variação admissível* nas dimensões de peças fabricadas (*tolerâncias*) que simultaneamente garantirão o ajuste especificado, velocidade de montagem e otimização do custo em geral, e (3) a especificação da *condição e irregularidade da superfície* que irá assegurar a função apropriada, minimizar o potencial de falha e otimizar o custo geral. Alguns exemplos de peças de máquina e montagens nas quais uma ou mais questões relativas à microgeometria de projeto podem ser importantes são:

1. O ajuste por pressão na conexão entre o cubo do volante e o eixo no qual é montado (veja Capítulos 9 e 18). O ajuste deve ser apertado o suficiente para assegurar uma retenção adequada, e ao mesmo tempo, as tensões geradas devem estar dentro da faixa permitida de projeto, e a montagem do volante no eixo deve ser possível. Ambos, ajustes e tolerâncias, estão em questão.
2. O ajuste por interferência leve entre a pista interna de um rolamento de esfera e a sede de montagem no eixo no qual este é instalado (veja Capítulo 11). O ajuste deve ser apertado o suficiente para evitar movimento relativo durante a operação, porém não tão apertado de modo que a interferência

interna entre as esferas e as pistas, gerada pela expansão elástica da pista interna quando pressionada no eixo, reduza a vida do rolamento. A falha prematura devido à fadiga por fretagem, iniciada entre o lado interno da pista interna e o eixo também deve ser uma consideração, como devem ser as restrições operacionais na rigidez radial ou a necessidade de acomodar a expansão térmica. Ajustes, tolerâncias e irregularidades superficiais são todas questões importantes.

3. A folga radial entre uma luva de um mancal de deslizamento, lubrificado hidrodinamicamente, e o munhão de acoplamento de um eixo rotativo, bem como a rugosidade superficial das superfícies de apoio (veja Capítulo 10). A folga deve ser grande o suficiente para permitir o desenvolvimento de um "espesso" filme de lubrificante entre a luva do mancal e o munhão do eixo, porém pequena o suficiente para limitar a velocidade do fluxo de óleo através da folga do mancal, de modo que se possa desenvolver uma pressão hidrodinâmica que suporte a carga. A rugosidade superficial de cada componente deve ser pequena o suficiente de modo que os picos de rugosidade não penetrem no filme de lubrificante causando o contato "metal-metal", porém grande o suficiente para permitir uma fácil fabricação e um custo razoável. Tolerâncias e irregularidade superficial são questões de importância.

Consequências importantes de projeto dependem de decisões tomadas sobre ajustes, tolerâncias e irregularidades superficiais, como ilustrado nos três exemplos já citados. A especificação apropriada de ajustes, tolerâncias e irregularidade superficial, é feita usualmente com base na experiência com a aplicação específica de interesse. Contudo, é uma importante responsabilidade de projeto assegurar que "orientações com base na experiência" atendam aos requisitos específicos de aplicação, tais como prevenir a perda de interferência em uma montagem de ajuste sob pressão devido a uma "tolerância arrumada", prevenir o contato metal-metal em um rolamento hidrodinâmico devido à excessiva rugosidade da superfície, assegurando que as peças acopladas possam ser montadas e desmontadas com relativa facilidade, assegurando que o ajuste com interferência possa sustentar as cargas de operação sem separação ou deslizamento, assegurando que expansões térmicas diferentes não alterem excessivamente o ajuste, e assegurando que as tolerâncias especificadas não sejam tão grandes que a permutabilidade seja comprometida, nem tão pequenas que o custo de fabricação seja excessivo. É bem estabelecido que o aumento do *número* e do *aperto* das tolerâncias especificadas causa um aumento correspondente no custo e na dificuldade de fabricação, como ilustrado, por exemplo, na Figura 6.10.

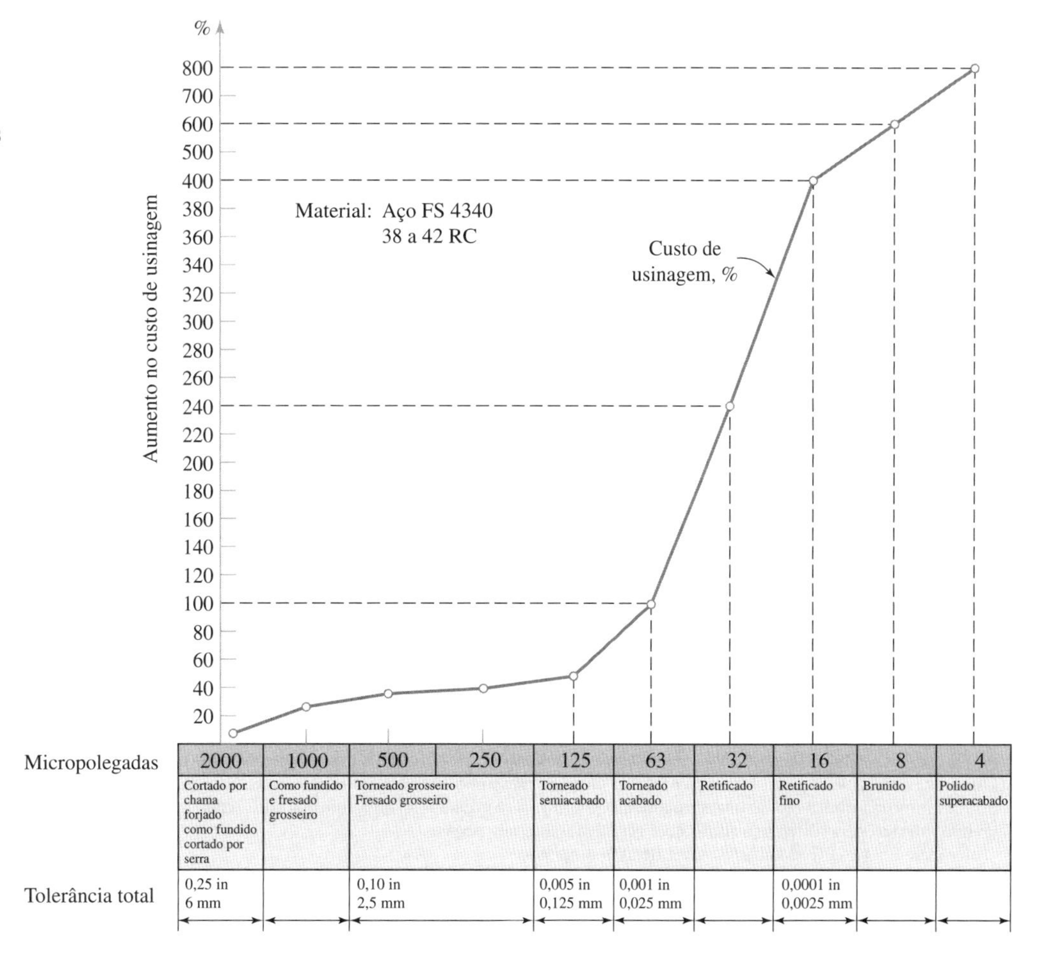

Figura 6.10
Aumento nos custos de usinagem em função de tolerâncias mais estreitas e acabamentos superficiais mais finos. (Atribuído a *Association for Integrated Manufacturing Technology*.)

TABELA 6.1 Dimensões Básicas Preferenciais[1] (Unidades em Polegada Fracionária)

1/64	0,015625	7/16	0,4375	1 3/4	1,7500
1/32	0,03125	1/2	0,5000	2	2,0000
1/16	0,0625	9/16	0,5625	2 1/4	2,2500
3/32	0,09375	5/8	0,6250	2 1/2	2,5000
1/8	0,1250	11/16	0,6875	2 3/4	2,7500
5/32	0,15625	3/4	0,7500	3	3,0000
3/16	0,1875	7/8	0,8750	3 1/4	3,2500
1/4	0,2500	1	1,0000	3 1/2	3,5000
5/16	0,3125	1 1/4	1,2500	3 3/4	3,7500
3/8	0,3750	1 1/2	1,5000	4	4,0000

[1] Dimensões básicas preferenciais adicionais normalizadas, em polegada fracionária, para valores até 20 polegadas são dadas na ref. 3. Extraído da ref. 3 com permissão da *American Society of Mechanical Engineers*.

As decisões de projeto sobre ajustes, tolerâncias e irregularidade superficial devem ser correta e inequivocamente incorporadas aos detalhes de desenho e montagem. Em alguns casos, como no ajuste cilíndrico entre eixos e furos, extensas normas foram desenvolvidas, para auxiliar na especificação dos ajustes e tolerâncias apropriadas para uma dada aplicação.[7] Por questões de eficiência de custo, primeiramente em fabricação, as normas sugerem listas de *dimensões básicas* preferenciais que devem ser escolhidas a menos que exista uma condição especial que impeça tal escolha. Portanto, quando as dimensões nominais são calculadas com base na resistência, deflexão, ou outro requisito de desempenho, a dimensão básica preferencial mais próxima deve ser normalmente escolhida a partir da Tabela 6.1 (unidades em polegada fracionária), Tabela 6.2 (unidades em polegada decimal) ou Tabela 6.3 (unidades métricas SI), dependendo da aplicação.[8]

O termo geral *ajuste* é utilizado para caracterizar a faixa de "aperto" ou "folga", que pode resultar de uma combinação específica de "diferença admissível"[9] e "tolerância"[10], aplicada ao projeto de peças acopladas. Os ajustes são, geralmente, de três tipos: *com folga, incerto* e *com interferência.*

As designações das normas de ajuste são normalmente convencionadas por meio das seguintes letras-símbolos:

RC	Ajuste com folga de deslizamento ou de funcionamento
LC	Ajuste com folga de posição
LT	Ajuste com folga de posição ou de interferência
LN	Ajuste de interferência de posição
FN	Ajuste por pressão ou fretado*

TABELA 6.2 Dimensões Básicas Preferenciais[1] (Unidades em Polegada Decimal)

0,010	0,08	0,60	2,40
0,012	0,10	0,80	2,60
0,016	0,12	1,00	2,80
0,020	0,16	1,20	3,00
0,025	0,20	1,40	3,20
0,032	0,24	1,60	3,40
0,040	0,30	1,80	3,60
0,05	0,40	2,00	3,80
0,06	0,50	2,20	4,00

[1] Dimensões básicas preferenciais adicionais normalizadas, em polegada decimal, para valores até 20 polegadas são dadas na ref. 3. Extraído da ref. 3 com permissão da *American Society of Mechanical Engineers*.

[7] Veja refs. 3 e 4.

[8] As tabelas apresentadas são versões incompletas das tabelas correspondentes das normas listadas na ref. 3.

[9] Diferença admissível é uma diferença prescrita entre um tamanho-limite máximo da dimensão externa (eixo) e o tamanho-limite mínimo da dimensão de um acoplamento interno (furo). Esta é a folga mínima (diferença admissível positiva) ou a máxima interferência (diferença admissível negativa) entre tais peças.

[10] Tolerância é a variação total admissível de uma dimensão.

* No ajuste fretado, a interferência das peças acopladas é obtida por aquecimento ou resfriamento. A diferença dimensional (dilatação ou contração) obtida deve ser suficiente para que as peças possam ser encaixadas sem esforço. Retornando à temperatura ambiente, obtém-se a interferência. (N.T.)

TABELA 6.3 Dimensões Básicas Preferenciais[1] (mm)

Primeira Escolha	Segunda Escolha	Primeira Escolha	Segunda Escolha	Primeira Escolha	Segunda Escolha	Primeira Escolha	Segunda Escolha
1		3		10		30	
	1,1		3,5		11		35
1,2		4		12		40	
	1,4		4,5		14		45
1,6		5		16		50	
	1,8		5,5		18		55
2		6		20		60	
	2,2		7		22		70
2,5		8		25		80	
	2,8		9		28		90

[1] Dimensões básicas preferenciais adicionais normalizadas métricas, para valores até 1000 mm, são dadas na ref. 3. Extraído da ref. 3 com permissão da *American Society of Mechanical Engineers.*

Essas letras-símbolos são utilizadas em conjunto com números que representam a *classe*[11] do ajuste; por exemplo, FN 4 representa um ajuste fretado classe 4.

Ajustes-padrão de *deslizamento ou de funcionamento* (ajuste com folga) são divididos em nove classes,[12] designadas de RC 1 a RC 9, em que RC 1 proporciona a menor folga, e RC 9, a maior. Orientações para selecionar um ajuste apropriado, para qualquer aplicação de folga dada, são apresentadas na Tabela 6.4. Limites-padrão e folgas são tabulados na Tabela 6.5 para uma faixa de dimensões (de projeto) nominais.

Ajustes-padrão por *força* (ajustes com interferência) são divididos em cinco classes,[13] FN 1 a FN 5, em que FN 1 proporciona mínima interferência e FN 5 máxima interferência. Orientações para a seleção do ajuste apropriado para uma dada aplicação de ajuste por força são apresentadas na Tabela 6.6. Afastamentos-padrão e interferências são tabulados na Tabela 6.7 para uma faixa de dimensões (de projeto) nominais.

TABELA 6.4 Orientações para Seleção de Ajuste por Folga (Polegada Fracionária e Decimal)

Classe de Ajuste	Aplicação Pretendida
RC 1	*Ajuste com deslizamento mínimo*; pretendido para posição precisa de peças que devem ser montadas sem movimento perceptível.
RC 2	*Ajuste com deslizamento*; pretendido para posição precisa, mas com maior folga do que a classe RC 1. As peças se deslocam e giram facilmente, mas não se deseja que trabalhem livremente. Em maiores dimensões, as peças podem emperrar como resultado de pequenas variações de temperatura.
RC 3	*Ajuste de funcionamento de precisão*; pretendido para trabalho de precisão em baixas velocidades e cargas leves. É o menor ajuste que permite aos componentes funcionarem livremente. Não é recomendado, em geral, na presença de prováveis variações de temperatura.
RC 4	*Ajuste de funcionamento mínimo*; pretendido para maquinaria de precisão em condições de velocidade e carga moderada. Permite posição precisa e movimento mínimo.
RC 5	*Ajuste de funcionamento médio*; pretendido para elevadas velocidades e/ou elevadas cargas.
RC 6	*Ajuste de funcionamento médio*; pretendido para aplicações similares à RC 5, mas quando maiores folgas são desejadas.
RC 7	*Ajuste de funcionamento livre*; pretendido para uso quando a precisão não é essencial ou quando grandes variações de temperatura são prováveis de ser encontradas, ou ambos.
RC 8	*Ajuste de funcionamento com folga máxima*; pretendido para uso em que tolerâncias comerciais maiores (como recebido) podem ser vantajosas ou necessárias.
RC 9	*Ajuste de funcionamento com folga máxima*; pretendido para aplicações similares à RC 8 nas quais folgas ainda maiores podem ser desejadas.

[11] Veja, por exemplo, Tabelas 6.5 ou 6.7.

[12] Para dimensões em polegada fracionária ou decimal. Similares, mas ligeiramente diferentes, orientações para dimensões métricas estão disponíveis em ANSI B4.2, citado na ref. 3.

[13] Para dimensões em polegada fracionária ou decimal. Similares, mas ligeiramente diferentes, orientações para dimensões métricas estão disponíveis em ANSI B4.2, citado na ref. 3.

TABELA 6.5 Afastamentos e Folgas Selecionados[1] para Ajustes com Folga de Funcionamento e de Deslizamento, Utilizando o Sistema Furo Base[2] (milésimos de polegada)

Faixa de Dimensões Nominais (in)	Classe RC 1			Classe RC 3			Classe RC 5			Classe RC 7			Classe RC 9		
	Limites de Folga	Afastamentos		Limites de Folga	Afastamentos		Limites de Folga	Afastamentos		Limites de Folga	Afastamentos		Limites de Folga	Afastamentos	
		Furo	Eixo		Furo	Eixo		Furo	Eixo		Furo	Eixo		Furo	Eixo
0–0,12	0,1 0,45	+0,2 0	−0,1 −0,25	0,3 0,95	+0,4 0	−0,3 −0,55	0,6 1,6	+0,6 0	−0,6 −1,0	1,0 2,6	+1,0 0	−1,0 −1,6	4,0 8,1	+2,5 0	−4,0 −5,6
0,12–0,24	0,15 0,5	+0,2 0	−0,15 −0,3	0,4 1,2	+0,5 0	−0,4 −0,7	0,8 2,0	+0,7 0	−0,8 −1,3	1,2 3,1	+1,2 0	−1,2 −1,9	4,5 9,0	+3,0 0	−4,5 −6,0
0,24–0,40	0,2 0,6	+0,25 0	−0,2 −0,35	0,5 1,5	+0,6 0	−0,5 −0,9	1,0 2,5	+0,9 0	−1,0 −1,6	1,6 3,9	+1,4 0	−1,6 −2,5	5,0 10,7	+3,5 0	−5,0 −7,2
0,40–0,71	0,25 0,75	+0,3 0	−0,25 −0,45	0,6 1,7	+0,7 0	−0,6 −1,0	1,2 2,9	+1,0 0	−1,2 −1,9	2,0 4,6	+1,6 0	−2,0 −3,0	6,0 12,8	+4,0 0	−6,0 −8,8
0,71–1,19	0,3 0,95	+0,4 0	−0,3 −0,55	0,8 2,1	+0,8 0	−0,8 −1,3	1,6 3,6	+1,2 0	−1,6 −2,4	2,5 5,7	+2,0 0	−2,5 −3,7	7,0 15,5	+5,0 0	−7,0 −10,5
1,19–1,97	0,4 1,1	+0,4 0	−0,4 −0,7	1,0 2,6	+1,0 0	−1,0 −1,6	2,0 4,6	+1,6 0	−2,0 −3,0	3,0 7,1	+2,5 0	−3,0 −4,6	8,0 18,0	+6,0 0	−8,0 −12,0
1,97–3,15	0,4 1,2	+0,5 0	−0,4 −0,7	1,2 3,1	+1,2 0	−1,2 −1,9	2,5 5,5	+1,8 0	−2,5 −3,7	4,0 8,8	+3,0 0	−4,0 −5,8	9,0 20,5	+7,0 0	−9,0 −13,5
3,15–4,73	0,5 1,5	+0,6 0	−0,5 −0,9	1,4 3,7	+1,4 0	−1,4 −2,3	3,0 6,6	+2,2 0	−3,0 −4,4	5,0 10,7	+3,5 0	−5,0 −7,2	10,0 24,0	+9,0 0	−10,0 −15,0
4,73–7,09	0,6 1,8	+0,7 0	−0,6 −1,1	1,6 4,2	+1,6 0	−1,6 −2,6	3,5 7,6	+2,5 0	−3,5 −5,1	6,0 12,5	+4,0 0	−6,0 −8,5	12,0 28,0	+10,0 0	−12,0 −18,0
7,09–9,85	0,6 2,0	+0,8 0	−0,6 −1,2	2,0 5,0	+1,8 0	−2,0 −3,2	4,0 8,6	+2,8 0	−4,0 −5,8	7,0 14,3	+4,5 0	−7,0 −9,8	15,0 34,0	+12,0 0	−15,0 −22,0
9,85–12,41	0,8 2,3	+0,9 0	−0,8 −1,4	2,5 5,7	+2,0 0	−2,5 −3,7	5,0 10,0	+3,0 0	−5,0 −7,0	8,0 16,0	+5,0 0	−8,0 −11,0	18,0 38,0	+12,0 0	−18,0 −26,0

[1] Dados para as classes RC 2, RC 4, RC 6 e RC 8, e dimensões adicionais até 200 polegadas estão disponíveis na ref. 3.

[2] Um sistema furo base é um sistema no qual o tamanho de projeto de um furo é a dimensão básica e a tolerância, se nenhuma, é aplicada ao eixo.

TABELA 6.6 Orientações para Seleção de Ajustes por Interferência (Polegada Fracionária e Decimal)

Classe de Ajuste	Aplicação Pretendida
FN 1	*Ajuste sob pressão leve*; requer apenas uma leve pressão para a montagem das peças a serem acopladas para obter uma montagem mais ou menos permanente. Adequado para seções finas, ajustes em grandes comprimentos, ou componentes externos de ferro fundido.
FN 2	*Ajuste sob pressão média*; adequado para peças "simples" de aço, ou ajuste fretado para seções leves.
FN 3	*Ajuste sob pressão elevada*; adequado para peças de aço de maior seção ou ajuste fretado de seções médias.
FN 4	*Ajuste por força*; adequado para peças que possam ser altamente tensionadas, ou para ajustes fretados nos quais as elevadas forças de montagem requeridas seriam impraticáveis.
FN 5	*Ajuste por força*; similar à FN 4 mas com pressões produzidas pela interferência ainda maiores.

Ajustes de posição padronizados para dimensões em polegada fracionária ou decimal[14] são divididas em 20 classes: LC 1 a LC 11, LT 1 a LT 6, e LN 1 a LN 3. Os (extensos) dados para ajustes incertos não estão incluídos neste texto, mas estão disponíveis nas normas citadas na ref. 3.

Detalhes de dimensionamento, embora importantes, não serão discutidos aqui, uma vez que estão disponíveis na literatura muitas referências excelentes sobre este tópico.[15] Em particular, as técnicas de *dimensionamento em posição real* e *dimensionamento geométrico e fixação de tolerâncias* englobam importantes conceitos que não apenas asseguram funcionamento apropriado da máquina, mas também facilitam a fabricação e inspeção do produto. Pacotes de software têm sido desenvolvidos para analisar estatisticamente o "acúmulo" de tolerâncias em complexas montagens bidimensionais e tridimensionais, e prever o impacto das tolerâncias de projeto e variações de fabricação na qualidade de montagem, antes da construção do protótipo.[16]

Finalmente, a Figura 6.11 é incluída para ilustrar a faixa de rugosidades superficiais esperadas, correspondentes a vários processos de fabricação. É de responsabilidade do projetista atingir o balanço apropriado entre uma irregularidade superficial suave o suficiente para assegurar a função apropriada, mas grosseira o suficiente para permitir economia na fabricação. A medida de rugosidade utilizada na Figura 6.11 é a média aritmética dos afastamentos a partir da superfície média de altura das rugosidades, em micrômetros (micropolegadas).

[14] Similares, mas ligeiramente diferentes, orientações para dimensões métricas estão disponíveis em ANSI B4.2, citado na ref. 3.

[15] Veja, por exemplo, refs. 5 e 6.

[16] Veja, por exemplo, refs. 8 e 9.

TABELA 6.7 Afastamentos e Interferências Selecionados[1] para Ajuste por Pressão e Fretado, Utilizando o Sistema Furo Base[2] (milésimos de polegada)

Faixa de Dimensões Nominais (in)	Classe FN 1			Classe FN 2			Classe FN 3			Classe FN 4			Classe FN 5		
	Limites de Interferência	Afastamentos		Limites de Interferência	Afastamentos		Limites de Interferência	Afastamentos		Limites de Interferência	Afastamentos		Limites de Interferência	Afastamentos	
		Furo	Eixo		Furo	Eixo		Furo	Eixo		Furo	Eixo		Furo	Eixo
0–0,12	0,05 0,5	+0,25 −0	+0,5 +0,3	0,2 0,85	+0,4 −0	+0,85 +0,6				0,3 0,95	+0,4 −0	+0,95 +0,7	0,3 1,3	+0,6 −0	+1,3 +0,9
0,12–0,24	0,1 0,6	+0,3 −0	+0,6 +0,4	0,2 1,0	+0,5 −0	+1,0 +0,7				0,4 1,2	+0,5 −0	+1,2 +0,9	0,5 1,7	+0,7 −0	+1,7 +1,2
0,24–0,40	0,1 0,75	+0,4 −0	+0,75 +0,5	0,4 1,4	+0,6 −0	+1,4 +1,0				0,6 1,6	+0,6 −0	+1,6 +1,2	0,5 2,0	+0,9 −0	+2,0 +1,4
0,40–0,56	0,1 0,8	+0,4 −0	+0,8 +0,5	0,5 1,6	+0,7 −0	+1,6 +1,2				0,7 1,8	+0,7 −0	+1,8 +1,4	0,6 2,3	+1,0 −0	+2,3 +1,6
0,56–0,71	0,2 0,9	+0,4 −0	+0,9 +0,6	0,5 1,6	+0,7 −0	+1,6 +1,2				0,7 1,8	+0,7 −0	+1,8 +1,4	0,8 2,5	+1,0 −0	+2,5 +1,8
0,71–0,95	0,2 1,1	+0,5 −0	+1,1 +0,7	0,6 1,9	+0,8 −0	+1,9 +1,4				0,8 2,1	+0,8 −0	+2,1 +1,6	1,0 3,0	+1,2 −0	+3,0 +2,2
0,95–1,19	0,3 1,2	+0,5 −0	+1,2 +0,8	0,6 1,9	+0,8 −0	+1,9 +1,4	0,8 2,1	+0,8 −0	+2,1 +1,6	1,0 2,3	+0,8 −0	+2,3 +1,8	1,3 3,3	+1,2 −0	+3,3 +2,5
1,19–1,58	0,3 1,3	+0,6 −0	+1,3 +0,9	0,8 2,4	+1,0 −0	+2,4 +1,8	1,0 2,6	+1,0 −0	+2,6 +2,0	1,5 3,1	+1,0 −0	+3,1 +2,5	1,4 4,0	+1,6 −0	+4,0 +3,0
1,58–1,97	0,4 1,4	+0,6 −0	+1,4 +1,0	0,8 2,4	+1,0 −0	+2,4 +1,8	1,2 2,8	+1,0 −0	+2,8 +2,2	1,8 3,4	+1,0 −0	+3,4 +2,8	2,4 5,0	+1,6 −0	+5,0 +4,0
1,97–2,56	0,6 1,8	+0,7 −0	+1,8 +1,3	0,8 2,7	+1,2 −0	+2,7 +2,0	1,3 3,2	+1,2 −0	+3,2 +2,5	2,3 4,2	+1,2 −0	+4,2 +3,5	3,2 6,2	+1,8 −0	+6,2 +5,0
2,56–3,15	0,7 1,9	+0,7 −0	+1,9 +1,4	1,0 2,9	+1,2 −0	+2,9 +2,2	1,8 3,7	+1,2 −0	+3,7 +3,0	2,8 4,7	+1,2 −0	+4,7 +4,0	4,2 7,2	+1,8 −0	+7,2 +6,0
3,15–3,94	0,9 2,4	+0,9 −0	+2,4 +1,8	1,4 3,7	+1,4 −0	+3,7 +2,8	2,1 4,4	+1,4 −0	+4,4 +3,5	3,6 5,9	+1,4 −0	+5,9 +5,0	4,8 8,4	+2,2 −0	+8,4 +7,0

[1] Dados para dimensões adicionais até 200 polegadas estão disponíveis na ref. 3.
[2] Um sistema furo base é um sistema no qual o tamanho de projeto do furo é a dimensão básica e a tolerância, se nenhuma, é aplicada ao eixo.

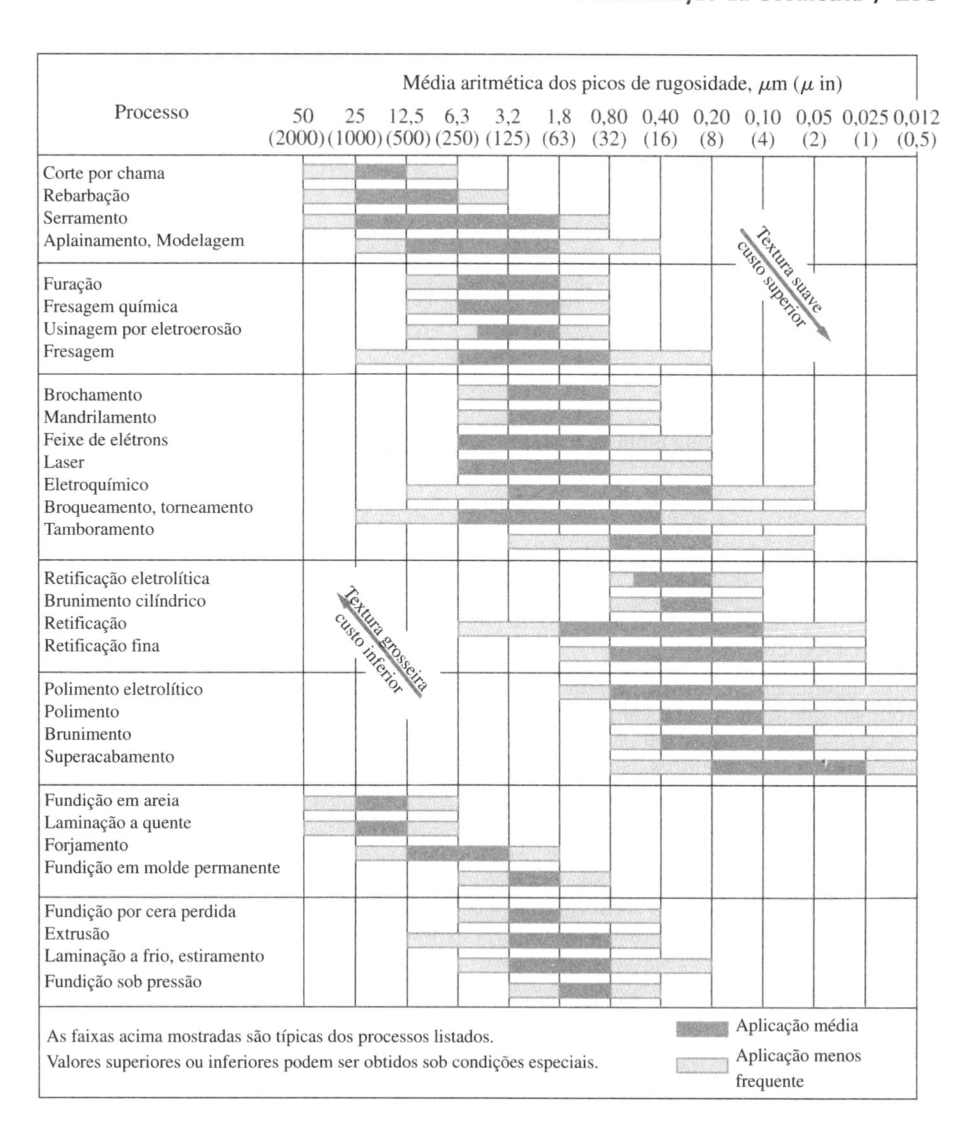

Figura 6.11
Faixas de rugosidade superficial produzidas por diversos processos de fabricação. (Da ref. 7, com permissão de McGraw-Hill Companies.)

Problemas

6-1. Liste os princípios básicos para a criação da forma de uma peça de máquina determinando sua dimensão. Interprete estes princípios em termos dos cinco padrões comuns de tensão discutidos em 4.4.

6-2. Liste 10 orientações de configuração para uma boa escolha geométrica de formas e arranjos de peças de máquinas.

6-3. Na Proposta 1 mostrada na Figura 6.1(a), uma ligação em "forma de U" é sugerida para transferir a força trativa direta F da união A para a união B. Embora a *orientação de caminho direto do carregamento* favoreça a Proposta 2 mostrada na Figura 6.1(b), foi constatado que um eixo motriz cilíndrico rotativo, cujo centro situa-se em uma linha virtual que liga as uniões A e B, exige que algum tipo de conexão em forma de U seja utilizado para haver espaço para o eixo motriz rotativo. Sem realizar qualquer tipo de cálculo, identifique quais orientações de configuração de 6.2 devem ser aplicadas na determinação da geometria apropriada para a conexão em forma de U, e, com base nestas orientações, esboce uma proposta inicial para o formato global da ligação.

6-4. Referindo-se à Figura 16.4, o sistema de freio mostrado é acionado pela aplicação de uma força F_a na extremidade da *alavanca de acionamento*, como mostrado. A alavanca de acionamento é pivotada no ponto C. Sem realizar qualquer tipo de cálculo, identifique quais orientações de configuração de 6.2 devem ser aplicadas na determinação do formato para a alavanca de acionamento, e, com base nestas orientações, esboce uma proposta inicial para o formato global da alavanca. Não inclua a sapata, porém previna-se para isto.

6-5. A Figura P6.5 mostra um esboço da proposta de uma mola do tipo barra de torção, fixada de um lado a uma parede rígida com braçadeira, suportada por um mancal na extremidade livre, e carregada, sob torção, pela fixação de um braço de alavanca preso à extremidade livre por braçadeira. Propõe-se utilizar um arranjo com braçadeira bipartida para prender a barra de torção na parede de fixação e também utilizar uma configuração de braçadeira bipartida para prender o braço de alavanca na extremidade livre da barra de torção. Sem realizar qualquer cálculo, e concentrando-se somente na barra de torção, identifique quais orientações de configuração de 6.2 devem ser aplicadas na determinação do formato apropriado para o elemento barra de torção. Com base nas orientações listadas, esboce uma proposta inicial para o formato global da barra de torção.

6-6. a. Referindo-se ao diagrama de corpo livre da alavanca de acionamento de freio mostrada na Figura 16.4(b), identifique as seções críticas apropriadas na preparação para o cálculo de dimensões e finalização do formato da peça. Apresente seu raciocínio.

b. Supondo que a alavanca terá uma seção transversal circular sólida, ao longo de todo o comprimento, selecione os pontos críticos adequados em cada seção crítica. Apresente seu raciocínio.

6-7. a. A Figura P6.7 mostra um suporte engastado em forma de canaleta submetido a uma carga na extremidade de $P = 8000$ lbf, aplicada verticalmente para baixo, como mostrado. Identifique

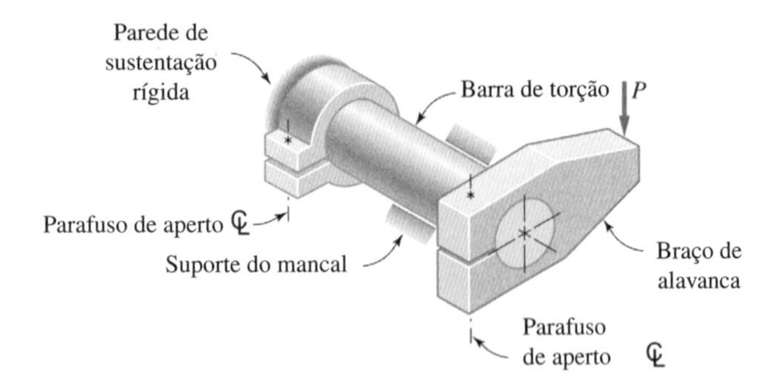

Figura P6.5
Esboço do arranjo de uma mola do tipo barra de torção.

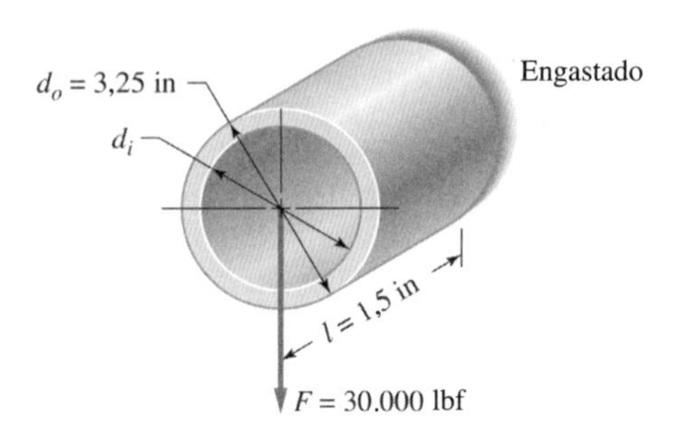

Figura P6.8
Suporte tubular curto engastado submetido a um carregamento transversal na extremidade.

as seções críticas apropriadas na preparação para verificação das dimensões mostradas. Apresente seu raciocínio.

b. Selecione os pontos críticos apropriados em cada seção crítica. Apresente seu raciocínio.

c. Você pode sugerir aperfeiçoamentos na forma ou configuração para este suporte?

6-8. O suporte tubular curto e engastado mostrado na Figura P6.8 deverá ser submetido a uma carga transversal na extremidade de F = 130 KN · lbf, vertical e para baixo. Desprezando possíveis efeitos de concentração de tensões, faça o seguinte:

a. Identifique as seções críticas apropriadas na preparação para determinação de dimensões não especificadas.

b. Especifique precisamente e completamente a localização de todos os pontos críticos potenciais em cada seção crítica identificada. Explique claramente por que você escolheu estes pontos em particular. Não considere o ponto onde a força *F* é aplicada no suporte.

c. Para cada ponto crítico potencial identificado, esboce um pequeno elemento de volume mostrando todas as componentes de tensão diferentes de zero.

d. Se o aço AISI 1020 estirado a frio for selecionado como material preliminar a ser usado, o escoamento é identificado como o modo predominante de falha, e um fator de segurança de $n_d = 1{,}20$ é escolhido, calcule o valor numérico exigido para d_i.

6-9. A seção transversal crítica sombreada em uma barra cilíndrica sólida de alumínio 2024-T3, como mostrado no esboço da Figura P6.9, é submetida a um momento de torção de $T_x = 8500$ N · m, um momento fletor de $M_y = 5700$ N · m, e uma força verticalmente para baixo de $F_z = 400$ kN.

a. Estabeleça claramente a localização do(s) ponto(s) crítico(s), dando lógica e razões de por que você selecionou o(s) ponto(s).

b. Se o escoamento foi identificado como o modo predominante de falha, e um fator de segurança de 1,15 foi escolhido, calcule o valor numérico exigido para o diâmetro *d*.

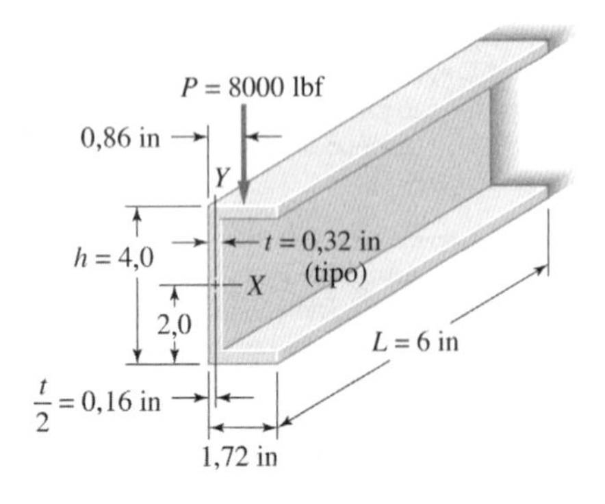

Figura P6.7
Suporte engastado em forma de canaleta submetido a um carregamento transversal na extremidade.

6-10. Um eixo fixo de aço (fuso) deve sustentar uma polia rotativa intermediária (roldana) para um sistema de transmissão por correia. O diâmetro nominal do eixo deve ser de 2,00 polegadas. A roldana deve girar de maneira estável no eixo, em velocidades relativamente elevadas, com a suavidade caracteristicamente requerida para equipamento de precisão. Escreva uma especificação apropriada para os limites de dimensão do eixo e do furo interno da roldana, e determine os limites resultantes de folga. Use o sistema furo base.

6-11. Uma bucha de mancal cilíndrica de bronze deve ser instalada dentro de um furo em uma carcaça cilíndrica fixa de aço. A bucha de bronze tem um diâmetro interno de 2,000 polegadas e diâmetro nominal externo de 2,500 polegadas. A carcaça de aço tem um furo com diâmetro nominal de 2,500 polegadas e o diâmetro externo de 3,500 polegadas. Para funcionar apropriadamente sem "fluência", entre o mancal e a carcaça, é esperado que um "ajuste sob pressão média" seja exigido. Escreva uma especificação apropriada para os limites do diâmetro externo da bucha e do diâmetro do furo da carcaça, e determine os limites resultantes de interferência. Use o sistema furo base.

6-12. Para uma aplicação especial, deseja-se montar um disco de bronze fosforoso em um eixo de aço vazado, utilizando o ajuste por interferência para retenção. O disco é feito de bronze fosforoso laminado a quente C-52100, e o eixo de aço vazado é feito de aço 1020 estirado a frio. Como mostrado na Figura P6.12, as dimensões nominais propostas para o disco são 10 polegadas para o diâmetro externo e 3 polegadas para o diâmetro do furo, e o eixo, no apoio de montagem, tem 3 polegadas de diâmetro externo e 2 polegadas de diâmetro interno. O comprimento do cubo é de 4 polegadas. Cálculos preliminares indicam que a fim de manter as tensões dentro da faixa aceitável, a interferência entre o eixo no apoio de montagem e o furo no disco não deve exceder 0,0040 polegada. Outros cálculos indicam que para transmitir o torque exigido através da interface de ajuste por interferência, a interferência deve ser de pelo menos 0,0015 polegada. Que classe de ajuste você recomenda para esta aplicação e que especificações dimensionais devem ser escritas para o diâmetro externo do eixo no apoio de montagem e para o diâmetro do furo do disco? Use o sistema furo base para suas especificações.

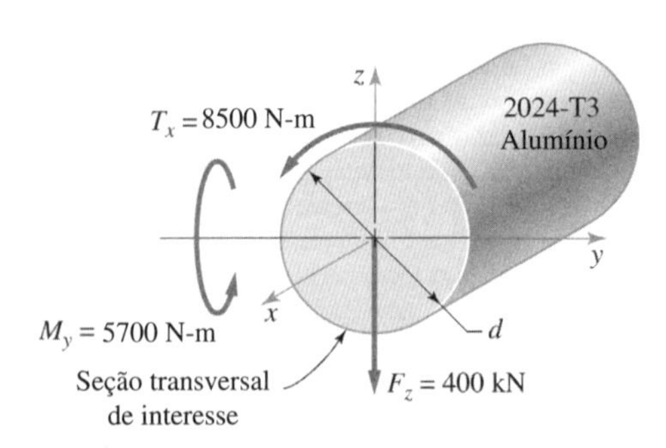

Figura P6.9
Barra cilíndrica sólida submetida à torção, flexão e ao cisalhamento transversal.

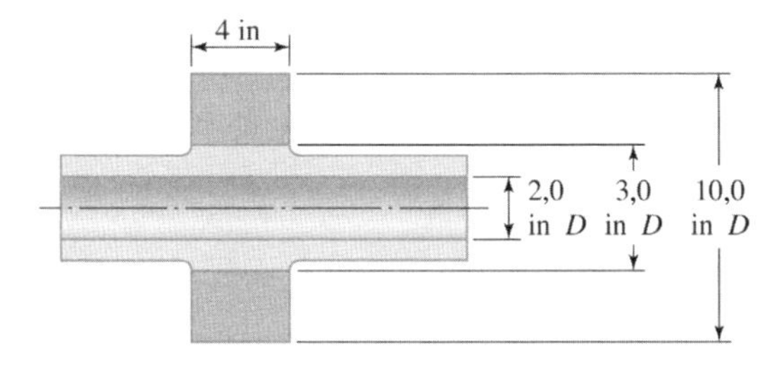

Figura P6.12
Esboço mostrando a configuração nominal de uma montagem de ajuste por interferência.

6-13. Deseja-se projetar um mancal de deslizamento lubrificado hidrodinamicamente (veja Capítulo 11) para uso em uma esteira transportadora de linha de produção, a ser usado para movimentar matéria-prima industrial. Estima-se que, para as condições operacionais previstas e o lubrificante considerado, uma espessura mínima do filme de lubrificante de $h_0 = 0{,}12$ mm deva ser mantida. Além disso, propõe-se o *acabamento usinado* para o mancal radial (provavelmente aço) e *mandrilado* para a bucha do mancal (provavelmente bronze). Uma relação empírica encontrada na literatura (veja Capítulo 11) sustenta que níveis de desgaste satisfatórios podem ser alcançados se

$$h_0 \geq 5{,}0\,(R_j + R_b)$$

em que R_j = média aritmética dos picos de rugosidade acima da média da superfície do mancal *radial*, mm

R_b = média aritmética dos picos de rugosidade acima da média da superfície da *bucha* do mancal, mm

Determine se os níveis de desgaste do mancal neste caso provavelmente estariam dentro de uma faixa satisfatória.

6-14. Você foi designado para uma equipe que trabalha no projeto de montagem de um mancal de deslizamento autolubrificado (veja Capítulo 10) envolvendo um eixo de aço 4340 tratado termicamente para uma dureza de 40 Rockwell C 40 (40 RC), girando em uma bucha alumínio-bronze. Um de seus colegas menciona dados que parecem indicar que uma melhoria de 20 por cento na vida em desgaste pode ser obtida pelo esmerilhamento da superfície do eixo de aço no assento do mancal, em oposição a uma operação de *acabamento usinado*, como normalmente proposto. Você pode pensar em quaisquer razões para *não* esmerilhar a superfície do eixo?

Capítulo 7

Etapa do Projeto Referente à Integração dos Requisitos de Fabricação e de Manutenção

7.1 Engenharia Simultânea

Para se evitar as penalidades em potencial de ficar imobilizado em decisões iniciais de projeto, a estratégia da *engenharia simultânea* merece cuidadosa consideração. O objetivo da engenharia simultânea, ou *projeto simultâneo*, é organizar o fluxo de informações entre todos os participantes do projeto, desde o estabelecimento dos objetivos da equipe de marketing até o produto ser despachado. A informação e o conhecimento sobre todas as questões relacionadas com o projeto durante o ciclo de vida do produto devem estar disponíveis, dentro do possível, em todos os estágios do processo de projeto. A estratégia de engenharia simultânea, especialmente em indústrias de produção em massa, é implementada tipicamente utilizando uma abordagem de trabalho em equipe para a interação de engenheiros e outros que trabalham em cada fase de todo o ciclo de vida do produto, para comunicar as mudanças enquanto estas se desenvolvem. Grupos participantes podem incluir projeto, uso de ferramentas, fabricação, montagem, processamento, manutenção, inspeção, marketing, despacho e reciclagem ou disposição. Para que a estratégia da engenharia simultânea seja efetiva, os membros de equipe de processos subsequentes devem estar contínua e profundamente envolvidos nas discussões e decisão de fabricação ao longo de todo o caminho, iniciando no estágio preliminar de projeto; a gerência da companhia também deve apoiar a estratégia. Sistemas de computação interativos, inclusive o software CAD (projeto auxiliado por computador), para gerenciamento de dados do produto e software de modelagem sólida, formam a base para a implementação da estratégia da engenharia simultânea. A técnica permite uma revisão *on-line* e atualização para configuração corrente do projeto por qualquer componente de equipe a qualquer instante.[1] Apropriadamente executada, esta aproximação evita a necessidade de dispendiosos reprojetos e tira proveito da disponibilidade de modernos sistemas de fabricação flexíveis e da tecnologia de automação.

A estratégia da engenharia simultânea é algumas vezes referenciada como estratégia de *Projeto para "X" (PPX)**, em que "*X*" é um símbolo para qualquer questão de projeto de engenharia associado ao produto, inclusive função, desempenho, confiabilidade, manufatura, montagem, desmontagem, manutenção, inspeção[2] e robustez.[3] Nesta abordagem avalia-se cada uma das questões, qualitativa e quantitativamente, com o objetivo de otimização de desempenho, fabricação e requisitos de manutenção, bem como de minimização dos custos do ciclo de vida para o sistema como um todo. Uma breve discussão de algumas das questões do PPX é feita a seguir, com ênfase no conceito de que a contribuição de tantas atividades de sistemas subsequentes quanto possível, tão cedo quanto possível, é importante para evitar ou minimizar dispendiosas alterações de projeto.

7.2 Projeto com vistas à Função, *Performance* e Confiabilidade

As responsabilidades tradicionais de projeto de assegurar que uma máquina ou sistema proposto preencha todas as funções especificadas, funcione eficientemente por toda sua vida útil, e não falhe prematuramente, são universalmente aceitas. Os Capítulos 1 a 6 deste livro são dedicados a discussões

[1] Por exemplo, o software *Windchill*, um produto da *Parametric Technology, Inc.*, redimensiona o produto automaticamente quando uma das dimensões é alterada, e utiliza a Internet para ligar o projeto computadorizado com compras, fontes externas, fabricação e manutenção a longo prazo. (Veja ref. 14.)

* Tradução de "*Design for "X" strategy (DFX)*". (N.E.)

[2] Inspeção aqui não se refere apenas à capacidade de examinar peças fabricadas para conformidade com as especificações e tolerâncias, mas, de igual importância, à capacidade de acessar e examinar pontos potenciais de iniciação de falha por toda a vida da máquina.

[3] *Robustez* é um termo que se refere à capacidade de um produto ou sistema de operar apropriadamente em presença de variações no processo de fabricação, variações nas condições ambientes de operação ou alterações de geometria ou de propriedades de material induzidas pelo serviço.

detalhadas de procedimentos de projeto objetivando a atingir tais objetivos. Resta apenas estabelecer que essas responsabilidades de projeto devem continuar sendo satisfeitas à medida que outros requisitos PPX são introduzidos para implementar e otimizar os processos subsequentes. Uma revisão contínua das modificações em potencial na funcionalidade, desempenho e confiabilidade, geradas pelo aperfeiçoamento das atividades dos processos subsequentes, é essencial para o sucesso do projeto, produção e marketing de um produto final competitivo. É igualmente verdade que uma revisão contínua e cuidadosa da seleção de materiais, geometria da peça e configuração geral sejam essenciais para a eficácia quanto aos custos de fabricação, montagem e manutenção do produto final.

7.3 Seleção do Processo de Fabricação

Converter a forma e as dimensões da matéria-prima disponível em estoque em peças com dimensões, formas e acabamentos especificados pelo projetista é o objetivo de qualquer processo de fabricação. Será quase sempre verdade que mais de um método de fabricação estará disponível para a produção de uma peça em particular. A seleção do melhor processo pode depender de um ou mais dos seguintes fatores:

1. Tipo, forma e propriedades da matéria-prima
2. Propriedades desejadas da peça acabada, inclusive resistência, rigidez, ductilidade e tenacidade
3. Dimensão, forma e complexidade da peça acabada
4. Tolerâncias requeridas e acabamento superficial especificado
5. Número de peças a serem produzidas
6. Disponibilidade e custo de investimento do equipamento exigido
7. Custo e tempo de obtenção para a ferramentaria requerida
8. Taxa de sucateamento e custo de reelaboração
9. Tempo e requisitos de energia para o processo em geral
10. Segurança do trabalhador e impacto ambiental

Em essência, todos os processos de fabricação podem ser categorizados como métodos de converter forma ou dimensão por um dos cinco meios básicos: (1) fluxo de material fundido, (2) fusão de partes componentes, (3) deformação plástica de material sólido dúctil, (4) remoção seletiva de material por ação de usinagem ou ação de remoção de cavaco, ou (5) sinterização de partículas de pó metálico. Atributos e exemplos de cada uma destas categorias de processos são brevemente resumidas na Tabela 7.1.

Um projetista deve considerar a seleção do processo apropriado de fabricação para cada peça nos estágios preliminares do projeto. Detalhes da seleção de material, dimensão e forma de uma peça, quantidade a ser produzida e requisitos de resistência, têm todos um impacto na seleção do processo de fabricação mais adequado para uma peça em particular. Alternativamente, decisões de projeto sobre detalhes da forma, orientação, fixação, ou outras características, em muitos casos, são dependentes do processo de fabricação selecionado. Um projetista bem prevenido consulta os engenheiros de fabricação antecipadamente no estágio de projeto para evitar problemas posteriores. A estratégia de engenharia simultânea apoia diretamente decisões efetivas de projeto efetuadas nesse contexto.

Orientações preliminares para a seleção do processo de fabricação apropriado são resumidas na Tabela 7.2. Embora estas orientações sejam muito úteis para o projetista, é enfatizado que uma abordagem de trabalho em equipe envolvendo engenheiros de fabricação e engenheiros de materiais normalmente rende dividendos. A Tabela 3.17 deve ser verificada para assegurar que o processo selecionado seja compatível com o material proposto.

Exemplo 7.1 Seleção Preliminar do Processo de Fabricação

A estrutura esquematizada na Figura 20.1(c) será utilizada para uma máquina experimental de ensaio de fadiga que irá operar em ambiente de laboratório. Prevê-se que três dessas máquinas serão construídas. Utilizando as Tabelas 7.1 e 7.2, selecione uma proposta de um processo de fabricação apropriado para a produção da estrutura, assumindo que o aço baixo carbono será escolhido como material preferido.

Solução

Avaliando-se cada uma das "características" incluídas na Tabela 7.2 em termos da correspondente contribuição da "descrição de aplicação" que melhor descrevem a estrutura esquematizada na Figura 20.1(c), e utilizando os símbolos de "categoria de processo" definidos na Tabela 7.1, a avaliação preliminar apresentada na Tabela E7.1 pode ser feita. Verificando os resultados da coluna 3 da Tabela E7.1, a frequência de citação para "categoria de processo aplicável" pode ser listada como a seguir:

TABELA 7.1 Atributos das Categorias de Processos de Fabricação

Categoria de Processo	Símbolo da Categoria de Processo	Energia Requerida no Processamento	Tempo Requerido no Processamento	Custos de Capital para Equipamentos Especiais	Custos de Ferramentas Especiais	Resistência Relativa do Produto	Exemplos de Processos[1]
Fluxo de material fundido (processo de fundição)	C	relativamente baixa	relativamente baixo	relativamente elevado	relativamente baixo	geralmente mais pobre	Fundição em areia Fundição em casca Fundição em molde cerâmico Fundição em molde permanente Fundição sob pressão Fundição por centrifugação Fundição por cera perdida Outros
Fusão de partes de componentes pela aplicação local de calor (processos de soldagem)	W	moderada	moderado	relativamente baixo	relativamente baixo	moderada	Soldagem ao arco elétrico Soldagem a gás Soldagem por resistência elétrica Soldagem por feixe de elétrons Outros
Deformação plástica de material sólido dúctil (processos de conformação)	F	relativamente elevada	relativamente baixo	relativamente elevado	relativamente elevado	geralmente melhor	Forjamento por martelamento Forjamento por prensagem Laminação Trefilação Extrusão Dobramento Estampagem profunda Repuxamento Estiramento Outros
Remoção de material por ação de formação de cavaco (processos de usinagem)	M	moderada	relativamente elevado	relativamente baixo	relativamente baixo	segundo melhor	Torneamento Faceamento Furação Fresagem Broqueamento Retificação Serramento Outros
Sinterização de partículas de pó metálico (processo de sinterização)	S	moderada	moderado	moderado	relativamente elevado		União por difusão Sinterização com fase líquida Sinterização por centelha Processamento isostático a quente (HIP)

[1] Para discussão detalhada dos processos veja, por exemplo, refs. 1, 2 ou 3.

Exemplo 6.1 Continuação

M:	3 vezes
F:	1 vez
C:	2 vezes
S:	0 vez
W:	4 vezes

A soldagem parece ser o processo de fabricação mais apropriado, e será selecionado como proposta. Da Tabela 3.17, esta seleção é compatível com o aço baixo carbono.

TABELA E7.1 Adequabilidade do Processo de Fabricação

Característica	Descrição da Aplicação	Categoria de Processo Aplicável
Forma	intrincada, complexa	C, W
Dimensão	média	M, F, C, W
Número a ser produzido	poucas	M, W
Resistência requerida	média	F, M, W

7.4 Projeto para Fabricação (PPF)

Após os materiais terem sido selecionados e os processos identificados, e após dimensões e formas terem sido criadas pelo projetista para atingir os requisitos funcionais e de desempenho, cada peça e a montagem total da máquina deverão ser minuciosamente verificadas quanto à conformidade com as seguintes orientações de uma fabricação eficiente.

1. O número total de peças individuais deve ser minimizado.
2. Peças e componentes padronizados devem ser utilizados sempre que possível.
3. Componentes modulares e submontagens com interfaces padronizadas para outros componentes devem ser utilizados sempre que possível.
4. Peças de geometria individual devem se acomodar ao processo de fabricação selecionado para minimizar o desperdício de material e de tempo.
5. Processos de fabricação *near net shape* (em forma quase final) devem ser especificados sempre que possível para minimizar a necessidade de usinagem secundária e processos de acabamento.
6. As combinações de peças e componentes devem ser projetadas de modo que todas as manobras de montagem possam ser executadas a partir de uma única direção durante o processo de montagem, preferencialmente de cima para baixo, para tirar proveito da alimentação e inserção auxiliadas pela ação da gravidade.
7. Tanto quanto possível, as dimensões impostas pela função, formas e combinação de peças na montagem devem ser acrescidas de características geométricas que promovam facilidade de

TABELA 7.2 Seleção do Processo de Fabricação com Base nas Características de Aplicação

Característica	Descrição da Aplicação ou Requisito	Categoria do Processo Geralmente mais bem Adequado[1]
Forma	uniforme, simples	M, F, S
	intrincada, complexa	C, W
Dimensão	pequena	M, F, S
	média	M, F, C, W
	grande	C, M, W
Número a ser produzido	uma ou poucas	M, W
	baixa produção	M, F, C, S, W
	produção em massa	F, C
Resistência requerida	mínima	C, F, M, S
	média	F, M, W
	máxima disponível	F

[1] Veja a Tabela 7.1 para a definição dos símbolos de categoria dos processos.

alinhamento, facilidade de inserção, autoposicionamento e acesso e visão livres durante o processo de montagem. Exemplos de tais características podem incluir chanfros bem projetados, reentrâncias, guias ou assimetria intencional.

8. O número de fixadores separados deve ser minimizado pela utilização de alças de montagem, encaixes de pressão ou outras geometrias de travamento, sempre que possível.

Novamente, à medida que o projetista se esforça para estar em conformidade com essas orientações, recomenda-se que ele interaja com os engenheiros de fabricação e de materiais.

7.5 Projeto para Montagem (PPM)

O processo de montagem, com frequência, surge como a etapa de maior contribuição para influenciar o custo geral de fabricação de um produto, especialmente para elevadas taxas de produção. Por essa razão, o processo de montagem tem sido intensivamente estudado nas últimas duas décadas, e diversas técnicas, inclusive ambos os enfoques qualitativos e quantitativos, têm sido desenvolvidas para a avaliação e escolha do melhor método de montagem para dado produto.[4] Basicamente, todo processo de montagem pode ser classificado como *manual* (realizado por pessoas) ou como *automatizado* (realizado por mecanismos). Processos de montagem manual variam desde a montagem em *bancada* de uma máquina completa, em uma simples estação, até uma *linha* de montagem, em que cada pessoa é responsável pela montagem de apenas uma pequena parte da unidade completa, enquanto esta é movida de estação para estação ao longo da linha de produção. A montagem automatizada pode ser subdividida em montagem automática *dedicada* ou montagem automática *flexível*. Sistemas de montagem dedicados envolvem a montagem progressiva de uma unidade, utilizando-se uma série de máquinas de propósito único, em linha, cada uma dedicada a (e somente capaz de) uma única atividade de montagem. De modo diferente, os sistemas de montagem flexíveis envolvem a utilização de uma ou mais máquinas que possuem capacidade para realizar *muitas* atividades, simultaneamente ou sequencialmente, controladas por sistemas gerenciados por computador.

A importância de se conhecer com antecedência no estágio de projeto qual processo de montagem será utilizado recai na necessidade de configurar peças[5] para o processo de montagem selecionado. A Tabela 7.3 apresenta orientações preliminares para a predição de qual processo de montagem será provavelmente utilizado para melhor adequação às necessidades de aplicação. Na realidade, é importante notar[6] que apenas 10 por cento dos produtos são adequados para linha de montagem, apenas 10 por cento dos produtos são adequados para a montagem automatizada dedicada, e apenas 5 por cento dos produtos são adequados para a montagem flexível. Sem dúvida, a montagem manual é, de longe, o processo de montagem mais largamente utilizado.

Para facilitar a montagem manual, o projetista deve tentar configurar cada peça de modo que estas possam ser facilmente alcançadas e manipuladas sem ferramentas especiais. Para tanto, as peças não devem ser pesadas, pontiagudas, frágeis, escorregadias, pegajosas, ou propensas a alojar ou entrelaçar. As peças devem ser simétricas, tanto em seu perímetro quanto ao longo do comprimento, de modo que a orientação e a inserção sejam rápidas e fáceis. Para um sistema de montagem automático, as peças devem permitir ser facilmente orientadas, facilmente alimentadas e facilmente inseridas. Portanto, *não* devem ser muito finas, muito pequenas, muito longas, muito flexíveis, ou muito abrasivas, e não devem ser difíceis de ser alcançadas. Em última análise, o projetista deveria dialogar com os engenheiros de manufatura por todo o processo de projeto.

7.6 Projeto Considerando o Acesso aos Pontos Críticos, Facilidade de Inspeção, Desmontagem, Manutenção e Reciclagem

Em 1.8 a forte dependência de ambos, o *projeto visando à segurança quanto a falhas* e o *projeto para vida segura* na *inspeção* regular *de pontos críticos,* foi enfatizada. Contudo, os projetistas raramente têm considerado a facilidade de inspeção de pontos críticos durante o estágio de projeto. Para evitar falha e minimizar tempo ocioso é imperativo que os projetistas configurem componentes de máquina, submontagens e máquinas completamente montadas, de modo que os pontos críticos estabelecidos durante o processo de projeto funcional sejam *acessíveis* e *inspecionáveis*. Além disso, a inspeção deve ser possível com um esforço mínimo de desmontagem. Também, a manutenção e as

[4] Veja refs. 3 a 10 para discussões detalhadas.
[5] Supondo que a configuração da peça proposta também atenda às especificações funcionais.
[6] Veja ref. 4.

TABELA 7.3 Orientações Preliminares para Seleção do Processo de Montagem com Base nas Características de Aplicação

Característica	Característica de Aplicação ou Requisito	Método de Montagem Geralmente mais Adequado[1]
Número total de peças em uma montagem	baixo	M
	médio	M, D, F
	alto	D, F
Volume de produção projetado	baixo	M, F
	médio	M, D, F
	alto	D, F
Custo do trabalho disponível	baixo	M
	médio	M, D, F
	alto	D, F
Dificuldade de manipulação (aquisição, orientação e transporte de peças) e inserção	pequeno	D, F
	moderado	M, D, F
	grande	M

[1] M = montagem manual
D = montagem automática dedicada
F = montagem automática flexível

exigências de serviço devem ser cuidadosamente examinadas pelo projetista o mais cedo possível no estágio de projeto, a fim de minimizar o tempo ocioso (em especial o tempo ocioso não previsto) e manter a funcionalidade por todo o ciclo de vida.

Enquanto os cálculos de projeto prosseguem, uma lista de pontos críticos predominantes (veja 6.3) deve ser compilada, priorizada e apresentada. Enquanto os desenhos de arranjo de submontagem e montagem da máquina são desenvolvidos, deve ser dada atenção cuidadosa à acessibilidade dos pontos críticos para inspeção do modo dominante de falha. Estas considerações são especialmente importantes para máquinas de alto desempenho e estruturas tais como aeronaves, veículos aeroespaciais, veículos de alta velocidade sobre trilhos, plataformas de petróleo e outros dispositivos que operam sob condições de carregamento elevado ou em ambiente adverso. Para proporcionar acessibilidade adequada ao ponto crítico de inspeção, é importante para o projetista ter conhecimento do trabalho com as técnicas de ensaios não destrutivos (END) e equipamentos[7] que devem ser utilizados para implementar o processo de inspeção. Técnicas de END que podem variar da mais simples às mais complexas, incluem:

1. Inspeção visual direta
2. Inspeção visual utilizando espelhos de inspeção ou recursos óticos de aumento
3. Uso de borescópios ou feixes de fibras óticas
4. Uso de técnicas de líquido penetrante para detecção de defeitos
5. Uso de técnicas eletromagnéticas para detecção de defeitos
6. Uso de técnicas de micro-ondas
7. Uso de inspeção ultrassônica ou ultrassônica com auxílio de laser
8. Uso de técnicas de correntes parasitas (*eddy-current*)
9. Uso de técnicas termográficas
10. Uso de procedimentos de emissão acústica

Um projetista deve consultar, tão cedo quanto for possível no processo de projeto, especialistas em métodos de END para auxiliar na escolha de uma abordagem criteriosa na inspeção dos pontos críticos predominantes. Quando os métodos de inspeção forem selecionados, é importante configurar componentes, submontagens e máquinas, de modo que o equipamento de apoio possa ser facilmente manobrado para cada localização crítica com um mínimo de esforço e tão pouca desmontagem quanto possível. A disposição de portas de acesso, tampas de inspeção, corredores de linha de colimação, espaço livre para inspeção com espelho, acesso ao borescópio e espaço livre para transdutores ou outros equipamentos de apoio de inspeção é responsabilidade direta do projetista. Esses requisitos devem ser considerados o mais cedo possível para evitar custosas alterações posteriores de projeto.

[7] Veja, por exemplo, ref. 11.

A manutenção ao longo do ciclo de vida e requisitos de serviço também devem ser examinados pelo projetista com o objetivo de configurar componentes, submontagens e a montagem geral, de modo que a manutenção e o serviço sejam tão fáceis quanto práticos. Nesse contexto, software[8] para montagem e desmontagem virtual pode ser útil no estágio de projeto para identificar e corrigir problemas em potencial, tais como interferência de montagem e desmontagem; espaço insuficiente para chaves de boca, puxadores ou empurradores; necessidade de ferramentas especiais; ou necessidade de aperfeiçoamento da sequência de montagem e desmontagem antes de os protótipos de hardware existirem. Deve-se estar atento para assegurar que itens de manutenção dispensáveis ou recicláveis, tais como filtros, placas de desgaste, correias e mancais sejam facilmente substituíveis. Algumas diretrizes adicionais para projetar uma manutenção mais eficiente incluem:

1. Prover portas de acesso apropriadas e tampas de inspeção
2. Prover locais com pega acessíveis, locais para levantamento com guincho, rebaixos ou fendas para puxadores, ou outras aberturas para simplificar o processo de desmontagem
3. Prover saliências, rebaixos, ou outras características para facilitar a prensagem de mancais dentro e fora, puxar ou pressionar engrenagens e selos de maneira intermitente, ou outros requisitos de tarefas de montagem e desmontagem
4. Utilizar fixadores integrantes, tais como estojos ou presilhas para substituir peças soltas que são facilmente perdidas
5. Se possível, evitar métodos de fixação permanentes ou semipermanentes, como cravação, soldagem, união por adesão ou fechos de pressão irreversíveis

Finalmente, de acordo com a definição de projeto mecânico dada, em 1.4, projetar para a conservação de recursos e minimização dos impactos ambientais adversos é responsabilidade de grande importância a ser considerada no estágio de projeto. Projetar para reciclagem, reprocessamento e remanufatura pode frequentemente ser enriquecido pela simples consideração da necessidade durante o estágio de projeto. O projetista não deve competir no mercado apenas pela otimização do projeto com relação ao desempenho, fabricação e requisitos de manutenção, mas deve responder responsavelmente à indiscutível e crescente obrigação da comunidade técnica global de conservar recursos e preservar o meio ambiente da Terra.

Problemas

7-1. Defina o termo "engenharia simultânea" e explique como é usualmente implementada.

7-2. Liste os cinco métodos básicos para mudar a dimensão ou a forma de uma peça a ser trabalhada durante um processo de fabricação e dê dois exemplos de cada método básico.

7-3. Explique o que se entende por fabricação "em forma quase final" (*near net shape*).

7-4. Basicamente, todos os processos de montagem podem ser classificados como *manual, automático dedicado* ou *automático flexível*. Defina e diferencie esses processos de montagem, e explique por que é importante selecionar experimentalmente uma proposta de projeto nos primeiros estágios do projeto de um produto.

7-5. Explique como "projetar para facilidade de inspeção" se relaciona com os conceitos de *projeto visando à segurança quanto a falhas* e *projeto para vida segura* descritos em 1.8.

7-6. Dê três exemplos a partir de sua própria experiência nos quais você imagina que "projeto para manutenção" poderia ser substancialmente aperfeiçoado pelo projetista ou fabricante da peça ou máquina citada.

7-7. O eixo que suportará a engrenagem mostrada na Figura 8.1(a) deve ser fabricado de aço AISI 1020. Espera-se que sejam fabricados 20.000 destes eixos por ano, por vários anos. Utilizando as Tabelas 7.1 e 7.2, selecione experimentalmente um processo de fabricação apropriado para a produção dos eixos.

7-8. Propõe-se utilizar o aço AISI 4340 como material para um volante de alta velocidade tal como mostrado na Figura 18.10. Espera-se que 50 desses volantes de alta velocidade sejam necessários para completar um programa de avaliação experimental. Deseja-se atingir a maior velocidade de rotação prática. Utilizando as Tabelas 7.1 e 7.2, selecione experimentalmente um processo de fabricação apropriado para a produção desses rotores de alta velocidade.

7-9. O parafuso de potência rotativo mostrado na Figura 12.1 deve ser fabricado de aço AISI 1010 cementado. Espera-se uma produção de 500.000 unidades. Utilizando as Tabelas 7.1 e 7.2, selecione experimentalmente um processo de fabricação apropriado para produzir os parafusos de potência.

7-10. A Figura 8.1(c) mostra a montagem de um volante motriz. Estudando essa montagem e utilizando a discussão de 7.5, inclusive a Tabela 7.3, sugira qual tipo de processo de montagem seria provavelmente o melhor. Espera-se que 25 montagens por semana satisfaçam à demanda de mercado. A operação de montagem deverá ser realizada em uma pequena comunidade agrícola.

[8] Veja, por exemplo, refs. 12 e 13.

PARTE DOIS

APLICAÇÕES DE PROJETO

Capítulo 8

Transmissão de Potência por Eixos; Acoplamentos, Chavetas e Estrias

8.1 Utilizações e Características dos Eixos

Em praticamente todas as máquinas, observa-se a transmissão de potência e/ou o movimento de uma fonte de entrada para uma região de saída. A fonte de entrada, em geral um motor elétrico ou motor de combustão interna, tipicamente fornece a potência na forma de um torque motriz de rotação ao *eixo de entrada* da máquina em questão, por meio de algum tipo de *acoplamento* (veja 8.8). Um eixo é comumente um elemento cilíndrico relativamente longo, suportado por mancais (veja Capítulos 10 e 11), e carregado em torção, transversalmente e/ou axialmente enquanto a máquina opera. As cargas operacionais em um eixo são produzidas pelos elementos montados ou acoplados ao eixo, tais como engrenagens (veja Capítulos 14 e 15), polias de correia (veja Capítulo 17), rodas dentadas de corrente (veja Capítulo 17), ou volantes (veja Capítulo 18) ou pelos mancais montados no eixo que suportam outras submontagens operacionais da máquina. Alguns exemplos esquemáticos de configurações típicas são mostrados na Figura 8.1.

A maioria dos eixos de transmissão de potência é composta por eixos cilíndricos (sólidos ou vazados) que, frequentemente, são escalonados com reduções de seção. Em aplicações especiais, os eixos podem ser quadrados, retangulares ou apresentar alguma outra forma de seção transversal. Normalmente o eixo gira e é suportado por mancais presos a uma estrutura fixa ou carcaça de máquina. No entanto, algumas vezes o eixo é fixado à carcaça, de modo que os mancais de engrenagens, polias ou rodas *intermediárias* podem ser montados sobre o eixo. Os eixos engastados, rígidos e curtos, como aqueles utilizados para suportar as rodas não motrizes de um automóvel, são usualmente chamados de *manga de eixo*.

Como a transmissão de potência por eixos é uma necessidade primordial em todos os tipos de máquinas e equipamentos mecânicos, o seu projeto ou a sua seleção pode ser a tarefa de projeto mais frequente. Na maioria dos casos, as posições das engrenagens, polias, rodas dentadas e mancais de suporte ao longo do eixo são ditadas pelas especificações operacionais da máquina. A distribuição inicial destes elementos é o primeiro passo no projeto de um eixo. Em seguida, desenvolve-se um esboço conceitual da configuração do eixo, indicando-se as principais características necessárias para a montagem e o posicionamento dos elementos ao longo do eixo. Mesmo neste estágio inicial, é importante que seja

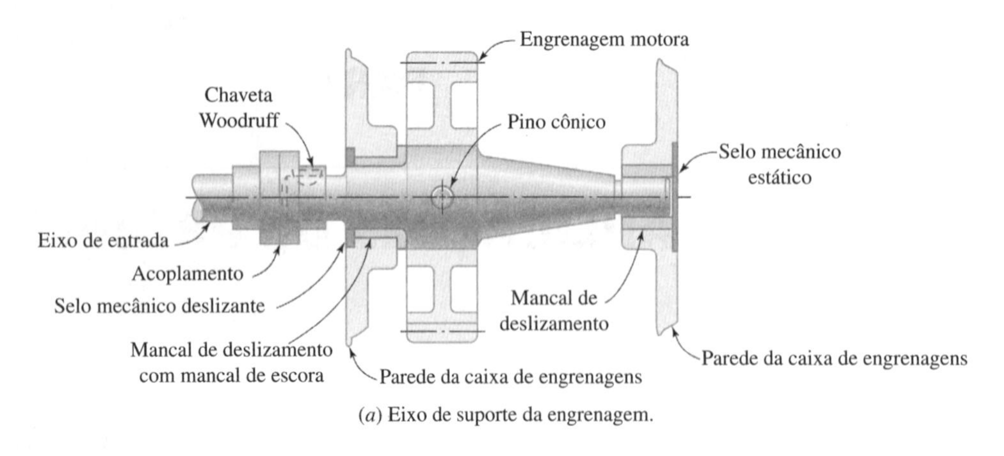

(*a*) Eixo de suporte da engrenagem.

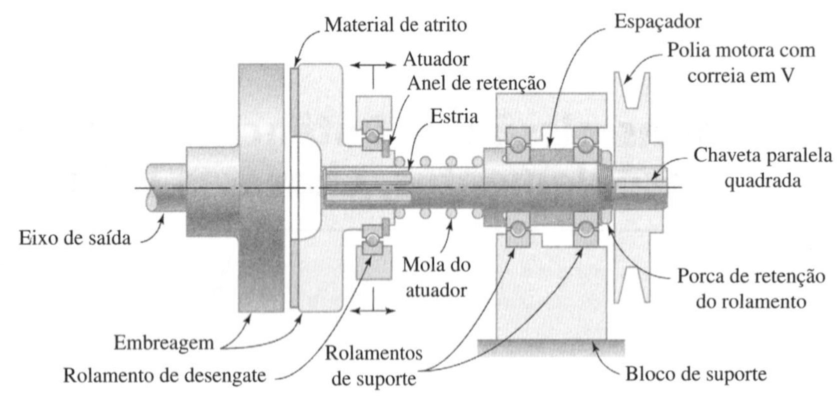

(*b*) Eixo de acionamento da embreagem.

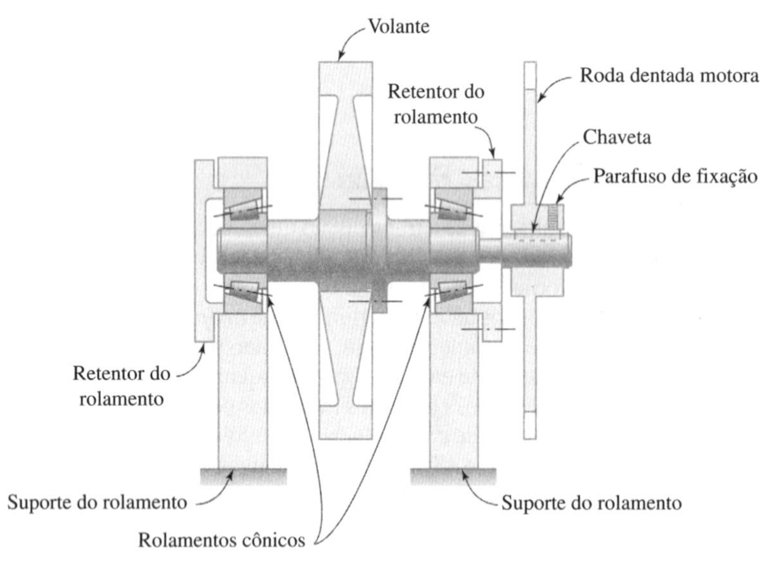

(*c*) Volante do eixo de acionamento.

Figura 8.1
Esquemas de algumas configurações típicas de transmissão de potência por meio de eixos.

considerada a necessidade de encostos para o posicionamento axial preciso dos mancais ou engrenagens, ressaltos para facilitar a montagem e a desmontagem de engrenagens ou rolamentos do eixo e o aumento progressivo no diâmetro do eixo das extremidades para dentro (de modo a permitir a montagem). A consideração sobre a utilização de outros componentes de montagem e de retenção, tais como chavetas, estrias, pinos, roscas, ou anéis de retenção, pode também ser incluída no esboço conceitual do eixo, mesmo antes que algum cálculo de projeto tenha sido efetuado. A geração do primeiro esboço conceitual para o projeto de uma nova aplicação de um eixo é ilustrada na Figura 8.2.

Eixo

15 in 15 in 6 in

Mancal esquerdo

Engrenagem de dentes retos (diâmetro do círculo primitivo de 20 in)

Mancal direito

Pinhão (diâmetro do círculo primitivo de 5 in)

(*a*) Leiaute do posicionamento das engrenagens e dos mancais conforme ditado pelos requisitos funcionais da máquina.

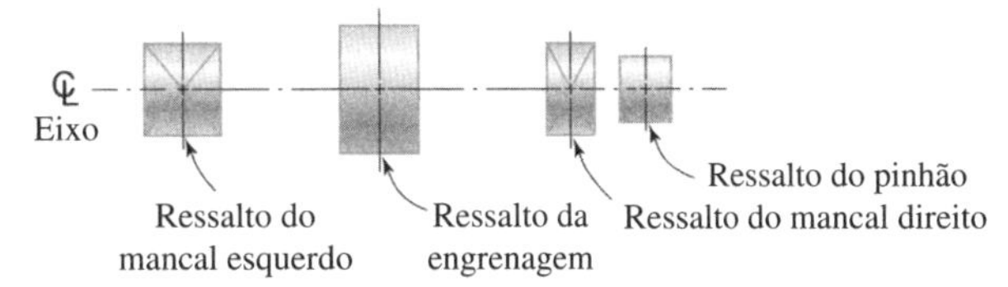

(*b*) Esboço das características de montagem necessárias para engrenagens e mancais.

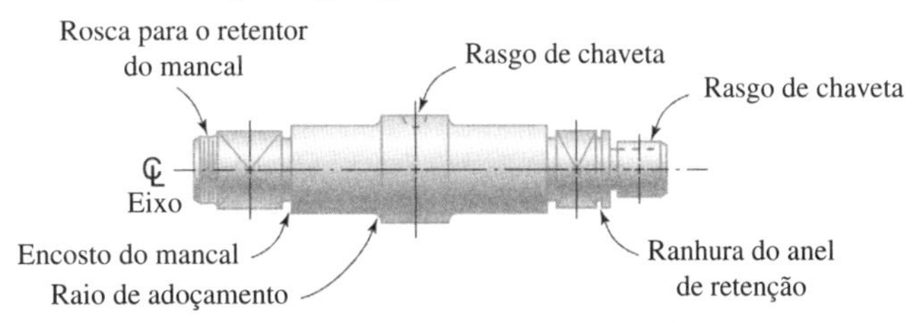

(*c*) Finalização do primeiro esboço do eixo por meio da associação das características da montagem e da adição de encostos, adoçamentos e características de retenção.

Figura 8.2
Geração de um primeiro esboço conceitual para uma nova aplicação de um eixo.

8.2 Modos Prováveis de Falha

A maioria dos eixos gira. As cargas transversais de engrenagens, rodas dentadas, polias e mancais montados em um eixo rotativo promovem *tensões de flexão cíclicas* completamente alternadas. Em alguns casos, cargas transversais também podem resultar em *tensões de cisalhamento completamente alternadas devidas ao cortante*. Além disso, cargas transversais, tais como aquelas de engrenagens helicoidais ou mancais com pré-carga, podem produzir ao mesmo tempo *tensões axiais* e/ou *momentos fletores* superpostos, que são normalmente constantes mas, em alguns casos, são variáveis. Torques transmitidos por eixos induzem *tensões de cisalhamento torcionais*. Normalmente, essas tensões de cisalhamento são constantes, mas dependendo da aplicação podem ser variáveis. Dessas observações e das discussões do Capítulo 5 fica claro que a *fadiga* é um modo provável de falha muito importante na transmissão de potência por eixos.

Além disso, *desalinhamentos* excessivos nas malhas de engrenagens, mancais, cames, rodas dentadas ou selos mecânicos podem levar à falha em relação ao funcionamento adequado desses elementos. Pode-se dizer que *deflexões* ou *inclinações* de flexão que levam a um desalinhamento excessivo causam falha por *deformação elástica induzida por força* (veja Capítulo 2). Se mancais de deslizamento, dentes de engrenagem, estrias ou ressaltos de cames são características intrínsecas de um eixo, o *desgaste* também deve ser considerado como um modo potencial de falha (veja Capítulo 2).

Uma vez que os eixos praticamente são sempre parte de um sistema dinâmico de molas e massas que interagem entre si, é importante examinar a possibilidade de que a operação em certas *velocidades críticas* possa excitar vibrações intoleráveis. Se não forem adequadamente amortecidas, as amplitudes de vibração podem aumentar subitamente e vir a destruir o sistema.[1] A *resposta* de qualquer sistema em vibração a uma força ou movimento de excitação depende das *molas*, *massas*

[1] Neste livro, praticamente não se apresentam detalhes sobre a vibração mecânica de sistemas massa-mola. Para mais detalhes sobre vibrações veja, por exemplo, refs. 1, 2 ou 3.

e *amortecedores* do sistema, e de como estão suportados e acoplados. Visto que um eixo pode ser entendido como um elemento de mola, tanto em flexão como em torção (e algumas vezes axialmente), com elementos de massa acoplados (tais como engrenagens, polias, volantes e a própria massa do eixo), e com a possibilidade de amortecimento devido ao atrito, ao arrasto devido ao vento ou à lubrificação, a modelagem exata da resposta de um eixo em vibração pode se tornar uma tarefa complexa. É aconselhável que o projetista consulte um especialista em vibrações mecânicas para ajudá-lo na análise de sistemas de vibração complexos. No entanto, estimativas simples preliminares da *frequência natural fundamental*[2] do sistema podem ser usualmente feitas e, então, comparadas com a *frequência de forçamento*[3] do sistema para garantir que a *ressonância*[4] *(ou a quase ressonância) seja evitada.* A *velocidade crítica* de um eixo é usualmente definida como a menor velocidade do eixo que excita o sistema em uma condição de ressonância. Velocidades críticas mais altas também podem existir, mas normalmente são menos sérias.

Também é uma importante responsabilidade do projeto assegurar que a rigidez do eixo seja suficientemente elevada para manter a frequência natural bem acima da frequência de forçamento (relacionada à velocidade do eixo), de modo que não sejam induzidas deflexões excessivas (deformações elásticas causadas por força).

Em resumo, os principais modos prováveis de falha a serem considerados quando se projeta um eixo de transmissão de potência, são:

1. Falha por fadiga
2. Falha por deformação elástica induzida por força (tanto desalinhamentos como ressonâncias associadas a velocidades críticas)
3. Falha por desgaste (quando mancais de deslizamento, dentes de engrenagem ou cames são características intrínsecas do eixo)

8.3 Materiais dos Eixos

De acordo com as orientações para a seleção de materiais discutidas no Capítulo 3, e reconhecendo os modos prováveis de falha sugeridos em 8.2, os materiais a serem utilizados em eixos de transmissão de potência devem ter boa resistência (especialmente resistência à fadiga), alta rigidez, baixo custo e, em algumas aplicações, boa resistência ao desgaste. Os aços satisfazem os critérios de resistência, rigidez e custo. O critério associado à resistência ao desgaste também pode ser satisfeito se forem utilizadas ligas para endurecimento superficial ou de alta temperabilidade.

A maioria da transmissão de potência por eixos é feita utilizando aços de baixo ou médio carbono, tanto laminado a quente como estirado a frio. Materiais como os aços AISI 1010, 1018, 1020 ou 1035 são normalmente escolhidos para aplicações de transmissão de potência por eixos. Se uma maior resistência é necessária, aços de baixa liga como o AISI 4140, 4340 ou 8640 podem ser selecionados, utilizando-se tratamentos térmicos apropriados para se obterem as propriedades desejadas. Para eixos forjados, como os encontrados em manivelas automotivas, os aços 1040 ou 1045 são uma escolha usual. Se o endurecimento superficial de extensões selecionadas é necessário para alcançar uma resistência ao desgaste aceitável, aços para endurecimento superficial, como 1020, 4320 ou 8620 podem ser utilizados para permitir a utilização de superfícies cementadas em regiões escolhidas.

Em aplicações nas quais se observam condições especiais de projeto ou meios de exposição, os métodos do Capítulo 3 devem ser utilizados para a seleção apropriada do material do eixo. Se, por exemplo, condições envolvendo meios corrosivos ou temperaturas elevadas estiverem presentes, materiais como aço inox, titânio ou Inconel podem ser necessários, apesar dos custos elevados ou da maior dificuldade de fabricação.

8.4 Equações de Projeto – Baseadas na Resistência

Conforme sugerido em 8.2, o estado de tensões em um determinado ponto crítico na superfície de um eixo de transmissão de potência pode envolver componentes de tensão de cisalhamento devido à torção, tensão de cisalhamento devida ao cortante, tensão de flexão ou tensão axial, as quais podem variar em relação a valores médios nulos ou não nulos. Portanto, em geral, as equações de projeto de eixos devem ser baseadas em estados de tensões multiaxiais produzidos por cargas variáveis, conforme discutido nos Capítulos 5 e 6. O procedimento é ilustrado em

[2] A *frequência natural fundamental* é a menor frequência que um sistema sem amortecimento em vibração experimenta quando é deslocado da sua posição de equilíbrio e é liberado para oscilar naturalmente.
[3] A *frequência de forçamento* do sistema é a frequência de entrada fornecida pelas cargas variáveis aplicadas ao longo do tempo.
[4] A ressonância é a condição que existe quando a *frequência de forçamento* corresponde a uma *frequência natural.*

detalhe no Exemplo 5.21, para um caso relativamente simples envolvendo o carregamento de um eixo. Na prática, muitos casos de projeto de eixos envolvem um estado de tensões relativamente simples, frequentemente caracterizado por uma *componente de tensão de cisalhamento resultante da torção* produzida por um torque de operação e uma *componente de tensão de flexão completamente alternada* produzida por forças transversais constantes sobre o eixo em rotação. Esta caracterização simplificada levou às equações tradicionais de projeto de eixos encontradas na maioria dos livros-texto, e também forma a base das normais atuais da ANSI/ASME para o projeto de eixos de transmissão de potência.[5] Antes de utilizar qualquer uma destas equações ou normas, o projetista é responsável por assegurar que o estado de tensões *realmente produzido* em qualquer aplicação específica seja adequadamente aproximado pelo caso simples de tensão de cisalhamento constante devida à torção junto com tensão de flexão completamente alternada. Caso contrário, devem ser utilizados os métodos mais gerais para a análise de estados de tensões multiaxiais sob a ação de cargas variáveis.

Em eixos, há duas fontes primárias de tensão, flexão e torção. As tensões devidas aos carregamentos axiais estão, também, frequentemente presentes, mas são, tipicamente, desprezíveis. Então, admitindo-se apenas flexão e torsão M_a e M_m são os momentos alternado e médio e sejam T_a e T_m os torques alternado e médio, respectivamente. Com frequência, para um eixo girando em regime permanente (isto é girando em uma velocidade constante e com carregamento constante), o torque pode ser tratado como constante (isto é, $T_a = 0$) e o momento pode ser tratado como completamente reversível devido à rotação do eixo ($M_m = 0$). Contudo, mantendo-se as equações gerais,[6] as tensões de flexão alternada e média são dadas por (as quais atuam ao longo da extensão do eixo)

$$\sigma_{x-a} = \frac{M_a c}{I} = \frac{M_a(d/2)}{\pi d^4/64} = \frac{32M_a}{\pi d^3} \quad \text{e} \quad \sigma_{x-m} = \frac{32M_m}{\pi d^3} \tag{8-1}$$

De forma semelhante, para as tensões cisalhantes alternada e média, devidas à torsão

$$\tau_{xy-a} = \frac{T_a c}{J} = \frac{M_a(d/2)}{\pi d^4/32} = \frac{16T_a}{\pi d^3} \quad \text{e} \quad \tau_{xy-m} = \frac{16T_m}{\pi d^3} \tag{8-2}$$

Recorde que para os fatores de concentração mais elevados, para carregamentos estáticos, não se aplica um fator de concentração de tensões ($K \rightarrow 1$), contudo, para carregamentos cíclicos aplica-se K_f, o fator de concentração de tensões para fadiga, empregando

$$K_f = q(K_t - 1) + 1$$

Observe que q é diferente para flexão e para torção, como se encontra na Figura 5.46 e K_t é determinada a partir de um gráfico apropriado (Figuras 5.4 até 5.12).

Como antes, a amplitude de tensão e a tensão média equivalentes são calculadas substituindo-se a amplitude de tensão e a tensão média na Equação (5.47), produzindo

$$\sigma_{eq-a} = \sqrt{\frac{1}{2}[(\sigma_{x-a} - \sigma_{y-a})^2 + (\sigma_{y-a} - \sigma_{z-a})^2 + (\sigma_{z-a} - \sigma_{x-a})^2 + 6(\tau_{xy-a}^2 + \tau_{yz-a}^2 + \tau_{zx-a}^2)]} \tag{8-3a}$$

$$\sigma_{eq-m} = \sqrt{\frac{1}{2}[(\sigma_{x-m} - \sigma_{y-m})^2 + (\sigma_{y-m} - \sigma_{z-m})^2 + (\sigma_{z-m} - \sigma_{x-m})^2 + 6(\tau_{xy-m}^2 + \tau_{yz-m}^2 + \tau_{zx-m}^2)]} \tag{8-3b}$$

ou, para estado plano de tensões

$$\sigma_{eq-a} = \sqrt{\sigma_{x-a}^2 + \sigma_{y-a}^2 + \sigma_{x-a}\sigma_{y-a} + 3\tau_{xy-a}^2} \tag{8-4a}$$

$$\sigma_{eq-m} = \sqrt{\sigma_{x-m}^2 + \sigma_{y-m}^2 + \sigma_{x-m}\sigma_{y-m} + 3\tau_{xy-m}^2} \tag{8-4b}$$

Substituir as Equações (8-1) e (8-2) nas equações para as tensões alternada e média efetivas (8-3a) e (8-3b) e aplicando os fatores de concentração de tensões apropriados, resulta em

$$\sigma_{eq-a} = \frac{16}{\pi d^3}\left[(2K_{ff}M_a)^2 + 3(K_{ft}T_a)^2\right]^{1/2} \tag{8-5a}$$

e

$$\sigma_{eq-m} = \frac{16}{\pi d^3}\left[(2M_m)^2 + 3T_m^2\right]^{1/2} \tag{8-5b}$$

---

[5] *Design of Transmission Shafting*, ANSI/ASME B106.1M-1985, American Society of Mechanical Engineers, 345 East 47th St., New York, NY 10017.

[6] Veja, por exemplo, refs. 3, 4 e 5.

em que K_{ff} e K_{ft} são os fatores de concentração de tensão à fadiga para flexão e torção, respectivamente. Substituindo-os na Equação (5-72) conduz à

$$\sigma_{eq-CR} = \frac{\sigma_{eq-a}}{1 - \dfrac{\sigma_{eq-m}}{S_u}} = \frac{S_u \sigma_{eq-a}}{S_u - \sigma_{eq-m}} = \frac{S_u\left[(2K_{ff}M_a)^2 + 3(K_{ft}T_a)^2\right]^{1/2}}{\dfrac{\pi d^3}{16}S_u - \left[(2M_m)^2 + 3T_m^2\right]^{1/2}} \tag{8-6}$$

O fator de segurança contra a falha por fadiga é, então

$$n_p = \frac{S_N}{\sigma_{eq-CR}} \tag{8-7}$$

em que S_N é o limite de resistência à fadiga e é igual ao limite de resistência à fadiga para vida infinita S_f. Observe que, uma vez que os fatores de concentração foram usados para ajustar a tensão neste caso, o limite de resistência à fadiga não deve ser ajustado pelos fatores de concentração de tensões (sempre um ou outro é ajustado, mas não os dois); assim, o fator de correção do limite de resistência à fadiga deve ser tomado como $K_f = 1$ nesse caso. Para o projeto do eixo, (8-6) e (8-7) podem ser resolvidas em função do diâmetro do eixo, fornecendo:

$$d = \left(\left(\frac{16}{\pi S_u}\right)\left\{\frac{n_p S_u}{S_N}\left[(2K_{ff}M_a)^2 + 3(K_{ft}T_a)^2\right]^{1/2} + \left[(2M_m)^2 + 3T_m^2\right]^{1/3}\right\}\right)^{1/3} \tag{8-8}$$

em que

d = diâmetro necessário do eixo para uma vida de N ciclos
n_p = fator de segurança de projeto selecionado
K_{ff} = fator de concentração de tensões de fadiga para flexão
K_{ftf} = fator de concentração de tensões de fadiga para torção
M_a = momento fletor alternado
M_m = momento fletor médio
T_a = momento torsor alternado
T_m = momento torsor constante
S_N = limite de resistência à fadiga para um projeto de N ciclos ($S_N = S_f$ para vida infinita)

É importante, também, verificar o escoamento. Usando o momento fletor máximo $M_{máx}$ e o torque máximo $T_{máx}$, a tensão uniaxial máxima equivalente é

$$\sigma_{eq-máx} = \frac{16}{\pi d^3}\left[(2M_{máx})^2 + 3T_{máx}^2\right]^{1/2} \tag{8-9}$$

e o fator de segurança contra o escoamento é calculado como

$$n_e = \frac{S_{ep}}{\sigma_{eq-máx}} \tag{8-10}$$

Para um momento fletor completamente reversível, $M_m = 0$

$$\sigma_{x-a} = \frac{M_a c}{I} = \frac{32M_a}{\pi d^3}$$

e para uma torsão constante $T_a = 0$

$$\tau_{xy-m} = \frac{16T_m}{\pi d^3}$$

Para este caso, pode-se ver que a Equação (8-8) se reduz à

$$d = \left(\frac{16}{\pi}\left\{2K_{ff}(n_d)\frac{M_a}{S_N} + \sqrt{3}\frac{T_m}{S_u}\right\}\right)^{1/3} \tag{8-11}$$

A Equação (8-11) fornece uma estimativa válida para o diâmetro do eixo no caso de torque constante e momento fletor completamente reversível, aplicado a um eixo maciço, rotativo, com seção transversal circular e feito de material dúctil. As Equações (8-8) e (8-11) se aplicam a eixos submetidos, apenas, a carregamento de fadiga e não se aplicam à análise estática de eixos. Para a análise estática de eixos, as teorias de falha da seção 5.4 podem ser aplicadas. Para estados de tensão multiaxiais mais complicados, os métodos dos Capítulos 5 e 6 devem ser empregados em uma solução iterativa para o diâmetro do eixo. Em tais casos (8-11) é, algumas vezes, usada para calcular um valor inicial do diâmetro do eixo para *começar* a iteração. Uma vez que a maioria das aplicações de dimensionamento de eixos envolve eixos escalonados, com muitos diâmetros diferentes (veja Figuras 8.1 e 8.2, por exemplo), é necessário, normalmente, calcular diâmetros em muitos pontos críticos diferentes ao longo do comprimento de um eixo, mesmo durante os cálculos preliminares de projeto.

Exemplo 8.1 Projetando um Eixo Considerando Aspectos de Resistência

Um eixo proposto deve ser suportado por dois mancais afastados de 30 polegadas. Uma engrenagem de dentes retos com um diâmetro do círculo primitivo[7] de 20 polegadas deve estar posicionada no meio do eixo, e um pinhão de dentes retos com um diâmetro do círculo primitivo de 5 polegadas deve estar posicionado a uma distância de 6 polegadas do mancal direito. As engrenagens com uma evolvente de 20° devem transmitir 150 hp com uma velocidade de rotação de 150 rpm. O material do eixo proposto é o aço 1020 laminado a quente com $S_u = 65.000$ psi, $S_{yp} = 43.000$ psi, $e = 36$ por cento de alongamento em 2 polegadas e propriedades de fadiga idênticas às mostradas para o aço 1020 na Figura 2.19. Os encostos para as engrenagens e os mancais devem ter pelo menos 0,125 polegada (0,25 no diâmetro). Projete o eixo utilizando um fator de segurança de projeto $n_p = 2{,}0$.

Solução

O primeiro passo consiste em fazer um primeiro esboço do novo eixo. Seguindo as orientações ilustradas na Figura 8.2, propõe-se o esboço conceitual da Figura E8.1A. Em seguida, estabelece-se um sistema de coordenadas e um *esboço de linha* do eixo, engrenagens e mancais, de modo que todas as forças e momentos que agem sobre o eixo (e nas engrenagens acopladas) sejam mostrados.

Para o conjunto inicial de cálculos do projeto, as seções transversais do eixo nas seções *A*, *B* e *C* da Figura E8.1B são selecionadas como *seções críticas*.

O próximo passo é desenvolver uma análise de forças para determinar as intensidades, as direções e os sentidos de todas as forças e momentos que agem sobre o eixo. Uma vez que neste sistema proposto são utilizadas *engrenagens de dentes retos*, não se desenvolvem forças axiais (direção *y*), de modo que só existem componentes de força *x* e *z*, conforme mostrado na Figura E8.1B.

De (4-39), o torque transmitido pode ser calculado como

$$T = \frac{63.025(hp)}{n} = \frac{63.025(150)}{150} = 63.025 \text{ lbf} \cdot \text{in}$$

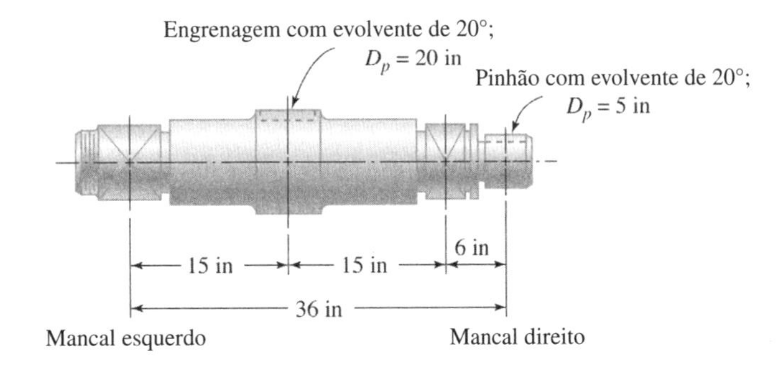

Figura E8.1A
Primeiro esboço conceitual.

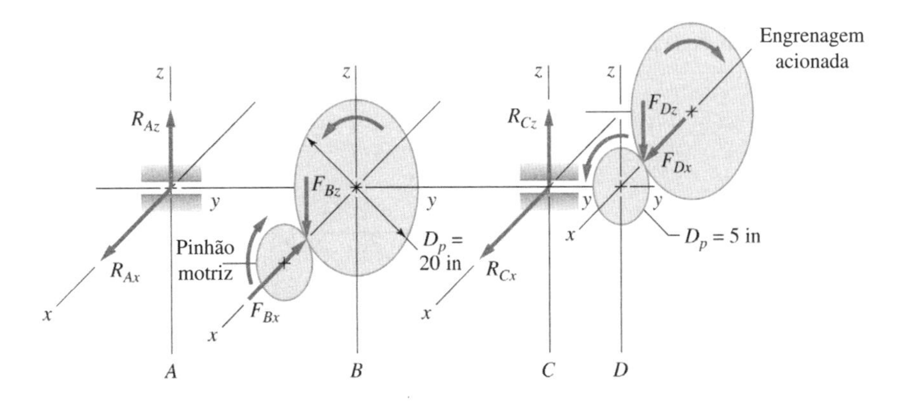

Figura E8.1B
Sistema de coordenadas e notação das forças.

[7] Veja o Capítulo 15 para definições e discussões relativas às malhas de engrenagens de dentes retos.

Exemplo 8.1 Continuação

Este torque é transmitido do pinhão motor em B, através do eixo, até a engrenagem acionada em D.

As forças podem ser calculadas da seguinte forma: A força tangencial F_{Bz} (força em B na direção z) no raio do círculo primitivo é

$$F_{Bz} = \frac{T}{\left(\frac{D_p}{2}\right)} = \frac{63.025}{10} = 6302 \text{ lbf}$$

Utilizando-se (15-26) do Capítulo 15, a força radial de separação, F_{Bx}, para um perfil de evolvental do dente com um ângulo de pressão $\varphi = 20°$, é dada por

$$F_{Bx} = F_{Bz} \tan \varphi = 6302 \tan 20 = 2294 \text{ lbf}$$

Similarmente

$$F_{Dz} = \frac{63.025}{2{,}5} = 25.210 \text{ lbf}$$

e

$$F_{Dx} = 25.210 \tan 20 = 9176 \text{ lbf}$$

Em seguida, somando-se os momentos em torno do eixo z em A

$$15F_{Bx} - 30R_{Cx} - 36F_{Dx} = 0$$

fornecendo

$$R_{Cx} = \frac{15(2294) - 36(9176)}{30} = -9864 \text{ lbf}$$

Somando-se as forças na direção x

$$R_{Ax} + R_{Cx} + F_{Dx} - F_{Bx} = 0$$

ou

$$R_{Ax} = 2294 - 9175 + 9864 = 2982 \text{ lbf}$$

Finalmente, somando-se os momentos em torno do eixo x em A fornece

$$R_{Cz} = \frac{15(6302) + 36(25.210)}{30} = 33.403 \text{ lbf}$$

e somando-se as forças na direção z

$$R_{Az} = 6302 - 33.403 + 25.210 = -1891 \text{ lbf}$$

Mais uma vez, através de um diagrama de corpo livre na forma de esboço de linhas para o eixo e as engrenagens acopladas (baseado na Figura E8.1B), as intensidades, os sentidos, as direções reais e o posicionamento das forças de acordo com os cálculos efetuados podem ser indicados conforme mostrado na Figura E8.1C. Da Figura E8.1C, os momentos fletores M e os torques T podem ser calculados em cada uma das seções críticas A, B, C e D. A simetria em relação à direção axial do eixo permite a soma vetorial dos componentes de força que promovem a flexão.

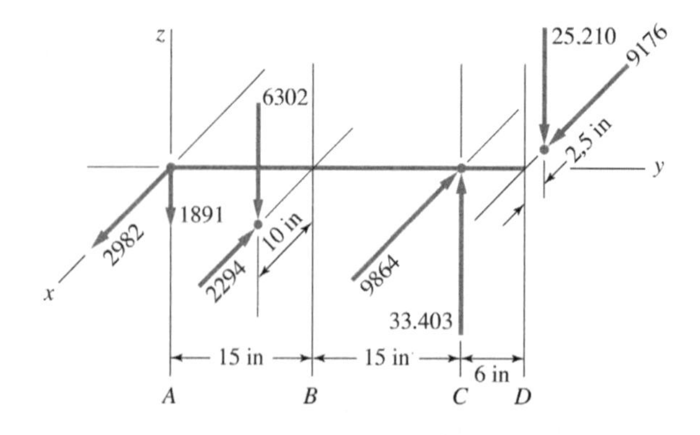

Figura E8.1C
Esboço de linhas mostrando a intensidade, a direção, o sentido e o ponto de aplicação das forças do eixo proposto.

Então,

$$T_{A-B} = 0$$
$$T_{B-D} = 63.025 \text{ lbf} \cdot \text{in}$$
$$M_A = 0$$
$$M_B = 15\sqrt{(2982)^2 + (1891)^2} = 52.966 \text{ lbf} \cdot \text{in}$$
$$M_C = 6\sqrt{(25.210)^2 + (9176)^2} = 160.968 \text{ lbf} \cdot \text{in}$$
$$M_D = 0$$

Aplicando-se a equação de projeto de eixos (8-11) a cada uma das seções críticas, obtêm-se as seguintes aproximações para os diâmetros em A, B, C e D. Uma vez que as dimensões dos diâmetros ainda são incógnitas, os fatores de concentração de tensões não podem ser calculados de forma precisa dos gráficos de 4.8. No entanto, os valores podem ser estimados para uma primeira aproximação, examinando-se as Figuras 5.4(a) e 5.5(a), já que entalhes e adoçamentos são as características do eixo a serem consideradas. Supondo que os valores de D/d sejam próximos à unidade, e os valores de r/d tendam a ser pequenos, uma estimativa de $K_t = 1{,}7$ parece apropriada. Da Figura 5.46, para um aço com $S_u = 65.000$ psi, um valor de q em torno de 0,8 parece razoável.

Assim, de (5-92), K_{ff} pode ser estimado como

$$K_{ff} = q(K_t - 1) + 1 = 0{,}8(1{,}7 - 1) + 1 \approx 1{,}6$$

Quando as dimensões do eixo se tornarem conhecidas, estimativas mais precisas de K_{ff} podem ser efetuadas.

Na Seção Crítica *A*

Utilizando-se as informações conhecidas ou estimadas, na seção A (8-11) torna-se, para projeto à vida infinita ($S_N = S_f = 33.000$ psi),

$$d = \left(\frac{16}{\pi}\left\{2(1{,}6)(2)\frac{(0)}{33.000} + \sqrt{3}\frac{(0)}{65.000}\right\}\right)^{1/3} = 0$$

Claramente este não é um resultado razoável, uma vez que o mancal em A deve suportar as cargas mostradas na Figura E8.1C e um diâmetro nulo de eixo não é capaz de fazê-lo. Reexaminando as hipóteses que levam a (8-11), observa-se que o efeito do cortante foi considerado como desprezível; para a seção crítica A observa-se que o cortante τ_c evidentemente *não* é desprezível e deve ser incorporado em (8-11). Do caso 2 da Figura 4.3,

$$\tau_c = \frac{4}{3}\frac{F}{A} = \frac{16F}{3\pi d_A^2}$$

Substituindo-se isso de volta em (8-4a) para τ_{xy} fornece

$$\sigma_{eq-a} = \sqrt{3}\tau_{xy-a} = \sqrt{3}\left(\frac{16F}{3\pi d_A^2}\right) = \sigma_p = \frac{S_N}{n_p}$$

ou

$$d_A = \sqrt{\frac{16\sqrt{3}\, n_p F}{3\pi S_N}}$$

em que F é a força radial resultante em A. Então,

$$d_A = \sqrt{\frac{16\sqrt{3}(2{,}0)\sqrt{(2982)^2 + (1891)^2}}{3\pi(33.000)}} = 0{,}79 \text{ polegada}$$

É apropriado, mais uma vez, observar que um projetista é sempre responsável por assegurar que as *hipóteses utilizadas* no desenvolvimento de uma equação de projeto *sejam satisfeitas* antes da utilização da equação. Se as hipóteses não forem satisfeitas, uma modificação apropriada deve ser feita, ou uma nova equação deve ser desenvolvida.

Na Seção Crítica *B*

Utilizando-se (8-11)

$$d_B = \left(\frac{16}{\pi}\left\{2(1{,}6)(2)\frac{(52.966)}{33.000} + \sqrt{3}\frac{(63.025)}{65.000}\right\}\right)^{1/3} = 3{,}93 \text{ polegadas}$$

Exemplo 8.1 Continuação

Na Seção Crítica C

Utilizando-se mais uma vez (8-11)

$$d_C = \left(\frac{16}{\pi}\left\{2(1,6)(2)\frac{(160.968)}{33.000} + \sqrt{3}\,\frac{(63.025)}{65.000}\right\}\right)^{1/3} = 5,51 \text{ polegadas}$$

Na Seção Crítica D

Utilizando-se primeiro (8-11), observando-se que $M_D = 0$,

$$d_D = \left(\frac{16}{\pi}\left\{(1,6)(2)\frac{(0)}{33.000} + \sqrt{3}\,\frac{(63.025)}{65.000}\right\}\right)^{1/3} = 2,05 \text{ polegadas}$$

Uma vez que o cisalhamento não está incluído na seção D e que, os resultados na seção crítica A sugerem que o cisalhamento possa ser relevante, então deve-se considerar o cisalhamento transversal associado ao cisalhamento devido à torção. Utilizando (8-4a), obtém-se para o cisalhamento transversal

$$\sigma_{eq-a} = \sqrt{3\tau_{ts-a}^2} = \sqrt{3\left(\frac{16F_D}{3\pi d_D^2}\right)^2} = \sqrt{3}\left(\frac{16F_D}{3\pi d_D^2}\right)$$

e, para o cisalhamento devido à torção (8-4b) fornece

$$\sigma_{eq-m} = \sqrt{3\tau_{xy-m}^2} = \sqrt{3\left(\frac{16T_D}{\pi d_D^3}\right)^2} = \sqrt{3}\left(\frac{16T_D}{\pi d_D^3}\right)$$

Aplicando (5-72) conduz à

$$\sigma_{eq-CR} = \frac{\sigma_{eq-a}}{1 - \dfrac{\sigma_{eq-m}}{S_u}} = \frac{\sqrt{3}\,\dfrac{16F_D}{3\pi d_D^2}}{1 - \dfrac{\sqrt{3}\,\dfrac{16T_D}{3\pi d_D^3}}{S_u}} = \frac{S_N}{n_p}$$

ou

$$\frac{16\sqrt{3}\,S_u F_D}{3\pi d_D^2} + \frac{16\sqrt{3}\,T_D}{\pi d_D^3}\left(\frac{S_N}{n_p}\right) = \frac{S_N S_u}{n_p}$$

ou

$$d_D = \sqrt[3]{\frac{16\sqrt{3}}{\pi}\left(\frac{T_D}{S_u} + \frac{F_D n_p}{3S_N}d_D\right)}$$

ou

$$d_D = \sqrt[3]{\frac{16\sqrt{3}}{\pi}\left(\frac{63.025}{65.000} + \frac{2\sqrt{(25.210)^2 + (9176)^2}}{3(33.000)}d_D\right)} = \sqrt[3]{8,55 + 4,78\,d_D}$$

Esta expressão em função de d_D pode ser resolvida iterativamente ou usando programas como MAPLE ou MATLAB, assim

$$d_D = 2,80 \text{ polegadas}$$

Neste caso, a estimativa do diâmetro $d_D = 2,58$ polegadas, que não inclui cisalhamento transversal, resulta em um diâmetro de eixo, aproximadamente, 26 por cento menor que $d_D = 2,80$ polegadas, que inclui o cisalhamento transversal. Outra vez, um projetista é responsável por decidir se (8-8) é suficientemente exata para um cálculo preliminar do diâmetro do eixo em sua seção crítica, ou se uma estimativa mais refinada deve ser feita.

Em seguida, utilizando-se os diâmetros calculados para as seções A, B, C e D e as restrições associadas aos encostos impostos no estabelecimento do problema, o primeiro esboço da Figura E8.1A pode ser atualizado e modificado para obter-se o segundo esboço da Figura E8.1D.

Com o esboço atualizado da Figura E8.1D, deve-se escolher um novo conjunto de seções críticas (por exemplo, E, F, G, H, I, J, K) para uma segunda etapa de cálculos de projeto utilizando-se os novos diâmetros de eixo, raios de adoçamento e dimensões de entalhes da Figura E8.1D. No entanto, antes de iniciar esta segunda etapa de cálculos de projeto, outras questões de projeto devem ser provavelmente consideradas, incluindo as seguintes:

1. É aconselhável produzir um desenho em escala do esboço do eixo mostrado na Figura E8.1D. A escala do desenho frequentemente ajuda o projetista a identificar "intuitivamente" pontos de problemas potenciais na configuração. (Tanto programas de CAD como desenho manual podem ser utilizados neste estágio.)

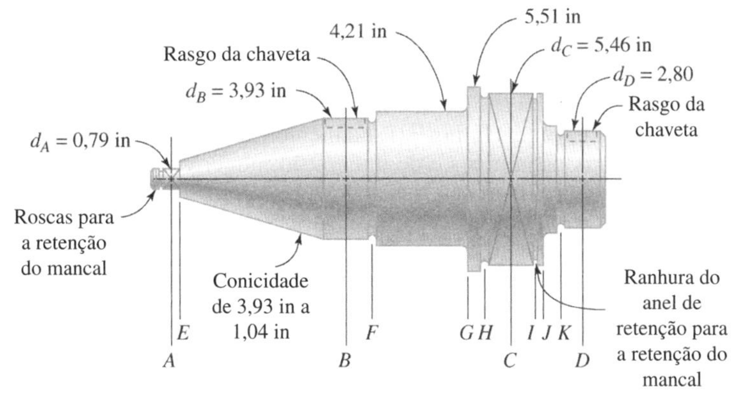

Figura E8.1D
Segundo esboço mostrando as dimensões principais (fora de escala).

2. Seleções preliminares dos mancais devem ser feitas para as seções *A* e *D*, utilizando-se as cargas calculadas nestas regiões junto com a velocidade especificada do eixo (veja Capítulos 11 e 12). Em alguns casos, o tamanho necessário dos mancais faz com que seja necessário modificar significativamente as dimensões do eixo, passando por cima dos diâmetros do eixo baseados na resistência. Tais modificações devem ser incorporadas no desenho em escala atualizado do eixo antes de os cálculos de projeto da segunda etapa serem efetuados.
3. As dimensões provisórias do rasgo de chaveta devem ser estabelecidas (veja 8.8), de modo que fatores de concentração de tensões mais precisos possam ser utilizados nos cálculos de projeto da segunda etapa.
4. Seleções provisórias de anéis de retenção devem ser feitas, de modo que fatores de concentração de tensões mais precisos possam ser utilizados nestes pontos críticos.
5. Problemas prováveis na montagem do pinhão na seção *D* devem ser examinados, uma vez que um pinhão de diâmetro do círculo primitivo de 5 polegadas montado em um eixo de d_D = 2,80 polegadas deixa pouco espaço radial para a montagem de um cubo no pinhão. Se isto não for possível, um pinhão *integral* pode ser a opção viável nesta posição. Por outro lado, um pinhão integral provavelmente exigiria o endurecimento superficial dos invólucros dos dentes e uma revisão do material do eixo.

A natureza iterativa do projeto de um eixo fica evidente neste exemplo.

8.5 Equações de Projeto Baseadas na Deflexão

Conforme observado em 8.2, desalinhamentos nas malhas das engrenagens, mancais, cames, rodas dentadas, selos mecânicos ou outros elementos montados em eixos podem resultar no mau funcionamento destes itens devido às distribuições de pressão não uniformes, interferências, folgas, desgaste excessivo, vibrações, ruído ou geração de calor. A *deflexão por flexão do eixo* excessiva e a *inclinação do eixo* excessiva podem, portanto, levar à falha destes elementos montados em eixos. Antes de prosseguir com os refinamentos de projeto baseados na resistência discutidos em 8.4, normalmente é aconselhável estimar a deflexão (e/ou a inclinação) do eixo em pontos críticos de deflexão ao longo do eixo. Utilizando-se as dimensões do primeiro esboço de cálculos baseados na resistência (ou seja, Exemplo 8.1), é possível desenvolver os cálculos da deflexão e da inclinação por flexão (com a precisão que o projetista desejar). Aproximações grosseiras são frequentemente suficientemente precisas para o estágio inicial de projeto, mas cálculos mais precisos normalmente são necessários quando o projeto é finalizado.

Uma *primeira* estimativa da deflexão e da inclinação por flexão de um *eixo escalonado* pode ser inicialmente obtida aproximando-se o eixo escalonado como um eixo de *diâmetro uniforme (grosso modo* como um pouco menor do que o diâmetro médio do eixo escalonado), e então, utilizando-se ou superpondo-se as equações de deflexão de vigas apropriadas (veja Tabela 4.1) para encontrar as deflexões ou as inclinação de interesse.

Se as componentes de força existem em duas direções do sistema de coordenadas (como nas direções *x* e *z* do Exemplo 8.1), os cálculos devem ser efetuados separadamente para as direções *x* e *z* e os resultados combinados vetorialmente. Em alguns casos, pode ser útil realizar uma estimativa mais precisa assumindo-se dois ou três diâmetros ao longo do eixo.

Cálculos das inclinações e deflexões para o modelo do eixo com vários diâmetros são mais complicados, uma vez que ambos os momentos, o momento M e o momento de inércia I, variam ao longo do comprimento do eixo. A variação desses valores requer a utilização de integração gráfica,[8] metodologia da área-momento,[9] integração numérica,[10] métodos da matriz de transferência[11] ou, possivelmente, uma solução por elementos finitos[12] (usualmente reservada até que as iterações de projeto finais sejam feitas). Os métodos gráficos e de integração numérica são baseados em integrações sucessivas da equação diferencial da linha elástica de vigas dada em (4-49). Então, para determinar a inclinação e a deflexão, as expressões

$$\frac{d^2y}{dx^2} = \frac{M}{EI} \tag{8-12}$$

$$\theta = \frac{dy}{dx} = \int \frac{M}{EI} dx \quad \text{(inclinação)} \tag{8-13}$$

$$y = \iint \frac{M}{EI} dx\, dx \quad \text{(deflexão)} \tag{8-14}$$

são as equações de trabalho. As integrações podem ser desenvolvidas analiticamente, graficamente ou numericamente.

Os ângulos de *torção* também podem ser de interesse para algumas aplicações. Se o eixo tem um diâmetro uniforme ao longo de todo o seu comprimento, o ângulo de torção θ pode ser prontamente calculado de (4-48), repetido aqui como

$$\theta = \frac{TL}{KG} \tag{8-15}$$

em que θ é o ângulo de torção em radianos, T é o torque aplicado, L é o comprimento do eixo entre as regiões de aplicação do torque, G é o módulo de cisalhamento, e K (veja Tabela 4.5) é igual ao momento de inércia polar J para uma seção transversal circular.

Para um eixo escalonado, as seções do eixo com diferentes diâmetros podem ser vistas como molas de torção em *série*. Portanto, de (4-90) e (4-82), o ângulo de torção de um eixo de seção circular com i seções, cada uma de comprimento L_i, com momentos de inércia polar J_i, pode ser calculado de

$$\theta_{escalonado} = \frac{T}{G}\left(\frac{L_1}{J_1} + \frac{L_2}{J_2} + \cdots + \frac{L_i}{J_i}\right) \tag{8-16}$$

Exemplo 8.2 Estimando a Deflexão e a Inclinação de um Eixo

As dimensões aproximadas para um eixo de aço foram determinadas por uma análise baseada na resistência, conforme mostrado na Figura E8.2A. Estime a deflexão máxima do eixo e indique aproximadamente onde esta deflexão ocorre ao longo do eixo. Além disso, determine a deflexão real ao longo do eixo.

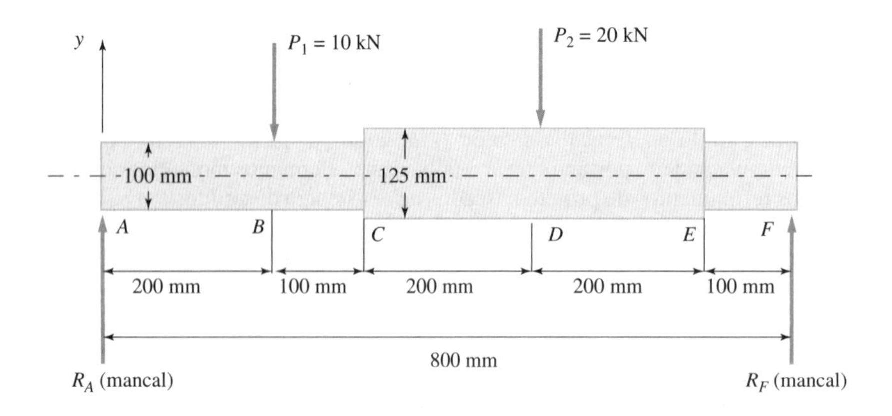

Figura E8.2A
Esboço do eixo proposto mostrando as cargas e as dimensões nominais.

[8] Veja, por exemplo, ref. 6.
[9] Veja, por exemplo, ref. 8, pp. 552-556.
[10] Veja, por exemplo, ref. 7, pp. 11.14-11.17, ou ref. 9, pp. 347-352.
[11] Veja, por exemplo, ref. 13.
[12] Veja, por exemplo, ref. 14, Cap. 7.

Solução

Uma primeira estimativa para a deflexão do eixo pode ser feita, aproximando-se o eixo escalonado como um eixo de diâmetro uniforme "equivalente" d_e, sujeito às cargas P_1 e P_2, simplesmente suportado por mancais nas seções A e F. A seleção de um diâmetro "equivalente" torna-se mais fácil com a experiência. A deflexão à flexão pode ser calculada usando o caso 2 da Tabela 4.1 duas vezes, uma para a carga P_1 e novamente para a carga P_2, separadamente, e então superpondo-se os resultados.

O diâmetro de 120 mm se estende por sobre, aproximadamente, metade do comprimento do eixo; portanto, uma estimativa razoável é que d_e seja a média dos diâmetros das duas seções. Isto resulta em $d_e = (100 + 125)/2 = 112{,}5$ mm. Usando esse valor, o momento de inércia de área para eixo é

$$I = \pi d_e^4 / 64 = \pi(0{,}1125)^4 / 64 = 7{,}86 \times 10^{-6}\ \text{m}^4$$

Para a carga P_1 atuando isoladamente, $a = 200$ mm, $b = 600$ mm e $L = 800$ mm. Do caso 2 da Tabela 4.1

$$y_{máx-P_1} = \frac{Pb\left(L^2 - b^2\right)^{3/2}}{9\sqrt{3}EIL} = \frac{10 \times 10^3(0{,}60)(0{,}64 - 0{,}36)^{3/2}}{15{,}588\left(207 \times 10^9\right)\left(7{,}86 \times 10^{-6}\right)(0{,}80)} = 0{,}0000438\ \text{m}$$

Esta deflexão ocorre em

$$x' = \sqrt{\frac{L^2 - b^2}{3}} = \sqrt{\frac{0{,}64 - 0{,}36}{3}} = 0{,}306\ \text{m}$$

Para a carga P_2 atuando isoladamente o caso 2 da Tabela pode ser aplicado novamente com $a = 500$ mm, $b = 300$ mm e $L = 800$ mm.

$$y_{máx-P_2} = \frac{Pb\left(L^2 - b^2\right)^{3/2}}{9\sqrt{3}EIL} = \frac{20 \times 10^3(0{,}30)(0{,}64 - 0{,}09)^{3/2}}{15{,}588\left(207 \times 10^9\right)\left(7{,}86 \times 10^{-6}\right)(0{,}80)} = 0{,}000121\ \text{m}$$

Esta deflexão ocorre em $x_{p_2} = \sqrt{[(0{,}64 - 0{,}09)]/3} = 0{,}428$ m. Apesar de haver mais de 120 mm separando x_{p_1} e x_{p_2} admite-se que esses pontos estejam próximos o bastante para as deflexões máximas para as cargas P_1 e P_2 atuando, ambas, isoladamente, serão superpostas sem nenhum refinamento adicional. Assim,

$$y_{máx} = y_{máx-P_1} + y_{máx-P_2} = 0{,}0000438 + 0{,}000121 = 0{,}000165\ \text{m} = 0{,}165\ \text{mm}$$

As inclinações em A e F podem, também, ser determinadas pela superposição das inclinações provenientes das cargas P_1 e P_2 atuando, ambas, isoladamente. Para P_1 atuando sozinha, usamos $a = 200$ mm, $b = 600$ mm e $L = 800$ mm. Então,

$$\theta_{A-P_1} = \frac{Pb}{6EIL}(L^2 - b^2) = \frac{(10 \times 10^3)(0{,}6)}{6(207 \times 10^9)(7{,}86 \times 10^{-6})(0{,}8)}(0{,}64 - 0{,}36) = 0{,}000215\ \text{rad}$$

$$\theta_{F-P_1} = \frac{Pa}{6EIL}(L^2 - a^2) = \frac{(10 \times 10^3)(0{,}2)}{6(207 \times 10^9)(7{,}86 \times 10^{-6})(0{,}8)}(0{,}64 - 0{,}04) = 0{,}000154\ \text{rad}$$

Para P_2 atuando sozinha, usamos $a = 500$ mm, $b = 300$ mm e $L = 800$ mm. Então

$$\theta_{A-P_2} = \frac{(20 \times 10^3)(0{,}3)}{6(207 \times 10^9)(7{,}86 \times 10^{-6})(0{,}8)}(0{,}64 - 0{,}09) = 0{,}000423\ \text{rad}$$

$$\theta_{F-P_2} = \frac{(20 \times 10^3)(0{,}5)}{6(207 \times 10^9)(7{,}86 \times 10^{-6})(0{,}8)}(0{,}64 - 0{,}25) = 0{,}0005\ \text{rad}$$

A inclinação total em cada ponto é aproximada como

$$\theta_A = \theta_{A-P_1} + \theta_{A-P_2} = 0{,}000638\ \text{rad} \quad \text{e} \quad \theta_F = \theta_{F-P_1} + \theta_{F-P_2} = 0{,}000654\ \text{rad}$$

Estimativas mais precisas da deflexão do eixo podem ser feitas usando-se superposição e computando-se as variações de EI ao longo do comprimento do eixo. De forma alternativa, pode-se usar integração direta para determinar, tanto a inclinação quanto o deslocamento. Ao se usar integração direta, uma das aproximações mais fáceis é usar as funções de singularidade[13] para definir as variações de momento ao longo da viga. Usando funções de singularidade e se referindo a Figura E8.2B:

As reações na extremidade esquerda e na extremidade direita do eixo são:

$$\sum M_A = 0: \quad 0{,}8R_R - 0{,}5(20) - 0{,}2(10) = 0 \qquad R_R = 15\ \text{kN}$$

$$\sum F_y = 0: \quad R_L - 10 - 20 + 15 = 0 \qquad R_L = 15\ \text{kN}$$

Figura E8.2B
Modelo para determinar o deslocamento do eixo usando funções de singularidade.

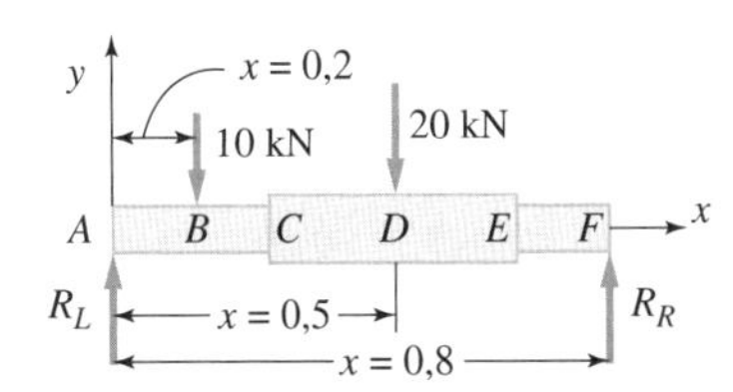

[13] Veja, por exemplo, ref. 15.

Exemplo 8.2 Continuação

Usando funções de singularidade, a variação do momento é $M(x) = 15\langle x\rangle^1 - 10\langle x - 0,2\rangle^1 - 20\langle x - 0,5\rangle^1$. A deflexão é relacionada com o momento fletor conforme mostrado em (8-12)

$$EI\frac{d^2y}{dx^2} = M(x) = 15\langle x\rangle^1 - 10\langle x - 0,2\rangle^1 - 20\langle x - 0,5\rangle^1$$

Integrando essa equação duas vezes, resulta em

$$EI\frac{dy}{dx} = EI\theta(x) = \frac{15}{2}\langle x\rangle^2 - \frac{10}{2}\langle x - 0,2\rangle^2 - \frac{20}{2}\langle x - 0,5\rangle^2 + C_1$$

$$EIy(x) = \frac{15}{3}\langle x\rangle^3 - \frac{10}{6}\langle x - 0,2\rangle^3 - \frac{20}{6}\langle x - 0,5\rangle^3 + C_1x + C_2$$

Usando as condições de contorno $y(0) = 0$ resulta em $C_2 = 0$. Usando a condição de contorno $y(0,8) = 0$

$$0 = \frac{15.000}{6}(0,8)^3 - \frac{10.000}{6}(0,8 - 0,2)^3 - \frac{20.000}{6}(0,8 - 0,5)^3 + 0,8C_1 \rightarrow C_1 = -1037,5$$

A inclinação e o deslocamento ao longo do comprimento do eixo são

$$EI\theta(x) = \frac{15}{2}\langle x\rangle^2 - \frac{10}{2}\langle x - 0,2\rangle^2 - \frac{20}{2}\langle x - 0,5\rangle^2 - 1037,5 \quad (1)$$

$$EIy(x) = \frac{15}{6}\langle x\rangle^3 - \frac{10}{6}\langle x - 0,2\rangle^3 - \frac{20}{6}\langle x - 0,5\rangle^3 - 1037,5x \quad (2)$$

Da Figura E8.2a determina-se

$$EI_{AC} = EI_{EF} = (207 \times 10^9)\left(\frac{\pi(0,1)^4}{64}\right) = 1,05 \times 10^6 \text{ Nm}^2$$

$$EI_{CE} = (207 \times 10^9)\left(\frac{\pi(0,125)^4}{64}\right) = 2,48 \times 10^6 \text{ Nm}^2$$

O deslocamento de um eixo com diâmetro uniforme ($d_e = 87,5$ mm) e o deslocamento real do eixo, definido conforme (2) são mostrados na Figura E8.2C. Os "picos" no deslocamento real são em função da transição entre dois diâmetros do eixo e à variação de EI. As aproximações usando superposição e um diâmetro de eixo "equivalente", como se pode ver, predizem um deslocamento de eixo que é, aproximadamente, 30% menor do que o deslocamento atual. Deve-se considerar o uso de um diâmetro de eixo "equivalente" para modelar o deslocamento do eixo, como uma primeira aproximação, mas *nunca* para a análise final de projeto.

Uma regra prática[14] sugere que as deflexões do eixo, geralmente, não devam exceder 0,001 polegada (0,0254 mm) por pé (0,305 m) de eixo entre os mancais. De acordo com este critério, o deslocamento máximo para este eixo não deveria exceder $y_{máx} = 0,067$ mm. Para o eixo considerado aqui, o deslocamento máximo é $y_{máx} = 0,023$ mm, o que indica um eixo mais rígido do que o necessário para atender ao critério estabelecido. Uma rigidez elevada pode ser obtida facilmente alterando-se o diâmetro do eixo. Uma vez que a rigidez é uma função de d^4, pode-se aproximar o diâmetro necessário do eixo avaliando-se uma razão simples

$$\frac{0,23}{d^4} = \frac{0,067}{(0,10)^4} \Rightarrow d \approx 136 \text{ mm}$$

Obviamente isto é apenas uma primeira aproximação e uma avaliação mais rigorosa deveria ser realizada para determinar os diâmetros finais dos eixos.

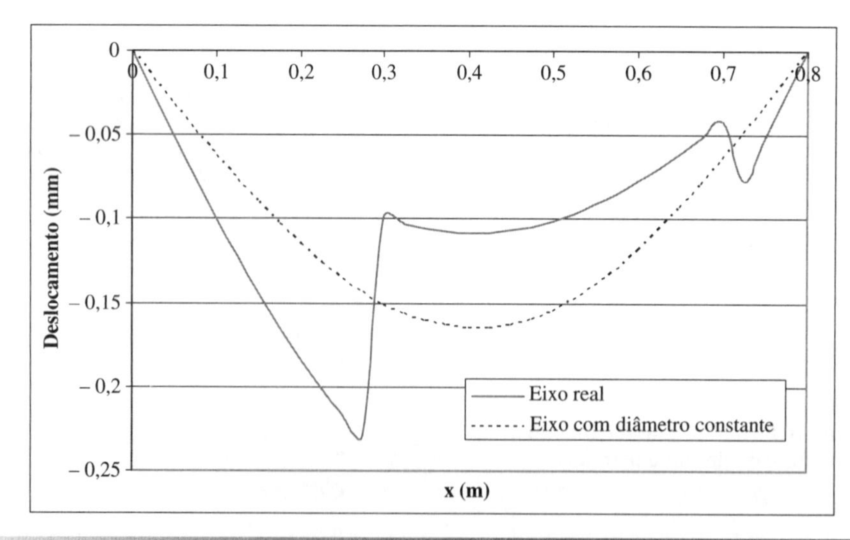

Figura E8.2C
Predição do deslocamento do eixo usando um modelo com diâmetro constante e dimensões reais do eixo.

[14] Veja ref. 6.

8.6 Vibração de Eixos e Velocidade Crítica

Conforme discutido em 8.2, os eixos rotativos quase sempre são parte de sistemas dinâmicos compostos por molas e massas. Por causa das imperfeições na fabricação e na montagem de eixos e dos componentes montados, assim como as deflexões estáticas geradas pelo peso destes elementos, o centro de massa não coincide *exatamente* com o centro de rotação do sistema. Como consequência, à medida que a velocidade de rotação aumenta, as forças centrífugas sobre os *centros de massa excêntricos* aumentam. Por sua vez, as excentricidades provocadas pela "rotação excêntrica" (do inglês, *whirling*) também aumentam, produzindo forças centrífugas ainda maiores. Se a velocidade rotacional real do eixo se aproxima de qualquer uma das *velocidades críticas* do sistema (veja 8.2), pode-se desenvolver uma violenta vibração em modo flexional que pode vir a destruir o sistema. Este fenômeno vibracional *autoexcitado* é chamado *rotação excêntrica do eixo* (do inglês, *shaft whirl*). A menor velocidade crítica (fundamental) para um eixo simplesmente apoiado com i massas montadas pode ser estimada com a seguinte equação, baseada no Método de Energia de Rayleigh[15]

$$n_{cr} = \frac{60}{2\pi}\sqrt{g\frac{\sum m_i y_i}{\sum m_i y_i^2}} \tag{8-17}$$

ou

$$n_{cr} = 187{,}7\sqrt{\frac{\sum W_i y_i}{\sum W_i y_i^2}} \tag{8-18}$$

em que n_{cr} = velocidade crítica do eixo, rpm
W_i = peso da i-ésima massa, lbf
y_i = deslocamento estático do i-ésimo centro de massa medido da linha de centro da rotação, polegada

Deve-se evitar operar um eixo em rotação na(s) ou próximo da(s) velocidade(s) crítica(s). Se possível, a velocidade de operação do eixo deve ser mantida *seguramente abaixo* da menor (fundamental) velocidade crítica (tipicamente por um fator de 2 ou 3). Se, por alguma razão, o sistema não puder operar abaixo da menor velocidade crítica, pode-se acelerar *rapidamente pela ressonância*, de modo a evitar a vibração destrutiva autoexcitada na velocidade crítica fundamental. Operações acima da menor velocidade crítica (mas abaixo das velocidades de ressonância mais elevadas) podem, então, ser uma condição satisfatória, mas cada ciclo de ligar e desligar o equipamento deve ser cuidadosamente monitorado para evitar danos enquanto o sistema passa pela ressonância. É aconselhável que o projetista consulte um especialista em vibrações e análise modal para evitar problemas nessas áreas.

Em alguns sistemas, vibrações torcionais do eixo e dos seus componentes associados podem ser excitadas por torques variáveis sobre o sistema em rotação. Em princípio, a estimativa da frequência de ressonância torcional fundamental para um sistema simples não é difícil, mas a maioria dos sistemas com eixos envolve muitos *momentos de inércia de massa* e *molas torcionais*. As constantes de mola e as massas de eixos escalonados, malhas de engrenagens e mancais, em adição a outros componentes do sistema, devem ser adequadamente modeladas para produzir uma estimativa razoável das frequências torcionais críticas. É aconselhável consultar um especialista em vibrações ao se fazer essas estimativas.

Exemplo 8.3 Velocidade Crítica de um Eixo

O eixo escalonado do Exemplo 8.2 gira a 1200 rpm. Utilizando os resultados do Exemplo 8.2, estime a velocidade crítica fundamental para o eixo de três seções mostrado na Figura E8.2A e comente sobre a sua aceitabilidade.

Solução

A frequência crítica desse eixo pode ser estimada de (8-17). Para utilizar a equação, é necessário calcular o peso de cada segmento escalonado do eixo e determinar a deflexão estática do eixo no centro de massa de cada segmento. Da Tabela 3.4, o peso específico do aço é 76,81 kN/m³. As deflexões estáticas nos centros de massa de cada segmento (x = 0,15 m, x = 0,5 m e x = 0,75 m) podem ser aproximadas a partir da Figura E8.2C. Os dados relevantes estão apresentados na Tabela E8.3.

[15] Veja, por exemplo, ref. 1.

Exemplo 8.3 Continuação

TABELA E8.3 Peso e Estimativas de Deflexão para Três Segmentos de Eixo Escalonado

Segmento	Centro de Massa $x(m)$	Volume $V_i = \pi d_i^2 Li/4$ (m)^3	Peso $W_i = 76{,}81\ V_i$ (kN)	Deflexão y_i no Centro de Massa (mm)
A-C	0,15	0,00236	0,1813	−0,144
C-E	0,50	0,00491	0,3771	−0,101
E-F	0,75	0,000785	0,0603	−0,052

Usando (8-17), pode-se substituir $|y_i|$, presente nesta tabela, em (8-17). Além disso, pode-se usar W_i a partir da tabela para m_i na equação. Usando $g = 9{,}81$ m/s^2, as unidades sob o radical serão 1/s^2. Isto fornece

$$n_{cr} = \frac{60}{2\pi}\sqrt{g\frac{\sum m_i y_i}{m_i y_i^2}}$$

$$= 9{,}549\sqrt{(9{,}81)\frac{181{,}3(0{,}000144) + 377{,}1(0{,}000101) + 60{,}3(0{,}000052)}{181{,}3(0{,}000144)^2 + 377{,}1(0{,}000101)^2 + 60{,}3(0{,}000052)^2}}$$

$$n_{cr} = 9{,}549\sqrt{9{,}81\frac{0{,}0674}{7{,}769\times 10^{-6}}} \approx 2780 \text{ rpm}$$

Comparando a velocidade crítica de 1645 rpm com a velocidade de operação proposta de 1200 rpm, observa-se que

$$\frac{n_{cr}}{n_{op}} = \frac{2780}{1200} = 2{,}32$$

Esta razão atende ao mínimo recomendado de 2 ou 3. A rigidez dos mancais, normalmente algo importante de se considerar, não foi incluída na estimativa, assim como não foram incluídas as massas de nenhum dos componentes acoplados. Um especialista em vibrações deveria ser consultado neste caso antes de prosseguir com as análises de tensões mais refinadas porque a dimensão do eixo, provavelmente, precisará ser aumentada para evitar problemas de oscilação excêntrica do eixo ou de vibrações laterais.

8.7 Resumo de um Procedimento Sugerido para o Projeto de Eixos; Orientações Gerais para o Projeto de Eixos

Com base na discussão desenvolvida de 8.1 a 8.6, as etapas associadas ao desenvolvimento de um projeto de eixo bem-sucedido podem ser resumidas como:

1. Gere um esboço conceitual para o eixo (veja Figura 8.2), com base em especificações funcionais e configurações do sistema contempladas.
2. Identifique os modos prováveis de falha (veja 8.2).
3. Selecione um material preliminar para o eixo (veja 8.3).
4. Determine o estado de tensões em cada ponto crítico potencial (veja Capítulo 4 e 8.4), com base nas cargas e na geometria.
5. Selecione um fator de segurança de projeto apropriado (veja Capítulo 5).
6. Calcule um diâmetro provisório do eixo para cada seção crítica ao longo do comprimento do eixo, com base em considerações sobre tensão, resistência e prevenção de falha (veja 8.4).
7. Cheque as deflexões e as inclinações do projeto de eixo preliminar com base na resistência, de modo a assegurar o funcionamento adequado dos componentes montados no eixo tais como engrenagens e mancais (veja 8.5).
8. Cheque a velocidade crítica e as características vibracionais para assegurar que a falha não ocorra devido a rotações excêntricas do eixo, vibração de ressonância, ruído excessivo ou geração de calor.

Quando um eixo é projetado seguindo estes passos, as seguintes orientações baseadas em experiência também podem ser úteis:

1. Tente fazer o eixo o mais curto, rígido e leve possível. Isso pode implicar eixos vazados em alguns casos e uso de materiais com alto módulo de elasticidade como o aço.
2. Tente utilizar, se for possível, uma configuração de carregamento dividido nos mancais (conceito de viga biapoiada). Se for necessário projetar um eixo que fique em balanço para além do suporte do mancal (conceito de viga engastada), minimize o comprimento em balanço.

3. Tente colocar os mancais de suporte do eixo próximos às cargas de flexão laterais no eixo.
4. Tente evitar o uso de mais de dois mancais de suporte para o eixo. Três ou mais mancais requerem um alinhamento de alta precisão para evitar a presença potencial de elevados momentos fletores induzidos por deslocamentos "inerentes à configuração" do eixo.
5. Tente configurar o eixo de modo que as regiões de concentração de tensões não coincidam com as regiões de altas *tensões nominais*. A utilização de raios de adoçamento generosos para filetes e entalhes de redução, superfícies suaves e, em aplicações críticas, a utilização de jateamento ou laminação a frio pode ser adequada.
6. Considere problemas de falhas potenciais devidas à deflexão ou inclinação excessivas nas regiões de montagem de engrenagens, mancais, rodas dentadas, cames e selos mecânicos de eixos. Normalmente, a separação do engrenamento não deve exceder 0,005 polegada, e a inclinação relativa na região do engrenamento não deve exceder 0,03 grau. Para mancais com elementos de rolagem, a inclinação deve ser inferior a 0,04 grau, a menos que o mancal seja autocompensador. Para mancais de deslizamento, a inclinação do eixo deve ser suficientemente pequena para que o deslocamento radial entre as extremidades do mancal em relação à luva seja pequeno comparado com a espessura do filme de lubrificante. Orientações específicas de fabricação devem ser seguidas quando disponíveis.

8.8 Acoplamentos, Chavetas e Estrias

A transmissão de potência para ou de um eixo rotativo é alcançada (1) *acoplando* o eixo rotativo extremidade-com-extremidade com uma fonte de potência (como um motor elétrico ou um motor de combustão interna), ou extremidade a extremidade com um eixo de entrada de um sistema de dissipação de potência (como uma máquina ferramenta ou um automóvel), ou (2) *acoplando componentes de entrada ou de saída de potência* (como polias, rodas dentadas e engrenagens) a eixos utilizando chavetas, estrias ou outros elementos de retenção.

Os requisitos básicos de projeto tanto para dispositivos de acoplamento como de retenção são os mesmos; o torque especificado para o eixo deve ser transmitido sem deslizamento, e a falha prematura não deve ser induzida em nenhuma parte da máquina em operação. No caso de acoplamentos, pode ser necessário acomodar desalinhamentos no eixo[16] para prevenir falhas prematuras.

Acoplamentos Rígidos

Os acoplamentos mecânicos utilizados para conectar eixos rotativos são tipicamente divididos em duas categorias amplas: *acoplamentos rígidos* e *acoplamentos elásticos*. Os acoplamentos rígidos são simples, baratos e relativamente fáceis de projetar, mas requerem alinhamentos colineares precisos dos eixos a serem acoplados. Além disso, os eixos devem estar bem suportados por mancais próximos ao acoplamento. Outra vantagem do acoplamento rígido está em fornecer uma alta rigidez através da junta. Isto resulta em *pequenos* ângulos de torção relativos, de modo que a relação de fase entre a fonte de potência e a máquina acionada pode ser precisamente preservada, caso seja necessário. Os acoplamentos rígidos também fornecem *velocidades críticas torcionais* mais elevadas para o sistema.

A maior desvantagem de se instalar um acoplamento rígido é que quando os parafusos do flange são apertados, qualquer desalinhamento entre os dois eixos pode vir a causar grandes forças e momentos fletores, os quais podem sobrecarregar o acoplamento, os eixos, os mancais ou o alojamento de suporte.

A geometria típica para um acoplamento rígido envolve duas metades similares, cada uma com um cubo de modo a acomodar a fixação ao seu respectivo eixo, um furo guiado para o alinhamento preciso e parafusos de fixação em um círculo de parafusos para fixar junto às duas metades. A Figura 8.3(a) ilustra a geometria de um acoplamento rígido simples do tipo flange. Um aro externo de proteção é frequentemente adicionado aos flanges para fornecer uma proteção segura para as cabeças dos parafusos, conforme ilustrado na Figura 8.3(b). O aro de proteção também oferece um meio para o balanceamento dinâmico após a montagem (furam-se ou removem-se pequenas quantidades de material para restaurar o balanceamento).

Se o torque transmitido for constante e nenhuma vibração induzida, o modo de falha predominante para um acoplamento rígido é o *escoamento*. Se o torque varia, ou se vibração está presente, ou se existe um desalinhamento significativo no sistema do eixo rotatório, os prováveis modos de falha passam a ser a *fadiga* ou a *fadiga por fretagem*.

---

[16] Um deslocamento entre linhas de centro e linhas de centro não paralelas, ou ambos, podem contribuir para desalinhamentos em eixos.

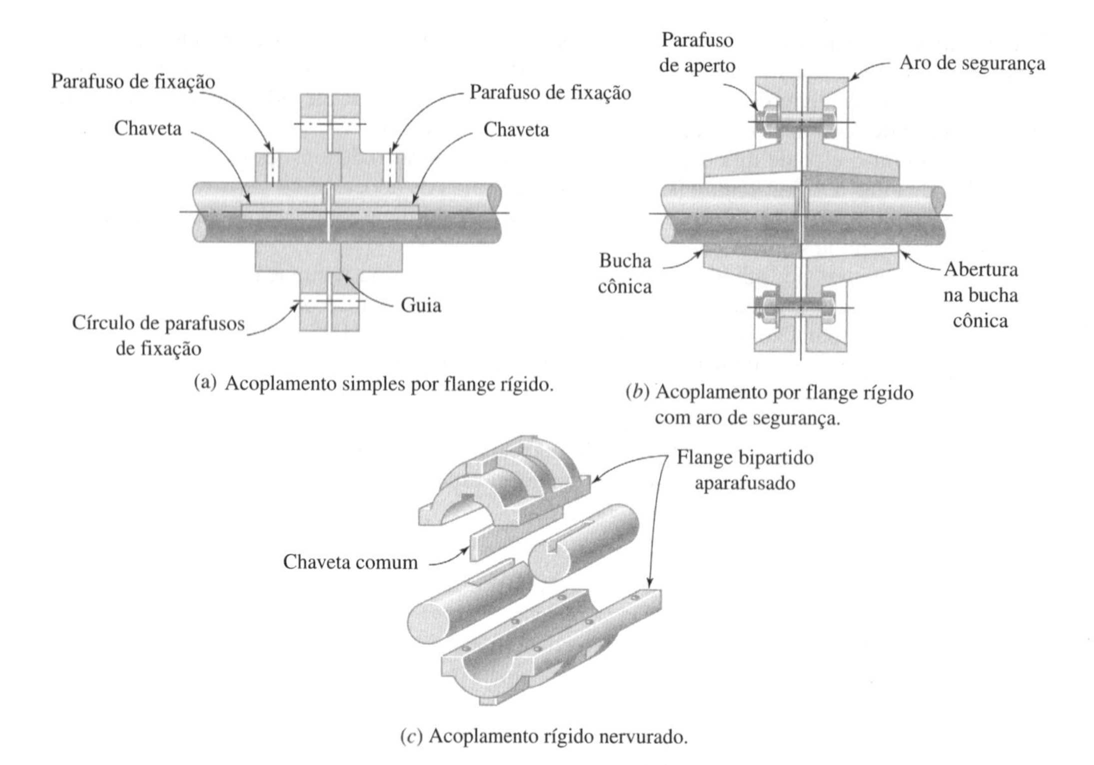

Figura 8.3
Três tipos de acoplamentos rígidos para eixos.

O acoplamento dos cubos rígidos aos eixos pode ser obtido utilizando-se chavetas, luvas cônicas ou ajustes por interferência (é necessária a aplicação de pressão na montagem). As Figuras 8.3(a) e 8.3(c) ilustram o uso de chavetas. A Figura 8.3(c) ilustra um acoplamento "nervurado" no qual uma chaveta longa comum é colocada em posição ao longo de ambos os eixos por uma "carcaça de acoplamento" aparafusada nos eixos rotativos. Luvas cônicas são ilustradas no esboço de um acoplamento rígido do tipo de compressão da Figura 8.3(b). Cada uma das luvas cônicas é pressionada contra o seu eixo, apertando-se os parafusos do flange, o que proporciona uma capacidade para um torque motriz de *atrito*. Tais acoplamentos podem ser facilmente instalados ou removidos, mas são limitados a aplicações de torque baixo ou moderado.

O projeto de um acoplamento rígido como o mostrado na Figura 8.3(a) envolve normalmente uma investigação das seguintes áreas críticas potenciais:

1. Cortante e esmagamento da chaveta
2. Cortante e esmagamento dos parafusos de fixação, inclusive a influência da *pré-carga* e/ou da *flexão* dos parafusos do flange, se aplicável
3. Esmagamento do flange nas interfaces de fixação dos parafusos
4. Cortante no cubo do flange

Acoplamentos Elásticos

Na utilização de acoplamentos, os desalinhamentos estão mais para regra do que para exceção. Para acomodar pequenos desalinhamentos entre dois eixos, acoplamentos *elásticos* são normalmente escolhidos. Visto que uma grande variedade de acoplamentos elásticos está comercialmente disponível, um projetista *seleciona* tipicamente um acoplamento adequado àquele uso em catálogos de fabricantes, em vez de projetá-lo a partir de um esboço. Alguns poucos, dos muitos tipos de acoplamentos elásticos disponíveis comercialmente, estão ilustrados na Figura 8.4. Os acoplamentos mostrados podem ser agrupados em três categorias básicas, de acordo com o modo pelo qual os desalinhamentos entre eixos são acomodados, quais sejam:

1. Desalinhamento acomodado por um *componente rígido intermediário* que desliza ou introduz pequenas folgas (jogo) entre eixos
2. Desalinhamento acomodado por um ou mais *componentes metálicos elásticos intermediários*
3. Desalinhamento acomodado por um *componente flexível elastomérico intermediário*

Os esboços (a), (b) e (c) da Figura 8.4 mostram exemplos da primeira categoria. No *acoplamento de disco deslizante* da Figura 8.4(a), dois flanges com fendas são acoplados pelo disco intermediário com união por chavetas cruzadas tendo folga suficiente para permitir movimentos de deslizamento entre o disco e os flanges. Tais acoplamentos, planejados para acionamentos de alto torque e de baixa rotação, acomodam tipicamente desalinhamentos até cerca de ½ grau e desalinhamentos paralelos da linha de centro entre eixos de até ¼ de polegada. A *fadiga por fretagem* e o *desgaste por atrito* são os modos potenciais de falha.

O *acoplamento de engrenagens* da Figura 8.4(b) é provavelmente o acoplamento entre eixos mais amplamente utilizado. Consiste em dois cubos de montagem com dentes externos que encaixam em dentes internos em uma luva que se ajusta sobre os dois cubos. Dentes curvos são frequentemente utilizados para acomodar maiores desalinhamentos angulares. O jogo nas engrenagens acopladas, tipicamente, permite em torno de um grau de desalinhamento angular para dentes *retos* e até três graus se os dentes de cubo forem curvos; porém, é exigido um bom alinhamento da linha de centro entre eixos.

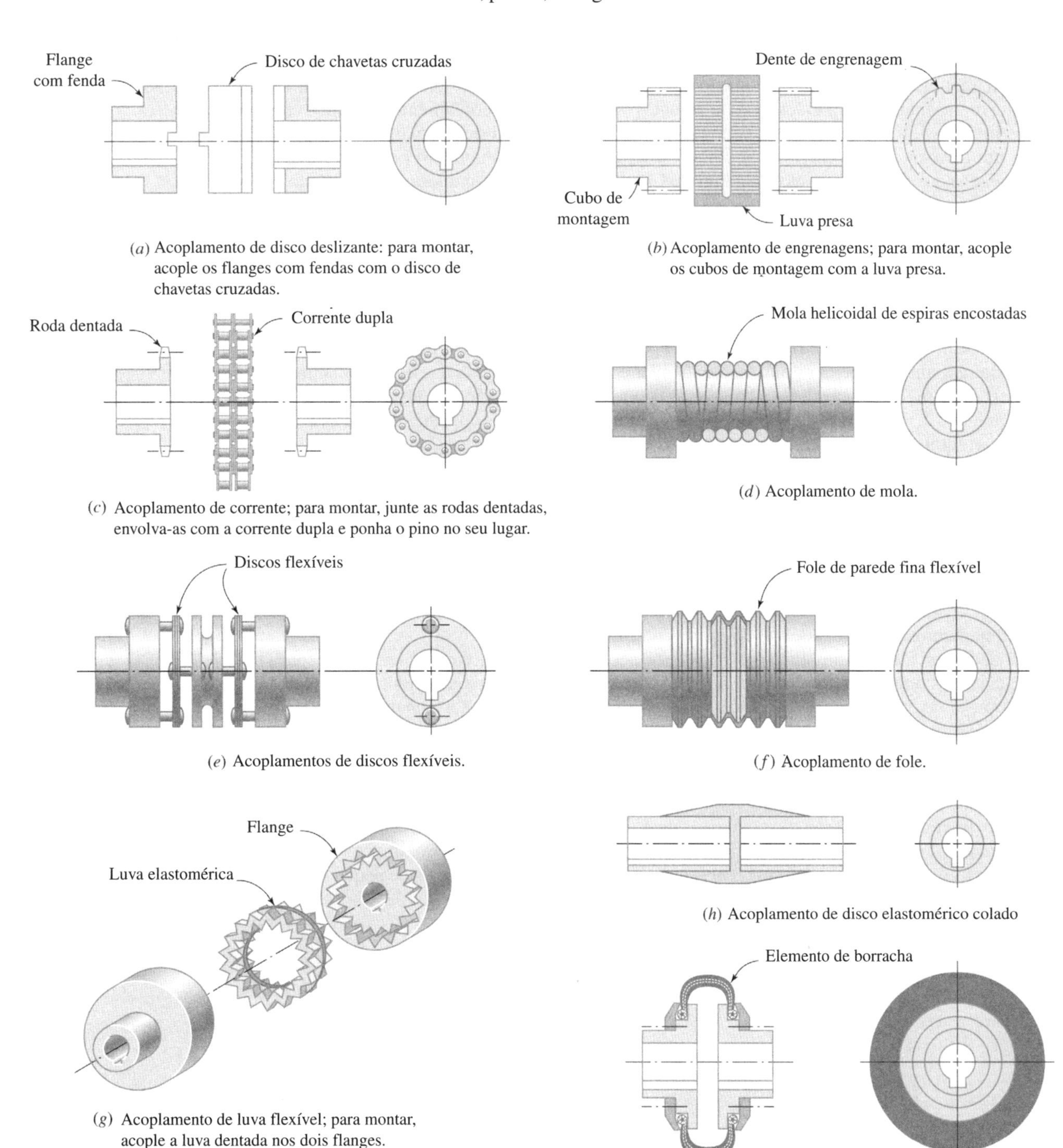

(*a*) Acoplamento de disco deslizante: para montar, acople os flanges com fendas com o disco de chavetas cruzadas.

(*b*) Acoplamento de engrenagens; para montar, acople os cubos de montagem com a luva presa.

(*c*) Acoplamento de corrente; para montar, junte as rodas dentadas, envolva-as com a corrente dupla e ponha o pino no seu lugar.

(*d*) Acoplamento de mola.

(*e*) Acoplamentos de discos flexíveis.

(*f*) Acoplamento de fole.

(*g*) Acoplamento de luva flexível; para montar, acople a luva dentada nos dois flanges.

(*h*) Acoplamento de disco elastomérico colado

(*i*) Acoplamento com elemento de borracha.

Figura 8.4
Esboços conceituais de vários tipos de acoplamentos elásticos para eixos.

A Figura 8.4(c) ilustra um *acoplamento de corrente*, no qual rodas dentadas são conectadas a extremidades adjacentes de dois eixos contíguos, e ambas envolvidas pelo mesmo segmento de corrente que se estende pelas duas rodas dentadas. A folga entre a corrente e as rodas dentadas permite até 1,5 grau de desalinhamento angular entre as linhas centrais dos eixos e até 0,010 polegada de desalinhamento paralelo entre linhas de centros dos eixos. Acoplamentos de correntes são de baixo custo, constituem dispositivos de alto torque, mas podem ser ruidosos. *Desgaste* ou *desgaste por atrito* são os modos potenciais de falha.

As Figuras 8.4(d), (e) e (f) ilustram três exemplos de acoplamentos elásticos nos quais desalinhamentos são acomodados por elementos metálicos de flexão. Os *acoplamentos de mola* normalmente acomodam desalinhamentos angulares de cerca de 4 graus e desalinhamento paralelo entre eixos de até 1/8 de polegada. *Acoplamentos de discos flexíveis* permitem cerca de um grau de desalinhamento angular e cerca de 1/16 polegada de desalinhamento paralelo entre eixos. O *acoplamento sanfonado* pode permitir até nove graus de desalinhamento angular e ¼ polegada de desalinhamento paralelo entre eixos, mas é tipicamente limitado a aplicações de baixo torque. A *fadiga* seria provavelmente o modo de falha representativo para todos os acoplamentos da categoria de acoplamentos metálicos flexíveis.

As Figuras 8.4(g), (h) e (i) são exemplos da terceira categoria de acoplamentos elásticos, nos quais um elemento elastomérico em compressão, flexão ou cisalhamento provê os meios para a acomodação dos desalinhamentos. Na Figura 8.4(g), dois flanges montados em eixos, cada um com dentes internos e externos concêntricos, são acoplados por uma *luva elastomérica*. Este arranjo provê grande flexibilidade torcional e tende a atenuar choques mecânicos e vibrações. Um desalinhamento angular até cerca de 1 grau pode ser também tolerado. Os *acoplamentos disco elastomérico colado* da Figura 8.4(h) posicionam o disco elastomérico em corte e são tipicamente limitados a aplicações de baixo torque. O *acoplamento com elemento de borracha* da Figura 8.4(i) prende o elemento de borracha em compressão em cada cavidade dos flanges e transmite o torque por cisalhamento do elemento de acoplamento elastomérico. Tais acoplamentos são disponíveis para torques altos e podem acomodar até um grau de desalinhamento angular e até ¼ de polegada de desalinhamento paralelo entre eixos. O modo provável de falha para os elementos de acoplamento elastoméricos é a *fadiga*.

Se os eixos de transmissão de potência necessitam ser conectados com ângulos maiores do que os capazes de serem acomodados por acoplamentos elásticos (descritos anteriormente), *juntas universais* (*juntas U*) podem, em alguns casos, ser utilizadas para acoplar eixos. A Figura 8.5(a) mostra uma junta universal simples, e a Figura 8.5(b), uma configuração de junta universal dupla. Utilizações típicas para as juntas U incluem eixos de acionamento de automóveis, articulação de tratores agrícolas, acionadores de laminadores industriais e mecanismos mecânicos de controle, entre outros. A *configuração de junta universal simples* engloba o cubo estriado do *garfo acionador*, cubo estriado do *garfo acionado* e uma ligação em cruz (algumas vezes chamada de cruzeta), conectando os dois garfos através de mancais axiais (normalmente rolamentos de agulha), como mostrado na Figura 8.5(a). Desalinhamentos angulares de até 15 graus entre as linhas de centro dos eixos são prontamente acomodados em até 30 graus em circunstâncias especiais. Uma importante observação é que a razão de velocidades angulares entre o eixo de entrada e o eixo de saída de uma junta universal simples não é constante, aumentando o potencial de problemas de vibrações torcionais no sistema. Se um sistema de *junta U dupla* for utilizado, como aquele mostrado na Figura 8.5(b), as variações na razão das velocidades angulares são pequenas porque as variáveis da segunda junta tendem a compensar aquelas da primeira junta. O *descasamento* das linhas de centro dos eixos pode também ser acomodado pelo arranjo de junta U dupla. Juntas universais de *razão de velocidade constante* (juntas CV) têm sido desenvolvidas e estão disponíveis comercialmente, mas são mais caras. Os modos de falha representativos para as juntas universais incluem o *desgaste por atrito* nos rolamentos de agulha que conectam os garfos à ligação em cruz (em função de movimentos oscilatórios de pequena amplitude) e *fadiga por fretagem* nas conexões estriadas entre cada garfo e seu eixo.

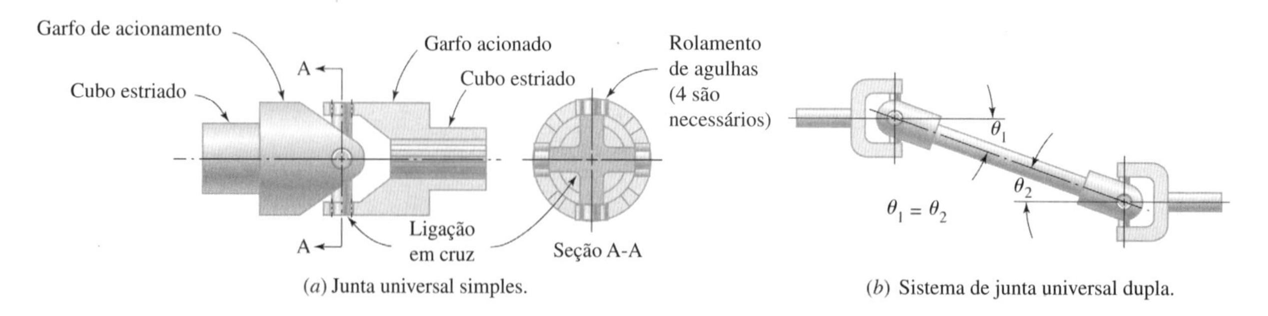

(*a*) Junta universal simples.

(*b*) Sistema de junta universal dupla.

Figura 8.5
Arranjos de juntas universais simples.

Chavetas, Estrias e Ajustes Cônicos

Quando potência precisa ser transmitida para, ou fornecida de um eixo rotativo, é necessário acoplar ao eixo componentes tais como polias, rodas dentadas ou engrenagens ao eixo. Para evitar rotação relativa entre o eixo e o componente afixado, a conexão entre o cubo do componente e o eixo deve ser garantida. Dispositivos de fixação tais como chavetas, estrias ou ajustes cônicos são comumente utilizados para impedir tal movimento relativo. Para aplicações mais leves, pinos e parafusos de fixação podem ser utilizados, ocasionalmente em combinação com anéis de retenção para prover restrição axial de um componente montado no eixo. Das chavetas mostradas na Figura 8.6, a *chaveta paralela quadrada* e a *chaveta Woodruff* são provavelmente as mais amplamente utilizadas que os outros tipos. Recomendações para as dimensões de chaveta e de profundidade de rasgo de chaveta, em função do diâmetro do eixo, são fornecidas por Normas ASME/ANSI B17.1-1967 e B17.2-1967, como ilustrado resumidamente nas Tabelas 8.1 e 8.2. Para chavetas paralelas é uma prática usual a utilização de parafusos de fixação para prevenir o jogo entre a chaveta e o rasgo de chaveta, especialmente se torques variáveis ocorrerem durante a operação. As dimensões de parafusos de fixação recomendadas estão incluídas na Tabela 8.1. Em alguns usos *dois* parafusos de fixação são utilizados, um apoiando-se *diretamente sobre a chaveta,* e o segundo localizado a 90° *do rasgo de chaveta*, onde se encontra diretamente no *eixo* (usualmente onde foi usinada uma superfície *plana* rasa).

Os modos de falhas potenciais para conexões enchavetadas incluem o *escoamento* ou a *ruptura dúctil* ou, se cargas variáveis ou torques variáveis estiverem presentes, *fadiga* ou *fadiga por fretagem* da chaveta ou da região do eixo próxima à extremidade da chaveta. Rasgos de chavetas planas usinadas no eixo têm ou uma geometria "deslizante" ou uma geometria embutida, como mostrado na Figura 8.7.

Figura 8.6
Vários tipos de chavetas.

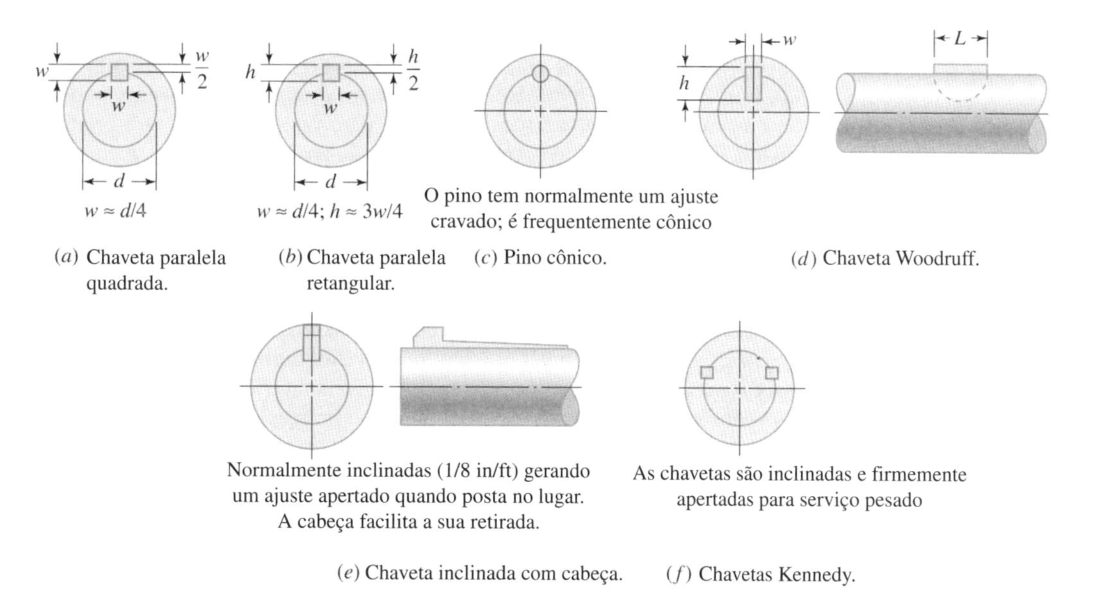

TABELA 8.1 Recomendações para a Seleção de Chavetas Paralelas Quadradas Padronizadas (resumida da Norma ANSI B17.1-1967)

Faixa de Diâmetro de Eixo, in	Tamanho Nominal da Chaveta, in	Tamanho Nominal do Parafuso de Fixação, in
5/16–7/16	3/32	# 10–32
1/2–9/16	1/8	1/4–20
5/8–7/8	3/16	5/16–18
15/16–1 1/4	1/4	3/8–16
1 5/16–1 3/8	5/16	7/16–14
1 7/16–1 3/4	3/8	1/2–13
1 13/16–2 1/4	1/2	9/16–12
2 5/16–2 3/4	5/8	5/8–11
2 13/16–3 1/4	3/4	3/4–10
3 5/16–3 3/4	7/8	7/8–9
3 13/16–4 1/2	1	1–8
4 9/16–5 1/2	1 1/4	1 1/8–7
5 9/16–6 1/2	1 1/2	1 1/4–6

TABELA 8.2 Recomendações para a Seleção de Chavetas Woodruff (resumida da Norma ANSI B17.2-1967)

Faixa de Diâmetro de Eixo, in	Numero da Chaveta[1]	Tamanho Nominal da Chaveta $w \times L$, in	Altura Nominal da Chaveta h, in
$\frac{7}{16}$–$\frac{1}{2}$	305	$\frac{3}{32} \times \frac{5}{8}$	0,250
$\frac{11}{16}$–$\frac{3}{4}$	405	$\frac{1}{8} \times \frac{5}{8}$	0,250
$\frac{13}{16}$–$\frac{15}{16}$	506	$\frac{5}{32} \times \frac{3}{4}$	0,312
1–1 $\frac{3}{16}$	608	$\frac{3}{16} \times 1$	0,437
1 $\frac{1}{4}$ –1 $\frac{3}{4}$	809	$\frac{1}{4} \times 1\frac{1}{8}$	0,484
1 $\frac{7}{8}$ –2 $\frac{1}{2}$	1212	$\frac{3}{8} \times 1\frac{1}{2}$	0,641

[1]Os dois últimos dígitos determinam o diâmetro nominal da chaveta em múltiplos oito avos. Os dígitos que precedem os dois últimos determinam a largura nominal em múltiplos trinta e dois avos.

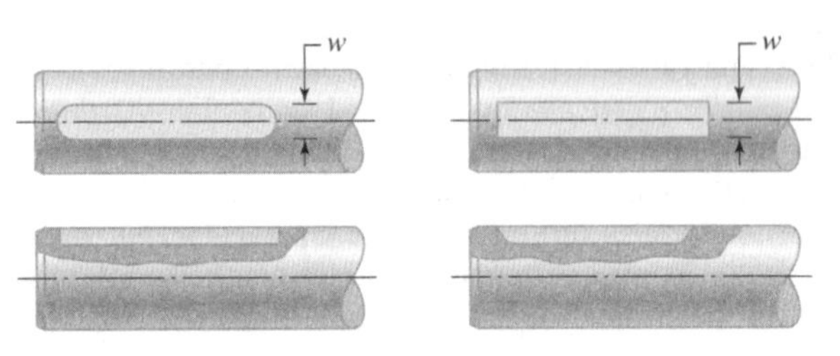

(*a*) Rasgo de chaveta embutida. (*b*) Rasgo de chaveta deslizante.

Figura 8.7
Geometria de rasgos de chaveta. Os rasgos de chaveta podem ser embutidos no eixo (como mostrado) para prender a chaveta ou podem terminar na extremidade do eixo.

Rasgos de chavetas em cubos são usinados em toda a extensão do cubo, normalmente numa operação de brochamento. Fatores de concentração de tensões para rasgos de chavetas padrões, quando o eixo é submetido à *flexão*, são em torno de $K_{tf} \approx 1{,}8$ para rasgo de chaveta embutida e $K_{tf} \approx 1{,}4$ para rasgo de chaveta deslizante.[17] Se o eixo é submetido à *torção*, o fator de concentração de tensões torcional é normalmente em torno de $K_{t\tau} = 1{,}7$ tanto para rasgo de chaveta embutida quanto para o rasgo de chaveta deslizante. Os fatores de concentração de tensões para rasgos de chaveta Woodruff em eixos são semelhantes àqueles para o rasgo de chaveta deslizante.

É frequentemente desejável "dimensionar" uma chaveta para que esta cisalhe por ruptura dúctil na ocorrência de uma sobrecarga no equipamento. Utilizando-se uma chaveta de eixo barata como um "fusível de segurança mecânico" resguardam-se o eixo e outros elementos de máquinas mais caros de danos. Normalmente, em consequência, o material selecionado para a chaveta é macio, dútil, aço de baixo carbono, laminado a frio para dimensões padrões de chavetas e cortados sob encomenda para comprimentos apropriados. O projeto de chaveta para dada aplicação deve assegurar que o torque de operação seja transmitido sem falha, enquanto torques gerados por condições de sobrecargas, tais como o emperramento ou o engripamento de um componente do sistema, *causem* o cisalhamento da gaveta na interface eixo-cubo.

Uma conexão enchavetada entre um eixo e um cubo é mostrada na Figura 8.8. Para o caso mostrado, a largura da chaveta é w, a sua altura radial é h, e o seu comprimento é l. A força gerada pelo torque F_e é transmitida do eixo, pela chaveta, para o cubo, o qual promove uma força de reação F_c sobre a mesma. Em função da distância $h/2$ entre os vetores F_e e F_c ser pequena comparada ao raio $D/2$ do eixo, pode ser admitido que

$$F_e = F_c \equiv F \tag{8-19}$$

Pode ser também admitido que as forças F agem no raio médio, $D/2$.

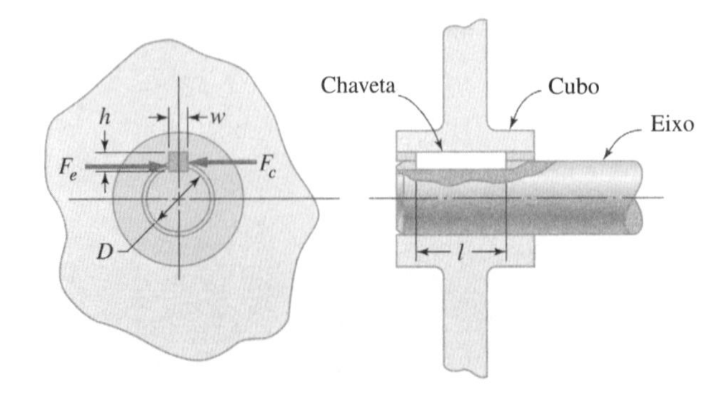

Figura 8.8
Esboço de uma conexão enchavetada entre um eixo e um cubo.

[17] Veja ref. 10, p. 245 ff.

Para a chaveta, as seções críticas potenciais incluem (1) o plano de cisalhamento entre o eixo e o cubo no raio $D/2$ e (2) os planos de contato entre as laterais da chaveta e as laterais do rasgo de chaveta. Se o torque transmitido do eixo para o cubo é definido como T, a força gerada F pode ser calculada como

$$F = \frac{T}{D/2} = \frac{2T}{D} \tag{8-20}$$

A área do plano de corte da chaveta é

$$A_{corte} = wl \tag{8-21}$$

portanto, a tensão de cisalhamento *média* no plano de corte pode ser escrita como

$$\tau_c = \frac{F}{A_{corte}} = \frac{2T}{Dwl} \tag{8-22}$$

Para o plano de contato entre o lado da chaveta e o lado do rasgo de chaveta, a área de contato é

$$A_c = \frac{h}{2}l \tag{8-23}$$

A tensão compressiva de contato no plano de contato, portanto, torna-se

$$\sigma_c = \frac{F}{A_c} = \frac{4T}{Dhl} \tag{8-24}$$

Para uma chaveta paralela *quadrada*, $h = w$, então de (8-24)

$$\sigma_c = \frac{4T}{Dwl} \tag{8-25}$$

Usando os conceitos de 5.2, pode-se observar que a tensão principal máxima no plano de cisalhamento é o dobro da tensão cisalhante. Em outras palavras, para compressão uniaxial (ou tração), a tensão principal é o dobro da tensão cisalhante (o raio do círculo de Mohr). Como resultado, (8-22) e (8-25) são, igualmente, críticas. Assim, apenas (8-22) deve ser usada para análises posteriores.

O torque admissível de projeto para a *chaveta* pode ser determinado por meio de (8.19)

$$T_{chaveta\ admissível} = \frac{\tau_{d-chaveta} Dwl}{2} \tag{8-26}$$

em que $\tau_{p\text{-}chaveta}$ é a tensão de cisalhamento admissível de projeto (correspondente ao modo representativo de falha) para a chaveta.

O torque admissível de projeto para o *eixo*, baseado em (4.37), pode ser determinado por

$$T_{eixo\text{-}admissível} = \frac{\pi D^3 \tau_{d-eixo}}{16 K_{t\tau}} \tag{8-27}$$

em que $\tau_{p\text{-}eixo}$ é a tensão de cisalhamento admissível de projeto (correspondente ao modo representativo de falha) para o eixo, e $K_{t\tau}$ é o fator de concentração de tensões cisalhantes teórico para o rasgo de chaveta (usualmente $K_{t\tau} \approx 1{,}7$ para carregamento *estático*). Alguns valores de fator de concentração de tensões de *fadiga* são mostrados na Tabela 8.3.

Se a tensão admissível de projeto para o eixo e para a chaveta for a mesma

$$\tau_{d\text{-}chaveta} = \tau_{d\text{-}eixo} = \tau_d \tag{8-28}$$

Para prover *resistências iguais* para o eixo e para a chaveta sob estas suposições, (8-26) e (8-27) podem ser igualadas e resolvidas para o comprimento da chaveta l, gerando, para resistências iguais,

$$l_{igual\ resistência} = \frac{\pi D^2}{8 w K_{t\tau}} \tag{8-29}$$

Proporções recomendadas[18] para chavetas *paralelas quadradas* sugerem que $w = D/4$, então para chaveta quadrada (8-29) torna-se

$$l_{igual\ resistência} = \frac{\pi D}{2 K_{t\tau}} \tag{8-30}$$

TABELA 8.3 Fatores de Concentração de Tensões de Fadiga para Rasgos de Chaveta[1]

	Aço Recozido		Aço Endurecido	
Tipo de Rasgo de Chaveta	Flexão	Torção	Flexão	Torção
Embutida	1,6	1,3	2,0	1,6
Deslizante	1,3	1,3	1,6	1,6

[1] Da ref. 11.

[18] Baseado na Norma ANSI B17.1-1967.

e se $K_{t\tau} = 1{,}7$ é uma estimativa satisfatória do fator de concentração de tensões de eixo com um rasgo de chaveta submetido a torção,[19] o comprimento da chaveta para a mesma resistência do eixo e da chaveta é de

$$l_{igual\ resistência} = \frac{\pi D}{2(1{,}7)} \approx 0{,}9D \qquad (8\text{-}31)$$

Se a chaveta for utilizada como um "fusível mecânico" para proteger o eixo da falha, *o comprimento da chaveta deve ser reduzido* por um fator apropriado (talvez para 80% do $l_{igual\ resistência}$),

$$l_{fusível} \approx 0{,}7D \qquad (8\text{-}32)$$

Como usual, cabe ao projetista a responsabilidade de assegurar que as suposições feitas no desenvolvimento das expressões (8-31) e (8-32) sejam suficientemente precisas para dada aplicação; caso contrário, é necessário implementar as modificações pertinentes.

Exemplo 8.4 Projetando um Acoplamento Rígido

Um eixo a ser utilizado em um acionamento deve transmitir uma potência de 150 hp a uma velocidade de 1200 rpm. O eixo pode ser aproximado, com precisão, como um cilindro maciço, adequadamente suportado por mancais localizados próximos a cada uma de suas extremidades. O material a ser utilizado no eixo é o aço 1020 laminado à quente apresentando $S_u = 65.000$ psi, $S_{yp} = 43.000$ psi, $e = 36\%$ de alongamento em 2 polegadas e $S_f' = 33.000$ psi. Deseja-se acoplar este eixo de acionamento, em tandem, a um eixo de transmissão de engrenagens de mesmo diâmetro e material. Deseja-se utilizar um acoplamento simples, tipo flange rígido, semelhante ao mostrado na Figura 8.3(a). Adicionalmente será utilizada uma conexão enchavetada entre o cubo do acoplamento e o eixo de transmissão de entrada como um fusível de segurança mecânico para proteger o eixo de transmissão de entrada e os componentes de transmissão. (Os componentes de transmissão têm resistências iguais ou superiores ao eixo de transmissão de entrada.) Um fator de segurança de projeto de *dois* foi escolhido para esta aplicação, não são esperados momentos de flexão importantes no acoplamento e é desejada uma vida longa. Projete um acoplamento do tipo flange rígido para esta aplicação.

Solução

Utilizando-se a configuração básica de acoplamento rígido esboçada na Figura 8.3(a), a Figura E8.4 mostra as dimensões a determinar. Como discutido anteriormente a respeito de "Acoplamentos Rígidos", as áreas críticas a serem investigadas incluem:

1. Cisalhamento e compressão superficial nas chavetas
2. Cisalhamento e compressão superficial nos flanges dos parafusos de fixação
3. Compressão superficial no flange, nas interfaces dos parafusos de fixação
4. Cisalhamento no flange no cubo

Utilizando-se (4-39) e as seguintes especificações

$$T = \frac{63.025(hp)}{n} = \frac{63.025(150)}{1200} = 7878 \text{ lbf} \cdot \text{in}$$

e visto que não existem momentos significativos, o diâmetro do eixo de acionamento de potência pode ser calculado de

$$\tau_{acionamento-admissível} = \frac{Tr}{J} = \frac{16T}{\pi d^3_{acionamento}}$$

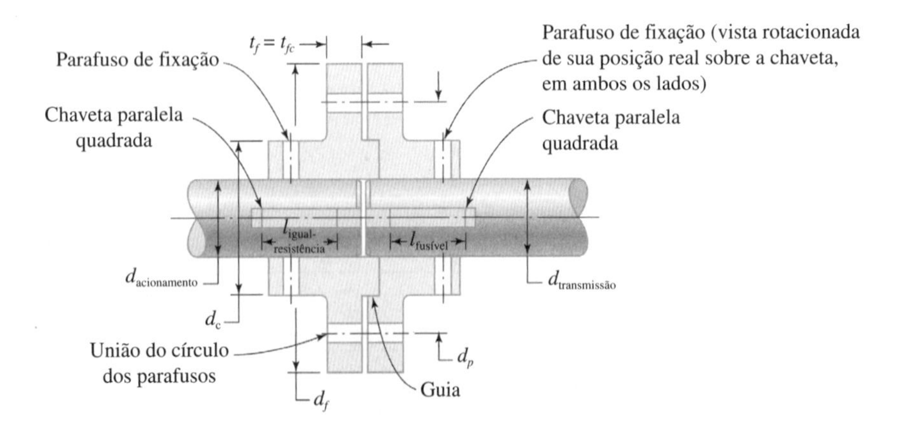

Figura E8.4
Esboço de um acoplamento rígido proposto.

[19] Recorde, porém, que para cargas estáticas em materiais dúcteis e para concentração de tensões altamente localizadas, o valor *real* de $K_{t\tau}$ é reduzido em função da plastificação localizada.

ou

$$d_{acionamento} = \sqrt[3]{\frac{16T}{\pi\,\tau_{acionamento-admissível}}}$$

O valor admissível do cisalhamento é

$$\tau_{acionamento-admissível} = 0{,}5\frac{S_{yp}}{n_p} = 0{,}5\left(\frac{43.000}{2}\right) = 10.750 \text{ psi}$$

E, então

$$d_{acionamento} = \sqrt[3]{\frac{16(7.878)}{\pi(10.750)}} = 1{,}55 \text{ polegada}$$

Vale a pena lembrar aqui que isso inclui o fator de concentração de tensões à torção $K_{t\tau} = 1$, baseando-se no conceito de que carga estática, material dúctil e concentração de tensões altamente localizadas permitem o escoamento plástico localizado que alivia os efeitos de concentração de tensões sem consequências adversas. Para ser mais conservador, um fator de concentração de tensões maior do que a unidade pode ser incluído como um multiplicador de tensão de cisalhamento torcional.

Da Tabela 8.1, para um eixo de diâmetro de 1,55 polegada, uma chaveta paralela quadrada de $^3/_8$ polegada é recomendada. Seguindo-se esta recomendação, selecionando-se o mesmo material para a chaveta que o especificado para o eixo e utilizando-se (8-30), gera-se um comprimento de chaveta para a conexão do eixo de acionamento ao cubo de acoplamento de

$$l_{igual\ resistência} = \frac{\pi(1{,}55)}{2(1{,}0)} = 2{,}4 \text{ polegadas}$$

A chaveta entre o cubo de acoplamento e o eixo de transmissão de entrada será utilizada como um fusível de segurança mecânico, portanto o seu comprimento deve ser reduzido por um fator selecionado, por exemplo 80 por cento de $l_{igual\ resistência}$. Desse modo, na Figura E8.4,

$$l_{fusível} = 0{,}8(2{,}4) = 1{,}9 \text{ polegada}$$

Visto que o $d_{acionamento}$ é de 1,55 polegada, um valor razoável para o diâmetro do cubo do eixo d_c pode ser escolhido a partir de um desenho em escala. O valor escolhido aqui é de

$$d_c = 2{,}13 \text{ polegadas}$$

Ainda, um diâmetro do círculo dos parafusos razoável, d_P, seria

$$d_{parafuso} = 3{,}00 \text{ polegadas}$$

e um diâmetro externo do flange, d_f, seria

$$d_f = 4{,}00 \text{ polegadas}$$

Uma escolha preliminar de seis parafusos de 5/16 de polegada de diâmetro, a serem posicionados sobre o círculo dos parafusos, parece razoável.

Baseando-se nas decisões de projeto ora tomadas, a espessura do flange t_f, sobre o círculo dos parafusos, pode ser calculada como se segue.

A força gerada por torque no círculo dos parafusos é de

$$F_{parafuso} = \frac{2T}{d_{parafuso}} = \frac{2(7878)}{3{,}00} = 5252 \text{ lbf}$$

Supondo que a força seja distribuída entre três dos seis parafusos (uma suposição), a tensão de compressão superficial entre cada parafuso em contato e a sua interface com o flange é de

$$\sigma_{c\text{-}pf} = \frac{F_{parafuso}}{3(A_c)} = \frac{5252}{3(0{,}313)(t_f)} = \frac{5593}{t_f}$$

e fazendo-se $\sigma_{c\text{-}pf}$ igual à tensão de projeto

$$\frac{43.000}{n_p} = \frac{43.000}{2{,}0} = \frac{5593}{t_f}$$

gera

$$\tau_f \approx 0{,}26 \text{ polegada}$$

A área necessária de cisalhamento para os parafusos, A_{cp}, pode ser determinada utilizando-se (6.13)

$$\tau_{cp} = \frac{5252}{A_{cp}} = \frac{\sigma_d}{2} = \frac{(43.000/n_d)}{2} = \frac{(43.000/2)}{2}$$

Exemplo 8.4 Continuação

gerando

$$A_{cp} = \frac{5252}{10.750} = 0{,}489 \text{ in}^2$$

Se três dos seis parafusos suportam a carga (como suposto anteriormente), o diâmetro nominal do *parafuso* será de

$$d_{\text{círculo de parafusos}} = \sqrt{\frac{4(0{,}488/3)}{\pi}} = 0{,}46 \text{ polegada}$$

por conseguinte, parafusos de 7/16 polegada seriam provavelmente utilizados em vez dos parafusos de 5/16 polegada.

Finalmente, a espessura do flange na borda do cubo, t_{fc}, com base no cisalhamento entre o flange e o cubo, deve ser checada. Outra vez, utilizando-se (6.13),

$$\tau_{fc} = \frac{F_c}{A_{cc}} = \frac{(\sigma_d/n_P)}{2} = \frac{(43.000/2)}{2} = 10.750 \text{ psi}$$

Desse modo

$$A_{cc} = \frac{F_c}{10.750} = \frac{7878/(2{,}13/2)}{10.750} = 0{,}69 \text{ in}^2$$

e

$$t_{fc} = \frac{0{,}69}{\pi(2{,}13)} = 0{,}103 \text{ polegada}$$

O flange de 0,25 polegada de espessura já escolhido é, portanto, adequado.

Resumindo, as seguintes recomendações dimensionais são feitas para as dimensões de projeto preliminar do acoplamento de flange rígido mostrado na Figura E8.4.

$d_{acionamento} = d_{transmissão}$ = 1,55 polegada
seção da chaveta = 3/8 polegada quadrada
parafuso de fixação escolhido = ½ − 13
$l_{igual\ resistência}$ = 2,4 polegadas
$l_{fusível}$ = 1,9 polegada
d_c = 2,13 polegadas
$d_{parafuso}$ = 3,00 polegadas
d_f = 4,00 polegadas
t_f = 0,25 polegada

parafusos do flange: utilize 6 parafusos 0,25 − 14, grau 1, igualmente espaçados

Em utilizações nas quais torques maiores devem ser transmitidos, *chavetas* podem não ter capacidade suficiente para tal. Nesses casos, em geral, as *estrias* são usadas. Essencialmente, as estrias são chavetas integrais uniformemente espaçadas em torno da parte externa de eixos ou internamente a cubos, como ilustrado na Figura 8.9(a). Estrias em eixos são frequentemente usinadas com alturas reduzidas para diminuir os efeitos de concentração de tensões. Estrias podem ser tanto retas, como ilustrado na Figura 8.9(b), quanto ter dentes com perfis evolventes, como mostrado na Figura 8.9(c).

Como em conexões enchavetadas, os modos de falha potenciais relativos a estrias incluem o *escoamento* para utilizações de torque constante, ou, se houver cargas ou torques variáveis, a *fadiga* ou a *fadiga por fretagem*. Adicionalmente, *o desgaste* ou o *desgaste por fretagem* podem ser representativos em alguns casos, visto que deslizamentos são comuns em conexões estriadas.

Três classes de ajuste são padronizadas para estrias retas:

1. Ajuste classe A: conexão permanente — para não ser movida após a instalação.
2. Ajuste classe B: acomoda deslizamento axial *sem torque* aplicado.
3. Ajuste classe C: acomoda deslizamento axial *com carregamento de torque* aplicado.

As dimensões para *estrias retas* operando sob qualquer dessas condições podem ser determinadas a partir da Tabela 8.4.

Para tolerâncias típicas de fabricação, a experiência tem mostrado que apenas cerca de 25 por cento dos dentes de conexões estriadas realmente suportam a carga. Baseando-se nessa suposição o comprimento requerido de acoplamento de estria, l_{estria}, para prover iguais resistências para a estria e

Figura 8.9
Geometria da estria.

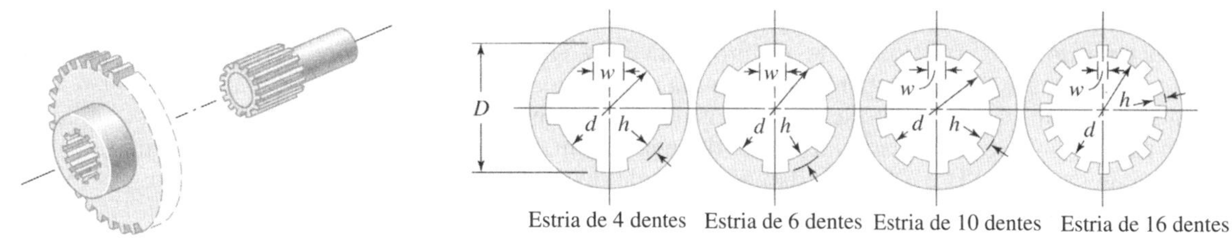

(*a*) Conexão estriada típica.

(*b*) Seções transversais de estrias retas padronizadas.

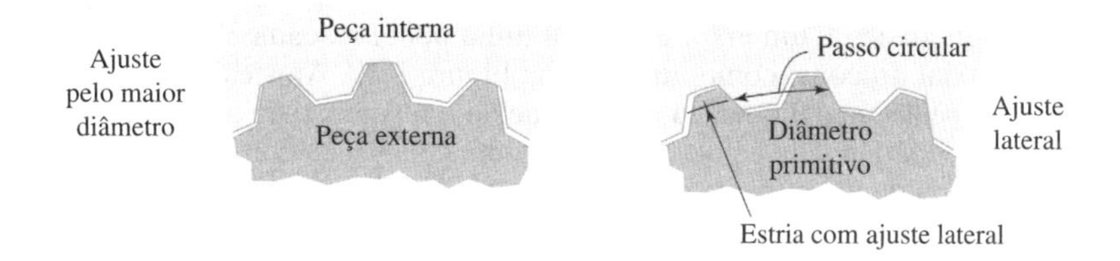

(*c*) Seções transversais de estrias evolventais.

TABELA 8.4 Dimensões Padronizadas para Dentes Retos de Estria[1]

Número de Dentes da Estria	*w* (para todos os ajustes)	Ajuste Classe A (montagem permanente)		Ajuste Classe B (para deslizar *sem* carga)		Ajuste Classe C (para deslizar *com* carga)	
		h	*d*	*h*	*d*	*h*	*d*
Quatro	0,241*D*	0,075*D*	0,850*D*	0,125*D*	0,750*D*	—	—
Seis	0,250*D*	0,050*D*	0,900*D*	0,075*D*	0,850*D*	0,100*D*	0,800*D*
Dez	0,156*D*	0,045*D*	0,910*D*	0,070*D*	0,860*D*	0,095*D*	0,810*D*
Dezesseis	0,098*D*	0,045*D*	0,910*D*	0,070*D*	0,860*D*	0,095*D*	0,810*D*

[1] Veja a Figura 8.9(b) para definições dos símbolos.

o eixo, pode ser estimado essencialmente da mesma maneira que as conexões enchavetadas de igual resistência foram estimadas [veja (8-30)]. Deste modo, a tensão de cisalhamento τ_{estria} na raiz da estria pode ser igualada à tensão de projeto τ_d

$$\tau_{estria} = \frac{F_e}{0{,}25A_e} = \frac{2T}{0{,}25d_p\left(\dfrac{\pi d_r}{2}\right)l_{estria}} = \tau_d \tag{8-33}$$

ou admitindo o diâmetro de raiz e o diâmetro primitivo aproximadamente iguais,

$$d_r \approx d_p \equiv d \tag{8-34}$$

então, o torque admissível para a estria torna-se

$$T_{estria\ admissível} = \frac{\pi d^2 l_{estria}\tau_d}{16} \tag{8-35}$$

De (8-27), o torque admissível do eixo, supondo que o diâmetro do eixo seja igual ao diâmetro da raiz da estria, é

$$T_{eixo\ admissível} = \frac{\pi d^3 \tau_d}{16K_{t\tau}} \tag{8-36}$$

Igualando-se (8-35) a (8-36) resulta em um comprimento de acoplamento de estria l_{estria}, para eixo e estria de igual resistência, como

$$l_{estria} = \frac{d}{K_{t\tau}} \tag{8-37}$$

Dados do fator de concentração de tensões para estria reta de 8 dentes em torção são mostrados na Figura 5.6(c). Para estrias evolventes padrões em torção, o valor de $k_{t\tau}$ é de cerca de 2,8.[20] Referenciando mais uma vez que para carregamentos estáticos, materiais dúcteis e concentração de tensões

[20] Veja ref. 10, pp. 248-249.

altamente localizadas, o escoamento plástico localizado reduz o fator de concentração de tensões *real* para um valor próximo da unidade, um projetista pode, em alguns casos, escolher fixar $k_{t\tau} = 1$.

Estrias evolventais são amplamente utilizadas na prática moderna, e são tipicamente mais fortes, tendendo a ser mais autocentrantes e mais fáceis de usinar e ajustar que as estrias retas. Os dentes têm um perfil evolvental semelhante aos dentes de engrenagem, normalmente com ângulo de pressão de 30° (veja Capítulo 15) e a metade da profundidade do dente padrão de engrenagem. Estrias internas são tipicamente usinadas brochando ou aplainando e estrias externas por fresagem ou aplainamento. Estrias são "ajustadas" tanto pelo diâmetro maior quanto pelas laterais, como mostrado na Figura 8.9(c). As dimensões e as tolerâncias da estria são normatizadas.[21]

Ajustes cônicos são algumas vezes utilizados para a montagem de componente de entrada ou de saída de potência na extremidade de um eixo. Em geral, uma ponta roscada e uma porca são usadas para forçar o aperto axial do cone, como ilustrado na Figura 8.10. Ajustes cônicos geram uma boa concentridade, mas apenas uma moderada capacidade de transmissão de torque. Contudo, a capacidade de torque pode ser aumentada pelo acréscimo de uma chaveta à conexão cônica. Um posicionamento axial preciso de um componente sobre o eixo não é possível quando uma conexão cônica estiver sendo utilizada. Os cones típicos utilizados nessas conexões são *autotravantes* (i.e., $\alpha \leq 2\tan^{-1}\mu$, em que α é o ângulo do trecho cônico e μ é o coeficiente de atrito estático), de forma que o projetista pode prover os meios para inserir ou fixar um "extrator" que facilite a *desmontagem* da junta cônica se necessário.

Em alguns usos, os *ajustes por interferência* podem ser utilizados para a montagem de um componente de entrada ou de saída de potência no eixo para prover a transferência de torque pelo *atrito* na interface. O ajuste por interferência pode ser gerado *pressionando-se* axialmente o eixo de um componente com o furo do cubo ligeiramente menor que o diâmetro de montagem do eixo, ou pelo *aquecimento* do cubo, ou pelo *esfriamento* do eixo, ou por ambos, para facilitar a montagem. O diâmetro de montagem do eixo é usualmente maior do que o diâmetro do resto do eixo para minimizar a concentração de tensões e permitir a usinagem precisa do diâmetro de montagem. Um escalonamento do eixo é normalmente provido para assegurar um posicionamento axial preciso. A capacidade de transferência de torque por atrito, T_f, para tal junção depende da pressão na interface, p, do diâmetro do eixo d_e, do comprimento do cubo l_c e do coeficiente de atrito μ. O torque transmitido é dado por

$$T_f = \frac{F_f d_e}{2} = \frac{\mu p \pi d_s^2 l_c}{2} \tag{8-38}$$

A pressão na interface p pode ser determinada de (9-48) ou, em alguns casos, de (9-49).

Para utilizações mais leves, *parafusos de fixação* ou *pinos* podem ser utilizados para transferir o torque entre o componente montado e o eixo. Os parafusos de fixação correspondem a elementos roscados que são apertados em furos roscados radiais no cubo, compressão superficial contra a superfície externa do eixo para prover resistência por atrito ao movimento entre o eixo e o cubo. Frequentemente, um *rebaixo plano* é usinado no ponto em que o eixo recebe a ponta do parafuso de fixação, de forma que as rebarbas não interfiram na desmontagem. Vários tipos de pontas para parafusos de fixação são comercialmente disponíveis, como ilustrado na Figura 8.11. A ponta *côncava*

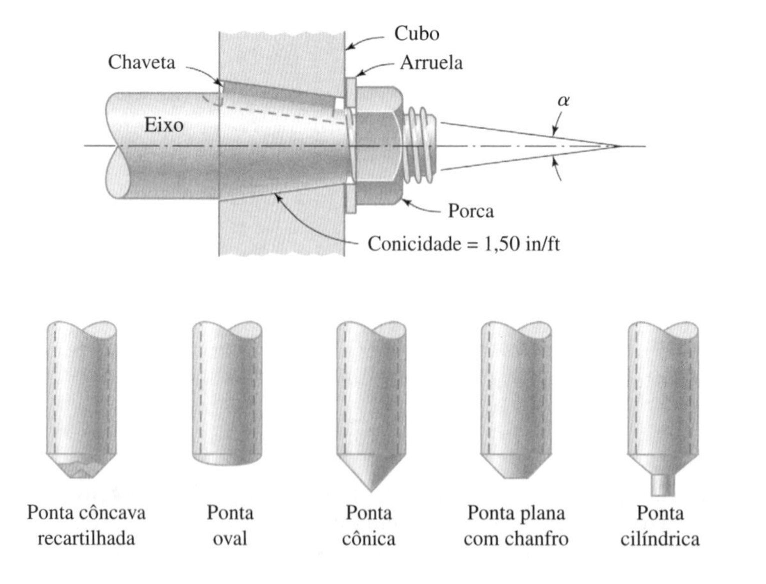

Figura 8.10
Típica conexão com ajuste cônico entre o eixo e o cubo.

Figura 8.11
Tipos usuais de pontas de parafusos de fixação.

[21] Veja Norma B92.1 e B92.2M.

recartilhada é provavelmente a mais utilizada, primariamente em transmissões *dúcteis*. A *ponta oval* é utilizada em usos semelhantes, mas tipicamente necessita de um entalhe ou de um rasgo de chaveta para posicionar-se sobre o eixo. A *ponta cônica* é utilizada quando nenhum ajuste da posição relativa entre o cubo e o eixo for previamente conhecido. Quando eixos de aço endurecidos são utilizados ou se um ajuste frequente for previamente conhecido, um parafuso de fixação de *ponta plana com chanfro* é quase sempre utilizado. A ponta cilíndrica é utilizada nos casos em que a posição relativa do cubo sobre o eixo deve ser mantida; um furo de acoplamento adequado é perfurado no eixo para receber a ponta cilíndrica.

Parafusos de fixação são normalmente escolhidos para ter cerca de ¼ do diâmetro do eixo de acoplamento, com um comprimento nominal de cerca de metade do diâmetro do eixo. A *força de retenção* de um parafuso de fixação é a sua resistência por atrito ao deslizamento (uma força de atrito tangencial) entre o eixo e o cubo, gerada pelo aperto do parafuso de fixação. A Tabela 8.5 mostra valores estimados de força de retenção para parafusos de fixação tipo ponta côncava recartilhada quando estes são instalados utilizando-se os torques de assentamento indicados. A capacidade de torque pode ser substancialmente aumentada pela utilização de dois parafusos de fixação lado a lado. Um problema frequentemente encontrado é o afrouxamento do parafuso de fixação sob cargas variáveis ou vibratórias, que pode ser de alguma forma atenuado pela utilização de parafusos de fixação com insertos de plástico deformável de travamento na região de acoplamento da rosca ou pelo aperto de um segundo parafuso de fixação no topo do primeiro para travá-lo em seu lugar.

Pinos de vários tipos também podem ser utilizados em aplicações mais leves para prover a transferência de torque entre os componentes montados e o eixo. Para utilizar qualquer tipo de pino é necessário que um furo diametral seja feito no eixo para acomodar o pino, criando uma expressiva concentração de tensões na região do furo [veja a Figura 5.6(a)]. Vários tipos de pinos comercialmente disponíveis estão esboçados na Figura 8.12. *Pinos de manilha* são normalmente utilizados em casos nos quais uma rápida separação do componente montado é desejada e podem ser fabricados de aço de baixo carbono dúctil para fornecer um pino de cisalhamento de segurança que protegerá o equipamento de danos. *Pinos-guia* são normalmente endurecidos e retificados para dimensões precisas e utilizados em aplicações em que um posicionamento preciso é exigido. *Pinos cônicos* são semelhantes aos pinos-guia, mas são retificados para uma pequena conicidade que se ajusta à superfície cônica escareada de um furo diametral no eixo. Pinos cônicos são autotravantes e devem ser *desmontáveis*. *Cavilhas* são baratas, fáceis de instalar e muito populares. Muitos estilos diferentes de cavilhas são disponíveis comercialmente além do mostrado na Figura 8.12(d). *Pinos elásticos* (com nome comercial de *roll pin*) são largamente utilizados e baratos. Além de facilmente instalados, as tolerâncias de furo são menos críticas que para os pinos maciços. Isto porque a seção transversal elástica deforma-se elasticamente para permitir a montagem. A resistência por atrito gerada pela força radial de mola mantém o pino elástico na posição. Naturalmente que a seção transversal vazada provê uma resistência ao cisalhamento inferior à de um pino de seção transversal cheia com propriedades

TABELA 8.5 Força de Retenção de Parafusos de Fixação Tipo Ponta Côncava Recartilhada contra um Eixo de Aço[1]

Tamanho, in	Torque de Assentamento, lbf · in	Força de Retenção, lbf · in
#0	1,0	50
#1	1,8	65
#2	1,8	85
#3	5	120
#4	5	160
#5	10	200
#6	10	250
#8	20	385
#10	36	540
¼	87	1000
5/16	165	1500
⅜	290	2000
7/16	430	2500
½	620	3000
9/16	620	3500
⅝	1325	4000
¾	2400	5000
⅞	5200	6000
1	7200	7000

[1] Da ref. 5.

de material similares, como mostrado na Tabela 8.6. *Pinos mola em espiral* têm características similares aos pinos elásticos, mas têm uma melhor resistência ao choque mecânico e à fadiga, além de produzir um ajuste mais apertado no furo. A Tabela 8.6 provê dados comparativos para a carga de falha *nominal* de um pino, em função do tamanho (baseado em corte duplo), para os vários tipos de pinos ilustrados na Figura 8.12.

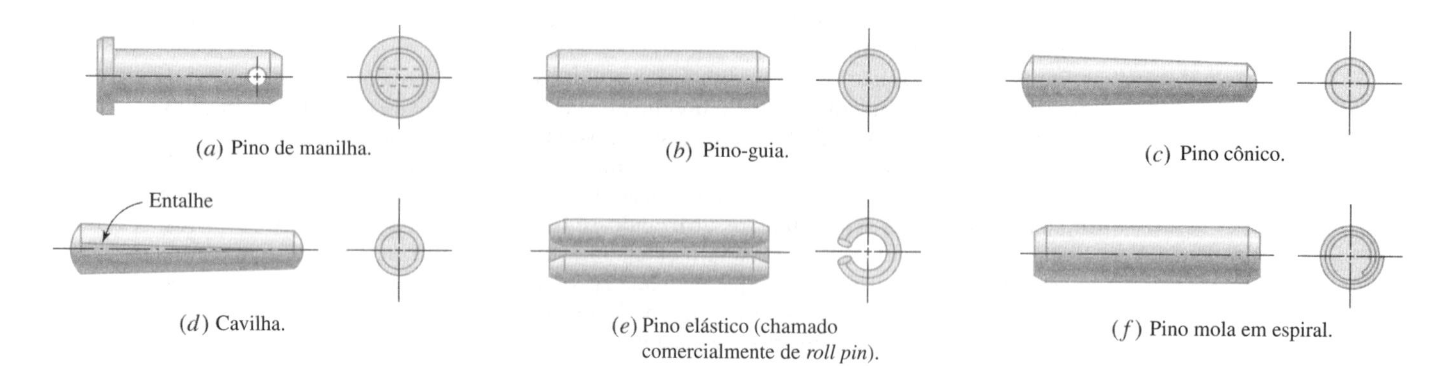

Figura 8.12
Vários tipos de pinos comercialmente disponíveis.

TABELA 8.6 Cargas Normais de Falha para Pinos Disponíveis Comercialmente em Duplo Corte (veja também Figura 8.12)

	Carga de Falha Nominal em Duplo Corte[1], lbf					
Diâmetro Nominal do Pino[2], in	Manilha[3]	Guia[4]	Cônico[3]	Cavilha[4]	Mola[4]	Espiral, Trabalho Pesado[4]
0,031	—	—	—	200	—	—
0,062	—	800	700	780	425	450
0,125	—	3200	2900	3120	2100	2100
0,188	6400	7200	6600	6990	4400	4400
0,250	11.330	12.800	11.800	12.430	7200	7700
0,375	25.490	28.700	26.400	27.950	17.600	17.600
0,500	45.320	51.000	46.900	49.700	25.800	30.000
0,625	70.810	79.800	73.400	—	46.000	46.000
0,750	101.970	114.000	104.900	—	66.000	66.000
0,875	138.780	156.000	143.500	—	—	—
1,000	181.270	204.000	187.700	—	—	—

[1] A força tangencial na interface eixo-cubo que cisalhará o pino supondo que a carga seja igualmente distribuída entre as duas áreas de corte.
[2] Outros tamanhos padronizados estão disponíveis.
[3] Baseado no aço 1095 estirado e temperado Rockwell C 42 (veja Tabela 3.3). Outros materiais são disponíveis.
[4] Dados selecionados extraídos da ref. 12.

Problemas

8-1. Um eixo de acionamento para um novo compressor rotativo é apoiado em dois mancais separados por 200 mm. Um conjunto correia em V aciona o eixo por meio de uma polia em V (veja Figura 17.9) montada a meio comprimento, e a correia é pré-tensionada para P_o kN, gerando uma força vertical para baixo de $2P_o$ a meio comprimento. A extremidade direita do eixo está diretamente acoplada ao eixo de entrada do compressor por um acoplamento elástico. O compressor demanda um torque de entrada constante de 5700 N · m. Faça o primeiro esboço conceitual de configuração de um eixo que seria adequado para essa utilização.

8-2. O eixo de acionamento de um moinho de moagem de carvão deve ser acionado, por um acoplamento elástico de eixos, por um redutor de engrenagem, como mostrado na Figura P8.2. O eixo principal do redutor de engrenagem está apoiado por dois mancais *A* e *C*

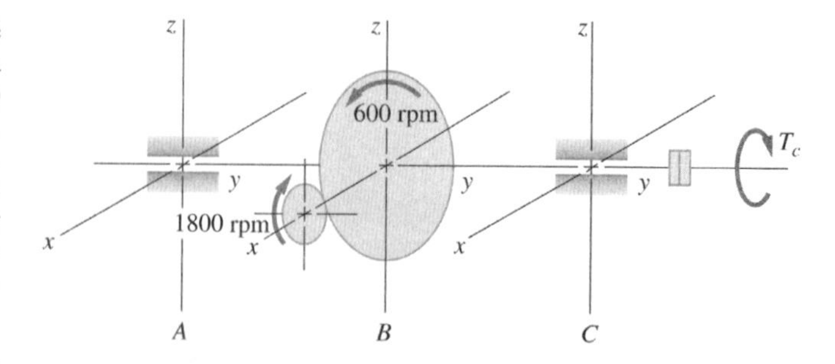

Figura P8.2
Arranjo esquemático e sistema de coordenadas de um eixo de transmissão com redutor de engrenagens.

posicionados distantes entre si de 10 polegadas, como mostrado. Uma relação de transmissão de 1:3 de engrenagens de dentes retos aciona o eixo. A engrenagem de dente reto com ângulo de pressão de 20º é montada no eixo a meio comprimento entre mancais e tem um diâmetro primitivo de 9 polegadas. O diâmetro primitivo do pinhão é de 3 polegadas. O moedor será operado a 600 rpm e precisa de 100 hp no eixo de acionamento. O material do eixo é o aço-carbono AISI 1060 estirado a frio (veja Tabela 3.3). Escalonamentos para as engrenagens e para os mancais têm no mínimo 1/8 de polegada (1/4 de polegada no diâmetro). Utilize um fator de segurança de 1,5. Faça *um primeiro esboço*, incluindo um *segundo esboço* mostrando as principais dimensões.

8-3. Um eixo intermediário acionado por correia está esboçado esquematicamente na Figura P8.3.

a. Construa diagramas de carregamento, cortante e momento fletor para o eixo, tanto no plano horizontal quanto no plano vertical.
b. Desenvolva uma expressão para o momento fletor resultante no trecho de eixo entre a polia esquerda e o mancal direito.
c. Determine a posição e o módulo do menor valor de momento fletor no trecho de eixo entre a polia esquerda e o mancal direito.
d. Calcule o torque no trecho do eixo entre as polias.
e. Se o eixo é feito de aço 1020 laminado a quente (veja Figura 5.31), e gira a 1200 rpm e utiliza-se um fator de segurança de 1,7, qual será o diâmetro necessário para ter-se vida infinita?

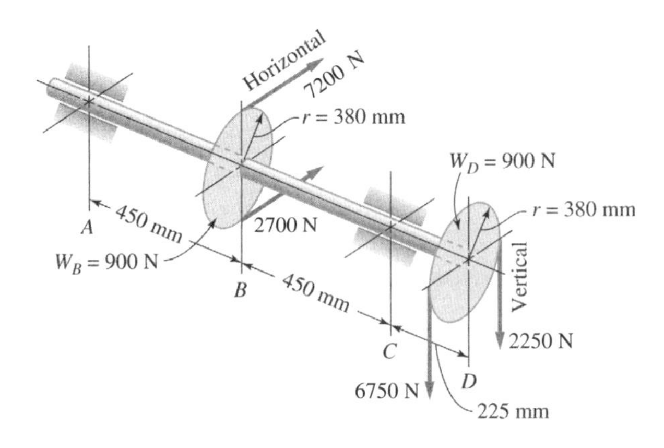

Figura P8.3
Esboço esquemático de um eixo intermediário acionado por correias.

8-4. Repita o Problema 8-3 exceto que o eixo é feito de aço AISI 1095, estirado e temperado com Rockwell C 42 (veja Tabela 3.3).

8-5. Um eixo motriz de um redutor de engrenagem helicoidal (veja Capítulo 15) está esboçado na Figura P8.5, onde as forças de reação sobre o pinhão estão também mostradas. O eixo motriz é acionado a 1140 rpm por um motor de 14,9 kW.

a. Construa os diagramas de carga, cortante e momento fletor do eixo, tanto no plano horizontal quanto no plano vertical. Também faça diagramas para carga axial e momento torsor do eixo, supondo que o mancal do lado direito (mais próximo da engrenagem) suporta todo o carregamento (axial).
b. Se o eixo for feito de aço 1020 (veja Figura 5.31) e o fator de segurança for de 1,8, que diâmetro será necessário na posição *B* para se ter vida infinita?

8-6. Um eixo de transmissão de seção transversal circular vazada é feito de aço 1020 laminado a quente com S_u = 65.000 psi, S_{yp} = 43.000 psi, e = 36 por cento em 2 polegadas, e propriedades de fadiga como as mostradas para o aço 1020 na Figura 5.31. O eixo transmite 85 hp a uma velocidade angular n = 1800 rpm, sem flutuações no torque ou na velocidade. Na seção crítica, a meia distância entre mancais, o eixo rotativo está também sujeito a momento fletor puro, não rotativo, de 2000 lbf · in, no plano vertical em função da simetria das forças externas aplicadas no eixo. Se o diâmetro externo do eixo é de 1,25 polegada e o diâmetro interno é de 0,75 polegada, que vida operacional será prevista antes de ocorrer falha por fadiga?

8-7. Um eixo de transmissão de potência de seção transversal circular é fabricado de aço inoxidável AM 350 para operação em ambiente com ar a elevada temperatura de 1000°F (veja Tabela 3.5). O eixo deve transmitir 150 kW a uma velocidade angular de 3600 rpm, sem flutuações no torque ou na velocidade. Na seção crítica, a meia distância entre os mancais, o eixo rotativo é também submetido ao momento fletor puro, não rotativo de 280 Nm, no plano vertical em função da simetria das forças externas aplicadas no eixo. Se o diâmetro do eixo é de 32 mm, preveja a faixa na qual é esperado que esteja a vida média.

8-8. Um eixo de seção transversal quadrada, de 2,0 polegadas por 2,0 polegadas, está sendo usado com sucesso para transmitir potência em uma aplicação onde o eixo está sendo submetido a apenas torção pura constante. Se o mesmo material e fator de segurança forem utilizados, para exatamente a mesma aplicação, para um eixo de *seção transversal circular*, que diâmetro será requerido para que apresente desempenho equivalente?

8-9. Um eixo com um ressalto para o mancal, mostrado na Figura P8.9, deve transmitir 75 kW de forma contínua a uma velocidade angular de 1725 rpm. O material do eixo é o aço AISI 1020 recozido. Um índice de sensibilidade ao entalhe q = 0,7 pode ser suposto para este material. Utilizando-se o procedimento mais preciso que conheça, estime até que valor a força vertical P a meia distância entre os mancais ainda manteria um fator de segurança de 1,3 baseado em requisitos de projeto de vida infinita.

8-10. Um eixo de seção transversal circular feito de aço AISI 1020 recozido (veja a Figura 5.31) com o limite de resistência de 57.000 psi e o limite de escoamento de 43.000 psi possui escalonamento mostrado na Figura P8.10. O eixo escalonado é submetido a um momento puro M_b = 1600 lbf · in e gira à velocidade de 2200 rpm. Quantas revoluções o eixo experimentará, segundo a sua previsão, antes que falhe?

8-11. Um eixo rotativo de seção transversal circular deve ser projetado o mais leve possível para a sua utilização em uma estação orbital. Um fator de segurança de 1,15 foi escolhido para este projeto e foi provisoriamente selecionada uma liga de titânio Ti-150a. Será exigido que o eixo gire um total de 200.000 rotações durante a sua vida de projeto. Na seção mais crítica do eixo, foi determinado através de análise de

Figura P8.5
Eixo motriz de um redutor de engrenagens helicoidais.

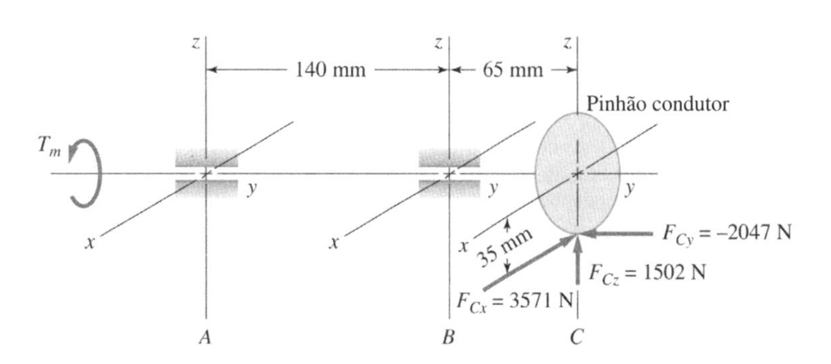

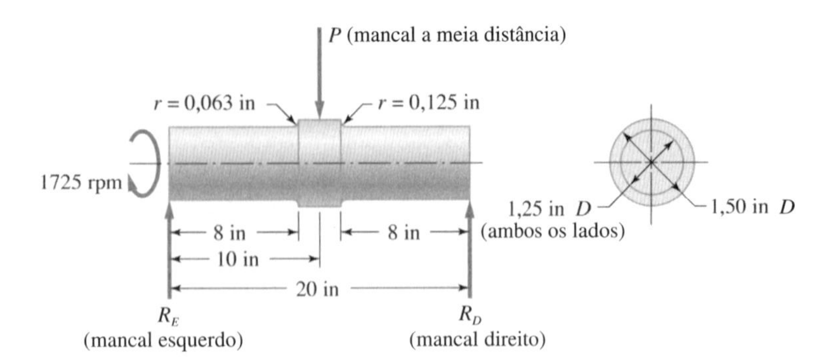

Figura P8.9
Eixo com um ressalto para o mancal.

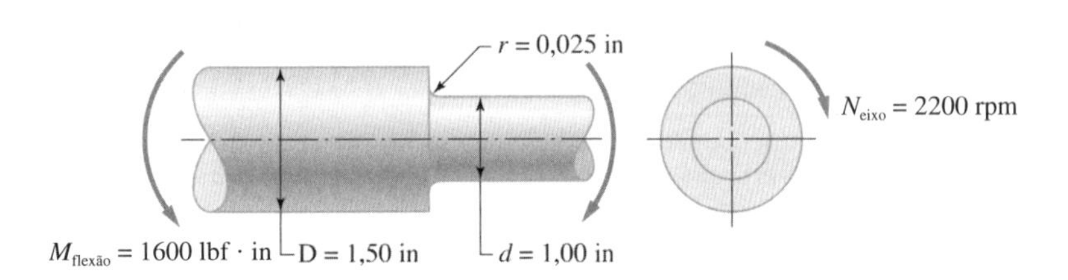

Figura P8.10
Eixo escalonado.

esforços que o eixo rotativo será submetido a um torque constante a 1024 rpm e um momento fletor de 1250 Nm. Estima-se que os fatores de concentração de tensões à fadiga para esta seção crítica são de 1,8 para a flexão e 1,4 para a torção. Calcule o diâmetro de eixo mínimo exigido para esta seção crítica.

8-12. O esboço da Figura P8.12 mostra uma configuração de eixo determinado pela utilização do agora obsoleto código ASME para eixo, para estimar os vários diâmetros ao longo do eixo. Deseja-se checar, com mais cuidado, as seções críticas ao longo do eixo. Concentrando-se a atenção na seção crítica *E-E*, para a qual a geometria proposta está especificada na Figura P8.12, a análise de esforços revelou um momento fletor em *E-E* de 100.000 lbf · in e um momento torsor constante de 50.000 lbf · in. O eixo gira a 1800 rpm. Preliminarmente, o material escolhido para o eixo foi o aço de ultra-alta resistência AISI 4340 (veja Tabela 3.3). Para um fator de segurança de 1,5, calcule o menor diâmetro que o eixo poderia ter na seção *E-E* para vida infinita.

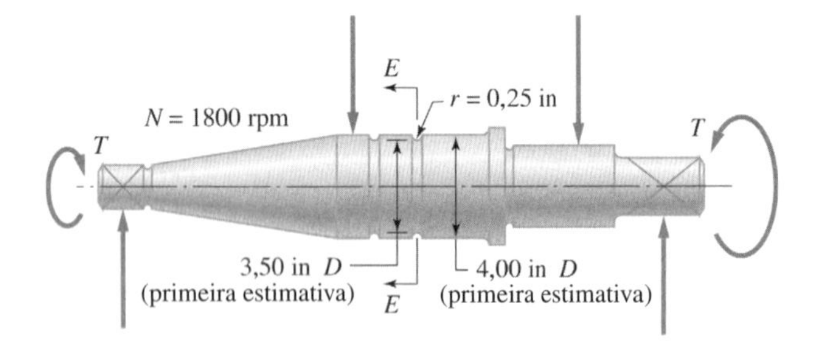

Figura P8.12
Configuração de projeto de eixo gerado pela utilização de um código ASME "antigo".

8-13 Um de dois eixos de acionamento idênticos usados para movimentar um robô radiocontrolado de 600 N está representado na Figura P8.13. O eixo é suportado por mancais em *A* e *C* e acionado pela engrenagem *B*. As correntes ligadas as rodas dentadas *D* e *E* movimentam as rodas dianteira e traseira (não indicadas). O ramo tenso da corrente traciona as rodas *D* e *E*, fazendo um ângulo $\theta = 5°$ com o eixo horizontal *z*. As forças na engrenagem e nas rodas dentadas estão indicadas. O eixo deve ser feito de aço de médio carbono laminado a frio AISI, com limite de resistência e limite de resistência ao escoamento, respectivamente, de 621 MPpa e 483 Mpa. O robô está sendo projetado para uma competição anual, assim a fadiga de longo

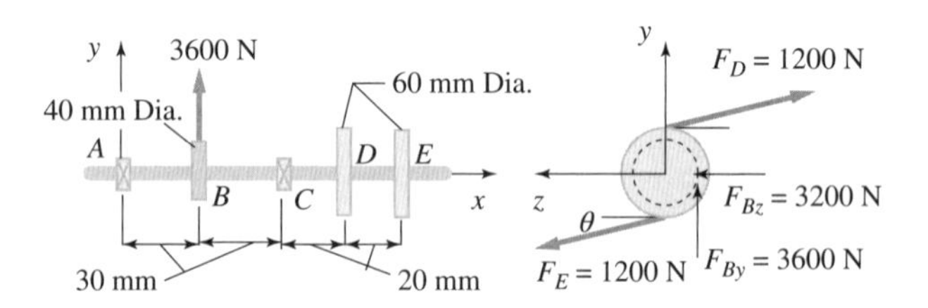

Figura P8.13
Eixo para acionamento de robô radiocontrolado.

termo não deve ser considerada primariamente. Contudo, uma vez que a competição robótica, em geral, envolve múltiplos incidentes de elevado impacto, você decide incluir considerações sobre fadiga e adota $S_N = 300$ Mpa e $n_p = 1,5$. Desprezando fatores de concentração de tensões, calcule um diâmetro de eixo apropriado.

8-14 Em uma reunião semanal para revisão de projeto, alguém sugeriu que, talvez, o eixo no Problema 8.13 irá sofrer muita deflexão na extremidade *E*. Portanto, foi sugerido que um mancal adicional fosse colocado 20 mm para a direita da roda dentada em *E*, estendendo assim o comprimento do eixo para 120 mm. Adotando o mesmo material e as restrições de projeto do Problema 8.13, determine o diâmetro necessário para esse eixo.

8-15. Para obter uma estimativa rápida da deflexão máxima do eixo escalonado de aço carregado como mostra a Figura P8.15, propõe-se aproximar o eixo escalonado por um eixo "equivalente" de diâmetro

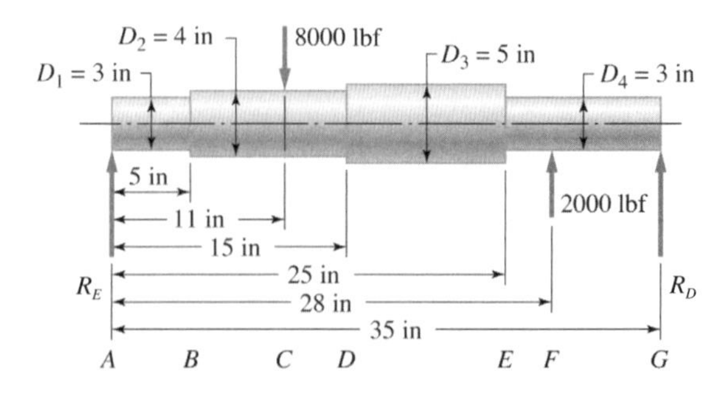

Figura P8.15
Eixo escalonado com carregamento transversal e simplesmente apoiado.

uniforme d_{eq} = 100 mm. Suponha que o eixo é simplesmente apoiado pelos mancais nas seções A e G e carregado como mostrado. Estime a deflexão máxima do eixo com diâmetro uniforme equivalente e as inclinações nos locais dos mancais A e G.

8-16. Para o eixo escalonado mostrado na Figura P8.15, utilize o método de integração gráfica para obter a máxima deflexão do eixo e a inclinação do eixo em A e em G.

8-17. Um eixo vazado rotativo de 5,00 cm de diâmetro externo e 6,0 mm de parede grossa é feito de aço AISI 4340. O eixo é apoiado em suas extremidades por mancais que são *muito rígidos* radialmente e resistem às deflexões angulares causadas pelos momentos fletores do eixo. Os mancais estão afastados de 60 cm. Um volante de disco pesando 450 N é montado a meia distância entre os mancais. Que velocidade máxima limite do eixo seria recomendada para este uso, baseando-se na necessidade de evitarem-se vibrações laterais do sistema rotativo?

8-18. Repita o problema 8.17 utilizando um eixo *maciço* de mesmo diâmetro externo em vez de um eixo vazado.

8-19. Um eixo maciço de 2 polegadas de aço 1020 está apoiado sobre mancais de rolamentos idênticos (veja Capítulo 11) afastados entre si por 90 polegadas, como esboçado na Figura P8.19. Um acoplamento rígido pesando 80 lbf é adicionado ao eixo na posição A, a 30 polegadas do mancal esquerdo, e um pequeno volante maciço pesando 120 lbf (veja Capítulo 18) é montado no eixo na posição B, a 70 polegadas do mancal esquerdo. O eixo gira a 240 rpm. Os mancais de rolamento não resistem a qualquer momento fletor do eixo.

a. *Desprezando-se* qualquer deflexão elástica radial nos mancais de rolamentos e *desprezando-se* a massa do eixo, estime a velocidade crítica de vibração lateral do sistema rotativo mostrado. Se a estimativa da velocidade crítica estiver correta, o projeto proposto será aceitável?
b. Reavalie a estimativa da velocidade crítica de (a) pela *inclusão* da massa do eixo nos cálculos. Se esta nova estimativa da velocidade crítica estiver correta, o projeto proposto será aceitável?
c. Reavalie a estimativa de velocidade crítica de (b) se as deflexões radiais elásticas nos mancais (a constante de mola de cada mancal fornecida pelo fabricante de mancal é de 5×10^5 lbf · in) são incluídas nos cálculos. Esta nova estimativa da velocidade crítica, se correta, confirma o postulado de que o sistema está adequadamente projetado do ponto de vista de vibrações laterais?

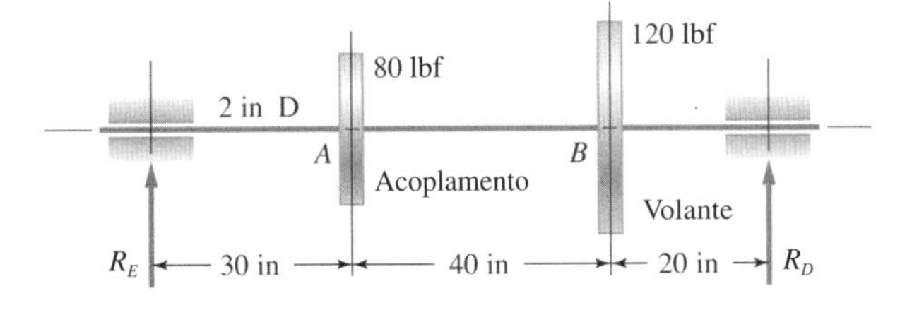

Figura P8.19
Sistema de eixo rotativo com massas acopladas.

8-20. Para o acoplamento rígido esboçado na Figura P8.20, avalie os seguintes aspectos da configuração proposta se o fator de segurança for de 2,0.

a. Cisalhamento e compressão superficial nas chavetas.
b. Cisalhamento e compressão superficial nas fixações dos parafusos nos flanges.
c. Compressão superficial no flange, nas interfaces dos parafusos de fixação.
d. Cisalhamento na interface do flange com o cubo.

O eixo de entrada tem um diâmetro nominal de 2,25 polegadas e supre uma entrada constante de 50 hp a 150 rpm. O diâmetro do círculo de parafusos é de d_B = 6,0 polegadas. O aço AISI 1020 laminado a frio é o material proposto para os componentes do acoplamento, incluindo os parafusos, e também o material da chaveta (veja Tabela 3.3). O projeto do acoplamento, como proposto, é aceitável?

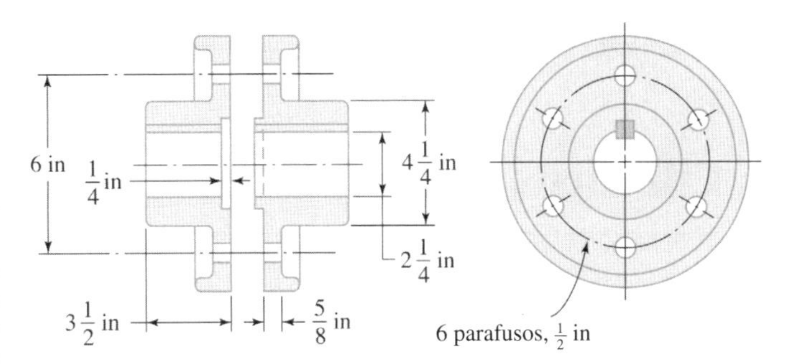

Figura P8.20
Configuração de acoplamento de eixos proposta.

8-21. Como engenheiro recém-formado, você foi designado para a tarefa de recomendar um acoplamento de eixos apropriado para conectar o eixo de saída de uma unidade de 8,95 kW de motor acoplado a redutor, girando a 600 rpm, a um eixo de entrada de uma recém-projetada máquina debulhadora de milho pedida por um depósito de suprimentos rurais. Baseando-se nos componentes selecionados para este dispositivo e na capacidade de montagem existente na sua companhia, foi estimado que o desalinhamento paralelo das linhas de centro entre o eixo de acionamento e o eixo de entrada da máquina de limpeza de sementes poderia ser em torno de 0,8 mm e que o desalinhamento angular entre eixos poderia ser de cerca de 2°. Que tipo de acoplamento você recomendaria?

8-22. a. Uma transmissão por corrente (veja Capítulo 17) transmite 110 hp para um eixo de entrada de um soprador industrial de uma planta de manufatura de tinta. A roda dentada acionadora gira a 1700 rpm e tem o diâmetro do furo de 2,50 polegadas e o cubo tem o comprimento de 3,25 polegadas. Proponha uma geometria apropriada para uma chaveta paralela quadrada, incluindo as dimensões de largura e de comprimento, utilizando-se aço 1020 laminado a frio como material para a chaveta, tendo S_u = 61.000 psi e S_{yp} = 51.000 psi. Supõe-se que o material da chaveta seja menos resistente que o material do eixo e o material do cubo. Utilize um fator de segurança de 3.
b. Uma chaveta padrão Woodruff do mesmo material poderia ser utilizada neste caso?

8-23. Repita o Problema 8.22, exceto que a roda dentada acionadora gira a 800 rpm.

8-24. Para as especificações de transmissão por corrente dadas no problema 8.22 e utilizado-se uma roda dentada com as mesmas dimensões, determine as dimensões mínimas de uma cavilha que poderia ser utilizada para acoplar a roda dentada ao eixo, supondo que a cavilha seja feita de aço 1095 estirado e temperado Rockwell C 42 (veja Tabela 3.3).

8-25 O cubo de uma engrenagem motora é chavetado a um eixo de 80 mm de diâmetro usando uma chaveta quadrada de 30 mm de comprimento. O eixo deve operar a 1800 rpm. O eixo e a chaveta são feitos da mesma liga de aço com S_y = 350 MPa e τ_{geral} = 140 MPa.

a. Determine a potência que pode ser transmitida pela chaveta.
b. Determine a capacidade de transmissão do eixo, admitindo K_{tr} = 1,8.

8-26. a. Uma polia em V está montada em um eixo de acionamento de aço, de 1,0 polegada de diâmetro, de um cortador de grama motorizado. A polia deve transmitir 14 hp para o eixo de acionamento à velocidade angular de 1200 rpm. Se um parafuso de fixação tipo ponta côncava recartilhada é utilizado para acoplar o cubo da polia ao eixo, que tamanho de parafuso de fixação será necessário? Utilize um fator de segurança de 2.
b. Que torque de assentamento seria recomendado para apertar apropriadamente o parafuso de fixação, de forma que não escorregue quando a potência estiver sendo transmitida?

Capítulo 9

Cilindros Pressurizados; Ajustes com Interferência

9.1 Utilizações e Características de Cilindros Pressurizados

Os vasos de pressão para o armazenamento de fluidos pressurizados podem ser esféricos, elipsoidais, toroidais, cilíndricos, ou combinações destas formas. Apesar de os vasos de pressão esféricos apresentarem uma condição mais favorável em termos de tensão do que os outros, a vantagem de natureza prática relativa à facilidade de fabricação faz com que o vaso de pressão *cilíndrico* seja, de longe, a forma mais amplamente utilizada.

Na prática, os vasos de pressão podem ser *internamente* pressurizados ou *externamente* pressurizados, podem ser de *paredes finas* ou de *paredes grossas* e podem ser *abertos* nas extremidades ou *fechados* nas extremidades. Podem ser fabricados como cascas cilíndricas monolíticas, cascas cilíndricas concêntricas em multicamadas com ajuste de contração, cascas cilíndricas bobinadas com fibras ou cascas cilíndricas com arames enrolados. Cascas compósitas bobinadas com fibras são feitas bobinando-se um material na forma de filamento, como a fibra de vidro, em um mandril cilíndrico que é impregnado em um polímero seguido da cura do *compósito filamentar* e da remoção do mandril. Cascas cilíndricas com arames enrolados são feitas enrolando-se firmemente um fio de aço de alta resistência em torno de um vaso cilíndrico para reforço.

Aplicações envolvendo cilindros pressurizados incluem tanques, anéis, dutos, canos de armas, câmaras de empuxo de motores de foguete, atuadores hidráulicos e pneumáticos, assim como as aplicações associadas a ajustes com interferência entre um cubo cilíndrico e um eixo de acoplamento.

As descontinuidades geométricas nos vasos de pressão, assim como todas as outras regiões de concentração de tensões, requerem uma atenção especial do projetista. As junções entre o vaso cilíndrico e os tampos devem ser avaliadas, não importando se são planas, semi elipsoidais ou hemisféricas. Aberturas (bocais) nas paredes dos vasos para permitir o fluxo de entrada e de saída, janelas de inspeção e de limpeza, suportes de flanges, soldas de costura e regiões de transição de espessura também devem ser cuidadosamente consideradas em um projeto seguro de um vaso de pressão. Todas essas descontinuidades produzem estados de tensões complexos e incertezas na análise de falha. Por esses motivos, é aconselhável que o projetista consulte *códigos* de projeto de vasos de pressão apropriados quando estiver analisando vasos de pressão. Nos Estados Unidos, na maioria dos casos, é necessário por lei que o projeto esteja de acordo com o *Código ASME para Caldeiras e Vasos de Pressão*[1] (em inglês, *ASME Boiler and Pressure Vessel Code*). Os procedimentos de projeto do código integram a experiência acumulada de gerações na prevenção de falha, com análises teóricas aplicáveis para maximizar a confiabilidade e a segurança da estrutura.

9.2 Aplicações de Ajustes de Interferência

A relação entre vasos de pressão cilíndricos e ajustes com interferência é direta. Quando o cubo cilíndrico de um componente acoplado a um eixo *pressionando-o na posição*, ou quando técnicas de *dilatação térmica diferencial* são utilizadas para a montagem (veja 8.8), uma pressão interfacial é gerada entre o eixo e o cubo. O estado de tensões produzido no *cubo* pela pressão interna induzida pelo ajuste de interferência é completamente análogo ao estado de tensões induzido na parede de um vaso de pressão cilíndrico *internamente* pressurizado. Da mesma forma, se o eixo é vazado, o estado de tensões no *eixo* é análogo ao encontrado na parede de um vaso de pressão *externamente* pressurizado. Uma vez que o torque de atrito transmitido por uma montagem por ajuste de interferência está diretamente relacionado com a pressão interfacial [veja (8-35)], é necessário calcular a interferência diametral capaz de fornecer um determinado torque de atrito, e também deve ser determinado

[1] Veja ref. 1.

o estado de tensões resultante no cubo e no eixo. A estratégia proposta consiste em, primeiro, desenvolver expressões para as distribuições de tensões em cilindros vazados pressurizados como função de pressão, de dimensões e propriedades de materiais e, em seguida, adaptar estas expressões ao caso de ajustes com interferência.

9.3 Modos Prováveis de Falha

Os vasos de pressão são vulneráveis a falhas por diversos modos prováveis, dependendo da aplicação, do nível de pressão, do nível de temperatura, do ambiente e da composição do fluido pressurizado. Revendo os modos prováveis de falha listados em 2.3, a falha de um vaso de pressão pode ocorrer por *escoamento*, *ruptura dúctil*, *fratura frágil* (mesmo que o material seja nominalmente dúctil), *fadiga* (incluindo fadiga de baixo ciclo, térmica ou associada à corrosão), *trincamento por corrosão sob tensão*, *fluência*, ou *fadiga e fluência combinadas*. Em aplicações de ajuste de interferência, como o caso de um cubo pressionado sobre um eixo, os modos de falha podem incluir *escoamento*, *ruptura dúctil*, *fratura frágil* (provavelmente induzida por uma interferência diametral inadequada), *fadiga por fretagem* na interface, ou *fadiga* iniciada nas regiões de concentração de tensões nas extremidades do cubo. É importante observar que as falhas associadas a ajustes de interferência são algumas vezes geradas pela falta de atenção do projetista à importante tarefa de especificar as tolerâncias adequadas do diâmetro do eixo e do furo do cubo. Usualmente, um projetista deve investigar tanto a condição ditada pela tolerância de *interferência mínima* (de modo a garantir que os requisitos de transferência de torque sejam satisfeitos) como a condição ditada pela tolerância de *interferência máxima* (de modo a garantir os requisitos de que os níveis de tensões estejam em faixas seguras). Qualquer dilatação ou contração diferencial induzida por variações de temperatura operacionais também devem ser avaliadas em termos das consequentes alterações das tolerâncias.

9.4 Materiais para Vasos de Pressão

Considerando-se os modos prováveis de falha sugeridos em 9.3 e as orientações para seleção de materiais do Capítulo 3, deve-se observar que os materiais a serem utilizados em cilindros pressurizados devem ter uma boa resistência (incluindo uma boa resistência à fadiga), alta ductilidade, boa conformabilidade, boa soldabilidade e baixo custo. Em aplicações envolvendo alta temperatura, os materiais selecionados devem ter, também, boa resistência na temperatura de operação, boa resistência à fluência e, em muitos casos, boa resistência à corrosão. Os aços tipicamente satisfazem à maioria desses critérios e, portanto, são amplamente utilizados na fabricação de vasos de pressão. Em circunstâncias especiais, outros materiais podem ser selecionados, em particular se requisitos associados a baixo peso, temperaturas muito elevadas ou a ambientes corrosivos específicos precisam ser satisfeitos. Em 8.3, são feitas considerações adicionais sobre a seleção de materiais para o caso de aplicações de ajuste de interferência.

Se, conforme sugerido em 9.1, o Código ASME para Caldeiras e Vasos de Pressão é consultado, tem-se acesso a um extenso catálogo de especificações de materiais e códigos relacionados de tensões de projeto associadas a um conjunto de materiais para vasos de pressão e dutos. Esta lista de materiais inclui aços-carbono e aços de baixa liga, ligas não ferrosas, aços de alta liga, ferro fundido e aços ferríticos. São fornecidas informações para placas, chapas, fundidos, forjados, soldas, tampos, anéis e construções em camadas. A Tabela 9.1 ilustra o tipo de informação disponível no código para alguns materiais de chapa de vasos de pressão de aço selecionados. A Tabela 9.2 ilustra o tipo de informação disponível para as tensões de projeto admissíveis especificadas pelo código em função da temperatura de operação do metal. Os projetistas de vasos de pressão devem se familiarizar com o escopo do código, mesmo que o projeto segundo o código não seja *legalmente* necessário.

9.5 Princípios da Teoria da Elasticidade

Quando os projetistas investigam as tensões e as deformações em um elemento de máquina, desenvolvem uma análise que pode ser baseada ou em um modelo da *resistência dos materiais* ou em um modelo da *teoria da elasticidade*. Quando se utiliza a abordagem da resistência dos materiais, *são feitas hipóteses simplificadoras sobre as distribuições de tensões e deformações* no corpo. As hipóteses familiares de que (1) os planos permanecem planos, (2) a tensão de flexão é proporcional à distância ao eixo neutro ou (3) as tensões de membrana na parede de um cilindro pressurizado de *paredes finas* são *uniformes* ao longo da espessura da parede são exemplos disso. Por outro lado, a utilização de um modelo baseado na teoria da elasticidade, que é mais complexo (mas mais preciso), permite determinar a *distribuição das tensões e das deformações* no corpo. Em casos nos quais as

TABELA 9.1 Especificações do Código ASME de Chapas de Aço Selecionadas para Vasos de Pressão[1]

Tipo de Aço	Especificação Nº	Grau	Espessura, in	Limite de Resistência, ksi	Limite de Escoamento Mín, ksi	Alongamento em 2 Polegadas, por cento
Carbono	SA-285/ SA-285M	A	2 máximo	45–65	24	30
Carbono	''	B	''	50–70	27	28
Carbono	''	C	''	55–75	30	27
Mn-Si	SA-299/ SA-299M	—	até 1	75–95	42	19
Mn-Si	''	—	1 a 8	75–95	40	19
Mn-Mo	SA-302/ SA 302M	A	0,25 a 8	75–95	45	19
Mn-Mo	''	B	''	80–100	50	18
Mn-Mo-Ni	''	C	''	80–100	50	20
Mn-Mo-Ni	''	D	''	80–100	50	20

[1] Centenas de especificações de materiais adicionais, ambos ferrosos e não ferrosos, são incluídos no Código ASME para Caldeiras e Vasos de Pressão. Veja ref. 1.

hipóteses simplificadoras da abordagem da resistência dos materiais são muito imprecisas, como para vasos de pressão cilíndricos pressurizados de *paredes grossas*, a abordagem da teoria da elasticidade é recomendada.

As relações básicas da teoria da elasticidade[2] necessárias para analisar cilindros de paredes grossas incluem:

1. Equações diferenciais de equilíbrio de forças
2. Relações tensão-deformação, por exemplo, a Lei de Hooke
3. Relações de compatibilidade geométrica
4. Condições de contorno

Os requisitos de equilíbrio de força são familiares (veja 4.2). Da mesma forma, a Lei de Hooke é familiar (veja 5.2). A compatibilidade geométrica requer a continuidade do material; isto é, não se podem formar vazios e não pode haver a "interpenetração" do material. As condições de contorno requerem que as forças associadas às distribuições de tensões no corpo estejam em *equilíbrio* com as forças externas nos seus contornos. A utilização destes quatro *princípios da elasticidade* será demonstrada no desenvolvimento das equações para cilindros de paredes grossas em 9.7.

9.6 Cilindros de Paredes Finas

Para propósitos de análise, os cilindros pressurizados são frequentemente classificados como de *paredes finas* ou de *paredes grossas*. Para ser classificado como vaso de pressão cilíndrico de paredes finas, a parede deve ser suficientemente fina para satisfazer à hipótese de que a componente de tensão radial na parede, σ_r, seja *desprezivelmente pequena* quando comparada à *componente de tensão tangencial (circunferencial)* σ_t, e que σ_t seja *uniforme* ao longo da espessura. Tipicamente, se a espessura da parede t é igual ou menor que 10 por cento do diâmetro d, o vaso de pressão pode ser

TABELA 9.2 Lista-Exemplo com Especificações do Código ASME para a Tensão Máxima Admissível (ksi) como Função da Temperatura (°F)

		Tensão Admissível Máxima, ksi							
Espec. Nº[1]	Grau	−20 a 650°	até 700°	até 750°	até 800°	até 850°	até 900°	até 950°	até 1000°
SA 285	A	11,3	11,0	10,3	9,0	7,8	6,5	—	—
''	B	12,5	12,1	11,2	9,6	8,1	6,5	—	—
''	C	13,8	13,3	12,1	10,2	8,4	6,5	—	—

[1] Veja Tabela 9.1.

[2] Veja, por exemplo, ref. 2.

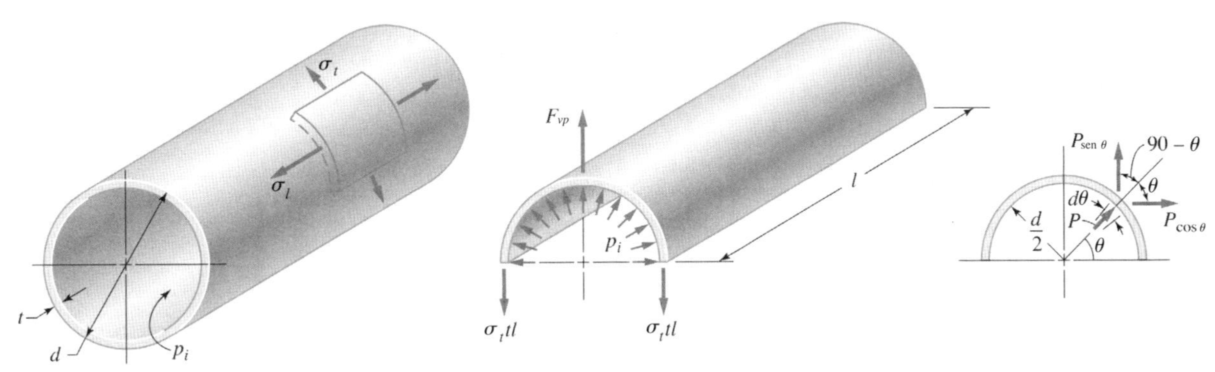

(*a*) Cilindro fino pressurizado mostrando as tensões em um elemento de volume.

(*b*) Semicilindro representado como um corpo livre.

(*c*) Componentes da força induzidas pela pressão sobre um arco $d\theta$ de uma casca fina.

Figura 9.1
Análise de um cilindro de paredes finas.

analisado com precisão como um vaso de paredes finas. Para vasos de pressão de paredes grossas, *ambos* σ_r e σ_t variam (de forma não linear) ao longo da espessura da parede. É claro que qualquer vaso de pressão pode ser corretamente analisado como de paredes grossas, mas, se as hipóteses de paredes finas são válidas, a análise torna-se significativamente mais simples.

Referindo-se à Figura 9.1(a), o elemento de volume ao longo da espessura mostrado é submetido a um estado de tensões *biaxial* por causa da hipótese de paredes finas[3]

$$\sigma_r = 0 \tag{9-1}$$

Considerando-se a metade superior do cilindro internamente pressurizado de paredes finas como um corpo livre, conforme mostrado na Figura 9.1(b), o equilíbrio de forças na vertical fornece

$$F_{vp} - 2(\sigma_t tl) = 0 \tag{9-2}$$

A componente vertical de força F_{vp} produzida pela pressão p_i pode ser encontrada integrando-se a componente vertical da força induzida pela pressão, $p_i dA$, sobre a superfície semicircular. Assim (9-2) pode ser reescrita, tomando-se como base a Figura 9.1(c), como

$$2\int_0^{\pi/2}\left[p_i\left(\frac{d}{2}d\theta\right)l\right]\text{sen}\theta - 2\sigma_t tl = 0 \tag{9-3}$$

fornecendo

$$p_i dl - 2\sigma_t tl = 0 \tag{9-4}$$

O produto $(d)(l)$ é definido como a *área projetada*, um conceito também utilizado na análise de mancais de deslizamento (veja Capítulo 10) e outros elementos de máquinas. De (9-4) pode-se determinar a componente de tensão *tangencial* como

$$\sigma_t = \frac{p_i d}{2t} \tag{9-5}$$

Se o vaso de pressão é fechado nas suas extremidades, a componente de tensão *longitudinal* σ_l pode ser obtida de um *diagrama de corpo livre* construído passando-se um plano de corte pelo cilindro, perpendicular ao eixo do cilindro, e fazendo-se o equilíbrio das forças axiais para fornecer

$$p_i\left(\frac{\pi d^2}{4}\right) = \sigma_l(\pi dt) \tag{9-6}$$

De (9-6), a componente de tensão *longitudinal* é

$$\sigma_l = \frac{p_i d}{4t} \tag{9-7}$$

Comparando-se (9-5) com (9-7), pode-se observar que a componente de tensão tangencial (circunferencial) σ_t em um vaso de pressão de paredes finas é igual ao dobro da tensão longitudinal σ_l. Por causa da existência de um *estado de tensões biaxial*, torna-se necessário utilizar uma teoria de falha apropriada.[4] Também é importante compreender que os cálculos das tensões recém-desenvolvidos

[3] Além disso, as pressões radiais são sempre desprezivelmente pequenas quando comparadas às tensões tangencial e longitudinal.
[4] Veja 5.4.

são válidos apenas em paredes cilíndricas a uma *distância suficientemente longa*[5] das junções com tampos de fechamento, bocais ou suportes, conforme discutido em 9.1. As tensões locais devem ser determinadas separadamente nas vizinhanças de qualquer região de concentração de tensões.

9.7 Cilindros de Paredes Grossas

Se as hipóteses de paredes finas *não* forem válidas, torna-se necessário empregar os princípios da elasticidade de 9.5 para determinarem-se adequadamente as distribuições de tensões σ_r e σ_t. A Figura 9.2(a) apresenta uma vista da seção transversal de um cilindro de *paredes grossas* de comprimento l. Inicialmente considera-se que não existem forças axiais sobre o cilindro; dessa forma, o estado de tensões em qualquer ponto ao longo da parede é *biaxial*. Se forças axiais *existirem*, a componente de tensão longitudinal σ_l pode ser considerada mais tarde.

Uma vez que um cilindro apresenta *simetria* em relação ao seu eixo central, as seções planas permanecem planas quando o cilindro é pressurizado, satisfazendo automaticamente aos requisitos de *compatibilidade geométrica*. O cilindro de paredes grossas mostrado na Figura 9.2(a) é submetido a uma pressão *interna* p_i e a uma pressão *externa* p_e. Um elemento anular de espessura radial dr pode ser definido conforme mostrado na Figura 9.2(a). O anel tem um raio médio r que está posicionado entre o raio *interno* da parede do cilindro a e o raio *externo* da parede do cilindro b. Tomando a metade superior do anel elementar como um corpo livre, as forças no corpo livre escolhido podem ser deduzidas das discussões de 9.6 e do estado de tensões mostrado em 9.2(b). A *equação diferencial do equilíbrio de forças* pode ser escrita tomando-se o equilíbrio de forças verticais (utilizando-se o conceito de área projetada de 9.6) como

$$\sigma_r(2r)l - (\sigma_r + d\sigma_r)[2(r + dr)]l + 2\sigma_t\, ldr = 0 \tag{9-8}$$

ou

$$\sigma_t - \sigma_r - r\frac{d\sigma_r}{dr} = 0 \tag{9-9}$$

Para resolver-se para as *duas* incógnitas, σ_r e σ_t, é necessária uma outra relação independente. Para um material com comportamento linear-elástico, as *relações tensão-deformação*, expressas pela Lei de Hooke, satisfazem a este requisito. Assim, (5-15), (5-16) e (5-17) podem ser simplificadas para um estado de tensões biaxial ($\sigma_l = 0$), para fornecer

$$\varepsilon_r = \frac{1}{E}[\sigma_r - \nu\sigma_t] \tag{9-10}$$

$$\varepsilon_t = \frac{1}{E}[\sigma_t - \nu\sigma_r] \tag{9-11}$$

$$\varepsilon_l = \frac{1}{E}[-\nu(\sigma_r + \sigma_t)] \tag{9-12}$$

em que ε_r, ε_t e ε_l são, respectivamente, a deformação normal radial, a deformação normal tangencial e a deformação normal longitudinal. É importante observar que ε_l *não* é nula, apesar do fato de que σ_l *é* nula.

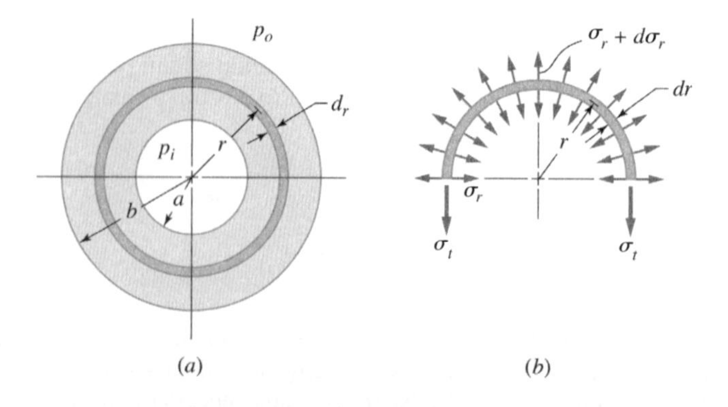

Figura 9.2
Análise de um cilindro de paredes grossas.

[5] Baseado no *princípio de St. Venant*, o qual, em essência, afirma que se um sistema de forças age sobre uma pequena região de um corpo elástico, as tensões mudam apenas localmente na vizinhança imediata da aplicação da força, e permanecem virtualmente *inalteradas* nas outras regiões do corpo.

Reescrevendo (9-12),

$$\sigma_r + \sigma_t = 2C_1 \tag{9-13}$$

em que

$$2C_1 \equiv -\frac{E\varepsilon_l}{v} \tag{9-14}$$

Subtraindo-se (9-13) de (9-9) obtém-se

$$-2\sigma_r = r\frac{d\sigma_r}{dr} - 2C_1 \tag{9-15}$$

Em seguida, multiplicando-se por r e rearranjando-se,

$$r^2\frac{d\sigma_r}{dr} + 2r\sigma_r = 2rC_1 \tag{9-16}$$

ou

$$\frac{d}{dr}(r^2\sigma_r) = 2rC_1 \tag{9-17}$$

Integrando-se (9-17) obtém-se

$$r^2\sigma_r = r^2C_1 + C_2 \tag{9-18}$$

em que C_2 é uma constante de integração.

Resolvendo-se (9-18) para σ_r

$$\sigma_r = C_1 + \frac{C_2}{r^2} \tag{9-19}$$

Combinando-se (9-19) com (9-13) obtém-se

$$\sigma_t = C_1 - \frac{C_2}{r^2} \tag{9-20}$$

As *condições de contorno* de interesse podem ser formuladas a partir da Figura 9.2, como

$$\sigma_r = -p_i \quad \text{em} \quad r = a \tag{9-21}$$

$$\sigma_r = -p_e \quad \text{em} \quad r = b \tag{9-22}$$

Inserindo-se estas condições de contorno, uma de cada vez, em (9-19) obtém-se

$$-p_i = C_1 + \frac{C_2}{a^2} \tag{9-23}$$

e

$$-p_e = C_1 + \frac{C_2}{b^2} \tag{9-24}$$

Estas duas equações podem ser resolvidas simultaneamente para C_1 e C_2, e depois os valores de C_1 e C_2 são inseridos em (9-19) e (9-20) para fornecer, finalmente,

$$\sigma_r = \frac{p_ia^2 - p_eb^2 + \left(\dfrac{a^2b^2}{r^2}\right)(p_e - p_i)}{b^2 - a^2} \tag{9-25}$$

e

$$\sigma_t = \frac{p_ia^2 - p_eb^2 - \left(\dfrac{a^2b^2}{r^2}\right)(p_e - p_i)}{b^2 - a^2} \tag{9-26}$$

Nestas equações para a tensão (+) representa tração e (−) compressão.

Em muitas aplicações, o vaso de pressão está submetido *somente à pressão interna* ($p_e = 0$), fornecendo

$$\sigma_r = \frac{a^2p_i}{b^2 - a^2}\left[1 - \frac{b^2}{r^2}\right] \tag{9-27}$$

$$\sigma_t = \frac{a^2p_i}{b^2 - a^2}\left[1 + \frac{b^2}{r^2}\right] \tag{9-28}$$

Para vasos *internamente* pressurizados, *ambos* os picos das *intensidades de tensão* de σ_r e σ_t *ocorrem no raio interno*[6] $r = a$ em que

$$\sigma_r|_{r=a} = -p_i \tag{9-29}$$

$$\sigma_t|_{r=a} = p_i\left(\frac{b^2 + a^2}{b^2 - a^2}\right) \tag{9-30}$$

A Figura 9.3(a) apresenta um esboço das formas das distribuições de tensões para σ_r e σ_t, para o caso de um cilindro internamente pressurizado.

Se um vaso de pressão de paredes grossas, internamente pressurizado, é fechado em ambas as extremidades, a tensão longitudinal resultante σ_l pode ser determinada adaptando-se os conceitos de equilíbrio que levaram a (9-6) como

$$\sigma_l = p_i\left(\frac{a^2}{b^2 - a^2}\right) \tag{9-31}$$

Deve-se observar que as tensões de um vaso de pressão σ_r, σ_t e σ_l são todas *tensões principais*.

Em algumas aplicações o vaso de pressão pode estar submetido *somente à pressão externa* ($p_i = 0$), fornecendo

$$\sigma_r = \frac{-b^2 p_e}{b^2 - a^2}\left(1 - \frac{a^2}{r^2}\right) \tag{9-32}$$

$$\sigma_t = \frac{-b^2 p_e}{b^2 - a^2}\left(1 + \frac{a^2}{r^2}\right) \tag{9-33}$$

Para vasos *externamente* pressurizados, os picos das intensidades de tensão de σ_r e σ_t *não ocorrem no mesmo raio*. O pico da intensidade de σ_r ocorre no raio interno, $r = a$. A Figura 9.3(b) apresenta um esboço das formas das distribuições de tensões para σ_r e σ_t para o caso de um cilindro externamente pressurizado.

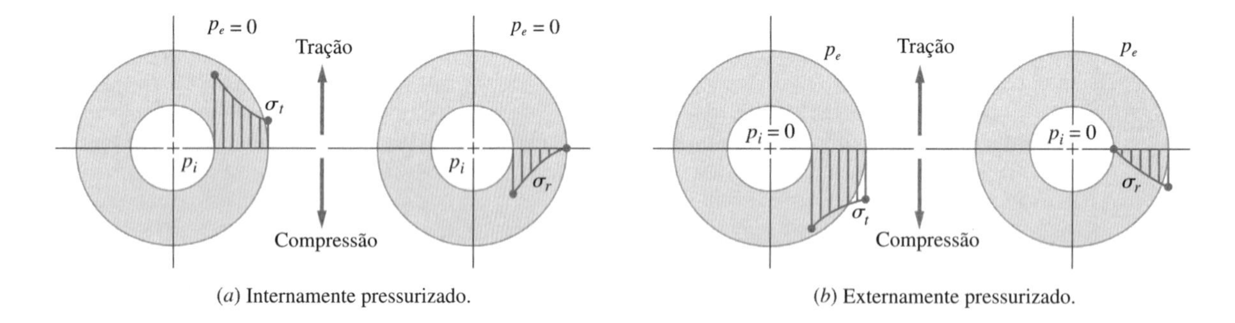

Figura 9.3
Distribuições de tensões radial e tangencial ao longo da espessura da parede de cilindros de paredes grossas pressurizados interna e externamente.

Exemplo 9.1 Projetando a Casca Pressurizada de um Atuador Hidráulico Cilíndrico de Paredes Grossas

Um atuador hidráulico de ação simples para elevação vertical é projetado para operar a uma temperatura ambiente de 900ºF. O material inicialmente escolhido para a casca externa cilíndrica é o aço 1020. Conforme mostrado na Figura E9.1, o atuador deve ter a capacidade de elevar na vertical uma carga estática máxima de 14.000 libras-força, e mantê-la no lugar. A fonte de pressão disponível fornece uma pressão de 2000 psi ao atuador. Uma válvula de liberação de pressão permite que, quando desejado, a carga faça o atuador recuar. O diâmetro externo do cilindro de aço não deve exceder 4,0 polegadas por causa de restrições associadas à folga, mas quanto menor for este cilindro, melhor. Desenvolva os cálculos iniciais de projeto para determinar as dimensões pertinentes da casca cilíndrica, desconsiderando, por enquanto, as complexidades associadas à concentração de tensões. Deseja-se um fator de segurança de projeto de 2,5.

---

[6] Como a tensão tangencial máxima de tração $(\sigma_t)_{máx}$ ocorre na superfície *interna* do vaso de pressão, as regiões mais prováveis de iniciação de trinca são as da superfície *interna* do vaso de pressão cilíndrico de paredes grossas. Isto requer uma atenção especial na tarefa da escolha de uma técnica de inspeção apropriada para detecção de trincas. Veja 7.6.

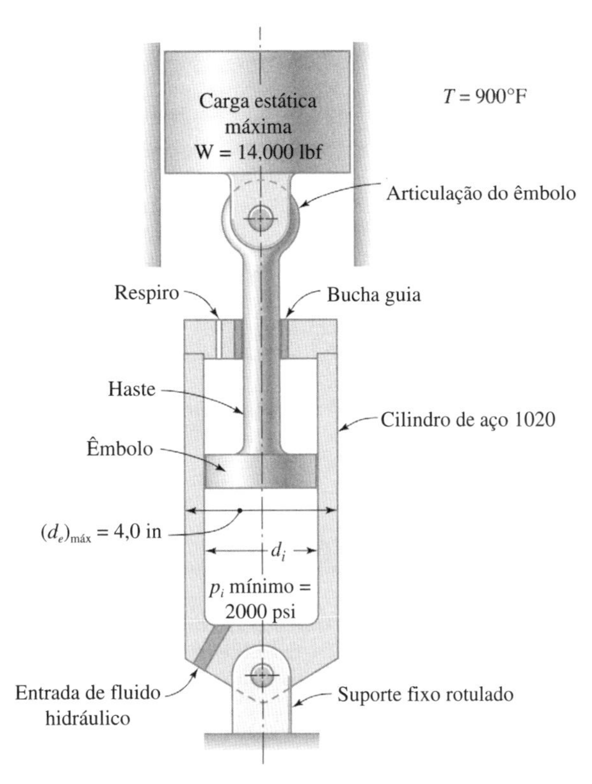

Figura E9.1
Esboço conceitual do atuador hidráulico para alta temperatura.

Solução

As dimensões pertinentes necessárias são o diâmetro interno d_i e o diâmetro externo d_e. A estratégia de solução consiste em primeiro determinar o diâmetro do êmbolo d_i necessário para suportar a carga e, em seguida, determinar o diâmetro externo d_e que forneça um fator de segurança de projeto de $n_d = 2{,}5$ no ponto crítico.

Como a carga máxima é $W = 14.000$ libras-força e a pressão fornecida é de 2000 psi, a área A_i necessária para o êmbolo pode ser determinada como

$$A_i = \frac{W}{p_i} = \frac{14.000}{2000} = 7{,}0 \text{ in}^2$$

da qual se pode calcular o diâmetro interno necessário para elevar a carga como

$$d_i = \sqrt{\frac{4A_i}{\pi}} = \sqrt{\frac{4(7{,}0)}{\pi}} = 3{,}0 \text{ polegadas}$$

Examinando-se a Figura E9.1, pode-se observar da configuração conceitual que as paredes do cilindro não estão submetidas a nenhuma carga axial porque a força axial induzida pela pressão sobre o êmbolo é diretamente transmitida à carga, à medida que a haste desliza através da bucha guia. Dessa forma, para o cálculo de projeto

$$\sigma_l = 0$$

resultando em um estado de tensões *biaxial* na parede do cilindro. Visto que neste caso somente se tem pressão interna, todos os pontos críticos estão sobre a parede interna, na qual se observam os picos em intensidade para as tensões radial e tangencial, conforme dado por (9-29) e (9-30). Além disso, não existem componentes de tensão de cisalhamento sobre os elementos de volume no raio $r_i = d_i/2$, tornando σ_r e σ_t tensões principais *por definição*.

Uma vez que o aço 1020 é um material dúctil, o estado de tensões é multiaxial (biaxial) e a carga é estática, a equação de projeto da energia de distorção (6-14) é apropriada para o uso. Reduzindo-se (6-14) ao caso biaxial, é necessário que

$$\frac{1}{2}[(\sigma_t - \sigma_r)^2 + \sigma_r^2 + \sigma_t^2] = \sigma_d^2$$

O modo de falha dominante para este caso é julgado como o escoamento a uma temperatura ambiente de 900°F. Da Tabela 3.5, o limite de escoamento do aço 1020 a 900°F é encontrado como

$$S_{yp\text{-}900} = 24.000 \text{ psi}$$

Exemplo 9.1 Continuação

assim, a tensão de projeto torna-se

$$\sigma_d = \frac{S_{yp-900}}{n_d} = \frac{24.000}{2,5} = 9600 \text{ psi}$$

No raio interno, $r_i = 1,5$ polegada, de modo que (9-29) e (9-30) fornecem

$$\sigma_r|_{r=1,5} = -2000 \text{ psi}$$

e

$$\sigma_t|_{r=1,5} = 2000\left[\frac{r_e^2 + 1,5^2}{r_e^2 - 1,5^2}\right]$$

Inserindo-se estes no critério de falha fornece

$$\frac{1}{2}\left[\left(2000\left\{\frac{r_e^2 + 1,5^2}{r_e^2 - 1,5^2}\right\} - \{-2000\}\right)^2 + (-2000)^2 + \left(2000\left\{\frac{r_e^2 + 1,5^2}{r_e^2 - 1,5^2}\right\}\right)^2\right] = (9600)^2$$

Possivelmente, a forma mais imediata para resolver esta equação de quarta ordem implícita para r_e é por meio de tentativa e erro. Uma vez que as restrições físicas limitam r_e a um valor máximo de 4,0 polegadas, pode-se tentar primeiro este valor. Utilizando a expressão anterior, pode-se iniciar um processo iterativo, conforme mostrado em seguida, primeiro dividindo-se ambos os lados pelo termo $(2000)^2/2$.

Da Tabela E9.1, as recomendações iniciais de projeto são

$$d_i = 3,0 \text{ polegadas}$$

$$d_e = 2_{r_e} = 3,8 \text{ polegadas}$$

É interessante observar que a razão entre a espessura da parede e o diâmetro médio é

$$R = \frac{t}{d_m} = \frac{0,4}{3,4} = 0,12$$

de modo que, das discussões de 9.6, a solução deste problema de projeto utilizando as hipóteses de paredes finas ficaria de marginal a insatisfatória em termos de uma avaliação precisa dos requisitos de espessura de parede.

TABELA E9.1 Resumo do Processo Iterativo

r_e	r_e^2	Lado esquerdo	Lado direito	Comentário
2,0	4,0	34,65	46,08	não é solução
1,8	3,24	74,59	46,08	não é solução
1,9	3,61	47,75	46,08	suficientemente perto

9.8 Ajustes com Interferência: Pressão e Tensões

Conforme discutido em 9.2, a distribuição de tensões no cubo e no eixo em uma montagem com ajuste de interferência pode ser prontamente determinada utilizando-se (9-29) e (9-30) para o cubo e (9-32) e (9-33) para o eixo. A fim de determinar a pressão interfacial p como uma função dos materiais e da geometria da montagem eixo-cubo, os quatro princípios básicos da teoria da elasticidade, apresentados em 9.5, podem ser mais uma vez utilizados. Considerando-se o eixo e o cubo como cilindros concêntricos, acoplados por meio de um ajuste de interferência, conforme ilustrado na Figura 9.4, os requisitos de *compatibilidade geométrica* podem ser escritos como

$$|f - a| + |d - f| = \frac{\Delta}{2} \quad (9\text{-}34)$$

em que

$$\Delta \equiv \text{interferência diametral} \quad (9\text{-}35)$$

Os raios do eixo e do cubo antes e depois da montagem, conforme mostrados na Figura 9.4, são definidos da seguinte forma:

a = raio interno do cubo antes da montagem
b = raio externo do cubo antes da montagem

Figura 9.4
Esboços mostrando as dimensões de um eixo vazado e um cubo, antes e depois da montagem.

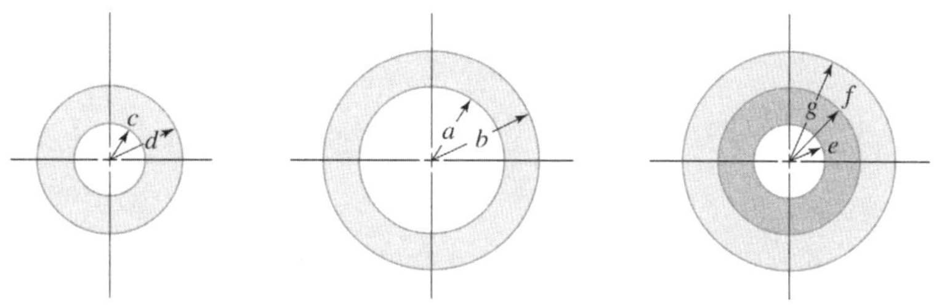

(*a*) Eixo vazado antes da montagem (*b*) Cubo antes da montagem (*c*) Eixo vazado depois da montagem

c = raio interno do eixo antes da montagem
d = raio externo do eixo antes da montagem
e = raio interno do eixo após a montagem
f = raio interfacial comum após a montagem
g = raio externo do cubo após a montagem

A seguinte notação de subscritos será utilizada durante o desenvolvimento de uma expressão para a pressão interfacial p:

h = cubo
s = eixo
t = tangencial
r = radial
l = longitudinal

Para prosseguir, as intensidades das deformações tangenciais (circunferenciais) no cubo e no eixo, respectivamente, no raio f na montagem, podem ser expressas como

$$|\varepsilon_{th}| = \left|\frac{2\pi f - 2\pi a}{2\pi a}\right| = \left|\frac{f - a}{a}\right| \tag{9-36}$$

e

$$|\varepsilon_{ts}| = \left|\frac{2\pi d - 2\pi f}{2\pi d}\right| = \left|\frac{d - f}{d}\right| \tag{9-37}$$

Em seguida, escrevendo-se as equações da *Lei de Hooke* (válidas tanto para o cubo como para o eixo em seu raio comum f),

$$\varepsilon_{th} = \frac{1}{E_h}[\sigma_{th} - \nu_h(\sigma_{rh} + \sigma_{lh})] \tag{9-38}$$

e

$$\varepsilon_{ts} = \frac{1}{E_s}[\sigma_{ts} - \nu_s(\sigma_{rs} + \sigma_{ls})] \tag{9-39}$$

Também, *por equilíbrio*, no raio f

$$\sigma_{rh} = \sigma_{rs} \tag{9-40}$$

e

$$\sigma_{lh} = \sigma_{ls} = 0 \tag{9-41}$$

considerando-se iguais os comprimentos do eixo e do cubo. (Normalmente estes não são iguais em comprimento e torna-se necessário introduzir um fator de concentração da extremidade de cubo.)

Reescrevendo (9-30) para o cubo,

$$\sigma_{th} = p\left(\frac{b^2 + a^2}{b^2 - a^2}\right) \tag{9-42}$$

e de (9-29)

$$\sigma_{rh} = -p \tag{9-43}$$

em que p é a pressão interfacial resultante da montagem com interferência do cubo no eixo.

Da mesma forma, para o eixo, (9-33) obtém-se

$$\sigma_{ts} = -p\left(\frac{d^2 + c^2}{d^2 - c^2}\right) \tag{9-44}$$

e de (9-32)

$$\sigma_{rs} = -p \tag{9-45}$$

Inserindo (9-36) e (9-37) em (9-34) obtém-se

$$|\varepsilon_{th}a| + |\varepsilon_{ts}d| = \frac{\Delta}{2} \tag{9-46}$$

Substituindo-se (9-42), (9-43), (9-44) e (9-45) em (9-38) e (9-39), e então substituindo-se as expressões resultantes em (9-46), tem-se

$$\left|\frac{a}{E_h}\left[p\left(\frac{b^2 + a^2}{b^2 - a^2}\right) - (-p)\nu_h\right]\right| + \left|\frac{d}{E_s}\left[-p\left(\frac{d^2 + c^2}{d^2 - c^2}\right) - (-p)\nu_s\right]\right| = \frac{\Delta}{2} \tag{9-47}$$

a qual pode ser resolvida para a pressão interfacial p como

$$p = \frac{\Delta}{2\left[\frac{a}{E_h}\left(\frac{b^2 + a^2}{b^2 - a^2} + \nu_h\right) + \frac{d}{E_s}\left(\frac{d^2 + c^2}{d^2 - c^2} - \nu_s\right)\right]} \tag{9-48}$$

Utilizando-se o valor de p de (9-48), as tensões radiais e tangenciais no cubo e no eixo podem ser determinadas usando-se (9-27), (9-28), (9-29) e (9-33).

Se o eixo e o cubo são feitos do mesmo material, $E_s = E_h \equiv E$, e $\nu_s = \nu_h \equiv \nu$. Também, se o eixo é maciço, $c = 0$ e $a = d$, que pode ser considerada uma boa aproximação. Sob estas circunstâncias (9-48) simplifica-se para

$$p = \frac{E\Delta}{4a}\left[1 - \frac{a^2}{b^2}\right] \tag{9-49}$$

Em casos nos quais o comprimento do cubo é menor que o do eixo (caso usual), ocorrem concentrações de tensões nas extremidades do cubo devido à variação súbita na geometria. A Figura 4.7 fornece fatores de concentração de tensões de extremidade de cubo para esta condição.[7] Na prática, quase sempre se especifica uma base elevada, com raios de concordância generosos, para o eixo na região onde o cubo é montado em um ajuste de interferência. Esta prática reduz consideravelmente os efeitos de concentração de tensões nas extremidades do cubo e facilita a montagem (o cubo desliza com facilidade sobre o eixo até alcançar o diâmetro maior).

Exemplo 9.2 Projetando uma Montagem com Ajuste por Interferência

Para uma aplicação especial, deseja-se montar um disco de bronze fosforoso em um eixo vazado de aço, utilizando um ajuste de interferência para retenção. O disco será feito de bronze fosforoso C-52100 laminado a quente, e o eixo vazado será feito de aço 1020 estirado a frio. Conforme mostrado na Figura E9.2, as dimensões nominais propostas do disco são 250 mm de diâmetro externo e 75 mm de diâmetro do furo, e para o eixo na região elevada para a montagem, 75 mm de diâmetro externo e 50 mm de diâmetro interno. O comprimento do cubo é de 100 mm. Tomou-se a decisão de que a tensão máxima no disco não deve ultrapassar metade do limite de escoamento do material do disco.

a. Qual é a interferência diametral máxima que pode ser especificada para o ajuste entre o disco de bronze fosforoso e o eixo de aço?

b. Se o coeficiente de atrito ente o bronze fosforoso e o aço é de aproximadamente 0,34 a seco e 0,17 lubrificado (veja Tabela A.1 do Apêndice), qual é o torque que você estima que possa ser transferido do eixo para o disco sem deslizamento?

c. Qual é a capacidade aproximada da prensa hidráulica que você estima como necessária para extrair o eixo para fora do disco após sua montagem, utilizando-se a interferência especificada em (a)?

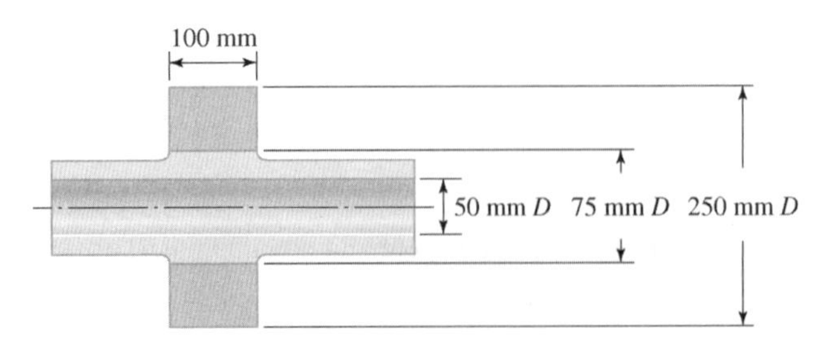

Figura E9.2
Esboço mostrando a configuração nominal da montagem por ajuste de interferência.

[7] Veja também ref. 3, ¶5.5.

Solução

As propriedades do material de interesse podem ser encontradas nas Tabelas 3.3, 3.9 e 3.10. Para cada material tem-se:

Bronze comercial (52100):

$$S_u = 379 \text{ MPa}$$
$$S_{yp} = 165 \text{ MPa}$$
$$E = 110 \text{ GPa}$$
$$\nu = 0{,}35$$
$$e \text{ (50 mm)} = 70\%$$

Aço 1020 estirado a frio:

$$S_u = 421 \text{ MPa}$$
$$S_{yp} = 352 \text{ MPa}$$
$$E = 207 \text{ GPa}$$
$$\nu = 0{,}30$$
$$e \text{ (50 mm)} = 25\%$$

a. Para o disco de bronze fosforoso, de (9-29) e (9-30),

$$\sigma_r|_{r=37,5} = -p$$

e

$$\sigma_t|_{r=37,5} = p\left[\frac{(125)^2 + (37{,}5)^2}{(125)^2 - (37{,}5)^2}\right] = 1{,}20p$$

Como o estado de tensões é biaxial no raio interno do disco e o material é dúctil, a equação de projeto da energia de distorção (6-14) reduz-se a

$$\frac{1}{2}\left[(\sigma_t - \sigma_r)^2 + \sigma_r^2 + \sigma_t^2\right] = \left(\frac{165}{2}\right)^2$$

$$\frac{1}{2}\left[(1{,}2p - (-p))^2 + (-p)^2 + (1{,}2p)^2\right] = \left(\frac{165}{2}\right)^2 \quad \rightarrow \quad p = 1870 \text{ MPa}$$

Então, utilizando-se (9-48)

$$1870 \times 10^6 = \frac{\Delta}{2\left[\dfrac{0{,}0375}{110 \times 10^9}\left(\dfrac{(0{,}125)^2 + (0{,}0375)^2}{(0{,}125)^2 - (0{,}0375)^2} + 0{,}35\right) + \dfrac{0{,}0375}{207 \times 10^9}\left(\dfrac{(0{,}0375)^2 + (0{,}025)^2}{(0{,}0375)^2 - (0{,}025)^2} + 0{,}30\right)\right]}$$

o que fornece

$$\Delta = 0{,}00197 \text{ m} = 1{,}97 \text{ mm} \approx 2 \text{ mm}$$

como a interferência diametral *máxima* recomendada que satisfaz aos requisitos especificados.

b. A capacidade do torque de atrito da junta com ajuste de interferência é dada por (8-38) como

$$T_f = \frac{\mu p \pi d_s^2 l_h}{2}$$

Uma vez que é prática comum lubrificar as superfícies do eixo e do cubo antes de pressioná-las juntas, o coeficiente de atrito "lubrificado" $\mu = 0{,}17$ deve ser utilizado para fornecer

$$T_f = \frac{0{,}17(1870 \times 10^6)\pi(0{,}075)^2(0{,}10)}{2} = 281 \text{ kN-m}$$

c. A força axial necessária para extrair o eixo do cubo é

$$F_{ax} = \mu N = \mu p A = \mu p \pi d_s l_h$$

De modo a não subestimar o requisito referente à capacidade da prensa hidráulica, o coeficiente de atrito "seco" $\mu = 0{,}34$ deve ser utilizado, fornecendo

$$F_{ax} = (0{,}34)(1.870 \times 10^6)\pi(0{,}075)(0{,}10) = 14.980 \text{ kN}$$

Se a montagem tiver sido utilizada em serviço, a força axial necessária para a remoção poderá ainda ser maior por causa de fretagem ou corrosão.

De modo a ser conservada, estima-se uma prensa hidráulica com capacidade de 15 MN para a desmontagem.

9.9 Projeto para a Interferência Adequada

Ajustes com interferência são obtidos usinando-se o furo de um cubo com um diâmetro ligeiramente *menor* do que o do eixo do conjunto e, então, montando-se as duas partes. A montagem pode ser obtida pressionando-se juntos os dois componentes (ajuste forçado), ou aquecendo-se o cubo ou resfriando-se o eixo (ajuste por contração). As deflexões elásticas opostas experimentadas pelo eixo e pelo cubo podem vir a criar grandes pressões interfaciais e forças de atrito resistentes ao deslizamento entre si (veja 9.8). A pergunta é: qual é a interferência diametral a ser especificada para um desempenho adequado? Os fatores que devem ser considerados por um projetista ao responder a esta questão incluem:

1. O requisito de transferência de torque ou o requisito de resistência ao deslizamento para satisfazer as especificações de projeto
2. O estado de tensões no ponto crítico na montagem eixo-cubo, sob as condições de operação
3. Os materiais utilizados
4. O modo de falha provável
5. As tolerâncias de usinagem especificadas para o diâmetro da região elevada do eixo e o diâmetro do furo do cubo

Normalmente, o requisito de transferência de torque e os tamanhos nominais do eixo e do cubo são predeterminados pela potência, velocidade, carregamento e especificações de configuração da aplicação. A pressão interfacial necessária pode ser calculada desta lista, utilizando-se (8-38) ou alguma relação similar, e a interferência diametral desejada Δ pode ser determinada de (9-48) e (9-49).

Com frequência, a especificação para as tolerâncias adequadas dos diâmetros do eixo e do cubo é tão importante quanto a especificação da interferência diametral. Isto ocorre porque as "constantes de mola" do eixo e do cubo são tão rígidas que a interferência calculada Δ é frequentemente da mesma ordem das tolerâncias típicas de usinagem para ajustes cuidadosamente controlados. Consequentemente, eixos e cubos "fora de tolerância" podem produzir variações na interferência da montagem que resultam em um número significativo de falhas em serviço. As falhas podem variar desde o deslizamento ou fretagem por causa de ajustes excessivamente *folgados*, até falha por fadiga prematura ou escoamento do cubo devidos a ajustes excessivamente *apertados*. Um projetista deve examinar com cuidado as consequências da falha provável associada a especificações de tolerância, mas deve ter em mente o custo da utilização de requisitos de tolerância desnecessariamente restritivos.

Exemplo 9.3 Avaliação das Falhas em uma Montagem com Ajuste por Interferência

Um pequeno fabricante de transportadoras industriais leves experimentou numerosas falhas em serviço na roda dentada motriz de uma nova transportadora. Cerca de 1 em cada 5 instalações parece exibir um desgaste por contato acelerado na interface do ajuste forçado entre o cubo da roda dentada motriz e o eixo, e a roda dentada passa a girar com folga após algumas horas de operação. Você recebeu a tarefa de avaliar a causa da falha e recomendar a ação corretiva.

A informação que você recebeu é a seguinte:

Tanto o eixo como o cubo são feitos de aço 1020. O diâmetro de montagem do furo é especificado como 1,2500 polegada e o diâmetro do eixo do conjunto é especificado como 1,2510 polegada. Tomando como base a potência e a velocidade, o torque a ser transmitido foi calculado em 1250 lbf · in. O diâmetro externo do cubo é de 2,00 polegadas e o comprimento do cubo é de 1,25 polegada.

O engenheiro de projeto informa que utilizou um fator de segurança de *dois* em relação ao torque de transferência requerido no ajuste de interferência, ao calcular a interferência diametral especificada $\Delta = 0{,}0010$ polegada, uma vez que estas falhas de desgaste por contato estavam ocorrendo.

Verifique os cálculos do engenheiro de projeto, sugira as causas prováveis de falha e sugira ações corretivas.

Solução

Para verificar os cálculos do engenheiro de projeto, primeiro imponha o coeficiente de segurança de *dois* sobre o torque operacional ditado pelo requisito de transferência a fim de encontrar o valor de projeto do torque de atrito como

$$T_{fd} = 2(1250) = 2500 \text{ lbf} \cdot \text{in}$$

Utilizando-se (8-38), a pressão interfacial necessária é, então,

$$p = \frac{2(2500)}{(0{,}11)\pi(1{,}25)^2(1{,}25)} = 7410 \text{ psi}$$

em que o coeficiente de atrito $\mu = 0{,}11$ foi tomado como o valor "típico" para aço de baixo carbono lubrificado sobre aço de baixo carbono, da Tabela A.1 do Apêndice. Como o eixo e o cubo são feitos de aço 1020, (9-45) fornece a interferência diametral Δ conforme

$$\Delta = 7410\left[\frac{4\left(\frac{1{,}25}{2}\right)}{30\times 10^6\left(1-\frac{1{,}25^2}{2{,}0^2}\right)}\right] = 0{,}0010 \text{ polegada} \qquad (1)$$

Dessa forma, a especificação do engenheiro de projeto de uma interferência de 0,0010 in parece estar correta, fornecendo um diâmetro de furo de 1,2500 e um diâmetro de eixo de 1,2510.

Em seguida, os níveis de tensões no cubo podem ser checados utilizando-se (9-25) e (9-30) de modo a fornecer

$$\sigma_{rh} = -7410 \text{ psi}$$

e

$$\sigma_{th} = \left[\frac{2{,}0^2 + 1{,}25^2}{2{,}0^2 - 1{,}25^2}\right]7410 = 16.910 \text{ psi}$$

Supondo-se que o modo de falha dominante seja o escoamento, o limite de escoamento do aço 1020 pode ser obtido da Tabela 3.3 como

$$S_{yp} = 51.000 \text{ psi}$$

que fornece uma tensão de projeto, utilizando um fator de segurança de projeto de 2,

$$\sigma_d = \frac{51.000}{2} = 25.500 \text{ psi}$$

Uma vez que o material é dúctil, a equação de projeto da energia de distorção (6-14) é apropriada para investigar este estado de tensões biaxial. De (6-14), verifique para ver se

$$\frac{1}{2}[(16.910 - \{-7410\})^2 + (-7410)^2 + (16.910)^2] \overset{?}{\leq} (25.500)^2$$

ou se

$$4{,}66 \times 10^8 \overset{?}{\leq} 6{,}5 \times 10^8$$

A condição é satisfeita, de modo que os níveis de tensões *são aceitáveis*.

Qual poderia ser então a razão para as falhas em serviço? Merece atenção examinar a influência potencial das *tolerâncias* no ajuste. O cabeçalho nos desenhos do eixo e do cubo inclui as seguintes especificações de tolerância:

> A menos que se especifique o contrário, as dimensões são em polegadas e as tolerâncias são:
>
> .XX .... ± 0,03
> .XXX .... ± 0,005
> .XXXX .... ± 0,0005

De acordo com estas tolerâncias, as faixas admissíveis para os diâmetros do furo e do eixo são as seguintes

$$d_f = 1{,}2495 \text{ a } 1{,}2505 \text{ (furo)}$$

$$d_e = 1{,}2515 \text{ a } 1{,}2505 \text{ (eixo)}$$

Examinando-se a interferência diametral para o menor eixo em combinação com o maior furo, obtém-se a *interferência potencial mínima* como

$$\Delta_{mín} = 1{,}2505 - 1{,}2505 = 0{,}0000 \text{ polegada}$$

e combinando-se o maior eixo com o menor furo, obtém-se a *interferência potencial máxima* como

$$\Delta_{máx} = 1{,}2515 - 1{,}2495 = 0{,}0020 \text{ polegada}$$

Claramente $\Delta_{mín} = 0$ é inaceitável, pois sob estas condições nenhum torque de atrito pode ser transferido.

Em seguida, o estado de tensões sob a condição de interferência máxima deve ser examinado. Para $\Delta_{máx} = 0{,}0020$ polegada, adaptando-se (1),

$$p = 14.800 \text{ psi}$$

Exemplo 9.3 Continuação

fornecendo, de (9-29) e (9-30),

$$\sigma_{rh} = -14.800 \text{ psi}$$

e

$$\sigma_{th} = 33.820 \text{ psi}$$

Substituindo-se estes valores na equação de falha, verifique se

$$\frac{1}{2}[(33.820 - \{-14.800\})^2 + (-14.800)^2 + (33.820)^2] \overset{?}{\leq} (25.500)^2$$

ou se

$$1{,}86 \times 10^9 \overset{?}{\leq} 6{,}50 \times 10^8$$

A condição *não* é satisfeita, de modo que os níveis de tensões no cubo *excedem* os níveis de tensões de projeto (e, de fato, *excedem* também o limite de escoamento). Consequentemente, $\Delta_{máx} = 0{,}0020$ polegada é *inaceitável*, uma vez que o escoamento leva à perda do ajuste e à possível incapacidade de transferir os torques de operação.

Em resumo, especificações inadequadas de tolerância nesta aplicação levam a uma falha provável tanto na condição de interferência mínima como na condição de interferência máxima. Portanto, recomendam-se tolerâncias mais apertadas, apesar do aumento nos custos de produção.

Antes de fazer as recomendações finais, é interessante explorar os efeitos potenciais de outras variáveis, inclusive a faixa das temperaturas de operação (que não deve ser um problema, posto que o eixo e o cubo são do mesmo material) e a validade do valor do coeficiente de atrito utilizado nos cálculos.

Exemplo 9.4 Viabilidade de Utilização de uma Montagem com Ajuste por Interferência para Transmitir Torque

O projeto inicial do eixo desenvolvido no Exemplo 8.1 está sendo considerado para uma aplicação um pouco diferente na qual unidades SI serão usadas. Um segmento do eixo é mostrado na Figura E9.4. Considera-se utilizar um *ajuste de interferência* para montar o pinhão motriz de dentes retos com 125 mm de diâmetro de círculo primitivo e evolvente de 20° na região *D*, do eixo. Um torque de $T = 6000$ Nm é requerido para ser transferido pelo ajuste por interferência. Determinou-se que o pinhão pode ser adequadamente aproximado por um disco sem dentes de aço 1020 com um diâmetro externo de 118 mm e uma dimensão axial (comprimento) de 70 mm. Apresente uma recomendação sobre a factibilidade de se usar um ajuste de interferência considerando que se deseja um fator de segurança de 1,5 e um coeficiente de atrito de $\mu = 0{,}11$.

Solução

Impondo-se um fator de segurança de projeto de 1,5 no torque, o torque de atrito necessário em *D* é

$$T_{fd} = 1{,}5(6000) = 9000 \text{ Nm}$$

A pressão interfacial necessária pode ser determinada de (8-38) como

$$p = \frac{2T_{fp}}{\mu\pi d_s^2 l_h} = \frac{2(9000)}{(0{,}11)\pi(0{,}080)^2(0{,}070)} = 116 \text{ MPa}$$

Da Tabela A.1 do Apêndice, uma vez que o eixo e o cubo são feitos do mesmo material, (9-49) pode ser utilizada para fornecer a interferência diametral Δ como

$$\Delta = p\frac{4a}{E\left[1 - \left(\frac{a}{b}\right)^2\right]} = \left(116 \times 10^6\right)\frac{4(0{,}080/2)}{207 \times 10^9\left[1 - \left(\frac{0{,}080}{0{,}118}\right)^2\right]} = 0{,}000166 \text{ m} = 0{,}166 \text{ mm}$$

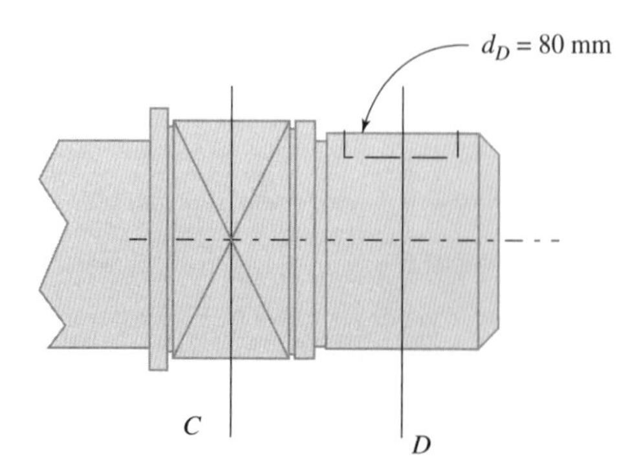

Figura E9.4
Segmento do eixo em redimensionamento para importação.

Calculando as tensões no cubo após a montagem, utilizando-se (9-29) e (9-30) na interface,

$$\sigma_{rh} = -116 \text{ MPa}$$

e

$$\sigma_{tc} = \left[\frac{(59)^2 + (40)^2}{(59)^2 - (40)^2}\right]116 = 313 \text{ MPa}$$

Supondo que o modo de falha dominante seja o escoamento, o limite de escoamento do aço 1020 de $S_{yp} = 352$ MPa, que resulta em uma tensão de projeto de

$$\sigma_d = \frac{S_{yp}}{n_d} = \frac{352}{1,5} = 245 \text{ MPa}$$

Como o material é dúctil, a equação da energia de distorção (6-14) é apropriada para investigar este estado de tensões biaxial. De (6-14), verifique para ver se $(\sigma_{th} - \sigma_{rh})^2 + \sigma_{rh}^2 + \sigma_{th}^2 \leq 2\sigma_d^2$.

$$(313 - (-116)^2 + (-116)^2 + (313)^2 \leq 2(245)^2$$

ou se

$$0,133 \times 10^6 \leq 0,12 \times 10^6$$

Uma vez que a expressão *não* é satisfeita, as tensões apresentam valores muito altos e o valor necessário mínimo de $\Delta_{mín} = 0,166$ mm promove o escoamento no cubo e *não* pode ser mantido.

Uma possibilidade para reduzir a tensão elevada pode ser aumentar o diâmetro externo do disco sem dentes utilizado para aproximar a engrenagem montada em *D*. As equações (9-29) e (9-30) podem ser usadas juntas com $\sigma_d = 245$ MPa para determinar-se um novo valor para o diâmetro externo do disco da engrenagem. Deixando o raio externo como uma incógnita, as tensões são expressas como

$$\sigma_{rh} = -116 \text{ MPa}$$

e

$$\sigma_{th} = 116\left[\frac{r_e^2 + \left(\frac{0,08}{2}\right)^2}{r_e^2 - \left(\frac{0,08}{2}\right)^2}\right]$$

O critério de falha é então expresso como

$$\left\{\left[\frac{r_e^2 + 0,0016}{r_e^2 - 0,0016}\right] + 1\right\}^2 + 1 + \left[\frac{r_e^2 + 0,0016}{r_e^2 - 0,0016}\right]^2 \leq 2\left(\frac{245}{116}\right)^2$$

Isto pode ser resolvido por iteração para determinar $r_0 \approx 0,095$ mm, significando que

$$d_e = 2r_e = 2(0,095) = 0,19 \text{ m} = 190 \text{ mm}$$

Para satisfazer ambos os requisitos de transferência de torque e níveis de tensões aceitáveis, o diâmetro do pinhão deve estar em torno de 190 mm, que representa um aumento de aproximadamente 50 por cento maior que o diâmetro original de 125 mm. Baseado nestes cálculos, o eixo original pode também experimentar problemas similares e deveria também ser checado. Se o aumento do tamanho é aceitável ou não, deve ser cuidadosamente avaliado antes de prosseguir.

Problemas

9-1. Quando as tensões e as deformações em um elemento de máquina ou em uma estrutura são investigadas, as análises são baseadas ou em uma abordagem de "resistência dos materiais" ou em um modelo da "teoria da elasticidade". O modelo da teoria da elasticidade facilita a *determinação* das distribuições de tensões e deformações no corpo, ao contrário da abordagem da resistência dos materiais na qual é necessário *assumir* as distribuições. Liste as relações básicas da teoria da elasticidade necessárias para se determinarem as distribuições das tensões e deformações dentro de sólidos elásticos submetidos à aplicação de forças e deslocamentos externos.

9-2. As equações para as tensões em cilindros de paredes finas são menos complexas do que as equações para as tensões em cilindros de paredes grossas por causa da validade de duas *hipóteses simplificadoras* que são feitas quando se analisam cilindros de paredes finas. Quais são essas duas hipóteses?

9-3. a. Um vaso de pressão cilíndrico de *paredes finas* com as extremidades fechadas vai ser submetido a uma pressão *externa* p_e com uma pressão interna nula. Começando com as equações da Lei de Hooke generalizada, desenvolva expressões para a deformação radial, deformação tangencial (circunferencial) e deformação longitudinal (axial) na parede do vaso cilíndrico como uma função da pressão p_e, diâmetro *d*, espessura de parede *t*, módulo de elasticidade *E* e coeficiente de Poisson ν.

b. Suponha que o vaso seja feito de aço 1018 laminado a quente [S_u = 400 MPa, S_{yp} = 220 MPa, ν = 0,30, E = 207 GPa e e(50 mm) = 25%] e se a pressão externa for p_e = 20 MPa. Se o vaso tem um diâmetro externo de 125 mm, uma espessura de parede de 6 mm e um comprimento de 400 mm, determine se o comprimento do vaso cresce ou decresce e de quanto.
c. Determine se a espessura do vaso muda (cresce ou decresce) e de quanto.
d. Você prevê que a parede do vaso irá escoar? (Despreze a concentração de tensões e suporte claramente a sua predição com cálculos apropriados.)

9-4 Um vaso de pressão de paredes finas com extremidades fechadas tem um diâmetro externo de 200 mm, uma espessura de parede de 10 mm e um comprimento de 600 mm. O vaso é submetido à pressão interna de 30 MPa e uma força axial trativa externa F. Suponha que o vaso é feito de liga de aço com S_u = 400 MPa, S_{yp} = 270 MPa, ν = 0,30, E = 207 GPa e e (50 mm) = 25%. Determine a maior força F que pode ser aplicada antes do escoamento ocorrer.

9-5. Baseado nos conceitos utilizados para derivar as expressões para as tensões na parede de um vaso de pressão *cilíndrico* de paredes finas, derive expressões para as tensões na parede de um vaso de pressão *esférico* de paredes finas.

9-6. Um cilindro hidráulico de aço, com as extremidades fechadas, tem um diâmetro interno de 3,00 polegadas e um diâmetro externo de 4,00 polegadas. O cilindro é internamente pressurizado por uma pressão de óleo de 2000 psi. Calcule (a) a máxima tensão tangencial na parede do cilindro, (b) a máxima tensão radial na parede do cilindro e (c) a máxima tensão longitudinal na parede do cilindro.

9-7. Um vaso de pressão cilíndrico feito de chapa de aço AISI laminada a quente tem as suas extremidades fechadas. A parede cilíndrica tem um diâmetro externo de 12,0 polegadas e um diâmetro interno de 8,0 polegadas. O vaso é internamente pressurizado até uma pressão manométrica de 15.000 psi.

a. Determine, da forma mais precisa que você conseguir, as intensidades da tensão radial máxima, da tensão tangencial máxima e da tensão longitudinal máxima na parede do vaso de pressão cilíndrico.
b. Fazendo as hipóteses "usuais" para paredes finas, e usando-se um diâmetro médio da parede cilíndrica de 10,0 polegadas para os seus cálculos, mais uma vez determine a intensidade da tensão radial máxima, a tensão tangencial máxima e a tensão longitudinal máxima na parede do vaso de pressão cilíndrico.
c. Compare os resultados de (a) e (b) calculando os erros percentuais de forma apropriada e comente sobre os resultados da sua comparação.

9-8 Um vaso de pressão cilíndrico de paredes finas com extremidades fechadas feito de aço AISI 1018 laminado a quente [S_u = 400 MPa, S_{yp} = 220 MPa, ν = 0,30, E = 207 GPa e e (50 mm) = 25%] tem um diâmetro interno de 200 mm e uma espessura de parede de 100 mm. É requerido que opere com um fator de segurança de projeto de n = 2,5. Determine a maior pressão interna que pode ser aplicada antes de o escoamento ocorrer.

9-9. Calcule a tensão tangencial máxima no cubo de uma montagem com ajuste forçado quando este é forçado sobre um diâmetro de montagem de um eixo de aço vazado. As dimensões do cubo antes de ser montado são 3,0000 polegadas para o diâmetro interno e 4,00 polegadas para o diâmetro externo, e as dimensões do eixo na região da sua montagem no cubo antes do eixo ser montado são 3,0300 polegadas para o diâmetro externo e 2,00 polegadas para o diâmetro interno. Proceda primeiro calculando a pressão interfacial nas superfícies comuns causada pelo ajuste forçado e, em seguida, calculando a tensão tangencial causada por esta pressão.

9-10 Um cubo de uma polia de alumínio [S_u = 186 MPa, S_{yp} = 76 MPa, ν = 0,33 e E = 71 GPa] tem um diâmetro interno de 100 mm e um diâmetro externo de 150 mm. Este é pressionado contra um eixo de aço vazado de 100,5 mm de diâmetro [S_u = 420 MPa, S_{yp} = 350 MPa, ν = 0,30 e E = 207 GPa] com um diâmetro interno desconhecido. Determine o diâmetro interno admissível do eixo de aço supondo um fator de segurança de projeto de n = 1,25.

9-11. Segundo o projeto de uma aeronave a jato de carga, o estabilizador da cauda, composto por uma superfície horizontal para controle de voo, será montado no topo da estrutura do leme da cauda e será controlado por duas unidades de atuação. A unidade de trás deve fornecer o movimento principal de grande amplitude, enquanto a unidade à frente deve fornecer a ação de compensação. O atuador à frente consiste, essencialmente, em um parafuso de potência (veja Capítulo 12) acionado por um motor elétrico, com um acionamento alternativo, que, com o propósito de segurança, forma uma unidade dupla, composta de um motor hidráulico que também pode acionar o parafuso. Além disso, um acionamento manual está disponível para o caso de ambos os acionamentos elétrico e hidráulico falharem.

O parafuso consiste em um tubo de um aço de alta resistência com rosca na superfície externa, e, para propósitos de segurança de modo a ter-se um caminho dual para a carga, um tubo de titânio será contraído e montado com interferência no interior do tubo. Para propósito de projeto preliminar, a rosca pode ser considerada como um tubo de 4 polegadas de diâmetro interno e ½ polegada de espessura de parede. O tubo de titânio tem um diâmetro externo nominal de 4 polegadas e uma parede de 1 polegada de espessura. Os tubos serão montados por meio do método de montagem envolvendo aquecimento-resfriamento. O coeficiente de dilatação linear para o aço é igual a $6{,}5 \times 10^{-6}$ in/in/°F, e o coeficiente de dilatação linear para o titânio é igual a $3{,}9 \times 10^{-6}$ in/in/°F.

a. Determine as dimensões efetivas a 70°F que devem ser especificadas, se a interferência diametral nunca deve ser, para qualquer temperatura dentro da faixa esperada, inferior a 0,002 polegada. As temperaturas esperadas variam entre os valores extremos de −60°F e 145°F. Além disso, o nível de tensão tangencial no tubo de aço não deve ultrapassar 120.000 psi para as temperaturas extremas.
b. Determine a temperatura segundo a qual a rosca deve ser aquecida, para propósitos de montagem, se o tubo de titânio for resfriado em nitrogênio líquido a −310°F e se a folga diametral entre os tubos, para propósitos de montagem, deve ser de aproximadamente 0,005 polegada.

9-12. Um componente de uma máquina usado para assegurar o controle de qualidade consiste em vários discos montados em um eixo. À medida que as peças passam sob os discos, as peças aceitáveis passam direto, enquanto as peças inaceitáveis não. Os próprios discos são sujeitos a desgaste e necessitam de substituição frequente. O tempo de substituição tem tipicamente sido um processo demorado, que afeta a produtividade. Como forma de diminuir o tempo de substituição, pede-se para verificar a viabilidade de um eixo de "mudança rápida" na qual os discos são deslizados sobre um eixo, que é então submetido à pressão interna, causando a sua expansão e criando um ajuste apertado com o disco. É requerido que o disco suporte um torque de atrito de 100 Nm. Os discos são feitos de bronze [S_u = 510 MPa, S_{yp} = 414 MPa, ν = 0,35 e E = 105 GPa] e o eixo é feito de alumínio [S_u = 186 MPa, S_{yp} = 76 MPa, ν = 0,33 e E = 71 GPa]. Os cubos dos discos de bronze têm diâmetro interno de 25 mm e diâmetro externo de 50 mm, e comprimento de cubo de 25 mm. Inicialmente, assume-se que o coeficiente de atrito entre o bronze e o alumínio seja de μ = 0,25 e um diâmetro externo do eixo de 24,5 mm. Efetue uma "primeira" avaliação da viabilidade desta ideia de projeto.

9-13. Uma engrenagem de aço será contraída para ser montada com interferência em um eixo maciço de aço, sendo o seu cubo pressionado contra um encosto para fornecer um posicionamento axial. O cubo da engrenagem tem um diâmetro interno nominal de 1 ½ polegada e um diâmetro externo nominal de 3 polegadas. O diâmetro nominal do eixo é de 1 ½ polegada. Para transmitir o torque, estimou-se que será necessária a classe de ajuste por força FN 5 (veja Tabela 6.7). As tensões no cubo não devem exceder o limite de escoamento do material do cubo e deseja-se um fator de segurança de projeto de pelo menos 2, baseado no escoamento.

Dois aços dúcteis foram propostos para a engrenagem: aço AISI 1095 temperado e estirado com uma dureza Rockwell C 42 e um aço AISI 4620 laminado a quente (com os dentes cementados). Avalie esses dois materiais para a aplicação proposta e recomende um destes materiais (veja Tabela 3.3).

9-14. Uma engrenagem de aço tem um cubo com um furo de diâmetro igual a 1,0 polegada, um diâmetro externo do cubo igual a 2,0 polegadas e um comprimento do cubo igual a 1,5 polegada. Propôs-se montar a engrenagem sobre um eixo de aço de 1,0 polegada de diâmetro utilizando-se uma classe de ajuste por força FN 4 (veja Tabela 6.7).

a. Determine as máximas tensões tangencial e radial no cubo e no eixo para a condição de ajuste *mais folgado*.
b. Determine as máximas tensões tangencial e radial no cubo e no eixo para a condição de ajuste *mais justo*.
c. Estime o torque máximo que pode ser transmitido por meio da conexão de ajuste forçado antes que ocorra deslizamento entre a engrenagem e o eixo.

9-15. O cubo de 60 mm de comprimento de uma polia de aço [S_u = 420 MPa, S_{yp} = 350 MPa, ν = 0,30 e E = 207 GPa] tem uma roseta retangular de "*strain gages*" colada. Os "*strain gages*" *A* e *C* são perpendiculares entre si e o "*strain gage*" *B* está a 45° em relação aos outros "*strain gages*", como mostrado na Fig. P9.15. O diâmetro externo do cubo é de 50 mm e o diâmetro interno é de 25 mm. Cada "*strain gage*" foi zerado antes de a polia começar a ser prensada com ajuste no eixo. A polia é ajustada ao eixo sólido de aço, feito do mesmo material da polia com uma interferência diametral de Δ = 0,04 mm. Determine as deformações indicadas por cada um dos "*strain gages*" após o eixo e a polia serem montados.

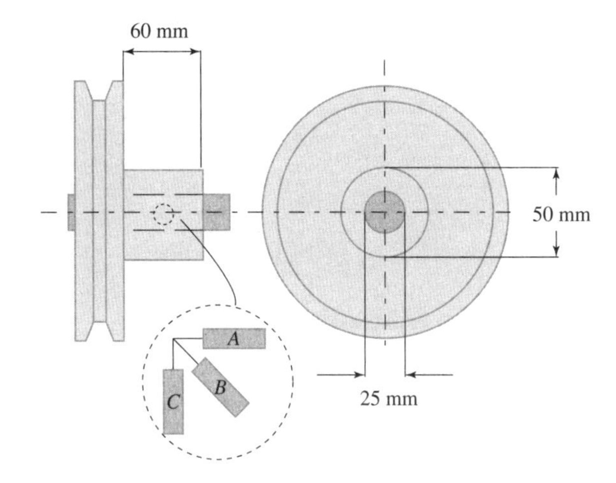

Figura P9.15
Localização dos "*strain gages*" na polia de alumínio montada no eixo de aço.

Capítulo 10

Mancais de Deslizamento e Lubrificação

10.1 Tipos de Mancais

Mancais são elementos de máquinas que *permitem movimento relativo orientado entre dois componentes*, enquanto transmitem forças de um componente para o outro *sem permitirem movimento na direção da aplicação das cargas*. Por exemplo, cada uma das utilizações de transmissão mostradas na Figura 8.1 necessita de um conjunto de mancais para sustentar estavelmente o eixo com suas cargas aplicadas, enquanto ao mesmo tempo permite que o eixo gire livremente. As cargas aplicadas no eixo são tipicamente produzidas por engrenagens, correias, correntes, volantes ou outros elementos especializados montados no eixo. Todo dispositivo mecânico com partes móveis necessita de pelo menos um mancal de algum tipo para permitir o movimento relativo desejado enquanto provê as restrições necessárias e a capacidade de carregamento.

Todos os mancais podem ser classificados de forma ampla em dois tipos:

1. Mancais de deslizamento
2. Mancais de rolamentos

Mancais de deslizamento, caracterizados pelo escorregamento de uma superfície móvel sobre a outra, são estudados em detalhes nas seções seguintes deste capítulo. Mancais de rolamentos, caracterizados pela interposição de elementos tais como esferas ou rolos entre as superfícies móveis, são estudados no Capítulo 11.

10.2 Utilizações e Características de Mancais de Deslizamento

Os usos de mancais de deslizamento incluem deslizamentos alternativos, componentes rotativos ou oscilantes de seção transversal cilíndrica em luvas anulares e discos giratórios ou discos oscilantes deslizando sobre outros discos. Estes vários tipos de mancais de deslizamento estão conceitualmente ilustrados na Figura 10.1. As vantagens de mancais de deslizamento sobre mancais de rolamentos, quando apropriadamente projetados, incluem:[1]

1. Menor custo de aquisição
2. Projeto simples tanto do eixo quanto do alojamento
3. Exige pequeno espaço radial
4. Operação silenciosa
5. Não é muito sensível a sujeiras ou a partículas
6. Menos sujeito à falha por fadiga
7. Menos sujeito à fadiga por fretagem quando ocorrem movimentos relativos, cíclicos, de pequena amplitude
8. Relativamente leve
9. De fácil reposição

A maioria das utilizações de mancais de deslizamento incluem o uso de um lubrificante na interface deslizante para a redução do arrasto de atrito e da perda de potência, sustentação da carga transmitida (algumas vezes) e auxílio na dissipação do calor produzido. De fato, mancais de deslizamento são normalmente subclassificados em relação aos tipos de condições de lubrificação que prevalecem na interface de deslizamento. Como será discutido em detalhes em 10.5, as categorias de lubrificação de mancais de deslizamento incluem lubrificação hidrodinâmica, lubrificação limítrofe, lubrificação hidrostática e lubrificação de filme sólido.

[1] Para vantagens de mancais de rolamentos, veja o Capítulo 11.

Figura 10.1
Esboços conceituais de vários tipos de mancais de deslizamento.

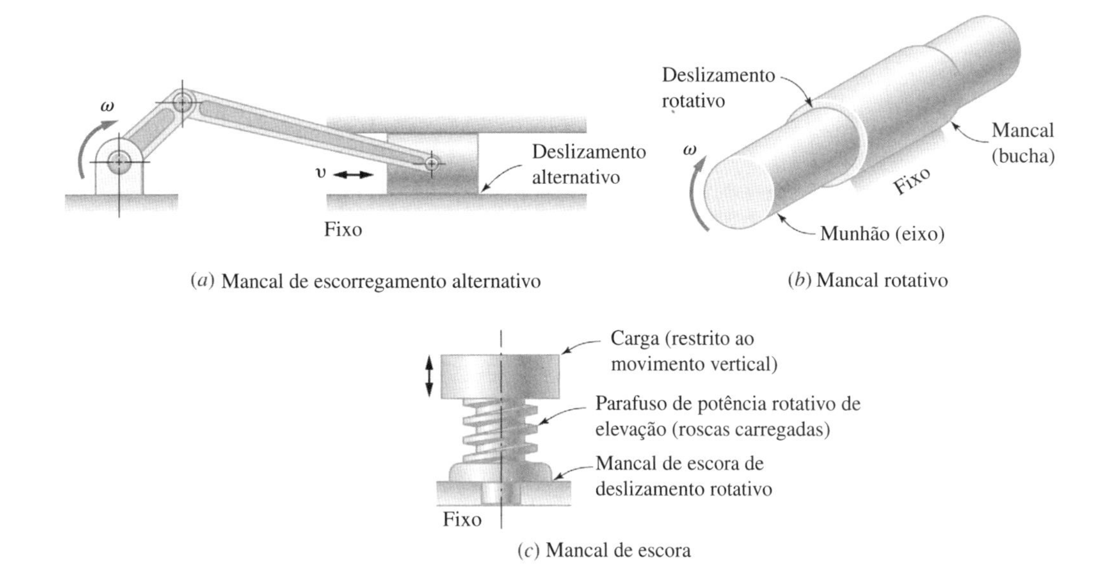

(*a*) Mancal de escorregamento alternativo

(*b*) Mancal rotativo

(*c*) Mancal de escora

10.3 Modos Prováveis de Falha

Em função do uso específico, da qualidade do movimento relativo de deslizamento, o tipo de regime lubrificante na interface de deslizamento e o meio, mancais de deslizamento podem ser vulneráveis a falha por vários modos possíveis. A partir de uma lista de modos de falhas possíveis, descrita em 2.3, a falha de mancais de deslizamento poderia ocorrer por escoamento, corrosão, desgaste adesivo, desgaste abrasivo, desgaste corrosivo, desgaste por fadiga superficial, desgaste por fretagem, fluência ou desgaste por contato e aderência. Por exemplo, se as cargas radiais no mancal forem altas em um mancal de deslizamento tipo *munhão e mancal*, particularmente quando em repouso, escoamentos significativos podem vir a ocorrer na área de contato (veja a discussão das tensões de contato de Hertz em 4.6). A produção de ácidos durante a oxidação de lubrificantes, ou contaminação externa, pode induzir uma corrosão inaceitável das superfícies do mancal. Se o filme lubrificante for tão fino que ocorra o contato metal–metal na interface do mancal (frequentemente durante a partida inicial), o desgaste adesivo poderá danificar as superfícies do mancal. Partículas estranhas provenientes do meio de operação, ou partículas oxidadas de desgaste, podem gerar danos por desgaste abrasivo, e em casos severos, resultar em desgaste por contato e aderência. Em função dos materiais utilizados, o aquecimento produzido por atrito na interface do mancal e a capacidade de dissipação de calor da configuração projetada podem resultar em temperaturas elevadas que podem induzir a falhas tais como fluência, ruptura do filme lubrificante ou mudanças inaceitáveis induzidas por temperatura nas dimensões ou folgas. Se as cargas ou os movimentos de deslizamentos forem cíclicos e as amplitudes de deslizamento forem pequenas, o desgaste por fadiga superficial ou desgaste por fretagem podem danificar as superfícies conjugadas, conduzindo-as enfim à falha.

10.4 Materiais de Mancais de Deslizamento

Mantendo-se em mente os modos potenciais de falha enfatizados em 10.3 e as orientações para a seleção de materiais do Capítulo 3, pares de materiais pré-selecionados para mancais de deslizamento devem ter, agregados, resistência à compressão adequada, boa resistência à fadiga, baixa resistência ao cisalhamento (para facilitar o aplainamento das asperezas superficiais), baixo módulo de elasticidade (para acomodar desalinhamentos e deflexões), boa ductilidade e baixa dureza (para promover o embutimento de pequenas partículas abrasivas externas), alta condutividade térmica (para dissipar o calor induzido por atrito) e coeficientes de expansão térmica compatíveis (para minimizar o empeno devido à expansão térmica diferencial). Sob a maioria das circunstâncias, um par de elementos de mancais consiste em um material duro, como um eixo de aço, deslizando sobre um material macio e dúctil, tal como um mancal de bronze (frequentemente considerado como elemento de desgaste de reposição).

A seleção de materiais para eixos de transmissão foi discutida em 8.3. Materiais tipicamente utilizados para o elemento mais macio de desgaste incluem ligas de bronze para mancais (exemplo: bronze-chumbo, bronze-estanho, bronze-alumínio e cobre-berílio), babbitt (de base de chumbo ou de base de estanho), metais porosos sinterizados (bronze, estanho e alumínio) e materiais não metálicos autolubrificados (teflon, náilon, acetal, resina fenólica ou policarbonato, qualquer um dos quais pode ser preenchido com grafite ou dissulfeto de molibdênio). A prata é ocasionalmente utilizada como uma superfície de mancal, usualmente como uma camada muito fina de revestimento em um substrato de mais alta resistência. Em utilizações especiais, tais como mancais submersos, borracha sulcada ou outros elastômeros são algumas vezes escolhidos.

10.5 Conceitos de Lubrificação

Idealmente, a *lubrificação* de mancais de deslizamento inclui o suprimento de uma quantidade suficiente de lubrificante limpo, não contaminado (usualmente óleo) para a interface de deslizamento com o objetivo de separar duas superfícies de atrito o suficiente para que não haja *contato entre as asperezas* durante a operação. Se o sistema de lubrificação do mancal está apto a operar sob as cargas aplicadas sem nenhum contato entre as asperezas das duas superfícies em movimento, o filme lubrificante (óleo) é chamado de *filme espesso* ou *filme completo*. Se as asperezas de uma das superfícies entrar em contato com as asperezas da outra superfície *através do filme lubrificante*, é chamado de *filme delgado* ou *filme parcial*. Se as circunstâncias são tais que não exista *nenhum lubrificante* na interface de contato, é dito que existe uma condição de *filme nulo*.

Se um filme espesso pode ser desenvolvido e mantido durante a operação do mancal, nenhum desgaste é esperado. Para este caso, a vida prevista do mancal seria infinita (ao menos, muito longa). Na prática, mesmo quando um sistema com mancal é projetado para operação de filme espesso, períodos de operação em filme delgado (ou filme nulo) podem ocorrer. Por exemplo, quando um eixo começa a girar a partir do repouso ou quando picos de cargas elevadas ocorrem, um breve evento de filme delgado quase sempre ocorre. Sob as condições de filme delgado algum *dano ao mancal* frequentemente ocorre, e a vida do mancal é, nesse caso, encurtada.

O filme lubrificante entre duas superfícies deslizantes do mancal pode ser desenvolvido tanto pelo provimento de uma quantidade suficiente de lubrificante *pressurizado externamente* à interface, separando as superfícies, quanto aproveitando da *qualidade viscosa*[2] do óleo, do *movimento relativo* entre as superfícies e da *geometria da interface* para produção de pressões localizadas que possam separar as superfícies. Quando a lubrificação com pressurização externa é utilizada, não é necessário movimento relativo para separar as superfícies, e o mancal é classificado como *hidrostático*. Quando um lubrificante viscoso é "bombeado" para o espaço em forma de cunha de um mancal pelo eixo rotativo (veja Figura 10.5), o mancal é classificado como *hidrodinâmico*.

Uma subcategoria especial de lubrificação hidrodinâmica, chamada de *lubrificação elasto-hidrodinâmica* ou *lubrificação de filme completo*, tem sido reconhecida em anos recentes como um fenômeno importante. O potencial para lubrificação elasto-hidrodinâmica existe quando superfícies não conformantes lubrificadas, tais como elementos rolantes de rolamentos, dentes de engrenagens ou cames, atravessam locais de contato de rolamento. Nessas circunstâncias, as superfícies lubrificadas rapidamente se aproximam umas das outras para "espremer" o filme lubrificante. Devido às pressões extremamente altas geradas no filme pressionado, deslocamentos elásticos das superfícies dos mancais podem tornar-se significativos e ocasionalmente a viscosidade efetiva do óleo aumenta na região de contato em até *20 ordens de grandeza*. Para tais casos, não podem acontecer contatos de asperezas através do filme de óleo.[3]

Se um mancal de deslizamento tem uma área superficial que é muito pequena ou muito áspera, ou se a velocidade relativa for muito baixa; se o volume de lubrificante fornecido for muito pequeno; se as temperaturas aumentarem muito (de forma que a viscosidade seja muito diminuída); se cargas se tornarem muito altas, os contatos entre as asperezas podem acontecer. Neste caso, a *divisão* de carga entre os locais de contato de asperezas e o filme lubrificante pressurizado pode mudar o comportamento da lubrificação significativamente. Tal cenário de lubrificação, em geral, é referido como *lubrificação limítrofe*.

Uma categoria adicional de lubrificação, *lubrificação de filme sólido*, é usualmente designada para casos nos quais lubrificantes secos, como grafite ou dissulfeto de molibdênio ou polímeros autolubrificantes, como Teflon ou náilon são utilizados.

10.6 Projeto de Mancais com Lubrificação Limítrofe

Se as cargas forem leves, é frequentemente possível a utilização de um mancal simples, de baixo custo, de lubrificação limítrofe para atender aos requisitos do projeto. Mancais de eixo de motor elétrico, mancais de equipamentos de escritório, mancais de ventiladores elétricos, mancais de escora de fusos de potência e dispositivos domésticos com mancais são exemplos de projetos bem-sucedidos

---

[2] Fluidos viscosos apresentam uma resistência ao cisalhamento; e, portanto, neste uso, o óleo é "arrastado" para dentro da região interfacial pelo movimento relativo (veja 10.7).

[3] Veja, para exemplo, ref. 9.

de mancais de lubrificação limítrofe. O lubrificante em tais casos pode ser suprido por almotolias, oleadores de gotas ou mecha, graxeiras, mancais de metal poroso com óleo impregnado, mancais com grafite ou dissulfeto de molibdênio impregnado (ou preenchido) ou mancais poliméricos autolubrificados.

O projeto de mancais com lubrificação limítrofe é um processo essencialmente empírico baseado na experiência *documentada* de usuários. Os parâmetros de projeto primários são a carga unitária do mancal P, a velocidade de deslizamento V e a temperatura de operação na interface de deslizamento Θ. Conceitualmente, a temperatura de equilíbrio de operação pode ser calculada igualando-se o *calor gerado por unidade de tempo* na interface de deslizamento ao *calor dissipado por unidade de tempo* para as adjacências (por condução, convecção e/ou radiação), e então resolvendo-se para um aumento de temperatura $\Delta\Theta$ na interface do deslizamento. Como uma questão prática, grandes variações na configuração e nas condições operacionais fazem com que a estimativa de dissipação de calor seja extremamente complexa e praticamente impossível de reduzi-la a um procedimento simples. A equação de balanço de calor toma a forma geral

$$\Delta\Theta = f(\text{geometria, material, coeficiente de atrito})\,(PV) \tag{10-1}$$

Pode ser observado que o produto de PV fornece um *índice de aumento de temperatura* na interface de deslizamento e é largamente utilizado como parâmetro de projeto para mancais com lubrificação limítrofe. A Tabela 10.1 lista valores de projeto-limite de PV com base na experiência para vários materiais, juntamente com os valores-limite de projeto para P, V e Θ. Para um projeto de configuração aceitável para um mancal, os valores operacionais de P, V e PV devem todos ser menores do que os valores-limite mostrados na Tabela 10.1. Os parâmetros P, V e PV podem ser calculados como

$$P = \frac{\text{carga do mancal}}{\text{área projetada}} = \frac{W}{dL}\ \text{psi} \tag{10-2}$$

$$V_{cont} = \text{velocidade de deslizamento para movimento contínuo} = \frac{\pi dN}{12}\ \frac{\text{ft}}{\text{m}} \tag{10-3a}$$

ou

$$V_{osc} = \text{velocidade de deslizamento média para movimento oscilatório} \tag{10-3b}$$

$$= \frac{\pi d}{12}\left(\frac{\varphi}{2\pi}\right)f = \frac{\varphi f d}{24}\ \frac{\text{ft}}{\text{min}}$$

e

$$PV = (P)(V)\ \frac{\text{psi}\cdot\text{ft}}{\text{min}} \tag{10-4}$$

TABELA 10.1 Limites de Projeto para Mancais de Lubrificação Limítrofe Operando em Contato com Eixos de Aço (Munhões)[1]

Material do Mancal	Carga Unitária Admissível Máxima $P_{máx}$		Velocidade Máxima de Escorregamento Admissível $V_{máx}$		Produto PV Máximo Admissível $(PV)_{máx}$		Temperatura Máxima Admissível Aproximada[2] $\Theta_{máx}$	
	ksi	MPa	ft/min	m/min	ksi-ft/min	MPa-m/min	°F	°C
Bronze poroso	2,0	13,8	1200	365,8	50	105,1	450	232,2
Bronze-chumbo poroso	0,8	5,5	1500	457,2	60	126,1	450	232,2
Ferro poroso	3,0	20,7	400	121,9	30	63,0	450	232,2
Bronze ao ferro poroso	2,5	17,2	800	243,8	35	73,6	450	232,2
Liga chumbo-ferro	1,0	6,9	800	243,8	50	105,1	450	232,2
Alumínio poroso	2,0	13,8	1200	365,8	50	105,1	250	120,8
Resina fenólica	6,0	41,4	2500	762,0	15	31,5	200	93,2
Náilon	2,0	13,8	600	182,9	3,0	6,3	200	93,2
Teflon	0,5	3,5	50	15,2	1,0	2,1	500	259,9
Compósito de Teflon	2,5	17,2	1000	304,8	10	21,0	500	259,9
Malha de Teflon	60,0	413,7	150	45,7	25	52,5	500	259,9
Policarbonato	1,0	6,9	1000	304,8	3,0	6,3	220	104,3
Acetal	2,0	13,8	600	182,9	3,0	6,3	200	93,2
Carbono-Grafite	0,6	4,1	2500	762,0	15	31,5	750	398,8
Borracha	0,05	0,34	4000	1219,2	—	—	150	65,4
Madeira	2,0	13,8	2000	609,6	12	25,2	160	71

[1] Veja a ref. 1.

[2] Se a temperatura de ruptura do filme do lubrificante for baixa, deve-se usá-la como temperatura limitante.

As *unidades misturadas* não usuais de PV tornaram-se tradicionais. As variáveis em (10-2), (10-3) e (10-4) são definidas como se segue:

W = carga radial total do mancal, lbf
d = diâmetro do munhão, polegadas
L = comprimento do mancal, polegadas
N = velocidade relativa entre o munhão e o mancal, rpm
φ = ângulo total varrido em cada oscilação, rad
f = frequência de oscilação, osc/min

Um procedimento de projeto preliminar que pode ser utilizado para estimar *inicialmente* o tamanho de um mancal com lubrificação limítrofe é:

1. Calcule o diâmetro do munhão (eixo) d utilizando uma análise baseada na resistência
2. Determine a resultante radial da carga do mancal W executando uma análise do equilíbrio de forças
3. Selecione materiais preliminares para o munhão e para o mancal
4. Calcule a velocidade de deslizamento V utilizando (10-3) e compare com $V_{máx}$ da Tabela 10.1. Se $V > V_{máx}$, torna-se necessário o reprojeto
5. Para os materiais selecionados determine o valor-limite $(PV)_{máx}$ a partir da Tabela 10.1
6. Utilizando-se os resultados dos passos 4 e 5, calcule P e compare com $P_{máx}$ da Tabela 10.1. Se $P > P_{máx}$, torna-se necessário o reprojeto
7. Utilizando-se o resultado do passo 6, e conhecendo-se os valores de W e d, calcule L a partir de (10.2)
8. É útil observar que as configurações de mancais mais bem-sucedidas têm razões de comprimento/diâmetro na faixa de

$$\frac{1}{2} \leq \frac{L}{d} \leq 2 \tag{10-5}$$

Se o resultado do passo 7 se encontra dentro desta faixa, o projeto preliminar está completo; caso não, uma decisão de projeto deve ser tomada se é necessário reprojeto adicional.

O atendimento de todos estes critérios é um processo tipicamente iterativo, e, na melhor das hipóteses, provê apenas uma configuração *preliminar* de projeto. São recomendadas verificações experimentais de qualquer novo projeto de aplicações de mancais com lubrificação limítrofe.

Exemplo 10.1 Projeto Preliminar de um Mancal com Lubrificação Limítrofe

Da análise baseada em resistência, o diâmetro do eixo em uma das posições dos mancais foi determinado sendo 20 mm. A carga radial resultante neste mancal foi determinada sendo 16 kN, a carga axial é nula e o eixo gira a 150 rpm. Nenhum torque é transmitido por esta parte do eixo. O eixo deve ser feito de aço 1020 laminado a quente.

Deseja-se projetar um mancal de deslizamento para esta posição. Um mancal de metal poroso impregnado com óleo é a primeira escolha da gerência e foi incluído como exigência nas especificações de projeto em função de seu baixo custo e da pouca manutenção. Conduza uma pesquisa sobre a praticabilidade de um projeto preliminar para a utilização de tal mancal para esta aplicação, e, se necessário, proponha alternativas.

Solução

Visto que este é um caso de rotação *contínua*, a velocidade de deslizamento V pode ser calculada por meio de (10-3a) como

$$V_{cont} = \pi d N = \pi(0{,}020)\,(150) = 9{,}4 \text{ m/min}$$

que fica bem abaixo da velocidade-limite $V_{máx}$ = 365,8 m/min (da Tabela 10.1) para mancal de bronze poroso. Também da Tabela 10.1, para um mancal de bronze poroso,

$$PV_{máx} = 105{,}1 \text{ MPa} \cdot \text{m/min}$$

De (10-4)

$$P = \frac{105{,}1}{9{,}4} = 11{,}1 \text{ MPa}$$

Que se encontra abaixo da carga-limite unitária $P_{máx}$ = 13,8 MPa (da Tabela 10.1) para um mancal de bronze poroso e, portanto, aceitável. Finalmente, de (10-2),

$$L = \frac{W}{Pd} = \frac{16.000}{\left(11{,}1 \times 10^6\right)(0{,}020)} = 0{,}072 \text{ m} = 72 \text{ mm}$$

E então, a razão é $L/d = 72/20 = 3{,}6$. Este valor de L/d situa-se bem fora da faixa recomendada definida por (10-5). Para ajustar a configuração do mancal, o limite superior pode ser selecionado utilizando-se (10-5), para dar $L/d = 2$, que resulta em um novo diâmetro de eixo de $d = 72/2 = 36$ mm. Substituindo-se este diâmetro de eixo, a nova carga unitária P, a velocidade V, e o produto PV são

$$P = \frac{16.000}{(0{,}036)(0{,}072)} = 6{,}2 \text{ MPa}$$

$$V_{cont} = \pi(0{,}032)(150) = 15{,}1 \text{ m/min}$$

$$PV = 6{,}2(15{,}1) = 93{,}6 \text{ MPa-m/min}$$

Estes valores são todos abaixo dos valores máximos admissíveis dados pela Tabela 10.1 para bronze poroso. As recomendações para o projeto preliminar podem ser resumidas como se segue:

1. Aumente o diâmetro local do eixo na região do mancal para aproximadamente $d = 36$ mm.
2. Faça com que o comprimento do mancal nesta posição seja de aproximadamente $L = 72$ mm.
3. Faça o mancal de bronze poroso, impregnado de óleo.

10.7 Projeto de Mancais Hidrodinâmicos

Em contraste com o projeto de mancais com lubrificação limítrofe, como discutido anteriormente, mancais com lubrificação hidrodinâmica dependem do desenvolvimento de um filme de lubrificante *espesso* entre o munhão e o mancal de forma que as asperezas superficiais não entrem em contato através do filme fluido. Visto que *não há asperezas em contato* em uma lubrificação hidrodinâmica ideal, as propriedades de materiais do munhão e do mancal tornam-se relativamente pouco importantes, mas as propriedades do lubrificante na folga entre o munhão e o mancal tornam-se *muito* importantes.[4] O estudo das propriedades dos lubrificantes e suas medições e o desenvolvimento detalhado da teoria da lubrificação hidrodinâmica estão prontamente disponíveis em uma grande variedade de livros-texto.[5] Apenas os conceitos essenciais necessários para o *projeto* de mancais hidrodinâmicos serão incluídos neste texto.

Finalmente, os objetivos fundamentais de um projetista são de *escolher* o *diâmetro* e o *comprimento* do mancal, *especificar* os requisitos de *rugosidade* e de *folga* entre o munhão e o mancal e *determinar* as *propriedades* aceitáveis de *lubrificantes* e *taxas de escoamento* que irão assegurar que as cargas especificadas projetadas serão suportadas e minimizarão o arrasto de atrito. As especificações finais de projeto devem também gerar uma vida de projeto aceitável sem falha prematura, enquanto atendendo aos requisitos de custo, peso e espaço.

Propriedades dos Lubrificantes

O *lubrificante* é qualquer substância que vise separar as superfícies deslizantes, reduzir o atrito e o desgaste, remover o calor gerado pelo atrito, acentuar a operação suave e fornecer uma vida operacional aceitável para mancais, engrenagens, cames ou outros elementos de máquinas deslizantes. A maioria dos lubrificantes é líquida (p. ex., óleos minerais à base de petróleo), mas podem ser sólidos ou gasosos. *Aditivos* são frequentemente utilizados para adequar óleos lubrificantes para aplicações específicas pelo retardamento da oxidação, da dispersão dos contaminantes, melhorando a viscosidade ou modificando o ponto de fluidez.[6]

A propriedade lubrificante de maior importância no projeto de mancais hidrodinamicamente lubrificados é a *viscosidade absoluta* (*cinemática*) η, usualmente apenas chamada de *viscosidade*. A viscosidade é uma medida da resistência ao cisalhamento interno de um fluido (análogo ao módulo de cisalhamento para um sólido). Quando uma camada de fluido é interposta entre uma superfície plana movendo-se com velocidade constante U e uma superfície plana fixa, como ilustrado na Figura 10.2, resultados experimentais mostram que quando a taxa de cisalhamento du/dy é plotada versus a tensão de cisalhamento τ, resulta em curvas de diferentes formas para lubrificantes diferentes. Se uma curva

[4] Porém, para superfícies de mancais não conformes, tais como mancais de rolamentos, cames e malhas de dentes de engrenagem, a lubrificação *elasto-hidrodinâmica* ocasionalmente prevalece. Para lubrificação elasto-hidrodinâmica, os deslocamentos elásticos (consequentemente, as propriedades de materiais) das superfícies lubrificadas tornam-se importantes, além das propriedades do filme lubrificante.

[5] Veja, por exemplo, refs. 2, 3, 4 ou 5.

[6] A temperatura na qual um óleo começa a fluir sob condições prescritas.

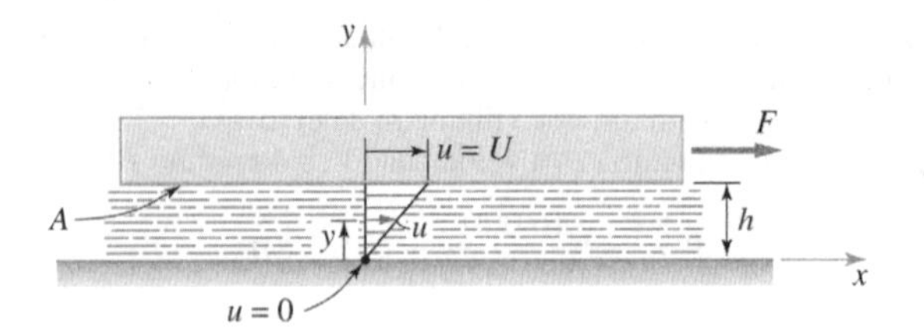

Figura 10.2
Ilustração do gradiente linear de velocidade por meio da espessura do filme de uma camada de fluido newtoniano entre placas planas paralelas.

resultante for linear, o fluido é dito *newtoniano* (a maioria dos óleos lubrificantes é newtoniano). Com base na Figura 10.2, o comportamento newtoniano pode ser modelado como

$$\tau = \frac{F}{A} = \eta \frac{du}{dy} = \eta \frac{U}{h} \tag{10-6}$$

em que F = força de atrito, lbf
η = viscosidade do lubrificante, lbf · s/in^2 (reyns)
U = velocidade constante da superfície plana em movimento, in/s
h = espessura do filme de lubrificante, in
A = área da superfície plana em movimento em contato com o filme de óleo, in^2
τ = tensão de cisalhamento, psi

A viscosidade η caracteriza totalmente um fluido newtoniano e é uma constante para qualquer combinação de temperatura e pressão. Tipicamente, mudanças na viscosidade para óleos lubrificantes são desprezivelmente pequenas com a mudança de pressão, mas muito significativas com a mudança de temperatura. A Figura 10.3 mostra um gráfico extensamente publicado de viscosidade como uma função da temperatura para diversos óleos padrão SAE (Society of Automotive Engineers).[7]

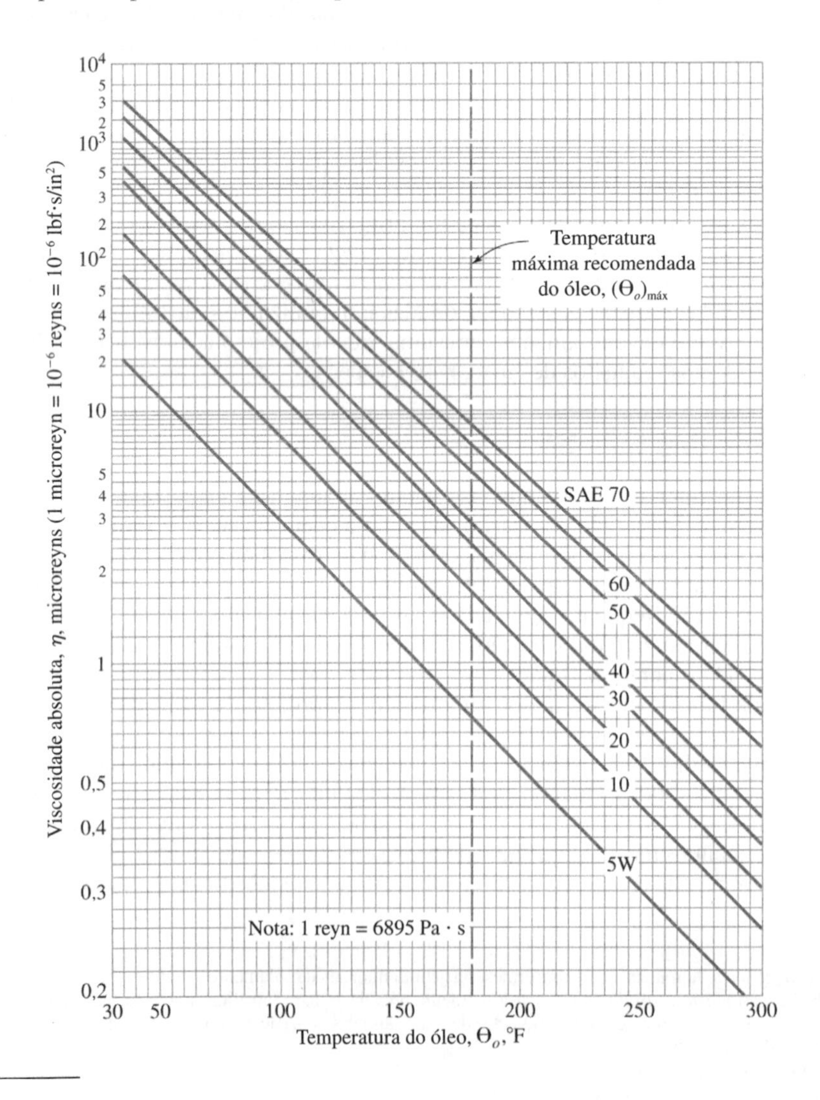

Figura 10.3
Viscosidade como uma função da temperatura para diversos óleos SAE. (Da ref. 6.)

[7] Da ref. 6.

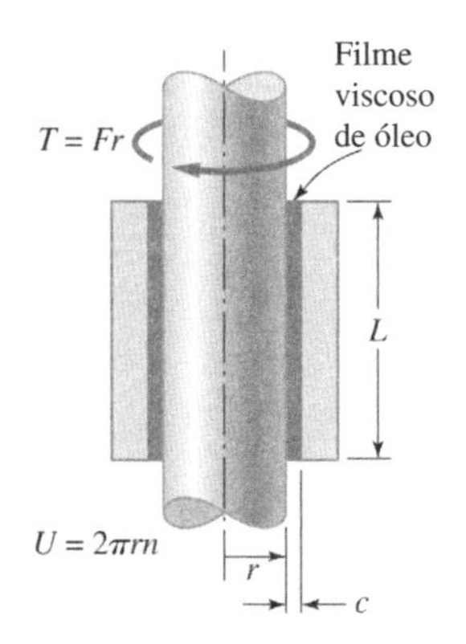

Figura 10.4
Ilustração do torque de atrito viscoso para um mancal de deslizamento concêntrico não carregado (análise de Petroff).

Relações entre Carregamento, Atrito e Escoamento do Lubrificante

A equação do arrasto viscoso (10-6) para o caso de superfícies planas paralelas pode ser adaptada para um caso hipotético de um eixo cilíndrico sem carga, girando concentricamente em relação a um mancal. Isto é realizado, conceitualmente, pelo "enrolamento" das superfícies planas na forma cilíndrica na qual a superfície plana móvel torna-se um eixo rotativo, a superfície plana fixa torna-se um mancal fixo e a espessura do filme h torna-se uma folga radial uniforme preenchida com óleo c, como ilustrado na Figura 10.4. Se o munhão resultante tem um diâmetro $d = 2r$ e um comprimento L, a área de contato do filme A torna-se

$$A = \pi dL = 2\pi rL \tag{10-7}$$

Substituindo (10-7) e $h = c$ em (10-6), resolvendo-se para F, tem-se

$$F = \frac{2\pi L\eta Ur}{c} \tag{10-8}$$

em que F é a força tangencial de atrito. Se a força tangencial de atrito *por unidade de comprimento do mancal* for definida como $F_1 = F/L$, (10-8) pode ser reescrita como

$$\left(\frac{F_1}{\eta U}\right)\left(\frac{c}{r}\right) = 2\pi \tag{10-9}$$

Esta equação, conhecida como a equação de *Petroff*, é válida apenas para o caso hipotético de *carga radial nula* e *excentricidade nula* (veja Figura 10.9), estabelece dois importantes parâmetros adimensionais úteis para o projeto de mancais.

Experimentos há muito tempo executados por *Tower*[8] revelaram que munhões de mancais hidrodinâmicos *carregados* experimentam a *elevação da pressão* do filme lubrificante quando o munhão está girando e que a pressão média multiplicada pela área projetada no mancal é igual à carga suportada pelo mancal.

Os resultados experimentais de Tower foram analisados por *Reynolds*[9] sob a suposição de que o munhão rotativo tende a mover o fluido viscoso para uma região estreita em forma de cunha de lubrificante[10] entre o munhão e o mancal, como descrito na Figura 10.5(c). O desenvolvimento de uma região em forma de cunha é descrito pela sequência de eventos mostrado na Figura 10.5. Primeiramente, o munhão é mostrado em repouso, com contato metal-metal com o mancal. Em seguida, à medida que o munhão começa a girar, sobe pela superfície do mancal, mantido por algum tempo pelo atrito seco. Finalmente, o munhão escorrega de volta, desloca a posição de seu centro e alcança uma nova posição de equilíbrio associada às condições operacionais da aplicação. Quando está funcionando em equilíbrio, uma região em forma de cunha de óleo com espessura de filme h_0 em seu ápice é estabelecida, como mostrado na Figura 10.5(c). Para escrever as equações

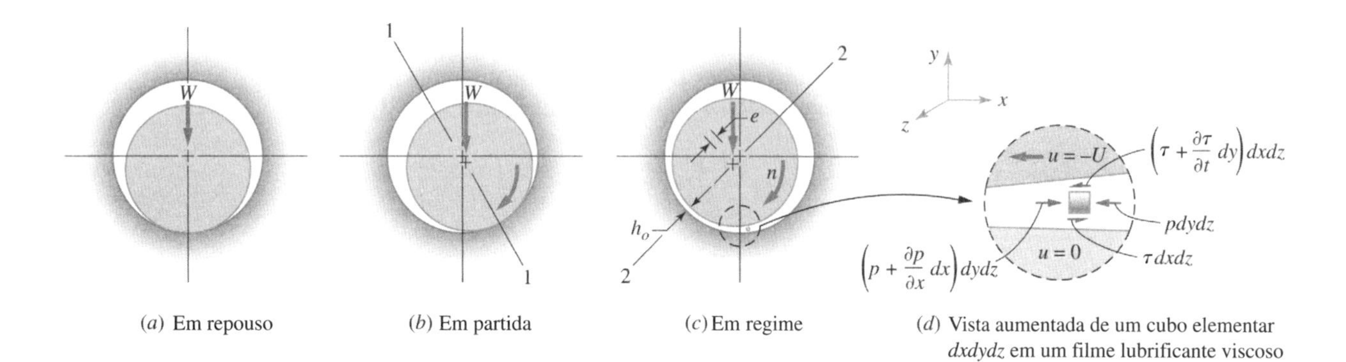

Figura 10.5
Esboço esquemático mostrando a mudança de posição relativa do eixo em relação ao mancal, começando do repouso e aumentando a velocidade de rotação até atingir a velocidade de rotação em regime.

---

[8] Veja ref. 7.

[9] Veja ref. 8.

[10] O filme lubrificante entre duas superfícies planas *paralelas*, ou duas superfícies cilíndricas *concêntricas*, não suportaria a carga do mancal. Para sustentar a carga, as placas teriam que ser ligeiramente *não paralelas* ou o centro do munhão deveria ser ligeiramente *excêntrico* em relação ao mancal para estabelecer uma região em forma de cunha. Veja ref. 6.

de equilíbrio de um volume elementar de óleo na região em forma de cunha dx-dy-dz, as forças no elemento podem ser expressas como mostrado na Figura 10.5(d). As equações diferenciais resultantes do equilíbrio reduzem-se a

$$\frac{dp}{dx} = \frac{\partial \tau}{\partial y} \tag{10-10}$$

Esta equação foi inicialmente desenvolvida por Reynolds[11] utilizando as seguintes suposições:[12]

1. O lubrificante é um fluido newtoniano
2. As forças de inércia geradas pelo fluido em movimento são desprezíveis
3. O lubrificante é um fluido incompressível
4. A viscosidade do lubrificante é constante por todo o filme fluido
5. Não há variação de pressão na direção axial
6. Não há fluxo de lubrificante na direção axial
7. A pressão no filme é constante na direção y (a pressão é apenas uma função de x)
8. A velocidade de uma partícula de lubrificante é uma função apenas de x e y (sem fluxo lateral)

Utilizando-se estas hipóteses, (10-10) pode ser integrada, avaliando-se as constantes de integração pela imposição de condições de contorno apropriadas, para gerar a expressão

$$\frac{d}{dx}\left(\frac{h^3}{\eta}\frac{dp}{dx}\right) = -6U\frac{dh}{dx} \tag{10-11}$$

Esta equação diferencial é conhecida como *a equação clássica de Reynolds para fluxo em uma dimensão*, desprezando as perdas laterais. Em um desenvolvimento semelhante, Reynolds utilizou a forma reduzida das *equações de Navier-Stokes*[13] usuais para deduzir uma equação diferencial, semelhante a (10-11), que inclui as perdas laterais na direção z. Esta equação é

$$\frac{\partial}{\partial x}\left(\frac{h^3}{\eta}\frac{\partial p}{\partial x}\right) - \frac{\partial}{\partial z}\left(\frac{h^3}{\eta}\frac{\partial p}{\partial z}\right) = -6U\frac{\partial h}{\partial x} \tag{10-12}$$

Não foram obtidas outras soluções analíticas de (10-12), que não a solução para o caso de mancal de deslizamento de comprimento infinito. Várias soluções *aproximadas* têm sido *desenvolvidas*, inclusive uma importante solução proposta por *Sommerfeld*[14], e outra baseada em solução numérica por diferenças finitas proposta por *Raimondi* e *Boyd*.[15] Resultados escolhidos, plotados a partir da referência 6, estão incluídos nas Figuras 10.6 a 10.14. Estes gráficos serão utilizados como a base para o projeto de mancais hidrodinâmicos neste livro-texto. Os dados incluídos nestes gráficos referem-se apenas a mancais de deslizamento completo de 360° e mancais de deslizamento parciais de 180°. Dados adicionais para mancais de deslizamentos parciais de 120° e 60° podem ser encontrados na referência 6. As curvas de projeto das Figuras 10.6 a 10.14 são plotadas para várias razões de L/d (razões comprimento/diâmetro) de ∞, 1,0, 0,5 e 0,25, e levando-se em conta a possibilidade de que a ruptura do filme de lubrificante possa ocorrer devido à pressão subatmosférica desenvolvida em certas regiões do filme.

Se outros valores de funções de carga, funções de atrito ou funções de fluxo que os plotados nas Figuras 10.6 a 10.14 forem necessários para outras razões L/d que não as quatro plotadas, a seguinte equação de interpolação pode ser utilizada para qualquer valor de i de L/d entre ¼ e ∞.[16]

$$f_i = \frac{1}{\left(\frac{L}{d}\right)^3}\left[-\frac{1}{8}\left(1-\frac{L}{d}\right)\left(1-\frac{2L}{d}\right)\left(1-\frac{4L}{d}\right)f_\infty + \frac{1}{3}\left(1-\frac{2L}{d}\right)\left(1-\frac{4L}{d}\right)f_{1,0} - \frac{1}{4}\left(1-\frac{L}{d}\right)\left(1-\frac{4L}{d}\right)f_{0,5} + \frac{1}{24}\left(1-\frac{L}{d}\right)\left(1-\frac{2L}{d}\right)f_{0,25}\right] \tag{10-13}$$

em que f_∞, $f_{1,0}$, $f_{0,5}$ e $f_{0,25}$ são os valores das funções lidas a partir do gráfico apropriado para razões de L/d de ∞, 1,0, 0,5 e 0,25, respectivamente. As várias funções da Figura 10.6 a 10.14 são plotadas *versus* a razão de excentricidade ε, em que

$$\varepsilon = \frac{e}{c} \tag{10-14}$$

---

[11] Veja ref. 8.
[12] Veja ref. 2, pp. 32 e seguintes. ou ref. 10, pp. 487 e seguintes.
[13] Veja, por exemplo, ref. 11.
[14] Veja ref. 12.
[15] Veja ref. 6.
[16] Veja ref. 6.

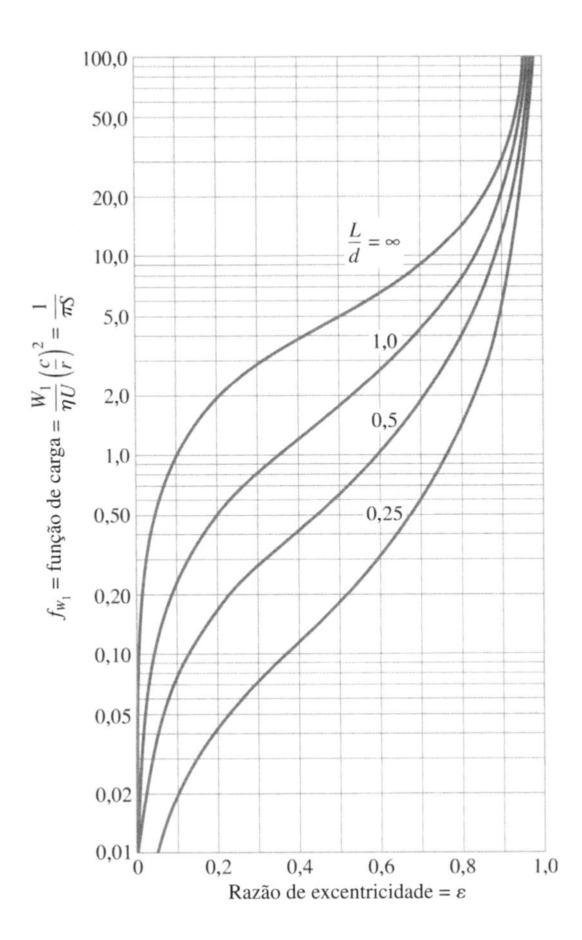

Figura 10.6
Características de carga de mancal de deslizamento de 180°. (Plotado a partir dos dados tabulados na ref. 6.)

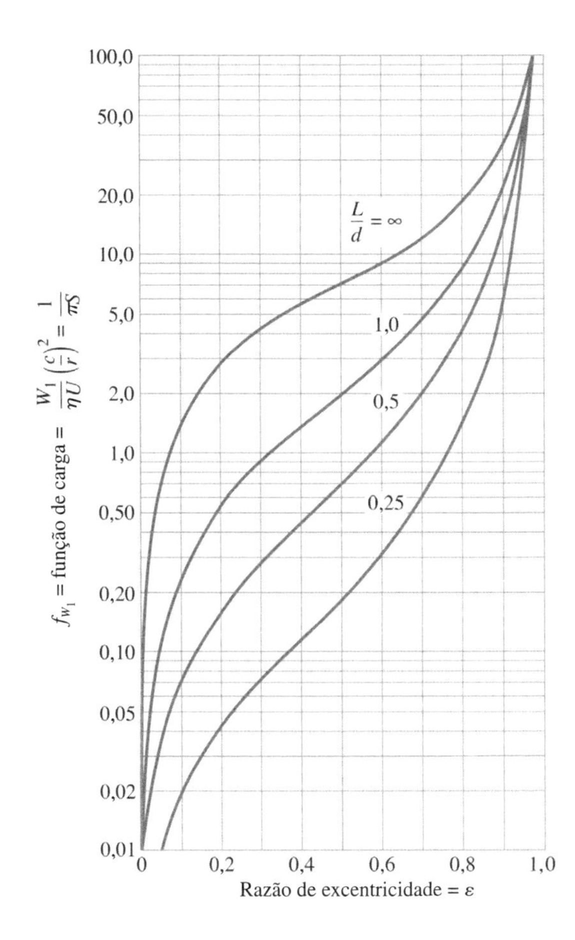

Figura 10.7
Características de carga de mancal de deslizamento de 360°. (Plotado a partir dos dados tabulados na ref. 6.)

e

e = excentricidade (veja Figura 10.5)
c = espessura da folga radial uniforme preenchida por óleo entre o munhão e o mancal concêntricos

A função de carga f_{W1} e a função de atrito f_{F1} nas Figuras de 10.6 a 10.9 podem ser plotadas em termos dos parâmetros usuais de projeto de mancais deslizantes ou, alternativamente, em termos do *Número de Sommerfeld*, *S*, também chamado de *número característico do mancal*, em que

$$S = \left(\frac{r}{c}\right)^2 \frac{\eta n}{P} \tag{10-15}$$

com

r = raio do munhão, in
c = folga radial uniforme, in
η = viscosidade, reyns
n = velocidade angular do munhão, rev/s
$P = \dfrac{W}{2rL}$ = pressão média no mancal, psi
W = carga radial no mancal, lbf
L = comprimento do mancal, in

Para o propósito de projeto, f_{W1} e f_{F1} são mais convenientemente definidas em termos de parâmetros usuais de mancais; por conseguinte serão usados na forma

$$f_{W_1} = \frac{W_1}{\eta U}\left(\frac{c}{r}\right)^2 \tag{10-16}$$

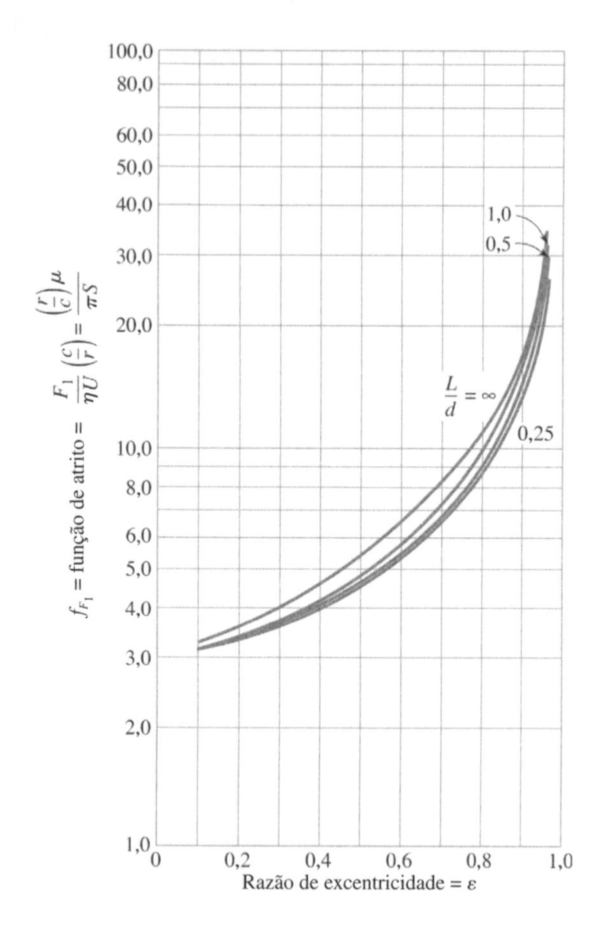

Figura 10.8
Características de atrito de mancal de deslizamento de 180°. (Plotado a partir dos dados tabulados na ref. 6.)

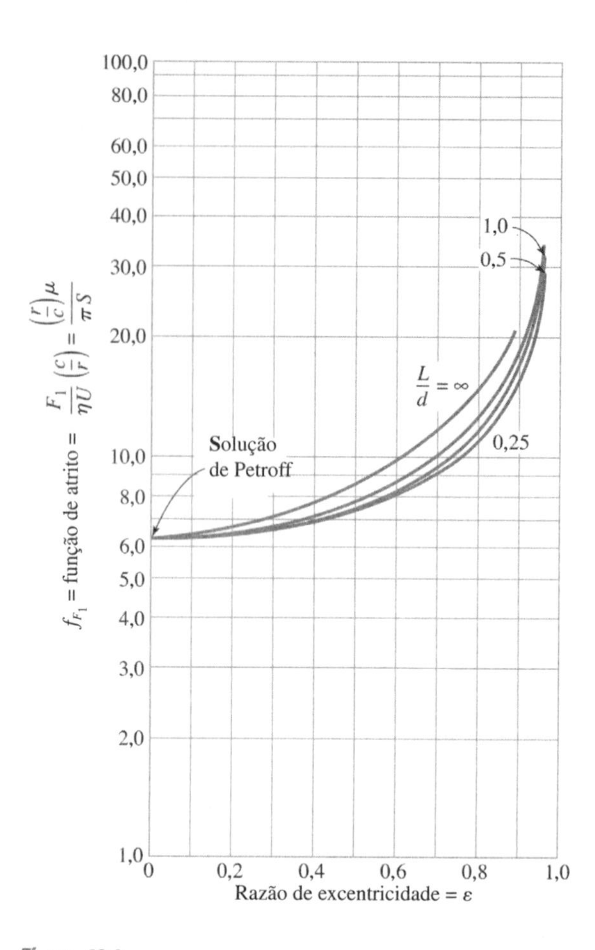

Figura 10.9
Características de atrito de mancal de deslizamento de 360°. (Plotado a partir dos dados tabulados na ref. 6.)

e

$$f_{F_1} = \frac{F_1}{\eta U}\left(\frac{c}{r}\right) \tag{10-17}$$

em que $W_1 = W/L$ = carga por unidade de comprimento do mancal, lbf/in
$U = 2\pi r n$ = velocidade relativa da superfície, in/s
$F_1 = F/L$ = força de atrito tangencial por unidade de comprimento, lbf/in
F = força de atrito tangencial, lbf

A relação entre a razão de excentricidade ε e o *Número de Sommerfeld S* é mostrada na Figura 10.14 para mancais de deslizamento de 360°. Uma *região ótima de projeto* é descrita na Figura 10.14 entre o limite de *perda mínima por atrito* (limite esquerdo) e o limite de *capacidade de carga máxima* (limite direito). Em função das prioridades de um dado uso e para uma razão específica de comprimento por diâmetro, a razão de excentricidade para uma perda mínima por atrito, $\varepsilon_{mín\text{-}fr}$, pode ser lida a partir do gráfico, assim como a razão de excentricidade para capacidade de carga máxima, $\varepsilon_{máx\text{-}carga}$. Um valor ótimo de razão de excentricidade pode então ser escolhido (entre $\varepsilon_{mín\text{-}fr}$ e $\varepsilon_{máx\text{-}carga}$), em função da importância relativa da pequena perda por atrito em comparação com a capacidade máxima de carga.

Equilíbrio Térmico e Aumento da Temperatura do Filme de Óleo

Em função das mudanças significativas de viscosidade do lubrificante com a temperatura, e porque a maioria dos óleos minerais frequentemente utilizados tende a romper-se rapidamente acima de 180°F, é importante estar apto a estimar a temperatura do filme de óleo Θ_0 nas condições operacionais de regime permanente. Embora circuitos de refrigeração externos possam ser utilizados em aplicações severas é mais usual para um mancal ser "autorrefrigerante", dissipando o seu calor gerado pelo atrito para o ar ambiente, primariamente por convecção a partir das áreas metálicas superficiais expostas da carcaça do mancal (e carter).

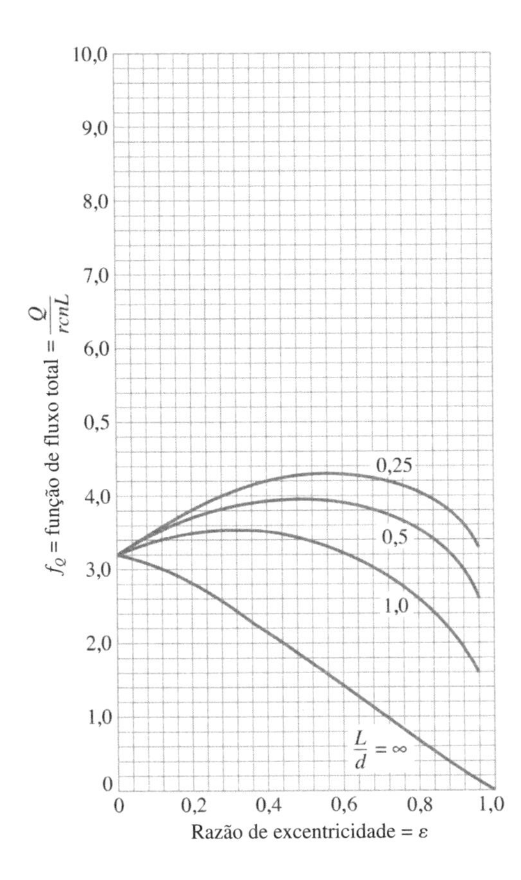

Figura 10.10
Características de fluxo total de mancal de deslizamento de 180°. (Plotado a partir dos dados tabulados na ref. 6.)

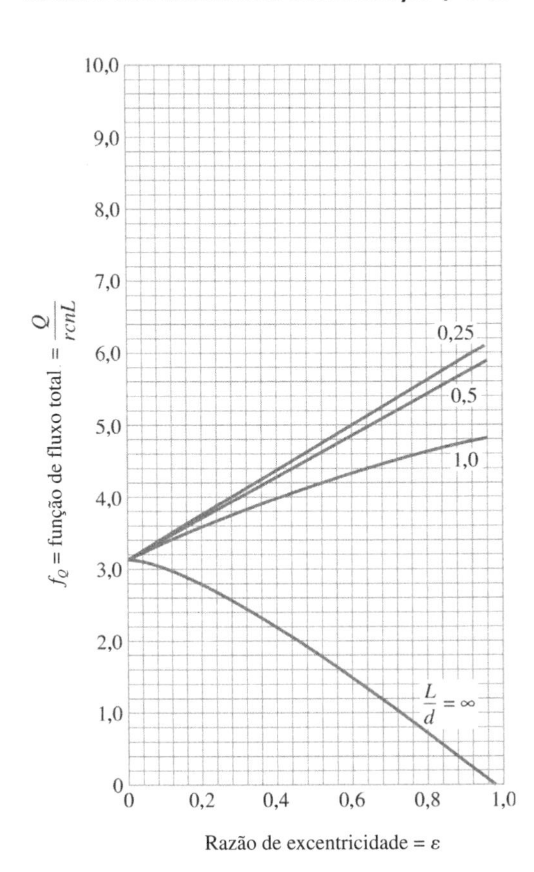

Figura 10.11
Características de fluxo total de mancal de deslizamento de 360°. (Plotado a partir dos dados tabulados na ref. 6.)

Sob condições de equilíbrio operacionais, a taxa na qual o calor é gerado pelo atrito de arrasto, devido ao munhão rotativo, deve ser igual à taxa na qual o calor é dissipado para a atmosfera. O equilíbrio da temperatura do filme de óleo na qual este balanço é alcançado deve ser satisfatório em termos tanto de equilíbrio de viscosidade quanto na limitação da temperatura máxima do óleo. É relativamente fácil estimar a taxa de aquecimento gerada por atrito, mas a estimativa precisa da taxa de dissipação de calor é difícil e os resultados são incertos. Embora a estimativa apresentada neste texto seja largamente utilizada para o propósito de projeto preliminar, a validação experimental da configuração proposta de mancal é recomendada.

A taxa de geração de calor por atrito, H_g, pode ser calculada como

$$H_g = \frac{2\pi r(60n)(F_1 L)}{J_\Theta} = \frac{60 U F_1 L}{J_\Theta} \frac{\text{Btu}}{\text{min}} \tag{10-18}$$

em que U = velocidade da superfície do munhão, in/s
n = velocidade angular do munhão, rev/s
F_1 = força de atrito tangencial por unidade de comprimento, lbf/in
L = comprimento do mancal, in
J_Θ = equivalente mecânico do calor = 9336 lbf · in / Btu (10^3 Nm/Ws)

A taxa de dissipação de calor, H_d, pode ser estimada pela Lei de Newton de resfriamento[17] como

$$H_d = k_1 A_h (\Theta_s - \Theta_a) \frac{\text{Btu}}{\text{min}} \tag{10-19}$$

em que k_1 = coeficiente de transferência de calor modificado global, Btu/mín in^2 °F
A_h = área superficial exposta da carcaça do mancal, in^2
Θ_s = temperatura superficial da carcaça do mancal, °F
Θ_a = temperatura do ar ambiente, °F

[17] Veja a ref. 2, p. 56 e seguintes.

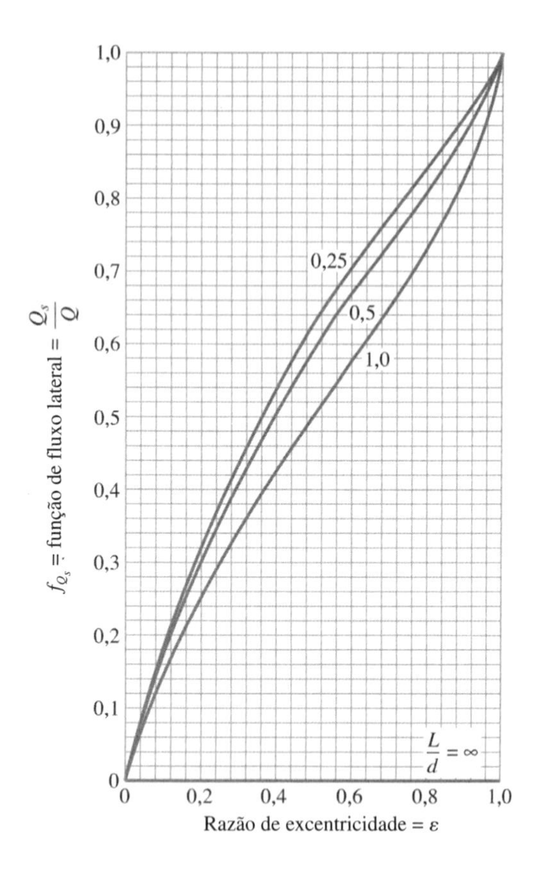

Figura 10.12
Características de fluxo lateral de mancal de deslizamento de 180°. (Plotado a partir dos dados tabulados na ref. 6.)

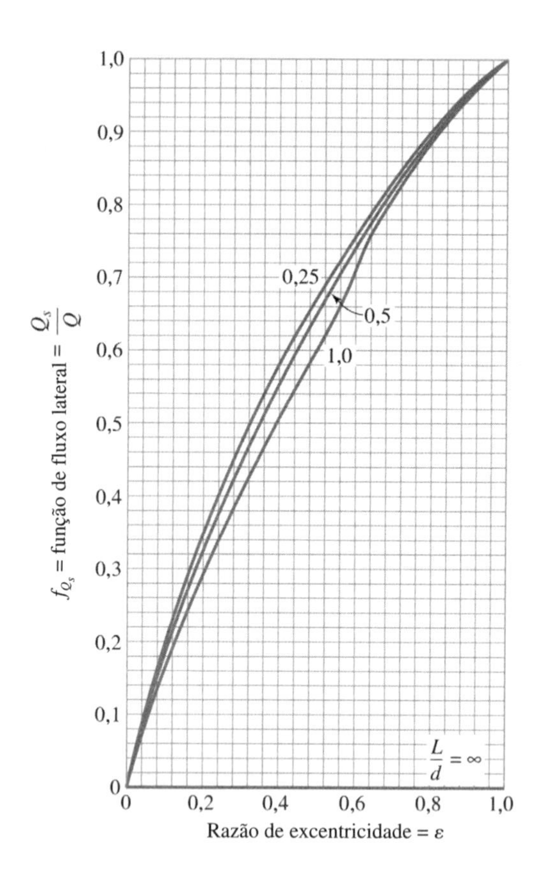

Figura 10.13
Características de fluxo lateral de mancal de deslizamento de 360°. (Plotado a partir dos dados tabulados na ref. 6.)

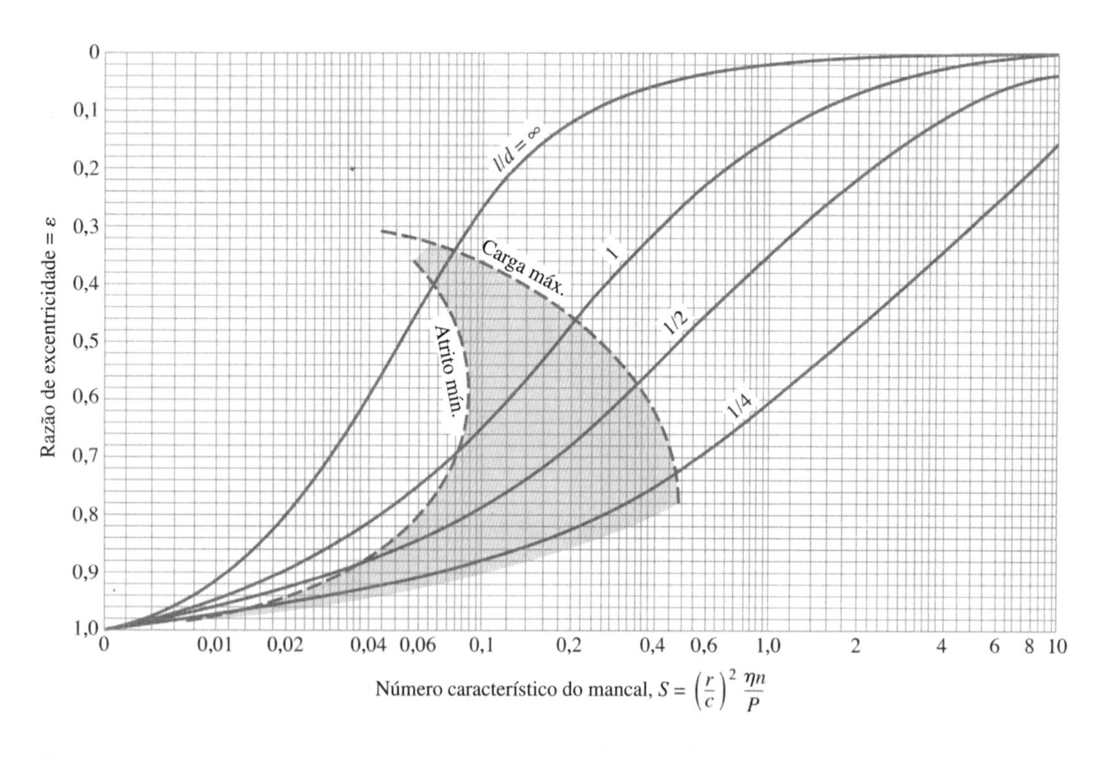

Figura 10.14
Definição da *região de projeto ótimo* entre o limite curvo da esquerda correspondendo a perdas mínimas de atrito e o limite curvo à direita correspondendo à máxima capacidade de carga. Gráfico para mancal de deslizamento de 360°. (Plotado a partir dos dados tabulados na ref. 6.)

No equilíbrio deve ser verdade que

$$H_g = H_d \tag{10-20}$$

ou

$$\frac{60UF_1L}{J_\Theta} = k_1A_h(\Theta_s - \Theta_a) \tag{10-21}$$

Para utilizar esta relação de equilíbrio, torna-se necessária a avaliação ou a estimativa de k_1, A_h ou $(\Theta_s - \Theta_a)$. Um projeto preliminar típico estima k_1 para ar ambiente "padrão" e o fluxo de ar forçado de 500 pés por minuto, respectivamente,

$$(k_1)_{\text{pad}} = 2\frac{\text{Btu}}{\text{h}\cdot\text{ft}^2\cdot{}^\circ\text{F}} = 2{,}31 \times 10^{-4}\frac{\text{Btu}}{\text{min}\cdot\text{in}^2\cdot{}^\circ\text{F}}\left(11{,}3\frac{\text{W}}{\text{m}^2\cdot{}^\circ\text{C}}\right) \tag{10-22}$$

e

$$(k_1)_{500\text{ft/min}} = 3\frac{\text{Btu}}{\text{h}\cdot\text{ft}^2\cdot{}^\circ\text{F}} = 3{,}86 \times 10^{-4}\frac{\text{Btu}}{\text{min}\cdot\text{in}^2\cdot{}^\circ\text{F}}\left(17{,}0\frac{\text{W}}{\text{m}^2\cdot{}^\circ\text{C}}\right) \tag{10-23}$$

A superfície de área exposta da carcaça do mancal pode ser grosseiramente estimada como uma função da área projetada do mancal, gerando

$$A_h = C_hA_p = C_h(\pi dL) \tag{10-24}$$

em que o fator de área superficial varia em torno de 5 a 15, em função da configuração de projeto.

A temperatura média de crescimento da superfície da carcaça do mancal é frequentemente estimada em torno da metade da temperatura média de crescimento do filme de óleo, gerando

$$(\Theta_s - \Theta_a) = \frac{1}{2}(\Theta_o - \Theta_a) \tag{10-25}$$

Claramente, os valores gerados em (10-22) e (10-23) são no máximo boas estimativas, tornando-se importante a validação experimental da configuração final de projeto.

Critérios de Projeto e Hipóteses

Para implementar um procedimento racional de projeto para mancais de deslizamento hidrodinâmico, é útil a clara identificação do *critério de desempenho*, *critério de vida* e *hipóteses adotadas*. Baseando-nos nas discussões recém-apresentadas, podemos resumir:

I. Critério de desempenho:
   A. Suportar a carga

$$\frac{W_1}{\eta U}\left(\frac{c}{r}\right)^2 = f_{W_1}\left(\varepsilon, \frac{L}{d}\right) \tag{10-26}$$

   B. Minimizar o arrasto de atrito

$$\frac{F_1}{\eta U}\left(\frac{c}{r}\right) = f_{F_1}\left(\varepsilon, \frac{L}{d}\right) \tag{10-27}$$

   C. Atender às restrições de espaço, peso e custo.

II. Critério de vida:
   A. Prevenir o sobreaquecimento

$$\Theta_o \leq 180°\text{F} \tag{10-28}$$

   como determinado pela equação de balanço de calor

$$\frac{60UF_1L}{J_\Theta} = k_1A_h(\Theta_s - \Theta_a) \tag{10-29}$$

   B. Manutenção de viscosidade aceitável

$$\eta = f(\text{óleo}, \Theta_o) \tag{10-30}$$

   C. Prevenir desgaste excessivo, mantendo uma espessura de filme mínima que seja maior do que as alturas combinadas das asperezas superficiais do munhão e do mancal, fazendo-se

$$h_o = c(1 - \varepsilon) \geq \rho_1R_j + \rho_2R_b \tag{10-31}$$

em que h_0 = espessura de filme mínima, in
C = folga radial, in
ε = razão de excentricidade
R_j = média aritmética da altura de pico de aspereza acima da superfície média do *munhão*, in (veja Figura 6.11)
R_b = média aritmética da altura de pico de aspereza acima da superfície média do *mancal*, in (veja Figura 6.11)
ρ_1, ρ_2 = constantes que relacionam alturas de "pico predominante de aspereza" à média aritmética da altura dos picos; utilize ambos igual a 5,0 a menos que informações mais precisas estejam disponíveis

III. Hipóteses adotadas:
A. Coeficiente de transferência de calor global, em função das condições ambientais, pode ser

$$(k_1)_{pad} = 2{,}31 \times 10^{-4} \frac{\text{Btu}}{\text{min} \cdot \text{in}^2 \cdot {}^\circ\text{F}} \left(11{,}3 \frac{\text{W}}{\text{m}^2 \cdot {}^\circ\text{C}}\right) \tag{10-32}$$

ou

$$(k_1)_{500\,\text{ft/min}} = 3{,}86 \times 10^{-4} \frac{\text{Btu}}{\text{min} \cdot \text{in}^2 \cdot {}^\circ\text{F}} \left(17{,}0 \frac{\text{W}}{\text{m}^2 \cdot {}^\circ\text{C}}\right) \tag{10-33}$$

B. Fator de área superficial da carcaça do mancal

$$C_h = 8 \quad \text{(a faixa típica é de 5 a 15)} \tag{10-34}$$

C. Aumento da temperatura superficial da carcaça do mancal

$$\Theta_s - \Theta_a = \frac{1}{2}(\Theta_o - \Theta_a) \tag{10-35}$$

Pode ser definido, baseado nestes critérios e hipóteses, um procedimento de projeto passo a passo.

Procedimento de Projeto Sugerido

Para alcançar os objetivos básicos do projeto de mancais de deslizamento hidrodinâmicos, a saber, escolhendo-se o *diâmetro* e o *comprimento do mancal*, especificando-se a *rugosidade superficial* e as *exigências de folga* entre o munhão e o mancal, e definindo-se *propriedades lubrificantes* aceitáveis e *taxas de escoamento de lubrificantes*, o seguinte procedimento pode ser seguido:

1. Escolha uma razão L/d entre ½ e 2.
2. Selecione uma razão apropriada c/r para o projeto de uso, utilizando a Tabela 10.2 como balizamento.
3. Escolha uma razão de excentricidade apropriada ε para grande capacidade de carga (ε grande), pequeno arrasto de atrito (ε pequeno) ou um compromisso aceitável entre a capacidade de carga e o arrasto de atrito (ε intermediário). Veja a Figura 10.14 para casar a escolha de ε em função das prioridades da aplicação.
4. Escolha o processo preliminar de usinagem para o munhão e o mancal, e determine a média aritmética correspondente das alturas dos picos de asperezas R_j e R_b da Figura 6.11.
5. Escreva as expressões para L, W_1, U, A_h e c, todas em função de d.
6. Leia os valores de f_{W1} e f_{F1} das Figuras 10.6 a 10.9, para valores selecionados de ε e L/d. Se necessário, utilize a função interpolação f_i de (10-13).
7. Utilize a equação da função carga (10-26) para determinar

$$d = f_1(\eta) \tag{10-36}$$

8. Utilize a equação de arrasto de atrito (10-27), junto às equações de critério de vida (10-28), (10-29) e (10-30), para determinar

$$d = f_2(\eta, \Theta_o) \tag{10-37}$$

9. Combine (10-36) e (10-37) para obter

$$\eta = f_3(\Theta_o) \tag{10-38}$$

10. Reporte-se à Figura 10.3, que provê uma outra relação (gráfica) para

$$\eta = f_{gr}(\Theta_o, \text{óleo}) \tag{10-39}$$

11. Selecione da Figura 10.3 um ou mais prováveis óleos e ache (por tentativa e erro) combinações de η e Θ_o que simultaneamente satisfaçam à (10-38) e (10-39), especificando, finalmente, a combinação resultante para o óleo escolhido, η e Θ_o.

TABELA 10.2 Folgas Recomendadas para Vários Projetos de Aplicações

	Folga em Regime em in × 10^{-3} (milímetros × 10^{-3}), para Diâmetro de Eixo sob				
	0,5 in (12,5 mm)	1 in (25 mm)	2 in (50 mm)	3,5 in (90 mm)	5,5 in (140 mm)
Eixo de precisão – endurecido e retificado, polido, trabalhando em bucha de bronze. Abaixo de 500 ft/min (152 m/min) e 500 psi (3,5 MPa).	0,25–0,75 (6,35–19,05)	0,75–1,5 (19,05–38,1)	1,5–2,5 (38,1–63,5)	2,5–3,5 (63,5–88,9)	3,5–5,0 (88,9–127)
Eixo de precisão – endurecido e retificado, polido, trabalhando em bucha de bronze. Acima de 500 ft/min (152 m/min) e 500 psi (3,5 MPa).	0,50–1,0 (12,7–25,4)	1,0–2,0 (25,4–50,8)	2,0–3,0 (50,8–76,2)	3,0–4,5 (76,2–114,3)	4,5–6,5 (114,3–165,1)
Utilizado em motor elétrico ou gerador – munhão retificado em bucha brochada ou mandrilhada em bucha de babbit.	0,50–1,5 (12,7–38,1)	1,0–2,0 (25,4–50,8)	1,5–3,5 (38,1–88,9)	2,0–4,0 (50,8–101,6)	3,0–6,0 (76,2–152,4)
Utilizado em máquinas variadas (movimento de rotação contínuo) – munhões de aço torneado ou laminado a frio em buchas de bronze furadas e mandrilhadas de bronze ou em buchas de babbit, revestidas e mandrilhadas.	2,0–4,0 (50,8–101,6)	2,5–4,5 (63,5–114,3)	3,0–5,0 (76,2–127)	4,0–7,0 (101,6–177,8)	5,0–8,0 (127–203,2)
Utilizado em máquinas variadas (movimento oscilante) – materiais de munhão e mancal como acima.	2,5–4,5 (63,5–114,3)	2,5–4,5 (63,5–114,3)	3,0–5,0 (76,2–127)	4,0–7,0 (101,6–177,8)	5,0–8,0 (127–203,2)
Utilizações comuns – munhão de aço torneado ou laminado a frio em mancal revestido de babbit.	3,0–6,0 (76,2–152,4)	5,0–9,0 (127–228,6)	8,0–12,0 (203,2–304,8)	11,0–16,0 (279,4–406,4)	14,0–20,0 (355,6–508)
Virabrequim automotivo – mancal revestido de babbit,	—	—	1,5(38,1)	2,5(63,5)	—
mancal revestido de liga de cobre, prata e cádmio,	—	—	2,0(50,8)	3,0(76,2)	—
mancal revestido de cobre ao chumbo.	—	—	1,4(35,6)	3,5(88,9)	—

12. Calcule o diâmetro requerido do mancal d tanto de (10-36) quanto de (10-37) e o comprimento do mancal L do passo 1. Confira o valor do diâmetro d com os valores recomendados de folga na Tabela 10.2 e novamente itere do passo 1 ao passo 12 se necessário.
13. Imponha o critério de desgaste (10-31) para assegurar que h_o exceda a altura do pico de aspereza combinada predominante por uma margem aceitável.
14. Calcule os requisitos de taxa de escoamento de lubrificante e a correspondente taxa de fluxo de vazamento lateral, utilizando as Figuras de 10.10 a 10.13.
15. Resuma os resultados, especificando d, L, Θ_o, a especificação do óleo, Q e Q_S.

Exemplo 10.2 Projeto Preliminar de um Mancal de Deslizamento com Lubrificação Hidrodinâmica

Deseja-se projetar um mancal de deslizamento parcial de 180°, lubrificado hidrodinamicamente, para utilizá-lo em um transportador industrial de matérias-primas. A carga vertical no mancal é essencialmente constante em 500 lbf para baixo e o munhão gira a uma velocidade angular constante de 600 rpm. Considera-se a capacidade de suportar grandes cargas como mais importante que baixas perdas por atrito no mancal. Conduza uma investigação de projeto preliminar para a determinação da combinação de dimensões e de parâmetros de lubrificação adequados para o uso proposto.

Solução

Seguindo o procedimento de projeto sugerido passo a passo e utilizando julgamentos de engenharia quando necessário, a seguinte sequência de cálculos pode ser feita:

1. Escolha

$$\frac{L}{d} = 1,0$$

Exemplo 10.2 Continuação

2. Referindo-se à Tabela 10.2, o transportador industrial proposto está na categoria de "máquinas variadas (movimento de rotação contínuo)". Para esta categoria, os valores de folga c da Tabela 10.2 são mostrados na Tabela E10.2A como uma função do diâmetro do eixo, junto aos valores correspondentes da razão c/r.

   Das opções disponíveis na Tabela E10.2A, tente primeiro:

$$\frac{c}{r} = 0{,}003$$

3. Da Figura 10.14, para $L/d = 1{,}0$, os valores lidos são $\varepsilon_{mín\text{-}fr} = 0{,}7$ e $\varepsilon_{máx\text{-}carga} = 0{,}47$. Visto que a grande capacidade de carga tem alta prioridade nesta utilização, tente primeiro uma razão de excentricidade de

$$\varepsilon = 0{,}5$$

4. Tome uma decisão no projeto preliminar para *tornear* o munhão (provavelmente de aço) e *mandrilhar* o mancal (provavelmente de bronze). Utilizando valores de aspereza média da superfície da Figura 6.11,

$$R_j = 63\ \mu \cdot \text{in}$$

   e

$$R_b = 63\ \mu \cdot \text{in}$$

5. Escrevendo todas as variáveis pertinentes em função do diâmetro d:

$$L = \left(\frac{L}{d}\right)d = (1{,}0)d = d$$

$$W_1 = \frac{W}{L} = \frac{500}{d}\ \frac{\text{lbf}}{\text{in}}$$

$$U = \pi dn = \pi d\left(\frac{600}{60}\right) = 31{,}42d\ \frac{\text{in}}{\text{s}}$$

$$A_h = C_h(\pi dL) = 8\pi d^2\ \text{in}^2$$

$$c = \left(\frac{c}{r}\right)\left(\frac{d}{2}\right) = \frac{0{,}003d}{2} = 0{,}0015d$$

6. Utilizando $L/d = 1{,}0$ e $\varepsilon = 0{,}5$, obtenha os valores de f_{W_1} e f_{F_1} para mancais parciais de 180° das Figuras 10.6 e 10.8,

$$f_{w_1} = 1{,}65$$

   e

$$f_{F_1} = 4{,}80$$

7. De (10-26) e f_{W_1}

$$\frac{W_1}{\eta U}\left(\frac{c}{r}\right)^2 = 1{,}65$$

   ou

$$\frac{(500/d)}{\eta(31{,}42d)}(0{,}003)^2 = 1{,}65$$

   gerando

$$d = \sqrt{\frac{500(0{,}003)^2}{1{,}65(31{,}42)\eta}} = \sqrt{\frac{8{,}68 \times 10^{-5}}{\eta}}$$

TABELA E10.2A Dados de Folga de Mancal de Transportador

d, in	r, in	c, in	c/r
½	0,25	0,0020–0,0040	0,008–0,016
1	0,50	0,0025–0,0045	0,005–0,009
2	1,00	0,003–0,005	0,003–0,005
3 ½	1,75	0,004–0,007	0,002–0,004
5 ½	2,75	0,005–0,008	0,002–0,003

8. Combinando (10-29), (10-32), (10-35), L, U e A_h e supondo que a temperatura do ar do ambiente fabril seja de $\Theta_a = 85°F$,

$$F_1 = \frac{k_1 A_h(\Theta_s - \Theta_a)J_\Theta}{60UL} = \frac{2{,}31 \times 10^{-4}(8\pi d^2)\left(\frac{\Theta_o - 85}{2}\right)9336}{60(31{,}42d)(d)}$$

$$= 1{,}44 \times 10^{-2}(\Theta_o - 85)$$

Além disso, de (10-27) e f_{F_1}

$$F_1 = \frac{f_{F_1}\eta U}{\left(\frac{c}{r}\right)} = \frac{4{,}80\eta(31{,}42d)}{0{,}003} = 5{,}03 \times 10^4 \eta d$$

Igualando-se (as duas equações para F_1)

$$1{,}44 \times 10^{-2}(\Theta_o - 85) = 5{,}03 \times 10^4 \eta d$$

então

$$d = \frac{2{,}86 \times 10^{-7}}{\eta}(\Theta_o - 85)$$

9. Igualando-se (as duas equações para d)

$$\sqrt{\frac{8{,}68 \times 10^{-5}}{\eta}} = \frac{2{,}86 \times 10^{-7}}{\eta}(\Theta_o - 85)$$

resulta em

$$\eta = 9{,}42 \times 10^{-10}(\Theta_o - 85)^2$$

10. Da Figura 10.3, os dados gráficos proveem a seguinte relação

$$\eta = f_{gr}(\Theta_o, \text{óleo})$$

11. Para resolver as duas equações para η simultaneamente, selecione antes um óleo (repita para outros óleos se necessário) e compile a Tabela E.10.2B por iterações até que o óleo selecionado e a temperatura média do filme de óleo Θ_o satisfaçam simultaneamente ambas as expressões para η. A partir desta tabela, selecione preliminarmente o óleo SAE 10, o qual tem viscosidade de $\eta = 2{,}3 \times 10^{-6}$ reyns a temperatura média do filme de óleo $\Theta_o = 134°F$.

12. O diâmetro requerido do mancal de deslizamento d pode ser calculado por qualquer uma das equações de d. Utilizando a primeira equação para d,

$$d = \sqrt{\frac{8{,}68 \times 10^{-5}}{2{,}3 \times 10^{-6}}} = 6{,}14 \text{ polegadas}$$

Verificando este valor contra os dados de folga recomendados da Tabela E10.2A, c está no limite dos dados tabulados, mas será satisfatório por ora. Assim

$$L = d = 6{,}14 \text{ polegadas}$$

13. De (10.31), R_j, R_b e c, verifique

$$h_o = 0{,}0015(6{,}14)(1 - 0{,}5) \overset{?}{\geq} 5(63 \times 10^{-6} + 63 \times 10^{-6})$$

ou

$$0{,}0046 \overset{?}{\geq} 0{,}0006$$

Deste modo a espessura mínima do filme de óleo h_o é mais de sete vezes a altura do pico da aspereza predominante do munhão e do mancal combinados, um valor aceitável.

TABELA E10.2B Temperatura de Filme de Óleo e Dados de Viscosidade

Especificação do óleo	Θ_o, °F	η, reyns de (21)	η, reyns da Fig. 10.3	Comentários
SAE 10	130	$1{,}91 \times 10^{-6}$	$2{,}45 \times 10^{-6}$	Não é bom
SAE 10	135	$2{,}36 \times 10^{-6}$	$2{,}23 \times 10^{-6}$	Razoável
SAE 10	134	$2{,}26 \times 10^{-6}$	$2{,}30 \times 10^{-6}$	Bom

Exemplo 10.2 Continuação

14. Da Figura 10.10, para $\varepsilon = 0{,}5$ e $L/d = 1{,}0$,

$$f_Q = 3{,}4 = \frac{Q}{rcnL} = \frac{Q}{\left(\frac{6{,}14}{2}\right)(0{,}009)(10)(6{,}14)} = \frac{Q}{1{,}70}$$

então

$$Q = 3{,}4(1{,}70) = 5{,}77\frac{\text{in}^3}{\text{s}}$$

é o fluxo de óleo necessário que deve ser fornecido ao espaço de folga do mancal. Além disso, da Figura 10.12, para $\varepsilon = 0{,}5$ e $L/d = 1{,}0$,

$$f_{Q_s} = 0{,}5 = \frac{Q_s}{Q}$$

ou

$$Q_s = 0{,}5(5{,}77) = 2{,}88\frac{\text{in}^3}{\text{s}}$$

Isto significa que quase a metade do óleo que flui no espaço de folga do mancal sai do mancal como fluxo lateral.

15. Resumindo, a verificação preliminar do projeto indica que uma configuração aceitável para o projeto deste mancal pode ser obtida se a seguinte combinação de dimensões e de parâmetros de lubrificação for especificada:

d = 6,14 polegadas

L = 6,14 polegadas

c = 0,009 polegada (nominal)

rugosidade superficial $\leq$ 63 micropolegadas (o mesmo para ambos, o munhão e o mancal)

óleo = SAE 10

Q = 5,77 in³/s (cerca de 1,5 gal/min)

Θ_o = 134°F.

Para enfatizar mais uma vez, muitas aproximações foram utilizadas para alcançar estes valores, de forma que validação experimental é recomendada antes do término do projeto. Além disso, é bastante reconhecido que a solução aqui apresentada não é única, muitas outras combinações potencialmente satisfatórias de dimensões e de lubrificantes poderiam ser encontradas.

10.8 Projeto de Mancais Hidrostáticos

Como discutido, na lubrificação hidrodinâmica, o movimento rotativo do munhão, cujo mancal cria um filme espesso de óleo pressurizado, pode suportar a carga do mancal sem haver contato das asperezas superficiais. Em alguns usos, pode não ser possível manter um filme de óleo hidrodinâmico entre os elementos móveis do mancal. Por exemplo, o movimento pode ser muito lento, alternativo ou oscilante, ou as cargas podem ser muito altas, ou pode-se desejar ter um arraste muito baixo de partida. Nestes casos pode ser que se torne necessária a utilização de lubrificação *hidrostática*, na qual o lubrificante é forçado por bombeamento a partir de uma bomba de deslocamento positivo para o vão, ou *reservatório*, na superfície do mancal de deslizamento. O lubrificante externamente pressurizado levanta a carga, mesmo quando o munhão não está girando, permitindo que o lubrificante flua para fora do vão através da folga entre as superfícies separadas, retornando ao reservatório de óleo para recirculação.

Os elementos principais de um sistema de mancal de deslizamento hidrostático são a bomba de deslocamento positivo, um reservatório de óleo e uma tubulação múltipla para suprir óleo para todos os vãos dos mancais do sistema. Orifícios de controle de fluxo são utilizados para medir o fluxo de forma que a pressão equalizada possa ser alcançada entre os reservatórios de suportação para permitir a cada região subir a sua parte da carga. Quando operando em equilíbrio, o fluxo de lubrificante suprido pela bomba apenas iguala o escoamento total dos reservatórios de suportação, gerando uma espessura de filme h entre as superfícies do mancal de deslizamento grande o suficiente para que as asperezas superficiais não façam contato através do filme de óleo.

Embora os princípios do projeto de mancais hidrostáticos sejam relativamente simples, os detalhes são altamente empíricos e baseados na experiência. Por exemplo, o número, o formato e o tamanho dos vãos necessários para a estabilidade e adequação da capacidade de carga, as folgas e tolerâncias, o acabamento superficial, a capacidade de bombeamento e a potência necessária e o custo do sistema podem ser mais bem determinados por especialistas em projeto de mancais de deslizamento hidrostáticos. Detalhes adicionais de projeto de mancais de deslizamento hidrostáticos estão além do escopo deste texto.[18]

Problemas

10-1. Mancais de deslizamento são frequentemente divididos em quatro categorias, de acordo com o tipo de lubrificação predominante na interface do mancal. Liste as quatro categorias e descreva brevemente cada uma.

10-2. A partir dos cálculos de projeto de eixo baseados em resistência, o diâmetro do eixo em uma das regiões de mancais de um eixo de aço foi determinado como 38 mm. A carga radial nesta região de mancal é de 675 N, e o eixo gira a 500 rpm. A temperatura de operação do mancal foi estimada em cerca de 90°C. Deseja-se utilizar uma razão de comprimento por diâmetro de 1,5 para este uso. Baseando-se em fatores ambientais, a escolha do material para o mancal recaiu entre náilon ou teflon carregado. Qual material você recomendaria?

10-3. Propõe-se a utilização de um mancal de náilon em um eixo de aço fixo para suportar uma bandeja transportadora oscilante igualmente espaçado ao longo da bandeja, como mostrado na Figura P10.3. Cada furo de mancal tem 12,5 mm, cada comprimento do mancal tem 25 mm, e a carga máxima estimada para ser suportada por mancal é de cerca de 2 kN. Cada mancal gira ±10 graus por oscilação em torno de seu munhão fixo de aço, a uma frequência de 60 oscilações por minuto. O mancal de náilon proposto seria aceitável para esta aplicação?

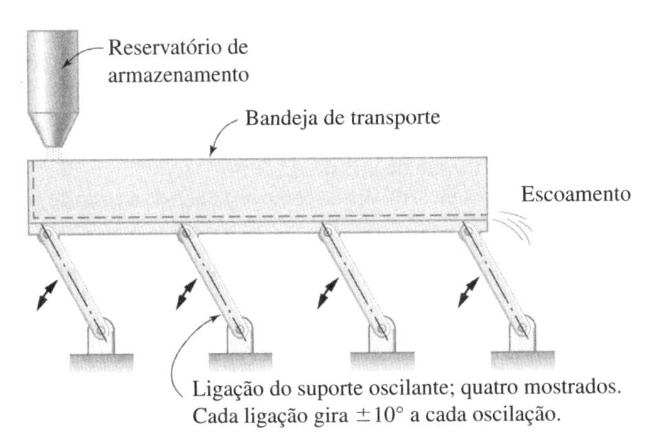

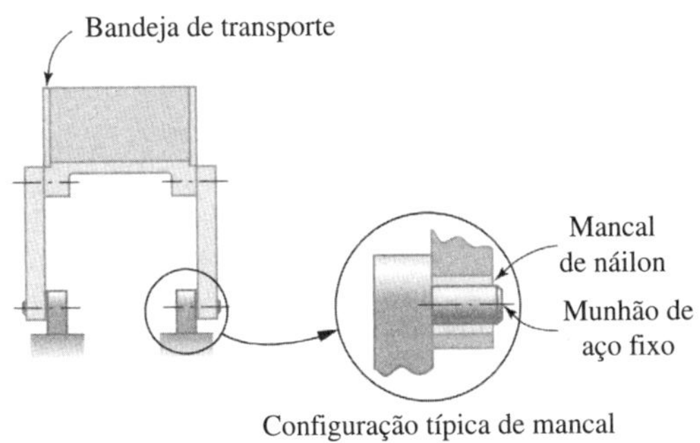

Figura P10.3
Arranjo esquemático de um transportador oscilatório.

10-4. Uma organização vizinha tem interesse em fazer uma cópia de uma roda d'água de moinho do tipo que foi usado pela comunidade do século XIX, mas não encontrou plantas detalhadas de construção. Uma das preocupações é com os mancais necessários para suportar a roda d'água rotativa. Para ter uma aparência verossímil, seria utilizado um mancal de carvalho em cada lado da roda d'água para suportar um eixo de ferro fundido. O peso da roda d'água, incluindo o peso residual da água retida, é estimado em cerca de 12.000 lbf, e a roda girará a 30 rpm. Estima-se, com base em critérios de resistência, que o eixo de ferro fundido deverá ter um diâmetro não menor do que 3 polegadas. Os mancais necessitam ser espaçados de cerca de 36 polegadas. Proponha uma configuração dimensional adequada para cada um dos mancais de carvalho propostos de forma que a reposição dos mancais seja raramente necessária. Será utilizada a água do rio a 68°F para a lubrificação.

10-5. O eixo mostrado na Figura P10.5 faz parte de uma transmissão para um robô pequeno. O eixo suporta duas engrenagens de dentes retos como indicado, é suportado por mancais em A e D e gira a 1200 rpm. Uma análise baseada em resistência foi feita e determinou que o diâmetro do eixo de 10 mm seria adequado para o eixo de aço. Considera-se a utilização de mancais de lubrificação limítrofes para o qual $L = 1{,}5\ d$. O mancal de bronze poroso foi proposto. Determine se essa seleção de mancais foi adequada.

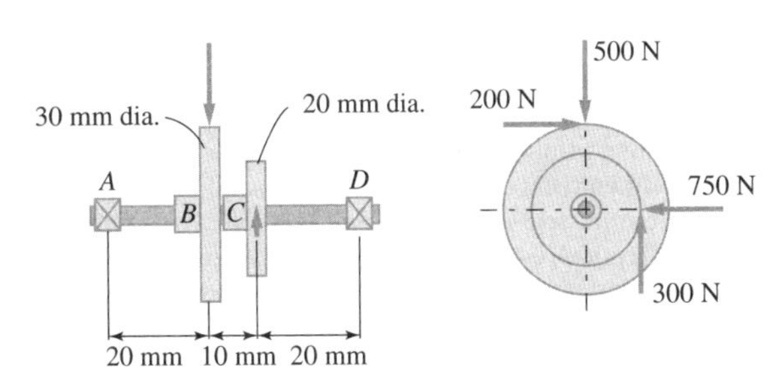

Figura P10.5
Eixo de aço suportando duas engrenagens de dentes retos.

10-6. A partir de uma análise baseada em resistência, o diâmetro do eixo em uma de suas regiões de suportação do mancal deve ter ao menos 1,50 polegada. A força radial máxima a ser suportada nesta região é estimada em cerca de 150 lbf. O eixo gira a 500 rpm. Deseja-se utilizar um mancal de náilon nesta posição. Seguindo as orientações estabelecidas de projeto para mancais de lubrificação limítrofe e mantendo o diâmetro do mancal tão próximo quanto possível do diâmetro mínimo de 1,50 polegada, proponha uma configuração dimensional para o mancal.

10-7. Um resultado preliminar obtido como uma provável solução para o Problema 10.6 indica que o menor diâmetro aceitável para o mancal para as especificações fornecidas é de cerca de 3,3 polegadas. A gerência de engenharia preferiria ter um diâmetro de mancal em torno de 1,50 polegada (o mínimo baseado em requisitos de resistência do eixo), e ainda perguntaram se seria possível encontrar um outro material polimérico que fosse satisfatório para esta utilização. Usando a Tabela 10.1

[18] Para informações adicionais, veja, por exemplo, ref. 13.

como fonte, você pode achar um outro material polimérico de mancal que não seja o náilon que atenda às orientações de projeto estabelecidas e que funcione apropriadamente com um diâmetro de 1,50 polegada?

10.8. Um mancal de deslizamento deve ser projetado para uma aplicação com lubrificação limítrofe na qual um eixo de aço de 75 mm de diâmetro girando a 1750 rpm deve suportar uma carga radial de 1 kN. Utilizando as orientações de projeto estabelecidas para mancais com lubrificação limítrofe e a Tabela 10.1 como fonte, selecione um material de mancal adequado para esta aplicação.

10-9. Um mancal de deslizamento deve ser projetado para uma aplicação com lubrificação limítrofe na qual um eixo rotativo de aço de 0,5 polegada de diâmetro, que gira a 1800 rpm, deve suportar uma carga radial de 75 lbf. Utilizando as orientações de projeto estabelecidas para mancais de lubrificação limítrofe e utilizando a Tabela 10.1 como fonte de informação, selecione um material aceitável de mancal para esta aplicação se a temperatura de operação é estimada em cerca de 350°F.

10-10. Um sistema de correia plana proposto (veja Capítulo 17) está sendo considerado para uma aplicação na qual um eixo acionado de aço deve girar a uma velocidade angular de 1440 rpm e transmitir uma potência de 800 W. Como mostrado na Figura P10.10, a potência é transmitida para um eixo de 10 mm de diâmetro (acionado) por uma correia plana em uma polia montada no eixo. A polia tem um diâmetro primitivo nominal de 60 mm, como esboçado na Figura P10.10. Deseja-se suportar o eixo acionado utilizando dois mancais deslizantes lubrificados com graxa, cada qual posicionado de um lado da polia (veja Figura P10.10). Os dois mancais dividem igualmente a carga da correia. Foi determinado que a tração inicial da correia, T_0, deve ser de 150 N (em cada lado da correia) para alcançar o desempenho ótimo, e pode ser razoável assumir que a *soma* do ramo tenso e do ramo frouxo permaneça aproximadamente igual a $2T_0$ para todas as condições operacionais. Selecione mancais de deslizamento satisfatórios para esta aplicação, incluindo os seus diâmetros, os seus comprimentos e um material aceitável para fabricá-los (veja Tabela 10.1).

10-11. Deseja-se utilizar um mancal de deslizamento de babbitt, de 360°, lubrificado hidrodinamicamente, para suportar o virabrequim (veja Capítulo 19) de um motor de combustão interna automotivo para uso agrícola. Baseando-se em cálculos de resistência e de rigidez, o diâmetro nominal mínimo do munhão deve ser de 50 mm, e a razão entre o comprimento e o diâmetro de 1,0 foi escolhida. A carga radial máxima sobre o mancal é estimada em 3150 N e o munhão gira no mancal a 1200 rpm. A capacidade de suportar grandes cargas é considerada mais importante que baixas perdas por atrito. Preliminarmente, um óleo SAE 30 foi escolhido e a temperatura média de operação do mancal foi determinada em 65°C. Estime a potência perdida devida ao atrito no mancal.

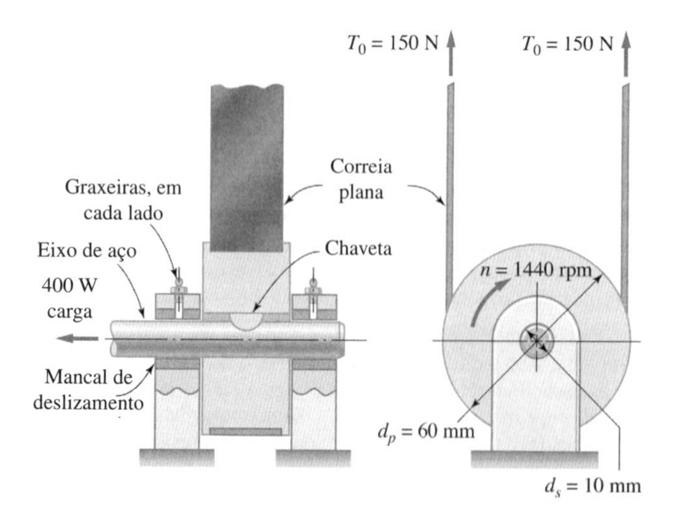

Figura P10.10
Sistema de correia plana.

10-12. Em uma utilização de um virabrequim automotivo, um mancal hidrodinâmico completo de 360° deve ter um diâmetro nominal de 2 polegadas, baseado em requisitos de resistência, e comprimento do mancal de 1,0 polegada. O munhão dever ser feito de aço e o mancal de liga de cobre-chumbo (veja a Tabela 10.2). O mancal deve suportar uma carga radial de 1000 lbf e o munhão gira a 3000 rpm. O lubrificante escolhido é o óleo SAE 20, e a temperatura média de operação na interface do mancal é estimada em cerca de 130°F. Considera-se igualmente importante a capacidade de suportar cargas e uma baixa perda por atrito.

a. Encontre a *espessura de filme* de óleo mínima necessária para esta aplicação.
b. Que *processo de fabricação* seria recomendado para o acabamento do munhão e do mancal para prover uma lubrificação hidrodinâmica na interface do mancal? Justifique as suas recomendações (*Sugestão*: Examine a Figura 6.11).
c. Estime a *perda de potência* resultante do atrito no mancal.
d. Que *taxa de escoamento de óleo* deve ser fornecida à folga do mancal?

10-13. Um mancal hidrodinâmico gira a 3600 rpm. O mancal tem 32 mm de diâmetro e 32 mm de comprimento. A folga radial é de 20 μm, e a carga radial no mancal é de 3 kN. O lubrificante escolhido é o óleo SAE 10 fornecido a uma temperatura média de 60°C. Estime a taxa de geração de calor pelo atrito se a *razão de excentricidade* foi determinada como 0,65.

10-14. Deseja-se projetar um mancal de deslizamento de 360°, lubrificado hidrodinamicamente para uma aplicação industrial especial na qual um eixo rotativo de aço deva ter no mínimo 3,0 polegadas de diâmetro nominal e a bucha (mancal) seja feita de bronze, mandrilhada até o tamanho final. A carga radial no mancal é de 1000 lbf. Deseja-se que a razão entre o comprimento e o diâmetro seja de 1,5. O eixo gira a 1000 rpm. Foi estimado que a razão de excentricidade de 0,5 seria um bom ponto de partida para o projeto do mancal, baseado na avaliação da região de projeto ótimo da Figura 10.14 para uma razão de comprimento por diâmetro de 1,5.

Conduza uma pesquisa preliminar para determinar uma combinação de dimensões e de parâmetros de lubrificantes adequados para a aplicação proposta.

10-15. Para o projeto resultante da solução do Problema 10.14,

a. Determine o torque de arrasto de atrito.
b. Determine a potência dissipada como resultado de arrasto de atrito.

10-16. Um mancal de deslizamento de 360°, lubrificado hidrodinamicamente, será projetado para uma aplicação em uma máquina ferramenta na qual um eixo giratório de aço deve ter no mínimo 1,00 polegada de diâmetro nominal, a bucha deve ser de bronze e o eixo deve ser polido para utilização na bucha de bronze. A carga radial no mancal é de 40 lbf, e o eixo gira a 2500 rpm. A razão desejada de comprimento por diâmetro é de 1,0. Conduza um estudo preliminar de projeto para determinar a combinação de dimensões e de parâmetros de lubrificantes adequados para esta aplicação.

10-17. Para o resultado do projeto proposto ao resolver o Problema 10.16,

a. Determine o torque de arrasto de atrito.
b. Determine a potência dissipada como resultado do arrasto de atrito.

10-18. Um mancal de deslizamento de 360°, lubrificado hidrodinamicamente, precisa ser projetado para suportar uma aplicação de um transportador de rolos na qual o eixo rotativo de aço laminado a frio deve ter ao menos 100 mm de diâmetro nominal e o mancal deve revestido de babbit, mandrilhado até a dimensão final. A carga radial do mancal deve ser de 18,7 kN. A razão do comprimento pelo diâmetro deve ser de 1,0. O eixo girará continuamente a uma velocidade angular de 1000 rpm. Um baixo arrasto de atrito é considerado mais importante do que uma alta capacidade de carga. Determine uma combinação de dimensões e de parâmetros de lubrificantes adequados para esta aplicação de transportador.

10-19. Para o resultado do projeto proposto ao resolver o Problema 10.18, determine o torque de arrasto de atrito.

Capítulo 11

Mancais de Rolamento

11.1 Utilizações e Características de Mancais de Rolamento

Semelhante ao caso de mancais de deslizamento (veja Capítulo 10), os mancais de rolamento são projetados para permitir um movimento relativo entre duas peças de máquina, usualmente um eixo rotativo e uma estrutura fixa, enquanto suporta as cargas aplicadas. Em contraste com a interface deslizante, que caracteriza os mancais de deslizamento, nos mancais de rolamento o eixo rotativo é separado da estrutura fixa pela interposição de elementos rolantes, de modo que o *atrito rolante* prevalece em vez de o atrito deslizante. Consequentemente, ambas as perdas por torque de partida e atrito operacional são tipicamente muito inferiores à dos mancais de deslizamento.

As aplicações de mancais de rolamento variam desde minúsculos mancais de instrumentos, com furos* de apenas alguns milímetros, a imensos mancais especiais tais como os encontrados nas máquinas de mineração com furos de 20 pés.

Uma ampla gama de tamanhos e tipos entre estes extremos está disponível comercialmente, e uma grande porcentagem de produtos de consumo incorporam mancais de rolamento. Em adição às configurações rotativas mais comuns, os conceitos de mancais de rolamento têm sido estendidos para linear, linear rotativo, e aplicações de trajetória curva pela utilização de malhas de recirculação, circuitos, ou corrediças para os elementos rolantes.[1]

As vantagens dos mancais de rolamento incluem (veja Capítulo 10 para vantagens de mancais de deslizamento):

1. Elevada confiabilidade com o mínimo de manutenção
2. Mínima lubrificação requerida. O lubrificante pode ser vedado pela "vida útil" do mancal
3. Adequado para operação em baixa velocidade
4. Baixo atrito de partida e baixa perda de potência devido ao arraste por atrito
5. Pode suportar prontamente cargas radiais, axiais, ou a combinação destas
6. Necessita de pouco espaço axial
7. Permutabilidade quase universal entre fabricantes devido à ampla padronização de tamanhos e rígido controle de tolerâncias
8. Pode ser pré-carregado para eliminar folgas internas, melhorar a vida em fadiga ou elevar a rigidez do mancal (veja 4.8 e Figura 11.7)
9. O aumento do ruído em operação alerta para falha iminente

11.2 Tipos de Mancais de Rolamento

Os mancais de rolamento podem ser classificados de um modo mais amplo como mancais de esferas (com elementos rolantes esféricos) ou mancais de rolos (com elementos rolantes cilíndricos). Dentro de cada uma destas grandes categorias, existe uma ampla variedade de configurações geométricas comercialmente disponíveis. Os mancais de rolamento são padronizados[2] quase que universalmente (cooperativamente) pela *American Bearing Manufactures Association*[3] *(ABMA)*, American National Standards Institute (ANSI), e pela International Standards Organization (ISO).

Como ilustrado na Figura 11.1, a estrutura típica dos mancais de rolamento envolve uma *pista interna,* uma *pista externa,* os *elementos rolantes* retidos entre as pistas e um *separador* (ou *gaiola*), utilizado para espaçar os elementos rolantes, de modo que estes não entrem em contato entre si durante

---

* O termo "furo" se refere ao diâmetro interno do anel interno de um mancal. (N.T.)

[1] Aplicações incluem esferas recirculantes, mancais lineares de esferas, mesas lineares e parafusos de esferas recirculantes. Veja, por exemplo, ref. 1.

[2] Veja, por exemplo, ANSI/AFBMA norma 9-1990 para mancais de esferas (ref. 2) e 11-1990 para mancais de rolos (ref. 3).

[3] Anteriormente Antifriction Bearing Manufactures Association (AFBMA).

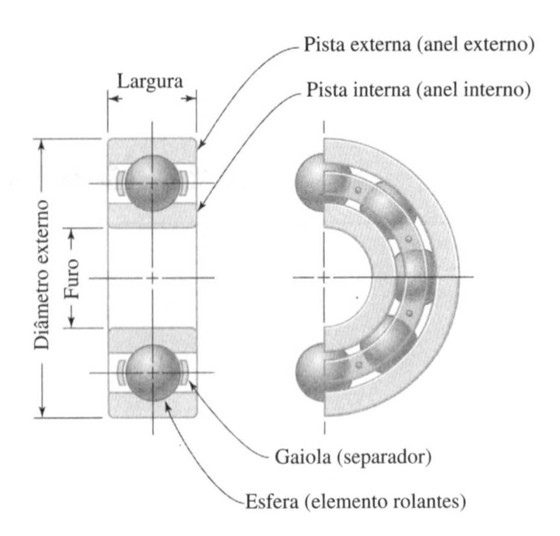

Figura 11.1
Nomenclatura dos rolamentos. É ilustrado um mancal de esferas, mas a nomenclatura de um mancal de rolos é substancialmente a mesma.

a operação. A nomenclatura utilizada na Figura 11.1 é amplamente utilizada para ambos os mancais de esferas e de rolos, exceto que a pista externa de um mancal cônico é normalmente denominada *copo* e a pista interna *cone*. Outras exceções incluem mancais axiais (cujas configurações típicas não são consistentes com a nomenclatura da Figura 11.1) e mancais de rolos agulha (rolos de pequeno diâmetro, normalmente contidos por uma fina casca externa, e algumas vezes utilizados com os rolos agulha em contato direto com a superfície de um eixo de aço endurecido).

A Figura 11.2 ilustra alguns exemplos de uma grande variedade de configurações comercialmente disponíveis para mancais de esferas. A maioria dos fabricantes de mancais publica manuais de engenharia contendo descrição extensiva dos vários tipos e tamanhos disponíveis, e procedimentos para uma seleção adequada.[4] O *mancal de esferas de uma carreira e canal profundo ("Conrad"),* mostrado na Figura 11.2(a), é provavelmente o mancal de rolamento mais utilizado por poder suportar, tanto cargas radiais, quanto cargas axiais moderadas em ambos os sentidos. Isto é possível pela utilização de um rebordo contínuo, ou seja, não interrompido por *sulcos de preenchimento*. Além disso, estes mancais são relativamente baratos e operam de modo suave por uma ampla faixa de velocidades. Os mancais de esferas de canal profundo são fabricados movimentando-se a pista interna para uma posição excêntrica, inserindo tantas esferas quanto possível, reposicionando a pista interna para uma posição concêntrica, espaçando as esferas uniformemente e montando o separador para manter o espaçamento entre as esferas com um mínimo de arraste de atrito. Para aumentar a capacidade de carga *radial,* um *sulco de preenchimento* é usinado em um lado de cada pista do mancal, permitindo que possam ser inseridas mais esferas do que o possível no projeto "Conrad". Este projeto de máxima capacidade, ilustrado na Figura 11.2(b), atinge a *capacidade radial máxima* possível para um mancal de esferas de carreira simples, mas a capacidade axial é reduzida, devido às descontinuidades no rebordo causadas pelos sulcos de preenchimento.

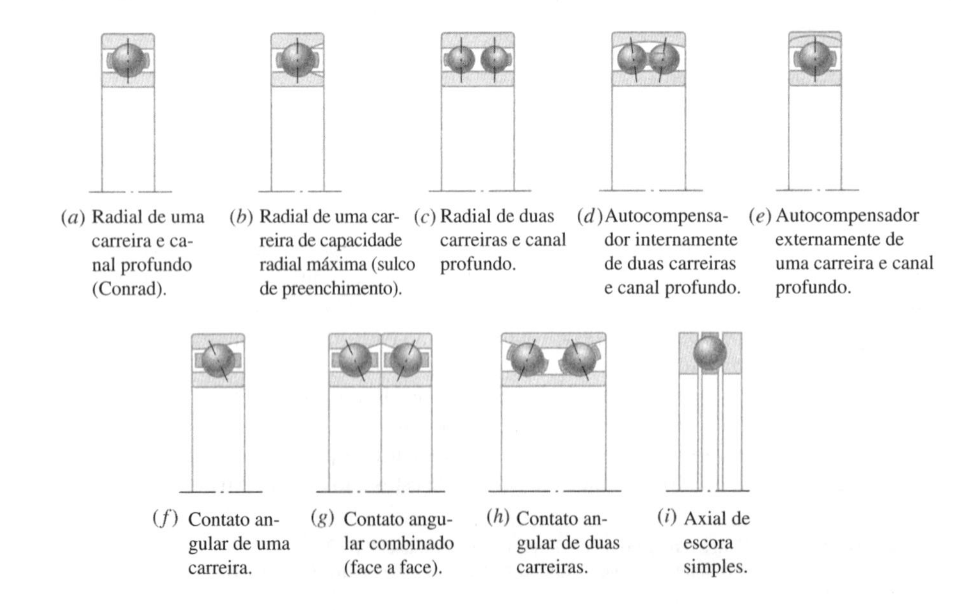

Figura 11.2
Exemplos selecionados a partir dos muitos tipos de mancais de esferas comercialmente disponíveis.

[4] Veja, por exemplo, ref. 5.

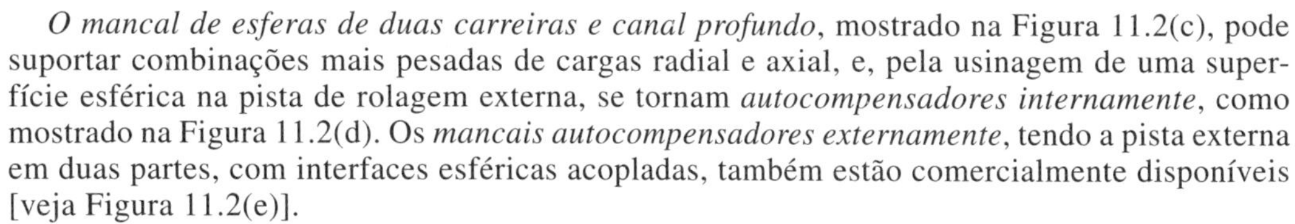

O mancal de esferas de duas carreiras e canal profundo, mostrado na Figura 11.2(c), pode suportar combinações mais pesadas de cargas radial e axial, e, pela usinagem de uma superfície esférica na pista de rolagem externa, se tornam *autocompensadores internamente*, como mostrado na Figura 11.2(d). Os *mancais autocompensadores externamente*, tendo a pista externa em duas partes, com interfaces esféricas acopladas, também estão comercialmente disponíveis [veja Figura 11.2(e)].

Uma elevada capacidade axial *em uma direção* é obtida com um *mancal de esferas de contato angular* de uma carreira, pela configuração do chanfro de modo que a linha de centro de contato entre as esferas e as pistas de rolagem esteja em um ângulo com relação ao plano perpendicular ao eixo de rotação, como ilustrado na Figura 11.2(f). Um lado da pista externa é rebaixado para remover a maior parte do rebordo da pista, enquanto um rebordo mais elevado é produzido na face axial oposta. A expansão térmica da pista externa é utilizada para a montagem de um número máximo de esferas complementares, resultando em um mancal não desmontável após o resfriamento. Os mancais de esferas de contato angular são normalmente utilizados em pares, arranjados face a face [mostrado na Figura 11.2(g)], costa a costa ou em série com controle de pré-carga axial para obter a rigidez desejada do mancal (veja 11.7). Os *mancais de esferas de contato angular de duas carreiras* com pré-carga "embutida" (uma carreira de esferas é axialmente pré-carregada contra a outra) estão disponíveis como mostrado na Figura 11.2(h). Os *mancais de esferas axiais* estão comercialmente disponíveis, como mostrado na Figura 11.2(i).

Em adição aos tipos básicos de mancais, muitos tipos especiais e aplicações de projeto otimizadas podem ser solicitados, inclusive mancais com pistas internas em duas partes, mancais de esferas divididos diametralmente para configurações de difícil montagem, projetos com extensão da pista interna com colares de travamento, configurações integrais do flange de montagem, e outros. Mancais com vedação, blindagem, ou ambos, instalados em um ou ambos os lados, estão disponíveis em muitos casos, bem como ranhuras para anéis de pressão para retenção da pista externa.

Em contraste com mancais de esferas, *mancais de rolos retos* são incapazes de suportar cargas axiais, e são normalmente feitos de modo que as pistas possam ser axialmente separadas, como mostrado na Figura 11.3(a). Estes podem, portanto, acomodar prontamente pequenos deslocamentos axiais de um eixo em relação à carcaça. Tal deslocamento pode ocorrer, por exemplo, devido a diferenciais de expansão térmica entre o eixo e a carcaça. Uma pequena capacidade de escora axial pode ser incorporada nos mancais de rolos retos para propósitos locais [pela incorporação de rebordos como mostrado na Figura 11.3(b)], e o suporte de cargas radiais mais elevadas pode ser obtido com *mancais de rolos de duas carreiras*, como ilustrado na Figura 11.3(c).

Caso deva ser acomodada uma combinação de cargas radial e axial, o *mancal de rolos cônicos*, tal como o mostrado na Figura 11.3(d), pode ser utilizado. As pistas dispostas em ângulo cônico permitem aos mancais de rolos cônicos suportar combinações de cargas radial e axial. Justamente por isso, mesmo quando um carregamento radial puro é externamente aplicado a um mancal de rolos cônicos, um carregamento axial é induzido dentro do mancal por causa da conicidade. Portanto, como no caso dos mancais de esferas de contato angular discutidos anteriormente, os mancais de rolos cônicos são normalmente utilizados em pares (ou algumas vezes em configuração de quatro carreiras) para resistir à reação axial ou para propiciar a rigidez desejada. Tais mancais podem ser obtidos em vários arranjos de duas ou quatro carreiras, como a montagem de duas carreiras duplo-copo cone-simples ilustrada na Figura 11.3(e).

Os *mancais de rolos (esféricos) autocompensadores* estão disponíveis, como ilustrado na Figura 11.3(f) e (g), em que rolos em formato embarrilado* com uma pista externa esférica ou rolos em formato de ampulheta com uma pista interna esférica propiciam a capacidade de autocompensação.

Alguns exemplos de rolamentos.

* Rolos com superfície de rolagem esférica cuja forma se aproxima de um barril (NT).

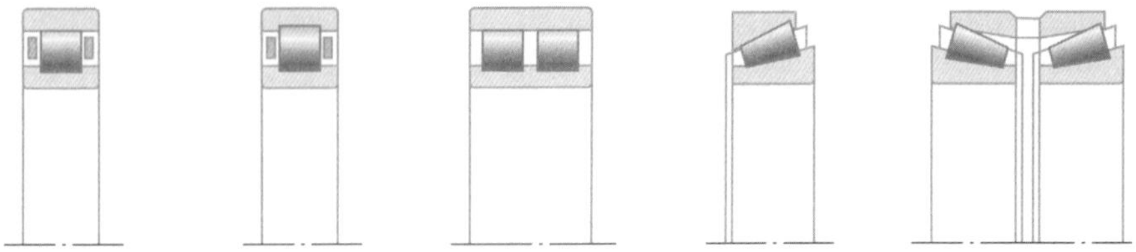

Figura 11.3
Exemplos selecionados a partir dos muitos tipos de mancais de rolos comercialmente disponíveis.

(*a*) Mancal de rolos retos de uma carreira, pista externa separável (não travante).

(*b*) Mancal de rolos retos de uma carreira (axialmente travante).

(*c*) Mancal de rolos retos de duas carreiras, pista externa separável (não travante).

(*d*) Mancal de rolos cônicos de uma carreira.

(*e*) Mancal de rolos cônicos duplo copo e duas carreiras (cones simples).

(*f*) Mancal de rolos esféricos de uma carreira, rolos embarrilados (autocompensador).

(*g*) Mancal de rolos esféricos de duas carreiras; rolos em ampulheta (autocompensador).

(*h*) Mancal de rolos agulha, com capa retirada, extremidade aberta.

(*i*) Mancal de escora de rolos cônicos.

(*j*) Mancal de escora de rolos agulha.

Quando o espaço radial é limitado, *mancais com rolos agulha* são algumas vezes utilizados. Uma das muitas configurações de mancais de rolos agulha é mostrada na Figura 11.3(h). Vários tipos de rolos, rolos cônicos e *mancais axiais* de rolos agulha também estão disponíveis como mostrado, por exemplo, nas Figuras 11.3(i) e (j).

11.3 Modos Prováveis de Falha

Os mancais de rolamento podem ser vulneráveis a falha por quaisquer dos diversos modos possíveis, dependendo das cargas de operação e velocidades especificadas. Sob condições típicas de operação, a *falha por fadiga superficial* é o modo mais provável de falha (veja 2.3). As tensões cíclicas cisalhantes abaixo da superfície hertzianas, produzidas pelas superfícies curvas em contato rolante, podem iniciar e propagar diminutas trincas que acabam por desalojar partículas, gerando pites superficiais. Tipicamente, os pites surgem primeiro nas *pistas de rolagem*, gerando ruído, vibração e calor, que se intensificam progressivamente. Caso mancais ruins não sejam substituídos, as pistas podem fraturar, os mancais podem emperrar, e danos sérios a outros elementos de máquina podem ocorrer. Em alguns casos, cargas estáticas em um mancal durante as etapas inativas de um ciclo de trabalho, podem causar *indentação* das pistas, resultando em uma subsequente geração de ruído, vibração e calor, à medida que os elementos de rolagem passam pelas descontinuidades locais da pista (veja 2.3). Quando da seleção de mancais, os projetistas devem examinar rotineiramente tanto a capacidade do mancal de resistir à falha por fadiga de superfície (capacidade de carga dinâmica básica) quanto a capacidade do mancal de resistir à falha por indentação (capacidade de carga estática básica). Qual destes dois modos de falha dependerá de detalhes específicos do ciclo de trabalho?

É importante notar que para mancais *levemente carregados* a nucleação de uma trinca superficial de fadiga pode não ocorrer, e vidas de operação muito longas podem ser alcançadas. Isto é verdade desde que, em efeito, as tensões cíclicas de Hertz estejam abaixo do limite de fadiga das ligas ferrosas para mancais (veja 5.6 e a Figura 5.30). Pelo menos um fabricante de mancais[5] agora fornece dados de *limite de carga em fadiga*, sendo este definido como a *carga* no mancal abaixo da qual a falha por fadiga não ocorrerá para aquele mancal em particular, assumindo a ausência de contaminação e lubrificação ideal entre os elementos rolantes e as pistas.

Em algumas aplicações, o *desgaste por fretagem* pode ser o modo de falha dominante (veja 2.3). Notadamente, se mancais são operados com pequena amplitude de movimento cíclico reverso, mesmo quando as cargas são leves, as condições da fretagem podem produzir um desgaste por fretagem local significativo e, enfim, resultar em ruído inaceitável, vibração ou calor, bem como a contaminação

[5] Veja ref. 5.

do lubrificante do mancal com os resíduos acumulados da fretagem. A falha de mancais de rolos-agulha em juntas universais automotivas propicia um exemplo comum do modo provável de falha de desgaste por fretagem em um mancal de rolos agulha.

Para eixos de transmissão de potência (veja 8.2), os mancais de rolamento são normalmente uma parte integral de um sistema dinâmico de massas e molas. Portanto, é importante examinar a possibilidade de que a operação em certas velocidades críticas possa provocar um comportamento vibracional destrutivo. A experiência demonstra que as constantes de mola típicas de mancais de rolamento são baixas (flexíveis), quando comparadas a diversos outros elementos de máquina, e, portanto, a rigidez do *mancal* em alguns casos, pode dominar o comportamento vibracional de uma máquina (veja 4.7). É responsabilidade de projeto importante, assegurar que a rigidez do mancal instalado seja elevada o suficiente para manter a frequência natural fundamental do sistema bem acima da frequência de forçamento[6] de modo que uma deflexão excessiva (falha por deformação elástica induzida por força) não aconteça. O *pré-carregamento* apropriado é um meio de melhorar a resistência de mancais de rolamento à deformação elástica induzida por força (veja 11.6).

11.4 Materiais dos Mancais

Os mancais de rolamento são, provavelmente, dentre todos os dispositivos de elementos de máquina, os mais refinados, cuidadosamente planejados, precisamente produzidos e estatisticamente testados. Por essas razões, a responsabilidade de atingir os objetivos-chave de projeto (seleção do melhor material e determinação da melhor geometria) caem sobre o projetista especializado trabalhando na indústria de mancais. A maioria dos projetistas deve se preocupar apenas com a *seleção* do mancal apropriado a partir de uma relação comercialmente disponível. Esta discussão sobre materiais de mancais é, também, breve, já que na maioria dos casos os fabricantes de mancais já selecionaram os materiais otimizados.

A maioria dos *mancais de esferas*, incluindo ambos, esferas e pistas, é fabricada a partir de aço cromo de alto carbono, degaseificado a vácuo, temperado e revenido para ótima resistência e tenacidade; em alguns casos, estabilizado para um controle dimensional preciso. Algumas vezes, são utilizadas ligas de aço inoxidável, quando a resistência à corrosão é necessária ou temperaturas moderadamente elevadas devem ser suportadas. Para aplicações em altas temperaturas, as ligas à base de cobalto devem ser empregadas. O aço AISI 52100 é largamente utilizado para ambos, pistas e esferas, sendo normalmente, completamente endurecido para valores de dureza na faixa de 61 a 64 Rockwell C. As ligas de aço inoxidável 400 C ou 440 CM podem ser usadas para aplicações especiais. Os materiais dos separadores incluem resina fenólica, bronze, bronze fosforoso, ou aços liga como o AISI 4130.

No caso de *mancais de rolos*, as pistas e os rolos são normalmente fabricados a partir de aços liga de baixo carbono para cementação, de forno elétrico, degaseificados a vácuo. Estes são então endurecidos superficialmente e tratados termicamente para produzir uma camada dura, resistente à fadiga, que circunda um núcleo tenaz. Neste contexto, os aços para cementação AISI 3310, 4620 e 8620 são frequentemente utilizados. Aços especiais podem ser utilizados para aplicações críticas.

11.5 Seleção de Mancais

Na seleção do mancal apropriado para dada aplicação, decisões de projeto devem ser tomadas sobre o tipo de mancal, tamanho, alocação de espaço, método de montagem e outros detalhes. Tipicamente, uma *única* escolha de mancal *não* será possível para dada aplicação, devido à sobreposição de capacidades dos mancais. Como de costume, a experiência do projetista desempenha um papel importante no processo de seleção. A maior parte dos fabricantes de mancais presta assistência técnica nesta área. A Tabela 11.1 fornece uma orientação geral na seleção do tipo mancal apropriado, porém, para utilizar a tabela, o projetista deve, primeiro, resumir os requisitos específicos de projeto do mancal em termos do espectro de carregamento radial, do espectro de carregamento axial, velocidades de operação, requisitos de vida de projeto, requisitos de rigidez e ambiente de operação.

Após uma seleção preliminar do *tipo* de mancal a ser utilizado, a determinação do *tamanho* do mancal deve ser efetuada, seguindo-se os procedimentos delineados nos parágrafos seguintes. Estes procedimentos são representativos daqueles recomendados pela maioria dos fabricantes de mancais.

Contudo, antes de detalhar os procedimentos para seleção de mancais, é importante entender os conceitos de *capacidade de carga dinâmica básica*, C_d, e de *capacidade de carga estática básica*, C_s, universalmente utilizados pelos fabricantes de mancais na caracterização da capacidade de carga

[6] Veja 8.2 para as definições.

TABELA 11.1 Características de Mancal que Podem Influenciar a Seleção do Tipo de Mancal[1]

Tipo de Mancal	Capacidade Radial	Capacidade Axial	Velocidade-Limite	Rigidez Radial	Rigidez Axial
Esferas de canal profundo	moderada	moderada — ambos os sentidos	alta	moderada	baixa
Esferas de capacidade máxima	moderada (mais)	moderada — um sentido	alta	moderada (mais)	baixa (mais)
Esferas de contato angular	moderada	moderada (mais) — um sentido	alta (menos)	moderada	moderada
Rolos cilíndricos	alta	nenhuma	moderada (mais)	alta	nenhuma
Rolos esféricos	alta	moderada — ambos os sentidos	moderada	alta (menos)	moderada
Rolos-agulha	moderada a alta	nenhuma	moderada a muito alta	moderada a alta	nenhuma
Rolos cônicos de uma carreira	alta (menos)	moderada (mais) — um sentido	moderada	alta (menos)	moderada
Rolos cônicos de duas carreiras	alta	moderada — ambos os sentidos	moderada	alta	moderada
Rolos cônicos de quatro carreiras	alta (mais)	alta — ambos os sentidos	moderada (menos)	alta (mais)	alta
Axial de esferas	nenhuma	alta — um sentido	moderada (menos)	nenhuma	alta
Axial de rolos	nenhuma	alta (mais) — um sentido	baixa	nenhuma	alta (mais)
Axial de rolos cônicos	apenas posicional	alta (mais) — um sentido	baixa	nenhuma	alta (mais)

[1] Adaptado do catálogo de dados de mancais da Torrington.

de todos os tipos de mancais de rolamento. São também de interesse, os dados com base nas relações entre a carga e o número de rotações até a falha, e a influência no processo de seleção para requisitos de confiabilidade superiores ao padrão de 90 por cento.

Capacidades de Carga Básica

As *capacidades de carga básica* foram padronizadas[7] pela indústria de mancais, como um meio uniforme de descrever a capacidade de qualquer mancal de rolamento de resistir à falha por (1) fadiga superficial e (2) indentação (veja 11.3). A capacidade de carga dinâmica básica, C_d, é uma medida da resistência à *falha por fadiga superficial*. A capacidade de carga estática básica, C_s, é uma medida da resistência à falha por *indentação*. Tipicamente, os valores de C_d e C_s são publicados para cada mancal listado em um catálogo de fabricante.[8]

A capacidade de carga radial dinâmica básica $C_d(90)$ é *definida como a maior carga estacionária radial em que, 90 por cento de um grupo de mancais, aparentemente idênticos, sobreviverá a 1 milhão de revoluções (pista interna girando, pista externa fixa) sem nenhuma evidência de falha por fadiga superficial*. Com base em um elevado número de dados experimentais, a relação entre a carga radial P e a vida do mancal L (revoluções para a falha) para qualquer mancal é dado por

$$\frac{L}{10^6} = \left(\frac{C_d}{P}\right)^a \tag{11-1}$$

em que $a = 3$ para mancais de esferas e $a = {}^{10}\!/_3$ para mancais de rolos.[9]

A capacidade de carga radial estática básica C_s é *definida como a maior carga radial estacionária que produzirá evidência de indentação significativa no elemento de rolagem mais carregado no ponto de contato*. "Evidência de indentação significativa" é definida como qualquer deformação plástica em diâmetro (ou largura) maior do que 0,0001 do diâmetro do elemento de rolagem.

Especificações de Confiabilidade

Os valores de capacidade de carga dinâmica, correspondentes a uma confiabilidade de $R = 90$ por cento, $C_d(90)$, são rotineiramente publicados por todos os fabricantes de mancais. Embora 90 por cento de confiabilidade seja aceitável para uma ampla variedade de aplicações industriais, algumas vezes são desejados pelo projetista valores mais elevados de confiabilidade. *Fatores de ajuste da confiabilidade*,

[7] Veja refs. 2 e 3.
[8] Veja, por exemplo, Tabelas 11.5, 11.6 e 11.7.
[9] Veja refs. 2 e 3; note também que alguns fabricantes recomendam o valor de $a = 10/3$ para os mancais de esferas e de rolos.

com base nos dados da taxa de falha real, permitem ao projetista selecionar mancais com níveis de confiabilidade maiores do que 90 por cento.[10] Embora seja possível expressar os ajustes de confiabilidade como fator de *carga* ou fator de *vida*, a prática corrente é utilizar o fator de ajuste de confiabilidade de *vida*, K_R. Portanto, a capacidade de vida nominal do mancal, $L_{10} = 10^6$ revoluções (corresponde a $P = 10$ ou $R = 90$), pode ser ajustada para qualquer valor mais elevado de confiabilidade R utilizando

$$L_P = K_R L_{10} \tag{11-2}$$

em que o valor de K_R é obtido da Tabela 11.2. L_p é denominado capacidade de vida (revoluções) para a *confiabilidade ajustada*. Algumas vezes, a vida L_{10} é denominada vida B_{10}.

Procedimento de Seleção Sugerido para Cargas Estacionárias

O procedimento seguido por um projetista quando da seleção de um mancal apropriado para uma aplicação específica normalmente envolve as seguintes etapas:

1. Primeiro, projete o eixo considerando este como um *corpo livre*, realize uma análise de *esforços completa*, e empregue as *equações de projeto de eixo* apropriadas para determinar um diâmetro de eixo preliminar com base na resistência da sede do mancal (Veja Capítulo 8).
2. A partir da análise de esforços, calcule a carga radial F_r e a *carga axial* F_a a ser suportada pelo mancal proposto.
3. Determine o *requisito de vida de projeto*, L_d, para o mancal.
4. Determine a *confiabilidade* R apropriada para a aplicação e selecione o *fator de ajuste de confiabilidade de vida*, K_R.
5. Avalie a severidade de qualquer choque ou impacto associado com a aplicação de modo que um *fator de impacto*, *IF*, possa ser determinado (veja Tabela 11.3 e reveja 2.6 do Capítulo 2).
6. Preliminarmente selecione o *tipo de mancal* a ser utilizado (veja Tabela 11.1).
7. Calcule a *carga radial dinâmica equivalente a* P_e a partir da seguinte relação empírica[11]

$$P_e = X_d F_r + Y_d F_a \tag{11-3}$$

em que X_d = fator de carga radial dinâmica, baseado na geometria do mancal (veja Tabela 11.4)
Y_d = fator de carga axial (de escora), baseado na geometria do mancal (veja Tabela 11.4)

TABELA 11.2 Fator de Ajuste de Confiabilidade de Vida K_R para Confiabilidades de Mancal Diferente de $R = 90\%$

Confiabilidade R, porcentagem	Probabilidade de Falha P, porcentagem	K_R
50	50	5,0
90	10	1,0
95	5	0,62
96	4	0,53
97	3	0,44
98	2	0,33
99	1	0,21

TABELA 11.3 Fatores de Impacto Estimados para Várias Aplicações[1]

Tipo de Aplicação	Fator de Impacto *IF*
Carga uniforme, sem impacto	1,0–1,2
Engrenagem de precisão	1,1–1,2
Engrenagem comercial	1,1–1,3
Correias dentadas	1,1–1,3
Impacto leve	1,2–1,5
Correias em V	1,2–2,5
Impacto moderado	1,5–2,0
Correias planas	1,5–4,5
Impacto elevado	2,0–5,0

[1] Veja também 2.6 no Capítulo 2.

[10] Lembrar que a confiabilidade R em porcentagem é igual a $100 - P$, em que P é a probabilidade de falha em porcentagem.
[11] Algumas fontes recomendam o uso de um fator de "rotação de pista" que aumenta com P_e para qualquer caso no qual a pista *externa* gire em vez da interna. Contudo, o fator de "rotação de pista" não é usado aqui, porque os fabricantes de mancais que fornecem os dados selecionados para as Tabelas 11.5, 11.6 e 11.7 não o utilizam atualmente.

TABELA 11.4 Fatores de Carga Radial Aproximados para Tipos de Mancais Selecionados[1]

Tipo de Mancal	Dinâmico				Estático			
	X_{d_1}	Y_{d_1}	X_{d_2}	Y_{d_2}	X_{s_1}	Y_{s_1}	X_{s_2}	X_{s_2}
Mancal radial de esferas de uma carreira	1	0	0,55	1,45	1	0	0,6	0,5
Mancal de esferas de uma carreira de contato angular (pequeno ângulo)	1	0	0,45	1,2	1	0	0,5	0,45
Mancal de esferas de uma carreira de contato angular (grande ângulo)	1	0	0,4	0,75	1	0	0,5	0,35
Mancal radial de esferas de duas carreiras	1	0	0,55	1,45	1	0	0,6	0,5
Mancal de esferas de duas carreiras de contato angular (pequeno ângulo)	1	1,55	0,7	1,9	1	0	1	0,9
Mancal de esferas de duas carreiras de contato angular (grande ângulo)	1	0,75	0,6	1,25	1	0	1	0,65
Mancal de esferas de uma carreira autocompensador[2]	1	0	0,4	$0{,}4\cot\alpha$	1	0	0,5	$0{,}2\cot\alpha$
Mancal de esferas de duas carreiras autocompensador	1	$0{,}4\cot\alpha$	0,65	$0{,}65\cot\alpha$	1	0	1	$0{,}45\cot\alpha$
Mancal de rolos retos[2] ($\alpha = 0$); (não suporta carga axial)	1	0	—	—	1	0	1	0
Mancal de rolos de uma carreira[3] ($\alpha \neq 0$)	1	0	0,4	$0{,}4\cot\alpha$	1	0	0,5	$0{,}2\cot\alpha$
Mancal de rolos de duas carreiras ($\alpha \neq 0$)	1	$0{,}45\cot\alpha$	0,65	$0{,}65\cot\alpha$	1	0	1	$0{,}45\cot\alpha$
Mancal de rolos de uma carreira autocompensador	1	0	0,4	$0{,}4\cot\alpha$	1	0	0,5	$0{,}2\cot\alpha$
Mancal de rolos de duas carreiras autocompensador	1	$0{,}45\cot\alpha$	0,65	$0{,}65\cot\alpha$	1	0	1	$0{,}45\cot\alpha$

[1] Para valores mais precisos, veja refs. 2 e 3.
[2] O ângulo de contato nominal α é o ângulo entre o plano perpendicular ao eixo do mancal e a linha nominal de ação da força resultante transmitida da pista do mancal para o elemento de rolamento.
[3] Estes valores podem ser utilizados para uma seleção preliminar de mancais de rolos cônicos, porém detalhes de montagem e pré-carga têm influência significativa; o catálogo do fabricante deve ser consultado. Veja também a Tabela 11.7.

Ambas as combinações de X_{d_1}, Y_{d_1}, e X_{d_2}, Y_{d_2} devem ser calculadas, e qualquer combinação que produzir o maior valor para P_e deve ser utilizada.

8. Utilizando (11-1) como base, calcule a capacidade de carga dinâmica básica *requerida* correspondente ao nível de confiabilidade selecionado na etapa 4, como

$$[C_d(R)]_{req} = \left[\frac{L_d}{K_R(10^6)}\right]^{1/a}(IF)P_e \qquad (11\text{-}4)$$

em que $[C_d(R)]_{req}$ = capacidade de carga radial dinâmica requerida para uma confiabilidade de R por cento
L_d = vida de projeto, revoluções
K_R = fator de ajuste de confiabilidade de vida obtido na Tabela 11.2
IF = fator de impacto da aplicação obtido na Tabela 11.3
P_e = carga radial equivalente obtido de (11.3)
a = expoente igual 3 para mancais de esferas ou $^{10}/_{3}$ para mancais de rolos

9. Com o resultado de 11-4, insira uma tabela de capacidade de carga básica para o tipo de mancal selecionado na etapa 6 e selecione preliminarmente o menor mancal com a capacidade de carga radial básica C_d de pelo menos $[C_d(R)]_{req}$. Tais tabelas podem ser encontradas para todos os tipos de mancais em catálogos de fabricantes.[12] Exemplos ilustrativos de tabelas de seleção de mancais estão incluídos aqui como as Tabelas 11.5, 11.6 e 11.7.

As Tabelas 11.5, 11.6 e 11.7 incluem não somente as capacidades de carga dinâmica e estática básicas, mas também as dimensões máximas para os mancais listados. A ABMA desenvolveu um método[13] de *dimensões principais padronizadas* para mancais, inclusive combinações normalizadas de furo, diâmetro externo, largura, e raios de concordância para eixo e rebordos de alojamento. Para um dado furo, uma variedade de larguras padronizadas e diâmetros externos está disponível, proporcionando grande flexibilidade na escolha da geometria do mancal adequado

[12] Veja, por exemplo, refs. 5 e 6.

para a maior parte das aplicações. A Figura 11.4 ilustra o método ABMA para a seleção de especificações de dimensões principais de mancais. Os mancais são identificados por um número de dois dígitos denominado *código de séries de dimensão*. O *primeiro* dígito representa a *série de largura* (0, 1, 2, 3, 4, 5 ou 6). O *segundo* dígito corresponde à *série de diâmetro* (*externo*) (8, 9, 0, 1, 2, 3 ou 4). A Figura 11.4 mostra vários exemplos de perfis de mancais que podem ser obtidos para um dado tamanho de furo. As Tabelas 11.5 e 11.6 ilustram as dimensões resultantes para várias séries selecionadas de mancais de esferas e de rolos, e a Tabela 11.7 fornece informação similar para mancais de rolos cônicos.

Não apenas as dimensões dos mancais são padronizadas, como também as *tolerâncias* dimensionais são padronizadas para eixo e ajustes de alojamentos para vários níveis de precisão.[13] Estes variam desde a tolerância "usual" ABEC-1 para mancal de esferas e tolerância RBEC-1 para mancal de rolos ambas recomendadas par a a maioria das aplicações até as tolerâncias ABEC-9 e RBEC-9 (a custo mais elevado), disponíveis excepcionalmente para aplicações de alta precisão tais como eixos motrizes de máquina-ferramenta.

De modo similar (mas não exatamente o mesmo), os níveis de tolerância e de precisão para mancais de rolos cônicos são fornecidos por seis *classes*[14] de tolerância. Para estabelecer níveis de tolerância e de precisão apropriadas deve-se consultar os catálogos dos fabricantes.

10. Assegure-se de que as velocidades de operação se situem abaixo da *velocidade-limite* para o mancal preliminarmente selecionado. Se não, selecione outro mancal que atenda a *ambos* os requisitos de capacidade de carga dinâmica e de velocidade-limite. Deve ser lembrado que a *velocidade* é a *velocidade de rotação absoluta da pista interna relativa à pista externa*.
11. Calcule a capacidade de carga radial estática equivalente P_{se} a partir da seguinte relação empírica

$$P_{se} = X_s F_{sr} + Y_s F_{sa} \tag{11-5}$$

em que F_{sr} = carga estática radial
F_{sa} = carga estática axial
X_s = fator de carga estática radial, com base na geometria do mancal (veja a Tabela 11.4)
Y_s = fator de carga axial (de escora), baseado na geometria do mancal (veja a Tabela 11.4)

As combinações X_{s_1}, Y_{s_1}, ou X_{s_2}, Y_{s_2}, devem ambas ser calculadas, e qualquer combinação que resulte no maior valor de P_{se} deve ser utilizada.

12. Verifique as tabelas de seleção de mancais para assegurar que P_{se} não exceda a capacidade de carga radial estática básica C_s para o mancal selecionado preliminarmente na etapa 10.
13. Verifique para assegurar que o furo do mancal preliminarmente selecionado se ajustará ao diâmetro do eixo determinado com base na resistência na etapa 1. Se não, selecione um furo maior para o mancal que se ajustará ao eixo. Verifique novamente C_d, e C_s, e a velocidade-limite para o mancal maior, agora selecionado. (Dependendo da série dimensional, os mancais com furos maiores podem ter capacidade de carga básica inferior.)
14. Utilizando a seleção final de mancal, aumente o diâmetro do eixo na sede do mancal para a dimensão nominal do furo do mancal, utilizando dimensões de montagem e tolerâncias apropriadas, como especificado pelo fabricante de mancais.

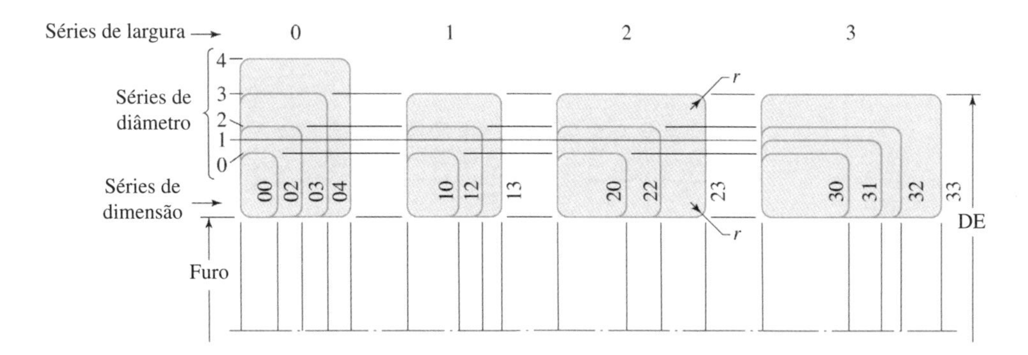

Figura 11.4
Ilustração de exemplos selecionados da norma ABMA de dimensões principais para mancais de esferas e para mancais de rolos retos e esféricos. As dimensões principais mostradas *não* são válidas para mancais de rolos cônicos ou para mancais da "série de polegada".

[13] Veja ref. 4.
[14] Veja ref. 6.

TABELA 11.5 Capacidades de Carga e Dimensões para Mancais Radiais de Esferas de uma Carreira e Canal Profundo Selecionados (Tipo Conrad): Séries 60, 62 e 63 (Cortesia da SKF® USA Inc., Norristown, PA)

Número do Mancal	Furo		Diâmetro Externo		Largura		Raio de Concordância Máximo[1]		Diâmetro Mínimo de Encosto no Eixo[2]		Capacidade de Carga Básica[3] C_d		Capacidade de Carga Básica[3] C_s		Carga Aproximada de Limite de Fadiga[4] P_f		Velocidade-Limite[5], 10^3 rpm
	mm	in	mm	in	mm	in	mm	in	mm	in	kN	10^3 lbf	kN	10^3 lbf	kN	10^3 lbf	Com graxa/óleo
6000	10	0,3937	26	1,0236	8	0,3150	0,3	0,012	12	0,472	4,62	1,04	1,96	0,44	0,08	0,019	30/36
6200			30	1,1811	9	0,3543	0,6	0,024	14	0,551	5,07	1,14	2,36	0,53	0,10	0,023	24/30
6300			35	1,3780	11	0,4331	0,6	0,024	14	0,551	8,06	1,81	3,40	0,76	0,14	0,032	20/26
6002	15	0,5906	32	1,2598	9	0,3543	0,3	0,012	17	0,669	5,59	1,26	2,85	0,64	0,12	0,027	22/28
6202			35	1,3780	11	0,4331	0,6	0,024	19	0,748	7,80	1,75	3,75	0,84	0,16	0,036	19/24
6302			42	1,6535	13	0,5118	1	0,039	20	0,787	11,40	2,56	5,40	1,21	0,23	0,051	17/20
6004	20	0,7874	42	1,6535	12	0,4724	0,6	0,024	24	0,945	9,36	2,10	5,00	1,12	0,21	0,048	17/20
6204			47	1,8504	14	0,5512	1	0,039	25	0,984	12,70	2,86	6,55	1,47	0,28	0,063	15/18
6304			52	2,0472	15	0,5906	1	0,039	26,5	1,043	15,90	3,57	7,80	1,75	0,34	0,075	13/16
6005	25	0,9843	47	1,8504	12	0,4724	0,6	0,024	29	1,142	11,20	2,52	6,55	1,47	0,28	0,062	15/18
6205			52	2,0472	15	0,5906	1	0,039	30	1,181	14,00	3,15	7,80	1,75	0,34	0,075	12/15
6305			62	2,4409	17	0,6693	1	0,039	31,5	1,240	22,50	5,06	11,60	2,61	0,49	0,110	11/14
6006	30	1,1811	55	2,1654	13	0,5118	1	0,039	35	1,378	13,30	2,99	8,30	1,87	0,36	0,080	12/15
6206			62	2,4409	16	0,6299	1	0,039	35	1,378	19,50	4,38	11,20	2,52	0,48	0,107	10/13
6306			72	2,8346	19	0,7480	1	0,039	36,5	1,437	28,10	6,32	16,00	3,60	0,67	0,151	9/11
6007	35	1,3780	62	2,4409	14	0,5512	1	0,039	40	1,575	15,90	3,57	10,20	2,29	0,44	0,099	10/13
6207			72	2,8346	17	0,6693	1	0,039	41,5	1,634	25,50	5,73	15,30	3,44	0,66	0,147	9/11
6307			80	3,1496	21	0,8268	1,5	0,059	43	1,693	33,20	7,46	19,00	4,27	0,82	0,183	8,5/10
6008	40	1,5748	68	2,6772	15	0,5906	1	0,039	45	1,772	16,80	3,78	11,60	2,61	0,49	0,110	9,5/12
6208			80	3,1496	18	0,7087	1	0,039	46,5	1,831	30,70	6,90	19,00	4,27	0,80	0,180	8,5/10
6308			90	3,5433	23	0,9055	1,5	0,059	48	1,890	41,00	9,22	24,00	5,40	1,02	0,229	7,5/9
6009	45	1,7717	75	2,9528	16	0,6299	1	0,039	50	1,969	20,80	4,68	14,60	3,28	0,64	0,144	9/11
6209			85	3,3465	19	0,7480	1	0,039	51,5	2,028	33,20	7,46	21,60	4,86	0,92	0,206	7,5/9
6309			100	3,9370	25	0,9843	1,5	0,059	53	2,087	52,70	11,90	31,50	7,08	1,34	0,301	6,7/8
6010	50	1,9685	80	3,1496	16	0,6299	1	0,039	55	2,165	21,60	4,86	16,00	3,60	0,71	0,160	8,5/10
6210			90	3,5433	20	0,7874	1	0,039	56,5	2,224	35,10	7,89	23,20	5,22	0,98	0,220	7/8,5
6310			110	4,3307	27	1,0630	2	0,079	59	2,323	61,80	13,90	38,00	8,54	1,60	0,360	6,3/7,5
6011	55	2,1654	90	3,5433	18	0,7087	1	0,039	61,5	2,421	28,10	6,32	21,20	4,77	0,90	0,202	7,5/9
6211			100	3,9370	21	0,8268	1,5	0,059	63	2,480	43,60	9,80	29,00	6,52	1,25	0,281	6,3/7,5
6311			120	4,7244	29	1,1417	2	0,079	64	2,520	71,50	16,10	45,00	10,10	1,90	0,427	5,6/6,7

6012	60	2,3622	95	3,7402	18	0,7087	1	0,039	66,5	2,618	29,60	6,65	23,20	5,22	0,98	0,220	6,7/8
6212			110	4,3307	22	0,8661	1,5	0,059	68	2,677	47,50	10,70	32,50	7,31	1,40	0,315	6/7
6312			130	5,1181	31	1,2205	2	0,079	71	2,795	81,90	18,40	52,00	11,70	2,20	0,495	5/6
6016	80	3,1496	125	4,9213	22	0,8661	1	0,039	86,5	3,406	47,50	10,70	40,00	8,99	1,66	0,373	5,3/6,3
6216			140	5,5118	26	1,0236	2	0,079	89	3,504	70,20	15,80	55,00	12,40	2,20	0,495	4,5/5,3
6316			170	6,6929	39	1,5354	2	0,079	91	3,583	124,00	27,90	86,50	19,50	3,25	0,731	3,8/4,5
6020	100	3,9370	150	5,9055	24	0,9449	1,5	0,059	108	4,252	60,50	13,60	54,00	12,10	2,04	0,459	4,3/5
6220			180	7,0866	34	1,3386	2	0,079	111	4,370	124,00	27,90	93,00	20,90	3,35	0,753	3,4/4
6320			215	8,4646	47	1,8504	2,5	0,098	113	4,449	174,00	39,10	140,00	31,50	4,75	1,070	3/3,6
6030	150	5,9055	225	8,8583	35	1,3780	2	0,079	161	6,339	125,00	28,10	125,00	28,10	3,90	0,877	2,6/3,2
6230			270	10,6299	45	1,7717	2,5	0,098	163	6,417	174,00	39,10	166,00	37,30	4,90	1,100	2/2,6
6330			320	12,5984	65	2,5591	3	0,118	166	6,535	276,00	62,10	285,00	64,10	7,80	1,750	1,9/2,4
6040	200	7,8740	310	12,2047	51	2,0079	2	0,079	211	8,307	216,00	48,60	245,00	55,10	6,40	1,440	1,9/2,4
6240			360	14,1732	58	2,2835	3	0,118	216	8,504	270,00	60,70	310,00	69,70	7,80	1,750	1,7/2
6340			420	16,5354	80	3,1496	4	0,157	220	8,661	377,00	84,80	465,00	105,0	11,2	2,520	1,5/1,8

[1] Raio de concordância máximo permissível no eixo (e carcaça) para encosto.
[2] Para dimensões de carcaças veja o catálogo do fabricante.
[3] C_d é a capacidade de carga radial dinâmica básica para $R = 90\%$; C_s é a capacidade de carga radial estática básica.
[4] Carga radial equivalente abaixo da qual é esperada vida infinita; análogo ao limite de resistência à fadiga; contate a SKF® para valores mais precisos.
[5] Velocidade de rotação *absoluta da pista interna em relação à pista externa.*

TABELA 11.6 Capacidades de Carga e Dimensões para Mancais de Rolos Cilíndricos de uma Carreira Selecionados: Séries 20, 22 e 30 (Cortesia da SKF® USA Inc., Norristown, PA)

Número do Mancal	Furo		Diâmetro Externo		Largura		Raio de Concordância Máximo[1]		Diâmetro Mínimo de Encosto no Eixo[2]		Capacidade de Carga Básica[3] C_d		Capacidade de Carga Básica[3] C_s		Carga Aproximada de Limite de Fadiga[4] P_f		Velocidade-Limite[5], 10^3 rpm
	mm	in	mm	in	mm	in	mm	in	mm	in	kN	10^3 lbf	kN	10^3 lbf	kN	10^3 lbf	Com graxa/óleo
202	15	0,5906	35	1,3780	11	0,4331	0,6	0,024	17	0,669	12,5	2,81	10,2	2,29	1,22	0,27	18/22
302			42	1,6535	13	0,5118	1	0,039	19	0,748	19,4	4,36	15,3	3,44	1,86	0,42	16/19
204	20	0,7874	47	1,8504	14	0,5512	1	0,039	24	0,945	25,1	5,64	22,0	4,95	2,75	0,62	13/16
2204			47	1,8504	18	0,7087	1	0,039	24	0,945	29,7	6,68	27,5	6,18	3,45	0,78	13/16
304			52	2,0472	15	0,5906	1	0,039	24	0,945	30,8	6,92	26,0	5,85	3,25	0,73	12/15
205	25	0,9843	52	2,0472	15	0,5906	1	0,039	29	1,142	28,6	6,43	27,0	6,07	3,35	0,75	11/14
2205			52	2,0472	18	0,7087	1	0,039	29	1,142	34,1	7,67	34,0	7,64	4,25	0,96	11/14
305			62	2,4409	17	0,6693	1	0,039	31,5	1,240	40,2	9,04	36,5	8,21	4,55	1,02	9,5/12
206	30	1,1811	62	2,4409	16	0,6299	1	0,039	34	1,339	38,0	8,54	36,5	8,21	4,55	1,02	9,5/12
2206			62	2,4409	20	0,7874	1	0,039	34	1,339	48,4	10,9	49,0	11,0	6,10	1,37	9,5/12
306			72	2,8346	19	0,7480	1	0,039	36,5	1,437	51,2	11,5	48,0	10,8	6,20	1,39	9/11
207	35	1,3780	72	2,8346	17	0,6693	1	0,039	39	1,535	48,4	10,9	48,0	10,8	6,10	1,37	8,5/10
2207			72	2,8346	23	0,9055	1	0,039	39	1,535	59,4	13,4	63,0	14,2	8,15	1,83	8,5/10
307			80	3,1496	21	0,8268	1,5	0,059	41,5	1,634	64,4	14,5	63,0	14,2	8,15	1,83	8/9,5
208	40	1,5748	80	3,1496	18	0,7087	1	0,039	46,5	1,831	53,9	12,1	53,0	11,9	6,70	1,51	7,5/9
2208			80	3,1496	23	0,9055	1	0,039	46,5	1,831	70,4	15,8	75,0	16,9	9,65	2,17	7,5/9
308			90	3,5433	23	0,9055	1,5	0,059	48	1,890	80,9	18,2	78,0	17,5	10,2	2,29	6,7/8
209	45	1,7717	85	3,3465	19	0,7480	1	0,039	51,5	2,028	60,5	13,6	64,0	14,4	8,15	1,83	6,7/8
2209			85	3,3465	23	0,9055	1	0,039	51,5	2,028	73,7	16,6	81,5	18,3	10,6	2,38	6,7/8
309			100	3,9370	25	0,9843	1,5	0,059	53	2,087	99,0	22,3	100,0	22,5	12,9	2,90	6,3/7,5
210	50	1,9685	90	3,5433	20	0,7874	1	0,039	56,5	2,224	64,4	14,5	69,5	15,6	8,8	1,98	6,3/7,5
2210			90	3,5433	23	0,9055	1	0,039	56,5	2,224	78,1	17,6	88,0	19,8	11,4	2,56	6,3/7,5
310			110	4,3307	27	1,0630	2	0,079	59	2,323	110,0	24,7	112,0	25,2	15,0	3,37	5/6
211	55	2,1654	100	3,9370	21	0,8268	1,5	0,059	61,5	2,421	84,2	18,9	95,0	21,4	12,2	2,74	6/7
2211			100	3,9370	25	0,9843	1,5	0,059	61,5	2,421	99,0	22,3	118,0	26,5	15,3	3,44	6/7
311			120	4,7244	29	1,1417	2	0,079	64	2,520	138,0	31,0	143,0	32,2	18,6	4,18	4,8/5,6
212	60	2,3622	110	4,3307	22	0,8661	1,5	0,059	68	2,677	93,5	21,0	102,0	22,9	13,4	3,01	5,3/6,3
2212			110	4,3307	28	1,1024	1,5	0,059	68	2,677	128,0	28,8	153,0	34,4	20,0	4,50	5,3/6,3
312			130	5,1181	31	1,2205	2	0,079	71	2,795	151,0	34,0	160,0	36,0	20,8	4,68	4,3/5

216	80	3,1496	140	5,5118	26	1,0236	2	0,079	89	3,504	138,0	31,0	166,0	37,3	21,2	4,77	4/4,8
2216			140	5,5118	33	1,2992	2	0,079	89	3,504	187,0	42,0	245,0	55,1	31,0	6,97	4/4,8
316			170	6,6929	39	1,5354	2	0,079	91	3,583	260,0	58,5	290,0	65,2	36,0	8,09	3,2/3,8
220	100	3,9370	180	7,0866	34	1,3386	2	0,079	111	4,370	251,0	56,4	305,0	68,6	36,5	8,21	3,2/3,8
2220			180	7,0866	46	1,8110	2	0,079	111	4,370	336,0	75,5	450,0	101,0	54,0	12,1	3,2/3,8
320			215	8,4646	47	1,8504	2,5	0,098	113	4,449	391,0	87,9	440,0	98,9	51,0	11,5	2,4/3
230	150	5,9055	270	10,6299	45	1,7717	2,5	0,098	163	6,417	446,0	100,0	600,0	135,0	64,0	14,4	1,9/2,4
2230			270	10,6299	73	2,8740	2,5	0,098	163	6,417	627,0	141,0	930,0	209,0	100,0	22,5	1,9/2,4
330			320	12,5984	65	2,5591	3	0,118	166	6,535	781,0	176,0	965,0	217,0	100,0	22,5	1,7/2
240	200	7,8740	360	14,1732	58	2,2835	3	0,118	216	8,504	765,0	172,0	1060,0	238,0	106,0	23,8	1,5/1,8
2240			360	14,1732	98	3,8583	3	0,118	216	8,504	1230,0	277,0	1900,0	427,0	190,0	42,7	1,5/1,8
340			420	16,5354	80	3,1496	4	0,157	220	8,661	990,0	223,0	1320,0	297,0	125,0	28,1	1,3/1,6

[1] Raio de concordância máximo permissível no eixo (e carcaça) para encosto no rebordo.
[2] Para dimensões de carcaças veja o catálogo do fabricante.
[3] C_d é a capacidade de carga radial dinâmica básica para $R = 90\%$; C_s é a capacidade de carga radial estática básica.
[4] Carga radial equivalente abaixo da qual é esperada vida infinita; análogo ao limite de resistência à fadiga; contate a SKF® para valores mais precisos.
[5] Velocidade de rotação *absoluta da pista interna em relação à pista externa.*

TABELA 11.7 Capacidades de Carga e Dimensões para Mancais de Rolos Cônicos de uma Carreira Selecionados: Séries 302, 303 e 323[1] (Fonte: Timken Company® Canton, Ohio)

Número do Mancal	Furo		Diâmetro Externo		Largura		Raio de Concordância Máximo[2]		Diâmetro Mínimo de Encosto no Eixo[3]		Capacidade de Carga Básica[4] C_d		Capacidade de Carga Básica[4] C_s		Fator de Carga Axial Dinâmica[5]	Razão Axial[6]
	mm	in	mm	in	mm	in	mm	in	mm	in	kN	10^3 lbf	kN	10^3 lbf	Y_{d_2}	$\frac{(F_a)_i}{F_r}$
30204	20	0,7874	47	1,8504	15,25	0,6004	1	0,039	25,5	1,004	28,3	6,37	29,2	6,56	1,74	0,28
30304			52	2,0472	16,25	0,6398	1,5	0,059	27	1,063	35,6	8,01	34,5	7,76	2,00	0,24
32304			52	2,0472	22,25	0,8760	1,5	0,059	28	1,102	46,4	10,4	48,3	10,9	2,00	0,24
30205	25	0,9843	52	2,0472	16,25	0,6398	1	0,039	30,5	1,201	31,6	7,11	34,4	7,74	1,60	0,30
30305			62	2,4409	18,25	0,7185	1,5	0,059	32,5	1,280	50,2	11,3	50,1	11,3	2,00	0,24
32305			62	2,4409	25,25	0,9941	1,5	0,059	35	1,328	67,0	15,1	72,3	16,3	2,00	0,24
30206	30	1,1811	62	2,4409	17,25	0,6791	1	0,039	36	1,417	40,5	9,12	43,8	9,86	1,60	0,30
30306			72	2,835	20,75	0,8169	1,5	0,059	38	1,496	59,5	13,40	60,6	13,6	1,90	0,25
32306			72	2,835	28,75	1,1319	1,5	0,059	39,5	1,555	81,1	18,2	89,8	20,2	1,90	0,25
30207	35	1,3780	72	2,835	18,25	0,7185	1,5	0,059	42,5	1,673	53,4	12,0	59,2	13,3	1,60	0,30
30307			80	3,150	22,75	0,8957	2	0,079	44	1,732	80,4	18,1	85,6	19,2	1,90	0,25
32307			80	3,150	32,75	1,2894	2	0,079	46	1,811	107,0	24,1	123,0	27,7	1,90	0,25
30208	40	1,5748	80	3,150	19,75	0,7776	1,5	0,059	48	1,890	59,9	13,5	65,4	14,7	1,60	0,30
30308			90	3,543	25,25	0,9941	2	0,079	50	1,969	91,4	20,6	102,0	23,0	1,74	0,28
32308			90	3,543	35,25	1,3878	2	0,079	55	2,165	123,0	27,7	150,0	33,7	1,74	0,28
30209	45	1,7717	85	3,346	20,75	0,8169	1,5	0,059	53	2,087	64,8	14,6	74,7	16,8	1,48	0,33
30309			100	3,937	27,25	1,0728	2	0,079	56	2,205	114,0	25,6	130,0	29,2	1,74	0,28
32309			100	3,937	38,25	1,5059	2	0,079	57	2,244	143,0	32,1	172,0	38,6	1,74	0,28
30210	50	1,9685	90	3,346	21,75	0,8563	1,5	0,059	59	2,323	73,6	16,6	87,5	19,7	1,43	0,34
30310			110	4,331	29,25	1,1516	2,5	0,098	62	2,441	131,0	29,4	150,0	33,8	1,74	0,28
32310			110	4,331	42,25	1,6634	2,5	0,098	65	2,559	173,0	38,9	211,0	47,5	1,74	0,28
30211	55	2,1654	100	3,937	22,75	0,8957	2	0,079	64	2,520	94,9	21,3	114,0	25,7	1,48	0,33
30311			120	4,724	31,5	1,2402	2,5	0,098	68	2,677	150,0	33,7	172,0	38,6	1,74	0,28
32311			120	4,724	45,5	1,7913	2,5	0,098	70	2,756	211,0	47,4	265,0	59,7	1,74	0,28
30212	60	2,3622	110	4,331	23,75	0,9350	2	0,079	70	2,756	99,1	22,3	117,0	26,2	1,48	0,33
30312			130	5,118	33,5	1,3189	3	0,118	74	2,913	186,0	41,9	221,0	49,8	1,74	0,28
32312			130	5,118	48,5	1,9094	3	0,118	78	3,071	244,0	55,0	310,0	69,8	1,74	0,28
30216	80	3,1496	140	5,512	28,25	1,1122	2,5	0,098	92	3,543	151,0	34,0	187,0	42,0	1,43	0,34
30220	100	3,9370	180	7,087	37	1,4567	3	0,118	119	4,685	278,0	62,6	375,0	84,2	1,43	0,34

[1] O primeiro dígito, 3, indica mancal de rolos cônicos; o segundo e terceiro dígitos se referem à série de largura e série de diâmetro.
[2] Raio de concordância máximo permissível no eixo (e carcaça) para encosto no rebordo.
[3] Para dimensões de carcaças veja o catálogo do fabricante.
[4] C_d é a capacidade de carga radial dinâmica básica para $R = 90\%$; C_s é a capacidade de carga radial estática básica.
[5] Veja também a Tabela 11.4.
[6] Razão de força axial induzida para carga radial aplicada em mancais radialmente carregados, assumindo 180° de zona de contato com os rolos quando carregado radialmente.

Exemplo 11.1 Seleção de Mancais de Rolamento para Cargas Estáticas

Um eixo suporte de um cilindro de colheitadeira, proposto para combinar um "novo conceito" em agricultura, foi submetido à análise de tensões para determinar que o diâmetro de eixo mínimo requerido com base na resistência é de 1,60 polegada em uma das sedes propostas para o mancal. A partir da análise de forças associadas e de outras especificações de projeto, as seguintes informações foram obtidas:

1. Carga radial do mancal $F_r = 370$ lbf (estática).
2. Carga axial do mancal $F_a = 130$ lbf (estática).
3. Velocidade do eixo $n = 350$ rpm.
4. A especificação de vida de projeto é de 10 anos de operação, 50 dias/ano, 20 h/dia.
5. A especificação de confiabilidade de projeto é $R = 95$ por cento.
6. O eixo deve ser acionado por correia em V.

Selecione um mancal de rolamento para esta aplicação.

Solução

Para selecionar os mancais candidatos adequados, as 14 etapas do procedimento de seleção já descrito podem ser utilizadas como segue:

1. O diâmetro do eixo com base na resistência é (do enunciado do problema)

$$(d_s)_{res} = 1{,}60 \text{ polegada}$$

2. Das especificações do problema, as componentes de carga radial e axial aplicadas são

$$F_r = 370 \text{ lbf}$$

$$F_a = 130 \text{ lbf}$$

3. O requisito de vida de projeto é

$$L_d = 10\,\text{anos}\left(50\frac{\text{dias}}{\text{anos}}\right)\left(20\frac{\text{h}}{\text{dia}}\right)\left(60\frac{\text{min}}{\text{h}}\right)350\frac{\text{rev}}{\text{min}} = 2{,}1 \times 10^8 \text{revoluções}$$

4. Utilizando a Tabela 11.2 para a confiabilidade especificada de $R = 95$ por cento,

$$K_R = 0{,}62$$

5. Utilizando a Tabela 11.3, uma vez que uma correia em V é especificada, um fator de impacto intermediário pode ser selecionado como

$$IF = 1{,}9$$

6. Pela avaliação das características desta aplicação (carga radial, carga axial, baixa velocidade), pode ser preliminarmente deduzido, da Tabela 11.1, que os tipos de mancais apropriados seriam
   a. um mancal de esferas de uma carreira e canal profundo
   b. um mancal de rolos cônicos de uma carreira (provavelmente em par com outro mancal similar posicionado na outra extremidade do eixo)

7. Considerando primeiro um mancal de esferas e canal profundo, a carga radial dinâmica equivalente P_e pode ser calculada a partir de (11-3) como

$$P_e = X_d F_r + Y_d F_a$$

em que, da Tabela 11.4, para um mancal radial de esferas de uma carreira.

$$X_{d_1} = 1 \qquad Y_{d_1} = 0$$

e

$$X_{d_2} = 0{,}55 \qquad Y_{d_2} = 1{,}45$$

Portanto

$$(P_e)_1 = (1)(370) + (0)(130) = 370 \text{ lbf}$$

e

$$(P_e)_2 = (0{,}55)(370) + (1{,}45)(130) = 392 \text{ lbf}$$

Uma vez que $(P_e)_2 > (P_e)_1$,

$$P_e = (P_e)_2 = 392 \text{ lbf}$$

Exemplo 11.1 Continuação

8. A necessidade de capacidade de carga radial dinâmica básica, para R = 95 por cento, pode ser calculada de (11-4) como

$$[C_d(95)]_{req} = \left[\frac{2{,}1 \times 10^8}{0{,}62(10^6)}\right]^{1/a}(1{,}9)(392)$$

Para mancais de esferas $a = 3$; portanto

$$[C_d(95)]_{req} = \left[\frac{2{,}1 \times 10^8}{0{,}62(10^6)}\right]^{1/3}(1{,}9)(392) = 5192 \text{ lbf}$$

9. Entrando na Tabela 11.5, o mancal de rolamento número 6306 seria uma escolha apropriada para o "menor" candidato, visto que o 6306 tem um diâmetro interno menor (72 mm) e o menor furo (30 mm) que qualquer mancal de rolamento que possa suportar esta carga.

10. A velocidade-limite para ambos os mancais está muito acima da velocidade de operação requerida de 350 rpm.

11. A capacidade de carga estática equivalente para esta aplicação pode ser calculada de (11-5) como

$$P_{se} = X_s F_{sr} + Y_s F_{sa}$$

em que, da Tabela 11-4,

$$X_{s_1} = 1{,}0 \qquad Y_{s_1} = 0$$

$$X_{s_2} = 0{,}6 \qquad Y_{s_2} = 0{,}5$$

em consequência

$$(P_{se})_1 = 1(370) + 0(130) = 370 \text{ lbf}$$

$$(P_{se})_2 = 0{,}6(370) + 0{,}5(130) = 287 \text{ lbf}$$

e, por conseguinte,

$$P_{se} = 370 \text{ lbf}$$

12. Verificando P_{se} em relação às capacidades de cargas estáticas básicas, na Tabela 11.5, para os mancais preliminares 6306 (c_s = 3600 lbf), ambos apresentam capacidades de cargas estáticas aceitáveis.

13. Verificando os diâmetros dos furos dos mancais 6306 (d = 1,1811 polegada), está claro que este não pode ser montado no diâmetro mínimo do eixo de 1,60 polegada especificado no passo 1. Entrando novamente na Tabela 11.5, o menor diâmetro do furo disponível aceitável é 45 mm, apresentado pelos mancais 6009, 6209 e 6309. Destes, o menor valor aceitável de capacidade de carga radial dinâmica básica (maior que 5192 lbf) é o do mancal número 6209. A capacidade de carga estática básica para este mancal é também aceitável (4860 > 287), e a velocidade-limite também é satisfatória.

14. A seleção final do mancal de esferas preliminar, por consequência, é o mancal número 6209. O diâmetro nominal do eixo na sede deste mancal dever ser aumentado para

$$d = 1{,}7717 \text{ polegada}$$

e catálogos de fabricantes devem ser consultados para determinar as tolerâncias apropriadas. O diâmetro mínimo do encosto para o rebordo do eixo nesta sede do mancal também pode ser encontrado na Tabela 11.5 como 2,087 polegadas, e o máximo raio de concordância em que o eixo encontra o rebordo do encosto é r = 0,039 polegada.

Retornando ao passo 6, um procedimento de seleção similar pode ser realizado para um mancal de rolos cônicos preliminar, como segue:

1-6. Similar aos passos 1-6 anteriores para o mancal de esferas de canal profundo.

7. Considerando um mancal de rolos cônicos (uma carreira), a capacidade de carga dinâmica equivalente P_e pode ser calculada de (11-3) como

$$P_e = X_d F_r + Y_d F_a$$

em que, da Tabela 11.4, para um mancal de rolos de uma carreira ($\alpha \neq 0$)

$$X_{d_1} = 1 \qquad Y_{d_1} = 0$$

e

$$X_{d_2} = 0{,}4 \qquad Y_{d_2} = 0{,}4 \cot\alpha$$

O valor de Y_{d_2} é uma função de α, desconhecido até que o mancal tenha sido selecionado. Portanto, um processo iterativo é indicado. Uma aproximação é utilizar os valores de Y_{d_2} dados na Tabela 11.7, notando que para todos mancais na faixa de dimensões de interesse,

$$Y_{d_2} \approx 1{,}5$$

Logo,

$$(P_e)_1 = (1)(370) + (0)(130) = 370 \text{ lbf}$$

e

$$(P_e)_2 = (0{,}4)(370) + (1{,}5)(130) = 343 \text{ lbf}$$

8. O requisito de capacidade de carga dinâmica básica para R = 95 por cento pode ser calculado de (11-4), usando $a = 10/3$, como

$$[C_d(95)]_{req} = \left[\frac{2{,}1 \times 10^8}{0{,}62(10^6)}\right]^{3/10}(1{,}9)(370) = 4036 \text{ lbf}$$

9. Entrando na Tabela 11.7, pode-se notar que todos os mancais listados atendem aos requisitos de capacidade de carga dinâmica básica.

10. Valores tabelados de velocidade-limite não estão disponíveis. Geralmente, os catálogos de fabricantes devem ser consultados. Nesta aplicação em particular, a velocidade de operação de 350 rpm é tão baixa que nenhum problema seria antecipado. (Estimativas grosseiras da velocidade-limite também podem ser extraídas da Tabela 11.6 para mancais de rolos retos.)

11. A carga radial estática equivalente, usando (11-5) e a Tabela 11.4 (notando que $Y_{s_2} = Y_{d_2}/2$), é

$$(P_{se})_1 = 1(370) + 0(130) = 370 \text{ lbf}$$

$$(P_{se})_2 = 0{,}5(370) + 0{,}75(130) = 283 \text{ lbf}$$

assim

$$P_{se} = 370 \text{ lbf}$$

12. Verificando P_{se} em relação à capacidade de carga estática básica na Tabela 11.7, observa-se que todos os mancais listados são aceitáveis.

13. Assim como para o mancal preliminar, 45 mm (1,7717 in) é o menor valor aceitável entre as dimensões disponíveis para o furo dadas na Tabela 11.7.[15] Assim, o mancal número 30209 seria a escolha preliminar. Comparando Y_{d_2} = 1,48 para o mancal número 30209 com o valor assumido de Y_{d_2} = 1,5, a diferença em $(P_e)_2$ é pequena, $(P_e)_1$ ainda governa, e nenhum recálculo é necessário.

14. A seleção final para o mancal de rolos cônicos preliminar é, assim, o número 30209. O diâmetro nominal do eixo de montagem na sede do mancal deve ser aumentado para

$$d = 1{,}7717 \text{ polegada}$$

e catálogos de fabricantes devem ser consultados para determinar as tolerâncias apropriadas. Da Tabela 11.7, o diâmetro mínimo do eixo no rebordo do encosto é dado como 2,087 polegadas, e o raio máximo de concordância entre o diâmetro de montagem no eixo e o rebordo do encosto é r = 0,059 polegada. O DE do mancal é 3,3465 polegadas e a largura do mancal é 0,6853 polegada.

A escolha final entre o mancal de esferas e o mancal de rolos cônicos preliminares dependeria tipicamente de custo, disponibilidade e outros fatores como requisitos de rigidez ou características vibracionais do sistema.

Procedimento de Seleção Sugerido para Carregamento Variável

Se um mancal está submetido a um *espectro* de diferentes níveis de cargas aplicadas durante cada ciclo de trabalho na operação de uma máquina, uma abordagem para a seleção do mancal seria assumir que a maior carga é aplicada ao mancal a cada revolução, mesmo quando a *carga real* possa ser menor durante alguns segmentos da operação. Então, os 14 passos do procedimento de seleção anteriormente descritos seriam seguidos. Porém, em aplicações de projeto de alto desempenho,

[15] Na realidade, a partir de uma listagem completa de catálogos (veja ref. 6) um diâmetro de furo de 1,6137 poderia ser selecionado.

nos quais peso e espaço são muito importantes os conceitos de acúmulo de danos de 2.6 podem ser utilizados de forma a obter uma seleção de mancal mais eficiente. De (11-1) a vida do mancal L_i sob uma carga aplicada P_i, para um dado mancal, está relacionada à capacidade de carga dinâmica básica como a seguir:

$$10^6[C_d(90)]^a = L_i P_i^a = L_1 P_1^a = L_2 P_2^a = \cdots \tag{11-6}$$

Se um ciclo de trabalho, tal como o ilustrado na Figura 11.5, contém um total de n ciclos, dos quais n_1 ocorre sob carga aplicada P_1, n_2 ocorre sob P_2, e assim por diante, então

$$n_1 + n_2 + \cdots + n_i = n \tag{11-7}$$

e a fração de ciclos em cada nível de carga aplicada P_i pode ser definida como

$$\begin{aligned} \alpha_1 &= \frac{n_1}{n} \equiv \text{fração de ciclos em } P_1 \\ \alpha_2 &= \frac{n_2}{n} \equiv \text{fração de ciclos em } P_2 \\ &\vdots \\ \alpha_i &= \frac{n_i}{n} \equiv \text{fração de ciclos em } P_i \end{aligned} \tag{11-8}$$

Também, por definição,

$$\begin{aligned} L_1 &= \text{ciclos para falha se todos os ciclos estiverem carregados em } P_1 \\ L_2 &= \text{ciclos para falha se todos os ciclos estiverem carregados em } P_2 \\ &\vdots \\ L_i &= \text{ciclos para falha se todos os ciclos estiverem carregados em } P_i \end{aligned} \tag{11-9}$$

Baseado em (11-8), o total de ciclos de operação sob carga P_i pode ser expresso em termos da vida de projeto L_d como

$$\alpha_i L_d = \text{total de ciclos em } P_i \tag{11-10}$$

Utilizando a regra do dano linear de Palmgren-Miner de (2-47), a falha incipiente é predita se

$$\sum \frac{\alpha_i L_d}{L_i} = 1 \tag{11-11}$$

Porém, de (11-6),

$$L_i = \frac{10^6[C_d(90)]^a}{P_i^a} \tag{11-12}$$

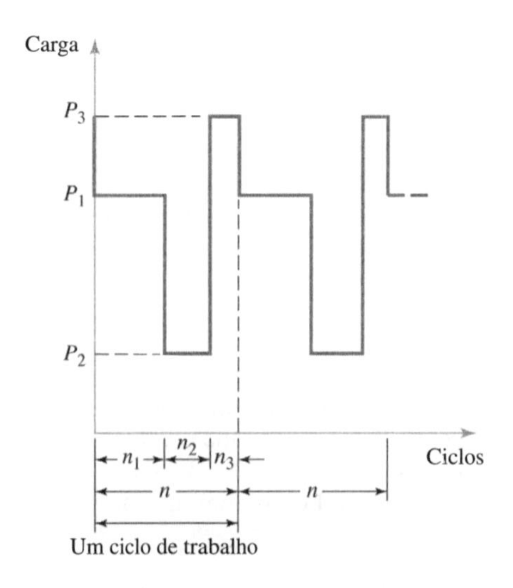

Figura 11.5
Exemplo de carregamento variável em um mancal de rolamento.

então (11-11) se torna

$$\sum \frac{(\alpha_i L_d) P_i^a}{10^6 [C_d(90)]^a} = 1 \tag{11-13}$$

ou, a falha incipiente é prevista se

$$\alpha_1 P_1^a + \alpha_2 P_2^a + \cdots + \alpha_i P_i^a = \frac{10^6 [C_d(90)]^a}{L_d} \tag{11-14}$$

Utilizando os mesmos conceitos de cargas radiais equivalentes, fatores de impacto em serviço, e fatores de ajuste da confiabilidade, (11-14) pode ser resolvida para fornecer o requisito de capacidade de carga radial básica $[C_d(R)]_{req}$ como

$$[C_d(R)]_{req} = \left[\frac{L_d}{K_R(10^6)}\right]^{1/a} \sqrt[a]{\sum \alpha_i [(IF)_i (P_e)_i]^a} \tag{11-15}$$

Este requisito de capacidade de carga radial básica pode ser usado para a seleção do mancal sob condições de carregamentos variáveis da mesma forma que para o caso de carregamento constante, como descrito anteriormente.

Exemplo 11.2 Seleção de Mancais de Rolamento para Carga Variável

A partir de uma completa análise de esforços de um eixo rotativo recentemente proposto, as tensões foram determinadas a partir de um cálculo baseado na resistência que indica que o diâmetro do eixo na sede de um mancal deve ser no mínimo 1,63 polegada. Também, da análise de forças e de outras especificações de projeto, um ciclo de trabalho é bem aproximado por três segmentos, cada um apresentando as características definidas na Tabela E11.2A.

A vida total de projeto para o mancal deve ser 10^7 revoluções e a confiabilidade desejada é de 97 por cento. É preferível um mancal de esferas de uma carreira e canal profundo.

a. Selecione um mancal apropriado para esta aplicação usando o procedimento de carregamento variável.

b. Compare o resultado de (a) com a seleção do mancal para esta sede usando o procedimento para carga constante, assumindo que uma carga constante igual à máxima carga variável permanece no mancal por todos os segmentos desta operação.

Solução

a. Utilizando as especificações dadas acima, e aplicando os conceitos desenvolvidos anteriormente neste capítulo, a tabulação na Tabela E11.2B pode ser feita.

Também, da Tabela 11.2, para R = 97 por cento,

$$K_R = 0{,}44$$

e a vida de projeto é especificada como

$$L_d = 10^7 \text{ revoluções}$$

De (11-15), para um mancal de esferas (a = 3),

$$[C_d(97)]_{req} =$$

$$\left[\frac{10^7}{0{,}44(10^6)}\right]^{1/3} \sqrt[3]{0{,}32[1{,}4(2000)]^3 + 0{,}65[1{,}8(3450)]^3 + 0{,}03[1{,}8(5000)]^3}$$

TABELA E11.2A Definição do Ciclo de Trabalho

Variável	Segmento 1	Segmento 2	Segmento 3
F_r, lbf	2000	1000	5000
F_a, lbf	500	900	0
IF	choque leve	choque moderado	choque moderado
n_i/ciclo de trabalho	1000	2000	100
N_{op}, rpm (velocidade de rotação)	3600	7200	900

Exemplo 11.2 Continuação

TABELA E11.2B Dados Segmento por Segmento

Variável	Segmento 1	Segmento 2	Segmento 3
F_r	2000	1000	5000
F_a	500	2000	0
X_{d_1}	1	1	1
Y_{d_1}	0	0	0
X_{d_2}	0,55	0,55	0,55
Y_{d_2}	1,45	1,45	1,45
X_{s_1}	1	1	1
Y_{s_1}	0	0	0
X_{s_2}	0,6	0,6	0,6
Y_{s_2}	0,5	0,5	0,5
$(P_e)_1 = F_r$	2000	1000	5000
$(P_e)_2 = 0{,}55F_r + 1{,}45F_a$	1825	3450	2750
P_e	2000	3450	5000
$(P_{se})_1 = F_r$	2000	1000	5000
$(P_{se})_2 = 0{,}6F_r + 0{,}5F_a$	1450	1600	3000
P_{se}	2000	1600	5000
n_i	1000	2000	100
$\alpha_i = n_i/3100$	0,32	0,65	0,03
IF	1,4	1,8	1,8

ou

$$[C_d(97)]_{req} = [2{,}83]\sqrt[3]{7{,}02 \times 10^9 + 156{,}0 \times 10^9 + 0{,}022 \times 10^9}$$
$$= 2{,}83(5462) = 15.460 \text{ lbf}$$

Da Tabela 11.5, o menor mancal aceitável é o de número 6311. Este mancal tem um furo de 55 mm (2,164 polegadas), um DE de 120 mm (4,7244 polegadas), e uma largura de 29 mm (1,1417 polegada). Verificando as velocidades-limite para o mancal número 6311, este seria aceitável se fosse utilizada uma lubrificação a óleo (velocidade-limite 6700 rpm), mas uma lubrificação por graxa *não* poderia ser usada (velocidade-limite 5600 rpm). A capacidade de carga estática básica de 10.100 lbf é aceitável (10.100 > 5000). Também, o diâmetro do furo do mancal número 6311, 2,1654 polegadas, é aceitável uma vez que este *estará* acima do diâmetro mínimo do eixo, calculado por parâmetros de resistência, de 1,63 polegada.

O procedimento de carregamento variável resulta, portanto, na seleção do mancal candidato de esferas de uma carreira número 6311. O diâmetro nominal do eixo de montagem, na sede do mancal, deve ser aumentado para

$$d = 2{,}1654 \text{ polegadas}$$

e catálogos de fabricantes devem ser consultados para determinar as tolerâncias apropriadas. As dimensões do eixo no rebordo do encosto obtidas da Tabela 11.5 são 2,520 polegadas para o diâmetro mínimo do rebordo e $r = 0{,}079$ polegada, máximo, para o raio de concordância do eixo com o rebordo.

b. Usando o *método simplificado* (maior carga constante), e escolhendo os dados do segmento 3 da Tabela E11.2A e E11.2B, (11-4) gera

$$[C_d(97)]_{req} = \left[\frac{10^7}{0{,}44(10^6)}\right]^{1/3}(1{,}8)(5000) = 2{,}83(9000) = 25.470 \text{ lbf}$$

Da Tabela 11.5 o menor mancal aceitável é o de número 6316, baseado na capacidade de carga dinâmica básica. Este mancal tem um diâmetro de furo de 80 mm (3,1496 polegadas), um DE de 170 mm (6,6929 polegadas) e uma largura de 39 mm (1,5354 polegada). Verificando a velocidade-limite, mesmo com lubrificação a óleo a velocidade-limite do mancal (4500 rpm) não atende ao requisito de velocidade de 6700 rpm do segmento 2, e este representa cerca de 63 por cento da operação do mancal.

Claramente, esta aproximação (muito simplificada), para o caso em questão, resulta em um mancal muito maior e mais pesado e não atende aos requisitos de velocidade-limite. A consulta a um fabricante de mancais provavelmente seria necessária para resolver a questão lubrificação/velocidade.

A superioridade em usar a aproximação do carregamento variável à seleção do mancal é evidente para este caso em particular.

Lubrificação

Até recentemente, o contato metal-metal e a lubrificação limítrofe eram considerados para caracterizar todas as aplicações de mancais de rolamento. Porém, com o desenvolvimento da teoria elasto-hidrodinâmica[16] nas décadas de 1960 e 1970, foi postulado que para mancais de rolamento em operação, a espessura do filme comprimido, h, usualmente pode ser da mesma ordem de grandeza (micropolegadas) que a rugosidade superficial, tornando a total separação das superfícies pelo filme uma tarefa possível.

Investigações anteriores examinaram a influência na vida do mancal L_{10} de um *parâmetro de filme* adimensional Λ, algumas vezes denominado *razão lambda*. Este é definido como

$$\Lambda \equiv \frac{h_{mín}}{(R_a^2 + R_b^2)^{1/2}} \tag{11-16}$$

em que $h_{mín}$ = espessura mínima de filme elasto-hidrodinâmico

R_a = rugosidade relativa (média aritmética das alturas de rugosidade) da superfície a do mancal (veja Figura 6.11)

R_b = rugosidade relativa (média aritmética das alturas de rugosidade) da superfície b do mancal (veja Figura 6.11)

Resultados experimentais para mancais de esferas[17] e para mancais de rolos[18] são mostrados na Figura 11.6. Estes resultados ilustram a *melhoria* na vida ABMA L_{10}, que pode ser alcançada pela manutenção de uma espessura mínima apropriada de filme, $h_{mín}$. A *degradação* da vida L_{10} que pode resultar em pequenos valores de Λ também é mostrada. Uma magnitude de $\Lambda \approx 3$ pode ser considerada como próxima de ótima quando as condições elasto-hidrodinâmicas prevalecem. A espessura mínima de filme é uma função complicada da geometria de contato, da carga, da velocidade e das propriedades do material. Seu cálculo está além do escopo deste texto, mas está disponível na literatura.[19] Pesquisas adicionais estão sendo conduzidas nesta área. Catálogos de fabricantes de mancais também fornecem informações úteis sobre a lubrificação de mancais de rolamento.[20]

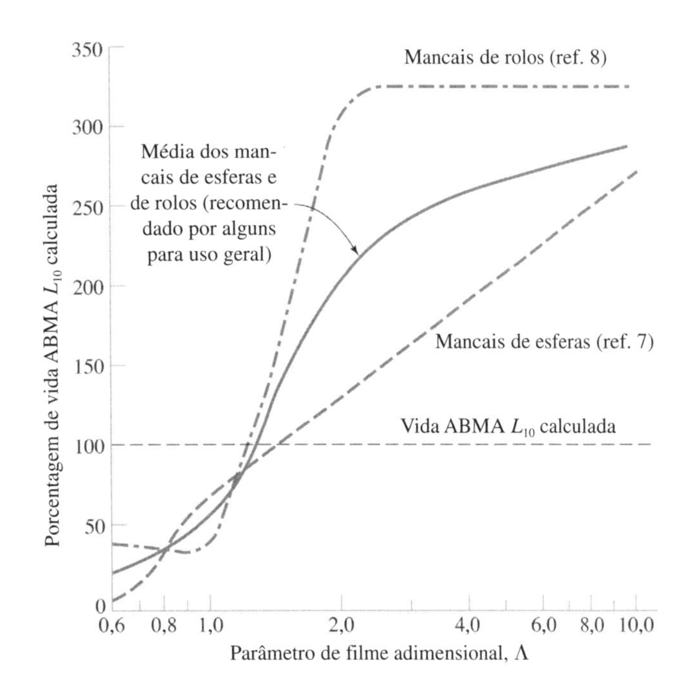

Figura 11.6
Influência do parâmetro do filme elasto-hidrodinâmico na vida ABMA L_{10} dos mancais de esferas e de rolos.

[16] Veja 10.5.
[17] Veja ref. 7.
[18] Veja ref. 8.
[19] Veja ref. 9.
[20] Veja refs. 5 e 6.

11.6 Pré-Carga e Rigidez do Mancal

Embora muitas aplicações de projeto não requeiram atenção especial com relação à rigidez e à deflexão, *sistemas dinâmicos de alto desempenho* podem requerer elevada rigidez, elevada frequência natural, baixa deflexão e/ou baixos níveis de ruído. Mancais (que se comportam como molas; veja 4.7) estão normalmente em *série* com outros componentes de máquinas, como eixos e estruturas de suporte. Se os mancais são molas "flexíveis" comparados com outros componentes em série, podem dominar a constante de mola combinada e reduzir significativamente a rigidez do sistema, como evidenciado por (4-91). Além disso, como a deflexão do mancal de rolamento sob carga é predominantemente governada pelo comportamento de contato de Hertz (veja 4.6), a curva força-deslocamento típica para quaisquer destes mancais é *não linear* e mostra um enrijecimento com cargas crescentes, como mostrado nas Figuras 4.21(b) e 11.7. Isto é, sob *cargas leves* um mancal se comporta como uma *mola flexível*, mas em *cargas* maiores se comporta como uma *mola rígida*. Por essa razão é prática comum *pré-carregar* certos tipos de mancais para eliminar o trecho "flexível" inferior da curva força-deslocamento. Como ilustrado na Figura 11.7, o efeito do pré-carregamento é minimizar a deflexão nominal do mancal e aumentar a rigidez efetiva. Quando é desejável utilizar o pré-carregamento para aumentar a rigidez efetiva do mancal, é necessário primeiro selecionar mancais que possam acomodar tanto cargas axiais quanto radiais. Mancais de esferas de contato angular, mancais de esferas de canal profundo e mancais de rolos cônicos são todos bons candidatos para pré-carga. Estes poderiam ser montados tipicamente em pares casados, face a face ou costa a costa, de tal forma que possam ser pré-carregados axialmente um contra o outro. Para se alcançar a pré-carga desejada, normalmente é utilizado um par de mancais com um "espaçamento" controlado entre as faces das pistas internas e externas, por aperto de uma porca no eixo, ou na carcaça para produzir um deslocamento axial de uma pista em relação à outra, ou pela utilização de arruelas de encosto ou molas. Quando a pré-carga *axial* é induzida em tais mancais, também ocorre pré-carga *radial* (pelos ângulos de contato opostos dos pares de mancais). Por exemplo, a Figura 11.8 mostra curva força axial-deflexão para pares selecionados de mancais de esferas instalados *sem* pré-carga, comparados a pares de mancais de esferas *com* três diferentes níveis de pré-carga inicial. Para um mancal deste tipo isolado, *sem pré-carga*, uma carga axial de 600 lbf aplicada externamente produz uma deflexão axial de aproximadamente 0,001 polegada. O uso de uma pré-carga leve (padrão) reduz esta deflexão para cerca de 0,0005 polegada para a mesma carga axial de 600-lbf, efetivamente *dobrando* a rigidez do mancal na faixa de carregamento. Pré-cargas médias e pesadas reduzem a deflexão, sob a carga externa de 600-lbf, para 0,0003 e 0,0002 polegada, respectivamente. O comportamento força *radial*-deflexão para estes mesmos mancais, com ou sem pré-carga axial está ilustrado na Figura 11.9. Fica claro que a *rigidez radial é significativamente aumentada* quando *pré-cargas axiais* são usadas.

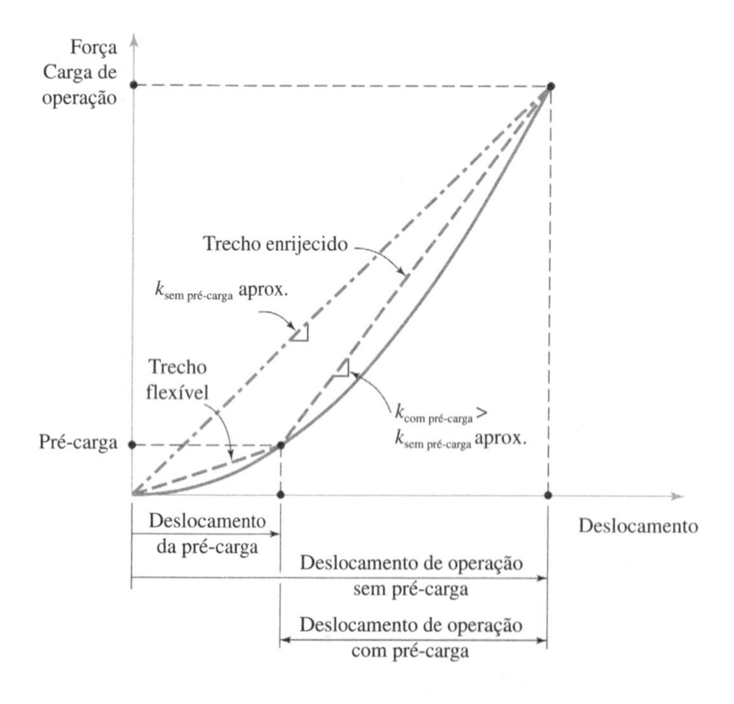

Figura 11.7
Aproximação linearizada de uma curva força-deslocamento para mancal mostrando o efeito de aumento da rigidez causado pela pré-carga.

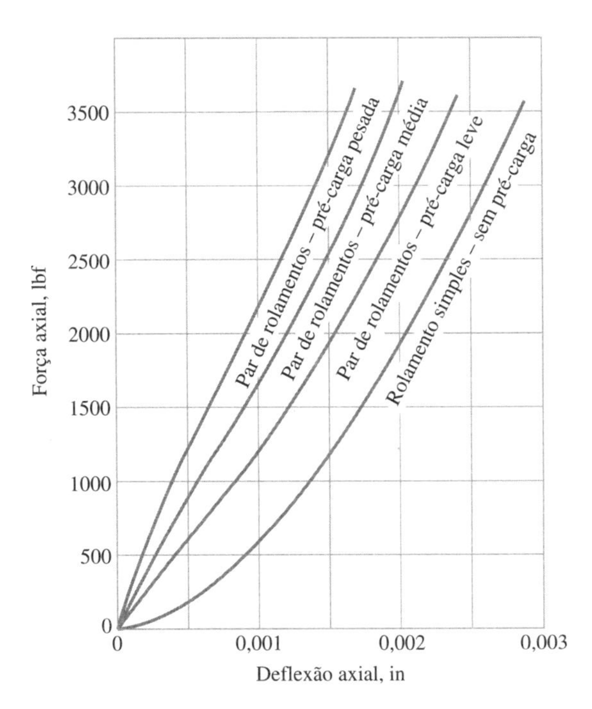

Figura 11.8

Exemplos de curvas força deslocamento *axiais* para mancais de esferas instalados com vários níveis de pré-carga axial. (*Fonte dos Dados*: New Departure Hyatt[21] Catálogo BC-7, 1977.)

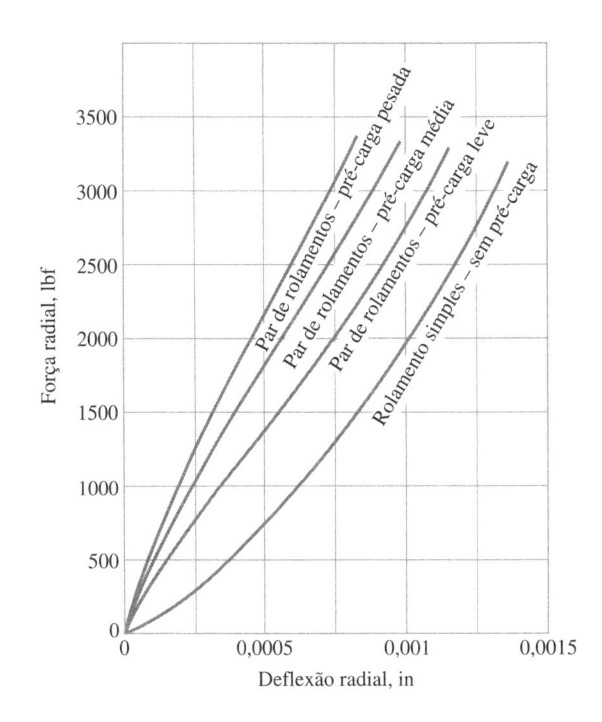

Figura 11.9

Exemplos de curvas força deslocamento *radiais* para mancais de esferas instalados com vários níveis de pré-carga axial; veja Figura 11.8. (*Fonte dos Dados*: New Departure Hyatt[22] Catálogo BC-7, 1977.)

Exemplo 11.3 Influência da Rigidez do Mancal e da Pré-carga no Comportamento do Sistema

Um disco rotativo de aço, com 35 polegadas de diâmetro e 2 polegadas de espessura, deve ser montado no comprimento médio de um eixo sólido de aço 1020 laminado a quente com S_u = 65.000 psi, e = 36 por cento de alongamento em 2 polegadas, e propriedades de fadiga mostradas na Figura 5.31. Uma confiabilidade de 99 por cento é desejável para o eixo e para os mancais. O comprimento do eixo entre os centros simétricos dos mancais [veja (b) abaixo para os mancais propostos] deve ser 6,0 polegadas. A velocidade operacional do sistema rotativo é 7200 revoluções por minuto, e é desejada uma vida de projeto de 10^8 ciclos. Quando o sistema opera a carga total constante, foi estimado que é requerida cerca de um HP de potência de acionamento do eixo rotativo.

a. Estime o diâmetro requerido para o eixo e a velocidade crítica para o sistema rotativo, assumindo que o suporte para o mancal e a estrutura são rígidos. O fator de concentração de tensões de fadiga em flexão foi estimado como K_{fb} = 1,8, e o fator de confiabilidade de resistência, k_{10^8}, definido em (5-58), foi estimado como 0,25. Um coeficiente de segurança de projeto n_d = 2,1 é desejável. A velocidade crítica estimada é aceitável?

b. Faça uma segunda estimativa para a velocidade crítica do sistema rotativo, desta vez incluindo a rigidez do mancal (elasticidade). Um grupo de projetistas, trabalhando sob sua direção, selecionou preliminarmente um mancal de esferas de uma carreira e canal profundo, número 6309 (veja Tabela 11.5), com lubrificação a óleo, para a aplicação, usando o procedimento descrito no Exemplo 11.1. Adicionalmente, o grupo verificou experimentalmente que os dados força-deflexão mostrados nas Figuras 11.8 e 11.9 estão aproximadamente corretos para o mancal tentativamente selecionado.

c. Compare os resultados de (a) e (b), e julgue a influência da rigidez do mancal, assim como a aceitabilidade do projeto sob um ponto de vista vibracional.

d. Faça uma terceira estimativa para a velocidade crítica do sistema rotativo se uma pré-carga axial padrão (leve) for induzida no momento em que os mancais são montados. Comente a influência do pré-carregamento neste caso em particular e sugira alternativas se necessário.

[21] Fora de serviço.
[22] Fora de serviço.

Exemplo 11.3 Continuação

Solução

a. Com base nas informações fornecidas no enunciado do problema, as seguintes determinações e cálculos preliminares podem ser feitos:

Da Figura 5.31, a resistência à fadiga correspondendo a $N = 10^6$ ciclos é $S_{10^6} = 33.000$ psi. Usando (5-56) por consequência gera

$$S_N = S'_{10^6} = k_{10^6} S'_{10^6} = 0,25(33.000) = 8250 \text{ psi}$$

O peso do disco W_D é

$$W_D = 0,283\left[\frac{\pi(35)^2}{4}\right](2,0) = 544,6 \text{ lbf}$$

Da Tabela 4.1, caso 1, o momento máximo no comprimento médio é

$$M_{máx} = \frac{W_D L}{4} = \frac{544,6(6,0)}{4} = 817 \text{ lbf} \cdot \text{in}$$

A reação (radial) em cada sede do mancal é

$$R_L = R_R = \frac{W_D}{2} = \frac{544,6}{2} = 272 \text{ lbf}$$

De (4-39), o torque no eixo é

$$T = \frac{63.025(1)}{7200} = 8,75 \text{ lbf} \cdot \text{in}$$

O momento é um momento alternado (M_a) e o torque é um torque médio (T_m). Utilizando 8-11, o diâmetro do eixo baseado em resistência $(d_s)_{str}$ é dado por

$$(d_s)_{str} = \left(\frac{16}{\pi}\left\{2K_{fb}(n_d)\frac{M_a}{S_N} + \sqrt{3}\frac{T_m}{S_u}\right\}\right)^{\frac{1}{2}}$$

$$= \sqrt[3]{\frac{16}{\pi}\left\{2(1,8)(2,1)\frac{817}{8250} + 1,732\frac{8,75}{65.000}\right\}} = 1,56 \text{ polegada}$$

Comparando este *requisito* para o diâmetro *mínimo* do eixo baseado na resistência com a dimensão do furo do mancal selecionado (número 6309; veja Tabela 11.5), o diâmetro do furo do mancal se apresenta maior que o eixo. Portanto, o diâmetro do eixo deve ser aumentado localmente para combinar com a dimensão do furo de 1,7717 polegada na sede de montagem, e, correspondentemente, o diâmetro do rebordo do encosto deve ser 2,087 polegadas. Para os cálculos de *rigidez*, o diâmetro do eixo será *assumido* como 2,087 polegadas, uniforme ao longo do comprimento.

Da Tabela 4.1, caso 1, a deflexão (máxima) no comprimento médio é

$$y_m = \frac{WL^3}{48EI} = \frac{(544,6)(6,0)^3}{48(30 \times 10^6)\left(\frac{\pi(2,087)^4}{64}\right)} = 0,00009 \text{ polegada}$$

A frequência crítica do eixo, assumindo que os mancais e carcaça são infinitamente rígidos, pode então ser estimada de (8-15) como

$$(n_{cr})_{\substack{somente\\eixo}} = 187,7\sqrt{\frac{1}{0,00009}} = 19.785\frac{\text{rev}}{\text{min}}$$

e

$$\frac{(n_{cr})_{\substack{somente\\eixo}}}{n_{op}} = \frac{19.785}{7200} = 2,8$$

De acordo com as orientações de 8.6, isto está dentro da faixa aceitável.

b. Usando a Figura 11.9 como base, e usando a reação radial do mancal de 272 lbf, a deflexão radial para um mancal único sem pré-carga pode ser lida como

$$(y_{man})_{sem\ pré} = 0,00025 \text{ polegada}$$

então o deslocamento lateral do centro do disco no comprimento médio a partir da linha de centro do eixo sem carregamento se torna

$$(y_m)_{sem\ pré} = 0,00009 + 0,00025 = 0,00034 \text{ polegada}$$

Novamente usando (8-18)

$$(n_{cr})_{sem\ pré} = 187,7\sqrt{\frac{1}{0,00034}} = 10.179\frac{\text{rev}}{\text{min}}$$

e

$$\frac{(n_{cr})_{sem\ pré}}{n_{op}} = \frac{10.179}{7200} = 1,4$$

c. Esta razão é bem menor que a recomendada pelas orientações de 8.6, e deveria ser considerada como um projeto de risco, requerendo melhoria ou investigação experimental.

d. Novamente usando as Figuras 11.8 e 11.9 como base, quando uma pré-carga leve é induzida, a deflexão radial do par de mancais, cada um produzindo uma reação radial de 272 lbf, pode ser lida como

$$(y_{man})_{leve} = 0,00008 \text{ polegada}$$

então o deslocamento total do centro do disco no comprimento médio se torna

$$(y_m)_{leve} = 0,00009 + 0,00008 = 0,00017 \text{ polegada}$$

e de (8-18)

$$(n_{cr})_{leve} = 187,7\sqrt{\frac{1}{0,00017}} = 14.396\frac{\text{rev}}{\text{min}}$$

dando

$$\frac{(n_{cr})_{leve}}{n_{op}} = \frac{14.396}{7200} = 2,0$$

Isto recai dentro da faixa aceitável.

Neste caso em particular, ignorar a elasticidade do mancal [como em (a)] gera uma *conclusão errônea* sobre a aceitabilidade do projeto. Isto se torna nítido em (b) porque quando a elasticidade do mancal (rigidez) *é* incluída, o projeto se torna arriscado do ponto de vista da vibração do sistema. Uma leve pré-carga axial nos rolamentos [como em (c)] traz à rigidez do sistema de volta a níveis aceitáveis. Em outras circunstâncias poderia ser necessário considerar pré-cargas mais pesadas ou outros tipos de mancais, como o de esferas de duas carreiras ou de rolos cônicos, para melhorar a rigidez do sistema.

11.7 Mancais: Caixa e Montagem

Uma vez que tantos arranjos diferentes são possíveis para a montagem e fechamento dos mancais, um projetista é aconselhado a consultar catálogos de fabricantes de mancais e manuais com vistas às informações relativas às opções de montagem para o mancal específico selecionado para a aplicação específica de interesse. A discussão sobre a prática de montagem incluída aqui é breve, e direcionada somente como uma orientação geral.

As folgas operacionais dentro dos mancais *montados* que estão trabalhando em temperaturas operacionais em regime permanente devem ser *virtualmente nulas* para promover vida, comportamento frente a vibrações e níveis de ruídos aceitáveis. É importante entender que a folga interna de um mancal montado é tipicamente *menor* que a folga interna do *mesmo* mancal antes da sua montagem. Os projetistas devem seguir as orientações dos fabricantes de mancais para os ajustes e tolerâncias do eixo e das carcaças para obter os máximos benefícios do nível de precisão do mancal selecionado. Em geral, o anel *rotativo* de um mancal deve ter um *ajuste por interferência* com o seu componente de montagem (eixo ou carcaça) e o anel *não rotativo* deve ter um *ajuste próximo à folga zero* com o seu componente de montagem. Esta prática tipicamente assegura que o anel rotativo não irá escorregar ou girar em relação ao seu eixo ou carcaça de montagem, e que o anel não rotativo (livre) pode acomodar o deslizamento axial para evitar indesejáveis cargas axiais termicamente induzidas.

A maioria das aplicações envolve eixos rotativos e carcaças estacionárias. Para tal configuração, um ajuste por interferência já testado deve ser especificado entre o eixo no local de montagem e o furo do anel interno, e um ajuste próximo à folga zero deve ser especificado entre o diâmetro externo do mancal e o furo da carcaça. Se as carcaças são feitas de materiais de baixo módulo de elasticidade, com elevado coeficiente de expansão térmica, como alumínio ou magnésio, ajustes mais apertados próximo à folga zero devem ser usados. Se os eixos são vazados, ajustes mais apertados por interferência devem ser usados.

Ajustes por interferência por si sós não fornecem precisão adequada para a localização axial de um anel de mancal. Alguns métodos positivos para localizar e fixar axialmente o anel são normalmente necessários, como um rebordo do encosto, uma luva espaçadora, um colar, ou um anel de pressão, em conjunto com dispositivos de retenção como porcas para eixos e arruelas de aperto, tampas de carcaça, de anéis roscados. Dimensões apropriadas para encosto devem ser especificadas para a operação apropriada do mancal (veja, por exemplo, Tabelas 11.5, 11.6, e 11.7, ou catálogos de fabricantes de mancais).

A disposição básica para aplicações típicas é suportar um eixo rotativo em *dois* mancais, cada um próximo de uma extremidade do eixo. Um mancal (do tipo travante) é axialmente preso tanto ao eixo quanto à carcaça para assegurar um preciso posicionamento axial e a capacidade de suportar tanto cargas radiais quanto axiais. O outro mancal (do tipo não travante) fornece somente suporte radial, permitindo deslocamentos axiais para acomodar expansões por diferenças térmicas entre o eixo e a carcaça sem o aparecimento de indesejáveis sobrecargas axiais. Os deslocamentos axiais podem, em alguns casos, surgir dentro do próprio mancal (ou seja, mancais de rolos) ou por deslizamento entre o anel externo e o furo da carcaça. Um arranjo típico é mostrado na Figura 11.10. Três ou mais mancais em um eixo devem ser evitados a menos que seja absolutamente necessário, já que o desalinhamento de mancal para mancal pode produzir momentos fletores "espúrios" e cargas radiais de flexão desconhecidas que algumas vezes levam a falhas prematuras.

A responsabilidade do projetista é assegurar que os mancais possam ser fisicamente instalados e que as partes circundantes possam ser montadas sem causar danos aos mancais. Um acesso apropriado e uma folga devem ser fornecidos para montagem mecânica, hidráulica, ou térmica e para ferramentas de desmontagem, de tal forma que nenhuma força seja transmitida através dos rolamentos durante a montagem ou desmontagem. Portas de acesso para inspeção ou limpeza devem ser providenciadas para que estas funções de manutenção possam ser realizadas com um mínimo de desmontagem e perda de tempo.

Para prevenir que contaminantes sólidos e umidade entrem nos mancais, e para reter o lubrificante, caixas e/ou selos são usualmente necessários. Os selos podem ser uma parte integral do mancal ou podem estar separados do mesmo. A seleção de um arranjo de selos adequado pode depender do tipo de lubrificante (óleo ou graxa), velocidade superficial relativa na interface com o selo, desalinhamento potencial, espaço disponível, potenciais influências ambientais e outros fatores.

Se selos integrais precisam ser utilizados, os catálogos de fabricantes de mancais devem ser consultados. Normalmente, os mancais podem ser fornecidos com selos e blindagens em um ou em ambos os lados. Se selos separados precisam ser usados, catálogos de fabricantes de selos devem ser consultados. Os selos separados podem ser tanto *selos sem contato*, como os selos do tipo com ranhura ou selos labirinto, ou *selos com contato*, como os selos com lábio radial, os selos com anel em V, ou os selos com feltro. É uma prática comum colocar um selo sem contato à frente do selo com contato para protegê-lo de danos por contaminantes sólidos.

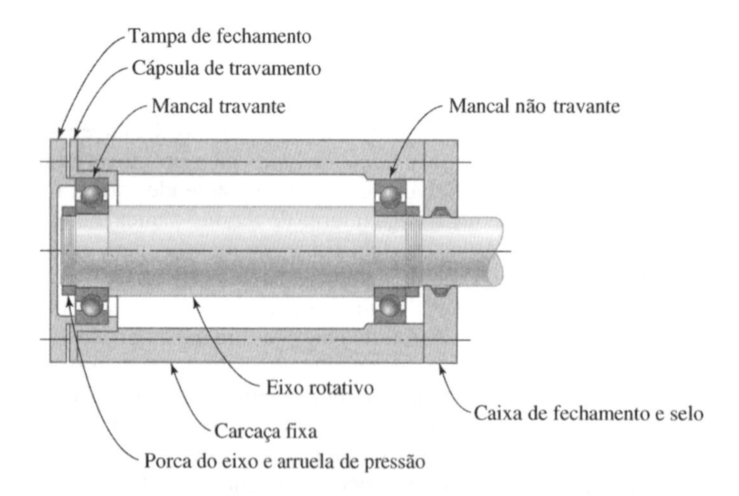

Figura 11.10

Típicos arranjos de montagem com mancais travantes na extremidade esquerda e mancais não travantes na extremidade direita. O mancal travante é fixado axialmente. O mancal não travante é livre para deslizar axialmente de tal forma que nem variações de temperatura nem procedimentos de aperto causarão sobrecarga nos mancais na direção axial.

Problemas

11-1. Para cada uma das aplicações a seguir, selecione dois possíveis tipos de mancais de rolamento que poderiam ser uma boa escolha.

a. Um volante de alta velocidade (veja Capítulo 18) montado em um eixo girando em relação à linha de centro horizontal.
b. Um volante de alta velocidade montado em um eixo girando em relação à linha de centro vertical.
c. Um volante de baixa velocidade montado em um eixo girando em relação à linha de centro vertical.

11-2. Um mancal radial de esferas de uma carreira tem uma capacidade de carga dinâmica básica de 11,4 kN para uma vida L_{10} de 1 milhão de revoluções. Calcule sua vida L_{10} se este opera com uma carga radial aplicada de 8,2 kN.

11-3. a. Determine a capacidade de carga dinâmica básica requerida para um mancal montado em um eixo girando a 1725 rpm se este deve suportar uma carga radial de 1250 lbf e se a vida de projeto desejada é de 10.000 horas.
b. Selecione um mancal radial de esferas de uma carreira da Tabela 11.5 que será satisfatório para esta aplicação se o diâmetro externo do mancal não deve exceder 4,50 polegadas.

11-4. Um mancal radial de esferas de uma carreira deve suportar uma carga radial de 2250 N e nenhuma carga axial. Se o eixo em que o mancal está montado gira a 1175 rpm, e a vida L_{10} desejada para o mancal é de 20.000 horas, selecione o menor mancal adequado, a partir da Tabela 11.5, que será satisfatório aos requisitos de projeto.

11-5. Em um cálculo preliminar de projeto, um mancal de esferas de canal profundo proposto foi selecionado inicialmente para suportar uma extremidade de um eixo rotativo. Um erro foi descoberto nos cálculos do carregamento, e as cargas corretas passaram a ser em torno de 25 por cento maiores que o carregamento inicial incorreto utilizado para selecionar o mancal de esferas. Para modificar para um mancal maior, nesta etapa, significa que será provavelmente necessário um substancial reestudo de todos os componentes vizinhos. Se nenhuma mudança for feita na seleção original do mancal, estime de quanto seria a redução esperada na vida do mancal.

11-6. Um mancal radial de esferas de uma carreira e canal profundo número 6005 deve girar a uma velocidade de 1750 rpm. Calcule a vida esperada do mancal em horas para cargas radiais de 400, 450, 500, 550, 600, 650 e 700 lbf, e faça um gráfico de vida *versus* carga. Comente os resultados.

11-7. Repita o problema 11-6, utilizando um mancal de rolos cilíndricos de uma carreira número 205 em vez do mancal radial de esferas 6005.

11-8. Um mancal de rolos de uma carreira número 207 foi preliminarmente selecionado para uma aplicação na qual a vida de projeto correspondendo a 90 por cento de confiabilidade (vida L_{10}) é de 7500 horas. Estime quais seriam as vidas correspondentes para confiabilidades de 50 por cento, 95 por cento, e 99 por cento.

11-9. Repita o problema 11-8, utilizando um mancal radial de esferas de uma carreira número 6007 em vez do mancal de rolos 207.

11-10. Um fuso sólido de aço de seção transversal circular deve ser usado para suportar um mancal de esferas de uma polia tensora como mostrado na Figura P11.10. O eixo deve ser considerado como simplesmente suportado nas extremidades e não girante. A polia deve ser montada no centro do eixo em um mancal radial de esferas de uma carreira. A polia deve girar a 1725 rpm e suportar uma carga de 800 lbf, como ilustrado no esboço. Uma vida projeto de 1800 horas é requerida, e uma confiabilidade de 90 por cento é desejada. A polia está sujeita a condições de choques moderados.

a. Escolha o menor mancal aceitável da Tabela 11.5 se o eixo na sede do mancal deve ter pelo menos 1,63 polegada de diâmetro.
b. Novamente usando a Tabela 11.5, selecione, se for possível, o menor mancal que daria uma vida de operação infinita. Se você encontrar tal mancal, compare seu tamanho com o mancal para 1800 horas de vida.

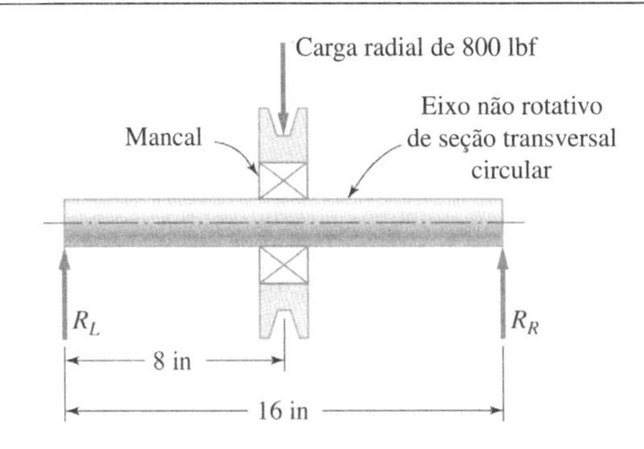

Figura P11.10
Polia tensora suportada por eixo não rotativo.

11-11. Uma engrenagem helicoidal intermediária (veja Capítulo 15) deve ser suportada no centro de um eixo circular vazado curto, utilizando um mancal radial de esferas de uma carreira. A pista interna é pressionada no eixo fixo não rotativo, e a engrenagem rotativa é ligada à pista externa do mancal. A engrenagem deve girar a uma velocidade de 900 rpm. As forças na engrenagem produzem uma força radial resultante no mancal de 1800 N, e uma força axial resultante no mancal de 1460 N. A montagem está sujeita a condições de choque leve. De acordo com as análises de tensão preliminares, o eixo deve ter no mínimo 50 mm de diâmetro externo. É desejável usar um mancal que terá uma vida de 3000 horas e uma confiabilidade de 99 por cento. Selecione o menor mancal aceitável (furo) da Tabela 11.5.

11-12. Uma máquina puncionadora industrial está sendo projetada para operar 8 horas por dia, 5 dias por semana, a 1750 rpm. É desejada uma vida de projeto de 10 anos. Selecione um mancal radial de esferas de uma carreira do tipo *Conrad* apropriado para suportar o eixo motriz se as cargas no mancal foram estimadas como 1,2 kN radial e 1,5 kN axial, e condições de impacto leve prevalecem. Uma confiabilidade L_{10} padrão é julgada aceitável para esta aplicação.

11-13. O eixo mostrado na Figura P11.13 deve ser suportado por dois mancais, um na posição *A* e outro na posição *B*. O eixo é carregado por uma engrenagem helicoidal motriz de qualidade comercial (veja Capítulo 15) montado como ilustrado. A engrenagem provoca uma carga radial de 7000 lbf e uma carga axial de 2500 lbf aplicada em um raio primitivo de 3 polegadas. A carga axial deve ser completamente suportada pelo mancal *A* (o mancal *B* não recebe nenhuma carga axial). Está sendo proposta a utilização de um mancal de rolos cônicos de uma carreira na posição *A*, e outro na posição *B*. O dispositivo deve operar a 350 rpm, 8 horas por dia, 5 dias por semana, por 3 anos

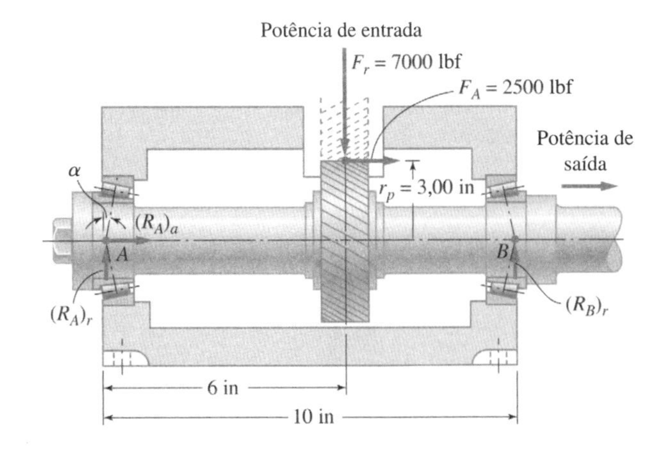

Figura P11.13
Arranjo de mancal suporte para eixo acionado por engrenagem.

antes que a substituição dos mancais seja necessária. Uma confiabilidade L_{10} padrão é julgada aceitável. A análise baseada na resistência mostrou que o diâmetro mínimo do eixo deve ser de 1,375 polegada em ambas as sedes dos mancais. Selecione mancais adequados para as posições A e B.

11-14. A partir de uma análise de tensões de um eixo rotativo, foi determinado que o diâmetro do eixo em uma dada sede de mancal deve ter pelo menos 80 mm. Também, a partir de uma análise de esforços e outras especificações de projeto, um ciclo de trabalho é bem representado por três segmentos, cada segmento tendo as características definidas na Tabela P11.14.

A vida de projeto total para o mancal deve ser 40.000 horas e a confiabilidade desejável é de 95 por cento. Um mancal de esferas de uma carreira e canal profundo é preferível.

a. Selecione um mancal apropriado para esta aplicação, utilizando o procedimento de carregamento variável.
b. Compare o resultado de (a) com uma seleção de mancal para esta sede usando o procedimento de carga constante, assumindo que uma carga radial *constante* (e uma correspondente carga axial) é aplicada ao mancal em todos os segmentos desta operação.

TABELA P11.14 Definição do Ciclo de Trabalho

Variável	Segmento 1	Segmento 2	Segmento 3
F_r, kN	7	3	5
F_a, kN	3	0	0
IF	impacto leve	impacto pesado	impacto moderado
n_i por ciclo de trabalho	100	500	300
N_{op}, rpm	500	1000	1000

11-15. Uma análise de tensões preliminar de um eixo para um mecanismo de retorno rápido determinou que o diâmetro do eixo em determinada sede de mancal deve ser no mínimo 0,70 polegada. A partir de uma análise de esforços e outras especificações de projeto, um ciclo de trabalho, para este dispositivo, dura 10 segundos, e é bem aproximado por dois segmentos, cada um tendo as características definidas na Tabela P11.15.

A vida de projeto total para o mancal deve ser 3000 horas. Um mancal de rolos cônicos de uma carreira é preferível, e uma confiabilidade padrão L_{10} é aceitável.

a. Selecione um mancal apropriado para esta aplicação, usando o procedimento de carregamento variável.

TABELA P11.15 Definição do Ciclo de Trabalho

Variável	Segmento 1	Segmento 2
F_r, lbf	800	600
F_a, lbf	400	0
IF	impacto leve	carga constante
Tempo de operação por ciclo, s	2	8
N_{op}, rpm	900	1200

b. Compare o resultado de (a) com uma seleção de mancal para este local usando o procedimento de carga constante, assumindo que uma carga radial *constante* igual à maior carga variável (e correspondente carga axial) é aplicada ao mancal ao longo de todo o ciclo de trabalho.

11-16. Uma análise preliminar equivalente do mancal A na Figura P11.13 indicou que um mancal de rolos cônicos 30209 forneceria uma vida L_{10} satisfatória de 3 anos (operando a 350 rpm por 8 horas por dia, 5 dias por semana) antes que a substituição do mancal seja necessária. Um consultor de lubrificantes sugeriu que se um óleo derivado de petróleo com viscosidade ISO/ASTM grau 46 for borrifado na menor extremidade do mancal (mancais de rolos cônicos apresentam uma geometria que favorece uma ação natural de bombeamento, induzindo o fluxo de óleo de suas menores extremidades em direção a suas maiores extremidades), uma espessura mínima de filme elasto-hidrodinâmico ($h_{mín}$) de 250 nanômetros pode ser mantida. Se as pistas do mancal e os rolos cônicos são todos lapidados a uma superfície de pico de rugosidade de 100 nanômetros (veja Figura 6.11), estime a vida do mancal de rolos cônicos 30209 sob estas condições de lubrificação elasto-hidrodinâmica.

11.17. Um disco rotativo de aço, com 40 polegadas de diâmetro e 4 polegadas de espessura, deve ser montado no comprimento médio de um eixo sólido de aço 1020 laminado a quente, apresentando $S_u = 65.000$ psi, $e = 36$ por cento de alongamento em 2 polegadas, e propriedades à fadiga como mostrado na Figura 2.19. Uma confiabilidade de 90 por cento é desejável para o eixo e para os mancais, e uma vida de projeto de 5×10^8 ciclos foi especificada. O comprimento do eixo entre os centros simétricos dos rolamentos [veja (b) abaixo para os mancais propostos] deve ser de 5 polegadas. A velocidade de operação do sistema rotativo é de 4200 revoluções por minuto. Quando o sistema opera em carga total constante, foi estimado que uma potência de entrada em torno de três HP no sistema rotativo é necessária.

a. Estime o diâmetro requerido para o eixo e a velocidade crítica do sistema rotativo, assumindo que os mancais de sustentação e a estrutura são rígidos na direção radial. O fator de concentrações de tensões de fadiga em flexão foi estimado como $K_{fb} = 1{,}8$, e o fator de confiabilidade de resistência, $k_{5\times10^8}$, usado em (2-28), foi estimado como 0,55. Um fator de segurança de projeto de 1,9 foi escolhido. A velocidade crítica estimada é aceitável?
b. Faça uma segunda estimativa para a velocidade crítica do sistema rotativo, desta vez incluindo a rigidez do mancal (elasticidade). Baseado no procedimento descrito no Exemplo 11.1, um estudo à parte sugeriu que pode ser utilizado para esta aplicação um mancal de esferas de uma carreira e canal profundo número 6209 (veja Tabela 11.5), com lubrificação a óleo. Em adição, um programa experimental indicou que os dados força-deflexão mostrados nas Figuras 11.8 e 11.9 são aproximadamente corretos para o mancal preliminarmente selecionado. A sua segunda estimativa para a velocidade crítica é aceitável? Comente esta segunda estimativa, e se não for aceitável, sugira algumas alterações de projeto que a torne aceitável.
c. Faça uma terceira estimativa para a velocidade crítica do sistema rotativo se uma *pré-carga média* é induzida no momento em que os mancais são montados. Faça comentários sobre sua terceira estimativa.

Capítulo **12**

Montagens de Parafusos de Potência

12.1 Utilizações e Características dos Parafusos de Potência

Parafusos de potência, algumas vezes chamados de *macacos*, *fusos* ou *atuadores lineares*, são elementos de máquinas que transformam movimento rotativo em movimento de translação, ou amplificam uma pequena força tangencial deslocando-se (em trajetória circular) ao longo de uma grande distância em uma grande força axial deslocando-se ao longo de uma pequena distância. Geometricamente, um parafuso de potência é um eixo roscado com um *colar de apoio* em uma das extremidades, encaixado em uma *porca* acoplada à rosca. Com as restrições adequadas, tanto a porca pode ser girada de modo a causar movimento de translação do eixo roscado (parafuso) quanto o parafuso pode ser girado de modo a causar translação axial da porca. Exemplos comuns incluem macacos de rosca para elevação de cargas, grampos em C, morsas e fusos para tornos de precisão ou outras máquinas ferramentas, posicionadores positivos para controlar os acionamentos das hastes em reatores de potência nuclear e acionamentos de compactação para os compactadores de lixo doméstico.

A configuração básica para as aplicações de elevação de carga está ilustrada na Figura 12.1. Devido às grandes vantagens mecânicas possíveis (as roscas são, essencialmente, planos inclinados, enrolados em forma de helicoide em torno do eixo), as formas roscadas são escolhidas para maximizar a capacidade de carregar carga axial e de minimizar o atrito por arrasto. As formas de rosca mais úteis que podem ser utilizadas para parafusos de potência são a rosca *quadrada* e a rosca *quadrada modificada*, a rosca *Acme* e (para cargas unidirecionais) a rosca *dente de serra*, conforme os esboços apresentados na Figura 12.2. A rosca quadrada apresenta as melhores resistência e eficiência, mas é difícil de ser fabricada. O *ângulo de filete*, θ, de 5° (ângulo da rosca de 10°) da rosca quadrada modificada

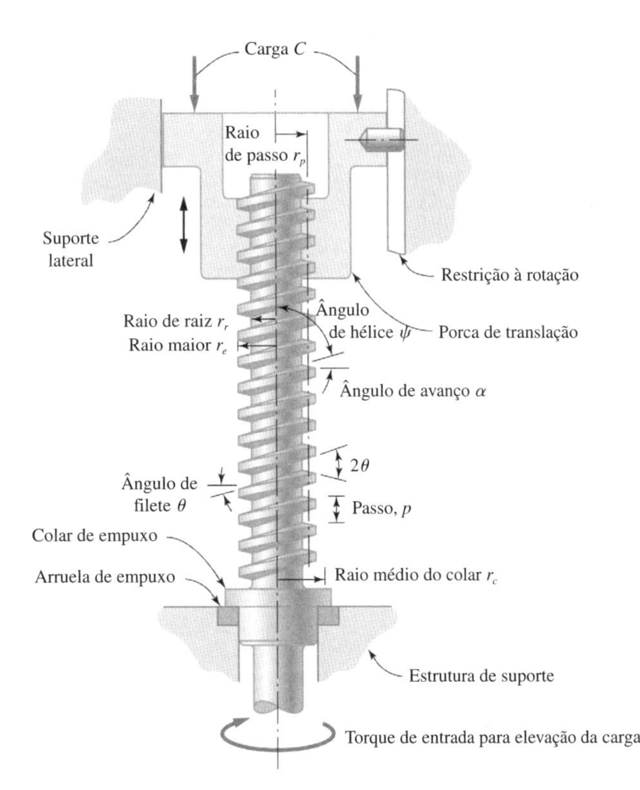

Figura 12.1
Configuração básica de um parafuso de elevação de carga.

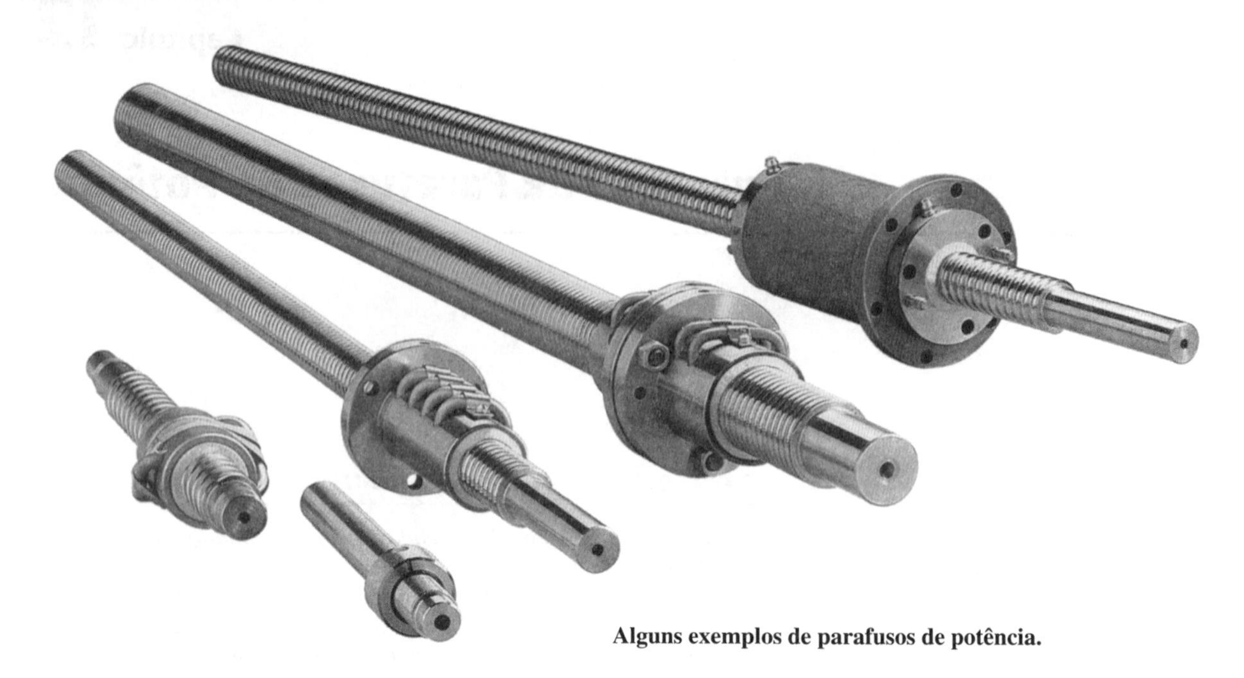

Alguns exemplos de parafusos de potência.

facilita sua fabricabilidade. A rosca Acme ilustrada na Figura 12-1 com seu ângulo de rosca de 29° ($\theta = 14\,{}^1\!/_2{}^\circ$) é fácil de ser fabricada e permite o uso de uma porca ajustável que pode ser contraída radialmente para compensar o desgaste. As roscas dente de serra fornecem resistências maiores para cargas unidirecionais. A análise de tensões em roscas de parafusos de potência é discutida em 12.6. As normas para roscas de parafusos de potência foram desenvolvidas[1] para a maioria das formas práticas de roscas, conforme está ilustrado na Tabela 12.1 por meio de dados selecionados. As roscas de parafuso de potência métricas raramente são utilizadas nos Estados Unidos, mas são usadas com frequência em outros lugares.[2]

Conforme está ilustrado na Figura 12.1, o *passo* é definido como a distância axial ao longo de um elemento do helicoide, medida a partir de um ponto de referência, até o ponto correspondente do filete de rosca adjacente. O passo é o recíproco do número de filetes por polegada. O diâmetro *maior* (externo) é $d_e = 2r_e$. O *ângulo de avanço* (complemento do ângulo de hélice), α, é o ângulo entre um plano desenhado tangente ao passo de hélice de uma rosca quadrada e um plano desenhado normal ao eixo da rosca.[3] O *avanço*, a, é o deslocamento axial de uma porca, relativo ao parafuso,

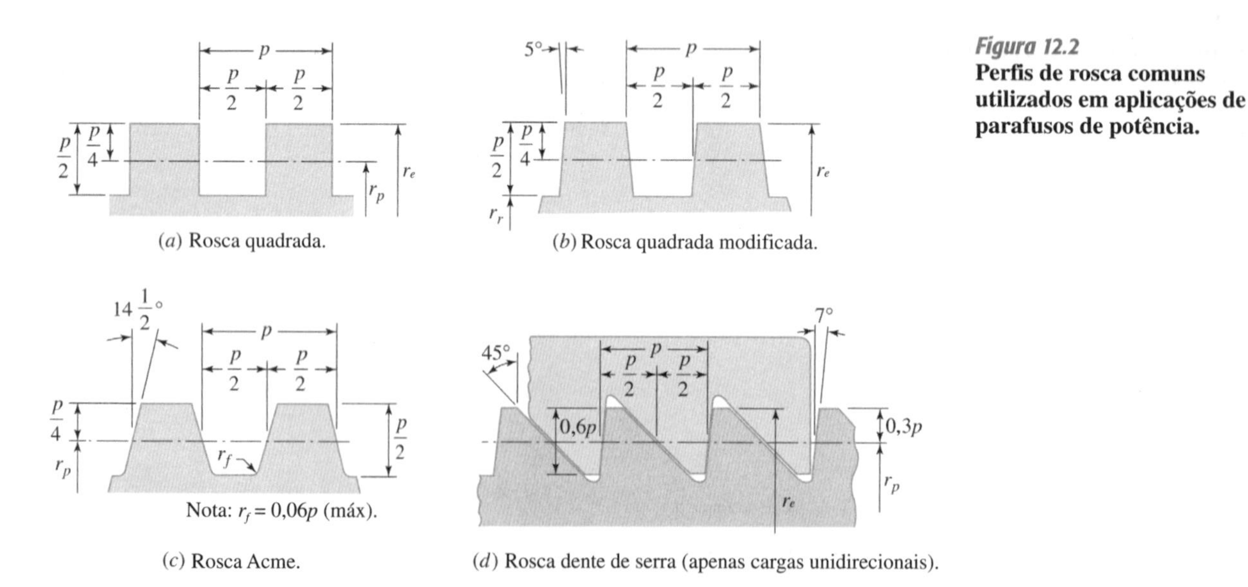

Figura 12.2
Perfis de rosca comuns utilizados em aplicações de parafusos de potência.

[1] Veja, por exemplo, refs. 1, 2 e 3.

[2] Veja, por exemplo, ref. 4.

[3] Existem ambiguidades na literatura. Alguns autores chamam α de *ângulo de avanço*, enquanto outros chamam α de ângulo de hélice. Neste texto, o ângulo de avanço é medido de forma consistente a partir de um plano *normal* ao eixo do parafuso, enquanto o ângulo de hélice é medido a partir do eixo do próprio parafuso, conforme está indicado na Figura 12.1. Deste modo $\alpha + \psi = 90°$.

TABELA 12.1 Dados Selecionados para Filetes de Rosca de Parafusos de Potência Normalizados[1]

Diâmetro Maior, Diâmetro Externo, d_e, in	Filetes por Polegada		
	Quadrada e Quadrada Modificada	Acme	Dente de Serra
1/4	10	16	—
5/16	—	14	—
3/8	—	12	—
3/8	8	10	—
7/16	—	12	—
7/16	—	10	—
1/2	6 1/2	10	16
5/8	5 1/2	8	16
3/4	5	6	16
7/8	4 1/2	6	12
1	4	5	12
1 1/2	3	4	10
2	2 1/4	4	8
2 1/2	2	3	8
3	1 3/4	2	6
4	1 1/2	2	6
5	—	2	5

[1] Veja refs. 1, 2, 3 para dados mais completos.

para uma volta dada no parafuso. Se for utilizada uma configuração de *rosca de uma entrada*, ou *rosca simples*, o avanço será *igual* ao passo. Roscas simples são utilizadas na maioria das aplicações. Se forem utilizadas configurações *de rosca de duas entradas* ou *rosca de três entradas*, o avanço será, respectivamente, *o dobro* ou o triplo do passo. Portanto, o avanço aumentado de uma rosca de múltiplas entradas fornece a vantagem de um deslocamento axial mais rápido. Para configurações de roscas de duas ou de três entradas, são usinados dois ou três helicoides paralelos ao longo do parafuso. Se n é o número de roscas paralelas, então

$$a = np \tag{12-1}$$

Pela "planificação" de uma volta inteira de um filete, pode-se deduzir que:

$$\tan\alpha = \frac{a}{2\pi r_p} = \frac{np}{2\pi r_p} \tag{12-2}$$

Na Figura 12.3 estão ilustradas roscas de uma, duas e três entradas. Na prática usual, utilizam-se as roscas direitas, embora para aplicações especiais as roscas esquerdas possam ser empregadas.

E algumas aplicações especiais, nas quais seja muito importante reduzir o atrito de arrasto na rosca, o atrito de deslizamento entre os filetes do parafuso e da porca pode ser substituído pelo atrito de rolamento pelo emprego de um *parafuso de esferas*. Nos parafusos de esferas há um fluxo contínuo de esferas entre a porca e o parafuso, ao longo da ranhura semicircular do fundo dos filetes de rosca. Cada esfera, após rolar para a extremidade da ranhura da porca, entra em um tubo de retorno no lado externo da porca para ser reintroduzida na parte inicial do percurso. Um esboço do parafuso de esferas pode ser visto na Figura 12.4. Estes dispositivos são utilizados comumente nas montagens de coluna de direção de automóveis, atuadores de *flaps* aeronáuticos, reversores de empuxo, acionamentos de retração de trens de pouso, dispositivos de fechamento de portas e em outras aplicações especiais.

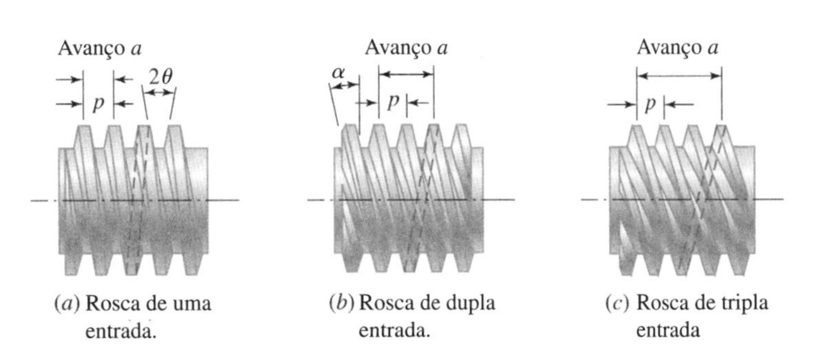

Figura 12.3
Configurações de roscas de várias entradas.

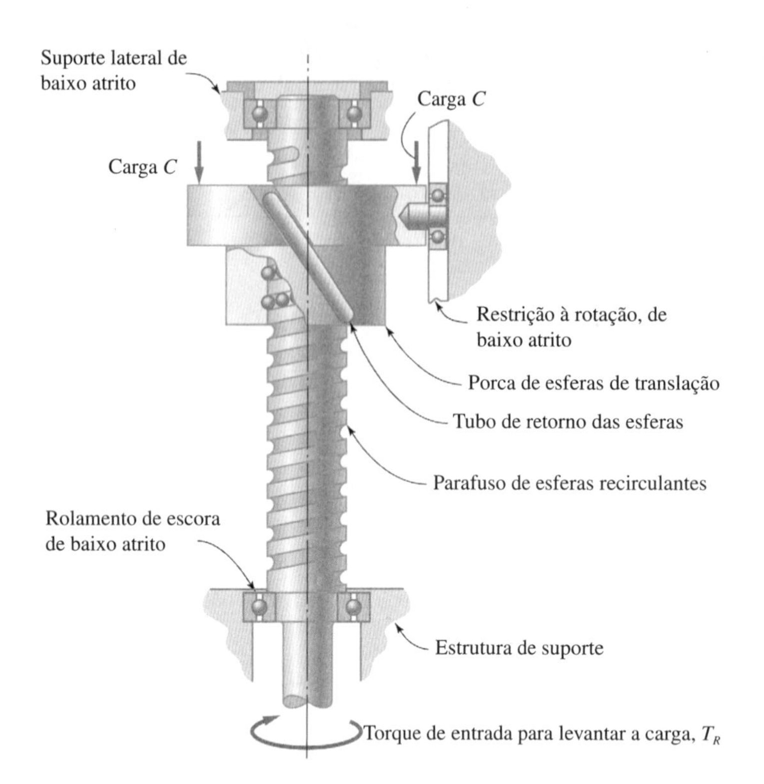

Figura 12.4
Esboço de uma versão de parafuso de potência para elevação de carga *com esferas recirculantes* mostrado na Figura 12.1. Devido ao atrito inerentemente baixo no parafuso com esferas, requer-se, normalmente, um freio para se evitar que a carga gire o parafuso em sentido contrário, quando não acionado, uma condição chamada de "supervisionada".

12.2 Modos Prováveis de Falha

A análise da configuração típica de montagem de um parafuso de potência, conforme está ilustrada, por exemplo na Figura 12.1, sugere que os parafusos de potência englobam certas características de mancais de deslizamento (Capítulo 10), eixos de transmissão de potência (Capítulo 8), colunas carregadas axialmente (2.5) e (para as versões de parafusos de esferas) mancais de elementos rotativos (Capítulo 11). Os modos de falha prováveis para uma montagem com parafuso de potência, portanto, incluem possibilidades de cada uma destas aplicações, incluindo-se a falha por escoamento, identação, fadiga, corrosão, desgaste por fadiga superficial, desgaste adesivo, desgaste abrasivo, desgaste corrosivo, desgaste por fretagem, desgaste por contato, aderência e, possivelmente, nos parafusos com vãos longos sem apoio, falhas por flambagem ou instabilidade elástica. (Veja 2.3 para maiores descrições de falhas.)

O projeto para prevenir a falha dentre alguns destes modos prováveis de falha pode se tornar complicado pela natureza indeterminada da região de contato entre os filetes das roscas da porca e do parafuso. Teoricamente, todos os filetes em contato deveriam dividir a carga, mas imprecisões no perfil do filete e folgas fazem, virtualmente, com que alguns poucos filetes, os primeiros, suportem a carga. Esta incerteza tem relevância para a determinação da área de contato do filete de rosca, para a seleção de lubrificantes adequados e para a minimização do desgaste, desgaste de contato e aderência (veja 10.6). Também afeta a análise de tensão nos filetes, necessária para se prevenir a falha por fadiga, escoamento ou identação (veja 12.6). Como sempre, o projetista é responsável por avaliar quais modos de falha prováveis devem ser considerados em cada caso particular, para então fazer os julgamentos adequados e as hipóteses simplificadoras necessárias para projetar a montagem e evitar a falha. Na análise final, são virtualmente sempre necessários testes e desenvolvimentos experimentais para se alcançar o desempenho desejado com taxas de falha aceitáveis. Se a aplicação for crítica, é essencial a inspeção periódica da montagem do parafuso de potência, em intervalos especificados, para se evitar uma falha catastrófica.[4]

12.3 Materiais

Dos modos de falha prováveis listados em 12.2 e das diretrizes para seleção de materiais do Capítulo 3, os pares de materiais potenciais para porcas e parafusos acoplados deveriam ter boa resistência à compressão, boa resistência à fadiga, boa ductilidade, boa condutibilidade térmica e boa compatibilidade

[4] Mesmo quando as inspeções periódicas *são* realizadas, as falhas catastróficas podem ocorrer. Um caso apontado é a queda do Vôo 261 da Alaskan Airlines, em 31 de janeiro de 2000. Há a hipótese de que a queda tenha sido causada pela falha de um conjunto porca-parafuso de potência usado para operar o estabilizador horizontal do avião (veja ref. 5).

entre os materiais das superfícies em contato do parafuso e da porca. Para o caso de parafusos de esferas, o material das superfícies deveria ter elevada dureza superficial, normalmente uma camada de elevada resistência à fadiga sobre um núcleo dúctil.

Na maioria das circunstâncias, um parafuso de potência deveria ser fabricado com aço de baixo carbono, com uma liga de aço cementável, com uma camada cementada e tratada termicamente. Os materiais AISI 1010, 3310, 4620 ou 8620 podem ser utilizados, dependendo da aplicação específica. A porca acoplada seria, tipicamente, feita a partir de um material dúctil macio, como o bronze, liga de bronze com chumbo, bronze-alumínio ou versões porosas sinterizadas destes materiais, impregnadas com algum lubrificante. A seleção do material do colar de encosto deveria seguir as orientações para mancais de deslizamento do Capítulo 10 ou de mancais com elementos rotativos do Capítulo 11. As aplicações com parafusos de esferas envolvem, normalmente, a *seleção* de um estoque de montagem a partir do catálogo do fabricante, e, deste modo, as questões de "materiais" já terão sido resolvidas pelo fabricante de parafusos de esferas.

12.4 Torque e Eficiência dos Parafusos de Potência

O torque requerido, de entrada, T_R para operar um parafuso de potência quando se está *levantando* a carga, conforme está ilustrado na Figura 12.1, pode ser estimado como a soma do torque requerido para se elevar a carga, T_C, do torque requerido para se vencer o atrito entre as roscas do parafuso e da porca em contato, T_{atr} e do torque requerido para se vencer o atrito entre o colar de empuxo e a estrutura de suporte, T_{atc}. Assim, tem-se

$$T_R = T_C + T_{atr} + T_{atc} \tag{12-3}$$

Para se avaliarem esses termos, são aplicadas as condições de equilíbrio de (4-1) para o parafuso, considerado como um corpo livre, ilustrado nas Figuras 12.5, 12.6 e 12.7. Da Figura 12.6 pode-se notar que $\Sigma F_x = 0$ e $\Sigma F_y = 0$ são condições por simetria satisfeitas por simetria, $\Sigma M_x = 0$ e $\Sigma M_y = 0$ são identicamente satisfeitas.

Das duas condições remanescentes de (4-1), utilizando-se as Figuras 12.6 e 12.7, obtém-se

$$\Sigma F_x = C + F_n \mu_r \operatorname{sen} \alpha - F_n \cos\theta_n \cos \alpha = 0 \tag{12-4}$$

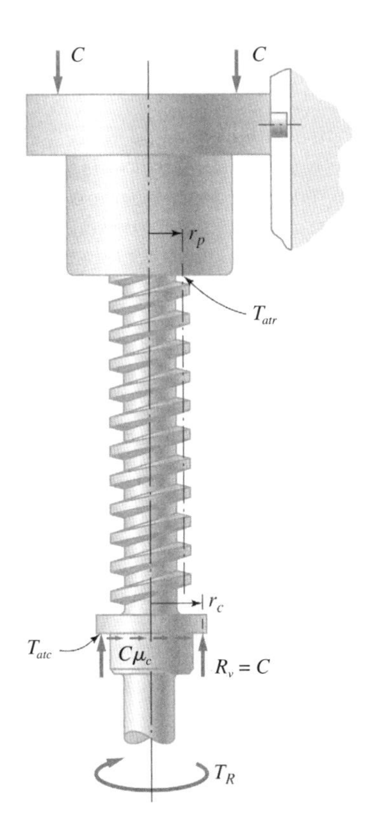

Figura 12.5
Parafuso e porca da Figura 12.1 considerados conjuntamente como um corpo livre. A carga está sendo levantada.

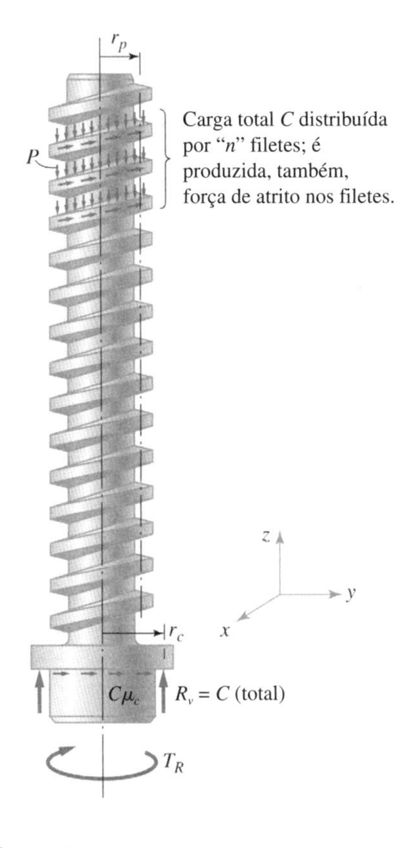

Figura 12.6
Parafuso da Figura 12.5 considerado isoladamente como um corpo livre. A carga está sendo levantada.

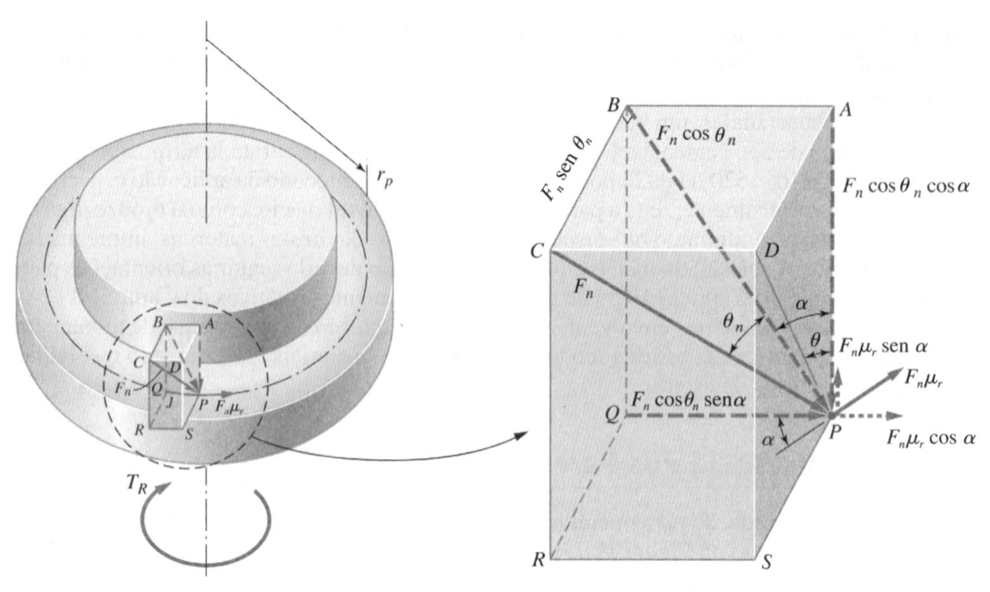

(*a*) Forças no ponto *P* ao longo do passo de hélice da Figura 12.6.

(*b*) Detalhes da decomposição de força.

Figura 12.7
Decomposição de força em um ponto típico da região de contato do filete quando a carga está sendo levantada.

e

$$\Sigma M_z = T_R - C\mu_c r_c - r_p F_n \cos\theta_n \operatorname{sen}\alpha - r_p F_n \mu_r \cos\alpha = 0 \tag{12-5}$$

De (12-4)

$$F_n = \frac{C}{\cos\theta_n \cos\alpha - \mu_r \operatorname{sen}\alpha} \tag{12-6}$$

Combinando-se 12-6 com 12-5, obtém-se

$$T_R = C r_p \left[\frac{\cos\theta_n \operatorname{sen}\alpha + \mu_r \cos\alpha}{\cos\theta_n \cos\alpha - \mu_r \operatorname{sen}\alpha} \right] + C r_c \mu_c \tag{12-7}$$

O primeiro termo desta expressão para o torque de entrada é o torque requerido para elevar a carga C e superar o atrito nas roscas. O segundo termo é o torque requerido para superar o atrito do colar. A expressão para o torque de entrada requerido para operar o parafuso quando se está *baixando* a carga, T_C, pode ser obtida, reescrevendo-se (12-4) e (12-5), observando-se que o sentido do torque de entrada está *invertido* no abaixamento da carga. Os sentidos dos vetores de força de atrito nas roscas e forças de atrito no colar são invertidos também, obtendo-se

$$T_C = C r_p \left[\frac{-\cos\theta_n \operatorname{sen}\alpha + \mu_r \cos\alpha}{\cos\theta_n \cos\alpha + \mu_r \operatorname{sen}\alpha} \right] + C r_c \mu_c \tag{12-8}$$

As expressões para T_R e T_C podem ser escritas de uma forma mais conveniente, observando-se da geometria da Figura 12.7, que

$$\tan\theta_n = \tan\theta_n \cos\alpha \tag{12-9}$$

e para pequenos ângulos de avanço (o caso usual), $\cos\alpha \approx 1$, obtendo-se de (12-9)

$$\theta_n = \theta \tag{12-10}$$

Dividindo-se o numerador e o denominador da expressão entre parênteses de (12-7) e (12-8) por cos α, e calculando tan α de (12-2), as expressões (12-7) e (12-8) podem ser reescritas em termos do avanço a e do ângulo θ, como

$$T_R = C r_p \left[\frac{a\cos\theta + 2\pi r_p \mu_r}{2\pi r_p \cos\theta - a\mu_r} \right] + C r_c \mu_c \tag{12-11}$$

e

$$T_C = C r_p \left[\frac{-a\cos\theta + 2\pi r_p \mu_r}{2\pi r_p \cos\theta + a\mu_r} \right] + C r_c \mu_c \tag{12-12}$$

Para o caso de roscas quadradas, $\cos\theta = 1$. Para o caso de um colar de empuxo que englobe um mancal de elementos rotativos, o coeficiente de atrito do colar, μ_c, será muito pequeno, e o segundo termo (termo do atrito do colar) pode, normalmente, ser desprezado. Para o caso de um parafuso de esferas, o atrito das roscas é, normalmente, muito pequeno, e para o caso-limite de atrito *nulo* nas roscas (nunca realmente alcançável), tem-se

$$T_R = -T_C = \frac{Ca}{2\pi} \tag{12-13}$$

Dependendo dos coeficientes de atrito e da geometria da rosca, a rosca sendo elevada pode ou não fazer o parafuso *girar ao contrário* se o torque aplicado T_R for removido. Isto é, a carga axial, C, pode ser capaz ou não de descer sozinha, fazendo o parafuso girar no sentido contrário. Se o parafuso *não puder ser* girado em sentido contrário por nenhum valor de carga axial C, a montagem é dita *autotravante*. Se, aplicando-se uma carga axial na porca, *pode-se* fazer o parafuso girar, a montagem é dita *supervisionada*. Se o atrito do colar é desprezivelmente pequeno, a condição que representa a transição entre a montagem ser autotravante ou supervisionada é $T_C = 0$ em (12-12). Como o denominador da expressão entre parênteses em (12-12) não pode ser zero, para o parafuso ser *autotravante*

$$\mu_r > \frac{a\cos\theta}{2\pi r_p} \tag{12-14}$$

e para o parafuso ser *supervisionado*

$$\mu_r < \frac{a\cos\theta}{2\pi r_p} \tag{12-15}$$

Existem aplicações de projeto para cada categoria. Por exemplo, é essencial que os macacos e fixadores de rosca sejam autotravantes. É igualmente essencial que os atuadores lineares sejam projetados de modo que uma força axial na porca cause a rotação supervisionada do parafuso.

A *eficiência* de uma montagem com parafuso de potência, e, pode ser definida como a razão entre o torque motor $T_{\mu=0}$ (torque teórico para elevar a carga se não houvesse atrito nem no colar nem nas áreas de contato das roscas) e T_R (com atrito no colar e nas roscas). Utilizando-se (12-7) para se obter uma expressão para o torque teórico assumindo-se atrito nulo,

$$T_{\mu=0} = C r_p \tan\alpha \tag{12-16}$$

de que se obtém

$$e = \frac{T_{\mu=0}}{T_R} = \frac{C r_p \tan\alpha}{C r_p\left[\dfrac{\cos\theta_n \operatorname{sen}\alpha + \mu_r \cos\alpha}{\cos\theta_n \cos\alpha - \mu_r \operatorname{sen}\alpha}\right] + C r_c \mu_c} \tag{12-17}$$

Esta expressão pode ser reescrita como

$$e = \frac{1}{\left[\dfrac{\cos\theta_n + \mu_r \cot\alpha}{\cos\theta_n - \mu_r \tan\alpha}\right] + \mu_c \dfrac{r_c}{r_p}\cot\alpha} \tag{12-18}$$

Se o atrito no colar for desprezivelmente pequeno, e (12-10) for utilizada, simplifica-se a expressão (12-18) para

$$e_{\mu_c=0} = \frac{\cos\theta - \mu_r \tan\alpha}{\cos\theta + \mu_r \cot\alpha} \tag{12-19}$$

A eficiência como função do ângulo de avanço, α, está apresentada no gráfico da Figura 12.8 para roscas Acme, usando-se diversos valores do coeficiente de atrito e admitindo-se que o atrito no colar seja desprezivelmente pequeno. Pode-se observar que os valores de eficiência são muito baixos para ângulos de avanço próximos a 0° ou 90°. Eficiências próximas ao valor máximo são obtidas utilizando-se ângulos de avanço na faixa de 30° a 60° e baixos coeficientes de atrito. O ângulo de avanço α para os parafusos de potência normalizados pela Acme varia de 2° a 5° e os valores práticos para μ_r estão em torno de 0,1 para superfícies secas e 0,03 para superfícies lubrificadas (veja Tabela A.1 do Apêndice). Portanto, para roscas Acme, as eficiências de operação tendem a ser baixas, variando em torno de 20 por cento para tamanhos maiores e superfícies secas até em torno de 70 por cento para tamanhos menores e superfícies lubrificadas. Um gráfico semelhante para parafusos de esferas com ângulos de avanço na faixa de 2° até 5° exibiria, tipicamente, valores de eficiência de 90 por cento ou superiores.

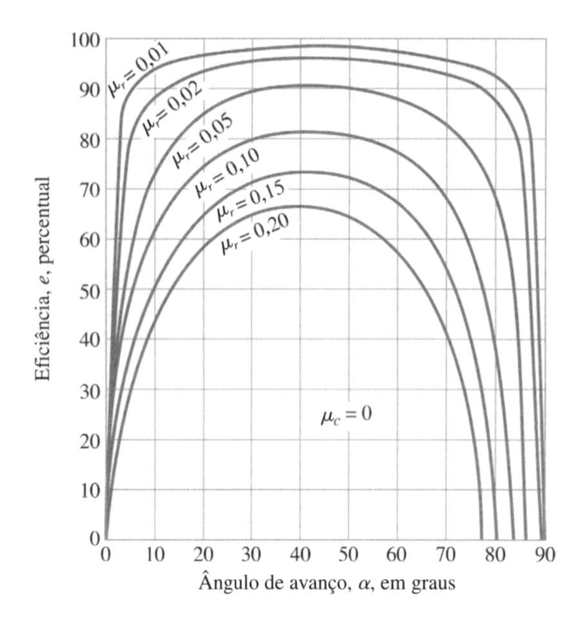

Figura 12.8
Eficiências para as roscas ACME como uma função do ângulo de avanço e do coeficiente de atrito na rosca. O atrito no colar não está incluído.

Exemplo 12.1 Torque e Eficiência do Parafuso de Potência

Uma montagem com parafuso de potência, do tipo ilustrado na Figura 12.1, deve ser utilizada para elevar e abaixar ciclicamente uma carga de 2500 lbf com uma velocidade de 3 polegadas/s. Está sendo proposta uma forma de rosca quadrada modificada de uma entrada, com diâmetro externo de 1,50 polegada para ser utilizada nesta aplicação. Preliminarmente, propõe-se um parafuso de aço e uma porca de bronze, havendo uma arruela de encosto sustentada pela estrutura na região de contato do colar de empuxo. O raio médio do colar proposto é de 0,88 polegada. Antecipou-se que tanto a rosca do parafuso quanto o colar de empuxo serão lubrificados com óleo.

a. Se as propostas forem adotadas, determine passo, avanço, raio de passo e ângulo de avanço para esta configuração.
b. Determine o torque de partida e o torque em operação para elevar e abaixar a carga.
c. Você espera que a montagem seja autotravante ou supervisionada?
d. Calcule a eficiência do parafuso de potência da montagem proposta. O atrito no colar contribui significativamente para a perda de eficiência?
e. Se um moto redutor especial deve ser utilizado para acionar esta montagem com parafuso de potência, qual deveria ser a potência e torque mínimos necessários para o motor de acionamento?
f. Utilizando a Figura 12.8 como base, compare a eficiência da rosca quadrada modificada proposta com a de uma forma de rosca normalizada da Acme, caso fosse utilizada.

Solução

a. Da Tabela 12.1, a rosca quadrada modificada normalizada com $d_e = 1,5$ in tem 3 filetes por polegada, então o passo é

$$p = \frac{1}{3} = 0,33 \text{ in}$$

e de (12-1), para esta rosca de uma entrada, o avanço é

$$a = p = 0,33 \text{ in}$$

Da Figura 12.2, o raio do passo é

$$r_p = r_e - \frac{p}{4} = \frac{1,50}{2} - \frac{0,33}{4} = 0,67 \text{ in}$$

e, utilizando-se (12-2), o ângulo de avanço é

$$\alpha = \tan^{-1}\frac{a}{2\pi r_p} = \tan^{-1}\frac{0,33}{2\pi(0,67)} = 4,5°$$

b. O torque necessário para elevar a carga é dado por (12-11) e, para abaixar a carga, por (12-12). Da Figura 12.2, o ângulo de rosca θ é 5°. A única diferença entre o torque de partida e o torque de operação é a diferença entre os coeficientes de atrito estático e de deslizamento, que, segundo a Tabela A.1, são, para aço lubrificado sobre bronze,

$$\mu_{r\text{-}est} = \mu_{c\text{-}est} = 0{,}06$$

$$\mu_{r\text{-}desl} = \mu_{c\text{-}desl} = 0{,}03$$

Assim, para se *elevar* a carga, utilizando-se (12-11), tem-se

$$(T_R)_{partida} = 2500(0{,}67)\left[\frac{0{,}33\cos 5 + 2\pi(0{,}67)(0{,}06)}{2\pi(0{,}67)\cos 5 - 0{,}33(0{,}06)}\right] + 2500(0{,}88)(0{,}06)$$
$$= 233{,}3 + 132{,}0 = 365{,}3 \text{ lbf}\cdot\text{in}$$

e

$$(T_R)_{operação} = 2500(0{,}67)\left[\frac{0{,}33\cos 5 + 2\pi(0{,}67)(0{,}03)}{2\pi(0{,}67)\cos 5 - 0{,}33(0{,}03)}\right] + 2500(0{,}88)(0{,}03)$$
$$= 182{,}2 + 66{,}0 = 248{,}2 \text{ lbf}\cdot\text{in}$$

Para se *abaixar* a carga, utilizando-se (12-12), tem-se

$$(T_C)_{partida} = 2500(0{,}67)\left[\frac{-0{,}33\cos 5 + 2\pi(0{,}67)(0{,}06)}{2\pi(0{,}67)\cos 5 + 0{,}33(0{,}06)}\right] + 132{,}0$$
$$= -30{,}3 + 132{,}0 = 101{,}7 \text{ lbf}\cdot\text{in}$$

e

$$(T_C)_{operação} = 2500(0{,}67)\left[\frac{-0{,}33\cos 5 + 2\pi(0{,}67)(0{,}03)}{2\pi(0{,}67)\cos 5 + 0{,}33(0{,}03)}\right] + 132{,}0$$
$$= -80{,}7 + 66{,}0 = 14{,}7 \text{ lbf}\cdot\text{in}$$ (já que é supervisionada no abaixamento).

c. Utilizando-se (12-14), a rosca será autotravante se

$$\mu_r > \frac{a\cos\theta}{2\pi r_p} = \frac{0{,}33\cos 5}{2\pi(0{,}67)}$$

ou se

$$\mu_r > 0{,}08$$

Os valores estáticos e atrito e deslizamento de μ_r são ambos inferiores a 0,08, então, o parafuso seria classificado como supervisionado e não autotravante. De (b), contudo, devem ser aplicados torques tanto para a partida quanto para a operação do parafuso, quando a carga estiver sendo elevada, implicando que a montagem se comporta como se fosse autotravante. A razão para isto é que o atrito no colar age como um freio para prevenir o retorno do parafuso.

d. De (12-18), a eficiência da montagem do parafuso de potência é dada por

$$e = \frac{1}{\left[\frac{\cos 5 + 0{,}03\cot 4{,}5}{\cos 5 - 0{,}03\tan 4{,}5}\right] + 0{,}03\left(\frac{0{,}88}{0{,}67}\right)\cot 4{,}5} = 0{,}53$$

Sem considerar o atrito do colar, tem-se de (12-19)

$$e_{\mu_c=0} = \frac{\cos 5 - 0{,}03\tan 4{,}5}{\cos 5 + 0{,}03\cot 4{,}5} = 0{,}72$$

O atrito no colar reduz a eficiência de, aproximadamente, 72 por cento para, aproximadamente, 53 por cento, portanto uma redução significante. Deve ser considerada a utilização de um mancal de *elemento rotativo*, em vez da arruela de encosto de bronze.

e. O torque mínimo requerido é o torque *de partida* necessário para se elevar a carga, conforme calculado em (7). Tem-se

$$T_{mín} = 365{,}3 \text{ lbf}\cdot\text{in}$$

A *potência* mínima requerida pode ser calculada a partir de (4-39), utilizando-se o torque *de operação* para se elevar a carga, conforme previamente calculado. A velocidade angular do parafuso deve ser calculada como

$$n = \frac{3\frac{\text{in}}{\text{s}}\left(60\frac{\text{s}}{\text{mín}}\right)}{0{,}33\frac{\text{pol.}}{\text{rpm}}} = 540\frac{\text{rpm}}{\text{mín}}$$

Exemplo 12.1 Continuação

de que

$$(HP)_{mín} = \frac{Tn}{63.025} = \frac{(248,2)(540)}{63.025} = 2,13 \text{ cavalo-vapor}$$

Um *fator de segurança* apropriado sobre as especificações de torque e de potência mínimos requeridos deve ser aplicado na seleção do motor de acionamento.

f. Se uma forma de rosca Acme com diâmetro externo d_e = 1,50 polegada fosse utilizada, segundo a indicação da Tabela 12.1, a especificação normalizada seria de 4 filetes por polegada, determinando um passo de 0,25 polegada e um ângulo de avanço de

$$\alpha = \tan^{-1}\frac{0,25}{2\pi(0,67)} = 3,4°$$

Da Figura 12-8, utilizando-se μ_r = 0,03 e α = 3,4, tem-se

$$(e)_{Acme} = 66\%$$

comparado com o valor de 72 por cento da forma de rosca quadrada modificada.

12.5 Procedimentos Sugeridos para o Projeto de Parafusos de Potência

Assim como para qualquer outro componente de máquina, os objetivos primários para o projeto de um parafuso de potência são selecionar o melhor material e conceber a melhor geometria que satisfaçam as especificações de projeto. Seguindo-se as orientações de 6.2, o parafuso deveria ser projetado de modo a estar, se possível, *tracionado*. Se o parafuso tiver que suportar *compressão* devida à carga axial, deve-se considerar a flambagem para a determinação do seu diâmetro. A determinação da flexão na rosca, das tensões de cisalhamento e esmagamento nos filetes na região de contato das roscas é importante para a prevenção de prováveis falhas devidas ao desgaste ou à fadiga. A concentração de tensões nas raízes dos filetes das roscas mais intensamente carregadas pode representar um fator importante, uma vez que os *carregamentos variáveis* nas roscas são comuns durante a operação de parafusos de potência. As normas para roscas de parafusos de potências limitam, normalmente, o comprimento de trabalho do parafuso a duas vezes o seu diâmetro.[5] Contudo, devido a tolerâncias de manutenção e variações no passo induzidas pelo carregamento, ocorre que os três primeiros filetes de rosca suportam a maior parte do carregamento. Este é um fato importante quando se está estimando as tensões nos filetes de rosca e as pressões de esmagamento. Em certos pontos críticos, as tensões nominais no parafuso podem se combinar com as tensões locais da rosca, podendo ser necessária uma teoria baseada em tensões combinadas, adequada ao projeto (veja 6.4). Com essas observações em mente, sugere-se o seguinte procedimento.

1. Selecione, preliminarmente, os materiais para o parafuso e a porca, inclusive os tratamentos térmicos e selecione a forma desejada da rosca, consultando as roscas padronizadas da Figura 12.2. O tipo de mancal para o colar de empuxo também deve ser escolhido preliminarmente.
2. Se a configuração de projeto submete o parafuso à compressão, ou se há carregamentos fora de centro ou momentos externos espúrios, estime um diâmetro preliminar de parafuso baseado na flambagem (veja 2.5). Se a flambagem não for um modo provável de falha, estime o diâmetro preliminar do parafuso com base na tensão normal. O uso do diâmetro obtido destas estimativas como diâmetro de raiz fornece, normalmente, um resultado ligeiramente conservador.
3. Utilizando o diâmetro de raiz preliminar do passo 2, e a forma de rosca selecionada, examine a Figura 12.2 e a Tabela 12.1 para determinar o passo de rosca, o avanço e as outras dimensões preliminares.
4. Utilizando (12-11) e/ou (12-12), juntamente com as especificações de projeto, calcule o torque motor necessário para a montagem do parafuso de potência.
5. Identifique os pontos e as seções críticas aplicáveis, calcule as tensões nominais normais e as tensões de cisalhamento no parafuso e calcule as tensões de flexão e de cisalhamento (que espanam a rosca) na rosca e as pressões de esmagamento nas regiões de contato. Quando for pertinente, calcule as tensões principais para que possa ser utilizada para o projeto uma teoria de tensões combinadas ou teoria de falha para avaliar se o projeto de cada seção crítica está aceitável.

[5] Veja, por exemplo, ref. 1.

6. Utilizando um *fator de segurança adequado* para cada modo provável de falha, calcule as *tensões de projeto* para cada material preliminar (veja 2.12).
7. Utilizando as tensões principais determinadas no passo 5, as tensões de projeto pertinentes do passo 6 e as teorias de projeto baseadas em tensões combinadas adequadas (veja 6.4), adapte as dimensões conforme seja necessário para conseguir um projeto aceitável. A aceitação para a pressão de esmagamento entre o parafuso e os filetes da porca na região de contato pode ser baseada no critério de mancais de deslizamento da Tabela 10.1.

12.6 Pontos Críticos e Tensões na Rosca

Três pontos críticos na zona de contato das roscas de um parafuso de potência são importantes. Estes pontos críticos estão ilustrados na Figura 12.9, na qual está representado um volume elementar apresentando o estado de tensões de cada ponto crítico.

No ponto crítico A, o modo de falha dominante provável é o desgaste. A pressão de esmagamento admissível entre as roscas em contato pode ser selecionada da Tabela 10.1. A pressão de esmagamento p na superfície da rosca pode ser estimada utilizando-se a área de contato efetiva da rosca projetada. Assim, tem-se

$$\sigma_B = p_B = \frac{C}{A_p} = \frac{C}{\pi(r_e^2 - r_r^2)n_e} \tag{12-20}$$

em que C = carga, lbf
r_e = raio maior (externo), polegada
r_r = raio da raiz, polegada
n_e = número efetivo de filetes na zona de contato suportando a carga.

No ponto crítico B, os modos de falhas dominantes prováveis são o escoamento e a fadiga. Os componentes de tensão no ponto crítico incluem tensão cisalhante devida à torção no corpo do parafuso, tensão normal no corpo do parafuso e tensão cisalhante transversal devida à flexão dos filetes, conforme apresentado no esboço do volume elementar B na Figura 12.9. A tensão cisalhante, devido à torção, na seção transversal da raiz da rosca, pode ser calculada utilizando-se (4-33) e (12-3), obtendo-se

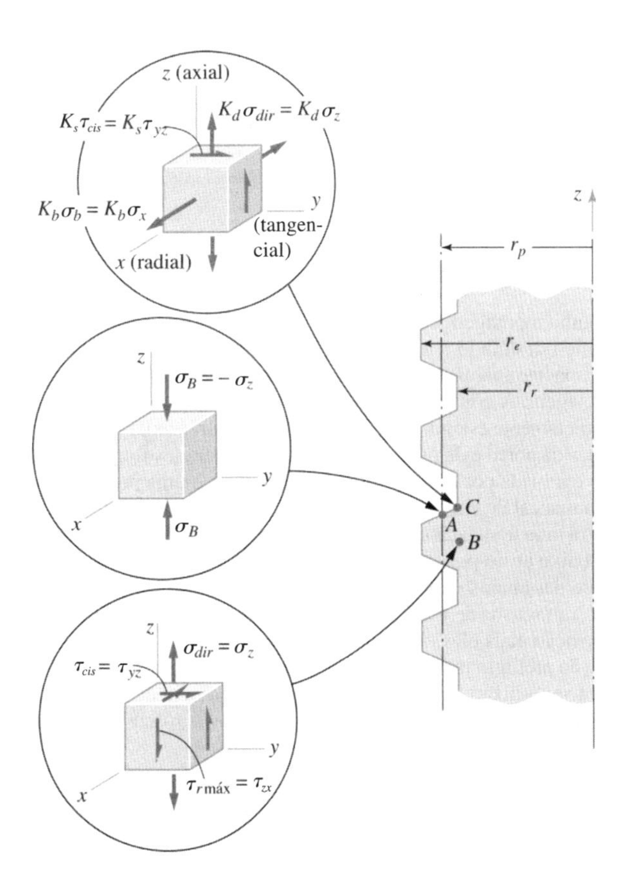

Figura 12.9
Pontos críticos e componentes de tensão em parafusos de potência.

$$\tau_{cis} = \frac{(T_R - T_{atc})r_r}{J_r} = \frac{(T_R - T_{atc})r_r}{\left(\frac{\pi r_r^4}{4}\right)} = \frac{4(T_R - T_{atc})}{\pi r_r^3} \tag{12-21}$$

em que T_R = torque para elevar a carga, lbf · in
T_{atc} = torque para superar o atrito no colar, lbf · in
r_r = raio da raiz do parafuso, in

A tensão normal na seção transversal da raiz é dada por

$$\sigma_{dir} = \frac{C}{A_r} = \frac{C}{\pi r_r^2} \tag{12-22}$$

Considerando-se a rosca como uma viga engastada com uma seção transversal retangular na raiz, a máxima tensão cisalhante transversal é (veja Tabela 4.3)

$$\tau_{r\text{-}máx} = \frac{3C}{2A_{tr}} = \left(\frac{3}{2}\right)\frac{C}{2\pi r_r\left(\frac{p}{2}\right)n_e} = \frac{3C}{2\pi r_r p n_e} \tag{12-23}$$

em que p é o passo da rosca em polegadas.

No ponto crítico C, os modos de falha dominantes prováveis são o escoamento ou a fadiga, com a possibilidade de fratura frágil, ainda que pouco provável. Os componentes de tensão neste ponto crítico incluem a tensão cisalhante no corpo do parafuso [veja (12-21)], tensão normal no corpo do parafuso [veja (12-22)], e tensão de flexão nos filetes de rosca, conforme apresentado no esboço do volume elementar C na Figura 12.9.

A tensão nominal de flexão na rosca pode ser novamente estimada considerando-se o filete de rosca como uma viga engastada com uma carga "na extremidade" distribuída ao longo da linha de passo. Utilizando-se (4-5), obtém-se

$$\sigma_b = \frac{Mc}{I} = \frac{6M}{bd^2} = \frac{6[C(r_p - r_r)]}{(2\pi r_r n_e)\left(\frac{p}{2}\right)^2} = \frac{12C(r_p - r_r)}{\pi r_r n_e p^2} \tag{12-24}$$

em que p = passo da rosca, pol.

Deve-se aplicar um fator de segurança adequado a cada componente de tensão neste ponto crítico, conforme apresentado na Figura 12.9.

Exemplo 12.2 Projeto Preliminar e Análise de Tensões em um Parafuso de Potência

Está-se cogitando usar uma montagem com parafuso de potência como mecanismo de acionamento para um compactador mecânico destinado a uma indústria de fabricação de folhas metálicas. O equipamento deve ser usado para compactar aparas de folhas de metal em pequenos "tarugos" cilíndricos para envio a uma instalação de reciclagem. A configuração proposta está esboçada na Figura E12.2. O comprimento sem apoio, quando completamente estendido (correspondente à carga axial máxima), é de 72 polegadas, e os suportes das extremidades da porca e da prensa podem ser considerados rotulados em cada posição. A porca rotativa de acionamento é movida por uma correia em V acoplada a uma polia motora indicada. A porca rotativa, apoiada sobre um mancal de encosto de elemento rotativo de baixo atrito, faz com que o parafuso (e a prensa presa a ele) sofra uma translação para cima e para baixo. O parafuso tem a rotação restrita por um elemento deslizante de baixo atrito percorrendo uma ranhura vertical na estrutura de sustentação. Quando há compressão suficiente das aparas de metal na câmara de compactação para gerar uma força resistente na prensa de 10.000 lbf, um sensor de força ativa um interruptor de reversão do acionamento, recolhendo o parafuso para a sua posição mais elevada.

Faça uma determinação preliminar de um perfil de rosca e de um tamanho de parafuso satisfatórios para o parafuso de potência a ser utilizado neste equipamento. A gerência de engenharia especificou um fator de segurança de projeto de 1,5, e sabe-se, antecipadamente, que as roscas serão lubrificadas.

Solução

Utilizando-se o procedimento passo a passo sugerido em 12.5, pode-se obter uma configuração preliminar de projeto para o parafuso como se segue:

1. Serão selecionados preliminarmente um parafuso de aço e uma porca de bronze. Para fins de projeto preliminar, as propriedades dos materiais serão consideradas como as do aço 1020 para o parafuso e as do bronze C-2200 para a porca (veja Tabela 3.3). Esta combinação fornece boa resistência ao desgaste

Figura E12.2
Esboço do arranjo proposto para o compactador de aparas de folhas metálicas.

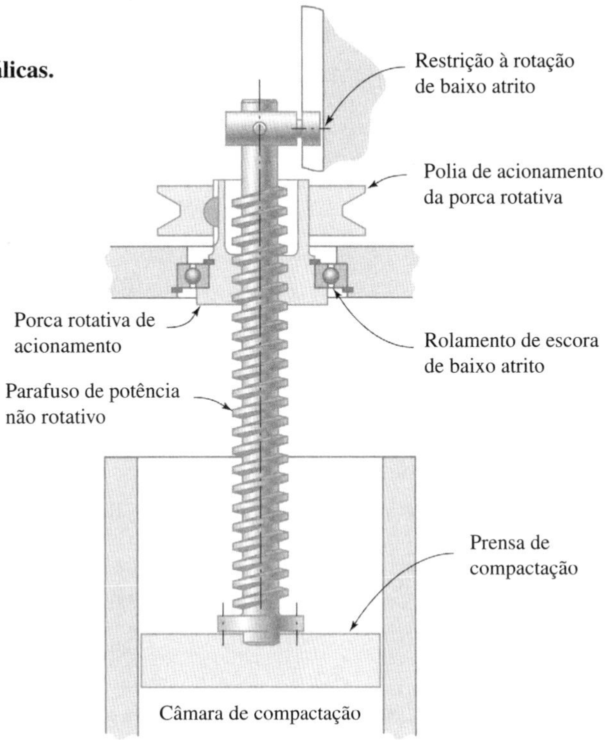

Restrição à rotação de baixo atrito
Polia de acionamento da porca rotativa
Porca rotativa de acionamento
Rolamento de escora de baixo atrito
Parafuso de potência não rotativo
Prensa de compactação
Câmara de compactação

(aço mais duro sobre o bronze mais macio; veja Tabela 3.13), boa resistência à flambagem (módulo de elasticidade elevado do aço) e um coeficiente de atrito para rosca relativamente baixo (veja Apêndice Tabela 2.1). A forma de rosca Acme será selecionada preliminarmente. Conforme apresentado na Figura E12.2, o colar de empuxo engloba um mancal com elementos rotativos e, deste modo, o atrito do colar pode ser desprezado na etapa preliminar. O atrito no "seguidor" também pode ser desprezado.

2. Uma vez que o parafuso está sob compressão, um diâmetro de raiz preliminar para o parafuso pode ser estimado com base na resistência à flambagem. Utilizando-se a equação de Euler (2-36) com $L_e = L$, já que se considerou a coluna nas duas extremidades (veja o enunciado do problema), obtém-se

$$P_{cr} = \frac{\pi^2 EI}{L^2}$$

Como prescreveu-se o fator de segurança como $n_p = 1{,}5$

$$P_p = \frac{P_{cr}}{1{,}5}$$

A força máxima de compressão (valor de projeto) atuando na prensa é dada como 10.000 lbf, assim,

$$(P_{cr})_{req} = 1{,}5\ (10.000) = 15.000 \text{ lbf}$$

então, para o parafuso de aço com 72 polegadas de comprimento, tem-se

$$I_{req} = \frac{\pi d_r^4}{64} = \frac{P_{cr}L^2}{\pi^2 E} = \frac{15.000(72)^2}{\pi^2(30 \times 10^6)} = 0{,}263 \text{ in}^4$$

Assim, o diâmetro de raiz preliminar, d_r, é

$$d_r = \left[\frac{(0{,}263)(64)}{\pi}\right]^{1/4} = 1{,}52 \text{ polegada}$$

3. Da Tabela 12.1, a rosca Acme de tamanho padronizado mais próxima parece ser aquela com diâmetro maior nominal 2 polegadas. Para esta escolha, tem-se

$$d_e = 2{,}0 \text{ polegadas}$$

$$p = 0{,}25 \text{ polegada (4 filetes/in)}$$

$$d_r = d_e - 2\left(\frac{p}{2}\right) = 1{,}75 \text{ polegada}$$

$$a = p = 0{,}25 \text{ polegada (uma entrada)}$$

Exemplo 12.2 Continuação

4. Utilizando-se (12-11), o torque motor para este equipamento pode ser calculado para o carregamento máximo. Deveria ser observado que o mancal de elementos rotativos para o colar de empuxo permite que o atrito no colar seja desprezado, e da Tabela A.1 do Apêndice, o coeficiente de atrito entre o parafuso de aço e a porca de bronze pode ser obtido como

$$(\mu_r)_{seco} = 0{,}08 \quad \text{(deslizamento)}$$

ou

$$(\mu_r)_{lubrificado} = 0{,}03 \quad \text{(deslizamento)}$$

Para a rosca Acme de 2 polegadas selecionada, (12-11) pode ser escrita para roscas lubrificadas, como

$$T_R = 10.000\left(\frac{1{,}0 + 0{,}88}{2}\right)\left[\frac{0{,}25\cos 14{,}5 + 2\pi(0{,}94)(0{,}03)}{2\pi(0{,}94)\cos 14{,}5 - 0{,}25(0{,}03)}\right] = 690 \text{ lbf}\cdot\text{in}$$

Este é o pico do torque de acionamento necessário ao término do ciclo de compactação (parafuso completamente estendido).

5. Os pontos críticos a serem investigados são aqueles apresentados na Figura 12.9 como A, B e C.
Para o *ponto crítico A*, na região de contato entre as roscas da porca e do parafuso, admite-se que três filetes de rosca suportam toda a carga. Utilizando-se (12-20), obtém-se

$$p_B = \frac{10.000}{\pi(1{,}0^2 - 0{,}88^2)(3)} = 4703 \text{ psi}$$

Da Tabela 10.1, para o aço (parafuso) sobre o bronze (porca), a pressão máxima admissível é de apenas 2000 psi, assim, é necessária uma área de contato da rosca projetada maior. Tentando-se o próximo tamanho maior da rosca padronizada Acme da Tabela 12.1, obtém-se $d_e = 2{,}0$ polegadas, $p = 0{,}33$ polegada, $d_r = 2{,}17$ polegadas e $a = p = 0{,}33$ polegada. Assim, de (12-20), produz-se uma pressão de empuxo de $p_B = 2679$ psi, a qual também excede os 2000 psi permitidos. Para uma rosca de 3 polegadas, da Tabela 12.1, tem-se $d_e = 3$ polegadas, $p = 0{,}5$ polegada, $d_r = 2{,}5$ polegadas e $a = p = 0{,}5$ polegada.
Utilizando-se novamente (12-20), reduzindo-se n_e para 2,5 filetes suportando a carga (filetes maiores e mais rígidos), obtém-se

$$p_B = \frac{10.000}{\pi(1{,}5^2 - 1{,}25^2)2{,}5} = 1852 \text{ psi}$$

Esta configuração torna o ponto crítico A aceitável.
O cálculo do torque deve ser corrigido para este novo diâmetro de parafuso, assim

$$T_R = 10.000\left(\frac{1{,}5 + 1{,}25}{2}\right)\left[\frac{0{,}5\cos 14{,}5 + 2\pi(1{,}38)(0{,}03)}{2\pi(1{,}38)\cos 14{,}5 - 0{,}5(0{,}03)}\right]$$
$$= 1226 \text{ lbf}\cdot\text{in}$$

Para o *ponto crítico B* no eixo neutro de flexão da rosca, utilizando-se (12-21), (12-22) e (12-23) os componentes de tensão nominal, do tipo tensão cisalhante devida à torção (τ_{cis}), no parafuso são

$$\tau_{cis} = \tau_{yz} = \frac{4(1226)}{\pi(1{,}25)^3} = 799 \text{ psi} = 0{,}80 \text{ ksi}$$

e a tensão normal (σ_{dir}) no parafuso é

$$\sigma_{dir} = -\frac{10.000}{\pi(1{,}25)^2} = -2.037 \text{ psi} = -2{,}04 \text{ ksi}$$

e a máxima tensão cisalhante transversal devida à flexão da rosca ($\tau_{r\text{-}máx}$) é

$$\tau_{r\text{-}máx} = \frac{3}{2}\left[\frac{10.000}{2\pi(1{,}25)(0{,}50)(2{,}5)}\right] = 3056 \text{ psi} = 3{,}06 \text{ ksi}$$

Para o *ponto crítico C* na raiz da rosca, utilizando-se $\sigma_{dir} = \sigma_z = -2{,}04$ ksi, $\tau_{cis} = \tau_{xy} = 0{,}80$ ksi e (12-24) para a tensão de flexão (σ_b) tem-se

$$\sigma_b = \sigma_x = \frac{12(10.000)(1{,}38 - 1{,}25)}{\pi(1{,}25)(2{,}5)(0{,}5)^2} = 6356 \text{ psi} = 6{,}36 \text{ ksi}$$

6. No ponto crítico A, em que o desgaste é o modo de falha dominante provável, o fator de segurança já está incluído nos dados de *pressão admissível* da Tabela 10.2. Então, a tensão de projeto (pressão admissível de projeto) de 2000 psi não requer modificação.

Nos pontos críticos *B* e *C*, em que o modo de falha dominante provável é a fadiga, pode-se determinar a tensão de projeto como se segue. No passo 1 desta solução, foram escolhidas as propriedades do material aço 1020, conforme especificado no Capítulo 3. Estas propriedades são $S_u = 61.000$ psi, $S_{yp} = 51.000$ psi e e (2 polegadas) = 15%. Considerando-se o limite de resistência à fadiga como 0,5 S_u, tem-se

$$S_{N=\infty} = 0{,}5(61.000) = 30.500 \text{ psi}$$

Utilizando-se a Tabela 5.3 como referência, o valor de k_∞ para esta aplicação (admitida a vida infinita) pode ser estimado como[6]

$$k_\infty = (1{,}0)(1{,}0)(1{,}0)(0{,}65)(0{,}9)(1{,}0)(1{,}0)(0{,}9)(1{,}0)(0{,}9) = 0{,}47$$

Então, para vida infinita, o limite de resistência à fadiga do parafuso pode ser estimado, utilizando-se (5-57) como

$$S_{N=\infty} = 0{,}47(30{,}5) = 14{,}45 \text{ ksi}$$

e, utilizando-se o fator de segurança especificado de projeto, a tensão de projeto torna-se

$$\sigma_d = \frac{S_{N=\infty}}{n_d} = \frac{14{,}45}{1{,}5} = 9{,}63 \text{ ksi}$$

para o parafuso de aço.

7. Quando o compactador é acionado, a força cresce até 10.000 lbf, então inverte seu sentido e reduz, decaindo até aproximadamente zero. As tensões nos pontos críticos *B* e *C* são, consequentemente, tensões *cíclicas completamente alternadas*. As tensões principais, para os pontos críticos *B* e *C* são valores *de pico* da tensão cíclica, que retornam a zero quando a carga é retirada. Seguindo-se os conceitos de 5.7, a amplitude de tensão alternada para o ponto crítico *B* pode ser estimada de (5-93) e (5-94) como

$$\sigma_{eq-a} = \sqrt{\frac{1}{2}[(\sigma_{x-a} - \sigma_{y-a})^2 + (\sigma_{y-a} - \sigma_{z-a})^2 + (\sigma_{z-a} - \sigma_{x-a})^2] + 3(\tau^2_{xy-a} + \tau^2_{yz-a} + \tau^2_{xz-a})}$$

$$\sigma_{eq-m} = \sqrt{\frac{1}{2}[(\sigma_{x-m} - \sigma_{y-m})^2 + (\sigma_{y-m} - \sigma_{z-m})^2 + (\sigma_{z-m} - \sigma_{x-m})^2] + 3(\tau^2_{xy-m} + \tau^2_{yz-m} + \tau^2_{xz-m})}$$

Uma vez que $\sigma_x = \sigma_y = \tau_{xy} = 0$ no ponto ***B***, as equações se reduzem à:

$$\sigma_{eq-a} = \sqrt{(\sigma_{z-a})^2 + 3(\tau^2_{yz-a} + \tau^2_{xz-a})} \text{ e } \sigma_{eq-m} = \sqrt{(\sigma_{z-m})^2 + 3(\tau^2_{yz-m} + \tau^2_{xz-m})}$$

em que $\sigma_{z-a} = \sigma_{z-m} = \dfrac{-2{,}04 \mp 0}{2} = -1{,}02$ ksi

$$\tau_{yz-a} = \tau_{yz-m} = \frac{0{,}80 \mp 0}{2} = 0{,}40 \text{ ksi}$$

$$\tau_{xz-a} = \tau_{xz-m} = \frac{0 \mp (3{,}06)}{2} = \mp 1{,}53 \text{ ksi;}$$

e então

$$(\sigma_{eq-a})_B = (\sigma_{eq-m})_B = \sqrt{(-1{,}02)^2 + 3(0{,}40)^2 + (-1{,}53)^2)} = 2{,}92 \text{ ksi}$$

No ponto crítico C, usa-se $\sigma_y = \tau_{xy} = \tau_{xz} = 0$, $\sigma_x = 6{,}36$ ksi, $\sigma_z = -2{,}04$ ksi e $\tau_{yz} = 0{,}80$ ksi. Neste ponto crítico, deveriam ser aplicados fatores de concentração de tensões adequados para cada componente de tensão, uma vez que a fadiga é um modo de falha provável. Não foi possível obter dados para fatores de concentração específicos. Os dados para eixo rebaixado da Figura 5.4 podem ser utilizados para fins de aproximação. Para a rosca Acme de 3,0 polegadas sob análise, tem-se $d_o = 3$ polegadas, $d_r = 2{,}5$ polegadas, $p = 0{,}5$ polegada, e $r_f = 0{,}05(0{,}5) = 0{,}03$ polegada [veja Figura 12.2(c)]. Da Figura 4.17, então, com $r_f/d_r = 0{,}012$ e $r_e/r_r = 1{,}20$, tem-se

$$K_b = 2{,}6,$$
$$K_d = 2{,}9 \text{ (extrapolado), e}$$
$$K_s = 2{,}3$$

Baseando-se nos conceitos de fluxo de tensões discutido em 5.6, e na geometria da rosca ilustrada na Figura 12.9, esses valores de concentração de tensões, provavelmente, são conservadores.

Da Figura 5.46 pode-se determinar que para o aço 1020 ($S_u = 61$ ksi) o índice de sensibilidade ao entalhe para $r_f = 0{,}03$ polegada está na faixa de 0,60–0,65 para tração e flexão e entre 0,65–0,70 para torção. Assim, pode-se admitir que $q_b = q_d = 0{,}65$ e $q_{cis} = 0{,}70$

---

[6] Os fatores de concentração de tensões estão incluídos nos cálculos das *tensões*.

Exemplo 12.2 Continuação

Utilizando-se (5-92), então

$$K_{fb} = 0{,}65(2{,}6 - 1) + 1 = 2{,}0$$
$$K_{fd} = 0{,}65(2{,}9 - 1) + 1 = 2{,}2$$
$$K_{fs} = 0{,}70(2{,}3 - 1) + 1 = 1{,}9$$

e combinando-se essas equações com σ_x, σ_y e τ_{yz} acima, obtêm-se as tensões alternadas

$$\sigma_{x-a} = K_{fb}(\frac{\sigma_x \mp 0}{2}) = 2{,}0(\frac{6{,}36 \mp 0}{2}) = 6{,}36 \text{ ksi}$$

$$\sigma_{z-a} = K_{fd}(\frac{\sigma_z \mp 0}{2}) = 2{,}2(\frac{-2{,}04 \mp 0}{2}) = -2{,}244 \text{ ksi}$$

$$\tau_{yz-a} = K_{fs}(\frac{\tau_{yz} \mp 0}{2}) = 1{,}9(\frac{0{,}80 \mp 0}{2}) = 0{,}76 \text{ ksi}$$

e para as tensões médias:

$$\sigma_{x-m} = (\frac{\sigma_x \mp 0}{2}) = (\frac{6{,}36 \mp 0}{2}) = 3{,}18 \text{ ksi}$$

$$\sigma_{z-m} = (\frac{\sigma_z \mp 0}{2}) = (\frac{-2{,}04 \mp 0}{2}) = -1{,}122 \text{ ksi}$$

$$\tau_{yz-m} = (\frac{\tau_{yz} \mp 0}{2}) = (\frac{0{,}80 \mp 0}{2}) = 0{,}40 \text{ ksi}$$

E as tensões alternada e média equivalentes são representadas por:

$$\sigma_{eq-a} = \sqrt{\frac{1}{2}\left[(\sigma_{x-a})^2 + (-\sigma_{z-a})^2 + (\sigma_{z-a} - \sigma_{x-a})^2\right] + 3(\tau_{yz-a}^2)}$$

$$\sigma_{eq-m} = \sqrt{\frac{1}{2}\left[(\sigma_{x-m})^2 + (-\sigma_{z-m})^2 + (\sigma_{z-m} - \sigma_{x-m})^2\right] + 3(\tau_{yz-m}^2)}$$

então

$$(\sigma_{eq-a})_C = \sqrt{\frac{1}{2}\left[(6{,}36)^2 + (-2{,}244)^2 + (-2{,}244 - 6{,}36)^2\right] + 3(0{,}76)^2} = 7{,}79 \text{ ksi}$$

$$(\sigma_{eq-m})_C = \sqrt{\frac{1}{2}\left[(3{,}18)^2 + (-1{,}122)^2 + (-1{,}122 - 3{,}18)^2\right] + 3(0{,}40)^2} = 3{,}90 \text{ ksi}$$

Uma vez que o aço é um material dúctil (e = 15 por cento), a amplitude equivalente de tensão completamente alternada em C pode ser calculada de (5-99).

$$(\sigma_{máx})_B = 2{,}92 + 2{,}92 = 5{,}84 < S_{yp} = 51 \text{ ksi}$$
$$(\sigma_{máx})_C = 7{,}79 + 3{,}90 = 11{,}70 < S_{yp} = 51 \text{ ksi}$$

e, utilizando-se novamente (5-97), tem-se

$$(\sigma_{eq-CR})_B = \frac{2{,}92}{1 - \left(\frac{2{,}92}{61{,}0}\right)} = 3{,}07 \text{ ksi} \quad \text{e} \quad (\sigma_{eq-CR})_C = \frac{7{,}79}{1 - \left(\frac{3{,}90}{61{,}0}\right)} = 8{,}32 \text{ ksi}$$

Pode-se observar que o ponto C domina o dimensionamento. Finalmente, comparando-se essa observação com a tensão de projeto, surge a questão

$$\sigma_d \overset{?}{\geq} (\sigma_{eq-CR})_C$$

ou

$$9.630 \overset{?}{\geq} 8.320$$

Uma vez que a desigualdade seja satisfeita, a tensão de projeto excederá a tensão real e a configuração de projeto será aceitável.

Pode-se observar, destes cálculos de projeto, que *o modo de falha dominante no geral é o desgaste.*

Para resumir, a recomendação preliminar é de se utilizar uma rosca padronizada Acme de 3,0 polegadas, de uma entrada para esta aplicação. Esta escolha parece satisfazer todos os critérios de projeto e evitar as falhas prováveis por flambagem, desgaste e fadiga. Um parafuso tubular deveria, provavelmente, ser considerado para se poupar material e reduzir peso. A porca deveria ser analisada separadamente.

Problemas

12-1. Nas Figuras 12.5, 12.6 e 12.7 está detalhada uma montagem com parafuso de potência em que o parafuso giratório e a porca não giratória *elevarão* a carga *C*, quando o torque T_R for aplicado na direção indicada (rotação anti-horária do parafuso se visto da extremidade inferior). Baseando-se na análise de força do sistema parafuso de potência mostrado nas três figuras citadas, o torque requerido para elevar a carga é dado por (12-7).

a. Liste as modificações que deverão ser feitas nos diagramas de corpo livre apresentados nas Figuras 12.6 e 12.7 caso a carga deva ser *abaixada*, invertendo-se o sentido do torque aplicado.
b. Desenvolva a equação do torque para o *abaixamento* da carga nesta montagem com parafuso de potência. Compare o resultado com (12-8).

12-2. O elevador de carga apresentado na Figura P12.2 utiliza um parafuso de potência Acme acionado por motor para elevar a plataforma, pesando, quando carregada, no máximo 3000 lbf. Observe que a porca, fixa na plataforma, não gira. O colar de empuxo do parafuso pressiona a estrutura de sustentação, conforme indicado, e o torque do motor de acionamento é fornecido pelo eixo de transmissão abaixo do colar de empuxo, conforme indicado. A rosca é Acme, 1 $^1/_2$ polegada, com 4 filetes por polegada. O coeficiente de atrito na rosca é 0,40. O raio médio do colar é 2,0 polegadas, e o coeficiente de atrito no colar é 0,30. Se a saída de potência nominal do motor de acionamento é 7,5 hp, qual a máxima velocidade (ft/min) que poderia ser especificada para o elevador sem exceder a saída de potência nominal do motor de acionamento? (Observe todas as aproximações utilizadas nos seus cálculos.)

12-3. Um elevador de carga semelhante ao mostrado na Figura P12.2 utiliza um parafuso de potência com rosca quadrada de uma entrada para elevar uma carga de 50 kN. O parafuso tem um diâmetro maior de 36 mm e um passo de 6 mm. O raio médio do colar de empuxo é 40 mm. O coeficiente de atrito estático na rosca é estimado como 0,15 e o coeficiente de atrito estático no colar como 0,12.

a. Calcule a profundidade da rosca.
b. Calcule o ângulo de avanço.
c. Calcule o ângulo de hélice.
d. Estime o torque de partida necessário para elevar a carga.

12-4. Na revisão do projeto da montagem com parafuso de potência mostrada na Figura P12.2, foi sugerido por um consultor que a flambagem do parafuso poderia se tornar um problema se a altura de elevação (comprimento do parafuso) se tornasse "excessiva". Ele sugeriu, também, que para se analisar a flambagem, a extremidade inferior do parafuso onde o colar está em contato com a estrutura poderia ser considerada como fixa e a extremidade superior, na qual o parafuso penetra na porca, poderia ser considerada como rotulada, mas guiada verticalmente. Se se deseja um fator de segurança 2,2, qual deveria ser a altura máxima de elevação, L_{el} aceitável?

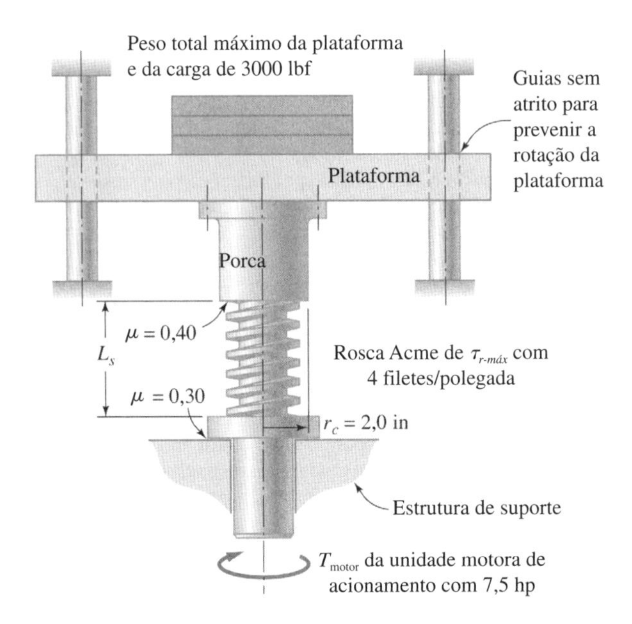

Figura P12.2
Elevador de carga acionado por um parafuso de potência Acme.

12-5. Refaça a família de curvas de eficiência apresentada na Figura 12.8, empregando *rosca quadrada* em vez das roscas Acme. Utilize o mesmo conjunto de coeficientes de atrito e admita, novamente, que o coeficiente de atrito no colar é desprezivelmente pequeno.

12-6. Um parafuso de potência com rosca Acme de 50 mm com um passo 10 mm é acionado por um motor de 0,75 kw a uma velocidade de 20 rpm. O empuxo é absorvido por um mancal de esferas, de modo que o atrito no colar pode ser desprezado. Qual a carga máxima que pode ser elevada sem paralisar o motor, se o coeficiente de atrito na rosca é $\mu_r = 0{,}20$? Estime a eficiência deste parafuso de potência. Você estimaria que este parafuso fosse "supervisionado" sob carga máxima, se a fonte de potência fosse desligada? (Justifique sua resposta com cálculos adequados.)

12-7. Um parafuso de potência padronizado de 1 $^1/_2$ polegada, rotativo, com rosca quadrada de três entradas, deve ser utilizado para elevar uma carga de 4800 lbf a uma velocidade de elevação de 10 ft/min. Os coeficientes de atrito na rosca e no colar foram determinados experimentalmente, ambos, como 0,12. O diâmetro médio do colar de empuxo é 2,75 polegadas.

a. Qual potência em hp você estimaria ser necessária para acionar esta montagem com parafuso de potência?
b. Qual potência motora em hp você recomendaria para esta instalação?

12-8. Repita o problema 12-7, mantendo todos os dados, à exceção da rosca do parafuso de potência que passa a ser quadrada, de duas entradas.

12-9. Um parafuso de acionamento rotativo, com 40 mm tem rosca quadrada de três entradas e passo $p = 8$ mm. Este parafuso deverá ser usado para elevar uma carga de 22 kN a uma velocidade de 4 m/min. Os coeficientes de atrito para o colar e para a rosca foram calculados como $\mu_r = \mu_c = 0{,}15$. O diâmetro médio do colar de empuxo no qual se considera o atrito é 70 mm. Determine a potência necessária para acionar o conjunto.

12-10. Determine o torque necessário para acionar um parafuso de potência, com rosca quadrada de 16 mm e passo de 2 mm. A carga total a ser elevada é 3,6 kN. O colar tem um diâmetro médio de 25 mm e um coeficiente de atrito de $\mu_c = 0{,}12$. O coeficiente de atrito na rosca é $\mu_r = 0{,}15$.

12-11. Um grampo em C de aço acalmado tem um parafuso com rosca Acme padronizada de $^1/_2$ polegada e um raio médio de colar de $^5/_{16}$ polegada. Estime a força necessária na extremidade de uma empunhadura de 6 polegadas para desenvolver uma força de compressão de 300 lbf. (*Sugestão:* Veja a Tabela A.1 do Apêndice para coeficientes de atrito.)

12-12. As especificações de projeto para um dispositivo de elevação baseado em parafuso de potência requerem uma rosca quadrada de uma entrada com diâmetro maior de 20 mm e passo de 4 mm. A carga a ser elevada é de 18 kN e deve ser elevada com uma velocidade de 12 mm/s. O coeficiente de atrito, tanto para a rosca quanto para o colar, é estimado em aproximadamente $\mu_r = \mu_c = 0{,}15$. O diâmetro médio do colar é 25 mm. Calcule a velocidade angular do parafuso e a potência para acioná-lo necessárias.

12-13. Um parafuso de potência de 20 mm para uma prensa de montagens de acionamento manual deve ter uma rosca quadrada com uma entrada e um passo de 4 mm. O parafuso deve ser submetido a uma carga axial de 5 kN. O coeficiente de atrito tanto para o colar quanto para a rosca é estimado em aproximadamente 0,09. O diâmetro médio para cálculo do atrito do colar deve ser 30 mm.

a. Determine a largura nominal da rosca, a altura de filete, o diâmetro médio da rosca e o avanço.
b. Estime o torque necessário para "elevar" a carga.
c. Estime o torque necessário para "abaixar" a carga.
d. Estime a eficiência deste sistema parafuso de potência.

12-14. Um parafuso de potência com rosca padronizada Acme de 2 polegadas e uma entrada com 4 filetes por polegada foi escolhido de forma preliminar com base em especificações de projeto e no carregamento. O atrito no colar é desprezível. O parafuso está tracionado e o torque necessário para elevar a carga de 12.000 lbf à velocidade de elevação especificada é de 2200 lbf · in. Concentrando sua atenção no *ponto crítico B* representado na Figura 12.9, calcule os seguintes itens:

a. A tensão cisalhante nominal devida à torção no parafuso.
b. A tensão normal nominal no parafuso.
c. A tensão cisalhante transversal máxima devida à flexão da rosca. Admita que três filetes suportam toda a carga.
d. As tensões principais no ponto crítico *B*.
e. Se o parafuso deve ser feito de aço 1020 laminado a frio (veja Tabela 3.3), o modo de falha dominante especificado é o escoamento, pode-se ignorar a concentração de tensões e foi escolhido um fator de segurança de projeto de 2,3, qual será o estado de tensões aceitável no ponto crítico *B*?

12-15. Um parafuso de acionamento Acme com uma entrada, diâmetro de 48 mm e passo de 8 mm foi selecionado de forma preliminar, baseado em especificações de projeto e de carregamento. O atrito no colar pode ser desprezado. O parafuso está tracionado e o torque necessário para elevar a cargas de 54 kN na velocidade de elevação especificada, foi calculado como 250 Nm. Concentre-se no ponto *C* indicado na Figura 13.9 e calcule:

a. A tensão cisalhante devida à torção no parafuso.
b. A tensão resultante no parafuso.
c. A tensão devida à flexão na rosca, admitindo que 3 filetes suportem toda a carga.
d. As tensões principais no ponto crítico *C*, admitindo fatores de concentração de tensão $K_p \approx 2{,}5$, $K_d \approx 2{,}8$ e $K_s \approx 2{,}2$.

12-16. Um parafuso de potência especial com uma rosca quadrada de uma entrada deve ser utilizado para elevar uma carga de 10 toneladas. O parafuso deve ter um diâmetro médio de rosca de 1,0 polegada e quatro filetes de rosca por polegada. O raio médio do colar deve ser 0,75 polegada. O parafuso, a porca e o colar deverão ser todos de aço acalmado e todas as superfícies deslizantes serão lubrificadas. (Veja a Tabela A.1 do Apêndice para os coeficientes de atrito típicos.) Estima-se que três filetes de rosca suportem toda a carga. O parafuso está tracionado.

a. Calcule o diâmetro externo deste parafuso de potência.
b. Estime o torque necessário para elevar a carga.
c. Estime o torque necessário para abaixar a carga.
d. Se fosse instalado um mancal de esferas no colar de empuxo (tornando o atrito desprezível), qual seria o menor coeficiente de atrito necessário para se evitar o comportamento supervisionado do parafuso sob carga plena?
e. Calcule, para as condições de (d), os valores nominais da tensão de cisalhamento devida à torção no parafuso, a tensão normal axial no parafuso, a pressão de esmagamento no filete de rosca, a tensão cisalhante transversal máxima no filete de rosca e a tensão de flexão no filete de rosca.

12-17. Um elevador montado com parafuso de potência deve ser designado para elevar e abaixar uma pesada tampa de ferro fundido de uma panela de pressão com 10 pés de diâmetro utilizada para processar tomates enlatados em uma fábrica de enlatados comerciais. O conjunto de elevação proposto está esquematizado na Figura P12.17. O peso

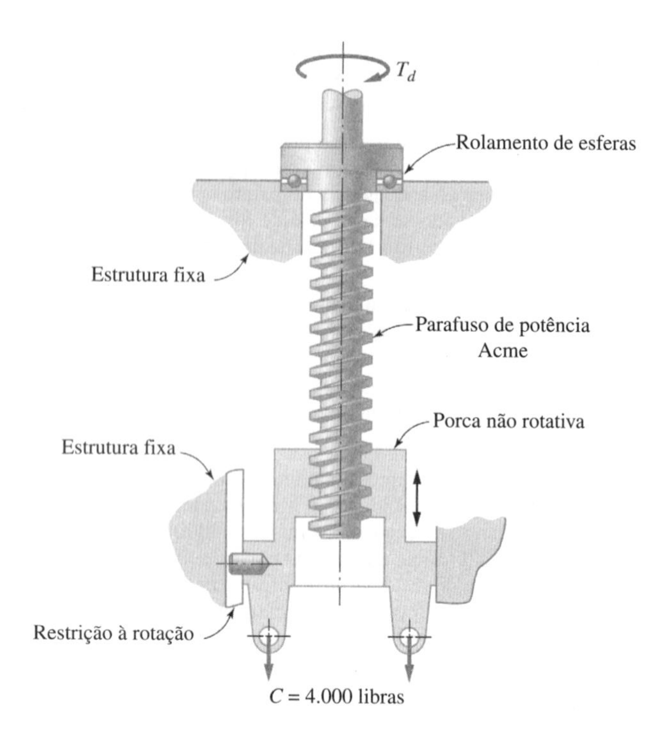

Figura P12.17
Elevador da tampa da panela de pressão de uma fábrica de enlatados montado com parafuso de potência.

da tampa de ferro fundido é estimado em 4000 lbf a ser igualmente distribuído entre os dois tarugos de sustentação, conforme indicado na Figura P12.17. Pode-se observar que o parafuso está *tracionado*, e decidiu-se que seria utilizada uma rosca padronizada Acme. Cálculos preliminares indicam que a tensão de tração nominal no parafuso não deveria exceder uma tensão de projeto de 8000 psi, baseada no escoamento. A concentração de tensões e o fator de segurança já foram incluídos na especificação da tensão de projeto de 8000 psi. A fadiga pode ser desprezada como um modo de falha provável, por causa do uso pouco frequente do dispositivo de elevação. O parafuso de aço rotativo é sustentado por um rolamento de esferas (atrito desprezível), conforme indicado, e a porca não rotativa deve ser fabricada com bronze poroso (veja Tabela 10.1). O coeficiente de atrito entre o parafuso e a porca foi estimado como sendo 0,08.

a. Estime um diâmetro de raiz mínimo preliminar para o parafuso, baseando-se no escoamento devido somente à tração direta como o modo de falha dominante.
b. Do resultado de (a), quais especificações para a rosca Acme você sugeriria como uma primeira iteração para a estimativa nesta aplicação?
c. Qual deveria ser o torque de acionamento máximo, T_d, para a rosca Acme especificada no item (b)?
d. Que tensão de cisalhamento devida à torção seria induzida na seção transversal da raiz do parafuso de potência sugerido pelo torque de acionamento T_R?
e. Identifique os pontos críticos que deveriam ser investigados no parafuso de potência com rosca Acme.
f. Investigue a região de contato entre os filetes de rosca do parafuso e a porca e redimensione o parafuso, caso seja necessário. Admita que toda a carga é suportada por três filetes de rosca. Se o redimensionamento *for* necessário, recalcule o torque de acionamento para o parafuso redimensionado.
g. Qual potência de entrada em hp seria necessária para acionar o parafuso conforme o dimensionamento em (f), se se deseja elevar a tampa 18 polegadas em não mais do que 15 segundos?

Capítulo 13

Uniões de Elementos de Máquinas e Métodos de Fixação

13.1 Utilizações e Características de Uniões em Montagens de Máquinas

Virtualmente todas as máquinas e estruturas, tanto grandes quanto pequenas, são formadas por uma montagem de partes individuais, fabricadas separadamente, e unidas para produzir o componente completo. Deve ser dada especial atenção pelo projetista às uniões e conexões entre as partes uma vez que as mesmas sempre representam descontinuidades geométricas que tendem a romper o fluxo uniforme de forças. Consequentemente, ou as tensões nas uniões são elevadas (em função da concentração de tensões), ou uma geometria "protuberante" deve ser utilizada para prevenir as elevadas tensões locais. Também, as uniões podem envolver interações adversas entre dois diferentes materiais em contato, podem algumas vezes contribuir para desalinhamentos nocivos, quase sempre se constituem em locais potenciais de falha, e muitas vezes representam mais do que a metade do custo da máquina (caso a análise das uniões, projeto, e custos de montagem estejam incluídos). As orientações de configuração para determinar forma e dimensão, dadas em 6.2, devem ser seguidas, tão próximo quanto possível, quando se estiver projetando uniões, mas algumas vezes são difíceis de serem implementadas. O desafio básico é projetar a união de tal forma que os componentes possam ser economicamente montados e ligados, com a máxima integridade da união.

Se possível, uniões e fixadores *devem ser eliminados*. Porém, para facilitar a fabricação, e tornar conveniente a entrega das máquinas por meio de vãos de portas padronizadas; permitir o reparo e reposição de componentes; facilitar a remessa e manuseio; e permitir a desmontagem para procedimentos de manutenção, as uniões se tornam uma necessidade. Nenhuma norma foi desenvolvida para configurações uniformes de uniões. As configurações mais usuais de uniões estruturais incluem uniões de topo, uniões sobrepostas, uniões por flange, uniões sanduíche, uniões de face ou conexões, uniões móveis, ou combinações destas. A maioria dos tipos de uniões permite escolher entre uma variedade de diferentes técnicas de fixação permanentes ou removíveis. A montagem em linha de fabricação de componentes unidos é usualmente preferível, especialmente para uniões permanentes, mas a montagem em campo pode ser requerida ou desejada em algumas circunstâncias. O perigo potencial da perda da união durante o serviço também deve ser considerado pelo projetista. A Figura 13.1 ilustra diversos tipos básicos de uniões.

13.2 Seleção dos Tipos de União e dos Métodos de Fixação

A seleção do tipo de união a ser usada e o método de fixação depende de muitos fatores, incluindo a direção de carregamento, magnitude, e características espectrais, se a carga é simétrica ou excêntrica, se os materiais a serem unidos são os mesmos ou diferentes, as dimensões, espessuras, geometrias, e pesos das partes a serem unidas, a precisão do alinhamento e as tolerâncias dimensionais requeridas, se a união deve ser permanente ou desmontável, se a união deve ser selada sob pressão, e o custo de montagem. Como de costume, a experiência do projetista é um recurso valioso para realizar a melhor escolha. A avaliação de cada interface de união proposta em termos dos fatores acima listados e dos vários tipos básicos de uniões disponíveis (ilustrados na Figura 13.1) normalmente reduz a escolha para uma ou duas opções satisfatórias de uniões.

Os métodos potenciais de fixação incluem ajustes por interferência, fixadores roscados, soldagem, adesão (brasagem, solda fraca, união por adesivo), dobramento corrugado ("crimping"), escoramento, travamento, ou o uso de pinos, anéis de retenção, grampos, ou outros fixadores especiais.[1] O método selecionado pelo projetista depende muito da escolha do tipo básico de união, das forças a serem

[1] Veja, por exemplo, ref. 1.

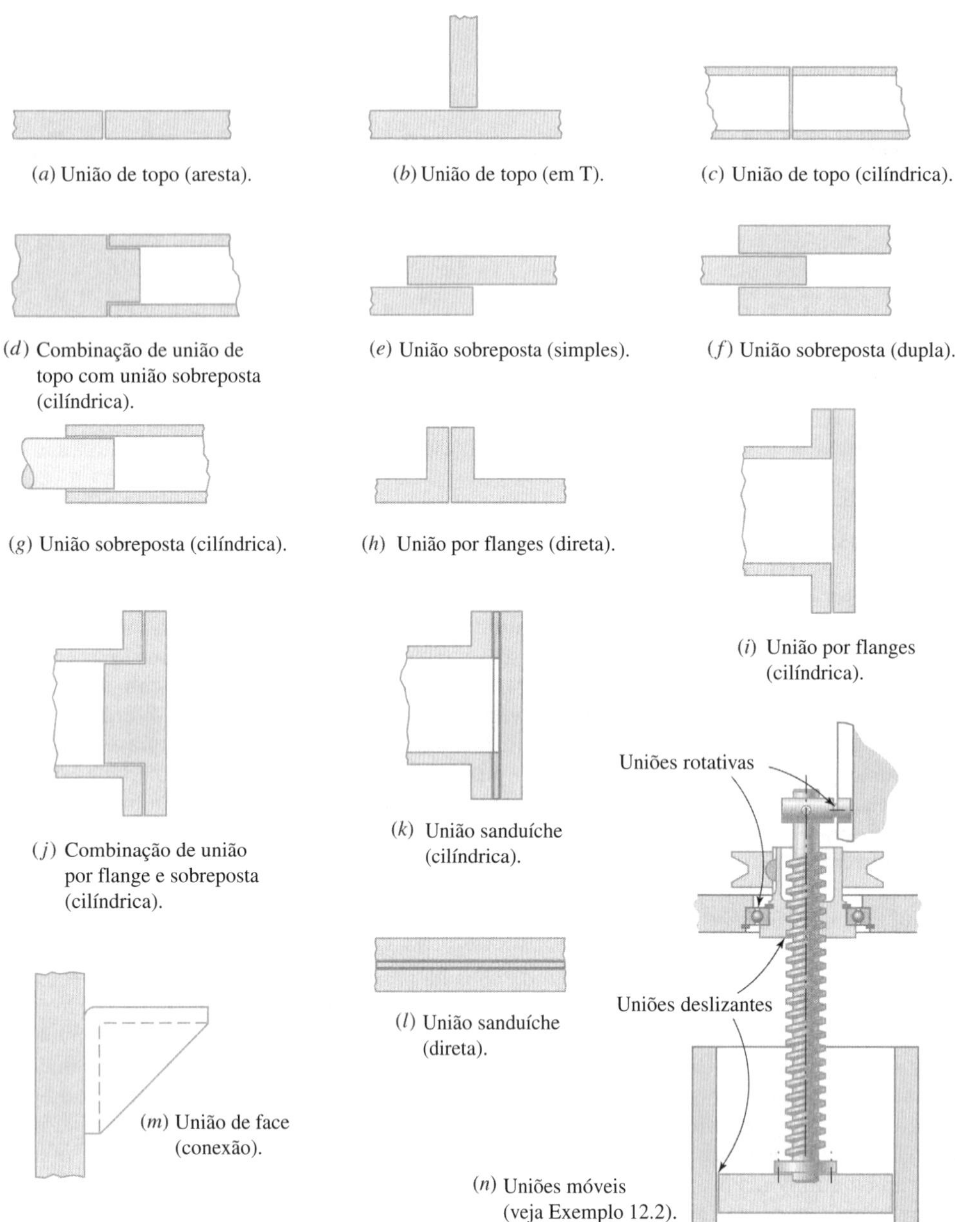

Figura 13.1
Variações nos tipos básicos de uniões.

transmitidas, se um fixador desmontável é necessário ou desejável, e do custo da montagem. As uniões roscadas, incluindo parafusos, parafusos de máquina (parafusos sextavados) e prisioneiros, são os tipos de uniões mais normalmente selecionados, tanto para uniões desmontáveis quanto para permanentes. Conexões roscadas especiais também são usadas em algumas aplicações. Vários arranjos de uniões roscadas estão ilustrados na Figura 13.2.

Para uniões permanentes, a soldagem é largamente utilizada, mas rebites também são frequentemente escolhidos. Várias técnicas de adesão são usadas em aplicações adequadas. Pinos, anéis de retenção, e parafusos fixadores são selecionados para aplicações especiais, tais como componentes de retenção na montagem de eixos (veja 8.8), e ajustes por interferência são amplamente empregados para a montagem de mancais de rolamento (veja 11.7), engrenagens, volantes, e outros componentes similares. As considerações de projeto relacionadas a fixadores roscados, rebites, soldagem, e adesão estão discutidas em seções posteriores deste capítulo.

13.3 Modos Prováveis de Falha

Uma vez que as uniões, por definição, envolvem pelo menos dois componentes, uma interface entre esses componentes, e fixadores ou meio de fixação para mantê-los unidos (exceto em uniões móveis), a identificação dos modos prováveis de falha é mais complicada que a usual. Isto se deve à possibilidade

Figura 13.2
Vários arranjos de elementos de fixação roscados.

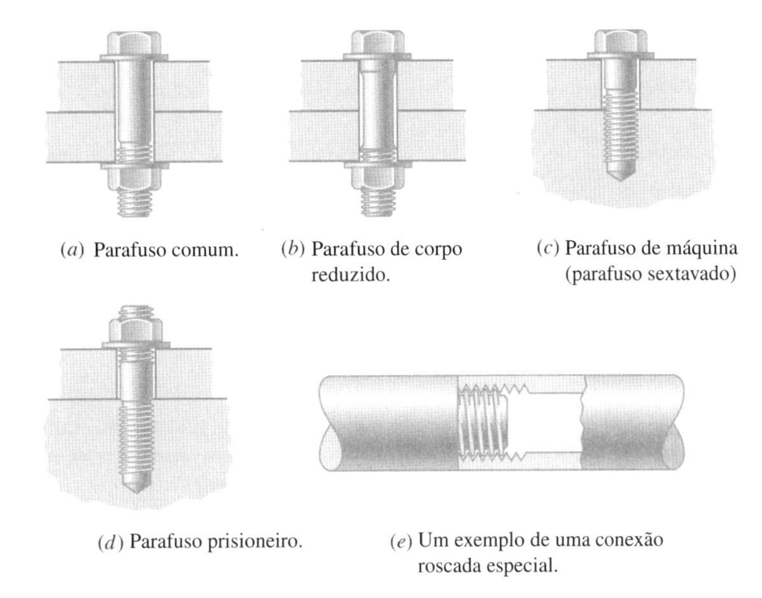

(*a*) Parafuso comum. (*b*) Parafuso de corpo reduzido. (*c*) Parafuso de máquina (parafuso sextavado)

(*d*) Parafuso prisioneiro. (*e*) Um exemplo de uma conexão roscada especial.

de a falha ocorrer em qualquer dos componentes próximos à superfície de contato, nos elementos de fixação ou no meio de fixação, ou a falha pode ser iniciada principalmente devido aos contatos interfaciais. O exame dos modos prováveis de falha a partir desta perspectiva, utilizando 2.2 e 2.3 como orientações, sugere que os modos predominantes de falha podem ser falha *por deformação elástica* (levando a uma inaceitável perda da pré-carga no fixador ou separação da união sob carga), falha *por deformação plástica* (levando a uma distorção ou a um deslocamento permanente que interfere com a função da máquina), *ruptura dúctil* ou *fratura frágil* em componentes, fixadores, ou meio de fixação, *corrosão* (especialmente corrosão galvânica devido ao contato entre metais dissimilares), *fadiga* em componentes, fixadores, ou meio de fixação, *fadiga por fretagem* gerada por movimentos relativos cíclicos de pequena amplitude na interface, *corrosão sob tensão*, *fadiga associada à corrosão*, e, para ambientes em alta temperatura, *fluência*, *relaxação térmica*, ou *ruptura por tensão*. No caso de uma união móvel, os modos de falha discutidos em 10.3 e 11.3 também devem ser considerados.

Algumas uniões envolvem múltiplos parafusos, rebites, ou passes de solda, frequentemente de forma repetitiva, dentro ou adiante da união. Isto complica a tarefa do projetista de prevenir falhas porque a análise dos caminhos de carregamento redundante em uniões com fixações múltiplas requer o uso de técnicas de análise estrutural indeterminada (veja 4.7) ou simplificações realistas pelo projetista para determinar como as cargas estão distribuídas entre os parafusos, rebites, ou passes de solda. Em última análise, ensaios experimentais e desenvolvimentos são normalmente necessários para atingir a integridade necessária da união com taxas de falhas aceitáveis.

13.4 Elementos de Fixação Roscados

Como os elementos de fixação roscados oferecem tantas vantagens distintas, são mais largamente utilizados que quaisquer outros meios de união de componentes e montagem de máquinas e estruturas. Os elementos de fixação roscados estão disponíveis comercialmente em uma ampla faixa de estilos padronizados, tamanhos e materiais, em todo o mundo industrializado. Podem ser usados para unir componentes feitos de materiais idênticos ou diferentes, para configurações de união simples ou complexas, em fábricas, ou no campo. Podem ser imediata e seguramente instalados com ferramentas manuais padronizadas ou ferramentas mecânicas, e, se for necessário a manutenção ou reparo, podem ser facilmente removidos ou recolocados.

Como ilustrado na Figura 13.2, o sistema básico de fixação roscada consiste em um elemento roscado externo (macho) tal como um parafuso, parafuso de máquina, ou prisioneiro, montado em um elemento interno roscado de acoplamento (fêmea), como uma porca, inserto roscado, ou furo roscado. Quase todos os tipos básicos de uniões mostrados na Figura 13.1 podem ser garantidos pela utilização de técnicas apropriadas de fixação roscadas. Devido ao fato de os elementos de fixação roscados serem tão largamente padronizados, a intercambialidade e o baixo custo são virtualmente garantidos, independentemente do fabricante.

Muitos estilos diferentes de elementos de fixação roscados estão comercialmente disponíveis para pronta entrega, e alguns fabricantes também fornecem *pedidos especiais de projeto* para aplicações não padronizadas. Vários estilos de cabeças padronizadas (veja Figura 13.3) e configurações de roscas (veja "Normas e Terminologia de Roscas de Parafusos", adiante) estão prontamente disponíveis.

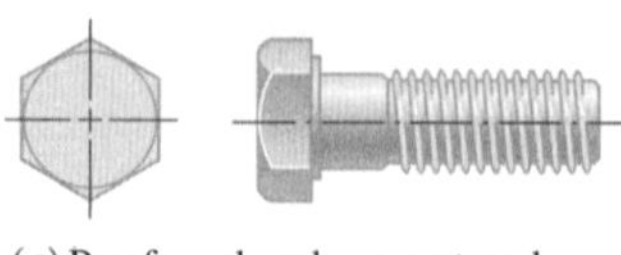

(*a*) Parafuso de cabeça sextavada.

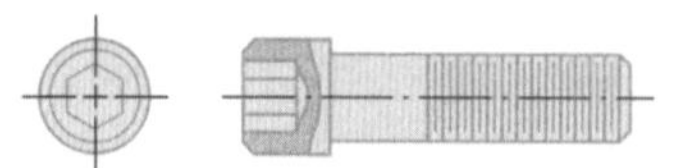

(*b*) Parafuso de cabeça cilíndrica com sextavado interno.

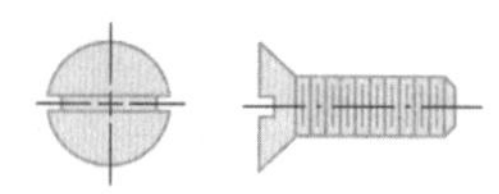

(*c*) Parafuso de cabeça chata com fenda.

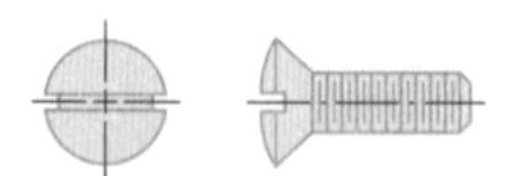

(*d*) Parafuso de cabeça oval com fenda.

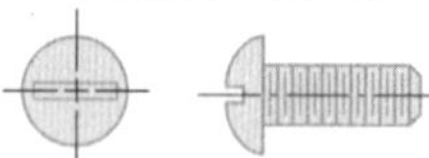

(*e*) Parafuso de cabeça arredondada com fenda.

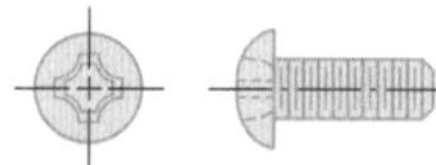

(*f*) Parafuso de cabeça Philips.

Figura 13.3
Um conjunto de estilos de cabeças de parafusos padronizadas e facilmente disponíveis. Muitas outras configurações estão disponíveis.

Uma ampla variedade de materiais e graus (níveis padronizados de resistência) também está disponível (veja "Materiais de Elementos de Fixação Roscados", adiante). Além disso, muitos tipos diferentes de porcas, contraporcas, arruelas, e arruelas de pressão podem ser obtidos (veja Figura 13.4).

As roscas são fabricadas tanto por *usinagem* quanto por *conformação*.[2] As de menores dimensões podem ser produzidas utilizando ferramenta de corte denominadas *machos* para roscas internas ou *tarrachas* para roscas externas. As de maiores dimensões são usualmente torneadas. A *conformação* da rosca é conseguida pela rolagem de um "blank" entre matrizes endurecidas, o que faz com que o metal flua radialmente para a forma desejada da rosca. Este processo de *rolagem a frio* produz tensões residuais favoráveis (veja 4.9) que melhoram a resistência à fadiga, resultando em uma superfície mais lisa, endurecida e mais resistente à abrasão. Máquinas automáticas de elevada taxa de produção de parafusos utilizam o processo de conformação de roscas.

As cabeças são normalmente formadas por um processo de conformação a frio chamado "recalcagem" no qual um segmento do elemento de fixação é forçado a fluir plasticamente em uma matriz com a forma desejada da cabeça. Ranhuras ou superfícies planas podem ser usinadas em uma operação subsequente.

Parafusos de corpo reduzido [veja Figura 13.2(b)] são algumas vezes usados para melhorar o desempenho em fadiga pela redução dos níveis de tensões dentro da região roscada, especialmente na primeira rosca crítica. Uma vez que para parafusos de corpo reduzido, o menor diâmetro da rosca (raiz) é *maior* que o diâmetro do corpo do parafuso, a *tensão nominal é menor* na raiz da rosca para uma dada carga. Também, grandes filetes entre o corpo reduzido e as roscas levam a *menores* fatores de concentração de tensões. A combinação de menor tensão nominal com menor fator de concentração de tensão frequentemente fornece uma melhora significativa na resistência à falha por fadiga. A deformação de acoplamento entre as roscas do parafuso e a porca, como ilustrado na Figura 6.9, é também utilizada em alguns casos para melhorar a resistência à fadiga de sistemas com elementos de fixação roscados.

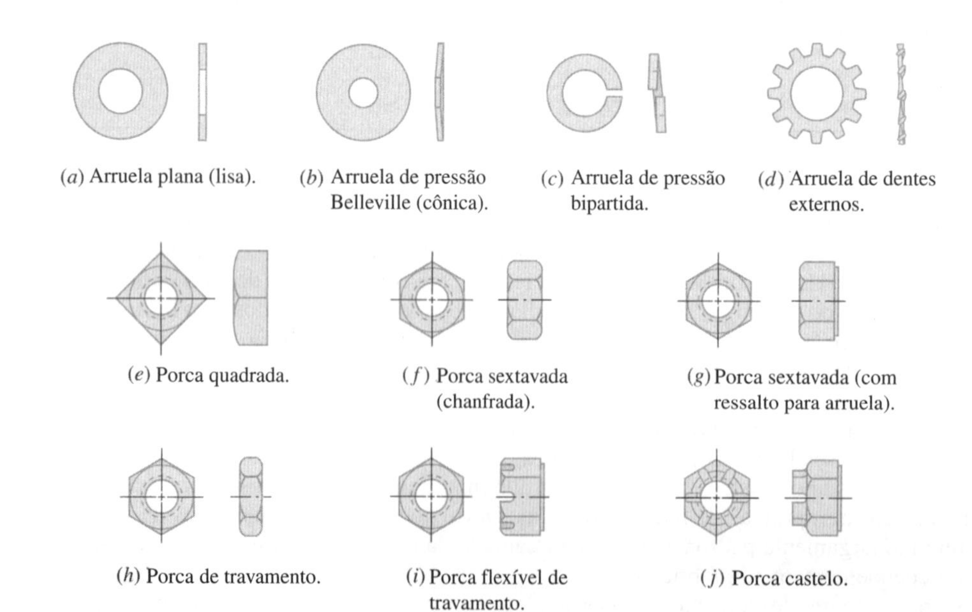

(*a*) Arruela plana (lisa). (*b*) Arruela de pressão Belleville (cônica). (*c*) Arruela de pressão bipartida. (*d*) Arruela de dentes externos.

(*e*) Porca quadrada. (*f*) Porca sextavada (chanfrada). (*g*) Porca sextavada (com ressalto para arruela).

(*h*) Porca de travamento. (*i*) Porca flexível de travamento. (*j*) Porca castelo.

Figura 13.4
Um conjunto de arruelas e porcas padronizadas e facilmente disponíveis. Muitas outras configurações estão disponíveis.

[2] Veja, por exemplo, ref. 2.

Normas e Terminologia de Roscas de Parafusos

A terminologia usada no estudo de elementos de fixação roscados se assemelha à terminologia para parafusos de potência definida em 12.1. Assim, como ilustrado na Figura 13.5, o *passo*, p, é a distância axial entre pontos correspondentes em roscas adjacentes. Em Roscas Unificadas Normalizadas (veja ref. 3), o passo é o recíproco do número de roscas por polegada. O *diâmetro máximo*, d, é o maior diâmetro da rosca (macho) e o *diâmetro mínimo*, d_r, é o menor diâmetro da rosca (raiz). O avanço, l, é o deslocamento axial da porca correspondente para uma rotação da mesma. Para uma *rosca simples* o avanço é igual ao passo. Para *roscas duplas* (duas roscas paralelas adjacentes) ou *roscas triplas* (três roscas paralelas adjacentes), o avanço é igual a duas vezes o passo ou três vezes o passo, respectivamente (veja Figura 12.3). Embora roscas múltiplas forneçam a vantagem de avanço mais rápido da porca, são raramente usadas em elementos de fixação roscados já que tendem a desapertar mais facilmente devido ao ângulo de avanço mais pronunciado.

A *dimensão* da rosca de um parafuso se refere ao diâmetro maior nominal, ou, para uma rosca macho, o diâmetro nominal do corpo no qual a hélice da rosca é cortada. No Sistema Unificado Normalizado, dimensões de roscas menores que $^1/_4$ de polegada de diâmetro são numeradas de No. 12 (0,216 polegada) até No. 0 (0,060 polegada), e até menores para aplicações especiais. Informação dimensional selecionada está mostrada na Tabela 13.1 para roscas Unificadas Normalizadas, e na Tabela 13.2 para roscas Métricas padronizadas.

Os perfis básicos de roscas (veja, por exemplo, Figura 13.5) são dados em designações padronizadas UN e UNR para roscas *Unificadas Normalizadas*, e M e MS para roscas *Métricas*.[3] As roscas unificadas normalizadas de séries UNR e métricas de séries MS apresentam contornos da raiz continuamente arredondados em relação ao flanco (roscas externas somente), os quais reduzem a concentração de tensões e aumentam a resistência à falha por fadiga.

A padronização de roscas identificou grupos de combinações de diâmetros e passos chamados de *séries de roscas*. As *séries de roscas grossas* apresentam vantagens quando uma rápida montagem ou desmontagem é necessária, ou para reduzir a probabilidade de espanar no local em que parafusos são introduzidos em materiais mais macios como ferro fundido, alumínio ou plásticos. As *séries de roscas finas* são usadas quando é importante maior resistência do parafuso, uma vez que menor profundidade da rosca e maior diâmetro da raiz fornecem maior resistência à tração. As roscas finas têm menor tendência ao desaperto sob vibração que as roscas grossas devido ao menor ângulo de avanço. Uma *série de roscas extrafinas* pode ser utilizada em casos especiais nos quais se fazem necessários ajustes mais precisos (por exemplo, porcas de retenção de mancais) ou para aplicações com tubos de parede fina. As *séries de rosca de passo constante* (4, 6, 8, 12, 16, 20, 28 e 32 fios por polegada) também foram padronizadas.[4]

As *classes* de roscas distinguem faixas padronizadas especificadas de tolerâncias dimensionais e afastamentos. As classes 1A, 2A e 3A aplicam-se a *roscas externas* somente, e as classes 1B, 2B e 3B aplicam-se a *roscas internas* somente. As tolerâncias diminuem (maior precisão) conforme o número da classe aumenta. As classes 2A e 2B são as *mais normalmente usadas*.

As roscas são especificadas, em sequência, pela dimensão nominal, passo, série, classe, e sentido da hélice. Por exemplo,

$$^1/_4\text{-28 UNF-2A}$$

define uma rosca com diâmetro nominal de 0,250 polegada com 28 fios por polegada, série de rosca fina unificada, classe 2 de ajuste, rosca externa com hélice à direita. Para roscas com hélice à esquerda a designação LH seria acrescida.

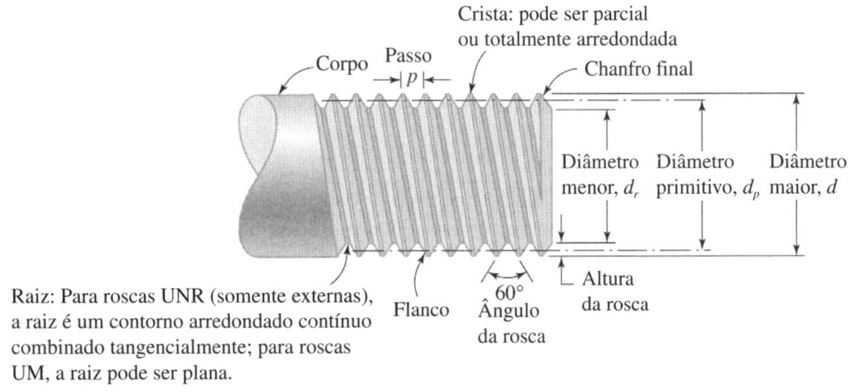

Figura 13.5
Perfil de rosca de parafuso e terminologia (veja refs. 3, 4 e 5 para detalhes padronizados).

[3] Veja refs. 3, 4 e 5.
[4] Veja ref. 3.

TABELA 13.1 **Dimensões de Roscas Unificadas Normalizadas**[1]

		Séries de Roscas Grossas—UNC/UNRC				Séries de Roscas Finas—UNF/UNRF			
Dimensão	Diâmetro Maior d, in	Fios por Polegada	Diâmetro Menor d_r, in	Área do Diâmetro Menor A_r, in^2	Área sob Tração[2], in^2	Fios por Polegada	Diâmetro Menor d_r, in	Área do Diâmetro Menor A_r, in^2	Área sob Tração[2], in^2
0	0,0600	—	—	—	—	80	0,0465	0,0015	0,0018
1	0,0730	64	0,0561	0,0022	0,0026	72	0,0580	0,0024	0,0028
2	0,0860	56	0,0667	0,0031	0,0037	64	0,0691	0,0034	0,0039
3	0,0990	48	0,0764	0,0041	0,0049	56	0,0797	0,0045	0,0052
4	0,1120	40	0,0849	0,0050	0,0060	48	0,0894	0,0057	0,0066
5	0,1250	40	0,0979	0,0067	0,0080	44	0,1004	0,0072	0,0083
6	0,1380	32	0,1042	0,0075	0,0091	40	0,1109	0,0087	0,0101
8	0,1640	32	0,1302	0,0120	0,0140	36	0,1339	0,0129	0,0147
10	0,1900	24	0,1449	0,0145	0,0175	32	0,1562	0,0175	0,0200
12	0,2160	24	0,1709	0,0206	0,0242	28	0,1773	0,0226	0,0258
1/4	0,2500	20	0,1959	0,0269	0,0318	28	0,2113	0,0326	0,0364
5/16	0,3125	18	0,2524	0,0454	0,0524	24	0,2674	0,0524	0,0581
3/8	0,3750	16	0,3073	0,0678	0,0775	24	0,3299	0,0809	0,0878
7/16	0,4375	14	0,3602	0,0933	0,1063	20	0,3834	0,1090	0,1187
1/2	0,5000	13	0,4167	0,1257	0,1419	20	0,4459	0,1486	0,1600
9/16	0,5625	12	0,4723	0,1620	0,1819	18	0,5024	0,1888	0,2030
5/8	0,6250	11	0,5266	0,2018	0,2260	18	0,5649	0,2400	0,2560
3/4	0,7500	10	0,6417	0,3020	0,3345	16	0,6823	0,3513	0,3730
7/8	0,8750	9	0,7547	0,4193	0,4617	14	0,7977	0,4805	0,5095
1	1,000	8	0,8647	0,5510	0,6057	12	0,9098	0,6245	0,6630
1 1/8	1,1250	7	0,9704	0,6931	0,7633	12	1,0348	0,8118	0,8557
1 1/4	1,2500	7	1,0954	0,8898	0,9691	12	1,1598	1,0237	1,0729
1 3/8	1,3750	6	1,1946	1,0541	1,1549	12	1,2848	1,2602	1,3147
1 1/2	1,5000	6	1,3196	1,2938	1,4053	12	1,4098	1,5212	1,5810
1 3/4	1,7500	5	1,5335	1,7441	1,8995				
2	2,0000	4,5	1,7594	2,3001	2,4982				
2 1/4	2,2500	4,5	2,0094	3,0212	3,2477				
2 1/2	2,5000	4	2,2294	3,7161	3,9988				
2 3/4	2,7500	4	2,4794	4,6194	4,9340				
3	3,0000	4	2,7294	5,6209	5,9674				
3 1/4	3,2500	4	2,9794	6,720	7,0989				
3 1/2	3,5000	4	3,2294	7,918	8,3286				
3 3/4	3,7500	4	3,4794	9,214	9,6565				
4	4,0000	4	3,7294	10,608	11,0826				

[1] Reimpresso da ref. 3 com permissão de "The American Society of Mechanical Engineers". Todos os direitos reservados.
[2] A área sob tração é baseada na utilização da média entre o diâmetro da raiz d_r e o diâmetro primitivo d_p.

Um exemplo de especificação de rosca métrica seria

$$\text{MS } 10 \times 1{,}5$$

o que define uma rosca com 10 mm de diâmetro com passo de 1,5 mm, raiz arredondada (perfil MS), rosca externa (uma vez que perfis de raiz arredondada são usados somente em roscas externas).

Materiais de Elementos de Fixação Roscados

Assim como para qualquer outro elemento de máquina, a importante tarefa de selecionar um material apropriado para um elemento de fixação pode ser realizada pela aplicação da metodologia de seleção de materiais descrita no Capítulo 3. Em função das muitas vantagens de se selecionar um aço (veja 3.4), aços carbono e aços ligados a estes são de longe os materiais mais usados para aplicações com elementos de fixação roscados. Aços comuns utilizados para elementos de fixação roscados

TABELA 13.2 Dimensões de Roscas Métricas Padronizadas Selecionadas[1] (combinações preferenciais de diâmetro e passo; outras opções padronizadas estão disponíveis)

	Séries de Roscas Grossas				Séries de Roscas Finas			
Diâmetro Maior d, mm	Passo p, mm	Diâmetro Menor d_r, mm	Área do Diâmetro Menor A_r, mm²	Área sob Tração[2], mm²	Passo p, mm	Diâmetro Menor d_r, mm	Área do Diâmetro Menor A_r, mm²	Área sob Tração[2], mm²
3,0	0,50	2,459	4,75	5,18				
3,5	0,60	2,850	6,38	6,98				
4,0	0,70	3,242	8,25	9,05				
5,0	0,80	4,134	13,4	14,6				
6,0	1,00	4,917	19,0	20,7				
8,0	1,25	6,647	34,7	37,6	1,00	6,917	38,0	40,0
10,0	1,50	8,376	55,1	59,5	1,25	8,647	58,7	62,5
12,0	1,75	10,106	80,2	86,3	1,25	10,647	89,0	93,6
14,0	2,00	11,835	110	118	1,50	12,376	120	127
16,0	2,00	13,835	150	160	1,50	14,376	162	170
18,0	2,50	15,294	184	197	1,50	16,376	211	219
20,0	2,50	17,294	235	250	1,50	18,376	265	275
22,0	2,50	19,294	292	309	1,50	20,376	326	337
24,0	3,00	20,752	338	360	2,00	21,835	374	389
27,0	3,00	23,752	443	468	2,00	24,835	484	501
30,0	3,50	26,211	540	571	2,00	27,835	609	628
33,0	3,50	29,211	670	705	2,00	30,835	747	768
36,0	4,00	31,670	788	831	3,00	32,752	842	876
39,0	4,00	34,670	944	992	3,00	35,752	1004	1041
42,0	4,50	37,129	1083	1140	2,00	39,835	1246	1274
48,0	5,00	42,587	1424	1498	2,00	45,835	1650	1681
56,0	5,50	50,046	1967	2062	2,00	53,835	2276	2313
64,0	6,00	57,505	2591	2716	2,00	61,835	3003	3045
72,0	6,00	65,505	3370	3505	2,00	69,835	3830	3878
80,0	6,00	73,505	4243	4395	2,00	77,835	4758	4811
90,0	6,00	83,505	5477	5648	2,00	87,835	6059	6119
100,0	6,00	93,505	6867	7059	2,00	97,835	7518	7584

[1] Reimpresso da ref. 4 com permissão de "The American Society of Mechanical Engineers". Todos os direitos reservados.
[2] A área sob tração é baseada na utilização da média entre o diâmetro da raiz d_r e o diâmetro primitivo d_p.

incluem o 1010 (sem requisitos de limite de resistência), o 1020 (parafuso sextavado polido, outros itens especiais), o 1038 (elementos de fixação de alta resistência), o 1045 (requisitos especiais de alta resistência), e o 1100 ressulfurado (usualmente para porcas).

Para melhorar tanto a economia quanto a confiabilidade, diversas organizações normativas estabeleceram especificações bem definidas para materiais de elementos de fixação roscados e para níveis de resistência. Um sistema de *marcações na cabeça* que identificam a *classe* ou *grau* do material e o nível mínimo de resistência para cada elemento de fixação individual também foi normalizado. (Elementos de fixação *importados* podem não ter marcações na cabeça.) A Figura 13.6 ilustra especificações de marcações na cabeça estabelecidas pela "Society of Automotive Engineers" (SAE) e pela "American Society for Testing and Materials" (ASTM). As Tabelas 13.3, 13.4 e 13.5 fornecem informações correspondentes entre materiais e propriedades. Nestas tabelas, a *resistência de prova* é definida como a mínima tensão trativa que deve ser suportada pelo elemento de fixação sem deformação significativa ou falha, e geralmente corresponde a cerca de 85 por cento do limite de escoamento.

Em adição aos aços padronizados, os elementos de fixação podem ser feitos de ligas alumínio, latão, cobre, níquel, aço inoxidável, ou berílio, de plásticos, e, para aplicações em alta temperatura Hastelloy, Inconel, ou Monel também podem ser utilizados. Recobrimentos ou acabamentos especiais são usados algumas vezes para melhorar a aparência, a resistência à corrosão, ou promover lubrificação.

Pontos Críticos e Tensões na Rosca

Assim como para roscas de parafusos de potência (veja 12.6), há três pontos críticos potenciais na zona de contato na rosca, ilustrados na Figura 13.7 como *A*, *B* e *C*. Além desses, um quarto ponto crítico no parafuso na linha de partição da união, mostrado como *D* na Figura 13.7, deve ser considerado se a união está sujeita a carregamento cisalhante.

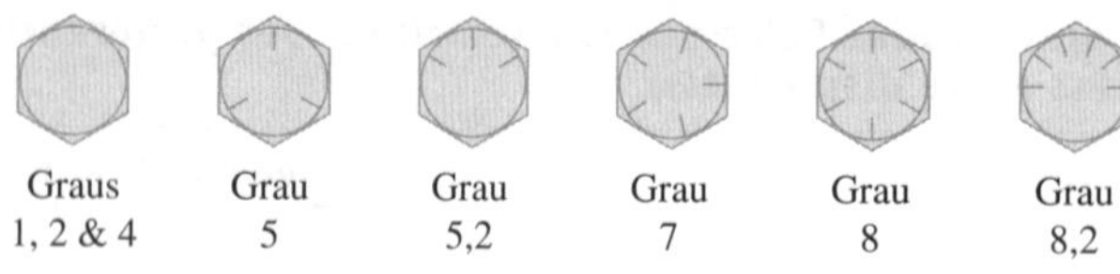

(*a*) Marcas de cabeça SAE. (Veja Tabela 13.3 para propriedades.)

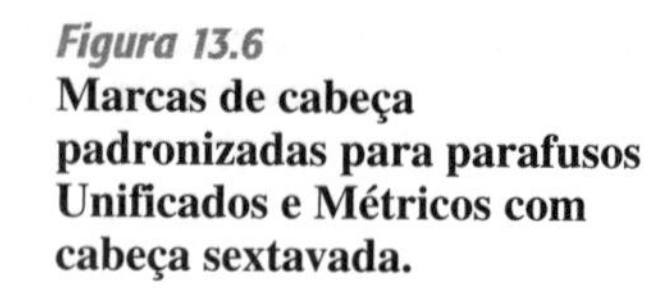

Figura 13.6
Marcas de cabeça padronizadas para parafusos Unificados e Métricos com cabeça sextavada.

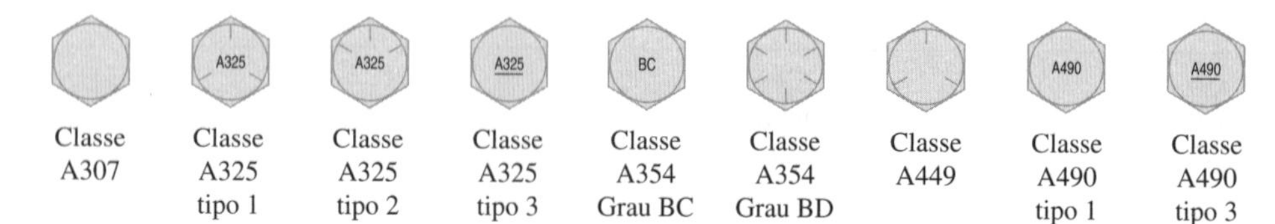

(*b*) Marcas de cabeça ASTM. (Veja Tabela 13.4 para propriedades.)

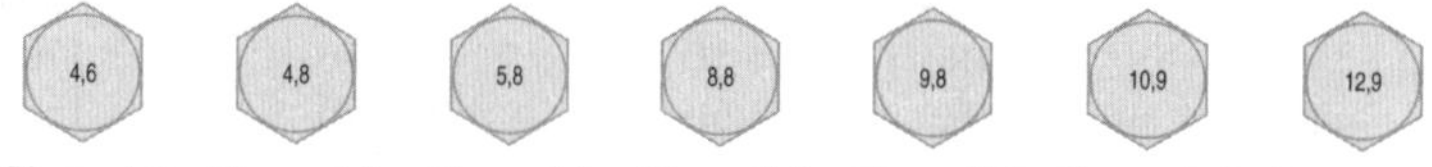

(*c*) Marcas de cabeça métrica. (Veja Tabela 13.5 para propriedades.)

TABELA 13.3 Especificações de Grau SAE para Parafusos de Aço

Grau SAE	Material	Faixa Dimensional, in	Mínimo Limite de Resistência, à Tração, ksi	Mínimo Limite de Escoamento, ksi	Mínima Resistência de Prova, ksi
1	Baixo ou médio carbono	¼–1½	60	36	33
2	Baixo ou médio carbono	¼–¾	74	57	55
		⅞–1½	60	36	33
4	Médio carbono, estirado a frio	¼–1½	115	100	65
5	Médio carbono, T&R	¼–1	120	92	85
		1⅛–1½	105	81	74
5,2	Baixo carbono martensítico, T&R	¼–1	120	92	85
7	Médio carbono ligado, T&R	¼–1½	133	115	105
8	Médio carbono ligado, T&R	¼–1½	150	130	120
8,2	Baixo carbono martensítico, T&R	¼–1	150	130	120

TABELA 13.4 Especificações de Classe ASTM para Parafusos de Aço

Classe ASTM	Material	Faixa Dimensional, in	Mínimo Limite de Resistência à Tração, ksi	Mínimo Limite de Escoamento, ksi	Mínima Resistência de Prova, ksi
A307	Baixo carbono, T&R	¼–1½	60	36	33
A325, tipo 1	Médio carbono,	½–1	120	92	85
	T&R	1⅛–1½	105	81	74
A325, tipo 2	Baixo carbono	½–1	120	92	85
	martensítico, T&R	1⅛–1½	105	81	74
A325, tipo 3	Aço resistente à corro-	½–1	120	92	85
	são atmosférica, T&R	1⅛–1½	105	81	74
A354, grau BC	Aço ligado, T&R	¼–2½	125	109	105
A354, grau BD	Aço ligado, T&R	¼–4	150	130	120
A449	Médio carbono,	¼–1	120	92	85
	T&R	1⅛–1½	105	81	74
		1¾–3	90	58	55
A490, tipo 1	Aço ligado, T&R	½–1½	150	130	120
A490, tipo 3	Aço resistente à corrosão atmosférica, T&R				

TABELA 13.5 Especificações de Classe Métrica para Parafusos de Aço

Classe de Propriedade[1]	Material	Faixa Dimensional	Mínimo Limite de Resistência à Tração, MPa	Mínimo Limite de Escoamento, MPa	Mínima Resistência de Prova, MPa
4,6	Baixo ou médio carbono	M5–M36	400	240	225
4,8	Baixo ou médio carbono	M1.6–M16	420	340	310
5,8	Baixo ou médio carbono	M5–M24	520	420	380
8,8	Médio carbono, T&R	M16–M36	830	660	600
9,8	Médio carbono, T&R	M1.6–M16	900	720	650
10,9	Martensítico de baixo carbono, T&R	M5–M36	1040	940	830
12,9	Ligado, T&R	M1.6–M36	1220	1100	970

[1] O número à esquerda da vírgula especifica a mínima resistência à tração aproximada, S_u, em centenas de megapascal; o limite de escoamento aproximado, S_{yp}, em cada caso, é obtido pela multiplicação de S_u pela fração decimal à direita (inclusive) da vírgula [ou seja, para a classe 4,6, S_u = 400 MPa e S_{yp} = 0,6(400) = 240 MPa].

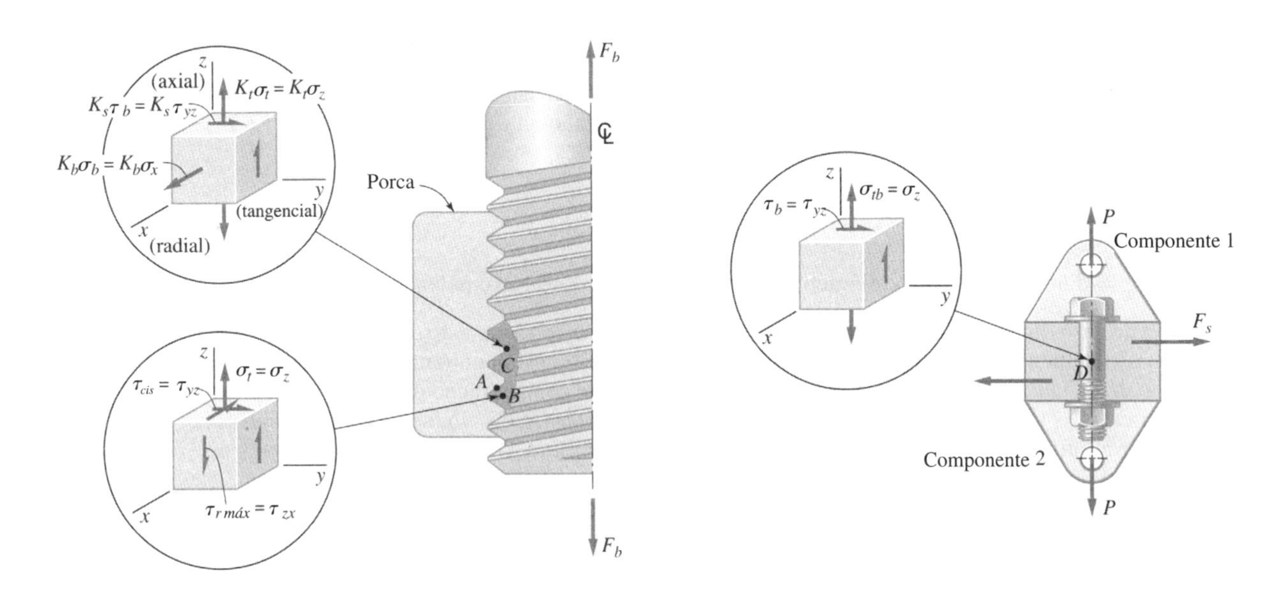

Figura 13.7
Pontos críticos e componentes de tensão em elementos de fixação roscados.

Ao contrário do caso das roscas de parafusos de potência, o ponto crítico A é normalmente ignorado quando da análise de *elementos de fixação* roscados já que não existe movimento relativo entre as roscas do parafuso e a porca depois da montagem; portanto, a abrasão não é um modo de falha aplicável. Um potencial desaperto, porém, pode envolver uma análise do atrito das roscas no ponto crítico.

No ponto crítico B a análise se aproxima bastante da análise para roscas de parafusos de potência exceto que a maior parte da torção é aliviada após o término do processo de aperto inicial. Assim os modos potenciais de falha são *escoamento* (*espanamento*) e *fadiga*, e as componentes pertinentes de tensão são cisalhamento torsional, τ_{cis}, em função do aperto, tensão trativa direta, σ_t, devida à força trativa F_b no parafuso (inclusive a pré-carga), e tensão cisalhante transversal, $\tau_{tr\text{-}máx}$, por causa da flexão da rosca. Para evitar o espanamento, o comprimento mínimo da porca é tipicamente feito com valor suficiente para que a força axial no parafuso produza uma falha trativa antes que as roscas sejam espanadas. O espanamento de roscas *externas* ocorre quando as roscas macho falham em cisalhamento no diâmetro *mínimo*, e o espanamento das roscas *internas* ocorre quando as roscas fêmeas falham em cisalhamento no diâmetro *maior*. Para roscas padronizadas, se *o parafuso e a porca são do mesmo material*, um comprimento de porca de pelo menos metade do diâmetro nominal da rosca produz uma falha trativa antes do espanamento. Porcas padronizadas têm um comprimento de aproximadamente $\frac{7}{8}$ do diâmetro nominal da rosca.

Adaptando (12-21) ao caso de elementos de fixação roscados

$$\tau_{cis} = \frac{16(T_i - T_{nf})}{\pi d_r^3} \tag{13-1}$$

em que T_t = torque de aperto para produzir a pré-carga desejada, lbf·in
T_{nf} = torque para vencer a fricção na face de contato da porca (se girada) ou cabeça (se girada), lbf·in
d_r = diâmetro da raiz da rosca, in

Adaptando (12-22) para o caso de elementos de fixação roscados

$$\sigma_t = \frac{4F_p}{\pi d_r^2} \tag{13-2}$$

em que F_p = força trativa no parafuso (incluindo a pré-carga), lbf.

Adaptando (12-23) ao caso de elementos de fixação roscados,

$$\tau_{tr-máx} = \frac{3F_p}{\pi d_r p n_e} \tag{13-3}$$

em que p = passo da rosca, pol.
n_e = número efetivo de roscas na zona de contato que sustentam a carga do parafuso F_p

No ponto crítico C, a análise também é similar àquela feita para roscas de parafusos de potência. Assim, os modos potenciais de falha são *escoamento* ou *fadiga* (a fratura frágil é possível, porém menos provável). Os componentes de tensão pertinentes são tensão cisalhamento torsional, τ_{cis} (veja 13-1), tensão trativa direta, σ_t (veja 13-2), e tensão de flexão na rosca, σ_b. Adaptando (12-24) para o caso de elementos de fixação roscados,

$$\sigma_p = \frac{12F_p(d_p - d_r)}{\pi d_r n_e p^2} \tag{13-4}$$

em que d_p = diâmetro primitivo (diâmetro médio) da rosca do parafuso, polegadas.

Como no caso da análise do parafuso de potência, um fator de concentração de tensão apropriado deve ser corretamente aplicado para *cada componente de tensão* neste ponto crítico se a fadiga for um modo de falha potencial. Como notado em 4.8, os fatores de concentração de tensão *teóricos* na raiz da rosca, K_t, variam de cerca de 2,7 até cerca de 6,7. Os valores típicos do índice de sensibilidade ao entalhe variam em torno de 0,7 para aços de baixo carbono (Grau 1), de forma que os fatores de concentração de tensão à *fadiga* normalmente variam entre cerca de 2,2 e 5. Um valor de $K_f = 3{,}5$ é normalmente escolhido para cálculos preliminares. Se o carregamento é estático, e o parafuso é feito de um material dúctil (caso usual), um fator de concentração de tensão *unitário* é usualmente apropriado (veja Tabela 5.1).

No ponto crítico D, os modos de falha potenciais são *escoamento* (*cisalhamento*) e *fadiga*, e os componentes de tensão pertinentes são a tensão trativa direta no corpo, σ_{tc}, e a tensão cisalhante no corpo, τ_c. A tensão trativa direta é dada por

$$\sigma_{tb} = \frac{4F_p}{\pi d_c^2} \tag{13-5}$$

em que d_c = diâmetro do corpo do parafuso, polegadas.

A tensão cisalhante τ_c é normalmente calculada como cisalhamento *direto* (*puro*), porém, na prática, existe sempre *alguma* flexão no parafuso, e assim a tensão cisalhante *transversal* é uma caracterização mais acurada do que o cisalhamento puro. Em situações de projetos de *alto desempenho*, estas tensões de flexão no parafuso e de cisalhamento transversal devem ser cuidadosamente investigadas. Assumindo que a união aparafusada está firmemente apertada e simetricamente carregada, como mostrado na Figura 13.7, a tensão cisalhante τ_b pode ser estimada como

$$\tau_c = \frac{4F_{cis}}{\pi d_c^2} \tag{13-6}$$

em que F_{cis} = força cisalhante no parafuso, lbf.

Esta estimativa considera que o corpo do parafuso está ajustado nos furos e que a união está firmemente apertada, mas a *carga cisalhante total*, F_{cis}, é transferida pelo *parafuso* sozinho, *nenhuma parcela* por atrito na interface da união (uma suposição extremamente conservadora em alguns casos). Se mais de um elemento de fixação é usado para assegurar a união, e o carregamento na união é de alguma forma assimétrico, as componentes de tensão do tipo torção ou do tipo flexão podem necessitar de contribuições, como descrito adiante em "Uniões com Múltiplos Parafusos; Carregamentos Simétrico e Excêntrico".

Efeitos da Pré-Carga; Rigidez da União e Uniões com Gaxeta

Quando uma união aparafusada, como aquela mostrada na Figura 13.7, é apertada aos componentes fixados 1 e 2 ao mesmo tempo, o processo de aperto induz tração no parafuso e compressão nos flanges fixados dos componentes 1 e 2. A consequência do processo de aperto é que o parafuso é *pré-carregado* (em tração) contra os flanges fixados (em compressão), produzindo tensões sem a aplicação de qualquer carga *externa*. Como discutido em 4.7, tal união se comporta como um sistema de *molas*; o parafuso está em paralelo com os flanges, os quais estão em série uns com os outros (veja Figuras 4.19 e 4.20). Uniões aparafusadas deste tipo apropriadamente pré-carregadas podem ser utilizadas para eliminar o aparecimento de folgas sob cargas operacionais; melhorar a resistência à falha potencial por cisalhamento; melhorar a resistência à perda de aperto, e melhorar a resistência à falha por fadiga pela redução da amplitude da tensão cíclica suportada pelo parafuso (veja 4.8).

Como discutido em 4.7, uma união aparafusada pré-carregada constitui um sistema elástico estaticamente indeterminado; portanto a força trativa axial no parafuso é uma função tanto da força de pré-carga inicial, F_i, devido ao aperto, quanto da força de operação subsequentemente aplicada, P, a qual tende a separar os componentes fixados. Considerando o parafuso e os componentes fixados como molas lineares (normalmente uma suposição válida), uma união aparafusada como aquela mostrada na Figura 13.7 pode ser modelada como o sistema de molas em paralelo mostrado na Figura 13.8. Tal sistema requer tanto relações força-equilíbrio quanto força-deslocamento para explicitamente calcular as forças no parafuso e nos componentes fixados.

Da Figura 13.8,

$$k_p = \frac{P_p}{y_p} \tag{13-7}$$

e

$$k_m = \frac{P_m}{y_m} \tag{13-8}$$

Pelo equilíbrio de forças,

$$P = P_p + P_m \tag{13-9}$$

em que F_p = força no parafuso, lbf
F_m = força nos componentes unidos, lbf

Por compatibilidade geométrica

$$y_p = y_m \tag{13-10}$$

Combinando (13-10) com (13-7) e (13-8),

$$\frac{P_p}{k_p} = \frac{P_m}{k_m} \tag{13-11}$$

então (13-9) pode ser reescrita como

$$P = P_p + \frac{k_m}{k_p}P_p = \left(1 + \frac{k_m}{k_p}\right)P_p \tag{13-12}$$

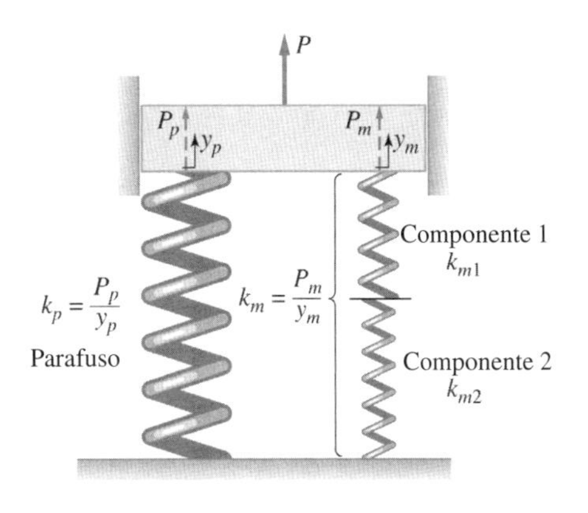

Figura 13.8
Modelo de molas em paralelo para a união aparafusada pré-carregada do tipo mostrado na Figura 13.7.

A partir daí,

$$P_p = \left(\frac{k_p}{k_p + k_m}\right)P \tag{13-13}$$

e

$$P_m = \left(\frac{k_m}{k_p + k_m}\right)P \tag{13-14}$$

Assumindo que uma força inicial de pré-carga F_i ($-F_i$ nos componentes unidos) foi induzida pelo aperto dos elementos de fixação de forma suficiente para que a separação da união nunca ocorra sob a carga de operação P, a pré-carga inicial e as forças de operação se somam para dar as forças resultantes F_p e F_m no parafuso e nos componentes unidos, respectivamente. Estas forças são

$$F_p = P_p + F_i = \left(\frac{k_p}{k_p + k_m}\right)P + F_i \tag{13-15}$$

e

$$F_m = P_m - F_i = \left(\frac{k_m}{k_p + k_m}\right)P - F_i \tag{13-16}$$

Reiterando, a pré-carga inicial induzida pelo aperto no parafuso deve ser grande o suficiente para que os componentes unidos não se separem sob os carregamentos de operação; caso contrário o parafuso é forçado a suportar toda a carga aplicada P. É uma prática comum especificar uma pré-carga inicial (ou torque de aperto) que leve o elemento de fixação a aproximadamente 75 por cento do limite de escoamento, ou, equivalentemente, 85 por cento da tensão de prova (veja Tabelas 13.3, 13.4 e 15.5).

Exemplo 13.1 Pré-Carga em Parafusos

Uma união aparafusada do tipo mostrado na Figura 13.7 foi apertada pela aplicação de um torque à porca para induzir uma pré-carga axial inicial de $F_i = 1000$ lbf no parafuso de aço $^3/_8$-16 UNC Grau 1. A força externa (de separação) na montagem aparafusada deve ser $P = 1200$ lbf. Os flanges fixadores da carcaça de aço, cada um com 0,75 polegada de espessura, foram estimados para ter uma rigidez axial três vezes maior que a rigidez do parafuso na direção axial.

a. Encontre a tensão resultante no parafuso e a compressão nos componentes de aperto quando a carga externa de 1200 lbf é totalmente aplicada à união pré-carregada.

b. Os componentes se separarão ou permanecerão em contato sob a carga total?

Solução

a. Utilizando (13-15),

$$F_p = \left(\frac{k_p}{k_p + 3k_p}\right)1200 + 1000 = 0{,}25(1200) + 1000$$
$$= 1300 \text{ lbf} \quad \text{(tração no parafuso)}$$

e, de (13-16),

$$F_m = \left(\frac{3k_p}{4k_p}\right)1200 - 1000 = 0{,}75(1200) - 1000$$
$$= -100 \text{ lbf (compressão nos componentes fixados)}$$

b. Uma vez que permanece uma força compressiva nos componentes fixados, esses componentes não se separam sob a aplicação da carga operacional total de 1200 libras-força.

A união aparafusada mostrada na Figura 13.7, modelada como um sistema de molas mostrado na Figura 13.8, pode ser dividida em um corpo livre separado para o parafuso e um outro para os componentes fixados, como mostrado na Figura 13.9. A constante da mola axial para o parafuso, k_p, é facilmente obtida da Figura 13.9(b) usando (4-82) para dar

$$k_p = \frac{A_{up}E_p}{L_{ef}} = \frac{\pi d_p^2 E_p}{4L_{ef}} \tag{13-17}$$

Figura 13.9
Corpos livres do parafuso, e dos componentes fixados, definidos para facilitar a estimativa das constantes de rigidez k_b e k_m.

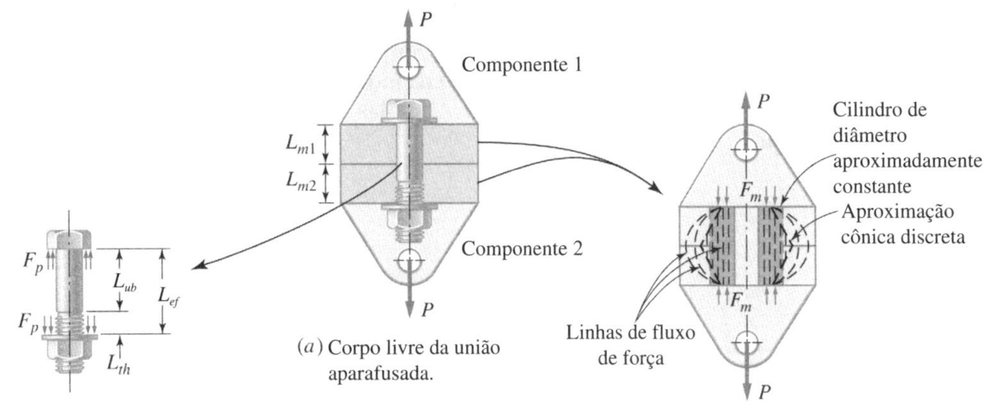

(*a*) Corpo livre da união aparafusada.

(*b*) Corpo livre do parafuso.

(*c*) Corpo livre do componente fixado.

em que A_{up} = área efetiva (sem rosca) da seção transversal do parafuso, pol.^{2}
L_{ef} = comprimento efetivo do carregamento, pol.
E_p = módulo de elasticidade para o material do parafuso, psi
d_p = diâmetro nominal do parafuso, pol.

Se for necessária maior precisão, o corpo do parafuso e as roscas podem ser modeladas separadamente [veja Figura 13.9(b)] e combinadas em séries para obter a constante da mola k_b. Isto é, utilizando (4-91),

$$k_p = \frac{1}{\dfrac{1}{k_{up}} + \dfrac{1}{k_r}} \tag{13-18}$$

em que k_{up} = constante da mola para o corpo sem roscas

e

k_r = constante da mola no comprimento roscado

Estas constantes da mola podem ser calculadas como

$$k_{up} = \frac{A_{up}E_p}{L_{up}} = \frac{\pi d_p^2 E_p}{4L_{up}} \tag{13-19}$$

e

$$k_r = \frac{A_t E_p}{L_r} = \frac{\pi\left(\dfrac{d_r + d_p}{2}\right)^2 E_p}{4L_r} \tag{13-20}$$

Para estimar a constante de rigidez axial dos componentes fixados, o fluxo de linhas de força (veja 4.3 e 5.3) pode ser visualizado como mostrado, por exemplo, na Figura 13.9(c). Embora não seja possível esquematizar o fluxo *preciso* de linhas de força, está claro que essas forças fluem da área de contato da cabeça do parafuso, divergem conforme se espalham pelo material do flange, e então convergem de volta na área de contato da porca e da arruela. Vários métodos de definição dos contornos da região de fluxo de força foram sugeridos. As duas aproximações mais práticas[5] são (1) definir um cilindro vazado de diâmetro constante como aproximação da região de fluxo de forças, ou (2) definir dois troncos de cone vazados, costa a costa, como aproximação da região de fluxo de forças, como mostrado na Figura 13.9(c). Todas estas aproximações requerem análise cuidadosa, e a acurácia na estimativa é acentuada pela experiência do projetista. Se o projeto é crítico, uma modelagem mais acurada, como a análise por elementos finitos, ou um procedimento experimental para determinar k_m podem ser aconselháveis. Se a aproximação por tronco de cone vazado é utilizada, o ângulo fixo do cone entre um elemento da superfície do cone e a linha de centro do parafuso, começando na extremidade da cabeça do parafuso ou porca e arruela, é normalmente considerado como aproximadamente 30 graus.[6] Para casos menos críticos, pode ser suficiente saber que o diâmetro externo efetivo, d_m, de um modelo cilíndrico vazado de diâmetro constante normalmente se situa na

[5] Veja também refs. 6 e 7.
[6] Veja ref. 12.

faixa de 1,5 a 2,5 vezes o diâmetro nominal do parafuso. Um valor "típico" de 2 vezes o diâmetro do parafuso é normalmente escolhido para cálculos preliminares. Se o modelo cilíndrico vazado de diâmetro constante é escolhido, a constante de rigidez da mola k_m para os componentes fixados pode ser calculada a partir de uma combinação em série de molas do componente 1 e do componente 2 (veja Figura 13.8), dando

$$k_m = \frac{1}{\dfrac{1}{k_{m1}} + \dfrac{1}{k_{m2}}} \tag{13-21}$$

em que

$$k_{m1} = \frac{A_{m1}E_{m1}}{L_{m1}} = \frac{\pi(d_m^2 - d_{up}^2)E_{m1}}{4L_{m1}} \tag{13-22}$$

e

$$k_{m2} = \frac{A_{m2}E_{m2}}{L_{m2}} = \frac{\pi(d_m^2 - d_{up}^2)E_{m2}}{4L_{m2}} \tag{13-23}$$

com

d_m = diâmetro assumido para o cilindro vazado de diâmetro constante usado como aproximação à região de fluxo de forças

Exemplo 13.2 Separação de Junta e Seleção de Parafusos

A junta aparafusada mostrada na Figura E13.2 deve suportar uma força externa de F = 10 kN. Para um projeto preliminar, parafusos da classe 4.6 foram especificados e uma estimativa inicial indica que se pode considerar $k_m = 4\ k_p$. É preciso que a tensão máxima na raiz seja inferior a 65 por cento da resistência ao escoamento mínima do parafuso e que a junta não se separe. Determine o valor mínimo de pré-carga no parafuso para garantir que a junta não se separe e definir o tipo de parafuso a ser usado.

Solução

Começa-se admitindo-se que cada parafuso suporta a mesma carga. A força externa suportada por cada parafuso é, portanto, $P = F/2 = 5$ kN. A divisão de carga entre o parafuso e a junta é dada por (13-15) e (13-16) como

$$F_p = \left(\frac{k_p}{k_m + k_p}\right)P + F_i = \left(\frac{k_p}{4k_p + k_p}\right)(5000) + F_i = 1000 + F_i$$

$$F_m = \left(\frac{k_m}{k_m + k_p}\right)P - F_i = \left(\frac{4k_p}{4k_p + k_p}\right)(5000) - F_i = 4000 - F_i$$

Uma vez que a separação da junta ocorre quando $F_m = 0$, pode-se usar a segunda equação para determinar o valor mínimo da pré-carga necessário no parafuso

$$F_m = 0 = 4000 - F_i \rightarrow F_i = 4000 \text{ N}$$

Isto resulta em uma carga no parafuso de

$$F_p = 1000 + F_i = 5000 \text{ N}$$

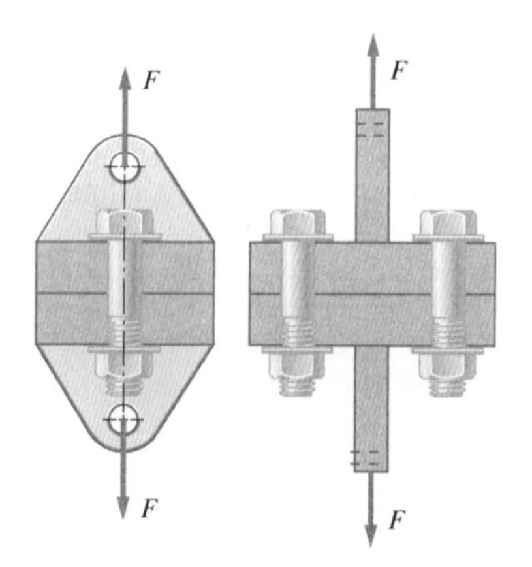

Figura E13.2
Junta parafusada suportando uma carga externa de 10 kN.

Da Tabela 13.5, a resistência mínima ao escoamento de um parafuso da classe 4.6 é 240 MPa. Como a tensão na raiz deve ser menor do que 65 por cento da resistência mínima ao escoamento, determina-se a área necessária da raiz a partir de

$$0{,}65(240 \times 10^6) = \frac{F_p}{A_r} \rightarrow 240 \times 10^6 = \frac{5000}{A_r} \rightarrow A_r = 20{,}83 \times 10^{-6}\ \text{m}^2 = 20{,}83\ \text{mm}^2$$

Da Tabela 13.2, observa-se que o parafuso com uma área de raiz próxima a $A_r = 20{,}83$ mm² é um MS8X1,25, que tem uma área de raiz de $A_r = 34{,}7$ mm². Portanto, nesse projeto preliminar, foi selecionado um MS8X1,25 com uma pré-carga de $F_i = 4$ kN.

Se as condições de projeto requerem uma união aparafusada selada por pressão, uma *gaxeta* deve normalmente ser instalada na interface entre os componentes aparafusados. Se a gaxeta está fixada entre os flanges, como ilustrado na Figura 13.10(a), a constante de rigidez do material da gaxeta, k_g, deve ser incluída na constante de rigidez dos componentes fixados, dada em (13-21), pela adição de k_g na série com k_{m1} e k_{m2}. Isto dá

$$k_m = \frac{1}{\dfrac{1}{k_{m1}} + \dfrac{1}{k_g} + \dfrac{1}{k_{m2}}} \tag{13-24}$$

Em muitos casos o módulo de elasticidade do material da gaxeta é muitas vezes menor que para os flanges dos componentes fixados. Quando isto for verdade, pode-se notar de (13-24) que uma gaxeta como mola "macia" domina e

$$k_m \approx k_g \tag{13-25}$$

Os módulos de elasticidade de alguns materiais de gaxeta estão mostrados na Tabela 13.6. Se a constante de rigidez da gaxeta macia prevalece sobre a rigidez dos componentes fixados, as vantagens de pré-carregar o parafuso estão literalmente perdidas. Para evitar este problema em potencial, gaxetas *aprisionadas* ou O-rings são normalmente usados, como ilustrado na Figura 13.10(b). Para esta disposição, o material da gaxeta macia não participa como uma mola em série presa entre os componentes fixados.

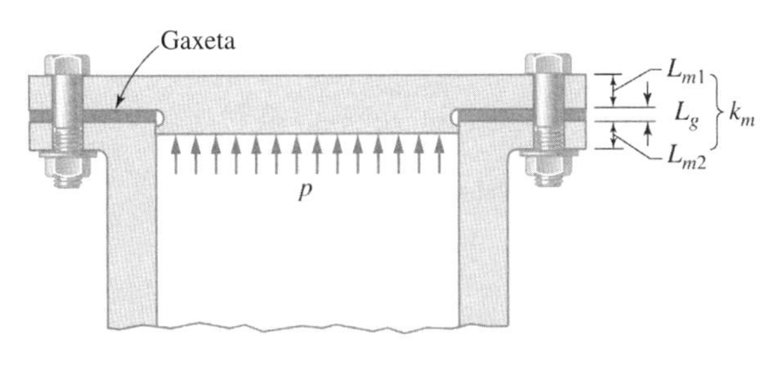

(*a*) Gaxeta presa entre flanges.

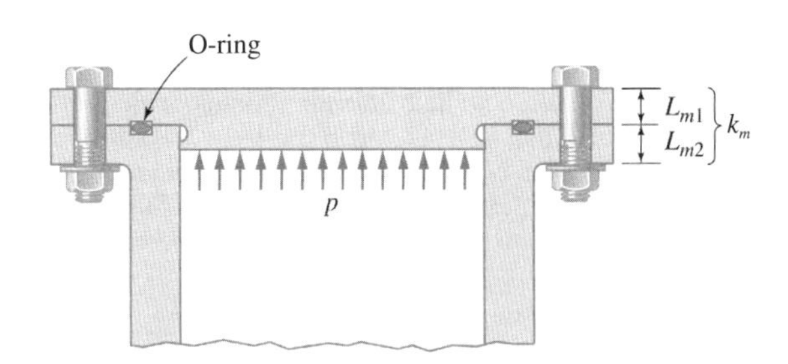

(*b*) O-ring preso em ranhura; flanges em sólido contato.

Figura 13.10
Uniões seladas sob pressão.

TABELA 13.6 Módulo de Elasticidade e Temperaturas-Limite para Materiais de Gaxeta Selecionados

Material	Temperatura-Limite, °F (°C)	Módulo de Elasticidade, psi (MPa)
Aço inoxidável	1000–2100 (538–1149)	29×10^6 (20×10^4)
Cobre	900 (482)	$18{,}7 \times 10^6$ $(12{,}9 \times 10^4)$
Alumínio	800 (427)	10×10^6 $(6{,}9 \times 10^4)$
Asbesto (comprimido)	800 (427)	70×10^3 (480)
Fita metálica espiralada	800 (427)	40×10^3 (300)
Teflon	250 (121)	40×10^3 (300)
Borracha	250 (121)	10×10^3 (69)
Cortiça	250 (121)	12×10^3 (86)

Como regra, as gaxetas devem ser feitas tão finas quanto possível, mas espessas o suficiente para garantir uma selagem efetiva. As gaxetas finas não são apenas molas rígidas [veja (4-82)], mas também resultam em reduzida relaxação térmica e a associada perda de pré-carga, fornecem elevada resistência ao "estouro", e promovem melhor transferência de calor.

Exemplo 13.3 Carregamento Cíclico de Uniões com Pré-Carga e Gaxetas

Deseja-se realizar um estudo mais detalhado da união aparafusada discutida no Exemplo 13.1, na qual se determinou que uma força de pré-carga de 1000 lbf em um parafuso $^3\!/_8$-16 UNC Grau 1 era suficiente para união sem separação sob um pico de carga operacional de 1200 lbf. Sabe-se que a força externa não é na verdade estática, mas um ciclo de forças variando de um mínimo de 0 a um máximo de 1200 lbf em 3000 ciclos por minuto.

a. Plote o gráfico força cíclica-tempo para o parafuso se nenhuma pré-carga for utilizada.

b. Estime a vida do parafuso para o caso de não haver pré-carga.

c. Plote o gráfico força cíclica-tempo para o parafuso se uma pré-carga inicial de 1000 lbf for aplicada, como no caso do Exemplo 13.1.

d. Estime a vida do parafuso para o caso de F_i = 1000 lbf.

e. Se uma gaxeta com $^3\!/_{32}$ polegada de espessura feita de asbesto comprimido for colocada entre o componente 1 e o componente 2, da maneira mostrada na Figura 13.10(a), plote o gráfico força cíclica-tempo resultante para o parafuso com pré-carga F_i = 1000 lbf.

f. Estime a vida do parafuso para a união gaxetada com F_i = 1000 lbf.

Solução

a. Sem pré-carga o parafuso está sujeito a toda a força cíclica operacional, variando de $F_{mín} = 0$ a $F_{máx} = 1200$ lbf. O gráfico força-tempo está mostrado na Figura E13.3A.

b. Para estimar a vida do parafuso, as propriedades de resistência à fadiga devem ser obtidas ou estimadas para o material Grau 1 do parafuso no seu ambiente de trabalho, e o gráfico tensão-tempo na raiz da rosca deve ser definido. Da Tabela 13.3, parafusos Grau 1 nesta faixa dimensional têm as propriedades

$$S_u = 60.000 \text{ psi}$$

$$S_{yp} = 36.000 \text{ psi}$$

Como sugerido no item anterior "Pontos Críticos e Tensões na Rosca", o fator de concentração de tensões em fadiga K_f será tomado como em 3.5. Usando as técnicas descritas em 5.6 para estimar as curvas *S-N*, a curva *S-N* média para o material com corpo-de-prova polido pode ser plotada pela linha tracejada na Figura E13.3B. Utilizando (5-55), (5-57), e a Tabela 5.3, e escolhendo um nível de confiabilidade de 90 por cento para as propriedades do material,

$$S_f = k_\infty S_f'$$

com

$$k_\infty = (1{,}0)(1{,}0)\left(\frac{1}{3{,}5}\right)(0{,}8)(1{,}0)(1{,}0)(1{,}0)(1{,}0)(1{,}0)(0{,}9) = 0{,}21$$

Portanto

$$S_f = 0{,}21(30.000) = 6170 \text{ psi}$$

Utilizando este valor, a curva *S-N* em linha cheia para o parafuso, como usado nesta aplicação e correspondendo a 90 por cento de confiabilidade, pode ser plotada como mostrado na Figura E13.3B.

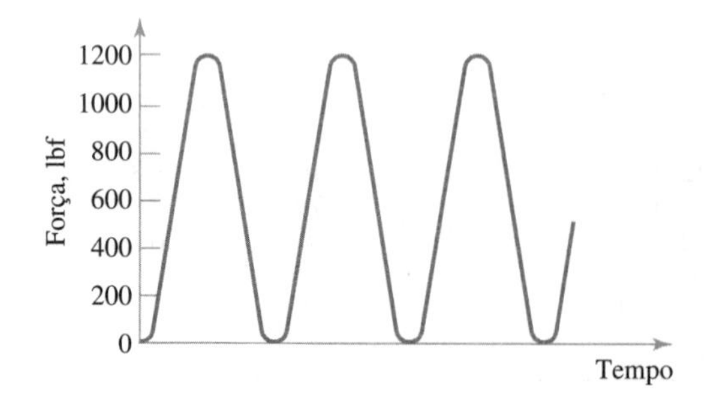

Figura E13.3A
Comportamento cíclico força-tempo para o caso de não haver pré-carga inicial.

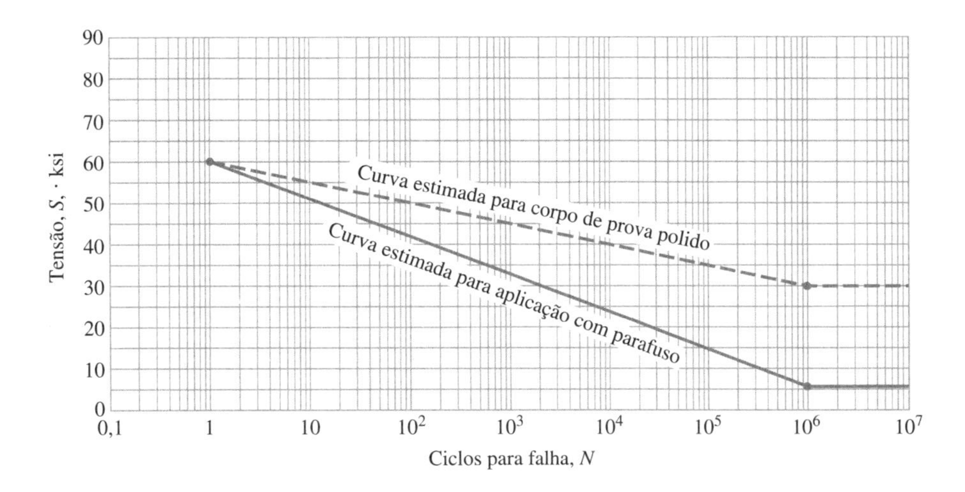

Figura E13.3B

Curvas *S-N* uniaxiais estimadas para material Grau 1, (a) para corpos de prova polidos, (b) para parafusos como usados nesta aplicação com confiabilidade R = 90 por cento.

Da Tabela 13.1, a área da raiz do parafuso $^3/_8$-16 UNC é $A_r = 0{,}068$ in². Portanto, as tensões nominais na raiz da rosca são

$$\sigma_{máx} = \frac{F_{máx}}{A_r} = \frac{1200}{0{,}068} = 17.650 \text{ psi}$$

e

$$\sigma_{mín} = 0$$

Por conseguinte,

$$\sigma_m = \frac{17.650 + 0}{2} = 8825 \text{ psi}$$

Usando (5-72), uma vez que $\sigma_{máx} < \sigma_{yp}$,

$$\sigma_{eq-CR} = \frac{\sigma_{máx} - \sigma_m}{1 - \left(\dfrac{\sigma_m}{S_u}\right)} = \frac{17.650 - 8825}{1 - \left(\dfrac{8825}{60.000}\right)} = 10.350 \text{ psi}$$

Lendo da curva *S-N* para o *parafuso* (curva de linha cheia na Figura E13.3B) com $\sigma_{eq\text{-}CR} = 10.350$ psi, a vida estimada para o parafuso pode ser considerada como aproximadamente 300.000 ciclos, ou cerca de 100 minutos de tempo de operação.

c. Com uma pré-carga inicial $F_i = 1000$ lbf, as forças trativas máxima e mínima no parafuso, como calculadas no Exemplo 13.1, são $F_{máx} = 1300$ lbf e $F_{mín} = 1000$ lbf. Este gráfico força-tempo está plotado na Figura E13.3C.

d. Usando a mesma aproximação que em (b),

$$\sigma_{máx} = \frac{F_{máx}}{A_r} = \frac{1300}{0{,}068} = 19.120 \text{ psi}$$

e

$$\sigma_{mín} = \frac{F_{mín}}{A_r} = \frac{1000}{0{,}068} = 14.705 \text{ psi}$$

Figura E13.3C

Comportamento cíclico força-tempo para o caso de uma pré-carga inicial de F_i = 1000 lbf.

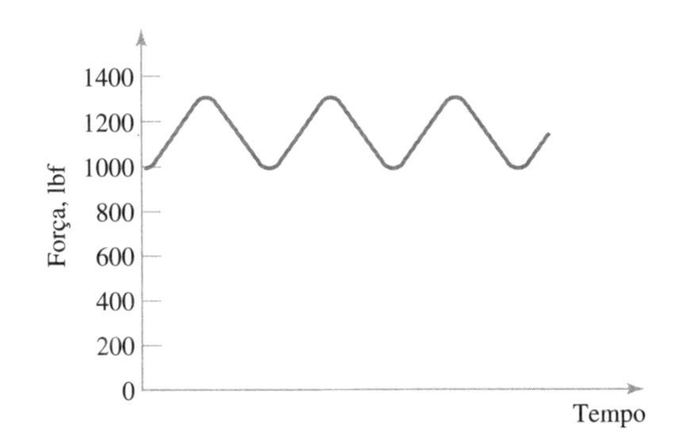

Exemplo 13.3 Continuação

Assim sendo,

$$\sigma_m = \frac{19.120 + 14.705}{2} = 16.910 \text{ psi}$$

Novamente usando (5-72),

$$\sigma_{eq-CR} = \frac{\sigma_{máx} - \sigma_m}{1 - \left(\dfrac{\sigma_m}{S_u}\right)} = \frac{19.120 - 16.910}{1 - \left(\dfrac{16.910}{60.000}\right)} = 3080 \text{ psi}$$

Lendo novamente da curva *S-N* para o parafuso da Figura E13.3B, com $\sigma_{eq\text{-}CR} = 3080$ psi, a vida do parafuso é encontrada como infinita.

O resultado do pré-carregamento neste caso é melhorar a vida do parafuso em cerca 100 minutos para vida infinita.

e. Se uma gaxeta é colocada entre os componentes 1 e 2, a constante de rigidez k_m é alterada, e as forças no parafuso e no alojamento, quando a força de pré-carga inicial é aplicada, devem ser recomputadas.

Assumindo que o diâmetro externo efetivo da gaxeta seja d_m, assim como dos componentes fixados, a constante de rigidez da *gaxeta* pode ser calculada da mesma maneira que em (13-22) como

$$k_g = \frac{\pi(d_m^2 - d_p^2)E_g}{L_g}$$

Da Tabela 13.6, o valor de E_g para asbesto comprimido é 70×10^3 psi, e do enunciado do problema $L_g = 3/32$ polegada. Consequentemente (13) se torna, assumindo $d_m = 2d_p$,

$$k_g = \frac{\pi[(2d_p)^2 - d_p^2](70 \times 10^3)}{4(3/32)} = \frac{\pi[3(0{,}375)^2](70 \times 10^3)}{4(0{,}094)} = 2{,}47 \times 10^5 \frac{\text{lb}}{\text{in}}$$

Para flanges de aço com 0,75 polegada de espessura

$$k_{m1} = k_{m2} = \frac{\pi[3(0{,}375)^2](30 \times 10^6)}{4(0{,}75)} = 1{,}33 \times 10^7 \frac{\text{lb}}{\text{in}}$$

Usando (13-26)

$$k_m = \frac{1}{\dfrac{1}{1{,}33 \times 10^7} + \dfrac{1}{2{,}47 \times 10^5} + \dfrac{1}{1{,}33 \times 10^7}} = \frac{1}{4{,}20 \times 10^{-6}} = 2{,}38 \times 10^5 \frac{\text{lb}}{\text{in}}$$

É importante notar que neste caso a gaxeta domina a constante de rigidez k_m. A constante de rigidez k_p do parafuso pode ser calculada de (13-17) como

$$k_p = \frac{\pi(0{,}375)^2(30 \times 10^6)}{4(1{,}5)} = 2{,}21 \times 10^6 \frac{\text{lb}}{\text{in}}$$

Agora, usando (13-15) e (13-16) para calcular a força no parafuso e nos componentes fixados, respectivamente,

$$F_p = \left(\frac{2{,}21 \times 10^6}{2{,}21 \times 10^6 + 2{,}38 \times 10^5}\right)1200 + 1000 = 0{,}90(1200) = 2080 \text{ lbf}$$

e

$$F_m = \left(\frac{2{,}38 \times 10^5}{2{,}45 \times 10^6}\right)1200 - 1000 = 0{,}10(1200) - 1000 = -880 \text{ lbf}$$

Para a união gaxetada com uma pré-carga inicial $F_i = 1000$ lbf portanto, as forças trativas cíclicas máxima e mínima no parafuso são $F_{máx} = 2080$ lbf e $F_{mín} = 1000$ lbf. Este gráfico força-tempo está plotado na Figura E13.3D.

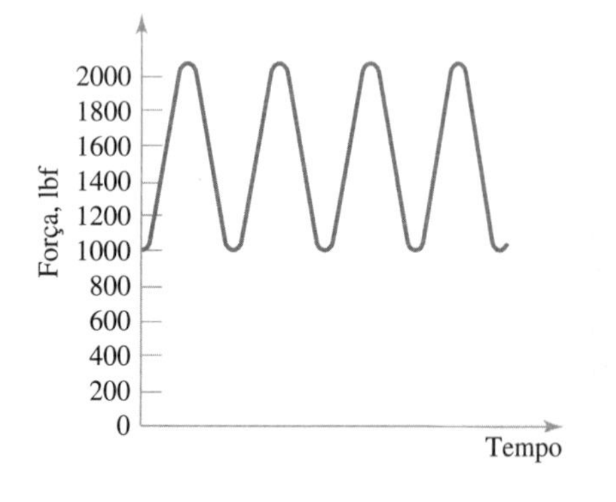

Figura E13.3D
Comportamento cíclico força-tempo para o caso de uma união *gaxetada* com uma pré-carga inicial de $F_i = 1000$ lbf.

f. Usando a mesma aproximação que para (b) e (d),

$$\sigma_{máx} = \frac{F_{máx}}{A_r} = \frac{2080}{0{,}068} = 30.590 \text{ psi}$$

e

$$\sigma_{mín} = \frac{F_{mín}}{A_r} = \frac{1000}{0{,}068} = 14.705 \text{ psi}$$

Por conseguinte,

$$\sigma_m = \frac{30.590 + 14.705}{2} = 22.650 \text{ psi}$$

Usando mais uma vez (5-72),

$$\sigma_{eq-CR} = \frac{30.590 - 22.650}{1 - \left(\dfrac{22.650}{60.000}\right)} = 12.755 \text{ psi}$$

Lendo novamente da curva *S-N* para o parafuso da Figura E13.3B, com $\sigma_{eq\text{-}CR} = 12.755$ psi, a vida estimada do parafuso é aproximadamente 300.000 ciclos (cerca da mesma para o caso de não aplicação de pré-carga). Esta vida, cerca de 100 minutos, é provavelmente inaceitável, e um arranjo diferente de gaxetas ou uma melhoria na resistência à fadiga do parafuso devem ser considerados.

Torque de Aperto; Perda do Aperto

Para obter os máximos benefícios do pré-carregamento, é essencial que a pré-carga inicial especificada pelo projeto *realmente seja induzida* no parafuso no processo de aperto. O método mais exato de induzir a pré-carga axial desejada envolve medições diretas da deformação elástica axial induzida pela força, δ_f, no parafuso, pelo uso de um micrômetro ou de um dispositivo eletrônico para uma medição precisa do alongamento no parafuso. De (2-3), o valor *requerido* de alongamento no parafuso, $(\delta_f)_{req}$, correspondente à pré-carga especificada, deve ser calculado para que o parafuso apertado com o valor medido δ_f seja igual a $(\delta_f)_{req}$. Este método fornece pré-cargas acuradas, mas é impraticável na maioria das aplicações, uma vez que é lento e caro. Um método mais conveniente (porém menos preciso) de induzir a pré-carga desejada é aplicar um torque medido na porca ou na cabeça do parafuso, usando um *torquímetro*. O torque necessário para fornecer a pré-carga axial desejada pode ser calculado pela adaptação da equação para parafusos de potência (12-11) ao cenário do aperto do parafuso, dando

$$T_i = F_i \frac{d_p}{2}\left[\frac{l\cos\theta + \pi d_p \mu_t}{\pi d_p \cos\theta - l\mu_t}\right] + F_i \frac{d_c}{2}\mu_c \qquad (13\text{-}26)$$

em que T_i é o torque de aperto requerido para produzir uma pré-carga inicial F_i no parafuso. Frequentemente, o diâmetro primitivo, d_p, é aproximado pelo diâmetro nominal do parafuso, d_b, e o diâmetro médio da gola (contactando a face da arruela), d_c, aproximado como $(d_b + 1{,}5\, d_b)/2$. Usando estas estimativas, (13-26) pode ser aproximada como

$$T_i \approx F_i \frac{d_p}{2}\left[\frac{l\cos\theta + \pi d_b \mu_t}{\pi d_b \cos\theta - l\mu_t}\right] + F_i \frac{(1{,}25 d_b)}{2}\mu_c \qquad (13\text{-}27)$$

ou

$$T_i \approx \left[\frac{1}{2}\left(\frac{l\cos\theta + \pi d_b \mu_t}{\pi d_b \cos\theta - l\mu_t}\right) + 0{,}625\mu_c\right] F_i d_b \qquad (13\text{-}28)$$

O coeficiente *entre colchetes* é normalmente definido como o *coeficiente de torque*, K_T. Usualmente assume-se que o coeficiente de atrito na rosca, μ_t, e o coeficiente de atrito na gola, μ_c, para uma aplicação média, são ambos nominalmente iguais a 0,15. Para esta suposição, tem-se que o valor nominal do coeficiente de torque é

$$K_T \approx 0{,}2 \qquad (13\text{-}29)$$

para todos os tamanhos de parafusos e tanto para roscas de passo grosseiro quanto de passo fino. Deve-se ter cuidado, porém, já que valores de K_T variando de 0,07 a 0,3 foram encontrados, dependendo do acabamento e dos lubrificantes.[7] Assim, para uma aplicação média, (13-28) pode ser aproximada como

$$T_i \approx 0{,}2 F_i d_b \qquad (13\text{-}30)$$

[7] Veja ref. 1.

Um método mais moderno é utilizar um torquímetro "inteligente" o qual monitora continuamente o torque e a rotação da porca, enviando estes dados a um programa computacional de controle. Quando o limiar do escoamento é detectado pelo computador, o instrumento é desengatado, deixando uma pré-carga trativa da ordem da carga de prova[8] para o elemento de fixação que está sendo apertado.

Sob condições de menor demanda, para projetos de menor desempenho, ou quando os torquímetros não estão disponíveis, uma técnica alternativa denominada método de *rotação da porca* é algumas vezes utilizada. A porca é "assentada" em uma condição de aperto manual, e então submetida a uma rotação adicional específica para induzir a pré-carga. Métodos mais acurados devem ser usados quando for prático.

A pré-carga inicial é normalmente relaxada com o tempo devido à fluência, corrosão, desgaste, ou outros processos que lentamente reduzem a deformação elástica axial induzida pelo pré-carregamento inicial (torque de aperto). Temperaturas elevadas ou flutuações cíclicas de temperatura podem acelerar o processo de perda da pré-carga.

A perda da pré-carga não só tem a capacidade de diminuir a resistência à fadiga da união (veja Exemplo 13.3), mas também pode contribuir para o *desaperto* do elemento de fixação roscado, possivelmente permitindo a separação da união. A facilidade de desmontagem tem sido frequentemente citada como uma vantagem dos elementos de fixação roscados, permitindo manutenção e substituição de peças, mas esta característica representa uma desvantagem em termos de permitir às montagens roscadas desapertar ou separar durante a operação. É uma prática comum especificar um *plano de reaperto* para elementos de fixação roscados, de forma a prevenir o desaperto e para periodicamente restabelecer a pré-carga apropriada.

Uniões com Múltiplos Parafusos; Carregamentos Simétrico e Excêntrico

Na seção "Pontos Críticos e Tensões na Rosca", a análise foi baseada na pré-suposição de que as cargas cisalhante e trativa no parafuso eram conhecidas. De forma mais comum, as uniões aparafusadas envolvem *muitos* parafusos colocados em uma distribuição específica para melhorar a resistência e a estabilidade da união. Em uniões com *múltiplos* parafusos, se torna importante definir a *distribuição* das forças aplicadas *entre* os parafusos e as tensões que resultam em cada parafuso. Várias configurações diferentes de uniões com múltiplos parafusos, algumas sujeitas a carregamentos simétricos e outras a cargas excêntricas, algumas sob cargas cisalhantes e outras sob cargas trativas, estão ilustradas nas Figuras 13.11 e 13.12.

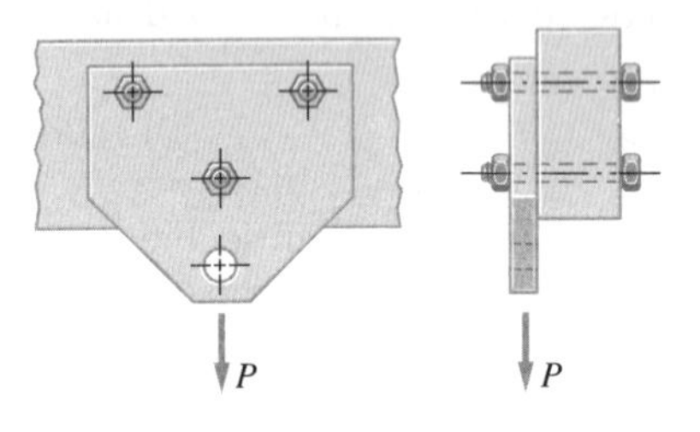

(*a*) Carregamento simétrico nos parafusos.

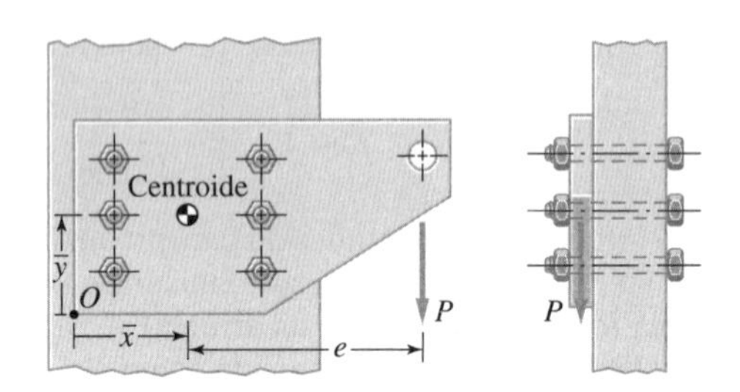

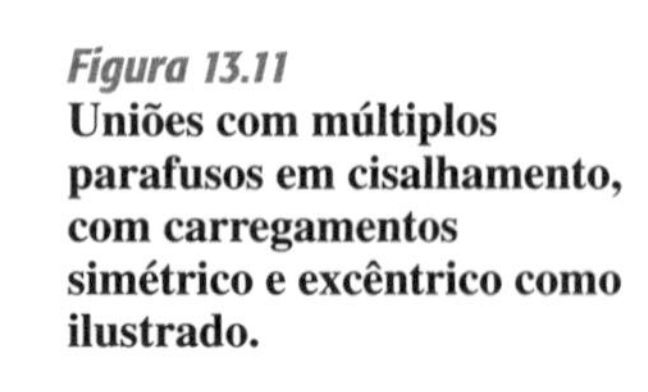

(*b*) Carregamento excêntrico nos parafusos.

Figura 13.11
Uniões com múltiplos parafusos em cisalhamento, com carregamentos simétrico e excêntrico como ilustrado.

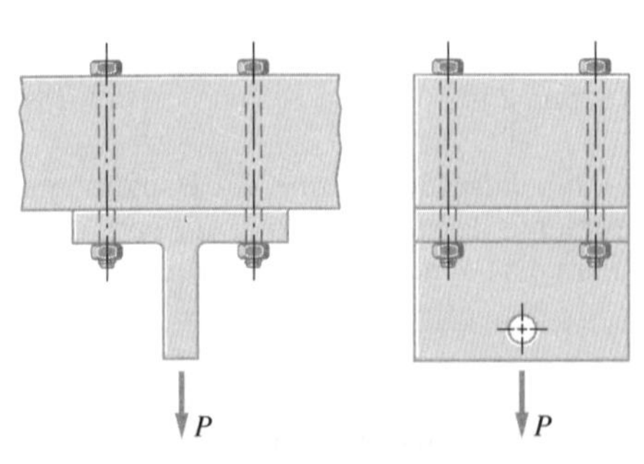

(*a*) Carregamento simétrico nos parafusos.

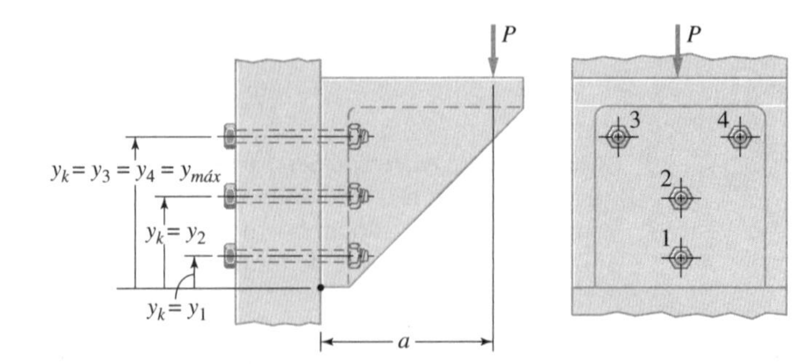

(*b*) Carregamento excêntrico nos parafusos.

Figura 13.12
Uniões com múltiplos parafusos em tração, com carregamentos simétrico e excêntrico como ilustrado.

[8] Veja Tabelas 13.3, 13.4 e 13.5 para valores de resistência de prova.

Se o *carregamento cisalhante* está *simetricamente* aplicado a uma união com múltiplos parafusos, como ilustrado na Figura 13.11(a), é normalmente aceitável assumir que o cisalhamento total está uniformemente distribuído em todos os parafusos. (Deve-se notar, porém, que se existem mais de *dois* parafusos no arranjo, uma contribuição mais acurada da distribuição de cargas pode ser requerida para aplicações críticas de projeto.) Assumindo-se que o cisalhamento esteja igualmente distribuído em todos os parafusos, e assumindo-se que o atrito da fixação não forneça resistência ao cisalhamento, a equação (13-6) pode ser adaptada como

$$\tau_p = \frac{P}{\sum_{i=1}^{n_p} A_i} \tag{13-31}$$

em que A_i = área do i-ésimo parafuso, n_p = número de parafusos, e a tensão de cisalhamento τ_p tem o sentido de P.

Se o *carregamento cisalhante* é *excentricamente* aplicado a uma união com múltiplos parafusos, como ilustrado na Figura 13.11(b), existirá uma tensão cisalhante adicional, devida à torção desenvolvida pelo conjugado Pe. Este componente da tensão cisalhante devida à torção pode ser estimado pela transferência da força cisalhante excêntrica P para o *centroide* do arranjo dos parafusos como uma força cisalhante direta P e um conjugado devido à torção Pe. A tensão cisalhante total suportada por um parafuso é a soma *vetorial* das componentes do cisalhamento simples e da tensão cisalhante provocada por torção, como mostrado na Figura 13.13. Novamente negligenciando qualquer resistência ao cisalhamento devido ao atrito na fixação, a tensão cisalhante devida à torção pode ser calculada de

$$\tau_{ti} = \frac{Tr_i}{J_j} = \frac{(Pe)r_i}{J_j} \tag{13-32}$$

em que τ_{ti} = tensão cisalhante do tipo de torção no i-ésimo parafuso

r_i = raio do centroide ao i-ésimo parafuso

$J_j = \sum_{i=1}^{n_b} A_i r_i^2$ = momento polar de inércia da "união"

A tensão cisalhante semelhante à causada por torção é perpendicular ao rádio r_i e está na direção do torque (P_e), como ilustrado na Figura 13.13(b). Uma vez que os componentes de tensão cisalhante (direta) e semelhante à de torção devem ser somados *vetorialmente*, é conveniente escrever τ_{ti} em termos de seus componentes. A localização de cada parafuso, com referência ao centroide do conjunto de parafusos pode ser expresso em termos de coordenadas x e y. Os componentes x e y de cada tensão cisalhante τ_{ti} são apresentados na Figura 13.12(b) para o parafuso número 6 e, em geral, são definidos como:

$$(\tau_{ti})_x = \frac{Ty_i}{J_j} \quad \text{e} \quad (\tau_{ti})_y = \frac{Tx_i}{J_j} \tag{13-33}$$

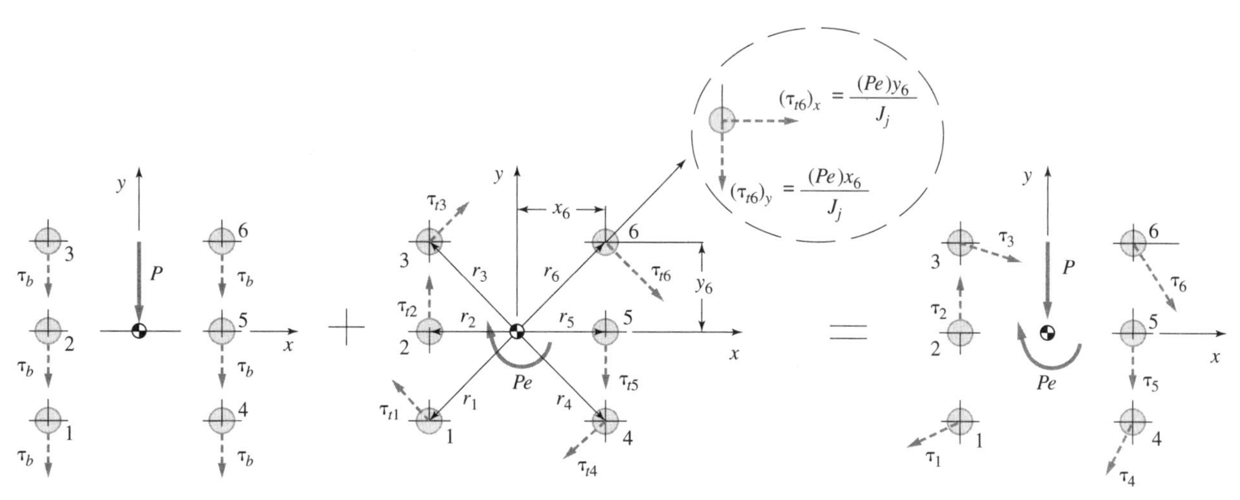

Figura 13.13

Ilustração da tensão cisalhante resultante τ_i causada por uma força cisalhante excêntrica em uma união com múltiplos parafusos como a mostrada na Figura 13.11(b).

Usando os componentes de tensão cisalhante definidos em (13-33), observa-se que a tensão cisalhante τ_{ti} definida em (13-32) pode ser escrita, em termos de seus componentes, como:

$$\tau_{ti} = \sqrt{(\tau_{ti})_x^2 + (\tau_{ti})_y^2} = \sqrt{\left(\frac{Ty_i}{J_j}\right)^2 + \left(\frac{Tx_i}{J_j}\right)^2} = \frac{T}{J_j}\sqrt{x_i^2 + y_i^2}$$

Como o raio do centroide do conjunto de parafusos do i-ésimo parafuso pode ser escrito com $r_i = \sqrt{x_i^2 + y_i^2}$, é óbvio que (13-32) e (13-33) produzem os mesmos resultados.

A localização do centroide pode ser encontrada com relação a qualquer origem conveniente de coordenadas x-y de

$$\bar{x} = \frac{\sum_{i=1}^{n_p} A_i x_i}{\sum_{i=1}^{n_p} A_i} \quad \text{e} \quad \bar{y} = \frac{\sum_{i=1}^{n_p} A_i y_i}{\sum_{i=1}^{n_p} A_i} \tag{13-34}$$

em que $\bar{x}, \bar{y}$ = coordenadas do centroide com relação à origem de coordenada selecionada
x_i, y_i = coordenadas do i-ésimo parafuso com relação à origem de coordenadas selecionada
n_p = número de parafusos

A tensão cisalhante resultante (supondo que não há resistência de atrito cisalhante) no i-ésimo parafuso pode então ser encontrada como o *vetor* resultante de (13-31) e os componentes de tensão cisalhante τ_{ti} de (13-3) e considerando a soma *vetorial*. A Figura 13.13(c) ilustra o resultado. Observa-se que, se (13-32) for usada para definir a tensão cisalhante τ_{ti}, deve-se determinar, também, o ângulo que cada τ_{ti} faz com os eixos coordenados para que os componentes possam ser definidos com precisão antes de se determinar a soma vetorial de seus componentes.

Quando os parafusos estão pré-carregados, as teorias de falha por tensão combinada ou teorias de projeto podem ser apropriadamente aplicadas.

Se um *carregamento trativo* é *simetricamente* aplicado a uma união com múltiplos parafusos, como ilustrado na Figura 13.12(a), é comum aceitar a suposição de que a carga externa P está uniformemente distribuída entre todos os parafusos, então, para parafusos pré-carregados, (13-15) pode ser adaptada como

$$F_p = \left(\frac{k_p}{k_p + k_m}\right)\frac{P}{n_p} + F_i \tag{13-35}$$

Se um *carregamento trativo* é *excentricamente* aplicado a uma união com múltiplos parafusos, como ilustrado na Figura 13.12(b), uma distribuição de cargas adicional "do tipo de flexão" pode ser produzida nos parafusos. Para encontrar a *distribuição* de partição de cargas para tal caso, como ilustrado na Figura 13.12(b), a carga em qualquer parafuso pode ser escrita como

$$F_k = A_k\sigma_{tk} = A_i\left[\frac{M(y_k)}{I_j}\right] \tag{13-36}$$

a partir da qual a força externa no parafuso mais levemente carregado no grupo pode ser escrita como

$$(F_p)_{máx} = A_p\left[\frac{(Pa)(y_k)_{máx}}{I_j}\right] \tag{13-37}$$

em que A_p = área do parafuso mais fortemente carregado
P = carga total aplicada
a = distância perpendicular do ponto de articulação H à linha de ação da força aplicada (veja Figura 13.12)
$(y_k)_{máx}$ = distância do plano de referência ao longo de H e a perpendicular da linha de ação de P, para o parafuso mais fortemente carregado

e

$$I_j = \sum_{k=1}^{n_p} A_k y_k^2 = \text{momento de inércia da "união"} \tag{13-38}$$

Por conseguinte, para uniões excentricamente carregadas tendo parafusos pré-carregados, (13-37) e (13-38) podem ser combinadas com (13-15) para dar a força trativa no parafuso mais fortemente carregado como

$$(F_p)_{máx} = \left(\frac{k_p}{k_p + k_m}\right)A_p\left[\frac{(Pa)(y_k)_{máx}}{\sum_{k=1}^{n_b} A_k y_k^2}\right] + F_i \tag{13-39}$$

Novamente, se o estado de tensões resultante é *multiaxial*, as teorias de falha por tensão combinada ou equações de projeto devem ser usadas. Como sempre, porém, suposições simplificadoras apropriadas podem ser feitas para cálculos preliminares de projeto.

Exemplo 13.4 Uniões com Múltiplos Parafusos e Torques de Aperto

Um suporte de aço 1020 em forma de L deve sustentar uma carga estática P = 3000 lbf, como mostrado na Figura E13.3A. Foi sugerido um modelo aparafusado usando três parafusos, com as localizações mostradas na Figura E13.4A. Se os parafusos são do tipo *SAE Grau 1* (veja Tabela 13.3) com roscas grossas unificadas normalizadas, e se um fator de segurança de projeto de 2 é desejável, recomende uma dimensão apropriada para o parafuso e o torque de aperto para esta aplicação. De forma prática, todos os três parafusos são do mesmo tamanho. Faça hipóteses simplificadoras suficientes para facilitar os cálculos, já que esta é uma estimativa preliminar de projeto.

Solução

A partir do esboço da Figura E13.4A, pode ser deduzido que os parafusos estão sujeitos a cisalhamento direto, cisalhamento do tipo de torção e tração do tipo de flexão, devido à carga externa P aplicada excentricamente. Por especificação, uma pré-carga trativa inicial (torque de aperto) também é aplicada. Admitimos, conservadoramente, que toda a carga de cisalhamento seja suportada pelos parafusos e nenhuma parte dela pelo atrito gerado pelo aperto. Em cálculos mais refinados, essa hipótese deveria, provavelmente, ser abandonada. A equação de projeto baseada ne energia de distorção (6-14) será usada para avaliar a falha e estimar as dimensões dos parafusos.

Começamos por determinar a localização do centroide do conjunto de parafusos admitindo uma área do parafuso desconhecida A_p. Após a localização do centroide, deslocamos a carga aplicada usando um sistema de força e momento equivalente que atua no centroide, e prosseguimos com a análise usando a área do parafuso desconhecida. Admitindo que a origem do sistema de coordenadas está no centro do parafuso A, usamos (13-34) para determinar $\bar{x}$ e $\bar{y}$ como

$$\bar{x} = \frac{A_p(0+1-1)}{3A_p} = 0 \quad \text{e} \quad \bar{y} = \frac{A_p(0+3+3)}{3A_p} = 2{,}0$$

O centroide e o sistema de força-momento equivalente atuando no centroide estão ilustrados na Figura E13.4B.

A tensão cisalhante direta, τ_p, atuando em cada parafuso é dada por (13-31) como

$$\tau_p = \frac{P}{3A_p} = \frac{3000}{3A_p} = \frac{1000}{A_p}$$

A tensão cisalhante devida ao torque é definida em termos de seus componentes, usando (13-33) após o momento de inércia J_j ser definido. Para isso, da Figura E13.4B (*a*) observamos que r_A = 2,0 polegada e que r_A = 2,0 e que $r_B = r_c = \sqrt{(1)^2 + (1)^2} = 1{,}414$ polegada. Portanto,

$$J_j = \sum_{i=1}^{np} A_i r_i^2 = A_p(4+2+2) = 8A_p$$

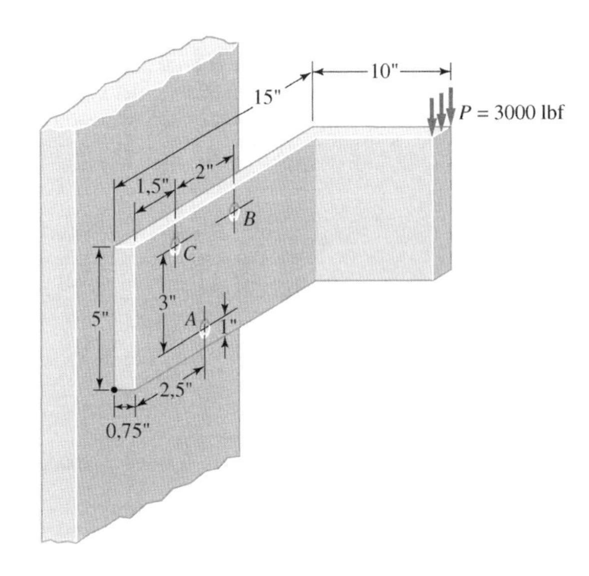

Figura E13.4A
Esquema de um suporte em forma de L, mostrando o arranjo proposto de parafusos.

Exemplo 13.4 Continuação

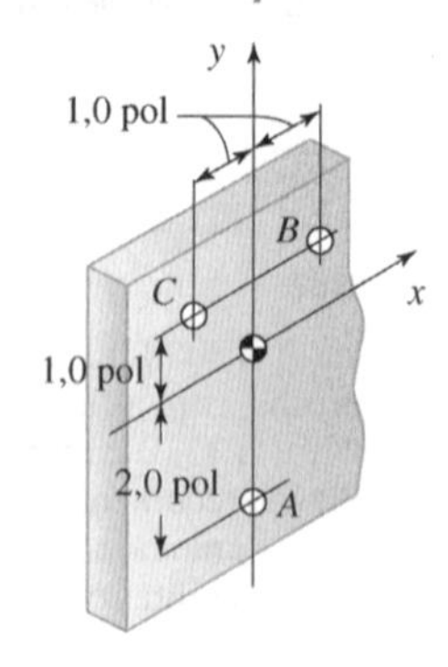

(*a*) Localização do centroide

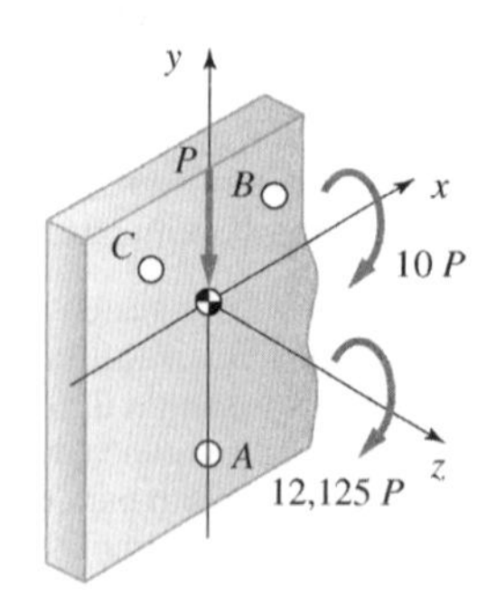

(*b*) Sistema força-momento equivalente atuando no centroide

Figura E13.4B
Centroide de padrões de parafusos e sistema força-momento equivalente atuando no centroide.

Os componentes x e y da tensão cisalhante devidas à torção são determinados usando (13-33). Sabendo que $T = 12{,}125(3000) = 36.375$ lbf.pol. e usando as coordenadas x e y definidas na Figura E13.4B (*a*), determinamos

$$(\tau_{tA})_x = \frac{36.375(2)}{8A_p} \approx \frac{9094}{A_p} \qquad (\tau_{tA})_y = \frac{36.375(0)}{8A_p} = 0$$

$$(\tau_{tB})_x = \frac{36.375(1)}{8A_p} \approx \frac{4547}{A_p} \qquad (\tau_{tB})_y = \frac{36.375(1)}{8A_p} \approx \frac{4547}{A_p}$$

$$(\tau_{tC})_x = \frac{36.375(1)}{8A_p} \approx \frac{4547}{A_p} \qquad (\tau_{tC})_y = \frac{36.375(1)}{8A_p} \approx \frac{4547}{A_p}$$

Superpondo esses componentes sobre a tensão cisalhante direta em cada parafuso, conforme indicado na Figura E13.4(*c*), podemos determinar os componentes de tensão cisalhante em cada parafuso conforme indicado na Figura E13.4(*b*). A tensão cisalhante em cada parafuso é, então, determinada tomando-se a soma *vetorial* dos componentes, que é apresentada na Figura E13.4(*c*). Com referência à Figura E13.4(*b*), a tensão cisalhante total atuando em cada parafuso é

$$\tau_A = \sqrt{\left(\frac{9094}{A_p}\right)^2 + \left(\frac{1000}{A_p}\right)^2} = \frac{9149}{A_p}$$

$$\tau_B = \sqrt{\left(\frac{5547}{A_p}\right)^2 + \left(\frac{4547}{A_p}\right)^2} = \frac{7172}{A_p}$$

$$\tau_C = \sqrt{\left(\frac{3547}{A_p}\right)^2 + \left(\frac{4547}{A_p}\right)^2} = \frac{5767}{A_p}$$

Apesar de a maior tensão cisalhante ocorrer no parafuso A, o estado de tensões no parafuso também inclui uma tensão normal proveniente do momento fletor, como efeito do pré-carregamento. Os efeitos da tensão normal vão se desenvolver antes da aplicação da teoria de falha.

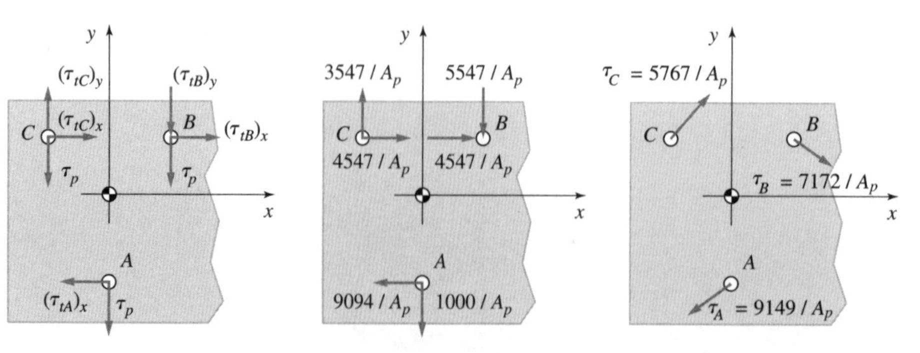

(*a*) Componentes individuais (*b*) Componentes superpostos (*c*) Tensão cisalhante total

Figura E13.4.C
Tensão cisalhante no local de cada parafuso.

A tensão no parafuso semelhante à gerada por flexão pode ser avaliada para o conjunto dos parafusos da Figura E13.4A adaptando-se (13-39) para esse caso. Tomando-se como eixo de aplicação a aresta inferior da face presa, admitindo-se que os membros presos têm um coeficiente de rigidez $k_m = 3k_p$ (veja Figura 13.9 e a discussão relacionada), a força nos parafusos é

$$F_{pA} = \left(\frac{k_p}{3k_p + k_p}\right)A_p\left[\frac{(3000)(10)(1{,}0)}{A_p(1^2 + 4^2 + 4^2)}\right] + F_i = 0{,}25[909{,}1] + F_i = 227{,}3 + F_i$$

$$F_{pB} = F_{bC} = \left(\frac{k_p}{3k_p + k_p}\right)A_p\left[\frac{(3000)(10)(4{,}0)}{A_p(1^2 + 4^2 + 4^2)}\right] + F_i = 0{,}25[3636{,}4] + F_i = 909{,}1 + F_i$$

Para o propósito de se estabelecer uma carga inicial *mínima* que impeça a separação da junta (13-16) pode ser admitido que a força de aperto F_m sobre os membros sempre permanece compressiva (sinal negativo). Assim para os três parafusos

$$F_{mA} = 0{,}75[909{,}1] - F_i = 681{,}8 - F_i$$

$$F_{mB} = F_{mC} = 0{,}75[3.636{,}4] - F_i = 2.727{,}3 - F_i$$

Assim, se todos os três parafusos forem apertados com a o mesmo aperto inicial, F_i, F_i não pode ser menor que, aproximadamente, 2727 lbf para impedir a separação da junta. No outro extremo, o aperto inicial não deve produzir uma tensão maior do que σ_d quando o parafuso for apertado. Essa condição será explorada logo que o parafuso for selecionado.

Para determinar A_p começamos assumindo uma carga inicial no parafuso de $F_i = 5000$ lbf que excede o valor mínimo necessário para evitar a separação da junta. As tensões normais em cada parafuso são, portanto,

$$\sigma_A = \frac{227{,}3 + 5000}{A_p} = \frac{5227}{A_p} \quad \text{e} \quad \sigma_B = \sigma_C = \frac{909{,}1 + 5000}{A_p} = \frac{5909}{A_p}$$

O ponto crítico *D* na Figura 13.7(*b*) ilustra o estado de tensões sendo investigado neste exemplo. Para um estado de tensões como este, os resultados acima podem ser resumidos como

$$\sigma_A = 5227/A_p,\ \tau_A = 9149/A_p$$

$$\sigma_B = 5909/A_p,\ \tau_B = 7172/A_p$$

$$\sigma_C = 5909/A_p,\ \tau_C = 5767/A_p$$

As tensões normais nos parafusos *B* e *C* são idênticas. Uma vez que a tensão cisalhante no parafuso *C* é menor do que a no parafuso *B*, conclui-se que *B* é o mais crítico entre os dois.

As tensões principais no parafuso *A* são

$$\sigma_1 = \frac{\sigma_A}{2} + \sqrt{\left(\frac{\sigma_A}{2}\right)^2 + \tau_A^2} = \frac{5227}{2A_p} + \sqrt{\left(\frac{5227}{2A_p}\right)^2 + \left(\frac{9149}{A_p}\right)^2} = \frac{12.128}{A_p}$$

$$\sigma_2 = 0$$

$$\sigma_3 = \frac{\sigma_A}{2} - \sqrt{+\left(\frac{\sigma_A}{2}\right)^2 + \tau_A^2} = \frac{5227}{2A_p} - \sqrt{\left(\frac{5227}{2A_p}\right)^2 + \left(\frac{9149}{A_p}\right)^2} = -\frac{6901}{A_p}$$

Com essas tensões principais, a equação de projeto baseada na energia de distorção (6-14) é usada. Para a classe de parafusos especificada e o fator de segurança exigido, a tensão de projeto é $\sigma_p = 36.000/2 = 18.000$ psi. Aplicar (6-14) resulta em

$$\sqrt{\frac{1}{2}\left\{\left[\frac{12.128}{A_p} - 0\right]^2 + \left[0 - \left(\frac{6901}{A_p}\right)\right]^2 + \left[-\frac{6901}{A_p} - \frac{12.128}{A_p}\right]^2\right\}} = 18.000$$

$$\frac{16.686}{A_p} = 18.000 \quad \text{e} \quad A_p = 0{,}927 \text{ polegada quadrada}$$

As tensões principais no parafuso *B* são

$$\sigma_1 = \frac{\sigma_B}{2} + \sqrt{\left(\frac{\sigma_B}{2}\right)^2 + \tau_B^2} = \frac{5909}{2A_p} + \sqrt{\left(\frac{5909}{2A_p}\right)^2 + \left(\frac{7172}{A_p}\right)^2} = \frac{10.711}{A_p}$$

$$\sigma_2 = 0$$

$$\sigma_3 = \frac{\sigma_B}{2} - \sqrt{\left(\frac{\sigma_B}{2}\right)^2 + \tau_B^2} = \frac{5909}{2A_p} - \sqrt{\left(\frac{5909}{2A_p}\right)^2 + \left(\frac{7172}{A_p}\right)^2} = -\frac{4802}{A_p}$$

Exemplo 13.4 Continuação

Aplicar (1-4) resulta em

$$\sqrt{\frac{1}{2}\left\{\left[\frac{10.711}{A_p}-0\right]^2+\left[0-\left(\frac{4802}{A_p}\right)\right]^2+\left[-\frac{4802}{A_p}-\frac{10.711}{A_p}\right]^2\right\}}=18.000$$

$$\frac{13.756}{A_p}=18.000 \quad \text{e} \quad A_p=0{,}764 \text{ polegada quadrada}$$

Comparando essas duas áreas, pode-se ver que o parafuso A é crítico e a área de $A_p = 0{,}927$ polegada quadrada é necessária. Admitindo que isso corresponda à área de tensão trativa, pode-se ver pela Tabela 13.1 que um parafuso 1 1/4-6UNC é necessário. Da Tabela 13.1, usam-se $A_t = 0{,}9691$ polegada quadrada para a tensão normal e $A_r = 0{,}8898$ polegada quadrada para a tensão cisalhante, determinando-se as tensões atuantes para o parafuso A como:

$$\sigma_A=\frac{5227}{0{,}9691}=5394 \text{ psi} \qquad \tau_A=\frac{9149}{0{,}8898}=10.282 \text{ psi}$$

Usando essas tensões, determina-se a tensão principal no parafuso A como

$$\sigma_1=13.222 \text{ psi}, \sigma_2=0, \sigma_3=-7993 \text{ psi}$$

Usando (6-14), resulta em

$$\sqrt{\frac{1}{2}\left\{[13.322-0]^2+\left[0-(-7933)\right]^2+-[-7933-13.322]^2\right\}}\stackrel{?}{=}18.000$$

$$18.604\stackrel{?}{=}18.000$$

Este valor é próximo, mas ligeiramente inferior ao que determina o fator de segurança de projeto 2,0. Em função da natureza preliminar desses cálculos, poderíamos, provavelmente, aceitar esse resultado como satisfatório. Uma vez que o parafuso A foi identificado como crítico, não seriam calculadas as tensões para os parafusos B e C. Para um parafuso UNC 1 ¼-6 classe 1, a carga de prova seria

$$F_p=\sigma_p A_t=33.000(0{,}9691)=31.980 \text{ lbf}$$

Uma vez que a pré-carga não deveria exceder 85 por cento da carga de prova[9]

$$(F_i)_{\text{limite}}=0{,}85\,F_p=0{,}85(31.980)=27.183 \text{ lbf.}$$

Como a carga de prova foi adotada com $F_i = 5000$ lbf, a condição atual está abaixo desse valor. Aumentar a pré-carga neste ponto de interesse elevaria as tensões principais. Uma vez que o parafuso A, atualmente, têm um fator de segurança inferior ao valor recomendado, a pré-carga será mantida em 5000 lbf por ora.

A recomendação preliminar, então, é que se use

1.1/4-6UNC classe 1

e, com base em (13-30), o torque de aperto deve ser

$$T_i=0{,}2F_i d_i=0{,}2(5000)(1{,}25)=1250 \text{ lbf}\cdot\text{polegada (104 lbf}\cdot\text{pé)}$$

13.5 Rebites

Para *uniões* permanentes, os rebites têm sido largamente utilizados para assegurar ambas as *uniões estruturais*, para as quais a resistência é uma importante consideração de projeto, e as *uniões industriais* de baixo desempenho, para as quais os requisitos de resistência são mais modestos, porém os custos de produção e o tempo de montagem são fatores-chave. O uso de rebites é virtualmente sempre restrito a *uniões sobrepostas* (veja Figura 13.1) uma vez que os rebites são *eficientes em cisalhamento*, porém ineficientes em tração. Tradicionalmente, os rebites *estruturais* têm sido utilizados em estruturas de engenharia civil tais como edifícios, pontes, e navios, bem como em muitas outras aplicações da engenharia mecânica incluindo vasos de pressão, aplicações automotivas e estruturas de aeronaves. Embora o desenvolvimento de modernas técnicas e equipamentos de soldagem tenha reduzido a importância da rebitagem para muitas dessas utilizações, esta permanece importante em aplicações de alto desempenho tais como estruturas de aeronaves tensionadas superficialmente. Rebites são de custo efetivo, não alteram as propriedades dos componentes fixados, não empenam as partes unidas e funcionam como bloqueio para a propagação de trincas de fadiga.

[9] Uma regra prática é limitar o aperto de pré-carga em 85 por cento da tensão da prova.

Para *uniões industriais* de baixo desempenho, tais como as utilizadas em montagens de utensílios, dispositivos eletrônicos, máquinas comerciais, mobília, e outras aplicações similares, os custos potencialmente baixos e as elevadas velocidades de montagem tornam frequentemente a rebitagem uma escolha inteligente. As vantagens adicionais da rebitagem são que os rebites não tendem a se afrouxar pela vibração, podem ser montados de modo cego (totalmente instalado a partir de um único lado), podem ser usados para unir materiais dissimilares em diversas espessuras, são simples e seguros de instalar.

Na Figura 13.14, são ilustrados quatro tipos comuns de rebites. Muitas outras variações estão comercialmente disponíveis,[10] incluindo rebites autoperfurantes, rebites de compressão, e outras configurações especiais com cabeças formadas a frio.

Materiais de Rebite

Os rebites podem ser feitos realmente de qualquer material dúctil, com resistência ao cisalhamento aceitável para a aplicação. A seleção do material apropriado para dada aplicação estrutural de alto desempenho deve seguir as orientações dadas no Capítulo 3.

Os rebites de aço de médio e baixo carbono são os mais largamente utilizados devido ao seu baixo custo, alta resistência, e boa ductilidade (conformabilidade). Os graus de baixo carbono (1006 a 1015) são preferidos devido a sua maior conformabilidade (se os requisitos de resistência forem adequados). Os rebites de alumínio também são largamente utilizados, de modo especial para aplicações em aeronaves, mas são também utilizados em produtos de consumo tais como mobília tubular, janelas e portas de segurança, e peças automotivas. Para os produtos de consumo, praticamente qualquer grau de alumínio macio pode ser utilizado. Para aplicação em aeronaves, as ligas 2024, 5052, ou outras ligas de alumínio de alta resistência dúcteis podem ser utilizadas para rebites. Outros materiais dúcteis, incluindo o latão ou ligas de cobre, aço inoxidável, e até mesmo metais preciosos, podem ser utilizados em ambientes especiais se justificado pela aplicação.

Pontos Críticos e Análise de Tensão

Na análise elementar de uniões e conexões rebitadas, supõe-se, normalmente, que a flexão e a tração nos rebites possam ser desprezadas, que a fricção entre as peças não contribua para a *transferência de força* por meio da união, e que as tensões residuais possam ser desprezadas. Além disso, supõe-se que o cisalhamento nos rebites seja uniforme e igualmente dividido entre os rebites. Portanto, as seções críticas em potencial podem ser identificadas como

1. Falha em tração da seção transversal líquida entre rebites
2. Cisalhamento da seção transversal do rebite
3. Falha de apoio compressivo entre o rebite e a chapa
4. Cisalhamento da borda no furo do rebite
5. Rasgamento da borda no furo do rebite

Estas diversas seções críticas são esquematizadas na Figura 13.15. Para uma análise elementar de uniões rebitadas, as tensões associadas com cada seção crítica podem ser estimadas como descrito a seguir.

Figura 13.14
Vários tipos de rebites.

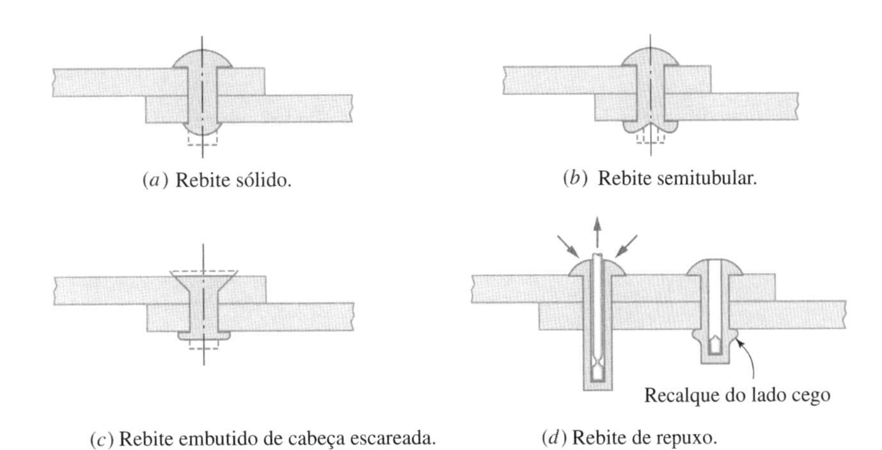

[10] Veja, por exemplo, ref. 1.

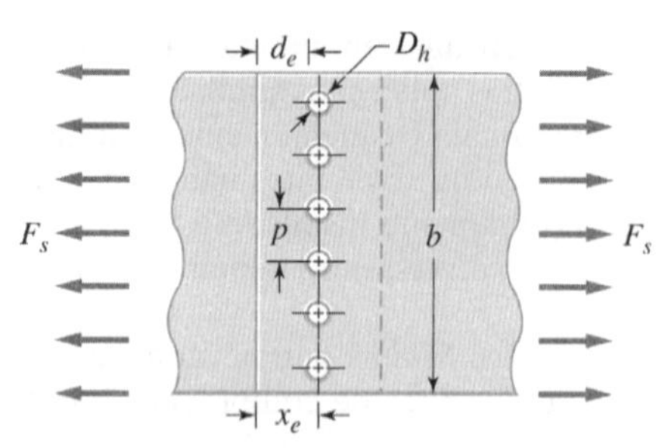

(a) Tensão de tração σ_t na seção transversal líquida da chapa.

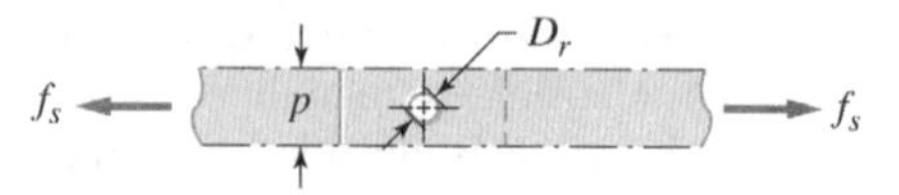

(b) Tensão de cisalhamento τ_s na seção transversal do rebite.

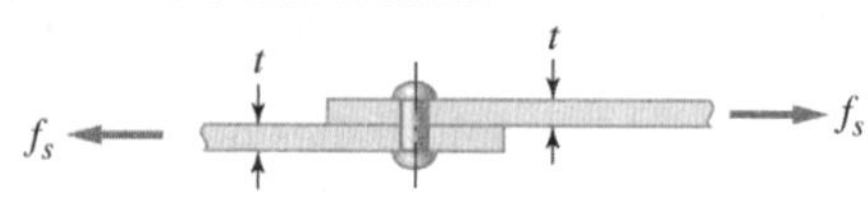

(c) Tensão de apoio compressiva σ_c entre a chapa e o rebite.

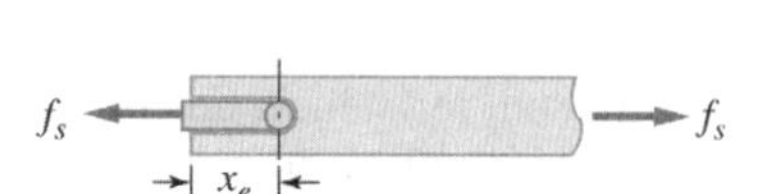

(d) Tensão de cisalhamento da aresta τ_e na chapa.

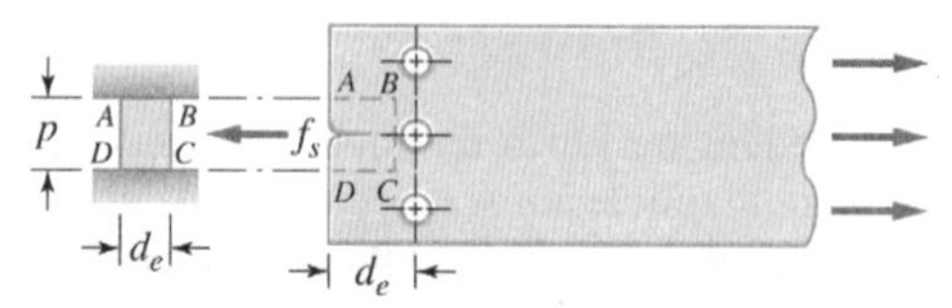

(e) Tensão de rasgamento σ_e na chapa.

Figura 13.15
Seções críticas potenciais em uniões sobrepostas rebitadas.

Para *falha por tração da chapa* entre rebites [veja Figura 13.15(a)], a tensão trativa na chapa, σ_t, é

$$\sigma_t = \frac{F_c}{(b - N_r D_h)t} \tag{13-40}$$

em que F_c = carga total cisalhante, lbf
b = largura bruta da chapa, in
t = espessura da chapa, in
D_h = diâmetro do furo, in (ligeiramente maior que o diâmetro do rebite)
N_r = número de rebites suportando a carga

Para *rebites em cisalhamento* [veja Figura 13.15(b)], a tensão de cisalhamento, τ_s, é

$$\tau_s = \frac{f_c}{A_c} = \frac{\left(\frac{F_c}{N_r}\right)}{\left(\frac{\pi D_r^2}{4}\right)} = \frac{4F_c}{\pi D_r^2 N_r} \tag{13-41}$$

em que A_c = área de cisalhamento do rebite, in²
f_c = força de cisalhamento por rebite, lbf
D_r = diâmetro do rebite, in

Para falha de *apoio* compressivo [veja Figura 13.15(c)], a tensão de apoio compressivo, σ_c, é

$$\sigma_c = \frac{f_c}{tD_r} = \frac{F_c}{tD_r N_r} \tag{13-42}$$

Para o *cisalhamento* da borda do rebite na borda da chapa [veja Figura 13.15(d)], a tensão de cisalhamento, τ_e, é

$$\tau_e = \frac{f_c}{2x_e t} = \frac{F_c}{2x_e t N_r} \tag{13-43}$$

em que x_e = distância do centro do furo do rebite à borda da chapa (valores mínimos recomendados para x_e são $2D_r$ para rebites de cabeça protuberante e $2{,}5D_r$ para rebites de cabeça rebaixada ou embutida.

Para falha por *rasgamento de borda* [modelada como uma carga central constante em flexão constante; veja Figura 13.15(e)], a tensão trativa de rasgamento da borda é

$$\sigma_e = \frac{Mc}{I} = \frac{6M}{td_e^2} = \frac{6\left(\frac{f_c p}{8}\right)}{td_e^2} = \frac{3F_c p}{4td_e^2 N_r} \tag{13-44}$$

em que p = passo (valores mínimos recomendados são mostrados na Tabela 13.7; caso sejam utilizadas duas carreiras, o espaçamento das carreiras deve ser tal que quaisquer dois rebites nas duas carreiras estejam espaçados pelo menos da distância p).

$d_e = x_e - \frac{D_r}{2}$ (distância da borda do rebite até o limite da chapa)

TABELA 13.7 Passo Mínimo de Rebite Recomendado (Espaçamento)[1]

Diâmetro do rebite D_r, in	$^1/_8$	$^5/_{32}$	$^3/_{16}$	$^1/_4$
Passo mínimo p para rebites de cabeça protuberante, in	$^1/_2$	$^9/_{16}$	$^{11}/_{16}$	$^7/_8$
Passo mínimo p para rebites embutidos de cabeça escareada, in	$^{11}/_{16}$	$^{27}/_{32}$	$1\,^1/_{32}$	$1\,^1/_4$

[1] Veja ref. 8.

Deve ser enfatizado que a seleção de materiais do rebite e dimensões para manter estas estimativas elementares de tensão abaixo da tensão de projeto propiciam apenas uma configuração *preliminar*. Para aplicações críticas, verificações experimentais deverão ser conduzidas a fim de qualificar a união em condições reais de operação.

Caso um carregamento excêntrico seja aplicado a uniões múltiplas rebitadas, os conceitos de uniões com múltiplos *parafusos* carregados excentricamente podem ser diretamente aplicados, como discutido em 13.4 em detalhe.

Exemplo 13.5 Determinação da Tensão de Tração Admissível em uma Junta Rebitada

Duas placas planas com espessura 24 mm, largura 300 mm são fixadas a duas placas de cobertura com 16 mm de espessura por meio de 20 rebites, conforme representado na Figura E13.5A. Todos os rebites têm diâmetro nominal de 24 mm e cada furo de rebite tem um diâmetro de 26 mm. As tensões de projeto, tanto para as placas quanto para os rebites, são $(\sigma_{total})_{tração} = 160$ MPa, $(\tau_{total})_{cisalhamento} = 110$ MPa e $(\sigma_{total})_{apoio} = 350$ MPa. Determine a máxima força axial admissível P que pode ser aplicada às placas principais da junta com vários rebites, considerando a falha devida a:

a. Cisalhamento do rebite
b. Falha no apoio (nas placas principais e de cobertura)
c. Falha por tração (nas placas principais e de cobertura)

Solução

a. *Cisalhamento do rebite* é determinado por $\tau_c = f_c/A_r$, em que f_c é a força cisalhante em cada rebite ($f_c = F_c/N_r$) e A_r é a área da seção transversal de cada rebite.

$$A_r = \frac{\pi}{4}D_r^2 = \frac{\pi}{4}(0{,}024)^2 = 452{,}4 \times 10^{-6}\ \text{m}^2$$

Admite-se que a força atuando em cada furo de rebite das placas principais seja distribuída igualmente, conforme indicado na Figura E13.6B. Cada rebite está causando cisalhamento duplo. Portanto, a força cisalhante em cada rebite é $f_c = P/20$. Uma vez que a tensão cisalhante admissível para rebite é $(\tau_{total})_{cisalhamento} = 110$ MPa, estabelece-se que a força admissível é

$$110 \times 10^6 = \frac{f_c}{A_r} = \frac{P}{20(452{,}4 \times 10^{-6})}$$

$$P = 110 \times 10^6(452{,}4 \times 10^{-6})(20) = 995{,}28\ \text{kN}$$

A força aplicada capaz de fazer os rebites falharem por cisalhamento é $P = 995$ kN.

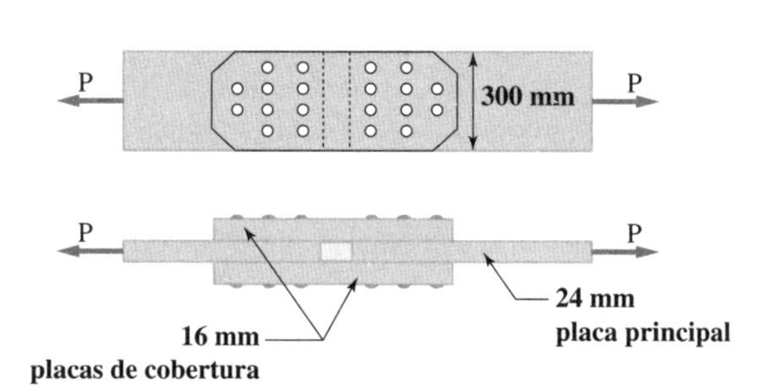

Figura E13.5A
Junta com vários rebites sob ação de uma força axial *P*.

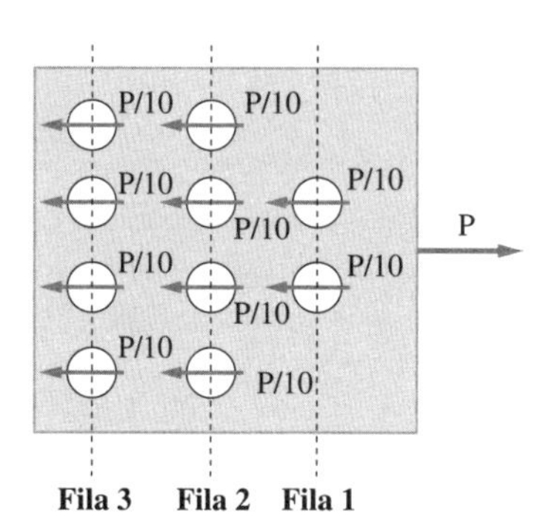

Figura E13.5B
Forças atuando na placa principal em cada furo de rebite.

Exemplo 13.5 Continuação

b. *A falha no apoio* pode ocorrer tanto na placa principal quanto na placa de cobertura. A tensão de compressão no apoio é determinada a partir de $\sigma_c = F_A/tD_r$ em que F_A é a força em cada apoio do rebite quer na placa principal quer na placa de cobertura e t é a espessura da placa. Para a *placa principal* existem 10 superfícies de apoio, cada uma suportando uma força de $F_A = P/10$. A espessura da placa principal é 24 mm e o diâmetro do rebite é 24 mm, assim, a força admissível é determinada a partir de

$$(\sigma_{total})_{apoio} = 350 \text{ MPa} = \frac{F_a}{(0{,}024)(0{,}024)} = \frac{P}{10(0{,}024)^2}$$

$$P = 10(350 \times 10^6)(0{,}024)^2 = 2016 \text{ kN}$$

Para cada *placa de cobertura* há 20 superfícies de apoio (10 para cada placa). A força de apoio em cada rebite é $F_a = P/20$ e a espessura de cada placa é 16 mm então:

$$(\sigma_{total})_{apoio} = 350 \text{ MPa} = \frac{F_a}{(0{,}016)(0{,}024)} = \frac{P}{20(0{,}016)(0{,}024)} \rightarrow P = 2688 \text{ kN}$$

c. *Falha por tração* quer na placa principal quer na placa de cobertura é determinada com base na carga atuando na placa. A carga varia para cada fila de rebites. Na Figura E13.5C está ilustrada a força atuando ao longo da segunda fileira de rebites na placa principal. Na seção da placa principal, em que não há furos de rebites, a seção transversal da placa é

$$A = tw = (0{,}024)(0{,}30) = 7{,}2 \times 10^{-3} \text{ m}^2$$

Portanto, a carga admissível é

$$P = A(\sigma_{total})_{admissível} = (7{,}2 \times 10^{-3})(160 \times 10^6) = 1152 \text{ kN}$$

Nas seções da placa onde há furos, a área que pode suportar o carregamento pode ser dada por

$$A = t(w - N_r D_f)$$

Em que t = espessura da placa (24 mm), W = largura da placa (300 mm), N_r = número de rebites e D_f = diâmetro do furo (26 mm). Será considerada cada fila de rebites separadamente

Fila 1 $\quad A = 0{,}024[0{,}300 - 2(0{,}026)] = 5{,}952 \times 10^{-3} \text{ m}^2$

$$P = F_{1-1} = 160 \times 10^6(5{,}952 \times 10^{-3}) = 952{,}3 \text{ kN}$$

Fila 2 $\quad A = 0{,}024[0{,}300 - 4(0{,}026)] = 4{,}704 \times 10^{-3} \text{ m}^2$

$$F_{2-2} + 2(P/10) = P \Rightarrow F_{2-2} = \frac{4}{5}P$$

$$F_{2-2} = \frac{4}{5}P = 160 \times 10^6(4{,}704 \times 10^{-3}) = 752{,}6 \text{ kN} \qquad P = 941 \text{ kN}$$

Fila 3 $\quad A = 0{,}024[0{,}300 - 4(0{,}026)] = 4{,}704 \times 10^{-3} \text{ m}^2$

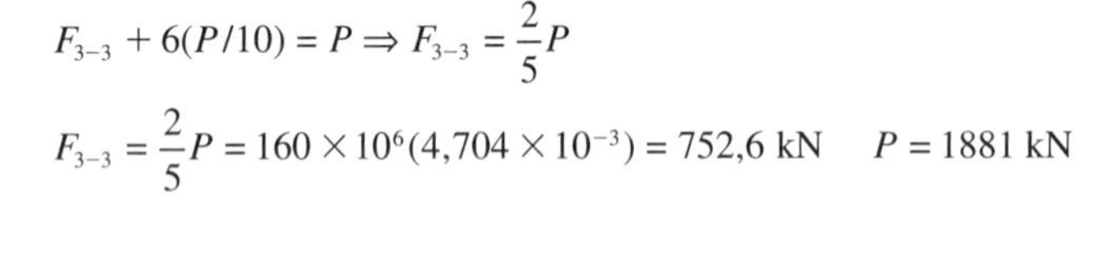

$$F_{3-3} + 6(P/10) = P \Rightarrow F_{3-3} = \frac{2}{5}P$$

$$F_{3-3} = \frac{2}{5}P = 160 \times 10^6(4{,}704 \times 10^{-3}) = 752{,}6 \text{ kN} \qquad P = 1881 \text{ kN}$$

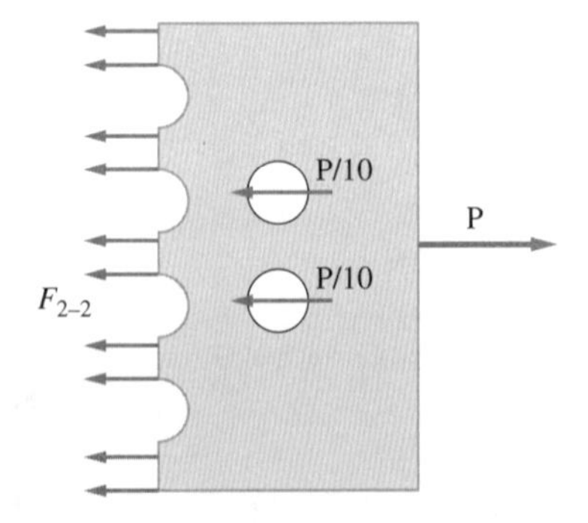

Figura E13.5C
Forças atuando ao longo da segunda fila de rebites na placa principal.

O mesmo procedimento é adotado para as placas de cobertura. A área é $A = 0{,}016[0{,}300 - N_r(0{,}026)]$. Para cada fila, obtém-se

Fila 1: $P = 5018$ kN Fila 2: $P = 1673$ kN Fila 3: $P = 1004$ kN.

Portanto, a carga máxima que pode ser aplicada à junta é a menor força que foi determinada, a qual é a da fila 2 da placa principal.

$$P = 941 \text{ kN}.$$

13.6 Soldas

Quando uniões permanentes são uma escolha de projeto apropriada, a *soldagem* é com frequência uma alternativa economicamente atrativa aos elementos de fixação roscados ou rebites. A maior parte dos processos de soldagem industriais envolve a *fusão* local das peças a serem unidas, em suas interfaces comuns, para produzir uma *junta soldado*. O calor é fornecido por um arco elétrico controlado que passa do *eletrodo* para a *peça de trabalho*, ou pelo uso de uma *chama* oxicombustível. Normalmente, um *gás inerte* ou um *fluxo* é utilizado para proteger a região da solda da atmosfera durante o processo de soldagem, e um *metal de adição* é introduzido de modo que seja obtida uma solda perfeita, sem contaminação. A Tabela 13.8 apresenta uma listagem dos processos de soldagem utilizados industrialmente com maior frequência e suas siglas de designação.

A *soldagem com eletrodos revestidos (SMAW)*, algumas vezes denominada *soldagem com vareta*, é o processo manual normalmente utilizado para trabalho de reparo e para a soldagem de grandes estruturas de aço, em que um eletrodo consumível revestido com fluxo (eletrodo de soldagem) é alimentado dentro da zona fundida enquanto o soldador atravessa a junta. A *soldagem ao arco com proteção gasosa (GMAW)*, algumas vezes denominada *soldagem com eletrodo metálico e gás inerte (MIG)*, é um processo automatizado comum para produzir soldas de alta qualidade em elevadas velocidades de soldagem. O processo GMAW pode ser utilizado para a maioria dos metais. Para a soldagem de produção, o objetivo é a seleção de um processo que proporcione a qualidade desejada e a resistência ao mais baixo custo disponível. É aconselhável que o projetista consulte um especialista em soldagem quando da seleção de um processo de soldagem a ser utilizado em um ambiente de produção.

A especificação de soldagens é normalizada pela American Welding Society (AWS) pela utilização da *simbologia básica de soldagem*,[11] mostrada na Figura 13.16. A simbologia básica consiste em uma *linha de referência*, a qual contém informação precisa sobre o tipo, dimensão, preparação do chanfro, contorno, acabamento e outros dados pertinentes da soldagem, e uma *seta* a qual aponta para o lado da junta a ser soldada, designada como *lado da seta* (enquanto oposto ao *outro lado*). Como indicado na Figura 13.16, todas as especificações de soldagem para o *lado da seta* são colocadas *abaixo* da linha de referência, e as especificações de soldagem para o *outro lado* são colocadas *acima* da linha de referência. As normas de símbolos para preparação do chanfro, tipo de solda e acabamento da junta, mostrados na Figura 13.17, são colocados caso necessário na linha de referência ou próximo da Figura 13.16.

TABELA 13.8 Processos de Soldagem Frequentemente Utilizados[1]

Sigla de Designação	Processo de Soldagem
SMAW	soldagem ao arco com eletrodos revestidos
SAW	soldagem ao arco submerso
GMAW	soldagem com arame sólido e proteção gasosa
FCAW	soldagem ao arco com arame tubular
GTAW	soldagem ao arco com eletrodo de tungstênio
PAW	soldagem ao arco plasma
OFW	soldagem oxi-gás
EBW	soldagem por feixe de elétrons
LBW	soldagem a LASER
RSW	soldagem por pontos por resistência
RSEW	soldagem de costura por resistência

[1] Para uma descrição detalhada destes processos, veja ref. 9.

[11] Veja ref. 9, Cap. 6.

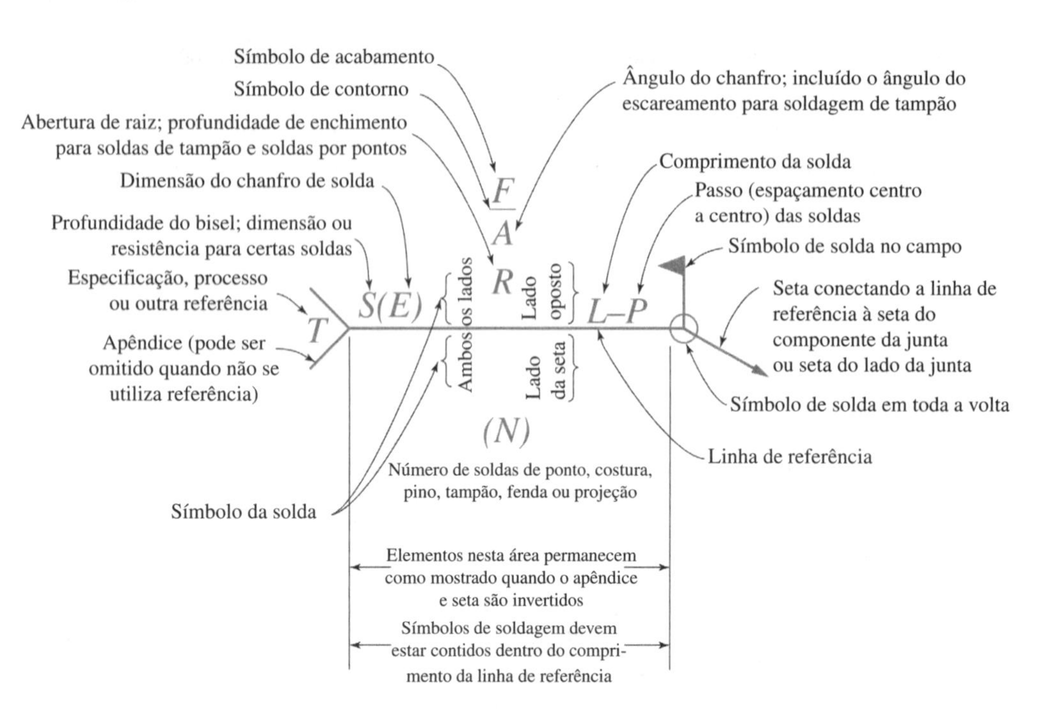

Figura 13.16
Localização padrão dos elementos de simbologia da soldagem. (Reimpresso da ref. 13 com permissão da American Welding Society.)

Chanfro							
Reto	Oblíquo	V	Meio V	U	J	V flangeado	Meio V flangeado

Filete	Tampão ou fenda	Pino	Ponto ou projeção	Costura	Reversa ou para trás	Revestimento	Aresta

Nota: A linha de referência é representada por uma linha tracejada para propósitos ilustrativos.

Solda em toda a volta	Solda de campo	Passante	Inserção do consumível (quadrado)	Cobre junta ou espaçador (retângulo)	Contorno		
					Liso ou plano	Convexo	Côncavo
				Cobre junta Espaçador			

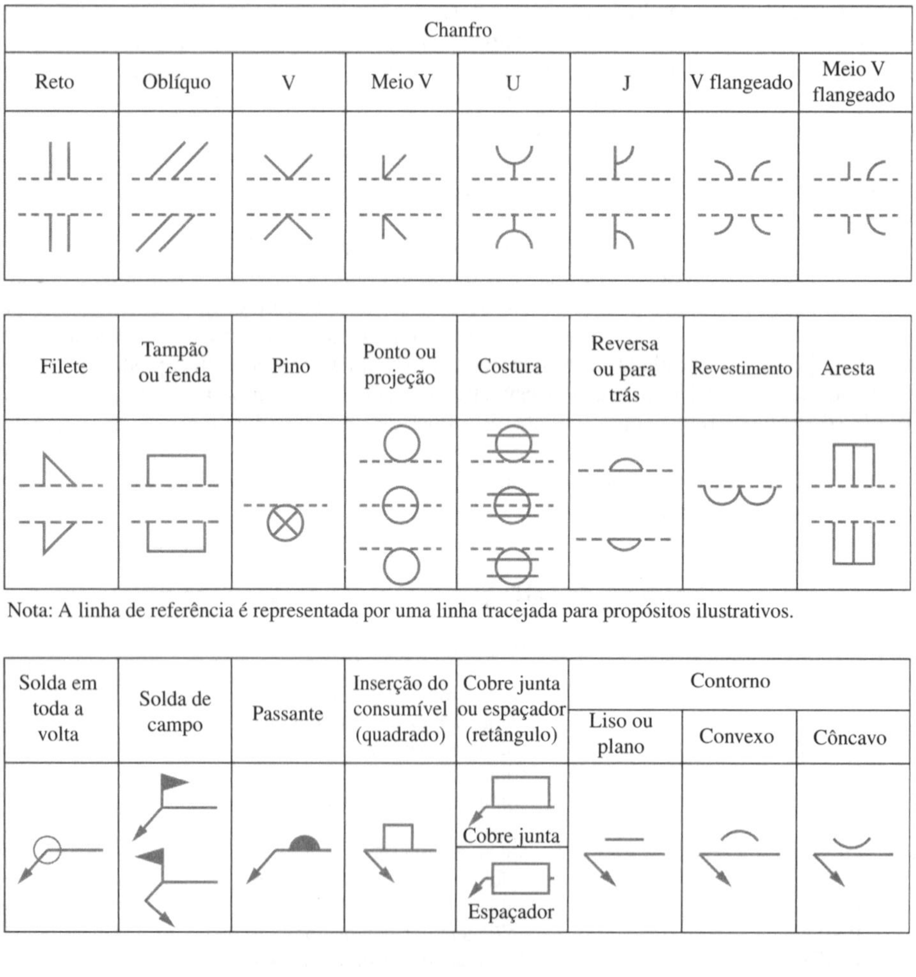

Figura 13.17
Símbolos padrões para preparação de chanfro, tipo de solda e acabamento de junta, definidos para uso com a simbologia básica de soldagem AWS mostrada na Figura 13.16. As soldas resultantes são esquematizadas na Figura 13.18. (Adaptado da ref. 13 com permissão da American Welding Society.)

Esboços de vários tipos de juntas soldadas são mostrados na Figura 13.18. Estima-se que cerca de 85 por cento das soldas industriais sejam *soldas em filete*, cerca de 10 por cento sejam *soldas de topo*, e que *soldas especiais* correspondam aos 5 por cento restantes. A Figura 13.19 fornece uma orientação preliminar para a *seleção da solda* apropriada para vários tipos básicos de junta. A seleção final do melhor tipo de solda para uma dada aplicação deve ser feita consultando um especialista em soldagem.

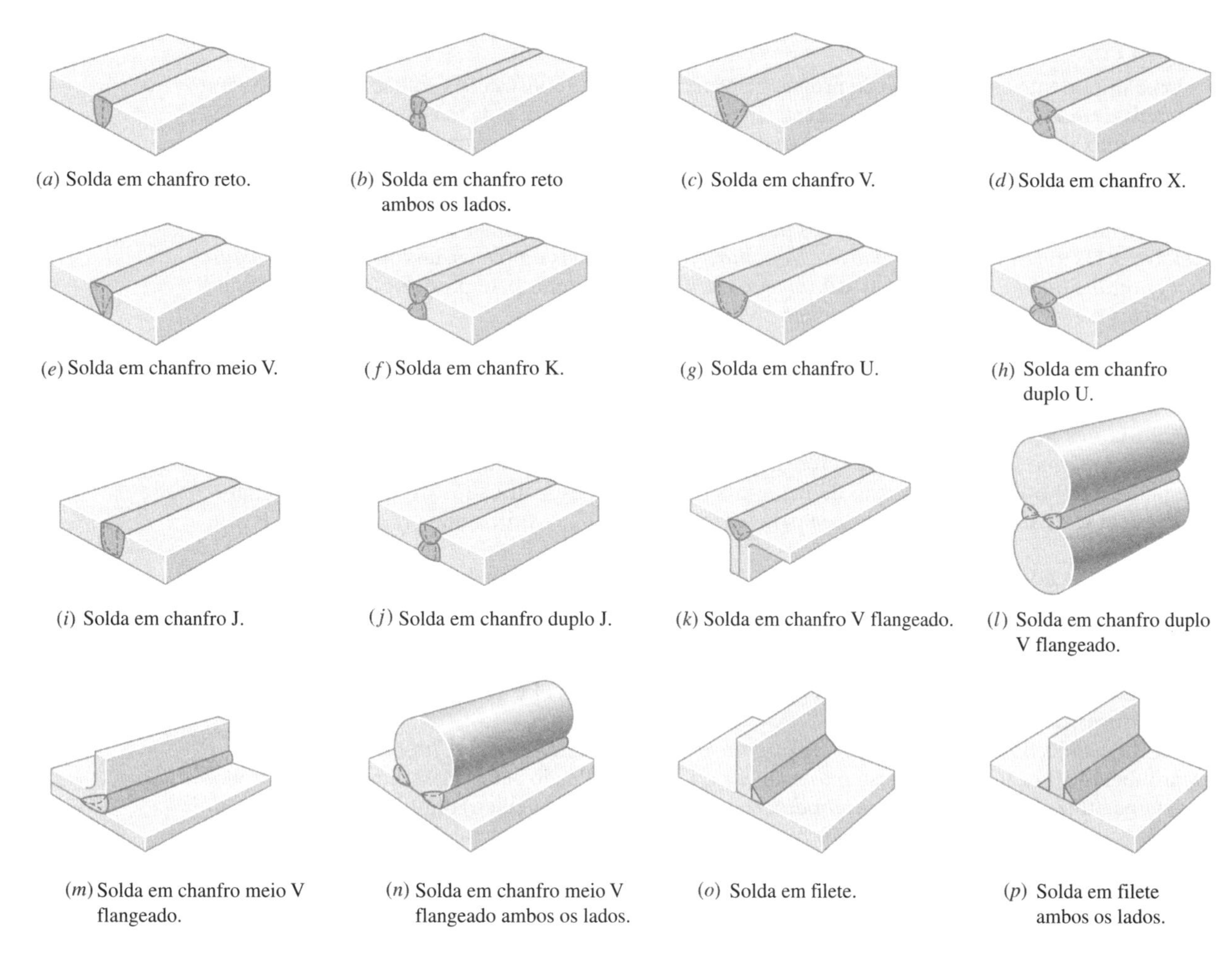

(*a*) Solda em chanfro reto.
(*b*) Solda em chanfro reto ambos os lados.
(*c*) Solda em chanfro V.
(*d*) Solda em chanfro X.
(*e*) Solda em chanfro meio V.
(*f*) Solda em chanfro K.
(*g*) Solda em chanfro U.
(*h*) Solda em chanfro duplo U.
(*i*) Solda em chanfro J.
(*j*) Solda em chanfro duplo J.
(*k*) Solda em chanfro V flangeado.
(*l*) Solda em chanfro duplo V flangeado.
(*m*) Solda em chanfro meio V flangeado.
(*n*) Solda em chanfro meio V flangeado ambos os lados.
(*o*) Solda em filete.
(*p*) Solda em filete ambos os lados.

Figura 13.18
Esquemas de vários tipos de soldas e suas preparações de chanfro. (Extraído da ref. 9, com permissão da American Welding Society.)

Figura 13.19
Seleções das soldas aplicáveis a vários tipos de juntas básicas (veja Figura 13.1). Algumas destas soldas estão esquematizadas na Figura 13.8. (Extraído da ref. 9, com permissão da American Welding Society.)

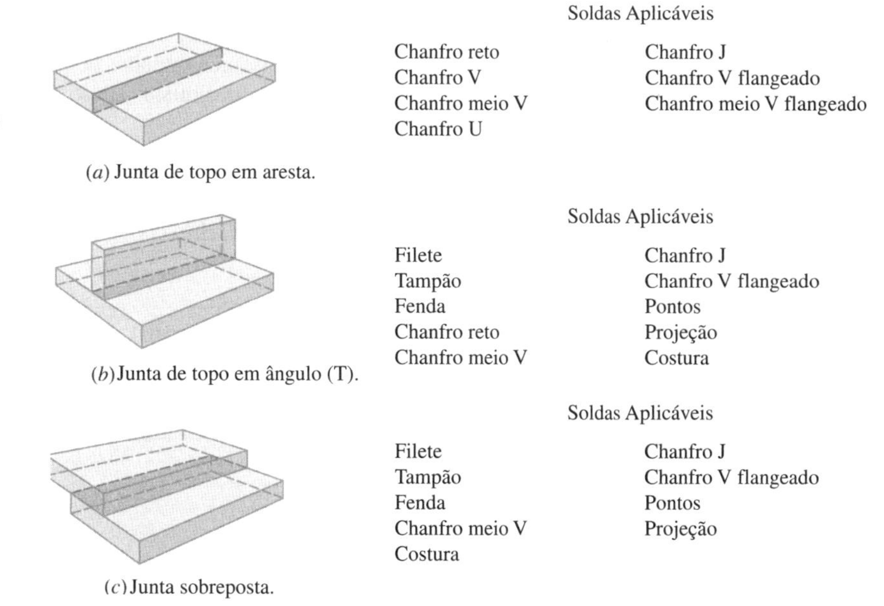

Não importando qual método de soldagem seja utilizado, a junta soldada deve ser considerada como uma região metalurgicamente não homogênea, estendendo-se desde o *metal base não aquecido* passando pela *zona afetada pelo calor (ZAC)* até a região do *metal de solda*, uma região de metal *fundido*. O gradiente em homogeneidade, junto com quaisquer descontinuidades geométricas, dá origem a *concentradores de tensão* que devem ser considerados pelo projetista, especialmente se forem aplicadas cargas variáveis ao conjunto soldado. Fatores de concentração de tensão em fadiga normalmente utilizados para vários pontos críticos de regiões soldadas são apresentados na Tabela 13.9.

Uma importante consideração de projeto na especificação de construções soldadas é que *tensões residuais desfavoráveis* (veja 4.9) de elevada magnitude podem resultar de tensões de contração pós-resfriamento, normalmente mais elevadas na direção transversal. Estas tensões residuais não possuem apenas o potencial de influenciar a vida em fadiga de forma adversa, mas também de resultar em uma *distorção* inaceitável do conjunto soldado. Os *tratamentos térmicos* de *preaquecimento* e/ou *pós-aquecimento* são normalmente utilizados para reduzir as tensões residuais e a distorção para níveis aceitáveis. Os tratamentos *mecânicos de trabalho a frio* de soldas completas, tais como o *jateamento com granalha, laminação a frio* ou *estiramento a frio*, são utilizados para produzir tensões residuais favoráveis nos pontos críticos da soldagem (veja 5.6).

Metais de Base, Materiais de Adição e Soldabilidade

A maioria dos metais pode ser soldada pela seleção do processo apropriado, eletrodo e meio de proteção. O termo *soldabilidade* se refere a uma descrição qualitativa quanto à qualidade de solda que pode ser obtida pela utilização de materiais e processos especificados. A Tabela 13.10 apresenta as características de soldabilidade para vários metais e ligas, utilizando práticas de soldagem aprovadas.[12]

Os materiais dos eletrodos normalmente possuem composição similar à do metal base a ser soldado, mas frequentemente possuem resistência à tração ligeiramente mais elevada. As especificações para eletrodos têm sido desenvolvidas e publicadas nas normas ANSI/AWS. Por exemplo, as referências sobre especificações de eletrodos para os processos de soldagem SMAW e GMAW, discutidas brevemente acima, são mostradas para vários materiais nas Tabelas 13.11 e 13.12, respectivamente. (Para outros processos, veja ref. 9.)

Na *Especificação de Eletrodos Revestidos para Soldagem ao Arco de Aço-Carbono* ANSI/AWS 5.1 (veja Tabela 13.11), um simples sistema de numeração é especificado para a classificação do eletrodo. O sistema utiliza o prefixo E (para *eletrodo*), seguido por quatro (ou cinco) dígitos. Os dois (ou três) primeiros dígitos representam a *resistência à tração mínima* (ksi) do metal de solda não diluído na condição de como soldado. O próximo dígito indica a *conveniência da posição de soldagem* (1: todas as posições; 2: plana e filetes horizontais e 3: somente plana). O último dígito se refere ao *revestimento do eletrodo* e ao tipo de *corrente*. Os eletrodos para *aço-carbono* estão disponíveis em séries 60 e 70 de níveis de resistência. Os eletrodos para *aço baixa liga* estão disponíveis em níveis de resistência de 70 a 120 ksi em incrementos de 10 ksi. As propriedades nominais de metais de solda para alguns destes eletrodos são mostradas na Tabela 13.13.

Cálculos de projeto para estruturas soldadas devem ser baseados ou na resistência do material do eletrodo ou na resistência do metal base, dependendo da configuração, e fatores de segurança de projeto devem ser escolhidos utilizando-se os métodos do Capítulo 2. Contudo, em certas aplicações, nas quais a segurança pública está em questão, fatores de segurança (tensões de projeto admissíveis), bem como outras especificações, estão prescritos por lei. Os projetistas são obrigados a seguir os códigos de construção aplicáveis nestes casos.[13]

TABELA 13.9 Fatores de Concentração de Tensão de Fadiga K_f para Vários Pontos Críticos da Zona Soldada

Localização	K_f
ZAC[1] do reforço da junta de topo (mesmo se rebaixado por esmeril)	1,2
Margem do filete de solda transverso	1,5
Final de filete de solda paralelo	2,7
Margem da junta de topo em ângulo (T)	2,0

[1] Zona afetada pelo calor.

[12] Veja ref. 9.

[13] Veja, por exemplo, American Institute of Steel Construction (AISC) *Manual of Steel Construction*, e American Society of Mechanical Engineers (ASME) *Boiler and Pressure Vessel Code*.

TABELA 13.10 Soldabilidade de Vários Metais (B = Boa, F = Fraca, I = Inaceitável)

Metal	Arco	Gás	Metal	Arco	Gás
Aço-carbono			Ligas de magnésio	I	B
Baixo e médio carbono	B	B			
Alto carbono	B	F	Cobre e ligas		
Aço ferramenta	F	F	Cobre desoxidado	F	B
			Fundido, eletrolítico e minério	B	F
Aço fundido, aço-carbono comum	B	B	Bronze comercial, bronze vermelho e latão comum	F	B
			Latão para molas, almirantado, amarelo e comercial	F	B
Ferro fundido cinzento e ligas	F	B	Metal patente, latão naval e bronze magnésio	F	B
			Bronze fosforoso, bronze de mancais e bronze de sino	B	B
Ferro maleável	F	F	Bronze alumínio	B	F
			Cobre-berílio	B	—
Aços de alta resistência e baixa liga					
Ni-Cr-Mo e Ni-Mo	F	F	Níquel e ligas	B	B
A maior parte dos outros	B	B			
			Chumbo	I	B
Aço inoxidável					
Cromo	B	F			
Cromo-níquel	B	B			
Alumínio e ligas					
Comercialmente puro	B	B			
Ligas Al-Mn	B	B			
Ligas Al-Mg-Mn e Al-Si-Mg	B	F			
Ligas Al-Cu-Mg-Mn	F	I			

TABELA 13.11 Especificações AWS para Eletrodos Revestidos Utilizados no Processo SMAW

Material de Base	Especificação AWS
Aço-carbono	A5.1
Aço baixa liga	A5.5
Aço resistente à corrosão	A5.4
Ferro fundido	A5.15
Alumínio e ligas	A5.3
Cobre e ligas	A5.6
Níquel e ligas	A5.11
Revestimento	A5.13 e A5.21

TABELA 13.12 Especificações AWS para Arame Eletrodo Utilizado no Processo GMAW

Material de Base	Especificação AWS
Aço-carbono	A5.18
Aço baixa liga	A5.28
Ligas de alumínio	A5.10
Ligas de cobre	A5.7
Magnésio	A5.19
Ligas de níquel	A5.14
Aço inoxidável série 300	A5.9
Aço inoxidável série 400	A5.9
Titânio	A5.16

TABELA 13.13 Propriedades Mínimas de Eletrodos para Soldagem de Aço-Carbono e Aço Baixa Liga

ANSI/AWS Eletrodo	Limite de resistência, ksi (MPa)	Limite de escoamento, ksi (MPa)	Alongamento percentual, em 2 in
E 60	62 (427)	50 (345)	17–25
E 70	70 (482)	57 (393)	22
E 80	80 (551)	67 (462)	19
E 90	90 (620)	77 (531)	14–17
E 100	100 (689)	87 (600)	13–16
E 120	120 (827)	107 (737)	14

Soldas de Topo

Caso técnicas de soldagem aprovadas sejam utilizadas, e uma solda de penetração total perfeita seja obtida, a análise de tensões da *seção crítica de uma solda de topo* pode ser conduzida utilizando os métodos do Capítulo 4 para analisar os padrões de tensão em um elemento de máquina *monolítico*. Para utilizar esta abordagem supõe-se que a zona soldada possua características e propriedades do metal base das chapas soldadas. Um fator de concentração de tensões apropriado deve ser utilizado caso cargas *variáveis* sejam impostas à região da solda. Se as cargas são *estáticas*, e os materiais são *dúcteis*, um fator de concentração de tensões normalmente não é necessário (veja Tabela 4.7). Se uma simples tira soldada de topo, tal como a mostrada na Figura 13.20, é submetida, por exemplo, a uma carga trativa direta P, a tensão trativa na zona soldada pode ser calculada como

$$\sigma = K_f \sigma_{nom} = K_f\left(\frac{P}{tL_w}\right) \tag{13-45}$$

em que K_f = fator de concentração de tensões de fadiga (veja Tabela 13.9)
P = carga trativa, lbf
t = garganta da solda (espessura da chapa), in
L_w = comprimento efetivo da solda (normalmente tomado como a largura da chapa, w, porém uma dedução pode ser feita para imperfeições no final do passe de soldagem causadas pelo início e término do cordão de solda).

Em geral, nenhum crédito relativo a suporte de carga é atribuído ao reforço, uma vez que a falha normalmente se inicia na zona afetada pelo calor. Se existe a falha por fadiga em potencial, o reforço é normalmente esmerilhado plano, mas um fator de concentração de tensões de fadiga ainda deve ser aplicado por causa de imperfeições da zona soldada.

Soldas em Filete

As distribuições de tensão *exatas* em filetes de solda carregados são não lineares e difíceis de serem estimados com precisão.[14] Tornou-se uma prática comum basear a dimensão requerida para os filetes de solda na *tensão cisalhante média* em cima da garganta da junta. Como mostrado na Figura 13.21, a *garganta* do filete de solda é a altura t de um triângulo equilátero, cujas pernas s são iguais à dimensão do filete. Portanto

$$t = 0{,}707s \tag{13-46}$$

e a área de cisalhamento de um filete de solda é

$$A_s = 0{,}707sL_w \tag{13-47}$$

em que L_w = comprimento de solda efetivo.

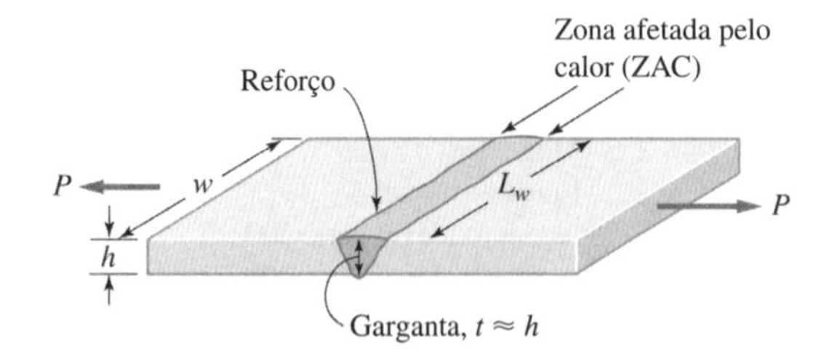

Figura 13.20
Tira soldada de topo submetida a uma carga de tração *P*. [Normalmente a seção crítica é a zona afetada pelo calor (ZAC) no chanfro da solda.]

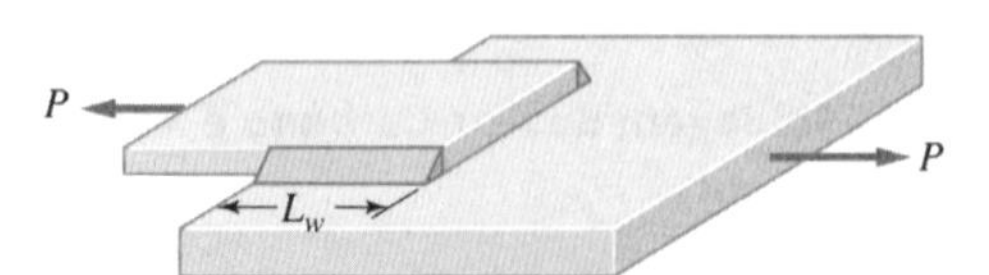

(*a*) Filetes de solda paralelos submetidos a cisalhamento longitudinal. (A carga é paralela à direção da solda.)

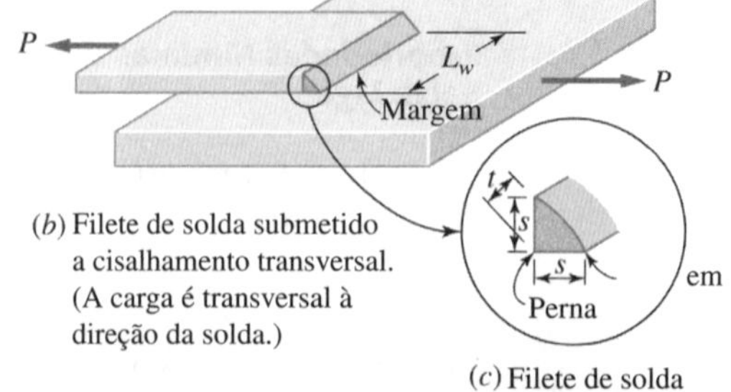

(*b*) Filete de solda submetido a cisalhamento transversal. (A carga é transversal à direção da solda.)

(*c*) Filete de solda de dimensão "*s*" com garganta "*t*".

Figura 13.21
Filetes de solda submetidos a cargas paralelas e transversais à direção de soldagem.

[14] Veja, por exemplo, ref. 10.

Portanto, para soldas carregadas simetricamente e submetidas a um cisalhamento transversal ou longitudinal, a tensão cisalhante média na garganta de solda pode ser calculada como

$$\tau_w = \frac{P}{A_s} = \frac{P}{0{,}707 s L_w} \tag{13-48}$$

Para carregamentos variáveis, um fator de concentração de tensões de fadiga apropriado também deve ser utilizado (veja Tabela 13.9).

Exatamente como no caso de uniões com múltiplos *parafusos*, ou uniões múltiplas *rebitadas*, se uniões múltiplas *soldadas* forem submetidas a um carregamento excêntrico, como ilustrado na Figura 13.22, uma tensão de cisalhamento adicional do tipo de torção τ_t será desenvolvida nas soldas. Esta tensão de cisalhamento do tipo de torção deve ser adicionada *vetorialmente* ao cisalhamento direto, τ_w, nos pontos críticos da solda. Para estimar a tensão de cisalhamento do tipo de torção, pode-se considerar que as peças de metal base são *rígidas*, e que apenas as soldas se comportam como elementos do tipo linear elástico (molas).

Primeiro, deve-se encontrar o centroide do *conjunto soldado* utilizando as equações nas formas de (13-34), com exceção de que as A_i são as áreas das *gargantas* da solda para as várias soldas do conjunto, e x_i e y_i são as coordenadas individuais do centroide de solda para cada uma das i soldas.

A tensão cisalhante devida à torção em qualquer ponto i pode ser definida como

$$\tau_{ti} = \frac{T r_i}{J_j} \tag{13-49}$$

em que T = Pe = momento similar à torção na junta soldada
r_i = raio, a partir do centroide, até o i-ésimo ponto de interesse
J_j = momento polar de inércia da junta soldada

O momento polar de inércia da junta soldada pode ser calculado determinando-se o momento polar de inércia de cada solda no grupo em torno de seu próprio centroide; acrescentando-se o *termo de transferência* (teorema de eixos paralelos) para determinar seu momento de inércia em torno do centroide e somando-se todas as n soldas do grupo. Assim,

$$J_j = \sum_{i=j}^{n}\left[J_{0i} + A_i \hat{r}^2\right] \approx \sum_{i=j}^{n}\left[A_i\left(\frac{L_{wi}^2}{12} + \hat{r}_i^2\right)\right] \tag{13-50}$$

em que J_{0i} = momento polar de inércia da i-ésima solda em torno de seu centroide $\approx A_i \dfrac{L_{wi}^2}{12}$.
$\hat{r}_i$ = raio desde o centroide da junta até o centroide da i-ésima solda.

Assim como para as juntas parafusadas, ilustradas na Figura 13.13, as tensões cisalhantes semelhantes às tensões geradas por torção, τ_{ti}, devem ser somadas *vetorialmente* à tensão direta de cisalhamento, τ_W em cada ponto crítico potencial. Assim como na união parafusada, o ângulo que τ_{ti} faz com um

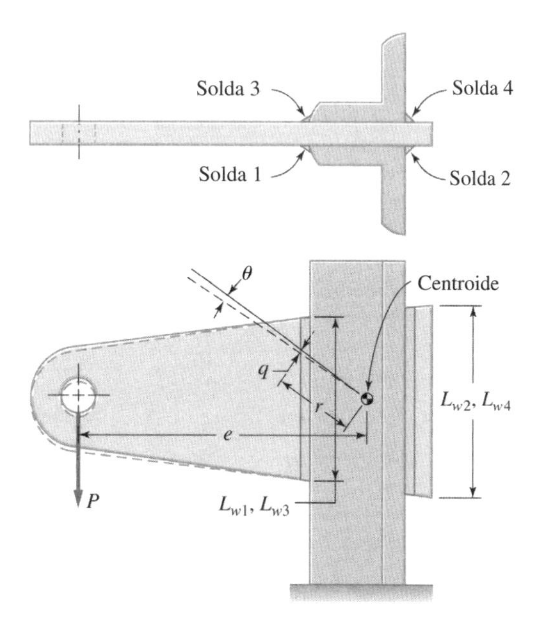

Figura 13.22
União com múltiplos filetes de solda submetida a carregamento excêntrico.

eixo de referência conveniente deva ser conhecido para ser possível determinar seus componentes. Conhecidas as coordenadas (x_i, y_i) do ponto crítico relativos ao centroide da junta, os componentes da tensão cisalhante devido à torção podem ser determinados, assim como foram aquelas destinadas às uniões parafusadas, usando-se

$$(\tau_{ti})_x = \frac{Ty_i}{J_j} \quad \text{e} \quad (\tau_{ti})_y = \frac{Tx_i}{J_j} \tag{13-51}$$

De uma forma similar, uma junta soldada pode ser submetida a um momento fletor em relação a qualquer um dos eixos ortogonais de seu centroide. Sob a aplicação de um momento fletor, a tensão cisalhante devida ao momento em um ponto arbitrário da junta pode ser definido por

$$\tau_{fi} = \frac{Mc_i}{I_j} \tag{13-52}$$

em que M = momento fletor atuando na junta soldada
c_i = distância do centroide até o i-ésimo ponto crítico de interesse
I_j = momento de inércia da junta soldada.

Tanto o momento polar de inércia (J_j) quanto o momento de inércia (I_j) nas equações (13-49) e (13-51), respectivamente, podem ser definidos em termos de um momento de inércia unitário (J_u ou I_u), que são relativas à inércia unitária pela espessura da solda t, que é relacionada com a dimensão da solda s conforme definido em (13-46). Considere a junta soldada indicada na Figura 13.23 que está sujeita a dois momentos fletores e a um torque.

As tensões cisalhantes causadas pelos momentos fletores são $\tau_{fi} = M_y c_i / I_{j-y}$ e $\tau_{fi} = M_z c_i / I_{j-x}$. A tensão cisalhante está relacionada ao torque por (13-49). As inércias das juntas em torno dos eixos x e y estão relacionadas às inércias unitárias com respeito aqueles eixos por meio de:

$$I_{j-x} = tI_{u-x} = 0{,}707\ sI_{u-x} \tag{13-53}$$

$$I_{j-y} = tI_{u-y} = 0{,}707\ sI_{u-y} \tag{13-54}$$

Lembrando a definição básica de momento polar de inércia a partir da resistência dos materiais ($J = I_x + I_y$), pode-se definir o momento polar de inércia como

$$J_j = tJ_u = 0{,}707\ sJ_u = 0{,}707\ s(I_{u-x} + I_{u-y}) \tag{13-55}$$

A área, a localização do centroide, os momentos de inércia unitária e os momentos de inércia polar para uma série de configurações comuns de soldas de filete estão mostrados na Tabela 13.14. A inércia unitária é geralmente mais simples de se usar em formas comuns de soldas do que a aplicação de (13-15). Em situações em que uma geometria complexa de soldas existe, a tabela para inércias unitárias não ajuda e deve-se usar (13-15).

Com estas expressões em mãos, uma sugestão de procedimento para solda em filete pode ser estabelecida como segue:

1. Tente configurar o conjunto soldado proposto de modo que as soldas possam ser colocadas onde sejam mais efetivas. Por exemplo, a colocação simétrica dos cordões de solda com relação ao centroide do grupo soldado tenderá a maximizar o valor de J_j [veja (13-50)], e portanto minimizar a tensão de cisalhamento do tipo de torção.
2. Esquematize a junta soldada proposta, mostrando a localização proposta e o comprimento para cada cordão de solda. Além disso, mostre cargas externas e suportes. (Isto pode exigir três vistas caso uma geometria tridimensional de cordão de solda ou tridimensional de carregamento esteja envolvida.)
3. Encontre o centroide da junta e o momento de inércia polar da junta, J_j, ao redor do centróide do conjunto soldado.

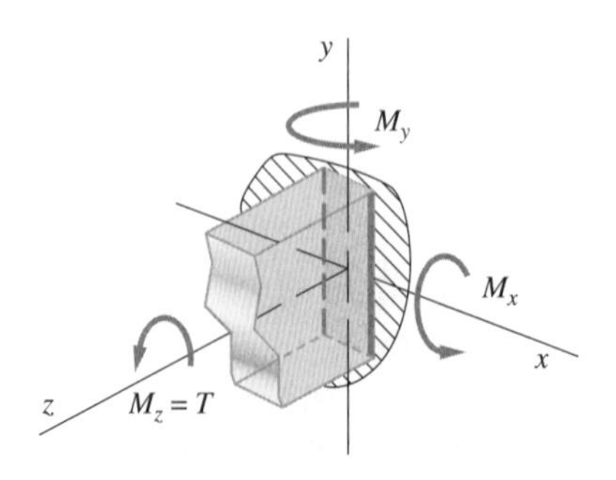

Figura 13.23
Junta soldada sujeita a dois momentos fletores e a um torque.

4. Selecione os pontos críticos potenciais. Normalmente estes ocorrem no final e nas bordas das soldas que estão mais distantes do centroide da junta (valor máximo de r_i).
5. Utilizando (13-48) e (13-49) ou (13-51), calcule valores preliminares para τ_w e τ_{ti} (ou τ_{ti-x} e τ_{ti-y}) e os adicione vetorialmente para obter uma tensão de cisalhamento *resultante* preliminar, τ_{si}, em cada ponto crítico potencial. Caso as cargas sejam *variáveis*, fatores de concentração de tensão de fadiga apropriados devem ser empregados.
6. Compare a maior tensão de cisalhamento *resultante*, $\tau_{s\text{-}máx}$, com a tensão de cisalhamento permitida em projeto τ_p. Resolva para o tamanho de solda s.

TABELA 13.14 Momentos de Inércia Unitários para Configurações de Soldas Selecionadas

			Momento de inércia unitário	
Configuração de solda	Área da garganta	Centroide	I_u	$J_u = I_{u-x} + I_{u-y}$
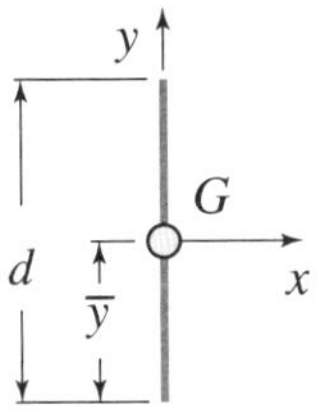	$A = 0{,}707\ sd$	$\bar{x} = 0$ $\bar{y} = d/2$	$I_u = \dfrac{d^3}{12}$	$J_u = \dfrac{d^3}{12}$
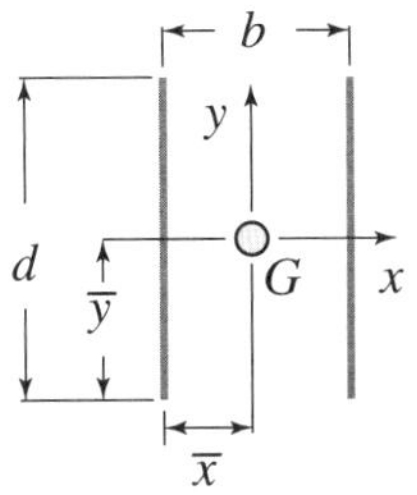	$A = 1{,}414\ sd$	$\bar{x} = b/2$ $\bar{y} = d/2$	$I_{u-x} = \dfrac{d^3}{6}$ $I_{u-y} = \dfrac{db^2}{2}$	$J_u = \dfrac{d(3b^2 + d^2)}{6}$
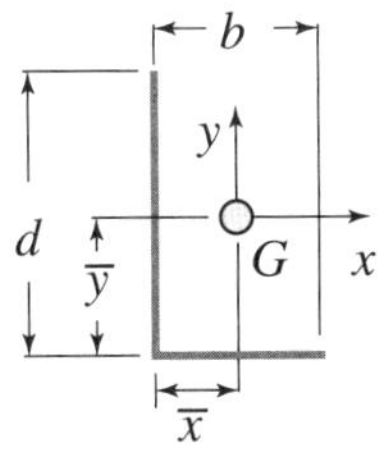	$A = 0{,}707\ s\ (b + d)$	$\bar{x} = \dfrac{b^2}{2(b + d)}$ $\bar{y} = \dfrac{d^2}{2(b + d)}$	$I_{u-x} = \dfrac{d^3(d + 4b)}{12(b + d)}$ $I_{u-y} = \dfrac{b^3(b + 4d)}{12(b + d)}$	$J_u = \dfrac{b^4 + d^4 + 4bd(b^2 + d^2)}{12(b + d)}$
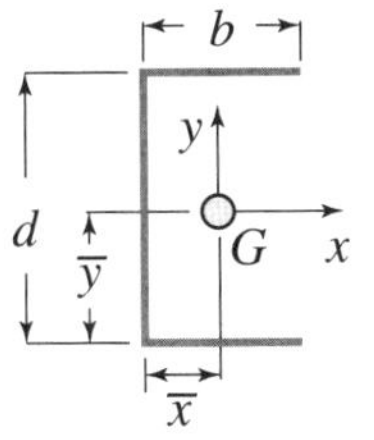	$A = 0{,}707\ s\ (2b + d)$	$\bar{x} = \dfrac{b^2}{2b + d}$ $\bar{y} = d/2$	$I_{u-x} = \dfrac{d^2}{12}(d + 6b)$ $I_{u-y} = b^3\left(\dfrac{b + 2d}{3(2b + d)}\right)$	$J_u = \dfrac{d^2(d + 6b)}{12} + b^3\left(\dfrac{b + 2d}{3(2b + d)}\right)$
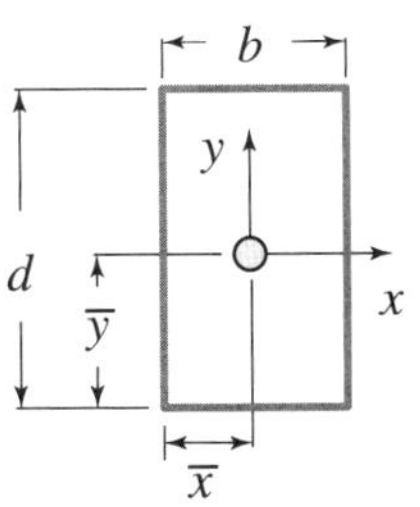	$A = 1{,}414\ s\ (b + d)$	$\bar{x} = b/2$ $\bar{y} = d/2$	$I_{u-x} = \dfrac{d^2}{6}(d + 3b)$ $I_{u-y} = \dfrac{b^2}{6}(b + 3d)$	$J_u = \dfrac{(b + d)^3}{6}$

(Continua)

TABELA 13.14 (*Continuação*)

Configuração de solda	Área da garganta	Centroide	Momento de inércia unitário	
			I_u	$J_u = I_{u-x} + I_{u-y}$
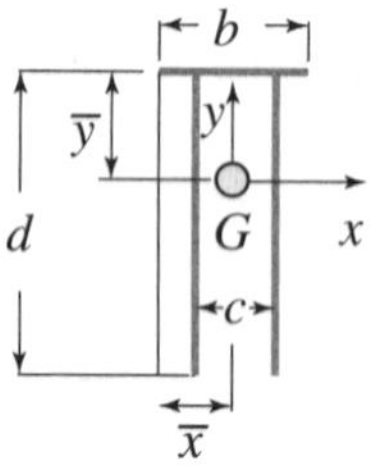	$A = 0{,}707\, s\,(b + 2d)$	$\bar{x} = b/2$ $\bar{y} = \dfrac{d^2}{b + 2d}$	$I_{u-x} = \dfrac{d^3}{3}\dfrac{(2b + d)}{(b + 2d)}$ $I_{u-y} = \dfrac{b^3}{12} + \dfrac{da^2}{2}$	$J_u = \dfrac{d^3}{3}\dfrac{(2b + d)}{(b + 2d)} + \dfrac{b^3}{12} + \dfrac{da^2}{2}$
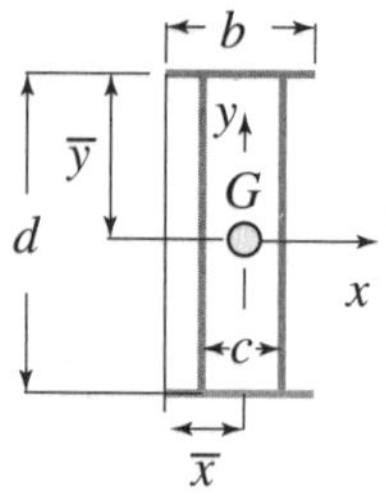	$A = 1{,}414\, s\,(b + d)$	$\bar{x} = b/2$ $\bar{y} = d/2$	$I_{u-x} = \dfrac{2d^3}{3}$ $I_{u-y} = \dfrac{b^3}{6} + \dfrac{da^2}{2}$	$J_u = \dfrac{2d^3}{3} + \dfrac{b^3}{6} + \dfrac{da^2}{2}$
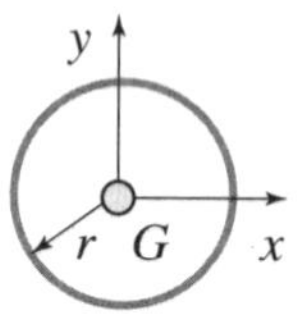	$A = 1{,}414\, \pi s r$		$I_{u-x} = I_{u-y} = \pi r^3$	$J_u = 2\pi r^3$

Exemplo 13.6 Determinação das Dimensões do Filete de Solda

Deseja-se soldar uma chapa lateral de aço 1020 a uma coluna de aço 1020 conforme as especificações da Figura E13.6A. A chapa lateral deve suportar uma carga estática vertical de 6000 lbf aplicada a uma distância horizontal de 5 polegadas da aresta da coluna. Determine a dimensão do filete de solda que deve ser utilizado, se todas as soldas têm a mesma dimensão e um fator de segurança de projeto de 2 foi selecionado.

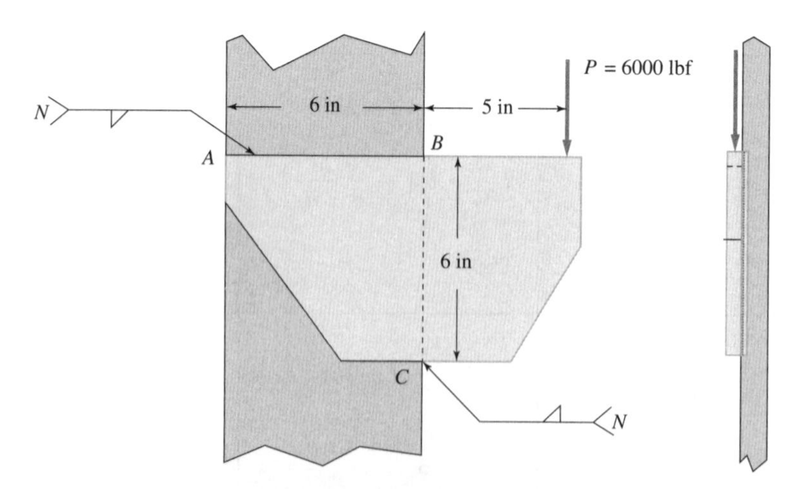

Figura E13.6A
Esquema proposto de instalação da chapa lateral.

Solução

A partir da Figura E13.6A, pode-se notar que a carga excêntrica P produz o *cisalhamento direto* e o *cisalhamento do tipo de torção* nas duas soldas em filete especificadas. Uma dimensão preliminar da solda deve ser suposto ou estimado. Da Tabela 13.13, o limite de escoamento para um eletrodo E6012 é $S_{yp} = 50.000$ psi. Utilizando-se o fator de segurança especificado de 2 e a teoria da energia de distorção,

$$\tau_d = \frac{\tau_{yp}}{2} = \frac{0{,}577S_{yp}}{2} = 14.500 \text{ psi}$$

A partir da Figura E13.6B, as coordenadas centroidais do conjunto soldado relativas a A são

$$\bar{x} = \frac{(6s)3 + (6s)6}{12s} = 4{,}5 \text{ in (direita)}$$

e

$$\bar{y} = \frac{(6s)0 + (6s) - 3}{12s} = 1{,}5 \text{ in (para baixo)}$$

O comprimento total da solda é $L_w = 12$ polegadas, sendo cada segmento de 6 polegadas de comprimento. A determinação do momento polar de inércia usando (13-50) necessita definir a localização do centroide de cada solda em relação ao centroide da solda. Além disso, a área da seção de cada solda é necessária. Para a solda indicada, observa-se que $A_1 = A_2 = 0{,}707s(6) = 4{,}242s$ e $r_1 = r_2 \sqrt{(1{,}5)^2 + (1{,}5)^2} = 2{,}12$ polegadas quadrada. Assim, usando (13-50)

$$J_j = 2\left[4{,}242s(\frac{6^2}{12} + (2{,}12)^2\right] = 55{,}398s$$

As reações ao carregamento no centroide da solda consistem de uma força vertical de cisalhamento $P = 6000$ lbf e um torque $T = 6{,}5(6000) = 39.000$ lbf · polegada. Os pontos A e C na junta são os mais afastados do centroide e apresentarão as tensões cisalhantes mais elevadas. A tensão cisalhante direta é determinada usando-se (13-48) e os componentes da tensão de cisalhamento devida ao torque em torno do centroide é determinada de (13-51). A Figura E13.6B (b) mostra as cargas atuando no centroide da solda e os componentes de cada tensão cisalhante.

Conhecendo $A_s = 0{,}707s(12)$, determina-se a tensão cisalhante direta de (13-48) como:

$$\tau_w = \frac{P}{A_s} = \frac{6000}{0{,}707s(12)} = \frac{707}{s}$$

De forma similar, usando (13-51), os componentes da tensão cisalhante em A e C são

$$(\tau_{tA})_x = \frac{Ty_A}{J_j} = \frac{39.000(1{,}5)}{55{,}398s} = \frac{1056}{s} \qquad (\tau_{tA})_y = \frac{Tx_A}{J_j} = \frac{39.000(4{,}5)}{55{,}398s} = \frac{3168}{s}$$

$$(\tau_{tC})_x = \frac{Ty_C}{J_j} = \frac{39.000(4{,}5)}{55{,}398s} = \frac{3168}{s} \qquad (\tau_{tC})_y = \frac{Tx_C}{J_j} = \frac{39.000(1{,}5)}{55{,}398s} = \frac{1056}{s}$$

Da Figura E13.6B, observa-se que os componentes em Y da tensão cisalhante se somam no ponto C e têm sentidos contrários no ponto A. Como resultado, tem-se

$$\tau_{A-y} = \frac{3168}{s} - \frac{707}{s} = \frac{2461}{s} \qquad \tau_{C-y} = \frac{1056}{s} + \frac{707}{s} = \frac{1763}{s}$$

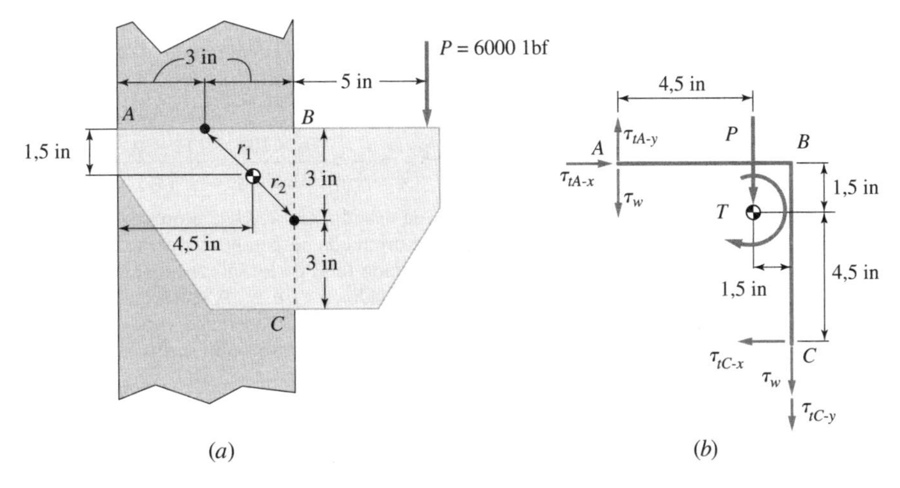

Figura E13.6B
Posição centroidal e localização dos pontos críticos.

Exemplo 13.6 Continuação

A tensão cisalhante total nos pontos A e C é então

$$\tau_A = \sqrt{(\tau_{A-x})^2 + (\tau_{A-y})^2} = \sqrt{\left(\frac{1056}{s}\right)^2 + \left(\frac{2461}{s}\right)^2} = \frac{2678}{s}$$

$$\tau_C = \sqrt{(\tau_{C-x})^2 + (\tau_{C-y})^2} = \sqrt{\left(\frac{3168}{s}\right)^2 + \left(\frac{1763}{s}\right)^2} = \frac{3626}{s}$$

Uma vez que o ponto C experimenta a maior tensão cisalhante, compara-se τ_C com τ_d o que resulta em

$$\frac{3626}{s} = 14.500 \quad \Rightarrow \quad s = 0{,}25 \text{ polegada}$$

Para um carregamento estático, uma solda de filete de ¼ de polegada é *recomendada para essa aplicação*. (Deve-se notar que se o carregamento fosse cíclico, deveria ser necessário usar um fator de concentração de tensões e, provavelmente, seria necessária uma solda de tamanho maior.)

Exemplo 13.7 Análise de Junta Soldada Usando Inércia Unitária

Duas soldas, indicadas como AB e CD na Figura 13.7A são necessárias para fixar uma placa a um componente de máquina, conforme indicado. A placa está sujeita a 45 kN de carregamento orientado conforme indicado. A tensão cisalhante admissível no material da solda é $\tau_{admissível} = 145$ MPa. Usando inércia unitária, determine o tamanho necessário da solda.

Solução

Devido à simetria, o centroide da seção soldada é fácil de ser determinado e está marcado sobre o esboço original. A carga aplicada de 45 kN pode ser decomposta nos componentes $P_x = (3/5)P = 27$ kN e $P_y = (4/5)P = 36$ kN. A criação de um sistema binário-força equivalente no centroide da solda resulta em duas forças cisalhantes diretas (P_x e P_y) assim como um momento torsor na direção indicada na Figura E13.7B e uma intensidade de

$$T = 0{,}175P_y - 0{,}1P_x = 0{,}175(36) - 0{,}1(27) = 3{,}6 \text{ kN} \cdot \text{m (sentido horário)}$$

Da Tabela 13.14, o momento polar de inércia para esta configuração de solda é

$$J_u = \frac{d(3b^2 + d^2)}{6} = \frac{0{,}15[3(0{,}15)^2 + (0{,}2)^2]}{6} = 2{,}6875 \times 10^{-3} \text{ m}^3$$

O comprimento total da solda é $L_w = 2(0{,}15) = 0{,}3$ m. Usando uma espessura de solda $t = 0{,}707s$, pode-se determinar a área sobre a qual as forças diretas de cisalhamento são aplicadas e o momento de inércia, como sendo:

$$A = tL_w = 0{,}707s(0{,}3) = 0{,}21s$$

$$J_j = tJ_u = (0{,}707s)(2{,}6875 \times 10^{-3}) \approx 1{,}9 \times 10^{-3}s$$

A tensão cisalhante devida ao cisalhamento direto em todos os pontos ao longo das soldas AB e CD é a mesma. A tensão cisalhante devida ao momento torsor varia com a distância até o centroide, alcançando um máximo nos pontos A, B, C e D, que são os pontos mais distantes do centroide (0,125 m). A intensidade é a mesma nestes pontos, mas a direção de τ_T é diferente em cada ponto. A tensão cisalhante direta nas direções x e y ao longo das soldas AB e CD é

$$\tau_{dx} = \frac{P_x}{A} = \frac{27 \times 10^3}{0{,}21s} = \frac{129 \times 10^3}{s} \qquad \tau_{dy} = \frac{P_y}{A} = \frac{36 \times 10^3}{0{,}21s} = \frac{171 \times 10^3}{s}$$

A tensão cisalhante devida à torção pode ser determinada usando $\tau_{ti} = Tr_i/J_j$, que produz a intensidade da tensão cisalhante em cada ponto. Essa tensão cisalhante é orientada perpendicularmente ao raio vetor partindo do centroide até o ponto. Para determinar a intensidade total da tensão cisalhante em cada ponto, τ_{ti} deve ser decomposta em seus componentes, que são somados a τ_{dx} e τ_{dy}. A tensão cisalhante devida à torção também pode ser determinada em termos de seus componentes. Observando que as distâncias x e y a partir do centroide até os pontos A, B, C e D são as mesmas, poderíamos ter escrito a tensão cisalhante devida à torção como

$$\tau_{ti-x} = \tau_{tx} = \frac{Ty_i}{J_j} = \frac{3{,}6 \times 10^3(0{,}10)}{1{,}9 \times 10^{-3}s} = \frac{189 \times 10^3}{s}$$

$$\tau_{ti-y} = \tau_{tx} = \frac{Tx_i}{J_j} = \frac{3{,}6 \times 10^3(0{,}075)}{1{,}9 \times 10^{-3}s} = \frac{142 \times 10^3}{s}$$

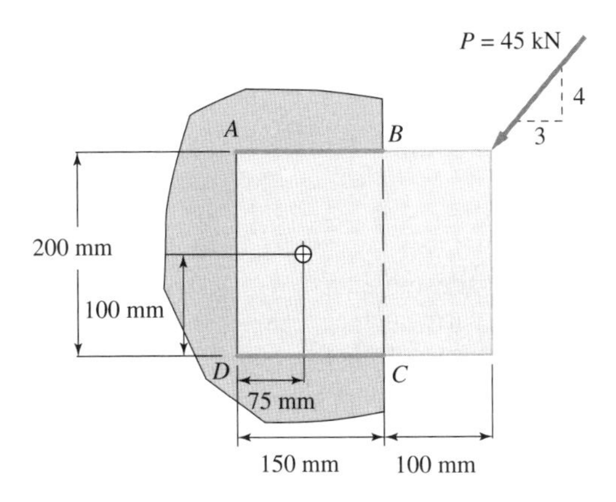

Figura E13.7A
Conjunto de soldas.

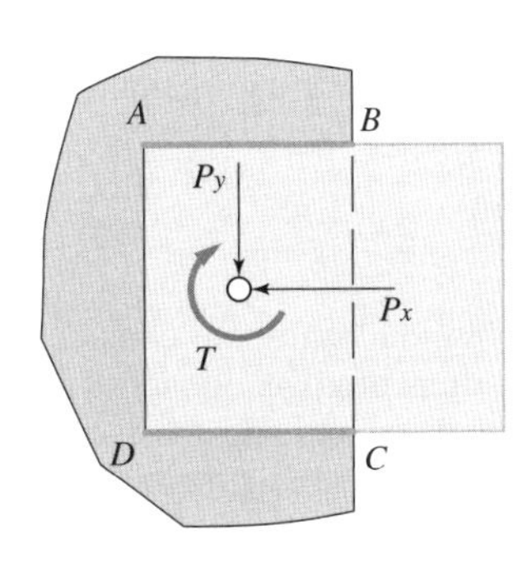

Figura E13.7B
Sistema binário-força equivalente atuando no centroide do conjunto de soldas.

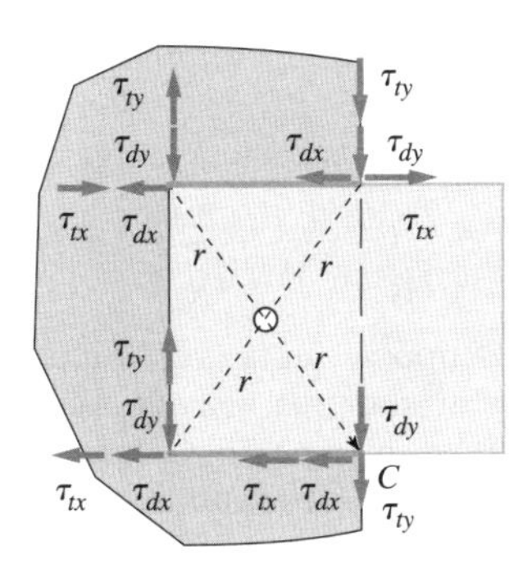

Figura E13.7C
Componentes de tensão cisalhante nos pontos *A*, *B*, *C* e *D*.

A direção dessas componentes em cada ponto sendo avaliado está indicada na Figura E13.7C. A maior tensão cisalhante ocorre no ponto em que dois componentes (da tensão cisalhante direta e da torção) têm a mesma direção, que é o ponto *C*. Combinando esses componentes obtém-se

$$\tau_{Cx} = \tau_{dx} + \tau_{tx} = \frac{129 \times 10^3}{s} + \frac{189 \times 10^3}{s} = \frac{318 \times 10^3}{s}$$

$$\tau_{Cy} = \tau_{dy} + \tau_{ty} = \frac{171 \times 10^3}{s} + \frac{142 \times 10^3}{s} = \frac{313 \times 10^3}{s}$$

A tensão cisalhante no ponto *C* é, portanto:

$$\tau_C = \sqrt{(\tau_{Cx})^2 + (\tau_{Cy})^2} = \sqrt{\left(\frac{318 \times 10^3}{s}\right)^2 + \left(\frac{313 \times 10^3}{s}\right)^2} = \frac{446 \times 10^3}{s}$$

Sabendo que $\tau_{admissível} = 145$ MPa

$$145 \times 10^6 = \frac{446 \times 10^3}{s} \quad \rightarrow \quad s = 3{,}075 \times 10^{-3} \text{ m}$$

Você iria, provavelmente, especificar $s = 3$ mm.

13.7 União por Adesivo

A união por adesivo de peças estruturais tem se tornado mais atrativo como opção de projeto com o desenvolvimento e aperfeiçoamento das formulações de adesivos. Os projetistas têm encontrado que, em alguns casos, os adesivos estruturais propiciam juntas confiáveis ao mais baixo custo total do que qualquer outro método de fixação. Uma junta unida por adesivo é na verdade uma estrutura de um *compósito* na qual os dois elementos que estão sendo unidos (os *aderidos*) são mantidos juntos por uma superfície de fixação proporcionada pelo *adesivo*. Finas camadas de adesivo (idealmente 0,005 polegada ou menos) e uma superfície de contato íntimo aderente são essenciais para uniões fortes, e configurações de juntas que solicitam o material de união por adesivo em *cisalhamento* possuem a maior probabilidade de sucesso.

As vantagens da união por adesivo sobre outras técnicas de união tais como aparafusamento, rebitagem, ou soldagem, incluem:

1. Os carregamentos transferidos por toda junta são distribuídos por toda a área de superfície de junta (em vez de pequenas e discretas áreas de parafusos, rebites ou soldas), permitindo a utilização com sucesso de agentes adesivos de baixa resistência específica.
2. As concentrações de tensão são minimizadas, uma vez que não existem furos, como no caso de parafusos ou rebites, e nenhum empeno, tensão residual, ou descontinuidade local, como na soldagem. Em alguns casos, isto pode resultar em seções mais finas e mais leves.
3. Superfícies lisas inteiras (sem fixadores protuberantes) podem produzir melhor aparência, acabamento mais fácil, e/ou mais características de escoamento laminar de fluido.
4. A união por adesivo é bastante adequada para a junção de materiais *dissimilares*, e pode ser utilizada para isolar eletricamente os componentes um do outro (para evitar a corrosão galvânica), ou para a selagem de vazamento de ar ou líquido.

5. As propriedades viscoelásticas e a flexibilidade da camada de adesivo podem acomodar a expansão térmica diferencial entre os aderidos, propiciar amortecimento por histerese para atenuar vibrações e transmissão de som, reduzir o impacto de carregamento, ou contribuir para a melhoria da resistência à fadiga da junta.

Projeto da Junta

O tipo de junta (veja Figura 13.1) deve ser cuidadosamente considerado se a união por adesivo é prevista, uma vez que as juntas unidas são mais efetivas quando a camada de adesivo é carregada em cisalhamento. O carregamento em *tração* da camada de adesivo geralmente deve ser *evitado* em aplicações estruturais, em especial quando uma distribuição não uniforme de carregamento tende a produzir *clivagem* ou *esfoliação* [veja Figura 13.24(c)]. Normalmente as juntas sobrepostas são preferidas; as juntas de topo usualmente não são práticas. É importante notar, contudo, que juntas sobrepostas *simples*, como mostrado na Figura 13.25(a), desenvolvem *momentos de flexão* uma vez que as cargas aplicadas não são colineares. As juntas sobrepostas *duplas* podem ser exigidas em alguns casos para evitar a clivagem ou esfoliação em potencial. Uma versão híbrida, denominada junta oblíqua, é algumas vezes utilizada, porém é de alto custo de usinagem e impraticável para seções finas. Uma junta oblíqua é mostrada na Figura 13.25.

Tem sido mostrado[15] que a distribuição da tensão de cisalhamento na camada de adesivo de uma junta sobreposta carregada como mostrado na Figura 13.25(a) é altamente não linear, atingindo valores máximos no contorno do adesivo que podem ser maiores do que *duas vezes* a tensão de cisalhamento *média* ao longo da junta. Para propósitos preliminares de projeto, a tensão de cisalhamento *média* na camada de adesivo pode ser calculada, então multiplicada por *fator de distribuição de tensões*,[16] K_s. Do mesmo modo, um fator de distribuição de tensão pode ser usado para juntas oblíquas [veja Figura 13.25(b)]. Valores específicos de K_s não estão prontamente disponíveis.

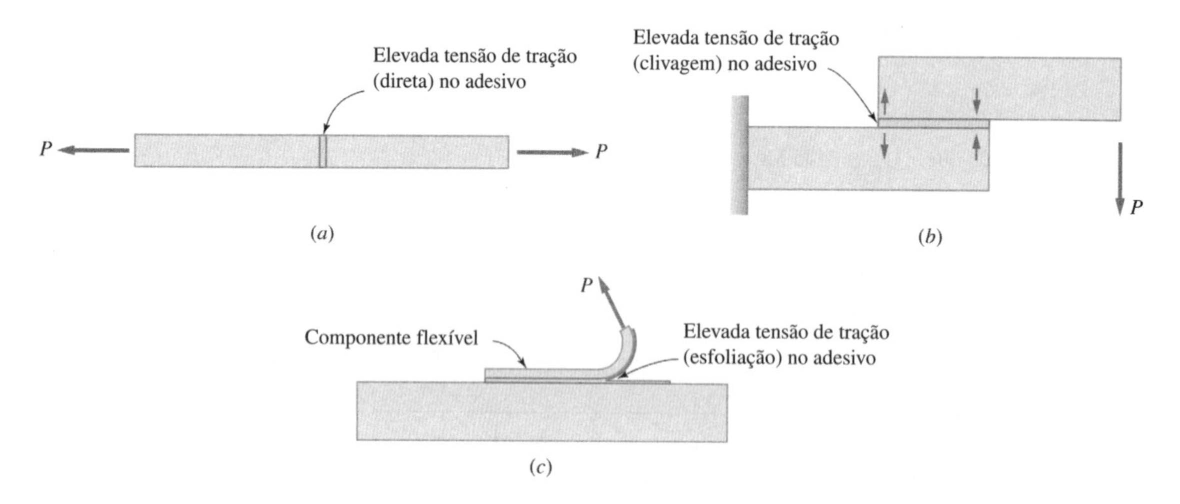

Figura 13.24
Ilustração de falhas potenciais da camada de adesivo devidas à (a) tração direta, (b) à clivagem e (c) à esfoliação. ***Tais projetos devem ser evitados.***

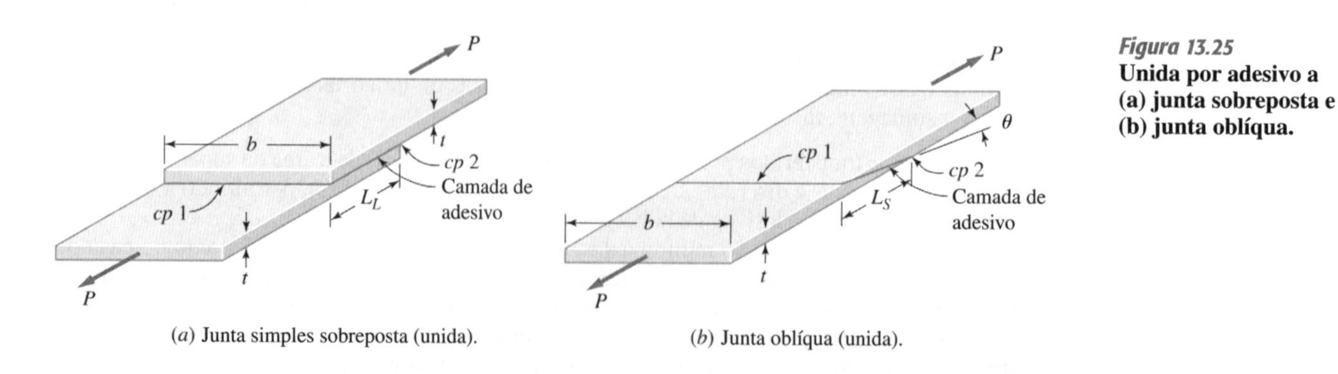

Figura 13.25
Unida por adesivo a (a) junta sobreposta e (b) junta oblíqua.

[15] Veja, por exemplo, ref. 11.

[16] Similar ao fator de concentração de tensões, porém com menor gradiente de tensão.

A tensão de cisalhamento máxima, $\tau_{máx}$, na camada de adesivo de uma junta sobreposta, tal como a mostrada na Figura 13.25(a), pode ser calculada como

$$\tau_{máx} = K_s \tau_{méd} = K_s\left(\frac{P}{bL_L}\right) \tag{13-56}$$

em que K_s = fator de distribuição de tensão (use $K_s = 2$ na ausência de dados específicos)
P = carga aplicada
b = largura da camada de adesivo
L_L = comprimento da camada de adesivo

A tensão de cisalhamento máxima, $\tau_{máx}$, na camada de adesivo de uma junta oblíqua, tal como mostrado na Figura 13.25(b), pode ser calculada como

$$\tau_{máx} = K_s \tau_{méd} = K_s\left[\frac{P\cos\theta}{\left(\dfrac{bt}{\operatorname{sen}\theta}\right)}\right] = K_s\left(\frac{P}{bt}\operatorname{sen}\theta\cos\theta\right) \tag{13-57}$$

em que t = espessura dos componentes aderidos
θ = ângulo do chanfro = $\tan^{-1}\dfrac{t}{L_s}$

Em geral, o objetivo do projeto para juntas unidas por adesivo é selecionar o material adesivo e as dimensões da junta de modo que a capacidade da camada de adesivo de suportar carga seja igual à habilidade de suportar carga dos componentes a serem unidos.

Materiais Adesivos Estruturais

A seleção do material adesivo estrutural apropriado depende de muitos fatores, inclusive os requisitos de resistência, tipo de união, meio ambiente operacional (temperatura, umidade, solventes), substratos a serem unidos (porosidade, revestimentos, contaminantes), facilidades de fabricação disponíveis, e fatores de custo. A Tabela 13.15 apresenta um breve resumo das propriedades e características de vários adesivos estruturais de utilização mais comum.

Exemplo 13.8 União por Adesivo

Deseja-se investigar a união por adesivo como um meio para unir duas chapas de titânio Ti-6Al-4V com espessura de 1,5 mm e largura de 100 mm.

a. Caso uma junta sobreposta do tipo mostrado na Figura 13.25(a) fosse utilizada, e um adesivo epóxi selecionado, qual deveria ser o comprimento requerido de sobreposição da junta?

b. Se uma junta oblíqua do tipo mostrado na Figura 13.25(b) fosse utilizada e um adesivo epóxi selecionado, qual deveria ser o comprimento L_s da junta oblíqua?

c. Que tipo de junta você recomendaria?

Solução

a. O critério básico de projeto é obter uma *resistência de junta igual à resistência da chapa*. Ou seja, a capacidade de suportar carregamento em tração das chapas de titânio deve ser igual à capacidade do adesivo de suportar carga em cisalhamento. Então $P_{t-pl} = P_{s-ad}$. Utilizando (13-56) para a camada de adesivo em cisalhamento, em falha incipiente,

$$P_{s-ad} = \frac{bL_L\tau_{máx-f}}{K_s}$$

Para as chapas em tração, em falha incipiente por escoamento $P_{t-pl} = S_{yp}bt$. Igualando P_{t-pl} a P_{s-ad} e resolvendo para L_L

$$L_L = K_s t\left(\frac{S_{yp}}{\tau_{máx-f}}\right)$$

Da Tabela 3.3, S_{yp} = 883 MPa para a liga de titânio Ti-6Al-4V, e da Tabela 13.15, $\tau_{máx-f}$ = 15 MPa para um adesivo epóxi típico. Utilizando $K_s = 2$ e uma espessura de chapa de t = 1,5 mm

$$L_L = 2(1{,}5)\left(\frac{883}{15}\right) = 177 \text{ mm}$$

TABELA 13.15 Propriedades e Características de Materiais Adesivos Estruturais Selecionados

	Epóxis	Uretanos	Cianoacrilatos	Acrílicos	Anaérobicos	Fundidos a quente ("Hot Melts")	Silicones
Resistência ao cisalhamento característica TA[1], psi	2,2 (15)	2,2 (15)	2,7 (19)	3,7 (26)	2,5 (17)	0,5 (3,4)	0,2-0,25 (1,4-1,7)
Temp. máx. de operação contínua °F(°C)	390 (200)	210 (100)	175 (80)	210 (100)	390 (200)	390 (200)	500 (260)
Resistência ao impacto	Pobre	Excelente	Pobre	Bom	Regular	Regular	Excelente
Superfícies unidas	Metais, vidro, plásticos, cerâmicos	Metais, vidro, plásticos, cerâmicos, borracha	Metais, plásticos, cerâmicos, borracha, madeira	Metais, vidro, cerâmicos, plásticos, madeira	Metais, vidro, cerâmicos, alguns plásticos	Todas	Todas
Limitações de afastamento, in (mm)	Nenhuma	Nenhuma	0,010 (0,254)	0,030 (0,762)	0,025 (0,635)	Nenhuma	0,25 (6,35)
Preparação de substrato requerida	Sim — requer limpeza cuidadosa	Varia com o substrato	Sim	Alguns podem unir superfícies oleosas	Sim	Sim	Sim — requer limpeza cuidadosa
União de substrato oleoso	Regular — bom	Regular	Pobre–regular	Bom	Regular	Pobre	Pobre
Resistência à umidade	Excelente	Regular	Pobre	Bom	Bom	Regular–bom	Bom
Resistência a solvente	Excelente	Bom	Bom	Bom	Excelente	Regular–bom	Regular
Cura característica (h a °F)	2–24 @ 70 (21) 0,1–4 @ 300 (150)	4–12 @ 70 (21) 0,2–0,5 @ 150 (66)	0,5–5 @ 70 (21)	0,5–1 @ 70 (21) (para manipulação)	1–12 @ 70 (121) 0,05–2 @ 250 (121)	segundos	24 @ 77 (25)
Cura mais rápida TA[1] ao estado de manuseio	5 min	5 min	< 10 s	2 min	5 min	segundos	2 h
Cura mais rápida TA[1] completa	< 24 h	< 24 h	< 2 h	< 12 h	< 12 h	—	2–5 dias
Odor/toxicidade	Suave/moderada	Suave/moderada	Irritante/baixa	Forte/moderada–baixa	Suave/baixa	Suave/baixa	Suave–irritante/baixa
Vida de armazenamento	6 meses–1 ano	6 meses–1 ano	1 ano	6 meses –1 ano	> 1 ano	> 1 ano	6 meses–1 ano
Observações	Frágil; bom para materiais dissimilares; baixa contração	Excelente para baixas temperaturas e materiais dissimilares	Frágil; baixa contração; melhor filmes finos	Bom para materiais dissimilares	Cola fina recobre melhor	Flexível; amolece em altas temperaturas	Excelente para temperaturas extremas e materiais dissimilares; proporciona vedação

[1] Temperatura ambiente.

Exemplo 13.8 Continuação

b. Com base no mesmo critério de projeto para a junta oblíqua e utilizando-se (13-60),

$$P_{s\text{-}ad} = \frac{bt\tau_{máx-f}}{K_s \operatorname{sen}\theta \cos\theta}$$

em que

$$\theta = \tan^{-1}\frac{t}{L_s}$$

Igualando P_{s-ad} para a junta oblíqua a $P_{t-bl} = S_{yp}bt$ e resolvendo para o ângulo do chanfro θ,

$$\theta = \frac{1}{2}\operatorname{sen}^{-1}\left[\frac{2}{K_s}\left(\frac{\tau_{máx-f}}{S_{yp}}\right)\right]$$

ou

$$\theta = \frac{1}{2}\operatorname{sen}^{-1}\left[\frac{2}{2}\left(\frac{15}{883}\right)\right] = 0{,}487°$$

o comprimento da junta oblíqua, L_s, pode ser encontrado como

$$L_s = \frac{t}{\tan\theta} = \frac{1{,}5}{\tan 0{,}487°} = 177 \text{ mm}$$

c. Os comprimentos requeridos para a junta oblíqua e para a junta sobreposta são aproximadamente os mesmos (177 mm) cada um. Contudo, a usinagem de um chanfro de 177 mm em titânio com espessura de 1,5 mm não é muito prático. Uma junta sobreposta é recomendada para esta aplicação.

Problemas

13-1. Você foi designado para a tarefa de examinar uma série de grandes comportas instaladas em 1931 para controle de irrigação em um local remoto do rio Indo, no Paquistão. Vários grandes parafusos de aço aparentam ter desenvolvido trincas, e você decidiu que esses parafusos devem ser substituídos para evitar uma séria falha em potencial de uma ou mais comportas. Seu assistente paquistanês examinou as especificações das comportas e verificou que os parafusos originais podiam ser bem caracterizados como parafusos de 32 mm de aço médio carbono temperado e revenido de propriedade classe 8.8. Você trouxe apenas um número limitado de parafusos sobressalentes nesta faixa de tamanhos, alguns dos quais são SAE Grau 7, e outros que são ASTM Classe A325, tipo 3. Qual, se um ou outro, destes parafusos sobressalentes você recomendaria para substituir os originais trincados? Justifique a sua recomendação.

13-2. Uma "máquina de fechamento" de alta velocidade é utilizada em uma fábrica para enlatar tomates e colocar tampas e selar a lata. Está no meio da estação de "condicionamento" e um suporte especial foi separado do quadro principal da máquina de fechamento porque os parafusos sextavados $^3\!/_8$-24UNF-2A utilizados para manter o suporte no lugar falharam. As marcas na cabeça dos parafusos sextavados que falharam consistem nas letras BC no centro da cabeça. Nenhum parafuso com este tipo de marcação na cabeça pode ser encontrado no almoxarifado. Os parafusos sextavados $^3\!/_8$-24UNF-2A que podem ser encontrados na caixa de "alta resistência" têm cinco marcas radiais na cabeça igualmente espaçadas. Uma vez que é importante entrar em operação imediatamente para evitar deterioração, é perguntado a você, como consultor de engenharia, se os parafusos sextavados com cinco marcas radiais na cabeça igualmente espaçadas podem substituir com segurança os originais quebrados. Como você responde? Justifique a sua recomendação.

13-3. Uma união por flange cilíndrico requer uma força de fixação entre as partes acopladas de 45 kN. Deseja-se utilizar seis parafusos sextavados igualmente espaçados ao redor do flange. Os parafusos sextavados atravessam a folga no furo do flange superior e se rosqueiam nos furos roscados do flange inferior.

a. Selecione um conjunto de parafusos sextavados adequados para esta aplicação.
b. Recomende um torque para aperto adequado dos parafusos sextavados.

13-4. Deseja-se utilizar um conjunto de quatro parafusos para anexar o suporte mostrado na Figura P13.4 a uma coluna de aço rígida. Por economia, todos os parafusos devem ser do mesmo tamanho. Deseja-se utilizar como material aço baixo carbono ASTM Classe A307 e roscas padrão UNC. Um fator de segurança de projeto de 2,5 foi selecionado, baseado no escoamento como o modo predominante de falha.

a. Que tipo de padrão de furo para parafuso você sugeriria e qual especificação de parafuso você recomendaria?
b. Qual torque para aperto você recomendaria se é desejado produzir uma força de pré-carga em cada parafuso igual a 85 por cento da resistência de prova mínima?

13-5. Estime a dimensão nominal do menor parafuso SAE Grau 1 padrão UNC que não irá escoar sob um torque de aperto de 1000 lbf · in. Despreze a concentração de tensões.

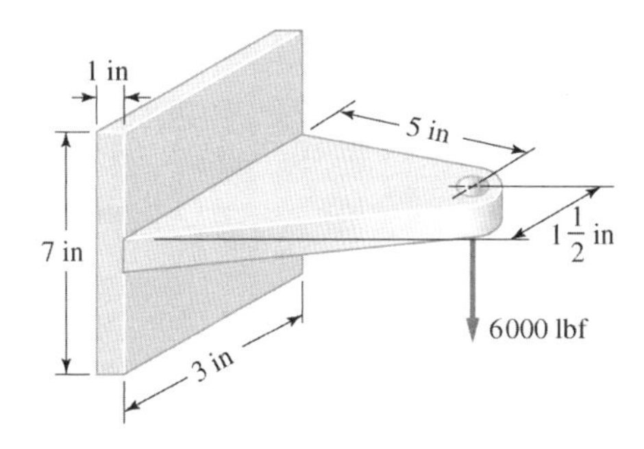

Figura P13.4
Suporte de aço a ser aparafusado a uma coluna rígida de aço.

13-6. Um parafuso de máquina de rosca fina padrão métrico feito de aço tem o seu diâmetro maior de 8,0 mm e uma marcação de cabeça de 9.8. Determine a força de prova de tração (kN) para este parafuso. Deve ser assumido que o coeficiente de atrito é de cerca de 0,15 para ambos, roscas e gola.

13-7. Um parafuso sextavado de rosca grossa padrão métrico feito de aço tem seu diâmetro maior de 10,0 mm. Se uma ferramenta de torque for utilizada para apertar o parafuso sextavado com um torque de 35 N · m, estime a força de pré-carga axial induzida no parafuso sextavado. Deve ser assumido que o coeficiente de atrito é de cerca de 0,15 para ambos, roscas e gola.

13-8. As especificações de engenharia para um suporte de máquina ferramenta indicam fixadores roscados M30 × 2 sem lubrificação de propriedade classe 8.8 para serem apertados a 100 por cento da carga de prova. Calcule o torque requerido para realizar isto. Deve ser assumido que o coeficiente de atrito é de cerca de 0,15 para ambos, roscas e gola.

13-9. Um parafuso de aço $^3\!/_4$-16 SAE Grau 2 será utilizado para fixar dois flanges de aço com espessura de 1,0 polegada junto com uma gaxeta de $^1\!/_{16}$ polegada de espessura em liga especial de chumbo entre os dois flanges, como mostrado na Figura P13.9. A área efetiva de suporte de carga dos flanges de aço e da gaxeta pode ser tomada como 0,75 polegada quadrada. O módulo de Young para a gaxeta é de $5{,}3 \times 10^6$ psi. Caso o parafuso seja apertado inicialmente para induzir uma força de pré-carga inicial no parafuso de 6000 lbf, e se uma força externa de 8000 lbf for aplicada como mostrado,

a. Qual é a força no parafuso?
b. Qual é a força em cada um dos flanges de aço?
c. Qual é a força na gaxeta?
d. Se o fator de concentração de tensões para a raiz da rosca do parafuso é de 3,0, seria esperado o escoamento localizado na raiz da rosca?

13-10. Um parafuso especial de corpo reduzido deve ser utilizado para fixar dois flanges de aço com espessura de $^3\!/_4$ polegada junto com uma gaxeta amianto-cobre com espessura de $^1\!/_8$ polegada entre os flanges em um arranjo similar ao mostrado na Figura P13.9. A área efetiva para ambos os flanges de aço e a gaxeta amianto-cobre pode ser tomada como 0,75 polegada quadrada. O módulo de elasticidade de Young para a gaxeta amianto-cobre é de $13{,}5 \times 10^6$ psi. O parafuso especial tem rosca $^3\!/_4$-16 UNF, mas o diâmetro do corpo do parafuso é reduzido para 0,4375 polegada e generosamente adoçado, de modo que a concentração de tensões pode ser desprezada. O material do parafuso é o aço AISI 4620 estirado a frio.

a. Esquematize a união, mostrando o parafuso de corpo reduzido e o carregamento.
b. Se o parafuso é apertado para produzir uma pré-carga de 5000 lbf na união, que força externa P_{sep} poderia ser aplicada na montagem antes que a união comece a se separar?
c. Se a força externa P variar de 0 a 5555 lbf a 3600 ciclos por minuto, e a vida de projeto desejada é de 7 anos em operação contínua, você prediria a falha do parafuso por fadiga?

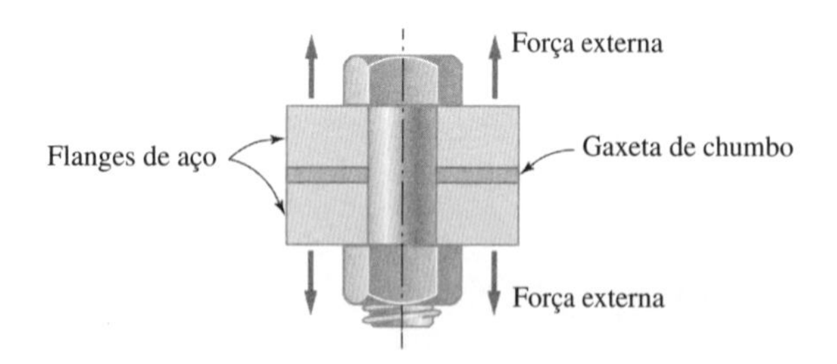

Figura P13.9
União por flange aparafusada com gaxeta interposta.

13-11. Uma típica união aparafusada do tipo mostrado na Figura 13.9 utiliza um parafuso $^1\!/_2$-13 UNC, e o comprimento do parafuso e do alojamento é o mesmo. Os filetes param imediatamente acima da porca. O parafuso é de aço com S_u = 101.000 psi, S_{yp} = 85.000 psi, e S_f = 50.000 psi. O fator de concentração de tensões da rosca é 3. A área efetiva do alojamento de aço é 0,88 in^2. A carga varia ciclicamente de 0 a 2500 lbf a 2000 cpm.

a. Encontre o fator de segurança existente para o parafuso caso não haja presença de pré-carga.
b. Encontre o valor mínimo exigido de pré-carga para evitar a perda de compressão no alojamento.
c. Encontre o fator de segurança existente para o parafuso caso a pré-carga no parafuso seja de 3000 lbf.

13-12. Um parafuso de aço sextavado $^1\!/_2$-20 UNF-2A SAE Grau 2 é considerado para uso na fixação do cabeçote em um bloco de motor feito em alumínio fundido 356,0 (veja Tabela 3.3). Propõe-se encaixar o parafuso sextavado em um furo roscado internamente, diretamente no bloco de alumínio. Estime o comprimento requerido do encaixe roscado que irá assegurar a falha do parafuso sextavado por tração antes que os filetes de rosca sejam arrancados no bloco de alumínio. Assuma que todos os filetes encaixados participam igualmente no suporte de carga. Baseie sua estimativa no cisalhamento direto dos filetes de alumínio no maior diâmetro da rosca, e utilize a teoria de falha por energia de distorção para estimar a resistência ao escoamento cisalhante para o bloco de alumínio.

13-13. Um braço suporte deve ser fixado a uma coluna rígida utilizando-se dois parafusos localizados como mostrado na Figura P13.13. O parafuso A tem a especificação de rosca MS20 × 2,5 e o parafuso B a especificação MS10 × 1,5. Deseja-se utilizar o mesmo material para ambos os parafusos, e o provável modo dominante de falha é o escoamento. Nenhuma pré-carga significativa é induzida nos parafusos como resultado do processo de aperto, e pode-se supor que o atrito entre o braço e a coluna não contribua para suportar a carga de 1,8 kN. Caso um fator de segurança de projeto de 1,8 seja selecionado, qual é a resistência ao escoamento em tração mínima exigida para o material do parafuso?

13-14. Uma chapa lateral de aço é aparafusada a uma coluna vertical de aço como mostrado na Figura P13.14, utilizando parafusos $^3\!/_4$-10 UNC SAE Grau 8.

a. Determine e indique claramente a magnitude e a direção da tensão de cisalhamento direto para o parafuso mais criticamente carregado.
b. Determine e indique claramente a magnitude e a direção da tensão de cisalhamento de torção para o parafuso mais criticamente carregado.
c. Determine o fator de segurança existente no escoamento para o parafuso mais criticamente carregado, assumindo que nenhuma pré-carga significativa seja induzida pelo aperto no parafuso.

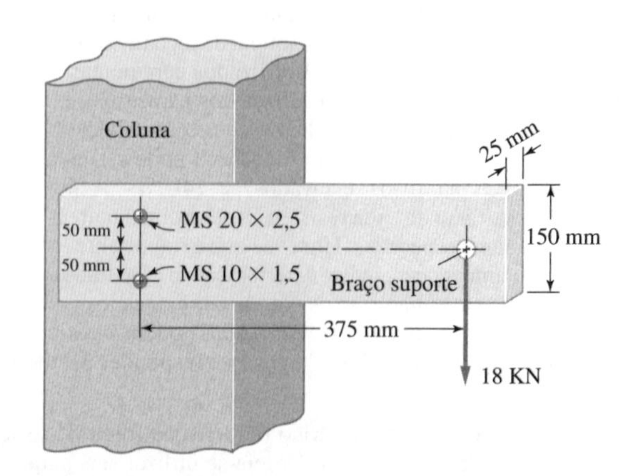

Figura P13.13
Braço suporte aparafusado a uma coluna rígida.

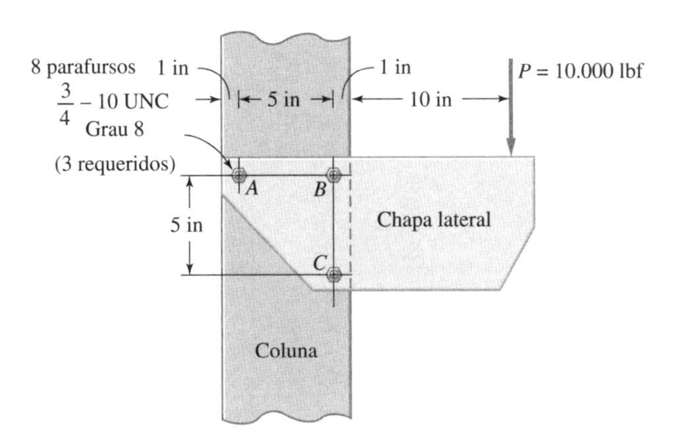

Figura P13.14
Chapa lateral de aço aparafusada a uma coluna de aço.

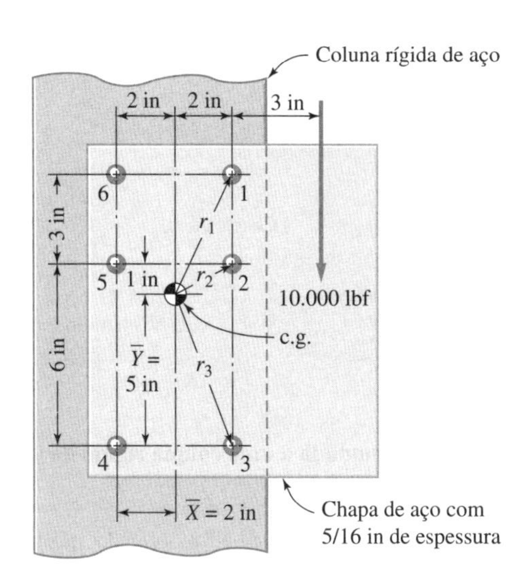

Figura P13.16
União rebitada carregada excentricamente.

13-15. Uma chapa suporte engastada, de aço 1020 laminado a quente, deve ser aparafusada a uma coluna rígida de aço utilizando-se 4 parafusos M16 × 2 de Propriedade Classe 4.6, posicionados como mostrado na Figura P13.15. Para uma carga estática de 16 kN e as dimensões dadas, e assumindo que nenhuma carga é suportada por atrito, faça o seguinte:

a. Encontre a força de cisalhamento resultante em cada parafuso.
b. Encontre a magnitude da tensão de cisalhamento máxima no parafuso e sua localização.
c. Encontre a tensão de apoio máxima e sua localização.
d. Encontre a tensão de flexão máxima na chapa suporte engastada e identifique onde isto ocorre. Despreze a concentração de tensões.
e. Determine se o escoamento seria esperado em qualquer ponto dentro da chapa suporte instalada sob uma carga aplicada de 16 kN.

13-16. Para a união rebitada excentricamente carregada mostrada na Figura P13.16, faça o seguinte:

a. Verifique a localização do centroide para a união.
b. Encontre a localização e a magnitude da força suportada pelo rebite mais fortemente carregado. Assuma que a força tomada por cada rebite dependa linearmente de sua distância ao centroide da união.
c. Encontre a tensão de cisalhamento máxima no rebite se rebites de $^{3}/_{4}$ de polegada são utilizados.
d. Encontre a localização e a magnitude da tensão de apoio máxima se uma placa com espessura de $^{5}/_{16}$ polegada é utilizada.

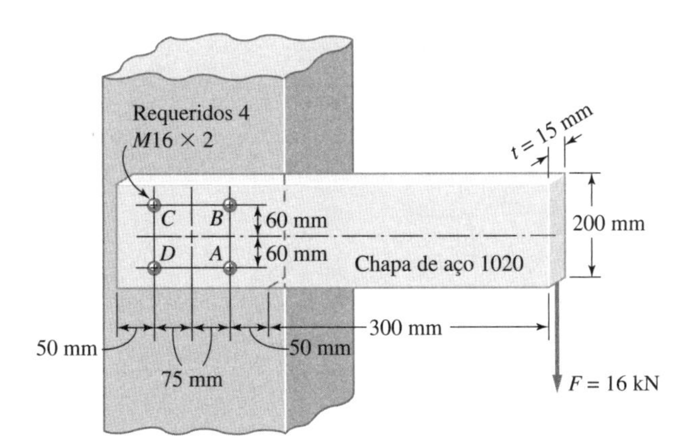

Figura P13.15
Chapa suporte engastada aparafusada a uma coluna de aço.

13-17. Para um suporte rebitado a uma grande viga de aço, como mostrado na Figura P13.17, realize uma análise de tensões completa da união rebitada. As tensões de escoamento são S_{yp} = 276 Mpa para a chapa e S_{yp} = 345 para os rebites. Assuma que a linha de centro do rebite é de 1,5 vez o diâmetro rebite afastado da aresta da chapa, e que rebites de cabeça protuberante são utilizados. A placa tem espessura de 6 mm e a viga é muito mais espessa. Determine os fatores de segurança existentes no escoamento para cada um dos potenciais tipos de falha da união rebitada, exceto o corte da borda e o rasgo das bordas.

13-18. Uma tira simples soldada de topo, similar à mostrada na Figura 13.20, é limitada pela estrutura adjacente a uma largura de 4 polegadas. O material da tira é o aço AISI 1020 recozido (veja Tabela 3.3), e um eletrodo de soldagem E 6012 foi recomendado para esta aplicação. A força aplicada P varia de um mínimo de 0 a um máximo de 25.000 lbf e volta continuamente.

a. Se um fator de segurança de 2,25 foi selecionado, k_∞ é aproximadamente 0,8 [veja (2-27)], e vida infinita é desejada, que espessura deveria ser especificada para a tira soldada de topo?
b. Se qualquer falha por fadiga ocorrer quando estas tiras soldadas são colocadas em serviço, em que localização você esperaria ver a iniciação de trincas de fadiga?

13-19. Uma chapa lateral horizontal feita de aço 1020 (veja Figura 2.19) deve ser soldada a uma coluna rígida de aço utilizando-se um eletrodo E 6012, como especificado na Figura P13.19. Se a carga F aplicada horizontalmente varia ciclicamente de +18 kN (tração) a −18 kN (compressão) em cada ciclo, k_∞ é aproximadamente 0,75 [veja (2-27)],

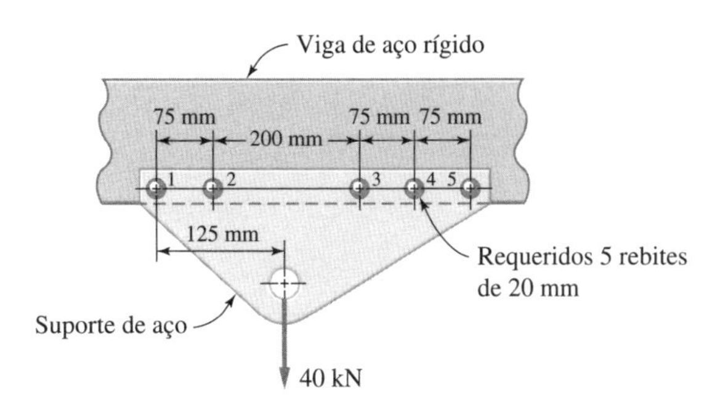

Figura P13.17
Suporte de aço rebitado a uma viga rígida de aço.

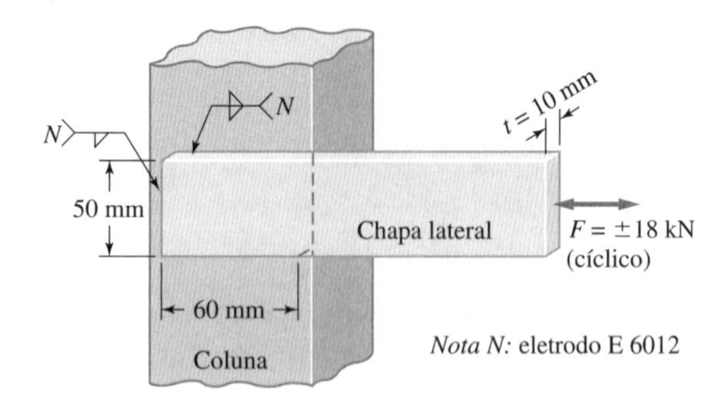

Figura P13.19
Chapa lateral de aço soldada a uma coluna rígida de aço.

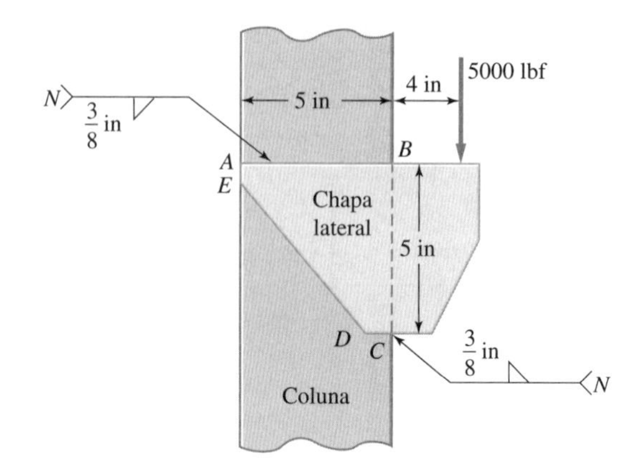

Figura P13.20
Chapa lateral soldada a uma coluna vertical de aço.

e um fator de segurança de projeto de 2,5 é desejado, que tamanho de filete de solda você recomendaria se todas as soldas em filete devem ter o mesmo tamanho? Deseja-se vida infinita.

13-20. Uma chapa lateral de aço deve ser soldada a uma coluna vertical de aço de acordo com as especificações da Figura 13.20. Desprezando-se os efeitos de concentração de tensões, calcule a magnitude e indique claramente a direção da tensão de cisalhamento resultante no ponto crítico. Na seleção do ponto crítico assegure-se de considerar ambos os efeitos da tensão de cisalhamento do tipo torção e do cisalhamento direto.

13-21. Uma junta dupla sobreposta proposta [veja Figura 13.1(f)] deve ser carregada simetricamente em tração, paralela ao plano das tiras a serem unidas. A união por adesivo está sendo considerada como um meio para unir as tiras. A tira simples central é de titânio e as duas tiras externas são de aço médio carbono. Esta aplicação aeroespacial envolve uma operação contínua a uma temperatura de cerca de 350 °F, carregamento de impacto moderado e exposição ocasional à umidade. Que tipos de adesivos estruturais você recomenda como bons candidatos para unir esta junta dupla sobreposta?

13-22. Em uma junta sobreposta unida por adesivo (veja Figura 13.24) feita com duas chapas de metal, cada uma tendo espessura t, encontrou-se a partir de um programa de testes experimental que a tensão de cisalhamento máxima no adesivo pode ser estimada como

$$(\tau_{máx})_{ad} = \frac{2P}{bL_L}$$

em que P = força de tração total no plano da junta (perpendicular a b)
b = largura da chapa
L_L = dimensão de sobreposição da junta.

Se o material adesivo tem uma resistência à falha por cisalhamento de τ_{sf}, e as chapas de metal têm uma resistência ao escoamento de S_{yp}, derive uma equação para a dimensão de sobreposição L_L para a qual a falha por cisalhamento do adesivo e a falha da chapa de metal por escoamento sejam igualmente prováveis.

13-23. Propõe-se utilizar uma configuração de junta sobreposta (veja Figura 13.24) para unir por adesivo duas tiras com 0,9 mm de espessura) de alumínio 2024-T3 utilizando-se um adesivo epóxi. Assumindo um fator de distribuição de tensões de $K_s = 2$, que comprimento de sobreposição você recomendaria?

Capítulo 14

Molas

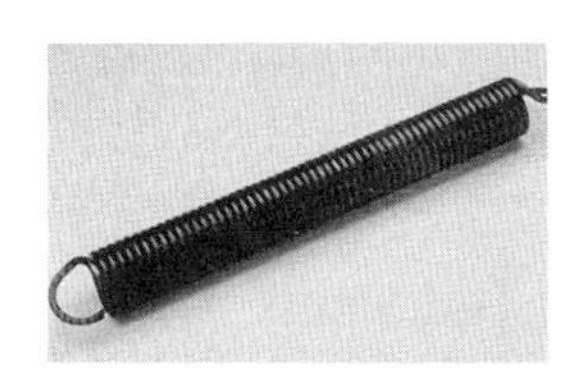

Alguns exemplos de molas.

14.1 Utilizações e Características das Molas

As *molas* podem ser definidas de uma forma geral como estruturas ou dispositivos que exibem deformação elástica quando carregados, e que recuperam a sua configuração inicial quando a carga é removida. Na maioria das aplicações, desejam-se constantes de mola *lineares* (veja 2.4). Uma vez que todo material *real* tem um módulo de elasticidade *finito, os elementos de máquinas de todos os tipos* necessariamente se comportam como "molas". Quando se analisa a *distribuição da carga* em estruturas redundantes ou em sistemas com pré-carga,[1] ou quando se investiga a *resposta dinâmica* a cargas e frequências de operação,[2] as propriedades de rigidez dos elementos de máquinas devem ser consideradas.

Em geral, o termo *mola* denota um dispositivo elástico especialmente configurado para exercer forças ou torques desejados, para fornecer flexibilidade, ou para armazenar energia potencial de deformação a ser liberada mais tarde. Configurações que forneçam um comportamento de mola desejado incluem *arames enrolados na forma helicoidal* (normalmente redondos ou quadrados) carregados por uma força ao longo do eixo da hélice ou por momentos torcionais em relação ao eixo da hélice, *vigas chatas finas* (biapoiadas ou engastadas) carregadas em flexão e *barras redondas ou tubos* carregados em torção. Estas configurações e umas poucas molas especiais adicionais são discutidas mais adiante em 14.2. Uma ampla variedade de configurações está comercialmente disponível como itens de catálogo, e diversos fabricantes colocam à disposição molas especiais.

14.2 Tipos de Molas

As *molas helicoidais* são provavelmente mais utilizadas do que qualquer outro tipo. Conforme ilustrado na Figura 14.1, as molas helicoidais podem ser utilizadas para suportar cargas compressivas (empurrando), cargas trativas (puxando) ou momentos torcionais (torcendo). Além da mola helicoidal de compressão padrão mostrada na Figura 14.1(a), diversas configurações não lineares projetadas para resolver problemas especiais são mostradas nas Figuras 14.1(b) a (e), uma mola helicoidal de tração típica é ilustrada na Figura 14.1(f) e uma mola helicoidal de torção é mostrada na Figura 14.1(h).

As *molas tipo viga (feixe de molas)* de diversos tipos são ilustradas na Figura 14.2. Os feixes de molas podem ser tanto vigas engastadas de feixe único ou de múltiplos feixes submetidas a cargas transversais na extremidade, conforme mostrado nas Figuras 14.2(a) e (b), ou vigas biapoiadas de feixe único ou de múltiplos feixes submetidas a cargas centradas, conforme mostrado nas Figuras 14.2(c) e (d). Molas de múltiplos feixes são normalmente construídas para aproximarem-se de *vigas de resistência constante* (veja 14.7).

As *molas do tipo barra de torção*, conforme ilustrado na Figura 14.3, podem ser barras maciças ou vazadas com seção transversal circular submetidas a momentos torcionais que induzem deslocamentos angulares. As extremidades de fixação de molas do tipo barra de torção necessitam de atenção especial para minimizar os problemas de concentração de tensões. Ocasionalmente, as molas do tipo barra de torção podem ser feitas de seções transversais não circulares para aplicações especiais, mas as seções transversais circulares são mais eficientes.

Diversas outras molas especiais têm sido desenvolvidas. Uma pequena amostragem encontra-se nas Figuras 14.3(c) até (h). A *mola de voluta*, mostrada em 14.3(c), pode ser utilizada quando se deseja amortecimento *elevado* por atrito. Molas de *borracha*, como a mostrada em 14.3(d), também fornecem amortecimento elevado e têm sido usadas como "calços" para montagem de equipamentos pesados como motores automotivos. As *molas pneumáticas*, como a montagem composta por dois

[1] Veja 4.7 e 4.8.
[2] Veja 8.6 e 11.6.

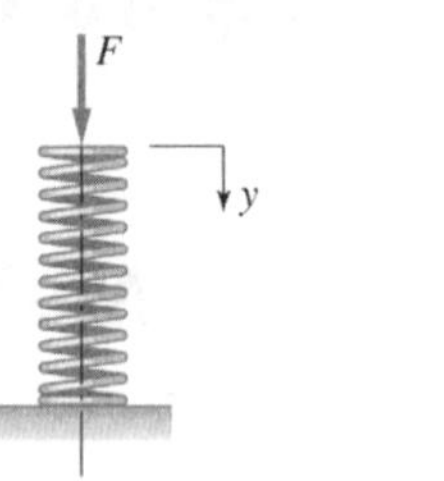

(*a*) De compressão padrão; passo fixo; linear; constante de mola constante; empurra.

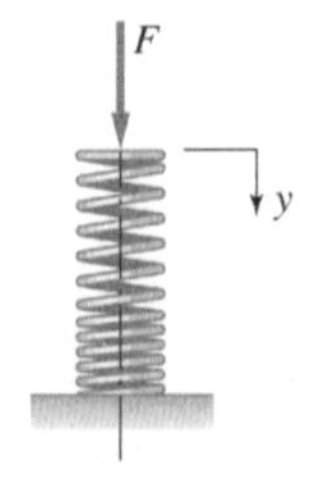

(*b*) Passo variável; não linear; empurra; resiste à ressonância.

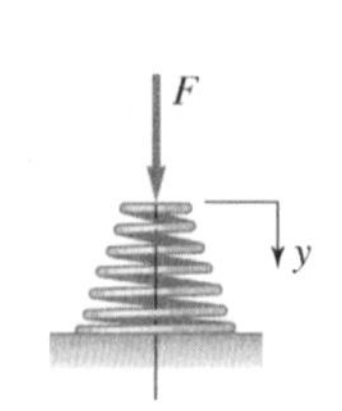

(*c*) Cônica; linear ou com endurecimento; empurra; altura sólida mínima.

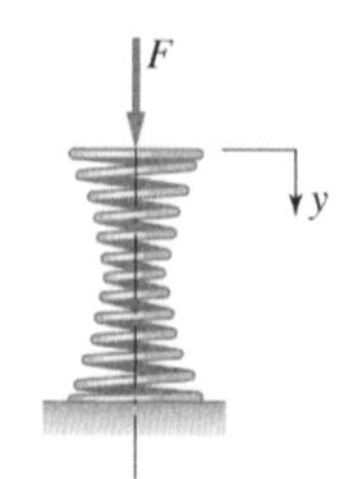

(*d*) Forma de ampulheta; não linear; empurra; resiste à ressonância.

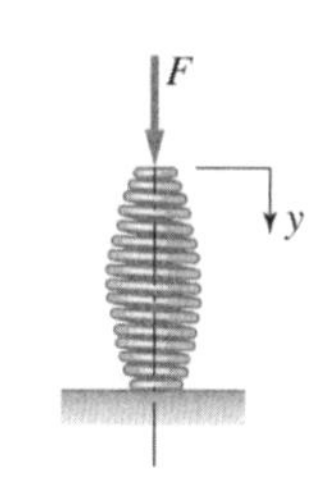

(*e*) Barril; não linear; empurra; resiste à ressonância.

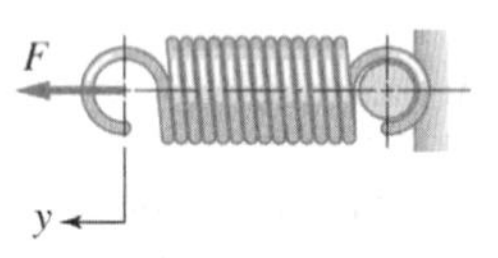

(*f*) Mola de tração fechada padrão; linear após a abertura da mola; puxa.

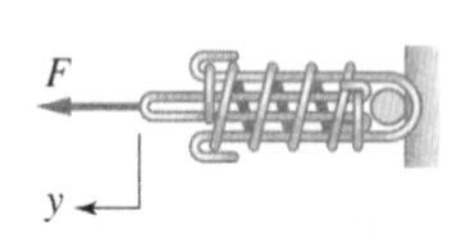

(*g*) Barra de extensão; linear até atingir o batente; puxa.

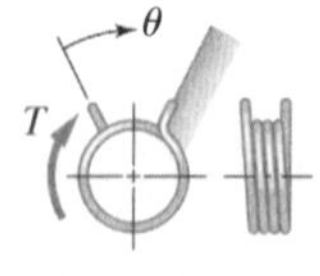

(*h*) Torção helicoidal; linear; constante de mola constante; torce.

Figura 14.1
Várias configurações de molas helicoidais.

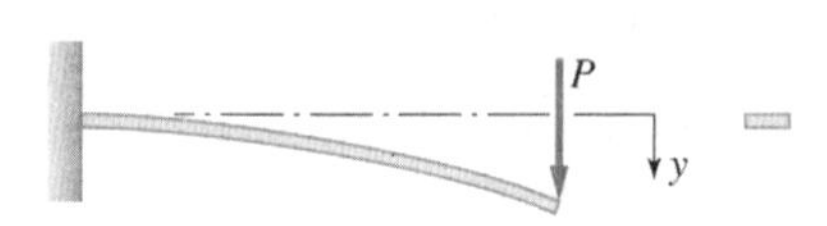

(*a*) Viga engastada chata; seção transversal constante; linear; puxa ou empurra.

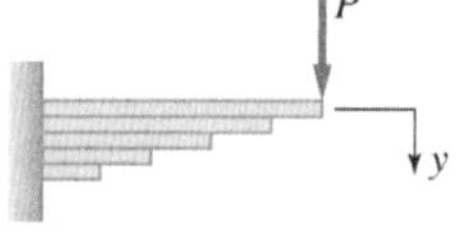

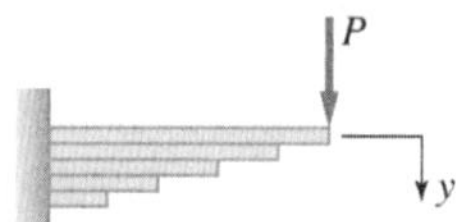

(*b*) Viga engastada de múltiplos feixes; aproxima uma viga engastada de resistência constante; linear; puxa ou empurra (se orientada adequadamente).

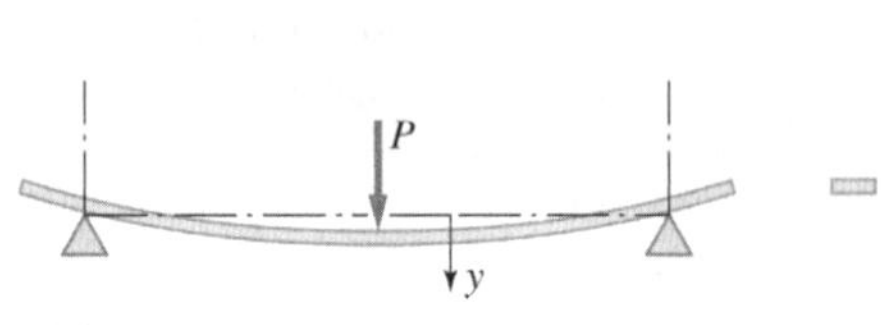

(*c*) Viga biapoiada chata de seção transversal constante; linear; puxa ou empurra.

(*d*) Viga biapoiada de múltiplos feixes; altura do arco positiva; aproxima uma viga de resistência constante; linear; puxa ou empurra (se orientada adequadamente).

Figura 14.2
Várias configurações de molas tipo vigas (feixes de molas).

compartimentos flexíveis mostrada na Figura 14.3(e), são basicamente colunas de gás confinado, adequadamente contido de modo que a compressibilidade do gás fornece o comportamento desejado em termos de deslocamento. As *arruelas Belleville* (molas de discos cônicos), como a mostrada em 14.3(f), podem ser utilizadas quando o espaço é limitado e são necessárias cargas elevadas com pequenas deflexões. Variando-se as dimensões dos discos cônicos, ou empilhando-os em *série* ou em *paralelo*, conforme mostrado nas Figuras 14.3(g) e (h), pode-se fazer a constante de mola ser aproximadamente linear, não linear com endurecimento, não linear com amolecimento (veja Figura 4.21). Diversos outros tipos de molas de uso especial são comercialmente disponíveis.

14.3 Modos Prováveis de Falha

Espera-se que as molas de todos os tipos operem durante longos períodos de tempo sem alterações significativas nas suas dimensões, deslocamentos, ou constantes de mola, frequentemente sob cargas variáveis. Baseado nestes requisitos e nas várias configurações de molas discutidas em 14.2, os modos potenciais de falha (veja 2.3) incluem escoamento, fadiga, fadiga associada à corrosão, fadiga por fretagem, fluência, relaxação térmica, flambagem e/ou deformação elástica induzida por força

Figura 14.3
Molas de barras de torção e algumas outras poucas molas especiais.

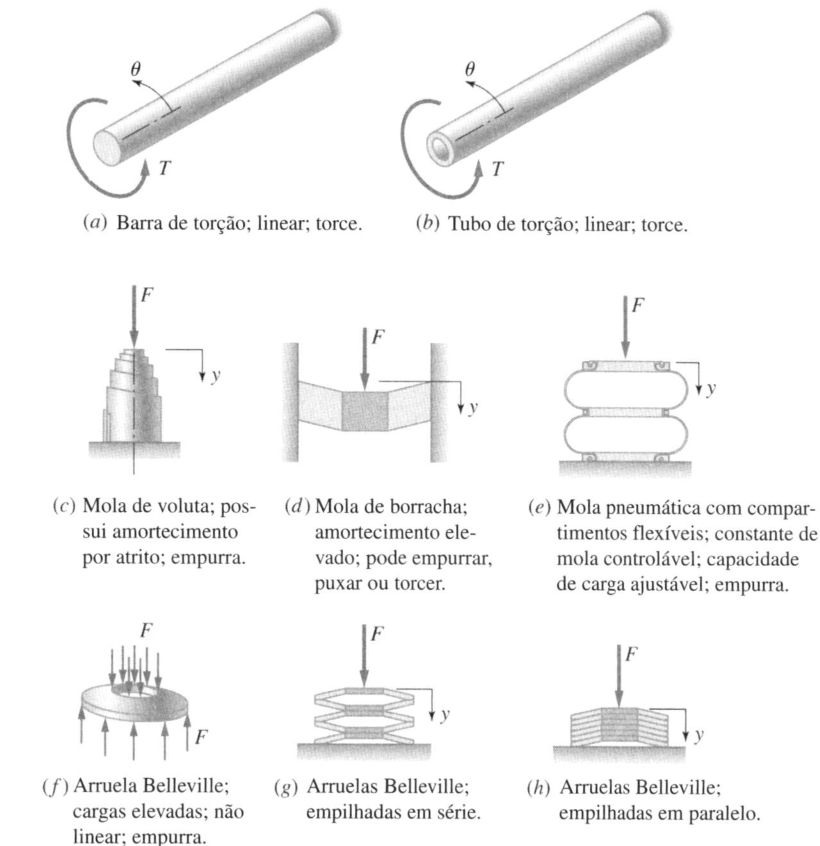

(a) Barra de torção; linear; torce.
(b) Tubo de torção; linear; torce.
(c) Mola de voluta; possui amortecimento por atrito; empurra.
(d) Mola de borracha; amortecimento elevado; pode empurrar, puxar ou torcer.
(e) Mola pneumática com compartimentos flexíveis; constante de mola controlável; capacidade de carga ajustável; empurra.
(f) Arruela Belleville; cargas elevadas; não linear; empurra.
(g) Arruelas Belleville; empilhadas em série.
(h) Arruelas Belleville; empilhadas em paralelo.

(na forma de resposta em ressonância ou "*surging*" sobrecarga). Quando as molas são defletidas sob a aplicação da carga máxima, as tensões induzidas não devem exceder o limite de escoamento do material. Se vierem a exceder o limite, as variações dimensionais permanentes resultantes poderão interferir com a habilidade da mola em fornecer as forças necessárias ou fornecer a energia de deformação necessária, essencial para a operação subsequente. De modo similar, a fluência pode levar a variações dimensionais de longo termo inaceitáveis, mesmo sob condições estáticas, uma condição algumas vezes referenciada como "assentamento". Se as condições de operação incluem temperaturas elevadas, a relaxação térmica não deve produzir variações inaceitáveis nas dimensões ou redução da capacidade de suportar carga. As cargas variáveis, frequentemente aplicadas em molas, podem levar à falha por fadiga. Meios corrosivos podem tornar a situação ainda pior, podendo levar a falhas aceleradas devidas à fadiga associada à corrosão. Condições de fretagem *entre* as lâminas de molas de múltiplos feixes, *entre* as barras de torção e os braços acoplados, *entre* as arruelas empilhadas de molas Bellevile, e quaisquer outras configurações nas quais deformações cíclicas induzam a deslizamento de pequena amplitude *entre* as superfícies de contato de elementos de mola, podem levar a falhas de fadiga por fretagem. Assim como as colunas, molas de compressão de espiras abertas carregadas axialmente podem flambar se forem muito esbeltas ou se excederem deflexões críticas. Quando as frequências de operação cíclica estão próximas da frequência de ressonância[3] de uma mola, um comportamento força-deslocamento errático pode ser induzido por causa de fenômenos de propagação de onda, algumas vezes chamado de "*surging*". A prevenção do *surging* é especialmente importante para aplicações com molas helicoidais.

Como sempre, uma importante responsabilidade do projeto é identificar os modos prováveis de falha no estágio de projeto, para a aplicação em questão, além da seleção dos materiais e da geometria apropriados para minimizar a possibilidade de falhas prováveis.

14.4 Materiais das Molas

As orientações para a seleção de materiais estabelecidas no Capítulo 3, em conjunto com as discussões sobre os modos de falha de 14.3, sugerem que os materiais candidatos para molas devem ter alta resistência (limites de resistência, de escoamento e à fadiga), alta resiliência, boa resistência à fluência

[3] Veja 8.2 e 8.6.

e, em algumas aplicações, boa resistência à corrosão e/ou resistência a temperaturas elevadas. Os materiais que satisfazem a estes critérios incluem o aço-carbono, o aço-liga, o aço inox, o latão para mola, o bronze fosforoso, o berílio-cobre e as ligas de níquel. Qualquer um destes materiais de mola pode ser conformado em barras, arame ou tira por vários processos de conformação a quente e a frio.

O *arame de mola conformado a frio* é produzido estirando-se a frio o material por matrizes cerâmicas, de modo a produzir as dimensões, o acabamento superficial, a precisão dimensional e as propriedades mecânicas desejados. O arame de mola pode ser obtido nas condições de recozido, encruado ou pré-revenido. As propriedades de resistência de muitos materiais são fortemente *dependentes do tamanho*, conforme ilustrado na Figura 14.4.

O *arame chato* é produzido passando-se um arame redondo através dos roletes de um laminador, em seguida temperando-se e revenindo-se o arame chato de modo a se obterem as propriedades desejadas. A *tira de aço mola* é produzida submetendo-se a tira laminada a quente a uma operação de limpeza, seguido de uma combinação de laminação a frio e tratamentos térmicos para obterem-se as propriedades desejadas.

Após o material do arame ou da tira ser enrolado ou conformado, uma operação de jateamento por granalha, martelamento ou pré-tensionamento é algumas vezes utilizada para melhorar a resistência à fadiga.[4] A resistência à corrosão pode ser melhorada aplicando-se uma cobertura, galvanizando-se ou pintando-se a mola.

Os materiais para arames de mola que são amplamente utilizados na indústria de molas incluem:[5]

1. Corda de piano (maior qualidade; maior resistência; amplamente utilizado)
2. Arame para mola de válvula de aço revenido em óleo (alta qualidade; alta resistência; dimensões limitadas)
3. Arame de mola de aço revenido em óleo (boa qualidade; boa resistência; frequentemente utilizado)
4. Arame de aço encruado (barato; resistência modesta; utilizado para cargas estáticas)

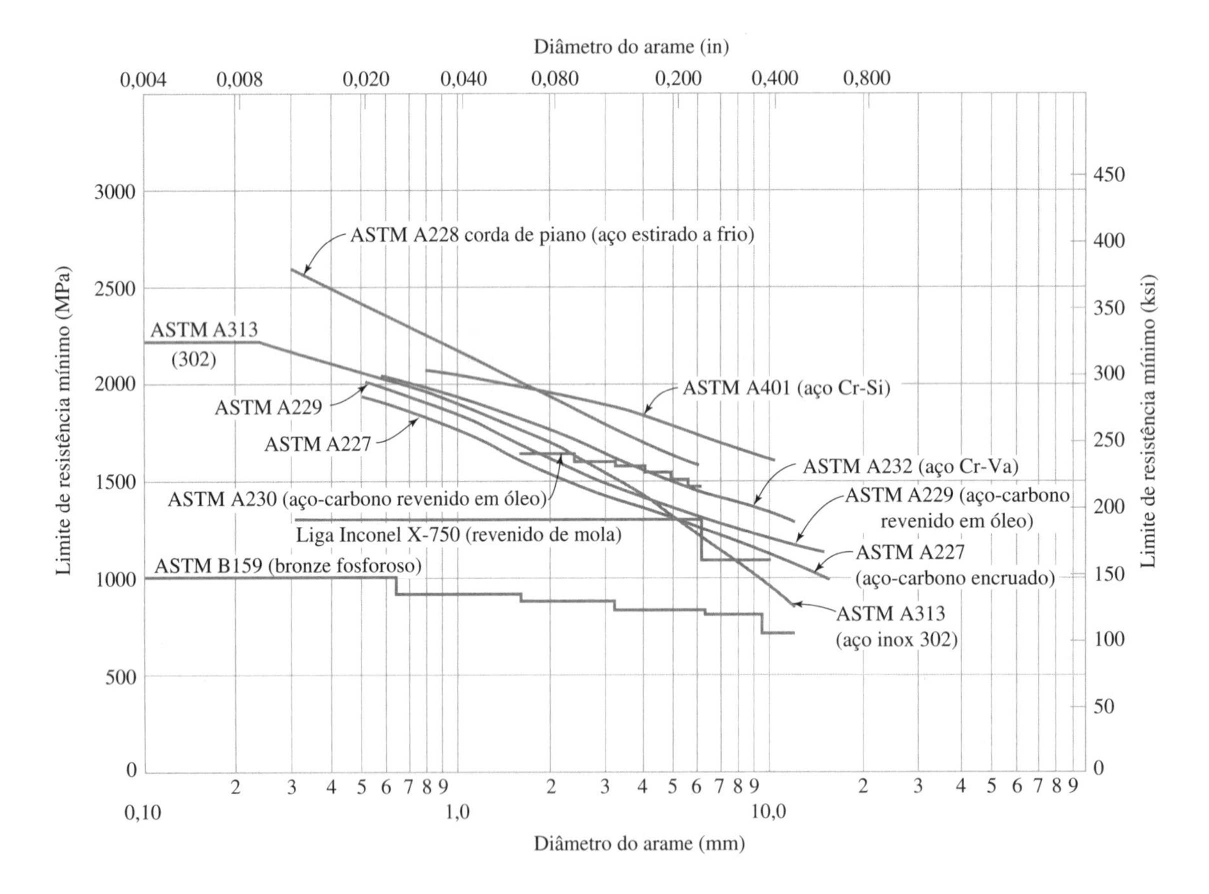

Figura 14.4
Limite de resistência mínimo de arame de mola de vários materiais em função do diâmetro do arame. (Da ref. 2 com a permissão do Associated Spring, Barnes Group, Inc., Bristol, CT.)

[4] Veja 5.6 e 4.9.
[5] Veja ref. 1.

5. Arame de aço-liga (para temperaturas elevadas até 230°C; alta qualidade; alta resistência; p.ex., cromo-vanádio, cromo-silício)
6. Arame de aço inox (boa resistência à corrosão para temperaturas elevadas até 260°C; alta qualidade; alta resistência)
7. Arame de cobre-berílio (boa condutividade; alta resistência; excelente resistência à fadiga)
8. Arame de liga de níquel (boa resistência à corrosão para temperaturas elevadas até 600°C; por exemplo, Inconel X-750; custo elevado)

As propriedades de limite de resistência para diversos destes materiais podem ser aproximadas pela expressão empírica

$$S_{ut} = Bd^a \tag{14-1}$$

em que S_{ut} = limite de resistência à tração
d = diâmetro do arame
a = expoente
B = coeficiente

Utilizando-se os dados da Figura 14.4, o expoente a e o coeficiente B podem ser calculados para os cinco materiais, conforme mostrado na Tabela 14.1. Para os materiais não incluídos na Tabela 14.1, os limites de resistência podem ser diretamente retirados da Figura 14.4. As dimensões de arames normalmente disponíveis em catálogo para a faixa de diâmetros mostrada na Tabela 14.1 estão listadas na Tabela 14.2. Normalmente, os arames são conformados a frio para diâmetros de arame inferiores a 10 mm (3/8 polegada) e enrolados a quente para diâmetros de arame superiores a 16 mm (5/8 polegada).

TABELA 14.1 Valores de *a* e *B* para Cinco dos Materiais Mostrados na Figura 14.4

Material	Validade da Faixa do Diâmetro, in (mm)	Expoente a	Coeficiente B, ksi (MPa)
Corda de piano	0,010–0,250 (0,25–6,5)	−0,1625	184,6 (2153,5)
Aço revenido em óleo	0,020–0,625 (0,5–16)	−0,1833	146,8 (1831,2)
Aço encruado	0,020–0,625 (0,5–16)	−0,1822	141,0 (1753,3)
Aço-liga Cr-Va	0,020–0,500 (0,5–13)	−0,1453	173,1 (1909,9)
Aço-liga Cr-Si	0,031–0,437 (0,8–11)	−0,0934	220,8 (2059,2)

TABELA 14.2 Diâmetros de Arames de Mola Comercialmente Disponíveis[1]

in	mm	in	mm
0,010	0,25	0,092	
0,012	0,30	0,098	2,50
0,014	0,35	0,105	
0,016	0,40	0,112	2,80
0,018	0,45	0,125	
0,020	0,50	0,135	3,50
0,022	0,55	0,148	
0,024	0,60	0,162	4,00
0,026	0,65	0,177	4,50
0,028	0,70	0,192	5,00
0,030	0,80	0,207	5,50
0,035	0,90	0,225	6,00
0,038	1,00	0,250	6,50
0,042	1,10	0,281	7,00
0,045		0,312	8,00
0,048	1,20	0,343	9,00
0,051		0,362	
0,055	1,40	0,375	
0,059		0,406	10,0
0,063	1,60	0,437	11,0
0,067		0,469	12,0
0,072	1,80	0,500	13,0
0,076		0,531	14,0
0,081	2,00	0,562	15,0
0,085	2,20	0,625	16,0

[1] Tamanhos especiais de arame também estão disponíveis com um custo extra.

A matéria-prima para as molas feitas de tiras de aço mola é normalmente o aço AISI 1050, 1065, 1074 ou 1095, tipicamente disponíveis recozido, ¼ duro (pré-revenido), ½ duro, ¾ duro ou na condição totalmente endurecido. Feixes de molas automotivas têm sido feitas de vários aços-liga de grão fino como o SAE 9620, o SAE 6150 e o SAE 5160. Em todos os casos, a *temperabilidade* deve ser adequada para assegurar uma microestrutura totalmente martensítica ao longo de toda a seção transversal da mola. Propriedades para tiras de aço mola e outros materiais de interesse são mostrados na Tabela 14.3, e as larguras e espessuras preferenciais são dadas na Tabela 14.4.

14.5 Molas Helicoidais Carregadas Axialmente; Tensão, Deflexão e Constante de Mola

O projeto das molas helicoidais envolve a seleção de um material, e a determinação do diâmetro do arame, d, do raio médio da espira, R, do número de espiras ativas, N, e de outros parâmetros da mola (veja Figura 14.5), de modo que a resposta força-deflexão desejada seja obtida sem exceder a tensão de projeto sob as condições de operação mais severas.

Para molas helicoidais de *espiras abertas*, carregadas ao longo do eixo da espira, independentemente se a carga produz extensão ou compressão, a tensão primária desenvolvida no arame é de *torção*. Para molas de tração com espiras apertadas e pré-carregadas, a torção também é a tensão primária no arame, mas que permanece constante até que a força de extensão externa exceda a sua pré-carga. Assim, uma mola helicoidal pode ser vista como uma barra de torção em espiral. Para ilustrar isso, uma barra *retilínea* (arame) de diâmetro d e de comprimento L pode ser carregada *em torção* fixando-se braços a cada uma das extremidades, conforme mostrado na Figura 14.6(a). Se os braços têm um comprimento R e são carregados por conjugados de forças de mesma intensidade mas de sentido contrário como mostrado, a barra é submetida a um momento torsor

$$T = FR \tag{14-2}$$

TABELA 14.3 Propriedades Típicas de Tiras Planas de Aço Mola[1] Selecionadas

Material	S_{ut}, ksi (MPa)	Dureza Rockwell	Alongamento (2 in), por cento
Aço mola	246 (1700)	C50	2
Aço inox 302	189 (1300)	C40	5
Monel 400	100 (690)	B95	2
Monel K500	174 (1200)	C34	40
Inconel 600	151 (1040)	C30	2
Inconel X-750	152 (1050)	C35	20
Berílio-cobre	189 (1300)	C40	2
Bronze fosforoso	100 (690)	B90	3

[1] Da ref. 2.

TABELA 14.4 Larguras e Espessuras de Seções Transversais de Feixes de Molas de Tiras Planas Comercialmente Disponíveis[1]

Largura		Espessura					
in	mm	in	mm	in	mm	in	mm
1,57	40,0	0,28	7,10	0,52	13,20	0,98	25,00
1,77	45,0	0,30	7,50	0,55	14,00	1,04	26,50
1,97	50,0	0,31	8,00	0,59	15,00	1,10	28,00
2,20	56,0	0,33	8,50	0,63	16,00	1,18	30,00
2,48	63,0	0,35	9,00	0,67	17,00	1,24	31,50
2,95	75,0	0,37	9,50	0,71	18,00	1,32	33,50
3,54	90,0	0,39	10,00	0,75	19,00	1,40	35,50
3,94	100,0	0,42	10,60	0,79	20,00	1,48	37,50
4,92	125,0	0,44	11,20	0,83	21,20	—	—
5,91	150,0	0,46	11,80	0,88	22,40	—	—
		0,49	12,50	0,93	23,60	—	—

[1] Veja American National Standard ANSI Z17.1. Tamanhos especiais disponíveis com um custo extra.

Figura 14.5
Ilustração da nomenclatura utilizada para molas helicoidais.

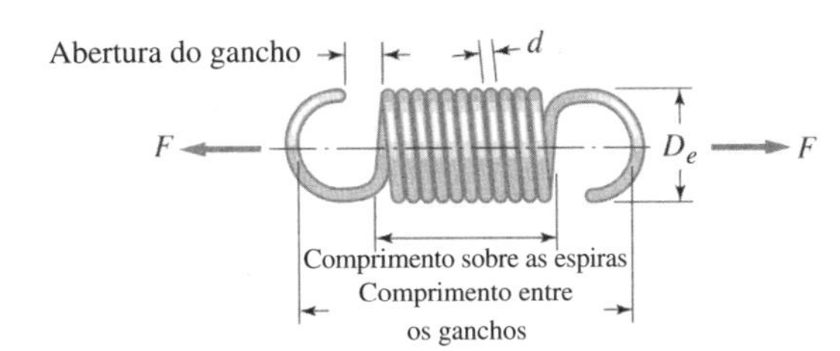

(*a*) Mola helicoidal de tração de espiras próximas com um meio gancho em cada extremidade.

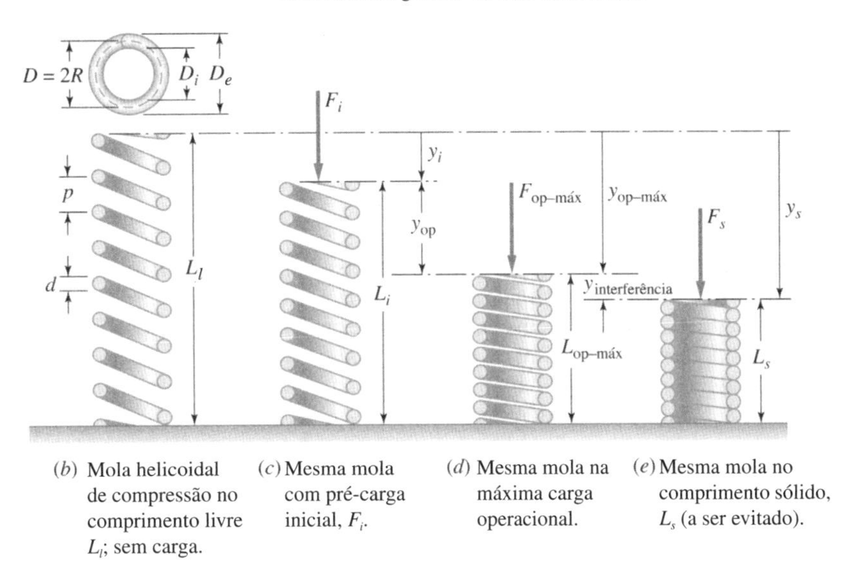

(*b*) Mola helicoidal de compressão no comprimento livre L_l; sem carga.
(*c*) Mesma mola com pré-carga inicial, F_i.
(*d*) Mesma mola na máxima carga operacional.
(*e*) Mesma mola no comprimento sólido, L_s (a ser evitado).

A mesma barra pode ser conformada em uma *hélice* de *N* espiras, cada uma tendo um raio médio *R*, e então submetida a forças axiais opostas *F*, conforme mostrado na Figura 14.6(b). O *diagrama de corpo livre* que resulta quando uma seção é cortada através da barra helicoidal, conforme mostrado na Figura 14.6(c), indica que a barra experimenta um momento torsor $T = FR$, da mesma forma que ocorre para uma barra de torção reta e, além disso, uma força de cortante *F*. Investigações têm mostrado que as *tensões de cisalhamento de torção* induzidas no arame são as *tensões primárias*,

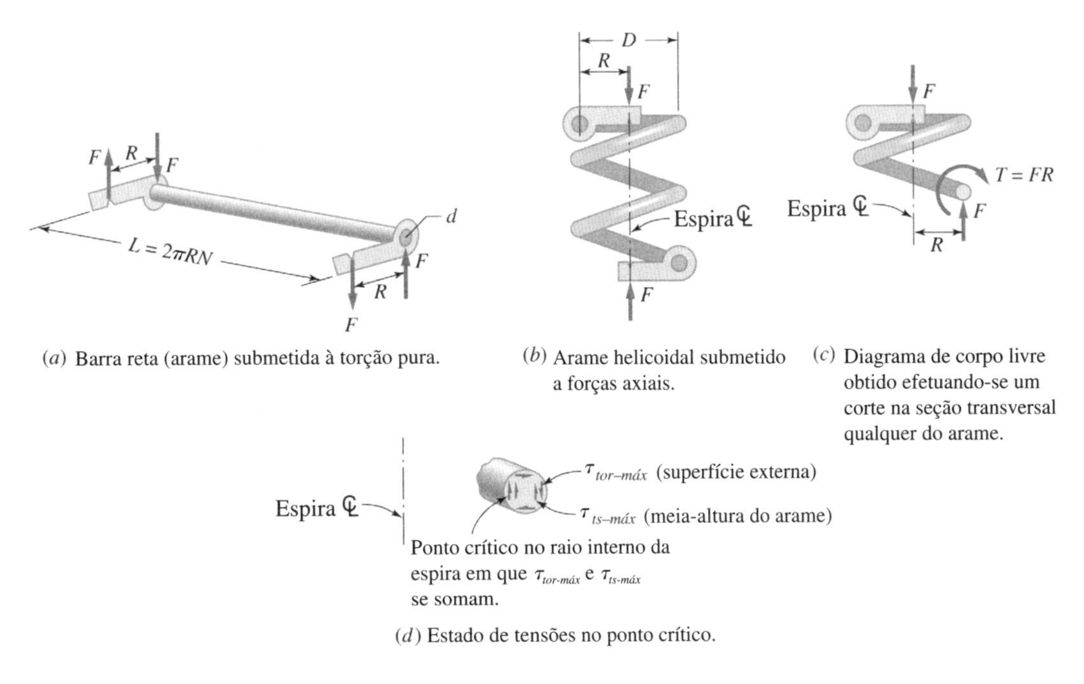

(*a*) Barra reta (arame) submetida à torção pura.
(*b*) Arame helicoidal submetido a forças axiais.
(*c*) Diagrama de corpo livre obtido efetuando-se um corte na seção transversal qualquer do arame.
(*d*) Estado de tensões no ponto crítico.

Figura 14.6
Torção e cortante em molas helicoidais.

mas as *tensões de cisalhamento de cortante* nas molas helicoidais *são suficientemente importantes* para serem consideradas. De (4-30) e (4-28), a tensão de cisalhamento de torção máxima na superfície do arame[6] é

$$\tau_{tor-máx} = \frac{16FR}{\pi d^3} \tag{14-3}$$

em que F = carga axial na mola
R = raio médio da espira (raio da linha central da bobina até a linha central do fio)
d = diâmetro do arame

Sabe-se[7] que a tensão de cisalhamento de cortante atinge um valor máximo na meia-altura da seção transversal do arame e tem a intensidade

$$\tau_{ts-máx} = 1{,}23\frac{F}{A_f} \tag{14-4}$$

em que $A_f = \dfrac{\pi d^2}{4}$ = área da seção transversal do arame

Conforme mostrado na Figura 14.6(d), as tensões de cisalhamento de torção e cortante *se opõem* no raio *externo* da espira mas se somam no raio *interno* da espira.

Além disso, por causa da curvatura, uma deformação de cisalhamento um pouco maior é produzida (pela torção) na fibra interna (mais curta) da espira do que na fibra externa (mais longa), induzindo a uma tensão de cisalhamento de torção um pouco maior na fibra *interna.* Este *fator de curvatura* de aumento de tensão, K_c, pode ser estimado como[8]

$$K_c = \frac{4c - 1}{4c - 4} \tag{14-5}$$

em que o *índice de mola*, c, é definido como

$$c \equiv \frac{2R}{d} = \frac{D}{d} \tag{14-6}$$

O fator de curvatura é frequentemente desprezado quando as molas são carregadas *estaticamente.*

Portanto, a tensão máxima de cisalhamento ocorre na meia altura do arame no raio interno da espira, e pode ser estimada combinando-se (14-3), (14-4) e (14-5), como segue:

$$\tau_{máx} = K_c(\tau_{tor-máx}) + \tau_{ts-máx} \tag{14-7}$$

ou

$$\tau_{máx} = \left(\frac{4c - 1}{4c - 4}\right)\left(\frac{16FR}{\pi d^3}\right) + 1{,}23\left(\frac{F}{A_w}\right) \tag{14-8}$$

que pode ser reescrita como

$$\tau_{máx} = \left(\frac{4c - 1}{4c - 4}\right)\left(\frac{16FR}{\pi d^3}\right) + 1{,}23\left(\frac{F}{\pi(d^2)/4}\right)\left(\frac{R}{R}\right)\left(\frac{d}{d}\right) \tag{14-9}$$

ou

$$\tau_{máx} = \left(\frac{4c - 1}{4c - 4} + \frac{0{,}615}{c}\right)\frac{16FR}{\pi d^3} \tag{14-10}$$

Definindo-se

$$K_w \equiv \left(\frac{4c - 1}{4c - 4} + \frac{0{,}615}{c}\right) \equiv \textit{fator de Wahl} \tag{14-11}$$

a expressão (14-10), para a tensão de cisalhamento máxima, torna-se

$$\tau_{máx} = K_w\left(\frac{16FR}{\pi d^3}\right) \tag{14-12}$$

Valores do fator de Wahl, K_w, como uma função do índice de mola, c, são mostrados na Tabela 14.5.

---
[6] Não incluindo os efeitos de curvatura.
[7] Veja ref. 3.
[8] Veja ref. 3.

TABELA 14.5 Valores do Fator de Wahl K_w em Função do Índice de Mola c

c → ↓	0,0	0,1	0,2	0,3	0,4	0,5	0,6	0,7	0,8	0,9
2	2,058	1,975	1,905	1,844	1,792	1,746	1,705	1,669	1,636	1,607
3	1,580	1,556	1,533	1,512	1,493	1,476	1,459	1,444	1,430	1,416
4	1,404	1,392	1,381	1,370	1,360	1,351	1,342	1,334	1,325	1,318
5	1,311	1,304	1,297	1,290	1,284	1,278	1,273	1,267	1,262	1,257
6	1,253	1,248	1,243	1,239	1,235	1,231	1,227	1,223	1,220	1,216
7	1,213	1,210	1,206	1,203	1,200	1,197	1,195	1,192	1,189	1,187
8	1,184	1,182	1,179	1,177	1,175	1,172	1,170	1,168	1,166	1,164
9	1,162	1,160	1,158	1,156	1,155	1,153	1,151	1,150	1,148	1,146
10	1,145	1,143	1,142	1,140	1,139	1,138	1,136	1,135	1,133	1,132
11	1,131	1,130	1,128	1,127	1,126	1,125	1,124	1,123	1,122	1,120
12	1,119	1,118	1,117	1,116	1,115	1,114	1,113	1,113	1,112	1,111
13	1,110	1,109	1,108	1,107	1,106	1,106	1,105	1,104	1,103	1,102
14	1,102	1,101	1,100	1,099	1,099	1,098	1,097	1,097	1,096	1,095
15	1,095	1,094	1,093	1,093	1,092	1,091	1,091	1,090	1,090	1,089
16	1,088	1,088	1,087	1,087	1,086	1,086	1,085	1,085	1,084	1,084
17	1,083	1,083	1,082	1,082	1,081	1,081	1,080	1,080	1,079	1,079
18	1,078	1,078	1,077	1,077	1,077	1,076	1,076	1,075	1,075	1,074

A experiência tem mostrado que molas construídas para fornecer valores de c inferiores a cerca de *4* são difíceis de fabricar, e se os valores de c excederem aproximadamente *12*, as molas tendem a flambar em compressão, e a embaraçar quando armazenadas juntas. Da Tabela 14.5, pode-se observar que a faixa de K_w vai de cerca de 1,4, quando c é 4, até cerca de 1,1, quando c é 12. O valor médio dentro desta faixa fica em torno de $K_w = 1{,}2$. Este valor localizado no meio da faixa é, frequentemente, utilizado como uma estimativa inicial para K_w nos cálculos (inerentemente iterativos) de projeto de molas.

Os *laços das extremidades* das molas de tração devem ser analisados em separado por causa da *concentração de tensões* no ponto no qual o laço das extremidades é "dobrado" [veja Figura 14.7(b)] e no raio interno do laço das extremidades [veja Figura 14.7(a)]. Na seção crítica B, em que a tensão de cisalhamento de torção é a tensão primária, o fator de concentração de tensões é frequentemente aproximado por

$$k_{iB} = \frac{r_{mB}}{r_{iB}} \tag{14-13}$$

em que r_{mB} = raio médio de curvatura na seção B
r_{iB} = raio interno na seção B

Combinar isto com (14-3) fornece

$$\tau_{máx\,B} = k_{iB}\tau_{tor-máx} = \frac{r_{mB}}{r_{iB}}\left(\frac{16FR}{\pi d^3}\right) \tag{14-14}$$

Figura 14.7
Tensões no laço da extremidade da mola de tração. (Veja também a Figura 4.10.)

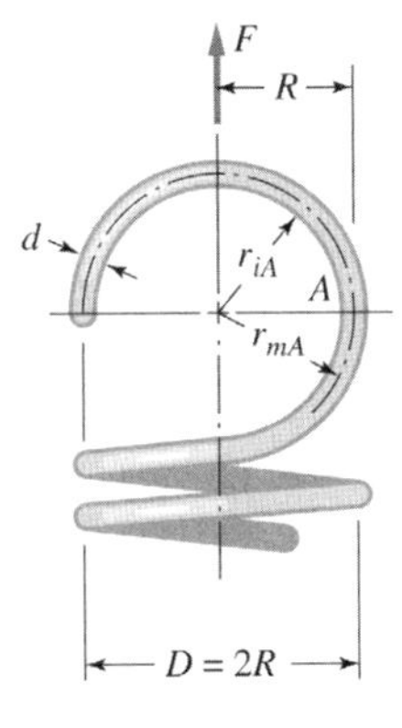

(*a*) Flexão e carga axial na seção crítica A do laço da extremidade; $k_{iA} \approx \frac{r_{mA}}{r_{iA}}$.

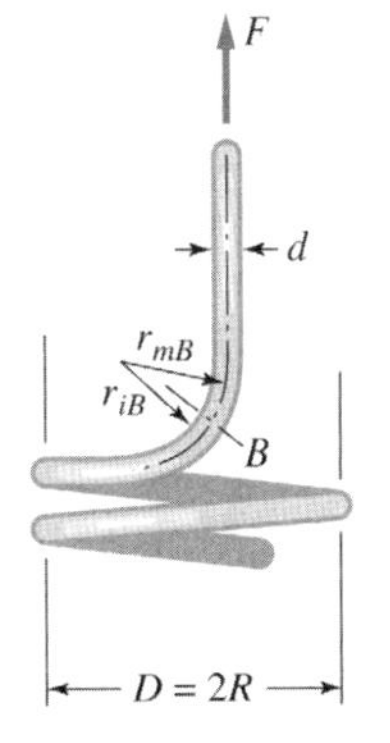

(*b*) Torção na seção crítica B do laço da extremidade; $k_{iB} \approx \frac{r_{m}B}{r_{i}B}$.

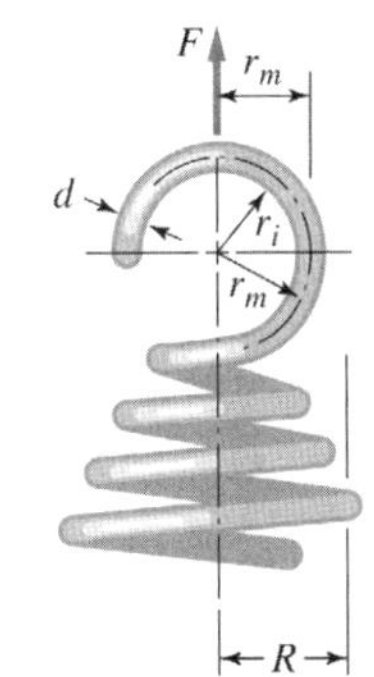

(*c*) Configuração com as extremidades com conicidade para reduzir as tensões nos laços das extremidades.

Na seção crítica A, em que a tensão de flexão e a tensão axial se somam, este ponto crítico ocorre no raio interno do gancho. É prática comum aproximar este fator de concentração de tensões como

$$k_{iA} = \frac{r_{mA}}{r_{iA}} \tag{14-15}$$

A tensão no raio interno do arame da seção A pode, então, ser escrita como

$$\sigma_{máx\,A} = k_i\left(\frac{Mc}{I}\right) + \frac{F}{A} = \frac{r_{mA}}{r_{iA}}\left(\frac{32FR}{\pi d^3}\right) + \frac{4F}{\pi d^2} \tag{14-16}$$

Caso se deseje, o gancho pode ser analisado de uma forma mais precisa como uma *viga curva* utilizando-se (4-118) em conjunto com os dados da Tabela 4.8. Usualmente recomenda-se que k_i não exceda cerca de 1,25, correspondendo ao requisito que $r_i \geq d$. Em alguns casos, a tensão máxima no laço das extremidades pode ser reduzida pela introdução de uma "conicidade" nas espiras das extremidades, de modo a reduzir o braço do momento fletor de R para r_m, conforme ilustrado na Figura 14.7(c).

Exemplo 14.1 Tensões em uma Mola Helicoidal de Tração

Uma mola helicoidal de tração está sendo projetada para atuar como retorno da cortina do obturador de uma pequena câmera. As especificações preliminares de projeto estimam que seja necessário um diâmetro de arame $d = 0{,}5$ mm, um diâmetro médio $D = 2$ mm e uma força de tração $F = 5$ N. A mola é fabricada de aço encruado ($G = 79$ GPa). Os laços das extremidades devem ter a geometria mostrada na Figura 14.7(a) e (b), com $r_{mA} = 1$ mm e $r_{mB} = 0{,}5$ mm. Determine a tensão de cisalhamento máxima no corpo e no laço da extremidade, assim como a tensão máxima normal no laço da extremidade.

Solução

Conhecendo o diâmetro médio, podemos determinar o raio médio como sendo $R = D/2 = 1$ mm. Uma vez que o índice de mola é conhecido ($c = D/d = 2/0{,}5 = 4$), podemos determinar o fator de Wahl de (14-11) como

$$K_w = \left(\frac{4c-1}{4c-4} + \frac{0{,}615}{c}\right) = \left(\frac{4(4)-1}{4(4)-4} + \frac{0{,}615}{4}\right) = 1{,}25 + 0{,}15375 = 1{,}40375$$

A tensão de cisalhamento máxima no corpo é determinada de (14-2) como

$$\tau_{máx} = K_w\left(\frac{16FR}{\pi d^3}\right) = 1{,}40375\left(\frac{16(5)(0{,}001)}{\pi(0{,}0005)^3}\right) = 286 \text{ MPa}$$

Para a tensão de cisalhamento máxima no laço da extremidade, utilizamos (14-14)

$$\tau_{máx\,B} = \frac{r_{mB}}{r_{iB}}\left(\frac{16FR}{\pi d^3}\right)$$

em que $r_{iB} = r_{mB} - d/2 = 0{,}5 - 0{,}25 = 0{,}25$. Assim,

$$\tau_{máx\,B} = \frac{0{,}5}{0{,}25}\left(\frac{16(5)(0{,}001)}{\pi(0{,}0005)^3}\right) = 407 \text{ MPa}$$

A tensão normal máxima no laço da extremidade é determinada de (14-6)

$$\sigma_{máx\,A} = \frac{r_{mA}}{r_{iA}}\left(\frac{32FR}{\pi d^3}\right) + \frac{4F}{\pi d^2}$$

em que $r_{iA} = r_{mA} - d/2 = 1 - 0{,}25 = 0{,}75$. Assim,

$$\sigma_{máx\,A} = \frac{1}{0{,}75}\left(\frac{32(5)(0{,}001)}{\pi(0{,}0005)^3}\right) + \frac{4(5)}{\pi(0{,}0005)^2} = 543{,}2 + 25{,}5 = 568{,}7 \text{ MPa}$$

Para verificar se estas tensões irão promover uma falha, devemos determinar o limite de resistência do material. Para aço encruado, o limite de resistência do material pode ser obtido utilizando-se (14-1)

$$S_{ut} = Bd^a = 1753{,}3(0{,}0005)^{-0{,}1822} = 7003 \text{ MPa}$$

Estimando que, para o aço, o limite de escoamento é da ordem de 90 por cento do limite de resistência, podemos aproximar o limite de escoamento à tração como $S_{yp} \approx 0{,}9(7003) \approx 6300$ MPa. De forma similar, podemos aproximar o limite de escoamento torcional como $\tau_{yp} \approx 0{,}577(S_{yp}) \approx 3.635$ MPa. Embora uma análise mais precisa seja necessária antes de o projeto ser finalizado, para este estágio podemos assumir que a mola é satisfatória.

Deflexão e Constante de Mola

A deflexão *axial* de uma mola helicoidal sob carga *axial* pode ser encontrada determinando-se primeiro a intensidade da rotação *angular* relativa entre duas seções transversais dos arames adjacentes, espaçadas de uma distância dL, produzida por um torque aplicado $T = FR$.

Em referência à Figura 14.8, por um momento considere que somente um pequeno segmento $ABCD$ do arame é flexível, e o resto do arame da mola é infinitamente rígido. De (4-37), o ângulo de torção, $d\varphi$, de uma barra circular de comprimento dL, submetido a um torque FR, pode ser escrito como

$$d\varphi = \frac{FR\,dL}{JG} \tag{14-17}$$

Utilizando-se esta equação, a rotação da seção de arame CD pode ser calculada em relação à seção AB. Conforme mostrado na Figura 14.8, este deslocamento angular permite o cálculo do deslocamento *axial*, dy, de um ponto E localizado a 90°. Por causa da hipótese de *corpo rígido* para toda a região com a exceção do segmento $ABCD$, o deslocamento axial do ponto F, no centro da hélice, é o mesmo que o deslocamento axial de E. Portanto, o deslocamento axial do ponto F é

$$dy = R d\varphi = \frac{FR^2 dL}{JG} \tag{14-18}$$

Agora, no caso de se permitir que *toda a mola* seja flexível, a deflexão axial total y pode ser determinada integrando-se (14-18) ao longo de todo o comprimento de arame ativo L, para fornecer

$$y = \frac{FR^2 L}{JG} \tag{14-19}$$

Se a mola tem N espiras ativas, o seu *comprimento ativo* pode ser expresso como

$$L = 2\pi RN \tag{14-20}$$

e (14-19) pode ser reescrito como

$$y = \frac{FR^2(2\pi RN)}{\left(\dfrac{\pi d^4}{32}\right)G} = \frac{64FR^3N}{d^4G} \tag{14-21}$$

Assim, uma expressão para a constante de mola k [veja 2.4 e equação (2-1)] pode ser escrita como

$$k = \frac{F}{y} = \frac{d^4G}{64R^3N} \tag{14-22}$$

Quando se escrevem expressões para a constante de mola ou para a deflexão em termos do número de *espiras ativas*, N, é importante observar que a configuração da *espira da extremidade* com frequência influencia localmente a flexibilidade global da mola. A configuração da espira da extremidade deve ser levada em conta na determinação do número *total* de espiras, N_t, utilizadas no enrolamento da mola. O número total de espiras, N_t, é o número total de voltas entre *cada uma das extremidades do arame*; o número de espiras ativas, N, é o número de voltas sobre as quais o *arame torce* sob a carga, e, portanto, contribui para a deflexão axial da mola. Para molas de compressão, N_t é determinado *adicionando-se* o número de espiras inativas, N_i, ao número de espiras ativas, N, para obter-se

$$N_t = N + N_i \quad \text{(molas de compressão)} \tag{14-23}$$

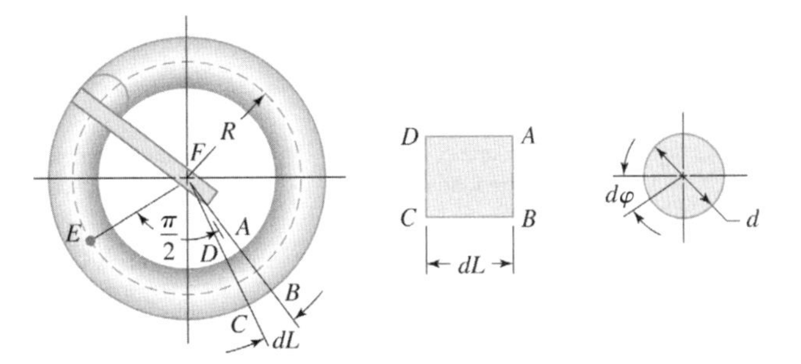

Figura 14.8
Deflexões em uma mola helicoidal sob carga axial.

A Figura 14.9 apresenta o número de espiras *inativas* associadas com cada uma das condições de extremidade mais comuns utilizadas em molas helicoidais de compressão.

Para o caso de molas de tração, os laços das extremidades contribuem *adicionalmente* para a elasticidade da mola, dependendo da configuração dos laços das extremidades. Referindo-se à Figura 14.5(a), o número efetivo de espiras ativas, N, é determinado *adicionando-se as espiras equivalentes para ambos* os laços das extremidades, N_e, ao número das espiras no *comprimento sobre as espiras*, N_c, para obter-se

$$N = N_c + N_e \quad \text{(molas de tração)} \tag{14-24}$$

O número equivalente de espiras para alguns laços das extremidades comuns utilizados em molas de tração são dados na Figura 14.10.

Flambagem e Ressonância

Dois outros tópicos de projeto que são importantes em alguns casos são: (1) instabilidade elástica, ou *flambagem* de longas e finas molas helicoidais sob cargas compressivas e (2) resposta na frequência de ressonância, ou *surging*, se as frequências de operação axiais se aproximam da frequência natural axial da mola helicoidal (veja 8.2).

Assim como colunas finas longas submetidas à compressão axial tornam-se elasticamente instáveis e *flambam* quando a carga se torna muito elevada (veja 2.7), as molas helicoidais carregadas em compressão irão flambar se a deflexão axial se tornar muito elevada. Equações para a predição da deflexão crítica de flambagem, y_{cr}, desenvolvidas de forma similar às equações de flambagem de colunas,[9] podem ser expressas em termos do comprimento livre L_f, raio médio da espira R e a forma

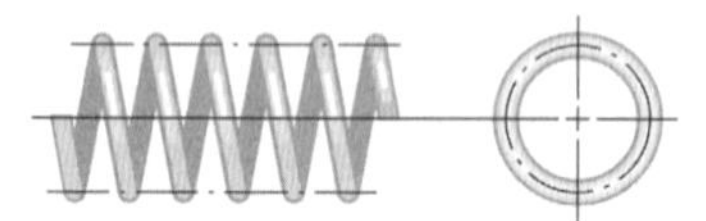

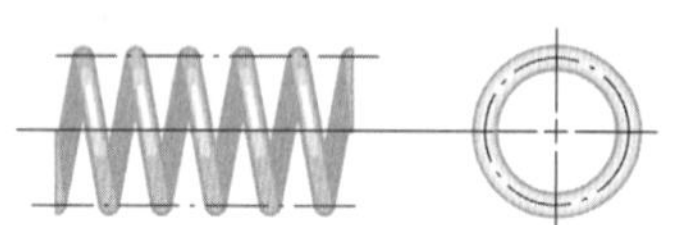

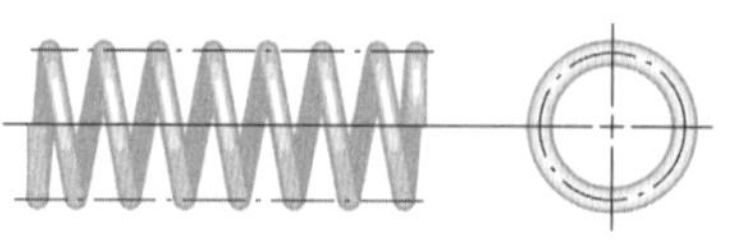

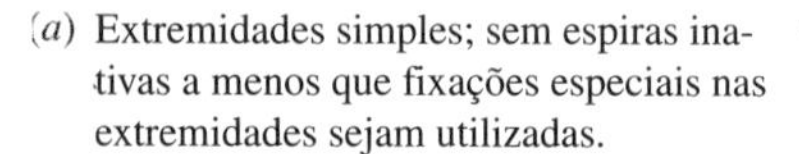

(*a*) Extremidades simples; sem espiras inativas a menos que fixações especiais nas extremidades sejam utilizadas.

(*b*) Extremidades simples esmerilhadas; metade de uma espira inativa em cada extremidade.

(*c*) Extremidades fechadas; uma espira inativa em cada extremidade; hélice à direita.

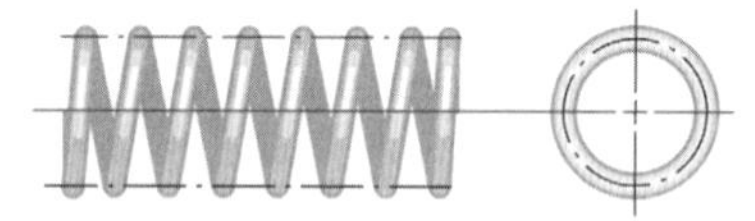

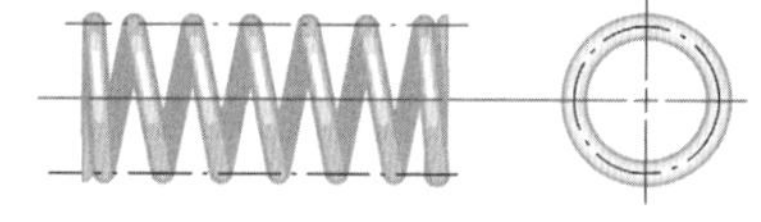

(*d*) Extremidades fechadas; uma espira inativa em cada extremidade; hélice à esquerda.

(*e*) Extremidades em esquadro e esmerilhadas; fechadas; uma espira inativa em cada extremidade.

Figura 14.9
Várias configurações de molas helicoidais de compressão, e a influência das espiras das extremidades na constante de mola.

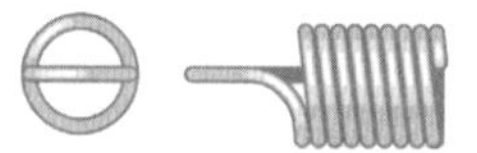

(*a*) Meio gancho sobre o centro; acrescenta deflexão axial equivalente a cerca de 0,1 espira de cada extremidade.

(*b*) Meio laço sobre o centro; acrescenta deflexão axial equivalente a cerca de 0,1 espira de cada extremidade.

(*c*) Laço único completo sobre o centro; acrescenta deflexão axial equivalente a cerca de 0,5 espira de cada extremidade.

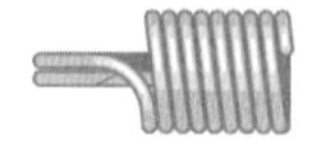

(*d*) Laço duplo completo sobre o centro.

(*e*) Extremidade com gancho longo arredondado sobre o centro.

(*f*) Extremidade cônica com gancho rotulado, a forma cônica tende a decrescer a concentração de tensões no gancho.

Figura 14.10
Várias configurações de extremidades de molas helicoidais de tração. Diversas outras configurações são possíveis.

[9] Veja ref. 3.

como as extremidades da mola são restritas (veja Tabela 14.6). A Figura 14.11 mostra a *razão de deflexão crítica* plotada em função do *índice de esbeltez* para molas com ambas as extremidades rotuladas ($\alpha = 1$) e molas com ambas as extremidades fixas ($\alpha = 0{,}5$). Valores de α para outras restrições nas extremidades incluídos na Tabela 14.6 podem ser utilizados para plotar curvas de deflexão crítica adicionais, caso seja necessário. Após uma mola ter sido preliminarmente projetada para fornecer a constante de mola desejada dentro de níveis de tensões aceitáveis, a falha possível por flambagem deve ser verificada utilizando-se as curvas da Figura 14.11. Se a razão de deflexão para a mola proposta exceder o valor crítico obtido da curva, a mola deve ser reprojetada.

Uma solução alternativa para a flambagem que algumas vezes é utilizada é colocar a mola dentro de um cilindro-guia com pouca folga, ou inserir um mandril guia cilíndrico interno para evitar a flambagem, mas o atrito e o desgaste podem produzir falhas de outro tipo se esta solução for escolhida. Se cilindros ou mandris-guias são utilizados desta forma, uma folga diametral de aproximadamente 10 por cento do diâmetro do cilindro ou mandril-guias é comumente utilizado para evitar a fricção entre a mola e a sua guia.

Se as molas são utilizadas em aplicações cíclicas de alta velocidade, a resposta em ressonância, chamada de *surging*, deve ser investigada. Se o material e a geometria da mola axial em movimento alternativo são tais que a sua *frequência natural axial* está próxima à frequência de operação, uma *frente de onda de deslocamento* propaga-se e é refletida ao longo da mola com aproximadamente a mesma frequência da força de excitação.[10] Esta condição resulta em *condensações* e *rarefações*[11]

TABELA 14.6 Constantes de Restrição da Extremidade para Molas Helicoidais Carregadas em Compressão

Tipo de Restrição da Extremidade	Constante da Restrição da Extremidade[1] α
Ambas as extremidades pivotadas (rotuladas)	1
Uma extremidade apoiada em uma superfície plana perpendicular ao eixo da mola (fixo); outra extremidade pivotada (rotulada)	0,7
Uma extremidade fixa; outra extremidade livre	2
Mola suportada entre superfícies planas paralelas (extremidades fixas)	0,5

[1] Veja as constantes de restrição da extremidade mostradas na Tabela 2.4, para comparação.

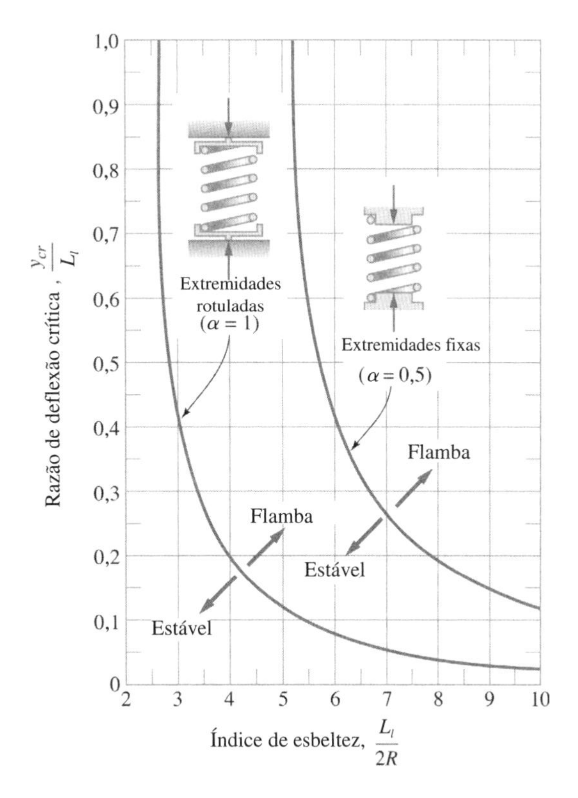

Figura 14.11
Curvas de deflexão crítica definindo o limiar de flambagem de molas helicoidais carregadas em compressão axial. (α = constante da condição da extremidade; veja Tabela 14.6.)

[10] Veja por exemplo, refs. 4 e 5.

[11] Variações locais no passo no qual algumas poucas espiras podem momentaneamente ficar muito próximas (condensação) ou significantemente separadas (rarefação).

locais propagando-se ao longo da mola. Este fenômeno pode produzir localmente tensões elevadas e/ou forças erráticas, com a consequente perda de controle do objeto carregado pela mola. O exemplo frequentemente citado da mola de válvula automotiva ilustra a condição; o *surging* de uma mola de válvula pode permitir que a válvula abra erraticamente quando deve ser fechada, ou vice-versa.

O valor da frequência natural axial, f_n, de uma mola helicoidal (utilizando uma condição de extremidades fixa-fixa) pode ser calculado[12] da equação básica

$$f_n = \frac{\omega_n}{2\pi} = \frac{\pi\sqrt{\dfrac{kg}{W}}}{2\pi} = \frac{1}{2}\sqrt{\frac{kg}{W}} \tag{14-25}$$

em que f_n = frequência natural axial, Hz
ω_n = frequência do movimento axial, rad/s
k = constante de mola
W = peso das espiras ativas da mola
g = constante gravitacional

Para a mola helicoidal isto pode ser reescrito como

$$f_n = \frac{d}{2\pi R^2 N}\sqrt{\frac{Gg}{32w}} \tag{14-26}$$

em que G = módulo de cisalhamento do material da mola
w = peso específico do arame da mola

Para o caso mais comum, em que arame de aço é utilizado para enrolar a mola, $G = 11{,}5 \times 10^6$ psi e $w = 0{,}283$ lbf/in³, de modo que (14-22) torna-se

$$(f_n)_{aço} = \frac{3525d}{R^2N} \tag{14-27}$$

É importante observar que estas equações fornecem a frequência natural da própria *mola*, *não* a frequência natural do sistema massa-mola em que uma massa W_1 é fixada a uma mola de massa muito inferior. Em algumas aplicações, harmônicos[13] superiores podem ser excitados, fornecendo respostas ressonantes potenciais em frequências muito mais elevadas do que a frequência natural fundamental da mola. Harmônicos até aproximadamente o *décimo terceiro* têm sido registrados como significantes em algumas aplicações.[14] Com base nesta evidência, normalmente recomenda-se que as molas carregadas criticamente devam ter uma frequência natural fundamental de pelo menos *quinze* vezes a frequência de operação, para evitar ressonâncias nos harmônicos mais elevados.

14.6 Resumo do Procedimento de Projeto Sugerido para Molas Helicoidais e Orientações Gerais para o Projeto de Molas

O projeto de molas é um processo inerentemente iterativo no qual, pelo menos, os requisitos de tensão e de força-deflexão devem ser independentemente satisfeitos. Outros fatores, tais como o envelope de restrições e o meio, também têm um papel importante. Os seguintes passos podem ser utilizados para desenvolver um projeto de mola de sucesso, mas diversas outras abordagens também podem ser utilizadas.

1. Baseado em especificações de funcionalidade e na contemplação da configuração do sistema, gere um esboço inicial conceitual, aproximadamente em escala, para a mola proposta. Incorpore qualquer restrição imposta pelo envelope espacial da mola, inclusive o diâmetro externo máximo da espira, o diâmetro interno mínimo da espira, limites no comprimento livre ou no comprimento sólido, ou limites nos deslocamentos operacionais (veja Figura 14.5).
2. Identifique os modos prováveis de falha (veja 14.3)
3. Selecione um material provisório para a mola (veja 14.4).
4. Selecione um fator de segurança apropriado (veja Capítulo 2).
5. Calcule a tensão de projeto σ_d utilizando (2-84), repetido aqui para referência.

$$\sigma_d = \frac{S_{fm}}{n_d} \qquad \text{(2-84) (repetida)}$$

[12] Veja ref. 3.
[13] Harmônicos são múltiplos integrais da frequência natural fundamental.
[14] Veja ref. 6.

ou, por extensão

$$\tau_d = \frac{\tau_{fm}}{n_d} \tag{14-28}$$

em que S_{fm} = resistência à falha do material selecionado, correspondente ao modo de falha preponderante

n_d = fator de segurança de projeto

τ_d = tensão de cisalhamento de projeto

τ_{fm} = resistência à falha ao cisalhamento do material selecionado, correspondente ao modo de falha preponderante

Nas aplicações de projeto de molas, em geral são encontrados três fatores complicadores quando se tenta determinar um valor apropriado para a resistência à falha S_{fm} ou τ_{fm}, que são:

a. A *resistência* do arame de mola é frequentemente uma função do tamanho do arame, *d*, conforme mostrado em (14-1), mas no início *d* é desconhecido.
b. Os dados de limite de escoamento são escassos para materiais de arame de mola, e relações entre limite de resistência e limite de escoamento, em particular em torção, somente podem ser definidas empiricamente e aproximadamente. (Lembre-se de que a torção é o estado de tensões primário nos pontos críticos das molas helicoidais.) A Tabela 14.7 inclui alguns dados que podem ser úteis para relacionar τ_{yp} com S_{ut}.
c. Molas carregadas ciclicamente são, em geral, submetidas a carregamentos cíclicos com carga média não nula. Uma vez que a torção é um estado de tensões *multiaxial*, os pontos críticos em molas helicoidais carregadas ciclicamente devem ser analisados como estados multiaxiais de tensão cíclica com carga média não nula, conforme discutido em 5.7. No entanto, conforme foi observado em 5.6, se um projetista tiver a sorte de encontrar dados de *resistência* para o caso *multiaxial com carga média não nula* que estejam de acordo com as condições de operação da aplicação, estes dados devem ser utilizados *diretamente* em vez de se usarem as aproximações de 5.7. A indústria das molas desenvolveu uma pequena quantidade de dados deste tipo para o caso especial (mais comum) de carregamento pulsativo ($R = 0$), conforme mostrado na Tabela 14.8.

TABELA 14.7 Limite de Escoamento Torcional Aproximado τ_{yp} como uma Função do Limite de Resistência à Tração S_{ut} para Molas Helicoidais de Compressão sob Carregamento Estático[1]

Material	τ_{yp}/S_{ut}
Aço-carbono (estirado a frio)	0,45
Corda de piano	0,40
Aço-carbono e aço de baixa liga (endurecido e recozido)	0,50
Aço inox	0,35
Ligas não ferrosas	0,35

[1] Veja ref. 2.

TABELA 14.8 Resistência à Fadiga ao Cisalhamento τ_f para Molas Helicoidais Redondas de Compressão sob Condições de Carregamentos Cíclicos Pulsativos[1] ($R = 0$) como uma Função do Limite de Resistência à Tração S_{ut} (veja Figura 14.4)

	τ_f/S_{ut}			
	Aços Inox Austeníticos e Ligas Não Ferrosas		Aços-Liga ASTM A230 e A232	
Vida à Fadiga *N*, ciclos	Sem Jateamento	Com Jateamento	Sem Jateamento	Com Jateamento
10^5	0,36	0,42	0,42	0,49
10^6	0,33	0,39	0,40	0,47
10^7	0,30	0,36	0,38	0,46

[1] Temperatura ambiente, meio inócuo, tamanhos e superfícies de arames de mola típicos (veja ref. 2).

6. Determine o diâmetro do arame, d, o raio médio da espira, R, e o número de espiras ativas, N, de modo que as tensões de cisalhamento $\tau_{máx}$ de (14-12) e a deflexão y de (14-21) sejam *independentemente* satisfeitas de tal forma que a resistência, a vida e a constante de mola satisfaçam, simultaneamente, às especificações de projeto (do passo 1). Se as especificações de performance do projeto *não* são satisfeitas, *alterações* devem ser feitas em d, R e/ou N, iterativamente, até que as especificações *sejam* satisfeitas.

   Normalmente, no processo iterativo, os requisitos de tensão são os mais fáceis de serem satisfeitos *em primeiro lugar*, uma vez que $\tau_{máx}$ é uma função de somente dois parâmetros da mola, d e R. Em seguida, os requisitos de deflexão podem ser satisfeitos determinando-se N. O envelope espacial de restrições, valores razoáveis do índice de mola e o julgamento do projetista são as bases para as seleções iniciais de d e R para iniciar o processo iterativo.
7. Utilizando os valores provisórios de d, R e N do passo 6, determine a constante de mola k e faça uma verificação de modo a assegurar que esses valores também satisfaçam a todos os *outros* requisitos de funcionalidade de k.
8. Selecione uma configuração de extremidade apropriada (veja Figuras 14.9 e 14.10) e determine o número de espiras inativas (para molas de compressão) ou espiras extras equivalentes (para molas de tração). Calcule o número total de espiras da mola utilizando (14-23) ou (14-24).
9. Determine a altura sólida, a altura livre e a deflexão operacional para garantir que nenhum dos requisitos de projeto é violado.
10. Verifique a potencialidade de flambagem em molas de compressão (veja Figura 14.11).
11. Verifique a potencialidade de *surging* no projeto proposto [veja (14-25)].
12. Continue a desenvolver o processo iterativo até que os requisitos de projeto sejam satisfeitos. Faça um resumo das especificações finais do material, tratamento térmico e dimensões. Se o projeto de molas for desenvolvido utilizando estes passos, as seguintes orientações baseadas na experiência podem ser úteis:
    a. Se a mola é guiada (para prevenir a flambagem), permita uma folga diametral mínima entre a mola e o furo-guia ou o mandril-guia, de aproximadamente 10 por cento do diâmetro da espira.
    b. Utilize dados de resistência do material das Tabelas 14.7 e 14.8, com (14-1), se for possível. Caso contrário, utilize os procedimentos de 5.7 para estados multiaxiais de tensão cíclica com valor médio não nulo, para determinar a resistência à falha.
    c. Para a seleção inicial do diâmetro do arame, d, e o raio médio da espira, R, tente dimensionar a mola de modo que o índice de mola c permaneça na faixa entre *4* e *12*; um valor *inicial* de *7* ou *8* geralmente produz uma mola bem dimensionada. Qualquer envelope espacial de restrições deve ser invocado nesta primeira iteração. Tamanhos de arames normalmente disponíveis, conforme mostrado na Tabela 14.2, devem ser selecionados, a menos que exista uma razão importante para selecionar outros tamanhos.
    d. No projeto de *uma mola de compressão, extremidades em esquadro e esmerilhadas* [ver Figura 14.9(e)] são usualmente uma boa escolha, a menos que o custo mínimo seja essencial. No projeto de uma *mola de tração*, a utilização de *laços completos nas extremidades*, sobre o centro (veja Figura 14.7), é em geral uma boa escolha, a menos que o custo mínimo seja essencial.
    e. Permita uma *folga entre as espiras* quando a mola está na sua deflexão de operação máxima $y_{op\text{-}máx}$ (veja Figura 14.5), para evitar o contato entre as espiras (*interferência*). Um limite de interferência, $y_{interferência}$, de pelo menos 10 por cento da deflexão de operação máxima é usualmente recomendado.
    f. Para o caso usual de molas altamente tensionadas, a utilização de campos de tensões residuais favoráveis deve ser considerada como um meio de melhorar a vida e a confiabilidade, especialmente sob carregamentos com valor médio não nulo. O jateamento (veja 5.6) e o pré-tensionamento (veja 4.9) são frequentemente utilizados para induzir tensões residuais favoráveis. O *pré-tensionamento* é obtido para uma mola de compressão fabricando-se a mola de modo que esta seja *maior* do que o comprimento real desejado, em seguida a mola é *sobrecarregada* no sentido de ser carregada durante a operação, fazendo com que *escoe*. O objetivo é obter-se o comprimento livre desejado após a remoção da sobrecarga. Uma mola de tração deve ser pré-tensionada de um comprimento de fabricação *menor* do que o comprimento livre desejado.

Exemplo 14.2 Projeto de Molas Helicoidais para Cargas Estáticas

Uma mola de compressão helicoidal é projetada para exercer uma força estática de 100 lbf quando a mola é comprimida em 2,0 polegadas do seu comprimento livre, e precisa caber dentro de um furo cilíndrico de 2,25 polegadas de diâmetro. O meio é ar de laboratório. Projete uma mola adequada para esta aplicação. Somente serão fabricadas cinco destas molas. Deseja-se um fator de segurança de projeto igual a 2.

Solução

1. Seguindo o procedimento de projeto de molas que acabou de ser discutido, um esboço conceitual pode ser feito, conforme mostrado na Figura E14.2. Para fornecer a folga diametral de 10 por cento sugerida na orientação 12.a da página anterior,

$$1{,}10D_e = 1{,}10(2R + d) \leq D_f$$

ou, para o diâmetro do furo $D_f = 2{,}25$ polegadas, conforme especificado,

$$D_e = 2R + d \approx 2{,}0 \text{ polegadas}$$

2. O modo de falha mais provável é o *escoamento*, uma vez que a carga é estática e a flambagem é evitada pelo furo guiado.

3. Como a *corda de piano* está amplamente disponível, tem excelentes propriedades e pode ser conformada a frio, será provisoriamente selecionada para o material da mola.

4. De acordo com a especificação, o fator de segurança de projeto (veja Capítulo 2) deve ser

$$n_d = 2$$

5. De (14-28), a tensão de cisalhamento de projeto é

$$(\tau_d)_{estático} = \frac{\tau_{yp}}{n_d}$$

Da Tabela 14.7,

$$\tau_{yp} = 0{,}40S_{ut}$$

Utilizando-se (14-1) e os dados da Tabela 14.1, o limite de resistência à tração, S_{ut}, pode ser escrito como uma função do diâmetro do arame, d, como

$$S_{ut} = 184{,}6d^{-0{,}1625} \text{ ksi}$$

Combinando esses escoamentos:

$$(\tau_d)_{estático} = 36{,}9d^{-0{,}1625} \text{ ksi}$$

6. Utilizando-se a orientação 12.c, o índice de mola pode ser provisoriamente selecionado como

$$c = 8$$

e de (14-6), utilizando (8),

$$2R = 8d$$

mas de D_e

$$2R = 2{,}0 - d$$

resolvendo estas equações, obtém-se:

$$d = 0{,}222 \text{ polegada}$$

assim,

$$R = \frac{2{,}0 - 0{,}222}{2} = 0{,}889 \text{ polegada}$$

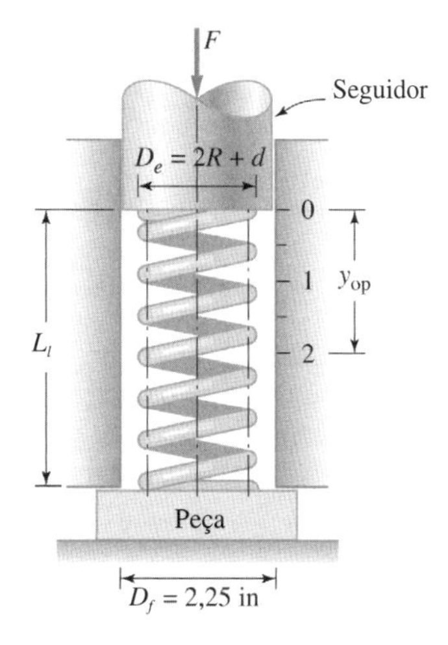

Figura E14.2
Esboço conceitual da mola proposta.

Exemplo 14.2 Continuação

Utilizar estas dimensões, fornece

$$(\tau_d)_{estático} = 36{,}9(0{,}222)^{-0{,}1625} = 47{,}12 \text{ ksi} = 47.120 \text{ psi}$$

Então, de (14-12), usando $K_w = 1{,}18$ da Tabela 14.4,

$$\tau_{máx} = 1{,}18\left(\frac{16(100)(0{,}889)}{\pi(0{,}222)^3}\right) = 48.830 \text{ psi}$$

Portanto, $\tau_{máx}$ excede ligeiramente a tensão de projeto τ_d, mas os valores estão muito próximos. Antes de se fazerem quaisquer alterações, outros parâmetros devem ser examinados, e antes de prosseguir, um tamanho de arame "padrão" provisório deve ser selecionado da Tabela 14.2.

Reescrevendo (14-21),

$$N = \frac{d^4Gy}{64FR^3} = \frac{(0{,}222)^4(11{,}5 \times 10^6)(2{,}0)}{64(100)(0{,}889)^3} = 12{,}42 \text{ espiras ativas}$$

7. Nenhum requisito "funcional" de constante de mola é especificado.
8. Utilizando-se a orientação 12.d para a estabilidade, selecionam-se extremidades em esquadro e extremidades esmerilhadas. Da Figura 14.9(e), para esta configuração de espira de extremidade deve-se deixar uma espira inativa para cada extremidade. Utilizando-se (14-23), o número total de espiras da mola proposta é

$$N_t = 12{,}42 + 2(1) = 14{,}42 \text{ espiras}$$

9. A altura sólida (veja Figura 14.5), L_s, pode ser calculada como

$$L_s = N_t d = 14{,}42(0{,}222) = 3{,}20 \text{ polegadas}$$

Da orientação 12.e, deve-se adotar um limite de interferência adequado

$$y_{interferência} = 0{,}10(2{,}0) = 0{,}20 \text{ polegada}$$

Portanto, a altura livre deve ser

$$L_l = y_{op\text{-}máx} + y_{interferência} + L_s = 2{,}0 + 0{,}20 + 3{,}20 = 5{,}4 \text{ polegadas}$$

10. Embora esta mola seja guiada, deve-se verificar a sua tendência à flambagem utilizando-se a Figura 14.11. Para esta mola, o índice de esbeltez é

$$RE = \frac{(5{,}4)}{2(0{,}889)} = 3{,}04$$

Assim, da Figura 14.11, a razão da deflexão *crítica* é tão grande que a deflexão *para esta mola*

$$RD = \frac{2{,}0}{5{,}4} = 0{,}37$$

certamente não irá causar a flambagem. (Na realidade, esta mola não irá flambar para nenhuma deflexão fisicamente admissível.)

Para refinar estes cálculos, um tamanho de arame "padrão" de $d = 0{,}225$ polegada será selecionado da Tabela 14.2. Assim,

$$(\tau_d)_{estático} = 36{,}9(0{,}225)^{-0{,}1625} = 47.000 \text{ psi}$$

e utilizando

$$c = \frac{2R}{d} = \frac{2(0{,}889)}{0{,}225} = 7{,}9$$

Da Tabela 14.4,

$$K_w = 1{,}19$$

e (14-12) torna-se

$$\tau_{máx} = 1{,}19\left(\frac{16(100)(0{,}889)}{\pi(0{,}225)^3}\right) = 47.300 \text{ psi}$$

Assim, $\tau_{máx} \approx \tau_d$, e o requisito referente ao fator de segurança é satisfeito.

Corrigindo a estimativa prévia, o número de espiras ativas altera-se ligeiramente para

$$N = \frac{(0{,}225)^4(11{,}5 \times 10^6)(2{,}0)}{64(100)(0{,}889)^3} = 13{,}1 \text{ espiras ativas}$$

Isto fornece um número de espiras total corrigido, N_t, de

$$N_t = 13{,}1 + 2 = 15{,}1 \text{ espiras}$$

A altura sólida corrigida, torna-se

$$L_s = 15{,}1(0{,}225) = 3{,}40 \text{ polegadas}$$

e a altura livre torna-se

$$L_l = 2{,}0 + 0{,}2 + 3{,}4 = 5{,}6 \text{ polegadas}$$

Resumindo os resultados, as recomendações de projeto para esta mola são:

1. Utilize corda de piano ASTM A228, conformando a mola utilizando como matéria-prima arame com diâmetro padrão $d = 0{,}225$ polegada.
2. Utilize extremidades em esquadro e esmerilhada.
3. Enrole a mola com um raio de espira médio de $R = 0{,}889$ polegada ($D = 1{,}776$ polegada).
4. Enrole a mola com um número total de 15,1 espiras, entre ambas as pontas do arame.
5. Enrole a mola com uma altura livre final de $L_l = 5{,}6$ polegadas. Se for necessário ajustar a altura livre fabricada utilizando deformação plástica para alcançar o valor de 5,6 polegadas, faça isso enrolando a mola com um comprimento ligeiramente maior e, então, aplique uma sobrecarga *compressiva* para obter a altura livre final desejada.

Exemplo 14.3 Projeto de Molas Helicoidais para Cargas Variáveis

Deseja-se investigar o projeto da mola gerada no Exemplo 14.2 para determinar se a mola pode suportar 10^7 ciclos considerando que a carga é *ciclicamente* repetida desde zero até um pico de 100 lbf. Caso o projeto do Exemplo 14.2 *não* seja satisfatório, explique como reprojetar a mola de modo a obter uma vida de 10^7 ciclos.

Solução

Para determinar se o projeto da mola do Exemplo 14.2 irá sobreviver a 10^7 ciclos de carga pulsativa ($R = 0$), somente é necessário comparar a tensão de cisalhamento de projeto em *fadiga*, correspondente a 10^7 ciclos de carga pulsativa, com a tensão de projeto ao *escoamento estático* calculada através da equação para $(\tau_d)_{estático}$ do Exemplo 14.2. Assim, a tensão de projeto em *fadiga* é

$$(\tau_d)_{10^7} = \frac{\tau_{10^7@R=0}}{n_d} = \frac{0{,}38S_{ut}}{2} = 35{,}1d^{-0{,}1625} \text{ ksi}$$

O valor de $0{,}38S_{ut}$ é obtido da Tabela 14.8. Comparando-se isto acima com $(\tau_d)_{estático}$ do Exemplo 14.2, temos

$$(\tau_d)_{10^7} = 35{,}1d^{-0{,}1625} < (\tau_d)_{estático} = 36{,}9d^{-0{,}1625}$$

portanto, o projeto está um pouco abaixo do que seria considerado satisfatório para 10^7 ciclos de carga pulsativa.

Diversas opções estão disponíveis para o projetista na tentativa de reprojetar a mola para uma vida maior:

1. A mola pode receber *jateamento de granalha*. Da Tabela 14.7, pode-se observar que o jateamento de granalha irá aumentar $\tau_{10^7@R=0}$ de $0{,}38S_{ut}$ para $0{,}46S_{ut}$, mais do que suficiente para produzir uma tensão de projeto satisfatória.
2. O *fator de segurança* pode ser revisto para verificar se um pequeno decréscimo em n_d (de 2,0 para 1,9[15]) pode ser aceitável.
3. A mola pode ser *reprojetada* utilizando-se a abordagem do Exemplo 14.1, modificando-se d, R e/ou N até se obter um projeto corrigido aceitável.

14.7 Molas Tipo Vigas (Feixe de Molas)

Conforme ilustrado na Figura 14.2, vigas finas e chatas podem ser utilizadas como molas em algumas aplicações. Vigas finas biapoiadas submetidas a carregamentos transversais aplicados no centro, ou vigas finas engastadas submetidas a carregamentos transversais aplicados nas extremidades, são as configurações mais utilizadas. De (4-5), em conjunto com as Tabelas 4.1 e 4.2, as tensões de flexão e as deflexões podem ser escritas para ambos os tipos de molas tipo vigas. Para

[15] Obtido da razão entre os coeficientes (35,1/36,9) de (2), multiplicado por $n_d = 2$.

o caso da mola de seção transversal retangular constante *engastada*, carregada na extremidade livre conforme ilustrado na Figura 14.12(a), a tensão de flexão nas fibras externas, σ_x, em função da posição de x ao longo da viga, é

$$\sigma_x = \frac{M_x c}{I} = \frac{(Px)\left(\frac{t}{2}\right)}{\left(\frac{bt^3}{12}\right)} = \left(\frac{6P}{bt^2}\right)x \tag{14-29}$$

em que P = carga transversal na extremidade
b = largura da viga
t = espessura da viga
x = distância à extremidade livre da viga

Por inspeção, a tensão máxima nas fibras externas ocorre na extremidade fixa em que $x = L$, de modo que, de (14-29)

$$\sigma_{máx} = \frac{6PL}{bt^2} \tag{14-30}$$

Na extremidade livre, em que $x = 0$, a tensão máxima na fibra é nula. Para utilizar o material de uma forma eficiente, é uma prática comum empregar a *orientação da forma sob medida*[16] para eliminar o material pouco solicitado próximo à extremidade livre. Isto pode ser obtido prescrevendo-se que a tensão σ_x em (14-29) seja constante e igual à tensão de projeto σ_d ao longo de toda a viga. Para obter-se uma tensão constante ao longo da viga, pode-se fazer b ou t variar com x de tal forma que

$$\sigma_x = \sigma_d \tag{14-31}$$

De (14-29), este requisito pode ser satisfeito prescrevendo-se que

$$t^2 = \left(\frac{6P}{b\sigma_d}\right)x \tag{14-32}$$

ou que

$$b = \left(\frac{6P}{t^2\sigma_d}\right)x \tag{14-33}$$

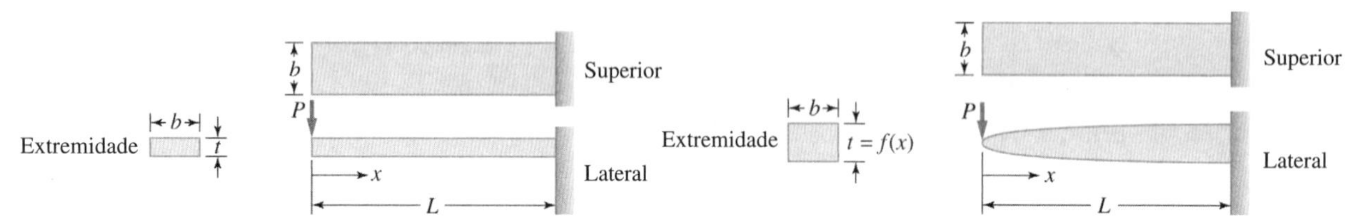

(*a*) Feixe único engastado com seção transversal constante, com carga aplicada na extremidade.

(*b*) Engastada de largura constante com fibras de resistência uniforme, com carga aplicada na extremidade (perfil de espessura parabólica).

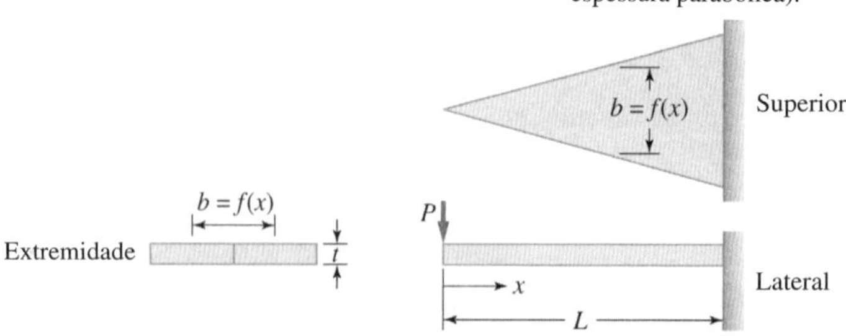

(*c*) Engastada de espessura constante com fibras de resistência uniforme, com carga aplicada na extremidade (forma triangular).

Figura 14.12
Várias formas utilizadas para molas engastadas com carga na extremidade.

[16] Veja 6.2.

A viga de *largura constante* com *perfil de espessura parabólica*, resultante de (14-32), é ilustrada na Figura 14.12(b). A viga de *espessura constante* com *largura variando linearmente* (forma triangular), resultante de (14-33), é ilustrada na Figura 14.12(c). Entre estas duas, a viga de espessura constante de forma triangular é muito mais fácil de ser fabricada. Para fazê-la mais compacta, é usualmente fabricada como *molas de múltiplos feixes* equivalentes, conforme mostrado na Figura 14.13. Na configuração de múltiplos feixes, cada feixe é aproximado por duas meias tiras simétricas cortadas de uma forma triangular de resistência constante, sendo soldadas juntas ao longo do comprimento. Os feixes mais curtos são empilhados em cima dos feixes mais longos para formar um pacote de n feixes, cada um tendo uma largura b_1, conforme mostrado na vista lateral da Figura 14.13. Um raciocínio similar vale para o caso mais comum de molas de múltiplos feixes biapoiadas com carga no centro, ilustrado na Figura 14.14, na qual uma forma de diamante é utilizada para eliminar o material pouco solicitado na região próxima aos suportes. Observando que a largura da viga em uma posição qualquer x é z_x, o momento de inércia de área é

$$I_x = \frac{z_x t^3}{12} \tag{14-34}$$

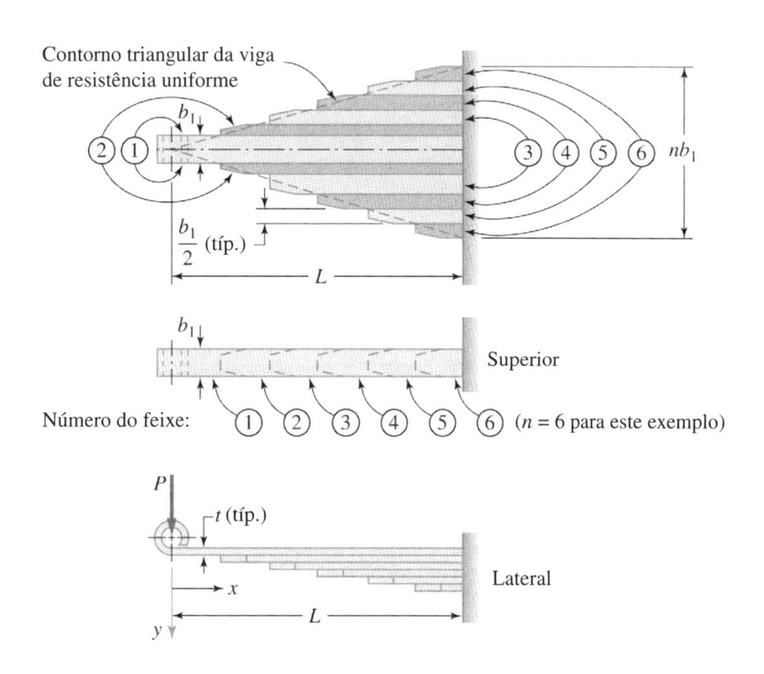

Figura 14.13
Mola de resistência uniforme (fibra externa) engastada aproximada por uma mola de múltiplos feixes engastada. Isto é algumas vezes chamado de uma mola "quarto-elíptica".

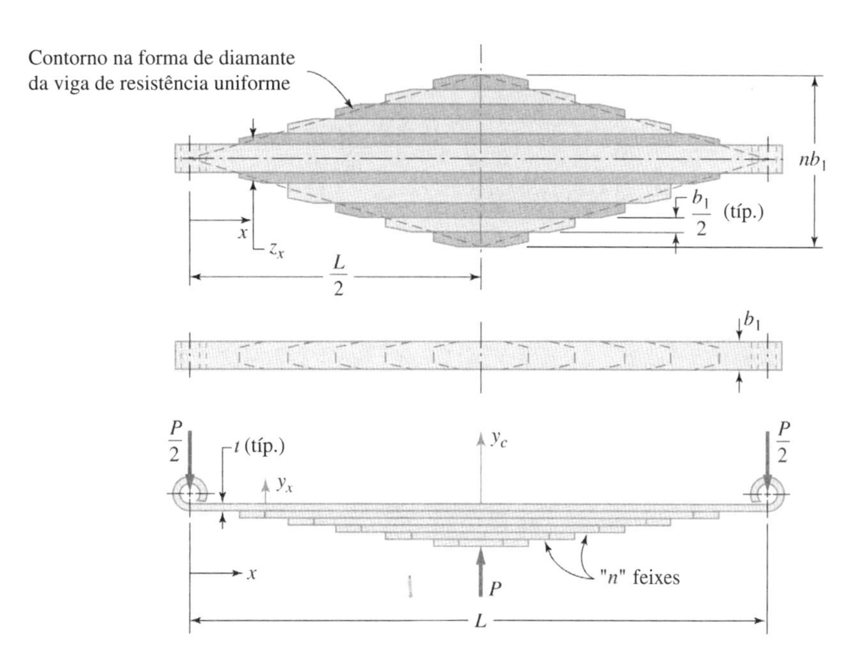

Figura 14.14
Mola de resistência uniforme (fibra externa) biapoiada aproximada por uma mola de múltiplos feixes biapoiada. Isto é algumas vezes chamado de uma mola "semi-elíptica".

Por similaridade geométrica,

$$\frac{z_x}{nb_1} = \frac{x}{(L/2)} \qquad 0 \le x \le L/2 \tag{14-35}$$

de modo que (14-34) pode ser escrita como

$$I_x = \left(\frac{nb_1t^3}{6L}\right)x \qquad 0 \le x \le L/2 \tag{14-36}$$

Note também que

$$c = \frac{t}{2} \tag{14-37}$$

e

$$M_x = \left(\frac{P}{2}\right)x \qquad 0 \le x \le L/2 \tag{14-38}$$

Adaptando-se (14-29), e utilizando-se simetria,

$$\sigma_x = \frac{\left(\frac{Px}{2}\right)\left(\frac{t}{2}\right)}{\left(\frac{nb_1t^3x}{6L}\right)} = \frac{3PL}{2nb_1t^2} \qquad 0 \le x \le L \tag{14-39}$$

em que σ_x (constante ao longo do comprimento da mola) pode ser igualado à tensão de projeto σ_d.

A deflexão y_x pode ser obtida utilizando-se (4-46) para fornecer

$$\frac{d^2y_x}{dx^2} = -\frac{M}{EI} = -\frac{\left(\frac{Px}{2}\right)}{E\left(\frac{nb_1t^3x}{6L}\right)} = -\frac{3PL}{Enb_1t^3} \tag{14-40}$$

Integrando uma vez

$$\frac{dy_x}{dx} = -\frac{3PL}{Enb_1t^3}x + C_1 \tag{14-41}$$

e mais uma vez

$$y_x = -\frac{3PL}{2Enb_1t^3}x^2 + C_1x + C_2 \tag{14-42}$$

As condições de contorno são

$$\frac{dy_x}{dx} = 0 \text{ em } x = L/2 \tag{14-43}$$

e

$$y_x = 0 \text{ em } x = 0 \tag{14-44}$$

Inicialmente, utilizar (14-43), (14-41) fornece

$$C_1 = \frac{3PL^2}{2Enb_1t^3} \tag{14-45}$$

e usar (14-44), (14-42) fornece

$$C_2 = 0 \tag{14-46}$$

De (14-42) e (14-45) então

$$y_x = -\frac{3PLx^2}{2Enb_1t^3} + \frac{3PL^2x}{2Enb_1t^3} \tag{14-47}$$

A deflexão sob a carga central P, y_c, pode ser obtida fazendo-se $x = L/2$ para fornecer

$$y_c = \frac{3PL^3}{8Enb_1t^3} \tag{14-48}$$

e a constante de mola pode, então, ser escrita como

$$k = \frac{P}{y_c} = \frac{8Enb_1t^3}{3L^3} \tag{14-49}$$

Além de selecionar o material da mola e determinar os parâmetros dimensionais (espessura, largura e número de feixes) para satisfazer à tensão, à deflexão e aos requisitos de constante de mola, outros tópicos de projeto importantes devem ser resolvidos. A configuração das *bordas* e das *extremidades* dos feixes deve ser especificada. As características da transferência de carga como os detalhes de *olhais*, *jumelos* de suporte e *grampos centrais* devem ser determinadas. As características de alinhamento e retenção, a configuração global para satisfazer as restrições do envelope espacial e a curvatura inicial de toda a montagem da mola (para cima ou para baixo), devem ser especificadas. Uma consideração detalhada destas questões está além do escopo deste texto, mas alguns exemplos pertinentes são ilustrados aqui.[17] A Figura 14.15 mostra duas das muitas configurações possíveis de molas de múltiplos feixes.

As extremidades dos feixes são normalmente *arredondadas* em um arco convexo com raio de curvatura entre 65 e 85 por cento da espessura do feixe. As molas são frequentemente pré-tensionadas ou *jateadas com granalha* para melhorar a resistência à fadiga. *Acabamentos de proteção* ou coberturas como graxa, óleo, tinta ou plástico são algumas vezes utilizados. Diversas configurações de *extremidades de feixes* podem ser utilizadas, como as ilustradas nas Figuras 14.16(a) e (b). As extremidades da mola devem ser suportadas por dispositivos de *transferência de carregamento* rotuladas, usualmente chamadas de jumelos, que permitem pequenos deslocamentos longitudinais das extremidades quando o centro da mola deflete lateralmente sob carga. Duas montagens de jumelos de molas são ilustradas na Figura 14.17, e vários tipos de olhal do feixe de mola principal são ilustrados nas Figuras 14.16(c) até (f). A *transferência da carga central* usualmente envolve uma montagem de aperto com grampos em U e coxins que seguem o contorno montados de maneira a fixar firmemente a mola ao seu assento, como ilustrado, por exemplo, na Figura 14.18.[18] Grampos de alinhamento, frequentemente utilizados para manter a orientação e a integridade da pilha de feixes, são ilustrados nas Figuras 14.17(c) e (d). Descrições muito mais detalhadas destas características e de outras podem ser encontradas na literatura.[19]

Figura 14.15
Montagens típicas de molas de feixes.

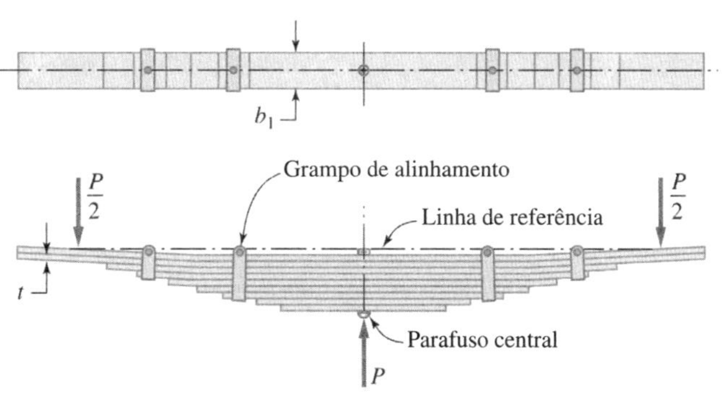

(*a*) Mola de múltiplos feixes biapoiada com extremidades simples e altura do arco próxima a zero (pequena curvatura inicial).

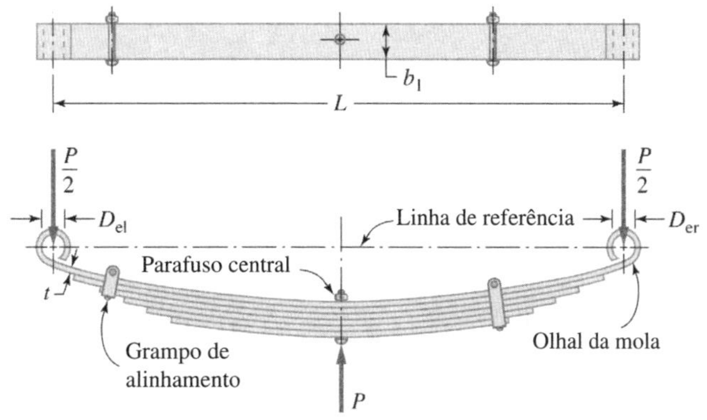

(*b*) Mola de múltiplos feixes biapoiada com olhal voltado para cima em cada extremidade e altura de arco negativa (flecha negativa).

[17] Para discussões mais detalhadas, veja ref. 1.
[18] Os efeitos do comprimento *inativo* sob os grampos no comportamento da mola devem ser levados em conta.
[19] Veja, por exemplo, ref. 1.

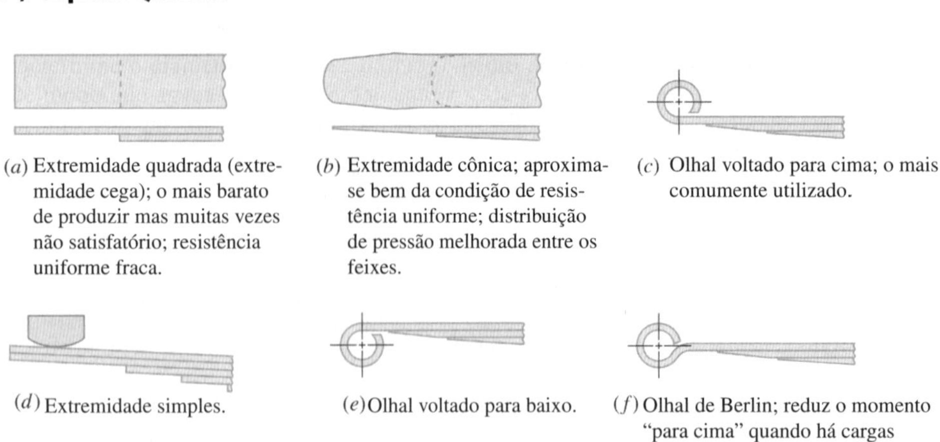

(*a*) Extremidade quadrada (extremidade cega); o mais barato de produzir mas muitas vezes não satisfatório; resistência uniforme fraca.

(*b*) Extremidade cônica; aproxima-se bem da condição de resistência uniforme; distribuição de pressão melhorada entre os feixes.

(*c*) Olhal voltado para cima; o mais comumente utilizado.

(*d*) Extremidade simples.

(*e*) Olhal voltado para baixo.

(*f*) Olhal de Berlin; reduz o momento "para cima" quando há cargas longitudinais; algumas vezes soldado se as forças longitudinais são elevadas.

Figura 14.16
Exemplos selecionados de extremidades dos feixes e olhais e extremidades de molas. (Após ref. 1.)

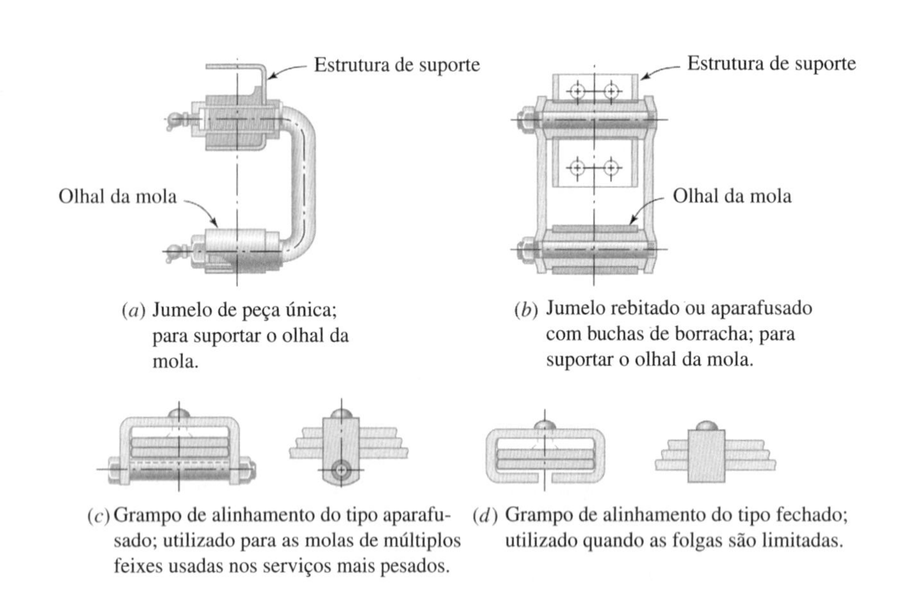

(*a*) Jumelo de peça única; para suportar o olhal da mola.

(*b*) Jumelo rebitado ou aparafusado com buchas de borracha; para suportar o olhal da mola.

(*c*) Grampo de alinhamento do tipo aparafusado; utilizado para as molas de múltiplos feixes usadas nos serviços mais pesados.

(*d*) Grampo de alinhamento do tipo fechado; utilizado quando as folgas são limitadas.

Figura 14.17
Exemplos selecionados de jumelos e grampos de alinhamento de feixes. (Após ref. 1.)

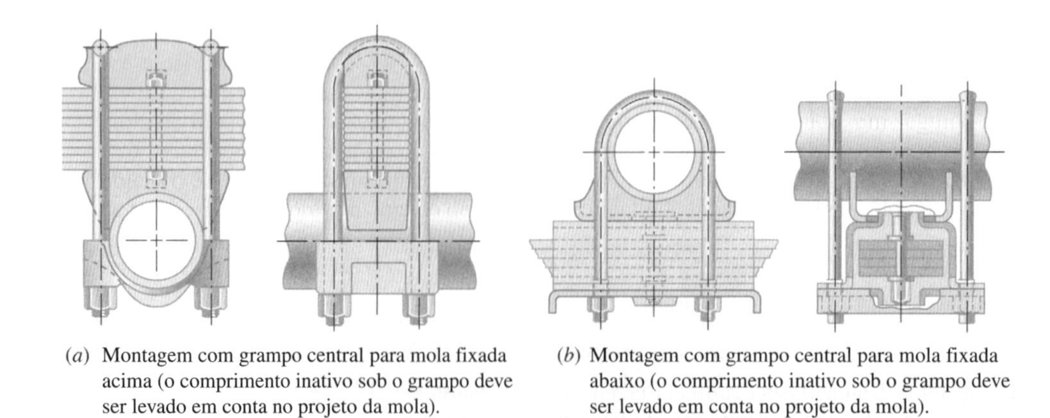

(*a*) Montagem com grampo central para mola fixada acima (o comprimento inativo sob o grampo deve ser levado em conta no projeto da mola).

(*b*) Montagem com grampo central para mola fixada abaixo (o comprimento inativo sob o grampo deve ser levado em conta no projeto da mola).

Figura 14.18
Exemplos selecionados de montagens com parafusos centrais e grampos centrais. (Após ref. 1.)

14.8 Resumo do Procedimento de Projeto Sugerido para Feixe de Molas

Os passos mostrados em seguida para desenvolver um projeto de sucesso de feixe de molas apresentam um paralelo com os passos para o projeto de molas helicoidais descrito em 14.6.

1. Baseado em especificações funcionais e em uma configuração do sistema adequada, gere um primeiro esboço conceitual para a mola proposta, aproximadamente em escala. Incorpore qualquer restrição imposta pelo envelope espacial da mola, inclusive o comprimento, a largura, a altura total, a curvatura, ou os limites nos deslocamentos de operação.
2. Identifique os modos prováveis de falha (veja 14.3).
3. Selecione o material provisório (veja 14.4).
4. Selecione um fator de segurança apropriado (veja o Capítulo 2).
5. Calcule a tensão de projeto σ_d utilizando (2-84), repetida aqui para referência:

$$\sigma_d = \frac{S_{fm}}{n_d} \qquad \text{(2-84) (repetida)}$$

em que S_{fm} = resistência à falha do material selecionado, correspondente ao modo de falha preponderante

n_d = fator de segurança de projeto

6. Determine a espessura e a largura de cada feixe e o número de feixes a ser utilizado, de modo que os requisitos de constante de mola de (14-49) e os requisitos de tensão de flexão de (14-39) sejam independentemente satisfeitos. Se as especificações de desempenho de projeto *não* são alcançadas, devem ser feitas mudanças em t, b_1 e/ou n, iterativamente, até que as especificações *sejam* satisfeitas. Usualmente, os requisitos de *constante de mola* são satisfeitos *primeiramente* no processo iterativo, selecionando-se valores iniciais de n e b_1, e, então, calculando-se t de (14-39). Em seguida, os requisitos de tensão são satisfeitos. O envelope espacial de restrições e o julgamento do projetista são a base para as seleções *iniciais* de n e b_1. Larguras e espessuras preferenciais de feixes, como as mostradas na Tabela 14.4, devem ser selecionadas, a menos que exista uma razão importante para selecionar outros tamanhos.
7. Utilizando os valores provisórios de t, b_1 e n, do passo 6, determine a constante de mola k e verifique, de modo a assegurar que satisfaçam todos os requisitos funcionais. Certifique-se de que não existe violação do envelope espacial em qualquer condição de operação que se conheça antecipadamente.
8. Selecione uma geometria apropriada da borda e da extremidade do feixe; uma configuração de olhal de mola e jumelo e montagem do parafuso central e do grampo central. Determine e leve em consideração o comprimento da mola inativo resultante da montagem por grampo central selecionado.
9. Continue a iterar até que todos os requisitos de projeto sejam satisfeitos. Resuma o material final e a especificação dimensionais.

Exemplo 14.4 Projeto de Vigas como Molas (Feixe de Molas) para Cargas Variáveis

Estima-se que um novo carro proposto, compacto, de passageiros, movido à célula de combustível de hidrocarboneto, pesa, totalmente carregado, 2500 lbf, com cada roda suportando uma parcela igual do carregamento. Deseja-se projetar um feixe de molas semielíptico e simétrico para cada uma das rodas traseiras. Estimativas para o envelope espacial indicam que pode ser acomodada uma mola com carga no centro, de aproximadamente 48 polegadas de comprimento entre os jumelos. Para evitar interferência lateral, a largura da mola não deve exceder 2 polegadas. Estudos de suporte ao projeto indicam que a deflexão da mola sob carga estática não irá exceder cerca de 2,25 polegadas, e o pico de deflexão sob condições dinâmicas de operação não será superior ao dobro da deflexão estática, mas uma folga de 0,50 polegada é desejável antes que o contato metal-metal ocorra.[20] Estimativas de k_∞ também foram desenvolvidas,[21] levando a um valor específico de $k_\infty = 0{,}65$. O material deverá ser aço mola, e um fator de segurança de 1,3 foi escolhido. Proponha uma configuração de mola semi elíptica (múltiplos feixes biapoiada) que forneça vida infinita para a aplicação.

Solução

1. Um esboço conceitual pode ser construído seguindo o procedimento de projeto de molas de 14.8, conforme mostrado na Figura E14.4.

[20] Na verdade, do ponto de vista prático, "amortecedores" de elastômeros devem ser provavelmente utilizados para prevenir o contato metal-metal no caso de picos elevados de carregamento serem encontrados.

[21] Veja 5.6.

Exemplo 14.4 Continuação

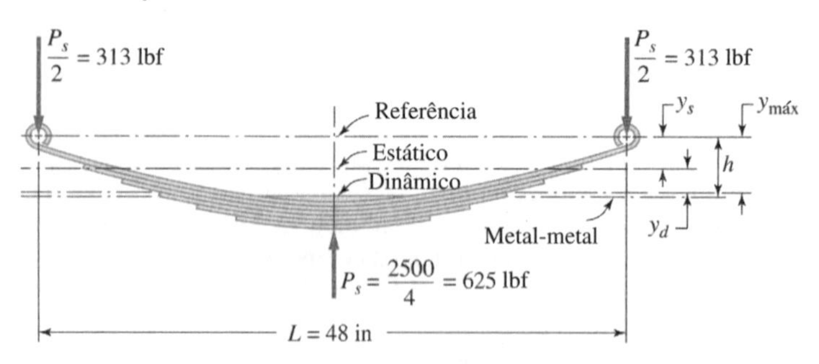

$n = 6$ (conforme mostrado; sujeito a alterações)
$b_1 < 2$ in (para evitar interferência lateral)

Figura E14.4
Esboço conceitual da mola proposta.

2. Baseado na aplicação, e pelo fato de uma especificação de deflexão *dinâmica* ter sido fornecida, o modo falha mais provável é a *fadiga*.
3. Por especificação, o material selecionado é o aço mola (veja Tabela 14.3)
4. Por especificação, o fator de segurança de projeto é

$$n_d = 1{,}3$$

5. De (2-84) a tensão de projeto é

$$\sigma_d = \frac{S_{fm}}{n_d}$$

Como o modo de falha preponderante é a fadiga, a vida foi especificada como infinita, e o ciclo de carregamento tem uma média não nula,[22]

$$S_{fm} = S_{máx\text{-}N=\infty}$$

Pelo fato de as propriedades deste material não estarem disponíveis, os métodos de 5.6 serão utilizados para estimar as propriedades de fadiga. Da Tabela 14.3, o limite de resistência para o aço mola é dado como

$$S_{ut} = 246.000 \text{ psi}$$

e

$$S_{ut} > 200.000 \text{ psi}$$

o valor estimado de S'_f para corpos de prova cuidadosamente preparados deste material, sob carregamento completamente alternado é

$$S'_f = 100.000 \text{ psi}$$

Uma vez que $k_\infty = 0{,}65$ foi especificado, (5-55) fornece

$$S_f = k_\infty S'_f = 0{,}65(100.000) = 65.000 \text{ psi}$$

Das especificações de deflexão, pode-se deduzir que este é um caso de carregamento cíclico com valor médio não nulo. Como esta é uma mola linear, a tensão é proporcional à carga e a deflexão é proporcional à carga. Da Figura E14.4, pode-se deduzir que a deflexão *estática* e a carga correspondem ao valor *médio* do ciclo pulsativo. A deflexão *dinâmica* máxima e a carga máxima correspondem ao pico do ciclo pulsativo. Para este caso

$$R_t = \frac{y_m}{y_{máx}} = \frac{P_m}{P_{máx}} = \frac{\sigma_m}{\sigma_{máx}} = 0{,}5$$

e

$$m_t = \frac{S_u - S_f}{S_u} = \frac{246.000 - 65.000}{246.000} = 0{,}74$$

[22] Veja 5.6.

conforme definido em (5-70). Utilizando (5-70) para modificar a resistência à fadiga completamente alternada, de modo a levar em conta as condições de carga pulsativa,

$$S_{máx-N=\infty} = \frac{S_f}{1 - m_t R_t} = \frac{65.000}{1 - (0{,}74)(0{,}5)} = 103.170 \text{ psi}$$

Uma vez que este material é frágil (2% de alongamento em 2 polegadas, conforme mostrado na Tabela 14.3), $S_{yp} \approx S_{ut}$, o critério de validade de (5-70) é satisfeito e $S_{máx-N=\infty}$ é válida.

Combinando, esta com as informações acima

$$(\sigma_d)_{\substack{carga\\pulsativa}} = \frac{103.170}{1{,}3} = 79.360 \text{ psi}$$

6. Da Tabela 14.4, uma largura preferencial padrão que irá acomodar as folgas laterais especificadas é

$$(b_1)_0 = 1{,}97 \text{ polegada}$$

A seleção inicial para o número de feixes será tomada como

$$(n)_0 = 6$$

Tomando como base as especificações relacionadas com a carga estática e estas hipóteses (14-49) pode ser escrito como

$$(k)_0 = \frac{P_s}{y_s} = \frac{625}{2{,}25} = 277{,}8 = \frac{8(30 \times 10^6)(6)(1{,}97)t^3}{3(48)^3}$$

portanto,

$$t = \sqrt[3]{\frac{277{,}8(3)(48)^3}{8(30 \times 10^6)(6)(1{,}97)}} = 0{,}32 \text{ polegada}$$

Como a especificação requer que

$$y_s \leq 2{,}25 \text{ polegadas}$$

uma espessura preferencial padrão, selecionada da Tabela 14.4, não deve ser inferior a 0,32 polegada. Portanto, a seleção feita é

$$t_0 = 0{,}33 \text{ polegada}$$

De (14-48), utilizando esta espessura, a deflexão no centro sob carga estática será

$$(y_c)_0 = \frac{3(625)(48)^3}{8(30 \times 10^6)(6)(1{,}97)(0{,}33)^3} = 2{,}03 \text{ polegadas}$$

Uma vez que isto representa um afastamento significativo do valor especificado de 2,25 polegadas, deve-se refazer com a próxima menor largura preferencial. Isto é

$$(b_1)_1 = 1{,}77 \text{ polegada}$$

De $(y_c)_0$

$$(y_c)_1 = \left(\frac{1{,}97}{1{,}77}\right)(y_c)_0 = (1{,}11)(2{,}03) = 2{,}26 \text{ polegadas}$$

Este é um valor aceitável. Para estas dimensões, a constante de mola, calculada de (14), torna-se

$$(k)_1 = \frac{625}{2{,}26} = 277\frac{\text{lbf}}{\text{in}}$$

Verificando as tensões, (14-39) pode ser resolvido para $t_{mín}$ fazendo-se primeiramente

$$\sigma_x = (\sigma_d)_{pulsativa} = 79.360 \text{ psi}$$

e observando-se que

$$P_{máx} = \frac{y_{máx}}{y_s}(P_s) = 2(625) = 1250 \text{ lbf}$$

Assim

$$t_{mín} = \sqrt{\frac{3P_{máx}L}{2nb_1\sigma_x}} = \sqrt{\frac{3(1250)(48)}{2(6)(1{,}77)(79.360)}} = 0{,}33 \text{ polegada}$$

Isto é compatível com a seleção de (t_0), de modo que a iteração está completa.

Exemplo 14.4 Continuação

7. Não existem mais restrições conhecidas, com exceção de que uma folga de 0,5 polegada é desejada entre $y_d = 2(2{,}26) = 4{,}52$ polegadas e qualquer estrutura de suporte, para evitar o contato metal-metal. Uma curvatura inicial deve ser especificada para fornecer uma distância entre a linha de referência descarregada e o contato metal-metal de

$$h = 4{,}52 + 0{,}5 = 5{,}02 \text{ polegadas}$$

Este valor, h, usualmente chamado de *abertura* ou de *altura global* (dependendo de como a mola é fixada), é ilustrado na Figura E14.4.

8. Bordas arredondadas de feixes, extremidades cônicas e olhais voltados para cima são sugeridos para esta aplicação. Detalhes sobre jumelos, parafusos centrais e grampos centrais para molas serão deixados para um momento posterior.

9. As recomendações são resumidas em seguida:

   a. Utilize *feixes* de aço mola com bordas arredondadas e dimensões da seção transversal preferenciais padrão, $t = 0{,}33$ polegada por $b_1 = 1{,}77$ polegada.
   b. Utilize 6 feixes, com o feixe principal com 48 polegadas de comprimento entre centros dos olhais voltados para cima. Utilize um parafuso central e grampos de alinhamento, a serem selecionados mais tarde.
   c. Utilize uma mola com curvatura inicial de altura global $h = 5{,}02$ polegadas, geralmente configurada como mostrado na Figura E14.4.

14.9 Barras de Torção e Outras Molas de Torção

As molas de torção podem ser utilizadas em uma variedade de aplicações, que vão desde instrumentos de precisão, molas de balanças e persianas retráteis até molas de suspensão automotivas de tanques militares. Qualquer aplicação na qual se deseja adicionar um torque ou armazenar energia rotacional é candidata à utilização de uma mola de torção.

Talvez a mais simples de todas as molas de torção seja a *barra de torção* (ou *tubo de torção*) ilustrada na Figura 14.19. A barra de torção mostrada na Figura 14.19(a) é típica das utilizadas em sistemas de suspensão. Tais barras de torção são usualmente carregadas em somente um sentido, e frequentemente recebem jateamento de granalha e/ou são pré-tensionadas para melhorar a sua resistência à fadiga. As conexões das extremidades devem ser cuidadosamente consideradas nos sistemas de barras de torção, pois representam regiões de concentração de tensões nas quais falhas prematuras podem ser iniciadas. Normalmente, *extremidades estriadas* permitem o menor diâmetro da extremidade, no entanto a experiência indica que o diâmetro da extremidade *estriada* deve ser pelo menos 1,15 vez o diâmetro do corpo da barra de torção. O comprimento das *estrias* é usualmente feito com cerca de 0,4 do diâmetro do corpo da barra.[23] As *raízes* das *estrias* são quase sempre jateadas com granalha.

As conexões de extremidade *hexagonais* são algumas vezes utilizadas, especialmente quando um grande volume de produção justifica a utilização de máquinas de forjamento que podem produzir grandes extremidades hexagonais sem a necessidade de usinagem adicional. Barras de torção de peça única, como a esboçada na Figura 14.19(b), podem ser utilizadas em aplicações como contrabalanço

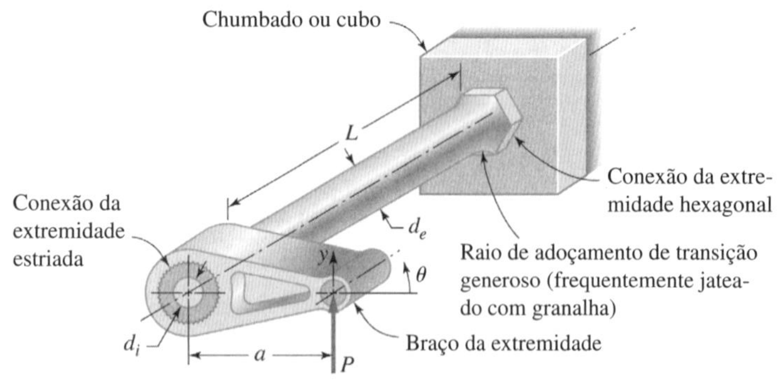

(*a*) Montagem de mola de tubo de torção (ou barra) e braço.

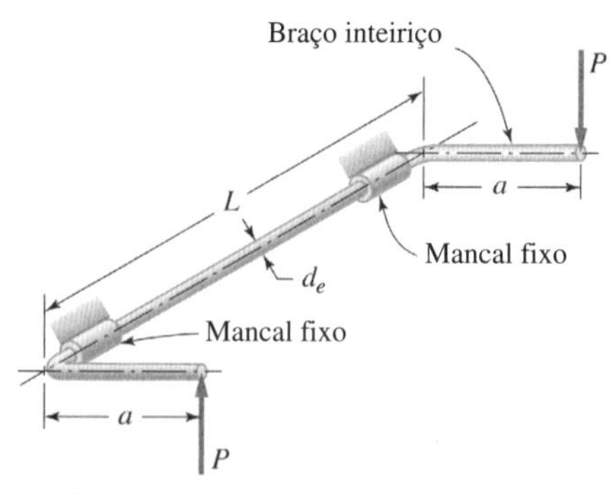

(*b*) Haste com extremidades dobradas utilizada como uma mola do tipo barra de torção de peça única.

Figura 14.19
Exemplos de molas do tipo barra de torção.

[23] Veja ref. 2.

de capôs de carros, tampas do porta-malas, ou cabines basculantes de caminhões, ou como barras de estabilização (barras antirrolamento) nos sistemas de suspensão das rodas automotivas. Quando a configuração de peça única é utilizada, em geral é necessário incluir a flexibilidade à flexão do braço inteiriço na determinação da constante de mola.

As equações básicas da barra de torção para a tensão, τ, a deflexão angular, θ, e a constante de mola torcional, k_{tor}, desenvolvidas anteriormente em (4-33), (4-34), (4-44) e (4-83), são

$$\tau_{máx} = \frac{T(d_e/2)}{J} = \frac{16Td_e}{\pi(d_e^4 - d_i^4)} \text{ psi} \tag{14-50}$$

$$\theta = \frac{TL}{JG} = \frac{32TL}{\pi(d_e^4 - d_i^4)G} \text{ rad} \tag{14-51}$$

$$k_{tor} = \frac{T}{\theta} = \frac{JG}{L} = \frac{\pi(d_e^4 - d_i^4)G}{32L} \ \frac{\text{lbf·in}}{\text{rad}} \tag{14-52}$$

Quando as molas helicoidais são utilizadas como molas de torção, são enroladas na mesma forma que a adotada para as molas de compressão e de tração discutidas em 14.5, com exceção de que as extremidades do arame são configuradas para transmitir o torque [veja Figura 14.20(a)]. Molas de torção são geralmente montadas em torno de um eixo ou de um mandril para garantir estabilidade, e são normalmente fabricadas de arame redondo, com enrolamento contínuo. Conforme mostrado na Figura 14.20(a), quando a carga P é aplicada para produzir um momento torcional Pa, o arame de mola é submetido a *tensões de flexão* ao longo de todo o seu comprimento. Devido à curvatura da mola, esta tensão de flexão é máxima no raio interno da borda (veja 4.4). Foi mostrado (por *Wahl*) que o *fator de concentração de tensões de flexão* no raio interno da espira, k_i, pode ser adequadamente aproximado pelo fator de curvatura *torcional*,[24] K_c, dado em (14-5). A tensão de flexão máxima, $\sigma_{máx}$, que ocorre no raio interno da espira de uma mola helicoidal de torção é dada por

$$\sigma_{máx} = k_i\frac{Mc}{I} = \left(\frac{4c - 1}{4c - 4}\right)\frac{32Pa}{\pi d^3} \tag{14-53}$$

Utilizando-se a Tabela 4.1, caso 10, a deflexão angular, θ, pode ser escrita como

$$\theta = \frac{ML}{EI} = \frac{64PaL}{\pi d^4 E} \tag{14-54}$$

Extremidades de gancho curto

Extremidades dobradas

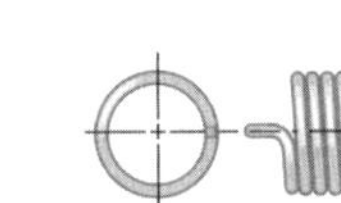

Extremidades retas

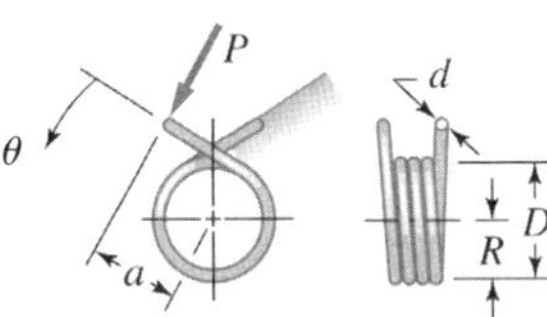

Mola de torção de corpo único

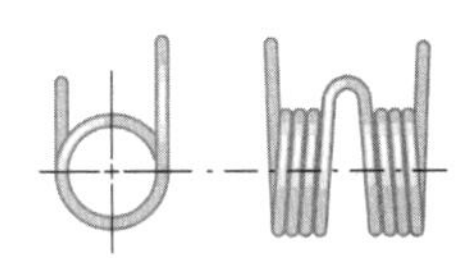

Mola de torção de corpo duplo

(*a*) Molas helicoidais utilizadas como molas de torção.

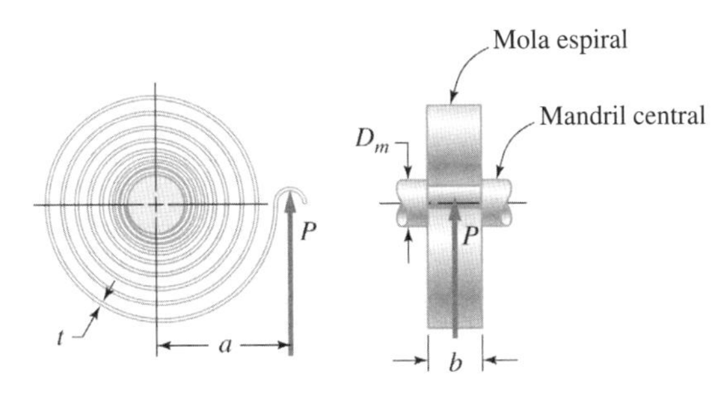

(*b*) Mola espiral de torção.

Figura 14.20
Várias configurações de molas de torção.

[24] Veja ref. 3.

e a constante de mola torcional, k_{tor}, é

$$k_{tor} = \frac{T}{\theta} = \frac{\pi d^4 E}{64L} \tag{14-55}$$

Para molas *espirais* de torção, como a mostrada na Figura 14.20(b), as mesmas equações básicas podem ser aplicadas, mas precisam ser ligeiramente modificadas por causa da seção *retangular* da tira enrolada em espiral. Para a mola espiral de torção

$$\sigma_{máx} = k_i \frac{Mc}{I} = k_i \left(\frac{6Pa}{bt^2} \right) \tag{14-56}$$

em que k_i = fator de concentração de tensões na superfície interna curvada da tira da mola (ref. dados de vigas curvas da Tabela 4.3, caso 1)

Por exemplo, quando a mola é enrolada e apertada contra um mandril de diâmetro D_m, os valores típicos de k_i em função de $(1 + D_m/t)$ são:

$k_i \approx 1{,}5$ para $(1 + D_m/t) = 2{,}0$

$k_i \approx 1{,}2$ para $(1 + D_m/t) = 4{,}0$

$k_i \approx 1{,}1$ para $(1 + D_m/t) > 6{,}0$

e

$$\theta = \frac{ML}{EI} = \frac{12PaL}{bt^3E} \tag{14-57}$$

em que L = comprimento ativo total da tira da mola espiral.

A constante de mola torcional global para a tira da mola espiral é

$$k_{tor} = \frac{T}{\theta} = \frac{bt^3E}{12L} \tag{14-58}$$

Exemplo 14.5 Mola de Torção

Uma mola de torção fabricada de um arame de 2 mm de corda de piano com S_U = 1980 MPa e S_{yp} = 1860 MPa tem 4,25 voltas e é configurada conforme mostrado na Figura E14.5. Determine a rigidez da mola e a força máxima F que pode ser aplicada considerando que é necessário um fator de segurança de projeto $n_d = 2$.

Solução

Para esta mola observamos que o diâmetro médio é $D = 20 - 2 = 18$ mm. Uma vez que o módulo de elasticidade é $E = 210$ GPa, a rigidez é determinada utilizando (14-55)

$$k_{tor} = \frac{\pi d^4 E}{64L}$$

em que $L = nD = 4{,}25(0{,}018) = 0{,}0765$ mm. Portanto,

$$k_{tor} = \frac{\pi(0{,}018)^4(210 \times 10^9)}{64(0{,}0765)} = 14{,}15 \text{ kN/m} \qquad k_{tor} = 14{,}15 \text{ kN/m}$$

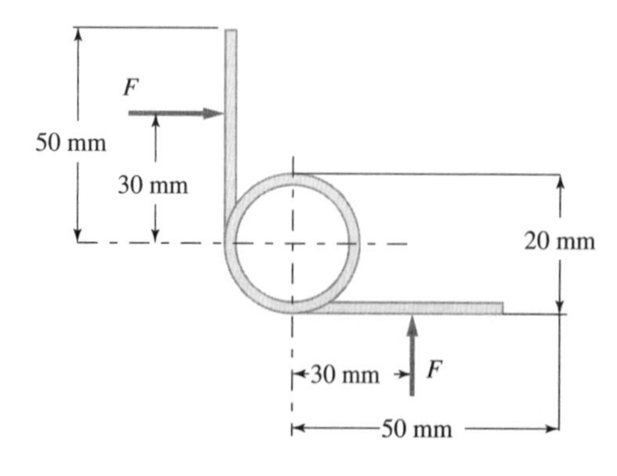

Figura E14.5
Mola de torção.

Baseado no fator de segurança de projeto, a tensão normal admissível é $\sigma_{adm} = S_{yp}/n_d = 930$ MPa. De (14-53), sabemos que

$$\sigma_{máx} = \left(\frac{4c - 1}{4c - 4}\right)\frac{32Fa}{\pi d^3}$$

em que $c = D/d = 18/2 = 9$ e $a = 30$ mm. Assim,

$$\sigma_{máx} = \sigma_{adm} = 930 \times 10^6 = \left(\frac{4(9) - 1}{4(9) - 4}\right)\frac{32F(0{,}03)}{\pi(0{,}002)^3} = 41{,}78 \times 10^6 F$$

Resolvendo para a força F, obtemos

$$F = 22{,}3 \text{ N}$$

Estimando o limite de escoamento como da ordem de 90 por cento do limite de resistência do aço, podemos aproximar o limite de escoamento à tração como $S_{yp} \approx 0{,}9(7003) = 6300$ MPa. De modo similar, podemos aproximar o limite de escoamento torcional como $\tau_{yp} \approx 0{,}577(S_{yp}) = 3635$ MPa. Embora uma análise mais precisa seja necessária antes de o projeto ser finalizado, para este estágio podemos assumir que a mola é satisfatória.

14.10 Molas Belleville (Disco Cônico)

Quando o espaço é limitado e as forças são elevadas, as molas de *arruelas Belleville*, como as esboçadas nas Figuras 14.3(f), (g) e (h), podem frequentemente ser utilizadas com vantagem. Por meio da seleção apropriada das dimensões básicas e da sequência de empilhamento, as constantes de mola podem ser ajustadas de modo a serem aproximadamente lineares, com endurecimento não linear ou com amolecimento não linear.[25] A seção transversal de uma mola Belleville de disco único típica é esboçada na Figura 14.21, com as cargas aplicadas uniformemente ao longo das bordas circunferenciais internas e externas. O desenvolvimento das equações não lineares de força-deslocamento e as expressões para as tensões críticas de arruelas Belleville são complexos e estão além do escopo deste texto.[26] No entanto, sabe-se que as *tensões radiais são desprezíveis* e os *pontos críticos* potenciais *de tensão circunferencial* ocorrem em A (compressivo), B (trativo) e C (trativo usualmente o maior valor), conforme indicado na Figura 14.21.

Uma expressão para a força F_{plana}, a força necessária defletir a mola até uma configuração plana, é[27]

$$F_{plana} = \frac{4E}{1 - \nu^2}\left(\frac{ht^3}{K_1 D_e^2}\right) \tag{14-59}$$

em que
ν = coeficiente de Poisson
h = altura interior sem carga
t = espessura
D_e = diâmetro externo da arruela
D_i = diâmetro interno da arruela
K_1 = constante baseada na razão de diâmetros D_e/D_i (veja Tabela 14.9)

Para determinada mola Belleville qualquer, o cálculo da força de planificação da arruela, F_{plana}, de (14-59), junto com a plotagem adimensional da Figura 14.22, permite a determinação da curva força-deflexão completa para aquela mola. As curvas força-deflexão para arruelas Belleville empilhadas podem ser deduzidas dos conceitos básicos de montagens de molas *em série* e *em paralelo*.[28]

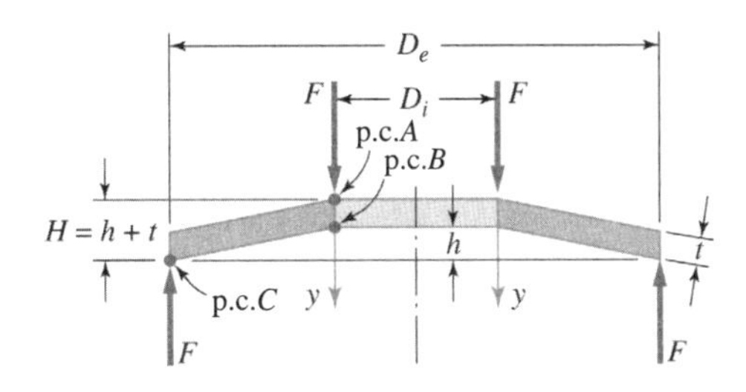

Figura 14.21
Seção transversal de uma mola Belleville.

[25] Veja Figura 4.21.
[26] Veja a ref. 2 para mais detalhes.
[27] *Ibid.*
[28] Veja 4.7.

Além disso, as expressões para as tensões circunferenciais trativas no ponto crítico C (usualmente a *maior* tensão trativa) é[29]

$$\sigma_C = \frac{4EtyD_i}{K_1 D_e^3(1-\nu^2)}\left[K_3 + (2K_3 - K_2)\left(\frac{h}{t} - \frac{y}{2t}\right)\right] \tag{14-60}$$

em que y = deflexão da mola
K_1, K_2, K_3 = constantes baseadas na razão de diâmetros D_e/D_i (veja Tabela 14.9)

TABELA 14.9 Valores das Constantes[1] Utilizadas para Estimar a Força de Planificação da Arruela F_{plana} e Tensões Trativas σ_C no Ponto Crítico C (veja Figura 14.22)

Razão entre Diâmetros D_e/D_i	K_1	K_2	K_3
1,4	0,46	1,07	1,14
1,6	0,57	1,12	1,22
1,8	0,65	1,17	1,30
2,0	0,69	1,22	1,38
2,2	0,73	1,26	1,45
2,4	0,75	1,31	1,53
2,6	0,77	1,35	1,60
2,8	0,78	1,39	1,67
3,0	0,79	1,43	1,74
3,2	0,79	1,46	1,81
3,4	0,80	1,50	1,87
3,6	0,80	1,54	1,94
3,8	0,80	1,57	2,00
4,0	0,80	1,60	2,01

[1] Adaptado da ref. 1, reimpresso com a permissão de SAE Publication AE-21 © 1996, Society of Automotive Engineers, Inc.

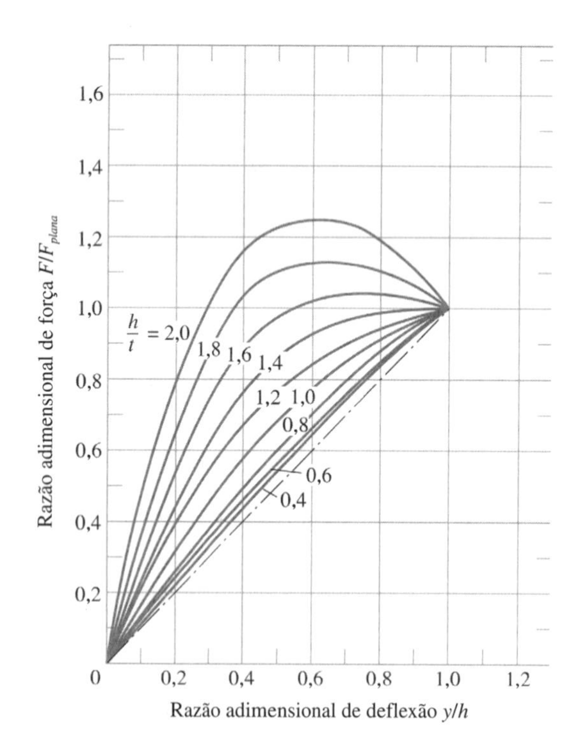

Figura 14.22
Características adimensionais de força-deflexão de arruelas Belleville de disco único, em função de h/t (veja Figura 14.21). (Adaptado da ref. 1, reimpresso com a permissão de SAE Publication AE-21 © 1996, Society of Automotive Engineers, Inc.)

[29] Veja ref. 1 para mais detalhes.

14.11 Energia Armazenada em Molas

A capacidade de uma mola armazenar energia, em particular se a mola necessita funcionar no interior de um envelope espacial limitado, é frequentemente um fator importante no processo de seleção de molas. De acordo com os princípios básicos para a criação de tamanhos e formas, conforme discutido em 6.2, e a aplicação de (4-50) ao caso de uma mola linear, a energia armazenada, U, é igual ao trabalho realizado durante o processo de carregamento. Assim, para uma mola inicialmente descarregada

$$U = F_{méd}y = \left(\frac{0 + F}{2}\right)y = \frac{Fy}{2} \tag{14-61}$$

Por exemplo, a energia armazenada em uma mola helicoidal de compressão, quando defletida pela carga axial F, pode ser escrita utilizando-se (14-61) e (14-21), como

$$U_{\substack{helicoidal\\compr}} = \frac{F\left(\dfrac{64FR^3N}{d^4G}\right)}{2} = \frac{32FR^3N}{d^4G} \text{ lbf·in} \tag{14-62}$$

Para a máxima eficiência no armazenamento da energia, a maior parte do material deve estar solicitada na máxima tensão admissível para o material. Assim, a utilização de uma barra com carga axial como mola fornece a máxima eficiência porque *todo* o material está igualmente solicitado. No entanto, esta configuração não é usualmente muito útil por causa da alta rigidez inerente das altas cargas e das baixas deflexões associadas com o armazenamento de energia em elementos com carga axial. Tubos finos em torção têm uma boa eficiência no armazenamento de energia pelo fato de que a distribuição da tensão de cisalhamento é relativamente uniforme ao longo da parede. Elementos *sólidos* em flexão ou em torção têm uma eficiência de armazenamento de energia muito menor pelo fato de que o material *central* está solicitado com níveis de tensão muito mais baixos (veja Figuras 4.3 e 4.9).

Para propósitos de comparação, as molas podem ser divididas em *molas E* (o carregamento produz fundamentalmente tensões normais) e *molas G* (o carregamento produz fundamentalmente tensões de cisalhamento).[30] Um coeficiente de forma, C_F, pode ser definido para caracterizar a *influência da geometria* nas expressões para a energia de deformação armazenada por unidade de volume. Utilizando esta abordagem,

$$u_v = C_F\left(\frac{\sigma_{máx}^2}{2E}\right) \quad \text{(para molas E)} \tag{14-63}$$

e

$$u_v = C_F\left(\frac{\tau_{máx}^2}{2G}\right) \quad \text{(para molas G)} \tag{14-64}$$

Os coeficientes de forma para a maioria das molas discutidas neste capítulo são mostrados na Tabela 14.10. Quantidades típicas de energia de deformação que podem ser armazenadas dentro do *envelope espacial* de uma mola também são mostrados na Tabela 14.10.[31]

TABELA 14.10 Coeficientes de Forma e Capacidade de Armazenamento de Energia para Diversas Molas

Tipo de Mola	Categoria	C_F	Quantidades Típicas de Energia Armazenada no Envelope Espacial da Mola,[1] $\frac{\text{lbf}\cdot\text{ft}}{\text{in}^3}\left(\frac{\text{J}}{\text{mm}^3}\right)$
Barra carregada axialmente	E	1,0	
Tubo em torção; circular; parede fina	G	Aprox. 0,90	
Barra de torção; circular; sólido	G	0,50	
Mola helicoidal; arame redondo; compressão ou extensão	G	Aprox. 0,36	1,8–18 (1,5–15 × 10^{-4})
Espiral de torção	E	Aprox. 0,28	12–20 (10–17 × 10^{-4})
Helicoidal de torção; arame redondo	E	Aprox. 0,20	1,2–6 (1,0–5 × 10^{-4})
Mola tipo viga biapoiada ou engastada; seção transversal retangular	E	0,11	

[30] Veja ref. 7.
[31] Veja ref. 2.

TABELA 14.10 (*Continuação*)

Tipo de Mola	Categoria	C_F	Quantidades Típicas de Energia Armazenada no Envelope Espacial da Mola,[1] $\frac{\text{lbf}\cdot\text{ft}}{\text{in}^3}\left(\frac{\text{J}}{\text{mm}^3}\right)$
Mola de múltiplos feixes biapoiada ou engastada de resistência constante; tira plana	E	Aprox. 0,38	
Mola Belleville	E	Aprox. 0,05–0,20	0,6–6 (0,5–5 × 10^{-4})

[1] Veja também a ref. 1; para referência, a energia armazenada por unidade de volume do envelope espacial para uma bateria de chumbo típica é de aproximadamente 3000-4000 lbf · ft/in³ (2500-3300 × 10^{-4} J/mm³).

Exemplo 14.6 Armazenamento de Energia em Barras de Torção

O desenho esquemático de uma barra de Hopkinson dividida utilizada para desenvolver ensaios com altas taxas de deformação é mostrado na Figura E14.6. A barra é composta por uma barra de entrada (*ABC*), um corpo de prova (*CD*) e uma barra de saída (*DE*). Um grampo em *B* é utilizado para promover uma reação ao torque *T* e garantir que a seção *BCDE* do aparato que suporta o carregamento até que o grampo seja liberado. A seção *AB* pode ser tratada como uma barra engastada submetida a um torque na extremidade até o momento em que o grampo é liberado. Quando o grampo é liberado, uma onda de tensão se desloca pelo corpo de prova e os resultados experimentais podem ser obtidos.

a. Mostre como o coeficiente de forma $C_F = 0{,}5$ é obtido para uma barra de torção de seção transversal circular.

b. Supondo que o diâmetro da barra é de 30 mm e que a tensão de cisalhamento admissível para a barra é $\tau_{máx} = 100$ Mpa, determine o torque aplicado.

Solução

a. Baseado em uma adaptação de (14-61) para o carregamento torcional e utilizando-se (14-51), a energia de armazenamento total, *U*, na barra de torção é

$$U = T_{méd}\theta = \frac{T\theta}{2} = \frac{16T^2L}{\pi d_e^4 G}$$

O volume de material armazenado em uma barra de torção sólida cilíndrica é $v = d_e^2\pi L/4$. A energia de deformação armazenada por unidade de volume, u_v, é

$$u_v = \frac{U}{v} = \frac{16T^2L(4)}{\pi d_e^4 G(\pi d_e^2 L)} = \frac{64T^2}{\pi^2 d_e^6 G}$$

De (14-50), $\tau_{máx} = 16T/\pi d_e^3$. Igualando u_v acima com (14-64) e inserindo $\tau_{máx}$

$$C_F = \frac{2Gu_v}{\tau_{máx}^2} = \frac{2G\left(\dfrac{64T^2}{\pi^2 d_e^6 G}\right)}{\left(\dfrac{16T}{\pi d_e^3}\right)^2} = \left(\frac{128T^2}{\pi^2 d_e^6}\right)\left(\frac{\pi^2 d_e^6}{256T^2}\right) = 0{,}50$$

b. Conhecendo $\tau_{máx} = 100$ MPa, utilizamos (14-64) para determinar u_v

$$u_v = C_F\left(\frac{\tau_{máx}^2}{2G}\right) = 0{,}5\left(\frac{(100 \times 10^6)^2}{2(27 \times 10^9)}\right) = 92.593$$

Da parte (a) temos

$$u_v = 92.593 = \frac{64T^2}{\pi^2 d_e^6 G} = \frac{64T^2}{\pi^2(0{,}03)^6(27 \times 10^9)} = 1{,}035T^2$$

$$T = 299 \text{ N} \cdot \text{m}$$

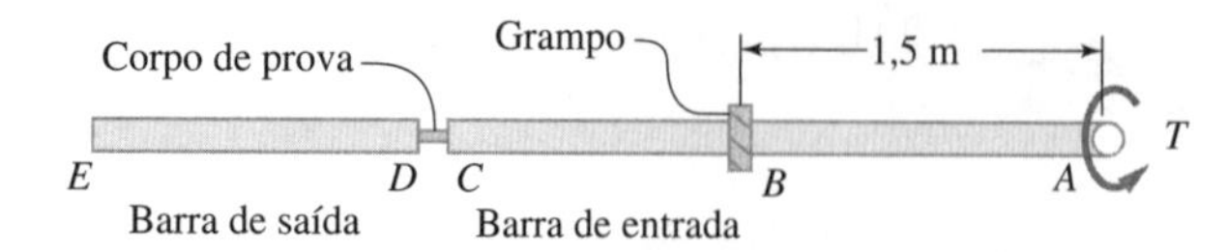

Figura E14.6
Barra de Hopkinson dividida para ensaios de torção com altas taxas de deformação.

Problemas

14-1. Como consultor, você recebe a incumbência de determinar um procedimento para encontrar a "melhor estimativa" para a *tensão de projeto* a ser utilizada no projeto de uma mola helicoidal para um novo veículo fora-de-estrada. A única informação *conhecida* é:

1. O material da mola é uma liga ferrosa de alta resistência dúctil com um limite de resistência, S_u, conhecido e um limite de escoamento, S_{yp}, conhecido.
2. A deflexão da mola durante a operação em campo é estimada variando de um valor máximo de $y_{máx}$ a um valor mínimo de $y_{mín} = 0{,}30\ y_{máx}$.
3. Deseja-se uma vida muito longa.

Baseado na informação conhecida, escreva um procedimento conciso passo a passo para determinar o valor da "melhor estimativa" para a tensão de projeto.

14-2. Uma mola helicoidal de compressão de espira aberta tem uma constante de mola de 80 lbf/in. Quando carregada por uma força axial compressiva de 30 lbf, apresenta um comprimento de 0,75 polegada. A sua altura sólida foi medida como 0,625 polegada.

a. Calcule a força axial necessária para comprimir a mola desde o seu comprimento livre até a sua altura sólida.
b. Calcule o comprimento livre da mola.

14-3. Uma mola helicoidal de compressão de espira aberta tem um comprimento livre de 76,2 mm. Quando carregada por uma força axial compressiva de 100 N, apresenta um comprimento de 50,8 mm.

a. Calcule a constante de mola desta mola.
b. Se esta mola, com um comprimento livre de 76,2 mm, fosse carregada por uma força axial de tração de 100 N, qual seria o seu comprimento correspondente?

14-4. Uma mola helicoidal de compressão tem um diâmetro externo de 1,100 polegada, um diâmetro de arame de 0,085 polegada e tem extremidades em esquadro e esmerilhadas. A altura sólida desta mola foi medida como 0,563 polegada.

a. Calcule o raio interno da espira.
b. Calcule o índice de mola.
c. Calcule o fator de Wahl.
d. Calcule o número total de espiras aproximado, entre as extremidades do arame nesta mola.

14-5. Uma mola helicoidal de compressão existente foi enrolada a partir de uma corda de piano jateada de 3,50 mm, e tem um diâmetro externo de 22 mm e 8 espiras ativas. Qual seria a sua predição para a máxima tensão e a máxima deflexão, se uma carga axial estática de 27,5 N fosse aplicada?

14-6. Uma mola helicoidal de compressão existente foi enrolada a partir de uma corda de piano não jateada de 0,105 polegada em uma mola com um raio médio de espira de 0,40 polegada. A carga axial aplicada varia continuamente de zero até 25 lbf, e deseja-se uma vida de projeto de 10^7 ciclos. Determine o fator de segurança existente para esta mola considerando que é utilizada para esta aplicação.

14-7. Uma mola helicoidal de compressão com arame redondo e com as extremidades em esquadro e esmerilhadas precisa trabalhar dentro de um furo de 60 mm de diâmetro. Durante a operação, a mola é submetida a uma carga axial cíclica que vai de um valor mínimo de 650 N até um valor máximo de 2400 N. A constante de mola tem um valor aproximado de 26 kN/m. Deseja-se uma vida de 2×10^5 ciclos de carregamento. Inicialmente, suponha que $k_{N=2\times10^5} = 0{,}85$. Deseja-se um fator de segurança de 1,2. Projete a mola.

14-8. Uma mola helicoidal com extremidades simples, esmerilhadas, vai ser utilizada como uma mola de retorno de um mecanismo de válvula comandado por um came que está mostrado na Figura P14-8. A haste de 1,50 polegada deve passar livremente pela mola. A excentricidade do came é 0,75 polegada (i. e., a amplitude total é de 1,50 polegada). A altura da mola comprimida quando o came está na posição de ponto-morto-superior (PMS) é de 3,0 polegadas, conforme mostrado. A mola deve exercer uma força de 200 lbf quando a posição PMS mostrada no esboço for atingida, e deve exercer uma força de 150 lbf quando a posição ponto-morto-inferior (PMI) for atingida na parte inferior do movimento. Isto é, a mola é pré-carregada no equipamento. A mola será feita de arame de aço mola patenteado que tem um limite de resistência à tração de 200.000 psi, um limite de escoamento à tração de 190.000 psi e um limite de resistência à fadiga de 90.000 psi. Deseja-se um fator de segurança de 1,25, baseado no projeto de vida infinita. Determine o seguinte:

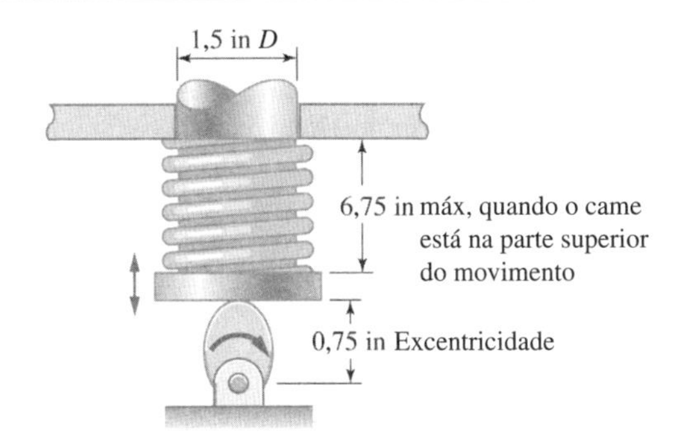

Figura P14.8
Mecanismo de válvula comandado por came com uma mola de retorno pré-carregada.

a. Raio médio da espira, R
b. Diâmetro do arame, d
c. Número de espiras ativas, N
d. Constante de mola, k
e. Comprimento livre da mola, L_l

14-9. Uma mola helicoidal de compressão proposta será enrolada a partir de uma corda de piano não jateada padrão de 0,038 polegada de diâmetro, em uma mola com um diâmetro externo de espira com diâmetro de 7/16 polegada e 12 ½ voltas totais entre as extremidades do arame. As extremidades serão fechadas. Faça o seguinte:

a. Estime o limite de escoamento à torção da corda de piano.
b. Determine a carga axial máxima que pode ser suportada pela mola sem que o arame escoe.
c. Determine a constante de mola desta mola.
d. Determine a deflexão que será produzida se a carga de escoamento calculada acima em (b) fosse aplicada à mola.
e. Calcule a altura sólida da mola.
f. Se nenhuma mudança permanente na altura livre pode ser tolerada, determine a altura livre que deve ser especificada, de modo que se a mola for comprimida até a sua altura sólida e então liberada, a altura livre permanece inalterada.
g. Determine a máxima deflexão de operação que deve ser recomendada para esta mola, se não estiver prevista uma pré-carga.
h. Determine se a flambagem desta mola pode ser um problema potencial.

14-10. Uma mola helicoidal de compressão será projetada para uma aplicação especial na qual a mola vai ser inicialmente montada em um mecanismo com uma pré-carga de 10 N e exerce uma força de 50 N quando é comprimida de um valor adicional de 140 mm. Provisoriamente, decidiu-se utilizar corda de piano, extremidades fechadas e o menor diâmetro de arame padrão que irá fornecer um desempenho satisfatório. Deseja-se também fornecer um limite de interferência de aproximadamente 10 por cento da máxima deflexão de operação.

a. Determine um diâmetro padrão de arame e o raio médio da espira correspondente que satisfaça às especificações apresentadas.
b. Determine a altura sólida da mola.
c. Determine a altura livre da mola.

14-11. Duas molas helicoidais de compressão de aço serão colocadas em torno de um eixo de centro comum. A mola externa terá um diâmetro interno de 38 mm, um diâmetro padrão de arame de 2,8 mm e 10 espiras ativas. A mola interna terá um diâmetro externo de 32 mm um diâmetro padrão de arame de 2,2 mm e 13 espiras ativas. Ambas as molas terão o mesmo comprimento livre. Faça o seguinte:

a. Calcule a constante de mola para cada mola.
b. Calcule a força axial necessária para defletir a montagem das molas de uma distância de 25 mm.
c. Para uma deflexão da montagem de 25 mm, qual das molas apresentará o maior valor de tensão?

14-12. Uma mola helicoidal de tração de arame redondo tem os laços das extremidades do tipo mostrado nas Figuras 14.7(a) e (b). O diâmetro do arame é de 0,042 polegada e o raio médio da espira é de 0,28 polegada. As dimensões pertinentes dos laços das extremidades são (ref. Figura 14.7) $r_{iA} = 0{,}25$ polegada e $r_{iB} = 0{,}094$ polegada. Uma força axial estática de tração de $F = 5{,}0$ lbf será aplicada na mola.

a. Estime a tensão máxima no arame no ponto crítico A.
b. Estime a tensão máxima no arame no ponto crítico B.
c. Se o arame da mola é do material ASTM A227 e deseja-se um fator de segurança de 1,25, as tensões críticas nos pontos A e B são aceitáveis?

14-13. Uma arma de pregos alimentada por bateria utiliza duas molas helicoidais de compressão para ajudar a expelir o prego da extremidade da arma. Quando a mola está em sua posição completamente distendida, conforme mostrado na Figura 14.13(a), o martelo de 2 oz e o prego se deslocam a uma velocidade de 90 pés/s. Nesta posição, ambas as molas estão na posição de comprimento livre (para o projeto inicial, supõe-se que este seja de 2,0 polegadas para a mola superior e de 2,5 polegadas para a mola inferior). Em função da vantagem mecânica, a força exercida sobre o martelo pelo gatilho é de 40 lbf e o martelo se desloca de 1,0 polegada quando completamente comprimido, conforme mostrado na Figura 14.13(b). Nenhuma das molas pode ter um diâmetro externo superior a 3/8 de polegada. Suponha que cada mola tenha um módulo de cisalhamento $G = 12 \times 10^6$ psi. Defina uma configuração inicial para as duas molas, especificando cada um dos parâmetros: tipo de arame, d, D, c e N. Observe também qualquer problema potencial e sugira modificações que possam ser utilizadas.

14-14. Uma mola helicoidal de compressão é fabricada com um arame de aço de 3 mm de diâmetro e tem um diâmetro de espira ativa que varia de 25 mm na parte superior a 50 mm na parte inferior. O passo (distância entre as espiras) ao longo é de $p = 8$ mm. Existem quatro espiras ativas. Uma força é aplicada para comprimir a mola e a tensão permanece sempre no regime elástico.

a. Determine qual é a espira (superior ou inferior, ou uma das do meio) que primeiro atinge uma deflexão com um passo nulo à medida que a força é aumentada.
b. Determine a força correspondente à deflexão identificada na parte (a). Em outras palavras, determine a força que causa um deslocamento de 8 mm.

14-15. Uma mola helicoidal de compressão fabricada de uma corda de piano tem uma seção transversal retangular com dimensões $a \times b$, conforme mostrado na Figura P14.15. Suponha que a máxima tensão de cisalhamento devido à torção e ao cortante ocorra no mesmo ponto na seção transversal retangular. Suponha que as dimensões a e b estão relacionadas pela relação $b = na$, na qual $0{,}25 \leq n \leq 2{,}5$. Similarmente, defina um índice de mola para molas de seção transversal retangular como $c = D/a$.

(a) Desenvolva uma expressão para a tensão de cisalhamento máxima como função da carga aplicada F e os parâmetros a, n e c. Reduza as equações à sua forma mais simples.
(b) O parâmetro K na Tabela 4.4 representa o momento polar de inércia. A partir da equação (14-19), desenvolva uma expressão para a rigidez desta mola em termos das dimensões a e c.
(c) Supondo um índice de mola médio na faixa ($c = 8$), o fator de Whal para uma mola de arame circular é $K_w = 1{,}184$. Supondo que as áreas da seção transversal de uma mola circular e retangular são idênticas, pode-se mostrar que $\pi d^2 = 4na^2$. Utilizando esta informação, plote τ_{circ}/τ_{ret} *versus* n e k_{circ}/k_{ret} *versus* n para $0{,}25 \leq n \leq 2{,}5$.

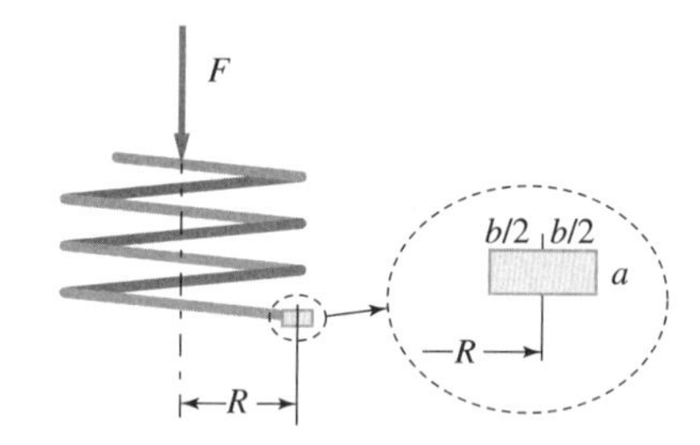

Figura P14.15
Mola helicoidal de compressão com uma seção transversal retangular.

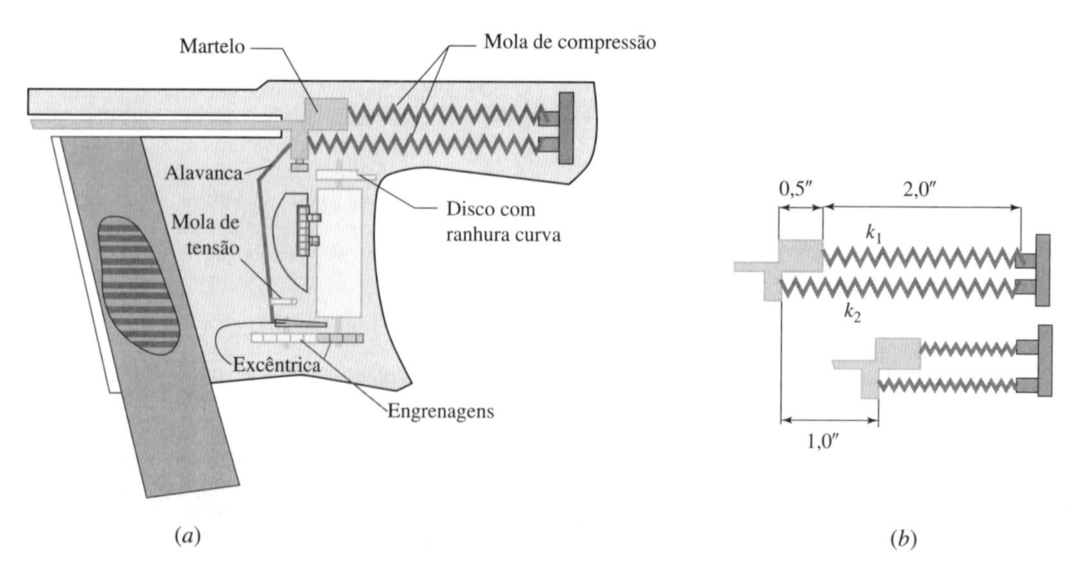

Figura P14.13
Desenho esquemático de uma arma de pregos alimentada por bateria.

14-16. Para a mola helicoidal de tração do problema 14-12, determine a tensão máxima no corpo principal da mola afastado das extremidades e identifique a localização do ponto crítico. Se o material é o ASTM A227, a falha do arame da mola seria esperada?

14-17. Uma mola helicoidal de tração de arame redondo será utilizada como uma mola de retorno em um braço comandado por um came, conforme mostrado na Figura P14.17. A mola precisa ser pré-tensionada para exercer uma força de 45 N na "parte inferior" do seu movimento e deve ter uma constante de mola de 3500 N/m. A deflexão entre picos de operação desta mola é 25 mm. A mola será feita de um arame de mola de aço-liga patenteado que tem um limite de resistência à tração de 1380 MPa, um limite de escoamento à tração de 1311 MPa e um limite de resistência à fadiga de 621 MPa. Deseja-se um índice de mola de 8, e um fator de segurança de 1,5 foi selecionado. Projete uma mola leve para esta aplicação. Determine especificamente o diâmetro do arame (d), o raio médio da espira (R) e o número de espiras ativas, N.

14-18. Uma mola helicoidal de tração com o arame redondo mostrada na Figura P14.18 será utilizada para fazer uma mola de retorno para um braço com acionamento pneumático que opera entre batentes fixos, conforme mostrado. A mola precisa ser pré-tensionada até 25 lbf no batente inferior (ponto de carga mínima) e opera com uma deflexão total da mola de 0,43 polegada. É parada pelo batente superior e, em seguida, retorna ao batente inferior repetindo o ciclo. A mola é feita de arame Nº 12 (diâmetro de 0,105 polegada), tem um raio médio da espira de 0,375 polegada e foi enrolada com 15 espiras completas mais um meio laço voltado para cima em cada uma das extremidades para fixação. As propriedades do material para a mola são $S_u = 200.000$ psi, $S_{yp} = 185.000$ psi, e (2 polegadas) = 9 por cento, $S_f = 80.000$ psi, $E = 30 \times 10^6$ psi, $G = 11{,}5 \times 10^6$ psi e $\nu = 0{,}30$. Calcule o fator de segurança existente para esta mola, baseado no critério de projeto de vida infinita.

14-19. Uma mola helicoidal de espira aberta de arame redondo é enrolada utilizando arame de aço patenteado Nº 5 ($d = 0{,}207$ polegada), com um raio médio de espira de 0,65 polegada. A mola tem 15 espiras ativas, e o seu comprimento livre é de 6,0 polegadas. As propriedades do material para o arame da mola são dadas na Figura P14.19. A mola será utilizada em uma aplicação em que é defletida axialmente de 1,0 polegada da sua altura livre em compressão durante cada ciclo, com uma frequência de 400 ciclos por min.

a. Estime a vida esperada em ciclos antes que esta mola falhe.
b. A *flambagem* desta mola é esperada?
c. Você espera que o *surging* da mola seja um problema nesta aplicação?
d. Qual é a energia que será armazenada na mola na deflexão máxima?

14-20. Uma mola helicoidal vai ser enrolada utilizando arame bitola Nº 9 ($d = 3{,}5$ mm) feito de uma liga ferrosa especial para a qual somente são conhecidas as propriedades estáticas. Estas propriedades são $S_u = 1.725$ MPa, $S_{yp} = 1.587$ MPa, e (50 mm) = 7 por cento, $E = 210$ GPa, $G = 79$ GPa e $\nu = 0{,}35$. Deseja-se utilizar a mola em uma situação de carregamento cíclico, em que a carga axial na mola durante cada ciclo varia de 450 N em tração até 450 N em compressão. A deflexão da mola na carga máxima deve ser de 50 mm. Uma mola com 18 espiras ativas está sendo proposta para esta aplicação.

a. Calcule o fator de segurança existente para esta mola baseado em um critério de projeto de vida infinita. Comente o seu resultado.
b. Se a mola é enrolada de modo que quando na condição descarregada o espaço entre as espiras é o mesmo que o diâmetro do arame, você espera que a flambagem seja um problema? (Suporte a sua resposta com cálculos apropriados.)
c. Qual é, aproximadamente, a *máxima* frequência de operação que deve ser especificada para este mecanismo?

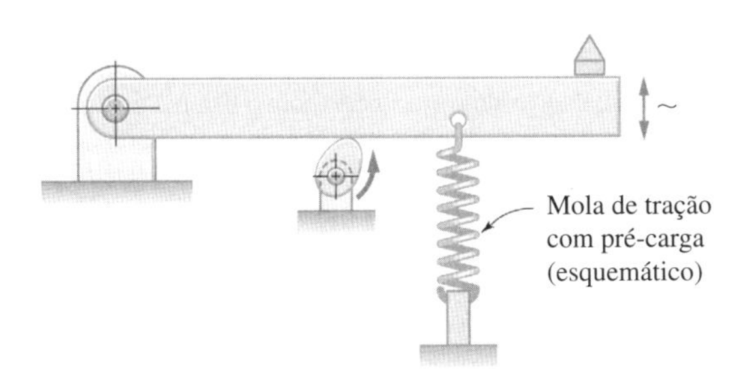

Figura P14.17
Braço comandado por came com mola de retorno.

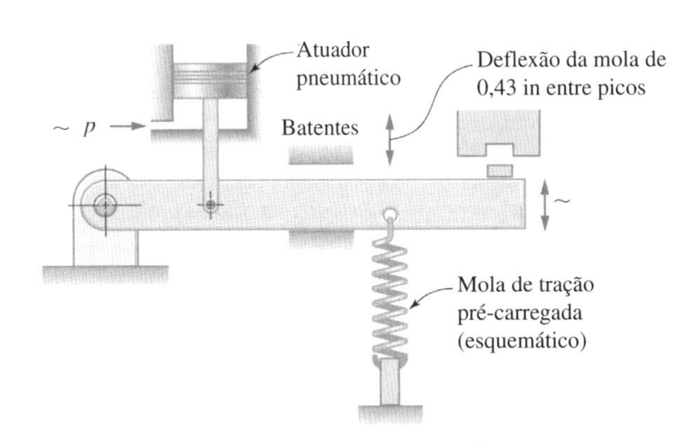

Figura P14.18
Mola de retorno para um braço com acionamento pneumático.

Figura P14.19
Propriedades do material para arame de mola de aço patenteado.

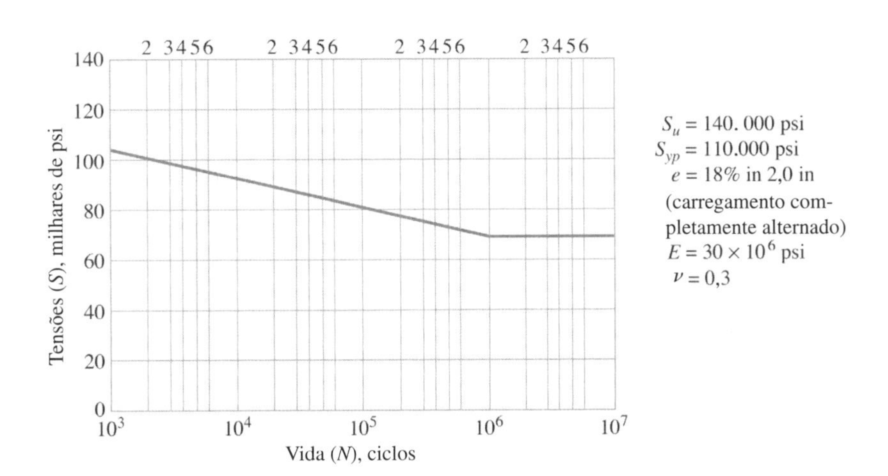

14-21. Para uma mola tipo viga-chata biapoiada de seção retangular constante, carregada no ponto médio, responda às seguintes perguntas:

a. Qual é o padrão da tensão primária na mola tipo viga?
b. É uniaxial ou biaxial?
c. Existem tensões secundárias a serem consideradas, quais são elas?

14-22. Derive uma equação para a *tensão máxima* em uma mola de múltiplos feixes engastada com carga na extremidade com n feixes, cada um com uma largura b_1 e uma espessura t. Suponha uma mola com $S_{yp} = 1862$ MPa, $b_1 = 100$ mm, $t = 10$ mm e com uma carga na extremidade $P = 400$ N. Plote o comprimento admissível da mola como uma função do número de feixes para $1 \leq n \leq 5$.

14-23. Derive uma equação para a *constante de mola* de uma mola de múltiplos feixes engastada com carga na extremidade com n feixes, cada um com uma largura b_1 e uma espessura t.

14-24. A mola tipo viga engastada horizontal mostrada na Figura P14.24 tem uma seção transversal retangular e está carregada verticalmente na sua extremidade livre por uma força que varia ciclicamente de 4,5 kN para baixo a 22,5 kN para cima. A viga tem uma largura de 125 mm e um comprimento de 250 mm. O material é uma liga ferrosa com $S_{ut} = 970$ MPa, $S_{yp} = 760$ MPa e $S_f = 425$ MPa. Um fator de segurança $n_d = 1{,}5$ e uma vida infinita são necessários, e os fatores de concentração de tensão podem ser desprezados. Determine a espessura necessária da viga.

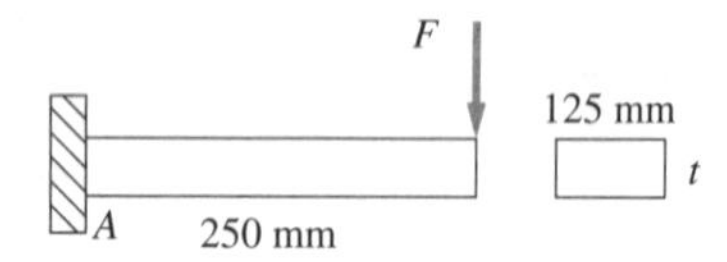

Figura P14.24
Mola tipo viga engastada.

14-25. Uma mola de múltiplos feixes biapoiada horizontal será submetida a uma carga cíclica aplicada no meio da viga que varia entre 2500 lbf para baixo a 4500 lbf para baixo. A mola terá 8 feixes, cada um com 3,0 polegadas de largura. A distância entre os jumelos (apoios) é de 22,0 polegadas. As propriedades do material da mola selecionada são dadas na Figura P14.25.

a. Desprezando os efeitos de concentração de tensões, qual é a espessura que os feixes devem ter para fornecer vida infinita, com o fator de segurança de projeto de 1,2?
b. Qual será a constante de mola para esta mola?

14-26. Uma mola de múltiplos feixes biapoiada de um caminhão vai ser projetada para cada roda traseira, utilizando o aço AISI 1095 ($S_{ut} = 1379$ MPa, $S_{yp} = 952$ MPa, $S_f = 690$ MPa). O peso do caminhão é de 16 kN com 65 por cento do peso nas rodas traseiras. A deflexão estática do ponto do meio é de 100 mm e a deflexão máxima em operação é de 200 mm. O carregamento pode ser considerado como um carregamento cíclico *pulsativo*. O comprimento da mola entre os suportes deve estar entre 1,2 m e 1,6 m. Decidiu-se que deve ser utilizado um fator de segurança de $n_d = 1{,}3$. Projete a mola de feixes de modo a satisfazer os requisitos, considerando que se deseja vida infinita.

14-27. Uma nova versão de um dispositivo para um "esporte radical" que é acoplado aos pés e às pernas de uma pessoa permite que ela aumente a potência das suas pernas para correr, pular etc. Sua empresa está tentando melhorar o design, conforme mostrado na Figura P14.27(a). Para a etapa inicial do projeto, você deve explorar diversas configurações do elemento de mola. A mola (seção AB no desenho) estende-se por um arco de 60° e inicialmente considera-se que o arco tem 600 mm de comprimento. A empresa pretende fabricar a mola de uma peça de material compósito com um módulo de elasticidade $E = 28$ GPa e um limite de escoamento $S_{yp} = 1200$ MPa. Análises preliminares mostraram que a força esperada que um usuário "normal" exerce sobre o ponto A é de 1000 N para baixo [Figura 14.27(b)], a qual foi estabelecida considerando situações de andar normal e corrida, impactos, manobras radicais etc. Para a manobra mais complexa considerada, você estimou uma constante de mola necessária como $k = 3$ kN/m. Dois designs da mola estão sendo considerados. Um é uma seção retangular e o outro uma seção cilíndrica [Figura 14.27(c)]. A estimativa preliminar para a largura da mola retangular é $w = 30$ mm, o que leva em consideração largura de pernas normais, possíveis interferências etc. O ponto de fixação A está deslocado do ponto de fixação B de um valor δ, o qual não é considerado nesta fase inicial de projeto. Considerando somente a flexão, determine a espessura necessária da mola retangular e o diâmetro correspondente para uma mola de um cilindro sólido.

14-28. Uma mola do tipo barra de torção de peça única, do tipo esboçado na Figura P14.28(a), está sendo considerada por um grupo de estudantes para suportar o capô de um veículo híbrido experimental que está sendo desenvolvido para uma competição entre universidades. O comprimento máximo L que pode ser acomodado é de 48 polegadas. A Figura P14.28(b) ilustra o conceito deles. Eles planejam instalar a mola de torção de contrabalanço ao longo da linha de centro da dobradiça do capô, com um dos batentes do braço de 3 polegadas em contato com o capô, conforme mostrado. O capô será levantado até atingir o batente do capô a 45°; o braço de suporte de 3 polegadas na extremidade oposta irá girar até que o capô esteja em contato com o batente do capô sem nenhuma outra força externa de elevação sobre o capô. O braço de suporte terá em seguida uma rotação adicional para fornecer uma ligeira pré-carga contra o batente, e então é fixado por um fecho à estrutura de suporte.

a. Determine o diâmetro d_e de uma barra de torção sólida que irá contrabalançar o peso do capô e fornecer um torque de 10 lbf·ft para segurar o capô contra o batente mostrado, se a tensão de projeto em cisalhamento para o material é $\tau_d = 60.000$ psi.
b. Com que ângulo, em relação à referência horizontal, o grampo para o suporte de 3 polegadas deve ser colocado para fornecer o torque de pré-carga desejado de 10 lbf·ft? Despreze a flexão dos braços integrais.

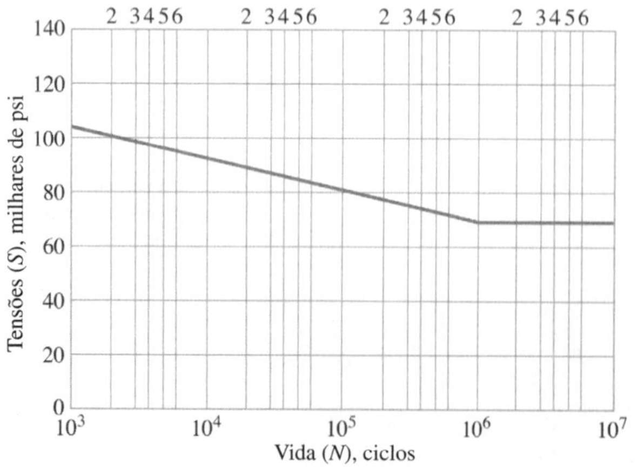

Tensões (S), milhares de psi: 0, 20, 40, 60, 80, 100, 120, 140
Vida (N), ciclos: 10^3, 10^4, 10^5, 10^6, 10^7

$S_u = 140.000$ psi
$S_{yp} = 110.000$ psi
$e = 18\%$ in 2,0 in
(carregamento completamente alternado)
$E = 30 \times 10^6$ psi
$\nu = 0{,}3$

Figura P14.25
Propriedades do material para uma mola de múltiplos feixes.

Figura P14.27
Design conceitual de um novo mecanismo para esporte radical.

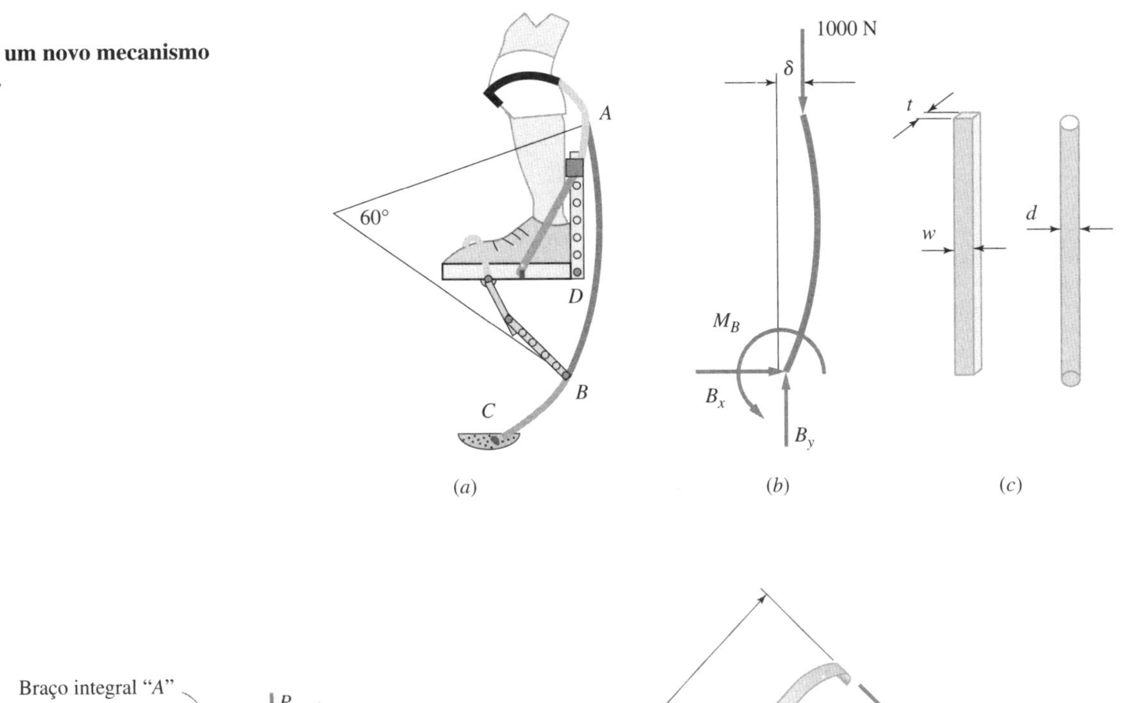

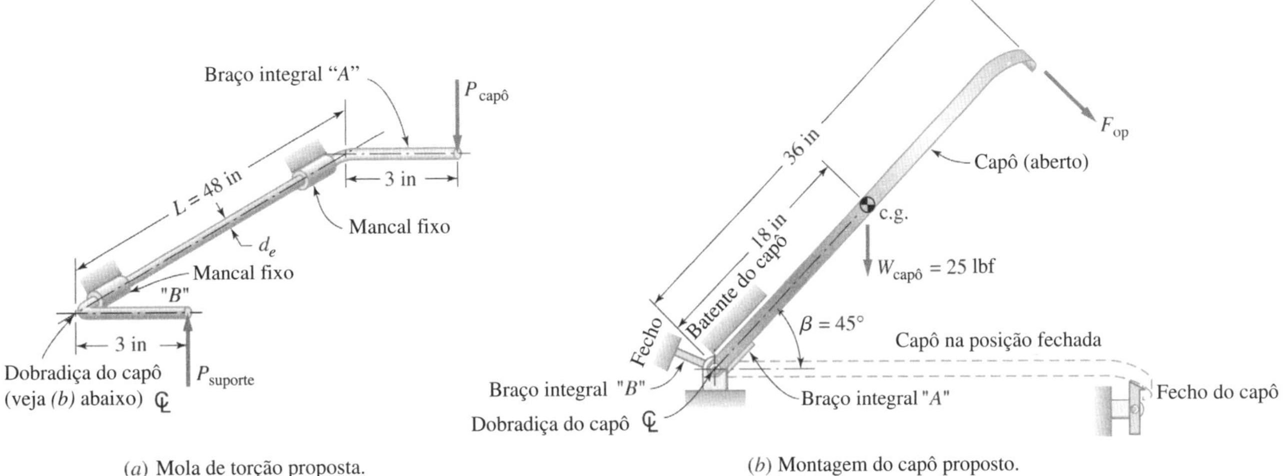

Figura P14.28
Mola do tipo barra da torção para suportar o capô de um veículo experimental.

c. Faça um gráfico mostrando o torque induzido pela gravidade, o torque da mola e o torque resultante, todos plotados em função do ângulo de abertura do capô.
d. A força de operação, F_{op}, necessária para abrir ou fechar o capô instalado, é razoável para esta configuração de projeto? Que outros problemas prováveis você pode prever com esta montagem?

14-29. Uma mola helicoidal de torção de corpo único (veja Figura 14.20) tem um diâmetro de arame de 1 mm e um diâmetro externo da espira de 10 mm. A mola de espiras apertadas tem 9,5 espiras, com uma extensão de a = 12 mm do centro da espira até o ponto de aplicação da carga em cada extremidade. O material da mola é o aço com S_{ut} = 2030 MPa.

a. Calcule a constante de mola para esta mola.
b. Se um torque de 0,10 N·m fosse aplicado a esta mola, que deflexão angular (em graus) seria esperada? Despreze a contribuição das deformações das extremidades.
c. Qual seria a máxima tensão prevista para o arame da mola sob um torque de 0,10 N·m?
d. O projeto da mola seria uma proposta aceitável considerando que se deseja um fator de segurança de 1,5, baseado em um limite de resistência à tração?

14-30. Um par de molas helicoidais de torção, uma à esquerda e outra à direita, é escolhido para ser usado para contrabalançar o peso de uma porta de uma garagem residencial. A montagem é esboçada na Figura P14.30. O eixo girante de 1 polegada de diâmetro é suportado por três mancais próximos ao topo da porta, um mancal em cada extremidade e um no meio. Um pequeno cabo de aço é enrolado em torno de cada uma das polias para suportar simetricamente o peso da porta. Os raios das polias de 2,5 polegadas são medidos nas linhas de centro dos cabos de aço. Cada mola é enrolada a partir de arame de aço padrão revenido em óleo com um diâmetro de arame de 0,225 polegada, um diâmetro médio de espira de 0,89 polegada e 140 voltas, de espiras apertadas. O comprimento total do movimento do cabo de aço desde a posição da mola descarregada até a posição de porta fechada é de 85 polegadas.

a. Calcule a tensão de flexão máxima nas molas quando a porta está fechada e diga onde isto ocorre.
b. Qual seria a porta de garagem mais pesada que poderia ser contrabalançada utilizando a montagem da Figura P14.30 e este par de molas?
c. Estime o comprimento livre e o peso de cada mola.

14-31. Como uma distração, um professor de "projeto de máquinas" construiu uma varanda rústica de cedro com tela mosquiteiro na parte de trás da sua casa. Em vez de utilizar uma "mola de porta com

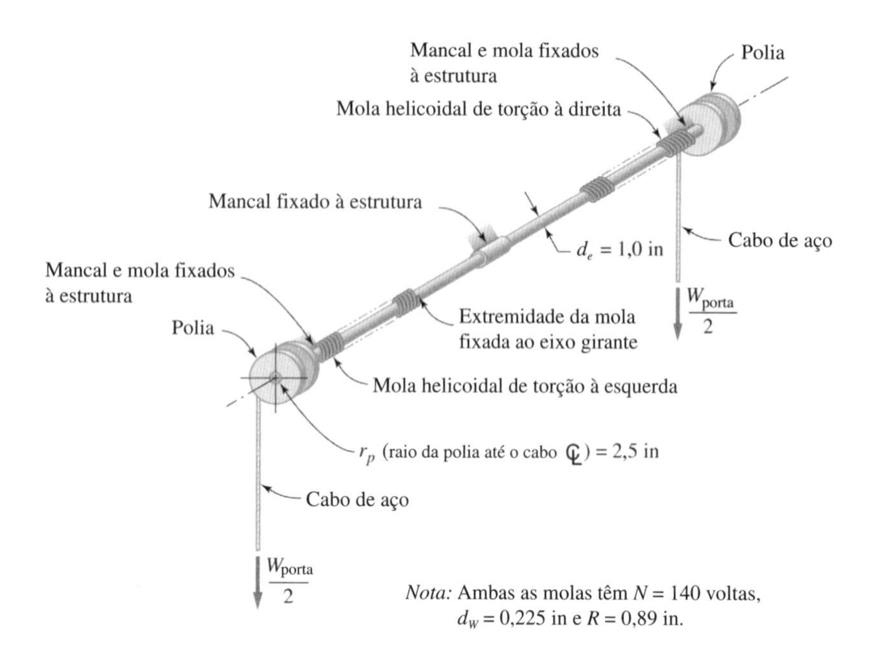

Figura P14.30
Esboço de um par de molas helicoidais de torção utilizadas para contrabalançar uma porta de garagem.

tela" (mola helicoidal de tração de espiras próximas) para manter a sua porta com tela fechada, ele decidiu utilizar uma mola helicoidal de *torção* de corpo único do tipo mostrado na Figura 14.20(a). O professor planeja instalar a mola de modo que a sua linha de centro da espira coincida com a linha de centro da dobradiça da porta. A distância da linha de centro da dobradiça à maçaneta é 32 polegadas, e o seu objetivo é fornecer uma força de 1 lbf para puxar quando a porta está fechada e uma força para puxar de 3 lbf quando a porta gira de um ângulo de 180° em torno da linha de centro da dobradiça. Provisoriamente foi escolhida uma corda de piano padrão nº 6 (d = 0,192 polegada) para a mola. Uma tensão de projeto de σ_d = 165.000 psi foi calculada baseada no escoamento como o modo de falha provável.

a. Calcule o raio médio da espira necessário para a mola.
b. Determine o deslocamento angular inicial de *pré-carga* da mola, de modo que seja produzida uma força de puxar de 1 lbf na maçaneta para abrir a porta a partir da sua posição fechada.
c. Qual seria o número necessário de espiras ativas para a mola?

14-32. Uma caixa sem identificação com molas de aço do tipo arruelas *Belleville* (todas as arruelas na caixa são idênticas) foi encontrada no estoque de uma companhia. Como um trabalhador temporário, você recebeu a missão de avaliar analiticamente e plotar as características de força-deflexão das molas do tipo arruela. As dimensões das arruelas na caixa sem identificação, com referência ao esboço da Figura 14.21, são as seguintes:

D_e = 115 mm

D_i = 63,9 mm

t = 2,0 mm

h = 3,0 mm

Faça o seguinte:

a. Estime a força necessária para apenas "planificar" uma das arruelas Belleville.
b. Plote a curva força-deflexão para uma das arruelas utilizando as intensidades de força variando de *zero* até a *força de planificação* total. Caracterize a curva como linear, com endurecimento não linear ou com amolecimento não linear.
c. Plote a curva força-deflexão para duas arruelas empilhadas em paralelo. Caracterize a curva como linear, com endurecimento não linear ou com amolecimento não linear.
d. Plote a curva força-deflexão para duas arruelas empilhadas em série. Caracterize a curva como linear, com endurecimento não linear ou com amolecimento não linear.
e. Calcule a intensidade da maior tensão de tração que seria esperada em uma única arruela de (b) acima, no instante em que a carga aplicada "planifica" a arruela.

14-33. Considerando uma barra sólida quadrada de aço com dimensões laterais s e dimensão de comprimento L, você é capaz de prever qual a situação que permite que mais energia de deformação elástica seja armazenada na barra (sem escoamento): utilizando-a como uma *mola de carga axial* carregada axialmente na direção de L, ou utilizando-a como uma *mola engastada em flexão* perpendicular à direção L? Faça os cálculos apropriados para suportar a sua predição.

14-34. a. Escreva as equações das quais o coeficiente de forma C_F possa ser encontrado para uma mola de múltiplos feixes biapoiada com carga no centro.
b. Determine um valor numérico C_F para este tipo de mola e compare-o com o valor dado na Tabela 14.10.

14-35. Repita o Problema 14-34 considerando o caso de uma mola tipo viga biapoiada de seção transversal retangular.

14-36. Repita o Problema 14-34 considerando o caso de uma mola tipo viga engastada, com carga aplicada na extremidade, de seção transversal retangular.

14-37. Repita o Problema 14-34 considerando o caso de uma mola de torção em espiral de tira chata.

14-38. Repita o Problema 14-34 considerando o caso de uma mola de torção helicoidal de arame redondo.

14-39. Repita o Problema 14-34 considerando o caso de uma mola helicoidal de compressão de arame redondo.

Capítulo 15

Engrenagens e Sistemas de Engrenagens

15.1 Utilizações e Características das Engrenagens

Quando se deseja transmitir ou transferir potência ou movimento de um eixo rotativo para outro, existem muitas alternativas disponíveis para o projetista, incluindo correias planas, correias em V, correias dentadas sincronizadas, transmissões com correntes, transmissões com volantes de atrito e transmissões por engrenagens.[1] Se o movimento uniforme, suave, livre de deslizamento, a alta velocidade, o peso reduzido, o sincronismo preciso, a elevada eficiência ou o projeto compacto são critérios importantes, a seleção de um sistema de engrenagens adequado irá, na maioria dos casos, satisfazer estes critérios de forma melhor do que as outras alternativas. Por outro lado, as transmissões por correias e correntes são, normalmente, mais baratas e podem ser empregadas vantajosamente quando os eixos de entrada e de saída estão muito afastados.

Transmissões simples por volantes de atrito, tais como as transmissões interna e externa esboçadas nas Figuras 15.1(a) e (b), podem prover uma transmissão de potência suave do cilindro de entrada 1 (motor) para o cilindro de saída ou anular 2 (movido) se não houver deslizamento no ponto de contato P. Para o caso de *nenhum deslizamento*, as intensidades da velocidade tangencial são iguais para os dois componentes em contato; assim, tem-se

$$|r_1\omega_1| = |r_2\omega_2| \tag{15-1}$$

em que r_1, r_2 = raio dos componentes 1, 2 respectivamente
ω_1, ω_2 = velocidade angular dos componentes 1, 2, respectivamente

Figura 15.1
Acionamentos com volantes de atrito e geometria de acionamento por engrenagens cilíndricas de dentes retos análoga.

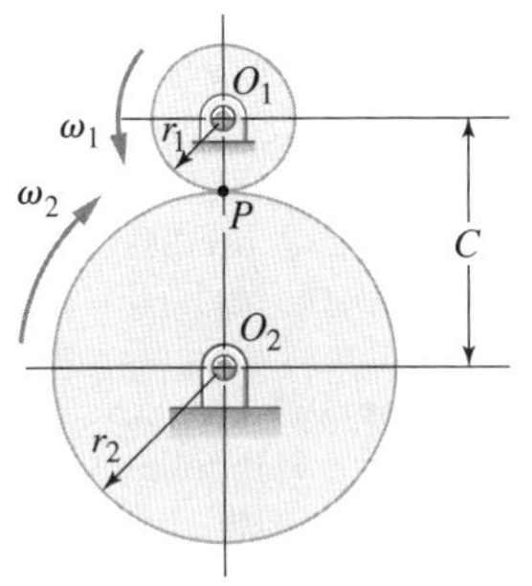

(*a*) Acionamento externo simples por atrito.

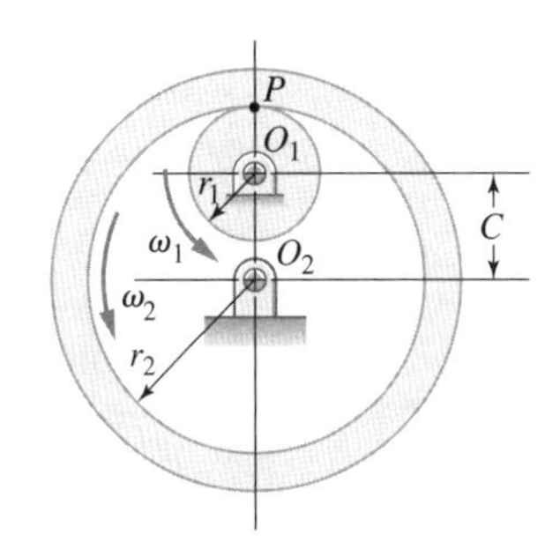

(*b*) Acionamento interno simples por atrito.

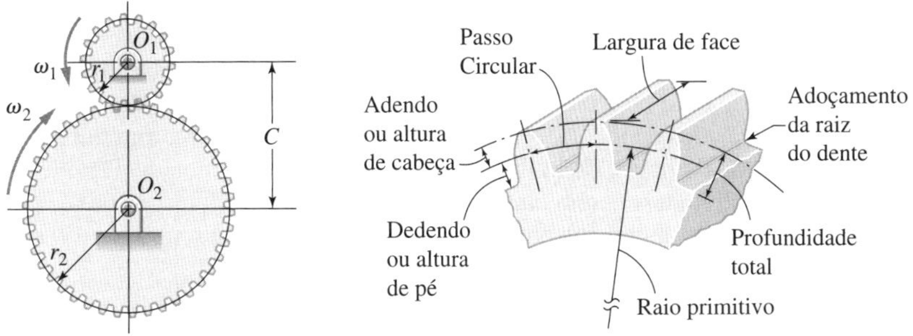

(*c*) Acionamento com engrenagens cilíndricas de dentes retos com a mesma relação de velocidades do acionamento por atrito apresentado em (*a*).

(*d*) Forma básica e terminologia para o dente reto de engrenagens cilíndricas, como as apresentadas em (c).

[1] Veja, também Capítulo 17.

Para a *transmissão externa* mostrada na Figura 15.1(a), o sentido de ω_2 é *contrário* ao de ω_1; para a *transmissão interna* mostrada na Figura 15.1(b) o sentido de ω_2 é *o mesmo* de ω_1. A prática convencional acrescenta um sinal negativo quando os sentidos são opostos e um sinal positivo quando os sentidos são iguais. Para uma transmissão externa, portanto, a razão entre velocidades é considerada negativa e para uma transmissão interna, é considerada positiva.

Para carregamentos leves que *não causam deslizamento*, uma transmissão por atrito pode prover desempenho aceitável. Se as condições de operação *tendem a causar deslizamento*, ou se é necessário um movimento em fase preciso (razão constante de velocidades e, absolutamente, sem deslizamento) entre os eixos de entrada e de saída, pode-se incorporar uma série de dentes de engrenamento preciso em cada superfície em contato para assegurar que não ocorra deslizamentos. Se, conforme mostrado para a transmissão *externa* da Figura 15.1(c), os dentes são dispostos de modo a se estenderem tanto para dentro (*dedendo*) quanto para fora (*adendo*) das circunferências *primitivas*[2] e se estendem paralelamente aos eixos dos cilindros (*largura da face*), os volantes dentados resultantes tornam-se *engrenagens cilíndricas de dentes retos* com raios primitivos r_1 e r_2. De forma semelhante, podem ser incorporados dentes nos membros em contato de uma transmissão *interna*. A menor das duas engrenagens em contato é usualmente chamada de *pinhão* e a maior, de *engrenagem* ou *coroa*. Normalmente, o pinhão é o membro motor (de entrada) e a coroa é o membro movido (de saída).

O formato dos dentes deve ser fabricado cuidadosamente de modo a que não interfiram entre si à medida que as engrenagens girem e de modo que *a razão de velocidades angulares entre o pinhão e a coroa não aumente nem diminua em qualquer instante* à medida que os dentes atravessem sucessivamente *o ponto de engrenamento* (região de contato entre os dentes). *Se estas condições forem alcançadas, diz-se que as engrenagens satisfazem a lei geral do engrenamento.* As condições cinemáticas para a lei fundamental do engrenamento e o processo de determinação dos perfis dos dentes engrenados que satisfaçam estas condições foram amplamente publicados,[3] e estão apresentados, rapidamente, de forma resumida em 15.6. A nomenclatura básica associada aos dentes de engrenagens de dentes retos está apresentada na Figura 15.1(d) e é discutida mais completamente em 15.6.

15.2 Tipos de Engrenagens; Fatores para a Seleção

A seleção do melhor tipo de engrenamento para um cenário particular de projeto depende de muitos fatores, incluindo o arranjo geométrico proposto para a máquina, a relação de redução necessária, a potência a ser transmitida, as velocidades de rotação, as metas de eficiência, as limitações do nível de ruído e as restrições de custos.

Em geral são encontrados pelo projetista três arranjos de eixos, quando se observa a transmissão de potência ou de movimento de um eixo rotativo para outro. São eles: (1) aplicações em que os *eixos são paralelos*, (2) aplicações em que os *eixos são concorrentes (se interceptam)* e (3) aplicações em que os *eixos nem são paralelos nem se interceptam, são reversos*.

Os tipos de engrenagens para serem utilizadas quando os eixos são paralelos estão esboçados na Figura 15.2. *Engrenagens cilíndricas de dentes retos*, como as apresentadas nas Figuras 15.2(a) e (b) são relativamente simples de projetar, fabricar e têm a aferição da precisão proporcionalmente barata, aplicando apenas cargas radiais nos rolamentos de sustentação. Os perfis dos dentes são ordinariamente de formato *evolventais,*[4] sendo, portanto, bem toleradas pequenas variações na distância entre centros. Apesar de se poderem utilizar engrenagens de dentes retos com velocidades tão elevadas quanto com os outros tipos de engrenagens, estas são normalmente limitadas a velocidades na linha da circunferência primitiva em torno de 20 m/s (4000 ft/min) para evitar vibrações de alta frequência e níveis de ruído inaceitáveis.[5] Engrenagens de dentes retos *externas* são, normalmente, preferidas quando as restrições de projeto permitem; *engrenagens de dentes retos internas* são utilizadas algumas vezes para obter uma pequena distância entre centros, e são necessárias na maioria dos arranjos de engrenagens epicicloidais.[6]

Engrenagens helicoidais, conforme apresentado nas Figuras 15.2(c) e (d) são muito semelhantes às engrenagens cilíndricas de dentes retos, exceto por seus dentes estarem inclinados em relação ao eixo de rotação, formando helicoides paralelos. Os helicoides para duas engrenagens externas em contato devem ser fabricados de modo a terem o mesmo ângulo de hélice, mas para aplicações com eixos paralelos os sentidos de hélice do pinhão e da coroa devem ser opostos. Devido aos dentes inclinados, as engrenagens helicoidais geram tanto cargas axiais quanto radiais (empuxo) nos rolamentos de sustentação. Os perfis dos dentes são ordinariamente *evolventais na seção transversal*[7] e pequenas variações

---

[2] As circunferências primitivas correspondem à periferia dos cilindros de atrito da Figura 15.1(a).
[3] Veja, por exemplo, refs. 1, 2, 3 ou 4.
[4] Veja 15.6.
[5] Velocidades na linha da circunferência primitiva excepcionalmente mais elevadas podem ser permitidas em certos tipos de aplicação de alto desempenho especializada, como no engrenamento de helicópteros.
[6] Veja 15.3.

Figura 15.2
Tipos de engrenagens para uso em aplicações com eixos paralelos.

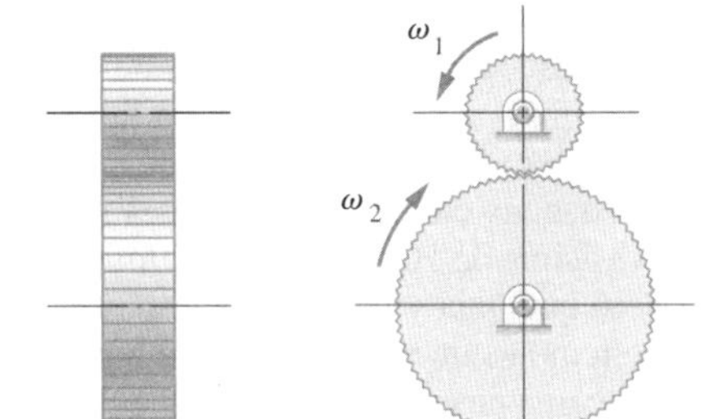

(*a*) Engrenagens cilíndricas de dentes retos externos.

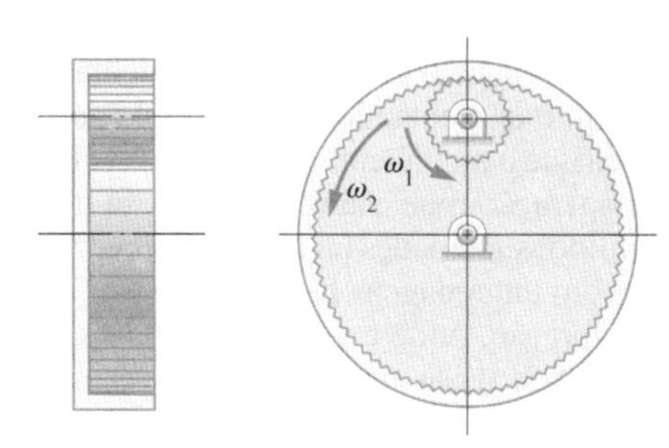

(*b*) Engrenagens cilíndricas de dentes retos internos.

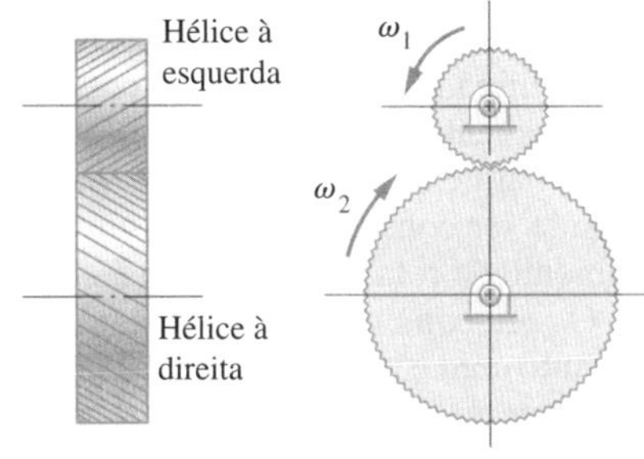

(*c*) Engrenagens cilíndricas de dentes helicoidais externos.

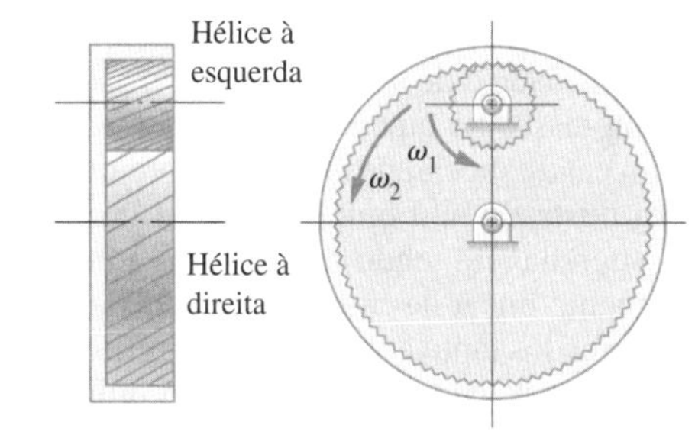

(*d*) Engrenagens cilíndricas de dentes helicoidais internos.

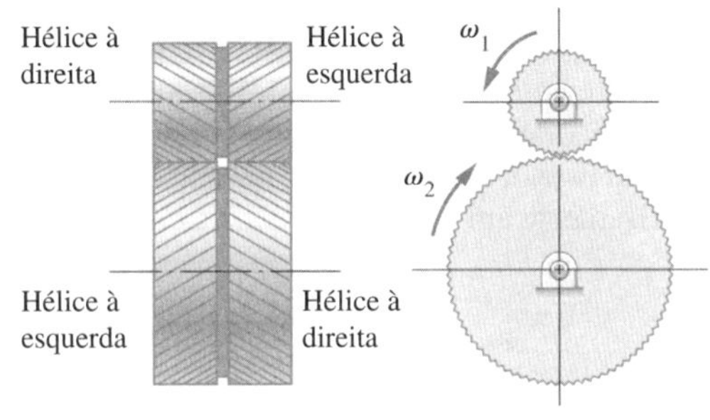

(*e*) Engrenagens cilíndricas de dentes helicoidais duplas (espinha de peixe).

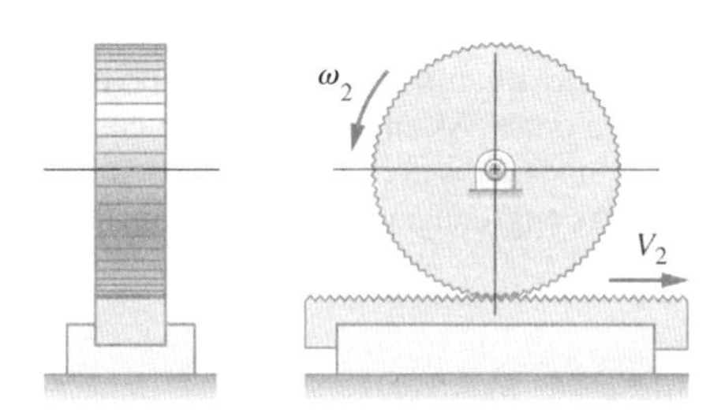

(*f*) Cremalheira e Engrenagem cilíndrica de dentes retos (também podem ser dentes helicoidais).

Alguns exemplos de engrenagens.

na distância entre centros não são um problema sério. Devido, também, aos dentes inclinados, à medida que a engrenagem gira, cada par de dentes engrena-se, começando por uma extremidade, com a região de contato aumentando gradualmente ao longo de um caminho sobre a diagonal da face do dente à medida que o movimento continua. [Veja Figura 15.33(c).] Este padrão de engrenamento gradual produz uma operação mais suave e silenciosa do que com engrenagens cilíndricas de dentes retos. Tem-se permitido velocidades na linha da circunferência primitiva acima de 50 m/s (10.000 ft/min) nas aplicações com engrenagens helicoidais e em alguns casos, sem que haja violação dos critérios de projeto para vibração, ruído e vida projetada. As engrenagens helicoidais internas, conforme representado na Figura 15.2(d), são usadas algumas vezes. Para eliminar a carga de empuxo nos rolamentos de sustentação quando potências elevadas devem ser transmitidas, usinam-se integralmente, em um único pinhão, dois conjuntos de dentes helicoidais com sentidos de hélices opostos, engrenando-se este pinhão com uma coroa, com os correspondentes conjuntos de dentes helicoidais com sentidos de hélice opostos, conforme ilustrado na Figura 15.2(e). Em tais *engrenagens helicoidais espinha de peixe* ou *de hélice dupla*, as cargas de empuxo geradas pelos dentes correspondentes com sentido de hélice oposto (iguais em intensidade e de sentidos opostos) são internamente equilibradas, induzindo tensões axiais diretas de compressão no pinhão e na coroa, mas o empuxo nos rolamentos de sustentação é eliminado.

Um caso especial de engrenamento utilizado para eixos paralelos é o acionamento *pinhão-cremalheira* ilustrado na Figura 15.2(f). A cremalheira reta pode ser considerada como um segmento de uma engrenagem tendo raio primitivo infinito. O movimento de rotação do pinhão é convertido em movimento linear da cremalheira reta, nesta montagem. Os acionamentos pinhão-cremalheira podem ser fabricados tanto com engrenagens de dentes retos, quanto com engrenagens de dentes helicoidais.

Os tipos de engrenagens a serem utilizadas com *eixos que se interceptam* estão representados na Figura 15.3. *Engrenagens cônicas de dentes retos*, conforme mostrado na Figura 15.3(a), representam o tipo mais simples de engrenamento utilizando para eixos concorrentes. Usualmente, os eixos concorrem a 90º, mas pode-se atender a qualquer outro ângulo. As superfícies primitivas para engrenagens cônicas de dentes retos são dois troncos de cones tangentes, enquanto nas engrenagens cilíndricas de dentes, são dois cilindros tangentes [veja Figura 15.1(a)]. Os dentes das engrenagens cônicas são cônicos tanto na espessura quanto na altura, partindo de um perfil de dente maior em uma extremidade, até um perfil menor na outra. As engrenagens cônicas geram tanto cargas radiais quanto de empuxo nos rolamentos de sustentação. Os perfis dos dentes lembram muito uma curva evolvental na seção normal ao eixo dos dentes. As engrenagens cônicas devem ser montadas precisamente em relação à distância entre centros

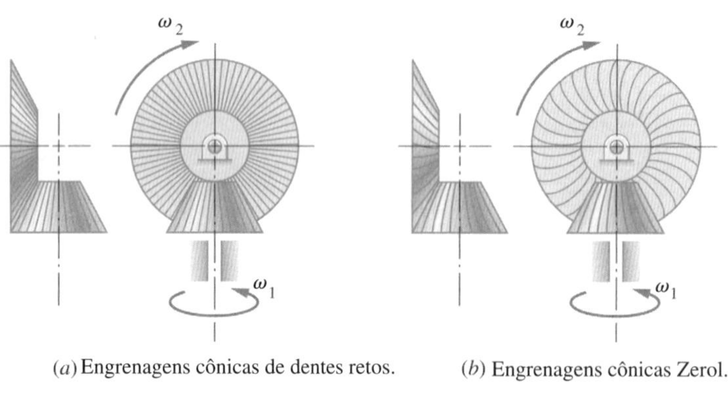

(*a*) Engrenagens cônicas de dentes retos.

(*b*) Engrenagens cônicas Zerol.

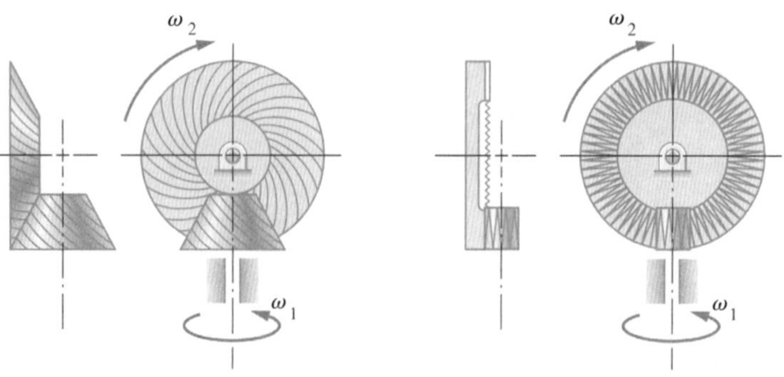

(*c*) Engrenagens cônicas espirais

(*d*) Engrenagens cônicas de dentes retos de contato facial (também podem ser de dentes helicoidais).

Figura 15.3
Tipos de engrenagens para uso em aplicações com eixos concorrentes. (Zerol é uma marca registrada da Gleason Works, Rochester, NY.)

[7] Seção transversal perpendicular ao eixo de rotação da engrenagem.

a partir do vértice do cone para engrenagem adequadamente. Para se prover uma operação mais suave são usadas, algumas vezes, engrenagens cônicas *Zerol*.[8] Conforme mostrado na Figura 15.3(b), as engrenagens cônicas Zerol são semelhantes às engrenagens cônicas de dentes retos, exceto por terem dentes curvados no sentido do comprimento, o que provê uma ligeira superposição no engrenamento, produzindo uma operação mais suave do que a de engrenagens cônicas de dentes retos.

As *engrenagens cônicas espirais*, ilustradas na Figura 15.3(c), estão relacionadas com as engrenagens cônicas de dentes retos do mesmo modo que as engrenagens cilíndricas de dentes helicoidais estão relacionadas com as engrenagens cilíndricas de dentes retos, provendo, assim, as vantagens do engrenamento gradual ao longo da face do dente. Devido à geometria cônica (em oposição à cilíndrica), os dentes das engrenagens cônicas de dentes helicoidais não apresentam um helicoide verdadeiro, mas têm uma aparência semelhante à das engrenagens cilíndricas de dentes helicoidais. Os perfis dos dentes lembram, de alguma forma, uma curva evolvental.

Engrenagens de contato facial, que têm funcionamento similar ao das engrenagens cônicas, têm dentes cortados em um anel no contorno externo da "face" de uma engrenagem, conforme esquematizado na Figura 15.3(d). Uma engrenagem de contato facial se engrena com um pinhão de dentes retos montado em um eixo concorrente (usualmente a 90°) conforme mostrado. O formato dos dentes da engrenagem de contato facial se modifica de uma extremidade para outra. Os dentes do pinhão não precisam de atributos especiais para engrenar com uma engrenagem de contato fácil e podem ser fabricados retos ou helicoidais. Os mancais de sustentação do pinhão suportam, primariamente, cargas radiais, mas os mancais de sustentação de engrenagens de contato facial suportam tanto cargas radiais quanto cargas de empuxo.

Finalmente, na Figura 15.4 estão representados tipos de engrenagens para serem usados quando os eixos não são paralelos nem concorrentes.

Figura 15.4
Tipos de engrenagens para uso em aplicações nas quais os eixos não são nem paralelos nem concorrentes (reversos).

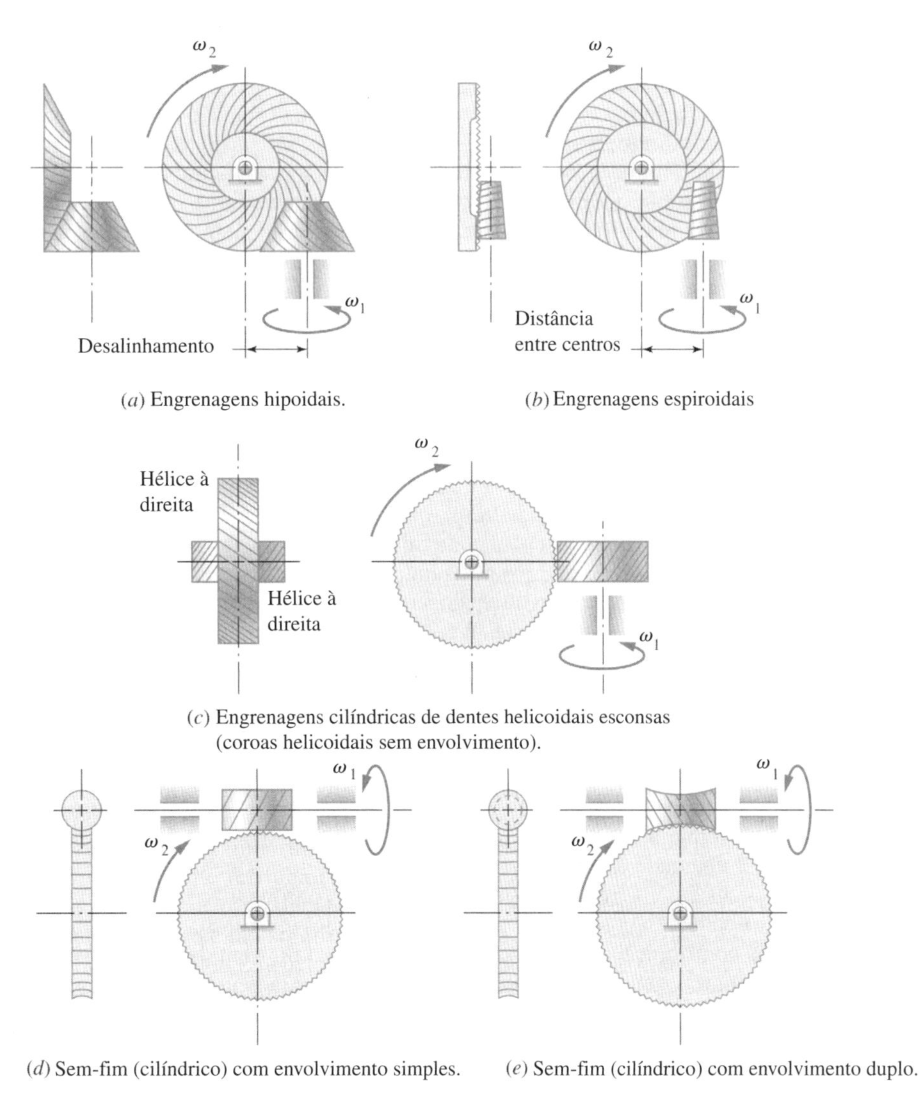

(*a*) Engrenagens hipoidais.

(*b*) Engrenagens espiroidais

(*c*) Engrenagens cilíndricas de dentes helicoidais esconsas (coroas helicoidais sem envolvimento).

(*d*) Sem-fim (cilíndrico) com envolvimento simples.

(*e*) Sem-fim (cilíndrico) com envolvimento duplo.

[8] Zerol é uma marca comercial registrada da Gleason Works, Rochester, NY.

As *engrenagens hipoides* se assemelham às engrenagens cônicas espirais, mas há um pequeno *deslocamento* entre seus eixos, conforme mostrado na Figura 15.4(a). O deslocamento é medido sobre a perpendicular comum aos dois eixos. Se as engrenagens hipóides têm deslocamento nulo, serão engrenagens cônicas espirais.

As *engrenagens espiroides* apresentam uma face com dentes curvados de forma espiralada ao longo de seu comprimento, engrenando com um pinhão cônico, conforme apresentado na Figura 15.4(b). Os deslocamentos para engrenagens espiroides são maiores do que para os engrenamentos hipoides, e o pinhão se assemelha de alguma forma a um sem-fim (veja a seguir). Podem ser obtidas elevadas razões de redução em um espaço envoltório compacto e há boa capacidade para suportar cargas.

As *engrenagens helicoidais esconsas*[9] estão ilustradas na Figura 15.4(c). Ambos os membros de um engrenagemento helicoidal esconso têm um perfil helicoidal, em oposição ao dos engrenamentos coroa e sem-fim, em que um ou ambos são *afilados* [veja Figura 15.4(d) e (e)]. Os eixos não concorrentes das engrenagens esconsas normalmente estão em direções perpendiculares, porém, pode-se atender a quase todos os ângulos. À medida que as engrenagens giram, seus dentes em contato iniciam o engrenamento em um *ponto* de contato que se desloca pela face do dente ao longo de uma *linha de contato* inclinada; assim, a capacidade básica de suportar carregamento é pequena. Após um período de desgate, o ponto de contato evolui para uma linha de contato inclinada, aumentando, de alguma de forma, a capacidade de carga. Normalmente uma engrenagem com um sentido de hélice é engrenada com outra engrenagem que tenha o mesmo sentido de hélice, conforme está ilustrado na Figura 15.4(c), mas é possível montar engrenagens com sentidos de hélice opostos se o ângulo entre os eixos for ajustado adequadamente.

Engrenamentos coroa sem-fim, conforme ilustrado na Figura 15.4(d) e (e), são caracterizados por um sem-fim com "dentes" semelhantes aos filetes de rosca de um parafuso de transmissão de potência (veja Capítulo 12), engrenados com uma engrenagem helicoidal (coroa) tendo dentes similares aos de uma engrenagem helicoidal, exceto pelo fato de serem delineados para envolverem o sem-fim. Sistemas coroa sem-fim provêem o modo mais fácil de se obterem elevadas razões de redução, embora as perdas por atrito possam ser elevadas devido ao deslizamento lateral dos filetes do sem-fim ao longo dos dentes da coroa. Quando apenas os dentes da coroa são contornados (afilados) para envolver um sem-fim cilíndrico, o par coroa sem-fim é dito *de envolvimento simples* ou *cilíndrico*, conforme ilustrado na Figura 15.4(d). Quando o perfil do sem-fim também é afilado para envolver a coroa, conforme ilustrado na Figura 15.4(e), o par coroa sem-fim é dito de *duplo envolvimento*. Pares com duplo envolvimento têm maior área de contato no engrenamento do que pares com simples envolvimento e, portanto, têm maior capacidade de carga; contudo, a precisão no alinhamento é mais crítica. Os sem-fim podem ter roscas de uma entrada ou de múltiplas entradas.[10] Os mancais do eixo do sem-fim são submetidos, normalmente, a carregamento radial e elevado carregamento de empuxo. Os mancais da coroa devem suportar tanto cargas radiais quanto de empuxo.

15.3 Trens de Engrenagens; Razões de Redução

Um *par* de engrenagens em contato, conforme ilustrado na Figura 15.1(c) é usualmente chamado de *engrenamento*, a forma mais simples de um *trem de engrenagens*. Um trem de engrenagens é uma sequência de várias engrenagens acopladas de tal forma que a velocidade de saída, o torque ou o sentido de rotação desejados são obtidos utilizando-se condições de entrada específicas.

Podem ser utilizados vários arranjos e sequências de engrenagens para se alcançarem os objetivos de projeto. É importante determinar prontamente a intensidade e o sentido da velocidade angular da engrenagem de saída, conhecida a velocidade de entrada do pinhão, para qualquer tipo de arranjo de trem de engrenagens. Os trens de engrenagens podem ser classificados como *simples, composto* ou *epicicloide*.

Um trem de engrenagens *simples*, como o apresentado na Figura 15.5(a), forma um arranjo em que cada eixo suporta apenas uma engrenagem. A engrenagem 2 no trem de engrenagens simples mostrado na Figura 15.5(a) exerce a função de inverter o *sentido* de rotação da engrenagem 3, de saída (quando comparada com um engrenamento direto de 1 e 3), mas não altera a intensidade da razão de velocidades angulares entre a engrenagem de saída 3 e o pinhão de entrada 1. Por essa razão, a engrenagem 2 é chamada de *intermediária*. Não existe, normalmente, justificativa para mais do que três engrenagens em um trem de engrenagens simples porque, não importa o tamanho destas, as razões entre as velocidades angulares de intermediárias adicionais se anulariam, simplesmente, e não haveria nenhuma contribuição para a razão de redução final do trem de engrenagens.

Quando duas engrenagens concêntricas são montadas rigidamente em um eixo comum de modo que são forçadas a girar juntas no mesmo sentido, com a mesma velocidade angular, o elemento resultante é chamado de *engrenagem composta*. Qualquer trem de engrenagens contendo, pelo menos,

[9] Algumas vezes chamadas de engrenagens sem-fim *não envolventes*.
[10] Veja Figura 12.3.

Figura 15.5
Vários tipos de trens de engrenagens.

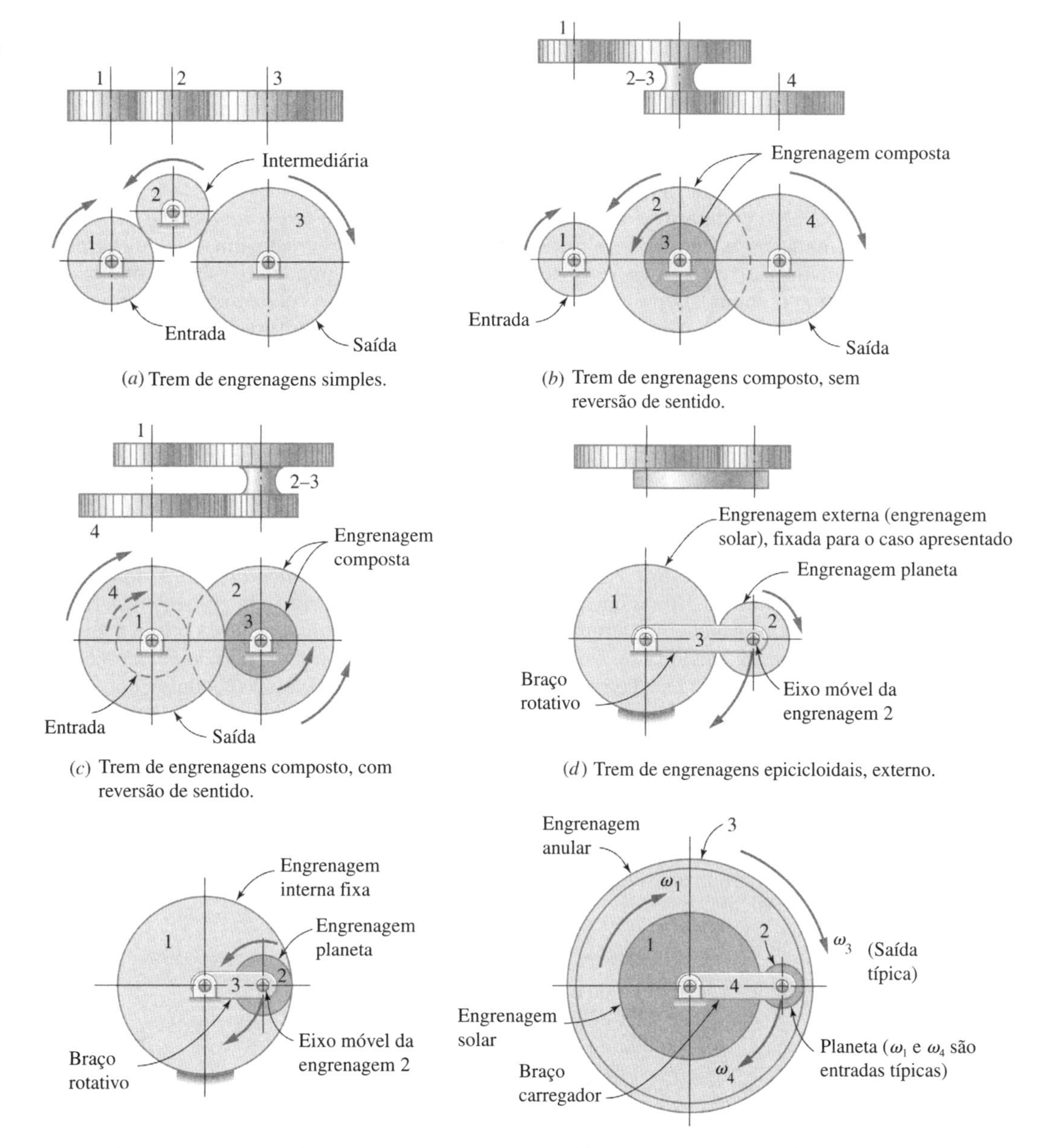

uma engrenagem composta é chamado de *trem de engrenagens composto*. Nas Figuras 15.5(b) e (c) são ilustrados trens de engrenagens compostos em que a engrenagem composta é 2-3. O trem de engrenagem composto na Figura 15.5(b) é classificado posteriormente com *não invertido* porque os eixos de entrada e de saída *não são* colineares. Na Figura 15.5(c) está ilustrado um trem de engrenagem composto *com inversão*, uma vez que os eixos de entrada e de saída *são* colineares. Os trens de engrenagens com inversão podem ser desejáveis ou necessários em algumas aplicações (por exemplo, transmissões automotivas), mas são um pouco mais complicados de se projetar por causa das restrições de distâncias entre centros iguais.

Aproveitando-se o resultado de (15-15), pode-se mostrar[11] que a razão de redução para uma engrenagem em um trem, em que todas as engrenagens têm eixos de rotação fixos no espaço, pode ser escrita como:

$$\frac{\omega_{saída}}{\omega_{entrada}} = \frac{n_{saída}}{n_{entrada}} \pm \left| \frac{\text{produto do número de dentes das engrenagens motoras}}{\text{produto do número de dentes das engrenagens movidas}} \right| \tag{15-2}$$

[11] Veja, por exemplo, refs. 3 ou 4.

em que o sinal algébrico é determinado por inspeção de acordo com a convenção de que as razões entre engrenamentos externos são (−) e as entre engrenamentos internos são (+). A equação (15-2), apropriadamente aplicada e interpretada, é válida também para trens de engrenagens simples, compostos, internos, externos, de dentes retos, helicoidais, cônicos ou com sem-fim.

A razão do trem de engrenagens será usualmente menor do que 1, porque a maioria dos trens de engrenagens são *redutores* de velocidade. Em alguns casos, contudo, quando o trem de engrenagens é um *multiplicador* de velocidade, a razão do trem será maior do que 1.

Para os trens simples e composto já discutidos, os *eixos de todas as engrenagens são fixos* com respeito à carcaça, então estes trens têm *um grau de liberdade*.[12] Em contraste, um trem de engrenagens epicicloide (planetário) é disposto de modo que uma ou mais engrenagens[13] sejam conduzidas por um braço rotativo (condutor), que gira, *por si só*, em torno de um centro fixo, conforme está ilustrado na Figura 15.5(d) e (e). Assim, a engrenagem *planeta* não apenas gira em torno do próprio eixo, como também, tem seu centro girando em torno de outro centro (o do braço condutor). Um trem planetário como este tem *dois graus de liberdade*, tornando a determinação da razão de redução mais complicada. A despeito da complicação, os trens de engrenagens planetários provêem frequentemente uma opção de projeto atraente porque: podem ser obtidas razões de redução de trem maiores em espaços de envolvimento menores, é possível elevada eficiência, é viável utilizar *deslocamentos* por meio do controle programado de duas variáveis de entrada,[14] para se obterem maiores ou menores razões de redução de velocidades e a inversão de sentido de rotação é uma característica deste tipo de trem.

Se as variáveis de entrada são impostas à *engrenagem solar* e ao *braço condutor* do arranjo planetário simples da Figura 15.5(d), a única engrenagem disponível para se movimentar (variável de saída) é a engrenagem planeta, um arranjo impraticável, uma vez que seu eixo orbita a engrenagem solar. Por essa razão, adiciona-se, usualmente, *uma engrenagem na forma de anel*, ao trem, acoplada ao planeta e centrada no mesmo eixo que a engrenagem solar e o braço condutor, conforme apresentado na Figura 15.5(f). Muitas variações de trem de engrenagens planetário são possíveis[15] com a provisão seletiva das variáveis de entrada (inclusive os pontos fixos) às várias combinações de elementos no trem planetário.

Ao contrário, com a relativa facilidade com que se podem visualizar o fluxo de potência e o sentido de rotação nos trens de engrenagens com todos os eixos fixos, é bastante difícil de se visualizar corretamente o comportamento de um trem de engrenagem planetário. Foram desenvolvidos diversos métodos para a determinação das razões das engrenagens planetárias.[16] Um método é utilizar a condição cinemática básica:

$$\omega_{engrenagem} = \omega_{braço} + \omega_{eng/braço} \tag{15-3}$$

em que $\omega_{engrenagem}$ = velocidade angular da engrenagem relativa à carcaça fixa
$\omega_{braço}$ = velocidade angular do braço relativa à carcaça fixa
$\omega_{eng/braço}$ = velocidade angular da engrenagem relativa ao braço

Combinando-se (15-3) com (15-2) pode-se mostrar que

$$\frac{\omega_U - \omega_{braço}}{\omega_P - \omega_{braço}} = \pm \left| \frac{\text{produto do número de dentes das engrenagens motoras}}{\text{produto do número de dentes das engrenagens movidas}} \right| \tag{15-4}$$

em que ω_P = velocidade angular da primeira engrenagem no trem (designada arbitrariamente em qualquer das extremidades)
ω_U = velocidade angular da última engrenagem no trem (na outra extremidade)
$\omega_{braço}$ = velocidade angular do braço

e o sinal algébrico é determinado de acordo com a convenção de que as razões dos engrenamentos externos são (−) e as dos engrenamentos internos são (+). As condições adicionais para o uso da equação são que as engrenagens designadas como *primeira* e *última* no trem devem girar em torno de eixos fixos à carcaça (não orbitando) e que deve haver uma sequência ininterrupta de engrenamentos ligando as duas. Sob estas condições, a especificação de quaisquer duas velocidades angulares (conhecidas ou especificadas as variáveis de entrada) permite a determinação da terceira.

---

[12] Graus de liberdade (gl) são o número de parâmetros independentes necessários para especificar completamente a posição de todos os elementos (engrenagens) relativos à estrutura (carcaça) fixa.

[13] A maioria dos trens de engrenagens epiciclóides reais incorpora duas ou mais planetas, igualmente distantes da engrenagem solar, para balancear as forças que atuam na engrenagem solar, na engrenagem anular e no braço de ligação. Contudo, para o propósito de se analisar as *razões de velocidades* de um trem de engrenagens planetário, é mais conveniente se usar uma forma de um único planeta, com o mesmo resultado.

[14] Devido aos dois graus de liberdade.

[15] Veja, por exemplo, ref. 3, pp. 464-465.

[16] Veja, por exemplo, refs. 3, 4 e 5.

Uma disposição comum, por exemplo, é fixar a engrenagem solar, acionar o braço condutor por uma fonte de potência conhecida e obter a variável de saída a partir da engrenagem anular, contudo, outras disposições também são utilizadas.

Outra abordagem para determinar as razões de redução do engrenamento planetário é usar uma tabela que representa (15-3) para cada engrenagem do sistema. O procedimento é o seguinte:

1. Admita que todas as engrenagens estejam travadas ao braço e gire o conjunto por um certo número de voltas.
2. Fixe o braço e gire o segundo membro de entrada, que tem um movimento absoluto conhecido de modo que o número de voltas necessário para que a soma do segundo membro de entrada nos passos 1 e 2 seja igual a esse movimento.
3. Some os movimentos dos passos 1 e 2 para cada membro do trem.

Exemplo 15.1 Trens de Engrenagens Compostos e Planetários

Duas propostas preliminares para trens de engrenagens foram submetidas à avaliação. Uma é o trem de quatro engrenagens apresentado na Figura E15.1A e a outra é o trem de engrenagens planetário mostrado na Figura E15.1B. Os critérios primários de projeto são obter um trem com razão de redução de 0,30, com margem de 3,0 por cento e com sentido de rotação de saída idêntico ao de entrada.

a. O trem de quatro engrenagens da Figura E15.1A satisfaz os critérios estabelecidos?

b. Pode-se satisfazer os critérios utilizando-se o trem planetário da Figura E15.1B, fixando-se um elemento, acionando-se um segundo elemento como variável de entrada e utilizando-se um terceiro elemento como variável de saída? Caso seja possível, especifique claramente um arranjo que satisfaça os critérios.

Solução

a. Examinando-se inicialmente o *trem de quatro engrenagens*, com ω_1 como variável de entrada e ω_4 como de saída, pode-se utilizar (15-2) para se obter

$$\frac{\omega_{saída}}{\omega_{entrada}} = \left(-\frac{N_1}{N_2}\right)\left(-\frac{N_3}{N_4}\right) = +\left|\frac{(30)(30)}{(55)(55)}\right| = +0{,}298$$

As variáveis de saída e de entrada têm o mesmo sentido (+), então um dos critérios é satisfeito. O desvio percentual da razão de redução de 0,30 do trem em relação ao valor especificado é

$$e = \left(\frac{0{,}30 - 0{,}298}{0{,}30}\right)100 = 0{,}67\%$$

Assim *o trem de quatro engrenagens proposto atende aos critérios de projeto.*

b. Para examinar o trem planetário proposto devem ser investigados vários casos. Cada elemento do trem planetário, exceto a engrenagem planeta, pode ser alternadamente fixado e, assim, ser empregada a equação (15-4) para avaliar a razão de redução para cada caso. (Fixar a engrenagem planeta faria o conjunto todo girar como um corpo rígido com uma razão de redução unitária.)

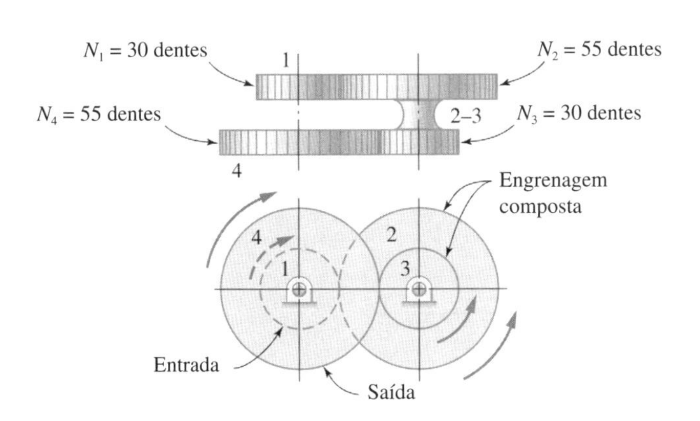

Figura E15.1A
Trem de quatro engrenagens proposto.

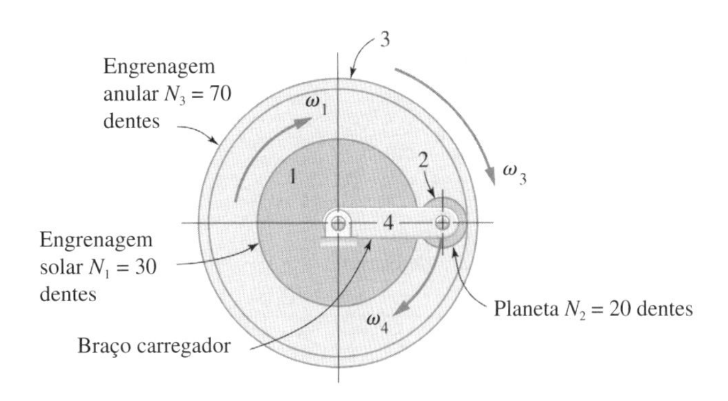

Figura E15.1B
Trem planetário proposto. Deve-se notar que o número de dentes não pode ser especificado *arbitrariamente* para *todas* as engrenagens neste tipo de trem de engrenagens por causa das restrições de espaço físico que o sol e os planetas devem satisfazer adequadamente *dentro* da engrenagem anular.

Exemplo 15.1 Continuação

Se o *braço condutor 4 fosse fixado,* o trem planetário proposto iria degenerar-se em um trem simples de três engrenagens com a engrenagem planeta atuando como uma intermediária que se engrenaria externamente com a engrenagem solar (−) e internamente com a engrenagem anular (+) resultando em uma razão de redução (−). A engrenagem anular, como variável de saída, iria girar no sentido contrário ao da engrenagem solar, enquanto variável de entrada, violando o critério estabelecido de rotações no mesmo sentido. (A razão de redução também estaria errada.)

Se a engrenagem solar 1 fosse fixada ($\omega_1 = 0$), a engrenagem anular 3 fosse utilizada como variável de entrada ($\omega_3 = \omega_{entrada}$) e o braço condutor 4 fosse utilizado como variável de saída ($\omega_4 = \omega_{saída}$), e se a primeira e a última engrenagens no trem fossem consideradas com engrenagem solar 1 e engrenagem anular 3, respectivamente, (15-4) passaria à forma

$$\frac{\omega_3 - \omega_4}{\omega_1 - \omega_4} = \frac{\omega_3 - \omega_4}{0 - \omega_4} = \left(-\frac{30}{20}\right)\left(+\frac{20}{70}\right) = -0{,}43$$

Deste modo

$$\frac{\omega_4}{\omega_3} = \frac{\omega_{saída}}{\omega_{entrada}} = +0{,}70$$

Assim o critério de mesmo sentido de rotação é satisfeito, mas a razão de 0,70 se desvia demais do valor especificado de 0,30.

Se a engrenagem anular 3 fosse fixada ($\omega_3 = 0$), a engrenagem solar 1 fosse usada como variável de entrada ($\omega_1 = \omega_{entrada}$), o braço condutor 4 fosse utilizado como variável de saída ($\omega_4 = \omega_{saída}$) e se a primeira e a última engrenagens no trem fossem, novamente, consideradas como engrenagem solar 1 e engrenagem anular 3, (15-4) assumiria a forma

$$\frac{\omega_3 - \omega_4}{\omega_1 - \omega_4} = \frac{0 - \omega_4}{\omega_1 - \omega_4} = -0{,}43$$

Deste modo

$$\frac{\omega_4}{\omega_1} = \frac{\omega_{saída}}{\omega_{entrada}} = +0{,}30$$

Isto satisfaz tanto o critério do mesmo sentido de rotação quanto ao valor especificado da razão de redução de 0,30. Assim, o trem planetário pode atender aos critérios de projeto se

1. A engrenagem angular 3 for fixada à carcaça.
2. A engrenagem solar 1 for acoplada ao eixo de entrada.
3. O braço condutor 4 for acoplado ao eixo de saída.

O exemplo acima, também, poderia ser analisado pelo método tabular. Para essa análise, define-se que o sentido positivo de rotação é o sentido horário. Fixando a *engrenagem solar* 1

	Elemento			
	Sol (1)	Planeta (2)	Eng. Interna (3)	Braço carregador (4)
Passo 1: O trem é travado, todo o conjunto recebe movimento positivo (sentido horário).	+1	+1	+1	+1
Passo 2: Rotações com o braço carregador fixo.	−1	(N_1/N_2)	$(N_1/N_2)(N_2/N_3)$	0
Passo 3: Some os movimentos dos passos 1 e 2 para determinar o total.	0	$1 + N_1/N_2$	$1 + N_1/N_3$	+1

e

$$\omega_3 = 1 + \frac{N_1}{N_3} = 1 + \frac{30}{70} = 1{,}428 \qquad \omega_4 = 1$$

ou

$$\frac{\omega_4}{\omega_3} = \frac{1}{1{,}428} = +0{,}70$$

Com a engrenagem interna fixa, o método tabular fornece

	Elemento			
	Sol (1)	Planeta (2)	Eng. Interna	Braço carregador
Passo 1: O trem é travado, todo o conjunto recebe movimento positivo (sentido horário).	$+1$	$+1$	$+1$	$+1$
Passo 2: Rotações com o braço carregador fixo.	$-(N_3/N_2)(-N_2/N_1)$	$-(N_3/N_2)$	-1	0
Passo 3: Some os movimentos dos passos 1 e 2 para determinar o total.	$1 + N_3/N_1$	$1 - N_3/N_2$	0	$+1$

e

$$\omega_1 = 1 + \frac{N_3}{N_1} = 1 + \frac{70}{30} = 3{,}3333 \qquad \omega_4 = 1$$

ou

$$\frac{\omega_4}{\omega_1} = \frac{1}{3{,}33333} = +0{,}30$$

15.4 Modos Prováveis de Falha

As engrenagens podem ser vulneráveis à falha por qualquer um dentre vários modos potenciais de falha[17] dependendo de fatores como: cargas específicas, velocidades, tipo de engrenagem selecionado, materiais das engrenagens e processo de fabricação, precisão de fabricação, detalhes de montagem, características dos eixos e dos rolamentos, lubrificação e fatores ambientais. Os requisitos básicos de projeto impostos pela lei fundamental do engrenamento combinados com as complexidades do carregamento variável e com o contato com deslizamento e rolamento entre as superfícies curvas dos dentes, além das interações do conjunto de engrenagens com outros componentes de máquinas, tornam a avaliação dos modos potenciais de falha de engrenagens muito mais complicada do que de qualquer outro elemento de máquina discutido até aqui.

A maioria das engrenagens gira em apenas um sentido, submetendo cada um de seus dentes a uma carga de flexão *repetida* a cada vez que entra em contato com outra engrenagem (exceto no caso de intermediárias e de engrenagens planetárias). Isto pode gerar uma falha potencial por fadiga (normalmente, *fadiga de alto ciclo*, embora possa acontecer *fadiga de baixo ciclo* em certas circunstâncias) devida às tensões médias cíclicas não nulas (distribuídas) no adoçamento da raiz de cada dente. O adoçamento da raiz é também uma região de concentração de tensões. O resultado da falha por fadiga na raiz do dente termina com o arrancamento do dente do corpo da engrenagem.

Da mesma maneira, as tensões de contato cíclicas de Hertz são geradas entre as superfícies curvas dos dentes à medida que se engrenam repetidamente, tornando a *fadiga superficial* um modo de potencial de falha significativo. As tensões cisalhantes cíclicas de Hertz abaixo da superfície produzidas pelas superfícies curvas em contato repetido podem iniciar e propagar diminutas trincas que terminam por desalojar partículas e gerar desgaste superficial. O desgaste superficial acontece primeiro no *menor* pinhão (na engrenagem menor) porque cada dente engrena mais frequentemente do que os dentes da engrenagem *maior*. O desgaste se concentra mais em uma banda ao longo da linha primitiva (algumas vezes chamado de desgaste na linha primitiva) porque as tensões de contato de Hertz tendem a ser maiores nesta região. Ocasionalmente, a fratura do dente pode se iniciar do desgaste superficial.

Devido à cinemática do contato entre os dentes das engrenagens acopladas, à medida que atravessam a zona de contato, ocorre um componente de deslizamento no movimento, virtualmente, em todos os casos. O componente de deslizamento varia, dependendo do tipo de perfil e do tipo de engrenagem, de pequeno (por exemplo, para acoplamentos entre engrenagens cilíndricas de dentes retos) a grande (por exemplo, para acoplamentos entre coroa e sem-fim). Resulta disto que tanto o *desgaste adesivo* quanto o *desgaste abrasivo* devem ser considerados modos potenciais de falha.

[17] Veja 2.3 para a lista de modos potenciais de falha.

Além disso, se não há lubrificação ou se não for adequada, o desgaste adesivo pode evoluir para um *desgaste por contato*. Se quaisquer destes fenômenos de desgaste alterar significativamente o perfil do dente, pode ocorrer falha porque a velocidade angular da engrenagem de saída se torna errática (devido a folgas inaceitáveis entre os dentes acoplados), resultando em forças de impacto imprevistas, ou devido aos níveis intoleráveis de vibração ou de ruído que são gerados.

A deformação elástica induzida por força deveria, também, ser considerada um modo potencial de falha porque os trens de engrenagens são, quase sempre, parte integrante de um sistema dinâmico com molas e massas que podem ser excitadas a vibrar em frequências de ressonância (veja 8.2). A experiência tem mostrado que *constantes de mola* associadas com a deformação elástica típica da geometria de dentes de engrenagens em contato *são baixas* (macias) em comparação com muitos outros elementos de máquinas e, portanto, a rigidez de engrenamentos pode, em certos casos, dominar ou, no mínimo, contribuir de modo significativo para o comportamento vibratório de uma máquina (veja 4.7). É responsabilidade de projeto importante assegurar que a rigidez do engrenamento instalado é grande o suficiente e constante o suficiente para manter as frequências naturais do sistema bem acima das frequências de forçamento,[18] de modo que não ocorra deflexão excessiva (*falha devida à deformação elástica induzida por força*).

O comportamento vibratório também pode ser fonte geradora de ruído no engrenamento ou fonte de transmissão de vibrações que excitem outros componentes, especialmente painéis de proteção que podem se comportar como "alto-falantes". *Por definição,* se os níveis de ruído se tornaram inaceitáveis, ocorreu falha (por deformação induzida por força). Várias fontes de excitação de ruído foram identificadas em sistemas de engrenagens[19], inclusive alterações cíclicas na rigidez à medida que os dentes giram no engrenamento e erro de transmissão.[20] Em engrenamentos de alta precisão, os perfis não carregados são, algumas vezes, modificados durante a fabricação para prover *uma saída mais perfeita* sob cargas e velocidades de operação, reduzindo assim o erro de transmissão e a consequente geração de ruído.

Outros modos de falha observados menos frequentemente em engrenagens incluem *escoamento* no adoçamento da raiz do dente, *fratura frágil* ou *ruptura dúctil* devidas a uma "sobrecarga" externa, imprevisível, *indentação* dos dentes da engrenagem devida à sobrecarga de impacto nas regiões em contato e trincamento por "fadiga abaixo da superfície" e desagregação em engrenagens cementadas. As nucleações de fadiga abaixo da superfície são iniciadas na região de transição com gradiente de resistência entre o material *de baixa resistência* do núcleo e o de *alta resistência* cementado. Ocasionalmente, em algumas circunstâncias, um engrenamento pode ser "estacionado" em uma posição fixa por um período. Se as vibrações de operação forem transmitidas às regiões de contato do dente estacionado, os movimentos relativos cíclicos de pequena amplitude podem levar à falha por *desgaste por fretagem* ou *fadiga por fretagem.*

A complexidade da falha potencial em sistemas de engrenagens levou a um esforço organizado da American Gear Manufacturers Association (AGMA) para categorizar os vários tipos de falhas de engrenagens observados e estabelecer uma nomeclatura normalizada para descrevê-los. A maioria dos modos de falha já descritos estão incluídos nas "classes" de falha da AGMA, especificamente definidos[21] por termos como: *desgaste, arranhamento, deformação plástica, fadiga de contato, trincamento, fratura* e *fadiga por flexão.* Na Figura 15.6 estão ilustradas, qualitativamente, as regiões de operação em que se pode esperar que cada um dos modos de falha mais prováveis ocorra.[22]

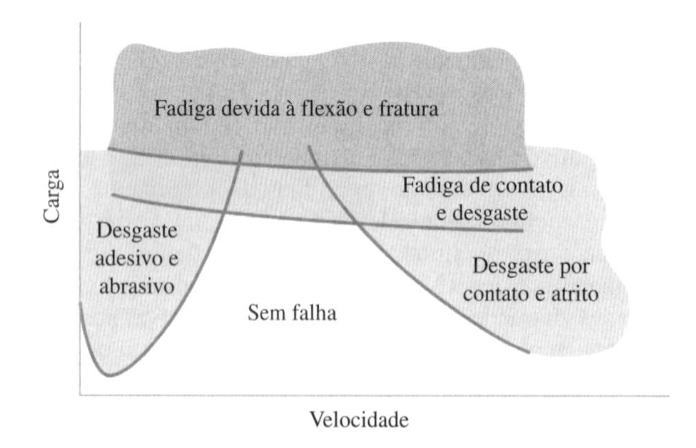

Figura 15.6
Verossimilhança do modo de falha como uma função da carga e da velocidade.

[18] Veja 8.2 para as definições.
[19] Veja ref. 7.
[20] Erro de transmissão é definido como o desvio da posição real da engrenagem de saída em relação à posição que deveria ocupar, caso o acionamento fosse perfeito.
[21] Veja ref. 8, Tabela 1.
[22] Veja ref. 9.

15.5 Materiais das Engrenagens

Os materiais indicados para engrenagens devem, com base nas orientações para seleção de materiais do Capítulo 3 e na discussão sobre os modos de falha de 15.4, ter boa resistência (em particular resistência à fadiga), elevada rigidez, boa resistência ao desgaste, elevada resistência à fadiga superficial, elevada resiliência, boa capacidade de amortecimento, boa usinabilidade e, em algumas aplicações, boa resistência à corrosão, assim como um custo razoável. Utilizando-se os indicadores da Tabela 3.2, os materiais que atendem a estes critérios incluem ligas de aço, ferros fundidos cinza e ligados, latão, bronze e certos tipos de materiais poliméricos, embora outros materiais possam ser utilizados para aplicações especiais. As engrenagens de aço são amplamente empregadas por causa da elevada resistência, boa resiliência e custo moderado, mas, devido à exigência de resistência ao desgaste, as engrenagens de aço são usualmente tratadas termicamente para se produzir uma superfície de dente dura e resistente ao desgaste. Assim, uma liga que pode ser endurecida como 4140 ou 4340 pode ser escolhida, ou um aço carbonetável como 4620 ou 4320 pode ser utilizado com uma carbonetação adequada e um processo de cementação, seguido por tratamento térmico para se produzir uma superfície de dente dura e resistente ao desgaste. O processo de nitretação também é utilizado para desenvolver superfícies de dente com elevada dureza, utilizando-se aços como o 4140 ou o 4340 para material do núcleo. O aquecimento superficial por meio de indução por resistência ou por chama de oxiacetileno seguido de têmpera rápida (*endurecimento por indução* ou *endurecimento por chama*) é usado, também, com ligas como 4140 ou 4340 para produzir superfícies de dente duras.

As engrenagens de ferro fundido são baratas e apresentam elevada capacidade de amortecimento por histerese, o que tende a produzir uma operação relativamente silenciosa. O ASTM Grade 20 é largamente utilizado, porém outras gradações com resistências mais elevadas são empregadas em aplicações mais exigentes. Os pinhões de aço são montados, frequentemente, com engrenagens de ferro fundido para se obter uma resistência razoável com uma operação silenciosa.

Quando são utilizadas ligas não ferrosas para se evitarem problemas de corrosão, ou em aplicações tais como coroa sem-fim, em que elevadas velocidades de deslizamento devem ser absorvidas e uma maior conformabilidade do acoplamento ao desgaste é vantajosa, as ligas de bronze são escolhidas com frequência. Nas aplicações com sem-fim, acopla-se, usualmente, uma coroa de bronze com sem-fim de aço endurecido.

As engrenagens de polímero podem ser utilizadas em aplicações com carregamento leve, para se obter uma operação silenciosa, distribuição efetiva de carga devida à baixa rigidez e custo razoável. Os polímeros podem, por sua vez, ser lubrificantes ou podem ser *preenchidos* com lubrificantes sólidos em alguns casos, para permitir o funcionamento do engrenamento "a seco". Engrenagens de náilon extrudado e engrenagens fenólicas moldadas e reforçadas com tecido têm sido acopladas em muitos casos com pinhões de aço ou de ferro fundido.

Apesar de os métodos de 5.6 de definição de um valor apropriado de resistência à fadiga na aplicação serem válidos para engrenagens assim como para qualquer outro elemento de máquina, o banco de dados sobre engrenagens, extensivamente especializado e desenvolvido dentro da indústria de engrenagens ao longo de muitas décadas, torna prudente *iniciar* a procura por este banco de dados. Dados para a resistência da engrenagem como uma função do material, do tratamento térmico, do modo de falha dominante, dos requisitos de confiabilidade, das condições superficiais, do ambiente, da velocidade ou de outros fatores podem ser obtidos para a aplicação de engrenagens proposta. Quaisquer fatores não incluídos no banco de dados dos valores de resistência devem, como usual, ser levados em consideração pelo projetista. Exemplos de dados especializados e disponíveis sobre resistência de engrenagens são apresentados nas Tabelas 15.10 e 15.12, baseados na falha do dente por fadiga à flexão e nas Tabelas 15.15 e 15.16, para falha por fadiga superficial. Devem ser aplicados fatores de correção aos dados das Tabelas 15.10, 15.12, 15.15 e 15.16 para outras durações, temperaturas, durezas e requisitos de confiabilidade.[23]

15.6 Engrenagens de Dentes Retos; Perfil do Dente e Geometria do Engrenamento

Para que a lei fundamental do engrenamento seja satisfeita (veja 15.1), a geometria do perfil do dente de engrenagem deve produzir uma razão de velocidades exatamente constante entre as engrenagens movida e motora em cada posição de contato entre os dentes durante sua rotação. Se um par de dentes de engrenagens acoplado tem perfis que satisfaçam esta exigência, diz-se que são *perfis conjugados*. Teoricamente é possível selecionar de maneira arbitrária qualquer perfil para um dente

[23] Veja ref. 10.

de engrenagem e, então, encontrar um perfil que lhe seja acoplado e que produza ação conjugada. Na prática, contudo, devido à relativa facilidade de fabricação e à baixa sensibilidade às pequenas variações na distância entre centros, o único perfil importante para engrenamentos na prática atual é o de uma evolvente do círculo (Figura 15.7).[24]

A condição *cinemática* para a ação conjugada é que à medida que as engrenagens girem, *a normal comum às superfícies curvas nos seus pontos de contato devem, para todas as posições das engrenagens, interceptar a linha de centros em um ponto fixo P, chamado de ponto primitivo.*[25] Esta condição cinemática é satisfeita acoplando-se dentes de engrenagens que têm perfis evolventais conjugados.

Perfis da Evolvente e Ação Conjugada

Quando qualquer superfície curva impele outra, conforme apresentado na Figura 15.8, no ponto de contato C, as duas superfícies são tangentes e a força transmitida de uma para outra age ao longo da normal comum ab. A linha ab é chamada, portanto, de *linha de ação* ou *linha de pressão.* Conforme ilustrado na Figura 15.8, a linha de ação ab intercepta a linha entre centros, O_1O_2, no ponto primitivo P. O ângulo φ entre a linha de pressão e a linha de referência no ponto primitivo, *perpendicular* à linha de centros e *tangente ao* círculo de base, é chamado de *ângulo de pressão.* Na posição instantânea mostrada na Figura 15.8, podem ser traçados círculos no ponto P com centros em O_1 e O_2. Esses círculos são chamados *círculos primitivos* (veja, também, a Figura 15.1 e a discussão correlata) e seus raios, r_A e r_B, são chamados *raios primitivos.* A razão entre as velocidades angulares do membro movido B e do membro motor A é inversamente proporcional aos seus raios primitivos [veja também (15-1)], fornecendo

$$\frac{\omega_B}{\omega_A} = -\frac{r_A}{r_B} \tag{15-5}$$

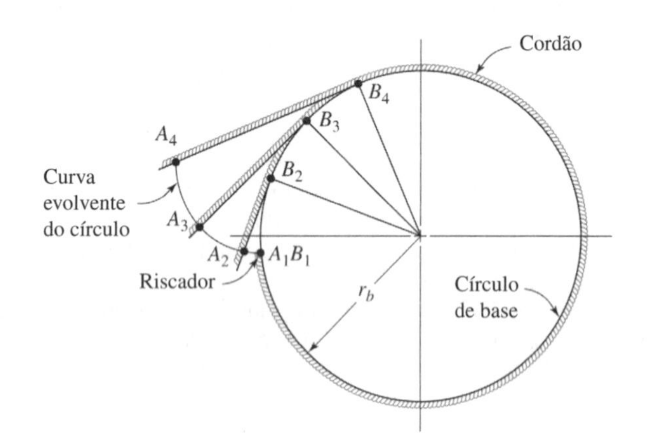

Figura 15.7
Geração da curva evolvente do círculo. O riscador atrelado ao cordão traça a curva $A_1 - A_2 - A_3 - A_4$ à medida que a corda retesada se desenrola. As tangentes correspondentes ao círculo de base (A_1B_1, A_2B_2, A_3B_3, A_4B_4) representam os raios de curvatura instantâneos da evolvente. (Adaptado da ref. 3, reimpressa com permissão da Pearson Education, Inc., Upper Saddle River, N.J.)

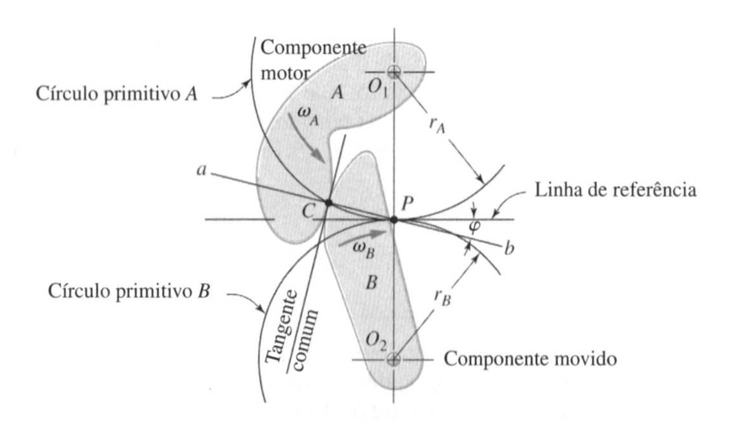

Figura 15.8
Transmissão da força e do movimento de um corpo rotativo para outro através de superfícies curvas em contato.

[24] A evolvente do círculo pode ser gerada desenrolando-se, do contorno de um cilindro, um anel tenso com um estilete na extremidade (veja Figura 15.7). O traço no plano realizado pela extremidade com estilete à medida que o anel é desenrolado é uma curva *evolvente,* e a seção circular do cilindro é chamada de *círculo de base.*

[25] Veja, por exemplo, ref. 3 ou 4.

Reiterativamente, uma razão de velocidades angulares constante requer uma razão de raios primitivos constante. Portanto, as linhas de ação de cada ponto de contato instantâneo entre dentes engrenados, enquanto giram no engrenamento, devem passar pelo mesmo ponto (fixo) o ponto primitivo P.

Utilizando-se as propriedades da evolvente ilustradas na Figura 15.7, pode-se enrolar um *cordão gerador de evolvente* comum conceitualmente de forma justa em direções opostas ao redor de dois círculos de base com raios diferentes, com centros em O_1 e O_2, conforme está ilustrado na Figura 15.9. Se os círculos de base são girados em sentidos opostos, mantendo-se o cordão esticado, um ponto traçante g no cordão comum irá traçar simultaneamente um perfil evolvental cd vinculado ao componente 1 e ef, vinculado ao componente 2. O ponto g representa o ponto de contato. A linha ab, a linha geratriz, é sempre normal a ambas as evolventes (veja Figura 15.7) e, portanto, representa a linha de ação. Assim, o ponto de contato se move ao longo da linha de ação, mas a posição da linha de ação não se modifica, porque é sempre tangente a *ambos* os círculos de base. Desse modo, os dois perfis evolventais satisfazem a lei fundamental do engrenamento.

A Figura 15.10 fornece uma base para o entendimento da relação entre os círculos de base e primitivo. De (15-5) está claro que a razão entre os raios dos círculos primitivos é determinada pela razão entre as velocidades angulares para a aplicação projetada. (As dimensões reais dos raios dependem de outros fatores de projeto, conforme será discutido posteriormente.) Se, conforme apresentado na Figura 15.10, os círculos primitivos forem delineados com centros em O_1 e O_2 usando a necessária razão entre raios, de modo que estejam em contato no ponto P, e a linha de ação ab for construída por meio do ponto primitivo utilizando-se o ângulo de pressão φ medido, então os círculos com centros em O_1 e O_2 e tangentes à linha de ação em a e b são os círculos de base. Utilizando-se estes círculos de base, podem ser gerados evolventais para serem formados os perfis básicos dos dentes para ambos os lados dos dentes de engrenagem evolventais.

Nomenclatura das Engrenagens; Forma e Tamanho do Dente

A distância entre qualquer ponto de referência selecionado sobre um dente até o ponto correspondente sobre o dente adjacente mais próximo, medida sobre o círculo primitivo, é chamada de *passo circular* p_c [veja Figura 15.1(d)]. O passo circular pode ser calculado como um comprimento de arco igual ao perímetro do círculo primitivo dividido pelo número de dentes N, ou

$$p_c = \frac{\pi d}{N} = \frac{2\pi r}{N} \tag{15-6}$$

De modo semelhante, o *passo de base*, p_b, é definido como um comprimento de arco igual ao perímetro do círculo *de base* dividido pelo número de dentes N. Uma vez que $r_b = r\cos\varphi$ (veja Figura 15.10), segue-se de (15-6) que:

$$p_b = \frac{2\pi r_b}{N} = p_c \cos\varphi \tag{15-7}$$

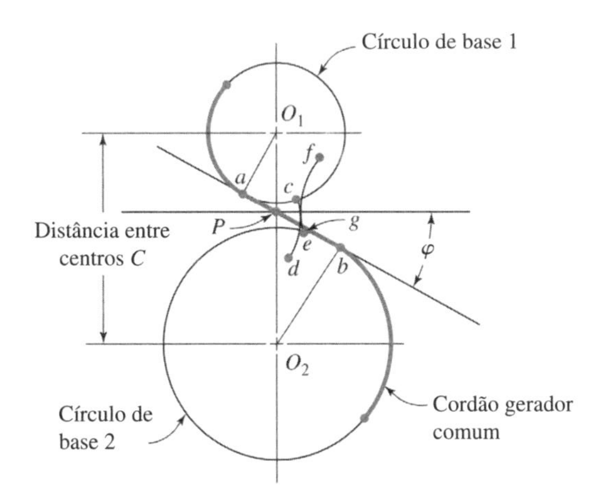

Figura 15.9
Geração simultânea de evolventes para dois círculos de base adjacentes utilizando um cordão de geração comum rebobinado.

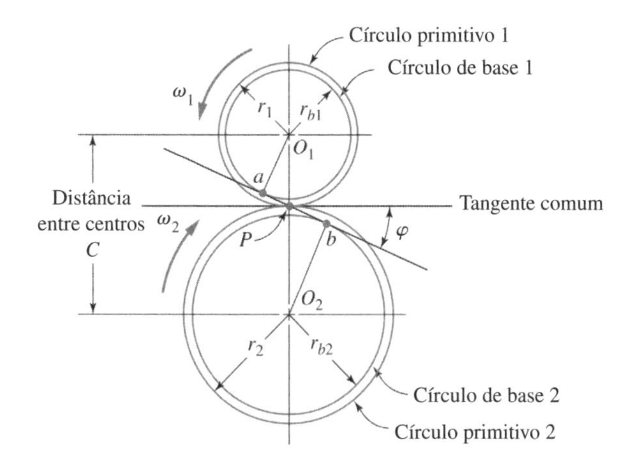

Figura 15.10
Relação entre os círculos de base e os círculos primitivos.

A *espessura circular do dente* e *o vão entre os dentes* são medidos, também, ao longo do círculo primitivo, cada qual sendo nominalmente igual a $p_c/2$. Na prática, o *vão* entre dentes, em geral, é feito ligeiramente maior do que a *espessura* do dente para prover uma pequena quantidade de *jogo lateral*[26] para uma operação sem interferência, conforme será discutido posteriormente.

Para se definirem os demais contornos dos dentes de engrenagem, podem ser construídos *círculos de pé* e *de cabeça*, centrados em O_1 e O_2 conforme ilustrado na Figura 15.11. O círculo de pé é estabelecido, somando-se a altura de cabeça (adendo – altura do dente acima do círculo primitivo) *ao* raio primitivo *r*, e o círculo de pé, subtraindo-se a altura de pé (dedendo – dimensão do dente abaixo do círculo primitivo) do raio primitivo. É importante reconhecer-se que o perfil evolvental de dente pode ser estendido abaixo do círculo primitivo, apenas, até o círculo de base; a porção do perfil do dente abaixo do círculo de base não pode participar da ação conjugada e, portanto, deve ser usinada de modo a prover uma folga no fundo do dente para os dentes da engrenagem acoplada. A forma verdadeira desta porção não evolvental do perfil do dente, em geral visualizada como uma linha reta, radial, é na verdade determinada pelo processo de fabricação (veja 15.7). Da Figura 15.10 pode-se deduzir que ângulos de pressão maiores resultam em círculos de base menores, consequentemente, fazendo com que a ação conjugada se estenda para baixo ao longo do flanco do dedendo do dente da engrenagem. O dedendo é feito, normalmente, maior do que o adendo para prover folga positiva entre a ponta do dente de uma engrenagem e o fundo do vão entre dentes da outra engrenagem acoplada. Um raio de adoçamento é utilizado para suavizar o flanco do dente na região de sua raiz, no espaço entre dois dentes. Apesar de o passo circular ser uma medida de tamanho de dente, são indicadores de tamanho de dente mais comumente utilizados, o *passo diametral,* P_d (usado apenas nas especificações dos EUA para engrenagens) e o *módulo*, *m* (usado apenas nas especificações dos *SI* ou métricas). O passo diametral, definido como o número de dentes dividido pelo diâmetro primitivo em polegadas, é dado por

$$P_d = \frac{N}{d} \tag{15-8}$$

e o módulo, definido com o diâmetro primitivo dividido pelo número de dentes, é

$$m = \frac{d}{N} \tag{15-9}$$

As equações para a *distância entre centros C* podem ser escritas utilizando-se (15-8) e (15-9), respectivamente, como

$$C = r_1 + r_2 = \frac{N_1}{2P_d} + \frac{N_2}{2P_d} = \frac{(N_1 + N_2)}{2P_d} \tag{15-10}$$

e

$$C = r_1 + r_2 = \frac{mN_1}{2} + \frac{mN_2}{2} = \frac{m}{2}(N_1 + N_2) \tag{15-11}$$

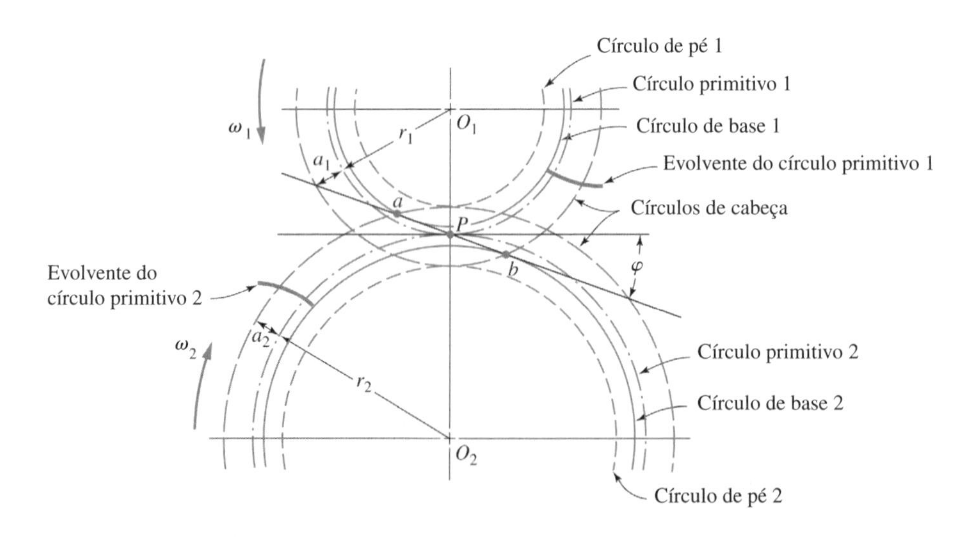

Figura 15.11
Definição dos contornos dos dentes de engrenagens.

[26] Nominalmente, o jogo lateral é a diferença entre o vão e a espessura do dente.

Outras relações úteis podem ser desenvolvidas a partir de (15-8) e de (15-9), incluindo

$$p_c P_d = \pi \quad (p_c = \text{polegadas}; \quad P_d = \text{dentes/polegada}) \tag{15-12}$$

$$\frac{p_c}{m} = \pi \qquad (p_c = \text{mm}; \quad m = \text{mm/dente}) \tag{15-13}$$

e

$$m = \frac{25{,}4}{P_d} \tag{15-14}$$

Os dentes de engrenagens em contato podem-se acoplar adequadamente, apenas, se seus *passos diametrais* ou seus *módulos* forem iguais. Assim, pode-se combinar (15-1) tanto com (15-8) quanto com (15-9) para obter-se

$$\frac{\omega_2}{\omega_1} = \frac{n_2}{n_1} = \pm\frac{r_1}{r_2} = \pm\frac{d_1}{d_2} = \pm\frac{N_1}{N_2} \tag{15-15}$$

em que o sinal algébrico é determinado por inspeção, e de acordo com a convenção de que raios para engrenamentos externos são (−) e para engrenamentos internos são (+).

Apesar de, teoricamente, não haver nenhuma restrição quanto ao tamanho do dente, na prática, os tamanhos são limitados pelas instalações de fabricação disponíveis. Para que as engrenagens cilíndricas de dentes retos evolventais padrão sejam perfeitamente intercambiáveis, devem ter o mesmo passo diametral (ou módulo), o mesmo ângulo de pressão e o mesmo adendo,[27] e a espessura circular dos dentes deve ser, nominalmente, igual à metade do passo circular.

O valor do ângulo de pressão afeta significativamente a forma do dente de engrenagem, conforme ilustrado na Figura 15.12. Como pode ser observado, os dentes com ângulo de 25° têm bases mais espessas e raios de curvaturas maiores na circunferência primitiva, elevando sua capacidade de carga à flexão, em comparação aos dentes com ângulo de 20°. Os dentes com ângulo de 25°, contudo, tendem a gerar um maior ruído de operação devido à sua menor razão de contato (veja a seguir). Como será discutido em seguida, sistemas de dentes padronizados incorporam, normalmente, ângulos de pressão de 20° ou 25°, mas se há garantias nas condições de uso, usa-se, algumas vezes, um ângulo de pressão de $22\,^1\!/_2\,°$ como solução de compromisso.

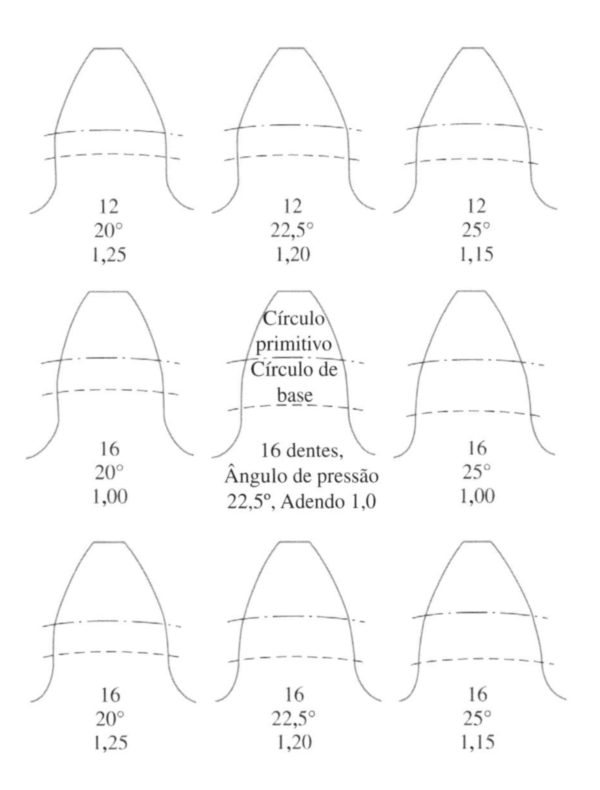

Figura 15.12
Comparação do perfil de dentes de engrenagens como função do ângulo de pressão. (Extraído da ref. 1. *Fonte:* Dudley Engineering Company, San Diego, CA.)

[27] Para sistemas não padronizados, como o *sistema de distância entre centros estendida* e o *sistema de dentes rebaixados,* os adendos do pinhão e da engrenagem podem diferir, conforme discutido em "Interações do Engrenamento" a seguir.

Sistemas de Dentes de Engrenagens[28]

Sistemas de dentes padronizados têm sido adotados largamente para facilitar a intercambiabilidade e a disponibilidade. Isto se dá pela especificação de ângulos de pressão selecionados e, em seguida, da definição de adendo, dedendo, profundidade de trabalho, profundidade total, folga mínima na ponta do dente e espessura circular do dente como função do passo diametral (ou do módulo). O ângulo de pressão mais comumente utilizado é o de 20°, tanto para as engrenagens nos EUA como para as do sistema SI; no entanto, um ângulo de pressão de 25° é, também, muito empregado nos EUA para engrenagens de passo curto ($P_d < 20$). Outros ângulos de pressão podem, também, ser utilizados para aplicações especiais. As proporções de dentes para engrenagens cilíndricas de dentes retos da AGMA com profundidade total padronizada estão especificadas na Tabela 15.1, e os tamanhos reais aproximados dos dentes evolventais de engrenagens cilíndricas de dentes retos são apresentados na Figura 15.13 para uma faixa de passos diametrais comumente empregados. Na Tabela 15.2 é fornecida a faixa de tamanhos de dentes (em termos de passo diametral ou de módulo) geralmente disponível nos fabricantes de engrenagens.

Além das proporções de dentes padronizadas, definidas na Tabela 15.1, o raio de adoçamento mínimo na raiz do dente, ρ_a, está, normalmente, em torno de $0{,}35/P_d$ ou $m/3$, dependendo do método de fabricação e do raio da aresta da ferramenta de corte. As larguras de face, b, especificadas para engrenagens nos EUA e no SI estão, respectivamente, nas seguintes faixas

$$\frac{9}{P_d} \leq b \leq \frac{14}{P_d} \tag{15-16}$$

ou

$$9m \leq b \leq 14m \tag{15-17}$$

Larguras de face maiores resultam, normalmente, em pressões de contato *não uniformes* ao longo da largura da face, e larguras de face menores podem resultar em pressão de contato excessivamente *altas*.

TABELA 15.1 Proporções Padronizadas pela AGMA para Dentes de Engrenagens com Profundidade Total[1] (sistema polegada)

	Passo Grosso ($P_d < 20$)	Passo Fino ($P_d \geq 20$)
Ângulo de pressão	20° ou 25°	20°
Adendo	$1{,}000 / P_d$	$1{,}000 / P_d$
Dedendo	$1{,}250 / P_d$	$(1{,}200 / P_d) + 0{,}002$ (mín)
Profundidade total	$2{,}250 / P_d$	$(2{,}200 / P_d) + 0{,}002$ (mín)
Profundidade de trabalho	$2{,}000 / P_d$	$2{,}000 / P_d$
Folga (básica)	$0{,}250 / P_d$	$(0{,}200 / P_d) + 0{,}002$ (mín)
Folga (dentes rebaixados ou planos)	$0{,}350 / P_d$	$(0{,}350 / P_d) + 0{,}002$ (mín)
Espessura circular do dente	$1{,}571 / P_d$	$1{,}571 / P_d$

[1] Veja refs. 11 e 12.

TABELA 15.2 Tamanhos de Dentes Comumente Utilizados

Passo Diametral		Módulo			
Grosso	Fino	Preferível		Segunda Escolha	
2	20	1	12	1,125	14
2 1/4	24	1,25	16	1,375	18
2 1/2	32	1,5	20	1,75	22
3	40	2	25	2,25	28
4	48	2,5	32	2,75	36
6	64	3	40	3,5	45
8	80	4	50	4,5	
10	96	5		5,5	
12	120	6		7	
16	150	8		9	
	200	10		11	

[28] Veja, por exemplo, refs. 11 e 22.

Figura 15.13
Tamanhos reais aproximados dos dentes de engrenagens com vários passos diametrais. Geralmente se $P_d \geq 20$, as engrenagens são chamadas de *passo fino*; se $P_d < 20$, as engrenagens são chamadas de *passo grosso*.

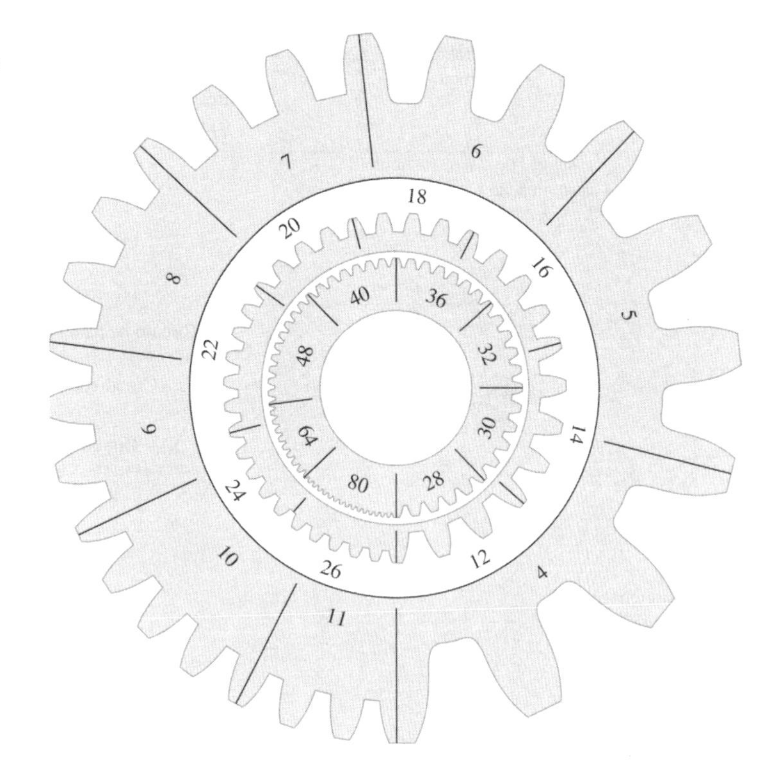

Quando um projetista especifica o uso de engrenagens fabricadas segundo um sistema de especificações padronizado, as engrenagens estão disponíveis, geralmente, como itens de estoque. Por outro lado, a disponibilidade de modernas instalações de fabricação de engrenagens controladas por computador permite a especificação de engrenagens *otimizadas* fora de padronização, se for garantida por uma aplicação específica.

Interações do Engrenamento

Do instante em que um par de dentes de engrenagem entra em contato até que deixem o contato após o movimento de rotação durante o engrenamento, a engrenagem motora transmite força para a engrenagem movida ao longo da linha de ação. Na Figura 15.14, é mostrado o *ângulo de ação* θ tanto para a engrenagem motora quanto para a engrenagem movida, correspondentes às suas rotações do primeiro ponto de contato, a, até o ponto final de separação, b.

A distância Z ao longo da linha de ação entre a e b é chamada de *comprimento de ação* e pode ser calculada a partir da geometria pinhão-engrenagem como[29]

$$Z = \sqrt{(r_p + a_p)^2 - (r_p \cos \varphi)^2} + \sqrt{(r_{eng} + a_{eng})^2 - (r_{eng} \cos \varphi)^2} - C \operatorname{sen} \varphi \qquad (15\text{-}18)$$

em que os símbolos estão definidos na Figura 15.15. O ângulo de ação é normalmente subdividido em um *ângulo de aproximação*, α, e um *ângulo de afastamento*, β, conforme apresentado na Figura 15.14. Três questões importantes associadas com o projeto de dentes que engrenarão suavemente ao longo do ângulo de ação são: *evitar-se a interferência, assegurar-se o contato ininterrupto* de pelo menos um par de dentes (preferível mais de um) em todos os instantes e *prover-se um jogo lateral ótimo* no engrenamento.

Uma vez que a evolvente só existe acima do círculo de base, se o círculo de pé for menor do que o círculo de base, o perfil do dente entre círculos não é evolvental, a interação entre os dentes não será uma ação conjugada e poderá ocorrer interferência entre os dentes em contato. Na Figura 15.15, estão ilustradas as condições para as quais ocorreria interferência. Os pontos c e d são pontos de tangência entre a linha de ação e os círculos de base, e são chamados *pontos de interferência*. Se um círculo de cabeça, que define o percurso da extremidade do dente, interceptar a linha de ação *fora* dos pontos de interferência, conforme ilustrado, por exemplo, pelos pontos a e b, ocorrerá interferência. Uma maneira de se reduzir a interferência seria o rebaixamento do dente, removendo-se a parte hachurada indicada na Figura 15.15, criando-se uma engrenagem de

---

[29] Para o desenvolvimento veja, por exemplo, ref. 3.

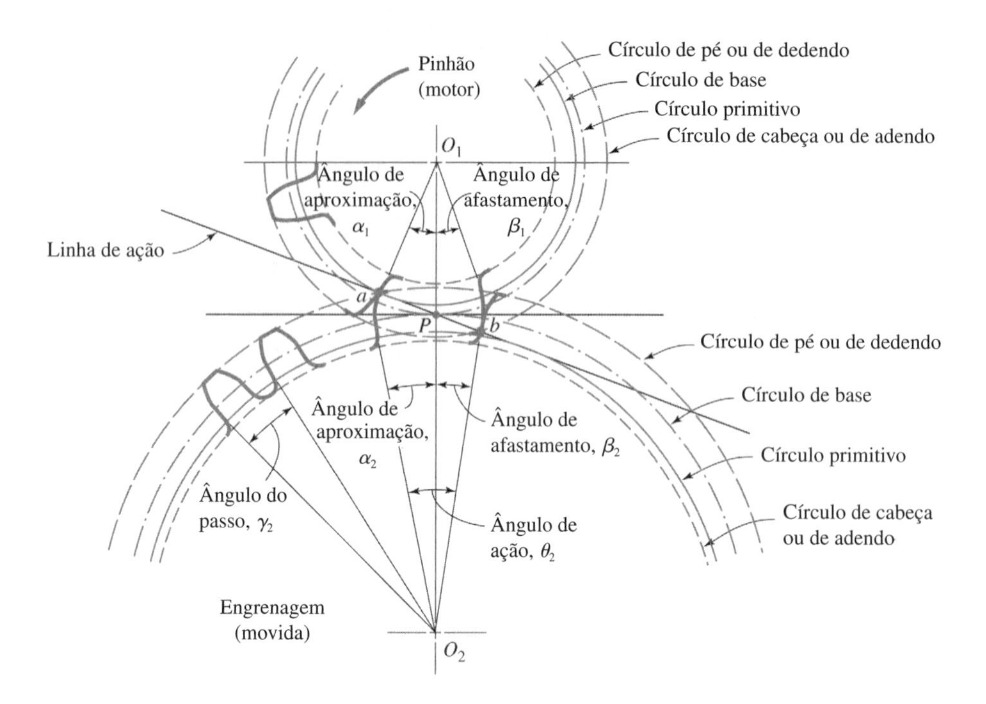

Figura 15.14
Interação entre dentes em contato à medida que giram no engrenamento.

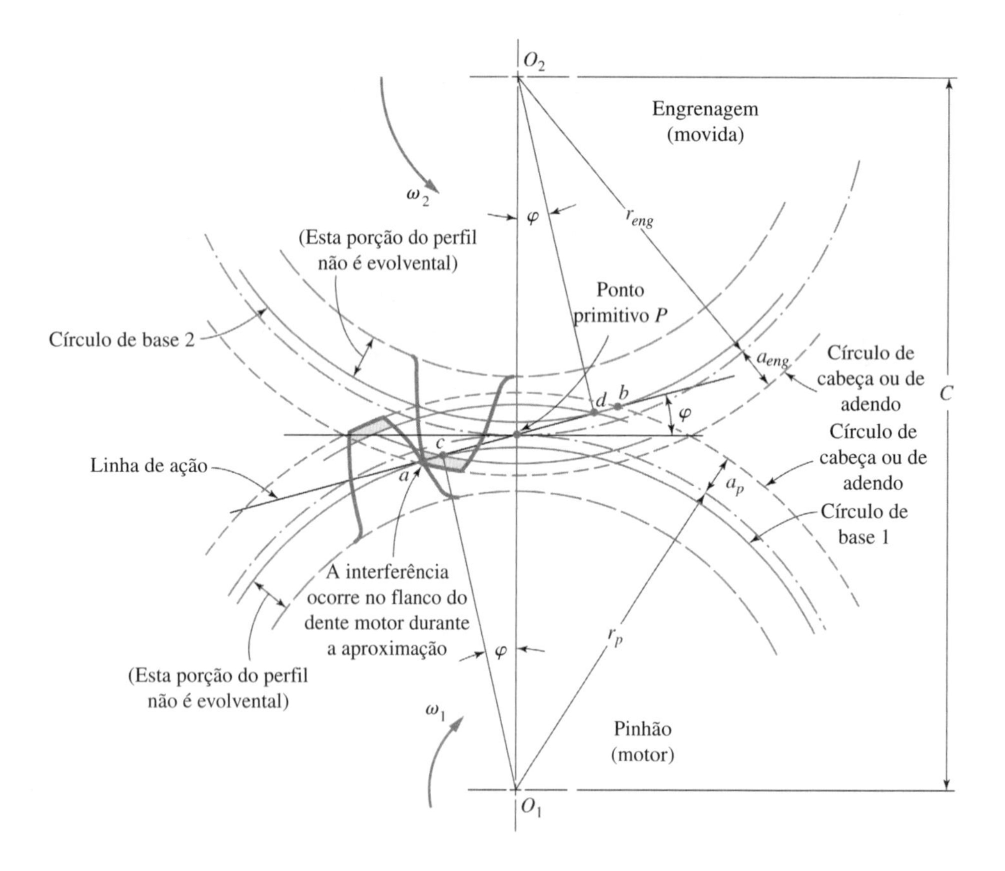

Figura 15.15
Interferência entre dentes de engrenagens cilíndricas de dentes retos engrenadas.

[30] Veja Figura 15.17.

dentes rebaixados (raramente utilizada na prática corrente). *Rebaixar* o flanco do dente da engrenagem acoplada também alivia a interferência, contudo, enfraquece os dentes na região já crítica dos raios de adoçamento da raiz.

Sistemas de engrenagens cilíndricas de dentes retos não padronizados são utilizados, algumas vezes, para se eliminarem a interferência e o adelgaçamento. Dois sistemas não padronizados têm sido bem-sucedidos e permitem a geração da engrenagem utilizando ferramentas de corte padronizadas: são o *sistema de distância entre centros estendida* e o *sistema de altura de cabeça longo e curto*. No primeiro sistema, quando o pinhão está sendo usinado, a ferramenta de corte é recuada do bloco de uma distância escolhida de modo que a ponta da cremalheira-ferramenta[30] atravessa o ponto de interferência do pinhão. Isto elimina o adelgaçamento, aumenta a espessura do dente e reduz o vão entre dentes. Quando o pinhão não padronizado resultante é acoplado à sua engrenagem, sua distância entre centros de operação terá aumentado devido ao menor vão, e o ângulo de pressão também será maior. O processo pode ser aplicado tanto ao pinhão quanto à engrenagem, se houver condições que assim o exijam.

No *sistema de altura de cabeça longo e curto*, a ferramenta de corte é avançada em relação ao bloco da engrenagem e recuada em relação ao bloco do pinhão da mesma distância durante o processo de fabricação. Disto resulta uma altura de cabeça *maior do que a padronizada* para o pinhão e uma altura de cabeça *menor do que a padronizada* para a engrenagem. As alturas de pés para ambos, pinhão e engrenagem, são alteradas de forma correspondente para se obter uma profundidade total de trabalho padronizada, distância entre centros padronizada e ângulo de pressão padronizado na operação do conjunto de engrenagens. Uma vez que as alturas de cabeça maiores dos dentes do pinhão *motor* também alteram o arco de ação aumentando o *arco de afastamento* e reduzindo o *arco de aproximação*,[31] tal engrenamento é chamado, algumas vezes, de *engrenamento com ação de afastamento.*

O *engrenamento com ação de afastamento*, além de eliminar a interferência e adelgaçamento, tende a se beneficiar do fato de que há um coeficiente de atrito *menor* durante o afastamento em comparação com a aproximação. Isto resulta do fato de que o componente da força de atrito *auxilia a força motora* durante o afastamento[32] e há suavização e polimento durante o afastamento, em comparação com a abrasão e a solicitação da superfície durante a aproximação.[33] Devido a estes fatores benéficos, o engrenamento com ação de afastamento tende a exibir menor desgaste e operação mais silenciosa. Recomenda-se, normalmente, que a altura de cabeça do pinhão seja aumentada em não mais de 25 por cento em relação à altura padronizada. Em algumas aplicações, no entanto, *são* utilizadas alturas de cabeça maiores, algumas vezes avançando ao caso extremo em que se utiliza uma altura de cabeça 200 por cento maior para o pinhão e uma altura de cabeça de 0 por cento para a engrenagem de modo a se conseguir *ação de afastamento plena* e nenhuma ação de aproximação.[34]

Outros passos úteis para se evitar interferência em engrenamento padronizado são assegurar que o ângulo de pressão e o número de dentes de pinhão não sejam pequenos demais e que o número de dentes da engrenagem não seja grande demais. Na Tabela 15.3, são listados os números mínimos de dentes para o pinhão padronizado de 20° evolvental com profundidade total, que deveriam ser especificados para se evitarem a interferência e o adelgaçamento no engrenamento com vários tamanhos diferentes de engrenagens.

TABELA 15.3 Número Mínimo de Dentes do Pinhão para Evitar a Interferência entre um Pinhão com 20° e Profundidade Total e uma Engrenagem Acoplada com Profundidade Total de Tamanhos Diversos

Número Mínimo de Dentes do Pinhão	Número Mínimo de Dentes da Engrenagem
13	16
14	26
15	45
16	101
17	∞

[31] Veja Figura 15.14 para a definição de *arco de aproximação* e *arco de afastamento*. A ação de aproximação ocorre do instante do primeiro contato de um flanco de dente evolvental do pinhão motor com um perfil de dente da engrenagem motora conjugada, continuando à medida que o ponto de contato se desloca para baixo no vão do dente, até que alcance o ponto primitivo. Deste ponto, recua (ação de afastamento) até que a extremidade do dente do pinhão se desacople da engrenagem.

[32] Opõe-se à força motora durante a aproximação.

[33] Veja ref. 30, p. 2.

[34] Mais comum para engrenamentos sem-fim coroa. Veja 15.20.

Para se manter uma operação suave e uma razão constante de velocidades angulares, é necessário que pelo menos um par de dentes permaneça em contato durante todo o tempo. Isto ficará assegurado se a razão de contato do perfil m_p, definida como *o ângulo de ação θ dividido pelo ângulo primitivo γ*, ou, de outra forma, *o comprimento da linha de ação Z dividido pelo passo de base p_b* seja maior do que um. Com referência à Figura 15.14, então, a razão de contato do perfil, m_p, pode ser escrita como (veja as Figuras 15.14 e 15.15 para definições):

$$m_p = \frac{\theta}{\gamma} = \frac{\alpha + \beta}{\gamma} \tag{15-19}$$

ou utilizando-se a definição alternativa e (15-7), (15-12) e (15-18),

$$m_p = \frac{Z}{p_b} = \frac{P_d\left[\sqrt{(r_p + a_p)^2 - (r_p\cos\varphi)^2} + \sqrt{(r_{eng} + a_{eng})^2 - (r_{eng}\cos\varphi)^2} - C\,\text{sen}\,\varphi\right]}{\pi\cos\varphi} \tag{15-20}$$

A razão de contato de perfil pode ser pensada como o número médio de dentes em contato e, na prática, varia tipicamente entre 1,4 e 1,8. Contudo, como as engrenagens cilíndricas de dentes retos rolam durante o engrenamento, há um ou dois pares de dentes em contato. Um engrenamento com uma razão de contato de perfil de 1,5 nunca terá realmente 1,5 dente em contato. Haverá um par de dentes em contato durante o tempo todo e dois pares de dentes em contato durante 50% do tempo. As razões de contato maiores implicam, normalmente, em alguma quantidade de *carga distribuída* entre os dentes, bem como em uma operação mais suave. Dentes menores (P_d maiores) e ângulos de pressão maiores tendem a resultar em razões de contato maiores.

Uma implicação adicional da distribuição de carga quando a razão de contato é maior do que 1,0 é que o momento fletor total transmitido é suportado por um único par de dentes até que um segundo par de dentes comece o contato. O segundo par de dentes recebe sua parte da carga *antes que o vetor força alcance a extremidade* do único par de dentes. Portanto, o momento fletor no único dente cresce com a rotação até que o segundo dente entre em contato, então se descarrega devido à distribuição da carga. Este ponto é chamado de *ponto extremo do contato de um único dente* (em inglês *HPSTC*) e é utilizado como *braço de momento* em certos cálculos da tensão de flexão.[35]

Jogo lateral é a diferença entre o passo circular e o espaço ocupado pelas espessuras circulares de dois dentes engrenados, ou a folga entre duas superfícies que não estão em contato pertencentes a dois dentes adjacentes enquanto giram durante o engrenamento. O jogo lateral é comumente pensado como a liberdade que uma engrenagem tem de se movimentar enquanto a outra engrenagem acoplada é mantida imóvel. *Algum* jogo lateral é normalmente desejável, porque tende a eliminar o travamento e a promover uma lubrificação adequada, mas se o engrenamento estiver sujeito a torques *reversíveis*, podem-se encontrar problemas potenciais de impacto, vibração e ruído. Em tais casos, é necessário uma pré-carga[36] do engrenamento para se eliminar o jogo lateral ou se aumentar a rigidez do engrenamento à torção. Como a ação conjugada não é sensível a pequenas alterações na distância entre centros, o jogo lateral em um engrenamento é ajustado, algumas vezes, para um valor desejável por meio do controle da distância entre centros dos eixos das duas engrenagens.

15.7 Fabricação de Engrenagens; Métodos, Qualidade e Custos

Para satisfazer as exigências funcionais de projeto, manter a confiabilidade especificada e conseguir um custo razoável, um projetista deve ter um entendimento geral dos vários métodos de fabricação de engrenagens e de suas limitações. Esta breve discussão provê apenas um sumário dos métodos utilizados para se fabricarem dentes de engrenagens; informações muito mais detalhadas estão disponíveis na literatura.[37] Aos projetistas responsáveis por engrenamentos utilizados em aplicações de *alto desempenho* é aconselhável a consulta a especialistas em engrenagens ou fabricantes de engrenagens de precisão.

Os métodos comumente utilizados para a produção de engrenagens incluem: fundição, conformação, sinterização e processos de usinagem (veja Tabelas 7.1 e 7.2). As *engrenagens fundidas* são limitadas às aplicações de baixa velocidade e baixa precisão. As *engrenagens conformadas,* como as fundidas em molde (por exemplo, zinco, alumínio ou ligas de latão), extrudadas (por exemplo, alumínio ou ligas de cobre), ou engrenagens injetadas em moldes (por exemplo, termoplásticos como náilon, acetal ou policarbonato) podem ser utilizadas em aplicações em que é aceitável uma precisão

[35] Veja a discussão em 15.9.
[36] Veja 4.12.
[37] Veja, por exemplo, ref. 1.

moderada e sejam necessárias grandes quantidades. As engrenagens *sinterizadas* com pó metálico (por exemplo ferro, aço de baixo teor de carbono ou aço inoxidável) podem ser uma boa opção se há necessidade de engrenagens pequenas de maior precisão e em grandes quantidades. Para transmissão de potência, aplicações de alta velocidade, aplicações de cargas elevadas e/ou aplicações de alta precisão, o método de fabricação de engrenagens mais usual é a *usinagem* dos dentes a partir de um bloco de metal fundido, forjado ou batido.

Os métodos de usinagem comumente empregados para se *cortarem* os dentes da engrenagem sobre um bloco incluem *fresamento com ferramenta hob*, *aplainamento*, *fresamento* e *brocheamento*. Quando há necessidade de dentes de engrenagem de alta precisão podem ser utilizadas operações de *acabamento* como *raspagem*, *torneamento*, *lapidação* ou *brunimento* em seguida ao processo inicial de corte da engrenagem para se obterem dentes mais precisos e superfícies mais bem acabadas.

Usinagem das Engrenagens

Os dentes de engrenagem podem ser usinados tanto com *ferramentas de forma* quanto com *ferramentas de geração*. Quando há usinagem com *ferramenta de forma*, o espaço entre os dentes tem o perfil exato da ferramenta de corte. Quando há *geração*, uma ferramenta tendo a forma do perfil do dente move-se em relação ao bloco da engrenagem de tal forma que o *perfil de dente adequado é usinado*.

O *fresamento* é um método de geração em que a ferramenta de corte (chamada de *hob*) com uma forma semelhante a uma rosca sem-fim de lados retos, com entalhes de alívio periódicos e afiada de forma a ter arestas cortantes é deslocada pelo bloco da engrenagem, enquanto ambas giram sincronizadamente. Podem ser obtidas engrenagens cilíndricas de dentes retos, engrenagens helicoidais, engrenagens espinha de peixe, movimentando-se a ferramenta *pela largura da face* da engrenagem, conforme apresentado na Figura 15.16(a). Engrenagens do tipo sem-fim também podem ser produzidas, deslocando-se a ferramenta *de forma tangencial* pelo bloco da engrenagem ou de *forma radial* no bloco da engrenagem, conforme apresentado na Figura 15.16(b) e (c). Um elevado grau de precisão do perfil é acessível por meio deste processo de fresamento com ferramenta hob ("hobbing"), e pode-se obter excelente acabamento superficial, sendo possível utilizar a mesma ferramenta para engrenagens com *passo semelhante*, mas com diferentes números de dentes. Podem ser obtidas elevadas taxas de produção com este processo de fresamento com ferramenta hob.

O *aplainamento de engrenagem*, utilizando-se uma *cremalheira-ferramenta* ou um *pinhão-ferramenta* também é um método de geração. Uma vez que uma cremalheira é uma engrenagem com raio primitivo infinito, os dentes evolventais da cremalheira têm perfis com lados retos com inclinações laterais iguais ao ângulo de pressão. Para se usinarem dentes de engrenagens com uma *cremalheira-ferramenta*, a linha primitiva da cremalheira é, inicialmente, alinhada para estar tangente ao círculo primitivo da engrenagem a ser usinada, conforme está apresentado na Figura 15.17. Em seguida, imprime-se à cremalheira-ferramenta com dentes cujas arestas estão afiadas um movimento alternativo na face do bloco da engrenagem. Enquanto o bloco da engrenagem gira lentamente, a cremalheira se movimenta paralelamente à sua linha primitiva de forma sincronizada, conforme indicado na Figura 15.17. As cremalheiras-ferramentas usinam, apenas, poucos dentes durante um ciclo de geração e devem ser, em seguida, reposicionadas para usinar o dente seguinte. Estas ferramentas podem ser utilizadas para usinar tanto engrenagens cilíndricas de dentes retos quanto engrenagens helicoidais.

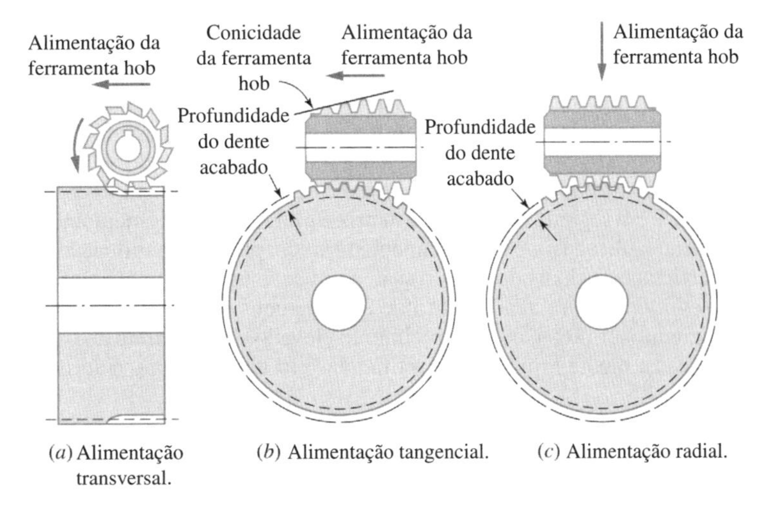

Figura 15.16
Formação dos dentes de engrenagem pelo método de fresamento com ferramenta hob. (Extraído da ref. 1. *Fonte:* Dudley Engineering Company, San Diego, CA.)

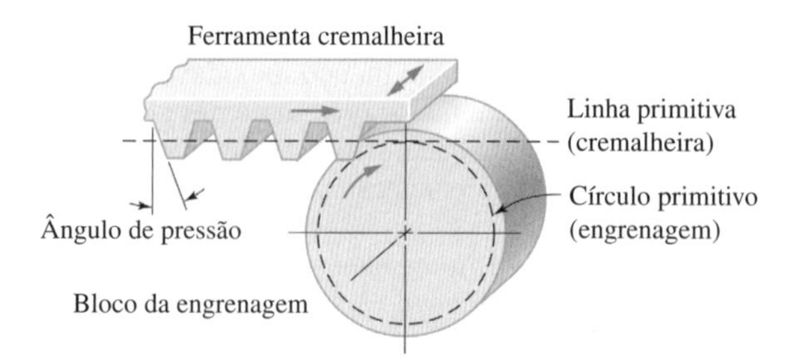

Figura 15.17
Geração de dentes evolventais de engrenagem com ferramenta cremalheira. (Adaptado da ref. 3, reimpresso com permissão de Pearson Education, Inc. Upper Saddle River, N. J.)

A operação de aplainamento utilizando um *pinhão-ferramenta* é basicamente a mesma da que utiliza uma cremalheira-ferramenta; o pinhão-ferramenta afiado se desloca com um movimento para frente e para trás ao longo da face do bloco da engrenagem, enquanto ambos giram sincronizadamente. Podem ser geradas engrenagens cilíndricas de dentes retos, engrenagens helicoidais e engrenagens de contato facial com um pinhão-ferramenta, assim como sem-fins e também engrenagens internas ou externas podem ser obtidas. De modo semelhante ao fresamento, qualquer geração com pinhão ou com cremalheira pode ser utilizada para produzir perfis precisos e qualquer ferramenta pode ser empregada para usinar engrenagens com quaisquer números de dentes de mesmo passo.

Quando os dentes da engrenagem são obtidos com o *método de fresamento*, uma fresa tendo o formato exato do dente se move ao longo da face do bloco da engrenagem, usinando completamente um dente. O bloco da engrenagem, então, é girado de um passo circular e o próximo dente é fresado; o processo é repetido até que todos os dentes tenham sido usinados, formando-se a engrenagem. Sem-fins, engrenagens cilíndricas de dentes retos e engrenagens helicoidais podem ser fabricadas por este processo de fresamento. Teoricamente, deve-se utilizar uma fresa diferente, não apenas para passos diferentes, mas, também, para números de dentes diferentes. Em termos práticos, as fresas são fabricadas normalmente para prover a forma teoricamente correta do dente para uma engrenagem com o menor número de dentes em cada uma das oito *faixas indicadas*, para cada passo-padrão. Os erros de perfil ocorrem para as engrenagens maiores nas faixas, mas são aceitáveis para muitas aplicações. O processo de fresamento não deve ser utilizado para engrenamentos de alta velocidade ou elevada carga.

Engrenagens internas pequenas (inferiores a 3 polegadas) podem ser usinadas com um único passe de uma brochadeira[38] na medida em que os dentes internos não estejam no interior de um furo cego. Engrenagens internas maiores são fabricadas, algumas vezes, utilizando-se um brocho para fazer, apenas, alguns dentes de cada vez e, em seguida, sendo reposicionado para novos passes repetidos até que a engrenagem esteja completa. Com o brocheamento podem ser feitas engrenagens cilíndricas de dentes retos, como também engrenagens helicoidais.

Acabamento das Engrenagens

Em aplicações de alto desempenho, nas quais as engrenagens operam em altas velocidades ou sob cargas pesadas, é frequentemente necessário melhorar a qualidade da superfície do dente, por meio de uma operação de *acabamento* em seguida à operação de usinagem da engrenagem. As operações de acabamento utilizam *ferramentas tipo engrenagem* altamente precisas, *moldes* ou *retíficas* (normalmente controladas por computador) para remover diminutas quantidades de material a fim de melhorar a precisão dimensional, o acabamento superficial ou a dureza superficial. A *raspagem de engrenagens* é um processo corretivo de remoção de pequenas raspas do material para melhorar a precisão do perfil e o acabamento superficial antes do tratamento térmico. A raspagem é obtida com o método de *raspagem rotativa* ou o método de *cremalheira de raspagem*. No método de raspagem rotativa, um pinhão-ferramenta endurecido, com dentes serrilhados retificados em um perfil evolvental, move-se contra a engrenagem a ser polida. No método da cremalheira de raspagem, uma cremalheira endurecida com dentes serrilhados move-se contra a engrenagem.

No processo de *rolagem*, o acabamento nos dentes é obtido pressionando-se contra a engrenagem a ser acabada uma ferramenta endurecida com dentes retificados precisamente (chamados de *matriz*) com uma força elevada, e em seguida rolando-se a matriz e a engrenagem conjuntamente. A rolagem de engrenagens, geralmente aplicada *antes* do tratamento térmico, produz plastificação local em pequena escala, tensões superficiais residuais de compressão e um acabamento superficial brunido suave.

O processo de *retificação* para acabamento de engrenagens é realizado, normalmente, após a cementação e o tratamento térmico para endurecimento elevado da superfície dos dentes já usinados. Engrenagens com dureza média também são retificadas em alguns casos. São utilizados diversos

[38] Um brocho é uma ferramenta reta com dentes cortantes de formato preciso, com tamanho crescente ao longo de seu eixo, para realizar uma série de progressivas usinagens até o tamanho e acabamento final.

métodos de retificação, geralmente seguindo os métodos de usinagem já descritos. *Retíficas de forma* utilizam discos abrasivos, com uma forma evolvental moldada nas laterais, para retificar ambos os lados do vão entre dois dentes. *Retíficas de geração* utilizam tanto um *único disco abrasivo* moldado com a forma de um dente de cremalheira básico, movido alternadamente pela largura da face à medida que a engrenagem a ser retificada é rolada ao longo do engrenamento, quanto *dois discos em forma de prato* côncavos na direção do flanco do dente com seus aros estreitos que geram uma evolvente à medida que a engrenagem a ser retificada é rolada contra a área de retificação.[39] Discos de retificação roscados também são utilizados em algumas aplicações, em um processo similar ao do fresamento com ferramenta hob.

No processo de *brunimento*, uma ferramenta abrasiva de grãos finos, com formato de engrenagem, chamada de *hone* é rolada contra a engrenagem a ser brunida, utilizando-se uma força muito suave para manter o contato. O brunimento tende a deixar as irregularidades superficiais "médias", removendo calombos e escamações. Engrenagens de alta velocidade são brunidas, frequentemente, *após* o acabamento retificado para produzir um acabamento superficial muito suave. Isto melhora a distribuição de carga entre os dentes engrenados e reduz a vibração e o ruído.

Simulação do Caminho de Corte, Deflexão do Engrenamento e Modificação do Perfil

Com o advento dos computadores eletrônicos, tornou-se possível não apenas produzir engrenagens de qualidade e precisão melhores, como, também, tornou-se possível modelar as modificações na geometria do perfil induzidas por cargas e velocidades de operação, especificando-se, então, as modificações no perfil que podem ser *produzidas nos dentes da engrenagem descarregada* para se obter um perfil *de trabalho* ótimo. Apesar de estes métodos estarem ainda em desenvolvimento, já se conseguiu um bom progresso na comunicação entre interfaces gráficas interativas, análises pelos métodos dos elementos finitos e dos elementos de contorno, modelagem sólida e bases de dados experimentais desenvolvidas para fabricantes de engrenagens e desempenhos de engrenamentos,[40] permitindo a produção de engrenamentos de desempenho mais elevado em um intervalo de tempo mais curto.

A geração computacional, por exemplo, de um perfil evolvental teórico,[41] conforme ilustrado na Figura 15.18, provê uma base de comparação precisa para os perfis de dentes de engrenagens internas e externas, cilíndricas de dentes retos e helicoidais. A simulação de passos de ferramentas compostas, como a apresentada na Figura 15.19, para uma ferramenta hob particular, permite comparações do perfil usinado com perfil evolvental teórico, para agilizar decisões sobre detalhes importantes como *rebaixamento da cabeça, transição do flanco evolvental para a o raio de raiz* e *tolerâncias do material* para processos de acabamento.

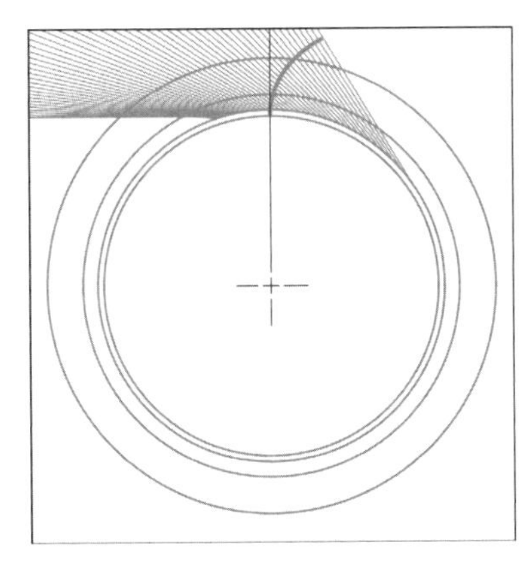

Figura 15.18
Perfil evolvental teórico gerado com computador. (Da ref. 13, reimpresso com permissão a partir da SAE Publication AE-15©1990, Society of Automotive Engineers, Inc.)

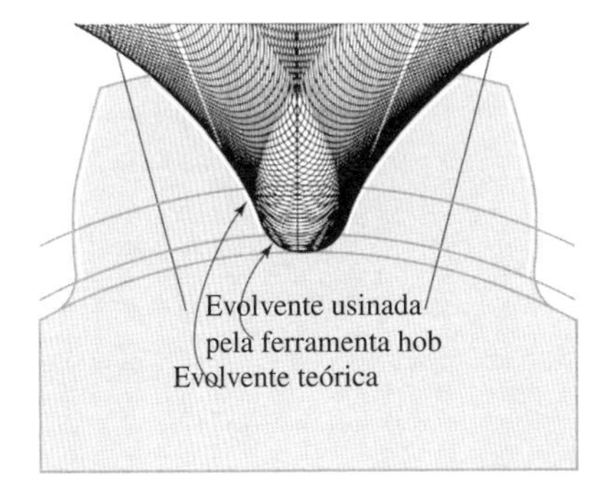

Figura 15.19
Comparação da trajetória da ferramenta de corte simulada com a trajetória teórica do perfil evolvental. (Da ref. 13, reimpresso com permissão a partir da SAE Publication AE-15©1990, Society of Automotive Engineers, Inc.)

[39] Este tipo de retífica é fabricado apenas pela Maag Gear Wheel Company de Zurique, Suíça; por isso o processo é conhecido como retífica Maag.
[40] Veja, por exemplo, ref. 13.
[41] Veja a Figura 15.7 e discussões relacionadas.

As deflexões causadas pelo momento fletor e pelas deformações de contato de Hertz podem causar *interferência* entre dentes acoplados rolando durante o engrenamento, conforme apresentado na Figura 15.20(b). A interferência pode ocorrer tanto na zona do primeiro contato em *a*, quanto na zona do último contato em *b*. As modificações no perfil são usadas, frequentemente, para se evitar a interferência e prover uma melhor distribuição de carga nessas regiões, conforme ilustrado, por exemplo, na Figura 15.20(c). Tais modificações de perfil resultam em uma operação mais suave e silenciosa e reduz o risco da falha por fadiga superficial, desgaste adesivo, desgaste por contato e fratura do dente. As simulações computacionais podem ser utilizadas para se obterem dados tridimensionais sobre as deflexões do dente e, então, gerar gráficos do desvio de um perfil evolvental à medida que os dentes carregados rolam no engrenamento. Tais gráficos formam uma base para as modificações do perfil. Para engrenamentos de elevada precisão, um programa experimental de tentativa e erro segue, usualmente, a proposta de modificação do perfil inicial. A fabricação de engrenagens com perfil modificado é obtida, em geral, utilizando-se retíficas do tipo geração que são controladas por computador para deslocar o disco de retificação mais superficial ou mais profundamente ao longo do perfil.

Requisitos de Precisão, Fatores de Medição e Tendências dos Custos de Fabricação

Aplicando-se os conceitos do Capítulo 1 à estratégia de projeto de engrenagens, o projetista de engrenagens é responsável por alcançar a capacidade de carga requerida e a confiabilidade especificada, juntamente com a velocidade, a vida e as exigências de ruído da engrenagem a um custo razoável. Cargas elevadas, velocidades elevadas, vidas longas e operação silenciosa demandam engrenagens de alta qualidade, fabricadas com tolerâncias apertadas; os custos para estas engrenagens de alta precisão são elevados. Quando as exigências de cargas e de velocidades são menores e são permitidas restrições de aplicação mais moderadas com tolerâncias maiores, as exigências de precisão podem ser relaxadas para se obterem custos mais baixos. A Tabela 15.4 provê uma referência baseada na experiência para exigências de nível de precisão para várias aplicações.[42]

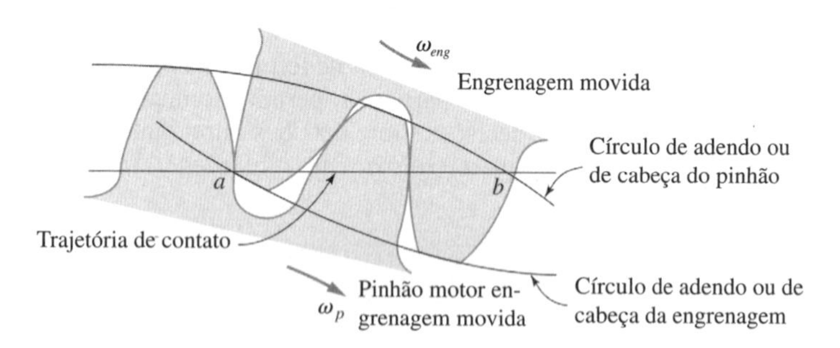

(*a*) Acoplamento geométrico teórico para dentes evolventais *sem carregamento*.

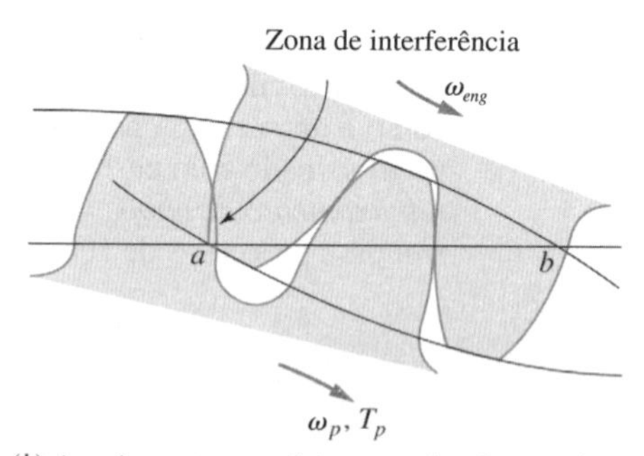

(*b*) Acoplamento geométrico aproximado para dentes evolventais *sob carregamento de operação*, mostrando a zona de interferência induzida pela deformação.

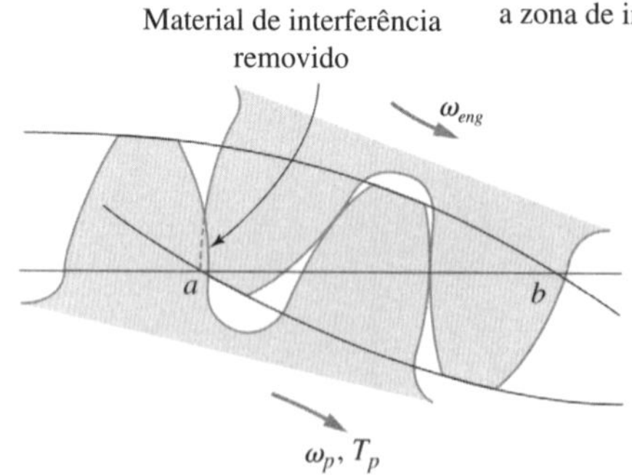

(*c*) Modificação (rebaixamento da cabeça) do perfil do dente de engrenagem para remover material na região de interferência mostrada em (*b*).

Figura 15.20

Representação da geometria (teórica) de um engrenamento descarregado, a deformação do dente sob carregamento e a amostra de um perfil modificado (rebaixamento da ponta), projetado para prover operação mais suave. (Cortesia da Gear Dynamics and Gear Noise Research Laboratory, Department of Mechanical Engineering, The Ohio State University.)

[42] Adaptado da ref. 1. *Fonte:* Dudley Engineering Company, San Diego, CA.

TABELA 15.4 Níveis de Precisão Típicos para Vários Tipos de Aplicações de Engrenamentos

Nível de Precisão	Designação Dudley[1]	*Faixas* Aproximadas *das Qualidades Normalizadas* Valor Q_v da AGMA[2]	Valor DIN[3]
Mais alta qualidade possível. Obtida por métodos de ferramentaria especiais. Utilizada para engrenagens principais, engrenagens com altas velocidades críticas incomuns ou quando *ambos,* elevada capacidade de carregamento e a mais elevada confiabilidade são necessários.	AA Precisão ultra-alta	14 ou 15	2 ou 3
Alta qualidade. Obtida por retificação ou *raspagem* com máquina ferramenta de primeira linha operadas por trabalhadores qualificados. Largamente utilizada para engrenamentos de turbinas e aeroespaciais. Algumas vezes empregada em engrenagens industriais críticas.	A Precisão alta	12 ou 13	4 ou 5
Precisão relativamente alta. Obtida por retificação ou raspagem com ênfase na taxa de produção mais do que na alta qualidade. Pode ser obtida por usinagem com ferramenta hob ou perfilação com o melhor equipamento sob condições favoráveis. Utilizada para engrenagens industriais de média velocidade e engrenagens automotivas críticas.	B Precisão média-alta	10 ou 11	6 ou 7
Boa precisão. Obtida por retificação ou raspagem com ênfase na taxa de produção mais do que na alta qualidade. Pode ser obtida por usinagem com ferramenta hob ou perfilação com o melhor equipamento sob condições favoráveis. Utilizada, normalmente, para engrenagens automotivas e engrenagens de motores elétricos industriais operando a velocidades mais baixas.	C Precisão média	8 ou 9	8 ou 9
Precisão nominal. Obtida por usinagem com ferramenta hob ou perfilação utilizando máquinas mais antigas e operadores menos qualificados. Utilizada, normalmente, para engrenagens de baixa velocidade que *se desgastarão* para alcançar um ajuste razoável. (Durezas menores promovem o desgaste.)	D Precisão baixa	6 ou 7	10 ou 11
Precisão mínima. Para engrenagens utilizadas em velocidades baixas e cargas leves. Os dentes podem ser fundidos ou moldados em pequenos tamanhos. Utilizadas, normalmente, em brinquedos e engenhocas. Podem ser empregadas em engrenagens de baixa dureza quando uma vida limitada e uma confiabilidade menor forem aceitáveis.	E Precisão muito baixa	4 ou 5	12

[1] Da ref. 1. *Fonte:* Dudley Engineering Company, San Diego, CA.
[2] Veja ref. 14.
[3] Veja ref. 15.

Para se avaliar a qualidade de uma engrenagem fabricada é necessário *medir-se* o produto acabado com um nível adequado de precisão. Geralmente, é necessário ter disponíveis *equipamentos de medição* para avaliar com precisão as variáveis primárias do perfil evolvental: *hélice através da largura de face, afastamento entre dentes, acabamento do dente* e *ação do dente quando acoplado com uma engrenagem mestra*[43] para se obter uma *verificação composta* da ação individual do dente e do desempenho total da engrenagem. Um gráfico das faixas de custos de dentes de engrenagens fabricados por diferentes métodos, como uma função da precisão exigida, é apresentado na Figura 15.21.

15.8 Engrenagens de Dentes Retos; Análise de Forças

Na Figura 15.22(a) um *pinhão* cilíndrico de dentes retos (1) centrado em O_1, girando no sentido horário a uma velocidade de n_1 rpm, move uma *engrenagem* cilíndrica de dentes retos 2 centrada em O_2, girando no sentido anti-horário a uma velocidade n_2 rpm. Da Figura 15.8 e da discussão correlata, sabe-se que a força normal F_n transmitida do pinhão-motor para a engrenagem movida tem a orientação da linha de ação, fixa no espaço que passa pelo ponto primitivo P. Nas Figuras 15.22(b) e (c) apresenta-se o resultado quando uma fonte externa de potência produz um torque de operação T_1 constante aplicado ao pinhão e ambos, pinhão e cremalheira, são analisados como corpos livres separados. As reações resultantes nos rolamentos de sustentação são R_1 e R_2. Examinando-se o diagrama de corpo livre do pinhão, por exemplo, fica claro que a força normal F_n resultante, atuando sobre o

[43] Engrenagem de alta precisão cuidadosamente mantida.

pinhão no ponto primitivo P, ao longo da linha de ação, pode ser decomposta em uma componente tangencial F_t e uma componente radial F_r, conforme está ilustrado na Figura 15.22 (d). As forças de reação nos rolamentos, também, podem ser decompostas em componentes, se desejado. A componente tangencial F_t tem direção da tangente comum (portanto perpendicular ao raio primitivo r_1), portanto pelo equilíbrio de momento em torno do eixo de rotação

$$T_1 = F_t r_1 \tag{15-21}$$

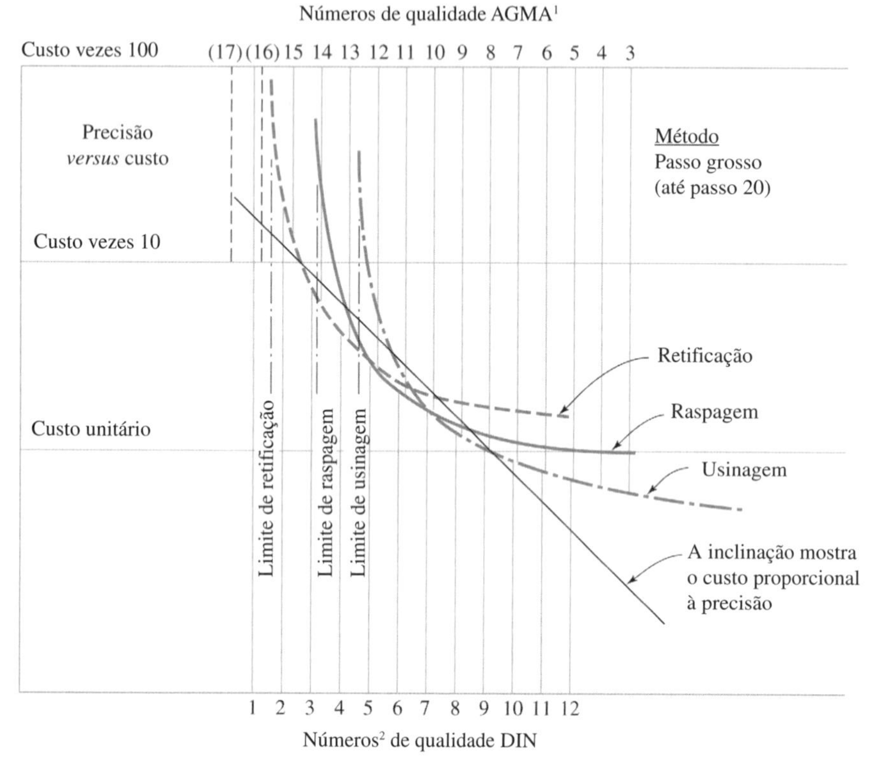

[1] Veja Tabela 15.4 ou ref. 14.
[2] Veja ref.15.

Figura 15.21
Tendências de custos de manufatura para dentes de engrenagens segundo diferentes métodos. (Extraído da ref. 1. *Fonte:* Dudley Engineering Company, San Diego, CA.)

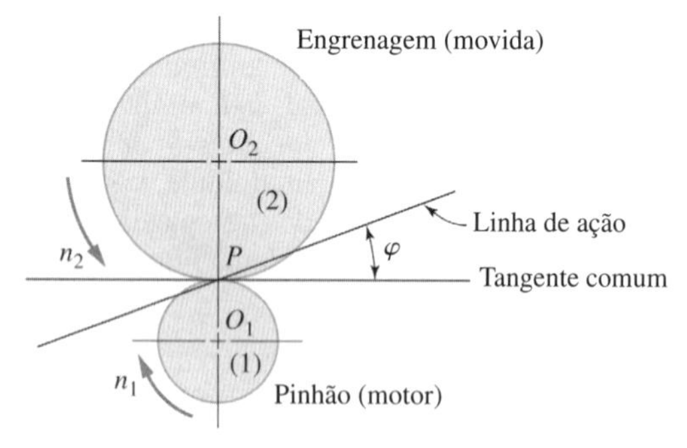

(*a*) *Layout* típico de engrenamento com engrenagens cilíndricas de dentes retos, sendo apresentados os círculos primitivos e a linha de ação.

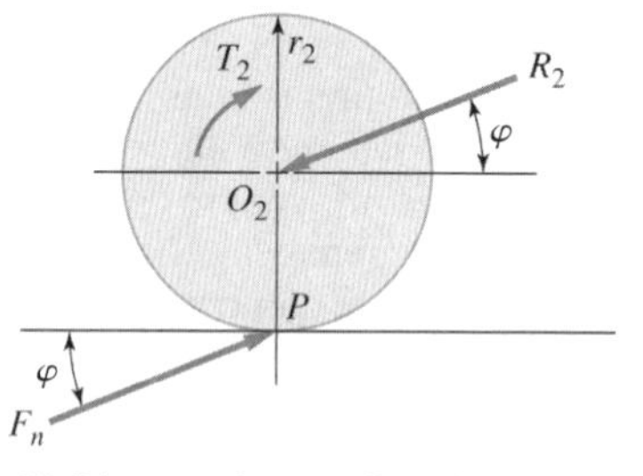

(*b*) Diagrama de corpo livre da engrenagem movida.

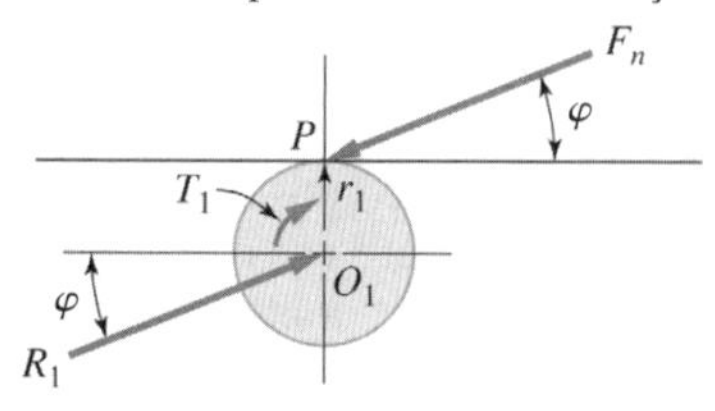

(*c*) Diagrama de corpo livre do pinhão motor.

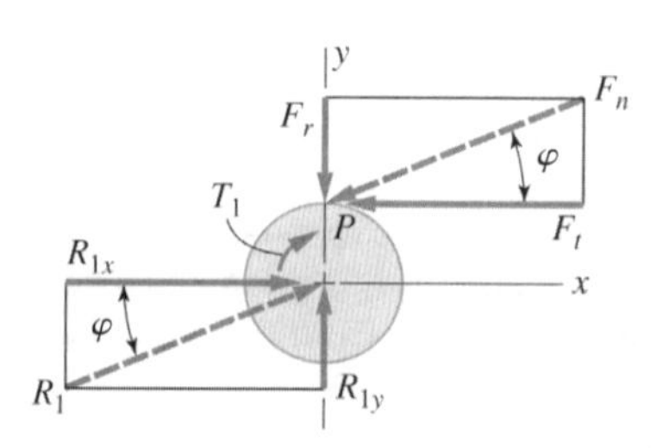

(*d*) Decomposição de forças para o pinhão.

Figura 15.22
Análise de forças para um engrenamento cilíndrico de dentes retos.

Uma vez que F_t é relacionada diretamente com a transmissão de potência, é componente de força "útil". Ao contrário, a componente radial F_r é, simplesmente, um resíduo da geometria do dente, não servindo para nenhum propósito útil e tendendo, apenas, a afastar as engrenagens. Frequentemente, F_t é chamada de *força transmitida* e F_r, de *força de separação*. Uma decomposição de força semelhante poderia ser feita para a engrenagem movida.

A força transmitida F_t pode ser calculada utilizando-se a potência transferida do pinhão para a engrenagem, conforme (4-32) ou (4-34). De (4-32) por exemplo,

$$hp = \frac{T(2\pi rn)}{12(33.000)} = \frac{F_t r_1(2\pi n_1)}{12(33.000)} = \frac{F_t r_2(2\pi n_2)}{12(33.000)} \tag{15-22}$$

baseada no fato de que a potência transmitida permanece constante ao longo de todo o trem de engrenagens se as perdas por atrito são desprezadas.

A velocidade na linha primitiva V (ft/min) pode ser calculada como

$$V = \frac{2\pi r_1 n_1}{12} = \frac{2\pi r_2 n_2}{12} \tag{15-23}$$

em que r_1 e r_2 são os raios primitivos em polegadas e n_1 e n_2 são as velocidades angulares em rpm. Combinando-se (15-22) e (15-23) obtém-se uma forma conveniente da equação da potência para aplicações em engrenagens como

$$hp = \frac{F_t V}{33.000} \tag{15-24}$$

o que permite o cálculo da força de transmissão requerida, como

$$F_t = \frac{33.000(hp)}{V} \tag{15-25}$$

A potência requerida e a velocidade na linha primitiva V são, usualmente, conhecidas para uma aplicação específica.

Se o ângulo de pressão φ for conhecido, a geometria da Figura 15.22(c) permite o cálculo da força de separação como

$$F_r = F_t \tan \varphi \tag{15-26}$$

Também é interessante observar que

$$F_r = F_n \cos \varphi \tag{15-27}$$

Finalmente, considerando-se (15-21) e (15-22) obtém-se uma extensão útil de (15-15), nominalmente

$$\frac{\omega_2}{\omega_1} = \frac{n_2}{n_1} = \pm\frac{r_1}{r_2} = \pm\frac{N_1}{N_2} = \pm\frac{T_1}{T_2} \tag{15-28}$$

em que ω = velocidade angular
n = velocidade angular em rpm
r = raio primitivo
N = número de dentes da engrenagem
T = torque aplicado

15.9 Engrenagens de Dentes Retos; Análise de Tensão e Projeto

Dos modos potenciais de falha discutidos em 15.4, os dois mais prováveis para governar um projeto típico de conjunto de engrenagens são falha por *fadiga devida à flexão* na raiz de um dente ou falha *por fadiga superficial* gerada por tensão cíclica de contato de Hertz, produzidas pelo acoplamento repetitivo dos dentes das engrenagens. *Em princípio*, o procedimento para o projeto de dentes de engrenagens não é diferente do procedimento de projeto de qualquer outro elemento de máquina;[44] os *parâmetros de severidade de carregamento* (por exemplo, tensões) são calculados e comparados com *capacidades críticas* (por exemplo, limites de resistência correspondentes aos modos de falha dominantes), a geometria e os materiais são ajustados até que um fator de segurança adequado ou

[44] Veja Capítulo 6.

um nível de confiabilidade seja alcançado.[45] *Na prática*, os resultados obtidos com a aplicação dos princípios fundamentais são normalmente refinados pelo uso de uma série de fatores de modificação (algumas vezes chamados de *fatores de desclassificação*) baseados na experiência, para a consideração de variabilidades na fabricação, fatores dinâmicos na operação, variabilidades na resistência, variabilidades no ambiente e variabilidades na montagem. Um conjunto de procedimentos com ampla aceitação para este propósito, suportado por um extenso conjunto de dados, foi padronizado e publicado pela AGMA.[46] Aconselha-se o projetista responsável por aplicações de engrenamentos, em especial engrenamentos de alto desempenho, a consultar a maioria das normas AGMA atualizadas (estas normas são atualizadas continuamente).

A abordagem neste texto apresentará uma análise inicial simplificada, seguida de uma breve sinopse dos procedimentos mais refinados normalizados pela AGMA para a análise do dente à flexão e quanto à durabilidade superficial.

Flexão de Dente; Abordagem Simplificada

Um dente de engrenagem pode ser idealizado como uma viga engastada carregada na extremidade,[47] como ilustrado na Figura 15.23. As primeiras aproximações introduzidas inicialmente por Lewis[48] em 1893 ainda são utilizadas para formular a expressão para a tensão nominal de flexão no adoçamento da raiz do lado com tração, designado como ponto a na Figura 15.23. Lewis observou que uma parábola de resistência constante[49] inscrita em um perfil de dente evolvental, traçado de forma tangente aos raios dos filetes e com vértice localizado na intersecção do vetor de força normal F_n com a linha de centro, permanece integralmente *no interior do perfil do dente.* Admitindo-se que um perfil parabólico como este proveja uma descrição geométrica conservadora para se estimar as tensões atuantes no dente de engrenagem como viga engastada. Para um dente com largura de face b, a tensão nominal de flexão no ponto crítico a devida à força transmitida F_t é[50]

$$(\sigma_b)_a = \frac{6F_tL}{bh^2} \tag{15-29}$$

Uma pequena componente de tensão compressiva (favorável) em a, produzida pela força de separação F_r é, normalmente, desprezada; o pequeno acréscimo na tensão compressiva em b, já compressiva, também é, normalmente, desprezada porque a tensão cíclica *compressiva* é, normalmente, muito menos séria do que a tensão cíclica *trativa* em a.

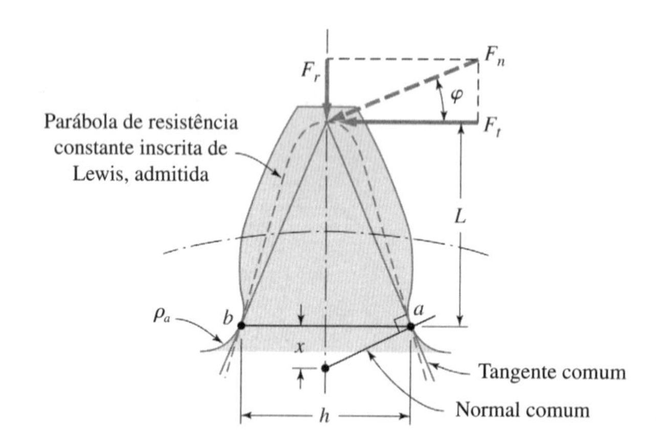

Figura 15.23
Modelo de flexão de viga engastada em balanço para um dente de engrenagem *admitido como parabólico*. A flexão é produzida pela força F_n atuando no *ápice* (extremidade) da parábola de (Lewis) inscrita de resistência constante. A interseção do vetor F_n com a linha de centro do dente define a localização do ápice.

---

[45] Veja Capítulo 5.
[46] American Gear Manufacturers Association, 1500 King Street, Suite 201, Alexandria VA22314.
[47] A carga pode ser, na realidade, aplicada próxima à extremidade para engrenamentos de precisão com uma razão de contato superior a 1,0 devido à *distribuição de carga* com outros dentes. Veja a discussão do *ponto de único contato mais extremo* em "Interações do Engrenamento" em 15.6.
[48] Veja ref. 16.
[49] Veja Figura 14.12(b) e (14-32).
[50] Veja (14-30).

Para especificar o cálculo de tensão de (15-29) para um dente de engrenagem evolvental, conforme introduzido no desenvolvimento de Lewis, usa-se a semelhança de triângulos da Figura 15.23, obtendo-se

$$\frac{h/2}{x} = \frac{L}{h/2} \tag{15-30}$$

então

$$x = \frac{h^2}{4L} \tag{15-31}$$

Em seguida, rearranja-se (15-29) na forma

$$(\sigma_b)_{cp-a} = \frac{F_t}{b}\left(\frac{1}{h^2/4L}\right)\left(\frac{1}{4/6}\right) \tag{15-32}$$

Combinando-se (15-31) com (15-32) e multiplicando-se por (p_c/p_c),

$$(\sigma_b)_{cp-a} = \frac{F_t}{b}\left(\frac{1}{x}\right)\left(\frac{3}{2}\right)\left(\frac{p_c}{p_c}\right) = \frac{F_t}{bp_c y} \tag{15-33}$$

em que

$$y \equiv \frac{2x}{3p_c} \tag{15-34}$$

é definida como *fator de forma de Lewis*, fornece a versão original da equação de Lewis.

Na prática moderna, são preferidas versões alternativas escritas em termos de *passo diametral* ou *módulo*. Utilizando-se (15-12) e (15-13), são estas as formas para as unidades usadas nos EUA:

$$(\sigma_b)_{cp-a} = \frac{F_t P_d}{\pi b y} = \frac{F_t P_d}{bY} \tag{15-35}$$

e para uso nas unidades do SI,

$$(\sigma_b)_{cp-a} = \frac{F_t}{\pi m b y} = \frac{F_t}{mbY} \tag{15-36}$$

em que $Y = \pi y$ é um fator de forma de Lewis baseado no passo diametral ou no módulo. Tanto Y quanto y são funções da forma do dente (mas não do seu tamanho) e, portanto, variam com o número de dentes nas engrenagens. Os valores de Y são fornecidos na Tabela 15.5 para vários números de dentes de engrenagem.

Para continuar com a abordagem simplificada, deveria ser aplicado um fator de concentração de tensões para fadiga, K_f, para se obter uma tensão real estimada no ponto de tensão crítica a, utilizando-se, para isto, os métodos de 5.3.[51] O fator teórico de concentração de tensões K_t (K_T) é fornecido na Figura 4.23

TABELA 15.5 Valores para o Fator de Forma *Y* de Lewis para Dentes Evolventais com 20° e Profundidade Total

Número de Dentes	Y	Número de Dentes	Y
12	0,245	28	0,353
13	0,261	30	0,359
14	0,277	34	0,371
15	0,290	38	0,384
16	0,296	43	0,397
17	0,303	50	0,409
18	0,309	60	0,422
19	0,314	75	0,435
20	0,322	100	0,447
21	0,328	150	0,460
22	0,331	300	0,472
24	0,337	400	0,480
26	0,346	Rack	0,485

[51] O fator de concentração de tensões era desconhecido na época do desenvolvimento de Lewis para a tensão nominal na raiz do dente.

para dentes de engrenagem evolventais com ângulo de pressão de 20º, como uma função do passo diametral P_d. Reutilizando-se (5-92), tem-se

$$K_f = q(k_t - 1) + 1 \tag{15-37}$$

e

$$(\sigma_b)_{at} = k_f(\sigma_b)_{nom} \tag{15-38}$$

Agora, utilizando-se (15-35), no ponto crítico a,

$$(\sigma_b)_{at} = K_f\left(\frac{F_t P_d}{bY}\right) \tag{15-39}$$

O passo final, na abordagem simplificada, é obter-se um valor apropriado da amplitude de tensão variável, completamente reversível, $\sigma_{eq\text{-}CR}$, correspondente às tensões reais média e alternada para as aplicações.[52]

Comparando-se $\sigma_{eq\text{-}CR}$ com a resistência à fadiga S_N ou o limite de fadiga S_f para o material selecionado sob as condições operacionais de projeto,[53] obtém-se, então, a base para uma estimativa do fator de segurança ou nível de confiabilidade existente para o projeto proposto. Por exemplo, o fator de segurança existente n_{ex} baseado em (5-7) pode ser escrito neste caso como

$$n_{ex} = \frac{S_N}{\sigma_{eq-CR}} \tag{15-40}$$

Exemplo 15.2 Abordagem Simplificada para a Fadiga por Flexão de Engrenagens Cilíndricas de Dentes Retos

Deseja-se examinar um trem de quatro engrenagens similar ao da Figura E15.1A (exceto que $N_1 = N_3 =$ 20 dentes e $N_2 = N_4 = 32$ dentes) para se estabelecer uma estimativa preliminar da resistência à falha na raiz do dente da engrenagem número 1, baseada na falha potencial local devida à fadiga do dente por flexão. As especificações adicionais para este trem de engrenagem seguem abaixo:

1. O trem de engrenagem se destina a um grande misturador industrial (uma máquina para agitação) que requer 5 hp para uma velocidade permanente de operação de 1000 rpm de saída na engrenagem 4.
2. Este cálculo preliminar pode ser baseado na hipótese de que as perdas por atrito são desprezíveis para todos os mancais e acoplamentos entre engrenagens.
3. Deseja-se, se possível, utilizar um aço de baixo carbono AISI 1020 Grau 1, para os blocos das engrenagens.
4. Os dentes de engrenagens devem ser padronizados como dentes de engrenagens cilíndricas de dentes retos evolventais com profundidade total e ângulo de pressão de 20º.
5. Um especialista local em engrenagens sugeriu que um passo diametral em torno de 10 seria, provavelmente, uma boa escolha inicial para o cálculo iterativo.

Deseja-se uma vida muito longa para esta engrenagem, e é necessária uma confiabilidade de 99 por cento. Proponha uma configuração aceitável para a engrenagem 4 baseada na fadiga do dente à flexão.

Solução

De (15-2), a razão de redução é

$$\frac{n_{saída}}{n_{entrada}} = \frac{n_4}{n_1} = 0{,}4$$

Assim, a velocidade da engrenagem 1 é

$$n_1 = \frac{1000}{0{,}4} = 2500 \text{ rpm}$$

Deste modo, uma vez que as perdas são desprezíveis

$$hp_1 = hp_4 = 5 \text{ hp}$$

Selecionando-se, inicialmente, $P_d = 10$ conforme foi recomendado (isto pode demandar um ajuste posterior), o raio primitivo r_1 pode ser calculado a partir de (15-8) como

$$r_1 = \frac{N_1}{2P_d} = \frac{20}{2(10)} = 1{,}0 \text{ polegada}$$

[52] Refere-se à equação (5-72) ou (5-75) para um estado uniaxial de tensões, ou (5-93) até (5-100) para estados multiaxiais de tensões.

[53] Refere-se a (2-25), (2-26), (2-27) e (2-28).

Em seguida, de (15-23), a velocidade na linha primitiva V é

$$V = \frac{2\pi(1{,}0)(2500)}{12} = 1309 \text{ ft/min}$$

então, de (15-25)

$$F_t = \frac{33.000(5{,}0)}{1309} = 126 \text{ lbf}$$

Para calcular a tensão de flexão *nominal* no lado tracionado da raiz do dente a partir de (15-35), pode-se ler um valor para o fator de forma de Lewis Y na Tabela 15.5, correspondente a $N_1 = 20$, como

$$Y = 0{,}322$$

e uma largura b de face intermediária pode ser escolhida como tentativa, utilizando-se (15-16), como

$$b = \frac{11{,}5}{P_d} = \frac{11{,}5}{10} = 1{,}15 \text{ polegada}$$

Utilizando-se estes valores em (15-35), a tensão nominal de flexão no ponto crítico a pode ser calculada como

$$(\sigma_b)_{nom} = \frac{F_t P_d}{bY} = \frac{(126)(10)}{1{,}15(0{,}322)} = 3403 \text{ psi}$$

Para calcular a máxima tensão de flexão real no ponto crítico a, pode-se calcular um fator de concentração de tensões para fadiga utilizando-se (15-37). O valor de K_t pode ser estimado a partir da Figura 5.10 e o valor de q pode ser obtido da Figura 5.26.

Para se estimar K_t da Figura 5.10, o braço de momento e será considerado como a profundidade de trabalho (veja Tabela 15.1) e a espessura h na raiz será adotada como igual à espessura da base (espessura circular multiplicada pelo cosseno do ângulo de pressão), assim

$$\frac{e}{h} = \frac{2{,}000/P_d}{(1{,}571/P_d)\cos 20} = 1{,}35$$

Essa razão fica fora do gráfico da Figura 5.10, assim a estimativa de K_t (mais grosseira possível) parece ser em torno de

$$K_t \approx 1{,}5$$

Empregando-se uma estimativa do raio de raiz ρ_a

$$\rho_a = \frac{0{,}35}{P_d} = \frac{0{,}35}{10} = 0{,}035 \text{ polegada}$$

o valor de q para o aço 1020, obtido da Figura 5.46, é

$$q = 0{,}65$$

assim de (15-37) obtém-se

$$K_f = (0{,}65)(1{,}5 - 1) + 1 = 1{,}3$$

pode-se calcular (15-38) para este projeto proposto como

$$(\sigma_b)_{at} = (1{,}3)(3403) = 4420 \text{ psi}$$

Com referência à Tabela 3.3, as propriedades para resistência monotônica do aço 1020 são

$$S_u = 57.000 \text{ psi}$$

$$S_{yp} = 43.000 \text{ psi}$$

e da Figura 5.31, o limite de resistência à fadiga para corpos de prova de aço 1020 pequenos e polidos pode ser lido como

$$S'_f = 33.000 \text{ psi}$$

Utilizando-se (5-55) e (5-57) e os métodos do Exemplo 5.3, o valor de k_∞ foi estimado como, aproximadamente, 0,65 para esta aplicação, incluindo 99 por cento de ajustes de confiabilidade. Então, tem-se

$$S_f = k_\infty(S'_f) = 0{,}65(33.000) = 21.400 \text{ psi}$$

Finalmente, os dentes do pinhão estão submetidos à flexão *repetida*, produzindo *tração repetida distribuída* no adoçamento crítico da raiz do dente.[54]

---

[54] Veja Figura 5.24.

Exemplo 15.2 Continuação

Usando-se (5-72) tem-se

$$\sigma_{eq-CR} = \frac{\sigma_a}{1 - \sigma_m/S_u} = \frac{(4420/2)}{1 - \dfrac{(4420/2)}{57.000}} = 2300 \text{ psi}$$

O fator de segurança existente com base em (15-40) no lado tracionado da raiz do dente para este projeto proposto seria de

$$n_{ex} = \frac{S_f}{\sigma_{eq-CR}} = \frac{21.400}{2300} = 9{,}3$$

A maioria dos projetistas encararia um fator de segurança de 9,3 como grande demais e tentaria, provavelmente, reprojetar (tipicamente selecionando um novo valor para o P_d) a fim de utilizar melhor o material e o espaço. Deveria ser reconhecido, contudo, que este cálculo não considerou nem os possíveis efeitos dinâmicos do carregamento de impacto (veja 2.6) nem a influência da elasticidade dos eixos, rolamentos e dos dentes de engrenagens sobre o carregamento do dente. Estas duas influências poderiam facilmente reduzir n_{ex} de um fator 2 ou 3. Antes de se reprojetar com base em n_{ex}, portanto, seria prudente fazer primeiro uma avaliação preliminar deste projeto com base na resistência à falha por fadiga da superfície devida ao desgaste e então prosseguir com cálculos de projeto mais refinados. Nos Exemplos 15.3, 15.4 e 15.5 está ilustrado este procedimento.

Flexão de Dente: Sinopse da Abordagem Refinada da AGMA[55]

A abordagem da AGMA para o projeto de dentes de engrenagens resistentes à falha por fadiga devida à flexão, ainda que seja baseada na equação idealizada por Lewis, envolve uma extensa série de fatores empíricos de correção (algumas vezes chamados de fatores de desclassificação) para considerar a influência de diversas variabilidades de fabricação, montagem, geometria, carregamento e material. A AGMA publica muitas páginas de cartas e gráficos com dados de suporte. A apresentação neste texto representa, apenas, uma *sinopse* do procedimento da AGMA, com uma seleção *abreviada* dos dados de suporte para demonstrar a abordagem básica; recomenda-se a qualquer projetista responsável pelo projeto ou desenvolvimento de engrenamentos consultar as normas mais atuais da AGMA.

A equação básica da AGMA para tensão devida à flexão[56] pode ser escrita como[57]

$$\sigma_b = \frac{F_t P_d}{bJ} K_a K_v K_m K_I \qquad (15\text{-}41a)$$

em que K_a = fator de aplicação (veja Tabela 15.6)
K_m = fator de montagem (veja Tabela 15.7)
K_v = fator dinâmico (veja Figura 15.24)
K_I = fator de intermediação = 1,42 para dentes de engrenagens intermediárias com flexão *nos dois sentidos*; = 1,0 para engrenagens com flexão *em apenas um sentido*
J = fator geométrico (veja Tabelas 15.8 e 15.9)
P_d = passo diametral
b = largura da face
F_t = carga tangencial

TABELA 15.6 Fator de Aplicação, K_a

Característica da Fonte de Movimento Primária	Característica da Máquina Acionada: Uniforme	Choque Moderado	Choque Pesado
Uniforme (por exemplo, motor elétrico, turbina)	1,00	1,25	1,75 ou superior
Choques leves (por exemplo, motor de vários cilindros)	1,25	1,50	2,00 ou superior
Choques médios (por exemplo, motor monocilindro)	1,50	1,75	2,25 ou superior

[55] Veja ref. 10

[56] Referida na norma AGMA 2001-C95 como *número da tensão devida à flexão*.

[57] Outros fatores estão disponíveis nas normas AGMA para considerar *sobrecargas* (vibrações no sistema, ocorrências de excesso de velocidade, alterações de processo, condições de carregamento), *efeitos de tamanho* e efeitos da deformação de *anel fino*.

A versão SI de (15-41a) é

$$\sigma_b = \frac{F_t}{mbJ} K_a K_v K_m K_I \tag{15-41b}$$

em que m é o módulo.

O *fator de aplicação* K_a é utilizado para levar em consideração as características de choques e de carregamentos de impacto da fonte de movimento e da máquina movida. O *fator dinâmico* K_v é utilizado para se estimar o efeito do carregamento dinâmico quando uma análise dinâmica detalhada do sistema não está disponível. O nível de qualidade do engrenamento, Q_v na Figura 15.24, reflete na precisão do engrenamento, baseando-se, primariamente, na transmissão do erro. As orientações para a escolha da curva de nível de qualidade podem ser encontradas na Tabela 15.4. A velocidade na linha primitiva para uso na Figura 15.24 pode ser calculada utilizando-se (15-23). O *fator de montagem* K_m é empregado para se considerar a distribuição não uniforme de carga ao longo da face do dente devida às variabilidades de fabricação, folgas nos rolamentos e deflexões nos suportes. O *fator de intermediação*

TABELA 15.7 Fator de Montagem, K_m

Propriedades dos Mancais e Qualidade da Engrenagem	Largura da Face, in			
	0 a 2	6	9	≥ 16
Montagens precisas, pequenas folgas nos rolamentos, deformações mínimas, engrenagens precisas	1,3	1,4	1,5	1,8
Montagens menos rígidas, maiores folgas nos rolamentos, engrenagens menos precisas, contato em toda a face	1,6	1,7	1,8	2,2
Combinações de propriedades de montagem e de precisão de engrenagens que produzem contato em parte da área da face.	2,2 ou superior			

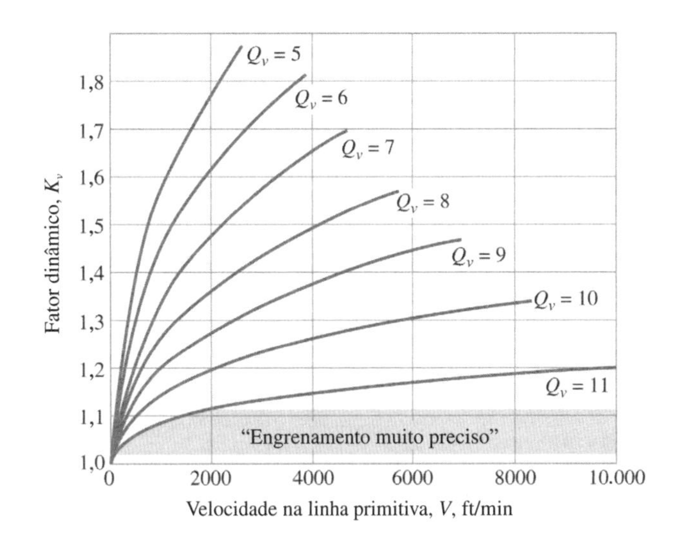

Figura 15.24
Fator dinâmico K_v. Os valores de qualidade Q_v do engrenamento são uma função da precisão da geração (primariamente baseados no erro de transmissão.) Veja a Tabela 15.4 para orientação. (Adaptado da norma ANSI/AGMA 2001-C95, com permissão do editor, American Gear Manufacturers Association, 1500 King Street, Suite 201, Alexandria, VA 22314.)

TABELA 15.8 Fator Geométrico J da AGMA para Dentes Evolventais com 20° e Profundidade Total, para flexão, Submetidos a *Carregamento na Extremidade* (utilizado para engrenamentos de baixa precisão)

Dentes da Engrenagem	Dentes do Pinhão															
	12		14		17		21		26		35		55		135	
	P[1]	E	P	E	P	E	P	E	P	E	P	E	P	E	P	E
12	I[2]	I														
14	I	I	I	I												
17	I	I	I	I	I	I										
21	I	I	I	I	I	I	0,24	0,24								
26	I	I	I	I	I	I	0,24	0,25	0,25	0,25						
35	I	I	I	I	I	I	0,24	0,26	0,25	0,26	0,26	0,26				
55	I	I	I	I	I	I	0,24	0,28	0,25	0,28	0,26	0,28	0,28	0,28		
135	I	I	I	I	I	I	0,24	0,29	0,25	0,29	0,26	0,29	0,28	0,29	0,29	0,29

[1] P = pinhão; E = engrenagem.
[2] I indica uma combinação que produz interferência.

K_l reflete a diferença na resistência à fadiga de um dente de engrenagem quando submetido a tensões completamente reversíveis (intermediária) em comparação com a tração pulsativa (típico dente de engrenagem). O *fator geométrico J* da AGMA engloba o fator de forma de Lewis, os efeitos de concentração de tensões e os efeitos de distribuição de carga em um único parâmetro. Na Tabela 15.8 são fornecidos os valores selecionados de J para dentes com profundidade total e ângulo de pressão de 20º, quando a carga tangencial F_t é aplicada na *extremidade do dente* e a Tabela 15.9 fornece os dados correspondentes para cargas aplicadas em um único ponto na extremidade do dente (*HPSTC*). Se o engrenamento for de elevada precisão e ocorrer a distribuição de carga (para razões de contato entre 1 e 2), os fatores da Tabela 15.9 para carregamentos HPSTC serão apropriados. Se a precisão for baixa, erros no perfil e no espaçamento podem impedir a efetiva distribuição de carga e um único dente pode receber *a carga toda em sua extremidade;* os fatores na Tabela 15.8 serão apropriados neste caso.

Pelo lado da resistência, os dados publicados pela AGMA para resistência do dente à fadiga por flexão S'_{dff}, conforme ilustrado nas Tabelas 15.10 e 15.11 para engrenagens de aço e na Tabela 15.12 para engrenagens de ferro e de bronze, estão todos indexados a uma confiabilidade de 99 por cento

TABELA 15.9 Fator Geométrico *J* da AGMA para Dentes Evolventais com 20º e Profundidade Total, para flexão, Submetidos ao *Carregamento HPSTC*[1] (utilizado para engrenamentos de maior precisão)

Dentes da Engrenagem	Dentes do Pinhão															
	12		14		17		21		26		35		55		135	
	P[2]	E	P	E	P	E	P	E	P	E	P	E	P	E	P	E
12	I[3]	I														
14	I	I	I	I												
17	I	I	I	I	I	I										
21	I	I	I	I	I	I	0,33	0,33								
26	I	I	I	I	I	I	0,33	0,35	0,35	0,35						
35	I	I	I	I	I	I	0,34	0,37	0,36	0,38	0,39	0,39				
55	I	I	I	I	I	I	0,34	0,40	0,37	0,41	0,40	0,42	0,43	0,43		
135	I	I	I	I	I	I	0,35	0,43	0,38	0,44	0,41	0,45	0,45	0,47	0,49	0,49

[1] *Ponto Extremo de Contato Único no Dente.* Veja discussão em "Interações no Engrenamento" em 15.6.
[2] P = pinhão; E = engrenagem.
[3] I indica uma combinação que produz interferência.

TABELA 15.10 Resistência do Dente à Fadiga Devida à Flexão S'_{dff} para Engrenagens[1] de Aço segundo a ANSI/AGMA

Material	Tratamento Térmico	Qualidade[2] Metalúrgica					
		Grau 1		Grau 2		Grau 3	
		Dureza Superficial Mínima	S'_{dff}, ksi	Dureza Superficial Mínima	S'_{dff}, ksi	Dureza Superficial Mínima	S'_{dff}, ksi
Aço	Endurecido	——— Veja Figura 15.25 ———				—	
	Endurecimento por chama ou indução, incluindo a raiz	—	45	28 R_C[3]	55	—	—
	Cementado e endurecido, exceto a raiz	—	22	—	22	—	—
	Cementado e endurecido (Dureza Mínima do Núcleo)	55–64 R_C (21 R_C)	55	58–64 R_C (25 R_C)	65	58–64 R_C (30 R_C)	75
AISI 4140, AISI 4340 aço	Nitretado e endurecido	83,5 R_{15N}	Veja Figura 15.26	83,5 R_{15N}	Veja Figura 15.26	83,5 R_{15N}	—
Nitralloy 135 M, Nitralloy N, e 2,5% cromo (sem alumínio)	Nitretado	87,5 R_{15N}	Veja Figura 15.27	87,5 R_{15N}	Veja Figura 15.27	87,5 R_{15N}	Veja Figura 15.27

[1] Da ref. 10. Adaptado da norma 2001-C95 ANSI/AGMA, com a permissão do editor, American Gear Manufacturers Association, 1500 King Street, Suite 201, Alexandria, VA 22314.
[2] Veja Tabela 15.11 para características de qualidade do grau especificado.
[3] R_C = Rockwell escala C.
R_{15N} = Rockwell escala 15N.

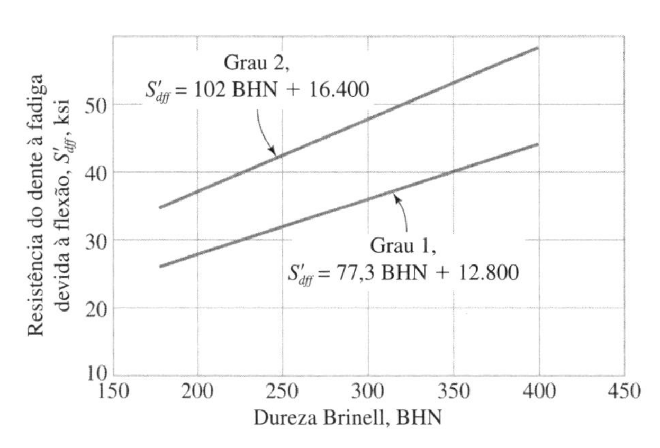

Figura 15.25

Resistência do dente à fadiga devida à flexão S'_{dff} da ANSI/AGMA para engrenagens endurecidas. As curvas são baseadas em uma confiabilidade de 99 por cento para uma vida de 10^7 ciclos de carregamento em um único sentido. Veja a Tabela 15.11 para as características de qualidade do grau especificado. (Adaptado da norma ANSI/AGMA 2001-C95, com permissão do editor, American Gear Manufacturers Association, 1500 King Street, Suite 201, Alexandria, VA 22314.)

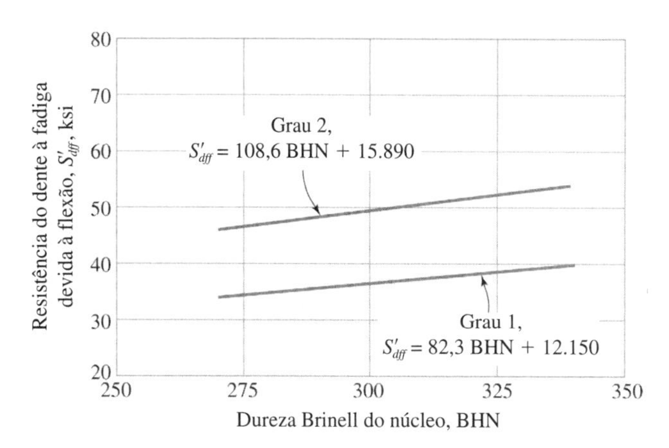

Figura 15.26

Resistência do dente à fadiga devida à flexão para engrenagens nitretadas e endurecidas (AISI 4140 e 4340). As curvas são baseadas em uma confiabilidade de 99 por cento para uma vida de 10^7 ciclos de carregamento em um único sentido. Veja a Tabela 15.11 para as características de qualidade do grau especificado. (Adaptado da norma ANSI/AGMA 2001-C95, com permissão do editor, American Gear Manufacturers Association, 1500 King Street, Suite 201, Alexandria, VA 22314.)

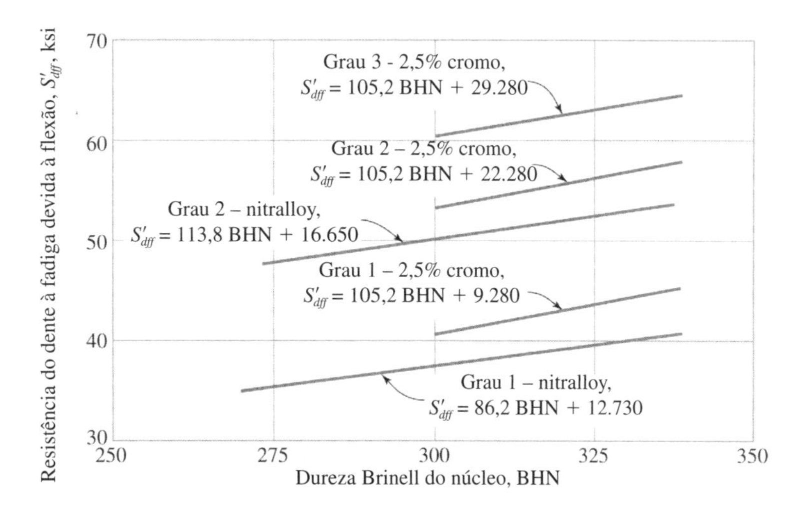

Figura 15.27

Resistência do dente à fadiga devida à flexão S'_{dff} da ANSI/AGMA para engrenagens de aço nitretado. As curvas são baseadas em uma confiabilidade de 99 por cento para uma vida de 10^7 ciclos de carregamento em um único sentido. Veja a Tabela 15.11 para as características de qualidade do grau especificado. (Adaptado da norma ANSI/AGMA 2001-C95, com permissão do editor, American Gear Manufacturers Association, 1500 King Street, Suite 201, Alexandria, VA 22314.)

TABELA 15.11 Características de Qualidade dos Graus[1] para Aços da AGMA (por tentativa)

Grau de Qualidade	Características
0 (qualidade comum)	Sem defeitos grosseiros; sem controle fechado dos itens de qualidade.[2]
1 (boa qualidade)	Controle modesto dos itens de qualidade mais importantes; prática industrial típica.
2 (qualidade prêmio)	Controle fechado de todos os itens de qualidade críticos; resultam em desempenho melhorado, mas eleva o custo do material.
3 (qualidade super)	Controle absoluto de todos os itens de qualidade críticos; resulta em desempenho excelente, mas elevado custo de material; raramente requerido.

[1] Veja ref. 1.
[2] Itens de qualidade incluem dureza superficial, dureza do núcleo, estrutura periférica, estrutura do núcleo, limpeza do aço, condição superficial do flanco, condição superficial do adoçamento da raiz, tamanho de grão e dureza não uniforme ou estrutura.

para uma vida de 10^7 ciclos de carregamento em um único sentido. Para outras vidas de projeto diferentes de 10^7 ciclos, a resistência S'_{dff} pode ser multiplicada por um *fator de correção da vida* Y_N obtido da Figura 15.28 para engrenagens de aço (os valores de Y_N para materiais diferentes do aço não estão prontamente disponíveis). Para exigências de confiabilidade diferentes de 99 por cento, o S'_{dff} pode ser multiplicado por um fator de confiabilidade do engrenamento, R_g, obtido da Tabela 15.13.

TABELA 15.12 Resistência do Dente à Fadiga Devida à Flexão S'_{dff} para Engrenagens[1] de Ferro e de Bronze segundo a ANSI/AGMA

Material	Designação do Material	Tratamento Térmico	Dureza Superficial Mínima Típica[2]	S'_{dff}, ksi
Ferro Fundido Cinzento ASTM A48	Classe 20	Como fundido	—	5
	Classe 30	Como fundido	174 BHN	8,5
	Classe 40	Como fundido	201 BHN	13
Ferro Fundido Dúctil (nodular) ASTM A536	Grau 60-40-18	Recozido	140 BHN	22–33
	Grau 80-55-06	Q & T[3]	179 BHN	22–33
	Grau 100-70-03	Q & T	229 BHN	27–40
	Grau 120-90-02	Q & T	269 BHN	31–44
Bronze		Fundido em areia	Resistência à tração mínima, 40 ksi	5,7
	ASTM B-148 Liga 954	Tratado termicamente	Resistência à tração mínima, 90 ksi	23,6

[1] Da ref. 10. Adaptado da norma 2001-C95 ANSI/AGMA, com a permissão do editor, American Gear Manufacturers Association, 1500 King Street, Suite 201, Alexandria, VA 22314.
[2] BHN = número de dureza Brinnell.
[3] Temperado.

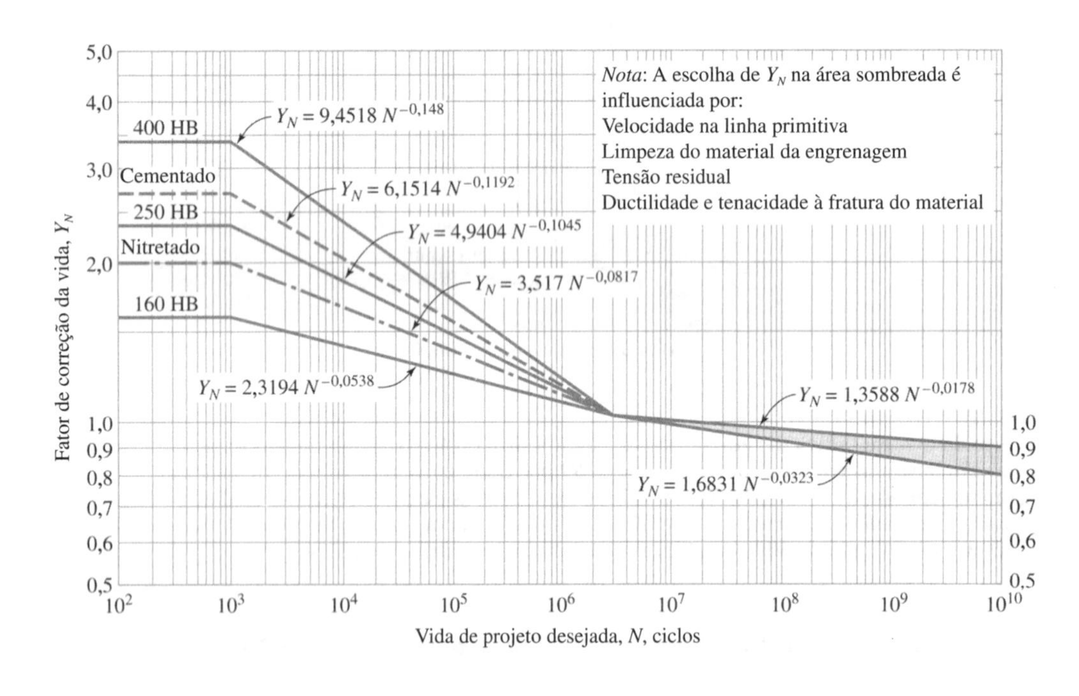

Figura 15.28
Fator de correção da vida para corrigir a resistência à fadiga devida à flexão da ANSI/AGMA para vidas diferentes de 10^7 ciclos. Válido apenas para aços. (Adaptado da norma ANSI/AGMA 2001-C95, com permissão do editor, American Gear Manufacturers Association, 1500 King Street, Suite 201, Alexandria, VA 22314.)

TABELA 15.13 Fator de Correção da Confiabilidade da AGMA R_{eng} para Engrenagens[1]

Confiabilidade Desejada, percentual	R_{eng}
99,99	0,67
99,9	0,80
99	1,0
90	1,18
50	1,43

[1] Da ref. 10.

Assim, a resistência do dente à fadiga por flexão, S'_{dff}, correspondente à confiabilidade e à vida desejadas, torna-se

$$S_{dff} = Y_N R_g S'_{dff} \tag{15-42}$$

Assim como $\sigma_{eq\text{-}CR}$ foi comparado com o limite de resistência à fadiga S_N na abordagem simplificada discutida anteriormente, ao se utilizar a abordagem refinada da AGMA, a tensão devida à flexão é comparada com a resistência à fadiga por flexão S'_{dff} para se determinar se a configuração de projeto proposta é aceitável. Se

$$\sigma_b \leq S_{dff} \tag{15-43}$$

o projeto é considerado com *aceitável.*

Exemplo 15.3 Abordagem Refinada da AGMA para Fadiga por Flexão de Engrenagens Cilíndricas de Dentes Retos

Deseja-se comparar os resultados da abordagem simplificada para o projeto dos dentes de engrenagem que resistirá à falha de fadiga por flexão, ilustrada no Exemplo 15.2, com os resultados usando-se a abordagem refinada da AGMA para a mesma engrenagem (engrenagem modificada número 1 do trem de engrenagens apresentado na Figura E15.1A, exceto que $N_1 = N_3 = 20$ e $N_2 = N_4 = 32$ dentes).

a. Realize os cálculos necessários utilizando a abordagem refinada da AGMA.

b. Compare os resultados de (a) com os resultados do Exemplo 15.2

Solução

a. Do Exemplo 15.2:

Material: AISI Aço 1020, Grau 1
S_u = 57.000 psi (Tabela 3.3)
S_{yp} = 43.000 psi (Tabela 3.3)
BHN = 121 (Tabela 3.13)
Especificação de confiabilidade: 99 por cento
Especificação de vida: muito longa
Sistema de dentes: evolvental, ângulo de pressão 20º e com profundidade total.

em que
n_1 = 2500 rpm
hp_1 = 5 hp
r_1 = 1,0 polegada
P_d = 10 (unidade)
N_1 = 20 dentes
N_2 = 32 dentes (engrenagem acoplada)
V_1 = 1309 ft/min
F_{t1} = 126 lbf
b_1 = 1,15 polegada
$n_{ex\text{-}1}$ = 9,3

Utilizando-se (15-41)

$$\sigma_b = \frac{F_t P_d}{bJ} K_a K_v K_m K_I$$

os fatores podem ser avaliados como

K_a = 1,0 (veja Tabela 15.6)
K_v = 1,15 (veja Figura 15.24, com $Q_v = 10$ e $V = 1309$ ft/min)
K_m = 1,6 (veja Tabela 15.7 com as condições típicas de montagem)
K_I = 1,0 (com flexão em apenas um sentido)
J = 0,33 (veja Tabelas 15.9; HPSTC admitido como válido)
b = 1,15 polegada
P_d = 10 (unidade)
F_t = 126 lbf

Exemplo 15.3 Continuação

Substituindo-se estes valores, obtém-se

$$\sigma_b = \frac{(126)(10)}{1,15(0,33)}(1,0)(1,15)(1,6)(1,0) = 6109 \text{ psi}$$

Utilizando-se (15-42)

$$S_{dff} = Y_N R_{eng} S'_{dff}$$

e os fatores podem ser avaliados como

Y_N = 0,8 (da Figura 15.28, baseado em 8 anos de operação, 24 horas/dia; aproximadamente 10^{10} ciclos)

R_{eng} = 1,0 (Tabela 15.13)

$(S'_{dff})_{N=10^{10}}$ = 22.000 psi (extrapolado da Figura 15.25, admitindo-se Grau 1, BHN = 121, veja Tabela 3.13)

de (15-42) tem-se

$$(S'_{dff})_{N=10^{10}} = (0,8)\ (1,0)\ (22.000) = 17.600 \text{ psi}$$

Baseado em (15-43) para a engrenagem 1, então

$$n_{ex-1} = \frac{(S_{dff})_{N=10^{10}}}{\sigma_b} = \frac{17.600}{6109} = 2,9$$

b. Observa-se que o fator de segurança existente calculado, obtido com a abordagem refinada da AGMA, é aproximadamente 2,9 comparado com o fator de segurança existente 9,3, calculado utilizando-se o método simplificado. Este resultado é compatível com a noção de que mais informações quantitativas mais precisas sobre os materiais e as condições de operação conduzem a menor "incerteza randômica" e um fator de segurança existente calculado menor (que é, por definição, associada com "incerteza randômica").

Durabilidade Superficial: Tensões de Contato de Hertz e Fadiga por Desgaste Superficial

Conforme foi discutido em 4.6, quando superfícies curvas, com os dentes de engrenagem, são pressionadas juntas, as distribuições triaxiais de tensão nas superfícies dos corpos em contato e abaixo delas podem ser descritas pelas suas equações de tensões de contato de Hertz pertinentes. Já foram discutidas as equações (4-74) a (4-79) desenvolvidas para cilindros paralelos em contato, ilustrado na Figura 4.17. Como o contato entre os dentes de engrenagens se assemelha ao dos cilindros em contato, as equações governando as tensões de contato para a falha superficial dos dentes de engrenagem por fadiga podem ser adaptadas a partir do modelo cilíndrico de tensões de contato de Hertz. Para este caso, a máxima componente de tensão normal de Hertz σ_z, ao longo da linha de centros, conforme apresentado na Figura 4.17, é dada por (4-86). Reescrevendo-se (4-86) utilizando-se a terminologia para o dente de engrenagem conforme sumarizado na Tabela 15.14, pode-se escrever a equação para a fadiga superficial por desgaste como[58]

$$\sigma_{sf} = \sqrt{\frac{F_t\left(\dfrac{2}{d_p \operatorname{sen}\varphi} + \dfrac{2}{d_{eng}\operatorname{sen}\varphi}\right)}{\pi b \cos\varphi\left(\dfrac{1-\nu_p^2}{E_p} + \dfrac{1-\nu_{eng}^2}{E_{eng}}\right)}} \qquad (15\text{-}44)$$

Os dados para resistência à fadiga superficial, conforme a apresentação da Figura 15.29 para dentes retos de engrenagens cilíndricas cementados, são determinados calculando-se o valor de σ_{sf} de (15-44) que corresponde à falha por fadiga (degradação significativa da função devida ao desgaste e à escamação). Os dados de resistência à fadiga superficial não são amplamente disponíveis.[59] Deve-se mencionar que fatores de influência como atrito por deslizamento, lubrificação e tensões térmicas, que tipificam as aplicações com engrenagens, contribuem, provavelmente, para uma curva *S-N* mais baixa na Figura 15.29; assim é importante utilizar-se a *curva S-N para engrenagens* para o projeto de conjuntos de engrenagens.

[58] Baseado no trabalho de Earle Buckingham, veja ref. 17.

[59] Veja, contudo, a ref. 19 para dados adicionais.

TABELA 15.14 Equivalências na Notação de Engrenagens para as Equações de Tensões de Contato de Hertz (4-124) e (4-125)

Símbolo da Equação de Hertz	Notação Equivalente para Engrenamentos	Fonte ou Definição
$p_{máx}$	σ_{sf}	Tensão *de fadiga superficial devida ao desgaste* (tensão de contato de Hertz máxima)
F	$F_t / \cos \varphi$	Força normal (veja 15-27)
L	b	Largura de Face
d_1	d_p sen φ	Geometria evolvental básica
d_2	d_{eng} sen φ	Geometria evolvental básica
ν_1, ν_2	ν_p, ν_{eng}	Coeficiente de Poisson de pinhão, engrenagem
E_1, E_2	E_p, E_{eng}	Módulo de Young de pinhão, engrenagem
	d_p, d_{eng}	Diâmetro primitivo de pinhão, engrenagem
	F_t	Força tangencial na região de contato
	φ	Ângulo de pressão

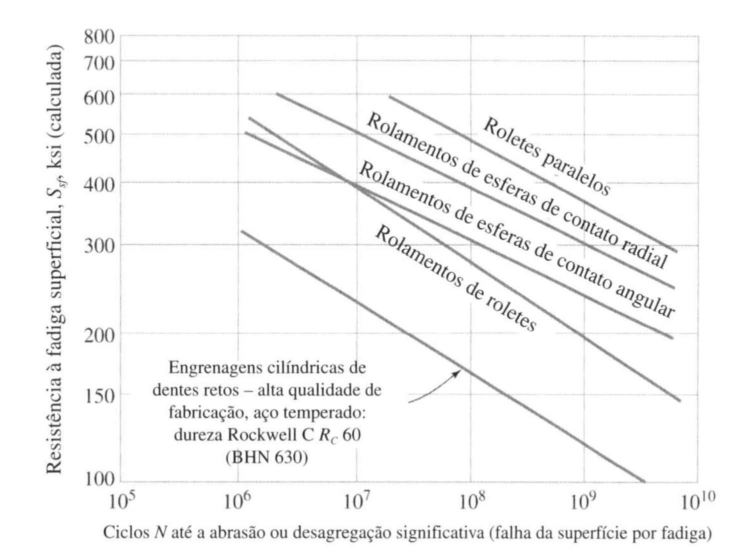

Figura 15.29
Curvas *S-N* de tensão de contato correspondentes a uma confiabilidade de 90 por cento. (Adaptado da ref. 19 com permissão da McGraw-Hill Companies; veja também ref. 18.)

Finalmente, é importante reconhecer que à medida que os dentes da engrenagem giram no ângulo de ação, o movimento relativo entre os dentes engrenados consiste em *rolamento mais deslizamento*, exceto no ponto primitivo, na qual é *rolamento puro*. A velocidade relativa de deslizamento entre as superfícies dos dentes em contato é proporcional à distância entre o ponto de contato e o ponto primitivo e inverte seu sentido à medida que o par de dentes rola até o ponto primitivo. Estas componentes de velocidade de deslizamento podem produzir desgaste abrasivo ou adesivo e, em alguns casos, significativo aquecimento por atrito, que pode demandar atenção especial para a lubrificação e a refrigeração.

Exemplo 15.4 Abordagem Simplificada para Durabilidade Superficial de Dentes Retos de Engrenagens Cilíndricas

Continuando-se com o projeto preliminar dos Exemplos 15.1, 15.2 e 15.3, deseja-se examinar a resistência à fadiga superficial por desgaste dos dentes (veja Figura E15.1A). As propriedades do material candidato (proposto), dimensões e configurações de operação estão sumarizadas no Exemplo 15.3. Além disso, propõe-se a carbonetação e a cementação das superfícies dos dentes da engrenagem para uma dureza aproximada Rockwell C 60 (R_C 60) de modo a melhorar a resistência à falha por fadiga superficial. Lembrando que se deseja uma vida muito longa, avalie a adequação dos dentes em termos de resistência à falha por fadiga superficial devida ao desgaste.

Exemplo 15.4 Continuação

Solução

Utilizando-se (15-44) em conjunto com os dados sumarizados nos Exemplos 15.2 e 15.3, obtém-se

$$\sigma_{sf} = \sqrt{\frac{126\left(\dfrac{2}{2{,}0 \text{ sen } 20} + \dfrac{2}{3{,}2 \text{ sen } 20}\right)}{\pi(1{,}15)\cos 20\left(\dfrac{1 - 0{,}3^2}{30 \times 10^6} + \dfrac{1 - 0{,}3^2}{30 \times 10^6}\right)}} = \sqrt{\frac{598{,}65}{2{,}06 \times 10^{-7}}} = 53.910 \text{ psi}$$

Da Figura 15.29, o limite de resistência à fadiga superficial S_{sf} para uma confiabilidade de 90 por cento e uma vida de $N = 10^{10}$ ciclos, para engrenagens de aço cementado com R_C 60, pode ser obtido (por extrapolação) como

$$(S_{sf})_{N = 10^{10}} = 90.000 \text{ psi } (R = 90\%)$$

Ajustando-se os dados de resistência da Figura 15.29 com confiabilidade de 90 por cento, para o nível de confiabilidade de 99 por cento requerido, pode-se utilizar a Tabela 2.3 para obter-se

$$(S_{sf})_{N=10^{10}} = \left(\frac{0{,}81}{0{,}90}\right)90.000 = 81.000 \text{ psi } (R = 99\%)$$

O fator de segurança existente para a resistência à falha por fadiga superficial devida ao desgaste é, com base em (5-7),

$$n_{ex} = \frac{(S_{sf})_{N=10^{10}}}{\sigma_{sf}} = \frac{81.000}{53.910} = 1{,}5$$

Durabilidade da Superfície: Sinopse da Abordagem Refinada da AGMA

A abordagem da AGMA para o projeto de dentes de engrenagens que resistam à falha por fadiga (abrasão) superficial é baseada na equação para tensões de contato idealizada por Hertz (15-44), modificada por uma lista de fatores de correção (fatores de desclassificação) para levar em consideração a influência de diversas variabilidades de fabricação, montagem, geometria, carregamento e material, utilizando um procedimento muito similar ao empregado para a avaliação de seriedade (severidade) da fadiga do dente à flexão. A avaliação básica da AGMA da resistência superficial ao desgaste é obtida pela comparação entre a tensão de contato causadora da fadiga superficial e a resistência à fadiga superficial admissível.[60] O desenvolvimento prossegue, reescrevendo-se, primeiro, (15-44) na forma

$$\sigma_{sf} = C_p\sqrt{\frac{F_t}{bd_pI}} \tag{15-45}$$

em que $C_p \equiv$ coeficiente elástico $= \sqrt{\dfrac{1}{\pi\left(\dfrac{1 - \nu_p^2}{E_p} + \dfrac{1 - \nu_{eng}^2}{E_{eng}}\right)}}$

$$I \equiv \text{fator geométrico} = \frac{\text{sen } \varphi \cos \varphi}{2}\left(\frac{m_{Eng}}{m_{Eng} + 1}\right)$$

$$m_{Eng} = \text{razão do engrenamento} = \frac{d_{eng}}{d_p} = \frac{N_{eng}}{N_p} \text{ (sempre} \geq 1{,}0)$$

inserindo-se, então, os fatores de modificação, obtém-se[61]

$$\sigma_{sf} = C_p\sqrt{\frac{F_t}{bd_pI}K_aK_vK_m} \tag{15-46}$$

[60] Referida como *número admissível de tensão de contato* na norma AGMA 2001-C95.

[61] Há outros fatores disponíveis na norma AGMA que consideram a *distribuição de carga* (fabricação, montagem, alinhamento e variabilidades de montagem), *sobrecargas* (vibrações do sistema, ocorrências de excesso de velocidade, alterações nas condições de carregamento do processo), *tamanho, superfície* e efeitos das *condições superficiais.*

Em geral, *o fator de aplicação* K_a, *o fator dinâmico* K_v e *o fator de montagem* K_m são os mesmos usados na análise de fadiga devida à flexão do dente e podem ser obtidos da Tabela 15.6, Figura 15.24 e Tabela 15.7, respectivamente.

No lado da resistência, os dados publicados pela AGMA para resistência à fadiga superficial, S'_{sf}, conforme apresentado na Tabela 15.15 para engrenagens de aço, Tabela 15.16 para engrenagens de ferro e de bronze e Figura 15.30 para engrenagens de aço cementado estão todos indexados a uma confiabilidade de 99 por cento para uma vida de 10^7 ciclos de carregamento com um único sentido. Para outras vidas de projeto que não 10^7 ciclos, a resistência S'_{sf} deve ser multiplicada por um *fator de correção da vida* Z_N, obtido da Figura 15.31 para engrenagens de aço. Não estão prontamente disponíveis valores para Z_N para outros materiais diferentes do aço. Para exigências de confiabilidade diferentes de 99 por cento, a resistência S'_{sf} deve ser multiplicada por um fator de confiabilidade da engrenagem R_g, obtido da Tabela 15.13.

TABELA 15.15 Resistência à Fadiga Superficial (Resistência ao Desgaste) S'_{sf} da ANSI/AGMA para Engrenagens[1] de Aço

		Qualidade[2] Metalúrgica					
		Grau 1		Grau 2		Grau 3	
Material	Tratamento Térmico	Dureza Superficial Mínima	S'_{dff}, ksi	Dureza Superficial Mínima	S'_{dff}, ksi	Dureza Superficial Mínima	S'_{dff}, ksi
Aço	Endurecido	Veja Figura 15.30				—	—
	Endurecimento por chama ou indução, incluindo a raiz	50 R_C	170	—	190	—	—
		54 R_C	175	—	195	—	—
	Cementado e endurecido (dureza mínima do núcleo)	55–64 R_C (21 R_C)	180	58–64 R_C (25 R_C)	225	58–64 R_C (30 R_C)	275
AISI 4140, AISI 4340 aço	Nitretado e endurecido	83,5	150	83,5	163	83,5	175
		84,5 R_{15N}	155	84,5 R_{15N}	168	84,5 R_{15N}	180
2,5% cromo (sem alumínio)	Nitretado	87,5 R_{15N}	155	87,5 R_{15N}	172	87,5 R_{15N}	189
Nitralloy 135M	Nitretado	90,0 R_{15N}	170	90,0 R_{15N}	183	90,0 R_{15N}	195
Nitralloy N	Nitretado	90,0 R_{15N}	172	90,0 R_{15N}	188	90,0 R_{15N}	205
2,5% cromo (sem alumínio)	Nitretado	90,0 R_{15N}	176	90,0 R_{15N}	196	90,0 R_{15N}	216

[1] Da ref. 10. Adaptado da norma 2001-C95 ANSI/AGMA, com a permissão do editor, American Gear Manufacturers Association, 1500 King Street, Suite 201, Alexandria, VA 22314.
[2] Veja Tabela 15.11 para características de qualidade do grau especificado.
[3] R_C = Rockwell escala C.
R_{15N} = Rockwell escala 15N.

TABELA 15.16 Resistência à Fadiga Superficial (Resistência ao Desgaste) S'_{sf} da ANSI/AGMA para Engrenagens[1] de Ferro e de Bronze

Material	Designação do Material	Tratamento Térmico	Dureza Superficial Mínima Típica[2]	S'_{dff}, ksi
Ferro fundido cinzento ASTM A48	Classe 20	Como fundido	—	50–60
	Classe 30	Como fundido	174 BHN	65–75
	Classe 40	Como fundido	201 BHN	75–85
Ferro fundido dúctil (nodular) ASTM A536	Grau 60-40-18	Recozido	140 BHN	77–92
	Grau 80-55-06	Q & T[3]	179 BHN	77–92
	Grau 100-70-03	Q & T	229 BHN	92–112
	Grau 120-90-02	Q & T	269 BHN	103–126
Bronze		Fundido em areia	Resistência à tração mínima, 40 ksi	30
	ASTM B-148 Liga 954	Tratado termicamente	Resistência à tração mínima, 90 ksi	65

[1] Da ref. 10. Adaptado da norma 2001-C95 ANSI/AGMA, com a permissão do editor, American Gear Manufacturers Association, 1500 King Street, Suite 201, Alexandria, VA 22314.
[2] BHN = número de dureza Brinnell.
[3] Temperado.

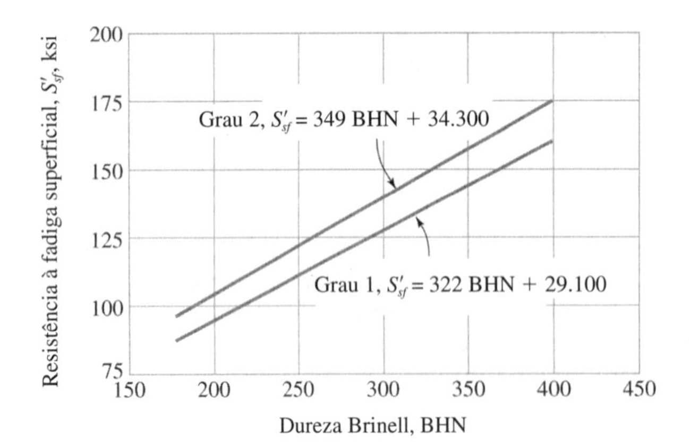

Figura 15.30
Curvas de resistência à fadiga devida à flexão, S'_{sf} da ANSI/AGMA. As curvas são baseadas em uma confiabilidade de 99 por cento para uma vida de 10^7 ciclos de carregamento em um único sentido. Veja a Tabela 15.10 para as características de qualidade do grau especificado. (Da ref. 10. Adaptado da norma ANSI/AGMA 2001-C95, com permissão do editor, American Gear Manufacturers Association, 1500 King Street, Suite 201, Alexandria, VA 22314.)

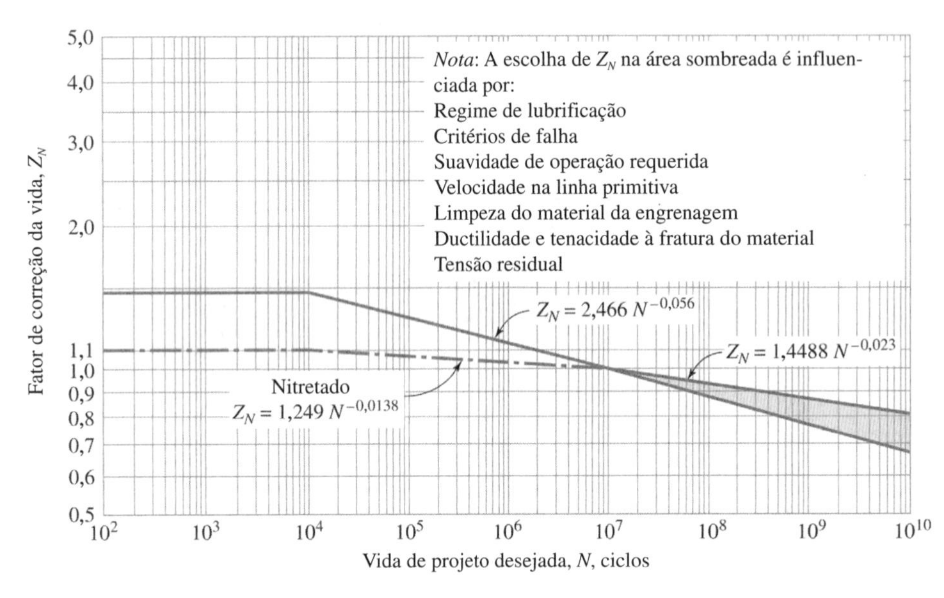

Figura 15.31
Fator de correção da vida para corrigir a resistência à fadiga superficial da ANSI/AGMA para uma vida diferente de 10^7 ciclos. Válido apenas para aços. (Da ref. 10. Adaptado da norma ANSI/AGMA 2001-C95, com permissão do editor, American Gear Manufacturers Association, 1500 King Street, Suite 201, Alexandria, VA 22314.)

Assim, a resistência à fadiga superficial S_{sf} correspondente à confiabilidade desejada e à vida de projeto torna-se[62]

$$S_{sf} = Z_n R_{eng} S'_{sf} \tag{15-47}$$

Como é usual, se

$$\sigma_{sf} \leq S_{sf} \tag{15-48}$$

o projeto é tido com aceitável.

Exemplo 15.5 Abordagem Refinada da AGMA para Durabilidade Superficial de Dentes Retos de Engrenagens Cilíndricas

Deseja-se refinar a avaliação preliminar da durabilidade superficial realizada no Exemplo 15.4 utilizando a abordagem da AGMA. Como seria obtido este refinamento?

Solução

Para se utilizar a abordagem da AGMA, deve-se avaliar primeiro (15-46). Para isso, deve-se calcular o coeficiente elástico

$$C_p = \sqrt{\frac{1}{\pi\left(\dfrac{1-0{,}3^2}{30\times10^6}+\dfrac{1-0{,}3^2}{30\times10^6}\right)}} = 2{,}29 \times 10^3$$

[62] Há um *fator de correção da dureza* disponível nas normas AGMA que considera pequenos acréscimos nos *dentes da engrenagem* (*não se aplica* aos dentes do pinhão) devido ao trabalho de endurecimento a frio realizado pelos contatos repetitivos com um pinhão mais duro.

O fator geométrico pode ser calculado como

$$I = \frac{\text{sen}\,20\cos 20}{2}\left(\frac{1{,}6}{1{,}6 + 1}\right) = 0{,}10$$

em que

$$m_{Eng} = \frac{N_{eng}}{N_p} = \frac{32}{20} = 1{,}6 \text{ (dos dados do Exemplo 15.3)}$$

Ainda dos dados do Exemplo 15.3,

$$\begin{aligned} F_t &= 126 \text{ lbf} \\ b &= 1{,}15 \text{ polegada} \\ d_p &= 2r_1 = 2(1{,}0) = 2{,}0 \text{ polegadas} \\ K_a &= 1{,}0 \\ K_v &= 1{,}15 \\ K_m &= 1{,}6 \end{aligned}$$

então, de (15-46)

$$\sigma_{sf} = 2{,}29 \times 10^3\sqrt{\frac{126}{(1{,}15)(2{,}0)(0{,}10)}(1{,}0)(1{,}15)(1{,}6)} = 72.705 \text{ psi}$$

Avaliando-se a resistência, utilizando (15-47), a resistência à fadiga superficial do aço (Classe 1) carbonetado e cementado pode ser obtida da Tabela 15.15 como

$$S'_{sf} = 180.000 \text{ psi}$$

O fator de confiabilidade para a especificação original de confiabilidade de 99 por cento pode ser obtido da Tabela 15.13 como

$$R_{eng} = 1{,}0$$

e o fator de correção da vida pode ser obtido da Figura 15.31 para uma vida de 10^{10} ciclos como

$$Z_{N=10^{10}} = 0{,}67$$

Utilizando-se estes valores, de (15-47) obtém-se

$$(S_{sf})_{N=10^{10}} = 0{,}67\,(1{,}0)\,(180.000) = 120.600 \text{ psi}$$

Baseado em (5-7), o fator de segurança existente para a resistência à falha por fadiga superficial (desgaste) é

$$n_{ex} = \frac{S_{sf}}{\sigma_{sf}} = \frac{120.600}{72.705} = 1{,}7$$

15.10 Lubrificação e Dissipação de Calor

Conforme discutido em 15.9, o movimento relativo entre os dentes retos de engrenagens cilíndricas em contato, à medida que estas giram pelo ângulo de contato, consiste em rolamento e deslizamento, exceto no ponto primitivo, onde ocorre rolamento puro. A velocidade relativa de deslizamento entre as superfícies dos dentes em contato é proporc ional à distância entre o ponto de contato e o ponto primitivo. Como estas componentes de velocidade de deslizamento podem causar desgaste adesivo ou abrasivo e, em alguns casos, significativo aquecimento por atrito, a lubrificação adequada e a capacidade de refrigeração são importantes para a operação suave e uma vida aceitável da engrenagem. Os itens lubrificação e refrigeração tornam-se ainda mais importantes para engrenagens helicoidais e cônicas devido a componentes adicionais de deslizamento, e para os conjuntos com coroa sem-fim o aquecimento é tão significativo que, frequentemente, são necessários sistemas de lubrificação com bomba de óleo e resfriadores externos de óleo para evitar a deterioração do óleo e a falha do sistema.

Para engrenamentos com engrenagens cilíndricas de dentes retos, as perdas de potência variam, tipicamente, de menos de 0,5 por cento da potência transmitida até 1,0 por cento, dependendo dos materiais, sistema de dentes, características da superfície, velocidade na linha primitiva e do método de lubrificação. Para engrenamentos com engrenagens helicoidais e cônicas, perdas algo maiores são típicas, variando, frequentemente de 1,0 a 2,0 por cento. Uma regra prática comum para engrenamentos com engrenagens cilíndricas de dentes retos, helicoidais e cônicas é admitir-se que cada engrenamento, incluindo-se engrenagens e mancais, incorre em uma perda de 2,0 por cento da potência (98 por cento de eficiência). Para coroa sem-fim, a perda de potência pode ser estimada com base em uma *eficiência* calculada, utilizando-se a expressão desenvolvida para parafusos de transmissão,[63] conforme será discutido posteriormente em 15.21.

Para cargas leves, baixas velocidades, baixa potência transmitida e operação intermitente, os engrenamentos *descobertos* podem ser lubrificados utilizando-se um canal de óleo, uma almotolia ou graxa periodicamente pincelada. Quando as engrenagens operam em uma carcaça *fechada*, ou em uma *caixa de engrenagens*, usa-se largamente o salpico de óleo para engrenagens submetidas a cargas e velocidades e níveis de potência transmitida moderados. Neste caso, uma das engrenagens de um par mergulha em uma cuba com suprimento de óleo na parte inferior da caixa de engrenagens e carreia o óleo para o engrenamento. Para sistemas de engrenagens de alta velocidade e elevada capacidade, são necessários, com frequência, sistemas com circulação positiva de óleo, sendo utilizada uma bomba de óleo separada para drenar o óleo da cuba e dispensá-lo a uma vazão controlada sobre os dentes engrenados, sendo que algumas vezes o óleo circula externamente em um trocador de calor para ser mantido em uma temperatura aceitável (usualmente, inferior a 180º F[64]).

No desenvolvimento de um sistema de lubrificação aceitável para engrenamentos, podem ser aplicados os conceitos básicos apresentados para a lubrificação de mancais de deslizamento[65] e, dependendo da aplicação, pode ser apropriado buscar-se um *filme espesso* de lubrificação no engrenamento ou aceitar-se uma operação com *filme fino*. Há três regimes potenciais de lubrificação identificados para engrenamentos, com base na discussão de lubrificação elastodinâmica relativa a mancais com elementos rotativos.[66] São eles:[67]

Regime I: filme fino de óleo EHD; essencialmente contato metal com metal
Regime II: filme fino de óleo EHD; contato parcial metal com metal
Regime III: filme espesso de óleo EHD; nenhum contato metal com metal

O *Regime I* caracteriza-se por baixas velocidades, cargas elevadas e acabamentos superficiais grosseiros, como os encontrados em engrenamentos de guinchos com acionamento manual, prensas para alimentos e dispositivos de elevação. O *Regime II*, com uma separação substancial, mas não total, dos dentes de engrenagem por um filme de óleo, tipifica-se por velocidades médias, cargas de moderadas a elevadas e bons acabamentos superficiais, como os encontrados nos engrenamentos de transmissões de automóveis, caminhões e tratores. O *Regime III* representa engrenamentos bem projetados, cuidadosamente fabricados, operando em altas velocidades como os utilizados em caixas de engrenagens de aeronaves e caixas de engrenagens de alta velocidade de turbinas. Assim como nos mancais de elementos rotativos,[68] o parâmetro de filme elastodinâmico (razão lambda) deveria ter um valor de aproximadamente 3 para um desempenho de lubrificação ótimo.[69] Na Figura 15.32, estão detalhadas as regiões de operação aproximadas, associadas com os Regimes I, II e III como uma função da espessura de filme elastodinâmico mínimo e a rugosidade superficial efetiva dos dentes da engrenagem.

Como foi discutida para o projeto hidrodinâmico de rolamentos em 10.7, a taxa a que o calor é gerado por atrito na operação de engrenamentos (assim como nos mancais de sustentação) deve ser igual à taxa na qual o calor é dissipado para a atmosfera ambiente. A temperatura do óleo para o qual este balanço é alcançado deve satisfazer tanto em termos de viscosidade de equilíbrio quanto em termos de limite máximo da temperatura. A taxa de calor gerado pelo atrito, H_{eng}, pode ser estimada utilizando-se regras práticas para cálculos de eficiência, como já discutido, e a taxa de dissipação do calor H_c para uma carcaça de engrenagem de transmissão pode ser estimada a partir a lei de resfriamento de Newton[70], repetida aqui por conveniência como

$$H_d = k_1 A_h(\Theta_s - \Theta_a) \text{ Btu/min} \tag{15-49}$$

em que k_1 = coeficiente modificado de transferência global de calor, Btu/min·in²·ºF [veja (10-22) e (10-23) para valores aproximados]
A_h = área da superfície exposta da carcaça, in²
Θ_s = temperatura da superfície da carcaça, ºF
Θ_a = temperatura do ar ambiente, ºF

[63] Veja 12.4.
[64] Veja Figura 10.3.
[65] Veja 10.5.
[66] Veja (11-16) e a discussão associada.
[67] Veja ref. 1.
[68] Veja (11.16) e a discussão associada.
[69] Veja ref. 9 para o cálculo da espessura de filme EHD, $h_{mín}$.
[70] Veja (10-19).

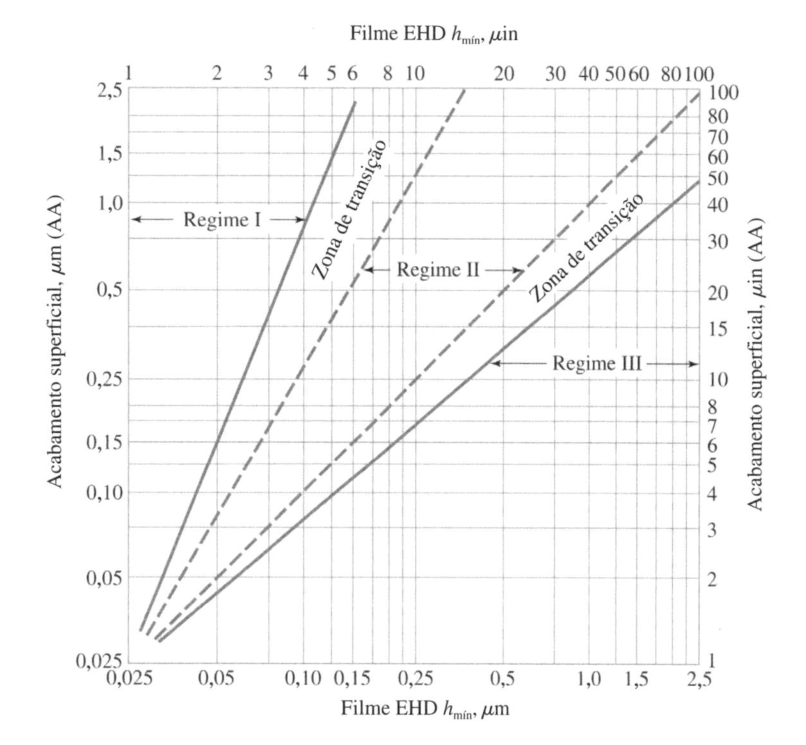

Figura 15.32
Regimes de lubrificação prováveis para dentes de engrenagens em operação como função da espessura de filme elasto-hidrodinâmica mínima (EHD) e do acabamento superficial efetivo. Veja também (11.16). (Extraído da ref. 1. *Fonte:* Dudley Engineering Company, San Diego, CA.)

Para se alcançar o equilíbrio, é necessário que H_c e H_{eng} sejam iguais e a temperatura resultante do óleo deve ser aceitável para o lubrificante escolhido. O resfriamento externo do óleo pode ser considerado separadamente, caso necessário.

15.11 Engrenagens de Dentes Retos; Resumo do Procedimento de Projeto Recomendado

O projeto de engrenagens é, normalmente, um processo iterativo em que os modos de falha potencial são identificados, materiais preliminares são selecionados e uma geometria do engrenamento é adotada. Itera-se, com a proposta inicial, até que as cargas e velocidades operacionais impostas pelas especificações de projeto possam ser aplicadas para a vida de projeto, ou até que o fator de segurança de projeto desejado seja alcançado (veja Capítulo 2). O procedimento de projeto a seguir é sugerido para se estabelecer um projeto de engrenamento bem-sucedido (há na literatura muitas outras abordagens):[71]

1. Produza, com base nas especificações funcionais e na configuração do sistema contemplado, um primeiro esboço conceitual do trem de engrenagem, incluindo razão de redução, número de dentes proposto para cada engrenagem (veja Tabela 15.3 para evitar adelgaçamento), distâncias entre centros dos eixos e localização dos mancais e quaisquer outras restrições (veja Exemplo 15.1).
2. Identifique os modos potenciais de falha (veja 15.4).
3. Selecione os materiais preliminares para as engrenagens (veja 15.5).
4. Selecione os métodos preliminares de fabricação e acabamento adequados à aplicação (veja Tabela 15.4).
5. Selecione, por tentativas, um sistema de dente e então, utilizando-se a potência e a velocidade requeridas, realize uma análise completa de forças para determinar torques, velocidades e cargas transmitidas para cada engrenamento do trem de engrenagens (veja o Exemplo 15.2).
6. Selecione, por tentativas, um passo diametral (ou módulo), baseando-se na experiência ou na orientação especializada ou ainda na seleção arbitrária a partir da Figura 15.13, que pareça consistente com a disposição proposta do projeto. A experiência indica que, quando se escolhe um passo diametral entre 8 e 10, há certo equilíbrio entre a falha por fadiga do dente à flexão e durabilidade à fadiga superficial. Dentes mais grosseiros tendem a falhar por fadiga superficial e dentes mais finos tendem a falhar por fadiga à flexão.

[71] Veja , por exemplo, ref. 1.

7. Para cada dente, calcule ou estime o raio primitivo, velocidade na linha primitiva, largura de face e carga transmitida preliminares (veja Exemplo 15.2).
8. Para cada engrenagem, calcule o fator de segurança, baseando-se na fadiga do dente à flexão, que existiria se as escolhas propostas (iniciais) para a geometria e as propriedades do material do dente (inclusive as especificações de confiabilidade) fossem utilizadas no projeto. As tensões de fadiga à flexão podem ser calculadas utilizando-se tanto a *abordagem simplificada* (veja Exemplo 15.2) quanto a *abordagem refinada da AGMA* (veja Exemplo 15.3).
9. Compare *o fator de segurança existente* preliminar com *o fator de segurança de projeto* especificado. Se forem aproximadamente iguais, não será necessária nenhuma outra iteração. Se *não* forem iguais, *será* necessária uma outra iteração, usualmente envolvendo uma escolha melhor para o passo diametral. Em alguns casos uma alteração no material selecionado pode ser requerido. Continue iterando até que o fator de segurança de projeto seja alcançado. Repita para cada engrenagem, conforme a necessidade.
10. Utilizando os resultados do passo 9, calcule o fator de segurança existente baseado na durabilidade superficial, utilizando quer a abordagem simplificada de contato de Hertz para a fadiga superficial (veja Exemplo 15.4) quer a abordagem refinada da AGMA (veja Exemplo 15.5). Se o fator de segurança existente não estiver de acordo com o fator de segurança de projeto especificado, podem ser necessárias iterações adicionais.
11. Estime as perdas por atrito, geração de calor e necessidade de lubrificação para manter níveis aceitáveis de calor, ruído e vidas de projeto (veja 15.10).

15.12 Engrenagens Helicoidais; Nomenclatura, Geometria do Dente e Interações do Engrenamento

Conforme ilustrado nas Figuras 15.2(c) e (d), os acionamentos com engrenagens cilíndricas de dentes helicoidais compartilham muito dos atributos das engrenagens cilíndricas de dentes retos quando utilizadas para a transmissão de potência ou de movimento entre eixos paralelos. A diferença geométrica distinguível é que os dentes de engrenagens cilíndricas de dentes retos são retos e alinhados com o eixo de rotação [conforme apresentado na Figura 15.33(a)], enquanto os dentes de engrenagens cilíndricas de dentes helicoidais são inclinados com relação ao eixo de rotação segundo um ângulo ψ, chamado de *ângulo de hélice*, medido na superfície do cilindro primitivo (veja Figura 15.34). Uma engrenagem cilíndrica de dentes retos pode ser pensada como uma engrenagem cilíndrica de dentes helicoidais com ângulo de hélice zero.

A zona de contato e as interações de engrenamento entre engrenagens de dentes helicoidais são muito mais difíceis de serem visualizadas que a zona de contato e as interações de engrenamento das engrenagens cilíndricas de dentes retos. Na Figura 15.33, fornece-se uma forma de visualização da progressão do contato no acoplamento de uma engrenagem de dentes helicoidais, comparando-o, em princípio, com o engrenamento de uma engrenagem cilíndrica de dentes retos e, sem seguida, com uma engrenagem cilíndrica de dentes retos escalonados. Para a engrenagem cilíndrica de dentes retos da Figura 15.33(a), quando há o engrenamento dos dentes, a linha de contato fica estabelecida de uma vez para todo o percurso pela face do dente ou até próximo da extremidade do dente da engrenagem *movida*. Esta linha de contato movimenta-se suavemente ao longo do perfil evolvental desde a região do contato inicial até a região do contato final ou próximo da raiz do dente da engrenagem movida, onde ocorre a separação à medida que a engrenagem continua a girar. Dependendo da razão de contato, conforme foi definida em (15-20), o comprimento total de contato *salta de uma largura de face para duas larguras de face* e retorna,[72] conforme apresentado no diagrama de rotação na Figura 15.33(a).

Em seguida, visualize a engrenagem cilíndrica de dentes retos na Figura 15.33(a) como fatiada de forma perpendicular ao seu eixo de rotação em várias engrenagens finas [quatro ilustradas na Figura 15.33(b)], em seguida visualize a pequena rotação relativa de cada engrenagem fina (fatia), progressivamente, até que o agrupamento forme uma engrenagem cilíndrica de dentes retos escalonados, conforme apresentado na Figura 15.33(b). Com a rotação da engrenagem cilíndrica de dentes retos escalonados estabelece-se uma linha com largura total de contato, inicialmente através da face de uma engrenagem fina (fatia) que, em seguida, à medida que a engrenagem gira, atravessa a segunda engrenagem, a terceira e a quarta, sucessivamente, gerando uma curva de *comprimento de contato escalonado* apresentada no diagrama de rotação da Figura 15.33(b). Pode-se notar que o engrenamento da engrenagem de dentes escalonados é, na média, mais gradual do que o engrenamento da engrenagem cilíndrica de dentes retos.

Se o número de fatias na Figura 15.33(b) for aumentado e sua espessura reduzida para se manter uma largura de face constante e se cada fatia for girada progressivamente de um pequeno ângulo em relação à fatia anterior, no limite os dentes escalonados serão substituídos por dentes

[72] Admitindo-se $1 \leq m_c \leq 2$.

paralelos, formando de maneira suave, uma hélice em torno do eixo de rotação. Tal engrenagem é chamada de *engrenagem cilíndrica de dentes helicoidais*. Conforme ilustrado na Figura 15.33(c), o diagrama de rotação de uma engrenagem cilíndrica de dentes helicoidais *sobe, em rampa, suavemente do comprimento de contato mínimo até o comprimento de contato máximo* e volta, à medida que a engrenagem gira. Se a *razão de contato de face*[73] for um *inteiro,* o comprimento de contato mínimo $L_{mín}$ e o comprimento de contato máximo $L_{máx}$ são iguais, e então o comprimento de contato permanece constante.

A terminologia básica para descrever as características das engrenagens cilíndricas de dentes helicoidais é, substancialmente, a mesma das engrenagens cilíndricas de dentes retos. Pode-se verificar isto comparando-se as Figuras 15.34(a) e 15.1(d). Contudo, por causa dos dentes inclinados, são necessários alguns parâmetros adicionais para descrever certos aspectos das engrenagens de dentes helicoidais. Nas Figuras 15.34(b) e (c) há esboços de uma cremalheira de dentes helicoidais usados para auxiliar na definição destes termos adicionais. Na Figura 15.34(c) está representada a vista superior de uma cremalheira básica com dentes helicoidais, com sentido de hélice à direita,[74] ângulo de hélice ψ e largura de face b. As linhas ab e cd são linhas de referência colocadas nas superfícies de dois dentes helicoidais adjacentes nas quais o plano primitivo intercepta os perfis dos dentes. O ângulo formado entre qualquer uma destas linhas de referência no plano normal com uma linha de

Figura 15.33

Comparação dos padrões de contato para engrenagens cilíndricas de dentes retos *movidas*, escalonadas e engrenagens cilíndricas de dentes helicoidais com hélice à direita. Para maior clareza, os padrões de contato (engrenamento com superposição) para dentes adjacentes foram omitidos.

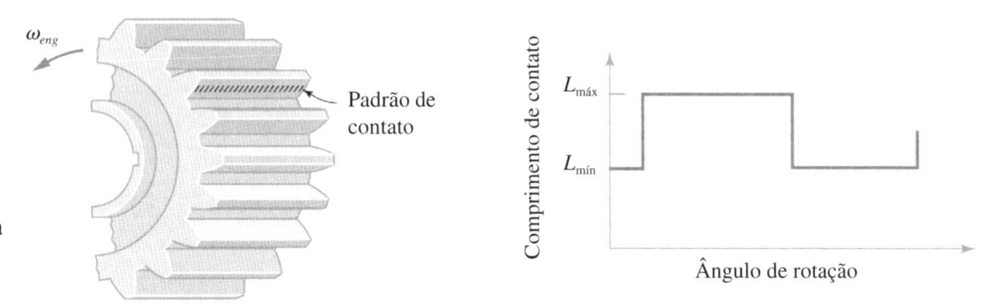

(*a*) Padrão de contato para engrenagem cilíndrica de dentes retos; também o contato como uma função da rotação

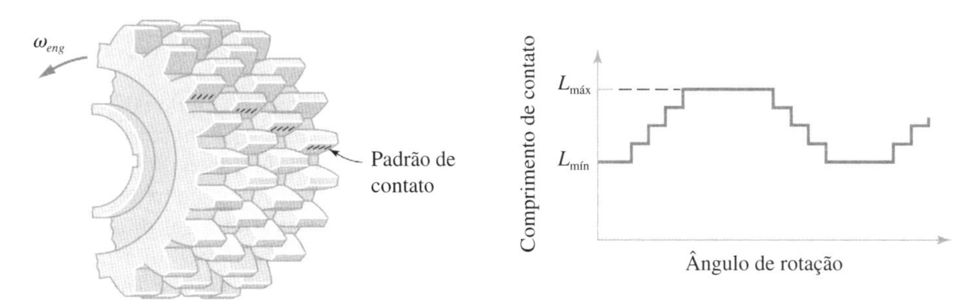

(*b*) Padrão de contato para engrenagem cilíndrica de dentes retos escalonada; também o contato como uma função da rotação

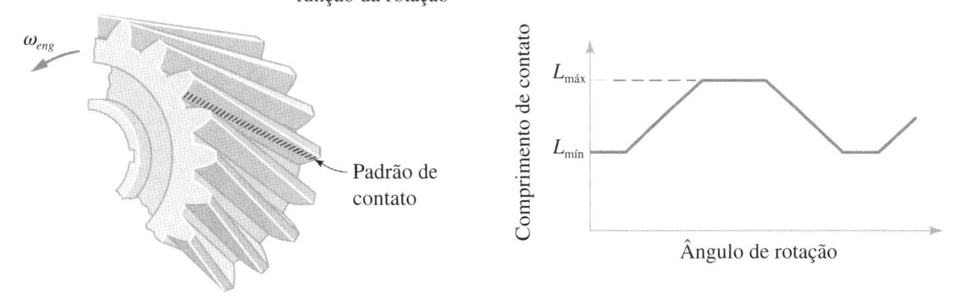

(*c*) Padrão de contato para engrenagem cilíndrica de dentes helicoidais; também o contato como uma função da rotação

[73] Veja (15-60).

[74] Uma maneira fácil de se determinar rapidamente "o sentido" de hélice de uma cremalheira ou de uma engrenagem cilíndrica de dentes helicoidais, por observação, é alinhar o próprio corpo com o eixo de rotação e, em seguida, elevar um dos braços paralelamente aos dentes. O sentido de hélice coincide com o lado esquerdo ou direito do braço levantado. O ângulo de hélice é medido a partir do eixo de rotação.

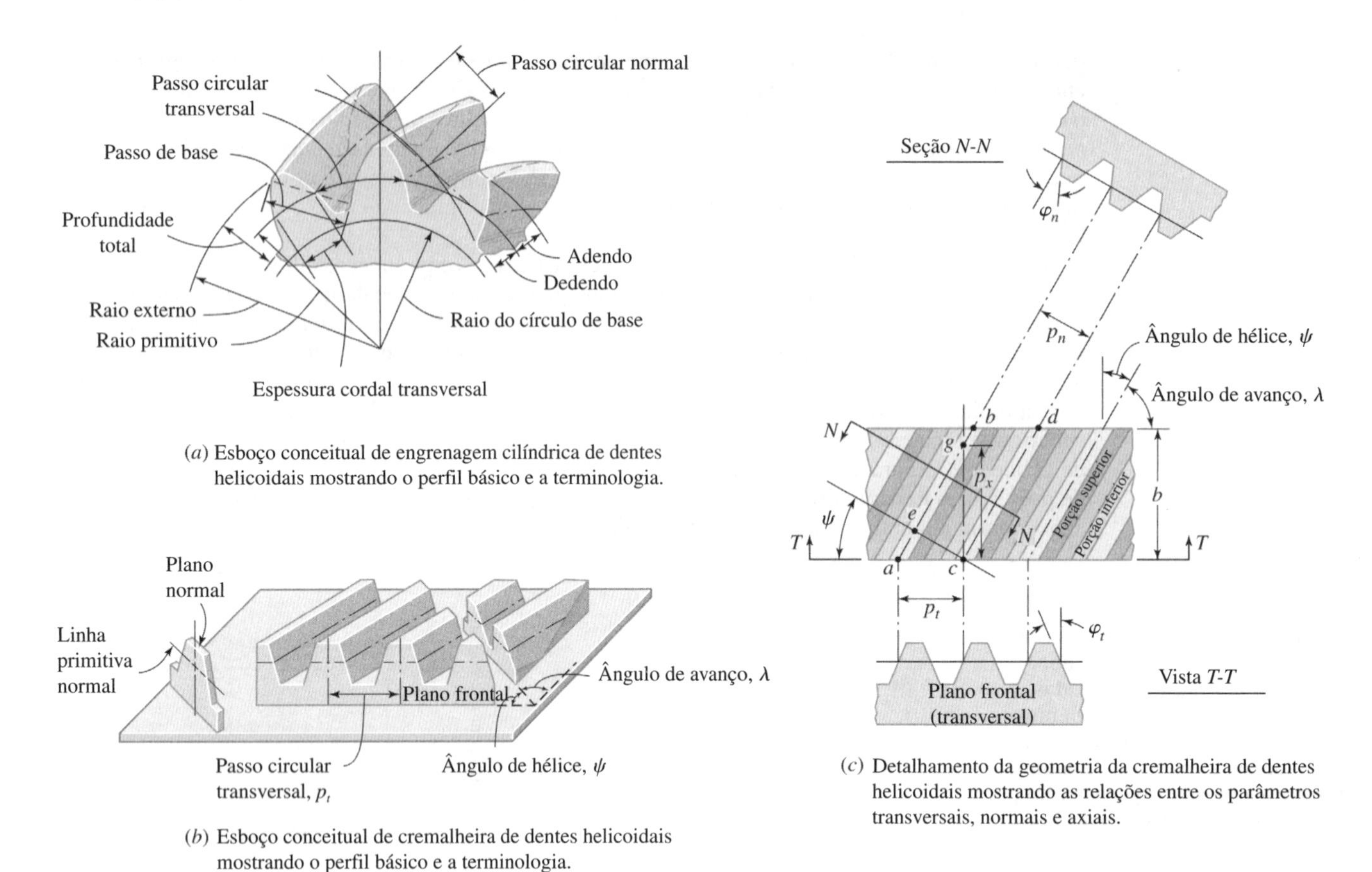

Figura 15.34
Geometria e nomenclatura para engrenagens cilíndricas e cremalheiras de dentes helicoidais.

intersecção paralela ao eixo de rotação da engrenagem acoplada é o ângulo de hélice ψ. Além disso, há outros planos de interesse: *planos transversais* (normais ao eixo de rotação), *planos normais* (perpendiculares aos dentes) e *planos axiais* (paralelos ao eixo de rotação). Na Figura 15.34(c), *T-T* é um plano transversal, *N-N* é um plano normal e *cg* está sobre um plano axial.

Os parâmetros adicionais a serem definidos para engrenagens cilíndricas de dentes helicoidais são relacionados com os ângulos e distâncias medidas nos planos transversal, normal e axial. Assim, o *passo circular transversal* p_t (igual a p_c) e o *ângulo de pressão transversal* φ_t (igual a φ) são medidos sobre o plano *transversal*, o *passo circular normal* p_n e o *ângulo de pressão normal* φ_n são medidos sobre o plano *normal* e o *passo axial* p_x é medido sobre o plano *axial*. Por definição, o passo transversal e o passo circular são os mesmos definidos para engrenagens cilíndricas de dentes retos. Assim, de (15-6)

$$p_t = p_c = \frac{\pi d}{N} \tag{15-50}$$

Dos triângulos *ace* e *acg*, respectivamente

$$p_n = p_t \cos\psi \tag{15-51}$$

e

$$p_x = \frac{p_t}{\tan\psi} = \frac{p_n}{\operatorname{sen}\psi} \tag{15-52}$$

Assim como nas engrenagens cilíndricas de dentes retos, o passo diametral é o indicador mais comum para se dimensionar os dentes da engrenagem cilíndrica de dentes helicoidais. Com base em (15-12) tem-se

$$P_t p_t = \pi \tag{15-53}$$

e de forma similar

$$P_n p_n = \pi \tag{15-54}$$

em que P_t é o passo diametral no plano transversal (o mesmo que P_d para as engrenagens cilíndricas de dentes retos) e P_n é o passo diametral no plano normal. De (15-53) e (15-54) pode-se deduzir que

$$P_t = P_n \cos\psi \tag{15-55}$$

Também pode-se deduzir geometricamente da Figura 15.34(c) que

$$\tan\varphi_t = \tan\varphi = \frac{\tan\varphi_n}{\cos\psi} \tag{15-56}$$

A escolha de φ_t ou de φ_n como valor padronizado para definir o sistema de dente helicoidal depende do método escolhido para usinagem da engrenagem.[75] As proporções padronizadas do dente helicoidal reproduzem as proporções do dente das engrenagens cilíndricas de dentes retos (veja Tabela 15.1), mas se baseiam em P_n e φ_n, como está ilustrado na Tabela 15.17.

Naturalmente, para aplicações de elevado desempenho, a satisfação de critérios de projeto para engrenamentos de alta qualidade sobrepuja a importância de se utilizarem ferramentas padronizadas disponíveis, assim, em algumas aplicações são necessárias ferramentas especiais.

O diâmetro primitivo, d, de uma engrenagem cilíndrica de dentes helicoidais pode ser calculado combinando-se (15-8) e (15-55)

$$d = 2r = \frac{N}{P_d} = \frac{N}{P_n \cos\psi} \tag{15-57}$$

em que N = número de dentes
ψ = ângulo de hélice
P_n = passo diametral normal

A equação para a distância entre centros, C, de um par de engrenagens cilíndricas de dentes retos pode ser escrita, combinando-se (15-10) e (15-55) como

$$C = r_1 + r_2 = \frac{(N_1 + N_2)}{2P_t} = \frac{(N_1 + N_2)}{2P_n \cos\psi} \tag{15-58}$$

A largura de face, b, é feita, normalmente, grande o bastante para que, dado determinado ângulo de hélice, ψ, haverá uma sobreposição positiva dos dentes adjacentes na direção axial. Com referência à Figura 15.34(c), para se obter uma sobreposição efetiva na direção axial, recomenda-se que

$$b \geq \left[2{,}0p_x = \frac{2{,}0p_t}{\tan\psi} = \frac{2{,}0p_n}{\operatorname{sen}\psi}\right] \tag{15-59}$$

As larguras de face menores do que 1,15 p_x não são recomendadas. Essas orientações permitem o contato constante no plano axial à medida que as engrenagens giram.

A razão de contato (transversal) m_p, algumas vezes chamada de razão de contato de perfil,[76] permanece uma definição válida para engrenagens cilíndricas de dentes helicoidais. O objetivo de uma sobreposição helicoidal positiva englobada em (15-59) também pode ser pensado em termos de uma razão de contato m_f na direção axial (face). Isto é chamado, algumas vezes, de *razão de contato facial*, em que

$$m_f = \frac{b}{p_x} = \frac{P_t b \tan\psi}{\pi} = \frac{P_n b \operatorname{sen}\psi}{\pi} \tag{15-60}$$

TABELA 15.17 Proporções Padronizadas pela AGMA para Dentes Helicoidais de Engrenagens Cilíndricas com Profundidade Total (Unidades dos EUA)

	Passo Grosso ($P_n < 20$)	Passo Fino ($P_n \geq 20$)
Adendo	$1{,}000 / P_n$	$1{,}000 / P_n$
Dedendo	$1{,}250 / P_n$	$(1{,}200 / P_n) + 0{,}002$ (mín)
Profundidade total	$2{,}250 / P_n$	$(2{,}200 / P_n) + 0{,}002$ (mín)
Profundidade de trabalho	$2{,}000 / P_n$	$2{,}000 / P_n$
Folga (básica)	$0{,}250 / P_n$	$(0{,}200 / P_n) + 0{,}002$ (mín)
Folga (dentes rebaixados ou planos)	$0{,}350 / P_n$	$(0{,}350 / P_n) + 0{,}002$ (mín)
Espessura circular do dente	$1{,}571 / P_n$	$1{,}571 / P_n$

[75] Por exemplo, máquinas com ferramenta hob cortam no plano normal, então φ_n e P_n, o ângulo de pressão normal e o passo diametral normal, são especificados para o responsável pela usinagem. Se uma engrenagem-ferramenta for utilizada, φ_t e P_t são, usualmente, empregados para a seleção e o projeto da ferramenta de corte.

[76] Definido para engrenagens cilíndricas de dentes retos em (15-20).

Assim como uma razão de contato de perfil maior corresponde a uma melhor distribuição de carga entre múltiplos dentes em contato simultâneo, uma razão de contato de face maior corresponderá a uma distribuição da carga sobre o dente ao longo de um comprimento de contato maior (face mais larga e/ou maior ângulo de hélice). Normalmente, os ângulos de hélice são selecionados na faixa entre 10° até aproximadamente 35°, para um balanço entre a operação mais suave e silenciosa para ângulos de hélice maiores e cargas de empuxo axial menores produzidas por ângulos de hélice menores. A soma da razão de contato de perfil com a razão de contato de face é chamada de *razão total de contato* m_T, uma medida da distribuição total de carga entre os dentes helicoidais em contato.

Além da operação mais suave e silenciosa, os dentes helicoidais de uma engrenagem cilíndrica definidos geometricamente no plano normal são mais espessos e mais resistentes no plano transversal [plano do torque transmitido, veja (15-25)] do que os dentes retos de uma engrenagem cilíndrica com os mesmos passo normal, diâmetro primitivo e número de dentes. Isto pode ser verificado a partir da Figura 15.35, em que

$$t_t = \frac{t_n}{\cos\psi} \tag{15-61}$$

Pode-se notar, também a partir da Figura 15.35, que o plano normal *N-N* intercepta o cilindro primitivo segundo um traço elíptico, cujo raio r_e no ponto *P* da geometria analítica é

$$r_e = \frac{r}{\cos^2\psi} \tag{15-62}$$

A forma do perfil do dente no plano normal é aproximadamente (mas não exatamente) a mesma forma de um dente reto de engrenagem cilíndrica para um raio primitivo igual ao raio instantâneo r_e da elipse no ponto de tangência *P*, em que a curvatura da elipse e a curvatura do *círculo primitivo virtual* se acoplam. Adaptando-se (15-6) para o círculo primitivo virtual e utilizando-se (15-62) obtém-se

$$N_e = \frac{2\pi r_e}{p_n} = \frac{2\pi r}{p_n\cos^2\psi} \tag{15-63}$$

Incorporando-se (15-51) a (15-63), tem-se

$$N_e = \frac{N}{\cos^3\psi} \tag{15-64}$$

em que N_e = número *virtual*[77] de dentes em uma engrenagem cilíndrica virtual de dentes com raio primitivo r_e e o mesmo número *real* de dentes da engrenagem cilíndrica de dentes helicoidais

N = número *real* de dentes da engrenagem cilíndrica de dentes helicoidais

ψ = ângulo de hélice

O número virtual de dentes maior reduz a tendência de adelgaçamento, permitindo o uso de um número mínimo de dentes para as engrenagens cilíndricas de dentes helicoidais menor do que para as engrenagens cilíndricas de dentes retos. Utilizando-se (15-36) para se calcular a tensão de flexão crítica de um dente helicoidal de engrenagem, o fator de forma de Lewis *Y* deve ser

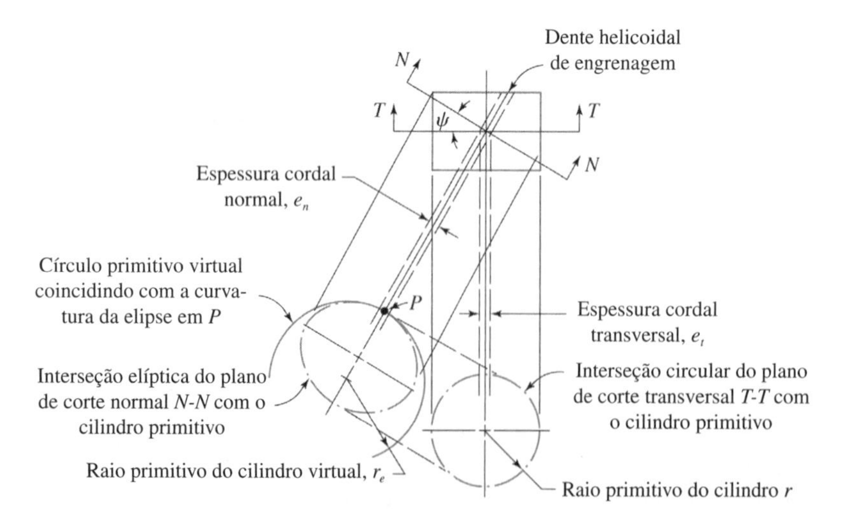

Figura 15.35
Esboço de engrenagem cilíndrica de dentes helicoidais com hélice à direita, ilustrando o conceito de *engrenagem cilíndrica de dentes retos virtual* e de círculo de primitivo virtual, baseado na intersecção elíptica entre o plano normal e o cilindro primitivo.

[77] Também chamado de *número equivalente* de dentes ou *número formativo* de dentes.

selecionado na Tabela 15.5, *usando-se* N_e *como o número de dentes*. Quando se empregar (15-41) para se calcular a tensão crítica de flexão para uma *engrenagem cilíndrica de dentes helicoidais*, o fator J deve ser escolhido a partir das Figuras 15.37 e 15.38, e o fator I para durabilidade superficial crítica de uma engrenagem cilíndrica de dentes helicoidais deve ser calculado como para as engrenagens cilíndricas de dentes retos.[78] Estes assuntos serão discutidos de forma mais completa em 15.14.

15.13 Engrenagens Helicoidais; Análise de Forças

Os diagramas de corpo livre para um engrenamento com engrenagens cilíndricas de dentes retos são apresentados na Figura 15.22, em que a força normal (resultante) F_n, cuja direção, sabe-se, é a da linha de ação, é decomposta em uma componente tangencial F_t, associada com a transmissão de potência útil e uma componente de força radial F_r, que não serve a nenhum propósito útil. Para engrenagens cilíndricas de dentes helicoidais, como os dentes são inclinados ao longo da face da engrenagem, a força normal (resultante) F_n é inclinada, não apenas do ângulo de pressão φ_t em relação ao plano primitivo, como também é inclinada do ângulo de hélice ψ, em relação ao plano transversal, conforme ilustrado na Figura 15.36. Portanto, a decomposição de F_n requer, não apenas, componentes F_t e F_r, como no caso das engrenagens cilíndricas de dentes retos, mas também, uma componente de empuxo axial F_a, conforme apresentado na Figura 15.36. De modo semelhante às engrenagens cilíndricas de dentes retos, F_t está relacionada diretamente com a transmissão de potência e ao torque desenvolvido, e a componente radial F_r é uma força (inútil) de separação entre o pinhão motor e a engrenagem movida. A força axial F_a, gerada pelos dentes helicoidais inclinados, determina que os mancais de suporte (indicados como A e B na Figura 15.36) devem ter a capacidade de resistir não apenas às componentes F_r e F_t no plano transversal, mas também à componente de empuxo axial F_a. Assim, (15-25) permite calcular, como para as engrenagens cilíndricas de dentes retos, a força transmitida F_t com base nas exigências de potência como

$$F_t = \frac{33.000(hp)}{V} \tag{15-65}$$

em que a velocidade na linha primitiva V pode ser calculada utilizando-se (15-23). Utilizando-se correlações geométricas detalhadas na Figura 15.36, se o ângulo de pressão normal φ_n e o ângulo de hélice ψ forem conhecidos (caso usual), pode-se calcular a força resultante de interesse como uma função de F_t, também conhecida de (15-65). Estes resultados são:

$$F_r = F_t \tan\varphi_t \tag{15-66}$$

$$F_a = F_t \tan\psi \tag{15-67}$$

$$F_n = \frac{F_t}{\cos\varphi_n \cos\psi} \tag{15-68}$$

O ângulo de pressão transversal φ_t pode ser calculado como uma função do ângulo de pressão normal φ_n e do ângulo de hélice ψ (ambos *escolhidos* pelo projetista), utilizando-se (15-56).

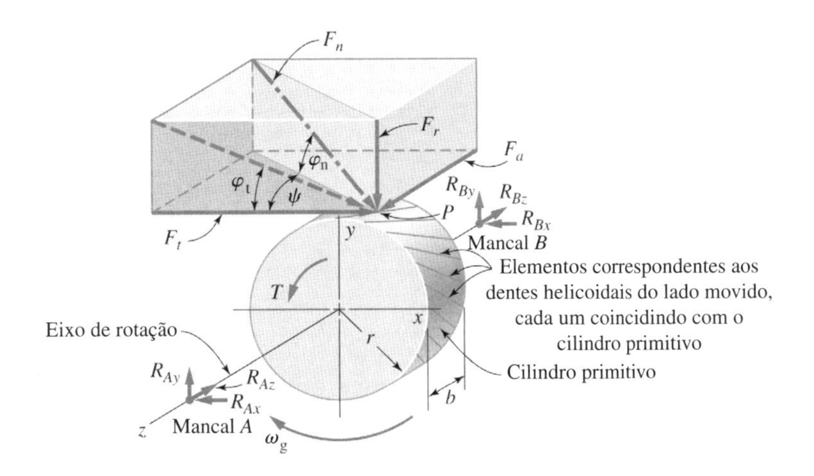

Figura 15.36
Análise de forças para uma engrenagem cilíndrica de dentes helicoidais com hélice à direita, movida. Compare com a Figura 15.22 para engrenagens cilíndricas de dentes retos.

[78] Veja (15-45) e definições associadas.

15.14 Engrenagens Helicoidais; Análise de Tensão e Projeto

As abordagens refinadas da AGMA para a avaliação de projeto da flexão e da durabilidade superficial de dentes retos de engrenagens cilíndricas, apresentadas em 15.9, aplicam-se também aos dentes helicoidais de engrenagens helicoidais, com pequenos ajustes para serem consideradas as diferenças geométricas. Assim, a tensão crítica no dente devida à flexão σ_b nas engrenagens cilíndricas de dentes helicoidais, com base em (15-41), é

$$\sigma_b = \frac{F_t P_t}{bJ} K_a K_v K_m K_I \tag{15-69}$$

em que todos os termos são definidos do mesmo modo que em (15-41), exceto que o fator geométrico J para engrenagens cilíndricas de dentes helicoidais é obtido utilizando-se as Figuras 15.37 e 15.38 ou com base em outras fontes da literatura ou calculado diretamente.[79]

Para engrenagens helicoidais, pode-se utilizar uma versão ligeiramente modificada de (15-46) para calcular a tensão de fadiga superficial por contato σ_{sf}. A modificação considera o comprimento total de contato do dente aumentado por causa da geometria helicoidal que pode ser estimado como[80] $(b/\cos\psi)(m_p)$, obtendo-se para as engrenagens cilíndricas de dentes helicoidais:

$$\sigma_{sf} = C_p \sqrt{\frac{F_t}{bd_p I}\left(\frac{\cos\psi}{m_p}\right) K_a K_v K_m} \tag{15-70}$$

Os termos em (15-70) são definidos ou calculados da mesma forma que para (15-46). O ângulo ψ é o ângulo de hélice e m_p é a razão de contato do perfil. Para o projeto ser aceitável com base na flexão[81] do dente, deve ser verdadeira a seguinte condição

$$\sigma_b \leq S_{dff} \tag{15-71}$$

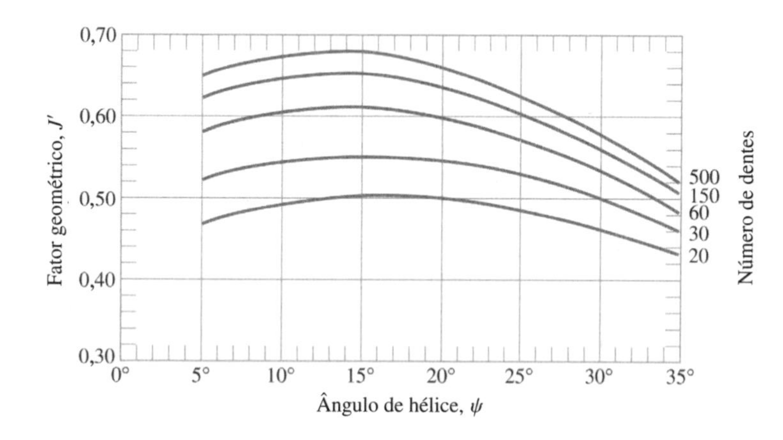

Figura 15.37
Fator geométrico J' (para flexão de dentes) para engrenagens cilíndricas de dentes helicoidais com adendo padronizado (iguais) com $\varphi_n = 20°$, engrenando com uma coroa de 75 dentes. Para engrenamentos com uma coroa que não tenha 75 dentes, multiplique o fator de modificação M por J' para obter o fator geométrico J (veja Figura 15.38.) (Da ref. 22. Adapatado da norma ANSI/AGMA 6021-G89, com a permissão do editor, American Gear Manufacturers Association, 1500 King Street, Suite 201, Alexandria, VA 22314.)

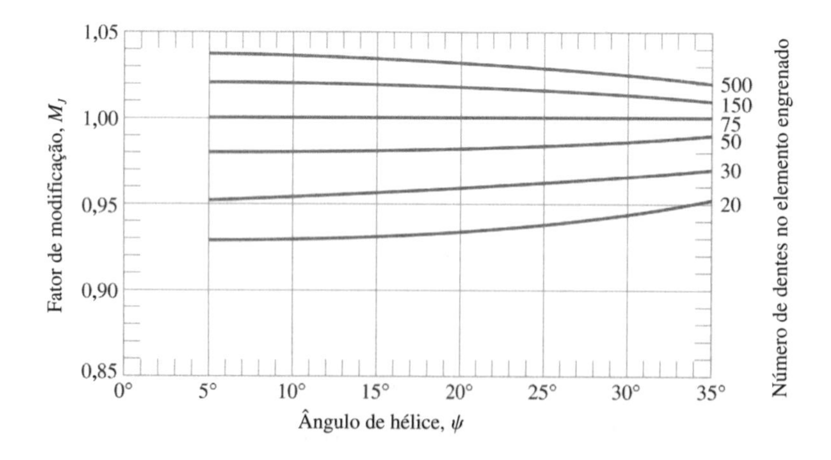

Figura 15.38
Fator de modificação M_J a ser multiplicado pelo fator de geometria J' (veja Figura 15.37) quando o número de dentes da engrenagem $\varphi_n = 20°$ cilíndrica de dentes helicoidais engrenada for diferente de 75 dentes. (Da ref. 22. Adapatado da norma ANSI/AGMA 6021-G89, com a permissão do editor, American Gear Manufacturers Association, 1500 King Street, Suite 201, Alexandria, VA 22314.)

---

[79] Existem procedimentos para se *calcular* J em engrenagens cilíndricas de dentes retos, mas esses procedimentos estão além do escopo deste texto; por exemplo, veja ref. 20 ou 22.
[80] A AGMA recomenda que apenas 95 por cento desse comprimento total de contato helicoidal seja utilizado. Veja (15-20) para o cálculo de m_p.
[81] Veja (15-43).

em que os valores de resistência à fadiga devida à flexão podem ser baseados na Tabela 15.10, modificados adequadamente para a aplicação. De modo semelhante, para o projeto aceitável baseado na fadiga[82] superficial, a seguinte condição deve ser verdadeira

$$\sigma_{sf} \leq S_{sf} \tag{15-72}$$

e os valores de resistência à fadiga superficial podem ser baseados na Tabela 15.14, modificados adequadamente para a aplicação.

15.15 Engrenagens Helicoidais; Resumo do Procedimento de Projeto Sugerido

O procedimento de projeto das engrenagens cilíndricas de dentes helicoidais segue a mesma estrutura utilizada em engrenagens cilíndricas de dentes retos (veja 15.11), exceto pelas complexidades introduzidas pelos dentes inclinados. Assim, um procedimento para o projeto bem-sucedido de um conjunto de engrenagens cilíndricas de dentes helicoidais deveria, usualmente, incluir os seguintes passos:[83]

1. Desenvolva, com base nas especificações funcionais e na visão geral da configuração do sistema, um esboço do trem de engrenagens, inclusive a razão de redução, os números de dentes propostos para cada engrenagem de dentes helicoidais, a distância entre eixos e as localizações dos mancais, além de outras restrições geométricas (veja Exemplo 15.1).
2. Identifique os modos potenciais de falha.
3. Selecione os materiais preliminares para as engrenagens (veja 15.5).
4. Selecione os métodos de fabricação e de acabamento preliminares apropriados para a aplicação (veja Tabela 15.4), tendo em mente que uma qualidade mais elevada e tolerâncias mais rigorosas tendem a melhorar a distribuição de carga, a reduzir a amplificação dinâmica de carga, a reduzir as vibrações e a reduzir o ruído gerado pelo engrenamento (tudo a um custo mais elevado). Na Figura 15.39, por exemplo, está ilustrada a redução do nível de ruído[84] de um conjunto de engrenagens, em particular, como uma função das tolerâncias menores do perfil do dente[85] para uma faixa de velocidades de operação.
5. Selecione um ângulo de hélice e um sistema de dentes preliminares; em seguida, realize uma análise de força completa, utilizando as exigências de potência e velocidade específicas da aplicação para determinar torques, velocidades, cargas transmitidas, forças de separação e cargas de empuxo axial em cada engrenamento do trem de engrenagens. Ao selecionar um ângulo de hélice apropriado para a aplicação, devem ser considerados os seguintes fatores:
   a. Os ângulos de hélice maiores tendem a resultar em engrenamento mais suave e em uma operação mais silenciosa (até aproximadamente $\psi = 35°$). Por exemplo, a Figura 15.40 ilustra a redução no nível de ruído[86] para um conjunto de engrenagens em particular, como uma função do ângulo de hélice crescente.

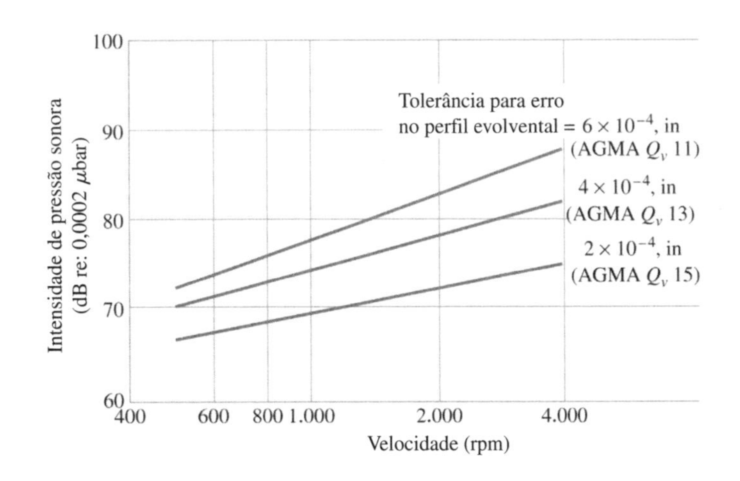

Figura 15.39
Exemplo ilustrativo da geração de ruído produzido por um engrenamento em particular, operando em uma faixa de velocidades, como função da precisão de fabricação (qualidade das engrenagens). Veja a Tabela 15.4 para interpretar os números de qualidade Q_v da AGMA. (Reimpresso a partir da ref. 21 com a permissão da *Machine Design*, uma publicação da Penton Media.)

---

[82] Veja (15-48).

[83] Compare com o procedimento para engrenagens cilíndricas de dentes retos em 15.11.

[84] Um nível de ruído de 90 dB (decibéis) corresponde grosseiramente a um grito ou ao som de um ventilador de ventoinha operando a 1500 cfm. Um nível de ruído de 70 dB corresponde grosseiramente a uma conversa. Para uma interpretação mais completa deve-se consultar um especialista em ruídos de engrenagens.

[85] Contudo, a redução efetiva do nível de ruído, conforme ilustrada na Figura 15.40, só pode ser obtida se o projeto preliminar do dente, inclusive modificações de perfil, for inicialmente otimizado para operação silenciosa.

[86] Uma redução no nível de ruído de 20 dB corresponde a um fator de redução de 10 na pressão sonora. Para uma interpretação mais completa, deve-se consultar um especialista em ruídos de engrenagens.

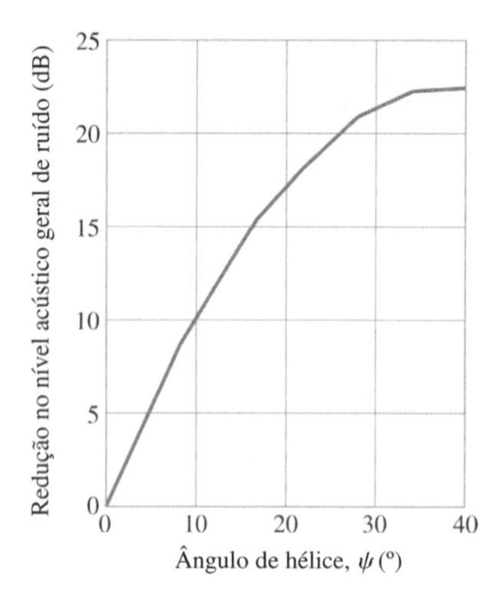

Figura 15.40
Exemplo ilustrativo da redução de ruído em um engrenamento em particular como função do ângulo de hélice. (Reimpresso a partir da ref. 21 com a permissão da *Machine Design*, uma publicação da Penton Media.)

b. Ângulos de hélices maiores resultam em cargas axiais de empuxo maiores. Em geral, estas cargas de empuxo devem ser suportadas pelos mancais, somando-se às cargas radiais nos mancais (veja Capítulos 10 e 11).
c. Obtém-se, normalmente, a maior resistência para dentes de engrenagens helicoidais, com ângulos de hélice compreendidos na faixa de 10 a 20 graus.
d. Para dada largura de face do dente, ângulos de hélice maiores resultam em razões de contato facial maiores.
e. Para dado número de dentes com um passo diametral normal específico, ângulos de hélice maiores resultam em passos diametrais maiores.

6. Selecione um passo diametral normal preliminar (ou módulo), baseado seja na experiência, seja na orientação de um especialista seja na escolha arbitrária a partir da Figura 15.13, que pareça consistente com a disposição de projeto proposta. A experiência mostra que há um equilíbrio entre a falha por fadiga devida à flexão do dente e a durabilidade à fadiga superficial, quando o passo diametral normal é escolhido em torno de 8 ou 10. Dentes mais grosseiros tendem a falhar por fadiga superficial e dentes mais finos tendem a falhar por fadiga à flexão.
7. Calcule ou estime o raio primitivo, a velocidade na linha primitiva, a largura da face e a carga transmitida preliminares para cada engrenagem.
8. Calcule, para cada engrenagem, o fator de segurança baseado na fadiga do dente à flexão, que existiria se as escolhas (iniciais) propostas para ângulo de hélice, geometria do dente e propriedades do material (inclusive as especificações de confiabilidade) fossem utilizadas para projeto. As tensões de fadiga devidas à flexão do dente podem ser calculadas utilizando-se (15-69).
9. Compare o fator de segurança *existente* preliminar com o fator de segurança *de projeto* especificado. Se forem aproximadamente iguais, não será necessária nenhuma outra iteração. Se não forem iguais, *é* necessária outra iteração, envolvendo, usualmente, uma melhor escolha de ângulo de hélice e/ou do passo diametral normal. Em alguns casos pode ser necessária uma troca do material. Continue interagindo até que o fator de segurança de projeto especificado seja alcançado.
10. Utilizando os resultados do passo 9, calcule o fator de segurança existente baseado na durabilidade superficial usando (15-70). Se o fator de segurança existente não estiver de acordo com o fator de segurança de projeto especificado, podem ser necessárias outras iterações.
11. Verifique as dimensões e a disponibilidade dos mancais para resistirem adequadamente às cargas radiais e axiais produzidas pela operação das engrenagens cilíndricas de dentes helicoidais (veja Capítulos 10 e 11).
12. Estime as perdas por atrito, a geração de calor e as necessidades de lubrificação para serem mantidos níveis aceitáveis de temperatura, ruído e vidas de projeto (veja 15.10).

Exemplo 15.6 Projeto de Engrenamento com Engrenagens Cilíndricas de Dentes Helicoidais

Devido à possibilidade de o grupo de máquinas misturadoras industriais discutido nos Exemplos 15.2 a 15.5 ser instalado em um mesmo ambiente amplo, surgiu uma questão a respeito da possibilidade dos níveis de ruído serem inaceitáveis. A gerência de Engenharia foi solicitada a avaliar o uso de *engrenagens cilíndricas de dentes helicoidais* como uma medida para reduzir o ruído, mesmo que o projeto proposto ainda esteja em fase preliminar.

a. Utilizando os dados de engrenagens cilíndricas de dentes retos (veja o Exemplo 15.3 para um sumário) como ponto de partida, faça uma proposta de projeto preliminar para um par de engrenagens cilíndricas de dentes helicoidais com a mesma distância entre centros e a mesma razão de velocidades angulares atualmente propostas para o conjunto de engrenagens cilíndricas de dentes retos. Para fazer isto, determine o ângulo de hélice, o diâmetro externo e a largura de face das novas engrenagens. Admita que as engrenagens cilíndricas de dentes helicoidais serão fabricadas com uma ferramenta hob de passo 10, ângulo de pressão 20º e profundidade total.

b. Compare os fatores de segurança existentes para flexão do dente e durabilidade à fadiga superficial nas as engrenagens cilíndricas de dentes helicoidais propostas e os fatores das engrenagens cilíndricas de dentes retos (2,6 para fadiga[87] do dente à flexão e 1,7 para durabilidade à fadiga superficial[88]).

Solução

a. Os dados pertinentes das engrenagens cilíndricas de dentes retos do Exemplo 15.3 são

Material: AISI Aço 1020, Grau 1
$S_u = 57.000$ psi (Tabela 3.3)
$S_{yp} = 43.000$ psi (Tabela 3.3)
BHN = 121 (Tabela 3.13)
Especificação de confiabilidade: 99 por cento
Especificação de vida: muito longa
Sistema de dentes: evolvental, ângulo de pressão 20º e com profundidade total.

$$n_1 = 2500 \text{ rpm}$$
$$potência_1 = 5 \text{ hp}$$
$$r_1 = 1{,}0 \text{ polegada}$$
$$P_d = 10$$
$$N_1 = 20 \text{ dentes}$$
$$N_2 = 32 \text{ dentes (engrenagem acoplada)}$$
$$V_1 = 1309 \text{ ft/min}$$
$$F_{t1} = 126 \text{ lbf}$$
$$b_1 = 1{,}15 \text{ polegada}$$
$$n_{ex\text{-}1} = 9{,}3$$

Baseando-se nestes dados, de (15-10) tem-se

$$C = \frac{(20 + 32)}{2(10)} = \frac{52}{20} = 2{,}600 \text{ polegadas}$$

e de (15-15), obtém-se

$$\frac{\omega_2}{\omega_1} = -\left(\frac{20}{32}\right) = -0{,}625 \text{ (apenas o primeiro engrenamento)}$$

Para as engrenagens cilíndricas de dentes helicoidais propostas:

$$P_n = 10 \quad \text{(ferramenta hob que engrena)}$$

então

$$P_t < 10 \quad [\text{ver } (15-55)]$$

Novamente de (15-10) tem-se

$$P_t = \frac{N_1 + N_2}{2C}$$

Pela especificação

$$N_2 = \frac{32}{20} N_1$$

então, (5) transforma-se em

$$P_t = \frac{N_1 + \left(\frac{32}{20}\right)N_1}{2\left(\frac{52}{20}\right)} = \frac{\left(\frac{52}{20}\right)N_1}{2\left(\frac{52}{20}\right)} = \frac{N_1}{2}$$

[87] Veja (5) do Exemplo 15.3.
[88] Veja (8) do Exemplo 15.5.

Exemplo 15.6 Continuação

Iterando-se para determinar uma combinação de N_1, N_2 e P_t a fim de manter as mesmas distâncias entre centros e razão de velocidades angulares das engrenagens cilíndricas de dentes retos, podem-se obter os resultados na Tabela E15.6. Então, para o engrenamento proposto, selecionados por tentativas:

$$N_1 = 15$$

$$N_2 = 24$$

Utilizando-se (15-55),

$$\cos\psi = \frac{P_t}{P_n} = \frac{7{,}50}{10} = 0{,}75$$

e

$$\psi = 41{,}41°$$

Este ângulo de hélice excede a faixa recomendada de 10° a 35°, e deveria ser reavaliado durante o processo de projeto.

Os diâmetros primitivos do pinhão e da engrenagem podem ser calculados utilizando-se (15-57) como

$$d_1 = \frac{N_1}{P_n \cos\psi} = \frac{15}{10\cos 41{,}41} = 2{,}000 \text{ polegadas}$$

e

$$d_2 = \frac{N_2}{P_n \cos\psi} = \frac{24}{10\cos 41{,}41} = 3{,}200 \text{ polegadas}$$

Os diâmetros externos das duas engrenagens são (veja Tabela 15.17)

$$d_{o1} = 2r_{o1} = d_1 + 2a_1 = 2{,}000 + 2\left(\frac{1{,}000}{P_n}\right)$$

$$= 2{,}000 + 2\left(\frac{1}{10}\right) = 2{,}200 \text{ polegadas}$$

e

$$d_{o2} = d_2 + 2a_2 = 3{,}200 + 2\left(\frac{1}{10}\right) = 3{,}400 \text{ polegadas}$$

Utilizando-se (15-59) e (15-54), pode-se estimar a largura de face como

$$b = \frac{2{,}0p_n}{\text{sen}\,\psi} = \frac{2{,}0\pi}{P_n \text{sen}\,\psi} = \frac{2{,}0\pi}{10\text{sen}\,41{,}41} = 0{,}95 \text{ polegada}$$

b. O fator de segurança para fadiga devida à flexão do conjunto de engrenagens cilíndricas de dentes helicoidais pode ser calculado utilizando-se (15-69) e (15-71) juntamente com os valores de K provenientes do Exemplo 15.3. Assim,

$$\sigma_b = \frac{F_t P_t}{bJ} K_a K_v K_m K_I = \frac{(126)(10\cos 41{,}41)}{(0{,}95)(J)}(1{,}0)(1{,}15)(1{,}6)(1{,}0)$$

O fator geométrico J pode ser avaliado utilizando-se as Figuras 15.37 e 15.38, obtendo-se

$$J = (J')M_J = (0{,}37)\,(0{,}97) = 0{,}36$$

TABELA E15.6 Iteração para Determinação de Parâmetros de Engrenagens Helicoidais

N_1	N_2	P_t	Observações
20	32,0	10	Engrenagens cilíndricas de dentes retos originais
19	30,4	9,50	N_2 não é um número inteiro[1]
18	28,8	9,00	N_2 não é um número inteiro
17	27,2	8,50	N_2 não é um número inteiro
16	25,6	8,00	N_2 não é um número inteiro
15	24,0	7,50	OK[2]

[1] Deve ficar claro que toda engrenagem em operação deve ter um número inteiro de dentes (sem dentes fracionários).
[2] Há outras combinações de números de dentes e de ângulos de hélice, mas este deve fornecer *o menor* ângulo de hélice aceitável.

Seria importante notar que é necessária *extrapolação* (devida ao ângulo de hélice grande) em ambas as Figuras 15.37 e 15.38 para se obterem valores numéricos. A extrapolação é sempre indesejável, mas será utilizada neste projeto preliminar. Por fim, J deveria ser calculado diretamente utilizando-se os métodos das ref. 20 ou 22. Combinando-se (16) e (17),

$$\sigma_b = 5084 \text{ psi}$$

Utilizando-se (15-71) e o mesmo valor de resistência $S_{dff} = 16.000$ psi que foi determinado no Exemplo 15.3, o fator de segurança existente, baseado na *fadiga do dente devida à flexão* na engrenagem 1 é

$$n_{ex-1} = \frac{S_{dff}}{\sigma_b} = \frac{16.000}{5084} = 3,2$$

Isto representa um aumento de mais de 20 por cento no valor do fator de segurança para fadiga do dente devida à flexão das engrenagens cilíndricas de dentes retos no Exemplo 15.3.

Finalmente, o fator de segurança para *fadiga superficial* pode ser determinado para o conjunto de engrenagens cilíndricas de dentes helicoidais proposto utilizando-se (15-70) e (15-72), em conjunto como os seguintes dados calculados no Exemplo 15.5:

$C_p = 2,29 \times 10^3$
$F_t = 126$ lbf
$K_a = 1,0$
$K_v = 1,15$
$K_m = 1,6$

De (10), (11), (12) e de (15), tem-se

$r_p = 1,000$ polegada
$r_{eng} = 1,600$ polegada
$a_1 = a_2 = 0,200$ polegada
$\psi = 41,41°$
$b = 0,95$ polegada

A razão de contato de perfil m_p pode ser calculada a partir de (15-20) como

$$m_p = \frac{P_t\left[\sqrt{(r_p + a_p)^2 - (r_p \cos\varphi_t)^2} + \sqrt{(r_{eng} + a_{eng})^2 - (r_{eng}\cos\varphi_t)^2} - C\text{sen}\,\varphi_t\right]}{\pi\cos\varphi_t}$$

De (15-55) ou da Tabela E15.6, obtém-se

$$P_t = P_n\cos\psi = 10\cos 41,41 = 7,50$$

e de (15-56),

$$\varphi_t = \tan^{-1}\frac{\tan 20}{\cos 41,41} - 25,9°$$

Utilizando-se estes valores, pode-se calcular m_p como

$$m_p = \frac{7,50\sqrt{(1,000 + 0,200)^2 - (1,000\cos 25,9)^2}}{\pi\cos 25,9}$$
$$+ \frac{7,50\sqrt{(1,600 + 0,200)^2 - (1,600\cos 25,9)^2}}{\pi\cos 25,9}$$
$$- \frac{7,50(2,600\,\text{sen}\,25,9)}{\pi\cos 25,9} = \frac{7,50(0,79 + 1,08 - 1,14)}{2,83} = 1,93$$

De (15-45),

$$I = \frac{\text{sen}\varphi_t\cos\varphi_t}{2}\left(\frac{m_{Eng}}{m_{Eng} + 1}\right)$$

em que

$$m_{Eng} = \frac{N_g}{N_p} = \frac{24}{15} = 1,60$$

e

$$I = \frac{\text{sen}\,25,9\cos 25,9}{2}\left(\frac{1,60}{1,60 + 1}\right) = 0,12$$

Exemplo 15.6 Continuação

Utilizando-se estes valores em (15-70), tem-se

$$\sigma_{sf} = 2{,}29 \times 10^3 \sqrt{\frac{126}{(0{,}95)(2{,}00)(0{,}12)}\left(\frac{\cos 41{,}41}{1{,}93}\right)(1{,}0)(1{,}15)(1{,}6)}$$

$$= 45.521 \text{ psi}$$

Utilizando-se (15-72) e o mesmo valor de resistência $(S_{sf})_{N=10^{10}} = 120.600$ psi utilizado no Exemplo 15.5, tem-se

$$n_{ex-1} = \frac{(S_{sf})_{N=10^{10}}}{\sigma_{sf}} = \frac{120.600}{45.521} = 2{,}7$$

Isto representa um acréscimo de aproximadamente 60 por cento no fator de segurança para fadiga superficial em relação ao valor encontrado para engrenagens cilíndricas de dentes retos no Exemplo 15.5.

Admitindo-se que esses fatores de segurança possam ser aceitáveis para a gerência de engenharia, são feitas as seguintes recomendações preliminares:

Material: AISI Aço 1020 cementado e temperado até dureza Rockwell C60
Razão de redução: $m_{Eng} = 1{,}60$
Pinhão de dentes helicoidais: $N_p = 15$ dentes
Engrenagem de dentes helicoidais acoplada: $N_{eng} = 24$ dentes
Ângulo de hélice: $\psi = 41{,}41°$ (tente reduzir, no projeto final, para um valor abaixo de 35°; o sentido de hélice do pinhão deve ser oposto ao da coroa)
Diâmetro primitivo do pinhão: $d_p = 2{,}0$ polegadas
Diâmetro primitivo da engrenagem: $d_{eng} = 3{,}2$ polegadas
Distância entre centros: $C = 2{,}6$ polegadas
Diâmetro externo do pinhão $d_{pe} = 2{,}2$ polegadas
Diâmetro externo da engrenagem $d_{eng} = 3{,}4$ polegadas
Largura de face: $b = 0{,}95$ polegada
Fator de segurança dominante (fadiga superficial): $(n_{sf})_{N=10^{10}} = 2{,}7$

15.16 Engrenagens Cônicas; Nomenclatura, Geometria do Dente e Interações do Engrenamento

Conforme discutido em 15.2 e ilustrado na Figura 15.3(a), as *engrenagens cônicas de dentes retos* representam a escolha mais simples (e mais amplamente utilizada) dentre os tipos de engrenagens disponíveis, quando as aplicações requerem engrenagens para eixos *concorrentes*. Em oposição às superfícies primitivas *cilíndricas* das engrenagens cilíndricas de dentes retos e de dentes helicoidais (veja Figuras 15.1 e 15.2), as superfícies primitivas das engrenagens cônicas de dentes retos acopladas são *cônicas*, conforme esboçado na Figura 15.41. As duas superfícies cônicas primitivas em contato rolam juntas sem deslizar. Compartilham um vértice comum Q, no ponto de intersecção das linhas de centro dos eixos. Quando os dentes sãos usinados nas superfícies cônicas primitivas, devem ser cônicos, tanto na espessura quanto na altura, começando com um perfil de dente maior em uma extremidade e terminando com um perfil de dente menor na outra extremidade.

É prática padronizada definir-se o tamanho e a forma do perfil do dente na *extremidade maior*. Com referência, ainda, à Figura 15.41, a largura de face b é restrita, em geral, a aproximadamente 0,25 a 0,30 da distância externa L do cone, em razão da dificuldade inerente de se usinarem dentes muito pequenos próximos ao vértice. Assim,

$$b \leq 0{,}3L = 0{,}3\left(\frac{d}{2 \text{ sen } \gamma}\right) \tag{15-73}$$

É recomendado, também, que a largura de face seja limitada a

$$b \leq 10 / P_d \tag{15-74}$$

Valores práticos do passo diametral situam-se na faixa de 1 a 64.

Uma vez que todos os elementos do cone primitivo têm comprimentos iguais, pode-se visualizar uma *esfera circunscrita*, centrada no vértice comum Q e em contato com as arestas externas (bases) de todas as superfícies cônicas primitivas, conforme está ilustrado na Figura 15.42. Uma outra *esfera concêntrica menor* pode ser visualizada nas extremidades interiores dos dentes. Assim, o tronco de cone de todos os cones primitivos se encontra delimitado por uma casca esférica demarcada por estas duas esferas concêntricas. Com base no uso extremamente bem-sucedido do perfil evolvental para as aplicações com engrenagens cilíndricas de dentes retos e de dentes helicoidais, é natural considerar-se o perfil evolvental para os dentes de engrenagens cônicas. Contudo, devido à natureza esférica da geometria da engrenagem cônica, conforme ilustrado na Figura 15.42, o formato da evolvente tem de ser gerado sobre a *superfície de uma esfera* para assegurar-se a *ação conjugada*. Um perfil *evolvental esférico* como este não é prático de ser fabricado, primariamente, porque seria necessário utilizar-se uma ferramenta de corte com um único ponto.

Dois outros perfis que são mais práticos (mais facilmente fabricáveis) para o uso com engrenagens cônicas de dentes retos são o perfil de dente *octoide* e o perfil de dente *Revacycle*.[89] A forma do dente octoide é amplamente utilizada para dentes de engrenagens cônicas *geradas*, porque uma ferramenta simples com movimento de vaivém com uma aresta cortante reta pode ser utilizada para usinar os dentes. O perfil de dente *Revacycle* é usualmente *próximo* ao *circular* e é usinado utilizando-se uma ferramenta do tipo brochadeira; são possíveis elevadas taxas de produção se o perfil de dente *Revacycle* for o escolhido.[90]

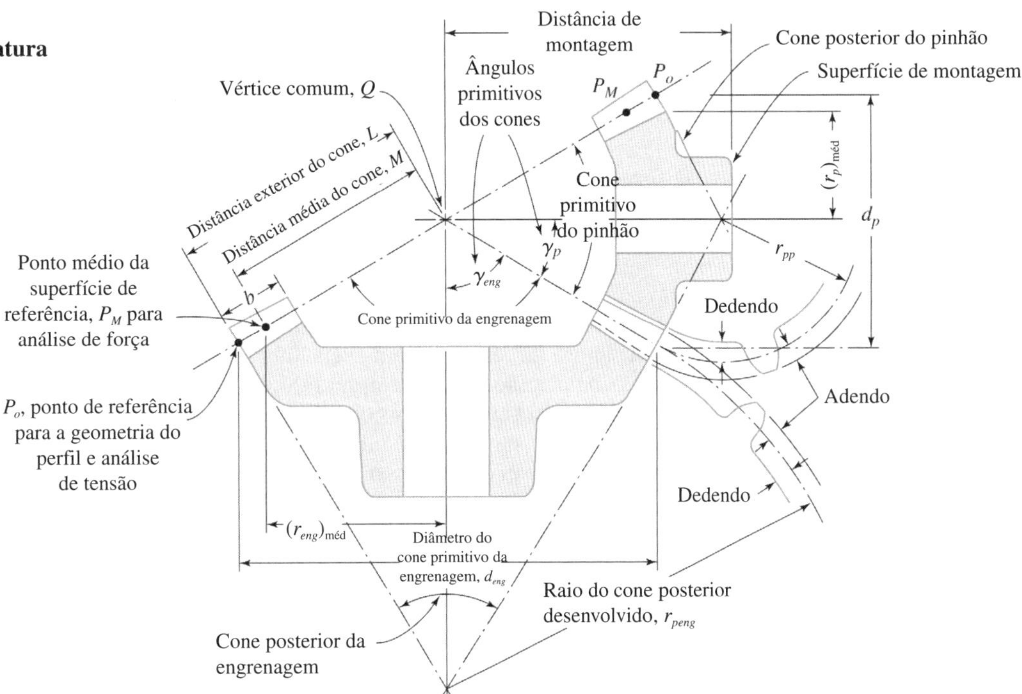

Figura 15.41
Geometria básica e nomenclatura para engrenagens cônicas de dentes retos.

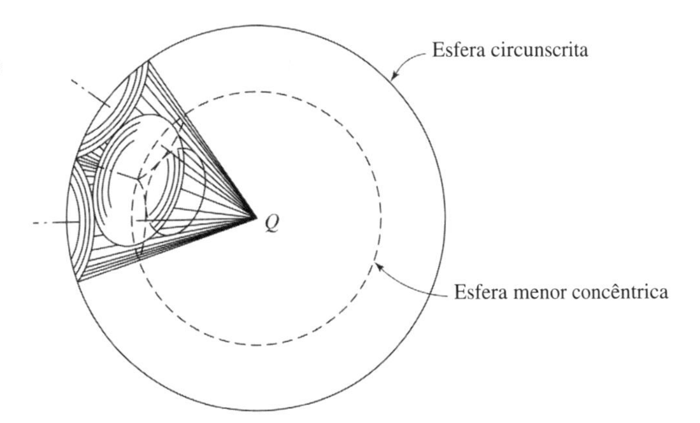

Figura 15.42
Superfícies do tronco de cone de engrenagens cônicas delimitados por duas superfícies esféricas concêntricas. (Da ref. 25.)

[89] Nome de marca registrada da Gleason Works, Rochester, NY.
[90] Veja ref. 24.

O aumento da complexidade geométrica já descrita torna os cálculos de projeto das engrenagens cônicas mais complicados e mais empíricos do que utilizados nas engrenagens cilíndricas de dentes retos e de dentes helicoidais, mas os conceitos fundamentais são os mesmos. A discussão, neste texto, do projeto de engrenagens cônicas é relativamente breve, e os dados incluídos são, apenas, para as engrenagens cônicas de dentes retos *coniflex*[91] de ângulo de pressão 20º. Em qualquer projeto crítico, recomenda-se ao projetista consultar a norma ANSI/AGMA[92] apropriada ou buscar a orientação de um especialista em engrenagens. Conforme já foi anteriormente observado, o tamanho e a forma dos dentes da engrenagem cônica são definidos na extremidade maior em que os dentes interceptam os *cones posteriores*, conforme está ilustrado na Figura 15.41. Portanto, por definição, tanto o passo diametral P_d quanto o diâmetro primitivo d são baseados no círculo primitivo na extremidade maior dos dentes. Como o ferramental para engrenagens cônicas não é padronizado de acordo com o passo, o passo diametral não precisa ser um inteiro. Os perfis dos dentes se assemelham ao perfil dos dentes de *engrenagens cilíndricas de dentes retos virtuais* tendo raios primitivos iguais ao do raio do cone posterior do pinhão *projetado* r_{pp} e aos do raio do cone posterior da engrenagem *projetado* r_{peng}. O *número virtual de dentes* nestas engrenagens cilíndricas de dentes retos imaginárias é, para o pinhão

$$N'_p = 2r_{pp}P_d = \frac{N_p}{\cos\gamma_p} \tag{15-75}$$

e para a engrenagem

$$N'_{eng} = 2r_{peng}P_d = \frac{N_{eng}}{\cos\gamma_{eng}} \tag{15-76}$$

A caracterização do tamanho e da forma dos dentes das engrenagens cônicas (de dentes retos) em termos de uma engrenagem cilíndrica de dentes virtual projetada no cone posterior é conhecida como *aproximação de Tredgold para engrenagens cônicas.*[93]

As engrenagens cônicas, geralmente, não são intercambiáveis porque a forma do dente está fortemente vinculada ao método utilizado para produzir as engrenagens e utiliza-se um valor diferente de altura de cabeça para cada relação de engrenamento. Na prática, o pinhão tem uma altura de cabeça maior enquanto a engrenagem tem uma altura de cabeça menor (veja Tabela 15.18) para se evitar o adelgaçamento. Assim, as engrenagens cônicas são, quase sempre, fabricadas e substituídas como *conjuntos acoplados*. As proporções do dente para engrenagens cônicas padronizadas são fornecidas na Tabela 15.18. Os números *mínimos* de dentes sugeridos são listados na Tabela 15.19.

A razão de engrenamento para engrenagens cônicas pode ser determinada a partir do número de dentes, dos diâmetros primitivos ou dos ângulos dos cones primitivos[94] como

$$m_{Eng} = \frac{\omega_p}{\omega_{eng}} = \frac{N_{eng}}{N_p} = \tan\gamma_{eng} = \cot\gamma_p \quad (\text{sempre} > 1{,}0) \tag{15-77}$$

TABELA 15.18 Proporções[1] de Dentes para Engrenagens Besel de Profundidade Total com Ângulo de 90° (Unidades dos Estados Unidos)

Ângulo de pressão	20º
Profundidade de trabalho	$2{,}000 / P_d$
Profundidade total	$(2{,}188 / P_d) + 0{,}002$(mín)
Folga	$(0{,}188 / P_d) + 0{,}002$(mín)
Adendo da engrenagem	$[0{,}540 + 0{,}460(N_p / N_{eng})^2] / P_d$
Adendo do pinhão	$(2{,}000 / P_d) - [0{,}540 + 0{,}460(N_p / N_{eng})^2] / P_d$
Dedendo da engrenagem	$[(2{,}188 / P_d) + 0{,}002(\text{mín})] - [0{,}540 + 0{,}460(N_p / N_{eng})^2] / P_d$
Dedendo do pinhão	$[(0{,}188 / P_d) + 0{,}002(\text{mín})] + [0{,}540 + 0{,}460(N_p / N_{eng})^2] / P_d$
Espessura circular do dente	(veja ref. 25)

[1] Definida na extremidade maior do dente; veja, por exemplo, ref. 26.

[91] Coniflex é um nome de marca registrada da Gleason Works, Machine Division, Rochester , NY. As faces laterais dos dentes Coniflex são ligeiramente coroados na direção do seu comprimento, provendo a mesma tolerância ao desalinhamento sem concentrar o contato em uma das extremidades dos dentes.
[92] Por exemplo, ANSI/AGMA 2005-C96 (veja ref. 23).
[93] Veja, por exemplo, ref. 3. Este procedimento é similar ao que levou a (15-64) para engrenagens cilíndricas de dentes helicoidais, também, atribuído a Tredgold.
[94] Veja Figura 15.41.

TABELA 15.19 Número Mínimo de Dentes[1] de Engrenagem Cônica para Evitar a Interferência entre um Pinhão com 20° e Profundidade Total e uma Engrenagem Acoplada com Profundidade Total de Tamanhos Diversos

Número de Dentes do Pinhão Cônico	Número Mínimo de Dentes da Engrenagem Cônica Acoplada
16	16
15	17
14	20
13	31

[1] Extraído da ref. 1.

15.17 Engrenagens Cônicas; Análise de Forças

Assim como para todos os engrenamentos com perfis conjugados, a força normal F_n (resultante) no dente de uma engrenagem cônica na região de contato tem direção paralela à linha de ação. Como as superfícies de contato primitivas das engrenagens cônicas são cônicas, os dentes são inclinados em relação ao eixo de rotação, conforme está indicado na Figura 15.41. De forma similar à das engrenagens cilíndricas de dentes helicoidais, a decomposição da força normal F_n resulta em três componentes mutuamente perpendiculares: uma componente tangencial F_t no plano de rotação, associada com a transmissão útil de potência, uma força radial de separação F_r e uma componente axial de empuxo F_a. Nem F_r nem F_a têm um propósito útil. O ponto médio da largura de face b dos dentes inclinados é admitido, usualmente, como o ponto de aplicação da força resultante F_n, em que o raio do cone primitivo é $r_{méd}$, conforme apresentado na Figura 15.41. O raio médio do cone primitivo $r_{méd}$ para o ponto P_M pode ser calculado a partir da geometria da Figura 15.41 como:

$$r_{méd} = r - \frac{b}{2}\text{sen}\,\gamma \tag{15-78}$$

Assim como para as engrenagens cilíndricas de dentes retos e as engrenagens cilíndricas de dentes helicoidais,[95] a força transmitida (força tangencial) em libras-força pode ser calculada como

$$F_t = \frac{33.000(hp)}{V_{méd}} \tag{15-79}$$

em que hp é a potência operacional em hp.

Utilizando-se (15-78), a velocidade média na linha primitiva para o ponto médio da face P_M pode ser escrita empregando-se (15-23), como

$$V_{méd} = \frac{2\pi(r_p)_{méd}n_p}{12} = \frac{2\pi(r_{eng})_{méd}n_{eng}}{12} \tag{15-80}$$

em que $(r_p)_{méd}$ e $(r_{eng})_{méd}$ são os raios primitivos em polegadas para os pontos médios das faces dos dentes acoplados, e n_p e n_g são as velocidades angulares em rpm; $V_{méd}$ tem unidades ft/min.

As componentes de força F_r e F_a podem ser determinadas geometricamente a partir do ângulo de pressão φ e do ângulo do cone γ, como

$$F_r = F_t \tan\varphi \cos\gamma \tag{15-81}$$

e

$$F_a = F_t \tan\varphi\, \text{sen}\gamma \tag{15-82}$$

Para se evitar um ponto de confusão quando se calculam *tensões devidas à fadiga por flexão e à fadiga superficial*, deve-se notar com muita atenção que as componentes de força F_t, F_r e F_a, já calculadas utilizando-se (15-79), (15-81) e (15-82), se referem, todas, ao *ponto médio da face* P_M de referência na Figura 15.41. Devido ao procedimento padronizado de se definir o perfil geométrico da engrenagem cônica e o raio primitivo r no ponto P_o, na *extremidade externa* do dente (veja Figura 15.41), *as componentes virtuais de força* F_{to}, F_{ro} e F_{ao}, se calculadas a partir do torque transmitido, velocidade e potência em hp, apresentarão valores diferentes dos valores de F_t, F_r e F_a calculados. Isto pode ser deduzido, especificamente, de (15-21) como

$$T = F_t r_{méd} = F_{to}\left(\frac{d}{2}\right) \tag{15-83}$$

[95] Veja (15-25) e (15-65).

em que T = torque na engrenagem induzido pelas especificações de potência e de velocidade da aplicação

$F_r, r_{méd}$ = força tangencial e raio relativo ao *ponto de referência no meio da face* P_M

$F_{to}, \frac{d}{2}$ = força tangencial virtual e raio primitivo padronizado da engrenagem com relação ao ponto de referência na *extremidade do dente* P_o na extremidade maior (externa) do dente

Para se evitar confusões, os cálculos padronizados da AGMA para *fadiga devida à flexão* e *durabilidade à fadiga superficial (desgaste)* para engrenagens cônicas são, atualmente, formulados utilizando-se *o torque* nas expressões para σ_b e σ_{sf}[96] em vez da *força tangencial*, comumente utilizada para as engrenagens cilíndricas de dentes retos e de dentes helicoidais.[97] Esta modificação esclarecedora será adotada neste texto. Além disso, o torque no *pinhão*, T_p, foi adotado como base para os cálculos padronizados. De (15-22), torna-se, então, conveniente escrever

$$T_p = \frac{63.025(hp)}{n_p} \tag{15-84}$$

em que hp = potência em hp

n_p = velocidade angular do pinhão, rpm

15.18 Engrenagens Cônicas; Análise de Tensão e Projeto

Os cálculos das tensões devidas à flexão σ_b e à fadiga superficial por contato σ_{sf} atuando no dente de uma engrenagem cônica são, essencialmente, os mesmos apresentados para engrenagens cilíndricas de dentes retos[98] e engrenagens cilíndricas de dentes helicoidais[99], exceto por pequenos ajustes associados à geometria da engrenagem cônica e ao uso do *torque do pinhão* nestas expressões para se evitar confusão (conforme foi discutido em 15.17). Para a fadiga do dente devida à flexão,[100] especificamente, tem-se

$$\sigma_b = \frac{2T_pP_d}{d_pbJ}K_aK_vK_m \tag{15-85}$$

e, para durabilidade à fadiga superficial, tem-se

$$\sigma_{sf} = (C_p)_{cônica}\sqrt{\frac{2T_p}{bd_p^2I}K_aK_vK_m} \tag{15-86}$$

em que P_d = passo diametral (definido nas extremidades maiores dos dentes)

T_p = torque no pinhão, lbf·in

d_p = diâmetro primitivo do pinhão (definido nas extremidades maiores dos dentes)

b = largura de face, in

J = fator geométrico para engrenagem cônica para flexão no dente (inclui correções para considerar os dentes inclinados conicamente, distribuição de carga, localização do ponto de carregamento mais crítico, concentração de tensões e a prática padronizada de se definirem P_d e d_d nas extremidades maiores dos dentes). Veja a Figura 15.44 para valores numéricos.

K_a = fator de aplicação (veja Tabela 15.6)

K_v = fator dinâmico (veja Figura 15.24)

K_m = fator de montagem para engrenagem cônica (veja Figura 15.43)

$$(C_p)_{cônica} = \sqrt{\frac{3}{2\pi\left(\frac{1-\nu_p^2}{E_p} + \frac{1-\nu_{eng}^2}{E_{eng}}\right)}}$$

= coeficiente elástico para engrenagens cônicas. Comparando-se com a equação (15-45) para engrenagens cilíndricas de dentes retos, observe que o fator de multiplicação $\sqrt{3/2}$ para engrenagem cônica reflete a geometria do contato *mais proximamente esférico* das engrenagens cônicas coronadas em comparação com a geometria do contato *mais proximamente cilíndrico* das engrenagens cilíndricas de dentes retos.

I = fator de geometria da engrenagem cônica para a tensão de contato associada à fadiga superficial (inclui correções semelhantes àquelas observadas acima para J). Veja Figura 15.45 para valores numéricos.

[96] Veja (15-85) e (15-86). [97] Veja (15-41), (15-46), (15-69) e (15-70). [98] Veja (15-41) e (15-46). [99] Veja (15-69) e (15-70).

[100] Assim como para engrenagens cilíndricas de dentes retos e engrenagens cilíndricas de dentes helicoidais, fatores K estão disponíveis para melhorar a precisão.

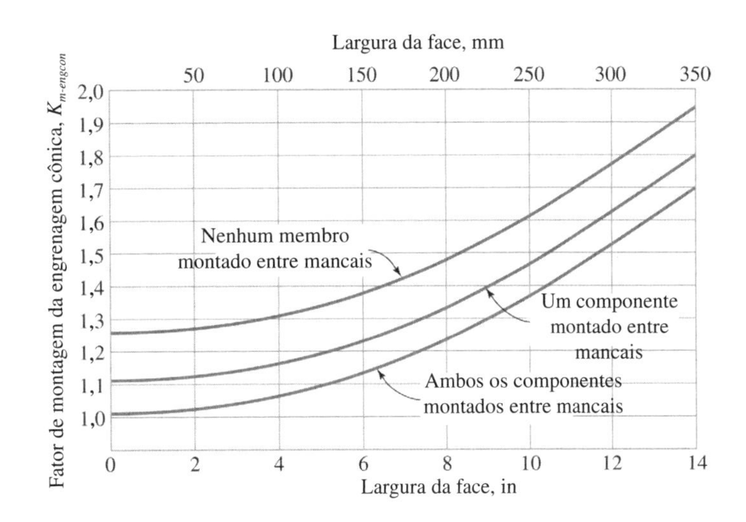

Figura 15.43
Fator de montagem para engrenagens cônicas, $K_{m\text{-}engcon}$, para engrenagens cônicas de dentes retos coronados com 20° (ângulo entre eixos de 90°). Não extrapole. (Da ref. 27. Adaptado da norma ANSI/AGMA 2003-B97, com a permissão do editor, American Gear Manufacturers Association, 1500 King Street, Suite 201, Alexandria, VA 22314.)

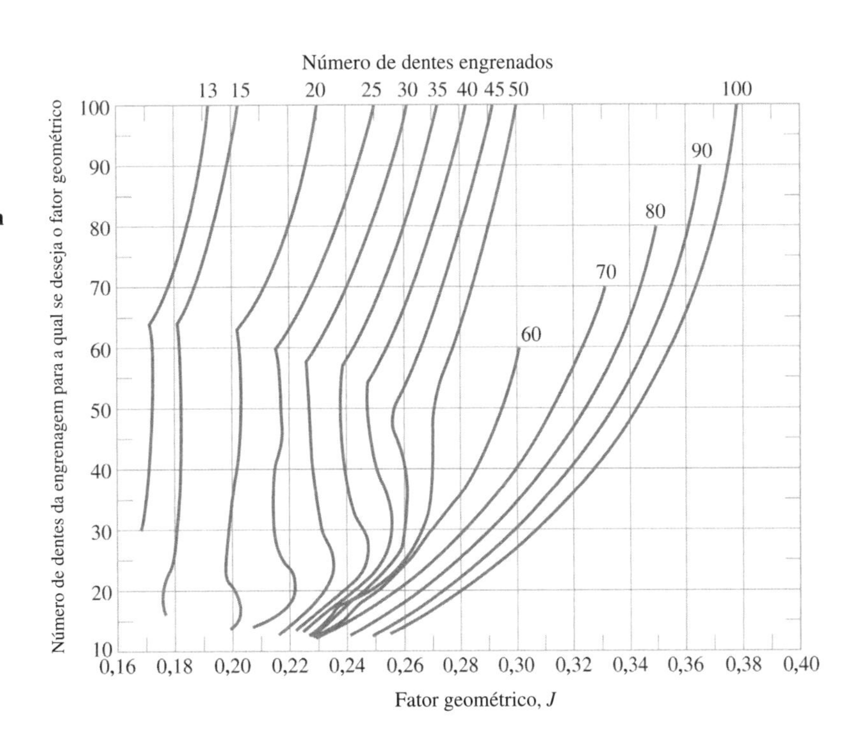

Figura 15.44
Fator geométrico J (para dentes sob flexão) para engrenagens cônicas de dentes retos *Coniflex*® (ângulo entre eixos de 90°). (Da ref. 27. Adaptado da norma ANSI/AGMA 2003-B97, com a permissão do editor, American Gear Manufacturers Association, 1500 King Street, Suite 201, Alexandria, VA 22314.)

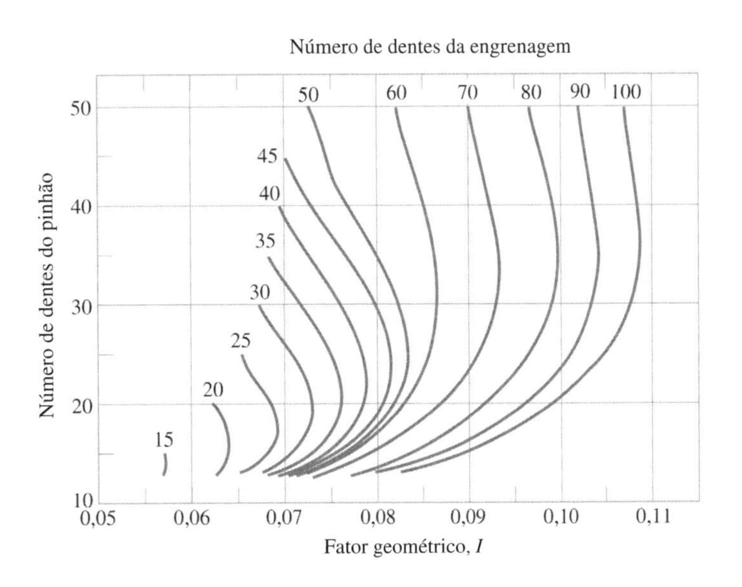

Figura 15.45
Fator geométrico I (para durabilidade à fadiga superficial) de engrenagens cônicas de dentes retos com 20° *Coniflex*® (ângulo entre eixos de 90°). (Da ref. 27. Adaptado da norma ANSI/AGMA 2003-B97, com a permissão do editor, American Gear Manufacturers Association, 1500 King Street, Suite 201, Alexandria, VA 22314.)

15.19 Engrenagens Cônicas; Resumo do Procedimento de Projeto Sugerido

O procedimento para o projeto de engrenagens cônicas segue a mesma estrutura básica estabelecida em 15.11 para engrenagens cilíndricas de dentes retos e em 15.15 para engrenagens cilíndricas de dentes helicoidais. Para engrenagens cônicas, os passos de projeto incluem, usualmente, o seguinte:

1. Se as especificações funcionais e a configuração do sistema contemplada incluem eixos perpendiculares,[101] gere um primeiro esboço conceitual do trem de engrenagens, incluindo a razão de redução necessária, o torque de entrada do pinhão, as linhas de centro dos eixos das engrenagens, as localizações dos mancais e quaisquer outras restrições geométricas.
2. Identifique os modos de falha potenciais (veja 15.4).
3. Selecione os materiais preliminares para as engrenagens (veja 15.5).
4. Selecione processos de fabricação preliminares, apropriados para a aplicação (veja Tabela 15.4).
5. Selecione, por tentativas, um sistema de dente; em seguida, utilizando as especificações de potência e velocidade, realize uma análise para determinar as *velocidades* e os *torques* pertinentes.
6. Do torque necessário no pinhão cônico *calculado*, T_p, e na razão de engrenamento *especificada*, m_{Eng}, estime o diâmetro primitivo d_p, utilizando a Figura 15.46 e a Figura 15.47 para obter uma seleção inicial *aceitável* de d_p; selecione os números de dentes do pinhão e de engrenagem utilizando as recomendações da Figura 15.48.

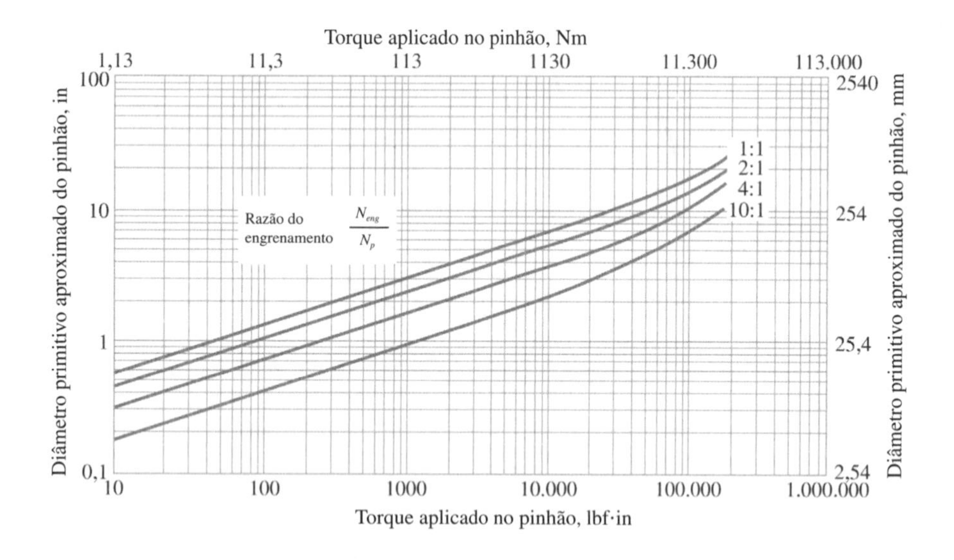

Figura 15.46
***Especificação* do *diâmetro primitivo do pinhão* como função do torque e da razão de redução do engrenamento para engrenagens cônicas de dentes retos com 20º *Coniflex*®, baseada na *fadiga do dente devida à flexão* (ângulo entre eixos de 90º). (Da ref. 23. Adaptado da norma ANSI/AGMA 2005-C96, com a permissão do editor, American Gear Manufacturers Association, 1500 King Street, Suite 201, Alexandria, VA 22314.)**

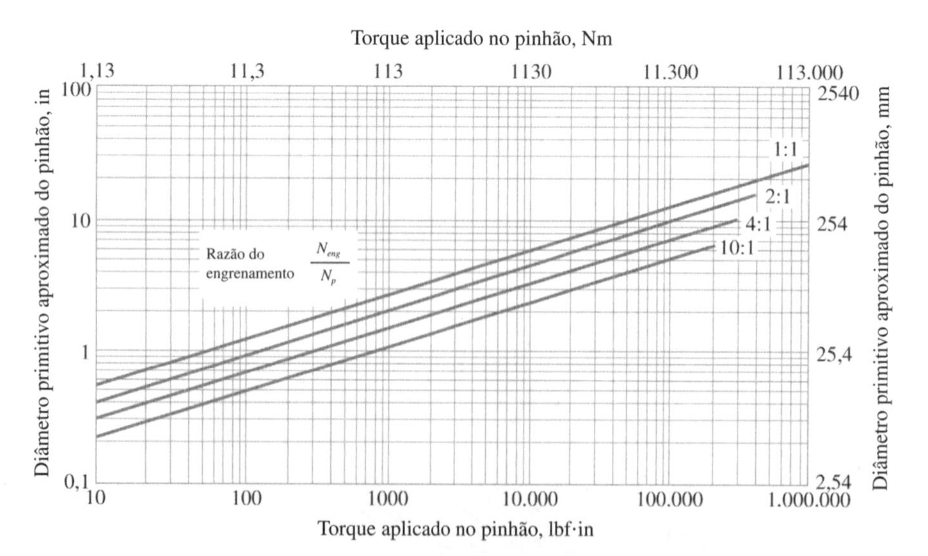

Figura 15.47
***Especificação* do *diâmetro primitivo do pinhão* como função do torque e da razão de redução do engrenamento para engrenagens cônicas de dentes retos com 20º *Coniflex*®, baseada na *durabilidade à fadiga superficial* (ângulo entre eixos de 90º). (Da ref. 23. Adaptado da norma ANSI/AGMA 2005-C96, com a permissão do editor, American Gear Manufacturers Association, 1500 King Street, Suite 201, Alexandria, VA 22314.)**

[101] Na verdade, quase todos os ângulos podem ser acomodados, contudo, ângulos maiores de 90º estão além do escopo deste texto. Veja ref. 23.

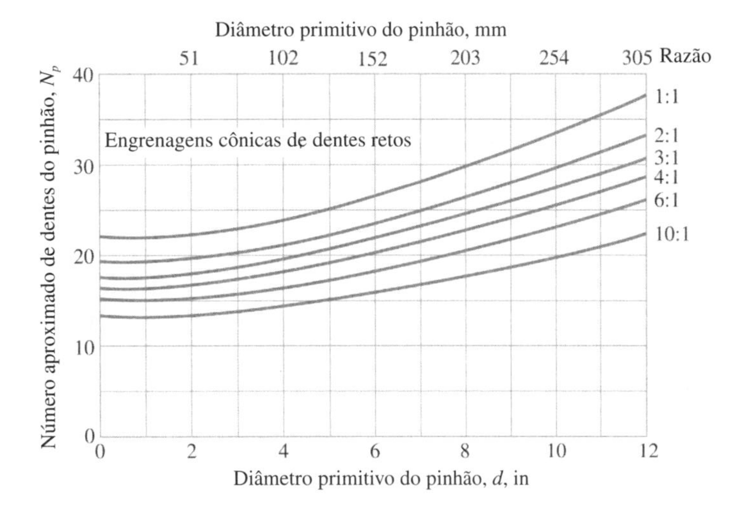

Figura 15.48

***Número de dentes do pinhão* recomendado como função do diâmetro primitivo do pinhão e do fator de redução do engrenamento para engrenagens cônicas de dentes retos com 20º *Coniflex*® (ângulo entre eixos de 90º). (Da ref. 23. Adaptado da norma ANSI/AGMA 2005-C96, com a permissão do editor, American Gear Manufacturers Association, 1500 King Street, Suite 201, Alexandria, VA 22314.)**

7. Baseando-se na definição do passo diametral P_d dada em (15-8), pode-se estimar o passo diametral aproximado (nas extremidades maiores dos dentes) a partir dos resultados do passo 6. Para engrenagens cônicas, não é necessário que o passo diametral seja "padronizado" e qualquer passo diametral entre 1 e 64, incluindo-se valores não inteiros, é aceitável.
8. Utilizando-se as recomendações baseadas na experiência de (15-73) e (15-74), determine a largura de face b adotando o menor dos dois valores calculados. Calcule, também, a velocidade média na linha primitiva a partir de (15-80), e em seguida, as componentes tangencial, radial e axial da força (a serem suportadas pelos mancais de sustentação).
9. Para cada engrenagem cônica, calcule o *fator de segurança existente* preliminar, baseando-se na *fadiga do dente devida à flexão*, que existiria se as seleções para a geometria do dente e para as propriedades do material (incluindo-se especificações de confiabilidade) fossem empregadas no projeto. As tensões devidas à flexão associadas à fadiga do dente podem ser calculadas a partir de (15-85) e as propriedades do material podem ser obtidas em (15.9).[102]
10. Compare o *fator de segurança existente* com o *fator de segurança de projeto* especificado. Se forem aproximadamente iguais, não será necessária nenhuma iteração posterior. Se não forem iguais, outra iteração *será* necessária. Continue iterando até que o fator de segurança de projeto seja alcançado. Repita para cada engrenagem cônica, conforme a necessidade.
11. Utilizando-se os resultados do passo 10, calcule o *fator de segurança existente* baseado na *durabilidade à fadiga superficial*, a partir de (15-86). Se o fator de segurança *existente*, baseado na fadiga superficial, não for igual ou superior ao *fator de segurança de projeto*, podem ser necessárias iterações adicionais, novamente.
12. Estime as perdas por atrito, a geração de calor e as necessidades de lubrificação para serem mantidos níveis aceitáveis de temperatura, ruído e vidas de projeto (veja 15.10).

Exemplo 15.7 Projeto de Engrenamento Cônico

No projeto preliminar de uma máquina de brunimento industrial para uma aplicação especial, propõe-se o uso de um engrenamento cônico de dentes retos para transformar a rotação em torno de um *eixo orientado na vertical* (de um pinhão motor) na rotação em um *eixo* concorrente *orientado na horizontal* (da engrenagem de saída). Estima-se que serão necessários 7 hp para movimentar a máquina a uma rotação de 350 rpm. O motor de alimentação escolhido por tentativas opera abaixo da potência máxima com 1150 rpm.

São dadas especificações adicionais para o conjunto de engrenagens cônicas de dentes retos:

1. Estes cálculos preliminares podem ser baseados na hipótese de que as perdas por atrito são desprezíveis para todas as engrenagens e mancais.

---

[102] Contudo, as normas AGMA incluem tabelas especiais de propriedades de materiais para engrenagens (veja ref. 27) que devem ser utilizadas em qualquer projeto crítico.

Exemplo 15.7 Continuação

2. Deseja-se utilizar aço AISI 1020 de baixo carbono para os blocos das engrenagens, se possível; após a usinagem, deseja-se cementar e temperar as superfícies dos dentes até se obter R_C 60. Desejam-se uma vida de projeto de $N = 10^{10}$ ciclos e uma confiabilidade de 99 por cento. As propriedades para o aço AISI 1020 cementado e temperado até R_C 60 já foram obtidas nos Exemplos 15.3 e 15.5, e podem ser resumidas como:

a. As propriedades do núcleo são

$$S_u = 57.000 \text{ psi}$$

$$S_{yp} = 43.000 \text{ psi}$$

$$(S_{dff})_{N=10^{10}} = 16.000 \text{ psi}$$

$$\text{Dureza} = \text{BHN } 121$$

b. As propriedades do entorno são

$$(S_{dff})_{N=10^{10}} = 120.600 \text{ psi}$$

c. Os dentes de engrenagem devem ser padronizados como dentes retos de 20º.

d. A produção total é estimada em 50 máquinas.

Proponha uma configuração aceitável que atenda às especificações e proveja um fator de segurança de projeto de aproximadamente $n_d = 1{,}5$.

Solução

a. Baseado nas especificações, esboça-se um primeiro *layout* conceitual do conjunto de engrenagens cônicas conforme está apresentado na Figura E15.7.

b. Os modos de potenciais de falha primários parecem ser a fadiga do dente devida à flexão e à fadiga superficial devida ao desgaste.

c. Uma vez que se trata de um item de baixa produção, as engrenagens cônicas de dentes retos Coniflex® podem ser selecionadas como tentativa.

d. Utilizando-se as especificações das velocidades de eixos, a razão de engrenamento m_{Eng} pode ser calculada a partir de (15-77) como

$$m_{Eng} = \frac{\omega_p}{\omega_{eng}} = \frac{n_p}{n_{eng}} = \frac{1150}{350} = 3{,}29$$

e. O torque de operação do pinhão pode ser calculado utilizando-se (15-84) como

$$T_p = \frac{63.025(hp)}{n_p} = \frac{63.025(7)}{1150} = 384 \text{ lbf·in}$$

f. A especificação aproximada do diâmetro do pinhão pode ser obtida da Figura 15.46 (baseada na fadiga do dente devida à flexão) ou da Figura 15.47 (baseada na durabilidade à fadiga superficial, que, frequentemente, é mais crítica). Utilizando-se a Figura 15.47 associada com os valores m_{Eng} e T_P, tem-se

$$d_p \approx 1{,}5 \text{ polegada}$$

(O mesmo resultado seria obtido, aproximadamente, a partir da Figura 15.46.)

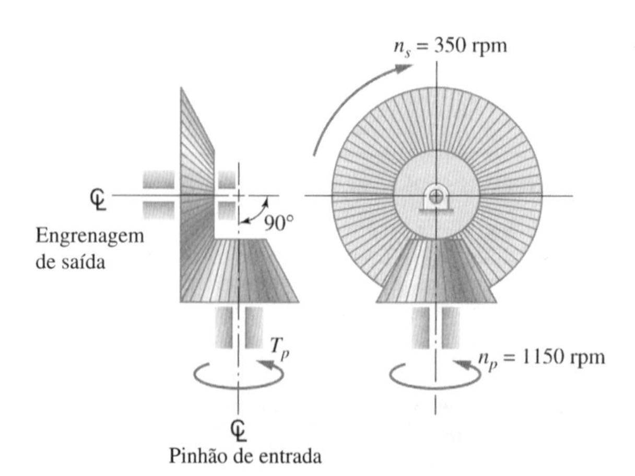

Figura E15.7
Primeiro esboço conceitual do engrenamento com engrenagens cônicas de dentes retos proposto.

g. A seguir, da Figura 15.48, o número de dentes do pinhão recomendado deve ser

$$N_p = 18 \text{ dentes}$$

e para a engrenagem, utilizando-se (1) e (15-77) tem-se

$$N_{eng} = m_{Eng} N_p = 3{,}29(18) = 59{,}22 \approx 59 \text{ dentes}$$

Observe que utilizando-se o número (especificado) *integral* de dentes da engrenagem muda-se ligeiramente a razão de engrenamento calculada em (1) para $m_{Eng} = (59/18) = 3{,}28$.

h. O passo diametral apropriado pode ser, em seguida, estimado utilizando-se (15-8) como

$$P_d = \frac{N_P}{d_p} = \frac{18}{1{,}5} = 12{,}0$$

(Observe que o valor integral de P_d é fortuito. Valores fracionários também seriam aceitáveis.)

i. Utilizando-se (15-73), podem ser estimadas as larguras de face como

$$b_L \leq 0{,}3\left(\frac{d_p}{2\text{sen}\ \gamma_p}\right)$$

em que γ_P é determinado de (15-77) como

$$\gamma_p = \cot^{-1} m_{Eng} = \cot^{-1} 3{,}28 = 17{,}0^\circ$$

Então,

$$b_L \leq 0{,}3\left(\frac{1{,}5}{2\text{sen}\ 17{,}0}\right) = 0{,}77 \text{ polegada}$$

Além disso, de (15-74) tem-se

$$b_{P_d} \leq \frac{10}{P_d} = \frac{10}{12} = 0{,}83$$

Tomando-se o menor valor

$$b = 0{,}77 \text{ polegada}$$

j. A velocidade média na linha primitiva $V_{méd}$ pode ser calculada utilizando-se (15-80). Inicialmente, de (15-78) tem-se

$$(r_p)_{méd} = \frac{d_p}{2} - \frac{b}{2}\text{sen}\,\gamma_p = \frac{1{,}5}{2} - \left(\frac{0{,}77}{2}\right)\text{sen}\ 17{,}0 = 0{,}64 \text{ polegada}$$

em que

$$V_{méd} = \frac{2\pi(r_p)_{méd} n_p}{12} = \frac{2\pi(0{,}64)(1150)}{12} = 385 \text{ ft/min}$$

k. Utilizando-se (15-79), (15-81) e (15-82), tem-se

$$F_t = \frac{33.000(hp)}{V_{méd}} = \frac{33.000(7)}{385} = 600 \text{ lbf}$$

por conseguinte,

$$(F_r)_p = F_t \tan\varphi \cos\gamma_p = (600)\ (\tan 20)\ \cos 17{,}0 = 209 \text{ lbf}$$

e

$$(F_a)_p = F_t \tan\varphi\, \text{sen}\,\gamma_p = 600 \tan 20\ \text{sen}\ 17{,}0 = 64 \text{ lbf}$$

Observando-se de (15-77) que

$$\gamma_{eng} = \tan^{-1} m_{Eng} = \tan^{-1} 3{,}28 = 73{,}0^\circ$$

as componentes radial e axial da força atuando na engrenagem são

$$(F_r)_{eng} = 600 \tan 20 \cos 73{,}0 = 64 \text{ lbf}$$

e

$$(F_a)_{eng} = 600 \tan 20\ \text{sen}\ 73{,}0 = 209 \text{ lbf}$$

Pode-se observar, também, que as intensidades destas componentes de força são consistentes com o equilíbrio de corpo livre do conjunto de engrenagens cônicas apresentado na Figura E15.7.

Exemplo 15.7 Continuação

l. O *fator de segurança à fadiga devida à flexão* para o conjunto de engrenagens cônicas proposto pode ser obtido utilizando-se (15-85). Para facilitar o cálculo, os dados conhecidos podem ser resumidos da seguinte forma

$$T_p = 384 \text{ lbf} \cdot \text{in}$$
$$P_d = 12{,}0$$
$$d_p = 1{,}5 \text{ polegada}$$
$$b = 0{,}77 \text{ polegada}$$
$$N_p = 18 \text{ dentes}$$
$$N_{eng} = 59 \text{ dentes}$$

Em seguida

K_a = 1,0 (da Tabela 15.6; carregamento uniforme tanto para a fonte motora quanto para a máquina movida)

K_v = 1,15 (da Figura 15.24 utilizando-se $Q_v = 8$ ou 9 da Tabela 15.4, com base em um engrenamento de *boa precisão*)

K_m = 1,1 (da Figura 15.43 para largura de face de 0,77 in com um componente com folga; veja o *layout* proposto na Figura E15.7.

J = 0,24 (da Figura 15.44, para os dentes do pinhão, utilizando-se $N_p = 18$ e $N_{eng} = 59$)

Substituindo-se estes valores em (15-85), obtém-se

$$\sigma_b = \frac{2(384)(12)}{(1{,}5)(0{,}77)(0{,}24)}(1{,}0)(1{,}15)(1{,}1) = 42.060 \text{ psi}$$

e o fator de segurança existente para fadiga devida à flexão para esta primeira proposta de projeto seria

$$n_{ex-1} = \frac{(S_{dff})_{N=10^{10}}}{\sigma_b} = \frac{16.000}{42.060} \approx 0{,}4$$

Um *fator de segurança inferior a um é claramente inaceitável.*

Para se aumentar o fator de segurança quanto à fadiga do dente, é necessário tornar o dente mais resistente (mais espesso) à fadiga. Como uma segunda iteração, tente aumentar o diâmetro primitivo para[103]

$$d_p = 2{,}0 \text{ polegadas}$$

Então, seguindo-se a mesma sequência de cálculo já utilizada, continua-se com as iterações com d_p até que o cálculo do *fator de segurança existente* resulte em um valor aproximadamente igual ao valor do *fator de segurança de projeto* de $n_d = 1{,}5$. Na Tabela E15.7, está ilustrado o processo.

m. O *fator de segurança quanto à fadiga superficial* para o conjunto de engrenagens cônicas proposto pode ser obtido utilizando-se (15-86), e deve ser 1,5 ou superior, por especificação. Além dos valores da terceira iteração da Tabela E15.7, o cálculo de (15-86) requer valores para $(C_p)_{cônico}$ e I. Das definições decorrentes de (15-86), tem-se

$$(C_p)_{cônica} = \sqrt{\frac{3}{2\pi\left[\left(\frac{1-\nu_p^2}{E_p}\right)+\left(\frac{1-\nu_g^2}{E_g}\right)\right]}}$$

$$= \sqrt{\frac{3}{2\pi\left[\left(\frac{1-0{,}3^2}{30\times 10^6}\right)+\left(\frac{1-0{,}3^2}{30\times 10^6}\right)\right]}} = 2805$$

e da Figura 15.45, tem-se

$$I = 0{,}083$$

Calculando-se (15-86), tem-se

$$\sigma_{sf-3} = 2805\sqrt{\frac{2(384)}{1{,}28(2{,}5)^2(0{,}083)}(1{,}0)(1{,}25)(1{,}1)} = 111.860 \text{ psi}$$

[103] A experiência dita esta orientação, quando se estiver iterando em *um estágio inicial*, saltos maiores no valor do parâmetro iterado tendem a ser mais eficientes no processo como um todo.

TABELA E15.7 Processo Iterativo para Determinação de Especificações Aceitáveis para o Pinhão (as iterações 1-3 são baseadas na fadiga do dente devida à flexão; a iteração 4 é necessária devido ao resultado de (27) para fadiga superficial.)

Iteração	d_p, in	P_p	b_L, in	b_{pd}, in	b, in	$(r_p)_{méd}$, in	$V_{méd}$, ft/mín	F_t, lb	K_a	K_V	K_m	J	σ_b, psi	$(n_{ex})_{flexão}$
1	1,5	12,0	0,77	0,83	0,77	0,64	385	600	1,0	1,15	1,1	0,24	42.060	0,4
2	2,0	9,0	1,03	1,11	1,03	0,85	512	451	1,0	1,15	1,1	0,24	18.220	0,9
3	2,5	7,2	1,28	1,39	1,28	1,06	638	362	1,0	1,25	1,1	0,24	9900	1,6[1]
4	3,0	6,0	1,54	1,67	1,50	1,28	987	234	1,0	1,25	1,1	0,24	5870	2,7[2]

[1] Este fator de segurança para fadiga devida à flexão é próximo o bastante do valor especificado de $n_d = 1,5$.

[2] Este fator de segurança maior para *fadiga devida à flexão* é determinado pela necessidade de um fator de segurança para *fadiga superficial* (mais crítica) adequado.

Assim, o fator de segurança para a fadiga superficial proposto para o projeto na terceira iteração deve ser

$$n_{ex-3} = \frac{120.600}{111.860} \approx 1,1$$

Como o fator de segurança existente é menor do que o fator de segurança de projeto especificado, é necessária nova iteração. Uma quarta iteração está registrada, portanto, na Tabela E15.7, baseada nas especificações de fadiga superficial. Utilizando-se estes valores e repetindo-se e atualizando-se o cálculo realizado acima para σ_{sf-3}, tem-se

$$\sigma_{sf-4} = 2805\sqrt{\frac{2(384)}{1,50(3,0)^2(0,083)}(1,0)(1,25)(1,1)} = 86.110 \text{ psi}$$

então

$$n_{ex-4} = \frac{120.600}{86.110} \approx 1,4$$

Assim, o fator de segurança da fadiga superficial para a proposta de projeto da iteração 3 seria

Este fator de segurança está relativamente próximo de $n_p = 1,5$, e poderia ser iterado novamente, caso fosse desejado, para se obter um valor maior. Será, contudo, considerado como aceitável por enquanto.

Para este projeto, a durabilidade à fadiga superficial ($n_{ex\text{-}4} = 1,4$) é mais crítica do que a fadiga à flexão do dente ($n_{ex\text{-}4} = 2,7$). Estes resultados são típicos. Pode ser mais prático (embora não seja necessário) fazer cálculos baseados na durabilidade à fadiga superficial *primeiro*, seguido dos cálculos baseados na fadiga do dente devida à flexão.

15.20 Sistemas de Coroa e Sem-fim; Nomenclatura, Geometria do Dente e Interações do Engrenamento

Sistemas coroa-sem-fim já foram brevemente descritos em 15.2 e esquematizados na Figura 15.4. Serão discutidos aqui, apenas, os engrenamentos com sem-fim *cilíndricos* [veja Figura 15.41(d)].[104]

O engrenamento com sem-fim e coroa é utilizado para transmitir potência e movimento entre eixos reversos, normalmente fazendo um ângulo de 90º entre si, conforme apresentado na Figura 15.49. O *sem-fim* se assemelha a um parafuso de transmissão de potência (veja Capítulo 12) e a *coroa* se assemelha a uma engrenagem cilíndrica de dentes helicoidais, exceto por ser *afilada* para envolver parcialmente o sem-fim. Se um sem-fim girando tiver os movimentos axiais restritos por mancais de encosto, a coroa será posta em movimento de rotação *em torno do próprio eixo*, à medida que os filetes do sem-fim *deslizam lateralmente* contra os dentes da coroa. Isto simula o movimento de avanço linear de uma cremalheira[105] acoplada a uma engrenagem cilíndrica de dentes retos ou de dentes helicoidais conjugados. O engrenamento com sem-fim e coroa é escolhido, com frequência, para se obterem grandes razões de redução.[106] São comuns razões variando entre 3 ½:1 até 100:1, embora os engrenamentos com sem-fim possam ser produzidos para proverem razões de 1:1 até 360:1. Devido à ação de rosca, os engrenamentos com sem-fim são silenciosos, livres de vibrações e produzem uma velocidade de saída constante livre de pulsações.

[104] Veja ref. 1 para discussão de engrenamentos coroa sem fim *não envolventes* e com *duplo envolvimento*.

[105] O sem-fim, quando girado, simula uma série de perfis-cremalheira deslocando-se à frente continuamente paralelamente a seus eixos.

[106] A razão de redução é a razão entre as velocidades angulares do sem-fim e da coroa.

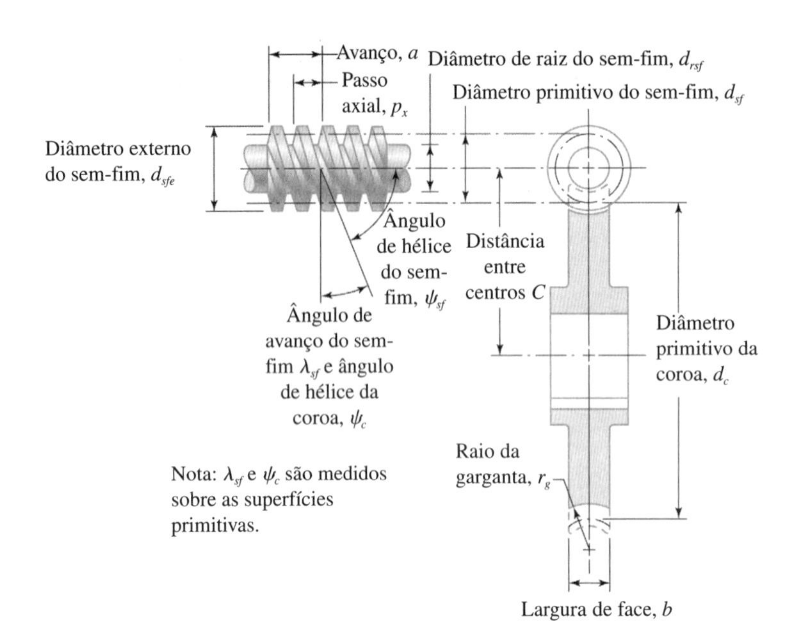

Figura 15.49
Esboço de um arranjo de engrenamento com coroa e sem-fim cilíndrico (envolvimento simples), apresentando a nomenclatura padronizada. Apresentado para um sem-fim com rosca de duas entradas (veja Figura 12.3).

As linhas de contato entre o sem-fim e os dentes da coroa progridem partindo *das extremidades na direção das raízes* dos dentes da coroa à medida que estes atravessam o engrenamento. Na Figura 15.50 estão ilustradas as linhas de contato em um dado instante para o caso em que três dentes estão em contato, havendo *três linhas de contato*, todas avançando na direção das raízes dos dentes da coroa à medida que o sem-fim gira. O avanço dessas linhas de contato varrendo cada dente da coroa resulta em uma *área de contato*. Assim, o estado de tensões na zona de contato entre o sem-fim e a coroa é influenciado não apenas pelas *forças de contato cíclicas de Hertz*, mas também pelas *forças de atrito devidas ao deslizamento*, geradas pelo sem-fim que gira e pela *distribuição de carga* entre os dentes e contato.

É prática comum impor-se um período de *amaciamento* gradual no movimento para engrenamentos com sem-fins novos, antes de operá-los à plena carga. Um processo de amaciamento recomendado consiste em operar o conjunto coroa sem-fim à meia carga por algumas horas e, então, aumentar-se a carga por meio de, no mínimo, dois estágios até a carga total. Este processo resulta em superfícies endurecidas a frio mais suaves e em uma redução das forças de atrito de até 15 por cento.

O perfil, ou forma dos filetes do sem-fim, é determinado pelo método utilizado para manufaturá-lo. Para se assegurar um contato adequado entre o sem-fim e os dentes da coroa, a *engrenagem ferramenta hob* (ou outro ferramental utilizado para produzir coroas) tem, normalmente, o mesmo formato de corte básico utilizado para o *sem-fim*. Na Figura 15.51, estão detalhadas três formas comuns de perfis utilizados na prática.

As dimensões de dente usuais para sem-fins e coroas podem ser obtidas como uma função do passo diametral P_d das engrenagens, conforme apresentado na Tabela 15.20, ou como uma função do passo axial p_x.[107]

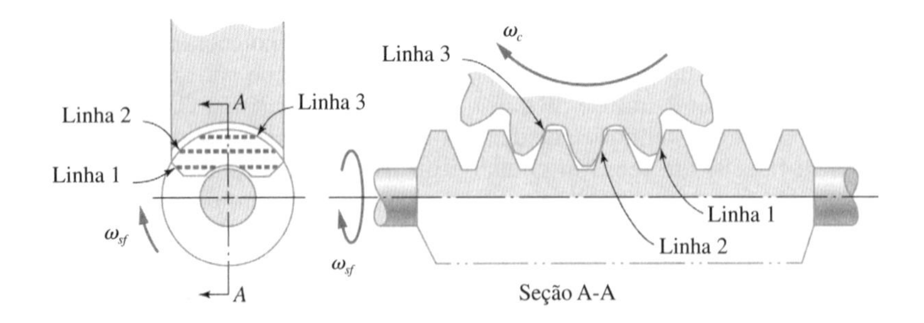

Figura 15.50
Linhas de contato instantâneas sobre os dentes de um engrenamento com coroa e sem-fim. (Da ref. 28. Adaptado da norma ANSI/AGMA 6022-C93, com a permissão do editor, American Gear Manufacturers Association, 1500 King Street, Suite 201, Alexandria, VA 22314.)

[107] É prática comum expressar estas três dimensões em termos de passo axial p_x. As expressões da Tabela 15.20 podem ser reescritas em termos do passo axial, substituindo-se $P_d = \pi/p_x$.

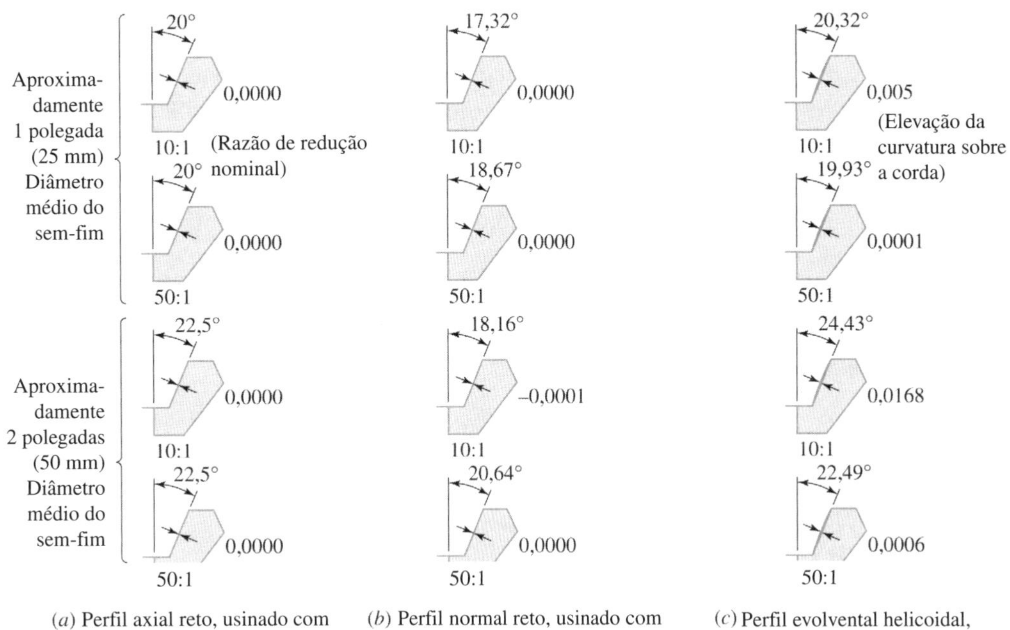

Figura 15.51
Três perfis de sem-fim comuns. (As formas do perfil do sem-fim não são normalizadas; também são utilizadas outras formas.) (Da ref. 28. Adaptado da norma ANSI/AGMA 6022-C93, com a permissão do editor, American Gear Manufacturers Association, 1500 King Street, Suite 201, Alexandria, VA 22314.)

TABELA 15.20 Proporções de Dentes Típicas para Engrenamentos com Sem-fim e Coroa[1] (unidades dos EUA)

Adendo	$1{,}000 / P_d$
Dedendo	$1{,}157 / P_d$ para $P_d < 20$
	$(1{,}200 + 0{,}002) / P_d$ para $P_d \geq 20$
Profundidade total	$2{,}157 / P_d$
Profundidade de trabalho	$2{,}000 / P_d$
Folga	$0{,}157 / P_d$
Diâmetro de raiz do sem-fim	$d_{sf} - (2{,}314 / P_d)$ para $P_d < 20$
	$d_{sf} - (2{,}400 + 0{,}002)$ para $P_d \geq 20$
Diâmetro externo do sem-fim	$d_{sf} - (2{,}000 / P_d)$
Diâmetro de raiz da coroa	$d_c - (2{,}314 / P_d)$ para $P_d < 20$
	$d_c - (2{,}400 + 0{,}002)/ P_d$ para $P_d \geq 20$
Diâmetro de garganta da coroa	$d_c + (2{,}000 / P_d)$
Diâmetro externo (aproximado) da coroa	$d_{sf} + (3{,}000 / P_d)$

[1] Compilado da ref. 28. Extraído da norma 6022-C93 ANSI/AGMA, com a permissão do editor, American Gear Manufacturers Association, 1500 King Street, Suite 201, Alexandria, VA 22314.

Uma especificação básica de um engrenamento com sem-fim e coroa projetado adequadamente é que o passo axial p_x do sem-fim[108] deve ser igual ao passo circular p_c da coroa.[109] Então

$$p_x = \frac{p_n}{\cos \lambda_{sf}} = p_c = \frac{p_n}{\cos \psi_c} = \frac{\pi d_c}{N_c} \tag{15-87}$$

e, assim como para outros tipos de engrenagens, o passo diametral P_d (ou o módulo m) da coroa é

$$P_d = \frac{N_c}{d_c}\left(\text{ou} \quad m = \frac{d_c}{N_c}\right) \tag{15-88}$$

[108] Veja Figura 15.49.

[109] A mesma definição usada para as outras engrenagens; por exemplo, veja (15-6). Similar ao desenvolvimento de (15-51) e de (15-52) para engrenagens cilíndricas de dentes helicoidais, o passo circular normal da *coroa* é dado por $p_n = p_c \cos \psi_c$, e o passo circular normal do *sem-fim* é dado por $p_n = p_x \operatorname{sen} \psi_{sf} = p_x \operatorname{sen} (90 - \lambda_{sf}) = p_x \cos \lambda_{sf}$.

Os sem-fim podem ser fabricados com uma rosca ou múltiplas roscas, semelhantes aos parafusos de transmissão de potência.[110] O número de roscas N_{sf} do sem-fim é tratado como se fosse o número de "dentes" do sem-fim. O número de *roscas* do sem-fim é referido, frequentemente, como número de *entradas*.[111] Normalmente, as razões de redução acima de 30:1 utilizam sem-fins com uma *única* entrada, e abaixo de 30:1, as roscas com *múltiplas* entradas são mais comuns.

O número de dentes na coroa é determinado pela razão de redução necessária, juntamente com o número mínimo de dentes determinado pela boa prática de projeto. Na Tabela 15.21, são fornecidos os números mínimos de dentes da coroa sugeridos, como uma função do ângulo de pressão normal.

O diâmetro primitivo de um sem-fim *não é* uma função do seu número de roscas. A *razão de redução* de um engrenamento com sem-fim e coroa, portanto, *não é* igual à razão entre os diâmetros primitivos da coroa e do sem-fim; a razão de redução é uma função do *número de dentes da coroa* e do número de entradas do sem-fim. Assim,

$$\frac{\omega_{sf}}{\omega_c} = \frac{N_c}{N_{sf}} \tag{15-89}$$

A prática usual é selecionar-se o diâmetro primitivo do sem-fim d_{sf} de modo que fique na faixa[112]

$$\frac{C^{0,875}}{3,0} \leq d_{sf} \leq \frac{C^{0,875}}{1,6} \tag{15-90}$$

em que C é a distância entre centros (polegadas). O diâmetro primitivo da coroa pode ser calculado como

$$d_c = 2C - d_{sf} \tag{15-91}$$

A largura de face da coroa não deveria, normalmente, exceder dois terços do diâmetro primitivo do sem-fim,[113] ou

$$b \leq 0,67 d_{sf} \tag{15-92}$$

Esta restrição à largura de face, baseada na experiência, reflete o efeito adverso da distribuição de carga crescentemente não uniforme ao longo do comprimento de contato na rosca, à medida que a largura de face é aumentada.[114]

De modo similar ao caso dos parafusos de transmissão de potência (Capítulo 12), o *avanço* é o deslocamento à frente de qualquer ponto sobre a rosca do sem-fim após uma rotação deste, ou o passo axial do sem-fim multiplicado pelo número de entradas da rosca do sem-fim. Assim, tem-se

$$L_{sf} = N_{sf} p_x \tag{15-93}$$

TABELA 15.21 Número Mínimo de Dentes[1] da Coroa Sugerido como uma Função do Ângulo de Pressão Normal φ_n

Ângulo de Pressão, φ_n	Número Mínimo de Dentes da Coroa
14 1/2	40
17 1/2	27
20	21
22 1/2	17
25	14
27 1/2	12
30	10

[1] Compilado da ref. 28. Extraído da norma 6022-C93 ANSI/AGMA, com a permissão do editor, American Gear Manufacturers Association, 1500 King Street, Suite 201, Alexandria, VA 22314.

[110] Veja Figura 12.3.

[111] Olhando-se pela extremidade, pode-se contar o número de roscas paralelas que *entram* na extremidade de um sem-fim e que se desenvolvem de forma helicoidal ao longo de seu eixo.

[112] Empirismo baseado na prática.

[113] Diretrizes mais acuradas podem ser encontradas na ref. 28.

[114] Faces mais largas resultam em deflexões maiores nos filetes de rosca do sem-fim, como vigas em balanço, próximo às extremidades da zona de contato, concentrando mais da carga transmitida na direção do centro de contato. Isto resulta em elevadas tensões locais devidas à flexão e aumenta o potencial do dente falhar por fadiga devida à flexão do dente no adoçamento da raiz. Veja ref. 30 pág. 13.

O ângulo médio de avanço do sem-fim λ_{sf} [115] é dado por

$$\lambda_{sf} = \tan^{-1}\frac{L_{sf}}{\pi d_{sf}} \tag{15-94}$$

Para o caso usual, em que o eixo do sem-fim faz um ângulo de 90º com o eixo da coroa, o *ângulo de avanço do sem-fim* é igual ao *ângulo de hélice da coroa*, ou

$$\lambda_{sf} = \psi_c \tag{15-95}$$

O *ângulo de avanço* do sem-fim (complemento do ângulo de hélice) é a especificação habitual para as roscas de sem-fim (em vez do ângulo de hélice). Usualmente, o sem-fim tem um *ângulo de hélice* de mais de 45º e a coroa tem um ângulo de hélice de menos de 45º. O "sentido" do sem-fim deve ser o "mesmo" da coroa.

Os ângulos de pressão habituais para os engrenamentos com sem-fim são, em graus, 14½, 17½, 20, 22½, 25, 27½ e 30. Pode-se especificar tanto o ângulo de pressão *normal* φ_n, quanto o ângulo de pressão *transversal* φ_t. Estes estão relacionados por meio de

$$\varphi_n = \tan^{-1}\varphi_t \cos\lambda_{sf} \tag{15-96}$$

Ângulos de pressão maiores podem ser selecionados quando for necessária uma maior resistência dos dentes da coroa, mas as consequências da escolha de ângulos de pressão maiores incluem menos dentes em contato, forças de reação mais elevadas nos mancais, maiores tensões devidas à flexão no eixo e deflexões maiores no eixo do sem-fim. Para se evitar a interferência, os ângulos de pressão são relacionados, usualmente, com o ângulo de avanço do sem-fim, conforme está apresentado, por exemplo, na Tabela 15.22.

15.21 Sistemas de Coroa e Sem-fim; Análise de Forças e Eficiência

As análises de equilíbrio de forças e de corpo livre para um engrenamento sem-fim e coroa guardam um paralelo com as análises para um conjunto com parafuso de transmissão de potência.[116] O sem-fim é conceitualmente análogo ao parafuso de transmissão, e a coroa é análoga à porca. A decomposição de força para um parafuso de transmissão de potência, conforme detalhado na Figura 12.7, pode, portanto, ser aplicada diretamente ao caso do sem-fim, observando-se que o ângulo de avanço α do parafuso de transmissão de potência é equivalente ao ângulo de avanço do sem-fim λ_{sf} e o ângulo da normal à rosca θ_n do parafuso de transmissão de potência é equivalente ao ângulo de pressão normal φ_n para o engrenamento com sem-fim e coroa. Fazendo-se estas substituições de equivalência na Figura 12.7, uma soma de forças *tangenciais* para o sem-fim, *quando o sem-fim está movendo a coroa*, fornece

$$F_{sf} = F_n(\cos\varphi_n \operatorname{sen}\lambda_{sf} + \mu\cos\lambda_{sf}) \tag{15-97}$$

A força normal F_n pode, portanto, ser expressa como

$$F_n = \frac{F_{sft}}{\cos\varphi_n \operatorname{sen}\lambda_{sf} + \mu\cos\lambda_{sf}} \tag{15-98}$$

em que μ é o coeficiente de atrito para o deslizamento entre os filetes de rosca do sem-fim e os dentes da coroa.[117]

TABELA 15.22 Ângulo Máximo de Avanço do Sem-fim para Ângulos de Pressão Selecionados

Ângulo de Pressão, φ_n	Ângulo Máximo de Avanço, λ_{sf}, graus
14½	15
20	25
25	35
30	45

[115] O ângulo de avanço varia significativamente do diâmetro externo do sem-fim até seu diâmetro de raiz, de modo que o diâmetro *médio* de sem-fim é utilizado como base para se especificar o ângulo de avanço. Também deve-se mencionar que existem ambiguidades de terminologia na literatura que têm o potencial de criar confusões: Alguns autores chamam λ de ângulo de avanço, enquanto outros chamam λ de *ângulo de hélice*. Neste texto, o ângulo de avanço é medido de forma consistente a partir de um plano *normal* ao eixo de rotação, enquanto o ângulo de hélice é medido a partir do eixo de rotação propriamente dito. Assim, os ângulos de avanço e de hélice são complementares.

[116] Veja 12.4.

[117] Os coeficientes de atrito são mostrados no Apêndice A.1. Dados empíricos mostram, contudo, que nas aplicações com coroas, o coeficiente de atrito é uma função da velocidade de deslizamento. Veja ref. 29 para dados mais detalhados.

Escrevendo-se uma soma de forças *axiais* para o sem-fim, tem-se

$$F_{sfa} = F_n(\cos\varphi_n \cos\lambda_{sf} - \mu \operatorname{sen}\lambda_{sf}) = F_{sf}\frac{\cos\varphi_n \cos\lambda_{sf} - \mu \operatorname{sen}\lambda_{sf}}{\cos\varphi_n \operatorname{sen}\lambda_{sf} + \mu\cos\lambda_{sf}} \tag{15-99}$$

Somando-se, também, as forças na direção radial (de separação) para o sem-fim, tem-se

$$F_{sfr} = F_n \operatorname{sen}\varphi_n = F_{sft}\frac{\operatorname{sen}\varphi_n}{\cos\varphi_n \operatorname{sen}\lambda_{sf} + \mu\cos\lambda_{sf}} \tag{15-100}$$

As forças na coroa se relacionam, por equilíbrio, com as forças do sem-fim do seguinte modo

$$F_{ct} = F_{sfa} \quad \text{[ver (15-99)]} \tag{15-101}$$

$$F_{ca} = F_{sft} \quad \text{[ver (15-97)]} \tag{15-102}$$

$$F_{cr} = F_{sfr} \quad \text{[ver (15-100)]} \tag{15-103}$$

As especificações de potência e de velocidade são utilizadas, tipicamente, como as bases para o cálculo da força tangencial. A equação (15-25) pode ser utilizada para se calcular a força tangencial tanto na coroa, se a potência de saída e a velocidade angular da coroa forem conhecidas, quanto no sem-fim, se a potência de entrada e a velocidade angular do sem-fim forem conhecidas. Uma vez que as perdas resultantes do atrito por deslizamento entre o sem-fim e a coroa são significativas, a potência de entrada $(hp)_{ent}$ e a potência de saída $(hp)_{saída}$ diferem, frequentemente, de forma significativa. Assim, tem-se[118]

$$F_{sft} = \frac{2T_{sf}}{d_{sf}} = \frac{33.000(hp)_{entrada}}{V_{sf}} \tag{15-104}$$

e

$$F_{ct} = \frac{2T_c}{d_c} = \frac{33.000(hp)_{saída}}{V_c} \tag{15-105}$$

em que T_{sf} = torque no sem-fim, em lbf·in
T_c = torque na coroa, em lbf·in
d_{sf} = diâmetro primitivo do sem-fim, em polegadas
d_c = diâmetro primitivo da coroa, em polegadas
V_{sf} = velocidade na linha primitiva do sem-fim, em pés por minuto
V_c = velocidade na linha primitiva da coroa, em pés por minuto

A *eficiência e* para um engrenamento com sem-fim e coroa pode ser definida como a razão entre o torque motor no sem-fim, admitindo-se nenhum atrito no engrenamento, e o torque no sem-fim quando o atrito é incluído; a eficiência também pode ser expressa como a razão entre a potência de saída no eixo da coroa e a potência de entrada no eixo do sem-fim.[119] Então, utilizando-se (15-104) e (15-105), obtém-se

$$e = \frac{(hp)_{saída}}{(hp)_{entrada}} = \frac{F_{ct}V_c}{F_{ct}V_{sf}} \tag{15-106}$$

A velocidade de deslizamento V_{des}, baseada na velocidade na linha primitiva da coroa, é

$$V_{des} = \frac{V_c}{\operatorname{sen}\lambda_{sf}} \tag{15-107}$$

e a baseada na velocidade na linha primitiva do sem-fim, é

$$V_{des} = \frac{V_{sf}}{\cos\lambda_c} \tag{15-108}$$

Então, tem-se

$$\frac{V_c}{V_{sf}} = \frac{V_{des}\operatorname{sen}\lambda_{sf}}{V_{des}\cos\lambda_{sf}} = \tan\lambda_{sf} \tag{15-109}$$

[118] A prática da AGMA é utilizar-se um *diâmetro médio* d_m, em vez do diâmetro primitivo *d*. O diâmetro médio é definido com duas vezes o raio medido ao ponto médio da profundidade de trabalho (no plano central da coroa). Se existir uma diferença significativa entre d_m e d, d_m deverá ser utilizado.

[119] Admitindo-se que o sem-fim esteja movendo a coroa.

e (15-106) pode ser reescrita, utilizando-se (15-97), (15-99), (15-101) e (15-109) como

$$e = \left(\frac{\cos\varphi_n \cos\lambda_{sf} - \mu \operatorname{sen}\lambda_{sf}}{\cos\varphi_n \operatorname{sen}\lambda_{sf} + \mu \cos\lambda_{sf}} \right) \tan\lambda_{sf} = \frac{\cos\varphi_n - \mu \tan\lambda_{sf}}{\cos\varphi_n + \mu \cot\lambda_{sf}} \qquad (15\text{-}110)$$

Isto está de acordo com a expressão da eficiência para os parafusos de transmissão de potência dada em (12.19); assim, as tendências da eficiência, como uma função do ângulo de avanço λ_{sf} (ângulo de avanço do parafuso de transmissão de potência, α) e do coeficiente de atrito, conforme foi apresentado na Figura 12.8, são aplicáveis às coroas assim como aos parafusos de transmissão de potência.

É importante relembrar-se, também, que a eficiência de um engrenamento com sem-fim e coroa é um indicador para o *calor gerado* no engrenamento devido ao deslizamento entre os filetes de rosca do sem-fim e os dentes da coroa.[120] Além disso, o calor gerado deve ser dissipado na atmosfera do ambiente a uma taxa tal que a temperatura do lubrificante no reservatório, sob condições de operação em regime permanente, não exceda aproximadamente 180ºF. Conforme foi discutido de maneira mais completa em 15.10, podem ser utilizados diversos meios para se resfriar a carcaça ou o óleo, incluindo-se o possível uso de um trocador de calor externo. A experiência mostra que se forem utilizados bombas de óleo, trocadores de óleo adequados e jatos de óleo direcionados para o engrenamento, pode-se operar, virtualmente, qualquer engrenamento com sem-fim e coroa, em seu potencial mecânico pleno. Em última instância, devem ser realizados testes experimentais para se verificar a aceitabilidade do projeto proposto.

Dependendo do coeficiente de atrito e da geometria do engrenamento com sem-fim e coroa, a coroa pode ser ou não capaz de *inverter* o movimento do sem-fim quando o torque cessar. Se o movimento do engrenamento com sem-fim e coroa *não pode ser invertido*, o conjunto é dito *autotravante*. Se a coroa *puder* inverter o movimento do sem-fim, diz-se que o engrenamento é supervisionado (não autotravante). Para se determinar se o engrenamento é autotravante ou não, deve-se reexaminar a decomposição de forças no local do engrenamento[121] para o caso de a *coroa acionar o sem-fim*. Quando a coroa tenta movimentar o sem-fim (no sentido de rotação oposto ao sentido em que a *coroa é movimentada pelo sem-fim*), o sentido de deslizamento do engrenamento se inverte e, portanto, a força de atrito também inverte seu sentido. A expressão resultante para a força tangencial no sem-fim sob estas circunstâncias torna-se[122]

$$F_{sft} = F_n(\cos\varphi_n \operatorname{sen}\lambda_{sf} - \mu\cos\lambda_{sf}) \qquad (15\text{-}111)$$

A coroa pode inverter o movimento do sem-fim, apenas, se F_{sft} for negativa. Se F_{sft} for positiva ou nula, o engrenamento é autotravante. Então, pode ser deduzido de (15-111) que as condições para o *autotravamento* existem, se

$$-\cos\varphi_n \operatorname{sen}\lambda_{sf} + \mu\cos\lambda_{sf} \geq 0 \qquad (15\text{-}112)$$

ou se

$$\mu \geq \cos\varphi_n \tan\lambda_{sf} \qquad (15\text{-}113)$$

Inversamente, existem condições para a *reversão* se

$$\mu < \cos\varphi_n \tan\lambda_{sf} \qquad (15\text{-}114)$$

Deve-se notar que mesmo que o engrenamento satisfaça o critério para o autotravamento de (15-113), a vibração ou torques ciclicamente revertidos ainda podem causar uma "fragilidade" para reversão. Recomenda-se, usualmente, que seja utilizado um ângulo de avanço não superior a 5 ou 6 graus, se o autotravamento for necessário, e que seja incorporado um dispositivo de freio separado, caso nenhuma ação de fragilização seja tolerada. Os pequenos ângulos de avanço requeridos para um autotravamento efetivo implicam, usualmente, o uso de um sem-fim com rosca de uma única entrada e produzem baixas eficiências.[123]

15.22 Sistemas de Coroa e Sem-fim; Análise de Tensão e Projeto

A princípio, o procedimento de projeto para engrenamentos com sem-fim segue a mesma estrutura daquela descrita para engrenagens cilíndricas de dentes retos, de dentes helicoidais e cônicas de dentes retos, aumentada das considerações adicionais quanto ao desgaste[124] adesivo/abrasivo que pode resultar das velocidades de deslizamento muito significativas geradas entre os filetes de rosca do sem-fim e os

[120] A geração de calor em um engrenamento com sem-fim e coroa não é trivial. Considere que um engrenamento com 100 hp de capacidade e com uma eficiência de 75 por cento (veja Figura 12.8) gera uma quantidade de calor equivalente a 25 hp ou aproximadamente 20 kW.

[121] Com referência, novamente, à Figura 12.7.

[122] Quando comparada ao *caso do sem-fim motor* de (15-97).

[123] Veja Figura 12.8.

[124] Veja 2.8.

dentes da coroa. *Na prática*, por causa das complexidades da geometria do perfil, o estágio primitivo do procedimento de projeto para estimar a vida dos componentes, quando o desgaste está governando o modo de falha e as bases de dados referentes ao desgaste são esparsamente preenchidas no projeto do engrenamento com sem-fim e coroa, é *quase completamente empírico.*

Se um projetista desejasse seguir princípios fundamentais no projeto racional de um engrenamento com sem-fim e coroa, uma boa abordagem seria avaliar o projeto baseando-se nas tensões de fadiga devidas à flexão no adoçamento da raiz dos filetes de rosca do sem-fim e dos dentes da coroa, na durabilidade superficial à fadiga, baseando-se nas tensões de contato de Hertz cíclicas entre os filetes de rosca do sem-fim e os dentes da coroa, e nas extensões do desgaste abrasivo/adesivo gerado pelas velocidades de deslizamento relativamente elevadas (resultando em grandes distâncias de deslizamento durante o período total de vida de projeto da unidade) sob pressões de contato[125] relativamente grandes. Uma avaliação como esta seria, contudo, frustrada devido aos dados esparsos existentes para as constantes de desgaste,[126] aos critérios de projeto pobremente definidos para profundidade admissível de desgaste adesivo/abrasivo, e pelas interações entre os modos de falha potenciais (pobremente entendidos e difíceis de serem formulados). Por estas razões, uma abordagem empírica é adotada usualmente no projeto de engrenamentos com sem-fim.

Uma abordagem empírica de projeto comum é admitir-se que a fadiga do dente devida à flexão é menos séria do que a durabilidade superficial quando se está definindo um projeto aceitável.[127] Em seguida, admite-se que o critério de durabilidade superficial empregado normalmente na prática engloba tanto os parâmetros da fadiga superficial quanto os do desgaste adesivo/abrasivo.[128]

Uma vez que ainda não foi desenvolvido um cálculo significativo para um parâmetro apropriado para a *tensão* superficial, usa-se a força tangencial na coroa F_{ct} como um *parâmetro de severidade de carregamento*[129] alternativo para o projeto do engrenamento com sem-fim e coroa. A *capacidade crítica* para esta aplicação $(F_{ct})_{adm}$ é calculada empiricamente a partir da expressão baseada na experiência:[130]

$$(F_{ct})_{adm} = d_c^{0,8} b K_s K_m K_v \tag{15-115}$$

em que d_c = diâmetro primitivo da coroa, polegadas
b = largura da face, polegadas ($\leq 0,67\ d_{sf}$)
d_{sf} = diâmetro primitivo do sem-fim, polegadas
K_s = fator do material (veja expressão abaixo)
K_m = fator de correção da distribuição (veja expressão a seguir)
K_v = fator de velocidade (veja expressão a seguir)

O fator do material K_s para uma coroa de bronze *fundido com resfriamento ou forjado,* engrenada com um *sem-fim de aço com dureza superficial Rockwell C 58* ou superior, é dado por[131]

$$(K_s)_C = 720 + 10,37C^3 \quad (\text{para } C < 3,0 \text{ polegadas}) \tag{15-116}$$

$$(K_s)_{d_c} = 1000 \quad (\text{para } d_c < 8 \text{ polegadas}) \tag{15-117}$$

$$(K_s)_{d_c} = 1.411,6518 - 455,8259\log_{10} d_c \quad (\text{para } d_c \geq 8 \text{ polegadas}) \tag{15-118}$$

K_s é tomado como o maior valor entre (15-116), (15-117) e (15-118).

O fator de correção de distribuição K_m, que depende da razão de engrenamento $m_{eng} = N_c/N_{sf}$, é dado por

$$K_m = 0,0200\,(-m_{Eng}^2 + 40m_{Eng} - 76)^{0,5} + 0,46 \quad (\text{para } 3 \leq m_{Eng} \leq 20) \tag{15-119}$$

$$K_m = 0,0107\,(-m_{Eng}^2 + 56m_{Eng} + 5154)^{0,5} \quad (\text{para } 20 \leq m_{Eng} \leq 76) \tag{15-120}$$

$$K_m = 1,1483 - 0,00658m_{Eng} \quad (\text{para } m_{Eng} > 76) \tag{15-121}$$

---

[125] Veja, por exemplo, as equações (2-79) e (2-81) do Capítulo 2 para estimar a profundidade do desgaste adesivo e abrasivo.

[126] Como as fornecidas nas Tabelas 2.6, 2.7 e 2.8.

[127] Baseado na experiência na indústria, este é usualmente, mas nem sempre, o caso. Veja, também, (15-92) e a discussão relacionada.

[128] Contudo, uma vez que as tensões de contato cíclicas de Hertz não estão explicitamente incluídas, o critério reflete mais o desgaste adesivo/abrasivo do que a fadiga superficial.

[129] Veja Capítulo 6.

[130] Baseada na experiência, este valor admissível para a força tangencial na coroa deveria produzir uma vida de projeto nominal de 25.000 horas de operação. Veja ref. 29.

[131] Estes fatores são definidos pela AGMA na ref. 29, que inclui extensivas tabelas de valores e também (informativos) algoritmos empíricos para eles. Apenas alguns extratos selecionados são incluídos neste texto.

O fator de velocidade K_u que depende da velocidade de deslizamento V_{des}, é dado por

$$K_v = 0{,}659e^{-0{,}0011V_s} \quad (\text{para } 0 \leq V_s \leq 700 \text{ ft/min}) \tag{15-122}$$

$$K_v = 13{,}31V_s^{-0{,}571} \quad (\text{para } 700 \leq V_s \leq 3000 \text{ ft/min}) \tag{15-123}$$

$$K_v = 65{,}52V_s^{-0{,}774} \quad (\text{para } V_s > 3000 \text{ ft/min})^{132} \tag{15-124}$$

Utilizando-se estes fatores, pode-se calcular (15-115). Para um projeto ser aceitável, tem-se

$$F_{ct} \leq (F_{ct})_{adm} \tag{15-125}$$

Adaptando-se (15-105), tem-se

$$F_{ct} = \frac{12(33.000)(hp)_{saída}}{\pi d_c n_c} = \frac{126.050(hp)_{saída}}{d_c n_c} \tag{15-126}$$

Incorporando-se (15-115) e (15-126) a (15-125), pode-se conseguir um projeto aceitável se

$$\frac{126.050(hp)_{saída}}{d_c n_c} \leq d_c^{0,8} b K_s K_m K_v \tag{15-127}$$

Uma abordagem que pode ser utilizada para iteragir na direção de uma configuração de projeto aceitável é isolar-se a largura de face b de (15-127) para obter-se, para um projeto aceitável

$$b \geq \frac{126.050(hp)_{saída}}{d_c^{1,8} n_c K_s K_m K_v} \tag{15-128}$$

Se a proposta do engrenamento com sem-fim e coroa alcançar este critério de largura de face e também alcançar a condição imposta por (15-92), repetida aqui como

$$b \leq 0{,}67 d_{sf} \tag{15-129}$$

obtém-se um solução aceitável. Caso contrário, são necessárias outras iterações.

15.23 Sistemas de Coroa e Sem-fim; Procedimento de Projeto Sugerido

O procedimento de projeto para engrenamentos com sem-fim segue as mesmas diretrizes básicas que foram sugeridas para engrenagens cilíndricas de dentes retos, de dentes helicoidais e cônicas de dentes retos. Na literatura são discutidos muitos procedimentos alternativos e são comuns variações dependendo das especificações de projeto. Para engrenamentos com sem-fim, os passos para o projeto incluiriam o seguinte:

1. Se as especificações funcionais e a configuração do sistema contemplada incluem eixos reversos que fazem entre si um ângulo de 90°, uma razão de redução elevada e um envoltório espacial compacto, proponha, como tentativa, um engrenamento com sem-fim e coroa. Em seguida, gere um primeiro esboço conceitual do engrenamento, especificando a razão de redução necessária, o torque de entrada no sem-fim ou a potência, o torque de saída ou a potência, as linhas de centro dos eixos, a localização dos mancais, as velocidades de operação, as eficiências-limite, as necessidades de autotravamento e quaisquer outras restrições geométricas.
2. Identifique os modos potenciais de falha (veja 15.4).
3. Selecione os materiais preliminares (veja 15.5).
4. Selecione métodos de fabricação preliminares, apropriados à aplicação, considerando as instalações existentes e o inventário das ferramentas de corte (veja Tabela 15.4.)
5. Selecione o *número de entradas da rosca do sem-fim* a ser utilizada. As diretrizes para se fazer uma seleção inicial são:
   a. Escolha uma *rosca de única* entrada se a razão de redução for *maior* do que 30:1.
   b. Escolha uma *rosca de múltiplas entradas* se a razão de redução for *menor* do que 30:1.
6. Da razão especificada e de N_{sf}, calcule o *número de dentes da coroa, N_c.*
7. Utilizando (15-90) e a distância entre centros conhecida C,[133] calcule o *diâmetro primitivo do pinhão d_{sf}*, preliminar.

[132] Velocidades de deslizamento superiores a 6.000 ft/min não são recomendadas.

[133] A distância entre centros pode ser especificada de forma independente se a razão de redução puder ser *aproximada*. Se for necessária uma razão de redução *exata*, e deseja-se utilizar um ferramenta hob existente, pode ser necessário *calcular-se* a distância entre centros necessária para acomodar estas especificações.

8. Utilizando (15-91), calcule um *diâmetro primitivo da coroa* d_c.
9. Utilizando (15-87) ou (15-88), calcule *o passo axial* p_x *ou passo diametral* P_d. As proporções do dente para sem-fins e coroas, como uma função de P_d ou p_x, são apresentadas na Tabela 15.20.
10. Utilizando (15-93), calcule o *avanço* do sem-fim e então, de (15-94), calcule o *ângulo de avanço* λ_{sf}.
11. Selecione[134] um *ângulo de pressão* normal φ_n para a aplicação, seguindo as diretrizes dadas nas Tabelas 15.21 e 15.22.
12. Determine a potência ou torque necessários para acionar a carga e, então, calcule a carga transmitida a partir de (15-104) ou de (15-105).
13. Calcule as componentes de força tangencial, axial e radial atuando sobre os filetes de rosca do sem-fim e sobre os dentes da coroa, na zona de contato, utilizando as equações entre (15-99) e (15-103).
14. Calcule a eficiência do engrenamento com sem-fim e coroa utilizando (15-110), ou obtenha uma eficiência aproximada da Figura 12.8 como uma função do ângulo de avanço λ_{sf} (ângulo de avanço α do parafuso de transmissão de potência) e do coeficiente de atrito μ.
15. Se as especificações requerem que o engrenamento com sem-fim e coroa seja *autotravante*, certifique-se de que a unidade atende ao critério determinado em (15-113). Se as especificações requerem que o engrenamento com sem-fim e coroa seja reversível, certifique-se de que a unidade atende ao critério determinado por (15-114).
16. Utilizando (15-128) e adotando a igualdade, calcule a mínima largura $b_{mín}$ admissível.
17. Com o resultado do passo 16, verifique o critério para a máxima largura de face admissível determinada por (15-129). Se for satisfeito o critério, o projeto preliminar está aceitável. Caso contrário, podem ser necessárias outras iterações para se alcançar uma configuração de projeto aceitável.
18. Da eficiência *e* (veja passo 14), estime a geração de calor e as necessidades de lubrificação para manter níveis de temperatura e vidas de projeto aceitáveis (veja 15.10).
19. Testes de laboratório de uma unidade protótipo são altamente recomendados.

Exemplo 15.8 Projeto de Engrenamento com Sem-fim e Coroa

Deseja-se projetar um transportador de esteira como o esboçado grosseiramente na Figura E15.8A. Conforme indicado, a concepção é utilizarem-se duas correntes de roletes paralelas[135] para suportarem "caçambas" de armazenamento entre elas, utilizando-se conexões com pinos ente as caçambas e as correntes. As correntes serão acionadas por um par de rodas dentadas na base (piso térreo) e suportada no topo (segundo piso) por um par de rodas dentadas livres. Uma chapa de fundo é proposta para melhorar a estabilidade à medida que as caçambas deslizam para cima sobre a chapa plana de fundo do primeiro ao segundo andar, 15 pés acima. Cada caçamba deve transportar uma carga de aproximadamente 25 libras-força, e a cada segundo deve chegar uma caçamba no segundo piso para descarregamento a cada 2 segundos. Pode-se assumir que os pesos das taras das caçambas subindo e descendo se equilibram. As caçambas devem estar espaçadas de 19 polegadas ao longo da corrente de rolos. Sugere-se, inicialmente, que seja utilizado um motor elétrico de 1,725 rpm para acionar o eixo das rodas dentadas no primeiro piso. Por motivos de segurança, especifica-se que a falha de potência elétrica no motor não resultará na autorreversão do movimento da esteira. Com estas especificações em mente, proponha e inicie o dimensionamento de um redutor de velocidade adequado para esta aplicação.

Solução

a. Das discussões de 15.2, pareceria à primeira vista que arranjos envolvendo tanto engrenagens cilíndricas de dentes retos, dentes helicoidais, quanto sem-fim e coroa poderiam ser utilizados para esta aplicação. Para auxiliar a decidir entre estas possibilidades, pode ser feita uma estimativa da razão de redução necessária. A velocidade de entrada do redutor, proveniente do motor elétrico, foi especificada como 1,725 rpm. A velocidade de saída do redutor (aplicada ao eixo de acionamento da roda dentada) deve enviar uma caçamba ao segundo andar a cada 2 segundos (30 por minuto). Então, a velocidade da roda dentada motora em rpm deve ser estimada como se segue. Selecionando-se como preliminar uma roda dentada de 6 polegadas de diâmetro, a distância que a corrente avança durante cada volta da roda dentada é

$$L_{av} = \frac{\pi(6)}{12} = 1{,}57\ \frac{\text{ft}}{\text{rev}}$$

[134] Uma seleção inicial de $\varphi_n = 20^\circ$ é adotada com frequência.
[135] Veja Capítulo 17.

Figura E15.8A
Esboço primário para um equipamento de transporte e elevação proposto.

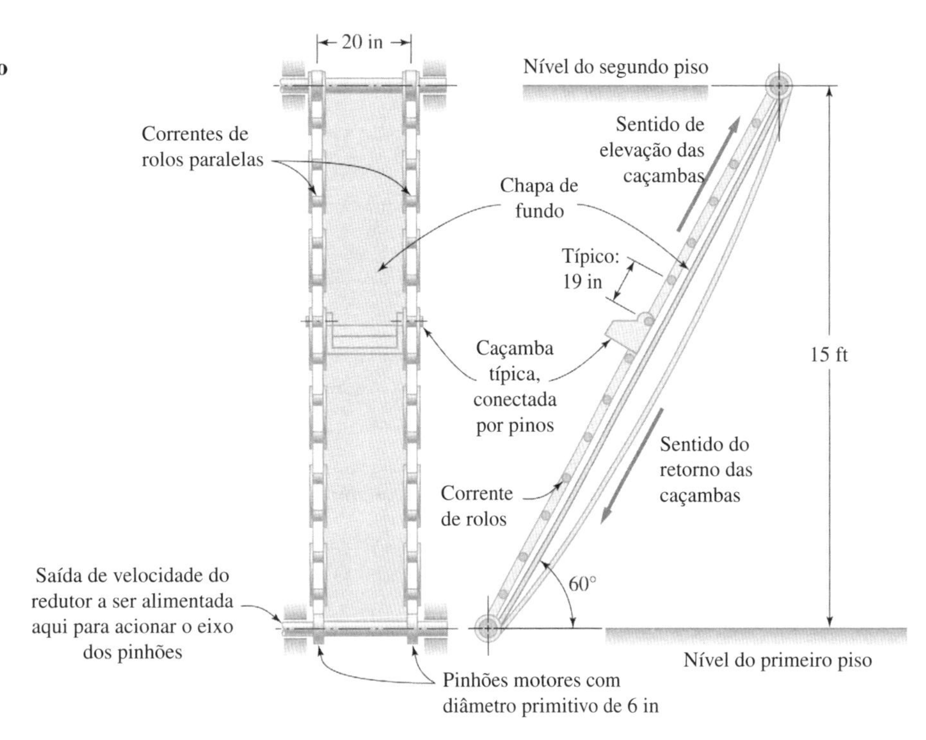

O comprimento aproximado da corrente suportando as caçambas *carregadas* entre o primeiro e o segundo pisos é

$$L_{cor} = \frac{15}{\text{sen } 60} = 17{,}32 \text{ ft}$$

Para o afastamento de 19 polegadas entre caçambas, a velocidade do eixo de acionamento da roda dentada necessária para enviar 30 caçambas por minuto é

$$n_{pin} \approx \left(\frac{30 \text{ caçambas}}{\text{min}}\right)\left(\frac{(19/12) \text{ ft}}{\text{caçamba}}\right)\left(\frac{1 \text{ rev}}{1{,}57 \text{ ft}}\right) = 30{,}3 \frac{\text{rev}}{\text{min}}$$

Assim, a razão de redução deve ser, aproximadamente, de

$$m_{Eng} = \frac{1725}{30{,}3} = 56{,}9$$

Esta razão de redução relativamente alta sugere que um redutor com sem-fim e coroa seja um candidato primário. Por exemplo, se fosse utilizado um redutor com engrenagens cilíndricas de dentes retos ou dentes helicoidais, e fosse utilizada uma única redução, um pinhão motor de 2 polegadas iria requerer uma engrenagem de 9 ft de diâmetro para se conseguir a razão de redução: um arranjo claramente impraticável. Se fossem consideradas múltiplas reduções em série e cada engrenamento de redução permanecesse na faixa entre 3 e 4, seria necessária uma unidade com tripla redução. Embora um arranjo como este devesse, provavelmente, ser investigado, é muito complicado e pode ser mais caro do que um engrenamento com sem-fim e coroa. O engrenamento com sem-fim e coroa será investigado, aqui como um *primeiro* passo.

b. Seguindo o procedimento de projeto determinado em 15.23, mostra-se um primeiro esboço conceitual da unidade de redução acionada com sem-fim e coroa na Figura E15.8B.

c. Revisando-se 15.4, os modos de falha primários candidatos parecem ser a fadiga do dente devida à flexão, o desgaste por fadiga superficial e o desgaste adesivo/abrasivo.

d. Os materiais para aplicações de engrenamentos com sem-fim e coroa são, comumente, um sem-fim de aço com uma dureza superficial Rockwell C58 ou superior, acoplado a uma coroa de bronze fundido com molde refrigerado ou forjado. Estas escolhas de materiais serão adotadas para esta investigação preliminar.

e. Nenhuma informação específica está disponível sobre as instalações de fabricação ou sobre o inventário de ferramentas de corte. Será admitido, então, que o método com ferramenta hob será utilizado para este engrenamento com sem-fim e coroa, e que um nível de precisão 10 ou 11 da AGMA será escolhido de acordo com as diretrizes da Tabela 15.4.

f. Como a razão de redução necessária excede 30:1, será escolhido como preliminar um sem-fim com rosca de uma única entrada.

Exemplo 15.8 Continuação

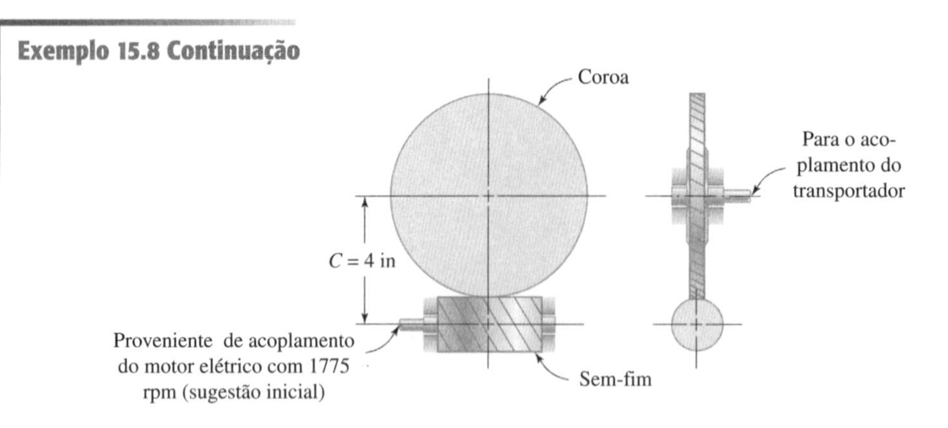

Figura E15.8B
Primeiro esboço conceitual do layout de um engrenamento com coroa e sem-fim.

g. Utilizando (15-89) e m_{Eng}, o número necessário de dentes da coroa pode ser calculado como

$$N_c = (56{,}9)\,(1) = 57 \text{ dentes}$$

uma vez que N_c deve ser um número inteiro. Para $N_{sf} = 1$ e $N_c = 57$, a razão de redução resultante m_{Eng} torna-se, utilizando-se (15-89):

$$m_{Eng} = 57$$

h. Da Figura E15.8B, a distância entre centros preliminar desejada é 4,0 polegadas. Assim, de (15-90), o diâmetro primitivo preliminar do sem-fim é estimado como

$$d_{sf} = \frac{C^{0,875}}{2{,}3} = \frac{(4)^{0,875}}{2{,}3} = 1{,}5 \text{ polegada}$$

que permanece na *faixa média* determinada por (15-90).

i. Utilizando-se (15-91), o diâmetro primitivo da coroa pode ser calculado como

$$d_c = 2(4{,}0) - 1{,}5 = 6{,}5 \text{ polegadas}$$

j. De (15-88), tem-se

$$P_d = \frac{57}{6{,}5} = 8{,}77$$

e de (15-87) tem-se

$$p_x = \frac{\pi}{P_d} = \frac{\pi}{8{,}77} = 0{,}36 \text{ polegada}$$

k. De (15-93) o avanço é dado por

$$L_{sf} = (1)(0{,}36) = 0{,}36 \text{ polegada}$$

e de (15-94) o ângulo de avanço é dado por

$$\lambda_{sf} = \tan^{-1}\frac{0{,}36}{\pi(1{,}5)} = 4{,}6^\circ$$

l. Um ângulo de pressão normal $\varphi_n = 20^\circ$ será escolhido como preliminar (uma escolha inicial comum). Isto está de acordo com as Tabelas 15.21 e 15.22.

m. Uma estimativa da potência necessária para acionar o transportador de esteira pode ser feita calculando-se a potência necessária para se elevar a carga (modificação na energia potencial por unidade de tempo), adicionando-se, em seguida, a potência necessária para superar o atrito de deslizamento das caçambas carregadas sobre a chapa de fundo. Esta soma irá corresponder à mínima potência de saída necessária proveniente do eixo de acionamento da coroa.

A potência necessária para se elevar a carga pode ser estimada como

$$(hp)_{Elev} = \left[\left(\frac{17{,}32 \text{ ft}}{1{,}58 \text{ ft/caçamba}}\right)\left(\frac{25 \text{ lbf}}{\text{caçamba}}\right)\left(\frac{1{,}57 \text{ sen } 60 \text{ ft verticalmente}}{\text{rev}}\right) \times \left(\frac{30{,}3 \text{ rev}}{\text{min}}\right)\left(\frac{1 \text{ hp}}{33.000 \text{lbf·ft/min}}\right)\right] = 0{,}34 \text{ hp}$$

A potência necessária para superar o atrito de deslizamento das caçambas carregadas sobre a chapa de fundo pode ser estimada calculando-se a força de tração na corrente de retorno necessária para suplantar o atrito de deslizamento (admitindo-se que não há lubrificação entre as caçambas e a chapa de fundo).[136] Assim,

$$F_{cor} = \mu F_n = 0{,}35\left(\frac{17{,}32 \text{ ft}}{1{,}58 \text{ ft/caçamba}}\right)\left(\frac{25 \text{ lbf}}{\text{caçamba}}\right)\text{sen}30 = 48{,}3 \text{ lbf}$$

O atrito por arrastamento induz a uma força tangencial na roda dentada motora no raio de 3,25 polegadas, produzindo um torque de atrito de

$$T_{atr} = (3{,}25)\,(48{,}3) = 157 \text{ lbf} \cdot \text{in}$$

e, utilizando-se (4-39) tem-se

$$(hp)_{atr} = \frac{(157)(30{,}3)}{63.025} = 0{,}07 \text{ hp}$$

Então, a mínima potência total necessária para o transportador (fornecida pelo eixo de saída da coroa) é

$$(hp)_{saída} = (hp)_{req} = (hp)_{elev} + (hp)_{atr} = 0{,}34 + 0{,}07 = 0{,}41 \text{ hp}$$

n. Utilizando-se (15-105), tem-se

$$F_{ct} = \frac{33.000(0{,}41)}{\pi\left(\frac{6}{12}\right)(30{,}1)} = 286 \text{ lbf}$$

o. Utilizando-se (15-101), tem-se

$$F_{sfa} = F_{ct} = 286 \text{ lbf}$$

e de (15-99),[137] tem-se

$$F_{sft} = \frac{286}{\left(\frac{\cos 20 \cos 4{,}6 - 0{,}09 \,\text{sen}\, 4{,}6}{\cos 20 \,\text{sen}\, 4{,}6 + 0{,}09 \cos 4{,}6}\right)} = 51 \text{ lbf}$$

e de (15-102), tem-se

$$F_{ca} = F_{sft} = 51 \text{ lbf}$$

Também de (15-100) e de (15-103), tem-se

$$F_{sfr} = F_{cr} = 51\left(\frac{\text{sen}\,20}{\cos 20 \,\text{sen}\, 4{,}6 + 0{,}09 \cos 4{,}6}\right) = 106 \text{ lbf}$$

p. A eficiência do engrenamento com sem-fim e coroa pode ser calculada a partir de (15-110) como

$$e = \frac{\cos 20 \cos 4{,}6 - 0{,}09 \tan 4{,}6}{\cos 20 + 0{,}09 \cot 4{,}6} = 0{,}45 = 45\%$$

Este valor pode ser confirmado consultando-se a Figura 12.8.

q. Para se verificar a exigência de autotravamento utilizando-se (15-113), para ser autotravante é preciso que

$$\mu \geq \cos 20 \tan 4{,}6 = 0{,}08$$

Uma vez que

$$\mu = 0{,}09 > 0{,}08$$

engrenamento com sem-fim e coroa é autotravante por uma margem estreita. Deveria ser recomendado um dispositivo auxiliar de frenagem para se garantir a segurança.

r. Utilizando-se (15-128) com o sinal de "igual", tem-se

$$b_{mín} = \frac{126.050(0{,}41)}{(6{,}5)^{1{,}8}(30{,}1)K_s K_m K_v}$$

[136] Veja Tabela A.1 do Apêndice para aço doce não lubrificado deslizando sobre aço doce (valor típico $\mu = 0{,}35$).
[137] Veja o valor típico para aço seco sobre bronze de $\mu = 0{,}09$ dado no Apêndice A.1 (pode ser conservador).

Exemplo 15.8 Continuação

O fator *de material* K_s pode ser obtido de (15-117) como

$$K_s = 1000$$

O fator *de correção da razão* pode ser obtido de (15-120) como

$$K_m = 0{,}0107[-(57{,}3)^2 + 56(57{,}3) + 5145]^{0{,}5} = 0{,}76$$

Finalmente, o fator *de velocidade* pode ser obtido de (15-122) utilizando-se (15-107) inicialmente, para se obter a velocidade de deslizamento como

$$V_{des} = \frac{(30{,}1)\pi(6{,}5/12)}{\text{sen}\,4{,}5} = 639 \text{ ft/min}$$

Então, tem-se

$$K_v = 0{,}659e^{-0{,}0011(639)} = 0{,}33$$

Por conseguinte

$$b_{mín} = \frac{126.050(0{,}41)}{(6{,}5)^{1{,}8}(30{,}3)(1000)(0{,}76)(0{,}33)} = 0{,}24 \text{ polegada}$$

s. Utilizando-se (15-129), tem-se

$$b_{máx} = 0{,}67(1{,}5) = 1{,}0 \text{ polegada}$$

Com base nos resultados entre parênteses de $b_{máx}$ e $b_{mín}$, uma largura de face candidata será especificada como

$$b = 0{,}25 \text{ polegada}$$

t. A potência mínima de entrada proveniente do motor elétrico pode ser estimada como

$$(hp)_{entrada}(e) = (hp)_{saída}$$

ou

$$(hp)_{entrada} = \frac{0{,}41}{0{,}45} = 0{,}92 \text{ hp}$$

Assim um motor de 1 hp e 1725 rpm, no mínimo, é necessário. A capacidade de torque de partida deve ser investigada, também, uma vez que os coeficientes de atrito estático são maiores do que os coeficientes de atrito ao deslizamento.

u. A geração de calor aproximado no engrenamento com sem-fim e coroa, de (35) é

$$H_c = (hp)_{entrada}(1 - e) = 0{,}91(1 - 0{,}45) = 0{,}50 \text{ hp}$$

ou[138]

$$H_c = (0{,}50)(42{,}41) = 21{,}2 \text{ Btu/min}$$

e, utilizando-se (10-19), tem-se

$$H_d = H_c = k_1 A_h(\Theta_s - \Theta_a)$$

em que,[139] para dissipação no ar estacionário

$$(k_1)_{pad} = 2{,}31 \times 10^{-4} \frac{\text{Btu}}{\text{min} - \text{in}^2 - {}^\circ\text{F}}$$

De H_d e $(k_1)_{pad}$, portanto, se uma diferença máxima de temperaturas em regime permanente (entre a carcaça e o ar ambiente) de 100° F for considerada aceitável, tem-se

$$21{,}2 = 2{,}31 \times 10^{-4} A_h (100)$$

ou

$$(A_h)_{req} \approx 918 \text{ in}^2$$

[138] $1 \text{ hp} = 0{,}7068 \frac{\text{Btu}}{\text{s}} = 42{,}41 \frac{\text{Btu}}{\text{min}}$

[139] Veja (10-22).

Então, a área da superfície da carcaça deveria ser de, no mínimo, 918 polegadas quadradas. Se fosse utilizada uma carcaça de forma cúbica, cada lado com, aproximadamente, 10 polegadas, a área da superfície atenderia a este critério. Parece, portanto, factível projetar-se uma unidade utilizando-se um reservatório de óleo e a carcaça (sem quaisquer provisões externas especiais de resfriamento). Testar uma unidade protótipo em laboratório ainda é recomendado.

A proposta preliminar de projeto pode ser resumida nas seguintes especificações:

1. Utilize um engrenamento com sem-fim e coroa, com uma redução de 57:1.
2. Utilize um sem-fim de aço com uma única entrada, de diâmetro primitivo $d_{sf} = 1{,}50$ polegada, endurecido superficialmente até Rockwell C 58 ou mais duro, com um ângulo de avanço de 4,6 graus.
3. Utilize uma engrenagem de bronze fundido em molde com refrigeração, com diâmetro primitivo $d_c = 6{,}50$ polegadas e largura de face de $b = 0{,}25$ polegada com 57 dentes ($p_x = 0{,}36$ polegada) e ângulo de pressão normal de $\varphi_n = 20°$.
4. Utilize uma distância entre centros de 4,0 polegadas.
5. Utilize um sistema de lubrificação por borrifamento em uma carcaça de aço com uma área de superfície mínima de aproximadamente 918 in^2. Não são necessárias quaisquer medidas de resfriamento externo especiais.
6. Acione a unidade com um motor elétrico de 1725 rpm e 1 HP. (Deve-se investigar o torque de partida antes da aquisição do motor.)
7. Planeje a construção e o teste de um protótipo.

Problemas

15.1. Para cada um dos cenários de projeto apresentado, sugira um ou dois tipos de engrenagens que poderiam ser bons candidatos para uma futura análise em termos de satisfazerem os requisitos primários de projeto.

a. No projeto de um novo conceito de acondicionador de feno, é necessário transmitir-se potência entre dois eixos paralelos. O eixo de entrada deve girar a uma velocidade de 1200 rpm e deseja-se que a velocidade do eixo de saída seja 350 rpm. O baixo custo é um fator importante. Qual(is) tipo(s) de engrenamento(s) você recomendaria? Apresente suas razões.

b. No projeto de um redutor de velocidade especial para uma bancada de testes de laboratório, é necessário transmitir-se potência entre dois eixos rotativos. As linhas de centro dos dois eixos se cruzam. A velocidade do eixo de acionamento é de 3600 rpm e a velocidade de saída desejada é de 1200 rpm. A operação silenciosa é um fator importante. Qual(is) tipo(s) de engrenamento(s) você recomendaria? Apresente suas razões.

c. Deseja-se utilizar um motor elétrico de 1 hp com 1725 rpm para acionar um eixo de entrada de um transportador com uma velocidade de aproximadamente 30 rpm. Para se obter uma geometria compacta, o eixo acionado pelo motor deve estar orientado perpendicularmente ao eixo de entrada do transportador. As linhas de centro dos eixos podem se cruzar ou não, dependendo do julgamento do projetista. Qual(is) tipo(s) de engrenamento(s) você recomendaria? Apresente suas razões.

15-2. O trem de engrenagens cilíndricas de dentes retos composto esboçado na Figura P15.2 envolve três engrenagens cilíndricas de dentes retos simples (1, 2 e 5) e um engrenamento de engrenagens cilíndricas de dentes helicoidais composto (3, 4). O número de dentes de cada engrenagem está indicado no esboço. Se a engrenagem de entrada (1)é acionada no sentido horário a uma velocidade de $n_1 = 1725$ rpm, calcule a velocidade e o sentido de rotação da engrenagem de saída (5).

15-3. No esboço da Figura P15.3 está representado um redutor de engrenagens de dois estágios com reversão que utiliza dois pares de engrenagens idênticos para permitir que os eixos de entrada e de saída sejam colineares. Se um motor com 1 kW e 1725 rpm operando

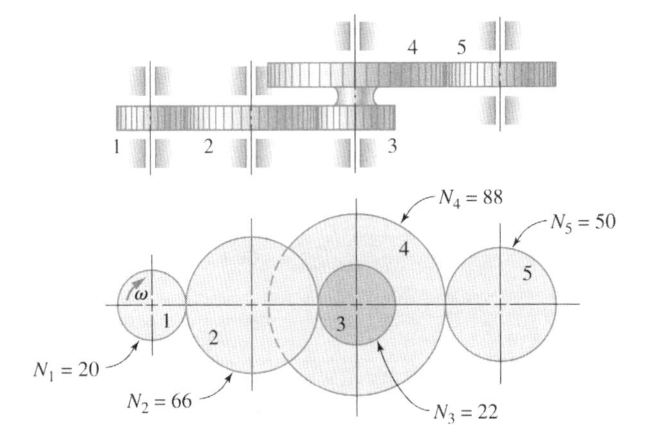

Figura P15.2
Trem de engrenagens cilíndricas de dentes helicoidais.

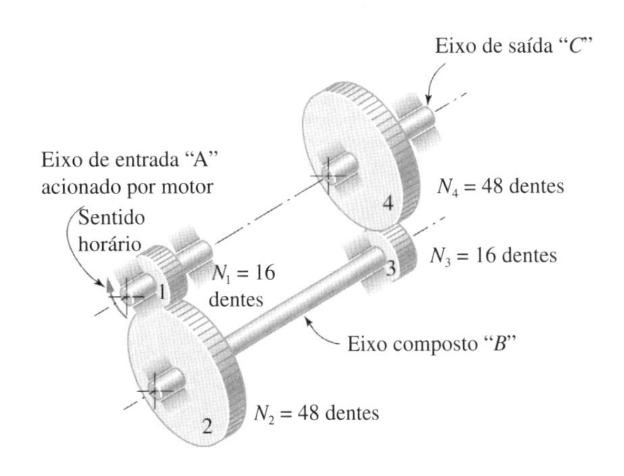

Figura P15.3
Redutor de engrenagens com dois estágios e reversão.

à plena potência nominal for utilizado para acionar o eixo de entrada no sentido horário, faça o seguinte:

a. Determine a velocidade e o sentido de rotação do eixo combinado.
b. Determine a velocidade e o sentido de rotação do eixo de saída.
c. Admitindo uma eficiência de 98 por cento de cada engrenamento, calcule o torque disponível para movimentar a carga no eixo de saída.

15-4. Um trem de engrenagens com duas engrenagens planetas epicicloides está esboçado na Figura P15.4. Se a engrenagem anel for fixa, a engrenagem solar for acionada a 1200 rpm no sentido anti-horário e o braço condutor for utilizado como elemento de saída, qual será a velocidade e o sentido de rotação do braço condutor?

15-5. Um trem planetário especial com reversão está esboçado na Figura P15.5. As engrenagens planetas (2, 3) estão ligadas (combinadas) e são livres para girarem conjuntamente com o eixo condutor. Por sua vez, o eixo condutor está sustentado por uma peça única com dois braços condutores simétricos ligados a um eixo de saída (5) que é colinear ao eixo de entrada (1). A engrenagem 4 está fixa. Se o eixo de entrada (1) for acionado a 250 rpm no sentido horário, qual será a velocidade e o sentido de rotação do eixo de saída (5)?

15-6. Uma engrenagem interna A sobre um eixo s_1 tem 120 dentes e aciona um pinhão B, com 15 dentes, chavetado a um eixo S_2. Acoplada a B há uma engrenagem C de 75 dentes que aciona a engrenagem D de 20 dentes montada sobre o eixo S_3. Acoplada à engrenagem D está a engrenagem E com 144 dentes acionando a engrenagem F montada no eixo S_4. Todos os eixos são paralelos e estão no mesmo plano.

(a) Quantos dentes deve ter F se todas as engrenagens têm o mesmo passo diametral?
(b) Se S_1 é o eixo motor, determine a razão de transmissão do trem de engrenagens.
(c) Se as engrenagens têm um passo diametral de 4, qual a distância entre os eixos S_1 e S_3?

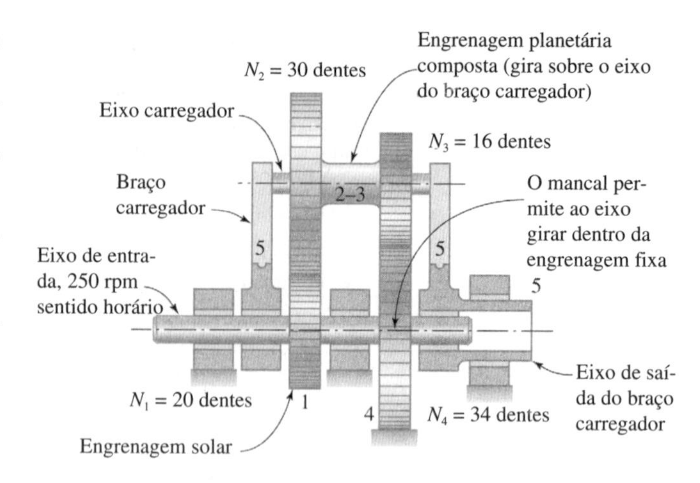

Figura P15.5
Trem de engrenagens planetário, composto com reversão.

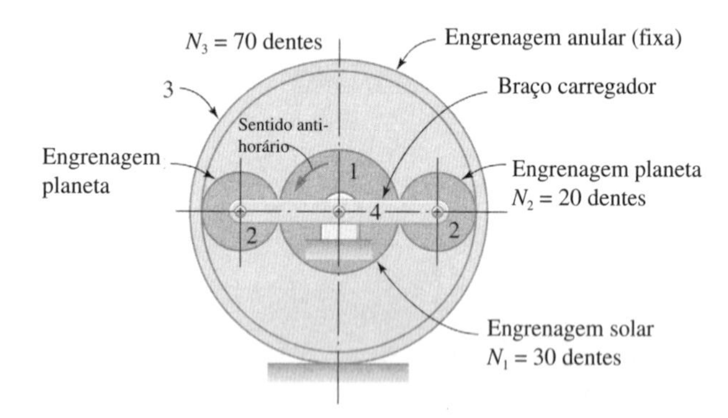

Figura P15.4
Trem de epicíclico de engrenagens com dois planetas.

15-7. O trem de engrenagens com 10 elementos mostrado na Figura P15.7 tem uma velocidade de entrada de 1200 rpm (sentido horário). Determine a velocidade de saída (rpm) e o sentido de rotação.

15-8. O trem de engrenagem mostrado na Figura P15.8 tem uma velocidade de entrada de 720 rpm no sentido horário e um torque de entrada de 300 lbf·polegada. Determine

(a) A velocidade e o sentido de rotação do eixo de saída (rpm).
(b) O torque de saída (polegada-lbf)

15-9. No trem de engrenagens mostrado na Figura P15.9, o braço de transporte do planeta (2) está girando em sentido horário a uma taxa de 500 rpm e a engrenagem solar (3) está girando em sentido anti-horário a uma taxa de 900 rpm. Todas as engrenagens têm o mesmo passo diametral. Determine a velocidade e o sentido de rotação da engrenagem interna (7).

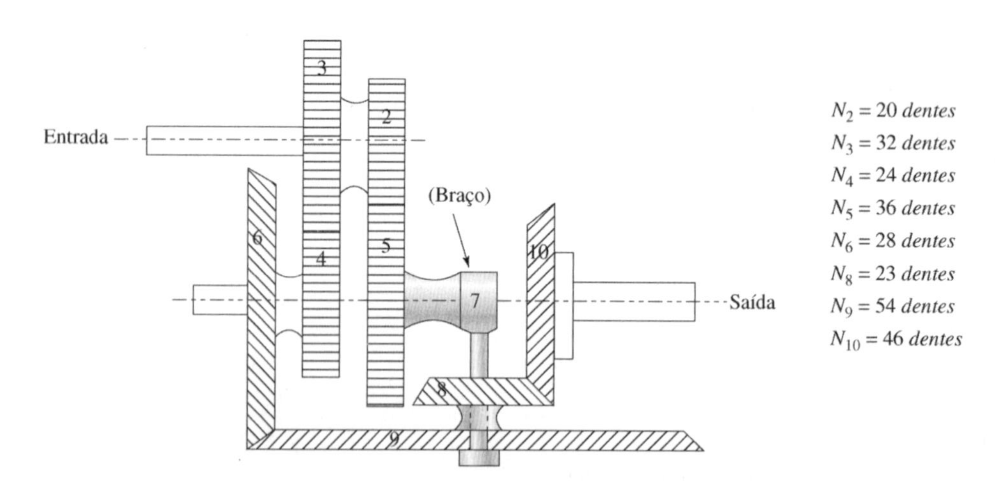

Figura P15.7
Trem de engrenagens de redução com dez elementos.

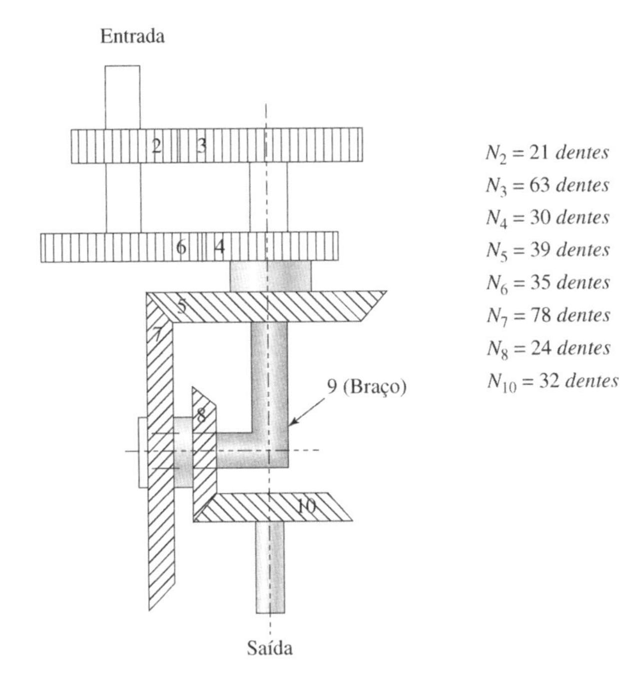

Figura P15.8
Trem de engrenagens de multiplicação com dez elementos.

15-10. Quais são as condições cinemáticas que devem ser atendidas para que seja satisfeita a "lei geral do engrenamento"?

15-11. Defina os seguintes termos, utilizando um esboço adequado onde couber.

a. Linha de ação
b. Ângulo de pressão
c. Altura de cabeça
d. Altura de pé
e. Diâmetro primitivo
f. Passo diametral
g. Passo circular
h. Ponto primitivo

15-12. Descreva o que se entende por "um sistema de dente de engrenagem."

15-13. Um engrenamento com engrenagens cilíndricas de dentes retos está sendo considerado para um dispositivo com uma redução simples de velocidade em um estágio inicial de projeto. Propõe-se que se usem dentes de engrenagem evolventais padrão com 20° com profundidade total, diâmetro primitivo de 4 polegadas e um pinhão com 16 dentes. Uma razão de redução de 2,50 é necessária para a aplicação. Determine o seguinte:

a. O número de dentes da engrenagem movida
b. O passo circular
c. A distância entre centros
d. Os raios dos círculos de base
e. Você esperaria a "interferência" como um problema para o engrenamento?

15-14. Repita o problema 15-13, exceto pelo uso de um diâmetro primitivo de 8 polegadas e um pinhão com 14 dentes.

15-15. Repita o problema 15-13, exceto pelo uso de uma razão de redução de 3,50.

15-16. Repita o problema 15-13, exceto pelo uso de um diâmetro primitivo de 12 polegadas e uma razão de redução de 7,50.

15-17. Repita o problema 15-13, exceto pelo uso de um diâmetro primitivo de 12 polegadas, um pinhão de 17 dentes e uma razão de redução de 7,50.

15-18. Um engrenamento com engrenagens cilíndricas de dentes retos tem um pinhão de 19 dentes que gira a uma velocidade de 1725 rpm. A engrenagem movida deve girar a uma velocidade aproximada de 500 rpm. Se os dentes da engrenagem têm módulo 2,5 mm, determine o seguinte:

a. O número de dentes da engrenagem movida.
b. O passo circular.
c. A distância entre centros.

15-19. Repita o problema 15-18, exceto pelo uso de um pinhão que gire a 3450 rpm.

15-20. Repita o problema 15-18, exceto pelo uso de um módulo 5,0.

15-21. Repita o problema 15-18, exceto pelo uso de uma engrenagem movida que gire a aproximadamente 800 rpm.

15-22. Está se propondo um par de engrenagens cilíndricas de dentes retos com passo 8 para prover uma *multiplicação* de velocidade de 3:1. Se as engrenagens forem montadas com uma distância entre centros de 6 polegadas, determine o seguinte:

a. O diâmetro primitivo de cada engrenagem.
b. O número de dentes de cada engrenagem.
c. Se a potência fornecida à plena carga para o pinhão motor for 10 hp e a perda de potência no engrenamento for desprezível, qual será a potência disponível no eixo da engrenagem de saída?

15-23. Repita o problema 15-22, exceto pelo uso de uma *redução* de 3:1.

15-24. Propõe-se um engrenamento com engrenagens cilíndricas de dentes retos que consiste em um pinhão de 21 dentes acionando uma engrenagem de 28 dentes. O passo diametral proposto deve ser 3 e o

Figura P15.9
Trem de engrenagens planetárias.

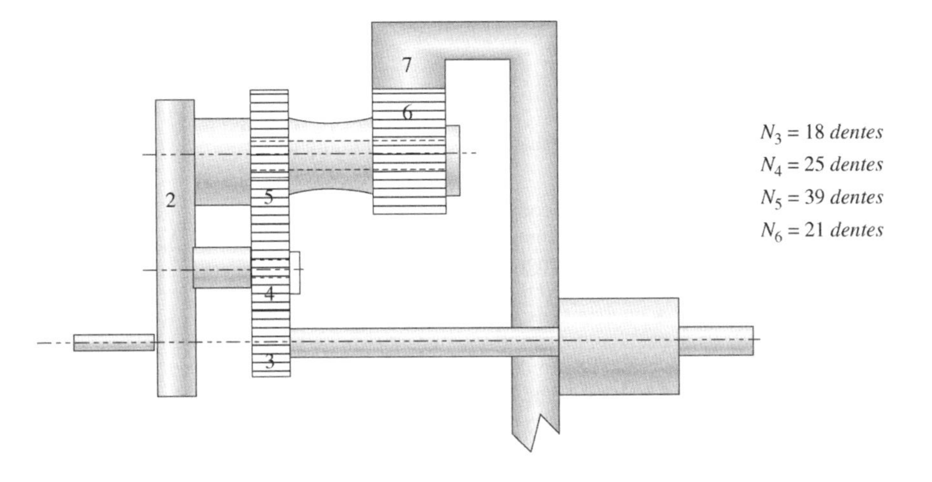

ângulo de pressão é 20°. Determine o seguinte e, sempre que possível for possível, mostre cada elemento em um desenho em escala simples de engrenamento.

a. Círculo primitivo do pinhão
b. Círculo primitivo da engrenagem
c. Ângulo de pressão
d. Círculo de base do pinhão
e. Círculo de base da engrenagem
f. Círculo de cabeça do pinhão
g. Círculo de pé do pinhão
h. Círculo de cabeça da engrenagem
i. Círculo de pé da engrenagem
j. Passo circular
k. Espessura do dente
l. Um dente típico do pinhão
m. Um dente típico da engrenagem
n. Comprimento de ação
o. Passo de base
p. Razão de contato do perfil

15-25. Um engrenamento proposto com engrenagens cilíndricas de dentes retos de profundidade total deve ter uma razão de redução de 4:1 e uma distância entre centros de 7,50 polegadas. O passo diametral proposto deve ser 3 polegadas e o ângulo de pressão é 20°. Determine o seguinte e, sempre que possível for possível, mostre cada elemento em um desenho em escala simples de engrenamento.

a. Círculo primitivo do pinhão
b. Círculo primitivo da engrenagem
c. Ângulo de pressão
d. Círculo de base do pinhão
e. Círculo de base da engrenagem
f. Círculo de cabeça do pinhão
g. Círculo de pé do pinhão
h. Círculo de cabeça da engrenagem
i. Círculo de pé da engrenagem
j. Passo circular
k. Espessura do dente
l. Localização dos pontos de interferência
m. Se houver interferência

15-26. Cálculos preliminares de projeto sugerem que os objetivos de projeto poderiam ser atendidos utilizando-se um engrenamento com engrenagens cilíndricas de dentes retos com profundidade total e perfil evolvental, com passo diametral de 2½ polegadas, um pinhão com 21 dentes e uma engrenagem com 28 dentes. Foi selecionado um ângulo de pressão de 25° para esta aplicação, e os dentes da engrenagem serão usinados com o número de qualidade da AGMA $Q_v = 8$. Determine o seguinte:

a. Altura de cabeça
b. Altura de pé
c. Folga
d. Passo circular
e. Espessura circular do dente
f. Passo de base
g. Comprimento de ação
h. Razão de contato de perfil
i. Módulo

15-27. Repita o problema 15-26, exceto pelo uso de um ângulo de pressão de 20°.

15-28. Um redutor de um estágio com engrenagens cilíndricas de dentes retos tem sido utilizado em uma aplicação doméstica de alta produção por muitos anos. O par de engrenagens representa aproximadamente a metade do custo de US$50,00 da aplicação. O consumidor reclama que o ruído das engrenagens vem crescendo ao longo dos anos e as vendas estão declinando. Um jovem engenheiro encontrou dados que sugerem que o nível de ruído seria significativamente reduzido se fosse possível aumentar o número de qualidade da AGMA do valor atual de $Q_v = 8$, para engrenagens fabricadas com ferramenta hob, para um valor de $Q_v = 11$, obtida com engrenagens perfiladas.

a. Estime o aumento no custo de produção da aplicação se a engrenagem perfilada fosse utilizada para se alcançar $Q_v = 11$.
b. Você poderia sugerir qualquer outra abordagem que pudesse atender à redução de ruído sem a reordenação para engrenagens perfiladas?

15-29. Um pinhão cilíndrico de dentes retos evolventais com profundidade total e um diâmetro primitivo de 100 mm está montado sobre um eixo de entrada acionado por um motor elétrico com 1725 rpm. O motor fornece um torque constante de 225 N·m

a. Se os dentes evolventais da engrenagem têm um ângulo de pressão de 20°, determine a força transmitida, a força de separação radial e a força normal resultante nos dentes do pinhão no ponto primitivo.
b. Calcule a potência sendo fornecida pelo motor elétrico.
c. Calcule a diferença percentual na força resultante se o ângulo de pressão fosse 25° em vez de 20°.
d. Calcule a diferença percentual na força resultante se o ângulo de pressão fosse 14½° em vez de 20°.

15-30. Com referência ao redutor de engrenagens de dois estágios esboçado na Figura P15.3, concentre sua atenção no engrenamento do primeiro estágio entre o pinhão (1) e a engrenagem (2). O pinhão está sendo acionado por um motor elétrico de 1 kW, 1725 rpm, operando em regime permanente à plena capacidade. O sistema de dente tem um passo diametral 8 e um ângulo de pressão de 25°. Faça o seguinte para a engrenagem do primeiro estágio:

a. Esboce o engrenamento composto do pinhão 1 (motor) e da engrenagem 2 (movida) considerados juntos em um diagrama de corpo livre e admita que os mancais que sustentam o eixo estão simetricamente dispostos em torno da engrenagem em cada eixo. Apresente todas as forças externas e os torques no diagrama de corpo livre, as velocidades e os sentidos de rotação das duas engrenagens (com referência à Figura P15.3) e a linha de ação.
b. Esboce o pinhão, considerado isolado em um diagrama de corpo livre, apresente todas as forças externas e os torques atuando no pinhão, inclusive o torque motor, a força tangencial, a força de separação e as forças de reação nos mancais. Apresente valores numéricos.
c. Esboce a engrenagem, considerada isolada em um diagrama de corpo livre, apresente todas as forças externas e os torques atuando na engrenagem, incluindo o torque resistente, a força tangencial, a força de separação e as forças de reação nos mancais. Apresente valores numéricos.

15-31. No redutor de engrenagens de dois estágios esboçado na Figura P15.31, concentre sua atenção no eixo combinado "B", ligado às engrenagens 2 e 3, consideradas juntas em um diagrama de corpo livre de interesse. As engrenagens têm dentes padronizados evolventais com 20°, profundidade total, com passo diametral 6. O motor

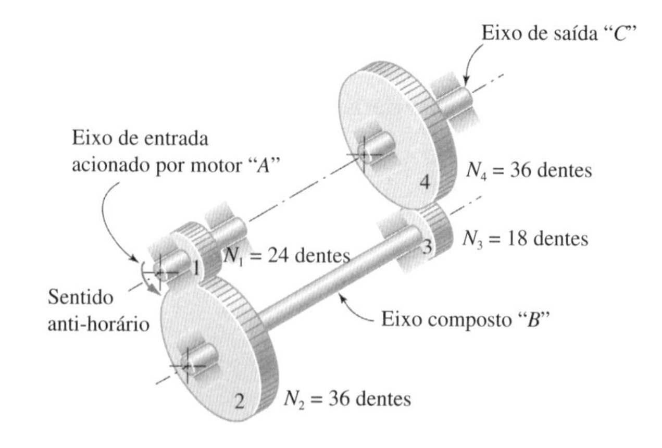

Figura P15.31
Redutor de engrenagens com dois estágios.

acionando o eixo de entrada "A" é um motor elétrico de 20 hp com 1725 rpm, operando em regime permanente à plena potência nominal. Para o diagrama de corpo livre escolhido, faça o seguinte:

a. Esboce claramente uma vista superior do eixo "B" e apresente todas as componentes horizontais dos carregamentos e das reações.
b. Esboce uma vista frontal (elevação) do eixo "B" e apresente todas as componentes verticais dos carregamentos e das reações.
c. Se o eixo "B" deve ter um diâmetro uniforme ao longo de todo o seu comprimento, identifique os pontos críticos potenciais que deveriam ser investigados quando do projeto do eixo.

15-32. Com referência, novamente, à Figura P15.4, observe que a engrenagem anel está fixa, a engrenagem solar é acionada a 1200 rpm no sentido anti-horário, com um torque de 20 N·m, e um braço condutor com dois planetas é utilizado como saída. As engrenagens evolventais com 20º têm um módulo de 2,5. Faça o seguinte:

a. Determine o passo circular.
b. Determine o diâmetro primitivo de cada engrenagem no trem e verifique se são fisicamente compatíveis com a montagem.
c. Determine a distância entre centros dos planetas no braço condutor com dois planetas.
d. Esboce cada membro do trem como um corpo livre, atribuindo valores numéricos e orientações de todas as forças e torques atuando em cada corpo livre.
e. Calcule o torque de saída.
f. Calcule a velocidade do eixo de saída e determine o seu sentido.
g. Calcule a carga nominal radial em cada um dos mancais na montagem, desprezando o efeito das forças gravitacionais.

15-33. Um engrenamento evolvental com passo diametral 10, 20º e profundidade total, com uma largura de face de 1,25 polegada está sendo proposto para prover uma redução de velocidade de 2:1 para uma unidade de acionamento de transportador. O pinhão com 18 dentes deve ser acionado por um motor elétrico de 15 hp, 1725 rpm, operando em regime permanente à plena potência nominal. Deseja-se uma vida muito longa para este engrenamento, e é necessária uma confiabilidade de 99 por cento. Faça o seguinte:

a. Utilizando a *abordagem simplificada*, estime a *tensão nominal de flexão* no lado tracionado do adoçamento da raiz do dente do *pinhão motor*.
b. Estime o *fator de concentração de tensões de fadiga* para o lado tracionado do adoçamento da raiz do dente do *pinhão motor*.
c. Calcule a *tensão real de flexão* no lado tracionado do adoçamento da raiz do dente do *pinhão motor*.
d. Repita (c) para o lado tracionado do adoçamento da raiz da *engrenagem movida*.
e. Baseado na recomendação de um especialista de materiais domésticos, deve ser utilizado uma aço laminado a quente AISI 4620 Grau 1 tanto para o pinhão quanto para a engrenagem (veja Tabelas 3.3 e 3.13), e o valor de k_∞ [veja (2-27)] foi estimado para esta aplicação como 0,75, incluindo a necessidade de uma confiabilidade de 99 por cento, mas não incluindo os efeitos de concentração de tensões. Estime o fator de segurança existente no lado tracionado do adoçamento da raiz do dente do elemento que for mais crítico, baseado na fadiga do dente à flexão.

15-34. Para as especificações do engrenamento do problema 15-33, faça o seguinte:

a. Utilizando a *abordagem simplificada*, estime *a tensão de fadiga superficial devida ao desgaste* para os dentes de engrenagem acoplados.
b. Se os dentes da engrenagem de 4620 Grau 1 são cementados e temperados (sem incluir o adoçamento de raiz) até uma dureza de aproximadamente R_C 60, mantendo-se a especificação de uma confiabilidade de 99 por cento e lembrando-se de que se deseja uma vida muito longa, determine a *resistência à fadiga superficial* dos dentes temperados.
c. Estime o *fator de segurança existente* baseado na falha por fadiga superficial devida ao desgaste.

15-35. Utilizando a abordagem simplificada (*não* refine os resultados empregando as equações da AGMA), projete uma unidade com uma única redução à base de engrenagens cilíndricas de dentes retos para operar com um motor elétrico de 5,0 hp a 900 rpm, para acionar uma máquina rotativa operando a 80 rpm. O motor deve operar em regime permanente à plena potência nominal. Deseja-se vida próxima da infinita. Uma confiabilidade de 90 por cento é aceitável para esta aplicação. Propõe-se o uso do ferro cinzento fundido ASTM A-48 (classe 40) como material para ambas as engrenagens. Utilizando-se k_∞ = 0,70, as propriedades para este material podem ser baseadas nos dados do Capítulo 3, exceto pela resistência à fadiga superficial, que pode ser tomada com $(S_{sf})_{N=10^8}$ = 28.000 psi. Deseja-se um fator de segurança de 1,3. Como parte do procedimento de projeto, selecione ou determine o seguinte, para satisfazer às especificações de projeto:

a. Sistema de Dentes
b. Nível de qualidade
c. Passo diametral
d. Diâmetros primitivos
e. Distância entre centros
f. Largura de face
g. Número de dentes de cada engrenagem

Não tente avaliar a geração de calor.

15-36. Um engrenamento evolvental com passo 10, 20º e dentes com Q_v = 10, profundidade total e largura de face de 1,25 polegada, está sendo proposto para prover uma redução de velocidade de 2:1 para uma unidade acionadora de um transportador. O pinhão com 18 dentes deve ser acionado por um motor elétrico de 15 hp e 1725 rpm, operando em regime permanente à plena potência nominal. Deseja-se uma vida muito longa para o engrenamento, e uma confiabilidade de 99 por cento é necessária. Faça o seguinte:

a. Utilizando a *abordagem refinada da AGMA*, calcule a *tensão devida à flexão no dente* no lado tracionado do adoçamento da raiz dos dentes do *pinhão motor*.
b. Repita (a) para o lado tracionado do adoçamento da raiz dos dentes *da engrenagem movida*.
c. Se o material proposto para ambas as engrenagens for o AISI 4620 endurecido para BHN 207, estime o fator de segurança existente no lado tracionado do adoçamento da raiz dos dentes do elemento que for mais crítico, baseado na fadiga do dente devida à flexão.

15-37. Para as especificações do engrenamento do Problema 15.36, faça o seguinte:

a. Utilizando a *abordagem refinada da AGMA*, calcule a *tensão de fadiga devida ao contato superficial* para os dentes da engrenagem acoplados.
b. Se o material proposto para ambas as engrenagens for o aço AISI 4620, e os dentes forem cementados e temperados (não incluindo os adoçamentos da raiz dos dentes) até uma dureza de aproximadamente R_C 60, mantendo-se uma exigência de 99 por cento de confiabilidade, determine a *resistência à fadiga superficial da AGMA* (resistência ao desgaste) para os dentes cementados e temperados da engrenagem.
c. Estime o fator de segurança existente, baseado na fadiga superficial (desgaste).

15-38. Utilizando a *abordagem refinada* da AGMA, projete um engrenamento de elevada precisão (Q_v = 12), com uma única redução de engrenagens cilíndricas de dentes retos para operar com um motor elétrico de 50 hp a 5100 rpm, acionando uma máquina rotativa operando a 1700 rpm. O motor opera em regime permanente à plena potência nominal. Deseja-se uma vida de 10^7 rotações para o pinhão, e é necessária uma confiabilidade de 99 por cento. Propõe-se utilizar um aço AISI 4620 Grau 2, cementado e temperado com R_C 60 para ambas as engrenagens. Uma restrição de projeto importante é fazer a unidade a mais *compacta* possível praticamente (por exemplo, utilize o número mínimo de dentes possível para o pinhão, sem adelgaçamento). Deseja-se um fator de segurança de 1,3. Selecione ou determine o seguinte, de modo a satisfazer as especificações de projeto:

a. Sistema de dentes
b. Passo diametral
c. Diâmetros primitivos
d. Distância entre centros
e. Largura de face
f. Número de dentes de cada engrenagem

15-39. Determinou-se que uma engrenagem cilíndrica de dentes helicoidais com hélice à direita, encontrada em estoque, tem passo circular transversal de 26,594 mm e um ângulo de hélice de 30°. Para esta engrenagem, calcule o seguinte:

a. Passo axial
b. Passo normal
c. Módulo no plano transversal
d. Módulo no plano normal

15-40. A proposta de projeto preliminar para um conjunto com engrenagens cilíndricas de dentes helicoidais operando em eixos paralelos foi de um pinhão de 18 dentes com hélice à esquerda engrenando com uma engrenagem de 32 dentes. O ângulo de pressão normal é 20°, o ângulo de hélice é 25° e o passo diametral normal é 10. Determine o seguinte:

a. Passo circular normal
b. Passo circular transversal
c. Passo axial
d. Passo diametral transversal
e. Ângulo de pressão
f. Diâmetros primitivos do pinhão e da engrenagem
g. Profundidade total para o pinhão e a engrenagem

15-41. Repita o Problema 15-40, exceto pelo fato de que o pinhão cilíndrico com 18 dentes helicoidais tem hélice à direita.

15-42. Repita o Problema 15-40, exceto pelo fato de que o passo diametral normal é 16.

15-43. No esboço da Figura P15.43 está representado um redutor de engrenagens de um único estágio que utiliza engrenagens cilíndricas de dentes helicoidais com passo diametral normal 14, ângulo de pressão normal 20° e ângulo de hélice 30°. A hélice do pinhão 1, motor, de 18 dentes tem orientação à esquerda. O eixo de entrada deve ser acionado no sentido anti-horário por um motor elétrico de ½ hp, 1725 rpm, operando em regime permanente à plena potência nominal, e a velocidade desejada do eixo de saída é de 575 rpm. Determine o seguinte:

a. Ângulo de pressão transversal
b. Passo diametral transversal
c. Diâmetro primitivo do pinhão (1)
d. Diâmetro primitivo do pinhão (2)
e. Número de dentes da engrenagem (2)
f. Distância entre centros
g. Velocidade na linha primitiva
h. Valores numéricos e sentidos das componentes de força tangencial, radial e axial *atuando no pinhão* durante a operação do motor à plena potência nominal
i. Largura de face mínima recomendada

15-44. Repita o Problema 15-43, exceto pelo fato de que o pinhão cilíndrico de 18 dentes helicoidais tem hélice orientada à direita.

15-45. Um conjunto de engrenagens cilíndricas de dentes helicoidais com eixos paralelos é acionado por um eixo de entrada girando a 1725 rpm. O pinhão, com 20°, tem diâmetro de 250 mm, ângulo de hélice 30°. O motor de acionamento provê um torque em regime permanente de 340 N·m.

a. Calcule a força transmitida, a força radial de separação, a força de empuxo axial e a força normal resultante atuando nos dentes do pinhão no ponto primitivo.
b. Calcule a potência sendo fornecida pelo motor elétrico.

15-46. No esboço da Figura P15.46 está representado um redutor de engrenagens de dois estágios, com reversão que utiliza engrenagens cilíndricas de dentes helicoidais, proposto para prover operação silenciosa. As engrenagens sugeridas têm um modulo 4 mm no plano normal e um ângulo de pressão normal de 0,35 rad. O eixo de entrada é acionado, no sentido indicado, por um motor elétrico de 22 kW e 600 rpm. Faça o seguinte:

a. Determine a velocidade e o sentido do eixo composto.
b. Determine a velocidade e o sentido do eixo de saída.
c. Esboce um diagrama de corpo livre da engrenagem (2) de 54 dentes, apresentando os valores numéricos e os sentidos de todos os componentes de força aplicados à engrenagem (2) pelo pinhão (1) de 24 dentes.
d. Esboce um diagrama de corpo livre pinhão (3) de 22 dentes, apresentando os valores numéricos e os sentidos de todos os componentes de força aplicados ao pinhão (3) pela engrenagem (4) de 50 dentes.

15-47. Um redutor, existente, com uma única redução a partir de engrenagens cilíndricas de dentes retos é composto de um pinhão na entrada com 21 dentes e passo diametral 8 acionando uma engrenagem com 73 dentes montada no eixo de saída. A distância entre centros do pinhão e da engrenagem é 5,875 polegadas. O eixo de entrada é acionado por um motor elétrico de 15 hp, 1725 rpm, operando em regime permanente à plena capacidade. Para reduzir a vibração e o ruído, deseja-se substituir as engrenagens por um conjunto de engrenagens cilíndricas de dentes helicoidais que possa operar com a mesma distância entre centros e que proveja, aproximadamente, a mesma razão de velocidades angulares das engrenagens cilíndricas de dentes retos existentes. Estude esta exigência e proponha um conjunto de

Eixo de saída
2
1
N_1 = 18 dentes
Sentido anti-horário
Eixo de entrada acionado por motor

Figura P15.43
Redutor de engrenagens cilíndricas de dentes helicoidais de um estágio.

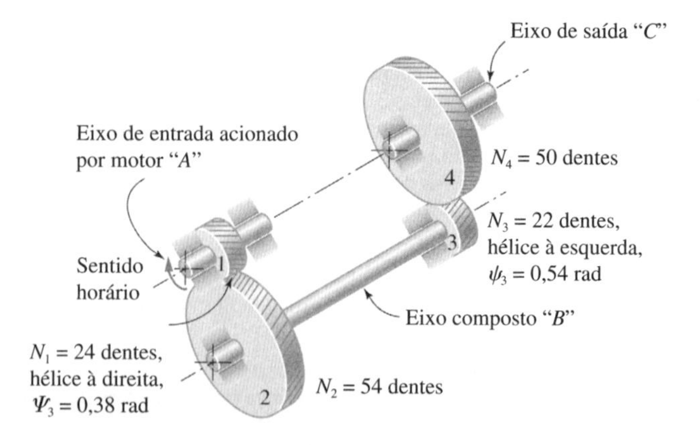

Figura P15.46
Redutor de engrenagens cilíndricas de dentes helicoidais de dois estágios com reversão.

engrenagens cilíndricas de dentes helicoidais que possa desempenhar a função satisfatoriamente com uma confiabilidade de 99 por cento e uma vida muita longa. Admita que as engrenagens cilíndricas de dentes helicoidais serão usinadas com uma ferramenta hob de passo diametral 8, ângulo de pressão 20° e perfil evolvental de profundidade total. O material preliminar é um aço endurecido Grau 1 com uma dureza BHN 350. Determine o seguinte:

a. Utilizando os dados das engrenagens cilíndricas de dentes retos como ponto de partida, faça uma proposta preliminar de projeto para um par de engrenagens cilíndricas de dentes helicoidais com a mesma distância entre centros e aproximadamente a mesma razão de velocidades angulares da existente com as engrenagens cilíndricas de dentes retos. Determine, especificamente, uma combinação de passo diametral transversal, um número de dentes do pinhão e um número de dentes da engrenagem acoplada que irão satisfazer as especificações quanto à distância entre centros e a razão de velocidades angulares.
b. Determine o ângulo de hélice. Esse ângulo se insere na faixa recomendada de valores?
c. Determine o passo diametral do pinhão e da engrenagem.
d. Determine o diâmetro externo nominal do pinhão e da engrenagem.
e. Estime uma largura de face adequada para o par de engrenagens cilíndricas de dentes helicoidais.
f. Calcule o fator de segurança existente para o par de engrenagens cilíndricas de dentes helicoidais preliminar baseado na *fadiga do dente devida à flexão* como o modo de falha potencial.
g. Calcule o fator de segurança existente para o par de engrenagens cilíndricas de dentes helicoidais preliminar baseado na *fadiga superficial devida ao desgaste por abrasão* como o modo de falha potencial.
h. Comente o fator de segurança dominante.

15-48. Repita o problema 15-47, exceto pelo fato de admitir que as engrenagens cilíndricas de dentes helicoidais serão usinadas com uma ferramenta hob evolvental de profundidade total, passo diametral 12, ângulo de pressão 20°.

15-49. Uma fresadora de controle numérico recentemente proposta deve operar com um redutor à base de engrenagens cilíndricas de dentes helicoidais projetado para prover uma potência de 65 hp no eixo de saída a uma velocidade de 1150 rpm. Foi sugerido pela gerência de engenharia que fosse utilizado um motor elétrico de 3.450 rpm para acionar o redutor. Um consultor local sobre engrenagens sugeriu que deveriam ser utilizados como ponto de partida para o projeto um passo diametral normal 12, um ângulo de pressão normal de 20°, um ângulo de hélice de 15°, um número de qualidade AGMA 10 e um fator de segurança 1,7. Projete as engrenagens.

15-50. Repita o problema 15-49, exceto pelo fato de que o ângulo de hélice sugerido é de 30°.

15-51. Um par de engrenagens cônicas de dentes retos, semelhante àquelas apresentadas na Figura 15-41, foi incorporado a um redutor (as linhas centrais do eixo fazem interseção a 90°) de velocidade com eixos perpendiculares. As engrenagens cônicas de dentes retos têm um passo diametral 8 e um ângulo de pressão de 20°. A razão de redução das engrenagens é 3:1, e o número de dentes do pinhão cônico é 16. Determine o seguinte:

a. O ângulo do cone primitivo para o pinhão
b. O ângulo do cone primitivo para a engrenagem
c. O diâmetro primitivo do pinhão
d. O diâmetro primitivo da engrenagem
e. A máxima largura de face recomendada
f. O raio primitivo médio do cone do pinhão, admitindo-se que a largura de face tem o máximo valor recomendado
g. O raio primitivo médio do cone da engrenagem, admitindo-se que a largura de face tem o máximo valor recomendado
h. A altura de cabeça do pinhão
i. A altura de cabeça da engrenagem
j. A altura de pé do pinhão
k. A altura de pé da engrenagem

15-52. Repita o problema 15-51, exceto pelo fato de usar um passo diametral 12 e uma razão de redução de 4:1.

15-53. Propõe-se usar um conjunto de engrenagens cônicas de dentes retos Coniflex® para prover uma redução de velocidade de 3:1 entre um pinhão de 15 dentes girando a 300 rpm e uma engrenagem acoplada a ele, montada em um eixo cuja linha de centro intercepta a linha de centro do eixo do pinhão, fazendo um ângulo de 90°. O eixo do pinhão é acionado em regime permanente por uma fonte de 3 hp operando à plena potência nominal. As engrenagens cônicas de dentes retos devem ter um passo diametral 6, ângulo de pressão 20° e uma largura de face de 1,15 polegada. Faça o seguinte:

a. Calcule o número de dentes da engrenagem movida.
b. Calcule o torque de entrada no eixo do pinhão.
c. Calcule a velocidade média na linha primitiva.
d. Calcule a força transmitida (tangencial).
e. Calcule as forças radial e axial atuando no pinhão.
f. Calcule as forças radial e axial atuando na engrenagem.
g. Determine se as intensidades de força calculadas para o pinhão e para a engrenagem estão consistentes com o equilíbrio do diagrama de corpo livre do conjunto de engrenagens cônicas de dentes retos (veja a Figura 15.41 para o arranjo geométrico).

15-54. Repita o Problema 15-52, exceto pelo fato de que o passo diametral é 10.

15-55. Repita o Problema 15-53, exceto pelo fato de que o passo diametral é 16.

15-56. Para o conjunto de engrenagens cônicas de dentes retos Coniflex® descrito no problema 15-53, foram tabuladas ou calculadas as seguintes informações:

$$T_p = 630 \text{ lbf·in}$$
$$P_d = 6$$
$$d_p = 2{,}50 \text{ polegadas}$$
$$b = 1{,}15 \text{ polegada}$$
$$N_p = 15 \text{ dentes}$$
$$N_{eng} = 45 \text{ dentes}$$

Além disto, propõe-se utilizar o aço AISI 4140 Grau 2 nitretado e endurecido até BHN 305 tanto para o pinhão quanto para a engrenagem. Outras informações de projeto conhecidas incluem os seguintes itens:

1. A potência de entrada é fornecida por um motor elétrico.
2. Deseja uma qualidade AGMA $Q_v = 8$.
3. A engrenagem é montada centrada entre dois mancais colocados próximos, mas o pinhão está em balanço em relação ao mancal.
4. Foi especificada uma vida de projeto de 109 ciclos.

É necessária uma confiabilidade de 99 por cento e deseja-se um fator de segurança de projeto mínimo de 1,3. Faça o seguinte:

a. Calcule a *tensão* de fadiga devida à flexão no dente para o componente mais crítico entre o pinhão e a engrenagem.
b. Determine a *resistência* à fadiga devida à flexão no dente para o aço AISI 4140 proposto correspondente a uma vida de 10^9 ciclos.
c. Calcule o fator de segurança existente para a configuração de projeto proposto, baseado na fadiga do dente à flexão como o modo de falha dominante, compare-o com o fator de segurança de projeto e faça os comentários que julgar apropriados.

15-57. Baseando-se nas especificações e dados para o conjunto de engrenagens cônicas de dentes retos Coniflex® descritos no problema 15.56, faça o seguinte:

a. Calcule a *tensão* de fadiga superficial para o conjunto de engrenagens cônicas de dentes retos Coniflex® sob consideração.
b. Determine a *resistência* à fadiga superficial para o aço AISI 4140 Grau 2 nitretado e endurecido correspondente a uma vida de 10^9 ciclos.

c. Calcule o fator de segurança existente para a configuração proposta baseado na durabilidade à fadiga superficial como o modo de falha dominante, compare-o com o fator de segurança de projeto desejado e faça os comentários que julgar apropriados.

15-58. Um conjunto de engrenagens cônicas de dentes retos Coniflex® está apoiado em eixos cujas linhas de centro se interceptam a 90°. A engrenagem está montada centrada entre dois mancais posicionados próximos, e o pinhão está em balanço em relação ao seu mancal. O pinhão de 15 dentes gira a 900 rpm, acionando a engrenagem de 60 dentes que tem passo diametral 6, ângulo de pressão de 20° e largura de face de 1,25 polegada. O material para ambas as engrenagens é o aço temperado Grau 1, com uma dureza BHN 300 (veja Figura 15.25). Deseja-se ter uma confiabilidade de 90 por cento, uma vida de projeto de 10^8 ciclos e um fator de segurança dominante de 2,5. Estime a máxima potência que pode ser transmitida por este redutor de engrenagens respeitando-se todas as especificações de projeto determinadas.

15-59. Repita o Problema 15.58, exceto pelo fato de modificar o material para o aço Grau 2 endurecido com uma dureza BHN 350 (veja Figura 15.25.)

15-60. Deseja-se projetar um redutor de velocidade com engrenagens cônicas perpendiculares de dentes retos para uma aplicação em que um motor de combustão interna de 5 hp e 850 rpm, operando à plena potência nominal, aciona o pinhão. A engrenagem de saída, que deve girar a, aproximadamente, 350 rpm, movimenta um pesado transportador industrial de campo. Projete o conjunto de engrenagens incluindo a seleção do material adequado para uma confiabilidade desejada de 95 por cento.

15-61. Repita o Problema 15-56, exceto pelo fato de que o motor de combustão interna para acionar o pinhão é de 10 hp com 850 rpm operando à plena potência nominal.

15-62. Um redutor à base de engrenamento com sem-fim e coroa deve ter um sem-fim de uma única entrada com um diâmetro primitivo de 1,250 polegada, um passo diametral 10, um ângulo de pressão normal de 14½°. O sem-fim deve ser acoplado a uma coroa com 40 dentes e largura de face de 0,625 polegada. Calcule o seguinte:

a. Passo axial
b. Avanço do sem-fim
c. Passo circular
d. Ângulo de avanço do sem-fim
e. Ângulo de hélice da coroa
f. Altura de cabeça
g. Profundidade de pé
h. Diâmetro externo do sem-fim
i. Diâmetro de raiz do sem-fim
j. Diâmetro primitivo da coroa
k. Distância entre centros
l. Razão de velocidades
m. Diâmetro de raiz da coroa
n. Diâmetro externo aproximado da coroa

15-63. Um sem-fim de duas entradas tem um avanço de 60 mm. A coroa acoplada tem 30 dentes e foi usinada com uma ferramenta hob com módulo 8,5 mm no plano *normal*. Faça o seguinte:

a. Calcule o diâmetro primitivo do sem-fim.
b. Calcule o diâmetro primitivo da coroa.
c. Calcule a distância entre centros e determine se está na faixa da prática usual.
d. Calcule a razão de redução do conjunto sem-fim e coroa.
e. Calcule o passo diametral do conjunto.
f. Calcule o diâmetro externo do sem-fim (mm).
g. Calcule o diâmetro externo aproximado da coroa (mm).

15-64. Um sem-fim com três entradas deve ter um diâmetro primitivo de 4,786. A coroa a ser acoplada deve ser usinada utilizando-se uma ferramenta hob com um passo diametral de 2, no plano *normal*. A razão de redução deve ser 12:1. Faça o seguinte:

a. Calcule o número de dentes da coroa.
b. Calcule o ângulo de avanço do sem-fim.
c. Calcule o diâmetro primitivo da coroa.
d. Calcule a distância entre centros e determine se está na faixa da prática usual.

15-65. Propõe-se acionar uma máquina trituradora projetada para triturar resíduos de mancais cerâmicos de alinhamento fora de tolerância, com um motor elétrico de 2 hp e 1200 rpm disponível em estoque, acoplado a um redutor de velocidade adequado. O eixo de entrada da máquina trituradora deve girar a 60 rpm. Um redutor com sem-fim e coroa está sendo cogitado para ser acoplado ao motor da máquina trituradora. Em um esboço preliminar do conjunto de engrenagens a ser utilizado no redutor de velocidade, propõe-se um sem-fim com duas entradas e hélice à direita, com passo axial de 0,625 polegada, um ângulo de pressão normal de 14½° e uma distância entre centros de 5,00 polegadas. O material proposto para o sem-fim é o aço com uma dureza superficial mínima Rockwell C 58. O material proposto para a coroa é o bronze forjado.

Calcule ou determine o seguinte, admitindo que o coeficiente de atrito entre o sem-fim e a coroa seja 0,09 e que o motor está operando em regime permanente à plena potência nominal:

a. Número de dentes da coroa
b. Ângulo de avanço do sem-fim
c. Velocidade de deslizamento entre o sem-fim e a coroa
d. Força tangencial no sem-fim
e. Força axial no sem-fim
f. Força radial no sem-fim
g. Força tangencial na coroa
h. Força axial na coroa
i. Força radial na coroa
j. Potência liberada para a máquina trituradora no eixo de entrada
k. Se o conjunto sem-fim e coroa é autotravante.

15-66. Um redutor de velocidade com sem-fim e coroa tem um sem-fim com três entradas e hélice à direita, feito de aço endurecido, com um ângulo de pressão de 20°, um passo axial de 0,25 polegada e uma distância entre centros de 2,375 polegadas. A coroa é fabricada com bronze forjado. A redução de velocidade da entrada para a saída é 15:1. Se o sem-fim for acionado por um motor elétrico de ½ hp, a 1200 rpm, operando em regime permanente à plena potência nominal, determine o seguinte, admitindo-se que o coeficiente de atrito entre o sem-fim e a coroa seja 0,09:

a. Número de dentes da coroa
b. Diâmetro primitivo da coroa
c. Ângulo de hélice do sem-fim
d. Velocidade relativa de deslizamento entre o sem-fim e a coroa
e. Força tangencial no sem-fim
f. Força tangencial na coroa
g. Uma faixa aceitável de valores para a largura de face que permitiria uma vida de operação nominal de 25.000 horas. (*Sugestão:* Veja a nota de rodapé 130 relativa à equação (15-115).)

15-67. Deseja-se utilizar um engrenamento com sem-fim e coroa para reduzir a velocidade de um motor com 1750 rpm que está acionando o sem-fim para uma velocidade de aproximadamente 55 rpm no eixo de saída da coroa, provendo uma potência de ½ hp para acionar a carga. Projete um conjunto sem-fim e coroa aceitável e especifique a potência nominal necessária para o motor de alimentação.

Capítulo 16

Freios e Embreagens

16.1 Utilização e Características de Freios e Embreagens

Em termos de conceito, freios e embreagens são praticamente indistinguíveis. Em termos funcionais, uma *embreagem* é um dispositivo para conectar de forma suave e gradual dois componentes rotativos distintos, com velocidades angulares distintas, em relação a uma linha de centro comum, trazendo os dois componentes para uma *mesma* velocidade angular após a embreagem ter sido acionada. Um *freio* supre uma função semelhante, exceto que um dos componentes é fixo à estrutura, de forma que a velocidade angular relativa é *nula* após o acionamento do freio. Por exemplo, cada um dos dois componentes rotativos mostrados na Figura 16.1(a) tem o seu próprio *momento de inércia de massa* e a sua própria *velocidade angular*. O acionamento de dispositivo freio/embreagem leva superfícies rotativas de atrito a um deslizamento de contato tangencial, iniciando um torque de arrasto de atrito que produz uma redução gradual da *diferença* das velocidades angulares entre os componentes rotativos até esta ser nula. Quando a velocidade de deslizamento *relativo* de atrito é reduzida a zero, ambos os componentes têm *a mesma* velocidade angular. Esta utilização faz o dispositivo funcionar como uma embreagem.

Na Figura 16.1(b), o mesmo dispositivo é mostrado, exceto que o componente 2 está fixo à estrutura, de forma que a sua velocidade angular é sempre nula. Neste caso, o acionamento do dispositivo freio/embreagem leva as superfícies de atrito ao contato como anteriormente, mas o torque de arrasto de atrito provoca redução gradual da velocidade angular final até esta ser *nula*. Portanto, para este caso, o dispositivo funciona como um freio.

Freios e embreagens são bem conhecidos pelos seus usos em aplicações automotivas, mas também são amplamente utilizados em uma grande variedade de equipamentos industriais que incluem guinchos, guindastes, máquinas escavadoras, tratores, moinhos, elevadores e produtos domésticos como

Figura 16.1
Comparação funcional de freios e embreagens.

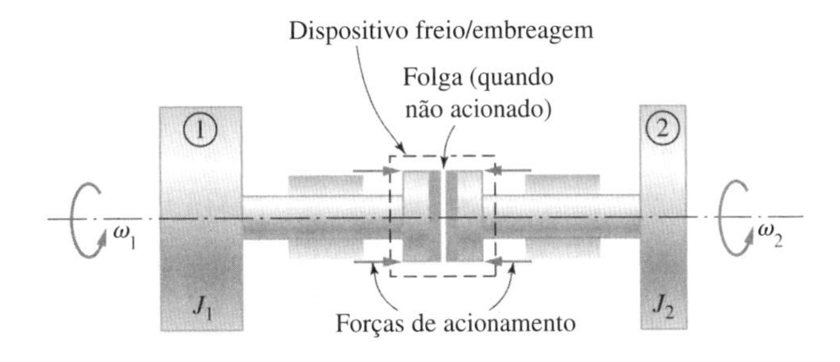

(*a*) Dispositivo freio/embreagem utilizado como uma embreagem.

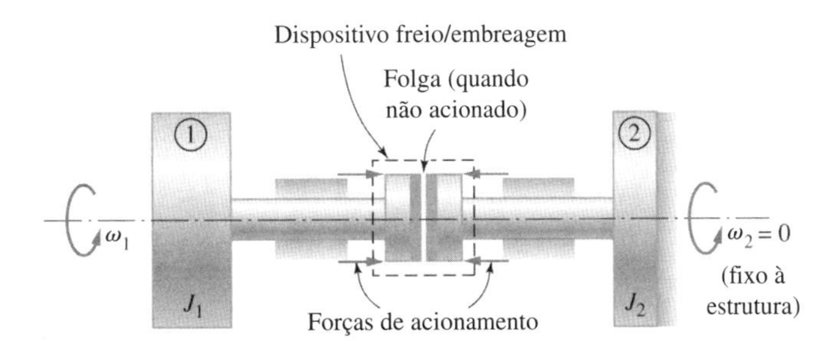

(*b*) Dispositivo freio/embreagem utilizado como um freio.

cortadores de grama, máquinas de lavar, tratores de jardim, motosserras, tratores de fazenda, máquinas para ceifar e debulhar e enfardadeiras de feno. Embora uma variedade de diferentes tipos de freios e embreagens tenha sido inventada, as *embreagens e os freios por atrito* são os mais usuais. Apesar do ditado "O atrito está sempre contra você", para embreagens e freios de atrito, este é um ingrediente essencial de projeto. A seleção de um bom material de *revestimento*[1] frequentemente implica a seleção de um material com alto coeficiente de atrito que se mantenha essencialmente inalterado para uma ampla gama de condições operacionais. Apenas os freios e embreagens *de atrito* serão estudados detalhadamente neste texto.[2]

16.2 Tipos de Freios e Embreagens

Projetar ou selecionar um freio ou uma embreagem para uma aplicação específica usualmente implica a resposta a duas questões básicas: (1) Quais princípios físicos e arranjos básicos para a transferência de energia de um componente para outro parecem ser a melhor escolha para esta aplicação? (2) Qual método de acionamento é apropriado?

Métodos de acionamento incluem acoplamentos mecânicos, atuadores pneumáticos ou hidráulicos, atuadores acionados eletricamente ou a atuação de força dinâmica a velocidades predeterminadas. Sistemas de acionamento *para vida segura* são algumas vezes utilizados, no qual o freio ou a embreagem são *mantidos normalmente em contato* pela atuação de uma mola, e quando é desejada a liberação (separação) das superfícies de atrito, um atuador é energizado para *retrair* a mola. Este conceito[3] resulta no acionamento automático de uma embreagem ou freio se a energia do acionador for perdida, prevenindo uma situação que potencialmente poderia fugir ao controle.

Vários arranjos básicos para freios e embreagens do tipo de atrito e de contato positivo são esboçados na Figura 16.2. Os dispositivos *sapata e aro (tambor)* de contração externa e de expansão interna mostrados na Figura 16.2(a) e (b) são usualmente utilizados como freios.[4] O tipo *de cinta* e o tipo *de disco* esboçados nas Figuras 16.2(c) e (d) podem ser utilizados tanto como freios[5] quanto como embreagens.[6] O dispositivo de *cone* esboçado na Figura 16.2(e) pode ser utilizado tanto como uma embreagem quanto como um freio, mas *embreagens* de cone são mais usuais. Os tipos de *contato positivo* mostrados na Figura 16.2(f) têm superfícies de ligação que formam conexões mecânicas rígidas quando encaixadas. Estes dispositivos são praticamente sempre utilizados como embreagens e podem ser encaixados apenas quando a velocidade angular relativa entre os componentes rotativos é próxima de zero. Não é mostrada uma classe especial de embreagens conhecida como embreagens *bidirecionais* ou *unidirecionais.*[7] Estes dispositivos permitem a rotação relativa em apenas uma direção, travando se a rotação relativa tenta reverter o sentido.

Para todos os tipos de embreagens e freios de atrito, um projetista necessita sempre *calcular* ou *estimar*:

1. Os *requisitos de torque transmitido* para a aplicação e a *capacidade de transmissão de torque* do dispositivo de freio/embreagem proposto.
2. Os requisitos de força de acionamento para a configuração proposta.
3. As limitações do dispositivo proposto em função da pressão, da temperatura, do desgaste ou da resistência.
4. A geração de energia, a capacidade de dissipação de energia e o aumento esperado da temperatura do dispositivo, especialmente junto à interface de atrito.

Todos estes fatores são considerados no desenvolvimento do procedimento de projeto para embreagens e freios de atrito, como discutido a seguir.

16.3 Modos Prováveis de Falha

Quando as embreagens e os freios são acionados, duas ou mais superfícies, que se movem em velocidades diferentes são levadas ao contato por forças de acionamento. Pressões relativamente grandes podem ser geradas na interface. Pressão significativa e deslizamento relativo são parâmetros básicos

[1] Em geral, uma das superfícies de contato por atrito é metálica e a outra é feita de um material com alto coeficiente de atrito chamado *revestimento*. (Veja também 16.4.)
[2] Para outros tipos de freios e embreagens, veja, por exemplo, ref. 1.
[3] Primeiramente concebido por George Westinghouse para freios ferroviários.
[4] Frequentemente utilizado, por exemplo, como freios traseiros em aplicações automotivas.
[5] Freio de disco tipo *pinça*, no qual um mecanismo estacionário de *pinça* fica posicionado em torno de um disco rotativo de metal (rotor), atua pela compressão de duas pastilhas (revestimentos) opostas contra o rotor (veja também a Figura 16.13). Tipicamente, as pastilhas têm um comprimento de arco em contato bastante curto e com frequência o rotor incorpora aletas resfriadoras.
[6] Dispositivos de cinta são algumas vezes utilizados como embreagens em maquinário agrícola e de construção.
[7] São exemplos *a embreagem sprag, a embreagem de rolete* e *a embreagem de mola de torção.* Veja a ref. 1.

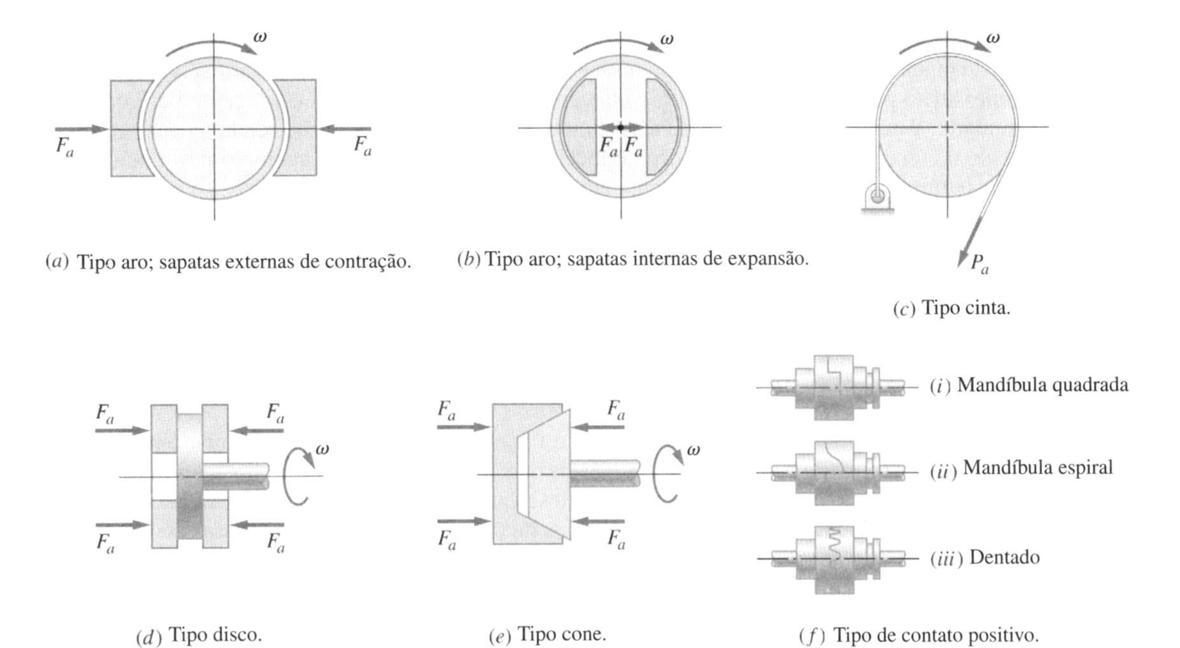

(a) Tipo aro; sapatas externas de contração. (b) Tipo aro; sapatas internas de expansão. (c) Tipo cinta.

(d) Tipo disco. (e) Tipo cone. (f) Tipo de contato positivo.

Figura 16.2
Vários tipos usuais de freios e embreagens.

que indicam o *desgaste* como um modo potencial de falha (veja 2.3). Em função dos materiais escolhidos e do ambiente operacional, embreagens e freios podem falhar por *desgaste adesivo*,[8] por *desgaste abrasivo*[9] ou por *desgaste corrosivo*.

Além disso, quando as embreagens e os freios de atrito são acionados *geram calor* na interface em atrito, frequentemente com taxas muito altas. Em função da capacidade do dispositivo embreagem/freio em dissipar o calor para o ambiente, a temperatura pode subir na interface de atrito, às vezes atingindo valores muito elevados. Deste modo, os modos de falha relacionados à temperatura listados em 2.3 tornam-se modos prováveis de falha para aplicações de embreagem ou freios. Estes incluem a variação de comprimento elástico induzido por temperatura (empenamento), o escoamento, a fadiga térmica, a fadiga associada à corrosão, a fluência e, em casos extremos, o choque térmico. Outros modos prováveis de falha são a fadiga de alto ciclo, a fadiga de baixo ciclo, a fadiga associada à corrosão, a corrosão por ataque químico direto ou mudanças nas propriedades dos materiais induzidas por temperatura.

De todos os modos prováveis de falha sugeridos, o pré-projeto de uma embreagem ou de um freio é baseado no desgaste, na fadiga térmica e na mudança nas propriedades dos materiais. Se o revestimento de atrito desgasta-se a uma taxa excessiva, o revestimento pode ser todo consumido antes que uma vida de projeto aceitável seja alcançada. Porque a *parte metálica* do par de atrito pode ser submetida a *picos* de temperatura se o freio ou a embreagem forem submetidos repetidamente a acionamentos e desacionamentos, estes picos podem levar à *fadiga térmica*, algumas vezes causando a geração de trincas superficiais chamadas "heat checks". Uma vez que a *parte do revestimento* do par de atrito é frequentemente feita de um material moldado ou de tecido compósito com ligante

Um exemplo de freio de disco com pinça.

[8] Veja (2-79).
[9] Veja (2-81).

polimérico, se a temperatura da interface exceder a temperatura de degradação térmica do ligante, as propriedades de materiais do revestimento podem ser alteradas, promovendo a transformação de um material de alto atrito para um material *lubrificante*, com uma degradação potencialmente perigosa na sua capacidade. Para muitos materiais de revestimento, o coeficiente de atrito tende a decrescer com o aumento da temperatura, uma condição conhecida como "*fading*". Um exemplo desta perda de capacidade para frear ocorre quando se dirige em descidas íngremes de montanhas, se os freios são constantemente acionados para controlar a velocidade de descida. É também importante considerar os modos prováveis de falha do *sistema de acionamento* do freio ou da embreagem. A seleção dos materiais é especialmente importante para que seja assegurada uma performance aceitável do freio ou da embreagem.

16.4 Materiais de Freios e Embreagens

Revisando-se a lista dos modos prováveis de falha que foi estudada em 16.3 e as orientações para seleção de materiais do Capítulo 3, os materiais prováveis para usos em freios e em embreagens devem ter alta resistência ao desgaste, a riscos por atrito e a desgaste por contato, um coeficiente de atrito alto e estável, capacidade de resistir a altas temperaturas, boa condutividade térmica (para dissipar o calor induzido por atrito), capacidade de manter-se estável sob as variações de ambiente (tais como a presença de umidade, sujeira ou óleo), alta resistência à fadiga térmica, boa resistência ao empenamento (isto é, alta condutividade térmica, baixo coeficiente de dilatação térmica e alto limite de escoamento) e alta resiliência (para promover uma distribuição favorável das pressões interfaciais) e deve ter um custo adequado.

Sob a maioria das circunstâncias, o dispositivo freio/embreagem consiste em um *componente metálico* de um lado, que, quando é acionado, é pressionado contra um componente de acoplamento com um *revestimento sólido, moldado, tecido ou de material sinterizado* que tenha um alto coeficiente de atrito, boa resistência à temperatura e boa resiliência. O componente metálico (disco, aro ou tambor) é feito usualmente de ferro fundido ou aço.

Os revestimentos de atrito são feitos usualmente de materiais compósitos no qual partículas ou fibras são embutidas em uma matriz de material ligante termoestável ou elastomérico, ou metal sinterizado (algumas vezes contendo partículas cerâmicas). Revestimentos *moldados* são mais comuns e menos caros. Por vários anos as fibras de reforço no revestimento de freios e embreagens eram feitas de asbesto, mas o reconhecimento que as fibras de asbesto são potencialmente cancerígenas tem promovido a utilização de outros materiais, tais como fibra de vidro ou fibras de asbesto *revestidas*. Partículas metálicas de latão ou de zinco são, algumas vezes, adicionadas para melhorar a condutividade térmica e a resistência ao desgaste. Os revestimentos de metal sinterizado podem ser utilizados (a um custo maior) em usos nos quais uma maior resistência mecânica e uma maior resistência a altas temperaturas são necessárias. Em alguns casos, partículas cerâmicas são adicionadas antes da sinterização para gerar *cermet* com uma resistência à temperatura maior. A Tabela 16.1 mostra as propriedades do revestimento de freio/embreagem para vários materiais comumente utilizados.

16.5 Conceitos Básicos para o Projeto de Freios e Embreagens

O procedimento para análise e projeto do dispositivo freio/embreagem é fundamentalmente o mesmo para todos os tipos de freios e embreagens. Os passos sugeridos incluem:

1. Selecione um *tipo* de freio ou embreagem proposto que pareça adaptar-se melhor à aplicação,[10] e esboce uma proposta de configuração, incluindo quaisquer restrições dimensionais ou geométricas impostas pelas especificações de projeto.
2. Baseando-se nos modos prováveis de falha dominantes, condições operacionais especificadas e tempos de resposta exigidos para a execução da ação de frear ou de acionar a embreagem, selecione um par de materiais apropriados.[11]
3. Estime o torque necessário para acelerar ou desacelerar o dispositivo proposto até a velocidade desejada dentro de um tempo de resposta especificado. Isto usualmente envolve uma análise dinâmica do equipamento proposto, inclusive dos efeitos inerciais de todas as massas significativas de rotação e de translação que influem na velocidade angular do dispositivo freio/embreagem.[12]

---

[10] Veja a Figura 16.2, por exemplo.
[11] Veja 16.3, 16.4 e o Exemplo 16.1.
[12] A *inércia efetiva* de uma massa conectada operando a uma velocidade distinta do dispositivo freio/embreagem é proporcional ao quadrado da razão entre a velocidade das massas conectadas e a velocidade do freio/embreagem.

TABELA 16.1 Coeficientes de Atrito e Limites de Projeto para Materiais de Revestimento de Freio/Embreagem Comumente Utilizados Operando em Contato com Superfícies Lisas de Ferro Fundido ou Aço[1]

Material de Revestimento[2]	Coeficiente de Atrito Aproximado, μ	Pressão Máxima Admissível, $p_{máx}$		Temperatura Máxima Admissível, $\Theta_{máx}$, °F (°C)		Velocidade Máxima Admissível, $V_{máx}$		Utilizações Típicas
		psi	MPa	Instantâneo	Contínuo	ft/min	m/min	
Carbono-grafite (seco)	0,25	300	2,07		1000 (538)			Freios de alta performance
Carbono-grafite (em óleo)	0,05–0,1	300	2,07		1000 (538)			Freios de alta performance
Cermet	0,32	150	1,03	1500 (816)	750 (598)			Freios e embreagens
Metal sinterizado (seco)	0,15–0,45	400	2,76	1020 (549)	660 (349)	3600	1097	Embreagens e freios de disco com pinça
Metal sinterizado (em óleo)	0,05–0,08	500	3,45	930 (499)	570 (299)	3600	1097	Embreagens
Asbesto rígido moldado (seco)	0,31–0,49	100	0,69	750 (598)	350 (177)	3600	1097	Freios de tambor e embreagens
Asbesto rígido moldado (em óleo)	0,06	300	2,07	660 (349)	350 (177)	3600	1097	Embreagens industriais
Asbesto semirrígido moldado	0,37–0,41	100	0,69	660 (349)	300 (149)	3600	1097	Embreagens e freios
Asbesto flexível moldado	0,39–0,45	100	0,69	750 (598)	350 (177)	3600	1097	Embreagens e freios
Asbesto enrolado em forma de fio	0,38	100	0,69	660 (349)	350 (177)	3600	1097	Embreagens de veículo
Tecido de asbesto na forma de fio	0,38	100	0,69	500 (260)	260 (127)	3600	1097	Embreagens e freios industriais
Material sem asbesto, moldado e rígido	0,33–0,63	150	1,03		500–750 (260–598)	4800–7500	1463–2286	Embreagens e freios
Tecido de algodão	0,47	100	0,69	230 (121)	170 (77)	3600	1097	Embreagens e freios industriais
Papel resistente (em óleo)	0,09–0,15	400	2,76	300 (149)		$pV < 500$ ksi·ft/min	$pV < 1050$ MPa·m/min	Embreagens e cintas de transmissão

[1] Adaptado da ref. 1, com permissão da McGraw-Hill Companies. Fabricantes de freio/embreagem devem ser consultados para dados mais precisos.
[2] Normalmente, os materiais fibroso, enrolado, tecido ou de papel são saturados com uma resina polimérica ligante adequada e curada sob calor e pressão para formar o revestimento.

4. Estime a energia a ser dissipada como calor na zona de contato de atrito no freio ou na embreagem. Isto pode ser realizado pelo somatório das variações de energia cinética de translação, variações na energia cinética de rotação e de quaisquer variações na energia potencial devidas às mudanças de cota durante o período de resposta.
5. Estime a distribuição de pressão sobre as superfícies de contato por atrito, seja por cálculo ou por estimativa.
6. Determine a pressão em qualquer ponto da interface de atrito como uma função da pressão *máxima* local gerada quando o dispositivo freio/embreagem é acionado.
7. Aplique os princípios de equilíbrio estático para a determinação da força de acionamento, torque de atrito e reações nos mancais. Determine os materiais e as dimensões adequadas que irão prover valores especificados de projeto (ou faixas) para o torque de atrito e a força de acionamento, incluindo qualquer fator de segurança especificado.
8. Desenvolva um processo iterativo em relação à configuração de projeto proposta até que esta alcance as especificações funcionais e opere confiavelmente durante o tempo de vida especificado. Estime o dano potencialmente induzido pelo aumento da temperatura quando a taxa de calor gerada por atrito exceder a taxa de resfriamento. Isto é um fator importante no processo de iteração.

Vários conceitos básicos podem ser ilustrados pela consideração de uma sapata de freio curta rígida simples, rotulada com revestimento integral, agindo contra a superfície de um corpo plano em translação, como ilustrado na Figura 16.3. Como mostrado, o corpo em translação tem velocidade V_x para a direita (direção x) e a sapata de freio é restringida por uma conexão rotulada para permanecer no plano xy. Visto que a sapata de freio é *curta* e *rígida*, é razoável assumir que haja uma distribuição de pressão uniforme sobre toda a superfície de atrito. Consequentemente,

$$p = p_{máx} \tag{16-1}$$

em que p = pressão em qualquer ponto especificado
$p_{máx}$ = pressão máxima na zona de contato

Visto que a distribuição de pressão é uniforme, a força normal N pode ser expressa como

$$N = p_{máx} A \tag{16-2}$$

em que A = área de contato da superfície de atrito

Se for feito um diagrama de corpo livre da sapata de freio e do braço, e os momentos forem somados em relação ao pino da rótula, como mostrado na Figura 16.3,

$$F_a b - Nb + \mu Na = 0 \tag{16-3}$$

De (16-3), a força atuante necessária F_a é de

$$F_a = \frac{N(b - \mu a)}{b} = \frac{p_{máx} A(b - \mu a)}{b} \tag{16-4}$$

Além disso, a reação da força na rótula, R_h, na direção x (horizontal), pode ser determinada pela soma das forças horizontais do *diagrama de corpo livre*, como

$$R_h + \mu p_{máx} A = 0 \tag{16-5}$$

gerando

$$R_h = -\mu p_{máx} A \text{ (ou seja, sentido para a esquerda)} \tag{16-6}$$

A reação da força na rótula, R_v, na direção y (vertical) pode ser determinada pela soma das forças verticais como

$$R_v = p_{máx} A \left[\frac{b - \mu a}{b} - 1 \right] \tag{16-7}$$

Deste modo, para o caso simples mostrado na Figura 16.3, o procedimento de projeto implica a seleção de um material apropriado de revestimento de atrito[13] e a determinação iterativa das dimensões a, b, e da área de contato A para alcançar as especificações funcionais da aplicação. Ao mesmo tempo, é necessário levar em conta a pressão, a temperatura e as limitações de resistência do material de revestimento, impostas pelo modo de falha dominante.

Dois conceitos adicionais, denominados *autofrenante* e *autodinâmico*, podem também ser entendidos considerando-se o dispositivo simples mostrado na Figura 16.3. Examinando-se (16-4), observa-se que o coeficiente de atrito e o arranjo geométrico são tais que

$$\frac{b - \mu a}{b} \leq 0 \tag{16-8}$$

nenhuma força de acionamento externo seja necessária para acionar o freio; o contato inicial entre as superfícies de atrito em movimento causa o acionamento imediato e total do freio pela geração do momento de atrito. Esta condição, chamada de *autofrenante*, não é normalmente desejada[14] porque a ação de frear é repentina e incontrolável quando o freio "agarra". Por outro lado, é muitas vezes

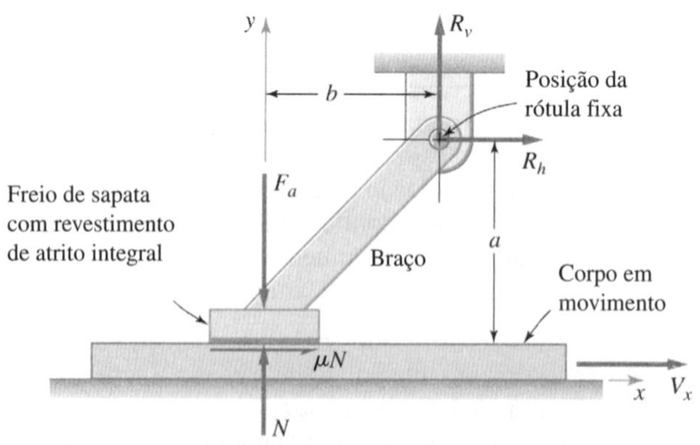

Figura 16.3
Freio de sapata simples, de articulação estacionária, acionado contra um corpo plano em movimento.

[13] Veja, por exemplo, a Tabela 16.1.

[14] Exceto quando um dispositivo de catraca é desejado, no qual o movimento relativo em um sentido é restringido pelo autofrenante enquanto o movimento no sentido oposto não é afetado.

vantajoso aproveitar o momento gerado por atrito para *auxiliar* na aplicação do freio, reduzindo o valor da força de acionamento requerida F_a para um valor menor (mas não nulo). Tal arranjo é frequentemente chamado de configuração *autodinâmica*. Uma maneira de determinar a configuração que irá ser autodinâmica sem ser autofrenante é por meio da utilização do *coeficiente de pseudoatrito* μ', em (16-4) que relaciona a posição da rótula em relação à força de acionamento requerida. O valor de μ' é frequentemente estimado como

$$\mu' \approx (1{,}25\mu \quad \text{a} \quad 1{,}5\mu) \tag{16-9}$$

em que μ é o valor máximo do coeficiente de atrito especificado pelo fabricante do material de revestimento.

16.6 Freios de Aro (Tambor) com Sapatas Curtas

Um esboço mais detalhado de um freio de aro (tambor) de sapata (bloco) externa descrito na Figura 16.2(a) é mostrado na Figura 16.4. Tais freios podem ser divididos em *externos* ou *internos*, com *sapatas curtas* (o ângulo β do arco de contato é de 45° ou menor) ou *sapatas longas*. A Figura 16.4 mostra um freio de uma sapata, externa, bloco curto. Na prática, duas *sapatas diametralmente opostas*, como mostrado na Figura 16.2(a), são usualmente utilizadas para reduzir as reações dos mancais do freio de tambor. Porém, conceitos básicos de projeto podem ser demonstrados de uma forma mais simples pela consideração inicial de *somente um freio de bloco curto*.

Porque a sapata esboçada na Figura 16.4 é curta e rígida, é razoável supor uma *distribuição de pressão uniforme* por toda a área de contato interfacial; consequentemente

$$p = p_{máx} \tag{16-10}$$

e

$$N = p_{máx}A \tag{16-11}$$

Embora a força normal N e a força de atrito μN estejam distribuídas continuamente pelas superfícies de contato do aro e da sapata, para uma sapata *curta* a suposição que pode usualmente ser feita é de que estas forças estejam concentradas no centro do contato, mostrado como o ponto B.

Somando-se os momentos em relação à posição da rótula C, e supondo que o sentido de rotação do tambor (como mostrado) seja anti-horário (AH), tem-se

$$Nb - \mu Nc - (F_a)_C a = 0 \tag{16-12}$$

do que

$$(F_a)_C = \frac{N(b - \mu c)}{a} \tag{16-13}$$

Com base na discussão de sistemas autofrenantes e autodinâmicos vistos em 16.5, um freio de bloco curto com o pivô em C será autofrenante para o sentido de rotação indicado do tambor AH se[15]

$$\frac{b - \mu c}{a} \leq 0 \tag{16-14}$$

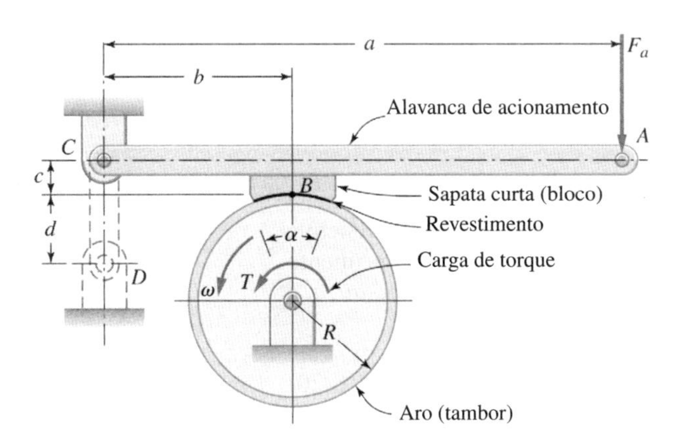

(*a*) Montagem do dispositivo de freio

(*b*) Diagrama de corpo livre da sapata integral e da alavanca

Figura 16.4
Freio de bloco simples de sapata externa curta.

[15] Compare com (16-8).

A *capacidade de transmissão de torque de frenagem* baseado em atrito para a posição de pivotamento C, $(T_f)_C$, pode ser calculada utilizando-se (16-13) pela soma dos momentos do tambor em relação ao eixo de rotação O para obter

$$(T_f)_C = R\mu N = R\mu\left(\frac{(F_a)_C a}{b - \mu c}\right) = (F_a)_C\left[R\mu\left(\frac{a}{b - \mu c}\right)\right] \tag{16-15}$$

Adicionalmente, o valor de *projeto* da capacidade de transmissão de torque de frenagem deve ser grande o suficiente para levar, seguramente, a massa girante do sistema em operação da velocidade operacional para a velocidade final nula, dentro de um tempo de resposta especificado t_r, e a energia armazenada na massa girante deve ser dissipada seguramente pelo dispositivo de freio à medida que a massa é desacelerada para a velocidade nula.

Se a localização do pino da rótula for mudada de C para D [mostrado por linhas tracejadas na Figura 6.4(a)], o momento de atrito para a rotação do tambor no sentido AH tende a "deslocar" a sapata (acionamento traseiro) e a expressão para a força atuante torna-se[16]

$$(F_a)_D = \frac{N(b + \mu c)}{a} \tag{16-16}$$

Para a posição do pivô D, por conseguinte, a força de acionamento necessária $(F_a)_D$ será sempre positiva, o efeito autofrenante nunca acontecerá e o efeito autodinâmico não poderá ser utilizado para auxiliar a aplicação do freio.

As forças de reação horizontal e vertical para a posição do pino em C (isto é, o efeito autodinâmico é possível) podem ser encontradas a partir do somatório das forças horizontais e verticais como

$$(R_h)_C = \mu N \tag{16-17}$$

e

$$(R_v)_C = (F_a)_C - N \tag{16-18}$$

O torque T (lbf·in) necessário para desacelerar o sistema em movimento até a velocidade angular nula em um tempo de resposta especificado t_r pode ser estimado como[17]

$$T = J_e\alpha = J_e\frac{(\omega_{op} - 0)}{t_r} = \frac{Wk_e^2\omega_{op}}{gt_r} \tag{16-19}$$

em que J_e = momento de inércia polar efetivo de massa (lbf·in·s²), inclusive os efeitos inerciais de todos os componentes conectados[18] referidos ao tambor em operação a uma velocidade angular ω_{op}

α = aceleração angular, rad/s²

$\omega_{op} = \dfrac{2\pi n_{op}}{60}$ = velocidade angular operacional máxima do tambor, rad/s

n_{op} = velocidade angular de operação do tambor, rpm

t_r = tempo de resposta (tempo de frenagem) para reduzir a velocidade angular ω_{op} a zero, s

W = peso da massa rotativa, lbf

k_e = raio de giração efetivo, polegadas

g = 386 in/s²

A energia E_d que é dissipada (por transferência do calor gerado por atrito para o ambiente) durante o período de frenagem t_r pode ser estimada como a soma da energia cinética de rotação, da energia cinética de translação e da energia potencial de mudança de cota e/ou variação do comprimento elástico.[19] Para o caso simples em que a *única massa significativa do sistema é o tambor rotativo*, a energia a ser dissipada é apenas a energia cinética de rotação, ou

$$E_d = \frac{1}{2}J_e\omega_{op}^2 \tag{16-20}$$

---

[16] Compare com (16-13) baseado na posição da rótula em C.

[17] Veja em qualquer bom livro-texto de dinâmica de graduação (por exemplo, na ref. 2).

[18] Em sistemas reais podem existir vários componentes em rotação operando a diferentes velocidades, mas conectados ao tambor rotativo por meio de engrenamento ou outros modificadores de velocidade. A contribuição da i-ésima massa conectada, girando à velocidade angular n_i, é proporcional ao quadrado da razão das velocidades angulares, ou $J_{ei} = J_i(n_i/n_{op})^2$.

[19] Veja, por exemplo, a ref. 2.

Para qualquer configuração de projeto proposto, a *capacidade de transmissão* de torque de frenagem baseado em atrito, como visto em (16-15), deve exceder, por um fator de segurança adequado, o torque *necessário* para desacelerar o sistema móvel para velocidade nula dentro do tempo de resposta especificado t_r. Deste modo, utilizando-se (16-19),

$$(T_f)_C = n_d T = \frac{n_d J_e \omega_{op}}{t_r} = \frac{2\pi n_d W k_e^2 n_{op}}{60\,g t_r} \tag{16-21}$$

Combinando-se (16-21) com (16-15), o valor de projeto da força de acionamento *necessária*, $(F_a)_C$, pode ser determinado como[20]

$$(F_a)_C = \frac{2\pi n_d W k_e^2 n_{op}(b - \mu c)}{60 g\, a t_r R \mu a} \tag{16-22}$$

Quando o freio é acionado, a energia contida no sistema móvel deve ser inteiramente dissipada pela conversão desta em calor gerado por atrito na interface de contato de atrito entre o tambor e a sapata. Visto que o tambor metálico tem tipicamente uma condutividade térmica muito maior do que a sapata com revestimento de material de atrito, a maior parte do calor gerado é usualmente conduzida para a massa do aro. Uma questão importante é se a configuração de freio proposta será capaz de dissipar o calor gerado por atrito sem produzir um aumento tão alto de temperatura local que a função de frear seja prejudicada ou ocorra danificação no revestimento ou no tambor. Infelizmente, o aumento de temperatura gerado por atrito não é facilmente calculado em função das incertezas associadas com a distribuição de temperaturas, as áreas efetivas de transferência de calor, os coeficientes efetivos de transferência de calor e os fatores ambientais. Se os freios são aplicados *com pouca frequência e por breves períodos*, de forma que o tambor de freio possa conduzir e irradiar o calor gerado por atrito para fora antes que o próximo ciclo de frenagem comece, existirá *apenas um pequeno ou nenhum aumento residual de temperatura*. Se os períodos de frenagem forem *muito frequentes* e/ou *muito longos*, a temperatura *inicial* para cada ciclo de frenagem *será maior que a do ciclo anterior e a temperatura de equilíbrio do dispositivo de freio pode evoluir para um nível maior ainda.*

Para acionamentos pouco frequentes, de curta duração, frequentemente supõe-se que o calor gerado pelo atrito será absorvido pela massa do material adjacente à interface de atrito, muitas vezes admitida como a massa do aro para o caso do freio tipo aro. Para tais suposições, o aumento da temperatura $\Delta\Theta$ pode ser estimado, baseado no conceito clássico de capacidade de aquecimento, como

$$\Delta\Theta = \frac{H_f}{CW} \tag{16-23a}$$

de que

$$H_f = \frac{E_d}{J_\Theta} = \frac{J_e \omega_{op}^2}{2J_\Theta} \tag{16-23b}$$

e

J_e = momento de inércia de massa polar do tambor rotativo
ω_{op} = $2\pi n_{op}$ = velocidade angular operacional do tambor
n_{op} = velocidade angular do tambor
J_Θ = equivalente mecânico do calor (p. ex., 9336 in·lbf/Btu)
C = calor específico (por exemplo, 0,12 Btu/lbf·°F para aço ou ferro fundido)
W = peso da massa que absorve calor (por exemplo, massa do aro do freio, ou *supõe-se o peso de uma parte mais delgada* do aro do freio)

Para unidades SI, (16-23a) torna-se

$$\Delta\Theta = \frac{E_d}{Cm} \tag{16-24}$$

em que

E_d = energia cinética
C = calor específico; use 500 J/kg °C para aço de ferro fundido
m = massa que absorve calor (exemplo, a massa do freio do aro ou seleciona-se uma parte mais delgada do aro de freio), kg

[20] Como em todos os cálculos, deve-se tomar cuidado com o uso de unidades compatíveis para todos os termos da equação.

Quando o acionamento do freio é mais frequente, de duração mais longa, ou é continuamente acionado, a lei de Newton de resfriamento[21] pode ser utilizada para estimar o aumento da temperatura ($\Theta_s - \Theta_a$). Utilizando-se (10-19),

$$(\Theta_s - \Theta_a) = \frac{H_f}{k_1 A_s} \tag{16-25}$$

em que Θ_s = temperatura da superfície do dispositivo de freio
Θ_a = temperatura ambiente
A_s = área superficial exposta do dispositivo de freio
k_1 = coeficiente global modificado de transferência de calor [veja (10-22) e (10-23) para valores aproximados]

O aumento de temperatura calculado a partir de (16-23a) ou (16-25) não deve aquecer os materiais de freio propostos a temperaturas acima da temperatura máxima permitida para os materiais.[22]

Finalmente, quando o desgaste adesivo e/ou abrasivo forem os modos de falha dominantes prováveis, os conceitos de desgaste que levam a (2-79) e (2-81) podem ser utilizados para estimar a profundidade de desgaste normal da superfície de atrito do revestimento do freio, chamado *profundidade de desgaste normal*, d_n, como

$$d_n = k_w p L_s = k_w p V t_{contato} \tag{16-26}$$

em que k_w = constante do par de materiais[23]
p = pressão de contato
L_s = distância total deslizada entre o tambor e a sapata por toda a vida projetada
V = velocidade relativa de deslizamento entre o revestimento e o tambor
$t_{contato}$ = tempo de contato do tambor/sapata durante a vida projetada da montagem freio/embreagem

A tática usual de supor que a *taxa* de desgaste normal δ_n seja proporcional ao produto da pressão p e a velocidade de deslizamento V é suportada por (16-26) visto que

$$\delta_n = \frac{d_n}{t_{contato}} = k_w (pV) \tag{16-27}$$

em que, para um freio de bloco *curto*, a taxa de desgaste δ_n é constante por toda a superfície de contato. Normalmente, a maior parte do desgaste ocorre no *elemento de revestimento do freio*, o qual deve ser projetado para ser substituído quando o desgaste interferir em sua capacidade de funcionar corretamente. O freio de tambor, ou aro, é usualmente projetado para ter pouco ou nenhum desgaste mensurável.

Tratando-se de projetos preliminares, uma abordagem alternativa baseada na experiência pode utilizar o produto pV como um critério preliminar. É prática usual expressar o produto pV como pressão p (lbf/in^2) *versus* velocidade V (ft/min). Baseado nesta unidade mista do produto pV, a Tabela 16.2 mostra valores-limite aproximados para vários casos de projeto.

Exemplo 16.1 Projeto Preliminar de um Freio de Tambor com Sapata Curta

Para atender às novas regulamentações de segurança, um fabricante de cortadores rotativos de grama está propondo a modificação de um projeto de um cortador de grama existente para incorporar os meios para levar, rapidamente, a lâmina rotativa até a sua completa parada quando as mãos do operador forem retiradas do guidão do cortador de grama. O objetivo é prevenir ferimentos causados pela lâmina rotativa; por

TABELA 16.2 Valores de Máximos Admissíveis de *pV* para Freios de Sapata Industriais

	pV	
Condições de operação	ksi·ft/min	MPa·m/min
Frenagem contínua, dissipação de calor deficiente	30	63
Frenagem ocasional, grandes períodos de repouso, dissipação de calor deficiente	60	126
Frenagem contínua, boa dissipação de calor (como a de um banho de óleo)	85	179

[21] Estudado anteriormente em ligação com mancais de deslizamento e engrenagens. Veja, por exemplo (10-19) ou (15-49). Veja, também, a Tabela 16.1.

[22] Veja, por exemplo, a Tabela 16.1.

[23] A constante do par de materiais pode ser disponibilizada pelo fabricante do material de atrito; caso contrário, precisa ser determinada experimentalmente.

exemplo, se um operador perder o controle do cortador de grama durante a subida em uma ladeira íngreme, a lâmina deverá parar antes que o cortador de grama possa retornar em direção ao operador.

O conceito básico que está sendo proposto é a utilização de um arranjo de alavanca de mola comprimida[24] no guidão do cortador de grama, ligado por cabos flexíveis a uma embreagem e a um freio separado. A Figura E16.1A mostra uma vista lateral do cortador de grama existente com uma embreagem comercial proposta inserida entre o motor monocilindro e o arranjo de volante e lâmina.[25] O espaço axial para o sistema proposto de embreagem é fornecido pela instalação de uma estrutura espaçadora entre o motor e a plataforma. A avaliação do projeto preliminar da embreagem já foi concluída e indica que dispositivos de embreagens de disco com características de torque aceitáveis, características de acionamento e tamanhos que podem ser adquiridos no mercado.

A sequência potencialmente mais crítica de eventos é prevista como se segue:

a. O operador está deslocando-se ladeira acima, escorrega na grama molhada, cai (desse modo liberando a alavanca de homem morto) e o cortador de grama retorna ladeira abaixo passando sobre o operador.

b. Quando a alavanca de mola comprimida de homem morto é liberada, o cabo da embreagem desacopla a embreagem e o cabo do freio aciona o freio, desse modo parando rapidamente a lâmina rotativa antes que o cortador de grama passe sobre o operador.

Foi pedido a você, como consultor, a proposição de um projeto de *freio* para alcançar o objetivo do projeto de parar a lâmina rotativa rápido o suficiente, após a alavanca de homem morto ter sido liberada, para prevenir que a lâmina rotativa cause ferimentos ao operador. Estimativas indicam que a lâmina rotativa deve ter a sua velocidade angular reduzida para zero em 10 revoluções (em aproximadamente 0,5 segundo) para proteger apropriadamente o operador de ferimentos. A gerência de engenharia deseja que você estude o uso de um arranjo de *freio de bloco de sapata curta* que utilize um volante de ferro fundido existente, por meio da usinagem de uma superfície externa lisa que poderia servir como um tambor de freio.

Proponha um projeto preliminar que atinja estas especificações, se é desejado um fator de segurança de 1,5 para todos os aspectos do projeto.

Solução

Utilizando-se os conceitos básicos vistos em 16.5 e 16.6, uma proposta de dispositivo de freio pode ser desenvolvida como se segue:

1. A gerência especificou que um *freio de tambor de sapata curta* deve ser considerado em primeiro lugar. Um arranjo provável de sapata curta que parece ter potencial para atender às diretivas da gerência e às especificações de projeto é esboçado na Figura E16.1B. Tal arranjo preserva muito do projeto existente, propõe tornar lisa a superfície externa do volante para comportar-se como um freio de tambor e adicionar uma mola de acionamento, uma alavanca e uma sapata curta de freio para realizar a tarefa de frear.

2. Da Tabela 16.1, selecione preliminarmente um revestimento rígido, moldado, sem asbesto para esta aplicação; este revestimento tem as seguintes propriedades quando utilizado em contato com a superfície lisa de ferro fundido.

$$\begin{aligned} \mu &= 0{,}33 \\ p_{máx} &= 150 \text{ psi} \\ \Theta_{máx} &= 500\ °\text{F} \\ V_{máx} &= 4800-7500 \text{ ft/min} \end{aligned}$$

Figura E16.1A
Esboço da modificação proposta de um cortador de grama, com dispositivo de embreagem e espaçador inserido entre o motor e a plataforma. (Veja Figura E16.1B para uma vista inferior.)

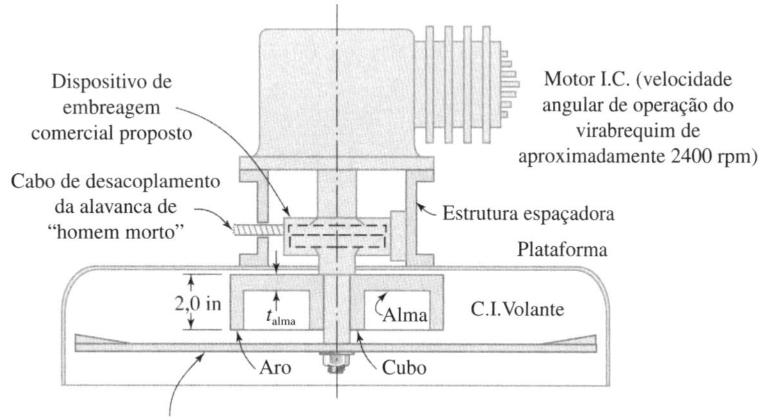

[24] Algumas vezes chamada de alavanca de "homem morto" porque se, por qualquer razão, o operador perder a capacidade de manter a alavanca acionada para baixo, a lâmina é levada a uma parada imediata.

[25] Volantes são utilizados para suavizar as variações de rotações causadas por variações no torque, devido à variação das cargas operacionais ou variações de torque do motor primário, a cada ciclo (como no caso de um motor de combustão interna monocilindro, por exemplo). A própria lâmina também produz o "efeito volante". Para mais detalhes, veja o Capítulo 19.

Exemplo 16.1 Continuação

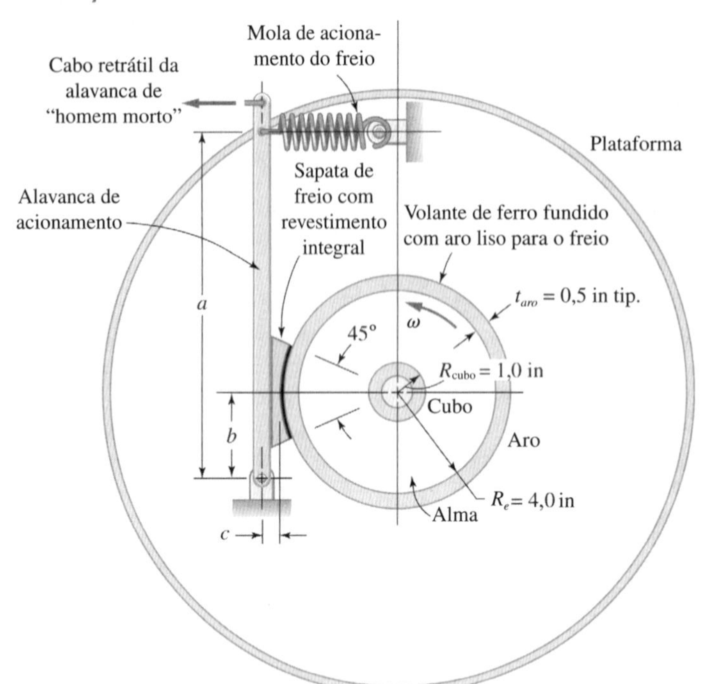

Figura E16.1B
Esboço de proposta de um arranjo de freio de bloco de sapata curta para parada rápida da lâmina rotativa. A figura mostra a vista inferior do cortador de grama. (Veja Figura 16.1A para uma vista lateral.)

3. Utilizando-se (16-19), estime o torque T necessário para desacelerar o volante rotativo de ferro fundido e a lâmina de aço de 2400 rpm até 0 rpm em 0,5 s, como

$$T = J_e \frac{\omega_{op}}{t_r}$$

Quando a embreagem desacopla, o momento de inércia de massa efetivo, J_e, inclui apenas o volante e a lâmina. Para o volante de ferro fundido,[26] utilizando-se a Tabela A.2 do Apêndice e descrevendo-se o volante como a combinação de um cilindro (o cubo e o eixo), um anel fino (aro) e um disco fino (alma),

$$J_{volante} = J_{cubo} + J_{aro} + J_{alma}$$

Utilizando-se o caso 2 da Tabela A.2 e as dimensões das Figuras E16.1A e E16.1B,

$$J_{cubo} = \frac{W_{cubo}}{2g} R^2_{cubo} = \frac{0{,}270[\pi R^2_{cubo} L_{cubo}]}{2(32{,}2 \times 12)} R^2_{cubo}$$

$$= \frac{0{,}270[\pi(1{,}0)^2(2{,}0 - 0{,}5)]}{2(32{,}2 \times 12)} (1{,}0)^2 = 0{,}0017 \text{ lbf·in·s}^2 \text{ (inclui o eixo)}$$

Utilizando-se o caso 4 da Tabela A.2,

$$J_{aro} = \frac{W_{aro}}{g} R^2_{aro} = \frac{0{,}270[2\pi(R_{médio})_{aro} t_{aro} L_{aro}]}{32{,}2 \times 12} R^2_{aro}$$

$$= \frac{0{,}270[\pi(3{,}75)(0{,}5)(2{,}0 - 0{,}5)]}{32{,}2 \times 12} (3{,}75)^2 = 0{,}1736 \text{ lbf·in·s}^2$$

E utilizando-se o caso 3 da Tabela A.2,

$$J_{alma} = \frac{W_{alma} R^2_{alma}}{2g} = \frac{0{,}270[\pi R^2_{alma} t_{alma}]}{2(32{,}2 \times 12)} R^2_{alma}$$

$$= \frac{0{,}270[\pi(4{,}0)^2(0{,}5)]}{2(32{,}2 \times 12)} (4{,}0)^2 = 0{,}1405 \text{ lbf·in·s}^2$$

[26] O peso específico do ferro fundido é de 0,270 lbf/in³ (veja a Tabela 3.4).

Deste modo, de

$$J_{volante} = 0{,}0017 + 0{,}1786 + 0{,}1405 = 0{,}2810 \text{ lbf·in·s}^2$$

Para a lâmina de aço,[27] o caso 2 da Tabela A.2 pode ser utilizado supondo-se que a lâmina seja um componente longo e fino ($D \approx 0$), gerando[28]

$$J_{lâmina} = \frac{W_{lâmina}L^2_{lâmina}}{12g} = \frac{0{,}283[(0{,}25)(2{,}0)(20)](20)^2}{12(32{,}2 \times 12)} = 0{,}2441 \text{ lbf·in·s}^2$$

e somando-se os momentos de inércia polar de massa,

$$J_e = 0{,}2810 + 0{,}2441 = 0{,}525 \text{ lbf·in·s}^2$$

Além disso, a velocidade angular operacional é

$$\omega_{op} = \frac{2\pi n_{op}}{60} = \frac{2\pi(2400)}{60} = 251{,}3 \frac{\text{rad}}{\text{s}}$$

e, das especificações,

$$t_r = 0{,}5 \text{ s}$$

Utilizando-se estes valores, gera

$$T = \frac{(0{,}525)251{,}3}{0{,}5} = 264 \text{ lbf·in}$$

Em seguida, utilizando-se (16-21), a capacidade de transmissão de torque de frenagem baseado em atrito deve ser de

$$(T_f)_C = n_d T = (1{,}5)(264) = 396 \text{ lbf·in}$$

Utilizando-se (16-15), a mola deve aplicar uma força de acionamento $(F_a)_C$ de

$$(F_a)_C = \frac{T_f(b - \mu c)}{R\mu a}$$

Substituindo-se de $(T_f)_C$,

$$(F_a)_C = \frac{(396)(b - 0{,}33c)}{(4{,}0)(0{,}33)a} = 300\left(\frac{b - 0{,}33c}{a}\right)$$

A força de acionamento $(F_a)_C$ que deve ser fornecida pelo acionamento da mola do freio mostrada na Figura E16.1B é uma função das dimensões a, b e c, a serem determinadas. De $(F_a)_C$ e referindo-se à Figura E16.1B, a força de acionamento requerida pode ser reduzida pela seleção de valores maiores de a, valores maiores de c e/ou valores menores de b, mas limites são colocados a estes valores por limitações geométricas e dimensionais do projeto existente do cortador de grama.

Como a primeira iteração, os seguintes valores supostos parecem ser consistentes com a geometria do cortador de grama:

a_1 = 12 polegadas
b_1 = 3 polegadas
c_1 = 3/4 polegada

Provisoriamente adotam-se estas dimensões preliminares de "primeira iteração", e a força de acionamento necessária como

$$(F_a)_C = 300\left[\frac{3 - 0{,}33(0{,}75)}{12}\right] = 69 \text{ lbf}$$

Parece que a tração de pré-carga da mola pode ser razoavelmente suprida por tal força de acionamento. Para desenvolver um projeto preliminar de mola, veja o Capítulo 14.

4. A energia que precisa ser dissipada pelo dispositivo de freio durante o tempo de frenagem de 0,5 segundo pode ser estimada a partir de (16-20), utilizando-se J_e e w_{op}, como

$$E_d = \frac{1}{2}(0{,}525)(251{,}3)^2 = 16.590 \text{ lbf·in}$$

5. Para uma sapata de freio curta pode-se usar (16.10), e utilizando-se os dados anteriores

$$p = p_{máx} = 150 \text{ psi}$$

---

[27] O peso específico do aço é de 0,283 lbf/in³.

[28] Seja cuidadoso em notar que no caso 2 da Tabela A.2 que $J_{lâmina} = J_x = J_y > J_z$, então com $R \approx 0$, $J_{lâmina} = J_x = (m/12)(0 + h^2)$, em que $h = L_{lâmina}$.

Exemplo 16.1 Continuação

6. De (16-11), a área de contato de freio necessária A_{req} é de

$$A_{req} = \frac{N}{p_{máx}}$$

7. A força normal N pode ser calculada a partir de (16-13), utilizando-se dados anteriores,

$$N = \frac{F_a a}{b - \mu c} = \frac{69(12)}{3 - 0{,}33(0{,}75)} = 300 \text{ lbf}$$

de que

$$A_{req} = \frac{300}{150} = 2{,}00 \text{ in}^2$$

Na configuração proposta esboçada na Figura E16.1B, o comprimento de contato do revestimento de freio é composto por um segmento de 45° ($\pi/4$ rad) de aro de ferro fundido, gerando um comprimento de contato proposto L_c de

$$L_c = R_e\left(\frac{\pi}{4}\right) = (4{,}0)\left(\frac{\pi}{4}\right) = 3{,}1 \text{ polegadas}$$

Utilizando-se A_{req} e L_c, a largura de contato de revestimento necessária w_c será de

$$w_c = \frac{A_{req}}{L_c} = \frac{2{,}00}{3{,}1} = 0{,}65 \text{ polegada}$$

Este requisito de largura é compatível com a largura de 2,0 polegadas do aro existente mostrado na Figura E16.1.A.

Para estimar o aumento de temperatura na interface de frenagem, (16-23a) pode ser utilizada, gerando

$$\Delta\Theta = \frac{H_f}{CW} = \frac{(E_d/J_\Theta)}{CW}$$

em que E_d = 16.590 lbf·in
J_Θ = 9336 lbf·in / Btu [veja (16-23b)]
C = 0,12 Btu/lbf· °F [veja (16-23a)]

O peso da massa absorvedora de calor será estimado como o peso de *10 por cento externos*[29] do aro do volante de ferro fundido; com isso

$$W = 0{,}270(2\pi)(4{,}0)[(0{,}10)(0{,}5)] = 0{,}34 \text{ lbf}$$

Portanto, o aumento de temperatura estimado seria de

$$\Delta\Theta = \frac{(16.590/9336)}{(0{,}12)(0{,}34)} \approx 44°\text{F (acima da temperatura ambiente)}$$

Deste modo, seria estimada uma temperatura máxima em torno de 114°F. Isto está bem dentro da faixa aceitável. Seria provavelmente recomendado também investigar os revestimentos de baixo custo, tais como tecido de algodão ou papel resistente para esta aplicação.

Finalmente, a velocidade relativa tangencial máxima entre o revestimento e o aro de ferro fundido é

$$V_{máx} = \frac{2\pi(4{,}0)(2400)}{12} = 5027 \text{ ft/min}$$

Este valor de velocidade máxima está dentro da faixa de 4800-7500 ft/min e será considerado aceitável, mas deveria ser checado experimentalmente.

As reações do pino da rótula no diagrama de corpo livre podem ser calculadas de (16-17) e (16-18) como

$$R_h = \mu N = 0{,}33(300) = 99 \text{ lbf}$$

e

$$R_v = F_a - N = 69 - 300 = -231 \text{ lbf}$$

A força de reação resultante no pino, consequentemente, é de

$$R_{pino} = \sqrt{R_h^2 + R_v^2} = \sqrt{(99)^2 + (231)^2} = 251 \text{ lbf}$$

[29] Isto é meramente uma escolha arbitrária. O aumento de temperatura pode ser, enfim, experimentalmente validado antes de liberar o projeto para a produção.

As recomendações do projeto preliminar podem ser resumidas como se segue:

1. Adote a configuração esboçada na Figura E16.1B.
2. Como tentativa, adote o revestimento rígido moldado sem asbesto colado à sapata por 45° de segmento circunferencial de 4,0 polegadas de raio externo do tambor. A largura do revestimento deverá ser de aproximadamente 0,65 polegada, ou mais.
3. As dimensões da alavanca e a posição da rótula na Figura E16.1B serão de aproximadamente

   a = 12 polegadas

   b = 3 polegadas

   c = 0,75 polegada

   e a mola de acionamento do freio deverá ser escolhida e pré-carregada para prover uma força de acionamento de 69 lbf.
4. Testes experimentais deverão ser conduzidos para validar todos os aspectos do projeto proposto antes de o projeto ser posto em produção.

16.7 Freios de Aro (Tambor) com Sapatas Longas

Se o ângulo de contato da sapata α [veja a Figura 16.5(a)] for superior a aproximadamente de 45°, a *suposição de sapata curta* (segundo a qual a pressão de contato é uniformemente distribuída) pode introduzir erros significativos nas equações desenvolvidas em 16.6.[30] Para desenvolver as equações adequadas para *sapatas longas*, uma estimativa mais precisa da distribuição de pressões pela superfície de contato da sapata se torna necessária. Uma forma de estimar-se a distribuição de pressões em sapatas longas é baseada no padrão de *desgaste normal* esperado no desgaste progressivo do revestimento, causando a rotação do ângulo γ em torno do ponto da rótula C, da sapata e da alavanca de acionamento. Esta rotação é mostrada na Figura 16.6 para uma *sapata externa*.[31] Utilizando-se (16-26), a *profundidade de desgaste normal* em qualquer ponto arbitrário P da superfície de contato pode ser descrita como

$$(d_n)_P = k_w p_P V_P t_{contato} \tag{16-28}$$

e visto que a velocidade tangencial V e o tempo de contato $t_{contato}$ são constantes por toda a superfície de contato de atrito,

$$(d_n)_P = (k_w V t_{contato})\, p_P = K_{LS} p_P \tag{16-29}$$

em que K_{LS} = constante do par de materiais escolhidos para freios de sapatas longas operando a velocidade de deslizamento tangencial V por um tempo de contato $t_{contato}$

P_p = pressão local no ponto P

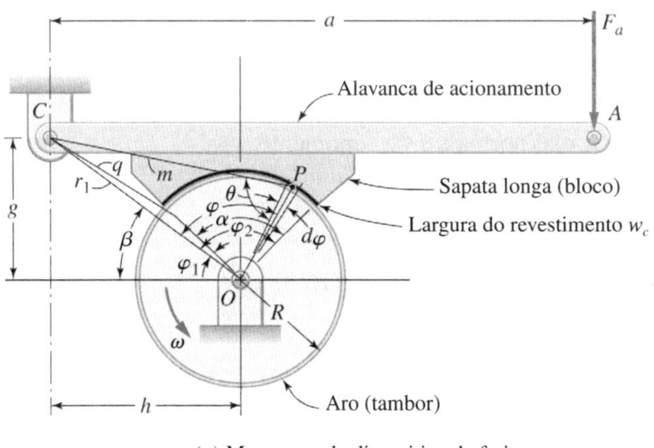

(a) Montagem do dispositivo de freio

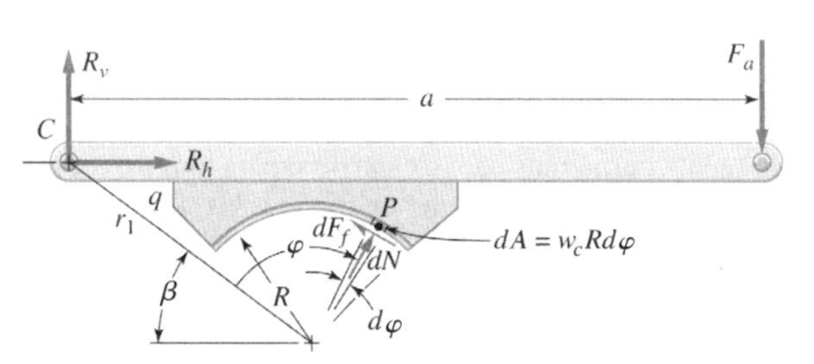

(b) Diagrama de corpo livre de uma sapata integral e alavanca

Nota: w_c é a largura de contato do revestimento da sapata de freio para dentro e para fora do papel

Figura 16.5
Freio de bloco de sapata longa externa.

[30] Normalmente, porém, o ângulo de contato de sapatas longas de freio raramente ultrapassa cerca de 120°.

[31] Um argumento semelhante pode ser feito para uma sapata *interna*.

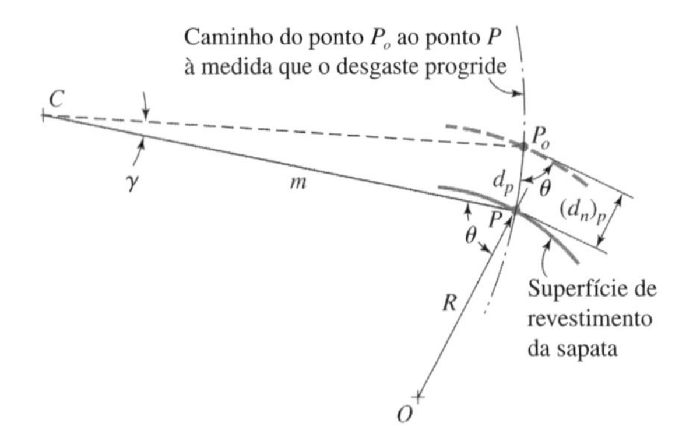

Figura 16.6
Deslocamento *d* de um ponto arbitrário na superfície de contato à medida que o revestimento se desgasta e a unidade de sapata e o braço giram em torno do ponto da rótula *C*. (Veja também Figura 16.5.)

Cinematicamente, à medida que a sapata se desgasta, rotações ocorrem em torno da rótula do ponto *C*. A Figura 16.6 ilustra que o desgaste resultante d_p é

$$d_P = \gamma m \tag{16-30}$$

e o desgaste normal $(d_n)_p$, perpendicular à superfície em *P*, é

$$(d_n)_p = d_P \text{ sen } \theta = \gamma m \text{ sen } \theta \tag{16-31}$$

A linha *q* passa pelo ponto *C* e é perpendicular a *OP*, como ilustrado na Figura 16.5(a),

$$q = r_1 \text{ sen } \varphi = m \text{ sen } \theta \tag{16-32}$$

de que, de (16-31),

$$(d_n)_p = \gamma r_1 \text{ sen } \varphi \tag{16-33}$$

Combinando-se (16-29) com (16-33)

$$K_{LS} p_p = \gamma r_1 \text{ sen } \varphi \tag{16-34}$$

A partir desta expressão pode ser deduzido que o ponto de máxima pressão corresponde ao ponto no qual sen φ alcança um valor máximo, então

$$K_{LS} p_{máx} = \gamma r_1 (\text{sen } \varphi)_{máx} \tag{16-35}$$

Dividindo-se (16-34) por (16-35)

$$p_P = \frac{\text{sen } \varphi}{(\text{sen } \varphi)_{máx}} p_{máx} \tag{16-36}$$

Deve-se notar na Figura 16.5(a) que

$$\begin{aligned} (\text{sen } \varphi)_{máx} &= \text{sen } \varphi_2 \quad \text{se} \quad \varphi_2 \leq 90^\circ \\ (\text{sen } \varphi)_{máx} &= 1 \quad \text{se} \quad \varphi_2 > 90^\circ \end{aligned} \tag{16-37}$$

Para somar os momentos em relação a rótula na posição *C*, deve-se notar da Figura 16.5(b) que ambas, as componentes de força normal e as componentes da força de atrito, contribuem como no freio de sapata curta, mas para o caso de sapata longa o momento das forças normais *dN* e o momento das forças de atrito dF_f devem ser *integrados ao longo de todo o arco de superfície de contato* entre o revestimento e o tambor. Considerando-se o elemento de área elementar $dA = w_c R d\varphi$ [veja Figura 16.5(b)], a força normal elementar em *P* pode ser escrita como

$$dN = p_P w_c R d\varphi \tag{16-38}$$

e a força de atrito elementar em *P* como

$$dF_f = \mu dN = \mu p_P w_c R d\varphi \tag{16-39}$$

Com estas expressões, para a rotação do tambor em sentido anti-horário, o momento das *forças normais*[32] em relação ao pino da rótula *C* pode ser escrito como [veja 16.5(b)]

$$M_N = \int_{\varphi_1}^{\varphi_2} q dN = \int_{\varphi_1}^{\varphi_2} r_1 \text{ sen } \varphi dN = \int_{\varphi_1}^{\varphi_2} r_1 p_P w_c R \text{ sen } \varphi d\varphi \tag{16-40}$$

[32] Supondo que a rotação no sentido anti-horário em torno de *C* seja positiva.

Substituindo (16-36),

$$M_N = \int_{\varphi_1}^{\varphi_2} r_1 \left[\frac{\text{sen } \varphi}{(\text{sen } \varphi)_{máx}} p_{máx} \right] w_c R \text{ sen } \varphi d\varphi = \frac{w_c R r_1 p_{máx}}{(\text{sen } \varphi)_{máx}} \int_{\varphi_1}^{\varphi_2} \text{sen}^2 \varphi d\varphi \qquad (16\text{-}41)$$

Integrando-se (16-41), tem-se:

$$M_N = \frac{w_c R r_1 p_{máx}}{4(\text{sen } \varphi)_{máx}} (2\alpha - \text{sen } 2\varphi_2 + \text{sen } 2\varphi_1) \qquad (16\text{-}42)$$

De forma semelhante, para a rotação do tambor no sentido anti-horário, o momento das *forças de atrito* em relação ao pino da rótula C pode ser escrito como

$$M_f = \int_{\varphi_1}^{\varphi_2} (R - r_1 \cos \varphi)\, dF_f = \int_{\varphi_1}^{\varphi_2} (R - r_1 \cos \varphi)\, \mu p_P w_c R d\varphi \qquad (16\text{-}43)$$

Mais uma vez, substituindo (16-36),

$$M_f = \frac{\mu w_c R p_{máx}}{(\text{sen } \varphi)_{máx}} \int_{\varphi_1}^{\varphi_2} (R \text{ sen } \varphi - r_1 \text{ sen } \varphi \cos \varphi)\, d\varphi \qquad (16\text{-}44)$$

e integrando (16-44),

$$M_f = \frac{\mu w_c R p_{máx}}{4(\text{sen } \varphi)_{máx}} [r_1 (\cos 2\varphi_2 - \cos 2\varphi_1) - R(\cos \varphi_2 - \cos \varphi_1)] \qquad (16\text{-}45)$$

Em função da convenção de sinais utilizada no desenvolvimento destas expressões para M_N e M_f, se o resultado das estimativas numéricas resultar em um momento *positivo*, ele será de sentido *anti-horário* em torno de C. Se o resultado das estimativas numéricas resultar em um momento *negativo*, será de sentido *horário* em torno de C. Os sinais destes momentos dependem da posição da rótula e do sentido de rotação do tambor. Mantendo a convenção de sinal em mente, referindo-se à Figura 16.5(b), o somatório de momentos em torno de C pode ser escrito como

$$M_N + M_f - F_a a = 0 \qquad (16\text{-}46)$$

de que a força de acionamento requerida F_a torna-se[33]

$$F_a = \frac{M_N + M_f}{a} \qquad (16\text{-}47)$$

Claramente, se M_N e M_f tiverem o *mesmo* sinal, o efeito autodinâmico não será possível. Se o momento de atrito *ajudar* a força de acionamento na utilização do freio,[34] o freio será *autodinâmico* (e poderá ser autofrenante), como já foi discutido em 16.5 e 16.6. Então de (16-47), para rotação do tambor no sentido anti-horário, o freio de sapata longa torna-se autofrenante se[35]

$$M_N + M_f \leq 0 \qquad (16\text{-}48)$$

Invertendo-se o sentido da rotação do tambor, inverte-se o sinal de M_f, e a equação da força atuante para o sentido de rotação invertido do tambor torna-se

$$F_a = \frac{M_N - M_f}{a} \qquad (16\text{-}49)$$

Em função da instabilidade inerente de um freio autofrenante, frequentemente recomenda-se que freios de sapatas longas autofrenantes sejam configurados para

$$\left| \frac{M_f}{M_N} \right| \leq 0{,}7 \qquad (16\text{-}50)$$

Deve-se lembrar de que tanto a reversão do sentido do movimento do tambor quanto o reposicionamento do pino da rótula podem afetar profundamente os sentidos dos momentos e a capacidade de gerar o efeito autodinâmico.

---

[33] Compare com (16-13) para um freio de *sapata curta*.

[34] Isto é, M_f tem o mesmo sentido que $F_a a$.

[35] Compare com (16-14) para um freio de *sapata curta*.

A capacidade de transmissão de torque de frenagem por atrito, T_f, para um freio de sapata longa como mostrado na Figura 16.5 pode ser explicitada como um somatório de momentos do tambor em torno do seu próprio eixo de rotação para obter-se

$$T_f = \int_{\varphi_1}^{\varphi_2} RF_f = \int_{\varphi_1}^{\varphi_2} R(\mu p_P w_c R d\varphi) \tag{16-51}$$

Substituindo de (16-36)

$$T_f = \frac{\mu w_c R^2 p_{máx}}{(\text{sen}\,\varphi)_{máx}} \int_{\varphi_1}^{\varphi_2} \text{sen}\,\varphi d\varphi = \frac{\mu w_c R^2 p_{máx}}{(\text{sen}\,\varphi)_{máx}} (\cos\varphi_1 - \cos\varphi_2) \tag{16-52}$$

Assim como foi feito para freios de sapatas curtas, o valor de projeto da capacidade de transmissão de torque de atrito, T_f, deve ser grande o suficiente para trazer com segurança a massa em movimento do sistema em operação para velocidade nula dentro de um tempo de resposta especificado, t_r, e a energia armazenada na massa em movimento deve ser dissipada com segurança pelo dispositivo de freio.

Para freios de sapatas longas, como para freios de sapatas curtas,[36] as forças de reação horizontal, para a posição do pino C, podem ser determinadas pelo somatório das forças horizontais e verticais na alavanca e na sapata (utilizadas em conjunto com um diagrama de corpo livre), como ilustrado na Figura 16.5(b). Contudo, as expressões são mais complexas em função da distribuição não uniforme da pressão. Referenciando a Figura 16.5(b), o somatório das forças verticais do diagrama de corpo livre gera

$$R_v + \int_{\varphi_1}^{\varphi_2} (dN)_v + \int_{\varphi_1}^{\varphi_2} (dF_f)_v - F_a = 0 \tag{16-53}$$

no qual a componente vertical das *forças normais* pode ser determinada como

$$\begin{aligned} N_v &= \int_{\varphi_1}^{\varphi_2} (dN)_v = \int_{\varphi_1}^{\varphi_2} p_P w_c R\,\text{sen}(\beta + \varphi)\,d\varphi \\ &= \int_{\varphi_1}^{\varphi_2} \frac{\text{sen}\,\varphi}{(\text{sen}\,\varphi)_{máx}} p_{máx} w_c R\,\text{sen}(\beta + \varphi)\,d\varphi \\ &= \frac{w_c R p_{máx}}{(\text{sen}\,\varphi)_{máx}} \int_{\varphi_1}^{\varphi_2} \text{sen}\,\varphi\,\text{sen}(\beta + \varphi)\,d\varphi \end{aligned} \tag{16-54}$$

Isto pode ser integrado para determinar-se

$$\begin{aligned} N_v = \frac{w_c R p_{máx}}{4(\text{sen}\,\varphi)_{máx}} &[\text{sen}\,\beta(\cos 2\varphi_1 - \cos 2\varphi_2) \\ &+ \cos\beta(2\alpha - \text{sen}\,2\varphi_2 + \text{sen}\,2\varphi_1)] \end{aligned} \tag{16-55}$$

De forma semelhante, a componente vertical das *forças de atrito* pode ser escrita como

$$(F_f)_v = \int_{\varphi_1}^{\varphi_2} (dF_f)_v = -\int_{\varphi_1}^{\varphi_2} \frac{\text{sen}\,\varphi}{(\text{sen}\,\varphi)_{máx}} p_{máx} \mu w_c R \cos(\beta + \varphi)\,d\varphi \tag{16-56}$$

que pode ser integrada para obter-se

$$\begin{aligned} (F_f)_v = \frac{\mu w_c R p_{máx}}{4(\text{sen}\,\varphi)_{máx}} &[-\cos\beta(\cos 2\varphi_1 - \cos 2\varphi_2) \\ &+ \text{sen}\,\beta(2\alpha - \text{sen}\,2\varphi_2 + \text{sen}\,2\varphi_1)] \end{aligned} \tag{16-57}$$

Combinando-se (16-55) com (16-57),

$$\begin{aligned} R_v = F_a - \frac{w_c R p_{máx}}{4(\text{sen}\,\varphi)_{máx}} &[-(\text{sen}\,\beta - \mu\cos\beta)(\cos 2\varphi_1 - \cos 2\varphi_2) \\ &+ (\cos\beta + \mu\,\text{sen}\,\beta)(2\alpha - \text{sen}\,2\varphi_2 + \text{sen}\,2\varphi_1)] \end{aligned} \tag{16-58}$$

[36] Veja (16-17) e (16-18).

Seguindo uma lógica similar, o somatório das forças horizontais do diagrama de corpo livre mostrado na Figura 16.5(b) gera

$$R_h = \frac{w_c R p_{máx}}{4(\text{sen}\ \varphi)_{máx}}[(\mu\ \text{sen}\ \beta - \cos\beta)(\cos 2\varphi_1 - \cos 2\varphi_2) + (\mu \cos\beta + \text{sen}\ \beta)(2\alpha - \text{sen}\ 2\varphi_2 + \text{sen}\ 2\varphi_1)] \tag{16-59}$$

Como um assunto prático, a distribuição de pressão admitida em (16-36) é frequentemente alterada significativamente durante o período inicial de "acomodação" porque a região de maior pressão desgasta-se mais rapidamente,[37] desse modo redistribuindo a maior pressão mais uniformemente. Todas as equações de sapata longa de (16-41) até (16-59) são afetadas pela redistribuição de pressão durante o período de acomodação inicial. Por exemplo, a *capacidade de transmissão de torque*, T_f, calculada em (16-52), tende a ser menor que a *capacidade de transmissão de torque real* que se segue à acomodação inicial, então (16-52) gera um resultado *conservador* do ponto de vista de projeto. Na análise final, testes experimentais devem ser sempre conduzidos para validar qualquer nova proposta de projeto de freio.

Uma variação do freio de sapata longa[38] é o freio de sapata simetricamente rotulado esboçado na Figura 16.7. O ponto da rótula da sapata, Q, está localizado na linha de centro vertical da sapata simétrica no raio r_f, escolhido de forma que o momento de atrito em torno de Q devido às forças *normais* seja também nulo. Deste modo, não há tendência de a sapata girar em torno de Q. Isto é basicamente uma condição desejável, visto que a sapata tende a equalizar o desgaste por todo o arco de contato. De fato, porém, porque a sapata se torna progressivamente mais próxima ao tambor à medida que ocorre o desgaste, reduzindo o r_f, há momentos *de atrito* produzidos progressivamente maiores em torno de Q, acelerando a produção do desgaste tanto no *início* quanto no *final* da sapata, em função do sentido de rotação do tambor. Por essas razões, o freio de sapata simétrica não é frequentemente utilizado. O freio de bloco de *sapata única* externa mostrado na Figura 16.5 é menos usual que o de projeto de *dupla sapata* esboçado sem muitos detalhes na Figura 16.2(a). As equações representativas do fenômeno são as mesmas para o projeto de sapata dupla como para o projeto de sapata única, exceto que o torque de atrito no tambor é a *soma* dos torques das duas sapatas. Visto que o sentido de rotação do tambor e a posição do pino da rótula influenciam diretamente na performance do freio, estes detalhes devem ser cuidadosamente considerados no projeto de um freio de sapata dupla.[39] Em função destes detalhes, ambas as sapatas podem ser autodinâmicas, nenhuma das sapatas pode ser autodinâmica ou uma sapata pode ser autodinâmica enquanto a outra não, para um dado sentido de rotação do tambor.

A análise de freio de sapata *interna de expansão*, como esboçado sem muitos detalhes na Figura 16.2(b), gera as *mesmas equações* para pressões, torques, forças e momentos que foram desenvolvidas para sapatas *externas de contração*. Sistemas de freio de duas sapatas *internas de expansão* são amplamente utilizadas em aplicações automotivas. Como esboçado na Figura 16.8, cada sapata tipicamente gira em uma das extremidades em relação ao pino de fixação e é acionada por um cilindro hidráulico na outra extremidade. O arranjo típico, como mostrado, posiciona o atuador hidráulico entre as extremidades não rotuladas das duas sapatas, resultando em uma sapata autodinâmica no sentido de rotação do tambor e a outra sapata autodinâmica no sentido inverso. Uma mola leve de retorno é utilizada para recolher as sapatas contra batentes ajustáveis, quando o freio não estiver sendo acionado. Os batentes ajustáveis são utilizados para manter uma pequena folga entre as sapatas e o tambor, quando o freio não está sendo acionado.

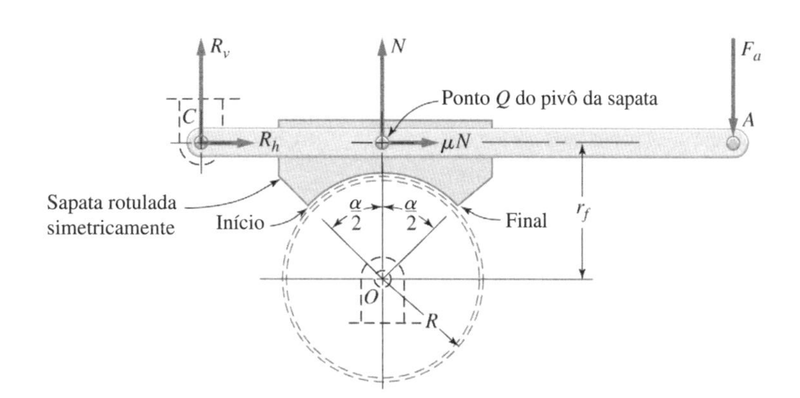

Figura 16.7
Freio de sapata longa externa com sapata rotulada simetricamente.

[37] Veja (16-27).
[38] Veja a Figura 16.5.
[39] Veja (16-13), (16-16), (16-47) e (16-50).

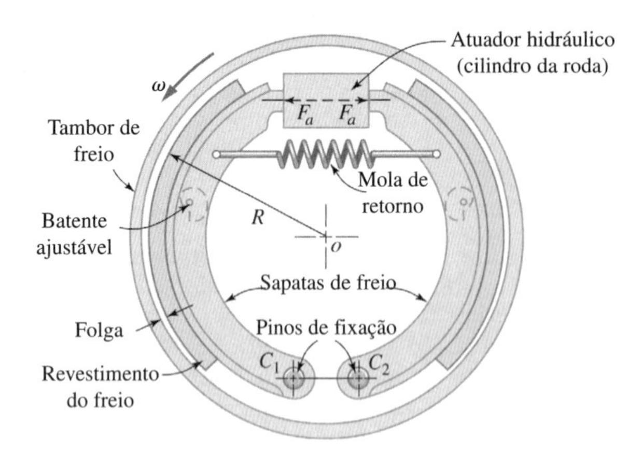

Figura 16.8
Esboço de freio de duas sapatas internas de expansão, típico da roda traseira de aplicações automotivas.

Exemplo 16.2 Projeto preliminar de um Freio de Tambor de Sapatas Longas de Expansão Interna

Um tambor de 400 mm de diâmetro tem duas sapatas internas de expansão, como mostrado na Figura E16.2A. O mecanismo de atuação produz a mesma força atuante F_a em cada sapata (aplicadas nos pontos C e D). A largura de cada sapata é de 75 mm, o coeficiente de atrito é de $\mu = 0{,}24$, e a pressão máxima é de $p_{máx} =$ 1,0 MPa. Determine a força de acionamento mínimo requerida, e o torque de atrito, observando-se que o tambor pode girar tanto em sentido horário quanto em sentido anti-horário.

Solução

Os momentos devidos às forças normais e de forças atrito podem tanto se somarem quanto diminuírem, dependendo no sentido de rotação do tambor. Visto que o tambor pode girar em qualquer um dos sentidos, precisa-se determinar primeiramente o sentido das forças de atrito em cada caso, e os ângulos φ_1 e φ_2. Utilizando-se a Figura E16.2B, é possível estabelecer os sentidos da força de atrito de cada sapata e os ângulos φ_1 e φ_2.

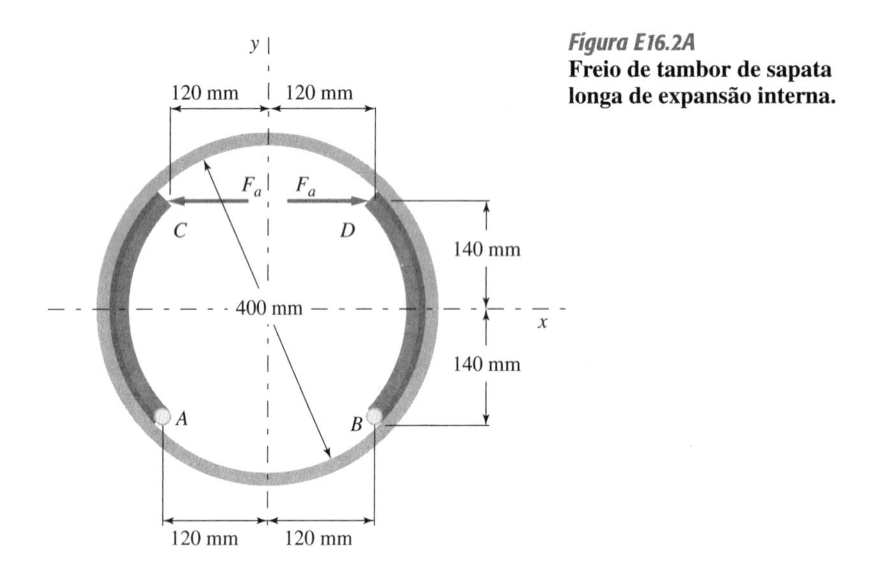

Figura E16.2A
Freio de tambor de sapata longa de expansão interna.

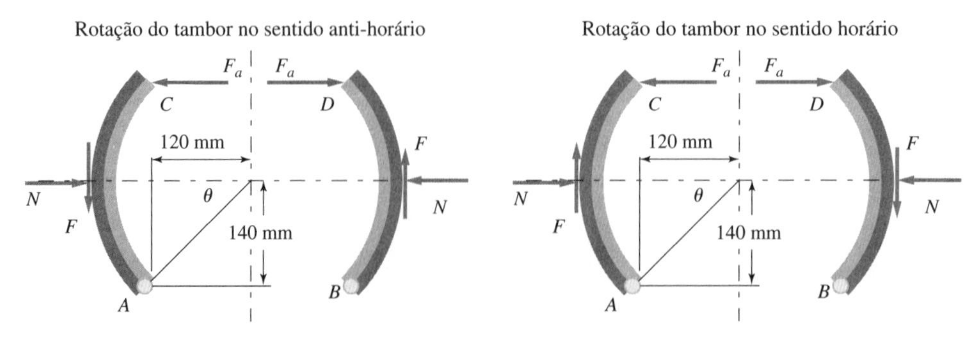

Figura E16.2B
Forças normal e transversal para a rotação do tambor nos sentidos horário e anti-horário.

Fazendo-se $\varphi_1 = 0$ para ambos os casos, pode-se determinar φ_2

$$\varphi_2 = 2\tan^{-1}\frac{140}{120} = 98{,}8^{o}$$

Em sequência é determinado se os momentos devidos às forças normal e de atrito somam-se ou diminuem-se para cada sentido de rotação possível do tambor. Observando-se que as direções e sentidos das forças normal e de atrito na Figura E16.2B, pode-se determinar se estas se somam ou se subtraem quando geram momentos em relação aos pontos de rótula para a sapata esquerda e o ponto B para a sapata direita. Para o sentido de rotação horário,

$$\text{Sapata } AC\text{: } \sum M_A = 0\text{: } 0{,}280F_a + M_f - M_N = 0 \quad F_a = \frac{M_N - M_f}{0{,}280}$$

$$\text{Sapata } BD\text{: } \sum M_B = 0\text{: } 0{,}280F_a - M_f - M_N = 0 \quad F_a = \frac{M_N + M_f}{0{,}280}$$

Para a rotação do tambor no sentido anti-horário, tem-se

$$\text{Sapata } AC\text{: } \sum M_A = 0\text{: } 0{,}280F_a - M_f - M_N = 0 \quad F_a = \frac{M_N + M_f}{0{,}280}$$

$$\text{Sapata } BD\text{: } \sum M_B = 0\text{: } 0{,}280F_a + M_f - M_N = 0 \quad F_a = \frac{M_N - M_f}{0{,}280}$$

Visto isto, deduz-se que a menor força de acionamento resulta de $F_a = (M_N - M_f)/0{,}280$. Para a rotação no sentido horário do tambor, a sapata AC é a sapata primária e experimenta a maior pressão, e a sapata BD é a sapata secundária, que não irá experimentar a mesma pressão da sapata AC. Para a rotação no sentido anti-horário do tambor, a sapata BD é a sapata primária e a sapata AC é a sapata secundária. Os valores de M_N e M_f serão independentes da sapata que está sendo considerada, portanto, aproveita-se da simetria. Visto que $\varphi_2 > 90^{o}$ para ambas as sapatas, $(\text{sen}\ \varphi)_{máx} = 1$. Os momentos devidos às forças normal e de atrito são determinados a partir de (16-42) e (16-45), na qual $\alpha = 0{,}549\pi$, $w_c = 0{,}075$ m, $\varphi_1 = 0$, $\varphi_2 = 98{,}8^{o}$, $\mu = 0{,}24$, $p_{máx} = 1{,}0$ MPa, $R = r_1 = 0{,}200$ m. Então,

$$|M_N| = \frac{w_c R r_1 p_{máx}}{4(\text{sen}\,\phi)_{máx}}[2\alpha - \text{sen}\,2\phi_2 + \text{sen}\,2\phi_1]$$

$$= \frac{(0{,}075)(0{,}20)^2(1\times10^6)}{4}\left[2(0{,}549\pi) - \text{sen}\,(197{,}6^{o}) + \text{sen}\,(0)\right]$$

$$= 750[3{,}4495 - (-0{,}3024)] = 2814 \text{ N-m}$$

$$|M_f| = \frac{\mu w_c R p_{máx}}{4(\text{sen}\,\phi)_{máx}}[r_1(\cos 2\phi_2 - \cos 2\phi_1) - 4R(\cos\phi_2 - \cos\phi_1)]$$

$$= \frac{0{,}24(0{,}075)(0{,}20)^2(1\times10^6)}{4}\left[0{,}20(\cos(197{,}6^{o}) - \cos(0)) - 4(0{,}20)(\cos(98{,}8^{o}) - \cos(0))\right]$$

$$= 900[-0{,}1906 - (-0{,}9224)] = 658{,}6 \text{ N} \approx 659 \text{ N-m}$$

A menor força de ativação (sapata AC para o sentido de rotação horário do tambor e a sapata BD para o sentido de rotação anti-horário do tambor) são

$$(F_a)_{mín} = (F_a)_{primário} = \frac{M_N - M_f}{0{,}280} = \frac{2814 - 659}{0{,}280} = 7696 \text{ N}$$

A força de acionamento é a mesma para ambas as sapatas, porém, visto que os momentos devidos às forças normal e de atrito somam-se para a sapata secundária, as duas sapatas experimentarão pressões diferentes e torques de atrito diferentes. O torque associado à sapata primária é

$$T = \frac{\mu w_c R^2 p_{máx}}{\text{sen}\,\phi_{máx}}[\cos\varphi_1 - \cos\varphi_2]$$

$$= \frac{0{,}24(0{,}075)(0{,}20)^2(1\times10^6)}{1}(\cos(0) - \cos(98{,}8^{o})) = 830 \text{ N-m}$$

$$T_{primário} = 830 \text{ N-m}$$

A pressão na sapata secundária pode ser determinada notando-se que $p_{máx}/\text{sen}\ \phi_{máx} = p/\text{sen}\ \phi$ e $\text{sen}\ \phi = \text{sen}\ \phi_{máx}$. Portanto, os momentos normal e de atrito já avaliados podem ser utilizados para determinar a pressão na segunda sapata. Podem-se expressar os momentos como

$$|M_N| = \frac{2814}{10^6}p \qquad |M_f| = \frac{659}{10^6}p$$

Exemplo 16.2 Continuação

Portanto,

$$F_a = \frac{M_N + M_f}{0{,}280} \Rightarrow 7696 = \left(\frac{1}{0{,}280}\right)\left(\frac{2814}{10^6}p + \frac{659}{10^6}p\right) \Rightarrow p = 0{,}620 \times 10^6$$

O torque para a sapata secundária é, portanto,

$$T = \frac{\mu w_c R^2 p_{máx}}{\text{sen}\,\phi_{máx}}[\cos\varphi_1 - \cos\varphi_2]$$

$$= \frac{0{,}24(0{,}075)(0{,}20)^2(0{,}620 \times 10^6)}{1}(\cos(0) - \cos(98{,}8°)) = 515 \text{ N-m}$$

$$T_{secundário} = 515 \text{ N-m}$$

O torque de atrito para o sistema como um todo é, portanto,

$$T_f = T_{total} = T_{primário} + T_{secundário} = 830 + 515 = 1345 \text{ N-m}$$

16.8 Freios de Cinta

Um freio de cinta (ou embreagem) emprega uma cinta flexível, usualmente uma fina tira de metal revestida com um material flexível de atrito, envolvendo um tambor rígido, como mostrado esquematicamente na Figura 16.2(c). Este dispositivo simples está esboçado em maiores detalhes na Figura 16.9, mostrando o acionamento do freio de cinta por meio de um arranjo de alavanca. Para o sentido de rotação horário do tambor mostrado, as forças de atrito horárias na cinta tendem a aumentar a força trativa P_1 e diminuir a força trativa P_2. O ângulo de abraçamento α está usualmente situado dentro da faixa de 270° e 330°. Escolhe-se um curto segmento elementar da cinta para desenvolver-se um diagrama de corpo livre, como mostrado na Figura 16.9(b). Deve-se notar que a força normal de tração P na extremidade direita do segmento de cinta é menor do que a força normal de tração $P + dP$ na extremidade esquerda, em razão da força de atrito dF_f. Se o segmento é definido por dois planos de corte radiais que estão separados por $d\varphi$, e escolhidos para serem simétricos em relação à linha de centro vertical, o somatório das forças horizontais do segmento pode ser escrito como

$$(P + dP)\cos\frac{d\varphi}{2} - P\cos\frac{d\varphi}{2} - dF_f = 0 \tag{16-60}$$

Para um ângulo muito pequeno $d\varphi$,

$$\cos\frac{d\varphi}{2} \approx 1 \tag{16-61}$$

então, (16-60) torna-se

$$dP - \mu dN = 0 \tag{16-62}$$

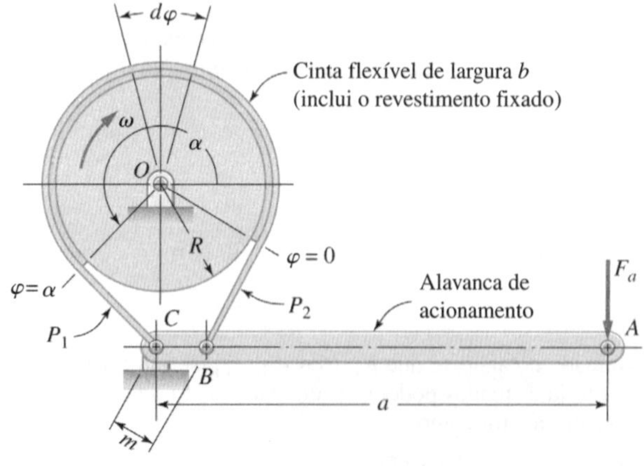

(a) Desenho geral.

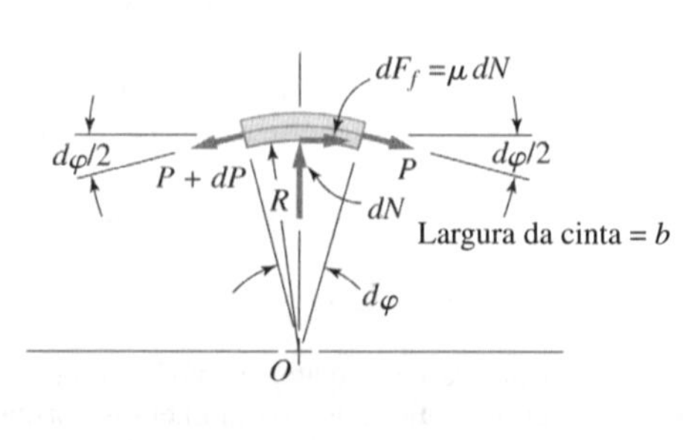

(b) Um segmento da cinta em um diagrama de corpo livre.

Figura 16.9
Freio de cinta simples.

O somatório das forças verticais gera

$$dN - (P + dP)\,\text{sen}\,\frac{d\varphi}{2} - P\,\text{sen}\,\frac{d\varphi}{2} = 0 \tag{16-63}$$

Para pequenos ângulos,

$$\text{sen}\,\frac{d\varphi}{2} \approx \frac{d\varphi}{2} \tag{16-64}$$

Visto que $dPd\varphi$ é um diferencial de ordem superior, (16-63) pode portanto, ser escrita como

$$dN - 2P\left(\frac{d\varphi}{2}\right) = 0 \tag{16-65}$$

ou

$$dN = Pd\varphi \tag{16-66}$$

Combinando-se (16-62) e (16-66)

$$dP - \mu P d\varphi = 0 \tag{16-67}$$

ou

$$\frac{dP}{P} = \mu d\varphi \tag{16-68}$$

Integrando-se os dois lados pelo ângulo de abraçamento α

$$\int_{P_2}^{P_1} \frac{dP}{P} = \int_0^{\alpha} \mu d\varphi \tag{16-69}$$

que gera

$$\ln \frac{P_1}{P_2} = \mu\alpha \tag{16-70}$$

ou

$$\frac{P_1}{P_2} = e^{\mu\alpha} \tag{16-71}$$

Referindo-se outra vez à Figura 16.9, o torque de frenagem T_f pode ser escrito pelo somatório dos momentos em torno do centro do tambor, O, para gerar

$$T_f = (P_1 - P_2)\,R = P_2 R(e^{\mu\alpha} - 1) \tag{16-72}$$

Ainda, de (16-66)

$$Pd\varphi = dN = pbRd\varphi \tag{16-73}$$

ou

$$p = \frac{P}{bR} \tag{16-74}$$

em que p = pressão em qualquer ponto do arco de contato
P = força trativa na cinta no mesmo ponto
R = raio do tambor
b = largura da cinta

Visto que a pressão é proporcional a P, e P é maior do lado tensionado, no qual a cinta perde tangencialmente o contato com o tambor,[40] a pressão máxima de contato $p_{máx}$ é de

$$p_{máx} = \frac{P_1}{bR} = \frac{P_2 e^{\mu\alpha}}{bR} \tag{16-75}$$

Rearrumando (16-75),

$$P_2 = \frac{bRp_{máx}}{e^{\mu\alpha}} \tag{16-76}$$

[40] $P = P_1$ nesta posição.

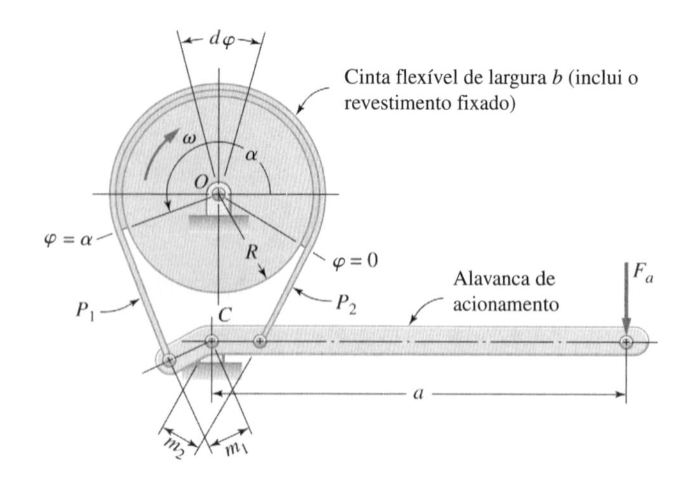

Figura 16.10
Freio de cinta diferencial.

e a equação de torque de frenagem (16-72) pode ser reescrita como

$$T_f = bR^2 p_{máx}(1 - e^{-\mu\alpha}) \tag{16-77}$$

Como em qualquer utilização de freio ou embreagem, a pressão máxima $p_{máx}$ é limitada pelo material de revestimento escolhido.[41]

A força de acionamento F_a na alavanca, como mostrado na Figura 16.9, é função da geometria da alavanca e no ponto em que a cinta flexível está conectada. Se o lado tensionado da cinta está conectado à rótula da alavanca no ponto C, fazendo-se o somatório dos momentos em C obtém-se

$$F_a a = mP_2 \tag{16-78}$$

de que

$$F_a = \left(\frac{m}{a}\right)\left(\frac{bRp_{máx}}{e^{\mu\alpha}}\right) \tag{16-79}$$

Este arranjo é usualmente chamado de freio de cinta *simples*.

Se a alavanca mostrada na Figura 16.9 for reprojetada de forma que o lado tensionado da cinta esteja conectado à alavanca em um ponto *distante* do ponto de rótula da alavanca, um momento na alavanca é gerado em torno de C que auxilia F_a no acionamento do freio. Este arranjo é usualmente chamado de freio de cinta *diferencial*. A Figura 16.10 mostra um freio de cinta diferencial. Para este arranjo, a força de acionamento F_a pode novamente ser determinada a partir do somatório dos momentos da alavanca em relação a C como[42]

$$F_a = \frac{m_2P_2 - m_1P_1}{a} \tag{16-80}$$

No sentido de rotação e para o arranjo de alavanca mostrado na Figura 16.10, (16-80) revela que o freio de cinta diferencial é autodinâmico, e se

$$m_1P_1 \geq m_2P_2 \tag{16-81}$$

é autofrenante.

Exemplo 16.3 Projeto de Freio de Cinta

Um freio de cinta está sendo considerado para uso em uma aplicação que exige uma capacidade de transmissão de torque de frenagem de 3000 lbf·in em um tambor, de ferro fundido, que gira no sentido horário, de raio de 10 polegadas, como mostrado na Figura E16.3. Deseja-se projetar uma alavanca acionada pelo pé para ser posicionada abaixo do tambor e que exigirá uma força de acionamento não maior do que 30 lbf. Por questões ergonômicas, a alavanca não deve ser maior que a = 20 polegadas. Proponha um desenho para a alavanca, o material de revestimento e a largura de cinta que atenda às especificações de projeto.

---

[41] Veja a Tabela 16.1.

[42] Compare com (16-79) de um freio de cinta *simples*.

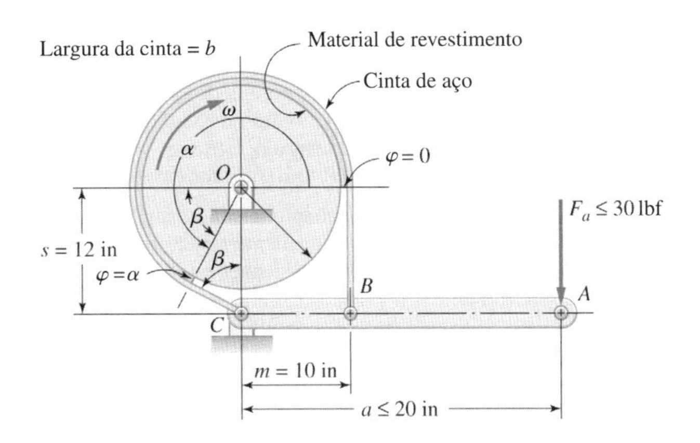

Figura E16.3
Esboço de arranjo proposto de alavanca para uma aplicação de freio de cinta simples.

Solução

a. Um freio de cinta *simples* será examinado primeiramente. Se necessário, um freio de cinta diferencial será examinado em seguida. O arranjo de projeto mostrado na Figura E16.3 será escolhido como proposta de projeto inicial para a alavanca de acionamento.

b. Da Tabela 16.1, escolha preliminarmente um material de revestimento tecido de algodão[43] colado a uma cinta de aço fina conectada em B e C, como esboçado na Figura E16.3. O coeficiente de atrito, da Tabela 16.1, é

$$\mu = 0{,}47$$

e a pressão máxima admissível para o revestimento de tecido de algodão é de

$$(p_{máx})_{permitido} = 100 \text{ psi}$$

c. A proposta inicial será posicionar a rótula C da alavanca na linha de centro vertical do tambor a uma distância de $s = 12$ polegadas abaixo do centro do tambor, O. A fixação da cinta no ponto B será posicionada 10 polegadas para a direita do ponto C da rótula da alavanca, tornando a cinta, naquela posição, vertical e tangente ao tambor. Deste modo o ângulo de abraçamento α começa na linha de centro horizontal do tambor ($\varphi = 0$).

A cinta abraça em torno do tambor, deixando-o tangencialmente em $\varphi = \alpha$, e fixa-se à estrutura da rótula da alavanca, no ponto C. Geometricamente, da Figura E16.3,

$$\alpha = 180 + \beta = 180 + \text{sen}^{-1}\frac{10}{12} = 180 + 56{,}4 \approx 236°$$

Resumindo-se a proposta,

$$\begin{aligned} a &= 20 \text{ polegadas} \\ m &= 10 \text{ polegadas} \\ R &= 10 \text{ polegadas} \\ a &= 236° \quad (4{,}12 \text{ rad}) \end{aligned}$$

d. Utilizando-se (16-77),

$$3000 = b(10)^2(100)(1 - e^{-0{,}47(4{,}12)}) = b(8557{,}8)$$

ou

$$b_{mín} = \frac{3000}{8557{,}8} = 0{,}35 \text{ polegada}$$

Se uma largura maior b fosse escolhida para a cinta, a capacidade de torque de frenagem de 3000 lbf·in geraria um $p_{máx}$ de menor valor que os 100 psi admissíveis.

e. Então de (16-79), para uma largura de cinta de 0,35 polegada, a força de acionamento seria de

$$F_a = \left(\frac{10}{20}\right)\left(\frac{0{,}35(10)(100)}{e^{0{,}47(4{,}12)}}\right) = 25{,}3 \text{ lbf}$$

Visto que

$$F_a = 25{,}3 < (F_a)_{permitido} = 30 \text{ lbf}$$

as especificações de projeto são satisfeitas.

---

[43] Porque a flexibilidade é um critério importante.

Uma largura de b = 0,35 polegada funcionaria, por conseguinte, mas como uma questão de julgamento de projeto, parece desproporcionalmente pequena. Pode-se escolher arbitrariamente b = 1,0 polegada, com o conhecimento que o torque de projeto de 3000 lbf·in poderia ser gerado com um valor de $p_{máx}$ menor do que[44] os 100 psi admissíveis e que a mesma força de acionamento (aceitável) seria gerada pelo torque de frenagem exigido. Portanto, as recomendações de projeto propostas são de adotar a configuração esboçada na Figura E16.3, com as seguintes especificações:

1. Utilize o material de revestimento tecido de algodão colado a uma cinta de 1 polegada de largura.
2. Utilize uma alavanca de comprimento a = 20 polegadas.
3. Posicione o ponto da rótula da alavanca na linha de centro vertical do tambor, 12 polegadas abaixo do centro do tambor.
4. Posicione a alavanca de acionamento horizontalmente, com a fixação da cinta no ponto B localizado a 10 polegadas à direita do ponto C da rótula da alavanca.

Naturalmente, muitas outras combinações satisfatórias de dimensões podem ser determinadas. Sugere-se validar experimentalmente o projeto antes da produção industrial do freio.

16.9 Freios a Disco e Embreagens

Um desenho esquemático de um freio a disco (prato) ou embreagem é mostrado na Figura 16.2(d). A unidade mostrada engloba *duas* interfaces de atrito. A unidade é acionada apertando-se um disco central rotativo entre dois discos coaxiais alinhados *enchavetados* a um *outro eixo* (embreagem) ou apertando um disco central rotativo entre dois discos coaxiais alinhados enchavetados a um *alojamento fixo* (freio). O dispositivo é acionado pela aplicação de forças axiais opostas aos discos enchavetados externos, provocando o seu deslizamento e apertando o disco central entre os mesmos, como mostrado, para trazer todos os discos para uma velocidade comum.[45]

Outras versões de um disco de freio ou de uma embreagem podem englobar apenas uma única interface de atrito, como mostrado na Figura 16.11 ou interfaces de atrito múltiplas, como mostrado na Figura 16.12. Os freios de disco são normalmente considerados para prover a melhor performance e a melhor resistência ao fenômeno de "fade" de qualquer tipo de freio. Visto que a configuração de disco não é afetada pelos efeitos das forças centrífugas,[46] é amplamente utilizada para aplicações de embreagem. Utilizando-se as versões de disco múltiplo, uma grande área de atrito pode ser acomodada em um espaço pequeno, e uma distribuição favorável de pressões é usualmente gerada no período de acomodação inicial.

Devido à geração de calor concentrada dentro do dispositivo de freio a disco múltiplo e em função da dificuldade de dissipar adequadamente o calor gerado pelo atrito, tais dispositivos compactos (com interface de contato anular entre os discos) são raramente utilizados para freios em aplicações de grande potência porque estes frequentemente excederiam as temperaturas admissíveis. Para algumas instalações, a dissipação de calor efetiva *é* possível.[47]

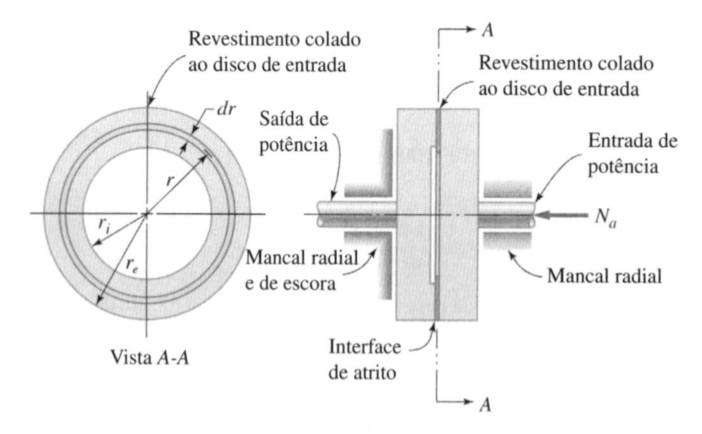

Figura 16.11
Freio a disco único ou embreagem única.

---
[44] O valor seria de $p_{máx}$ = 0,35/1,0(100) = 35 psi.
[45] Para um freio, a velocidade comum é nula.
[46] Se os dispositivos tipo sapatas são utilizados como embreagens (ambos os eixos girando), as sapatas estão sujeitas a um campo de forças centrífugas que tendem a aumentar a pressão entre as sapatas e o aro (sapatas internas) ou a diminuir a pressão entre as sapatas e o aro (sapatas externas).
[47] Verdade para freios de pinça, por exemplo, como esboçado na Figura 16.13.

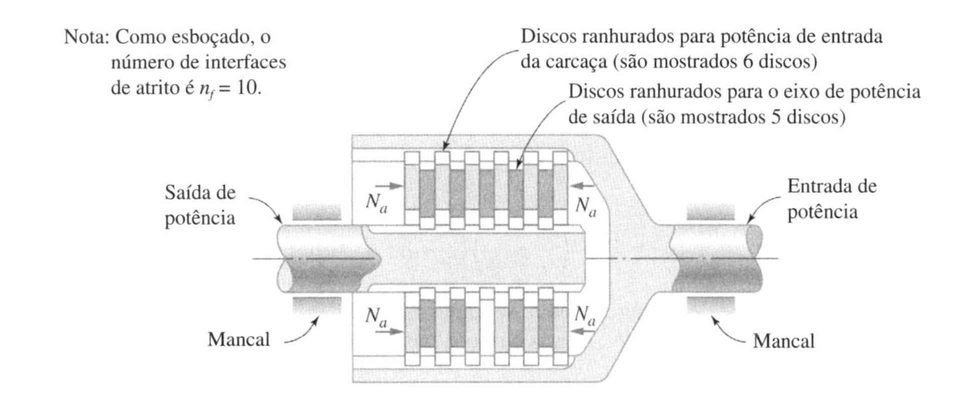

Figura 16.12
Freio a disco múltiplo ou embreagem múltipla.

Freios a disco não são autodinâmicos e normalmente necessitam de grandes forças de acionamento axiais; que são consequentemente acionadas utilizando-se dispositivos auxiliares de potência. Uma configuração usual de embreagem utiliza uma mola com um arranjo de pré-carga para prover a força de aperto necessária para um acoplamento adequado, e então utilizar um arranjo de alavanca ou atuador hidráulico para *desengatar* o dispositivo.

Como em relação a outros tipos de freios e embreagens, um projetista está interessado na capacidade de torque de frenagem; das forças de acionamento necessárias; nas limitações impostas pela pressão, temperatura ou desgaste; nas limitações de resistência e de capacidade de dissipação de energia (dissipação de calor).

Em função dos detalhes construtivos e dos materiais escolhidos, uma suposição de *desgaste uniforme* ou de *pressão uniforme* é usualmente feita com o objetivo de estimar a distribuição de pressão, o torque de frenagem e a força de acionamento para um disco de freio ou embreagem.

Se os discos tendem a ser *rígidos*, o maior desgaste ocorrerá na região circunferencial externa do disco em função da maior velocidade tangencial nesta região.[48] Após certa quantidade de desgaste inicial, a distribuição de pressão será alterada de forma que, no final, se obtenha um *desgaste* aproximadamente *uniforme*.[49]

Se os discos tendem a ser *flexíveis* e são mantidos em contato extenso,[50] existe, nominalmente, *pressão uniforme* entre as interfaces do disco.[51]

Hipótese de Desgaste Uniforme

Para um projeto baseado na suposição de desgaste uniforme, (16-27) pode ser utilizada para gerar

$$\delta_n = k_w(pV) = k_w(2\pi rn)p = (2\pi nk_w)pr \tag{16-82}$$

em que δ_n = taxa de desgaste normal
k_w = constante do par de materiais[52]
p = pressão de contato no raio r
V = velocidade de deslizamento tangencial relativo entre discos em contato, no raio r
r = raio de qualquer área elementar anular de espessura dr que se localiza entre o raio interno r_i e o raio externo r_e, como ilustrado na Figura 16.11
n = velocidade angular relativa entre discos, na interface, em rpm

Adotando-se a suposição de *desgaste uniforme*,

$$\delta_n = \text{constante} \tag{16-83}$$

Combinando-se (16-82) e (16-83) tem-se

$$pr = \text{constante} \tag{16-84}$$

pode-se, então, observar que a pressão máxima $p_{máx}$ ocorrerá no raio interno, gerando, de (16-82)

$$\delta_n = (2\pi nk_w)p_{máx}r_i \tag{16-85}$$

[48] Veja (16-27).
[49] Isto ocorre quando o produto (pV) é nominalmente constante por toda a interface.
[50] Frequentemente por meio de carregamento adequadamente distribuído por mola axial.
[51] A suposição de desgaste uniforme é mais conservativa pela visão de projeto.
[52] A constante do par de materiais pode ser disponibilizada pelos fabricantes de materiais de atrito.

Igualando-se (16-82) e (16-85) leva a

$$p = \frac{r_i}{r} p_{máx} \tag{16-86}$$

A partir da suposição de desgaste uniforme, referindo-se à Figura 16.11, a força normal axial N_a pode ser escrita como

$$(N_a)_{du} = \int_{r_i}^{r_e} pdA = \int_{r_i}^{r_e} \left(\frac{r_i}{r} p_{máx}\right)(2\pi r dr) = 2\pi p_{máx} r_i (r_e - r_i) \tag{16-87}$$

O torque de atrito (torque de frenagem) pode ser determinado pela integração do produto do diferencial da força de atrito tangencial, dF_f, *versus* o raio r, para uma área elementar anular dA,[53] do raio interno r_i até o raio externo r_e. Isto gera

$$(T_f)_{du} = \int_{r_i}^{r_e} rdF_f = \int_{r_i}^{r_e} r\mu p dA = \int_{r_i}^{r_e} r\mu\left(\frac{r_i}{r} p_{máx}\right) 2\pi r dr \tag{16-88}$$

Realizando-se a integração e utilizando-se (16-87),

$$(T_f)_{du} = \mu\pi p_{máx} r_i (r_e^2 - r_i^2) = \mu\left(\frac{r_e + r_i}{2}\right) N_a \tag{16-89}$$

Se um arranjo de disco múltiplo é utilizado como mostrado na Figura 16.12, o torque para *cada interface de atrito* é dado por (16-88). Portanto, se existem n_f interfaces de atrito em uma unidade multidisco, a capacidade de transmissão de torque de frenagem é dada por

$$(T_f)_{du} = n_f \mu\pi p_{máx} r_i (r_e^2 - r_i^2) = n_f \mu\left(\frac{r_e + r_i}{2}\right) N_a \tag{16-90}$$

Hipótese de Pressão Uniforme

Para um projeto baseado na suposição de *pressão uniforme*,

$$p = p_{máx} \tag{16-91}$$

$$(N_a)_{pu} = \int_{r_i}^{r_e} pdA = p_{máx} \int_{r_i}^{r_e} 2\pi r dr = p_{máx}\pi(r_e^2 - r_i^2) \tag{16-92}$$

e o torque de atrito para *uma* interface de atrito é de

$$\begin{aligned}(T_f)_{pu} &= \int_{r_i}^{r_e} rdF_f = \int_{r_i}^{r_e} r\mu p dA = \mu p_{máx} \int_{r_i}^{r_e} r(2\pi r dr) \\ &= 2\pi\mu p_{máx}\left(\frac{r_e^3 - r_i^3}{3}\right) = \frac{2\mu(r_e^3 - r_i^3)}{3(r_e^2 - r_i^2)} N_a \end{aligned} \tag{16-93}$$

Finalmente, se uma unidade de disco múltiplo com n_f interfaces de atrito é utilizada,

$$(T_f)_{pu} = 2\pi n_f \mu p_{máx}\left(\frac{r_e^3 - r_i^3}{3}\right) = \frac{2\mu n_f (r_e^3 - r_i^3)}{3(r_e^2 - r_i^2)} N_a \tag{16-94}$$

Freios a disco com pinça, ilustrados na Figura 16.13, são frequentemente utilizados em aplicações automotivas. Estes utilizam "pastilhas" de revestimento de atrito que se estendem circunferencialmente por apenas um *pequeno setor* do disco, com pastilhas com formato de meia-lua[54] apertadas contra os dois lados do disco rotativo. Visto que a maior parte do disco rotativo está diretamente exposta ao ambiente atmosférico, a dissipação de calor por convecção é intensificada. Adicionalmente, um disco vazado com aletas integrais é algumas vezes utilizado para "bombear" ar através de passagens no interior do disco, provendo resfriamento substancial adicional. A força de acionamento F_a, mostrada na Figura 16.13, é usualmente provida por um atuador hidráulico. As equações para a força normal axial N_a e o torque de frenagem T_f podem ser imediatamente desenvolvidas de (16-87), (16-89), (16-92) ou (16-94), simplesmente multiplicando-se a equação escolhida pela razão $\Theta/2\pi$, em que Θ é o ângulo subentendido no setor da pastilha de freio. O ângulo Θ usualmente encontra-se na faixa de $\pi/4$ a $\pi/2$. O raio interno, r_i, para freios a disco, incluindo freios de pinça, usualmente está dentro da faixa de $0{,}60r_e$ a $0{,}80r_e$.

---

[53] Veja Figura 16.11.

[54] Outros formatos são algumas vezes utilizados para a pastilha.

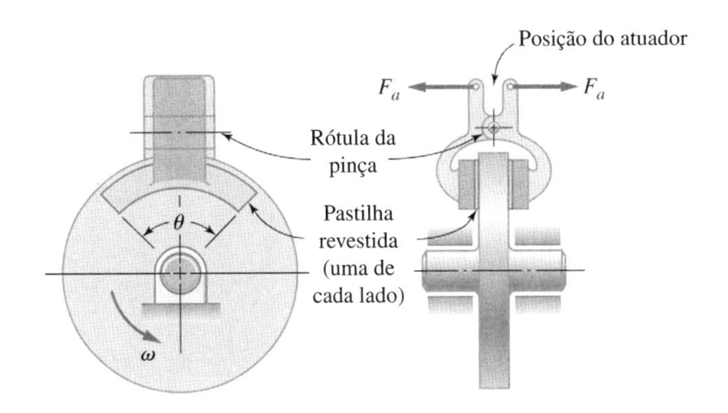

Figura 16.13
Freio a disco com pinça.

Exemplo 16.4 Projeto de Freio a Disco Múltiplo

Um guincho tipo tambor, de meia tonelada, de baixo custo, foi projetado para levantar ou baixar uma carga útil de 5 kN amarrada no final de um cabo flexível, que está enrolado em torno de um tambor de 400 mm de diâmetro, como mostrado na Figura E16.4. Um regulador de velocidade centrífuga constante limita a velocidade de descida para uma velocidade máxima de 3 m/s. O tambor de ferro fundido pesa 1300 N e tem um raio de giração de 180 mm.

Proponha um freio a disco múltiplo do tipo mostrado na Figura 16.12, montado coaxialmente ao tambor, que tem a capacidade de parar completamente a carga útil em descida em 0,2 s. Uma restrição adicional é que a força normal de acionamento necessária N_a (veja a Figura 16.12) não deve exceder 8,9 kN.

Solução

a. Visto que esta é uma aplicação de velocidade lenta, e que o custo é um fator relevante, a seleção do par de materiais preliminares recairá sobre ferro fundido contra ferro fundido[55] (seco). Da Tabela 16.1 e Tabela A.1 do Apêndice, relacionam-se as seguintes propriedades

$$\mu = 0{,}15 \text{ a } 0{,}2$$
$$(p_{máx})_{permitido} = 150 \text{ a } 250 \text{ psi } (1{,}03 \text{ a } 1{,}72 \text{ MPa})$$
$$T_{máx} = 600\ ^\circ\text{F } (316\ ^\circ\text{C})$$
$$V_{máx} = 3600 \text{ ft/min } (1097 \text{ m/min})$$

b. Visto que os discos de ferro fundido são rígidos, a suposição de *desgaste uniforme* deve ser utilizada para estimar a força atuante N_a e o torque de atrito T_f necessário para alcançar as especificações de projeto. Consequentemente, de (16-87) e (16-90), respectivamente,

$$(N_a)_{du} = 2\pi p_{máx} r_i (r_e - r_i)$$

e

$$(T_f)_{du} = n_f \mu \pi p_{máx} r_i (r_e^2 - r_i^2) = n_f \mu \left(\frac{r_e + r_i}{2}\right) N_a$$

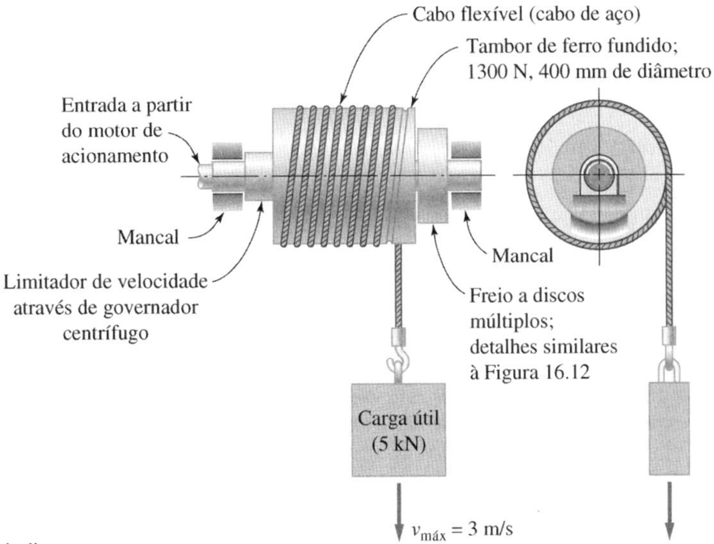

Figura E16.4
Esboço de um tambor de guincho.

[55] Veja também a Tabela A.1 no Apêndice.

Exemplo 16.4 Continuação

c. Os requisitos de dissipação de energia podem ser estimados como

$$KE = \underset{rotativo}{(KE)_{tambor}} + \underset{de\ carga\ útil}{(KE)_{translação}} = \frac{1}{2}J_{dr}\omega_{dr}^2 + \frac{1}{2}m_{pl}v_{pl}^2$$

$$= \frac{1}{2}\left(\frac{W_{dr}}{g}k_{dr}^2\right)\left(\frac{v_{pl}}{R}\right)^2 + \frac{1}{2}\left(\frac{W_{pl}}{g}\right)v_{pl}^2$$

$$KE = \frac{1}{2}\left[\left(\frac{1300}{9{,}81}\right)(0{,}18)^2\left(\frac{3}{0{,}2}\right)^2 + \left(\frac{5000}{9{,}81}\right)(3)^2\right] = \frac{1}{2}[966 + 4587] = 2777 \text{ Nm}$$

d. Para parar a rotação do tambor dentro do tempo especificado de $t = 0{,}2$ s, supondo desaceleração constante, o deslocamento angular do tambor Θ durante o período de frenagem pode ser estimado em

$$\theta = \omega_{médio}\, t = \left(\frac{\omega_i + \omega_f}{2}\right)t = \left(\frac{15 + 0}{2}\right)0{,}2 = 1{,}5 \text{ rad}$$

O trabalho que deve ser executado pelo torque de frenagem para atingir as especificações pode ser estimado utilizando-se os termos de energia cinética e de deslocamento angular acima

$$T_f = \frac{KE}{\theta} = \frac{2777}{1{,}5} = 1850 \text{ Nm}$$

e. Para ser compatível com o raio do tambor de 0,2 m, um raio externo um pouco menor será escolhido para os discos, por exemplo, $r_e = 0{,}15$ m. Recordando uma regra prática[56] para a relação entre r_i e r_e, o raio interno do disco será

$$r_i \approx 0{,}6r_e = 0{,}6(0{,}15) = 0{,}09 \text{ m} = 90 \text{ mm}$$

f. Para preencher as especificações que exige $N_a \leq 8900$ N para $p_{máx}$, utilizando os resultados de (e),

$$p_{máx} = \frac{8900}{2\pi(0{,}09)(0{,}15 - 0{,}09)} = 0{,}263 \text{ MPa}$$

Este valor de $p_{máx} = 0{,}263$ MPa é muito menor que o valor de pressão admissível para o par de materiais de 1,03 a 1,72 MPa, como visto anteriormente.

g. Resolvendo $(T_f)_{du} = n_f \mu \pi p_{máx} r_i(r_e^2 - r_i^2)$ para n_f, e utilizando a pressão máxima admissível de 0,263 MPa de (f), um valor conservador de $\mu = 0{,}15$ visto anteriormente e do resultado de T_f

$$n_f = \frac{1850}{(0{,}15)\pi(0{,}263 \times 10^6)(0{,}09)(0{,}15^2 - 0{,}09^2)} = 11{,}5 \approx 12 \text{ superfícies de atrito necessárias}$$

h. Para estimar o aumento de temperatura, será assumido que o calor gerado pelo atrito será transferido apenas para 10 por cento do volume total dos 6 discos de ferro fundido, ou o peso da massa de ferro fundido absorvedora de calor seria aproximadamente de[57]

$$W = (6)(0{,}10)\pi(0{,}15^2 - 0{,}09^2)(0{,}006)(73.280) = 11{,}93 \text{ N}$$

$$m = \frac{W}{g} = \frac{11{,}93}{9{,}81} = 1{,}22 \text{ kg}$$

Utilizando-se (16-24),[58] com $C = 500$ J/kg °C e $E_d = 2777$ J

$$\Delta\Theta = \frac{E_d}{Cm} = \frac{2777}{500(1{,}22)} = 4{,}6 \text{ °C}$$

Isto está bem dentro do limite de 316°C. Além disso, a velocidade tangencial periférica do tambor 3 m/s (180 m/min) está abaixo da máxima (1097 m/min).

i. Resumindo-se, a seguinte configuração de projeto é sugerida:

1. Utilização de uma configuração de discos múltiplos, similar àquela esboçada na Figura 16.12, com $n_f = 12$.
2. Discos de ferro fundido com 6 mm de espessura e raio externo de 150 mm e raio interno de 90 mm.
3. Utilização de um acionador hidráulico para prover uma força normal axial de $N_a = 8900$ N para pressionar os discos de atrito de ferro fundido juntos.

É claro que outras configurações de projeto igualmente aceitáveis também iriam funcionar. Avaliações experimentais do dispositivo de freio devem ser feitas antes da produção.

---

[56] Veja o último parágrafo de 16-9.

[57] Supõe-se que os discos têm cerca de 6 mm de espessura cada. O peso específico de ferro fundido é de 73,28 kN/m³ (veja Tabela 3.4).

[58] Veja também (16-24) e (5) e (12) acima.

16.10 Embreagens e Freios Cônicos

Comparando-se a embreagem (freio) cônica esboçada na Figura 16.14 com a embreagem de disco (freio) mostrada na Figura 16.11, pode-se deduzir que a embreagem de disco é simplesmente um caso particular da embreagem cônica com um *ângulo de cone* α de 90°. Na prática, o ângulo de cone, α, é usualmente selecionado dentro da faixa de aproximadamente 8° a 15°, sendo 12° uma escolha usual. Ângulos de cone menores do que 8° tendem a gerar a condição de cunha autotravante, tornando o engate "agarrado" e o desengate difícil. Grandes ângulos de cone exigem a utilização de forças de acionamento maiores para gerar uma capacidade de torque de atrito especificada, diminuindo uma das principais vantagens da seleção, em primeiro lugar, de embreagens ou freios cônicos.[59] Também, deve-se notar que a construção de embreagens ou freios cônicos com mais de uma interface de atrito normalmente não é prática.

Da Figura 16.14(b), a área superficial de contato dA pode ser escrita como[60]

$$dA = \frac{2\pi r dr}{\text{sen } \alpha} \tag{16-95}$$

As equações para a força de acionamento normal e a capacidade de transmissão de torque de atrito da embreagem cônica com ângulo de cone α podem ser desenvolvidas pela inserção de (16-95) em (16-87) e (16-88) se forem supostas condições de desgaste uniforme, ou em (16-92) e (16-93) se forem supostas condições de pressão uniforme. Deste modo, para a suposição de *desgaste uniforme*,

$$(N_a)_{du} = 2\pi p_{máx} r_i (r_e - r_i) \tag{16-96}$$

e

$$(T_f)_{du} = \frac{\mu \pi p_{máx} r_i (r_e^2 - r_i^2)}{\text{sen } \alpha} = \mu \left(\frac{r_e + r_i}{2} \right) \left(\frac{N_a}{\text{sen } \alpha} \right) \tag{16-97}$$

Para a suposição de *pressão uniforme*,

$$(N_a)_{pu} = \frac{\pi p_{máx} (r_e^2 - r_i^2)}{\text{sen } \alpha} \tag{16-98}$$

e

$$(T_f)_{pu} = \frac{2\pi \mu p_{máx} \left(\frac{r_e^3 - r_i^3}{3} \right)}{\text{sen } \alpha} = \frac{2\mu (r_e^3 - r_i^3)}{3(r_e^2 - r_i^2)} \left(\frac{N_a}{\text{sen } \alpha} \right) \tag{16-99}$$

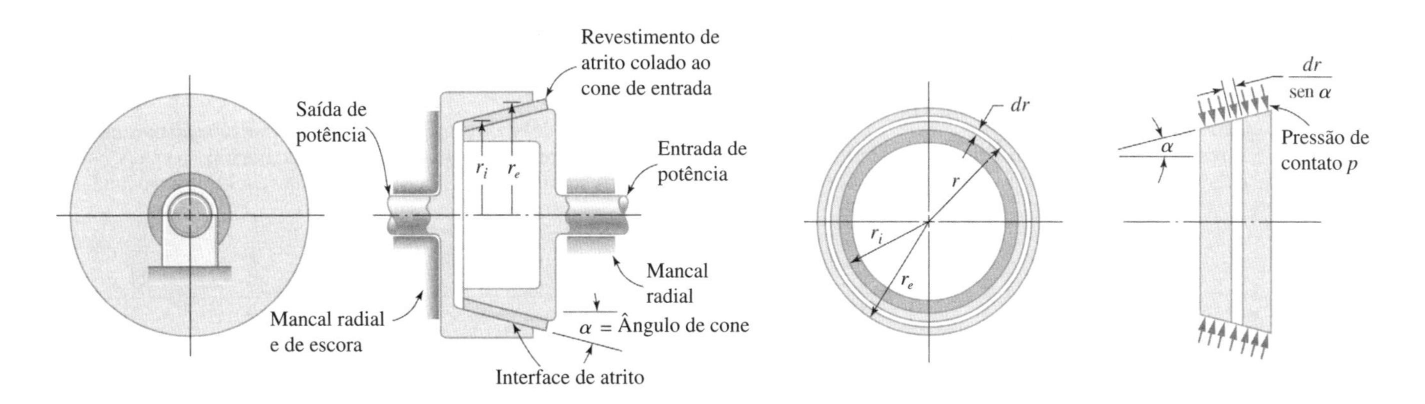

(*a*) Esboço do arranjo de embreagem cônica.

(*b*) Detalhe da interface de contato do revestimento de atrito.

Figura 16.14
Embreagem cônica ou freio cônico.

[59] A ação de cunha de uma embreagem ou freio apropriadamente projetado permite a redução da força de acionamento normal a apenas cerca de 20 por cento da força de acionamento normal necessária para um freio ou embreagem de disco equivalente de uma só interface de atrito ($n_f = 1$).

[60] Compare com $dA = 2\pi r dr$ utilizada para embreagens e freios de disco.

Problemas

16-1. Um freio de bloco de sapata curta tem a sua configuração mostrada na Figura P16.1, com um tambor girando no sentido horário a 500 rpm. A sapata é moldada em fibra de vidro, o tambor é de bronze alumínio e todo o conjunto é continuamente borrifado com água. A pressão de contato máxima admissível é de 200 psi e o coeficiente de atrito da fibra de vidro moldada com bronze alumínio é de 0,15.

a. Derive, *de forma literal*, uma expressão para a força atuante F_a, expressa como uma função de $p_{máx}$.
b. Se a força de acionamento não deve exceder 30 lbf, qual é o comprimento mínimo d que deve ser utilizado na alavanca?
c. Escreva, *de forma literal*, uma expressão para o torque de frenagem T_f.
d. Calcule o valor numérico para o torque de frenagem máximo admissível que deve ser esperado deste projeto.

16-2. Repita o Problema 16-1, exceto que o tambor gira no sentido horário a 600 rpm, o revestimento da sapata é de tecido de algodão, o tambor é de ferro fundido e o ambiente é seco. Adicionalmente, referindo-se à Figura P16.1, e é igual a 3,0 polegadas, R é igual a 8,0 polegadas, a área de contato A é de 8,0 in^2 e F_a = 60 lbf é o valor máximo admissível da força de acionamento, verticalmente para baixo.

16-3. Classifique o freio de bloco de sapata curta mostrado na Figura P16.1 ou como "autodinâmico" ou "não autodinâmico".

16-4. Repita o Problema 16-1 para o caso em que o tambor gira no sentido anti-horário a 800 rpm.

16-5. Repita o Problema 16-1, exceto que o revestimento da sapata é de *cermet* e o tambor é de aço 1020.

16-6. Repita o Problema 16-1, exceto que o coeficiente de atrito é de 0,2; a pressão de contato máxima admissível é de 80 psi, a área de contato A é de 10,0 in^2, e é de 30,0 polegadas, R é de 9,0 polegadas, c é de 12,0 polegadas e o valor máximo admissível de F_a é de 280 lbf.

16-7. Um freio de bloco de sapata curta tem a configuração mostrada na Figura P16.7, com o tambor girando no sentido horário a 600 rpm, como mostrado. A sapata é moldada em fibra de vidro, o tambor é de aço inoxidável e toda a montagem está submersa em água salgada. A pressão de contato máxima admissível é de 0,9 MPa e o coeficiente de atrito molhado da fibra de vidro moldada no aço inoxidável é de μ = 0,18.

a. Derive, *de forma literal*, uma expressão para a força atuante F_a, expressa como uma função de $p_{máx}$.
b. Que força de acionamento máxima deve ser utilizada para uma operação adequada e uma vida de projeto aceitável?

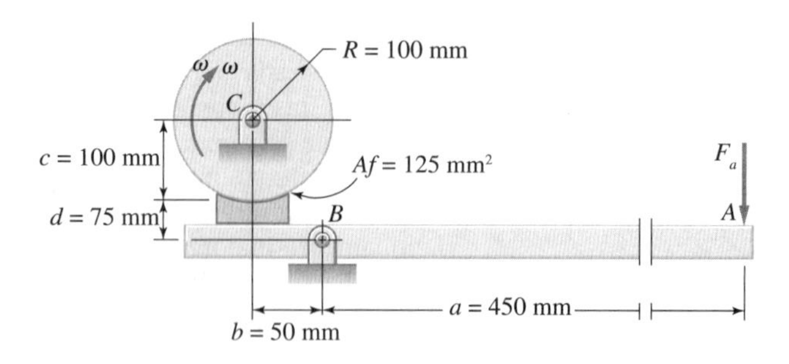

Figura P16.7
Freio de bloco de sapata curta submersa em água salgada.

c. Escreva, *de forma literal*, uma expressão para o torque de frenagem.
d. Calcule o valor numérico do torque máximo de frenagem que pode ser esperado para este projeto.
e. Você classificaria este dispositivo como "autodinâmico" ou "não autodinâmico"? Por quê?

16-8. Para o freio de sapata mostrado na Figura P16.8, é de difícil determinação por inspeção se a suposição de sapata curta gerará uma estimativa precisa o suficiente do torque de frenagem, a partir da aplicação da força de acionamento F_a.

a. Determine o erro percentual no torque de frenagem calculado que seria esperado neste caso, se a suposição de sapata curta fosse utilizada para o cálculo do torque de frenagem. Baseie a sua decisão na premissa de que as equações para sapatas longas são precisas.
b. O erro cometido pela utilização da suposição de sapata curta estaria do lado "conservador" (o torque de frenagem calculado com a suposição de sapata curta é menor do que o valor verdadeiro de torque de frenagem) ou do lado "não conservador"?
c. Você considera que o erro incorrido pela utilização da suposição de sapata curta seja importante ou desprezível para este caso em particular?

16-9. Repita o Problema 16-8, exceto que a = 36 polegadas, F_a = 300 lbf, α = 22,5°, β = 45°, R = 7,0 polegadas, b = 2,0 polegadas, μ = 0,25 e o tambor gira no sentido anti-horário à velocidade angular de 2500 rpm. Uma estimativa precisa de 150 psi para o valor real de $p_{máx}$ já foi executada.

16-10. Um freio de bloco de sapata curta tem a configuração mostrada na Figura P16.10, com o tambor girando no sentido horário a 63 rad/s, como mostrado. A sapata é feita de madeira e o tambor é feito de ferro fundido.

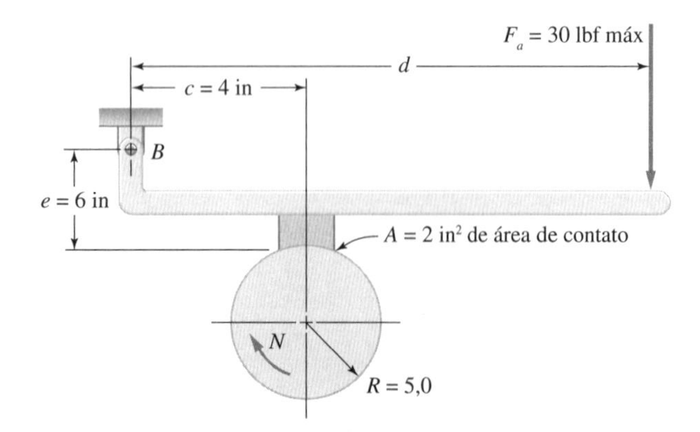

Figura P16.1
Freio de bloco de sapata curta.

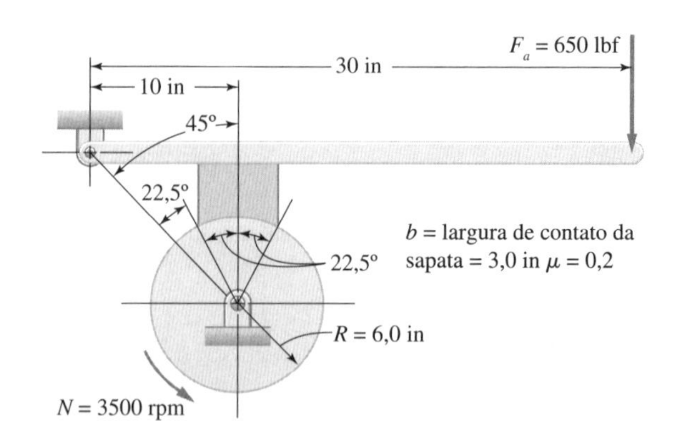

Figura P16.8
Conjunto de freio de sapata.

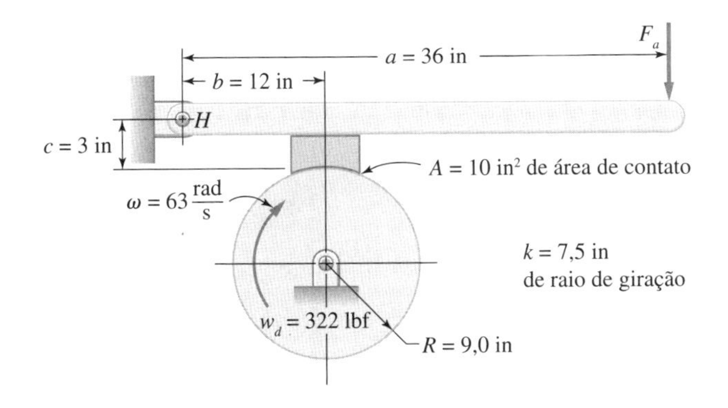

Figura P16.10
Freio de bloco sapata curta com sapata de madeira.

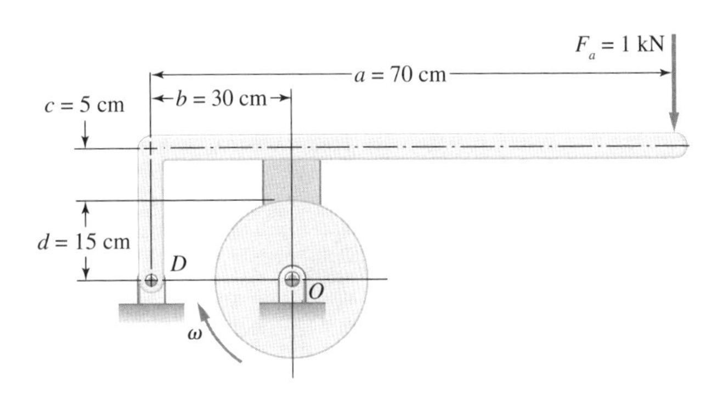

Figura P16.13
Freio de bloco de sapata curta.

O peso do tambor é de 322 lbf e o seu raio de giração é de 7,5 polegadas. A pressão de contato máxima admissível é de 80 psi e o coeficiente de atrito é de $\mu = 0{,}2$. Outras dimensões são mostradas na Figura P16.10.

a. Obtenha uma expressão para a força de acionamento F_a e calcule o seu valor numérico máximo admissível.
b. Obtenha uma expressão para o torque de frenagem e calcule o seu valor numérico quando a força de acionamento máxima admissível for aplicada.
c. Estime o tempo necessário que o tambor giratório leva para parar quando a força de acionamento máxima admissível for aplicada.
d. Você esperaria que o calor gerado por atrito fosse um problema para esta aplicação?

16-11. Repita o Problema 16-10 para o caso em que o tambor está girando no *sentido anti-horário* a 63 radianos por segundo.

16-12. A Figura P16.12 mostra uma massa de 1000 kg sendo abaixada a uma velocidade constante de 3 m/s por um cabo flexível enrolado em um tambor de 60 cm de diâmetro. O peso do tambor é de 2 kN e tem um raio de giração de 35 cm.

a. Calcule a energia cinética do sistema em movimento.
b. O freio mostrado mantém uma taxa de descida da massa de 1000 kg pela aplicação do torque de frenagem constante exigido de 300 N-m. Que torque de frenagem adicional seria necessário para levar todo o sistema ao repouso em 0,5 s?

16-13. Um freio de bloco de sapata curta é esboçado na Figura P16.13. Quatro segundos após a aplicação de uma força de acionamento de 1 kN, o tambor girando (no sentido horário) atinge a parada total. Durante este tempo, o tambor girou 100 rotações. O coeficiente de atrito estimado entre o tambor e a sapata é de 0,5. Faça o seguinte:

a. Esboce a montagem do freio de sapata e da alavanca em um diagrama de corpo livre.
b. O freio é autodinâmico ou é autofrenante para o sentido de rotação mostrado do tambor?
c. Calcule a capacidade de torque de frenagem do sistema mostrado.
d. Calcule as reações horizontal e vertical no diagrama de corpo livre na posição D do pino.
e. Calcule a energia dissipada (trabalho executado pelo freio) ao trazer o tambor até a parada.
f. Se se pretende fazer com que o freio seja autofrenante, para que valor a dimensão d deve ser aumentada?

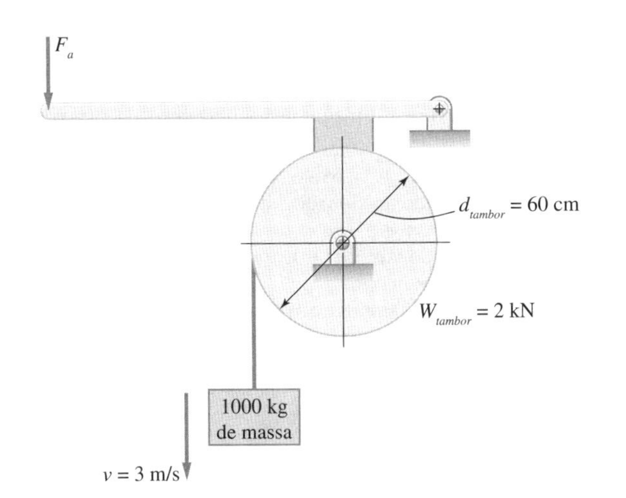

Figura P16.12
Tambor de guincho controlado por freio.

16-14. Um conjunto de freio de sapata longa está esboçado na Figura P16.14. O coeficiente de atrito estimado entre a sapata e o tambor é de 0,3, e a pressão máxima admissível para o material de revestimento é de 75 psi. Sabendo-se que o sentido de rotação é anti-horário, determine:

a. A força de acionamento máxima F_a que pode ser aplicada sem exceder a pressão de contato máxima admissível.
b. A capacidade de transmissão de torque de atrito correspondente ao F_a calculado em (a).
c. As componentes vertical e horizontal da força de reação na posição C do pino.
d. O freio é autodinâmico ou autofrenante?

16-15. Repita o Problema 16-14 para o caso em que o tambor gira no *sentido horário*.

16-16. O sistema de frenagem mostrado na Figura P16.16 está para ser fabricado utilizando-se um material de revestimento na superfície de contato de w_c = 30 mm de largura. O coeficiente de atrito entre o

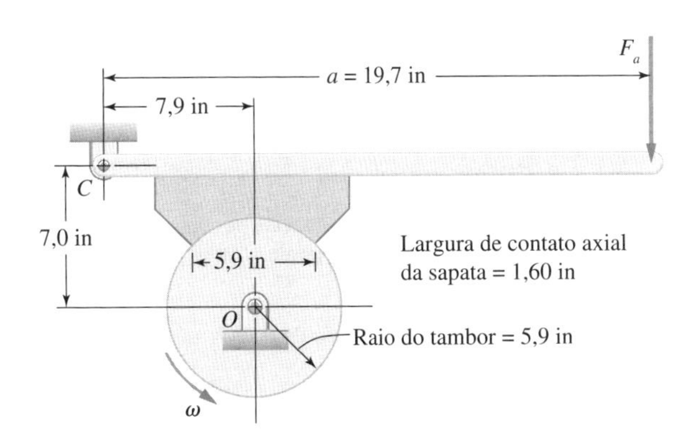

Figura P16.14
Freio de bloco de sapata longa.

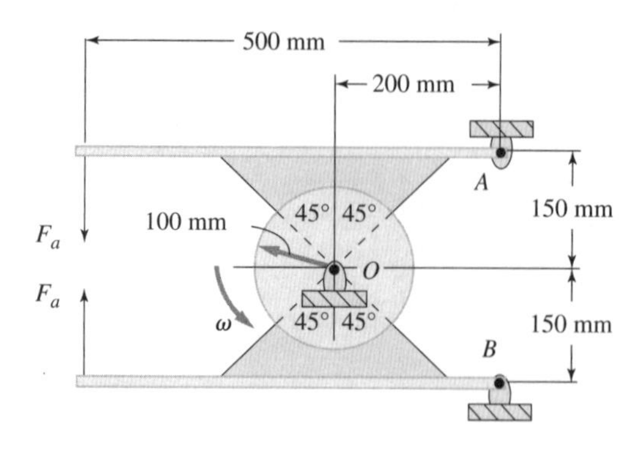

Figura P16.16
Freio de sapata longa.

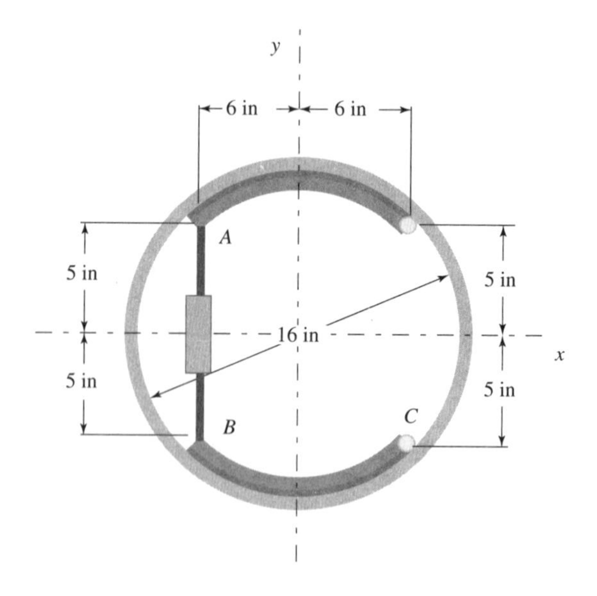

Figura P16.19
Freio de tambor com sapatas longas expansíveis internamente.

tambor e o material de revestimento é d e $\mu = 0{,}2$. O material de revestimento não deverá ser operado à pressão máxima maior que 0,8 MPa. Determine a força de acionamento mínima F_a.

16-17. O freio de sapata mostrado na Figura P16.17 será fabricado utilizando-se material de revestimento impregnado de asbesto na superfície de contato. O material de revestimento não deve operar a pressões máximas maiores que 100 psi.

a. Qual é a maior força de acionamento, F_a, que poderia ser utilizada por este sistema de frenagem como projetado?
b. Se esta maior força de acionamento admissível for aplicada, que torque de frenagem será gerado no tambor rotativo?

16-18. Repita o Problema 16-17 para o caso em que o tambor gira no *sentido horário*.

16-19. Um tambor de 16 polegadas de diâmetro tem duas sapatas internas expansíveis, como mostrado na Figura P16.19. O mecanismo atuador é um cilindro hidráulico *AB*, que gera a mesma força de acionamento F_a em cada sapata (aplicados nos pontos *A* e *B*). A largura de cada sapata é de 2 polegadas, o coeficiente de atrito é de $\mu = 0{,}24$, e a pressão máxima é de $p_{máx} = 150$ psi. Supondo que o tambor gire no sentido horário, determine a força de acionamento mínima necessária e o torque de atrito.

16-20. Um freio de cinta simples do tipo mostrado na Figura 16.9 será construído utilizando um material de revestimento que tem uma pressão de contato máxima admissível de 600 kPa. O diâmetro do tambor giratório é de 350 mm e a largura da cinta proposta é de 100 mm. O comprimento da alavanca é de 900 mm e a dimensão *m* é de 45 mm. O ângulo de abraçamento é de 270°. Testes no material de revestimento indicam que uma boa estimativa para o coeficiente de atrito seria de 0,25. Faça o seguinte:

a. Calcule a tração do lado tensionado da cinta na pressão máxima admissível.

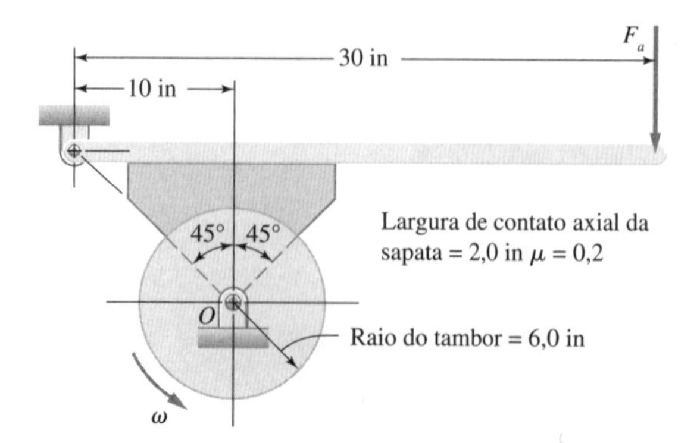

Figura P16.17
Freio de bloco de sapata longa.

b. Calcule a tração do lado frouxo da cinta na pressão máxima admissível.
c. Calcule a capacidade de transmissão de torque máximo.
d. Calcule a força de acionamento correspondente à capacidade de transmissão de torque máximo.

16-21. Repita o Problema 16-20 para o caso em que o ângulo de abraçamento seja de 180°.

16-22. Um freio de cinta simples é fabricado utilizando-se uma cinta de aço com espessura de 0,050 polegada e largura de 2 polegadas para suportar as forças trativas. Um material de carbono-grafite é colado na parte interna da cinta de aço para prover a superfície de atrito para a frenagem, o tambor rotativo é um cilindro de aço de 16 polegadas de diâmetro e 2 polegadas de espessura axial. O freio de cinta está abraçado em torno do tambor rotativo de forma que a cinta está em contato por 270° da superfície do tambor. Deseja-se trazer o tambor até à parada completa em uma rotação a partir da velocidade operacional de 1200 rpm. Qual será a tensão trativa máxima induzida na cinta de aço de 0,050 polegada de espessura durante o período de frenagem se o tambor for parado em exatamente uma revolução? Suponha que o tambor rotativo seja a única massa importante do sistema e que o freio será mantido seco.

16-23. Um freio de cinta diferencial está esboçado na Figura P16.23. A pressão máxima admissível para o material de revestimento da cinta é de 60 psi e o coeficiente de atrito entre o revestimento e o tambor é de 0,25. A cinta e o revestimento têm 4 polegadas de largura. Faça o seguinte:

a. Se o tambor está girando em sentido *horário*, calcule a tração máxima do lado tensionado e do lado frouxo, para a pressão máxima admissível.
b. Para rotação do tambor no sentido *horário*, calcule a capacidade de torque máxima.
c. Para rotação do tambor no sentido *horário*, calcule a força de acionamento correspondente à capacidade de torque máxima.
d. Se o sentido de rotação do tambor for alterado para *anti-horário*, calcule a força de acionamento correspondente à capacidade de torque máxima.

16-24. O freio de cinta diferencial esboçado na Figura P16.24 tem uma largura de cinta de 25 mm. O coeficiente de atrito entre o tambor, de sentido de rotação anti-horário, e o revestimento é de $\mu = 0{,}25$. Se a pressão admissível máxima for de 0,4 MPa, determine a força de acionamento F_a.

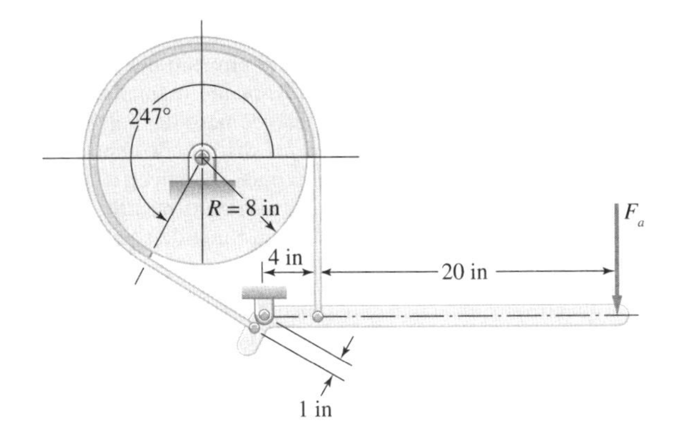

Figura P16.23
Freio de cinta diferencial.

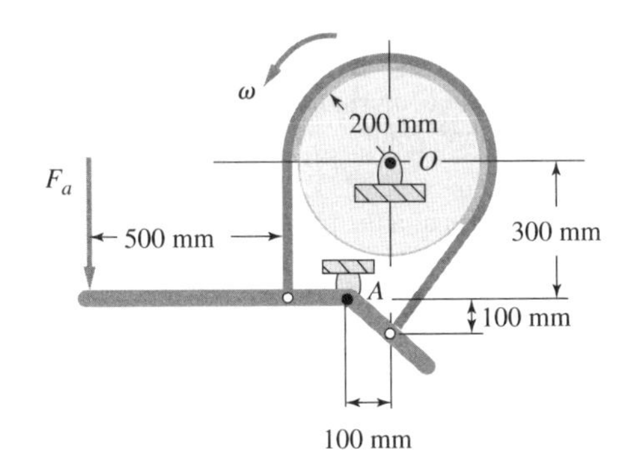

Figura P16.24
Freio de cinta diferencial.

16-25. Uma alavanca de 2 m de comprimento está ligada a um tambor de 50 mm de diâmetro, que está livre para girar em torno de um eixo em *O*. É requerido que a alavanca suporte uma força de 5 N, como mostrado na Figura P16.25. De forma a impedir a alavanca de girar, um freio de cinta está sendo sugerido. Para a análise inicial, assume-se que o revestimento tem 100 mm de largura e que seja feito de tecido de algodão. A força de acionamento é provida por um cilindro pneumático *BC*, ligado a uma das extremidades da cinta. O cilindro pneumático pode suprir uma pressão de 0,3 MPa. Determine a área da seção transversal do cilindro de modo a fornecer força suficiente para manter a força requerida para manter a alavanca na posição mostrada, e determine a pressão no revestimento.

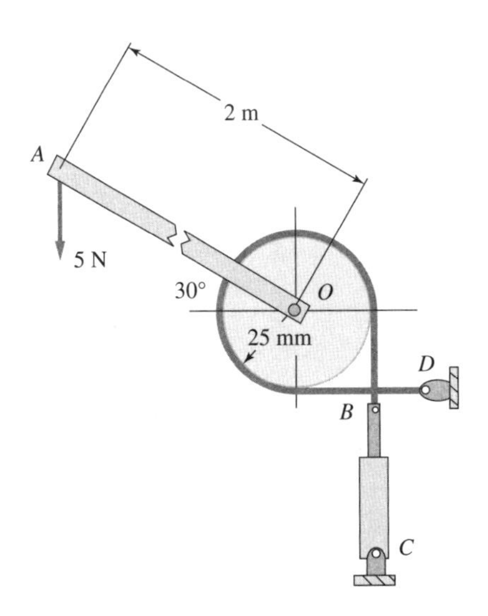

Figura P16.25
Freio de cinta restringido a 5 N de carga.

16-26. Na análise ou projeto de freios a disco e embreagens é usual utilizarem-se as hipóteses tanto de "desgaste uniforme" quanto de "pressão uniforme" como fundamentos para efetuar os cálculos.

a. Que informação importante pode ser obtida em função da escolha adequada entre estas duas hipóteses?
b. Como decidir a escolha da hipótese de desgaste uniforme ou a hipótese de pressão uniforme para uma dada circunstância?

16-27. Deseja-se substituir um freio de sapata longa mostrado na Figura P16.17 por um freio de cinta simples da mesma largura *b*. Se os materiais utilizados são os mesmos na superfície de atrito (ou seja, $\mu = 0{,}2$ e $p_{máx} = 100$ psi não são modificados) e o tamanho do tambor deve permanecer inalterado, que ângulo de abraçamento deve ser utilizado no freio de cinta simples para gerar a mesma capacidade de torque de frenagem que a do freio de sapata longa da Figura P16.17?

16-28. Uma embreagem de disco está sendo proposta para uma utilização industrial na qual o eixo de potência de entrada fornece continuamente 12 kW a 650 rpm. O material de revestimento de metal patente, o qual é colado a uma ou mais superfícies anulares de discos, entrará em contato com discos rígidos feitos de aço para acionar a embreagem. O diâmetro externo dos discos de embreagem não deve ser maior do que 125 mm e deseja-se configurar as superfícies de atrito anulares de forma que o diâmetro interno seja em torno de $\frac{2}{3}$ do diâmetro externo. O coeficiente de atrito entre o material de revestimento de metal patente e o aço é de $\mu = 0{,}32$ e a pressão de contato máxima admissível é de $p_{máx} = 1{,}05$ MPa. Qual será o número mínimo de superfícies de atrito necessárias para a embreagem funcionar apropriadamente?

16-29. Um disco de freio será construído para uso em um rotor de grande velocidade de uma máquina de balanceamento. Foi decidido que o material de atrito carbono-grafite será utilizado contra a superfície de acoplamento de um disco de aço para gerar a ação de frear. O ambiente é seco. Por questões de espaço, o *diâmetro interno* do disco de aço do freio deve ser de 10,0 polegadas e sua espessura de 0,375 polegada. Adicionalmente, o freio deve ser capaz de absorver $2{,}5 \times 10^6$ lbf·in de energia cinética em meia rotação do disco de freio enquanto leva o rotor de grande velocidade à parada total. Apenas uma superfície de frenagem pode ser utilizada.

a. Qual deverá ser o *diâmetro externo* do disco de freio?
b. Que força normal de acionamento axial N_a será necessária para o freio funcionar adequadamente?
c. Devido ao tempo curto para parar, estima-se que apenas 10 por cento do volume do disco de aço constitui-se de dissipador de calor "efetivo" para o freio. Qual é o aumento de temperatura esperado neste freio durante a frenagem? Isto é aceitável?

16-30. Para a utilização em uma aplicação subaquática de guinchamento, está sendo proposto o projeto de uma embreagem de disco com diâmetro externo de 20 polegadas. O material bronze fosforoso encruado será utilizado em contato com aço com recobrimento de cromo duro para formar as interfaces de atrito ($\mu = 0{,}03$ e $p_{máx} = 150$ psi). A embreagem deve transmitir continuamente 150 hp na velocidade angular de 1200 revoluções por minuto. Seguindo a regra prática que diz que para um bom projeto prático o diâmetro interno do disco da embreagem deve ser cerca de $\frac{2}{3}$ do diâmetro externo, determine o número apropriado de interfaces de atrito para a utilização da embreagem proposta. Visto que o dispositivo opera sob a água, despreze as limitações de temperatura.

16-31. Um cilindro pneumático com 25 mm de diâmetro interno opera à pressão de 0,50 MPa e supre a força de acionamento para a embreagem que é necessária para transmitir 10 kW a 1600 rpm. As interfaces de atrito da embreagem são de material não asbesto rígido moldado com $\mu = 0{,}45$, e $p_{máx} = 1{,}0$ MPa. O diâmetro externo da embreagem é assumido inicialmente ser de 150 mm e o diâmetro interno é assumido ser de 100 mm. Determine a força de acionamento e o número de superfícies de atrito assumindo desgaste uniforme e pressão uniforme, uma por vez.

16-32. Deseja-se um *freio de disco* de contato de superfície única utilizado na extremidade de um tambor rotativo por um *freio de bloco de sapata longa*, como mostrado na Figura P16.32, sem trocar o tambor. Os materiais utilizados na interface de atrito são os mesmos para os dois casos. É razoável supor, portanto, que ambos os freios operarão na mesma pressão-limite $p_{máx}$ durante o acionamento. A superfície de contato do freio a disco original tinha um raio externo igual ao raio do tambor e um raio interno de dois terços do raio externo. Que largura b é exigida para o novo freio de sapata longa mostrado na Figura P16.32 para gerar a mesma capacidade de transmissão de torque de frenagem que o freio de disco antigo?

16-33. Uma embreagem a disco tem um único conjunto de superfícies de acoplamento anulares de atrito tendo o diâmetro externo de 300 mm e o diâmetro interno de 225 mm. O coeficiente de atrito estimado entre as duas superfícies em contato é de 0,25 e a pressão máxima admissível para o material de revestimento é de 825 kPa. Calcule o seguinte:

a. A capacidade de torque sob as condições que tornam a suposição de desgaste uniforme mais próxima de ser válida.
b. A capacidade de torque sob as condições que tornam a suposição de pressão uniforme mais próxima de ser válida.

16-34. Uma embreagem de discos múltiplos deve ser projetada para transmitir um torque de 750 lbf·in imersa totalmente em óleo. Restrições de espaço limitam o diâmetro externo dos discos a 4,0 polegadas. Os materiais selecionados preliminarmente para os discos interpostos são de asbesto rígido moldado contra o aço. Determine os valores adequados para o que se segue:

a. O diâmetro interno dos discos
b. O número total de discos
c. A força normal de acionamento axial

16-35. As rodas de uma bicicleta padrão de adulto têm um raio de rolagem de aproximadamente 340 mm e um raio até o centro das pastilhas do freio de disco com pinça acionado manualmente (veja Figura 16.13) de 310 mm. A combinação do peso da bicicleta com o peso do ciclista é de 890 kN, igualmente distribuídos entre as duas rodas. Se o coeficiente de atrito entre os pneus e a superfície da estrada é de duas vezes o coeficiente de atrito entre as pastilhas da pinça de freio e o aro metálico da roda, calcule a força de aperto que deve ser aplicada na pinça para atuação do freio manual.

16-36. Uma embreagem cone com um ângulo de cone de 12° é desacoplada quando uma mola (k = 200 lbf/in) é comprimida com uma alavanca com 10 lbf de carga aplicada, como mostrado na Figura P16.37. A embreagem é necessária para transmitir 4 hp a 1000 rpm. O material de revestimento ao longo de um elemento do cone tem 3,0 polegadas de comprimento. O coeficiente de atrito e a pressão máxima para o material de revestimento são μ = 0,38 e $p_{máx}$ = 100 Psi, respectivamente. O comprimento livre da mola é de L_f = 3,0 polegadas e é comprimida por x polegadas para a operação (quando a embreagem está acoplada). Determine de quanto a mola deve ser comprimida para que a embreagem acople apropriadamente e a distância que a força de 10 lbf precisa estar afastada do ponto A de rótula (veja a Figura P16.36) a fim de comprimir a mola 0,05 polegada adicionais para desacoplar a embreagem.

16-37. Uma embreagem cônica de ângulo de cone α de 10° deve transmitir 40 hp continuamente a uma velocidade angular de 600 rpm. A largura de contato do revestimento ao longo do elemento de cone é de 2,0 polegadas. O material de revestimento é de asbesto enrolado em forma de fio, operando contra o aço. Supondo que a hipótese de desgaste uniforme seja utilizada, faça o seguinte:

a. Calcule a capacidade de torque exigida.
b. Calcule a mudança de raio de contato de cone (isto é, $r_e - r_i$) pela largura de contato do revestimento.
c. Calcule um valor aceitável de r_i de forma que a capacidade de transmissão de torque necessário possa ser satisfeita.
d. Calcule o valor correspondente de r_e.

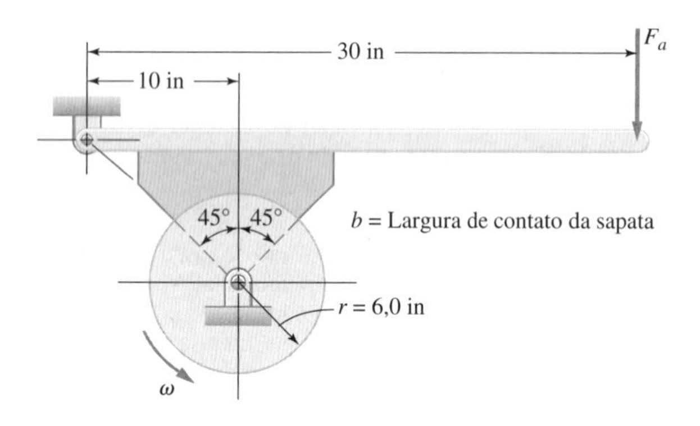

Figura P16.32
Freio de bloco de sapata longa em substituição a um freio de disco.

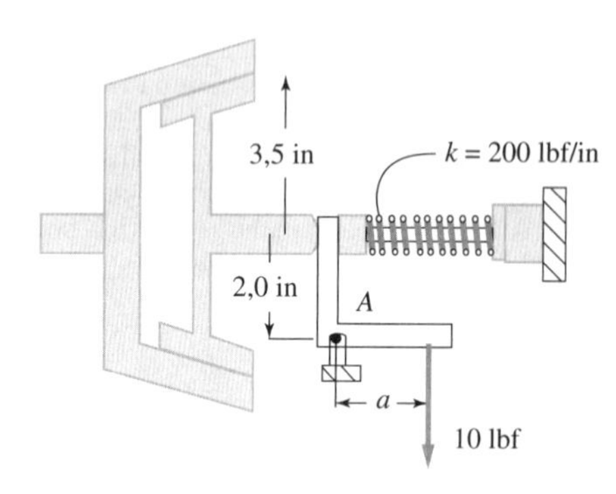

Figura P16.36
Embreagem de cone.

Correias, Correntes, Cabos de Aço e Eixos Flexíveis

17.1 Utilização e Características de Elementos de Transmissão de Potência Flexíveis

Na discussão introdutória de transmissão por engrenagens em 15.1, foi observado que a transmissão de potência ou de movimento de um eixo rotativo para outro eixo rotativo pode ser realizada de muitas maneiras diferentes. As escolhas incluem correias planas, correias em V, correias dentadas, correntes de transmissão, eixos flexíveis, transmissão por rodas de atrito e engrenagens. Os cabos de aço também são utilizados na transmissão de potência, mas são, usualmente, limitados às aplicações de elevação ou de reboque, nas quais um eixo de entrada acionado pelo motor gira um tambor de forma a suspender ou baixar uma carga útil pelo bobinamento ou desbobinamento do cabo de aço. A transmissão por rodas de atrito ou por engrenagens já foi discutida no Capítulo 15. Os outros elementos de transmissão de potência listados são discutidos neste capítulo.

A *transmissão por correia* é bem adequada para utilizações em que a distância entre centros de eixos rotativos é grande, e é usualmente mais simples e mais econômica que as outras formas alternativas de transmissão de potência. A transmissão por correia frequentemente elimina a necessidade de um arranjo mais complicado de engrenagens, mancais e eixos. Com discernimento apropriado de projeto, correias são usualmente silenciosas, de fácil reposição e, em muitos casos, em função da sua flexibilidade e capacidade de amortecimento, reduzem a transmissão de choques mecânicos e vibrações espúrias entre eixos. A simplicidade de instalação, as exigências mínimas de manutenção, a alta confiabilidade e a adaptação a uma variedade de aplicações também são características da transmissão por correia. Porém, em função do escorregamento e/ou da fluência,[1] a razão da velocidade angular entre dois eixos rotativos pode não ser constante, e as capacidades de transmissão de potência e de torque são limitadas pelo coeficiente de atrito e pela pressão de contato entre a correia e a polia.[2] As correias são comercialmente disponíveis com diversas seções transversais, como ilustrado na Figura 17.1.[3] Configurações típicas de polias (roldanas) com vários tipos de correias são mostradas na Figura 17.2.

A *transmissão por corrente e rodas dentadas*, como na transmissão por correia, pode vencer grandes distâncias entre centros, e como engrenagens pode prover uma transmissão positiva de velocidade, torque e potência. Para dada razão de velocidade angular (média) e potência, as transmissões por corrente são usualmente mais compactas que as transmissões por correias, mas menos compactas que as transmissões por engrenagens. Requisitos de montagem e alinhamento de transmissões de corrente são normalmente mais precisos que as de transmissão por correias, mas podem ser menos precisos que as de transmissão por engrenagens. Pode-se esperar de uma transmissão de corrente, apropriadamente lubrificada, uma vida longa em serviço. A utilização de transmissão por corrente permite que vários eixos sejam simultaneamente conduzidos por um único eixo de entrada motor, visto que o ângulo de abraçamento em qualquer roda dentada seja de pelo menos cerca de 120°. Normalmente, o custo de uma transmissão por corrente situa-se entre a transmissão por engrenagens (custo mais alto) e a transmissão por correia (custo algo mais baixo) para capacidade de transmissão de potência equivalente. Muitas configurações diferentes de transmissão de potência por corrente estão disponíveis, e algumas são mostradas na Figura 17.3.[4] Configurações típicas de rodas dentadas são mostradas na Figura 17.4.

O *cabo de aço* é, frequentemente, utilizado para aplicações de elevação, reboque ou transporte, no qual o cabo de aço suporta carregamento trativo em seu comprimento. A flexibilidade do cabo de aço

[1] *Escorregamentos acontecem uniformemente* ao longo de toda a superfície de contato entre a correia e a roldana (ou polia), enquanto a *fluência* ocorre de forma *diversa* ao longo da superfície de contato devido a diferenças *localizadas* no alongamento elástico da correia.

[2] Exceto para correias dentadas (veja 17.6 e Figura 17.1).

[3] Veja também ref. 1 ou ref. 2, por exemplo.

[4] Veja também a ref. 3, para exemplo.

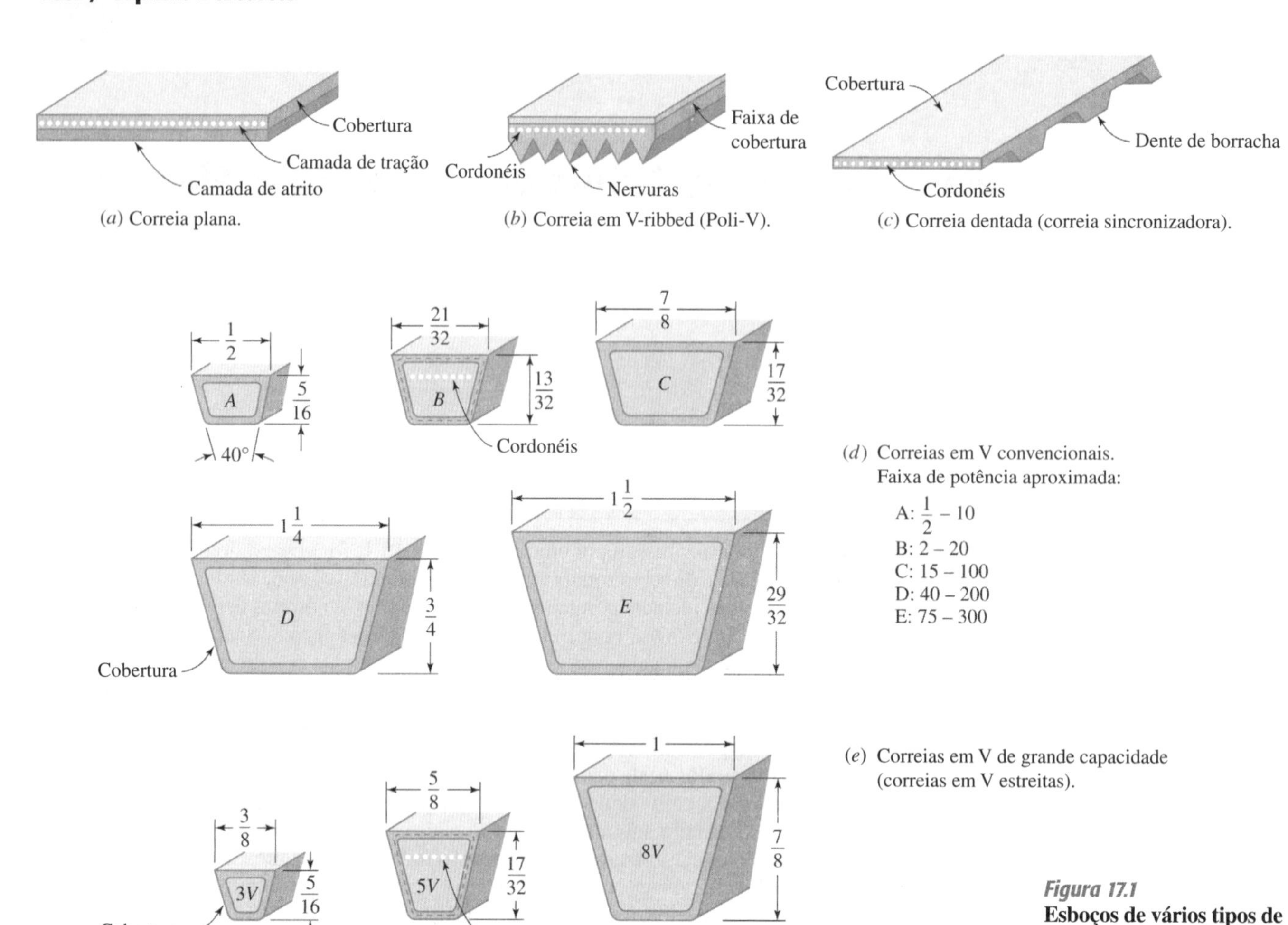

Figura 17.1
Esboços de vários tipos de correias de uso comum.

Alguns exemplos de correias e correntes.

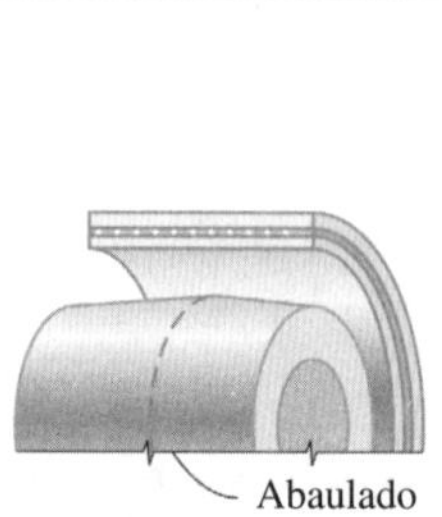

(a) Polia abaulada de correia plana (O abaulamento provê uma trajetória estável para a correia.)

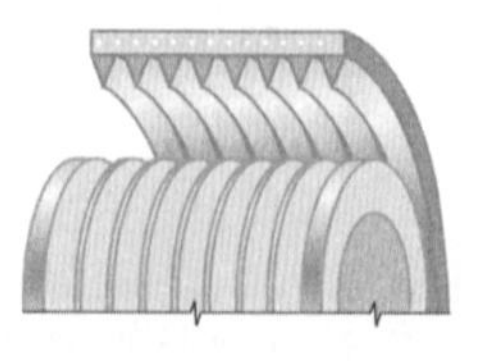

(b) Polia de correia V-ribbed (Poli-V).

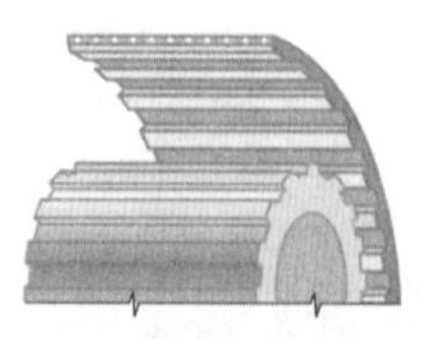

(c) Polia para correia dentada.

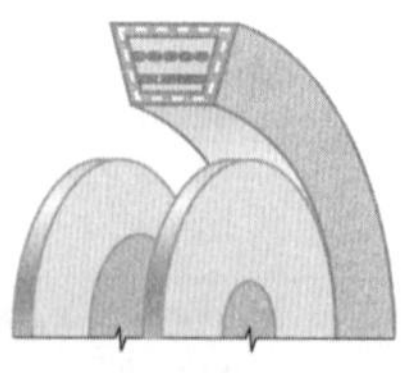

(d) Polia para correia em V.

Figura 17.2
Configurações típicas de polia (roldana) utilizadas com as correias esboçadas na Figura 17.1.

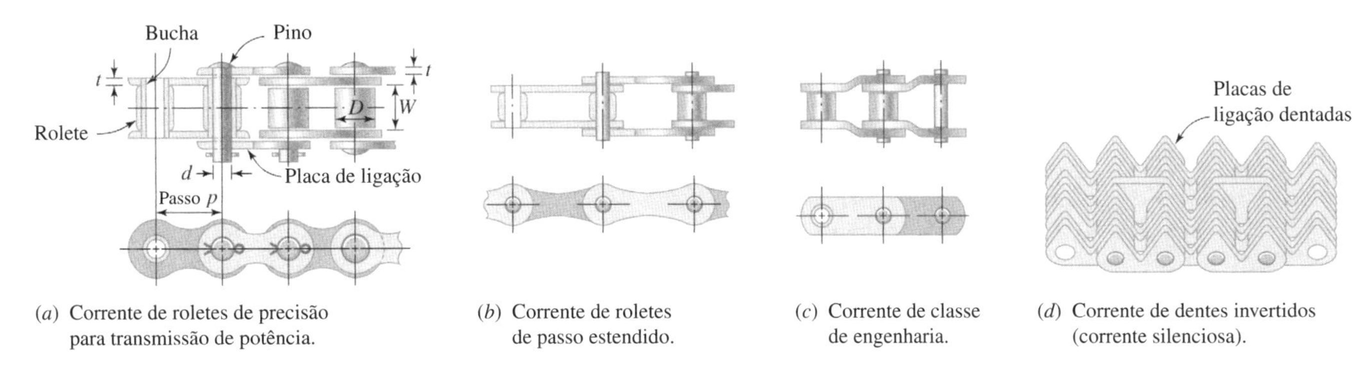

(a) Corrente de roletes de precisão para transmissão de potência.
(b) Corrente de roletes de passo estendido.
(c) Corrente de classe de engenharia.
(d) Corrente de dentes invertidos (corrente silenciosa).

Figura 17.3
Tipos comuns de configurações de corrente de potência e de transferência de movimento.

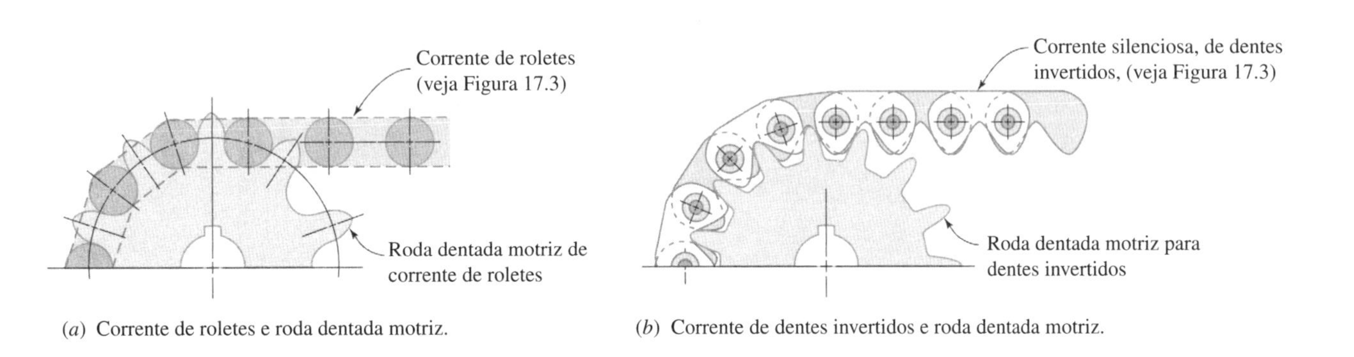

(a) Corrente de roletes e roda dentada motriz.
(b) Corrente de dentes invertidos e roda dentada motriz.

Figura 17.4
Configurações de rodas dentadas utilizadas em correntes de transmissão de potência (veja Figura 17.3).

é alcançada por meio da utilização de um grande número de arames de pequeno diâmetro (Figura 17.5) torcidos em torno de uma alma central de fibra, de uma alma de aço ou de uma única perna de arames.[5] Normalmente, vários arames de diâmetro pequeno (por exemplo, 7, 19 ou 37) são primeiro torcidos para formar uma perna. Então um número de pernas formado por diversos arames, usualmente 6 ou 8, é torcido em torno da alma para formar um cabo de aço curvável à flexão.[6] A alma central, que suporta as pernas radialmente, é normalmente saturada com um lubrificante que penetra entre os arames de forma que estes possam deslizar mais facilmente uns em relação aos outros, para minimizar a fretagem e o desgaste. Muitas bitolas de cabos de aço padronizados são comercialmente disponíveis.[7]

Os *eixos flexíveis* são utilizados para a transmissão de potência rotativa ou movimento ao longo de um *caminho curvo* entre dois eixos não colineares ou que podem ter movimento relativo entre si, fazendo com que um acoplamento direto dos eixos motor e acionado seja impraticável (veja Figura 17.6). Eixos flexíveis podem também ser utilizados para o controle remoto de elementos de máquinas que precisam ser manipulados ou ajustados manualmente ou mecanicamente durante a operação.

Normalmente, os eixos flexíveis são construídos "quase maciços" enrolando firmemente uma camada de arame sobre outra camada em torno de um único "arame mandril" central, como mostrado na Figura 17.7(a). Na maior parte dos usos, os eixos flexíveis têm revestimento metálico ou cobertura emborrachada, *capa* flexível, como mostrado na Figura 17.7(b), que age como um guia de suporte, protegendo o eixo de sujeiras ou danos e retendo o lubrificante. Exemplos de usos para eixos flexíveis incluem ferramentas portáteis, roçadeiras de ervas daninhas, a transmissão de velocímetros, dispensadores de xampu de limpeza de acolchoados, transmissão de potência para implementos de tratores, transmissão contadora de eventos e controle de posição de espelhos externos de veículos automotores. Muitos eixos flexíveis padronizados são disponíveis comercialmente.[8]

---

[5] Designado (FC), (IWRC) e (WSC), respectivamente.
[6] Deve-se notar que as classificações *nominais* de cabos podem ou não refletir a construção real. Por exemplo, a classe 6 × 19 inclui construções tais como 6 × 21 filler wire, 6 × 25 filler wire e 6 × 26 Warrington Seale.
[7] Veja, por exemplo, Tabela 17.9 ou ref. 4.
[8] Veja, por exemplo, ref. 5 ou ref. 6.

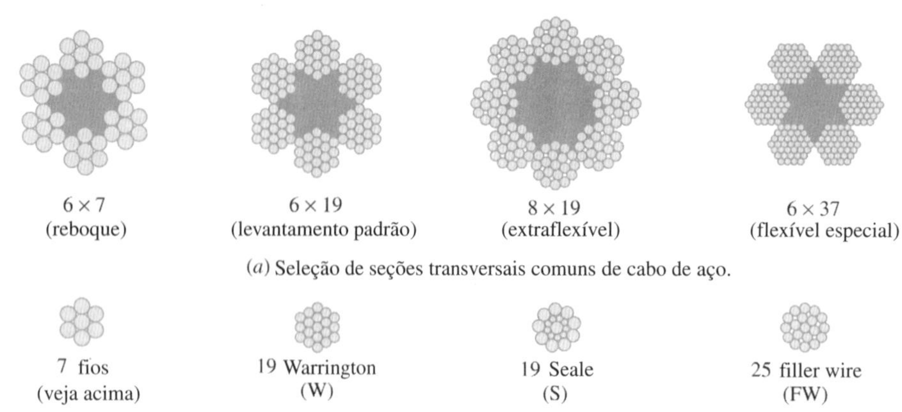

(*a*) Seleção de seções transversais comuns de cabo de aço.

(*b*) Alguns dos padrões multiarames disponíveis. Combinação destes também são disponíveis.

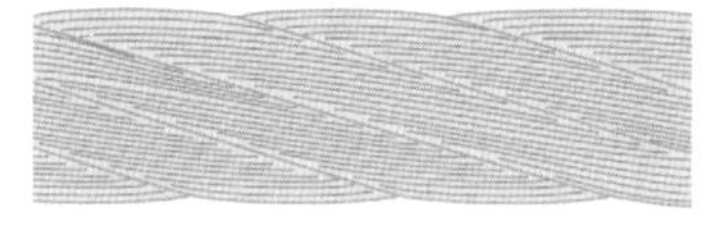

Torção regular; os arames, nas pernas, são torcidos em direção oposta em que as pernas são torcidas para formar o cabo

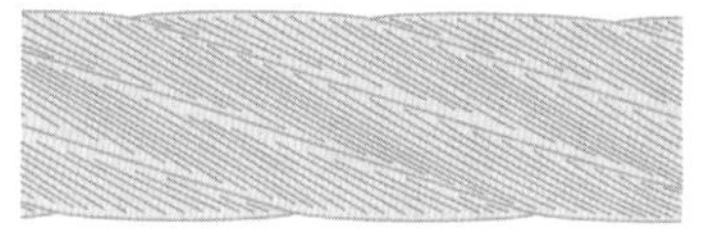

Torção lang; os arames, nas pernas, são torcidos na mesma direção que as pernas são torcidas para formar o cabo

(*c*) Prática do enrolamento de cabo de aço.

Figura 17.5
Várias configurações comuns de cabo de aço.

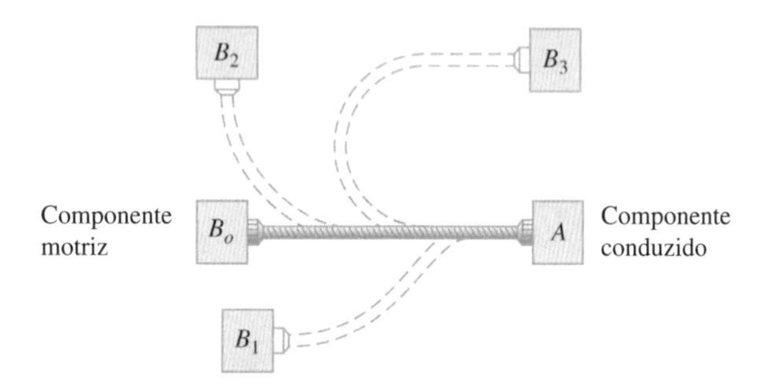

Figura 17.6
Esboço mostrando as várias configurações potenciais para utilizações de eixo flexível.

Figura 17.7
Detalhes construtivos e configuração de suporte para transmissão flexível.

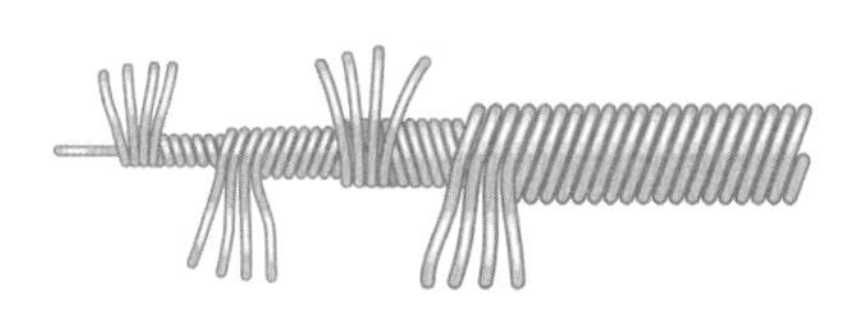

(*a*) Detalhe construtivo típico para eixos flexíveis de transmissão de potência.

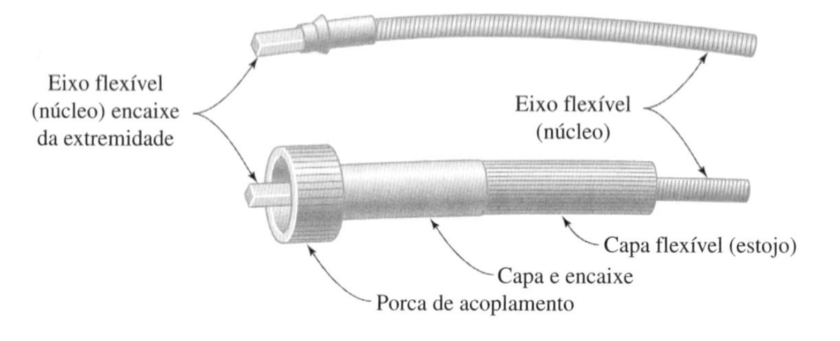

17.2 Transmissão por Correias; Modos Prováveis de Falha

Como ilustrado na Figura 17.8, todos os tipos de correias passam em torno de pelo menos duas polias que normalmente têm diâmetros distintos. Com exceção das correias dentadas, é necessário *pré-tracionar* a correia forçando o afastamento entre as polias, induzindo uma força estática trativa inicial T_0 nos cordonéis.[9] Por sua vez, a tração inicial gera uma pressão normal entre a correia e a superfície de contato de cada polia. Isto permite a transmissão de potência em virtude da força de atrito disponível em cada interface de correia/polia. Quando a potência é aplicada na polia motora, a tração de um lado da correia é aumentada para um valor acima do nível de pré-carga, em função do

[9] Veja Figura 17.1.

Figura 17.8
Configuração básica e ciclo típico de força trativa para todas as correias. (Veja ref. 9.)

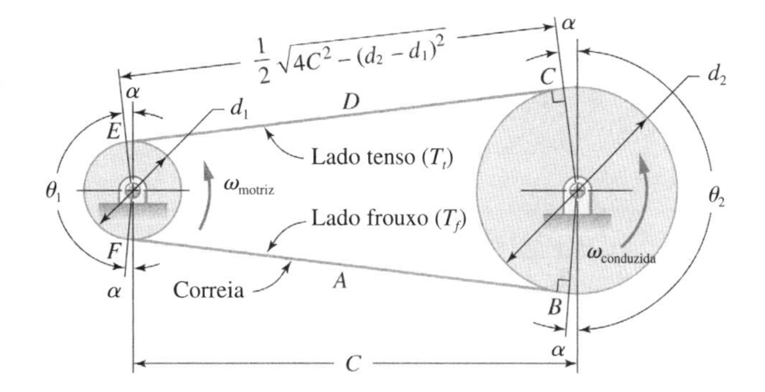

θ_1 = ângulo de abraçamento (polia menor) = $\pi - 2\alpha$
θ_2 = ângulo de abraçamento (polia maior) = $\pi + 2\alpha$
d_1 = diâmetro da polia menor
d_2 = diâmetro da polia maior

$$\alpha = \text{sen}^{-1}\frac{d_2 - d_1}{2C}$$

$$L = \text{comprimento da correia} = \sqrt{4C^2 - (d_2 - d_1)^2} + \frac{d_2\theta_2 + d_1\theta_1}{2}$$

(Para comprimento datum de correia em V, utilize diâmetros de polias datum.)
(*a*) Terminologia e geometria de correia.

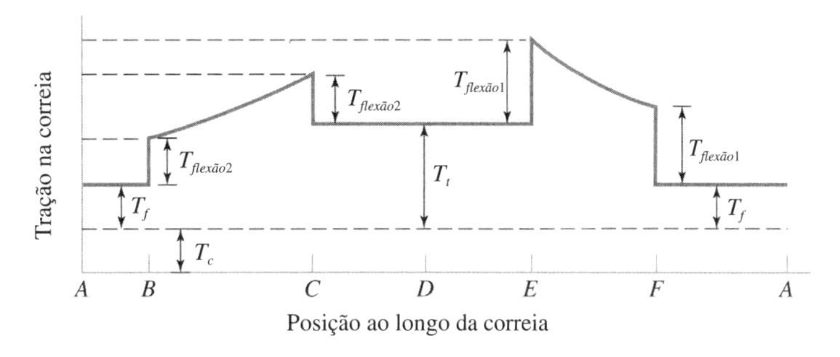

T_c = tração induzida na correia por força centrífuga
T_f = tração do lado frouxo
T_t = tração do lado tenso
$T_{flexão1}$ = tração na correia induzida por flexão em torno da polia menor
$T_{flexão2}$ = tração na correia induzida por flexão em torno da polia maior

(*b*) Ciclo trativo durante uma volta completa da correia.

esticamento da correia, enquanto, no outro lado, a tração da correia decresce para um valor abaixo do nível de pré-carga. A extensão de correia com a tração aumentada é chamada de *lado tenso* ou *lado esticado* (tração T_t), e a extensão com tração diminuída é chamada de *lado frouxo* (tração T_f). À medida que a correia, em movimento, passa repetidamente em torno das polias, em dada seção transversal os cordonéis são submetidos a carregamentos variáveis que variam de T_f a T_t e vice-versa a cada volta, somada a uma força centrífuga trativa constante induzida T_c. A fadiga torna-se um modo provável de falha em correias em função do carregamento de *tração cíclica* com carga média não nula.[10]

Além do carregamento de tensões trativas variáveis, uma correia também está sujeita à *flexão cíclica* quando passa em torno das polias (roldanas). Consequentemente a fadiga por *flexão* contribui para uma provável falha da correia em adição a fadiga por *tração axial*. Em alguns casos, o desgaste adesivo/abrasivo pode ser um modo provável de falha,[11] e a degradação das propriedades do material da correia (corrosão), usualmente em função da temperatura elevada ou do ambiente adverso,[12] também é um modo provável de falha. Visto que as correias podem ser caracterizadas como estruturas *compósitas*, os modos de falha listados podem se manifestar nos cordonéis, na matriz elastomérica ou

---

[10] Veja 5.6.
[11] Por exemplo, se bastante desgaste ocorrer entre uma correia em V e as polias em V, a correia pode assentar no fundo do canal em V impedindo assim o efeito de cunha e o tracionamento apropriado dos cordonéis. Outro exemplo de falha por desgaste é encontrado em transmissões de correia plana de alta eficiência que utilizam uma camada interna de grande coeficiente de atrito [veja Figura 17.1(a)] para transmitir o torque de forma mais efetiva. Se a camada de grande coeficiente de atrito se desgasta, pode ocorrer deslizamento excessivo e a correia pode queimar (veja ref. 11).
[12] Por exemplo, condições oleosas.

na interface entre os cordonéis e a matriz. Macroscopicamente, as falhas de correias podem se revelar como quebra de cordonel, separação do cordonel-borracha, rachaduras radiais (devido ao processo de cura continuada da borracha)[13] ou rachaduras na cobertura circunferencial.

17.3 Correias; Materiais

Originalmente, as correias eram fabricadas utilizando-se cordonéis de primeira qualidade de fibras de algodão como elementos de tração. Os cordonéis eram embutidos em uma matriz de borracha natural para prover restrição flexível para os cordonéis e um coeficiente de atrito maior na superfície da correia para aumentar a transferência de torque e de potência. À medida que correias de maior capacidade e maior confiabilidade foram sendo desenvolvidas durante e depois da Segunda Guerra Mundial, novos materiais para cordonéis de maior resistência e maior rigidez foram utilizados, e compostos de borracha sintética substituíram a borracha natural na fabricação da correia. Embora as fibras de algodão embutidas em borracha natural possam ainda ser utilizadas em usos de baixo desempenho, os cordonéis de correias de alto desempenho atuais (veja Figura 17.1) são usualmente feitos de tiras de poliamida ou cordonéis de poliéster para correias planas; cordonéis de poliéster ou cordonéis de aramida para correias V-ribbed (Poli-V); cordões de fibra de vidro ou de aço para correias dentadas, e fibras de poliéster, fibra de vidro ou aramida para correias em V convencionais ou de grande capacidade. A matriz para todos os tipos de correias é tipicamente a borracha sintética, frequentemente o Neoprene, para aumentar a resistência ao óleo, ao calor ou ao ozônio. O poliuretano é algumas vezes utilizado na camada de atrito de correias planas atuais [veja a Figura 17.1(a)]. O material de revestimento de correia é normalmente de tecido de algodão ou de náilon impregnado com borracha sintética e moldado *in loco* para proteger o núcleo e resistir ao desgaste da correia.

17.4 Transmissão por Correias; Correias Planas

A correia plana[14] é o tipo de correia mais simples e normalmente mais barata. As correias planas são mais efetivas quando as velocidades de operação forem relativamente altas e os requisitos de transmissão de potência forem relativamente baixos. As velocidades lineares operacionais típicas se situam na faixa entre 2500 ft/min e 7500 ft/min, com uma velocidade em torno de 4000 ft/min usualmente considerada como "ideal". A velocidades mais baixas, para determinada especificação de potência, a tração requerida tende a tornar-se grande, frequentemente necessitando de uma correia com largura desajeitadamente grande.[15] Como resultado, os requisitos de tamanho do eixo, de capacidade do mancal e de envelope de espaço podem tornar-se inaceitáveis para alguns usos.

A velocidades maiores, forças dinâmicas devidas ao chicoteamento e/ou vibrações, podem reduzir a estabilidade da transmissão e diminuir a vida da correia. As correias V-ribbed (Poli-V) podem ser consideradas como correias planas com o coeficiente de atrito aumentado devido à ação de cunha das nervuras à medida que são forçadas pela tração nos canais das polias até que os cordonéis essencialmente "movam-se" no diâmetro externo da polia (veja Figuras 17.1(b) e 17.2(b)).

A equação básica do torque-limite que pode ser transmitido por uma correia plana de baixa velocidade é a mesma que seria para um freio de cinta (veja a Figura 16.9). Adaptando-se as equações de freio de cinta (16-71) e (16-72) para a notação de correias definida na Figura 17.8 e notando-se que o *deslizamento acontecerá primeiramente na polia menor* em função do seu menor ângulo de abraçamento,[16] a *equação do deslizamento* para uma correia plana de transmissão de baixa velocidade pode ser escrita como

$$\frac{T_t}{T_f} = e^{\mu\theta_1} \tag{17-1}$$

e o torque de atrito transmitido pela polia menor torna-se

$$T_{atrito} = (T_t - T_f)\frac{d_1}{2} = \frac{T_f d_1}{2}(e^{\mu\theta_1} - 1) \tag{17-2}$$

[13] Deformações cíclicas induzidas pela operação da correia podem produzir perdas por histerese da ordem de 10 a 18 por cento da potência transmitida. Isto, em combinação com uma baixa condutividade térmica dos materiais da correia, pode conduzir a um aumento significativo da temperatura interna, "cura excessiva", rachando e degradando as propriedades do material da correia. A temperatura máxima aceitável para uma correia gira em torno dos 180 °F. Uma regra prática é que a cada 30 °F acrescidos ao nível de 180 °F, a vida da correia é reduzida em cerca de 50 por cento.

[14] Veja Figura 17.1(a).

[15] À medida que se torna necessário o aumento da largura, o alinhamento eixo e polia torna-se mais crítico porque a tração da correia deve ser uniforme por toda a largura.

[16] Isto pode ser uma questão especialmente crítica de projeto de correias de transmissão em que os diâmetros das polias são muito diferentes ou para polias muito próximas. O ângulo de abraçamento de no mínimo $\theta_1 = 150°$ é recomendado para correias planas.

Para velocidades lineares maiores, acelerações centrípetas significativas da massa da correia passando em torno das polias causam uma tração na correia, induzida pela força centrífuga (força de inércia), T_c, que deve ser incluída no segmento do diagrama de corpo livre da correia utilizado para derivar a equação de deslizamento.[17] Esta componente da força de inércia pode ser expressa como

$$T_c = m_1 v^2 = \frac{w_1 v^2}{g} \tag{17-3}$$

em que w_1 = peso por unidade de comprimento da correia, lbf/ft,
v = velocidade da correia, ft/s
g = constante = 32,2 ft/s²

Consequentemente, em vez da equação de deslizamento estático de (17-1), a equação de deslizamento para uma correia em movimento é baseada em requisitos de equilíbrio,

$$\frac{T_t - T_c}{T_f - T_c} = e^{\mu\theta_1} \tag{17-4}$$

em que θ_1 é o ângulo de abraçamento[18] da polia menor.

Utilizando-se a equação de potência (4-32) para expressar a potência transmissível por correia,

$$hp = \frac{(T_t - T_f)V}{33.000} \tag{17-5}$$

em que T_t = lado tenso, lbf
T_f = lado frouxo, lbf
V = $60v$ = velocidade linear da correia, ft/min

Ainda, quando uma correia plana é pré-carregada até T_o, a análise do diagrama de corpo livre gera a seguinte relação

$$T_t + T_f = 2T_o \tag{17-6}$$

Finalmente, a tração permitida de projeto do lado tenso pode ser expressa por[19]

$$(T_t)_d = \frac{T_a b_c}{K_a} \tag{17-7}$$

em que T_a é a força admissível de tração de projeto por comprimento de correia (lbf/in), b_c é a largura da correia (in) e K_a é um fator que depende da aplicação. Na Tabela 17.1, são fornecidos valores

TABELA 17.1 Dados[1] de Projeto Empírico, Baseados na Experiência, para Correias Planas[2] de Alto Desempenho

Material	Espessura, t_c, in	Tração Admissível por Unidade de Comprimento, T_a, lbf/in	Diâmetro Mínimo da Polia, $d_{mín}$, in	Peso Específico, lbf/in³	Coeficiente de Atrito
Poliamida	0,03	10	0,6	0,035	0,5
	0,05	35	1,0	0,035	0,5
	0,07	60	2,4	0,051	0,5
	0,11	60	2,4	0,037	0,8
	0,13	100	4,3	0,042	0,8
	0,20	175	9,5	0,039	0,8
	0,25	275	13,5	0,039	0,8
Uretano	0,06	5	0,38–0,50	0,038–0,045	0,7
	0,08	10	0,50–0,75	0,038–0,045	0,7
	0,09	19	0,50–0,75	0,038–0,045	0,7
Cordonel de poliéster	0,04	57–225	1,5		

[1] Dados das refs. 2 e 7.
[2] Estes valores empíricos, que englobam tração axial, flexão e efeitos da força centrífuga, proveem pouca informação de como os modos de falha interagem entre si, que fatores de segurança foram incluídos ou que parâmetros deveriam ser modificados para melhorar a vida da correia. Adicionalmente, estes valores admissíveis são baseados em suposições de que o sistema opera suavemente, sem impactos ou titubeios.

[17] Isto é, referindo-se à Figura 16.9(b), para uma correia *em movimento*, uma força de inércia $T_c d\varphi$ deve ser somada ao diagrama de corpo livre, na direção radial (verticalmente para cima) e incluído no somatório vertical [expresso em (16-63) para o caso estático].
[18] Veja Figura 17.8(a).
[19] Uma expressão alternativa (e mais fundamental) pode ser formulada como $(T_t)_d = (S_N)_c n_c A_c / n_d$, em que $(S_N)_c$ é a "resistência à fadiga" de um cordonel individual, n_c é o número de cordonéis, A_c é a área resultante da seção transversal do cordonel e n_d é o fator de segurança de projeto (veja Capítulo 2). Um cordonel pode ser formado por uma ou mais pernas torcidas, cada uma tendo centenas de filamentos de fibras torcidas juntas. O problema com este tipo de cálculo é que poucos dados têm sido publicados para dar sustentação a essa abordagem de projeto.

baseados em valores-limite de projeto para T_a para alguns materiais.[20] Os valores tabelados para T_a são usualmente divididos por um fator de utilização, K_a, para levar em conta características de carregamento de choque mecânico ou de impacto da partida e do equipamento acionado. Fatores de utilização típicos são mostrados na Tabela 17.2.

TABELA 17.2 Fator de Utilização, K_a

	Características do Equipamento Conduzido		
Característica de Partida	Uniforme	Choque Mecânico Moderado	Choque Mecânico Pesado
Uniforme (por exemplo, motor elétrico, turbina)	1,00	1,25	1,75 ou maior
Choque Mecânico Leve (por exemplo, motor multicilindros)	1,25	1,50	2,00 ou maior
Choque Mecânico Médio (por exemplo, motor monocilindro)	1,50	1,75	2,25 ou maior

Exemplo 17.1 Seleção de Correia Plana

Um sistema de transmissão proposto de correia plana é considerado para uma aplicação na qual a velocidade angular do eixo motor (polia *motriz*) é de 3600 rpm, os requisitos aproximados para velocidade angular do eixo *movido* são de 1440 rpm, a potência a ser transmitida foi estimada em 0,5 hp e o dispositivo movido deve operar suavemente. A distância desejada entre centros das polias motriz e movida é de aproximadamente 10 polegadas. A gerência de Engenharia sugeriu a utilização de uma correia fabricada utilizando-se cordonéis de poliamida. Selecione uma correia plana para esta aplicação.

Solução

De (17-5),

$$hp = \frac{(T_t - T_f)V}{33.000}$$

e utilizando-se (15-23), a velocidade linear na linha primitiva V pode ser escrita como

$$V = \frac{2\pi r_1 n_1}{12}$$

em que r_1 está em polegadas, n_1 está em rpm e V está em ft/min.

Da Tabela 17.1, para correias de poliamida, uma espessura inicial de 0,05 polegada será tentada; o diâmetro de polia mínimo recomendado para esta espessura de correia é de d_1 = 1,0 polegada. Consequentemente

$$V = \frac{2\pi(0{,}5)(3600)}{12} = 940 \text{ ft/min}$$

e

$$(0{,}5) = \frac{(T_t - T_f)(940)}{33.000}$$

que gera

$$(T_t - T_f) = \frac{33.000(0{,}5)}{940} = 17{,}6 \text{ lbf} \tag{1}$$

Avaliando-se V como

$$940 = \frac{2\pi(d_2/2)(1440)}{12}$$

[20] Estes valores empíricos, que abrangem carga axial pura, carga fletora e efeitos de forças centrífugas, proveem pouco discernimento de como os modos de falha interagem, que fatores de segurança devem ser incluídos ou qual parâmetro deveria ser modificado para aumentar a vida da correia. Adicionalmente, estes valores admissíveis são baseados em sistemas com operação *suave*.

o diâmetro da polia maior, d_2, pode ser calculado como[21]

$$d_2 = \frac{(940)(12)(2)}{2\pi(1440)} = 2{,}5 \text{ polegadas}$$

Além disso da Figura 17.8(a), o ângulo de abraçamento para a polia pequena, θ_1, pode ser calculado como

$$\theta_l = \pi - 2\alpha = \pi - 2\,\text{sen}^{-1}\left(\frac{d_2 - d_1}{2C}\right)$$
$$= \pi - 2\text{sen}^{-1}\left(\frac{2{,}5 - 1{,}0}{2(10)}\right) = \pi - 0{,}15 = 2{,}99 \text{ rad}$$

O peso específico da correia é dado pela Tabela 17.1 para a correia de 0,05 polegada de espessura como 0,035 lbf/in³. Se a largura da correia é arbitrada em b_c, o peso por unidade de comprimento da correia, w_1 (lbf/ft), pode ser calculado como

$$w_1 = b_c\,(0{,}05)\,(0{,}035)\,(12) = (0{,}021)\,b_c \text{ lbf/ft}$$

Utilizando-se (17-3), notando-se que a velocidade da correia v nesta expressão está em ft/s e utilizando-se o coeficiente de atrito da Tabela 17.1 como $\mu = 0{,}5$, (17-3) torna-se

$$T_c = \frac{w_1 v^2}{g} = \frac{0{,}021 b_c (V/60)^2}{g} = \frac{0{,}021 b_c (940/60)^2}{32{,}2} = 0{,}16 b_c$$

Então (17-4) pode ser escrita como

$$\frac{T_t - 0{,}16 b_c}{T_f - 0{,}16 b_c} = e^{0{,}5(2{,}99)} = 4{,}46 \tag{2}$$

Note da Tabela 17.2 que o fator de utilização neste caso é $K_a = 1{,}0$, porque tanto o motor elétrico motriz quanto o equipamento movido têm uma operação suave e uniforme.[22] Deste modo (da Tabela 17.1) a tração-limite admissível de projeto por unidade de largura para a correia inicialmente selecionada é de

$$T_a = 35 \text{ lbf/in}$$

Deste modo (17-7) pode ser escrita como

$$(T_t)_d = \frac{35 b_c}{K_a} = 35 b_c \tag{3}$$

Resolvendo-se simultaneamente (1), (2) e (3),

$$\frac{35 b_c - 0{,}16 b_c}{(35 b_c - 17{,}6) - 0{,}16 b_c} = 4{,}46$$

ou

$$\frac{34{,}84 b_c}{34{,}84 b_c - 17{,}6} = 4{,}46$$

o que gera uma largura da correia mínima necessária de

$$b_c = 0{,}70 \text{ polegada}$$

Outras informações de interesse podem incluir o comprimento da correia L_c e a tração inicial T_o necessária para operação adequada. Da Figura 17.8(a), o comprimento da correia pode ser estimado em

$$L_c = \sqrt{4(10)^2 - (2{,}5 - 1{,}0)^2} + \frac{2{,}5(3{,}29) + 1{,}0(2{,}99)}{2}$$
$$= 19{,}94 + 5{,}61 = 25{,}5 \text{ polegadas}$$

De (17-6) a tração da correia inicial necessária T_o é de

$$T_o = \frac{T_t + T_f}{2} = \frac{[34{,}84(0{,}70)] + [34{,}84(0{,}70) - 17{,}6]}{2} = 15{,}6 \text{ lbf}$$

Baseando-se na seleção inicial por tentativa de uma correia de poliamida de 0,05 polegada de espessura, todos os resultados parecem razoáveis. Esta correia seria, por consequência, recomendada, mas está claro que muitas outras escolhas poderiam ser encontradas e que satisfariam, também, o critério de projeto.

---

[21] A velocidade da linha primitiva da correia deve ser a mesma em todos os pontos ao longo da correia.
[22] Veja as especificações.

Exemplo 17.1 Continuação

Resumindo:

1. Uma correia de poliamida de 0,05 polegada de espessura e 0,70 polegada de largura é recomendada.
2. O comprimento aproximado necessário da correia é de 25,5 polegadas, baseando-se em uma pequena polia motriz de 1,0 polegada de diâmetro, uma polia maior movida de 2,5 polegadas e uma distância entre centros de 10 polegadas.
3. Uma tração inicial na correia de 15,6 lbf é recomendada para alcançar desempenho ótimo.

17.5 Transmissão por Correias; Correias em V

Como nas correias planas, em cada volta de operação de uma *correia em V* os cordonéis estão submetidos a cargas trativas variáveis de T_f a T_t, flexão cíclica que é função do diâmetro da polia e uma componente de força centrífuga constante.[23] Estas forças cíclicas de média não nula, tal como para correias planas, sugerem que a falha por fadiga é um modo provável de falha para correias em V. Adicionalmente, uma variação da tração ocorre entre os cordonéis *pela largura* da correia em V em função do *efeito cunha* em um canal mais estreito de uma polia correspondente, como ilustrado na Figura 17.9.[24] Em função desta distribuição não uniforme nos cordonéis, os cordonéis das laterais são submetidos a cargas variáveis maiores por cordonel que os cordonéis internos; consequentemente, *o pico de tensão variável ocorre nos cordonéis laterais*. Frequentemente, um fator de cordonel lateral, conceitualmente similar ao fator de concentração de tensões[25] é utilizado para estimar as tensões dos *cordonéis laterais* em função da tensão *média* dos cordonéis. A tensão média nos cordonéis é prontamente calculável para qualquer seção de correia (veja Tabela 17.3).

Como para fadiga de peças metálicas,[26] a fadiga de correias em V é uma função de tensões cíclicas máximas e mínimas experimentadas pela correia durante o carregamento com média não nula dos cordonéis.[27]

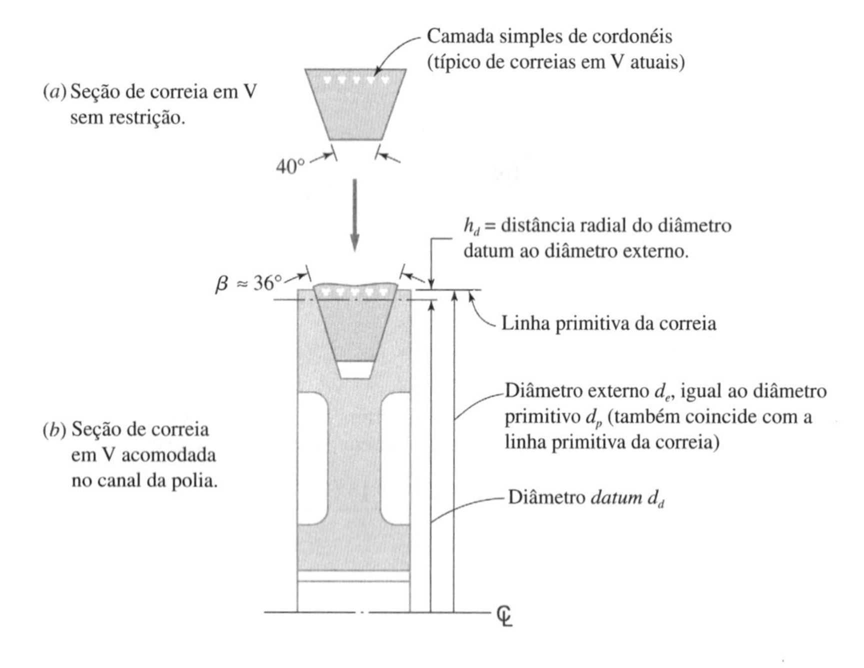

Figura 17.9
Seção transversal de correia em V antes e depois de ser acomodada na polia por tracionamento. O esboço também ilustra o novo padrão de *sistema de diâmetro datum*, recentemente adotado pelos fabricantes de correia em V.

[23] Veja Figura 17.8.
[24] Tipicamente, o ângulo de uma seção padrão de correia em V é de cerca de 40°, e o menor ângulo de um canal em V em uma polia é usualmente entre 30° e 38°. Para ângulos *menores* de polias, a tendência é a correia autotravar no canal em V, causando o comportamento de escorrega-trava "titubeante". Para ângulos *maiores* de polia, o aumento do coeficiente de atrito *efetivo* no canal em V (devido ao efeito cunha) é muito reduzido.
[25] Veja 5.3.
[26] Veja 5.6.
[27] A tração com carregamento médio não nulo dos cordonéis inclui a contribuição das trações axiais variáveis, flexão cíclica e força centrífuga constante.

TABELA 17.3 Constantes[1] Baseadas em Dados Empíricos Desenvolvidos para o Uso com (17-10) para Seções Transversais Selecionadas[2] de Correia em V (Todos os dados são para cordonéis de poliéster)

Seção de Correia	d_d para[3] A, B, C, D; d_e para[4] 3V, 5V, in	K_i	K_o, ksi	K_m, ksi	k	C_1	C_2	C_3	C_4	A_c, in²	n_c	w_1, lbf/ft
A	3	$6{,}13 \times 10^{-8}$	19,8	26,4	−1	5,0	111	$0{,}101 \times 10^{-6}$	0,20	$1{,}73 \times 10^{-3}$	7,0	0,065
	4	$6{,}13 \times 10^{-8}$	19,8	26,4	−1	5,0	111	$0{,}101 \times 10^{-6}$	0,18	$1{,}73 \times 10^{-3}$	7,0	0,065
	5	$6{,}13 \times 10^{-8}$	19,8	26,4	−1	5,0	111	$0{,}101 \times 10^{-6}$	0,17	$1{,}73 \times 10^{-3}$	7,0	0,065
	6	$6{,}13 \times 10^{-8}$	19,8	26,4	−1	5,0	111	$0{,}101 \times 10^{-6}$	0,16	$1{,}73 \times 10^{-3}$	7,0	0,065
	7	$6{,}13 \times 10^{-8}$	19,8	26,4	−1	5,0	111	$0{,}101 \times 10^{-6}$	0,16	$1{,}73 \times 10^{-3}$	7,0	0,065
B	4	$1{,}78 \times 10^{-7}$	17,3	26,0	−1	5,2	123	$0{,}133 \times 10^{-6}$	0,14	$1{,}73 \times 10^{-3}$	7,8	0,112
	5	$1{,}78 \times 10^{-7}$	17,3	26,0	−1	5,2	123	$0{,}133 \times 10^{-6}$	0,15	$1{,}73 \times 10^{-3}$	7,8	0,112
	6	$1{,}78 \times 10^{-7}$	17,3	26,0	−1	5,2	123	$0{,}133 \times 10^{-6}$	0,15	$1{,}73 \times 10^{-3}$	7,8	0,112
	7	$1{,}78 \times 10^{-7}$	17,3	26,0	−1	5,2	123	$0{,}133 \times 10^{-6}$	0,16	$1{,}73 \times 10^{-3}$	7,8	0,112
	8	$1{,}78 \times 10^{-7}$	17,3	26,0	−1	5,2	123	$0{,}133 \times 10^{-6}$	0,17	$1{,}73 \times 10^{-3}$	7,8	0,112
C	6	$9{,}39 \times 10^{-11}$	14,1	20,8	0	7,5	200	$0{,}213 \times 10^{-6}$	0,15	$2{,}88 \times 10^{-3}$	9,0	0,199
	7	$9{,}39 \times 10^{-11}$	14,1	20,8	0	7,5	200	$0{,}213 \times 10^{-6}$	0,14	$2{,}88 \times 10^{-3}$	9,0	0,199
	8	$9{,}39 \times 10^{-11}$	14,1	20,8	0	7,5	200	$0{,}213 \times 10^{-6}$	0,14	$2{,}88 \times 10^{-3}$	9,0	0,199
	10	$9{,}39 \times 10^{-11}$	14,1	20,8	0	7,5	200	$0{,}213 \times 10^{-6}$	0,13	$2{,}88 \times 10^{-3}$	9,0	0,199
	12	$9{,}39 \times 10^{-11}$	14,1	20,8	0	7,5	200	$0{,}213 \times 10^{-6}$	0,13	$2{,}88 \times 10^{-3}$	9,0	0,199
D	7	$6{,}76 \times 10^{-10}$	10,8	14,6	0	26,5	256	$0{,}291 \times 10^{-6}$	0,12	$5{,}15 \times 10^{-3}$	11,0	0,406
	8	$6{,}76 \times 10^{-10}$	10,8	14,6	0	26,5	256	$0{,}291 \times 10^{-6}$	0,11	$5{,}15 \times 10^{-3}$	11,0	0,406
	9	$6{,}76 \times 10^{-10}$	10,8	14,6	0	26,5	256	$0{,}291 \times 10^{-6}$	0,11	$5{,}15 \times 10^{-3}$	11,0	0,406
	10	$6{,}76 \times 10^{-10}$	10,8	14,6	0	26,5	256	$0{,}291 \times 10^{-6}$	0,11	$5{,}15 \times 10^{-3}$	11,0	0,406
	11	$6{,}76 \times 10^{-10}$	10,8	14,6	0	26,5	256	$0{,}291 \times 10^{-6}$	0,10	$5{,}15 \times 10^{-3}$	11,0	0,406
3V	3	$1{,}58 \times 10^{-7}$	16,9	28,3	−1	5,0	101	$0{,}094 \times 10^{-6}$	0,23	$1{,}73 \times 10^{-3}$	5,0	0,049
	4	$1{,}58 \times 10^{-7}$	16,9	28,3	−1	5,0	101	$0{,}094 \times 10^{-6}$	0,22	$1{,}73 \times 10^{-3}$	5,0	0,049
	5	$1{,}58 \times 10^{-7}$	16,9	28,3	−1	5,0	101	$0{,}094 \times 10^{-6}$	0,21	$1{,}73 \times 10^{-3}$	5,0	0,049
	6	$1{,}58 \times 10^{-7}$	16,9	28,3	−1	5,0	101	$0{,}094 \times 10^{-6}$	0,21	$1{,}73 \times 10^{-3}$	5,0	0,049
	7	$1{,}58 \times 10^{-7}$	16,9	28,3	−1	5,0	101	$0{,}094 \times 10^{-6}$	0,21	$1{,}73 \times 10^{-3}$	5,0	0,049
5V	6	$9{,}99 \times 10^{-8}$	16,0	29,2	−1	6,0	200	$0{,}202 \times 10^{-6}$	0,19	$2{,}88 \times 10^{-3}$	6,3	0,141
	7	$9{,}99 \times 10^{-8}$	16,0	29,2	−1	6,0	200	$0{,}202 \times 10^{-6}$	0,18	$2{,}88 \times 10^{-3}$	6,3	0,141
	8	$9{,}99 \times 10^{-8}$	16,0	29,2	−1	6,0	200	$0{,}202 \times 10^{-6}$	0,18	$2{,}88 \times 10^{-3}$	6,3	0,141
	10	$9{,}99 \times 10^{-8}$	16,0	29,2	−1	6,0	200	$0{,}202 \times 10^{-6}$	0,17	$2{,}88 \times 10^{-3}$	6,3	0,141
	12	$9{,}99 \times 10^{-8}$	16,0	29,2	−1	6,0	200	$0{,}202 \times 10^{-6}$	0,17	$2{,}88 \times 10^{-3}$	6,3	0,141

[1] *Coeficientes de correlação* para todas as seções transversais na faixa de 0,81 a 0,99. Um coeficiente de correlação típico é de 0,9.

[2] Dados de outras seções transversais são disponíveis na ref. 10. Note também que os dados para C_4 são de valores aproximados. C_4 é, na realidade, uma função fraca da razão de tração, como mostrado na ref. 10.

[3] Diâmetro datum.

[4] Diâmetro externo

A equação de deslizamento mostrada em (17-4) para correias planas pode ser modificada para o uso com correias em V pela substituição do coeficiente de atrito *efetivo*, μ', no lugar de μ, em que[28]

$$\mu' = \frac{\mu}{\operatorname{sen}\left(\dfrac{\beta}{2}\right)} \tag{17-8}$$

Então, para correia em V, a equação do deslizamento torna-se

$$\frac{T_t - T_c}{T_f - T_c} = e^{\mu'\theta_1} = e^{[\mu\theta_1/\operatorname{sen}(\beta/2)]} \tag{17-9}$$

A equação da potência dada em (17-5) não requer modificações *fundamentais* para a sua utilização para correias em V, apenas é recomendada para utilizações de correias em V, a multiplicação da potência nominal necessária por um fator de utilização, K_a, para obter um "valor de projeto" para a potência necessária (veja a Tabela 17.2). A equação da pré-carga, (17-6), também permanece inalterada.

As configurações de correia em V são padronizadas[29] e amplamente testadas para terem confiabilidade e longas vidas. Em função da evolução dos detalhes construtivos associados à seção transversal de correias em V atuais, em particular a tendência em direção ao reposicionamento dos cordonéis para uma posição mais favorável, muito próxima do diâmetro externo da polia, a padronização industrial foi mudada recentemente para adotar o *sistema datum* em vez do sistema *pitch* tradicionalmente utilizado para correias em V e para a especificação das polias.[30] O sistema datum reduz ou elimina as imprecisões associadas com as especificações enquadradas no sistema pitch antigo. A Tabela 17.4 mostra as relações, no sistema datum, entre o diâmetro datum d_d, o diâmetro primitivo d_p e o diâmetro externo d_e para seções transversais selecionadas de correias em V.

As seguintes orientações[31] aplicam-se na utilização do sistema datum para transmissões de correias em V convencionais:

1. O comprimento da correia datum é calculado utilizando-se os diâmetros datum das polias.
2. A distância entre centros é calculada utilizando-se diâmetros e comprimento datum.
3. A velocidade linear da correia é calculada utilizando-se o diâmetro primitivo.
4. A potência é calculada utilizando-se o diâmetro primitivo.
5. A razão de velocidades é calculada utilizando-se o diâmetro primitivo.

Várias equações de previsão de vida semiempíricas têm sido formuladas com sucesso para seções transversais de correias em V.[32] Uma destas formulações baseia-se nas suposições de que as tensões

TABELA 17.4 Relações entre o Sistema de Diâmetro Primitivo Datum, Diâmetro Externo e Diâmetro Datum para Polias[1] de Correias em V Usuais

Seção Transversal da Correia	Faixa do Diâmetro Datum (antiga faixa de diâmetro primitivo)	Diferença entre os Diâmetros[2] Datum e Externo, $2h_d$, in	Diferença entre os Diâmetros[3] Primitivo e Externo, $2a_p$, in	Diâmetro Datum Mínimo Recomendado $(d_d)_{mín}$, in
A	Todos	0,250	0,00	3,0
B	Todos	0,350	0,00	4,6
C	Todos	0,400	0,00	6,0
D	Todos	0,600	0,00	12,0

[1] Adotado pela International Standards Organization (ISO) e pela Rubber Manufactures' Association, *Engineering Standard for Classical V-Belts and Sheaves*. Dados extraídos da ref. 10.
[2] Veja a Figura 17.9.
[3] Para outras construções, a_p pode não ser nula.

[28] Veja Figura 17.9, para a definição do *ângulo* β da polia.
[29] Veja, por exemplo, as seções padronizadas mostradas nas Figuras 17.1(d), (e) e (f). Visto que a maioria das correias em V é fabricada fechada, os comprimentos das correias em V também foram padronizados. Uma amostra dos comprimentos-padrão está disponível na Tabela 17.5. As correias métricas também foram padronizadas, mas não foram incluídas neste livro-texto.
[30] Adotada pela International Standards Organization (ISO) e pela Rubber Manufactures' Association como a *Engineering Standard for Classical V-Belts and Sheaves* (veja ref. 10).
[31] Veja ref. 10.
[32] Veja refs. 8, 9, 10 e 11.

nos cordonéis laterais são preponderantes na vida a fadiga de correias em V e que os efeitos de carga média são significativos, são dados pela expressão[33]

$$N_f = k_i[K_o - \sigma_a]^2[K_m - \sigma_m]^2 L_d^{1,75} V^k \tag{17-10}$$

em que N_f = vida da correia em ciclos atribuídos a uma única polia[34]
K_i, K_o, K_m, k = constantes empíricas desenvolvidas por meio de análise estatística de dados experimentais
L_d = comprimento *datum* da correia, polegadas (veja Tabela 17.5)
V = velocidade linear da correia, ft/min
σ_m = tensão *média* real de um cordonel lateral, psi, como calculada em (17-11)
σ_a = tensão *alternada* real de um cordonel lateral, psi, como calculada em (17-12)

As equações que definem as tensões médias e alternadas do cordonel lateral, baseadas em conceitos de equilíbrio, são dadas por

$$\sigma_m = \frac{T_{te} + T_{be} + 2T_{ce} + T_{fe}}{2A_c} \tag{17-11}$$

e

$$\sigma_a = \frac{T_{te} + T_{be} - T_{fe}}{2A_c} \tag{17-12}$$

em que T_{te} = tração real[35] no cordonel lateral do lado tenso da correia T_t
T_{fe} = tração real no cordonel lateral do lado frouxo da correia T_f
T_{be} = tração no cordonel lateral devida à flexão
T_{ce} = tração no cordonel lateral devida à força centrífuga
A_c = área nominal de cada cordonel[36]

Para calcular a componente de tração no cordonel lateral causada por flexão T_{be}, uma expressão semiempírica foi desenvolvida para diversas seções transversais padrões de correia que envolvem os cordonéis de poliéster,[37] como

$$T_{be} = \frac{C_1 + C_2}{d_d} \tag{17-13}$$

em que C_1 e C_2 são constantes para uma dada seção transversal e um dado material de cordonel (veja Tabela 17.3), e d_d é o diâmetro datum da polia.

Para calcular a componente da força centrífuga induzida no cordonel lateral, T_{ce}, usa-se a expressão semiempírica

$$T_{ce} = C_3 V^2 \tag{17-14}$$

em que C_3 é uma constante para uma dada seção da correia (veja a Tabela 17.3).

Para calcular a componente de tração no cordonel lateral do lado tenso, T_{te}, a relação empírica é

$$T_{te} = C_4 T_t \tag{17-15}$$

em que C_4 é uma constante para uma dada seção de correia, material do cordonel e diâmetro da polia[38] (veja a Tabela 17.3).

Com o propósito de fazer-se uma primeira escolha razoável da seção transversal de uma correia para qualquer utilização, a Figura 17.10 apresenta recomendações baseadas em experiências para uma seleção inicial da seção transversal baseada nos requisitos de potência e de velocidade para o uso.

Se nas primeiras iterações o processo de seleção de correia parece convergir para uma solução *inaceitável*, deve-se pensar na utilização de um arranjo de várias correias operando lado a lado em polias de canais múltiplos. Se tal configuração de transmissão por correias múltiplas for adotada, é usual tornar-se necessário a instalação de *um conjunto de correias escolhidas*[39] para assegurar que as tolerâncias dos comprimentos datum de todas as correias do lote estejam próximas o suficiente para uma divisão uniforme da carga entre todas as correias. Polias de canais múltiplos são disponíveis

---

[33] Veja ref. 10.
[34] Visto que cada correia abraça pelo menos duas polias, algum tipo de expressão de *dano acumulativo* torna-se necessário para levar em conta as várias polias de diâmetros diferentes (veja 5.6).
[35] Corrigida para distribuição não uniforme do carregamento das fibras pela largura da correia.
[36] Veja Tabela 17.3.
[37] Dados para cordonéis fabricados de outros materiais não são facilmente encontrados.
[38] C_4 é também uma função fraca da razão de tração, como mostrado na ref. 10.
[39] Veja, por exemplo, ref. 1.

TABELA 17.5 Seleção de Comprimentos Datum Nominais Padronizados L_d, Comprimentos Externos L_e e Comprimentos Internos L_i para Diversas Seções[1] Padronizadas de Correia em V

Seção da Correia	Comprimento Datum, L_d, in	Comprimento Externo,[2] L_e, in	Comprimento Interno, L_i, in
A	22,3	23,3	21,0
	32,3	33,3	31,0
	42,3	43,3	41,0
	52,3	53,3	51,0
	62,3	63,3	61,0
	72,3	73,3	71,0
	82,3	83,3	81,0
	92,3	93,3	91,0
	101,3	102,3	100,0
	137,3	138,3	136,0
	181,3	183,3	180,0
B	29,8	30,8	28,0
	39,8	40,8	38,0
	49,8	50,8	48,0
	59,8	60,8	59,0
	69,8	70,8	69,0
	89,8	90,8	79,0
	109,8	110,8	89,0
	149,8	150,8	149,0
	211,8	212,8	211,0
C	53,9	55,2	51,0
	62,9	64,2	60,0
	73,9	75,2	71,0
	83,9	85,2	81,0
	99,9	101,2	97,0
	117,9	119,2	115,0
	138,9	140,2	136,0
	160,9	162,2	158,0
	182,9	184,2	180,0
	212,9	214,2	210,0
D	123,3	125,2	120,0
	147,3	149,2	144,0
	176,3	178,2	173,0
	198,3	200,2	195,0
	213,3	215,2	210,0
3V		25,0	
		40,0	
		56,0	
		67,0	
		80,0	
		95,0	
		112,0	
		125,0	
		140,0	
5V		50,0	
		60,0	
		71,0	
		80,0	
		90,0	
		100,0	
		112,0	
		125,0	
		132,0	
8V		100,0	
		150,0	
		200,0	
		250,0	
		300,0	
		400,0	
		500,0	
		600,0	

[1] Muitas escolhas adicionais de comprimentos padrões estão disponíveis a partir de catálogos de fabricantes. Por exemplo, veja a ref. 10.

[2] Para as seções de correia 3V, 5V e 8V, o comprimento externo pode ser suposto igual ao comprimento primitivo.

comercialmente com 1, 2, 3, 4, 5, 6, 8 ou 10 canais, mas é normalmente recomendado que não mais que 5 correias paralelas sejam utilizadas. Se qualquer correia falhar em uma transmissão de correias múltiplas, todas as correias devem ser substituídas por um novo conjunto integrado. Em algumas aplicações que envolvem cargas pulsativas, as correias em V múltiplas tornam-se instáveis, chicoteando-se ou golpeando-se entre si. Para tais aplicações, a configuração *correia em V multicanais* pode resolver o problema. As correias em V multicanais consistem em até cinco seções de correias em V conectadas por uma faixa de ligação[40] para prover estabilidade lateral. Se o uso de projeto requer a utilização de uma configuração de correia de *duplo dente* na qual *ambos os lados* da correia devem atuar seções transversais de correias duplo-V (ângulo-duplo) são comercialmente disponíveis.

Figura 17.10
Seleção nominal recomendada de correia como uma função da utilização, requisitos de potência e requisito de velocidade angular. *Fonte*: Dayco Products, Inc. (Adaptado da ref. 1.)

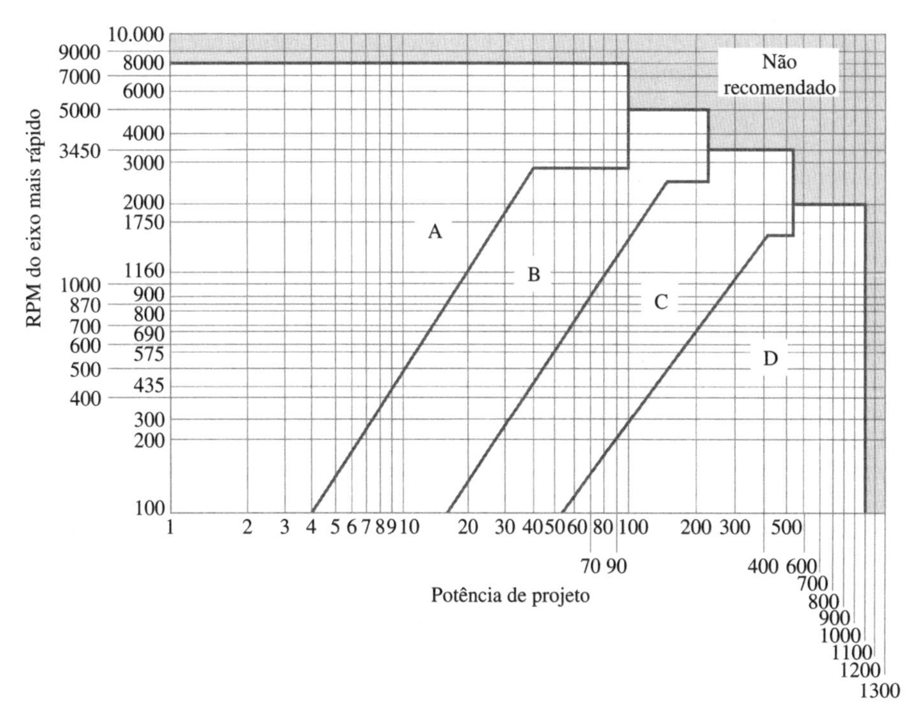

(*a*) Seções padrões de correias em V.

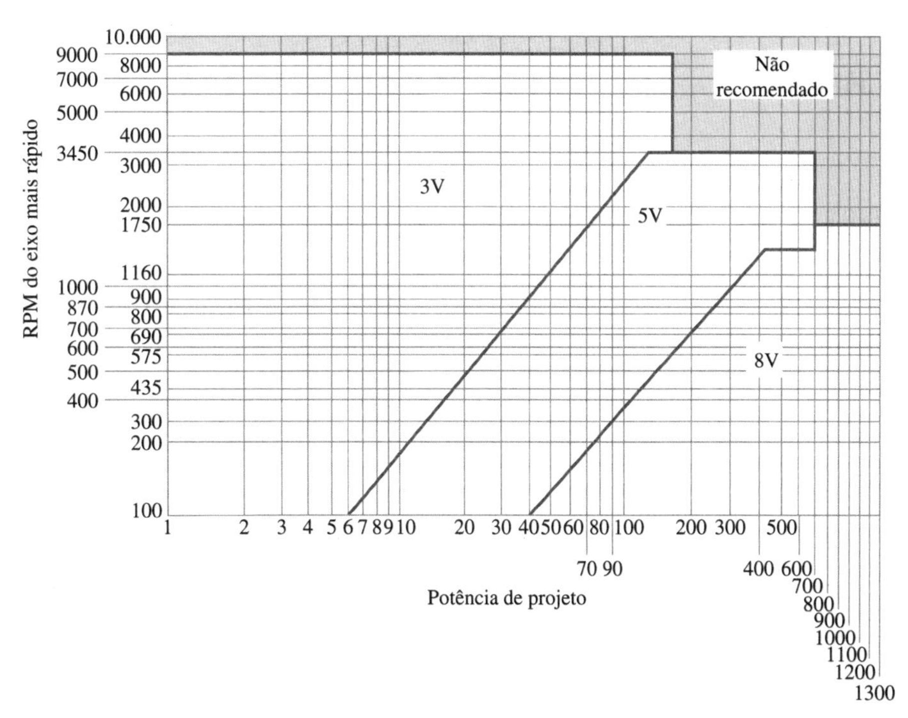

(*b*) Seções de correias em V estreitas.

[40] Uma faixa de ligação tem a configuração de uma fina correia plana externa integralmente atada conectando as seções paralelas das correias em V.

Além dos procedimentos de projeto discutidos, as recomendações baseadas na experiência para alcançar desempenho ótimo para a configuração de transmissão de correia em V incluem:

1. A distância entre centros[41] C, normalmente, não deve ser menor do que o diâmetro datum da polia maior e não mais do que três vezes a soma dos diâmetros datum das polias. Deste modo

$$3(d_d + D_d) \geq C \geq D_d \tag{17-16}$$

2. Para os melhores resultados, uma correia em V deve ter velocidade linear dentro da faixa de 1500-6500 ft/min, com 4000 ft/min sendo recomendado. Para utilizações especiais, tais como transmissões de carros para neve, permitem-se velocidades lineares de até 15.000 ft/min.
3. Dentro das restrições de espaço de operação, é recomendado que as polias selecionadas sejam maiores do que o diâmetro mínimo recomendado. Isto resulta em uma vida maior para a correia e custos de manutenção menores.

Deve-se notar que a maioria dos fabricantes de correias em V publica catálogos com dados extensivos e mostra os procedimentos simples de seleção de correias.[42] Enquanto nestes catálogos são recomendados procedimentos de procura para a fase final da seleção de correias, estes proveem pouca compreensão de como as interações entre os modos de falha acontecem, de quais fatores de segurança foram incluídos ou quais parâmetros podem ser alterados para melhorar a vida da correia. De acordo com os objetivos deste texto, é recomendado que os procedimentos de projeto básico apresentados sejam implementados para ganhar entendimento e os catálogos de fabricantes sejam consultados para confirmar a seleção feita.

Finalmente, é importante reconhecer que a vida da correia calculada utilizando-se (17-10) é para o número de ciclos atribuídos a uma *única* polia. Todas as transmissões por correias em V empregam ao menos duas polias, normalmente de diâmetros diferentes. Deste modo, de (17-13), cada polia diferente dá a sua própria contribuição de flexão e suas próprias componentes de tensões médias e alternadas, como ilustrado por (17-11) e (17-12). Consequentemente, a vida até a falha da correia associada a cada um dos diferentes diâmetros de polias será diferente para cada polia.[43] Para determinar a vida resultante da correia quando duas ou mais polias são utilizadas em uma transmissão de correia,[44] uma relação de dano cumulativo tal como a da hipótese de Palmgren-Miner[45] pode ser utilizada.

Se n_i é definido como um número de ciclos gastos a um dado nível de tensão σ_i, a hipótese de Palmgren-Miner de (5-79) pode ser escrita como

A falha é prevista de ocorrer se (FIPTOI)

$$\sum_{i=1}^{m} \frac{n_i}{(N_f)_i} \geq 1 \tag{17-17}$$

em que n_i é determinado pelo uso e $(N_f)_i$ pode ser calculado de (17-10). Por exemplo, para um sistema de transmissão de duas polias, (17-17) gera

FIPTOI

$$\frac{n_1}{(N_f)_1} + \frac{n_2}{(N_f)_2} \geq 1 \tag{17-18}$$

Visto que cada volta da correia N_c induz um ciclo de σ_1 e um ciclo de σ_2,

$$n_1 = n_2 = n_i = N_c \tag{17-19}$$

e de (17-19), o número de voltas da correia (ciclos da correia) até a falha, $(N_c)_f$, é

$$\frac{1}{(N_c)_f} = \frac{1}{(N_f)_1} + \frac{1}{(N_f)_2} \tag{17-20}$$

Exemplo 17.2 Seleção de Correia em V

Um órgão regulador de trânsito recentemente criado, denominado "abrigo para ônibus", solicita que 12 ventiladores–exaustores sejam instalados em suas dependências. Estimativas preliminares da Engenharia indicam que exaustores de velocidade constante acionados por correias de transmissão a aproximadamente 800 rpm proveriam ventilação suficiente. Deseja-se acionar os exaustores com motores elétricos a 1750 rpm. A distância entre centros entre o motor e o eixo do exaustor correspondente estará idealmente na faixa de

[41] Veja Figura 17.8.
[42] Veja, por exemplo, ref. 1.
[43] Supondo que nenhuma outra polia contribua para a falha.
[44] Todas as transmissões práticas de correia empregam no mínimo duas polias.
[45] Veja (5-79) e discussão relacionada.

38-42 polegadas. Estimativas dos requisitos de potência do exaustor indicam que cada exaustor irá requerer cerca de 5 hp em regime permanente, e que instabilidades de vibração e fluxo irão provavelmente gerar um carregamento de *choque mecânico moderado*. Os exaustores são para operar 365 dias por ano, 24h por dia.

Utilizando-se um fator de segurança de projeto de $n_d = 1{,}2$ para a potência, proponha um arranjo convencional de transmissão de correia em V para prover uma vida média de cerca de 2 anos entre substituições de correias.

Solução

Para a operação do exaustor 24 horas/dia por 2 anos a uma velocidade angular de aproximadamente 800 rpm, o número de ciclos, N_c é de

$$N_c = \left(800\frac{\text{ciclos}}{\text{min}}\right)\left(60\frac{\text{min}}{\text{h}}\right)\left(24\frac{\text{h}}{\text{dia}}\right)\left(365\frac{\text{dias}}{\text{ano}}\right)(2\text{ anos})$$

$$= 84 \times 10^8 \text{ ciclos da correia}$$

Para esta transmissão de correia e duas polias, cada volta da correia induz um ciclo de tensão $(\sigma)_{mot}$ na polia motriz e um ciclo de tensão $(\sigma)_{exaust}$ na polia do exaustor.

Os requisitos de projeto de potência para cada sistema de exaustão, $(hp)_d$, podem ser estimados como

$$(hp)_d = (hp)_{nom}K_a n_d = (5)(1{,}25)(1{,}2) = 7{,}5 \text{ hp}$$

Baseado nas especificações, a razão de velocidades R deve ser de

$$R = \frac{n_{mot}}{n_{exaust}} = \frac{(d_d)_{exaust}}{(d_d)_{mot}} = \frac{1750}{800} = 2{,}19$$

Deste modo,

$$(d_p)_{exaust} = 2{,}19(d_p)_{mot}$$

De (17-5)

$$HP = \frac{(T_t - T_f)V}{33.000}$$

em que a velocidade linear da correia é de

$$V = \frac{\pi(d_p)_{exaust}\,n_{exaust}}{12} = \frac{\pi(d_p)_{exaust}(800)}{12} = 209{,}4(d_p)_{exaust}$$

ou

$$V = (209{,}4)(2{,}19)(d_p)_{mot} = 458{,}7(d_p)_{mot}$$

Um valor preliminar para o diâmetro datum da polia pode ser baseado ou na Figura 17.1(d) ou na Figura 17.10, na qual uma correia em V de seção A convencional é sugerida. Então, da Tabela 17.4, o diâmetro datum mínimo recomendado para uma polia tipo A é de 3,0 polegadas. A experiência dita que diâmetros datum maiores do que o mínimo devem ser utilizados se for possível. Consequentemente, um valor preliminar para o diâmetro datum da polia motriz seria escolhido

$$(d_d)_{mot} = 4{,}50 \text{ polegadas}$$

de que utilizando-se $2h_d = 0{,}25$ polegada (da Tabela 17.4),

$$(d_d)_{exaust} = 2{,}19[(d_d)_{mot} + 0{,}25] - 0{,}25 = 10{,}15 \text{ polegadas}$$

Então

$$V = 458{,}7(4{,}50 + 0{,}25) = 2179 \text{ ft/min}$$

Utilizando uma regra prática[46] este valor se encontra em uma faixa aceitável, mas próximo ao extremo de baixa velocidade. A seguir, da equação de potência anterior

$$7{,}5 = \frac{(T_t - T_f)(2179)}{33.000}$$

ou

$$(T_t - T_f) = \frac{(7{,}5)(33.000)}{2179} = 113{,}6 \text{ lbf}$$

[46] Veja a discussão do texto em *orientações 2* que segue (17-16).

Exemplo 17.2 Continuação

Da Figura 17.8(a), o ângulo de abraçamento da polia menor motriz, para uma distância nominal entre centros de 40 polegadas, é de

$$\theta_1 = \theta_{mot} = \pi - 2\alpha = \pi - 2\,\text{sen}^{-1}\left(\frac{10{,}15 - 4{,}50}{2(40)}\right) = \pi - 0{,}14 = 3{,}00 \text{ rad}$$

e para a polia maior do exaustor

$$\theta_{exaust} = \pi + 0{,}14 = 3{,}28 \text{ rad}$$

O comprimento nominal datum da correia é então de

$$(L_d)_{nom} = \sqrt{4(40)^2 - (10{,}15 - 4{,}50)^2} + \frac{10{,}15(3{,}28) + 4{,}50(3{,}00)}{2} = 103{,}1 \text{ polegadas}$$

Conferindo o comprimento datum de seção A padronizada que normalmente existe em estoque, mostrado na Tabela 17.5, o comprimento datum padronizado mais próximo ao mostrado é de 101,3 polegadas, e este tamanho padrão de comprimento de correia será adotado aqui.[47] Portanto

$$L_d = 101{,}3 \text{ polegadas}$$

Lendo-se da Tabela 17.3, o peso específico de uma correia de seção A é de

$$w_1 = 0{,}065 \frac{\text{lbf}}{\text{ft}}$$

A seguir, utilizando-se (17-3),

$$T_c = \frac{(0{,}065)\left(\frac{2179}{60}\right)^2}{32{,}2} = 2{,}66 \text{ lbf}$$

e (17-9) pode ser estimada como[48]

$$\frac{T_t - 2{,}66}{T_f - 2{,}66} = e^{[0.3(3.00)]/[\text{sen}(36/2)]} = e^{2{,}91} = 18{,}40$$

Resolvendo-se para T_f,

$$T_f = T_t - 113{,}6 \text{ lbf}$$

e substituindo na equação anterior

$$\frac{T_t - 2{,}66}{(T_t - 113{,}6) - 2{,}66} = 18{,}40$$

ou

$$T_t = 122{,}8 \text{ lbf}$$

e

$$T_f = 9{,}2 \text{ lbf}$$

Além disso, pode-se notar de (17-6) que a pré-carga necessária aproximada é de

$$T_o = \frac{129 + 9}{2} = 69 \text{ lbf}$$

Os *cordonéis laterais* tracionados críticos podem ser calculados em seguida utilizando-se as constantes da Tabela 17.3. Para a correia de seção A em flexão, utilizando-se (17-13), as trações atribuídas à flexão nos cordonéis laterais são

$$(T_{be})_{mot} = \frac{5{,}0 + 111}{4{,}5} = 25{,}8 \text{ lbf}$$

e

$$(T_{be})_{exaust} = \frac{5{,}0 + 111}{9{,}86} = 11{,}4 \text{ lbf}$$

[47] Correias em V padrões são normalmente especificadas por uma letra seção-tamanho, seguido pelo comprimento nominal interno da correia em polegadas. Para o caso em questão, seria uma correia A100.

[48] Utilizando-se $\mu = 0{,}3$ para borracha seca em aço, da Tabela A.1 do Apêndice, e supondo que o ângulo da polia é de $\beta = 36°$.

Para a tração nos cordonéis laterais atribuída à força centrífuga, (17-14) gera

$$T_{ce} = 0{,}101 \times 10^{-6}(2179)^2 = 0{,}48 \text{ lbf}$$

Para a tração nos cordonéis laterais atribuída à transmissão de potência para o lado tenso e para o lado frouxo, (17-15) gera

$$T_{te} = 0{,}175(122{,}8) = 21{,}5 \text{ lbf}$$

e

$$T_{fe} = 0{,}175(9{,}2) = 1{,}6 \text{ lbf}$$

Substituindo estes valores em (17-11), a *tensão média* nos cordonéis laterais pode ser calculada como

$$(\sigma_m)_{mot} = \frac{21{,}5 + 25{,}8 + 2(0{,}48) + 1{,}6}{2(1{,}73 \times 10^{-3})} = 14.410 \text{ psi}$$

e

$$(\sigma_m)_{exaust} = \frac{21{,}5 + 11{,}4 + 2(0{,}48) + 1{,}6}{3{,}46 \times 10^{-3}} = 10.250 \text{ psi}$$

Em seguida, inserindo estes valores em (17-12),

$$(\sigma_a)_{mot} = \frac{21{,}5 + 25{,}8 - 1{,}6}{3{,}46 \times 10^{-3}} = 13.208 \text{ psi}$$

e

$$(\sigma_a)_{exaust} = \frac{21{,}5 + 11{,}4 - 1{,}6}{3{,}46 \times 10^{-3}} = 9046 \text{ psi}$$

De (17-10), utilizando-se as constantes de uma seção tipo A de correia da Tabela 17.3, o número de ciclos na polia motriz para gerar falha seria de[49]

$$(N_f)_{mot} = 6{,}13 \times 10^{-8}(19.800 - 13.208)^2(26.400 - 14.410)^2(101{,}3)^{1{,}75}(2179)^{-1}$$
$$= 5{,}68 \times 10^8 \text{ ciclos}$$

Similarmente, o número de ciclos na polia do exaustor para gerar a falha seria de[50]

$$(N_f)_{exaust} = 6{,}13 \times 10^{-8}(19.800 - 9046)^2(26.400 - 10.250)^2(101{,}3)^{1{,}75}(2179)^{-1}$$
$$= 2{,}74 \times 10^9 \text{ ciclos}$$

Finalmente, utilizando-se (17-19)

$$\frac{1}{(N_c)_f} = \frac{1}{(N_f)_{mot}} + \frac{1}{(N_f)_{exaust}}$$

de que o número de ciclos da correia até a falha torna-se

$$(N_c)_f = \frac{1}{\dfrac{1}{5{,}68 \times 10^8} + \dfrac{1}{2{,}74 \times 10^9}} = 4{,}70 \times 10^8 \text{ ciclos}$$

Comparando-se o resultado com os requisitos de ciclos de correia para dois anos sem manutenção, está claro que a seção tipo A escolhida não serviria e falharia precocemente. Uma solução simples seria a utilização de correias paralelas em polias multicanais. Como pode ser verificado de T_{te}, $(\sigma_m)_{mot}$ e $(\sigma_a)_{mot}$,[51] uma transmissão de duas correias iria cortar os níveis de tensões médias e alternadas por um fator próximo de dois, que iria gerar um aumento significativo na vida da correia. Outra solução seria a utilização de polias maiores. Para uma polia motriz maior, a tração devida à flexão nos cordonéis laterais seria reduzida, e, consequentemente, os níveis de tensões médias e alternadas seriam diminuídos, provavelmente gerando um aumento significativo da vida da correia.

[49] Supondo que a polia *motriz* seja única fonte de carregamento cíclico.

[50] Supondo que a polia *do exaustor* seja única fonte de carregamento cíclico.

[51] Verificando-se a partir de $(N_C)_f$ que a contribuição da polia do exaustor é pequena se comparada com a polia menor motriz.

17.6 Transmissão por Correias; Correias Sincronizadoras

Como ilustrado nas Figuras 17.1(c) e 17.2(c), correias dentadas (correias sincronizadoras) não dependem do atrito para a transmissão do torque e da potência, pois transmitem torque e potência em virtude do encaixe (engrenamento) da correia dentada com os canais da roda dentada. Deste modo, uma transmissão de correia dentada provê uma razão de velocidade angular constante (sem deslizamento ou fluência), requer uma pré-carga mínima da correia (apenas o suficiente para impedir o "salto do dente" quando partindo ou parando), pode ser operada em altas velocidades (de até 16.000 ft/min) e pode transmitir grandes torques e grandes potências.

Em função da grande rigidez dos cordonéis[52] utilizados na fabricação de correias dentadas, pouca mudança no comprimento da correia ou do passo do dente é experimentada quando a correia é carregada. Consequentemente, cada dente da correia pode engrenar corretamente com o correspondente canal da polia à medida que se encaixam e permanecem até saírem do local de engrenamento. O perfil do dente da correia e espaçamento (passo), assim como o formato do dente da polia e passo, são precisamente controlados durante a fabricação para acentuar a operação suave e uniforme. Os dentes de correias sincronizadoras padrões têm um perfil trapezoidal. Para usos pesados, o perfil do dente é algumas vezes modificado para prover uma maior seção transversal de cisalhamento com a redução correspondente da tensão de cisalhamento no dente da correia. Nem o formato do dente nem o passo foram padronizados para estas correias especiais, e ambos podem variar de acordo com o fabricante. Em velocidades usuais de operação, as correias dentadas tendem a operar suavemente e silenciosamente, e não há variação da velocidade por *ação cordal* como há em transmissão por corrente.[53] Se a geração de barulho for um problema, alguns fabricantes proveem formatos de dentes patenteados (ou seja, perfis parabólicos)[54] para a redução da geração de barulho ou para o aumento da capacidade de transmissão. Arranjos de dentes helicoidais são também utilizados para usos de transmissão síncrona de alto desempenho de uma operação mais suave, silenciosa e de dentes mais fortes, tal como para dentes de *engrenagens* helicoidais.[55] Correias com dentes nas duas faces são também disponíveis para usos de transmissão de duplo dente em que uma correia deve transmitir a partir das duas faces.

O processo de projeto e seleção para correias síncronas é bastante similar à seleção de correias em V visto em 17.5 e não será repetido aqui. É digno de nota, contudo, que a maioria dos fabricantes de correias dentadas, assim como fabricantes de correias em V, publicam extensos catálogos com dados e mostram procedimentos simples para a seleção de correias.[56]

17.7 Transmissão por Correntes; Modos Prováveis de Falha

Na Figura 17.3 estão ilustradas algumas das configurações de transmissão por corrente mais comumente utilizadas.[57] As correntes de precisão para a transmissão de potência são fabricadas por meio de uma série contínua de conexões por pinos, que se engrenam sequencialmente com os dentes da roda dentada à medida que a corrente passa em torno de duas ou mais rodas dentadas. Cada junção pino bucha articula à medida que a corrente passa em torno das rodas dentadas; consequentemente cada junção age como um munhão e um mancal. Assim como para qualquer outro uso de um munhão e um mancal,[58] a lubrificação apropriada da interface de deslizamento do pino bucha é crítica para alcançar a vida *potencial* de desgaste da corrente. Ironicamente, planejamentos de manutenção periódica, os quais pretendem limpar e relubrificar as correntes para *melhorar* a vida ao desgaste, podem, às vezes, na realidade *reduzir* a vida ao desgaste porque retiram o lubrificante de partes relativamente inacessíveis. A menos que seja feito um esforço consciente de reintrodução apropriada de lubrificante nas interfaces relativamente inacessíveis, como entre pinos e buchas, a vida ao desgaste não será afetada.

Três diferentes opções para a lubrificação são: Tipo I – lubrificação manual ou por gotejamento, Tipo II – banho de óleo ou lubrificação com disco borrifador e Tipo III – lubrificação forçada de óleo ou lubrificação de borrifo sob pressão.[59] Fabricantes de correntes frequentemente recomendam o Tipo I para usos no qual a velocidade linear da corrente esteja entre 170 e 650 ft/min, o Tipo II para usos nos quais a velocidade linear da corrente esteja entre 650 e 1500 ft/min e o Tipo III se a velocidade linear da corrente exceder cerca de 1500 ft/min. O fluxo de óleo necessário para a lubrificação efetiva varia de cerca de ¼ gal/min para uma transmissão de corrente de 50 hp a cerca de 10 gal/min para transmissão de 2000 hp.

---

[52] Veja 17.3.
[53] Veja 17.7.
[54] Veja ref. 13.
[55] Veja 15.12 e ref. 13.
[56] Veja, por exemplo, a ref. 12.
[57] Muitos outros tipos de correntes são comercialmente disponíveis. Veja, por exemplo, a ref. 14.
[58] Veja o Capítulo 10.
[59] Veja também 10.5, 10.6 e 15.10.

As forças de tração do lado tenso são transferidas para os dentes da roda dentada por roletes ou por placas de ligação dentadas.[60] À medida que a corrente em movimento passa em torno das rodas dentadas, a força trativa na corrente varia de *tração do lado tenso* para a *tração do lado frouxo*,[61] e vice-versa, para cada ciclo completo. Se a velocidade da corrente ultrapassa cerca de 3000 ft/min, forças centrífugas podem se somar significativamente às forças trativas da corrente. Adicionalmente, variações de frequências mais altas *superpostas* de tração na corrente podem ser causadas pela consequência cinemática do acoplamento entre as conexões da corrente e os dentes da roda dentada. Este comportamento cinemático é conhecido como *ação cordal*.[62] A fadiga, consequentemente, torna-se o modo de falha primário provável para transmissões de potência com correntes. Falhas de fadiga podem ser geradas nas placas de ligação rolete-bucha, nas placas de ligação dentadas, nos roletes-buchas ou superfícies dos dentes (fadiga superficial). Adicionalmente, desgaste abrasivo, desgaste adesivo, desgaste por fretagem ou desgaste por contato entre a bucha e o pino podem ser modos prováveis de falha em algumas circunstâncias. Quando o desgaste entre os pinos e as buchas ou roletes e dentes gera mudanças dimensionais suficientes para fazer com que os roletes escalem tão alto no dente da roda dentada, a corrente pode pular de um dente para o próximo. Para alongamentos na corrente em função do desgaste de mais de 3 por cento, a substituição da corrente normalmente se faz necessária.

Um esboço mostrando as regiões de falha provável em função da potência e da velocidade encontra-se na Figura 17.11. Relações empíricas definindo as bordas de cada região de falha são incluídas em 17.9.

17.8 Transmissão por Correntes; Materiais

De acordo com orientações de seleção de materiais apresentadas no Capítulo 3 e da discussão do modo de falha em 17.7, os materiais prováveis para correntes de transmissão de potência devem ter boa resistência (especialmente boa resistência à fadiga), alta rigidez, boa resistência ao desgaste, boa resistência à fadiga superficial, boa resiliência e, em alguns usos, boa resistência à corrosão como também custo razoável. Os materiais que atendem a estes critérios[63] incluem aços-carbono e aços-liga, ferro fundido, ferro maleável, ligas de aço inoxidável e, para aplicações especiais, ligas de latão, bronze e determinados materiais poliméricos. Os componentes da corrente podem ser estampado, fundido, forjado, usinado ou soldado, para obter a geometria desejada. Os componentes de correntes podem ou não ser tratados termicamente, em função da resistência necessária. A carbonetação e a cementação, endurecimento ao longo de toda a espessura, endurecimento por indução ou galvanização podem ser utilizados para aumentar a resistência ao desgaste ou prover proteção contra corrosão.

Em correntes padronizadas disponíveis comercialmente[64] as *placas de ligação* são tipicamente de aço-carbono, tratado termicamente se o uso demandar, e as bordas podem ser endurecidas por indução para melhorar a resistência ao desgaste por deslizamento. As *buchas* são normalmente de

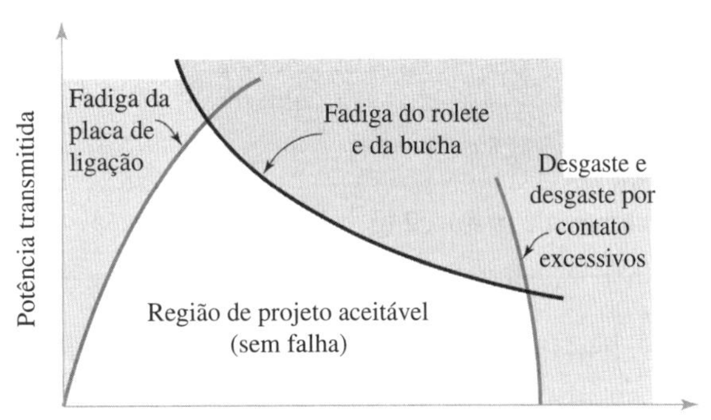

Figura 17.11
Regiões de projeto aceitáveis em forma de tenda limitadas pelas curvas de falha de corrente de roletes de precisão. Veja as equações (17-20), (17-21) e (17-22).

[60] Veja Figuras 17.3 e 17.4.
[61] A tração do lado frouxo é normalmente nula.
[62] Como discutido em 17.9, ação cordal (*ação poligonal*) resulta na elevação e queda da linha de centro de cada elo de corrente à medida que a roda dentada gira e os elos articulam-se. Isto causa variações da velocidade linear e variações na tração de cerca de 1 até 10 por cento da tração do lado tenso da corrente, em função do número de dentes da roda dentada.
[63] Veja 3.2.
[64] Veja Figura 17.3.

aço-carbono ou aço-liga, cementado ou endurecido por toda a espessura. Em determinadas aplicações, porém, as buchas podem ser feitas de aço inox tratado termicamente, bronze, grafite ou outros materiais. Os *pinos* são normalmente feitos de aço-carbono ou aço-liga carbonetados e cementados ou endurecidos por toda a espessura. Os *roletes* são geralmente feitos de aço-carbono ou aço-liga, carbonetados e endurecidos superficialmente ou endurecidos por toda a espessura, em função das necessidades de utilização. Os dentes das rodas dentadas, em geral de aço, são frequentemente endurecidos até cerca Rockwell C 59-63.

17.9 Transmissão por Correntes; Correntes de Roletes de Precisão

A configuração básica de uma corrente de roletes de *fileira única* está ilustrada na Figura 17.3(a). Corrente de roletes de *fileiras múltiplas*, consistindo em duas ou mais fileiras paralelas de correntes montadas com pinos em comum, são também padronizadas, como também são padronizadas correntes de *passo duplo*.[65] Adicionalmente, correntes não padronizadas são comercialmente disponíveis, inclusive correntes com junções vedadas ou com buchas de metal sinterizado, correntes com folga adicional e correntes feitas de materiais resistentes à corrosão ou ao calor. As dimensões e o limite de resistência nominal para uma corrente de roletes de única fileira são mostrados na Tabela 17.6.

A corrente de roletes de fileiras múltiplas pode ser utilizada para transmitir potências maiores, mas, em função do carregamento não uniforme entre as fileiras, um *fator de fileira*, K_{st} (sempre menor que o número de fileiras), deve ser introduzido para levar em conta a divisão do carregamento desigual entre as fileiras paralelas (veja Tabela 17.7).

Referindo-se novamente à Figura 17.11, a fadiga da placa de ligação predomina no envelope de falhas a baixas velocidades, enquanto a fadiga do rolete e da bucha tendem a predominar em altas velocidades. Limites práticos para velocidade linear da corrente são impostos pelo início de desgaste ou desgaste por contatos excessivos. A velocidade máxima da corrente que pode ser usada com sucesso é em torno de 9000 ft/min; mas 2500 ft/min é muito mais usual.

Expressões empíricas têm sido desenvolvidas para cada fronteira de falha esboçada na Figura 17.11. Para a *fadiga de placa de ligação* a potência-limite é dada por

$$(hp_{lim})_{lp} = K_{lp} N_1^{1,08} n_1^{0,9} p^{(3,0 - 0,07p)} \qquad (17\text{-}21)$$

em que K_{lp} = 0,0022 para a corrente de nº 41 (corrente mais leve)
= 0,004 para todos os outros números de correntes
N_1 = número de dentes da roda dentada menor
n_1 = velocidade angular da roda dentada menor, rpm
p = passo da corrente, polegadas

Para a *fadiga de rolete e bucha*, o limite de potência é de

$$(hp_{lim})_{rb} = \frac{1000 K_{rb} N_l^{1,5} p^{0,8}}{n_l^{1,5}} \qquad (17\text{-}22)$$

em que K_{rb} = 29 para correntes nº 25 e 35
= 3,4 para corrente nº 41
= 17 para correntes de nº 40 a 240

Para *desgaste* ou *desgaste por contato* excessivos, a potência-limite é de

$$(hp_{lim})_g = \left(\frac{N_1 p N_s}{110,84}\right)(4,413 - 2,073p - 0,0274N_L) - \left(\ln\frac{n_L}{1000}\right)(1,59 \log p + 1,873) \qquad (17\text{-}23)$$

em que N_L = número de dentes da roda dentada maior
n_L = velocidade angular da roda dentada maior, rpm

Para qualquer uso, a potência de projeto não deve exceder qualquer dos *limites de potência* calculados utilizando-se (17-21), (17-22) e (17-23).

A ação cordal (*ação poligonal*), que causa a variação da velocidade da corrente e a tração da corrente cada vez que um elo se acopla a um dente da roda dentada, pode ser um fator limitante de projeto no desempenho da corrente, em especial para as utilizações em grandes velocidades. Como ilustrado na Figura 17.12 para corrente de roletes, a ação cordal é uma consequência cinemática do fato de a *linha de aproximação* da corrente *não ser tangente* ao círculo primitivo da roda dentada; é *colinear com uma corda* do círculo primitivo. Portanto, à medida que a roda dentada gira, o elo

[65] Veja refs. 15 e 16.

TABELA 17.6 Depressões e Limites de Resistência à Tração para uma Corrente de Roletes de Precisão de Fileira Única[1]

Número de Cadeia ANSI	Passo in (mm)	Diâmetro do Rolete, D, (mm)	Largura do Rolete, W, in (mm)	Diâmetro do Pino, d, in (mm)	Espessura de Placa de Ligação, t, in (mm)	Distância Mínima Recomendada entre Centros, in (mm)	Limite de Resistência à Tração Nominal, kip (kN)	Peso por Unidade de Comprimento, w, lb/ft (N/m)
25	0,250	0,130[2]	0,125	0,091	0,030		1,05	0,09
	(6,35)	(3,30)	(3,187)	(2,31)	(0,76)		(4,7)	(3,30)
35	0,375	0,200[2]	0,1875	0,141	0,050	6	2,4	0,21
	(9,52)	(5,08)	(4,76)	(3,58)	(1,27)	(152,4)	(10,7)	(3,06)
41[3]	0,500	0,306	0,25	0,141	0,050	9	2,6	0,25
	(12,70)	(7,77)	(6,35)	(3,58)	(1,27)	(228,6)	(11,6)	(3,65)
40	0,500	0,312	0,3125	0,156	0,060	9	4,3	0,42
	(12,70)	(7,92)	(7,94)	(3,96)	(1,52)	(228,6)	(19,1)	(6,13)
50	0,625	0,400	0,375	0,200	0,080	12	7,2	0,69
	(15,88)	(10,16)	(9,52)	(5,08)	(2,03)	(304,8)	(32,0)	(10,1)
60	0,750	0,469	0,500	0,234	0,094	15	9,8	1,00
	(19,05)	(11,91)	(12,70)	(584)	(2,39)	(381,0)	(43,6)	(14,6)
80	1.000	0,625	0,625	0,312	0,125	21	17,6	1,71
	(25.40)	(15,87)	(15,88)	(7,92)	(3,18)	(533,4)	(783)	(25,0)
100	1,250	0,750	0,750	0,375	0,156	27	26,4	2,58
	(31,75)	(19,05)	(19,05)	(9,52)	(3,96)	(685,8)	(117)	(37,7)
120	1,500	0,875	1,000	0,437	0,187	33	39,0	3,87
	(38,10)	(22,22)	(25,40)	(11,10)	(4,75)	(838,2)	(173)	(56,5)
140	1,750	1,000	1,000	0,500	0,219	39	50,9	4,95
	(44,45)	(25,40)	(25,40)	(12,7)	(5,56)	(990,6)	(226)	(72,2)
160	2,000	1,125	1,250	0,562	0,250	45	63,2	6,61
	(50,80)	(28,57)	(31,75)	(14,27)	(6,35)	(1143,0)	(281)	(96,5)
180	2,250	1,406	1,406	0,687	0,281		81,5	9,06
	(57,15)	(35,71)	(35,71)	(17,45)	(7,14)		(363)	(132,2)
200	2,500	1,562	1,500	0,781	0,312	57	105,5	10,96
	(63,50)	(39,67)	(38,10)	(19,84)	(7,92)	(1447,8)	(469)	(159,9)
240	3,000	1,875	1,875	0,937	0,375	60	152,0	16,4
	(76,70)	(47,62)	(47,63)	(23,8)	(9,52)	(1524,0)	(676)	(239,0)

[1] Veja a Figura 17.3(a). Para fatores de fileiras múltiplas, veja a Tabela 17.7.
[2] Diâmetro da bucha; corrente não tem rolete.
[3] Corrente leve.

TABELA 17.7 Fatores de Fileira Múltiplos

Número de Fileiras	Fator de Fileira, K_{st}
1	1,0
2	1,7
3	2,5
4	3,3
5	3,9
6	4,6

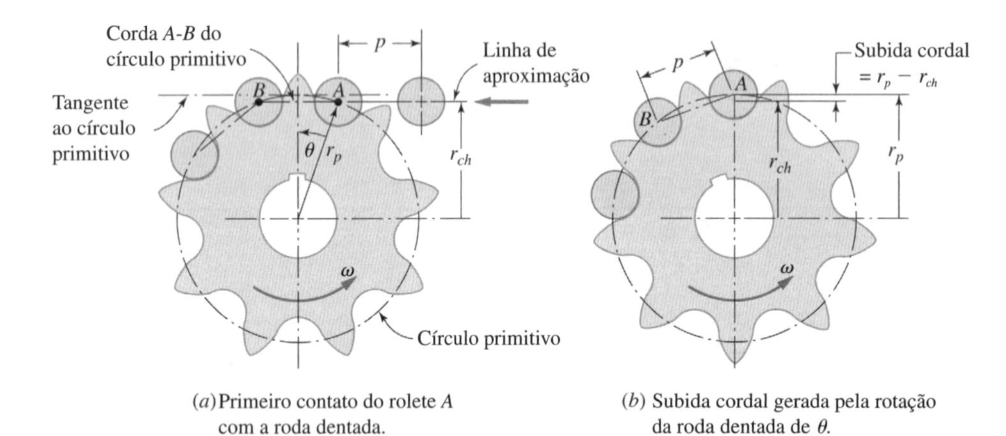

Figura 17.12
Descrição da *ação cordal* em uma corrente de roletes.

faz o primeiro contato com a roda dentada quando a linha de centro do elo está abaixo da tangente (paralela) ao círculo primitivo, que tem um raio r_p. Como consequência, a linha de centro do elo é forçada a subir de r_{ch} para r_p, e então voltar para r_{ch}, um comportamento conhecido por ação cordal.

De fato, a ação cordal causa a variação cíclica do raio primitivo da roda dentada, resultando em uma variação cíclica da velocidade da corrente. Deste modo, mesmo se a roda dentada motriz girar a uma velocidade angular constante, a roda dentada movida experimentará uma variação da velocidade. A Figura 17.13 mostra uma estimativa da variação da velocidade em função do número de dentes da roda dentada. Pode-se notar que quanto maior for o número de dentes de uma roda dentada para uma determinada velocidade de corrente, mais suave será a ação, mais uniforme será a velocidade da corrente, e menor será o carregamento de impacto entre a corrente e a roda dentada. Normalmente, porém, as rodas dentadas não devem ter mais do que 60 dentes. Isto é em função da dificuldade de se manter um ajuste adequado (à medida que o desgaste progride) para um número de dentes maior e pelo aumento dos custos de fabricação de rodas dentadas com grande número de dentes.

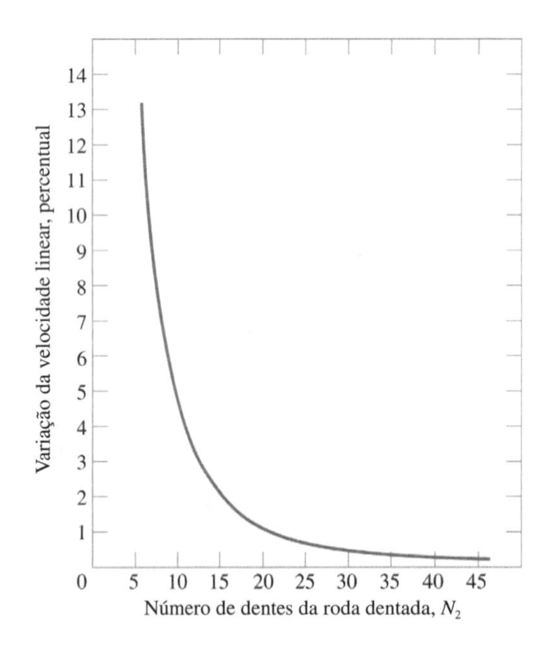

Figura 17.13
Variação da velocidade de corrente de roletes em função do número de dentes da roda dentada menor.

17.10 Transmissão por Correntes de Roletes; Procedimento de Seleção Sugerido

Na seleção de uma corrente de roletes adequada e rodas dentadas para dada utilização, decisões de projeto devem ser tomadas acerca do tipo de corrente, tamanho, espaço disponível, fornecimento de lubrificante, métodos de montagem e outros detalhes. Normalmente, o processo de seleção de corrente é iterativo. Para ajudar a fazer uma escolha inicial, as recomendações baseadas na experiência da Figura 17.14 muitas vezes provam-se efetivas. Um procedimento para estabelecer os elementos de uma boa configuração de transmissão de corrente de roletes é listada a seguir:

1. Estabeleça especificações de projeto para a utilização, incluindo a potência a ser transmitida, os requisitos de velocidade de rotação de entrada e de saída, a variação admissível de velocidade, as limitações de distâncias entre centros dos eixos, as restrições de espaço físico, os requisitos de projeto de vida, fatores de segurança e qualquer outro critério especial de projeto.
2. Determine os requisitos de projeto de potência $(hp)_d$ pela multiplicação de um fator de utilização[66] K_a *versus* a potência nominal de projeto exigida e dividindo por fator de fileira[67] K_{st}, gerando

$$(hp)_d = \frac{K_a(hp)_{nom}}{K_{st}} \tag{17-24}$$

3. Selecione por tentativas um *passo* de corrente adequado para o uso na primeira iteração, utilizando a Figura 17.14 como orientação. Verifique na Tabela 17.6 para ter certeza de que os requisitos de distância mínima entre centros são atendidos. A faixa ótima de distância entre centros está entre cerca de 30 e 50 passos de corrente. Distâncias entre centros maiores que 80 passos não são recomendadas.
4. Selecione por meio de tentativas o número de dentes para a roda dentada menor (usualmente motriz) utilizando a Figura 17.13 como referência. Mesmo para utilizações de baixa velocidade, a roda dentada menor deve ter no mínimo 12 dentes.

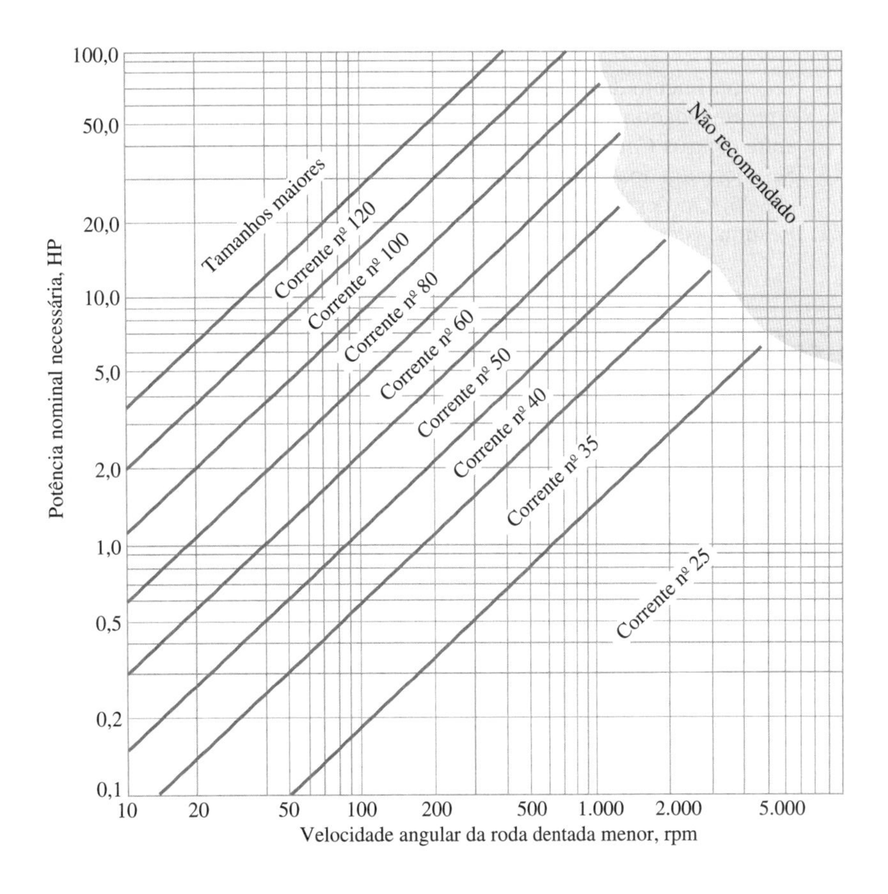

Figura 17.14
Seleção, em primeira iteração, do passo da corrente de roletes em função dos requisitos da potência e de velocidade angular.

[66] Veja Tabela 17.2. Fatores de utilização mais precisos para a seleção de correntes podem ser encontrados nos catálogos de fabricantes de correntes.
[67] Veja Tabela 17.7.

5. Determine por tentativas o número de dentes, N_2, para a roda dentada maior (normalmente a roda dentada movida). Razões de velocidade não devem exceder cerca de 7:1 (10:1 no máximo). Se uma razão de velocidades maior for necessária, uma transmissão de redução dupla deve ser proposta. O número de dentes da roda dentada maior pode ser calculado de

$$N_2 = \frac{N_1 n_1}{n_2} \tag{17-25}$$

em que N_1 = número de dentes da roda dentada menor
n_1 = velocidade angular da roda dentada menor, rpm
n_2 = velocidade angular da roda dentada maior, rpm

6. Utilizando-se (17-21), (17-22) e (17-23), calcule as limitações de potência associadas com a fadiga da placa de ligação, fadiga do rolete e da bucha, desgaste e desgaste por contato, respectivamente. A potência de projeto calculada a partir de (17-24) não deve exceder nenhum destes três valores-limite. Por outro lado, a potência de projeto deve ser tão próxima quanto possível de *todos* os valores-limite.
7. Se for necessário, itere novamente até que os requisitos sejam satisfeitos.
8. Calcule a velocidade linear da corrente V de

$$V = \frac{pNn}{12} \text{ ft/min} \tag{17-26}$$

em que p = passo, in
N = número de dentes da roda dentada
n = velocidade angular da roda dentada, rpm

A velocidade da corrente V não deve ultrapassar cerca de 9000 ft/min, com velocidades na faixa de 2000 a 3000 ft/min sendo mais usuais.

9. Calcule o comprimento da corrente L em *passos* utilizando

$$L = \left(\frac{N_2 + N_l}{2}\right) + 2C + \frac{(N_2 - N_l)^2}{4\pi^2 C} \tag{17-27}$$

O comprimento da corrente deve ser um múltiplo inteiro do passo, e um número *par* de passos é recomendado para evitar a necessidade da utilização de elos especiais. Note que a distância entre centros C nesta equação deve ser também expressa em *passos*.
10. Selecione um tipo apropriado de lubrificação baseado na velocidade linear da corrente calculada de (17-26). Opções de lubrificação como uma função da velocidade da corrente são discutidas em 17.7.
11. Resuma as recomendações.

Exemplo 17.3 Seleção de Corrente de Roletes de Precisão

Uma transmissão de corrente de roletes de precisão está sendo proposta para acionar um dispositivo de teste de transmissão de helicóptero a 600 rpm, utilizando um motor elétrico de 1200 rpm. Deseja-se uma distância entre centros da roda dentada motriz e à roda dentada movida (do dispositivo de teste) de cerca de 40 polegadas e a transmissão deve ser o mais compacta possível. Choques mecânicos moderados são esperados. A potência nominal a ser transmitida é estimada em 20 hp. Prefere-se utilizar uma corrente de fileira única. Adicionalmente, as variações de velocidade não maiores do que 2 por cento da velocidade linear da corrente podem ser toleradas. Escolha a corrente de roletes e as rodas dentadas adequadas para esta utilização.

Solução

a. O seguinte procedimento é recomendado em 17.10, a potência de projeto pode ser calculada de (17.24) como[68]

$$(hp)_d = \frac{K_a(hp)_{nom}}{K_{st}} = \frac{(1{,}25)(20)}{1{,}0} = 25{,}0 \text{ hp}$$

b. Para a potência de projeto de 25 hp, corrente simples e velocidade angular motriz (da roda dentada menor) de 1200 rpm, a Figura 17.14 sugere uma corrente nº 60 para a primeira iteração. O passo da corrente nº 60, da Tabela 17.6, é de

$$p = 0{,}75 \text{ polegada}$$

[68] Os valores de K_a e K_{st} são das Tabelas 17.2 e 17.7, respectivamente.

c. A distância mínima entre centros para uma corrente nº 60 é, da Tabela 17.6,

$$C_{mín} = 15{,}0 \text{ polegadas}$$

A distância entre centros máxima recomendada[69] de 80 passos é, para a corrente nº 60,

$$C_{máx} = 80(0{,}75) = 60 \text{ polegadas}$$

Visto que as especificações prescrevem um valor para a distância entre centros *desejada* de

$$C = 40 \text{ polegadas}$$

que se situa dentro da faixa aceitável entre 15 e 60 polegadas, uma distância entre centros nominal de aproximadamente 40 polegadas será adotada. Para uma corrente nº 60 isto corresponde à distância entre centros de cerca de 53 *passos*.

d. As especificações exigem que as variações de velocidade não sejam maiores que 2 por cento da velocidade linear da corrente. Da Figura 17.13, então, o número de dentes da roda dentada motriz deve ser de

$$N_1 \geq 16 \text{ dentes}$$

Visto que o projeto compacto é um critério especificado, uma roda dentada motriz de 16 dentes será adotada para a primeira iteração.

e. Em seguida, o número de dentes da roda dentada maior pode ser calculado de (17-25) como

$$N_2 = \frac{N_1 n_1}{n_2} = \frac{(16)(1200)}{(600)} = 32 \text{ dentes}$$

f. Utilizando-se (17-21), o limite de potência baseado na fadiga da placa de ligação para uma *corrente nº 60* é

$$(hp_{lim})_{lp} = 0{,}004(16)^{1{,}08}(1200)^{0{,}9}(0{,}75)^{[3{,}0 - 0{,}07(0{,}75)]} = 20{,}2 \text{ hp}$$

Utilizando-se (17-22), o limite de potência baseado em fadiga de rolete e bucha para uma *corrente nº 60* é de

$$(hp_{lim})_{rb} = \frac{1000(17)(16)^{1{,}5}(0{,}75)^{0{,}8}}{(1200)^{1{,}5}} = 20{,}8 \text{ hp}$$

Finalmente, utilizando (17-23), o limite de potência baseado em desgaste excessivo ou desgaste excessivo por contato é de

$$(hp_{lim})_g = \left[\frac{(1200)(0{,}75)(16)}{110{,}84}\right][4{,}413 - 2{,}073(0{,}75) - 0{,}0274(32)] - \left[\ln\left(\frac{600}{1000}\right)\right][1{,}59 \log(0{,}75) + 1{,}873] = 258 \text{ hp}$$

Claramente, o limite de potência baseado em desgaste por contato é muito maior que o exigido pelo projeto de potência de 25 hp, mas os limites de potência tanto para fadiga da placa de ligação quanto para fadiga do rolete e bucha são *superados* pela potência necessária de projeto. Portanto, uma corrente mais pesada deve ser selecionada e os limites de potência recalculados.

Repetindo-se os passos anteriores para a *corrente nº 80*,[70]

$$(hp_{lim})_{lp} = 0{,}004(16)^{1{,}08}(1200)^{0{,}9}(1{,}0)^{[3{,}0 - 0{,}07(1)]} = 47{,}2 \text{ hp}$$

e

$$(hp_{lim})_{rb} = \frac{1000(17)(16)^{1{,}5}(1{,}0)^{0{,}8}}{(1.200)^{1{,}5}} = 26{,}2 \text{ hp}$$

O limite de potência por desgaste por contato para uma corrente nº 60 já é 10 vezes a potência de projeto necessária, e não necessita ser recalculado para a corrente nº 80.

A partir disto está claro que para a corrente nº 80, para este uso, a fadiga de rolete e bucha será o modo de falha dominante. Visto que a potência de projeto (25 hp) não excede o limite de fadiga de rolete e bucha (26,2 hp), a corrente nº 80 parece ser uma boa escolha.

g. Repetindo-se o passo (c) para uma corrente nº 80,

$$C_{mín} = 21{,}0 \text{ polegadas}$$

e

$$C_{máx} = 80(1{,}0) = 80 \text{ polegadas}$$

---

[69] Veja o passo 3 de 17.10.

[70] Veja Tabela 17.6 para dados pertinentes.

Exemplo 17.3 Continuação

A especificação da distância pretendida entre centros de

$$C = 40 \text{ polegadas}$$

portanto, permanece aceitável, e para a corrente nº 80 isto corresponde a uma distância entre centros de 40 *passos*.

h. Em seguida, a velocidade linear da corrente pode ser calculada de (17-24) como

$$V = \frac{(1)(16)(1200)}{12} = 1600 \text{ ft/min}$$

Esta é uma velocidade de corrente aceitável.

i. O comprimento da corrente em passos pode ser calculado de (17-27), para o próximo número de passos inteiro, como

$$L = \left(\frac{32 + 16}{2}\right) + 2(40) + \frac{(32 - 16)^2}{4\pi^2(40)} = 104 \text{ passos}$$

Visto que este é um número *par* de passos, não há necessidade de elos especiais; esta corrente é, portanto, adotada.

j. Utilizando-se as orientações de lubrificação de 17.7, para a velocidade da corrente de 1.600 ft/min, o tipo III (lubrificação forçada de óleo ou lubrificação de borrifo sob pressão) seria recomendado, mas o tipo II (banho de óleo ou lubrificação com disco borrifador) seria também aceitável.

k. Resumindo-se as recomendações:

1. Utilize uma corrente de roletes simples, de precisão, padronizada nº 80 com comprimento igual a 104 passos (p = 1,0 polegada para corrente nº 80).
2. Utilize uma distância entre centros de aproximadamente 40 polegadas, reservando espaço para a instalação e para o esticamento.
3. Utilize uma roda dentada motriz de 16 dentes e uma roda dentada movida (do dispositivo de teste) de 32 dentes.
4. Especifique lubrificação forçada de óleo, mas note que o banho de óleo ou uma lubrificação com disco borrifador seria também, provavelmente, aceitável.
5. Utilize invólucros de correntes para conter o óleo e prover um reservatório de lubrificante.
6. Providencie anteparos e proteções de segurança adequadas. Transmissões de corrente podem ser perigosas se não forem protegidas.

17.11 Transmissão por Correntes; Correntes de Dentes Invertidos

Ilustrada na Figura 17.3(d) está uma corrente de dentes invertidos (corrente silenciosa)[71] de séries de dentes interlaçados lado a lado por placas de ligação metálicas planas por toda a largura da corrente. A montagem dos elos planos é feita por meio de conexões pinadas para permitir a articulação. O perfil do "dente" dos elos é normalmente de lados retos, mas para utilizações especiais podem ter um perfil evolvental. A potência é transmitida pelo engrenamento dos dentes da corrente com os dentes da roda dentada, gerando tipicamente uma operação suave e silenciosa similar à transmissão por correia, mas com compacidade e resistência similares à transmissão por engrenagens. Diversas configurações pino-junção foram desenvolvidas por fabricantes de correntes silenciosas, variando desde pinos de seção circular em buchas de seção circular até articulações oscilantes especiais[72] projetadas para minimizar o atrito de deslizamento, compensar a ação cordal e melhorar a vida ao desgaste pela substituição do atrito de rolamento por atrito de deslizamento nas junções. A corrente de dentes invertidos normalmente tem link guia ou nas laterais ou no centro[73] para prevenir o deslizamento lateral da corrente para fora das rodas dentadas.

Correntes de dentes invertidos (e suas rodas dentadas) e correntes de roletes de precisão são padronizadas pela indústria. Comprimentos padrão de passo variando de 3/8 a 2 polegadas são comercialmente disponíveis, e larguras padrões de 0,5 até 6 polegadas para corrente de passo de 0,375 polegada e para larguras de 4 a 30 polegadas para corrente de passo de 2,0 polegadas podem ser fornecidas.

[71] Assim chamada em função de sua operação relativamente silenciosa.
[72] HY-VO® é a marca para um projeto singular de corrente que utiliza articulações oscilantes, fabricado pela Morse Chain Division of Borg-Warner Corp.
[73] Veja Figura 17.3(d).

Assim, como para corrente de roletes de precisão, a lubrificação apropriada é crucial para uma vida longa e desgaste mínimo. O procedimento de seleção de corrente de dente invertido é similar ao procedimento de seleção de corrente de roletes de precisão discutido em 17.10.

17.12 Cabo de Aço; Modos Prováveis de Falha

O cabo de aço pode ser vulnerável à falha por qualquer dos muitos modos possíveis,[74] em função da carga, da velocidade e do ambiente, bem como do tipo, tamanho, tipo de construção e material selecionado para o cabo. Como ilustrado na Figura 17.5, o cabo de aço é fabricado primeiramente torcendo em forma de hélice vários arames de pequeno diâmetro juntos para formar uma perna, depois torcendo várias pernas juntas para formar o cabo. Quando o carregamento trativo é aplicado aos arames e as pernas torcidas em forma de hélice, os arames tendem a se esticar e as hélices tendem a se "apertar". Ambas as consequências geram tensões de contato de Hertz e movimentos de deslizamento relativo entre os arames. À medida que a carga é ciclada e à medida que o cabo de aço é repetidamente curvado em torno de tambores ou polias, as condições descritas podem induzir à falha por fadiga de carregamento axial trativo, fadiga de carregamento fletor, fadiga de fretagem, fadiga de desgaste superficial, desgaste abrasivo, escoamento ou ruptura. A corrosão também pode ser um fator.

A prática do enrolamento de cabo de aço, como mostrado na Figura 17.5(e), é um fator importante na resistência à fadiga e ao desgaste. Como esboçado, os arames em um cabo com *torção regular* parecem estar *nominalmente alinhados* com o eixo do cabo; os arames em um cabo com *torção lang* parecem fazer um ângulo com o eixo do cabo.[75] Tanto uma como a outra *torção* pode ser conformada enrolando pernas ou cabo, em uma *hélice à direita* ou em uma *hélice à esquerda*. Em termos de fadiga e resistência ao desgaste, o cabo de torção lang tem um desempenho superior em cerca de 15 a 20 por cento em relação ao cabo de torção regular. Este desempenho superior é resultado[76] (1) das deformações fletoras *menores* impostas pela geometria, induzidas nos arames externos expostos de um cabo com torção lang, à medida que o cabo passa em torno do tambor ou polia, resultando em menores tensões cíclicas de flexão e vida mais longa à fadiga, e (2) do fato de as áreas de contato, impostas pela geometria entre arames individuais de um cabo, serem *maiores* para o cabo com torção lang; consequentemente, tornando a pressão de contato menor, o que resulta em vidas maiores ao desgaste.

Por outro lado, o cabo com torção lang tende a girar, algumas vezes severamente, quando cargas axiais são aplicadas, a menos que esteja impedido de girar nas duas extremidades. Além disso, é menos capaz de resistir à ação de esmagamento contra um tambor ou uma polia.

Em função da geometria complexa de um cabo de aço, nem a cinemática nem os níveis de tensão nos pontos críticos prováveis foram bem formulados.[77] Padronizações da indústria de cabos de aço sugerem que um *equilíbrio* apropriado entre a resistência ao carregamento de flexão à fadiga[78] e resistência à abrasão é essencial para uma escolha conveniente de cabos de aço. O *gráfico em X* mostrado na Figura 17.15 ilustra a comparação entre a resistência ao carregamento de flexão à fadiga e a resistência à abrasão para vários cabos de aço distintos e construção de pernas. Os indícios baseados na experiência observada para vários modos de falha discutidos são detalhados na Tabela 17.8,[79] junto às causas prováveis.

Na transmissão de potência por cabo de aço, um arranjo típico é enrolar o cabo de aço sobre um tambor, que pode ter *canais* para guiar e suportar o cabo à medida que é enrolado ou desenrolado, ou um tambor liso.[80] A geometria da ligação do cabo, as dimensões do tambor e as tolerâncias e a prática de enrolamento em multicamadas são detalhes que requerem atenção na seleção do sistema de cabo de aço.[81] Dados parciais para a seleção do cabo de aço e para dimensionar tambores e polias estão disponíveis em 17.13 e 17.14. Inspeções periódicas e manutenção de transmissões por cabo de aço também são importantes para a eficiência e expectativa de vida destes sistemas.[82]

---

[74] Veja 2.3 e ref. 17, pp. 59-62.

[75] Para usos especiais, um cabo com *torção alternada* no qual pernas de torção regular e lang são enroladas alternadamente para formar o cabo pode ser algumas vezes utilizado.

[76] Para uma explicação mais detalhada, veja ref. 17.

[77] Em princípio, é possível modelar tensões de contato de Hertz cíclicas e movimentos de deslizamento relativo de pequena amplitude com um cabo de aço "ideal" (por exemplo, veja ref. 17). Relacionar estas variáveis com as falhas por fadiga de fretagem, fadiga por carregamento fletor, fadiga por carregamento axial trativo ou desgaste, contudo, é muito incerto. Portanto, meios empíricos de avaliação da falha potencial e a utilização de fatores de segurança muito altos são empregados para selecionar configurações adequadas de cabo de aço para uma dada utilização.

[78] As consequências da fadiga por fretagem estão incluídas neste valor.

[79] Cortesia da Wire Rope Technical Board; veja ref. 4.

[80] Para tambores lisos, a primeira camada de cabo é tipicamente enrolada suavemente e uniformemente para prover um canal helicoidal que irá guiar e suportar camadas sucessivas. A primeira camada não deve nunca ser desenrolada.

[81] Os fabricantes de cabos de aço estão preparados para prover orientações detalhadas para a seleção de cabos e geometrias ótimas para tambores e polias.

[82] Técnicas de inspeção, em detalhes, estão apresentadas na ref. 4.

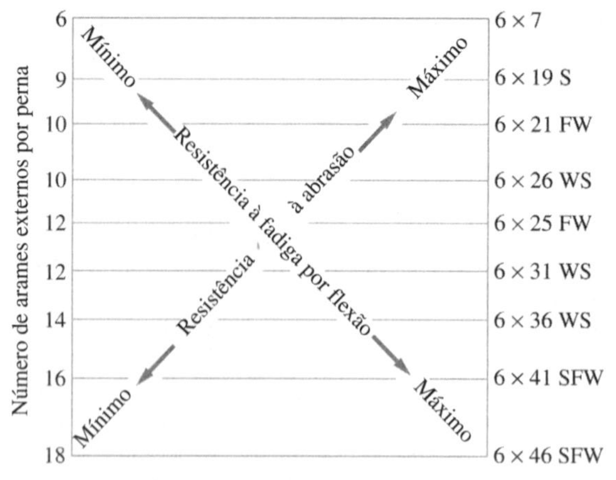

Figura 17.15
O gráfico em X descreve a comparação entre a resistência à fadiga por flexão e resistência à abrasão para diversas construções de cabos de aço amplamente utilizadas. Veja a Figura 17.5 para esboços dos padrões de pernas básicos. (Adaptado da ref. 4, com a permissão do Wire Rope Technical Board.)

TABELA 17.8 Indícios e Causas de Falhas de Cabos de Aço[1]

Tipos de Falha	Indícios	Causas Prováveis
Fadiga	Arames transversais quebram-se – perpendicularmente ou em formato Z. As extremidades quebradas parecem granuladas.	O cabo pode ter sido curvado em torno de um raio muito pequeno; possível vibração ou chicoteamento; polias oscilantes; flexões nos dois sentidos; flexão de eixos; canais justos; tambores ou polias pequenas; construção do cabo incorreta; instalação mal executada; terminações malfeitas.
Escoamento	A quebra do arame exibe uma mistura de ruptura tipo copo e cone e ruptura cisalhante diagonal.	Sobrecargas não previstas; embreagens que escorregam ou agarram; operação titubeante; perda dos mancais do tambor; inícios e paradas bruscas; flange da polia quebrado; bitola incorreta do cabo; classe incorreta de material; terminações impróprias.
Desgaste abrasivo	Arames externos com desgaste suave, algumas vezes em "cutelo", seguida por ruptura.	Dimensões impróprias do tambor ou dos canais da polia; polias congeladas ou emperradas; o material ou a dureza superficial de polias ou tambores muito baixa; desalinhamento das polias ou tambor; dobras no cabo; acessórios impropriamente atados; ambientes com detritos ou com areia; objetos alojados no cabo.
Fadiga e desgaste combinados	Redução da seção transversal de arames externos; os arames estão quebrados em esquadro.	Consequência de longo prazo normal gerada por condições operacionais típicas.
Escoamento e desgaste combinados	Redução da seção transversal de arames externos; arames com estricção na configuração de copo e cone.	Consequência de longo prazo normal gerada por condições operacionais típicas.
Arame cortado, goivado ou grosseiramente quebrado	Arames com estricção, esmagados, e/ou cortados; com ruptura diagonal áspera tipo cisalhante.	Sobrecargas mecânicas; forças acidentais ou anormais durante a instalação.
Torção	As extremidades do arame mostram evidências de torção plástica e/ou aparência saca-rolhas.	Sobrecargas mecânicas; forças acidentais ou anormais durante a instalação.
Esmagamento	Arames achatados e distendidos; seguido por ruptura.	Sobrecargas mecânicas; forças acidentais ou anormais durante a instalação. (Usualmente acontecem no tambor.)

[1] Adaptado da ref. 4, com a permissão do Wire Rope Technical Board.

17.13 Cabo de Aço; Materiais

Utilizando-se as orientações de seleção de materiais do Capítulo 3 e considerando-se os modos prováveis de falha já estudados, pode-se deduzir que os materiais prováveis para aplicações de cabos de aço devem ser resistentes à falha por fadiga, por fadiga por fretagem, por fadiga por desgaste superficial, por desgaste abrasivo, por escoamento, por ruptura e, em alguns casos, corrosão. De longe, o material mais amplamente utilizado para cabo de aço é o aço de alto carbono. Outros materiais que podem ser selecionados para atender aos requisitos especiais incluem ferro, aço inoxidável, Monel e bronze.

Para o cabo feito com arames de *aço*, a prática da indústria é especificar as características de resistência dos materiais por *categorias*.[83] As categorias padronizadas incluem *traction steel* (*TS*), *mild plow steel* (*MPS*), *plow steel* (*PS*), *improved plow steel* (*IPS*), *extra improved plow steel* (*EIPS*) e *extra, extra improved plow steel* (*EEIPS*). As propriedades de resistência do *plow steel* (*PS*) formam a base para o cálculo de resistências para todos os cabos de aço. A Tabela 17.9 mostra dados de resistência nominal para aços selecionados para usos em cabos de aço.

Os cabos de *aço inoxidável* são normalmente fabricados das ligas de aço inoxidável, AISI 302, 304, 316 ou 305. Para cabos fabricados de *Monel*, o Monel tipo 400 é normalmente selecionado. Quando o ambiente operacional sugere a utilização de cabo de *bronze*, a liga de bronze normalmente selecionada é o bronze fosforoso tipo A. Cabos de ferro galvanizado de pequena bitola e cabos de aço inoxidável são comumente *revestidos de plástico* para protegê-los contra a corrosão, e, em alguns casos, para reduzir o desgaste. O cabo de aço *plastic filled*, no qual os espaços internos são preenchidos por uma matriz plástica, são também utilizados em alguns usos para reduzir tanto o desgaste interno quanto o desgaste externo.

17.14 Cabo de Aço; Tensões e Deformações

As tensões que podem desempenhar um papel importante na seleção de cabo de aço incluem:

1. Tensão axial de tração nos arames do cabo
2. Tensão de flexão, induzida pela curvatura do cabo em torno de tambores ou polias
3. Tensão compressiva (resultantes da pressão) entre o cabo e o tambor ou polia

A *tensão axial de tração*, σ_t, pode ser estimada a partir de

$$\sigma_t = \frac{T}{A_c} \tag{17-28}$$

em que T = resultante da força trativa no cabo, lbf
A_c = área aproximada da seção transversal metálica do cabo em função da bitola d_c, in^2 (veja Tabela 17.9)

As componentes de força que podem contribuir para a força trativa resultante T incluem:

1. A carga a ser levantada
2. O peso do cabo
3. Efeitos inerciais que surgem da aceleração da carga da velocidade nula, de repouso, para a velocidade operacional de levantamento
4. Carregamento de impacto
5. Resistência de atrito

Tensões de flexão em arames, induzidas sempre que um cabo se curva em torno do tambor ou de uma polia, podem ser estimadas pela utilização da equação clássica da resistência dos materiais elementar[84]

$$\frac{M}{E_c I_a} = \frac{1}{\rho} = \frac{2}{d_1} \tag{17-29}$$

em que M = momento aplicado
E_c = módulo de elasticidade do cabo[85]
I_a = momento de inércia de área do *arame*, em torno da sua linha neutra de flexão
ρ = raio de curvatura de flexão do cabo (também aproximadamente igual ao raio da polia ou do tambor)
d_1 = diâmetro da polia ou do tambor

[83] Estes nomes de categorias de aço foram originados durante os primeiros estágios do desenvolvimento de cabos de aço e continuaram a ser utilizados para especificar a resistência de um diâmetro particular e a categoria de material de um cabo.

[84] Veja, por exemplo, ref. 19, p. 138.

[85] Porque cada arame do cabo forma uma hélice em torno de um eixo no espaço, a sua *constante de mola axial* é menor do que poderia ser se o mesmo arame fosse reto. Referenciando as Figuras 2.2 e 2.3, a constante de mola e o módulo de elasticidade são relacionadas por uma constante. A abordagem tradicional para levar em conta esta diferença de constante de mola é definida como *pseudomódulo de elasticidade* do cabo, E_c, menor do que o módulo de Young, que relaciona a tensão no *arame* com a deformação no *cabo*. Valores experimentais determinados para E_c são mostrados na Tabela 17.9.

TABELA 17.9 Dados de Material e de Construção para Classes de Cabos de Aço Selecionados

Classificação nominal		6 × 7	6 × 19	6 × 37	8 × 19
Número de pernas externas		6	6	6	8
Número de arames por perna[1]		3–14	15–26	27–49	15–26
Número máximo de arames externos[1]		9	12	18	12
Diâmetro aprox. dos arames externos[1], d_a, in		$d_c/9$	$d_c/13$–$d_c/16$	$d_c/22$	$d_c/15$–$d_c/19$
Materiais tipicamente disponíveis[2,3] (limite de resistência aprox., ksi)	Alma: (FC)	IPS (200)	I (80) T (130) IPS (200)	IPS (200)	I (80) T (130) IPS (200)
	Alma: (IWRC)	IPS (190)	IPS (190) EIPS (220) EEIPS (255)	EIPS (220) EEIPS (255)	IPS (190) EIPS (220)
Seção transversal metálica aprox. do cabo, A_c, in²	Alma: (FC)	0,384 d_c^2	0,404 d_c^2 (S)[4]	0,427 d_c^2 (FW)[4]	0,366 d_c^2 (W)[4]
	Alma: (IWRC)	0,451d_c^2	0,470 d_c^2 (S)[4]	0,493 d_c^2 (FW)[4]	0,497 d_c^2 (W)[4]
Bitolas padronizadas nominais de cabo disponíveis, d_c, in		$^1/_4$–$^5/_8$ de $^1/_{16}$ em $^1/_{16}$; $^3/_4$–1 $^1/_2$ de $^1/_8$ em $^1/_8$	$^1/_4$–$^5/_8$ de $^1/_{16}$ em $^1/_{16}$; $^3/_4$–2 $^3/_4$ de $^1/_8$ em $^1/_8$	$^1/_4$–$^5/_8$ de $^1/_{16}$ em $^1/_{16}$; $^3/_4$–3 $^1/_4$ de $^1/_8$ em $^1/_8$	$^1/_4$–$^5/_8$ de $^1/_{16}$ em $^1/_{16}$; $^3/_4$–1 $^1/_2$ de $^1/_8$ em $^1/_8$
Peso por unidade de comprimento, lbf/ft		1,50 d_c^2	1,60 d_c^2	1,55 d_c^2	1,45 d_c^2
Módulo de elasticidade aprox. para o cabo[3,5], E_c, psi	0–20% de S_u	11,7 × 10⁶ (FC)	10,8 × 10⁶ (FC); 13,5 × 10⁶ (IWRC)	9,9 × 10⁶ (FC); 12,6 × 10⁶ (IWRC)	8,1 × 10⁶ (FC)
	21–65% de S_u	13,0 × 10⁶ (FC)	12,0 × 10⁶ (FC) 15,0 × 10⁶ (IWRC)	11,6 × 10⁶ (FC) 14,0 × 10⁶ (IWRC)	9,0 × 10⁶
Diâmetro mínimo recomendado para polia ou tambor, $(d_1)_{mín}$, in		42 d_c	34 d_c	18 d_c	26 d_c

[1] Enquanto os arames internos de uma perna têm *alguma* importância, as características importantes de uma perna estão relacionadas ao número e ao diâmetro dos arames *externos*.
[2] Os materiais típicos são designados como I (iron), T (traction steel), IPS (improved plow steel), EIPS (extra, improved plow steel) e EEIPS (extra, extra improved plow steel). Em cabos de aço, a resistência última do *cabo* é uma função da bitola do cabo, do diâmetro do arame e dos detalhes construtivos, como também das propriedades dos materiais.
[3] Construções típicas de alma são *fiber core* (FC) e *independent wire rope core* (IWRC).
[4] Veja a Figura 17.5(b) para detalhes construtivos de configurações de pernas *Seale* (S), *Filler Wire* (FW) e *Warrington* (W).
[5] Note, com cuidado, que o módulo do *cabo* E_c não é o mesmo que o módulo de elasticidade de Young do material.

Resolvendo-se (17-29) para I_a

$$I_a = \frac{Md_1}{2E_c} \tag{17-30}$$

Substituindo-se (17-30) em (4-5)

$$\sigma_{flexão} = \frac{Mc_a}{I_a} = \frac{M\left(\frac{d_a}{2}\right)}{\left(\frac{Md_1}{2E_c}\right)} = \frac{d_a}{d_1}E_c \tag{17-31}$$

em que d_a = diâmetro do arame

É importante notar que de (17-31), se necessário, as tensões de flexão podem ser reduzidas pela utilização de arames de diâmetro menor ou polias de diâmetro maior.

Tensões compressivas, ou *pressão radial unitária*, entre o cabo e a polia podem ser estimadas da mesma maneira que as usadas para mancais de deslizamento,[86] pela utilização da área projetada de contato para calcular a pressão nominal p. Para a configuração do sistema de cabo de aço mostrado na Figura 17.16, por equilíbrio,

$$pA_{proj} = p(d_c d_1) = 2T \tag{17-32}$$

ou

$$p = \frac{2T}{d_c d_1} \tag{17-33}$$

em que p = pressão radial unitária
A_{proj} = área de contato projetada = $d_c d_1$
d_c = bitola nominal do cabo
d_1 = diâmetro da polia ou do tambor (algumas vezes chamado de diâmetro de "rolamento")

Correlações experimentais entre um *parâmetro de resistência à fadiga*, R_N e o número de ciclos de flexão até a falha, N_f, foram estabelecidas para diversas classes de cabos,[87] como ilustrado na Figura 17.17. Um ciclo de flexão consiste em flexionar o cabo para um lado e depois para o outro lado à medida que este passa em torno de uma polia ou de um tambor. O parâmetro de resistência à fadiga R_N pode ser calculado de

$$R_N = \frac{p}{\sigma_u} \tag{17-34}$$

Além disso, visto que o *desgaste* é uma função da pressão de contato,[88] os valores-limite baseados na experiência foram estabelecidos para a pressão máxima de contato permitida, $(p_{máx})_{desgaste}$, como uma função da *classe do cabo* e do *material da polia*. Algumas orientações[89] baseadas no desgaste são incluídas na Tabela 17.10.

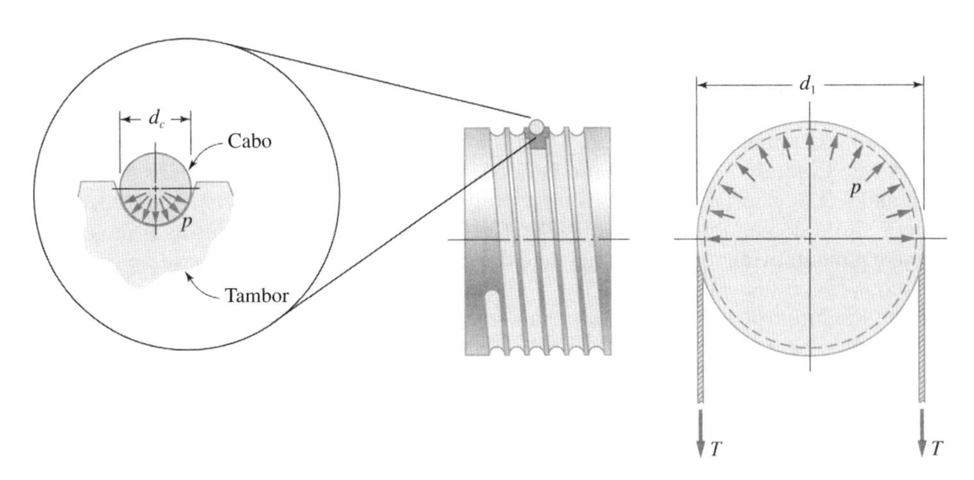

Figura 17.16
Configuração típica de sistema de cabo de aço no qual o cabo, encaixado em um canal precisamente usinado, passa em torno de um tambor.

[86] Veja (10-2).
[87] Veja ref. 20.
[88] Veja, por exemplo, (2-77) ou (2-81).
[89] Veja ref. 4 para dados adicionais.

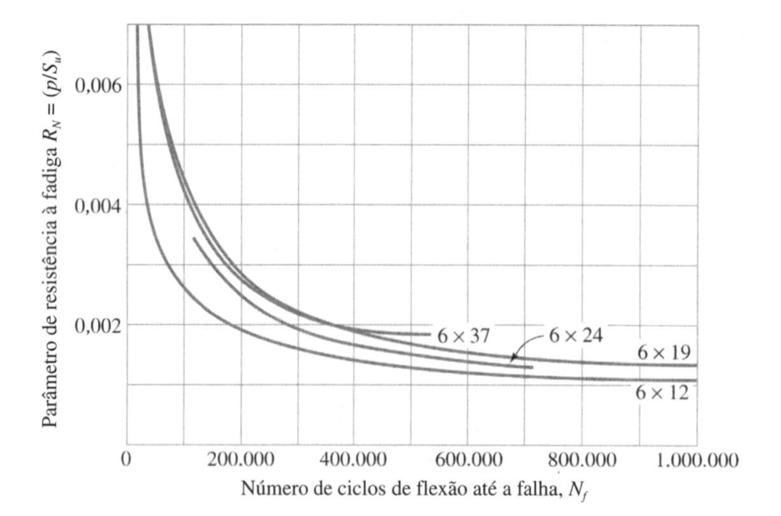

Figura 17.17
Vida a fadiga de diversas construções de cabos de aço, como uma função do parâmetro de resistência à fadiga R_N.

TABELA 17.10 Pressão Máxima de Contato Admissível Baseada em Experiência, Relacionada com o Desgaste, entre Cabo e Tambores ou Polias, de Vários Materiais[1] (psi)

Material da polia ou do tambor	Cabo com Torção Regular				Cabo com Torção Lang				Comentários
	6 × 7	6 × 19	6 × 37	8 × 19	6 × 7	6 × 19	6 × 37	8 × 19	
Madeira	150	250	300	350	165	275	330	400	Madeiras sem defeitos.
Ferro fundido	300	480	585	680	350	550	660	800	Dureza mínima de HB 125.
Aço-carbono fundido	550	900	1075	1260	600	1000	1180	1450	30 a 40 pontos de carbono; dureza mínima de HB 160.
Aço manganês, endurecido por indução ou chama	1470	2400	3000	3500	1650	2750	3300	4000	

[1] Resumido da ref. 4, com a permissão da Wire Rope Technical Board.

17.15 Cabo de Aço; Procedimento de Seleção Proposto

Na seleção de um sistema de cabo de aço adequado, devem ser tomadas decisões de projeto sobre o material, a bitola, a construção do cabo, a geometria das polias e do tambor e outros detalhes. Normalmente, o procedimento de seleção de cabo de aço será iterativo. Para ajudar a fazer a primeira escolha, as recomendações baseadas na experiência da Figura 17.15 frequentemente se mostram efetivas. Um procedimento para seleção de um bom sistema de cabo de aço é apresentado a seguir.

1. Estabeleça as especificações de projeto para o uso e priorize os objetivos de projeto com relação ao modo de falha, vida, segurança, custo e outros requisitos especiais.
2. Baseado em prioridades de projeto estabelecidas no passo 1, selecione por tentativas a construção de cabo interpretando-se a Figura 17.15. Também selecione o material do cabo, utilizando os métodos do Capítulo 3 e selecione um fator de segurança baseado nos métodos do Capítulo 5.[90]
3. Utilizando-se o material de cabo e a classe preliminarmente selecionados, inicialmente dimensione a bitola do cabo utilizando (17-28). Certifique-se de incluir todas as fontes potenciais de carregamento. Calcule uma bitola de cabo preliminar $(d_c)_{estático}$ com base no carregamento estático.
4. Utilizando a bitola do cabo preliminarmente selecionado $(d_c)_{estático}$, determine o diâmetro mínimo recomendado para a polia, d_1, da Tabela 17.9.

[90] Normalmente a *prática industrial* é selecionar os fatores de segurança baseando-se apenas na *carga ruptura estática* do cabo proposto. Visto que as influências de fadiga, desgaste, corrosão e de outros fatores não são especificamente referenciadas quando esta *prática industrial* é adotada, o fator de segurança escolhido deve ser *grande* para levar em conta estas influências desconhecidas. Os valores de fatores de segurança "baseados na resistência última estática" frequentemente escolhidos são grandes, de 5 a 8, ou ainda maiores. Em contraste, neste texto a seleção de um fator de segurança está diretamente relacionado com a predição do *modo de falha mais representativo* de cada utilização, como discutido no Capítulo 2. De todo modo, o projetista é sempre responsável por alcançar os requisitos de fator de segurança especificados pelos códigos e normas aplicáveis.

5. Estime a tensão de flexão dos arames externos utilizando (17-31) e dados sobre o diâmetro do arame, d_a, da Tabela 17.9. Deve ser notado que (17-31) provê apenas um valor aproximado para a tensão de flexão no arame; que não é normalmente utilizado diretamente nos cálculos de projeto.
6. Utilizando os requisitos de vida de projeto especificada N_d, na Figura 17.17, escolha uma curva para selecionar por tentativa a classe do cabo e leia o valor de R_N correspondente a N_d. Em seguida combine (17-33) e (17-34) supondo que o diâmetro da polia permaneça o mesmo, incorpore o fator de segurança n_{fadiga} do passo 3 e calcule a bitola necessária do cabo, $(d_c)_{fadiga}$, baseado na fadiga.
7. Utilizando a Tabela 17.10, determine a pressão-limite com base no desgaste para a classe de cabo escolhida e o material da polia ou do tambor. Utilizando-se (17-33), calcule a bitola necessária do cabo, $(d_c)_{desgaste}$, baseado no desgaste.
8. A partir dos resultados dos passos 4, 6 e 7, identifique a *maior* bitola necessária entre $(d_c)_{estático}$, $(d_c)_{fadiga}$ e $(d_c)_{desgaste}$ e selecione a bitola *nominal padrão* do cabo de aço que iguala ou que supere imediatamente este valor.[91]
9. Reveja todos os cálculos utilizando o cabo de aço padrão selecionado. Se necessário, modifique a seleção.
10. Resuma os resultados, incluindo:
    a. A bitola do cabo padrão necessário
    b. A construção do cabo (alma, número de pernas, número de arames por perna, configuração das pernas, a bitola nominal do cabo e a torção das pernas e do cabo)
    c. Material do cabo, das polias e do tambor
    d. Diâmetros da polia e do tambor
    e. Outros requisitos especiais

Exemplo 17.4 Seleção do Cabo de Aço

Um pequeno guincho elétrico de uma tonelada deve ser projetado para operar como uma talha de baixa velocidade de levantamento de carga, por sobre a cabeça, para uma loja de máquinas pequenas. Dois cabos de aço são usados para suportar a carga, que está conectada a uma polia que se move verticalmente com um gancho de rótula, como mostrado na Figura E17.4. Se a vida de projeto desejada para o cabo de aço é de 2 anos e, aproximadamente, e 15 elevações por hora devem ser feitas, durante 8 horas por dia e por 250 dias por ano, selecione um cabo de aço adequado para o uso. Ocasionalmente, pode ocorrer que cargas sejam aplicadas repentinamente. Ainda, especifique a bitola e o material da polia que se move verticalmente. Os padrões de segurança locais exigem um fator de segurança de 5 baseado na resistência última estática.

Solução

Seguindo o procedimento sugerido em 17.15, os seguintes passos podem ser dados:

1. Baseado nas especificações dadas, um projeto de compromisso é apropriado, no qual a probabilidade de falha por fadiga e por desgaste sejam basicamente a mesma. A vida à fadiga desejada para o cabo é especificada em 2 anos. Para este uso, a segurança é uma questão importante, e o custo também.

2. A Figura 17.15 indica que para um equilíbrio entre falha por fadiga e falha por desgaste, uma construção tipo 6 × 25 FW ou uma construção tipo 6 × 31 WS seria uma escolha adequada. Da Tabela 17.9 pode ser observado que o cabo 6 × 25 FW é classificado como um cabo 6 × 19 e o cabo 6 × 31 WS é classificado como um cabo 6 × 37. Para a primeira iteração, a classe selecionada preliminarmente é a 6 × 37, especificamente o cabo com construção 6 × 37 WS.

    Para manter a bitola do cabo pequena, um material *improved plow steel* (*IPS*) será primeiramente tentado e para melhorar a flexibilidade, uma *alma de fibra* (*FC*) será utilizado.

    Utilizando-se os métodos do Capítulo 2,[92] os fatores de classificação selecionados para esta utilização de talha elétrica com cabo de aço são escolhidos como na tabela seguinte.

    Utilizando-se (2-85),

$$t = -3 + 3 + 0 - 2 + 2 - 1 - 1 - 1 = -3$$

então de (2-86)

$$n_d = 1 + \frac{(10 - 3)^2}{100} = 1{,}5$$

[91] Veja Tabela 17.9.

[92] Reveja Exemplo 2.11 para recordar os detalhes.

Exemplo 17.4 Continuação

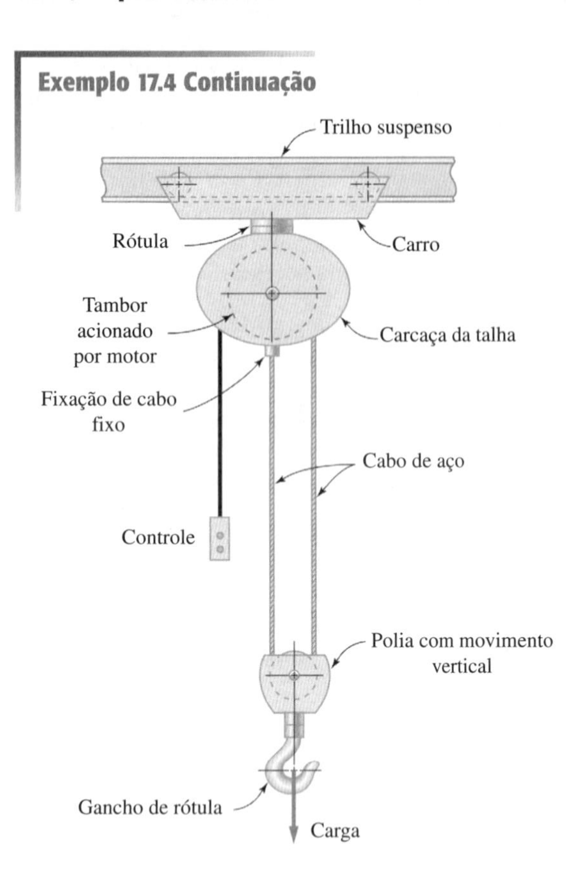

Figura E17.4
Esboço de um guincho proposto de uma tonelada.

Fator de Classificação	RN Selecionado
1. Precisão do conhecimento das cargas	−3
2. Precisão dos cálculos das tensões	+3
3. Precisão do conhecimento da resistência	0
4. Precisa manter	−2
5. Gravidade das consequências da falha	+2
6. Qualidade da fabricação	−1
7. Condições operacionais	−1
8. Qualidade da inspeção/manutenção	−1

Resumindo-se as escolhas do fator de segurança:

n_{ult} = 5,0 (requisito de código; baseado na resistência última estática)
n_{fadiga} = 1,5 [baseado no resultado de n_d]
$n_{desgaste}$ = 1,0 [visto que a Tabela 17.10 tem valores de tensões *admissíveis* (presões *admissíveis*) esses valores já têm um fator de segurança embutido]

3. De (17-28), a tensão de tração estática no cabo é

$$\sigma_t = \frac{T}{A_c}$$

e de (2-59), para cargas aplicadas subitamente e utilizando σ_t,

$$(\sigma_{máx})_{\substack{subitamente\\aplicado}} = 2\sigma_t = 2\frac{T}{A_c}$$

Para esta primeira iteração, a força trativa, T, no cabo será baseada na carga a ser levantada e em um fator de impacto, para carregamento subitamente aplicado, de 2, como mostrado. O peso do cabo será inicialmente desprezado (o cabo tem comprimento pequeno), os efeitos inerciais serão desprezados (içamento com velocidade baixa) e a resistência por atrito será desprezada.

Da Tabela 17.9, a seção transversal metálica para um cabo com alma de fibra 6 × 37 é de

$$A_c = 0{,}427d_c^2$$

Visto que os dois cabos de aço sustentam a carga nominal de 2000 lbf, cada cabo sustenta

$$T = \frac{2000}{2} = 1000 \text{ lbf/cabo de aço}$$

e gera

$$(\sigma_{máx})_{\substack{subitamente \\ aplicado}} = 2\frac{1000}{0{,}427d_c^2}$$

Portanto,

$$n_{ult} = 5$$

e da Tabela 17.9, o limite de resistência estática de um improved plow steel (IPS) é

$$\sigma_u = 200.000 \text{ psi}$$

Por conseguinte, a tensão de projeto σ_d para carregamento estático pode ser calculada

$$(\sigma_d)_{estático} = \frac{200.000}{5} = 40.000 \text{ psi}$$

Igualando-se

$$(\sigma_{máx})_{\substack{subitamente \\ aplicado}} = \sigma_d$$

e resolvendo para a bitola de cabo necessário d_c,

$$d_c = \sqrt{\frac{2000}{(40.000)(0{,}427)}} = 0{,}34 \text{ polegada}$$

Da Tabela 17.9, a próxima bitola de cabo padronizado é de 0,38 polegada. Portanto, baseado em requisitos de limite de resistência estático,

$$(d_c)_{estático} = 0{,}38 \text{ polegada}$$

4. Da Tabela 17.9, o diâmetro de polia mínimo recomendado para este cabo é de

$$d_1 = 18d_c = 18(0{,}38) = 6{,}75 \text{ polegadas}$$

5. Como ponto de referência, a tensão de flexão nos arames externos pode ser estimada pela utilização de (17-31) e os dados da Tabela 17.9 para encontrar[93]

$$\sigma_{flexão} = \frac{d_a}{d_1}E_c = \frac{\left(\frac{0{,}38}{22}\right)}{6{,}75}(11{,}0 \times 10^6) = 28.150 \text{ psi}$$

O que parece ser uma tensão de flexão aceitável.

6. A vida projetada desejada N_d pode ser calculada como

$$N_d = \left(15\frac{\text{levantamentos}}{\text{h}}\right)\left(8\frac{\text{h}}{\text{dia}}\right)\left(250\frac{\text{dias}}{\text{ano}}\right)(2 \text{ anos}) = 6 \times 10^4 \text{ ciclos(flexões)}$$

Entrando na Figura 17.17 com esta vida, utilizando a curva de cabo 6 × 37, o valor de R_N correspondente à falha de 6×10^4 ciclos pode ser obtido

$$R_{N_f} = 0{,}0057$$

Em seguida, (17-34) pode ser utilizada para calcular o valor da pressão p correspondente à falha em 6×10^4 ciclos como

$$(p)_{N_f} = R_{N_f}\sigma_u = 0{,}0057(200.000) = 1140 \text{ psi}$$

De cálculos anteriores, o fator de segurança à fadiga é $n_{fadiga} = 1{,}5$; então a pressão de projeto admissível pode ser calculada como

$$(p_d)_{fadiga} = \frac{(p)_{N_f}}{n_{fad}} = \frac{1140}{1{,}5} = 760 \text{ psi}$$

---

[93] Note que na Tabela 17.9 existem dois valores para E_c, dependendo se o carregamento no cabo gera tensões menores do que 20 por cento do limite de resistência ou maiores que 20 por cento do limite de resistência. O valor mais rígido é escolhido para gerar uma estimativa mais conservadora (maior) de tensão de flexão nos arames.

Exemplo 17.4 Continuação

Inserindo esta pressão de projeto baseada na fadiga em (17-33) e supondo que o diâmetro da polia permaneça inalterado, o requisito de bitola de cabo baseado em fadiga pode ser calculado como

$$(d_c)_{fadiga} = \frac{2T}{(p_d)_{fad} d_1} = \frac{2(1000)}{(760)(6,75)} = 0,39 \text{ polegada}$$

Consequentemente, a bitola padronizada do cabo de 0,38 polegada é (quase não) aceitável.

7. Da Tabela 17.10, para um cabo 6 × 37 sobre uma polia de aço-carbono fundido (HB 160),[94] a pressão de contato admissível baseada em desgaste é

$$(p_d)_{desgaste} = 1180 \text{ psi}$$

Inserindo esta pressão de contato admissível baseada em desgaste em (17-33), os requisitos de bitola do cabo com base no desgaste podem ser calculados como

$$(d_c)_{desgaste} = \frac{2T}{(p_d)_{desgaste} d_1} = \frac{2(1000)}{(1180)(6,75)} = 0,25 \text{ polegada}$$

8. O maior requisito de bitola, baseado em $(d_c)_{estático} = 0,38$ polegada, $(d_c)_{fadiga} = 0,39$ polegada e $(d_c)_{desgaste} = 0,25$ polegada, é ditado pelos requisitos de vida à *fadiga*. É interessante notar que, para este projeto em particular, os requisitos de bitola baseados no limite de resistência utilizando um fator de segurança requerido por uma norma são essencialmente os mesmos que os requisitos de bitola com base em resistência à fadiga utilizando um fator de segurança firmado em lógica.[95] Nem sempre será obtida tão boa concordância.

Resumindo, as seguintes recomendações foram apresentadas:

a. Escolha o cabo de aço[96] de 3/8 polegada, 6 × 31 WS de improved plow steel (IPS) com alma de fibra (FC).

b. Escolha o material da polia como aço-carbono fundido (HB = 160) com um diâmetro de 6,75 polegadas.

17.16 Eixos Flexíveis

Como discutido em 17.1, quando problemas de desalinhamento ou grandes deslocamentos paralelos entre dois eixos rotativos são ditados por requisitos operacionais de projeto, um eixo flexível[97] pode prover uma boa solução para a conexão dos eixos e transmissão do torque ou do movimento rotativo entre os mesmos. Eixos flexíveis (núcleo), como mostrados, por exemplo, na Figura 17.7, são construídos com 1 a 12 camadas de arames curvados em forma de hélice enrolados em torno de um mandril de arame, alternando a direção da hélice a cada camada sucessiva. A direção (*de torção*) de um eixo flexível é determinada pela direção do arame curvado em hélice da camada *mais externa*. Para a transmissão de potência na qual a direção de rotação é sempre a mesma, o sentido de rotação da fonte de potência tenderia a enrolar a camada em hélice externa mais apertada; por esta razão, vendo-se a partir da fonte de potência, uma torção à esquerda deve ser selecionada se a fonte de potência gira no sentido horário e vice-versa. Eixos flexíveis são também comercialmente disponíveis para operação bidirecional, mas a capacidade de transmissão de torque e potência é significativamente menores que para operação unidirecional.[98]

Visto que a construção de arame enrolado em forma de hélice para a transmissão flexível é algo similar àquela do cabo de aço, pode ser deduzido que quando a potência é transmitida pelo eixo flexível, as tensões de contato de Hertz são geradas entre os arames, e movimentos de deslizamento relativo de pequena amplitude são induzidos também entre arames. Consequentemente, os modos de falhas prováveis para transmissão flexível, como para cabo de aço, incluem a fadiga, a fadiga de fretagem, o desgaste e o escoamento, dependendo das características das cargas operacionais. A corrosão pode também ser um fator.

Como para qualquer outra peça, os materiais para eixos flexíveis podem ser selecionados pela utilização das orientações do Capítulo 3. Normalmente, o arame utilizado para aplicações de transmissão de potência é feito de aço de alto carbono com tratamento térmico e alívio de tensões, mas qualquer material disponível na forma de arame pode ser especificado se for necessário atender aos requisitos especiais de projeto. Para acomodar tais necessidades especiais, os eixos flexíveis são usualmente disponíveis em aço inoxidável, em bronze fosforoso, em Monel, em Inconel, em titânio ou até em Hastelloy-X.

[94] Número de dureza Brinnel, veja Tabela 3.13.
[95] Veja Capítulo 2.
[96] Se não for especificado, supõe-se que o cabo seja à direita e torção regular.
[97] Veja Figura 17.7.
[98] Compare os dados das Tabelas 17.11 e 17.12.

As características de um eixo flexível de um dado diâmetro podem ser alteradas pela variação do número de arames por camada, do número de camadas enroladas em forma de hélice, do diâmetro do arame, do espaçamento entre os arames enrolados em forma de hélice e do material do arame. Assim como para qualquer outro eixo rotativo, o torque de operação a ser transmitido por um eixo flexível é determinado pelos requisitos de potência e de velocidade angular para a utilização desejada. A relação básica para potência como uma função do torque e da velocidade angular, dada em (4-39), pode ser resolvida para obter o torque

$$T = \frac{63.025(hp)}{n} \tag{17-35}$$

em que T = torque, lbf·in
n = velocidade angular, rpm
hp = potência, hp

As Tabelas 17.11 e 17.12 proveem os requisitos de torque máximo admissível, $(T_{máx})_{admissível}$, em função do raio de curvatura, para vários tamanhos de eixos flexíveis comercialmente disponíveis. Estes valores de torque *admissível* têm um fator de segurança embutido de cerca de 4, então se um determinado projeto de utilização requerer a especificação de um fator de segurança diferente, os valores tabelados de torque admissível deverão ser modificados. Além disso, os valores de torque admissível para operação contínua são baseados no aumento admissível da temperatura no eixo de cerca de 55° acima da temperatura ambiente[99] quando a velocidade tangencial da superfície do eixo rotativo é de cerca de 500 pés por minuto. As velocidades angulares máximas admissíveis mostradas nas Tabelas 17.11 e 17.12 são baseadas neste critério. É também importante notar que um raio de curvatura menor que os valores recomendados[100] causa aumentos adicionais de temperatura porque eleva o atrito interno desenvolvido dentro do eixo flexível à medida que os arames são forçados a friccionar uns nos outros mais vigorosamente em curvas mais apertadas. O raio de curvatura R_c pode ser geometricamente estimado para qualquer configuração de projeto. Por exemplo, se uma utilização exige um grande deslocamento lateral entre dois eixos rotativos paralelos, como ilustrado na Figura 17.18, o raio de curvatura, R_c, pode ser calculado como

$$R_c = \frac{x^2 + y^2}{4x} \tag{17-36}$$

em que x = deslocamento lateral entre as linhas de centro dos eixos
y = distância entre os componentes

TABELA 17.11 Torque[1] Máximo de Operação, Recomendado, para uma Seleção[2] de Eixos Flexíveis Padronizados de Aço de Alto Carbono em Função do Raio de Curvatura R_c, para Operação *Unidirecional*

Diâmetro do Eixo (núcleo), in	Velocidade Angular Máx. Admissível, rpm	Raio de Curvatura Mín. Admissível, in	Deflexão Torcional, grau/ft/lbf·in	Momento Torcional Limite de Falha,[3] lbf·in	Torque Máximo Recomendado $(T_{máx})_{adm}$ Correspondente a Vários Raios de Curvatura,[4] lbf·in							
					3	4	6	8	10	12	15	20
0,127	30.000	2,7	21,48	12	0,2	0,7	1,2	1,5	1,6	1,7	1,8	1,9
0,147	20.000	3,2	10,11	30		1,2	2,6	3,3	3,8	4,1	4,4	4,7
0,183	15.000	3,2	7,39	32		1,2	2,8	3,5	4,0	4,3	4,6	4,9
0,245	10.000	3,2	0,97	195			12,8	16,0	18,0	20,0	21,0	23,0
0,304	7500	3,6	0,44	338			19,0	26,0	30,0	33,0	35,0	38,0
0,370	5500	6,3	0,17	690				20,0	35,0	45,0	55,0	65,0
0,495	4500	5,9	0,06	1230				45,0	70,0	86,0	103,0	120,0
0,620	4000	6,7	0,019	2420				53,0	109,0	147,0	184,0	221,0
0,740	3000	6,7	0,009	4370				96,0	198,0	265,0	332,0	400,0
0,990	2500	8,4	0,003	9344					206,0	386,0	567,0	747,0

[1] Da ref. 5, cortesia: S. S. White Tecnologies, Inc. Um fator de segurança de aproximadamente 4 está embutido nesses valores recomendados de torque admissível. Os métodos do Capítulo 5 podem ser utilizados para ajustar estes valores de torque admissível se necessário. Estes valores supõem que o torque aplicado aja em um sentido que tenda a apertar a camada externa helicoidal de arame.
[2] Muitos outros eixos e variações são comercialmente disponíveis. Veja a ref. 5, por exemplo.
[3] Torque no qual o eixo flexível irá deformar permanentemente ou quebrar.
[4] Os raios de curvatura listados estão em polegadas.

[99] Aumentos de temperatura maiores reduzem significativamente a vida do eixo à fadiga.
[100] Veja Tabelas 17.11 e 17.12.

TABELA 17.12 Torque[1] Máximo Recomendado, de Operação, para Seleção[2] de Eixos Flexíveis Padronizados de Aço de Alto Carbono em Função do Raio de Curvatura R_c, para Operação *Bidirecional*

Diâmetro do Eixo (núcleo), in	Velocidade Angular Máx. Admissível, rpm	Raio de Curvatura Mín. Admissível, in	Deflexão Torcional, grau/ft/lbf·in		Momento Torcional Limite de Falha,[5] lbf·in		Torque Máximo Recomendado $(T_{máx})_{adm}$ Correspondente a Vários Raios de Curvatura,[6] lbf·in									
			TOL[3]	LOL[4]	TOL[3]	LOL[4]	3	4	6	8	10	12	15	20	25	Reto
0,127	30.000	3,0	11,65	23,71	16	12	0,4	1,2	2,1	2,6	2,8	3,0	3,2	3,4	3,5	3,9
0,147	20.000	4,0	6,55	12,50	21	26		1,8	4,1	5,2	5,9	6,3	6,8	7,2	7,5	8,6
0,183	15.000	4,0	3,07	6,94	44	41		2,8	6,3	8,0	9,1	9,8	10,5	11,1	11,6	13,2
0,245	10.000	4,0	0,74	1,23	141	121		8,4	19,0	23,0	27,0	29,0	31,0	33,0	34,0	39,0
0,304	7500	4,5	0,28	0,55	281	207			20,0	32,0	39,0	44,0	48,0	53,0	55,0	67,0
0,370	5500	6,0	0,11	0,21	515	384			29,0	53,0	67,0	77,0	86,0	96,0	102	125
0,495	4500	7,0	0,044	0,081	1214	869				75,0	117	145	172	200	217	284
0,620	4000	8,0	0,015	0,024	2135	1760					188	250	317	381	420	574
0,740	3000	10,0	0,009	0,018	3533	2441						351	440	529	582	797
0,990	2500	12,0	0,002	0,003	8513	6763							972	1281	1466	2209

[1] Da ref. 5, cortesia: S. S. White Tecnologies, Inc. Um fator de segurança de aproximadamente 4 está embutido nesses valores recomendados de torque admissível. Os métodos do Capítulo 5 podem ser utilizados para ajustar estes valores de torque admissível se necessário.
[2] Muitos outros eixos e variações estão comercialmente disponíveis. Veja a ref. 5, por exemplo.
[3] O sentido do torque de operação tende a *apertar a camada externa* helicoidal de arame enrolado.
[4] O sentido do torque de operação tende a *afrouxar a camada externa* helicoidal de arame enrolado.
[5] Torque no qual o eixo flexível irá deformar permanentemente ou quebrar.
[6] Os raios de curvatura listados estão em polegadas.

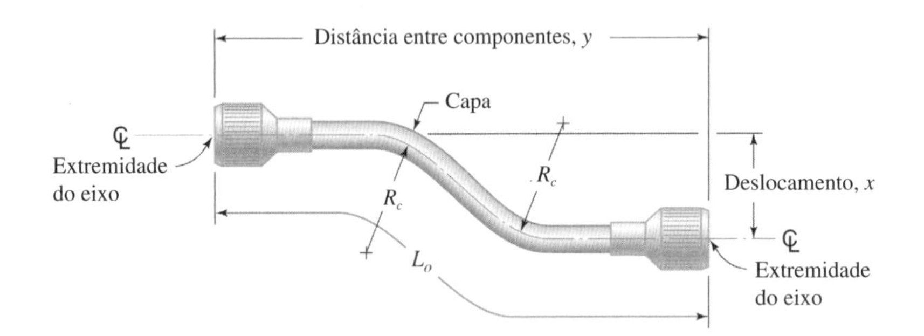

Figura 17.18
Conexões de um eixo flexível entre eixos paralelos deslocados. Para detalhes internos, veja Figura 17.7.

Se os limites recomendados de torque, de velocidade angular e de raio de curvatura forem respeitados, uma vida média operacional de aproximadamente 10^8 revoluções pode ser esperada.[101]

O procedimento sugerido para a seleção de um eixo flexível apropriado para um determinado projeto é relativamente simples. Os passos são:

1. Estabeleça se a utilização é unidirecional ou bidirecional. Para operação unidirecional, selecione dados da Tabela 17.11; para operação bidirecional, utilize dados da Tabela 17.12.
2. Utilizando (17-35), calcule os requisitos de torque para o eixo flexível.
3. Utilizando (17-36), ou outra relação pertinente à configuração geométrica, determine o raio de curvatura R_c.
4. Se a rigidez torcional é uma questão de projeto, calcule a rigidez torcional necessária.
5. Utilizando a Tabela 17.11 ou a Tabela 17.12, dependendo do resultado do passo 1, entre na tabela com o torque necessário do passo 2 e o raio de curvatura do passo 3 para, preliminarmente, obter um diâmetro de eixo aceitável.[102]
6. Com o diâmetro preliminar do eixo selecionado, teste para ter certeza de que os requisitos de rigidez torcional do passo 4 sejam alcançados. Teste para assegurar que as restrições de velocidade angular máxima admissível não sejam violadas. Baseado em (17-35), está claro que para um dado requisito de potência, velocidades angulares maiores correspondem a eixos menores. Em outras palavras, eixos flexíveis são para trabalhar a grandes velocidades angulares. Deste modo, se uma utilização necessita de que o equipamento conduzido opere a uma velocidade angular distinta que a da fonte de potência, o variador da velocidade deve estar posicionado no trem de carga de forma que o eixo flexível opere na maior velocidade.

[101] Para vidas de projeto maiores ou menores, entre em contato com um fabricante de eixo flexível.
[102] Normalmente há muitas combinações aceitáveis.

7. Determine o comprimento do eixo, L_e, de forma precisa pela medição ao longo da linha de centro em um desenho em escala ou pela utilização de cálculos apropriados. Comprimentos de eixo de 30 pés ou mais são disponíveis comercialmente e podem ser utilizados com sucesso em muitos casos desde que o eixo flexível (núcleo) seja apropriadamente suportado pela capa.[103] Comprimentos de eixo *menores* são usualmente mais críticos em função do raio de curvatura potencialmente apertado que pode ser gerado durante a instalação.
8. Itere até satisfazer todos os critérios de projeto e especifique a escolha do eixo.

Exemplo 17.5 Seleção de Eixo Flexível

A gerência de engenharia de um fabricante de um cortador de grama rotativo referenciado no Exemplo 16.1 agora acredita que um grande aumento de eficiência pode ser alcançado pela operação do motor com o virabrequim posicionado na *horizontal* em vez da posição vertical, como mostrada na Figura E16.1A do Exemplo 16.1. Dos vários meios disponíveis para conectar o virabrequim horizontal ao eixo com lâminas verticais, um eixo flexível parece ser o mais econômico. Como consultor, foi pedido a você para investigar a viabilidade da utilização de uma conexão de eixo flexível nesta situação e propor um eixo aceitável, se possível. Foi determinado geometricamente que o eixo deverá trabalhar com um raio de curvatura de cerca de 8 polegadas, e em operação normal o motor deverá desenvolver 3,5 hp a 2400 rpm. Selecione um eixo flexível apropriado para esta aplicação.

Solução

Siga os passos recém-propostos,

1. Esta aplicação é unidirecional; por conseguinte, a Tabela 17.11 deverá ser utilizada.
2. De (17-35)

$$T_{nec} = \frac{63.025(3,5)}{2400} = 92 \text{ lbf·in}$$

3. Pela especificação,

$$R_c = 8 \text{ polegadas}$$

4. Nenhuma especificação de rigidez foi imposta.
5. Inserindo na Tabela 17.11 o torque necessário de 92 lbf·in e um raio de curvatura de 8 polegadas, o diâmetro do eixo flexível padronizado necessário é de

$$d_{eixo} = 0,74 \text{ polegada}$$

6. Nenhum critério de rigidez precisa ser satisfeito.
7. A velocidade angular de operação da unidade do cortador é de 2400 rpm, com segurança abaixo do limite de 3000 rpm especificado para o eixo selecionado.
8. O comprimento do eixo precisa ser determinado por meio de um desenho em escala da montagem do cortador.
9. Parece que uma seleção apropriada de eixo flexível pode ser feita para esta aplicação. O eixo recomendado é um *eixo de 0,740 polegada de diâmetro feito de arames de aço de alto carbono.*

Problemas

17-1. Um sistema de transmissão por correia plana deve ser projetado para uma aplicação na qual a velocidade angular do eixo de entrada (*polia motriz*) é de 1725 rpm, a velocidade angular do eixo de *saída* é de aproximadamente 960 rpm e a potência a ser transmitida foi estimada em 3,0 hp. Estima-se que o equipamento a ser acionado tenha características de carregamento com choques mecânicos moderados durante a operação. A distância entre centros das polias motriz e movida é de aproximadamente 18 polegadas.

a. Se uma correia de poliamida com $1/8$ de polegada de espessura for escolhida para este uso, que largura de correia será necessária?
b. Que tração inicial será necessária para a operação adequada?

17-2. Uma transmissão de correia plana consiste em duas polias de ferro fundido, com 4 pés de diâmetro cada, distantes 15 pés, de centro a centro. A correia deve ser de couro curtido de camada dupla, cada camada tendo 5/32 de polegada de espessura, e o peso específico do material de couro é de 0,040 lbf/in^3. A utilização implica um ambiente no qual a correia está constantemente sujeita a um borrifo de água (veja no Apêndice, Tabela A.1, o coeficiente de atrito). Foi determinado experimentalmente que a tensão trativa na correia não pode exceder 300 psi para uma operação segura. Se 50 hp devem ser transmitidos a uma velocidade angular de 320 rpm, que largura de correia deveria ser especificada?

[103] Veja Figura 17.7(b).

17-3. Um motor elétrico de alto torque de 5 hp a 1725 rpm vai ser usado para acionar uma serra de mesa de carpintaria em uma planta fabril de janelas reforçadas. A serra deve operar 16 horas por dia, 5 dias por semana, a plena capacidade do motor. A transmissão por correia em V será utilizada entre o motor e a polia de entrada da serra. Idealmente, a distância entre centros da polia motriz à polia da serra movida deve ser cerca de 30 polegadas, e a polia movida deve girar, aproximadamente, a 1100 rpm. A operação de serrar provavelmente produzirá carregamento de choque mecânico moderado. Proponha um arranjo de transmissão por correia em V para prover uma vida média de cerca de 1 ano entre substituição de correias.

17-4. Uma correia em V de seção D será utilizada para a transmissão de potência do eixo principal de multitarefa agrícola (multitarefa agrícola pode ser considerada uma combinação de transportador, elevador, batedor e insuflador). A fonte de potência é um motor de combustão interna de 6 cilindros e 30 hp que disponibiliza potência a plena capacidade para uma polia motriz de 12 polegadas a 1800 rpm. A polia movida tem 26 polegadas de diâmetro, e a distância entre centros das polias é de 33,0 polegadas. Durante a temporada de colheita, os multitarefas agrícolas em geral operam continuamente 24 horas por dia.

a. Se uma correia em V de seção D for especificada para a utilização, com que frequência a correia necessitaria de reposição?
b. Baseado no conhecimento, de que demora cerca de 5 horas para trocar a correia de transmissão principal, você consideraria a estimativa de intervalo de reposição em (a) adequada?

17-5. Um elevador portátil de baldes para transporte de areia é acionado por um motor à combustão interna monocilíndrico que opera à velocidade angular de 1400 rpm, utilizando uma correia em V de seção B. A polia motriz e a polia movida têm, cada uma, 5 polegadas de diâmetro primitivo. Se o elevador de baldes deve elevar duas toneladas por minuto (4000 lbf/min) de areia a uma altura de 15 pés, continuamente por 10 horas por dia de trabalho, e se as perdas por atrito no elevador são em torno de 15 por cento da potência de operação, quantos dias de operação até a falha você estimaria para a correia de seção B, se a correia tem um comprimento datum de 59,8 polegadas (correia B59)?

17-6. Em um conjunto de correias em V tipo 5V de grande capacidade, cada correia tem um comprimento primitivo (comprimento do perímetro externo) de 132,0 polegadas e opera com um par de polias multicanal de 12 polegadas de diâmetro. A velocidade angular das polias é de 960 rpm. Para alcançar uma expectativa de vida média de 20.000 horas, encontre o número de correias que devem ser utilizadas em paralelo para transmitir 200 hp.

17-7. Deseja-se utilizar uma corrente de roletes compactos para transmitir potência de um dinamômetro a um estande de teste a fim de avaliar a caixa de engrenagens auxiliar de um avião. A transmissão por corrente deve transmitir 90 hp para uma pequena roda dentada com velocidade angular de 1000 rpm.

a. Selecione o tamanho mais apropriado para a corrente de roletes.
b. Determine o tamanho mínimo da roda dentada a ser utilizada.
c. Especifique a lubrificação apropriada.

17-8. Deseja-se utilizar uma transmissão por corrente de roletes para a manga de eixo de um novo eixo rotativo para uma máquina de teste de fadiga. O motor opera a 1750 rpm e a manga de eixo da máquina de fadiga deve operar a 2170 rpm. Estima-se que a corrente deva transmitir 11,5 hp. Não será tolerada uma variação da velocidade angular da manga de eixo maior do que 1 por cento.

a. Selecione a corrente de roletes mais adequada.
b. Que tamanho mínimo da roda dentada menor pode ser utilizado?
c. Especifique a lubrificação adequada.
d. Seria prático utilizar a corrente leve nº 41 para esta utilização?

17-9. Uma corrente de cinco fileiras de roletes de precisão nº 40 está sendo proposta para transmitir potência de uma roda dentada menor (motriz) de 21 dentes que gira a 1200 rpm. A roda dentada movida gira a um quarto da velocidade angular da roda dentada motriz. Faça o seguinte:

a. Determine a potência-limite que pode ser transmitida e explicite o modo de falha dominante.
b. Determine a tração na corrente.
c. Que comprimento de corrente deverá ser utilizado se se deseja que a distância entre centros seja de aproximadamente 20 polegadas?
d. A distância entre centros de 20 polegadas está dentro da faixa recomendada para esta utilização?
e. Que tipo de lubrificação deverá ser utilizada para esta aplicação?

17-10. Deseja-se comercializar um pequeno guincho acionado por ar comprimido no qual a carga é suportada por uma linha única de cabo de aço e a capacidade de carga de projeto é de 3/8 toneladas (750 lbf). O cabo de aço será enrolado em um tambor de 7,0 polegadas de diâmetro. O guincho deve ser capaz de elevar e abaixar a plena capacidade de carga 16 vezes por dia, 365 dias por ano, por 20 anos antes que a falha do cabo aconteça.

a. Se um cabo de aço flexível 6 × 37 de improved plow steel (IPS) deve ser utilizado, qual deverá ser a bitola do cabo especificado?
b. Com a bitola do cabo determinado em (a), deseja-se estimar o "esticamento adicional" que ocorreria no cabo se uma carga de 750 lbf fosse baixada a uma taxa de 2 ft/s e, quando a carga atingisse um ponto a 10 pés abaixo do tambor de 7,0 polegadas, o freio fosse subitamente aplicado. Faça uma estimativa.

17-11. Um guincho elétrico, no qual a carga é sustentada por dois cabos de aço, é montado com cabo de aço de ¼ polegada, 6 × 19, de improved plow steel (IPS) que é enrolado em um tambor de 8 polegadas de diâmetro e carrega uma polia de 8 polegadas com um gancho conectado para elevação de carga. A capacidade do guincho é em 1500 lbf.

a. Se cada vez a carga for elevada em plena capacidade, quantos "levantamentos" seriam executados de forma segura com este guincho? Utilize o fator de segurança à fadiga de 1,25. Note que existem 2 "flexões" do cabo a cada elevação da carga.
b. Se o guincho for utilizado de tal forma que na metade do tempo está elevando carga à plena capacidade mas no resto do tempo ele apenas eleva um terço da capacidade de carga, que hipóteses ou teoria poderia ser utilizada para estimar o número de elevações que poderiam ser feitas de forma segura sob estas circunstâncias?
c. Estime, numericamente, o número de elevações que poderiam ser seguramente executadas sob o carregamento misto descrito em (b). Novamente, utilize um fator de segurança de 1,25 em seu procedimento de estimativa.

17-12. Deseja-se selecionar um cabo de aço para uso em uma utilização em reboques de carretas automotivas. Um único cabo deve ser usado e considerando o carregamento dinâmico envolvido em puxar os carros de volta à estrada, a carga típica no cabo é estimada em 7000 lbf. É previsto que aproximadamente 20 carros por dia serão puxados de volta à autoestrada (ou seja, o cabo experimenta 20 "flexões" por dia) sob carga total. Se a carreta for utilizada 360 dias por ano e deseja-se uma vida projetada de 7 anos para o cabo.

a. Que bitola de cabo de aço IPS seria especificado para um cabo 6 × 19 com construção de torção regular?
b. Que diâmetro mínimo da polia seria recomendado?

17-13. O guincho de uma mina profunda utiliza um único cabo de aço de 2 polegadas, 6 × 19 extra improved plow steel (EIPS), enrolado sobre um tambor de aço fundido que tem um diâmetro de 6 pés.

O cabo é utilizado para elevar verticalmente cargas de minério pesando cerca de 4 toneladas a partir de um eixo que está a 500 pés de profundidade. A velocidade máxima de guinchamento é de 1200 ft/min e a aceleração máxima é de 2 ft/s^2.

a. Estime a tensão axial máxima na parte "reta" do cabo de aço único de 2 polegadas.
b. Estime a tensão de flexão máxima nos arames "externos" do cabo de aço de 2 polegadas à medida que este é enrolado no tambor de 6 pés de diâmetro.
c. Estime a pressão radial unitária máxima (tensão compressiva) entre o cabo e a polia. *Sugestão*: Modele o cabo de 2 polegadas, enrolado em torno da polia de 6 pés como um "freio de cinta", utilizando a equação (16.76) com a = 2π e μ = 0,3, para determinar $p_{máx}$.
d. Estime a vida a fadiga do cabo de aço de 2 polegadas utilizado nesta aplicação.

17-14. É necessário montar um motor elétrico de 7,5 hp e 3450 rpm em ângulo reto com um processador centrífugo como mostrado na Figura P17.14 (veja também o arranjo $A - B_2$ da Figura 17.6). Este foi projetado para utilizar um par de engrenagens cônicas 1:1, para conectar o motor ao processador, mas um jovem engenheiro sugeriu que uma conexão de eixo flexível poderia ser mais silenciosa e menos cara. Determine se o eixo flexível é uma alternativa viável. Se afirmativo, especifique um eixo flexível que poderia ser utilizado.

17-15. Para evitar outro equipamento montado na mesma estrutura, a linha de centro de um motor elétrico de 2 hp e 1725 rpm deve ser deslocada da linha de centro paralela de um misturador industrial que deve acionar.

a. Para o deslocamento mostrado na Figura P17.15, selecione um eixo flexível adequado (veja também o arranjo $A - B_1$ da Figura 17.6).
b. Para melhorar a eficiência de mistura, propõe-se substituir o motor padrão de 2 hp por um motor "reversível" tendo as mesmas especificações. Com o motor "reversível", seria necessária a substituição do eixo flexível escolhido em (a)? Se afirmativo, especifique o diâmetro do eixo substituto.
c. Comparando-se os resultados de (a) e (b), você pode pensar em quaisquer problemas operacionais associados com o eixo flexível quando operando no sentido "reverso"?

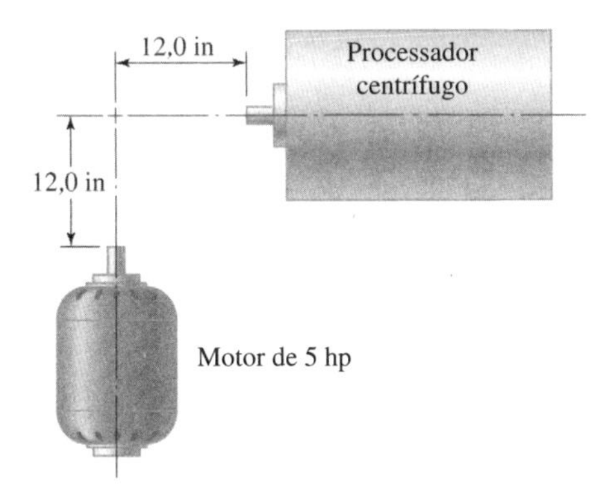

Figura P17.14
Esboço do motor e do processador centrífugo a serem conectados, em ângulo reto, por um eixo flexível.

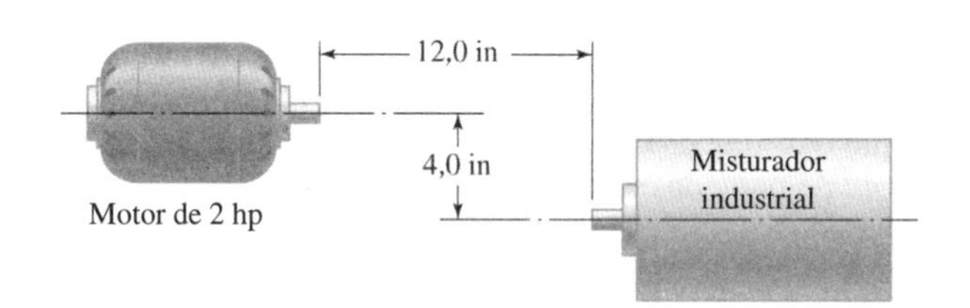

Figura P17.15
Esboço de um motor e de um misturador industrial, deslocado, que o primeiro deve acionar.

Capítulo 18

Volantes e Rotores de Alta Velocidade

18.1 Utilização e Características dos Volantes

Os volantes são massas girantes instaladas em sistemas girantes de elementos de máquinas para atuarem como um reservatório de armazenamento de energia cinética, conforme mostrado na Figura 18.1. Normalmente,[1] a tarefa principal de um volante é controlar, dentro de uma faixa aceitável, as *flutuações* da velocidade angular e do torque inerentes à fonte de potência, à carga ou ambos. A Figura 18.2 ilustra as curvas sobrepostas de *torque versus deslocamento angular* para um *acionador* flutuante e uma *carga* flutuante.

Por definição, o torque *motriz*, T_m, é considerado positivo quando o seu sentido coincide com o sentido da rotação do eixo e o *acionador está fornecendo energia* ao sistema eixo-volante. O torque *da carga*, T_c, é considerado positivo quando o seu sentido coincide com o sentido da rotação e *o sistema eixo-volante está fornecendo energia* à carga. Pode-se observar que durante os instantes de tempo em que o torque motriz *fornecido excede* o torque da carga *necessário*, a massa do volante é *acelerada* e a energia cinética adicional é *armazenada* no volante. Durante incrementos de tempo em que o torque da carga *necessário excede* o torque motriz *fornecido*, a massa do volante é *desacelerada* e parte da energia cinética do volante é *retirada*.

Quando a missão operacional de um sistema de máquina é dependente da restrição das flutuações de velocidade ou torque a uma *banda de controle*, é possível estimar o momento de inércia de massa e a velocidade rotacional do volante necessários para desempenhar a sua função. Uma vez que todos

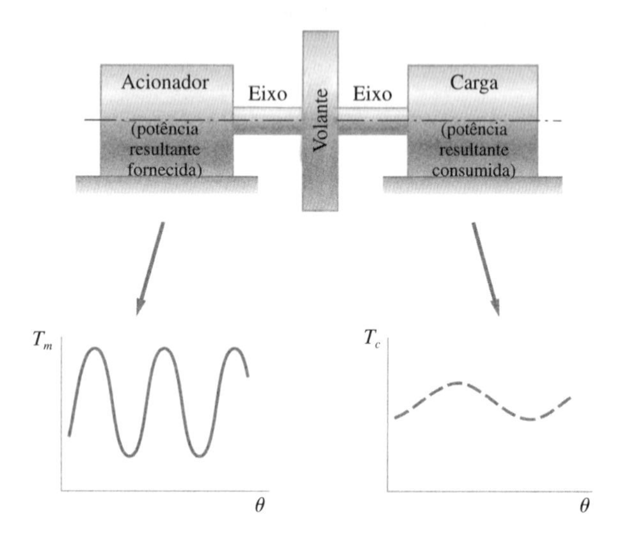

Figura 18.1
Apresentação esquemática de um sistema com volante no qual o acionador, a carga, ou ambos podem flutuar.

[1] No entanto, teoricamente, um volante pode ser utilizado como a única fonte de potência de um sistema em operação se for possível armazenar com segurança energia cinética suficiente. Isto pode ser conseguido "fazendo-se girar rapidamente" a sua massa a uma velocidade rotacional suficientemente alta para suprir a energia necessária à máquina conduzida durante um ciclo inteiro. Na prática, isto seria dificilmente factível. Uma alternativa atualmente sob exame cuidadoso é acoplar um volante a um acionador principal compacto como um turbogerador para formar uma fonte de energia *híbrida*. A energia de um gerador elétrico acoplado a uma turbina a gás pode ser utilizada para manter o volante girando a uma velocidade apropriada. Necessariamente associados ao desenvolvimento destes sistemas híbridos estão o desenvolvimento de suportes de suspensão para o volante para evitar a transmissão de forças giroscópicas ao veículo que o carrega, câmaras de contenção para reter com segurança qualquer estilhaço no caso da falha do volante (explodir) e um sistema de evacuação para a câmara de contenção para minimizar o arrasto hidrodinâmico e melhorar a eficiência do sistema.

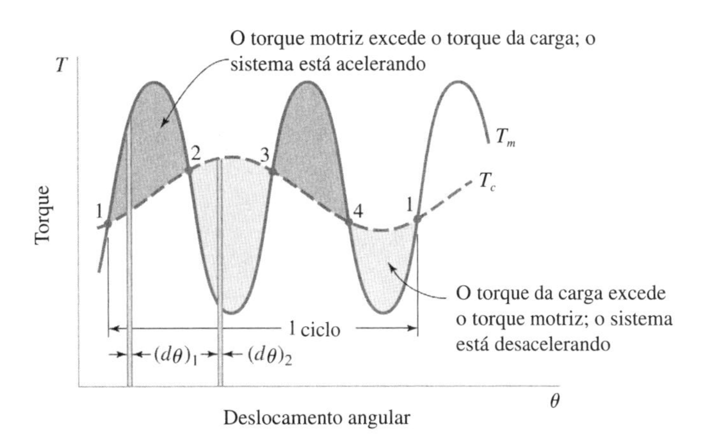

Figura 18.2
Curvas sobrepostas do torque *versus* deslocamento angular para uma máquina na qual tanto o torque motriz, T_m, como o torque da carga, T_c, flutuam, conforme mostrado na Figura 18.1.

os elementos de máquina reais têm massa, o "efeito volante" de cada massa girante significativa no sistema também precisa ser incorporado nos cálculos pertinentes.

Utilizando-se um volante devidamente projetado, uma ou mais das vantagens potenciais devem ser obtidas:

1. *Amplitude reduzida* da flutuação da velocidade
2. *Pico do torque motriz* necessário *reduzido*
3. *Tensões reduzidas* nos eixos, acoplamentos, e possivelmente em outros componentes do sistema
4. *Energia automaticamente armazenada e retirada* conforme a necessidade durante o ciclo

18.2 Ciclos de Trabalho Variáveis, Gerenciamento de Energia e Volantes de Inércia

Se a velocidade angular média, $\omega_{méd}$, do sistema em rotação deve permanecer inalterada ao longo do tempo, a primeira lei da termodinâmica requer que a energia cinética armazenada *adicionada* ao volante durante o ciclo de operação seja igual à energia cinética (KE) *retirada* do volante durante o mesmo ciclo.[2] Isolando-se o sistema eixo-volante como um corpo livre termodinâmico,[3] conforme mostrado na Figura 18.3, é necessário que a energia cinética *fornecida* ao sistema de volante durante cada ciclo seja igual ao trabalho *realizado pelo* sistema do volante durante cada ciclo,[4] ou

$$d(KE) = d(W) \tag{18-1}$$

em que KE = energia cinética fornecida ao sistema do volante girante
W = trabalho resultante realizado (energia retirada) pelo sistema do volante girante

Para uma massa girante com um momento de inércia de massa J e uma velocidade angular ω, sabe-se[5] que

$$KE = \tfrac{1}{2}J\omega^2 \tag{18-2}$$

portanto

$$d(KE) = \tfrac{1}{2}Jd(\omega^2) \tag{18-3}$$

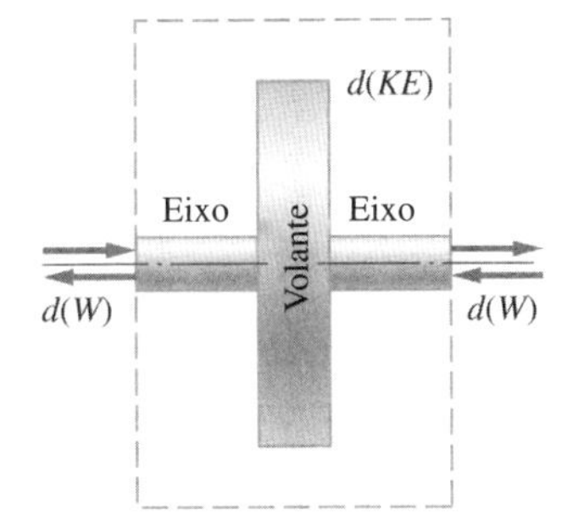

Figura 18.3
Sistema eixo-volante isolado. (Veja também a Figura 18.1.)

Também, supondo um eixo rígido submetido a um torque resultante igual a $(T_c - T_m)$,

$$dW = (T_c - T_m)d\theta \tag{18-4}$$

Combinando-se (18-1), (18-3) e (18-4),

$$\tfrac{1}{2}Jd(\omega^2) = (T_c - T_m)d\theta \tag{18-5}$$

Após a integração, (18-5) torna-se

$$\tfrac{1}{2}J\int_{\omega^2_{mín}}^{\omega^2_{máx}} d(\omega^2) = \int_{\theta_{\omega_{mín}}}^{\theta_{\omega_{máx}}} (T_c - T_m)d\theta \equiv U_{máx} \tag{18-6}$$

[2] Supondo que não haja perdas devido ao atrito, arrasto etc.
[3] Algumas vezes chamado de *volume de controle*.
[4] De outra forma, a velocidade rotacional média do sistema ou aumentaria ou diminuiria ao longo do tempo.
[5] Veja qualquer bom livro de graduação de dinâmica (por exemplo, ref. 1.)

em que $U_{máx}$ = por definição, a variação máxima na energia cinética do sistema eixo-volante devida a flutuações na velocidade entre os valores mínimo e máximo

De (18-6) então,

$$\tfrac{1}{2} J(\omega_{máx}^2 - \omega_{mín}^2) = U_{máx} \quad (18\text{-}7)$$

Fatorando o lado esquerdo

$$J\left(\frac{\omega_{máx} + \omega_{mín}}{2}\right)(\omega_{máx} - \omega_{mín}) = U_{máx} \quad (18\text{-}8)$$

mas

$$\left(\frac{\omega_{máx} + \omega_{mín}}{2}\right) = \omega_{méd} \quad (18\text{-}9)$$

então (18-8) pode ser reescrita como

$$J\omega_{méd}(\omega_{máx} - \omega_{mín}) = U_{máx} \quad (18\text{-}10)$$

em que $(\omega_{máx} - \omega_{mín})$ é a flutuação entre extremos na velocidade angular durante cada ciclo operacional.

É prática comum definir-se um coeficiente de flutuação de velocidade, C_f, como

$$C_f \equiv \frac{\omega_{máx} - \omega_{mín}}{\omega_{méd}} \quad (18\text{-}11)$$

Utilizando-se (18-11), (18-10) pode ser reescrita como

$$J\omega_{méd}^2 C_f = U_{máx} \quad (18\text{-}12)$$

Uma vez que $\omega_{méd}$ é conhecido, e $U_{máx}$ pode ser determinado para um sistema qualquer, o momento de inércia de massa necessário, J_{nec}, pode ser calculado se o coeficiente de flutuação da velocidade para a operação adequada do sistema for conhecido.[6] Alguns poucos valores aceitáveis de C_f baseados na experiência são dados na Tabela 18.1. As expressões para os momentos de inércia de massa em função do tamanho e da forma são incluídas na Tabela A.2 do Apêndice, para diversos corpos sólidos.

Para determinar-se $U_{máx}$ para um sistema qualquer, primeiro é necessário construir e superpor as curvas do *torque motriz* e do *torque da carga* como uma função do deslocamento angular θ, ao longo de um ciclo operacional completo (veja Figura 18.2). Em seguida, os valores de θ correspondentes aos valores máximo e mínimo da velocidade angular durante o ciclo, $\theta_{\omega_{máx}}$ e $\theta_{\omega_{mín}}$, respectivamente, precisam ser identificados. Em alguns casos, isto pode necessitar da preparação de um gráfico de velocidade

TABELA 18.1 Coeficientes de Flutuação de Velocidade, C_f, Baseados na Experiência, para o Desempenho Adequado do Equipamento[1]

Nível Necessário de Uniformidade na Velocidade	C_f
Muito uniforme	
Sistemas de controle giroscópico	≤ 0,003
Discos rígidos	
Uniforme	
Geradores elétricos de CA	0,003–0,012
Máquinas de fiação	
Alguma flutuação aceitável	
Máquinas-ferramenta	0,012–0,05
Compressores, bombas	
Flutuação moderada aceitável	
Escavadeiras	0,05–0,2
Misturadoras de concreto	
Grandes flutuações aceitáveis	
Trituradoras	> 0,2
Prensas puncionadoras	

[1] Veja refs. 2 e 3.

[6] É bom ter-se em mente que em sistemas reais podem existir diversas massas girantes operando em diferentes velocidades mas conectadas por engrenagens ou outros variadores de velocidade. A contribuição da *i*-ésima massa girante acoplada, girando a uma velocidade angular ω_i, é proporcional ao quadrado da razão entre a velocidade angular e a velocidade operacional. Assim, um momento de inércia de massa *equivalente*, em referência a ω_{op}, pode ser calculado para *qualquer* massa girante no sistema como $J_{ei} = J_i(\omega_i/\omega_{op})^2$.

angular ω *versus* deslocamento angular θ. $U_{máx}$ pode, então, ser determinado como *área resultante* envolvida pelo diagrama torque-deslocamento[7] entre $\theta_{\omega máx}$ e $\theta_{\omega mín}$. Dependendo das circunstâncias, a área resultante, $U_{máx}$, pode ser determinada utilizando-se métodos analíticos, numéricos ou gráficos.

Para resumir, uma configuração de volante apropriada pode ser determinada para dada aplicação completando-se os seguintes passos:

1. Plote T_c *versus* θ para um ciclo operacional completo da máquina.
2. Sobreponha um gráfico de T_m *versus* θ para o mesmo ciclo operacional.
3. Plote ω *versus* θ.
4. Identifique a localização de $\theta_{\omega máx}$ e $\theta_{\omega mín}$.
5. Determine $U_{máx}$.
6. Determine J_{nec} para fornecer o valor de C_f desejado.
7. Para o material selecionado e a configuração geométrica desejada, determine as dimensões do volante necessárias.

Exemplo 18.1 Projeto de um Volante para Controle de Velocidade

Uma prensa puncionadora vai ser acionada por um motor de torque constante que opera a 1200 rpm. Deseja-se instalar um volante no sistema girante para controlar as flutuações na velocidade dentro de limites aceitáveis. Foi proposto que o disco do volante seja cortado de uma placa de aço de 2 polegadas de espessura.

Como uma boa aproximação, pode-se considerar que o torque da prensa puncionadora sobe de 0 até 10.000 lbf·ft, permanece constante por 45°, cai a zero para os próximos 45°, sobe para 6000 lbf·ft para os próximos 45°, e então cai de volta a zero até o final do ciclo.

Você recebe a tarefa de estimar o diâmetro do volante necessário para a operação adequada da prensa puncionadora. Para esta estimativa inicial, suponha que não existam outras massas girantes significativas no sistema.[8]

Solução

Seguindo os passos delineados em 18.2, o diâmetro do volante necessário pode ser estimado da seguinte forma:

1. Plote o torque da prensa puncionadora, T_p, conforme especificado, *versus* o deslocamento angular, θ, conforme mostrado na Figura E18.1A.

2. Plote o torque motriz constante do motor, T_{mot}, na Figura E18.1A. Para determinar o torque motor necessário à operação do sistema em regime permanente, deve-se observar que a energia total fornecida pelo motor, por ciclo, deve ser igual à energia total consumida pela prensa puncionadora por ciclo. Assim, do equilíbrio,

$$\int_{1 ciclo} T_p d\theta = \int_{1 ciclo} T_{mot} d\theta$$

Do ciclo especificado de torque-deslocamento da prensa puncionadora e do conhecimento de que a curva do torque do motor tem o valor constante de T_{mot}, (1) pode ser escrita como[9]

$$(10.000)\frac{\pi}{4} + (6000)\frac{\pi}{4} = T_{mot}(2\pi)$$

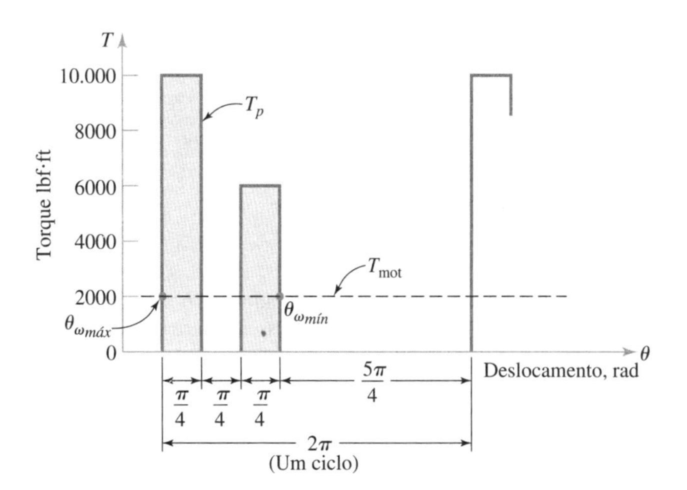

Figura E18.1A
Torque da prensa puncionadora e torque motriz plotado *versus* o deslocamento angular ao longo de um ciclo completo de operação do sistema girante.

[7] Diagrama T *versus* θ.
[8] Esta não é provavelmente uma boa hipótese, mas fornece um valor inicial "conservador" para J_{nec}.
[9] Para este caso, as integrais podem ser prontamente desenvolvidas da Figura E18.1A somando-se áreas retangulares bem definidas.

Exemplo 18.1 Continuação

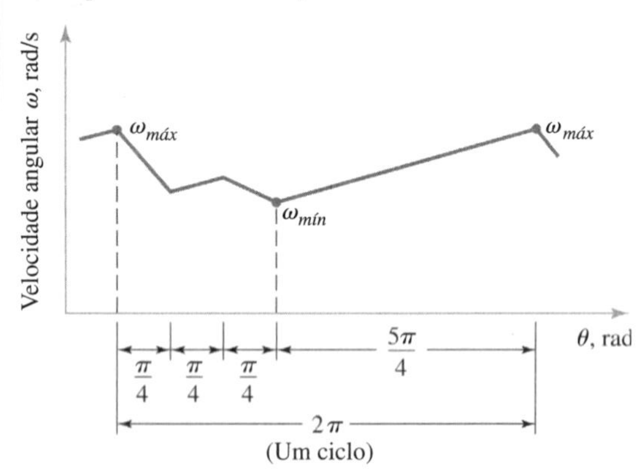

Figura E18.1B
Velocidade angular do sistema girante graficado em função do deslocamento angular ao longo de um ciclo completo de operação. Veja também a Figura E18.1A.

de modo que o torque do motor necessário é

$$T_{mot} = \frac{16.000\pi}{(4)(2\pi)} = 2000 \text{ lbf·ft}$$

3. Sem realmente conhecer as intensidades das velocidades angulares máxima e mínima, $\omega_{máx}$ e $\omega_{mín}$, as suas localizações no ciclo em função do deslocamento angular θ podem ser deduzidas da Figura E18.1A, e plotadas como mostrado na Figura E18.1B. Logicamente, a velocidade angular máxima ocorre após o torque constante do motor ter agido continuamente no longo segmento de deslocamento de $5\pi/4$ radianos. Quando o torque da prensa puncionadora, T_p, aumenta para 10.000 lbf·ft, o sistema imediatamente começa a reduzir a velocidade, e continua a reduzir até que T_p caia de volta a zero. Então, a velocidade angular aumenta de novo, mas somente para um segmento de deslocamento de $\pi/4$ radianos. O segundo pico de torque da prensa puncionadora, então, reduz a velocidade do sistema de novo, desta vez até o seu valor mínimo no ciclo.
4. Para o ciclo definido na Figura E18.1B, a velocidade angular máxima, $\omega_{máx}$, ocorre em $\theta = 0$ radiano, e a velocidade angular mínima, $\omega_{mín}$, em $\theta = 3\pi/4$ radianos, conforme indicado.
5. A máxima *variação* na energia cinética armazenada no volante, $U_{máx}$, pode ser calculada de (18-6), tomando-se como base a Figura E18.1A, como

$$U_{máx} = (10.000 - 2000)\frac{\pi}{4} + (0 - 2000)\frac{\pi}{4} + (6000 - 2000)\frac{\pi}{4}$$
$$= 7854 \text{ lbf·ft} (94.248 \text{ lbf·in})$$

6. Da Tabela 18.1, um coeficiente aceitável de flutuação da velocidade para aplicações com prensas puncionadoras é de aproximadamente

$$C_f = 0{,}2$$

Utilizando-se (18-12),

$$J_{nec} = \frac{94.248}{(0{,}2)\left[\frac{2\pi(1200)}{60}\right]^2} = 29{,}8 \text{ lbf·in·s}^2$$

7. Da Tabela A.2 do Apêndice, caso 2,

$$J = \frac{1}{2}mr_e^2 = \frac{Wr_e^2}{2g} = \frac{[w(\pi r_e^2 b)]r_e^2}{2g} = \frac{w\pi b r_e^4}{2g}$$

Uma vez que o material é especificado como aço (w = 0,283 lbf/in³) e a espessura especificada é b = 2 polegadas, o raio externo necessário para o disco sólido do volante é

$$r_e = \sqrt[4]{\frac{2gJ}{w\pi b}} = \sqrt[4]{\frac{2(386)(29{,}8)}{(0{,}283)\pi(2{,}0)}} = 10{,}67 \text{ polegadas}$$

A recomendação é, então, de se utilizar um disco sólido para o volante feito de aço, com um diâmetro de 21,3 polegadas e uma espessura de 2 polegadas, para obter-se uma operação satisfatória. No entanto, provavelmente deve ser conduzida mais uma iteração para incluir o "efeito volante" de outras massas girantes no sistema, antes que as especificações finais possam ser estabelecidas.

18.3 Tipos de Volantes

Uma vez que a energia cinética armazenada em uma massa girante é dada por[10]

$$KE = \frac{1}{2}J\omega^2 \tag{18-13}$$

fica claro que se é necessária uma grande capacidade para armazenamento de energia cinética, a velocidade angular, ω, deve ser a maior possível, e o momento de inércia de massa da massa girante também deve ser o maior possível.[11]

Observando que J é uma função da magnitude dos elementos de massa que formam o volante e das suas distâncias até seus eixos de rotação, a forma de se obter grandes valores de J é configurar-se o volante girante de modo que a maior quantidade de massa possível esteja o mais distante possível do eixo de rotação.[12] Isto sugere uma configuração de um volante na qual um aro circular pesado é conectado por uma estrutura leve a um cubo acoplado ao eixo rotativo de transmissão de potência do sistema do volante. Historicamente, no projeto e na construção de volantes para sistemas mecânicos de *baixa performance*, estas orientações de configuração eram traduzidas na configuração bem conhecida de volante de *aro-e-raios*, conforme mostrado na Figura 18.4(a). Para sistemas girantes de *alta performance* na prática atual (frequentemente girando a velocidades angulares muito elevadas), é mais comum a utilização de configurações de volantes de resistência uniforme[13] e materiais de resistência muito elevada.

Além disso, a massa girante do volante deve ter uma geometria axissimétrica para evitar forças dinâmicas desbalanceadas induzidas por centros de massa excêntricos. Forças desbalanceadas em rotação tipicamente induzem deflexões excessivas nos eixos, vibrações de grande amplitude e forças elevadas nos mancais e na estrutura de suporte.

Além da configuração de aro-e-raios, outras geometrias axissimétricas que têm sido implementadas com sucesso para aplicações em volantes que incluem discos cilíndricos sólidos girantes de espessura constante, discos sólidos com "tensão uniforme" (a espessura varia com o raio) e discos sólidos com "tensão uniforme" com aros.[14] Algumas destas configurações estão esboçadas na Figura 18.4.

18.4 Modos Prováveis de Falha

De longe, os modos mais prováveis de falha para volantes e (especialmente) rotores de alta velocidade são a fratura frágil ou a ruptura dúctil. Uma vez que o projeto eficiente de rotores de alta velocidade está associado ao posicionamento de elementos de massa a grandes distâncias radiais ao eixo de rotação nestas estruturas axissimétricas, forças centrífugas muito elevadas podem ser induzidas, especialmente em velocidades de rotação elevadas. Por sua vez, as tensões radiais e tangenciais podem tornar-se muito elevadas, aumentando a possibilidade de fragmentação ou de "explosão" do rotor em pedaços.[15] Se a fragmentação ocorrer, os fragmentos são tipicamente lançados para fora em

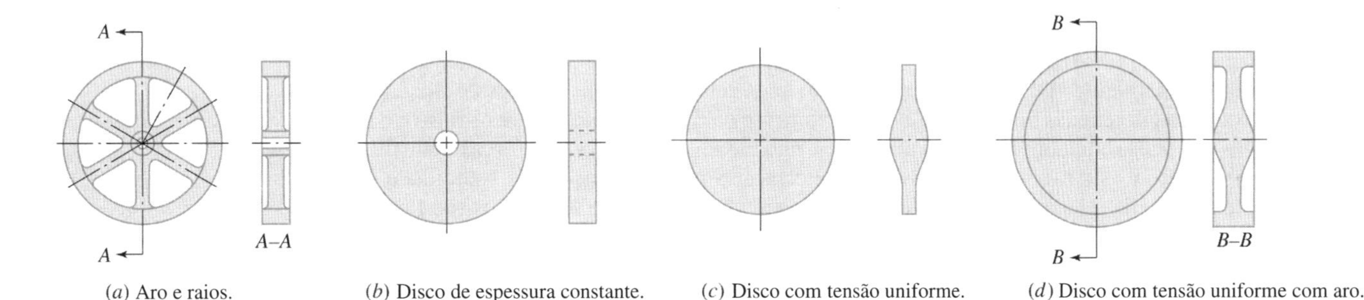

(*a*) Aro e raios. (*b*) Disco de espessura constante. (*c*) Disco com tensão uniforme. (*d*) Disco com tensão uniforme com aro.

Figura 18.4
Esboços de vários tipos de volantes.

[10] Veja (16-20), por exemplo.

[11] No entanto, o efeito *negativo* de valores elevados de ω e J nos níveis de tensão deve ser observado, conforme discutido em 18.6, 18.7 e 18.8.

[12] Veja diversas expressões para J na Tabela A.2.

[13] Veja Figuras 18.4(c) e (d).

[14] As configurações de "tensão uniforme" não podem ser totalmente alcançadas na prática por causa das restrições do acoplamento onde o disco encontra o aro e o cubo, que induzem tensões locais não uniformes.

[15] Por exemplo, volantes de disco ou de disco-e-aro normalmente estilhaçam-se de 3 a 6 pedaços quando falham.

altas velocidades por causa da alta energia que contêm. Um volante irá quebrar se for girado com uma velocidade suficientemente alta, não importando o material utilizado. Por uma questão prática de segurança, todos os sistemas girantes de alta velocidade devem ser envolvidos por um *invólucro de contenção* de modo que os fragmentos em movimento não possam escapar. Praticamente sempre são efetuados testes com rotores de alta velocidade dentro dos seus invólucros de contenção para determinar as velocidades de fragmentação e definir a eficiência da contenção.

Além da fratura ou ruptura de um rotor de alta velocidade, outros modos de falha prováveis incluem o desgaste por fretagem ou a fadiga por fretagem na interface de montagem entre o volante e o seu eixo, ou a falha por fadiga do eixo por causa da torção cíclica ou pela flexão cíclica induzida pelo desbalanceamento.

18.5 Materiais de Volantes

Volantes de baixo desempenho com baixa velocidade podem ser feitos de, praticamente, qualquer material. Volantes de aro-e-raios girando a baixas velocidades têm tradicionalmente sido feitos de ferro fundido, de modo a manter o custo o mais baixo possível. Aço fundido também pode ser utilizado para melhorar as propriedades de resistência e permitir a operação em velocidades um pouco mais elevadas. Para aplicações de performance mais elevada, os aços trabalhados ou forjados permitem velocidades operacionais muito mais elevadas, especialmente se considerações cuidadosas forem tomadas em relação à sua forma geométrica,[16] concentrações de tensões,[17] e tensões residuais.[18] Peças de aço unidas por solda podem ser utilizadas em algumas aplicações de volantes. Avanços recentes na utilização de materiais compósitos com fibras geometricamente posicionadas têm mostrado um alto potencial para volantes bobinados com fibras. Compósitos de vidro-epóxi, aço-epóxi e grafite-epóxi, se forem configurados adequadamente, apresentam o potencial de operação segura em altas velocidades e uma alta capacidade de armazenar energia. Outros materiais, como o alumínio, o magnésio e o titânio, podem ser utilizados em aplicações especiais.

18.6 Volantes com Aro e Raios

Um volante com aro-e-raios, tal como o mostrado na Figura 18.4(a), é uma estrutura elástica indeterminada com um acoplamento elástico entre o aro, os raios e o cubo. Quando é necessária uma análise precisa, um modelo de elementos finitos deve ser provavelmente desenvolvido. No entanto, aproximações iniciais podem ser feitas empregando-se *hipóteses simplificadoras* apropriadas.[19] Essas aproximações permitem estimar as tensões operacionais no aro, nos raios e no cubo.

As tensões *no aro*, que incluem tensões tangenciais (circunferenciais) e tensões de flexão, dependem fortemente de se os raios têm uma seção transversal pequena e são radialmente flexíveis (molas pouco rígidas), ou se têm uma seção transversal grande e são radialmente pouco flexíveis (molas muito rígidas). Raios radialmente *flexíveis* fornecem *pouca restrição* ao aro girante, de modo que as tensões tangenciais são dominantes,[20] e as restrições promovidas pelos raios induzem somente tensões de flexão *pequenas*. Raios radialmente *rígidos* fornecem *restrições radiais significativas* ao aro, de modo que tensões de flexão induzidas são dominantes no aro, e a rotação da massa do aro somente induz tensões tangenciais *pequenas*. As "molas" associadas aos raios e a "mola circunferencial" associada ao aro operam em paralelo.[21] Dessa forma, a intensidade da relação entre as tensões de flexão e as tensões trativas circunferenciais do aro dependem diretamente da rigidez relativa entre os raios e o aro.

As tensões *nos raios* incluem tensões trativas nos raios axiais induzidas por forças centrífugas sobre a massa do aro e as tensões de flexão nos raios causadas pelas flutuações de velocidade e de torque. A intensidade da relação entre estas tensões depende fortemente de se os raios são flexíveis à flexão ou rígidos à flexão, quando comparados com a rigidez à flexão do aro.

Normalmente as tensões *no cubo* não são diretamente calculadas, mas a experiência sugere que o diâmetro do cubo deve ser de aproximadamente 2 a 2,5 vezes o diâmetro do eixo, e que o comprimento do cubo deve ser de aproximadamente 1,25 vez o diâmetro do eixo, para satisfazer os requisitos típicos de resistência para a chaveta e o rasgo da chaveta.

Tomando como base as observações feitas, várias hipóteses simplificadoras podem ser utilizadas para "suportar" as tensões no aro e as tensões nos raios. Por exemplo, pode-se supor que os raios são tão flexíveis radialmente que não exercem *nenhuma* restrição; a tensão circunferencial no aro

[16] Veja 6.2.
[17] Veja 5.3.
[18] Veja 4.9.
[19] Veja 6.5.
[20] Veja Figura 9.1.
[21] Veja Figura 4.19.

pode então ser estimada como a tensão circunferencial em um aro livre girando em torno do seu centro. Ou, pode-se supor que os raios são tão rígidos axialmente que o aro *não pode se expandir* radialmente nos pontos de acoplamento entre o aro e os raios; o aro pode ser então modelado como uma viga biengastada[22] em flexão, uniformemente carregada por forças centrífugas atuando sobre a massa do aro entre raios. No caso de tensões axiais nos raios, pode-se supor que cada raio é carregado centrifugamente ao longo do seu eixo radial por uma parte proporcional da massa do aro, sem nenhuma contribuição da rigidez circunferencial do aro. As tensões de flexão dos raios podem ser estimadas utilizando modelos de flexão de viga em balanço ou de viga em balanço duplo, dependendo da rigidez à flexão dos raios em relação ao aro.[23] Outras hipóteses simplificadoras podem ser feitas para acomodar circunstâncias especiais.

Tensões em um Anel Livre em Rotação

Para o caso de um aro de volante com pouca ou nenhuma restrição dos raios, o aro pode ser modelado como um anel livre, girante, com espessura reduzida na direção radial. Considerando o aro como um anel fino, a tensão *radial* do aro é aproximadamente nula, e a tensão *circunferencial* do aro é a única que precisa ser calculada. A Figura 18.5(a) ilustra tal anel e a Figura 18.5(b) mostra o elemento de massa diferencial do anel selecionado como um corpo livre. A força centrífuga radial, F_r, agindo para fora sobre o centro de massa do elemento diferencial, é

$$F_r = mr_m\omega^2 \tag{18-14}$$

ou

$$F_r = \left(\frac{r_m d\theta A_a w}{g}\right)(r_m)\left(\frac{2\pi n}{60}\right)^2 \tag{18-15}$$

e a força tangencial (circunferencial), F_c, é

$$F_c = \sigma_c A_a \tag{18-16}$$

em que
m = massa do elemento de anel diferencial
r_m = raio médio do anel
ω = velocidade angular do anel girante
A_a = bt = área da seção transversal do anel
w = peso específico do material do anel
n = velocidade de rotação, rpm

Somando-se as forças radiais no elemento diferencial selecionado,

$$F_c - 2F_c \operatorname{sen}\left(\frac{d\theta}{2}\right) = 0 \tag{18-17}$$

Figura 18.5
Anel livre girando em torno do seu centro.

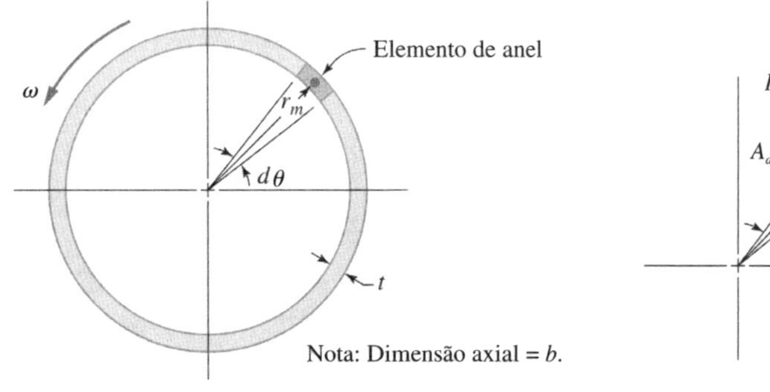

(*a*) Anel girante. (*b*) Diagrama de corpo livre do elemento de anel.

[22] Por simetria, a seção transversal do aro não pode girar nos pontos de fixação; assim, o aro se comporta como uma viga biengastada entre raios.
[23] Se o aro é muito rígido à flexão, e o torque é induzido por variação de velocidade, um deslocamento angular entre o cubo e o aro irá fletir cada raio como uma combinação de duas vigas em balanço contínuas, uma fixada na extremidade do cubo e a outra fixada na extremidade do aro, com as duas acopladas nas suas extremidades "livres". Esta curva de deflexão contínua na forma de um arco conopial é característica da viga em balanço duplo (em inglês, *double-cantilever beam*). Por outro lado, se o aro fornece pouca ou nenhuma restrição à flexão, o deslocamento angular entre o cubo e o aro será resistido pelo raio atuando como uma *única* viga em balanço fixada ao cubo e carregada na sua extremidade livre pelo aro.

Substituindo (18-15) e (18-16) em (18-17),

$$\left(\frac{r_m^2 d\theta A_a w}{g}\right)\left(\frac{2\pi n}{60}\right)^2 - 2A_a\sigma_h \text{sen}\left(\frac{d\theta}{2}\right) = 0 \tag{18-18}$$

Impondo a hipótese de "ângulo pequeno"

$$2\text{sen}\left(\frac{d\theta}{2}\right) = 2\left(\frac{d\theta}{2}\right) = d\theta \tag{18-19}$$

e resolvendo-se (18-18) para a tensão circunferencial σ_c,

$$\sigma_c = \frac{w r_m^2 n^2}{35.200} \tag{18-20}$$

em que σ_c = tensão circunferencial, psi
r_m = raio médio do aro, in
n = velocidade de rotação, rpm
w = peso específico do material do aro, lbf/in^3

Uma forma alternativa de (18-20) pode ser escrita como

$$\sigma_c = \frac{W_{ua} r_m^2 n^2}{35.200 A_a} \tag{18-21}$$

em que W_{ua}, o peso por unidade de comprimento circunferencial do aro, é definido como

$$W_{ua} = wA_a \tag{18-22}$$

Tensões de Flexão em um Volante com Aro e Raios

As tensões de flexão no aro induzidas por forças centrífugas podem ser estimadas modelando-se a seção do aro entre dois raios adjacentes como uma viga reta, engastada em ambas as extremidades, carregada por uma força centrífuga uniformemente distribuída, f_c, conforme ilustrado na Figura 18.6.

Aplicando-se o caso 9 da Tabela 4.1, o momento fletor máximo, $M_{máx}$, que ocorre nos engastes (linha de centro dos raios) é

$$M_{máx} = \frac{f_c L^2}{12} \tag{18-23}$$

em que a força centrífuga distribuída por unidade de comprimento circunferencial pode ser estimada como

$$f_c = \frac{m r_m \omega^2}{L} = \left(\frac{w A_a L r_m}{gL}\right)\left(\frac{2\pi n}{60}\right)^2 \text{ lbf/in} \tag{18-24}$$

portanto (18-23) torna-se

$$M_{máx} = \frac{w r_m n^2 L^2}{(35.200)(12)} \text{ lbf·in} \tag{18-25}$$

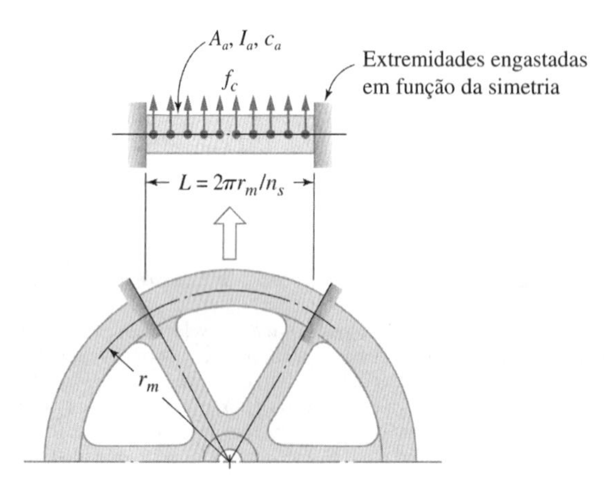

Figura 18.6
Ilustração das hipóteses simplificadoras para o cálculo aproximado das tensões de flexão no aro.

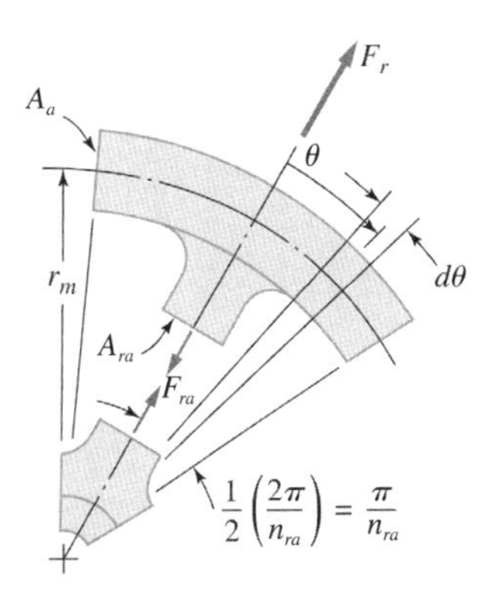

Figura 18.7
Ilustração das hipóteses simplificadoras para o cálculo aproximado das tensões trativas dos raios axiais.

e utilizando-se (4-5), a tensão de flexão máxima nas fibras externas nas linhas de centro dos raios pode ser calculada como

$$(\sigma_b)_{máx} = \frac{M_{máx}c_a}{I_a} = \frac{wA_a r_m n^2 L^2 c_a}{(35.200)(12)I_a} \text{ psi} \tag{18-26}$$

Tensões Trativas nos Raios Axiais

Para estimar a tensão trativa nos raios axiais para raios rígidos, uma hipótese simplificadora comum consiste em ignorar-se o efeito de mola associado ao aro e considerar-se cada raio como estando radialmente carregado por um valor proporcional da massa do anel, conforme ilustrado na Figura 18.7. O equilíbrio de forças na direção radial fornece

$$F_r - F_{ra} = 0 \tag{18-27}$$

em que F_r = componente da força centrífuga radial devida à rotação da massa associada ao raio em torno do centro de rotação do volante

F_{ra} = força trativa no raio axial em cada raio

Baseado na Figura 18.7, (18-27) pode ser reescrita como

$$2\int_0^{\pi/n_{ra}} \frac{w r_m d\theta A_a}{g}(r_m)\left(\frac{2\pi n}{60}\right)^2 \cos\theta - \sigma_{ra}A_{ra} = 0 \tag{18-28}$$

em que σ_{ra} = tensão trativa do raio axial, psi

A_{ra} = área transversal do raio, in^2

w = peso específico do material do aro, lbf/in^3

r_m = raio médio do aro, in

$d\theta$ = ângulo contendo o elemento diferencial

θ = ângulo medido do eixo do raio até o elemento diferencial

A_a = área transversal do aro, in^2

n = velocidade de rotação, rpm

Resolvendo-se (18-28) para σ_{ra} obtém-se a tensão trativa do raio axial como

$$\sigma_{ra} = \frac{w r_m^2 n^2 \left(\frac{A_a}{A_{ra}}\right) \text{sen}\left(\frac{\pi}{n_{ra}}\right)}{17.600} \text{ psi} \tag{18-29}$$

18.7 Volantes de Disco de Espessura Constante

Os volantes de disco de espessura constante são frequentemente escolhidos pelos projetistas, uma vez que podem ser facilmente cortados de chapas, tornando-os de custo reduzido. As tensões radiais e tangenciais geradas em um disco de espessura constante girante são ambas axissimétricas, tornando-as muito similares nas suas características às tensões radiais e tangenciais de um cilindro de paredes grossas submetido à pressão interna e/ou externa.[24] A diferença principal é que as tensões em um volante girante são induzidas por forças *de corpo* centrífugas agindo para fora nos elementos de massa do disco, enquanto as tensões em um vaso de pressão de paredes grossas são induzidas por forças *de superfície* de pressão agindo sobre as superfícies cilíndricas internas e/ou externas.

Assim como para cilindros de paredes grossas, o desenvolvimento das equações para as distribuições de tensões radial e tangencial em um disco de volante girante requer a aplicação dos princípios da teoria da elasticidade. Estes incluem conceitos de equilíbrio de forças, relações força-deslocamento, restrições de compatibilidade geométrica e especificações de condições de contorno.[25]

A Figura 18.8 apresenta um esboço de um volante de disco de espessura constante, mostrando um pequeno elemento de corpo livre diferencial dentro do volante. São mostradas todas as forças agindo sobre o elemento de corpo livre. Escrevendo-se a expressão de *equilíbrio de forças* para o elemento diferencial de corpo livre

$$(\sigma_r + d\sigma_r)(t)(r + dr)d\varphi - \sigma_r(t)(rd\varphi) - 2\sigma_t(t)dr\,\text{sen}\frac{d\varphi}{2} + \frac{w(t)(rd\varphi)dr(r)\omega^2}{g} = 0 \tag{18-30}$$

[24] Veja 9.7.
[25] Veja 9.5.

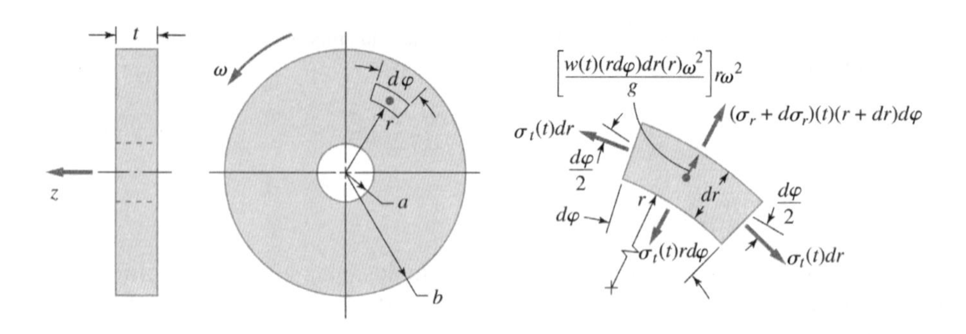

Figura 18.8
Volante de disco de espessura constante girando a uma velocidade angular ω.

a qual pode ser reduzida a

$$(\sigma_r - \sigma_t)dr + rdr + \frac{wr^2\omega^2}{g}dr = 0 \tag{18-31}$$

em que σ_r = tensão radial
σ_t = tensão tangencial
r = distância radial à superfície interna do elemento
ω = velocidade angular do volante
w = peso específico do material do volante

As relações *tensão-deformação* para o elemento diferencial mostrado na Figura 18.9 são[26]

$$\varepsilon_r = \frac{1}{E}[\sigma_r - \nu\sigma_t] \tag{18-32}$$

$$\varepsilon_t = \frac{1}{E}[\sigma_t - \nu\sigma_r] \tag{18-33}$$

$$\varepsilon_z = \frac{1}{E}[-\nu(\sigma_r + \sigma_t)] \tag{18-34}$$

em que ε_r, ε_t, ε_z = deformações normais nas direções radial, tangencial e axial (espessura), respectivamente
E = módulo de elasticidade
ν = coeficiente de Poisson
σ_r, σ_t = tensões normais nas direções radial e tangencial, respectivamente

Se u é definido como sendo o *deslocamento* na direção radial, conforme esboçado na Figura 18.9, a *compatibilidade geométrica* deve ser estabelecida para o elemento de volume diferencial por meio da definição da *deformação de engenharia* como

$$\varepsilon_r = \frac{\Delta L_r}{L_r} = \frac{\left[\left(u + \frac{\partial u}{\partial r}dr\right) - u\right]}{dr} = \frac{\partial u}{\partial r} = \frac{du}{dr} \tag{18-35}$$

e

$$\varepsilon_t = \frac{\Delta L_t}{L_t} = \frac{(r + u)d\varphi - rd\varphi}{rd\varphi} = \frac{u}{r} \tag{18-36}$$

Finalmente, as *condições de contorno* pertinentes podem ser estabelecidas como

$$(\sigma_r)_{r=a} = 0 \tag{18-37}$$

e

$$(\sigma_r)_{r=b} = 0 \tag{18-38}$$

Resolvendo-se a expressão da Lei de Hooke (18-32) e (18-33) simultaneamente para as tensões σ_r e σ_t tem-se

$$\sigma_r = \frac{E}{1 - \nu^2}[\varepsilon_r + \nu\varepsilon_t] \tag{18-39}$$

$$\sigma_t = \frac{E}{1 - \nu^2}[\nu\varepsilon_r + \varepsilon_t] \tag{18-40}$$

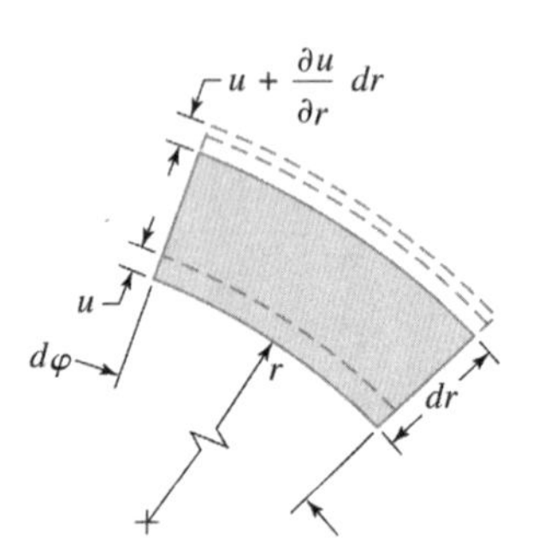

Figura 18.9
Ilustração dos deslocamentos e das deformações para um pequeno elemento diferencial em um volante de disco de espessura constante.

[26] Estas são as relações da Lei de Hooke dadas por (5-15), (5-16) e (5-17), com a tensão axial σ_z igual a zero, uma vez que não existem forças na direção axial.

Em seguida, inserindo-se as expressões da compatibilidade geométrica (18-35) e (18-36) em (18-39) e (18-40) tem-se

$$\sigma_r = \frac{E}{1 - \nu^2}\left[\frac{du}{dr} + \nu\left(\frac{u}{r}\right)\right] \tag{18-41}$$

e

$$\sigma_t = \frac{E}{1 - \nu^2}\left[\nu\left(\frac{du}{dr}\right) + \frac{u}{r}\right] \tag{18-42}$$

inserindo-se (18-41) e (18-42) na equação de equilíbrio (18-31), o resultado torna-se

$$\frac{d}{dr}\left[\frac{1}{r}\frac{d}{dr}(ur)\right] = -Ar \tag{18-43}$$

em que

$$A \equiv \frac{w\omega^2(1 - \nu^2)}{Eg} \tag{18-44}$$

Integrando (18-43) obtém-se

$$\frac{du}{dr} = -\frac{3Ar^2}{8} + C_1 - \frac{C_2}{r^2} \tag{18-45}$$

em que C_1 e C_2 são constantes de integração.

Substituindo-se (18-45) em (18-41) e (18-42)

$$\sigma_r = \frac{E}{1 - \nu^2}\left[-\frac{3Ar^2}{8} + C_1 - \frac{C_2}{r^2} + \frac{\nu}{r}\left(-\frac{Ar^3}{8} + C_1 r + \frac{C_2}{r}\right)\right] \tag{18-46}$$

e

$$\sigma_t = \frac{E}{1 - \nu^2}\left[\nu\left(-\frac{3Ar^2}{8} + C_1 - \frac{C_2}{r^2}\right) + \frac{1}{r}\left(-\frac{Ar^3}{8} + C_1 r + \frac{C_2}{r}\right)\right] \tag{18-47}$$

Em seguida, invocando as condições de contorno (18-37) e (18-38), as constantes C_1 e C_2 podem ser determinadas resolvendo-se (18-46) e (18-47) simultaneamente para fornecer

$$C_1 = \frac{(3 + \nu)}{8(1 + \nu)}(A)(a^2 + b^2) \tag{18-48}$$

e

$$C_2 = \frac{(3 + \nu)}{8(1 + \nu)}(A)(a^2 b^2) \tag{18-49}$$

Finalmente, colocando-se estas expressões de volta em (18-46) e (18-47) obtém-se

$$\sigma_r = \left[\frac{(3 + \nu)w\omega^2}{8g}\right]\left[a^2 + b^2 - r^2 - \frac{a^2 b^2}{r^2}\right] \tag{18-50}$$

e

$$\sigma_t = \left[\frac{(3 + \nu)w\omega^2}{8g}\right]\left[a^2 + b^2 - \left(\frac{1 + 3\nu}{3 + \nu}\right)r^2 + \frac{a^2 b^2}{r^2}\right] \tag{18-51}$$

Observando nestas expressões que

$$\left(\frac{1 + 3\nu}{3 + \nu}\right) < 1 \tag{18-52}$$

e

$$\frac{a^2 + b^2}{r^2} > 0 \tag{18-53}$$

pode-se deduzir que para todas as condições de operação

$$\sigma_t > \sigma_r \tag{18-54}$$

Além disso, σ_t atinge o seu valor máximo quando r é mínimo, de modo que

$$(\sigma_t)_{máx} \text{ ocorre em } r = a \quad (18\text{-}55)$$

Também pode-se observar que

$$\sigma_r = 0 \text{ em } r = a \quad (18\text{-}56)$$

Para calcular-se $(\sigma_t)_{máx}$, $r = a$ deve ser substituído em (18-51) para fornecer

$$(\sigma_t)_{máx} = \frac{w\omega^2}{4g}[(3 + \nu)b^2 + (1 - \nu)a^2] \quad (18\text{-}57)$$

e, uma vez que $\sigma_r = 0$, o estado de tensões é uniaxial.

Exemplo 18.2 Projeto de um Volante de Disco de Espessura Constante

O marketing exploratório levou a uma *proposta de conceito* para uma nova máquina para triturar a casca de ostras, que é utilizada para alimentar galinhas como um suplemento da dieta para melhorar a resistência da casca de ovo, de modo a minimizar a quebra da casca de ovo. A máquina de triturar proposta tem uma curva estimada de torque *versus* deslocamento angular como a mostrada na Figura E18.2, e deve ser acionada por um motor elétrico de torque constante a uma velocidade de rotação de 3450 rpm. Propôs-se utilizar um volante de disco de espessura constante para limitar a flutuação da velocidade a uma faixa aceitável. Para uma configuração inicial propôs-se cortar o disco de uma placa de aço de 30 mm de espessura de um aço de baixo carbono recozido (S_{yp} = 300 MPa, w = 76,81 kN/m³).

a. Considerando que não haja nenhuma outra massa girante significativa no sistema,[27] você recebeu a incumbência de estimar o diâmetro do volante para a operação adequada do triturador. Estima-se que o furo de montagem no centro do disco tenha 50 mm de diâmetro.

b. Um fator de segurança mínimo de 4 baseado no modo de falha predominante foi proposto pela gerência da Engenharia. O volante de disco de espessura constante resultante de (a) satisfaz este critério proposto para o fator de segurança?

Solução

a. Uma vez que, para cada ciclo, a energia fornecida pelo motor de acionamento deve ser igual à energia total consumida pelo triturador, para a operação em regime permanente

$$\int_{1ciclo} T_{mot} d\theta = \int_{1ciclo} T_{trit} d\theta$$

Utilizando-se a Figura E18.2, esta equação pode ser desenvolvida para obter-se o torque do motor como

$$2\pi T_{mot} = 2\left[\frac{12\left(\frac{\pi}{2}\right)}{2}\right] + (36)\frac{\pi}{2} = 24\pi \text{ kN}\cdot\text{m}$$

ou

$$T_{mot} = \frac{24\pi}{2\pi} = 12 \text{ kN·m (constante)}$$

Utilizando-se os métodos ilustrados no Exemplo 18.1, as velocidades angulares máxima e mínima durante cada ciclo de operação ocorrem em

$$\theta_{\omega_{máx}} = \frac{\pi}{2} \text{ rad}$$

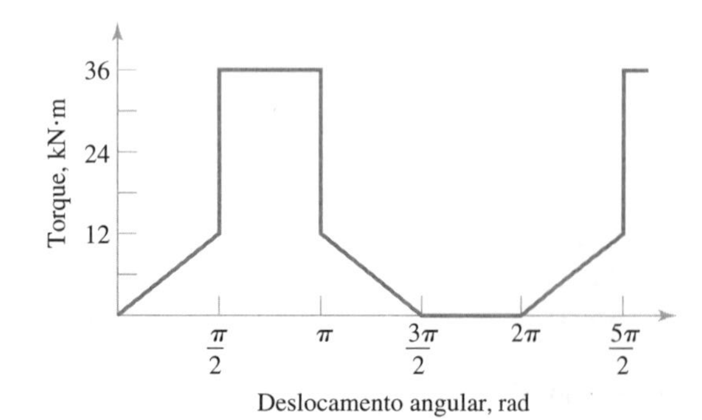

Figura E18.2
Torque do triturador *versus* deslocamento angular do sistema rotativo.

[27] Esta provavelmente não é uma hipótese muito boa, mas fornece um valor inicial "conservador" para J_{nec}.

e

$$\theta_{\omega_{mín}} = \pi \text{ rad}$$

A máxima variação na energia cinética entre $\pi/2$ e π, $U_{máx}$, pode ser calculada em seguida plotando-se T_{mot} na Figura E18.2, da qual

$$U_{máx} = \int_{\pi/2}^{\pi} (T_{trit} - T_{mot}) d\theta = (36 - 12)\frac{\pi}{2} = 37{,}7 \text{ kN·m}$$

Selecionando-se um valor de $C_f = 0{,}2$ da Tabela 18.1 (18-13) obtém-se

$$J_{nec} = \frac{U_{máx}}{C_f \omega_{méd}^2} = \frac{37.700}{(0{,}2)\left[\dfrac{2\pi(3450)}{60}\right]^2} = 1{,}44 \text{ N·m·s}^2$$

Da Tabela A.2 do Apêndice, caso 2,

$$J = \frac{1}{2}mr_e^2 = \frac{1}{2}wVr_e^2 = \frac{1}{2}\left(\frac{wtr_e^2}{g}\right)r_e^2 = \frac{w\pi t r_e^4}{2g}$$

então

$$(r_e)_{nec} = \sqrt[4]{\frac{2gJ_{nec}}{w\pi t}} = \sqrt[4]{\frac{2(1{,}44)(9{,}81)}{(76.810)\pi(0{,}030)}} = 0{,}250 \text{ m}$$

ou

$$(d_e)_{nec} = 0{,}5 \text{ m} = 500 \text{ mm}$$

b. Para este disco de volante proposto baseado em (18-54), (18-55) e (18-56), o estado de tensões é uniaxial (apenas o componente tangencial) e o ponto crítico está localizado na borda do furo interno onde $r_i = 0{,}05/2 = 0{,}025$ m. Nesta posição a única tensão é,[28] de (18-57),

$$(\sigma_t)_{máx} = \frac{76.810(361)^2}{4(9{,}81)}[(3 + 0{,}3)(0{,}25)^2 + (1 - 0{,}3)(0{,}025)^2] = 52{,}7 \text{ MPa}$$

Uma vez que o modo de falha provável é o escoamento, o fator de segurança será

$$n_{yp} = \frac{\sigma_{yp}}{(\sigma_t)_{máx}} = \frac{300}{52{,}7} = 5{,}7$$

Isto é mais do que adequado para satisfazer o valor mínimo de 4 para o fator de segurança.

18.8 Volantes de Disco de Resistência Uniforme

As tensões radiais e tangenciais em um volante de disco de espessura constante varia em função do raio, conforme indicado por (18-50) e (18-51). Como resultado, parte do material no volante opera eficientemente com a tensão de projeto especificada, mas grande parte do material do volante opera com tensões mais baixas, resultando no uso ineficiente do material pouco solicitado.[29] Se se deseja configurar um volante que utilize o material mais eficientemente, de modo que a tensão seja praticamente a mesma em todos os pontos, a condição a ser satisfeita é

$$\sigma_r = \sigma_t \equiv \sigma \quad \text{(constante)} \tag{18-58}$$

Quando a condição de (18-58) é satisfeita, o volante é normalmente chamado de volante *de resistência constante* ou *de resistência uniforme*. Para satisfazer (18-58) é necessário especificar a espessura do disco z como uma função do raio r, de modo que o resultado seja a tensão uniforme ao longo de todo o disco, e então invocar os princípios da teoria da elasticidade[30] para determinar o perfil de espessura do volante resultante. Por causa do aumento da complexidade e do custo, os perfis de resistência constante são usualmente restritos a rotores de *alta velocidade,*

---

[28] Desconsiderando efeitos de concentração de tensões promovidos pelas restrições da montagem.
[29] Veja Capítulo 6.
[30] Veja 18.7.

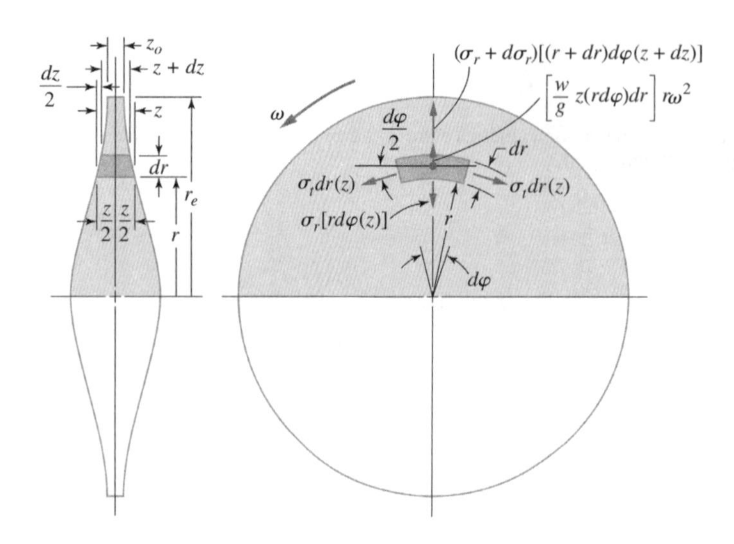

Figura 18.10
Volante de disco de resistência constante (rotor de alta velocidade) operando na velocidade angular ω.

de *alta performance*. A Figura 18.10 ilustra um elemento de volume de corpo livre diferencial de um volante de resistência constante.[31] O equilíbrio de forças na direção radial do elemento de corpo livre na Figura 18.10 fornece

$$(\sigma_r + d\sigma_r)[(r + dr)d\varphi(z + dz)] - \sigma_r[rd\varphi(z)] + \left[\frac{w}{g}z(rd\varphi)dr\right]r\omega^2 - 2\sigma_t dr(z)\text{sen}\frac{d\varphi}{2} = 0 \qquad (18\text{-}59)$$

Impondo-se a condição (18-58), e utilizando-se a aproximação de ângulo pequeno, (18-59) reduz-se a

$$\sigma dz + \left(\frac{wz\omega^2}{g}\right)rdr = 0 \qquad (18\text{-}60)$$

ou

$$\frac{dz}{z} = -\left(\frac{w\omega^2}{\sigma g}\right)rdr \qquad (18\text{-}61)$$

Se a espessura do disco $z(r)$ é definida como sendo z_e no raio externo, r_e, (18-61) pode ser integrada para fornecer

$$z = z_e\, e\, \exp\left[\left(\frac{w\omega^2}{2\sigma g}\right)(r_e^2 - r^2)\right] \qquad (18\text{-}62)$$

Assim, para um rotor de alta velocidade de resistência constante, a espessura z é uma função exponencial do raio entre os limites

$$z_{r=r_e} = z_e \qquad (18\text{-}63)$$

e a espessura do disco no centro de rotação, $z_{máx}$, dada por

$$z_{máx} = z_{r=0} = z_e e \exp\left[\frac{w\omega^2 r_e^2}{2\sigma g}\right] \qquad (18\text{-}64)$$

Deve-se observar que não é possível utilizar um furo central para montar um volante de disco de resistência constante sem destruir a distribuição de tensões uniforme.[32]

18.9 Volantes de Disco de Resistência Uniforme com Aro

Em determinadas aplicações pode-se desejar aumentar o momento de inércia polar de massa de um volante de resistência constante adicionando-se um *aro* no raio externo do disco, r_e, conforme ilustrado na Figura 18.11. Supondo que o aro tenha uma espessura pequena na direção radial ($r_e >> t$), e

[31] Compare com a Figura 18.8 para um volante de espessura constante.
[32] Para configurar perfis de volantes de espessura variável que *incluam* um furo central, métodos aproximados são usualmente empregados conforme discutido na ref. 4, ou programas de elementos finitos podem ser utilizados.

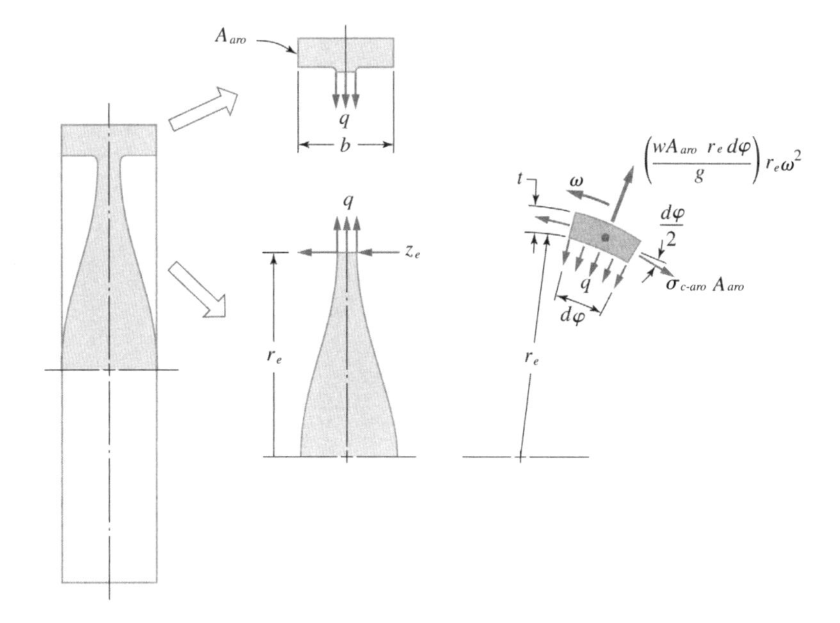

Figura 18.11
Volante de disco de resistência constante com um aro.

observando que na velocidade angular operacional ω o aro exerce uma força distribuída de q lbf/in para fora e em torno da alma do volante[33] em r_e, a condição de resistência uniforme requer que

$$\sigma = \sigma_e = \frac{q}{z_e} \quad \text{em} \quad r = r_e \tag{18-65}$$

O equilíbrio de forças na direção radial aplicada ao elemento de corpo livre do *aro*, mostrado na Figura 18.11, fornece

$$-qr_e d\varphi - 2\sigma_{c-aro} A_{aro} \operatorname{sen}\left(\frac{d\varphi}{2}\right) + \left(\frac{wA_{aro} r_e d\varphi}{g}\right) r_e\omega^2 = 0 \tag{18-66}$$

Utilizando-se (18-65), isto pode ser reescrito como

$$\frac{wr_e^2 A_{aro}\omega^2}{g} - \sigma_{c-aro} A_{aro} - \sigma_e z_e r_e = 0 \tag{18-67}$$

Em seguida, pode-se observar que a compatibilidade geométrica requer que no raio r_e a variação no raio do aro, $(\Delta r)_{aro}$, precisa ser igual à variação no raio do disco, $(\Delta r)_{disco}$. Assim

$$(\Delta r)_{aro} = (\Delta r)_{disco} \tag{18-68}$$

Definindo-se C como o perímetro da circunferência,

$$r = \frac{C}{2\pi} \tag{18-69}$$

portanto,

$$\Delta r = \frac{\Delta C}{2\pi} \tag{18-70}$$

Para o *aro*,[34] utilizando-se a Lei de Hooke, a deformação circunferencial é

$$\frac{\Delta C}{C} \equiv \varepsilon_C = \frac{\sigma_{c-aro}}{E} \tag{18-71}$$

de modo que, no raio r_e,

$$(\Delta r)_{aro} = \frac{\Delta C}{2\pi} = \frac{C\sigma_{c-aro}}{2\pi E} = \frac{\sigma_{c-aro}}{E} r_e \tag{18-72}$$

[33] Da mesma forma, o volante exerce uma força distribuída de sentido contrário e de mesma intensidade q para dentro sobre o aro.
[34] Uma vez que se assume que o aro é fino, a tensão tangencial circunferencial, $\sigma_{c\text{-}aro}$, é uniaxial.

Para o *disco*,[35] utilizando-se a Lei de Hooke, a deformação circunferencial é

$$\frac{\Delta C}{C} \equiv \varepsilon_C = \frac{1}{E}(\sigma - \nu\sigma) \tag{18-73}$$

de modo que

$$(\Delta r)_{disco} = \frac{\Delta C}{2\pi} = \frac{C(1-\nu)\sigma}{2\pi E} = \frac{(1-\nu)\sigma}{E} r_e \tag{18-74}$$

Combinando-se (18-65), (18-72) e (18-74) com (18-68) fornece, em $r = r_e$,

$$\left(\frac{\sigma_{c-aro}}{E}\right) r_e = \frac{(1-\nu)\sigma}{E} r_e = \frac{(1-\nu)q}{E z_e} r_e \tag{18-75}$$

de modo que

$$\sigma_{c-aro} = \frac{(1-\nu)q}{z_e} = (1-\nu)\sigma_e \tag{18-76}$$

e (18-67) pode ser reescrito como

$$\frac{w r_e^2 A_{aro} \omega^2}{g} - (1-\nu)\sigma_e A_{aro} - \sigma_e z_e r_e = 0 \tag{18-77}$$

Resolvendo-se para a espessura da alma z_e no raio da junção aro-alma, r_e,

$$z_e = \left[\frac{w r_e^2 \omega^2}{g \sigma_e} - (1-\nu)\right] \frac{A_{aro}}{r_e} \tag{18-78}$$

Portanto, o perfil do volante pode ser definido, para um rotor de resistência constante com um aro, combinando-se (18-78) e (18-62) para fornecer

$$z = \left[\frac{w r_e^2 \omega^2}{g \sigma_e} - (1-\nu)\right] \frac{A_{aro}}{r_e} e \exp\left[\frac{w\omega^2}{2\sigma_e g}\right](r_e^2 - r^2) \tag{18-79}$$

Exemplo 18.3 Projeto de um Volante de Resistência Constante com Aro

Em uma aplicação com um rotor de alta velocidade, a velocidade de rotação nominal do rotor é n = 12.500 rpm. Decidiu-se investigar se é factível utilizar-se um volante de resistência constante com um aro para fornecer o momento de inércia polar de massa necessário, já estimado como de aproximadamente J_{nec} = 11,5 lb·in·s^2. Como uma primeira aproximação, a gerência da engenharia autorizou a hipótese (conservadora) de que o aro fornece todo o J_{nec} e a hipótese de que a espessura radial do aro, t, deve ser de aproximadamente 10 por cento do valor do raio médio do aro r_m. O material que foi proposto é o aço AISI 4340 de ultra-alta resistência, tratado termicamente para ter S_u = 287.000 psi e S_{yp} = 270.000 psi.[36] Deseja-se um fator de segurança de 2, baseado no escoamento como o modo provável de falha. Para esta aproximação, sugeriu-se que os efeitos de concentração de tensões sejam ignorados. Por causa dos requisitos de espaço, dos componentes à sua volta e da necessidade de uma proteção de segurança em torno do rotor para o caso de falha explosiva, deseja-se que o raio externo do aro seja limitado a 11,0 polegadas. Determine uma geometria de resistência uniforme que satisfaça estes requisitos e esboce o perfil do rotor proposto.

Solução

Para o material selecionado, com S_{yp} = 270.000 psi e o fator de segurança prescrito de n_d = 2, a tensão de projeto torna-se

$$\sigma_d = \frac{\sigma_{yp}}{n_d} = \frac{270.000}{2} = 135.000 \text{ psi}$$

Uma vez que os limites do envelope de espaço disponível limitam o raio externo do aro, $r_{aro\text{-}externo}$, para 11,0 polegadas e supondo

$$t = 0{,}1 r_e$$

[35] O disco está submetido a um estado de tensões biaxial no qual $\sigma_r = \sigma_t = \sigma$.
[36] Veja Tabela 3.3.

o valor máximo de r_e pode ser estimado de

$$r_e + t = 1{,}1r_e = 11{,}0 \text{ polegadas}$$

como

$$(r_e)_{máx} = \frac{11{,}0}{1{,}1} = 10{,}0 \text{ polegadas}$$

Utilizando-se o caso 4 da Tabela A.2 do Apêndice, para $r_e = 10{,}0$ polegadas,

$$J_{r_e=10} = mr_e^2 = \frac{2\pi tbwr_e^3}{g} = \frac{2\pi(1{,}0)b(0{,}283)(10{,}0)^3}{386} = 4{,}61b \text{ lbf·in·s}^2$$

Fazendo-se $J_{r_e=10}$ igual a J_{nec},

$$J_{r_e=10} = 4{,}61b = J_{neq} = 11{,}5$$

e resolvendo-se para a largura do aro b,

$$b = \frac{11{,}5}{4{,}61} = 2{,}5 \text{ polegadas}$$

Resumindo-se, o aro proposto terá um raio interno[37] de $r_e = 10{,}0$ polegadas, uma espessura radial $t = 1{,}0$ polegada e uma largura axial $b = 2{,}5$ polegadas.

Em seguida, utilizando-se (18-78), a espessura da alma z_e no raio da junção entre o aro e a alma r_e torna-se

$$z_e = \left[\frac{(0{,}283)(10{,}0)^2\left(\frac{2\pi(12.500)}{60}\right)^2}{386(135.000)} - (1 - 0{,}3) \right] \frac{(1{,}0)(2{,}5)}{10} = 0{,}06 \text{ polegada}$$

Do ponto de vista prático, uma alma tão fina no ponto de junção com o aro pode resultar em sérios problemas de fabricação. Dessa forma, para esta primeira iteração, será escolhida uma espessura de alma em r_e igual a

$$z_e = 0{,}188 \text{ polegada}$$

e também será sugerido um generoso raio de concordância entre a alma e o aro.

Utilizando-se (18-79) e Z_e, o perfil da alma pode ser definido por

$$z = 0{,}188e \exp\left[\left(\frac{(0{,}283)\left(\frac{2\pi(12.500)}{60}\right)^2}{386(2)(135.000)} \right)(10^2 - r^2) \right] = 0{,}188e^{0{,}001(100 - r^2)}$$

Conforme ilustrado no esboço da Figura E18.3, para este caso particular a variação da espessura da alma é pequena. Assim, uma alma em forma de cunha com os lados retos deve ser provavelmente investigada, ou talvez uma alma de espessura constante deva ser considerada.

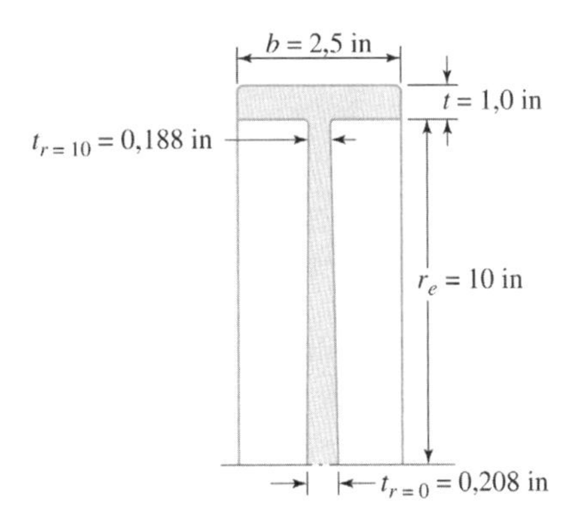

Figura E18.3
Esboço do perfil proposto para o rotor de resistência constante com um aro.

[37] Porque o aro é radialmente "fino", o raio médio e o raio interno podem ser considerados como o mesmo.

18.10 Conexões entre Volantes e Eixos

Assim como as engrenagens, as polias, as rodas dentadas, ou qualquer outro componente rotativo, os volantes devem ser montados com precisão e firmeza em eixos de transmissão de potência rotativos, procurando minimizar as concentrações de tensões e descontinuidades geométricas.[38] De fato, as conexões volante-eixo são tipicamente mais críticas do que os outros componentes montados em eixos, uma vez que as velocidades rotacionais são frequentemente muito elevadas para os volantes. Também, os perfis de volantes de resistência constante são baseados na hipótese de que não existe um furo no centro.[39] A montagem torna-se muito difícil se não é permitida a existência de um furo no centro. Frequentemente é necessária a modelagem por elementos finitos para a otimização da geometria do cubo e da transição entre cubo-alma.

Diversas configurações para a montagem de um volante em um eixo são esboçadas na Figura 18.12. A configuração mais simples, mostrada na Figura 18.12(a), utiliza um ajuste com interferência entre o eixo e o furo do centro do volante de espessura constante. Esta configuração, no entanto, induz concentrações de tensões significativas[40] no ponto crítico (p.c.), e pode tornar a montagem difícil se for necessário pressionar o volante no eixo por uma distância longa. A utilização de uma elevação para montagem com um raio de concordância generoso, conforme mostrado na Figura 18.2(b), reduz a concentração de tensões e elimina a necessidade de se pressionar o volante ao longo de distâncias longas. Um conceito similar envolve a adição de um encosto de posicionamento na extremidade da elevação de montagem, para o posicionamento adequado do volante.

Em alguns casos uma conexão cônica pode ser utilizada, como a esboçada na Figura 18.12(c). Apertando-se a porca de retenção, pressionam-se as superfícies cônicas uma de encontro à outra, produzindo uma concentricidade altamente precisa entre o volante e o eixo, e permitindo também uma alta capacidade de transferência de torque entre os mesmos.[41] Uma conexão cônica alternativa está ilustrada na Figura 18.12(d), em que dois anéis cônicos[42] concêntricos são posicionados conforme mostrado. Por causa da conicidade, os anéis deformam-se radialmente quando comprimidos axialmente, fixando tudo no lugar.

Algumas vezes utiliza-se a configuração mostrada na Figura 18.12(e) para evitar a penetração de um volante de *resistência constante* por um furo no centro. Se esta configuração for adotada, deve-se tomar cuidado com relação às potenciais regiões de concentração de tensões. Em outros casos, a distribuição de tensões uniforme de um volante de resistência constante pode ser adequadamente aproximada pela utilização de um cubo apropriadamente projetado envolvendo o furo do centro conforme esboçado na Figura 18.12(f).

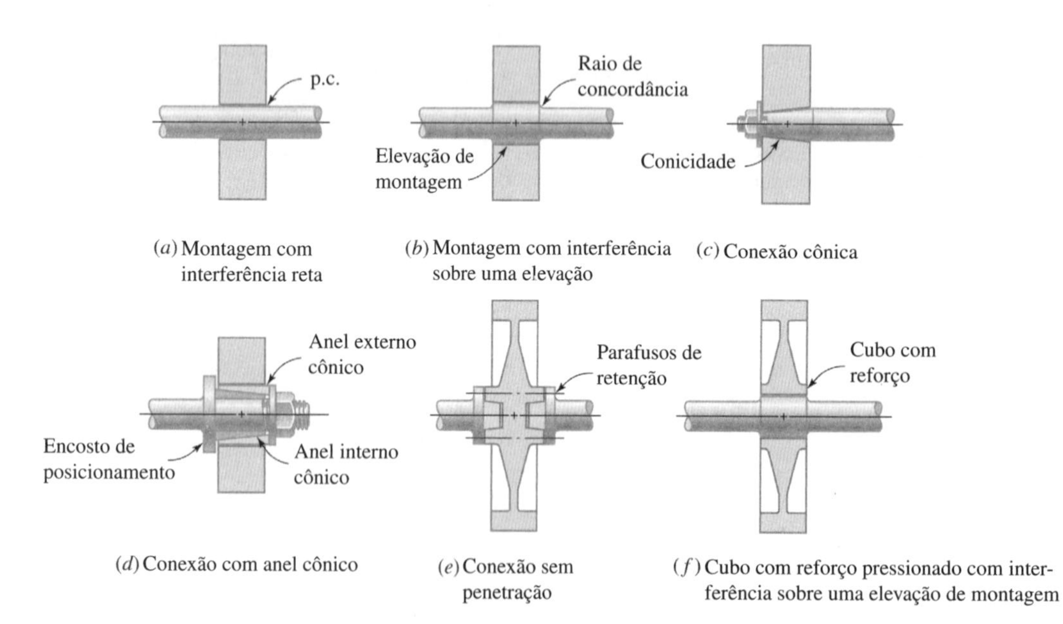

Figura 18.12
Várias formas de fixar volantes a eixos de suporte.

[38] Veja Capítulo 8.
[39] Veja 18.8.
[40] Veja Figura 5.12.
[41] Veja também Figura 8.10.
[42] Um anel tem conicidade interna e o outro anel tem conicidade externa. Isto fornece uma interface *cilíndrica* entre o eixo e o volante.

Problemas

18.1. Estima-se que uma prensa de estampagem profunda tenha as características de torque da carga *versus* deslocamento angular mostradas na Figura P18.1. A máquina será acionada por um motor elétrico de torque constante a 3600 rpm. A variação máxima na velocidade angular do seu valor máximo até seu valor mínimo deve ser controlada dentro de ± 3 por cento da velocidade angular média do acionador.

a. Calcule e esboce uma curva do torque de entrada do motor *versus* deslocamento angular.
b. Esboce uma curva de velocidade angular (qualitativa) *versus* deslocamento angular (quantitativo).
c. Na curva do torque *versus* deslocamento angular, localize cuidadosamente valores de deslocamento angular correspondentes às velocidades angular máxima e mínima.
d. Calcule $U_{máx}$.
e. Calcule o momento de inércia de massa necessário para um volante que controlará adequadamente as flutuações de velocidade dentro de ± 3 por cento da velocidade angular média, conforme especificado.

18.2. Um moinho de martelos tem a curva torque da carga *versus* deslocamento angular mostrado na Figura P18.2 e será acionado por um motor elétrico de torque constante a 3450 rpm. Um volante deve ser utilizado para fornecer o controle adequado da flutuação de velocidade.

a. Calcule e plote a curva torque de entrada do motor *versus* deslocamento angular.
b. Esboce uma curva de velocidade angular (qualitativa) do sistema eixo-volante como uma função do deslocamento angular (quantitativo). Especificamente observe as posições da velocidade angular máxima e mínima na curva torque *versus* deslocamento angular.
c. Calcule $U_{máx}$.
d. Calcule o momento de inércia de massa necessário para o volante controlar adequadamente as flutuações de velocidade.

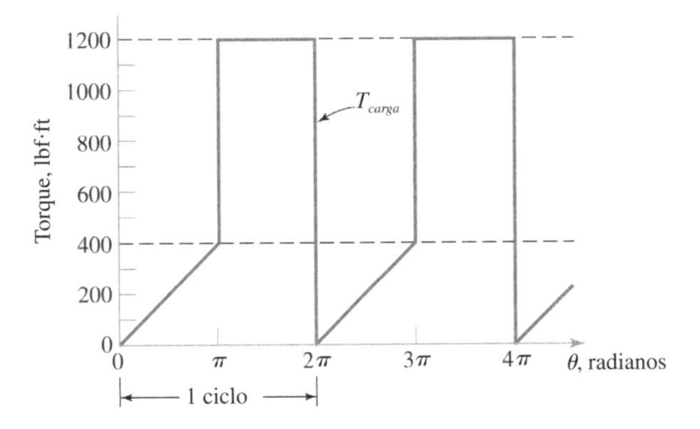

Figura P18.1
Curva de torque *versus* deslocamento angular para uma prensa de estampagem profunda.

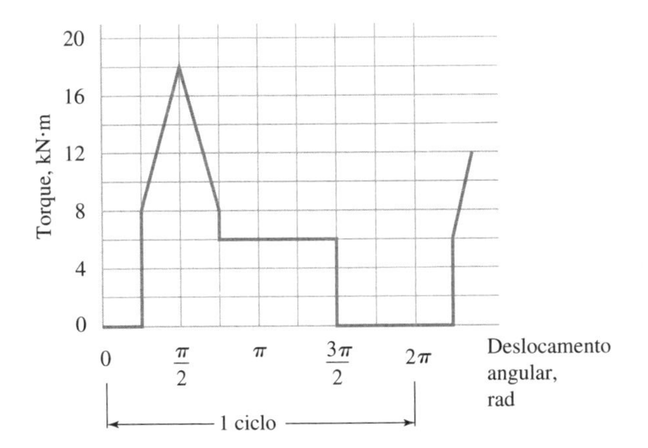

Figura P18.2
Curva de torque *versus* deslocamento angular para um moinho de martelos.

18.3. Um motor a gás natural será utilizado para acionar uma bomba de irrigação que precisa operar dentro de ± 2 por cento da sua velocidade operacional nominal de 1000 rpm. A curva do torque do motor *versus* deslocamento angular é a curva dente de serra T_{motor} mostrada na Figura P18.3. A curva do torque da bomba *versus* deslocamento angular é a curva degrau T_{bomba} mostrada. Deseja-se utilizar um volante sólido de aço de 10 polegadas de raio para obter-se o controle de velocidade desejado.

a. Esboce a curva de velocidade angular (qualitativa) do sistema do volante como uma função do deslocamento angular (quantitativo), e identifique os pontos da velocidade angular máxima e mínima na curva torque *versus* deslocamento angular.
b. Calcule $U_{máx}$.
c. Calcule o momento de inércia de massa do volante necessário para controlar adequadamente a velocidade.
d. Com qual espessura o volante deve ser feito?

18.4. Um volante com raios e aro do tipo mostrado na Figura 18.4(a) é feito de aço, e cada um dos seis raios podem ser considerados como elementos muito rígidos. O diâmetro médio do raio do aro do volante é de 970 mm. A seção transversal do aro é retangular, 100 mm na dimensão radial e 50 mm na dimensão axial. O volante gira no sentido anti-horário com uma velocidade de 2800 rpm.

a. Calcule a sua melhor estimativa para a tensão de flexão máxima gerada no aro.
b. Em que seções críticas do aro a tensão de flexão máxima ocorre?

18.5. Um volante com raios e aro do tipo mostrado na Figura 18.4(a) tem um diâmetro médio do aro de 5 ft e gira a 300 rpm. A seção transversal do aro é de 8 polegadas por 8 polegadas. Durante o ciclo de operação, o volante fornece energia a um torque constante de 9000 lbf·ft ao longo de ¼ de revolução, durante um intervalo de tempo no qual a velocidade do volante cai 10 por cento. Existem seis raios de seção transversal elíptica, com o eixo maior igual a duas vezes o eixo menor. O eixo maior dos raios elípticos é paralelo à direção circunferencial. O material ferro fundido tem um peso específico de 280 lbf/ft³ e tem uma tensão admissível de 3000 psi.

a. Determine as dimensões necessárias da seção transversal dos raios.

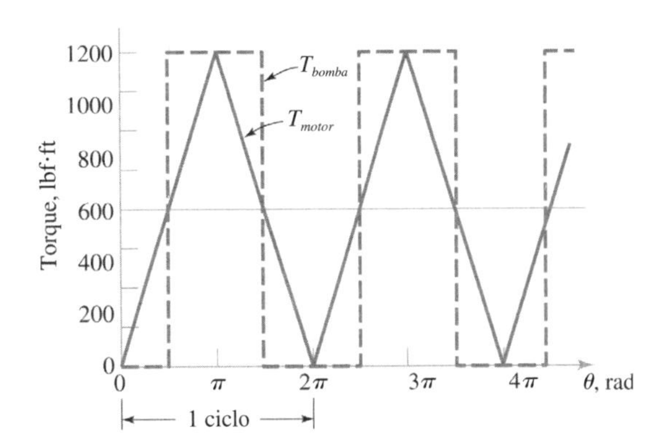

Figura P18.3
Curva de torque *versus* deslocamento angular para uma bomba de irrigação.

b. Estime a tensão circunferencial no aro.
c. Estime a tensão de flexão no aro.
d. Dimensione o cubo considerando que um eixo de aço 1020 é utilizado e que o dimensionamento é baseado somente no torque transmitido.

18.6. Um volante de disco tem um diâmetro externo de 600 mm, uma espessura axial de 75 mm e é montado em um eixo de 60 mm de diâmetro. O volante é feito de aço 4340 de ultra-alta resistência (veja Tabelas 3.3, 3.4 e 3.5). O volante gira a uma velocidade de 10.000 rpm em uma câmara de alta temperatura, operando a uma temperatura constante de 425°C. Calcule o fator de segurança existente para este volante, considerando o escoamento como o modo de falha dominante.

18.7. Um volante do tipo disco, que será utilizado em uma prensa puncionadora com $C_f = 0{,}04$, será cortado de uma placa de aço de 1,50 polegada de espessura. O disco do volante deve ter um furo central com 1,0 polegada de raio, e o seu momento de inércia de massa deve ser de 50 lb·in·s².

a. Qual é a tensão máxima que ocorre no disco a 3600 rpm?
b. Onde esta tensão ocorre no disco?
c. O estado de tensões neste ponto crítico é axial ou multiaxial? Por quê?
d. Um aço de baixo carbono com um limite de escoamento de 40.000 psi seria um material aceitável para esta aplicação?

Sugestão: $J = \dfrac{w\pi t(r_e^4 - r_i^4)}{2g}$

18.8. Um volante do tipo de disco que será utilizado em uma bancada de teste de correias em V operando a uma velocidade de 3000 rpm deve ter um coeficiente de flutuação de velocidade de $C_f = 0{,}06$. O volante foi preliminarmente analisado e propôs-se que seja utilizado um disco de espessura constante de 75 mm de espessura, com um furo central de 50 mm de raio e um raio externo de 250 mm. Além disso, deseja-se usinar um pequeno furo no disco, posicionado a um raio de 200 mm, conforme mostrado na Figura P18.8.

a. Na posição do pequeno furo, despreze concentrações de tensões, e determine o valor das tensões tangencial e radial, identificando se a tensão é uniaxial ou multiaxial. Explique a sua resposta.

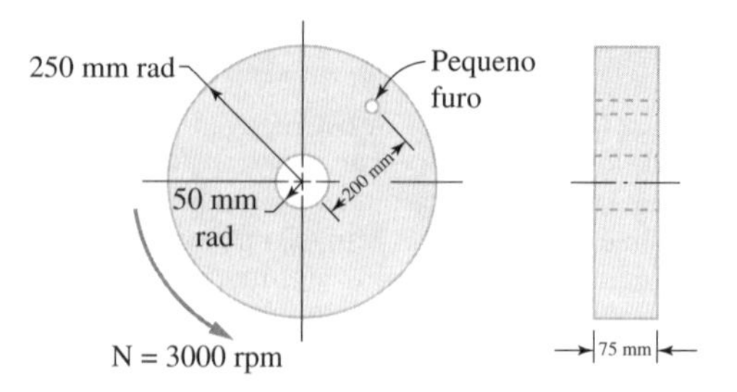

Figura P18.8
Volante de disco com um pequeno furo axial usinado no disco a uma distância radial de 200 mm do centro.

b. Na posição do pequeno furo, leve em conta os fatores de concentração de tensões e estime o valor das tensões tangencial e radial.
c. O estado de tensões nesta posição ($r = 200$ mm) será uniaxial ou multiaxial? Por quê?
d. Na posição do pequeno furo, *não* se desprezando concentrações de tensões, determine uma aproximação grosseira para os valores das componentes das tensões tangencial e radial na borda do pequeno furo. (*Sugestão:* Veja Figura 5.9.)

18.9. Um volante de resistência constante proposto tem 1,00 polegada de espessura na direção axial no centro de rotação e 0,10 polegada de espessura no seu raio externo, que é de 15,00 polegadas. Se o material é o aço inox AM 350, e o volante está operando em um ambiente com ar a 400°F, estime a velocidade rotacional em rpm na qual o escoamento se inicia.

18.10. Um volante de resistência constante com um aro será utilizado em uma aplicação na qual a tensão admissível do material do volante é de 135 MPa, o diâmetro externo do disco é de 300 mm, o carregamento do aro é de 780 kN por metro de circunferência e o volante gira a 6000 rpm. Calcule a espessura da alma do disco nos raios de 0,75, 150, 225 e 300 mm e esboce o perfil da seção transversal da alma.

Capítulo **19**

Manivelas e Eixos de Manivela

19.1 Utilização e Características dos Eixos de Manivela

Em aplicações nas quais o objetivo funcional do projeto é o de conceber um mecanismo que transforme movimento rotativo em movimento retilíneo, ou o inverso, o *mecanismo biela-manivela com deslizador*,[1] esboçado na Figura 19.1(a), é uma escolha frequente. Quando se considera a *cinemática*[2] de um mecanismo biela-manivela com deslizador, ou qualquer outro mecanismo, usualmente estabelece-se primeiro a *capacidade do movimento de um ciclo completo teórico*. Isto é feito propondo-se os tipos e as posições das junções e os comprimentos de todas as barras. Após estabelecer-se a capacidade do movimento de um ciclo completo *teórico* para uma configuração de projeto proposta, é muito importante que se prossiga examinando a *interferência topológica potencial* entre as barras de um mecanismo em operação. A interferência topológica, que está relacionada com a capacidade de uma barra girante concluir um ciclo completo de movimento sem interferência, é uma propriedade fundamental de uma configuração de junção por barras, e não pode ser evitada simplesmente alterando-se a forma das barras. Baseia-se no fato físico de que uma barra não pode atravessar outra barra. Portanto, torna-se importante para um projetista investigar as consequências tridimensionais da interferência topológica, mesmo para mecanismos com movimento no plano. A Figura 19.1(b) ilustra uma representação tridimensional do dispositivo biela-manivela com deslizador planar esboçado na Figura 19.1(a), que evita interferência topológica

Concentrando-se na barra chamada de *manivela*, ou *eixo de manivela*, representado na Figura 19.1, a discussão apresentada a seguir destaca um procedimento de projeto bastante útil para configurar com sucesso um eixo de manivela. Embora os livros-texto raramente examinem detalhadamente um projeto de um eixo de manivela, este tópico representa uma excelente oportunidade para integrar virtualmente todos os conceitos básicos apresentados neste livro, inclusive princípios de prevenção de falha, seleção de materiais, seleção de fatores de segurança, determinação de geometria, aspectos de fabricação e requisitos de montagem. Dessa forma, apresenta-se aqui uma discussão do projeto de eixos de manivela.

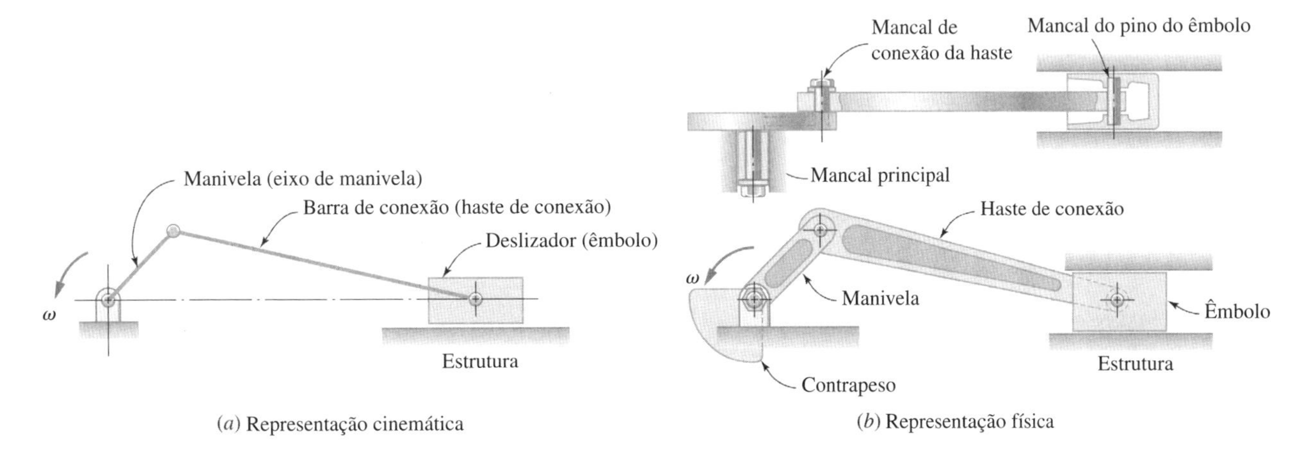

Figura 19.1
Cinemática e representação física de um mecanismo biela-manivela com deslizador.

[1] Veja, por exemplo, ref. 1 ou ref. 2.
[2] Cinemática é o estudo das posições, deslocamentos, velocidades e acelerações de pontos e posições angulares, deslocamentos angulares, velocidades angulares e acelerações angulares de corpos sólidos.

19.2 Tipos de Eixos de Manivela

Basicamente, os eixos de manivela podem ser divididos em dois tipos: *manivelas laterais* (manivelas com carga em balanço, em inglês chamadas de *overhung cranks*) e *manivelas centrais* (manivelas com carga entre mancais, em inglês chamadas de *straddle-mounted cranks*). Uma variação da manivela lateral chamada de *manivela de disco* é algumas vezes utilizada, especialmente quando o raio requerido da manivela, ou "curso", é pequeno. Todas essas variações estão esboçadas na Figura 19.2.

As vantagens da configuração da manivela lateral incluem simplicidade geométrica, relativa facilidade de fabricação, relativa facilidade de montagem, possibilidade de se utilizarem mancais de deslizamento simples e relativo baixo custo. As vantagens da configuração da manivela central incluem boa estabilidade, forças balanceadas e tensões baixas, mas o custo é maior e é necessária uma haste de conexão bipartida no mancal para a montagem. Para aplicações que requerem deslizadores (êmbolos) múltiplos propriamente dispostos em fase, um eixo de manivelas com multicursos pode ser desenvolvido posicionando-se diversas manivelas centrais lado a lado, em sequência, ao longo de um eixo de rotação comum. Os cursos são indexados rotacionalmente para fornecer a configuração na fase desejada. Motores de combustão interna com vários cilindros utilizam esta configuração.

Todos os tipos de eixos de manivela são submetidos a forças dinâmicas geradas pelo centro de massa excêntrico rotativo em cada pino da manivela. As hastes de conexão e os deslizadores também contribuem com os *seus* efeitos inerciais para a resultante dinâmica das forças sobre os pinos das manivelas. Usualmente, é necessário utilizarem-se contrapesos[3] e balanceamento dinâmico para minimizar as forças de trepidação e os conjugados oscilantes gerados por estas forças de inércia. Detalhes sobre o balanceamento dinâmico estão além do escopo desta breve discussão, mas podem ser amplamente encontrados na literatura.[4]

19.3 Modos Prováveis de Falha

Conforme mostrado na Figura 19.2, eixos de manivela típicos são feitos a partir de elementos estruturais (eixos, braços) e elementos de mancais (mancais principais, mancais dos pinos de manivela). Revendo a lista dos modos prováveis de falha apresentada em 2.3, e em função das regiões de concentração de tensões geradas pela geometria complexa e da natureza cíclica das cargas agindo sobre um eixo de manivela, os elementos estruturais são mais susceptíveis à falha por fadiga, por fratura frágil ou por escoamento. Embora algumas aplicações de eixos de manivela usem mancais de rolamento,[5] é mais comum a utilização de mancais de deslizamento.[6] Os mancais de deslizamento são mais susceptíveis a falha por desgaste adesivo, desgaste abrasivo, desgaste corrosivo, desgaste por fadiga superficial, desgaste por contato, aderência, ou, em algumas aplicações, escoamento ou fratura frágil. O modo de falha mais provável, entre estes modos, depende dos requisitos específicos de cada aplicação.

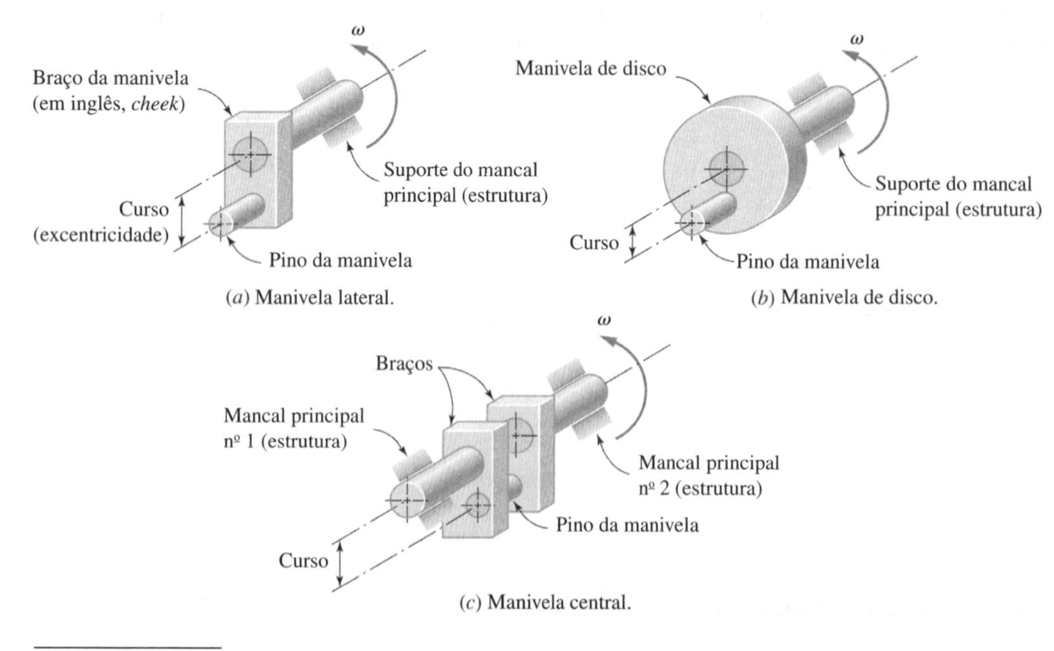

Figura 19.2
Tipos de eixos de manivela.

[3] Veja Figura 19.1(b).
[4] Veja, por exemplo, ref. 1 ou ref. 2.
[5] Veja Capítulo 11.
[6] Veja Capítulo 10.

19.4 Materiais dos Eixos de Manivela

Os materiais dos eixos de manivela devem ser selecionados para satisfazer os requisitos de resistência estrutural e os requisitos de desgaste na região do mancal. Os materiais candidatos para mancais de deslizamento foram discutidos em 10.4, quando se observou que as aplicações de mancais de maior sucesso utilizam um par de materiais composto de um material duro deslizando sobre um material dúctil de baixa dureza e substituível. Nas aplicações típicas de eixos de manivela, buchas dúcteis de baixa dureza são acopladas à haste de conexão ou à estrutura, de modo que o material do eixo de manivela deve ser capaz de prover uma superfície com dureza na região dos mancais. Os requisitos de resistência estrutural podem ser satisfeitos por muitos materiais, mas a necessidade de fornecer resistência ao desgaste nas regiões dos mancais reduz a lista dos candidatos aceitáveis. Por causa da geometria assimétrica, muitos eixos de manivela são fabricados por fundição ou forjando um "esboço", para ter o seu acabamento finalizado mais tarde por usinagem. Em algumas aplicações, as peças são construídas a partir de componentes soldados. Tradicionalmente, o ferro fundido, o aço fundido e o aço forjado têm sido utilizados para eixos de manivela. Também é comum a utilização de superfícies de mancais seletivamente cementadas ou endurecidas. Os métodos do Capítulo 3 devem ser utilizados para selecionar os materiais candidatos apropriados para uma determinada aplicação de eixo de manivela.

19.5 Resumo do Procedimento de Projeto Sugerido de Eixos de Manivela

Tomando-se como base as discussões de 19.1 a 19.4, os passos procedimentais para o desenvolvimento de um projeto de sucesso de um eixo de manivela podem ser resumidos da seguinte forma:

1. Baseando-se nas especificações funcionais e na verificação da configuração do sistema, gere um esboço conceitual inicial para o eixo de manivela.
2. Para a configuração proposta inicial, determine os deslocamentos, velocidades e acelerações relevantes para cada *fase*[7] cinemática (crítica) do mecanismo completo, ao longo de um ciclo completo.
3. Conceba uma forma básica provisória para o eixo de manivela em função da sua função e das restrições.
4. Desenvolva uma análise de forças global incluindo todas as forças de superfície e de corpo sobre o mecanismo em todas as fases cinemáticas (críticas).
5. Tomando o *eixo de manivela* como um *corpo livre*, calcule e represente todas as forças agindo durante cada fase (crítica).
6. Selecione os pontos críticos potenciais na configuração proposta de eixo de manivela (veja 6.3) e desenvolva uma análise de forças local para determinar as forças e os momentos agindo em cada uma das seções críticas.
7. Identifique os modos de falha prováveis para o eixo de manivela proposto (veja 19.3).
8. Selecione um material provisório para o eixo de manivela e identifique os prováveis processos de fabricação (veja 19.4).
9. Selecione um fator de segurança de projeto apropriado (veja Capítulo 2).
10. Calcule as tensões de projeto apropriadas para cada um dos modos de falha prováveis identificados no passo 7.
11. Utilize os cálculos apropriados de tensões e de prevenção de falha para todas as fases críticas e todos os pontos críticos, iterando até que as dimensões críticas encontradas satisfaçam às especificações de funcionalidade de projeto e forneçam uma vida de operação aceitável.
12. Esboce a configuração atualizada do eixo de manivela de modo que futuros refinamentos possam ser considerados.

Assim como para qualquer projeto, algumas hipóteses simplificadoras podem ser necessárias para facilitar os cálculos. Frequentemente, as hipóteses iniciais estão relacionadas com forças atuantes, fases críticas, seções críticas, pontos críticos, tensões nos pontos críticos, modos de falha preponderantes, propriedades do material, ou outros. Veja, também, 8.7 para orientações úteis adicionais.

---

[7] Quando as partes de um mecanismo passaram por todas as possíveis posições que podem assumir após partirem de um conjunto de posições relativas e retornaram às suas posições relativas iniciais, significa que completaram um *ciclo* do movimento. O termo *fase* é usado para indicar as posições relativas simultâneas de um ciclo.

Exemplo 19.1 Projeto de um Eixo de Manivela

Deseja-se projetar um eixo de manivela para um novo compressor, de um cilindro, acionado por correia. Um estudo preliminar de projeto foi apresentado à gerência da engenharia sugerindo as seguintes especificações e orientações:

a. A força do êmbolo P devida à pressão do gás, e incluindo os efeitos dinâmicos, irá variar de 3000 lbf, para baixo agindo sobre o eixo de manivela na região do mancal da haste de conexão, até 1000 lbf, para cima na mesma região.

b. O "curso" do êmbolo deve ser de 5,0 polegadas (i.e., o "*curso da manivela*" deve ser de 2,5 polegadas).

c. Em função de vantagens da estabilidade e dos requisitos de vida, sugere-se uma manivela central.

d. Um estudo preliminar dos mancais indica que uma pressão nos mancais admissível de $\sigma_{d\text{-}adm} = 500$ psi deve fornecer uma vida associada ao desgaste aceitável para esta aplicação.

e. Por motivos de padronização, controle de inventário e redução de custo, deseja-se que todos os mancais sejam idênticos.

f. A polia de correia em V motora proposta deve ter um diâmetro do círculo primitivo de 8,0 polegadas.

g. Por experiência,[8] sabe-se que a razão entre T_t e T_f deve ser de aproximadamente 10.

h. Para acomodar os envelopes espaciais de componentes adjacentes, foram estabelecidos preliminarmente os espaçamentos das linhas de centro conforme mostrado no esboço da Figura E19.1A.

Proponha uma configuração de eixo de manivela para a primeira iteração, completa com as dimensões, que irão satisfazer todos estes requisitos e orientações de projeto.

Solução

Seguindo os passos sugeridos em 19.5, pode-se desenvolver uma proposta de projeto para o eixo de manivela da seguinte forma:

1. Pode-se preparar um esboço conceitual preliminar baseado nas especificações de projeto e na condição de contemplar a configuração do sistema, conforme mostrado na Figura 19.1A.
2. Para evitar temporariamente a necessidade de uma análise cinemática completa para o compressor proposto, *supõe-se* (de uma forma conservadora) que a força operacional máxima sobre o êmbolo atue na vertical sobre o eixo de manivela quando o eixo de manivela está na sua fase mais vulnerável. *Presume-se* que a fase mais vulnerável seja a fase para a qual as linhas de centro axiais dos mancais principais e o pino de manivela estão todas em um plano horizontal comum. Esta fase está desenhada na Figura E19.1A. As iterações posteriores devem incorporar uma análise cinemática mais precisa.
3. Uma forma básica provisória para o eixo de manivela, baseada nos dados de projeto preliminares incluídos no esboço da Figura E19.1A, é mostrada na Figura E19.1B.

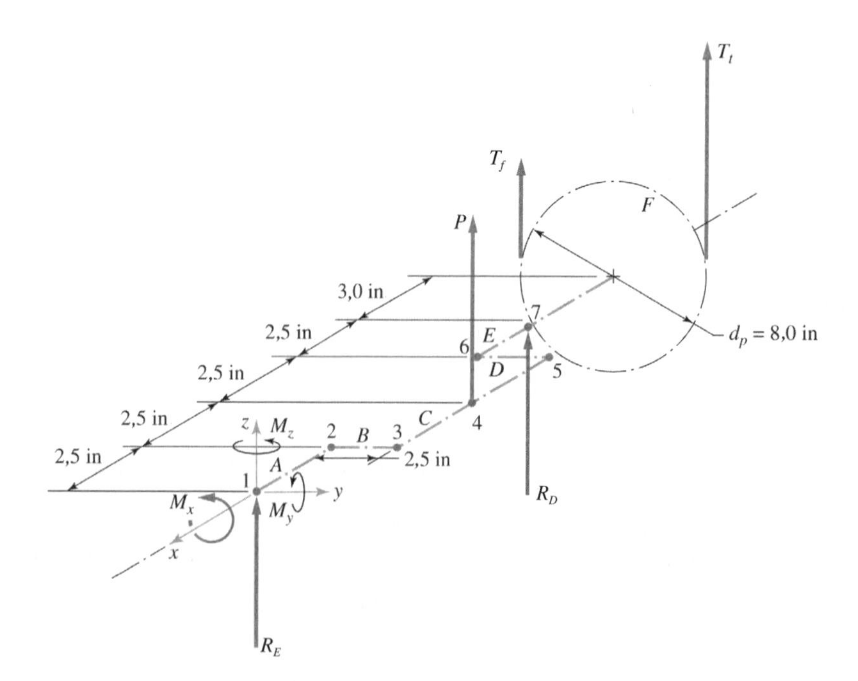

Figura E19.1A
Esboço preliminar da configuração proposta para o eixo de manivela do compressor, inclusive as dimensões da localização das linhas de centro e as forças externas aplicadas.

[8] Veja, também, Capítulo 17.

Figura E19.1B
Forma básica provisória do eixo de manivela.

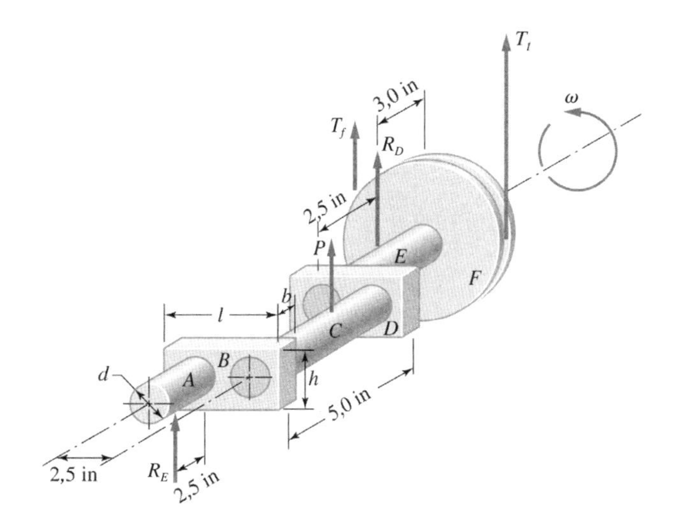

4. Para este caso particular não é necessária uma análise de força global, uma vez que são fornecidos dados suficientes nas especificações e hipóteses do passo 2.
5. Uma análise de força local para o eixo de manivela tomado-o como um corpo livre, utilizando-se as Figuras E19.1A e E19.1B, pode ser desenvolvida a seguir. Usando-se o sistema de coordenadas definido na Figura E19.1A, as equações de equilíbrio estático de (4-1) podem ser adaptadas para este cenário de projeto de eixo de manivela em particular, de modo a fornecer, baseado no equilíbrio de forças,

$$\sum F_x \equiv 0 \quad \text{(identicamente satisfeita)}$$

$$\sum F_y \equiv 0 \quad \text{(identicamente satisfeita)}$$

e somando-se as forças na direção z,

$$R_E + P + R_D + T_t + T_f = 0$$

Em seguida, examinando-se o equilíbrio dos momentos,

$$\sum M_z \equiv 0 \quad \text{(identicamente satisfeita)}$$

e somando-se os momentos em relação aos eixos x e y, respectivamente,

$$2{,}5P + 4T_t - 4T_f = 0$$

e

$$10R_D + 5P + 13(T_t + T_f) = 0$$

Também, segundo especificação,

$$T_t = 10T_f$$

Como P é uma força conhecida (valor máximo de 3000 lbf, por especificação, e direcionada para baixo atuando sobre o pino de manivela, por hipótese), as *quatro* equações independentes podem ser utilizadas para determinar as *quatro forças desconhecidas* R_E, R_D, T_f e T_t. Substituindo-se $P = -3000$ nas equações fornece

$$R_E + (-3000) + R_D + T_t + T_f = 0$$

$$2{,}5(-3000) + 4T_t - 4T_f = 0$$

$$10R_D + 5(-3000) + 13(T_t + T_f) = 0$$

$$T_t = 10T_f$$

Substituindo-se T_f nas outras três equações, e resolvendo-as simultaneamente, obtém-se

$$T_f = 208 \text{ lbf}$$
$$T_t = 2080 \text{ lbf}$$
$$R_D = -1474 \text{ lbf (portanto, o sentido é para baixo)}$$
$$R_E = 2186 \text{ lbf}$$

Para que os resultados desta análise de forças fiquem mais claros, a Figura E19.1C pode ser preparada de modo a mostrar as intensidades, direções, sentidos e posições de todas as forças sobre o eixo de manivela na sua fase mais vulnerável.

Exemplo 19.1 Continuação

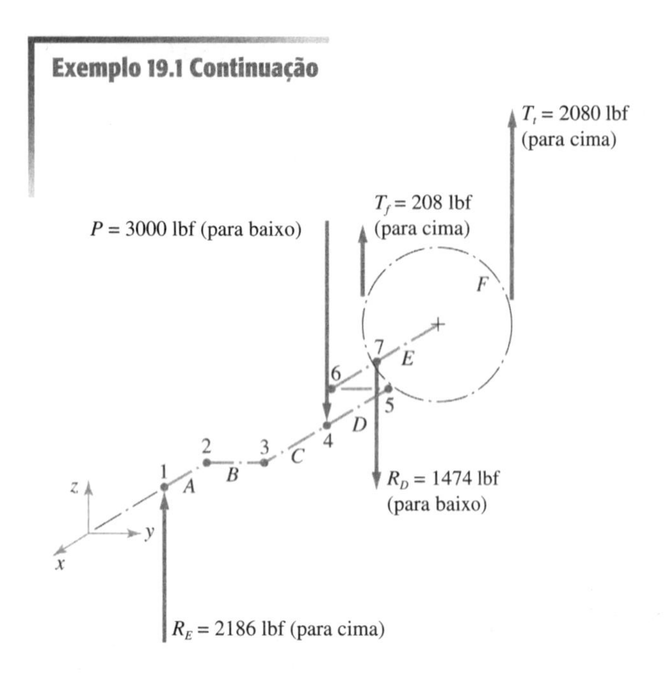

Figura E19.1C
Resumo na forma gráfica dos resultados da análise de forças global.

6. A seleção inicial dos pontos críticos potenciais no eixo de manivela é uma função do julgamento e da experiência do projetista.[9] Provisoriamente, sete seções potencialmente críticas são selecionadas para esta configuração de eixo de manivela. Estas seções críticas potenciais foram identificadas de 1 a 7, conforme mostrado na Figura E19.1C. Em referência à geometria provisória proposta na Figura E19.1B, fica claro que entre as diversas seções críticas selecionadas, duas formas geométricas diferentes devem ser examinadas. Por exemplo, na seção crítica 2, a seção circular do elemento *A* e a seção retangular do elemento *B* devem ser investigadas para que sejam determinadas as dimensões apropriadas. Também é importante observar que as forças externas podem induzir cortante, torção e/ou flexão nos elementos do eixo de manivela de *A* a *E*. A base para a seleção da seção crítica neste exemplo consistiu em se supor que uma seção crítica potencial existe em cada uma das posições nas quais ou uma carga é aplicada ou ocorre uma transição geométrica.

   Observando-se da Figura E19.1C que não existem forças nas direções *x* ou *y*, e nenhum momento em torno do eixo *z*,[10] as forças e momentos locais em cada uma das sete seções críticas selecionadas podem ser calculadas pelo equilíbrio estático. Examinando-se as Figura E19.1B e E19.1C em conjunto, a análise local de forças produz os resultados resumidos na Tabela E19.1A. Para determinarem-se as dimensões provisórias para cada elemento em cada seção crítica, devem ser desenvolvidos cálculos para cada uma das 11 seções críticas potenciais listadas na Tabela E19.1A. No entanto, o detalhamento dos cálculos pode ser reduzido de acordo com a seguinte lógica. De acordo com a especificação, todos os mancais devem ser idênticos. Portanto, revendo-se as intensidades relativas das forças e dos momentos sobre cada um dos elementos de seções circulares listados na Tabela E19.1A, pode-se deduzir que as seções 4C, 6E e 7E são mais críticas do que qualquer uma das outras seções críticas *circulares*. Se os braços retangulares também são iguais, 3B e 6D são mais críticas do que qualquer uma das outras seções *retangulares*.

   Resumindo, as 11 seções críticas potenciais da Tabela E19.1A podem ser reduzidas a 5: elementos de seções circulares 4C, 6E e 7E, e elementos de seções retangulares 3B e 6D.
7. De acordo com a discussão de 19.3, os modos de falha a serem aqui investigados devem incluir *desgaste*, *fadiga* e *escoamento*.
8. A seleção de materiais candidatos para esta aplicação de eixo de manivela pode ser desenvolvida implementando-se os métodos de seleção de materiais discutidos no Capítulo 3. De fato, o processo de seleção de materiais detalhado para um eixo de manivela similar ao que está sendo aqui considerado foi apresentado no Exemplo 3.1 do Capítulo 3. Tomando-se como base os métodos do Exemplo 3.1, escolhe-se como material provisório para o eixo de manivela aqui considerado o aço 1020 forjado, cementado nas regiões dos mancais.[11] As propriedades básicas do núcleo para o aço 1020 são, das Tabelas 3.3 e 3.10,

$$S_u = 61.000 \text{ psi}$$

$$S_{yp} = 51.000 \text{ psi}$$

$$e(2 \text{ in}) = 15 \text{ por cento}$$

[9] Os pontos críticos são pontos em um componente de máquina com alto potencial de falha por causa de tensões ou deformações altas, baixa resistência, ou uma combinação crítica destas (veja 6.3).
[10] Veja, também, as equações (1), (2) e (4).
[11] Sugere-se uma consulta a um engenheiro de materiais para ajudar na escolha de um método de cementação e a especificação de temperaturas e tempos apropriados necessários ao desenvolvimento das propriedades desejadas, tanto para a superfície como para o núcleo.

TABELA E19.1A Forças e Momentos[1] Locais em Sete Seções Críticas Selecionadas

Seção Crítica	Elemento	Forma da Seção	$F_{z\text{-}c}$, lbf	M_t, lbf·in	M_f, lbf·in
1	A	⊕	2186	0	0
2	A	⊕	2186	0	5465
2	B	⊞	2186	5465	0
3	B	⊞	2186	5465	5465
3	C	⊕	2186	5465	5465
4	C	⊕	2186	5465	10.930
5	C	⊕	−814	5465	8895
5	D	⊞	−814	8895	5465
6	D	⊞	−814	8895	7500
6	E	⊕	−814	7500	8895
7	E	⊕	−2214	7500	6860

[1] Note que $F_{z\text{-}c}$ é a força cortante sobre o elemento na direção z, M_t é o momento torsor sobre o elemento e M_f é o momento fletor sobre o elemento. A convenção de sinal é mostrada na Figura E19.1A.

9. A determinação do fator de segurança de projeto para esta aplicação de eixo de manivela pode ser baseada no Capítulo 2 e, em particular, no Exemplo 2.11. Para a aplicação de eixo de manivela aqui considerada, os valores selecionados para os fatores de penalização[12] são dados na Tabela E19.1B.
   De (2-85)

$$t = -1 + 0 + 0 - 2 + 2 + 0 - 2 + 0 = -3$$

e, uma vez que $t \geq -6$, de (2-86) o fator de segurança de projeto pode ser calculado como

$$n_d = 1 + \frac{(10 - 3)^2}{100} = 1{,}5$$

10. Para calcular as tensões de projeto relacionadas com cada um dos três modos de falha listados no passo 7, as propriedades do material do eixo de manivela do passo 8 e o fator de segurança do passo 9 podem ser combinados para calcular a tensão de projeto baseada no desgaste $(\sigma_d)_d$, a tensão de projeto baseada na fadiga $(\sigma_{máx\text{-}N})_d$ e a tensão de projeto baseada no escoamento $(\sigma_{yp})_d$.
    A tensão de projeto baseada no *desgaste* é, por especificação,

$$(\sigma_d)_d = 500 \text{ psi}$$

A tensão de projeto baseada na *fadiga* é estimada considerando-se as propriedades de vida infinita,[13] de modo que se utilizando o procedimento para estimar a resistência à fadiga para vida infinita,[14]

$$S_{N=\infty} = S_e = 0{,}5S_u = 0{,}5(61.000) = 30.500 \text{ psi}$$

a tensão de projeto baseada na fadiga pode ser estimada, utilizando-se (5-70), como[15]

$$(\sigma_{máx-N})_d = \left(\frac{1}{n_d}\right)\left(\frac{(S_e/K_f)}{1 - m_t R_t}\right)$$

[12] Veja 2.12.
[13] Uma primeira hipótese razoável, embora não tenha sido colocada explicitamente nas especificações.
[14] Veja "Estimando Curvas *S-N*" em 2.6.
[15] Note que um fator de redução da resistência *estimado* [veja a discussão a seguir a (5-92)], K_f, pode ser arbitrariamente incluído para que esta primeira iteração reflita melhor a concentração de tensões na geometria final. Após as dimensões iniciais terem sido estabelecidas, a Figura 5.11 pode ser utilizada para melhorar a estimativa de K_f.

Exemplo 19.1 Continuação

TABELA E19.1B Fatores de Penalização para o Projeto da Aplicação de Eixo de Manivela

Fator de Penalização	Número de Penalização Selecionado (NP)
1. Precisão do conhecimento dos carregamentos	−1
2. Precisão do cálculo da tensão	0
3. Precisão do conhecimento da resistência	0
4. Necessidade de conservação	−2
5. Seriedade das consequências de falha	+2
6. Qualidade da fabricação	0
7. Condições de operação	−2
8. Qualidade da inspeção e da manutenção	0

em que

$$m_t = \frac{S_u - (S_e/K_f)}{S_u}$$

e

$$R_t = \frac{\sigma_m}{\sigma_{máx}}$$

Por especificação, $P_{máx} = 3000$ lbf e $P_{mín} = -1000$ lbf, de modo que

$$R_t = \frac{\sigma_m}{\sigma_{máx}} = \frac{P_m}{P_{máx}} = \frac{\left[\dfrac{3000 + (-1000)}{2}\right]}{3000} = 0{,}33$$

e selecionando-se arbitrariamente um valor trivial de $K_f = 2$,

$$m_t = \frac{61.000 - (30.500/2)}{61.000} = 0{,}75$$

então

$$(\sigma_{máx-N})_d = \left(\frac{1}{1{,}5}\right)\left(\frac{(30.500/2)}{1 - (0{,}33)(0{,}75)}\right) = 13.510 \text{ psi}$$

Finalmente, a tensão de projeto baseada no *escoamento* é

$$(\sigma_{yp})_d = \left(\frac{1}{1{,}5}\right)(51.000) = 34.000 \text{ psi}$$

11. Em seguida, as dimensões provisórias serão determinadas estimando-se as tensões críticas e estabelecendo-se as dimensões, de modo que nenhuma das tensões de projeto calculadas no passo 10 seja ultrapassada.
   a. Baseado no *desgaste*, em que A_p é a área do mancal projetada,[16] a pressão máxima de operação no mancal pode ser calculada como

$$\sigma_{w-máx} = \frac{P_{máx}}{A_p}$$

Selecionando-se $P_{máx}$ como a força no mancal mais intensamente carregado (mancal do pino da manivela), fazendo-se $\sigma_{d\text{-}máx}$ igual à tensão de projeto baseada no desgaste e resolvendo-se para A_p,

$$A_p = \frac{P_{máx}}{(\sigma_d)_d} = \frac{3000}{500} = 6 \text{ in}^2$$

É comum especificar-se um mancal "quadrado",[17] de modo que

$$A_p = dl = d^2 = l^2$$

[16] Veja, também, por exemplo, (9-4) e (10-2).
[17] Terminologia para um mancal de deslizamento com o comprimento igual ao diâmetro.

Combinando-se estes e resolvendo-se para o diâmetro,

$$l = d = \sqrt{6} = 2{,}45 \text{ polegadas}$$

Portanto, provisoriamente propõe-se que tanto o mancal principal como o mancal do pino da manivela tenham um diâmetro de 2,5 polegadas e um comprimento de mancal aproximadamente igual a 2,5 polegadas.

b. Comparando-se $(\sigma_{máx-N})_d$ com $(\sigma_{yp})_d$, a tensão de projeto baseada na fadiga é *mais* crítica (menor) do que a tensão de projeto baseada no escoamento. Portanto, as dimensões baseadas na fadiga irão automaticamente satisfazer os requisitos do escoamento.[18] O projeto terá como base a resistência dada pela equação $(\sigma_{máx-N})_d$.

Utilizando-se a tensão de projeto baseada na fadiga, as dimensões podem ser estabelecidas em cada uma das cinco seções críticas mais prováveis resumidas no passo 6, a saber, elementos circulares 4C, 6E e 7E e elementos retangulares 3B e 6D.

Na seção circular 4C, os valores máximos das tensões devidas ao cortante, ao torsor e ao fletor podem ser calculadas para uma seção transversal circular com um diâmetro de 2,5 polegadas,[19] utilizando-se dados da Tabela E19.1A, como

$$\tau_c = \frac{4}{3}\left(\frac{F_{z-c}}{A}\right) = \frac{4}{3}\left(\frac{2186}{\frac{\pi(2{,}5)^2}{4}}\right) = 595 \text{ psi}$$

$$\tau_{tor} = \frac{M_t a}{J} = \frac{(5465)(1{,}25)}{\left(\frac{\pi(2{,}5)^4}{32}\right)} = 1780 \text{ psi}$$

e

$$\sigma_f = \frac{M_f c}{I} = \frac{(10.930)(1{,}25)}{\left(\frac{\pi(2{,}5)^4}{64}\right)} = 7125 \text{ psi}$$

Tomando-se como base a discussão de 4.3, a localização de cada uma das tensões máximas pode ser identificada conforme mostrado na Figura E19.1D. Assim, no ponto crítico *i* da seção 4C, a flexão e a torção se combinam, e no ponto crítico *ii* a torção e o cortante se combinam. Utilizando-se (5-45), a *tensão equivalente*, ou a *tensão de von Mises*, pode ser calculada no ponto *i* como

$$(\sigma_{eq})_i = \sqrt{\frac{1}{2}\left[(\sigma_1 - \sigma_2)^2 + (\sigma_2 - \sigma_3)^2 + (\sigma_3 - \sigma_1)^2\right]}$$

Utilizando-se a equação cúbica da tensão (5-1), as tensões principais para o ponto crítico *i* da seção 4C podem ser calculadas, fornecendo

$$\sigma^3 - \sigma^2(\sigma_f) + \sigma(-\tau_{tor}^2) = 0$$

ou

$$\sigma_1 = 7540 \text{ psi}$$

$$\sigma_2 = 0$$

$$\sigma_3 = -420 \text{ psi}$$

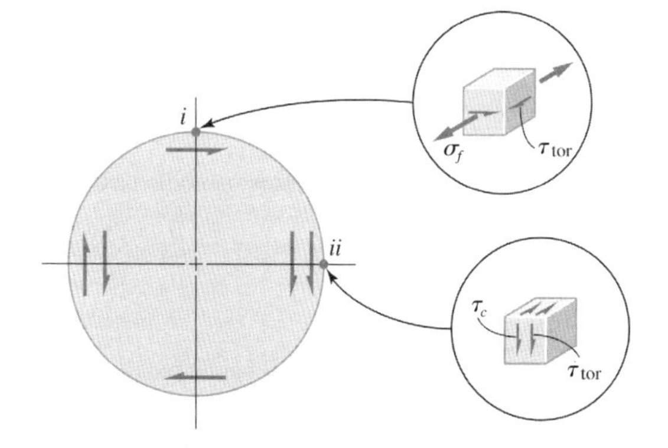

Figura E19.1D
Esboço mostrando os estados de tensões nos pontos críticos nas seções críticas circulares 4C, 6E e 7E.

[18] Isso pode não ser o caso se cargas elevadas ocasionais ocorrem no espectro do carregamento.

[19] O valor do diâmetro de 2,5 polegadas é utilizado como ponto de partida, uma vez que as dimensões baseadas no desgaste devem ser de 2,5 polegadas ou maiores. Veja 4.4 para equações de tensão apropriadas.

Exemplo 19.1 Continuação

e

$$(\sigma_{eq})_i = \sqrt{\frac{1}{2}[(7540)^2 + (420)^2 + (7960)^2]} = 7760 \text{ psi}$$

Comparando-se isto com $(\sigma_{máx-N})_d$, torna-se claro que o ponto crítico *i* está bem abaixo da tensão de projeto, e o diâmetro de 2,5 polegadas baseado no desgaste, portanto, também é aceitável para a fadiga e o escoamento como modos prováveis de falha.

Da mesma forma, para o ponto crítico *ii* da seção 4C, (5-1) fornece

$$\sigma^3 - \sigma^2(0) + \sigma[-(\tau_{tor} + \tau_c)^2] = 0$$

ou

$$\sigma_1 = 2375 \text{ psi}$$

$$\sigma_2 = 0$$

$$\sigma_3 = -2375 \text{ psi}$$

e para o ponto crítico *ii*,

$$(\sigma_{eq})_{ii} = \sqrt{\frac{1}{2}[(2375)^2 + (2375)^2 + (-4750)^2]} = 4115 \text{ psi}$$

Comparando-se isto com (σ_{eq}), fica claro que o ponto crítico *i* governa a seção 4C, portanto, conforme já foi observado, o diâmetro de 2,5 polegadas baseado no desgaste é bastante aceitável.

Seguindo um procedimento similar para a seção crítica 6E, utilizando-se dados da Tabela E19.1A,

$$\tau_c = \frac{4}{3}\left(\frac{814}{\frac{\pi(2,5)^2}{4}}\right) = 220 \text{ psi}$$

$$\tau_{tor} = \frac{(7500)(1,25)}{\left(\frac{\pi(2,5)^4}{32}\right)} = 2445 \text{ psi}$$

$$\sigma_f = \frac{(8895)(1,25)}{\left(\frac{\pi(2,5)^4}{64}\right)} = 5800 \text{ psi}$$

A versão reduzida da equação cúbica da tensão também é válida para o ponto crítico *i* da seção 6E, fornecendo as soluções

$$\sigma_1 = 6695 \text{ psi}$$

$$\sigma_2 = 0$$

$$\sigma_3 = -895 \text{ psi}$$

de que, para a seção 6E no ponto crítico *i*,

$$(\sigma_{eq})_i = \sqrt{\frac{1}{2}[(6695)^2 + (895)^2 + (-7590)^2]} = 7185 \text{ psi}$$

Comparando-se isto com $(\sigma_{máx-N})_d$, pode-se observar que o ponto crítico *i* da seção 6E está bem abaixo da tensão de projeto e, mais uma vez, o diâmetro de 2,5 polegadas baseado no desgaste governa o projeto.

As tensões principais no ponto crítico *ii* da seção 6E, são

$$\sigma_1 = 2665 \text{ psi}$$

$$\sigma_2 = 0$$

$$\sigma_3 = -2665 \text{ psi}$$

e para o ponto crítico *ii* para a seção 6E,

$$(\sigma_{eq})_{ii} = \sqrt{\frac{1}{2}[(2665)^2 + (2665)^2 + (-5330)^2]} = 4615 \text{ psi}$$

Assim como antes, o diâmetro de 2,5 polegadas ditado pelos requisitos de desgaste resulta em estados de tensões bastante aceitáveis para a seção 6E.

Com um raciocínio similar para a seção 7E, utilizando-se dados da Tabela E19.1A,

$$\tau_c = \frac{4}{3}\left(\frac{2214}{\left(\frac{\pi(2,5)^2}{4}\right)}\right) = 600 \text{ psi}$$

$$\tau_{tor} = \frac{(7500)(1,25)}{\left(\frac{\pi(2,5)^4}{32}\right)} = 2445 \text{ psi}$$

$$\sigma_f = \frac{(6860)(1,25)}{\left(\frac{\pi(2,5)^4}{64}\right)} = 4470 \text{ psi}$$

fornecendo as tensões principais no ponto crítico *i*,

$$\sigma_1 = 5550 \text{ psi}$$
$$\sigma_2 = 0$$
$$\sigma_3 = -1080 \text{ psi}$$

e

$$(\sigma_{eq})_i = \sqrt{\frac{1}{2}[(5550)^2 + (1080)^2 + (-6630)^2]} = 6160 \text{ psi}$$

Isto também é aceitável.

No ponto crítico *ii* da seção 7E, as tensões principais são

$$\sigma_1 = 3045 \text{ psi}$$
$$\sigma_2 = 0$$
$$\sigma_3 = -3045 \text{ psi}$$

e

$$(\sigma_{eq})_{ii} = \sqrt{\frac{1}{2}[(3045)^2 + (3045)^2 + (-6090)^2]} = 5275 \text{ psi}$$

Isto sendo aceitável, a conclusão preliminar é que todos os pontos críticos das seções transversais circulares estão seguros segundo o ponto de vista de falha provável, tanto por fadiga como por escoamento, se o diâmetro de 2,5 polegadas for utilizado para todas as seções transversais circulares. Pode-se observar que se a redução de peso fosse importante, estas seções transversais dos mancais poderiam ser "vazadas" sem que resultasse em uma perda de resistência considerável.[20]

Para os pontos críticos nas seções transversais retangulares 3B e 6D, identificadas no passo 6 como as seções transversais retangulares mais críticas, o desgaste não é um fator; a *tensão de projeto de fadiga* de $(\sigma_{máx-N})_d$ pode ser utilizada como a base para se determinarem as dimensões das seções transversais retangulares.

Na seção transversal retangular 3B, ilustrada na Figura E19.1E, e utilizando-se dados da Tabela E19.1A, os valores máximos das tensões promovidas pelo cortante, torsor e fletor podem ser calculados para a seção transversal retangular de[21]

$$\tau_c = \frac{3}{2}\left(\frac{F_{z\text{-}c}}{A}\right) = \frac{3}{2}\left(\frac{2186}{bh}\right)$$

$$\tau_{tor} = \frac{M_t}{Q} = \frac{5465}{\left(\frac{0,5h^2b^2}{1,5h + 0,9b}\right)}$$

e

$$\sigma_c = \frac{M_b}{\left(\frac{I}{c}\right)} = \frac{5465}{\left(\frac{bh^2}{6}\right)}$$

[20] Veja 6.2.

[21] Veja 4.4 para equações de tensão apropriadas. Observe, também, que a expressão para Q é derivada da Tabela 4.5, caso 3, fazendo-se $a = h/2$ e $b = b/2$, em que b e h são definidos na Figura E19.1E.

Exemplo 19.1 Continuação

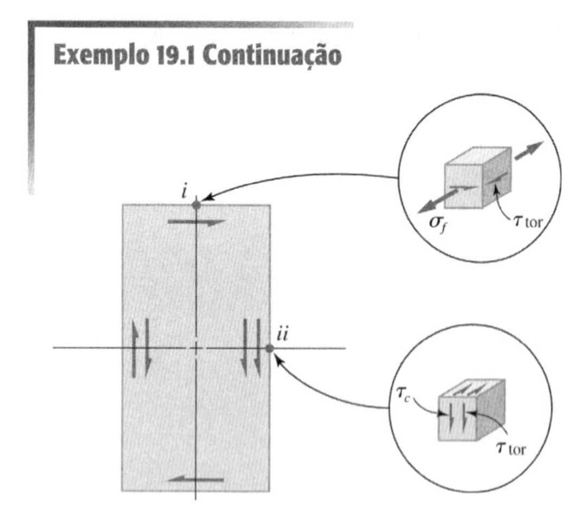

Figura E19.1E
Esboço mostrando os estados de tensões nos pontos críticos nas seções críticas retangulares 3B e 6D.

Antes de prosseguir, devem ser tomadas pequenas decisões de projeto em relação à *razão de aspecto b/h*, da seção retangular do braço. Em referência à Figura E19.1B, é razoável fazer-se a dimensão h do braço um pouco maior do que o diâmetro do mancal d, de modo que um raio de "concordância" generoso possa ser incorporado à transição mancal-braço. Uma vez que $d = 2{,}5$ polegadas, será escolhida arbitrariamente uma dimensão do braço h como

$$h = 3{,}0 \text{ polegadas}$$

A experiência sugere que as razões de aspecto inferiores a aproximadamente 0,5 são frequentemente vulneráveis à falha por flambagem. Como uma primeira iteração para as dimensões do braço, a razão de aspecto será arbitrariamente escolhida como

$$\frac{b}{h} = 0{,}5$$

Utilizando-se isto, a largura do braço b pode, então, ser calculada como

$$b = 0{,}5(3{,}0) = 1{,}5 \text{ polegada}$$

As tensões podem então ser calculadas explicitamente como

$$\tau_c = \frac{3}{2}\left(\frac{2186}{(1{,}5)(3{,}0)}\right) = 730 \text{ psi}$$

$$\tau_{tor} = \frac{5465}{\left(\dfrac{0{,}5(3{,}0)^2(1{,}5)^2}{1{,}5(3{,}0) + 0{,}9(1{,}5)}\right)} = 3160 \text{ psi}$$

e

$$\sigma_f = \frac{5465}{\left(\dfrac{1{,}5(3{,}0)^2}{6}\right)} = 2430 \text{ psi}$$

As localizações de cada uma destas tensões máximas podem ser identificadas conforme mostrado na Figura E19.1E.

Assim, no ponto crítico *i* da seção 3B, a flexão e a torção se combinam, e no ponto crítico *ii* o torsor e o cortante se combinam.[22] Utilizando-se a equação cúbica da tensão na forma reduzida, as tensões principais para o ponto crítico *i* da seção 3B podem ser calculadas como

$$\sigma_1 = 4605 \text{ psi}$$

$$\sigma_2 = 0$$

$$\sigma_3 = -2175 \text{ psi}$$

e

$$(\sigma_{eq})_i = \sqrt{\frac{1}{2}[(4605)^2 + (2175)^2 + (-6780)^2]} = 6000 \text{ psi}$$

[22] Na realidade, $\tau_{tor} = 3160$ psi, conforme calculado anteriormente, somente é válido para o ponto crítico *ii*. A tensão cisalhante torcional no ponto crítico *i* será menor (veja Figura 4.12). Supõe-se (de modo conservativo), neste cálculo, que $\tau_{tor} = 3165$ psi seja válido para ambos os pontos críticos *i* e *ii*.

Isto é aceitável quando comparado com a tensão de projeto $(\sigma_{máx-N})_d$ = 13.510 psi dada anteriormente.

Da mesma forma, para o ponto crítico *ii* da seção 3B, a equação cúbica de tensão pode ser utilizada para determinar as tensões principais como

$$\sigma_1 = 3890 \text{ psi}$$
$$\sigma_2 = 0$$
$$\sigma_3 = -3890 \text{ psi}$$

e

$$(\sigma_{eq})_{ii} = \sqrt{\frac{1}{2}[(3890)^2 + (3890)^2 + (-7780)^2]} = 6740 \text{ psi}$$

mais uma vez aceitável quando comparada com $(\sigma_{máx-N})_d$.

Finalmente, para a seção retangular 6D, utilizando-se dados da Tabela E19.1A,

$$\tau_c = \frac{3}{2}\left(\frac{814}{(1{,}5)(3{,}0)}\right) = 270 \text{ psi}$$

e

$$\tau_{tor} = \frac{8895}{\left(\dfrac{0{,}5(3{,}0)^2(1{,}5)^2}{1{,}5(3{,}0) + 0{,}9(1{,}5)}\right)} = 5135 \text{ psi}$$

e

$$\sigma_f = \frac{7500}{\left(\dfrac{1{,}5(3{,}0)^2}{6}\right)} = 3335 \text{ psi}$$

As tensões principais no ponto crítico *i* da seção 6D são

$$\sigma_1 = 7070 \text{ psi}$$
$$\sigma_2 = 0$$
$$\sigma_3 = -3730 \text{ psi}$$

o que fornece

$$(\sigma_{eq})_i = \sqrt{\frac{1}{2}[(7070)^2 + (3730)^2 + (-10.800)^2]} = 9500 \text{ psi}$$

Para o ponto crítico *ii* da seção 6D,

$$\sigma_1 = 5405 \text{ psi}$$
$$\sigma_2 = 0$$
$$\sigma_3 = -5405 \text{ psi}$$

o que fornece

$$(\sigma_{eq})_{ii} = \sqrt{\frac{1}{2}[(5405)^2 + (5405)^2 + (-10.810)^2]} = 9360 \text{ psi}$$

Dos cálculos acima, pode-se preparar uma tabela resumida das tensões equivalentes (de von Mises) nos pontos críticos selecionados no passo 6, conforme mostrado na Tabela E19.1C.

Pode-se observar da Tabela E19.1C que todos os pontos críticos estão em segurança abaixo da tensão de projeto baseada na fadiga de 13.510 psi, e do passo 11, que as especificações de desgaste nos mancais também são satisfeitas.

12. Tomando como base as especificações e as dimensões provisórias que acabaram de ser determinadas, o esboço preliminar da Figura E19.B pode agora ser transformado em um esboço da primeira iteração mais refinado, conforme mostrado na Figura E19.1F.

Tendo completado esta primeira iteração proposta, o próximo passo será submeter a proposta a uma *revisão de projeto*, incorporando as mudanças apropriadas provenientes da revisão. Em seguida, será necessário percorrer todo o procedimento de cálculo do projeto de novo, utilizando-se uma análise de tensões, fatores de concentração de tensões e propriedades de materiais mais precisos; incorporando as especificações de fabricação; e prestando atenção aos custos de produção. O processo deverá ser normalmente repetido até que a gerência esteja satisfeita. Finalmente, devem ser conduzidos ensaios com um protótipo.

Exemplo 19.1 Continuação

TABELA E19.1C Tensões Resultantes nos Pontos Críticos Selecionados do Eixo de Manivela

Seção Crítica[1]	Forma da Seção	Ponto Crítico[2]	Tensão *Equivalente* Resultante, (tensão de von Mises) psi
4C		*i*	7760
4C		*ii*	4115
6E		*i*	7185
6E		*ii*	4615
7E		*i*	6160
7E		*ii*	5275
3B		*i*	6000
3B		*ii*	6740
6D		*i*	9500
6D		*ii*	9360

[1] Veja Figura E19.1C.
[2] Veja Figuras E19.1D e E19.1E.

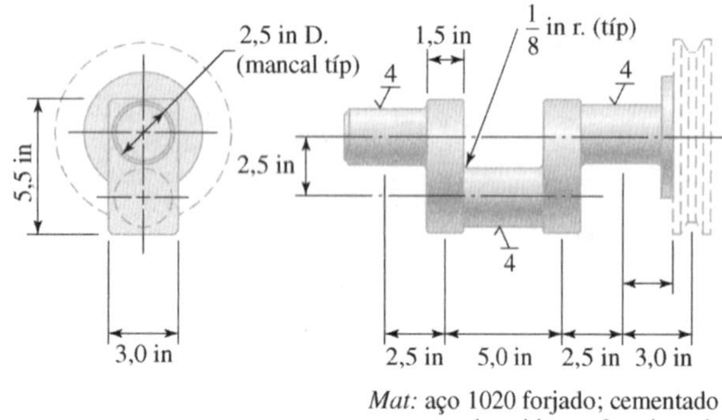

Figura E19.1F
Esboço da primeira iteração refinada da configuração do eixo de manivela proposto. Compare com a Figura E19.1B.

Problemas

19-1. O mancal cilíndrico de deslizamento de um eixo de um eixo de manivela lateral foi dimensionado para o desgaste, encontrando-se um diâmetro necessário de 38 mm, baseado em uma análise de desgaste. Uma análise de força no mancal mostrou que existe na seção transversal crítica do mancal cilíndrico de deslizamento um cortante de 45 kN, um momento torsor de 1000 Nm e um momento fletor de 900 Nm. Se a tensão de projeto baseada na fadiga é preponderante, tendo sido determinado um valor de 270 MPa, calcule se o mancal de 38 mm de diâmetro está projetado com segurança para suportar o carregamento de fadiga.

19-2. O eixo da manivela lateral mostrado na Figura P19.2A é suportado por mancais em R_1 e R_2 e carregado por P no pino da manivela, verticalmente, para baixo, conforme mostrado. Pode-se considerar a posição da manivela mostrada como a posição mais crítica. Nesta posição crítica, a carga P varia de 900 lbf até 1800 lbf, direcionada para baixo. As propriedades do material são dadas na Figura P19.2B. Baseado em estimativas de desgaste, todos os mancais devem ter um diâmetro de 0,875 polegada. Desprezando os efeitos da concentração de tensões e utilizando-se um fator de segurança de 1,5, determine se o diâmetro de 0,875 polegada em R_1 é adequado, considerando que se deseja vida infinita.

19-3. O eixo de manivela lateral mostrada na Figura P19.3 é suportado pelos mancais R_1 e R_2 e é carregado pela força P aplicada sobre o pino da manivela. Considera-se esta a posição mais crítica da manivela.

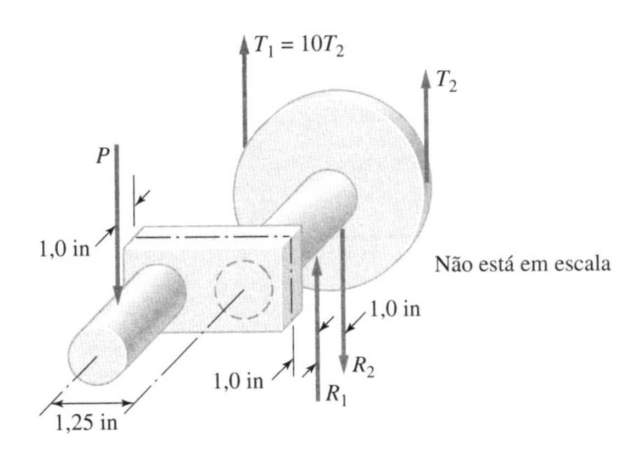

Figura P19.2A
Eixo de manivela lateral.

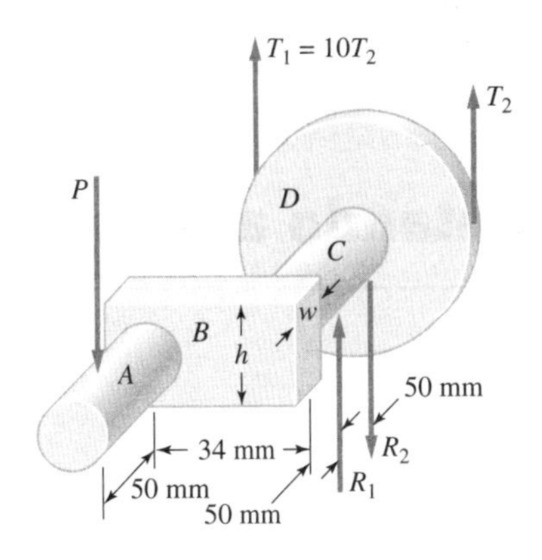

Figura P19.3
Eixo de manivela lateral.

A carga P varia de 6,25 kN, para cima, a 6,25 kN, para baixo. O eixo de manivela é feito de aço AISI 4620 forjado e cementado. Determinou-se que o desgaste é o modo de falha preponderante para o mancal e a pressão de projeto admissível no mancal com base no desgaste é de 5 MPa. Deseja-se um raio de concordância de 5 mm na região de conexão entre o mancal cilíndrico de deslizamento A e o braço retangular B que têm uma razão w/h de 0,5. Um fator de segurança de 3 será utilizado para todos os modos de falha, com exceção do desgaste. Para o desgaste, o fator de segurança já está incluído na tensão admissível para o desgaste (5 MPa) do mancal fornecida.

a. Para o elemento de braço B, determine a tensão de projeto que governa o problema.
b. Supondo um mancal "quadrado", determine o diâmetro e o comprimento do mancal A.
c. Baseado nos resultados de (b) e outros dados pertinentes, determine as dimensões da seção transversal retangular, w e h, para o braço B.
d. Identifique a seção mais crítica do braço B e a(s) localização(ões) do(s) ponto(s) crítico(s) na seção transversal crítica.
e. Para cada ponto crítico identificado em (d), especifique os tipos de tensões que estão agindo.
f. Calcule todas as forças e momentos pertinentes para estes pontos críticos.
g. Calcule todas as tensões pertinentes para estes pontos críticos.
h. Calcule as tensões equivalentes combinadas para estes pontos críticos.
i. O projeto do braço B é aceitável?
j. O projeto do braço B é controlado pelo escoamento, pela fadiga, pelo desgaste do mancal, ou por outra coisa?

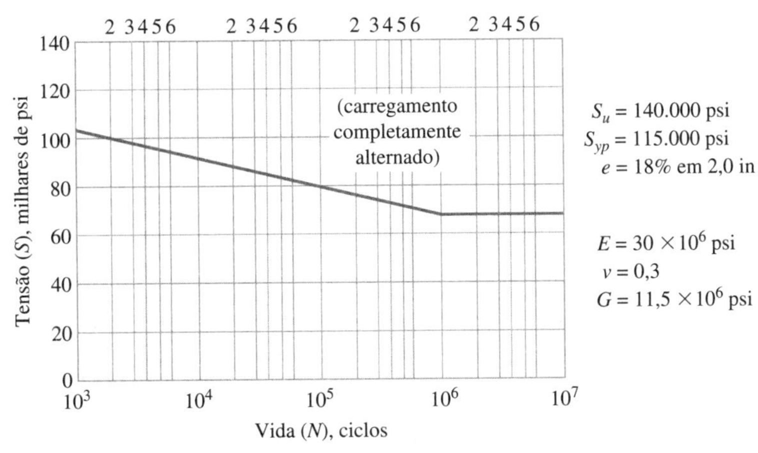

Figura P19.2B
Propriedades do material para o eixo de manivela lateral.

19-4. O mancal cilíndrico de deslizamento de um eixo de manivela central foi provisoriamente dimensionado em função dos requisitos de desgaste e descobriu-se que é necessário um diâmetro de 1,38 polegada para este propósito. Uma análise de forças do mancal na seção transversal crítica mostrou que existe um cortante de 8500 lbf, um momento torsor de 7500 lbf·in e um momento fletor de 6500 lbf·in. Se o modo de falha dominante é a fadiga, e a tensão de projeto baseada em fadiga foi determinada como igual a 40.000 psi, calcule se o mancal de 1,38 polegada de diâmetro está adequadamente projetado para suportar com segurança o carregamento de fadiga.

19-5. Um eixo de manivela central para um compressor de refrigeração de um único cilindro acionado por correia precisa ser projetado de modo a atender às seguintes especificações:

a. A força sobre o mancal da haste de conexão varia de 3500 lbf, para baixo, até 1300 lbf, para cima.
b. A razão de tração na correia é $T_1 = 8T_2$.
c. O curso da manivela é de 2,2 polegadas.
d. A pressão máxima admissível no mancal é de 700 psi.
e. O diâmetro do círculo primitivo da polia = 8,0 polegadas.
f. Todos os mancais devem ser idênticos.
g. Os mancais principais têm um afastamento entre centros de 12 polegadas, com o mancal da haste de conexão posicionado a meio caminho.
h. A polia está em balanço, posicionada a uma distância de 4 polegadas do mancal principal.

Projete um eixo de manivela apropriado e construa esboços de engenharia do projeto final.

Capítulo 20

Completando a Máquina

20.1 Integrando os Componentes; Bases, Quadros e Carcaças

Assim como para qualquer um dos componentes discutidos nos Capítulos 8 a 19, uma *base* ou um *quadro* de uma máquina deve ser projetado considerando-se as forças e os momentos transferidos para estas estruturas de suporte pelos componentes montados quando a máquina está em operação. Em alguns casos, o próprio peso dos elementos do quadro estrutural deve ser considerado. As tarefas de avaliar os modos prováveis de falha,[1] selecionar os materiais apropriados[2] e estabelecer uma geometria estrutural efetiva[3] são todas importantes quando se está projetando um quadro. Os atributos necessários de uma geometria estrutural efetiva incluem manter a precisão das relações espaciais requeridas entre os componentes montados e fornecer componentes de suporte à prova de falha, durante a vida de projeto da máquina.

A função de uma base ou de um quadro é fornecer um suporte estrutural para montar os diversos componentes operacionais nas suas posições prescritas e mantê-los juntos. Os tipos de quadros, conforme ilustrado na Figura 20.1, incluem placas base, estruturas treliçadas, estruturas de casca, estruturas em C, estruturas em O, carcaças e combinações destas, para aplicações específicas.

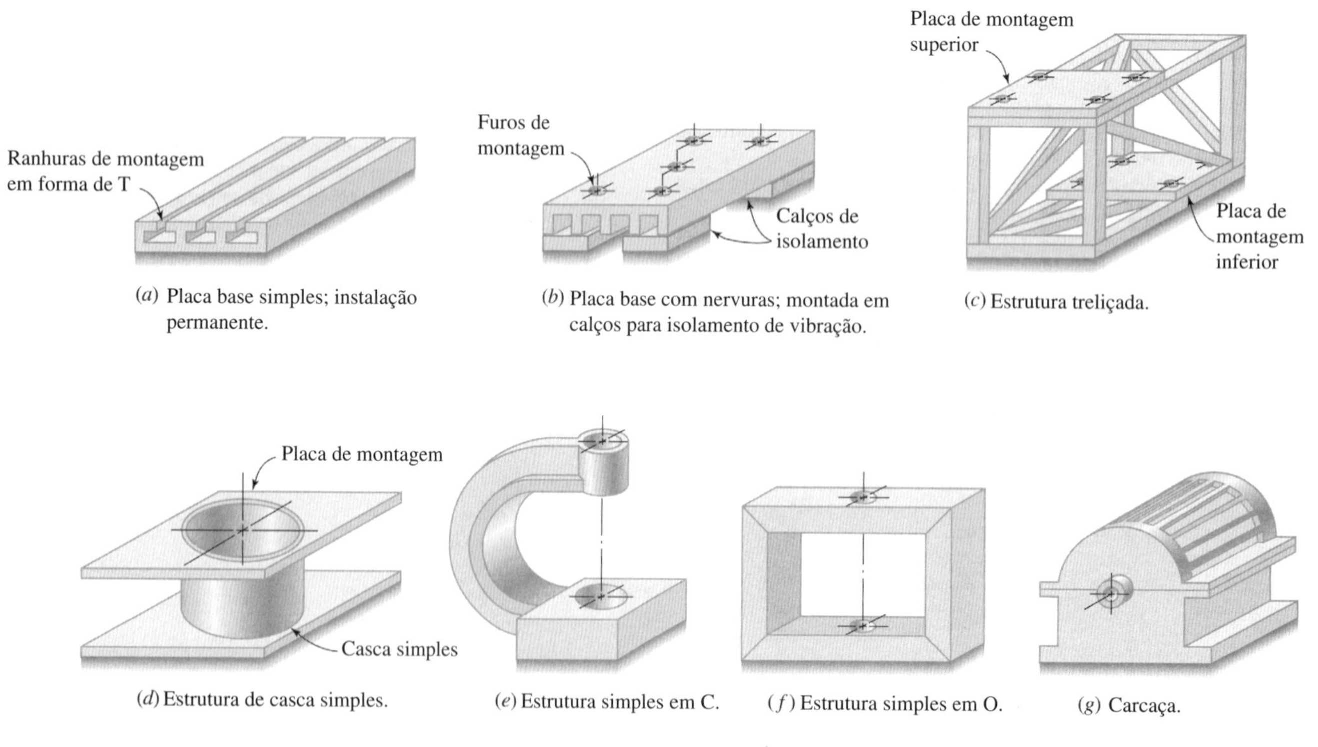

Figura 20.1
Ilustração de diversos tipos comuns de quadros de máquina.

[1] Veja Capítulo 2.
[2] Veja Capítulo 3.
[3] Veja Capítulo 6.

Uma *placa base* é o tipo de quadro de máquina mais simples. Placas de base são tipicamente chapas planas com furos de montagem ou ranhuras de montagem em forma de T, e têm uma espessura que é pequena em relação ao comprimento e à largura. Algumas vezes são utilizadas nervuras de reforço no lado de baixo para aumentar a rigidez ou reduzir o peso. Em algumas aplicações, as nervuras no lado de baixo podem estar dispostas tanto na direção do comprimento quanto na direção da largura, para formar um padrão de rede de nervuras quadriculadas.

As *estruturas treliçadas* são amplamente utilizadas como quadros de máquinas porque combinam boa resistência e rigidez com peso mínimo e um uso eficiente do material.[4] Estas estruturas são frequentemente fabricadas de tubos de seções transversais retangulares ou circulares, hastes ou outras formas laminadas, conectadas nas junções por pinos ou soldas. A configuração da treliça pode ser construída para qualquer aplicação específica, de modo que as placas de montagem tenham o posicionamento e as orientações necessários para fixar com facilidade os diversos componentes. As *orientações para a criação da forma* listadas em 6.2 são especialmente importantes quando se configura uma estrutura treliçada eficiente.

Quando as forças e momentos operacionais são pequenos, ou quando as deflexões estruturais não são críticas, algumas vezes pode-se utilizar uma *mesa* simples, com uma placa suportada por pernas robustas. No entanto, para requisitos de projeto de desempenho mais elevado, a estrutura treliçada com contraventamentos é usualmente mais efetiva.

As *estruturas de casca* também são utilizadas como quadros em algumas instâncias. Exemplos de estruturas de casca de *paredes finas*, algumas vezes chamadas de estruturas de *membrana tensionada*, incluem estruturas aeronáuticas, estruturas de espaçonaves e alguns quadros de veículos de transporte terrestre. Tais estruturas normalmente incorporam anteparas, longarinas e enrijecedores locais para prevenir a flambagem da casca fina. O termo "membrana tensionada" vem do fato de a parede fina da casca, eficiente em resistir a elevadas tensões trativas de membrana, fornecer um suporte estrutural direto quando for adequadamente integrada a anteparas e enrijecedores. Cascas com paredes mais espessas podem ser utilizadas como estrutura de suporte de motores elétricos, caixas de engrenagens e outras submontagens similares, em que mancais, eixos e engrenagens devem ser mantidos com um alinhamento preciso. Quando estruturas de casca usualmente chamadas de carcaças são configuradas para *proteger* os componentes montados no interior da casca da poeira, sujeira ou outros materiais externos. As carcaças também podem ser projetadas para fornecer um reservatório para o lubrificante, se for necessário.

Outros tipos de quadros, como as *estruturas em C* ou as *estruturas em O*, são utilizados algumas vezes. Para máquinas estacionárias como furadeiras, fresadoras, máquinas de estampar e puncionadoras, a estrutura em C (veja Figura 20.1) é provavelmente a mais utilizada. Se é necessária maior estabilidade do que a estrutura em C é capaz de fornecer, ou se as deflexões da região de operação devem ficar restritas a valores muito baixos, a estrutura em O pode ser a melhor escolha. A acessibilidade à região de operação para a estrutura em C é normalmente melhor do que a das estruturas em O.

Assim como para qualquer elemento de máquina, os *modos prováveis* de falha para os quadros de máquina são fortemente dependentes das características do carregamento, do ambiente de operação e das propriedades do material correspondentes ao modo de falha predominante. Revendo os modos de falha prováveis listados em 2.3, os modos de falha com a maior probabilidade de ocorrer em quadros incluem o deslocamento elástico induzido por força, escoamento, fratura frágil, fadiga e corrosão.

Os materiais comuns utilizados para placas base, quadros e carcaças incluem ferro fundido, aço fundido e aço trabalhado. Para aplicações de alto desempenho ou em ambientes corrosivos, outros materiais como titânio, alumínio ou magnésio podem ser algumas vezes utilizados. O ferro fundido é frequentemente escolhido por causa da sua capacidade inerente de amortecimento, o relativo baixo custo e a relativa facilidade de se obter a forma desejada. Isto é especialmente verdadeiro se for requerida produção em massa. Aplicações típicas incluem placas base, quadros para motores elétricos, bombas, compressores e máquinas-ferramenta. Quando são necessários quadros grandes ou de tamanho médio com formas intrincadas, construções soldadas podem ser utilizadas para montar um quadro de componentes de aço trabalhado ou de aço fundido. No entanto, deve-se ter consciência de que as tensões incorporadas (tensões residuais) produzidas pelo processo de soldagem em construções soldadas podem causar empenamentos significativos, o que muitas vezes se transformam em um sério inconveniente.

Em uma análise final, o procedimento de projeto para quadros segue as mesmas orientações que para todos os outros componentes. Isto é, o tamanho, a forma e a seleção de materiais devem satisfazer os requisitos funcionais de suportar as cargas sem que ocorra uma falha, e manter a precisão dimensional necessária ao longo da vida de projeto prescrita, fazendo isto a um custo aceitável.

---

[4] Veja 6.2 e Figura 6.3.

Exemplo 20.1 Projeto de um Quadro

Para competir com sucesso em uma aplicação de produção especializada de "placas laminadas", é necessário controlar continuamente a *espessura* das placas laminadas em ±10 por cento ao longo de uma *largura* de produção de 20 pés. A *espessura-alvo* nominal de $t = 0{,}010$ polegada será controlada no processo de produção ajustando-se uma fina *abertura* retangular através da qual o material semifluido passa antes de ser seco, retificado e enrolado. Foi proposto utilizar, durante o processo, um sistema especial de medição de espessura de placa e de controle para escanear continuamente o produto e, quando necessário, ajustar a abertura para manter a espessura da placa entre o valor de ±10 por cento da espessura alvo. A produção de placas laminadas será contínua ao longo de grandes períodos de tempo.

O sistema de medição e controle proposto já foi desenvolvido. Integra um pacote com sensor de escaneamento acoplado a um dispositivo de ajuste de abertura controlado por computador. Da forma como foi concebido, o pacote com sensor de escaneamento consiste em uma unidade de cabeçote superior e uma unidade de cabeçote inferior, com um espaçamento de folga de aproximadamente 0,040 polegada entre as faces do sensor, de modo a permitir a passagem contínua sem contato das placas laminadas. As unidades de cabeçote superior e inferior pesam, cada uma, cerca de 50 libras-força. A Figura E20.1A ilustra o conceito. Os detalhes deste sistema de sensor de escaneamento foram estudados satisfatoriamente para acionar de forma sincronizada ambos os cabeçotes superior e inferior, para trás e para a frente ao longo da largura de 20 pés das placas laminadas, com uma taxa de escaneamento de 5 pés por segundo. A placa laminada também é *alimentada* a uma taxa de 5 pés por segundo. A folga vertical necessária entre as vigas de suporte superior e inferior do quadro, para acomodar os dois pacotes com sensor de escaneamento, é estimada em cerca de 2 pés. Trilhos de suporte e roletes de alta precisão foram projetados e testados e foi desenvolvido um procedimento de alinhamento baseado em laser para garantir a precisão do posicionamento vertical (direção da espessura) dos sensores móveis em ±0,0005 polegada, se os trilhos de suporte estiverem solidamente montados no quadro.

Para o sistema que acabou de ser descrito, conceba um quadro para suportar o sistema de medição enquanto o mesmo escaneia continuamente para trás e para a frente, de modo a monitorar e ajustar a espessura de produção da placa.

Solução

Revendo o esboço básico do layout do componente proposto, mostrado na Figura E20.1A, importantes requisitos de projeto e observações incluem:

1. A placa continuamente alimentada tem uma largura de 20 pés. Portanto o estilo do quadro selecionado deve acomodar um espaço livre desobstruído de pelo menos 20 pés de largura.

2. As tolerâncias da espessura da placa são apertadas (±10 por cento de 0,010 polegada da espessura-alvo é ±0,001 polegada). Portanto, as deflexões transversais (verticais) no centro do quadro devem ser mantidas suficientemente pequenas para acomodar a precisão do pacote do sensor móvel de ±0,0005 polegada e ainda manter o controle da espessura da placa dentro de uma tolerância de ±0,001 polegada.

Revendo estes requisitos à luz dos diversos tipos de quadros esboçados na Figura 20.1, tudo indica que a *estrutura em O* seria uma boa escolha de configuração, porque será naturalmente compatível com a passagem de placas laminadas largas, e tem o potencial para suportar as *pequenas* deflexões no centro requeridas se a rigidez transversal da viga puder ser suficientemente alta. Por essas razões, a escolha preliminar de um tipo de quadro recai em uma estrutura em O.

Em função das tolerâncias serem apertadas, a extensão ser grande e o peso do pacote do sensor ser moderado (50 libras-força), o peso da estrutura por si só deve, em primeiro lugar, ser considerado como um fator na determinação das deflexões no centro do quadro à medida que os pacotes de escaneamento se movem transversalmente ao longo da placa. No entanto, por especificação, o procedimento de alinhamento de alta precisão com feixe de laser foi desenvolvido para medir e ajustar a posição do sensor na direção da espessura dentro de ±0,0005 polegada verticalmente, ao longo de toda a largura. Uma vez que o sistema do

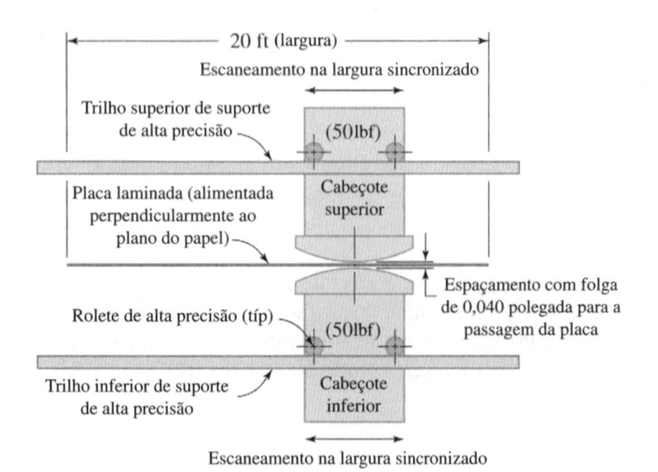

Figura E20.1A
Esboço mostrando o sistema especial de medição de espessura proposto para a produção contínua de placas laminadas com uma largura de 20 pés.

sensor, em conjunto com os trilhos e roletes de precisão, pode ser montado no quadro (já defletido devido ao peso próprio) e então alinhado utilizando o dispositivo com feixe de laser, qualquer deflexão do quadro devida ao autoalinhamento pode ser "removida por calibração". Assim, as deflexões do quadro devidas ao peso próprio não necessitam aqui ser consideradas.

Combinando estas observações com o layout proposto dos componentes, conforme esboçado na Figura E20.1A, uma primeira proposta de um quadro de tipo estrutura em O, construído de vigas e colunas de seção retangular vazada,[5] parece apropriado. Essa configuração é esboçada na Figura E20.1B. Conforme discutido anteriormente nesta seção, e considerando os requisitos operacionais para a estrutura em O proposta na Figura E.20.1B, o modo mais provável de falha parece ser o *deslocamento elástico induzido por força*.[6] Menos provável, mas merecedor de verificação, seria o *escoamento*.

Uma vez que a *rigidez* é tão importante, e grandes vigas e colunas de seção transversal vazada serão unidas para construir-se a estrutura em O, propõem-se como escolha inicial de material o aço trabalhado 1020.[7] Ductilidade, custo, resistência, soldabilidade e disponibilidade, em conjunto com rigidez, são atributos favoráveis que suportam a escolha do aço de baixo carbono.

Aceitando a configuração proposta mostrada na Figura E20.1B, o próximo passo é estimar os tamanhos da seção transversal das vigas necessários para manter as tolerâncias especificadas das placas laminadas. O procedimento consiste em determinar os valores mínimos de I (momento de inércia de área da seção vazada da viga) baseado no peso do pacote do escâner e mudanças associadas na deflexão no centro da viga à medida que os escâneres de 50 libras-força movem-se para a trás e para a frente ao longo de cada viga de suporte.

Considerando a viga *superior* de suporte do escâner, mostrada na Figura 20.1B, a deflexão no centro da viga, quando o escâner de 50 libras-força está no centro da viga, pode ser calculada de

$$y_{centro} = \left(\frac{1}{K_{extremidades}}\right)\frac{PL^3}{EI}$$

em que P é a carga concentrada no centro da viga de 50 lbf, L = comprimento da viga de 240 polegadas, E = módulo de elasticidade de 30×10^6 psi, I = momento de inércia de área, in^4 e $K_{extremidades}$ é uma constante de condição de extremidade. Nesta estrutura redundante, os suportes das extremidades para a viga não são nem apoios nem engastes. Para esta primeira aproximação, *supõe-se* que as restrições de extremidade sejam intermediárias entre *engaste* e *apoio*. Utilizando-se as equações de deflexão da Tabela 4.1, casos 1 e 8, o valor de $K_{extremidades}$ que se situa entre extremidades engastadas e apoiadas é

$$K_{extremidades} = \frac{192 - 48}{2} = 72$$

de modo que (1) se torna

$$y_{centro} = \left(\frac{1}{72}\right)\left(\frac{50(240)^3}{(30 \times 10^6)I}\right)$$

Como a espessura de placa admissível t = 0,010 polegada precisa ser mantida dentro de $\pm$0,0005 polegada e a precisão do pacote do sensor é de $\pm$0,0005 polegada, a deflexão *máxima admissível* no centro da viga é

$$(y_{centro})_{máx} = 0{,}0010 - 0{,}0005 = 0{,}0005 \text{ polegada}$$

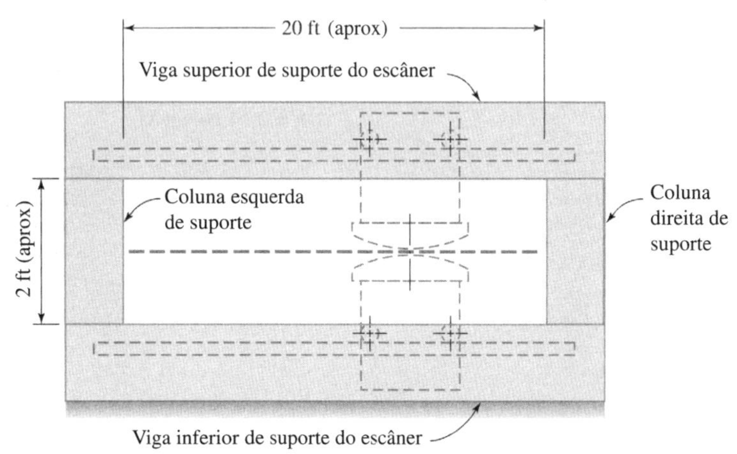

Figura E20.1B Configuração proposta para o quadro do tipo estrutura em O construído de vigas e colunas de seção retangular vazada.

[5] Veja orientações para a criação da forma de 6.2.
[6] Veja 2.3.
[7] Veja Capítulo 3.

Exemplo 20.1 Continuação

Utilizando esta deflexão máxima admissível em y_{centro} e resolvendo para o valor mínimo necessário para o momento de inércia de área,

$$(I_{necess})_{mín} = \frac{(50)(240)^3}{72(30 \times 10^6)(0{,}0005)} = 640 \text{ in}^4$$

Propondo arbitrariamente a seção transversal retangular vazada para a viga, conforme esboçado na Figura E20.1C, com uma razão de aspecto de 2 (a profundidade d_e é o dobro da largura b_e) e definindo arbitrariamente a espessura da parede t como igual a 5 por cento da largura b_e,[8] o momento de inércia de área pode ser expresso como[9]

$$I_{retang} = \frac{b_e d_e^3}{12} - \frac{b_i d_i^3}{12}$$

De acordo com hipótese inicial,

$$t = 0{,}05b_e$$

$$d_e = 2b_e$$

então, baseado nos detalhes geométricos mostrados na Figura E20.1C, pode-se determinar que

$$b_i = 0{,}90b_e$$

e

$$d_i = 0{,}95d_e$$

O momento de inércia de área da viga retangular *mínimo* necessário, baseado nestas suposições iniciais que acabaram de ser discutidas, pode ser calculado como

$$I_{retang} = \frac{b_e d_e^3}{12} - \frac{b_i d_i^3}{12} = \frac{1}{12}[b_e d_e^3 - (0{,}90b_e)(0{,}95d_e)^3]$$

$$= \left(\frac{1 - 0{,}77}{12}\right) b_e d_e^3 = 0{,}019 b_e d_e^3$$

Iniciando-se o processo iterativo para determinar as dimensões da seção transversal da viga retangular com uma seleção provisória de $b_e = 8$ polegadas, obtém-se,

$$I_{retang} = (0{,}019)(8)[2(8)]^3 = 623 \text{ in}^4$$

Comparando-se isto com o mínimo requerido para verificar a adequação das dimensões da viga retangular proposta, a questão que deve ser colocada é

$$I_{retang} \overset{?}{>} (I_{nec})_{mín}$$

Ou, é

$$623 \overset{?}{>} 640$$

A resposta é *não*, mas I_{retang} está muito próximo de ser grande o suficiente. Para satisfazer isto, propõe-se aumentar ligeiramente a espessura t. A espessura inicial da primeira iteração é então

$$t_1 = 0{,}05(8) = 0{,}40 \text{ polegada}$$

Para a segunda iteração, propõe-se aumentar a espessura para o valor nominal de $^7\!/_{16}$ polegada, ou

$$t_2 = 0{,}44 \text{ polegada}$$

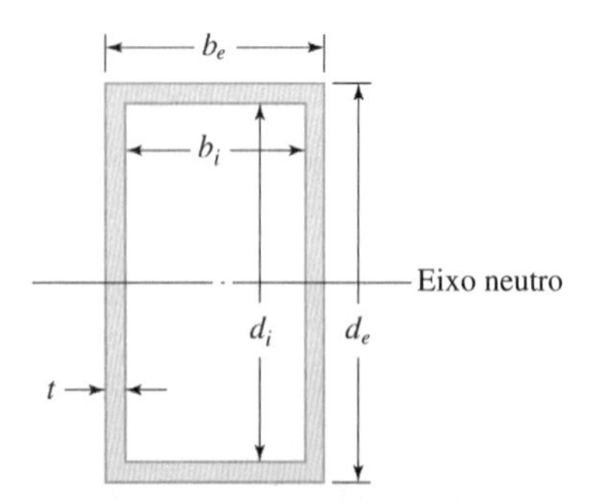

Figura E20.1C
Configuração da seção transversal nominal da viga superior de suporte do escâner.

[8] A qualidade destes valores iniciais assumidos usualmente melhora com a experiência do projetista, mas virtualmente todos os conjuntos de dimensões da seção transversal assumidos irão, por meio de um processo iterativo, convergir para valores numéricos finais similares.

[9] Veja Tabela 4.2 e Exemplo 4.2.

Assim, a proposta de dimensões da viga retangular para a segunda iteração é

$$b_e = 8{,}0 \text{ polegadas}$$

$$d_e = 16{,}0 \text{ polegadas}$$

$$t_2 = 0{,}44 \text{ polegada}$$

Disto, tem-se

$$b_i = 8{,}0 - 2(0{,}44) = 7{,}12 \text{ polegadas}$$

$$d_i = 16{,}0 - 2(0{,}44) = 15{,}12 \text{ polegadas}$$

Substituindo-se, tem-se

$$I_{retang} = \frac{(8)(16)^3}{12} - \frac{(7{,}12)(15{,}12)^3}{12} = 680 \text{ in}^4$$

Para este conjunto de dimensões da viga de seção transversal retangular, a questão colocada é

$$I_{retang} = 680 \overset{?}{>} (I_{nec})_{mín} = 640$$

A resposta a esta questão é *sim*, de modo que as dimensões propostas para a seção transversal da viga superior são de

$$b_e = 8{,}0 \text{ polegadas}$$

$$d_e = 16{,}0 \text{ polegadas}$$

$$t = 0{,}44 \text{ polegada}$$

Uma vez que a viga inferior não é mais crítica do que a viga superior, sugere-se que as suas dimensões sejam as mesmas. Por uma questão de uniformidade, sugere-se também que as colunas curtas tenham as mesmas dimensões da seção transversal, mas devem ser verificadas em relação ao possível *escoamento*, assim como devem ser verificadas as vigas superiores e inferiores.

Para verificar as colunas em relação ao escoamento, a tensão compressiva pode ser calculada considerando o peso da viga superior,[10] o peso do pacote do sensor e a área transversal da coluna. O peso da viga superior pode ser aproximado por

$$W_{viga} = WA_{efetiva}L = (0{,}283)[2(8 + 16)(0{,}44)](20 \times 12) = 1435 \text{ lbf}$$

de modo que a tensão compressiva nominal, σ_c, nas paredes da coluna seja igual a[11]

$$\sigma_c = \frac{1}{A_{efetiva}}\left[\frac{W_{viga}}{2} + W_{sensor}\right] = \frac{1}{21{,}1}\left[\frac{1435}{2} + 50\right] = 36 \text{ psi}$$

As tensões compressivas nas paredes da coluna são, portanto, desprezivelmente pequenas.

Verificando, em seguida, sobre a possibilidade de escoamento no centro da viga superior e supondo que a viga superior esteja simplesmente apoiada (a possibilidade mais vulnerável), a Tabela 4.4, caso 3, fornece o momento máximo a meia distância da viga como

$$M_{máx} = \frac{wL^2}{8} = \frac{[0{,}283(8 + 16)(2)(0{,}44)](240)^3}{8} = 43.060 \text{ lbf·in}$$

Utilizando-se (4-5), com os valores numéricos anteriores,

$$(\sigma_f)_{máx} = \frac{M_{máx}c}{I} = \frac{43.060\left(\frac{16}{2}\right)}{680} = 505 \text{ psi}$$

Esta tensão de flexão também é desprezivelmente pequena quando comparada ao limite de escoamento do aço 1020 (veja Tabela 3.3).

Portanto, o modo de falha predominante é o deslocamento elástico induzido por força da viga (deflexão a meia distância da viga).

Para resumir, recomenda-se para esta aplicação um quadro do tipo estrutura em O, conforme esboçado na Figura E20.1B. Propõe-se que cada um dos quatro elementos do quadro tenha uma seção transversal retangular vazada com uma largura externa de 8,0 polegadas, profundidade externa de 16,0 polegadas e uma espessura de parede de $^7\!/_{16}$ polegada.

Antes de prosseguir, esta proposta deve ser revista segundo os aspectos de estética, ergonometria e custo, assim como funcionalidade, confiabilidade, facilidade de inspeção, segurança e fatores ambientais.

---

[10] Utilizando o aço 1020.

[11] Supondo que o peso da unidade de escaneamento esteja diretamente adicionado à carga da coluna quando o escâner está posicionado na aresta adjacente da placa sendo produzida.

Exemplo 20.1 Continuação

Finalmente, uma vez que o projeto é tão sensível à deflexão a meia distância da viga, um projetista astuto deve pensar na possibilidade de verificar o deslocamento elástico induzido pela temperatura como um modo de falha provável adicional nesta aplicação. Logicamente, se a placa, que passa cerca de um pé da superfície interna da viga superior, estiver acima da temperatura ambiente, uma deflexão a meia distância da viga adicional induzida por deflexão elástica pode tornar o quadro proposto inaceitável.

20.2 Itens de Segurança; Proteções, Dispositivos e Avisos

Uma boa regra geral para os projetistas é que *qualquer máquina, componente de máquina, função de máquina ou processo de máquina que possa causar dano precisa conter dispositivos de salvaguarda.* Os bons métodos de salvaguarda[12] devem prevenir totalmente o contato do operador com partes móveis perigosas, dificultar a remoção ou a alteração da salvaguarda, proteger contra objetos em queda, não criar novos perigos, não criar interferências e permitir uma lubrificação segura. Uma vez que cada projeto (ou modificação de projeto) é único, o projetista precisa dar atenção total aos aspectos de segurança do produto.

A segurança, muitas vezes definida como "eliminação do perigo, do estrago ou do dano", na realidade é um atributo *relativo* que pode mudar com o tempo, podendo ser julgado de forma diferente em circunstâncias diferentes.[13] Além disso, duas atividades distintas são necessárias para determinar-se o quanto é "seguro" um produto: (1) *estimar* ou *medir* o risco e (2) *julgar a aceitabilidade* do risco estimado. A estimativa ou a medida do risco pode ser expressa quantitativamente como um atributo probabilístico objetivo, baseado em dados do produto sob consideração. Julgar a aceitabilidade do risco estimado é uma questão muito mais subjetiva do julgamento de valores sociais ou pessoais.[14]

Uma obrigação primária para um projetista (e fabricante) é de fazer o produto "seguro", isto é, reduzir os riscos associados ao produto a um nível aceitável. Colocado em outras palavras, a obrigação do projetista neste contexto é de eliminar o perigo em se usar o produto. O *perigo* pode ser definido como uma combinação despropositada ou inaceitável de perigo com risco. A *suscetibilidade ao perigo* é definida como uma condição ou uma variação de um conjunto de circunstâncias que apresenta um *potencial de dano.* O *risco* é a probabilidade e a gravidade de uma consequência adversa. De acordo com esta base, um projetista deverá proceder respeitando os seguintes passos:[15]

1. O quanto for possível, elimine todas as suscetibilidades ao perigo do produto.
2. Se não for possível eliminar todas as suscetibilidades ao perigo, providencie proteções ou dispositivos para eliminar o perigo.
3. Se não for possível providenciar proteção apropriada e completa com a utilização de proteções e dispositivos de salvaguarda, providencie instruções apropriadas e coloque "avisos claros".

Um breve resumo dos tipos de *proteções* comuns é dado na Tabela 20.1. Tipos de *dispositivos de salvaguarda* são descritos na Tabela 20.2. Têm sido desenvolvidas normas[16] para símbolos de prevenção de acidentes e sinais de aviso, de modo a estabelecer sugestões para termos eficazes, cores e posicionamento.

20.3 Revisões do Projeto; Liberando o Projeto Final

Reduzir o *tempo de colocação no mercado* e completar um projeto de produtos *dentro do orçamento* são objetivos muito importantes para o sucesso do projeto. Utilizando-se equipes de projeto de produto interdisciplinar[17] e estratégias da engenharia simultânea,[18] aumenta-se em muito a probabilidade de esses objetivos serem atingidos. Além disso, é prudente estabelecerem-se *revisões de projeto* periódicas para acompanhar o progresso, monitorar as atividades de projeto e desenvolvimento, garantir que todos os requisitos e especificações sejam satisfeitos e fornecer um *feedback* de informação a todos os envolvidos. Normalmente, pelo menos três revisões de projeto são necessárias para satisfazer os objetivos de projeto: uma no estágio *preliminar de projeto*, uma durante o estágio *intermediário de projeto* e uma antes de liberar o *projeto final* para a produção.[19] Produtos mais sofisticados podem necessitar de várias revisões de projeto adicionais durante o processo de projeto.

---

[12] Veja, por exemplo, ref. 1 ou ref. 2.
[13] Por exemplo, uma ferramenta pode ser considerada "segura" nas mãos de um adulto mas "perigosa" nas mãos de uma criança.
[14] Veja, também, 2.12.
[15] Veja, também, 1.3.
[16] Veja, por exemplo, refs. 3-7.
[17] Veja 1.1.
[18] Veja 7.1.
[19] Veja 1.6.

TABELA 20.1 Tipos de Proteções[1]

Método	Ação de Proteção	Vantagens	Limitações
Fixo	Fornece uma barreira	Pode ser construída para se adequar a muitas aplicações específicas. Frequentemente é possível a construção no próprio local. Pode fornecer proteção máxima. Usualmente requer manutenção mínima. Pode ser adequada para alta produção, operações repetitivas.	Pode interferir com a visibilidade. Pode ser limitada a operações específicas. O ajuste e o reparo da máquina frequentemente requer a sua remoção, necessitando, portanto, de outros meios de proteção para o pessoal da manutenção.
Intertravamento	Desliga-se ou corta a força e previne que a máquina seja ligada quando a proteção está aberta; deve requerer que a máquina seja parada antes que o operador possa alcançar uma área de perigo.	Pode fornecer proteção máxima. Permite o acesso à máquina para remover peças emperradas sem a perda de tempo associada à remoção de proteções fixas.	Requer ajustes cuidadosos e manutenção. Pode ser fácil de soltar.
Ajustável	Fornece uma barreira que pode ser ajustada para facilitar uma variedade de operações de produção.	Pode ser construída para se adequar a muitas aplicações específicas. Pode ser ajustada para admitir tamanhos variáveis da matéria-prima.	As mãos podem entrar em área perigosa – a proteção pode não ser completa o tempo todo. Pode requerer manutenção e/ou ajustes periódicos. O operador pode tornar a proteção ineficaz. Pode interferir com a visibilidade.
Autoajustável	Fornece uma barreira que se move de acordo com o tamanho da matéria-prima entrando na área de perigo.	Proteções padrão frequentemente são comercialmente disponíveis.	Nem sempre fornece proteção máxima. Pode interferir com a visibilidade. Pode requerer manutenção e ajustes frequentes.

[1] Reimpresso da ref. 2 com a permissão de John Wiley & Sons, Inc.

A revisão de projeto preliminar (revisão conceitual) é provavelmente a mais importante porque usualmente tem um grande impacto na configuração do projeto. As revisões de projeto intermediárias e a revisão de projeto final (antes de ser liberado para a produção) têm usualmente menor impacto.

Uma revisão de projeto normalmente é conduzida por um conselho de revisão de projeto *ad-hoc* composto por engenheiros de materiais, engenheiros de projeto mecânico, engenheiros de confiabilidade, engenheiros elétricos, engenheiros de segurança, um representante da gerência, um representante do marketing, um consultor da área de seguros, um advogado especialista em "responsabilidades civis do produtor" e "especialistas externos", caso seja necessário. Normalmente os membros do conselho de revisão de projeto não devem ser escolhidos entre aqueles envolvidos no dia a dia do projeto e do desenvolvimento do produto sob revisão.

A liberação do projeto final em tempo e dentro do orçamento é frequentemente crucial para a boa reputação do fabricante e é normalmente demandada pelo mercado. Portanto, é importante para um projetista permanecer focado em atender efetivamente às especificações sem incorporar características "bonitas mas desnecessárias" ao produto.[20]

Não importando o quão vasta seja a escuridão,
nós devemos suprir a nossa própria luz.
(*However vast the darkness, we must supply our own light.*)

– Stanley Kubrick

[20] As características desnecessárias, não importando o quanto sejam desejáveis, virtualmente sempre aumentam a complexidade, o custo e o tempo de colocação no mercado. Projetistas inexperientes frequentemente são vítimas desta armadilha.

TABELA 20.2 Tipos de Dispositivos[1]

Método	Ação de Proteção	Vantagens	Limitações
Fotoelétrico	A máquina não iniciará o ciclo enquanto o campo de luz estiver interrompido. Quando o campo de luz é interrompido por qualquer parte do corpo do operador durante o processo do ciclo, a frenagem da máquina é imediatamente ativada.	Pode permitir um movimento mais livre para o operador.	Não protege contra falha mecânica. Pode requerer alinhamento e calibração frequentes. Vibração excessiva pode causar dano ao filamento da lâmpada e queima prematura. Limitada a máquinas que possam ser paradas.
Frequência de rádio (capacitância)	O ciclo da máquina não iniciará enquanto o campo de capacitância estiver interrompido. Quando o campo de capacitância é perturbado por qualquer parte do corpo do operador durante o ciclo do processo, a frenagem da máquina é imediatamente ativada.	Pode permitir um movimento mais livre para o operador.	Não protege contra falha mecânica. Sensibilidade da antena deve ser adequadamente ajustada. Limitada a máquinas que possam ser paradas.
Eletromecânico	Uma barra ou uma sonda de contato percorre uma determinada distância entre o operador e a área de perigo. A interrupção deste movimento previne o início do ciclo da máquina.	Pode permitir acesso ao ponto de operação.	A barra ou a sonda de contato devem ser adequadamente ajustadas para cada aplicação; este ajuste deve ser apropriadamente mantido.
Puxar para trás	Quando a máquina inicia o ciclo, as mãos do operador são puxadas para fora da área de perigo.	Elimina a necessidade de barreiras auxiliares ou outras interferências na área de perigo.	Limita o movimento do operador. Pode obstruir o espaço de trabalho em volta do operador. Ajustes devem ser feitos para operações específicas e para cada indivíduo.
Restrição (retém)	Evita que o operador alcance a área de perigo.	Baixo risco de falha mecânica.	Limita o movimento do operador. Pode obstruir o espaço de trabalho. Ajustes devem ser feitos para operações específicas e para cada indivíduo. Requer uma supervisão próxima da utilização do equipamento pelo operador.
Controles com gatilhos de segurança	Para a máquina quando o gatilho é acionado.	Simplicidade de uso.	Todos os controles precisam ser ativados manualmente.

TABELA 20.2 (*Continuação*)

Método	Ação de Proteção	Vantagens	Limitações
Barra corporal sensível à pressão			Pode ser difícil ativar os controles devido à sua localização.
Tripé de segurança			Protege somente o operador.
Gatilho de segurança atuado por cabos			Pode necessitar de suportes de fixação especiais para manter o trabalho. Pode necessitar de um freio na máquina.
Controle bimanual	É necessária a utilização simultânea de ambas as mãos, evitando que o operador entre na área de perigo.	As mãos do operador estão em um local predeterminado. As mãos do operador estão livres para pegar uma nova peça após a primeira metade do ciclo ter sido completada.	Requer uma máquina de ciclo parcial com freio. Alguns dos controles de duas mãos podem se tornar inseguros ao serem segurados com o braço ou bloqueando-os, permitindo, portanto, a operação com uma só mão. Protege somente o operador.
Gatilho bimanual	A utilização simultânea de ambas as mãos em controles distintos evita que as mãos estejam na área de perigo quando o ciclo da máquina se inicia.	As mãos do operador estão longe da área de perigo. Pode ser adaptado para operações múltiplas. Sem obstrução à alimentação manual. Não requerem ajustes para cada operação.	O operador pode tentar alcançar a área de perigo após o gatilho ter sido acionado. Alguns gatilhos podem se tornar inseguros ao serem segurados com o braço ou bloqueados, permitindo, portanto, a operação com uma só mão. Protege somente o operador. Pode requerer suportes de fixação especiais.
Porta	Fornece uma barreira entre a área de perigo e o operador ou outras pessoas.	Pode evitar entrar ou andar na área de perigo.	Pode requerer inspeção frequente e manutenção regular. Pode interferir na capacidade de o operador ver o trabalho.
Alimentação automática	A matéria-prima é alimentada por meio de maços, indexados pelo mecanismo da máquina etc.	Elimina a necessidade do envolvimento do operador na área de perigo.	Outras proteções também são necessárias para a proteção do operador – usualmente proteções de barreira fixa. Requer manutenção frequente. Pode não ser adaptável à variação da matéria-prima.
Alimentação semiautomática	A matéria-prima é alimentada por rampas, punções móveis, bandejas rotativas, êmbolos ou bandejas deslizantes.	(Igual à alimentação automática – ver acima)	(Igual à alimentação automática – ver acima)

(Continua)

TABELA 20.2 (*Continuação*)

Método	Ação de Proteção	Vantagens	Limitações
Ejeção automática	As peças de trabalho são ejetadas por meios pneumáticos ou mecânicos.	(Igual à alimentação automática – ver acima)	Pode criar uma fonte de perigo referente a aparas ou detritos expelidos. O tamanho da matéria-prima limita a utilização deste método. A ejeção a ar pode apresentar a fonte de perigo associada ao ruído.
Ejeção semiautomática	As peças de trabalho são ejetadas por meios mecânicos, os quais são iniciados pelo operador.	O operador não tem de entrar na área de perigo para remover o trabalho finalizado.	Outras proteções são necessárias para a proteção do operador. Pode não ser adaptável à variação da matéria-prima.
Robôs	Desenvolvem o trabalho normalmente realizado pelo operador.	O operador não tem que entrar na área de perigo. São apropriados para operações nas quais estão presentes fatores elevados de fadiga, tais como calor e ruído.	Os próprios podem criar fontes de suscetibilidade ao perigo. Requerem manutenção máxima. Somente são apropriados para operações específicas.

[1] Reimpresso da ref. 2 com a permissão de John Wiley & Sons, Inc.

Problemas

20-1. Conexões estriadas são amplamente utilizadas na indústria, mas pouca pesquisa tem sido feita para fornecer ao projetista ou ferramentas analíticas ou dados experimentais adequados para a estimativa da resistência ou da flexibilidade de estrias. Estão em questão tópicos como a resistência dos dentes das estrias, resistência do eixo, efeito do entalhe e os efeitos da geometria das estrias, assim como efeitos da flexibilidade das estrias na constante de mola torcional de um sistema contendo uma ou mais conexões com estrias.

Deseja-se construir um dispositivo de teste de junções estriadas que seja suficientemente versátil, de modo a facilitar o teste de resistência e de vida de diversas conexões estriadas, assim como desenvolver testes de flexibilidade torcional destas junções. O dispositivo de teste deve acomodar conexões estriadas em linha, permitir eixos paralelos deslocados lateralmente conectados por juntas universais duplas e conexões de eixos em ângulo. Devem poder ser acomodados eixos paralelos deslocados lateralmente em até 250 mm, e deslocamentos angulares de até 45° em relação à linha de centro do eixo podem ser necessários. Pode ser preciso testar no dispositivo componentes com estrias de até 75 mm de diâmetro e amostras de eixos, incluindo conexões estriadas, e com até 1 m de comprimento. Velocidades de rotação de até 3600 rpm podem ser necessárias.

A configuração básica, esboçada na Figura P20.1, consiste na utilização de um motor de velocidade variável para fornecer potência ao eixo de entrada do dispositivo de teste e um dinamômetro (dispositivo para medir a potência mecânica) utilizado para dissipar a potência do eixo de saída da configuração de teste.

a. Selecione um tipo apropriado de quadro ou estrutura de suporte para integrar o motor, o dispositivo de teste e o dinamômetro em um equipamento de laboratório para investigar o comportamento de conexões estriadas, conforme já foi discutido.
b. Esboce o quadro.
c. Identifique as questões potenciais de segurança que devem, na sua opinião, ser abordadas antes de se colocar este equipamento de teste em uso.

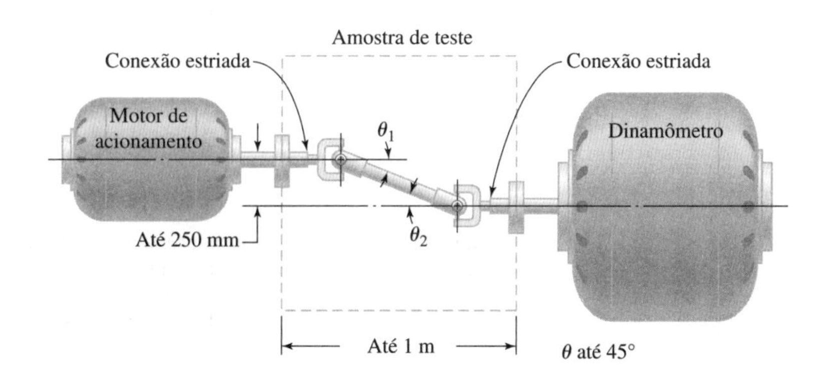

Figura P20.1
Vista plana da configuração de teste proposta para investigar conexões estriadas.

20-2. Você recebeu a tarefa de projetar uma prensa hidráulica especial para remover e colocar rolamentos em motores elétricos de tamanho que vai de pequeno a médio. Você irá utilizar um atuador hidráulico comercialmente disponível de 1 ½ (3000 lbf) de capacidade, montado verticalmente, como esboçado da Figura P20.2. Conforme mostrado, o corpo do atuador incorpora um cubo de 2 polegadas de diâmetro. Uma base para suportar os invólucros dos rolamentos dos motores será incorporada, conforme esboçado. É necessário um espaço livre vertical mínimo de 3 polegadas, conforme indicado, e um espaço livre horizontal mínimo de 5 polegadas entre a linha de centro vertical da prensa hidráulica e o elemento estrutural mais próximo. Na Figura P20.2, também está indicada a posição que o operador deverá ocupar.

a. Selecione um tipo apropriado de quadro ou estrutura de suporte para integrar o atuador hidráulico e a base de suporte em uma montagem compacta autônoma, fornecendo as razões da sua seleção.
b. Esboce o quadro, conforme você o imagina.
c. Projete o quadro que você esboçou em (b) de modo que ele possa operar durante 20 anos em ambiente industrial, sem falha. Estima-se que a prensa irá operar, na média, uma vez a cada minuto, durante 8 horas por dia, 250 dias por ano.

20-3. O corte de lenha é popular em muitas partes do mundo, entre as pessoas que gostam de "faça você mesmo", mas rachar as toras à mão é uma tarefa menos popular. Você recebeu a tarefa de projetar uma máquina para rachar lenha, compacta, "portátil" e de preço moderado para o uso doméstico. O dispositivo deve ser capaz de trabalhar com toras de até 400 mm de diâmetro e 600 mm de comprimento, rachando-as em peças de tamanho adequado para lareiras. Uma *cord of wood* (pilha de madeira de 1,2 m × 1,2 m × 4.4 m) não deve demorar mais do que uma hora para ser formada. A gerência decidiu que uma ferramenta cuneiforme *acionada por um parafuso* de potência deve ser investigada como a primeira escolha. O conceito está esboçado de forma simplificada na Figura P20.3. A segurança, assim como a compacidade e a portabilidade devem ser consideradas.

a. Selecione um tipo apropriado de quadro ou estrutura de suporte para integrar a ferramenta cuneiforme acionada por um parafuso de potência e a unidade de suporte ajustável da tora em uma montagem compacta autônoma, fornecendo as razões da sua seleção.
b. Esboce o quadro, conforme você o imagina.
c. Do esboço identifique cada submontagem coerente e dê a cada submontagem um nome descritivo.
d. Faça um esboço de cada submontagem coerente e, tratando cada submontagem como um *corpo livre*, indique qualitativamente todas as forças significativas em cada submontagem.
e. Projete a submontagem do parafuso de potência. Estimativas preliminares indicam que com uma ferramenta cuneiforme na forma apropriada não é necessário que o percurso da ferramenta exceda a metade do comprimento da tora e que a "força para rachar" que o parafuso de potência deve fazer não precisa exceder 38 kN na direção axial do parafuso.
f. Projete a unidade ajustável de suporte da tora.
g. Projete todas as outras submontagens que você descreveu em (c).
h. Projete o quadro que você esboçou em (b).
i. Discuta todas as questões de segurança que você imagina importantes.

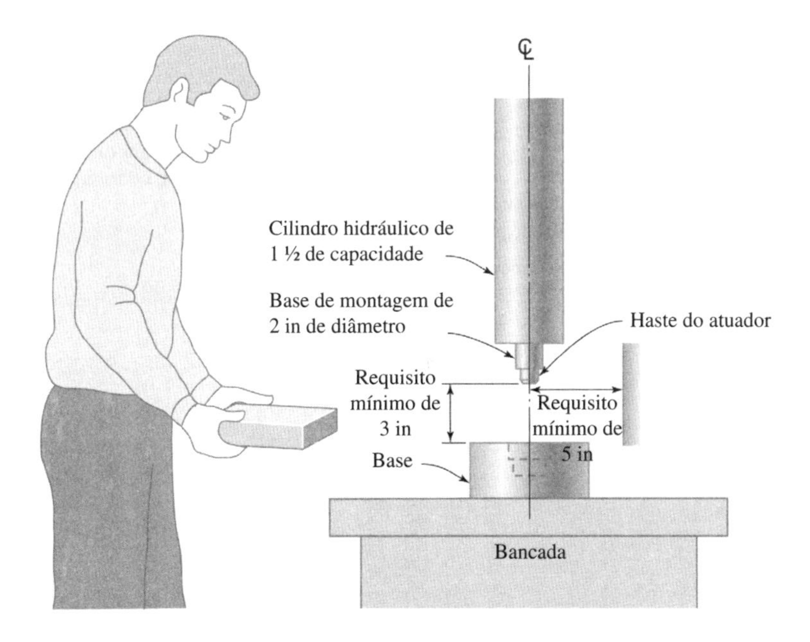

Figura P20.2
Arranjo esquemático da prensa hidráulica proposta.

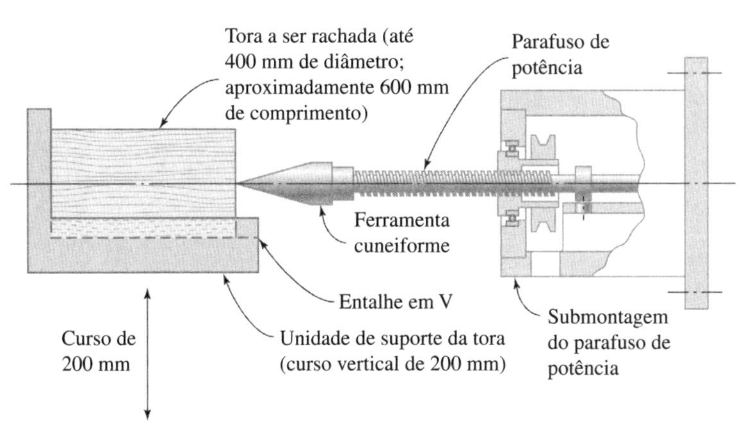

Figura P20.3
Máquina doméstica de rachar lenha.

20-4. O eixo de entrada de um equipamento rotativo para triturar carvão será acionado por um redutor com engrenagens por um acoplamento elástico de eixos, conforme mostrado na Figura P20.4. O eixo de saída do redutor de engrenagens vai ser suportado por dois mancais montados, separados por uma distância de 10 polegadas entre *A* e *C*, conforme mostrado. Um engrenamento de 1:3 com dentes retos é proposto para acionar o eixo de saída do redutor de engrenagens. Uma engrenagem de dentes retos é montada sobre o eixo de saída no ponto médio entre os mancais, conforme mostrado, e deve ter um diâmetro do círculo primitivo de 9 polegadas. O diâmetro do círculo primitivo pinhão motriz deve ser de 3 polegadas. O equipamento rotativo para triturar carvão operará a 600 rpm e necessitará de 100 hp continuamente no seu eixo de entrada.

Um motor elétrico de 1800 rpm deve fornecer a potência para o eixo de entrada do pinhão. Concentrando a atenção no *redutor de velocidade de engrenagens de dentes retos* esboçado na Figura P20.4, faça o seguinte:

a. Selecione um tipo apropriado de quadro ou estrutura de suporte para integrar as engrenagens, os eixos e os mancais em uma submontagem compacta autônoma, fornecendo as razões da sua seleção.
b. Esboce o quadro, conforme você o imagina.
c. Projete ou selecione o conjunto de engrenagens retas.
d. Projete o eixo de saída do redutor de engrenagens.
e. Projete o eixo de entrada do pinhão.
f. Selecione os mancais apropriados para o eixo de saída do redutor com engrenagens.
g. Selecione os mancais apropriados para o eixo de entrada do pinhão.
h. Especifique a lubrificação apropriada para as engrenagens e os mancais.
i. Projete o quadro que você esboçou em (b).

20-5. a. No contexto do projeto mecânico, defina os termos *segurança, perigo, suscetibilidade ao perigo e risco.*
b. Liste as ações que um projetista deve tomar para fornecer as *salvaguardas* apropriadas antes de liberar uma máquina para os clientes no mercado.
c. Faça uma lista dos *dispositivos de salvaguarda* que foram sido desenvolvidos para ajudar a reduzir a níveis aceitáveis os riscos associados com os produtos trabalhados pela engenharia.

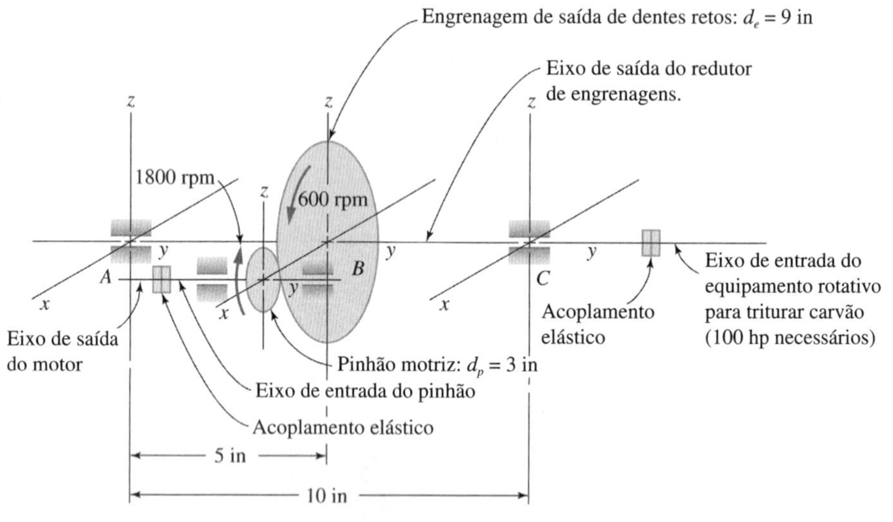

Figura P20.4
Montagem esquemática dos componentes para a submontagem proposta de um equipamento rotativo para triturar carvão.

Código de Ética para os Engenheiros

Prólogo

A Engenharia é uma profissão importante e versátil. Como membros desta profissão, espera-se que os engenheiros apresentem os mais altos níveis de honestidade e integridade. A engenharia tem um impacto direto e vital na qualidade de vida de todas as pessoas. Consequentemente, os serviços prestados por engenheiros exigem honestidade, imparcialidade, integridade e equidade e devem ser dedicados à proteção da saúde pública, da segurança e do bem-estar. Engenheiros devem se portar sob um padrão de comportamento profissional que exige a adesão aos mais altos princípios de conduta ética.

I. Resolução Nº 1.002, de 26 de Novembro de 2002*

Adota o Código de Ética Profissional da Engenharia, da Arquitetura, da Agronomia, da Geologia, da Geografia e da Meteorologia e dá outras providências.

O **CONSELHO FEDERAL DE ENGENHARIA, ARQUITETURA E AGRONOMIA** – Confea, no uso das atribuições que lhe confere a alínea "f" do art. 27 da Lei nº 5.194, de 24 de dezembro de 1966, e

Considerando que o disposto nos arts. 27, alínea "n", 34, alínea "d", 45, 46, alínea "b", 71 e 72, obriga a todos os profissionais do Sistema Confea/Crea a observância e cumprimento do Código de Ética Profissional da Engenharia, da Arquitetura, da Agronomia, da Geologia, da Geografia e da Meteorologia;

Considerando as mudanças ocorridas nas condições históricas, econômicas, sociais, políticas e culturais da Sociedade Brasileira, que resultaram no amplo reordenamento da economia, das organizações empresariais nos diversos setores, do aparelho do Estado e da Sociedade Civil, condições essas que têm contribuído para pautar a "ética" como um dos temas centrais da vida brasileira nas últimas décadas;

Considerando que um "código de ética profissional" deve ser resultante de um pacto profissional, de um acordo crítico coletivo em torno das condições de convivência e relacionamento que se desenvolve entre as categorias integrantes de um mesmo sistema profissional, visando uma conduta profissional cidadã;

Considerando a reiterada demanda dos cidadãos-profissionais que integram o Sistema Confea/Crea, especialmente explicitada através dos Congressos Estaduais e Nacionais de Profissionais, relacionada à revisão do "Código de Ética Profissional do Engenheiro, do Arquiteto e do Engenheiro Agrônomo" adotado pela Resolução nº 205, de 30 de setembro de 1971;

Considerando a deliberação do IV Congresso Nacional de Profissionais – IV CNP sobre o tema "Ética Profissional", aprovada por unanimidade, propondo a revisão do Código de Ética Profissional vigente e indicando o Colégio de Entidades Nacionais – CDEN para elaboração do novo texto,

RESOLVE:

Art. 1º Adotar o Código de Ética Profissional da Engenharia, da Arquitetura, da Agronomia, da Geologia, da Geografia e da Meteorologia, anexo à presente Resolução, elaborado pelas Entidades de Classe Nacionais, através do CDEN – Colégio de Entidades Nacionais, na forma prevista na alínea "n" do art. 27 da Lei nº 5.194, de 1966.

Art. 2º O Código de Ética Profissional, adotado através desta Resolução, para os efeitos dos arts. 27, alínea "n", 34, alínea "d", 45, 46, alínea "b", 71 e 72, da Lei nº 5.194, de 1966, obriga a todos os profissionais da Engenharia, da Arquitetura, da Agronomia, da Geologia, da Geografia e da Meteorologia, em todas as suas modalidades e níveis de formação.

* Publicada no D.O.U de 12 de dezembro de 2002 – Seção 1, pág. 359/360.

Art. 3º O Confea, no prazo de cento e oitenta dias a contar da publicação desta, deve editar Resolução adotando novo "Manual de Procedimentos para a condução de processo de infração ao código de Ética Profissional".

Art. 4º Os Conselhos Federal e Regionais de Engenharia, Arquitetura e Agronomia, em conjunto, após a publicação desta Resolução, devem desenvolver campanha nacional visando a ampla divulgação deste Código de Ética Profissional, especialmente junto às entidades de classe, instituições de ensino e profissionais em geral.

Art. 5° O Código de Ética Profissional, adotado por esta Resolução, entra em vigor a partir de 1° de agosto de 2003.

Art. 6º Fica revogada a Resolução 205, de 30 de setembro de 1971 e demais disposições em contrário, a partir de 1º de agosto de 2003.

Brasília, 26 de novembro de 2002.
Eng. Wilson Lang
Presidente

II. Código de Ética Profissional da Engenharia, da Arquitetura, da Agronomia, da Geologia, da Geografia e da Meteorologia

1. Proclamação
2. Preâmbulo
3. Da Identidade das Profissões e dos Profissionais
4. Dos Princípios Éticos
5. Dos Deveres
6. Das Condutas Vedadas
7. Dos Direitos
8. Da Infração Ética

1. Proclamação

As Entidades Nacionais representativas dos profissionais da Engenharia, da Arquitetura, da Agronomia, da Geologia, da Geografia e da Meteorologia pactuam e proclamam o presente Código de Ética Profissional.

2. Preâmbulo

Art. 1º O Código de Ética Profissional enuncia os fundamentos éticos e as condutas necessárias à boa e honesta prática das profissões da Engenharia, da Arquitetura, da Agronomia, da Geologia, da Geografia e da Meteorologia e relaciona direitos e deveres correlatos de seus profissionais.

Art. 2º Os preceitos deste Código de Ética Profissional têm alcance sobre os profissionais em geral, quaisquer que sejam seus níveis de formação, modalidades ou especializações.

Art. 3º As modalidades e especializações profissionais poderão estabelecer, em consonância com este Código de Ética Profissional, preceitos próprios de conduta atinentes às suas peculiaridades e especificidades.

3. Da Identidade das Profissões e dos Profissionais

Art. 4º As profissões são caracterizadas por seus perfis próprios, pelo saber científico e tecnológico que incorporam, pelas expressões artísticas que utilizam e pelos resultados sociais, econômicos e ambientais do trabalho que realizam.

Art. 5º Os profissionais são os detentores do saber especializado de suas profissões e os sujeitos pró-ativos do desenvolvimento.

Art. 6º O objetivo das profissões e a ação dos profissionais voltam-se para o bem-estar e o desenvolvimento do homem, em seu ambiente e em suas diversas dimensões: como indivíduo, família, comunidade, sociedade, nação e humanidade; nas suas raízes históricas, nas gerações atual e futura.

Art. 7º As entidades, instituições e conselhos integrantes da organização profissional são igualmente permeados pelos preceitos éticos das profissões e participantes solidários em sua permanente construção, adoção, divulgação, preservação e aplicação.

4. Dos Princípios Éticos

Art. 8º A prática da profissão é fundada nos seguintes princípios éticos aos quais o profissional deve pautar sua conduta:

Do objetivo da profissão

I – A profissão é bem social da humanidade e o profissional é o agente capaz de exercê-la, tendo como objetivos maiores a preservação e o desenvolvimento harmônico do ser humano, de seu ambiente e de seus valores;

Da natureza da profissão

II – A profissão é bem cultural da humanidade construído permanentemente pelos conhecimentos técnicos e científicos e pela criação artística, manifestando-se pela prática tecnológica, colocado a serviço da melhoria da qualidade de vida do homem;

Da honradez da profissão

III – A profissão é alto título de honra e sua prática exige conduta honesta, digna e cidadã;

Da eficácia profissional

IV – A profissão realiza-se pelo cumprimento responsável e competente dos compromissos profissionais, munindo-se de técnicas adequadas, assegurando os resultados propostos e a qualidade satisfatória nos serviços e produtos e observando a segurança nos seus procedimentos;

Do relacionamento profissional

V – A profissão é praticada através do relacionamento honesto, justo e com espírito progressista dos profissionais para com os gestores, ordenadores, destinatários, beneficiários e colaboradores de seus serviços, com igualdade de tratamento entre os profissionais e com lealdade na competição;

Da intervenção profissional sobre o meio

VI – A profissão é exercida com base nos preceitos do desenvolvimento sustentável na intervenção sobre os ambientes natural e construído e da incolumidade das pessoas, de seus bens e de seus valores;

Da liberdade e segurança profissionais

VII – A profissão é de livre exercício aos qualificados, sendo a segurança de sua prática de interesse coletivo.

5. Dos Deveres

Art. 9º No exercício da profissão são deveres do profissional:

I – ante o ser humano e seus valores:
- a. oferecer seu saber para o bem da humanidade;
- b. harmonizar os interesses pessoais aos coletivos;
- c. contribuir para a preservação da incolumidade pública;
- d. divulgar os conhecimentos científicos, artísticos e tecnológicos inerentes à profissão;

II – ante a profissão:
- a. identificar-se e dedicar-se com zelo à profissão;
- b. conservar e desenvolver a cultura da profissão;
- c. preservar o bom conceito e o apreço social da profissão;
- d. desempenhar sua profissão ou função nos limites de suas atribuições e de sua capacidade pessoal de realização;
- e. empenhar-se junto aos organismos profissionais no sentido da consolidação da cidadania e da solidariedade profissional e da coibição das transgressões éticas;

III – nas relações com os clientes, empregadores e colaboradores:

a. dispensar tratamento justo a terceiros, observando o princípio da eqüidade;
b. resguardar o sigilo profissional quando do interesse de seu cliente ou empregador, salvo em havendo a obrigação legal da divulgação ou da informação;
c. fornecer informação certa, precisa e objetiva em publicidade e propaganda pessoal;
d. atuar com imparcialidade e impessoalidade em atos arbitrais e periciais;
e. considerar o direito de escolha do destinatário dos serviços, ofertando-lhe, sempre que possível, alternativas viáveis e adequadas às demandas em suas propostas;
f. alertar sobre os riscos e responsabilidades relativos às prescrições técnicas e às conseqüências presumíveis de sua inobservância;
g. adequar sua forma de expressão técnica às necessidades do cliente e às normas vigentes aplicáveis;

IV – nas relações com os demais profissionais:

a. atuar com lealdade no mercado de trabalho, observando o princípio da igualdade de condições;
b. manter-se informado sobre as normas que regulamentam o exercício da profissão;
c. preservar e defender os direitos profissionais;

V – ante o meio:

a. orientar o exercício das atividades profissionais pelos preceitos do desenvolvimento sustentável;
b. atender, quando da elaboração de projetos, execução de obras ou criação de novos produtos, aos princípios e recomendações de conservação de energia e de minimização dos impactos ambientais;
c. considerar em todos os planos, projetos e serviços as diretrizes e disposições concernentes à preservação e ao desenvolvimento dos patrimônios sócio-cultural e ambiental.

6. Das Condutas Vedadas

Art. 10 – No exercício da profissão são condutas vedadas ao profissional:

I – ante o ser humano e a seus valores:

a. descumprir voluntária e injustificadamente com os deveres do ofício;
b. usar de privilégio profissional ou faculdade decorrente de função de forma abusiva, para fins discriminatórios ou para auferir vantagens pessoais;
c. prestar de má-fé orientação, proposta, prescrição técnica ou qualquer ato profissional que possa resultar em dano às pessoas ou a seus bens patrimoniais;

II – ante a profissão:

a. aceitar trabalho, contrato, emprego, função ou tarefa para os quais não tenha efetiva qualificação;
b. utilizar indevida ou abusivamente do privilégio de exclusividade de direito profissional;
c. omitir ou ocultar fato de seu conhecimento que transgrida à ética profissional;

III – nas relações com os clientes, empregadores e colaboradores:

a. formular proposta de salários inferiores ao mínimo profissional legal;
b. apresentar proposta de honorários com valores vis ou extorsivos ou desrespeitando tabelas de honorários mínimos aplicáveis;
c. usar de artifícios ou expedientes enganosos para a obtenção de vantagens indevidas, ganhos marginais ou conquista de contratos;
d. usar de artifícios ou expedientes enganosos que impeçam o legítimo acesso dos colaboradores às devidas promoções ou ao desenvolvimento profissional;
e. descuidar com as medidas de segurança e saúde do trabalho sob sua coordenação;
f. suspender serviços contratados, de forma injustificada e sem prévia comunicação;
g. impor ritmo de trabalho excessivo ou exercer pressão psicológica ou assédio moral sobre os colaboradores;

IV – nas relações com os demais profissionais:

a. intervir em trabalho de outro profissional sem a devida autorização de seu titular, salvo no exercício do dever legal;
b. referir-se preconceituosamente a outro profissional ou profissão;
c. agir discriminatoriamente em detrimento de outro profissional ou profissão;
d. atentar contra a liberdade do exercício da profissão ou contra os direitos de outro profissional;

V – ante o meio:

a. prestar de má-fé orientação, proposta, prescrição técnica ou qualquer ato profissional que possa resultar em dano ao ambiente natural, à saúde humana ou ao patrimônio cultural.

7. Dos Direitos

Art.º 11 – São reconhecidos os direitos coletivos universais inerentes às profissões, suas modalidades e especializações, destacadamente:

a. à livre associação e organização em corporações profissionais;
b. ao gozo da exclusividade do exercício profissional;
c. ao reconhecimento legal;
d. à representação institucional.

Art.º 12 – São reconhecidos os direitos individuais universais inerentes aos profissionais, facultados para o pleno exercício de sua profissão, destacadamente:

a. à liberdade de escolha de especialização;
b. à liberdade de escolha de métodos, procedimentos e formas de expressão;
c. ao uso do título profissional;
d. à exclusividade do ato de ofício a que se dedicar;
e. à justa remuneração proporcional à sua capacidade e dedicação e aos graus de complexidade, risco, experiência e especialização requeridos por sua tarefa;
f. ao provimento de meios e condições de trabalho dignos, eficazes e seguros;
g. à recusa ou interrupção de trabalho, contrato, emprego, função ou tarefa quando julgar incompatível com sua titulação, capacidade ou dignidade pessoais;
h. à proteção do seu título, de seus contratos e de seu trabalho;
i. à proteção da propriedade intelectual sobre sua criação;
j. à competição honesta no mercado de trabalho;
k. à liberdade de associar-se a corporações profissionais;
l. à propriedade de seu acervo técnico profissional.

8. Da Infração Ética

Art. 13 – Constitui-se infração ética todo ato cometido pelo profissional que atente contra os princípios éticos, descumpra os deveres do ofício, pratique condutas expressamente vedadas ou lese direitos reconhecidos de outrem.

Art. 14 – A tipificação da infração ética para efeito de processo disciplinar será estabelecida, a partir das disposições deste Código de Ética Profissional, na forma que a lei determinar.

TABELA A.1 Coeficientes de Atrito[1]

Par de Materiais	Aplicação	Deslizamento Estático ou Rolagem	Condições da Superfície	Coeficiente de Atrito	
				Faixa Aproximada	Valor Típico[2]
Aço duro sobre aço duro	geral	estático	seco	0,15–0,78	0,45
“ “	“	deslizamento	“	0,10–0,42	0,25
“ “	“	estático	lubrificado	0,005–0,23	0,11
“ “	“	deslizamento	“	0,03–0,12	0,08
Aço de baixo carbono sobre aço de baixo carbono	geral	estático	seco	0,11–0,74	0,50
“ “	“	deslizamento	“	0,11–0,57	0,35
“ “	“	estático	lubrificado	0,09–0,19	0,11
“ “	“	deslizamento	“	0,01–0,09	0,08
Aço sobre bronze	geral	estático	seco	0,08–0,10	0,09
“ “	“	deslizamento	“	0,06–0,15	0,08
“ “	“	estático	lubrificado	0,0004–0,06	0,06
“ “	“	deslizamento	“	0,0004–0,03	0,03
Aço sobre ferro fundido	geral	estático	seco	0,15–0,29	0,20
“ “	“	deslizamento	“	0,09–0,39	0,12
“ “	“	estático	lubrificado	0,05–0,18	0,10
“ “	“	deslizamento	“	0,0035–0,13	0,06
Aço sobre alumínio	geral	estático	seco	0,61	0,61
“ “	“	deslizamento	“	0,47	0,47
Aço sobre latão	geral	estático	seco	0,51	0,51
“ “	“	deslizamento	“	0,44	0,44
Aço sobre carbeto de tungstênio	geral	estático	seco	0,50	0,50
“ “	“	deslizamento	“	0,08	0,08
Ferro fundido sobre ferro fundido	geral	estático	seco	0,16–1,10	0,60
“ “	“	deslizamento	“	0,12–0,25	0,18
“ “	“	estático	lubrificado	0,05–0,15	0,10
“ “	“	deslizamento	“	0,06–0,16	0,10
Ferro fundido sobre bronze	geral	deslizamento	seco	0,13–0,22	0,17
“ “	“	“	lubrificado	0,05–0,08	0,07
Ferro fundido sobre latão	geral	deslizamento	seco	0,30	0,30
Aço sobre aço	superfícies cônicas	estático	seco	0,22	0,22
“ “	“	“	ajustado por contração	0,13	0,13
Aço sobre ferro fundido	superfícies cônicas	estático	seco	0,16	0,16
“ “	“	“	ajustado por contração	0,33	0,33
Qualquer metal sobre outro metal	superfícies cônicas	estático	lubrificado	0,15	0,15
Aço duro sobre metal patente	mancais de deslizamento	estático	seco	0,42	0,42
“ “	“	deslizamento	“	0,08–0,25	0,17
“ “	“	estático	lubrificado	0,35	0,35
“ “	“	deslizamento	“	0,055–0,14	0,10
Aço-carbono sobre cádmio prata	mancais de deslizamento	deslizamento	lubrificado	0,097	0,10
Aço de baixo carbono sobre bronze fosforoso	mancais de deslizamento	deslizamento	seco	0,34	0,34
“ “	“	“	lubrificado	0,17	0,17
Aço sobre teflon	mancais de deslizamento	estático	seco	0,04–0,18	0,10
“ “	“	deslizamento	lubrificado	0,04	0,04
Materiais típicos de mancais de rolamento	mancal de esferas de mancal profundo	rolamento[3]		0,001–0,004	0,002
“ “	mancal de esferas de contato angular	rolamento[3]		0,002–0,003	0,002
“ “	mancais de esferas axiais	rolamento[3]		0,001–0,006	0,002
“ “	mancais de rolos	rolamento[3]		0,001–0,003	0,002
“ “	mancais de rolos cônicos	rolamento[3]		0,002–0,020	0,003
“ “	mancais com rolos agulha	rolamento[3]		0,003–0,010	0,003
Materiais típicos de engrenagens	engrenagens	rolamento[3]	lubrificação limítrofe	0,06–0,20	0,15
“ “	“	“	lubrificação mista	0,03–0,07	0,05

TABELA A.1 (*Continuação*)

Par de Materiais	Aplicação	Deslizamento Estático ou Rolagem	Condições da Superfície	Coeficiente de Atrito — Faixa Aproximada	Coeficiente de Atrito — Valor Típico[2]
" "	"	"	lubrificação de filme completo	0,01–0,04	0,03
Ferro fundido sobre ferro fundido	embreagens	deslizamento	seco	0,15–0,20	0,15
" "	"	"	úmida	0,05	0,05
Ferro fundido sobre bronze	embreagens	deslizamento	seco	0,13–0,22	0,15
" "	"	"	úmida	0,05	0,05
Aço duro sobre aço duro	embreagens	deslizamento	seco	0,10–0,42	0,15
" "	"	"	úmida	0,05	0,05
Tela trançada de asbesto sobre ferro fundido ou aço	embreagens	deslizamento	seco	0,3–0,6	0,30
" "	"	"	úmida	0,1–0,2	0,10
Carbono grafite sobre ferro fundido	embreagens	deslizamento	seco	0,25	0,25
" "	"	"	úmida	0,1–0,15	0,10
Ferro fundido sobre ferro fundido	freios	deslizamento	seco	0,20	0,20
" "	"	"	com óleo	0,07	0,07
Tecido de asbesto sobre metal	freios	deslizamento	seco	0,35–0,40	0,35
" "	"	"	com óleo	0,25	0,25
Fita de aço sobre ferro fundido	correias	deslizamento	seco	0,18	0,18
Couro curtido com produtos vegetais sobre ferro fundido ou aço	correias	deslizamento	seco	0,25	0,25
" "	"	"	úmida	0,20	0,20
" "	"	"	com graxa	0,15	0,15
Lona sobre ferro fundido ou aço	correias	deslizamento	seco	0,20	0,20
" "	"	"	úmida	0,15	0,15
" "	"	"	com graxa	0,12	0,12
Borracha sobre ferro fundido ou aço	correias	deslizamento	seco	0,30	0,30
" "	"	"	úmida	0,18	0,18

[1] As fontes utilizadas incluem as seguintes:

1. Baumeister, T., ed., *Mark's Mechanical Engineers Handbook*, 6th ed., McGraw-Hill, New York, 1958.
2. Carmichael, Colin, ed., *Kent's Mechanical Engineer's Handbook*, 12th ed., Wiley, New York, 1950.
3. Lingaiah, K., *Machine Design Data Handbook*, McGraw-Hill, New York, 1994.
4. Peterson, M. B. and Winer, W. O., eds., *Wear Control Handbook*, American Society of Mechanical Engineers, New York, 1980.
5. Hindhede, U. et al., *Machine Design Fundamentals: A Practical Approach*, Wiley, New York, 1983.
6. Szeri, A.Z., *Tribology: Friction, Lubrication and Wear*, Hemisphere Publishing, McGraw-Hill, 1980.
7. Orlov, P., *Fundamentals of Machine Design* (4 volumes), Mir Publishers, Moscow, 1977.

[2] Os valores "típicos" mostrados são estimativas feitas pelo autor deste livro e considera-se que sejam apropriadas a menos que estejam disponíveis informações mais específicas. Os dados sobre coeficiente de atrito (μ) são especialmente variáveis e muitas vezes contraditórios. Os projetistas devem sempre aceitar a responsabilidade pelo valor escolhido, de modo que se não estiverem disponíveis dados específicos, o axioma "o atrito está sempre contra você" leva à escolha conservativa do maior valor de μ da faixa quando forças de atrito baixas são críticas e do menor valor quando forças de atrito altas são críticas. Algumas vezes é necessário desenvolver experimentos bem controlados para obter um valor específico de μ para determinada aplicação crítica.

[3] Os torques de atrito calculados utilizando este valor baseiam-se no *furo* do mancal.

TABELA A.2 Momentos de Inércia de Massa *J* e Raios de Giração *k* para Corpos Sólidos Homogêneos Selecionados Girando em Torno de Eixos Selecionados, conforme Esquematizado[1]

Descrição do Corpo	Momento de Inércia de Massa, J	Raio de Giração, k
Caso 1: Esfera ($V = \frac{4}{3}\ R^3$)	$J_x = J_y = J_z = \frac{2}{5}mR^2$	$k_x = k_y = k_z = \sqrt{\frac{2}{5}}R$
Caso 2: Cilindro ($V = R^2h$)	$J_z = \frac{1}{2}mR^2$	$k_z = \sqrt{\frac{1}{2}}R$
	$J_x = J_y = \frac{1}{12}m(3R^2 + h^2)$	$k_x = k_y = \sqrt{\frac{1}{12}(3R^2 + h^2)}$
Caso 3: Disco circular fino	$J_z = \frac{1}{2}mR^2$	$k_z = \sqrt{\frac{1}{2}}R$
	$J_x = J_y = \frac{1}{4}mR^2$	$k_x = k_y = \sqrt{\frac{1}{4}}R$
Caso 4: Anel fino	$J_z = mR^2$	$k_z = R$
	$J_x = J_y = \frac{1}{2}mR^2$	$k_x = k_y = \sqrt{\frac{1}{2}}R$
Caso 5: Cone ($V = \frac{1}{3}\pi R^2 h$)	$J_z = \frac{3}{10}mR^2$	$k_z = \sqrt{\frac{3}{10}}R$
	$J_x = J_y = \frac{3}{80}m(4R^2 + h^2)$	$k_x = k_y = \sqrt{\frac{3}{80}(4R^2 + h^2)}$

[1] Extraído de Hibbler, R. C., *Engineering Mechanics: Dynamics*, 2nd ed., Macmillan, New York, 1978. Observe, também, que m é a massa do corpo girante.

TABELA A.3 **Propriedades da Seção de Perfis W (Abas Largas – *Wide Flange, em inglês*) Selecionados**[1]

Perfis W

Designação	A, in²	d, in	t_w, in	b_f, in	t_f, in	T, in	k, in	k_1, in	I_{xx}, in⁴	r_{xx}, in	I_{yy}, in⁴	r_{yy}, in	W, lbf/ft
W36 × 300	88,3	36,7	0,95	16,7	1,68	30,9	2,63	1,69	20.300	15,2	1.300	3,83	300
W36 × 135	39,7	35,6	0,60	12,0	0,79	32,1	1,54	1,13	7.800	14,0	225	2,38	135
W24 × 162	47,7	25,0	0,71	13,0	1,22	20,8	1,72	1,19	5.170	10,4	443	3,05	162
W24 × 55	16,3	23,6	0,40	7,0	0,51	20,8	1,11	1,00	1.360	9,1	29	1,34	55
W18 × 119	35,1	19,0	0,66	11,3	1,06	15,1	1,46	1,19	2.190	7,9	253	2,69	119
W18 × 35	10,3	17,7	0,30	6,0	0,43	15,5	0,83	0,75	510	7,0	15	1,22	35
W16 × 100	29,7	17,0	0,59	10,4	0,99	13,3	1,69	1,13	1.500	7,1	186	2,50	100
W16 × 57	16,8	16,4	0,43	7,1	0,72	13,6	1,12	0,88	758	6,7	43	1,60	57
W16 × 50	14,7	16,3	0,38	7,1	0,63	13,6	1,03	0,81	659	6,7	37	1,59	50
W16 × 45	13,3	16,1	0,35	7,0	0,57	13,6	0,97	0,81	586	6,7	33	1,57	45
W16 × 40	11,8	16,0	0,31	7,0	0,51	13,6	0,91	0,81	518	6,6	29	1,57	40
W16 × 36	10,6	15,9	0,30	7,0	0,43	13,6	0,83	0,75	448	6,5	25	1,52	36
W16 × 26	7,7	15,7	0,25	5,5	0,35	13,6	0,75	0,75	301	6,3	9,6	1,12	26
W14 × 730	215,0	22,4	3,07	17,9	4,91	10,0	5,51	2,75	14.300	8,2	4.720	4,69	730
W14 × 500	147,0	19,6	2,19	17,0	3,50	10,0	4,10	2,31	8.210	7,5	2.880	4,43	500
W14 × 233	68,5	16,0	1,07	15,9	1,72	10,0	2,32	1,75	3.010	6,6	1.150	4,10	233
W14 × 145	42,7	14,8	0,68	15,5	1,09	10,0	1,69	1,56	1.710	6,3	677	3,98	133
W14 × 90	26,5	14,0	0,44	14,5	0,71	10,0	1,31	1,44	999	6,1	362	3,70	90

(Continua)

TABELA A.3 (*Continuação*)

Perfis

W

Designação	A, in^2	d, in	t_w, in	b_f, in	t_f, in	T, in	k, in	k_1, in	I_{xx}, in^4	r_{xx}, in	I_{yy}, in^4	r_{yy}, in	W, lbf/ft
W14 × 48	14,1	13,8	0,34	8,0	0,60	10,9	1,19	1,00	484	5,9	51	1,91	48
W14 × 22	6,5	13,7	0,23	5,0	0,34	11,6	0,74	0,75	199	5,5	7,0	1,04	22
W12 × 336	98,8	16,8	1,78	13,4	2,96	9,1	3,55	1,69	4.060	6,4	1.190	3,47	336
W12 × 96	28,2	12,7	0,55	12,2	0,90	9,1	1,50	1,13	833	5,4	270	3,09	96
W12 × 50	14,6	12,2	0,37	8,1	0,64	9,3	1,14	0,94	391	5,2	56	1,96	50
W12 × 14	4,2	11,9	0,20	4,0	0,23	10,4	0,53	0,56	89	4,6	2,4	0,75	14
W10 × 112	32,9	11,4	0,76	10,4	1,25	7,5	1,75	1,00	716	4,7	236	2,68	112
W10 × 45	13,3	10,1	0,35	8,0	0,62	7,5	1,12	0,81	248	4,3	53	2,01	45
W10 × 12	3,5	9,9	0,19	4,0	0,21	8,4	0,51	0,56	54	3,9	2,2	0,79	12
W8 × 67	19,7	9,0	0,57	8,3	0,94	5,8	1,33	0,94	272	3,7	89	2,12	67
W8 × 28	8,2	8,1	0,29	6,5	0,47	6,1	0,86	0,63	98	3,5	22	1,62	28
W8 × 10	3,0	7,9	0,17	3,9	0,21	6,5	0,51	0,50	31	3,2	2,1	0,84	10
W6 × 25	7,4	6,4	0,32	6,1	0,46	4,5	0,75	0,56	54	2,7	17	1,52	25
W6 × 9	2,7	5,9	0,17	3,9	0,22	4,5	0,47	0,50	16	2,5	2,2	0,91	9
W5 × 19	5,6	5,2	0,27	5,0	0,43	3,5	0,73	0,44	26	2,2	9,1	1,28	19
W4 × 13	3,8	4,2	0,28	4,1	0,35	2,6	0,60	0,50	11	1,7	3,9	1,00	13

[1] Resumido do *Manual of Steel Construction, Load and Resistance Factor Design*, 3rd ed., Chicago, 2001, com a permissão do American Institute of Steel Construction, Inc. Muitas seções adicionais comercialmente disponíveis estão tabeladas. Algumas dimensões foram arredondadas.

TABELA A.4 Propriedades da Seção de Perfis S (I padrão) Selecionados[1]

Perfis S

Designação	A, in²	d, in	t_w, in	b_f, in	t_f, in	T, in	k, in	I_{xx}, in⁴	r_{xx}, in	I_{yy}, in⁴	r_{yy}, in	W, lbf/ft
S24 × 121	35,5	24,5	0,80	8,1	1,09	20,5	2,00	3.160	9,4	83	1,53	121
S20 × 75	22,0	20,0	0,64	6,4	0,80	16,8	1,63	1.280	7,6	30	1,16	75
S18 × 70	20,5	18,0	0,71	6,3	0,69	15,0	1,50	923	6,7	24	1,08	70
S15 × 50	14,7	15,0	0,55	5,6	0,62	12,3	1,38	485	5,8	16	1,03	50
S12 × 50	14,6	12,0	0,69	5,5	0,66	9,1	1,44	303	4,6	16	1,03	50
S10 × 35	10,3	10,0	0,59	4,9	0,49	7,8	1,13	147	3,8	8	0,90	35
S8 × 23	6,8	8,0	0,44	4,2	0,43	6,0	1,00	65	3,1	4,3	0,80	23
S6 × 17,25	5,1	6,0	0,47	3,6	0,36	4,4	0,81	26	2,3	2,3	0,68	20
S6 × 12,5	3,7	6,0	0,23	3,3	0,36	4,4	0,81	22	2,5	1,8	0,71	12,5
S5 × 10	2,9	5,0	0,21	3,0	0,33	3,5	0,75	12	2,1	1,2	0,64	10
S4 × 7,7	2,3	4,0	0,19	2,7	0,29	2,5	0,75	6,1	1,6	0,7	0,58	7,7
S3 × 5,7	1,7	3,0	0,17	2,3	0,26	1,8	0,63	2,5	1,2	0,5	0,52	5,7

[1] Resumido do *Manual of Steel Construction, Load and Resistance Factor Design*, 3rd ed., Chicago, 2001, com a permissão do American Institute of Steel Construction, Inc. Muitas seções adicionais comercialmente disponíveis estão tabeladas. Algumas dimensões foram arredondadas.

TABELA A.5 Propriedades da Seção de Perfis U (Canaleta) Selecionados[1]

Perfis U

Designação	A, in^2	d, in	t_w, in	b_f, in	t_f, in	T, in	k, in	$\bar{x}$, in	e_o, in	I_{xx}, in^4	r_{xx}, in	I_{yy}, in^4	r_{yy}, in	W, lbf/ft
C15 × 50	14,7	15,0	0,72	3,7	0,65	12,1	1,44	0,80	0,58	404	5,2	11	0,87	50
C12 × 30	8,8	12,0	0,51	3,2	0,50	9,8	1,13	0,67	0,62	162	4,3	5,1	0,76	30
C10 × 20	5,9	10,0	0,38	2,7	0,44	8,0	1,00	0,61	0,64	79	3,7	2,8	0,69	20
C9 × 15	4,4	9,0	0,29	2,5	0,41	7,0	1,00	0,59	0,68	51	3,4	1,9	0,66	15
C8 × 11,5	3,4	8,0	0,22	2,3	0,39	6,1	0,94	0,57	0,70	33	3,1	1,3	0,62	11,5
C7 × 9,8	2,9	7,0	0,21	2,1	0,37	5,3	0,88	0,54	0,65	21	2,7	1,0	0,58	9,8
C6 × 10,5	3,1	6,0	0,31	2,0	0,34	4,4	0,81	0,50	0,49	15	2,2	0,9	0,53	10,5
C5 × 9	2,6	5,0	0,33	1,9	0,32	3,5	0,75	0,48	0,43	8,9	1,8	0,6	0,49	9
C4 × 5,4	1,6	4,0	0,18	1,6	0,30	2,5	0,75	0,46	0,50	3,9	1,6	0,3	0,44	5,4
C3 × 4,1	1,2	3,0	0,17	1,4	0,27	1,6	0,69	0,44	0,46	1,7	1,2	0,2	0,40	4,1

[1] Resumido do *Manual of Steel Construction, Load and Resistance Factor Design*, 3rd ed., Chicago, 2001, com a permissão do American Institute of Steel Construction, Inc. Muitas seções adicionais comercialmente disponíveis estão tabeladas. Algumas dimensões foram arredondadas.

TABELA A.6 Propriedades da Seção de Perfis L de Abas Iguais (Cantoneira) Selecionados[1]

Perfis

L

Designação	t, in	A, in^2	$x = y$, in	$I_{xx} = I_{yy}$, in^4	$r_{xx} = r_{yy}$, in	$r_{zz} = r_{mín}$, in	W, lbf/ft
L8 × 8 × 1 1/8	1,13	16,8	2,40	98	2,4	1,6	57,2
L8 × 8 × 1/2	0,50	7,8	2,17	49	2,5	1,6	26,7
L6 × 6 × 1	1,00	11,0	1,86	35	1,9	1,2	37,5
L6 × 6 × 3/8	0,38	4,4	1,62	15	1,9	1,2	14,9
L5 × 5 × 7/8	0,88	8,0	1,56	18	1,5	1,0	27,3
L5 × 5 × 5/16	0,31	3,1	1,35	7,4	1,6	1,0	10,4
L4 × 4 × 3/4	0,75	5,4	1,27	7,6	1,2	0,8	18,5
L4 × 4 × 1/4	0,25	1,9	1,08	3,0	1,3	0,8	6,6
L3 × 3 × 1/2	0,50	2,8	0,93	2,2	0,90	0,6	9,4
L3 × 3 × 3/16	0,19	1,1	0,81	0,95	0,93	0,6	3,7
L2 1/2 × 2 1/2 × 3/8	0,38	1,7	0,76	0,97	0,75	0,5	5,9
L2 × 2 × 1/8	0,13	0,5	0,53	0,19	0,62	0,4	1,7

[1] Resumido do *Manual of Steel Construction, Load and Resistance Factor Design*, 3rd ed., Chicago, 2001, com a permissão do American Institute of Steel Construction, Inc. Muitas seções adicionais comercialmente disponíveis estão tabeladas. Algumas dimensões foram arredondadas.

Referências

Capítulo 1

1. Dieter, G. E., Volume Chair, *ASM Handbook, vol. 20, Material Selection and Design*, ASM International, Materials Park, OH, 44073, 1997.

2. Kelley, R. E., "In Praise of Followers," *Harvard Business Review*, v. 66, no. 6, Nov–Dec 1988, pp. 142–148.

3. Hauser, J. R., and Clausing, D., "The House of Quality," *Harvard Business Review*, v. 66, no. 3, May–June 1998, pp. 63–73.

4. "3-D Static Strength Prediction Program," version 4.2, Center for Ergonomics, Univ. of Michigan, Ann Arbor, May 1999.

5. Ricks, Thomas E., "Lesson Learned," *Wall Street Journal*, May 23, 1997.

6. American National Standards Institute, 11 West 42nd Street, New York, 10036.

7. International Organization for Standardization, Geneva, Switzerland.

8. Humphreys, K. K., *What Every Engineer Should Know About Ethics*, Marcel Decker, New York, 1999.

9. American Association of Engineering Societies, *Model Guide for Professional Conduct*, Washington, DC, Dec. 13, 1984.

10. National Society of Professional Engineers, *Code of Ethics for Engineers*, Alexandria, VA, July, 2001.

11. Hoversten, P., "Bad Math Added Up to Doomed Mars Craft," *USA Today*, McLean, VA, Oct 1, 1999, p. 4A.

12. *Standard for Use of the International System of Units (SI): The Modern Metric System*, IEEE/ASTM SI ID-1997, ASTM Committee E43 on SI Practice, American Society for Testing and Materials, West Conshohocken, PA., 1997.

Capítulo 2

1. Collins, J. A., *Failure of Materials in Mechanical Design: Analysis, Prediction, Prevention*, 2nd ed., Wiley, New York, 1993.

2. Hayden, H. W., Moffat, W. G., and Wulff, J., *The Structure and Properties of Materials, vol. III, Mechanical Behavior*, Wiley, New York, 1965.

3. Popov, E. P., *Introduction to Mechanics of Solids*, Prentice-Hall, Englewood Cliffs, NJ 1985.

4. Crandall, S. H., and Dahl, N. C., *An Introduction to the Mechanics of Solids*, McGraw-Hill, New York, 1957.

5. Timoshenko, S. P., and Gere, J. M., *Theory of Elastic Stability*, McGraw-Hill, New York, 1961.

6. Shanley, F. R., *Mechanics of Materials*, McGraw-Hill, New York, 1967.

7. Shanley, F. R., *Strength of Materials*, McGraw-Hill, New York, 1957.

8. *Military Standardization Handbook, Metallic Materials and Elements for Aerospace Vehicle Structures*, MIL-HDBK-5B, Superintendent of Documents, Washington, DC, September 1971.

9. Horton, W. H., Bailey, S. C., and McQuilkin, B. H., *An Introduction to Instability*, Stanford University, Paper No. 219, ASTM Annual Meeting, June 1966.

10. Timoshenko, S. P., *Theory of Elastic Stability*, McGraw-Hill, New York, 1936.

11. Juvinall, R. C., *Engineering Considerations of Stress, Strain, and Strength*, McGraw-Hill, New York, 1967.

12. Larson, F. R., and Miller, J., "Time-Temperature Relationships for Rupture and Creep Stresses," *ASME Transactions*, v. 74, 1952, pp. 765 ff.

13. Sturm, R. G., and Howell, F. M., "A Method of Analyzing Creep Data," *ASME Transactions*, v. 58, 1936, p. A62.

14. Robinson, E. L., "The Effect of Temperature Variation on the Long-Time Rupture Strength of Steels," *ASME Transactions*, v. 74, 1952, pp. 777–781.

15. Burwell, J. T., Jr., "Survey of Possible Wear Mechanisms," *Wear*, v. 1, 1957, pp. 119–141.

16. Peterson, M. B., Gabel, M. K., and Derine, M. J., "Understanding Wear"; Ludema, K. C., "A Perspective on Wear Models"; Rabinowicz, E., "The Physics and Chemistry of Surfaces"; McGrew, J., "Design for Wear of Sliding Bearings"; Bayer, R. G., "Design for Wear of Lighly Loaded Surfaces"; *ASME Standardization News*, v. 2, no. 9, September 1974, pp. 5–32.

17. Rabinowicz, E., *Friction and Wear of Materials*, Wiley, New York, 1966.

18. Lipson, C., *Wear Considerations in Design*, Prentice-Hall, Englewood Cliffs, NJ, 1967.

19. Fontana, M. G., *Corrosion Engineering*, 3rd ed., McGraw-Hill, New York, 1986.

20. Fontana, M. G., and Green, N. D., *Corrosion Engineering*, McGraw-Hill, New York, 1967.

21. Collins, J. A., "A Study of the Phenomenon of Fretting-Fatigue with Emphasis on Stress Field Effects," Ph.D. dissertation, Ohio State University, Columbus, OH, 1963.

22. Marin, J., *Mechanical Properties of Materials and Design*, McGraw-Hill, New York, 1952.

23. Hoeppner, D. W., Chandrasekaran, V., and Elliot, C. B., eds., *Fretting Fatigue: Current Technology and Practice, ASTM STP 1367*, American Society for Testing and Materials, West Conshohocken, PA, 2000.

24. Juvinall, R. C., and Marshek, K. M., *Fundamentals of Machine Component Design*, 2nd ed., Wiley, New York, 1991.

25. Norton, R. L., *Machine Design*, Prentice-Hall, Upper Saddle River, NJ, 1996.

26. Burr, A. H., and Cheatham, J. B., *Mechanical Analysis and Design*, 2nd ed., Prentice-Hall, Englewood Cliffs, NJ, 1991.

27. Spotts, M. F., *Design of Machine Elements*, 6th ed., Prentice-Hall, Englewood Cliffs, NJ, 1985.

28. Shigley, J. E., and Mischke, C. R., *Mechanical Engineering Design*, McGraw-Hill, New York, 1989.

29. Kapur, K. C., and Lamberson, L. R., *Reliability Engineering Design*, Wiley, New York, 1977.

30. Mischke, C. R., "Stochastic Methods in Mechanical Design: Part 1: Property Data and Weibull Parameters" (pp. 1–10); "Part 2: Fitting the Weibull Distribution to the Data" (pp. 11–16); "Part 3: A Methodology" (pp. 17–20); "Part 4: Applications" (pp. 21–28), *Failure Prevention and Reliability*, S. Sheppard, ed., American Society of Mechanical Engineers, New York, 1989.

31. Jenkins, Jr., H. W., "Business World," *Wall Street Journal*, Dow Jones & Co. New York, Dec. 15, 1999.

32. Kopala, D., and Raabe, A., "Redundancy Management: Reducing the Probability of Failure," *Motion*, Applied Motion Products, Inc., Watsonville, CA, Fall 1997.

33. Parker, E. R., "Modern Concepts of Flow and Fracture," *Transactions of American Society for Metals*, 1959, p. 511.

Capítulo 3

1. *Materials Engineering, Materials Selector*, Penton Publishing, Cleveland, December 1991.

2. *Damage Tolerant Design Handbook*, Metals and Ceramics Information Center, Battelle, Columbus, 1983.

3. Ashby, M. F., *Materials Selection in Mechanical Design*, Butterworth Heinemann, Oxford, UK, 1999.

4. *Machine Design, Materials Reference Issue*, Penton Publishing, Cleveland, 1991.

5. *Marks' Standard Handbook for Mechanical Engineers*, 9th ed., Avallone, E. A., and Baumeister III, T., McGraw-Hill, New York, 1996.

6. *Metallic Materials and Elements for Aerospace Vehicle Structures, MIL-HDBK-5*, Department of Defense, Washington, DC, 1971.

7. *ASM Handbook, vol. 1, Properties and Selection: Irons, Steels, and High Performance Alloys*, ASM International, Materials Park, OH, 1990.

8. *ASM Handbook, vol. 2, Properties and Selection: Nonferrous Alloys and Special Purpose Materials*, ASM International, Materials Park, OH, 1991.

9. *Metals Handbook, Desk Edition*, ASM International, Materials Park, OH, 1985.

10. *ASM Materials Handbook, Desk Edition,* ASM International, Materials Park, OH, 1995.

11. Westbrook, J. H., and Rumble, J. R., eds., *Computerized Materials Data Systems,* Workshop Proceedings, Fairfield Glade, TN, National Bureau of Standards, 1983.

12. Fontana, M. G., and Green, N. D., *Corrosion Engineering,* McGraw-Hill, New York, 1967.

13. Gough, H. J., and Sopwith, D. G., "The Resistance of Some Special Bronzes to Fatigue and Corrosion Fatigue," *J. Inst. Metals*, v. 60, no. 1, 1937, pp. 143–153.

14. Smith, C. O., *ORSORT,* Oak Ridge, Tennessee.

15. Johnson, R. L., *Optimal Design of Mechanical Elements*, Wiley, New York, 1961.

16. "MSC/MVISION Materials Information System," MacNeal-Schwendler Corporation, 815 Colorado Blvd., Los Angeles, CA 90041.

17. "CMS Cambridge Materials Selector," Granta Design Ltd., 20 Trumpington St., Cambridge CB @ 1QA, UK.

18. "MAPP," EMS Software, 2234 Wade Ct., Hamilton, OH 45013.

19. Westbrook, J. H., "Sources of Material Property Data and Information," in *ASM Handbook, Vol. 20, Material Selection and Design,* ASM International, Materials Park, OH 44073, 1997.

20. CMS: *Cambridge Material Selector*, Cambridge University Engineering Department, Cambridge, UK, 1992.

21. PERITUS, Matsel Systems, Ltd., Liverpool, UK.

Capítulo 4

1. Timoshenko, S., *Strength of Materials, Part I*, Van Nostrand, New York, 1955.

2. *Manual of Steel Construction*, 8th ed., American Institute of Steel Construction, Inc., 400 North Michigan Ave., Chicago, IL 60611, 1988.

3. Juvinall, R. L., and Marshek, K. M., *Fundamentals of Machine Component Design*, 2nd ed., Wiley, New York, 1991.

4. Young, W. C., *Roark's Formulas for Stress and Strain*, 6th ed., McGraw-Hill, New York, 1989.

5. Faupel, J. H., *Engineering Design*, Wiley, New York, 1964.

6. Timoshenko, S. P., and Goodier, J. N., *Theory of Elasticity*, McGraw-Hill, New York, 1989.

7. Lingaiah, K., *Machine Design Data Handbook*, McGraw-Hill, New York, 1994.

8. Boresi, A. P., Sidebottom, O. M., Seely, F. B., and Smith, J. O., *Advanced Mechanics of Materials*, 3rd ed., Wiley, New York, 1978.

9. Juvinall, R. C., *Stress, Strain and Strength*, McGraw-Hill, New York, 1967.

10. Lyst, J. O., "The Effect of Residual Strains upon Rotating Beam Fatigue Properties of Some Aluminum Alloys," Technical Report No. 90-60-34, Alcoa, Pittsburgh, 1960.

Capítulo 5

1. Collins, J. A., *Failure of Materials in Mechanical Design: Analysis, Prediction, Prevention*, 2nd ed., Wiley, New York, 1993.

2. Pilkey, W. D., *Peterson's Stress Concentration Factors*, 2nd ed., Wiley, New York, 1997.

3. Young, W. C., and Budynas, R., *Roark's Formulas for Stress and Strain*, 7th ed., McGraw-Hill, New York, 2001.

4. Lingaiah, K., *Machine Design Data Handbook*, McGraw-Hill, New York, 1994.

5. Spotts, M. F., Shoup, T. E., and Hornberger, L. E. *Design of Machine Elements*, 8th ed., Prentice-Hall, Upper Saddle River, NJ, 2004.

6. Juvinall, R. C., *Engineering Considerations of Stress, Strain and Strength*, McGraw-Hill, New York, 1967.

7. Tada, H., Paris, P. C., and Irwin G., *Stress Analysis of Cracks Handbook*, 3rd ed., ASME Press, New York, 2000.

8. "Standard Test Method for Plane Strain Fracture Toughness of Metallic Materials," Designation: E 399-90, *Annual Book of ASTM Standards*, v. 3.01, American Society for Testing and Materials, Philadelphia, 1992.

9. Rolfe, S. T., and Barsom, J. M., *Fracture and Fatigue Control in Structures*, Prentice-Hall, Englewood Cliffs, NJ, 1977.

10. Hertzberg, R. W., *Deformation and Fracture Mechanics of Engineering Materials*, 4th ed. Wiley, New York, 1996.

11. Gallagher, J., *Damage Tolerant Design Handbook*, MCIC-HB-01R, December 1983.

12. Matthews, W. T. "Plane Strain Fracture Toughness (KIC) Data Handbook for Metals," Report No. AMMRC M573-6, U.S. Army Materiel Command, NTIS, Springfield, VA, 1973.

13. Kanninen, M. F., and Popelar, C. H., *Advanced Fracture Mechanics*, Oxford University Press, New York, 1985.

14. Irwin, G. R., "Fracture Mode Transition for a Crack Traversing a Plate," *Journal of Basic Engineering, Trans. ASME*, v. 82, 1960, pp. 417–425.

15. Rice, R. C., *Fatigue Design Handbook AE-10*, 2nd ed., Society of Automotive Engineers, Warrendale, PA, 1988.

16. Madayag, A. F., *Metal Fatigue Theory and Design*, Wiley, New York, 1969.

17. Grover, H. J., Gordon, S. A., and Jackson, C. R., *Fatigue of Metals and Structures*, Government Printing Office, Washington, DC, 1954.

18. Higdon, A., Ohlsen, E. H., Stiles, W. R., Weese, J. A., and Riley, W. F., *Mechanics of Materials*, 4th ed. New York, 1985.

19. Stephens, R. I., Fatemi, A., Stephens, R. R., and Fuchs, H. O., *Metal Fatigue in Engineering*, 2nd ed., Wiley, New York, 2001.

20. Budynas, R. G., and Nisbett, J. K., *Shigley's Mechanical Engineering Design*, 8th ed., McGraw-Hill, New York, 2008.

21. Bannatine, J. A., Comer, J. J., and Handrock, J. L., *Fundamentals of Metal Fatigue Analysis*, Prentice-Hall, Englewood Cliffs, NJ, 1990.

22. Burr, A. H., and Cheatham, J. B., *Mechanical Analysis and Design*, 2nd ed., Prentice-Hall, Englewood Cliffs, NJ, 1990.

23. *Proceedings of the Conference on Welded Structures*, v. I and II, Welding Institute, Cambridge, England, 1971.

24. Stulen, F. B., Cummings, H. N., and Schulte, W. C., "Preventing Fatigue Failures—Part 5," *Machine Design*, v. 33, no. 13, 1961.

25. Manson, S. S., and Halford, G. R., *Fadigue and Durability of Structural Materials*, ASM International, Materials Park, Ohio, 2006.

26. Morrow, J., "Fatigue Properties of Metals", Sec. 3.2, SAE Advances in Engineering, V4, 1968, pp. 21–29.

27. Grover, H. J., *Fatigue of Aircraft Structures*, Government Printing Office, Washington, DC, 1966.

28. Dowling, N. E., *Mechanical Behavior of Materials*, 3rd ed., Prentice-Hall, Upper Saddle River, NJ, 1990.

29. Dowling, N. E., "Fatigue Failure Predictions for Complicated Stress-Strain Histories," *Journal of Materials*, v. 7, no. 1, March 1972, pp. 71–87.

30. Morrow, J. D., Martin, J. F., and Dowling, N. E., "Local Stress-Strain Approach to Cumulative Fatigue Damage Analysis," Final Report, T. & A.M. Report No. 379, Dept. of Theoretical and Applied Mechanics, University of Illinois, Urbana, January 1974.

31. Wundt, B. M., *Effects of Notches on Low Cycle Fatigue, STP-490*, American Society for Testing and Materials, Philadelphia, 1972.

32. Hoeppner, D. W., and Krupp, W. E., "Prediction of Component Life by Application of Fatigue Crack Growth Knowledge," *Engineering Fracture Mechanics*, v. 6, 1974, pp. 47–70.

33. Paris, P. C., and Erdogan, F., "A Critical Analysis of Crack Propagation Laws," *Journal of Basic Engineering, ASME Transactions*, Series D, v. 85, no. 4, 1963, pp. 528–534.

Capítulo 6

1. Marshek, K. M., *Design of Machine and Structural Parts*, Wiley, New York, 1987.

2. Young, W. C., *Roark's Formulas for Stress and Strain*, 6th ed., McGraw-Hill, New York, 1989.

3. *Preferred Limits and Fits for Cylindrical Parts*, ANSI B4.1-1967, reaffirmed 1999; *Preferred Metric Limits and Fits*, ANSI B4.2-1978, reaffirmed 1999, American Society of Mechanical Engineers, New York.

4. *Dimensioning and Tolerancing for Engineering Drawings*, ANSI Y14.5M-1994, American Society of Mechanical Engineers, New York.

5. Spotts, M. F., *Design of Machine Elements*, 6th ed., Prentice-Hall, Englewood Cliffs, NJ, 1985.

6. Foster, L. W., *Geometric Dimensioning and Tolerancing*, Addison-Wesley, Reading, MA, 1970.

7. Baumeister, T., *Mark's Standard Handbook for Mechanical Engineers*, 7th ed., McGraw-Hill, New York, 1967.

8. DeDoncker, D., and Spencer, A., "Assembly Tolerance Analysis with Simulation and Optimization Techniques," SAE Technical Paper 870263, Society of Automotive Engineers, Warrendale, PA, 1987.

9. "Improve Quality and Reduce Cost Through Controlled Variation and Robust Design," Brochure SW308, Engineering Animation, Inc. (EAI), Ames, IA.

Capítulo 7

1. Dixon, J. R., and Poli, C., *Engineering Design and Design for Manufacturing*, Field Stone Publishers, Conway, MA, 1995.

2. Kalpakjian, S., *Manufacturing Processes for Engineering Materials*, Addison-Wesley, Reading, MA, 1984.

3. DeGarmo, E. P., *Materials and Processes in Manufacturing*, 5th ed., MacMillan, New York, 1979.

4. Redford, A., and Chal, J., *Design for Assembly*, McGraw-Hill, London, 1994.

5. Boothroyd, G., and Dewhurst, P., *Product Design for Assembly Handbook*, Boothroyd Dewhurst, Inc., Wakefield, RI, 1987.

6. Boothroyd, G., and Dewhurst, P., "Design for Assembly: Selecting the Right Method," *Machine Design*, Penton Publishing, Cleveland, Nov. 10, 1983, pp. 94–98.

7. Boothroyd, G., and Dewhurst, P., "Design for Assembly: Manual Assembly," *Machine Design*, Penton Publishing, Cleveland, Dec. 8, 1983, pp. 140–145.

8. Dewhurst, P., and Boothroyd, G., "Design for Assembly: Automatic Assembly," *Machine Design*, Penton Publishing, Cleveland, Jan. 26, 1984, pp. 87–92.

9. Dewhurst, P., and Boothroyd, G., "Design for Assembly: Robots," *Machine Design*, Penton Publishing, Cleveland, Feb. 23, 1984, pp. 72–76.

10. Boothroyd, G., and Dewhurst, P., *Design for Assembly Handbook*, University of Mass., Amherst, MA, 1983.

11. McMaster, R. C. (ed.), *Nondestructive Testing Handbook*, 2nd ed., American Society for Nondestructive Testing, Columbus, OH, 1987, vols. 1 and 2.

12. Pere, E., Gomez, D., Langrana, N., and Burdea, G., "Virtual Mechanical Assembly on a PC-Based System," *Proceedings of the 1996 ASME Design Engineering Technical Conferences*, Irvine, CA, August 18–22, 1996.

13. Shyamsundar, N., Ashai, Z., and Gadh, R., "Design for Disassembly Methodoly for Virtual Prototypes," *Proceedings of the 1996 ASME Design Engineering Technical Conferences*, Irvine, CA, August 18–22, 1996.

14. Bulkeley, W. M., "Parametric Resets Its Design Software to Match Engineering's Needs," *Wall Street Journal*, Dow Jones & Co., New York, Dec. 27, 1999.

Capítulo 8

1. Den Hartog, J. P., *Mechanical Vibrations*, McGraw-Hill, New York, 1947.

2. Inman, D. F., *Engineeing Vibrations*, Prentice-Hall, Englewood Cliffs, NJ, 1996.

3. Norton, R. L., *Machine Design—An Integrated Approach*, Prentice-Hall, Upper Saddle River, NJ, 1996.

4. Spotts, M. F., *Design of Machine Elements*, 6th ed., Prentice-Hall, Englewood Cliffs, NJ, 1985.

5. Shigley, J. E., and Mischke, C. R., *Mechanical Engineering Design*, 5th ed., McGraw-Hill, New York, 1989.

6. Faires, V. M., *Design of Machine Elements*, 4th ed., Macmillan, New York, 1965.

7. Shigley, J. E., and Mischke, C. R. eds., *Standard Handbook of Machine Design*, McGraw-Hill, New York, 1986.

8. Burr, A. H., and Cheatham, J. B., *Mechanical Analysis and Design*, 2nd ed., Prentice-Hall, Englewood Cliffs, NJ, 1995.

9. Deutschman, A. D., Michels, W. J., and Wilson, C. E., *Machine Design—Theory and Practice*, Macmillan, New York, 1975.

10. Peterson, R. E., *Stress Concentration Factors*, Wiley, New York, 1974.

11. Lingaiah, K., *Machine Design Data Handbook*, McGraw-Hill, New York, 1994.

12. Walsh, R. A., *McGraw-Hill Machining and Metalworking Handbook*, McGraw-Hill, New York, 1994.

13. Pestel, E. C., and Leckie, F. A., *Matrix Methods in Elastomechanics*, McGraw-Hill, New York, 1963.

14. Rieder, W. G., and Busby, H. R., *Introductory Engineering Modeling Emphasizing Differential Models and Computer Simulations*, Wiley, New York, 1986.

Capítulo 9

1. *The ASME Boiler and Pressure Vessel Code, Sections I–XI*, American Society of Mechanical Engineers, New York, 1995.

2. Timoshenko, S. P., and Goodier, J. N., *Theory of Elasticity*, McGraw-Hill, New York, 1951.

3. Pilkey, W. D., *Peterson's Stress Concentration Factors*, 2nd ed., Wiley, 1997.

Capítulo 10

1. *Machine Design: Mechanical Drives Reference Issue*, Penton Publishing, Cleveland, Oct. 13, 1988.

2. Hersey, M. D., *Theory and Research in Lubrication*, Wiley, New York, 1966.

3. Burr, A. H., and Cheatham, J. B., *Mechanical Analysis and Design*, 2nd ed., Prentice-Hall, Englewood Cliffs, NJ, 1995.

4. Hamrock, B. J., *Fundamentals of Fluid Film Lubrication*, McGraw-Hill, New York, 1993.

5. Juvinall, R. C., and Marshek, K. M., *Fundamentals of Machine Component Design*, 2nd ed., Wiley, New York, 1991.

6. Raymondi, A. A., and Boyd, J., "A Solution for the Finite Journal Bearing and Its Application to Analysis and Design," Parts I, II, III, *Trans. American Society of Lubrication Engineers*, v. 1, no. 1, pp. 159–209, 1958.

7. Tower, B., "Reports on Friction Experiments," *Proc. Inst. Mech. Engr.*, First Report Nov. 1883, Second Report 1885, Third Report 1888, Fourth Report, 1891.

8. Reynolds, O., "On the Theory of Lubrication and Its Application to Mr. Beauchamp Tower's Experiments," *Phil. Trans. Roy. Soc.* (London), v. 177, p. 157 ff., 1886.

9. Spotts, M. F., *Design of Machine Elements*, 2nd ed., Prentice-Hall, New York, 1953.

10. Shigley, J. E., and Mischke, C. R., *Mechanical Engineering Design*, 5th ed., McGraw-Hill, New York, 1989.

11. Currie, I. G., *Fundamental Mechanics of Fluids*, 2nd ed., McGraw-Hill, New York, 1989.

12. Sommerfeld, A., "Zur Hydrodynamischen Theorie der Schmiermittel-Reibung" ("On the Hydrodynamic Theory of Lubrication"), *Z. Math. Physik*, v. 50, p. 97 ff., 1904.

13. Fuller, D. D., *Theory and Practice of Lubrication for Engineers*, Wiley, New York, 1956.

Capítulo 11

1. "Power and Motion Control," *Machine Design*, Penton Publishing, Cleveland, June 1989.

2. *Load Ratings and Fatigue Life for Ball Bearings*, ANSI/AFBMA Standard 9-1990, American National Standards Institute, New York, 1990.

3. *Load Ratings and Fatigue Life for Roller Bearings*, ANSI/AFBMA Standard 11-1990, American National Standards Institute, New York, 1990.

4. Shaft and Housing Fits for Metric Radial Ball and Roller Bearings (Except Tapered Roller Bearings) Conforming to Basic Boundary Plans, ANSI/ABMA Standard 7-1995, American National Standards Institute, New York, 1995.

5. SKF,® "General Catalog 4000 US," SKFUSA, King of Prussia, PA, 1991.

6. Timken,® "The Tapered Roller Bearing Guide," Timken Company, Canton, OH, 1994.

7. Tallian, T. E., "On Competing Failure Modes in Rolling Contact," *Trans. ASLE*, v. 10, pp. 418–439, 1967.

8. Skurka, J. C., "Elastohydrodynamic Lubrication of Roller Bearings," *J. Lubr. Technology*, v. 92, pp. 281–291, 1970.

9. Hamrock, B. J., *Fundamentals of Fluid Film Lubrication*, McGraw-Hill, New York, 1993.

Capítulo 12

1. *Acme Screw Threads*, ASME B1.5-1988, American Society of Mechanical Engineers, New York, 1988.

2. *Stub Acme Screw Threads*, ASME B1.8-1988, American Society of Mechanical Engineers, New York, 1988.

3. *Buttress Inch Screw Threads, 7deg/45deg Form with 0.6 Pitch Basic Height of Thread Engagement*, ASME B1.9-1973 (R1992), American Society of Mechanical Engineers, New York, 1992.

4. Lingaiah, K., *Machine Design Data Handbook*, McGraw-Hill, New York, 1994.

5. Parker, L., and Levin, A., "'97 Check Found Stabilizer Piece Worn," *USA Today*, v. 18, no. 107, p. 73A, Arlington, VA, Feb. 14, 2000.

Capítulo 13

1. Parmley, R. O., ed., *Standard Handbook of Fastening and Joining*, 2nd ed., McGraw-Hill, New York, 1989.

2. DeGarmo, E. P., *Materials and Processes in Manufacturing*, Macmillan, New York, 1979.

3. *Unified Inch Screw Threads (UN and UNR Thread Form)*, ASME B1.1-1989, American Society of Mechanical Engineers, New York, 1989.

4. *Metric Screw Threads—M Profile*, ASME B1.13M-1995, American Society of Mechanical Engineers, New York, 1995.

5. *Metric Screw Threads—MS Profile*, ASME B1.21M-1978, American Society of Mechanical Engineers, New York, 1978.

6. Ito, Y., Toyoda, J., and Nagata, S., "Interface Pressure Distribution in a Bolt-Flange Assembly," *ASME Paper No. 77-WA/DE-11*, 1977.

7. Little, R. E., "Bolted Joints; How Much Give?," *Machine Design*, Nov. 9, 1967.

8. Bruhn, E. F., *Analysis and Design of Flight Vehicle Structures*, Tristate Offset Company, 817 Main Street, Cincinnati, OH 45202, 1965.

9. Connor, L. P., ed., *Welding Handbook*, 8th ed., v. 1, American Welding Society, Miami, FL, 1987.

10. Norris, C. H., "Photoelastic Investigation of Stress Distribution in Transverse Fillet Welds," *Welding Journal*, v. 24, p. 557, 1945.

11. Deutschman, A. D., Michels, W. J., and Wilson, C. E., *Machine Design, Theory and Practice*, Macmillan, New York, 1975.

12. Wileman, J., Choudhury, M., and Green, I., "Computation of Member Stiffness in Bolted Connections," *Journal of Mechanical Design, Transactions of the American Society of Mechanical Engineers*, v. 113, Dec., 1991, New York.

13. Jenny, C. L., and O'Brien, A., eds., *Welding Handbook*, 9th ed., v. 1, American Welding Society, Miami, FL, 2001.

Capítulo 14

1. *Spring Design Manual, AE-21*, 2nd ed., Society of Automotive Engineers, Warrendale, PA, 1996.

2. *Design Handbook: Engineering Guide to Spring Design*, Associated Spring, Barnes Group, Bristol, CT, 1987.

3. Wahl, A. M., *Mechanical Springs*, McGraw-Hill, New York, 1963.

4. Timoshenko, S. P., and Goodier, J. N., *Theory of Elasticity*, McGraw-Hill, New York, 1951.

5. Collins, J. A., *Failure of Materials in Mechanical Design*, 2nd ed., John Wiley & Sons, New York, 1993.

6. Juvinall, R. C., and Marshek, K. M., *Fundamentals of Machine Component Design*, 2nd ed., Wiley, New York, 1991.

7. Maier, K. W., "Springs That Store Energy Best," *Product Engineering*, v. 29, no. 45, Nov. 10, 1958.

Capítulo 15

1. Dudley, D. W., *Handbook of Practical Gear Design*, McGraw-Hill, New York, 1984.

2. Phelan, R. M., *Fundamentals of Mechanical Design*, 3rd ed., McGraw-Hill, New York, 1970.

3. Wilson, C. E., Sadler, J. P., and Michels, W. J., *Kinematics and Dynamics of Machinery*, Harper & Row Publishers, New York, 1983.

4. Mabie, H. H., and Ocvirk, F. W., *Mechanisms and Dynamics of Machinery*, Wiley, New York, 1975.

5. Juvinall, R. L., and Marshek, K., *Fundamentals of Machine Component Design*, 2nd ed., Wiley, New York, 1991.

6. Norton, R. L., *Machine Design*, Prentice-Hall, Upper Saddle River, NJ, 1996.

7. Houser, D. R., "Gear Noise Sources and Their Prediction Using Mathematical Models," *Gear Design, AE 15*, SAE International, Warrendale, PA, 1990.

8. ANSI/AGMA 1010-E95 (Revision of AGMA 10.04), *American National Standard, Appearance of Gear Teeth—Terminology of Wear and Failure*, American Gear Manufacturers Association, Alexandria, VA, Dec. 13, 1995.

9. Breen, D. H., "Fundamentals of Gear/Strength Relationships; Materials," *Gear Design, AE15*, SAE International, Warrendale, PA, 1990.

10. ANSI/AGMA 2001-C95, *American National Standard, Fundamental Rating Factors and Calculation Methods for Involute and Helical Gear Teeth*, American Gear Manufacturers Association, Alexandria, VA, Jan. 12, 1995.

11. USAS B6.1-1968, *USA Standard System—Tooth Proportions for Coarse Pitch Involute Spur Gears*, American Gear Manufacturers Association, Alexandria, VA, Jan. 27, 1968.

12. AGMA 370.01, *AGMA Design Manual for Fine-Pitch Gearing*, American Gear Manufacturers Association, Alexandria, VA, April 1973.

13. Szczepanski, G. S., Savoy, J. P., Jr., and Youngdale, R. A., "Chapter 14, The Application of Graphics Engineering to Gear Design," *Gear Design, AE 15*, SAE International, Warrendale, PA, 1990.

14. ANSI/AGMA 2000-A88, *American National Standard, Gear Classification and Inspection Handbook*, American Gear Manufacturers Association, Alexandria, VA.

15. DIN, Toleranzen für Stirnrädverzahnungen, DIN 3962 and DIN 3963, Aug. 1978 (German).

16. Lewis, Wilfred, "Investigation of the Strength of Gear Teeth," *Proceedings of Engineers Club*, Philadelphia, 1893.

17. Buckingham, Earle, *Analytical Mechanics of Gears*, McGraw-Hill, New York, 1949.

18. Lipson, C., and Juvinall, R. L., *Handbook of Stress and Strength*, Macmillan, New York, 1963.

19. Juvinall, R. L., *Engineering Considerations of Stress, Strain and Strength*, McGraw-Hill, New York, 1967.

20. AGMA 908-B89, *Geometry Factors for Determining the Pitting Resistance and Bending Strength of Spur, Helical, and Herringbone Gear Teeth*, American Gear Manufacturers Association, Alexandria, VA, April 1989.

21. Drago, R. J., "How to Design Quieter Transmissions," *Machine Design*, Penton Media, Inc., Cleveland, Dec. 11, 1980.

22. ANSI/AGMA 6021-G89, *For Shaft-Mounted and Screw Conveyor Drives Using Spur, Helical and Herringbone Gears*, American Gear Manufacturers Association, Alexandria, VA, November 1989.

23. ANSI/AGMA 2005-C96, *Design Manual for Bevel Gears*, American Gear Manufacturers Association, Alexandria, VA, 1996.

24. Coleman, W., "Guide to Bevel Gears," *Product Engineering*, McGraw-Hill, New York, June 10, 1963.

25. Coleman, W., "Design of Bevel Gears," *Product Engineering*, McGraw-Hill, New York, July 8, 1963.

26. *Straight Bevel Gear Design*, Gleason Works, Machine Division, Rochester, NY, 1980.

27. ANSI/AGMA 2003-B97, *Rating the Pitting Resistance and Bending Strength of Generated Straight Bevel, Zerol Bevel, and Spiral Bevel Gear Teeth*, American Gear Manufacturers Association, Alexandria, VA, 1997.

28. ANSI/AGMA 6022-C93, *Design Manual for Cylindrical Worm Gearing*, American Gear Manufacturers Association, Alexandria, VA, Dec. 16, 1993.

29. ANSI/AGMA 6034-B92, *Practice for Enclosed Cylindrical Worm Gear Speed Reducers and Gearmotors*, American Gear Manufacturers Association, Alexandria, VA, 1992.

30. Buckingham, E., and Ryffel, *Design of Worm and Spiral Gears*, Buckingham Associates, Springfield, VT, 1973. Reprinted 1984 by Hurd's Offset Printing Corp., Springfield, VT.

Capítulo 16

1. Shigley, J. E., and Mischke, C. R., *Standard Handbook of Machine Design*, 2nd ed., McGraw-Hill Book Co., New York, 1996.

2. Hibbeler, R. C., *Engineering Mechanics: Dynamics*, 2nd ed., Macmillan, New York, 1978.

Capítulo 17

1. *Industrial V-Belt Drives–Design Guide, Publication 102161*, Dayco Products Inc., Dayton, OH, 45401, 1998.

2. Shigley, J. E., and Mischke, C. R, *Standard Handbook of Machine Design*, 2nd ed., McGraw-Hill, New York, 1996.

3. *Whitney Chain Catalog WC97/CAT.R1*, Jeffrey Chain Corp., Morristown, TN, 37813, 1997.

4. *Wire Rope Users Manual*, 3rd ed., Wire Rope Technical Board, (888)289-9782.

5. *Ready-Flex Standard Flexible Shafts and Ratio Drives*, S. S. White Technologies, Inc., Piscataway, NJ, 08854, 1994.

6. *Flexible Shaft Engineering Handbook*, Stow Mfg. Co., Binghamton, NY, 13702, 1965.

7. Shigley, J. E., and Mischke, C. R., *Mechanical Engineering Design*, 5th ed., McGraw-Hill, New York, 1989.

8. Marco, S. M., Starkey, W. L., and Hornung, K. G., "Factors Which Influence the Fatigue Life of a V-belt," *Engineering for Industry, Transactions of ASME, Series, 3*, vol. 82, no. 1, Feb. 1960, pp. 47–59.

9. Worley, W. S., "Design of V-Belt Drives for Mass Produced Machines," *Product Engineering*, vol. 24, 1953, pp. 154–160.

10. Oliver, L. R., Johnson, C. O., and Breig, W. F., "V-Belt Life Prediction and Power Rating," Paper No. 75-WA/DE 26, ASME, 1975.

11. Gerbert, Goran, *Traction Belt Mechanics*, Machine and Vehicle Design, Chalmers University of Technology, 412 96 Goteborg, Sweden, 1999.

12. *Dayco Synchro-Cog® Drive Design, Publication 105180*, Dayco Products, Inc., Dayton, OH, 45401, 1998.

13. *Eagle Pd® Synchronous Belts and Sprockets, Engineering Manual*, Goodyear Tire and Rubber Company, Akron, OH, 1999.

14. *Engineering Class Chain Publication 2M-3/86*, Jeffrey Chain Corp., Morristown, TN, 37813, 1986.

15. ANSI B29.1M-1993, "Precision Power Transmission Roller Chains, Attachments, and Sprockets," ASME, New York, 1993.

16. ANSI B29.3M-1994, "Double-Pitch Power Transmission Roller Chains and Sprockets," ASME, New York, 1994.

17. Starkey, W. L., and Cress, H. A., "An Analysis of Critical Stresses and Mode of Failure of a Wire Rope," *Engineering for Industry, Trans. ASME*, v. 81, 1959, p. 307 ff.

18. Timoshenko, S. P., *Strength of Materials, Part I*, D. Van Nostrand, New York, 1955.

19. Drucker, D. L., and Tachau, H., "A New Design Criterion for Wire Rope," *Trans. ASME*, v. 67, 1945. p. A-33.

20. Spotts, M. F., *Design of Machine Elements*, 6th ed., Prentice-Hall, Englewood Cliffs, NJ, 1985.

Capítulo 18

1. Hibbeler, R. C., *Engineering Mechanics: Dynamics*, 2nd ed., Macmillan, New York, 1978.

2. Lingaiah, K., *Machine Design Data Handbook*, McGraw-Hill, New York, 1994.

3. Shigley, J. H., and Mishke, C. R., *Standard Handbook of Machine Design*, 2nd ed., McGraw-Hill, New York, 1996.

4. Faupel, J. H., and Fisher, F. E., *Engineering Design*, 2nd ed., Wiley, New York, 1981.

Capítulo 19

1. Waldron, K. J., and Kinzel, G. L., *Kinematics, Dynamics and Design of Machinery*, Wiley, New York, 1999.

2. Mabie, H. H., and Ocvirk, F. W., *Mechanisms and Dynamics of Machinery*, Wiley, New York, 1975.

Capítulo 20

1. Dieter, G. E., Volume Chair, *Volume 20—Material Selection and Design, ASM Handbook*, ASM International, Material Park, OH, 1997.

2. Kutz, M., ed., *Mechanical Engineers' Handbook*, Wiley, New York, 1986.

3. ANSI Z535.4, "American National Standard for Product Safety Signs and Labels," American National Standards Institute, 1991.

4. ANSI Z535.1 "American National Standard Safety Color Code," American National Standards Institute, 1991.

5. ANSI Z535.2, "American National Standard for Environmental and Facility Safety Signs," American National Standards Institute, 1991.

6. ANSI Z535.3, "Criteria for Safety Symbols," American National Standards Institute, 1991.

7. ANSI Z535.5, "Specifications for Accident Prevention Tags," American National Standards Institute, 1991.

Créditos das Fotos

Abertura de Todos os Capítulos

© CORBIS

Capítulo 11

Página 359: Cortesia de RBC Bearings.

Capítulo 12

Página 386: Cortesia de RBC Bearings.

Capítulo 14

Página 453: Cortesia de Associated Spring.

Capítulo 15

Página 495: Cortesia de Quality Transmission Components.

Capítulo 16

Página 587: Foto de George Achorn. Cortesia de Swedespeed.

Capítulo 17

Página 622: Cortesia de Rexnord Corporation.

Índice

RELAÇÕES DE CONVERSÃO SELECIONADAS

Grandeza	Conversão
Força	1 lbf = 4,448 N
	1 kgf = 9,81 N
Comprimento	1 in = 25,4 mm
Área	1 in^2 = 645,16 mm^2
Volume	1 in^3 = 16 387,2 mm^3
Massa	1 slug = 32,17 lbm
	1 kg = 2,21 lbm
Pressão	1 psi = 6895 Pa
	1 Pa = 1 N/m^2
Tensão	1 Psi = $6{,}895 \times 10^{-3}$ MPa
	1 ksi = 6,895 MPa
Módulo de Elasticidade	10^6 psi = 6,895 GPa
Constante de mola	1 lbf/in = 175,126 N/m
Velocidade	1 in/s = 0,0254 m/s
Aceleração	1 in/s^2 = 0,0254 m/s^2
Trabalho, energia	1 in-lbf = 0,1138 N-m
Potência	1 hp = 745,7 W (watts)
Momento, torque	1 in-lbf = 0,1138 N-m
Intensidade de tensão	1 ksi $\sqrt{in}$ = 1,10 MPa $\sqrt{m}$
Momento de inércia de área	1 in^4 = $4{,}162 \times 10^7$ m^4
Momento de inércia de massa	1 in-lbf-s^2 = 0,1138 N-m-s^2

UMA LISTA PARCIAL DE PREFIXOS PADRÃO DO *SI*

Nome	Símbolo	Fator
giga	*G*	10^9
mega	*M*	10^6
quilo	*k*	10^3
centi	*c*	10^{-2}
mili	*m*	10^{-3}
micro	μ	10^{-6}
nano	*n*	10^{-9}

Impressão e Acabamento
Bartira
Gráfica
(011) 4393-2911

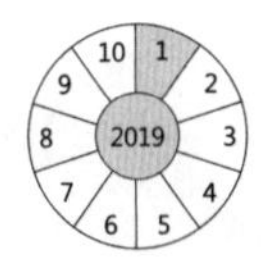